向量微积分、线性代数和微分形式

——统一方法(第5版)

VECTOR CALCULUS, LINEAR ALGEBRA, AND DIFFERENTIAL FORMS: A UNIFIED APPROACH, 5E

[美]约翰·哈马尔·哈巴德(John Hamal Hubbard)
[法]芭芭拉·伯克·哈巴德(Barbara Burke Hubbard) 著

李 丹 译

哈爾濱工業大學出版社
HARBIN INSTITUTE OF TECHNOLOGY PRESS

黑版贸审字 08-2018-188 号

内容简介

本书主要介绍向量微积分、线性代数和微分形式的相关知识及内容，共包含7章和1个附录，分别为预备知识，向量、矩阵和导数，解方程组，流形、泰勒多项式、二次型和曲率，积分，流形的体积，形式和向量微积分，分析等内容.

本书可供大学师生、研究生及数学爱好者参考阅读.

图书在版编目(CIP)数据

向量微积分、线性代数和微分形式:统一方法:第5版/(美)约翰·哈马尔·哈巴德(John Hamal Hubbard),(法)芭芭拉·伯克·哈巴德(Barbara Burke Hubbard)著;李丹译. —哈尔滨:哈尔滨工业大学出版社,2024.7. —ISBN 978-7-5767-0263-7(2025.3 重印)

Ⅰ. O172;O151.2

中国国家版本馆 CIP 数据核字第 2024EE5391 号

XIANGLIANG WEIJIFEN, XIANXING DAISHU HE WEIFEN XINGSHI: TONGYI FANGFA: DI 5 BAN

策划编辑　刘培杰　张永芹
责任编辑　刘立娟　钱辰琛　李　欣
封面设计　孙茵艾
出版发行　哈尔滨工业大学出版社
社　　址　哈尔滨市南岗区复华四道街10号　邮编150006
传　　真　0451-86414749
网　　址　http://hitpress. hit. edu. cn
印　　刷　哈尔滨起源印务有限公司
开　　本　880 mm×1 230 mm　1/16　印张50.75　字数1 563千字
版　　次　2024年7月第1版　2025年3月第2次印刷
书　　号　ISBN 978-7-5767-0263-7
定　　价　78.00元

作者简介

约翰 · 哈马尔 · 哈巴德 (John Hamal Hubbard, 哈佛大学学士, 巴黎大学哲学博士) 是美国康奈尔大学数学系教授以及法国艾克斯–马赛大学荣誉退休教授. 他编著了许多关于微分方程的书 (与 Beverly West 合著), 一本关于 Teichmüller 理论的书和两卷法语的科学计算的书 (与 Florence Hubert 合著). 他的研究主要是关于复分析、微分方程和动力系统方面的. 他相信数学研究和教学是相辅相成的, 不应该分开.

芭芭拉 · 伯克 · 哈巴德 (Barbara Burke Hubbard, 哈佛大学学士) 是 *The World According to Wavelets* 一书的作者, 该书在 1996 年被授予法国数学学会的达朗贝尔奖. 她在 2001 年创建了 Matrix Editions 出版机构.

译者简介

李丹, 中学时代曾专注于数学竞赛, 参加了中国数学奥林匹克 (CMO) 竞赛, 大学就读于清华大学物理系, 获得学士学位; 后毕业于中国科学院物理研究所, 获得理学硕士学位; 毕业于美国匹兹堡大学 (University of Pittsburgh) 计算机科学系, 获得硕士学位; 毕业于美国罗杰斯大学 (Rutger University) 数学系, 获得硕士学位. 2009 年回国, 他成为一名国际教育领域的教师, 所教科目包括: AP 微积分, AP 统计学, AP 物理, AP 计算机科学, 多元微积分, 线性代数, 以及美国数学竞赛等多门课程. 在过去的十年中, 他曾任教于深圳和北京的多所学校, 所教过的学生超过千名, 他们毕业后遍布美国众多名校.

前 言

> …… 数值上的解读 …… 无论如何是必要的. …… 只要它还没有被得到, 解就可以被认为是仍然不完整和无用的, 而它所要揭示的真理在分析公式中的隐藏程度不亚于其在物理问题中的隐藏程度.
>
> —— 约瑟夫 · 傅里叶, *The Analytic Theory of Heat*

傅里叶在法国大革命期间被逮捕, 并被威胁要被处以绞刑, 但他幸存了下来, 并且后来陪伴拿破仑到了埃及. 在他那个时代, 他除了因为在数学和物理上的贡献, 也因为关于埃及的研究被人们所熟知. 他在解决热扩散问题的时候, 找到了解线性偏微分方程的一个方法. 对计算上高效的算法的强调是本书的一个主题.

傅里叶 (Joseph Fourier, 1768 — 1830)

本书的第 1 章到第 6 章覆盖了多元微积分和线性代数的入门课程中的标准内容. 本书附录中证明部分的内容也可以被用在分析课程中.

本书对材料的组织和选择与标准的方式有三点不同, 反映了以下的原则:

> 第一, 我们相信这个级别的线性代数更应该是多元微积分的更方便的设置和语言, 而不是对它自己的主题的安排. 这种统一的方法的指导思想是, 在局部上, 非线性函数的行为就如同它的导数一样.

我们在面对关于非线性函数的问题的时候, 可以通过仔细地观察一个线性变换, 即它的导数来回答这个问题. 在这种方法中, 我们所学到的关于线性变换的内容都会起到双重作用: 首先是用来理解线性方程, 其次是作为理解非线性方程的工具. 我们在 2.6 节中讨论抽象的向量空间, 但重点仍然是在 $\mathbb{R}^n$ 上, 我们相信, 大多数学生会发现从具体到抽象还是非常容易的.

> 第二, 我们强调算法在计算上的有效性, 我们通过证明这些算法可以正确地工作来证明定理.

我们认为, 这一点会更好地反映现今的数学在应用和纯粹数学中的使用方式. 进一步讲, 可以这样做, 而且又不失其严格性. 对于线性方程来说, 行化简是核心的工具, 我们用它来证明所有关于维数和秩的标准结果. 对于非线性方程, 最重要的部分是牛顿方法, 它是用来解非线性方程的最好的也是使用最为广泛的方法. 本书既用它作为计算的工具, 也用它来证明逆函数和隐函数的定理. 本书也包括了关于数值积分方法的一节, 我们鼓励用计算机来简化枯燥乏味的计算以及辅助完成曲线和曲面的可视化.

> 第三, 我们用微分形式来把微积分基本定理推广到更高的维度上.

通过使用形式语言来描述电磁学而得到的概念上的极大简化是使用形式的核心动机. 在 6.12 节和 6.13 节中, 我们把形式语言用在电磁学和势上.

以我们的经验, 如果形式可以用几何方式来呈现, 则微分形式就可以教给大学一年级和二年级的学生, 因为被积函数的输入为有方向的部分曲线、曲面或者流形, 返回的是一个数. 我们注意到, 选择其他领域的课程的学生需要掌握向量微积分的语言, 我们通过第 6 章中的三节把标准的向量微积分整合到形式语言中.

这本书与标准教材的主要不同还包括:

- 涉及大矩阵的应用.
- 本征向量和本征值的处理.
- 勒贝格积分.
- 计算泰勒多项式的规则.

在互联网上花上几分钟, 就可以找到大量的主成分分析的应用.

大数据. 例 2.7.12 讨论了谷歌公司的 PageRank 算法, 展示了佩龙–弗罗贝尼乌斯定理的威力. 例 3.8.10 展示了建立在奇异值分解 (Singular Value Decomposition) 基础上的主成分分析 (Principal Component Analysis) 的应用.

本征向量和本征值. 为了保持我们对计算上有效的算法的偏好, 我们在 2.7 节提供了一个本征向量和本征值的理论, 而且绕过了对于大矩阵或多或少地难以计算的行列式. 这个处理在理论上也是更强的: 定理 2.7.9 给出了一个关于本征基的存在性的"当且仅当"的陈述. 我们强调通过定义一个本征向量 $\mathbf{v}$ 来满足 $A\mathbf{v} = \lambda\mathbf{v}$, 这在 A 是一个无限维度的向量空间之间的线性变换的时候是有优势的, 而以特征方程的根的形式所做的定义就没有这个优势了. 在 4.8 节, 我们定义了一个矩阵的特征方程, 把本征值和本征向量与行列式联系了起来.

以我们的经验, 大学本科生, 甚至是一年级新生, 也已经对通过黎曼积分来理解勒贝格积分做好了准备, 但对于通过可测集合与可测集合的 σ 代数的方法却是无法想象的.

勒贝格积分. 我们给出了勒贝格积分的一个新方法, 把它和黎曼积分更紧密地联系在了一起. 我们有两个动机: 第一, 在无界的域上的积分和无界函数的积分确实非常重要, 比如在物理和概率上, 学生要在他们学习分析的课程之前就知道这些积分; 第二, 简而言之, 不存在一个关于多元反常积分的成功理论.

计算泰勒多项式的规则. 哪怕是很优秀的研究生也经常注意不到能够使得计算高维的泰勒多项式变得更为令人接受的规则. 我们将在 3.4 节给出这些规则.

这本书的演化: 前四版

这本书的第一版, 由 Prentice Hall 于 1999 年出版, 仅有 687 页. 但我们的指导思想的基本架构已经成形, 但是没有包括勒贝格积分, 也没有对电磁学的处理的部分.

第二版, 由 Prentice Hall 于 2002 年出版, 增加到了 800 页. 最大的变化是把反常积分替换成了勒贝格积分. 我们也增加了大约 270 个新的练习以及 50 多个例子, 并且重新写了关于定向的处理. 在这一版中, 我们第一次包括了数学家的照片.

2006 年 9 月, 我们收到了哈佛大学数学高级讲师 Paul Bamberg 的电子邮件, 他告知我们说 Prentice Hall 声明这本书已经脱销了. 我们获得了版权并且着手开始第三版的工作. 我们把练习改用小号字体排版, 为相当多的新材料腾出了空间, 包括关于电磁学的一节, 对行列式和本征值的讨论, 以及关于积分和曲率的一节.

出版第四版 (2009) 的主要动力是, 我们终于找到了我们认为是定义流形的定向的正确方式. 我们也把页数扩充到了 818 页, 这样就可以增加高斯著名定理的证明, 一个关于法拉第实验的讨论, 一个寻找多项式的李普希兹比率的窍门, 一个用增广哈塞矩阵对约束临界点进行分类的方法, 以及一个关于使用锥算子来对任意形式的庞加莱引理的证明.

第五版的新内容

出版新版本而不是重印第四版的最初动力是解决第四版的第一次和第二次印刷里的编号 (命题、练习等等) 问题.

另外一个动力来自于约翰 · 哈马尔 · 哈巴德在 2014 年华盛顿的一次美国数学学会的会议上的讨论. 数学家和计算机科学家告诉他, 现有的教材里缺少关于大矩阵的例子. 这导致了两个演示线性代数和微积分的威力的新例子: 例 2.7.12 展示了谷歌公司如何使用佩龙–弗罗贝尼乌斯定理来给网页排序, 例 3.8.10 说明了奇异值分解如何被用在计算机人脸识别上.

在新版本上做的工作越多, 我们就越想改变. 列出一个完整的清单是不可能的, 但这里我们给出一些要点:

- 在第四版的几个地方 (例如, 证明命题 6.4.8, 关于保持定向的参数化), 我们注意到 “在第 3 章, 我们没能给出定义在流形上的函数的可微性的定义, 那么现在就该付出代价”. 在这一版, 我们为此 “付出了代价”(命题和定义 3.2.9), 但我们的努力获得了可观的回报 —— 我们可以减短和简化几个证明.
- 我们重写了 3.3 节中关于多重指数的讨论.
- 我们重写了斯托克斯定理的证明, 并且把它的大部分内容从附录移到了正文中.
- 我们增加了关于傅里叶级数的例 2.4.17.
- 我们重写了关于对约束临界点进行分类的讨论.
- 我们在积分符号下使用了微分, 用来计算高斯函数的傅里叶变换, 并且讨论了它与海森堡不确定性原理之间的关系.
- 我们增加了关于正交基的新命题 (命题 2.4.18).
- 我们极大地扩展了关于正交矩阵的讨论.
- 我们在第 3 章增加了关于有限概率的新的一节, 说明了概率和集合之间的联系. 这新的一节也包括了关于奇异值分解的陈述和证明.
- 我们增加了 40 个新的习题.

编号为奇数的习题解答可以在 Matrix Editions 上得到. 想要获得教师用的习题解答的老师们需要写邮件到

hubbard@matrixeditions.com.

实用的信息

第 0 章. 第 0 章的用意是作为一个资源. 我们建议学生浏览一下, 看看是否有不熟悉的材料.

勘误. 勘误会公布在如下的网站上: http://www.MatrixEditions.com.

迪厄多内是一个年轻数学家的群体 “Bourbaki” 的创始人之一. 这个群体一起以 Nicolas Bourbaki 为笔名来发表文章, 目标是将现代数学的基础夯实, 是数学严谨性的人格化的化身. 在 *Infinitesimal Calculus* 一书中, 他将较难的证明用小号字体写出, 并表示 “一个初学者应该接受可信的结果, 而先不去花精力在微妙的证明上, 这样会学得更好.”

迪厄多内 (Jean Dieudonné, 1906 — 1992)

练习题. 每一节的结尾会给出习题; 除了第 0 章和附录, 每章的练习题被放在了每一章的末尾. 习题从非常简单 (目的是让学生熟悉词汇) 到非常难的都有. 最难的习题被标上了星号 (极少的情况下, 标上了两个星号).

记号. 数学符号不总是统一的. 例如 $|A|$ 可能代表矩阵 A 的长度 (这本书的用法), 或者矩阵 A 的行列式 (我们用 $\det A$ 表示). 对于偏导, 也存在不同的符号. 对于从本书的开头开始读到本书结尾的读者来说, 不应该会产生问题. 但对于那些仅使用本书的部分章节的读者, 可能会产生混淆. 这本书里使用的符号被列在了 “符号说明” 中, 并且还指出了它们在哪里被第一次引入.

在这一版中, 我们更改了数列的符号: 我们现在用 $i \mapsto x_i$, 而不是 “x_i”, 或者 “$x_1, x_2, \cdots$” 来表示数列. 我们也更加注意区别那些根据定义得来的等式, 记为 “$\stackrel{\text{def}}{=}$”, 以及那些根据推导得到的等式, 记为 “$=$”. 但是, 为了防止太复杂的符号, 我们在像 “set $\mathbf{x} = \gamma(\mathbf{u})$” 的表达式中使用了 “$=$”.

编号. 定理、引理、命题、推论和例子共享同一个编号系统: 命题 2.3.6 并不是 2.3 节的第六个命题, 它只是那一节中的第六个被编号的项目.

图形和表格共享它们自己的编号系统. 图 4.5.2 是 4.5 节的第二个图 (或表). 几乎所有显示出来的等式和不等式都被编了号, 编号在右边. 等式 (4.2.3) 是 4.2 节编号的第三个公式.

我们经常会回来引用定理、例题等等, 并相信这种编号会使得它们更容易被找到.

程序. 2.8 节使用的 Newton.m 程序是在 Matlab 软件中运行的; 它被放在网页 http://MatrixEditions.com/Programs.html 上. (另外两个程序也在那里, MonteCarlo 和 Determinant 是用 Pascal 语言编写的, 可能已经不再能用了.)

欢迎读者给出更多的程序 (或者将这些程序翻译成其他的语言); 如果感兴趣, 请写邮件给约翰 · 哈马尔 · 哈巴德, 邮箱是 jhh8@cornell.edu.

符号. 我们使用 △ 来表示例子或者注释的结束, 用 □ 来表示证明的结束. 有时候, 我们会指明结束的是什么证明; “□ 推论 1.6.16” 的意思是 “推论 1.6.16 的证明结束”.

把这本书用作微积分或者数学分析的教材

这本书可以用在不同难度级别的课程上. 第 1 章到第 6 章包含的材料适合线性代数和多元微积分的课程. 附录 A 包含了技术上有难度的基础材料, 适合用在分析课程上, 它包括了正文中没有被证明的那些陈述以及算术上麻烦的一些解释说明.

在决定附录里包含什么内容以及正文里包含哪些内容上, 我们用了一个类比, 就是学习微积分如同学习驾驶一辆配有标准传送装置的车一样 —— 学到

SAT 考试曾经有一部分叫作类比; “正确” 的回答有时候看上去是有争议的. 在这种精神下

微积分与分析	类比于	演奏奏鸣曲与谱曲;
微积分与分析	类比于	表演芭蕾与编舞.

分析涉及更多辛苦的技术工作, 经常看上去就像药剂师, 但是它提供了单凭微积分无法达到的熟练程度.

对车的理解和直觉, 从而可以平稳地开车上山, 走弯路, 以及在城市的街道上启动和停下来. 分析就像设计和制造一辆车. 如果要通过这本书学习 “如何驾驶”, 就应该忽略附录 A.

附录里包含的大多数证明要比正文中的难, 但是难度也并不是唯一的标准; 许多学生发现代数基本定理 (1.6 节) 的证明很难. 例如, 我们发现这个证明与康托诺维奇定理的证明有根本上的不同. 一位理解了代数基本定理的证明的职业数学家应该可以重写这些证明. 一位通读了康托诺维奇定理的证明, 并且承认每一步都是正确的职业数学家, 可能要参考注释才能重写这些证明. 在这个意义上, 第一个证明在概念上多一些, 而第二个证明则是技术上更多一些.

一年的课程

在康奈尔大学, 这本书被用在荣誉微积分课程 Math 2230 和 Math 2240 上. 学生应该已经在微积分先修课程, 或者同等的考试上考取了 5 分. 在哈巴德教这门课的时候, 他通常在第一学期会进行到第 4 章的中间部分, 有时候会跳过关于曲线和曲面的几何的 3.9 节, 从而更快地完成 4.2 ~ 4.4 节, 到达富比尼定理的 4.5 节, 并且开始计算积分. 在第二学期, 他会进展到第 6 章的末尾, 并且继续讲授将出现在后续的书卷中的材料, 尤其是微分方程的材料.

你也可以花上一年的时间完成第 1 章到第 6 章的学习. 一些学生可能要复习第 0 章; 对于其他的学生可以增加附录中的一些证明.

一学期的课程

1. 针对已经学完了线性代数课程的学生的一学期课程.

   我们给上过线性代数课程的学生使用这本书的早期版本, 感觉到他们通过了解线性代数和多元微积分如何综合在一起后收获颇丰. 这些学生可以学完第 1 章至第 6 章, 也许省略了一些内容. 对于一门节奏不那么快的课程, 这本书的学习也可以用一年的时间来完成, 可能会包括一些附录中的证明的内容.

2. 针对学过多元微积分的学生的一学期的数学分析课程.

   在一个学期内, 你可以完成所有 6 个章节, 以及附录中的一些或者大部分证明的学习. 这可以在不同的难度级别上来完成. 学生们应该能够看懂证明, 例如, 他们应该能够把证明理解得足够好, 从而自己构造相似的证明.

研究生使用这本书

许多研究生告诉我们, 他们认为这本书对于准备资格考试非常有用.

约翰 · 哈马尔 · 哈巴德 (John Hamal Hubbard)
芭芭拉 · 伯克 · 哈巴德 (Barbara Burke Hubbard)
jhh8@cornell.edu, hubbard@matrixeditions.com

致 谢

对于这个版本的更新, 我们尤其要感谢 Matthew Ando, Paul Bamberg, Alexandre Bardet, Xiaodong Cao, Calvin Chong, Kevin Huang, Jon Kleinberg, Tan Lei, Leonidas Nguyen.

很多人 —— 同事, 学生, 读者, 朋友 —— 为本书的早期版本做出了贡献, 因此也对这个版本做出了贡献. 我们一并感谢他们: Nikolas Akerblom, Travis Allison, Omar Anjum, Ron Avitzur, Allen Back, Adam Barth, Nils Barth, Brian Beckman, Barbara Beeton, David Besser, Daniel Bettendorf, Joshua Bowman, Robert Boyer, Adrian Brown, Ryan Budney, Xavier Buff, Der-Chen Chang, Walter Chang, Robin Chapman, Gregory Clinton, Adrien Douady, Régine Douady, Paul DuChateau, Bill Dunbar, David Easley, David Ebin, Robert Ghrist, Manuel Heras Gilsanz, Jay Gopalakrishnan, Robert Gross, Jean Guex, Dion Harmon, Skipper Hartley, Matt Holland, Tara Holm, Chris Hruska, Ashwani Kapila, Jason Kaufman, Todd Kemp, Ehssan Khanmohammadi, Hyun Kyu Kim, Sarah Koch, Krystyna Kuperberg, Daniel Kupriyenko, Margo Levine, Anselm Levskaya, Brian Lukoff, Adam Lutoborski, Thomas Madden, Francisco Martin, Manuel López Mateos, Jim McBride, Mark Millard.

我们也要感谢 John Milnor, Colm Mulcahy, Ralph Oberste-Vorth, Richard Palas, Karl Papadantonakis, Peter Papadopol, David Park, Robert Piche, David Quinonez, Jeffrey Rabin, Ravi Ramakrishna, Daniel Alexander Ramras, Oswald Riemenschneider, Lewis Robinson, Jon Rosenberger, Bernard Rothman, Johannes Rueckert, Ben Salzberg, Ana Moura Santos, Dierk Schleicher, Johan De Schrijver, George Sclavos, Scott Selikoff, John Shaw, Ted Shifrin, Leonard Smiley, Birgit Speh, Jed Stasch, Mike Stevens, Ernest Stitzinger, Chan-Ho Suh, Shai Szulanski, Robert Terrell, Eric Thurschwell, Stephen Treharne, Leo Trottier, Vladimir Veselov, Hans van den Berg, Charles Yu, Peng Zhao.

我们也非常感谢 Pour la Science 的 Philippe Boulanger 为我们提供了很多数学家的图片. http://www-groups.dcs.st-and.ac.uk/history/ 上的数学教师历史档案在历史信息的提供上对我们也是非常有帮助的.

最后, 我们也要感谢我们的孩子们, Alexander Hubbard, Eleanor Hubbard(3.9 节的山羊图片的创作者), Judith Hubbard 和 Diana Hubbard.

我们向那些名字被无意遗漏的人们表示歉意.

如果没有 Barry Smith 的数学排版软件 Textures, 完成这本书以及早期的版本将会变得困难得多. 有了 Textures, 我们可以在很短的时间之内完成一本 800 页的书的排版. Smith 先生在 2012 年去世了, 他被人们所怀念.

我们也非常感谢康奈尔大学的 Math 2230 和 Math 2240(之前为 Math 223 和 Math 224) 课上的本科生们.

符号说明

关于希腊字母, 参见 0.1 节; 关于集合论的记号, 参见 0.3 节. 以数字给出的是记号第一次被使用的章节, 以 A 开头的表示在附录 A 中.

标准和半标准的记号

$\overset{\text{def}}{=}$	根据定义等于
$\to$	到 (定义 0.4.1 后面的讨论)
$\mapsto$	映射到 (定义 0.4.1 的边注)
$\mathbf{1}_A$	指示函数 (定义 4.1.1)
(a,b)	开区间, 也记作 $]a,b[$
$[a,b]$	闭区间
$\lvert A\rvert$	矩阵 A 的长度 (定义 1.4.10)
$\lvert\lvert A\rvert\rvert$	矩阵 A 的范数 (定义 2.9.6)
f^{T}	转置 (定义 0.4.5 之前的段落)
A^{-1}	逆 (命题和定义 1.2.14)
$A_c^k(\mathbb{R}^n)$	$\mathbb{R}^n$ 中的常数 k–形式的空间 (定义 6.1.7)
$A^k(U)$	U 上的 k–形式场的空间 (定义 6.1.16)
$\vec{\mathbf{B}}$	磁场 (例 6.5.13)
$\mathbf{c}$	从 $A^k(U)$ 到 $A^{k-1}(U)$ 的锥算子 (定义 6.13.9)
C	平行四边形上的锥 (定义 6.13.7)
C^1	一次连续可微 (定义 1.9.6)
C^p	p 次连续可微 (定义 1.9.7)
$\mathcal{C}^2$	C^2 函数的空间 (例 2.6.7)
$\overline{C}$	C 的闭包 (定义 1.5.8)
$\mathring{C}$	C 的内部 (定义 1.5.9)
$\mathcal{C}(0,1)$	$(0,1)$ 上的连续实值函数的空间 (例 2.6.2)
corr	相关系数 (定义 3.8.6)
cov	协方差 (定义 3.8.6)
$\mathbf{d}$	从 $A^k(U)$ 到 $A^{k+1}(U)$ 的外导数 (定义 6.7.1)
∂A	A 的边界 (定义 1.5.10)
$\det A$	A 的行列式 (定义 1.4.13)
dim	维数 (命题和定义 2.4.21)
$D_i f$	偏导, 也记作 $\dfrac{\partial f}{\partial x_i}$(定义 1.7.3)

$D_j(D_i f)$	二阶偏导, 也记作 $\dfrac{\partial^2 f}{\partial x_j \partial x_i}$(定义 2.8.7)
$\vec{\mathbf{e}}_1, \cdots, \vec{\mathbf{e}}_n$	标准基向量 (定义 1.1.7)
E	初等矩阵 (定义 2.3.5)
$\vec{\mathbf{E}}$	电场 (例 6.5.13)
$f \circ g$	复合 (定义 0.4.12)
$f^{(k)}$	f 的 k 阶导数 (定理 3.3.1 前面的一行)
$\hat{f}$	f 的傅里叶变换
f^+, f^-	函数 f 的正的和负的部分 (定义 4.1.15)
$\mathbb{F}$	法拉第 2–形式
H	平均曲率 (定义 3.9.7)
I	单位矩阵 (定义 1.2.10)
img	像 (定义 0.4.2)
inf	下确界; 最大下界 (定义 1.6.7)
κ	(kappa) 曲线的曲率 (定义 3.9.1, 3.9.14)
K	高斯曲率 (定义 3.9.8)
ker	核 (定义 2.5.1)
$\mathbb{M}$	麦克斯韦 2–形式 (等式 (6.12.8))
$\ln x$	x 的自然对数 (也就是 $\log_e x$)
$\vec{\nabla}$	拉普拉斯算子, 也称为 “del”(定义 6.8.1)
o	小 o (定义 3.4.1)
O	大 O (定义 A.11.1)
$\prod$	乘积 (0.1 节)
S^1, S^n	单位圆, 单位球面 (例 1.1.6, 例 5.3.14)
$\operatorname{sgn}(\sigma)$	置换的表征 (定理和定义 4.8.11)
Span	生成空间 (定义 2.4.3)
σ	标准差 (定义 3.8.6), 也表示置换
$\sum$	求和 (0.1 节)
sup	上确界; 最小上界 (定义 0.5.1, 1.6.5)
$\operatorname{Supp}(f)$	函数 f 的支撑集 (定义 4.1.2)
τ	(tau) 挠率 (定义 3.9.14)
$T_{\mathbf{x}}X$	流形的切空间 (定义 3.2.1)
tr	矩阵的迹 (定义 1.4.13)
$\vec{\mathbf{v}} \cdot \vec{\mathbf{w}}$	两个向量的点乘 (定义 1.4.1)
$\vec{\mathbf{v}} \times \vec{\mathbf{w}}$	两个向量的叉乘 (定义 1.4.17)
$\lvert\vec{\mathbf{v}}\rvert$	向量 $\vec{\mathbf{v}}$ 的长度 (定义 1.4.2)
$(\vec{\mathbf{v}})^{\perp}$	由 $\vec{\mathbf{v}}$ 生成的子空间的正交补空间 (定理 3.7.15 的证明)
$\operatorname{Var} f$	方差 (定义 3.8.6)
$[x]_k$	k–截断 (定义 A.1.2)

针对这本书的记号

$[0]$	所有项都为 0 的矩阵 (等式 (1.7.48))
$\underset{L}{=}$	在勒贝格意义上的相等 (定义 4.11.6)
$\widehat{\ }$(例如, $\widehat{\mathbf{v}}_i$)	“帽子” 表示被省略的因子 (等式 (6.5.25))
$\widetilde{A}$	把 A 行化简到行阶梯形式的结果 (定理 2.1.7)
$[A\vert\vec{\mathbf{b}}]$	由 A 的列和 $\vec{\mathbf{b}}$ 构成的矩阵 (矩阵 (2.1.7) 后面的句子)
$B_r(\mathbf{x})$	在 $\mathbf{x}$ 周围的半径为 r 的球 (定义 1.5.1)
β_n	单位球的体积 (例 4.5.7)
$\mathcal{D}_N(\mathbb{R}^n)$	二进铺排 (定义 4.1.7)
$[\mathbf{Df}(\mathbf{a})]$	$\mathbf{f}$ 在 $\mathbf{a}$ 的导数 (命题和定义 1.7.9)
$\mathbb{D}$	有限小数的集合 (定义 A.1.4)
$D_I f$	高阶偏导 (等式 (3.3.11))
$\vert \mathrm{d}^n\mathbf{x}\vert$	多重积分的被积函数 (1.1 节, 5.3 节)
$\partial^{\mathrm{s}}_M X$	X 的边界的光滑部分 (定义 6.6.2)
$\Gamma(f)$	f 的像 (定义 3.1.1)
$[h]_R$	h 的 R–截断 (等式 (4.11.26))
$\Phi_{\vec{F}}$	通量形式 (定义 6.5.2)
$\Phi_{\{\mathbf{v}\}}$	从具体到抽象的函数 (定义 2.6.12)
$\mathcal{I}^k_n$	多重指数的集合 (记号 3.3.5)
$[\mathbf{Jf}(\mathbf{a})]$	雅可比矩阵 (定义 1.7.7)
$L(f)$	下积分 (定义 4.1.10)
$m_A(f)$	$f(\mathbf{x})$ 在 $\mathbf{x}\in A$ 的下确界 (定义 4.1.3)
M_f	质量形式 (定义 6.5.4)
$M_A(f)$	$f(\mathbf{x})$ 在 $\mathbf{x}\in A$ 的上确界 (定义 4.1.3)
$\mathrm{Mat}(n,m)$	$n\times m$ 的矩阵的空间 (命题 1.5.38 之前的讨论)
$\mathrm{osc}_A(f)$	f 在 A 上的振幅 (定义 4.1.4)
Ω	定向 (定义 6.3.1)
$\Omega^{\{\mathbf{v}\}}$	由 $\{\mathbf{v}\}$ 指定的定向 (定义 6.3.1 后面的段落)
Ω^{st}	标准定向 (6.3 节)
$P^k_{f,\mathbf{a}}$	泰勒多项式 (定义 3.3.13)
$P(\vec{\mathbf{v}}_1,\cdots,\vec{\mathbf{v}}_k)$	k–平行四边形 (定义 4.9.3)
$P_{\mathbf{x}}(\vec{\mathbf{v}}_1,\cdots,\vec{\mathbf{v}}_k)$	锚定的 k–平行四边形 (5.1 节)
$[P_{\mathbf{v}'\to\mathbf{v}}]$	基变换矩阵 (命题和定义 2.6.20)
Q_n, Q	n 维单位立方体 (定义 4.9.4)
U^{OK}	等式 (5.2.18)
$U(f)$	上积分 (定义 4.1.10)
$\vec{\mathbf{v}}$ 和 $\mathbf{v}$	列向量和点 (定义 1.1.2)
vol_n	n 维体积 (定义 4.1.17)
$W_{\vec{F}}$	功形式 (定义 6.5.1)
$\dot{x},\dot{y}$	用来表示切空间 (例 3.2.2 之前的段落)

公 式 表

微 分

$$
\begin{aligned}
(fg)' &= f'g + fg'; & (\sin x)' &= \cos x; \\
\left(\frac{f}{g}\right)' &= \frac{f'g - fg'}{g^2}; & (\cos x)' &= -\sin x; \\
(x^a)' &= ax^{a-1}; & (\tan x)' &= \frac{1}{\cos^2 x}; \\
(\mathrm{e}^x)' &= \mathrm{e}^x; & (\arcsin x)' &= \frac{1}{\sqrt{1-x^2}}; \\
(a^x)' &= a^x \ln a; & (\arccos x)' &= -\frac{1}{\sqrt{1-x^2}}; \\
(\ln x)' &= \frac{1}{x}; & (\arctan x)' &= \frac{1}{1+x^2}; \\
(\log_a x)' &= \frac{1}{x \ln a}; & (\sinh x)' &= \cosh x; \\
& & (\cosh x)' &= \sinh x.
\end{aligned}
$$

三 角

$$\sin^2\theta + \cos^2\theta = 1;$$

$$
\begin{aligned}
\cos\alpha &= \cos(-\alpha); & \sin(\alpha+\beta) &= \sin\alpha\cos\beta + \cos\alpha\sin\beta; \\
\sin\alpha &= -\sin(-\alpha); & \cos(\alpha+\beta) &= \cos\alpha\cos\beta - \sin\alpha\sin\beta; \\
\cos\alpha &= \sin(\pi/2-\alpha); & 4\cos^3\theta &= \cos 3\theta + 3\cos\theta; \\
\sin\alpha &= \cos(\pi/2-\alpha); & 2\cos\varphi\cos\theta &= \cos(\theta+\varphi) + \cos(\theta-\varphi).
\end{aligned}
$$

复数和三角

$$
\begin{aligned}
\mathrm{e}^{\mathrm{i}\theta} &= \cos\theta + \mathrm{i}\sin\theta; \\
\big(r(\cos\theta + \mathrm{i}\sin\theta)\big)^k &= r^k(\cos k\theta + \mathrm{i}\sin k\theta).
\end{aligned}
$$

对 数

$$\ln a^k = k\ln a; \quad \ln(ab) = \ln a + \ln b.$$

其 他

$$1+2+\cdots+n = \frac{n(n+1)}{2}; \qquad 1+4+\cdots+n^2 = \frac{n(n+1)(2n+1)}{6};$$

$$\binom{n}{k} = \frac{n!}{k!(n-k)!}; \qquad (a+b)^2 \leqslant 2(a^2+b^2).$$

目　录

第 0 章　预备知识

Allez en avant, et la foi vous viendra (坚持向前, 信念就会到来).
—— 达朗贝尔 (1717 — 1783), 写给质疑微积分的人们!

0.0　引　言

这一章的目的是作为一个资源. 你可能对本章的内容很熟悉, 或者也可能有一些内容你从来没有学过, 或者你需要复习. 你不必认为你在开始学习第 1 章之前就需要掌握第 0 章, 你只要在需要的时候再回来参考一下就可以了. (一个例外是关于复数的 0.7 节.)

在 0.1 节中, 我们分享了一些指导思想, 以我们的经验, 它们可以让阅读数学变得容易一些, 并且也讨论了例如求和符号的一些特定的内容.

我们在正文中包括了一些提示性的文字; 例如, 在 1.5 节我们写道, "你可能会想要复习 0.2 节关于量词的讨论."

0.2 节分析了关于否定数学陈述的很微妙的一些问题. (对于数学家来说, "所有十一条腿的鳄鱼都是橙色且有蓝点的" 是一个显然正确的陈述, 并不是很明显毫无意义的.) 我们将在 1.5 节使用这个材料.

集合论的记号在 0.3 节讨论. 集合论的 "八个单词" 是从 1.1 节开始使用的. 对罗素悖论的讨论是没有必要的; 我们包含它只是因为它好玩而且不难.

0.4 节定义了 "函数" 一词, 并且讨论了一个函数为满射 (onto, surjective) 或者单射 (one to one, injective) 与解的存在性和唯一性之间的关系. 这个材料在 1.3 节第一次被用到.

这本书的大部分内容都是与实数相关的, 但是我们认为任何初学多元微积分课程的人都应该知道复数是什么, 并能够运用复数进行计算.

实数是在 0.5 节讨论的, 尤其是最小上界、序列和级数的收敛性、介值定理. 这个材料在 1.5 节和 1.6 节中第一次被用到.

关于可数和不可数集合的讨论是在 0.6 节, 它有趣而且不难. 这些概念对于勒贝格积分是很基本的.

以我们的经验, 大多数第一次学习向量微积分的学生对于复数都还感觉不错, 但也有人数相当多的少数派从未听说过复数或者忘了所有他们曾经知道的东西. 如果你是他们中的一员, 我们建议你至少阅读一下 0.7 节的前几页, 并且做一些练习.

0.1 阅读数学

> 对于一个学科, 最有效的逻辑上的顺序通常与学习时最好的心理上的顺序不同. 许多的数学文章在一个专题上过度地基于推理的逻辑, 有太多的定义, 没有例子, 或者例子出现在产生它们的动机之前; 还有太多的回答, 要么没有它们所在回答的问题, 要么它们出现在所回答的问题之前.
>
> —— 威廉 · 瑟斯顿 (William Thurston)

希腊字母表

看起来像罗马字母的希腊字母不作为数学符号使用; 例如, A 是 a 的大写, 不是 α 的大写. 字母 χ 读作 "kye", 与 "sky" 同韵; φ, ψ 和 ξ 可以与 "sky" 或者 "tea" 同韵.

α	A	alpha
β	B	beta
γ	Γ	gamma
δ	Δ	delta
ϵ	E	epsilon
ζ	Z	zeta
η	H	eta
θ	Θ	theta
ι	I	iota
κ	K	kappa
λ	Λ	lambda
μ	M	mu
ν	N	nu
ξ	Ξ	xi
o	O	omicron
π	Π	pi
ρ	P	rho
σ	Σ	sigma
τ	T	tau
υ	Υ	upsilon
φ, ϕ	Φ	phi
χ	X	chi
ψ	Ψ	psi
ω	Ω	omega

许多学生在高中数学课上不阅读他们的课本也可以表现得很好. 在大学里, 你应该读课本, 最好还是提前读. 如果你在听一节课之前就已经读了那一节的内容, 那么这节课就会变得更加好懂, 如果有一些内容你在读的时候不懂, 你就可以更加积极地听讲并且提问.

阅读数学与阅读其他的内容不同. 我们觉得以下的指导原则会使得阅读数学变得简单. 理解一个定理包含两个部分: 理解定理的陈述以及理解定理的证明. *前者要比后者更重要*.

如果你不理解陈述怎么办? 如果有公式里的符号你看不懂, 也许是 δ, 那么继续看下一行是不是在继续说, "这里 δ 是什么什么". 换句话说, 读完整句话, 再决定你能否理解.

如果你还有困难, 那么可以*跳到例子上去*. 这可能与你以前被告知的 —— "数学是有顺序的, 你必须理解每句话才能继续下一句话" —— 相矛盾. 现实的情况是, 尽管数学的写作是有必要按顺序的, 但对数学的理解却并不是: 你 (以及专家们) 从来不会只完美地理解到某一点, 而对之后的内容毫不理解. 那些只是部分理解的 "超出的部分", 也是 "从现在开始" 的动机和概念背景的一个基本组成部分. 你经常会发现, 因为你学习了更多的内容, 当你回到之前半懂不懂的内容时, 它们已经变得更加清楚了, 尽管这些更多的内容本身还是模模糊糊的.

许多学生对于部分理解感到不舒服, 如同一个攀岩的初学者想要时时刻刻处于稳定平衡的状态. 想要学得更加有效, 你必须愿意脱离平衡状态. *如果你不能完全理解一些东西, 那么先往前走, 然后再绕回来*.

特别地, 例子往往比一个通用的陈述更好理解; 你可以在例子的启发下, 再转回来, 重新理解陈述的含义. 就算你对通用的陈述还有问题, 你也会因为理解了例子而走到前面. 我们强烈地感觉到我们有时候轻视了数学传统, 会在给出合适的定义之前先给出例子.

阅读的时候, 手里应该有纸和笔, 随着你的阅读, 创造一些你自己的例子.

有一些阅读上的困难是来自于符号的. 一位钢琴家, 如果还要停下来思考某一个音符究竟是 A 还是 F, 就不能视奏巴赫的序曲, 或者舒伯特的奏鸣曲. 数学上再大的诱惑, 当面对漫长而复杂的方程的时候, 也会最终被放弃. 你首先需要花点时间来认识音符.

认识希腊字母的名字 —— 不只是那些显然的, 比如 alpha, beta 和 pi, 而是那些不明显的, 像 psi, xi, tau, omega. 作者认识一位数学家, 他把所有的希腊字母都叫作 "xi"(ξ), 除了 omega(ω). 他把 omega 读作 "w". 这会产生很多混淆. 学会不仅是认识这些字母, 而且还要知道如何读出来. 即使你不是把数学大声地读出来, 但如果 ξ, ψ, τ, ω, φ 对你都一样的话, 那么还是很难去思考

数学公式的.

求和与乘积符号

求和符号一开始会容易混淆; 我们习惯了一维的阅读, 从左到右, 但是像下面的

$$\sum_{k=1}^{n} a_{i,k} b_{k,j} \tag{0.1.1}$$

需要我们称为二维 (甚至三维) 的思维. 一开始把求和翻译成线性表达式会有所帮助:

$$\sum_{i=0}^{\infty} 2^i = 2^0 + 2^1 + 2^2 + \cdots, \tag{0.1.2}$$

或者

$$c_{i,j} = \sum_{k=1}^{n} a_{i,k} b_{k,j} = a_{i,1}b_{1,j} + a_{i,2}b_{2,j} + \cdots + a_{i,n}b_{n,j}. \tag{0.1.3}$$

两个 "$\sum$" 符号并排并不代表两个求和相乘; 一个求和会使用一个求和的下标, 另一个求和会使用另一个. 同样的内容也可以只用一个求和符号, 所有求和下标的信息都写在求和符号的下面. 例如

$$\begin{aligned}\sum_{i=1}^{3}\sum_{j=2}^{4}(i+j) &= \sum_{\substack{i\text{从1到3}\\ j\text{从2到4}}} (i+j) \\ &= \left(\sum_{j=2}^{4}(1+j)\right) + \left(\sum_{j=2}^{4}(2+j)\right) + \left(\sum_{j=2}^{4}(3+j)\right) \\ &= \big((1+2)+(1+3)+(1+4)\big) \\ &\quad +\big((2+2)+(2+3)+(2+4)\big) \\ &\quad +\big((3+2)+(3+3)+(3+4)\big).\end{aligned} \tag{0.1.4}$$

这个二重求和在图 0.1.1 中演示.

乘积符号 "$\prod$" 的规则可以与求和符号类比:

$$\prod_{i=1}^{n} a_i = a_1 \cdot a_2 \cdots a_n; \text{ 例如, } \prod_{i=1}^{n} i = n!. \tag{0.1.5}$$

在等式 (0.1.3) 中, 符号 $\sum_{k=1}^{n}$ 说的是, 求和应该有 n 项. 因为被求和的表达式是 $a_{i,k}b_{k,j}$, n 项中的每一项都是 ab 的形式.

通常, 被求和的量有一个指标与求和指标相匹配 (例如, 公式 (0.1.1) 中的 k). 如果没有的话, 就可以理解为对于每一个你在求和的项, 你都要加上一次. 例如: $\sum_{i=1}^{10} 1 = 10$.

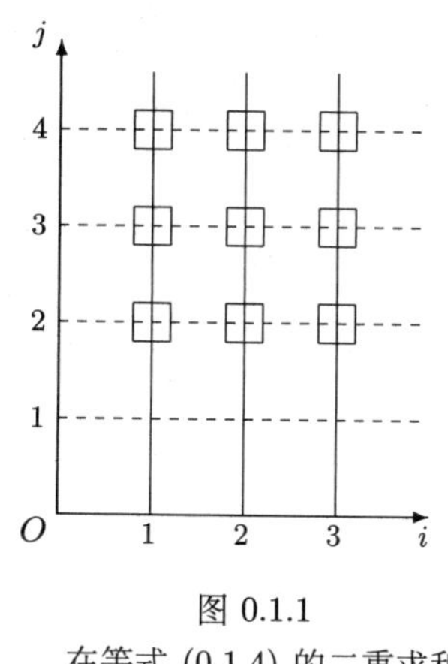

图 0.1.1

在等式 (0.1.4) 的二重求和里, 每个求和有三项, 所以二重求和共有九项.

在雅可比抱怨高斯的证明看上去没有动机的时候, 据说高斯回答道: "你建造了一座大楼, 然后去掉了脚手架." 我们对雅可比的答复表示同情: 他把高斯比作 "狐狸用它的尾巴抹去了留在沙子上的足迹".

证明

我们之前提到, 理解数学陈述比理解它的证明更为重要. 我们把一些难的证明放到了附录 A 中; 对第一次学习多元微积分的学生来说, 可以安全地跳过它们. 我们强烈希望你阅读正文里的证明. 通过阅读许多的证明过程, 你会学到什么是证明, 同时你会知道什么时候你已经证明了一些东西, 什么时候你还没有证明.

一个好的证明不仅仅是说服你一些东西是对的, 它还告诉你为什么是对

根据同代人所说的, 法国数学家拉普拉斯 (1749 — 1827) 每次无法记起证明的细节的时候, 就会写 "显而易见"(il est aisé à voir). 鲍迪奇写道: "我从未遇到过拉普拉斯所说的 '因此它显而易见, 但又不确定我是否需要花费数小时的努力才能填补这个鸿沟, 找到并清楚地说明它为什么显而易见' 的情况之一."

美国人鲍迪奇 (图 0.1.2) 在 10 岁的时候被迫离开学校以帮助维持家庭生计. 他为了阅读牛顿的作品而自学了拉丁文, 为了阅读法国数学家的作品而自学了法文. 他利用了被一艘私掠船截获并带到 Salem 的一个科学图书馆进行阅读. 1806 年, 哈佛大学给予他教授的职位, 但被他拒绝了.

图 0.1.2
鲍迪奇 (Nathaniel Bowditch, 1773 — 1838)

注意, 在常规的英语中, "任何" 这个词可以用来表示 "对所有的" 或者 "存在". "任何的对无辜的人执行的死刑都会使死刑变得无效" 这句话的意思是 "单次执行"; "任何人都知道" 这句话的意思是 "每个人都知道". 通常在数学文献中, 从上下文可以清楚地知道所要表达的意思, 但也不总是. 解决问题的方法是, 使用听起来不自然, 但至少是没有歧义的语言.

多数的数学家会避免只采用符号而是写出完整的量词, 如公式 (0.2.1) 所示. 但在有复杂的一串量词的时候, 他们经常使用符号来避免歧义.

的. 你一般不会在夜里清醒地躺在床上, 担心这本书或其他书中的陈述的正确性. (这个叫作 "权威的证明", 你假设作者知道他在说什么.) 但是阅读证明过程可以帮助你理解书中的材料.

如果你灰心丧气, 记住, 这本书中的内容代表许多错误开始的一个简洁的版本. 例如, 哈巴德试图从等式 (4.5.1) 所展现的形式来证明富比尼定理. 当他失败时, 他意识到 (有些是他知道但忘记了的) 陈述本身其实是错的. 之后他用了厚厚一沓草稿纸才得到了正确的证明. 本书中的其他陈述也代表了世界上一些最好的数学家历经多年所付出的努力.

0.2　量词和否定

有趣的数学表述很少像 "2+2=4" 一样; 更典型的是这样的表述: "每一个除以 4 余 1 的质数, 都是两个整数的平方和". 换句话说, 大多有趣的数学陈述是关于无穷多的实例的; 在上面的例子里, 它是关于所有除以 4 余 1 的质数的 (这样的数有无穷多个).

在一个数学表述中, 每个变量都有一个相应的量词, 无论是隐式的还是显式的. 有两个这样的量词: "任意"(*通用性量词*), 用符号 $\forall$ 表示, 另一个是 "存在" (*存在性量词*), 写作 $\exists$. 上面我们有一个量词, "每一个". 更复杂的陈述会有几个量词, 例如, 下面的陈述: "对于所有的 $x \in \mathbb{R}$, 以及所有的 $\epsilon > 0$, 存在一个 $\delta > 0$, 使得对于所有的 $y \in \mathbb{R}$, 如果 $|y - x| < \delta$, 则必有 $|y^2 - x^2| < \epsilon$". 这个为真的陈述说明了平方函数是连续的.

这些量词的顺序也是重要的. 如果我们把前面关于平方函数的陈述里的量词的顺序改为 "对于所有的 $\epsilon > 0$, 存在 $\delta > 0$, 使得对于所有的 $x, y \in \mathbb{R}$, 如果 $|y - x| < \delta$, 则有 $|y^2 - x^2| < \epsilon$", 我们得到了数学上有意义的一句话, 但是它的结论是错的 (它声称平方函数是一致连续的, 但实际上并不是).

就算是职业数学家在否定一个包含多个量词的陈述的时候也要非常谨慎小心. 规则如下:

1. 陈述

$$\begin{array}{rl} & \text{对所有的 } x, P(x) \text{ 为真} \\ \text{的反面为} & [\text{存在 } x, \text{使得 } P(x) \text{ 不为真}]. \end{array} \tag{0.2.1}$$

上面的 P 代表 "属性". 这句话可以用符号表示, 记为

$$(\forall x)\ P(x) \text{ 的反面为 } (\exists x) \text{ 非 } P(x). \tag{0.2.2}$$

$(\exists x)$ 非 $P(x)$ 的另一个标准的写法为 $(\exists x) \mid$ 非 $P(x)$, 这里的 "$|$" 代表 "满足".

2. 陈述

$$\begin{array}{rl} & \text{存在 } x, [\text{使 } P(x) \text{ 为真}] \\ \text{的反面为} & [\text{对于所有的 } x, P(x) \text{ 不为真}]. \end{array} \tag{0.2.3}$$

同样的句子用符号可以记为

$$(\exists x)\ P(x) \text{ 的反面为 } (\forall x) \text{ 非 } P(x). \tag{0.2.4}$$

这些规则看上去简单合理. 很明显, (假) 陈述 "所有的有理数都等于 1" 的反面是 "存在一个有理数, 它不等于 1".

对于普通人是错的, 或者无意义的陈述会被数学家接受为正确的; 如果你反对, 数学家会反驳, "给我找个反例".

然而, 根据同样的规则, 陈述 "所有十一条腿的鳄鱼都是橙色的并带有蓝色斑点" 是真的, 因为如果它是假的, 那就应该 "存在一条有十一条腿的鳄鱼, 它并不是橙色并带有蓝色斑点的". 陈述 "所有十一条腿的鳄鱼都是黑色的并带有白色条纹" 也是真的.

另外, 数学陈述很少像 "所有的有理数都等于 1" 这样简单. 经常见到的情况是, 有很多个数量词, 就算是专家们也要小心谨慎. 在本书作者之一所听过的一节课上, 讲师用什么顺序来使用数量词对于听众来说是不太清楚的. 当他不得不写下精确的陈述的时候, 他才发现自己根本不知道所表达的是什么, 结果这节课就上不下去了.

注意, 当我们有 "对于所有的" 紧跟着 "存在" 的时候, 存在的东西被允许依赖于前面的变量. 例如, 我们在写 "对所有的 ϵ 存在 δ" 的时候, 对每个 ϵ 可以有不同的 δ. 但是如果我们写 "存在 δ 使得对于所有的 ϵ", 则一个 δ 要对所有的 ϵ 有效.

例 0.2.1 (量词的顺序). 陈述

$$(\forall \text{整数 } n, n \geqslant 2)(\exists \text{ 质数 } p)\ n/p \text{ 为整数 } \ \text{为真},$$
$$(\exists \text{质数 } p)(\forall \text{ 整数 } n, n \geqslant 2)\ n/p \text{ 为整数 } \ \text{为假}. \quad \triangle$$

例 0.2.2 (定义连续性时量词的顺序). 在连续性和一致连续性的定义中, 量词的顺序确实很重要. 一个函数 f, 如果对所有的 x 和所有的 $\epsilon > 0$, 都存在 $\delta > 0$, 使得对于所有的 y, 只要 $|x-y| < \delta$, 就有 $|f(x) - f(y)| < \epsilon$, 则 f 为*连续的*. 也就是说, 如果

$$(\forall x)(\forall \epsilon > 0)(\exists \delta > 0)(\forall y)\ |x-y| < \delta \text{ 蕴含着 } |f(x) - f(y)| < \epsilon, \tag{0.2.5}$$

或者

$$(\forall x)(\forall \epsilon > 0)(\exists \delta > 0)(\forall y)\Big(|x-y| < \delta \Rightarrow |f(x) - f(y)| < \epsilon\Big), \tag{0.2.6}$$

则 f 是连续的.

一个函数 f, 如果对所有的 $\epsilon > 0$, 都存在 $\delta > 0$, 使得对于所有的 x 和所有的 y, 只要 $|x-y| < \delta$, 则有 $|f(x)-f(y)| < \epsilon$, 那么 f 是*一致连续的*(continuous uniformly). 也就是说, 如果

通常使用符号表示来否定一个复杂的数学语句是最容易的: 把每个 $\forall$ 替换成 $\exists$, 反之亦然, 然后否定结论. 例如, 要否定公式 (0.2.5), 我们写

$$(\exists x)(\exists \epsilon > 0)(\forall \delta > 0)(\exists y)$$

使得 $|x-y| < \delta$ 且 $|f(x)-f(y)| \geqslant \epsilon$. 当然, 你也可以通过把 "非" 放在最前面来否定公式 (0.2.5), 或者任何数学陈述, 但这个方法在你确定一个复杂的陈述是否成立的时候并不是很有用.

你也可以把一些前导的量词的顺序反过来, 然后插入一个 "非", 余下的不变. 通常, 在末尾得到 "非" 是最有用的: 最终得到一个你可以检验的陈述.

$$(\forall \epsilon > 0)(\exists \delta > 0)(\forall x)(\forall y)\Big(|x-y| < \delta \Rightarrow |f(x) - f(y)| < \epsilon\Big), \tag{0.2.7}$$

则 f 是*一致连续的*.

对于连续函数, 我们可以对不同的 x 选择*不同的* δ; 对于一致连续函数, 我们从 ϵ 开始, 要找到一个 δ 适用于所有的 x.

例如, 函数 $f(x) = x^2$ 是连续的, 但不是一致连续的: 随着你选取越来越大的 x, 如果你需要用陈述 $|x-y| < \delta$ 来推出 $|f(x) - f(y)| < \epsilon$, 因为函数持续地爬升, 越来越陡, 因此你将需要更小的 δ. 但是 $\sin x$ 是一致连续的; 你可以找到一个 δ 对所有的 x 和 y 都适用. $\triangle$

0.2 节的练习

0.2.1 否定下列陈述:

a. 每个除以 4 余 1 的质数是两个平方数的和.

b. 对所有的 $x \in \mathbb{R}$ 以及所有的 $\epsilon > 0$, 存在 $\delta > 0$, 使得对于所有的 $y \in \mathbb{R}$, 如果 $|y - x| < \delta$, 则 $|y^2 - x^2| < \epsilon$.

c. 对所有的 $\epsilon > 0$, 存在 $\delta > 0$, 使得对于所有的 $x, y \in \mathbb{R}$, 如果 $|y - x| < \delta$, 则 $|y^2 - x^2| < \epsilon$.

0.2.2 解释下列陈述中为什么一个是对的, 另一个是错的:

$$(\forall \text{男人 } M)(\exists \text{女人 } W) \mid W \text{ 是} M \text{的妈妈},$$
$$(\exists \text{女人 } W)(\forall \text{男人 } M) \mid W \text{ 是} M \text{的妈妈}.$$

0.3 集合论

图 0.3.1
艺术家眼中的欧几里得

拉丁语中, 单词 "locus" 的意思是 "地方", 复数为 "loci".

在数学的口语中, 符号 $\in$ 和 $\subset$ 通常能变成 "属于": $\mathbf{x} \in \mathbb{R}^n$ 变成 "x 属于 Rn", $U \subset \mathbb{R}^n$ 变成 "U 属于 Rn". 你要确定你是否知道 "属于" 说的是元素还是子集.

符号 $\notin$("不属于") 的意思是 "不是 …… 的元素"; 类似地, $\not\subset$ 的意思是 "不是 …… 的子集", $\neq$ 的意思是 "不等于".

表达式 "$x, y \in V$" 的意思是 "x 和 y 都是 V 的元素".

在数学中, "或者" 一词的意思是 "这个或者另一个, 或者两者都是".

关于由满足某些属性的元素所构成的 "集合" 的概念并没有什么新的内容. 欧几里得 (图 0.3.1) 说的几何上的 "轨迹(loci)", 是一个由某个属性定义的一组点所构成的集合. 但是在历史上, 数学家们显然没有以集合的形式来思考, 集合论的引入是 19 世纪末的包括拓扑学和测度论的革命的一部分; 这个革命的中心是康托发现的一些无限要比另一些无限更大 (在 0.6 节讨论).

在我们所涉及的难度上, 集合理论是一种语言, 包含下面 8 个词语:

$\in$	"是 …… 的元素."
$\{a \mid p(a)\}$	"满足使 $p(a)$ 成立的 a 的集合."
$=$	"等于"; 如果 A 和 B 有相同的元素, 则 $A = B$.
$\subset$	"是 …… 的子集": $A \subset B$ 的意思是 A 中的每一个元素都是 B 的元素. 注意根据这个定义, 每个集合是它自己的子集: $A \subset A$, 空集 ($\varnothing$) 是任何集合的子集.
$\cap$	"交": $A \cap B$ 是同时属于 A 和 B 两个集合的元素的集合.
$\cup$	"并": $A \cup B$ 是属于 A 或者属于 B 或者同时属于两个集合的元素的集合.
$\times$	"叉": $A \times B$ 是有序对 (a, b) 的集合, 其中 $a \in A, b \in B$.
$-$	"补": $A - B$ 是集合 A 中的那些不属于集合 B 的元素的集合.

你应该想到, 集合(set)、子集(subset)、交集(intersection)、并集(union)和补集(complement)的意思与它们在英语中的意思精确地相同. 然而, 这就表示任何属性都可以定义一个集合; 我们将会看到, 在讨论罗素悖论的时候, 这个想法就显得太简单了. 但就我们的目的而言, 朴素的集合论就足够了.

符号 $\varnothing$ 表示空集, 不包含任何元素, 是每个集合的子集. 还有带有标准名称的数的集合; 我们用空心字体来书写它们, 这个字体我们只对这些集合才使用.

$\mathbb{N}$ 指的是 "Natural", $\mathbb{Z}$ 指的是德语单词中的 "数 (Zahl)", $\mathbb{Q}$ 指的是 "商 (Quotient)", $\mathbb{R}$ 指的是 "实数 (Real)", $\mathbb{C}$ 指的是 "复数 (Complex)".

我们用粉笔在黑板上写字的时候, 难以区分常规的字母和黑体的字母. 黑板上的黑体用双线来表示, 如 $\mathbb{N}$ 和 $\mathbb{R}$.

一些作者认为在 $\mathbb{N}$ 中不包括 0.

$\mathbb{N}$	自然数(natural numbers)的集合, $\{0,1,2,\cdots\}$.
$\mathbb{Z}$	整数(integers)的集合, 就是带符号的整数 $\{\cdots,-1,0,1,\cdots\}$.
$\mathbb{Q}$	有理数(rational numbers)的集合, p/q, 其中 $p,q\in\mathbb{Z}, q\neq 0$.
$\mathbb{R}$	实数(real numbers)的集合, 我们认为是有无限位的小数.
$\mathbb{C}$	复数(complex numbers)的集合, $\{a+ib \mid a,b\in\mathbb{R}\}$.

通常, 我们使用上面符号的稍微的变形: $\{3,5,7\}$ 是包含 3, 5, 7 的集合; 更一般地, 包含某个数值列表的集合也用那个列表表示, 用大括号括起来, 例如

$$\{n \mid n\in\mathbb{N}\text{且 } n \text{ 是偶数}\} = \{0,2,4,\cdots\}, \tag{0.3.1}$$

其中, 竖线的意思还是 "满足".

这些符号有时候会反过来使用; 例如, $A\supset B$ 意思是 $B\subset A$, 如同你可能猜到的一样. 表达式有时候会写得紧凑一点:

$$\{x\in\mathbb{R} \mid x\text{是一个平方数}\}\text{的意思是}\{x \mid x\in\mathbb{R} \text{ 且 } x \text{ 是一个平方数}\} \tag{0.3.2}$$

(也就是, 非负实数的集合).

尽管看起来可能有那么一点学究气, 你应该注意到

$$\bigcup_{n\in\mathbb{Z}} l_n \text{ 和 } \{l_n \mid n\in\mathbb{Z}\}$$

是不同的: 第一个是一个平面的子集, 其元素是一条线上的点; 第二个是一个线的集合, 不是点的集合. 这类似于 $\varnothing$ 与唯一的元素是空集的集合 $\{\varnothing\}$ 的区别.

一个稍微复杂的变形是*带有索引的并集和交集*(indexed unions and intersections): 如果 S_α 是一组由 $\alpha\in A$ 来索引的集合, 则 $\bigcap_{\alpha\in A} S_\alpha$ 表示所有的 S_α 的交集, 而 $\bigcup_{\alpha\in A} S_\alpha$ 表示它们的并集. 例如, 如果 $l_n\subset\mathbb{R}^2$ 是方程为 $y=n$ 的直线, 则 $\bigcup_{n\in\mathbb{Z}} l_n$ 是平面上 y 坐标为整数的点集.

我们将使用指数来表示集合的多次乘积; $A\times A\times\cdots\times A$, 一共 n 项, 记作 A^n: A 的元素的 n 元数的集合. 实数的 n 元数的集合 $\mathbb{R}^n$ 是这本书的中心; 在较小的程度上, 我们还将对复数的 n 元数的集合 $\mathbb{C}^n$ 感兴趣.

最后, 注意到集合中元素被列出来的顺序 (假设它们被列出来) 无关紧要, 元素的重复也不影响集合; $\{1,2,3\}=\{1,2,3,3\}=\{3,1,2\}$.

罗素悖论

1902 年, 罗素 (Bertrand Russell, 1872 — 1970) 给逻辑学家弗雷格 (Gottlob Frege) 写了一封信, 包含了下列论点: 考虑所有不包含自身的集合 X. 如果 $X\in X$, 则 X 不包含它自己, 所以 $X\notin X$. 但如果 $X\notin X$, 则 X 是一个不包含自身的集合, 所以 $X\in X$.

"你发现的这个矛盾给我带来了震惊, 我几乎要说, 惊慌失措", 弗雷格回复道: "因为它已经动摇了我要用来建立算术的基础 ⋯⋯ 你的发现是非常重要的, 可能将会导致逻辑学的巨大进展, 而这些在第一眼看上去可能是不受欢迎的."[1]

[1] 罗素和弗雷格的这部分通信被出版在 *From Frege to Gödel: A Source Book in Mathematical Logic*, 1879 — 1931 (Harvard University Press, Cambridge, 1967) 一书中, 作者是 Jean van Heijenoort, 他在年轻的时候是 Leon Trotsky 的保镖.

图 0.3.2

罗素悖论具有悠久的历史. 希腊人知道的是住在 Milos 岛上的一个理发师的悖论: 他决定专门给岛上那些不能给自己理发的人理发. 那理发师给他自己理发吗? 这里的理发师就是罗素). (Roger Hayward 制图, 由 Pour la Science 提供.)

如图 0.3.2 所表明的, 罗素悖论是 (而且仍然是) 极度复杂的. "解决的方法" 是, 说任何属性都能定义一个集合的幼稚的想法是站不住脚的, 集合必须被构造起来, 使得你可以取已经定义出来的集合的子集、并集、乘积 ⋯⋯; 更进一步, 要使这个理论有趣, 你必须假设一个无限集合的存在. 集合论 (仍然是一个活跃的研究领域) 包含了精确描述所允许的构造过程, 并且去看可以推导出什么结果.

0.3 节的练习

0.3.1 令 E 为一个集合, 其子集 $A \subset E$, $B \subset E$, 令 $*$ 为运算 $A * B = (E - A) \cap (E - B)$. 用 A, B 和 $*$ 表示以下集合:

a. $A \cup B$;　b. $A \cap B$;　c. $E - A$.

0.4 函　数

在 18 世纪, 当数学家谈论起函数的时候, 他们通常说的是像 $f(x) = x^2$, 或者 $f(x) = \sin x$ 这样的函数. 这些函数把一个 x 与另一个数 y 根据一个精确的计算规则关联起来.

这样一个限制性的定义在用数学来描述物理现象的时候是不够的. 如果我们对气压作为温度的函数, 或者预期寿命作为教育程度的函数, 或者气候随时间的变化感兴趣, 没有理由期待这些关系可以用一个简单的公式来表达. 也不存在计算规则 (比如, 一个有限的计算机程序) 可以在纯粹的逻辑和算术的基础上描述气候随时间的变化.

我们在写 $f(x) = y$ 的时候, 函数是 f, 元素 x 是 f 的变量, $y = f(x)$ 是函数 f 在 x 的值. 大声地读出来, $f\colon X \to Y$ 读作 "从 X 到 Y 的 f". 这样的函数被说成是 "在 X 上", 或者 "定义在 X 上".

你熟悉用 $f(x) = x^2$ 的写法来表示函数定义的 "规则", 在这个例子里, 它是平方函数. 另外一个写法用 $\mapsto$("映射到"):

$$f\colon \mathbb{R} \to \mathbb{R},\ f\colon x \mapsto x^2.$$

不要混淆了 $\mapsto$ 和 $\to$("到").

然而, 规则的概念还没有被放弃. 在定义 0.4.1 和 0.4.3 中, 我们给出了函数的两个定义, 一个用了 "规则" 这个词, 一个没有使用. 如果你在 "规则" 的定义上有足够的弹性, 则两个定义是兼容的.

定义 0.4.1 (作为规则的函数). 一个函数(function)包含三个要素: 两个集合, 称为定义域(domain)和陪域(codomain), 以及一个规则, 把定义域中的任意元素与陪域中恰好一个元素联系起来.

定义 0.4.1: 对任意集合 X, 有一个尤其简单的函数, $\mathrm{id}_X\colon X \to X$, 其定义域和陪域都为 X, 规则为

$$\mathrm{id}_X(x) = x.$$

这个恒等函数也经常简记作 id.

通常, 我们会说, "令 $f\colon X \to Y$ 为一个函数" 来表示定义域为 X, 陪域为 Y, 规则为 f. 例如, 一个把任意实数与满足 $n \leqslant x$ 的最大整数联系起来的函数 $f\colon \mathbb{R} \to \mathbb{Z}$, 经常被叫作 "取整函数". (对 4.3 进行计算, 函数返回 4; 对 -5.3 进行计算, 返回 -6.)

我们也可以把定义域想成 "出发的空间", 把陪域想成 "目标空间".

一定要能够对定义域上的每一个点计算函数的值, 且每个输出 (函数值) 必须在陪域中. 但是, 不必要求陪域中的每个元素都是一个函数值. 我们使用 "像" 一词来表示陪域中能够实际上到达的元素的集合.

定义 0.4.2 (像). f 的所有值的集合被称作它的像(image): 如果存在一个 $x \in X$ 使得 $f(x) = y$, 则 y 是函数 $f\colon X \to Y$ 的像上的一个元素.

有些作者使用 "值域" 来表示我们用像所表达的意思. 其他的人或者没有我们叫作陪域的词, 或者不加区分地使用 "值域" 一词来同时表示陪域和像.

例如, 由 $f(x) = x^2$ 定义的平方函数 $f\colon \mathbb{R} \to \mathbb{R}$ 的像是非负实数; 陪域是 $\mathbb{R}$.

一个函数的陪域可以比它的像大得多. 不知道一个函数的陪域, 你无法思考这个函数, 也就是说, 对一个函数产生什么样的结果 (这个在处理向量函数的时候尤其重要). 而另一方面, 想要知道函数的像是什么, 可能是很困难的.

函数(function) 和映射 (mapping, map) 是同义词, 通常在不同的上下文中使用. 一个函数正常情况下返回一个数. 映射是一个近年来被使用得更多的词; 它最先被用在拓扑和几何上, 并且延伸到了数学的各个领域. 在高维度下, 我们倾向于使用映射一词, 而不是函数.

在英语中, 更自然的说法是, "John's Father", 而不是 "the father of John". 存在一群代数学家使用这个标记: 他们写 $(x)f$ 而不是 $f(x)$. $f(x)$ 的写法是由瑞士数学家欧拉 (Leonhard Euler, 1707—1783) 建立的. 他创建了我们从高中开始使用的符号: 三角函数 sin, cos, tan 的写法也要归功于他.

在康托提出这个函数的时候, 它被看成是病态的 (pathological), 但它最终变得对于理解用牛顿方法计算复三次多项式很重要. 20 世纪 80 年代早期的一个令人惊讶的发现使得像这样的函数在复杂的动力学中几乎无处不在.

我们的规则意味着什么?

用来定义函数的规则可以是一个用有限个单词说明的计算体系, 但也不必是. 如果我们把铜的导电性测量值作为温度的函数, 那么定义域中的元素是温度的值, 陪域中的元素是导电性的测量值. 所有其他变量保持不变, 每个温度与一个且只与一个导电性相关联. 这里的 "规则" 是 "对于每个温度, 测量导电性并把结果写下来".

我们也可以设计一个函数, 其规则为 "因为我这么说". 例如, 我们可以设计函数 $M\colon [0,1] \to \mathbb{R}$, 接受 $[0,1]$ 上的每个在三进制的表示中不含 1 的数为输入, 把每个 2 变成 1, 并把结果按照二进制理解. 如果数的三进制表示必须包含 1, 那么函数 M 把第一个 1 以后的每一位变成 0, 把每个 2 变成 1, 再把结果按照二进制理解. 康托提出了这个函数来指出在一些定理中对更高精度的需求, 尤其是微积分基本定理.

在其他的情况下, 规则可以只是 "去查表". 这样, 定义一个函数, 把班上的每个学生与他 (她) 的期末考试成绩关联起来, 你所需要的就是期末考试成绩表; 你不需要知道教授是如何对不同的考试、作业和文章打分并加权的 (尽管你可以定义这样的函数, 如果你能够获取这个学年学生的作业, 这将允许你来计算他 (她) 的期末成绩).

进一步, 如果规则是 "到表里去查", 表也不必是有限的. 数学与几乎所有其他的东西的一个基本区别是, 数学按流程处理无限. 我们将对比如所有输入一个 $\mathbb{R}$ 的元素并返回 $\mathbb{R}$ 的元素的连续函数 f 的集合感兴趣. 如果我们把集合限定在有限可确定的函数上, 则许多我们关于这些集合想要说的就不对了, 或者具有完全不同的意义. 例如, 任何时候, 我们想要取一些无限集合的最大值, 将需要指定一个找到最大值的方法.

这样, 定义 0.4.1 中的 "规则" 几乎可以是任何东西, 就像每个定义域 (大多数情况下包含无穷多个元素) 中的元素可以与一个且只与一个陪域 (在多数的情况下, 也包含无穷多个元素) 中的元素相关联.

定义 0.4.3 强调了这个结果是很关键的; 任何可以得到它的流程都是可接受的.

定义 0.4.3 (函数的集合论定义). 函数 $f\colon X \to Y$ 是一个子集 $\Gamma_f \subset X \times Y$, 具有如下属性: 对任何 $x \in X$, 存在一个唯一的 $y \in Y$ 使得 $(x, y) \in \Gamma_f$.

arcsin 是函数吗? 自然的定义域和其他歧义性

我们从童年的早期就开始使用函数, 通常都带着 "的" 这个字, 或者与之同义的字: "一本书的价格" 把书与一个价格联系起来; "某人的父亲" 把一个男士与一个人联系起来. 然而不是所有这些表达式都是真正的数学意义上的函数, 也不是所有形式为 $f(x) = y$ 的表达式都是真正的函数. 定义 0.4.1 和 0.4.3 用不同的词表达了一个函数必须在它的定义域上的每个点上都有定义 (处处有定义(everywhere defined)), 而且对于每个点, 它必须返回陪域中唯一的一个元素(它必须是*有明确定义的*(well defined)), 只是两个定义使用了不同的词. 这被展示在图 0.4.1 和 0.4.2 中.

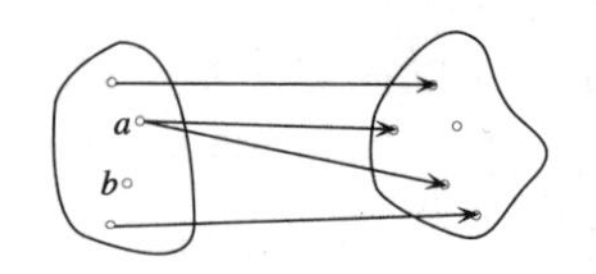

图 0.4.1

不是一个函数: 在 a 没有明确的定义, 在 b 无定义.

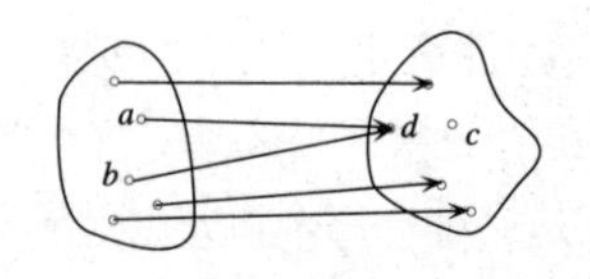

图 0.4.2

左边的每个点只指向右边的一个点. 一个函数把你从定义域中的一个点无歧义地带到陪域中的一个点并不意味着在相反方向你也可以无歧义地做到, 甚至根本不能做到; 这里, 从陪域中的 d 指回来, 你会到达定义域中的 a 或者 b, 没有从陪域中的 c 到达定义域的路径.

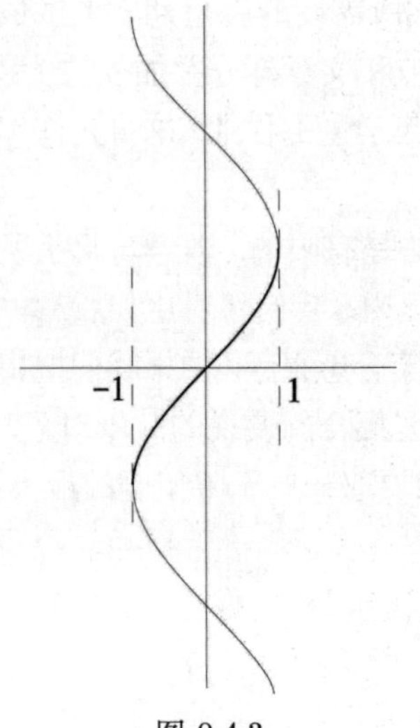

图 0.4.3

arcsin 函数的图像, 如图 0.4.3. 加黑的部分是计算器和计算机定义的 arcsin 函数的图像. arcsin 函数: $[-1,1]\to\mathbb{R}$, 规则为 “$\arcsin(x)$ 是唯一的满足 $-\pi/2\leqslant\theta\leqslant\pi/2$ 且 $\sin\theta=x$ 的角度 θ”.

在我们使用复数的时候, 选择 “自然的定义域” 更加困难. 自然的定义域通常是有歧义的: 对于函数 f 的定义域的一个选择指的是 “选择 f 的一个分支”. 例如, 有人说 “定义在 $\mathrm{Re}(z)>0$ 上 $\sqrt{z}$ 的分支, 在正实轴上取正数”. 历史上, 黎曼曲面的概念源于试图找到自然的定义域.

“某人的女儿”, 作为从人到女孩儿和女士的规则, 并不是处处都有定义的, 因为不是每个人都有女儿; 它没有明确的定义, 因为一些人有超过一个女儿. 它不是数学上的函数. 但是, “女儿的个数” 则是从人到数字的函数: 它在某个特定的时刻, 处处有定义, 并且有明确的定义. 所以 “生物学的父亲” 作为从人到男人的规则也是函数; 每个人都有一个生物学上的父亲, 且只有一个.

函数的数学定义则看上去是直接且没有歧义的. 然而我们在计算器上用 arcsin “函数” 键做的是什么呢? 图 0.4.3 显示了 “arcsin” 的 “图像”. 很清楚, 输入的 1/2 并没有仅仅返回一个陪域中的数; $\arcsin(1/2)=\pi/6$, 但是我们也有 $\arcsin(1/2)=5\pi/6$, 等等. 但是如果你用计算器计算 $\arcsin(1/2)$, 它仅返回 $\pi/6\approx 0.523\,599$. 给计算器编程的人声明, “arcsin” 为函数 $\arcsin\colon[-1,1]\to\mathbb{R}$, 规则为 “$\arcsin(x)$ 是唯一满足 $-\pi/2\leqslant\theta\leqslant\pi/2$, 且 $\sin\theta=x$ 的角度 θ”.

注释. 在过去, 一些教材谈到了给同一个输入赋予多个数值的 “多值函数”; 这样的 “定义” 将允许 arcsin 成为函数. 法国数学家迪厄多内在他 1980 年出版的 *Calcul Infinitésimal* 一书中指出, 这样的定义是没有意义的, “对于这样的教材的作者, 请勿就如何使用这些自称要定义的新数学对象给出最少的计算规则, 这些规则使得这些所谓的 ‘定义’ 不可用.”

计算机已经证明了他是多么的正确. 计算机不能容忍歧义. 如果函数对于一个输入给出多于一个数值, 计算机将选择其中的一个, 而不告诉你它做了选择. 计算机实际上重新把特定的表达式定义为函数. 在作者上学的时候, $\sqrt{4}$ 是两个数, +2 和 −2. 逐渐地, “平方根” 被确定为表示 “正的平方根”, 因为如果计算机每次遇到平方根的时候, 它必须同时考虑正的和负的平方根的话, 计算机就不能进行计算了. △

自然的定义域

人们说到函数的时候, 经常不指明定义域和陪域; 他们会说, “函数 $\ln(1+x)$”. 当这样使用 “函数” 一词的时候, 有一个隐含的定义域, 包括所有的使公式有意义的数. 在 $\ln(1+x)$ 这个例子中, 定义域是 $x>-1$ 的数的集合. 这个默认的定义域叫作公式的*自然的定义域*(natural domain).

找到一个公式的自然的定义域可能会很复杂, 并且结果会依赖于上下文. 在这本书里, 我们在指定函数的定义域和陪域的时候, 试着尽量谨慎一些.

例 0.4.4 (自然的定义域). 公式 $f(x)=\ln x$ 的自然的定义域为正实数; $f(x)=\sqrt{x}$ 的自然的定义域为非负实数. 自然的定义域的概念可以依赖于上下文: 对 $\ln x$ 和 $\sqrt{x}$, 我们假设定义域和陪域都限定在实数上, 而不是复数上.

公式

$$f(x)=\sqrt{x^2-3x+2} \tag{0.4.1}$$

的自然的定义域是什么?

这个计算只有在 $x^2-3x+2\geqslant 0$ 的时候才可以进行, 也就是在 $x\leqslant 1$ 或

小括号表示一个开区间, 中括号表示一个闭区间;(a,b) 是开的, $[a,b]$ 是闭的:

$$(a,b)=\{x\in\mathbb{R}\mid a<x<b\},$$

$$[a,b]=\{x\in\mathbb{R}\mid a\leqslant x\leqslant b\}.$$

我们在 1.5 节讨论开集和闭集.

我们可以“定义”一个公式的自然的定义域, 为包含那些使计算机不返回错误信息的输入的集合.

者 $x\geqslant 2$ 的时候. 所以, 其自然的定义域为 $(-\infty,1]\cup[2,\infty)$. △

最常见的情况是, 计算机进入到了一个不合法的过程, 比如除以 0 的时候, 发现一个数不在公式的自然的定义域中. 在使用计算机工作的时候, 不能弄清楚函数的定义域可能是很危险的. 你不希望只是因为输入的数不在公式的自然的定义域中就导致计算机关掉一架飞机的发动机, 或核电厂的编码系统.

显然, 我们希望在把数代入公式的时候, 就知道结果是否会是错误信息; 一个目前活跃的计算机研究领域包括试图找到保证一个集合在公式的定义域中的方法.

选择陪域的纬度

通常, 给真实的系统建模的数学函数有一个比现实的数值大得多的陪域. 我们可以说, 给孩子一个以厘米为单位的身高的函数的陪域是 $\mathbb{R}$, 但明显许多的实数并不对应于任何孩子的身高.

一个函数包括三个要素: 规则、定义域和陪域. 规则与自然的定义域共存, 但是并没有相似的自然的陪域的概念. 陪域至少要和像一样大, 但它可以稍微大一点点, 或者大得多; 比如说, 如果 $\mathbb{R}$ 可以的话, 那么 $\mathbb{C}$ 也可以. 在这个意义上, 我们可以谈论陪域的选择. 因为陪域是我们定义一个特定的函数的一部分, 那么严格地说, 选择一个允许的陪域而不是另一个, 意味着创造一个不同的函数. 但一般来说, 两个规则相同, 定义域也相同, 但陪域不同的函数的行为是相同的.

当我们用计算机工作的时候, 情况更加复杂. 我们早些时候提到取整函数 $f:\mathbb{R}\to\mathbb{Z}$, 给每个实数 x 关联上了满足 $n\leqslant x$ 的最大整数 n. 我们也可以把取整函数想成是 $\mathbb{R}\to\mathbb{R}$ 的, 因为整数也是实数. 如果你用纸和笔工作的话, 这两个 (严格来说是不同的) 函数的行为将是相同的. 但是计算机会以不同的方式对待它们: 如果写一个计算机程序计算它们, 比如说用 Pascal 语言, 你会以下面这一行开始

```
function floor(x : real) : integer;
```

而另一个会这样开始

```
function floor(x : real) : real.
```

当然, 计算机实际上不能计算实数; 它们计算的是实数的近似值.

计算机的 C 语言强调指定一个函数的陪域的重要性. 在 C 语言中, 一个函数声明的第一个词描述了陪域. 正文中的函数将由下面几行引入:

```
integer floor(double x);
```

和

```
double floor(double x).
```

第一个词指出了输出的类型 (double 一词是 C 语言中对一种特定的实数编码的命名); 第二个词是函数的名字; 括号里的表达式描述了输入的类型.

这些函数实际上是不同的: 在计算机里, 实数和整数的存储方式不同, 不能互相交换着使用. 例如, 你不能进行带余数的除法, 除非除数是整数, 如果你试图对第二个“取整”函数的输出进行这样的除法, 会得到“类型不匹配”的错误信息.

解的存在性和唯一性

给定一个函数 f, 对于陪域中的任意的 b, 方程 $f(x)=b$ 有解吗? 如果有解, 这个函数叫*满射*(onto, surjective). 这样, “满射”是讨论*解的存在性*(existence of solutions)的一个方法. 函数“……的父亲”, 作为从人到男人的函数不是满射, 因为不是所有的男人都是父亲. “x 的父亲是无子先生”是无解的. “满射”函数在图 0.4.4 中演示.

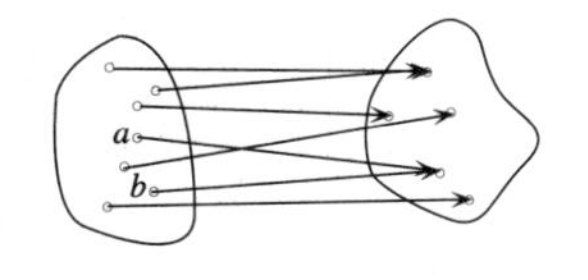

图 0.4.4
一个不是 1-1 的满射函数: a 和 b 被映射到了同一个点.

我们感兴趣的第二个问题涉及解的唯一性. 给定陪域中某个特定的 b, 是否至多有一个 x 值给出 $T(x)=b$ 的解, 或者会有许多个? 如果对于每个 b, 方程 $T(x)=b$ 至多有一个解, 则函数 T 被称为*单射*(one to one, injective).

父亲这个映射不是单射. 实际上, “x 的父亲为哈巴德” 有四个解. 但是, 函数 “…… 的孪生兄弟姐妹” 作为从双胞胎到双胞胎的函数, 是单射: “x 的孪生兄弟姐妹 $= y$” 对于每个 y 有唯一的解. 因此, “单射” 是讨论*解的唯一性*(uniqueness of solutions)的一个方法. 一个单射函数在图 0.4.5 中展示.

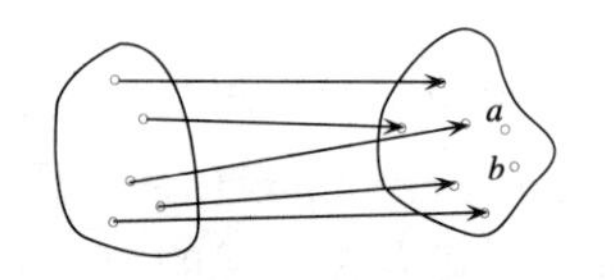

图 0.4.5

一个函数: 1-1, 不是满射, 没有点被映射到 a 或 b.

f 的逆函数通常就叫 f 逆.

一个既是*满射*又是*单射*的函数 T 有逆函数 T^{-1} 与它抵消. 因为 T 是满射, T^{-1} 处处有定义; 因为 T 是单射, T^{-1} 有明确的定义. 所以 T^{-1} 符合函数的标准. 总结一下:

定义 0.4.5 (满射). 一个函数 $f\colon X \to Y$, 如果对每个 $y \in Y$, 存在 $x \in X$ 满足 $f(x) = y$, 则 f 是*满射*.

这样, 如果到达集合的每个元素 (陪域 Y) 对应于出发集合 (定义域 X) 中的*至少一个*元素, 则 f 是满射.

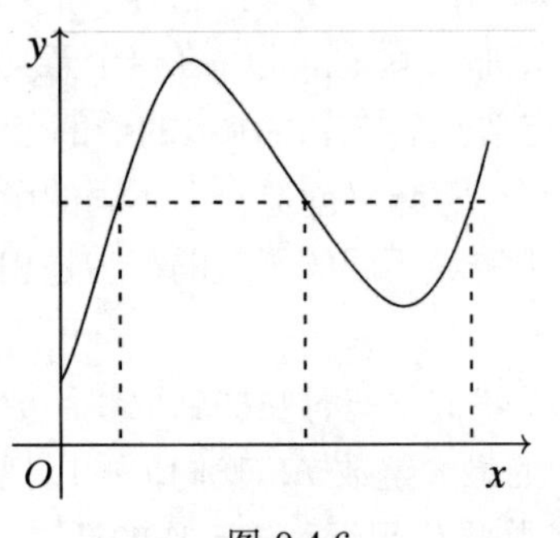

图 0.4.6

上面画的函数不是单射. 它没有通过 “水平线测试”: 水平的虚线与它相交于三个地方, 说明三个不同的 x 值给出同样的 y 值.

定义 0.4.6 (单射). 一个函数 $f\colon X \to Y$, 如果对于任意 $y \in Y$, 至多有一个 $x \in X$ 满足 $f(x) = y$, 则 f 是*单射*.

这样, 如果到达集合的每个元素对应于出发集合的至多一个元素, 则 f 是单射. 图 0.4.6 展示了用来测试一个函数是否为单射的*水平线测试*(level test).

定义 0.4.7 (可逆). 如果一个映射 f 既是单射也是满射, 则 f 是*可逆的*(invertible)(或者*双射*(bijective)). f 的逆函数写作 f^{-1}.

一个可逆函数可以被撤销; 如果 $f(a) = b$, 则 $f^{-1}(b) = a$. “可逆” 和 “逆” 这两个词对乘法尤其适合; 要撤销乘 a 的运算, 我们可以乘上它的逆, $1/a$. (但函数 $f(x) = x$ 的逆函数是 $f^{-1}(x) = x$, 所以在这种情况下, x 的逆还是 x, 不是乘法的逆 $1/x$. 通常, 从上下文可以很清楚 “逆” 的意思是定义 0.4.7 中的 “逆映射”, 还是 “乘法的逆”, 但是有时候存在歧义.)

例 0.4.8 (单射; 满射). 映射 “…… 的社会安全号码” 作为从美国公民到数的映射, 不是满射, 因为存在一些不是社会安全号码的数. 但是它是一对一的: 没有两个美国公民有相同的社会安全号码. 从实数到非负实数的映射 $f(x) = x^2$ 是满射, 因为每个非负实数都有一个实平方根, 但是它不是一对一的, 因为每个正实数都有正的平方根和负的平方根. △

如果一个函数 f 是不可逆的, 我们仍然可以讨论在 f 下, 一个集合的*逆像*(inverse image).

定义 0.4.9 (逆像). 令 $f\colon X \to Y$ 为一个函数, 令 $C \subset Y$ 为 f 的陪域的一个子集. 则 C 在 f 上的*逆像*, 记作 $f^{-1}(C)$, 由那些满足 $x \in X$ 且 $f(x) \in C$ 的元素组成.

对于例 0.4.10 中的映射, $f^{-1}(\{1\}) = \varnothing$, 它是有明确定义的集合. 如果我们定义从 $\mathbb{R}$ 到非负实数的映射 $g(x) = x^2$, 则 $g^{-1}(\{-1\})$ 和 $g^{-1}(\{-1, 4, 9, 16\})$ 都将不存在.

例 0.4.10 (逆像). 令 $f\colon \mathbb{R} \to \mathbb{R}$ 为 (不可逆的) 映射 $f(x) = x^2$. 则集合 $\{-1, 4, 9, 16\}$ 在 f 下的逆像为 $\{-4, -3, -2, 2, 3, 4\}$:

$$f^{-1}(\{-1, 4, 9, 16\}) = \{-4, -3, -2, 2, 3, 4\}. \quad \square \tag{0.4.2}$$

命题 0.4.11 (交和并的逆像).

1. 交的逆像等于逆像的交:

$$f^{-1}(A\cap B)=f^{-1}(A)\cap f^{-1}(B). \tag{0.4.3}$$

2. 并的逆像等于逆像的并:

$$f^{-1}(A\cup B)=f^{-1}(A)\cup f^{-1}(B). \tag{0.4.4}$$

在练习 0.4.6 中, 你要证明命题 0.4.11.

映射的复合

通常, 我们希望连续地使用多个映射, 这叫作复合.

如果你把复合写成示意图的形式, $(f\circ g)\colon A\to D$ 可以写成

$$A\underset{g}{\to}B\subset C\underset{f}{\to}D,$$

则会更容易理解复合.

定义 0.4.12 (复合). 如果 $f\colon C\to D$, $g\colon A\to B$ 为两个映射, 且 $B\subset C$, 则 $(f\circ g)\colon A\to D$ 是由

$$(f\circ g)(x)=f(g(x)) \tag{0.4.5}$$

给出的复合(composition).

复合是从左向右写的, 但是是从右向左计算的: 你把映射 g 用在输入 x 上, 然后, 把映射 f 用在结果上. 练习 0.4.7 提供了一些练习.

注意到, 想要让 $f\circ g$ 有意义, g 的陪域必须包含在 f 的定义域中.

例 0.4.13 (“某人的父亲” 与 “某人的母亲” 的复合). 考虑下面两个从人的集合到人的集合 (活着的或者去世的) 的映射: F, 某人的父亲, M, 某人的母亲. 将它们复合, 得到

$$\begin{aligned}&F\circ M\qquad(\text{某人的母亲的父亲}=\text{某人的外公}),\\&M\circ F\qquad(\text{某人的父亲的母亲}=\text{某人的奶奶}).\end{aligned}$$

在计算机进行复合时, 复合的结合律未必是成立的. 一种计算的方法比另一种可能在计算上更有效; 由于四舍五入的误差, 计算机甚至可能得到不同的结果, 这取决于括号被放在哪里.

在这个例子里, 很清楚复合是满足结合律的:

$$F\circ(F\circ M)=(F\circ F)\circ M. \tag{0.4.6}$$

大卫的外公的父亲与大卫的母亲的爷爷是同一个人. (当然, 这是不能交换的: “某人的母亲的父亲” 不同于 “某人的父亲的母亲”.) △

例 0.4.14 (两个函数的复合). 如果 $f(x)=x-1$, $g(x)=x^2$, 则

$$(f\circ g)(x)=f(g(x))=x^2-1.\qquad\triangle \tag{0.4.7}$$

尽管复合是满足结合律的, 但在很多情况下, $((f\circ g)\circ h)$ 与 $(f\circ(g\circ h))$ 对应于不同的思考方式. 传记的作者在强调个体的外公和外公的父亲的关系的时候, 可能会用 “外公的父亲”, 在强调个体的母亲和她的爷爷的关系的时候, 可能会用 “母亲的爷爷”.

命题 0.4.15 (复合满足结合律). 复合是满足结合律的:

$$(f\circ g)\circ h=f\circ(g\circ h). \tag{0.4.8}$$

证明: 只需下面的计算

$$((f\circ g)\circ h)(x)\ =\ (f\circ g)\big(h(x)\big)=f\big(g(h(x))\big),$$

而

$$\big(f\circ(g\circ h)\big)(x) \quad = \quad f\big((g\circ h)(x)\big) = f\big(g(h(x))\big). \quad \square \tag{0.4.9}$$

你可能发现这个证明似乎没有什么内容. 映射的复合是我们基本的思考过程的一部分: 你在任何说到 "某个东西的这个的那个" 的时候, 都用到了复合. 所以, 复合满足结合律的陈述可能看起来太明显了, 证明可能看起来不是个证明.

命题 0.4.16 (满射函数的复合). 令函数 $f\colon B\to C$, $g\colon A\to B$ 为满射. 则复合 $(f\circ g)$ 也是满射.

命题 0.4.17 (单射函数的复合). 令函数 $f\colon B\to C$, $g\colon A\to B$ 为单射. 则复合 $(f\circ g)$ 也是单射.

练习 0.4.8 让你证明命题 0.4.16 和 0.4.17.

0.4 节的练习

0.4.1 下面几个是真的函数吗? 也就是问, 它们处处都有明确的定义吗?

a. "某人的姨", 从人到人.

b. $f(x)=\dfrac{1}{x}$, 从实数到实数.

c. "某国的首都", 从国家到城市 (当心, 至少有一个国家, 玻利维亚, 有两个首都).

0.4.2 a. 创建一个是满射但不是单射的非数学函数.

b. 创建一个是满射但不是单射的数学函数.

0.4.3 a. 创建一个是双射 (满射和单射) 的非数学函数.

b. 创建一个是双射 (满射和单射) 的数学函数.

0.4.4 a. 创建一个是单射但不是双射的非数学函数.

b. 创建一个是单射但不是双射的数学函数.

0.4.5 给定函数 $f\colon A\to B$, $g\colon B\to C$, $h\colon A\to C$ 和 $k\colon C\to A$, 下列哪些复合是有明确定义的? 对那些有明确定义的复合, 给出每个的定义域和陪域.

a. $f\circ g$;　b. $g\circ f$;　c. $h\circ f$;　d. $g\circ h$;　e. $k\circ h$;　f. $h\circ g$;
g. $h\circ k$;　h. $k\circ g$;　i. $k\circ f$;　j. $f\circ h$;　k. $f\circ k$;　l. $g\circ k$.

0.4.6 证明命题 0.4.11.

0.4.7 对下列函数, 计算 $(f\circ g\circ h)(x)$ 在 $x=a$ 的值:

a. $a=3$, $f(x)=x^2-1$, $g(x)=3x$, $h(x)=-x+2$.

b. $a=1$, $f(x)=x^2$, $g(x)=x-3$, $h(x)=x-3$.

0.4.8 a. 证明命题 0.4.16.

b. 证明命题 0.4.17.

0.4.9 $\sqrt{\dfrac{x}{y}}$ 的自然的定义域是什么?

0.4.10 下列函数的自然的定义域是什么?

a. $\ln\circ\ln$; b. $\ln\circ\ln\circ\ln$; c. ln 与自身复合 n 次.

0.4.11 $\mathbb{R}$ 的哪个子集是函数 $(1+x)^{1/x}$ 的自然的定义域?

0.4.12 从实数到非负实数的函数 $f(x)=x^2$ 是满射但不是单射.

a. 你可以通过改变定义域把它变成单射吗? 改变陪域呢?

b. 你可以通过改变定义域把它变成不是满射吗? 改变陪域呢?

0.5 实 数

证明所有这样的构造都会得到同样的数是一个枯燥乏味的练习, 我们不会去做.

微积分是关于极限、连续性和近似的. 这些概念涉及实数和复数, 而不是整数和有理数. 在这一节 (以及附录 A.1), 我们介绍实数, 并建立起它们最有用的属性. 我们的方法是优先把数写成十进制; 这有一点不那么自然, 但我们希望你会喜欢上实数, 它正是你所习惯的形式.

数和它们的顺序

实数实际上是双向无限的小数, 左边为 0: 像数字 $3.000\,0\cdots$, 实际上是

$$\cdots 000\,003.000\,0\cdots.$$

根据约定俗成的传统, 前导 0 通常是省略的. 一个例外是信用卡的有效日期: 三月为 03, 不是 3.

根据定义, 实数的集合是无限小数的集合: 像 $2.957\,653\,920\,457\cdots$ 这样的表达式, 前面加上正号或者负号 (通常 "+" 是被省略的). 你认为是 3 的数, 是无限的小数 $3.000\,0\cdots$, 结尾全是 0. 确认下面的结果非常重要, 一个结尾全是 9 的数等于它的四舍五入之后的结尾全是 0 的数:

$$0.349\,999\,99\cdots = 0.350\,000\ \cdots. \tag{0.5.1}$$

另外, $+0.000\,0\cdots = -0.000\,0\cdots$. 除了这些例外, 只有唯一的方式表示一个实数.

以 "+" 开头的数, 除了 $+0.000\cdots$, 都为正的; 那些以 "−" 开头的数, 除了 $-0.00\cdots$, 都是负的. 如果 x 是实数, 则 $-x$ 与它有相同的数字构成的字符串, 但是在前面有一个相反的符号.

实数可以以更优雅的方式来定义: 例如, 戴德金 (Dedekind) 分割 (见 M. Spivak, *Calculus*, 第二版, 1980, pp. 554-572), 或者有理数的柯西序列. 你也可以把现在的方法做镜像, 以任何进制来写数, 例如二进制. 因为这一节是受计算机上的浮点数的处理所引发的, 二进制看起来很自然.

当一个数被写为十进制的时候, 在 10^k 位上的数代表 10^k 的个数. 例如, $217.4\cdots$ 有 2 个 100, 1 个 10, 7 个 1, 4 个 0.1, 对应于百位的 2, 十位的 1, 等等. 我们用 $[x]_k$ 表示保留所有 10^k 位左边, 包括 10^k 位, 而把其余的位都设成 0 所形成的数. 这样, 对于 $a=5\,129.359\cdots$, 我们有 $[a]_2=5\,100.00\cdots$, $[a]_0=5\,129.00\cdots$, $[a]_{-2}=5\,129.350\,0\cdots$. 如果 x 有两种表示方法, 我们定义 $[x]_k$ 为从以 0 结尾的无限小数得到的有限小数; 对于公式 (0.5.1) 中的数, $[x]_{-3}=0.350$, 而不是 0.349.

给定两个不同的有限数 x 和 y, 一个总比另一个大, 如下所述. 如果 x 是正的, y 是非正的, 则 $x>y$. 如果两个都是正的, 则在它们的数字表示中, 存在

一个最左边的两个数不同的数位; 哪一个的数字在那一位上大, 那个数就大. 如果 x 和 y 是负的, 且 $-y > -x$, 则 $x > y$.

最小上界

定义 0.5.1 (上界, 最小上界). 一个数 a 是一个子集 $X \subset \mathbb{R}$ 的*上界*(upper bound), 如果对于每一个 $x \in X$, 我们有 $x \leqslant a$. *最小上界*(least upper bound)是一个上界 b, 使得对任何其他上界 a, 都有 $b \leqslant a$. 最小上界, 或者*上确界*(supremum), 记作 $\sup X$. 如果 X 是向上无界的, 则 $\sup X$ 定义为 $+\infty$.

实数的最小上界的属性经常被当作公理; 实际上, 它描述了实数的特性, *它是微积分的每个定理的基础*. 然而, 至少对于之前对实数的描述, 它是一个定理, 不是公理.

最小上界 $\sup X$ 有时候会写作 l.u.b.X; $\max X$ 的写法也被使用, 但是它会告诉一些人 $\max X \in X$, 但实际未必是这样的.

定义 0.5.2 (下界, 最大下界). 一个数 a 是一个子集 $X \subset \mathbb{R}$ 的*下界*(lower bound), 如果对于每一个 $x \in X$, 我们有 $x \geqslant a$. *最大下界*(greatest lower bound)是一个下界 b, 使得对任何其他下界 a, 都有 $b \geqslant a$. 最大下界, 或者*下确界*(infimum), 记作 $\inf X$. 如果 X 是向下无界的, 则 $\inf X$ 定义为 $-\infty$.

定理 0.5.3 (实数集是完备的). 每个有上界的非空子集 $X \subset \mathbb{R}$ 有一个最小上界 $\sup X$. 每个有下界的非空子集 $X \subset \mathbb{R}$ 有一个最大下界 $\inf X$.

证明: 我们将构造 $\sup X$ 的后续的数位. 假设 $x \in X$ 为一个元素 (我们知道它存在, 因为 $X \neq \varnothing$) 且 a 是一个上界. 我们将假设 $x > 0$($x \leqslant 0$ 的情况稍有不同). 如果 $x = a$, 我们就能完成证明: 最小上界就是 a.

如果

$$a = 29.86\cdots, b = 29.73\cdots,$$

则 $[b]_{-2} < [a]_{-2}$, $[b]_{-1} < [a]_{-1}$; $j = -1$ 是满足 $[b]_j < [a]_j$ 的最大的 j.

如果 $x \neq a$, 则存在一个最大的 j 满足 $[x]_j < [a]_j$. 对于 $k > j$, 有十个数与 x 有着相同的第 k 位数, 而对于 $k < j$, 第 k 位为 0; 考虑那些在 $[[x]_j, a]$ 中的数. 这个集合是非空的, 因为 $[x]_j$ 是其中的一个. 令 b_j 为这十个数中最大且满足 $X \cap [b_j, a] \neq \varnothing$ 的数; 这样的 b_j 存在, 因为 $x \in X \cap \big[[x]_j, a\big]$.

在 $[b_j, a]$ 中, 考虑对 $k > j-1$ 具有相同的第 k 位数, 而对于 $k < j-1$ 第 k 位为 0 的数的集合. 这是一个最多具有十个元素的非空子集, b_j 是其中一个. 令 b_{j-1} 为最大且满足 $X \cap [b_{j-1}, a] \neq \varnothing$ 的数. 这样的 b_{j-1} 存在, 因为如有必要, 我们可以选择 b_j. 继续这个过程, 定义 b_{j-2}, b_{j-3}, 等等, 并令 b 为 (对所有的 n) 第 n 位与 b_n 的第 n 位相同的数.

我们给出的证明 $b = \sup X$ 的存在性的过程没有给出任何用来找到它的信息. 就像定理 1.6.3 的证明一样, 这个证明是非构造性的. 例 1.6.4 演示了你在试图构造 b 的时候, 可能会遇到的困难的类型.

我们断言, $b = \sup X$. 实际上, 如果存在 $y \in X$ 且 $y > b$, 则存在第一个 k 值, 满足 y 的第 k 位与 b 的第 k 位不同. 这与我们的假设, b_k 为十个数中满足 $X \cap [b_k, a] \neq \varnothing$ 的最大数相矛盾, 因为使用 y 的第 k 位会产生更大的数. 所以 b 为一个上限. 现在假设 $b' < b$. 如果 b' 是 X 的一个上界, 则 $(b', a] \cap X = \varnothing$. 再一次, 存在第一个 k, 满足 b 的第 k 位与 b' 的第 k 位不同. 则 $(b', a] \cap X \supset [b_k, a] \cap X \neq \varnothing$. 这样 b' 不是 X 的上界. □

序列和级数

符号 $\mapsto$("映射到") 描述了一个函数对一个输入做了什么; 见第 8 页关于函数的记号的边注. 对序列使用这个记号是合理的, 因为一个序列确实是从正整数到序列所在的无论什么空间的一个映射.

序列是一个无限的列表 $a_1, a_2, \cdots$(数, 或者向量, 或者矩阵的列表). 我们用 $n \mapsto a_n$ 来表示这样的列表, 其中 n 被假设为正 (或者非负) 整数.

定义 0.5.4 (收敛序列). 一个实数的序列 $n \mapsto a_n$, 如果对于任意 $\epsilon > 0$, 都存在 N, 使得对于任意 $n > N$, 我们都有 $|a - a_n| < \epsilon$, 则数列收敛(converge)到极限 a.

一个序列 $i \mapsto a_i$ 也可以写为 (a_i) 或者 $(a_i)_{i\in\mathbb{N}}$, 或者甚至 a_i. 我们在前一版使用 a_i 的记号, 但我们确信 $i \mapsto a_i$ 是最好的.

许多重要的序列都以级数的部分和的形式出现. 一个级数是由一个序列逐项相加得到的. 如果我们把 $a_1, a_2, \cdots$ 当作级数, 则相关联的部分和的序列为 $s_1, s_2, \cdots$, 其中

$$s_N = \sum_{n=1}^{N} a_n. \tag{0.5.2}$$

例如, 如果 $a_1 = 1, a_2 = 2, a_3 = 3, \cdots$, 则 $s_4 = 1 + 2 + 3 + 4$.

如果一个级数收敛, 则把同样一列数看成一个序列必然收敛到 0. 反过来并不成立. 例如, 调和级数

$$1 + \frac{1}{2} + \frac{1}{3} + \cdots$$

不收敛, 尽管它的项趋向于 0.

定义 0.5.5 (收敛级数). 如果一个级数的部分和构成的序列有极限, 则该级数收敛, 其极限为

$$S \overset{\text{def}}{=} \sum_{n=1}^{\infty} a_n. \tag{0.5.3}$$

例 0.5.6 (收敛的几何级数). 如果 $|r| < 1$, 则

$$\sum_{n=0}^{\infty} ar^n = \frac{a}{1-r}. \tag{0.5.4}$$

实际上, 一个级数的指标的集合可能会不同; 比如, 在例 0.5.6 中, n 从 0 变到 ∞, 而不是从 1 变到 ∞. 对于傅里叶级数, n 从 $-\infty$ 变到 ∞. 但级数通常写为从 1 到 ∞ 的求和.

例如, $2.020\,202\ \cdots = 2 + 2(0.01) + 2(0.01)^2 + \cdots = \dfrac{2}{1-(0.01)} = \dfrac{200}{99}$.

实际上, 下面的减法证明了 $S_n(1-r) = a - ar^{n+1}$:

$$\begin{array}{rcl} S_n & \overset{\text{def}}{=} & a + ar + ar^2 + ar^3 + \cdots + ar^n \\ S_n r & = & \quad\ \ ar + ar^2 + ar^3 + \cdots + ar^n + ar^{n+1} \\ \hline S_n(1-r) & = & a \qquad\qquad\qquad\qquad\qquad\qquad\quad - ar^{n+1} \end{array} \tag{0.5.5}$$

但是, 当 $|r| < 1$ 时, $\lim\limits_{n\to\infty} ar^{n+1} = 0$, 所以在 $n \to \infty$ 时, 我们可以舍弃 $-ar^{n+1}$, 得到 $S_n \to a/(1-r)$. △

定理 0.5.7: 当然, 非增序列当且仅当其有界时收敛也是对的. 大多的序列既不是非递减的也不是非递增的.

在数学分析中, 通常是通过展示出一个收敛到解的序列来解决问题. 因为我们不知道解是什么, 在不知道极限的情况下保证收敛性就是很基本的. 得到这样的结论是数学史上的一个分水岭, 首先与一个严格的实数的构造相关联, 之后与勒贝格积分相关联, 这使巴拿赫空间和希尔伯特空间的构造成为可能, 在这两个空间中, 绝对收敛意味着收敛, 再一次在不知道极限的情况下给出了收敛的结论. 这些概念的使用也是数学教育的一个分水岭: 基本的微积分给出精确的解, 而更高级的微积分则把它们构造成极限.

证明收敛性

一个收敛序列或者级数的定义的弱点是它涉及极限值; 很难看出, 在不提前知道极限的情况下, 你将如何证明一个序列是有极限的. 关于这个问题的第一个结果是定理 0.5.7. 它和它的推论构成了整个微积分的基础.

定理 0.5.7. 当且仅当一个实数的非减序列 $n \mapsto a_n$ 有界时, 它才是收敛的.

证明: 如果一个实数序列 $n \mapsto a_n$ 收敛, 则它显然是有界的. 如果它是有界的, 则 (根据定理 0.5.3) 它有一个最小上界 A. 我们宣称 A 就是极限. 这就意味着, 对于任意 $\epsilon > 0$, 存在 N, 使得如果 $n > N$, 则 $|a_n - A| < \epsilon$. 选取 $\epsilon > 0$, 如果对于所有的 n 都有 $A - a_n > \epsilon$, 则 $A - \epsilon$ 是一个序列的上界, 与 A 的定义矛

盾, 所以存在第一个 N 满足 $A-a_N<\epsilon$, 则这个 N 满足要求, 因为当 $n>N$ 时, 我们必有 $A-a_n\leqslant A-a_N<\epsilon$. □

定理 0.5.7 有下列的结果:

定理 0.5.8 (绝对收敛意味着收敛). 如果绝对值的级数 $\sum_{n=1}^{\infty}|a_n|$ 收敛, 则级数 $\sum_{n=1}^{\infty}a_n$ 收敛.

与实数和复数相对比, 在不能明确地展示出极限的情况下, 不可能证明一个有理数或者代数数的序列的极限也是有理数或者代数数.

证明: 级数 $\sum_{n=1}^{\infty}(a_n+|a_n|)$ 是一个非负数的级数, 所以部分和 $b_m=\sum_{n=1}^{m}(a_n+|a_n|)$ 是非减的. 它们也是有界的:

$$\begin{aligned} b_m &= \sum_{n=1}^{m}(a_n+|a_n|)\leqslant\sum_{n=1}^{m}2|a_n| \\ &= 2\sum_{n=1}^{m}|a_n|\leqslant 2\sum_{n=1}^{\infty}|a_n|. \end{aligned} \tag{0.5.6}$$

不等式 (0.5.6): 根据定理的假设, 求和

$$\sum_{n=1}^{\infty}|a_n|$$

是有界的.

所以 (根据定理 0.5.7) $m\mapsto b_m$ 是一个收敛序列, 且 $\sum_{n=1}^{\infty}a_n$ 可以表示为两个数的和, 每一个数都是一个收敛的级数

$$\sum_{n=1}^{\infty}a_n=\sum_{n=1}^{\infty}(a_n+|a_n|)+\left(-\sum_{n=1}^{\infty}|a_n|\right). \quad \square \tag{0.5.7}$$

介值定理

19 世纪一个不成功的连续性的定义指出, 如果一个函数 f 满足介值定理, 则它是连续的. 在练习 0.5.2 中, 你要证明这个与通常的定义不一致. (大概也与任何人对连续的意义应该是什么的直觉不一致.)

介值定理看起来显然是正确的, 也经常是有用的. 很容易从定理 0.5.3 和连续性的定义得到这个定理.

定理 0.5.9 (介值定理). 如果 $f\colon[a,b]\to\mathbb{R}$ 为一个连续函数, c 为一个满足 $f(a)\leqslant c$, $f(b)\geqslant c$ 的数, 则存在 $x_0\in[a,b]$, 使得 $f(x_0)=c$.

证明: 令 X 为满足 $x\in[a,b]$ 且 $f(x)\leqslant c$ 的 x 的集合. 注意到 X 是非空的 (a 在其中), 而且它有上界, 即 b, 所以它有最小上界, 我们称之为 x_0. 我们断言, $f(x_0)=c$.

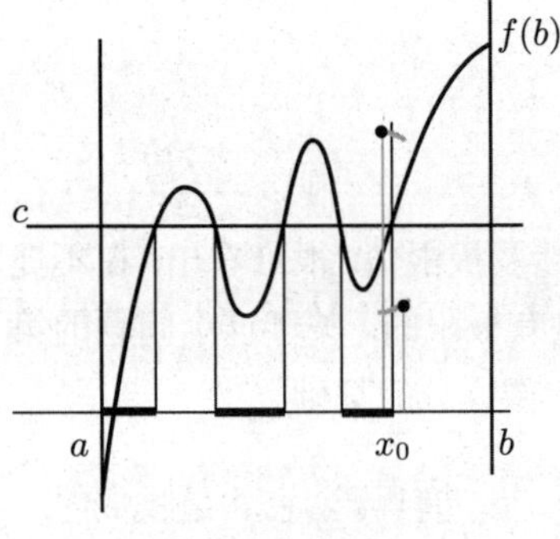

图 0.5.1

$[a,b]$ 上加重的区间为满足 $f(x)\leqslant c$ 的 x 的集合 X. 在 x_0 左边一点的点 $x\in X$ 给出 $f(x)>c$, 与 X 的定义矛盾. 在 x_0 右边一点的点 $x\in X$ 给出 $f(x)<c$, 也与 X 的上界的定义相矛盾.

因为 f 是连续的, 对于任意 $\epsilon>0$, 存在 $\delta>0$, 使得当 $|x_0-x|<\delta$ 时, 有 $|f(x_0)-f(x)|<\epsilon$. 如果 $f(x_0)>c$, 我们可以设 $\epsilon=f(x_0)-c$, 并找到相应的 δ. 因为 x_0 是 X 的一个最小上界, 存在 $x\in X$, 使得 $x_0-x<\delta$, 所以

$$\begin{aligned} f(x) &= f(x_0)+f(x)-f(x_0) \\ &\geqslant f(x_0)-|f(x)-f(x_0)|>c+\epsilon-\epsilon=c, \end{aligned}$$

与 x 在 X 中相矛盾; 如图 0.5.1.

如果 $f(x_0)<c$, 相似的论证可以证明, 存在 $\delta>0$, 使得 $f(x_0+\delta/2)<c$, 与 x_0 是 X 的上界的假设相矛盾. 唯一余下的选择就是 $f(x_0)=c$. □

0.5 节的练习

0.5 节的练习相当有难度.

练习 0.5.1: 练习 1.6.11 重复了这个练习, 带有提示.

0.5.1 证明: 如果 p 是奇数次实系数多项式, 则存在实数 c 满足 $p(c)=0$.

0.5.2 a. 证明: 函数

$$f(x)=\begin{cases}\sin\dfrac{1}{x} & \text{如果 } x\neq 0\\ 0 & \text{如果 } x=0\end{cases}$$

是不连续的.

b. 证明 f 满足介值定理的结论: 如果 $f(x_1)=a_1$, $f(x_2)=a_2$, 则对于任意介于 a_1 和 a_2 之间的数 a, 存在介于 x_1 和 x_2 之间的 x, 满足 $f(x)=a$.

练习 0.5.3: 根据传统, $[a,b]$ 意味着 $a\leqslant b$. 练习 0.5.3 是著名的*布劳维尔不动点定理*(Brouwer fixed point theorem)的一维的情况, 将在后续的章节中讨论. 在一维的情况下, 它是介值定理的一个很简单的结果, 但在高维空间中 (哪怕是二维), 它也是一个很微妙的结果.

练习 0.5.4 演示了当一个级数不绝对收敛的时候, 收敛可以有多么复杂. 练习 0.5.5 说明了这些问题在绝对收敛级数上不存在.

0.5.3 假设 $a\leqslant b$, 证明: 如果 $f\colon[a,b]\to[a,b]$ 是连续的, 则存在 $c\in[a,b]$ 满足 $f(c)=c$.

0.5.4 令

$$a_n=\frac{(-1)^{n+1}}{n},\ n=1,2,\cdots.$$

a. 证明: 级数 $\sum a_n$ 收敛;

*b. 证明: $\displaystyle\sum_{n=1}^{\infty}a_n=\ln 2$;

c. 解释如何重新安排级数的项, 使得它收敛到 5;

d. 解释如何重新安排级数的项, 使得它发散.

0.5.5 证明: 如果级数 $\displaystyle\sum_{n=1}^{\infty}a_n$ 是绝对收敛的, 则任何级数的重新排列仍然是收敛的, 并且收敛到同一个极限.

提示: 对于任何 $\epsilon>0$, 存在 N, 使得 $\displaystyle\sum_{n=N+1}^{\infty}|a_n|<\epsilon$. 对于任何级数的重排 $\displaystyle\sum_{n=1}^{\infty}b_n$, 存在 M, 使得所有的 $a_1,\cdots,a_N$ 出现在 $b_1,\cdots,b_M$ 中. 证明: $\displaystyle|\sum_{n=1}^{N}a_n-\sum_{n=1}^{M}b_n|<\epsilon$.

在几千年的关于无限的哲学思考之后, 康托找到了一个被忽视的基本概念.

图 0.6.1
康托 (Georg Cantor, 1845 — 1918)

0.6 无限集合

集合论被给予如此的重要性的一个原因是, 康托 (图 0.6.1) 发现, 两个无限集合的元素数量不必相同; 不只有一个无限. 你可能想到这个是很明显的; 例如, 很清楚, 整数的个数比偶数的个数多. 但是根据康托给出的定义, 如果你可以在两个集合之间建立起一个双向的对应 (也就是, 既是单射也是满射), 则两个集合的元素的个数相同 (相同的*基数*(cardinality)). 例如

$$0,1,2,3,4,5,6,\cdots,$$

$$0, 2, 4, 6, 8, 10, 12, \cdots \tag{0.6.1}$$

建立了自然数与偶自然数之间的一个双向对应. 更一般地, 任何你可以列出元素的集合与 $\mathbb{N}$ 具有相同的**基数**: 例如

回忆 (0.3 节) 一下, $\mathbb{N}$ 为“自然数” $0, 1, 2, \cdots$ 的集合; $\mathbb{Z}$ 为整数的集合; $\mathbb{R}$ 为实数的集合.

看起来有可能 $\mathbb{R}$ 和 $\mathbb{R}^2$ 有不同的无限多个元素, 但实际不是这样的 (练习 A.1.5).

$$0, 1, 1/2, 1/3, 2/3, 1/4, 3/4, 1/5, 2/5, 3/5, 4/5, \cdots \tag{0.6.2}$$

是 $[0, 1]$ 上的有理数列表的前几项.

但是在 1873 年, 康托发现, $\mathbb{R}$ 与 $\mathbb{N}$ 不具有相同的基数: $\mathbb{R}$ 具有*更大的无限多个元素*. 实际上, 想象一下建立任何一个实数的无限列表, 比如 0 和 1 之间的, 写成小数形式, 你的列表可能看起来像

$$\begin{aligned}
&0.\mathbf{1}54\ 362\ 786\ 453\ 429\ 823\ 763\ 490\ 652\ 367\ 347\ 548\ 757 \cdots,\\
&0.9\mathbf{8}7\ 354\ 621\ 943\ 756\ 598\ 673\ 562\ 940\ 657\ 349\ 327\ 658 \cdots,\\
&0.22\mathbf{9}\ 573\ 521\ 903\ 564\ 355\ 423\ 035\ 465\ 523\ 390\ 080\ 742 \cdots,\\
&0.104\ \mathbf{7}52\ 018\ 746\ 267\ 653\ 209\ 365\ 723\ 689\ 076\ 565\ 787 \cdots,\\
&0.026\ 3\mathbf{2}8\ 560\ 082\ 356\ 835\ 654\ 432\ 879\ 897\ 652\ 377\ 327 \cdots,\\
&\cdots.
\end{aligned} \tag{0.6.3}$$

图 0.6.2
刘维尔 (Joseph Liouville, 1809 — 1882)

我们现在来考虑由对角线上的数字构成 (公式 (0.6.3) 中的粗体) 的小数, $0.189\ 72\cdots$, 并且修改它 (以几乎你想要的任何方式), 使得每个数字都被改变, 例如, 根据规则 “把 7 改成 5, 并且把任何不是 7 的数字改成 7”: 在这种情况下, 这个数变为 $0.777\ 57\cdots$. 很明显, 这个数没有出现在你的列表中: 它不是列表的第 n 项, 因为它与第 n 项的第 n 位不同.

可以与自然数建立起一一对应的无穷集合叫作*可数集合*, 或者是*无限可数的*. 那些不能的集合叫作*不可数集合*, 实数集合 $\mathbb{R}$ 是不可数的.

超越数的存在性

埃尔米特对于康托的存在无穷多个超越数的证明有一些诽谤性的言论, 它不需要计算, 也不需要费力, 但是没能够找到哪怕一个反例.

一个*代数数*(algebraic number)是一个整系数多项式方程的根: 有理数 p/q 是代数数, 因为它是 $qx - p = 0$ 的根, $\sqrt{2}$ 也是代数数, 因为它是 $x^2 - 2 = 0$ 的根. 一个不是代数数的数叫作*超越数*(transcendental number). 1851 年, 刘维尔 (图 0.6.2) 提出了超越数 (现在叫作刘维尔数)

$$\sum_{n=1}^{\infty} \frac{1}{10^{n!}} = 0.110\ 001\ 000\ 000\ 000\ 000\ 000\ 001\ 00 \cdots, \tag{0.6.4}$$

在所有的第 $n!$ 位上为 1, 其余位上为 0. 1873 年, 埃尔米特 (图 0.6.3) 证明了一个难得多的结果, 即 e 是超越数. 但康托在基数上的工作使得必然存在不可数的数量的超越数这个结论变得显然了: 那些在你试图把所有的实数与代数数进行一一对应时所余下来的数, 都是超越数.

图 0.6.3
埃尔米特 (Charles Hermite, 1822 — 1901)

下面是用来证明代数数可数的一种方法. 首先, 列出次数不超过 1 的整系数多项式 $a_1x + a_0$, 满足 $|a_i| \leqslant 1$, 其次是次数不超过 2 的整系数多项式 $a_2x^2 + a_1x + a_0$, 满足 $|a_i| \leqslant 2$, 等等. 这个列表的前面几项为

$$-x-1, -x+0, -x+1, -1, 0, 1, x-1, x, x+1, -2x^2-2x-2,$$

$$-2x^2-2x-1, -2x^2-2x, -2x^2-2x+1, -2x^2-2x+2, \cdots. \quad (0.6.5)$$

(公式 (0.6.5) 中的多项式 -1 为 $0 \cdot x - 1$.) 我们再遍历一下这个列表, 把重复的去掉.

下一步, 我们写第二个列表, 首先写出公式 (0.6.5) 中的第一个多项式的根, 其次是第二个多项式的根, 等等. 这样就列出了所有的代数数, 证明了它们构成一个可数集合.

证明连续统假设是希尔伯特在 1900 年举办的第二届国际数学家大会上提出的著名的 23 个数学问题中的第一个. 科恩 (图 0.6.4) 和哥德尔 (图 0.6.5) 分别独立工作了 30 年, 证明了该问题是不可解的.

图 0.6.4
科恩 (Paul Cohen, 1934 — 2007)

不同基数的其他结果

如果存在一个可逆映射 $A \to B$, 则两个集合 A 和 B 具有相同的基数 (记作 $A \asymp B$). 如果一个集合 $A \asymp \mathbb{N}$, 则 A 是可数的, 如果 $A \asymp \mathbb{R}$, 则它具有**连续统的基数**(cardinality of continuum). 我们要说, 如果存在一个从集合 A 到集合 B 的一一映射, 则集合 A 的基数最多为 B 的基数, 记作 $A \preceq B$. 练习 0.6.5 中简述的施罗德–伯恩斯坦 (Schröder-Bernstein) 定理证明了, 如果 $A \preceq B$ 且 $B \preceq A$, 则 $A \asymp B$.

$\mathbb{R}$ 与 $\mathbb{N}$ 具有不同基数的事实产生了各种问题. 除了 $\mathbb{N}$ 和 $\mathbb{R}$, 还有其他的无限吗? 我们将在命题 0.6.1 中看到, 有无限多种.

对于任何集合 E, 我们用 $\mathcal{P}(E)$ 表示 E 的全部子集的集合, 叫作 E 的**幂集**(power set). 显然, 对于任意集合 E, 存在一个一一映射 $f\colon E \to \mathcal{P}(E)$; 例如, 映射 $f(a) = \{a\}$. 所以, E 的基数最多为 $\mathcal{P}(E)$ 的基数. 实际上, 是严格小于. 如果 E 是有限的, 且有 n 个元素, 则 $\mathcal{P}(E)$ 有 2^n 个元素, 显然比 E 多 (见练习 0.6.2). 命题 0.6.1 说明, 在 E 为无限的时候, 这也是成立的.

命题 0.6.1. 映射 $f\colon E \to \mathcal{P}(E)$ 从来不是满射.

哥德尔被认为是史上最伟大的逻辑学家. 他的兄弟是一名医生, 写道:

"哥德尔, …… 一生都相信他总是对的, 不仅在数学上, 而且在医学上, 所以对于医生来说, 他是个很棘手的病人."

证明: 令 $A \subset E$ 为满足 $x \notin f(x)$ 的 x 的集合. 我们将要证明, A 不在 f 的像中, 因此 f 不是满射. 假设 A 在 f 的像中. 则对于某个适当的 $y \in E$, A 必须为 $f(y)$ 的形式. 但如果 y 在 $A = f(y)$ 中, 这就意味着 $y \notin A$, 如果 y 不在 $A = f(y)$ 中, 这就意味着 $y \in A$. 因此 A 不是 f 的像集合的元素, 所以 f 不是满射. □

因此, $\mathbb{R}, \mathcal{P}(\mathbb{R}), \mathcal{P}(\mathcal{P}(\mathbb{R})), \cdots$ 都具有不同的基数, 每一个都比前一个大. 练习 0.6.8 让你证明 $\mathcal{P}(\mathbb{N})$ 与 $\mathbb{R}$ 有相同的基数.

连续统假设

另一个自然的问题是: 有没有 $\mathbb{R}$ 的无限子集, 不能与 $\mathbb{R}$ 或者 $\mathbb{N}$ 形成一一对应?

康托的**连续统假设**(continuum hypothesis)表明, 答案是没有. 这个陈述已经被证明为不可解的: 它与假设其为正确的 (哥德尔, 1938) 以及假设其为错误的 (科恩, 1965) 集合论的其他公理都是一致的. 这就意味着, 如果因为假设连续统假设是对的, 集合理论中有矛盾, 则不假设它是对的也一样会有矛盾, 假设连续统假设是错的, 如果有矛盾, 则不假设它是错的也一样会有矛盾.

图 0.6.5
哥德尔 (Kurt Gödel, 1906 — 1978)

0.6 节的练习

0.6 节中的许多练习很难, 需要许多的想象力.

0.6.1 a. 证明: 有理数的集合是可数的 (也就是说, 你可以列出所有的有理数).

b. 证明: 有限小数的集合 $\mathbb{D}$ 是可数的.

0.6.2 a. 证明: 如果 E 是有限的, 且有 n 个元素, 则幂集 $\mathcal{P}(E)$ 有 2^n 个元素.

b. 选择一个映射 $f\colon \{a,b,c\} \to \mathcal{P}(\{a,b,c\})$, 对这个映射, 计算集合 $\{x|x \notin f(x)\}$. 验证这个集合不在 f 的像里.

0.6.3 证明: $(-1,1)$ 与实数有同样多的无限多个点. 提示: 考虑函数 $f(x) = \tan(\pi x/2)$.

0.6.4 a. 有多少个 d 次多项式, 其系数的绝对值 $\leqslant d$?

b. 给出公式 (0.6.5) 的列表中多项式 $x^4 - x^3 + 5$ 所在的位置的一个上限.

c. 给出 2 的实数立方根在由公式 (0.6.5) 的列表所产生的数字列表中的位置的一个上界.

0.6.5 令 $f\colon A \to B$ 和 $g\colon B \to A$ 为单射. 我们将要简单描述如何构造一个既是单射也是满射的映射 $h\colon A \to B$.

令 (f,g)–链为由 A 和 B 的元素交替构成的序列, 跟在元素 $a \in A$ 后面的是 $f(a) \in B$, 跟在元素 $b \in B$ 后面的是 $g(b) \in A$.

练习 0.6.5: 这样的映射 h 的存在性为施罗德–伯恩斯坦定理; 这里的简要的证明要归功于艾克斯 · 马赛大学的 Thierry Gallouet.

a. 证明: 每个 (f,g)–链可以唯一地向右继续下去, 且向左可以:

i. 要么以唯一的方式永远继续下去;

ii. 要么可以继续到 A 中不在 g 的像中的一个元素;

iii. 要么可以继续到 B 中不在 f 的像中的一个元素.

b. 证明: A 的每个元素和 B 的每个元素是唯一的这样的最大的 (f,g)–链的元素.

c. 通过如下设置, 构造 $h\colon A \to B$:

$$h(a) = \begin{cases} f(a) & \text{如果}a\text{属于上面的第一类或者第二类的最长链} \\ g^{-1}(a) & \text{如果}a\text{属于第三类的最长链} \end{cases}.$$

证明: $h\colon A \to B$ 是有明确定义的, 是单射, 也是满射.

d. 取 $A = [-1,1]$ 和 $B = (-1,1)$, 写出一个映射 $h\colon A \to B$ 是令人意想不到的难. 取 $f\colon A \to B$ 由 $f(x) = x/2$ 定义, $g\colon B \to A$ 由 $g(x) = x$ 定义.

$[-1,1]$ 上的哪些元素属于第一、第二、第三类链?

c 问中的构造给出了哪些映射 $h\colon [-1,1] \to (-1,1)$?

0.6.6 证明: 圆 $\left\{ \begin{pmatrix} x \\ y \end{pmatrix} \in \mathbb{R}^2 \mid x^2 + y^2 = 1 \right\}$ 上的点与 $\mathbb{R}$ 具有同样的无限多个元素. 提示: 如果利用伯恩斯坦定理 (练习 0.6.5), 这个就很容易.

***0.6.7** a. 证明: $[0,1)\times[0,1)$ 与 $[0,1)$ 具有相同的基数.

b. 证明: $\mathbb{R}^2$ 与 $\mathbb{R}$ 具有相同的无限多个元素.

c. 证明: $\mathbb{R}^n$ 与 $\mathbb{R}$ 具有相同的无限多个元素.

练习 0.6.7: 关于 $\mathbb{R}^2$ 和 $\mathbb{R}^n$ 的记号的讨论, 见 1.1 节.

a 问的提示: 考虑 "映射", 输入 $(0.a_1a_2\cdots, 0.b_1b_2\cdots)$, 返回实数 $0.a_1b_1a_2b_2\cdots$. 对于既可以写成以 0 结尾又可以写成以 9 结尾的数存在着困难. 要做出一个选择, 使得映射是一对一的, 并应用伯恩斯坦定理.

c 问: 1877 年, 康托写信给戴德金, 表明他证明了 $[0,1]$ 区间上的点可以与 $\mathbb{R}^n$ 中的点建立起一一对应. "我看到了, 但我不相信", 他写道.

***0.6.8** 证明: 幂集 $\mathcal{P}(\mathbb{N})$ 与 $\mathbb{R}$ 具有相同的基数.

***0.6.9** 有没有可能列出 (所有的)$[0,1]$ 上的有理数, 写成小数, 使得对角线上的项也给出一个有理数?

0.7 复 数

复数大约是在 1550 年由几位意大利数学家在解三次方程的时候引入的. 他们的工作标志着欧洲数学在沉睡了 15 个世纪之后的重生.

一个复数被写为 $a+b\mathrm{i}$, 其中 a 和 b 为实数, 加法和乘法在等式 (0.7.1) 和等式 (0.7.2) 中定义. 计算是通过 $\mathrm{i}^2=-1$ 的规则得到的.

复数 $a+ib$ 经常被画为点 $\begin{pmatrix}a\\b\end{pmatrix}\in\mathbb{R}^2$. 实数 a 叫作 $a+ib$ 的*实部*(real part), 记为 $\mathrm{Re}(a+ib)$; 实数 b 叫作*虚部*(imaginary part), 记作 $\mathrm{Im}(a+ib)$. 通过把实数 a 写为 $a+\mathrm{i}0\in\mathbb{C}$, 实数集 $\mathbb{R}$ 可以被当作复数集 $\mathbb{C}$ 的子集; 正如你可能想到的, 这样的复数叫作*实数*(real). 实数被系统地当作实的复数, $a+\mathrm{i}0$ 通常简写为 a.

意大利数学家卡丹 (图 0.7.1) 使用复数 (被认为不可能) 作为关键, 使找到实系数三次方程的实根成为可能. 但是复数在数学里, 甚至物理上, 都具有巨大的重要性. 在量子力学里, 一个物理系统的状态由波函数给出, 它是*复值函数*(complex-valued function); 实值函数是不行的.

图 0.7.1
卡丹 (Girolamo Cardano, 1501 — 1576)

$0+ib$ 形式的数叫作*纯虚数*(purely imaginary). 什么样的数, 如果有的话, 既是实的又是纯虚的?[2] 如果我们把 $a+ib$ 画为点 $\begin{pmatrix}a\\b\end{pmatrix}\in\mathbb{R}^2$, 那么纯实数对应于哪里? 纯虚数对应于哪里?[3]

复数的算术

复数的加法是通过下述的显然的方式进行的:

$$(a_1+\mathrm{i}b_1)+(a_2+\mathrm{i}b_2)=(a_1+a_2)+\mathrm{i}(b_1+b_2). \tag{0.7.1}$$

这样, 用 $\mathbb{R}^2$ 表示的复数, 保持了加法运算. 令复数集 $\mathbb{C}$ 有趣的是还可以对复数做乘法:

$$(a_1+\mathrm{i}b_1)(a_2+\mathrm{i}b_2)=(a_1a_2-b_1b_2)+\mathrm{i}(a_2b_1+a_1b_2). \tag{0.7.2}$$

这个公式包括了 $a_1+\mathrm{i}b_1$ 和 $a_2+\mathrm{i}b_2$ 相乘 (把 i 看成是多项式中的变量 x), 得到它们的积:

$$(a_1+\mathrm{i}b_1)(a_2+\mathrm{i}b_2)=a_1a_2+\mathrm{i}(a_2b_1+a_1b_2)+\mathrm{i}^2(b_1b_2), \tag{0.7.3}$$

然后令 $\mathrm{i}^2=-1$.

等式 (0.7.2) 并不是仅有的乘法的定义. 例如, 我们可以定义 $(a_1+\mathrm{i}b_1)*(a_2+\mathrm{i}b_2)=(a_1a_2)+\mathrm{i}(b_1b_2)$. 但之后就存在许多的元素无法做除法, 因为任何纯实数和任何纯虚数的乘积都将是 0:

$$(a_1+\mathrm{i}0)*(0+\mathrm{i}b_2)=0.$$

[2] 仅有的既是实的又是纯虚的数是 $0=0+0\mathrm{i}$.
[3] 纯实数在 x 轴上, 纯虚数在 y 轴上.

例 0.7.1 (复数相乘).

$$(2+\mathrm{i})(1-3\mathrm{i}) = (2+3)+\mathrm{i}(1-6) = 5-5\mathrm{i};\ (1+\mathrm{i})^2 = 2\mathrm{i}. \qquad \triangle \quad (0.7.4)$$

实数被当成复数时的加法和乘法的结果与通常的加法和乘法的结果一致:

$$(a+\mathrm{i}0)+(b+\mathrm{i}0) = (a+b)+\mathrm{i}0; (a+\mathrm{i}0)(b+\mathrm{i}0) = (ab)+\mathrm{i}0. \qquad (0.7.5)$$

练习 0.7.5 让你验证下列九个运算规则, 其中 $z_1, z_2 \in \mathbb{C}$:

1. $(z_1+z_2)+z_3 = z_1+(z_2+z_3)$　加法满足结合律.
2. $z_1+z_2 = z_2+z_1$　加法满足交换律.
3. $z+0=z$　0(也就是$0+0\mathrm{i}$)是加法的单位元.
4. $(a+\mathrm{i}b)+(-a-\mathrm{i}b)=0$　$-a-\mathrm{i}b$是$a+\mathrm{i}b$的加法逆元.
5. $(z_1z_2)z_3 = z_1(z_2z_3)$　乘法满足结合律.
6. $z_1z_2 = z_2z_1$　乘法满足交换律.
7. $1z=z$　1(就是复数$1+0\mathrm{i}$)是乘法的单位元.
8. $(a+\mathrm{i}b)\left(\dfrac{a}{a^2+b^2}-\mathrm{i}\dfrac{b}{a^2+b^2}\right)=1$　如果$z\neq 0$, 则z有一个乘法的逆元.
9. $z_1(z_2+z_3) = z_1z_2+z_1z_3$　乘法对加法满足分配律.

前四个关于加法的属性不依赖于复数的特别的性质; 我们可以类似地定义实 n 元数的加法, 这些规则仍然成立.

当然, 这里的乘法为特殊的复数的乘法, 在等式 (0.7.2) 中定义. 我们可以把两个复数的乘法想成两对实数的乘法. 如果我们要定义一种新的数为三元数 (a,b,c), 就没有办法定义两个三元数的乘法来满足后五项要求.

有一个方法来定义四元数的乘法, 并满足除了交换律以外的条件; 它叫作哈密尔顿四元数. 甚至可能定义八元数的乘法, 但这个乘法既不满足交换律也不满足结合律. 仅此而已: 对于任何其他的 n, 不存在 $\mathbb{R}^n\times\mathbb{R}^n\to\mathbb{R}^n$ 的乘法的定义能够允许计算除法.

共轭复数

定义 0.7.2 (共轭复数). 复数 $z=a+ib$ 的*共轭复数*(complex conjugate)是 $\overline{z}=a-ib$.

复数的共轭保持所有的运算:

$$\overline{z+w}=\overline{z}+\overline{w},\ \overline{zw}=\overline{z}\,\overline{w}. \qquad (0.7.6)$$

实数是和自己的共轭复数相等的复数 z: $\overline{z}=z$. 纯虚复数是和自己的共轭复数互为相反数的复数: $\overline{z}=-z$.

注意到, 对于任何复数, 有

$$\operatorname{Im} z = \frac{z-\overline{z}}{2\mathrm{i}},\ \operatorname{Re} z = \frac{z+\overline{z}}{2}, \qquad (0.7.7)$$

因为

$$\frac{z-\overline{z}}{\mathrm{i}} = \frac{a+ib-(a-ib)}{\mathrm{i}} = 2b = 2\operatorname{Im} z,$$
$$z+\overline{z} = a+ib+(a-ib) = 2a = 2\operatorname{Re} z.$$

在复数被接受为数学的一个不可分割的部分之前, 需要克服巨大的心理上的困难; 在高斯给出他的代数基本定理的证明时, 复数仍然没有得到足够的尊重, 使得可以在他的定理的陈述里使用 (尽管证明依赖于复数).

一个复数的*模*(modulus), 也称作它的*绝对值*(absolute value), 可以用共轭复数来表示.

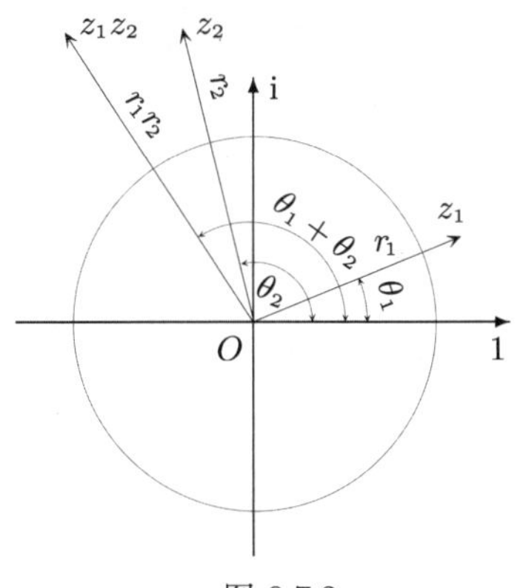

图 0.7.2

两个复数相乘的时候, 模 (绝对值) 相乘, 极角 (辐角) 相加.

棣莫弗 (图 0.7.3) 是一个新教教徒. 他在 1685 年路易十四废止了南特赦令的时候逃离了法国, 这个特赦令给予了新教教徒宗教自由. 他于 1697 年成了英格兰皇家学会的会员.

图 0.7.3

棣莫弗 (Abraham de Moivre, 1667 — 1754)

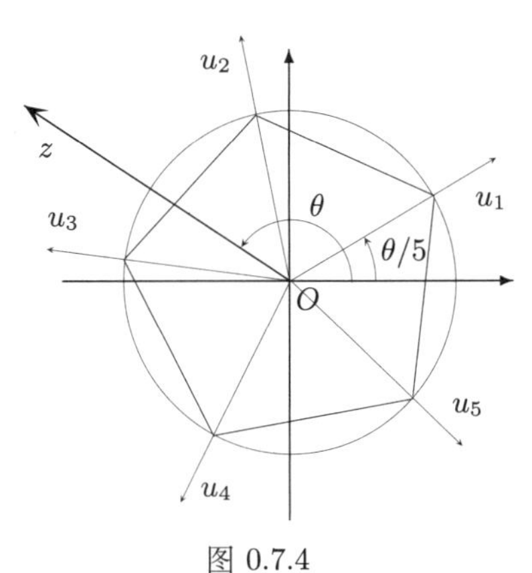

图 0.7.4

z 的五次方根构成了一个正五边形, 一个顶点在极角为 $\theta/5$ 的地方, 其他的通过把这一个旋转 $2\pi/5$ 的倍数得到.

定义 0.7.3 (复数的模). 复数 $z=a+\mathrm{i}b$ 的模是 $\sqrt{a^2+b^2}$, 很明显, $\sqrt{a^2+b^2}$ 是从原点到 (a,b) 的距离

$$|z|=|a+\mathrm{i}b|\overset{\text{def}}{=}\sqrt{z\bar{z}}=\sqrt{a^2+b^2}. \tag{0.7.8}$$

显然, $|z|=|a+\mathrm{i}b|$ 是从原点到 $\begin{pmatrix}a\\b\end{pmatrix}$ 的距离.

极坐标中的复数

令复数 $z=a+\mathrm{i}b\neq 0$, 那么点 $\begin{pmatrix}a\\b\end{pmatrix}$ 可以用极坐标表示为 $\begin{pmatrix}r\cos\theta\\r\sin\theta\end{pmatrix}$, 其中

$$r=\sqrt{a^2+b^2}=|z|, \tag{0.7.9}$$

"极角"θ 满足 $\cos\theta=\dfrac{a}{r}$, $\sin\theta=\dfrac{b}{r}$, 所以有

$$z=r(\cos\theta+\mathrm{i}\sin\theta). \tag{0.7.10}$$

定义 0.7.4 (复数的辐角). 极角 θ 叫作 z 的*辐角*(argument). 它由等式 (0.7.10) 确定到相差 2π 的整数倍.

极坐标表示的神奇之处在于, 它给出了乘法的几何表示, 如图 0.7.2 所示.

命题 0.7.5 (实数相乘的几何表示). 乘积的模是模的乘积:

$$|z_1z_2|=|z_1||z_2|. \tag{0.7.11}$$

乘积的极角是极角 θ_1,θ_2 的和:

$$\Big(r_1(\cos\theta_1+\mathrm{i}\sin\theta_1)\Big)\Big(r_2(\cos\theta_2+\mathrm{i}\sin\theta_2)\Big)=r_1r_2\Big(\cos(\theta_1+\theta_2)+\mathrm{i}\sin(\theta_1+\theta_2)\Big).$$

证明: 利用三角函数的运算定律:

$$\begin{aligned}\cos(\theta_1+\theta_2)&=\cos\theta_1\cos\theta_2-\sin\theta_1\sin\theta_2,\\ \sin(\theta_1+\theta_2)&=\sin\theta_1\cos\theta_2+\cos\theta_1\sin\theta_2,\end{aligned} \tag{0.7.12}$$

将乘法展开即可. □

下面的定理可以立刻得到.

推论 0.7.6 (棣莫弗公式). 如果 $z=r(\cos\theta+\mathrm{i}\sin\theta)$, 则

$$z^n=r^n(\cos n\theta+\mathrm{i}\sin n\theta). \tag{0.7.13}$$

棣莫弗公式本身有极大的重要性. 任何实数有 n 个实 n 次方根并不成立, 但每一个复数 (也包括每一个实数) 有 n 个复 n 次方根. 图 0.7.4 演示说明了命题 0.7.7 在 $n=5$ 的情况. 回忆一下, $r^{1/n}$ 表示正数 r 的正的实 n 次方根.

命题 0.7.7 (复数的根). 每一个复数 $z=r(\cos\theta+\mathrm{i}\sin\theta), r\neq 0$, 有下列 n 个不同的复 n 次方根

$$r^{1/n}\left(\cos\frac{\theta+2k\pi}{n}+\mathrm{i}\sin\frac{\theta+2k\pi}{n}\right),\ k=0,\cdots,n-1. \tag{0.7.14}$$

例如, 数 $8=8+\mathrm{i}0$ 的 $r=8,\theta=0$, 所以 8 的三个立方根为:

1. $2(\cos 0+\mathrm{i}\sin 0)=2$; 2. $2\left(\cos\frac{2\pi}{3}+\mathrm{i}\sin\frac{2\pi}{3}\right)=-1+\mathrm{i}\sqrt{3}$;
3. $2\left(\cos\frac{4\pi}{3}+\mathrm{i}\sin\frac{4\pi}{3}\right)=-1-\mathrm{i}\sqrt{3}$.

证明: 所有要验证的包括:

1. $(r^{1/n})^n=r$, 根据定义, 这个成立.
2. $$\cos n\frac{\theta+2k\pi}{n}=\cos\theta \text{ 以及 } \sin n\frac{\theta+2k\pi}{n}=\sin\theta. \tag{0.7.15}$$
   因为 $n\cdot\dfrac{\theta+2k\pi}{n}=\theta+2k\pi$, 并且 cos 和 sin 是周期性的, 周期为 2π, 所以这个成立.
3. 公式 (0.7.14) 中的数都是不同的, 因为极角的差不是 2π 的整数倍, 它们的差是 $2\pi k/n$ 的倍数, $0<k<n$, 因此极角彼此各不相同. □

图 0.7.5
塔尔塔利亚 (Niccolo Fontana Tartaglia, 1499 — 1557)

塔尔塔利亚的胡子遮盖了他十二岁的时候所受刀伤的伤疤. 那是在 1512 年, 法国人掠夺了他的家乡 Brescia 镇, 他被留下来等死的时候留下的; 他的下巴和下颚上的伤导致了他说话口吃, 给他带来了绰号 “Tartaglia”: “结巴”.

用来把三维物体的二维表示显示为动画的计算机程序对于可视化是很有用的; 例如, 我们在创造图 5.2.2 的时候, 在选择对实际的曲面最有效的角度之前, 花了一些时间用计算机把曲面的方向做了转动.

代数的基本定理

我们在命题 0.7.7 中看到, 所有的复数有 n 个 n 次方根. 换句话说, 方程 $z^n=a$ 有 n 个根. 更加正确的是: *所有的复系数多项式有所有你所希望的根.* 这就是由达朗贝尔在 1746 年和高斯在 1799 年证明的定理 1.6.14, 也就是代数的基本定理的内容. 这个数学上的里程碑, 是几位意大利数学家, 尤其是塔尔塔利亚 (图 0.7.5)、卡丹, 在为了解三次方程而第一次引入复数之后的大约 200 年才出现的. 附录 A.2 中讨论了三次和四次方程.

“绘制” 复值函数

在一元微积分中, 绘制函数对理解函数的性质是极其有帮助的. 请注意, 函数 $f\colon\mathbb{R}\to\mathbb{R}$ 的图像是 $\mathbb{R}^2$ 的子集; 它是满足 $y=f(x)$ 的数对 $\begin{pmatrix}x\\y\end{pmatrix}$ 的集合.

画出映射 $f\colon\mathbb{R}^n\to\mathbb{R}^m$ 的图像毫无疑问也是极其有帮助的, 但有一个严肃的问题: 图像是 $\mathbb{R}^{n+m}$ 的一个子集, 而大多数的人在 $n+m>3$ 时无法把图像可视化. 这样除了 $n=m=1$, 唯一能通过我们的能力可视化的函数图像是 $n=2,m=1$ 的情况, 这时候的图像是空间中的曲面, 以及 $n=1,m=2$ 的情况, 这时候的图像是空间中的曲线.

就算是这些也可能是很难的, 因为通常我们随手可以得到的东西是二维的: 书的页面, 黑板, 电脑显示屏. 这个难题没有令人满意的解决方法: 当 n 或 m 只是中等大的时候, 理解映射 $\mathbb{R}^n\to\mathbb{R}^m$ 的行为就已经变得很困难了.

那么我们如何可视化等价于函数 $f: \mathbb{R}^2 \to \mathbb{R}^2$, 图像是 $\mathbb{R}^4$ 的子集的映射 $f: \mathbb{C} \to \mathbb{C}$ 呢? 一个常用的方法是绘制两个平面, 一个对应于定义域, 一个对应于陪域, 并且要努力去理解当点 z 在定义域内运动的时候, $f(z)$ 是如何在陪域中运动的. 图 0.7.6 给出了一个例子. 它显示了映射 $f(z) = z^2$, 其中 z 是复数. 我们在定义域内画了一个击剑选手; "击剑选手的平方" 刺穿了他自己的肚子, 正打算踢他自己的鼻子.

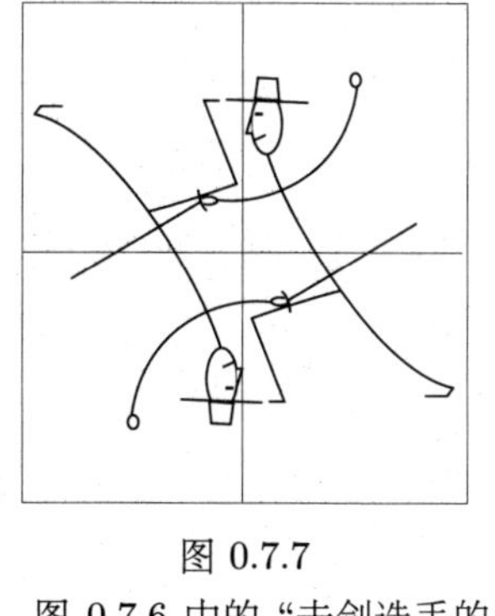

图 0.7.7
图 0.7.6 中的 "击剑选手的平方" 有两个平方根.

既然每一个复数 ($\neq 0$) 都有两个平方根, 在图 0.7.6 的右图中 "击剑选手的平方" 应该有两个平方根; 这在图 0.7.7 中表示了, 每一个在刺另一个的肚子, 并且正在踢他的头. 事实上, 并没有映射 "$\pm\sqrt{z}$", 在复数情况下, 并没有对正平方根和负平方根的精确类比.

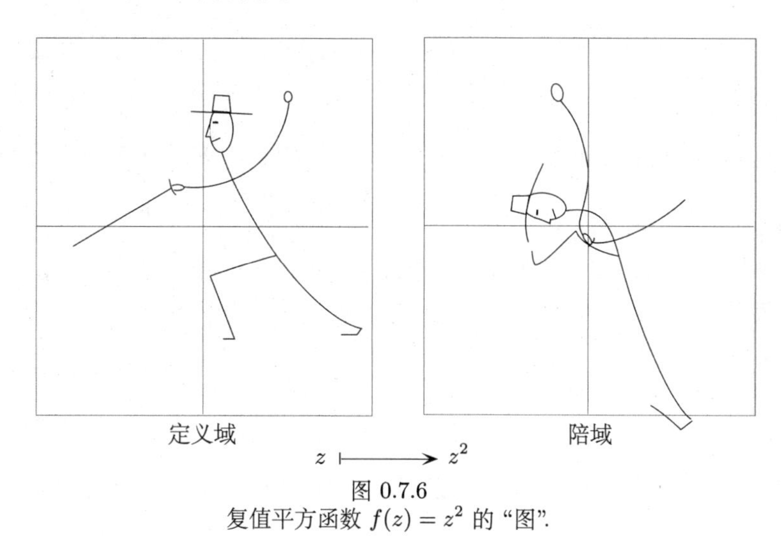

图 0.7.6
复值平方函数 $f(z) = z^2$ 的 "图".

0.7 节的练习

0.7.1 如果 z 为复数 $a + ib$, 下列哪些是同义词?

z 的模;	$\|z\|$;	$\bar{z}$;	$\operatorname{Re} z$;
z 的绝对值;	$\operatorname{Im} z$;	z 的共轭复数;	a;
b;	z 的实部;	z 的虚部.	

0.7.2 如果 $z = a + ib$, 下列哪些是实数?

$\|z\|$;	$\operatorname{Re} z$;	$\sqrt{z\bar{z}}$;	$\bar{z}$;
a;	$\operatorname{Im} z$;	b;	$z + \bar{z}$;
z 的模;	z 的实部;	z 的虚部;	$z - \bar{z}$.

0.7.3 对下列的复数, 计算绝对值和辐角:

a. $2 + 4\mathrm{i}$; b. $(3 + 4\mathrm{i})^{-1}$; c. $(1 + \mathrm{i})^5$; d. $1 + 4\mathrm{i}$.

0.7.4 计算下列复数的模和极角:

a. $3 + 2\mathrm{i}$; b. $(1 - \mathrm{i})^4$; c. $2 + \mathrm{i}$; d. $\sqrt[7]{3 + 4\mathrm{i}}$.

0.7.5 验证复数加法和乘法的九条规则. 陈述 5 和 9 是仅有的不能立即得到的规则.

0.7.6 a. 解方程 $x^2 + \mathrm{i}x = -1$; b. 解方程 $x^4 + x^2 + 1 = 0$.

0.7.7 描述满足下列条件的所有复数 $z=x+\mathrm{i}y$ 的集合:

a. $|z-u|+|z-v|=c,\ u,v\in\mathbb{C},c\in\mathbb{R}$;　b. $|z|<1-\operatorname{Re}z$.

练习 0.7.8 b: 有一个十分明显的实根 x_1. 通过试错的方法找到它. 然后, 除以 $x-x_1$, 再求解所得到的二次方程.

0.7.8 a. 解方程 $x^2+2\mathrm{i}x-1=0$;　b. 解方程 $x^3-x^2-x=2$.

0.7.9 解下列方程, 其中 x,y 是实数:

a. $x^2+\mathrm{i}x+2=0$;　b. $x^4+x^2+2=0$;　c. $\begin{cases}\mathrm{i}x-(2+\mathrm{i})y=3\\(1+\mathrm{i})x+\mathrm{i}y=4\end{cases}$.

0.7.10 描述满足下列条件的所有复数 $x+\mathrm{i}y$ 的轨迹:

a. $\overline{z}=-z$;　b. 对给定的 $a,b\in\mathbb{C}$, $|z-a|=|z-b|$;　c. $\overline{z}=z^{-1}$.

在练习 0.7.11 和 0.7.12 中, 符号 $\mapsto$(“映射到”) 描述了一个映射对于一个输入做了什么. 你可以给映射起一个名字 f 并重写成 $f(z)=z^2$.

0.7.11 a. 描述 $\mathbb{C}$ 中由下列方程给出的轨迹:

i. $\operatorname{Re}z=1$;　ii. $|z|=3$.

b. 在映射 $z\mapsto z^2$ 下的每个轨迹的像是什么?

c. 在映射 $z\mapsto z^2$ 下的每个轨迹的逆像是什么?

0.7.12 a. 描述 $\mathbb{C}$ 中由下列方程给出的轨迹:

i. $\operatorname{Im}z=-|z|$;　ii. $\dfrac{1}{2}|z-\mathrm{i}|=z$.

b. 在映射 $z\mapsto z^2$ 下的每个轨迹的像是什么?

c. 在映射 $z\mapsto z^2$ 下的每个轨迹的逆像是什么?

0.7.13 a. 计算 1 的所有立方根.

b. 计算 1 的所有四次方根.

c. 计算 1 的所有六次方根.

0.7.14 证明: 对于任何复数 z_1,z_2, 我们有 $\operatorname{Im}(\overline{z}_1z_2)\leqslant|z_1||z_2|$.

0.7.15 a. 计算 1 的所有五次方根, 使用只包括平方根的公式 (不含有三角函数).

*b. 利用你的公式、直尺、圆规构造一个正五边形.

第 1 章　向量、矩阵和导数

有时候会说, 十九世纪的伟大发现是: 大自然的方程是线性的, 而二十世纪的伟大发现则是它们并不是线性的.

—— 汤姆 · 孔纳 (Tom Körner), *Fourier Analysis*

1.0 引　言

一个目前引起人们极大兴趣的问题是蛋白质折叠. 人类基因现在已经被人类所了解了. 特别地, 我们知道了人体内所有的蛋白质中的氨基酸序列. 但是蛋白质只有在它们以正确的方式卷曲起来的时候才是活跃的; 世界上最大的计算机正忙于试图从氨基酸序列中推导出它们会怎样折叠.

指明所有 N 个氨基酸的位置和方向需要 $6N$ 个数; 每一个这样的配置都有一个势能, 最可能的折叠方式对应于最小势能. 这样一来, 蛋白质折叠的问题就基本上变成了找到 $6N$ 个变量的函数的最小值的问题, 其中 N 可能会是 1 000.

尽管这个问题的许多方法正在被积极地研究和使用, 但目前仍然还没有令人满意的结果. 理解这个 $6N$ 个变量的函数是我们这个时代面临的一个主要挑战.

在这一章, 我们将引入线性代数和多元微积分的主要角色.

大体而言, 第一年的微积分处理的是把一个数 x 和一个数 $f(x)$ 联系起来的函数 f. 在最现实的情况下, 这个是不够的: 大多数系统的描述依赖于多个变量的多个函数.

在物理中, 气体可能是通过把压强和温度描述成位置和时间的函数来描述的, 有两个函数, 四个变量. 在生物学中, 人们可能对作为时间的函数的鲨鱼和沙丁鱼的数量感兴趣; 在 Vito Volterra 写的 *The Mathematics of the Struggle for Life* 一书中描述的一个著名的关于亚得里亚海的鲨鱼和沙丁鱼的研究, 奠基了数学生态学这个学科.

在微观经济学中, 一个公司可能对把产量描述为输入的函数感兴趣, 这个函数有着与公司生产的产品种类一样多的坐标, 每一个都依赖于与公司使用的数量一样多的输入值. 就算是想一想描述宏观模型所需要的变量也是令人畏惧的 (尽管经济学家和政府的很多决定都基于这样的模型). 在自然科学和社会科学的每个分支, 都发现了数不清的例子.

数学上, 所有这些都用函数 $\mathbf{f}$ 来代表, 函数 $\mathbf{f}$ 接受 n 个数为输入, 返回 m 个数; 这样的函数表示为 $\mathbf{f}: \mathbb{R}^n \to \mathbb{R}^m$. 对于这个一般的情况, 没什么要说的; 在任何理论可以被详细阐释之前, 我们必须对我们要考虑的函数加上限制条件.

我们能给出的最强的要求是 $\mathbf{f}$ 必须是线性的; 大体上说, 一个函数是线性的条件是, 如果我们把输入的值加倍, 则输出的结果也加倍. 这样的线性函数非常容易被完全地描述, 彻底理解它们的行为是任何其他工作的基础.

本章的前四节建立了线性代数的基础. 在前三节, 我们引入了主要角色, 即向量和矩阵, 并且把它们与线性函数的概念联系到了一起.

线性代数的一个目标是把几何语言和我们通过日常生活经验所熟悉的关于平面和空间的直觉扩展到更高维度的空间上.

下一步, 我们发展了将在多元微积分中用到的几何语言. 笛卡儿 (René Descartes, 1596 — 1650) 意识到一个方程可以表示一条曲线或者一个曲面, 他把之前看起来不相关的两个领域, 代数和几何, 融合到了一起. 这是一个数学史上的关键时刻. 当我们进入更高维的时候, 我们不想放弃这个双重的视角.

就如同 $x^2+y^2=1$ 和圆心在原点、半径为 1 的圆其实是同一个东西. 我们将会同时使用 $\mathbb{R}^{10}$ 上的九维的单位球, 和代表这个球的方程. 在 1.4 节, 我们定义了像 $\mathbb{R}^n$ 中向量的长度、矩阵的长度以及向量之间的夹角这样的概念. 这能让我们使用几何语言来思考和描述高维的物体.

我们在第 2 章讨论解线性方程组的时候, 我们也需要能够用几何语言来诠释代数上的陈述. 你在学校里学到, 如果说包含两个变量的两个方程有唯一解等价于说由两个方程给出的两条线在一个点上相交. 在更高维中, 例如, 称一个特定方程组的"解的空间"为一个 $\mathbb{R}^7$ 空间的一个四维子空间.

在 1.5 节, 我们讨论序列、子序列、极限和收敛. 在 1.6 节, 我们扩展了这个讨论, 发展了严格处理微积分问题所需要的拓扑学.

大多数的函数不是线性的, 但是, 它们经常可以用线性方程很好地进行逼近, 至少对变量的一些数值是可以的. 例如, 只要有一些野兔, 它们的数量就可能会每三四个月就会变成原来的四倍, 但是一旦它们的数量特别多, 它们会彼此竞争, 它们的增长率 (或者减少的速率) 会变得更加复杂. 在本章最后的三节, 我们开始探索如何用线性函数来逼近非线性函数, 特别地, 使用它的高阶导数.

1.1　引入角色: 点和向量

线性代数和多元微积分的大部分问题都出现在 $\mathbb{R}^n$ 中. 这是一个有 n 个实数的有序列表的空间.

人们能够通过把 n 维空间上的一个点想为它的 n 个"坐标"的一个列表来思考和运用高维空间, 这个概念对于数学家来说并不总是像今天这么显然的. 1846 年, 英国数学家凯莱 (Arthur Cayley) 指出, 一个具有 4 个坐标的点可以用几何方法解释, 不需要求助于任何可能涉及四维空间的玄学的概念.

你有可能习惯了把平面上的一个点想成它的两个坐标: 我们熟悉的带有 x 轴和 y 轴的笛卡儿平面是 $\mathbb{R}^2$. 空间中的一个点 (在选取了坐标轴之后), 由它的三个坐标指定: 笛卡儿空间是 $\mathbb{R}^3$. 类似地, $\mathbb{R}^n$ 上的一个点由它的 n 个坐标指定, 需要一个 n 个实数的列表. 这样的有序列表无处不在, 从成绩单上的分数, 到股票交易的价格. 这样看来, 高维空间也并没有比 $\mathbb{R}^2$ 和 $\mathbb{R}^3$ 更复杂, 只是坐标的列表更长了.

例 1.1.1 (股票市场). 下列数据来自 1996 年 12 月 14 日的 *Ithaca Journal*.

纽约证券交易所的地区性股票

	交易量	最高价	最低价	收盘价	价格变化
Airgas	193	$24\frac{1}{2}$	$23\frac{1}{8}$	$23\frac{5}{8}$	$-\frac{3}{8}$
AT&T	36 606	$39\frac{1}{4}$	$38\frac{3}{8}$	39	$\frac{3}{8}$
Borg Warner	74	$38\frac{3}{8}$	38	38	$-\frac{3}{8}$
Corning	4 575	$44\frac{3}{4}$	43	$44\frac{1}{4}$	$\frac{1}{2}$
Dow Jones	1 606	$33\frac{1}{4}$	$32\frac{1}{2}$	$33\frac{1}{4}$	$\frac{1}{8}$
Eastman Kodak	7 774	$80\frac{5}{8}$	$79\frac{1}{4}$	$79\frac{3}{8}$	$-\frac{3}{4}$
Emerson Elec.	3 335	$97\frac{3}{8}$	$95\frac{5}{8}$	$95\frac{5}{8}$	$-1\frac{1}{8}$
Federal Express	5 828	$42\frac{1}{2}$	41	$41\frac{5}{8}$	$1\frac{1}{2}$

我们可以把这个表想成 5 列, 每个元素都属于 $\mathbb{R}^8$.

"交易量"表示股票交易了多少股. "最高价"和"最低价"是每股付出的最高和最低价格, "收盘价"是一个交易日结束的时候的价格, "价格变化"是一个交易日的收盘价与上一个交易日的收盘价的差.

$$\underbrace{\begin{bmatrix}193\\36\,606\\74\\4\,575\\1\,606\\7\,774\\3\,335\\5\,828\end{bmatrix}}_{\text{交易量}}\;\underbrace{\begin{pmatrix}24\frac{1}{2}\\39\frac{1}{4}\\38\frac{3}{8}\\44\frac{3}{4}\\33\frac{1}{4}\\80\frac{5}{8}\\97\frac{3}{8}\\42\frac{1}{2}\end{pmatrix}}_{\text{最高价}}\;\underbrace{\begin{pmatrix}23\frac{1}{8}\\38\frac{3}{8}\\38\\43\\32\frac{1}{2}\\79\frac{1}{4}\\95\frac{5}{8}\\41\end{pmatrix}}_{\text{最低价}}\;\underbrace{\begin{pmatrix}23\frac{5}{8}\\39\\38\\44\frac{1}{4}\\33\frac{1}{4}\\79\frac{3}{8}\\95\frac{5}{8}\\41\frac{5}{8}\end{pmatrix}}_{\text{收盘价}}\;\underbrace{\begin{bmatrix}-\frac{3}{8}\\\frac{3}{8}\\-\frac{3}{8}\\\frac{1}{2}\\\frac{1}{8}\\-\frac{3}{4}\\-1\frac{1}{8}\\1\frac{1}{2}\end{bmatrix}}_{\text{价格变化}}$$

注意, 我们用 "( )" 来表示点位数据 (例如每股最高价), 用 "[ ]" 来表示增量数据 (例如价格的变化). 还要注意, 我们把 $\mathbb{R}^n$ 的元素写成列, 而不是行. 我们倾向于写成列的原因后续会清楚: 我们想要让矩阵乘法的项的顺序与 $f(x)$ 保持一致, 就是把函数写在变量的前面. △

注释. 时间有时候会被当作第四维度. 这是一种误导. $\mathbb{R}^4$ 上的点就是四个数. 如果前三个给出了 x, y, z 坐标, 第四个数可能会给出时间. 但第四个数也可能是温度, 或者密度, 或者一些其他的信息. 另外, 如上面的例子所说明的, 没有必要让任何数来代表物理空间里的位置; 在高维下, 把一个点想成是一个系统的一个状态可能更有帮助. 如果 3 356 只股票列在纽约证券交易所, $\mathbb{R}^{3\,356}$ 空间的元素是股市收盘价格的一个理论上可能的状态.(当然, 其中的一些状态从来都不会出现, 例如股票价格不会是负的.) △

点和向量

$\mathbb{R}^n$ 空间的一个元素简单地说就是 n 个数的一个有序列表, 但是这样的列表可以用两种方法来解读: 一个代表位置的*点*(point), 或者一个代表位移或者增量的*向量*(vector).

定义 1.1.2 (点、向量和坐标). $\mathbb{R}^n$ 空间的具有坐标 $x_1, x_2, \cdots, x_n$ 的元素可以被解释为*点*, $\mathbf{x} = \begin{pmatrix} x_1 \\ \vdots \\ x_n \end{pmatrix}$, 或者理解为代表增量的*向量*, $\vec{\mathbf{x}} = \begin{bmatrix} x_1 \\ \vdots \\ x_n \end{bmatrix}$.

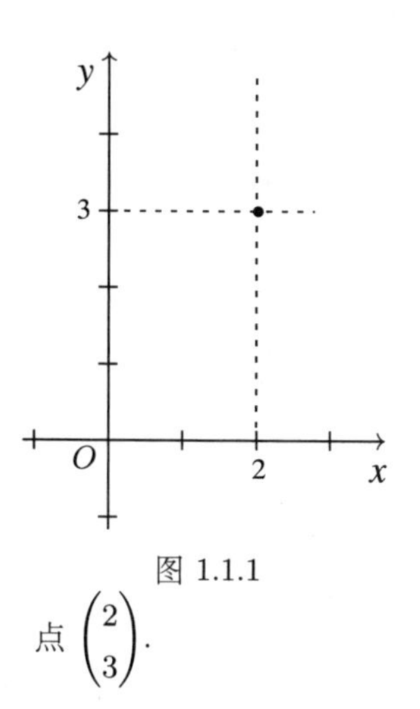

图 1.1.1
点 $\begin{pmatrix} 2 \\ 3 \end{pmatrix}$.

例 1.1.3 (被当作点或者向量的 $\mathbb{R}^2$ 中的元素). $\mathbb{R}^2$ 中具有坐标 $x = 2, y = 3$ 的元素可以解读为平面上的点 $\begin{pmatrix} 2 \\ 3 \end{pmatrix}$, 如图 1.1.1 所示. 但它也可以被解读为一个指令 "从任何地方开始, 向右移动 2 个单位长度, 向上移动 3 个单位长度", 就像打猎时的指令: "向东走两大步, 向北走三大步"; 这个可参见图 1.1.2. 我们在这儿感兴趣的是位移: 如果我们从*任意*位置开始, 走 $\begin{bmatrix} 2 \\ 3 \end{bmatrix}$, 我们会走多远, 沿着什么方向? 我们在把 $\mathbb{R}^n$ 中的元素解读为位置的时候, 将它称为*点*; 我们在把它解读为位移或者增量的时候, 将其称为*向量*. △

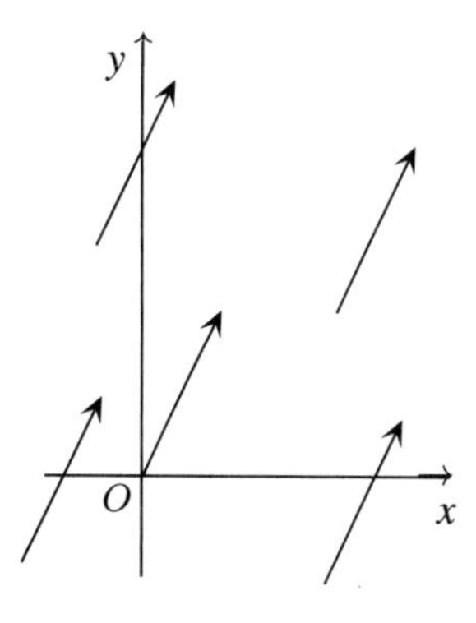

图 1.1.2
所有的箭头表示同一个向量 $\begin{bmatrix} 2 \\ 3 \end{bmatrix}$.

例 1.1.4 ($\mathbb{R}^{3\,356}$ 空间中的点和向量). 如果 3 356 只股票列在纽约证券交易所, 收盘价格的列表就是 $\mathbb{R}^{3\,356}$ 中的一个点. 它能够告诉我们每只股票与前一天相比, 价格涨了多少, 降了多少的列表也是 $\mathbb{R}^{3\,356}$ 空间的一个元素, 但这个相当于把元素当成向量, 具有方向和大小: 每一只股票的价格是涨了还是跌了, 涨跌了多少?

在平面上以及三维空间, 一个向量可以用一个指向位移方向的箭头来画出. 这个不能很好地扩展到高维的空间上. 我们如何画出 $\mathbb{R}^{3\,356}$ 空间上代表股票价格市场的价格变化的箭头? 它有多长, 指向什么方向? 我们将会在 1.4 节说明如何计算 $\mathbb{R}^n$ 空间的向量的长度和方向. △

注释. 在物理教材以及一些大学一年级的微积分书里, 向量经常被说成代表一个既有大小又有方向的量 (速度、力), 而其他的量 (长度、质量、体积、温度)

只有大小, 用数来表示 (标量). 我们认为这个强调了错误的区别, 它似乎想说一些量总是用向量来表示, 而其他的从来都不是, 比起表示不带方向的量, 我们需要更多的信息来指定一个带有方向的量.

气球的体积是单一的一个数, 表示一个充气的气球和一个爆了的气球的体积的差别的向量也只有一个数. 第一个是 $\mathbb{R}$ 中的数, 第二个是 $\mathbb{R}$ 中的向量. 一个孩子的身高是单一的一个数, 用来表示她自从上一个生日以后长高了多少的向量也只有一个数. 温度可以具有 "大小", 例如, 在 "昨晚降到了 $-20\,^\circ\mathrm{C}$", 但它也可以同时具有 "大小和方向", 例如, "今天比昨天冷了 $10\,^\circ\mathrm{C}$". 静态的信息不总是用单个的数来表示的: 描述在一个给定时刻股票市场的状态, 每支股票需要一个数, 就像向量描述了从一天到第二天股市的变化一样. △

点不能相加, 向量可以

哲学上, 零点和零向量是非常不同的. 零向量 (也就是零增量) 有广泛适用的意义, 在任何参考系中全都相同. 零点则是任意的, 就像 "0 °" 在摄氏和华氏下有不同的意义.

作为一个规则, 点的相加是没有意义的, 如同把 "波士顿" 和 "纽约" 的位置加起来, 或者把 $50\,^\circ\mathrm{F}$ 和 $70\,^\circ\mathrm{F}$ 加起来一样没有意义. (如果你在两个这样的温度的房间之间打开了一扇门, 结果不会是温度为 $120\,^\circ\mathrm{F}$ 的两个房间!) 但测量点之间的差异 (即把它们相减) 确实有意义: 你可以讨论波士顿和纽约之间的距离, 或两个房间之间的温差. 从一个点减去另一个点的结果是一个向量, 给出了从一个点到另一个点需要的增量.

你还可以将增量 (向量) 加在一起, 给出另一个增量. 例如, 向量 "向东前进五米, 然后向南走两大步" 和 "向北走三大步, 并向西走七米" 可以相加, 得到 "向西前进两米, 向北前进一大步".

有时候, 经常是在证明的关键点上, 我们将突然开始把点想成向量, 或者反过来, 比如, 这个在附录 A.5 的康托诺维奇 (Kantorovich) 定理的证明中就出现过.

类似地, 在例 1.1.1 的纽约证券交易所的表格中, 将连续两天的收盘价格列相加不会产生有意义的结果. 但是为一周中的每一天增加价格变动列会产生一个非常有意义的增量: 在那一周内市场发生的变化. 将增量添加到点 (给出另一个点) 也是有意义的: 将价格变动列添加到前一天的收盘价格列生成当天 "收盘价格", 即系统的新状态.

为了帮助读者区分这两种 $\mathbb{R}^n$ 中的元素, 我们用不同的方式表示它们: 点用黑体小写字母表示, 向量用上面带有箭头的黑体小写字母表示. 因此, $\mathbf{x}$ 是 $\mathbb{R}^2$ 中的一个点, 而 $\vec{\mathbf{x}}$ 是 $\mathbb{R}^2$ 中的一个向量. 我们不区分点的项和向量的项的写法, 它们都将用普通字体书写, 并带有下标. 但是, 当我们将 $\mathbb{R}^n$ 中的元素写为列时, 使用圆括号表示点 $\mathbf{x}$, 用方括号表示向量 $\vec{\mathbf{x}}$: 在 $\mathbb{R}^2$ 中

$$\mathbf{x} = \begin{pmatrix} x_1 \\ x_2 \end{pmatrix}, \ \vec{\mathbf{x}} = \begin{bmatrix} x_1 \\ x_2 \end{bmatrix}.$$

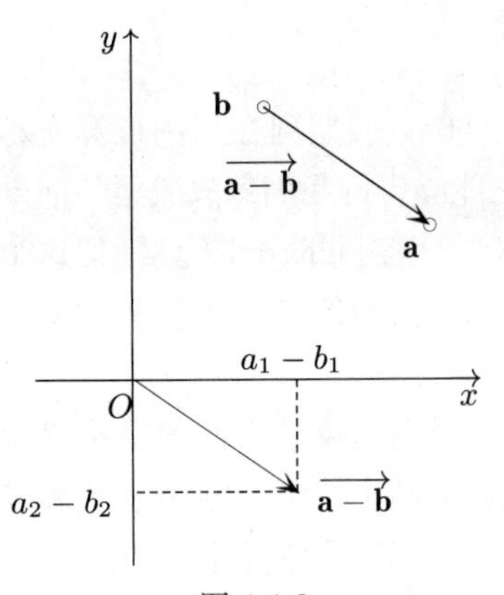

图 1.1.3

点 $\mathbf{a}$ 和点 $\mathbf{b}$ 的差 $\overrightarrow{\mathbf{a}-\mathbf{b}}$ 是把它们连起来的向量. 这个差可以通过从 $\mathbf{a}$ 中减去 $\mathbf{b}$ 的坐标来计算.

注释. 无论它是被解释为点还是向量, $\mathbb{R}^n$ 中的元素都是一个数字的有序列表. 但是我们对于点和向量, 有非常不同的图像, 我们希望与你明确地分享它们, 这将有助于你建立一个良好的直觉. 在线性代数中, 你应该将 $\mathbb{R}^n$ 中的元素视为向量. 然而, 微分学里都是关于点的增量. 因为增量是向量, 而线性代数是多元微积分的先修课, 它为讨论这些增量提供了正确的语言和工具. △

向量的加减法和点

点 $\mathbf{a}$ 和点 $\mathbf{b}$ 的差是向量 $\overrightarrow{\mathbf{a}-\mathbf{b}}$, 如图 1.1.3 所示.

向量的加法是通过将它们相应的坐标相加来实现的:

$$\underbrace{\begin{bmatrix} v_1 \\ v_2 \\ \vdots \\ v_n \end{bmatrix}}_{\vec{\mathbf{v}}} + \underbrace{\begin{bmatrix} w_1 \\ w_2 \\ \vdots \\ w_n \end{bmatrix}}_{\vec{\mathbf{w}}} = \underbrace{\begin{bmatrix} v_1 + w_1 \\ v_2 + w_2 \\ \vdots \\ v_n + w_n \end{bmatrix}}_{\vec{\mathbf{v}}+\vec{\mathbf{w}}}, \tag{1.1.1}$$

结果是一个向量. 类似地, 向量通过相应的坐标相减来作减法得到一个新的向量. 一个点和一个向量通过对应的坐标相加来实现加法, 结果是一个点.

在平面上, 向量的和 $\vec{\mathbf{v}}+\vec{\mathbf{w}}$ 是把向量 $\vec{\mathbf{v}}$ 和 $\vec{\mathbf{w}}$ 作为一对邻边构成的平行四边形的对角线, 如图 1.1.4(左) 所示. 我们也可以通过把一个向量的起点放在另一个向量的终点上来进行向量加法, 如图 1.1.4(右).

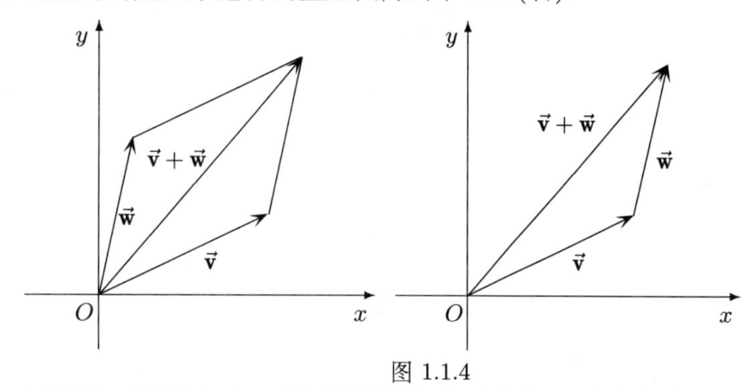

图 1.1.4
在平面上, 向量的和 $\vec{\mathbf{v}}+\vec{\mathbf{w}}$ 是左图的对角线. 我们也可以把它们首尾相连.

向量的标量乘法

将一个向量乘上一个*标量*(scalar)的计算是很直接的:

$$a\begin{bmatrix} x_1 \\ \vdots \\ x_n \end{bmatrix} = \begin{bmatrix} ax_1 \\ \vdots \\ ax_n \end{bmatrix}; \text{ 例如 } \sqrt{3}\begin{bmatrix} 3 \\ -1 \\ 2 \end{bmatrix} = \begin{bmatrix} 3\sqrt{3} \\ -\sqrt{3} \\ 2\sqrt{3} \end{bmatrix}. \tag{1.1.2}$$

我们之所以使用“标量”一词, 而不是使用“实数”, 是因为线性代数中大多数的定理对于复数向量空间, 或者有理数向量空间, 与实数向量空间一样是成立的, 我们不想对陈述的有效性做不必要的限制.

在本书中, 我们的向量最常见的形式是一列实数, 所以我们的标量 (我们允许乘在向量上的) 都是实数. 如果我们的向量中的项是复数, 那么我们的标量也是复数. 在数论中, 标量可能是有理数; 在编码理论中, 它们可以是一个有限场的元素 (你可能见过了这种情况, 成为“时钟算术”).

$\mathbb{R}^n$ 的子集和子空间

一个 $\mathbb{R}^n$ 的子集是一组 $\mathbb{R}^n$ 的元素. 符号“$\subset$”代表这种关系: $X \subset \mathbb{R}^n$ 表示 X 是 $\mathbb{R}^n$ 的子集.

不要混淆了“$\subset$”(…… 的子集) 和“$\in$”(…… 的元素). 大声读出来, 这两个都被读成“属于”. 如果你对集合论的符号不熟悉, 见 0.3 节的讨论.

子集可以像平面上作为 $\mathbb{R}^2$ 的子集的单位圆那么简单, 或者像作为 $\mathbb{R}$ 的子集的有理数集合那样不简单.(每个有理数都和另一个有理数任意地接近, 但从来不与之相邻, 因为总有一个无理数在它们中间.)

注意到, $\mathbb{R}^n$ 的子集不必是“n 维”的.(我们用了引号, 因为我们还尚未定

义维数.) 考虑一个单位圆. 一组点 $\left\{\begin{pmatrix}x\\y\end{pmatrix} \;\middle|\; x^2+y^2=1\right\}$ 是 $\mathbb{R}^2$ 的一个子集; 一组点

$$\left\{\begin{pmatrix}x\\y\\z\end{pmatrix} \;\middle|\; x^2+y^2=1, z=0\right\} \tag{1.1.3}$$

是 $\mathbb{R}^3$ 的一个子集. 这两个单位圆都是一维的.

仅有很少的, 非常特别的 $\mathbb{R}^n$ 的子集是**子空间**(subspace)(或者**向量子空间**(vector subspace)). 大致上, 一个子空间就是一个经过原点的平坦子集.

想要在乘法下保持封闭, 子空间必须包含零向量, 所以, 如果 $\vec{\mathbf{v}} \in V$, 则 $0 \cdot \vec{\mathbf{v}} = \vec{\mathbf{0}} \in V$.

定义 1.1.5 ($\mathbb{R}^n$ 的子空间). 一个非空子集 $V \subset \mathbb{R}^n$ 是一个**向量子空间**, 如果它在加法和数量乘法下封闭; 就是说, 如果

$$\vec{\mathbf{x}}, \vec{\mathbf{y}} \in V \text{ 且 } a \in \mathbb{R}, \text{ 则有 } \vec{\mathbf{x}}+\vec{\mathbf{y}} \in V \text{ 且 } a\vec{\mathbf{x}} \in V$$

那么 V 是一个向量子空间.

(这个 $\mathbb{R}^n$ 应该是由向量组成的, 不是点.)

在 2.6 节, 我们将讨论 “抽象” 向量空间, 其元素仍然称为向量, 不能被当作用列的形式表示的数的有序列表. 例如, 一个多项式可以是一个向量空间的元素; 一个函数也可以是. 在本书中, 我们的向量空间大多都是 $\mathbb{R}^n$ 的子空间, 但我们有时候会使用 $\mathbb{C}^n$ 的子空间 (其元素是复数的列向量), 我们也会偶尔使用抽象的向量空间.

例 1.1.6 ($\mathbb{R}^2$ 的子空间). 我们首先给出一些**不是**子空间的子集的例子. 方程为 $x^2+y^2=1$ 的单位圆 $S^1 \subset \mathbb{R}^2$ 不是 $\mathbb{R}^2$ 的子空间. 它在加法下不封闭: 例如 $\begin{bmatrix}1\\0\end{bmatrix} \in S^1$, $\begin{bmatrix}0\\1\end{bmatrix} \in S^1$, 但是 $\begin{bmatrix}1\\0\end{bmatrix}+\begin{bmatrix}0\\1\end{bmatrix}=\begin{bmatrix}1\\1\end{bmatrix} \notin S^1$. 它在数量乘法下也不封闭, $\begin{bmatrix}1\\0\end{bmatrix}$ 是 S^1 的元素, 但 $2\begin{bmatrix}1\\0\end{bmatrix}=\begin{bmatrix}2\\0\end{bmatrix}$ 却不是.

子集

$$X = \left\{\begin{bmatrix}x\\y\end{bmatrix} \in \mathbb{R}^2 \mid x\text{为整数}\right\} \tag{1.1.4}$$

不是 $\mathbb{R}^2$ 的子空间. 它在加法下封闭, 但是在乘以实数时是不封闭的. 例如, $\begin{bmatrix}1\\0\end{bmatrix} \in X$, 但是 $0.5\begin{bmatrix}1\\0\end{bmatrix}=\begin{bmatrix}0.5\\0\end{bmatrix} \notin X$.

$\mathbb{R}^2$ 中的两个坐标轴 (由方程 $xy=0$ 定义) 的并集 A 不是 $\mathbb{R}^2$ 的子空间. 它在标量乘法下封闭, 但是在加法下不封闭:

$$\begin{bmatrix}1\\0\end{bmatrix} \in A, \begin{bmatrix}0\\1\end{bmatrix} \in A, \text{ 但是 } \begin{bmatrix}1\\0\end{bmatrix}+\begin{bmatrix}0\\1\end{bmatrix}=\begin{bmatrix}1\\1\end{bmatrix} \notin A. \tag{1.1.5}$$

直线通常不构成子空间. 例如, 方程为 $x+y=1$ 的直线 L 不是子空间: $\begin{bmatrix}1\\0\end{bmatrix}$ 和 $\begin{bmatrix}0\\1\end{bmatrix}$ 都在 L 上, 但是 $\begin{bmatrix}1\\0\end{bmatrix}+\begin{bmatrix}0\\1\end{bmatrix}=\begin{bmatrix}1\\1\end{bmatrix}$ 却不在 L 上.

平凡子空间 $\{\vec{\mathbf{0}}\}$ 不是空集, 它包含 $\vec{\mathbf{0}}$.

那么什么才是 $\mathbb{R}^2$ 的子空间呢? 恰好有三种: 经过原点的直线 (主要的一种), 还有两个**平凡子空间**(trivial subspaces) $\{\vec{\mathbf{0}}\}$ 和 $\mathbb{R}^2$ 自身. 例如, 想一下经过原点的直线 $y=3x$. 如果 $\begin{bmatrix}x_1\\y_1\end{bmatrix}$ 和 $\begin{bmatrix}x_2\\y_2\end{bmatrix}$ 都在直线上, 因此有 $y_1=3x_1$,

$y_2 = 3x_2$, 则

$$\begin{bmatrix} x_1 \\ y_1 \end{bmatrix} + \begin{bmatrix} x_2 \\ y_2 \end{bmatrix} = \begin{bmatrix} x_1 + x_2 \\ y_1 + y_2 \end{bmatrix} \tag{1.1.6}$$

也在线上:

$$y_1 + y_2 = 3x_1 + 3x_2 = 3(x_1 + x_2). \tag{1.1.7}$$

如果 $\begin{bmatrix} x \\ y \end{bmatrix}$ 在直线上, 则对于任何实数 a, $a\begin{bmatrix} x \\ y \end{bmatrix} = \begin{bmatrix} ax \\ ay \end{bmatrix}$ 也在直线上: $ay = a(3x) = 3(ax)$. △

直觉上很清楚, 通过原点的一条直线是维数为 1 的子空间, 通过原点的一个平面是维数为 2 的子空间. 在一条直线上定位一个点只需要一个数, 在一个平面上定位一个点需要两个数. 关于这个的含义更精确的描述, 我们需要建立一套 "系统" (主要就是线性无关和生成空间的概念), 我们将在 2.4 节引入它们.

许多学生发现, 称方程为

$$x^2 + y^2 + z^2 = 1$$

的球 (当然不是子空间) 是二维空间并不那么显然, 但也只要两个数 (例如, 经度和纬度) 来定位一个球上的点 (我们指的是球壳上的点, 不是内部).

标准基向量的概念是有歧义的; 我们有三个不同的向量都写成 $\vec{\mathbf{e}}_1$. 下脚标告诉我们第几个数是 1, 但是没有告诉我们向量有几个数; 向量 $\vec{\mathbf{e}}_1$ 可以是在 $\mathbb{R}^2$ 或者 $\mathbb{R}^{27}$……

$\mathbb{R}^2$ 和 $\mathbb{R}^3$ 上的标准基向量有时候会写作 $\vec{i}, \vec{j}$ 和 $\vec{k}$:

$$\vec{i} = \vec{\mathbf{e}}_1 = \begin{bmatrix} 1 \\ 0 \end{bmatrix} \text{ 或者 } \begin{bmatrix} 1 \\ 0 \\ 0 \end{bmatrix},$$

$$\vec{j} = \vec{\mathbf{e}}_2 = \begin{bmatrix} 0 \\ 1 \end{bmatrix} \text{ 或者 } \begin{bmatrix} 0 \\ 1 \\ 0 \end{bmatrix},$$

$$\vec{k} = \vec{\mathbf{e}}_3 = \begin{bmatrix} 0 \\ 0 \\ 1 \end{bmatrix},$$

我们不使用这些记号.

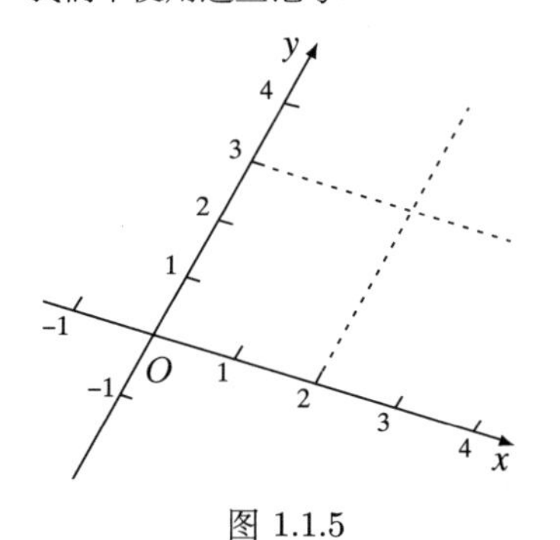

图 1.1.5
这个坐标系里, 虚线的交点是点 $\begin{pmatrix} 2 \\ 3 \end{pmatrix}$, 坐标轴之间不成直角.

标准基向量

我们将要经常遇到一组特殊的 $\mathbb{R}^n$ 中的向量: 标准基向量(standard basis vectors). 在 $\mathbb{R}^2$ 中, 包含两个标准基向量; 在 $\mathbb{R}^3$ 中, 则包含三个标准基向量:

在 $\mathbb{R}^2$ 中, $\vec{\mathbf{e}}_1 = \begin{bmatrix} 1 \\ 0 \end{bmatrix}, \vec{\mathbf{e}}_2 = \begin{bmatrix} 0 \\ 1 \end{bmatrix}$;

在 $\mathbb{R}^3$ 中, $\vec{\mathbf{e}}_1 = \begin{bmatrix} 1 \\ 0 \\ 0 \end{bmatrix}, \vec{\mathbf{e}}_2 = \begin{bmatrix} 0 \\ 1 \\ 0 \end{bmatrix}, \vec{\mathbf{e}}_3 = \begin{bmatrix} 0 \\ 0 \\ 1 \end{bmatrix}$.

在 $\mathbb{R}^5$ 中, 包含 5 个标准基向量:

$$\vec{\mathbf{e}}_1 = \begin{bmatrix} 1 \\ 0 \\ 0 \\ 0 \\ 0 \end{bmatrix}, \vec{\mathbf{e}}_2 = \begin{bmatrix} 0 \\ 1 \\ 0 \\ 0 \\ 0 \end{bmatrix}, \vec{\mathbf{e}}_3 = \begin{bmatrix} 0 \\ 0 \\ 1 \\ 0 \\ 0 \end{bmatrix}, \vec{\mathbf{e}}_4 = \begin{bmatrix} 0 \\ 0 \\ 0 \\ 1 \\ 0 \end{bmatrix}, \vec{\mathbf{e}}_5 = \begin{bmatrix} 0 \\ 0 \\ 0 \\ 0 \\ 1 \end{bmatrix}. \tag{1.1.8}$$

定义 1.1.7 (标准基向量). $\mathbb{R}^n$ 上的标准基向量是具有 n 项的向量 $\vec{\mathbf{e}}_j$, 其中第 j 个项为 1, 其他项为 0.

在几何中, $\mathbb{R}^2$ 上的标准基向量与欧几里得平面上的轴的选择之间存在着紧密的联系.

在学校里, 你在纸上画了一个 x 轴和一个 y 轴, 并标记了单位以便你可以画一个点, 你用 $\mathbb{R}^2$ 空间来表示这个平面: 平面上的每个点对应一对实数, 就是其相对于那些轴的坐标. 能够用来确定平面的一组轴必须有一个原点, 每个轴必须有一个方向 (所以你知道哪里是正, 哪里是负的), 它还必须有单位 (所以你知道, 例如, $x = 3$ 在哪里).

这些轴彼此之间不必须成直角, 并且一个轴上的单位不必与另一个轴上的单位相同, 如图 1.1.5 所示. 但是, 选择互成直角的轴并且选取相等的单位长度通常是很方便的; 具有这种轴的平面称为*笛卡儿平面*(Cartesian plane). 我们可以认为 $\vec{\mathbf{e}}_1$ 测量了沿着水平方向的向右的一个单位长度, $\vec{\mathbf{e}}_2$ 测量了沿着垂直的轴向上的一个单位长度. 这是画出 $\mathbb{R}^2$ 空间的标准方法.

向量场

几乎所有的物理学都涉及场. 电磁学中的电磁场、引力场和力学中的其他的力场, 以及流体流动的速度场、量子力学的波函数, 都是 “场”. 场也用于流行病学和人口研究.

我们用 “场” 来表示从点到点变化的数据. 某些场, 如温度或压强的分布, 是标量场: 它们将每个点与一个数值相关联. 某些场, 如牛顿的引力场, 最好由向量场来描述, 它的每一个点与一个向量相关联. 其他像电磁场和电荷分布, 最好用形式场来描述, 这将在第 6 章中讨论. 还有一些, 如广义相对论的爱因斯坦场 (伪内积的场), 不属于上述中的任何一个.

定义 1.1.8 (向量场). $\mathbb{R}^n$ 上的*向量场*(vector field)是一个函数, 其输入是 $\mathbb{R}^n$ 中的一个点, 其输出是从该点发出的一个 $\mathbb{R}^n$ 中的向量.

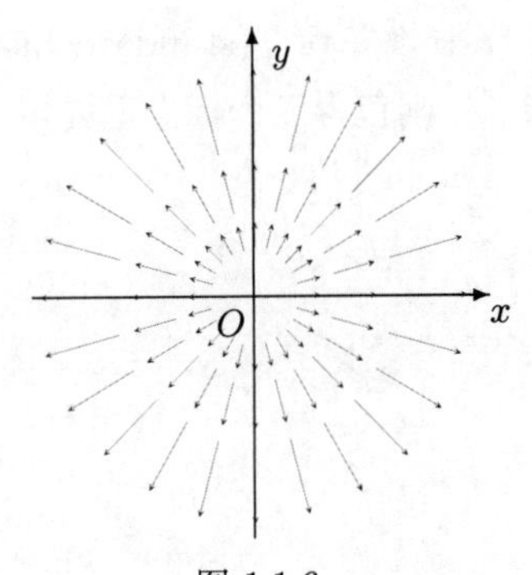

图 1.1.6

向量场通常在向量按比例缩小的时候更容易描述, 就像上图的径向向量场

$$\vec{F}\begin{pmatrix} x \\ y \end{pmatrix} = \begin{bmatrix} x \\ y \end{bmatrix}.$$

(实际上, 向量场只是简单地将每个点与一个向量相关联; 你如何去想象这个向量则完全取决于你. 但是把每个向量想象成固定在相应的点上, 或是从这个点发出的, 则是很有帮助的.)

我们将通过在向量场上放置箭头来区分函数和向量场, 如例 1.1.9 的 $\vec{F}$.

例 1.1.9 ($\mathbb{R}^2$ 中的向量场). $\mathbb{R}^2$ 中的恒等函数 $f\begin{pmatrix} x \\ y \end{pmatrix} = \begin{pmatrix} x \\ y \end{pmatrix}$ 以一个 $\mathbb{R}^2$ 中的点为输入, 以同一个点作为结果. 图 1.1.6 中的径向向量场 $\vec{F}\begin{pmatrix} x \\ y \end{pmatrix} = \begin{bmatrix} x \\ y \end{bmatrix}$ 给每个 $\mathbb{R}^2$ 中的点分配了相应的向量. △

向量场也经常被用来描述流体或气体的流动: 每一点上的向量给出了流的速度和方向. 对于不随时间变化的流 (稳态流), 这个向量场给出了完整的描述. 在更现实的情况下, 流一直在变化, 向量场给出的是流在某个给定的时刻的快照.

画向量场是一门艺术. 在图 1.1.7 中, 我们在一个网格上的每一点画一个向量. 有时候, 在向量场变化快的地方, 最好是多画几个向量, 变化慢的地方就少画几个.

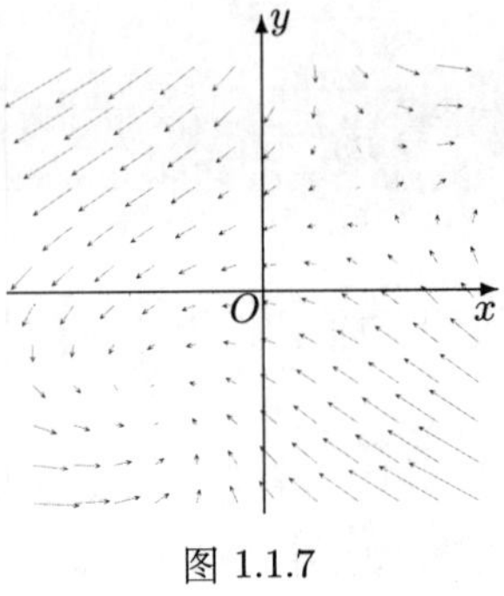

图 1.1.7

向量场

$$\vec{F}\begin{pmatrix} x \\ y \end{pmatrix} = \begin{bmatrix} xy-2 \\ x-y \end{bmatrix}.$$

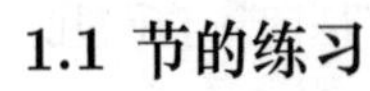

1.1 节的练习

1.1.1 通过坐标计算下列向量, 并画出你做了什么:

a. $\begin{bmatrix} 1 \\ 3 \end{bmatrix} + \begin{bmatrix} 2 \\ 1 \end{bmatrix}$;　　b. $2\begin{bmatrix} 2 \\ 4 \end{bmatrix}$;　　c. $\begin{bmatrix} 1 \\ 3 \end{bmatrix} - \begin{bmatrix} 2 \\ 1 \end{bmatrix}$;　　d. $\begin{bmatrix} 3 \\ 2 \end{bmatrix} + \vec{\mathbf{e}}_1$.

1.1.2 计算下列向量:

a. $\begin{bmatrix}3\\\pi\\1\end{bmatrix}+\begin{bmatrix}1\\-1\\\sqrt{2}\end{bmatrix}$; b. $\begin{bmatrix}1\\4\\c\\2\end{bmatrix}+\vec{\mathbf{e}}_2$; c. $\begin{bmatrix}1\\4\\c\\2\end{bmatrix}-\vec{\mathbf{e}}_4$.

1.1.3 把下述问题中的句子的 "在 ······ 中" 翻译成适当的符号: "$\in$"(······ 的元素), 或者 "$\subset$"(······ 的子集).

a. 在 $\mathbb{R}^3$ 中的一个向量 $\vec{\mathbf{v}}$; b. 在 $\mathbb{R}^2$ 中的一条直线 L;

c. 在 $\mathbb{R}^3$ 中的曲线 C; d. 在 $\mathbb{C}^2$ 中的点 $\mathbf{x}$;

e. 一系列嵌套的球, B_0 在 B_1 中, B_1 在 B_2 中, ······

1.1.4 a. 给 $\mathbb{R}^n$ 的两个平凡子空间命名.

b. 令 $S^1\subset\mathbb{R}^2$ 为方程为 $x^2+y^2=1$ 的单位圆, 是否存在 S^1 的两个元素, 它们的和也是这个集合的元素?

$$\begin{bmatrix}1\\1\\\vdots\\1\\1\end{bmatrix},\ \begin{bmatrix}1\\2\\\vdots\\n-1\\n\end{bmatrix},\ \begin{bmatrix}0\\0\\3\\4\\\vdots\\n-1\\n\end{bmatrix},$$

练习 1.1.5 中的 $\mathbb{R}^n$ 中的向量.

1.1.5 用求和符号 (0.1 节所讨论的) 将边注中的向量写成标准基向量的倍数之和.

1.1.6 简单画出下列向量场:

a. $\vec{F}\begin{pmatrix}x\\y\end{pmatrix}=\begin{bmatrix}0\\1\end{bmatrix}$; b. $\vec{F}\begin{pmatrix}x\\y\end{pmatrix}=\begin{bmatrix}x\\0\end{bmatrix}$; c. $\vec{F}\begin{pmatrix}x\\y\end{pmatrix}=\begin{bmatrix}x\\y\end{bmatrix}$;

d. $\vec{F}\begin{pmatrix}x\\y\end{pmatrix}=\begin{bmatrix}x\\-y\end{bmatrix}$; e. $\vec{F}\begin{pmatrix}x\\y\end{pmatrix}=\begin{bmatrix}y\\x\end{bmatrix}$; f. $\vec{F}\begin{pmatrix}x\\y\end{pmatrix}=\begin{bmatrix}-y\\x\end{bmatrix}$;

g. $\vec{F}\begin{pmatrix}x\\y\end{pmatrix}=\begin{bmatrix}y\\x-y\end{bmatrix}$; h. $\vec{F}\begin{pmatrix}x\\y\end{pmatrix}=\begin{bmatrix}x-y\\x+y\end{bmatrix}$; i. $\vec{F}\begin{pmatrix}x\\y\end{pmatrix}=\begin{bmatrix}x^2-y-1\\x-y\end{bmatrix}$.

1.1.7 简单画出下列向量场:

a. $\vec{F}\begin{pmatrix}x\\y\\z\end{pmatrix}=\begin{bmatrix}0\\0\\x^2+y^2\end{bmatrix}$; b. $\vec{F}\begin{pmatrix}x\\y\\z\end{pmatrix}=\begin{bmatrix}y\\-x\\-z\end{bmatrix}$; c. $\vec{F}\begin{pmatrix}x\\y\\z\end{pmatrix}=\begin{bmatrix}x-y\\x+y\\-z\end{bmatrix}$.

1.1.8 假设水流过一个半径为 r 的管道, 速率为 r^2-a^2, 其中函数 a 给出了到管道中轴的距离.

a. 如果管道在 z 轴的方向, 写出描述水流的向量场.

b. 如果管道形成了一个半径不大于 1 的环面, 其轴为 (x,y) 平面上的单位圆, 写出描述水流的向量场.

练习 1.1.9: 如果你不熟悉复数, 参考 0.7 节.

1.1.9 证明复数的集合 $\{z \mid \mathrm{Re}(wz)=0\}$, 其中 $w\in\mathbb{C}$ 为固定值, 为 $\mathbb{R}^2=\mathbb{C}$ 的子空间, 并描述这个子空间.

1.2　引入角色: 矩阵

> 可能没有其他领域的数学能够像矩阵理论一样, 被应用在如此众多和多样化的背景下. 在力学、电磁学、统计学、经济学、运筹学、社会科学等领域中, 矩阵的应用似乎无穷无尽. 总体来说, 这是由于矩阵的结构和方法在把有时候很复杂的关系概念化, 以及在有序地处理本来烦琐的代数和数值计算问题上的实用性.
>
> —— James Cochran, *Applied Mathematics: Principles, Techniques, and Applications*

线性代数中的另一个中心角色是**矩阵**(matrix).

定义 1.2.1 (矩阵). 一个 $m \times n$ 的**矩阵**是一个矩形数组, 行数 (高) 为 m, 列数 (宽) 为 n. 我们用 $\mathrm{Mat}(m,n)$ 表示 $m \times n$ 的矩阵的集合.

描述矩阵的时候, 首先给出的是行数 (高), 然后是列数 (宽): 一个 $m \times n$ 矩阵的行数为 m, 列数为 n. 经历数年挣扎于先给的是什么, 我们找到了记忆的方法: 先坐电梯, 然后再在走廊里行走.

你如何把如下两个矩阵

$$\begin{bmatrix} 1 & 2 & 5 \\ 0 & 2 & 3 \end{bmatrix} \text{ 和 } \begin{bmatrix} 1 & 2 \\ 0 & 2 \end{bmatrix}$$

相加呢? 你不能把它们相加, 因为矩阵只有在行数和列数都分别相等的条件下才可以相加.

"当海森堡 (Werner Heisenberg) 在 1925 年发现了 '矩阵' 力学的时候, 他并不知道矩阵是什么 (波恩 (Max Born) 需要告诉他), 海森堡和波恩都不知道矩阵为什么会出现在关于原子的问题中."

—— Manfred R. Schroeder, *Number Theory and the Real World, Mathematical Intelligence*, Vol. 7, No. 4.

$a_{i,j}$ 为矩阵 A 在第 i 行第 j 列的交叉点上的项; 它是你坐电梯到达第 i 层楼, 再沿着走廊走到第 j 个房间所能到达的位置.

一位学生反对说, 这里我们说的是第 i 行第 j 列, 但在例 1.2.6 中, 我们写了 "A 的第 i 列为 $A\vec{\mathbf{e}}_i$". 不要假设 i 必须是行, j 必须是列. "A 的第 i 列是 $A\vec{\mathbf{e}}_i$" 是一个用来表达 A 的第一列为 $A\vec{\mathbf{e}}_1$, A 的第二列为 $A\vec{\mathbf{e}}_2$ 等的方便的方法. 要记住的是, $a_{i,j}$ 的第一个下标指的是行, 第二个下标指的是列; 这样, $a_{3,2}$ 对应于第三行第二列的项.

另一位读者指出, 有时候我们写 "$n \times m$" 矩阵, 而有时候写 "$m \times n$" 矩阵. 再次说明, 哪个是 n 哪个是 m 无关紧要, 我们也可以写 $s \times v$. 重要的是, 第一个字母指的是行数, 第二个字母指的是列数.

我们用大写字母表示矩阵. 通常矩阵是由数字组成的实数或复数的阵列, 但是矩阵也可以是多项式的阵列, 或者更一般的, 函数的阵列; 矩阵甚至可以是其他矩阵的阵列. 向量 $\vec{\mathbf{v}}$ 是 $m \times 1$ 的矩阵; 数字是 1×1 的矩阵.

矩阵的加法和标量乘法的计算是很显然的.

例 1.2.2 (矩阵相加, 矩阵乘上标量).

$$\begin{bmatrix} 1 & 0 \\ 2 & -1 \\ 4 & 2 \end{bmatrix} + \begin{bmatrix} 0 & -3 \\ 1 & -2 \\ 3 & 1 \end{bmatrix} = \begin{bmatrix} 1 & -3 \\ 3 & -3 \\ 7 & 3 \end{bmatrix}, \quad 2\begin{bmatrix} 1 & 4 \\ -2 & 3 \end{bmatrix} = \begin{bmatrix} 2 & 8 \\ -4 & 6 \end{bmatrix}. \qquad \triangle$$

到目前为止, 我们还不清楚为何要使用矩阵. 我们使用 2×2 的矩阵 $\begin{bmatrix} a & b \\ c & d \end{bmatrix}$, 而不是点 $\begin{pmatrix} a \\ b \\ c \\ d \end{pmatrix} \in \mathbb{R}^4$, 会有什么额外的收获吗? 这个问题的答案是肯定的, 使用矩阵形式允许我们进行另一个运算: **矩阵乘法**(matrix multiplication). 我们将在 1.3 节中看到, 每个线性变换相当于乘上一个矩阵, 并且 (定理 1.3.10) 线性变换的组合相当于把相应的矩阵乘起来. 这是矩阵乘法是一种自然而重要的运算的原因之一, 矩阵乘法的其他重要应用可以在概率论和图论中找到.

矩阵的乘法最好是通过例子来学习. 计算 AB 最简单的方法是把 B 写在 A 的右上方. 然后乘积 AB 恰好可以放在 A 的右边和 B 的下面的空间中, AB 的第 (i,j) 位置是 A 的第 i 行和 B 的第 j 列的交叉点, 如例 1.2.3 所示. 注意, AB 存在的条件是, *A 的列数必须等于 B 的行数*, 结果矩阵的行数为 A 的行数, 列数为 B 的列数.

例 1.2.3 (矩阵乘法). AB 的第一行的第一个数, 是通过将 A 的第一行的数与 B 的第一列的数一一对应相乘, 并将这些乘积加在一起得到的: 在公式 (1.2.1) 中, $(2 \times 1) + (-1 \times 3) = -1$.$AB$ 的第一行的第二个数是通过将 A 的第一行的数与 B 的第二列的数一一对应相乘, 并将这些乘积加在一起而得到的:

$(2\times 4)+(-1\times 0)=8$. 在把 A 的第一行与 B 的所有列相乘后, 这个过程在 A 的第二行进行重复: $(3\times 1)+(2\times 3)=9$, 等等, 即

$$\begin{array}{cc} & \begin{bmatrix} B \end{bmatrix} \\ \begin{bmatrix} A \end{bmatrix} & \begin{bmatrix} AB \end{bmatrix} \end{array} \qquad \begin{array}{cc} & \overbrace{\begin{bmatrix} 1 & 4 & -2 \\ 3 & 0 & 2 \end{bmatrix}}^{B} \\ \underbrace{\begin{bmatrix} 2 & -1 \\ 3 & 2 \end{bmatrix}}_{A} & \underbrace{\begin{bmatrix} -1 & 8 & -6 \\ 9 & 12 & -2 \end{bmatrix}}_{AB} \end{array}. \quad \triangle \tag{1.2.1}$$

给定矩阵

$$A=\begin{bmatrix} 1 & 0 \\ 2 & 3 \end{bmatrix},\ B=\begin{bmatrix} 0 & 1 \\ 0 & 1 \end{bmatrix},\ C=\begin{bmatrix} 1 & -1 & 1 \\ 1 & 0 & -1 \end{bmatrix},\ D=\begin{bmatrix} 1 & 0 \\ 2 & 2 \\ 1 & 1 \end{bmatrix},$$

矩阵乘积 AB, AC, CD 是什么呢? 请通过下面的脚注检查你的结果[1]. 现在来计算 BA. 你注意到什么了吗? 如果你尝试计算 CA, 结果怎么样呢?[2]

接下来, 我们将陈述刚才描述的过程的正式定义. 如果脚标让你困扰, 请参阅图 1.2.1.

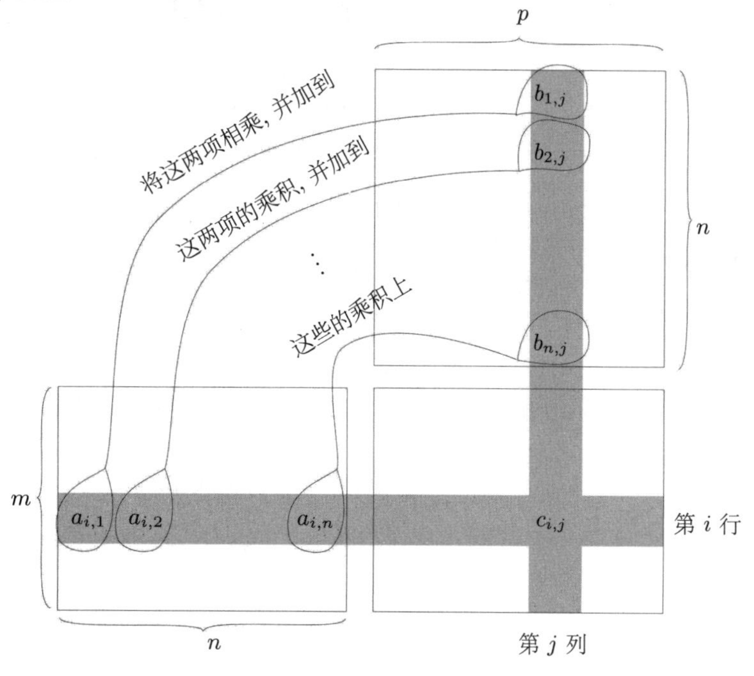

图 1.2.1

矩阵 $C=AB$ 中的 $c_{i,j}$ 项是所有矩阵 A 中的 $a_{i,k}$ 和矩阵 B 的对应的 $b_{k,j}$ 的乘积之和.$a_{i,k}$ 全部在 A 的第 i 行; 第一个脚标 i 是不变的, 第二个脚标 k 是变化的.$b_{k,j}$ 都在 B 的第 j 列; 第一个脚标 k 是变化的, 第二个脚标 j 是不变的. 由于 A 的列数等于 B 的行数, 因此 A 中的项和 B 中的项可以精确地配对.

---

[1] $AB=\begin{bmatrix} 0 & 1 \\ 0 & 5 \end{bmatrix}$; $AC=\begin{bmatrix} 1 & -1 & 1 \\ 5 & -2 & -1 \end{bmatrix}$; $CD=\begin{bmatrix} 0 & -1 \\ 0 & -1 \end{bmatrix}$.

[2] 矩阵乘法是不能交换的;$BA=\begin{bmatrix} 2 & 3 \\ 2 & 3 \end{bmatrix}\neq AB=\begin{bmatrix} 0 & 1 \\ 0 & 5 \end{bmatrix}$. 尽管乘积 AC 存在, 但 CA 并不存在.

在定义 1.2.4 中应注意求和是对 $a_{i,k}b_{k,j}$ 中的内层标号 k 进行的.

定义 1.2.4 没有新的内容, 但它提供了一些实用的从具体 (两个特定的矩阵相乘) 到符号 (把这个变换表达出来, 使得它可以用在任何两个形状适合的矩阵上, 哪怕矩阵的项是复数, 或者函数, 而非实数). 在线性代数中, 你经常要从一个表达形式变到另一个表达形式. 例如, 如我们所看到的, 一个 $\mathbb{R}^n$ 中的点 $\mathbf{b}$ 可以被当作单项 $\mathbf{b}$, 或者它的坐标的有序列表; 一个矩阵 A 可以想成单项, 或者它的项排成的矩形的列表.

定义 1.2.4 (矩阵乘法). 如果 A 是 $m \times n$ 矩阵, 其第 (i,j) 位置上为 $a_{i,j}$, 并且 B 是 $n \times p$ 的矩阵, 其第 (i,j) 位置上为 $b_{i,j}$, 则 $C = AB$ 是 $m \times p$ 矩阵, 其第 (i,j) 位置上为

$$\begin{aligned} c_{i,j} &= \sum_{k=1}^{n} a_{i,k}b_{k,j} \\ &= a_{i,1}b_{1,j} + a_{i,2}b_{2,j} + \cdots + a_{i,n}b_{n,j}. \end{aligned} \tag{1.2.2}$$

注释. 通常矩阵乘法写在一行上: $[A][B] = [AB]$. 例 1.2.3 中所展示的形式避免了混淆: A 的第 i 行和 B 的第 j 列的乘积位于第 i 行和第 j 列的交叉点上. 它还避免了在重复乘法时重新复制矩阵. 例如, 要将 A 乘以 B 乘以 C 乘以 D, 我们写成

$$\begin{matrix} & [\ B\ ] & [\ C\ ] & [\ D\ ] \\ [\ A\ ] & [\ AB\ ] & [\ (AB)C\ ] & [\ (ABC)D\ ] \end{matrix}\ . \ \triangle \tag{1.2.3}$$

矩阵乘法的非交换性

正如我们之前所看到的, 矩阵乘法是不可交换的. 很可能可以用 A 乘以 B, 但不可以用 B 乘以 A. 即使两个矩阵具有相同的行数和列数, AB 也通常不等于 BA, 如例 1.2.5 所示.

例 1.2.5 (矩阵乘法不是可交换的).

$$\begin{matrix} & \begin{bmatrix} 0 & 1 \\ 1 & 0 \end{bmatrix} \\ \begin{bmatrix} 0 & 1 \\ 1 & 1 \end{bmatrix} & \begin{bmatrix} 1 & 0 \\ 1 & 1 \end{bmatrix} \end{matrix} \quad \text{不等于} \quad \begin{matrix} & \begin{bmatrix} 0 & 1 \\ 1 & 1 \end{bmatrix} \\ \begin{bmatrix} 0 & 1 \\ 1 & 0 \end{bmatrix} & \begin{bmatrix} 1 & 1 \\ 0 & 1 \end{bmatrix} \end{matrix}. \quad \triangle \tag{1.2.4}$$

将矩阵乘上标准基向量

将矩阵 A 乘以标准基向量 $\vec{\mathbf{e}}_i$, 将选出 A 的第 i 列, 如下例所示. 我们经常会用到这个事实.

例 1.2.6 (A 的第 i 列是 $A\vec{\mathbf{e}}_i$). 下面, 我们证明 A 的第二列是 $A\vec{\mathbf{e}}_2$:

$$\begin{matrix} & \overbrace{\begin{bmatrix} 0 \\ 1 \\ 0 \end{bmatrix}}^{\vec{\mathbf{e}}_2} \\ \underbrace{\begin{bmatrix} 3 & -2 & 0 \\ 2 & 1 & 2 \\ 0 & 4 & 3 \\ 1 & 0 & 2 \end{bmatrix}}_{A} & \underbrace{\begin{bmatrix} -2 \\ 1 \\ 4 \\ 0 \end{bmatrix}}_{A\vec{\mathbf{e}}_2} \end{matrix} \quad \text{相当于} \quad \begin{bmatrix} -2 \\ 1 \\ 4 \\ 0 \end{bmatrix} \times 1 = \begin{bmatrix} -2 \\ 1 \\ 4 \\ 0 \end{bmatrix}. \quad \triangle$$

类似地, AB 的第 i 列是 $A\vec{\mathbf{b}}_i$, 其中 $\vec{\mathbf{b}}_i$ 是 B 的第 i 列, 如例 1.2.7 所展示和图 1.2.2 所表示的.AB 的第 j 行是 A 的第 j 行和矩阵 B 的乘积, 如例 1.2.8 和图 1.2.3 所示.

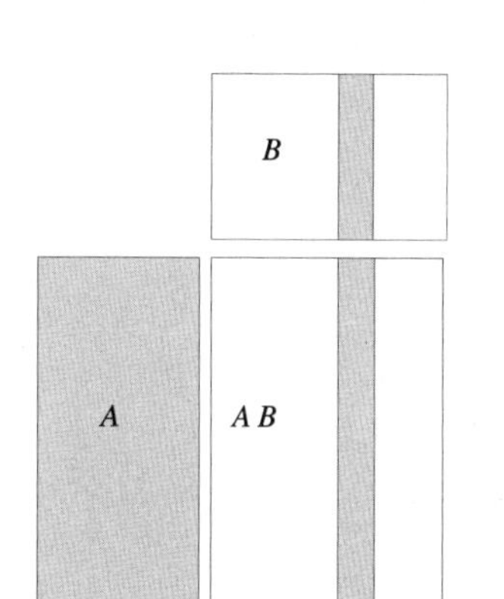

图 1.2.2

乘积 AB 的第 i 列依赖于 A 的所有的项, 但是只依赖于 B 的第 i 列.

例 1.2.7 (AB 的第 i 列是 $A\vec{\mathbf{b}}_i$). 乘积 AB 的第二列是 A 和 B 的第二列的乘积:

$$\begin{array}{cc} & \overbrace{\begin{bmatrix} 1 & 4 & -2 \\ 3 & 0 & 2 \end{bmatrix}}^{B} \\ \underbrace{\begin{bmatrix} 2 & -1 \\ 3 & 2 \end{bmatrix}}_{A} & \underbrace{\begin{bmatrix} -1 & 8 & -6 \\ 9 & 12 & -2 \end{bmatrix}}_{AB} \end{array} \qquad \begin{array}{cc} & \overbrace{\begin{bmatrix} 4 \\ 0 \end{bmatrix}}^{\vec{\mathbf{b}}_2} \\ \underbrace{\begin{bmatrix} 2 & -1 \\ 3 & 2 \end{bmatrix}}_{A} & \underbrace{\begin{bmatrix} 8 \\ 12 \end{bmatrix}}_{A\vec{\mathbf{b}}_2} \end{array}. \quad \triangle \tag{1.2.5}$$

例 1.2.8. 乘积 AB 的第二行是矩阵 A 的第二行和矩阵 B 的乘积:

$$\begin{array}{cc} & \overbrace{\begin{bmatrix} 1 & 4 & -2 \\ 3 & 0 & 2 \end{bmatrix}}^{B} \\ \underbrace{\begin{bmatrix} 2 & -1 \\ 3 & 2 \end{bmatrix}}_{A} & \underbrace{\begin{bmatrix} -1 & 8 & -6 \\ 9 & 12 & -2 \end{bmatrix}}_{AB} \end{array} \qquad \begin{array}{cc} & \overbrace{\begin{bmatrix} 1 & 4 & -2 \\ 3 & 0 & 2 \end{bmatrix}}^{B} \\ \begin{bmatrix} 3 & 2 \end{bmatrix} & \begin{bmatrix} 9 & 12 & -2 \end{bmatrix} \end{array}. \quad \triangle \tag{1.2.6}$$

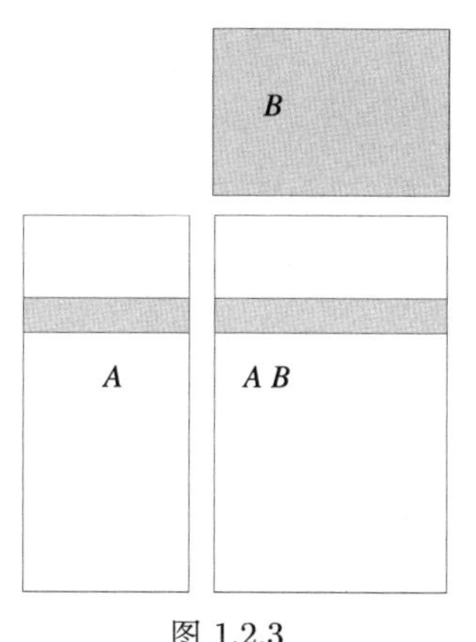

图 1.2.3

乘积 AB 的第 j 行依赖于 B 的所有的项, 但是只依赖于 A 的第 j 行.

矩阵乘法是满足结合律的

当对矩阵 A, B, C 作乘法时, 我们可以像在式 (1.2.3) 中所做的一样, 重复作乘法, 相当于在计算乘积 $(AB)C$. 我们可以使用其他形式来得到乘积 $A(BC)$:

$$\begin{array}{ccc} & \begin{bmatrix} B \end{bmatrix} & \begin{bmatrix} C \end{bmatrix} \\ \begin{bmatrix} A \end{bmatrix} & \begin{bmatrix} AB \end{bmatrix} & \begin{bmatrix} (AB)C \end{bmatrix} \end{array} \text{ 或者 } \begin{array}{cc} & \begin{bmatrix} C \end{bmatrix} \\ \begin{bmatrix} B \end{bmatrix} & \begin{bmatrix} BC \end{bmatrix} \\ \begin{bmatrix} A \end{bmatrix} & \begin{bmatrix} A(BC) \end{bmatrix} \end{array}. \tag{1.2.7}$$

那么 $(AB)C$ 与 $A(BC)$ 相等吗? 在 1.3 节中, 我们将看到矩阵乘法的结合律来自于定理 1.3.10. 这里我们给出一个计算上的证明.

命题 1.2.9 (矩阵乘法满足结合律). 如果 A 是一个 $n \times m$ 的矩阵, B 是一个 $m \times p$ 的矩阵, C 是一个 $p \times q$ 的矩阵, 且 $(AB)C$ 和 $A(BC)$ 都是有定义的, 则它们是相等的:

$$(AB)C = A(BC). \tag{1.2.8}$$

凯莱 (图 1.2.4) 在 1858 年引入了矩阵. 他作为律师一直工作到 1863 年他被剑桥大学任命为教授的时候. 作为教授, 他 "必须靠他作为熟练的律师时的工资的零头来勉强维持生活. 然而, 他感到非常高兴的是他可以全身心地投入到数学中". —— 摘自 J. J. O'Connor 和 E. F. Robertson 的自传. 想要知道更多, 参见 *MacTutor History of Mathematics*, 网址为 http://www-history.mcs.st-and.ac.uk/history/

图 1.2.4
凯莱 (Arthur Caylay, 1821 — 1895)

在他 1858 年关于矩阵的文章中, 凯莱陈述道: 矩阵乘法满足结合律, 但没有给出证明. 你得到的印象是, 他拿着矩阵来玩 (主要是 2×2 和 3×3 的), 以感受它们的性质, 而没有去担心其严格性. 关于另外一个矩阵的结果, 定理 4.8.27(凯莱–哈密尔顿 (Cayley-Hamilton) 定理), 他对 2×2 和 3×3 的矩阵进行了验证, 但就停步在那里了.

练习 1.2.24 让你证明矩阵乘法对加法符合分配律:

$$A(B+C)=AB+AC,$$

$$(B+C)A=BA+CA.$$

不是所有的计算都符合结合律. 例如, 输入两个矩阵 A, B, 计算 $AB-BA$ 的计算就不符合结合律. 在 1.4 节中将要讨论的叉乘 (cross product), 也不符合结合律.

证明: 图 1.2.5 展示了 $A(BC)$ 和 $(AB)C$ 的第 (i,j) 项仅依赖于 A 的第 i 行和 C 的第 j 列 (但是依赖于 B 的所有项). 不失一般性, 我们可以假设 A 是行矩阵, C 是列矩阵 $(n=q=1)$, 因此 $(AB)C$ 和 $A(BC)$ 都是数字. 现在应用数字乘法的结合律:

$$\begin{aligned}(AB)C &= \sum_{l=1}^{p}\underbrace{\left(\sum_{k=1}^{m}a_kb_{k,l}\right)c_l}_{AB\text{的第 }l\text{ 项}}\\ &= \sum_{l=1}^{p}\sum_{k=1}^{m}a_kb_{k,l}c_l=\sum_{k=1}^{m}a_k\underbrace{\left(\sum_{l=1}^{p}b_{k,l}c_l\right)}_{BC\text{的第 }k\text{ 项}}=A(BC).\end{aligned}\tag{1.2.9}$$

□

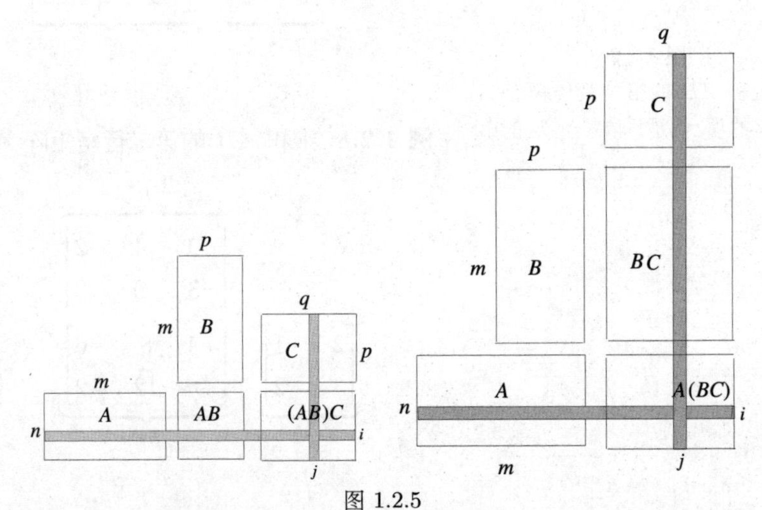

图 1.2.5
左: 这种书写方式相当于计算 $(AB)C$.AB 的第 i 行取决于 A 的第 i 行和整个矩阵 B.
右: 这种格式对应于计算 $A(BC)$.BC 的第 j 列取决于 C 的第 j 列和整个矩阵 B.

单位矩阵

单位矩阵 I 在矩阵乘法中起着与数字乘法中的数字 1 相同的作用: $IA=A=AI$.

定义 1.2.10 (单位矩阵). 单位矩阵(identity matrix)I_n 是 $n\times n$ 矩阵, 主对角线 (从左上角到右下角的对角线) 上的元素为 1, 在其他位置上的元素为 0.

例如, $I_2=\begin{bmatrix}1&0\\0&1\end{bmatrix}$, $I_3=\begin{bmatrix}1&0&0\\0&1&0\\0&0&1\end{bmatrix}$.

如果 A 是 $n\times m$ 的矩阵, 则

$$IA=AI=A,\text{ 或者更准确地说, }I_nA=AI_m=A.\tag{1.2.10}$$

因为如果 $n\neq m$, 必须改变单位矩阵的行、列数以匹配矩阵 A 的行、列数. 在上下文很明确的时候, 我们将省略脚标.

从左上到右下主对角线也叫作**对角线**(diagonal).

从左下到右上的对角线叫作**反对角线**(anti-diagonal).

单位矩阵 I_n 的列当然就是标准基向量 $\vec{\mathbf{e}}_1, \cdots, \vec{\mathbf{e}}_n$:

$$I_4 = \begin{bmatrix} 1 & 0 & 0 & 0 \\ 0 & 1 & 0 & 0 \\ 0 & 0 & 1 & 0 \\ 0 & 0 & 0 & 1 \end{bmatrix}.$$
$$\vec{\mathbf{e}}_1 \quad \vec{\mathbf{e}}_2 \quad \vec{\mathbf{e}}_3 \quad \vec{\mathbf{e}}_4$$

对一个非方形矩阵, 有可能有很多个左逆而没有右逆, 或者有很多个右逆而没有左逆, 如在练习 1.2.23 中所探索的.

矩阵的逆

矩阵 A 的逆矩阵 A^{-1} 在矩阵乘法中起着与数字 a 的逆 $1/a$ 相同的作用.

唯一没有逆的数字是 0, 但有许多的非零矩阵没有逆矩阵. 此外, 矩阵乘法的非交换性使得逆矩阵的定义更加复杂.

定义 1.2.11 (矩阵的左右逆矩阵). 设 A 为矩阵. 如果存在矩阵 B 使得 $BA = I$, 则 B 是 A 的*左逆*(left inverse). 如果存在矩阵 C 使得 $AC = I$, 则 C 是 A 的*右逆*(right inverse).

例 1.2.12 (没有左右逆的矩阵). 矩阵 $\begin{bmatrix} 1 & 0 \\ 0 & 0 \end{bmatrix}$ 没有右逆矩阵或左逆矩阵. 要看到这一点, 先假设它有一个右逆矩阵, 即存在一个矩阵 $\begin{bmatrix} a & b \\ c & d \end{bmatrix}$ 使得

$$\begin{bmatrix} 1 & 0 \\ 0 & 0 \end{bmatrix}\begin{bmatrix} a & b \\ c & d \end{bmatrix} = \begin{bmatrix} 1 & 0 \\ 0 & 1 \end{bmatrix}. \tag{1.2.11}$$

但是乘积是 $\begin{bmatrix} a & b \\ 0 & 0 \end{bmatrix}$, 右下角为 0, 而不是所需要的 1. 类似的计算证明了这个矩阵没有左逆矩阵. △

我们将在 2.2 节看到 (推论 2.2.7 后的讨论), 只有方形矩阵才可以有双向的逆. 进一步, 如果一个方形矩阵有左逆, 则这个左逆也得是个右逆; 如果它有一个右逆, 则这个右逆也是左逆.

我们可以写出一个数 x 的逆为 x^{-1}, 或者为 $1/x$, 给出 $xx^{-1} = x(1/x) = 1$, 矩阵 A 的逆只能写成 A^{-1}. *我们不能去除以一个矩阵*. 如果对两个矩阵 A 和 B 你要写为 A/B, 就不清楚这个究竟是表示 $B^{-1}A$ 还是表示 AB^{-1}.

定义 1.2.13 (可逆矩阵). *可逆矩阵*(invertible matrix)是同时具有左逆矩阵和右逆矩阵的矩阵.

矩阵乘法的结合律给出了以下结果:

命题和定义 1.2.14 (矩阵的逆). 如果矩阵 A 具有左逆矩阵和右逆矩阵, 则它只有一个左逆矩阵和一个右逆矩阵, 并且它们是相等的; 这个矩阵称为 A 的*逆矩阵*, 表示为 A^{-1}

证明: 如果矩阵 A 具有右逆矩阵 B, 则 $AB = I$. 如果它具有左逆矩阵 C, 则 $CA = I$. 所以有

$$C(AB) = CI = C \text{ 以及 } (CA)B = IB = B, \text{ 所以 } C = B. \tag{1.2.12}$$

□

我们将在 2.3 节中讨论如何找到矩阵的逆. 对于 2×2 的矩阵, 存在一个计算逆矩阵的公式:

$$A = \begin{bmatrix} a & b \\ c & d \end{bmatrix} \text{的逆为} A^{-1} = \frac{1}{ad - bc}\begin{bmatrix} d & -b \\ -c & a \end{bmatrix}. \tag{1.2.13}$$

练习 1.2.12 中将让你去验证这个结果.3×3 的矩阵的逆的公式在练习 1.4.20 中给出.

要注意的是, 如果 $ad - bc \neq 0$, 则 2×2 的矩阵是可逆的. 反过来也成立, 如果 $ad - bc = 0$, 则矩阵不可逆, 练习 1.2.13 将让你去证明这个结论.

矩阵乘法的可结合性也用于证明以下的结果:

命题 1.2.15: 我们欠 Robert Terrell 一个记忆法: “穿袜子, 穿鞋; 脱鞋, 脱袜子”. 要撤销一个过程, 你要先撤销你最后做的事:

$$(f \circ g)^{-1} = g^{-1} \circ f^{-1}.$$

命题 1.2.15 (矩阵乘积的逆). 如果 A 和 B 是可逆矩阵, 则 AB 是可逆的, 逆矩阵由下式给出

$$(AB)^{-1} = B^{-1}A^{-1}. \tag{1.2.14}$$

证明: 计算

$$(AB)(B^{-1}A^{-1}) = A(BB^{-1})A^{-1} = AA^{-1} = I \tag{1.2.15}$$

和类似的计算 $(B^{-1}A^{-1})(AB)$ 证明了结果. □

上面的过程在哪里使用了结合律? 查看下面的脚注. [3]

转置

不要将矩阵与其转置混淆, *永远不要把向量按水平方向来写*. 水平书写的向量是它的转置; 从定理 1.2.17 可以看出, 向量 (矩阵) 与其转置之间的混淆会导致在矩阵乘法的顺序上的困难无穷无尽.

定义 1.2.16 (转置). 通过交换 A 的行和列, 从左到右读取行, 从上到下读取列, 形成矩阵 A 的*转置*(transpose)A^{T}.

如果 $\vec{\mathbf{v}} = \begin{bmatrix} 1 \\ 0 \\ 2 \end{bmatrix}$, 它的转置是

$$\vec{\mathbf{v}}^{\mathrm{T}} = \begin{bmatrix} 1 & 0 & 2 \end{bmatrix}.$$

例如, 如果 $A = \begin{bmatrix} 1 & 4 & -2 \\ 3 & 0 & 2 \end{bmatrix}$, 则 $A^{\mathrm{T}} = \begin{bmatrix} 1 & 3 \\ 4 & 0 \\ -2 & 2 \end{bmatrix}$.

矩阵的单一的一行的转置是一个向量.

$$\begin{bmatrix} 2 & 1 & 3 \\ 1 & 5 & 4 \\ 3 & 4 & 0 \end{bmatrix}$$

一个对称矩阵.

如果 A 是任意矩阵, 则 $A^{\mathrm{T}}A$ 为对称矩阵, 练习 1.2.16 将让你来证明.

定理 1.2.17 (矩阵乘积的转置). 矩阵乘积的转置是矩阵的转置按照相反顺序的乘积:

$$(AB)^{\mathrm{T}} = B^{\mathrm{T}}A^{\mathrm{T}}. \tag{1.2.16}$$

定理的证明简单而直接, 留作练习 1.2.14.

$$\begin{bmatrix} 0 & 1 & 2 \\ -1 & 0 & 3 \\ -2 & -3 & 0 \end{bmatrix}$$

一个反对称矩阵.

对称和反对称矩阵必须是方形的.

特殊类型的矩阵

定义 1.2.18 (对称和反对称矩阵). 对称矩阵等于其转置. 反对称矩阵等于它的负的转置.

定义 1.2.19 (三角矩阵). *上三角矩阵*(upper triangular matrix)是仅在主对角线上或在其上方具有非零项的方形矩阵. *下三角矩阵*(lower triangular matrix)是仅在主对角线上或其下方具有非零项的方形矩阵.

$$\begin{bmatrix} 1 & 1 & 0 & 3 \\ \mathbf{0} & 2 & 0 & 0 \\ \mathbf{0} & \mathbf{0} & 1 & 0 \\ \mathbf{0} & \mathbf{0} & \mathbf{0} & 0 \end{bmatrix}$$

一个上三角矩阵.

练习 1.3 将让你证明, 如果 A 和 B 是 $n \times n$ 的上三角矩阵, 那么 AB 也是. 练习 2.4 将让你证明当且仅当三角矩阵的对角线上的项都不是零的时候, 它才是可逆的.

$$\begin{bmatrix} \mathbf{2} & 0 & 0 & 0 \\ 0 & \mathbf{2} & 0 & 0 \\ 0 & 0 & \mathbf{0} & 0 \\ 0 & 0 & 0 & \mathbf{1} \end{bmatrix}$$

一个对角矩阵.

[3] 结合律用在了下面的前两个等式上:

$$\underbrace{(AB)}_{(AB)}\underbrace{(B^{-1}A^{-1})}_{C} = \underbrace{A}_{A}\underbrace{(\overbrace{B}^{D}\overbrace{(B^{-1}A^{-1})}^{(EF)})}_{(BC)} = A\Big(\overbrace{(BB^{-1})}^{(DE)}\overbrace{A^{-1}}^{F}\Big) = A(IA^{-1}) = I.$$

定义 1.2.20 (对角矩阵). 对角矩阵(diagonal matrix)是仅在主对角线上具有非零项 (如果有的话) 的方阵.

如果你把矩阵 $\begin{bmatrix} a & 0 \\ 0 & b \end{bmatrix}$ 平方, 会发生什么呢? 如果你计算它的立方呢[4]?

应用: 概率和图

从本书的角度来看, 矩阵是最重要的, 因为它们代表将在下一节中讨论的线性变换. 但矩阵乘法还有其他重要的应用. 两个很好的例子是概率论和图论.

例 1.2.21 (矩阵和概率). 假设你的书架上有三本参考书: 一本同义词词典、一本法语词典和一本英语词典. 每次你查阅其中一本书时, 你都要把它放回最左边的架子上. 当你需要使用一个引用时, 我们用 P_1 表示这个引用来自同义词词典的概率, 用 P_2 表示这个引用来自法语词典的概率, 用 P_3 表示这个引用来自英语词典的概率.

像这样每一个结果仅依赖于它前面的一项的情况, 叫作**马尔科夫链**(Markov chain).

书架有六种可能的排列方式: 1 2 3, 1 3 2, 等等. 我们可以写出以下的 6×6 的转换矩阵 T, 表示从一种排列变成另一种排列的概率:

	(1 2 3)	(1 3 2)	(2 1 3)	(2 3 1)	(3 1 2)	(3 2 1)
(1 2 3)	P_1	0	P_2	0	P_3	0
(1 3 2)	0	P_1	P_2	0	P_3	0
(2 1 3)	P_1	0	P_2	0	0	P_3
(2 3 1)	P_1	0	0	P_2	0	P_3
(3 1 2)	0	P_1	0	P_2	P_3	0
(3 2 1)	0	P_1	0	P_2	0	P_3

这种方法在确定有效存储方式的时候是有用的. 一个伐木场如何存储木材, 以使因为要从其他木板下面挖出一块特定的木板而丢掉的时间最小化. 计算机的操作系统如何最有效地存储数据?

有时候容易访问并不是我们的目标. 在 Zola 著的讲述巴黎第一家大百货商店发展历史的故事的小说 *Au Bonheur des Dames* 一书中, 店主把商品按可能的最不方便的方式摆放, 迫使顾客经过商店中它们本来不会经过的那一部分, 用来引诱顾客进行冲动式购物.

从 (2 1 3) 转换到 (3 2 1) 的概率为 P_3, 因为如果你从排列 (2 1 3) (法语词典, 同义词词典, 英语词典) 开始, 查阅英语词典, 并将其放回最左边, 你将会得到排列顺序 (3 2 1). 所以第三行第六列的项是 P_3. 从 (2 1 3) 到 (3 1 2) 的转换的概率为 0, 因为将英语词典从第三个位置移动到第一个位置将不会改变其他书籍的位置. 因此第三行第五列的项为 0.

现在假设你从第四种排列顺序 (2 3 1) 开始. 把行矩阵 [0 0 0 1 0 0] (第四个选择的概率为 1, 其他的为 0) 乘上转换矩阵 T, 得到概率 $P_1, 0, 0, P_2, 0, P_3$. 当然, 这就是矩阵的第四行.

这里有趣的一点是去探索长期的概率. 在第二步的时候, 我们将行矩阵 $[P_1\ 0\ 0\ P_2\ 0\ P_3]$ 乘上 T; 在第三步, 我们将该乘积再乘上 T, ······ 如果我们知道 P_1, P_2 和 P_3 的实际值, 则我们可以对各种不同的配置, 计算在经过大量迭代后的概率分布. 如果我们不知道概率, 我们可以使用这个系统通过在不同的迭代次数之后的书架的配置来推导出这些概率的值. △

例 1.2.22 为矩阵乘法的练习提供了一个有趣的背景, 同时展示了矩阵乘法的一些作用.

[4] $\begin{bmatrix} a & 0 \\ 0 & b \end{bmatrix}^2 = \begin{bmatrix} a^2 & 0 \\ 0 & b^2 \end{bmatrix}; \begin{bmatrix} a & 0 \\ 0 & b \end{bmatrix}^3 = \begin{bmatrix} a^3 & 0 \\ 0 & b^3 \end{bmatrix}$. 我们将在 2.7 节看到这个观察结果是多么重要.

例 1.2.22 (矩阵和图). 我们将在单位立方体的棱上行走; 如果从顶点 V_i 到另一个顶点 V_k, 我们沿着 n 条棱行走, 我们会说我们的路线长度为 n. 例如, 在图 1.2.6 中, 如果我们从顶点 V_1 走到 V_6, 经过了 V_4 和 V_5, 则我们的路线的长度为 3. 我们将规定路线的每段必须将我们从一个顶点带到不同的顶点; 从一个顶点到其自身的最短路线的长度为 2.

例 1.2.22: 一个邻接矩阵也可以表示一个顶点为网页, 边是网页间的链接的数量的一张图; 这样的矩阵被谷歌公司用来构造 Google 矩阵, 用来给网页排序. 要构造这样的邻接矩阵 A, 列出所有的网页, 并用这个列表来给矩阵的行和列作标签, 每个网页对应于某个第 i 行 (也是第 i 列). 如果网页 j 链接到了网页 i, 则令 $a_{i,j}=1$; 否则令它为 0. 在对这个方法的详细说明中, 如果网页 j 有 k 个向外的链接, 给每个 $a_{i,j}\neq 0$ 分配 $1/k$ 而不是 1; 这样从某个网页出来的所有的链接的数值的总和总是 1. 我们将在例 2.7.12 中深入讨论这个问题.

从一个顶点到其自身, 或者更一般地说, 从一个给定的顶点到一个与其不同的顶点有多少条长度为 n 的路线? 正如我们将在命题 1.2.23 中看到的, 我们通过计算图的邻接矩阵的 n 次幂来回答这个问题. 我们的立方体的邻接矩阵是 8×8 的矩阵 A, 其行和列由顶点 $V_1,\cdots,V_8$ 来标记, 并且如果有棱把 V_i 和 V_j 联结起来, 则第 (i,j) 位置上的数为 1, 否则为 0, 如图 1.2.6 所示. 例如, $a_{4,1}=1$, 因为有一条棱将 V_4 和 V_1 连起来;$a_{4,6}=0$, 因为 V_4 和 V_6 之间没有棱联结.

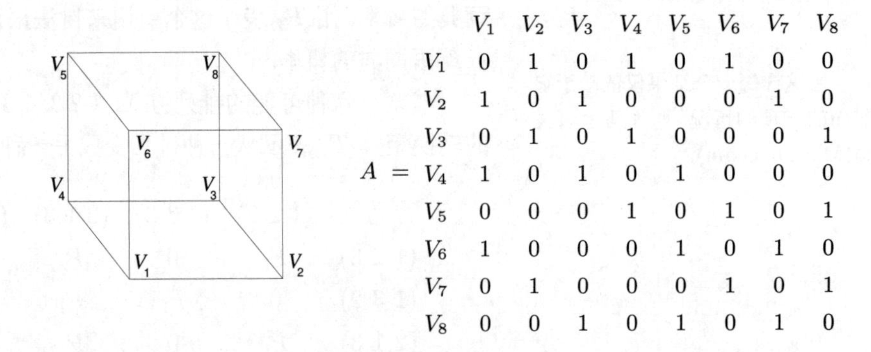

$$A=\begin{array}{c|cccccccc} & V_1 & V_2 & V_3 & V_4 & V_5 & V_6 & V_7 & V_8\\ \hline V_1 & 0&1&0&1&0&1&0&0\\ V_2 & 1&0&1&0&0&0&1&0\\ V_3 & 0&1&0&1&0&0&0&1\\ V_4 & 1&0&1&0&1&0&0&0\\ V_5 & 0&0&0&1&0&1&0&1\\ V_6 & 1&0&0&0&1&0&1&0\\ V_7 & 0&1&0&0&0&1&0&1\\ V_8 & 0&0&1&0&1&0&1&0 \end{array}$$

图 1.2.6

左: 一个立方体的图. 右: 它的邻接矩阵 A. 如果顶点 V_i 和 V_j 由一条棱联结, 则矩阵的第 (i,j) 项和第 (j,i) 项为 1; 否则为 0. △

这个矩阵很重要的原因如下. 如果你试图粗略估计从顶点到自身的长度为 4 的路径的个数, 你可能会更喜欢命题 1.2.23. 作者也这样做了, 而后发现他们错过了很多可能的路径.

命题 1.2.23. 对于由边联结的顶点构成的任何图形, 从顶点 V_i 到顶点 V_j 的长度为 n 的可能的路径的数量由矩阵 A^n 的第 (i,j) 位置上的数给出, 该矩阵 A^n 可以通过邻接矩阵 A 的 n 次幂计算得到.

练习 1.2.17 将让你去给一个三角形和一个正方形构造邻接矩阵. 我们也可以构造一个矩阵, 允许存在单向边; 这个将会在本章的练习 1.5 中进行探索.

正如你所期待的, 邻接矩阵 A 中所有的 1 在 A^4 里全都变成了 0; 如果两个顶点被一条边联结, 则当 n 为偶数时, 在它们之间就没有长为 n 的路径.

当然, 我们利用计算机来计算这个矩阵. 对于矩阵乘法, 除了很简单的问题外, 都可以使用 MATLAB, MAPLE, 或者其他同类的工具.

例如, 从 V_5 到 V_7(或者反过来) 有 20 条长度为 4 的不同路径, 但从 V_4 到 V_3 没有长度为 4 的路径, 因为当 A 是图 1.2.6 所示的立方体的相应的矩阵时

$$A^4=\begin{bmatrix} 21&0&20&0&20&0&20&0\\ 0&21&0&20&0&20&0&20\\ 20&0&21&0&20&0&20&0\\ 0&20&0&21&0&20&0&20\\ 20&0&20&0&21&0&20&0\\ 0&20&0&20&0&21&0&20\\ 20&0&20&0&20&0&21&0\\ 0&20&0&20&0&20&0&21 \end{bmatrix}. \tag{1.2.17}$$

证明: 证明是在上图的背景下, 通过归纳来做的; 一般情况也是一样的. 对于具有八个顶点的图, 令 B_n 为 8×8 矩阵, 其第 (i,j) 位置的项是从 V_i 到 V_j 的长度为 n 的路径的个数; 我们必须要证明 $B_n = A^n$. 首先注意到 $B_1 = A^1 = A$: 矩阵 A 中的 $(A)_{i,j}$ 恰好是从 v_i 到 v_j 的长度为 1 的路径的个数.

就像概率论里的转移矩阵一样, 代表从一个顶点到达另一个顶点的路径的长度的矩阵在计算机和多重处理上具有重要的应用.

接下来, 假设结论对于 n 为真, 我们来看结论对于 $n+1$ 是正确的. 从 V_i 到 V_j 的长度为 $n+1$ 的路径必须在走完第 n 步时经过某个顶点 V_k, 这些路程的总数是对所有顶点 V_k 的下述路径数的总和: 以 n 步从 V_i 到达 V_k 的方式的个数, 乘上从 V_k 到 V_j 的一步的走法的总数 (当 V_k 和 V_j 相邻时为 1, 否则为 0). 用符号来表示, 为

$$\begin{aligned}\underbrace{(B_{n+1})_{i,j}}_{\text{从}i\text{到}j\text{的长度为}n+1\text{的路径数}} &= \underbrace{\sum_{k=1}^{8}}_{\text{对所有的顶点}k} \underbrace{(B_n)_{i,k}}_{\text{从}i\text{到}k\text{的长度为}n\text{的路径数}} \underbrace{(B_1)_{k,j}}_{\text{从}k\text{到}j\text{的长度为1的路径数}} \\ &= \sum_{k=1}^{8} \underbrace{(A^n)_{i,k}}_{\text{归纳假设}} \underbrace{(A)_{k,j}}_{A\text{的定义}} \underbrace{=}_{\text{定义1.2.4}} (A^{n+1})_{i,j},\end{aligned} \tag{1.2.18}$$

这恰恰是 A^{n+1} 的定义. □

早些时候, 我们用 $a_{i,j}$ 表示矩阵 A 中的第 (i,j) 位置上的数. 这里我们使用 $(A)_{i,j}$. 两种表示方法都是标准的.

注释. 在命题 1.2.23 和等式 (1.2.18) 中, 我们使用 A^n 的意思是什么呢? 如果你看证明, 你会发现我们使用的是

$$A^n = \underbrace{\Big(\big((\cdots)A\big)A\Big)A}_{n\text{个因子}}. \tag{1.2.19}$$

矩阵乘法是可结合的, 因此你也可以以任何方式放置括号, 例如

$$A^n = A\Big(A\big(A(\cdots)\big)\Big). \tag{1.2.20}$$

在这种情况下, 我们可以看到它是成立的, 同时使结合律不那么抽象: 用公式 (1.2.18) 给出的定义, $B_n B_m = B_{n+m}$. 实际上, 从 V_i 到 V_j 的长度为 $n+m$ 的路径是从 V_i 到某个 V_k 的长度为 n 的路径, 接上从 V_k 到 V_j 的长度为 m 的路径. 用公式来表达, 这就是

$$(B_{n+m})_{i,j} = \sum_{k=1}^{8} (B_n)_{i,k}(B_m)_{k,j}. \qquad \triangle \tag{1.2.21}$$

1.2 节的练习

1.2.1 a. 下列矩阵的维度是什么?

i. $\begin{bmatrix} a & b & c \\ d & e & f \end{bmatrix}$; ii. $\begin{bmatrix} 4 & 1 \\ 0 & 2 \end{bmatrix}$; iii. $\begin{bmatrix} \pi & 1 \\ 0 & 1 \\ 1 & 0 \end{bmatrix}$; iv. $\begin{bmatrix} 1 & 0 & 0 & 1 \\ 0 & 1 & 0 & 1 \\ 1 & 0 & 1 & 0 \end{bmatrix}$; v. $\begin{bmatrix} 1 & 0 & 0 \\ 0 & 1 & 0 \\ 0 & 0 & 1 \end{bmatrix}$.

b. 前面的哪些矩阵可以乘在一起?

1.2.2 在可能的情况下, 做下列的矩阵乘法.

在练习 1.2.2 中, 记住使用下面的格式

$$\begin{array}{cc} & \begin{bmatrix}7&8\\9&0\\1&2\end{bmatrix} \\ \begin{bmatrix}1&2&3\\4&5&6\end{bmatrix} & \begin{bmatrix}\cdots&\cdots\\\cdots&\cdots\end{bmatrix}. \end{array}$$

a. $\begin{bmatrix}1&2&3\\4&5&6\end{bmatrix}\begin{bmatrix}7&8\\9&0\\1&2\end{bmatrix}$;　b. $\begin{bmatrix}1&2\\0&3\end{bmatrix}\begin{bmatrix}1&4\\-1&3\\-2&2\end{bmatrix}$;

c. $\begin{bmatrix}1&-1&1\\-1&0&2\\-1&1&1\end{bmatrix}\begin{bmatrix}0&1&-1\\-1&1&2\\2&0&-2\end{bmatrix}$;　d. $\begin{bmatrix}7&1\\-1&0\\2&3\end{bmatrix}\begin{bmatrix}5\\-4\end{bmatrix}$;

e. $\begin{bmatrix}1&2\\0&3\end{bmatrix}\begin{bmatrix}1&4\\-1&3\end{bmatrix}\begin{bmatrix}0&1\\-1&3\end{bmatrix}$;　f. $\begin{bmatrix}0&2&1\\1&3&2\end{bmatrix}\begin{bmatrix}0&1\\3&5\end{bmatrix}$.

$$A=\begin{bmatrix}1&2&0\\3&1&-1\end{bmatrix},\quad B=\begin{bmatrix}2&5&1\\1&4&2\\1&3&3\end{bmatrix}$$

练习 1.2.3 的矩阵.

1.2.3 给定边注中的矩阵 A 和 B:

a. 不通过计算整个矩阵 AB 来计算 AB 的第三列;

b. 仍然不通过计算整个矩阵 AB 来计算 AB 的第二行.

1.2.4 不做任何算术运算来完成下列问题.

a. $\begin{bmatrix}7&2&\sqrt{3}&4\\6&8&a^2&2\\3&\sqrt{5}&a&7\end{bmatrix}\begin{bmatrix}0\\1\\0\\0\end{bmatrix}$;　b. $\begin{bmatrix}6a&2&3a^2\\4&2\sqrt{a}&2\\5&12&3\end{bmatrix}\vec{\mathbf{e}}_2$;　c. $\begin{bmatrix}2&1&8&6\\3&2&\sqrt{3}&4\end{bmatrix}\vec{\mathbf{e}}_3$.

1.2.5 令 A 和 B 为 $n\times n$ 的矩阵, A 为对称的. 下列判断是对还是错?

a. $(AB)^{\mathrm{T}}=B^{\mathrm{T}}A$;　b. $(A^{\mathrm{T}}B)^{\mathrm{T}}=B^{\mathrm{T}}A^{\mathrm{T}}$;

c. $(A^{\mathrm{T}}B)^{\mathrm{T}}=BA$;　d. $(AB)^{\mathrm{T}}=A^{\mathrm{T}}B^{\mathrm{T}}$.

1.2.6 下列哪些矩阵是对角矩阵? 对称的? 三角的? 反对称的? 手算矩阵乘法.

a. $\begin{bmatrix}a&0\\0&a\end{bmatrix}$;　b. $\begin{bmatrix}a&0\\0&a\end{bmatrix}^2$;　c. $\begin{bmatrix}a&0\\0&a\end{bmatrix}\begin{bmatrix}0&0\\b&b\end{bmatrix}$;　d. $\begin{bmatrix}a&0\\0&b\end{bmatrix}^2$;

e. $\begin{bmatrix}0&0\\a&a\end{bmatrix}^2$;　f. $\begin{bmatrix}0&0\\a&a\end{bmatrix}^3$;　g. $\begin{bmatrix}1&0\\1&1\end{bmatrix}\begin{bmatrix}1&0\\-1&1\end{bmatrix}$;　h. $\begin{bmatrix}1&1&-1\\1&0&1\\-1&1&0\end{bmatrix}$;

i. $\begin{bmatrix}1&0\\-1&1\end{bmatrix}^3$;　j. $\begin{bmatrix}1&0&1\\0&1&0\\1&0&1\end{bmatrix}^2$;　k. $\begin{bmatrix}1&0&-1\\0&1&0\\1&0&1\end{bmatrix}^2$;　l. $\begin{bmatrix}1&0\\-1&1\end{bmatrix}^4$.

1.2.7 下列哪些矩阵互为转置?

a. $\begin{bmatrix}1&2&3\\x&0&\sqrt{3}\\1&x^2&2\end{bmatrix}$;　b. $\begin{bmatrix}1&x&1\\2&0&\sqrt{3}\\3&x^2&2\end{bmatrix}$;　c. $\begin{bmatrix}1&x^2&2\\x&0&\sqrt{3}\\1&2&3\end{bmatrix}$;

d. $\begin{bmatrix}3&\sqrt{3}&2\\2&0&x^2\\1&x&1\end{bmatrix}$;　e. $\begin{bmatrix}1&x&1\\x^2&0&2\\2&\sqrt{3}&3\end{bmatrix}$;　f. $\begin{bmatrix}1&2&3\\x&0&x^2\\1&\sqrt{3}&2\end{bmatrix}$.

1.2.8 对于 a 的什么值, 矩阵 $A=\begin{bmatrix}1&1\\1&0\end{bmatrix}$ 和 $B=\begin{bmatrix}1&0\\a&1\end{bmatrix}$ 满足 $AB=BA$?

1.2.9 给定两个矩阵, $A=\begin{bmatrix}1&0\\1&0\end{bmatrix}$, $B=\begin{bmatrix}1&0&1\\2&1&0\end{bmatrix}$:

a. 它们的转置是什么?

b. 不计算 AB, $(AB)^{\mathrm{T}}$ 是什么?

c. 通过计算 AB 来验证你的结果.

d. 如果你在 b 问中使用了错误的公式, $(AB)^{\mathrm{T}}=A^{\mathrm{T}}B^{\mathrm{T}}$, 将会出现什么结果?

1.2.10 对于 $a\neq 0$, 矩阵 $A=\begin{bmatrix}a&b\\0&a\end{bmatrix}$ 的逆是什么?

$$A=\begin{bmatrix}1&0\\1&0\end{bmatrix},\quad B=\begin{bmatrix}1&0&1\\1&0&1\end{bmatrix},\quad C=\begin{bmatrix}1&1&0\\1&0&1\\1&1&0\end{bmatrix}$$

练习 1.2.11 的矩阵.

1.2.11 给定边注中的矩阵 A, B 和 C, 下列哪个表达式没有意义 (没有定义)?

a. AB; b. BA; c. $A+B$; d. AC;
e. BC; f. CB; g. $\frac{B}{C}$; h. $B^{\mathrm{T}}A$; i. $B^{\mathrm{T}}C$.

1.2.12 通过矩阵乘法验证 $\begin{bmatrix}a&b\\c&d\end{bmatrix}$ 的逆为

$$A^{-1}=\frac{1}{ad-bc}\begin{bmatrix}d&-b\\-c&a\end{bmatrix}.$$

1.2.13 证明: 矩阵 $\begin{bmatrix}a&b\\c&d\end{bmatrix}$ 在 $ad-bc=0$ 时是不可逆的.

1.2.14 证明定理 1.2.17: 乘积的转置是转置按相反顺序的乘积, 即 $(AB)^{\mathrm{T}}=B^{\mathrm{T}}A^{\mathrm{T}}$.

1.2.15 证明: $\begin{bmatrix}1&a&b\\0&1&c\\0&0&1\end{bmatrix}$ 有 $\begin{bmatrix}1&x&y\\0&1&z\\0&0&1\end{bmatrix}$ 形式的逆, 并计算出逆矩阵.

1.2.16 证明: 如果 A 是任意矩阵, 则 $A^{\mathrm{T}}A$ 和 AA^{T} 是对称的.

1.2.17 a. 计算三角形的邻接矩阵 A_T 和正方形的邻接矩阵 A_S.

b. 对于每一个邻接矩阵, 最多计算到五次方, 并解释对角线上的项的意义.

c. 对于三角形, 观察到对角线上的项与非对角线上的项差 1. 你可以证明这个结论对于矩阵的任何次方都成立吗?

d. 对于正方形, 观察到对于邻接矩阵的偶数次方, 一半的项为 0, 而对于奇数次方, 另外一半的项为 0. 你可以证明这个结论对于 A_S 的所有次方都成立吗?

星号 (*) 表示是难一些的练习.

*e. 证明: 当且仅当对于所有的邻接矩阵的足够高的 n 次幂, 那些在 A^n 中是 0 的项在 A^{n+1} 中不是 0, 那些在 A^n 中不是 0 的项在 A^{n+1} 中是 0 的时候, 你才可以把一个连通图的顶点用两种颜色染色, 使得不存在相邻的顶点同色.

1.2.18 a. 对于对应于立方体 (如图 1.2.6) 的邻接矩阵 A, 计算 A^2, A^3 与 A^4. 直接检验 $(A^2)(A^2) = (A^3)A$.

b. A^4 的对角线上的项都应该为 21; 直接数出一个顶点到自身的长为 4 的路线的数量.

c. 对于同样的矩阵 A, 当 n 是偶数的时候, A^n 中的一些项总是 0, 而其他项在 n 为奇数的时候全是 0. 你可以解释为什么吗? 想象把立方体的顶点用两种颜色染色, 每条边联结颜色不同的点.

d. 这个现象对于 A_T(一个三角形的邻接矩阵) 或者对于 A_S(一个正方形的邻接矩阵) 成立吗? 解释为什么成立或者为什么不成立.

1.2.19 假设我们重新定义例 1.2.22 中在立方体上的行走为, 使其允许停留: 在一个时间单位上, 你可以要么走到相邻的顶点, 要么停在你所在的地方.

a. 找到一个矩阵 B, 使得 $B^n_{i,j}$ 表示从 V_i 到 V_j 的长为 n 的路线的数量.

b. 计算 B^2 和 B^3. 解释 B^3 的对角线上的项的意义.

1.2.20 与 $z = x + \mathrm{i}y \in \mathbb{C}$ 关联的矩阵 $M_z = \begin{bmatrix} x & y \\ -y & x \end{bmatrix}$; 令 $z_1, z_2 \in \mathbb{C}$. 证明: $M_{z_1+z_2} = M_{z_1} + M_{z_2}$, $M_{z_1 z_2} = M_{z_1} M_{z_2}$.

练习 1.2.20 说明, 矩阵 M_z 给复数提供了一个 2×2 的实数矩阵的模型.

1.2.21 一个有向图上的一条长为 n 的有向路径包含一个顶点序列 $V_0, V_1, \cdots, V_n$, 使得 V_i 和 V_{i+1} 分别是一条有向边的起点和终点.

a. 证明: 如果 A 是一个有向图的有向邻接矩阵, 则 A^n 的第 (i,j) 项是从顶点 i 到顶点 j 的长为 n 的路径的数量.

b. 一个有向图的有向邻接矩阵为上三角矩阵的意思是什么? 下三角矩阵呢? 对角矩阵呢?

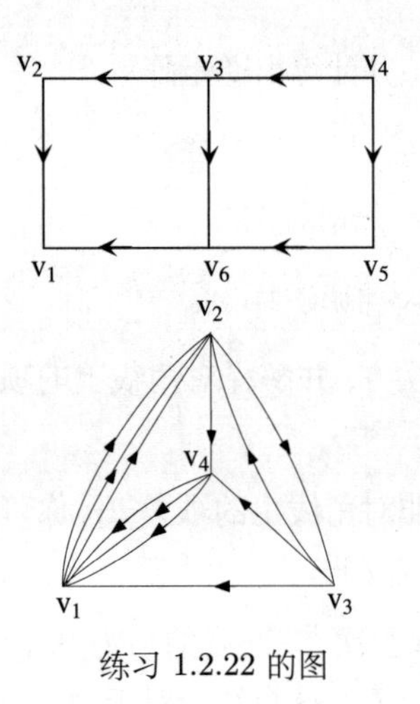

练习 1.2.22 的图

1.2.22 假设一个图的所有的边都是有向的, 由上面的箭头的方向表示. 定义有向邻接矩阵为方形矩阵, 行和列都由顶点来标记, 其中, 如果从 i 到 j 有 m 条有向的边, 则第 (i,j) 项为 m.

边注中的两个图 (其中有一些边是单向的高速公路, 有超过一条车道) 的有向邻接矩阵是什么?

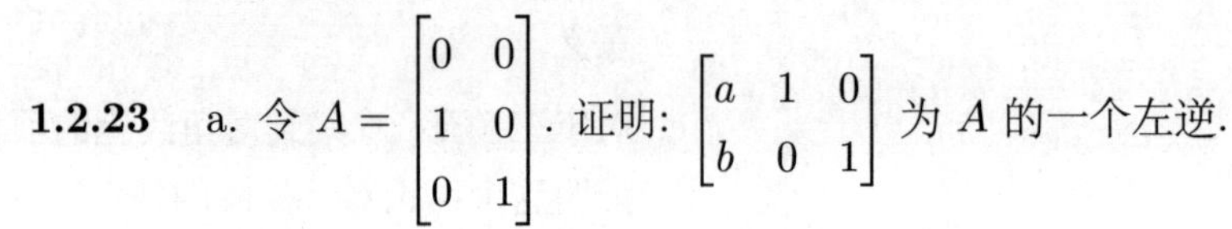

1.2.23 a. 令 $A = \begin{bmatrix} 0 & 0 \\ 1 & 0 \\ 0 & 1 \end{bmatrix}$. 证明: $\begin{bmatrix} a & 1 & 0 \\ b & 0 & 1 \end{bmatrix}$ 为 A 的一个左逆.

b. 证明 a 问中的矩阵 A 没有右逆.

c. 找到一个具有无限多个右逆的矩阵 (试一下转置).

1.2.24 证明矩阵乘法在加法上满足分配律.

1.3　角色们都能做什么: 作为线性变换的矩阵乘法

线性代数的中心概念是, 将一个向量乘上一个矩阵是一个**线性变换**(linear transformation).

映射 $\mathbf{f}: \mathbb{R}^n \to \mathbb{R}^m$ 是一个黑箱, 输入一个含 n 个数的列表, 输出一个含 m 个数的列表. 箱子里面 (确定输出的规则) 可能非常复杂. 在这一节, 我们讨论从 $\mathbb{R}^n \to \mathbb{R}^m$ 的最简单的映射, 其中黑箱把输入乘上一个矩阵. (这样, 很方便把输入、输出想成向量, 而不是点.)

在 2.2 节, 我们将看到如何用矩阵来解线性方程组.

映射、函数、变换是同义词. 在线性代数里, 变换更为常用.

0.4 节写了陪域与像不同. 知道函数的陪域为 $\mathbb{R}^m$ 将告诉你, 输出是一列 m 个数. 它没有说是哪一列. 像则包含了可以从 "黑箱" 中实际输出来的列表.

例如, 矩阵 $A = \begin{bmatrix} 1 & 1 & 2 \\ 1 & 0 & 1 \end{bmatrix}$ 是一个变换, 定义域为 $\mathbb{R}^3$, 陪域为 $\mathbb{R}^2$; 对输入 $\vec{\mathbf{v}} = \begin{bmatrix} 1 \\ 2 \\ 1 \end{bmatrix}$ 进行计算得到 $\vec{\mathbf{w}} = \begin{bmatrix} 5 \\ 2 \end{bmatrix}$: $A\vec{\mathbf{v}} = \vec{\mathbf{w}}$. 要从每个向量有三个数的 $\mathbb{R}^3$ 变到每个向量有四个数的 $\mathbb{R}^4$, 你可以在 $\vec{\mathbf{v}} \in \mathbb{R}^3$ 的左边乘上 4×3 的矩阵.

$$\begin{array}{cc} & \begin{bmatrix} v_1 \\ v_2 \\ v_3 \end{bmatrix} \\ \begin{bmatrix} \cdots & \cdots & \cdots \\ \cdots & \cdots & \cdots \\ \cdots & \cdots & \cdots \\ \cdots & \cdots & \cdots \end{bmatrix} & \begin{bmatrix} w_1 \\ w_2 \\ w_3 \\ w_4 \end{bmatrix} \end{array}. \tag{1.3.1}$$

下面是一个更具体的例子.

例 1.3.1 (食品加工厂). 在一个生产三种冷冻午餐的食品加工厂, 你可以把产出的不同午餐的数量与总共需要的原料 (牛肉、鸡肉、面条、奶油、盐, 等等) 联系起来. 如图 1.3.1 所示, 这个映射由乘上 (左乘) 矩阵 A 给出, 每种午餐需要的每种原料的量: A 告诉我们如何从 $\vec{\mathbf{b}}$(每种午餐生产多少) 到乘积 $\vec{\mathbf{c}}$(生产这些午餐总共需要的原料). 例如, 要生产 60 份炖牛肉汤, 30 份饺子, 40 份炸鸡, 需要使用 21 lb(1 lb ≈ 453.6 g) 的牛肉, 因为

$$(0.25 \times 60) + (0.20 \times 30) + (0 \times 40) = 21. \tag{1.3.2}$$

图 1.3.1: 在实际应用中 —— 设计大楼, 给经济建模, 给流经机翼的气流建模 —— 输入数据向量包含成千上万的项或者更多, 给出变换的矩阵有数以百万计的项.

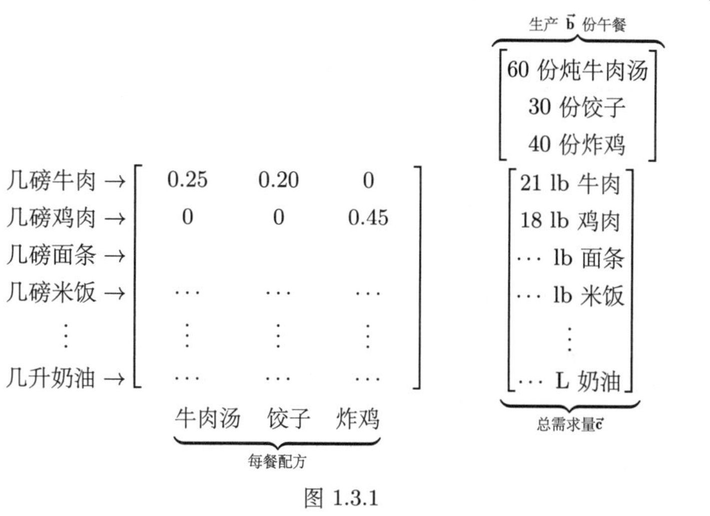

图 1.3.1

矩阵 A 是把不同种类的午餐的数量和原料的总需求量联系起来的矩阵.△

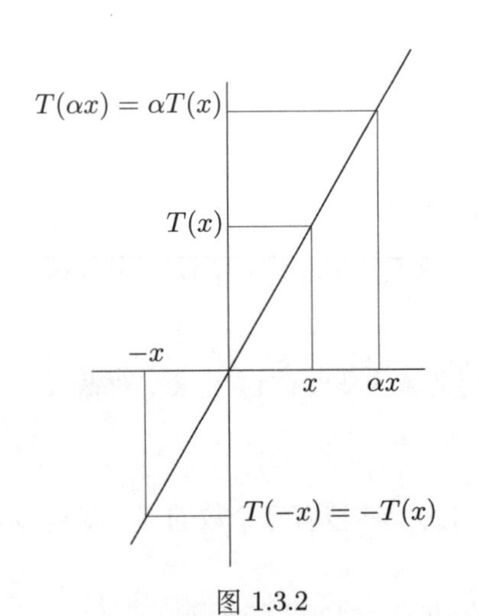

图 1.3.2
对于任意线性变换 T 和任意标量 α, 有
$$T(\alpha\mathbf{x})=\alpha T(\mathbf{x}).$$

意大利数学家平凯莱 (图 1.3.3) 是线性代数的先锋之一, 他把线性变换称为**分配式变换**(distributive transformation). 这个名字也许比 "线性" 更具有启发性.

19 世纪末的一个伟大发现是, 做数学的一个自然的方式是观察带有结构的集合, 比如 $\mathbb{R}^n$, 并配上加法和数量乘法, 并且考虑能够保持这个结构的映射. 线性变换 "保持结构" 的意思就是, 你可以先加, 然后映射, 也可以先映射再加, 会得到同样的结果; 类似地, 先乘一个标量, 然后映射, 与先映射再乘上一个标量也会给出同样的结果.

图 1.3.3
平凯莱 (Salvatore Pincherle, 1853 — 1936)

从矩阵乘法的运算规则得到, 任何矩阵代表的变换, 具有 "如果你把输入加倍, 则输出也加倍" 的性质, 或者更一般地, 如果你把输入相加, 则输出也相加. 这给出了 "线性反应" 的特征, 是你能想到的最简单的一种.

定义 1.3.2 (从 $\mathbb{R}^n$ 到 $\mathbb{R}^m$ 的线性变换). 线性变换 $T\colon \mathbb{R}^n\to\mathbb{R}^m$ 为一个映射, 满足: 对于所有的标量 a 和所有的向量 $\vec{\mathbf{v}},\vec{\mathbf{w}}\in\mathbb{R}^n$, 都有

$$T(\vec{\mathbf{v}}+\vec{\mathbf{w}})=T(\vec{\mathbf{v}})+T(\vec{\mathbf{w}})\text{ 以及 }T(a\vec{\mathbf{v}})=aT(\vec{\mathbf{v}}).\tag{1.3.3}$$

第二个公式在图 1.3.2 中展示. 这两个公式可以合成一个 (其中 b 也是一个标量)

$$T(a\vec{\mathbf{v}}+b\vec{\mathbf{w}})=aT(\vec{\mathbf{v}})+bT(\vec{\mathbf{w}}).\tag{1.3.4}$$

这个公式在输入为 $\mathbf{0}$ 的时候意味着什么呢?[5]

例 1.3.3 (商店收款台的线性). 在一个超市的收款台, 扫描枪所作的变换 T 会扫描一个购物车的商品, 并给出总价格. (超市的货架上有 n 种不同的产品; 向量 $\vec{\mathbf{v}}\in\mathbb{R}^n$ 的第 i 项对应于你买的第 i 个商品的数量, T 是一个 $1\times n$ 的行矩阵, 给出每种商品的价格.) 等式 (1.3.3) 的第一个式子说的是, 如果你把商品分到两个购物车上分开付款, 你所付的价格与你只经过收款台一次, 所有货品都放在一个购物车上所付的价格是相同的. 第二个方程说的是, 如果你买 $2\vec{\mathbf{v}}$ 件商品 (2 gal(美制 1 gal $\approx$ 3.785 L) 牛奶, 没有香蕉, 四盒燕麦), 你一次买完和你走过收款台两次, 每次买 $\vec{\mathbf{v}}$, 所付出的总价格是相同的. △

注释. 一个变换是线性的, 是自然科学家和社会科学家 (尤其是经济学家) 在给世界建模的时候做出的主要的简化假设. 线性变换的简洁性既是大的优点也是大的弱点. 线性变换可以被掌握, 被完全理解, 它们并不包含什么令人新奇的内容. 当线性变换用在给现实生活或者物理系统建模的时候, 它们很少是准确的. 就算是在超市, 价格变换总是线性的吗? 如果你使用 1 美元的优惠券买了一箱子的粮食, 第二箱付全价, 两箱的价格并不是一箱价格的两倍. 价格变换的线性模型也不允许这种可能性, 你买得越多, 你得到的折扣越多, 或者, 如果你买得更多, 你可能会造成货物短缺而导致价格上涨. 没能把这些影响考虑进去是所有将映射和相互作用线性化的模型的最基本的弱点.

但是线性变换并不只是建立现实世界的不完美模型的有力工具, 它是理解非线性映射的最基本的第一步. 我们将在 1.7 节开始微积分和线性映射的学习; 在每一步, 我们关于非线性函数都有一个问题, 我们会在认真地观察它的一个作为线性变换的导数之后回答这个问题. 当我们希望对一个非线性方程组的解说点什么的时候, 我们使用的工具就是牛顿方法, 它涉及解线性方程组. 在 3.7 节, 我们希望确定一个函数在一个特定的椭圆上所能达到的最大值, 我们用到两个线性变换: 要最大化的函数的导数和描述椭圆的函数的导数. 在 4.10 节, 我们用到了换元公式来计算在 $\mathbb{R}^n$ 的子集上的积分. 我们将再次用到导数. 你在后面几页里所学的关于线性代数的任何内容都会让你受益两次. 这就是为什么我们觉得线性代数和多元微积分应该合在一门课程里来教学. △

现在, 我们将把矩阵和线性变换更精确地联系起来.

[5] 输出必须是 $\mathbf{0}$, 一个线性变换把原点变换成原点.

我们把向量写成列而不是行的原因是, $T(\vec{\mathbf{v}}) = [T]\vec{\mathbf{v}}$, 其中 $[T]$ 为对应于线性变换 T 的矩阵. 如果我们把向量写成行 (也就是列的转置), 则我们就要写

$$T(\vec{\mathbf{v}}) = \vec{\mathbf{v}}[T]^{\mathrm{T}}.$$

定理 1.3.4 (矩阵和线性变换).

1. 任何 $m \times n$ 的矩阵 A 通过矩阵乘法定义了一个线性变换 $T: \mathbb{R}^n \to \mathbb{R}^m$:

$$T(\vec{\mathbf{v}}) = A\vec{\mathbf{v}}. \tag{1.3.5}$$

2. 每个线性变换 $T: \mathbb{R}^n \to \mathbb{R}^m$ 都是通过乘上 $m \times n$ 的矩阵 $[T]$ 给出的:

$$T(\vec{\mathbf{v}}) = [T]\vec{\mathbf{v}}, \tag{1.3.6}$$

其中, $[T]$ 的第 i 列是 $T(\vec{\mathbf{e}}_i)$.

定理 1.3.4 的第二部分威力强大到令人惊讶. 它说的不仅是每个从 $\mathbb{R}^n$ 到 $\mathbb{R}^m$ 的线性变换由一个矩阵给出; 它还说你可以通过观察变换对标准基向量的行为来构造这个矩阵. 这个是非常重要的. 之前的从 $\mathbb{R}^n$ 到 $\mathbb{R}^m$ 的变换是模糊且抽象的; 你不会想到仅仅规定这些线性的条件, 你就可以如此精确地把这些无形的映射的集合描述为每一个都是由一个我们知道如何构造的矩阵给出的.

定理 1.3.4 的证明:

1. 这个从矩阵乘法的规则可以直接得出; 练习 1.3.15 让你写出详细的过程.

2. 从线性变换 $T: \mathbb{R}^n \to \mathbb{R}^m$ 开始, 构造矩阵 $[T] = [T\vec{\mathbf{e}}_1, \cdots, T\vec{\mathbf{e}}_n]$. 我们可以把任意向量 $\vec{\mathbf{v}} \in \mathbb{R}^n$ 用标准基向量写出:

$$\vec{\mathbf{v}} = v_1\vec{\mathbf{e}}_1 + v_2\vec{\mathbf{e}}_2 + \cdots + v_n\vec{\mathbf{e}}_n,\ \text{或者使用求和符号},\ \vec{\mathbf{v}} = \sum_{i=1}^{n} v_i\vec{\mathbf{e}}_i. \tag{1.3.7}$$

然后根据线性属性, 有

$$T(\vec{\mathbf{v}}) = T\sum_{i=1}^{n} v_i\vec{\mathbf{e}}_i = \sum_{i=1}^{n} v_i T(\vec{\mathbf{e}}_i), \tag{1.3.8}$$

这精确地等于 $[T]\vec{\mathbf{v}}$ 的列向量. 如果这个还不够明显, 那么试着把它从求和符号中翻译出来:

$$\begin{aligned} T(\vec{\mathbf{v}}) = \sum_{i=1}^{n} v_i T(\vec{\mathbf{e}}_i) &= v_1 \underbrace{\overbrace{\begin{bmatrix} \\ \\ \end{bmatrix}}^{T(\vec{\mathbf{e}}_1)}}_{[T]\text{的第一列}} + \cdots + v_n \underbrace{\overbrace{\begin{bmatrix} \\ \\ \end{bmatrix}}^{T(\vec{\mathbf{e}}_n)}}_{[T]\text{的第}n\text{列}} \\ &= \begin{bmatrix} T \end{bmatrix} \begin{bmatrix} v_1 \\ v_2 \\ \vdots \\ v_n \end{bmatrix} = [T]\vec{\mathbf{v}}. \quad \square \end{aligned} \tag{1.3.9}$$

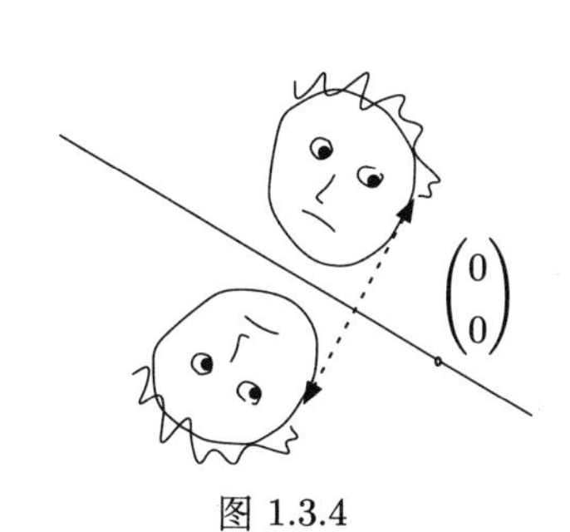

图 1.3.4

例 1.3.5: 一个脸上的每个点被反射到另一个脸的对应的点. 两个脸之间的直线穿过原点.

例 1.3.5 (确定一个线性变换的矩阵). 考虑关于过原点的直线做反射的变换 T; 图 1.3.4 给出了一个这样的变换.

“反射变换” 确实是线性的: 如图 1.3.5 所展示的 (我们是在关于与图 1.3.4 不同的线做反射), 给定两个向量 $\vec{\mathbf{v}}$ 和 $\vec{\mathbf{w}}$, 我们有 $T(\vec{\mathbf{v}}+\vec{\mathbf{w}}) = T(\vec{\mathbf{v}})+T(\vec{\mathbf{w}})$. 从图上我们也明显看出 $T(c\vec{\mathbf{v}}) = cT(\vec{\mathbf{v}})$. 要找到这个变换的矩阵, 我们要做的是找到 T 对 $\vec{\mathbf{e}}_1$ 和 $\vec{\mathbf{e}}_2$ 分别做了什么. 要得到我们的矩阵的第一列, 我们现在考虑 $\vec{\mathbf{e}}_1$ 被映射到了哪里. 假设我们的线与 x 轴成角度 θ(theta), 如图 1.3.6. 则 $\vec{\mathbf{e}}_1$ 被映射到了 $\begin{bmatrix}\cos 2\theta\\ \sin 2\theta\end{bmatrix}$.

要得到第二列, 我们看到, $\vec{\mathbf{e}}_2$ 被映射到了

$$\begin{bmatrix}\cos(2\theta-90^\circ)\\ \sin(2\theta-90^\circ)\end{bmatrix} = \begin{bmatrix}\sin 2\theta\\ -\cos 2\theta\end{bmatrix}. \tag{1.3.10}$$

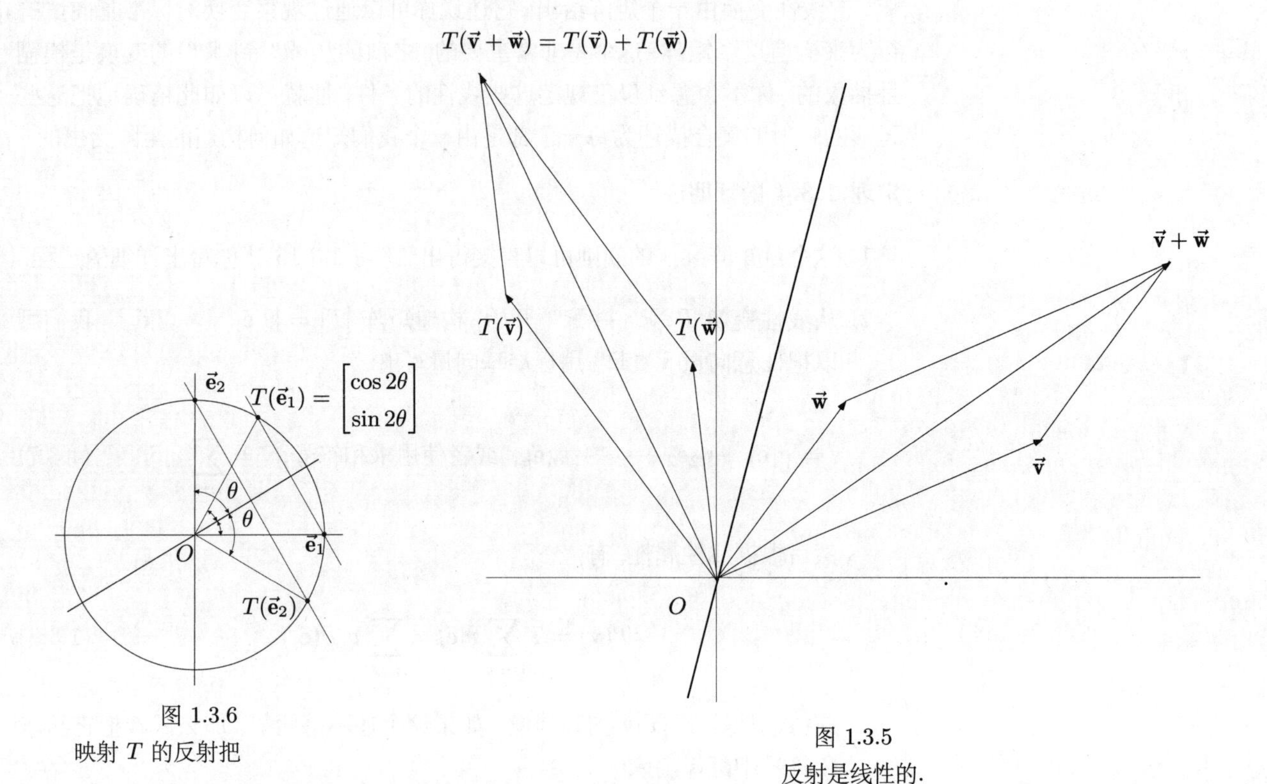

图 1.3.6
映射 T 的反射把

图 1.3.5
反射是线性的.

$$\vec{\mathbf{e}}_1 = \begin{bmatrix}1\\0\end{bmatrix} \text{ 变成 } \begin{bmatrix}\cos 2\theta\\ \sin 2\theta\end{bmatrix};$$

$$\vec{\mathbf{e}}_2 = \begin{bmatrix}0\\1\end{bmatrix} \text{ 变成 } \begin{bmatrix}\sin 2\theta\\ -\cos 2\theta\end{bmatrix}.$$

所以 “反射” 矩阵为

$$\begin{bmatrix}\cos 2\theta & \sin 2\theta\\ \sin 2\theta & -\cos 2\theta\end{bmatrix}. \tag{1.3.11}$$

我们可以把 T 用到任何点上, 把该点乘上这个矩阵. 例如, 点 $\begin{pmatrix}2\\1\end{pmatrix}$ 被反射到点 $\begin{pmatrix}2\cos 2\theta+\sin 2\theta\\ 2\sin 2\theta-\cos 2\theta\end{pmatrix}$, 因为

$$\begin{bmatrix}\cos 2\theta & \sin 2\theta\\ \sin 2\theta & -\cos 2\theta\end{bmatrix}\begin{bmatrix}2\\1\end{bmatrix} = \begin{bmatrix}2\cos 2\theta+\sin 2\theta\\ 2\sin 2\theta-\cos 2\theta\end{bmatrix}. \quad \triangle \tag{1.3.12}$$

要取一个点到一条线上的**投影**(projection), 我们从这个点画一条线, 垂直于该直线, 然后看看它到达直线的哪里.

什么变换可以取 $\mathbb{R}^2$ 上的一个点, 如图 1.3.7 所示, 给出它在 x 轴上的投影呢? 点 $\begin{pmatrix}3\\-1\end{pmatrix}$ 在直线 $y=x$ 上的投影是什么? 假设两个变换是线性的. 在脚注里检验你的结果.[6]

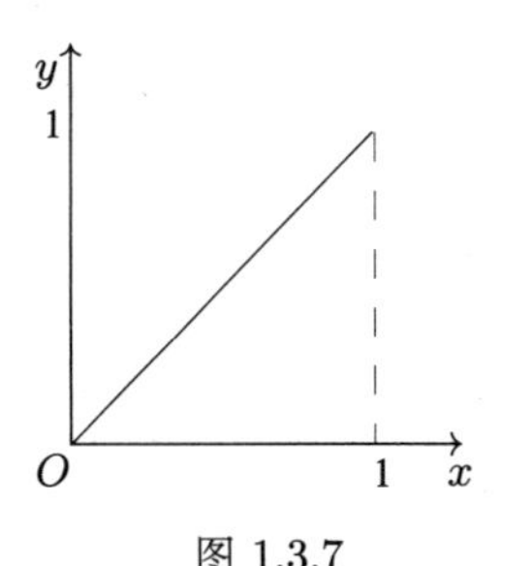

图 1.3.7

点 $\begin{pmatrix}1\\1\end{pmatrix}$ 在 x 轴上的投影是 $\begin{pmatrix}1\\0\end{pmatrix}$.

线性变换的几何解释

就像图 1.3.4 和图 1.3.5 所表明的那样, 一个线性变换可以用在一个子集上, 而不只是用在向量上; 如果 X 是 $\mathbb{R}^n$ 的子集, $T(X)$ 对应于把 X 的每一个点乘上 $[T]$. (为了做这个计算, 我们把点写成向量.)

例 1.3.6 (恒等变换). 恒等变换 $\mathrm{id}\colon \mathbb{R}^n \to \mathbb{R}^n$ 是线性的, 由矩阵 I_n 给出. 把这个变换应用到 $\mathbb{R}^n$ 的子集上保持该子集不变. △

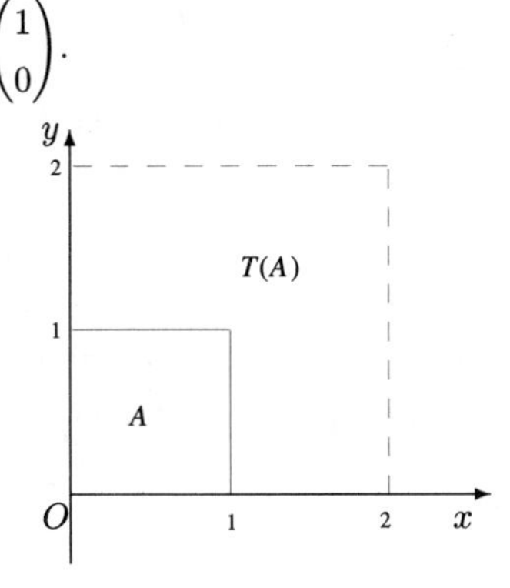

图 1.3.8
由矩阵 $\begin{bmatrix}2&0\\0&2\end{bmatrix}$ 给出的比例变换把单位正方形变成了边长为 2 的正方形.

例 1.3.7 (比例变换). 把 $\mathbb{R}^2$ 中的每个向量扩大 a 倍的变换 T 由矩阵 $\begin{bmatrix}a&0\\0&a\end{bmatrix}$ 给出, 因为 $T\vec{\mathbf{e}}_1=\begin{bmatrix}a\\0\end{bmatrix}$, $T\vec{\mathbf{e}}_2=\begin{bmatrix}0\\a\end{bmatrix}$. 因此矩阵 $\begin{bmatrix}2&0\\0&2\end{bmatrix}$ 把向量拉伸到两倍, 而 $\begin{bmatrix}1/2&0\\0&1/2\end{bmatrix}$ 把向量缩小到一半. 图 1.3.8 给出了应用 $[T]=\begin{bmatrix}2&0\\0&2\end{bmatrix}$ 到单位正方形 A 上的结果. 更一般地, aI_n, 对角线上的项为 a 而其余项为 0 的 $n\times n$ 的矩阵, 把 $\vec{\mathbf{x}}\in\mathbb{R}^n$ 的每个向量 $\vec{\mathbf{x}}$ 按比例 a 变换. 如果 $a=1$, 我们有恒等变换, 如果 $a=-1$, 我们有关于原点的反射. △

比例变换是拉伸变换的一个特例.

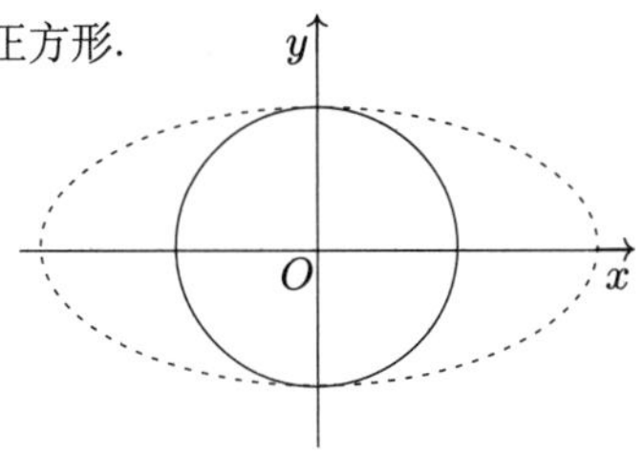

图 1.3.9
由矩阵 $\begin{bmatrix}2&0\\0&1\end{bmatrix}$ 给出的变换把单位圆拉伸成了一个椭圆.

例 1.3.8 (拉伸变换). 线性变换 $\begin{bmatrix}2&0\\0&1\end{bmatrix}$ 把单位正方形拉伸成一个宽为 2、高为 1 的长方形; 它把一个单位圆变成图 1.3.9 的椭圆. 更一般地, 任何对角项为正数 $x_1,\cdots,x_n$ 的对角矩阵在对应于 $\vec{\mathbf{e}}_i$ 的轴的方向把图像拉伸 x_i 倍. △

例 1.3.9 (旋转 θ 角度). 图 1.3.10 说明了进行绕原点逆时针旋转 θ 的变换 R 是线性的, 它的矩阵为

$$[R(\vec{\mathbf{e}}_1),R(\vec{\mathbf{e}}_2)]=\begin{bmatrix}\cos\theta&-\sin\theta\\\sin\theta&\cos\theta\end{bmatrix}. \tag{1.3.13}$$

练习 1.3.16 让你利用例 1.3.9 里的变换来推导三角学基本定理. △

我们在 0.4 节讨论了复合.

现在, 我们将看到复合相当于矩阵乘法的复合.

[6]第一个变换是 $\begin{bmatrix}1&0\\0&0\end{bmatrix}$. 要得到第一列, 你要问, 这个变换对 $\vec{\mathbf{e}}_1$ 会做些什么? 因为 $\vec{\mathbf{e}}_1$ 在 x 轴上, 所以它被投影到它自身. 第二个标准基向量被投影到了原点, 所以矩阵的第二列是 $\begin{bmatrix}0\\0\end{bmatrix}$. 第二个变换是 $\begin{bmatrix}1/2&1/2\\1/2&1/2\end{bmatrix}$, 因为从 $\begin{bmatrix}1\\0\end{bmatrix}$ 到直线 $y=x$ 的垂线与该线相交于 $\begin{pmatrix}1/2\\1/2\end{pmatrix}$, 从 $\begin{bmatrix}0\\1\end{bmatrix}$ 作的垂线也一样. 要找到 $\begin{pmatrix}3\\-1\end{pmatrix}$ 的投影, 我们做乘法: $\begin{bmatrix}1/2&1/2\\1/2&1/2\end{bmatrix}\begin{bmatrix}3\\-1\end{bmatrix}=\begin{bmatrix}1\\1\end{bmatrix}$. 注意, 我们必须把点 $\begin{pmatrix}3\\-1\end{pmatrix}$ 当作向量; 我们不能用矩阵乘上点.

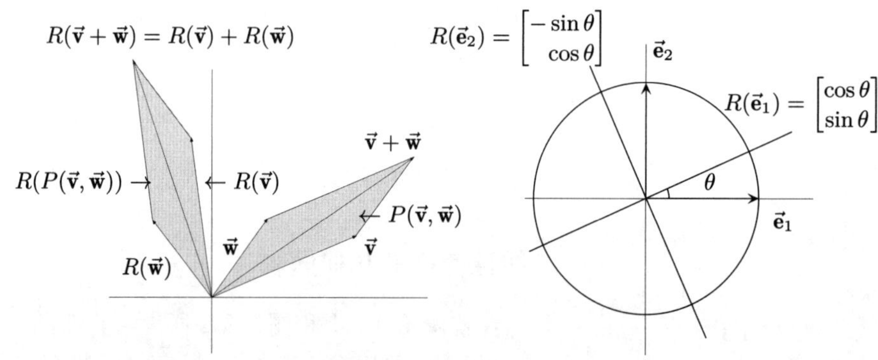

图 1.3.10

例 1.3.9 的图. 左图: 旋转的和就是和的旋转. 我们不去旋转 $\vec{\mathbf{v}}$ 和 $\vec{\mathbf{w}}$, 而是去旋转它们生成的整个的平行四边形 $P(\vec{\mathbf{v}},\vec{\mathbf{w}})$(边为 $\vec{\mathbf{v}}$ 和 $\vec{\mathbf{w}}$ 的平行四边形). 则 $R(P(\vec{\mathbf{v}},\vec{\mathbf{w}}))$ 是由 $R(\vec{\mathbf{v}})$ 和 $R(\vec{\mathbf{w}})$ 生成的平行四边形, $R(P(\vec{\mathbf{v}},\vec{\mathbf{w}}))$ 的对角线是 $R(\vec{\mathbf{v}}+\vec{\mathbf{w}})$. $R(c\vec{\mathbf{v}})=cR(\vec{\mathbf{v}})$ 也是成立的, 所以旋转是线性的. 右图: 我们看到给出绕着原点逆时针转 θ 的旋转的变换矩阵 R 为 $\begin{bmatrix}\cos\theta & -\sin\theta\\ \sin\theta & \cos\theta\end{bmatrix}$.

定理 1.3.10 (对应于矩阵乘法的复合). 假设 $S\colon \mathbb{R}^n\to\mathbb{R}^m$ 和 $T\colon\mathbb{R}^m\to\mathbb{R}^l$ 分别是由矩阵 $[S]$ 和 $[T]$ 给出的线性变换. 则复合变换 $T\circ S$ 是线性的, 并且

$$[T\circ S]=[T][S]. \tag{1.3.14}$$

我们有时候, 但不总是, 将会去区分线性变换 A 和它对应的矩阵 $[A]$.

对于数学家来说, 矩阵只是一个编码从 $\mathbb{R}^n$ 到 $\mathbb{R}^m$ 的线性变换的一个方便的方式, 而矩阵乘法很方便地编码了这些变换的复合. 线性变换和它们的复合是中心问题; 有些线性代数的课程几乎不提到矩阵.

然而, 学生们对矩阵比起对抽象的线性代数的概念感觉要舒服一些; 这就是为什么我们把线性代数建立在矩阵的基础上.

定理 1.3.10 的证明: 下述的计算证明了 $T\circ S$ 是线性的:

$$\begin{aligned}(T\circ S)(a\vec{\mathbf{v}}+b\vec{\mathbf{w}}) &= T\big(S(a\vec{\mathbf{v}}+b\vec{\mathbf{w}})\big)=T\big(aS(\vec{\mathbf{v}})+bS(\vec{\mathbf{w}})\big)\\ &= aT\big(S(\vec{\mathbf{v}})\big)+bT\big(S(\vec{\mathbf{w}})\big)=a(T\circ S)(\vec{\mathbf{v}})+b(T\circ S)(\vec{\mathbf{w}}).\end{aligned}$$

等式 (1.3.14) 是关于矩阵乘法的陈述. 我们要用到如下事实:

1. $A\vec{\mathbf{e}}_i$ 是 A 的第 i 列 (见例 1.2.6).

2. AB 的第 i 列为 $A\vec{\mathbf{b}}_i$, 其中 $\vec{\mathbf{b}}_i$ 为 B 的第 i 列 (见例 1.2.7).

由于 $T\circ S$ 是线性的, 它由矩阵 $[T\circ S]$ 给出. 复合的定义给出了等式 (1.3.15) 中的第二个等式. 下一步, 我们把 S 替换成它的矩阵 $[S]$, 把 T 替换成它的矩阵 $[T]$:

$$[T\circ S]\vec{\mathbf{e}}_i=(T\circ S)(\vec{\mathbf{e}}_i)=T(S(\vec{\mathbf{e}}_i))=T([S]\vec{\mathbf{e}}_i)=[T]([S]\vec{\mathbf{e}}_i). \tag{1.3.15}$$

所以, 根据事实 1, $[T\circ S]$ 的第 i 列 $[T\circ S]\vec{\mathbf{e}}_i$ 等于

$$[T]\text{ 乘上 }[S]\text{ 的第}i\text{列}, \tag{1.3.16}$$

根据事实 2, 就是 $[T][S]$ 的第 i 列.

$[T][S]$ 的每一列等于 $[T][S]$ 的相应列, 所以两个矩阵相等. □

我们将看到 (定理 3.8.1 和练习 4.8.23), 线性变换可以被想成一些旋转、反

射和在轴的方向上的拉伸的组合. 在下面的例子中, 我们拉伸并旋转单位正方形.

例 1.3.11 (拉伸和旋转一个正方形). 如果我们把变换 $\begin{bmatrix} 2 & 0 \\ 0 & 1 \end{bmatrix}$ 应用到单位正方形上, 然后利用 $\begin{bmatrix} \cos\pi/4 & -\sin\pi/4 \\ \sin\pi/4 & \cos\pi/4 \end{bmatrix}$ 把结果逆时针旋转 45°, 我们得到了图 1.3.11 所示的矩形. 我们可以通过复合得到相同的结果:

$$\begin{bmatrix} \cos\pi/4 & -\sin\pi/4 \\ \sin\pi/4 & \cos\pi/4 \end{bmatrix} \begin{bmatrix} 2 & 0 \\ 0 & 1 \end{bmatrix} = \begin{bmatrix} 2\cos\pi/4 & -\sin\pi/4 \\ 2\sin\pi/4 & \cos\pi/4 \end{bmatrix}. \tag{1.3.17}$$

△

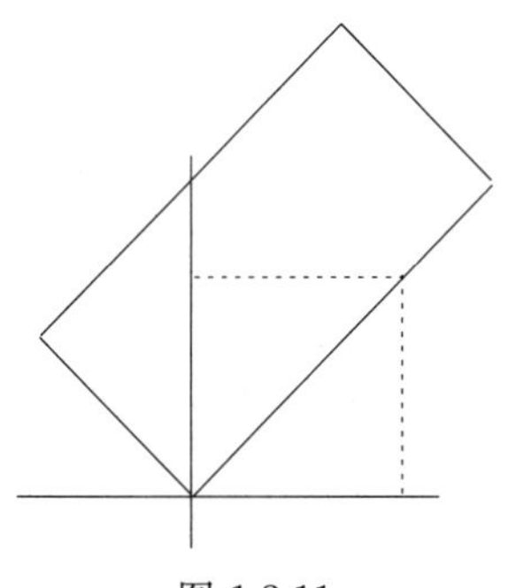

图 1.3.11

首先对单位正方形进行拉伸, 然后旋转的结果. 练习 1.3.18 让你首先旋转, 然后拉伸.

图形计算器允许你把线性(以及非线性) 变换应用到 $\mathbb{R}^2$ 的子集上, 再看发生的是什么 (www.PacificT.com).

我们在命题 1.2.9 中给出了矩阵乘法的结合律的一个计算上的证明; 结合律也是定理 1.3.10 的一个直接的结果, 因为映射的复合是满足结合律的.

例 1.3.12 (矩阵乘法的结合律). 对于例 1.3.1 里的食品工厂, 你可能会建立一个行矩阵 D, 宽为 n, 给出 n 种原料的每一种的每磅或者每升的价格. 由于 A 是一个 $n\times 3$ 的矩阵, 乘积 DA 是一个宽为 3 的线矩阵; A 给出了每顿午餐里面每种原料的量, DA 则给出了每个类型的午餐的原料的成本. 乘积 $(DA)\vec{\mathbf{b}}$ 将给出所有 $\vec{\mathbf{b}}$ 份午餐里的原料的总成本. 我们会用不同的顺序组合这些乘积. 我们首先计算对于所有的 $\vec{\mathbf{b}}$ 份午餐的每种原料的需求量, 即乘积 $A\vec{\mathbf{b}}$. 则总成本为 $D(A\vec{\mathbf{b}})$. 很显然, $(DA)\vec{\mathbf{b}} = D(A\vec{\mathbf{b}})$. △

矩阵的可逆性和线性变换

回顾一下 (定义 0.4.7), 如果映射 $f\colon X\to Y$ 是单射和满射, 则它是可逆的.

命题 1.3.13. 当且仅当 $m\times n$ 的矩阵 $[T]$ 是可逆的, 线性变换 $T\colon \mathbb{R}^n\to\mathbb{R}^m$ 是可逆的. 如果它可逆, 则

$$[T^{-1}] = [T]^{-1}. \tag{1.3.18}$$

练习 1.3.17 让你通过矩阵乘法确认: 把一个点关于一条线反射, 再反射回来, 会回到起点.

证明: 假设 $[T]$ 是可逆的, 令 $S\colon\mathbb{R}^m\to\mathbb{R}^n$ 为线性变换, 且 $[S]=[T]^{-1}$. 则对于任意 $\vec{\mathbf{y}}\in\mathbb{R}^m$, 我们有

$$\vec{\mathbf{y}} = ([T][S])\vec{\mathbf{y}} = T\big(S(\vec{\mathbf{y}})\big), \tag{1.3.19}$$

证明 T 为满射: 对任意 $\vec{\mathbf{y}}\in\mathbb{R}^m$, 方程 $T(\vec{\mathbf{x}})=\vec{\mathbf{y}}$ 有一个解 $S(\vec{\mathbf{y}})$. 如果 $\vec{\mathbf{x}}_1,\vec{\mathbf{x}}_2\in\mathbb{R}^n$, 且 $T(\vec{\mathbf{x}}_1)=T(\vec{\mathbf{x}}_2)$, 则

$$\vec{\mathbf{x}}_1 = ([S][T])\vec{\mathbf{x}}_1 = S\big(T(\vec{\mathbf{x}}_1)\big) = S\big(T(\vec{\mathbf{x}}_2)\big) = ([S][T])\vec{\mathbf{x}}_2 = \vec{\mathbf{x}}_2, \tag{1.3.20}$$

这证明了 T 是单射. 因此, 如果矩阵 $[T]$ 是可逆的, 则 $T\colon\mathbb{R}^n\to\mathbb{R}^m$ 为可逆的, 它的逆映射为 S.

反过来的结果更加精妙. 首先, 我们证明, 如果 $T\colon\mathbb{R}^n\to\mathbb{R}^m$ 为一个可逆的线性变换, 则 $T^{-1}\colon\mathbb{R}^m\to\mathbb{R}^n$ 也是线性的. 令 $\vec{\mathbf{y}}_1$ 和 $\vec{\mathbf{y}}_2$ 为 $\mathbb{R}^m$ 的两个元素,

则

$$T\Big(aT^{-1}(\vec{\mathbf{y}}_1)+bT^{-1}(\vec{\mathbf{y}}_2)\Big) = aT\Big(T^{-1}(\vec{\mathbf{y}}_1)\Big)+bT\Big(T^{-1}(\vec{\mathbf{y}}_2)\Big) = a\vec{\mathbf{y}}_1+b\vec{\mathbf{y}}_2 = T\circ T^{-1}(a\vec{\mathbf{y}}_1+b\vec{\mathbf{y}}_2). \quad (1.3.21)$$

由于 T 是一对一的, 我们从这个方程可以导出

$$aT^{-1}(\vec{\mathbf{y}}_1)+bT^{-1}(\vec{\mathbf{y}}_2)=T^{-1}(a\vec{\mathbf{y}}_1+b\vec{\mathbf{y}}_2). \quad (1.3.22)$$

因此, 如果 $T\colon \mathbb{R}^n\to\mathbb{R}^m$ 作为映射是可逆的, 则它的逆映射 T^{-1} 是可逆的, 相应的变换矩阵为 $[T^{-1}]$. 我们现在看到

在等式 (1.3.23) 中, 第一个 "id" 是从 $\mathbb{R}^m$ 到其自身的恒等变换, 第二个是从 $\mathbb{R}^n$ 到其自身的恒等变换.

$$[T][T^{-1}]=[TT^{-1}]=[\mathrm{id}]=I_m,\ [T^{-1}][T]=[T^{-1}T]=[\mathrm{id}]=I_n. \quad (1.3.23)$$

因此, 矩阵 $[T]$ 是可逆的, 它的逆为 $[T]^{-1}=[T^{-1}]$. □

我们将在推论 2.2.7 里看到, 只有方形矩阵才可以有逆矩阵; 因此, 一个线性变换 $T\colon \mathbb{R}^n\to\mathbb{R}^m$ 如果是可逆的, 那么必然有 $m=n$.[7]

仿射映射

不要把线性映射与一次映射搞混了. 例如, 直线是 $f(x)=ax+b$ 形式的函数的图像, 平面是 $f\begin{pmatrix}x\\y\end{pmatrix}=ax+by+c$ 形式的函数的图像. 这样的映射叫作*仿射的*(affine).

仿射和线性变换的输出都是它们的输入的一次多项式. 仿射函数不是线性的, 除非它的常数项为 0(但线性函数是仿射的). 你可能在中学已经遇到过了 $y=ax+b$; 它表示斜率为 a、截距为 b 的仿射函数的图像.

定义 1.3.14 (仿射函数, 仿射子空间). 一个函数 $\vec{\mathbf{f}}\colon \mathbb{R}^n\to\mathbb{R}^m$ 是*仿射函数*, 如果函数 $\vec{\mathbf{x}}\mapsto\vec{\mathbf{f}}(\vec{\mathbf{x}})-\vec{\mathbf{f}}(\vec{\mathbf{0}})$ 是线性的. 仿射函数的像叫作*仿射子空间*(affine subspace).

对于一个变换, 如果把原点的像平移回到原点就成为线性变换, 则该变换为仿射变换. 例如下面的映射:

$$\begin{pmatrix}x\\y\end{pmatrix}\mapsto\begin{pmatrix}x-y+2\\2x+y+1\end{pmatrix}\ \text{为仿射变换.}$$

1.3 节的练习

1.3.1 a. 给出一个线性变换 $T\colon \mathbb{R}^4\to\mathbb{R}^2$ 的例子.

b. 给出一个线性变换 $T\colon \mathbb{R}^3\to\mathbb{R}$ 的例子.

1.3.2 对于下述的线性变换, 相应矩阵的维数必须是什么? 记住, 3×2 的矩阵是高为 3、宽为 2 的.

a. $T\colon \mathbb{R}^2\to\mathbb{R}^3$;　b. $T\colon \mathbb{R}^3\to\mathbb{R}^3$;　c. $T\colon \mathbb{R}^4\to\mathbb{R}^2$;　d. $T\colon \mathbb{R}^4\to\mathbb{R}$.

[7] 要使得一个映射 $f\colon \mathbb{R}^n\to\mathbb{R}^m$ 是可逆的, 我们必须有 $m=n$, 这看起来可能很显然. 例如, 看起来平面上比直线上有更多的点, 所以建立起一个一一对应看起来是不可能的. 这是不正确的. 练习 0.6.7 让你建立一个这样的集合论的对应. 因此, 可能有一个可逆的 $\mathbb{R}\to\mathbb{R}^2$ 的映射. (这个映射是极度非线性的, 甚至是极度不连续的.) 足够令我们惊讶的是, 尤其在皮亚诺曲线的启发下, 如果 $f\colon \mathbb{R}^n\to\mathbb{R}^m$ 是连续且可逆的, 我们必然有 $m=n$; 在这种情况下, 逆变换自动就是连续的. 这是一个非常著名的结果, 叫作*定义域不变性定理*(invariance of domain theorem); 要把它归功于布劳维尔. 证明需要用到代数拓扑.

$$A=\begin{bmatrix}1&3&0&1\\0&3&1&5\\1&2&0&1\end{bmatrix};$$

$$B=\begin{bmatrix}a_1&b_1\\a_2&b_2\\a_3&b_3\\a_4&b_4\\a_5&b_5\end{bmatrix};$$

$$C=\begin{bmatrix}\pi&1&0&\sqrt{2}\\0&-1&2&1\end{bmatrix};$$

$$D=\begin{bmatrix}1&0&-2&5\end{bmatrix}$$

练习 1.3.3 的矩阵.

a. 孩子从出生到 18 岁时身高的增量.

b. "你得到你所为之付出的."

c. 以 5% 的利率, 按日计算复利, 银行账户的价值作为时间的函数.

d. 两个人生活得可以像一个人一样便宜.

e. 便宜几十元.

练习 1.3.6 的表达式.

1.3.3 对边注中的矩阵 $A\sim D$, 相应变换的定义域和陪域是什么?

1.3.4 a. 令 T 为线性变换, 满足 $T\begin{bmatrix}v_1\\v_2\\v_3\end{bmatrix}=\begin{bmatrix}2v_1\\v_2\\v_3\end{bmatrix}$. 它的矩阵是什么?

b. 对 $T\begin{bmatrix}v_1\\v_2\\v_3\end{bmatrix}=\begin{bmatrix}v_2\\v_1+2v_2\\v_3+v_1\end{bmatrix}$ 重复 a 问.

1.3.5 对于一个有 150 名学生的班级, 期中考试的分数, 10 次作业, 以及期末考试的分数被输入到矩阵 A 中, 每一行对应于一名学生, 第一列给出了期中考试的分数, 下面 10 列给出了作业的分数, 最后一列对应于期末考试的分数. 期末考试占 50%, 期中考试占 25%, 每次作业占 2.5%. 要给出每个学生的期末分数, 你应该执行怎样的矩阵运算?

1.3.6 边注中的表达式 a ~ e 中的哪些是线性的?

1.3.7 令 $T\colon\mathbb{R}^3\to\mathbb{R}^4$ 为一个线性变换, 使得

$$T\begin{bmatrix}0\\1\\1\end{bmatrix}=\begin{bmatrix}-1\\3\\4\\1\end{bmatrix},T\begin{bmatrix}1\\0\\0\end{bmatrix}=\begin{bmatrix}3\\1\\2\\1\end{bmatrix},T\begin{bmatrix}1\\1\\1\end{bmatrix}=\begin{bmatrix}2\\4\\6\\2\end{bmatrix},T\begin{bmatrix}1\\1\\0\end{bmatrix}=\begin{bmatrix}2\\2\\5\\1\end{bmatrix},$$

$$T\begin{bmatrix}1\\0\\1\end{bmatrix}=\begin{bmatrix}3\\3\\3\\2\end{bmatrix},T\begin{bmatrix}0\\1\\0\end{bmatrix}=\begin{bmatrix}-1\\1\\3\\0\end{bmatrix},T\begin{bmatrix}-1\\1\\0\end{bmatrix}=\begin{bmatrix}-4\\0\\1\\-1\end{bmatrix},T\begin{bmatrix}0\\0\\1\end{bmatrix}=\begin{bmatrix}0\\2\\1\\1\end{bmatrix},$$

在这些信息中, 你需要多少才能确定 T 的矩阵? 矩阵是什么?

1.3.8 a. 假设你有一个同伴, 他有一个线性变换 $T\colon\mathbb{R}^5\to\mathbb{R}^6$. 不允许他告诉你矩阵是什么, 但允许他回答矩阵做的是什么的问题. 为了重建矩阵, 你需要问几个问题? 它们是什么?

b. 对 $T\colon\mathbb{R}^6\to\mathbb{R}^5$ 重复上述问题.

c. 在每种情况下, 问题 "它们是什么" 只有一个正确答案吗?

1.3.9 在下列 5 个向量上, 变换 T 给出了

$$T\begin{bmatrix}1\\0\\0\end{bmatrix}=\begin{bmatrix}2\\1\\1\end{bmatrix},T\begin{bmatrix}0\\1\\0\end{bmatrix}=\begin{bmatrix}1\\2\\1\end{bmatrix},T\begin{bmatrix}0\\0\\1\end{bmatrix}=\begin{bmatrix}1\\0\\1\end{bmatrix},T\begin{bmatrix}1\\1\\1\end{bmatrix}=\begin{bmatrix}4\\3\\3\end{bmatrix},T\begin{bmatrix}2\\-1\\4\end{bmatrix}=\begin{bmatrix}7\\0\\4\end{bmatrix}.$$

T 可能是线性的吗? 证明你的答案.

1.3.10 是否存在一个线性变换 $T\colon\mathbb{R}^3\to\mathbb{R}^3$ 满足

$$T\begin{bmatrix}1\\0\\0\end{bmatrix}=\begin{bmatrix}3\\0\\1\end{bmatrix},\ T\begin{bmatrix}1\\1\\0\end{bmatrix}=\begin{bmatrix}4\\2\\4\end{bmatrix},\ T\begin{bmatrix}1\\1\\1\end{bmatrix}=\begin{bmatrix}2\\3\\3\end{bmatrix}?$$

如果满足, 则矩阵是什么?

1.3.11 平面上绕着原点顺时针旋转 θ 的变换是线性变换. 它的矩阵什么?

1.3.12 a. 对应于在 $x = y$ 的平面上反射的线性变换 $S\colon \mathbb{R}^3 \to \mathbb{R}^3$ 的矩阵是什么? 对应于在 $y = z$ 的平面上反射的线性变换 $S\colon \mathbb{R}^3 \to \mathbb{R}^3$ 的矩阵是什么? $S \circ T$ 的矩阵是什么?

b. $[S \circ T]$ 与 $[T \circ S]$ 是什么关系?

1.3.13 令 $A\colon \mathbb{R}^n \to \mathbb{R}^m$, $B\colon \mathbb{R}^m \to \mathbb{R}^k$, 以及 $C\colon \mathbb{R}^k \to \mathbb{R}^n$ 为线性变换, k, m, n 两两不同. 下列哪些有意义? 对于那些有意义的, 给出复合的定义域和陪域.

a. $A \circ B$; b. $C \circ B$; c. $A \circ C$; d. $B \circ A \circ C$; e. $C \circ A$;
f. $B \circ C$; g. $B \circ A$; h. $A \circ C \circ B$; i. $C \circ B \circ A$; j. $B \circ C \circ A$.

1.3.14 单位正方形是 $\mathbb{R}^2$ 中的正方形, 边长为 1, 左下角在 $\begin{pmatrix} 0 \\ 0 \end{pmatrix}$. 令 T 为一个平移, 把正方形的每个点变到左下角在 $\begin{pmatrix} 1 \\ 1 \end{pmatrix}$ 的单位正方形的对应的点, 它把右下角映射到 $\begin{pmatrix} 2 \\ 1 \end{pmatrix}$. 给出 T 的一个公式. T 是线性的吗? 如果是, 找到它的矩阵. 如果不是, 问题出在哪里?

1.3.15 证明定理 1.3.4 的第一部分: 证明由乘积 $A\vec{\mathbf{v}}$ 所描述的从 $\mathbb{R}^n$ 到 $\mathbb{R}^m$ 的映射确实是线性的.

1.3.16 用变换的复合从例 1.3.9 的变换推导出三角学基本定理:

$$\cos(\theta_1 + \theta_2) = \cos\theta_1 \cos\theta_2 - \sin\theta_1 \sin\theta_2,$$
$$\sin(\theta_1 + \theta_2) = \sin\theta_1 \cos\theta_2 + \cos\theta_1 \sin\theta_2.$$

1.3.17 通过矩阵乘法确认 (例 1.3.5), 把一个点关于一条线反射, 然后再反射回来, 会变回到起点.

1.3.18 把单位正方形逆时针旋转 45°, 然后把它用线性变换 $\begin{bmatrix} 2 & 0 \\ 0 & 1 \end{bmatrix}$ 拉伸. 简要地画出结果.

1.3.19 如果 A 和 B 为 $n \times n$ 矩阵, 则它们的*若尔当乘积*(Jordan product)为 $\dfrac{AB + BA}{2}$. 证明这个乘积满足交换律, 但不满足结合律.

练习 1.3.20: 注意, 符号 $\mapsto$("映射到") 与符号 $\to$("到") 不同. 符号 $\to$ 描述了一个映射的定义域和陪域之间的关系, 如 $T\colon U \to V$, 而符号 $\mapsto$ 描述了对于一个特定的输入, 映射究竟做了什么. 你可以把 $f(x) = x^2$ 写为 $f\colon x \mapsto x^2$(或者就是 $x \mapsto x^2$, 但我们就没有了函数的名字).

1.3.20 通过用 $\begin{pmatrix} a \\ b \end{pmatrix}$ 表示 $z = a + \mathrm{i}b$ 来利用 $\mathbb{R}^2$ 表示 $\mathbb{C}$.

证明: 下述的映射 $\mathbb{C} \to \mathbb{C}$ 是线性变换, 并且给出它们的矩阵.

a. $\mathrm{Re}\colon z \mapsto \mathrm{Re}(z)$ (z 的实部);

b. $\mathrm{Im}\colon z \mapsto \mathrm{Im}(z)$ (z 的虚部);

c. $c\colon z \mapsto \overline{z}$ (z 的共轭复数, 也就是, 如果 $z = a + \mathrm{i}b$, 则 $\overline{z} = a - \mathrm{i}b$);

d. $m_\omega\colon z \mapsto \omega z$, 其中 $\omega = u + \mathrm{i}v$ 是一个固定的复数.

1.4 $\mathbb{R}^n$ 上的几何

要获得对微积分的直觉，就算是在最抽象的思考中也是不可缺少的那种，你必须学会区分哪个是“大的”，哪个是“小的”，哪个是“占据主导的”，哪个是“可以忽略的”.

—— Jean Dieudonné, *Calcul infinitésimal*

代数都是关于等式的. 微积分是关于不等式的: 关于任意小或任意大的量，关于有些项是主导的而有些项相比之下就是可以忽略的. 与其说某些结论是精确地成立的，我们需要能够说，它们几乎是成立的，所以它们可以“在极限下成立”. 例如，$(5+h)^3 = 125 + 75h + \cdots$，如果 $h = 0.01$，我们可以使用下面的近似

$$(5.01)^3 \approx 125 + (75 \cdot 0.01) = 125.75. \tag{1.4.1}$$

后续的事情就是能够把误差部分进行量化.

这样的概念不能用我们目前发展的关于 $\mathbb{R}^n$ 的语言来讨论: 我们需要用向量的长度来表达向量是小的，或者点之间互相靠近. 我们也需要用矩阵的长度来说明线性变换彼此“接近”. 有一个关于变换之间的距离的概念，对于证明在适当的情况下牛顿方法收敛到方程的解是非常关键的.

在这一节中，我们将介绍这些概念. 公式或多或少都是勾股定理和余弦定理的直接推广，但是它们在更高的维度里获得了全新的意义 (在无限维的空间里有更多的意义).

很长的一段时间以来，让高维空间可视化的这个困难一直困扰着数学家们. 1827 年，莫比乌斯 (August Möbius，莫比乌斯带就是以他的名字命名的) 写道，如果两个平面图形可以在空间中移动，使得它们在每个点上重合，则“它们相同又相似”. (图 1.3.4 的两个脸相同又相似.) 你可以将其中一个面剪下，并把它放在另一个的上面. 但是要做到这一点，你必须把它们移出平面，移进 $\mathbb{R}^3$.

要在 3 维空间谈论相等和相似的物体，他写道，你将必须能够把它们在 4 维空间中移动. “但因为这样的空间无法被想象，在这种情况下，重合是不可能的.”

在 19 世纪末，数学家不再认为这样的运动是不可能的. 你可以通过把手套移进 $\mathbb{R}^4$，而把一个右手的手套变成左手的手套.

点乘

点乘是基本的结构，引出了所有的几何的长度和角度的概念. 它也被称为*标准内积*(standard inner product).

定义 1.4.1 (点乘). 两个向量 $\vec{\mathbf{x}}, \vec{\mathbf{y}} \in \mathbb{R}^n$ 的*点乘*(dot product) $\vec{\mathbf{x}} \cdot \vec{\mathbf{y}}$ 为

$$\vec{\mathbf{x}} \cdot \vec{\mathbf{y}} = \begin{bmatrix} x_1 \\ x_2 \\ \vdots \\ x_n \end{bmatrix} \cdot \begin{bmatrix} y_1 \\ y_2 \\ \vdots \\ y_n \end{bmatrix} \stackrel{\text{def}}{=} x_1y_1 + x_2y_2 + \cdots + x_ny_n. \tag{1.4.2}$$

点乘显然是满足交换律的: $\vec{\mathbf{x}} \cdot \vec{\mathbf{y}} = \vec{\mathbf{y}} \cdot \vec{\mathbf{x}}$，也并不难验证它满足分配律，即

$$\begin{aligned} \vec{\mathbf{x}} \cdot (\vec{\mathbf{y}}_1 + \vec{\mathbf{y}}_2) &= (\vec{\mathbf{x}} \cdot \vec{\mathbf{y}}_1) + (\vec{\mathbf{x}} \cdot \vec{\mathbf{y}}_2), \\ (\vec{\mathbf{x}}_1 + \vec{\mathbf{x}}_2) \cdot \vec{\mathbf{y}} &= (\vec{\mathbf{x}}_1 \cdot \vec{\mathbf{y}}) + (\vec{\mathbf{x}}_2 \cdot \vec{\mathbf{y}}). \end{aligned} \tag{1.4.3}$$

两个向量的点乘可以写成一个向量的转置和另一个向量的矩阵乘积: $\vec{\mathbf{x}} \cdot \vec{\mathbf{y}} = \vec{\mathbf{x}}^{\mathrm{T}}\vec{\mathbf{y}} = \vec{\mathbf{y}}^{\mathrm{T}}\vec{\mathbf{x}}$;

符号 $\stackrel{\text{def}}{=}$ 的意思是 "根据定义相等". 作为对比, (1.4.3) 中的等式可以通过计算来证明.

点乘的例子:

$$\begin{bmatrix}1\\2\\3\end{bmatrix}\cdot\begin{bmatrix}1\\0\\1\end{bmatrix} = (1\times 1)+(2\times 0)+(3\times 1) = 4.$$

一个向量 $\vec{\mathbf{x}}$ 与一个标准基向量 $\vec{\mathbf{e}}_i$ 的点乘会选出 $\vec{\mathbf{x}}$ 的第 i 个坐标:

$$\vec{\mathbf{x}}\cdot\vec{\mathbf{e}}_i = x_i.$$

如果 A 是一个 $n\times n$ 的矩阵, $\vec{\mathbf{v}}$ 和 $\vec{\mathbf{w}}$ 是 $\mathbb{R}^n$ 中的向量, 则

$$\vec{\mathbf{v}}\cdot A\vec{\mathbf{w}} = \sum_{i=1}^{n}\sum_{j=1}^{n} a_{i,j}v_i w_j.$$

我们称为向量的长度的量也经常被称为*欧几里得范数*(Euclidean norm).

有些教材使用双线来表示向量的长度: 用 $\|\vec{\mathbf{v}}\|$ 而不是 $|\vec{\mathbf{v}}|$. 我们保留双线来表示矩阵的范数, 在 2.9 节中定义.

注意到, 在一维空间中, "向量"(就是数) 的长度等于它的绝对值; $\vec{\mathbf{v}} = [-2]$ 的 "长度" 为 $\sqrt{2^2} = 2$.

把向量除以它的长度从而使其长度变为 1 的过程叫作向量的*标准化*.

$$\begin{bmatrix}x_1\\x_2\\\vdots\\x_n\end{bmatrix}\cdot\begin{bmatrix}y_1\\y_2\\\vdots\\y_n\end{bmatrix} \text{ 等价于 } \underbrace{\begin{bmatrix}x_1 & x_2 & \cdots & x_n\end{bmatrix}}_{\text{转置 }\vec{\mathbf{x}}^{\mathrm{T}}} \begin{matrix}\begin{bmatrix}y_1\\y_2\\\vdots\\y_n\end{bmatrix}\\ \underbrace{\begin{bmatrix}x_1y_1+x_2y_2+\cdots+x_ny_n\end{bmatrix}}_{\vec{\mathbf{x}}^{\mathrm{T}}\vec{\mathbf{y}}}\end{matrix}.$$

反过来, 矩阵乘积 AB 的第 (i,j) 项是 B 的第 j 列和 A 的第 i 行的转置的内积. 例如, 下面的矩阵 AB 的第一行的第二个数为 5.

$$\begin{matrix} & \overbrace{\begin{bmatrix}1&3\\1&1\end{bmatrix}}^{B}\\ \underbrace{\begin{bmatrix}1&2\\3&4\end{bmatrix}}_{A} & \underbrace{\begin{bmatrix}3&5\\7&13\end{bmatrix}}_{AB}\end{matrix};\ 5 = \underbrace{\begin{bmatrix}1\\2\end{bmatrix}}_{A\text{的第一行的转置}}\cdot\underbrace{\begin{bmatrix}3\\1\end{bmatrix}}_{B\text{的第二列}}. \tag{1.4.4}$$

定义 1.4.2 (向量的长度). 向量 $\vec{\mathbf{x}}\in\mathbb{R}^n$ 的长度 $|\vec{\mathbf{x}}|$ 为

$$|\vec{\mathbf{x}}| \stackrel{\text{def}}{=} \sqrt{\vec{\mathbf{x}}\cdot\vec{\mathbf{x}}} = \sqrt{x_1^2+x_2^2+\cdots+x_n^2}. \tag{1.4.5}$$

例如, $\vec{\mathbf{v}} = \begin{bmatrix}1\\1\\1\end{bmatrix}$ 的长度为 $\sqrt{1^2+1^2+1^2} = \sqrt{3}$.

长度为 1 的向量叫作单位向量. 给定向量 $\vec{\mathbf{v}}$, 很容易建立一个指向相同方向的单位向量 $\vec{\mathbf{w}}$: 只要让向量 $\vec{\mathbf{v}}$ 除以它自身的长度就可以了:

$$|\vec{\mathbf{w}}| = \left|\frac{\vec{\mathbf{v}}}{|\vec{\mathbf{v}}|}\right| = \frac{|\vec{\mathbf{v}}|}{|\vec{\mathbf{v}}|} = 1. \tag{1.4.6}$$

长度和点乘: 几何解读

在平面上以及在空间中, $|\vec{\mathbf{x}}|$ 是 $\mathbf{0}$ 与 $\mathbf{x}$ 之间的通常的距离. 如图 1.4.1 所示, 这可由勾股定理得到.

点乘在通常的几何意义上也有解读方法.

命题 1.4.3 (点乘的几何解读). 令 $\vec{\mathbf{x}}$ 和 $\vec{\mathbf{y}}$ 为 $\mathbb{R}^2$ 或 $\mathbb{R}^3$ 中的向量, α 为它们之间的角度, 则有

$$\vec{\mathbf{x}}\cdot\vec{\mathbf{y}} = |\vec{\mathbf{x}}||\vec{\mathbf{y}}|\cos\alpha. \tag{1.4.7}$$

因此, 点乘独立于我们所使用的坐标系: 我们在平面上或者在空间中旋转一对向量, 并不改变它们的点乘, 因为旋转不改变向量的长度以及它们之间的夹角.

证明: 这是三角学中余弦定理的一个应用, 它说的是, 如果你知道三角形的所有的边, 或者两条边和夹角, 或者两个角和一条边, 则你可以确定其他的量. 设三

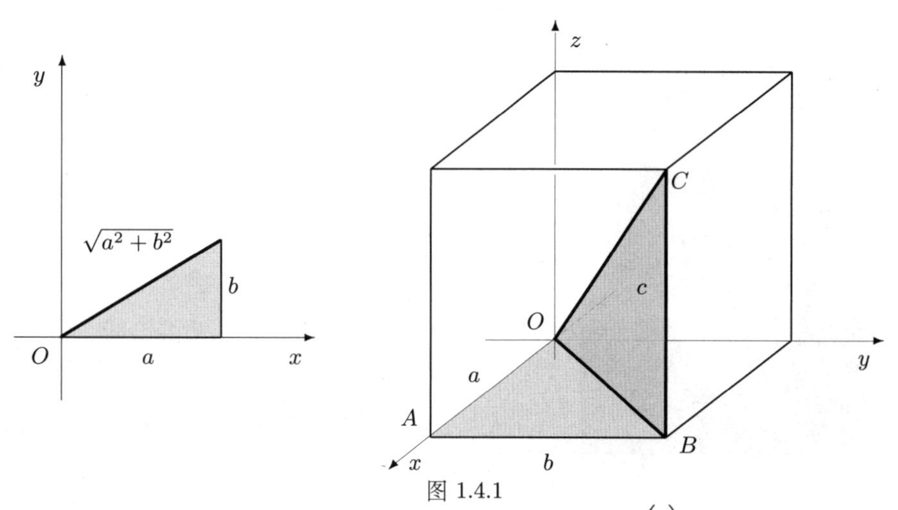

图 1.4.1

在平面上, 坐标为 (a, b) 的向量的长度就是通常的从 O 到 $\begin{pmatrix} a \\ b \end{pmatrix}$ 的距离. 在空间中, 从 O 到 C 的向量的长度就是通常的 O 与 C 之间的距离: $\angle OBC$ 是一个直角, 从 O 到 B 的距离为 $\sqrt{a^2+b^2}$(对浅灰色三角形应用勾股定理), 从 B 到 C 的距离为 c, 所以 (对深色三角形应用勾股定理) 从 O 到 C 的距离是 $\sqrt{a^2+b^2+c^2}$.

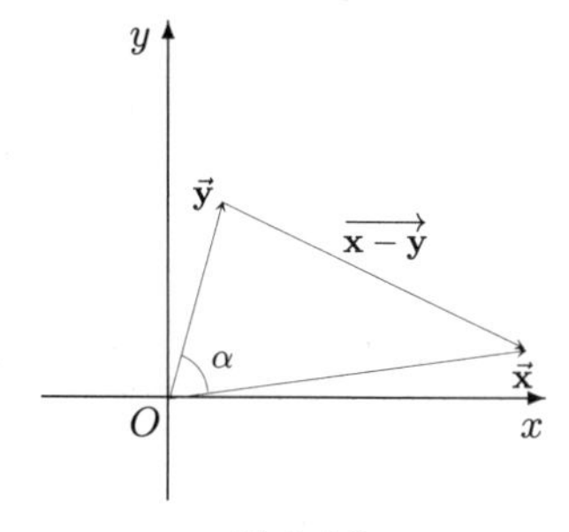

图 1.4.2

余弦定理给出 $|\vec{\mathbf{x}}-\vec{\mathbf{y}}|^2 = |\vec{\mathbf{x}}|^2 + |\vec{\mathbf{y}}|^2 - 2|\vec{\mathbf{x}}||\vec{\mathbf{y}}|\cos\alpha$.

角形的三条边长为 a, b, c, 令 γ 是长度为 c 的边的对角. 则

$$c^2 = a^2 + b^2 - 2ab\cos\gamma \qquad (\text{余弦定理}). \tag{1.4.8}$$

考虑一下由 $\vec{\mathbf{x}}$, $\vec{\mathbf{y}}$, $\vec{\mathbf{x}}-\vec{\mathbf{y}}$ 这三个向量形成的三角形; 令 α 为 $\vec{\mathbf{x}}$ 和 $\vec{\mathbf{y}}$ 之间的夹角 (如图 1.4.2). 由余弦定理

$$|\vec{\mathbf{x}}-\vec{\mathbf{y}}|^2 = |\vec{\mathbf{x}}|^2 + |\vec{\mathbf{y}}|^2 - 2|\vec{\mathbf{x}}||\vec{\mathbf{y}}|\cos\alpha. \tag{1.4.9}$$

但我们还可以把它写为 (记住点乘的分配律)

$$\begin{aligned}
|\vec{\mathbf{x}}-\vec{\mathbf{y}}|^2 &= (\vec{\mathbf{x}}-\vec{\mathbf{y}})\cdot(\vec{\mathbf{x}}-\vec{\mathbf{y}}) \\
&= \big((\vec{\mathbf{x}}-\vec{\mathbf{y}})\cdot\vec{\mathbf{x}}\big) - \big((\vec{\mathbf{x}}-\vec{\mathbf{y}})\cdot\vec{\mathbf{y}}\big) \\
&= (\vec{\mathbf{x}}\cdot\vec{\mathbf{x}}) - (\vec{\mathbf{y}}\cdot\vec{\mathbf{x}}) - (\vec{\mathbf{x}}\cdot\vec{\mathbf{y}}) + (\vec{\mathbf{y}}\cdot\vec{\mathbf{y}}) \\
&= (\vec{\mathbf{x}}\cdot\vec{\mathbf{x}}) + (\vec{\mathbf{y}}\cdot\vec{\mathbf{y}}) - 2\vec{\mathbf{x}}\cdot\vec{\mathbf{y}} \\
&= |\vec{\mathbf{x}}|^2 + |\vec{\mathbf{y}}|^2 - 2\vec{\mathbf{x}}\cdot\vec{\mathbf{y}}.
\end{aligned} \tag{1.4.10}$$

比较两个等式, 可得到

$$\vec{\mathbf{x}}\cdot\vec{\mathbf{y}} = |\vec{\mathbf{x}}||\vec{\mathbf{y}}|\cos\alpha. \qquad \square \tag{1.4.11}$$

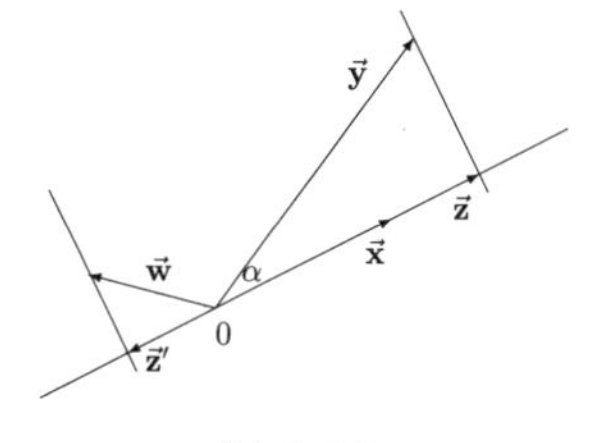

图 1.4.3

$\vec{\mathbf{y}}$ 在由 $\vec{\mathbf{x}}$ 生成的线上的投影是 $\vec{\mathbf{z}}$, 给出

$$\begin{aligned}
|\vec{\mathbf{x}}\cdot\vec{\mathbf{y}}| &= |\vec{\mathbf{x}}||\vec{\mathbf{y}}||\cos\alpha| \\
&= |\vec{\mathbf{x}}||\vec{\mathbf{y}}|\frac{|\vec{\mathbf{z}}|}{|\vec{\mathbf{y}}|} = |\vec{\mathbf{x}}||\vec{\mathbf{z}}|.
\end{aligned}$$

$\vec{\mathbf{z}}$ 的带符号的长度为正的, 因为 $\vec{\mathbf{z}}$ 指向 $\vec{\mathbf{x}}$ 的方向. $\vec{\mathbf{w}}$ 在由 $\vec{\mathbf{x}}$ 生成的线上的投影是 $\vec{\mathbf{z}}'$, 它的带符号的长度是负的.

施瓦兹 (图 1.4.4) 经常把几何思想翻译成分析的语言. 他除了柏林大学教授的工作, 还是地区志愿消防队的队长.

推论 1.4.4 用投影的形式重述了命题 1.4.3, 由图 1.4.3 演示. 我们使用 "由 $\vec{\mathbf{x}}$ 生成的线" 的意思是由所有 $\vec{\mathbf{x}}$ 的倍数构成的线.

推论 1.4.4 (投影意义下的点乘). 如果 $\vec{\mathbf{x}}$ 和 $\vec{\mathbf{y}}$ 为 $\mathbb{R}^2$ 或者 $\mathbb{R}^3$ 中的两个向量, 则 $\vec{\mathbf{x}}\cdot\vec{\mathbf{y}}$ 是 $|\vec{\mathbf{x}}|$ 与 $\vec{\mathbf{y}}$ 在由 $\vec{\mathbf{x}}$ 生成的线上的投影的带符号的长度的乘积. 如果投影朝着 $\vec{\mathbf{x}}$ 的方向, 则带符号的长度是正的; 如果投影朝着相反的方向, 则带符号的长度为负的.

定义 $\mathbb{R}^n$ 中的向量之间的角度

我们想要使用等式 (1.4.7) 来提供 $\mathbb{R}^n$ 中的一个角度的定义, 在 $n > 3$ 时, 我们不能通过初等的几何来定义这个角度. 因此, 我们要定义

$$\alpha = \arccos \frac{\vec{\mathbf{v}} \cdot \vec{\mathbf{w}}}{|\vec{\mathbf{v}}||\vec{\mathbf{w}}|}, \text{ 也就是定义 } \alpha \text{ 使得 } \cos\alpha = \frac{\vec{\mathbf{v}} \cdot \vec{\mathbf{w}}}{|\vec{\mathbf{v}}||\vec{\mathbf{w}}|}. \tag{1.4.12}$$

但是有一个问题, 我们怎么知道

$$-1 \leqslant \frac{\vec{\mathbf{v}} \cdot \vec{\mathbf{w}}}{|\vec{\mathbf{v}}||\vec{\mathbf{w}}|} \leqslant 1, \tag{1.4.13}$$

从而反余弦存在呢? *施瓦兹不等式*给了我们答案[8]. 它是关于点乘的绝对的基本定理.

图 1.4.4
施瓦兹 (Hermann Schwarz, 1843 — 1921)

柯西不等式也被称为柯西 – 班雅科夫斯基 – 施瓦兹不等式和柯西 – 施瓦兹不等式. 班雅科夫斯基 (图 1.4.5) 在 1859 年就发表了该结果, 比施瓦兹早了 25 年.

定理 1.4.5 (施瓦兹不等式). 对于任意向量 $\vec{\mathbf{v}}, \vec{\mathbf{w}} \in \mathbb{R}^n$, 有

$$|\vec{\mathbf{v}} \cdot \vec{\mathbf{w}}| \leqslant |\vec{\mathbf{v}}||\vec{\mathbf{w}}|. \tag{1.4.14}$$

当且仅当 $\vec{\mathbf{v}}$ 或 $\vec{\mathbf{w}}$ 是另一个的标量倍数的时候, 不等式两边相等.

证明: 如果 $\vec{\mathbf{v}}$ 或 $\vec{\mathbf{w}}$ 是 $\vec{\mathbf{0}}$, 上述陈述是显然的, 所以, 假设两个向量都不是 $\vec{\mathbf{0}}$. 考虑 t 的函数 $|\vec{\mathbf{v}} + t\vec{\mathbf{w}}|^2$. 这是一个形如 $at^2 + bt + c$ 的二次多项式:

$$|t\vec{\mathbf{w}} + \vec{\mathbf{v}}|^2 = |\vec{\mathbf{w}}|^2 t^2 + 2(\vec{\mathbf{v}} \cdot \vec{\mathbf{w}})t + |\vec{\mathbf{v}}|^2. \tag{1.4.15}$$

由于左侧是一个平方式, 所有的值都大于或等于 0; 因此, 多项式的图像必然不能穿过 t 轴. 但从高中学到的二次方程 $at^2 + bt + c = 0$ 的求根公式得到

$$t = \frac{-b \pm \sqrt{b^2 - 4ac}}{2a}. \tag{1.4.16}$$

图 1.4.5
班雅科夫斯基 (Viktor Bunyakovsky, 1804 — 1889)

如果*判别式* $(b^2 - 4ac)$ 是正的, 则方程将有两个不同的根, 图像将会穿过 t 轴, 如图 1.4.6 的最左边的图像.

方程 (1.4.15) 的判别式 (把 a 用 $|\vec{\mathbf{w}}|^2$ 替代, b 用 $2\vec{\mathbf{v}} \cdot \vec{\mathbf{w}}$ 替代, c 用 $|\vec{\mathbf{v}}|^2$ 替代) 为

$$4(\vec{\mathbf{v}} \cdot \vec{\mathbf{w}})^2 - 4|\vec{\mathbf{v}}|^2|\vec{\mathbf{w}}|^2. \tag{1.4.17}$$

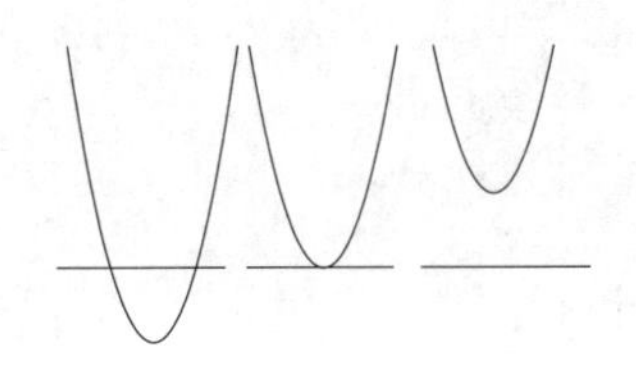

图 1.4.6

从左到右: 一个正的判别式给出两个根; 一个等于 0 的判别式给出一个根; 一个负的判别式给出零个根.

施瓦兹不等式的证明是很巧妙的; 你可以一行一行地读下去, 但你不动脑思考是看不到结果的.

由于方程 (1.4.15) 的图像不穿过 t 轴, 判别式不能是正的, 所以

$$4(\vec{\mathbf{v}} \cdot \vec{\mathbf{w}})^2 - 4|\vec{\mathbf{v}}|^2|\vec{\mathbf{w}}|^2 \leqslant 0, \text{ 从而有 } |\vec{\mathbf{v}} \cdot \vec{\mathbf{w}}| \leqslant |\vec{\mathbf{v}}| \cdot |\vec{\mathbf{w}}|. \tag{1.4.18}$$

这正是我们要证明的.

施瓦兹不等式的第二部分, $|\vec{\mathbf{v}} \cdot \vec{\mathbf{w}}| = |\vec{\mathbf{v}}| \cdot |\vec{\mathbf{w}}|$, 当且仅当 $\vec{\mathbf{v}}$ 或 $\vec{\mathbf{w}}$ 是另一个的标量倍数的时候成立, 有两个方向. 如果 $\vec{\mathbf{w}}$ 是 $\vec{\mathbf{v}}$ 的倍数, 比如, $\vec{\mathbf{w}} = t\vec{\mathbf{v}}$, 则

$$|\vec{\mathbf{v}} \cdot \vec{\mathbf{w}}| = |t||\vec{\mathbf{v}}|^2 = (|\vec{\mathbf{v}}|)(|t||\vec{\mathbf{v}}|) = |\vec{\mathbf{v}}| \cdot |\vec{\mathbf{w}}|, \tag{1.4.19}$$

[8] 施瓦兹不等式的一个更为抽象的形式涉及可能是无限维的向量空间中的向量的内积, 而不只是 $\mathbb{R}^n$ 中的标准的点乘. 一般的形式的证明并不比这个涉及点乘的版本更难.

所以施瓦兹不等式作为等式得以成立.

反过来, 如果 $|\vec{\mathbf{v}}\cdot\vec{\mathbf{w}}| = |\vec{\mathbf{v}}|\cdot|\vec{\mathbf{w}}|$, 则公式 (1.4.17) 的判别式为 0, 所以多项式有一个根 t_0:

$$|\vec{\mathbf{v}} + t_0\vec{\mathbf{w}}|^2 = 0 \qquad (\text{也就是 } \vec{\mathbf{v}} = -t_0\vec{\mathbf{w}}). \tag{1.4.20}$$

因此 $\vec{\mathbf{v}}$ 是 $\vec{\mathbf{w}}$ 的一个倍数. □

施瓦兹不等式使得我们可以定义两个向量之间的夹角, 因为我们现在确认了

$$-1 \leqslant \frac{\vec{\mathbf{a}}\cdot\vec{\mathbf{b}}}{|\vec{\mathbf{a}}||\vec{\mathbf{b}}|} \leqslant 1. \tag{1.4.21}$$

定义 1.4.6 (两个向量之间的夹角). $\mathbb{R}^n$ 中两个向量 $\vec{\mathbf{v}}$ 和 $\vec{\mathbf{w}}$ 之间的夹角为 α, 满足 $0 \leqslant \alpha \leqslant \pi$, 且

$$\cos\alpha = \frac{\vec{\mathbf{v}}\cdot\vec{\mathbf{w}}}{|\vec{\mathbf{v}}||\vec{\mathbf{w}}|}. \tag{1.4.22}$$

如果两个向量之间的夹角小于 $\pi/2$, 则点乘为正; 如果两个向量之间的夹角大于 $\pi/2$, 则点乘为负.

例 1.4.7 (计算角度). 一个立方体的对角线和它的任意一条边的夹角是多少? 假设我们的立方体为单位立方体 $0 \leqslant x, y, z \leqslant 1$, 标准基向量 $\vec{\mathbf{e}}_1, \vec{\mathbf{e}}_2, \vec{\mathbf{e}}_3$ 为立方体的边, 向量 $\vec{\mathbf{d}} = \begin{bmatrix}1\\1\\1\end{bmatrix}$ 为对角线. 对角线的长度为 $|\vec{\mathbf{d}}| = \sqrt{3}$, 所以要计算的角 α 满足

$$\cos\alpha = \frac{\vec{\mathbf{d}}\cdot\vec{\mathbf{e}}_i}{|\vec{\mathbf{d}}|\cdot|\vec{\mathbf{e}}_i|} = \frac{1}{\sqrt{3}}. \tag{1.4.23}$$

因此, $\alpha = \arccos\sqrt{3}/3 \approx 54.7^\circ$. △

一个学生问, "在 $n > 3$ 时, n 个向量如何彼此正交, 或者是否有一些奇怪的数学问题我们看不到呢?" 我们无法看到 4 个向量彼此正交. 但我们仍然发现直角在头脑中的图像还是有所帮助的. 要确定两个向量正交, 我们检查它们的点乘是否为 0. 但我们想的是正交向量 $\vec{\mathbf{v}}$ 和 $\vec{\mathbf{w}}$ 彼此成直角, 而不是 $v_1w_1 + \cdots + v_nw_n = 0$.

推论 1.4.8. 如果两个向量的点乘为 0, 则它们是正交的 (形成直角).

施瓦兹不等式也给出了三角不等式: 从伦敦旅行到巴黎, 穿越英吉利海峡要比经由莫斯科路程短. 我们给出第 101 页和第 105 页的不等式的两个变形.

定理 1.4.9 (三角不等式). 对于向量 $\vec{\mathbf{x}}, \vec{\mathbf{y}} \in \mathbb{R}^n$, 有

$$|\vec{\mathbf{x}} + \vec{\mathbf{y}}| \leqslant |\vec{\mathbf{x}}| + |\vec{\mathbf{y}}|. \tag{1.4.24}$$

我们更喜欢使用 "正交 (orthogonal)" 这个词, 而不是它的同义词 "垂直 (perpendicular)". 正交来自于希腊语的 "直角", 而 "垂直" 来自于拉丁语的铅垂线. "normal" 一词也经常被使用, 作为名词和形容词, 用来表达 "直角".

证明: 这个不等式通过下面的计算来证明

$$|\vec{\mathbf{x}} + \vec{\mathbf{y}}|^2 = |\vec{\mathbf{x}}|^2 + 2\vec{\mathbf{x}}\cdot\vec{\mathbf{y}} + |\vec{\mathbf{y}}|^2 \underset{\text{施瓦兹不等式}}{\leqslant} |\vec{\mathbf{x}}|^2 + 2|\vec{\mathbf{x}}||\vec{\mathbf{y}}| + |\vec{\mathbf{y}}|^2 = (|\vec{\mathbf{x}}| + |\vec{\mathbf{y}}|)^2, \tag{1.4.25}$$

所以 $|\vec{\mathbf{x}}+\vec{\mathbf{y}}| \leqslant |\vec{\mathbf{x}}|+|\vec{\mathbf{y}}|$. □

三角不等式可以解读为 (在严格不等式的情况下, 不是 "$\leqslant$") 三角形的一边的长度小于另外两边长度之和, 如图 1.4.7 所示.

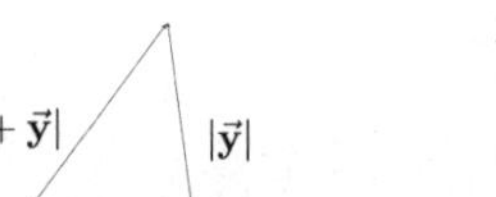
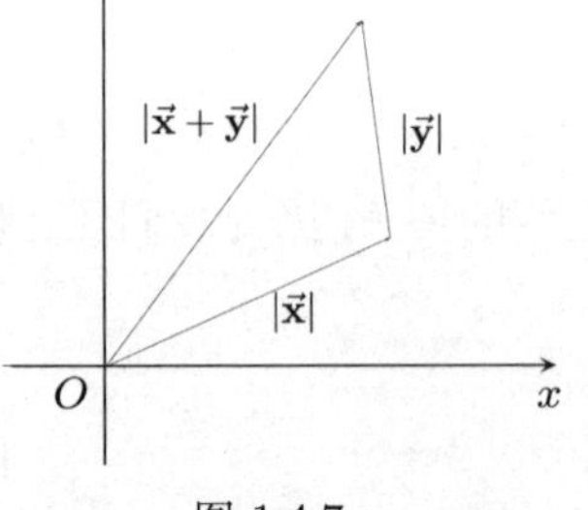

图 1.4.7
三角不等式:
$$|\vec{\mathbf{x}}+\vec{\mathbf{y}}| < |\vec{\mathbf{x}}|+|\vec{\mathbf{y}}|.$$

测量一个矩阵

点乘给了我们一个测量向量长度的方法. 我们将需要一个方法来测量矩阵的 "长度"(不要与它的宽或高混淆了). 有一个明显的方法来做这件事: 把一个 $m \times n$ 的矩阵当作 $\mathbb{R}^{nm}$ 空间中的一个点, 并且使用通常的点乘.

定义 1.4.10 (矩阵的长度). 如果 A 为一个 $n \times m$ 的矩阵, 它的长度 $|A|$ 为它的所有项的平方和的平方根:

$$|A|^2 = \sum_{i=1}^{n}\sum_{j=1}^{m} a_{i,j}^2. \tag{1.4.26}$$

例如, 矩阵 $A = \begin{bmatrix} 1 & 2 \\ 0 & 1 \end{bmatrix}$ 的长度 $|A|$ 为 $\sqrt{6}$, 因为 $1+4+0+1=6$. 矩阵 $B = \begin{bmatrix} 1 & 2 & 1 \\ 1 & 0 & 3 \end{bmatrix}$ 的长度为多少? [9]

如果你觉得二重求和的记号容易弄错, 那么等式 (1.4.26) 可以重写为一重求和:

$$|A|^2 = \sum_{\substack{i=1,\cdots,n \\ j=1,\cdots,m}} a_{i,j}^2.$$

(我们把所有的 $a_{i,j}^2$ 对 i 从 1 到 n, 对 j 从 1 到 m 求和.)

如果我们把一个 $n \times m$ 的矩阵想成 $\mathbb{R}^{nm}$ 空间中的一个点, 我们看到, 如果两个矩阵的差的长度很小 (也就是, $|A-B|$ 很小), 则两个矩阵 A 和 B(以及相应的线性变换) 是接近的.

在一些教材中, $|A|$ 表示矩阵 A 的行列式. 我们使用 $\det A$ 来表示行列式.

长度 $|A|$ 也叫作弗罗贝尼乌斯 (Frobenius) 范数 (以及舒尔范数和希尔伯特 – 施密特范数). 我们发现, 作为向量长度的概念的推广, 把它叫作长度要简单一点. 实际上, 一个 $n \times 1$ 的矩阵的长度与 $\mathbb{R}^n$ 中有相同项的向量的长度相同. (只包含单一一项 $[n]$ 的 1×1 的矩阵的长度就是 n 的绝对值.)

你不应该过于从文字上理解 "长度"; 它只是测量矩阵的一个方法的名字. (另一个更加复杂的测量, 计算起来要难得多, 将在 2.9 节讨论.)

不等式 (1.4.27) 是不等式 (1.4.28) 在 $k=1$ 时的特例, 然而直觉上它们的内容的区别足够大, 所以我们将这两部分分开陈述. 第二部分的证明跟在第一部分后面.

长度和矩阵乘法

我们在 1.2 节开始时说过, 把 $\mathbb{R}^{mn}$ 中的项写成矩阵的意义是可以允许矩阵的乘法, 但还不清楚把矩阵当成一串数字而定义出来的矩阵的长度与矩阵乘法是否有关. 下面的命题说明它们是有关的. 这个结论就会变成我们的老朋友; 这在许多证明里是一个非常有用的工具. 它实际上是施瓦兹引理 (定理 1.4.5) 的推论.

命题 1.4.11 (乘积的长度). 令 A 为一个 $n \times m$ 的矩阵, B 为一个 $m \times k$ 的矩阵, $\vec{\mathbf{b}}$ 为 $\mathbb{R}^m$ 中的一个向量. 则

$$|A\vec{\mathbf{b}}| \leqslant |A||\vec{\mathbf{b}}|, \tag{1.4.27}$$

$$|AB| \leqslant |A||B|. \tag{1.4.28}$$

[9] $|B|=4$, 因为 $1+4+0+1+1+9=16$.

例 1.4.12. 令 $A = \begin{bmatrix} 2 & 1 & 3 \\ 1 & 0 & 2 \\ 1 & 2 & 1 \end{bmatrix}$, $\vec{\mathbf{b}} = \begin{bmatrix} 1 \\ 1 \\ 1 \end{bmatrix}$, $B = \begin{bmatrix} 1 & 0 & 1 \\ 1 & 2 & 0 \\ 1 & 1 & 0 \end{bmatrix}$. 则 $|A| = 5$, $|\vec{\mathbf{b}}| = \sqrt{3}$, $|B| = 3$, 从而给出了

$$\begin{aligned} |A\vec{\mathbf{b}}| = \sqrt{61} \approx 7.8 &\quad < \quad |A||\vec{\mathbf{b}}| = 5\sqrt{3} \approx 8.7, \\ |AB| = 11 &\quad < \quad |A||B| = 15. \qquad \triangle \end{aligned}$$

证明: 在不等式 (1.4.27) 中, 注意到, 如果 A 只包含一行 (也就是, 如果 $A = \vec{\mathbf{a}}^{\mathrm{T}}$ 为一个向量 $\vec{\mathbf{a}}$ 的转置), 则这个定理就是施瓦兹不等式:

$$\underbrace{|A\vec{\mathbf{b}}|}_{|\vec{\mathbf{a}}^{\mathrm{T}}\vec{\mathbf{b}}|} = |\vec{\mathbf{a}} \cdot \vec{\mathbf{b}}| \leqslant |\vec{\mathbf{a}}||\vec{\mathbf{b}}| = \underbrace{|A||\vec{\mathbf{b}}|}_{|\vec{\mathbf{a}}^{\mathrm{T}}||\vec{\mathbf{b}}|}. \tag{1.4.29}$$

我们将把 A 的行当作向量 $\vec{\mathbf{a}}_1, \cdots, \vec{\mathbf{a}}_n$ 的转置, 并且将把上面的论证分别应用到每一行上; 如图 1.4.8.

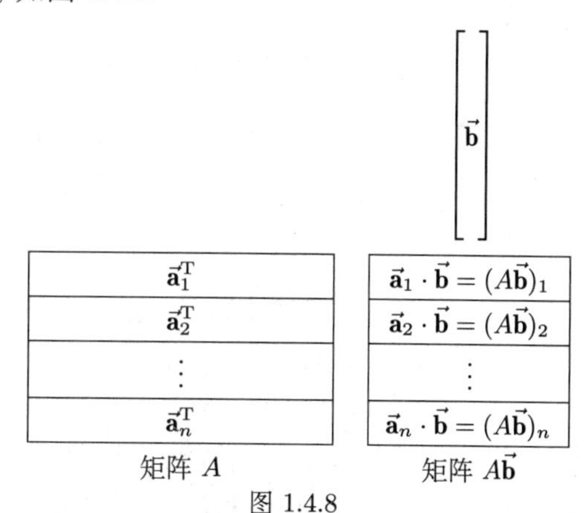

图 1.4.8
乘积 $\vec{\mathbf{a}}_i^{\mathrm{T}}\vec{\mathbf{b}}$ 与点乘 $\vec{\mathbf{a}}_i \cdot \vec{\mathbf{b}}$ 相同. 注意 $A\vec{\mathbf{b}}$ 是一个向量.

因为 A 的第 i 行是 $\vec{\mathbf{a}}_i^{\mathrm{T}}$, 所以 $A\vec{\mathbf{b}}$ 的第 i 项 $(A\vec{\mathbf{b}})_i$ 为点乘 $\vec{\mathbf{a}}_i \cdot \vec{\mathbf{b}}$. 这解释了等式 (1.4.30) 中标为 (1) 的等式. 可以推出

$$|A\vec{\mathbf{b}}|^2 = \sum_{i=1}^{n} (A\vec{\mathbf{b}})_i^2 \underset{(1)}{=} \sum_{i=1}^{n} (\vec{\mathbf{a}}_i \cdot \vec{\mathbf{b}})^2. \tag{1.4.30}$$

现在, 对公式 (1.4.31) 中标为 (2) 的部分利用施瓦兹不等式; 提取因子 $|\vec{\mathbf{b}}|^2$(第三步), 并考虑到 (第四步)A 的长度的平方为 $\vec{\mathbf{a}}_i$ 的长度的平方和 (当然, $|\vec{\mathbf{a}}_i|^2 = |\vec{\mathbf{a}}_i^{\mathrm{T}}|^2$). 因此, 得到

$$\sum_{i=1}^{n} (\vec{\mathbf{a}}_i \cdot \vec{\mathbf{b}})^2 \underset{(2)}{\leqslant} \sum_{i=1}^{n} |\vec{\mathbf{a}}_i|^2 |\vec{\mathbf{b}}|^2 \underset{(3)}{=} \left(\sum_{i=1}^{n} |\vec{\mathbf{a}}_i|^2 \right) |\vec{\mathbf{b}}|^2 \underset{(4)}{=} |A|^2 |\vec{\mathbf{b}}|^2. \tag{1.4.31}$$

这给出了我们想要得到的结果:

$$|A\vec{\mathbf{b}}|^2 \leqslant |A|^2 |\vec{\mathbf{b}}|^2. \tag{1.4.32}$$

对于公式 (1.4.28), 我们把矩阵 B 分解成它的列, 并像上面的证明那样继

续. 令 $\vec{\mathbf{b}}_1, \vec{\mathbf{b}}_2, \cdots, \vec{\mathbf{b}}_k$ 为 B 的列. 则

$$|AB|^2 = \sum_{j=1}^{k} |A\vec{\mathbf{b}}_j|^2 \leqslant \sum_{j=1}^{k} |A|^2 |\vec{\mathbf{b}}_j|^2 = |A|^2 \sum_{j=1}^{k} |\vec{\mathbf{b}}_j|^2 = |A|^2 |B|^2. \quad \square \tag{1.4.33}$$

$\mathbb{R}^2$ 中的行列式和迹

2×2 的矩阵 $A = \begin{bmatrix} a & b \\ c & d \end{bmatrix}$ 的逆为

$$A^{-1} = \frac{1}{ad-bc}\begin{bmatrix} d & -b \\ -c & a \end{bmatrix}.$$

所以一个 2×2 的矩阵 A, 当且仅当 $\det A \neq 0$ 时是可逆的.

行列式(determinant)和迹(trace)是方形矩阵的函数: 它们以方形矩阵为输入, 返回一个数. 我们在定义 1.4.15 中定义了 $\mathbb{R}^3$ 中的行列式, 但是把它定义在 $\mathbb{R}^n$ 中则更为精妙; 我们在 4.8 节讨论了更高维度上的行列式. 作为对比, 在所有的维度上定义迹则更容易: 它就是对角线上数字的和.

定义 1.4.13 ($\mathbb{R}^2$ 中的行列式和迹). 2×2 的矩阵 $\begin{bmatrix} a_1 & b_1 \\ a_2 & b_2 \end{bmatrix}$ 的行列式 det 和迹 tr 由下列公式给出

$$\det \begin{bmatrix} a_1 & b_1 \\ a_2 & b_2 \end{bmatrix} \stackrel{\text{def}}{=} a_1 b_2 - a_2 b_1, \quad \operatorname{tr} \begin{bmatrix} a_1 & b_1 \\ a_2 & b_2 \end{bmatrix} \stackrel{\text{def}}{=} a_1 + b_2. \tag{1.4.34}$$

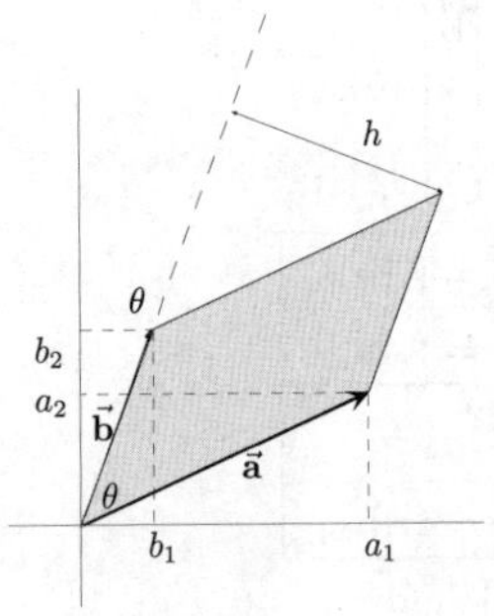

如果我们把行列式想成 $\mathbb{R}^2$ 中的向量 $\vec{\mathbf{a}}$ 和 $\vec{\mathbf{b}}$ 的函数, 则它也有几何上的解读, 在图 1.4.9 上演示. (迹更难以用几何方法理解; 它会在定理 4.8.15 中重新出现.)

图 1.4.9

我们说, 上面带阴影的平行四边形是由两个向量 $\vec{\mathbf{a}} = \begin{bmatrix} a_1 \\ a_2 \end{bmatrix}$ 和 $\vec{\mathbf{b}} = \begin{bmatrix} b_1 \\ b_2 \end{bmatrix}$ 生成的. 它的面积为 $|\det[\vec{\mathbf{a}}, \vec{\mathbf{b}}]|$.

练习 1.4.18 给出了命题 1.4.14 的第一部分的一个更加几何化的证明.

命题 1.4.14 ($\mathbb{R}^2$ 中的行列式的几何解读).

1. 由 $\vec{\mathbf{a}}$ 和 $\vec{\mathbf{b}}$ 生成的平行四边形的面积为 $|\det[\vec{\mathbf{a}}, \vec{\mathbf{b}}]|$.
2. 如果 $\mathbb{R}^2$ 用标准的方式画出来, 其中 $\vec{\mathbf{e}}_1$ 在 $\vec{\mathbf{e}}_2$ 的顺时针方向, 则当且仅当 $\vec{\mathbf{a}}$ 在 $\vec{\mathbf{b}}$ 的顺时针方向时, $\det[\vec{\mathbf{a}}, \vec{\mathbf{b}}]$ 为正的; 当且仅当 $\vec{\mathbf{a}}$ 在 $\vec{\mathbf{b}}$ 的逆时针方向时, $\det[\vec{\mathbf{a}}, \vec{\mathbf{b}}]$ 为负的.

证明:

1. 平行四边形的面积为底乘以高. 我们选择 $|\vec{\mathbf{b}}| = \sqrt{b_1^2 + b_2^2}$ 为底. 如果 θ 是 $\vec{\mathbf{a}}$ 与 $\vec{\mathbf{b}}$ 之间的夹角, 则平行四边形的高 h 为

$$h = \sin\theta |\vec{\mathbf{a}}| = \sin\theta \sqrt{a_1^2 + a_2^2}. \tag{1.4.35}$$

要计算 $\sin\theta$, 我们首先利用等式 (1.4.7) 计算 $\cos\theta$:

$$\cos\theta = \frac{\vec{\mathbf{a}}\cdot\vec{\mathbf{b}}}{|\vec{\mathbf{a}}|\cdot|\vec{\mathbf{b}}|} = \frac{a_1 b_1 + a_2 b_2}{\sqrt{a_1^2 + a_2^2}\sqrt{b_1^2 + b_2^2}}. \tag{1.4.36}$$

我们由此得到 $\sin\theta$:

$$\begin{aligned} \sin\theta &= \sqrt{1-\cos^2\theta} = \sqrt{\frac{(a_1^2+a_2^2)(b_1^2+b_2^2) - (a_1 b_1 + a_2 b_2)^2}{(a_1^2+a_2^2)(b_1^2+b_2^2)}} \\ &= \sqrt{\frac{a_1^2 b_1^2 + a_1^2 b_2^2 + a_2^2 b_1^2 + a_2^2 b_2^2 - a_1^2 b_1^2 - 2a_1 b_1 a_2 b_2 - a_2^2 b_2^2}{(a_1^2+a_2^2)(b_1^2+b_2^2)}} \end{aligned}$$

$$= \sqrt{\frac{(a_1b_2-a_2b_1)^2}{(a_1^2+a_2^2)(b_1^2+b_2^2)}}. \tag{1.4.37}$$

当求解大的线性问题变得不可能的时候, 行列式对于线性方程组的理论是一个合理的方法. 随着计算机的发明, 它们失去了其重要性: 通过第 2 章讨论的行化简来求解线性方程组效率要高很多. 但行列式有一个有趣的几何解读: 在第 4 章到第 6 章, 我们经常要用到它.

把这个 $\sin\theta$ 的值用在计算平行四边形面积的公式上, 得到

$$\begin{aligned}
\text{面积} &= \underbrace{|\vec{\mathbf{b}}|}_{\text{底}}\,\underbrace{|\vec{\mathbf{a}}|\,\sin\theta}_{\text{高}} \qquad (1.4.38)\\
&= \underbrace{\sqrt{b_1^2+b_2^2}}_{\text{底}}\,\underbrace{\sqrt{a_1^2+a_2^2}\sqrt{\frac{(a_1b_2-a_2b_1)^2}{(a_1^2+a_2^2)(b_1^2+b_2^2)}}}_{\text{高}}\\
&= \underbrace{|a_1b_2-a_2b_1|}_{\text{行列式}}.
\end{aligned}$$

2. 我们把向量 $\vec{\mathbf{a}}$ 逆时针旋转 $\pi/2$, 它就变成了 $\vec{\mathbf{c}} = \begin{bmatrix} -a_2 \\ a_1 \end{bmatrix}$, 我们看到 $\vec{\mathbf{c}}\cdot\vec{\mathbf{b}} = \det[\vec{\mathbf{a}},\vec{\mathbf{b}}]$:

$$\begin{bmatrix} -a_2 \\ a_1 \end{bmatrix}\cdot\begin{bmatrix} b_1 \\ b_2 \end{bmatrix} = -a_2b_1 + a_1b_2 = \det\begin{bmatrix} a_1 & b_1 \\ a_2 & b_2 \end{bmatrix}. \tag{1.4.39}$$

因为 (命题 1.4.3) 当且仅当两个向量之间的夹角小于 $\pi/2$ 时, 两个向量的点乘是正的; 当 $\vec{\mathbf{b}}$ 和 $\vec{\mathbf{c}}$ 之间的夹角小于 $\pi/2$ 时, 行列式为正的. 这相当于 $\vec{\mathbf{b}}$ 在 $\vec{\mathbf{a}}$ 的顺时针方向, 如图 1.4.10 所示. □

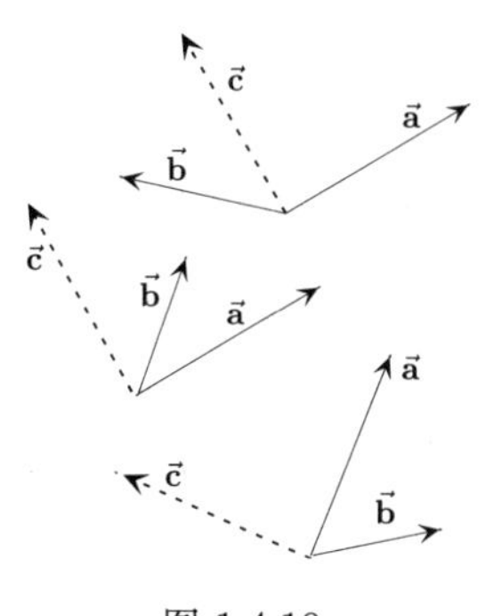

图 1.4.10

在所有的三种情况下, $\vec{\mathbf{a}}$ 和 $\vec{\mathbf{c}}$ 之间的夹角是 $\pi/2$. 在最上面的两种情况中, $\vec{\mathbf{b}}$ 和 $\vec{\mathbf{c}}$ 之间的夹角小于 $\pi/2$, 所以 $\det(\vec{\mathbf{a}},\vec{\mathbf{b}})>0$; $\vec{\mathbf{b}}$ 在 $\vec{\mathbf{a}}$ 的逆时针方向. 在最下面的情况中, $\vec{\mathbf{b}}$ 和 $\vec{\mathbf{c}}$ 之间的夹角大于 $\pi/2$, $\vec{\mathbf{b}}$ 在 $\vec{\mathbf{a}}$ 的顺时针方向, $\det(\vec{\mathbf{a}},\vec{\mathbf{b}})$ 是负的.

行列式也可以通过把第一行的项作为系数来计算, 而不是第一列的.

$\mathbb{R}^3$ 中的叉乘和行列式

在定义 1.4.15 中, 我们给出了 3×3 的矩阵的行列式的公式. 对于较大的矩阵, 公式迅速变得失去控制; 我们将在 4.8 节看到, 这样的行列式可以通过行化简更加有效地计算.

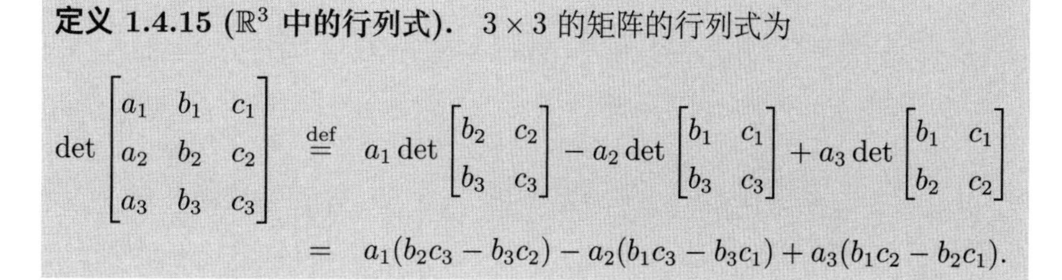

定义 1.4.15 ($\mathbb{R}^3$ 中的行列式). 3×3 的矩阵的行列式为

$$\begin{aligned}
\det\begin{bmatrix} a_1 & b_1 & c_1 \\ a_2 & b_2 & c_2 \\ a_3 & b_3 & c_3 \end{bmatrix} &\overset{\text{def}}{=} a_1\det\begin{bmatrix} b_2 & c_2 \\ b_3 & c_3 \end{bmatrix} - a_2\det\begin{bmatrix} b_1 & c_1 \\ b_3 & c_3 \end{bmatrix} + a_3\det\begin{bmatrix} b_1 & c_1 \\ b_2 & c_2 \end{bmatrix}\\
&= a_1(b_2c_3-b_3c_2) - a_2(b_1c_3-b_3c_1) + a_3(b_1c_2-b_2c_1).
\end{aligned}$$

原矩阵的第一列的每一项起到了 2×2 的矩阵的行列式的系数的作用; 第一个和第三个 (a_1 和 a_3) 为正的, 中间一个为负的. 要记住哪个 2×2 的矩阵和哪个系数匹配, 把系数所在的行和列画掉, 留下的就是你要的矩阵. 要得到系数 a_2 对应的 2×2 的矩阵, 有

$$\begin{bmatrix} \cancel{a_1} & b_1 & c_1 \\ \cancel{a_2} & \cancel{b_2} & \cancel{c_2} \\ \cancel{a_3} & b_3 & c_3 \end{bmatrix} = \begin{bmatrix} b_1 & c_1 \\ b_3 & c_3 \end{bmatrix}. \tag{1.4.40}$$

例 1.4.16 (3×3 **的矩阵的行列式**).

$$\det\begin{bmatrix}3 & 1 & -2\\ 1 & 2 & 4\\ 2 & 0 & 1\end{bmatrix} = 3\det\begin{bmatrix}2 & 4\\ 0 & 1\end{bmatrix} - 1\det\begin{bmatrix}1 & -2\\ 0 & 1\end{bmatrix} + 2\det\begin{bmatrix}1 & -2\\ 2 & 4\end{bmatrix}$$
$$= 3(2-0) - (1+0) + 2(4+4) = 21. \quad \triangle \quad (1.4.41)$$

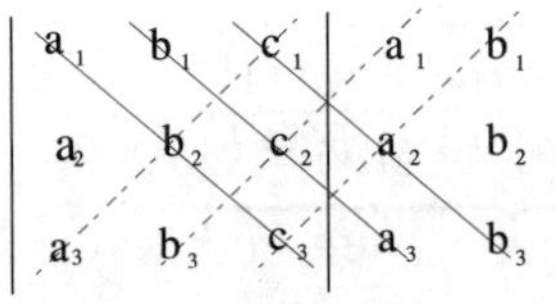

练习 1.4.20 证明了当且仅当一个 3×3 的矩阵的行列式不是 0 的时候, 它是可逆的 (定理 4.8.3 把这个结论推广到了 $n \times n$ 的矩阵上). 图 1.4.11 给出了计算一个 3×3 的矩阵的行列式的另一种方式.

$$\left|\begin{array}{ccc|cc} a_1 & b_1 & c_1 & a_1 & b_1\\ a_2 & b_2 & c_2 & a_2 & b_2\\ a_3 & b_3 & c_3 & a_3 & b_3\end{array}\right.$$

图 1.4.11

另外一个计算 3×3 的矩阵的行列式的方法是写出矩阵, 并在右边写出矩阵的前两列, 如图所示. 把每条实的对角线上的项的乘积加起来

$$a_1b_2c_3 + b_1c_2a_3 + c_1a_2b_3,$$

再减去每条虚线上的项的乘积

$$-a_3b_2c_1 - b_3c_2a_1 - c_3a_2b_1.$$

记住, 计算叉乘的一个窍门是写出

$$\vec{\mathbf{a}} \times \vec{\mathbf{b}} = \det\begin{bmatrix}\vec{\mathbf{e}}_1 & a_1 & b_1\\ \vec{\mathbf{e}}_2 & a_2 & b_2\\ \vec{\mathbf{e}}_3 & a_3 & b_3\end{bmatrix}.$$

还不清楚给一个含有一些项为向量, 一些项为标量的矩阵赋予什么意义, 但是如果你就把每一项当作要去乘的项, 就会给出正确的结果.

两个向量的叉乘

叉乘仅在 $\mathbb{R}^3$ 中存在 (在 $\mathbb{R}^7$ 中也一定程度上存在). 行列式是一个数, 就如同点乘, 但叉乘是一个向量. 练习 1.4.14 让你证明叉乘不遵循结合律, 但它遵循分配律.

定义 1.4.17 (**$\mathbb{R}^3$ 中的叉乘**). $\mathbb{R}^3$ 中的叉乘 $\vec{\mathbf{a}} \times \vec{\mathbf{b}}$ 为

$$\begin{bmatrix}a_1\\ a_2\\ a_3\end{bmatrix} \times \begin{bmatrix}b_1\\ b_2\\ b_3\end{bmatrix} \overset{\text{def}}{=} \begin{bmatrix}\det\begin{bmatrix}a_2 & b_2\\ a_3 & b_3\end{bmatrix}\\ -\det\begin{bmatrix}a_1 & b_1\\ a_3 & b_3\end{bmatrix}\\ \det\begin{bmatrix}a_1 & b_1\\ a_2 & b_2\end{bmatrix}\end{bmatrix} = \begin{bmatrix}a_2b_3 - a_3b_2\\ -a_1b_3 + a_3b_1\\ a_1b_2 - a_2b_1\end{bmatrix}. \quad (1.4.42)$$

把你的向量想象成一个 3×2 的矩阵; 首先盖住第一行, 计算余下的矩阵的行列式, 这可以得到叉乘的第一项. 然后, 再盖住第二行, 并计算余下的矩阵的负的行列式, 得到叉乘的第二项. 叉乘的第三项是盖住第三行, 计算余下的矩阵的行列式得到的.

例 1.4.18 (**$\mathbb{R}^3$ 中两个向量的叉乘**).

$$\begin{bmatrix}3\\ 0\\ 1\end{bmatrix} \times \begin{bmatrix}2\\ 1\\ 4\end{bmatrix} = \begin{bmatrix}\det\begin{bmatrix}0 & 1\\ 1 & 4\end{bmatrix}\\ -\det\begin{bmatrix}3 & 2\\ 1 & 4\end{bmatrix}\\ \det\begin{bmatrix}3 & 2\\ 0 & 1\end{bmatrix}\end{bmatrix} = \begin{bmatrix}-1\\ -10\\ 3\end{bmatrix}. \quad \triangle \quad (1.4.43)$$

由定义 1.4.17 可以立刻得到: 改变叉乘的两个向量的顺序, 会改变叉乘结果的符号: $\vec{\mathbf{a}} \times \vec{\mathbf{b}} = -\vec{\mathbf{b}} \times \vec{\mathbf{a}}$.

命题 1.4.19. 叉乘和行列式满足

$$\det[\vec{\mathbf{a}}, \vec{\mathbf{b}}, \vec{\mathbf{c}}] = \vec{\mathbf{a}} \cdot (\vec{\mathbf{b}} \times \vec{\mathbf{c}}).$$

证明: 这可以从定义 1.4.15 和 1.4.17 直接得到

$$\overbrace{\begin{bmatrix} a_1 \\ a_2 \\ a_3 \end{bmatrix}}^{\vec{\mathbf{a}}} \cdot \overbrace{\begin{bmatrix} \det \begin{bmatrix} b_2 & c_2 \\ b_3 & c_3 \end{bmatrix} \\ -\det \begin{bmatrix} b_1 & c_1 \\ b_3 & c_3 \end{bmatrix} \\ \det \begin{bmatrix} b_1 & c_1 \\ b_2 & c_2 \end{bmatrix} \end{bmatrix}}^{\vec{\mathbf{b}} \times \vec{\mathbf{c}}}$$
$$= \underbrace{a_1 \det \begin{bmatrix} b_2 & c_2 \\ b_3 & c_3 \end{bmatrix} - a_2 \det \begin{bmatrix} b_1 & c_1 \\ b_3 & c_3 \end{bmatrix} + a_3 \det \begin{bmatrix} b_1 & c_1 \\ b_2 & c_2 \end{bmatrix}}_{\det[\vec{\mathbf{a}}, \vec{\mathbf{b}}, \vec{\mathbf{c}}]}. \quad \square$$

工程师和物理学家有时候把 $\vec{\mathbf{a}} \cdot (\vec{\mathbf{b}} \times \vec{\mathbf{c}})$ 称为*标量三重积*(scalar triple product).

命题 1.4.20 的第三部分: $\vec{\mathbf{a}}$ 和 $\vec{\mathbf{b}}$ 不共线的意思是它们不是彼此的倍数; 它们不在一条线上. 在 2.4 节, 我们将看到, 说 $\mathbb{R}^n$ 中的两个向量 "不共线" 就是在说它们*线性无关*(linearly independent), 或者换一个说法, 它们可以生成一个平面.

从行列式的定义可以得到

$$\det[\vec{\mathbf{a}}, \vec{\mathbf{b}}, \vec{\mathbf{c}}] = \det[\vec{\mathbf{c}}, \vec{\mathbf{a}}, \vec{\mathbf{b}}] = \det[\vec{\mathbf{b}}, \vec{\mathbf{c}}, \vec{\mathbf{a}}],$$

所以我们可以把命题 1.4.20 的第三部分的

$$\det[\vec{\mathbf{a}}, \vec{\mathbf{b}}, \vec{\mathbf{a}} \times \vec{\mathbf{b}}] > 0$$

替换成

$$\det[\vec{\mathbf{a}} \times \vec{\mathbf{b}}, \vec{\mathbf{a}}, \vec{\mathbf{b}}] > 0.$$

命题 1.4.20 (叉乘的几何解读). 叉乘 $\vec{\mathbf{a}} \times \vec{\mathbf{b}}$ 是满足下面三个属性的向量:

1. 它正交于由 $\vec{\mathbf{a}}$ 与 $\vec{\mathbf{b}}$ 生成的平面:
$$\vec{\mathbf{a}} \cdot (\vec{\mathbf{a}} \times \vec{\mathbf{b}}) = 0 \text{且} \vec{\mathbf{b}} \cdot (\vec{\mathbf{a}} \times \vec{\mathbf{b}}) = 0. \tag{1.4.44}$$
2. 它的长度 $|\vec{\mathbf{a}} \times \vec{\mathbf{b}}|$ 是由 $\vec{\mathbf{a}}$ 和 $\vec{\mathbf{b}}$ 生成的平行四边形的面积.
3. 如果 $\vec{\mathbf{a}}$ 和 $\vec{\mathbf{b}}$ 不共线, 则 $\det[\vec{\mathbf{a}}, \vec{\mathbf{b}}, \vec{\mathbf{a}} \times \vec{\mathbf{b}}] > 0$.

证明:

1. 要检验叉乘 $\vec{\mathbf{a}} \times \vec{\mathbf{b}}$ 与 $\vec{\mathbf{a}}$ 和 $\vec{\mathbf{b}}$ 都正交, 我们测试在每种情况下, 点乘为 0 (推论 1.4.8). 例如, $\vec{\mathbf{a}} \times \vec{\mathbf{b}}$ 与 $\vec{\mathbf{a}}$ 正交, 因为
$$\begin{aligned} \vec{\mathbf{a}} \cdot (\vec{\mathbf{a}} \times \vec{\mathbf{b}}) &= \begin{bmatrix} a_1 \\ a_2 \\ a_3 \end{bmatrix} \cdot \begin{bmatrix} a_2 b_3 - a_3 b_2 \\ -a_1 b_3 + a_3 b_1 \\ a_1 b_2 - a_2 b_1 \end{bmatrix} \\ &= a_1 a_2 b_3 - a_1 a_3 b_2 - a_1 a_2 b_3 + a_2 a_3 b_1 + a_1 a_3 b_2 - a_2 a_3 b_1 \\ &= 0. \end{aligned} \tag{1.4.45}$$

2. 由 $\vec{\mathbf{a}}$ 和 $\vec{\mathbf{b}}$ 生成的平行四边形的面积为 $|\vec{\mathbf{a}}||\vec{\mathbf{b}}| \sin\theta$, 其中 θ 为 $\vec{\mathbf{a}}$ 和 $\vec{\mathbf{b}}$ 之间的夹角. 我们知道 (等式 (1.4.7))
$$\cos\theta = \frac{\vec{\mathbf{a}} \cdot \vec{\mathbf{b}}}{|\vec{\mathbf{a}}||\vec{\mathbf{b}}|} = \frac{a_1 b_1 + a_2 b_2 + a_3 b_3}{\sqrt{a_1^2 + a_2^2 + a_3^2}\sqrt{b_1^2 + b_2^2 + b_3^2}}, \tag{1.4.46}$$
所以有
$$\begin{aligned} \sin\theta &= \sqrt{1 - \cos^2\theta} \\ &= \sqrt{1 - \frac{(a_1 b_1 + a_2 b_2 + a_3 b_3)^2}{(a_1^2 + a_2^2 + a_3^2)(b_1^2 + b_2^2 + b_3^2)}} \end{aligned} \tag{1.4.47}$$

$$= \sqrt{\frac{(a_1^2+a_2^2+a_3^2)(b_1^2+b_2^2+b_3^2)-(a_1b_1+a_2b_2+a_3b_3)^2}{(a_1^2+a_2^2+a_3^2)(b_1^2+b_2^2+b_3^2)}},$$

因此

$$|\vec{\mathbf{a}}||\vec{\mathbf{b}}|\sin\theta = \sqrt{(a_1^2+a_2^2+a_3^2)(b_1^2+b_2^2+b_3^2)-(a_1b_1+a_2b_2+a_3b_3)^2}. \tag{1.4.48}$$

完成乘法的计算得到一个看起来更不好看的面积公式: 一长串的项, 太长了, 以至于不能放在一个平方根下而放到这页上. 这是个很好的不把它写在这里的理由. 但是经过了互相消元, 我们得到了等号右侧的下述结果:

$$\sqrt{\underbrace{a_1^2b_2^2+a_2^2b_1^2-2a_1b_1a_2b_2}_{(a_1b_2-a_2b_1)^2}+\underbrace{a_1^2b_3^2+a_3^2b_1^2-2a_1b_1a_3b_3}_{(a_1b_3-a_3b_1)^2}+\underbrace{a_2^2b_3^2+a_3^2b_2^2-2a_2b_2a_3b_3}_{(a_2b_3-a_3b_2)^2}}, \tag{1.4.49}$$

这给出了

$$\begin{aligned}\text{面积}=|\vec{\mathbf{a}}||\vec{\mathbf{b}}|\sin\theta &= \sqrt{(a_1b_2-a_2b_1)^2+(a_1b_3-a_3b_1)^2+(a_2b_3-a_3b_2)^2}\\ &= |\vec{\mathbf{a}}\times\vec{\mathbf{b}}|.\end{aligned} \tag{1.4.50}$$

3. 根据命题 1.4.19

$$\det[\vec{\mathbf{a}}\times\vec{\mathbf{b}},\vec{\mathbf{a}},\vec{\mathbf{b}}] = (\vec{\mathbf{a}}\times\vec{\mathbf{b}})\cdot(\vec{\mathbf{a}}\times\vec{\mathbf{b}}) = |\vec{\mathbf{a}}\times\vec{\mathbf{b}}|^2. \tag{1.4.51}$$

因此, $\det[\vec{\mathbf{a}}\times\vec{\mathbf{b}},\vec{\mathbf{a}},\vec{\mathbf{b}}]\geqslant 0$, 但由第二部分, 如果 $\vec{\mathbf{a}},\vec{\mathbf{b}}$ 不共线, 则 $\vec{\mathbf{a}}\times\vec{\mathbf{b}}\neq\vec{\mathbf{0}}$, 所以 $\det[\vec{\mathbf{a}}\times\vec{\mathbf{b}},\vec{\mathbf{a}},\vec{\mathbf{b}}]>0$. □

命题 1.4.21 ($\mathbb{R}^3$ 中的行列式).

1. 如果 P 是由三个向量 $\vec{\mathbf{a}},\vec{\mathbf{b}},\vec{\mathbf{c}}$ 生成的平行六面体, 则

$$P\text{的体积} = |\vec{\mathbf{a}}\cdot(\vec{\mathbf{b}}\times\vec{\mathbf{c}})| = |\det[\vec{\mathbf{a}},\vec{\mathbf{b}},\vec{\mathbf{c}}]|.$$

2. 如果 $\vec{\mathbf{a}},\vec{\mathbf{b}},\vec{\mathbf{c}}$ 共面, 则 $\det[\vec{\mathbf{a}},\vec{\mathbf{b}},\vec{\mathbf{c}}]=0$.

3. 如果 $\vec{\mathbf{e}}_1,\vec{\mathbf{e}}_2,\vec{\mathbf{e}}_3$ 用标准的方式画出来, 使得它们满足右手定则, 那么, 如果 $\vec{\mathbf{a}},\vec{\mathbf{b}},\vec{\mathbf{c}}$ 满足右手定则, 则有 $\det[\vec{\mathbf{a}},\vec{\mathbf{b}},\vec{\mathbf{c}}]>0$.

命题 1.4.21: "平行六面体" 一词看上去已经不用了. 它就可能是一个斜的盒子: 一个有六个面的盒子, 每个面是一个平行四边形; 相对的面是相等的.

在第三部分, 注意到向量的三个不同的排列给出同样的结果: 当且仅当 $\vec{\mathbf{b}},\vec{\mathbf{c}},\vec{\mathbf{a}}$ 和 $\vec{\mathbf{c}},\vec{\mathbf{a}},\vec{\mathbf{b}}$ 满足右手定则的时候, $\vec{\mathbf{a}},\vec{\mathbf{b}},\vec{\mathbf{c}}$ 满足右手定则. (有两个偶置换的实例, 我们将在 4.8 节探索.)

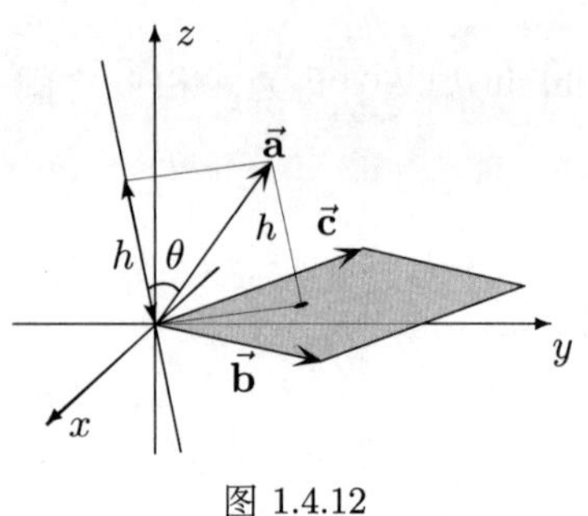

图 1.4.12

由向量 $\vec{\mathbf{a}},\vec{\mathbf{b}}$ 和 $\vec{\mathbf{c}}$ 生成的平行六面体的体积为 $|\det[\vec{\mathbf{a}},\vec{\mathbf{b}},\vec{\mathbf{c}}]|$. 向量 $\vec{\mathbf{b}}\times\vec{\mathbf{c}}$ 与经过原点且标记为 h 的线共线.

命题 1.4.21 的证明:

1. 证明在图 1.4.12 中演示. 体积等于底面积 × 高. 底是由 $\vec{\mathbf{b}}$ 和 $\vec{\mathbf{c}}$ 生成的平行四边形; 它的面积为 $|\vec{\mathbf{b}}\times\vec{\mathbf{c}}|$. 高是从 $\vec{\mathbf{a}}$ 到由 $\vec{\mathbf{b}}$ 和 $\vec{\mathbf{c}}$ 生成的平面的距离. 令 θ 为 $\vec{\mathbf{a}}$ 和通过原点且与由 $\vec{\mathbf{b}}$ 和 $\vec{\mathbf{c}}$ 生成的平面垂直的线之间的夹角; 因此高等于 $|\vec{\mathbf{a}}|\cos\theta$. 从而给出

$$\text{平行六面体的体积} = |\vec{\mathbf{b}}\times\vec{\mathbf{c}}||\vec{\mathbf{a}}|\cos\theta = |\vec{\mathbf{a}}\cdot(\vec{\mathbf{b}}\times\vec{\mathbf{c}})|. \tag{1.4.52}$$

2. 如果 $\vec{\mathbf{a}},\vec{\mathbf{b}},\vec{\mathbf{c}}$ 共面, 则它们生成的平行六面体的体积为 0, 所以, 根据第一部分的结果, 有 $\det[\vec{\mathbf{a}},\vec{\mathbf{b}},\vec{\mathbf{c}}]=0$.

3. 如果 $\vec{\mathbf{a}},\vec{\mathbf{b}},\vec{\mathbf{c}}$ 不共面, 你可以旋转 $\mathbb{R}^3$ 把它们放在 $\vec{\mathbf{a}}',\vec{\mathbf{b}}',\vec{\mathbf{c}}'$, 其中 $\vec{\mathbf{a}}'$ 是 $\vec{\mathbf{e}}_1$ 的正的倍数, 向量 $\vec{\mathbf{b}}'$ 在 (x,y) 平面上, 且 y 坐标为正 (也就是从 $\vec{\mathbf{e}}_1$ 逆时针旋转), $\vec{\mathbf{c}}'$ 的 z 坐标不等于 0. 在旋转的过程中, 三个向量从来没有共面, 所以行列式的值从未等于 0, 且 $\det[\vec{\mathbf{a}},\vec{\mathbf{b}},\vec{\mathbf{c}}]=\det[\vec{\mathbf{a}}',\vec{\mathbf{b}}',\vec{\mathbf{c}}']$. 因此我们有

$$\det[\vec{\mathbf{a}},\vec{\mathbf{b}},\vec{\mathbf{c}}]=\det\begin{bmatrix}a_1' & b_1' & c_1'\\ 0 & b_2' & c_2'\\ 0 & 0 & c_3'\end{bmatrix}=a_1'b_2'c_3',$$

其与 c_3' 有相同的符号. 如果 $c_3'>0$, 则三个向量将与 $\vec{\mathbf{e}}_1,\vec{\mathbf{e}}_3,\vec{\mathbf{e}}_3$ 适用于同一只手, 如果 $c_3'<0$, 则适用于另一只手, 如图 1.4.13. □

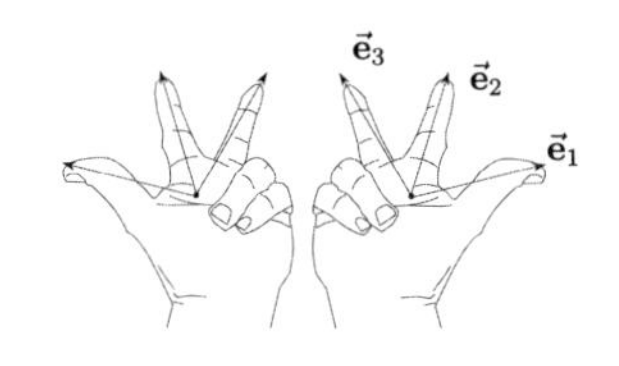

图 1.4.13

在 $\mathbb{R}^3$ 中, 标准基向量, 用通常的方式画出来, 与右手匹配, 而不是左手. 像这样的任何三个不共面且与右手"匹配"的向量被称为满足右手定则.

代数与几何形式之间的关系成为数学的一个永恒的主题. 表 1.4.14 总结了本节讨论的这些内容.

表 1.4.14

代数与几何之间的对应关系		
运 算	代 数	几 何
点乘	$\vec{\mathbf{v}}\cdot\vec{\mathbf{w}}=\sum v_iw_i$	$\vec{\mathbf{v}}\cdot\vec{\mathbf{w}}=\lvert\vec{\mathbf{v}}\rvert\lvert\vec{\mathbf{w}}\rvert\cos\theta$
2×2 矩阵的行列式	$\det\begin{bmatrix}a_1 & b_1\\ a_2 & b_2\end{bmatrix}=a_1b_2-a_2b_1$	$\left\lvert\det\begin{bmatrix}a_1 & b_1\\ a_2 & b_2\end{bmatrix}\right\rvert=$ 平行四边形的面积
叉乘	$\begin{bmatrix}a_1\\ a_2\\ a_3\end{bmatrix}\times\begin{bmatrix}b_1\\ b_2\\ b_3\end{bmatrix}=\begin{bmatrix}a_2b_3-a_3b_2\\ b_1a_3-a_1b_3\\ a_1b_2-a_2b_1\end{bmatrix}$	$(\vec{\mathbf{a}}\times\vec{\mathbf{b}})\perp\vec{\mathbf{a}},(\vec{\mathbf{a}}\times\vec{\mathbf{b}})\perp\vec{\mathbf{b}}$ 长度 = 右手定则下的平行四边形的面积
3×3 矩阵的行列式	$\det\begin{bmatrix}a_1 & b_1 & c_1\\ a_2 & b_2 & c_2\\ a_3 & b_3 & c_3\end{bmatrix}=\det[\vec{\mathbf{a}},\vec{\mathbf{b}},\vec{\mathbf{c}}]=\vec{\mathbf{a}}\cdot(\vec{\mathbf{b}}\times\vec{\mathbf{c}})$	$\lvert\det[\vec{\mathbf{a}},\vec{\mathbf{b}},\vec{\mathbf{c}}]\rvert=$ 平行六面体的体积

数学"对象"经常具有两个解读: 算术的和几何的. 符号 ⊥ 表示正交; 读作"垂直于".

1.4 节的练习

1.4.1 a. 如果 $\vec{\mathbf{v}}$ 和 $\vec{\mathbf{w}}$ 为向量, A 为一个矩阵, 下列哪些是数? 哪些是向量?

$$\vec{\mathbf{v}}\times\vec{\mathbf{w}};\qquad \vec{\mathbf{v}}\cdot\vec{\mathbf{w}};\qquad |\vec{\mathbf{v}}|;\qquad |A|;\qquad \det A;\qquad A\vec{\mathbf{v}}.$$

b. 向量和矩阵的维度需要满足什么条件才能让 a 问中的表达式有定义?

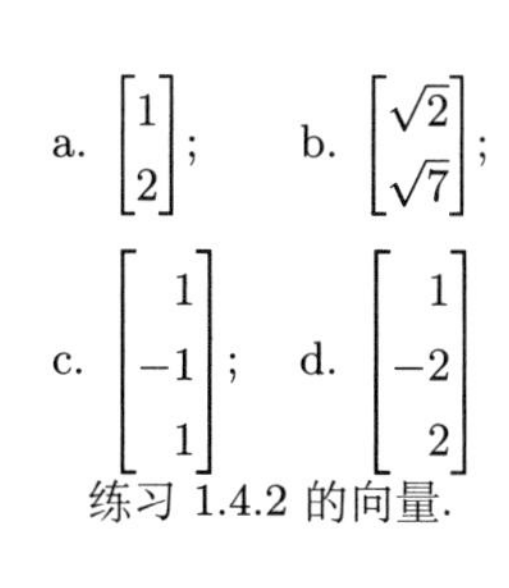

练习 1.4.2 的向量.

1.4.2 边注中的向量的长度是多少?

1.4.3 将下列向量标准化:

a. $\begin{bmatrix}0\\1\\4\end{bmatrix}$; b. $\begin{bmatrix}-3\\7\end{bmatrix}$; c. $\begin{bmatrix}\sqrt{2}\\-2\\-5\end{bmatrix}$.

1.4.4　a. 练习 1.4.2 的 a 问和 b 问中的向量之间的夹角是多少?

b. 练习 1.4.2 的 c 问和 d 问中的向量之间的夹角是多少?

1.4.5 分别计算下面两对向量之间的夹角:

a. $\begin{bmatrix}1\\0\\0\end{bmatrix}, \begin{bmatrix}1\\1\\1\end{bmatrix}$;　b. $\begin{bmatrix}1\\0\\-1\\0\end{bmatrix}, \begin{bmatrix}1\\1\\1\\1\end{bmatrix}$.

1.4.6 计算边注中的矩阵的行列式.

a. $\begin{bmatrix}3&1\\0&2\end{bmatrix}$; b. $\begin{bmatrix}1&0&2\\2&4&1\\0&1&3\end{bmatrix}$;

c. $\begin{bmatrix}-2&5&3\\-1&3&4\\-2&3&7\end{bmatrix}$;

d. $\begin{bmatrix}1&2&-6\\0&1&-3\\1&0&-2\end{bmatrix}$

练习 1.4.6 的矩阵.

1.4.7 对下面的每个矩阵, 如果有逆, 则计算逆矩阵, 并计算行列式.

a. $\begin{bmatrix}2&-1\\1&0\end{bmatrix}$;　b. $\begin{bmatrix}1&1\\1&1\end{bmatrix}$;　c. $\begin{bmatrix}a&b\\0&d\end{bmatrix}$;　d. $\begin{bmatrix}1&-1\\1&-1\end{bmatrix}$.

1.4.8 计算边注中的矩阵的行列式.

a. $\begin{bmatrix}1&2&3\\-1&1&1\\2&2&2\end{bmatrix}$;

b. $\begin{bmatrix}a&b&c\\0&d&e\\0&0&f\end{bmatrix}$;

c. $\begin{bmatrix}a&b&0\\c&d&0\\e&f&g\end{bmatrix}$

练习 1.4.8 的矩阵.

1.4.9 计算下列叉乘:

a. $\begin{bmatrix}2x\\-y\\3z\end{bmatrix} \times \begin{bmatrix}x\\2y\\0\end{bmatrix}$;　b. $\begin{bmatrix}1\\2\\5\end{bmatrix} \times \begin{bmatrix}2\\0\\3\end{bmatrix}$;　c. $\begin{bmatrix}2\\-1\\-6\end{bmatrix} \times \begin{bmatrix}3\\0\\2\end{bmatrix}$.

1.4.10　a. 令 A 为一个矩阵. 证明: $|A^k| \leqslant |A|^k$. 对 $A = \begin{bmatrix}1&2\\1&1\end{bmatrix}$ 计算 $|A^3|$ 和 $|A|^3$.

b. 令 $\vec{\mathbf{u}} = \begin{bmatrix}1\\2\\3\end{bmatrix}, \vec{\mathbf{v}} = \begin{bmatrix}-2\\-4\\-6\end{bmatrix}, \vec{\mathbf{w}} = \begin{bmatrix}2\\0\\6\end{bmatrix}$. 不通过计算, 解释为什么下列判断为对或错.

i. $|\vec{\mathbf{u}} \cdot \vec{\mathbf{v}}| = |\vec{\mathbf{u}}||\vec{\mathbf{v}}|$;　ii. $|\vec{\mathbf{u}} \cdot \vec{\mathbf{w}}| = |\vec{\mathbf{u}}||\vec{\mathbf{w}}|$.

通过计算来确认.

c. 令 $\vec{\mathbf{v}} = \begin{bmatrix}v_1\\v_2\end{bmatrix}, \vec{\mathbf{w}} = \begin{bmatrix}w_1\\w_2\end{bmatrix}$ 为两个向量, 满足 $v_1w_2 < v_2w_1$. $\vec{\mathbf{w}}$ 是在 $\vec{\mathbf{v}}$ 的顺时针还是逆时针方向?

d. 令 $\vec{\mathbf{v}} = \begin{bmatrix}1\\2\\3\end{bmatrix}$, $\vec{\mathbf{w}}$ 为一个向量, 满足 $\vec{\mathbf{v}} \cdot \vec{\mathbf{w}} = 42$. $\vec{\mathbf{w}}$ 最短可以为多长? 最长可以为多长?

1.4.11 给定向量 $\vec{\mathbf{u}} = \begin{bmatrix}bc\\-ac\\2ab\end{bmatrix}, \vec{\mathbf{v}} = \begin{bmatrix}a\\-b\\-c\end{bmatrix}, \vec{\mathbf{w}} = \begin{bmatrix}-2a\\2b\\2c\end{bmatrix}$, 下列哪些陈述是正确的?

a. $|\vec{\mathbf{v}} \cdot \vec{\mathbf{w}}| = |\vec{\mathbf{v}}||\vec{\mathbf{w}}|$;　b. $\vec{\mathbf{u}} \cdot (\vec{\mathbf{v}} \times \vec{\mathbf{w}}) = |\vec{\mathbf{u}}|(\vec{\mathbf{v}} \times \vec{\mathbf{w}})$;

c. $\det[\vec{\mathbf{u}}, \vec{\mathbf{v}}, \vec{\mathbf{w}}] = \det[\vec{\mathbf{u}}, \vec{\mathbf{w}}, \vec{\mathbf{v}}]$;　d. $|\vec{\mathbf{u}} \cdot \vec{\mathbf{w}}| = |\vec{\mathbf{u}}||\vec{\mathbf{w}}|$;

e. $\det[\vec{\mathbf{u}}, \vec{\mathbf{v}}, \vec{\mathbf{w}}] = \vec{\mathbf{u}} \cdot (\vec{\mathbf{v}} \times \vec{\mathbf{w}})$;　f. $\vec{\mathbf{u}} \cdot \vec{\mathbf{w}} = \vec{\mathbf{w}} \cdot \vec{\mathbf{u}}$.

1.4.12 a. 证明: $|\vec{\mathbf{v}}+\vec{\mathbf{w}}| \geqslant |\vec{\mathbf{v}}|-|\vec{\mathbf{w}}|$.

b. 判断 $|\det[\vec{\mathbf{a}},\vec{\mathbf{b}},\vec{\mathbf{c}}]| \leqslant |\vec{\mathbf{a}}||\vec{\mathbf{b}}\times\vec{\mathbf{c}}|$ 是否正确. 解释你的判断结果, 并说明其几何意义.

1.4.13 证明两个指向相同方向的向量的叉乘为 $\vec{\mathbf{0}}$.

$$\underbrace{\begin{bmatrix}1\\2\\1\end{bmatrix}}_{\vec{\mathbf{u}}},\ \underbrace{\begin{bmatrix}2\\0\\1\end{bmatrix}}_{\vec{\mathbf{v}}},\ \underbrace{\begin{bmatrix}1\\0\\-1\end{bmatrix}}_{\vec{\mathbf{w}}}$$

练习 1.4.14 中的向量.

1.4.14 给定边注中的向量 $\vec{\mathbf{u}},\vec{\mathbf{v}},\vec{\mathbf{w}}$:

a. 计算 $\vec{\mathbf{u}}\times(\vec{\mathbf{v}}\times\vec{\mathbf{w}})$ 和 $(\vec{\mathbf{u}}\times\vec{\mathbf{v}})\times\vec{\mathbf{w}}$.

b. 验证 $\vec{\mathbf{v}}\cdot(\vec{\mathbf{v}}\times\vec{\mathbf{w}})=0$. $\vec{\mathbf{v}}$ 与 $\vec{\mathbf{v}}\times\vec{\mathbf{w}}$ 的几何关系是什么?

c. 证明叉乘是符合分配律的: 给定向量 $\vec{\mathbf{a}},\vec{\mathbf{b}},\vec{\mathbf{c}}\in\mathbb{R}^3$, 则有 $\vec{\mathbf{a}}\times(\vec{\mathbf{b}}+\vec{\mathbf{c}})=(\vec{\mathbf{a}}\times\vec{\mathbf{b}})+(\vec{\mathbf{a}}\times\vec{\mathbf{c}})$.

1.4.15 给定 $\mathbb{R}^3$ 中的两个向量 $\vec{\mathbf{v}},\vec{\mathbf{w}}$, 证明: $(\vec{\mathbf{v}}\times\vec{\mathbf{w}})=-(\vec{\mathbf{w}}\times\vec{\mathbf{v}})$.

1.4.16 a. 顶点在 $\begin{pmatrix}0\\0\end{pmatrix},\begin{pmatrix}1\\2\end{pmatrix},\begin{pmatrix}5\\1\end{pmatrix},\begin{pmatrix}6\\3\end{pmatrix}$ 的平行四边形的面积是多少?

b. 顶点在 $\begin{pmatrix}0\\0\end{pmatrix},\begin{pmatrix}1\\2\end{pmatrix},\begin{pmatrix}5\\-1\end{pmatrix},\begin{pmatrix}6\\1\end{pmatrix}$ 的平行四边形的面积是多少?

1.4.17 找出直线方程:

a. 在经过原点且垂直于向量 $\begin{bmatrix}2\\-1\end{bmatrix}$ 的平面上.

b. 在经过 $\begin{pmatrix}2\\3\end{pmatrix}$ 且垂直于向量 $\begin{bmatrix}2\\-4\end{bmatrix}$ 的平面上.

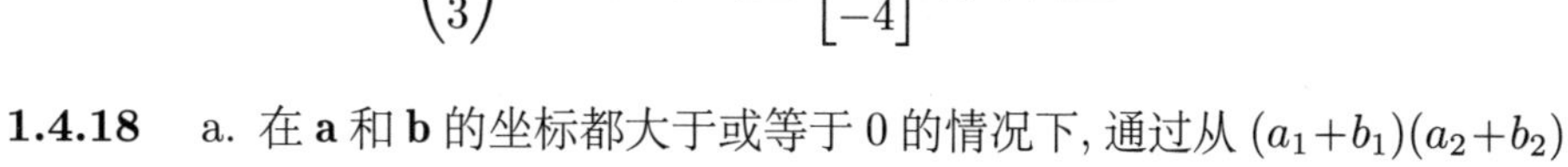

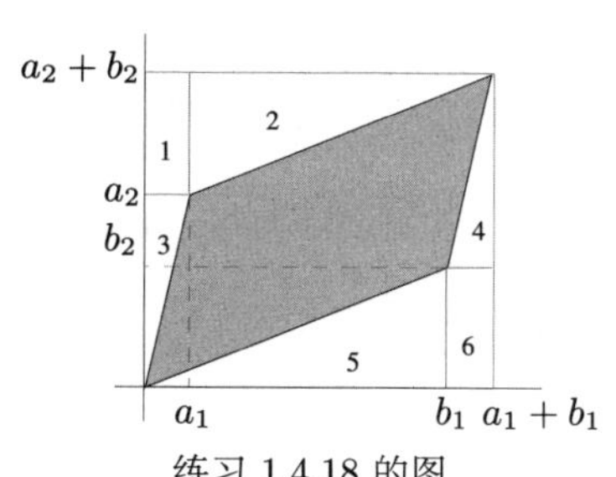

练习 1.4.18 的图

1.4.18 a. 在 $\mathbf{a}$ 和 $\mathbf{b}$ 的坐标都大于或等于 0 的情况下, 通过从 $(a_1+b_1)(a_2+b_2)$ 中减去区域 1~6(如边注的图所示), 证明命题 1.4.14 的第一部分.

b. 在 b_1 为负的情况下, 重复证明过程.

1.4.19 a. $\vec{\mathbf{v}}_n=\vec{\mathbf{e}}_1+\cdots+\vec{\mathbf{e}}_n\in\mathbb{R}^n$ 的长度是多少?

b. $\vec{\mathbf{v}}_n$ 与 $\vec{\mathbf{e}}_1$ 之间的夹角 α_n 是多少? $\lim\limits_{n\to\infty}\alpha_n$ 是多少?

1.4.20 确认下面的 3×3 矩阵的逆矩阵的公式:

$$A^{-1}=\begin{bmatrix}a_1 & b_1 & c_1\\ a_2 & b_2 & c_2\\ a_3 & b_3 & c_3\end{bmatrix}^{-1}=\frac{1}{\det A}\begin{bmatrix}b_2c_3-b_3c_2 & b_3c_1-b_1c_3 & b_1c_2-b_2c_1\\ a_3c_2-a_2c_3 & a_1c_3-a_3c_1 & a_2c_1-a_1c_2\\ a_2b_3-a_3b_2 & a_3b_1-a_1b_3 & a_1b_2-a_2b_1\end{bmatrix}.$$

1.4.21 对两个矩阵和向量

$$A=\begin{bmatrix}1 & 0\\ 1 & 2\end{bmatrix},\ B=\begin{bmatrix}2 & 0\\ 0 & 1\end{bmatrix},\ \vec{\mathbf{c}}=\begin{bmatrix}1\\3\end{bmatrix},$$

a. 计算 $|A|,|B|,|\vec{\mathbf{c}}|$;

b. 确认 $|AB|\leqslant|A||B|$, $|A\vec{\mathbf{c}}|\leqslant|A||\vec{\mathbf{c}}|$, $|B\vec{\mathbf{c}}|\leqslant|B||\vec{\mathbf{c}}|$.

1.4.22 a. 什么时候不等式 (1.4.27)(命题 1.4.11) 成为等式?

b. 什么时候不等式 (1.4.28) 成为等式?

练习 1.4.23 的提示: 你会发现使用下面的公式

$$1+2+\cdots+n=\frac{n(n+1)}{2}$$

和

$$1+4+\cdots+n^2=\frac{n(n+1)(2n+1)}{6}$$

是有帮助的.

1.4.23 a. $\vec{\mathbf{w}}_n=\vec{\mathbf{e}}_1+2\vec{\mathbf{e}}_2+\cdots+n\vec{\mathbf{e}}_n=\sum_{i=1}^{n} i\vec{\mathbf{e}}_i$ 的长度是多少?

b. $\vec{\mathbf{w}}_n$ 与 $\vec{\mathbf{e}}_k$ 之间的夹角 $\alpha_{n,k}$ 是多少?

*c. 极限

$$\lim_{n\to\infty}\alpha_{n,k},\ \lim_{n\to\infty}\alpha_{n,n},\ \lim_{n\to\infty}\alpha_{n,[n/2]}$$

分别是多少? 其中 $[n/2]$ 表示不超过 $n/2$ 的最大整数.

练习 1.4.24: 符号 "⊥" 的意思是 "正交于 (垂直于)"; 读作 "perp". 空间 $\vec{\mathbf{v}}^{\perp}$ 叫作 $\vec{\mathbf{v}}$ 的正交补(orthogonal complement)空间.

1.4.24 令 $\vec{\mathbf{v}}\in\mathbb{R}^n$ 为一个非零向量, 用 $\vec{\mathbf{v}}^{\perp}\subset\mathbb{R}^n$ 表示满足 $\vec{\mathbf{v}}\cdot\vec{\mathbf{w}}=0$ 的 $\vec{\mathbf{w}}\in\mathbb{R}^n$ 的集合.

a. 证明: $\vec{\mathbf{v}}^{\perp}$ 是 $\mathbb{R}^n$ 的一个子空间.

b. 给定任意向量 $\vec{\mathbf{a}}\in\mathbb{R}^n$, 证明: $\vec{\mathbf{a}}-\frac{\vec{\mathbf{a}}\cdot\vec{\mathbf{v}}}{|\vec{\mathbf{v}}|^2}\vec{\mathbf{v}}$ 是 $\vec{\mathbf{v}}^{\perp}$ 的一个元素.

c. 定义 $\vec{\mathbf{a}}$ 到 $\vec{\mathbf{v}}^{\perp}$ 上的投影为

$$P_{\vec{\mathbf{v}}^{\perp}}(\vec{\mathbf{a}})=\vec{\mathbf{a}}-\frac{\vec{\mathbf{a}}\cdot\vec{\mathbf{v}}}{|\vec{\mathbf{v}}|^2}\vec{\mathbf{v}}.$$

证明: 存在唯一的数 $t(\vec{\mathbf{a}})$ 满足 $(\vec{\mathbf{a}}+t(\vec{\mathbf{a}})\vec{\mathbf{v}})\in\vec{\mathbf{v}}^{\perp}$. 并证明:

$$\vec{\mathbf{a}}+t(\vec{\mathbf{a}})\vec{\mathbf{v}}=P_{\vec{\mathbf{v}}^{\perp}}(\vec{\mathbf{a}}).$$

1.4.25 对标准内积, 通过直接计算来证明 $\mathbb{R}^2$ 中的施瓦兹不等式 (定理 1.4.5); 就是证明: 对任意数 x_1,x_2,y_1,y_2, 我们有

$$|x_1y_1+x_2y_2|\leqslant\sqrt{x_1^2+x_2^2}\sqrt{y_1^2+y_2^2}.$$

1.4.26 令 $A=\begin{bmatrix}1 & -2\\ 3 & 4\end{bmatrix}$.

a. $\begin{bmatrix}x\\ y\end{bmatrix}$ 与 $A\begin{bmatrix}x\\ y\end{bmatrix}$ 之间的夹角 $\alpha\begin{pmatrix}x\\ y\end{pmatrix}$ 是多少?

b. 是否存在被旋转了 $\pi/2$ 的非零向量?

1.4.27 令 $\vec{\mathbf{a}}=\begin{bmatrix}a\\ b\\ c\end{bmatrix}$ 为 $\mathbb{R}^3$ 中的单位向量, 满足 $a^2+b^2+c^2=1$.

a. 证明: 由 $T_{\vec{\mathbf{a}}}(\vec{\mathbf{v}})=\vec{\mathbf{v}}-2(\vec{\mathbf{a}}\cdot\vec{\mathbf{v}})\vec{\mathbf{a}}$ 定义的变换 $T_{\vec{\mathbf{a}}}$ 是一个线性变换 $\mathbb{R}^3\to\mathbb{R}^3$.

b. $T_{\vec{\mathbf{a}}}(\vec{\mathbf{a}})$ 是什么? 如果 $\vec{\mathbf{v}}$ 正交于 $\vec{\mathbf{a}}$, 那么 $T_{\vec{\mathbf{a}}}(\vec{\mathbf{v}})$ 是什么? 你能给 $T_{\vec{\mathbf{a}}}(\vec{\mathbf{v}})$ 起个名字吗?

c. 写出 $T_{\vec{\mathbf{a}}}$ 的矩阵 M(当然, 用 a,b,c 表示), 关于 M^2 你可以说点什么?

1.4.28 令 M 为一个 $n \times m$ 的矩阵. 证明: $|M|^2 = \mathrm{tr}(M^{\mathrm{T}}M)$, 其中 tr 为矩阵的迹 (对角线上的项之和; 见定义 4.8.14).

1.5　极限和连续性

积分、导数、级数、近似: 微积分全是关于收敛与极限的内容. 可以很容易去论证这些概念是数学里最困难和最艰深的; 数学家奋斗了两百多年才得到了正确的定义. 更多的学生会在这些定义上, 而不是在微积分的其他内容上摔跟头; 希腊字母的组合, 量词的精确顺序, 不等式就是学习中的极大障碍. 幸运的是, 这些概念在进入多变量之后并没有比单变量时变得更难. 搞清楚几个例子可以帮助你理解定义的意思, 但最适合的学习方法应该是来自于使用它们; 我们希望你在学习单变量微积分时, 就已经开始走在这条路上了.

17 世纪的微积分的发明者还没有关于极限和连续性的严谨的定义; 这些定义直到 1870 年才得到. 严谨在数学中是最终需要的, 但它不总是能首先达到, 如阿基米德在 1906 年发现的数学手稿中所承认的那样.

在手稿中, 阿基米德揭示出, 他最有深度的结果是采用有疑问的论据得到的, 之后才得到了严格的证明. 因为 "当我们事先通过一些方法获得了关于问题的一些理解时给出证明, 当然要比在我们事先一无所知的情况下找到证明容易一些". (我们在 John Stillwell 的书 *Mathematics and its History* (Springer Verlag, 1997) 中找到了这个故事.)

开集和闭集

在数学中, 我们经常需要谈论一个开集 U; 在任何我们想要从各个方向接近集合 U 中的一个点的时候, U 必须是开的.

把集合或者子集想成你的财产, 用围栏包围起来. 如果整个围栏都属于你的邻居, 则集合是开的. 只要你坐在你自己的院子里, 你可以离围栏越来越近, 但你永远都到达不了. 无论你离你的邻居的院子多么近, 在你的院子里, 总有一个介于你和你的邻居之间厚度为 ϵ 的缓冲区.

如果你拥有这个围栏, 则集合是闭的. 现在, 如果你坐在你的围栏上, 在你和你的邻居的财产之间什么都没有. 如果你移动哪怕是 ϵ 那么远, 你也会侵入你的邻居家.

那如果部分围栏属于你, 部分属于你的邻居呢? 这时候集合不是开的也不是闭的.

要用适当的数学语言陈述这些, 我们首先需要定义一个开球的概念. 想象一个半径为 r 的气球, 球心在 $\mathbf{x}$ 附近. 这个围绕着 $\mathbf{x}$ 的半径为 r 的开球包含了所有气球内部的点 $\mathbf{y}$, 但是不包括气球自身的表面. 我们使用下脚标来表示球 B 的半径; 变量则给出了球的中心: $B_2(\mathbf{a})$ 为以 $\mathbf{a}$ 为球心, 半径为 2 的球.

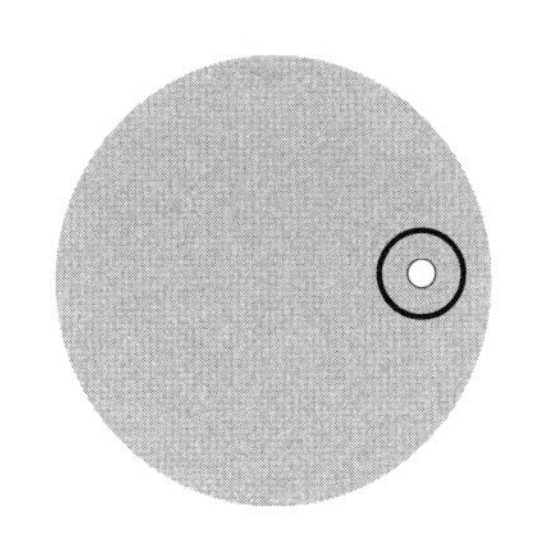

图 1.5.1
一个开子集不包含任何围栏; 无论一个开集中的点离围栏多么近, 你总是可以用集合中的其他点构成的球把它围起来.

定义 1.5.1 (开球). 对任意 $\mathbf{x} \in \mathbb{R}^n$ 以及任意 $r > 0$, $\mathbf{x}$ 周围的半径为 r 的开球(open ball)是子集

$$B_r(\mathbf{x}) \overset{\mathrm{def}}{=} \{\mathbf{y} \in \mathbb{R}^n \ \text{满足}\ |\mathbf{x} - \mathbf{y}| < r\}. \tag{1.5.1}$$

要注意, $|\mathbf{x} - \mathbf{y}|$ 必须小于 r 才能使球是开集; 它不能等于 r. 在一维上, 一个球就是一个区间.

定义 1.5.2 ($\mathbb{R}^n$ 中的开集). 一个子集 $U \subset \mathbb{R}^n$, 如果对于每个点 $\mathbf{x} \in U$, 都存在 $r > 0$ 使得开球 $B_r(\mathbf{x})$ 包含在 U 里面, 则 U 是开(open)集.

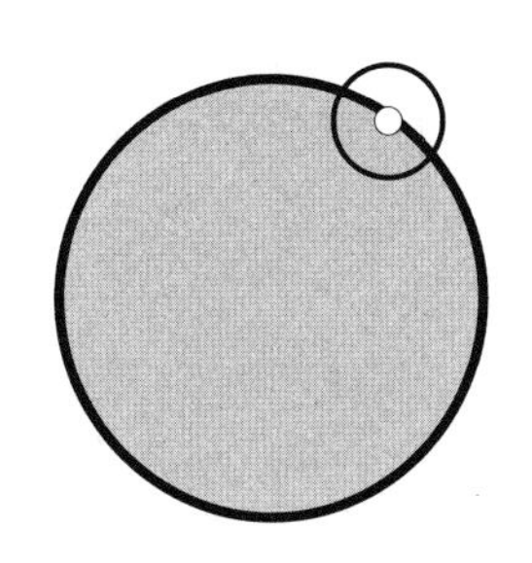

图 1.5.2
一个闭集包含围栏.

图 1.5.1 给出了开集的图示, 图 1.5.2 给出了闭集的图示.

例 1.5.3 (开集).

1. 如果 $a<b$, 则区间 $(a,b)=\{x\in\mathbb{R}\mid a<x<b\}$ 是开集. 实际上, 如果 $x\in(a,b)$, 则设 $r=\min\{x-a,b-x\}$. 这两个数都是严格大于 0 的, 因为 $a<x<b$, 所以它们中的最小值也是正的. 因此球 $\{y\mid |y-x|<r\}$ 是 (a,b) 的子集.

2. 矩形
$$(a,b)\times(c,d)=\left\{\begin{pmatrix}x\\y\end{pmatrix}\in\mathbb{R}^2\mid a<x<b,c<y<d\right\}\tag{1.5.2}$$
是开集.

3. 无限区间 $(a,\infty),(-\infty,b)$ 也是开的, 但是区间
$$(a,b]=\{x\in\mathbb{R}\mid a<x\leqslant b\}\text{ 和 }[a,b]=\{x\in\mathbb{R}\mid a\leqslant x\leqslant b\}\tag{1.5.3}$$
却不是. △

一个没有开的门是封闭的, 但一个不是开集的集合不一定是闭的. 一个开集不拥有自己的“围栏”. 一个封闭集合拥有自己的“围栏”的全部.

圆括号代表开区间, 方括号代表闭区间, (a,b) 是开区间, $[a,b]$ 是闭区间. 有时候, 反过来的方括号代表开区间, $]a,b[=(a,b)$.

$\mathbb{R}^n$ 的开和闭子集是特别的. 你不必期待一个子集属于其中任何一个. 例如, 有理数的集合 $\mathbb{Q}\subset\mathbb{R}$ 不开也不闭; 每个以有理数为中心的区间都包含无理数, 每个以无理数为中心的区间都包含有理数.

定义 1.5.4 ($\mathbb{R}^n$ 中的闭集). 一个子集 $C\subset\mathbb{R}^n$, 如果它的补集 $\mathbb{R}^n-C$ 为开的, 则 C 是*闭的*(closed).

我们在 0.4 节里讨论了一个公式的*自然的定义域*(natural domain). 我们经常会对这个定义域是开的还是闭的, 还是两者都不是感兴趣.

例 1.5.5 (自然的定义域: 是开还是闭?). 下面公式的自然的定义域是开集还是闭集?
$$f\begin{pmatrix}x\\y\end{pmatrix}=\sqrt{\frac{x}{y}}.\tag{1.5.4}$$

图 1.5.3

$f\begin{pmatrix}x\\y\end{pmatrix}=\sqrt{\frac{x}{y}}$

的自然的定义域不是开集也不是闭集. 它包含 y 轴 (圆点除外), 但不包含 x 轴.

如果被取平方根的部分是非负的, 则平方根可以计算, 因此第一和第三象限在自然的定义域里. x 轴并不在 (因为在那里 $y=0$), 但去掉原点的 y 轴在自然的定义域里, 因为 x/y 为 0. 所以, 自然的定义域如图 1.5.3 所示; 它不是开的, 也不是闭的. △

注释 1.5.6 (我们为什么指定开集?). 就算是学得非常好的学生也经常看不到指定一个集合是开集的意义. 但是它绝对是很根本的, 例如, 在计算导数的时候, 如果一个函数 f 定义在一个不是开集的集合上, 这样至少包含一个点 x, 它是边界的一部分, 那么取 f 在 x 的导数就是没有意义的. 要计算 $f'(x)$, 我们需要计算
$$f'(x)=\lim_{h\to 0}\frac{1}{h}\Big(f(x+h)-f(x)\Big),\tag{1.5.5}$$
但是 $f(x+h)$ 就算对于任意小的 h 也未必存在, 因为 $x+h$ 可能已经出了边界, 不在 f 的定义域里. 这种情况在 $\mathbb{R}^n$ 上变得更加糟糕.[10] △

[10]对于简单的闭集, 很显然存在导数的临时的定义. 对于任意闭集, 你也可以让导数的概念有意义, 但是这些归功于美国伟大的数学家 Hassler Whitney 的结果是非常难的, 远超出了这本书所讲内容的范围.

邻域、闭包、内部和边界

在讨论关键的主题 —— 极限和连续性 —— 之前, 我们需要引入更多的术语.

我们将经常使用*邻域*(neighborhood)这个词; 在我们要描述一个点周围的区域, 而不要求它是开集的时候, 它是很方便的; 一个邻域包含了一个球形的开集, 但它自身不必是开集.

定义 1.5.7 (邻域). 点 $\mathbf{x} \in \mathbb{R}^n$ 的*邻域*是一个子集 $X \subset \mathbb{R}^n$, 满足存在 $\epsilon > 0$ 使 $B_\epsilon(\mathbf{x}) \subset X$.

最常见的情况是, 我们处理的是那些既不是开集也不是闭集的集合. 但每个集合都被包含在一个最小的封闭集合里, 称为*闭包*(closure), 而每个集合包含了一个最大的开集, 叫作*内部*(interior). (练习 1.5.4 让你证明闭包和内部的这些特征与下面的定义等价.)

定义 1.5.8 (闭包). 如果 A 是 $\mathbb{R}^n$ 的子集, A 的*闭包*, 记作 $\overline{A}$, 是 $\mathbf{x} \in \mathbb{R}^n$ 的集合, 满足对于任意的 $r > 0$, 都有

$$B_r(\mathbf{x}) \cap A \neq \varnothing. \tag{1.5.6}$$

定义 1.5.9 (内部). 如果 A 是 $\mathbb{R}^n$ 的子集, A 的*内部*, 记作 $\mathring{A}$, 是 $\mathbf{x} \in \mathbb{R}^n$ 的集合, 满足存在 $r > 0$, 使得

$$B_r(\mathbf{x}) \subset A \tag{1.5.7}$$

成立.

闭集的闭包是它自身; 开集的内部是它自身.

我们在非正式地定义开集和闭集的时候, 说的是集合的 "围栏". 专业术语是*边界*(boundary). 一个闭集包含它自身的边界; 一个开集不包含边界上的任何点. 我们使用 "围栏" 一词, 是因为我们认为说有个围栏比说有个边界更容易. 但是, 边界一般来说是更合理的. 有理数的边界是全体实数, 这个难以想象成尖桩的围栏.

定义 1.5.10 (子集的边界). 子集 $A \subset \mathbb{R}^n$ 的*边界*, 记作 ∂A, 包含了点 $\mathbf{x} \in \mathbb{R}^n$, 使得 $\mathbf{x}$ 的每个邻域都与 A 及其补集相交.

A 的闭包是 A 加上它的边界; 它的内部是 A 减去其边界

$$\overline{A} = A \cup \partial A, \ \ \mathring{A} = A - \partial A. \tag{1.5.8}$$

边界是闭包减去内部

$$\partial A = \overline{A} - \mathring{A}. \tag{1.5.9}$$

练习 1.5.4 让你解释等式 (1.5.8) 和等式 (1.5.9).

如果一个集合包含它的每个点的一个邻域, 则它是开的.

一个开子集 $U \subset \mathbb{R}^n$ 是 "厚" 的. 无论你在 U 中的哪里, 总会有一个小的空间: 球 $B_r(\mathbf{x})$ 保证了你可以至少向你的特定的 $\mathbb{R}^n$ 的各个可能的方向拓展 $r > 0$, 而不离开 U. 这样一个开子集 $U \subset \mathbb{R}^n$ 有必要是 n 维的. 作为对比, $\mathbb{R}^3$ 中的一个平面不可能是开的. 居住在平面上的一只平的虫子不能把头抬起来离开平面. 平面或者空间上的线, 也不能是开的; 一只住在平面或者空间的一个子集的一条线上的 "线形虫" 既不能扭动也不能抬头.

$\mathbb{R}^n$ 的一个闭的 n 维子集在内部是 "厚" 的 (如果内部非空), 但在边界上不是. 如果 $\mathbb{R}^n$ 的一个 n 维子集既不是闭的也不是开的, 则它在除了属于它自身的那部分围栏以外, 处处都是 "厚" 的.

等式 (1.5.8): 记住, $\cup$ 表示 "并": $A \cup B$ 是属于 A 的或者属于 B 的元素的集合. 集合论的记号在 0.3 节讨论.

练习 1.18 让你证明 U 的闭包是 $\mathbb{R}^n$ 的子集, 由 U 中收敛到 $\mathbb{R}^n$ 的序列的所有极限组成.

练习 1.5.6 让你证明 ∂A 是 A 的闭包和 A 的补集的闭包的交集.

例 1.5.11 (闭包、内部和边界).

1. 集合 $(0,1),[0,1],[0,1)$ 和 $(0,1]$ 都有相同的闭包、内部和边界: 闭包为 $[0,1]$, 内部为 $(0,1)$, 边界包含了两个点, 0 和 1.

2. 集合 $\left\{\begin{pmatrix}x\\y\end{pmatrix}\in\mathbb{R}^2 \mid x^2+y^2<1\right\}$ 和 $\left\{\begin{pmatrix}x\\y\end{pmatrix}\in\mathbb{R}^2 \mid x^2+y^2\leqslant 1\right\}$ 有相同的闭包、内部和边界: 闭包为 $x^2+y^2\leqslant 1$ 确定的圆盘, 内部是 $x^2+y^2<1$ 确定的圆盘, 边界是 $x^2+y^2=1$ 确定的圆.

3. 有理数集 $\mathbb{Q}\subset\mathbb{R}$ 的闭包是全体 $\mathbb{R}$: $\mathbb{Q}$ 中的每个实数的每个邻域的交集不是空的. 内部是空的, 边界为 $\mathbb{R}$: 每个实数的每个邻域都包含有理数和无理数.

4. 去掉原点的开单位圆盘

$$U=\left\{\begin{pmatrix}x\\y\end{pmatrix}\in\mathbb{R}^2 | 0<x^2+y^2<1\right\} \tag{1.5.10}$$

的闭包是封闭的圆盘; 内部是它自身, 因为它是开集; 边界包含了单位圆和原点.

5. 两个在原点相交的抛物线之间的区域 U, 如图 1.5.4 所示.

$$U=\left\{\begin{pmatrix}x\\y\end{pmatrix}\in\mathbb{R}^2 \mid |y|<x^2\right\} \tag{1.5.11}$$

的闭包是由

$$\overline{U}=\left\{\begin{pmatrix}x\\y\end{pmatrix}\in\mathbb{R}^2 \mid |y|\leqslant x^2\right\} \tag{1.5.12}$$

给出的区域. 尤其是, 它包含了原点. 集合是开集, 所以 $\mathring{U}=U$. 边界为两条抛物线的并集. △

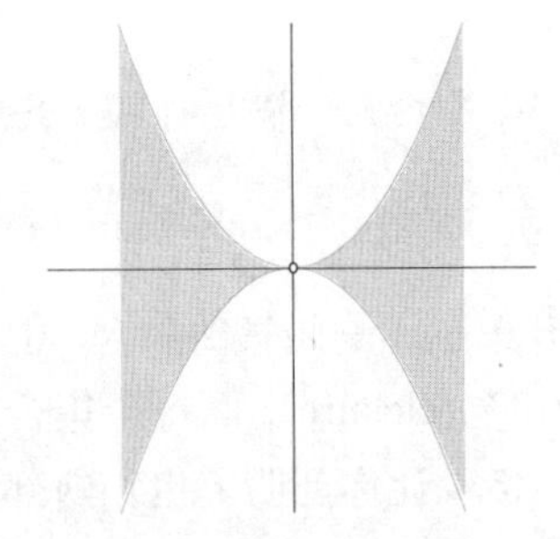

图 1.5.4

阴影部分是练习 1.5.11 的第五部分中的 U. 你可以从这个区域接近原点, 但只能以特殊的方式.

在维尔斯特拉斯的父亲的坚持下, 他学习了法律、金融和经济学, 但是他拒绝参加期末考试. 他成了一位老师, 教授数学、历史、体育和书法. 1854 年, 一篇阿贝尔函数的文章使他引起了数学界的注意.

图 1.5.5

维尔斯特拉斯 (Karl Weierstrass, 1815 — 1897)

收敛和极限

序列的极限和函数的极限是微积分的基本结构, 正如你在第一年的微积分课上就已经看到的: 导数和积分都被定义为极限. 离开了极限, 微积分什么也做不了.

极限的概念很复杂; 历史上, 得到一个正确的定义花了两百多年. 直到维尔斯特拉斯 (图 1.5.5) 写下无可争议的正确定义, 微积分才变成一个严谨的学科.[11] 写出清楚的定义的一个主要障碍是理解应该按什么顺序使用量词. (你可能要复习 0.2 节关于量词的讨论.)

我们将定义两个极限的概念: 序列的极限和函数的极限. 序列的极限简单一点; 而要定义函数的极限, 我们需要仔细考虑定义域.

除非我们明确说明一个序列是有限的, 否则它都是无限的.

定义 1.5.12: 从 0.2 节回忆到, $\exists$ 的意思是 "存在"; $\forall$ 的意思是 "任意". 用文字来说, 序列 $i\mapsto\mathbf{a}_i$ 收敛到 $\mathbf{a}$, 如果对于所有的 $\epsilon>0$, 存在 M 使得当 $m>M$ 时, $|\mathbf{a}_m-\mathbf{a}|<\epsilon$.

说 $i\mapsto\mathbf{a}_i$ 收敛到 $\mathbf{0}$ 等同于说 $\lim\limits_{i\to\infty}|\mathbf{a}_i|=0$; 我们可以通过证明长度收敛到 0 来证明一个向量的序列收敛到 $\mathbf{0}$. 注意, 在序列收敛到 $\mathbf{a}\neq\mathbf{0}$ 的时候, 这是不成立的.

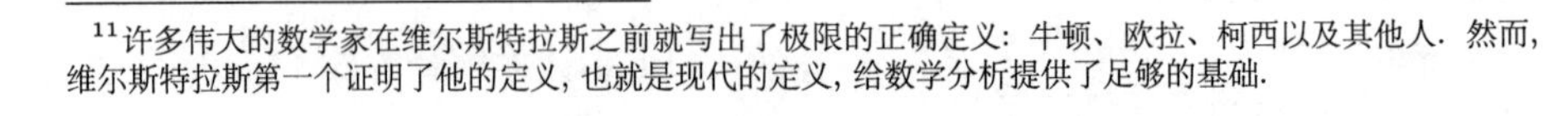

[11] 许多伟大的数学家在维尔斯特拉斯之前就写出了极限的正确定义: 牛顿、欧拉、柯西以及其他人. 然而, 维尔斯特拉斯第一个证明了他的定义, 也就是现代的定义, 给数学分析提供了足够的基础.

定义 1.5.12 (收敛序列, 序列的极限). $\mathbb{R}^n$ 中的一个点的序列 $i \mapsto \mathbf{a}_i$ 收敛(converge)到 $\mathbf{a} \in \mathbb{R}^n$, 如果

$$\text{对任意 } \epsilon > 0, \text{ 存在 } M \mid m > M \Rightarrow |\mathbf{a}_m - \mathbf{a}| < \epsilon, \tag{1.5.13}$$

则我们称 $\mathbf{a}$ 为序列的极限(limit).

完全相同的定义也可以用在向量的序列上: 只要把定义 1.5.12 中的 $\mathbf{a}$ 替换成 $\vec{\mathbf{a}}$, 把 “点” 替换成 “向量”.

$\mathbb{R}^n$ 中的收敛就是在 n 个分离的 $\mathbb{R}$ 中的收敛.

无限小数是收敛序列的极限. 如果

$a_0 = 3,$

$a_1 = 3.1,$

$a_2 = 3.14,$

$\vdots$

$a_n = \pi$ 精确到小数点后 n 位, 那么 M 必须要多大才能使 $n \geqslant M$ 时, $|a_n - \pi| < 10^{-3}$ 呢? 答案是 $M = 3$:

$$\pi - 3.141 = 0.000\,592\,6 \cdots.$$

同样的论据对所有实数有效.

命题 1.5.13 (坐标形式的收敛). 一个序列 $m \mapsto \mathbf{a}_m$, $\mathbf{a}_m \in \mathbb{R}^n$, 当且仅当每个坐标收敛的时候收敛到 $\mathbf{a}$; 也就是说, 如果对于所有的 j, $1 \leqslant j \leqslant n$, $\mathbf{a}_i$ 的第 j 个坐标 $(a_i)_j$ 收敛到 a_j, 也就是极限 $\mathbf{a}$ 的第 j 个坐标.

这个证明对于理解 (ϵ, M) 的游戏如何玩是很有好处的 (其中 M 是定义 1.5.12 里的 M). 你应该想象你的对手给了你一个 ϵ 并且挑战你找到一个 M 满足条件: 只要 $m > M$, 则 $|(a_m)_j - a_j| < \epsilon$. 你可以去找到一个更小的 M 来要酷, 但这对于赢得这个游戏是不必要的.

证明: 我们首先来看容易的方向: $m \mapsto \mathbf{a}_m$ 收敛到 $\mathbf{a}$ 就意味着对于每个 $j = 1, \cdots, n$, $\mathbf{a}_m$ 的第 j 个坐标收敛到 a_j. 挑战者给你一个 ϵ. 把 $\mathbf{a}_m$ 写为 $\begin{pmatrix} (a_m)_1 \\ \vdots \\ (a_m)_n \end{pmatrix}$. 幸运的是, 你有个队友, 他知道对 $m \mapsto \mathbf{a}_m$ 如何玩这个游戏. 他立刻还给你一个 M, 能够保证当 $m > M$ 时, $|\mathbf{a}_m - \mathbf{a}| < \epsilon$(因为这个序列 $m \mapsto \mathbf{a}_m$ 是收敛的). 向量 $\mathbf{a}_m - \mathbf{a}$ 的长度为

$$|\mathbf{a}_m - \mathbf{a}| = \sqrt{((a_m)_1 - a_1)^2 + \cdots + ((a_m)_n - a_n)^2}, \tag{1.5.14}$$

所以你把那个 M 给了你的挑战者, 并且说

$$|(a_m)_j - a_j| \leqslant |\mathbf{a}_m - \mathbf{a}| < \epsilon, \tag{1.5.15}$$

他立刻就认输了.

现在, 我们必须证明坐标序列的收敛意味着序列 $m \mapsto \mathbf{a}_m$ 的收敛. 再一次, 挑战者给你一个 $\epsilon > 0$. 这一次, 你有 n 个队友; 每个人都知道对于单个的收敛坐标序列 $m \mapsto (a_m)_j$ 如何玩这个游戏. 在一阵思考并在纸上写了些内容之后, 你把 $\epsilon/\sqrt{n}$ 传递给每个队友. 他们很负责任地还给你一张卡片, 上面写着 $M_1, \cdots, M_n$, 能够保证当 $m > M_j$ 时, 有

$$|(a_m)_j - a_j| < \frac{\epsilon}{\sqrt{n}}. \tag{1.5.16}$$

你把这些卡片整理了一下, 选出了数字最大的那个

$$M = \max\{M_1, \cdots, M_n\}, \tag{1.5.17}$$

你把这个数传递给了挑战者, 并附上了下面的信息: 如果 $m > M$, 则 $m > M_j$ 对每个 $j = 1, \cdots, n$ 成立, 所以 $|(a_m)_j - a_j| < \epsilon/\sqrt{n}$, 所以

$$\begin{aligned} |\mathbf{a}_m - \mathbf{a}| &= \sqrt{\left((a_m)_1 - a_1\right)^2 + \cdots + \left((a_m)_n - a_n\right)^2} \\ &< \sqrt{\left(\frac{\epsilon}{\sqrt{n}}\right)^2 + \cdots + \left(\frac{\epsilon}{\sqrt{n}}\right)^2} = \sqrt{\frac{n\epsilon^2}{n}} = \epsilon. \end{aligned} \quad (1.5.18)$$

□

这是所有涉及收敛和极限的证明的典型: 你被给了一个 ϵ, 要接受挑战, 找到一个 δ(或者 M 或其他) 使得某个指定的量要小于 ϵ.

"挑战你的人" 可以给你任意他喜欢的 $\epsilon > 0$; 涉及极限和连续性的陈述是 "对所有的 ϵ, 存在 $\cdots\cdots$" 的形式.

你所打的草稿是为了发现只要把 $\epsilon/\sqrt{n}$ 传给你的队友就可以了. 要是你找不到如何 "拆分"ϵ 使得最终的结果是精确的 ϵ 呢? 那就直接用 ϵ 并观察它把你带到哪里. 如果你在不等式 (1.5.16) 和不等式 (1.5.18) 中用 ϵ 替代 $\epsilon/\sqrt{n}$, 你会得到

$$|\mathbf{a}_m - \mathbf{a}| < \epsilon\sqrt{n}. \quad (1.5.19)$$

你现在就可以看到, 要得到精确的结果, 你应该选取 $\epsilon/\sqrt{n}$.

实际上, 不等式 (1.5.19) 中的结果已经足够好了, 你不必回去修改. 对任何 ϵ 来说, "小于 ϵ" 与 "小于某个在 ϵ 趋于 0 的时候也趋于 0 的量" 得到的是相同的结果: 证明了你可以使某个量任意小. 下面的定理精确地陈述了结论; 练习 1.5.11 让你证明这个结论. 第一个陈述是数学家最经常用的一个.

命题 1.5.14 (优雅不是必须的). 令 u 为一个 $\epsilon > 0$ 的函数, 使得当 $\epsilon \to 0$ 时, $u(\epsilon) \to 0$. 如果下面两个等价的陈述中的任何一个成立:

1. 对于任意 $\epsilon > 0$, 存在 M 使得当 $m > M$ 时, $|\mathbf{a}_m - \mathbf{a}| < u(\epsilon)$;

2. 对于任意 $\epsilon > 0$, 存在 M 使得当 $m > M$ 时, $|\mathbf{a}_m - \mathbf{a}| < \epsilon$,

则序列 $i \mapsto \mathbf{a}_i$ 收敛到 $\mathbf{a}$.

下面的结果非常重要. 它说的是极限的概念是有明确定义的: 如果极限是某个值, 那么它就不是别的值.

命题 1.5.15 (序列的极限是唯一的). 如果 $\mathbb{R}^n$ 中的点的序列 $i \mapsto \mathbf{a}_i$ 收敛到 $\mathbf{a}$ 和 $\mathbf{b}$, 则 $\mathbf{a} = \mathbf{b}$.

证明: 这个可以简化为一维的情况, 但是我们仍然把它作为我们以更清醒的方式玩 (ϵ, M) 游戏的一个机会. 假设 $\mathbf{a} \neq \mathbf{b}$, 设 $\epsilon_0 = (|\mathbf{a} - \mathbf{b}|)/4$; 我们的假设 $\mathbf{a} \neq \mathbf{b}$ 意味着 $\epsilon_0 > 0$. 由极限的定义, 存在 M_1, 使得 $|\mathbf{a}_m - \mathbf{a}| < \epsilon_0$ 在 $m > M_1$ 时成立, 存在 M_2, 使得 $|\mathbf{a}_m - \mathbf{b}| < \epsilon_0$ 在 $m > M_2$ 时成立. 设 $M = \max\{M_1, M_2\}$. 如果 $m > M$, 则由三角不等式

$$\begin{aligned} |\mathbf{a} - \mathbf{b}| &= |(\mathbf{a} - \mathbf{a}_m) + (\mathbf{a}_m - \mathbf{b})| \\ &\leqslant \underbrace{|\mathbf{a} - \mathbf{a}_m|}_{<\epsilon_0} + \underbrace{|\mathbf{a}_m - \mathbf{b}|}_{<\epsilon_0} < 2\epsilon_0 \\ &= \frac{|\mathbf{a} - \mathbf{b}|}{2}. \end{aligned}$$

这是一个矛盾, 因此 $\mathbf{a} = \mathbf{b}$. □

定理 1.5.16 (序列的算术极限). 令 $i \mapsto \mathbf{a}_i$, $i \mapsto \mathbf{b}_i$ 为 $\mathbb{R}^n$ 中的两个点的序列, 令 $i \mapsto c_i$ 为一个数列. 则:

1. 如果 $i \mapsto \mathbf{a}_i$ 和 $i \mapsto \mathbf{b}_i$ 都收敛, 则 $i \mapsto \mathbf{a}_i + \mathbf{b}_i$ 也收敛, 且
$$\lim_{i\to\infty}(\mathbf{a}_i + \mathbf{b}_i) = \lim_{i\to\infty}\mathbf{a}_i + \lim_{i\to\infty}\mathbf{b}_i. \tag{1.5.20}$$
2. 如果 $i \mapsto \mathbf{a}_i$ 和 $i \mapsto c_i$ 都收敛, 则 $i \mapsto c_i\mathbf{a}_i$ 也收敛, 且
$$\lim_{i\to\infty} c_i\mathbf{a}_i = \left(\lim_{i\to\infty} c_i\right)\left(\lim_{i\to\infty}\mathbf{a}_i\right). \tag{1.5.21}$$
3. 如果 $i \mapsto \mathbf{a}_i$ 和 $i \mapsto \mathbf{b}_i$ 都收敛, 则向量的序列 $i \mapsto \vec{\mathbf{a}}_i$ 和 $i \mapsto \vec{\mathbf{b}}_i$ 也收敛, 且点乘的极限等于极限的点乘:
$$\lim_{i\to\infty}(\vec{\mathbf{a}}_i \cdot \vec{\mathbf{b}}_i) = \left(\lim_{i\to\infty}\vec{\mathbf{a}}_i\right)\cdot\left(\lim_{i\to\infty}\vec{\mathbf{b}}_i\right). \tag{1.5.22}$$
4. 如果 $i \mapsto \mathbf{a}_i$ 有界, 且 $i \mapsto c_i$ 收敛到 0, 则
$$\lim_{i\to\infty} c_i\mathbf{a}_i = \mathbf{0}. \tag{1.5.23}$$

定理 1.5.16 的第四部分: "如果 $\mathbf{a}_m$ 有界" 的意思是 "如果存在 $R < \infty$ 使得对所有的 m 有 $|\mathbf{a}_m| \leqslant R$". 要看到这个条件是必要的, 考虑
$$c_m = \frac{1}{m} \text{ 以及 } \mathbf{a}_m = \begin{pmatrix} 2 \\ m \end{pmatrix},$$
则 $m \mapsto c_m$ 收敛到 0, 但
$$\lim_{m\to\infty}(c_m\mathbf{a}_m) \neq \mathbf{0},$$
这与第四部分不矛盾, 因为 $\mathbf{a}_m$ 不是有界的.

证明: 命题 1.5.13 把定理 1.5.16 简化到一维的情况; 证明细节留作练习 1.5.17. □

命题 1.5.17 (闭集中的序列).

1. 令 $i \mapsto \mathbf{x}_i$ 为闭集 $C \subset \mathbb{R}^n$ 中的子序列, 收敛到 $\mathbf{x}_0 \in \mathbb{R}^n$, 则 $\mathbf{x}_0 \in C$.
2. 反过来, 如果每一个集合 $C \subset \mathbb{R}^n$ 中的收敛序列收敛到 C 中的一个点, 则 C 是闭集.

命题 1.5.17 说的是, 在序列的极限和闭集合之间存在一个密切的关系: "闭集合在极限下封闭".

命题 1.5.17 的第二部分是一个闭集合的一个可能的定义.

直觉上, 这个不难看出来: 一个闭集中的收敛序列不能接近集合外的一个点; 在另一个方向上, 如果每个集合 C 中的收敛序列收敛到 C 中的一个点, 则 C 必然拥有它的围栏. (但一个不是闭集的集合中的序列可以收敛到一个围栏上不属于集合的点. 例如, 序列 $1/2, 1/3, 1/4, \cdots$, 在开集 $(0,1)$ 中, 收敛到 0, 而 0 不在集合里. 类似地, 通过增加 $\sqrt{2}$ 的后续数位构成的 $\mathbb{Q}$ 中的序列 $1, 1.4, 1.41, 1.414, \cdots$, 极限为 $\sqrt{2}$, 不是有理数.)

证明: 1. 如果 $\mathbf{x}_0 \notin C$, 则 $\mathbf{x}_0 \in (\mathbb{R}^n - C)$, 是开的, 所以存在 $r > 0$ 满足 $B_r(\mathbf{x}_0) \subset (\mathbb{R}^n - C)$. 则对于所有的 m, 我们有 $|\mathbf{x}_m - \mathbf{x}_0| \geqslant r$. 但是根据收敛的定义, 对于任意的 $\epsilon > 0$, 对于足够大的 m, 我们有 $|\mathbf{x}_m - \mathbf{x}_0| < \epsilon$. 取 $\epsilon = r$, 我们看到这是一个矛盾.

2. 你要在练习 1.5.13 中证明反方向的结果. □

子序列

子序列是个有用的工具, 我们将在 1.6 节看到. 它们并不是特别难, 但它们需要一些复杂一点的标号, 可能写起来很枯燥无味, 读起来也困难.

定义 1.5.18: 当我们写 $j \mapsto a_{i(j)}$ 的时候, 索引 i 是把同样的项在子序列中的位置与其在原始序列中的位置关联起来的函数. 例如, 原始序列为

$$\underset{a_1}{\frac{1}{1}}, \underset{a_2}{\frac{1}{2}}, \underset{a_3}{\frac{1}{3}}, \underset{a_4}{\frac{1}{4}}, \underset{a_5}{\frac{1}{5}}, \underset{a_6}{\frac{1}{6}}, \cdots,$$

子序列为

$$\underset{a_{i(1)}}{\frac{1}{2}}, \underset{a_{i(2)}}{\frac{1}{4}}, \underset{a_{i(3)}}{\frac{1}{6}}, \cdots,$$

我们看到 $i(1)=2$, 因为 $1/2$ 是原始序列的第二项. 类似地

$$i(2)=4, i(3)=6, \cdots.$$

命题 1.5.19 的证明留作练习 1.5.18, 主要是提供数学语言的练习.

如果 $\mathbf{x}_0$ 在 f 的定义域中, "接近" $\mathbf{x}_0$ 的一个方法就是 "等于" $\mathbf{x}_0$.

定义 1.5.20: 回忆 (定义 1.5.8), 如果 $X \subset \mathbb{R}^n$, 其闭包 $\overline{X}$ 是 $\mathbf{x} \in \mathbb{R}^n$ 的集合, 满足对于任意的 $r>0$, 有

$$B_r(\mathbf{x}) \cap X \neq \varnothing.$$

定义 1.5.20 在美国不是标准的, 但是在法国是很常见的. 标准的美国版本不允许 $\mathbf{x}=\mathbf{x}_0$ 的情况: 它把 $|\mathbf{x}-\mathbf{x}_0|<\delta$ 替换成了

$$0<|\mathbf{x}-\mathbf{x}_0|<\delta.$$

我们采纳的定义使得极限在复合的时候行为更好; 见例 1.5.23.

公式 (1.5.27): 再一次, 优雅不是必须的; 由命题 1.5.14, 不必证明 $|f(\mathbf{x})-\mathbf{a}|<\epsilon$; 只要证明

$$|f(\mathbf{x})-\mathbf{a}|<u(\epsilon)$$

就足够了, 其中 u 是 $\epsilon>0$ 的一个函数, 且在 $\epsilon \to 0$ 的时候, $u(\epsilon) \to 0$.

定义 1.5.18 (子序列). 序列 $i \mapsto a_i$ 的一个子序列(subsequence)是通过取原始序列的前面一些项, 然后再取一个元素, …… 形成的. 它被记为 $j \mapsto a_{i(j)}$, 其中当 $k>j$ 时, 有 $i(k)>i(j)$.

你可以取所有的偶数项, 或者所有的奇数项, 或者所有那些编号为质数的项, 等等. 当然, 任意序列是它自身的子序列. 有时候, 子序列 $j \mapsto a_{i(j)}$ 标记为 $a_{i(1)}, a_{i(2)}, \cdots$, 或者 $a_{i_1}, a_{i_2}, \cdots$.

命题 1.5.19 (收敛序列的子序列是收敛的). 如果一个序列 $k \mapsto \mathbf{a}_k$ 收敛到 $\mathbf{a}$, 则序列的任意子序列收敛到同样的极限 $\mathbf{a}$.

函数的极限

像 $\lim\limits_{\mathbf{x}\to\mathbf{x}_0} f(\mathbf{x})$ 这样的极限, 只有在你能通过可以计算 f 的值的点去接近 $\mathbf{x}_0$ 时, 才有定义. 因此, 当 $\mathbf{x}_0$ 在 f 的定义域的闭包里的时候, 问 $\lim\limits_{\mathbf{x}\to\mathbf{x}_0} f(\mathbf{x})$ 是否存在是有意义的. 当然, 这也包含了 $\mathbf{x}_0$ 在 f 的定义域里的情况. 在这种情况下, 极限要存在, 我们必须有

$$\lim_{\mathbf{x}\to\mathbf{x}_0} f(\mathbf{x}) = f(\mathbf{x}_0). \tag{1.5.24}$$

但有趣的情况是, 当 $\mathbf{x}_0$ 在 f 的定义域的闭包里, 但不在定义域里的时候. 例如, 讨论

$$\lim_{x\to 0}(1+x)^{1/x} \tag{1.5.25}$$

是否有意义? 是的, 我们无法计算函数在 0 的数值, 函数的自然的定义域包括 $(-1,0)\cup(0,\infty)$, 0 在这个集合的闭包里.[12]

定义 1.5.20 (函数的极限). 令 X 为 $\mathbb{R}^n$ 的子集, $\mathbf{x}_0$ 为 $\overline{X}$ 中的一个点. 函数 $\mathbf{f}: X \to \mathbb{R}^m$ 在 $\mathbf{x}_0$ 有极限(limit) $\mathbf{a}$:

$$\lim_{\mathbf{x}\to\mathbf{x}_0} \mathbf{f}(\mathbf{x}) = \mathbf{a}, \tag{1.5.26}$$

如果对于任意 $\epsilon>0$, 存在 $\delta>0$, 满足对于任意 $\mathbf{x}\in X$, 都有

$$|\mathbf{x}-\mathbf{x}_0|<\delta \Rightarrow |\mathbf{f}(\mathbf{x})-\mathbf{a}|<\epsilon. \tag{1.5.27}$$

注意, 我们必须对*所有*与 $\mathbf{x}_0$ 足够接近的 $\mathbf{x}\in X$ 有 $|\mathbf{f}(\mathbf{x})-\mathbf{a}|<\epsilon$. 例如, 有任意地接近 0 的 x 满足 $\sin(1/x)=1/2$, 但 $\lim\limits_{x\to 0}\sin(1/x)\neq 1/2$; 实际上, 极限并不存在, 因为有其他的 x 也任意地接近 0, 且 $\sin(1/x)=-1/2$(或者 0 或者 -1, 或者 $[-1,1]$ 中的其他数).

定义也需要*存在* $\mathbf{x}\in X$, 任意地接近 $\mathbf{x}_0$; 这就是 $\mathbf{x}_0\in\overline{X}$ 的意思. 例如, 如果我们把平方根函数的定义域想成非负实数, 则 $\lim\limits_{x\to -2}\sqrt{x}$ 不存在, 因为 -2 不在定义域的闭包 (在这个例子里等于定义域) 中.

[12] 我们说, 自然的定义域 "包含" $(-1,0)\cup(0,\infty)$, 而不说 "是" $(-1,0)\cup(0,\infty)$, 因为有一些人可能会争论说, -3 也在自然的定义域中, 因为每个实数, 无论是正的还是负的, 都有唯一的一个实的立方根. 其他人可能会争论说, 我们没有理由更倾向于实数根, 而不是复数根. 在任何情况下, 任何你要使用函数 $(1+x)^{1/x}$ 且 x 为复数的时候, 你必须指定你在谈论的是哪个根.

极限有明确的定义是很重要的.

命题 1.5.21 (函数的极限是唯一的). 如果一个函数有极限, 则极限是唯一的.

证明: 假设 $\mathbf{f}: X \to \mathbb{R}^m$ 有两个不同的极限, $\mathbf{a}$ 和 $\mathbf{b}$, 设 $\epsilon_0 = \frac{|\mathbf{a}-\mathbf{b}|}{4}$; $\mathbf{a} \neq \mathbf{b}$ 的假设意味着 $\epsilon_0 > 0$. 由极限的定义, 存在 $\delta_1 > 0$, 使得当 $|\mathbf{x}-\mathbf{x}_0| < \delta_1$ 且 $\mathbf{x} \in X$ 时, $|\mathbf{f}(\mathbf{x})-\mathbf{a}| < \epsilon_0$; 存在 $\delta_2 > 0$, 使得当 $|\mathbf{x}-\mathbf{x}_0| < \delta_2$ 且 $\mathbf{x} \in X$ 时, $|\mathbf{f}(\mathbf{x})-\mathbf{b}| < \epsilon_0$. 令 δ 为 δ_1 和 δ_2 中较小的那个. 则 (因为 $\mathbf{x}_0 \in \overline{X}$) 存在 $\mathbf{x} \in X$ 满足 $|\mathbf{x}-\mathbf{x}_0| < \delta$, 且对那个 $\mathbf{x}$ 我们有 $|\mathbf{f}(\mathbf{x})-\mathbf{a}| < \epsilon_0$ 以及 $|\mathbf{f}(\mathbf{x})-\mathbf{b}| < \epsilon_0$. 三角不等式则给出

$$|\mathbf{a}-\mathbf{b}| = |\mathbf{f}(\mathbf{x})-\mathbf{a}+\mathbf{b}-\mathbf{f}(\mathbf{x})| \leqslant |\mathbf{f}(\mathbf{x})-\mathbf{a}| + |\mathbf{f}(\mathbf{x})-\mathbf{b}| < 2\epsilon_0 = \frac{|\mathbf{a}-\mathbf{b}|}{2}, \tag{1.5.28}$$

这就产生了矛盾. □

极限在复合下行为良好.

没有自然的条件保证

$\mathbf{f}(\mathbf{x}) \neq \mathbf{f}(\mathbf{x}_0)$.

如果我们在极限的定义中要求 $\mathbf{x} \neq \mathbf{x}_0$, 证明就不能用了.

定理 1.5.22 (复合函数的极限). 令 $U \subset \mathbb{R}^n, V \subset \mathbb{R}^m$ 为子集, $\mathbf{f}: U \to V$ 和 $\mathbf{g}: V \to \mathbb{R}^k$ 为映射, 满足 $\mathbf{g} \circ \mathbf{f}$ 在 U 中有定义. 如果 $\mathbf{x}_0$ 为 U 中的一个点, 且

$$\mathbf{y}_0 \stackrel{\text{def}}{=} \lim_{\mathbf{x}\to\mathbf{x}_0} \mathbf{f}(\mathbf{x}),\ \mathbf{z}_0 \stackrel{\text{def}}{=} \lim_{\mathbf{y}\to\mathbf{y}_0} \mathbf{g}(\mathbf{y}) \tag{1.5.29}$$

都存在, 则 $\lim\limits_{\mathbf{x}\to\mathbf{x}_0} \mathbf{g}\circ\mathbf{f}(\mathbf{x})$ 存在, 且

$$\lim_{\mathbf{x}\to\mathbf{x}_0} (\mathbf{g}\circ\mathbf{f})(\mathbf{x}) = \mathbf{z}_0. \tag{1.5.30}$$

证明: 对任意 $\epsilon > 0$, 存在 $\delta_1 > 0$, 使得如果 $|\mathbf{y}-\mathbf{y}_0| < \delta_1$, 则有 $|\mathbf{g}(\mathbf{y})-\mathbf{z}_0| < \epsilon$. 下一步, 存在 $\delta > 0$, 满足如果 $|\mathbf{x}-\mathbf{x}_0| < \delta$, 则 $|\mathbf{f}(\mathbf{x})-\mathbf{y}_0| < \delta_1$. 因此当 $|\mathbf{x}-\mathbf{x}_0| < \delta$ 时, 有

$$|\mathbf{g}(\mathbf{f}(\mathbf{x}))-\mathbf{z}_0| < \epsilon.\quad \square \tag{1.5.31}$$

例 1.5.23. 考虑函数 $f, g: \mathbb{R} \to \mathbb{R}$, 其中

$$f(x) = \begin{cases} x\sin\dfrac{1}{x} & \text{如果 } x \neq 0 \\ 0 & \text{如果 } x = 0 \end{cases},\quad g(y) = \begin{cases} 1 & \text{如果} y \neq 0 \\ 0 & \text{如果 } y = 0 \end{cases}.$$

极限的标准定义要求 $0 < |y-0| < \delta$, 这给出

$$\lim_{y\to 0} g(y) = 1,\ \text{以及}\ \lim_{x\to 0} f(x) = 0,$$

但 $\lim\limits_{x\to 0}(g\circ f)(x)$ 不存在. 由定义 1.5.20, $\lim\limits_{y\to 0} g(y)$ 不存在, 但定理 1.5.22 是成立的 (显然假设不被满足). △

在高维上关于极限的微妙的内容是, 存在许多不同的方式去接近定义域中的一个点, 不同的方式可能会产生不同的极限, 在这种情况下, 极限不存在.

例 1.5.24 (不同的方法给出不同的极限). 考虑函数 $f\colon \mathbb{R}^2 - \begin{pmatrix}0\\0\end{pmatrix} \to \mathbb{R}$, 定义为

$$f\begin{pmatrix}x\\y\end{pmatrix} = \begin{cases} \dfrac{|y|\mathrm{e}^{-|y|/x^2}}{x^2} & \text{如果 } x \neq 0 \\ 0 & \text{如果 } x = 0,\ y \neq 0 \end{cases}, \tag{1.5.32}$$

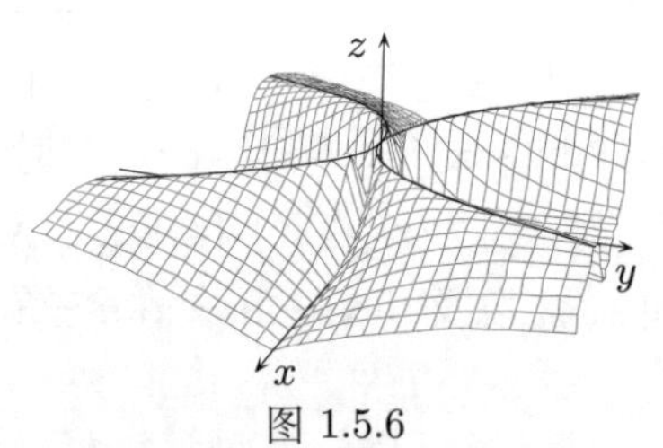

图 1.5.6

正如你在练习 1.7 中被要求证明的, 练习 1.5.24 的函数是连续的 (除了在原点, 函数没有定义). 它沿着月牙线 $y = \pm x^2$ 的值是 1/e, 但函数在两个坐标轴上都为 0, 沿着 x 轴形成了一个很深的峡谷. 任何直线 $y = mx, m \neq 0$ 在到达原点之前将进入沿着 y 轴的宽阔的峡谷; 沿着任何这样的路径, f 的极限存在, 且为 0.

在图 1.5.6 中显示. $\lim\limits_{\begin{pmatrix}x\\y\end{pmatrix}\to\begin{pmatrix}0\\0\end{pmatrix}} f\begin{pmatrix}x\\y\end{pmatrix}$ 存在吗? 第一个想法是, 沿着直线接近原点. 设 $y = mx$. 当 $m \neq 0$ 的时候, 极限变成了

$$\lim_{x\to 0}\left|\frac{m}{x}\right|\mathrm{e}^{-\left|\frac{m}{x}\right|}; \tag{1.5.33}$$

这个极限存在且对所有的 m 值, 极限总为 0. 实际上

$$\lim_{t\to 0}\frac{1}{t}\mathrm{e}^{-1/t} = \lim_{s\to\infty}\frac{s}{\mathrm{e}^s} = 0. \tag{1.5.34}$$

所以无论你如何沿着直线接近原点, 极限存在且总为 0. 但如果你沿着抛物线 $y = kx^2$ 接近原点 (也就是, 设 $y = kx^2$, 令 $x \to 0$), 你会得到十分不同的结果:

$$\lim_{x\to 0}|k|\mathrm{e}^{-|k|} = |k|\mathrm{e}^{-|k|}, \tag{1.5.35}$$

这是在 0 和 1/e 之间变化的一个数, 依赖于 k 的值 (也就是在一条你沿着它接近原点的特定的抛物线上, 见练习 1.6.6). 这样, 如果你以不同的方式接近原点, 则极限可能是不同的. △

映射 $\mathbf{f}\colon \mathbb{R}^n \to \mathbb{R}^m$ 是一个 "$\mathbb{R}^m$ 值" 的映射; 它的输入在 $\mathbb{R}^n$ 中, 它的值在 $\mathbb{R}^m$ 中. 这样的映射是以坐标函数的形式写出来的. 例如, 映射 $\mathbf{f}\colon \mathbb{R}^2 \to \mathbb{R}^3$,

$$\mathbf{f}\begin{pmatrix}x\\y\end{pmatrix} = \begin{pmatrix}xy\\x^2y\\x-y\end{pmatrix} \text{ 可以写为 } \mathbf{f} = \begin{pmatrix}f_1\\f_2\\f_3\end{pmatrix}, \tag{1.5.36}$$

其中 $f_1\begin{pmatrix}x\\y\end{pmatrix} = xy$, $f_2\begin{pmatrix}x\\y\end{pmatrix} = x^2y$, $f_3\begin{pmatrix}x\\y\end{pmatrix} = x - y$.

通常 $\mathbb{R}^m$ 值的映射被叫作 "向量值" 映射, 但通常我们把它们的值想成点, 而不是向量.

我们用上面不带箭头的黑体字母来表示一个值为 $\mathbb{R}^m$ 中的点的映射: $\mathbf{f}$. 有时候, 我们确实需要把映射 $\mathbb{R}^n \to \mathbb{R}^m$ 的值想成向量: 在我们想向量场的时候. 我们用箭头表示向量场: $\vec{F}$ 或者 $\vec{\mathbf{f}}$.

命题 1.5.25 (通过坐标收敛). 假设

$$U \subset \mathbb{R}^n,\ \mathbf{f} = \begin{pmatrix}f_1\\ \vdots \\ f_m\end{pmatrix} : U \to \mathbb{R}^m,\ \text{且 } \mathbf{x}_0 \in \overline{U}.$$

则

$$\lim_{\mathbf{x}\to\mathbf{x}_0} \mathbf{f}(\mathbf{x}) = \begin{pmatrix} a_1 \\ \vdots \\ a_m \end{pmatrix} \text{当且仅当} \lim_{\mathbf{x}\to\mathbf{x}_0} f_i(\mathbf{x}) = a_i, i = 1, \cdots, m\text{时成立}.$$

在定理 1.5.26, 当我们指定 $\lim_{\mathbf{x}\to\mathbf{x}_0} \mathbf{f}(\mathbf{x})$ 存在的时候, 它的意思是, $\mathbf{x}_0$ 属于 U 的闭包. 它不必属于 U.

定理 1.5.26 (函数的极限). 令 U 为 $\mathbb{R}^n$ 的子集, $\mathbf{f}$ 和 $\mathbf{g}$ 为函数 $U \to \mathbb{R}^m$, h 为函数 $U \to \mathbb{R}$.

1. 如果 $\lim_{\mathbf{x}\to\mathbf{x}_0} \mathbf{f}(\mathbf{x})$ 和 $\lim_{\mathbf{x}\to\mathbf{x}_0} \mathbf{g}(\mathbf{x})$ 存在, 则 $\lim_{\mathbf{x}\to\mathbf{x}_0} (\mathbf{f}+\mathbf{g})(\mathbf{x})$ 存在, 且

$$\lim_{\mathbf{x}\to\mathbf{x}_0} (\mathbf{f}+\mathbf{g})(\mathbf{x}) = \lim_{\mathbf{x}\to\mathbf{x}_0} \mathbf{f}(\mathbf{x}) + \lim_{\mathbf{x}\to\mathbf{x}_0} \mathbf{g}(\mathbf{x}). \tag{1.5.37}$$

2. 如果 $\lim_{\mathbf{x}\to\mathbf{x}_0} \mathbf{f}(\mathbf{x})$ 和 $\lim_{\mathbf{x}\to\mathbf{x}_0} h(\mathbf{x})$ 存在, 则 $\lim_{\mathbf{x}\to\mathbf{x}_0} (h\mathbf{f})(\mathbf{x})$ 存在, 且

$$\lim_{\mathbf{x}\to\mathbf{x}_0} (h\mathbf{f})(\mathbf{x}) = \lim_{\mathbf{x}\to\mathbf{x}_0} h(\mathbf{x}) \lim_{\mathbf{x}\to\mathbf{x}_0} \mathbf{f}(\mathbf{x}). \tag{1.5.38}$$

3. 如果 $\lim_{\mathbf{x}\to\mathbf{x}_0} \mathbf{f}(\mathbf{x})$ 和 $\lim_{\mathbf{x}\to\mathbf{x}_0} h(\mathbf{x})$ 存在且不等于 0, 则 $\lim_{\mathbf{x}\to\mathbf{x}_0} \left(\frac{\mathbf{f}}{h}\right)(\mathbf{x})$ 存在, 且

$$\lim_{\mathbf{x}\to\mathbf{x}_0} \left(\frac{\mathbf{f}}{h}\right)(\mathbf{x}) = \frac{\lim_{\mathbf{x}\to\mathbf{x}_0} \mathbf{f}(\mathbf{x})}{\lim_{\mathbf{x}\to\mathbf{x}_0} h(\mathbf{x})}. \tag{1.5.39}$$

4. 设 $(\mathbf{f}\cdot\mathbf{g})(\mathbf{x}) \stackrel{\text{def}}{=} \mathbf{f}(\mathbf{x})\cdot\mathbf{g}(\mathbf{x})$. 如果 $\lim_{\mathbf{x}\to\mathbf{x}_0} \mathbf{f}(\mathbf{x})$ 和 $\lim_{\mathbf{x}\to\mathbf{x}_0} \mathbf{g}(\mathbf{x})$ 存在, 则 $\lim_{\mathbf{x}\to\mathbf{x}_0} (\mathbf{f}\cdot\mathbf{g})(\mathbf{x})$ 存在, 且

$$\lim_{\mathbf{x}\to\mathbf{x}_0} (\mathbf{f}\cdot\mathbf{g})(\mathbf{x}) = \lim_{\mathbf{x}\to\mathbf{x}_0} \mathbf{f}(\mathbf{x}) \cdot \lim_{\mathbf{x}\to\mathbf{x}_0} \mathbf{g}(\mathbf{x}). \tag{1.5.40}$$

5. 如果 $\mathbf{f}$ 在 U 上有界 (存在 R, 使得 $|\mathbf{f}(\mathbf{x})| \leqslant R$ 对任意 $\mathbf{x} \in U$ 成立), 且 $\lim_{\mathbf{x}\to\mathbf{x}_0} h(\mathbf{x}) = 0$, 则

$$\lim_{\mathbf{x}\to\mathbf{x}_0} (h\mathbf{f})(\mathbf{x}) = \mathbf{0}. \tag{1.5.41}$$

6. 如果 $\lim_{\mathbf{x}\to\mathbf{x}_0} \mathbf{f}(\mathbf{x}) = \mathbf{0}$ 且 h 为有界函数, 则

$$\lim_{\mathbf{x}\to\mathbf{x}_0} (h\mathbf{f})(\mathbf{x}) = \mathbf{0}. \tag{1.5.42}$$

命题 1.5.25 的证明: 我们再次来检查一下图形化的描述. 对于 $\Rightarrow$("仅当"), 挑战者递给你一个 $\epsilon > 0$. 你把它给了你的队友, 他还给你一个 δ, 并保证当 $|\mathbf{x}-\mathbf{x}_0| < \delta$ 且 $\mathbf{f}(\mathbf{x})$ 有定义的时候, 有 $|\mathbf{f}(\mathbf{x}) - \mathbf{a}| < \epsilon$. 你把同样的 δ 和 a_i 带着解释传给了挑战者,

$$|f_i(\mathbf{x}) - a_i| \leqslant |\mathbf{f}(\mathbf{x}) - \mathbf{a}| < \epsilon. \tag{1.5.43}$$

对于 $\Leftarrow$("当"), 挑战者给你一个 $\epsilon > 0$. 你把这个 ϵ 传递给了你的队友, 他们知道如何处理坐标函数. 他们传递回来了 $\delta_1, \cdots, \delta_m$, 并保证当 $|\mathbf{x}-\mathbf{x}_0| < \delta_i$ 时,

不等式 (1.5.44): 如果你把 $\epsilon/\sqrt{m}$ 给你的队友, 就像命题 1.5.13 的证明中的, 你应该得到

$$|\mathbf{f}(\mathbf{x})-\mathbf{a}|<\epsilon,$$

而不是 $|\mathbf{f}(\mathbf{x})-\mathbf{a}|<\epsilon\sqrt{m}$. 在一定的意义上, 这个更为 "优雅". 但命题 1.5.14 说它在数学上与得到任何在 ϵ 接近 0 时也接近 0 的任何量没什么区别.

$|f_i(\mathbf{x})-a_i|<\epsilon$. 你仔细检查了这些 δ 并选取了最小的一个, 你把它叫作 δ, 并且传递给了挑战者, 附带着信息: "如果 $|\mathbf{x}-\mathbf{x}_0|<\delta$, 则 $|\mathbf{x}-\mathbf{x}_0|<\delta_i$, 所以有 $|f_i(\mathbf{x})-a_i|<\epsilon$, 所以有

$$\begin{aligned}|\mathbf{f}(\mathbf{x})-\mathbf{a}| &= \sqrt{\big(f_1(\mathbf{x})-a_1\big)^2+\cdots+\big(f_m(\mathbf{x})-a_m\big)^2}\\ &< \underbrace{\sqrt{\epsilon^2+\cdots+\epsilon^2}}_{m\text{项}}=\epsilon\sqrt{m},\end{aligned}\tag{1.5.44}$$

随着 ϵ 趋近于 0, 上式也趋近于 0." 你赢了! □

定理 1.5.26 的证明: 所有这些陈述的证明都很相似. 我们将只证明最难的第四部分.

4. 选取 ϵ(想象成是挑战者给你的). 为了简化符号, 设 $\mathbf{a}=\lim\limits_{\mathbf{x}\to\mathbf{x}_0}\mathbf{f}(\mathbf{x})$, $\mathbf{b}=\lim\limits_{\mathbf{x}\to\mathbf{x}_0}\mathbf{g}(\mathbf{x})$. 则:

- 找到一个 δ_1, 使得当 $|\mathbf{x}-\mathbf{x}_0|<\delta_1$ 的时候, 有

$$|\mathbf{g}(\mathbf{x})-\mathbf{b}|<\epsilon.\tag{1.5.45}$$

- 下一步, 找到 δ_2, 使得当 $|\mathbf{x}-\mathbf{x}_0|<\delta_2$ 的时候, 有

$$|\mathbf{f}(\mathbf{x})-\mathbf{a}|<\epsilon.\tag{1.5.46}$$

现在, 设 δ 为 δ_1 和 δ_2 中较小的那个, 并考虑不等式序列

不等式 (1.5.47): 第一个不等式是三角不等式. 第三行的等式用到了点乘的分配律. 第四行的不等式是施瓦兹不等式.

$$\begin{aligned}|\mathbf{f}(\mathbf{x})\cdot\mathbf{g}(\mathbf{x})-\mathbf{a}\cdot\mathbf{b}| &= |\mathbf{f}(\mathbf{x})\cdot\mathbf{g}(\mathbf{x})\underbrace{-\mathbf{a}\cdot\mathbf{g}(\mathbf{x})+\mathbf{a}\cdot\mathbf{g}(\mathbf{x})}_{=\mathbf{0}}-\mathbf{a}\cdot\mathbf{b}|\\ &\leqslant |\mathbf{f}(\mathbf{x})\cdot\mathbf{g}(\mathbf{x})-\mathbf{a}\cdot\mathbf{g}(\mathbf{x})|+|\mathbf{a}\cdot(\mathbf{g}(\mathbf{x})-\mathbf{b})|\\ &= |(\mathbf{f}(\mathbf{x})-\mathbf{a})\cdot\mathbf{g}(\mathbf{x})|+|\mathbf{a}\cdot(\mathbf{g}(\mathbf{x})-\mathbf{b})|\\ &\leqslant |(\mathbf{f}(\mathbf{x})-\mathbf{a})|\cdot|\mathbf{g}(\mathbf{x})|+|\mathbf{a}|\cdot|(\mathbf{g}(\mathbf{x})-\mathbf{b})|\\ &\leqslant \epsilon|\mathbf{g}(\mathbf{x})|+\epsilon|\mathbf{a}|=\epsilon(|\mathbf{g}(\mathbf{x})|+|\mathbf{a}|).\end{aligned}\tag{1.5.47}$$

因为 $\mathbf{g}(\mathbf{x})$ 是一个函数, 不是一个点, 我们可能会担心它在 ϵ 变小的时候会快速地变大. 但我们知道, 当 $|\mathbf{x}-\mathbf{x}_0|<\delta$ 的时候, $|\mathbf{g}(\mathbf{x})-\mathbf{b}|<\epsilon$, 这给出

$$|\mathbf{g}(\mathbf{x})|<\epsilon+|\mathbf{b}|.\tag{1.5.48}$$

所以, 继续不等式 (1.5.47), 我们得到

$$\epsilon\big(|\mathbf{g}(\mathbf{x})|+|\mathbf{a}|\big)<\epsilon(\epsilon+|\mathbf{b}|)+\epsilon|\mathbf{a}|,\tag{1.5.49}$$

随着 ϵ 趋近于 0, 它会趋近于 0. □

连续函数

连续性是拓扑学的基本概念, 它也在整个微积分中出现. 数学家花了两百多年才得到了一个正确的定义. (出于历史的原因, 我们的陈述没有按照顺序进

行; 是由于寻找可用的连续性的定义才导致了极限的正确定义.)

定义 1.5.27: 如果你可以通过选取 $\mathbf{x}$ 与 $\mathbf{x}_0$ 足够接近而使 $\mathbf{f}(\mathbf{x})$ 与 $\mathbf{f}(\mathbf{x}_0)$ 之间的差任意小, 则映射 $\mathbf{f}$ 在 $\mathbf{x}_0$ 连续. 注意, $|\mathbf{f}(\mathbf{x})-\mathbf{f}(\mathbf{x}_0)|$ 必须对所有的足够接近 $\mathbf{x}_0$ 的 $\mathbf{x}$ 都足够小. 找到 δ 使得陈述只对某一个特殊的 $\mathbf{x}$ 成立是不够的.

然而, 对于 $\mathbf{x}_0$ 的不同值, 这个"足够接近"(也就是 δ 的选择) 可以是不同的.

我们从试图把上面的讨论写成一个简单的句子开始, 结果发现不可能做到, 而且还避免了错误. 如果连续性的定义听起来有些不自然, 那是因为任何偏离"对于所有的这个, 存在那个 ……"的尝试都不可避免地导致歧义.

拓扑曾经被叫作"位置分析学"或者"位置几何学". Johann Listing 不喜欢这个词, 他在 1836 年的一封信中引入了"拓扑"一词; 在他的书 *Vorstudien zur Topologie* 中, 他写道: "我们用拓扑的意思是, ……, 空间中集合体的连接, 相对位置以及点、线、面、体及其部分的连续定律, 而不考虑它们的大小和数量问题."

在大约 1930 年, Solomon Lefschetz 使用了新词之后, 这个词被广为接受. 据 Lefschetz 说, "如果只是转动曲柄, 那就是代数, 但如果在里面还有什么想法, 那就是拓扑."

哈佛大学数学家 Barry Mazur 曾经说过, 对他来说, 拓扑就是解释. 定理 1.5.29 和 1.5.30 是定理 1.5.26 和 1.5.22 的重构. 在练习 1.22 中, 你要证明它们.

当 $\mathbf{f}$ 和 $\mathbf{g}$ 为标量值函数 f 和 g 的时候, 第四部分的点乘与通常的乘法相同.

定义 1.5.27 (连续函数). 令 $X\subset\mathbb{R}^n$, $\mathbf{f}$: $X\to\mathbb{R}^m$ 为一个映射, 如果

$$\lim_{\mathbf{x}\to\mathbf{x}_0}\mathbf{f}(\mathbf{x})=\mathbf{f}(\mathbf{x}_0), \tag{1.5.50}$$

则映射在 $\mathbf{x}_0\in X$ *连续*(continuous). 如果映射 $\mathbf{f}$ 在 X 的每个点上连续, 则 $\mathbf{f}$ 在 X *上连续*. 等价地, 当且仅当对每个 $\epsilon>0$, 都存在 $\delta>0$ 使得当 $|\mathbf{x}-\mathbf{x}_0|<\delta$ 成立时有 $|\mathbf{f}(\mathbf{x})-\mathbf{f}(\mathbf{x}_0)|<\epsilon$, $\mathbf{f}$: $X\to\mathbb{R}^m$ 在 $\mathbf{x}_0\in X$ 连续.

下述的标准说明了, 在收敛到 $\mathbf{x}_0$ 的序列上考虑 $\mathbf{f}$ 就足够了.

命题 1.5.28 (连续性的标准). 令 $X\subset\mathbb{R}^n$. 函数 $\mathbf{f}$: $X\to\mathbb{R}^m$ 在 $\mathbf{x}_0\in X$ 连续, 当且仅当对每一个收敛到 $\mathbf{x}_0$ 的序列 $\mathbf{x}_i\in X$, 有

$$\lim_{i\to\infty}\mathbf{f}(\mathbf{x}_i)=\mathbf{f}(\mathbf{x}_0). \tag{1.5.51}$$

证明: 假设 ϵ,δ 条件得以满足, 且令 $\mathbf{x}_i$ 为 X 中的一个收敛到 $\mathbf{x}_0\in X$ 的序列, 其中 $i=1,2,\cdots$. 我们必须证明, 序列 $i\mapsto\mathbf{f}(\mathbf{x}_i)$ 收敛到 $\mathbf{f}(\mathbf{x}_0)$: 对任意 $\epsilon>0$, 存在 N, 使得当 $n>N$ 的时候, 我们有 $|\mathbf{f}(\mathbf{x}_n)-\mathbf{f}(\mathbf{x}_0)|<\epsilon$. 找到 δ 使得 $|\mathbf{x}-\mathbf{x}_0|<\delta$ 意味着 $|\mathbf{f}(\mathbf{x})-\mathbf{f}(\mathbf{x}_0)|<\epsilon$. 因为序列 $\mathbf{x}_i$ 收敛, 存在 N 使得如果 $n>N$, 则 $|\mathbf{x}_n-\mathbf{x}_0|<\delta$. 显然, 这个 N 有效.

反过来, 记住如何否定量词的序列 (0.2 节). 假设 ϵ,δ 条件没有被满足, 则存在 $\epsilon_0>0$, 使得对任意 δ, 存在 $\mathbf{x}\in X$, 使得 $|\mathbf{x}-\mathbf{x}_0|<\delta$, 但是 $|\mathbf{f}(\mathbf{x})-\mathbf{f}(\mathbf{x}_0)|\geqslant\epsilon_0$. 令 $\delta_n=1/n$, 且令 $\mathbf{x}_n\in X$ 为这样的一个点, 满足

$$|\mathbf{x}_n-\mathbf{x}_0|<\frac{1}{n}\text{ 且 }|\mathbf{f}(\mathbf{x}_n)-\mathbf{f}(\mathbf{x}_0)|\geqslant\epsilon_0. \tag{1.5.52}$$

第一部分证明了序列 $\mathbf{x}_n$ 收敛到 $\mathbf{x}_0$, 第二部分证明了 $\mathbf{f}(\mathbf{x}_n)$ 不收敛到 $\mathbf{f}(\mathbf{x}_0)$. □

定理 1.5.29 (连续映射的复合). 令 U 为 $\mathbb{R}^n$ 的一个子集, $\mathbf{f}$ 和 $\mathbf{g}$ 把 U 映射到 $\mathbb{R}^m$, h 是一个 $U\to\mathbb{R}$ 的函数.

1. 如果 $\mathbf{f}$ 和 $\mathbf{g}$ 在 $\mathbf{x}_0\in U$ 连续, 则 $\mathbf{f}+\mathbf{g}$ 也连续;
2. 如果 $\mathbf{f}$ 和 h 在 $\mathbf{x}_0\in U$ 连续, 则 $h\mathbf{f}$ 也连续;
3. 如果 $\mathbf{f}$ 和 h 在 $\mathbf{x}_0\in U$ 连续, 且 $h(\mathbf{x}_0)\neq 0$, 则 $\dfrac{\mathbf{f}}{h}$ 也连续;
4. 如果 $\mathbf{f}$ 和 $\mathbf{g}$ 在 $\mathbf{x}_0\in U$ 连续, 则 $\mathbf{f}\cdot\mathbf{g}$ 也连续;
5. 如果函数 h 在 $\mathbf{x}_0\in\overline{U}$ 有定义且连续, 且 $h(\mathbf{x}_0)=0$, 则存在 C, $\delta>0$, 使得对于 $\mathbf{x}\in U, |\mathbf{x}-\mathbf{x}_0|<\delta$ 有 $|\mathbf{f}(\mathbf{x})|\leqslant C$, 则映射 $\mathbf{x}\mapsto\begin{cases}h(\mathbf{x})\mathbf{f}(\mathbf{x}) & \mathbf{x}\in U\\ \mathbf{0} & \mathbf{x}=\mathbf{x}_0\end{cases}$ 在 $\mathbf{x}_0$ 连续.

定理 1.5.30 (连续函数的复合). 令 $U \subset \mathbb{R}^n, V \subset \mathbb{R}^m$ 为子集, $\mathbf{f}\colon U \to V$ 和 $\mathbf{g}\colon V \to \mathbb{R}^k$ 为映射, 使得 $\mathbf{g} \circ \mathbf{f}$ 有定义. 如果 $\mathbf{f}$ 在 $\mathbf{x}_0$ 连续, $\mathbf{g}$ 在 $\mathbf{f}(\mathbf{x}_0)$ 连续, 则 $\mathbf{g} \circ \mathbf{f}$ 在 $\mathbf{x}_0$ 连续.

定理 1.5.29 和 1.5.30 证明了, 如果 $f\colon \mathbb{R}^n \to \mathbb{R}$ 是由一个涉及加法、乘法、除法和连续函数的复合的函数给出的, 且 f 在一个点 $\mathbf{x}_0$ 上有定义, 则 f 在 $\mathbf{x}_0$ 连续. 但是, 如果有除法的话, 我们就要担心: 我们是在除以 0 吗? 我们看到 tan 的时候, 也需要担心: 如果 tan 的输入是 $\pi/2 + k\pi$ 的话, 会发生什么? 类似地, $\ln, \cos, \sec, \csc$ 都会引入复杂性. 在一维上, 这些问题通常通过洛必达 (L'Hopital) 法则来解决 (尽管泰勒展开通常更好).

我们现在可以写下 $\mathbb{R}^n$ 上的一个相当大的连续函数的集合.

单项式函数 $\mathbb{R}^n \to \mathbb{R}$ 是一个形式为 $x_1^{k_1} \cdots x_n^{k_n}$ 的表达式, 具有整数指数 $k_1, \cdots, k_n \geqslant 0$. 比如, x^2yz^5 是 $\mathbb{R}^3$ 上的一个单项式, $x_1x_2x_4^2$ 是 $\mathbb{R}^4$ 上的一个单项式 (或者也许是在 $\mathbb{R}^n$ 上的, 其中 $n > 4$). 一个多项式函数是有限个实系数单项式的求和, 如 $x^2y + 3yz$. 一个*有理函数*(rational function)是两个多项式的比值, 比如 $\dfrac{x+y}{xy+z^2}$.

推论 1.5.31 (多项式函数和有理函数的连续性).

1. 任何多项式函数 $\mathbb{R}^n \to \mathbb{R}$ 在 $\mathbb{R}^n$ 上都是处处连续的.
2. 任何有理函数在 $\mathbb{R}^n$ 的使分母不等于 0 的子集上连续.

一致连续性

当一个函数 f 在 $\mathbf{x}$ 连续时, δ 如何依赖于 ϵ 告诉了我们 f 在 $\mathbf{x}$ 的连续性有多么好. 当同一个 δ 对所有的 ϵ 有效的时候, 函数处处 "以相同的方式" 连续. 这样的函数被称作*一致连续*.

通常, 证明单个的连续函数一致连续是一个主要的结果. 例如, 在写本书的时候, 动力系统的一个主要问题是证明曼德布洛特集合是局部连通的. 如果一个特定的函数可以被证明为一致连续的, 则曼德布洛特集合的局部连通性明天就可以证明出来.

定义 1.5.32 (一致连续函数). 令 X 为 $\mathbb{R}^n$ 的一个子集. 一个映射 $\mathbf{f}\colon X \to \mathbb{R}^m$ 在 X 上*一致连续*, 如果对于所有的 $\epsilon > 0$, 存在 $\delta > 0$, 使得对于所有的 $\mathbf{x}, \mathbf{y} \in X$, 如果 $|\mathbf{x} - \mathbf{y}| < \delta$, 则 $|\mathbf{f}(\mathbf{x}) - \mathbf{f}(\mathbf{y})| < \epsilon$.

定理 1.5.33 (线性函数是一致连续的). 每个线性函数 $T\colon \mathbb{R}^n \to \mathbb{R}^m$ 是一致连续的.

不等式 (1.5.53): $(|T|+1)$ 中的 $+1$ 是为了处理 T 是零线性变换的情况. 否则我们可以选取 $\delta = \epsilon/|T|$.

对任何的 C, 如果满足对所有的 $\vec{\mathbf{x}}$ 我们有 $|T\vec{\mathbf{x}}| \leqslant C|\vec{\mathbf{x}}|$, 我们可以选取 $\delta = \epsilon/C$. 最小的这样的 C 为

$$||T|| \overset{\text{def}}{=} \sup_{\vec{\mathbf{x}} \neq \vec{\mathbf{0}}} \frac{|T\vec{\mathbf{x}}|}{|\vec{\mathbf{x}}|} = \sup_{|\vec{\mathbf{x}}|=1} |T\vec{\mathbf{x}}|.$$

$||T||$ 这个数, 被称为 T 的范数, 非常重要, 但是难以计算; 2.9 节将讨论它.

证明: 我们要证明: 对于任意的 $\epsilon > 0$, 存在 $\delta > 0$, 使得对于任意的 $\vec{\mathbf{x}}_0, \vec{\mathbf{x}}_1 \in \mathbb{R}^n$, 有 $|\vec{\mathbf{x}}_1 - \vec{\mathbf{x}}_0| < \delta$, 则 $|T\vec{\mathbf{x}}_1 - T\vec{\mathbf{x}}_0| < \epsilon$. 取 $\delta = \dfrac{\epsilon}{|T|+1}$, 其中 $|T|$ 是代表 T 的矩阵 $[T]$ 的长度. 则

$$\begin{aligned} |T\vec{\mathbf{x}}_1 - T\vec{\mathbf{x}}_0| &= |T(\vec{\mathbf{x}}_1 - \vec{\mathbf{x}}_0)| \leqslant |T||\vec{\mathbf{x}}_1 - \vec{\mathbf{x}}_0| \\ &< \big(|T|+1\big)\delta = \epsilon. \quad \square \end{aligned} \tag{1.5.53}$$

向量的序列

许多最有意思的序列都来自级数的部分和.

定义 1.5.34 (收敛的向量序列). 一个级数 $\sum_{i=1}^{\infty}\vec{\mathbf{a}}_i$ 是收敛的(convergent), 如果由部分和 $\vec{\mathbf{s}}_n \stackrel{\text{def}}{=} \sum_{i=1}^{n}\vec{\mathbf{a}}_i$ 定义的 $n \mapsto \vec{\mathbf{s}}_n$ 的序列是一个收敛的向量序列. 在这种情况下, 无穷和为

$$\sum_{i=1}^{\infty}\vec{\mathbf{a}}_i \stackrel{\text{def}}{=} \lim_{n\to\infty}\vec{\mathbf{s}}_n. \tag{1.5.54}$$

图 1.5.7 展示了一个收敛的向量序列.

下面, 绝对收敛(absolute convergence)的意思是绝对值收敛.

命题 1.5.35 (绝对收敛就意味着收敛). 如果 $\sum_{i=1}^{\infty}|\vec{\mathbf{a}}_i|$ 收敛, 则 $\sum_{i=1}^{\infty}\vec{\mathbf{a}}_i$ 收敛.

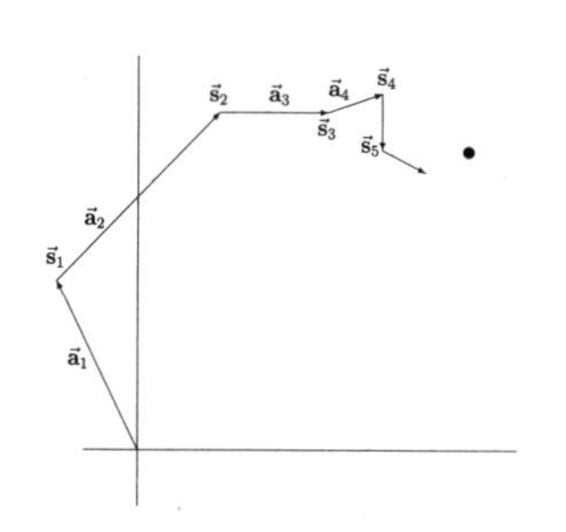

图 1.5.7

一个向量的收敛序列. 第 k 个部分和通过把前 k 个向量首尾相接得到.

证明: 设 $\vec{\mathbf{a}}_i = \begin{bmatrix} a_{1,i} \\ \vdots \\ a_{n,i} \end{bmatrix}$, 则 $|a_{k,i}| \leqslant |\vec{\mathbf{a}}_i|$, 因此, $\sum_{i=1}^{\infty}|a_{k,i}|$ 收敛, 根据定理 0.5.8, $\sum_{i=1}^{\infty}a_{k,i}$ 收敛. 命题 1.5.35 可以从命题 1.5.13 得出. □

命题 1.5.35 非常重要. 我们在 2.8 节用它来证明牛顿方法收敛. 我们在这里用它来证明一个以欧拉的名字命名的神奇的公式, 并且证明矩阵的几何级数可以被当作数字的几何级数来处理.

复指数函数和三角函数

公式

$$\mathrm{e}^{\mathrm{i}t} = \cos t + \mathrm{i}\sin t \tag{1.5.55}$$

被称为欧拉公式(Euler's formula). 实际上, 这个公式在欧拉 1748 年再次发现它之前就在 1714 年已经被 Roger Cotes 发现了. 非常令人惊讶的是, 在那时候, 指数函数 (计算复利的时候)、正弦函数、余弦函数 (在几何学, 尤其是天文学上) 已经被使用了 2 000 年了, 但是, 竟然没有人看到它们之间是密切相关的. 当然, 这需要先定义 $\mathrm{e}^{\mathrm{i}t}$, 或者, 更一般地, 定义 e^z, 其中 z 是复数.

当 z 是一个整数 (或者更一般地, 一个有理数) 的时候, 命题 1.5.36 给出的 e^z 的定义与通常的一个数的幂次的概念是一致的. 你可以通过按照公式 (1.5.56) 直接计算 e^z 来确认这个结论 $\mathrm{e}^{a+b} = \mathrm{e}^a\mathrm{e}^b$, 因此 $\mathrm{e}^2 = \mathrm{e}^1\mathrm{e}^1$.

1614 年, 约翰 · 纳皮尔引入了对数, 他通过 $\mathrm{e}^{a+b} = \mathrm{e}^a\mathrm{e}^b$ 把乘法变成了加法, 在没有计算器的时代, 这是一个伟大的节约劳动力的窍门. 事实上, 拉普拉斯 (1749 — 1827) 写道, 对数 "……, 通过减短劳动时间, 让天文学家的寿命得以加倍".

由于欧拉公式把指数和三角函数联系在了一起, 你可能期待三角函数也可以用来把乘法变成加法. 令人惊讶的是, 在发现欧拉公式的一个多世纪以前, 第谷 · 布拉赫 (Tycho Brahe, 1546 — 1601) 实验室的天文学家们就做了这个, 用正弦和余弦的加法公式来避免做大数的乘法.

命题 1.5.36 (复指数函数). 对于任意复数 z, 级数

$$\mathrm{e}^z \stackrel{\text{def}}{=} 1 + z + \frac{z^2}{2!} + \cdots = \sum_{k=0}^{\infty}\frac{z^n}{k!} \tag{1.5.56}$$

收敛. 注意 $0! = 1$, 当 $k = 0$ 时, 我们除的不是 0.

证明: 在一元微积分里, 你学到了 (例如, 用比率测试) 级数 $\sum_{k=0}^{\infty}\frac{x^k}{k!}$ 对任何 $x \in \mathbb{R}$ 收敛到 e^x. 由于

$$\left|\frac{z^k}{k!}\right| = \frac{|z|^k}{k!}, \tag{1.5.57}$$

定义 e^z 的级数绝对收敛, 根据命题 1.5.35, 级数收敛. (我们需要命题 1.5.35, 而不是命题 0.5.8, 因为 z 是复数.) □

定理 1.5.37. 对任何实数 t, 我们有 $e^{it} = \cos t + i\sin t$.

证明:

$$\sin t = t - \frac{t^3}{3!} + \frac{t^5}{5!} - \frac{t^7}{7!} + \cdots, \tag{1.5.58}$$

$$\cos t = 1 - \frac{t^2}{2!} + \frac{t^4}{4!} - \frac{t^6}{6!} + \cdots, \tag{1.5.59}$$

$$\begin{aligned} e^{it} &= 1 + (it) + \frac{(it)^2}{2!} + \frac{(it)^3}{3!} + \frac{(it)^4}{4!} + \cdots \\ &= 1 + it - \frac{t^2}{2!} - i\frac{t^3}{3!} + \frac{t^4}{4!} + \cdots. \end{aligned} \tag{1.5.60}$$

$\cos t$ 的项恰好是 e^{it} 里的实数部分, $\sin t$ 的项恰好是 e^{it} 里的虚数部分. 根据练习 0.5.5, 我们可以适当地重新排列这些项, 以处理复数的情况. □

矩阵的几何级数

在我们说 $\text{Mat}(n,m)$ 与 "$\mathbb{R}^{nm}$" 的时候, 意思是可以把一个 $n \times m$ 的矩阵表示为 $\mathbb{R}^{nm}$ 中的元素; 例如, 我们把矩阵 $\begin{bmatrix} a & b \\ c & d \\ e & f \end{bmatrix}$ 想成 $\begin{bmatrix} a \\ b \\ c \\ d \\ e \\ f \end{bmatrix} \in \mathbb{R}^6$. 我们将在 2.6 节探索这样的 "表示" 方法.

命题 1.5.38 的例子: 令
$$A = \begin{bmatrix} 0 & 1/4 \\ 0 & 0 \end{bmatrix},$$
则 $A^2 = \begin{bmatrix} 0 & 0 \\ 0 & 0 \end{bmatrix}$, 所以等式 (1.5.61) 中的无穷级数就变成了有限和:
$$(I - A)^{-1} = I + A,$$
以及
$$\begin{bmatrix} 1 & -1/4 \\ 0 & 1 \end{bmatrix}^{-1} = \begin{bmatrix} 1 & 1/4 \\ 0 & 1 \end{bmatrix}.$$

当凯莱引入矩阵的时候, 他写道: "方形矩阵的表现就和单个的数一样". 人们可以以很多种不同的方式把矩阵想成一个通常的数. 在这里, 我们会看到几何级数求和的一个标准结果也可以用在方形矩阵上; 我们在 2.8 节讨论牛顿方法的时候要用到这个结果. 在练习里, 我们会探索其他的矩阵的级数.

关于收敛序列和收敛级数的定义 1.5.12 和 1.5.34, 也可以同样用在向量和矩阵上. 用 $\text{Mat}(n,m)$ 表示 $n \times m$ 的矩阵的集合, 在涉及距离的时候, $\text{Mat}(n,m)$ 等价于 $\mathbb{R}^{nm}$. 尤其是, 命题 1.5.13 可以使用: 一个 $n \times m$ 的矩阵的级数 $\sum_{k=1}^{\infty} A_k$ 收敛, 当且仅当在每个位置 (i,j) 上, 级数的项 $(A_k)_{(i,j)}$ 收敛.

回忆 (例 0..5.6) 几何级数 $S = a + ar + ar^2 + \cdots$ 当 $|r| < 1$ 的时候收敛, 其和为 $a/(1-r)$.

命题 1.5.38. 令 A 为方形矩阵. 如果 $|A| < 1$, 则级数

$$S \stackrel{\text{def}}{=} I + A + A^2 + \cdots \text{ 收敛到} (I - A)^{-1}. \tag{1.5.61}$$

证明: 我们使用与例 0.5.6 中的标量情况相同的方法:

$$\begin{aligned} S_k &\stackrel{\text{def}}{=} I + A + A^2 + \cdots + A^k \\ S_k A &= \quad\ A + A^2 + \cdots + A^k + A^{k+1} \\ \hline S_k(I - A) = S_k - S_k A &= I \qquad\qquad\qquad\qquad - A^{k+1}. \end{aligned} \tag{1.5.62}$$

我们知道 (命题 1.4.11)

$$|A^{k+1}| \leqslant |A^k||A| = |A|^{k+1}. \tag{1.5.63}$$

根据例 0.5.6, $|A| < 1$ 意味着几何级数 $\sum_{k=0}^{\infty} |A|^k$ 收敛, 所以不等式 (1.5.63) 说

的是, 如果 $|A|<1$, 则 $\sum_{k=0}^{\infty}|A|^k$ 收敛. 因为绝对收敛意味着收敛 (命题 1.5.35), 所以定义了 S 的级数 (1.5.61) 收敛.

$$\begin{aligned} S(I-A) &= \lim_{k\to\infty} S_k(I-A) = \lim_{k\to\infty}(I-A^{k+1}) \\ &= I - \underbrace{\lim_{k\to\infty} A^{k+1}}_{[0]} = I. \end{aligned} \tag{1.5.64}$$

等式 (1.5.64) 说的是, S 是矩阵 $(I-A)$ 的左逆矩阵. 如果在等式 (1.5.62) 中, 我们写了 AS_k 而不是 S_kA, 同样的计算会得出 $(I-A)S=I$, 说明 S 是一个右逆矩阵. 根据命题和定义 1.2.14, S 是 $(I-A)$ 的逆矩阵. □

我们将在 2.2 节 (推论 2.2.7 后的讨论) 看到, 如果一个方形矩阵有一个右逆矩阵或者一个左逆矩阵, 则那个逆矩阵必然是一个真的逆矩阵; 做双向检验实际上是没有必要的.

推论 1.5.39. 如果 $|A|<1$, 则 $(I-A)$ 是可逆的.

推论 1.5.40. $n\times n$ 的可逆矩阵的集合是开集.

证明: 假设 B 是可逆的, 且 $|H|<1/|B^{-1}|$, 则 $|-B^{-1}H|<1$, 因此 $I+B^{-1}H$ 也是可逆的 (根据推论 1.5.39), 并且有

$$(I+B^{-1}H)^{-1}B^{-1} \underbrace{=}_{\text{命题 1.2.15}} \big(B(I+B^{-1}H)\big)^{-1} = (B+H)^{-1}. \tag{1.5.65}$$

因此, 如果 $|H|<1/|B^{-1}|$, 则矩阵 $B+H$ 也是可逆的, 这给出了 B 的一个由可逆矩阵构成的显式的邻域. □

1.5 节的练习

1.5.1 对下列的每个子集, 说明它是开的还是闭的 (或者两者都是, 或者都不是), 并说明为什么.

a. $\{x\in\mathbb{R}|0<x\leqslant 1\}$ 作为 $\mathbb{R}$ 的子集;

b. $\left\{\begin{pmatrix}x\\y\end{pmatrix}\in\mathbb{R}^2 \mid \sqrt{x^2+y^2}<1\right\}$ 作为 $\mathbb{R}^2$ 的子集;

c. 区间 $(0,1]$ 作为 $\mathbb{R}$ 的子集;

d. $\left\{\begin{pmatrix}x\\y\end{pmatrix}\in\mathbb{R}^2 \mid \sqrt{x^2+y^2}\leqslant 1\right\}$ 作为 $\mathbb{R}^2$ 的子集;

e. $\{x\in\mathbb{R} \mid 0\leqslant x\leqslant 1\}$ 作为 $\mathbb{R}$ 的子集;

f. $\left\{\begin{pmatrix}x\\y\\z\end{pmatrix}\in\mathbb{R}^3 \mid \sqrt{x^2+y^2+z^2}\leqslant 1, \text{且} x,y,z\neq 0\right\}$ 作为 $\mathbb{R}^3$ 的子集;

g. 空集作为 $\mathbb{R}$ 的子集.

练习 1.5.2: $\mathbb{R}^3$ 中的单位球是满足方程

$$x^2+y^2+z^2=1$$

的集合. 一个 "实心球" 指的是一个球, 一个 "实心圆" 指的是一个圆盘.

1.5.2 对下列的每个子集, 说明它是开的还是闭的 (或者两者都是, 或者都不是), 并说明为什么.

a. $\mathbb{R}^3$ 中的 (x,y) 平面; b. $\mathbb{R}\subset\mathbb{C}$; c. (x,y) 平面中的直线 $x=5$;
d. $(0,1)\subset\mathbb{C}$; e. $\mathbb{R}^n\subset\mathbb{R}^n$; f. $\mathbb{R}^3$中的单位球.

1.5.3 对 $\mathbb{R}^n$ 的开子集证明下列陈述:

练习 1.5.3: 在本书中, 我们的开和闭集合为 $\mathbb{R}^n$ 中的开和闭集合, 如定义 1.5.2 和定义 1.5.4 所定义的, 也可以有更一般的开集和闭集. 集合 X 的满足练习 1.5.3 的性质 a 和 b 的子集的集合 M, 且 M 包含空集和集合 X, 称为 X 上的*拓扑*(topology). *广义拓扑学*(general topology)这个领域研究的是这些公理的结果.

练习 1.5.3, a 问的提示: 并集可以是无限多个开集的并. c 问的提示: 找到一个反例.

a. 开集的任意并集是开的.

b. 开集的有限交集是开的.

c. 开集的无限交集不一定是开的.

1.5.4 a. 证明: A 的内部是包含在 A 中的最大开集.

b. 证明: A 的闭包是包含 A 的最小闭集.

c. 证明: 边界是闭包减去内部, $\partial A = \overline{A} - \mathring{A}$.

1.5.5 对下面每个 $\mathbb{R}$ 和 $\mathbb{R}^2$ 的子集, 陈述它是开集还是闭集 (或者两者都是, 或者都不是), 并且证明你的结论.

a. $\left\{\begin{pmatrix} x \\ y \end{pmatrix} \in \mathbb{R}^2 \mid 1 < x^2+y^2 < 2\right\}$; b. $\left\{\begin{pmatrix} x \\ y \end{pmatrix} \in \mathbb{R}^2 \mid xy \neq 0\right\}$;

c. $\left\{\begin{pmatrix} x \\ y \end{pmatrix} \in \mathbb{R}^2 \mid y = 0\right\}$; d. $\{\mathbb{Q} \subset \mathbb{R}\}$ (有理数).

1.5.6 令 A 为 $\mathbb{R}^n$ 的子集. 证明: A 的边界也是 A 的闭包和 A 的补集的闭包的交集.

1.5.7 对下面的每个公式, 找到其自然的定义域, 并证明自然的定义域是开的, 闭的, 还是两者都不是.

a. $\sin\dfrac{1}{xy}$; b. $\ln\sqrt{x^2-y}$; c. $\ln\ln x$;

d. $\arcsin\dfrac{3}{x^2+y^2}$; e. $\sqrt{\mathrm{e}^{\cos xy}}$; f. $\dfrac{1}{xyz}$.

练习 1.5.8 比你所想象的容易.

$$B = \begin{bmatrix} 1 & \epsilon & \epsilon \\ 0 & 1 & \epsilon \\ 0 & 0 & 1 \end{bmatrix}$$

练习 1.5.8, a 问的矩阵.

$$B = \begin{bmatrix} 1 & -\epsilon \\ +\epsilon & 1 \end{bmatrix}$$

练习 1.5.8, b 问的矩阵.

1.5.8 a. 对边注中的矩阵 B, 通过找到矩阵 A 使得 $B = I - A$, 并且通过计算级数 $S = I + A + A^2 + A^3 + \cdots$ 来找到矩阵 B 的逆.

b. 计算边注中的矩阵 C 的逆, 其中 $|\epsilon| < 1$.

1.5.9 证明 $\sum\limits_{i=1}^{\infty} \mathbf{x}_i$ 是 $\mathbb{R}^n$ 中的收敛序列. 证明三角不等式成立:

$$\left|\sum_{i=1}^{\infty} \mathbf{x}_i\right| \leqslant \sum_{i=1}^{\infty} |\mathbf{x}_i|.$$

1.5.10 令 A 为 $n \times n$ 的矩阵, 定义

$$\mathrm{e}^A = \sum_{k=0}^{\infty} \frac{1}{k!} A^k = I + A + \frac{1}{2} A^2 + \frac{1}{3!} A^3 + \cdots.$$

i. $\begin{bmatrix} a & 0 \\ 0 & b \end{bmatrix}$; ii. $\begin{bmatrix} 0 & a \\ 0 & 0 \end{bmatrix}$;

iii. $\begin{bmatrix} 0 & a \\ -a & 0 \end{bmatrix}$.

练习 1.5.10, b 问的矩阵. 对第三个矩阵, 你需要查找一下 $\sin x$ 和 $\cos x$ 的幂级数.

a. 证明: 级数对所有的 A 收敛, 并找到用 $|A|$ 和 n 表示的 $|\mathrm{e}^A|$ 的界.

b. 对边注中给出的 A, 计算 e^A.

c. 证明下列结论或者找到反例:

i. 对任意 A 和 B, $\mathrm{e}^{A+B} = \mathrm{e}^A \mathrm{e}^B$;

ii. 对满足 $AB = BA$ 的 A 和 B, $\mathrm{e}^{A+B} = \mathrm{e}^A \mathrm{e}^B$;

iii. 对任意 A, $\mathrm{e}^{2A} = (\mathrm{e}^A)^2$.

1.5.11 令 $\varphi\colon (0,\infty) \to (0,\infty)$ 为一个满足 $\lim_{\epsilon\to 0}\varphi(\epsilon) = 0$ 的函数.

a. 证明: $\mathbb{R}^n$ 中的序列 $i \mapsto \mathbf{a}_i$ 收敛到 $\mathbf{a}$, 当且仅当对于任意 $\epsilon > 0$, 存在 N, 使得对于 $n > N$, 我们有 $|\mathbf{a}_n - \mathbf{a}| < \varphi(\epsilon)$.

b. 找到对于函数极限的与其类比的陈述.

1.5.12 令 u 为 $\epsilon > 0$ 的一个严格为正值的函数, 满足在 $\epsilon \to 0$ 时, $u(\epsilon) \to 0$, 令 U 为 $\mathbb{R}^n$ 的一个子集. 证明下列陈述为等价的:

a. 函数 $f\colon U \to \mathbb{R}$ 在 $\mathbf{x}_0$ 有极限 a, 如果 $\mathbf{x}_0 \in \overline{U}$, 并且如果对所有的 $\epsilon > 0$, 存在 $\delta > 0$, 使得当 $|\mathbf{x} - \mathbf{x}_0| < \delta$ 且 $\mathbf{x} \in U$ 时, $|f(\mathbf{x}) - a| < \epsilon$.

b. 函数 $f\colon U \to \mathbb{R}$ 在 $\mathbf{x}_0$ 有极限 a, 如果 $\mathbf{x}_0 \in \overline{U}$, 并且如果对所有的 $\epsilon > 0$, 存在 $\delta > 0$, 使得当 $|\mathbf{x}-\mathbf{x}_0| < \delta$ 且 $\mathbf{x} \in U$ 时, $|f(\mathbf{x})-a| < u(\epsilon)$.

1.5.13 证明命题 1.5.17 的逆命题. (也就是证明: 如果每个集合 $C \subset \mathbb{R}^n$ 中的收敛子序列收敛到 C 中的点, 则 C 是闭集.)

1.5.14 陈述下列极限是否存在, 并证明:

a. $\displaystyle\lim_{\begin{pmatrix}x\\y\end{pmatrix}\to\begin{pmatrix}1\\2\end{pmatrix}} \frac{x^2}{x+y}$; b. $\displaystyle\lim_{\begin{pmatrix}x\\y\end{pmatrix}\to\begin{pmatrix}0\\0\end{pmatrix}} \frac{\sqrt{|x|}y}{x^2+y^2}$;

c. $\displaystyle\lim_{\begin{pmatrix}x\\y\end{pmatrix}\to\begin{pmatrix}0\\0\end{pmatrix}} \frac{\sqrt{|xy|}}{x^2+y^2}$; d. $\displaystyle\lim_{\begin{pmatrix}x\\y\end{pmatrix}\to\begin{pmatrix}1\\2\end{pmatrix}} (x^2+y^2-3)$.

练习 1.5.15: 想想所有的鳄鱼, 0.2 节.

1.5.15 假设在定义 1.5.20 中, 我们忽略了 $\mathbf{x}_0$ 在 $\overline{X}$ 中的要求, 那么下列结论是否成立?

a. $\lim_{x\to -2}\sqrt{x} = 5$; b. $\lim_{x\to -2}\sqrt{x} = 3$.

1.5.16 a. 令 $D^* \subset \mathbb{R}^2$ 为 $0 < x^2+y^2 < 1$ 对应的区域, 令 $f\colon D^* \to \mathbb{R}$ 为一个函数. 下列结论的意思是什么?

$$\lim_{\begin{pmatrix}x\\y\end{pmatrix}\to\begin{pmatrix}0\\0\end{pmatrix}} f\begin{pmatrix}x\\y\end{pmatrix} = a.$$

b. 对下列两个定义在 $\mathbb{R}^2 - \{\mathbf{0}\}$ 上的函数, 要么证明极限在 $\mathbf{0}$ 存在, 并写出极限值, 要么证明它不存在.

$$f\begin{pmatrix}x\\y\end{pmatrix} = \frac{\sin(x+y)}{\sqrt{x^2+y^2}},\quad g\begin{pmatrix}x\\y\end{pmatrix} = (|x|+|y|)\ln(x^2+y^4).$$

1.5.17 证明定理 1.5.16.

1.5.18 证明命题 1.5.19: 如果一个序列 $i \mapsto \vec{\mathbf{a}}_i$ 收敛到 $\vec{\mathbf{a}}$, 则任何子序列收敛到同样的极限.

1.5.19 令 $U \subset \mathrm{Mat}(2,2)$ 为满足 $I - A$ 可逆的矩阵 A 的集合.

a. 证明 U 为开集, 并找到 U 中的一个序列收敛到 I.

b. 考虑映射 $f\colon U \to \text{Mat}(2,2)$, 由 $f(A) = (A^2 - I)(A - I)^{-1}$ 给出. $\lim\limits_{A\to I} f(A)$ 是否存在? 如果存在, 极限是多少?

*c. 令 $B = \begin{bmatrix} 1 & 0 \\ 0 & -1 \end{bmatrix}$, 且令 $V \subset \text{Mat}(2,2)$ 为满足 $A - B$ 可逆的矩阵 A 的集合. 再次证明 V 是开集, 且 B 可以由 V 中的元素近似.

*d. 考虑映射 $g\colon V \to \text{Mat}(2,2)$, 由下式给出

$$g(A) = (A^2 - B^2)(A - B)^{-1}.$$

$\lim\limits_{A\to B} g(A)$ 是否存在? 如果存在, 极限是多少?

1.5.20 a. 设 $A = \begin{bmatrix} a & a \\ a & a \end{bmatrix}$. 对于哪些 $a \in \mathbb{R}$, $\text{Mat}(2,2)$ 的矩阵的序列 $k \mapsto A^k$ 随着 $k \to \infty$ 收敛? 极限是多少?

b. 换成 3×3 和 $n \times n$ 的矩阵, 每项都是 a, 结论是什么?

1.5.21 对下列函数, 你可以给 f 在 $\begin{pmatrix} 0 \\ 0 \end{pmatrix}$ 选取一个值使函数在原点连续吗?

a. $f\begin{pmatrix} x \\ y \end{pmatrix} = \dfrac{1}{x^2+y^2+1}$;　　b. $f\begin{pmatrix} x \\ y \end{pmatrix} = \dfrac{\sqrt{x^2+y^2}}{|x|+|y|^{1/3}}$;

c. $f\begin{pmatrix} x \\ y \end{pmatrix} = (x^2+y^2)\ln(x^2+2y^2)$;　　d. $f\begin{pmatrix} x \\ y \end{pmatrix} = (x^2+y^2)\ln|x+y|$.

1.5.22 矩阵 $A = \begin{bmatrix} 2 & 2 \\ 0 & 1 \end{bmatrix}$ 表示一个一致连续的映射 $\mathbb{R}^2 \to \mathbb{R}^2$(见定理 1.5.33).

a. 找到一个由 ϵ 显式表示的 δ.

*b. 找到用 ϵ 表示的最大且有效的 δ. 提示: 参见定理 1.5.33 的边注.

1.5.23 令 A 为 $n \times n$ 的矩阵.

练习 1.5.23: 如果 x 是实数, 则

$$\lim_{y\to x} \frac{y^2 - x^2}{y - x} = 2x;$$

尤其是, 极限存在. 这个练习在研究此结果对于矩阵是否仍然成立.

a. 说明

$$\lim_{B\to A} (A - B)^{-1}(A^2 - B^2)$$

存在的意义是什么?

b. 在 $A = \begin{bmatrix} 1 & 0 \\ 0 & 1 \end{bmatrix}$ 时极限存在吗?

*c. 在 $A = \begin{bmatrix} 0 & 1 \\ 1 & 0 \end{bmatrix}$ 时呢?

***1.5.24** 令 a, b, c, d 为非负整数. 对于哪些 a, b, c, d 的值, $\lim\limits_{\begin{pmatrix} x \\ y \end{pmatrix}\to\begin{pmatrix} 0 \\ 0 \end{pmatrix}} \dfrac{x^a y^b}{x^{2c} + y^{2d}}$ 存在? 对于这些值, 极限是多少?

1.6　五大定理

在这一节, 我们来证明五个主要的定理: 紧致集合中的序列有收敛子序列, 紧致集合上的连续函数有最大值和最小值, 中值定理, 紧致集合上的连续函数是一致连续的, 以及代数基本定理.

前四个定理只有 130 年左右的历史. 在众多数学家 (皮亚诺、维尔斯特拉斯、康托) 发现以前被认为是显然的陈述其实是错误的之后, 这些定理才被认为是基本的. 例如, "*平面中的曲线的面积为* 0" 这个陈述可能看起来是显然的, 但我们可以构造一条连续的曲线充满一个三角形, 且至少经过每个点一次! (这样的曲线被称为*皮亚诺曲线*(Peano curve); 见附录 A.1 中的练习 A.1.5.) 这些发现使得数学家们不得不重新思考它们的定义和陈述, 以使微积分的基础变得更加牢固.

在第一年和第二年的微积分课程中, 这些结果通常不会出现, 一旦我们知道了一点拓扑学知识, 它们就并不难去证明: 例如, 开集和闭集的概念, 函数的最大值和最小值.

当皮亚诺和康托的例子被发现的时候, 他们被认为是离经叛道的. 1899 年, 法国数学家庞加莱 (Henri Poincaré) 批判了 "一群乱七八糟的函数 ⋯⋯, 它们唯一的作用就是尽可能看上去不像优雅而有用的函数".

"那些可怜的学生会怎么想? " 庞加莱担心. "他会认为数学科学就是一堆随意且无用的小东西? 他或者会因为讨厌它而转身, 或者会像对待一个迷人的游戏一样对待它. "

带有讽刺意味的是, 庞加莱最终负责证明了这样看起来 "病态" 的函数对描述大自然是很基本的, 从而导致了像分形的物体无处不在的混沌动力学等领域的诞生.

紧致集合中收敛子序列的存在性

在 1.5 节, 我们引入了一些拓扑学的基本概念. 现在我们将使用它们来证明定理 1.6.3, 这是一个重要的结果, 可以让我们证明收敛子序列的存在性, 而不必知道收敛到哪里. 我们将用这个定理来证明两个重要的陈述: 中值定理 (定理 1.6.13) 和具有有界支撑集合的连续函数的可积性. 这些定理被用到了 —— 它们确实是非常重要的 —— 但是它们经常是不被证明就被使用. [13] 我们也将使用定理 1.6.3 来证明代数基本定理和对称矩阵的谱定理 (定理 3.7.15).

首先我们需要两个定义.

练习 1.6.1 让你证明: 如果一个集合被包含在一个中心在任意点的球里面 —— 这个球不必以原点为中心, 则集合是有界的.

定义 1.6.1 (有界集合). 子集 $X \subset \mathbb{R}^n$ 是*有界的*(bounded), 如果它被包含在 $\mathbb{R}^n$ 的一个以原点为中心的球内:

$$\text{对于某个 } R < \infty,\ X \subset B_R(\mathbf{0}). \tag{1.6.1}$$

注意, 一个闭集不必是有界的. 例如, $[0, \infty)$ 是 $\mathbb{R}$ 的一个闭子集; 它唯一的边界是 0 点, 包含在集合以内. (换句话说, 我们可以说, 它的补集 $(-\infty, 0)$ 是开集.)

定义 1.6.2 (紧致集合). 非空子集 $C \subset \mathbb{R}^n$ 是*紧致的*(compact), 如果它封闭且有界.

定义 1.6.2 出乎意料的重要, 它侵入到了数学的整个肌体里; 它是空间的基本的 "有限性准则". 差不多数学的一半是由证明一些空间是紧致的组成的. 下述定理, 被称为 "博扎诺–维尔斯特拉斯" 定理, 至少和前面的定义一样重要.

定理 1.6.3: 等价地, $\mathbb{R}^n$ 中的一个有界的序列有收敛的子序列.

紧致集合的另外两个特征在附录 A.3 中证明: 海因–波莱尔定理和紧致集合的递减交集是非空的事实.

定理 1.6.3 (紧致集合的收敛子序列). 如果一个紧致集合 $C \subset \mathbb{R}^n$ 包含一个序列 $i \mapsto \mathbf{x}_i$, 则该序列包含一个收敛子序列 $j \mapsto \mathbf{x}_{i(j)}$, 其极限在 C 中.

[13]一个例外是 Michael Spivak 的书 *Calculus*.

注意, 定理 1.6.3 并没有说明收敛子序列收敛到哪里, 它只是说, 收敛子序列存在.

证明: 集合 C 被包含在某一个盒子 $-10^N \leqslant x_i \leqslant 10^N$ 中. 以一个显然的方式把这个盒子分解为边长为 1 的小盒子. 则这些盒子中, 至少有一个, 我们称为 B_0, 必然包含序列的无穷多项, 因为序列是无限的, 而我们只有有限多个盒子. 从 B_0 中选取某一项 $\mathbf{x}_{i(0)}$, 并把 B_0 切成 10^n 个边长为 1/10 的盒子 (在平面中, 有 100 个盒子; 在 $\mathbb{R}^3$ 中, 有 1 000 个盒子). 这些小盒子中, 至少有一个含有序列的无穷多项. 把这个盒子称为 B_1, 选取 $\mathbf{x}_{i(1)} \in B_1$, 且满足 $i(1) > i(0)$. 现在, 我们继续下去: 把 B_1 切成 10^n 个边长为 $1/10^2$ 的盒子, 再次, 我们有其中的一个盒子必然包含序列中的无穷多项, 称为 B_2, 并选取一个元素 $\mathbf{x}_{i(2)} \in B_2$, 且满足 $i(2) > i(1) > \cdots$.

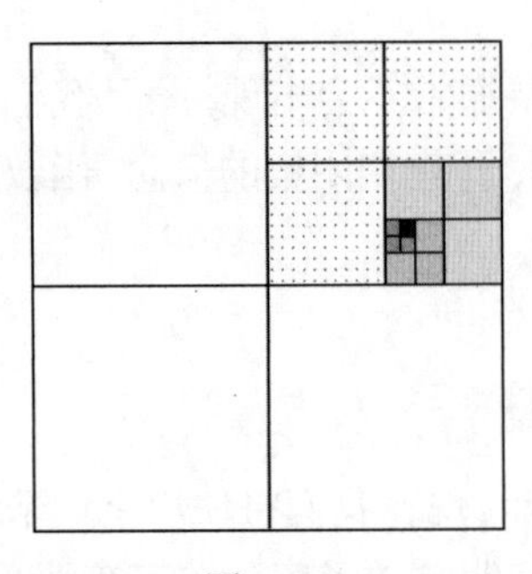

图 1.6.1

如果大的盒子包含了一个无限序列, 则四个象限中的一个必然包含一个收敛子序列. 如果那个象限被分成四个小盒子, 则那些小盒子中必有一个包含了一个收敛子序列, 等等.

把第一个盒子 B_0 想成给出了 B_0 内所有点的坐标, 精确到小数点. (因为难以演示一个十进制数字系统的多个层次, 图 1.6.1 演示了一个二进制系统的过程.) 下一个盒子, B_1, 给出了小数点后的第一位.[14] 例如, 假设 B_0 有顶点 $\begin{pmatrix}1\\2\end{pmatrix}, \begin{pmatrix}2\\2\end{pmatrix}, \begin{pmatrix}1\\3\end{pmatrix}$ 和 $\begin{pmatrix}2\\3\end{pmatrix}$. 进一步假设 B_1 是右上角的小方块. 则 B_1 内的所有点可写为 $\begin{pmatrix}1.9\cdots\\2.9\cdots\end{pmatrix}$, 这里的点代表任意数字. 换句话说, B_1 内的所有点都有相同的数字展开, 直到小数点后一位. 当你把 B_1 分成 100 个小盒子的时候, B_2 的选取将决定下一位; 如果 B_2 在右下角, 则 B_2 内的所有点都写作 $\begin{pmatrix}1.99\cdots\\2.90\cdots\end{pmatrix}$, 等等.

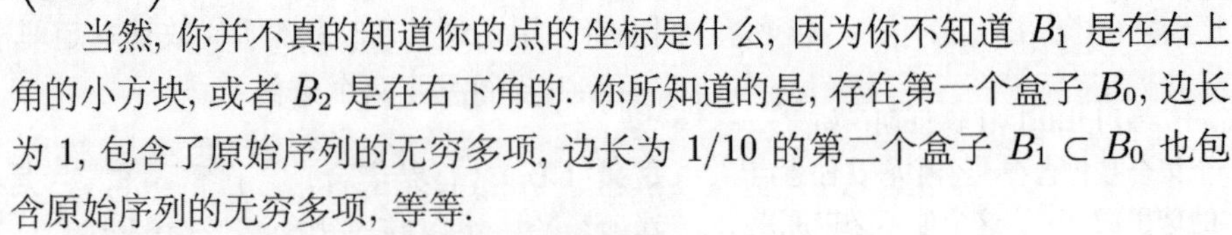

当然, 你并不真的知道你的点的坐标是什么, 因为你不知道 B_1 是在右上角的小方块, 或者 B_2 是在右下角的. 你所知道的是, 存在第一个盒子 B_0, 边长为 1, 包含了原始序列的无穷多项, 边长为 1/10 的第二个盒子 $B_1 \subset B_0$ 也包含原始序列的无穷多项, 等等.

用这种方法构造一个嵌套的盒子的序列

$$B_0 \supset B_1 \supset B_2 \supset \cdots, \tag{1.6.2}$$

B_m 的边长为 10^{-m}, 每一个包含了序列的无穷多项; 进一步选取 $\mathbf{x}_{i(m)} \in B_m$, 满足 $i(m+1) > i(m)$.

考虑 $\mathbf{a} \in \mathbb{R}^n$, 满足 a_k 的每个坐标的第 m 位数字与 $\mathbf{x}_{i(m)}$ 的第 k 个坐标的第 m 位数字一致. 则对于所有的 m, $|\mathbf{x}_{i(m)} - \mathbf{a}| < n \times 10^{-m}$. 因此 $\mathbf{x}_{i(m)}$ 收敛到 $\mathbf{a}$. 由于 C 是闭集, 所以 $\mathbf{a}$ 在 C 中. □

你可能想 "这有什么大不了的? " 要看到证明中会带来麻烦的部分, 参见例 1.6.4.

例 1.6.4 (收敛子序列). 考虑序列

$$m \mapsto x_m \stackrel{\text{def}}{=} \sin 10^m. \tag{1.6.3}$$

[14] 要确保同一个盒子里的所有点在适当的精确度下有相同的数字展开, 我们应该说, 我们的盒子的顶部和底部都是开的.

这是紧致集合 $C=[-1,1]$ 中的一个序列, 所以它包含一个收敛子序列. 但是你怎么找到它呢? 构造的第一步是把区间 $[-1,1]$ 分成三个子区间 (我们的"盒子"), 写为

$$[-1,1]=[-1,0)\cup[0,1)\cap\{1\}. \tag{1.6.4}$$

我们如何选择等式 (1.6.4) 中的三个盒子哪一个为 B_0 呢? 我们知道 x_m 永远都不在盒子 $\{1\}$ 中, 因为当且仅当 $\theta=\pi/2+2k\pi$ 时有 $\sin\theta=1$. 但是, 我们如何在 $[-1,0)$ 和 $[0,1)$ 之间选择呢? 如果我们选择 $[0,1)$, 则必须确定我们有无穷多个正的 x_m. 那 x_m 什么时候是正的呢?

因为 $\sin\theta$ 在 $0<\theta<\pi$ 的时候是正的, 所以 $x_m=\sin 10^m$ 在 $10^m/(2\pi)$ 的小数部分大于 0 且小于 1/2 的时候是正的. ("小数部分" 的意思是, 小数点后面的部分; 例如, 5/3 的小数部分为 $0.666\cdots$, 因为 $5/3=1+2/3=1.666\cdots$.) 如果你看不到这个, 则考虑 (如图 1.6.2) $\sin 2\pi\alpha$ 仅依赖于 α 的小数部分:

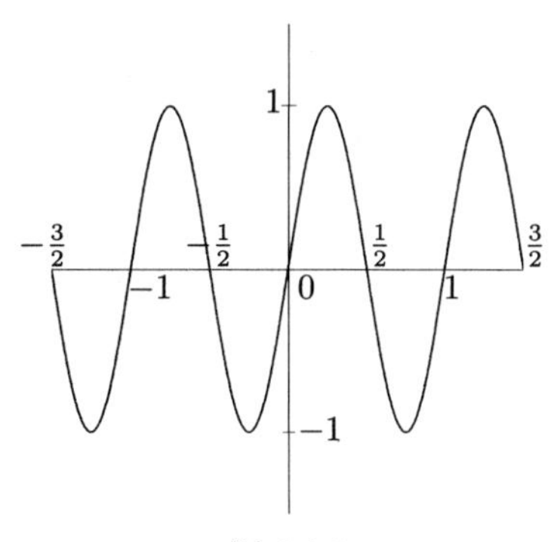

图 1.6.2

$\sin 2\pi\alpha$ 的图像. 如果数字 α 的小数部分在 0 和 1/2 之间, 则 $\sin 2\pi\alpha\geqslant 0$; 如果在 1/2 和 1 之间, 则 $\sin 2\pi\alpha\leqslant 0$.

$$\sin 2\pi\alpha\begin{cases}=0 & \text{如果}\alpha\text{是整数或者半整数}\\ >0 & \text{如果}\alpha\text{的小数部分小于}1/2\cdot\\ <0 & \text{如果}\alpha\text{的小数部分大于}1/2\end{cases} \tag{1.6.5}$$

如果我们不写 $x_m=\sin 10^m$, 而是写

$$x_m=\sin 2\pi\frac{10^m}{2\pi},\ \text{也就是}\ \alpha=\frac{10^m}{2\pi}, \tag{1.6.6}$$

我们看到, 如上所述, x_m 在 $10^m/(2\pi)$ 的小数部分小于 1/2 的时候是正的.

所以, 如果序列 $m\mapsto\sin 10^m$ 的一个收敛子序列被包含在盒子 $[0,1)$ 中, 则必有无限多个 $10^m/(2\pi)$ 的小数部分小于 1/2. 这将会确保我们在 $[0,1)$ 中有无限多个 $x_m=\sin 10^m$.

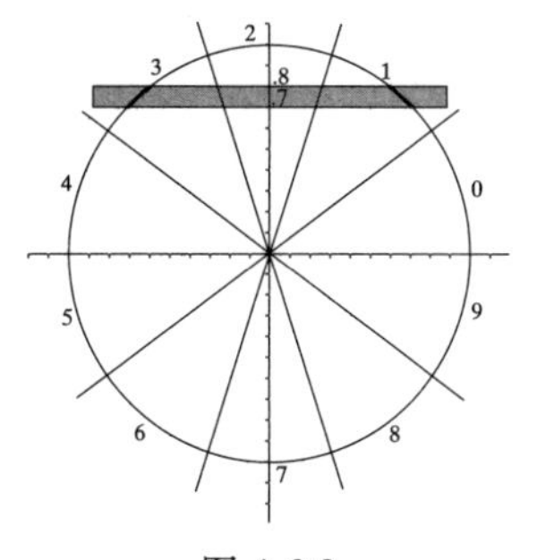

图 1.6.3

想要 $\sin 10^m$ 的小数点后第一位是 7, 也就是 $0.7<\sin 10^m<0.8$, 10^m rad(或者等价于 $10^m/(2\pi)$ 圈) 必须处于深色的弧内. 整数圈不算在内, 所以只有 $10^m/(2\pi)$ 的小数部分有关系; 尤其是, 小数点后的第一位必须是 1 或者 3. 这样 $1/(2\pi)$ 的小数点后的第 $(m+1)$ 位必须是 1 或者 3. 想要 $\sin 10^m$ 有一个极限为 $0.7\cdots$ 的收敛子序列, 这个一定会在无穷多个 m 上出现, 所以在 $1/(2\pi)$ 的十进制展开里, 必有无限多个 1 和 3.

尽管 $m\mapsto\sin 10^m$ 是一个紧致集合中的序列, 因此它含有一个 (定理 1.6.3) 收敛子序列, 我们不能开始找到那个子序列. 我们甚至不能说它究竟是在 $[-1,0)$ 中还是在 $[0,1)$ 中.

对任何单一的 x_m, 知道小数部分的第一位是 0, 1, 2, 3 或者 4 就足够了: 知道小数点后的第一位可以告诉你小数部分小于还是大于 1/2. 因为乘上 10^m 只是把小数点向右移动 m 位, 询问 $10^m/(2\pi)$ 的小数部分是否在 $[0,1/2)$ 中就是在问 $1/(2\pi)=0.159\ 154\ 9\cdots$ 的第 $(m+1)$ 位是否为 0, 1, 2, 3 或者 4; 说 x_m 在 $[0,1)$ 中有极限等价于说 0, 1, 2, 3, 4 中的至少一个在 $1/(2\pi)$ 的十进制展开中出现无限多次. (图 1.6.3 演示了更为精细的问题, $10^m/(2\pi)$ 的小数部分是否在 $[0.7,0.8)$ 中.)

注意, 我们没有在说所有的 $10^m/(2\pi)$ 的小数点后面都跟着 0, 1, 2, 3 或者 4! 很清楚, 并不是这样的. 我们不是对所有的 x_m 都感兴趣; 我们只需要知道, 我们可以找到序列 $m\mapsto x_m$ 的子序列收敛到 $[0,1)$ 中的某个数. 例如, x_1 不在 $[0,1)$ 中, 因为 $10\times 0.159\ 154\ 9\cdots=1.591\ 549\cdots$; 小数部分从 5 开始. x_2 也不行, 因为它的小数部分从 9 开始: $10^2\times 0.159\ 154\ 9\cdots=15.915\ 49\cdots$, 但是 x_3 在 $[0,1)$ 中, 因为 $10^3\times 0.159\ 154\ 9\cdots=159.154\ 9\cdots$ 的小数部分从 1 开始.

人人都相信数字 0 在 $1/(2\pi)$ 的展开式中出现无限多次. 实际上, 被广为相信的是 π 是一个正规数 (每个数字出现的概率大概为 10%, 每对数字出现的概率大概为 1%, 等等). π 的前 40 亿位已经被算了出来且看上去证实了这个

猜想.

被广为相信的是 $1/(2\pi)$ 也是*正规数*(normal number), 但没人知道如何证明; 就我们所知, 可以想象, 在第 100 亿位之后所有的数字都是 6, 7 和 8. 这样, 就算是选择第一个盒子 B_0, 也需要具有一些神一般的能力来 "看到" 整个的无穷级数, 但是还没有一个显然的方法能够做到. △

定理 1.6.3 是*非构造性的*(nonconstructive): 它证明了某些东西的存在性, 但对于如何找到它们, 却没有给出任何的提示. 19 世纪末的许多数学家被这种证明强烈地扰乱了; 尽管在今天, 一群称为*构造主义者*(constructivists)的数学家拒绝这种思考方式. 他们要求, 若要确定一个数, 你要给出计算每一位数的计算规则. *构造主义者*在现今时代已经很稀少了; 我们一个还没有遇到. 我们对他们的视角有一定的认同感, 也更倾向于那些提供了有效的可计算的算法的证明, 至少也要是隐式的.

紧致集合上的连续函数

我们现在探索定理 1.6.3 的一些结果. 一个是定义在紧致子集上的连续函数有取到最大值的点和取到最小值的点.

在下面的定义中, C 是 $\mathbb{R}^n$ 的一个子集.

定义 1.6.5 (上确界). 数值 M 是函数 $f\colon C \to \mathbb{R}$ 的*上确界*(supremum), 如果 M 是 f 的值的集合的最小上界 (就是说, 对于所有的 $\mathbf{c} \in C$ 的函数值 $f(\mathbf{c})$). 记为 $M = \sup\limits_{\mathbf{c}\in C} f(\mathbf{c})$.

定义 1.6.6 (最大值, 最大值点). 数值 M 是函数 $f\colon C \to \mathbb{R}$ 的*最大值*(maximum value), 如果它是 f 的上确界, 且存在 $\mathbf{b} \in C$, 使得 $f(\mathbf{b}) = M$. 点 $\mathbf{b}$ 称为 f 的*最大值点*(maximum).

定义 1.6.7 (下确界). 数值 m 是函数 $f\colon C \to \mathbb{R}$ 的*下确界*(infimum), 如果 m 是 f 的值的集合的最大下界. 记为 $m = \inf\limits_{\mathbf{c}\in C} f(\mathbf{c})$.

定义 1.6.8 (最小值, 最小值点). 数值 m 是定义在集合 $C \subset \mathbb{R}^n$ 上的函数 f 的*最小值*(minimum value), 如果它是 f 的下确界, 且存在 $\mathbf{c} \in C$, 使得 $f(\mathbf{c}) = m$. 点 $\mathbf{c}$ 称为函数的*最小值点*(minimum).

定理 1.6.9 使你能够从*局部*的信息 —— 函数是连续的 —— 得到*全局*的信息: 整个函数的最大值点和最小值点的存在性. 注意, C 是紧致集合.

定理 1.6.9 (最大值点和最小值点的存在性). 令 $C \subset \mathbb{R}^n$ 为一个紧致子集, 令 $f\colon C \to \mathbb{R}$ 为一个连续函数. 则存在一个点 $\mathbf{a} \in C$, 使得 $f(\mathbf{a}) \geqslant f(\mathbf{x})$ 对任何 $\mathbf{x} \in C$ 都成立, 存在一个点 $\mathbf{b} \in C$, 使得 $f(\mathbf{b}) \leqslant f(\mathbf{x})$ 对任何 $\mathbf{x} \in C$ 都成立.

定义 1.6.5: 最小上界在定义 0.5.1 中定义; 当然它只在 $f(\mathbf{c})$ 的集合有上界的时候存在; 在这种情况下, 函数称为*向上有界的*(bounded above).

我们将用 "最大值" 代表陪域中的点 M, "最大值点" 代表定义域中满足 $f(\mathbf{b}) = M$ 的点 $\mathbf{b}$.

有些人用 "最大值" 来表示一个最小上界, 而不是实际能达到的最小上界.

最大下界在定义 0.5.2 中定义: 一个数 a 是一个集合 $X \subset \mathbb{R}$ 的下界, 如果对每个 $x \in X$, 我们有 $x \geqslant a$; 最大下界是一个下界 b, 使得对任何其他的下界 a, 我们有 $b \geqslant a$. 有些人不加区分地使用 "最大下界" 和 "最小值".

在开集 $(0,1)$ 上, $f(x) = x^2$ 的最大下界是 0, f 没有最小值. 在闭集 $[0,1]$ 上, 0 同时是它的下确界和最小值.

回忆一下 "紧致" 的意思是 "封闭且有界".

定理 1.6.9: 一个学生反对, "有什么要证明的? " 它可能看起来很明显, 你能画出来的在 $[0,1]$ 上的函数的图形必须有最大值点. 但定理 1.6.9 还谈到了定义在 $\mathbb{R}^{17}$ 的紧致子集上的函数, 对于这些函数我们是没有直觉的. 更进一步说, 还不是像你想的那样十分清楚, 哪怕是对 $[0,1]$ 上的函数.

例 1.6.10 (没有最大值点的函数). 考虑定义在紧致集合 $[0,1]$ 上的函数

$$f(x) = \begin{cases} 0 & \text{当 } x = 0 \text{ 时} \\ \dfrac{1}{x} & \text{其他情况} \end{cases}. \tag{1.6.7}$$

随着 $x \to 0$, 我们看到 $f(x)$ 向上增加到无限大; 函数没有最大值 (甚至上确界); 它是无界的. 这个函数是不连续的, 因此定理 1.6.9 对它不适用.

练习 1.6.2 让你证明: 如果 $A \subset \mathbb{R}^n$ 是任意非紧致子集, 则总有 A 上的一个连续无界函数.

定义在 $(0,1]$ 上的函数 $f(x) = 1/x$ 是连续的, 但是没有最小值; 这次的问题是, $(0,1]$ 区间不是封闭的, 因此不是紧致的. 定义在全体实数 $\mathbb{R}$ 上的函数 $f(x) = x$ 没有最大值点 (或者最小值点); 这次的问题是, $\mathbb{R}$ 是无界的, 因此不是紧致的. 现在来考虑定义在闭区间 $[0,2]$ 中的有理数上的函数 $f(x) = 1/|x-\sqrt{2}|$. 用这种方式来限制函数的定义域避免了在 $\sqrt{2}$ 上可能有的麻烦, 因为 $1/|x-\sqrt{2}|$ 可能会向上增长到无限大, 但函数不能保证有最大值点, 因为有理数在 $\mathbb{R}$ 上不封闭. 在某种意义上, 定理 1.6.9 说明实数集合 $\mathbb{R}$(或更一般地, $\mathbb{R}^n$) 没有洞, 而不像集合 $\mathbb{Q}$ 有洞 (那些无理数). △

定理 1.6.9 的证明: 我们将证明最大值点部分. 证明是通过反证法来完成的. 假设 f 是无界的. 那么对于任何整数 N, 无论它多么大, 都存在一个点 $\mathbf{x}_N \in C$, 满足 $|f(\mathbf{x}_N)| > N$. 由定理 1.6.3, 序列 $N \mapsto \mathbf{x}_N$ 必然包含一个收敛子序列 $j \mapsto \mathbf{x}_{N(j)}$, 它收敛到某个点 $\mathbf{b} \in C$. 由于 f 在 $\mathbf{b}$ 是连续的, 对于任意的 ϵ, 存在一个 $\delta > 0$, 使得当 $|\mathbf{x}-\mathbf{b}| < \delta$ 时, 有 $|f(\mathbf{x}) - f(\mathbf{b})| < \epsilon$; 也就是 $|f(\mathbf{x})| < |f(\mathbf{b})| + \epsilon$.

由三角不等式, 如果 $|f(\mathbf{x}) - f(\mathbf{b})| < \epsilon$, 则 $|f(\mathbf{x})| < |f(\mathbf{b})| + \epsilon$;

$$\begin{aligned} |f(\mathbf{x})| &= |f(\mathbf{x}) - f(\mathbf{b}) + f(\mathbf{b})| \\ &\leqslant |f(\mathbf{x}) - f(\mathbf{b})| + |f(\mathbf{b})| \\ &< \epsilon + |f(\mathbf{b})|. \end{aligned}$$

由于 $j \mapsto \mathbf{x}_{N(j)}$ 收敛到 $\mathbf{b}$, 我们有 $|\mathbf{x}_{N(j)} - \mathbf{b}| < \delta$ 对于足够大的 j 成立. 但是, 一旦 $N(j) > |f(\mathbf{b})| + \epsilon$, 我们有

$$|f(\mathbf{x}_{N(j)})| > N(j) > |f(\mathbf{b})| + \epsilon, \tag{1.6.8}$$

这是一个矛盾. 因此, f 的值的集合是有界的, 这意味着 f 有上确界 M.

下一步, 我们要证明 f 有最大值点: 存在一个点 $\mathbf{a} \in C$, 使得 $f(\mathbf{a}) = M$. 在 C 中有一个序列 $i \mapsto \mathbf{x}_i$, 满足

$$\lim_{i\to\infty} f(\mathbf{x}_i) = M. \tag{1.6.9}$$

这里, 我们用记号 $j \mapsto a_{i(j)}$ 表示由定义 1.5.18 引入的子序列. 在定理 1.6.11 的证明中 (以及在第 4 章及附录中的若干地方) 我们使用了更为标准的记号 a_{i_j}.

我们可以再次抽取出一个收敛到某个点 $\mathbf{a} \in C$ 的收敛子序列 $m \mapsto \mathbf{x}_{i(m)}$. 由于 $\mathbf{a} = \lim_{m\to\infty} \mathbf{x}_{i(m)}$, 我们有

$$f(\mathbf{a}) = \lim_{m\to\infty} f(\mathbf{x}_{i(m)}) = M. \tag{1.6.10}$$

对于最小值点的证明同上. □

定理 1.6.11 是另一个结果, 它允许我们利用紧致性从局部的信息获得全局的信息.

定理 1.6.11 在第 4 章是很基本的.

定理 1.6.11. 令 $X \subset \mathbb{R}^n$ 为紧致的. 一个连续函数 $f\colon X \to \mathbb{R}$ 是一致连续的.

证明: 一致连续说的是:

$$(\forall\epsilon>0)(\exists\delta>0)\Big(|\mathbf{x}-\mathbf{y}|<\delta\Rightarrow|f(\mathbf{x})-f(\mathbf{y})|<\epsilon\Big).\tag{1.6.11}$$

由反证法, 假设 f 不是一致连续的, 则存在 $\epsilon>0$ 以及序列 $i\mapsto\mathbf{x}_i, i\mapsto\mathbf{y}_i$, 使得 $\lim\limits_{i\to\infty}|\mathbf{x}_i-\mathbf{y}_i|=0$, 但对于所有的 i, 我们有

$$|f(\mathbf{x}_i)-f(\mathbf{y}_i)|\geqslant\epsilon.\tag{1.6.12}$$

由于 X 是紧致的, 我们可以抽取出一个子序列 $j\mapsto\mathbf{x}_{i_j}$, 它收敛到某个点 $\mathbf{a}\in X$. 因为 $\lim\limits_{i\to\infty}|\mathbf{x}_i-\mathbf{y}_i|=0$, 所以序列 $j\mapsto\mathbf{y}_{i_j}$ 也收敛到 $\mathbf{a}$.

根据假设, f 在点 $\mathbf{a}$ 连续, 所以存在 $\delta>0$, 使得

$$|\mathbf{x}-\mathbf{a}|<\delta\Rightarrow|f(\mathbf{x})-f(\mathbf{a})|<\frac{\epsilon}{3}.\tag{1.6.13}$$

进一步, 存在 J 使得

$$j\geqslant J\Rightarrow|\mathbf{x}_{i_j}-\mathbf{a}|<\delta\ \text{以及}\ |\mathbf{y}_{i_j}-\mathbf{a}|<\delta.\tag{1.6.14}$$

因此, 对于 $j\geqslant J$, 我们有

$$\begin{aligned}|f(\mathbf{x}_{i_j})-f(\mathbf{y}_{i_j})| &\leqslant |f(\mathbf{x}_{i_j})-f(\mathbf{a})|+|f(\mathbf{a})-f(\mathbf{y}_{i_j})|\\ &\leqslant \frac{\epsilon}{3}+\frac{\epsilon}{3}<\epsilon.\end{aligned}\tag{1.6.15}$$

这就产生了矛盾. □

在第一年的微积分课程中, 你一定看到过下面的命题.

命题 1.6.12 (在最大值点或最小值点处的导数为 0). 令 $g\colon(a,b)\to\mathbb{R}$ 为一个开区间 (a,b) 上的可微函数. 如果 $c\in(a,b)$ 为 g 的最大值点或者最小值点, 则 $g'(c)=0$.

证明: 我们将仅证明最大值点部分. 如果 c 是一个最大值点, 则 $g(c)-g(c+h)\geqslant 0$, 因此

$$\frac{g(c)-g(c+h)}{h}\begin{cases}\geqslant 0 & \text{如果 } h>0\\ \leqslant 0 & \text{如果 } h<0\end{cases};\ \text{也就是}\ g'(c)=\lim_{h\to0}\frac{g(c+h)-g(c)}{h},\tag{1.6.16}$$

同时满足大于或等于 0 和小于或等于 0, 所以它等于 0. □

显然, 一辆汽车的速度不能从 59 mi/h 跳到 61 mi/h 而不经过 60 mi/h (1 mi ≈ 1.609 km), 但是注意, 中值定理不要求导数是连续的. 例 1.9.4 描述了一个导数不连续的函数, 在 −1 和 1 之间振荡很多很多次 (参见练习 0.5.2). 由中值定理得到, 对于一元函数, 要么导数是好的 (连续的), 要么就是非常非常坏的 (剧烈振荡的). 它可以从一个值跳到另外一个值, 而不经过中间的值.

更精确地, 一个一元可微函数的导数满足介值定理; 这是练习 1.6.7 要证明的目标.

我们的下一个结果是中值定理, 没有它基本上微分学里什么也证明不了. 中值定理说明, 你不可能每小时开车行驶了 60 mi, 却没有在至少一个瞬间的速度恰好精确等于 60 mi/h; f 在区间 (a,b) 上的平均变化率等于 f 在某个点 $c\in(a,b)$ 处的导数. 如果速度是连续的, 则这个结论是很显然的 (但是仍然不那么容易证明); 但是, 如果速度不能假设为连续的, 则结论就没那么清楚了.

定理 1.6.13 (中值定理). 如果 $f\colon [a,b] \to \mathbb{R}$ 为连续的, f 在 (a,b) 上可微, 则存在 $c \in (a,b)$, 满足

$$f'(c) = \frac{f(b) - f(a)}{b - a}. \tag{1.6.17}$$

在 $f(a) = f(b) = 0$ 时的特殊情况称为*罗尔定理*(Rolle's Theorem).

注意到 f 是定义在封闭且有界的区间 $[a,b]$ 上的, 但我们在讨论 f 在哪里可微的时候, 必须指定为开区间 (a,b).[15] 如果我们认为 f 把位置测量为时间的函数, 则等式 (1.6.17) 的右侧测量了在时间区间 $b-a$ 上的平均速率.

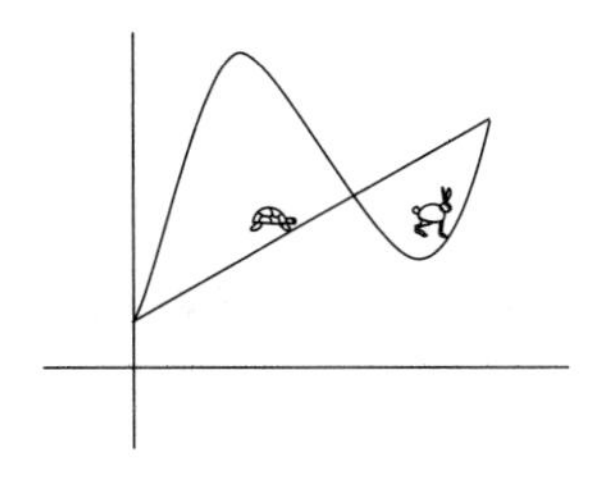

图 1.6.4
龟兔赛跑最终不分胜负. 函数 f 表示兔子的进程, 从时间 a 开始, 在时间 b 结束. 它先快速前进, 超过了目的地, 然后返回. 慢而稳的乌龟由 $g(x) = f(a) + m(x-a)$ 代表.

证明: 把 f 想成代表走过的路程的函数 (开车, 或者像图 1.6.4 中的兔子). 兔子在时间区间 $b-a$ 上走过的路程为 $f(b) - f(a)$, 所以平均速率为

$$m = \frac{f(b) - f(a)}{b - a}. \tag{1.6.18}$$

函数 g 代表了一只乌龟, 从 $f(a)$ 开始, 并且一直保持那个平均速率的一个稳定的进程 (也可以是设置了巡航控制的汽车):

$$g(x) = f(a) + m(x-a). \tag{1.6.19}$$

函数 h 测量了 f 和 g 之间的距离

$$h(x) = f(x) - g(x) = f(x) - \big(f(a) + m(x-a)\big). \tag{1.6.20}$$

它是区间 $[a,b]$ 上的连续函数, 且 $h(a) = h(b) = 0$. (乌龟和兔子一起开始, 且不分胜负.)

如果 h 处处为 0, 则 $f(x) = g(x) = f(a) + m(x-a)$ 的导数处处为 0, 定理成立. 如果 h 不是处处为 0, 则它必须在某些地方取正值, 某些地方取负值, 所以 (根据定理 1.6.9) 它必然在一个点处取到正的最大值, 或者在一个点处取到负的最小值, 或者两者都有. 令 c 为这样的点, 则 $c \in (a,b)$, 所以 h 在 c 可微, 根据命题 1.6.12, $h'(c) = 0$.

由于 $h'(x) = f'(x) - m$ (等式 (1.6.20) 中的 $f(a)$ 和 ma 是常数), 从而得到 $0 = h'(c) = f'(c) - m$. □

代数基本定理

代数基本定理是数学中最重要的结果之一, 它的历史可以追溯到希腊和巴比伦时期. 这个定理直到大约 1830 年才得到满意的证明. 定理确认了每个 k 次的复数多项式至少有一个复数根. 由此得到, 每个 k 次多项式有 k 个复数根, 包括多重根. 这个结论将在本节的最后讨论 (推论 1.6.15). 我们将看到每个实多项式都可以分解为 1 次或者 2 次实多项式的乘积.

在等式 (1.6.21) 中, z^k 的系数为 1. 一个最高次项系数为 1 的多项式被称为首一的 (monic). 当然, 任何多项式都可以通过每项除以适当的数写成首一的形式. 使用首一的多项式简化了陈述和证明.

即使系数 a_n 是实数, 代数基本定理也不能保证多项式有实数根. 根可能是复数的. 例如 $x^2+1=0$ 没有实数根.

定理 1.6.14 (代数基本定理). 令

$$p(z) = z^k + a_{k-1}z^{k-1} + \cdots + a_0 \tag{1.6.21}$$

[15] 它可以在端点有左导数和右导数, 但我们不假设这样的单边导数存在.

图 1.6.5
阿贝尔 (Niels Henrik Abel, 1802 — 1829)

阿贝尔生于 1802 年. 在 1820 年, 在他酗酒的父亲死后, 他接替了照顾弟弟和妹妹的责任. 他多年与贫困和疾病做斗争, 试图得到一个职位, 使得他可以与他的未婚妻结婚; 他在 26 岁的时候死于肺结核, 却不知道他已经被授予了柏林大学的教授的职位.

复数 $z = x + \mathrm{i}y$ 的绝对值是 (定义 0.7.3)$|z| = \sqrt{x^2+y^2}$. 寻找 p 的最小值点没有意义, 因为复数是没有顺序的.

与二次方程求根公式和卡丹的公式不同, 这个证明没有提供找到根的方法. 这是个严重的问题: 我们经常需要求解多项式方程, 而直到今天也没有满意的方法.

图 1.6.6
伽罗华 (Evariste Galois, 1811 — 1831)

伽罗华生于 1811 年, 两次未能考入巴黎综合理工大学, 第二次是在他父亲自杀后不久. 1831 年, 由于在共和宴会上他对国王做出威胁的暗示而入狱. 他在 20 岁的时候, 在与他人对决时因受伤而去世.

为一个 $k > 0$ 次多项式, 具有复系数. 则 p 有一个根; 存在复数 z_0, 满足 $p(z_0) = 0$.

当 $k = 1$ 时, 很显然, 唯一的根为 $z_0 = -a_0$.

当 $k = 2$ 时, 著名的*二次方程求根公式*告诉你, 根为

$$\frac{-a_1 \pm \sqrt{a_1^2 - 4a_0}}{2}. \tag{1.6.22}$$

这个古希腊和巴比伦人早就知道了.

$k = 3$ 和 $k = 4$ 的情况在 16 世纪由卡丹和其他人解决了; 它们的解在附录 A.2 中展示. 在那之后的两个世纪, 很深入的研究也没能找到类似的更高次方程的任何结果. 最终, 在大约 1830 年, 两个充满悲剧色彩的年轻数学家, 挪威人阿贝尔 (Abel, 图 1.6.5) 和法国人伽罗华 (Evariste Galois, 图 1.6.6), 证明了对于 5 次或更高次的方程, 不存在类似的求根公式.[16] 再一次, 这些发现开启了数学的新领域.

许多位数学家 (拉普拉斯、达朗贝尔、高斯) 在早些时候也开始怀疑基本定理是成立的, 并且努力地去证明它; 达朗贝尔 (图 1.6.7) 的论据在 1746 年被出版了, 而高斯则给出了五个证明, 第一个是在 1799 年, 而最后一个是在 1810 年. 在缺乏拓扑工具的情况下, 他们的证明必然有失严格性, 并且每个人对竞争对手的批评都不能很好地反映出任何一个证明中所存在的问题. 我们的证明展示了我们在 1.4 节的开始所说的, 微积分是关于 "某些项为主导的, 或者相比于其他项可以忽略不计" 这个思想的.

定理 1.6.14 的证明: 我们想要证明: 存在一个数 z 满足 $p(z) = 0$. 这个证明需要用几何的方法来思考复数, 如 0.7 节中的 "极坐标中的复数" 这一小节所讨论的.

多项式 p 是 $\mathbb{C}$ 上的一个复值函数, 而 $|p|$ 是 $\mathbb{C}$ 上的一个实值函数. 证明的策略是, 首先证明 $|p|$ 在 $\mathbb{C}$ 上有最小值点, 也就是, 存在 $z_0 \in \mathbb{C}$, 使得对于任意的 $z \in \mathbb{C}$, 我们都有 $|p(z_0)| \leqslant |p(z)|$, 而在下一步证明 $|p(z_0)| = 0$. 最小值点的存在性是论据的主要的概念上的难点, 尽管证明最小值为 0 在技术上要更长一些.

注意到函数 $1/(1+x^2)$ 在 $\mathbb{R}$ 上没有最小值点, 函数 $|\mathrm{e}^z|$ 在复数 $\mathbb{C}$ 上没有最小值点. 在这两种情况下, 下确界都是 0, 但是不存在 $x_0 \in \mathbb{R}$ 满足 $1/(1+x_0^2) = 0$, 也不存在复数 z_0 满足 $\mathrm{e}^{z_0} = 0$. 我们必须使用关于多项式的那些对于 $x \mapsto 1/(1+x^2)$ 或者 $z \mapsto \mathrm{e}^z$ 不成立的结果.

第一部分: 证明 $|p|$ 在 $\mathbb{C}$ 上有最小值点.

关于最小值点的存在性, 我们仅有的标准 (非常接近仅有的标准) 是定理 1.6.9, 它要求定义域是紧致的.[17] $z \mapsto |p(z)|$ 的定义域是 $\mathbb{C}$, 它不是紧致的. 但我们将能够证明, 存在 $R > 0$, 使得如果 $|z| > R$ (也就是在圆盘 $\{z \in \mathbb{C} \mid |z| \leqslant R\}$), 则 $|p(z)| \geqslant |p(0)| = |a_0|$.

这将解决我们的问题, 因为定理 1.6.9 保证了在圆盘中有一个使 p 取得最小值的点 z_0: 对于所有满足 $|z| \leqslant R$ 的 z, 我们有 $|p(z_0)| \leqslant p(z)$, 特别地,

[16] 尽管没有求解高次多项式方程的公式, 但是有大量的关于如何寻找方程的解的文献.

[17] 达朗贝尔和高斯并不知道如何利用定理 1.6.9 来证明最小值点的存在性; 这就是为什么他们的证明不严格. 拓扑被发明出来主要是为了使得这类论证变成可能的.

$|p(z_0)| \leqslant |p(0)| = |a_0|$.

图 1.6.7
达朗贝尔 (Jean Le Rond d'Alembert, 1717 — 1783)

达朗贝尔出生于 1717 年, 他是一个私生子, 被他曾经是修女的母亲遗弃; 他的父亲找到了他, 并把他交给养母.

不等式 (1.6.24): 第一行的第一个不等式是三角不等式, 可以写为

$$|a+b| \geqslant |a| - |b|,$$

因为

$$\begin{aligned} |a| &= |a+b-b| \\ &\leqslant |a+b| + |-b| \\ &= |a+b| + |b|. \end{aligned}$$

这里 $a+b$ 就是 $p(z)$.

但我们如何选取 R 使得如果 z 在半径为 R 的圆盘外, 则有 $|p(z)| \geqslant |a_0|$, 从而圆盘上的点 z_0 是 $|p|$ 在 $\mathbb{C}$ 上的最小值点呢? 注意到函数 $1/(1+x^2)$ 在 $\mathbb{R}$ 上没有最小值点, 且 $|e^z|$ 在 $\mathbb{C}$ 上没有最小值点. 在这两种情况下, 数值的下确界为 0, 但没有 $x_0 \in \mathbb{R}$ 满足 $1/(1+x_0^2) = 0$, 也没有复数 z_0 满足 $e^{z_0} = 0$.

我们说过, 我们必须使用一些关于多项式的特殊结论, 这些结论对于一般的函数不一定是成立的. 我们使用的性质是: 对于大的 z, 多项式

$$p(z) = z^k + a_{k-1}z^{k-1} + \cdots + a_0 \tag{1.6.23}$$

的首项 z^k 远大于其他项的和, 也就是 $a_{k-1}z^{k-1} + \cdots + a_0$.

那么“大”的意思是什么? 一方面, 我们要求 $|z| > 1$, 否则 $|z^k|$ 就很小而不是很大. 我们必须要求 $|z|$ 相比于系数 $a_{k-1}, \cdots, a_0$ 要大. 经过了一番探索, 我们发现只要设 $A = \max\{|a_{k-1}|, \cdots, |a_0|\}$ 以及 $R = \max\{(k+1)A, 1\}$ 就可以了: 如果 $|z| \geqslant R$, 则

$$\begin{aligned} |p(z)| &\geqslant |z|^k - (|a_{k-1}||z|^{k-1} + \cdots + |a_0|) \geqslant |z|^k - kA|z|^{k-1} \\ &= z^{k-1}(|z| - kA) \geqslant |z| - kA \geqslant R - kA \geqslant A \geqslant |a_0|. \end{aligned} \tag{1.6.24}$$

在第二行的第一个不等式中, 我们可以舍弃 $|z|^{k-1}$, 因为根据假设, $|z| \geqslant R \geqslant 1$, 又因为 $|z| - kA \geqslant R - kA \geqslant (k+1)A - kA = A \geqslant 0$, 我们有 $|z| - kA \geqslant 0$. 最后一个计算也同时证明了余下的不等式.

因此, 对任意在半径为 R 的圆盘外的 z, 都有 $|p(z)| \geqslant |a_0|$. 因此 p 在 $\mathbb{C}$ 的某个 z_0 处有一个全局最小值点, 且 $|z_0| \leqslant R$ (图 1.6.8).

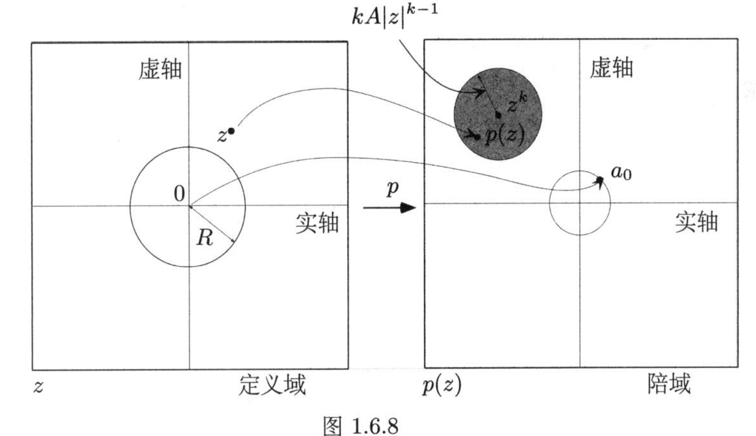

图 1.6.8
如果 $|z| \geqslant R$, 则复数 $p(z)$ 在半径为 $kA|z|^{k-1}$ 的带阴影的圆盘中, 因为

$$|p(z) - z^k| = |a_{k-1}z^{k-1} + \cdots + a_0| \leqslant kA|z|^{k-1}.$$

不等式 (1.6.24) 证明了带阴影的圆盘处于以原点为中心, 半径为 $|a_0|$ 的圆盘外, 所以有 $|p(z)| \geqslant |a_0|$. 我们在 0.7 节讨论了如何给复值函数“画图”.

如果 p 是一个实多项式, 则 $|p|$ 在满足 $|x_0| < R$ 的某个点 x_0 处取得最小值点, 其中 R 像证明中那样构造. 但 x_0 未必是一个根; 例如, 对于多项式 x^2+1, 最小值是 1, 在 0 处取得.

第二部分: 证明 $p(z_0) = 0$.

现在, 我们需要证明 z_0 是多项式的根. 证明的第一部分没有用到 p 是复值的这个事实. 现在我们必须要用到了: 实多项式未必有实根. 我们将用反证法来证明: 我们将假设 $p(z_0) \neq 0$, 并且证明在这种情况下, 存在一个点 z 使得 $|p(z)| < |p(z_0)|$, 与我们在证明的第一部分的发现相矛盾.

我们将利用下面的事实: 当一个长度为 r, 极角为 θ 的复数被写作 $w = r(\cos\theta + \mathrm{i}\sin\theta)$ 的时候, 则随着 θ 从 0 变到 2π, 点 ω 围着 0 绕圈, 半径为 r.

我们的策略将是证明, 随着 z 在围着定义域中的最小值点 z_0 绕一个小圈, 数值 $p(z)$ 也围着 $p(z_0)$ 绕圈; 在这个过程中, 它将在 $p(z_0)$ 和原点之间运动. 在这个时候, $|p(z)|$ 将比我们证明的最小值 $|p(z_0)|$ 小, 但这是不可能的.

如果我们把 z_0 当作原点, 那么考虑围着 z_0 的圆中的数将会容易一些, 所以我们从换元开始. 所以, 设 $z \stackrel{\text{def}}{=} z_0 + u$, 并考虑函数

$$\begin{aligned} p(z) &= z^k + a_{k-1}z^{k-1} + \cdots + a_0 \\ &= (z_0+u)^k + a_{k-1}(z_0+u)^{k-1} + \cdots + a_0 \\ &= u^k + b_{k-1}u^{k-1} + \cdots + b_0 = q(u), \end{aligned} \tag{1.6.25}$$

其中

$$b_0 = z_0^k + a_{k-1}z_0^{k-1} + \cdots + a_0 = p(z_0). \tag{1.6.26}$$

因此, $q(u) \stackrel{\text{def}}{=} u_k + b_{k-1}u^{k-1} + \cdots + b_0$ 是一个关于 u 的 k 次多项式, 其常数项为 $b_0 = p(z_0)$. 我们的假设, 也就是我们要找到的矛盾, 即 $b_0 \neq 0$.

我们选择 q 的具有非零系数, 且幂次最低的第 j 项[18]. 我们把 q 重写为

$$q(u) = b_0 + b_j u^j + (b_{j+1}u^{j+1} + \cdots + u^k). \tag{1.6.27}$$

我们将看到, 随着 u 在 $\{u \mid |u| = \rho\}$ 这个圆上绕圈, $q(u)$ 将会如何变化.

等式 (1.6.25) 和等式 (1.6.26): 你可能反对, 中间一项, 比如

$$a_2(z_0+u)^2 = a_2z_0^2 + 2a_2z_0u + a_2u^2$$

中的 $2a_2z_0u$ 发生了什么? 但是它是关于 u 的项, 系数为 $2a_2z_0$, 所以系数 $2a_2z_0$ 只是被吸收进了 u 的系数 b_1.

如果 p 的次数大的时候, 则计算 b_i 涉及许多的算术运算.

棣莫弗公式 (推论 0.7.6):

$$\begin{aligned} &\big(r(\cos\theta + \mathrm{i}\sin\theta)\big)^k \\ = \ & r^k(\cos k\theta + \mathrm{i}\sin k\theta). \end{aligned}$$

"数字绕圈运动" 这件事用到了我们在处理复数的事实. 当一个复数 ω 以长度 ρ 和极角 θ 的形式写出来的时候, 有

$$\omega = \rho(\cos\theta + \mathrm{i}\sin\theta),$$

ω 在半径为 ρ 的圆上绕着 0 旋转, 角度从 0 变到 2π.

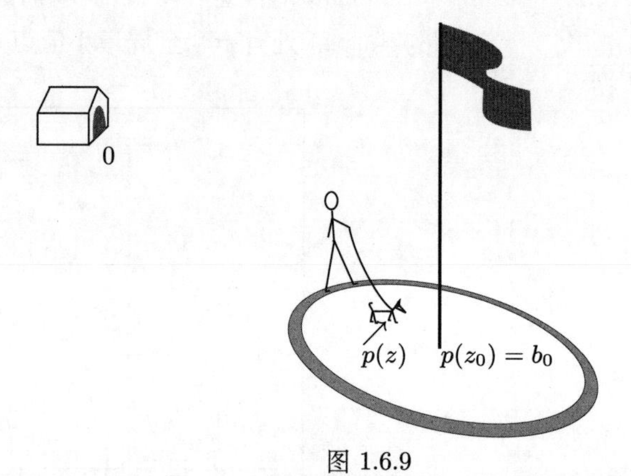

图 1.6.9

旗杆是 $p(z_0)$; 狗是 $p(z)$. 我们已经证明了: 存在一个点 z_0, 使 $|p|$ 有最小值. 我们假设 $p(z_0) \neq 0$ 并找到一个矛盾: 如果 $|u|$ 很小, 则狗绳就比人在行走的圆的半径 $|b_j|\rho^j$ 小, 所以在某个点上, 狗离狗窝的距离要小于从旗杆到狗窝的距离: $|p(z)| < |p(z_0)|$. 因为 $|p|$ 在 z_0 有最小值, 这是不可能的, 所以我们的假设 $p(z_0) \neq 0$ 是错误的.

图 1.6.9 演示了构造的方法: $p(z_0) = b_0$ 是旗杆的基座, 原点为狗窝. 复数 $b_0 + b_j u^j$ 是一个在半径为 $|b_j|\rho^j$ 的圆上行走的人. 它在遛一只绕着旗杆转圈的狗, 狗受到长度为 $|b_{j+1}u^{j+1} + \cdots + u^k|$ 的狗绳的限制:

$$q(u) = \overbrace{\underbrace{b_0}_{\text{旗杆}} + b_j u^j}^{\text{人的位置}} + \underbrace{b_{j+1}u^{j+1} + \cdots + u^k}_{\text{狗绳}} = p(z) = \text{狗}. \tag{1.6.28}$$

[18] 通常, 最小的这样的幂次将是 $j = 1$; 例如, 如果 $q(u) = u^4 + 2u^2 + 3u + 10$, 那么我们要找的那一项, 即形式为 $b_j u^j$ 的项, 为 $3u$. 如果 $q(u) = u^5 + 2u^4 + 5u^3 + 1$, 那么那一项就为 $5u^3$.

我们将要证明这是证明的关键, 对于小的 ρ, 狗绳要短于人到旗杆的距离, 所以在某个点上, 狗将会比旗杆离原点 (狗窝) 更近: $|p(z)| < |p(z_0)|$. 但这是不可能的, 因为 $|p(z_0)|$ 是 p 的最小值.

我们来证明这个描述. 如果我们用 ρ 和极角 θ 来表示 u, 随着 θ 从 0 变到 2π, 定义域中的 $z = z_0 + u$ 将围着 z_0 在半径为 ρ 的圆上绕圈. 那么在陪域上会发生什么呢? 棣莫弗定理说明, 代表 $b_0 + b_j z^j$ 的人绕着旗杆 (绕着 b_0) 走过一个半径为 $|b_j|\rho^j$ 的圆. 因此, 如果 $|b_j|\rho^j < |b_0|$(只要我们选择 $\rho < |b_0/b_j|^{1/j}$ 就是成立的), 则对于某个角度 θ, 人将会介于b_0 和 0 之间: 在联结 0 和 b_0 的线上. (事实上, 恰好有 j 个这样的角度 θ; 练习 1.6.9 让你去找到它们.)

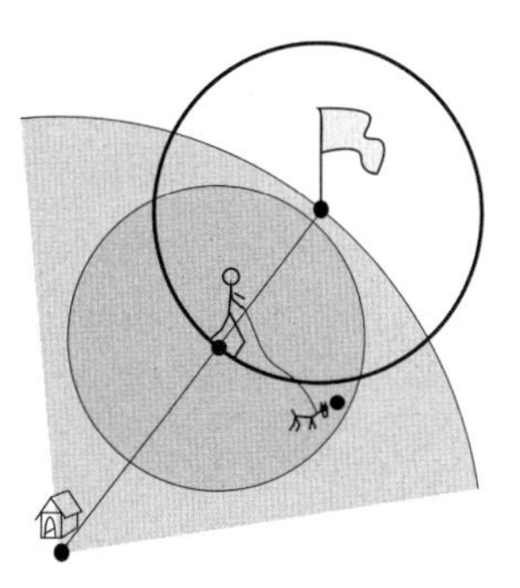

图 1.6.10

当人在狗窝和旗杆之间的时候, 狗被限制在深色的带阴影的圆盘上. 如果不等式 (1.6.30) 得以满足, 则狗就总比旗杆离狗窝更近一点.

但是知道人在哪里还不够, 我们还需要知道代表 $p(z)$ 的狗是否曾经比旗杆离原点更近 (如图 1.6.10). 这将在狗绳的长度短于从人到旗杆的距离 $|b_j|\rho^j$ 的时候发生

$$\underbrace{|b_{j+1}u^{j+1} + \cdots + u^k|}_{\text{狗绳的长度}} < \underbrace{|b_j|\rho^j}_{\text{人到旗杆的距离}} . \tag{1.6.29}$$

如果我们选取 $\rho > 0$ 且足够小, 并且设 $|u| = \rho$, 则这种情况就会发生.

要看到这一点, 设 $B = \max\{|b_{j+1}|, \cdots, |b_k| = 1\}$, 且选取 ρ 满足

$$\rho < \min\left\{\frac{|b_j|}{(k-j)B}, \left|\frac{b_0}{b_j}\right|^{1/j}, 1\right\}. \tag{1.6.30}$$

如果我们设 $|u| = \rho$, 使得对于 $i > j+1$ 有 $|u|^i < |u|^{j+1}$, 我们就有

$$\begin{aligned}\underbrace{\left|b_{j+1}u^{j+1} + \cdots + u^k\right|}_{\text{狗绳的长度}} &\leqslant (k-j)B\rho^{j+1} = (k-j)B\rho\rho^j \\ &< (k-j)B\frac{|b_j|}{(k-j)B}\rho^j = |b_j|\rho^j. \end{aligned} \tag{1.6.31}$$

不等式 (1.6.31): 注意, $|b_j|$ 是有利于我们的 (它在分子上, 所以它越大, 则满足不等式就越容易), 并且 $|b_{j+1}|, \cdots, |b_k|$ 是不利于我们的 (通过 B 在分母上). 这是合理的; 如果任何这些系数很大, 我们就需要选取非常小的 ρ 来补偿.

因此, 当人在 0 和旗杆之间的时候, 代表点 $p(z)$ 的狗比旗杆更接近 0. 也就是 $|p(z)| < |b_0| = |p(z_0)|$. 这是不可能的, 因为我们证明了 $|p(z_0)|$ 是我们的函数的最小值. 因此, 我们的假设 $p(z_0) \neq 0$ 是错的. □

推论 1.6.15 (k 次多项式有 k 个根). 每个复多项式 $p(z) = z^k + a_{k-1}z^{k-1} + \cdots + a_0$, $k > 0$, 可以写成

$$p(z) = (z - c_1)^{k_1} \cdots (z - c_m)^{k_m}, \text{ 其中 } k_1 + \cdots + k_m = k, \tag{1.6.32}$$

且 c_j 都不相同. 这个表达式在不考虑因子的顺序的情况下是唯一的.

多项式的长除法把找到多项式方程的所有根简化为只找到一个根. 不幸的是, 除法的计算在数值上很不稳定. 如果你知道一个特定精度的多项式, 那么除法的结果的精度就要明显地差一些, 而如果你需要重复多次找到所有的根的话, 那么这些根就会越来越不精确. 所以对于次数高的多项式 ($k > 10$), 我们需要其他的方法.

当高斯在 1799 年给出他关于代数基本定理的证明的时候, 他用的是实多项式, 以推论 1.6.16 的形式来陈述定理: 在当时复数是不被人们所接受的, 以至于用当前的形式来陈述定理会导致人们对结果产生怀疑. 当他在 12 年后给出第五个证明的时候, 复数就已经被完全接受了. 这个改变可能是因为人们意识到了复数是可以用几何方式画为平面上的点的.

数 k_j 称为根 c_j 的重数(multiplicity). 因此, 推论 1.6.15 断言, 每个 k 次多项式恰好有 k 个复根, 重根按重数计算个数.

证明: 令 $\widetilde{k}$ 为首项系数是 1, 能整除 p, 且能表示成一次多项式乘积的最高次多项式 $\widetilde{p}$ 的次数, 因此我们可以写 $p(z) = \widetilde{p}(z)q(z)$, 其中 $q(z)$ 为 $k - \widetilde{k}$ 次多项式. (k 可能是 0, $\widetilde{p}$ 可能就是常数多项式 1. 但这个证明说明了不是这样的情况.)

如果 $\widetilde{k} < k$, 则根据定理 1.6.14, 存在数 c 满足 $q(c) = 0$, 我们可以写 $q(z) = (z - c)\widetilde{q}(z)$, 其中 $\widetilde{q}(z)$ 为首项系数为 1 的多项式, 次数为 $k - \widetilde{k} - 1$. 现

在, 有

$$p(z) = \widetilde{p}(z)q(z) = \Big(\widetilde{p}(z)(z-c)\Big)\widetilde{q}(z), \tag{1.6.33}$$

我们看到, $\widetilde{p}(z)(z-c)$ 是 $\widetilde{k}+1$ 次多项式, 分解成了一次因子的乘积, 且整除 p. 所以 $\widetilde{k}$ 不是这样的多项式的最高次数: 我们的假设 $\widetilde{k} < k$ 是错的. 因此 $\widetilde{k} = k$(也就是, p 是一次因子的乘积). 我们可以把对应于相同的根的因子收集在一起, 把 p 写成

$$p(z) = (z-c_1)^{k_1}\cdots(z-c_m)^{k_m}, \text{ 其中 } c_j \text{ 彼此不同}. \tag{1.6.34}$$

现在, 我们证明这个表达式是唯一的. 假设我们可以写

$$p(z) \;=\; (z-c_1)^{k_1}\cdots(z-c_m)^{k_m} = (z-c_1')^{k_1'}\cdots(z-c_{m'}')^{k_{m'}'}. \tag{1.6.35}$$

从上面的方程两边消去所有的公因式. 如果两个分解是不同的, 则一个因子 $z-c_i$ 将出现在左侧, 而不出现在右侧. 但是, 这就意味着左边的多项式在 c_i 处等于 0, 而右边的多项式不等于 0; 由于多项式是相等的, 因此产生了矛盾, 所以两个因式分解实际上是相同的. □

推论 1.6.16 (分解实多项式). 每个 k 次实多项式, $k>0$, 可以分解为 1 次或 2 次实多项式的乘积.

多项式的长除法给出了下面的结果: 对任意多项式 p_1, p_2, 存在唯一的多项式 q 和 r 满足

$$p_1 = p_2 q + r,$$

其中 r 的次数小于 p_2 的次数. 尤其是, 如果 $p(a)=0$, 则我们可以把 p 分解为

$$p(z) = (z-a)q(z).$$

实际上, 存在次数为 0 的 r, 满足

$$p(z) = (z-a)q(z) + r;$$

在 $z=a$ 处计算, 我们得到

$$0 = 0\cdot q(a) + r$$

即 $r=0$.

证明: 我们将从上面那样开始: 令 $\widetilde{k}$ 为首项系数是 1, 既能整除 p, 又能表示成 1 次或 2 次多项式乘积的最高次的实多项式 $\widetilde{p}$ 的次数, 使得我们可以写 $p(z) = \widetilde{p}(z)q(z)$, 其中 $q(z)$ 为 $k-\widetilde{k}$ 次的实多项式. 如果 $\widetilde{k}<k$, 则根据定理 1.6.14, 存在数值 c 使得 $q(c)=0$. 下面分两种情况考虑.

如果 c 是实数, 我们可以写 $q(z) = (z-c)\widetilde{q}(z)$, 其中 $\widetilde{q}(z)$ 是实系数的且首项系数为 1 的 $k-\widetilde{k}-1$ 次多项式. 现在有

$$p(z) = \widetilde{p}(z)q(z) = \Big(\widetilde{p}(z)(z-c)\Big)\widetilde{q}(z), \tag{1.6.36}$$

我们看到 $\widetilde{p}(z)(z-c)$ 是 $\widetilde{k}+1$ 次的实多项式, 且分解成了 1 次或者 2 次实多项式的乘积, 并且可以整除 p. 这也是个矛盾, 因此证明了 $\widetilde{k}=k$(也就是, p 是 1 次或者 2 次实多项式的乘积).

c 不是实数的情况需要一个单独的引理.

引理 1.6.17. 如果 q 是一个实多项式, 且 $c\in\mathbb{C}$ 是 q 的一个根, 则 $\overline{c}$ 也是 q 的一个根.

引理 1.6.17 是等式 (0.7.6) 的一个应用.

证明: 本质上, 证明就是下面的等式序列:

$$q(\overline{c}) = \overline{q(c)} = \overline{0} = 0. \tag{1.6.37}$$

我们需要证明第一个等式. 多项式是形式为 az^j 的单项式的和, 其中 a 为实数. 由于 $\overline{b_1+b_2} = \overline{b}_1+\overline{b}_2$, 只要证明每个单项式就足够了. 这可以从

$$a(\overline{z})^j = \overline{a}\overline{(z^j)} = \overline{az^j} \tag{1.6.38}$$

得到, 其中, 我们在 $a=\overline{a}$ 时, 用到了 a 是实数这个事实. □引理 1.6.17

因此, 如果 c 不是实数, 则 $q(\overline{c})=0$, 且

$$(z-c)(z-\overline{c})=z^2-(c+\overline{c})z+c\overline{c}=z^2-2\operatorname{Re}(c)z+|c|^2 \tag{1.6.39}$$

是整除 q 的实多项式. 所以我们可以写 $q(z)=(z-c)(z-\overline{c})\widetilde{q}(z)$, 其中 $\widetilde{q}(z)$ 是 $\widetilde{k}-2$ 次的首项系数为 1 的实多项式. 由于

$$p(z)=\widetilde{p}(z)q(z)=\Big(\widetilde{p}(z)(z^2-2\operatorname{Re}(c)z+|c|^2)\Big)\widetilde{q}(z), \tag{1.6.40}$$

我们看到 $\widetilde{p}(z)\big(z^2-2\operatorname{Re}(c)z+|c|^2\big)$ 是 $\widetilde{k}+2$ 次实多项式, 且可以分解为 1 次或者 2 次实多项式的乘积, 并且可以整除 p. 这又是一个矛盾, 因此我们证明了 $\widetilde{k}=k$. 证毕. □

1.6 节的练习

1.6.1 证明: 如果一个集合被包含在一个中心在任意点的球内, 则它是有界的; 它不必以原点为中心.

1.6.2 令 $A\subset\mathbb{R}^n$ 为一个非紧致的子集. 证明: 在 A 上存在一个连续的无界函数.

1.6.3 设 $z=x+\mathrm{i}y$, 其中 $x,y\in\mathbb{R}$. 证明多项式 $p(z)=1+x^2y^2$ 没有根. 为什么这个与定理 1.6.14 不矛盾?

1.6.4 找到并证明: 一个数 R 使得方程 $p(z)=z^5+4z^3+3\mathrm{i}z-3$ 在 $|z|\leqslant R$ 的圆盘上有一个根. (你可以使用 $|p|$ 的最小值点是 p 的根这个结论.)

1.6.5 考虑多项式 $p(z)=z^6+4z^4+z+2=z^6+q(z)$.

a. 找到 R 使得当 $|z|>R$ 时, $|z^6|>|q(z)|$.

b. 找到数 R_1 使得你可以确信 $|p|$ 的最小值出现在满足 $|z|<R_1$ 的点 z.

1.6.6 a. 令 $f\colon\mathbb{R}\to\mathbb{R}$ 为函数 $f(x)=|x|\mathrm{e}^{-|x|}$. 证明: 它在某个 $x>0$ 上有绝对的极大值 (而不仅仅是局部的).

b. 函数的最大值点在哪里? 最大值是多少?

c. 证明: 函数 f 的陪域是 $[0,1/\mathrm{e}]$.

1.6.7 证明: 如果 f 在 $[a,b]$ 的一个邻域上可微, 并且我们有 $f'(a)<m<f'(b)$, 则存在 $c\in(a,b)$ 使得 $f'(c)=m$.

1.6.8 考虑例 1.6.4, $1/(2\pi)$ 的各个数位需要有什么属性才能使 x_m 的极限介于 0.7 和 0.9 之间?

1.6.9 如果 $a,b\in\mathbb{C}, a,b\neq 0$, $j\geqslant 1$, 找到 $p_0>0$ 使得如果 $0<p<p_0$, $u=p(\cos\theta+\mathrm{i}\sin\theta)$, 则存在 j 个 θ 的值, 满足 $a+bu^j$ 介于 0 和 a 之间.

练习 1.6.9 涉及定理 1.6.14 的证明. 你将需要用到命题 0.7.7.

1.6.10 考虑多项式 $p(z)=z^8+z^4+z^2+1$, 其中 z 为复数. 利用代数基本定理的证明中的构造, 等式 (1.6.28), 找到一个点 z_0 使得 $|p(z_0)|<|p(0)|=1$.

1.6.11 利用介值定理和代数基本定理的证明的第一部分 (R 的构造), 证明每个奇数次的实多项式都有实根.

1.7　作为线性变换的多变量的导数

> 波恩: 我应当给爱因斯坦教授提一个问题, 也就是, 在你的理论中, 引力的行为在以多快的速度传播 ……
> 爱因斯坦: 当我们向场中引入的扰动是非常小的情况下, 极其容易写下这个方程. …… 之后, 扰动按照光速传播.
> 波恩: 但是对于大的扰动, 情况一定是非常复杂的吗?
> 爱因斯坦: 是的, 这是一个数学上复杂的问题. 找到方程的精确解尤其困难, 因为方程是非线性的.
>
> —— 爱因斯坦, 1913 年的讲座之后的讨论

非线性使生活和数学都变得复杂, 但是相关联的不稳定性也可以是有用的. T.W. Körner 在他的 *Fourier Analysis* 一书中写道, 早期的飞机的设计是追求稳定的, 直到第一次世界大战才证明了稳定性是以可操控性为代价的. 也参见 "*The Forced Damped Pendulum: Chaos, Complication and Control*", J. Hubbard, American Mathematical Monthly, 106, No. 8, 1999, 在 MatrixEditions.com 上可得到 pdf 版本.

正如 1.3 节提到的, 我们感兴趣的很多问题不是线性的. 作为一个基本原则, 在足够小的尺度上, 问题是线性的; 在更大的尺度上, 经常出现非线性. 如果一个公司通过裁员来降低成本, 则很可能会增加利润; 如果所有它的竞争者都这么做, 则没有任何公司可以获得竞争优势; 如果足够的工人失去工作, 又有谁会来买公司的产品呢?

联邦所得税税率基本上是一个 7 段的线性函数; 在 2014 年, 对于一个单身的人来说, 所有的收入, 最高到 9 075 美元的部分被征收 10% 的税, 额外的收入最多到 36 900 美元的部分被征收 15% 的税, 更多的收入最多到 89 350 美元的部分被征收 25% 的税, 如此等等, 最多到 39.6% 的税率. (应纳税收入基于 50 美元的增量, 直到 100 000 美元, 所以应缴税款是个阶梯函数.)

水的冷冻过程可以理解为一个线性函数 —— 直到到达 "相变" 变成冰.

微分学的目标是通过替换成线性变换来研究非线性映射: 我们把非线性方程替换成线性方程, 曲面替换成切平面, 等等. 当然, 这个线性化只有在你对线性的目标有了足够好的理解时才有用. 而且, 这个替换也只是或多或少合理的. 在局部上, 在切点附近, 一个曲面非常类似于它的切平面, 但离得远了就不行了. 微分学最难的部分是确定什么时候把非线性的目标替换成线性的是合理的.

在 1.3 节, 我们研究了 $\mathbb{R}^n$ 空间的线性变换. 现在, 我们将看到这个研究对于非线性变换 (也经常被称为映射) 的研究贡献了什么.

但非线性是一类涉及很广的问题. 把映射分成线性和非线性的就像把人分成左手的大提琴演奏者和其他人一样. 我们将研究一个有限的非线性映射的子集: 在某种意义上我们将会仔细研究 "通过线性变换可以很好地近似" 的那些子集.

一维上的导数和线性逼近

在一维上, 导数是用来把方程线性化的主要工具. 从单变量微积分中回忆到, 函数 $f: \mathbb{R} \to \mathbb{R}$ 的导数, 在 a 处取值, 为

$$f'(a) = \lim_{h \to 0} \frac{1}{h}\Big(f(a+h) - f(a)\Big). \tag{1.7.1}$$

尽管它看起来不那么友好, 我们确实需要做如下陈述:

定义 1.7.1 (导数). 令 U 为 $\mathbb{R}$ 的开子集, $f: U \to \mathbb{R}$ 为一个函数. 如果极限

$$f'(a) \stackrel{\text{def}}{=} \lim_{h \to 0} \frac{1}{h}(f(a+h) - f(a)). \tag{1.7.2}$$

存在, 则 f 在 $a \in U$ 可微(differentiable), 导数(derivative)为 $f'(a)$.

定义 1.7.1: 我们在定义 f 的定义域为开子集 $U \subset \mathbb{R}$ 的时候, 听上去有点过于挑剔. 为什么不把定义域就定为 $\mathbb{R}$ 呢? 这种方法的问题在于, 许多有趣的函数不是定义在 $\mathbb{R}$ 的全部上, 而是定义在一个适当的子集 $U \subset \mathbb{R}$ 上. 像 $\ln x, \tan x$ 和 $1/x$ 这样的函数就没有被定义在 $\mathbb{R}$ 的全部上; 例如, $1/x$ 在 0 处没有定义. 如果我们用等式 (1.7.1) 作为我们的定义, $\tan x$, $\ln x$ 和 $1/x$ 将不可微. 所以在允许函数只定义在 $\mathbb{R}$ 的一个子集上的时候, 我们变得更加宽容, 而不是反过来要求它们定义在 $\mathbb{R}$ 的全部上.

我们在注释 1.5.6 中讨论了为什么有必要在谈及导数的时候要指定一个开区间.

学生们经常会发现讨论开集 $U \subset \mathbb{R}$ 和定义域没有意义; 当我们讨论 $f: U \to \mathbb{R}$ 时, 其意义是什么? 这就和说 $f: \mathbb{R} \to \mathbb{R}$ 是一个意思, 除了 $f(x)$ 只有在 x 属于 U 的时候才有定义.

例 1.7.2 (从 $\mathbb{R} \to \mathbb{R}$ 的函数的导数). 如果 $f(x) = x^2$, 则 $f'(x) = 2x$. 它可以通过下面的写法来证明:

$$f'(x) = \lim_{h \to 0} \frac{1}{h}\Big((x+h)^2 - x^2\Big) = \lim_{h \to 0} \frac{1}{h}(2xh + h^2) = 2x + \lim_{h \to 0} h = 2x. \tag{1.7.3}$$

函数 $f(x) = x^2$ 的导数 $2x$ 是 f 在 x 的切线的斜率; 我们也说 $2x$ 是 f 的图像在 x 的斜率. 在高维空间中, 函数的切线的斜率的想法仍然有效, 尽管画出曲面的切平面比起画出曲线的切线要明显困难得多. △

偏导

多元函数的一类导数就像一元函数的导数那样: 对一个变量取导数, 把所有其他的量当作常数.

偏导 $D_i f$ 回答了下面的问题: 在你改变第 i 个变量, 并保持其他变量不变的时候, 函数变化得有多快?

我们可以用标准基向量来陈述 $D_i f(\mathbf{a}) = \lim_{h \to 0} \frac{1}{h}\Big(f(\mathbf{a}+h\vec{\mathbf{e}}_i) - f(\mathbf{a})\Big)$; $D_i f$ 测量了在变量 $\mathbf{x}$ 从 $\mathbf{a}$ 开始, 在 $\vec{\mathbf{e}}_i$ 方向上移动时, $f(\mathbf{x})$ 的变化率.

定义 1.7.3 的偏导是一阶偏导. 在 3.3 节, 我们讨论高阶偏导.

定义 1.7.3 (偏导). 令 U 为 $\mathbb{R}^n$ 的开子集, $f: U \to \mathbb{R}$ 为一个函数. f 的关于第 i 个变量的偏导(partial derivative), 在 $\mathbf{a}$ 上取值, 是下述极限:

$$D_i f(\mathbf{a}) \stackrel{\text{def}}{=} \lim_{h \to 0} \frac{1}{h}\left(f\begin{pmatrix} a_1 \\ \vdots \\ a_i + h \\ \vdots \\ a_n \end{pmatrix} - f\begin{pmatrix} a_1 \\ \vdots \\ a_i \\ \vdots \\ a_n \end{pmatrix} \right), \tag{1.7.4}$$

当然, 极限要存在才行.

偏导和第一年的微积分中的导数的计算方法是相同的. $f\begin{pmatrix} x \\ y \end{pmatrix} = x^2 + x \sin y$ 关于第一个变量的偏导为 $D_1 f = 2x + \sin y$; 关于第二个变量的偏导为 $D_2 f = x \cos y$. 在点 $\mathbf{a} = \begin{pmatrix} a \\ b \end{pmatrix}$, 我们有 $D_1 f(\mathbf{a}) = 2a + \sin b$, $D_2 f(\mathbf{a}) = a \cos b$.

对于 $f\begin{pmatrix}x\\y\end{pmatrix}=x^3+x^2y+y^2$, D_1f 是什么? D_2f 是什么? 到下面的脚注中去检查你的结果.[19]

注释. 最常用的偏导的符号是

$$\frac{\partial f}{\partial x_1},\cdots,\frac{\partial f}{\partial x_n},\ \text{也就是}\ \frac{\partial f}{\partial x_i}=D_if. \tag{1.7.5}$$

一个在偏微分方程中经常使用的偏导的符号是

$$f_{x_i}=D_if.$$

我们倾向于 D_if: 它写起来简单, 在矩阵中看起来更好一点, 并且关注的是重要信息: 偏导是关于哪个变量取的. (例如, 在经济学中, 对于"工资"(wages) 变量, 你可以写 D_wf, 对基准利率 (prime rate), 可以写 D_pf.) 但是我们将偶尔使用其他的符号, 使得你会熟悉它们. △

$\mathbb{R}^m$–值的函数的偏导

偏导的定义对于 $\mathbb{R}^m$–值 (或者向量值) 的函数同样有意义: 从 $\mathbb{R}^n$ 到 $\mathbb{R}^m$ 的函数 $\mathbf{f}$. 在这种情况下, 我们对 $\mathbf{f}$ 的每一个分量计算极限, 定义

$$\overrightarrow{D_i}\mathbf{f}(\mathbf{a})\ \stackrel{\text{def}}{=}\ \lim_{h\to 0}\frac{1}{h}\left(\mathbf{f}\begin{pmatrix}a_1\\ \vdots\\ a_i+h\\ \vdots\\ a_n\end{pmatrix}-\mathbf{f}\begin{pmatrix}a_1\\ \vdots\\ a_i\\ \vdots\\ a_n\end{pmatrix}\right)=\begin{bmatrix}D_if_1(\mathbf{a})\\ \vdots\\ D_if_m(\mathbf{a})\end{bmatrix}. \tag{1.7.6}$$

注意, 向量值函数的偏导是一个向量.

例 1.7.4 (偏导). 令 $\mathbf{f}$: $\mathbb{R}^2\to\mathbb{R}^3$ 是由

$$\mathbf{f}\begin{pmatrix}x\\y\end{pmatrix}=\begin{pmatrix}xy\\ \sin(x+y)\\ x^2-y^2\end{pmatrix} \tag{1.7.7}$$

给出的. $\mathbf{f}$ 关于第一个变量的偏导为

$$\overrightarrow{D_1}\mathbf{f}\begin{pmatrix}x\\y\end{pmatrix}=\begin{bmatrix}y\\ \cos(x+y)\\ 2x\end{bmatrix}\ \text{或者}\ \frac{\partial\mathbf{f}}{\partial x_1}\begin{pmatrix}a\\b\end{pmatrix}=\begin{bmatrix}b\\ \cos(a+b)\\ 2a\end{bmatrix}.\ \triangle \tag{1.7.8}$$

我们给出了等式 (1.7.8) 的两个版本来展示两种表示方法, 也来强调尽管我们用 x 和 y 来定义一个函数, 但我们可以在看起来不同的变量上计算数值.

对于 $\mathbf{f}\begin{pmatrix}x\\y\end{pmatrix}=\begin{pmatrix}x^2y\\ \cos y\end{pmatrix}$, 它在 $\begin{pmatrix}a\\b\end{pmatrix}$ 的偏导是什么? 你如何使用公式 (1.7.5) 的符号重写你的解答? [20]

偏导的陷阱

著名的法国数学家 Adrien Douady 抱怨偏导的符号省略了最重要的信息: 哪个变量被当作常数. 例如, 增加最低工资是会增加还是减少付最低工资的职

[19] $D_1f=3x^2+2xy$, $D_2f=x^2+2y$.

[20] $\overrightarrow{D_1}\mathbf{f}\begin{pmatrix}a\\b\end{pmatrix}=\frac{\partial\mathbf{f}}{\partial x_1}\begin{pmatrix}a\\b\end{pmatrix}=\begin{bmatrix}2ab\\0\end{bmatrix}$; $\overrightarrow{D_2}\mathbf{f}\begin{pmatrix}a\\b\end{pmatrix}=\frac{\partial\mathbf{f}}{\partial x_2}\begin{pmatrix}a\\b\end{pmatrix}=\begin{bmatrix}a^2\\-\sin b\end{bmatrix}$.

位的数量? 这是关于 $D_{\text{最低工资}}f$ 的符号的问题, 其中 x 是经济状况, 而 $f(x)$ 是付最低工资的职位数.

但是这个偏导直到你说明什么为常量时才有意义, 但并不容易看出这个偏导的意义. 是公共投资为常数, 还是贴现率, 还是要调整贴现率来保持总的失业人数恒定? 还有很多其他的变量要考虑, 没人知道有多少个. 在这里你可以看到为什么经济学家在这个偏导的符号上有分歧: 就算不是不可能的, 但也很难说明偏导是什么, 更不用说怎么去计算了.

类似地, 如果你把气体的压强当作温度的函数来研究, 那么体积是保持不变还是允许膨胀 (例如, 充气球), 结果会大大的不同.

多个变量的偏导

我们通常想要看到一个系统在它的所有组成部分都允许变化的时候是如何变化的: $\mathbf{f}: \mathbb{R}^m \to \mathbb{R}^n$ 在它的变量 $\mathbf{x}$ 从任意方向 $\vec{\mathbf{v}}$ 上移动的时候是如何改变的. 我们将看到, 如果 $\mathbf{f}$ 是可微的, 则它的导数由一个矩阵组成, 叫作**雅可比矩阵**(Jacobian matrix), 矩阵的项都是函数的偏导. 之后, 我们将看到, 这个矩阵确实回答了下面的问题: 给定任意方向, 当 $\mathbf{x}$ 在那个方向移动的时候, $\mathbf{f}$ 如何变化?

"当变量 $\mathbf{x}$ 在任意方向 $\vec{\mathbf{v}}$ 上移动时" 的意思是, x_1 变成 x_1+hv_1, x_2 变成 x_2+hv_2(对同一个 h), 等等.

第一年的微积分课上的定义 1.7.1 把导数定义为 h(变量 x 的增量) 接近 0 的时候的极限

$$\frac{f\text{的变化}}{x\text{的变化}}, \text{ 也就是 } \frac{f(a+h)-f(a)}{h}. \tag{1.7.9}$$

这个不能很好地推广到更高的维度上去. 当 f 是多个变量的函数的时候, 变量的增量就将是一个向量, 而我们不能除以向量.

你会忍不住只去除 $\vec{\mathbf{h}}$ 的长度 $|\vec{\mathbf{h}}|$:

$$f'(\mathbf{a}) = \lim_{\vec{\mathbf{h}}\to\vec{\mathbf{0}}} \frac{1}{|\vec{\mathbf{h}}|}\Big(f(\mathbf{a}+\vec{\mathbf{h}}) - f(\mathbf{a})\Big). \tag{1.7.10}$$

希腊字母 Δ 是 delta 的大写; 小写形式为 δ.

当我们称 $f'(a)h$ 为线性函数的时候, 我们的意思是一个线性函数以变量 h 为输入, 将其乘上 $f'(a)$(也就是 $h \mapsto f'(a)h$, 读作 h 映射到 $f'(a)h$). 通常, f 在 a 的导数不是 a 的线性函数. 如果 $f(x)=\sin x$ 或者 $f(x)=x^3$, 或者任何 $f(x)=x^2$ 形式以外的函数, $f'(a)$ 都不是 a 的线性函数. 但

$$h \mapsto f'(a)h$$

是 h 的一个线性函数. 例如, $h \mapsto (\sin x)h$ 是 h 的线性函数, 因为

$$(\sin x)(h_1+h_2) = (\sin x)h_1 + (\sin x)h_2.$$

注意, $\mapsto$("映射到") 与 $\to$("到") 的区别. 第一个有一个竖的线段.

这个将允许我们在更高的维度上重写定义 1.7.1, 因为我们可以除以一个向量的长度, 它是一个数. 但这个即使在一维下也不能用, 因为极限会在 h 从左边和右边接近 0 的时候改变符号. 在高维度下, 情况更加糟糕. 所有 $\vec{\mathbf{h}}$ 接近 $\vec{\mathbf{0}}$ 的各个不同的方向都将给出不同的结果. 在等式 (1.7.10) 中除以 $|\vec{\mathbf{h}}|$, 我们消去了向量的长度, 但没有消去方向.

我们将用一个不能很好地推广的形式重写. 这个定义强调了如果函数的增量 Δf 可以通过*变量的增量 h 的线性函数*很好地近似, 则函数 f 在点 a 可微这个思想. 这个线性函数就是 $f'(a)h$.

定义 1.7.5 (导数的另一个定义). 令 U 为 $\mathbb{R}$ 的一个开子集, $f: U \to \mathbb{R}$ 为一个函数. 则当且仅当

$$\lim_{h\to 0} \frac{1}{h}\Bigg(\overbrace{(f(a+h)-f(a))}^{\Delta f} - \overbrace{(mh)}^{\Delta x\text{的线性函数}}\Bigg) = 0 \tag{1.7.11}$$

时, *f 在 a 可微, 且导数为 m.*

字母 Δ 表示 "变化"; Δf 为函数的变化; $\Delta x = h$ 是变量 x 的变化. 把 h 乘上导数 m 的函数 mh 则是 x 的变化的线性函数.

注释 1.7.6. 我们取 $h \to 0$ 时的极限, 所以 h 是很小的, 除以它会使得一些量变大; 分子 —— 函数的增量与增量的近似之间的差别 —— 在 $h = 0$ 附近必须非常小才能使极限等于 0(见练习 1.7.13).

特别地, f 的增量, 也就是 $h \mapsto f(a+h) - f(a)$, 以及它的线性逼近 $h \mapsto mh$ 的区别在 $h = 0$ 附近必须比线性项小. 如果, 例如说我们有线性函数 L 使得这个差为线性的, 比如 $3h$, 则等式 (1.7.11) 不能被满足:

$$\lim_{h \to 0} \frac{1}{h}\big(f(a+h) - f(a) - L(h)\big) = \lim_{h \to 0} \frac{1}{h} \cdot 3h = 3 \neq 0. \tag{1.7.12}$$

这样的函数 L 不能作为 f 的导数. 但是, 如果我们有另外一个线性函数 D, 使得这个差小于线性函数, 比如说 $3h^2$, 则

$$\lim_{h \to 0} \frac{1}{h}\big(f(a+h) - f(a) - D(h)\big) = \lim_{h \to 0} \frac{1}{h} \cdot 3h^2 = \lim_{h \to 0} 3h = 0. \qquad \triangle$$

下面的计算说明了定义 1.7.5 只是对定义 1.7.1 的一个重写:

$$\begin{aligned} & \lim_{h \to 0} \frac{1}{h}\Big(\big(f(a+h) - f(a)\big) - [f'(a)]h\Big) \\ = & \lim_{h \to 0} \Bigg(\overbrace{\frac{f(a+h) - f(a)}{h}}^{\text{定义 1.7.1 给出的} f'(a)} - \frac{f'(a)h}{h} \Bigg) \\ = & \; f'(a) - f'(a) = 0. \end{aligned} \tag{1.7.13}$$

进一步地, 线性函数 $h \mapsto f'(a)h$ 为唯一满足等式 (1.7.11) 的线性函数. 事实上, 单变量的线性函数可以写成 $h \mapsto mh$, 且有

$$\begin{aligned} 0 &= \lim_{h \to 0} \frac{1}{h}\Big(\big(f(a+h) - f(a)\big) - mh\Big) \\ &= \lim_{h \to 0} \left(\frac{f(a+h) - f(a)}{h} - \frac{mh}{h} \right) \\ &= f'(a) - m, \end{aligned} \tag{1.7.14}$$

因此我们有 $f'(a) = m$.

重写导数的定义的意义在于, 由定义 1.7.5, 我们可以除以 $|h|$ 而不是 h; $m = f'(a)$ 也是唯一一个满足

$$\lim_{h \to 0} \frac{1}{|h|}\Big(\overbrace{\big(f(a+h) - f(a)\big)}^{\Delta f} - \overbrace{\big(f'(a)h\big)}^{h\text{的线性函数}} \Big) = 0 \tag{1.7.15}$$

的数.

极限是否改变符号并不重要, 因为极限是 0. 一个接近 0 的数, 无论正负, 都是接近 0 的.

因此, 我们可以把等式 (1.7.15) 推广到高维的映射上去, 就像图 1.7.1 中的那样. 与单变量的函数的情况类似, 理解多变量函数的导数的关键是把函数

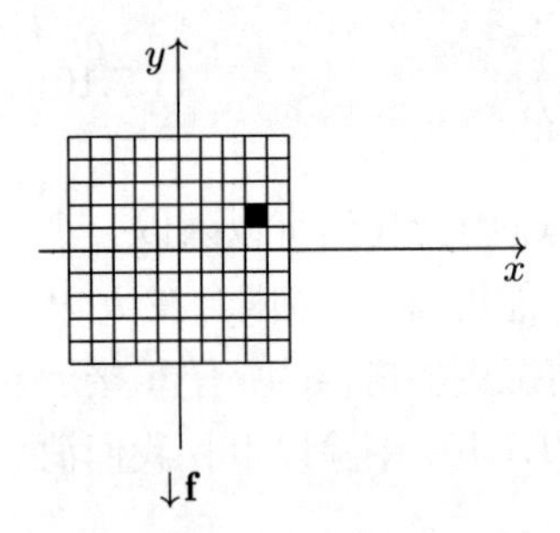

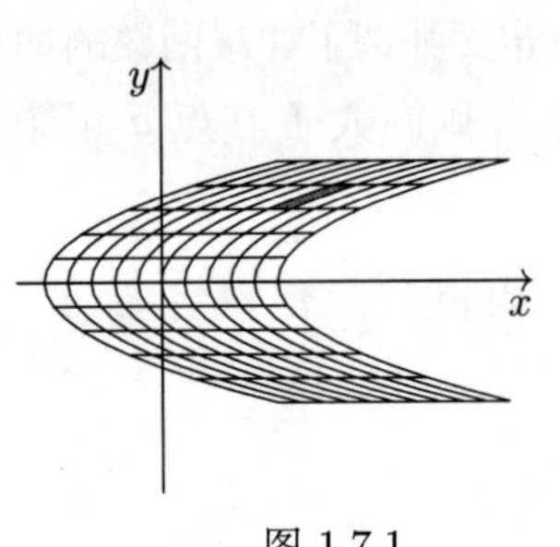

图 1.7.1

映射 $f\begin{pmatrix} x \\ y \end{pmatrix} = \begin{pmatrix} x^2 + y \\ x \end{pmatrix}$ 把上图中的黑色方块映射到下图中的带阴影的区域.

(输出) 的增量想成变量 (输入) 增量的**近似的线性函数**. 增量

$$\Delta\mathbf{f} = \mathbf{f}(\mathbf{a}+\vec{\mathbf{h}}) - \mathbf{f}(\mathbf{a}) \tag{1.7.16}$$

近似为增量 $\vec{\mathbf{h}}$ 的线性函数.

在一维的情况下, Δf 由线性函数 $h \mapsto f'(a)h$ 很好地近似了. 我们在 1.3 节看到, 每个线性变换都由一个矩阵给出; 线性变换 $h \mapsto f'(a)h$ 由乘上 1×1 的矩阵 $[f'(a)]$ 给出.

对于映射 $\mathbf{f}\colon U \to \mathbb{R}^m$, 其中 $U \subset \mathbb{R}^n$ 为开子集, 1×1 矩阵的角色由一个映射在 $\mathbf{a}$ 处的 n 个偏导构成的 $m\times n$ 的矩阵替代. 这个矩阵叫作映射 $\mathbf{f}$ 的雅可比矩阵, 记为 $[\mathbf{Jf}(\mathbf{a})]$.

注意, 在雅可比矩阵中, 我们从上到下写 $\mathbf{f}$ 的分量, 从左向右写变量. 第一列给出了对第一个变量的偏导; 第二列给出了对第二个变量的偏导, 等等.

定义 1.7.7 (雅可比矩阵). 令 U 为 $\mathbb{R}^n$ 的开子集. 函数 $\mathbf{f}\colon U \to \mathbb{R}^m$ 的**雅可比矩阵**为一个 $m\times n$ 的矩阵, 由 $\mathbf{f}$ 在 $\mathbf{a}$ 的 n 个偏导构成:

$$[\mathbf{Jf}(\mathbf{a})] \overset{\text{def}}{=} \begin{bmatrix} D_1 f_1(\mathbf{a}) & \cdots & D_n f_1(\mathbf{a}) \\ \vdots & & \vdots \\ D_1 f_m(\mathbf{a}) & \cdots & D_n f_m(\mathbf{a}) \end{bmatrix}. \tag{1.7.17}$$

雅可比 (图 1.7.2) 在完成中学学习的时候只有十二岁, 但他一直要等到 1821 年才能进入柏林大学, 因为大学不接受十六岁以下的学生. 他卒于流感和天花.

图 1.7.2
雅可比 (Carl Jacobi, 1804 — 1851)

例 1.7.8 (雅可比矩阵). $\mathbf{f}\begin{pmatrix} x \\ y \end{pmatrix} = \begin{pmatrix} xy \\ \sin(x+y) \\ x^2-y^2 \end{pmatrix}$ 的雅可比矩阵为

$$\left[\mathbf{Jf}\begin{pmatrix} x \\ y \end{pmatrix}\right] = \begin{bmatrix} y & x \\ \cos(x+y) & \cos(x+y) \\ 2x & -2y \end{bmatrix}. \quad \triangle \tag{1.7.18}$$

$\mathbf{f}\begin{pmatrix} x \\ y \end{pmatrix} = \begin{pmatrix} x^3 y \\ 2x^2y^2 \\ xy \end{pmatrix}$ 的雅可比矩阵是什么? 到脚注中检验你的结果.[21]

什么时候一个函数的雅可比矩阵是它的导数

我们想说, 如果雅可比矩阵存在, 则它是 $\mathbf{f}$ 的导数: 我们想说, 增量 $\mathbf{f}(\mathbf{a}+\vec{\mathbf{h}}) - \mathbf{f}(\mathbf{a})$ 约等于 $[\mathbf{Jf}(\mathbf{a})]\vec{\mathbf{h}}$, 因为

$$\lim_{\vec{\mathbf{h}}\to\vec{\mathbf{0}}} \frac{1}{|\vec{\mathbf{h}}|}\Big((f(\mathbf{a}+\vec{\mathbf{h}}) - f(\mathbf{a})) - [\mathbf{Jf}(\mathbf{a})]\vec{\mathbf{h}} \Big) = \vec{\mathbf{0}}. \tag{1.7.19}$$

这是等式 (1.7.11) 的高维上的类比. 通常, 在高维下是成立的: 你可以通过计算偏导来计算一个多变量函数的导数, 并且把它们放进一个矩阵.

不幸的是, 有可能一个函数 $\mathbf{f}$ 的所有偏导都存在, 但是等式 (1.7.19) 未必成立! (我们将在 1.9 节研究这样的病态函数; 见例 1.9.3) 不通过更多的假设我们所能得到的最好的是下面的结果.

---

[21] $\left[\mathbf{Jf}\begin{pmatrix} x \\ y \end{pmatrix}\right] = \begin{bmatrix} 3x^2y & x^3 \\ 4xy^2 & 4x^2y \\ y & x \end{bmatrix}$. 第一列为 $\overrightarrow{D_1}\mathbf{f}$; 第二列为 $\overrightarrow{D_2}\mathbf{f}$. 第一行给出了 x^3y 的偏导; 第二行是 $2x^2y^2$ 的偏导; 第三行是 xy 的偏导.

命题和定义 1.7.9 (导数). 令 $U \subset \mathbb{R}^n$ 为一个开子集, 令 $\mathbf{f}: U \to \mathbb{R}^m$ 为一个映射; 令 $\mathbf{a}$ 为 U 中的一个点. 如果存在一个线性变换 $L: \mathbb{R}^n \to \mathbb{R}^m$, 使得

$$\lim_{\vec{\mathbf{h}} \to \vec{\mathbf{0}}} \frac{1}{|\vec{\mathbf{h}}|}\left(\left(\mathbf{f}(\mathbf{a}+\vec{\mathbf{h}}) - \mathbf{f}(\mathbf{a})\right) - \left(L(\vec{\mathbf{h}})\right)\right) = \vec{\mathbf{0}}, \tag{1.7.20}$$

则 $\mathbf{f}$ 在 $\mathbf{a}$ 可微, 且 L 是唯一的, 就是 $\mathbf{f}$ 在 $\mathbf{a}$ 的导数, 记作 $[\mathbf{Df}(\mathbf{a})]$.

注意在等式 (1.7.20) 中, $\vec{\mathbf{h}}$ 可以从任何方向上接近 $\vec{\mathbf{0}}$.

定理 1.7.10 (雅可比矩阵和导数). 如果 $\mathbf{f}$ 在 $\mathbf{a}$ 可微, 则 $\mathbf{f}$ 的所有在 $\mathbf{a}$ 的偏导存在, 表示 $[\mathbf{Df}(\mathbf{a})]$ 的矩阵为 $[\mathbf{Jf}(\mathbf{a})]$.

一个多元函数的导数由它的雅可比矩阵表示这个事实是线性代数是多元微积分课程的先修课的原因.

定理 1.7.10 只涉及第一阶偏导. 我们在 3.3 节讨论高阶的偏导.

注释. 我们用 $[\mathbf{Df}(\mathbf{a})]$ 来表示 $\mathbf{f}$ 在 $\mathbf{a}$ 的导数, 以及表示导数的矩阵. 在定义 $f: \mathbb{R} \to \mathbb{R}$ 的情况下, 它是 1×1 的矩阵, 也就是一个数. 写为 $[\mathbf{Df}(\mathbf{a})]$ 比完整地写出雅可比矩阵要更方便:

$$[\mathbf{Df}(\mathbf{a})] = [\mathbf{Jf}(\mathbf{a})] = \begin{bmatrix} D_1 f_1(\mathbf{a}) & \cdots & D_n f_1(\mathbf{a}) \\ \vdots & & \vdots \\ D_1 f_m(\mathbf{a}) & \cdots & D_n f_m(\mathbf{a}) \end{bmatrix}. \tag{1.7.21}$$

但当你看到 $[\mathbf{Df}(\mathbf{a})]$ 的时候, 你应该总是注意到它是线性变换, 你应该知道它的定义域和陪域. 给定一个函数 $\mathbf{f}: \mathbb{R}^3 \to \mathbb{R}^2$, 矩阵 $[\mathbf{Df}(\mathbf{a})]$ 的维度是多少呢?[22] △

符号 ∇ 读作 "nabla".

我们在 6.8 节和练习 6.6.3 中进一步讨论梯度.

函数 f 的梯度是一个指向 f 增长最快的方向的向量; 练习 1.7.18 让你证明这一个结论. 梯度的长度正比于 f 在那个方向增长有多快.

要计算在 $\vec{\mathbf{v}}$ 方向的梯度, 我们需要写 $\operatorname{grad} f(\mathbf{a}) \cdot \vec{\mathbf{v}}$; 我们需要点乘, 但经常没有自然的点乘. $[\mathbf{Df}(\mathbf{a})]\vec{\mathbf{v}}$ 总是有意义.

注释. 函数 $f: \mathbb{R}^n \to \mathbb{R}$ 的*梯度*(gradient)为

$$\nabla f(\mathbf{a}) = \vec{\nabla} f(\mathbf{a}) \stackrel{\text{def}}{=} \begin{bmatrix} D_1 f(\mathbf{a}) \\ \vdots \\ D_n f(\mathbf{a}) \end{bmatrix}. \tag{1.7.22}$$

换句话说, $\nabla f(\mathbf{a}) = [\mathbf{D}f(\mathbf{a})]^{\mathrm{T}} = [D_1 f(\mathbf{a}), \cdots, D_n f(\mathbf{a})]^{\mathrm{T}}$.

很多人把梯度想成导数. 这是不理智的, 放任了行矩阵和列向量之间的混淆. 转置并不像它看上去那么无辜; 几何上, 它只有我们在定义了内积 (点乘的推广) 的空间上才有定义. 在没有自然的内积的时候, *向量* $\vec{\nabla} f(\mathbf{a})$ 是不自然的, 不像导数为线性变换, 不依赖于这样的选择. △

命题和定义 1.7.9 和定理 1.7.10 的证明: 命题 1.7.9 中唯一要证明的部分是唯一性.

我们知道 (定理 1.3.4) 线性变换 L 由矩阵表示, 矩阵的第 i 列为 $L(\vec{\mathbf{e}}_i)$, 所以我们需要证明

$$L(\vec{\mathbf{e}}_i) = \overrightarrow{D_i}\mathbf{f}(\mathbf{a}), \tag{1.7.23}$$

其中, 根据定义, $\overrightarrow{D_i}\mathbf{f}(\mathbf{a})$ 是雅可比矩阵 $[\mathbf{Jf}(\mathbf{a})]$ 的第 i 列.

这个证明证明了有一个导数, 它是唯一的, 因为一个线性变换只有一个矩阵.

等式 (1.7.20) 没有给出关于 $\vec{\mathbf{h}}$ 趋近于 $\vec{\mathbf{0}}$ 的方向的任何信息; 它可以从任何

[22]因为 $\mathbf{f}: \mathbb{R}^3 \to \mathbb{R}^2$ 取 $\mathbb{R}^3$ 中的一个点, 给出 $\mathbb{R}^2$ 中的一个点, 类似地, $[\mathbf{Df}(\mathbf{a})]$ 取 $\mathbb{R}^3$ 中的一个向量, 给出 $\mathbb{R}^2$ 中的一个向量. 因此, $[\mathbf{Df}(\mathbf{a})]$ 是一个 2×3 的矩阵.

方向趋近于 $\vec{\mathbf{0}}$. 尤其是, 我们可以设 $\vec{\mathbf{h}}=t\vec{\mathbf{e}}_i$, 并且令数 t 趋近于 0, 给出

$$\lim_{t\vec{\mathbf{e}}_i\to\vec{\mathbf{0}}}\frac{\Big(f(\mathbf{a}+t\vec{\mathbf{e}}_i)-f(\mathbf{a})\Big)-L(t\vec{\mathbf{e}}_i)}{|t\vec{\mathbf{e}}_i|}=\vec{\mathbf{0}}. \tag{1.7.24}$$

我们想要去掉分母中的绝对值符号. 因为 $|t\vec{\mathbf{e}}_i|=|t||\vec{\mathbf{e}}_i|$(记住 t 是一个数), 且 $|\vec{\mathbf{e}}_i|=1$, 我们可以用 $|t|$ 替换 $|t\vec{\mathbf{e}}_i|$. 等式 (1.7.24) 中的极限为 $\vec{\mathbf{0}}$, 其中 t 是正的或者负的, 所以我们可以用 t 替换 $|t|$:

$$\lim_{t\vec{\mathbf{e}}_i\to\vec{\mathbf{0}}}\frac{f(\mathbf{a}+t\vec{\mathbf{e}}_i)-f(\mathbf{a})-L(t\vec{\mathbf{e}}_i)}{t}=\vec{\mathbf{0}}. \tag{1.7.25}$$

利用导数的线性属性, 我们看到

$$L(t\vec{\mathbf{e}}_i)=tL(\vec{\mathbf{e}}_i). \tag{1.7.26}$$

所以我们可以把等式 (1.7.25) 重写为

$$\lim_{t\vec{\mathbf{e}}_i\to\vec{\mathbf{0}}}\frac{f(\mathbf{a}+t\vec{\mathbf{e}}_i)-f(\mathbf{a})}{t}-L(\vec{\mathbf{e}}_i)=\vec{\mathbf{0}}. \tag{1.7.27}$$

第一项精确地等于等式 (1.7.6), 定义了偏导. 所以 $L(\vec{\mathbf{e}}_i)=\overrightarrow{D_i}\mathbf{f}(\mathbf{a})$: 对应于线性变换 L 的矩阵的第 i 列是 $\overrightarrow{D_i}\mathbf{f}(\mathbf{a})$. 换句话说, 对应于 L 的矩阵是雅可比矩阵. □

命题 1.7.11 反过来当然是错的: 容易找到不可微的连续函数 (也就是, 在某个点处不可微). 也可能找到无处可微的连续函数, 但是找到这样的函数要困难得多.

命题 1.7.11 (可微则连续). 令 U 为 $\mathbb{R}^n$ 的一个开子集, 令 $\mathbf{f}\colon U\to\mathbb{R}^m$ 为一个映射; 令 $\mathbf{a}$ 为 U 上的一个点. 如果 $\mathbf{f}$ 在 $\mathbf{a}$ 可微, 则 $\mathbf{f}$ 在 $\mathbf{a}$ 连续.

证明: 因为 $\mathbf{f}$ 在 $\mathbf{a}$ 可微, 所以等式 (1.7.20) 中的极限存在, 这意味着更弱的陈述

$$\lim_{\vec{\mathbf{h}}\to\vec{\mathbf{0}}}\Big(\big(f(\mathbf{a}+\vec{\mathbf{h}})-f(\mathbf{a})\big)-L(\vec{\mathbf{h}})\Big)=\vec{\mathbf{0}}. \tag{1.7.28}$$

因为 L 是线性的, 所以 $\lim\limits_{\vec{\mathbf{h}}\to\vec{\mathbf{0}}}L(\vec{\mathbf{h}})=\vec{\mathbf{0}}$, 因此 $\lim\limits_{\vec{\mathbf{h}}\to\vec{\mathbf{0}}}\Big(f(\mathbf{a}+\vec{\mathbf{h}})-f(\mathbf{a})\Big)$ 也必须为 $\vec{\mathbf{0}}$, 所以 $\mathbf{f}$ 是连续的 (见定义 1.5.27). □

例 1.7.12 (一个函数 $\mathbf{f}\colon\mathbb{R}^2\to\mathbb{R}^2$ 的雅可比矩阵). 我们来看, 对于一个非常简单的从 $\mathbb{R}^2\to\mathbb{R}^2$ 的非线性映射, 雅可比矩阵确实提供了我们需要的对映射的变化的近似. 下面这个映射

$$\mathbf{f}\begin{pmatrix}x\\y\end{pmatrix}=\begin{pmatrix}xy\\x^2-y^2\end{pmatrix}\text{ 的雅可比矩阵为 }\left[\mathbf{Jf}\begin{pmatrix}x\\y\end{pmatrix}\right]=\begin{bmatrix}y & x\\2x & -2y\end{bmatrix}, \tag{1.7.29}$$

因为 $D_1xy=y$, $D_2xy=x$, 等等. 我们的增量向量为 $\vec{\mathbf{h}}=\begin{bmatrix}h\\k\end{bmatrix}$.

等式 (1.7.30): 分母上的 $\sqrt{h^2+k^2}$ 是 $|\vec{\mathbf{h}}|$, 增量向量的长度.

等式 (1.7.19) 就变成了

$$\lim_{\begin{bmatrix}h\\k\end{bmatrix}\to\begin{bmatrix}0\\0\end{bmatrix}}\frac{1}{\sqrt{h^2+k^2}}\left(\left(\underbrace{\mathbf{f}\begin{pmatrix}a_1+h\\a_2+k\end{pmatrix}}_{\mathbf{f}(\mathbf{a}+\vec{\mathbf{h}})}-\underbrace{\mathbf{f}\begin{pmatrix}a_1\\a_2\end{pmatrix}}_{\mathbf{f}(\mathbf{a})}\right)-\left(\underbrace{\begin{bmatrix}a_2 & a_1\\2a_1 & -2a_2\end{bmatrix}}_{\text{雅可比矩阵}}\underbrace{\begin{bmatrix}h\\k\end{bmatrix}}_{\vec{\mathbf{h}}}\right)\right)=\vec{\mathbf{0}}. \tag{1.7.30}$$

当我们在 $\begin{pmatrix} a_1+h \\ a_2+k \end{pmatrix}$ 和 $\begin{pmatrix} a_1 \\ a_2 \end{pmatrix}$ 处计算 **f** 的时候, 左侧变成了

$$\lim_{\begin{bmatrix} h \\ k \end{bmatrix} \to \begin{bmatrix} 0 \\ 0 \end{bmatrix}} \frac{1}{\sqrt{h^2+k^2}} \left(\left(\begin{pmatrix} (a_1+h)(a_2+k) \\ (a_1+h)^2-(a_2+k)^2 \end{pmatrix} - \begin{pmatrix} a_1a_2 \\ a_1^2-a_2^2 \end{pmatrix} \right) - \begin{bmatrix} a_2h+a_1k \\ 2a_1h-2a_2k \end{bmatrix} \right)$$

$$= \lim_{\begin{bmatrix} h \\ k \end{bmatrix} \to \begin{bmatrix} 0 \\ 0 \end{bmatrix}} \frac{1}{\sqrt{h^2+k^2}} \begin{bmatrix} hk \\ h^2-k^2 \end{bmatrix}. \tag{1.7.31}$$

例 1.7.12: 例如, 在 $\begin{pmatrix} a \\ b \end{pmatrix} = \begin{pmatrix} 1 \\ 1 \end{pmatrix}$ 时, 等式 (1.7.29) 中的函数 **f** 给出

$$\mathbf{f}\begin{pmatrix} 1 \\ 1 \end{pmatrix} = \begin{pmatrix} 1 \\ 0 \end{pmatrix},$$

我们要问

$$\mathbf{f}\begin{pmatrix} 1 \\ 1 \end{pmatrix} + \begin{bmatrix} 1 & 1 \\ 2 & -2 \end{bmatrix}\begin{bmatrix} h \\ k \end{bmatrix} = \begin{pmatrix} 1+h+k \\ 2h-2k \end{pmatrix}$$

是否为一个对于

$$\mathbf{f}\begin{pmatrix} 1+h \\ 1+k \end{pmatrix} = \begin{pmatrix} 1+h+k+\underline{hk} \\ 2h-2k+\underline{h^2-k^2} \end{pmatrix}$$

的好的近似. 也就是, 我们在问两者之间的差值是否比线性近似小 (见注释 1.7.6). 很清楚的是, 差值为 $\begin{bmatrix} hk \\ h^2-k^2 \end{bmatrix}$, hk 和 h^2-k^2 都是二次的.

我们要证明这个极限为 $\vec{\mathbf{0}}$. 首先考虑 $\dfrac{hk}{\sqrt{h^2+k^2}}$. 事实上, $0 \leqslant |h| \leqslant \sqrt{h^2+k^2}$, $0 \leqslant k \leqslant \sqrt{h^2+k^2}$, 所以

$$0 \leqslant \left| \frac{hk}{\sqrt{h^2+k^2}} \right| = \underbrace{\left| \frac{h}{\sqrt{h^2+k^2}} \right|}_{\leqslant 1} |k| \leqslant |k|, \tag{1.7.32}$$

我们有

$$0 \leqslant \overbrace{\lim_{\begin{bmatrix} h \\ k \end{bmatrix} \to \begin{bmatrix} 0 \\ 0 \end{bmatrix}} \left| \frac{hk}{\sqrt{h^2+k^2}} \right|}^{\text{挤在 0 与 0 之间}} \leqslant \lim_{\begin{bmatrix} h \\ k \end{bmatrix} \to \begin{bmatrix} 0 \\ 0 \end{bmatrix}} |k| = 0. \tag{1.7.33}$$

下一步, 我们考虑 $\dfrac{h^2-k^2}{\sqrt{h^2+k^2}}$:

$$0 \leqslant \left| \frac{h^2-k^2}{\sqrt{h^2+k^2}} \right| \leqslant |h| \left| \frac{h}{\sqrt{h^2+k^2}} \right| + |k| \left| \frac{k}{\sqrt{h^2+k^2}} \right| \leqslant |h| + |k|, \tag{1.7.34}$$

所以

$$0 \leqslant \lim_{\begin{bmatrix} h \\ k \end{bmatrix} \to \begin{bmatrix} 0 \\ 0 \end{bmatrix}} \left| \frac{h^2-k^2}{\sqrt{h^2+k^2}} \right| \leqslant \lim_{\begin{bmatrix} h \\ k \end{bmatrix} \to \begin{bmatrix} 0 \\ 0 \end{bmatrix}} (|h|+|k|) = 0. \tag{1.7.35}$$

因此, **f** 是可微的, 它的导数是它的雅可比矩阵. △

方向导数

如果 **f** 可微, 则一旦我们知道了测量函数在标准基向量方向上的变化率的 **f** 的偏导, 我们就可以计算任何方向上的导数. 这个也并不令人惊讶. 任何线性变换的矩阵通过看变换对标准基向量做了什么来构造: $[T]$ 的第 i 列为 $T(\vec{\mathbf{e}}_i)$. 雅可比矩阵就是变化率的矩阵, 通过变换对标准基向量的行为来构造.

如果 **f** 不可微, 则推导不成立, 正如我们将在例 1.9.3 中看到的.

方向导数是偏导的一个推广. 偏导 $\overrightarrow{D_i}\mathbf{f}(\mathbf{a})$ 描述了 $\mathbf{f}(\mathbf{x})$ 如何随着变量 $\mathbf{x}$ 从 $\mathbf{a}$ 沿着标准基向量 $\vec{\mathbf{e}}_i$ 的方向移动而变化:

$$\overrightarrow{D_i}\mathbf{f}(\mathbf{a}) = \lim_{h \to 0} \frac{\mathbf{f}(\mathbf{a}+h\vec{\mathbf{e}}_i)-\mathbf{f}(\mathbf{a})}{h}. \tag{1.7.36}$$

方向导数描述了当变量在任何方向 $\vec{\mathbf{v}}$ 上移动时, 也就是变量 $\mathbf{x}$ 以恒定的速度在一个时间单位内从 $\mathbf{a}$ 移动到 $\mathbf{a}+\vec{\mathbf{v}}$ 时, $\mathbf{f}(\mathbf{x})$ 如何变化, 如图 1.7.3.

定义 1.7.13 (方向导数). 令 $U \subset \mathbb{R}^n$ 为开集, 令 $\mathbf{f}: U \to \mathbb{R}^m$ 为一个函数. $\mathbf{f}$ 在 $\mathbf{a}$ 处沿着 $\vec{\mathbf{v}}$ 方向的*方向导数*(directional derivative)为

$$\lim_{h\to 0} \frac{\mathbf{f}(\mathbf{a}+h\vec{\mathbf{v}})-\mathbf{f}(\mathbf{a})}{h}. \tag{1.7.37}$$

如果一个函数是可微的, 我们可以从它的偏导数, 也就是它的导数, 推出它的所有的方向导数.

命题 1.7.14 (从导数计算方向导数). 如果 $U \subset \mathbb{R}^n$ 为开集, $\mathbf{f}: U \to \mathbb{R}^m$ 在 $\mathbf{a} \in U$ 可微, 则 $\mathbf{f}$ 在 $\mathbf{a}$ 的所有的方向导数存在, 沿着 $\vec{\mathbf{v}}$ 方向的方向导数由公式

$$\lim_{h\to 0} \frac{\mathbf{f}(\mathbf{a}+h\vec{\mathbf{v}})-\mathbf{f}(\mathbf{a})}{h} = [\mathbf{Df}(\mathbf{a})]\vec{\mathbf{v}} \tag{1.7.38}$$

给出.

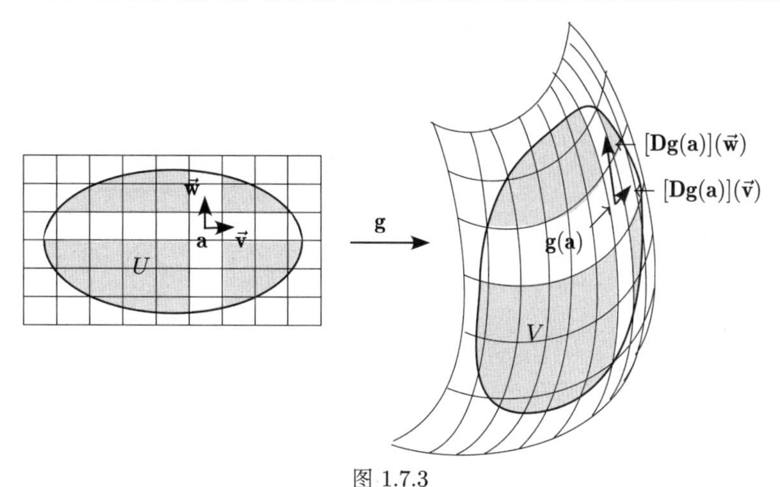

图 1.7.3

函数 $\mathbf{g}: \mathbb{R}^2 \to \mathbb{R}^2$ 将一个点 $\mathbf{a} \in U$ 映射到一个点 $\mathbf{g}(\mathbf{a}) \in V$; 尤其是, 它将 U 中的白色十字映射到 V 中的变形的十字. $\mathbf{g}$ 在 $\mathbf{a}$ 的导数将固定在 $\mathbf{a}$ 的向量 $\vec{\mathbf{v}}$ 映射到 $[\mathbf{Dg}(\mathbf{a})](\vec{\mathbf{v}})$, 它是固定在 $\mathbf{g}(\mathbf{a})$ 的; 它将固定在 $\mathbf{a}$ 的向量 $\vec{\mathbf{w}}$ 映射到固定在 $\mathbf{g}(\mathbf{a})$ 的 $[\mathbf{Dg}(\mathbf{a})](\vec{\mathbf{w}})$.

一些作者只允许使用单位向量来定义方向导数; 另外一些作者把 $\vec{\mathbf{v}}$ 方向的导数定义为我们称为在长度为 1 的向量 $\vec{\mathbf{v}}/|\vec{\mathbf{v}}|$ 方向上的方向导数. 我们觉得这些限制是不需要的, 因为它们这样就失去了方向导数作为 $\vec{\mathbf{v}}$ 的函数的线性特征.

更进一步, 方向导数即使在不同方向上没有共同的长度单位的时候也是有意义的. 考虑一个表示作为纳税、通货膨胀、最低工资和基准利率的函数的失业率的模型. 增量是这些变量的一个小的变化. 在这样的模型里谈论方向导数是完全有意义的, 但是长度 $|\vec{\mathbf{v}}|$ 没有意义.

在不同方向上没有共同的长度单位的时候, 在得出 f 在哪个方向上变化最快的任何结论之前, 你应该首先标准化增量向量. 例如, 如果 f 测量了地球上的温度, 测量经度和纬度的增量以度为单位, 就像你在研究卫星数据的时候所做的, 将在除了赤道上以外的地方给出不同的结果.

命题 1.7.14 的证明: 表达式

$$\mathbf{r}(\vec{\mathbf{h}}) = \Big(\mathbf{f}(\mathbf{a}+\vec{\mathbf{h}})-\mathbf{f}(\mathbf{a})\Big) - [\mathbf{Df}(\mathbf{a})]\vec{\mathbf{h}} \tag{1.7.39}$$

把 "余项"$\mathbf{r}(\vec{\mathbf{h}})$–函数的增量与它的线性逼近之间的差定义为 $\vec{\mathbf{h}}$ 的函数. $\mathbf{f}$ 在 $\mathbf{a}$ 可微的假设说的是

$$\lim_{\vec{\mathbf{h}}\to\vec{\mathbf{0}}} \frac{\mathbf{r}(\vec{\mathbf{h}})}{|\vec{\mathbf{h}}|} = \vec{\mathbf{0}}. \tag{1.7.40}$$

在等式 (1.7.39) 中, 把 $\vec{\mathbf{h}}$ 替换成 $h\vec{\mathbf{v}}$, 我们得到

$$\mathbf{r}(h\vec{\mathbf{v}}) = \mathbf{f}(\mathbf{a}+h\vec{\mathbf{v}}) - \mathbf{f}(\mathbf{a}) - [\mathbf{Df}(\mathbf{a})]h\vec{\mathbf{v}}, \tag{1.7.41}$$

再除以 h(利用导数的线性性) 给出

$$|\vec{\mathbf{v}}|\frac{\mathbf{r}(h\vec{\mathbf{v}})}{h|\vec{\mathbf{v}}|} = \frac{\mathbf{f}(\mathbf{a}+h\vec{\mathbf{v}})-\mathbf{f}(\mathbf{a})}{h} - \frac{[\mathbf{Df}(\mathbf{a})]h\vec{\mathbf{v}}}{h} = \frac{\mathbf{f}(\mathbf{a}+h\vec{\mathbf{v}})-\mathbf{f}(\mathbf{a})}{h} - [\mathbf{Df}(\mathbf{a})]\vec{\mathbf{v}}.$$

根据等式 (1.7.40), 左边的项 $\dfrac{\mathbf{r}(h\vec{\mathbf{v}})}{h|\vec{\mathbf{v}}|}$ 在 $h \to 0$ 时的极限为 $\vec{\mathbf{0}}$, 所以

$$\lim_{h\to 0}\frac{\mathbf{f}(\mathbf{a}+h\vec{\mathbf{v}})-\mathbf{f}(\mathbf{a})}{h}-[\mathbf{Df}(\mathbf{a})]\vec{\mathbf{v}}=\vec{\mathbf{0}}.\quad\square \tag{1.7.42}$$

例 1.7.15 (从雅可比矩阵计算方向导数). 我们来计算函数 $f\begin{pmatrix}x\\y\\z\end{pmatrix}=xy\sin z$ 在 $\vec{\mathbf{v}}=\begin{bmatrix}1\\2\\1\end{bmatrix}$ 方向上的导数, 在 $\mathbf{a}=\begin{pmatrix}1\\1\\\frac{\pi}{2}\end{pmatrix}$ 处计算. 由定理 1.8.1, 函数是可微的. 它的导数是 1×3 的矩阵 $[y\sin z\quad x\sin z\quad xy\cos z]$; 在 $\mathbf{a}$ 处计算数值, 得到 $[1\ \ 1\ \ 0]$. 所以方向导数为 $[1\ \ 1\ \ 0]\vec{\mathbf{v}}=3$. 现在, 我们来从定义 1.7.13 计算方向导数. 因为 $h\vec{\mathbf{v}}=h\begin{bmatrix}1\\2\\1\end{bmatrix}=\begin{bmatrix}h\\2h\\h\end{bmatrix}$, 所以公式 (1.7.37) 变成

等式 (1.7.43) 使用了公式

$\sin(a+b)=\sin a\cos b+\cos a\sin b$.

$$\lim_{h\to 0}\frac{1}{h}\Bigg(\underbrace{(1+h)(1+2h)\sin\left(\frac{\pi}{2}+h\right)}_{\mathbf{f}(\mathbf{a}+h\vec{\mathbf{v}})}-\underbrace{\left(1\cdot 1\cdot\sin\frac{\pi}{2}\right)}_{\mathbf{f}(\mathbf{a})}\Bigg) \tag{1.7.43}$$

$$\begin{aligned}
&= \lim_{h\to 0}\frac{1}{h}\Bigg(\Big((1+h)(1+2h)(\underbrace{\sin\frac{\pi}{2}}_{=1}\cos h+\underbrace{\cos\frac{\pi}{2}}_{=0}\sin h)\Big)-\underbrace{\sin\frac{\pi}{2}}_{=1}\Bigg)\\
&= \lim_{h\to 0}\frac{1}{h}\Big(\big((1+3h+2h^2)(\cos h)\big)-1\Big)\\
&= \lim_{h\to 0}\frac{1}{h}(\cos h-1)+\lim_{h\to 0}\frac{1}{h}3h\cos h+\lim_{h\to 0}\frac{1}{h}2h^2\cos h\\
&= 0+3+0=3.\quad\triangle
\end{aligned}$$

例 1.7.15 中的方向导数是一个数, 因为 f 的陪域是 $\mathbb{R}$. 函数 $\mathbf{f}\colon\mathbb{R}^n\to\mathbb{R}^m$ 的方向导数为 $\mathbb{R}^m$ 中的向量: 这样的函数的输出是 $\mathbb{R}^m$ 中的点, 所以它的导数的输出是 $\mathbb{R}^m$ 中的向量.

例 1.7.16 ($\mathbb{R}^n$–值函数的方向导数). 令 $\mathbf{f}\colon\mathbb{R}^2\to\mathbb{R}^2$ 为函数 $\mathbf{f}\begin{pmatrix}x\\y\end{pmatrix}=\begin{pmatrix}xy\\x^2-y^2\end{pmatrix}$. 在点 $\begin{pmatrix}1\\1\end{pmatrix}$, $\mathbf{f}$ 在 $\begin{bmatrix}2\\1\end{bmatrix}$ 方向上的变化率是什么? $\mathbf{f}$ 的导数是

$$\left[\mathbf{Df}\begin{pmatrix}x\\y\end{pmatrix}\right]=\begin{bmatrix}y&x\\2x&-2y\end{bmatrix},$$

所以

$$\left[\mathbf{Df}\begin{pmatrix}1\\1\end{pmatrix}\right]=\begin{bmatrix}1&1\\2&-2\end{bmatrix};$$

$\begin{bmatrix}1&1\\2&-2\end{bmatrix}\begin{bmatrix}2\\1\end{bmatrix}=\begin{bmatrix}3\\2\end{bmatrix}$ 为在 $\begin{bmatrix}2\\1\end{bmatrix}$ 方向上的方向导数. $\triangle$

例 1.7.16: 你可能注意到了, 这个函数在原点的方向导数为 0. 这并不意味着如果你从原点在任意方向上移动, 函数值保持不变. 但因为 f_1 和 f_2 是二次的, 当你从原点开始移动了一个很小的距离时, 函数的变化要比变量的增量小得多. 回忆到 (注释 1.7.6), 当变量的增量接近 0 的时候, f 的增量与它的导数的线性函数之间的差必须小于线性函数.

雅可比矩阵: 不总是正确的方法

通过雅可比矩阵计算一个函数 $\mathbf{f}\colon \mathbb{R}^n \to \mathbb{R}^m$ 的导数通常比从定义来计算快得多, 就像在一元微积分里使用公式而不是极限的方法来计算导数也要快得多一样. 但重要的是, 随时记住导数的意义: 它是函数最好的线性逼近, 是线性函数, 能使

$$\lim_{\vec{\mathbf{h}}\to\vec{\mathbf{0}}} \frac{1}{|\vec{\mathbf{h}}|}\Big(\big(\mathbf{f}(\mathbf{a}+\vec{\mathbf{h}})-\mathbf{f}(\mathbf{a})\big)-\big(L(\vec{\mathbf{h}})\big)\Big)=\vec{\mathbf{0}}. \tag{1.7.44}$$

这是总可以用来计算导数的定义, 就算是函数的定义域和陪域是抽象的向量空间, 而不是 $\mathbb{R}^n$ 的时候也可以. 尽管对于从 $\mathbb{R}^n$ 到 $\mathbb{R}^m$ 的函数可能找到这样的一个函数, 然后计算雅可比矩阵, 但这样做可能是非常困难的.

例 1.7.17: 如 1.5 节提到的, 我们可以把一个 $n\times n$ 的矩阵认定为 $\mathbb{R}^{n^2}$ 空间的一个元素; 例如, 我们可以把 $\begin{bmatrix} a & b\\ c & d\end{bmatrix}$ 想成 $\begin{pmatrix} a\\ b\\ c\\ d\end{pmatrix} \in \mathbb{R}^4$. (我们可以使用一个不同的认定方式, 比如把 $\begin{bmatrix} a & b\\ c & d\end{bmatrix}$ 想成 $\begin{pmatrix} a\\ c\\ b\\ d\end{pmatrix}$. 我们应该把第一个作为标准的认定.)

在 2.6 节, 我们将看到, $\mathrm{Mat}(n,m)$ 是一个抽象向量空间的例子, 对于把这样的空间认定为适当的 $\mathbb{R}^N$ 的含义, 我们将更加精确.

例 1.7.17 (矩阵的平方函数的导数). 在第一年的微积分课上, 你学到了如果 $f(x)=x^2$, 则 $f'(x)=2x$. 我们来计算矩阵的平方的导数. 因为 $n\times n$ 的矩阵的平方是另一个 $n\times n$ 的矩阵, 这样的矩阵可以作为 $\mathbb{R}^{n^2}$, 这个可以写成 $\mathbb{R}^{n^2}\to\mathbb{R}^{n^2}$ 的函数. 在练习 1.7.16 中, 你需要说明 $n=2$ 和 $n=3$ 的情况. 但是一旦 $n>2$, 你所得到的表达式就是非常笨拙的, 如果你试着做这几道练习, 你就会有所体会.

这是线性变换比相应的矩阵容易处理的一次. 回想起我们用 $\mathrm{Mat}(n,n)$ 表示 $n\times n$ 的矩阵的集合, 并考虑平方映射

$$S\colon\ \mathrm{Mat}(n,n)\to\mathrm{Mat}(n,n),\ \text{其中 } S(A)=A^2. \tag{1.7.45}$$

则在这个例子中, 我们能够不通过计算雅可比矩阵来计算导数. 我们应该看到 S 可微, 并且其导数 $[\mathbf{D}S(A)]$ 是线性变换, 把 H 映射到 $AH+HA$:[23]

$$[\mathbf{D}S(A)]H=AH+HA, \text{也写作} [\mathbf{D}S(A)]\colon H\mapsto AH+HA. \tag{1.7.46}$$

(注意, 把函数 $f(x)=x^2$ 的导数写为 $f'(x)\colon h\mapsto 2xh$ 这个等价的写法.)

因为增量是一个矩阵, 所以我们用 H 表示. 注意到, 如果矩阵乘法是可交换的, 我们可以把导数表示为 $2AH$ 或者 $2HA$ —— 非常像函数 $f(x)=x^2$ 的导数 $f'(x)=2x$.

要使公式 (1.7.46) 有意义, 首先要意识到的是

$$[\mathbf{D}S(A)]\colon\ \mathrm{Mat}(n,n)\to\mathrm{Mat}(n,n),\ H\mapsto AH+HA \tag{1.7.47}$$

是一个线性变换. 练习 2.20 让你检验这个结果.

我们如何证明公式 (1.7.46) 呢?

我们断言

等式 (1.7.48): 回忆一下, 我们用 $[0]$ 表示一个各个项都是 0 的矩阵.

$$\lim_{H\to[0]}\frac{1}{H}\Bigg(\underbrace{(S(A+H)-S(A))}_{\text{映射的增量}}-\underbrace{(AH+HA)}_{\text{变量增量的线性函数}}\Bigg)=[0]. \tag{1.7.48}$$

[23] 在公式 (1.7.46) 中, 我们通过描述它对 H 的增量做了什么来表示这个导数; 这个 "向量" 是一个 $n\times n$ 的矩阵. 当一个导数为雅可比矩阵的时候, 我们不需要这样写, 因为我们知道一个矩阵表示的是哪个函数. 我们可以通过把 A_L 乘在左边, A_R 乘在右边来避免公式 (1.7.46) 的形式. 然后我们可以写 $[\mathbf{D}S(A)]=A_L+A_R$. 或者我们可以把导数写为一个 $n^2\times n^2$ 的矩阵. 这样有明显的缺点.

因为 $S(A) = A^2$, 所以

$$\begin{aligned} & |S(A+H) - S(A) - (AH + HA)| \\ = \ & |(A+H)^2 - A^2 - AH - HA| \\ = \ & |A^2 + AH + HA + H^2 - A^2 - AH - HA| \\ = \ & |H^2|. \end{aligned} \tag{1.7.49}$$

我们用矩阵的长度来写等式 (1.7.49), 因为我们在不等式 (1.7.50) 中需要它们, 使得我们可以从分母中消去 $|H|$. 从定义 1.5.12 的边注中我们回忆到可以通过证明向量的长度收敛到 0 来证明一个向量的序列收敛到 $\mathbf{0}$.

这给出

$$\lim_{H \to [0]} \frac{|H^2|}{|H|} \leqslant \lim_{H \to [0]} \frac{|H||H|}{|H|} = 0, \tag{1.7.50}$$

所以, $AH + HA$ 确实是导数. △

练习 1.7.16 让你证明: 在 2×2 的矩阵的情况下, 导数 $AH + HA$ 与通过偏导计算得到的雅可比矩阵相同. 困难主要来自于把 S 理解为一个从 $\mathbb{R}^4$ 到 $\mathbb{R}^4$ 的映射.

注释. 等式 (1.7.49) 证明了减去 $AH + HA$ 只留下高次项. 因此, $AH + HA$ 是导数; 见注释 1.7.6. 这个方法总是可以用来找到高维度下的导数; 它在雅可比矩阵无法得到的时候尤其有用; 计算 $F(A+H) - F(A)$ 并且舍弃 H 的增量中所有二次项和高次项. 结果将是最好地近似了函数 $H \mapsto F(A+H) - F(A)$ 的增量 H 的线性函数. △

下面是另一个这类的例子. 回忆一下, 如果 $f(x) = 1/x$, 则 $f'(a) = -1/a^2$. 命题 1.7.18 把这个结论推广到了矩阵上.

练习 1.7.20 让你计算 2×2 的矩阵的雅可比矩阵并验证命题 1.7.18. 从练习中应该清楚, 使用这种方法就算是计算 3×3 的矩阵的导数也会非常困难.

命题 1.7.18 (矩阵的逆的导数). 如果 f 为函数

$$f(A) = A^{-1}, \tag{1.7.51}$$

定义在 $\mathrm{Mat}(n, n)$ 中的可逆矩阵上, 则 f 是可微的, 且

$$[\mathbf{D}f(A)]H = -A^{-1}HA^{-1}. \tag{1.7.52}$$

要注意到, 在一维上, 这个就简化成了 $f'(a)h = -h/a^2$.

证明: 要让 f 可微, 它必须是定义在 $\mathrm{Mat}(n, n)$ 的一个开子集上的 (见定义 1.7.1). 我们在推论 1.5.40 中证明了可逆矩阵的集合是开集. 现在我们需要证明

$$\lim_{H \to [0]} \frac{1}{|H|} \left(\underbrace{(A+H)^{-1} - A^{-1}}_{\text{映射的增量}} - \underbrace{(-A^{-1}HA^{-1})}_{H\text{的线性函数}} \right) = [0]. \tag{1.7.53}$$

我们的策略是, 首先改写 $(A+H)^{-1}$. 我们将使用命题 1.5.38, 它说的是, 如果 B 是一个方形矩阵, 且 $|B| < 1$, 则级数 $I + B + B^2 + \cdots$ 收敛到 $(I - B)^{-1}$; 这里, $-A^{-1}H$ 起到了 B 的作用. (因为在等式 (1.7.53) 中, $H \to [0]$, 我们可以假设 $|A^{-1}H| < 1$, 所以把 $(I + A^{-1}H)^{-1}$ 当成级数求和是合理的.) 这给出了下面的计算:

命题 1.2.15: 如果 A 和 B 是可逆的, 则

$$(AB)^{-1} = B^{-1}A^{-1}.$$

$$(A+H)^{-1} \ = \ \big(A(I + A^{-1}H)\big)^{-1} \ \overbrace{=}^{\text{命题 1.2.15(见边注)}} \ (I + A^{-1}H)^{-1}A^{-1}$$

$$\begin{aligned} &= \underbrace{\left(I-(-A^{-1}H)\right)^{-1}}_{\text{下面一行的级数求和}} A^{-1} \\ &= \underbrace{\left(I+(-A^{-1}H)+(-A^{-1}H)^2+\cdots\right)}_{\text{级数}I+B+B^2+\cdots,\text{其中}B=-A^{-1}H} A^{-1} \qquad (1.7.54) \\ &\quad \text{(现在我们考虑第一项、第二项和其余的项)} \\ &= \underbrace{A^{-1}}_{\text{第一项}} \underbrace{-A^{-1}HA^{-1}}_{\text{第二项}} + \underbrace{\left((-A^{-1}H)^2+(-A^{-1}H)^3+\cdots\right)A^{-1}}_{\text{其他}}. \end{aligned}$$

现在, 我们可以把 $(A^{-1}-A^{-1}HA^{-1})$ 从等式 (1.7.54) 的两边减去; 等号左边给出了我们非常感兴趣的表达式, 函数的增量和它的线性近似之间的差:

$$\begin{aligned} &\underbrace{\left((A+H)^{-1}-A^{-1}\right)}_{\text{函数的增量}} - \underbrace{\left(-A^{-1}HA^{-1}\right)}_{\text{变量增量}H\text{的线性函数}} \\ &= \left((-A^{-1}H)^2+(-A^{-1}H)^3+\cdots\right)A^{-1} \qquad (1.7.55) \\ &= (-A^{-1}H)\left((-A^{-1}H)+(-A^{-1}H)^2+(-A^{-1}H)^3+\cdots\right)A^{-1}. \end{aligned}$$

不等式 (1.7.56): 从矩阵切换到矩阵的长度允许我们通过命题 1.4.11 来建立一个不等式. 它也允许我们利用数字乘法的交换律, 所以我们可以写

$$|A^{-1}|^2|H||A^{-1}||H| = |A^{-1}|^3|H|^2.$$

不等式 (1.7.56) 中的第二个不等式: 三角不等式用在收敛的无限求和上 (见练习 1.5.9).

命题 1.4.11 和三角不等式 (定理 1.4.9) 给出了

$$\begin{aligned} &|(A+H)^{-1}-A^{-1}+A^{-1}HA^{-1}| \\ \underbrace{\leqslant}_{\text{命题 1.4.11}} &|A^{-1}H|\left|(-A^{-1}H)+(-A^{-1}H)^2+(-A^{-1}H)^3+\cdots\right||A^{-1}| \\ \underbrace{\leqslant}_{\text{三角不等式}} &|A^{-1}H||A^{-1}|\overbrace{\left(|A^{-1}H|+|A^{-1}H|^2+\cdots\right)}^{\text{数字的收敛几何级数}} \qquad (1.7.56) \\ \leqslant\ &|A^{-1}|^2|H|\frac{|A^{-1}||H|}{1-|A^{-1}H|} = \frac{|A^{-1}|^3|H|^2}{1-|A^{-1}H|}. \end{aligned}$$

现在假设 H 小到使 $|A^{-1}H| < 1/2$, 从而有

$$\frac{1}{1-|A^{-1}H|} \leqslant 2. \qquad (1.7.57)$$

我们看到

$$\lim_{H\to[0]} \frac{|(A+H)^{-1}-A^{-1}+A^{-1}HA^{-1}|}{|H|} \leqslant \lim_{H\to[0]} \frac{2|H|^2|A^{-1}|^3}{|H|} = 0. \quad \square$$

1.7 节的练习

练习 1.7.1 ~ 1.7.4 提供了一些切线和导数的复习题.

1.7.1 对下列函数, 求 $f(x)$ 的图像在 $\begin{pmatrix} a \\ f(a) \end{pmatrix}$ 的切线方程.

a. $f(x)=\sin x,\ a=0$; b. $f(x)=\cos x,\ a=\pi/3$;

c. $f(x)=\cos x,\ a=0$; d. $f(x)=1/x,\ a=1/2$.

1.7.2 当 a 取什么值的时候, $f(x)=\mathrm{e}^{-x}$ 在 $\begin{pmatrix} a \\ \mathrm{e}^{-a} \end{pmatrix}$ 的切线的形式为 $y=mx$?

1.7.3 计算下列函数 f 的导数 $f'(x)$.

a. $f(x)=\sin^3(x^2+\cos x)$;　b. $f(x)=\cos^2\left((x+\sin x)^2\right)$;

c. $f(x)=(\cos x)^4\sin x$;　d. $f(x)=(x+\sin^4 x)^3$;

e. $f(x)=\dfrac{\sin x^2\sin^3 x}{2+\sin x}$;　f. $f(x)=\sin\left(\dfrac{x^3}{\sin x^2}\right)$.

1.7.4 例 1.7.2 可能会让你期待, 如果 $f\colon\mathbb{R}\to\mathbb{R}$ 在 a 可微, 则 $f(a+h)-f(a)-f'(a)h$ 将可以与 h^2 比较. 去掉了线性项之后你总可以得到包含 h^2 的项, 这个结论是不成立的.

利用定义检验下列函数在 0 是否可微.

a. $f(x)=|x|^{3/2}$;　b. $f(x)=\begin{cases}x\ln|x| & x\neq 0\\ 0 & x=0\end{cases}$;

c. $f(x)=\begin{cases}x/\ln|x| & x\neq 0\\ 0 & x=0\end{cases}$.

对每种情况, 如果 f 在 0 可微, 则 $f(0+h)-f(0)-f'(0)h$ 是否可以与 h^2 比较?

a. $f\begin{pmatrix}x\\y\end{pmatrix}=\sqrt{x^2+y}$;

b. $f\begin{pmatrix}x\\y\end{pmatrix}=x^2y+y^4$;

c. $f\begin{pmatrix}x\\y\end{pmatrix}=\cos xy+y\cos y$;

d. $f\begin{pmatrix}x\\y\end{pmatrix}=\dfrac{xy^2}{\sqrt{x+y^2}}$.

练习 1.7.5 的函数.

1.7.5 边注中的函数的偏导 D_1f 和 D_2f 在 $\begin{pmatrix}2\\1\end{pmatrix}$ 和 $\begin{pmatrix}1\\-2\end{pmatrix}$ 的值是什么?

1.7.6 对 $\mathbb{R}^m$–值函数计算偏导 $\dfrac{\partial\mathbf{f}}{\partial x}$ 和 $\dfrac{\partial\mathbf{f}}{\partial y}$.

练习 1.7.6: 你必须学会练习 1.7.6 中的偏导的符号, 因为它几乎在每个地方都在使用, 但我们更喜欢 $\vec{D_i}\mathbf{f}$.

a. $\mathbf{f}\begin{pmatrix}x\\y\end{pmatrix}=\begin{pmatrix}\cos x\\x^2y+y^2\\\sin(x^2-y)\end{pmatrix}$;　b. $\mathbf{f}\begin{pmatrix}x\\y\end{pmatrix}=\begin{pmatrix}\sqrt{x^2+y^2}\\xy\\\sin^2(xy)\end{pmatrix}$.

1.7.7 用雅可比矩阵的形式写出练习 1.7.6 的结果.

1.7.8 a. 给定一个函数 $\mathbf{f}\begin{pmatrix}x\\y\end{pmatrix}=\begin{pmatrix}f_1\\f_2\end{pmatrix}$, 其雅可比矩阵为

$$\begin{bmatrix}2x\cos(x^2+y) & \cos(x^2+y)\\ ye^{xy} & xe^{xy}\end{bmatrix}.$$

函数 f_1 的 D_1 函数是什么? 函数 f_1 的 D_2 函数是什么? 函数 f_2 的 D_2 函数是什么?

b. $\mathbf{f}\begin{pmatrix}x\\y\end{pmatrix}=\begin{pmatrix}f_1\\f_2\\f_3\end{pmatrix}$ 的雅可比矩阵的维数是多少?

1.7.9 假设边注中的函数是可微的. 对于它们的导数, 我们能说些什么? (它们取什么形式?)

a. $\mathbf{f}\colon\mathbb{R}^n\to\mathbb{R}^m$;

b. $\mathbf{f}\colon\mathbb{R}^3\to\mathbb{R}$;

c. $\mathbf{f}\colon\mathbb{R}\to\mathbb{R}^4$.

练习 1.7.9 的函数.

1.7.10 令 $\mathbf{f}\colon\mathbb{R}^2\to\mathbb{R}^2$ 为一个函数.

a. 证明: 如果 $\mathbf{f}$ 为仿射函数, 则对于任意的 $\mathbf{a},\vec{\mathbf{v}}\in\mathbb{R}^2$, 有

$$\mathbf{f}\begin{pmatrix}a_1+v_1\\a_2+v_2\end{pmatrix}=\mathbf{f}\begin{pmatrix}a_1\\a_2\end{pmatrix}+[\mathbf{Df}(\mathbf{a})]\vec{\mathbf{v}}.$$

b. 证明: 如果 $\mathbf{f}$ 不是仿射的, 则这个结论不成立.

1.7.11 计算下列映射的雅可比矩阵.

$$\text{a. } f\begin{pmatrix}x\\y\end{pmatrix}=\sin(xy);\qquad \text{b. } f\begin{pmatrix}x\\y\end{pmatrix}=\mathrm{e}^{x^2+y^3};$$

$$\text{c. } f\begin{pmatrix}x\\y\end{pmatrix}=\begin{pmatrix}xy\\x+y\end{pmatrix};\qquad \text{d. } f\begin{pmatrix}r\\\theta\end{pmatrix}=\begin{pmatrix}r\cos\theta\\r\sin\theta\end{pmatrix}.$$

1.7.12 令 $f\begin{pmatrix}x\\y\end{pmatrix}=\begin{pmatrix}xy\\x^2-y^2\end{pmatrix}, \mathbf{p}=\begin{pmatrix}1\\1\end{pmatrix}, \vec{\mathbf{v}}=\begin{pmatrix}2\\1\end{pmatrix}$, 对 $t=1,\frac{1}{10},\frac{1}{100},\frac{1}{1\,000}$, 计算

$$f(\mathbf{p}+t\vec{\mathbf{v}})-f(\mathbf{p})-t[\mathbf{D}f(\mathbf{p})]\vec{\mathbf{v}}.$$

这个差是否对于某个 k, 像 t^k 一样变化?

1.7.13 证明: 如果 $f(x)=|x|$, 则对于任意数 m, 有

$$\lim_{h\to 0}\Big(f(0+h)-f(0)-mh\Big)=0$$

成立, 但是

$$\lim_{h\to 0}\frac{1}{h}\Big(f(0+h)-f(0)-mh\Big)=0$$

从来都不成立; 没有这样的 m 使得在定义 1.7.5 的意义上, mh 为 $f(h)-f(0)$ 的一个 “好的近似”.

1.7.14 令 U 为 $\mathbb{R}^n$ 的开子集; 令 $\mathbf{a}$ 为 U 中的点; 令 $\mathbf{g}\colon U\to\mathbb{R}$ 为一个在 $\mathbf{a}$ 可微的函数. 证明:

$$\frac{\mathbf{g}(\mathbf{a}+\vec{\mathbf{h}})-\mathbf{g}(\mathbf{a})}{|\vec{\mathbf{h}}|}$$

在 $\vec{\mathbf{h}}\to\vec{\mathbf{0}}$ 时有界.

1.7.15 a. 给出一个映射

$$F\colon \operatorname{Mat}(n,m)\to\operatorname{Mat}(k,l)$$

在点 $A\in\operatorname{Mat}(n,m)$ 可微的意义.

b. 考虑函数 $F\colon \operatorname{Mat}(n,m)\to\operatorname{Mat}(n,n)$, 由 $F(A)=AA^{\mathrm{T}}$ 给出. 证明 F 可微, 并计算导数 $[\mathbf{D}F(A)]$.

1.7.16 令 $A=\begin{bmatrix}a&b\\c&d\end{bmatrix}, A^2=\begin{bmatrix}a_1&b_1\\c_1&d_1\end{bmatrix}$.

a. 写出定义

$$S\begin{pmatrix}a\\b\\c\\d\end{pmatrix}=\begin{pmatrix}a_1\\b_1\\c_1\\d_1\end{pmatrix}$$

的函数 $S\colon\mathbb{R}^4\to\mathbb{R}^4$ 的公式.

b. 计算 S 的雅可比矩阵.

c. 检验你的解答与例 1.7.17 是否一致.

d. (给勇敢者) 对 3×3 的矩阵重复上述过程.

1.7.17 令 $A=\begin{bmatrix}1 & 1\\ 0 & 1\end{bmatrix}$. 如果 $H=\begin{bmatrix}0 & 0\\ \epsilon & 0\end{bmatrix}$ 表示一个在 A 的“瞬时速度”, 哪个 2×2 的矩阵是由 $S(A)=A^2$ 给出的平方函数的陪域中相应的速度向量? 首先使用 S 的导数 (例 1.7.17); 然后计算 A^2 和 $(A+H)^2$.

1.7.18 令 U 为 $\mathbb{R}^n$ 的开子集, 令 $f\colon U\to\mathbb{R}$ 在 $\mathbf{a}\in U$ 可微. 证明: 如果 $\vec{\mathbf{v}}$ 为一个单位向量, 与梯度 $\vec{\nabla}f(\mathbf{a})$ 成 θ 角, 则

$$[\mathbf{D}f(\mathbf{a})]\vec{\mathbf{v}}=|\vec{\nabla}f(\mathbf{a})|\cos\theta.$$

为什么这个证明说明 $\vec{\nabla}f(\mathbf{a})$ 指向 f 增长最快的方向, $|\vec{\nabla}f(\mathbf{a})|$ 为最快的增长率?

1.7.19 由 $\mathbf{f}(\vec{\mathbf{x}})=|\vec{\mathbf{x}}|\vec{\mathbf{x}}$ 给出的映射 $\mathbf{f}\colon\mathbb{R}^n\to\mathbb{R}^n$ 在原点是否可微? 如果可微, 导数是什么?

练习 1.7.20, a 问: 把矩阵 $A=\begin{bmatrix}a & b\\ c & d\end{bmatrix}$ 想象为 $\mathbb{R}^4$ 中的元素 $\begin{pmatrix}a\\ b\\ c\\ d\end{pmatrix}$. 使用求 2×2 的矩阵的逆的公式 (等式 (1.2.13)).

1.7.20 a. 令 A 为 2×2 的矩阵. 对命题 1.7.18 中的函数 $f(A)=A^{-1}$ 计算导数 (雅可比矩阵).

b. 证明你的结果与命题 1.7.18 一致.

1.7.21 只把 2×2 的矩阵的行列式作为函数 (就是 $\det\colon \mathrm{Mat}(2,2)\to\mathbb{R}$), 证明

$$[\mathbf{D}\det(I)]H=h_{1,1}+h_{2,2},$$

其中 I 是单位矩阵, H 为增量矩阵, $H=\begin{bmatrix}h_{1,1} & h_{1,2}\\ h_{2,1} & h_{2,2}\end{bmatrix}$. 注意 $h_{1,1}+h_{2,2}$ 为矩阵 H 的迹.

1.8　计算导数的规则

在定理 1.8.1 中, 我们考虑把 $\mathbf{f}$ 和 $\mathbf{g}$ 写成 $\vec{\mathbf{f}}$ 和 $\vec{\mathbf{g}}$, 因为一些计算只有对向量才有意义: 例如, 第七部分的点乘 $\mathbf{f}\cdot\mathbf{g}$. 我们没有这样做, 部分是希望避免过多的符号. 在实际使用时, 你可以进行计算而不必担心它们的区别.

我们在注释 1.5.6 中讨论了把定义域限定在开区间上的重要性.

在第四部分 (和第七部分), 表达式

$$\mathbf{f},\mathbf{g}\colon U\to\mathbb{R}^m$$

是 $\mathbf{f}\colon U\to\mathbb{R}^m$ 和 $\mathbf{g}\colon U\to\mathbb{R}^m$ 的缩写.

这一节给出了让你可以计算由公式给定的函数的求导规则. 一部分放在定理 1.8.1 中; 链式法则在定理 1.8.3 中讨论.

定理 1.8.1 (计算导数的规则). 令 $U\subset\mathbb{R}^n$ 为开集.

1. 如果 $\mathbf{f}\colon U\to\mathbb{R}^m$ 为常值函数, 则 $\mathbf{f}$ 是可微的, 它的导数为 $[0]$(这是零线性变换 $\mathbb{R}^n\to\mathbb{R}^m$, 由全是 0 的 $m\times n$ 矩阵表示).

2. 如果 $\mathbf{f}\colon\mathbb{R}^n\to\mathbb{R}^m$ 是线性的, 则它处处可微, 它在所有点 $\mathbf{a}$ 处的导数为 $\mathbf{f}$, 也就是 $[\mathbf{Df}(\mathbf{a})]\vec{\mathbf{v}}=\mathbf{f}(\vec{\mathbf{v}})$.

3. 如果 $f_1,\cdots,f_m\colon U\to\mathbb{R}$ 是 m 个标量函数, 在 $\mathbf{a}$ 处可微, 则向量值的

映射 $\mathbf{f}=\begin{pmatrix} f_1 \\ \vdots \\ f_m \end{pmatrix}: U \to \mathbb{R}^m$ 在 $\mathbf{a}$ 处可微, 导数为

$$[\mathbf{Df}(\mathbf{a})]\vec{\mathbf{v}}=\begin{bmatrix} [\mathbf{D}f_1(\mathbf{a})]\vec{\mathbf{v}} \\ \vdots \\ [\mathbf{D}f_m(\mathbf{a})]\vec{\mathbf{v}} \end{bmatrix}. \tag{1.8.1}$$

反过来, 如果 $\mathbf{f}$ 在 $\mathbf{a}$ 处可微, 则每个 f_i 在 $\mathbf{a}$ 处可微, 且

$$[\mathbf{D}f_i(\mathbf{a})]=[D_1 f_i(\mathbf{a}),\cdots,D_n f_i(\mathbf{a})].$$

4. 如果 $\mathbf{f},\mathbf{g}\colon U \to \mathbb{R}^m$ 在 $\mathbf{a}$ 处可微, 则 $\mathbf{f}+\mathbf{g}$ 也可微, 且有

$$[\mathbf{D}(\mathbf{f}+\mathbf{g})(\mathbf{a})]=[\mathbf{Df}(\mathbf{a})]+[\mathbf{Dg}(\mathbf{a})]. \tag{1.8.2}$$

5. 如果 $f\colon U \to \mathbb{R}$, $\mathbf{g}\colon U \to \mathbb{R}^m$ 在 $\mathbf{a}$ 处可微, 则 $f\mathbf{g}$ 也可微, 它的导数为

$$[\mathbf{D}(f\mathbf{g})(\mathbf{a})]\vec{\mathbf{v}}=\underbrace{f(\mathbf{a})}_{\mathbb{R}}\underbrace{[\mathbf{Dg}(\mathbf{a})]}_{\mathbb{R}^m}\vec{\mathbf{v}}+\underbrace{([\mathbf{D}f(\mathbf{a})]\vec{\mathbf{v}})}_{\mathbb{R}}\underbrace{\mathbf{g}(\mathbf{a})}_{\mathbb{R}^m}. \tag{1.8.3}$$

6. 如果 $f\colon U \to \mathbb{R}$ 和 $\mathbf{g}\colon U \to \mathbb{R}^m$ 都在 $\mathbf{a}$ 处可微, 且 $f(\mathbf{a})\neq 0$, 则 $\mathbf{g}/f$ 也可微, 其导数为

$$\left[\mathbf{D}\left(\frac{\mathbf{g}}{f}\right)(\mathbf{a})\right]\vec{\mathbf{v}}=\frac{[\mathbf{Dg}(\mathbf{a})]\vec{\mathbf{v}}}{f(\mathbf{a})}-\frac{([\mathbf{D}f(\mathbf{a})]\vec{\mathbf{v}})\mathbf{g}(\mathbf{a})}{(f(\mathbf{a}))^2}. \tag{1.8.4}$$

7. 如果 $\mathbf{f},\mathbf{g}\colon U \to \mathbb{R}^m$ 都在 $\mathbf{a}$ 处可微, 则它们的点乘 $\mathbf{f}\cdot\mathbf{g}\colon U \to \mathbb{R}$ 也可微, 且

$$[\mathbf{D}(\mathbf{f}\cdot\mathbf{g})(\mathbf{a})]\vec{\mathbf{v}}=\underbrace{[\mathbf{Df}(\mathbf{a})]\vec{\mathbf{v}}}_{\mathbb{R}^m}\cdot\underbrace{\mathbf{g}(\mathbf{a})}_{\mathbb{R}^m}+\underbrace{\mathbf{f}(\mathbf{a})}_{\mathbb{R}^m}\cdot\underbrace{[\mathbf{Dg}(\mathbf{a})]\vec{\mathbf{v}}}_{\mathbb{R}^m}. \tag{1.8.5}$$

等式 (1.8.3): 注意到右边的项属于指定的空间, 因此整个表达式有意义; 它是 $\mathbb{R}^m$ 中两个向量的和, 每一个是 $\mathbb{R}^m$ 中的一个向量和一个数的乘积. 注意, $[\mathbf{D}f(\mathbf{a})]\vec{\mathbf{v}}$ 是一个线矩阵和一个向量的乘积, 因此是一个数.

定理 1.8.1 第二部分的证明: 我们在定理的陈述中使用了变量 $\vec{\mathbf{v}}$, 因为我们把它想成是一个随机的向量. 在证明中, 变量自然就是一个增量, 所以我们使用 $\vec{\mathbf{h}}$, 我们倾向于用这个表示增量.

定理 1.8.1 的第五和第七部分是莱布尼兹法则的版本.

莱布尼兹 (图 1.8.1) 是哲学家和数学家. 他写了关于微积分的第一本书, 并且发明了至今仍在使用的导数的符号. 在牛顿与莱布尼兹之间关于谁首先发明了微积分的争论加剧了英格兰与欧洲大陆的数学的分裂, 这个分裂一直持续到了 20 世纪.

图 1.8.1
莱布尼兹 (Gottfried Leibniz, 1646 — 1716)

我们在推论 1.5.31 中看到, 多项式是连续的, 有理函数在分母不等于 0 的地方是连续的. 由定理 1.8.1 可得, 它们都是可微的.

推论 1.8.2 (多项式函数和有理函数的可微性).

1. 任何多项式函数 $\mathbb{R}^n \to \mathbb{R}$ 在全部 $\mathbb{R}^n$ 上可微.

2. 任何有理函数在 $\mathbb{R}^n$ 的分母不为 0 的子集上可微.

定理 1.8.1 的证明: 定理 1.8.1 的大部分的证明是直接的; 第五和第六部分有一点微妙.

1. 如果 $\mathbf{f}$ 是常值函数, 则 $\mathbf{f}(\mathbf{a}+\vec{\mathbf{h}})=\mathbf{f}(\mathbf{a})$, 所以导数 $[\mathbf{Df}(\mathbf{a})]$ 是零线性变换:

$$\lim_{\vec{\mathbf{h}}\to\vec{\mathbf{0}}}\frac{1}{|\vec{\mathbf{h}}|}(\mathbf{f}(\mathbf{a}+\vec{\mathbf{h}})-\mathbf{f}(\mathbf{a})-\underbrace{[0]\vec{\mathbf{h}}}_{[\mathbf{Df}(\mathbf{a})]\vec{\mathbf{h}}})=\lim_{\vec{\mathbf{h}}\to\vec{\mathbf{0}}}\frac{1}{|\vec{\mathbf{h}}|}\vec{\mathbf{0}}=\vec{\mathbf{0}}, \tag{1.8.6}$$

其中, [0] 是零矩阵.

2. 由于 $\mathbf{f}$ 是线性的, $\mathbf{f}(\mathbf{a}+\vec{\mathbf{h}})=\mathbf{f}(\mathbf{a})+\mathbf{f}(\vec{\mathbf{h}})$, 所以

$$\lim_{\vec{\mathbf{h}}\to\vec{\mathbf{0}}}\frac{1}{|\vec{\mathbf{h}}|}\left(\mathbf{f}(\mathbf{a}+\vec{\mathbf{h}})-\mathbf{f}(\mathbf{a})-\mathbf{f}(\vec{\mathbf{h}})\right)=\vec{\mathbf{0}}. \tag{1.8.7}$$

从而推出 $[\mathbf{Df}(\mathbf{a})]=\mathbf{f}$, 也就是, 对于每个 $\vec{\mathbf{h}}\in\mathbb{R}^n$, 我们有 $[\mathbf{Df}(\mathbf{a})]\vec{\mathbf{h}}=\mathbf{f}(\vec{\mathbf{h}})$.

3. $\mathbf{f}$ 可微的假设可以写成

$$\lim_{\vec{\mathbf{h}}\to\vec{\mathbf{0}}}\frac{1}{|\vec{\mathbf{h}}|}\left(\begin{pmatrix}f_1(\mathbf{a}+\vec{\mathbf{h}})\\ \vdots\\ f_m(\mathbf{a}+\vec{\mathbf{h}})\end{pmatrix}-\begin{pmatrix}f_1(\mathbf{a})\\ \vdots\\ f_m(\mathbf{a})\end{pmatrix}-\begin{bmatrix}[\mathbf{D}f_1(\mathbf{a})]\vec{\mathbf{h}}\\ \vdots\\ [\mathbf{D}f_m(\mathbf{a})]\vec{\mathbf{h}}\end{bmatrix}\right)=\begin{bmatrix}0\\ \vdots\\ 0\end{bmatrix}. \tag{1.8.8}$$

$f_1,\cdots,f_m$ 可微的假设可以写成

$$\begin{bmatrix}\lim_{\vec{\mathbf{h}}\to\vec{\mathbf{0}}}\frac{1}{|\vec{\mathbf{h}}|}\left(f_1(\mathbf{a}+\vec{\mathbf{h}})-f_1(\mathbf{a})-[\mathbf{D}f_1(\mathbf{a})]\vec{\mathbf{h}}\right)\\ \vdots\\ \lim_{\vec{\mathbf{h}}\to\vec{\mathbf{0}}}\frac{1}{|\vec{\mathbf{h}}|}\left(f_m(\mathbf{a}+\vec{\mathbf{h}})-f_m(\mathbf{a})-[\mathbf{D}f_m(\mathbf{a})]\vec{\mathbf{h}}\right)\end{bmatrix}=\begin{bmatrix}0\\ \vdots\\ 0\end{bmatrix}. \tag{1.8.9}$$

根据命题 1.5.25, 左侧的表达式相等.

4. 函数是点对点相加的, 所以我们可以把 $\mathbf{f}$ 和 $\mathbf{g}$ 分开:

$$\begin{aligned}&(\mathbf{f}+\mathbf{g})(\mathbf{a}+\vec{\mathbf{h}})-(\mathbf{f}+\mathbf{g})(\mathbf{a})-\left([\mathbf{Df}(\mathbf{a})]+[\mathbf{Dg}(\mathbf{a})]\right)\vec{\mathbf{h}} \qquad (1.8.10)\\ =\;&\left(\mathbf{f}(\mathbf{a}+\vec{\mathbf{h}})-\mathbf{f}(\mathbf{a})-[\mathbf{Df}(\mathbf{a})]\vec{\mathbf{h}}\right)+\left(\mathbf{g}(\mathbf{a}+\vec{\mathbf{h}})-\mathbf{g}(\mathbf{a})-[\mathbf{Dg}(\mathbf{a})]\vec{\mathbf{h}}\right).\end{aligned}$$

现在, 除以 $|\vec{\mathbf{h}}|$, 取 $\vec{\mathbf{h}}\to\vec{\mathbf{0}}$ 时的极限. 右侧给出了 $\vec{\mathbf{0}}+\vec{\mathbf{0}}=\vec{\mathbf{0}}$, 因此左侧也是 $\vec{\mathbf{0}}$.

在等式 (1.8.11) 的第二行, 我们加上又减去了 $f(\mathbf{a})g(\mathbf{a}+\vec{\mathbf{h}})$; 要从第二个等式到第三个, 我们加上又减去了

$$g(\mathbf{a}+\vec{\mathbf{h}})[\mathbf{D}f(\mathbf{a})]\vec{\mathbf{h}}.$$

我们如何知道这个呢? 我们从 f 和 g 可微的事实开始; 那确实就是我们要做的全部, 所以, 很显然我们需要用到那个信息. 这样, 我们需要最终得到如下形式的结果

$$f(\mathbf{a}+\vec{\mathbf{h}})-f(\mathbf{a})-[\mathbf{D}f(\mathbf{a})]\vec{\mathbf{h}}$$

和

$$g(\mathbf{a}+\vec{\mathbf{h}})-g(\mathbf{a})-[\mathbf{D}g(\mathbf{a})]\vec{\mathbf{h}}.$$

所以我们寻找可以加减的量, 以得到包含那些量的项. (我们选择加上和减去的并不是唯一可能的.)

5. 我们需要证明 fg 可微, 且它的导数由等式 (1.8.3) 给出. 由第三部分, 我们可以假设 $m=1$(也就是, $\mathbf{g}=g$ 是标量函数). 则有

$$\begin{aligned}&\lim_{\vec{\mathbf{h}}\to\vec{\mathbf{0}}}\frac{1}{|\vec{\mathbf{h}}|}\Big((fg)(\mathbf{a}+\vec{\mathbf{h}})-(fg)(\mathbf{a})\overbrace{-f(\mathbf{a})([\mathbf{D}g(\mathbf{a})]\vec{\mathbf{h}})-([\mathbf{D}f(\mathbf{a})]\vec{\mathbf{h}})g(\mathbf{a})}^{\text{根据定理 1.8.1, 为}-[\mathbf{D}(fg)(\mathbf{a})]\vec{\mathbf{h}}}\Big)\\ =\;&\lim_{\vec{\mathbf{h}}\to\vec{\mathbf{0}}}\frac{1}{|\vec{\mathbf{h}}|}\Big(f(\mathbf{a}+\vec{\mathbf{h}})g(\mathbf{a}+\vec{\mathbf{h}})\underbrace{-f(\mathbf{a})g(\mathbf{a}+\vec{\mathbf{h}})+f(\mathbf{a})g(\mathbf{a}+\vec{\mathbf{h}})}_{0}-f(\mathbf{a})g(\mathbf{a})\\ &-\left([\mathbf{D}f(\mathbf{a})]\vec{\mathbf{h}}\right)g(\mathbf{a})-\left([\mathbf{D}g(\mathbf{a})]\vec{\mathbf{h}}\right)f(\mathbf{a})\Big)\\ =\;&\lim_{\vec{\mathbf{h}}\to\vec{\mathbf{0}}}\frac{1}{|\vec{\mathbf{h}}|}\Big(\left(f(\mathbf{a}+\vec{\mathbf{h}})-f(\mathbf{a})\right)g(\mathbf{a}+\vec{\mathbf{h}})+f(\mathbf{a})\left(g(\mathbf{a}+\vec{\mathbf{h}})-g(\mathbf{a})\right)\\ &-\left([\mathbf{D}f(\mathbf{a})]\vec{\mathbf{h}}\right)g(\mathbf{a})-\left([\mathbf{D}g(\mathbf{a})]\vec{\mathbf{h}}\right)f(\mathbf{a})\Big) \qquad (1.8.11)\\ =\;&\lim_{\vec{\mathbf{h}}\to\vec{\mathbf{0}}}\left(\frac{f(\mathbf{a}+\vec{\mathbf{h}})-f(\mathbf{a})-[\mathbf{D}f(\mathbf{a})]\vec{\mathbf{h}}}{|\vec{\mathbf{h}}|}\right)g(\mathbf{a}+\vec{\mathbf{h}})\end{aligned}$$

$$+\lim_{\vec{\mathbf{h}}\to\vec{\mathbf{0}}}\left(g(\mathbf{a}+\vec{\mathbf{h}})-g(\mathbf{a})\right)\frac{[\mathbf{D}f(\mathbf{a})]\vec{\mathbf{h}}}{|\vec{\mathbf{h}}|}+\lim_{\vec{\mathbf{h}}\to\vec{\mathbf{0}}}f(\mathbf{a})\frac{\left(g(\mathbf{a}+\vec{\mathbf{h}})-g(\mathbf{a})-[\mathbf{D}g(\mathbf{a})]\vec{\mathbf{h}}\right)}{|\vec{\mathbf{h}}|}$$
$$=\vec{\mathbf{0}}+\vec{\mathbf{0}}+\vec{\mathbf{0}}=\vec{\mathbf{0}}.$$

由定理 1.5.29 的第五部分, 第一个极限为 $\vec{\mathbf{0}}$: 根据 f 的导数的定义, 第一个因子极限为 $\vec{\mathbf{0}}$, 第二个因子 $g(\mathbf{a}+\vec{\mathbf{h}})$ 在 $\vec{\mathbf{h}}=\vec{\mathbf{0}}$ 的邻域有界; 见边注.

我们再一次使用定理 1.5.29 的第五部分来证明第二个极限是 $\vec{\mathbf{0}}$: $g(\mathbf{a}+\vec{\mathbf{h}})-g(\mathbf{a})$ 随着 $\vec{\mathbf{h}}\to\vec{\mathbf{0}}$ 趋近于 $\vec{\mathbf{0}}$ (因为 g 是可微的, 所以在 $\mathbf{a}$ 连续), 且第二个因子 $\dfrac{[\mathbf{D}f(\mathbf{a})]\vec{\mathbf{h}}}{|\vec{\mathbf{h}}|}$ 有界, 因此

$$\left|\frac{[\mathbf{D}f(\mathbf{a})]\vec{\mathbf{h}}}{|\vec{\mathbf{h}}|}\right|\overbrace{\leqslant}^{\text{命题 1.4.11}}|[\mathbf{D}f(\mathbf{a})]|\frac{|\vec{\mathbf{h}}|}{|\vec{\mathbf{h}}|}=|[\mathbf{D}f(\mathbf{a})]|. \tag{1.8.12}$$

由 g 的导数的定义 (以及 $f(\mathbf{a})$ 是常数), 第三个极限是 $\vec{\mathbf{0}}$.

6. 对 $1/f$ 应用第五部分的结论, 我们看到只要证明

$$\left[\mathbf{D}\left(\frac{1}{f}\right)(\mathbf{a})\right]\vec{\mathbf{v}}=-\frac{[\mathbf{D}f(\mathbf{a})]\vec{\mathbf{v}}}{(f(\mathbf{a}))^2} \tag{1.8.13}$$

就足够了. 这个可以从如下推导得到:

$$\frac{1}{|\vec{\mathbf{h}}|}\left(\frac{1}{f(\mathbf{a}+\vec{\mathbf{h}})}-\frac{1}{f(\mathbf{a})}+\frac{[\mathbf{D}f(\mathbf{a})]\vec{\mathbf{h}}}{(f(\mathbf{a}))^2}\right)=\frac{1}{|\vec{\mathbf{h}}|}\left(\frac{f(\mathbf{a})-f(\mathbf{a}+\vec{\mathbf{h}})}{f(\mathbf{a}+\vec{\mathbf{h}})f(\mathbf{a})}+\frac{[\mathbf{D}f(\mathbf{a})]\vec{\mathbf{h}}}{(f(\mathbf{a}))^2}\right)$$
$$=\frac{1}{|\vec{\mathbf{h}}|}\left(\frac{f(\mathbf{a})-f(\mathbf{a}+\vec{\mathbf{h}})+[\mathbf{D}f(\mathbf{a})]\vec{\mathbf{h}}}{(f(\mathbf{a}))^2}\right)-\frac{1}{|\vec{\mathbf{h}}|}\left(\frac{f(\mathbf{a})-f(\mathbf{a}+\vec{\mathbf{h}})}{(f(\mathbf{a}))^2}-\frac{f(\mathbf{a})-f(\mathbf{a}+\vec{\mathbf{h}})}{f(\mathbf{a}+\vec{\mathbf{h}})(f(\mathbf{a}))}\right)$$
$$=\frac{1}{(f(\mathbf{a}))^2}\underbrace{\left(\frac{f(\mathbf{a})-f(\mathbf{a}+\vec{\mathbf{h}})+[\mathbf{D}f(\mathbf{a})]\vec{\mathbf{h}}}{|\vec{\mathbf{h}}|}\right)}_{\text{根据导数的定义, 当 }\vec{\mathbf{h}}\to\vec{\mathbf{0}}\text{ 时的极限为 0}}-\frac{1}{f(\mathbf{a})}\underbrace{\frac{f(\mathbf{a})-f(\mathbf{a}+\vec{\mathbf{h}})}{|\vec{\mathbf{h}}|}}_{\text{有界}}\underbrace{\left(\frac{1}{f(\mathbf{a})}-\frac{1}{f(\mathbf{a}+\vec{\mathbf{h}})}\right)}_{\text{当 }\vec{\mathbf{h}}\to\vec{\mathbf{0}}\text{ 时的极限为 0}}$$

要看到为什么把最后一行的一项标记为有界的, 注意, 因为 f 是可微的, 且

$$\lim_{\vec{\mathbf{h}}\to\vec{\mathbf{0}}}\left(\frac{f(\mathbf{a}+\vec{\mathbf{h}})-f(\mathbf{a})}{|\vec{\mathbf{h}}|}-\underbrace{\frac{[\mathbf{D}f(\mathbf{a})]\vec{\mathbf{h}}}{|\vec{\mathbf{h}}|}}_{\text{有界, 见不等式 (1.8.12)}}\right)=0. \tag{1.8.14}$$

如果括号中的第一项是无界的, 则和就是无界的, 因此, 极限不会为 0.

7. 我们不需要证明 $\mathbf{f}\cdot\mathbf{g}$ 可微, 因为它是可微函数的乘积之和, 根据第四部分和第五部分, 推出它是可微的. 所以我们只需要计算雅可比矩阵:

等式 (1.8.15): 第二个等式用了第四部分: $\mathbf{f}\cdot\mathbf{g}$ 是 f_ig_i 的和, 所以和的导数是导数的和. 第三个等式用了第五部分.

练习 1.8.6 概括了第五和第七部分的一个更加概念性的证明.

$$[\mathbf{D}(\mathbf{f}\cdot\mathbf{g})(\mathbf{a})]\vec{\mathbf{h}}\overset{\text{点乘的定义}}{=}\left[\mathbf{D}\left(\sum_{i=1}^{n}f_ig_i\right)(\mathbf{a})\right]\vec{\mathbf{h}}\overset{(4)}{=}\sum_{i=1}^{n}[\mathbf{D}(f_ig_i)(\mathbf{a})]\vec{\mathbf{h}}$$
$$\overset{(5)}{=}\sum_{i=1}^{n}([\mathbf{D}f_i(\mathbf{a})]\vec{\mathbf{h}})g_i(\mathbf{a})+f_i(\mathbf{a})([\mathbf{D}g_i(\mathbf{a})]\vec{\mathbf{h}}) \tag{1.8.15}$$

$$\overset{\text{点乘的定义}}{=} \left([\mathbf{D}f(\mathbf{a})]\vec{\mathbf{h}}\right)\cdot g(\mathbf{a}) + f(\mathbf{a})\cdot\left([\mathbf{D}g(\mathbf{a})]\vec{\mathbf{h}}\right). \quad \square$$

链式法则

有一个求导的规则太基本了，以至于我们需要为它单独写一小节：这就是链式法则(chain rule)，它说的是复合函数的求导是导数的复合. 它的证明在附录 A.4 中.

一些物理学家宣称，链式法则是所有数学中最重要的定理.

定理 1.8.3 (链式法则). 令 $U \subset \mathbb{R}^n$, $V \subset \mathbb{R}^m$ 为开集, $\mathbf{g}: U \to V$, $\mathbf{f}: V \to \mathbb{R}^p$ 为映射, $\mathbf{a}$ 为 U 中的一个点. 如果 $\mathbf{g}$ 在 $\mathbf{a}$ 可微, $\mathbf{f}$ 在 $\mathbf{g}(\mathbf{a})$ 可微, 则复合函数 $\mathbf{f}\circ\mathbf{g}$ 在 $\mathbf{a}$ 可微, 导数由下式给出

$$[\mathbf{D}(\mathbf{f}\circ\mathbf{g})(\mathbf{a})] = [\mathbf{Df}(\mathbf{g}(\mathbf{a}))]\circ[\mathbf{Dg}(\mathbf{a})]. \tag{1.8.16}$$

要让复合 $\mathbf{f}\circ\mathbf{g}$ 有定义, $\mathbf{g}$ 的陪域和 $\mathbf{f}$ 的定义域 (也就是, 定理中的 V) 必须相同. 在矩阵乘法的情况中, 这个等价于说 $[\mathbf{Df}(\mathbf{g}(\mathbf{a}))]$ 的宽度必须等于 $[\mathbf{Dg}(\mathbf{a})]$ 的高度, 这样乘法才有可能.

在本章开始讨论矩阵乘法和线性变换的复合的一个动机是让这些工具现在就可以使用. 在坐标系中, 并且使用矩阵乘法, 链式法则说的是

$$D_j(\mathbf{f}\circ\mathbf{g})_i(\mathbf{a}) = \sum_{k=1}^{m} D_k f_i(\mathbf{g}(\mathbf{a}))D_j g_k(\mathbf{a}).$$

作为陈述, 这个形式的链式法则是个灾难: 它把一个基本的、透明的陈述变成了一个杂乱的公式, 其证明看起来是个计算上的奇迹.

链式法则在图 1.8.2 中演示.

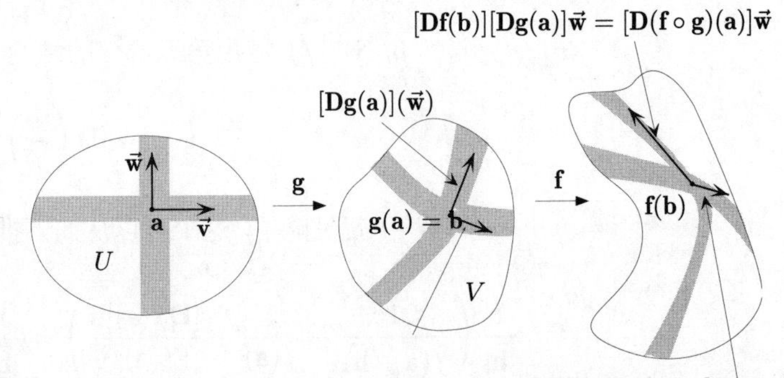

图 1.8.2

函数 $\mathbf{g}$ 把一个点 $\mathbf{a}\in U$ 映射到一个点 $\mathbf{g}(\mathbf{a})\in V$. 函数 $\mathbf{f}$ 把点 $\mathbf{g}(\mathbf{a})=\mathbf{b}$ 映射到点 $\mathbf{f}(\mathbf{b})$. $\mathbf{g}$ 的导数把向量 $\vec{\mathbf{v}}$ 映射到 $[\mathbf{Dg}(\mathbf{a})]\vec{\mathbf{v}}$. $\mathbf{f}\circ\mathbf{g}$ 的导数把 $\vec{\mathbf{v}}$ 映射到 $[\mathbf{Df}(\mathbf{b})][\mathbf{Dg}(\mathbf{a})]\vec{\mathbf{v}}$, 当然, 它等于 $[\mathbf{Df}(\mathbf{g}(\mathbf{a}))][\mathbf{Dg}(\mathbf{a})]\vec{\mathbf{v}}$.

在实践中, 当使用链式法则的时候, 我们用矩阵来表示线性变换, 我们通过把矩阵乘在一起来计算等式 (1.8.16) 的右边:

$$[\mathbf{D}(\mathbf{f}\circ\mathbf{g})(\mathbf{a})] = [\mathbf{Df}(\mathbf{g}(\mathbf{a}))][\mathbf{Dg}(\mathbf{a})]. \tag{1.8.17}$$

注释. 注意, 等式 $(\mathbf{f}\circ\mathbf{g})(\mathbf{a}) = \mathbf{f}(\mathbf{g}(\mathbf{a}))$ 并不意味着你可以把 $\mathbf{D}$ 放在每一项的前面并且声明 $[\mathbf{D}(\mathbf{f}\circ\mathbf{g})(\mathbf{a})] = [\mathbf{Df}(\mathbf{g}(\mathbf{a}))]$; 这是错的. 要记住, $[\mathbf{D}(\mathbf{f}\circ\mathbf{g})(\mathbf{a})]$ 是 $\mathbf{f}\circ\mathbf{g}$ 的导数在点 $\mathbf{a}$ 的值; 而 $[\mathbf{Df}(\mathbf{g}(\mathbf{a}))]$ 是 $\mathbf{f}$ 的导数在点 $\mathbf{g}(\mathbf{a})$ 的值. $\triangle$

例 1.8.4 (复合函数的求导). 定义 $\mathbf{g}: \mathbb{R}\to\mathbb{R}^3$, $f: \mathbb{R}^3\to\mathbb{R}$ 为

$$f\begin{pmatrix}x\\y\\z\end{pmatrix} = x^2+y^2+z^2;\ \mathbf{g}(t) = \begin{pmatrix}t\\t^2\\t^3\end{pmatrix}. \tag{1.8.18}$$

f 的导数是 1×3 的矩阵 $\left[\mathbf{D}f\begin{pmatrix}x\\y\\z\end{pmatrix}\right] = [2x, 2y, 2z]$; 在 $\mathbf{g}(t)$ 的值为 $[2t, 2t^2, 2t^3]$.

$\mathbf{g}$ 在 t 的导数为 $[\mathbf{Dg}(t)]=\begin{bmatrix}1\\2t\\3t^2\end{bmatrix}$, 所以

$$[\mathbf{D}(f\circ\mathbf{g})(t)]=[\mathbf{D}f(\mathbf{g}(t))][\mathbf{Dg}(t)]=\begin{bmatrix}2t & 2t^2 & 2t^3\end{bmatrix}\begin{bmatrix}1\\2t\\3t^2\end{bmatrix}=2t+4t^3+6t^5.$$

在这个例子中, 直接计算复合的导数也很容易: 由于 $(f\circ\mathbf{g})(t)=t^2+t^4+t^6$, 我们有

注意, 维数是对的: 复合 $f\circ\mathbf{g}$ 是从 $\mathbb{R}$ 到 $\mathbb{R}$ 的, 所以它的导数是一个数.

$$[\mathbf{D}(f\circ\mathbf{g})(t)]=(t^2+t^4+t^6)'=2t+4t^3+6t^5.\qquad\triangle\tag{1.8.19}$$

例 1.8.5 (函数与自身的复合). 令 $\mathbf{f}\colon\mathbb{R}^3\to\mathbb{R}^3$ 为 $\mathbf{f}\begin{pmatrix}x\\y\\z\end{pmatrix}=\begin{pmatrix}z^2\\xy-3\\2y\end{pmatrix}$. 那么 $\mathbf{f}\circ\mathbf{f}$ 的导数在 $\begin{pmatrix}1\\1\\1\end{pmatrix}$ 的值是什么? 我们需要计算

$$\left[\mathbf{D}(\mathbf{f}\circ\mathbf{f})\begin{pmatrix}1\\1\\1\end{pmatrix}\right]=\left[\mathbf{Df}\left(\mathbf{f}\begin{pmatrix}1\\1\\1\end{pmatrix}\right)\right]\left[\mathbf{Df}\begin{pmatrix}1\\1\\1\end{pmatrix}\right].\tag{1.8.20}$$

我们使用了两次 $[\mathbf{Df}]$, 分别在 $\begin{pmatrix}1\\1\\1\end{pmatrix}$ 和 $\mathbf{f}\begin{pmatrix}1\\1\\1\end{pmatrix}=\begin{pmatrix}1\\-2\\2\end{pmatrix}$ 求值.

由于 $\left[\mathbf{Df}\begin{pmatrix}x\\y\\z\end{pmatrix}\right]=\begin{bmatrix}0&0&2z\\y&x&0\\0&2&0\end{bmatrix}$, 等式 (1.8.20) 给出

$$\left[\mathbf{D}(\mathbf{f}\circ\mathbf{f})\begin{pmatrix}1\\1\\1\end{pmatrix}\right]=\begin{bmatrix}0&0&4\\-2&1&0\\0&2&0\end{bmatrix}\begin{bmatrix}0&0&2\\1&1&0\\0&2&0\end{bmatrix}=\begin{bmatrix}0&8&0\\1&1&-4\\2&2&0\end{bmatrix}.\tag{1.8.21}$$

现在来直接计算复合函数的导数, 到脚注里检验你的结果.[24] $\triangle$

例 1.8.6 (线性变换的复合). 这里是一个如果把导数想成一个线性变换而不是矩阵会更容易的例子, 把链式法则想成一个涉及线性函数的复合函数, 而不是矩阵的乘积会更容易. 如果 A 和 H 为 $n\times n$ 矩阵, $f(A)=A^2$, $g(A)=A^{-1}$,

[24] 因为 $\mathbf{f}\circ\mathbf{f}\begin{pmatrix}x\\y\\z\end{pmatrix}=\mathbf{f}\begin{pmatrix}z^2\\xy-3\\2y\end{pmatrix}=\begin{pmatrix}4y^2\\xyz^2-3z^2-3\\2xy-6\end{pmatrix}$, 复合函数的导数在 $\begin{pmatrix}x\\y\\z\end{pmatrix}$ 的值为 $\begin{bmatrix}0&8y&0\\yz^2&xz^2&2xyz-6z\\2y&2x&0\end{bmatrix}$; 在 $\begin{pmatrix}1\\1\\1\end{pmatrix}$, 结果为 $\begin{bmatrix}0&8&0\\1&1&-4\\2&2&0\end{bmatrix}$.

例 1.8.6: 公式 (1.7.46) 说的是"平方函数"f 的导数为

$$[\mathbf{D}f(A)]H = AH + HA.$$

等式 (1.7.52) 说的是矩阵的逆函数的导数为

$$[\mathbf{D}f(A)]H = -A^{-1}HA^{-1}.$$

在等式 (1.8.22) 的第二行, $g(A) = A^{-1}$ 起到了 A 的作用, $-A^{-1}HA^{-1}$ 起到了 H 的作用.

注意到, 这个结果与一元计算相关联的有趣的方式是: 如果 $f(x) = x^{-2}$, 则 $f'(x) = -2x^{-3}$. 还要注意, 这个计算使用了链式法则, 比起不使用链式法则的命题 1.7.18 的证明要容易得多.

练习 1.32 让你计算映射 $A \mapsto A^{-3}$ 和 $A \mapsto A^{-n}$ 的导数.

则 $(f\circ g)(A) = A^{-2}$. 下面, 我们计算 $f\circ g$ 的导数:

$$\begin{aligned}
[\mathbf{D}(f\circ g)(A)]H &\underbrace{=}_{\text{链式法则}} [\mathbf{D}f(g(A))]\ \underbrace{[\mathbf{D}g(A)]H}_{\mathbf{D}f\text{的新的增量}H} \\
&= [\mathbf{D}f(A^{-1})]\ \underbrace{(-A^{-1}HA^{-1})}_{\text{等式 (1.7.52)}} \\
&\underbrace{=}_{\text{公式 (1.7.46)}} A^{-1}(-A^{-1}HA^{-1}) + (-A^{-1}HA^{-1})A^{-1} \\
&= -\left(A^{-2}HA^{-1} + A^{-1}HA^{-2}\right). \qquad \triangle \quad (1.8.22)
\end{aligned}$$

1.8 节的练习

1.8.1 令 $f\colon \mathbb{R}^3\to\mathbb{R}$, $\mathbf{f}\colon \mathbb{R}^2\to\mathbb{R}^3$, $g\colon \mathbb{R}^2\to\mathbb{R}$, $\mathbf{g}\colon \mathbb{R}^3\to\mathbb{R}^2$ 为可微函数. 下面哪个复合是有意义的? 对那些有意义的复合, 它的导数是几维的?

a. $f\circ g$;　b. $g\circ f$;　c. $\mathbf{g}\circ\mathbf{f}$;　d. $\mathbf{f}\circ\mathbf{g}$;　e. $f\circ\mathbf{f}$;　f. $\mathbf{f}\circ f$.

1.8.2 a. 给定函数 $f\begin{pmatrix}x\\y\\z\end{pmatrix} = x^2+y^2+2z^2$, $\mathbf{g}(t) = \begin{pmatrix}t\\t^2\\t^3\end{pmatrix}$, 求 $\left[\mathbf{D}(\mathbf{g}\circ f)\begin{pmatrix}a\\b\\c\end{pmatrix}\right]$.

b. 令 $\mathbf{f}\begin{pmatrix}x\\y\\z\end{pmatrix} = \begin{pmatrix}x^2+z\\yz\end{pmatrix}$, $g\begin{pmatrix}a\\b\end{pmatrix} = a^2+b^2$. 求 $g\circ\mathbf{f}$ 在 $\begin{pmatrix}x\\y\\z\end{pmatrix}$ 的导数.

1.8.3 $f\begin{pmatrix}x\\y\end{pmatrix} = \sin(\mathrm{e}^{xy})$ 在 $\begin{pmatrix}0\\0\end{pmatrix}$ 可微吗?

1.8.4 a. 利用下列函数, 你可以形成什么复合函数?

i. $f\begin{pmatrix}x\\y\\z\end{pmatrix} = x^2+y^2$;　ii. $g\begin{pmatrix}a\\b\end{pmatrix} = 2a+b^2$;

iii. $\mathbf{f}(t) = \begin{pmatrix}t\\2t\\t^2\end{pmatrix}$;　iv. $\mathbf{g}\begin{pmatrix}x\\y\end{pmatrix} = \begin{pmatrix}\cos x\\x+y\\\sin y\end{pmatrix}$.

b. 计算这些复合函数.

c. 计算它们的导数, 既利用链式法则, 也利用复合直接计算.

1.8.5 下面的定理 1.8.1 第五部分的证明就目前而言是正确的, 但并不是一个完整的证明. 为什么不是?

"证明": 由定理 1.8.1 的第三部分, 我们可以假设 $m = 1$(也就是 $\mathbf{g} = g$ 是标量值的函数). 则

$$\begin{aligned}
[\mathbf{D}fg(\mathbf{a})]\vec{\mathbf{h}} &= \overbrace{[(D_1fg)(\mathbf{a}), \cdots, (D_nfg)(\mathbf{a})]}^{fg\text{的雅可比矩阵}}\,\vec{\mathbf{h}} \\
&= \underbrace{[f(\mathbf{a})(D_1g)(\mathbf{a}) + (D_1f)(\mathbf{a})g(\mathbf{a}), \cdots, f(\mathbf{a})(D_ng)(\mathbf{a}) + (D_nf)(\mathbf{a})g(\mathbf{a})]}_{\text{单变量},(fg)'=fg'+f'g}\,\vec{\mathbf{h}}
\end{aligned}$$

$$= f(\mathbf{a}) \underbrace{[(D_1g)(\mathbf{a}), \cdots, (D_ng)(\mathbf{a})]}_{g\text{的雅可比矩阵}} \vec{\mathbf{h}} + \underbrace{[(D_1f)(\mathbf{a}), \cdots, (D_nf)(\mathbf{a})]}_{f\text{的雅可比矩阵}} g(\mathbf{a})\vec{\mathbf{h}}$$

$$= f(\mathbf{a}) \left([\mathbf{D}g(\mathbf{a})]\vec{\mathbf{h}}\right) + \left([\mathbf{D}f(\mathbf{a})]\vec{\mathbf{h}}\right) g(\mathbf{a}).$$

1.8.6 a. 从导数的定义直接证明对点乘求导的规则 (定理 1.8.1 的第七部分).

b. 令 $U \subset \mathbb{R}^3$ 为开集. 用类似的方法证明: 如果 $\mathbf{f}, \mathbf{g}\colon U \to \mathbb{R}^3$ 都在 $\mathbf{a}$ 处可微, 则叉乘 $\mathbf{f} \times \mathbf{g}\colon U \to \mathbb{R}^3$ 也在 $\mathbf{a}$ 处可微. 计算这个求导的公式.

1.8.7 考虑函数 $f\begin{pmatrix} x_1 \\ \vdots \\ x_n \end{pmatrix} = \sum_{i=1}^{n-1} x_i x_{i+1}$ 以及由 $\gamma(t) = \begin{pmatrix} t \\ t^2 \\ \vdots \\ t^n \end{pmatrix}$ 给出的曲线 $\gamma\colon \mathbb{R} \to \mathbb{R}^n$. 函数 $t \mapsto f(\gamma(t))$ 的导数是什么?

1.8.8 判断对错, 并证明你的结果. 如果 $\mathbf{f}\colon \mathbb{R}^2 \to \mathbb{R}^2$ 为一个可微函数, 且

$$\mathbf{f}\begin{pmatrix} 0 \\ 0 \end{pmatrix} = \begin{pmatrix} 1 \\ 1 \end{pmatrix}, \left[\mathbf{Df}\begin{pmatrix} 0 \\ 0 \end{pmatrix}\right] = \begin{bmatrix} 1 & 1 \\ 1 & 1 \end{bmatrix},$$

则不存在映射 $\mathbf{g}\colon \mathbb{R}^2 \to \mathbb{R}^2$ 满足

$$\mathbf{g}\begin{pmatrix} 1 \\ 1 \end{pmatrix} = \begin{pmatrix} 0 \\ 0 \end{pmatrix} \text{ 且 } \mathbf{f} \circ \mathbf{g}\begin{pmatrix} x \\ y \end{pmatrix} = \begin{pmatrix} y \\ x \end{pmatrix}.$$

1.8.9 令 $\varphi\colon \mathbb{R} \to \mathbb{R}$ 为任意可微函数. 证明函数

$$f\begin{pmatrix} x \\ y \end{pmatrix} = y\varphi(x^2 - y^2)$$

满足方程

$$\frac{1}{x} D_1 f\begin{pmatrix} x \\ y \end{pmatrix} + \frac{1}{y} D_2 f\begin{pmatrix} x \\ y \end{pmatrix} = \frac{1}{y^2} f\begin{pmatrix} x \\ y \end{pmatrix}.$$

1.8.10 a. 证明: 如果一个函数 $f\colon \mathbb{R}^2 \to \mathbb{R}$ 对于某些可微函数 $\varphi\colon \mathbb{R} \to \mathbb{R}$ 可以写成 $\varphi(x^2 + y^2)$, 则它满足

$$\overrightarrow{D_2} f - y\overrightarrow{D_1} f = 0.$$

练习 1.8.10, b 问的提示: “f 对极角 θ 的偏导是什么?”

*b. 证明相反方向的结果: 每个满足 $x\overrightarrow{D_2} f - y\overrightarrow{D_1} f = 0$ 的函数对于某些可微函数 $\varphi\colon \mathbb{R} \to \mathbb{R}$ 可以写为 $\varphi(x^2 + y^2)$.

1.8.11 证明: 如果 $f\begin{pmatrix} x \\ y \end{pmatrix} = \varphi\left(\frac{x+y}{x-y}\right)$ 对一些可微函数 $\varphi\colon \mathbb{R} \to \mathbb{R}$ 成立, 则

$$xD_1 f + yD_2 f = 0.$$

1.8.12 判断对错, 并解释你的解答.

a. 如果 $\mathbf{f}\colon \mathbb{R}^2 \to \mathbb{R}^2$ 可微, 且 $[\mathbf{Df}(\mathbf{0})]$ 不可逆, 则不存在可微函数 $\mathbf{g}\colon \mathbb{R}^2 \to \mathbb{R}^2$ 满足

$$(\mathbf{g}\circ\mathbf{f})(\mathbf{x}) = \mathbf{x}.$$

b. 可微函数有连续的偏导.

1.8.13 令 $U \subset \mathrm{Mat}(n,n)$ 为矩阵 A 的集合, 满足 $A+A^2$ 可逆. 计算由 $F(A) = (A+A^2)^{-1}$ 给出的映射 $F\colon U \to \mathrm{Mat}(n,n)$ 的导数.

1.9 中值定理和可微性的标准

我带着恐惧从这种没有导数的连续函数的可悲的灾难中转身.

—— 埃尔米特 (Charles Hermite),

摘自写给 Thomas Stieltjes 的一封信, 1893

在这一节, 我们讨论中值定理的两个应用. 第一个把中值定理扩展到多变量上, 第二个给出了确定函数是否可微的标准.

多变量函数的中值定理

导数测量了在不同的点处的函数值之间的差. 对一元函数, 中值定理 (定理 1.6.13) 表明, 如果 $f\colon [a,b] \to \mathbb{R}$ 是连续的, 且 f 在 (a,b) 上可微, 则存在 $c \in (a,b)$ 满足

$$f(b) - f(a) = f'(c)(b-a). \tag{1.9.1}$$

与之类比的关于多变量函数的陈述如下.

定理 1.9.1: 线段 $[\mathbf{a},\mathbf{b}]$ 是映射

$$t \mapsto (1-t)\mathbf{a} + t\mathbf{b}.$$

的像, 其中 $0 \leqslant t \leqslant 1$.

定理 1.9.1 (多变量函数的中值定理). 令 $U \subset \mathbb{R}^n$ 为开集, $f\colon U \to \mathbb{R}$ 可微, 并令联结 $\mathbf{a}$ 和 $\mathbf{b}$ 的线段 $[\mathbf{a},\mathbf{b}]$ 被包含在 U 内. 则存在 $\mathbf{c}_0 \in (a,b)$ 使得

$$f(\mathbf{b}) - f(\mathbf{a}) = [\mathbf{D}f(\mathbf{c}_0)](\overrightarrow{\mathbf{b}-\mathbf{a}}). \tag{1.9.2}$$

推论 1.9.2. 如果 f 为定理 1.9.1 中定义的一个函数, 则

$$|f(\mathbf{b}) - f(\mathbf{a})| \leqslant \left(\sup_{\mathbf{c}\in[\mathbf{a},\mathbf{b}]} \big|[\mathbf{D}f(\mathbf{c})]\big|\right)(\overrightarrow{\mathbf{b}-\mathbf{a}}). \tag{1.9.3}$$

为什么我们用 sup 来写不等式 (1.9.3), 而不是

$$|f(\mathbf{b}) - f(\mathbf{a})| \leqslant |[\mathbf{D}f(\mathbf{c})]||\overrightarrow{\mathbf{b}-\mathbf{a}}|.$$

它当然也是对的吗? 使用 sup 的意思是, 我们不需要知道 $\mathbf{c}$ 的值来把 f 变化多快与它的导数联系起来; 我们可以试遍所有的 $\mathbf{c} \in (\mathbf{a},\mathbf{b})$, 并且使用导数值最大的那个. 这个在 2.8 节我们讨论李普希兹比率的时候也将是有用的.

推论 1.9.2 的证明: 这个可以从定理 1.9.1 和命题 1.4.11 直接得到. □

定理 1.9.1 的证明: 随着 t 从 0 变化到 1, 点 $(1-t)\mathbf{a} + t\mathbf{b}$ 从 $\mathbf{a}$ 移动到 $\mathbf{b}$. 考虑映射 $g(t) = f\big((1-t)\mathbf{a} + t\mathbf{b}\big)$. 根据链式法则, g 可微, 根据单边的中值定理, 存在 t_0 使得

$$g(1) - g(0) = g'(t_0)(1-0) = g'(t_0). \tag{1.9.4}$$

设 $\mathbf{c}_0 = (1-t_0)\mathbf{a} + t_0\mathbf{b}$. 由命题 1.7.14, 我们可以用 f 的导数来表示 $g'(t_0)$:

$$\begin{aligned} g'(t_0) &= \lim_{s\to 0}\frac{g(t_0+s)-g(t_0)}{s} \\ &= \lim_{s\to 0}\frac{f\big(\mathbf{c}_0 + s(\overrightarrow{\mathbf{b}-\mathbf{a}})\big) - f(\mathbf{c}_0)}{s} \\ &= [\mathbf{D}f(\mathbf{c}_0)](\overrightarrow{\mathbf{b}-\mathbf{a}}). \end{aligned} \tag{1.9.5}$$

所以, 等式 (1.9.4) 变成了

$$f(\mathbf{b}) - f(\mathbf{a}) = [\mathbf{D}f(\mathbf{c}_0)](\overrightarrow{\mathbf{b}-\mathbf{a}}). \quad \square \tag{1.9.6}$$

可微性和病态函数

在绝大多数的情况下, 一个函数的雅可比矩阵是它的导数. 但是如我们在 1.7 节提到的, 存在例外的情况. 对于一个函数 f, 可能它所有的偏导都存在, 甚至所有的方向导数都有可能存在, 但是 f 仍然是不可微的. 在这种情况下, 雅可比矩阵存在但是并不代表导数存在.

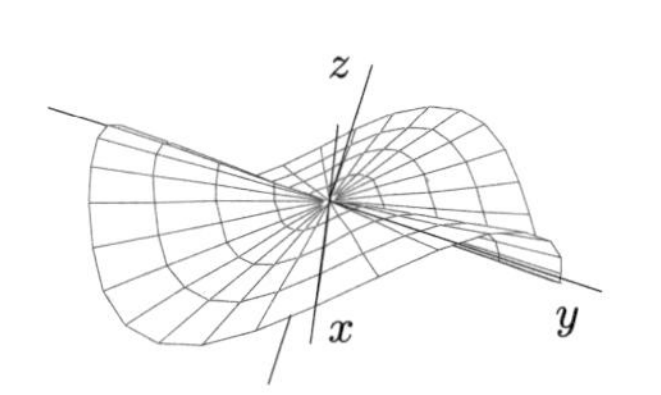

图 1.9.1

等式 (1.9.7) 定义的函数的图像, 由经过原点的直线组成, 所以如果你向着任何方向离开原点, 在那个方向的方向导数当然存在. 两个坐标轴都包含在组成图像的线中, 所以在那些方向的方向导数为 0. 但是, 很清楚, 在原点没有切平面.

例 1.9.3 (有雅可比矩阵的不可微函数). 这在看上去很 "无辜" 的函数

$$f\begin{pmatrix} x \\ y \end{pmatrix} = \frac{x^2 y}{x^2+y^2} \tag{1.9.7}$$

上发生了, 如图 1.9.1 所示. 实际上, 我们应该把函数写成

$$f\begin{pmatrix} x \\ y \end{pmatrix} = \begin{cases} \dfrac{x^2 y}{x^2+y^2} & 如果 \begin{pmatrix} x \\ y \end{pmatrix} \neq \begin{pmatrix} 0 \\ 0 \end{pmatrix} \\ 0 & 如果 \begin{pmatrix} x \\ y \end{pmatrix} = \begin{pmatrix} 0 \\ 0 \end{pmatrix} \end{cases}. \tag{1.9.8}$$

你有可能已经学会了对根据变量的不同值用不同公式来定义的函数产生怀疑. 在这个例子里, 在 $\begin{pmatrix} 0 \\ 0 \end{pmatrix}$ 处的值是很自然的, 因为随着 $\begin{pmatrix} x \\ y \end{pmatrix}$ 接近 $\begin{pmatrix} 0 \\ 0 \end{pmatrix}$, 函数也接近 0. 这不是那种函数值突然跳跃的函数; 实际上, f 是处处连续的. 离开原点, 根据推论 1.5.31, 这个也是显然的: 离开原点, f 是一个分母不是 0 的有理函数. 所以我们可以计算它在任何点 $\begin{pmatrix} x \\ y \end{pmatrix} \neq \begin{pmatrix} 0 \\ 0 \end{pmatrix}$ 处的两个偏导.

函数 f 在原点的连续性还要检验一下, 如下所示. 如果 $x^2+y^2=r^2$, 则 $|x| \leqslant r$, 以及 $|y| \leqslant r$, 所以 $|x^2 y| \leqslant r^3$. 因此

$$\left| f\begin{pmatrix} x \\ y \end{pmatrix} \right| \leqslant \frac{r^3}{r^2} = r \text{ 且 } \lim_{\left(\begin{smallmatrix} x \\ y \end{smallmatrix}\right) \to \left(\begin{smallmatrix} 0 \\ 0 \end{smallmatrix}\right)} f\begin{pmatrix} x \\ y \end{pmatrix} = 0. \tag{1.9.9}$$

所以 f 在原点连续. 进一步, f 在两个轴上都处处等于 0, 所以 f 的两个偏导在原点都为 0.

到目前为止, f 看起来是非常得体的: 它是连续的, 两个偏导都处处存在.

但是, 考虑一下在向量 $\begin{bmatrix}1\\1\end{bmatrix}$ 方向上的导数:

$$\lim_{t\to 0}\frac{f\left(\begin{pmatrix}0\\0\end{pmatrix}+t\begin{bmatrix}1\\1\end{bmatrix}\right)-f\begin{pmatrix}0\\0\end{pmatrix}}{t}=\lim_{t\to 0}\frac{t^3}{2t^3}=\frac{1}{2}. \tag{1.9.10}$$

如果我们改变例 1.9.3 中的函数, 把

$$\frac{x^2y}{x^2+y^2}$$

的分子中的 x^2y 替换为 xy, 并把得到的函数叫作 g, 则 g 在原点不连续. 如果 $x=y$, 则 $g=1/2$, 无论 $\begin{pmatrix}x\\y\end{pmatrix}$ 离原点多么近: 我们有

$$g\begin{pmatrix}x\\x\end{pmatrix}=\frac{x^2}{2x^2}=\frac{1}{2}.$$

这不同于我们通过把 f 的雅可比矩阵乘到向量 $\begin{bmatrix}1\\1\end{bmatrix}$ 上所计算的方向导数, 如等式 (1.7.38) 的右边那样:

$$\underbrace{\left[D_1f\begin{pmatrix}0\\0\end{pmatrix},D_2f\begin{pmatrix}0\\0\end{pmatrix}\right]}_{\text{雅可比矩阵}[\mathbf{J}f(\mathbf{0})]}\begin{bmatrix}1\\1\end{bmatrix}=\begin{bmatrix}0,0\end{bmatrix}\begin{bmatrix}1\\1\end{bmatrix}=0. \tag{1.9.11}$$

因此, 根据命题 1.7.14, f 是不可微的. △

事情可以变得更加糟糕. 我们刚讨论的函数是连续的, 但是有可能一个函数所有的方向导数都存在, 但是函数仍然是不连续的, 或者甚至被限制在 $\mathbf{0}$ 的邻域里. 例如, 例 1.5.24 讨论的函数在原点的邻域内是不连续的; 如果我们在原点重新定义函数值为 0, 则所有的方向导数处处存在, 但是函数是不连续的. 练习 1.9.2 给出了另一个例子. 这样知道了函数有偏导, 或者有方向导数, 并不能告诉你函数是否可微或者连续.

即使知道了函数可微, 给你的信息也比你预期的要少. 例 1.9.4 中的函数在 x 有正的导数, 尽管在 x 的一个邻域内并不增加!

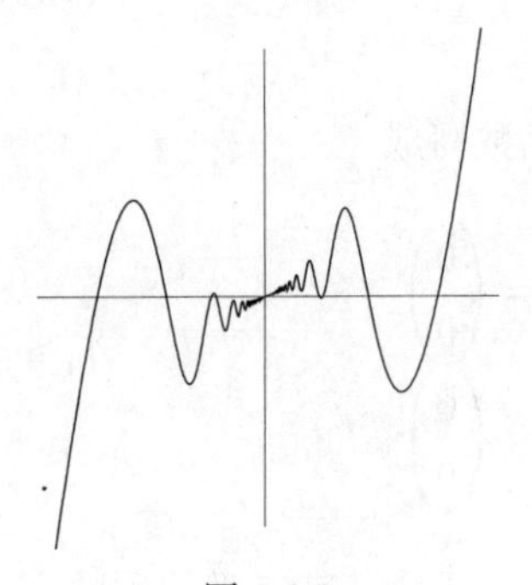

图 1.9.2

函数

$$f(x)=\frac{x}{2}+6x^2\sin\frac{1}{x}$$

的图像. f 的导数在原点没有极限, 但曲线在那里的斜率仍然为 1/2.

例 1.9.4 (一个可微的病态函数). 考虑由下式定义的函数 $f\colon\mathbb{R}\to\mathbb{R}$

$$f(x)=\frac{x}{2}+x^2\sin\frac{1}{x}. \tag{1.9.12}$$

图 1.9.2 给出了这个函数的一个变式的图像. 为精确起见, 我们需要加上 $f(0)=0$, 因为 $\sin(1/x)$ 在 $x=0$ 处没有定义, 且 0 是唯一的合理的值, 因为

$$\lim_{x\to 0}x^2\sin\frac{1}{x}=0. \tag{1.9.13}$$

更进一步, 我们将会看到, 函数 f 在原点是可微的. 这是一个你*必须*使用导数的极限定义来计算导数的例子; 你不能盲目地使用计算导数的规则. 实际上, 我们来试一下, 可得到

$$\begin{aligned}f'(x)&=\frac{1}{2}+2x\sin\frac{1}{x}+x^2\left(\cos\frac{1}{x}\right)\left(-\frac{1}{x^2}\right)\\&=\frac{1}{2}+2x\sin\frac{1}{x}-\cos\frac{1}{x}.\end{aligned} \tag{1.9.14}$$

这个公式在 $x\neq 0$ 的时候当然是正确的, 但是, $f'(x)$ 在 $x\to 0$ 时没有极限. 实际上

$$\lim_{x\to 0}\left(\frac{1}{2}+2x\sin\frac{1}{x}\right)=\frac{1}{2}, \tag{1.9.15}$$

极限确实存在, 但 $\cos(1/x)$ 在 -1 和 1 之间振荡无限多次. 所以, f' 将从 $-1/2$ 附近的一个值振荡到 $3/2$ 附近的一个值. *这不意味着 f 在 0 处不可微.* 我们可以利用导数的定义来计算 f 在 0 处的导数:

$$\begin{aligned} f'(0) &= \lim_{h\to 0}\frac{1}{h}\left(\frac{0+h}{2}+(0+h)^2\sin\frac{1}{0+h}\right)=\lim_{h\to 0}\frac{1}{h}\left(\frac{h}{2}+h^2\sin\frac{1}{h}\right) \\ &= \frac{1}{2}+\lim_{h\to 0}h\sin\frac{1}{h}=\frac{1}{2}. \end{aligned} \tag{1.9.16}$$

由定理 1.5.26 的第五部分, $\lim_{h\to 0}h\sin\frac{1}{h}$ 存在, 且等于 0.

最后, 我们可以看到尽管 0 处的导数是正的, 但函数在 0 的任何*邻域*内都不增加, 因为在任意接近 0 的区间内, 导数都取负值; 正如我们在上面看到的, 它从 $-1/2$ 附近的一个值振荡到 $3/2$ 附近的一个值. △

这是*很不好*的情况. 我们的*总的思想*是, 在局域上, 函数的行为应该与其最好的线性逼近一样, 在这个例子里, 它基本上就不是. 我们很容易构造出包含多个变量的同样的例子: 在函数可微的地方, 雅可比矩阵表示它的导数, 但这个导数却不能给你更多的信息. 当然, 我们不会宣称导数是没有价值的. 这些病态函数的例子的问题是, 函数的偏导是不连续的.

例 1.9.5 (不连续的导数). 我们回到例 1.9.3 里的函数:

$$f\begin{pmatrix}x\\y\end{pmatrix}=\begin{cases}\dfrac{x^2y}{x^2+y^2} & \text{如果 } \begin{pmatrix}x\\y\end{pmatrix}\neq\begin{pmatrix}0\\0\end{pmatrix} \\ 0 & \text{如果 } \begin{pmatrix}x\\y\end{pmatrix}=\begin{pmatrix}0\\0\end{pmatrix}\end{cases}. \tag{1.9.17}$$

尽管这个函数的雅可比矩阵存在, 但它仍然是不可微的.

在原点, 两个偏导都为 0. 离开原点, 也就是在 $\begin{pmatrix}x\\y\end{pmatrix}\neq\begin{pmatrix}0\\0\end{pmatrix}$ 的地方, 则有

$$\begin{aligned} D_1f\begin{pmatrix}x\\y\end{pmatrix} &= \frac{(x^2+y^2)(2xy)-x^2y(2x)}{(x^2+y^2)^2}=\frac{2xy^3}{(x^2+y^2)^2}, \\ D_2f\begin{pmatrix}x\\y\end{pmatrix} &= \frac{(x^2+y^2)(x^2)-x^2y(2y)}{(x^2+y^2)^2}=\frac{x^4-x^2y^2}{(x^2+y^2)^2}. \end{aligned} \tag{1.9.18}$$

这些偏导在原点不连续, 如果你从不是坐标轴的方向接近原点, 你就可以看到. 例如, 如果你在对角线上的点 $\begin{pmatrix}t\\t\end{pmatrix}$ 计算第一个偏导, 你将得到极限

$$\lim_{t\to 0}D_1f\begin{pmatrix}t\\t\end{pmatrix}=\frac{2t^4}{(2t^2)^2}=\frac{1}{2}. \tag{1.9.19}$$

它不等于

$$D_1f\begin{pmatrix}0\\0\end{pmatrix}=0. \tag{1.9.20}$$

在例 1.9.4 里的可微但是病态的函数的情况下, 不连续性更糟糕. 这是一

个一元函数, 所以 (如 1.6 节所讨论的) 仅有的一种不连续性是, 它的导数可能有剧烈的振荡. 实际上, $f'(x) = \frac{1}{2} + 2x\sin\frac{1}{x} - \cos\frac{1}{x}$, 其中的 $\cos(1/x)$ 在 -1 和 1 之间振荡无穷多次. △

故事的寓意是: 只研究*连续可微*(continuously differentiable)函数.

定义 1.9.6 (连续可微函数). 如果一个函数的所有偏导在 U 上存在且连续, 则它在 $U \subset \mathbb{R}^n$ 上是*连续可微的*. 这样的函数被称为一个 C^1 函数.

这个定义可以推广; 在 3.3 节, 我们将需要比 C^1 函数更光滑的函数.

定义 1.9.7 (C^p 函数). 一个在 $U \subset \mathbb{R}^n$ 上的 C^p 函数是一个 p 次连续可微的函数: 它所有的不超过 p 阶的偏导在 U 上存在且连续.

定理 1.9.8 保证了一个 "连续可微" 函数确实是可微的: 从它的偏导的连续性, 我们可以推出它的导数的存在性. 最常见的情况是, 定理 1.9.8 的标准是用来确定函数是否可微的标准.

如果你遇到了一个函数, 不是连续可微的, 你应该要注意, 你不能再依赖微积分里任何通常的工具了. 每一个这样的函数都是一个特例, 不遵从任何标准的定理.

定理 1.9.8 (可微的标准). 如果 U 是 $\mathbb{R}^n$ 的一个开子集, $\mathbf{f}\colon U \to \mathbb{R}^m$ 是一个 C^1 映射, 则 $\mathbf{f}$ 在 U 上可微, 且它的导数由它的雅可比矩阵给出.

一个满足了这个标准的函数不仅仅是可微的, 它也可以保证不是病态的. 我们使用 "不是病态的" 的意思是, 在局域上, 它的导数是它的行为的一个可靠的指导.

注意, 定理 1.9.8 的最后一部分, "且它的导数由它的雅可比矩阵给出", 是显然的; 如果一个函数是可微的, 定理 1.7.10 告诉我们, 它的导数由它的雅可比矩阵给出. 所以关键点是, 证明函数是可微的.

定理 1.9.8 的证明: 这是定理 1.6.13(一元中值定理) 的一个应用. 我们需要证明的是

$$\lim_{\vec{\mathbf{h}}\to\vec{\mathbf{0}}} \frac{1}{|\vec{\mathbf{h}}|}\Big(\mathbf{f}(\mathbf{a}+\vec{\mathbf{h}}) - \mathbf{f}(\mathbf{a}) - [\mathbf{Jf}(\mathbf{a})]\vec{\mathbf{h}}\Big) = \vec{\mathbf{0}}. \tag{1.9.21}$$

在等式 (1.9.21) 中, 我们使用了区间 $(a, a+h)$, 而不是 (a, b), 所以我们的陈述为

$$f'(c) = \frac{f(a+h) - f(a)}{h},$$

或者

$$hf'(c) = f(a+h) - f(a),$$

而不是

$$f'(c) = \frac{f(b) - f(a)}{b-a}.$$

首先, 要注意, 由定理 1.8.1 的第三部分, 只要证明 $m = 1$ 的情况就足够了 (也就是, 对函数 $f\colon U \to \mathbb{R}$). 下一步, 把

$$f(\mathbf{a}+\vec{\mathbf{h}}) - f(\mathbf{a}) = f\begin{pmatrix} a_1+h_1 \\ a_2+h_2 \\ \vdots \\ a_n+h_n \end{pmatrix} - f\begin{pmatrix} a_1 \\ a_2 \\ \vdots \\ a_n \end{pmatrix} \tag{1.9.22}$$

写成展开的形式, 减去再加上内部的项:

$$f(\mathbf{a}+\vec{\mathbf{h}}) - f(\mathbf{a}) \;=\; f\begin{pmatrix} a_1+h_1 \\ a_2+h_2 \\ \vdots \\ a_n+h_n \end{pmatrix} \underbrace{- f\begin{pmatrix} a_1 \\ a_2+h_2 \\ \vdots \\ a_n+h_n \end{pmatrix}}_{\text{减去}} \underbrace{+ f\begin{pmatrix} a_1 \\ a_2+h_2 \\ a_3+h_3 \\ \vdots \\ a_n+h_n \end{pmatrix}}_{\text{加上}}$$

$$-f\begin{pmatrix} a_1 \\ a_2 \\ a_3+h_3 \\ \vdots \\ a_n+h_n \end{pmatrix} + \cdots \pm \cdots + f\begin{pmatrix} a_1 \\ a_2 \\ \vdots \\ a_{n-1} \\ a_n+h_n \end{pmatrix} - f\begin{pmatrix} a_1 \\ a_2 \\ \vdots \\ a_{n-1} \\ a_n \end{pmatrix}.$$

根据中值定理, 第 i 项为

$$\underbrace{f\begin{pmatrix} a_1 \\ a_2 \\ \vdots \\ a_i+h_i \\ a_{i+1}+h_{i+1} \\ \vdots \\ a_n+h_n \end{pmatrix} - f\begin{pmatrix} a_1 \\ a_2 \\ \vdots \\ a_i \\ a_{i+1}+h_{i+1} \\ \vdots \\ a_n+h_n \end{pmatrix}}_{\text{第}i\text{项}} = h_i D_i f\begin{pmatrix} a_1 \\ a_2 \\ \vdots \\ b_i \\ a_{i+1}+h_{i+1} \\ \vdots \\ a_n+h_n \end{pmatrix}, \quad (1.9.23)$$

其中 $b_i \in [a_i, a_i+h_i]$: 在区间 $[a_i, a_i+h_i]$ 上存在某个点 b_i 使得偏导 $D_i f$ 在 b_i 的值给出了在除了第 i 个变量以外所有变量都保持不变的情况下, 函数 f 在那个区间的平均变化率.

由于 f 有 n 个变量, 我们需要对每个从 1 到 n 的 i 都找到这样的点. 我们将把这些点叫作 $\mathbf{c}_i$:

$$\mathbf{c}_i = \begin{pmatrix} a_1 \\ a_2 \\ \vdots \\ b_i \\ a_{i+1}+h_{i+1} \\ \vdots \\ a_n+h_n \end{pmatrix}: \text{这给出 } f(\mathbf{a}+\vec{\mathbf{h}}) - f(\mathbf{a}) = \sum_{i=1}^{n} h_i D_i f(\mathbf{c}_i).$$

因此我们得到

$$\underbrace{f(\mathbf{a}+\vec{\mathbf{h}}) - f(\mathbf{a})}_{=\sum_{i=1}^{n} D_i f(\mathbf{c}_i) h_i} - \sum_{i=1}^{n} D_i f(\mathbf{a}) h_i = \sum_{i=1}^{n} h_i \big(D_i f(\mathbf{c}_i) - D_i f(\mathbf{a})\big). \quad (1.9.24)$$

到目前为止, 我们还没有用到偏导 $D_i f$ 连续的假设. 现在我们来使用这个假设. 因为 $D_i f$ 是连续的, 并且 $\mathbf{c}_i$ 随着 $\vec{\mathbf{h}} \to \vec{\mathbf{0}}$ 趋近于 $\mathbf{a}$, 我们看到定理成立:

不等式 (1.9.25) 的第二行来自于 $|h_i|/|\vec{\mathbf{h}}| \leqslant 1$.

$$\lim_{\vec{\mathbf{h}}\to\vec{\mathbf{0}}} \frac{|f(\mathbf{a}+\vec{\mathbf{h}}) - f(\mathbf{a}) - \overbrace{[\mathbf{J}f(\mathbf{a})]\vec{\mathbf{h}}}^{=\sum_{i=1}^{n} D_i f(\mathbf{a}) h_i}|}{|\vec{\mathbf{h}}|} \leqslant \lim_{\vec{\mathbf{h}}\to\vec{\mathbf{0}}} \sum_{i=1}^{n} \frac{|h_i|}{|\vec{\mathbf{h}}|} |D_i f(\mathbf{c}_i) - D_i f(\mathbf{a})| \quad (1.9.25)$$

$$\leqslant \lim_{\vec{\mathbf{h}}\to\vec{\mathbf{0}}} \sum_{i=1}^{n} |D_i f(\mathbf{c}_i) - D_i f(\mathbf{a})| = 0. \quad \square$$

例 1.9.9. 在这里, 我们把前面的当 f 为 $\mathbb{R}^2$ 上的一个标量值函数时的计算完成:

$$f\begin{pmatrix} a_1+h_1 \\ a_2+h_2 \end{pmatrix} - f\begin{pmatrix} a_1 \\ a_2 \end{pmatrix} \tag{1.9.26}$$

$$= f\begin{pmatrix} a_1+h_1 \\ a_2+h_2 \end{pmatrix} \overbrace{-f\begin{pmatrix} a_1 \\ a_2+h_2 \end{pmatrix} + f\begin{pmatrix} a_1 \\ a_2+h_2 \end{pmatrix}}^{0} - f\begin{pmatrix} a_1 \\ a_2 \end{pmatrix}$$

$$= h_1 D_1 f\begin{pmatrix} a_1 \\ a_2+h_2 \end{pmatrix} + h_2 D_2 f\begin{pmatrix} a_1 \\ a_2 \end{pmatrix} = h_1 D_1 f(\mathbf{c}_1) + h_2 D_2 f(\mathbf{c}_2). \quad \triangle$$

1.9 节的练习

1.9.1 证明: 由下式给出的函数 $f\colon \mathbb{R}^2 \to \mathbb{R}$

$$f\begin{pmatrix} x \\ y \end{pmatrix} = \begin{cases} \dfrac{x^4+y^4}{x^2+y^2} & \text{如果} \begin{pmatrix} x \\ y \end{pmatrix} \neq \begin{pmatrix} 0 \\ 0 \end{pmatrix} \\ 0 & \text{如果} \begin{pmatrix} x \\ y \end{pmatrix} = \begin{pmatrix} 0 \\ 0 \end{pmatrix} \end{cases}$$

在 $\mathbb{R}^2$ 上处处可微.

练习 1.9.2: 记住, 有时候你不得不使用导数的定义, 而不是利用计算导数的规则.

练习 1.9.2, b 问和 c 问的函数 g 和 h:

$$g\begin{pmatrix} x \\ y \end{pmatrix} = \begin{cases} \dfrac{x^2 y}{x^4+y^2} & \text{当} \begin{pmatrix} x \\ y \end{pmatrix} \neq \mathbf{0} \\ 0 & \text{当} \begin{pmatrix} x \\ y \end{pmatrix} = \mathbf{0} \end{cases},$$

$$h\begin{pmatrix} x \\ y \end{pmatrix} = \begin{cases} \dfrac{x^2 y}{x^6+y^2} & \text{当} \begin{pmatrix} x \\ y \end{pmatrix} \neq \mathbf{0} \\ 0 & \text{当} \begin{pmatrix} x \\ y \end{pmatrix} = \mathbf{0} \end{cases}.$$

练习 1.9.3, c 问: 你可能发现下面的事实是有用的: 对任意 $x \in \mathbb{R}$, $|\sin x| \leqslant |x|$. 这个可以从中值定理得出

$$\begin{aligned} |\sin x| &= \left|\int_0^x \cos t \, \mathrm{d}t\right| \\ &\leqslant \left|\int_0^x 1 \, \mathrm{d}t\right| = |x|. \end{aligned}$$

1.9.2 a. 对于函数

$$f\begin{pmatrix} x \\ y \end{pmatrix} = \begin{cases} \dfrac{3x^2y-y^3}{x^2+y^2} & \text{如果} \begin{pmatrix} x \\ y \end{pmatrix} \neq \begin{pmatrix} 0 \\ 0 \end{pmatrix} \\ 0 & \text{如果} \begin{pmatrix} x \\ y \end{pmatrix} = \begin{pmatrix} 0 \\ 0 \end{pmatrix} \end{cases},$$

所有的方向导数存在, 但 f 在原点不可微.

*b. 证明: 边注中的函数 g 在每个点都有方向导数, 但它是不连续的.

*c. 证明: 边注中的函数 h 在每个点都有方向导数, 但它在 $\mathbf{0}$ 的邻域内无界.

1.9.3 考虑函数 $f\colon \mathbb{R}^2 \to \mathbb{R}$, 由下式给出

$$f\begin{pmatrix} x \\ y \end{pmatrix} = \begin{cases} \dfrac{\sin(x^2y^2)}{x^2+y^2} & \text{如果} \begin{pmatrix} x \\ y \end{pmatrix} \neq \begin{pmatrix} 0 \\ 0 \end{pmatrix} \\ 0 & \text{如果} \begin{pmatrix} x \\ y \end{pmatrix} = \begin{pmatrix} 0 \\ 0 \end{pmatrix} \end{cases}.$$

a. 说 f 在 $\begin{pmatrix} 0 \\ 0 \end{pmatrix}$ 可微的意思是什么?

b. 证明: 两个偏导 $D_1 f\begin{pmatrix}0\\0\end{pmatrix}$ 和 $D_2 f\begin{pmatrix}0\\0\end{pmatrix}$ 都存在, 并计算它们.

c. f 在 $\begin{pmatrix}0\\0\end{pmatrix}$ 可微吗?

1.10 第 1 章的复习题

1.1 下面哪条线是 $\mathbb{R}^2$(或者 $\mathbb{R}^n$) 的子空间? 对于那些不是的, 请说明理由.

a. $y=-2x-5$; b. $y=2x+1$; c. $y=\dfrac{5x}{2}$.

1.2 对于哪些 a 和 b 的数值, 矩阵

$$A=\begin{bmatrix}1 & a\\ a & 0\end{bmatrix} \text{ 和 } B=\begin{bmatrix}1 & 0\\ b & 1\end{bmatrix}$$

满足 $AB=BA$?

1.3 证明: 如果 A 和 B 是 $n\times n$ 的上三角矩阵, 则 AB 也是.

练习 1.4: 如果你对复数还不够熟悉, 请阅读 0.7 节.

1.4 a. 证明把复数 $z=\alpha+\mathrm{i}\beta$ 与 2×2 的矩阵 $T_z=\begin{bmatrix}\alpha & \beta\\ -\beta & \alpha\end{bmatrix}$ 关联的规则满足

$$T_{z_1+z_2}=T_{z_1}+T_{z_2} \text{ 以及 } T_{z_1z_2}=T_{z_1}T_{z_2}.$$

b. 矩阵 T_z 的逆是什么? 它与 $1/z$ 有什么联系?

c. 找到一个 2×2 的矩阵, 其平方是负的单位矩阵.

1.5 假设一个图中所有的边都是有向的, 由图中的边上的箭头表示. 我们允许双向的 "街道". 定义有向的邻接矩阵为方形矩阵, 其行和列都用顶点来做标记, 其中如果从顶点 i 连到顶点 j 有 m 条有向的边, 则第 (i,j) 项为 m. 下面的图的有向邻接矩阵是什么?

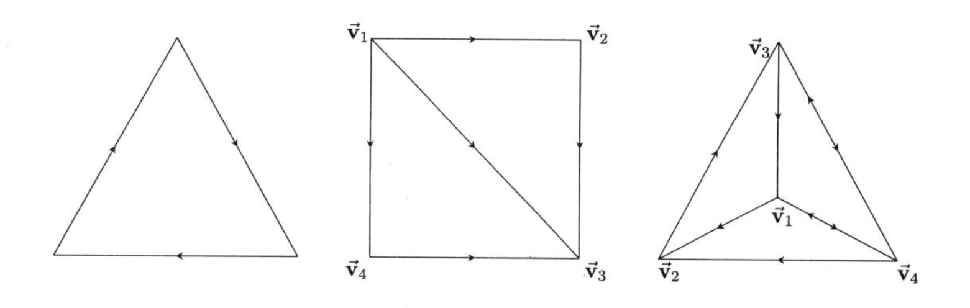

1.6 下述的映射是线性的吗? 如果是, 给出它们的变换矩阵.

$$\text{a. } \begin{bmatrix}x_1\\x_2\\x_3\\x_4\end{bmatrix}\mapsto\begin{bmatrix}x_2\\x_4\end{bmatrix}; \qquad \text{b. } \begin{bmatrix}x_1\\x_2\\x_3\\x_4\end{bmatrix}\mapsto\begin{bmatrix}x_2x_4\\x_1+x_3\end{bmatrix}.$$

1.7 a. 证明: 例 1.5.24 定义的函数是连续的.

b. 扩展 f 的定义使其在 0 处等于 0. 证明扩展之后所有的方向导数在原点都存在 (尽管函数在原点不连续).

1.8 令 B 为一个 $k \times n$ 的矩阵, A 为一个 $n \times n$ 的矩阵, C 为一个 $n \times m$ 的矩阵, 使得乘积 BAC 有定义. 证明: 如果 $|A| < 1$, 则级数

$$BC + BAC + BA^2C + BA^3C + \cdots$$

在 $\mathrm{Mat}(k,m)$ 中收敛到 $B(I-A)^{-1}C$.

1.9 a. 有没有一个线性变换 $T\colon \mathbb{R}^4 \to \mathbb{R}^3$ 使得下面每一条都成立:

$$T\begin{bmatrix}1\\0\\1\\0\end{bmatrix} = \begin{bmatrix}1\\1\\1\end{bmatrix},\ T\begin{bmatrix}0\\1\\1\\0\end{bmatrix} = \begin{bmatrix}0\\2\\3\end{bmatrix},\ T\begin{bmatrix}0\\1\\1\\1\end{bmatrix} = \begin{bmatrix}2\\1\\2\end{bmatrix},\ T\begin{bmatrix}1\\0\\0\\1\end{bmatrix} = \begin{bmatrix}3\\-1\\-1\end{bmatrix}.$$

如果有, 它的变换矩阵是什么?

b. 令 S 为一个变换, 使得 a 问的方程成立, 并且, $S\begin{bmatrix}1\\1\\1\\1\end{bmatrix} = \begin{bmatrix}0\\3\\2\end{bmatrix}$. 那么 S 是线性的吗?

1.10 找到表示绕着 y 轴旋转 $30°$ 的从 $\mathbb{R}^3 \to \mathbb{R}^3$ 的变换的矩阵.

1.11 a. 对应于在方程为 $x = y$ 和 $y = z$ 的平面上反射的线性变换 $S, T\colon \mathbb{R}^3 \to \mathbb{R}^3$ 的矩阵是什么?

b. 复合 $S \circ T$ 和 $T \circ S$ 的矩阵是什么?

c. b 问中的矩阵之间的关系是什么?

d. 你能给 $S \circ T$ 和 $T \circ S$ 分别起个名字吗?

1.12 令 A 为一个 2×2 的矩阵. 如果我们用 $\mathbb{R}^4$ 空间的 $\begin{bmatrix}a\\b\\c\\d\end{bmatrix}$ 来表示 2×2 的矩阵 $\begin{bmatrix}a & b\\c & d\end{bmatrix}$, 那么 A 与 A^{-1} 之间的夹角是什么? 在什么条件下 A 与 A^{-1} 是正交的?

1.13 令 P 为平行六面体 $0 \leqslant x \leqslant a$, $0 \leqslant y \leqslant b$, $0 \leqslant z \leqslant c$.

a. 一条对角线与各条棱的夹角是多少? 一条棱与相应的角度之间是什么关系?

b. 对角线与平行六面体的面的夹角分别是多少? 一个面的面积与相应的角之间的关系是什么?

1.14 令 A 为一个 3×3 的矩阵, 列为 $\vec{\mathbf{a}}, \vec{\mathbf{b}}, \vec{\mathbf{c}}$, Q_A 为 3×3 矩阵, 每行分别为 $(\vec{\mathbf{b}} \times \vec{\mathbf{c}})^{\mathrm{T}}$, $(\vec{\mathbf{c}} \times \vec{\mathbf{a}})^{\mathrm{T}}$, $(\vec{\mathbf{a}} \times \vec{\mathbf{b}})^{\mathrm{T}}$.

练习 1.14, c 问: 想一下叉乘的几何定义, 以及以叉乘的形式所表示的 3×3 矩阵的行列式的定义.

a. 计算 Q_A, 其中 $A=\begin{bmatrix}1&2&0\\0&-1&1\\1&1&-1\end{bmatrix}$.

b. 如果 A 是 a 问的矩阵, 那么矩阵乘积 Q_AA 等于什么?

c. 对于任意 3×3 矩阵, Q_AA 等于什么?

d. 你能把这个问题与练习 1.4.20 联系起来吗?

1.15 a. 将下列向量标准化:

$$\text{(i)}\ \begin{bmatrix}2\\1\\3\end{bmatrix};\quad \text{(ii)}\ \begin{bmatrix}-2\\3\end{bmatrix};\quad \text{(iii)}\ \begin{bmatrix}\sqrt{3}\\0\\2\end{bmatrix}.$$

b. 向量 (i) 与向量 (iii) 之间的夹角是多少?

练习 1.16 的提示: 你会发现使用下面的公式

$$1+2+\cdots+n=\frac{n(n+1)}{2}$$

和

$$1+2^2+\cdots+n^2=\frac{n(n+1)(2n+1)}{6}$$

是有帮助的.

1.16 a. 如下给出的向量 $\vec{\mathbf{v}},\vec{\mathbf{w}}\in\mathbb{R}^n$ 之间的夹角 θ_n 是多少?

$$\vec{\mathbf{v}}=\sum_{i=1}^{n}\vec{\mathbf{e}}_i,\ \vec{\mathbf{w}}=\sum_{i=1}^{n}i\vec{\mathbf{e}}_i.$$

b. $\lim\limits_{n\to\infty}\theta_n$ 是多少?

1.17 对 $\mathbb{R}^n$ 的闭子集证明下列陈述:

a. 任何闭集的交集是闭集.

b. 闭集的有限并集是闭集.

c. 闭集的无限并集未必是闭集.

1.18 证明: $\overline{U}$(U 的闭包) 是 $\mathbb{R}^n$ 的子集, 由 U 中所有在 $\mathbb{R}^n$ 上收敛的序列的极限组成.

1.19 考虑函数 $\mathbf{f}\begin{pmatrix}x\\y\\z\end{pmatrix}=\begin{pmatrix}zy^2\\2x^2-y^2\\x+z\end{pmatrix}$, 在 $\begin{pmatrix}1\\1\\1\end{pmatrix}$ 计算函数值. 你有五个方向可以选择

$$\vec{\mathbf{e}}_1,\vec{\mathbf{e}}_2,\vec{\mathbf{e}}_3,\vec{\mathbf{v}}_1=\begin{bmatrix}1/\sqrt{2}\\0\\1/\sqrt{2}\end{bmatrix},\vec{\mathbf{v}}_2=\begin{bmatrix}0\\1/\sqrt{2}\\1/\sqrt{2}\end{bmatrix}.$$

(注意, 这些向量的长度均为 1.) 你要在其中的一个方向上移动. 你应该朝着哪个方向开始移动:

a. 如果你要 zy^2 尽可能慢地增加?

b. 如果你要 $2x^2-y^2$ 尽可能快地增加?

c. 如果你要 $2x^2-y^2$ 尽可能快地减小?

1.20 令 $h\colon\mathbb{R}\to\mathbb{R}$ 为一个 C^1 函数, 周期为 2π, 定义函数 $f\colon\mathbb{R}^2\to\mathbb{R}$ 为

$$f\begin{pmatrix}r\cos\theta\\r\sin\theta\end{pmatrix}=rh(\theta).$$

a. 证明: f 是 $\mathbb{R}^2$ 上的连续实值函数.

b. 证明: f 在 $\mathbb{R}^2 - \{\mathbf{0}\}$ 上可微.

c. 证明: 当且仅当

$$h(\theta) = -h(\theta + \pi)$$

对任意的 θ 成立的时候, f 所有的方向导数在 $\mathbf{0}$ 存在.

d. 证明: 当且仅当存在 a 和 b 使得 $h(\theta) = a\cos\theta + b\sin\theta$ 时, f 在 $\mathbf{0}$ 可微.

1.21 判断下列极限是否存在, 并证明:

a. $\displaystyle\lim_{\binom{x}{y}\to\binom{0}{0}} \frac{x+y}{x^2-y^2}$;

b. $\displaystyle\lim_{\binom{x}{y}\to\binom{0}{0}} \frac{(x^2+y^2)^2}{x+y}$;

c. $\displaystyle\lim_{\binom{x}{y}\to\binom{0}{0}} (x^2+y^2)\ln(x^2+y^2)$;

*d. $\displaystyle\lim_{\binom{x}{y}\to\binom{0}{0}} (x^2+y^2)(\ln|xy|), xy \neq 0$.

1.22 证明定理 1.5.29 和 1.5.30.

1.23 令 $\vec{\mathbf{a}}_n \in \mathbb{R}^n$ 为一个向量, 其各个项为 π 和 e, 精确到小数点后 n 位: $\vec{\mathbf{a}}_1 = \begin{bmatrix} 3.1 \\ 2.7 \end{bmatrix}$, $\vec{\mathbf{a}}_2 = \begin{bmatrix} 3.14 \\ 2.71 \end{bmatrix}$, 等等. n 需要多大才能使得 $\left|\vec{\mathbf{a}}_n - \begin{bmatrix} \pi \\ \mathrm{e} \end{bmatrix}\right| < 10^{-3}$? $\left|\vec{\mathbf{a}}_n - \begin{bmatrix} \pi \\ \mathrm{e} \end{bmatrix}\right| < 10^{-4}$ 呢?

1.24 设 $A_m = \begin{bmatrix} \cos m\theta & \sin m\theta \\ -\sin m\theta & \cos m\theta \end{bmatrix}$. 对于哪些 θ 的数值, 矩阵序列 $m \mapsto A_m$ 收敛? 它什么时候有收敛子序列?

1.25 找到数值 R, 使得你可以证明多项式

$$p(z) = z^{10} + 2z^9 + 3z^8 + \cdots + 10z + 11$$

有一个根 z 满足 $|z| < R$. 解释你的推理过程.

1.26 由公式 $f(\mathbf{x}) = |\mathbf{x}|^2\mathbf{x}$ 给出的函数 $f\colon \mathbb{R}^n \to \mathbb{R}^n$ 的导数是什么?

1.27 利用定义 1.7.1, 证明 $\sqrt{x^2}$ 和 $\sqrt[3]{x^2}$ 在 0 处不可微, 但是 $\sqrt{x^4}$ 可微.

1.28 a. 证明映射 $\mathrm{Mat}(n,n) \to \mathrm{Mat}(n,n), A \mapsto A^3$ 可微, 并计算其导数.

b. 计算下面的映射的导数

$$\mathrm{Mat}(n,n) \to \mathrm{Mat}(n,n), A \mapsto A^k, k \geqslant 1\text{为任意整数}.$$

1.29 下列哪些函数在 $\begin{pmatrix}0\\0\end{pmatrix}$ 可微?

a. $f\begin{pmatrix}x\\y\end{pmatrix}=\begin{cases}\dfrac{x^2y}{x^2+y^2} & \text{如果 } \begin{pmatrix}x\\y\end{pmatrix}\neq\begin{pmatrix}0\\0\end{pmatrix}\\[2ex] 0 & \text{如果 } \begin{pmatrix}x\\y\end{pmatrix}=\begin{pmatrix}0\\0\end{pmatrix}\end{cases}$;

b. $f\begin{pmatrix}x\\y\end{pmatrix}=|x+y|$;

c. $f\begin{pmatrix}x\\y\end{pmatrix}=\begin{cases}\dfrac{\sin(xy)}{x^2+y^2} & \text{如果 } \begin{pmatrix}x\\y\end{pmatrix}\neq\begin{pmatrix}0\\0\end{pmatrix}\\[2ex] 0 & \text{如果 } \begin{pmatrix}x\\y\end{pmatrix}=\begin{pmatrix}0\\0\end{pmatrix}\end{cases}$.

1.30 a. 推导用来计算 $\mathbb{R}^3$ 中由 $\begin{bmatrix}u\\0\\u^2\end{bmatrix}$ 和 $\begin{bmatrix}0\\v^2\\v\end{bmatrix}$ 所生成的平行四边形的面积的映射 $A\colon\mathbb{R}^2\to\mathbb{R}$ 的公式.

b. 计算 $\left[\mathbf{D}A\begin{pmatrix}1\\-1\end{pmatrix}\right]\begin{bmatrix}1\\2\end{bmatrix}$.

c. 对哪些单位向量 $\vec{\mathbf{v}}\in\mathbb{R}^2$, $\left[\mathbf{D}A\begin{pmatrix}1\\-1\end{pmatrix}\right]\vec{\mathbf{v}}$ 取到最大值; 也就是, 你从 $\begin{pmatrix}1\\-1\end{pmatrix}$ 开始, 向什么方向上移动 $\begin{pmatrix}u\\v\end{pmatrix}$, 能使面积增长得最快?

d. 计算 $\left[\mathbf{D}A\begin{pmatrix}1\\1\end{pmatrix}\right]\begin{bmatrix}1\\2\end{bmatrix}$.

e. 你从 $\begin{pmatrix}1\\1\end{pmatrix}$ 开始, 向什么方向上移动 $\begin{pmatrix}u\\v\end{pmatrix}$, 能使面积增长得最快?

f. 找到一个点, 在该点上, A 不可微.

练习 1.31 的提示: 想一下

$$t\mapsto\begin{pmatrix}t\\t^2\end{pmatrix}$$

和

$$\begin{pmatrix}x\\y\end{pmatrix}\mapsto\int_x^y\frac{\mathrm{d}s}{s+\sin s}$$

的复合, 这两个你都知道如何求导.

练习 1.32: 把这个映射想成 $A\mapsto A^3$ 和 $A\mapsto A^{-1}$ 的复合, 并利用链式法则而不是直接计算导数, 问题要容易得多.

1.31 a. 对 $t>1$ 定义的函数 $f(t)=\displaystyle\int_t^{t^2}\frac{\mathrm{d}s}{s+\sin s}$ 的导数是什么?

b. 函数 f 什么时候是增函数或者是减函数?

1.32 令 A 为 $n\times n$ 矩阵, 见例 1.8.6.

a. 计算映射 $A\mapsto A^{-3}$ 的导数;

b. 计算映射 $A\mapsto A^{-n}$ 的导数.

1.33 令 $U\subset\operatorname{Mat}(n,n)$ 为满足 $AA^{\mathrm{T}}+A^{\mathrm{T}}A$ 可逆的矩阵 A 的集合. 计算映射 $F\colon U\to\operatorname{Mat}(n,n)$ 的导数, 其中

$$F(A)=(AA^{\mathrm{T}}+A^{\mathrm{T}}A)^{-1}.$$

1.34 考虑定义在 $\mathbb{R}^2$ 上, 由

$$f\begin{pmatrix}x\\y\end{pmatrix}=\begin{cases}\dfrac{xy}{x^2+y^2} & \text{如果}\begin{pmatrix}x\\y\end{pmatrix}\neq\begin{pmatrix}0\\0\end{pmatrix}\\[2ex] 0 & \text{如果}\begin{pmatrix}x\\y\end{pmatrix}=\begin{pmatrix}0\\0\end{pmatrix}\end{cases}$$

给出的函数.

a. 证明: 两个偏导处处存在.

b. f 在哪里可微?

1.35 考虑 $\mathbb{R}^3$ 上由

$$f\begin{pmatrix}x\\y\\z\end{pmatrix}=\begin{cases}\dfrac{xyz}{x^4+y^4+z^4} & \text{如果}\begin{pmatrix}x\\y\\z\end{pmatrix}\neq\begin{pmatrix}0\\0\\0\end{pmatrix}\\[2ex] 0 & \text{如果}\begin{pmatrix}x\\y\\z\end{pmatrix}=\begin{pmatrix}0\\0\\0\end{pmatrix}\end{cases}$$

定义的函数.

a. 证明: 所有的偏导都处处存在.

b. f 在哪里可微?

1.36 a. 证明: 如果一个 $n\times n$ 的矩阵 A 是严格的上三角矩阵, 或者严格的下三角矩阵, 则 $A^n=[0]$.

b. 证明: $I-A$ 是可逆的.

c. 证明: 如果 A 的所有项是非负的, 则矩阵 $(I-A)^{-1}$ 的每一项都是非负的.

标星号的练习较难; 有两个星号的练习更具有挑战性.

***1.37** 哪些 2×2 的矩阵 A 满足:

a. $A^2=0$;　b. $A^2=I$;　c. $A^2=-I$.

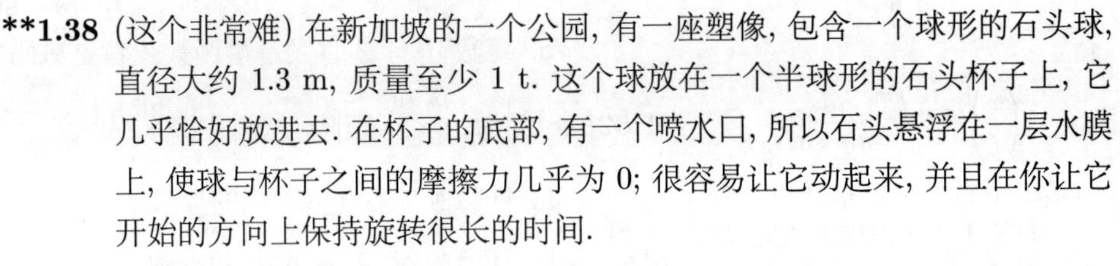

****1.38** (这个非常难) 在新加坡的一个公园, 有一座塑像, 包含一个球形的石头球, 直径大约 1.3 m, 质量至少 1 t. 这个球放在一个半球形的石头杯子上, 它几乎恰好放进去. 在杯子的底部, 有一个喷水口, 所以石头悬浮在一层水膜上, 使球与杯子之间的摩擦力几乎为 0; 很容易让它动起来, 并且在你让它开始的方向上保持旋转很长的时间.

假设现在你只可以接近这个球的顶部附近, 使得你可以推动这个球使它绕着任何水平的轴旋转, 但是你没有足够的力量使球绕着竖直的轴旋转. 那你有办法让球绕着竖直的轴旋转吗?

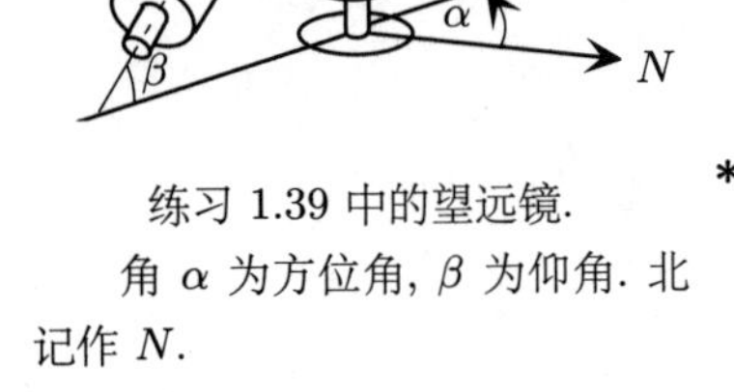

练习 1.39 中的望远镜.
角 α 为方位角, β 为仰角. 北记作 N.

***1.39** 假设一个望远镜固定在赤道仪上, 如图所示. 这个意思是被固定在一个竖直的轴上并且能够旋转的是一个 U 形支架, 并且有一个可以旋转的杆子穿过它的一端, 望远镜固定在杆子上. 与 U 形支架所在的平面垂直的水平

方向与北的夹角 (图上标着 α 的角) 叫作方位角, 望远镜与水平方向的夹角 (标为 β) 叫作仰角.

以固定望远镜的横杆的中点为你的坐标系的原点 (在你改变方位角和仰角的时候不变), 并假设 x 轴指向北, y 轴指向西, z 轴向上. 进一步假设望远镜的位置的方位角为 θ_0, 仰角为 φ_0, 其中 φ_0 不等于 0 或 $\pi/2$.

a. 把仰角抬升 φ 的线性变换的矩阵是什么?

b. 假设你可以以望远镜自身的轴旋转望远镜. 望远镜绕自身的轴旋转 ω 的旋转矩阵是什么 (由一个坐在望远镜底端的观测者来按逆时针测量)?

第 2 章 解方程组

1985 年, 约翰 · 哈马尔 · 哈巴德被要求在众议院科学技术委员会作证. 在他前面讲话的是来自杜邦公司的化学家, 谈了给分子建模, 还有来自加州地球物理研究所的官员, 讲了勘测石油以及对预测海啸的尝试.

轮到他的时候, 他解释说, 化学家在给分子建模的时候, 他们需要解薛定谔方程, 勘测石油的时候需要求解 Gelfand-Levitan 方程, 而预测海啸则意味着要求解 Navier-Stokes 方程. 委员会主席在震惊中打断了他的讲话, 又转去问前一个讲话的人, "哈巴德教授说的是真的吗?" 他询问道, "你所做的就是求解方程组, 是这样的吗?"

2.0 引 言

在每个学科里, 语言都与对学科的理解紧密地联系在一起.

"不可能把语言和科学分离, 因为每个自然科学都涉及三件事: 科学所基于的现象的序列; 用来思考这些现象的概念; 用以表达这些概念的词汇." 要想让一个概念出现, 就需要一个词. 要描述一个现象, 就需要一个概念. 所有这三件事都反映了一个相同的现实." —— 拉瓦锡 (Antoine Lavoisier), 1789.

"哈巴德教授, 你总是低估词汇的难度." —— Helen Chigirinskaya, 康奈尔大学, 1997.

这本书所有的读者都一定解过线性方程组. 这种问题在数学和它的应用里无处不在, 所以全面地理解这个问题是很重要的.

大多数学生在高中遇到的问题是包含 n 个变量的 n 个方程构成的方程组, 其中 n 可能是一般的数, 也可能被限制为 $n=2$ 或者 $n=3$. 这样的方程组通常有唯一解, 但是有时候会出问题: 有些方程是从其他方程导出来的, 因此就有无穷多个解; 其他的方程组是不兼容的, 因此没有解. 本章的前一半主要就是让这个概念系统化.

有一种语言被发展用来处理这些概念: "线性变换" "线性组合" "线性无关" "核" "生成空间" "基" 以及 "维数". 这些词语听起来可能不太友好, 但是只要利用线性方程组来想的话, 它们实际上十分透明. 它们被用来回答类似于下面这个问题, "有多少个方程实际上是其他方程导出来的?" 这些词汇与线性方程组的关系更近了一步. 线性代数里的定理可以通过抽象的归纳来证明, 但是学生们通常更倾向于下面的方法, 我们将在这章讨论:

> 把问题简化成一个关于线性方程组的陈述, 对得到的矩阵进行行化简, 看看结果是不是显而易见的.

如果是这样, 则陈述成立, 否则它就可能不成立.

在 2.6 节, 我们讨论抽象的向量空间和基变换. 在 2.7 节, 我们探索在基向量存在的情况下, 把线性变换用*本征基*(eigenbasis)表示的优越之处, 以及如果它们确实存在该如何找到它们. 佩龙–弗罗贝尼乌斯定理 (定理 2.7.10) 引入了*首本征值*(leading eigenvalue)的概念; 例 2.7.12 说明了谷歌公司如何把这些概念用在它的 PageRank 算法里面.

解非线性方程组要比解线性方程组难得多. 在计算机出现之前的那些时

间里, 找到方程组的解基本上是不可能的, 数学家只要证明了解是存在的就已经很满足了. 而今天, 仅仅知道方程组有解已经远远不够了; 我们需要找到一个实用的算法来帮助我们找到这些解. 最常用的算法是**牛顿方法**(Newton's method). 在 2.8 节我们证明牛顿方法可用, 并且给出康托诺维奇的定理, 它可以保证在适当的情况下, 牛顿方法收敛到一个解; 在 2.9 节, 我们会看到什么时候牛顿方法超收敛, 并且给出康托诺维奇定理的一个更强的版本.

我们把例 2.7.12 加到了 PageRank 算法里, 把例 3.8.10 加到了使用本征脸来识别照片, 用来回应计算机科学家要求增加大矩阵来反映线性代数在当前的应用.

在 2.10 节, 我们使用康托诺维奇定理来判断什么时候一个函数 $f\colon \mathbb{R}^n \to \mathbb{R}^n$ 具有局部的逆函数, 以及什么时候函数 $f\colon \mathbb{R}^n \to \mathbb{R}^m$, 其中 $n > m$, 可以通过把一些变量用其他变量表示来给出局部的**隐函数**(implicit function).

2.1 主要算法: 行化简

假设我们要解下面的线性方程组

$$\begin{cases} 2x + y + 3z = 1 \\ x - y \qquad\;\; = 1 \\ x + y + 2z = 1 \end{cases}. \tag{2.1.1}$$

我们可以把第一个和第二个方程加在一起得到 $3x + 3z = 2$. 在第三个方程里, 把 x 替换成 $(2-3z)/3$, 解得 $z = 1/3$, 所以有 $x = 1/3$; 把 x 的这个值放进第二个方程, 可得到 $y = -2/3$.

行化简的优点是它不需要任何的聪明才智.

在这一节, 我们要说明如何通过**行化简**(row reduction)把这个方法系统化. 第一步是把方程组写成矩阵的形式:

$$\underbrace{\begin{bmatrix} 2 & 1 & 3 \\ 1 & -1 & 0 \\ 2 & 0 & 1 \end{bmatrix}}_{\text{系数矩阵 } A} \quad \underbrace{\begin{bmatrix} x \\ y \\ z \end{bmatrix}}_{\text{未知变量向量 } \vec{\mathbf{x}}} = \underbrace{\begin{bmatrix} 1 \\ 1 \\ 1 \end{bmatrix}}_{\text{常量 } \vec{\mathbf{b}}}. \tag{2.1.2}$$

它也可以写成矩阵乘法的形式 $A\vec{\mathbf{x}} = \vec{\mathbf{b}}$:

$$\begin{array}{cc} & \overbrace{\begin{bmatrix} x \\ y \\ z \end{bmatrix}}^{\vec{\mathbf{x}}} \\ \underbrace{\begin{bmatrix} 2 & 1 & 3 \\ 1 & -1 & 0 \\ 2 & 0 & 1 \end{bmatrix}}_{A} & \underbrace{\begin{bmatrix} 1 \\ 1 \\ 1 \end{bmatrix}}_{\vec{\mathbf{b}}} \end{array}. \tag{2.1.3}$$

现在我们用一个快捷的表示方法, 省略向量 $\vec{\mathbf{x}}$ 并且把 A 和 $\vec{\mathbf{b}}$ 写在同一个矩阵里, $\vec{\mathbf{b}}$ 在新矩阵的最后一列:

$$\left[\underbrace{\begin{matrix} 2 & 1 & 3 \\ 1 & -1 & 0 \\ 2 & 0 & 1 \end{matrix}}_{A} \quad \underbrace{\begin{matrix} 1 \\ 1 \\ 1 \end{matrix}}_{\vec{\mathbf{b}}}\right]. \tag{2.1.4}$$

注意以 (2.1.4) 的形式写出线性方程组 (2.1.5) 是利用位置来传递信息. 在方程组 (2.1.5) 中, 我们可以以任何顺序写

$$a_{i,1}x_1 + \cdots + a_{i,n}x_n$$

这一项; 在矩阵 (2.1.4) 中, x_1 的系数必须在第一列, x_2 的系数在第二列, 依此类推.

利用位置来传递信息使表示更简洁; 在罗马数字中, 4 084 表示为

MMMMLXXXIIII.

(我们写 IV=4 和 VI=6 时, 用到了位置, 但罗马人自己却愿意以任何顺序写数字. 例如, MMXXM 为 3 020.)

回忆到一对下标中的第一个指的是竖直方向的位置, 第二个指的是水平方向的位置: $a_{i,j}$ 是第 i 行, 第 j 列的项: 首先坐电梯, 然后沿着楼道走下去.

练习 2.1.4 让你证明第三个变换是不必要的; 你可以利用变换 1 和变换 2 来实现交换.

列变换的定义就是把行变换中的行换成列. 我们将在 4.8 节使用列变换.

更一般地, 方程组

$$\left\{\begin{array}{rcl} a_{1,1}x_1 + \cdots + a_{1,n}x_n & = & b_1 \\ \vdots & & \\ a_{m,1}x_1 + \cdots + a_{m,n}x_n & = & b_m \end{array}\right. \tag{2.1.5}$$

等价于 $A\vec{\mathbf{x}} = \vec{\mathbf{b}}$:

$$\underbrace{\begin{bmatrix} a_{1,1} & \cdots & a_{1,n} \\ \vdots & & \vdots \\ a_{m,1} & \cdots & a_{m,n} \end{bmatrix}}_{A} \underbrace{\begin{bmatrix} x_1 \\ \vdots \\ x_n \end{bmatrix}}_{\vec{\mathbf{x}}} = \underbrace{\begin{bmatrix} b_1 \\ \vdots \\ b_m \end{bmatrix}}_{\vec{\mathbf{b}}}, \tag{2.1.6}$$

被表示为

$$\underbrace{\begin{bmatrix} a_{1,1} & \cdots & a_{1,n} & b_1 \\ \vdots & & \vdots & \vdots \\ a_{m,1} & \cdots & a_{m,n} & b_m \end{bmatrix}}_{[A|\vec{\mathbf{b}}]}. \tag{2.1.7}$$

我们用 $[A|\vec{\mathbf{b}}]$ 表示把 $\vec{\mathbf{b}}$ 放在 A 的列的右边而得到的矩阵. A 的第 i 列包含了 x_i 的系数; $[A|\vec{\mathbf{b}}]$ 的行代表了方程. $[A|\vec{\mathbf{b}}]$ 里面的竖线是为了避免把它和矩阵的乘法搞混了; 我们并不是把 A 和 $\vec{\mathbf{b}}$ 乘在一起.

行变换

我们可以通过行变换对矩阵 $[A|\vec{\mathbf{b}}]$ 进行行化简来解线性方程组 $A\vec{\mathbf{x}} = \vec{\mathbf{b}}$.

定义 2.1.1 (行变换). 对矩阵的行变换是下面三个变换之一:

1. 把一行乘上一个非零的数.
2. 把一行的倍数加到另一行上.
3. 交换两行.

行变换之所以重要有两个原因. 首先, 它们只需要算术运算: 加, 减, 乘, 除. 这是计算机所擅长的; 在一定的意义下, 计算机也只能做这些. 它们花了大量的时间来做这些计算. 行变换对于大多数的数学算法都是很基本的. 另一个原因是行变换使得我们可以解线性方程组.

定理 2.1.2 (在行变换下, $A\vec{\mathbf{x}} = \vec{\mathbf{b}}$ 的解保持不变). 如果表示一个线性方程组 $A\vec{\mathbf{x}} = \vec{\mathbf{b}}$ 的矩阵 $[A|\vec{\mathbf{b}}]$ 可以通过一系列的行变换变成 $[A'|\vec{\mathbf{b}}']$ 的形式, 则 $A\vec{\mathbf{x}} = \vec{\mathbf{b}}$ 的解集与 $A'\vec{\mathbf{x}} = \vec{\mathbf{b}}'$ 的解集一致.

证明: 行变换包括把一个方程乘上一个非零的数, 把一个方程的倍数加到另一个方程上, 以及交换两个方程. 因此任何 $A\vec{\mathbf{x}} = \vec{\mathbf{b}}$ 的解也是 $A'\vec{\mathbf{x}} = \vec{\mathbf{b}}'$ 的解. 反过来, 任何一个行变换都可以通过另一个行变换抵消 (练习 2.1.5), 所以任何 $A'\vec{\mathbf{x}} = \vec{\mathbf{b}}'$ 的解也是 $A\vec{\mathbf{x}} = \vec{\mathbf{b}}$ 的解. □

定理 2.1.2 建议, 我们通过行变换把方程组 $A\vec{\mathbf{x}}=\vec{\mathbf{b}}$ 变成最方便的形式来求解该方程组. 在例 2.1.3 中, 我们对方程组 (2.1.1) 采用了这个技术. 我们暂且不必担心行化简是如何实现的, 而要把精力集中在行化简之后的矩阵能够给我们哪些关于方程组的解的信息.

公式 (2.1.8): 我们说了, 不用担心如何进行行化简. 但是如果你要担心的话, 步骤如下: 要得到 (1), 把原始矩阵的第一行除以 2, 并把第一行乘以 $-1/2$ 再加到第二行, 然后从第三行中减去第一行. 要从 (1) 得到 (2), 把矩阵 (1) 的第二行乘上 $-2/3$, 再把结果加到第三行. 从 (2) 到 (3), 从第一行减去第二行的一半. 要得到矩阵 (4), 从第一行减去第三行. 要得到矩阵 (5), 从第二行减去第三行.

$$(1)\ \begin{bmatrix}1&1/2&3/2&1/2\\0&-3/2&-3/2&1/2\\0&-1&-2&0\end{bmatrix}.$$

$$(2)\ \begin{bmatrix}1&1/2&3/2&1/2\\0&1&1&-1/3\\0&0&-1&-1/3\end{bmatrix}.$$

$$(3)\ \begin{bmatrix}1&0&1&2/3\\0&1&1&-1/3\\0&0&1&1/3\end{bmatrix}.$$

$$(4)\ \begin{bmatrix}1&0&0&1/3\\0&1&1&-1/3\\0&0&1&1/3\end{bmatrix}.$$

$$(5)\ \begin{bmatrix}1&0&0&1/3\\0&1&0&-2/3\\0&0&1&1/3\end{bmatrix}.$$

例 2.1.3 (通过行变换解方程组). 要求解方程组 (2.1.1), 我们可以通过行化简把矩阵 $\begin{bmatrix}2&1&3&1\\1&-1&0&1\\2&0&1&1\end{bmatrix}$ 变成

$$\begin{bmatrix}1&0&0&1/3\\0&1&0&-2/3\\0&0&1&1/3\end{bmatrix} \quad \underbrace{}_{\widetilde{A}}\ \underbrace{}_{\widetilde{\mathbf{b}}} \qquad (2.1.8)$$

的形式. (为了把新的 A 和 $\vec{\mathbf{b}}$ 与旧的区分开, 我们在上面加上了 "~": $\widetilde{A},\widetilde{\mathbf{b}}$; 为了简化符号, 我们把 $\mathbf{b}$ 上的箭头去掉了.) 在这种情况下, 解可以直接从矩阵中读出来. 如果我们把未知变量放回矩阵, 则得到

$$\begin{bmatrix}x&0&0&1/3\\0&y&0&-2/3\\0&0&z&1/3\end{bmatrix} \text{ 或者 } \begin{cases}x&=&1/3\\y&=&-2/3\\z&=&1/3\end{cases}. \qquad \triangle \qquad (2.1.9)$$

行阶梯形式

有一些线性方程组可能是无解的, 另外一些可能有无穷多组解. 但如果一个方程组有解, 我们可以通过一系列适当的行变换找到它们, 我们称为*行化简*(row reduction), 它把矩阵变成*行阶梯形式*(echelon form), 如公式 (2.1.8) 中的第二个矩阵.

定义 2.1.4 (行阶梯形式). 一个矩阵是行阶梯形式的, 如果:

1. 在每一行, 第一个非零项为 1, 叫作主元 1.
2. 下面的行上的主元 1 总是在上面的行的主元 1 的右边.
3. 包含主元 1 的每一列的其他项为 0.
4. 全是 0 的行在矩阵的底部.

行阶梯形式不是解线性方程组的最快方法; 见练习 2.2.11, 它描述了一个更快的方法, 部分行化简加上向回替换. 我们使用行阶梯形式是因为定理 2.1.7 的第二部分成立, 并且对于部分行化简没有类比的陈述. 这样, 行阶梯形式可以被更好地用来证明线性代数的定理.

例 2.1.5 (行阶梯形式的矩阵). 很显然, 单位矩阵是行阶梯形式的矩阵. 下面的矩阵也是, 其中的主元 1 被加上了下划线:

$$\begin{bmatrix}\underline{1}&0&0&3\\0&\underline{1}&0&-2\\0&0&\underline{1}&1\end{bmatrix},\ \begin{bmatrix}\underline{1}&1&0&0\\0&0&\underline{1}&0\\0&0&0&\underline{1}\end{bmatrix},\ \begin{bmatrix}0&\underline{1}&3&0&0&3&0&-4\\0&0&0&\underline{1}&-2&1&0&1\\0&0&0&0&0&0&\underline{1}&2\end{bmatrix}. \qquad \triangle$$

例 2.1.6 (非行阶梯形式的矩阵). 下面的矩阵不是行阶梯形式的, 你能说出为什么不是吗?[1]

$$\begin{bmatrix}1&0&0&2\\0&0&1&-1\\0&1&0&1\end{bmatrix},\begin{bmatrix}1&1&0&1\\0&0&2&0\\0&0&0&1\end{bmatrix},\begin{bmatrix}0&0&0\\1&0&0\\0&1&0\end{bmatrix},\begin{bmatrix}0&1&0&3&0&-3\\0&0&-1&1&1&1\\0&0&0&0&1&2\end{bmatrix}.$$

练习 2.1.7 让你把它们变成行阶梯形式的矩阵. △

行化简到行阶梯形式实际上是变量消元的一个系统方法. 如有可能, 目标是要达到行化简后的每一行恰好对应于一个变量. 那么, 如公式 (2.1.9), 解可以直接从矩阵中读出.

在 Matlab 里, rref 这个命令 ("row reduce echelon form") 把一个矩阵变成行阶梯形式.

如何对矩阵进行行化简

下面的结果和证明是非常基本的; 基本上, 本章前六节的每一个结果都是定理 2.1.7 的重述.

定理 2.1.7.

1. 给定一个矩阵 A, 存在一个行阶梯形式的矩阵 $\widetilde{A}$, 可以通过对 A 进行行变换得到.

2. 矩阵 $\widetilde{A}$ 是唯一的.

证明: 1. 第一部分的证明是一个用来计算 $\widetilde{A}$ 的显式的算法, 叫作*行化简*或者*高斯消元法*, 它是用来解决线性方程组的主要工具.

一旦你得到了行化简的诀窍, 你将看到它是很简单的 (尽管我们发现惊人地容易犯错误). 只要你知道如何计算加法和乘法, 你就知道如何进行行化简, 但我们的目标不是与计算机竞争; 那是一个失败的想法.

你可能需要找到捷径; 例如, 如果你的矩阵的第一行以 3 开头, 而第三行以 1 开头, 你可能会想把第三行变成第一行, 而不是把每个数除以 3.

行化简算法.
要把一个矩阵变成行阶梯形式:

1. 找到第一个不全是 0 的列; 把这列叫作第一个主元列, 其第一个非零项叫作主元. 如果主元不在第一行, 则把包含它的行移到第一行.

2. 将第一行除以主元, 使得第一个主元列的第一项变成 1.

3. 将第一行的适当的倍数加到其他行上, 使第一个主元列的其他项都变成 0. 第一列的 1 现在就成了主元 1.

4. 选取下一个在第一行下面至少包含一个非零项的列, 把包含新的主元的行放到第二行. 把主元变成主元 1: 除以主元, 并将这一行的适当的倍数加到其他行上, 使得这一列的其他项变成 0.

5. 重复上述过程, 直到矩阵变成行阶梯形式. 每一次, 选取第一个在包含主元 1 的最下面的行的下面包含非零项的列, 并把包含主元 1 的那一行放在包含主元 1 的最下面一行的下一行.

2. 唯一性, 这个更为微妙, 将在 2.2 节证明. □

练习 2.1.3 提供了行化简的练习.

例 2.1.8 (行化简). 在这里我们将对一个矩阵进行行化简. R 代表前一个矩阵的行. 例如, 第二个矩阵的第二行标为 R_1+R_2, 因为这一行是通过把前一个矩

[1]第一个矩阵违反了规则 2, 第二个和第四个矩阵违反了规则 1 和 3, 第三个矩阵违反了规则 4.

阵的第一行和第二行相加得到的. 我们把主元 1 加了下划线.

$$\begin{bmatrix}1&2&3&1\\-1&1&0&2\\1&0&1&2\end{bmatrix}\to\begin{matrix}R_1+R_2\\ \\R_3-R_1\end{matrix}\begin{bmatrix}\underline{1}&2&3&1\\0&3&3&3\\0&-2&-2&1\end{bmatrix}\to R_2/3\begin{bmatrix}\underline{1}&2&3&1\\0&\underline{1}&1&1\\0&-2&-2&1\end{bmatrix}$$

$$\to\begin{matrix}R_1-2R_2\\ \\R_3+2R_2\end{matrix}\begin{bmatrix}\underline{1}&0&1&-1\\0&\underline{1}&1&1\\0&0&0&3\end{bmatrix}\to\begin{matrix}\\ \\R_3/3\end{matrix}\begin{bmatrix}\underline{1}&0&1&-1\\0&\underline{1}&1&1\\0&0&0&\underline{1}\end{bmatrix}\to\begin{matrix}R_1+R_3\\R_2-R_3\\ \end{matrix}\begin{bmatrix}\underline{1}&0&1&0\\0&\underline{1}&1&0\\0&0&0&\underline{1}\end{bmatrix}.\quad\triangle$$

在计算机进行行化简的时候: 避免损失精度

通过计算机运算产生的矩阵经常有那些本来是 0, 但是由于四舍五入误差导致不是 0 的项: 例如, 可能从一个理论上与一个数相等, 但实际上由于四舍五入而相差了 10^{-50} 的数上减去这个数. 这样的项就是很差的主元项, 因为你会需要把它所在的行除上它自身, 导致这个行里面有很大的项. 当你之后把那个行的倍数加到另一个行上的时候, 你就会犯计算上的严重错误: 把数量级相差太多的数加在一起, 而导致损失精度. 所以你该怎么做? 你要跳过那个几乎是 0 的数, 选另一个数为主元项. 事实上, 没有任何理由选取一个给定的列里第一个非零的数为主元项; 在实际运算中, 计算机在进行行化简的时候, 都是选取绝对值最大的一项.

注释. 这不是个小问题. 计算机把它的大部分时间用来通过行化简来解线性方程组; 由于存在舍入误差, 保持计算精度损失的可控是非常关键的. 有专业的期刊用来专门讨论这个专题. 在像康奈尔这样的大学, 也许有六七位数学家和计算机科学家用毕生的精力来理解这个问题. △

例 2.1.9 (使四舍五入误差最小化的阈值). 如果你计算到 10 个有效数字的精度, 则 $1+10^{-10}=1.000\ 000\ 000\ 1=1$. 所以, 考虑下面的方程组

$$\begin{cases}10^{-10}x+2y=1\\ \qquad\ \ x+\ \ y=1\end{cases}.\tag{2.1.10}$$

方程组的解为

$$x=\frac{1}{2-10^{-10}},\ y=\frac{1-10^{-10}}{2-10^{-10}}.\tag{2.1.11}$$

如果你计算到 10 个有效数字, 这个就是 $x=y=0.5$. 如果你采用 10^{-10} 为主元项, 则行化简到 10 个有效数字的过程为

练习 2.1.9 让你精确地分析在公式 (2.1.12) 里, 误差究竟在哪里产生.

$$\begin{bmatrix}10^{-10}&2&1\\1&1&1\end{bmatrix}\to\begin{bmatrix}\underline{1}&2\cdot10^{10}&10^{10}\\1&1&1\end{bmatrix}\to\begin{bmatrix}\underline{1}&2\cdot10^{10}&10^{10}\\0&-2\cdot10^{10}&-10^{10}\end{bmatrix}$$

$$\to\begin{bmatrix}\underline{1}&0&0\\0&\underline{1}&0.5\end{bmatrix}.\tag{2.1.12}$$

最后一个矩阵显示的解为 $x=0$, 但 x 应该是 0.5. 现在, 把 10^{-10} 按照 0 来处

理进行行化简, 看看你将得到什么? 如果你有问题, 答案在脚注里[2]. △

2.1 节的练习

$$\begin{cases} 3x + \ y - 4z = 0 \\ \quad 2y + \ z = 4 \\ x - 3y \quad\quad = 1 \end{cases}.$$

练习 2.1.1, a 问的方程组.

2.1.1 a. 把边注中的线性方程组以等式 (2.1.2) 的格式写成一个矩阵乘上一个向量.

b. 利用矩阵 (2.1.4) 的记法把方程组写成一个矩阵.

c. 把下面的方程组写成一个矩阵

$$\begin{cases} x_1 - 7x_2 + 2x_3 = 1 \\ x_1 - 3x_2 \quad\quad = 2 \\ 2x_1 - 2x_2 \quad\quad = -1 \end{cases}.$$

2.1.2 将下列方程组写为一个矩阵, 并化简到行阶梯形式.

a. $\begin{cases} 3y - \ z = 0 \\ -2x + \ y + 2z = 0 \\ x \quad\quad - 5z = 0 \end{cases}$.　b. $\begin{cases} 2x_1 + 3x_2 - \ x_3 = 1 \\ \quad - 2x_2 + \ x_3 = 2 \\ x_1 \quad\quad - 2x_3 = -1 \end{cases}$.

a. $\begin{bmatrix} 1 & 2 & 3 \\ 4 & 5 & 6 \end{bmatrix}$.

b. $\begin{bmatrix} 1 & -1 & 1 \\ -1 & 0 & 2 \\ -1 & 1 & 1 \end{bmatrix}$.

c. $\begin{bmatrix} 1 & 2 & 3 & 5 \\ 2 & 3 & 0 & -1 \\ 0 & 1 & 2 & 3 \end{bmatrix}$.

d. $\begin{bmatrix} 1 & 3 & -1 & 4 \\ 1 & 2 & 1 & 2 \\ 3 & 7 & 1 & 9 \end{bmatrix}$.

e. $\begin{bmatrix} 1 & 1 & 1 & 1 \\ 2 & -3 & 3 & 3 \\ 1 & -4 & 2 & 2 \end{bmatrix}$.

练习 2.1.3 的矩阵.

2.1.3 通过行变换把边注中的矩阵变成行阶梯形式.

2.1.4 证明: 包含交换两行的行变换是不必要的; 你可以利用另外两个行变换来实现两行交换: (1) 把一行乘上一个非零的数; (2) 把一行的倍数加到另一行上.

2.1.5 证明: 任何行变换可以通过另一个行变换来抵消. 注意行变换的定义 2.1.1 中的 "非零" 的重要性.

练习 2.1.6: 这个练习说明了, 行变换不改变一个由 $[A|\tilde{\mathbf{b}}]$ 表示的线性方程组的解集, 列变换通常会改变. 这个也不令我们惊讶, 因为列变换改变了未知变量.

2.1.6 a. 对例 2.1.3 中的矩阵 $\begin{bmatrix} 2 & 1 & 3 & 1 \\ 1 & -1 & 0 & 1 \\ 2 & 0 & 1 & 1 \end{bmatrix}$ 做如下的行变换:

i. 把第二行乘 2. 这个矩阵表示的方程组是什么? 确认一下通过行变换得到的解没有变化.

ii. 重复一次, 这一次交换第一行和第二行.

iii. 重复一次, 这一次把第二行的 -2 倍加到第三行上.

b. 现在进行列变换: 把矩阵的第二列乘上 2, 交换第一列和第二列, 将第二列的 -2 倍加到第三列上. 在每种情况下, 这个矩阵表示的方程组是什么? 解集是什么?

2.1.7 对例 2.1.6 中的四个矩阵中的每一个, 找到 (并标记) 能使矩阵变成行阶梯形式的行变换.

2.1.8 证明: 如果 A 是方形矩阵, $\widetilde{A}$ 是 A 行化简产生的行阶梯形式的矩阵, 则要么 $\widetilde{A}$ 是单位矩阵, 要么其最后一行全是 0.

---

[2]记住把第二行放在第一行的位置上, 见下面的第三步.

$$\begin{bmatrix} 10^{-10} & 2 & 1 \\ 1 & 1 & 1 \end{bmatrix} \to \begin{bmatrix} 0 & 2 & 1 \\ 1 & 1 & 1 \end{bmatrix} \to \begin{bmatrix} \underline{1} & 1 & 1 \\ 0 & 2 & 1 \end{bmatrix} \to \begin{bmatrix} \underline{1} & 1 & 1 \\ 0 & 1 & 0.5 \end{bmatrix} \to \begin{bmatrix} \underline{1} & 0 & 0.5 \\ 0 & \underline{1} & 0.5 \end{bmatrix}.$$

2.1.9 对例 2.1.9, 分析带来麻烦的错误是在哪里产生的.

2.2 用行化简来解方程组

在这一节, 我们将看到经过行化简的矩阵表示的线性方程组可以给我们提供哪些关于它的解的信息. 要解线性方程组 $A\vec{\mathbf{x}}=\vec{\mathbf{b}}$, 先形成 $[A|\vec{\mathbf{b}}]$ 形式的矩阵, 并把它化简成行阶梯形矩阵的形式. 如果方程组有唯一解, 定理 2.2.1 说明, 这个解可以从矩阵里读出来, 见例 2.1.3. 如果不是这样, 矩阵将告诉你它是否无解, 或者有无穷多组解. 尽管定理 2.2.1 在实践上是显然的, 但它是整个线性代数处理线性方程组、维数、基(basis)、秩(rank)等内容的核心支柱 (但不是本征向量(eigenvectors)、本征值(eigenvalues)、二次型(quadratic form)以及行列式(determinant)的核心支柱).

回忆一下, $A\vec{\mathbf{x}}=\vec{\mathbf{b}}$ 代表一个方程组, 矩阵 A 给出了系数, 向量 $\vec{\mathbf{x}}$ 给出了未知变量. 增广矩阵 $[A|\vec{\mathbf{b}}]$ 是 $A\vec{\mathbf{x}}=\vec{\mathbf{b}}$ 的简写.

A 的第 i 列对应于方程组 $A\vec{\mathbf{x}}=\vec{\mathbf{b}}$ 的第 i 个未知变量.

注释. 在定理 2.1.7 里, 我们用了一个波浪线表示行阶梯形式: $\widetilde{A}$ 是矩阵 A 的行阶梯形式. 这里, $[\widetilde{A}|\widetilde{\mathbf{b}}]$ 表示整个矩阵 $[A|\vec{\mathbf{b}}]$ 的行阶梯形式 (它就相当于 $\widetilde{[A|\vec{\mathbf{b}}]}$). 我们用两个波浪线, 因为我们需要独立于 $\widetilde{A}$ 来讨论 $\widetilde{\mathbf{b}}$. △

定理 2.2.1 (线性方程组的解). 用 $m\times(n+1)$ 矩阵 $[A|\vec{\mathbf{b}}]$ 来表示有 n 个变量, m 个方程的线性方程组 $A\vec{\mathbf{x}}=\vec{\mathbf{b}}$, 它可以被化简成 $[\widetilde{A}|\widetilde{\mathbf{b}}]$. 则:

1. 如果行化简后的向量 $\widetilde{\mathbf{b}}$ 包含一个主元 1, 则方程组无解.
2. 如果 $\widetilde{\mathbf{b}}$ 不包含主元 1, 则其解由非主元变量唯一决定:
   a. 如果 $\widetilde{A}$ 的每一列包含一个主元 1(因此没有非主元变量), 则方程组有唯一解.
   b. 如果 $\widetilde{A}$ 中的至少一列是非主元的, 则有无穷多组解: 对于非主元变量的每个值, 都恰好有一组解.

定理 2.2.1 和定理 2.2.6 的非线性版本是逆函数定理和隐函数定理, 在 2.10 节讨论. 在线性的情况下, 一些未知变量是其他变量的隐函数. 但是那些隐函数只在一个很小的区域上有定义, 而哪些变量能够决定其他变量也取决于我们在哪里进行线性化.

我们将在见过一些例子之后再来证明定理 2.2.1. 我们来考虑那些结果基本是最直观的情况, 也就是 $n=m$ 的情况. 方程组有唯一解的情况在例 2.1.3 中展示.

例 2.2.2 (一个无解的方程组). 我们来解

$$\begin{cases}2x+y+3z=1\\ x-y\qquad\ =1\\ x+y+2z=1\end{cases}. \tag{2.2.1}$$

矩阵

$$\begin{bmatrix}2&1&3&1\\1&-1&0&1\\1&1&2&1\end{bmatrix}\ \text{被行化简到}\ \begin{bmatrix}\underline{1}&0&1&0\\0&\underline{1}&1&0\\0&0&0&\underline{1}\end{bmatrix}, \tag{2.2.2}$$

所以, 方程组是不兼容的, 因此无解; 最后一行说的是 $0=1$. △

例 2.2.3 (有无穷多组解的方程组). 我们来解

$$\begin{cases} 2x+y+3z=1 \\ x-y \qquad =1 \\ x+y+2z=1/3 \end{cases}. \tag{2.2.3}$$

矩阵

$$\begin{bmatrix} 2 & 1 & 3 & 1 \\ 1 & -1 & 0 & 1 \\ 1 & 1 & 2 & 1/3 \end{bmatrix} \text{ 行化简到 } \begin{bmatrix} \underline{1} & 0 & 1 & 2/3 \\ 0 & \underline{1} & 1 & -1/3 \\ 0 & 0 & 0 & 0 \end{bmatrix}. \tag{2.2.4}$$

例 2.2.3: 在这种情况下, 方程组的解构成了依赖于单一的非主元变量 z 的值的一个族系; 矩阵 $\widetilde{A}$ 有一列不包含主元 1.

第一行说的是 $x+z=2/3$, 第二行说的是 $y+z=-1/3$. 我们可以选择 z 为任意值, 得到方程组的解

$$\begin{bmatrix} 2/3-z \\ -1/3-z \\ z \end{bmatrix}; \tag{2.2.5}$$

解的个数与 z 的值的个数相同, 也就是有无穷多个. 在这个方程组里, 第三个方程没有提供任何新的信息; 它是通过前两个方程得到的. 如果我们用 R_1, R_2, R_3 来分别代表三个方程, 则有 $R_3=(1/3)(2R_1-R_2)$:

$$\begin{array}{rlcr} 2R_1 & 4x+2y+6z & = & 2 \\ -R_2 & -x+y & = & -1 \\ \hline 2R_1-R_2=3R_3 & 3x+3y+6z & = & 1. \end{array} \quad \triangle \tag{2.2.6}$$

到目前为止的例子里, $\vec{\mathbf{b}}$ 为一个由数字构成的向量, 那么要是构成向量的是符号呢? 根据符号的不同数值, 会用到定理 2.2.1 中的不同情况.

例 2.2.4 (具有符号系数的方程组). 假设我们要知道对于下面的方程组, 如果有解的话, 存在什么样的解.

$$\begin{cases} x_1+x_2 \qquad\qquad =a_1 \\ \qquad x_2+x_3 \qquad =a_2 \\ \qquad\qquad x_3+x_4=a_3 \\ x_1 \qquad\qquad +x_4=a_4 \end{cases}. \tag{2.2.7}$$

通过行变换把矩阵变为

$$\begin{bmatrix} 1 & 1 & 0 & 0 & a_1 \\ 0 & 1 & 1 & 0 & a_2 \\ 0 & 0 & 1 & 1 & a_3 \\ 1 & 0 & 0 & 1 & a_4 \end{bmatrix} \text{ 化简到 } \begin{bmatrix} 1 & 0 & 0 & 1 & a_1+a_3-a_2 \\ 0 & 1 & 0 & -1 & a_2-a_3 \\ 0 & 0 & 1 & 1 & a_3 \\ 0 & 0 & 0 & 0 & a_2+a_4-a_1-a_3 \end{bmatrix}. \tag{2.2.8}$$

首先要注意的是, 如果 $a_2+a_4-a_1-a_3\neq 0$, 则方程组无解: 于是我们处于定理 2.2.1 中的第一种情况. 如果 $a_2+a_4-a_1-a_3=0$, 我们就处于定理

2.2.1 中的 2b 情况: 最后一列没有主元 1, 所以方程组有无穷多组依赖于 x_4 的解, 相当于第四列, 它是在化简之后的矩阵里唯一不包含主元 1 的列. △

定理 2.2.1 的证明:

1. 根据定理 2.1.2, $A\vec{\mathbf{x}}=\vec{\mathbf{b}}$ 的解集与 $\widetilde{A}\vec{\mathbf{x}}=\widetilde{\mathbf{b}}$ 的解集相同. 如果 $\widetilde{b}_j$ 项是主元 1, 则 $\widetilde{A}\vec{\mathbf{x}}=\widetilde{\mathbf{b}}$ 的第 j 个方程为 $0=1$(如图 2.2.1 所示), 因此方程组是不一致的.

2a. 这种情况只会在方程的个数至少与未知变量的个数相同的时候出现 (也可以更多, 如图 2.2.2 所示). 如果 $\widetilde{A}$ 的每一列包含一个主元 1, 且 $\widetilde{\mathbf{b}}$ 不包含主元 1, 则对于每个变量 x_i, 有唯一解 $x_i=\widetilde{b}_i$; 根据行化简的规则, 第 i 行的所有其他项都是 0. 如果方程的个数多于未知变量的个数, 则多余的方程不会导致方程组不一致, 因为根据行化简的规则, 相应的行将全部是 0, 给出的是正确但没有任何信息的方程 $0=0$.

2b. 假设第 i 列包含一个主元 1(这个主元 1 对应于变量 x_i). 假设包含这个主元 1 的行是第 j 行. 根据行阶梯形矩阵的定义, 每行只有一个主元 1, 所以第 j 行的其他非零项处于 $\widetilde{A}$ 的非主元列上. 把这些非零项记作 $\widetilde{a}_1,\cdots,\widetilde{a}_k$, 相应的 $\widetilde{A}$ 的非主元列记作 $p_1,\cdots,p_k$. 则

$$x_i=\widetilde{b}_j-\sum_{l=1}^{k}\widetilde{a}_l x_{p_l}. \tag{2.2.9}$$

因此, 我们有无限多组解, 每一个有对应于 $\widetilde{A}$ 的非主元列的变量的一组数值.

例如, 对图 2.2.3 的矩阵 $\widetilde{A}$, 我们有 $x_1=\widetilde{b}_1-(-1)x_3$, $x_2=\widetilde{b}_2-2x_3$; 我们可以让 x_3 等于任何我们希望的数值; 我们选择的数值将决定 x_1 和 x_2 的值, 它们都对应于 $\widetilde{A}$ 的主元列. 那么对于图 2.2.3 中矩阵 $\widetilde{B}$ 的类似方程组是什么呢? [3] □

$$[\widetilde{A}|\widetilde{\mathbf{b}}]=\begin{bmatrix}\underline{1}&0&1&0\\0&\underline{1}&1&0\\0&0&0&\underline{1}\end{bmatrix}$$

（最后一列标注 $\widetilde{\mathbf{b}}$）

图 2.2.1

定理 2.2.1, 情况 1: 无解. 行化简的列 $\widetilde{\mathbf{b}}$ 包含主元 1; 第三行可理解为 $0=1$. 这一行的左边必须都是 0; 如果第三项不是 0, 它将是一个主元 1, 则 $\widetilde{\mathbf{b}}$ 不包含主元 1.

$$[\widetilde{A}|\widetilde{\mathbf{b}}]=\begin{bmatrix}\underline{1}&0&0&\widetilde{b}_1\\0&\underline{1}&0&\widetilde{b}_2\\0&0&\underline{1}&\widetilde{b}_3\\0&0&0&0\end{bmatrix}$$

图 2.2.2

情况 2a: 唯一解. 这里我们有 3 个变量的 4 个方程. 矩阵 $\widetilde{A}$ 的每一列包含一个主元 1, 给出

$$x_1=\widetilde{b}_1; x_2=\widetilde{b}_2; x_3=\widetilde{b}_3.$$

$$[\widetilde{A}|\widetilde{\mathbf{b}}]=\begin{bmatrix}\underline{1}&0&-1&\widetilde{b}_1\\0&\underline{1}&2&\widetilde{b}_2\\0&0&0&0\end{bmatrix},$$

$$[\widetilde{B}|\widetilde{\mathbf{b}}]=\begin{bmatrix}\underline{1}&0&3&0&2&\widetilde{b}_1\\0&\underline{1}&1&0&0&\widetilde{b}_2\\0&0&0&\underline{1}&1&\widetilde{b}_3\end{bmatrix}$$

图 2.2.3

情况 2b: 无穷多组解 (非主元变量的每个值对应一组解).

行阶梯形矩阵的唯一性

现在, 我们可以证明定理 2.1.7 的第二部分: 行阶梯形矩阵 $\widetilde{A}$ 是唯一的.

定理 2.1.7 第二部分的证明: 记 $A=[\vec{\mathbf{a}}_1,\cdots,\vec{\mathbf{a}}_m]$. 对于 $k\leqslant m$, 令 $A[k]$ 包含了 A 的前 k 列, $A[k]=[\vec{\mathbf{a}}_1,\cdots,\vec{\mathbf{a}}_k]$. 如果 $\widetilde{A}$ 是 A 通过行变换得到的行阶梯形矩阵, 则由 $\widetilde{A}$ 的前 k 列给出的矩阵 $\widetilde{A}[k]$ 也是由 $A[k]$ 通过相同的行变换得到的.

把 $A[k]$ 想成对应于方程组

$$x_1\vec{\mathbf{a}}_1+\cdots+x_{k-1}\vec{\mathbf{a}}_{k-1}=\vec{\mathbf{a}}_k \tag{2.2.10}$$

[3] 第一、第二、第四列包含主元 1, 对应于变量 x_1,x_2,x_4. 这些变量依赖于我们选择的 x_3,x_5 的值:

$$\begin{aligned}x_1&=\widetilde{b}_1-3x_3-2x_5,\\x_2&=\widetilde{b}_2-x_3,\\x_4&=\widetilde{b}_3-x_5.\end{aligned}$$

的增广矩阵. 注意方程组 (2.2.10) 仅仅依赖于 A, 不依赖于 $\widetilde{A}$. 定理 2.2.1 说的是, 方程组 (2.2.10) 无解, 当且仅当 $\widetilde{A}[k]$ 的最后一列, 也就是第 k 列, 为主元列. 所以, A 决定了 $\widetilde{A}$ 的主元列.

如果对某些 k 的值, 方程组 (2.2.10) 有任意解, 则根据定理 2.2.1, 对于每个相应于 $\widetilde{A}[k]$ 的前 $k-1$ 列中的非主元列的变量的每个值, 它都有唯一解. 将这些变量设为 0. 对应于这个选择的解唯一确定了 $\widetilde{A}$ 的第 k 列 (非主元列).

因此, $\widetilde{A}$ 的每一列由方程组 (2.2.10) 唯一确定 (每一个 k 确定一列), 因此由 A 确定. □

早些时候, 我们说到了一个行阶梯形式的矩阵 $\widetilde{A}$ 的主元列和非主元列, 现在, 我们可以说这些定义也可以用在 A 上.

一列被叫作非主元列, 如果 $\widetilde{A}$ 的相应的列不包含主元 1. 相应的变量叫作非主元变量.

当 $\widetilde{A}$ 的一行包含一个主元 1 的时候, 我们说 A 的相应的行为主元行.

"主元" 和 "非主元" 并不描述某个特定变量的内在的性质. 如果一个方程组既有主元变量也有非主元变量, 哪个是主元的以及哪个不是通常取决于你把变量列出来的顺序, 见练习 2.2.1.

定义 2.2.5 (主元列、主元变量). A 的一列是*主元列*(pivotal column), 如果 $\widetilde{A}$ 的相应的列包含主元 1. 定义域中相应的变量叫作*主元变量*(pivotal variable).

因此, 我们可以重新叙述定理 2.2.1 的 2b 部分: *如果 $\widetilde{\mathbf{b}}$ 不包含主元 1,* 并且至少有一个变量是非主元的, 你可以自由地选择非主元变量的值, 这些值唯一地确定了主元变量的值.

注释. 因为在 2b 的情况下, 主元变量依赖于自由选择的非主元变量, 我们将偶尔称主元变量为 "被动的", 非主元变量为 "主动的". (记忆法: "被动的 (passive)" 和 "主元的 (pivotal)" 都是以 p 开头的.) 我们将尤其在谈及非线性方程组的时候使用这个术语, 因为主元和非主元实际上是被限制在线性方程组中的. △

因为所有把 A 变成行阶梯形矩阵的行变换的序列都会得到同一个 $\widetilde{A}$, 我们现在可以讨论 A 行化简到单位矩阵的情况. 这将允许我们重新叙述定理 2.2.1 的 2a 部分:

定理 2.2.6: 因为 (定理 2.1.2) $A\vec{\mathbf{x}}=\vec{\mathbf{b}}$ 的解和 $\widetilde{A}\vec{\mathbf{x}}=\widetilde{\mathbf{b}}$ 的解一致, 如果 $\widetilde{A}=I$, 则 $I\vec{\mathbf{x}}=\widetilde{\mathbf{b}}$ 说的是 $\vec{\mathbf{x}}=\widetilde{\mathbf{b}}$ 为 $A\vec{\mathbf{x}}=\vec{\mathbf{b}}$ 的唯一解.

如果 $\widetilde{A}\neq I$, 则定理 2.2.1 说的是, 要么有无限多组解, 要么无解.

定理 2.2.6. 当且仅当矩阵 A 行化简到单位矩阵的时候, 方程组 $A\vec{\mathbf{x}}=\vec{\mathbf{b}}$ 对每个 $\vec{\mathbf{b}}$ 有唯一解.

"有唯一解" 的意思是, A 所表示的线性变换是单射; "对每个 $\vec{\mathbf{b}}$ 的解" 的存在性的意思是 A 是满射. 因此, 定理 2.2.6 可以重新叙述如下:

推论 2.2.7. 当且仅当矩阵 A 可行化简到单位矩阵时, 它才是可逆的.

尤其是, 想要可逆, 矩阵必须是方形的. 更进一步, 如果一个方形矩阵有左逆, 则左逆也是右逆, 且如果它有右逆, 则右逆也是左逆. 要看到这一点, 首先注意到方形矩阵当且仅当它是满射的时候才是单射.

公式 (2.2.11) 中的第一个和第三个对于任何矩阵都成立, 但是第二个只对方形矩阵 A 成立. 一个 3×2 的矩阵可能行化简到 $\begin{bmatrix}1&0\\0&1\\0&0\end{bmatrix}$, 它在每一列有一个主元 1, 但不是每一行.

$$\begin{aligned} A \text{ 是单射} &\iff \widetilde{A} \text{ 的每一列包含一个主元1} \\ &\iff \widetilde{A} \text{ 的每一行包含一个主元1} \\ &\iff A \text{ 是满射}. \end{aligned} \tag{2.2.11}$$

下一步, 注意到如果 B 是 A 的右逆, 也就是对任意 $\vec{\mathbf{a}}$ 有 $AB\vec{\mathbf{a}}=\vec{\mathbf{a}}$, 则 A 是满射 ($A\vec{\mathbf{x}}=\vec{\mathbf{a}}$ 对于每个 $\vec{\mathbf{a}}$ 都有一个解, 就是 $\vec{\mathbf{x}}=B\vec{\mathbf{a}}$), 且 B 是单射 (因为

$B\vec{\mathbf{a}}_1 = B\vec{\mathbf{a}}_2$ 蕴含着 $AB\vec{\mathbf{a}}_1 = AB\vec{\mathbf{a}}_2$, 它意味着 $\vec{\mathbf{a}}_1 = \vec{\mathbf{a}}_2$). 根据公式 (2.2.11), A 和 B 都是单射和满射. 因为 $AB\vec{\mathbf{a}} = \vec{\mathbf{a}}$, 我们有 $BAB\vec{\mathbf{a}} = B\vec{\mathbf{a}}$ 对所有的 $\vec{\mathbf{a}}$ 成立, 所以在 B 的像上有 $BA = I$. 因为 B 是满射, B 的像包含了全部元素, 所以 B 是 A 的左逆.

注释 2.2.8. 为了检查矩阵是可逆的, 只要证明矩阵可以变成上三角形式, 所有的对角项均不是 0 就足够了. 例如, 对下面的矩阵 A, 行化简给出

$$A = \begin{bmatrix} 1 & -2 & -1 \\ 2 & 1 & 1 \\ 3 & 2 & -1 \end{bmatrix} \to \begin{bmatrix} 1 & -2 & -1 \\ 0 & 5 & 3 \\ 0 & 8 & 2 \end{bmatrix} \to \begin{bmatrix} 1 & -2 & -1 \\ 0 & 1 & 3/5 \\ 0 & 8 & 2 \end{bmatrix} \to \begin{bmatrix} 1 & -2 & -1 \\ 0 & 1 & 3/5 \\ 0 & 0 & -14/5 \end{bmatrix}.$$

到这里, 显然可以继续做行化简直到我们得到单位矩阵. 练习 2.4 让你证明一个三角矩阵是可逆的, 当且仅当它的所有对角项都不是 0. △

是满射意味着有右逆; 是单射意味着有左逆.

对于任意的映射 $f\colon X \to Y$ 和 $g\colon Y \to X$, 如果 $g \circ f(x) = x$ 对于所有的 $x \in X$ 成立, 则 f 是一一映射而 g 是满射. 但 g 未必是 f 的右逆, f 也未必是 g 的左逆; 在这种情况下, 是一一映射与是满射并不等价.

含多少个未知变量的多少个方程

在大多数的情况里, 定理 2.2.1 给出的结果可以根据我们有多少个变量, 多少个方程来预测. 如果我们有含 n 个未知变量的 n 个方程, 则最常见的是有唯一解. 用行化简来说, A 将是方形的, 最常见的情况是, 行化简的结果是 A 的每一行都有一个主元 1(也就是 $\widetilde{A}$ 是单位矩阵). 然而, 如我们将在例 2.2.2 和例 2.2.3 所见到的, 情况并不总是这样的.

如果我们的方程的个数多于未知变量的个数, 如练习 2.1.3 的 b 问, 我们将期待的是没有解; 只会在很特殊的情况下, $n-1$ 个未知变量满足 n 个方程. 以行化简来说, 在这种情况下, A 的行数比列数多, $\widetilde{A}$ 的至少一行没有主元 1. $\widetilde{A}$ 的没有主元 1 的行将由 0 组成; 如果相邻的 $\widetilde{\mathbf{b}}$ 的项是非零的 (很可能), 则方程组无解.

如果我们的方程的个数少于未知变量的个数, 如练习 2.2.2 的 e 问, 我们将期待有无穷多组解. 以行化简来说, A 的行数小于列数, 所以 $\widetilde{A}$ 的至少一列将不包含主元 1: 至少有一个非主元的未知变量. 在大多数的情况下, $\widetilde{\mathbf{b}}$ 不包含主元 1. (如果它包含, 则那个主元 1 前面的一行全是 0.)

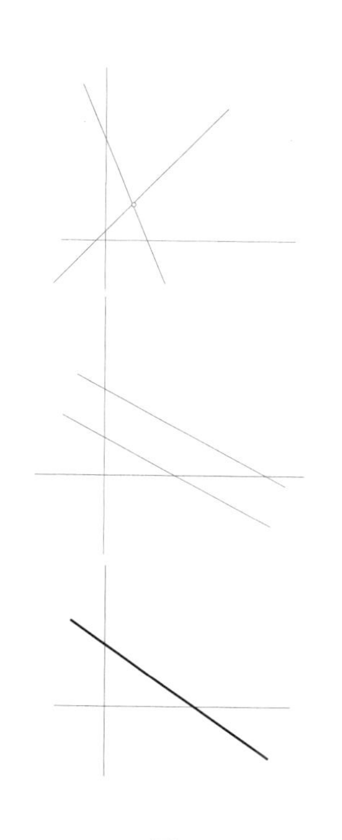

图 2.2.4

上: 两条线交于一点, 表示含两个未知变量的两个方程有唯一解.

中: 含两个未知变量的两个方程无解的一种情况.

下: 两条共线的直线, 表示含两个未知变量的两个方程有无穷多组解.

解的几何解读

定理 2.2.1 有几何解读. 图 2.2.4 的上图显示的是如下 (通常的) 情况: 含有两个未知变量的两个方程有唯一解.

你一定知道, 对于含两个未知变量的两个方程

$$\begin{cases} a_1x + b_1y &= c_1 \\ a_2x + b_2y &= c_2 \end{cases}, \tag{2.2.12}$$

当且仅当 $\mathbb{R}^2$ 中方程为 $a_1x + b_1y = c_1$ 的直线 l_1 和方程为 $a_2x + b_2y = c_2$ 的直线 l_2 平行 (图 2.2.4 的中图) 的时候是不兼容的. 当且仅当 $l_1 = l_2$ 时, 方程组有无穷多组解 (图 2.2.4 的下图).

当我们有含三个未知变量的三个方程的时候, 每个方程描述了 $\mathbb{R}^3$ 中的一个平面. 在图 2.2.5 的上图中, 三个平面交于一点, 就是含三个未知变量的三个

方程有唯一解的情况.

当含三个未知变量的三个方程不兼容时，由方程代表的平面不相交. 这个在两个平面平行的时候会发生，但并不是唯一的情况，甚至不是通常的情况：如果任何两个平面都不平行，但任何两个平面的交线与第三个平面平行，方程也是不兼容的，如图 2.2.5 的中图所示. 这个在例 2.2.2 中会出现.

还有两种方式使含三个未知变量的三个方程有无穷多组解. 三个平面可以重合，但再一次，这也不是必要的，或者不是通常的情况. 如果平面交于一条线，如图 2.2.5 的下图所示，方程组也会有无穷多组解. 第二个可能性在例 2.2.3 中出现.

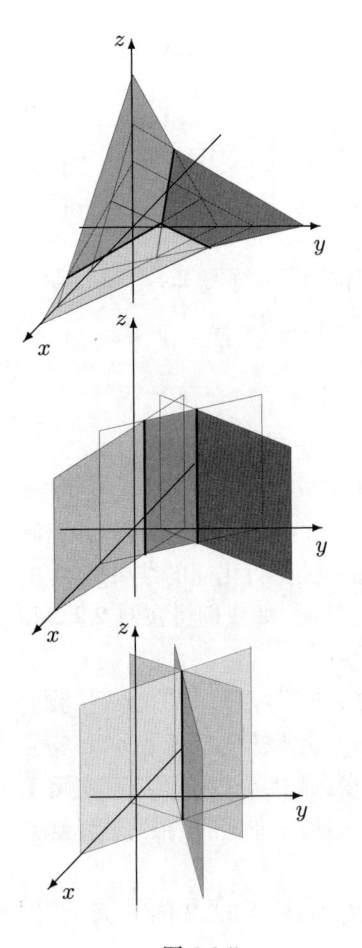

图 2.2.5

上：三个平面交于一点，代表了含有三个未知变量的三个方程有唯一解的情况. (每一条粗线表示两个平面的交线).

中：无解.

下：无穷多组解.

用一个矩阵解多个线性方程组

定理 2.2.1 还有一个额外的派生品. 如果你想要解多个具有相同的系数矩阵的含 n 个未知变量的 n 个线性方程，你可以利用行化简一起处理它们.

推论 2.2.9 (同时求解多个方程组). 多个具有相同的系数矩阵的含 n 个未知变量的 n 个方程的方程组 (例如，$A\vec{\mathbf{x}} = \vec{\mathbf{b}}_1, \cdots, A\vec{\mathbf{x}} = \vec{\mathbf{b}}_k$) 可以用行化简一次性求解. 先形成矩阵 $[A|\vec{\mathbf{b}}_1, \cdots, \vec{\mathbf{b}}_k]$，并把它行化简得到$[\widetilde{A}|\widetilde{\mathbf{b}}_1, \cdots, \widetilde{\mathbf{b}}_k]$. 如果 $\widetilde{A}$ 是单位矩阵，则 $\widetilde{\mathbf{b}}_i$ 是第 i 个方程组 $A\vec{\mathbf{x}} = \vec{\mathbf{b}}_i$ 的解.

证明: 如果 A 行化简到单位矩阵，则行化简在你处理完 A 的最后一列时就完成了. 把 A 变成 $\widetilde{A}$ 的行变换影响了每一个 $\vec{\mathbf{b}}_i$，但 $\vec{\mathbf{b}}_i$ 互相之间没有影响. □

例 2.2.10 (同时解多个方程组). 要解三个方程组：

$$1.\ \begin{cases} 2x+y+3z=1 \\ x-y+\ \ z=1; \\ x+y+2z=1 \end{cases} \quad 2.\ \begin{cases} 2x+y+3z=2 \\ x-y+\ \ z=0; \\ x+y+2z=1 \end{cases} \quad 3.\ \begin{cases} 2x+y+3z=0 \\ x-y+\ \ z=1. \\ x+y+2z=1 \end{cases}$$

我们构造矩阵 $\begin{bmatrix} 2 & 1 & 3 & 1 & 2 & 0 \\ 1 & -1 & 1 & 1 & 0 & 1 \\ 1 & 1 & 2 & 1 & 1 & 1 \end{bmatrix}$，它可以被行化简到

$$\underbrace{\quad A \quad}\ \ \vec{\mathbf{b}}_1\ \ \vec{\mathbf{b}}_2\ \ \vec{\mathbf{b}}_3$$

$$\begin{bmatrix} 1 & 0 & 0 & -2 & 2 & -5 \\ 0 & 1 & 0 & -1 & 1 & -2 \\ 0 & 0 & 1 & 2 & -1 & 4 \end{bmatrix}.$$

$$I \quad \widetilde{\mathbf{b}}_1\ \ \widetilde{\mathbf{b}}_2\ \ \widetilde{\mathbf{b}}_3$$

第一个方程组的解为 $\begin{bmatrix} -2 \\ -1 \\ 2 \end{bmatrix}$(也就是 $x=-2, y=-1, z=2$)，第二个方程组的解为 $\begin{bmatrix} 2 \\ 1 \\ -1 \end{bmatrix}$，第三个方程组的解为 $\begin{bmatrix} -5 \\ -2 \\ 4 \end{bmatrix}$. △

2.2 节的练习

2.2.1 a. 对应于 $[A|\vec{\mathbf{b}}] = \begin{bmatrix} 2 & 1 & 3 & 1 \\ 2 & -1 & 0 & 1 \\ 1 & 1 & 2 & 1 \end{bmatrix}$ 的是哪一个方程组? 主元变量和非主元变量分别是什么?

b. 重写 a 问中的方程组, 使得 y 是第一个变量, z 是第二个变量. 现在, 主元变量是什么?

2.2.2 预测一下, 下列每个方程组是否有唯一解, 无解, 或者有无穷多组解. 用行化简来解方程组. 如果你的结果与你的预测不一致, 你能给出预测不一致的解释吗?

a. $\begin{cases} 2x + 13y - 3z = -7 \\ x + y = 1 \\ x + 7y = 22 \end{cases}$; b. $\begin{cases} x - 2y - 12z = 12 \\ 2x + 2y + 2z = 4 \\ 2x + 3y + 4z = 3 \end{cases}$; c. $\begin{cases} x + y + z = 5 \\ x - y - z = 4 \\ 2x + 6y + 6z = 12 \end{cases}$;

d. $\begin{cases} x + 3y + z = 4 \\ -x - y + z = -1 \\ 2x + 4y = 0 \end{cases}$; e. $\begin{cases} v - 4w + x + 2y + z = 0 \\ -v + 2w + x + 2y - z = 0 \\ v - 5w + 2x + 4y + z = 0 \\ 2v - 10w + x + 2y + 3z = 0 \end{cases}$.

2.2.3 a. 不通过行化简确认练习 2.2.2 的 e 问的解.

b. 练习 2.2.2 的 e 问的解依赖于多少个参数?

2.2.4 构造一个含 n 个未知变量, $(n-1)$ 个方程的方程组, 其中 $\widetilde{\mathbf{b}}$ 包含主元 1.

2.2.5 a. a 取哪个值, 可以使下面的方程组有解?

$$\begin{cases} ax + y = 2 \\ ay + z = 3 \end{cases}$$

b. 对于 a 的哪个值, 方程组有唯一解?

练习 2.2.6 的方程组:
$$\begin{cases} 2x + ay = 1 \\ x - 3y = a \end{cases}.$$

练习 2.2.7 的方程组:
$$\begin{cases} x + y + 2z = 1 \\ x - y + az = b \\ 2x - bz = 0 \end{cases}.$$

练习 2.2.8 的方程组:
$$\begin{cases} x + y + az = 1 \\ x + ay + z = 1 \\ ax + y + z = a \end{cases}.$$

2.2.6 对边注的方程组, 重复练习 2.2.5.

2.2.7 对边注的线性方程组做符号化简.

a. 对于 a, b 的哪些数值, 这个方程组有唯一解? 无穷多组解? 无解?

b. 上述的哪种情况对应于 (a, b) 平面的开集? 闭集? 非开非闭集?

2.2.8 对边注的方程组, 问题同练习 2.2.5.

***2.2.9** a. β 取什么数值的时候, 下面的方程组有解?

$$\begin{cases} x_1 - x_2 - x_3 - 3x_4 + x_5 = 1 \\ x_1 + x_2 - 5x_3 - x_4 + 7x_5 = 2 \\ -x_1 + 2x_2 + 2x_3 + 2x_4 + x_5 = 0 \\ -2x_1 + 5x_2 - 4x_3 + 9x_4 + 7x_5 = \beta \end{cases}$$

b. 在有解的情况下, 用非主元变量来给出主元变量的数值.

2.2.10 证明: 由定理 2.2.6 和链式法则, 如果一个函数 $f: \mathbb{R}^n \to \mathbb{R}^m$ 可微, 且有可微的逆, 则 $m = n$.

2.2.11 在这个练习里, 我们将估计在假设有唯一解的情况下, 解一个含 n 个变量的 n 个方程的线性方程组 $A\vec{\mathbf{x}} = \vec{\mathbf{b}}$ 的成本. 尤其是, 我们将看到, 部分行化简和回代 (下面有证明) 大约比完全行化简简便 1/3. 首先, 我们将证明, 将增广矩阵 $[A|\vec{\mathbf{b}}]$ 做行化简需要的变换数为

$$R(n) = n^3 + \frac{n^2}{2} - \frac{n}{2}. \tag{1}$$

在练习 2.2.11 中, 我们采用了如下规则: 单一的加法、乘法和除法的成本为 1 个单位; 管理 (也就是交换行的时候重新做标记, 以及比较) 没有成本.

b 问的提示: 将有 $n-k+1$ 个除法, $(n-1)(n-k+1)$ 个乘法, $(n-1)(n-k+1)$ 个加法.

$$\begin{bmatrix} 1 & * & * & \cdots & * & \widetilde{b}_1 \\ 0 & 1 & * & \cdots & * & \widetilde{b}_2 \\ \vdots & \vdots & \vdots & & \vdots & \vdots \\ 0 & 0 & 0 & \cdots & 1 & \widetilde{b}_n \end{bmatrix}$$

练习 2.2.11 的 c 问与 d 问讨论的矩阵.

a. 计算 $R(1), R(2)$; 证明公式 (1) 在 $n = 1$ 和 $n = 2$ 时是成立的.

b. 假设第 $1, \cdots, k-1$ 列中每列包含主元 1, 其他项都为 0. 证明: 对于 k, 若要得到同样的效果, 你还将需要 $(2n-1)(n-k+1)$ 次变换.

c. 证明: $\displaystyle\sum_{k=1}^{n}(2n-1)(n-k+1) = n^3 + \frac{n^2}{2} - \frac{n}{2}$.

现在我们将考虑另一种不同的方法, 将完成所有的行化简的步骤, 只是不将主元 1 上面的项变成 0. 我们将得到边注中的形式的矩阵, 其中 "*" 表示那些保持原样的项, 通常不是 0. 将变量放回去, 在 $n = 3$ 时, 我们的方程组可能是

$$\begin{cases} x + 2y - z = 2 \\ y - 3z = -1 \\ z = 5 \end{cases},$$

它可以通过回代来解出, 结果为

$$z = 5, y = -1 + 3z = 14, x = 2 - 2y + z = 2 - 28 + 5 = -21.$$

我们将证明, 部分行化简和回代需要

$$Q(n) = \frac{2}{3}n^3 + \frac{3}{2}n^2 - \frac{7}{6}n$$

次运算.

d. 计算 $Q(1), Q(2), Q(3)$. 证明: 当 $n \geqslant 3$ 时, $Q(n) < R(n)$.

e. 通过对列做归纳, 证明: 从部分行化简的第 $(k-1)$ 步到第 k 步, 需要 $(n-k+1)(2n-2k+1)$ 次运算.

f. 证明: $\displaystyle\sum_{k=1}^{n}(n-k+1)(2n-2k+1) = \frac{2}{3}n^3 + \frac{1}{2}n^2 - \frac{1}{6}n$.

g. 证明: 回代需要 $n^2 - n$ 次运算.

h. 计算 $Q(n)$.

2.3 矩阵的逆和初等矩阵

在这一节, 我们会看到矩阵的逆给了我们解方程组的另一种方法. 我们还将介绍行化简的现代视角: 行变换等价于给矩阵乘上一个初等矩阵.

在实践中, 使用矩阵的逆很少成为解线性方程组的一个好方法. 行化简在计算上的代价要小得多; 见第 2 章的复习题 2.41. 即使对同样的 A 解几个方程组 $A\vec{\mathbf{x}}_i = \vec{\mathbf{b}}_i$, 由推论 2.2.9 给出的过程也要比先计算 A^{-1} 再计算所有的乘积 $A^{-1}\vec{\mathbf{b}}_i$ 要更有效率.

命题 2.3.1 (用矩阵的逆解线性方程组). 如果 A 有逆矩阵 A^{-1}, 则对于任何 $\vec{\mathbf{b}}$, 方程 $A\vec{\mathbf{x}} = \vec{\mathbf{b}}$ 有唯一解, 也就是 $\vec{\mathbf{x}} = A^{-1}\vec{\mathbf{b}}$.

证明: 下面的计算验证了 $A^{-1}\vec{\mathbf{b}}$ 是一个解:

$$A(A^{-1}\vec{\mathbf{b}}) = (AA^{-1})\vec{\mathbf{b}} = I\vec{\mathbf{b}} = \vec{\mathbf{b}}; \tag{2.3.1}$$

下面的计算证明了唯一性:

$$A\vec{\mathbf{x}} = \vec{\mathbf{b}}, \text{ 所以有 } A^{-1}A\vec{\mathbf{x}} = A^{-1}\vec{\mathbf{b}}; \tag{2.3.2}$$

$$\text{由于 } A^{-1}A\vec{\mathbf{x}} = \vec{\mathbf{x}}, \text{ 所以有 } \vec{\mathbf{x}} = A^{-1}\vec{\mathbf{b}}. \tag{2.3.3}$$

我们用到了矩阵乘法的结合律. 注意, 在方程 (2.3.1) 中, A 的逆在右边, 在方程 (2.3.2) 中, A 的逆在左边. □

计算矩阵的逆

方程 (1.2.13) 说明了如何计算 2×2 矩阵的逆. 对大的矩阵也存在类似的公式, 但是很快我们就失控了. 计算大矩阵的逆的有效方法是通过定理 2.3.2 进行行化简.

要构造定理 2.3.2 的矩阵 $[A|I]$, 需把 A 放在对应的单位矩阵 I 的左边. "对应" 的意思是, 如果 A 是 $n\times n$ 的, 则 I 也必须是 $n\times n$ 的.

定理 2.3.2 (计算矩阵的逆). 如果 A 是一个 $n\times n$ 的矩阵, 你建立了一个 $n\times 2n$ 的增广矩阵 $[A|I]$ 并进行行化简, 则下面两个中的一个成立:

1. *前 n 列化简成单位矩阵, 这种情况下, 化简后的矩阵的后 n 列为 A 的逆.*
2. *前 n 列不能化简成单位矩阵, 这种情况下, A 没有逆矩阵.*

例 2.3.3 (计算矩阵的逆). 矩阵 $A = \begin{bmatrix} 2 & 1 & 3 \\ 1 & -1 & 1 \\ 1 & 1 & 2 \end{bmatrix}$ 的逆矩阵为

$$A^{-1} = \begin{bmatrix} 3 & -1 & -4 \\ 1 & -1 & -1 \\ -2 & 1 & 3 \end{bmatrix},$$

因为

$$\left[\begin{array}{ccc|ccc} 2 & 1 & 3 & 1 & 0 & 0 \\ 1 & -1 & 1 & 0 & 1 & 0 \\ 1 & 1 & 2 & 0 & 0 & 1 \end{array}\right] \text{ 被行化简到 } \left[\begin{array}{ccc|ccc} \underline{1} & 0 & 0 & 3 & -1 & -4 \\ 0 & \underline{1} & 0 & 1 & -1 & -1 \\ 0 & 0 & \underline{1} & -2 & 1 & 3 \end{array}\right]. \quad \triangle$$

我们还没有把矩阵行简化到行阶梯矩阵形式. 一旦我们看到前三列不是单位矩阵, 就没有必要继续下去了; 我们已经知道 A 没有逆矩阵了.

例 2.3.4 (没有逆的矩阵). 考虑例 2.2.2 和例 2.2.3 中的矩阵:

$$A = \begin{bmatrix} 2 & 1 & 3 \\ 1 & -1 & 0 \\ 1 & 1 & 2 \end{bmatrix}. \tag{2.3.4}$$

两个线性方程组都没有唯一解. 这个矩阵没有逆, 因为

$$\begin{bmatrix} 2 & 1 & 3 & 1 & 0 & 0 \\ 1 & -1 & 0 & 0 & 1 & 0 \\ 1 & 1 & 2 & 0 & 0 & 1 \end{bmatrix} \text{被行化简到} \begin{bmatrix} \underline{1} & 0 & 1 & 1 & 0 & -1 \\ 0 & \underline{1} & 1 & -1 & 0 & 2 \\ 0 & 0 & 0 & -2 & 1 & 3 \end{bmatrix}. \quad \triangle$$

$$\begin{bmatrix} 1 & 0 & \cdots & 0 & \cdots & 0 \\ 0 & 1 & \cdots & 0 & \cdots & 0 \\ \vdots & \vdots & \ddots & \vdots & & \vdots \\ 0 & 0 & \cdots & x & \cdots & 0 \\ \vdots & \vdots & & \vdots & \ddots & \vdots \\ 0 & 0 & \cdots & 0 & \cdots & 1 \end{bmatrix} i$$

第一类: $E_1(i,x)$.

$$\begin{bmatrix} 1 & 0 & 0 & 0 \\ 0 & 1 & 0 & 0 \\ 0 & 0 & 2 & 0 \\ 0 & 0 & 0 & 1 \end{bmatrix}$$

第一类的例子: $E_1(3,2)$.

定理 2.3.2 的证明:

1. 假设 $[A|I]$ 行化简到 $[I|B]$. 这是推论 2.2.9 的特殊情况; 由此推论, $\vec{\mathbf{b}}_i$ 是 $A\vec{\mathbf{x}}_i = \vec{\mathbf{e}}_i$ 的解 (也就是 $A\vec{\mathbf{b}}_i = \vec{\mathbf{e}}_i$), 因此, $AB = I$, B 为 A 的一个右逆. 推论 2.2.7 说明, 如果 A 行化简到单位矩阵, 则它是可逆的, 所以根据命题 1.2.14, B 也是一个左逆, 因此是 A 的逆矩阵.
2. 由推论 2.2.7 得到. □

初等矩阵

对行化简的现代观点是, 对矩阵 A 进行的任何行变换可以通过在 A 的*左边*乘上一个*初等矩阵*来实现. 在本书的后续章节, 初等矩阵将简化许多的论证.

有三种初等矩阵, 都是方形矩阵, 对应于三种行变换. 它们以从左上到右下的对角矩阵的形式定义. 我们把它们称为 "第一类" "第二类" 和 "第三类", 但并没有标准的编号; 我们把它们按照与定义 2.2.1 的行变换对应的相同顺序列出来. 它们是通过对单位矩阵进行行变换得到的.

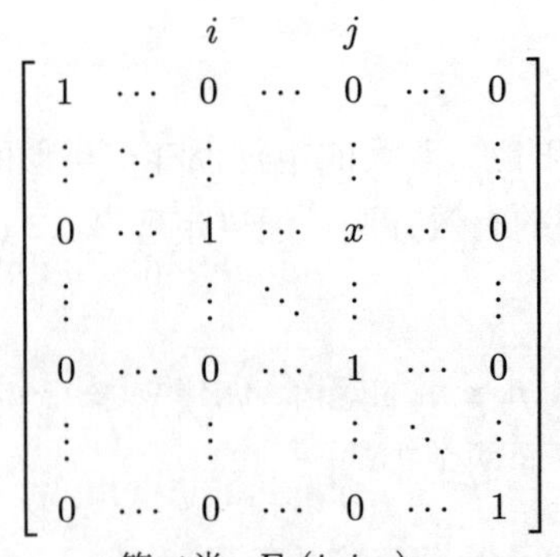

第二类: $E_2(i,j,x)$.
第 (i,j) 项为 x; 第 (j,i) 项为 0.

$$\begin{bmatrix} 1 & 0 & -3 \\ 0 & 1 & 0 \\ 0 & 0 & 1 \end{bmatrix}$$

第二类的例子: $E_2(1,3,-3)$.

定义 2.3.5 (初等矩阵).

1. *第一类初等矩阵* $E_1(i,x)$ 是一个方形矩阵, 所有的非对角项都是 0, 对角项除了第 (i,i) 位置上为 $x \neq 0$ 以外, 其余全为 1.
2. *第二类初等矩阵* $E_2(i,j,x), i \neq j$, 是一个方形矩阵, 对角项为 1, 其他的项除了 (i,j) 位置上为 x, 其余均为 0. 注意, 第一个数 i 代表行, 第二个数 j 代表列.
3. *第三类初等矩阵* $E_3(i,j), i \neq j$, 是一个方形矩阵, 它的 (i,j) 和 (j,i) 位置上为 1, 其余所有的对角项, 除了 (i,i) 和 (j,j) 位置上为 0 以外均为 1. 其余的项均为 0.

$$\overbrace{\begin{bmatrix} 1 & 0 \\ 0 & 2 \\ 2 & 1 \\ 1 & 1 \end{bmatrix}}^{A}$$

$$\underbrace{\begin{bmatrix} 1 & 0 & 0 & 0 \\ 0 & 1 & 0 & 0 \\ 0 & 0 & 2 & 0 \\ 0 & 0 & 0 & 1 \end{bmatrix}}_{E_1(3,2)} \begin{bmatrix} 1 & 0 \\ 0 & 2 \\ 4 & 2 \\ 1 & 1 \end{bmatrix}$$

我们可以通过把第一类初等矩阵 $E_1(3,2)$ 乘在左边来实现将矩阵 A 的第三行乘以 2.

练习 2.3.10 让你确认在一个矩阵 A 的左边乘上一个初等矩阵将对矩阵做如下变换:

- 在 A 的左边乘上 $E_1(i,x)$ 将把矩阵的第 i 行乘上 x.
- 在 A 的左边乘上 $E_2(i,j,x)$ 将把矩阵的第 j 行乘上 x, 并加到第 i 行上.
- 在 A 的左边乘上 $E_3(i,j)$ 将把矩阵的第 i 行和第 j 行交换.

$$\underbrace{\begin{bmatrix} 1 & \cdots & 0 & \cdots & 0 & 0 & \cdots & 0 \\ \vdots & & \vdots & & \vdots & \vdots & & \vdots \\ 0 & \cdots & 0 & \cdots & 1 & 0 & \cdots & 0 \\ \vdots & & \vdots & & \vdots & \vdots & & \vdots \\ 0 & \cdots & 1 & \cdots & 0 & 0 & \cdots & 0 \\ 0 & \cdots & 0 & \cdots & 0 & 1 & \cdots & 0 \\ \vdots & & \vdots & & \vdots & \vdots & & \vdots \\ 0 & \cdots & 0 & \cdots & 0 & 0 & \cdots & 1 \end{bmatrix}}_{\text{第三类初等矩阵:}E_3(i,j)} \begin{matrix} \\ \\ i \\ \\ j \\ \\ \\ \\ \end{matrix} \quad \underbrace{\begin{bmatrix} 1 & 0 & 0 & 0 & 0 \\ 0 & 0 & 1 & 0 & 0 \\ 0 & 1 & 0 & 0 & 0 \\ 0 & 0 & 0 & 1 & 0 \\ 0 & 0 & 0 & 0 & 1 \end{bmatrix}}_{\text{第三类初等矩阵的例子:}E_3(2,3)}.$$

(上方列标记: i, j)

从练习 2.3.10 和推论 2.2.7 可以得到, 任何可逆的矩阵都是若干个可逆矩阵的乘积: 如果 A 是可逆的, 则存在初等矩阵 $E_1, \cdots, E_k$, 使得

$$I = E_k \cdots E_2 E_1 A, \text{ 因此 } A^{-1} = E_k \cdots E_2 E_1. \tag{2.3.5}$$

由于任何行变换都可以被另一个行变换抵消回去 (练习 2.1.5), 初等矩阵是可逆的, 它们的逆矩阵也是初等矩阵.

命题 2.3.6 (初等矩阵的逆).

1. $(E_1(i,x))^{-1} = E_1\left(i, \dfrac{1}{x}\right)$.
2. $(E_2(i,j,x))^{-1} = E_2(i,j,-x)$.
3. $(E_3(i,j))^{-1} = E_3(i,j)$.

命题 2.3.6 的证明留作练习.

命题 2.3.7 (由可逆矩阵近似方形矩阵). 任何方形矩阵 A 可以由一组矩阵来近似.

证明: 设 $\widetilde{A} = E_k \cdots E_1 A$, 其中 $\widetilde{A}$ 为上三角矩阵 (也就是, 行化简 A 直到它变成单位矩阵或者在最下面有一整行的 0). 如果任何 $\widetilde{A}$ 的对角项为 0, 则把它变成 $1/n$; 把得到的可逆矩阵记为 $\widetilde{A}_n$. 则矩阵

$$A_n \stackrel{\text{def}}{=} E_1^{-1} \cdots E_k^{-1} \widetilde{A}_n \tag{2.3.6}$$

可逆, 当 $n \to \infty$ 时, 收敛到 A. □

2.3 节的练习

2.3.1 利用例 2.3.3 的矩阵 A^{-1} 解例 2.2.10 的方程组.

2.3.2 对下列矩阵, 求其逆矩阵, 或者说明逆矩阵不存在.

a. $\begin{bmatrix} 1 & -5 \\ 9 & 9 \end{bmatrix}$; b. $\begin{bmatrix} 1 & 3 \\ 3 & 9 \end{bmatrix}$; c. $\begin{bmatrix} 1 & 2 & 3 \\ 2 & 3 & 0 \\ 0 & 1 & 2 \end{bmatrix}$; d. $\begin{bmatrix} 1 & 2 \\ 0 & 3 \\ 1 & 0 \end{bmatrix}$;

e. $\begin{bmatrix}3 & 2 & -1\\0 & 1 & 1\\8 & 3 & 9\end{bmatrix}$; f. $\begin{bmatrix}1 & 0 & 1\\2 & 1 & -1\\1 & 1 & -1\end{bmatrix}$; g. $\begin{bmatrix}1 & 1 & 1 & 1\\1 & 2 & 3 & 4\\1 & 3 & 6 & 10\\1 & 4 & 10 & 20\end{bmatrix}$.

2.3.3 找到矩阵 A, B, 满足 $AB = I$, 但 $BA \neq I$.

$$A = \begin{bmatrix}2 & 1 & 3 & a\\1 & -1 & 1 & b\\1 & 1 & 2 & c\end{bmatrix},$$

$$B = \begin{bmatrix}2 & 1 & 3\\1 & -1 & 1\\1 & 1 & 2\end{bmatrix}$$

练习 2.3.4 的矩阵.

2.3.4 a. 把边注的矩阵 A 做带符号的行化简.

b. 计算边注的矩阵 B 的逆.

c. a 问与 b 问的结果之间是什么关系?

2.3.5 通过手算来解线性方程组

$$\begin{cases}3x - y + 3z = 1\\2x + y - 2z = 1\\x + y + z = 1\end{cases}.$$

a. 通过行化简.

b. 通过计算和使用矩阵的逆.

2.3.6 a. 对于哪些 a 和 b 的数值, 矩阵 $C = \begin{bmatrix}1 & -2 & 4\\0 & 5 & -5\\3 & a & b\end{bmatrix}$ 是可逆的?

b. 对于这组 a 和 b 的数值, 计算 A 的逆矩阵.

2.3.7 a. 令 $A = \begin{bmatrix}1 & -6 & 3\\2 & -7 & 3\\4 & -12 & 5\end{bmatrix}$. 计算矩阵乘积 AA.

b. 利用你的结果解方程组

$$\begin{cases}x - 6y + 3z = 5\\2x - 7y + 3z = 7\\4x - 12y + 5z = 11\end{cases}.$$

2.3.8 a. 预测将矩阵 $\begin{bmatrix}1 & 0 & -1\\2 & 1 & 1\\0 & 1 & 2\end{bmatrix}$ 左乘上下列每个初等矩阵的效果.

i. $\begin{bmatrix}1 & 0 & 0\\0 & 3 & 0\\0 & 0 & 1\end{bmatrix}$; ii. $\begin{bmatrix}1 & 0 & 0\\0 & 0 & 1\\0 & 1 & 0\end{bmatrix}$; iii. $\begin{bmatrix}1 & 0 & 0\\0 & 1 & 0\\2 & 0 & 1\end{bmatrix}$.

b. 完成上述乘法, 并确认你的结果.

c. 将初等矩阵乘在右边, 重做 a 问和 b 问.

2.3.9 a. 预测乘积 AB, 其中 B 为边注的矩阵, A 为如下矩阵:

$$\begin{bmatrix}1 & 3 & -2\\0 & 2 & 3\\1 & 0 & 4\end{bmatrix}$$

练习 2.3.9 的矩阵 B.

i. $\begin{bmatrix}1 & 0 & -3\\0 & 1 & 0\\0 & 0 & 1\end{bmatrix}$; ii. $\begin{bmatrix}1 & 0 & 0\\0 & 2 & 0\\0 & 0 & 1\end{bmatrix}$; iii. $\begin{bmatrix}1 & 0 & 0\\0 & 0 & 1\\0 & 1 & 0\end{bmatrix}$.

b. 完成上述乘法, 并检验你的结果.

2.3.10 a. 验证将一个矩阵乘上一个如定义 2.3.5 中描述的第二类的初等矩阵等价于将行与行相加, 或者行的倍数与行相加.

b. 验证将一个矩阵乘上第三类初等矩阵等价于行与行做交换.

练习 2.3.10: 不要忘了把初等矩阵放在被乘的矩阵左边.

2.3.11 证明: 列变换 (见练习 2.1.6, b 问) 可以通过右乘初等矩阵来实现.

2.3.12 证明命题 2.3.6.

2.3.13 证明: 可以只通过定义 2.3.5 中描述的前两类初等矩阵的乘法来实现行的交换.

2.3.14 利用初等矩阵对练习 2.1.3 中的矩阵做行化简.

2.3.15 利用初等矩阵证明定理 2.3.2.

2.4 线性组合、生成空间和线性无关

瑞士数学家欧拉触及了在他那个时代数学和物理领域几乎所有的方面. 他完整的工作共计 85 大卷; 其中一些是在 1771 年他完全失明之后完成的. 他无论在研究还是教学上都有着巨大的影响: 所有的基础微积分和代数的书, 在某种意义上说, 都是欧拉的书的重写. 欧拉的职业生涯的大部分是在圣彼得堡度过的. 他和他的妻子有 13 个孩子, 但只有 5 个活到了成年. 根据数学家谱, 截至 2015 年 5 月 1 日, 他共有 87 941 个数学上的嫡系传人.

图 2.4.1
欧拉 (Leonhard Euler, 1707 — 1783)

这些想法可以用到所有的线性的设置上, 例如函数空间以及微分和积分方程. 任何线性组合的概念有意义的时候, 我们都可以谈论生成空间、核、线性无关, 等等.

> 1750 年, 为了质疑 “每个含有 n 个未知变量的 n 个线性方程组成的方程组有唯一解” 的假设, 伟大的数学家欧拉 (图 2.4.1) 给出了一个包含两个方程 $3x-2y=5$ 和 $4y=6x-10$ 的例子. “我们将看到, 不可能确定两个未知变量 x 和 y 的值”, 他写道, “因为当一个未知变量被消元的时候, 另一个未知变量自己就消失了, 我们得到的是一个恒等式, 而由这个恒等式我们什么结果也得不到. 产生这个问题的原因是直接就可以看出来的, 因为第二个方程可以改写成 $6x-4y=10$, 它只是把第一个方程变成了两倍, 并没什么本质区别.”

欧拉的结论为, 当宣称 n 个方程足以确定 n 个未知变量的值的时候, “我们必须加上限制条件, 就是所有的方程之间都是本质不同的, 并没有任何一个是从其他的方程推出来的. 欧拉的 “描述性和定性的方法” 标识了一个新的思想方法的开端. 在那时, 数学家感兴趣的是解单个的方程组, 而不是去分析它们. 就连欧拉也是从指出试图求解方程组会失败而开始他的论证的, 然后他才通过 $3x-2y=5$ 和 $4y=6x-10$ 显然是同样的方程解释了这个失败的原因.

今天, 线性代数给分析和求解方程组提供了一个系统的方法, 这个在欧拉的时代还是未知的. 我们已经看到了它的一些威力. 把一个线性方程组写成矩阵形式, 然后行化简得到行阶梯形式, 使得我们可以非常容易地判断方程组是否无解, 有无穷多组解, 还是只有唯一解 (以及, 在最后一种情况里, 解是什么).

现在, 我们引入一些新的词汇来描述隐含在我们到目前为止已经做的工作中的概念. *线性组合*(linear combination), *生成空间*(span), *线性无关*(linear independence), 给出了回答下述问题的精确的方法: 给定一组线性方程, 究竟有几个本质上不同的方程? 有几个可以通过其他方程推导出来?

定义 2.4.1 (线性组合). 如果 $\vec{\mathbf{v}}_1, \cdots, \vec{\mathbf{v}}_k$ 是 $\mathbb{R}^n$ 中的一组向量, 则 $\vec{\mathbf{v}}_i$ 的线性组合是一个下述形式的向量 $\vec{\mathbf{w}}$:

$$\vec{\mathbf{w}} = \sum_{i=1}^{k} a_i \vec{\mathbf{v}}_i \quad (\text{对任何的标量 } a_i \text{ 均成立}). \tag{2.4.1}$$

向量 $\begin{bmatrix} 3 \\ 4 \end{bmatrix}$ 是 $\vec{\mathbf{e}}_1$ 和 $\vec{\mathbf{e}}_2$ 的线性组合:

$$\begin{bmatrix} 3 \\ 4 \end{bmatrix} = 3 \begin{bmatrix} 1 \\ 0 \end{bmatrix} + 4 \begin{bmatrix} 0 \\ 1 \end{bmatrix}.$$

但是 $\begin{bmatrix} 3 \\ 4 \\ 1 \end{bmatrix}$ 却不是 $\vec{\mathbf{e}}_1 = \begin{bmatrix} 1 \\ 0 \\ 0 \end{bmatrix}$ 和 $\vec{\mathbf{e}}_2 = \begin{bmatrix} 0 \\ 1 \\ 0 \end{bmatrix}$ 的线性组合.

向量 $\vec{\mathbf{e}}_1, \vec{\mathbf{e}}_2 \in \mathbb{R}^2$ 为线性无关的. 只有一种方法将 $\begin{bmatrix} 3 \\ 4 \end{bmatrix}$ 写成 $\vec{\mathbf{e}}_1$ 和 $\vec{\mathbf{e}}_2$ 的组合:

$$3 \begin{bmatrix} 1 \\ 0 \end{bmatrix} + 4 \begin{bmatrix} 0 \\ 1 \end{bmatrix} = \begin{bmatrix} 3 \\ 4 \end{bmatrix}.$$

但是, 向量 $\begin{bmatrix} 1 \\ 0 \end{bmatrix}, \begin{bmatrix} 0 \\ 1 \end{bmatrix}, \begin{bmatrix} 3 \\ 2 \end{bmatrix}$ 不是线性无关的, 因为我们还可以写

$$\begin{bmatrix} 3 \\ 4 \end{bmatrix} = \begin{bmatrix} 3 \\ 2 \end{bmatrix} + 2 \begin{bmatrix} 0 \\ 1 \end{bmatrix}.$$

如果你驾驶着一辆只能沿着平行于 $\vec{\mathbf{v}}_i$ 方向运动的汽车, $\vec{\mathbf{v}}_i$ 的生成空间就是所有可以到达的目的地的集合.

说 $[T]$ 的列是线性无关的等价于说线性变换 T 是一对一的.

说 $T\colon \mathbb{R}^n \to \mathbb{R}^m$ 的列生成 $\mathbb{R}^m$ 等价于说 T 是满射; 两个陈述都是在说对于每个 $\vec{\mathbf{b}} \in \mathbb{R}^m$, 方程 $T(\mathbf{x}) = \vec{\mathbf{b}}$ 至少存在一个解.

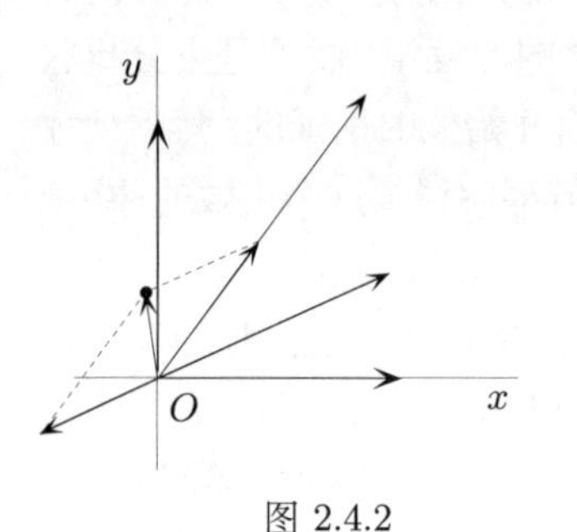

图 2.4.2

向量 $\vec{\mathbf{u}}$ 和 $\vec{\mathbf{v}}$ 生成平面: 任意向量, 例如 $\vec{\mathbf{a}}$ 可以表示为在 $\vec{\mathbf{u}}$ 和 $\vec{\mathbf{v}}$ 方向上的分量 (也就是 $\vec{\mathbf{u}}$ 和 $\vec{\mathbf{v}}$ 的倍数) 的和.

线性无关和生成空间

线性无关是讨论线性方程组的解的唯一性的一个方法. 生成空间是讨论解的存在性的一个方法.

定义 2.4.2 (线性无关). 一组向量 $\vec{\mathbf{v}}_1, \cdots, \vec{\mathbf{v}}_k$ 是线性无关的, 如果方程

$$a_1\vec{\mathbf{v}}_1 + a_2\vec{\mathbf{v}}_2 + \cdots + a_k\vec{\mathbf{v}}_k = \vec{\mathbf{0}} \text{ 的唯一解是 } a_1 = a_2 = \cdots = a_k = 0. \tag{2.4.2}$$

一个等价的定义 (在练习 2.4.15 里你要确认的) 是: 向量 $\vec{\mathbf{v}}_1, \cdots, \vec{\mathbf{v}}_k \in \mathbb{R}^n$ 是线性无关的, 当且仅当最多只有一种方法把一个向量 $\vec{\mathbf{w}} \in \mathbb{R}^n$ 写成那些向量的线性组合:

$$\sum_{i=1}^{k} x_i \vec{\mathbf{v}}_i = \sum_{i=1}^{k} y_i \vec{\mathbf{v}}_i \text{ 意味着 } x_1 = y_1, x_2 = y_2, \cdots, x_k = y_k. \tag{2.4.3}$$

还有另一种等价的陈述 (你要在练习 2.8 里证明的) 是说, $\vec{\mathbf{v}}_i$ 是线性无关的, 如果没有任何一个 $\vec{\mathbf{v}}_i$ 是其他向量的线性组合.

定义 2.4.3 (生成空间). 向量 $\vec{\mathbf{v}}_1, \cdots, \vec{\mathbf{v}}_k$ 的生成空间是 $a_1\vec{\mathbf{v}}_1 + \cdots + a_k\vec{\mathbf{v}}_k$ 的线性组合的集合, 用 $\operatorname{Span}(\vec{\mathbf{v}}_1, \cdots, \vec{\mathbf{v}}_k)$ 来表示.

"span" 这个词也同时作为动词使用. 例如, 标准基向量 $\vec{\mathbf{e}}_1$ 和 $\vec{\mathbf{e}}_2$ "span" 出 $\mathbb{R}^2$, 但不能 "span" 出 $\mathbb{R}^3$. 它们 "span" 出平面, 因为平面上的任何向量都是一个线性组合 $a_1\vec{\mathbf{e}}_1 + a_2\vec{\mathbf{e}}_2$; 任何一个 (x, y) 平面上的点可以通过它的 x 和 y 坐标写出来. 图 2.4.2 中的向量 $\vec{\mathbf{u}}$ 和 $\vec{\mathbf{v}}$ 也可以 "span" 出平面. (我们在 1.4 节定义由 $\vec{\mathbf{x}}$ "span" 出的线为所有的 $\vec{\mathbf{x}}$ 的倍数形成的线的时候, 非正式地使用了这个词.)

练习 2.4.5 让你证明: $\operatorname{Span}(\vec{\mathbf{v}}_1, \cdots, \vec{\mathbf{v}}_k)$ 是 $\mathbb{R}^n$ 的子空间, 而且是包含 $\vec{\mathbf{v}}_1, \cdots, \vec{\mathbf{v}}_k$ 的最小子空间 (回忆一下关于子空间的定义 1.1.5).

例 2.4.4 (生成空间: 两个容易的例子). 在简单的情况下, 可能立刻可以看到一个向量是否在一组向量的生成空间中.

1. 向量 $\vec{\mathbf{u}} = \begin{bmatrix} 2 \\ 1 \\ 1 \end{bmatrix}$ 是否在向量 $\vec{\mathbf{w}} = \begin{bmatrix} 2 \\ 0 \\ 1 \end{bmatrix}$ 的生成空间中? 很明显不在, 没有任何 0 的倍数能够在 $\vec{\mathbf{u}}$ 的第二个位置给出数值 1.

2. 给定向量

$$\vec{\mathbf{v}}_1 = \begin{bmatrix} 1 \\ 0 \\ 0 \\ -1 \end{bmatrix}, \ \vec{\mathbf{v}}_2 = \begin{bmatrix} -2 \\ -1 \\ 1 \\ 0 \end{bmatrix}, \ \vec{\mathbf{v}}_3 = \begin{bmatrix} 1 \\ 1 \\ -1 \\ 1 \end{bmatrix}, \ \vec{\mathbf{v}}_4 = \begin{bmatrix} 0 \\ 0 \\ 1 \\ 0 \end{bmatrix}, \tag{2.4.4}$$

$\vec{\mathbf{v}}_4$ 是否属于 $\operatorname{Span}(\vec{\mathbf{v}}_1, \vec{\mathbf{v}}_2, \vec{\mathbf{v}}_3)$? 答案在脚注里, 自己检查.[4]　△

定理 2.4.5 把关于线性方程组的解的定理 2.2.1 翻译成了线性无关和生成空间的语言.

定理 2.4.5 (线性无关和生成空间). 令 $\vec{\mathbf{v}}_1, \cdots, \vec{\mathbf{v}}_k$ 为 $\mathbb{R}^n$ 中的向量, A 为 $n \times k$ 的矩阵 $[\vec{\mathbf{v}}_1, \cdots, \vec{\mathbf{v}}_k]$. 则:

1. $\vec{\mathbf{v}}_1, \cdots, \vec{\mathbf{v}}_k$ 为线性无关的, 当且仅当行化简后的矩阵 $\widetilde{A}$ 在每列上都有主元 1.

2. $\vec{\mathbf{v}}_1, \cdots, \vec{\mathbf{v}}_k$ 能够生成 $\mathbb{R}^n$, 当且仅当 $\widetilde{A}$ 在每一行有一个主元 1.

线性无关不限于 $\mathbb{R}^n$ 中的向量: 它也同样可以应用在函数和矩阵上 (更一般地, 用在任意向量空间中的向量上, 在 2.6 节讨论). 例如, 矩阵 A, B 和 C 是线性无关的, 当且仅当

$$\alpha_1 A + \alpha_2 B + \alpha_3 C = [0]$$

的唯一解是 $\alpha_1 = \alpha_2 = \alpha_3 = 0$. (注意, 我们用 [0] 表示所有项都为 0 的矩阵.)

证明: 1. 向量 $\vec{\mathbf{v}}_1, \cdots, \vec{\mathbf{v}}_k$ 是线性无关的, 当且仅当 $A\vec{\mathbf{x}} = \vec{\mathbf{0}}$ 的唯一解为 $\vec{\mathbf{x}} = \vec{\mathbf{0}}$. 因此, 由定理 2.2.1 的 2a 部分, 立刻可以得到第 1 部分的结论.

2. 向量 $\vec{\mathbf{v}}_1, \cdots, \vec{\mathbf{v}}_k$ 生成 $\mathbb{R}^n$, 当且仅当对于任意的 $\vec{\mathbf{b}} \in \mathbb{R}^n$, 方程 $A\vec{\mathbf{x}} = \vec{\mathbf{b}}$ 有一个解. $[A|\vec{\mathbf{b}}]$ 的行化简为 $[\widetilde{A}, \widetilde{\mathbf{b}}]$. 当且仅当 $\widetilde{A}$ 包含全是 0 的一行 (也就是, 当且仅当 $\widetilde{A}$ 不是每一行都包含主元 1) 的时候, 存在 $\widetilde{\mathbf{b}}$ 包含一个主元 1. 因此, 方程 $A\vec{\mathbf{x}} = \vec{\mathbf{b}}$ 对于每个 $\widetilde{\mathbf{b}}$ 都有一个解, 当且仅当 $\widetilde{A}$ 在每一行都有一个主元 1. □

从定理 2.4.5 可以清楚看到, $\mathbb{R}^n$ 中的 n 个线性无关的向量生成 $\mathbb{R}^n$: 由这些向量作为列构成的矩阵 A 可行化简到单位矩阵, 所以在每一行和每一列都有一个主元 1.

例 2.4.6 (通过行化简来检验生成空间). 给定向量

$$\vec{\mathbf{w}}_1 = \begin{bmatrix} 2 \\ 1 \\ 1 \end{bmatrix}, \ \vec{\mathbf{w}}_2 = \begin{bmatrix} 1 \\ -1 \\ 1 \end{bmatrix}, \ \vec{\mathbf{w}}_3 = \begin{bmatrix} 3 \\ 0 \\ 2 \end{bmatrix}, \ \vec{\mathbf{v}} = \begin{bmatrix} 3 \\ 3 \\ 1 \end{bmatrix}, \tag{2.4.5}$$

[4]不. 因为 $\vec{\mathbf{v}}_1$ 的第二个和第三个数为 0, 如果 $\vec{\mathbf{v}}_4$ 在 $\{\vec{\mathbf{v}}_1, \vec{\mathbf{v}}_2, \vec{\mathbf{v}}_3\}$ 的生成空间中, 它的第二个和第三个数应该仅依赖于 $\vec{\mathbf{v}}_2$ 和 $\vec{\mathbf{v}}_3$. 想要在第二个位置上得到 0, 我们必须给 $\vec{\mathbf{v}}_2$ 和 $\vec{\mathbf{v}}_3$ 相同的权重, 但这样我们也会在第三个位置上得到 0, 但我们需要的是 1.

$\vec{\mathbf{v}}$ 是由其他三个向量生成的吗? 我们把

$$[A|\vec{\mathbf{v}}] = [\vec{\mathbf{w}}_1, \vec{\mathbf{w}}_2, \vec{\mathbf{w}}_3|\vec{\mathbf{v}}] = \begin{bmatrix} 2 & 1 & 3 & 3 \\ 1 & -1 & 0 & 3 \\ 1 & 1 & 2 & 1 \end{bmatrix}$$

行化简到

$$\begin{bmatrix} 1 & 0 & 1 & 2 \\ 0 & 1 & 1 & -1 \\ 0 & 0 & 0 & 0 \end{bmatrix} = [\widetilde{A}|\widetilde{\mathbf{v}}]. \tag{2.4.6}$$

我们使用了 Matlab 来对等式 (2.4.6) 中的矩阵做行化简, 因为我们并不喜欢做行化简, 很容易犯计算错误.

例 2.4.6: 如果你在对 $[A|\vec{\mathbf{b}}]$ 进行行化简的时候, 看到 $\widetilde{A}$ 有一行 0, 你不能得出结论说 $\vec{\mathbf{b}}$ 不在构成矩阵 A 的那些向量的生成空间中. 你只能说 A 不是满射到它的陪域上的: 存在 $\vec{\mathbf{b}}$ 使得方程 $A\vec{\mathbf{x}} = \vec{\mathbf{b}}$ 无解. 要确定对某个特定的 $\vec{\mathbf{b}}$ 方程是否有解, 你必须看到 $\widetilde{\mathbf{b}}$ 是否有一个主元 1. 如果它有, 则方程无解.

由于 $\widetilde{A}$ 包含一行 0, 定理 2.4.5 说明 $\vec{\mathbf{w}}_1, \vec{\mathbf{w}}_2, \vec{\mathbf{w}}_3$ 不能生成 $\mathbb{R}^3$. 然而, $\vec{\mathbf{v}}$ 仍然在这些向量的生成空间中: $\widetilde{\mathbf{v}}$ 不包含主元 1, 所以定理 2.2.1 说的是, $A\vec{\mathbf{x}} = \vec{\mathbf{v}}$ 有一个解. 但是, 解不是唯一的: $\widetilde{A}$ 有一列没有主元 1, 所以有无限多种方法将 $\vec{\mathbf{v}}$ 表示为 $\{\vec{\mathbf{w}}_1, \vec{\mathbf{w}}_2, \vec{\mathbf{w}}_3\}$ 的线性组合. 例如

$$\vec{\mathbf{v}} = 2\vec{\mathbf{w}}_1 - \vec{\mathbf{w}}_2 = \vec{\mathbf{w}}_1 - 2\vec{\mathbf{w}}_2 + \vec{\mathbf{w}}_3. \qquad \triangle$$

$\vec{\mathbf{v}} = \begin{bmatrix} 0 \\ 1 \\ 1 \end{bmatrix}$ 在 $\vec{\mathbf{w}}_1 = \begin{bmatrix} 1 \\ 0 \\ 1 \end{bmatrix}, \vec{\mathbf{w}}_2 = \begin{bmatrix} 2 \\ 1 \\ 1 \end{bmatrix}, \vec{\mathbf{w}}_3 = \begin{bmatrix} 1 \\ 3 \\ 0 \end{bmatrix}$ 的生成空间中吗?

$\vec{\mathbf{b}} = \begin{bmatrix} 0 \\ 1 \\ 1 \end{bmatrix}$ 在 $\vec{\mathbf{a}}_1 = \begin{bmatrix} 2 \\ 2 \\ 0 \end{bmatrix}, \vec{\mathbf{a}}_2 = \begin{bmatrix} -2 \\ -1 \\ 2 \end{bmatrix}, \vec{\mathbf{a}}_3 = \begin{bmatrix} 1 \\ 1 \\ 0 \end{bmatrix}$ 的生成空间中吗? 到下面的脚注中检查你的结果.[5]

例 2.4.7 (线性无关向量). 向量

$$\vec{\mathbf{w}}_1 = \begin{bmatrix} 1 \\ 2 \\ 3 \end{bmatrix}, \vec{\mathbf{w}}_2 = \begin{bmatrix} -2 \\ 1 \\ 2 \end{bmatrix}, \vec{\mathbf{w}}_3 = \begin{bmatrix} -1 \\ 1 \\ -1 \end{bmatrix} \tag{2.4.7}$$

是线性无关的吗? 它们可以生成 $\mathbb{R}^3$ 吗? 矩阵

$$\begin{bmatrix} 1 & -2 & -1 \\ 2 & 1 & 1 \\ 3 & 2 & -1 \end{bmatrix} \text{ 行化简到 } \begin{bmatrix} 1 & 0 & 0 \\ 0 & 1 & 0 \\ 0 & 0 & 1 \end{bmatrix}. \tag{2.4.8}$$

所以, 由定理 2.4.5 的第一部分, 向量是线性无关的. 由第二部分, 这三个向量也可以生成 $\mathbb{R}^3$. $\triangle$

不是线性无关的向量被称为**线性相关**(linear dependent)的.

---

[5]是的. $\vec{\mathbf{v}}$ 在 $\vec{\mathbf{w}}_1, \vec{\mathbf{w}}_2, \vec{\mathbf{w}}_3$ 的生成空间中, 因为 $\begin{bmatrix} 1 & 2 & 1 \\ 0 & 1 & 3 \\ 1 & 1 & 0 \end{bmatrix} \mapsto \begin{bmatrix} 1 & 0 & 0 \\ 0 & 1 & 0 \\ 0 & 0 & 1 \end{bmatrix}$.

否. $\vec{\mathbf{b}}$ 不在其他的那些向量的生成空间中 (你可能也在怀疑, 因为 $\vec{\mathbf{a}}_1$ 是 $\vec{\mathbf{a}}_3$ 的倍数). 如果我们对适当的矩阵做行化简, 则得到 $\begin{bmatrix} 1 & 0 & 1/2 & 0 \\ 0 & 1 & 0 & 0 \\ 0 & 0 & 0 & 1 \end{bmatrix}$; 方程组无解.

例 2.4.8. 我们可以通过增加一个向量, 将例 2.4.7 中的向量集合变成线性相关的, 这个新向量是集合中一些向量的线性组合, 例如 $\vec{\mathbf{w}}_4 = 2\vec{\mathbf{w}}_2 + \vec{\mathbf{w}}_3$:

$$\vec{\mathbf{w}}_1 = \begin{bmatrix}1\\2\\3\end{bmatrix}, \vec{\mathbf{w}}_2 = \begin{bmatrix}-2\\1\\2\end{bmatrix}, \vec{\mathbf{w}}_3 = \begin{bmatrix}-1\\1\\-1\end{bmatrix}, \vec{\mathbf{w}}_4 = \begin{bmatrix}-5\\3\\3\end{bmatrix}. \tag{2.4.9}$$

例 2.4.8: $\vec{\mathbf{v}}$ 在向量

$\vec{\mathbf{w}}_1, \vec{\mathbf{w}}_2, \vec{\mathbf{w}}_3, \vec{\mathbf{w}}_4$

的生成空间中的意思是, 方程组

$x_1\vec{\mathbf{w}}_1 + x_2\vec{\mathbf{w}}_2 + x_3\vec{\mathbf{w}}_3 + x_4\vec{\mathbf{w}}_4 = \vec{\mathbf{v}}$

有解; (2.4.10) 中的第一个矩阵表示了这个方程组. 因为 4 个向量 $\vec{\mathbf{w}}_1, \vec{\mathbf{w}}_2, \vec{\mathbf{w}}_3, \vec{\mathbf{w}}_4$ 不是线性无关的, 因此解不是唯一的.

我们可以用多少种方式把 $\mathbb{R}^3$ 中的任意向量[6], 例如 $\vec{\mathbf{v}} = \begin{bmatrix}-7\\-2\\1\end{bmatrix}$ 写成这 4 个向量的线性组合呢? 矩阵

$$\begin{bmatrix}1 & -2 & -1 & -5 & -7\\2 & 1 & 1 & 3 & -2\\3 & 2 & -1 & 3 & 1\end{bmatrix} \text{ 行化简到 } \begin{bmatrix}1 & 0 & 0 & 0 & -2\\0 & 1 & 0 & 2 & 3\\0 & 0 & 1 & 1 & -1\end{bmatrix}. \tag{2.4.10}$$

因为第四列是非主元的, 最后一列没有主元 1, 方程组有无限多组解: 有无限多种方式将 $\vec{\mathbf{v}}$ 写成 $\vec{\mathbf{w}}_1, \vec{\mathbf{w}}_2, \vec{\mathbf{w}}_3, \vec{\mathbf{w}}_4$ 的线性组合. 向量 $\vec{\mathbf{v}}$ 在这些向量的生成空间中, 但是它们不是线性无关的. △

例 2.4.9 (线性无关的几何解读).

1. 1 个向量是线性无关的, 如果它不是零向量.

2. 2 个向量是线性无关的, 如果它们不在同一条线上.

3. 3 个向量是线性无关的, 如果它们不在同一平面上.

称单个的向量为线性无关的可能看上去有些奇怪; "独立" 这个词看上去意味着要独立于某些东西. 但单一向量就是定义 2.4.2 中 $k = 1$ 的情况; 从定义中除去这种情况将会导致各种困难. △

这些不是分开的定义; 它们都是定义 2.4.2 的例子. 在命题和定义 2.4.11 中, 我们将看到, $\mathbb{R}^n$ 空间中的 n 个向量是线性无关的, 如果它们不都在维数小于 n 的子空间中.

下述的定理对于整个理论是非常基本和重要的.

定理 2.4.10. 在 $\mathbb{R}^n$ 中, $n+1$ 个向量永远不会是线性无关的, $n-1$ 个向量也从来不可能生成全部的 $\mathbb{R}^n$.

证明: 这个结论可以从定理 2.4.5 直接得到. 当我们使用 $\mathbb{R}^n$ 中的 $n+1$ 个向量来构成矩阵 A 的时候, 矩阵是 $n \times (n+1)$ 的; 当我们把 A 行化简到 $\widetilde{A}$ 时, $\widetilde{A}$ 的至少一列不包含主元 1, 因为最多只能有 n 个主元 1, 但矩阵有 $n+1$ 列. 所以, 根据定理 2.4.5 的第一部分, $n+1$ 个向量不是线性无关的.

当我们用 $\mathbb{R}^n$ 中的 $n-1$ 个向量构成矩阵 A 的时候, 矩阵是 $n \times (n-1)$ 的. 我们行化简 A 时, 结果矩阵必然至少有一行全是 0, 因为我们有 n 行, 但最

[6]实际上, 不是很任意. 我们的第一个选择是 $\begin{bmatrix}1\\1\\1\end{bmatrix}$, 但这导致了混乱的分数, 所以我们寻找能给出简洁结果的向量.

多有 $n-1$ 个主元 1. 所以根据定理 2.4.5 的第二部分, $n-1$ 个向量不能生成 $\mathbb{R}^n$. □

作为基的一组向量

给 $\mathbb{R}^n$ 的子空间, 或者 $\mathbb{R}^n$ 本身, 选择一组基, 就如同选取平面或者空间中的轴 (标上了单位). 基向量的方向给出了轴的方向; 基向量的长度提供了这些轴的单位. 这使得我们可以从非坐标几何 (综合几何) 到达坐标几何 (解析几何). 基给一个子空间内的向量提供了一个参考系. 我们将在命题 2.4.16 后证明下面的条件是等价的.

命题和定义 2.4.11 (基). 令 $V \subset \mathbb{R}^n$ 为子空间. 有序向量组 $\vec{\mathbf{v}}_1, \cdots, \vec{\mathbf{v}}_k \in V$ 称为 V 的一组基(basis), 如果它满足下列三个等价的条件中的任何一个.

1. 集合是*最大线性无关集*(maximum linearly independent set): 它是线性无关的, 且如果你再加入一个向量, 集合就不再是线性无关的.
2. 集合是*最小生成集*(minimal spanning set): 它可以生成 V, 但如果你去掉一个向量, 它就不再能够生成 V.
3. 集合是一个可以生成 V 的*线性无关集*(linear independent set).

零向量空间 (只包含向量 $\vec{\mathbf{0}}$) 只有一个基, 就是空集.

例 2.4.12 (标准基向量). 基向量的最基本的例子是 $\mathbb{R}^n$ 的*标准基*(standard basis); $\mathbb{R}^n$ 中的向量是关于由标准基向量 $\vec{\mathbf{e}}_1, \cdots, \vec{\mathbf{e}}_n$ 构成的 "标准基" 写出的一列数.

很显然, $\mathbb{R}^n$ 中的每个向量在 $\vec{\mathbf{e}}_1, \cdots, \vec{\mathbf{e}}_n$ 的生成空间中:

$$\begin{bmatrix} a_1 \\ \vdots \\ a_n \end{bmatrix} = a_1\vec{\mathbf{e}}_1 + \cdots + a_n\vec{\mathbf{e}}_n. \tag{2.4.11}$$

同样显然的是, $\vec{\mathbf{e}}_1, \cdots, \vec{\mathbf{e}}_n$ 是线性无关的 (练习 2.4.1). △

例 2.4.13 ($\mathbb{R}^n$ 中 n 个向量构成的基向量). 标准基向量不是 $\mathbb{R}^n$ 唯一的一组基向量. 例如, $\begin{bmatrix} 1 \\ 1 \end{bmatrix}, \begin{bmatrix} 1 \\ -1 \end{bmatrix}$ 构成了 $\mathbb{R}^2$ 的一组基向量, $\begin{bmatrix} 2 \\ 0 \end{bmatrix}, \begin{bmatrix} 0.5 \\ -3 \end{bmatrix}$ 也可以, 但 $\begin{bmatrix} 2 \\ 0 \end{bmatrix}, \begin{bmatrix} 0.5 \\ 0 \end{bmatrix}$ 不行. △

一般来说, 如果你在 $\mathbb{R}^n$ 中随机选取 n 个向量, 它们将构成一组基. 在 $\mathbb{R}^2$ 中, 这个概率就如同选取两个向量不在同一条线上; 在 $\mathbb{R}^3$ 中, 这个概率就如同选取三个向量不在同一平面上.[7]

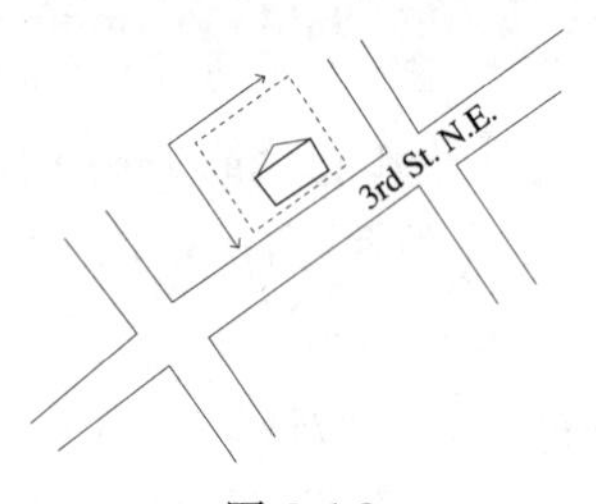

图 2.4.3
在研究这个院子的时候, 标准基并不方便. 使用适合这个任务的基向量.

你可能认为, 标准基就足够了. 但有些时候, 一个问题在另一个不同的基向量下会变得直接得多. 我们将在 2.7 节讨论斐波那契数 (例 2.7.1) 的时候看到一个显著的例子; 图 2.4.3 给出了一个简单的情况. (也想一下小数和分数. 写成 1/7 要比写成 0.142 857 142 857⋯ 简单得多, 但在其他的时候, 计算小数要简单一些.)

[7]事实上, 随机选取两个向量在同一条线上, 或者三个向量在同一平面上的概率为 0.

对于一个子空间 $V \subset \mathbb{R}^n$, 通常用所有 n 个数来描述向量是效率不高的.

例 2.4.14 (在 $\mathbb{R}^3$ 的子空间中使用两个基向量). 令 $V \subset \mathbb{R}^3$ 为方程 $x+y+z=0$ 的子空间. 则与其用所有三个项来写一个向量, 我们可以仅使用两个系数 a 和 b, 以及向量 $\vec{\mathbf{w}}_1 = \begin{bmatrix} 1 \\ -1 \\ 0 \end{bmatrix}$ 和 $\vec{\mathbf{w}}_2 = \begin{bmatrix} 1 \\ 0 \\ -1 \end{bmatrix}$ 来表示. 例如

$$\vec{\mathbf{v}} = a\vec{\mathbf{w}}_1 + b\vec{\mathbf{w}}_2. \tag{2.4.12}$$

对 V 你还可以选择哪两个其他的向量为基向量呢?[8] △

正交基

在解决几何问题的时候, 使用*规范 (标准) 正交基* (orthonormal basis) 几乎总是最好的. 回忆一下, 两个向量是正交的, 如果它们的点乘为 0 (推论 1.4.8), 标准基向量当然是规范正交的.

定义 2.4.15 (规范正交集, 规范正交基). 向量 $\vec{\mathbf{v}}_1, \cdots, \vec{\mathbf{v}}_k$ 的集合是*规范正交的*(orthonormal), 如果集合中的每一个向量与集合中的其他每个向量都正交, 且所有的向量的长度都是 1:

$$\vec{\mathbf{v}}_i \cdot \vec{\mathbf{v}}_j = 0, \text{ 对于 } i \neq j, \text{ 且 } |\vec{\mathbf{v}}_i| = 1, \text{ 对所有的 } i \leqslant k \text{ 成立.}$$

规范正交集是它生成的子空间 $V \subset \mathbb{R}^n$ 的*规范正交基*.

如果一个集合 (或者基) 中的所有向量都互相正交, 但它们的长度不是 1, 则集合 (或基) 是*正交的*. 例 2.4.13 中的两组基向量有没有哪个是正交的? 哪个是规范正交的?[9]

要检验正交向量构成一组基向量, 我们只需要证明它们生成空间, 因为根据命题 2.4.16, 正交向量自动就是线性无关的.

命题 2.4.16. 非零向量 $\vec{\mathbf{v}}_1, \cdots, \vec{\mathbf{v}}_k$ 的正交集是线性无关的.

关于命题 2.4.16, 令我们惊讶的事情是, 它允许我们只看几对向量就可以断言一组向量是线性无关的. 当然, "如果你有一组向量, 且每对向量都是线性无关的, 则整个向量集合就是线性无关的" 这个结论是不成立的; 想一下, 例如, 三个向量 $\begin{bmatrix} 1 \\ 0 \end{bmatrix}, \begin{bmatrix} 0 \\ 1 \end{bmatrix}$ 和 $\begin{bmatrix} 1 \\ 1 \end{bmatrix}$.

证明: 假设 $a_1\vec{\mathbf{v}}_1 + \cdots + a_k\vec{\mathbf{v}}_k = \vec{\mathbf{0}}$. 两边同时与 $\vec{\mathbf{v}}_i$ 取点乘:

$$(a_1\vec{\mathbf{v}}_1 + \cdots + a_k\vec{\mathbf{v}}_k) \cdot \vec{\mathbf{v}}_i = \vec{\mathbf{0}} \cdot \vec{\mathbf{v}}_i = 0, \tag{2.4.13}$$

所以

$$a_1(\vec{\mathbf{v}}_1 \cdot \vec{\mathbf{v}}_i) + \cdots + a_i(\vec{\mathbf{v}}_i \cdot \vec{\mathbf{v}}_i) + \cdots + a_k(\vec{\mathbf{v}}_k \cdot \vec{\mathbf{v}}_i) = 0. \tag{2.4.14}$$

因为 $\vec{\mathbf{v}}_j$ 构成了一个正交集, 左边所有的点乘, 除了第 i 个以外, 都是 0, 所以 $a_i(\vec{\mathbf{v}}_i \cdot \vec{\mathbf{v}}_i) = 0$. 因为假设向量是非零的, 这就说明 $a_i = 0$. □

[8] 向量 $\begin{bmatrix} -1 \\ 0 \\ 1 \end{bmatrix}$ 和 $\begin{bmatrix} 0 \\ 1 \\ -1 \end{bmatrix}$ 是 V 的一组基, $\begin{bmatrix} -1/2 \\ -1/2 \\ 1 \end{bmatrix}$ 和 $\begin{bmatrix} 1 \\ -1 \\ 0 \end{bmatrix}$ 也是; 这些向量只需要线性无关, 且每个向量的所有项的和为 0(满足 $x+y+z=0$). 子空间 V 的 "结构" 的一部分就被构造到了基向量里.

[9] 第一个是正交的. 因为 $\begin{bmatrix} 1 \\ 1 \end{bmatrix} \cdot \begin{bmatrix} 1 \\ -1 \end{bmatrix} = 1 - 1 = 0$; 第二个不是, 因为 $\begin{bmatrix} 2 \\ 0 \end{bmatrix} \cdot \begin{bmatrix} 0.5 \\ -3 \end{bmatrix} = 1 + 0 = 1$. 两者都不是规范正交的. 第一组基的每一个向量的长度都是 $\sqrt{2}$, 第二组基的向量的长度是 2 和 $\sqrt{9.25}$.

命题 2.4.16 在无限维空间中是至关重要的. 在 $\mathbb{R}^n$ 中, 我们可以通过将一个矩阵做行化简, 并利用定理 2.4.5 来确定向量是否是线性无关的. 如果 n 很大, 这就不是一个可选择的方法. 对于某一类重要的函数, 命题 2.4.16 提供了一个解决方法.

一个向量空间, 如果没有任何一个有限的子集可以生成它, 那么根据定义, 它就是无限维的. 无限维空间的基(basis)的概念是一个很微妙的东西.

例 2.4.17. 考虑 $[0,\pi]$ 上的连续函数的无限维空间 $C[0,\pi]$, 配上点乘

$$\langle f,g\rangle \stackrel{\text{def}}{=} \int_0^\pi f(x)g(x)\,\mathrm{d}x. \tag{2.4.15}$$

我们邀请读者来证明这个 "点乘" 有以下性质:

$$\begin{aligned}\langle af_1+bf_2,g\rangle &= a\langle f_1,g\rangle+b\langle f_2,g\rangle,\\ \langle f,g\rangle &= \langle g,f\rangle,\\ \langle f,f\rangle &= 0,\ \text{当且仅当}\ f=0.\end{aligned} \tag{2.4.16}$$

命题 2.4.16 的证明没有用到其他的性质, 所以对 $C[0,\pi]$ 是成立的.

例 2.4.17 是傅里叶级数的基础. 在练习 2.4.14 里, 你要证明函数 $1=\cos 0x,\cos x,\cos 2x,\cdots$ 构成一个正交集, 并且说明什么时候它们与函数 $\sin nx$ 是正交的.

我们断言 $C[0,\pi]$ 中的元素 $\sin nx$ $(n=1,2,\cdots)$ 构成一个正交集: 如果 $n\neq m$, 我们有

$$\begin{aligned}\int_0^\pi \sin nx\sin mx\,\mathrm{d}x &= \frac{1}{2}\int_0^\pi(\cos(n-m)x-\cos(n+m)x)\,\mathrm{d}x\\ &= \frac{1}{2}\left(\left[\frac{\sin(n-m)x}{n-m}\right]_0^\pi-\left[\frac{\sin(n+m)x}{n+m}\right]_0^\pi\right)=0.\end{aligned}$$

因此这些函数是线性无关的: 如果 n_i 是不同的, 则

$$a_1\sin n_1x+a_2\sin n_2x+\cdots+a_k\sin n_kx=0\Rightarrow a_1=a_2=\cdots=a_k=0.$$

还不清楚如何直接证明上面的结论. △

命题 2.4.18 (正交基的性质). 令 $\vec{\mathbf{v}}_1,\cdots,\vec{\mathbf{v}}_n$ 为 $\mathbb{R}^n$ 的一组正交基.

1. 任意向量 $\vec{\mathbf{x}}\in\mathbb{R}^n$ 可以写成 $\vec{\mathbf{x}}=\sum_{i=1}^n(\vec{\mathbf{x}}\cdot\vec{\mathbf{v}}_i)\vec{\mathbf{v}}_i$.
2. 如果 $\vec{\mathbf{x}}=a_1\vec{\mathbf{v}}_1+\cdots+a_n\vec{\mathbf{v}}_n$, 则 $|\vec{\mathbf{x}}|^2=a_1^2+\cdots+a_n^2$.

命题 2.4.18: 如果 $\vec{\mathbf{v}}_1,\cdots,\vec{\mathbf{v}}_n$ 是 $\mathbb{R}^n$ 的一组正交基, 且

$$\vec{\mathbf{w}}=a_1\vec{\mathbf{v}}_1+\cdots+a_n\vec{\mathbf{v}}_n,$$

则

$$a_i=\vec{\mathbf{w}}\cdot\vec{\mathbf{v}}_i.$$

在傅里叶级数的背景下, 这个简单的陈述变成了计算傅里叶系数的公式

$$c_n=\int_0^1 f(t)\mathrm{e}^{-2\pi int}\,\mathrm{d}t.$$

证明留作练习 2.4.7.

正交矩阵

列构成正交基的矩阵叫作正交矩阵. 在 $\mathbb{R}^2$ 中, 正交矩阵要么是一个旋转矩阵, 要么是一个反射矩阵 (练习 2.15). 在高维下, 乘上正交矩阵是旋转和反射的类比; 见练习 4.8.23.

把一个正交(矩)阵叫作规范正交矩阵可能更加合理一些.

由第三部分得到, 正交矩阵保留了长度和角度. 相反地, 由点乘的几何描述, 一个保留了长度和角度的线性变换是正交的 (命题 1.4.3).

命题和定义 2.4.19 (正交矩阵). 一个 $n\times n$ 矩阵叫作正交矩阵, 如果它满足以下等价条件之一:

1. $AA^{\mathrm{T}}=A^{\mathrm{T}}A=I$, 也就是 $A^{\mathrm{T}}=A^{-1}$;

2. A 的列构成 $\mathbb{R}^n$ 的一组正交基;

3. 矩阵 A 保持了点乘不变: 对于任何 $\vec{\mathbf{v}}, \vec{\mathbf{w}} \in \mathbb{R}^n$, 我们有

$$A\vec{\mathbf{v}} \cdot A\vec{\mathbf{w}} = \vec{\mathbf{v}} \cdot \vec{\mathbf{w}}.$$

证明: 1. 我们已经看到 (在推论 2.2.7 后讨论), 方形矩阵的一个左逆也是它的右逆, 所以 $A^{\mathrm{T}}A = I$ 意味着 $AA^{\mathrm{T}} = I$.

2. 令 $A = [\vec{\mathbf{v}}_1, \cdots, \vec{\mathbf{v}}_n]$, 则当且仅当 $\vec{\mathbf{v}}_i$ 构成一个正交集时

$$(A^{\mathrm{T}}A)_{i,j} = \vec{\mathbf{v}}_i \cdot \vec{\mathbf{v}}_j = \begin{cases} 1 & \text{如果} i = j \\ 0 & \text{如果} i \neq j \end{cases}. \tag{2.4.17}$$

3. 如果 $A^{\mathrm{T}}A = I$, 则对于任意 $\vec{\mathbf{v}}, \vec{\mathbf{w}} \in \mathbb{R}^n$, 我们有

$$(A\vec{\mathbf{v}}) \cdot (A\vec{\mathbf{w}}) = (A\vec{\mathbf{v}})^{\mathrm{T}}(A\vec{\mathbf{w}}) = \vec{\mathbf{v}}^{\mathrm{T}}A^{\mathrm{T}}A\vec{\mathbf{w}} = \mathbf{v}^{\mathrm{T}}\vec{\mathbf{w}} = \vec{\mathbf{v}} \cdot \vec{\mathbf{w}}.$$

相反地, 如果 $A = [\vec{\mathbf{v}}_1, \cdots, \vec{\mathbf{v}}_n]$ 保持点乘不变, 则

$$\vec{\mathbf{v}}_i \cdot \vec{\mathbf{v}}_j = A\vec{\mathbf{e}}_i \cdot A\vec{\mathbf{e}}_j = \vec{\mathbf{e}}_i \cdot \vec{\mathbf{e}}_j = \begin{cases} 1 & \text{如果} i = j \\ 0 & \text{如果} i \neq j \end{cases}. \quad \square \tag{2.4.18}$$

命题和定义 2.4.11 的证明

我们需要证明, 在命题和定义 2.4.11 中, 形成一组基的三个条件实际上是等价的.

“非平凡” 的意思是与 $a_1 = a_2 = \cdots = a_n = b = 0$ 不同的解.

我们将证明 1 ⇒ 2: 如果一组向量是最大线性无关集, 它就是最小生成集. 令 $V \subset \mathbb{R}^n$ 为一个子空间. 如果一个有序的向量集合 $\vec{\mathbf{v}}_1, \cdots, \vec{\mathbf{v}}_k \in V$ 为最大线性无关集, 则对于任何其他向量 $\vec{\mathbf{w}} \in V$, 集合 $\{\vec{\mathbf{v}}_1, \cdots, \vec{\mathbf{v}}_k, \vec{\mathbf{w}}\}$ 为线性*相关*的, 且 (根据定义 2.4.2) 存在一个非平凡的关系

$$a_1\vec{\mathbf{v}}_1 + \cdots + a_k\vec{\mathbf{v}}_k + b\vec{\mathbf{w}} = \vec{\mathbf{0}}. \tag{2.4.19}$$

系数 b 不是 0, 因为如果是的话, 这个关系就只涉及了 $\vec{\mathbf{v}}_1, \cdots, \vec{\mathbf{v}}_k$, 根据假设, 它们是线性无关的. 因此, 我们可以除以 b, 将 $\vec{\mathbf{w}}$ 表示为 $\vec{\mathbf{v}}_1, \cdots, \vec{\mathbf{v}}_k$ 的线性组合:

$$\frac{a_1}{b}\vec{\mathbf{v}}_1 + \cdots + \frac{a_k}{b}\vec{\mathbf{v}}_k = -\vec{\mathbf{w}}. \tag{2.4.20}$$

因为 $\vec{\mathbf{w}} \in V$ 可以是 V 中的任意向量, 我们看到, 向量 $\vec{\mathbf{v}}_i$ 生成了 V.

更进一步, $\vec{\mathbf{v}}_1, \cdots, \vec{\mathbf{v}}_k$ 是*最小*生成集: 如果 $\vec{\mathbf{v}}_i$ 中的某一个被省略了, 集合将不再生成 V, 因为被去掉的向量与其他向量线性无关, 因此它不能在其他向量的生成集中.

其他的隐含的意义与此相似, 留作练习 2.4.9.

现在, 我们可以重述定理 2.4.10.

推论 2.4.20. $\mathbb{R}^n$ 的每组基都恰好有 n 个元素.

一个子空间的维数的概念将允许我们谈论例如一组方程的解集空间的大小, 或者本质上不同的方程的个数.

命题和定义 2.4.21 (维数). 每个子空间 $E \subset \mathbb{R}^n$ 都有一组基, E 的任何两组基有同样多的元素, 叫作 E 的*维数*(dimension), 记作 $\dim E$.

证明: 首先我们来证明 E 有一组基. 如果 $E=\{\vec{\mathbf{0}}\}$, 则空集是 E 的一组基. 否则, 按如下方式选择 E 中的一系列的向量: 选取 $\vec{\mathbf{v}}_1 \neq \vec{\mathbf{0}}$, 然后 $\vec{\mathbf{v}}_2 \notin \operatorname{Span}(\vec{\mathbf{v}}_1)$, 然后 $\vec{\mathbf{v}}_3 \notin \operatorname{Span}(\vec{\mathbf{v}}_1, \vec{\mathbf{v}}_2)$, 等等. 这样选择的向量, 显然是线性无关的. 因此, 我们最多可以选取 n 个这样的向量, 且对于某个 $k \leqslant n$, $\vec{\mathbf{v}}_1, \cdots, \vec{\mathbf{v}}_k$ 生成 E. (如果它们不能生成 E, 我们再选另一个.) 因为这些向量是线性无关的, 所以它们构成 E 的一组基.

要看到任何两组基必然有同样个数的元素, 假设 $\vec{\mathbf{v}}_1, \cdots, \vec{\mathbf{v}}_m$ 和 $\vec{\mathbf{w}}_1, \cdots, \vec{\mathbf{w}}_p$ 是 E 的两组基. 则 $\vec{\mathbf{w}}_j$ 可以表示为 $\vec{\mathbf{v}}_i$ 的线性组合, 所以存在一个 $m \times p$ 的矩阵 A, 各个项为 $a_{i,j}$ 且满足

$$\vec{\mathbf{w}}_j = \sum_{i=1}^{m} a_{i,j} \vec{\mathbf{v}}_i. \tag{2.4.21}$$

我们可以把任何 $\vec{\mathbf{w}}_j$ 表示为 $\vec{\mathbf{v}}_i$ 的线性组合, 因为 $\vec{\mathbf{v}}_i$ 生成 E.

我们可以把这个写为矩阵乘法 $VA=W$, 其中 V 是 $n \times m$ 矩阵, 列为 $\vec{\mathbf{v}}_i$, W 为 $n \times p$ 矩阵, 列为 $\vec{\mathbf{w}}_j$:

$$\begin{array}{cc} & \begin{bmatrix} a_{1,1} & \cdots & a_{1,p} \\ \vdots & & \vdots \\ a_{m,1} & \cdots & a_{m,p} \end{bmatrix}. \\ \begin{bmatrix} \vec{\mathbf{v}}_1 & \cdots & \vec{\mathbf{v}}_m \end{bmatrix} & \begin{bmatrix} \vec{\mathbf{w}}_1 & \cdots & \vec{\mathbf{w}}_p \end{bmatrix} \end{array} \tag{2.4.22}$$

矩阵 A 和 B 是基变换矩阵的例子, 将在命题和定义 2.6.20 中讨论.

还存在一个 $p \times m$ 的矩阵 B, 项为 $b_{l,i}$, 满足

$$\vec{\mathbf{v}}_i = \sum_{l=1}^{p} b_{l,i} \vec{\mathbf{w}}_l. \tag{2.4.23}$$

等式 (2.4.24): 我们不能从 $VAB=V$ 得出 $AB=I$ 的结论, 或者从 $WBA=W$ 得出 $BA=I$ 的结论. 考虑乘法

$$\begin{bmatrix} 1 & 2 \end{bmatrix} \begin{bmatrix} 3 & 1 \\ -1 & 1/2 \end{bmatrix} = \begin{bmatrix} 1 & 2 \end{bmatrix}.$$

将矩阵 V 右乘一个矩阵 AB 产生了一个矩阵, 它的各列是 V 的列的线性组合.

我们可以把这个写为矩阵乘法 $WB=V$. 所以

$$VAB = WB = V \text{ 且 } WBA = VA = W. \tag{2.4.24}$$

方程 $VAB=V$ 把 V 的每一列表示为 V 的列的线性组合. 因为 V 的列是线性无关的, 仅有一种表示方法:

$$\vec{\mathbf{v}}_i = 0\vec{\mathbf{v}}_1 + \cdots + 1\vec{\mathbf{v}}_i + \cdots + 0\vec{\mathbf{v}}_n. \tag{2.4.25}$$

因此, AB 必须为单位矩阵. 方程 $WBA=W$ 把 W 的每一列表示为 W 的列的线性组合; 由同样的论据, BA 是单位矩阵. 这样 A 是可逆的, 因此是方形的, 所以 $m=p$. □

推论 2.4.22. $\mathbb{R}^n$ 的唯一的 n 维子空间是它本身.

注释. 我们之前说过, “线性组合”“生成” 和 “线性无关” 这些术语, 给出了

精确的回答如下问题的方法: 给定一组线性方程, 我们究竟有几个根本上不同的方程? 我们看到行化简提供了一个系统的方法来确定矩阵有多少个列是线性无关的. 但是方程对应的是矩阵的行, 不是列. 在下一节, 我们将会看到, $A\vec{\mathbf{x}} = \vec{\mathbf{b}}$ 中, 线性无关的方程的个数与矩阵 A 的线性无关的列的个数相同. △

2.4 节的练习

2.4.1 证明: 标准基向量是线性无关的.

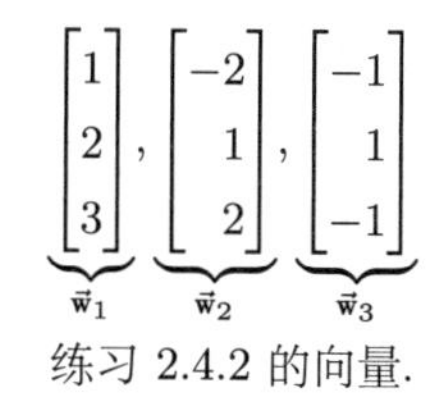

练习 2.4.2 的向量.

2.4.2 a. 边注中的向量是否构成了 $\mathbb{R}^3$ 的一组基? 如果是的话, 这组基是正交的吗?

b. $\begin{bmatrix}4\\1\\2\end{bmatrix}$ 在 Span $\left(\begin{bmatrix}4\\2\\1\end{bmatrix}, \begin{bmatrix}3\\0\\4\end{bmatrix}, \begin{bmatrix}2\\1\\4\end{bmatrix}\right)$ 中吗? 在 Span $\left(\begin{bmatrix}4\\2\\1\end{bmatrix}, \begin{bmatrix}3\\0\\4\end{bmatrix}, \begin{bmatrix}5\\1\\4.5\end{bmatrix}\right)$ 中吗?

2.4.3 向量 $\begin{bmatrix}1\\1\end{bmatrix}, \begin{bmatrix}1\\-1\end{bmatrix}$ 构成了 $\mathbb{R}^2$ 的一组正交基. 用这些向量来构造 $\mathbb{R}^2$ 的一组规范正交基.

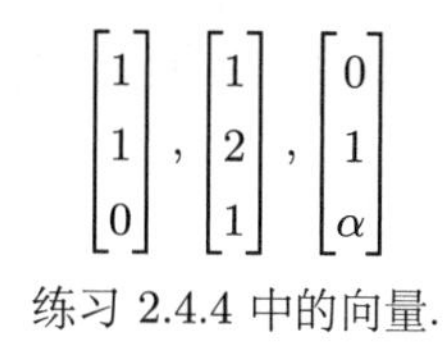

练习 2.4.4 中的向量.

2.4.4 a. 对于 α 的哪个数值, 边注中的三个向量是线性无关的?

b. 证明: 对于每个这样的 α, 三个向量处于同一个平面上, 给出该平面的一个方程.

2.4.5 证明: 如果 $\vec{\mathbf{v}}_1, \cdots, \vec{\mathbf{v}}_k$ 为 $\mathbb{R}^n$ 中的向量, 则 $\text{Span}(\vec{\mathbf{v}}_1, \cdots, \vec{\mathbf{v}}_k)$ 是 $\mathbb{R}^n$ 的一个子空间, 并且是包含 $\vec{\mathbf{v}}_1, \cdots, \vec{\mathbf{v}}_k$ 的最小的子空间.

2.4.6 证明: 如果 $\vec{\mathbf{v}}$ 和 $\vec{\mathbf{w}}$ 是 $\mathbb{R}^3$ 的一组规范正交基中的两个向量, 则第三个向量为 $\pm\vec{\mathbf{v}} \times \vec{\mathbf{w}}$.

2.4.7 证明命题 2.4.18.

2.4.8 令 A, B, C 为三个矩阵, 满足 $AB = C$. 证明: 如果 A 是 $n \times n$ 的矩阵, 且 C 是 $n \times m$ 的矩阵, 包含 n 个线性无关的列, 则 A 是可逆的.

2.4.9 完成定义 2.4.11 中的基的三个条件的等价性证明.

2.4.10 令 $\vec{\mathbf{v}}_1 = \begin{bmatrix}1\\1\end{bmatrix}, \vec{\mathbf{v}}_2 = \begin{bmatrix}1\\3\end{bmatrix}$. 令 x 和 y 为相应于标准基向量 $\{\vec{\mathbf{e}}_1, \vec{\mathbf{e}}_2\}$ 的坐标, 令 u 和 v 为相应于 $\{\vec{\mathbf{v}}_1, \vec{\mathbf{v}}_2\}$ 的坐标. 写出把 (x, y) 平移成 (u, v) 以及平移回来的方程. 用这些方程, 将向量 $\begin{bmatrix}3\\-5\end{bmatrix}$ 用 $\vec{\mathbf{v}}_1$ 和 $\vec{\mathbf{v}}_2$ 来表示.

练习 2.4.11: 在这个方案中, "权重"$a_{i,n}$ 一次选好; 它们与 f 无关. 当然, 你不能把近似计算变成精确的, 但你可以通过适当地选取 $a_{i,n}$ 使得对于不超过 n 次的多项式, 这个近似计算是精确的.

2.4.11 假设我们要估计

$$\int_0^1 f(x)\,\mathrm{d}x \approx \sum_{i=0}^{n} a_{i,n} f\left(\frac{i}{n}\right). \tag{1}$$

a. 对于 $n = 1, n = 2, n = 3$, 写出 $a_{0,n}, \cdots, a_{n,n}$ 必须要满足的线性方程组, 使得 (1) 对于下列的每个函数都是等式

$$f(x) = 1, f(x) = x, f(x) = x^2, \cdots, f(x) = x^n.$$

b. 解出这些方程, 并利用它们给出 $\int_0^1 \frac{\mathrm{d}x}{x+1}$ 的三个不同的近似.

c. 使用 Matlab 或者同类的软件, 计算 $a_{i,8}$. 有什么与早一些的情况非常不同的东西吗?

2.4.12 令 $A_t = \begin{bmatrix} 2 & t \\ 0 & 2 \end{bmatrix}$.

a. Mat(2,2) 中的元素 I, A_t, A_t^2, A_t^3 是线性无关的吗? 它们生成的子空间 $V_t \subset \mathrm{Mat}(2,2)$ 的维数是多少?(结果与 t 有关.)

b. 证明: 满足 $A_tB = BA_t$ 的矩阵 $B \in \mathrm{Mat}(2,2)$ 的集合 W_t 是 Mat(2,2) 的子空间. 它的维数是多少?(再次说明, 它与 t 有关.)

c. 证明: $V_t \subset W_t$. t 取哪个值可以使它们相等?

$$\begin{bmatrix} 1 & a & a & a \\ 1 & 1 & a & a \\ 1 & 1 & 1 & a \\ 1 & 1 & 1 & 1 \end{bmatrix}$$

练习 2.4.13 中的矩阵 A.

2.4.13 对于参数 a 的哪个数值, 边注中的矩阵 A 是可逆的?

2.4.14 a. 证明: 函数 $1 = \cos 0x, \cos x, \cos 2x, \cdots$ 构成 $C[0,\pi]$ 中的正交集.

b. 什么时候这个正交集中的向量与例 2.4.17 中的向量 $\sin nx$ 正交?

2.4.15 证明: 向量 $\vec{\mathbf{v}}_1, \cdots, \vec{\mathbf{v}}_k \in \mathbb{R}^n$ 是线性无关的, 当且仅当一个向量 $\vec{\mathbf{w}} \in \mathbb{R}^n$ 可以最多以一种方法写成那些向量的线性组合.

2.5 核、像和维数的公式

核有的时候也称为 "零空间". 定义 2.5.1 的第一部分, 例子: 向量 $\begin{bmatrix} -2 \\ -1 \\ 3 \end{bmatrix}$ 在 $\begin{bmatrix} 1 & 1 & 1 \\ 2 & -1 & 1 \end{bmatrix}$ 的核里, 因为 $\begin{bmatrix} 1 & 1 & 1 \\ 2 & -1 & 1 \end{bmatrix}\begin{bmatrix} -2 \\ -1 \\ 3 \end{bmatrix} = \begin{bmatrix} 0 \\ 0 \end{bmatrix}$, T 的像有时候会写作 $\mathrm{im}\, T$, 但是我们使用 $\mathrm{img}\, T$ 以避免与虚数部分混淆. 对于复数矩阵, 像和虚数部分都有意义.

命题 2.5.2 说明, 核和像在加法和标量乘法上是封闭的; 如果你把核里的两个元素加起来, 你还会得到核里的元素, 依此类推. 练习 2.5.5 让你来证明这个结论.

T 的核是 $\{\vec{\mathbf{0}}\}$ 在 T 下的逆像:

$$\ker T = T^{-1}\{\vec{\mathbf{0}}\}.$$

(逆像在定义 0.4.9 中定义.)

核(kernel)和像(image) 这两个词给出了一种几何语言, 可以用来讨论线性方程组的解的存在性和唯一性. 我们将看到, 线性变换的核是它自己的定义域的子空间, 而像是它的陪域的子空间. 它们的维数是相关的: **维数公式**(dimension formula)是一种守恒定律, 说的是随着一个的维数变大, 另一个的维数变小. 这建立起了线性方程组的解的存在性和唯一性之间的关系, 这就是线性代数的真正的威力所在.

定义 2.5.1 (核和像). 令 $T\colon \mathbb{R}^n \to \mathbb{R}^m$ 为线性变换:

1. T 的核, 表示为 $\ker T$, 是满足 $\vec{\mathbf{x}} \in \mathbb{R}^n$ 且 $T(\vec{\mathbf{x}}) = \vec{\mathbf{0}}$ 的向量 $\vec{\mathbf{x}}$ 的集合.
2. T 的像, 表示为 $\mathrm{img}\, T$, 是满足存在向量 $\vec{\mathbf{v}} \in \mathbb{R}^n$ 且 $T(\vec{\mathbf{v}}) = \vec{\mathbf{w}}$ 的向量 $\vec{\mathbf{w}} \in \mathbb{R}^m$ 的集合.

这个像的定义与 0.4 节的定义 0.4.2 里的集合论的定义相同.

命题 2.5.2. 如果 $T\colon \mathbb{R}^n \to \mathbb{R}^m$ 是线性变换, 则 $\ker T$ 是 $\mathbb{R}^n$ 的向量子空间, $\mathrm{img}\, T$ 是 $\mathbb{R}^m$ 的向量子空间.

命题 2.5.3 把线性方程组的解的存在性和唯一性与像和核联系了起来: 唯一性等价于核为 $\vec{\mathbf{0}}$, 存在性等价于万物皆有像.

命题 2.5.3. 令 $T\colon \mathbb{R}^n \to \mathbb{R}^m$ 为线性变换. 线性方程组 $T(\vec{\mathbf{x}}) = \vec{\mathbf{b}}$:

1. 当且仅当 $\ker T = \{\vec{\mathbf{0}}\}$ 时, 对每个 $\vec{\mathbf{b}} \in \mathbb{R}^m$ 至多有一个解.
2. 当且仅当 $\operatorname{img} T = \mathbb{R}^m$ 时, 对每个 $\vec{\mathbf{b}} \in \mathbb{R}^m$ 至少有一个解.

命题 2.5.3 的第一部分应该成为我们的习惯; 要检验一个线性变换是单射, 只要检验它的核为 $\{\vec{\mathbf{0}}\}$. 对于线性变换, 像这样的结论是不成立的, 因为它们没有核 (尽管它们有 $\{\vec{\mathbf{0}}\}$ 的逆像. 要检验一个非线性函数是单射, 只检验它的逆像仅包含一个点也是不够的).

证明: 1. 如果 T 的核不是 $\{\vec{\mathbf{0}}\}$, 则 $T(\vec{\mathbf{x}}) = \vec{\mathbf{0}}$ 有多于一个解. (当然, 其中一个解为 $\vec{\mathbf{x}} = \vec{\mathbf{0}}$.)

反过来说, 如果存在 $\vec{\mathbf{b}}$ 使得 $T(\vec{\mathbf{x}}) = \vec{\mathbf{b}}$ 有多于一个解, 也就是说

$$T(\vec{\mathbf{x}}_1) = T(\vec{\mathbf{x}}_2) = \vec{\mathbf{b}} \text{ 且 } \vec{\mathbf{x}}_1 \neq \vec{\mathbf{x}}_2,$$

则

$$T(\vec{\mathbf{x}}_1 - \vec{\mathbf{x}}_2) \;=\; T(\vec{\mathbf{x}}_1) - T(\vec{\mathbf{x}}_2) = \vec{\mathbf{b}} - \vec{\mathbf{b}} = \vec{\mathbf{0}}. \tag{2.5.1}$$

因此, $\vec{\mathbf{x}}_1 - \vec{\mathbf{x}}_2$ 是核的一个非零元素, 因此 $\ker T \neq \{\vec{\mathbf{0}}\}$.

2. 说 $\operatorname{img} T = \mathbb{R}^m$ 与说 T 是满射是完全等价的. □

寻找像和核的基

令 T 为一个线性变换. 如果我们把相应的矩阵 $[T]$ 行化简到行阶梯矩阵形式, 则可以利用下面的定理找到像的一组基. 我们在给出一些例子之后来证明它.

定理 2.5.4 (像的基). $[T]$ 的主元列构成 $\operatorname{img} T$ 的一组基向量.

例 2.5.5 (寻找像的基). 考虑下面的矩阵 A, 它描述了一个从 $\mathbb{R}^5$ 到 $\mathbb{R}^4$ 的线性变换:

$$A = \begin{bmatrix} 1 & 2 & 4 & -1 & 2 \\ -1 & 0 & -2 & -1 & 1 \\ 2 & 0 & 4 & 2 & 1 \\ 1 & 1 & 3 & 0 & 2 \end{bmatrix} \text{ 行化简到 } \tilde{A} = \begin{bmatrix} \underline{1} & 0 & 2 & 1 & 0 \\ 0 & \underline{1} & 1 & -1 & 0 \\ 0 & 0 & 0 & 0 & \underline{1} \\ 0 & 0 & 0 & 0 & 0 \end{bmatrix}.$$

行化简后的矩阵 $\widetilde{A}$ 中的主元 1 在第 1, 2 和 5 列, 所以原矩阵 A 的第 1, 2 和 5 列是像的一组基. 我们可以把 A 的像中的任意向量表示为那三个向量的线性组合. 例如, $\vec{\mathbf{w}} = 2\vec{\mathbf{a}}_1 + \vec{\mathbf{a}}_2 - \vec{\mathbf{a}}_3 + 2\vec{\mathbf{a}}_4 - 3\vec{\mathbf{a}}_5$ 可以写成

例 2.5.5: 我们利用定理 2.5.4 找到的基并不是像的唯一的基.

注意到, 原矩阵 A 的主元列构成了像的一组基, 但通常的情况是, 行化简后的矩阵 $\tilde{A}$ 中包含主元 1 的列并不构成这样的一组基.

$$\vec{\mathbf{w}} = \begin{bmatrix} -8 \\ -5 \\ 1 \\ -6 \end{bmatrix} = 2\begin{bmatrix} 1 \\ -1 \\ 2 \\ 1 \end{bmatrix} - 2\begin{bmatrix} 2 \\ 0 \\ 0 \\ 1 \end{bmatrix} - 3\begin{bmatrix} 2 \\ 1 \\ 1 \\ 2 \end{bmatrix}. \tag{2.5.2}$$

注意, 像的基中的每个向量有四项, 它必须这样, 因为像是 $\mathbb{R}^4$ 的一个子空间. 但是像不必然属于 $\mathbb{R}^4$; $\mathbb{R}^4$ 空间的基必须包含四个元素. △

核的基

给核找到一组基就更加复杂了. 核的基是一组向量, 使得任意一个满足 $A\vec{\mathbf{w}}=\vec{\mathbf{0}}$ 的向量 $\vec{\mathbf{w}}$ 都可以表示为那些基向量的线性组合. 基向量必须属于核, 且它们必须是线性无关的.

一个方程 $A\vec{\mathbf{x}}=\vec{\mathbf{0}}$ 被称为齐次线性方程组.

A 的像的维数是主元列的个数, 而 A 的核的维数是非主元列的个数.

定理 2.2.1 说的是, 如果一个线性方程组有一组解, 则它对你选择的非主元未知变量的每个值都有唯一解. 显然, $A\vec{\mathbf{w}}=\vec{\mathbf{0}}$ 有一组解, 即 $\vec{\mathbf{w}}=\vec{\mathbf{0}}$. 所以我们的战术是, 给那些非主元未知变量 (主动变量) 以一个方便的方式来选取数值. 我们的灵感来自于标准基向量: 每一个都有一项等于 1, 其他为 0. 我们从每个非主元列, 通过把对应于那个非主元未知变量的项设为 1, 对应于其他非主元未知变量的项设为 0, 来构造一个向量 $\vec{\mathbf{v}}_i$. 对应于主元 (被动变量) 的项就是使得它能满足方程 $A\vec{\mathbf{v}}_i=\vec{\mathbf{0}}$ 的数值.

定理 2.5.6 (核的基). 令 p 为 A 的非主元列的个数, $k_1,\cdots,k_p$ 为它们所在的列的编号. 对于每个非主元列, 构造满足 $A\vec{\mathbf{v}}_i=\vec{\mathbf{0}}$ 的向量 $\vec{\mathbf{v}}_i$, 且其第 k_i 项为 1, 对于 $j\neq i$, 其余的第 k_j 项均为 0. 向量 $\vec{\mathbf{v}}_1,\cdots,\vec{\mathbf{v}}_p$ 构成了 $\ker A$ 的一组基.

例 2.5.7 (寻找核的基). 例 2.5.5 中的 A 的第三、第四列是非主元的, 所以 $k_1=3, k_2=4$. 对于我们选取的第三、第四个未知变量的任意数值, 方程组都有唯一解. 尤其是, 存在唯一的向量 $\vec{\mathbf{v}}_1$, 其第三项为 1, 第四项为 0, 且满足 $A\vec{\mathbf{v}}_1=\vec{\mathbf{0}}$. 存在另一个 $\vec{\mathbf{v}}_2$, 其第四项为 1, 第三项为 0, 也满足 $A\vec{\mathbf{v}}_2=\vec{\mathbf{0}}$:

$$\vec{\mathbf{v}}_1=\begin{bmatrix}-\\-\\1\\0\\-\end{bmatrix},\vec{\mathbf{v}}_2=\begin{bmatrix}-\\-\\0\\1\\-\end{bmatrix}. \tag{2.5.3}$$

等式 (2.5.3) 的两个向量很明显是线性无关的: 没有一个 $\vec{\mathbf{v}}_1$ 的线性组合可以在 $\vec{\mathbf{v}}_2$ 的第四项产生 1, 也没有一个 $\vec{\mathbf{v}}_2$ 的线性组合可以在 $\vec{\mathbf{v}}_1$ 的第三项产生 1. 用定理 2.5.6 中给出的技术找到的基向量将总是线性无关的, 因为对每一个对应于一个非主元未知变量的项, 一个基向量上是 1, 其余的都是 0.

注意到, 核的基中的每个向量都将有五项, 它必须如此, 因为变换的定义域为 $\mathbb{R}^5$.

$\vec{\mathbf{v}}_1$ 和 $\vec{\mathbf{v}}_2$ 的第一、第二和第五项对应于主元未知变量, 我们可以从 $[\widetilde{A}|\widetilde{\mathbf{0}}]$ 的前三行读出它们的数值 (要记得的是, $\widetilde{A}\mathbf{x}=\widetilde{\mathbf{0}}$ 的解也是 $A\mathbf{x}=\vec{\mathbf{0}}$ 的解):

$$[\widetilde{A}|\widetilde{\mathbf{0}}]=\begin{bmatrix}\underline{1}&0&2&1&0&0\\0&\underline{1}&1&-1&0&0\\0&0&0&0&\underline{1}&0\\0&0&0&0&0&0\end{bmatrix}, \text{也就是} \begin{cases}x_1+2x_3+x_4=0\\x_2+x_3-x_4=0\\x_5=0\end{cases}, \tag{2.5.4}$$

这给出

$$\begin{cases}x_1=-2x_3-x_4\\x_2=x_4-x_3\\x_5=0\end{cases}. \tag{2.5.5}$$

所以, 对于 $\vec{\mathbf{v}}_1$, 它的 $x_3=1$, $x_4=0$, 第一项为 $x_1=-2$, 第二项为 -1, 第五项

为 0; $\vec{\mathbf{v}}_2$ 中相对应的项分别为 -1, 1 和 0:

$$\vec{\mathbf{v}}_1 = \begin{bmatrix} -2 \\ -1 \\ 1 \\ 0 \\ 0 \end{bmatrix}, \vec{\mathbf{v}}_2 = \begin{bmatrix} -1 \\ 1 \\ 0 \\ 1 \\ 0 \end{bmatrix}. \tag{2.5.6}$$

这两个向量形成了 A 的核的一组基. △

等式 (2.5.6): 向量

$$\vec{\mathbf{w}} = \begin{bmatrix} -5 \\ -4 \\ 3 \\ -1 \\ 0 \end{bmatrix}$$

在 A 的核中, 因为 $A\vec{\mathbf{w}} = \vec{\mathbf{0}}$, 所以应该有可能把 $\vec{\mathbf{w}}$ 表达为 $\vec{\mathbf{v}}_1$ 和 $\vec{\mathbf{v}}_2$ 的线性组合. 实际上 $\vec{\mathbf{w}} = 3\vec{\mathbf{v}}_1 - \vec{\mathbf{v}}_2$.

现在, 来找下面的矩阵 A 的像和核的一组基:

$$A = \begin{bmatrix} 2 & 1 & 3 & 1 \\ 1 & -1 & 0 & 1 \\ 1 & 1 & 2 & 1 \end{bmatrix}, \text{它可以化简到 } \widetilde{A} = \begin{bmatrix} \underline{1} & 0 & 1 & 0 \\ 0 & \underline{1} & 1 & 0 \\ 0 & 0 & 0 & \underline{1} \end{bmatrix}, \tag{2.5.7}$$

到脚注里检查你的结果.[10]

定理 2.5.4(像的一组基) 的证明: 令 $A = [\vec{\mathbf{a}}_1, \cdots, \vec{\mathbf{a}}_m]$.

1. A 的*主元列* (事实上, A 的所有的列) 都在像中, 因为 $A\vec{\mathbf{e}}_i = \vec{\mathbf{a}}_i$.

2. 根据定理 2.4.5, *主元列是线性无关的*.

3. *主元列生成像*, 因为每个非主元列都是之前的主元列的线性组合. 假设 A 的第 k 列是非主元列. 把 A 的前 k 列看成一个增广矩阵, 也就是, 试着把第 k 列表示成前面的列的线性组合. 对矩阵 A 的包含前 k 列的子矩阵进行行化简, 这就等同于考虑 $\widetilde{A}$ 的前 k 列. 因为前 k 列是非主元的, 在最后一列中没有主元 1, 所以可以把 A 的第 k 列表示为更早的列的线性组合, 而实际上, $\widetilde{A}$ 的第 k 列的项告诉我们怎样把它表示为更早的主元列的线性组合. □

定理 2.5.6(核的一组基) 的证明:

1. 根据定义, $A\vec{\mathbf{v}}_i = \vec{\mathbf{0}}$, 所以 $\vec{\mathbf{v}}_i \in \ker A$.

2. 所有的 $\vec{\mathbf{v}}_i$ *是线性无关的*, 因为恰好在每个对应于非主元未知变量的位置上有一个非零的数.

3. $\vec{\mathbf{v}}_i$ *生成核*的意思是, 任意满足 $A\vec{\mathbf{x}} = \vec{\mathbf{0}}$ 的向量 $\vec{\mathbf{x}}$ 可以写为 $\vec{\mathbf{v}}_i$ 的线性组合. 假设 $A\vec{\mathbf{x}} = \vec{\mathbf{0}}$. 我们可以构造一个向量 $\vec{\mathbf{w}} = x_{k_1}\vec{\mathbf{v}}_1 + \cdots + x_{k_p}\vec{\mathbf{v}}_p$, 在第 k_i 列 (非主元列) 与 $\vec{\mathbf{x}}$ 有相同的项 x_{k_i}. 因为 $A\vec{\mathbf{v}}_i = \vec{\mathbf{0}}$, 所以我们有 $A\vec{\mathbf{w}} = \vec{\mathbf{0}}$. 但是, 对于非主元未知变量的每一个数值, 存在唯一的向量 $\vec{\mathbf{x}}$, 使得 $A\vec{\mathbf{x}} = \vec{\mathbf{0}}$. 因此 $\vec{\mathbf{x}} = \vec{\mathbf{w}}$. □

---

[10] 向量 $\begin{bmatrix} 2 \\ 1 \\ 1 \end{bmatrix}, \begin{bmatrix} 1 \\ -1 \\ 1 \end{bmatrix}, \begin{bmatrix} 1 \\ 1 \\ 1 \end{bmatrix}$ 构成了像的一组基; $\begin{bmatrix} -1 \\ -1 \\ 1 \\ 0 \end{bmatrix}$ 是核的一组基. A 的第三列是非主元的, 所以对于核的基向量, 我们设 $x_3 = 1$. $[\widetilde{A}|\vec{\mathbf{0}}]$ 的行化简后的矩阵为 $\begin{bmatrix} \underline{1} & 0 & 1 & 0 & 0 \\ 0 & \underline{1} & 1 & 0 & 0 \\ 0 & 0 & 0 & \underline{1} & 0 \end{bmatrix}$, 也就是 $x_1 + x_3 = 0$, $x_2 + x_3 = 0$, 以及 $x_4 = 0$. 这就给出 $x_1 = -1, x_2 = -1$.

回忆一下 (命题和定义 2.4.21), $\mathbb{R}^n$ 的一个子空间的维数为该子空间的任意一组基的向量的个数. 把它记作 dim.

一个线性变换的核的维数称作它的*零化度*(nullity), 但我们很少用到这个词.

维数公式说明, 关于核和像有一个守恒定律. 因为核是谈论线性方程组的解的唯一性的一种方式, 而像是谈论解的存在性的一种方式. 这就意味着对于某个问题说到其唯一性就会说到其存在性. 我们将在推论 2.5.10 中对于方形矩阵精确地陈述这个结果.

一个矩阵的秩 (也就是线性无关的列的个数) 是与其关联的最重要的数字.

*线性代数的威力*来自于推论 2.5.10. 我们在这一节的后面将给出关于差值和部分分式的例子. 也见练习 2.5.17 和 2.37, 它们从这个推论推出了主要的数学结果.

命题 2.5.11: 一个矩阵 A 和它的转置矩阵 A^{T} 的秩相同.

存在性和唯一性: 维数公式

定理 2.5.4 和 2.5.6 告诉我们, 如果 T 是由矩阵 $[T]$ 给出的线性变换, 则它的像的维数是矩阵 $[T]$ 中主元列的个数, 而它的核的维数则是它的非主元列的个数. 由于 $[T]$ 的总列数等于 T 的定义域的维数 (宽度为 n 的矩阵接受 $\mathbb{R}^n$ 中的一个向量为输入), 像的维数和核的维数加起来等于定义域的维数. 这个陈述, 叫作*维数公式*(dimension formula), 难以置信的简单; 它提供了线性代数的许多功能. 因为它太重要了, 我们在这里正式地给出陈述.

定理 2.5.8 (维数公式). 令 $T\colon \mathbb{R}^n \to \mathbb{R}^m$ 为线性变换, 则

$$\dim(\ker T) + \dim(\operatorname{img} T) = n, \text{定义域的维数}. \tag{2.5.8}$$

定义 2.5.9 (秩). 线性变换的像的维数叫作*秩*(rank).

如果 T 是 3×4 矩阵 $[T]$ 代表的线性变换, 且秩为 2, 那么它的定义域和陪域是什么? 它的核的维数是多少? 它是不是满射? 到脚注里寻找答案.[11]

维数公式的最重要的情况是当定义域和陪域的维数相等时, 解的存在性可以从唯一性导出. 非常重要的是, 知道了 $T(\vec{\mathbf{x}}) = \vec{\mathbf{0}}$ 有唯一解就保证了对于所有的 $T(\vec{\mathbf{x}}) = \vec{\mathbf{b}}$ 的解的存在性.

这当然是定理 2.2.1(和定理 2.4.5) 的一个重述. 但这些定理依赖于知道一个矩阵. 推论 2.5.10 可以在写不出矩阵的时候使用, 如我们将在例 2.5.14 和练习 2.5.12, 2.5.17 和 2.37 中所看到的.

推论 2.5.10 (从唯一性推出存在性). 令 $T\colon \mathbb{R}^n \to \mathbb{R}^n$ 为一个线性变换. 则当且仅当 $T(\vec{\mathbf{x}}) = \vec{\mathbf{0}}$ 的唯一解是 $\vec{\mathbf{x}} = \vec{\mathbf{0}}$ 时 (也就是核的维数为 0 时), 方程 $T(\vec{\mathbf{x}}) = \vec{\mathbf{b}}$ 对每一个 $\vec{\mathbf{b}} \in \mathbb{R}^n$ 有一个解.

因为推论 2.5.10 是一个 "当且仅当" 的陈述, 它还可以在一个线性变换的定义域和陪域的维数相同的时候用来从存在性推导出唯一性; 在实践中, 这个并不十分有用. 通常比构造出 $T(\vec{\mathbf{x}}) = \vec{\mathbf{b}}$ 的解更容易的是证明 $T(\vec{\mathbf{x}}) = \vec{\mathbf{0}}$ 有唯一解.

证明: 说 $T(\vec{\mathbf{x}}) = \vec{\mathbf{b}}$ 对每个 $\vec{\mathbf{b}} \in \mathbb{R}^n$ 有一个解的意思是, $\mathbb{R}^n$ 是 T 的像, 所以 $\dim \operatorname{img} T = n$, 它等价于 $\dim\ker(T) = 0$. □

下述结果是十分令人惊讶的.

命题 2.5.11. 令 A 为一个 $m\times n$ 的矩阵, 则 A 的线性无关的列的个数等于线性无关的行的个数.

理解这个结果的一种方法是考虑*对 A 的核的约束*. 把 A 想成 $m\times n$ 的矩

[11] T 的定义域是 $\mathbb{R}^4$, 它的陪域为 $\mathbb{R}^3$. 它的核的维数为 2, $\dim(\ker T) + \dim(\operatorname{img} T) = n$ 就变成了 $\dim(\ker T) + 2 = 4$. 这个变换不是满射, 因为 $\mathbb{R}^3$ 的一组基向量必须包含三个向量.

阵, 由它的行组成:

$$A=\begin{bmatrix} - & - & A_1 & - & - \\ - & - & A_2 & - & - \\ & & \vdots & & \\ - & - & A_m & - & - \end{bmatrix}. \tag{2.5.9}$$

则 A 的核是 $\mathbb{R}^n$ 的一个子空间; 它由满足线性约束 $A_1\vec{\mathbf{x}}=\vec{\mathbf{0}},\cdots,A_m\vec{\mathbf{x}}=\vec{\mathbf{0}}$ 的向量 $\vec{\mathbf{x}}$ 组成. 设想在这些约束条件中每次加入一个. 每一次你加上一个约束条件后 (也就是一列 A_i), 你就把核的维数减 1. 但这个仅在新的约束条件确实是新的, 而不是之前的条件产生出来的情况下才是对的 (也就是, A_i 与 $A_1,\cdots,A_{i-1}$ 是线性无关的).

我们把线性无关的行 A_i 的个数称为 A 的行秩. 以上论述导出了下面的公式

$$\dim\ker A = n - A\text{的行秩}. \tag{2.5.10}$$

而维数公式说的恰好是

$$\dim\ker A = n - A\text{的秩}, \tag{2.5.11}$$

所以 A 的秩与 A 的行秩应该是相同的.

这个论述不是非常严格: 它采用了直觉上可信但没有被证明的 "每次加上一个约束条件, 你就把核的维数减 1". 不难证明这个结论是成立的, 但以下的论述要简短一些 (也很有意思).

我们用向量的线性组合的形式来定义线性变换, 但 (如我们将在 2.6 节看到的) 同样的定义还可以用在其他对象的线性组合上, 例如矩阵, 等等. 在这个证明中, 我们把它用在了行矩阵上.

高斯 (图 2.5.1) 常被认为是史上最伟大的数学家之一, 他也在计算领域进行了深入的研究. 他发明了行化简 (也叫作*高斯消元法*(Gaussian elimination))、快速傅里叶变换、高斯积分, 还有很多很多.

证明: 把 A 的列的生成空间称为 A 的*列空间*(column space), 行的生成空间称为 A 的*行空间*(row space). $\widetilde{A}$ 的行是 A 的行的线性组合, 相反情形也成立, 因为行变换是可逆的, 所以如果 A 行化简到 $\widetilde{A}$, 则 A 的行空间和 $\widetilde{A}$ 的行空间是一致的.

$\widetilde{A}$ 中包含主元 1 的行是 $\widetilde{A}$ 的行空间的一组基: 其他的行为零, 所以它们必然对行空间没有贡献, A 中包含主元 1 的行是线性无关的, 因为包含主元 1 的列的所有其他项均为 0. 所以 A 的行空间的维数是 $\widetilde{A}$ 的主元 1 的个数, 我们已经看到, 它也就是 A 的列空间的维数. □

图 2.5.1
高斯 (Carl Friedrich Gauss, 1777 — 1855)

注释. 命题 2.5.11 给了我们在 2.4 节需要的陈述: 线性方程组 $A\vec{\mathbf{x}}=\vec{\mathbf{b}}$ 中线性无关的方程的个数等于矩阵 A 中主元列的个数. 把线性代数建立在行化简上可以看作是回到了欧拉的思维模式里. 就如同欧拉所说的, 非常明显为什么你不能从两个方程 $3x-2y=5$ 和 $4y=6x-10$ 确定 x 和 y 的值. (原话是: "La raison de cet accident saute d'abord aux yeux": *这个偶然事件的原因直接跃入眼帘*.)

当线性方程组的线性相关性不再能*直接跃入眼帘*的时候, 行化简可以让它变得明显. 对于数学史不幸的是, 同样在 1750 年, 欧拉写下了他的分析报告, 克莱姆发表了一个基于行列式来处理线性方程组的方法, 并迅速占据了主导地位, 风头盖过了欧拉的方法. 今天, 计算机的普及, 以及对计算上有效方法的强调, 又重新把注意力集中在把行化简作为线性代数的一个方法. △

在线性代数里, 有很多种不同的方法来表达同一个思想, 我们在表 2.5.2 里总结.

我们在练习 4.8.18 中探索克莱姆公式.

在第一组中, 陈述 2 和陈述 5 就是任意映射为满射的定义. 在第二组中, 陈述 2 就是任意映射为单射的定义. 其他等价的陈述依赖于 A 是一个线性变换.

第一组的陈述 4: 如果一个 $m \times n$ 的矩阵可以生成 $\mathbb{R}^m$, 它就有 m 个线性无关的列, 所以由命题 2.5.11, 所有的 m 列必须是线性无关的.

在每组内, 如果一个陈述成立, 则所有的都成立; 如果一个陈述不成立, 则所有的都不成立. 但如果 A 是一个方形矩阵, 且任何一组中的任意一个陈述成立, 则所有的 16 个陈述都成立; 如果任何一个不成立, 则所有的 16 个陈述都不成立.

表 2.5.2

关于线性变换 $A\colon \mathbb{R}^n \to \mathbb{R}^m$ 的等价陈述:

1. A 是满射.
2. A 的像为 $\mathbb{R}^m$.
3. A 的列生成 $\mathbb{R}^m$.
4. A 的行线性无关.
5. 对每个 $\vec{\mathbf{b}} \in \mathbb{R}^m$, 方程 $A\vec{\mathbf{x}} = \vec{\mathbf{b}}$ 存在一个解.
6. $\operatorname{img}(A)$ 的维数 (也称为 A 的秩) 为 m.
7. 行化简得到的矩阵 $\widetilde{A}$ 没有全是 0 的行.
8. 行化简得到的矩阵 $\widetilde{A}$ 在每一行上都有一个主元 1.

关于线性变换 $A\colon \mathbb{R}^n \to \mathbb{R}^m$ 的等价陈述:

1. A 是一对一的.
2. 如果方程 $A\vec{\mathbf{x}} = \vec{\mathbf{b}}$ 有一个解, 则它是唯一解.
3. A 的列是线性无关的.
4. $\ker A = \{\vec{\mathbf{0}}\}$.
5. 方程 $A\vec{\mathbf{x}} = \vec{\mathbf{0}}$ 的唯一解为 $\vec{\mathbf{x}} = \vec{\mathbf{0}}$.
6. $\ker A$ 的维数为 0.
7. 行化简得到的矩阵 $\widetilde{A}$ 没有主元列.
8. 行化简得到的矩阵 $\widetilde{A}$ 在每一列上都有一个主元 1.

现在, 我们来看说明推论 2.5.10 的威力的两个例子 (在定义域和陪域的维数相同的情况下的维数公式). 一个与信号处理有关, 另一个与部分分式有关.

插值和维数公式

从样本数据重新产生一个多项式的问题长期吸引着数学家们; 在 1805 年左右, 高斯假设了星体的轨道是由一个三角多项式给出的, 并试图从位置的样本数据确定一个星体的位置, 找到了现在称为*快速傅里叶变换*(fast Fourier transform)的算法.

在 18 世纪中期, 意大利人拉格朗日 (Joseph Lagrange, 1736 — 1813) 开发了现在的*拉格朗日插值公式*(Lagrange interpolation formula): 一个用来从 $k+1$ 个样本数据重构一个不超过 k 次的多项式的显式公式 (图 2.5.3 说明了它并不是一个用来近似一个函数的有效方法). 练习 2.5.18 让你找到拉格朗日公式. 在这里, 我们将使用维数公式来证明这样的公式是存在的.

令 P_k 为次数小于或等于 k 的多项式的空间. 给定 $k+1$ 个数 $c_0, \cdots, c_k$,

我们能否找到一个多项式 $p \in P_k$ 满足

$$\begin{aligned} p(0) &= c_0, \\ &\vdots \\ p(k) &= c_k? \end{aligned} \tag{2.5.12}$$

我们的策略将是考虑一个线性变换, 以一个多项式为输入, 返回样本的数值 $p(0), \cdots, p(k)$; 然后我们将使用维数公式来证明这个变换是可逆的.

插值在通信和计算机行业里是非常基本的. 我们通常不想从样本数据重新构造一个多项式. 相反, 我们希望找到一个函数能够拟合一个数据集合; 或者, 在另一个方向上, 把一个函数编码为 n 个样本数据 (例如, 存储一张 CD 上的音乐的数据, 并用这些数值来重新产生原始的声波).

1885 年, 维尔斯特拉斯证明了 $\mathbb{R}$ 中的一个有限区间上的连续函数可以用一个多项式一致地近似, 并且想要多么接近都可以做到. 但是, 如果这样的函数被取样 n 次, n 是中等大小 (比如大于 10), 拉格朗日插值就是对近似的一个很糟糕的尝试. 伯恩斯坦多项式 (1911 年由伯恩斯坦 (Sergei Bernstein) 引入, 用来给出维尔斯特拉斯定理的一个构造性的证明) 要好得多; 在计算机画 Bézier 曲线的时候得到了使用.

考虑线性变换 $T_k\colon P_k \to \mathbb{R}^{k+1}$, 由

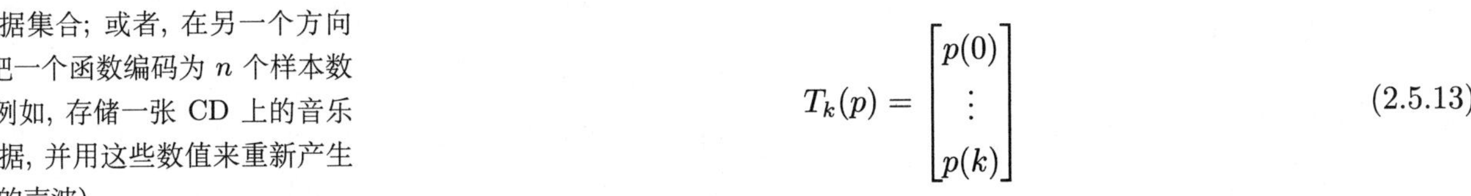

$$T_k(p) = \begin{bmatrix} p(0) \\ \vdots \\ p(k) \end{bmatrix} \tag{2.5.13}$$

给出.

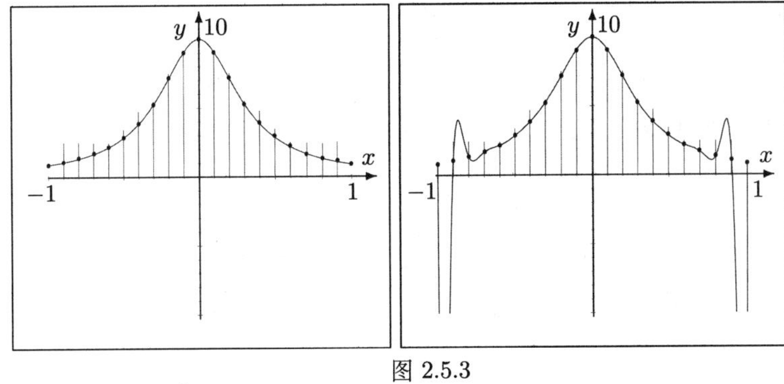

图 2.5.3

左图: 函数 $\dfrac{1}{x^2+1/10}$, 在 $x=-1$ 和 $x=1$ 之间.

右图: 使用拉格朗日插值, 从 $-1, -0.9, \cdots, 0.9, 1$ 这 21 个点 (做记号的点) 重新构造的唯一的 20 次多项式. 在插值的定义域的边界附近, 拉格朗日插值是用来近似一个函数的一个很糟糕的方法.

因为 $\ker T_k = \{0\}$, 变换是一对一的; 因为 T_k 的定义域和陪域的维数都是 $k+1$, 推论 2.5.10 说的是, 因为核为零, 所以 T_k 是满射, 因此是可逆的.

T_k 的核是在 $0, 1, \cdots, k$ 处等于 0 的多项式 $p \in P_k$ 的空间. 但是一个次数小于或等于 k 的多项式不能有 $k+1$ 个根, 除非它就是零多项式. 所以 T_k 的核是 $\{0\}$. 维数公式则告诉我们它的像为全部的 $\mathbb{R}^{k+1}$:

$$\dim \operatorname{img} T_k + \dim \ker T_k = \underbrace{\dim P_k}_{T_k\text{的定义域的维数}} = k+1. \tag{2.5.14}$$

尤其是, T_k 是可逆的.

这给出了我们想要的结果: 存在一个变换 $T_k^{-1}\colon \mathbb{R}^{k+1} \to P_k$, 使得对于样本数值 $c_0, \cdots, c_k$, 我们有

$$T_k^{-1} \begin{bmatrix} c_0 \\ \vdots \\ c_k \end{bmatrix} = \underbrace{a_0 + a_1 x + \cdots + a_k x^k}_{p(x)}, \tag{2.5.15}$$

其中 p 为唯一的满足 $p(0)=c_0, p(1)=c_1, \cdots, p(k)=c_k$ 的多项式.

例 2.5.12 (插值: 最多为 2 次的多项式的插值). 变换 $T_2: p \mapsto \begin{bmatrix} p(0) \\ p(1) \\ p(2) \end{bmatrix}$, 其中通过把 $a + bx + cx^2$ 写为 $\begin{pmatrix} a \\ b \\ c \end{pmatrix}$ 来把 P_2 当作 $\mathbb{R}^3$, 这个变换的矩阵为

$$T_2 = \begin{bmatrix} 1 & 0 & 0 \\ 1 & 1 & 1 \\ 1 & 2 & 4 \end{bmatrix}; \text{把 } T_2 \text{ 乘上 } \begin{bmatrix} a \\ b \\ c \end{bmatrix} \text{ 给出}$$

$$\begin{bmatrix} 1 & 0 & 0 \\ 1 & 1 & 1 \\ 1 & 2 & 4 \end{bmatrix}\begin{bmatrix} a \\ b \\ c \end{bmatrix} = \begin{bmatrix} a \\ a+b+c \\ a+2b+4c \end{bmatrix}, \tag{2.5.16}$$

等价于多项式 $p(x) = a + bx + cx^2$ 在 $x = 0, x = 1$ 和 $x = 2$ 处计算数值. T_2 的逆为

$$T_2^{-1} = \begin{bmatrix} 1 & 0 & 0 \\ -3/2 & 2 & -1/2 \\ 1/2 & -1 & 1/2 \end{bmatrix}, \tag{2.5.17}$$

所以, 如果我们选择 (例如)$c_0 = 1, c_1 = 4, c_2 = 9$, 则得到 $1 + 2x + x^2$:

$$\begin{bmatrix} 1 & 0 & 0 \\ -3/2 & 2 & -1/2 \\ 1/2 & -1 & 1/2 \end{bmatrix}\begin{bmatrix} 1 \\ 4 \\ 9 \end{bmatrix} = \begin{bmatrix} 1 \\ 2 \\ 1 \end{bmatrix}, \tag{2.5.18}$$

这个对应于多项式 $p(x) = 1 + 2x + x^2$. 实际上

$$\underbrace{1 + 2\cdot 0 + 0^2}_{p(0)} = 1,\ \underbrace{1 + 2\cdot 1 + 1^2}_{p(1)} = 4,\ \underbrace{1 + 2\cdot 2 + 2^2}_{p(2)} = 9. \qquad \triangle$$

注释. 我们对插值的讨论处理的是特殊情况, 就是 $k+1$ 个数值 $c_0, \cdots, c_k$ 是一个多项式在特殊的数 $0, 1, \cdots, k$ 处的值. 当多项式在任意 $k+1$ 个不同的点 $x_0, \cdots, x_k$ 处取值的时候, 结果也是正确的; 存在唯一的多项式, 满足 $p(x_0) = c_0, p(x_1) = c_1, \cdots, p(x_k) = c_k$. △

在例 2.5.12 中构造 T_2: 矩阵 T 的第 i 列为 $T\vec{\mathbf{e}}_i$; 这里, 标准基向量 $\vec{\mathbf{e}}_1, \vec{\mathbf{e}}_2, \vec{\mathbf{e}}_3$ 被多项式 $1, x, x^2$ 所代替, 因为 $\vec{\mathbf{e}}_1$ 被当作多项式 $1+0x+0x^2$, $\vec{\mathbf{e}}_2$ 被当作多项式 $0+x+0x^2$, $\vec{\mathbf{e}}_3$ 被当作多项式 $0+0x+x^2$, 这样 T_2 的第一列为

$$T_2(1) = \begin{bmatrix} 1 \\ 1 \\ 1 \end{bmatrix}.$$

常数多项式 1 总是 1. 第二个为

$$T_2(x) = \begin{bmatrix} 0 \\ 1 \\ 2 \end{bmatrix},$$

因为多项式 x 在 $x = 0$ 时为 0, 在 $x = 1$ 时为 1, 在 $x = 2$ 时为 2. 对于第三个, 多项式 x^2 在 0 处为 0, 在 1 处为 1, 在 2 处为 4.

练习 2.5.10 让你证明: 存在数值 $c_0, \cdots, c_k$, 使得对于所有的多项式 $p \in P_k$, 有

$$\int_0^k p(t)\,\mathrm{d}t = \sum_{i=0}^k c_i p(i).$$

因此, 在 $k+1$ 个点处对多项式 $p \in P_k$ 取样 (计算数值), 对每个 c_i 给出适当的权重, 并把结果相加, 将给出与使用积分把一个给定的区间内的所有点处的多项式的值相加同样的结果.

部分分式

当达朗贝尔证明代数基本定理的时候, 他的动机是能够把有理函数分解为部分分式, 使得它们可以被显式地积分; 这就是为什么他把他的文章称作 *Recherches sur le calcul intégral*(“积分学探究”). 你可能将在学习积分的方法时遇到部分分式. 回忆一下, 分解成部分分式是通过写出分子的未定系数; 乘开从而得到这些系数的一个线性方程组. 命题 2.5.13 证明了这样的线性方程组总有唯一解. 对于插值的情况, 维数公式, 在它的特殊情况推论 2.5.10 中, 将是最基本的.

命题 2.5.13 (部分分式). 令

$$p(x) = (x-a_1)^{n_1}\cdots(x-a_k)^{n_k} \tag{2.5.19}$$

是一个次数为 $n = n_1 + \cdots + n_k$ 的多项式, a_i 都是不同的, 令 q 为任意一个次数小于 n 的多项式. 则有理函数 q/p 可以唯一地写为简单项的和, 成为部分分式

$$\frac{q(x)}{p(x)} = \frac{q_1(x)}{(x-a_1)^{n_1}} + \cdots + \frac{q_k(x)}{(x-a_k)^{n_k}}, \tag{2.5.20}$$

其中, 每个 q_i 是一个次数小于 n_i 的多项式.

在等式 (2.5.19) 中, 我们要求 a_i 是不同的. 例如, 尽管

$$p(x) = x(x-1)(x-1)(x-1)$$

可以被写为

$$p(x) = x(x-1)(x-1)^2,$$

这并不是一个允许在命题 2.5.13 中使用的分解, 而 $p(x) = x(x-1)^3$ 才是.

由命题 2.5.13, 你可以对所有的分式进行积分, 也就是, 两个多项式的比. 你可以对每一个形式为

$$\frac{q(x)}{(x-a)^n}$$

的项进行积分, 其中等式 (2.5.20) 中的 q 的次数小于 n, 积分如下:

在 q 中做代换 $x = (x-a)+a$, 并乘开, 可看到存在数值 $b_{n-1},\cdots,b_0$, 满足

$$q(x) = b_{n-1}(x-a)^{n-1} + \cdots + b_0.$$

则

$$\frac{q(x)}{(x-a)^n} = \frac{b_{n-1}(x-a)^{n-1}+\cdots+b_0}{(x-a)^n} = \frac{b_{n-1}}{x-a} + \cdots + \frac{b_0}{(x-a)^n}.$$

如果 $n \neq 1$, 则

$$\int \frac{\mathrm{d}x}{(x-a)^n} = \frac{-1}{n-1}\frac{1}{(x-a)^{n-1}} + c;$$

如果 $n = 1$, 则

$$\int \frac{\mathrm{d}x}{x-a} = \ln|x-a| + c.$$

注意到, 根据代数基本定理, 每个多项式可以写成一个一次多项式的幂次的乘积, 其中每个 a_i 彼此不同, 如等式 (2.5.19). 例如 $x^2-1=(x+1)(x-1)$, $a_1=-1, a_2=1$; $n_1=n_2=1$, 所以 $n=2$. $x^3-2x^2+x=x(x-1)^2$, $a_1=0, a_2=1$; $n_1=1, n_2=2$, 所以 $n=3$. 当然, 找到 a_i 就意味着找到多项式方程的根, 它可能本身就很难.

例 2.5.14 (部分分式). 当

$$q(x) = 2x+3,\ p(x) = x^2-1 \tag{2.5.21}$$

时, 命题 2.5.13 说明, 存在多项式 q_1 和 q_2, 且次数小于 1(也就是数, 我们可以叫作 A_0 和 B_0, 下脚标说明了它们是次数为 0 的项的系数), 满足

$$\frac{2x+3}{x^2-1} = \frac{A_0}{x+1} + \frac{B_0}{x-1}. \tag{2.5.22}$$

如果 $q(x) = x^3-1$, $p(x) = (x+1)^2(x-1)^2$, 则命题说的是, 存在两个次数为 1 的多项式, $q_1 = A_1x + A_0$, $q_2 = B_1x + B_0$, 满足

$$\frac{x^3-1}{(x+1)^2(x-1)^2} = \frac{A_1x+A_0}{(x+1)^2} + \frac{B_1x+B_0}{(x-1)^2}. \tag{2.5.23}$$

在简单的情况下, 很明显如何继续算下去. 在等式 (2.5.22) 中, 要找到 A_0 和 B_0, 我们把式子乘开得到公分母:

$$\begin{aligned}\frac{2x+3}{x^2-1} &= \frac{A_0}{x+1} + \frac{B_0}{x-1}\\ &= \frac{A_0(x-1)+B_0(x+1)}{x^2-1}\\ &= \frac{(A_0+B_0)x+(B_0-A_0)}{x^2-1}.\end{aligned}$$

所以我们得到含两个未知变量的两个线性方程:

$$\begin{cases}-A_0+B_0 = 3\\ A_0+B_0 = 2\end{cases},\ \text{得到 } B_0 = \frac{5}{2}, A_0 = -\frac{1}{2}. \tag{2.5.24}$$

我们可以把等式 (2.5.24) 左侧的线性方程想成矩阵相乘

$$\begin{bmatrix} -1 & 1 \\ 1 & 1 \end{bmatrix}\begin{bmatrix} A_0 \\ B_0 \end{bmatrix} = \begin{bmatrix} 3 \\ 2 \end{bmatrix}. \tag{2.5.25}$$

那么等式 (2.5.23) 的与之类比的矩阵乘法是什么呢? [12] △

那么一般的情况是什么? 如果我们把等式 (2.5.20) 的右侧通分, 则看到 $q(x)/p(x)$ 等于

$$\frac{q_1(x)(x-a_2)^{n_2}\cdots(x-a_k)^{n_k}+q_2(x)(x-a_1)^{n_1}(x-a_3)^{n_3}\cdots(x-a_k)^{n_k}+\cdots+q_k(x)(x-a_1)^{n_1}\cdots(x-a_{k-1})^{n_{k-1}}}{(x-a_1)^{n_1}(x-a_2)^{n_2}\cdots(x-a_k)^{n_k}}. \tag{2.5.26}$$

如同我们在简单的例子里所做的一样, 我们可以把这个写成 q_i 的系数的线性方程组, 并通过行化简来求解. 但是, 除了在简单的情况下, 计算这个矩阵将是一件很大的工程. 更坏的是, 我们如何知道结果的方程组有解呢? 难道我们做大量的工作只是为了发现方程组是不一致的吗?

命题 2.5.13 让我们相信总有一个解, 推论 2.5.10 提供了解决问题的关键.

推论 2.5.10: 如果

$$T: \mathbb{R}^n \to \mathbb{R}^n$$

为一个线性变换, 对于任意 $\vec{\mathbf{b}} \in \mathbb{R}^n$, 当且仅当方程 $T(\vec{\mathbf{x}}) = \vec{\mathbf{0}}$ 的唯一解是 $\vec{\mathbf{x}} = \vec{\mathbf{0}}$ 时, 方程 $T(\vec{\mathbf{x}}) = \vec{\mathbf{b}}$ 有解.

我们把变换 T 想成一个矩阵, 以 q_i 的系数为输入, 返回 q 的系数, 也把它想成一个线性函数, 输入 $q_i, \cdots, q_k$, 返回多项式 q.

命题 2.5.13(部分分式) 的证明: 我们按照上述过程得到的矩阵必须是 $n \times n$ 的. 这个矩阵给出了一个线性变换, 其输入为一个各个项为 $q_1, \cdots, q_k$ 的系数的向量. 一共有 n 个这样的系数: 每个多项式 q_i 的次数小于 n_i, 所以, 它由次数为 0 的项到次数为 $(n_i - 1)$ 的项的系数来指定, 且所有的 n_i 的总和为 n (注意, 一些系数可以是 0, 例如, 如果 q_j 的次数小于 $n_j - 1$). 变换的输出为一个向量, 给出了 q 的 n 个系数 (因为 q 的次数小于 n, 它由次数为 $0, \cdots, n-1$ 的项的系数来指定).

因此, 根据推论 2.5.10, 我们可以把矩阵想成一个线性变换 $T: \mathbb{R}^n \to \mathbb{R}^n$. 命题 2.5.13 成立, 当且仅当 $T(q_1, \cdots, q_k) = \mathbf{0}$ 的唯一解为 $q_1 = \cdots = q_k = 0$. 这个将由引理 2.5.15 得到.

引理 2.5.15. 如果 $q_i \neq 0$ 为一个次数小于 n_i 的多项式, 则

$$\lim_{x \to a_i}\left|\frac{q_i(x)}{(x-a_i)^{n_i}}\right| = \infty, \tag{2.5.27}$$

[12] 乘开, 我们得到

$$\frac{x^3(A_1+B_1)+x^2(-2A_1+A_0+2B_1+B_0)+x(A_1-2A_0+B_1+2B_0)+A_0+B_0}{(x+1)^2(x-1)^2},$$

所以

$$\begin{aligned} A_0+B_0 &= -1, \text{ 次数为 0 的项的系数}, \\ A_1-2A_0+B_1+2B_0 &= 0, \text{ 次数为 1 的项的系数}, \\ -2A_1+A_0+2B_1+B_0 &= 0, \text{ 次数为 2 的项的系数}, \\ A_1+B_1 &= 1, \text{ 次数为 3 的项的系数}, \end{aligned}$$

也就是

$$\begin{bmatrix} 0 & 1 & 0 & 1 \\ 1 & -2 & 1 & 2 \\ -2 & 1 & 2 & 1 \\ 1 & 0 & 1 & 0 \end{bmatrix}\begin{bmatrix} A_1 \\ A_0 \\ B_1 \\ B_0 \end{bmatrix} = \begin{bmatrix} -1 \\ 0 \\ 0 \\ 1 \end{bmatrix}.$$

也就是, 如果 $q_i \neq 0$, 则 $q_i(x)/(x-a_i)^{n_i}$ 会暴增至无限大.

引理 2.5.15 的证明: 对于非常接近 a_i 的 x 的数值, 分母 $(x-a_i)^{n_i}$ 变得很小; 如果一切正常, 则整个项就会变得很大. 但我们需要确定, 分子并没有以同样的速度变小. 我们来做变量代换, $u = x - a_i$, 使得

$$q_i(x) = q_i(u + a_i),\ \text{记作}\ \widetilde{q}_i(u). \tag{2.5.28}$$

则我们有

等式 (2.5.29) 中分子的次数小于 n_i, 而分母的次数为 n_i.

$$\lim_{u\to 0}\left|\frac{\widetilde{q}_i(u)}{u^{n_i}}\right| = \infty,\ \text{如果}\ q_i \neq 0. \tag{2.5.29}$$

实际上, 如果 $q_i \neq 0$, 则 $\widetilde{q}_i \neq 0$, 存在一个数 $m < n_i$, 使得

$$\widetilde{q}_i(u) = a_m u^m + \cdots + a_{n_i-1}u^{n_i-1}, \tag{2.5.30}$$

其中 $a_m \neq 0$. (这个 a_m 是第一个非零系数; 随着 $u \to 0$, $a_m u^m$ 这一项比任何其他项都大.) 除以 u^{n_i}, 我们可以写

$$\frac{\widetilde{q}_i(u)}{u^{n_i}} = \frac{1}{u^{n_i-m}}(a_m + \cdots), \tag{2.5.31}$$

其中 "$\cdots$" 表示包含 u 的正数次幂的项, 因为 $m < n_i$. 尤其有

$$\text{随着}u \to 0,\ \left|\frac{1}{u^{n_i-m}}\right| \to \infty\ \text{且}\ (a_m + \cdots) \to a_m. \tag{2.5.32}$$

因此, 随着 $x \to a_i$, $q_i(x)/(x-a_i)^{n_i}$ 这一项暴增至无限大: 分母变得越来越小, 而分子趋向于 $a_m \neq 0$. □

命题 2.5.13 的证明确实让线性代数付诸实践. 尽管在通过线性变换把问题翻译成线性代数后, 答案仍并不明显, 但是维数的公式使得结果变得显然了.

我们也必须要确定随着 x 趋向于 a_i, $(x-a_i)^{n_i}$ 变小, 等式 (2.5.20) 里的其他项不能补偿. 假设 $q_i \neq 0$. 对于所有其他项 $q_j, j \neq i$, 有理函数

$$\frac{q_j(x)}{(x-a_j)^{n_j}} \tag{2.5.33}$$

随着 $x \to a_i$ 有有限的极限 $q_j(a_i)/(a_i-a_j)^{n_j}$, 因此下面的和包括了随着 $x \to a_i$ 具有无限的极限的项 $\dfrac{q_i(x)}{(x-a_i)^{n_i}}$:

$$\frac{q(x)}{p(x)} = \frac{q_1(x)}{(x-a_1)^{n_1}} + \cdots + \frac{q_k(x)}{(x-a_k)^{n_k}}. \tag{2.5.34}$$

随着 $x \to a_i$, 上式具有无限的和, 且 q 不能处处为 0. 因此, 如果一些 q_i 不是 0, 则 $T(q_1, \cdots, q_k) \neq \mathbf{0}$, 我们不必通过计算矩阵或者解线性方程组就可以得出结论, 命题 2.5.13 是正确的: 对于任意 n 次多项式 p 以及次数小于 n 的多项式 q, 有理函数 q/p 可以唯一地写成部分分式的和. □

表 2.5.4 总结了理解线性变换的四种不同的方法.

表 2.5.4

理解线性变换 $T\colon \mathbb{R}^n \to \mathbb{R}^m$			
T 的性质	$T(\vec{\mathbf{x}}) = \vec{\mathbf{b}}$ 的解	T 的矩阵	几何
单射	若存在, 则唯一	所有列线性无关	$\ker T = \{\vec{\mathbf{0}}\}$
满射	对任何 $\vec{\mathbf{b}} \in \mathbb{R}^m$, 存在	所有列线性无关, 列可以生成 $\mathbb{R}^m$	像 = 陪域
可逆 (单射且满射)	存在且唯一	T 为方阵 $(n = m)$, 且所有列线性无关	$\ker T = \{\vec{\mathbf{0}}\}$, 像 = 陪域

对 T 的矩阵进行行化简是理解 T 的性质和线性方程组 $T(\vec{\mathbf{x}}) = \vec{\mathbf{b}}$ 的解的关键.

2.5 节的练习

2.5.1 a. 对矩阵 $A = \begin{bmatrix} 1 & 0 & 1 & 1 \\ 2 & 1 & 1 & 3 \\ 1 & 0 & 2 & 2 \end{bmatrix}$, 边注中的哪一个向量 $\vec{\mathbf{v}}_1, \vec{\mathbf{v}}_2, \vec{\mathbf{v}}_3$ 在 A 的核里?

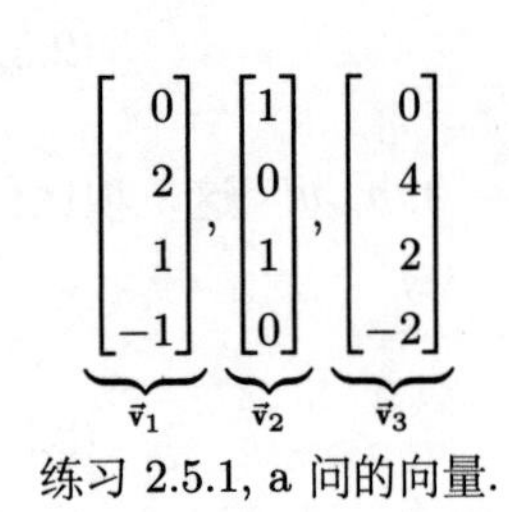

练习 2.5.1, a 问的向量.

b. 哪一个向量的高度适合在 T 的核里? 在其像中呢? 你可以找到 T 的核中的一个非零向量吗?

$$T = \begin{bmatrix} 2 & -1 & 3 & 2 & 1 \\ 1 & 0 & 1 & 3 & 0 \\ 2 & -1 & 1 & 0 & 1 \end{bmatrix}, \vec{\mathbf{w}}_1 = \begin{bmatrix} 1 \\ 2 \\ 3 \end{bmatrix}, \vec{\mathbf{w}}_2 = \begin{bmatrix} 0 \\ 1 \\ 1 \\ 2 \end{bmatrix}, \vec{\mathbf{w}}_3 = \begin{bmatrix} 1 \\ 0 \\ 1 \end{bmatrix}, \vec{\mathbf{w}}_4 = \begin{bmatrix} 2 \\ 1 \\ 2 \\ 0 \\ 0 \end{bmatrix}.$$

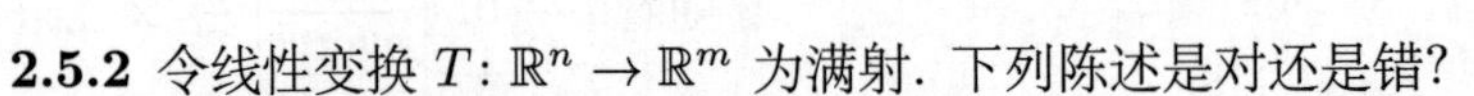

2.5.2 令线性变换 $T\colon \mathbb{R}^n \to \mathbb{R}^m$ 为满射. 下列陈述是对还是错?

a. T 的列生成 $\mathbb{R}^n$.

b. T 的秩为 m.

c. 对任意向量 $\vec{\mathbf{v}} \in \mathbb{R}^m$, $T\vec{\mathbf{x}} = \vec{\mathbf{v}}$ 有一个解.

d. 对任意向量 $\vec{\mathbf{v}} \in \mathbb{R}^n$, $T\vec{\mathbf{x}} = \vec{\mathbf{v}}$ 有一个解.

e. T 的零化度为 n.

f. T 的核为 $\{\vec{\mathbf{0}}\}$.

g. 对于任意向量 $\vec{\mathbf{v}} \in \mathbb{R}^m$, $T\vec{\mathbf{x}} = \vec{\mathbf{v}}$ 有唯一解.

2.5.3 令 T 为一个线性变换. 把左侧一列的每一项与右侧一列的每一个同义词连接起来:

	$\dim(\ker T)$
	$\dim$(T的定义域)
T 的秩	$\dim$(T的陪域)
T 的零化度	$\dim$(T的像)
T 的秩 + T 的零化度	T 的线性无关的列的个数
	T 的主元列的个数
	T 的非主元列的个数

2.5.4 令 T 为 $n \times m$ 矩阵, 使得行化简后的矩阵 $\widetilde{T}$ 至少有一行全是 0. 对于 T 的秩, 你可以推出什么结论? 如果 $\widetilde{T}$ 恰好有一行全是 0 呢? 证明你的陈述.

a. $\begin{bmatrix}1 & 1 & 3\\2 & 2 & 6\end{bmatrix}$.

b. $\begin{bmatrix}1 & 2 & 3\\-1 & 1 & 1\\-1 & 4 & 5\end{bmatrix}$.

c. $\begin{bmatrix}1 & 1 & 1\\1 & 2 & 3\\2 & 3 & 4\end{bmatrix}$.

练习 2.5.6 的矩阵.

$$A=\begin{bmatrix}2 & 1 & 3 & 1 & 0 & 0\\1 & -1 & 0 & 0 & 1 & 0\\1 & 1 & 1 & 0 & 0 & 1\end{bmatrix}$$

练习 2.5.7 的矩阵.

2.5.5 证明命题 2.5.2.

2.5.6 对于边注中的每个矩阵, 找到其核和像的一组基向量.

2.5.7 令 n 为边注中的矩阵 A 的秩.

a. n 等于多少?

b. 有没有超过一种方法选取 A 的 n 个线性无关的列?

c. 可否选取 A 的三个不是线性无关的列?

d. 这个对于下列方程组给出了什么信息?

$$\begin{cases}2x_1+x_2+3x_3+x_4 & = & 1\\ x_1-x_2+x_5 & = & 1\\ x_1+x_2+x_3+x_6 & = & 1\end{cases}$$

2.5.8 判断对错 (并解释你的结论). 令 $f\colon \mathbb{R}^m\to\mathbb{R}^k$, $g\colon\mathbb{R}^n\to\mathbb{R}^m$ 为线性变换. 则

$$f\circ g=0 \text{ 隐含着 } \operatorname{img} g=\ker f.$$

2.5.9 令 P_2 为次数小于或等于 2 的多项式的空间, 通过把 $a+bx+cx^2$ 当作 $\begin{pmatrix}a\\b\\c\end{pmatrix}$ 来将其当作 $\mathbb{R}^3$.

a. 写出由

$$(T(p))(x)=xp'(x)+x^2p''(x)$$

给出的线性变换 $T\colon P_2\to P_2$ 的矩阵.

b. 找到 T 的像和 T 的核的一组基.

练习 2.5.10 是非常现实的. 在对一个函数的积分进行数值计算的时候, 你总是要计算函数在一些点上的加权平均值. 这里, 我们解释如何通过选取权重, 使得近似计算积分的公式对于次数小于或等于 k 的多项式是精确的.

2.5.10 证明: 对于任意 $a<b$, 存在 $c_0,\cdots,c_k$, 满足 $\displaystyle\int_a^b p(t)\,\mathrm{d}t=\sum_{i=1}^k c_ip(i)$ 对于所有多项式 $p\in P_k$ 成立.

2.5.11 在 (a,b) 平面, 做一个使边注中的矩阵的核的维数为 0, 1, 2, 3 的集合的简图. 在同一张图上指明像的维数.

$$A=\begin{bmatrix}1 & b\\a & 2\end{bmatrix},$$

$$B=\begin{bmatrix}1 & 2 & a\\a & b & a\\b & b & a\end{bmatrix}$$

练习 2.5.11 的矩阵.

2.5.12 将下列式子分解成部分分式, 如所要求的那样, 在每种情况下, 明确所涉及的线性方程组, 并证明其矩阵是可逆的.

a. 把 $\dfrac{x+x^2}{(x+1)(x+2)(x+3)}$ 写为 $\dfrac{A}{x+1}+\dfrac{B}{x+2}+\dfrac{C}{x+3}$;

b. 把 $\dfrac{x+x^3}{(x+1)^2(x-1)^3}$ 写为 $\dfrac{Ax+B}{(x+1)^2}+\dfrac{Cx^2+Dx+F}{(x-1)^3}$.

2.5.13 a. 对于 a 的哪个数值, 你不能写出

$$\frac{x-1}{(x+1)(x^2+ax+5)}=\frac{A_0}{x+1}+\frac{B_1x+B_0}{x^2+ax+5}?$$

b. 为什么这与命题 2.5.13 不矛盾?

2.5.14 a. 令 $f(x)=x+Ax^2+Bx^3$. 找到一个多项式 $g(x)=x+\alpha x^2+\beta x^3$, 使得 $g(f(x))-x$ 为一个从四次项开始的多项式.

b. 证明: 如果 $f(x)=x+\sum_{i=2}^{k}a_ix^i$ 为一个多项式, 则存在唯一的一个多项式 $g(x)=x+\sum_{i=2}^{k}b_ix^i$, 使得 $g\circ f(x)=x+x^{k+1}p(x)$ 对于某个多项式 p 成立.

2.5.15 证明: 如果 A 和 B 是 $n\times n$ 的矩阵, 且 AB 是可逆的, 则 A 和 B 都是可逆的.

2.5.16 令 $S:\mathbb{R}^n\to\mathbb{R}^m$, $T:\mathbb{R}^m\to\mathbb{R}^p$ 为线性变换. 证明:

$$\operatorname{rank}(T\circ S)\leqslant\min(\operatorname{rank}T,\operatorname{rank}S).$$

***2.5.17** a. 找到一个 2 次多项式 $p(x)=a+bx+cx^2$, 使得

$$p(0)=1,\ p(1)=4,\ p(3)=-2.$$

练习 2.5.17: 这个练习里构造的多项式 p 叫作"拉格朗日插值多项式"; 它在给定的值之间插值. 考虑从 n 次多项式的空间 P_n 到 $\mathbb{R}^{n+1}$ 的映射, 由下式给出

$$p\mapsto\begin{bmatrix}p(x_0)\\ \vdots\\ p(x_n)\end{bmatrix}.$$

你需要证明这个映射是满射; 根据推论 2.5.10, 这足以证明它的核是 $\{0\}$.

b. 证明: 如果 $x_0,\cdots,x_n$ 为 $\mathbb{R}$ 中的 $n+1$ 个不同的点, $a_0,\cdots,a_n$ 为任意数, 存在唯一的一个次数为 n 的多项式, 使得 $p(x_i)=a_i$ 对每个 $i=0,\cdots,n$ 成立.

c. 令 x_i 和 a_i 与 b 问中的相同, 令 $b_0,\cdots,b_n$ 为任意数. 找到一个数 k 使得存在唯一的一个 k 次多项式, 满足

$$p(x_i)=a_i,\ 且\ p'(x_i)=b_i\ 对所有的\ i=0,\cdots,n 成立.$$

2.5.18 a. 证明: 给定任意不同的点 $x_0,\cdots,x_k\in\mathbb{R}$ 和任意数 $c_0,\cdots,c_k\in\mathbb{R}$, 多项式

$$p(x)=\sum_{i=0}^{k}c_i\frac{\prod_{j\neq i}(x-x_j)}{\prod_{j\neq i}(x_i-x_j)}\quad(拉格朗日插值公式)$$

是次数不超过 k 的多项式, 且满足 $p(x_i)=c_i$.

b. 对于 $k=1,k=2$ 和 $k=3$, 写出变换 $\begin{pmatrix}c_0\\ \vdots\\ c_k\end{pmatrix}\mapsto p$ 的矩阵, 其中

$$p=a_0+a_1x+\cdots+a_kx^k\in P_k\ 被当作\ \begin{pmatrix}a_0\\ \vdots\\ a_k\end{pmatrix}\in\mathbb{R}^{k+1}.$$

练习 2.5.19, a 问: 记住, 矩阵的第 i 列是第 i 个基向量的像.

c 问: 如果你乘开 $f_{\vec{\mathbf{a}}}$, 你会得到如下形式的项

$$\frac{p_{\vec{\mathbf{a}}}(x)}{x^n}.$$

$p_{\vec{\mathbf{a}}}$ 的次数是多少?

如果 $\vec{\mathbf{a}}\in\ker H_n$, 那么 $p_{\vec{\mathbf{a}}}$ 必须满足什么条件?

2.5.19 对于任意 $\vec{\mathbf{a}}\in\mathbb{R}^n$, 设 $f_{\vec{\mathbf{a}}}(x)=\frac{a_1}{x}+\frac{a_2}{x^2}+\cdots+\frac{a_n}{x^n}$, 令 $H:\mathbb{R}^n\to\mathbb{R}^n$ 为线性变换 $H_n(\vec{\mathbf{a}})=\begin{bmatrix}f_{\vec{\mathbf{a}}}(1)\\ \vdots\\ f_{\vec{\mathbf{a}}}(n)\end{bmatrix}$:

a. 对 $n=2$ 和 $n=3$, 写出 H_n 的矩阵.

b. 写出 H_n 的矩阵的通项公式.

c. 证明: H_n 是可逆的.

2.5.20 对于任意 $\vec{\mathbf{a}} \in \mathbb{R}^n$, 设 $f_{\vec{\mathbf{a}}}(x) = \dfrac{a_1}{x} + \dfrac{a_2}{x+1} + \cdots + \dfrac{a_n}{x+n-1}$, 令 $H: \mathbb{R}^n \to \mathbb{R}^n$ 为线性变换 $H_n(\vec{\mathbf{a}}) = \begin{bmatrix} f_{\vec{\mathbf{a}}}(1) \\ \vdots \\ f_{\vec{\mathbf{a}}}(n) \end{bmatrix}$:

a. 对 $n=2$ 和 $n=3$, 写出 H_n 的矩阵.

b. 写出 H_n 的矩阵的通项公式.

c. 对任意向量 $\vec{\mathbf{b}} \in \mathbb{R}^n$, 是否存在 $\vec{\mathbf{a}} \in \mathbb{R}^n$ 使得

$$f_{\vec{\mathbf{a}}}(1) = b_1; f_{\vec{\mathbf{a}}}(2) = b_2; \cdots; f_{\vec{\mathbf{a}}}(n) = b_n?$$

***2.5.21** 令 $T_1, T_2: \mathbb{R}^n \to \mathbb{R}^n$ 为线性变换.

a. 证明: 存在一个线性变换 $S: \mathbb{R}^n \to \mathbb{R}^n$ 使得当且仅当 $\ker T_2 \subset \ker T_1$ 的时候, 有 $T_1 = S \circ T_2$.

b. 证明: 存在一个线性变换 $S: \mathbb{R}^n \to \mathbb{R}^n$ 使得当且仅当 $\operatorname{img} T_1 \subset \operatorname{img} T_2$ 的时候, 有 $T_1 = T_2 \circ S$.

2.6 抽象向量空间

在这一节, 我们简单地讨论*抽象向量空间*(abstract vector spaces). 向量空间是一个集合, 在这个集合里面, 元素之间可以进行相加, 或者乘上一个数. 我们用不带箭头的黑体字母来表示一个向量, 用以与 $\mathbb{R}^n$ 中的向量加以区别: $\mathbf{v} \in V$, $\vec{\mathbf{v}} \in \mathbb{R}^n$.

向量空间的原型是 $\mathbb{R}^n$. 更一般地, 当且仅当 $\mathbb{R}^n$ 的一个子集 (与 $\mathbb{R}^n$ 具有同样的加法和数量乘法的计算) 是 $\mathbb{R}^n$ 的子空间 (定义 1.1.5) 的时候, 它是一个向量空间. 其他很容易理解的例子包括, $n \times m$ 的矩阵空间 $\mathrm{Mat}(n,m)$, 它的加法和数量乘法的计算在 1.2 节有定义, 还有次数不超过 k 的多项式构成的空间 P_k. 在 1.4 节, 我们把一个 $m \times n$ 的矩阵想成 $\mathbb{R}^{nm}$ 空间内的一个点, 在例 1.7.17 中, 我们把 P_k 当作 $\mathbb{R}^{k+1}$. 但是, 其他的向量空间, 比如例 2.6.2 中的, 有点不一样: 它们有点大, 而就算是 "当作 $\mathbb{R}^n$" 的意思是什么也并不清楚.

定义 2.6.1 (向量空间). *向量空间*(vector space) V 是一个向量的集合, 集合中的向量之间可以相加得到一个新的向量, 也可以乘上一个标量的数, 得到另一个向量. 加法和乘法必须满足下面的规则.

1. *加法的单位元*(additive identity): 存在一个向量 $\mathbf{0} \in V$, 使得对于任何向量 $\mathbf{v} \in V$, 我们有 $\mathbf{0} + \mathbf{v} = \mathbf{v}$.

2. *加法的逆元*(additive inverse): 对于任何向量 $\mathbf{v} \in V$, 存在一个向量

2.6 节: 为什么我们要学习抽象向量空间? 为什么不坚持用 $\mathbb{R}^n$? 一个原因是 $\mathbb{R}^n$ 与标准基一起, 它可能对于我们手头的问题并不是最好的基.

另一个原因是, 当你证明关于 $\mathbb{R}^n$ 的结论时, 你还需要在你把结论推广到任意向量空间之前, 检验你的证明与基的选择无关.

应用数学家通常倾向于用 $\mathbb{R}^n$ 来工作, 必要的时候翻译成抽象向量空间; 纯数学家通常倾向于直接在抽象向量空间中工作. 我们对两种视角都表示支持.

通常来说, 我们不能把向量空间中的元素乘在一起, 尽管有时候我们可以. (例如, $\mathrm{Mat}(n,n)$ 上的矩阵乘法和 $\mathbb{R}^3$ 中的向量的叉乘.)

哪个标量? 对于这本书, 有两个重要的选择: 实数和复数. 当标量是实数的时候, 向量空间称为实向量空间; 而当它们是复数的时候, 则称为复向量空间.

但对于这一节的大部分, 我们使用任何域的标量元素都是同样有效的.

标量的域(field of scalars) 是一个集合, 你可以进行加法和乘法; 这些运算必须满足特定的条件. (例如, 加法和乘法必须满足结合律和交换律, 乘法对加法要满足分配律.) 一个关键的属性是, 你可以除一个非零元素. 在数论中, 有理数域 $\mathbb{Q}$ 上的向量空间是很重要的, 在密码学中, 有限群上的向量空间起了核心的作用.

"field(场/域)" 这个词很不幸: 标量的 "field(域)" 与向量 "field(场)" 或者形式 "field(场)" 并不相关.

$-\mathbf{v} \in V$, 使得 $\mathbf{v} + (-\mathbf{v}) = \mathbf{0}$.

3. *加法交换律*(commutative law for addition): 对于任何向量 $\mathbf{v}, \mathbf{w} \in V$, 我们有
$$\mathbf{v} + \mathbf{w} = \mathbf{w} + \mathbf{v}.$$

4. *加法的结合律*(associative law for addition): 对于任何向量 $\mathbf{v}_1, \mathbf{v}_2, \mathbf{v}_3 \in V$, 我们有
$$\mathbf{v}_1 + (\mathbf{v}_2 + \mathbf{v}_3) = (\mathbf{v}_1 + \mathbf{v}_2) + \mathbf{v}_3.$$

5. *乘法的单位元*(multiplicative identity): 对于任意 $\mathbf{v} \in V$, 我们有 $1\mathbf{v} = \mathbf{v}$.

6. *乘法的结合律*(associative law for multiplication): 对于任何标量 a, b, 以及任意向量 $\mathbf{v} \in V$, 我们有
$$a(b\mathbf{v}) = (ab)\mathbf{v}.$$

7. *标量加法的分配律*(distributive law for scalar addition): 对于任何标量 a, b, 以及任意向量 $\mathbf{v} \in V$, 我们有
$$(a+b)\mathbf{v} = a\mathbf{v} + b\mathbf{v}.$$

8. *向量加法的分配律*(distributive law for vector addition): 对于任何标量 a, 以及任意向量 $\mathbf{v}, \mathbf{w} \in V$, 我们有
$$a(\mathbf{v} + \mathbf{w}) = a\mathbf{v} + a\mathbf{w}.$$

注意到, 空集不是一个向量空间, 因为它不满足条件 1. 但 $\{\mathbf{0}\}$ 是一个向量空间 —— 平凡向量空间.

在例 2.6.2 中, 我们关于加法是在 $\mathcal{C}[0,1]$ 上有明确的定义的假设用到了两个连续函数的和是连续的这个事实 (定理 1.5.29). 乘以一个标量也是有明确的定义的, 因为一个连续函数乘上一个常数也还是连续的.

例 2.6.2 (一个无限维的向量空间). 考虑定义在 $(0,1)$ 上的连续实值函数的空间 $\mathcal{C}(0,1)$. 这个空间中的 "向量" 是函数 $f\colon (0,1) \to \mathbb{R}$, 加法按照通常的定义 $(f+g)(x) = f(x) + g(x)$, 乘以标量的定义为 $(\alpha f)(x) = \alpha f(x)$. 练习 2.6.2 让你来证明这是一个向量空间. △

向量空间 $\mathcal{C}(0,1)$ 不能被当作 $\mathbb{R}^n$; 没有一个从任意 $\mathbb{R}^n$ 到这个空间的满射的线性变换, 如我们在例 2.6.18 所见到的. 但它有子空间, 可以用适当的 $\mathbb{R}^n$ 来表示, 见例 2.6.3.

例 2.6.3 (一个有限维的 $\mathcal{C}(0,1)$ 的子空间). 考虑二阶可微且满足 $D^2 f = 0$ 的函数 $f\colon \mathbb{R} \to \mathbb{R}$ 的空间 (也就是, 二阶导数为 0 的一元函数; 我们也可以写为 $f'' = 0$). 这是例 2.6.2 中的向量空间的一个子空间, 它本身也是一个向量空间. 但是因为当且仅当一个函数是不超过一次的多项式的时候, 它的二阶导数为 0, 我们看到, 这个空间是函数
$$f_{a,b}(x) = a + bx \tag{2.6.1}$$
的集合. 恰好需要两个数来指定这个向量空间的每个元素; 我们将选取常数函数 1 和函数 x 作为基. 因此, 在某种意义下, 这个空间 "是"$\mathbb{R}^2$, 因为 $f_{a,b}$ 可以

表示为 $\begin{pmatrix} a \\ b \end{pmatrix} \in \mathbb{R}^2$; 这从定义上并不能明显看出来.

但是在 $(0,1)$ 上一次连续可微函数的子空间 $\mathcal{C}^1(0,1) \subset \mathcal{C}(0,1)$ 不能用任何 $\mathbb{R}^n$ 来表示; 这些元素比那些 $\mathcal{C}(0,1)$ 上的有更多的限制, 但是还不足以使得一个元素可以用有限多的数来指定. △

线性变换

在 1.3 节, 我们研究了 $\mathbb{R}^n \to \mathbb{R}^m$ 的线性变换. 同样的定义可以用在抽象向量空间的线性变换上.

定义 2.6.4 (线性变换). 如果 V 和 W 为向量空间, **线性变换**(linear transformation) $T\colon V \to W$ 为一个映射, 满足

$$T(\alpha \mathbf{v}_1 + \beta \mathbf{v}_2) = \alpha T(\mathbf{v}_1) + \beta T(\mathbf{v}_2) \tag{2.6.2}$$

对所有的标量 $\alpha, \beta \in \mathbb{R}$, 以及所有的向量 $\mathbf{v}_1, \mathbf{v}_2 \in V$ 成立.

等式 (2.6.2) 是

$$T(\mathbf{v}_1 + \mathbf{v}_2) = T(\mathbf{v}_1) + T(\mathbf{v}_2),$$
$$T(\alpha \mathbf{v}_1) = \alpha T(\mathbf{v}_1)$$

的一个简短的写法.

一个双射的线性变换通常叫作向量空间的同构. “同构”一词依赖于上下文; 它的意思是“保留任何相关的结构”. 这里, 相关的结构是 V 和 W 的向量空间结构. 在其他的情况下, 它可能是一个群结构, 或者一个环结构.

其他的保持结构的映射有不同的名字: “同胚 (homeomorphism)” 保持了拓扑结构; “微分同胚 (diffeomorphism)” 是一个可微的映射, 有可微的逆, 因此保持了微分结构.

定理 1.3.4 说明, 每个线性变换 $T\colon \mathbb{R}^m \to \mathbb{R}^n$ 都是由一个 $n \times m$ 的矩阵给出的, 矩阵的第 i 列是 $T(\vec{\mathbf{e}}_i)$. 这提供了对从 $\mathbb{R}^m \to \mathbb{R}^n$ 的线性变换的一个完整的理解. 抽象向量空间之间的线性变换没有这个精彩的具体性. 在有限维的向量空间中, 可以把一个线性变换理解为一个矩阵, 但是你需要做一些工作, 给定义域选择一个基, 给陪域选择一个基; 我们在命题和定义 2.6.19 中讨论这个问题.

即使在可以把线性变换写为一个矩阵时, 它也可能不是最容易的处理方法, 见例 2.6.5.

例 2.6.5 (一个难以写成矩阵的线性变换). 如果 $A \in \mathrm{Mat}(n,n)$, 则由 $H \mapsto AH + HA$ 给出的变换 $\mathrm{Mat}(n,n) \to \mathrm{Mat}(n,n)$ 是线性变换. 我们在例 1.7.17 中遇到过它, 作为映射 $S\colon A \mapsto A^2$:

$$[\mathbf{D}S(A)]H = AH + HA \tag{2.6.3}$$

的导数. 即使是在 $n=3$ 的情况中, 把每个 3×3 的矩阵当成 $\mathbb{R}^9$ 中的一个向量, 并把变换写成 9×9 的矩阵也是枯燥乏味的; 这时候, 抽象线性变换的语言就更为合适. △

例 2.6.6 (证明一个变换为线性的). 令 $\mathcal{C}[0,1]$ 代表定义在 $0 \leqslant x \leqslant 1$ 上的连续实值函数的空间. 令 $g\colon [0,1] \times [0,1] \to \mathbb{R}$ 为一个连续函数, 定义映射 $T_g\colon \mathcal{C}[0,1] \to \mathcal{C}[0,1]$ 为

$$(T_g(f))(x) = \int_0^1 g\begin{pmatrix} x \\ y \end{pmatrix} f(y)\,\mathrm{d}y. \tag{2.6.4}$$

例如, 如果 $g\begin{pmatrix} x \\ y \end{pmatrix} = |x-y|$, 则 $(T_g(f))(x) = \int_0^1 |x-y| f(y)\,\mathrm{d}y$.

例 2.6.6: 如果我们把 $[0,1]$ 区间 n 等分, 使得 $[0,1] \times [0,1]$ 变成有 n^2 个小方块的格子, 则我们可以在格子里的每个点上给 g 取样, 把每个样本 $g\begin{pmatrix} x \\ y \end{pmatrix}$ 想成一个 $(n+1) \times (n+1)$ 的矩阵 A 的项 $g_{x,y}$. 类似地, 我们可以在每个点上对 f 取样, 给出一个向量 $\vec{\mathbf{b}} \in \mathbb{R}^{n+1}$. 则矩阵乘积 $A\vec{\mathbf{b}}$ 是等式 (2.6.4) 的积分的一个黎曼和. 这样, 当 n 很大时, 等式 (2.6.4) 看上去很像矩阵乘积 $A\vec{\mathbf{b}}$.

这是当我们引用矩阵的“类比”的时候要表达的意思; 它可以如你希望的那么像一个矩阵, 从而得到这个特殊的无限维的设置. 但并不是所有的从 $\mathcal{C}[0,1]$ 到 $\mathcal{C}[0,1]$ 的变换都是这一类; 就算是恒等变换也不能写成 T_g 的形式.

让我们来证明 T_g 是一个线性变换. 我们首先证明

$$T_g(f_1+f_2)=T_g(f_1)+T_g(f_2), \tag{2.6.5}$$

证明如下:

$$\begin{aligned}(T_g(f_1+f_2))(x) &= \int_0^1 g\begin{pmatrix}x\\y\end{pmatrix}(f_1+f_2)(y)\,\mathrm{d}y = \int_0^1 g\begin{pmatrix}x\\y\end{pmatrix}\overbrace{\big(f_1(y)+f_2(y)\big)}^{\text{向量空间中加法的定义}}\mathrm{d}y\\ &= \int_0^1\left(g\begin{pmatrix}x\\y\end{pmatrix}f_1(y)+g\begin{pmatrix}x\\y\end{pmatrix}f_2(y)\right)\mathrm{d}y = \int_0^1 g\begin{pmatrix}x\\y\end{pmatrix}f_1(y)\,\mathrm{d}y+\int_0^1 g\begin{pmatrix}x\\y\end{pmatrix}f_2(y)\,\mathrm{d}y\\ &= \big(T_g(f_1)\big)(x)+\big(T_g(f_2)\big)(x)=\big(T_g(f_1)+T_g(f_2)\big)(x).\end{aligned} \tag{2.6.6}$$

下一步, 我们证明 $T_g(\alpha f)(x)=\alpha T_g(f)(x)$:

$$T_g(\alpha f)(x)=\int_0^1 g\begin{pmatrix}x\\y\end{pmatrix}(\alpha f)(y)\,\mathrm{d}y=\alpha\int_0^1 g\begin{pmatrix}x\\y\end{pmatrix}f(y)\,\mathrm{d}y=\alpha T_g(f)(x).\quad\triangle \tag{2.6.7}$$

我们的下一个例子中的线性变换是一类特殊的线性变换, 叫作**线性微分算子**(linear differential operator). 解一个微分方程就等同于找到这样的线性变换的核.

例 2.6.7 (一个线性微分算子). 令 $\mathcal{C}^2$ 为 C^2 函数的空间. 变换 $T\colon \mathcal{C}^2(\mathbb{R})\to\mathcal{C}(\mathbb{R})$ 由公式

$$(T(f))(x)=(x^2+1)f''(x)-xf'(x)+2f(x) \tag{2.6.8}$$

给出, 是一个线性变换, 练习 2.19 让你来证明这个结果. △

例 2.6.7: 回忆到 (定义 1.9.7) 如果一个函数的二阶偏导存在且连续, 则这个函数是 C^2 的.

我们可以把等式 (2.6.8) 中的系数替换成任何 x 的连续函数, 所以这是很重要的一类函数的例子.

我们现在把线性无关、生成和基的概念扩展到任意的实向量空间.

定义 2.6.8 (线性组合). 令 V 为一个向量空间, $\{\mathbf{v}\}\stackrel{\text{def}}{=}\mathbf{v}_1,\cdots,\mathbf{v}_m$ 为 V 中的一组有限的有序向量. 向量 $\mathbf{v}_1,\cdots,\mathbf{v}_m$ 的**线性组合**(linear combination)是一个向量 $\mathbf{v}$, 有如下的形式:

$$\mathbf{v}=\sum_{i=1}^m a_i\mathbf{v}_i, \tag{2.6.9}$$

其中 $a_1,\cdots,a_m\in\mathbb{R}$.

定义 2.6.9 (生成空间). 当且仅当 V 中的每个向量都是 $\mathbf{v}_1,\cdots,\mathbf{v}_m$ 的一个线性组合的时候, 向量 $\mathbf{v}_1,\cdots,\mathbf{v}_m$ **生成**V.

定义 2.6.10 (线性无关). 向量 $\mathbf{v}_1,\cdots,\mathbf{v}_n$ 为**线性无关**(linearly independent)的, 当且仅当下面等价的条件中的任何一个得以满足:

1. 只有一种方法写出一个给定的线性组合:

$$\sum_{i=1}^m a_i\mathbf{v}_i=\sum_{i=1}^m b_i\mathbf{v}_i,\ \text{意味着}\ a_1=b_1,a_2=b_2,\cdots,a_m=b_m. \tag{2.6.10}$$

定义 2.6.10: 如果这些条件中的任意一个被满足, 则所有的都被满足.

2. 方程

$$a_1\mathbf{v}_1 + a_2\mathbf{v}_2 + \cdots + a_n\mathbf{v}_n = \mathbf{0} \text{ 的唯一解为} a_1 = a_2 = \cdots = a_m = 0. \tag{2.6.11}$$

3. 没有任何一个 $\mathbf{v}_i$ 是其他向量的线性组合.

定义 2.6.11 (基). 一个有序向量 $\mathbf{v}_1, \cdots, \mathbf{v}_m \in V$ 的集合是 V 的基(basis), 当且仅当它是线性无关的, 并且生成 V.

下面的定义是中心内容: 映射 $\Phi_{\{\mathbf{v}\}}$ 使我们能够从具体的 $\mathbb{R}^n$ 的世界进入抽象的向量空间 V 的世界.

定义 2.6.12 ("从具体到抽象" 的函数 $\Phi_{\{\mathbf{v}\}}$). 令 $\{\mathbf{v}\} = \mathbf{v}_1, \cdots, \mathbf{v}_n$ 为向量空间 V 中的一个有限、有序的集合. 从具体到抽象(concrete to abstract)的函数 $\Phi_{\{\mathbf{v}\}}$ 是线性变换 $\Phi_{\{\mathbf{v}\}}: \mathbb{R}^n \to V$, 从 $\mathbb{R}^n$ 转化到 V:

$$\Phi_{\{\mathbf{v}\}}(\vec{\mathbf{a}}) = \Phi_{\{\mathbf{v}\}}\left(\begin{bmatrix} a_1 \\ \vdots \\ a_n \end{bmatrix}\right) \stackrel{\text{def}}{=} a_1\mathbf{v}_1 + \cdots + a_n\mathbf{v}_n. \tag{2.6.12}$$

例 2.6.13 (从具体到抽象的函数). 令 P_2 为不超过二次的多项式的空间, 基为 $\mathbf{v}_1 = 1, \mathbf{v}_2 = x, \mathbf{v}_3 = x^2$, 则 $\Phi_{\{\mathbf{v}\}}\left(\begin{bmatrix} a_1 \\ a_2 \\ a_3 \end{bmatrix}\right) = a_1 + a_2x + a_3x^2$ 用 P_2 来表示 $\mathbb{R}^3$. △

例 2.6.14. 在实践中, "抽象" 向量空间 V 经常是 $\mathbb{R}^n$, 带有不同的基. 如果 $V = \mathbb{R}^2$, 且集合 $\{\mathbf{v}\}$ 包含 $\vec{\mathbf{v}}_1 = \begin{bmatrix} 1 \\ 1 \end{bmatrix}, \vec{\mathbf{v}}_2 = \begin{bmatrix} 1 \\ -1 \end{bmatrix}$, 则

$$\Phi_{\{\mathbf{v}\}}\left(\begin{bmatrix} a \\ b \end{bmatrix}\right) = a\vec{\mathbf{v}}_1 + b\vec{\mathbf{v}}_2 = \begin{bmatrix} a+b \\ a-b \end{bmatrix}; \tag{2.6.13}$$

在基 $\vec{\mathbf{v}}_1, \vec{\mathbf{v}}_2$ 下, 坐标为 (a, b) 的点等于标准基下的 $\begin{bmatrix} a+b \\ a-b \end{bmatrix}$:

$$a\vec{\mathbf{v}}_1 + b\vec{\mathbf{v}}_2 = (a+b)\vec{\mathbf{e}}_1 + (a-b)\vec{\mathbf{e}}_2. \tag{2.6.14}$$

例如, 在新的基 $\{\mathbf{v}\}$ 下坐标为 $(2, 3)$ 的点是在标准基下的坐标为 $(5, -1)$ 的点:

$$\underbrace{\begin{bmatrix} 1 & 1 \\ 1 & -1 \end{bmatrix}}_{\Phi_{\{\mathbf{v}\}}}\begin{bmatrix} 2 \\ 3 \end{bmatrix} = \begin{bmatrix} 5 \\ -1 \end{bmatrix} \text{ 意味着 } \Phi_{\{\mathbf{v}\}}\left(\begin{bmatrix} 2 \\ 3 \end{bmatrix}\right) = 2\vec{\mathbf{v}}_1 + 3\vec{\mathbf{v}}_2 = \begin{bmatrix} 2+3 \\ 2-3 \end{bmatrix}. \quad \triangle$$

命题 2.6.15 用 $\Phi_{\{\mathbf{v}\}}$ 重新叙述了线性无关、生成和基的概念.

由定义 2.6.11, 一组基必须是有限的, 但我们可以允许无限的基. 我们坚持有限的基, 是因为在无限维的向量空间中, 基就会变得没有用处. 对于无限维向量空间, 有趣的概念不是把空间中的元素表示为有限个基向量元素的线性组合, 而是把它表达为无限多个向量的线性组合, 也就是一个无穷级数 $\sum_{i=0}^{\infty} a_i\mathbf{v}_i$(例如, 幂级数, 或者傅里叶级数). 这就引入了收敛的问题, 它确实有趣, 但对于线性代数的精髓有点偏离.

等式 (2.6.12):

$$\Phi_{\{\mathbf{v}\}}(\vec{\mathbf{e}}_i) = \mathbf{v}_i.$$

这用到了定理 1.3.4: $[T]$ 的第 i 列是 $T(\vec{\mathbf{e}}_i)$. 例如

$$\Phi_{\{\mathbf{v}\}}\left(\begin{bmatrix} 1 \\ 0 \end{bmatrix}\right) = 1\mathbf{v}_1 + 0\mathbf{v}_2 = \mathbf{v}_1,$$

$$\Phi_{\{\mathbf{v}\}}\left(\begin{bmatrix} 0 \\ 1 \end{bmatrix}\right) = 0\mathbf{v}_1 + 1\mathbf{v}_2 = \mathbf{v}_2.$$

在例 2.6.14 中

$$\Phi_{\{\mathbf{v}\}} = \begin{bmatrix} 1 & 1 \\ 1 & -1 \end{bmatrix},$$

因为

$$\Phi_{\{\mathbf{v}\}}(\vec{\mathbf{e}}_1) = \vec{\mathbf{v}}_1 = \begin{bmatrix} 1 \\ 1 \end{bmatrix},$$

$$\Phi_{\{\mathbf{v}\}}(\vec{\mathbf{e}}_2) = \vec{\mathbf{v}}_2 = \begin{bmatrix} 1 \\ -1 \end{bmatrix}.$$

命题 2.6.15 说明, 任何有一组基的向量空间就 "像"$\mathbb{R}^n$: 如果 $\{\mathbf{v}\}$ 是 V 的一组基, 则线性变换 $\Phi_{\{\mathbf{v}\}}:\mathbb{R}^n\to V$ 是可逆的, 且它的逆允许我们用 $\mathbb{R}^n$ 来表示 V:

$$\Phi_{\{\mathbf{v}\}}^{-1}(a_1\mathbf{v}_1+\cdots+a_n\mathbf{v}_n)=\begin{bmatrix}a_1\\ \vdots\\ a_n\end{bmatrix}.$$

这允许我们把关于 V 的问题替换成关于 $\mathbb{R}^n$ 中的坐标的问题.

命题 2.6.15 (线性无关、生成和基). 令 $\{\mathbf{v}\}=\mathbf{v}_1,\cdots,\mathbf{v}_n$ 为向量空间 V 中的向量, 令 $\Phi_{\{\mathbf{v}\}}:\mathbb{R}^n\to V$ 为与之关联的从具体到抽象的变换. 则:

1. 当且仅当 $\Phi_{\{\mathbf{v}\}}$ 是单射的时候, 集合 $\{\mathbf{v}\}$ 是线性无关的.
2. 当且仅当 $\Phi_{\{\mathbf{v}\}}$ 是满射的时候, 集合 $\{\mathbf{v}\}$ 生成 V.
3. 当且仅当 $\Phi_{\{\mathbf{v}\}}$ 是可逆的时候, 集合 $\{\mathbf{v}\}$ 是 V 的一组基.

证明: 1. 定义 2.6.10 说的是, $\mathbf{v}_1,\cdots,\mathbf{v}_n$ 为线性无关的, 当且仅当

$$\sum_{i=1}^{n}a_i\mathbf{v}_i=\sum_{i=1}^{n}b_i\mathbf{v}_i,\ \text{意味着}\ a_1=b_1,a_2=b_2,\cdots,a_n=b_n, \tag{2.6.15}$$

也就是, 当且仅当 $\Phi_{\{\mathbf{v}\}}$ 是单射.

2. 定义 2.6.9 说的是

$$\{\mathbf{v}\}=\mathbf{v}_1,\cdots,\mathbf{v}_n \tag{2.6.16}$$

生成 V, 当且仅当任意向量 $\mathbf{v}\in V$ 都是 $\mathbf{v}_1,\cdots,\mathbf{v}_n$ 的线性组合:

$$\mathbf{v}=a_1\mathbf{v}_1+\cdots+a_n\mathbf{v}_n=\Phi_{\{\mathbf{v}\}}(\vec{\mathbf{a}}). \tag{2.6.17}$$

换句话说, $\Phi_{\{\mathbf{v}\}}$ 是满射.

3. 把这些综合在一起, 则有当且仅当 $\mathbf{v}_1,\cdots,\mathbf{v}_n$ 是线性无关的, 且生成 V (也就是, 如果 $\Phi_{\{\mathbf{v}\}}$ 是可逆的) 的时候, 它是一组基. □

向量空间的维数

在 2.4 节, 我们证明了 (命题和定义 2.4.21) 子空间 $E\subset\mathbb{R}^n$ 的任意两组基有相同数量的元素. 我们现在可以对抽象向量空间证明同样的结论.

命题和定义 2.6.16 (向量空间的维数). 如果一个向量空间 V 有一个有限的基, 则它的所有的基都是有限的, 并包含同样多的元素, 叫作 V 的维数(dimension).

意识到向量空间的维数需要明确定义是线性代数发展过程中的一个重要转折点.

我们如何知道 $\Phi_{\{\mathbf{w}\}}^{-1}$ 和 $\Phi_{\{\mathbf{v}\}}^{-1}$ 存在呢? 根据命题 2.6.15 , $\{\mathbf{v}\}$ 和 $\{\mathbf{w}\}$ 是基向量的事实意味着 $\Phi_{\{\mathbf{v}\}}$ 和 $\Phi_{\{\mathbf{w}\}}$ 是可逆的.

证明: 这个证明本质上与命题和定义 2.4.21 的证明相同. 它短一些, 是因为我们开发出了适当的机制, 主要是, 基变换矩阵. 令 $\{\mathbf{v}\}=\mathbf{v}_1,\cdots,\mathbf{v}_k$ 和 $\{\mathbf{w}\}=\mathbf{w}_1,\cdots,\mathbf{w}_p$ 为向量空间 V 的两组基. 线性变换

$$\underbrace{\Phi_{\{\mathbf{w}\}}^{-1}\circ\Phi_{\{\mathbf{v}\}}:\mathbb{R}^k\to\mathbb{R}^p}_{\text{基变换矩阵}}\ (\text{也就是}\ \mathbb{R}^k\underset{\Phi_{\{\mathbf{v}\}}}{\to}V\underset{\Phi_{\{\mathbf{w}\}}^{-1}}{\to}\mathbb{R}^p) \tag{2.6.18}$$

是由一个 $p\times k$ 的矩阵给出的, 是可逆的, 因为我们可以利用 $\Phi_{\{\mathbf{v}\}}^{-1}\circ\Phi_{\{\mathbf{w}\}}$ 来抵消它. 但只有方形矩阵才能是可逆的, 所以 $k=p$. □

注释. 关于这个定理的证明, 有些内容有点神奇; 我们用矩阵 (看上去好像从天上掉下来的一样) 证明了一个关于抽象线性空间的主要结果. 没有本章早些时候发展的一些材料, 结果将是很难证明的. △

例 2.6.17 (向量空间的维数). 空间 $\mathrm{Mat}(n,m)$ 是一个维数为 nm 的向量空间. 次数不超过 k 的多项式的空间 P_k 是一个维数为 $k+1$ 的向量空间. △

早些时候, 我们粗略地谈到了 "有限维" 和 "无限维" 的向量空间. 现在, 我们可以变得精确了: 如果一个向量空间有一组有限的基, 则它是*有限维的*(finite dimensional); 如果没有, 则它是*无限维的*(infinite dimensional).

例 2.6.18 (一个无限维的向量空间). $[0,1]$ 上的连续函数的向量空间 $\mathcal{C}[0,1]$, 我们在例 2.6.2 中见过, 是有限维的. 直觉上, 不难看到有太多这样的函数要用有限数量的基向量来表示. 我们可以采取下面的方法.

假设函数 $f_1,\cdots,f_n$ 为一组基, 在 $[0,1]$ 上选出 $n+1$ 个不同的点 $0=x_1<x_2<\cdots<x_{n+1}=1$. 则给定任意值 $c_1,\cdots,c_{n+1}$, 必定存在一个连续函数 $f(x)$ 满足 $f(x_i)=c_i$, 例如, 图像由联结点 $\begin{pmatrix}x_i\\c_i\end{pmatrix}$ 的线段组成的分段线性函数.

如果我们可以写 $f=\sum_{k=1}^{n}a_kf_k$, 那么在 x_i 上计算数值, 我们得到

$$f(x_i)=c_i=\sum_{k=1}^{n}a_kf_k(x_i),\ i=1,\cdots,n+1. \tag{2.6.19}$$

对给定的 c_i, 这是一个包含 n 个未知变量 $a_1,\cdots,a_n$ 的 $n+1$ 个方程的方程组; 根据定理 2.2.1, 我们知道, 对于适当的 c_i, 方程组将是不一致的. 因此, 存在函数, 不是 $f_1,\cdots,f_n$ 的线性组合, 因此 $f_1,\cdots,f_n$ 不能生成 $\mathcal{C}[0,1]$. △

关于一组基向量的矩阵和基变换

命题和定义 2.6.19 说明, *一旦选定了基*, 我们就可以使用矩阵来描述有限维向量空间之间的线性变换. 命题和定义 2.6.20 中描述的基变换矩阵则允许我们把一组基中的向量用另一组基来表示. 基变换公式 (定理 2.6.23) 允许我们把用一对基表示的线性变换 $T\colon V\to W$ 和用另一对基表示的同样一个线性变换联系起来.

注意到, 等式 (2.6.20) 不是矩阵相乘; 求和是对 t 的第一个下标, 而不是第二个 (见定义 1.2.4) 进行的. 它等价于 "矩阵乘法":

$$[T\mathbf{v}_1,\cdots,T\mathbf{v}_n]$$
$$=[\mathbf{w}_1,\cdots,\mathbf{w}_m][T]_{\{\mathbf{v}\},\{\mathbf{w}\}}.$$

如果 V 是 $\mathbb{R}^n$ 的子集, W 是 $\mathbb{R}^m$ 的子集, 这就是一个真的矩阵乘法. 如果 V 和 W 是抽象向量空间, 则 $[T\mathbf{v}_1,\cdots,T\mathbf{v}_n]$ 和 $[\mathbf{w}_1,\cdots,\mathbf{w}_m]$ 不是矩阵, 但乘法无论如何还是有意义的; 每个 $T\mathbf{v}_k$ 是向量 $\mathbf{w}_1,\cdots,\mathbf{w}_m$ 的一个线性组合.

命题和定义 2.6.19 (关于基向量的矩阵). 令 V 和 W 为有限维向量空间, $\{\mathbf{v}\}=\mathbf{v}_1,\cdots,\mathbf{v}_n$ 为 V 的一组基, $\{\mathbf{w}\}=\mathbf{w}_1,\cdots,\mathbf{w}_m$ 为 W 的一组基. 令 $T\colon V\to W$ 为一个线性变换, 则 T 对应的从基 $\{\mathbf{v}\}$ 到基 $\{\mathbf{w}\}$ 的变换矩阵 $[T]_{\{\mathbf{v}\},\{\mathbf{w}\}}$ 为 $m\times n$ 的矩阵, 其每一项为 $t_{i,j}$, 其中

$$T\mathbf{v}_k=\sum_{l=1}^{m}t_{l,k}\mathbf{w}_l. \tag{2.6.20}$$

等价地, 如果

$$\Phi_{\{\mathbf{v}\}}\colon\mathbb{R}^n\to V \text{ 且 } \Phi_{\{\mathbf{w}\}}\colon\mathbb{R}^m\to W \tag{2.6.21}$$

为相关联的 "从具体到抽象" 的线性变换, 则*从基 $\{\mathbf{v}\}$ 到基 $\{\mathbf{w}\}$ 的变换矩阵 T* 为

$$[T]_{\{\mathbf{v}\},\{\mathbf{w}\}}=\Phi_{\{\mathbf{w}\}}^{-1}\circ T\circ\Phi_{\{\mathbf{v}\}}. \tag{2.6.22}$$

注意到, 等式 (2.6.22) 中的映射 $\Phi_{\{\mathbf{w}\}}^{-1} \circ T \circ \Phi_{\{\mathbf{v}\}}$ 是 $\mathbb{R}^n \to \mathbb{R}^m$ 的线性变换, 因此有一个矩阵. 尤其是, 一个如定理 1.3.4 中所定义的 $\mathbb{R}^n \to \mathbb{R}^m$ 的线性变换的矩阵就简单地是在定义域采用关于标准基 $\{\mathbf{e}_n\}$ 的矩阵, 在陪域采用关于标准基 $\{\mathbf{e}_m\}$ 的矩阵. 在这种情况下, $\Phi_{\{\mathbf{e}_n\}}$ 是 $n \times n$ 的单位矩阵, $\Phi_{\{\mathbf{e}_m\}}^{-1}$ 是 $m \times m$ 的单位矩阵.

证明: $\Phi_{\{\mathbf{w}\}}^{-1} \circ T \circ \Phi_{\{\mathbf{v}\}}$ 的第 k 列为 $\left(\Phi_{\{\mathbf{w}\}}^{-1} \circ T \circ \Phi_{\{\mathbf{v}\}}\right) \vec{\mathbf{e}}_k$, 所以计算

$$\begin{aligned}\Phi_{\{\mathbf{w}\}}^{-1} \circ T \circ \Phi_{\{\mathbf{v}\}} \vec{\mathbf{e}}_k &= \Phi_{\{\mathbf{w}\}}^{-1} \circ T \vec{\mathbf{v}}_k = \Phi_{\{\mathbf{w}\}}^{-1} \sum_{l=1}^{m} t_{l,k} \mathbf{w}_l \qquad (2.6.23)\\ &= \sum_{l=1}^{m} t_{l,k} \Phi_{\{\mathbf{w}\}}^{-1} \mathbf{w}_l = \sum_{l=1}^{m} t_{l.k} \vec{\mathbf{e}}_l = \begin{bmatrix} t_{1,k} \\ \vdots \\ t_{m,k} \end{bmatrix}. \quad \square\end{aligned}$$

Charles V(1500 — 1558) 因为说过 "我对上帝讲西班牙语, 对女人讲意大利语, 对男人讲法语, 对我的马讲德语" 而闻名.

Jean-Pierre Kahane 说, 在他年轻时被人告知说法国人和德国人都适合学数学, 但英格兰人不适合. 今天, 法国数学家为了写文章出版, 用英语写的和用法语写的数量一样多.

和等式 (2.6.20) 一样, 等式 (2.6.24) 不是矩阵相乘. 但是它可以写作

$[\mathbf{v}_1', \cdots, \mathbf{v}_n'] = [\mathbf{v}_1, \cdots, \mathbf{v}_n][P_{\mathbf{v}' \to \mathbf{v}}]$;

乘法就有意义了.

注意到两边同时右乘 $[P_{\mathbf{v}' \to \mathbf{v}}]^{-1}$ 给出

$[\mathbf{v}_1, \cdots, \mathbf{v}_n] = [\mathbf{v}_1, \cdots, \mathbf{v}_n'][P_{\mathbf{v}' \to \mathbf{v}}]^{-1}$;

从 $\{\mathbf{v}'\}$ 到 $\{\mathbf{v}\}$ 的基变换矩阵是从 $\{\mathbf{v}\}$ 到 $\{\mathbf{v}'\}$ 的基变换矩阵的逆:

$$[P_{\mathbf{v} \to \mathbf{v}'}] = [P_{\mathbf{v}' \to \mathbf{v}}]^{-1}.$$

我们已经在命题和定义 2.4.21 的证明中, 在我们证明每个子空间 $E \subset \mathbb{R}^n$ 的每组基都有相同数量的元素时, 看到了基变换矩阵; 那里的矩阵 A 和矩阵 B 为基变换矩阵.

如果在命题和定义 2.6.19 中设 $V = W$, $\{\mathbf{v}\} = \{\mathbf{v}'\}$, $\{\mathbf{w}\} = \{\mathbf{v}\}$, 并令 $T: V \to W$ 为恒等变换, 则我们得到命题和定义 2.6.20 : 基变换矩阵 $[P_{\mathbf{v}' \to \mathbf{v}}]$ 是相对于基 $\{\mathbf{v}\}$ 和 $\{\mathbf{v}'\}$ 的恒等矩阵.

一组基给一个 "居住" 在抽象向量空间中的向量起了一个名字, 但一个向量有很多化身, 依赖于基的选择, 就像 "book" "livre" 和 "Buch" 全部指的是同一个东西. *基变换矩阵*(change of basis matrix) $[P_{\mathbf{v}' \to \mathbf{v}}]$ 是词典, 允许你把任意用基 $\{\mathbf{v}'\}$ 来表示的向量转化成用基 $\{\mathbf{v}\}$ 来表示的向量. 我们将在 2.7 节讨论本征向量、本征值和对角化的时候, 看到变换基可以多么有用.

命题和定义 2.6.20 (基变换矩阵). 令 V 为一个 n 维向量空间. 给定 V 的两组基 $\{\mathbf{v}\}, \{\mathbf{v}'\}$, 我们可以把 $\{\mathbf{v}'\}$ 中的每个向量用 $\{\mathbf{v}\}$ 中的向量表示:

$$\mathbf{v}_i' = p_{1,i}\mathbf{v}_1 + p_{2,i}\mathbf{v}_2 + \cdots + p_{n,i}\mathbf{v}_n, \text{ 也就是 } \mathbf{v}_i' = \sum_{j=1}^{n} p_{j,i}\mathbf{v}_j. \qquad (2.6.24)$$

基变换矩阵 $[P_{\mathbf{v}' \to \mathbf{v}}]$ 则为

$$[P_{\mathbf{v}' \to \mathbf{v}}] \stackrel{\text{def}}{=} \begin{bmatrix} p_{1,1} & \cdots & p_{1,n} \\ \vdots & & \vdots \\ p_{n,1} & \cdots & p_{n,n} \end{bmatrix}; \qquad (2.6.25)$$

这个矩阵的第 i 列由 $\{\mathbf{v}'\}$ 的第 i 个基向量的系数构成, 用 $\mathbf{v}_1, \cdots, \mathbf{v}_n$ 表示. 如果

$$[P_{\mathbf{v}' \to \mathbf{v}}]\vec{\mathbf{a}} = \vec{\mathbf{b}}, \text{ 则 } \sum_{i=1}^{n} a_i \mathbf{v}_i' = \sum_{j=1}^{n} b_j \mathbf{v}_j. \qquad (2.6.26)$$

基变换矩阵 $[P_{\mathbf{v}' \to \mathbf{v}}]$ 是线性变换 $\Phi_{\{\mathbf{v}\}}^{-1} \circ \Phi_{\{\mathbf{v}'\}}$ 的矩阵:

$$[P_{\mathbf{v}' \to \mathbf{v}}] = \Phi_{\{\mathbf{v}\}}^{-1} \circ \Phi_{\{\mathbf{v}'\}} : \mathbb{R}^n \to \mathbb{R}^n. \qquad (2.6.27)$$

因此, 要想从基 $\{\mathbf{v}'\}$ 转化到基 $\{\mathbf{v}\}$, 我们把基 $\{\mathbf{v}'\}$ 的每一个向量写成 $\{\mathbf{v}\}$ 中的向量的线性组合. 这些系数就是基变换矩阵 $[P_{\mathbf{v}' \to \mathbf{v}}]$ 中的项. 在写矩阵的时候, 确定你把每个基向量的系数写成一列, 而不是一行; 用 $\{\mathbf{v}\}$ 中的向量来写 $\mathbf{v}_i'$ 的系数构成了 $[P_{\mathbf{v}' \to \mathbf{v}}]$ 的*第 i 列*.

证明: 下面的计算说明 $[P_{\mathbf{v}'\to\mathbf{v}}]\vec{\mathbf{a}}=\vec{\mathbf{b}}$ 意味着 $\sum_{i=1}^{n}a_i\mathbf{v}'_i=\sum_{j=1}^{n}b_j\mathbf{v}_j$:

$$\begin{aligned}\sum_{i=1}^{n}a_i\mathbf{v}'_i &= \sum_{i=1}^{n}a_i\sum_{j=1}^{n}p_{j,i}\mathbf{v}_j=\sum_{j=1}^{n}\left(\sum_{i=1}^{n}p_{j,i}a_i\right)\mathbf{v}_j\\ &= \sum_{j=1}^{n}([P_{\mathbf{v}'\to\mathbf{v}}]\vec{\mathbf{a}})_j\mathbf{v}_j=\sum_{j=1}^{n}b_j\mathbf{v}_j.\end{aligned}\tag{2.6.28}$$

要看到 $[P_{\mathbf{v}'\to\mathbf{v}}]$ 是 $\Phi_{\{\mathbf{v}\}}^{-1}\circ\Phi_{\{\mathbf{v}'\}}$ 的矩阵, 只要检验 $\vec{\mathbf{e}}_i$ 在 $\Phi_{\{\mathbf{v}\}}^{-1}\circ\Phi_{\{\mathbf{v}'\}}$ 下的像. 我们有 $\Phi_{\{\mathbf{v}'\}}(\vec{\mathbf{e}}_i)=\mathbf{v}'_i$, 且 $\Phi_{\{\mathbf{v}\}}^{-1}$ 会返回 $\mathbf{v}'_i$ 相对于基向量 $\mathbf{v}_j$(旧的) 的坐标. □

用示意图的形式, 这给出了

$$\begin{array}{ccc} & [P_{\mathbf{v}'\to\mathbf{v}}] & \\ \mathbb{R}^n & \longrightarrow & \mathbb{R}^n \\ \Phi_{\{\mathbf{v}'\}}\searrow & & \nearrow\Phi_{\{\mathbf{v}\}}^{-1} \\ & V & \end{array}.\tag{2.6.29}$$

把基变换矩阵想成一个外语词典; 这样一个词典的存在意味着存在一个可以在不同的语言中给不同的物体和想法分配不同的名字的世界:

$$\begin{array}{ccc} & \text{法语 – 英语词典} & \\ \text{法语里的名字} & \longrightarrow & \text{英语里的名字} \\ \text{名字到物体的函数}\searrow & & \nearrow\text{物体到名字的函数} \\ & \text{物体和想法} & \end{array}.\tag{2.6.30}$$

注意, 与 $\mathbb{R}^3$ 不同, 其一个显然的基是标准基, 例 2.6.8 中的子空间 $V\subset\mathbb{R}^3$ 并没有的特殊的基. 我们通过随机选取两个线性无关的, 且三个项的和为 0 的向量来找到这些基向量. 任何两个符合这些条件的向量都构成了 V 的一组基.

"和为 0 的项" 这个要求就是为什么尽管 V 是 $\mathbb{R}^3$ 的子集, 但我们只可以有两个基向量; V 的 2 维结构被嵌入到了基向量的选择中.

例 2.6.21 (基变换矩阵). 假设 V 是 $\mathbb{R}^3$ 中方程为 $x+y+z=0$ 的平面. V 的一组基包含两个基向量 (因为 V 是一个平面), 每个有三项 (因为 V 是 $\mathbb{R}^3$ 的子空间). 假设我们的基包含

$$\underbrace{\vec{\mathbf{v}}_1=\begin{bmatrix}1\\-1\\0\end{bmatrix},\vec{\mathbf{v}}_2=\begin{bmatrix}1\\0\\-1\end{bmatrix}}_{\text{基}\{\mathbf{v}\}}\ \text{和}\ \underbrace{\vec{\mathbf{v}}'_1=\begin{bmatrix}0\\1\\-1\end{bmatrix},\vec{\mathbf{v}}'_2=\begin{bmatrix}1\\1\\-2\end{bmatrix}}_{\text{基}\{\mathbf{v}'\}},\tag{2.6.31}$$

那么基变换矩阵 $[P_{\mathbf{v}'\to\mathbf{v}}]$ 是什么呢? 因为 $\vec{\mathbf{v}}'_1=-\vec{\mathbf{v}}_1+\vec{\mathbf{v}}_2$, $\vec{\mathbf{v}}'_1$ 的坐标用 $\vec{\mathbf{v}}_1$ 和 $\vec{\mathbf{v}}_2$ 表示为 $p_{1,1}=-1$, $p_{2,1}=1$, 给出了矩阵的第一列. 类似地, $\vec{\mathbf{v}}'_2=-\vec{\mathbf{v}}_1+2\vec{\mathbf{v}}_2$, 给出了坐标 $p_{1,2}=-1$ 和 $p_{2,2}=2$. 所以基变换矩阵为

$$[P_{\mathbf{v}'\to\mathbf{v}}]=\begin{bmatrix}p_{1,1}&p_{1,2}\\p_{2,1}&p_{2,2}\end{bmatrix}=\begin{bmatrix}-1&-1\\1&2\end{bmatrix}.\tag{2.6.32}$$

在做基变换的时候, 微妙的地方是不要搞混了你变换的方向. 我们采用了标记 $[P_{\mathbf{v}'\to\mathbf{v}}]$, 就是希望能够帮助你记住, 这个矩阵把用 $\{\mathbf{v}'\}$ 写的向量转化成用 $\{\mathbf{v}\}$ 写的相应的向量.

如果, 例如, 在标准基中, $\vec{\mathbf{w}}=\begin{bmatrix}1\\3\\-4\end{bmatrix}$, 则

$$\vec{\mathbf{w}} = 2\vec{\mathbf{v}}_1' + \vec{\mathbf{v}}_2', \text{ 也就是在基}\{\mathbf{v}'\}\text{中的 } \begin{bmatrix} 2 \\ 1 \end{bmatrix}. \tag{2.6.33}$$

在基 $\{\mathbf{v}\}$ 中, 同样的向量将是 $\vec{\mathbf{w}} = -3\vec{\mathbf{v}}_1 + 4\vec{\mathbf{v}}_2$, 因为 $\overbrace{\begin{bmatrix} -1 & -1 \\ 1 & 2 \end{bmatrix}\begin{bmatrix} 2 \\ 1 \end{bmatrix} = \begin{bmatrix} -3 \\ 4 \end{bmatrix}}^{[P_{\mathbf{v}'\to\mathbf{v}}]\vec{\mathbf{a}}=\vec{\mathbf{b}}, \text{等式 } (2.6.26)}$.

实际上, $-3\overbrace{\begin{bmatrix} 1 \\ -1 \\ 0 \end{bmatrix}}^{\vec{\mathbf{v}}_1} + 4\overbrace{\begin{bmatrix} 1 \\ 0 \\ -1 \end{bmatrix}}^{\vec{\mathbf{v}}_2} = \overbrace{\begin{bmatrix} 1 \\ 3 \\ -4 \end{bmatrix}}^{\vec{\mathbf{w}}}$. △

在从 $\mathbb{R}^n$ 的基 $\{\vec{\mathbf{v}}'\}$ 转化到标准基的时候, 基变换矩阵的列就是 $\{\vec{\mathbf{v}}'\}$ 的元素:

$$[P_{\vec{\mathbf{v}}'\to\vec{\mathbf{e}}}] = [\vec{\mathbf{v}}_1', \cdots, \vec{\mathbf{v}}_n'], \tag{2.6.34}$$

因为 $\vec{\mathbf{v}}_i'$ 的项和它在表示为标准基向量的一个线性组合时的坐标相等:

$$\vec{\mathbf{v}}_i' = \begin{bmatrix} v_1' \\ \vdots \\ v_n' \end{bmatrix} = v_1'\vec{\mathbf{e}}_1 + \cdots + v_n'\vec{\mathbf{e}}_n. \tag{2.6.35}$$

(系数 $v_1', \cdots, v_n'$ 是等式 (2.6.24) 中的系数 $p_{1,i}, \cdots, p_{n,i}$, 因此是基变换矩阵的第 i 列的项.) 但是要记住 (例 2.6.21), 这并不是通常的情况.

例 2.6.22 (转换成标准基). 如果 $\mathbb{R}^2$ 的基 $\{\vec{\mathbf{v}}'\}$ 包含 $\begin{bmatrix} 1 \\ 1 \end{bmatrix}, \begin{bmatrix} 1 \\ -1 \end{bmatrix}$, 则 $[P_{\vec{\mathbf{v}}'\to\vec{\mathbf{e}}}] = \begin{bmatrix} 1 & 1 \\ 1 & -1 \end{bmatrix}$. 在基 $\{\vec{\mathbf{v}}'\}$ 中的向量 $\begin{bmatrix} 2 \\ 3 \end{bmatrix}$ 在标准基中为 $\begin{bmatrix} 5 \\ -1 \end{bmatrix}$, 因为

$$[P_{\vec{\mathbf{v}}'\to\vec{\mathbf{e}}}]\begin{bmatrix} 2 \\ 3 \end{bmatrix} = \begin{bmatrix} 5 \\ -1 \end{bmatrix}. \tag{2.6.36}$$

这个将在图 2.6.1 中展示.

给定基向量 $\begin{bmatrix} 1 \\ 2 \end{bmatrix}$ 和 $\begin{bmatrix} 2 \\ -1 \end{bmatrix}$, 以及在这组基下表示的向量 $\vec{\mathbf{v}} = \begin{bmatrix} 1 \\ -1 \end{bmatrix}$, 那么 $\vec{\mathbf{v}}$ 在标准基下是什么呢?[13] △

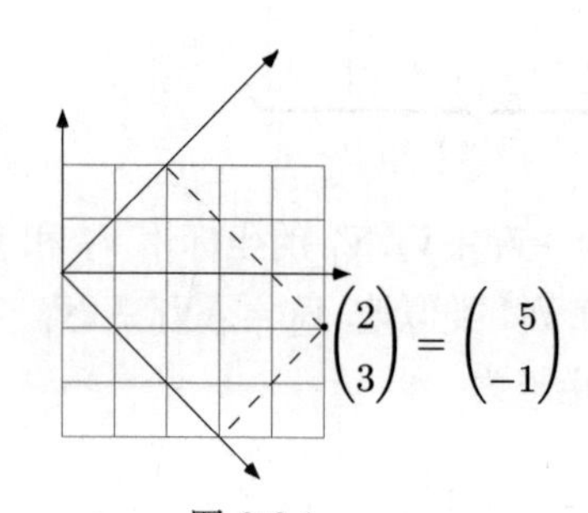

图 2.6.1

在标准基下的点 $\begin{pmatrix} 5 \\ -1 \end{pmatrix}$ 是例 2.6.22 中的基 $\{\vec{\mathbf{v}}'\}$ 下的点 $\begin{pmatrix} 2 \\ 3 \end{pmatrix}$.

基变换公式

假设 V 是一个维数为 n 的向量空间, W 是一个维数为 m 的向量空间. 令 $\{\mathbf{v}\}, \{\mathbf{v}'\}$ 为 V 的两组基, 令 $\{\mathbf{w}\}, \{\mathbf{w}'\}$ 为 W 的两组基, 令 $T: V \to W$ 为一个线性变换. 则基变换公式把对应于基 $\{\mathbf{v}\}, \{\mathbf{w}\}$ 的矩阵 T 与对应于基 $\{\mathbf{v}'\}, \{\mathbf{w}'\}$ 的矩阵 T 联系了起来.

[13] 在标准基下, $\vec{\mathbf{v}} = \begin{bmatrix} -1 \\ 3 \end{bmatrix}$.

定理 2.6.23 (基变换公式).

$$[T]_{\{\mathbf{v}'\},\{\mathbf{w}'\}} = [P_{\mathbf{w}'\to\mathbf{w}}]^{-1}[T]_{\{\mathbf{v}\},\{\mathbf{w}\}}[P_{\mathbf{v}'\to\mathbf{v}}]. \tag{2.6.37}$$

在等式 (2.6.39) 的第二行, 我们写了两次恒等变换, 一次的形式为 $\Phi_{\{\mathbf{w}\}}\circ\Phi_{\{\mathbf{w}\}}^{-1}$, 一次的形式为 $\Phi_{\{\mathbf{v}\}}^{-1}\circ\Phi_{\{\mathbf{v}\}}$.

证明: 用“从具体到抽象”的变换来写

$$[T]_{\{\mathbf{v}'\},\{\mathbf{w}'\}} \underbrace{=}_{\text{等式 (2.6.22)}} \Phi_{\{\mathbf{w}'\}}^{-1}\circ T\circ\Phi_{\{\mathbf{v}'\}} \tag{2.6.38}$$

$$= \underbrace{\Phi_{\{\mathbf{w}'\}}^{-1}\circ\Phi_{\{\mathbf{w}\}}}_{[P_{\mathbf{w}'\to\mathbf{w}}]^{-1}}\circ\underbrace{\Phi_{\{\mathbf{w}\}}^{-1}\circ T\circ\Phi_{\{\mathbf{v}\}}}_{[T]_{\{\mathbf{v}\},\{\mathbf{w}\}}}\circ\underbrace{\Phi_{\{\mathbf{v}\}}^{-1}\circ\Phi_{\{\mathbf{v}'\}}}_{[P_{\mathbf{v}'\to\mathbf{v}}]} = [P_{\mathbf{w}'\to\mathbf{w}}]^{-1}[T]_{\{\mathbf{v}\},\{\mathbf{w}\}}[P_{\mathbf{v}'\to\mathbf{v}}].$$

计算由下面的示意图来展示:

$$\begin{array}{ccccccc}
\mathbb{R}^n & & & \xrightarrow{[T]_{\{\mathbf{v}'\},\{\mathbf{w}'\}}} & & & \mathbb{R}^m \\
& \searrow\Phi_{\{\mathbf{v}'\}} & & & & \Phi_{\{\mathbf{w}'\}}\swarrow & \\
[P_{\mathbf{v}'\to\mathbf{v}}]\downarrow & & V & \xrightarrow{T} & W & & \downarrow[P_{\mathbf{w}'\to\mathbf{w}}]. \\
& \nearrow\Phi_{\{\mathbf{v}\}} & & & & \Phi_{\{\mathbf{w}\}}\nwarrow & \\
\mathbb{R}^n & & & \underset{[T]_{\{\mathbf{v}\},\{\mathbf{w}\}}}{\longrightarrow} & & & \mathbb{R}^m
\end{array} \tag{2.6.39}$$

在公式里, 我们用了 (两次) 关于基的矩阵的定义, 又用了 (也是两次) 基变换矩阵的定义. □

练习 2.21 让你证明: 在一个 n 维的向量空间中, 多于 n 个向量从来都不能是线性无关的, 少于 n 个向量从来都不能生成该空间.

意识到一个向量空间的维数需要有严格的定义, 是线性代数发展的一个转折点.

练习 2.6.1: 在例 1.7.17 中, 我们通过设 $\begin{bmatrix}a&b\\c&d\end{bmatrix}=\begin{bmatrix}a\\b\\c\\d\end{bmatrix}$ 来把 $\mathrm{Mat}(n,n)$ 当作 $\mathbb{R}^{n^2}$.

2.6 节的练习

2.6.1 a. 在例 1.7.17 中, 我们把 $\mathrm{Mat}(n,n)$ 表示成 $\mathbb{R}^{n^2}$. 这对应于 $\mathrm{Mat}(2,2)$ 的哪组基? 把 $\begin{bmatrix}2&1\\5&4\end{bmatrix}$ 写成这些基向量的线性组合.

b. $\mathrm{Mat}(2,2)$ 的哪组基对应于认定 $\begin{bmatrix}a&b\\c&d\end{bmatrix}=\begin{bmatrix}a\\c\\b\\d\end{bmatrix}$?

把 $\begin{bmatrix}2&1\\5&4\end{bmatrix}$ 写成这些基向量的线性组合.

2.6.2 证明: 定义在 $0<x<1$ 上的连续实值函数空间 $\mathcal{C}(0,1)$(例 2.6.2) 满足向量空间的所有的 8 个条件.

2.6.3 令 $\{\mathbf{v}\}$ 为 $\mathrm{Mat}(2,2)$ 的一组基, 包含

$$\mathbf{v}_1=\begin{bmatrix}1&0\\0&1\end{bmatrix}, \mathbf{v}_2=\begin{bmatrix}1&0\\0&-1\end{bmatrix}, \mathbf{v}_3=\begin{bmatrix}0&1\\1&0\end{bmatrix}, \mathbf{v}_4=\begin{bmatrix}0&-1\\1&0\end{bmatrix}.$$

计算 $\Phi_{\{\mathbf{v}\}}\left(\begin{bmatrix}a\\b\\c\\d\end{bmatrix}\right)$.

2.6.4 令 V 和 W 为 $\mathbb{R}^n$ 的子空间, 满足 $\dim V + \dim W \geqslant n$. 证明: $\dim V \cap W \geqslant \dim V + \dim W - n$.

2.6.5 设 $A = \begin{bmatrix} a & b \\ c & d \end{bmatrix}$. 令 $L_A\colon \mathrm{Mat}(2,2) \to \mathrm{Mat}(2,2)$ 为一个线性变换 "左乘 A", 也就是 $L_A\colon B \mapsto AB$. 类似地, 定义 $R_A\colon \mathrm{Mat}(2,2) \to \mathrm{Mat}(2,2)$ 为 $R_A\colon B \mapsto BA$. 用 $\mathbb{R}^4$ 来表示 $\mathrm{Mat}(2,2)$, 选取 $\mathrm{Mat}(2,2)$ 的基 $\{\mathbf{v}\}$ 为

$$\begin{bmatrix} 1 & 0 \\ 0 & 0 \end{bmatrix}, \begin{bmatrix} 0 & 1 \\ 0 & 0 \end{bmatrix}, \begin{bmatrix} 0 & 0 \\ 1 & 0 \end{bmatrix}, \begin{bmatrix} 0 & 0 \\ 0 & 1 \end{bmatrix}, \text{所以 } \Phi_{\{\mathbf{v}\}} \begin{pmatrix} a \\ b \\ c \\ d \end{pmatrix} = \begin{bmatrix} a & b \\ c & d \end{bmatrix}.$$

练习 2.6.5, a 问: 这里我们用了命题和定义 2.6.19 中的概念. 矩阵 $[R_A]_{\{\mathbf{v}\},\{\mathbf{v}\}}$ 是定义域和陪域都使用基 $\{\mathbf{v}\}$ 的 R_A 的矩阵; 矩阵 $[L_A]_{\{\mathbf{v}\},\{\mathbf{v}\}}$ 是 L_A 关于相同的基的矩阵.

a. 证明: $[R_A]_{\{\mathbf{v}\},\{\mathbf{v}\}} = \begin{bmatrix} a & c & 0 & 0 \\ b & d & 0 & 0 \\ 0 & 0 & a & c \\ 0 & 0 & b & d \end{bmatrix}$ 和 $[L_A]_{\{\mathbf{v}\},\{\mathbf{v}\}} = \begin{bmatrix} a & 0 & b & 0 \\ 0 & a & 0 & b \\ c & 0 & d & 0 \\ 0 & c & 0 & d \end{bmatrix}$.

b. 计算 $|R_A|$ 和 $|L_A|$, 用 $|A|$ 来表示.

2.6.6 a. 如在练习 2.6.5 中一样, 找到线性变换 $L_A\colon \mathrm{Mat}(3,3) \to \mathrm{Mat}(3,3)$ 和 $R_A\colon \mathrm{Mat}(3,3) \to \mathrm{Mat}(3,3)$ 的矩阵, 其中 A 是一个 3×3 的矩阵.

b. 当 A 是 $n \times n$ 的矩阵时, 重复上一问题.

c. 在 $n \times n$ 的情况里, 计算 $|R_A|$ 和 $|L_A|$, 用 $|A|$ 表示.

2.6.7 令 V 为 $(0,1)$ 上的 C^1 函数的向量空间. 下面哪一个是 V 的子空间?

a. $\{f \in V \mid f(x) = f'(x) + 1\}$; b. $\{f \in V \mid f(x) = xf'(x)\}$;

c. $\{f \in V \mid f(x) = (f'(x))^2\}$.

2.6.8 令 P_2 为不超过 2 次的多项式的空间, 通过系数用 $\mathbb{R}^3$ 表示. 考虑由

$$T(p)(x) = (x^2+1)p''(x) - xp'(x) + 2p(x)$$

定义的映射 $T\colon P_2 \to P_2$.

练习 2.6.8: "通过系数用 $\mathbb{R}^3$ 表示", 我们的意思是

$$p(x) = a + bx + cx^2 \in P_2$$

被当作

$$\begin{pmatrix} a \\ b \\ c \end{pmatrix}.$$

a. 验证 T 是线性的, 也就是 $T(ap_1 + bp_2) = aT(p_1) + bT(p_2)$.

b. 选取 P_2 的基, 包含多项式 $p_1(x) = 1, p_2(x) = x, p_3(x) = x^2$. 相应的从具体到抽象的线性变换记作 $\Phi_{\{p\}}\colon \mathbb{R}^3 \to P_2$. 证明 $\Phi_{\{p\}}^{-1} \circ T \circ \Phi_{\{p\}}$ 的矩阵为 $\begin{bmatrix} 2 & 0 & 2 \\ 0 & 1 & 0 \\ 0 & 0 & 2 \end{bmatrix}$.

练习 2.6.8, c 问: 在前三个之后, 规律就很明显了.

c. 利用基 $1, x, x^2, \cdots, x^n$, 计算相同的微分算子 T 的矩阵, 首先看成从 P_3 到 P_3 的, 然后是 P_4 到 P_4 的, ……, P_n 到 P_n 的 (至多为 $3, 4, \cdots, n$ 次的多项式).

练习 2.6.9 说的是, 任何线性无关集合可以扩展成一组基. 在法国对线性代数的处理中, 这个叫作 "不完整基定理"; 它加上归纳法, 可以用来证明第 2 章中的线性代数的所有定理.

2.6.9 a. 令 V 为一个有限维的向量空间, 令 $\mathbf{v}_1, \cdots, \mathbf{v}_k \in V$ 为线性无关的向量. 证明: 存在 $\mathbf{v}_{k+1}, \cdots, \mathbf{v}_n \in V$, 使得 $\mathbf{v}_1, \cdots, \mathbf{v}_n$ 是 V 的一组基.

b. 令 V 为一个有限维的向量空间, 令 $\mathbf{v}_1, \cdots, \mathbf{v}_k \in V$ 为一组向量, 可以生成 V. 证明: 存在 $\{1, 2, \cdots, k\}$ 的一个子集 $\{i_1, i_2, \cdots, i_m\}$, 使得 $\mathbf{v}_{i_1}, \cdots, \mathbf{v}_{i_m}$ 是 V 的一组基.

2.6.10 令 $A = \begin{bmatrix} 1 & a \\ 0 & 1 \end{bmatrix}, B = \begin{bmatrix} 1 & 0 \\ b & 1 \end{bmatrix}$. 采用标准的表示方法, 用 $\mathbb{R}^4$ 来表示 $\mathrm{Mat}(2,2)$, 那么

$$\mathrm{Span}(A, B, AB, BA)$$

的维数是多少, 用 a 和 b 来表示?

2.7　本征向量和本征值

> 当海森堡 (Werner Heisenberg) 在 1925 年发现 "矩阵" 力学的时候, 他并不知道矩阵是什么 (波恩 (Max Born) 需要告诉他), 海森堡和波恩都不知道, 在原子的问题上, 矩阵为什么会出现. (据报道, 大卫 · 希尔伯特告诉过他们去寻找具有相同的本征值的微分方程, 如果这可以令他们更满意的话. 他们并未听从希尔伯特的这个明确的建议, 因此可能错过了发现薛定谔波动方程的机会.)
>
> —— M.R. Schröeder, *Mathematical Intelligencer*, Vol. 7, No. 4

在 2.6 节, 我们讨论了基变换矩阵. 如果问题在不同的基向量下更加简单, 我们就改变基向量. 最常见的情况是, 有些问题在使用*本征基*(eigenbasis), 也就是*本征向量*(eigenvectors)构成的基的时候最容易. 在定义这些项之前, 我们先给出一个例子.

例 2.7.1 (斐波那契数列). 斐波那契数列是 $1, 1, 2, 3, 5, 8, 13, \cdots$, 定义为 $a_0 = a_1 = 1$, $a_{n+1} = a_n + a_{n-1}, n \geqslant 1$. 我们打算证明下面的公式:

$$a_n = \frac{5+\sqrt{5}}{10}\left(\frac{1+\sqrt{5}}{2}\right)^n + \frac{5-\sqrt{5}}{10}\left(\frac{1-\sqrt{5}}{2}\right)^n. \tag{2.7.1}$$

等式 (2.7.1): 注意到, 对于较大的 n, 等式 (2.7.1) 的第二项可以忽略, 因为

$$\frac{1-\sqrt{5}}{2} \approx -0.618.$$

例如, $\left(\frac{1-\sqrt{5}}{2}\right)^{1\,000}$ 在小数点后以至少 200 个 0 开始. 但是, 第一项是指数增长的, 因为

$$\frac{1+\sqrt{5}}{2} \approx 1.618.$$

假设 $n = 1\,000$. 利用以 10 为底的对数来计算第一项, 我们看到

$$\begin{aligned} \log_{10} a_{1\,000} &\approx \log_{10}\frac{5+\sqrt{5}}{10} + \left(1\,000 \times \log_{10}\frac{1+\sqrt{5}}{2}\right) \\ &\approx -0.140\,5 + 1\,000 \times 0.208\,99 \\ &\approx 208.85, \end{aligned}$$

所以, $a_{1\,000}$ 有 209 位数字.

等式 (2.7.1) 非常神奇: 甚至也不能明显看出右侧是个整数! 理解这个问题的关键是矩阵方程

$$\begin{bmatrix} a_n \\ a_{n+1} \end{bmatrix} = \begin{bmatrix} 0 & 1 \\ 1 & 1 \end{bmatrix} \begin{bmatrix} a_{n-1} \\ a_n \end{bmatrix}. \tag{2.7.2}$$

第一个方程说的是 $a_n = a_n$, 第二个说的是 $a_{n+1} = a_n + a_{n-1}$. 我们得到了什么结果呢? 我们看到

$$\begin{bmatrix} a_n \\ a_{n+1} \end{bmatrix} = \begin{bmatrix} 0 & 1 \\ 1 & 1 \end{bmatrix} \begin{bmatrix} a_{n-1} \\ a_n \end{bmatrix} = \begin{bmatrix} 0 & 1 \\ 1 & 1 \end{bmatrix}^2 \begin{bmatrix} a_{n-2} \\ a_{n-1} \end{bmatrix} = \cdots = \begin{bmatrix} 0 & 1 \\ 1 & 1 \end{bmatrix}^n \begin{bmatrix} 1 \\ 1 \end{bmatrix}. \tag{2.7.3}$$

这个直到你开始计算矩阵的幂之前看起来都是有用的, 但是你发现你计算斐波那契数的方法还是老办法. 有没有一个更有效的方法来计算矩阵的幂呢?

当然, 有一个简单的方法计算对角矩阵的幂, 你只需要把对角项变成相应的幂次就可以了:

$$\begin{bmatrix} c_1 & 0 & \cdots & 0 \\ 0 & c_2 & \cdots & 0 \\ \vdots & \vdots & & \vdots \\ 0 & 0 & \cdots & c_m \end{bmatrix}^n = \begin{bmatrix} c_1^n & 0 & \cdots & 0 \\ 0 & c_2^n & \cdots & 0 \\ \vdots & \vdots & & \vdots \\ 0 & 0 & \cdots & c_m^n \end{bmatrix}. \tag{2.7.4}$$

我们将会看到, 我们可以把这个变成对我们有利的方法. 令

$$P = \begin{bmatrix} 2 & 2 \\ 1+\sqrt{5} & 1-\sqrt{5} \end{bmatrix}, \text{ 则} P^{-1} = \frac{1}{4\sqrt{5}} \begin{bmatrix} \sqrt{5}-1 & 2 \\ \sqrt{5}+1 & -2 \end{bmatrix}, \tag{2.7.5}$$

并且观察到如果我们令 $A = \begin{bmatrix} 0 & 1 \\ 1 & 1 \end{bmatrix}$, 则有

等式 (2.7.6): 矩阵 A 和 $P^{-1}AP$ 代表了同样的线性变换, 但是是在不同的基下. 这样的矩阵被称为**共轭的**(conjugate). 在这个例子中, 用 $P^{-1}AP$ 来计算要容易得多.

$$P^{-1}AP = \begin{bmatrix} \frac{1+\sqrt{5}}{2} & 0 \\ 0 & \frac{1-\sqrt{5}}{2} \end{bmatrix} \tag{2.7.6}$$

是一个对角矩阵.

这个可以产生下面的非常重要的结果:

$$(P^{-1}AP)^n = (P^{-1}A\underbrace{P)(P^{-1}}_{I}AP)\cdots(P^{-1}A\underbrace{P)(P^{-1}}_{I}AP) = P^{-1}A^nP, \tag{2.7.7}$$

我们可以重写为

$$A^n = P(P^{-1}AP)^nP^{-1}. \tag{2.7.8}$$

运用等式 (2.7.4)、等式 (2.7.6) 和等式 (2.7.8), 可以得到

$$\overbrace{\begin{bmatrix} 0 & 1 \\ 1 & 1 \end{bmatrix}^n}^{A^n} = \overbrace{\begin{bmatrix} 2 & 2 \\ 1+\sqrt{5} & 1-\sqrt{5} \end{bmatrix}}^{P} \overbrace{\begin{bmatrix} \left(\frac{1+\sqrt{5}}{2}\right)^n & 0 \\ 0 & \left(\frac{1-\sqrt{5}}{2}\right)^n \end{bmatrix}}^{(P^{-1}AP)^n} \overbrace{\begin{bmatrix} \frac{\sqrt{5}-1}{4\sqrt{5}} & \frac{2}{4\sqrt{5}} \\ \frac{\sqrt{5}+1}{4\sqrt{5}} & \frac{-2}{4\sqrt{5}} \end{bmatrix}}^{P^{-1}}$$

$$= \frac{1}{2\sqrt{5}} \begin{bmatrix} \left(\frac{1+\sqrt{5}}{2}\right)^n (\sqrt{5}-1) + \left(\frac{1-\sqrt{5}}{2}\right)^n (1+\sqrt{5}) & 2\left(\frac{1+\sqrt{5}}{2}\right)^n - 2\left(\frac{1-\sqrt{5}}{2}\right)^n \\ \left(\frac{1+\sqrt{5}}{2}\right)^{n+1} (\sqrt{5}-1) + \left(\frac{1-\sqrt{5}}{2}\right)^{n+1} (1+\sqrt{5}) & 2\left(\frac{1+\sqrt{5}}{2}\right)^{n+1} - 2\left(\frac{1-\sqrt{5}}{2}\right)^{n+1} \end{bmatrix}.$$

这确认了我们关于 a_n 的奇妙的等式 (2.7.1) 是对的: 如果我们把 $\begin{bmatrix} 0 & 1 \\ 1 & 1 \end{bmatrix}^n$ 的这个值乘到 $\begin{bmatrix} 1 \\ 1 \end{bmatrix}$ 上, 矩阵等式 (2.7.3) 告诉我们, 上面的一行是 a_n, 因此我

们确实得到了

$$a_n = \frac{5+\sqrt{5}}{10}\left(\frac{1+\sqrt{5}}{2}\right)^n + \frac{5-\sqrt{5}}{10}\left(\frac{1-\sqrt{5}}{2}\right)^n. \tag{2.7.9}$$

因此, 我们不需要通过计算 $\begin{bmatrix}0 & 1\\ 1 & 1\end{bmatrix}^n$ 来确定 a_n, 只需要计算 $\left(\frac{1+\sqrt{5}}{2}\right)^n$ 和 $\left(\frac{1-\sqrt{5}}{2}\right)^n$; 这个问题已经被我们*解耦*(decoupling)了 (见注释 2.7.4). △

对于斐波那契数列, 我们是如何得到矩阵 P 的呢? 很明显, 矩阵的选取不是随机的. 事实上, P 的列是 $A = \begin{bmatrix}0 & 1\\ 1 & 1\end{bmatrix}$ 的*本征向量*, $P^{-1}AP$ 的对角项是相应的*本征值*.

定义 2.7.2: 为了有一个本征向量, 一个矩阵必须把一个向量空间映射到*它自身*: $T\mathbf{v}$ 在陪域中, $\lambda\mathbf{v}$ 在定义域中. 所以, *只有方形矩阵才能有本征向量*.

通常, 一个本征值被定义为特征多项式的一个根 (见定义 4.8.18). 我们解决本征值和本征多项式的方法一部分受到 Sheldon Axler 的文章 *Down with determinants* 的启发. 我们并不想抛弃在第 4, 5, 6 章用得非常多的作为测量体积的一个方法的行列式. 但是对于大的矩阵, 行列式或多或少是不好计算的. 本节后面给出的计算本征值和本征向量的过程对于计算更加友好. 然而, 就算是对于中等大小的矩阵, 它仍然不是一个实用的算法; 实际上能用的算法为 QR 算法或者对于对称矩阵的雅可比方法; 见练习 3.29.

注意, 希腊字母 λ 读作 "lambda".

一个本征向量必须是非零的, 但 0 可以是本征值: 这个当且仅当 $\mathbf{v} \neq \mathbf{0}$, 且在 T 的核中的时候才会发生.

定义 2.7.2 (本征向量、本征值、重数). 令 V 为一个复向量空间, $T: V \to V$ 为一个线性变换. 一个使得

$$T\mathbf{v} = \lambda\mathbf{v} \tag{2.7.10}$$

对于某个 λ 成立的非零向量 $\mathbf{v}$ 被称为 T 的*本征向量*, λ 是相应的*本征值*. 本征值 λ 的*重数*(multiplicity)是*本征空间*(eigenspace) $\{\mathbf{v} \mid T\mathbf{v} = \lambda\mathbf{v}\}$ 的维数.

很明显但也非常重要的一点是, 如果 $T\mathbf{v} = \lambda\mathbf{v}$, 则有 $T^k\mathbf{v} = \lambda^k\mathbf{v}$(例如, $TT\mathbf{v} = T\lambda\mathbf{v} = \lambda T\mathbf{v} = \lambda^2\mathbf{v}$).

定义 2.7.3 (本征基). 复向量空间 V 的一组基向量对于一个线性变换 T 是 V 的一组*本征基*, 如果每组基向量的元素都是 T 的本征向量.

P 的列构成了 $A = \begin{bmatrix}0 & 1\\ 1 & 1\end{bmatrix}$ 在 $\mathbb{R}^2$ 上的本征基:

$$\begin{bmatrix}0 & 1\\ 1 & 1\end{bmatrix}\underbrace{\begin{bmatrix}2\\ 1+\sqrt{5}\end{bmatrix}}_{P\text{的第一列}} = \underbrace{\frac{1+\sqrt{5}}{2}}_{\text{本征值}}\begin{bmatrix}2\\ 1+\sqrt{5}\end{bmatrix}, \tag{2.7.11}$$

$$\begin{bmatrix}0 & 1\\ 1 & 1\end{bmatrix}\underbrace{\begin{bmatrix}2\\ 1-\sqrt{5}\end{bmatrix}}_{P\text{的第二列}} = \underbrace{\frac{1-\sqrt{5}}{2}}_{\text{本征值}}\begin{bmatrix}2\\ 1-\sqrt{5}\end{bmatrix}. \tag{2.7.12}$$

注释 2.7.4. 使用本征向量, 我们可以重新分析斐波那契数列的弱化的问题, 其中的一项指数增长, 另一项指数衰减. 把 $\begin{bmatrix}a_n\\ a_{n+1}\end{bmatrix}$ 写成本征向量的线性组合:

$$\begin{bmatrix}a_n\\ a_{n+1}\end{bmatrix} = c_n\begin{bmatrix}2\\ 1+\sqrt{5}\end{bmatrix} + d_n\begin{bmatrix}2\\ 1-\sqrt{5}\end{bmatrix}. \tag{2.7.13}$$

下面的计算, 与以前一样, 设 $A = \begin{bmatrix} 0 & 1 \\ 1 & 1 \end{bmatrix}$, 用来证明 $c_{n+1} = \frac{1+\sqrt{5}}{2} c_n$, $d_{n+1} = \frac{1-\sqrt{5}}{2} d_n$:

$$\begin{aligned} & c_{n+1}\begin{bmatrix} 2 \\ 1+\sqrt{5} \end{bmatrix} + d_{n+1}\begin{bmatrix} 2 \\ 1-\sqrt{5} \end{bmatrix} = \begin{bmatrix} a_{n+1} \\ a_{n+2} \end{bmatrix} \\ = \quad & A\begin{bmatrix} a_n \\ a_{n+1} \end{bmatrix} = A\left(c_n\begin{bmatrix} 2 \\ 1+\sqrt{5} \end{bmatrix} + d_n\begin{bmatrix} 2 \\ 1-\sqrt{5} \end{bmatrix}\right) \\ = \quad & c_n A\begin{bmatrix} 2 \\ 1+\sqrt{5} \end{bmatrix} + d_n A\begin{bmatrix} 2 \\ 1-\sqrt{5} \end{bmatrix} \\ \underbrace{=}_{\text{定义 2.7.2}} \quad & c_n\frac{1+\sqrt{5}}{2}\begin{bmatrix} 2 \\ 1+\sqrt{5} \end{bmatrix} + d_n\frac{1-\sqrt{5}}{2}\begin{bmatrix} 2 \\ 1-\sqrt{5} \end{bmatrix}. \end{aligned}$$

所以有

$$c_n = \left(\frac{1+\sqrt{5}}{2}\right)^n c_0,\ d_n = \left(\frac{1-\sqrt{5}}{2}\right)^n d_0; \tag{2.7.14}$$

c_n 指数增长, 但是 d_n 指数衰减到 0.

图 2.7.1 用几何方法说明了这个结果. 如果你把 $\begin{bmatrix} a_n \\ a_{n+1} \end{bmatrix}$ 当作台阶石, 从 $\begin{bmatrix} 1 \\ 1 \end{bmatrix}$ 到 $\begin{bmatrix} 1 \\ 2 \end{bmatrix}$ 到 $\begin{bmatrix} 2 \\ 3 \end{bmatrix}$ 到 $\begin{bmatrix} 3 \\ 5 \end{bmatrix}$ 到 $\begin{bmatrix} 5 \\ 8 \end{bmatrix}$ 到 $\cdots\cdots$, 你从很小的一步开始, 但很快就要迈开大步; 很快你就会发现你已经无法完成从一块石头到另一块石头的跨越了. 由于 $\begin{bmatrix} a_n \\ a_{n+1} \end{bmatrix}$ 在本征向量 $\begin{bmatrix} 2 \\ 1-\sqrt{5} \end{bmatrix}$ 方向上的分量随着 n 的增加而减小, 你很快就会几乎就是沿着本征向量 $\begin{bmatrix} 2 \\ 1+\sqrt{5} \end{bmatrix}$ 的方向移动. △

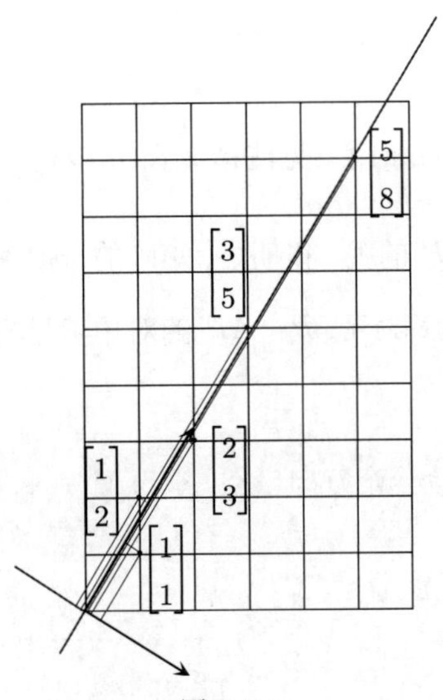

图 2.7.1

由本征向量 $\begin{bmatrix} 2 \\ 1+\sqrt{5} \end{bmatrix}$ 和 $\begin{bmatrix} 2 \\ 1-\sqrt{5} \end{bmatrix}$ 生成的轴用粗体标记; 那些箭头表示本征向量. 我们证明了 $\begin{bmatrix} a_0 \\ a_1 \end{bmatrix} = \begin{bmatrix} 1 \\ 1 \end{bmatrix}$, $\begin{bmatrix} a_1 \\ a_2 \end{bmatrix} = \begin{bmatrix} 1 \\ 2 \end{bmatrix}$, 等等. 后续的向量越来越接近 $\begin{bmatrix} 2 \\ 1+\sqrt{5} \end{bmatrix}$ 生成的线: 随着 n 的增大, $(\frac{1-\sqrt{5}}{2})^n$ 在绝对值上缩小并且保持符号切换. 但 $\begin{bmatrix} a_n \\ a_{n+1} \end{bmatrix}$ 向由 $\begin{bmatrix} 2 \\ 1+\sqrt{5} \end{bmatrix}$ 生成的线上的投影彼此离得越来越远: 随着 n 的增大, $(\frac{1+\sqrt{5}}{2})^n$ 指数增长.

$$\begin{bmatrix} a & 0 & 0 \\ 0 & b & 0 \\ 0 & 0 & c \end{bmatrix}\begin{bmatrix} x \\ y \\ z \end{bmatrix} = \begin{bmatrix} ax \\ by \\ cz \end{bmatrix}.$$

如果你用一个对角矩阵乘上一个向量, 向量的每一项都乘上矩阵的一个不同的项; 不同的项之间不产生相互作用. 一个 $n \times n$ 的对角矩阵就像 n 个一维矩阵, 也就是, n 个数. 无论在纯数学还是应用数学中, 我们无论怎样强调这个*解耦*的重要性都不过分.

对角化和本征向量

本征向量的理论经常以对角化的名义出现. 命题 2.7.5 解释了原因.

命题 2.7.5 (对角化和本征向量). 令 A 为一个 $n \times n$ 的矩阵, $P = [\vec{\mathbf{v}}_1, \cdots, \vec{\mathbf{v}}_n]$ 为一个 $n \times n$ 的可逆矩阵.

1. A 的本征值和 $P^{-1}AP$ 的本征值重合.
2. 如果 $(\vec{\mathbf{v}}_1, \cdots, \vec{\mathbf{v}}_n)$ 为 A 在 $\mathbb{C}^n$ 上的本征基, $A\vec{\mathbf{v}}_i = \lambda_i \vec{\mathbf{v}}_i$, 则 $P^{-1}AP$ 为一个对角矩阵, 对角项为 $\lambda_1, \cdots, \lambda_n$.
3. 相反地, 如果 $P^{-1}AP$ 是对角的, 对角项为 λ_i, 则 P 的列为 A 的本征向量, 本征值为 λ_i.

一个矩阵 A 为*可对角化的*(diagonalizable), 如果存在一个矩阵 P, 使得 $P^{-1}AP$ 是对角矩阵. 我们在等式 (2.7.6) 中已经遇到了这个. 这里是另一个例子.

例 2.7.6. 如果 $A=\begin{bmatrix}1&-1&0\\-1&2&-1\\0&-1&1\end{bmatrix}$, $P=\begin{bmatrix}1&-1&1\\1&0&-2\\1&1&1\end{bmatrix}$, 则 $P^{-1}AP=\begin{bmatrix}0&0&0\\0&1&0\\0&0&3\end{bmatrix}$ 为对角矩阵, 所以 $\begin{bmatrix}1\\1\\1\end{bmatrix}$, $\begin{bmatrix}-1\\0\\1\end{bmatrix}$, $\begin{bmatrix}1\\-2\\1\end{bmatrix}$ 为 A 的本征向量, 本征值为 0, 1 和 3. 在 $\mathbb{R}^3$ 的本征基 $\begin{bmatrix}1\\1\\1\end{bmatrix}$, $\begin{bmatrix}-1\\0\\1\end{bmatrix}$, $\begin{bmatrix}1\\-2\\1\end{bmatrix}$ 下, 矩阵 A 变成了 $\begin{bmatrix}0&0&0\\0&1&0\\0&0&3\end{bmatrix}$. △

注释. 公式 $P^{-1}AP$ 应该让你想起基变换公式 (定理2.6.23):

$$[T]_{\{\mathbf{v}'\},\{\mathbf{w}'\}}=[P_{\mathbf{w}'\to\mathbf{w}}]^{-1}[T]_{\{\mathbf{v}'\},\{\mathbf{w}'\}}[P_{\mathbf{v}'\to\mathbf{v}}].$$

实际上, $P^{-1}AP$ 是这个公式的一个特殊情况, 其中定义域等于陪域. 使用基变换公式的表示法, 我们将会说, 如果 $\{\mathbf{v}\}$ 是 A 在 $\mathbb{R}^n$ 的一个本征基, $\{\mathbf{e}\}$ 为标准基, 则相应于本征基的矩阵 A 为

$$[A]_{\{\mathbf{v}\},\{\mathbf{v}\}}=[P_{\{\mathbf{v}\}\to\{\mathbf{e}\}}]^{-1}[A]_{\{\mathbf{e}\},\{\mathbf{e}\}}[P_{\{\mathbf{v}\}\to\{\mathbf{e}\}}].\qquad\triangle$$

命题 2.7.5 的证明: 1. 如果 $A\vec{\mathbf{v}}=\lambda\vec{\mathbf{v}}$, 则 $P^{-1}\vec{\mathbf{v}}$ 是 $P^{-1}AP$ 的一个本征向量, 本征值为 λ:

$$P^{-1}AP(P^{-1}\vec{\mathbf{v}})=P^{-1}A\vec{\mathbf{v}}=P^{-1}\lambda\vec{\mathbf{v}}=\lambda(P^{-1}\vec{\mathbf{v}}).\tag{2.7.15}$$

2. 如果对于每一个 i, 我们有 $A\vec{\mathbf{v}}_i=\lambda\vec{\mathbf{v}}_i$, 则

$$P^{-1}AP\vec{\mathbf{e}}_i=P^{-1}A\vec{\mathbf{v}}_i=P^{-1}\lambda_i\vec{\mathbf{v}}_i=P^{-1}\lambda_iP\vec{\mathbf{e}}_i=\lambda_iP^{-1}P\vec{\mathbf{e}}_i=\lambda_i\vec{\mathbf{e}}_i,\tag{2.7.16}$$

所以

$$P^{-1}AP=\begin{bmatrix}\lambda_1&0&\cdots&0\\0&\lambda_2&\cdots&0\\\vdots&\vdots&&\vdots\\0&0&\cdots&\lambda_n\end{bmatrix}.\tag{2.7.17}$$

3. 回忆到 $\vec{\mathbf{v}}_i=P\vec{\mathbf{e}}_i$. 如果 $P^{-1}AP$ 是一个对角矩阵, 对角项为 λ_i, 则 P 的列是 A 的本征向量, λ_i 是相应的本征值:

$$A\vec{\mathbf{v}}_i=AP\vec{\mathbf{e}}_i=PP^{-1}AP\vec{\mathbf{e}}_i=P\begin{bmatrix}\lambda_1&0&\cdots&0\\0&\lambda_2&\cdots&0\\\vdots&\vdots&&\vdots\\0&0&\cdots&\lambda_n\end{bmatrix}\vec{\mathbf{e}}_i=P\lambda_i\vec{\mathbf{e}}_i=\lambda_i\vec{\mathbf{v}}_i.\quad\square$$

什么时候存在本征基?

什么时候存在本征基, 我们又如何找到它们? 一个线性变换可能有很多个本征向量和本征值吗? 定理 2.7.7 说明, 如果一组本征基存在, 且本征值都不同, 则它本质上就是唯一的.

我们说 “本质上是唯一的”, 因为如果你把本征基的每个本征向量乘上某个数, 那么结果仍然是本征基.

定理 2.7.7 的逆不成立; k 个本征向量可以是线性无关的, 尽管它的一些本征向量共享相同的本征值. 例如, $\mathbb{C}^n$ 的每个基都是恒等变换的本征基, 但恒等变换只有一个本征值: 数值 1.

定理 2.7.7 (具有不同的本征值的本征向量是线性无关的). 如果 $A: V \to V$ 是一个线性变换, 且 $\mathbf{v}_1, \cdots, \mathbf{v}_k$ 为 A 的本征向量, 具有不同的本征值 $\lambda_1, \cdots, \lambda_k$, 则 $\mathbf{v}_1, \cdots, \mathbf{v}_k$ 是线性无关的.

特别地, 如果 $\dim V = n$, 则最多有 n 个本征值.

证明: 我们将用反证法来证明这个定理. 如果 $\mathbf{v}_1, \cdots, \mathbf{v}_k$ 不是线性无关的, 则存在第一个向量 $\mathbf{v}_j$, 它是前面的向量的线性组合. 因此, 我们可以写出

因为 λ 都是不同的, $\lambda_j - \lambda_i \neq 0$, a_i 不能全是 0, 因为如果全是 0 的话, 等式 (2.7.18) 将给出 $\mathbf{v}_j = \mathbf{0}$, 但 $\mathbf{v}_j$ 不能为零, 因为它是一个本征向量.

$$\mathbf{v}_j = a_1\mathbf{v}_1 + \cdots + a_{j-1}\mathbf{v}_{j-1}, \tag{2.7.18}$$

其中至少有一个系数不是 0, 比如 a_i. 将 $\lambda_j I - A$ 应用在等式两边, 得到

$$\begin{aligned} \mathbf{0} = \underbrace{(\lambda_j I - A)\mathbf{v}_j}_{\lambda_j\mathbf{v}_j - \lambda_j\mathbf{v}_j} &= (\lambda_j I - A)(a_1\mathbf{v}_1 + \cdots + a_{j-1}\mathbf{v}_{j-1}) \\ &= a_1(\lambda_j I - A)\mathbf{v}_1 + \cdots + a_{j-1}(\lambda_j I - A)\mathbf{v}_{j-1} \\ &= a_1(\lambda_j - \lambda_1)\mathbf{v}_1 + \cdots + a_{j-1}(\lambda_j - \lambda_{j-1})\mathbf{v}_{j-1}. \end{aligned} \tag{2.7.19}$$

根据假设, λ_i 都不相同, 所以系数 $a_k(\lambda_j - \lambda_k)$ 不能全是 0. 假设第 i 项 $a_i(\lambda_j - \lambda_i)\mathbf{v}_i$ 是最后一个非零项; 把它移到等式的另一侧, 并且除以 (非零的) 系数 $-a_i(\lambda_j - \lambda_i)$. 这把某些 $\mathbf{v}_i (i < j)$ 表示成了 $\mathbf{v}_1, \cdots, \mathbf{v}_{j-1}$ 的线性组合, 这与 $\mathbf{v}_j$ 是第一个能用更早的项线性组合的向量的假设相矛盾. □

寻找本征向量的过程

在我们寻找本征向量的过程中将需要知道如何计算矩阵的多项式的值. 令 $p(t) = a_0 + a_1 t + \cdots + a_{m-1}t^{m-1} + t^m$ 为一个单变量的多项式. 则我们可以写

$$p(A) = a_0 I + a_1 A + \cdots + a_{m-1}A^{m-1} + A^m. \tag{2.7.20}$$

寻找本征向量的过程: 矩阵 A 可以有实数项, $\vec{\mathbf{w}}$ 可以是实的, 但要想使用代数基本定理, 我们必须允许根 λ 是复数.

我们可能会担心, 对于 $\vec{\mathbf{w}}$ 的不同的选择, 可能有很多这样的多项式, 这些多项式可能是不相关的. 但并不是这样的情况. 例如, 如果对于某些 $\vec{\mathbf{w}}$, 我们找到了一个 n 次多项式 p 且有不同的根, 则根据定理 2.7.7, 这些根都是本征值, 所以从任何 $\vec{\mathbf{w}}_1$ 开始, 都将得到一个多项式 p_1, 它的根都是多项式 p 的根.

这是一个新的强有力的工具: 它建立起了一个行化简 (线性无关、核, 等等) 和多项式 (因式分解、根、长除法、代数基本定理) 之间的联系.

我们现在证明, 对任意 $n \times n$ 的复矩阵, 如何找到至少一个本征向量. 对于任意非零向量 $\vec{\mathbf{w}} \in \mathbb{C}^n$, 有一个最小的 m 使得 $A^m\vec{\mathbf{w}}$ 是 $\vec{\mathbf{w}}, A\vec{\mathbf{w}}, \cdots, A^{m-1}\vec{\mathbf{w}}$ 的线性组合: 存在数值 $a_0, \cdots, a_{m-1}$ 使得

$$a_0\vec{\mathbf{w}} + a_1 A\vec{\mathbf{w}} + \cdots + a_{m-1}A^{m-1}\vec{\mathbf{w}} + A^m\vec{\mathbf{w}} = \vec{\mathbf{0}}. \tag{2.7.21}$$

然后, 我们可以使用系数来定义一个多项式:

$$p(t) \stackrel{\text{def}}{=} a_0 + a_1 t + \cdots + a_{m-1}t^{m-1} + t^m, \tag{2.7.22}$$

满足 $p(A)\vec{\mathbf{w}} = \vec{\mathbf{0}}$, 而且它是具有这个属性的最低次数的非零多项式.

等式 (2.7.23): 多项式 q 通过把 p 除以 $t-\lambda$ 得到, 所以 $\deg q = m-1$. 因此

$$q(A) = b_0 I + b_1 A + \cdots + A^{m-1}$$

对于适当的 $b_0, \cdots, b_{m-1}$ 成立, A^{m-1} 的系数为 1. 因此

$$q(A)\vec{\mathbf{w}} = b_0\vec{\mathbf{w}} + b_1 A\vec{\mathbf{w}} + \cdots + A^{m-1}\vec{\mathbf{w}}$$

为 m 个向量 $\vec{\mathbf{w}}$, $A\vec{\mathbf{w}}$, $\cdots$, $A^{m-1}\vec{\mathbf{w}}$ 的线性组合.

根据代数基本定理 (定理 1.6.14), p 至少有一个根 λ, 所以我们可以写

$$p(t) = (t-\lambda)q(t), \tag{2.7.23}$$

它对于某个 $m-1$ 次的多项式 q 成立. 定义 $\vec{\mathbf{v}} = q(A)\vec{\mathbf{w}}$. 则

$$\begin{aligned}(A-\lambda I)\vec{\mathbf{v}} &= (A-\lambda I)\big(q(A)\vec{\mathbf{w}}\big)\\ &= \Big((A-\lambda I)\big(q(A)\big)\Big)\vec{\mathbf{w}}\\ &= p(A)\vec{\mathbf{w}}\\ &= \vec{\mathbf{0}},\end{aligned} \tag{2.7.24}$$

所以有 $A\vec{\mathbf{v}} = \lambda\vec{\mathbf{v}}$. 要看到 $\vec{\mathbf{v}}$ 是一个本征值为 λ 的本征向量, 我们还需要检验 $\vec{\mathbf{v}} \neq \vec{\mathbf{0}}$. 因为 $m>0$ 是最小的整数, 满足 $A^m\vec{\mathbf{w}}$ 为 $\vec{\mathbf{w}}, A\vec{\mathbf{w}}, \cdots, A^{m-1}\vec{\mathbf{w}}$ 的线性组合, 所以向量 $\vec{\mathbf{w}}, \cdots, A^{m-1}\vec{\mathbf{w}}$ 是线性无关的. 因为 $A^{m-1}\vec{\mathbf{w}}$ 的系数不是 0 (见等式 (2.7.23) 的边注), 所以 $\vec{\mathbf{v}} \neq \vec{\mathbf{0}}$.

这个过程将对 p 的每个不同的根产生一个本征向量.

我们如何能够找到多项式 p 呢? 这正好是行化简可以很好地处理的一种问题. 考虑矩阵

$$M = [\vec{\mathbf{w}}, A\vec{\mathbf{w}}, A^2\vec{\mathbf{w}}, \cdots, A^n\vec{\mathbf{w}}]. \tag{2.7.25}$$

这个矩阵有 $n+1$ 列、n 行, 所以, 如果你把它行化简到 $\widetilde{M}$, 则 $\widetilde{M}$ 将必定会有一个非主元列. 令第 $(m+1)$ 列为第一个非主元列, 并且把 M 的前 $m+1$ 列作为增广矩阵来解线性方程组

$$x_0\vec{\mathbf{w}} + x_1 A\vec{\mathbf{w}} + \cdots + x_{m-1}A^{m-1}\vec{\mathbf{w}} = A^m\vec{\mathbf{w}}. \tag{2.7.26}$$

这个矩阵可行化简到

$$\begin{bmatrix} 1 & 0 & \cdots & 0 & b_0\\ 0 & 1 & \cdots & 0 & b_1\\ \vdots & \vdots & & \vdots & \vdots\\ 0 & 0 & \cdots & 1 & b_{m-1}\\ 0 & 0 & \cdots & 0 & 0\\ \vdots & \vdots & & \vdots & \vdots \end{bmatrix}, \tag{2.7.27}$$

根据定理 2.2.1, b_i 为方程组

$$b_0\vec{\mathbf{w}} + b_1 A\vec{\mathbf{w}} + \cdots + b_{m-1}A^{m-1}\vec{\mathbf{w}} = A^m\vec{\mathbf{w}} \tag{2.7.28}$$

的解. 因此, p 由 $p(t) = -b_0 - b_1 t - \cdots - b_{m-1}t^{m-1} + t^m$ 给出.

例 2.7.8: 下面我们来计算 $A\vec{\mathbf{e}}_1$, $A^2\vec{\mathbf{e}}_1$ 和 $A^3\vec{\mathbf{e}}_1$:

$$\begin{bmatrix}1\\0\\0\end{bmatrix} = \vec{\mathbf{e}}_1,$$

$$\begin{bmatrix}1&-1&0\\-1&2&-1\\0&-1&1\end{bmatrix}\begin{bmatrix}1\\-1\\0\end{bmatrix} = A\vec{\mathbf{e}}_1,$$

$$\begin{bmatrix}1&-1&0\\-1&2&-1\\0&-1&1\end{bmatrix}\begin{bmatrix}2\\-3\\1\end{bmatrix} = A^2\vec{\mathbf{e}}_1,$$

$$\begin{bmatrix}1&-1&0\\-1&2&-1\\0&-1&1\end{bmatrix}\begin{bmatrix}5\\-9\\4\end{bmatrix} = A^3\vec{\mathbf{e}}_1.$$

例 2.7.8 (寻找本征基). 令 $A\colon \mathbb{R}^3 \to \mathbb{R}^3$ 为线性变换 $A = \begin{bmatrix}1&-1&0\\-1&2&-1\\0&-1&1\end{bmatrix}$, 且使用 $\vec{\mathbf{e}}_1$ 作为 $\vec{\mathbf{w}}$. 我们想要找到 $\vec{\mathbf{e}}_1, A\vec{\mathbf{e}}_1, A^2\vec{\mathbf{e}}_1, A^3\vec{\mathbf{e}}_1$ 中的第一个可以写成它之前的向量的线性组合的向量. 因为 $\vec{\mathbf{e}}_1$ 和 $A\vec{\mathbf{e}}_1$ 中的零项, 前三个向量显然是线

性无关的, 但第四个必然是前三个的一个线性组合. 我们行化简

$$\begin{bmatrix} 1 & 1 & 2 & 5 \\ 0 & -1 & -3 & -9 \\ 0 & 0 & 1 & 4 \end{bmatrix} \text{ 得到 } \begin{bmatrix} 1 & 0 & 0 & 0 \\ 0 & 1 & 0 & -3 \\ 0 & 0 & 1 & 4 \end{bmatrix}, \tag{2.7.29}$$

这告诉我们 $0\vec{\mathbf{e}}_1 - 3A\vec{\mathbf{e}}_1 + 4A^2\vec{\mathbf{e}}_1 = A^3\vec{\mathbf{e}}_1$. 因此, p 为多项式 $p(t) = t^3 - 4t^2 + 3t$, 根为 0, 1 和 3.

1. $\lambda = 0$: 写 $p(t) = t(t^2 - 4t + 3) \stackrel{\text{def}}{=} tq_1(t)$, 来找到本征向量

$$q_1(A)\vec{\mathbf{e}}_1 = \begin{bmatrix} 2 \\ -3 \\ 1 \end{bmatrix} - 4\begin{bmatrix} 1 \\ -1 \\ 0 \end{bmatrix} + 3\begin{bmatrix} 1 \\ 0 \\ 0 \end{bmatrix} = \begin{bmatrix} 1 \\ 1 \\ 1 \end{bmatrix}. \tag{2.7.30}$$

2. $\lambda = 1$: 写 $p(t) = (t-1)(t^2 - 3t) \stackrel{\text{def}}{=} (t-1)q_2(t)$, 来找到本征向量

$$q_2(A)\vec{\mathbf{e}}_1 = \begin{bmatrix} 2 \\ -3 \\ 1 \end{bmatrix} - 3\begin{bmatrix} 1 \\ -1 \\ 0 \end{bmatrix} = \begin{bmatrix} -1 \\ 0 \\ 1 \end{bmatrix}. \tag{2.7.31}$$

3. $\lambda = 3$: 写 $p(t) = (t-3)(t^2 - t) \stackrel{\text{def}}{=} (t-3)q_3(t)$, 来找到本征向量

$$q_3(A)\vec{\mathbf{e}}_1 = \begin{bmatrix} 2 \\ -3 \\ 1 \end{bmatrix} - \begin{bmatrix} 1 \\ -1 \\ 0 \end{bmatrix} = \begin{bmatrix} 1 \\ -2 \\ 1 \end{bmatrix}. \tag{2.7.32}$$

由等式 (2.7.24) 得到, 第一个本征向量具有本征值 0, 第二个具有本征值 1, 第三个具有本征值 3. (也很容易直接检验这个结果.) △

等式 (2.7.30): 因为

$$q_1(t) = t^2 - 4t + 3,$$

我们有

$$q_1(A)\vec{\mathbf{e}}_1 = A^2\vec{\mathbf{e}}_1 - 4A\vec{\mathbf{e}}_1 + 3\vec{\mathbf{e}}_1$$

$$= \begin{bmatrix} 2 \\ -3 \\ 1 \end{bmatrix} - 4\begin{bmatrix} 1 \\ -1 \\ 0 \end{bmatrix} + 3\begin{bmatrix} 1 \\ 0 \\ 0 \end{bmatrix}.$$

在本征基

$$\begin{bmatrix} 1 \\ 1 \\ 1 \end{bmatrix}, \begin{bmatrix} -1 \\ 0 \\ 1 \end{bmatrix} \begin{bmatrix} 1 \\ -2 \\ 1 \end{bmatrix}$$

中, 线性变换

$$A = \begin{bmatrix} 1 & -1 & 0 \\ -1 & 2 & -1 \\ 0 & -1 & 1 \end{bmatrix}$$

被写为 $\begin{bmatrix} 0 & 0 & 0 \\ 0 & 1 & 0 \\ 0 & 0 & 3 \end{bmatrix}$, 也就是, 如果

我们设 $P = \begin{bmatrix} 1 & -1 & 1 \\ 1 & 0 & -2 \\ 1 & 1 & 1 \end{bmatrix}$, 则

$$P^{-1}AP = \begin{bmatrix} 0 & 0 & 0 \\ 0 & 1 & 0 \\ 0 & 0 & 3 \end{bmatrix}.$$

注释. 我们所描述的寻找本征向量的过程就算是对小到 5×5 的矩阵都不实用. 一方面, 它需要找到多项式的根, 却没有说如何去找; 另一方面, 行化简对于等式 (2.7.22) 中定义的多项式太不稳定, 难以精确地计算. 在实践中采用的是 QR *算法*(QR algorithm). 它在矩阵的空间上直接迭代. 尽管不能保证成功, 但它是一个可以选择的方法. △

判断本征基存在的标准

当 A 为一个 $n \times n$ 的复矩阵, 多项式 p 的次数为 n, 且根都是单根的时候, 用上述的过程 (使用一个标准基向量) 将找到一个本征基. 这是通常的情况. 但也有例外的复杂的情况. 如果 $\deg p < n$, 则我们将用不同的向量来重复上述的过程.

但如果根不是单根呢? 定理 2.7.9 说明, 在这种情况下, 没有本征基.

令 p_i 为如等式 (2.7.21) 和等式 (2.7.22) 中构造的多项式, 其中 $\vec{\mathbf{w}} = \vec{\mathbf{e}}_i, i = 1, \cdots, n$. 因此, p_i 是满足 $p_i(A)\vec{\mathbf{e}}_i = \vec{\mathbf{0}}$ 的最低次的非零多项式.

注意到, p_i 可能没有单根. 练习 2.7.1 让你证明, 对于矩阵 $\begin{bmatrix} 1 & 0 \\ 1 & 1 \end{bmatrix}$, 多项式 $p_1(t) = (t-1)^2$.

我们通过找到最小的 m_i 使得 $A^{m_i}\vec{\mathbf{e}}_i$ 是

$$\vec{\mathbf{e}}_i, A\vec{\mathbf{e}}_i, \cdots, A^{m_i - 1}(\vec{\mathbf{e}}_i)$$

的线性组合来构造 p_i, 使得 $\operatorname{Span}(E_i)$ 包含 m_i 个线性无关的向量, 见等式 (2.7.21) 和等式 (2.7.22).

定理 2.7.9. 令 A 为 $n\times n$ 的复矩阵. 对矩阵 A, 当且仅当 p_i 的所有根都是单根的时候, 它存在一个 $\mathbb{C}^n$ 上的本征基.

证明: 首先假设所有的 p_i 的所有的根均为单根, 用 m_i 表示 p_i 的次数. 令 E_i 为 $\vec{\mathbf{e}}_i, A\vec{\mathbf{e}}_i, A^2\vec{\mathbf{e}}_i,\cdots$ 的生成空间. 应该很清楚的是, 这是 $\mathbb{C}^n$ 的一个维数为 m_i 的子空间 (见边注). 因为 $E_1\cup\cdots\cup E_n$ 包含标准基向量, 我们有 $\operatorname{Span}(E_1\cup\cdots\cup E_n)=\mathbb{C}^n$.

上述的过程对于 p_i 的每个根 $\lambda_{i,j}$ 都会产生一个本征向量 $\vec{\mathbf{v}}_{i,j}$, 又因为 $\vec{\mathbf{v}}_{i,1},\cdots,\vec{\mathbf{v}}_{i,m_i}$ 是维数为 m_i 的空间 E_i 中的 m_i 个线性无关的向量, 所以它们生成 E_i. 因此, 设

$$\bigcup_{i=1}^{n}\bigcup_{j=1}^{m_i}\{\vec{\mathbf{v}}_{i,j}\} \tag{2.7.33}$$

生成全部的 $\mathbb{C}^n$, 我们可以从中选出 $\mathbb{C}^n$ 的一组基. 这就证明了一个方向 (所有的根为单根 $\Rightarrow$ 存在本征向量的基).

如果 A 是一个实矩阵, 你可能会需要一个实数的基. 如果任何本征值是复数, 就没有实数的基, 但通常本征向量的实部和虚部都可以作为本征向量, 起着相同的作用. 如果 $A\mathbf{u}_j=\mu\mathbf{u}_j$, $\mu\notin\mathbb{R}$, 则 $A\bar{\mathbf{u}}_j=\bar{\mu}\bar{\mathbf{u}}_j$, 根据定理 2.7.7, 向量 $\mathbf{u}_j$ 和 $\bar{\mathbf{u}}_j$ 在 $\mathbb{C}^n$ 中是线性无关的. 更进一步, 向量

$$\mathbf{u}_j+\bar{\mathbf{u}}_j,\quad \frac{\mathbf{u}_j-\bar{\mathbf{u}}_j}{i}$$

为 $\mathbb{R}^n$ 的在 $\operatorname{Span}(\mathbf{u}_j,\bar{\mathbf{u}}_j)$ 中的两个线性无关的元素, 见练习 2.14.

根据定义 2.7.2, $\dim V_j$ 是 λ_j 作为 A 的本征值的重数. 如果 $k<n$, 则至少有一个 V_j 满足 $\dim V_j>1$, 并且包含 $\dim V_j>1$ 个本征基的元素. 相应的 $\vec{\mathbf{w}}_{i,j}$ 则将是这些本征向量的线性组合.

对于相反的方向, 令 $\lambda_1,\cdots,\lambda_k$ 为 A 的不同的本征值. 设

$$p(t)=\prod_{j=1}^{k}(t-\lambda_j), \tag{2.7.34}$$

则 p 有单根. 我们将证明, 对于所有的 i, 有

$$p(A)(\vec{\mathbf{e}}_i)=\vec{\mathbf{0}}. \tag{2.7.35}$$

这将意味着所有的 p_i 整除 p, 因此 p_i 有单根.

设 $V_j=\ker(A-\lambda_jI)$, 所有的 V_j 的元素精确地是 A 的本征值为 λ_j 的本征向量. 因为 $V_1\cup\cdots\cup V_k$ 包含所有的本征向量, 我们所做的有一组本征向量构成的基的假设说明 $V_1\cup\cdots\cup V_k$ 生成 $\mathbb{C}^n$. 因此, 每个 $\vec{\mathbf{e}}_i$ 是 V_j 中的元素的线性组合: 我们可以写

$$\vec{\mathbf{e}}_i=a_{i,1}\vec{\mathbf{w}}_{i,1}+\cdots+a_{i,k}\vec{\mathbf{w}}_{i,k}, \tag{2.7.36}$$

其中 $\vec{\mathbf{w}}_{i,j}\in V_j$.

因为根据定义 $V_j=\ker(A-\lambda_jI)$, 我们有 $(A-\lambda_lI)\vec{\mathbf{w}}_{i,l}=\vec{\mathbf{0}}$ 对于所有的从 1 到 k 的 l 成立, 所以 $p(A)(\vec{\mathbf{e}}_i)=\vec{\mathbf{0}}$:

$$\begin{aligned} p(A)(\vec{\mathbf{e}}_i) &= \underbrace{\left(\prod_{j=1}^{k}(A-\lambda_jI)\right)}_{p(A)}\underbrace{\left(\sum_{l=1}^{k}a_{i,l}\vec{\mathbf{w}}_{i,l}\right)}_{\vec{\mathbf{e}}_i} \\ &= \sum_{l=1}^{k}a_{i,l}\overbrace{\left(\left(\prod_{j\neq l}(A-\lambda_jI)\right)\underbrace{(A-\lambda_lI)\vec{\mathbf{w}}_{i,l}}_{\vec{\mathbf{0}}}\right)}^{p(A)\vec{\mathbf{w}}_{i,l}\text{被因式分解了}}=\vec{\mathbf{0}}. \end{aligned} \tag{2.7.37}$$

等式 (2.7.37): 注意, 当 A 是方形矩阵时

$$p_1(A)p_2(A)=p_2(A)p_1(A),$$

因为 A 可以与它自身或者自身的乘方交换. 如果不是这样的情况, 则在等式 (2.7.37) 中, 我们在从第一行到第二行时, 将不能改变矩阵在乘积中的顺序, 从而把 $(A-\lambda_lI)$ 放到最后.

从而得到, 用 p_i 除 p, 余数为 0. 实际上, 用长除法, 我们可以写 $p=$

$p_iq_i+r_i$, 其中 r_i 的次数小于 p_i 的次数. 根据定义, $p_i(A)\vec{\mathbf{e}}_i=\vec{\mathbf{0}}$, 所以根据等式 (2.7.37):

$$\vec{\mathbf{0}}=p(A)\vec{\mathbf{e}}_i=p_i(A)q_i(A)\vec{\mathbf{e}}_i+r_i(A)\vec{\mathbf{e}}_i=\vec{\mathbf{0}}+r_i(A)\vec{\mathbf{e}}_i. \tag{2.7.38}$$

因此, $r_i(A)\vec{\mathbf{e}}_i=\vec{\mathbf{0}}$. 因为 r_i 的次数小于 p_i 的次数, 且 p_i 是满足 $p_i(A)\vec{\mathbf{e}}_i=\vec{\mathbf{0}}$ 的最低次的非零多项式, 所以有 $r_i=0$. 因为 p 有单根, 所以 p_i 也有单根. □

佩龙–弗罗贝尼乌斯定理

每一项都是非负的方形实矩阵在很多领域都是重要的; 例子包括图 (组合学) 的邻接矩阵和马尔科夫过程的转换矩阵 (概率).

令 A 为一个实矩阵 (也许是一个列矩阵, 也就是一个向量). 我们将写出:

- $A\geqslant B$, 如果所有的项 $a_{i,j}$ 满足 $a_{i,j}\geqslant b_{i,j}$.
- $A>B$, 如果所有的项 $a_{i,j}$ 满足 $a_{i,j}>b_{i,j}$.

尤其是, 如果所有的 $a_{i,j}$ 满足 $a_{i,j}\geqslant 0$, 则 $A\geqslant\mathbf{0}$; 如果所有的 $a_{i,j}$ 满足 $a_{i,j}>0$, 则 $A>\mathbf{0}$.

练习 2.7.7 扩展了佩龙–弗罗贝尼乌斯定理, 把 $A>\mathbf{0}$ 的假设弱化到了 $A\geqslant\mathbf{0}$, 并且增加了存在 k 使得 $A^k>\mathbf{0}$ 的假设.

定理 2.7.10: 向量 $\vec{\mathbf{v}}$(以及任何 $\vec{\mathbf{v}}$ 的倍数, 也有同样的本征值) 被称为*首本征向量*.

定理 2.7.10 (佩龙–弗罗贝尼乌斯定理). 如果 A 是一个 $n\times n$ 的实矩阵, 满足 $A>\mathbf{0}$, 则存在唯一的一个实本征向量 $\vec{\mathbf{v}}>\mathbf{0}$, 满足 $|\vec{\mathbf{v}}|=1$. 这个本征向量有一个单重的实本征值 $\lambda>0$, 称作*首本征值*(leading eigenvalues)或者*主本征值*(dominant eigenvalues). A 的任何其他的本征值 $\mu\in\mathbb{C}$ 都满足 $|\mu|<\lambda$.

进一步, $\vec{\mathbf{v}}$ 可以通过迭代来得到: 对于任意满足 $\vec{\mathbf{w}}\geqslant\mathbf{0}$ 的 $\vec{\mathbf{w}}$, 我们有 $\vec{\mathbf{v}}=\lim\limits_{k\to\infty}A^k(\vec{\mathbf{w}})/|A^k(\vec{\mathbf{w}})|$.

引理 2.7.11: 我们写

$$\vec{\mathbf{v}}\leqslant\vec{\mathbf{w}},\ 且\ \vec{\mathbf{v}}\neq\vec{\mathbf{w}},$$

而不是 $\vec{\mathbf{v}}<\vec{\mathbf{w}}$, 因为 $\vec{\mathbf{v}}$ 和 $\vec{\mathbf{w}}$ 的某些项是可以相等的.

引理 2.7.11 是证明的关键.

引理 2.7.11. 如果 $A>\mathbf{0}$ 且 $\mathbf{0}\leqslant\vec{\mathbf{v}}\leqslant\vec{\mathbf{w}}$, $\vec{\mathbf{v}}\neq\vec{\mathbf{w}}$, 则 $A\vec{\mathbf{v}}<A\vec{\mathbf{w}}$.

证明: 为了有 $\vec{\mathbf{v}}\neq\vec{\mathbf{w}}$, $\vec{\mathbf{w}}$ 中的至少一项必须大于 $\vec{\mathbf{v}}$ 的相应的项. 那个项将被乘上 $A>\mathbf{0}$ 的某个严格大于 0 的项, 得到乘积中的严格的不等式. □

公式 (2.7.39): 例如, 设 $A=\begin{bmatrix}1&2\\3&4\end{bmatrix}$ 和 $\vec{\mathbf{w}}=\begin{bmatrix}\frac{1}{\sqrt{2}}\\\frac{1}{\sqrt{2}}\end{bmatrix}$. 则 $A\vec{\mathbf{w}}=\begin{bmatrix}\frac{3}{\sqrt{2}}\\\frac{7}{\sqrt{2}}\end{bmatrix}$, 所以有

$$g(\vec{\mathbf{w}})=\inf\{3,7\}=3,$$

以及

$$g(\vec{\mathbf{w}})\vec{\mathbf{w}}=\begin{bmatrix}\frac{3}{\sqrt{2}}\\\frac{3}{\sqrt{2}}\end{bmatrix}\leqslant\begin{bmatrix}\frac{3}{\sqrt{2}}\\\frac{7}{\sqrt{2}}\end{bmatrix}.$$

证明的第二段中的 "有限多" 指的是, 在任意 $\mathbf{w}\in\Delta$ 的一个邻域, 那些 $(A\mathbf{w})_i/w_i$, 其中 $w_i\neq 0$. $w_i=0$ 的项在 $\mathbf{w}$ 的足够小的邻域内都是任意大的, 所以它们对下确界没有贡献.

定理 2.7.10 的证明: 令 $Q\subset\mathbb{R}^n$ 为 "象限" $\vec{\mathbf{w}}\geqslant\mathbf{0}$, 设 $Q^*\stackrel{\text{def}}{=}Q-\{\vec{\mathbf{0}}\}$, 并设 Δ 为 Q 中单位向量的集合. 如果 $\vec{\mathbf{w}}\in\Delta$, 则 $\vec{\mathbf{w}}\geqslant\mathbf{0}$ 且 $\vec{\mathbf{w}}\neq\mathbf{0}$, 所以 (根据引理 2.7.11)$A\vec{\mathbf{w}}>\mathbf{0}$.

考虑函数 $g\colon Q^*\to\mathbb{R}$, 定义为

$$g\colon\vec{\mathbf{w}}\mapsto\inf\left\{\frac{(A\vec{\mathbf{w}})_1}{\omega_1},\frac{(A\vec{\mathbf{w}})_2}{\omega_2},\cdots,\frac{(A\vec{\mathbf{w}})_n}{\omega_n}\right\}; \tag{2.7.39}$$

则 $g(\vec{\mathbf{w}})\vec{\mathbf{w}}\leqslant A\vec{\mathbf{w}}$ 对所有的 $\vec{\mathbf{w}}\in Q^*$ 成立, 且 $g(\vec{\mathbf{w}})$ 是使之成立的最大的数. 注意到, $g(\vec{\mathbf{w}})=g(\vec{\mathbf{w}}/|\vec{\mathbf{w}}|)$ 对于所有的 $\vec{\mathbf{w}}\in Q^*$ 成立.

因为 g 是有限多个连续函数 $Q^*\to\mathbb{R}$ 的下确界, 所以函数 g 是连续的; 因为 Δ 是紧致的, 所以 g 在某个 $\vec{\mathbf{v}}\in\Delta$ 取得最大值, 它也在 Q^* 上得到 g 的最

大值. 我们来看, $\vec{\mathbf{v}}$ 是 A 的一个本征向量, 其本征值为 $\lambda \stackrel{\text{def}}{=} g(\vec{\mathbf{v}})$. 利用反证法, 假设 $g(\vec{\mathbf{v}})\vec{\mathbf{v}} \neq A\vec{\mathbf{v}}$. 由引理 2.7.11, $g(\vec{\mathbf{v}})\vec{\mathbf{v}} \leqslant A\vec{\mathbf{v}}$ 和 $g(\vec{\mathbf{v}})\vec{\mathbf{v}} \neq A\vec{\mathbf{v}}$ 蕴含着

$$g(\vec{\mathbf{v}})A\vec{\mathbf{v}} = Ag(\vec{\mathbf{v}})\vec{\mathbf{v}} < AA\vec{\mathbf{v}}. \tag{2.7.40}$$

由于不等式 $g(\vec{\mathbf{v}})A\vec{\mathbf{v}} < AA\vec{\mathbf{v}}$ 是严格的, 这与假设 $\vec{\mathbf{v}}$ 是 Q^* 的一个元素, 且 g 在 $\vec{\mathbf{v}}$ 取得最大值相矛盾: $g(A\vec{\mathbf{v}})$ 是使 $g(A\vec{\mathbf{v}})A\vec{\mathbf{v}} \leqslant AA\vec{\mathbf{v}}$ 成立的最大数, 所以 $g(A\vec{\mathbf{v}}) > g(\vec{\mathbf{v}})$.

因此, $A\vec{\mathbf{v}} = g(\vec{\mathbf{v}})\vec{\mathbf{v}}$: 我们找到了一个本征向量 $\vec{\mathbf{v}} > \mathbf{0}$, 有实的本征值 $\lambda = g(\vec{\mathbf{v}}) > 0$. 利用完全相同的论据可以证明存在一个向量 $\vec{\mathbf{v}}_1 \in \Delta$, 使得 $A^{\mathrm{T}}\vec{\mathbf{v}}_1 = \lambda_1\vec{\mathbf{v}}_1$, 也就是 $\vec{\mathbf{v}}_1^{\mathrm{T}}A = \lambda_1\vec{\mathbf{v}}_1^{\mathrm{T}}$. 令 $\widetilde{\mathbf{v}} \in \Delta$ 为 A 的一个本征向量, 本征值为 μ. 则

$$\lambda_1\vec{\mathbf{v}}_1^{\mathrm{T}}\widetilde{\mathbf{v}} = \vec{\mathbf{v}}_1^{\mathrm{T}}A\widetilde{\mathbf{v}} = \vec{\mathbf{v}}_1^{\mathrm{T}}\mu\widetilde{\mathbf{v}} = \mu\vec{\mathbf{v}}_1^{\mathrm{T}}\widetilde{\mathbf{v}}. \tag{2.7.41}$$

如果 $A > \mathbf{0}$, 则 $A^{\mathrm{T}} > \mathbf{0}$.

我们有 $\widetilde{\mathbf{v}} > \mathbf{0}$, 因为 $A\widetilde{\mathbf{v}} = \mu\widetilde{\mathbf{v}}$ 以及 $A\widetilde{\mathbf{v}} > \mathbf{0}$; 因为 $A^{\mathrm{T}}\vec{\mathbf{v}}_1 = \lambda_1\vec{\mathbf{v}}_1$ 和 $A^{\mathrm{T}}\vec{\mathbf{v}}_1 > \mathbf{0}$, 我们有 $\vec{\mathbf{v}}_1^{\mathrm{T}} > \mathbf{0}$.

因为 (见边注)$\vec{\mathbf{v}}_1^{\mathrm{T}} > \mathbf{0}$, $\widetilde{\mathbf{v}} > \mathbf{0}$, 我们有 $\vec{\mathbf{v}}_1^{\mathrm{T}}\widetilde{\mathbf{v}} \neq 0$, 所以 $\mu = \lambda_1$. 因为 $\widetilde{\mathbf{v}}$ 是 A 在 Δ 中的任意的本征向量, 它可以是 $\vec{\mathbf{v}}$, 所以 $\mu = \lambda$. 更进一步, $\vec{\mathbf{v}}$ 是 A 在 Δ 中的唯一的本征向量: 如果 $\vec{\mathbf{v}}' \neq \vec{\mathbf{v}}$ 是另一个这样的本征向量, 则把 A 限制在由 $\vec{\mathbf{v}}$ 和 $\vec{\mathbf{v}}'$ 生成的子空间的限制将是 $\lambda\,\mathrm{id}$, 与 $A(\Delta) \subset \mathring{Q}$(因为 $A > \mathbf{0}$, 所以它是成立的) 相矛盾.

由 $\vec{\mathbf{v}}$ 和 $\vec{\mathbf{v}}'$ 生成的平面 P 必定与 ∂Q 相交; 在 P 上 $A = \lambda\,\mathrm{id}$ 的意思是 $\partial Q \cap P$ 被映射到 $\partial Q \cap P$, 而不是 $\mathring{Q}$.

现在, 令 $\vec{\mathbf{w}}$ 为 Δ 中的任意向量, 满足 $\vec{\mathbf{w}} \neq \vec{\mathbf{v}}$. 则我们有 $g(\vec{\mathbf{w}})\vec{\mathbf{w}} \leqslant A\vec{\mathbf{w}}$ 和 $g(\vec{\mathbf{w}})\vec{\mathbf{w}} \neq A\vec{\mathbf{w}}$(因为 $\vec{\mathbf{v}}$ 是 A 在 Δ 中唯一的本征向量), 所以 (再次使用引理 2.7.11)

$$g(\vec{\mathbf{w}})A\vec{\mathbf{w}} = A\big(g(\vec{\mathbf{w}})\vec{\mathbf{w}}\big) < A(A\vec{\mathbf{w}}), \text{ 所以 } g(A\vec{\mathbf{w}}) > g(\vec{\mathbf{w}}). \tag{2.7.42}$$

因此, 对于任意的 $\vec{\mathbf{w}} \in \Delta$ 且 $\vec{\mathbf{w}} \neq \vec{\mathbf{v}}$, 序列 $k \mapsto g(A^k\vec{\mathbf{w}})$ 严格递增, 所以 (因为 Δ 是紧致的) 序列 $k \mapsto A^k\vec{\mathbf{w}}/|A^k\vec{\mathbf{w}}|$ 收敛到 $\vec{\mathbf{v}}$.

早些时候, 我们证明了 $\vec{\mathbf{v}}$ 存在, 用到了非构造性的证明. 这里, 我们证明如何来构造它.

我们现在将要证明 A 的任何其他的本征值 $\eta \in \mathbb{C}$ 都满足 $|\eta| < \lambda$.

令 $\vec{\mathbf{u}}_1, \cdots, \vec{\mathbf{u}}_m \in \mathbb{C}^n$ 为 A 的独立于 $\vec{\mathbf{v}}$ 的线性无关的本征向量, 本征值 η_i 满足 $|\eta_i| \geqslant \lambda$. 则 $\mathrm{Span}(\vec{\mathbf{v}}, \vec{\mathbf{u}}_1, \cdots, \vec{\mathbf{u}}_m) \subset \mathbb{C}^n$ 与 $\mathbb{R}^n$ 交于 $m+1$ 维的实的子空间, 因为非实数的本征向量按共轭对配对出现. 如果 $m > 0$, 则有 Δ 中的元素 $\vec{\mathbf{w}} \neq \vec{\mathbf{v}}$, 且 $\vec{\mathbf{w}} \in \mathrm{Span}(\vec{\mathbf{v}}, \vec{\mathbf{u}}_1, \cdots, \vec{\mathbf{u}}_m)$: 它们可以写为

$$\vec{\mathbf{w}} = a\vec{\mathbf{v}} + \sum_i a_i\vec{\mathbf{u}}_i, \text{ 给出 } A^k\vec{\mathbf{w}} = a\lambda^k\vec{\mathbf{v}} + \sum_{i=1}^m a_i\eta_i^k\vec{\mathbf{u}}_i, \tag{2.7.43}$$

而我们的假设 $|\eta_i| \geqslant \lambda$ 的意思是序列 $k \mapsto A^k\vec{\mathbf{w}}/|A^k\vec{\mathbf{w}}|$ 不能收敛到 $\vec{\mathbf{v}}$. 因为序列不收敛到 $\vec{\mathbf{v}}$, 这证明了 A 的所有其他的本征值 $\eta \neq \lambda$, 满足 $|\eta| < \lambda$. 练习 2.7.8 让你证明 λ 是单重本征值; 这就完成了证明. □

PageRank 算法的专利被授予斯坦福大学, 它以 180 万股的谷歌公司股票为代价授予谷歌公司长期的专利使用执照. 斯坦福大学在 2005 年将股票以 3 亿 3 600 万美元卖出.

佩龙–弗罗贝尼乌斯定理的一个重要的应用是谷歌公司为了返回相关的搜索结果而用来给网页的重要性排序的 PageRank 算法.

例 2.7.12 (谷歌公司的 PageRank). 谷歌公司的 PageRank 算法使用了佩龙–弗罗贝尼乌斯定理来找到一个向量 $\vec{\mathbf{x}}$, 其各个项是每个网页的 “重要性”: x_i 给出了第 i 个网页的重要性. 重要性被定义为有很多从其他网页到这个网页的

链接 (“反向链接 (backlinks)”), 从一个重要的网页来的链接的权重远远大于一个来自于不那么重要的网页的链接. 每页都被赋予了一张 “选票”, 平均地分到它所链接到的网页: 如果第 j 页链接到了 8 页, 每个链接对收到链接的页的贡献就为 $x_j/8$; 如果它只链接了一页, 则它对接受链接的网页的贡献为 x_j.

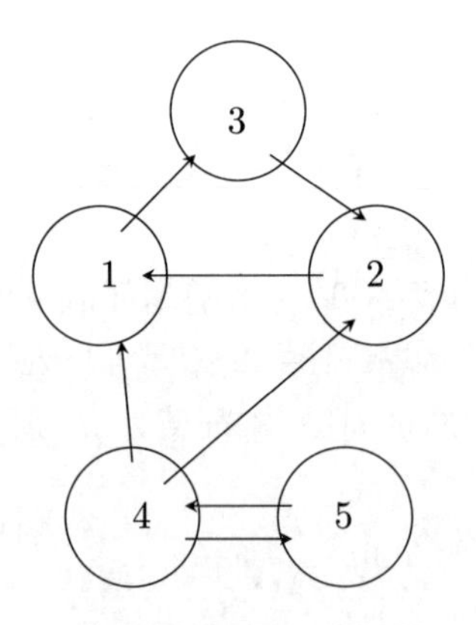

图 2.7.2

一个有向图, 表示五个网页. 相应的矩阵 A 为

$$A = \begin{bmatrix} 0 & 1 & 0 & 1/3 & 0 \\ 0 & 0 & 1 & 1/3 & 0 \\ 1 & 0 & 0 & 0 & 0 \\ 0 & 0 & 0 & 0 & 1 \\ 0 & 0 & 0 & 1/3 & 0 \end{bmatrix}.$$

G 的第一列为

$$\begin{bmatrix} \frac{m}{5} \\ \frac{m}{5} \\ 1-m+\frac{m}{5} \\ \frac{m}{5} \\ \frac{m}{5} \end{bmatrix}.$$

假设有 n 个网页 (某个巨大的数), 对相应的图构造 “加权邻接矩阵”A: 如果网页 j 不链接网页 i, 则 $a_{i,j}=0$; 如果 j 确实链接了网页 i, 从网页 j 总共有 k_j 个链接, 则 $a_{i,j}=1/k_j$; 如图 2.7.2, 其中 $n=5$. 使用 $1/k_j$ 而不是 1 反映了 “一页一票” 的思想. 然后矩阵乘法 $A\vec{\mathbf{x}}=\vec{\mathbf{x}}$ 说明, x_i(网页 i 的重要性) 为从所有其他网页来的链接的加权求和.

为了保证存在这样的矩阵且本征值为 1, 我们需要修改矩阵 A. 至少在 PageRank 的最原始的版本中, 这个大致是按如下方法做的.

那些含有任何非零项的列现在的和为 1, 但可能会有全是 0 的列, 对应于不向外链接的网页; 我们把这些列的所有项替换成 $1/n$; 现在所有的列的和就都为 1.

下一步, A 将仍然含有 0 项, 但佩龙–弗罗贝尼乌斯定理要求 $A>\mathbf{0}$.[14] 要补救这一点, 我们定义 $G=(1-m)A+mB$, 其中 B 是所有项都为 $1/n$ 的矩阵, m 是满足 $0<m<1$ 的某个数; 显然, m 的初始值为 0.15. A 中值为 0 的项变成了 G 中值为 m/n 的项, A 中值为 $1/k_j$ 的项变成了 G 中值为 $(1-m)/k_j+m/n$ 的项.

现在, 我们有 $G>\mathbf{0}$, G 的每一列的项的总和为 1. 从这里得到 G^{T} 的首本征值为 1, 因为高为 n 的所有项为 1 的向量 $\mathrm{Re}\,\vec{\mathbf{w}}$ 满足 $\vec{\mathbf{w}}>\mathbf{0}$, 是 G^{T} 的一个本征向量, 因为 $G^{\mathrm{T}}\vec{\mathbf{w}}=\vec{\mathbf{w}}$. 我们对佩龙–弗罗贝尼乌斯定理的证明说明了 G 的首本征值也是 1.

现在, 佩龙–弗罗贝尼乌斯定理告诉我们 G 有一个本征向量 $\vec{\mathbf{x}}$(确定到倍数), 本征值为 1: $G\vec{\mathbf{x}}=\vec{\mathbf{x}}$. 更进一步, $\vec{\mathbf{x}}$ 可以通过迭代得到. △

2.7 节的练习

2.7.1 证明: 对于 $A=\begin{bmatrix}1 & 0\\ 1 & 1\end{bmatrix}$, 多项式 p_1 为 $p_1(t)=(t-1)^2$, 所以 A 不允许有本征基.

练习 2.7.2 的 a 问证明了本征值在无限维向量空间中并不那么特别: 可能找到线性变换使得每个数都是一个本征值.

在 b 问中

$$b_0+b_1\mathrm{e}^x+\cdots+b_k\mathrm{e}^{kx}=0$$

的意思是 $b_0+b_1\mathrm{e}^x+\cdots+b_k\mathrm{e}^{kx}$ 是零函数: 向量空间 $\mathcal{C}^\infty(\mathbb{R})$ 的零元素.

2.7.2 令 $\mathcal{C}^\infty(\mathbb{R})$ 表示 $\mathbb{R}$ 上的无限次可微函数的向量空间. 考虑定义为 $D(f)=f'$ 的线性变换 $D\colon\mathcal{C}^\infty(\mathbb{R})\to\mathcal{C}^\infty(\mathbb{R})$.

a. 证明: e^{ax} 是 D 的一个本征向量, 本征值为 a.

b. 证明: 对于任意整数 $k>0$, 有

$$b_0+b_1\mathrm{e}^x+\cdots+b_k\mathrm{e}^{kx}=0\Rightarrow b_0=b_1=\cdots=b_k=0.$$

2.7.3 a. 令 P_3 为三次多项式的空间. 找到线性变换 $T(p)=p+xp''$ 关于基

$$p_1(x)=1, p_2(x)=1+x, p_3(x)=1+x+x^2, p_4(x)=1+x+x^2+x^3$$

的矩阵.

[14]我们还可以使用 $A\geqslant\mathbf{0}$, 只要存在 k 使得 $A^k>\mathbf{0}$.

b. 令 P_k 为 k 次多项式的空间, 找到线性变换 $T(p) = p + xp'$ 关于基

$$p_1(x) = 1, p_2(x) = 1 + x, \cdots, p_{k+1}(x) = 1 + x + \cdots + x^k$$

的矩阵.

2.7.4 采用练习 1.5.10 中给出的 e^A 的定义:

a. 证明: 如果 $P^{-1}AP$ 是一个 $n\times n$ 的对角矩阵, 对角项为 $\lambda_1, \cdots, \lambda_n$, 则 $\mathrm{e}^{tA} = P \begin{bmatrix} \mathrm{e}^{t\lambda_1} & \cdots & 0 \\ \vdots & & \vdots \\ 0 & \cdots & \mathrm{e}^{t\lambda_n} \end{bmatrix} P^{-1}$.

b. 对于 $n \times n$ 的矩阵 A, 计算 e^X, 其中 X 是边注中的矩阵.

c. 令 $\vec{\mathbf{x}}$ 为 $\mathbb{R}^3$ 中的向量, 并考虑函数 $f\colon \mathbb{R} \to \mathbb{R}$, 定义为 $f(t) = |\mathrm{e}^{tX}\vec{\mathbf{x}}|$. 对于 $\vec{\mathbf{x}}$ 的哪些数值, $f(t)$ 在 $t \to \infty$ 时趋向于 ∞? 随着 $t \to \infty$ 保持有界? 随着 $t \to \infty$ 趋向于 0?

$$X = \begin{bmatrix} 1 & -1 & 0 \\ -1 & 2 & -1 \\ 0 & -1 & 1 \end{bmatrix}$$

练习 2.7.4, b 问的矩阵.

2.7.5 令 $n \mapsto b_n$ 为 "类斐波那契数列", 定义为 $b_0 = b_1 = 1$, $b_{n+1} = 2b_n + b_{n-1}$, $n \geqslant 2$.

a. 找到一个类似于等式 (2.7.1) 的 b_n 的公式.

b. $b_{1\,000}$ 有多少位数? 最高位是几?

c. 对数列 $n \mapsto c_n$, 定义为 $c_0 = c_1 = c_2 = 1$, $c_{n+1} = c_n + c_{n-1} + c_{n-2}$, $n \geqslant 3$, 重复同样的问题.

2.7.6 对于边注中的每个矩阵 A 和 B, 说明它是否允许有一组本征基, 如果允许的话, 找到本征基.

$$\underbrace{\begin{bmatrix} 0 & -3 & -1 \\ 0 & 2 & 0 \\ 2 & 3 & 3 \end{bmatrix}}_{A}, \quad \underbrace{\begin{bmatrix} 22 & 23 & 10 & -98 \\ 12 & 18 & 16 & -38 \\ -15 & -19 & -13 & 58 \\ 6 & 7 & 4 & -25 \end{bmatrix}}_{B}$$

练习 2.7.6 的矩阵.

2.7.7 a. 令 A 为一个方形矩阵. 证明: 如果 $A \geqslant \mathbf{0}$(如果 A 的每一项不小于 0), 则 A 有一个本征向量满足 $\mathbf{v} \geqslant \mathbf{0}$($\mathbf{v}$ 的每一项不小于 0).

b. 证明 "改进的" 佩龙–弗罗贝尼乌斯定理: 如果 $A \geqslant \mathbf{0}$ 且 $A^n > \mathbf{0}$ 对某个 $n \geqslant 1$ 成立, 则存在一个本征向量 $\mathbf{v} > \mathbf{0}$, 具有单重本征值 $\lambda > 0$, 且 A 的任何满足 $\mu \in \mathbb{C}$ 的其他的本征值 μ 满足 $|\mu| < \lambda$.

2.7.8 通过证明本征值 λ 为单重的, 完成定理 2.7.10 的证明.

2.8 牛顿方法

1976 年, 约翰 · 哈马尔 · 哈巴德在法国教授大学第一年的微积分的时候, 他想加入一些数值计算的内容. 给本科生用的计算机还不存在, 但用牛顿 (图 2.8.1) 方法解三次多项式方程恰好可以放进一个有 8 个可用的内存寄存器并且可以存储 50 步程序的可编程计算器中, 所以他把这个作为主要的例题. 但初始的猜测是什么呢? 他假设尽管他不知道从哪里开始, 但专家们一定知道. 他花了一些时间才发现人们对牛顿方法的全局行为一无所知.

图 2.8.1
牛顿 (Isaac Newton, 1643 — 1727)

很自然要做的一件事是, 根据从复平面上的每个点开始会得到哪个根 (如果能够得到), 把复平面上的点染上不同的颜色. (这是在彩色显示器和打印机出现之前, 所以它在一个格子的每个点上, 例如 x 和 0, 打印了一个字符.) 打印出来的结果是从复动力系统产生的分形的第一张图片, 其原型为曼德布洛特集合.

牛顿方法需要一个初始的猜测 $\mathbf{a}_0$. 你如何选择它呢? 你可以有一个很好的理由去认为在它附近有一个解, 例如, 因为 $|\vec{\mathbf{f}}(\mathbf{a}_0)|$ 很小. 在好的情况下, 你可以证明这个方法有效. 或者它可能是一个有希望的想法: 你大概知道需要什么样的根. 或者撤回你的猜想, 从一组猜测 $\mathbf{a}_0$ 开始, 希望至少其中一个会收敛. 在一些情况下, 这只是一个希望而已.

牛顿方法:

$$\mathbf{a}_1 = \mathbf{a}_0 - [\mathbf{D}\vec{\mathbf{f}}(\mathbf{a}_0)]^{-1}\vec{\mathbf{f}}(\mathbf{a}_0),$$
$$\mathbf{a}_2 = \mathbf{a}_1 - [\mathbf{D}\vec{\mathbf{f}}(\mathbf{a}_1)]^{-1}\vec{\mathbf{f}}(\mathbf{a}_1),$$
$$\mathbf{a}_3 = \mathbf{a}_2 - [\mathbf{D}\vec{\mathbf{f}}(\mathbf{a}_2)]^{-1}\vec{\mathbf{f}}(\mathbf{a}_2),$$
$$\vdots$$

定义 2.8.1: $\mathbf{f}$ 上的箭头表示陪域中的元素为向量; $\mathbf{a}_0$ 是一个点, $\vec{\mathbf{f}}(\mathbf{a}_0)$ 是一个向量. 在等式 (2.8.1) 中, 导数 $\mathbf{D}\vec{\mathbf{f}}(\mathbf{a}_0)$ 是一个矩阵, 变量的增量 $\mathbf{x} - \mathbf{a}_0$ 是一个向量. 因此, 在左边, 我们有两个向量 (陪域的元素) 的加法.

在等式 (2.8.3)(设 $\mathbf{a}_1 = \mathbf{x}$) 中

$$\mathbf{a}_1 = \underbrace{\overbrace{\mathbf{a}_0}^{\text{定义域中的点}} - \overbrace{[\mathbf{D}\vec{\mathbf{f}}(\mathbf{a}_0)]^{-1} \underbrace{\vec{\mathbf{f}}(\mathbf{a}_0)}_{\text{陪域中的向量}}}^{\text{定义域中的增量}}}_{\text{点减去向量等于向量}}.$$

等式 (2.8.3) 解释了牛顿方法背后的理论, 但它并不是牛顿方法用来解方程的方式, 因为找到 $[\mathbf{D}\vec{\mathbf{f}}(\mathbf{a}_0)]^{-1}$ 在计算上成本是很高的. 我们采用的是行化简来解等式 (2.8.2), 算出 $\mathbf{x} - \mathbf{a}_0$; 把 $\mathbf{a}_0$ 加到方程的解上可以得到 $\mathbf{a}_1$. (在练习 2.2.11 中讨论的部分行化简和回代方法其实更加有效.)

在使用牛顿方法的时候, 大多数的计算时间花在了行化简上.

定理 2.2.1 给出了对线性方程的一个十分完整的理解. 在实践中, 我们经常需要解非线性方程组. 这是一个真正的难题; 通常的反应是应用**牛顿方法**(Newton's method), 并希望得到最好的结果. 这个希望有时候得到了理论上的支持, 实际上比任何理论所能解释的还要有效得多.

定义 2.8.1 (牛顿方法). 令 $\vec{\mathbf{f}}$ 为一个从 U 到 $\mathbb{R}^n$ 的可微映射, 其中 U 是 $\mathbb{R}^n$ 的一个开子集. *牛顿方法*从某个对 $\vec{\mathbf{f}}(\mathbf{x}) = \vec{\mathbf{0}}$ 的解的猜测 $\mathbf{a}_0$ 开始, 然后在 $\mathbf{a}_0$ 把方程线性化: 把函数的增量 $\vec{\mathbf{f}}(\mathbf{x}) - \vec{\mathbf{f}}(\mathbf{a}_0)$ 替换成增量的线性函数 $[\mathbf{D}\vec{\mathbf{f}}(\mathbf{a}_0)](\mathbf{x} - \mathbf{a}_0)$. 现在, 解相应的线性方程:

$$\vec{\mathbf{f}}(\mathbf{a}_0) + [\mathbf{D}\vec{\mathbf{f}}(\mathbf{a}_0)](\mathbf{x} - \mathbf{a}_0) = \vec{\mathbf{0}}. \tag{2.8.1}$$

这是一个含 n 个变量的 n 个线性方程的方程组. 我们可以把它写为

$$\underbrace{[\mathbf{D}\vec{\mathbf{f}}(\mathbf{a}_0)]}_{A}\underbrace{(\mathbf{x} - \mathbf{a}_0)}_{\vec{\mathbf{x}}} = -\underbrace{\vec{\mathbf{f}}(\mathbf{a}_0)}_{\vec{\mathbf{b}}}. \tag{2.8.2}$$

如果 $[\mathbf{D}\vec{\mathbf{f}}(\mathbf{a}_0)]$ 可逆, 通常是这种情况, 则

$$\mathbf{x} = \mathbf{a}_0 - [\mathbf{D}\vec{\mathbf{f}}(\mathbf{a}_0)]^{-1}\vec{\mathbf{f}}(\mathbf{a}_0). \tag{2.8.3}$$

把这个解称为 $\mathbf{a}_1$, 把它作为你的新的 "猜测", 然后解

$$[\mathbf{D}\vec{\mathbf{f}}(\mathbf{a}_1)](\mathbf{x} - \mathbf{a}_1) = -\vec{\mathbf{f}}(\mathbf{a}_1), \tag{2.8.4}$$

把这个解称为 $\mathbf{a}_2$, 如此重复下去, 等等. 我们的希望是 $\mathbf{a}_1$ 是比 $\mathbf{a}_0$ 更好的近似的解, 且序列 $i \mapsto \mathbf{a}_i$ 收敛到方程的一个解.

牛顿方法在图 2.8.2 中演示.

注释. $\vec{\mathbf{f}}$ 的定义域和陪域通常是不同的空间, 有不同的单位. 例如, U 的单位可能是温度, 而陪域的单位可能是体积, $\vec{\mathbf{f}}$ 把体积测量作为温度的函数. 在一个处理工厂, $\vec{\mathbf{f}}$ 可能会接受 n 个输入 (小麦, 燕麦, 水果, 糖, 几小时的人工, 几度电), 产生 n 种不同的麦片. △

唯一的要求是, 必须有和未知变量个数同样多的方程: 两个空间的维数必须相同.

例 2.8.2 (计算平方根). 计算器是如何计算一个正数 b 的平方根的呢? 它们采用牛顿方法解方程 $f(x) = x^2 - b = 0$. 在这种情况下, 它意味着下面的过程. 选取 a_0, 把它放进等式 (2.8.3). 我们的方程是单变量的, 所以我们把 $[\mathbf{D}\vec{\mathbf{f}}(\mathbf{a}_0)]$ 换

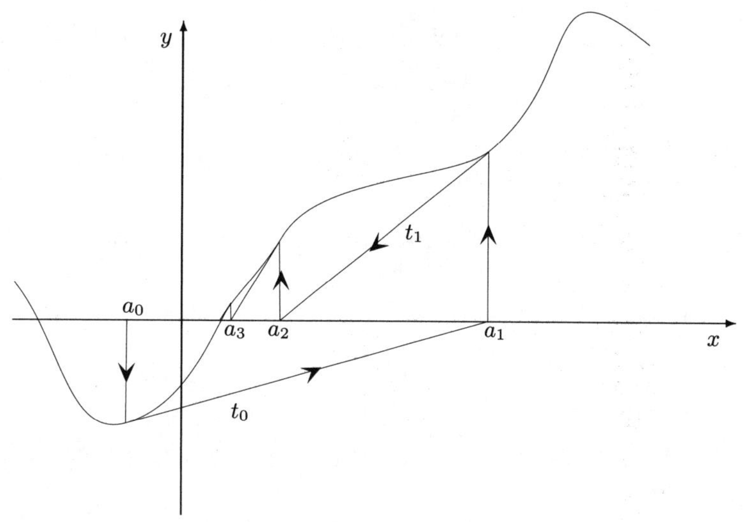

图 2.8.2

牛顿方法: 我们从 a_0 开始, 在 x 坐标为 a_0 的点画曲线的切线. 切线 t_0 与 x 轴的交点为 a_1. 现在我们在 $x = a_1$ 的点处画曲线的切线. 这条切线 t_1 与 x 轴交于 $a_2, \cdots$. 每一次我们从 a_n 计算 a_{n+1}, 我们计算的是过 x 坐标为 a_n 的点的曲线的切线与 x 轴的交点.

成 $f'(a_0) = 2a_0$, 如等式 (2.8.5) 所示:

$$a_1 = \underbrace{a_0 - \frac{1}{2a_0}(a_0^2 - b)}_{\text{牛顿方法}} = \underbrace{\frac{1}{2}\left(a_0 + \frac{b}{a_0}\right)}_{\text{作除法并取平均}}. \tag{2.8.5}$$

这个方法有时候在中学以**作除法并取平均**(divide and average)的名字教给学生.

例 2.8.2: 练习 2.8.4 让你找到 n 次方根的相应的公式.

作除法并取平均的方法的动机如下: 令 a 为 $\sqrt{b}$ 的第一个猜测. 如果你的猜测太大 (例如, $a > \sqrt{b}$), 则 $\dfrac{b}{a}$ 将太小, 两者的平均将比初始的猜测更好. 这个看起来很幼稚的解释是非常可靠的, 可以很容易转变成牛顿方法在这种情况下有效的一个证明.

首先假设 $a_0 > \sqrt{b}$; 然后我们需要证明 $\sqrt{b} < a_1 < a_0$. 因为 $a_1 = \dfrac{1}{2}\left(a_0 + \dfrac{b}{a_0}\right)$, 这个可以证明

$$b < \Bigg(\underbrace{\frac{1}{2}\left(a_0 + \frac{b}{a_0}\right)}_{a_1}\Bigg)^2 < a_0^2, \tag{2.8.6}$$

或者, 如果你继续推导, 可以得到 $4b < a_0^2 + 2b + \dfrac{b^2}{a_0^2} < 4a_0^2$. 要看到左边的不等式, 从每一边减去 $4b$:

$$a_0^2 - 2b + \frac{b^2}{a_0^2} = \left(a_0 - \frac{b}{a_0}\right)^2 > 0. \tag{2.8.7}$$

右侧的不等式可从不等式 $b < a_0^2$ 直接得到, 因此 $\dfrac{b^2}{a_0^2} < a_0^2$:

$$a_0^2 + \underbrace{2b}_{<2a_0^2} + \underbrace{\frac{b^2}{a_0^2}}_{<a_0^2} < 4a_0^2. \tag{2.8.8}$$

再从第一年的微积分 (或者定理 0.5.7) 中想到, 如果一个递减序列在下方有界, 则它收敛. 因此 a_i 收敛. 极限 a 必须满足

$$a = \lim_{i\to\infty} a_{i+1} = \lim_{i\to\infty} \frac{1}{2}\left(a_i + \frac{b}{a_i}\right) = \frac{1}{2}\left(a + \frac{b}{a}\right), \text{也就是} a = \sqrt{b}. \quad (2.8.9)$$

如果你选择 $0 < a_0 < \sqrt{b}$ 会怎样? 在这种情况下, $a_1 > \sqrt{b}$:

$$4a_0^2 < 4b < \underbrace{a_0^2 + 2b + \frac{b^2}{a_0^2}}_{4a_1^2}. \quad (2.8.10)$$

我们使用与公式 (2.8.7) 同样的论据得到不等式的右边: $2b < a_0^2 + \dfrac{b^2}{a_0^2}$, 因为从两边同时减去 $2b$ 给出 $0 < \left(a_0 - \dfrac{b}{a_0}\right)^2$. 然后利用与前面相同的论据可以证明 $a_2 < a_1$.

这个 "作除法并取平均" 的方法可以在几何上用牛顿方法来解释, 如图 2.8.2 所示. 每一次我们从 a_n 计算 a_{n+1}, 我们计算的是抛物线 $y = x^2 - b$ 在 $\begin{pmatrix} a_n \\ a_n^2 - b \end{pmatrix}$ 的切线与 x 轴的交点. △

柯西 (图 2.8.3) 证明了一维的牛顿方法的收敛性. 柯西为人们所知的主要是两件事, 他完成了 789 篇涉及很广阔的领域的文章, 以及他与同事的紧张的关系, 尤其是他对贫困的数学家阿贝尔的虐待. 阿贝尔在 1826 年写道, "柯西疯了, 我们对他无能为力, 尽管目前他是唯一知道该怎么做数学的人."

图 2.8.3
柯西 (Augustin Louis Cauchy, 1789 — 1857)

还没有很多牛顿方法在远离根的时候的行为已经得到了很好的理解的情况; 例 2.8.3 给出了可能会出现的一个问题 (还有很多其他的).

例 2.8.3 (牛顿方法无效的情况). 我们用牛顿方法来解方程

$$x^3 - x + \frac{\sqrt{2}}{2} = 0, \quad (2.8.11)$$

从 $x = 0$ 开始 (也就是我们的 "猜测" a_0 为 0). 导数是 $f'(x) = 3x^2 - 1$, 所以 $f'(0) = -1$, $f(0) = \sqrt{2}/2$, 给出

$$a_1 = a_0 - \frac{1}{f'(a_0)} f(a_0) = a_0 - \frac{a_0^3 - a_0 + \frac{\sqrt{2}}{2}}{3a_0^2 - 1} = 0 + \frac{\frac{\sqrt{2}}{2}}{1} = \frac{\sqrt{2}}{2}. \quad (2.8.12)$$

因为 $a_1 = \sqrt{2}/2$, 我们有 $f'(a_1) = 1/2$, 且

$$a_2 = \frac{\sqrt{2}}{2} - 2\left(\frac{\sqrt{2}}{4} - \frac{\sqrt{2}}{2} + \frac{\sqrt{2}}{2}\right) = 0. \quad (2.8.13)$$

我们回到了开始的地方, $a_0 = 0$. 如果继续下去, 我们将在 $\sqrt{2}/2$ 和 0 之间反复, 永远不会收敛到一个根:

$$0 \to \frac{\sqrt{2}}{2} \to 0 \to \cdots. \quad (2.8.14)$$

对这个例子, 不要太沮丧. 大多数的时候, 牛顿方法是有效的. 它是用来解非线性方程的可用的最好方法.

现在我们试着从某个很小的 $\epsilon > 0$ 开始. 我们有 $f'(\epsilon) = 3\epsilon^2 - 1$, $f(\epsilon) = \epsilon^3 - \epsilon + \sqrt{2}/2$, 给出

$$a_1 = \epsilon - \frac{1}{3\epsilon^2 - 1}\left(\epsilon^3 - \epsilon + \frac{\sqrt{2}}{2}\right) = \epsilon + \frac{1}{1 - 3\epsilon^2}\left(\epsilon^3 - \epsilon + \frac{\sqrt{2}}{2}\right). \quad (2.8.15)$$

这里用到了关于几何级数求和的等式 (0.5.4): 如果 $|r| < 1$, 则

$$\sum_{n=0}^{\infty} ar^n = \frac{a}{1-r},$$

在这个公式里, 我们可以用 $3\epsilon^2$ 来替换 r, 因为 ϵ^2 很小.

现在, 我们可以把因子 $\frac{1}{1-3\epsilon^2}$ 看作几何级数 $(1+3\epsilon^2+9\epsilon^4+\cdots)$ 的和. 这将给出

$$a_1=\epsilon+\left(\epsilon^3-\epsilon+\frac{\sqrt{2}}{2}\right)(1+3\epsilon^2+9\epsilon^4+\cdots). \tag{2.8.16}$$

现在, 我们忽略小于 ϵ^2 的项, 得到

忽略小于 ϵ^2 的项, 忽略余项, 或者舍弃所有带 ϵ^2 的项, 这看起来像是在作弊吗? 记得 (1.4 节的引言) 微积分是关于"一些项相比于其他项为主导的或者可以忽略的". 忽略这些项的合理性将在 3.4 节我们介绍泰勒规则时得到证明.

$$\begin{aligned} a_1 &= \epsilon+\left(\frac{\sqrt{2}}{2}-\epsilon\right)(1+3\epsilon^2)+\text{余项} \\ &= \frac{\sqrt{2}}{2}+\frac{3\sqrt{2}\epsilon^2}{2}+\text{余项}. \end{aligned} \tag{2.8.17}$$

忽略余项, 并且重复这个过程, 我们得到

$$a_2\approx\frac{\sqrt{2}}{2}+\frac{3\sqrt{2}\epsilon^2}{2}-\frac{\left(\frac{\sqrt{2}}{2}+\frac{3\sqrt{2}}{2}\epsilon^2\right)^3-\left(\frac{\sqrt{2}}{2}+\frac{3\sqrt{2}}{2}\epsilon^2\right)+\frac{\sqrt{2}}{2}}{3\left(\frac{\sqrt{2}}{2}+\frac{3\sqrt{2}}{2}\epsilon^2\right)^2-1}. \tag{2.8.18}$$

这个看上去并不令人愉快; 我们舍弃 ϵ^2 的所有项, 得到

$$a_2\approx\frac{\sqrt{2}}{2}-\frac{\left(\frac{\sqrt{2}}{2}\right)^3-\frac{\sqrt{2}}{2}+\frac{\sqrt{2}}{2}}{3\left(\frac{\sqrt{2}}{2}\right)^2-1}=\frac{\sqrt{2}}{2}-\frac{\frac{1}{2}\left(\frac{\sqrt{2}}{2}\right)}{\frac{1}{2}}=\frac{\sqrt{2}}{2}-\frac{\sqrt{2}}{2}=0, \tag{2.8.19}$$

如果继续下去, 我们将在 $\sqrt{2}/2$ 附近的一个区域和 0 附近的一个区域之间弹来弹去, 每次越来越接近这些点.

所以 $a_2=0+c\epsilon^2$, 其中 c 是一个常数.

从 $0+\epsilon$ 开始, 我们又被送回到了 $0+c\epsilon^2$!

我们哪也没去; 这是否意味着没有根呢? 根本不是.[15] 我们再试一次, 这次 $a_0=-1$. 我们有

$$a_1=a_0-\frac{a_0^3-a_0+\frac{\sqrt{2}}{2}}{3a_0^2-1}=\frac{2a_0^3-\frac{\sqrt{2}}{2}}{3a_0^2-1}. \tag{2.8.20}$$

可以通过编程来让一台计算机或者可编程计算器循环执行这个公式. 使用一台简单的科学计算器的话, 稍微有那么一点单调无聊; 用作者手里现有的计算器, 我们输入 "1 + /− Min", 把 −1 放进内存 ("MR"), 然后

$$(2\times MR\times MR\times MR-2\sqrt{\ }\mathrm{div}2)\mathrm{div}(3\times MR\times MR-1).$$

我们得到 $a_1=-1.353\ 55\cdots$; 再通过按 "Min"(或者 "memory in") 键, 再把这个存进内存, 我们重复这个过程, 得到

$$\begin{aligned} &a_2=-1.260\ 32\cdots, a_4=-1.251\ 07\cdots, \\ &a_3=-1.251\ 16\cdots, a_5=-1.251\ 07\cdots. \end{aligned} \tag{2.8.21}$$

[15]当然不是. 根据介值定理, 所有的奇数次多项式方程都有实根.

之后就很简单地确认 a_5 在计算机或者计算器的精度极限上确实就是一个解. △

牛顿方法是否依赖于一个幸运的猜测呢? 运气有时候会起作用. 有一台快速的计算机, 我们可以承受多试几个猜测, 观察每个是否收敛. 但我们如何知道解确实是收敛的呢? 把根代入方程不完全是令人信服的, 因为会存在舍入误差.

任何保证你能找到任何一般性的非线性方程的根的陈述一定是极其重要的. 康托诺维奇定理 (定理 2.8.13) 保证了在适当的情况下, 牛顿方法收敛. 就算是陈述定理本身都是很难的, 但我们的努力会得到回报. 另外, 牛顿方法给出了找隐函数和逆函数的实用的算法. 康托诺维奇定理证明了这些算法有效. 我们现在为陈述定理奠定基础.

康托诺维奇定理的历史: 柯西证明了维数为 1 的特殊情况. 就我们所知, 直到 1932 年奥斯特洛夫斯基 (Alexander Ostrowski) 发表了一个二维情况的证明之前, 在这个话题上没有任何进一步的工作. 奥斯特洛夫斯基声明, 一个学生在 1939 年的毕业论文中证明了一般的情况, 但那个学生在第二次世界大战中丧生了, 据我们所知, 没有任何人看过这篇论文.

康托诺维奇从不同的视角, 利用在经济学中很重要的巴拿赫空间的非线性问题来解决这个问题. 他在 20 世纪 40 年代的一篇文章中证明了一般的情况; 文章被收录在 1959 年出版的一本关于函数分析的书中.

我们给的证明将在巴拿赫空间的无限维的设置下有效.

李普希兹 (图 2.8.4) 根据力学定律对黎曼微分几何的解释被认为对爱因斯坦的狭义相对论的发展有贡献.

图 2.8.4
李普希兹 (Rudolf Lipschitz, 1832 — 1903)

李普希兹条件

想象一架飞机, 开始向着目的地飞行, 它的高度用函数 f 来表示. 如果它逐渐降低高度, 导数 f' 允许我们很好地近似函数 f; 如果你知道飞机在 t 时刻飞了多高以及在那一时刻的导数, 你就可以很好地知道飞机在 $t+h$ 时刻的高度:

$$f(t+h) \approx f(t) + f'(t)h. \tag{2.8.22}$$

但是, 如果飞机突然失去动力, 开始急速向地面下降, 导数就会发生突变; f 在 t 的导数就不再是一个预测飞机在几秒之后的高度的一个可靠的依据.

一个用来限制导数可以变化得多么快的自然的方法是限定它的二阶导数; 你可能会在研究带有余项的泰勒定理的时候遇到过这个问题. 在单变量的时候, 这是一个好的想法. 如果你给 f'' 在 t 的值设定一个范围, 那么飞机就不会突然改变高度. 限定飞机高度的二阶导数事实上也是飞行员的主要目标, 除了在极少见的紧急情况下.

要保证牛顿方法从一个特定的点开始后可以收敛到方程的根, 我们也需要对下面的近似有多么好给出一个明确的上界:

$$[\mathbf{D}\vec{\mathbf{f}}(\mathbf{x}_0)]\vec{\mathbf{h}} \text{ 是对 } \vec{\mathbf{f}}(\mathbf{x}_0+\vec{\mathbf{h}}) - \vec{\mathbf{f}}(\mathbf{x}_0) \text{ 的近似}. \tag{2.8.23}$$

在飞机的这个例子里, 我们将会需要对 $\vec{\mathbf{f}}$ 的导数可以变化得多么快做一些假设. 在多变量的情况下, 有许多个二阶导数, 所以限定二阶导数变得非常复杂; 见命题 2.8.9. 在这里, 我们采用一个不同的方法; 要求 $\vec{\mathbf{f}}$ 的导数满足李普希兹条件(Lipschitz condition).[16]

定义 2.8.4 (导数的李普希兹条件). 令 $U \subset \mathbb{R}^n$ 为开集, $\mathbf{f}: U \to \mathbb{R}^m$ 为可微映射. 导数 $[\mathbf{Df}(\mathbf{x})]$ 在一个子集 $V \subset U$ 上满足李普希兹条件, 其李普希兹比率为 M, 如果对于所有的 $\mathbf{x}, \mathbf{y} \in V$, 都有

$$\underbrace{|[\mathbf{Df}(\mathbf{x})] - [\mathbf{Df}(\mathbf{y})]|}_{\text{导数之间的距离}} \leqslant M \underbrace{|\mathbf{x}-\mathbf{y}|}_{\text{点之间的距离}}. \tag{2.8.24}$$

[16]更一般地, 一个函数 $\mathbf{f}$ 是李普希兹的, 如果 $|\mathbf{f}(\mathbf{x}) - \mathbf{f}(\mathbf{y})| \leqslant M|\mathbf{x}-\mathbf{y}|$. 对于单变量函数, 是李普希兹的意味着联结一对点的弦的斜率是有界的. 函数 $|x|$ 是李普希兹的, 李普希兹比率为 1, 但它不是可微的.

在定义 2.8.4 中, 注意到 $\mathbf{f}$ 的定义域和陪域不必维数相同. 但当我们在康托诺维奇定理中使用这个定义时, 维数就必须是相同的.

李普希兹比率 M 通常被称作*李普希兹常数*(Lipschitz constant). 但 M 并不是一个真的常数; 它依赖于要解决的问题. 另外, 一个映射将几乎总在不同的点或者不同的区域有不同的 M. 当有一个李普希兹比率对于所有的 $\mathbb{R}^n$ 有效时, 我们称其为*全局李普希兹比率*(global Lipschitz ratio).

注意, 一个导数满足李普希兹条件的函数一定是*连续可微*(continuously differentiable)函数. 事实上, 要求一个函数的导数为李普希兹的与要求函数二阶连续可微是非常接近的; 见命题 2.8.9.

例 2.8.5 (李普希兹比率: 简单的情况). 考虑映射 $\mathbf{f}:\mathbb{R}^2\to\mathbb{R}^2$

$$\mathbf{f}\begin{pmatrix}x_1\\x_2\end{pmatrix}=\begin{pmatrix}x_1-x_2^2\\x_1^2+x_2\end{pmatrix},\text{导数为}\left[\mathbf{Df}\begin{pmatrix}x_1\\x_2\end{pmatrix}\right]=\begin{bmatrix}1&-2x_2\\2x_1&1\end{bmatrix}.\qquad(2.8.25)$$

给定两个点 $\mathbf{x}$ 和 $\mathbf{y}$, 则

$$\left[\mathbf{Df}\begin{pmatrix}x_1\\x_2\end{pmatrix}\right]-\left[\mathbf{Df}\begin{pmatrix}y_1\\y_2\end{pmatrix}\right]=\begin{bmatrix}0&-2(x_2-y_2)\\2(x_1-y_1)&0\end{bmatrix}.\qquad(2.8.26)$$

这个矩阵的长度为

$$2\sqrt{(x_1-y_1)^2+(x_2-y_2)^2}=2\left|\begin{bmatrix}x_1-y_1\\x_2-y_2\end{bmatrix}\right|=2|\mathbf{x}-\mathbf{y}|.\qquad(2.8.27)$$

所以, $M=2$ 是 $[\mathbf{Df}]$ 的一个李普希兹比率. 但这个例子有所误导: 通常没有李普希兹比率可以在整个空间有效. △

例 2.8.6 (李普希兹比率: 一个更为复杂的情况). 考虑映射 $\mathbf{f}:\mathbb{R}^2\to\mathbb{R}^2$

$$\mathbf{f}\begin{pmatrix}x_1\\x_2\end{pmatrix}=\begin{pmatrix}x_1-x_2^3\\x_1^3+x_2\end{pmatrix},\text{导数为}\left[\mathbf{Df}\begin{pmatrix}x_1\\x_2\end{pmatrix}\right]=\begin{bmatrix}1&-3x_2^2\\3x_1^2&1\end{bmatrix}.$$

给定两个点 $\mathbf{x}$ 和 $\mathbf{y}$, 我们有

$$\left[\mathbf{Df}\begin{pmatrix}x_1\\x_2\end{pmatrix}\right]-\left[\mathbf{Df}\begin{pmatrix}y_1\\y_2\end{pmatrix}\right]=\begin{bmatrix}0&-3(x_2^2-y_2^2)\\3(x_1^2-y_1^2)&0\end{bmatrix},\qquad(2.8.28)$$

取长度, 得到

$$\left|\left[\mathbf{Df}\begin{pmatrix}x_1\\x_2\end{pmatrix}\right]-\left[\mathbf{Df}\begin{pmatrix}y_1\\y_2\end{pmatrix}\right]\right|=3\sqrt{(x_1-y_1)^2(x_1+y_1)^2+(x_2-y_2)^2(x_2+y_2)^2}.\qquad(2.8.29)$$

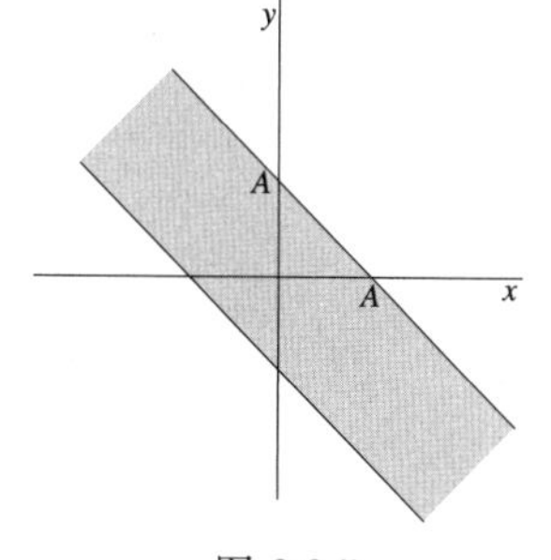

图 2.8.5

不等式 (2.8.30) 和不等式 (2.8.31) 说明, 当 $\begin{pmatrix}x_1\\y_1\end{pmatrix}$ 和 $\begin{pmatrix}x_2\\y_2\end{pmatrix}$ 在阴影区域中时 (它在没有标记边界的两边无限延伸), 则 $3A$ 是 $[\mathbf{Df}(\mathbf{x})]$ 的一个李普希兹比率. 在公式 (2.8.34) 中, 我们把这个陈述翻译成了点 $\mathbf{x}=\begin{pmatrix}x_1\\x_2\end{pmatrix}$ 和 $\mathbf{y}=\begin{pmatrix}y_1\\y_2\end{pmatrix}$ 上的条件.

显然, 为了使这个量有界, 我们需要对变量施加一些限制. 如果我们设

$$(x_1+y_1)^2\leqslant A^2\text{ 且 }(x_2+y_2)^2\leqslant A^2,\qquad(2.8.30)$$

如图 2.8.5 所示, 则有

$$\left|\left[\mathbf{Df}\begin{pmatrix}x_1\\x_2\end{pmatrix}\right]-\left[\mathbf{Df}\begin{pmatrix}y_1\\y_2\end{pmatrix}\right]\right|\leqslant 3A\left|\begin{pmatrix}x_1\\x_2\end{pmatrix}-\begin{pmatrix}y_1\\y_2\end{pmatrix}\right|;\qquad(2.8.31)$$

也就是 $3A$ 是 $[\mathbf{Df}(\mathbf{x})]$ 的一个李普希兹比率. 什么时候不等式 (2.8.30) 被满足呢? 我们可以说它被满足的时候就被满足了; 我们怎样才能更明确一些呢? 但不等式 (2.8.30) 中的要求描述了一些在 $\mathbb{R}^4$ 上或多或少不可想象的区域. (记

住, 不等式 (2.8.31) 涉及坐标为 x_1, x_2 的点 $\mathbf{x}$ 和坐标为 y_1, y_2 的点 $\mathbf{y}$, 不是图 2.8.5 中坐标为 x_1, y_1 和 x_2, y_2 的点.) 更进一步, 在许多的情况下, 我们实际需要的是一个半径为 R 的球, 使得当两个点在球内的时候, 李普希兹条件得以满足:

$$\text{当 } |\mathbf{x}| \leqslant R,\ |\mathbf{y}| \leqslant R \text{ 的时候, } |[\mathbf{Df}(\mathbf{x})] - [\mathbf{Df}(\mathbf{y})]| \leqslant 3A\,|\mathbf{x}-\mathbf{y}|. \tag{2.8.32}$$

如果我们要求 $|\mathbf{x}|^2 = x_1^2 + x_2^2 \leqslant A^2/4$ 以及 $|\mathbf{y}|^2 = y_1^2 + y_2^2 \leqslant A^2/4$, 则

$$\begin{aligned} \sup\left\{(x_1+y_1)^2, (x_2+y_2)^2\right\} &\leqslant 2(x_1^2+y_1^2+x_2^2+y_2^2) \\ &= 2(|\mathbf{x}|^2+|\mathbf{y}|^2) \leqslant A^2. \end{aligned} \tag{2.8.33}$$

不等式 (2.8.33): 我们在使用下面的事实, 对于任意两个数 a 和 b, 我们总有

$$(a+b)^2 \leqslant 2(a^2+b^2),$$

因为

$$\begin{aligned}(a+b)^2 &\leqslant (a+b)^2 + (a-b)^2 \\ &= 2(a^2+b^2).\end{aligned}$$

因此, 我们可以断言, 如果

$$|\mathbf{x}|, |\mathbf{y}| \leqslant \frac{A}{2},\ \text{则} \Big|[\mathbf{Df}(\mathbf{x})] - [\mathbf{Df}(\mathbf{y})]\Big| \leqslant 3A|\mathbf{x}-\mathbf{y}|. \quad \square \tag{2.8.34}$$

利用二阶导数计算李普希兹比率

多数的学生可能可以把例 2.8.6 中的计算逐行跟下来, 但就算是明显高于平均水平的学生也大概会感觉到里面所使用的技巧已超出了他们靠自己能够想到的范围. 不等式的变换是一个很难获得的技能, 也是一个很难教的技能. 在这里, 我们证明, 你可以用二阶偏导来计算李普希兹比率, 但它仍然会涉及计算上确界, 但并没有系统的方法来计算. (在多项式函数的情况里, 有一个窍门不需要计算上确界; 见例 2.8.12.)

高阶偏导在数学科学的应用中是如此重要, 以至于看起来把它放在这里只是为了解决一个计算的问题有点丢人. 但是以我们的经验, 学生对于李普希兹比率的计算有这样的麻烦 —— 每个问题好像都需要一个新的技巧 —— 我们觉得值得给出一个更容易的方法的 "配方".

我们在 3.3 节和 3.4 节讨论高阶偏导.

存在不同的偏导的符号:

$$\begin{aligned} D_j(D_i f)(\mathbf{a}) &= \frac{\partial^2 f}{\partial x_j \partial x_i}(\mathbf{a}) \\ &= f_{x_i x_j}(\mathbf{a}). \end{aligned}$$

与通常一样, 我们指定计算偏导的点 $\mathbf{a}$.

定义 2.8.7 (二阶偏导). 令 $U \subset \mathbb{R}^n$ 为开集, $f: U \to \mathbb{R}$ 为可微函数. 如果函数 $D_i f$ 本身是可微的, 则它关于第 j 个变量的偏导

$$D_j(D_i f)$$

叫作 f 的一个二阶偏导(second partial derivative).

例 2.8.8 (二阶偏导). 令函数 $f\begin{pmatrix}x\\y\\z\end{pmatrix} = 2x + xy^3 + 2yz^2$. 则 $D_2(D_1 f)\begin{pmatrix}x\\y\\z\end{pmatrix} = D_2(\underbrace{2+y^3}_{D_1 f}) = 3y^2$. 类似地, $D_3(D_2 f)\begin{pmatrix}x\\y\\z\end{pmatrix} = D_3(\underbrace{3xy^2+2z^2}_{D_2 f}) = 4z$. △

我们可以用 $D_1^2 f$ 来表示 $D_1(D_1 f)$, 用 $D_2^2 f$ 来表示 $D_2(D_2 f)$, 等等. 对于函数 $f\begin{pmatrix}x\\y\end{pmatrix} = xy^2 + \sin x$, $D_1^2 f, D_2^2 f, D_1(D_2 f)$ 和 $D_2(D_1 f)$ 分别是什么? [17]

[17] $D_1^2 f = D_1(y^2+\cos x) = -\sin x$, $D_2^2 f = D_2(2xy) = 2x$, $D_1(D_2 f) = D_1(2xy) = 2y$, $D_2(D_1 f) = D_2(y^2+\cos x) = 2y$.

命题 2.8.9 (C^2 映射的导数是李普希兹的). 令 $U \subset \mathbb{R}^n$ 为开球, $\mathbf{f}: U \to \mathbb{R}^n$ 为一个 C^2 映射. 如果

$$|D_k D_j f_i(\mathbf{x})| \leqslant c_{i,j,k} \tag{2.8.35}$$

对任意 $\mathbf{x} \in U$, 以及任意三元下标 $1 \leqslant i,j,k \leqslant n$ 成立, 则对于 $\mathbf{u}, \mathbf{v} \in U$, 有

$$|[\mathbf{Df}(\mathbf{u})] - [\mathbf{Df}(\mathbf{v})]| \leqslant \left(\sum_{1\leqslant i,j,k\leqslant n} (c_{i,j,k})^2\right)^{1/2} |\mathbf{u}-\mathbf{v}|. \tag{2.8.36}$$

命题 2.8.9 说明, 如果 $\mathbf{f}$ 属于 C^2, 则 $\mathbf{f}$ 的导数是李普希兹的. 它说明了如何从每个二阶偏导的上确界构造一个李普希兹比率. 我们在几个例子之后给出证明.

命题将对一个从 $\mathbb{R}^n$ 的开子集到 $\mathbb{R}^m$ 的函数成立, 但陈述起来会稍微复杂一点; 指标 i 将有一个与 j 和 k 不同的范围.

例 2.8.10 (重做例 2.8.6). 我们来看在例 2.8.6 中采用二阶偏导来找李普希兹比率要容易多少. 首先我们计算一阶和二阶偏导, 对于 $f_1 = x_1 - x_2^3$ 和 $f_2 = x_1^3 + x_2$, 有

$$D_1 f_1 = 1;\ D_2 f_1 = -3x_2^2;\ D_1 f_2 = 3x_1^2;\ D_2 f_2 = 1. \tag{2.8.37}$$

这给出了

$$\begin{aligned} &D_1D_1f_1 = 0;\ D_1D_2f_1 = D_2D_1f_1 = 0;\ D_2D_2f_1 = -6x_2;\\ &D_1D_1f_2 = 6x_1;\ D_1D_2f_2 = D_2D_1f_2 = 0;\ D_2D_2f_2 = 0. \end{aligned} \tag{2.8.38}$$

如果 $|\mathbf{x}| \leqslant A/2$, 则 $|x_1| \leqslant A/2$, 因为

$$|x_1| \leqslant \sqrt{x_1^2 + x_2^2}.$$

对 x_2 同样的结论成立.

如果 $|\mathbf{x}|, |\mathbf{y}| \leqslant A/2$, 我们有 $|x_1| \leqslant A/2$ 和 $|x_2| \leqslant A/2$, 所以有

$$|D_2D_2f_1| \leqslant 3A = \underbrace{c_{1,2,2}}_{|D_2D_2f_1|\text{的界}} \quad \text{以及}\ |D_1D_1f_2| \leqslant 3A = \underbrace{c_{2,1,1}}_{|D_1D_1f_2|\text{的界}},$$

其余项都为 0, 所以

$$\sqrt{c_{1,2,2}^2 + c_{2,1,1}^2} = 3A\sqrt{2}. \tag{2.8.39}$$

因此, 我们有

$$|[\mathbf{Df}(\mathbf{x})] - [\mathbf{Df}(\mathbf{y})]| \leqslant 3\sqrt{2}A|\mathbf{x}-\mathbf{y}|. \qquad \triangle \tag{2.8.40}$$

不等式 (2.8.40): 早些时候, 我们得到了更好的结果 $3A$. 一个能保证在各种情况下都有效的笨方法不太可能给出同样好的结果, 因为技术是要适应要解决的问题的. 但二阶偏导方法给出的结果通常是足够好的.

利用二阶偏导重新计算例 2.8.5 中的李普希兹比率. 你得到同样的结果了吗?[18]

例 2.8.11 (利用二阶导数计算李普希兹比率: 第二个例子). 我们来给函数

$$\mathbf{F}\begin{pmatrix}x\\y\end{pmatrix} = \begin{pmatrix}\sin(x+y)\\ \cos(xy)\end{pmatrix}, |x| < 2, |y| < 2 \tag{2.8.41}$$

的导数找到一个李普希兹比率. 我们计算

$$\begin{aligned} D_1D_1F_1 &= D_2D_2F_1 = D_2D_1F_1 = D_1D_2F_1 = -\sin(x+y), \\ D_1D_1F_2 &= -y^2\cos(xy), D_2D_1F_2 = D_1D_2F_2 = -(\sin(xy) + yx\cos(xy)), \end{aligned} \tag{2.8.42}$$

[18] 仅有的非零的二阶偏导是 $D_1D_1f_2 = 2$ 和 $D_2D_2f_1 = -2$, 以 2 和 -2 为界, 所以使用二阶偏导的方法给出 $\sqrt{2^2 + (-2)^2} = 2\sqrt{2}$.

$$D_2D_2F_2 = -x^2\cos(xy).$$

因为 $|\sin|$ 和 $|\cos|$ 的界为 1, 如果我们设 $|x| < 2, |y| < 2$, 这就给出

$$\begin{aligned}&|D_1D_1F_1| = |D_1D_2F_1| = |D_2D_1F_1| = |D_2D_2F_1| \leqslant 1,\\ &|D_1D_1F_2|, |D_2D_2F_2| \leqslant 4,\ |D_2D_1F_2| = |D_1D_2F_2| \leqslant 5.\end{aligned} \tag{2.8.43}$$

所以对于 $|x| < 2, |y| < 2$, 我们有一个李普希兹比率

$$M \leqslant \sqrt{4+16+16+25+25} = \sqrt{86} < 9.3, \tag{2.8.44}$$

也就是 $|[\mathbf{DF}(\mathbf{u})] - [\mathbf{DF}(\mathbf{v})]| \leqslant 9.3|\mathbf{u}-\mathbf{v}|$. △

不等式 (2.8.44): 通过调整三角函数, 我们可以把 $\sqrt{86}$ 降低到 $\sqrt{78} \approx 8.8$, 但命题 2.8.9 的优势是, 它或多或少地给出了一个系统的方法来计算李普希兹比率.

命题 2.8.9 的证明: 每一个 D_jf_i 是一个标量值函数, 推论 1.9.2 告诉我们

$$\left|D_jf_i(\mathbf{a}+\vec{\mathbf{h}}) - D_jf_i(\mathbf{a})\right| \leqslant \left(\sum_{k=1}^{n}(c_{i,j,k})^2\right)^{1/2} |\vec{\mathbf{h}}|. \tag{2.8.45}$$

不等式 (2.8.45) 利用了下述事实: 对任意函数 g(在我们的例子里, D_if_i), 有

$$\left|g(\mathbf{a}+\vec{\mathbf{h}}) - g(\mathbf{a})\right| \leqslant \left(\sup_{t\in[0,1]}\left|[\mathbf{D}g(\mathbf{a}+t\vec{\mathbf{h}})]\right|\right)|\vec{\mathbf{h}}|.$$

记住

$$\left|[\mathbf{D}g(\mathbf{a}+t\vec{\mathbf{h}})]\right| = \sqrt{\sum_{k=1}^{n}\left(D_kg(\mathbf{a}+t\vec{\mathbf{h}})\right)^2}.$$

对下面的第一个等式利用矩阵长度的定义, 对于不等式利用不等式 (2.8.45), 我们有

$$\begin{aligned}\left|[\mathbf{Df}(\mathbf{a}+\vec{\mathbf{h}})] - [\mathbf{Df}(\mathbf{a})]\right| &= \left(\sum_{i,j=1}^{n}\left(D_jf_i(\mathbf{a}+\vec{\mathbf{h}}) - D_jf_i(\mathbf{a})\right)^2\right)^{1/2}\\ &\leqslant \left(\sum_{i,j=1}^{n}\left(\left(\sum_{k=1}^{n}(c_{i,j,k})^2\right)^{1/2}|\vec{\mathbf{h}}|\right)^2\right)^{1/2}\\ &= \left(\sum_{1\leqslant i,j,k\leqslant n}(c_{i,j,k})^2\right)^{1/2}|\vec{\mathbf{h}}|.\end{aligned} \tag{2.8.46}$$

从不等式 (2.8.46) 的第二行到第三行可能看上去有点"恐怖", 但注意到, 对于里面的求和, 我们有一个平方根的平方, 而且 $|\vec{\mathbf{h}}|$ 被提取了因子出去, 因为它作为它的平方的平方根, 出现在每一项上.

通过设 $\mathbf{u} = \mathbf{a}+\vec{\mathbf{h}}$ 和 $\mathbf{v} = \mathbf{a}$, 可以证明命题. □

对 $[\mathbf{D}f]$ 在一个适当的区域内找到李普希兹比率通常是困难的. 但当 f 是二次函数的时候, 则很容易, 因此 $[\mathbf{D}f]$ 的次数为 1. 所有的多项式函数可以简化成这种情况, 代价就是增加额外的变量.

例 2.8.12 (计算李普希兹比率的窍门). 令 $\mathbf{f}: \mathbb{R}^2 \to \mathbb{R}^2$ 定义为

$$\mathbf{f}\begin{pmatrix}x\\y\end{pmatrix} = \begin{pmatrix}x^5 - y^2 + xy - a\\ y^4 + x^2y - b\end{pmatrix}. \tag{2.8.47}$$

我们将发明新的变量, $u_1 = x^2, u_2 = y^2, u_3 = x^4 = u_1^2$, 使得每一项的次数最多为 2, 并且, 我们将用 $\widetilde{\mathbf{f}}$ 来代替 $\mathbf{f}$, 其中

$$\widetilde{\mathbf{f}}\begin{pmatrix}x\\y\\u_1\\u_2\\u_3\end{pmatrix} = \begin{pmatrix}xu_3 - u_2 + xy - a\\ u_2^2 + u_1y - b\\ u_1 - x^2\\ u_2 - y^2\\ u_3 - u_1^2\end{pmatrix}. \tag{2.8.48}$$

在等式 (2.8.48) 中, 前两个方程为原方程组, 用旧的和新的变量重写了. $\widetilde{\mathbf{f}} = \mathbf{0}$ 的最后的三个方程是新变量的定义.

显然, 如果 $\begin{pmatrix}x\\y\end{pmatrix}$ 满足 $\mathbf{f}\begin{pmatrix}x\\y\end{pmatrix}=\begin{pmatrix}0\\0\end{pmatrix}$, 则 $\widetilde{\mathbf{f}}\begin{pmatrix}x\\y\\x^2\\y^2\\x^4\end{pmatrix}=\begin{pmatrix}0\\0\\0\\0\\0\end{pmatrix}$.

因此, 如果我们能解出 $\widetilde{\mathbf{f}}(\widetilde{\mathbf{x}})=\widetilde{\mathbf{0}}$, 则也可以解出 $\mathbf{f}(\mathbf{x})=\mathbf{0}$.

用 $\mathbb{R}^5$ 而不是 $\mathbb{R}^2$ 来解决问题可能看起来有点荒谬, 但计算 $\mathbf{f}$ 的李普希兹比率十分困难, 而计算 $\widetilde{\mathbf{f}}$ 的李普希兹比率则是直接的.

实际上

$$\left[\mathbf{D}\widetilde{\mathbf{f}}\begin{pmatrix}x\\y\\u_1\\u_2\\u_3\end{pmatrix}\right]=\begin{bmatrix}y+u_3 & x & 0 & -1 & x\\ 0 & u_1 & y & 2u_2 & 0\\ -2x & 0 & 1 & 0 & 0\\ 0 & -2y & 0 & 1 & 0\\ 0 & 0 & -2u_1 & 0 & 1\end{bmatrix}. \tag{2.8.49}$$

因此, 有

$$\begin{aligned}&\left|\left[\mathbf{D}\widetilde{\mathbf{f}}\begin{pmatrix}x\\y\\u_1\\u_2\\u_3\end{pmatrix}\right]-\left[\mathbf{D}\widetilde{\mathbf{f}}\begin{pmatrix}x'\\y'\\u_1'\\u_2'\\u_3'\end{pmatrix}\right]\right| = \left|\begin{bmatrix}y-y'+u_3-u_3' & x-x' & 0 & 0 & x-x'\\ 0 & u_1-u_1' & y-y' & 2(u_2-u_2') & 0\\ -2(x-x') & 0 & 0 & 0 & 0\\ 0 & -2(y-y') & 0 & 0 & 0\\ 0 & 0 & -2(u_1-u_1') & 0 & 0\end{bmatrix}\right|\\
&\leqslant \Big(6(x-x')^2+7(y-y')^2+5(u_1-u_1')^2+4(u_2-u_2')^2+2(u_3-u_3')^2\Big)^{1/2}\\
&\leqslant \sqrt{7}\left|\begin{pmatrix}x\\y\\u_1\\u_2\\u_3\end{pmatrix}-\begin{pmatrix}x'\\y'\\u_1'\\u_2'\\u_3'\end{pmatrix}\right|.\end{aligned} \tag{2.8.50}$$

从不等式 (2.8.50) 的第一行到第二行: 因为 $(a+b)^2\leqslant 2(a^2+b^2)$, 我们有

$$\begin{aligned}&(y-y'+u_3-u_3')^2\\ \leqslant\ & 2(y-y')^2+2(u_3-u_3')^2.\end{aligned}$$

因此, $\sqrt{7}$ 是 $[\mathbf{D}\widetilde{\mathbf{f}}]$ 的一个李普希兹比率. △

对于所有的多项式的方程组, 相似的技巧可以有效, 并且提供了一个可以计算的李普希兹比率, 虽然可能算起来很费力, 但不需要任何的新发明.

注意, 映射 $\vec{\mathbf{f}}$ 的定义域和陪域的维数相同. 因此, 设 $\vec{\mathbf{f}}(\mathbf{x})=\vec{\mathbf{0}}$, 我们得到与未知变量同样多的方程. 如果方程的个数比未知变量的个数少, 则不能期待它们会指定唯一的解, 而如果方程的个数多于未知变量的个数, 则不太可能有任何解.

另外, 如果映射 $\vec{\mathbf{f}}$ 的定义域和陪域的维数不同, 则 $[\mathbf{D}\vec{\mathbf{f}}(\mathbf{a}_0)]$ 将不是一个方形矩阵, 所以它就不会可逆.

康托诺维奇定理

现在, 我们已经准备好着手处理康托诺维奇定理. 它说的是, 如果三个量的乘积小于或等于 $1/2$, 则方程 $\vec{\mathbf{f}}(\mathbf{x})=\vec{\mathbf{0}}$ 在闭球 $\overline{U}_0$ 上有唯一的根, 并且如果你从一个合适的初始猜测 $\mathbf{a}_0$ 开始, 则牛顿方法将收敛到这个根.

定理 2.8.13 (康托诺维奇定理). 令 $\mathbf{a}_0$ 为 $\mathbb{R}^n$ 中的一个点, U 为 $\mathbf{a}_0$ 在 $\mathbb{R}^n$ 中的一个开邻域, $\vec{\mathbf{f}}: U\to\mathbb{R}^n$ 为一个可微映射, 其导数 $[\mathbf{D}\vec{\mathbf{f}}(\mathbf{a}_0)]$ 可逆. 定义

$$\vec{\mathbf{h}}_0\stackrel{\text{def}}{=}-[\mathbf{D}\vec{\mathbf{f}}(\mathbf{a}_0)]^{-1}\vec{\mathbf{f}}(\mathbf{a}_0),\ \ \mathbf{a}_1\stackrel{\text{def}}{=}\mathbf{a}_0+\vec{\mathbf{h}}_0,\ \ U_1\stackrel{\text{def}}{=}B_{|\vec{\mathbf{h}}_0|}(\mathbf{a}_1). \tag{2.8.51}$$

如果 $\overline{U}_1 \subset U$, 且导数 $[\mathbf{D}\vec{\mathbf{f}}(\mathbf{x})]$ 满足李普希兹条件

$$|[\mathbf{D}\vec{\mathbf{f}}(\mathbf{u}_1)] - [\mathbf{D}\vec{\mathbf{f}}(\mathbf{u}_2)]| \leqslant M|\mathbf{u}_1 - \mathbf{u}_2| \tag{2.8.52}$$

对于所有的 $\mathbf{u}_1, \mathbf{u}_2 \in \overline{U}_1$ 成立, 并且如果不等式

$$|\vec{\mathbf{f}}(\mathbf{a}_0)||[\mathbf{D}\vec{\mathbf{f}}(\mathbf{a}_0)]^{-1}|^2 M \leqslant \frac{1}{2} \tag{2.8.53}$$

被满足, 则方程 $\vec{\mathbf{f}}(\mathbf{x}) = \vec{\mathbf{0}}$ 在 $\overline{U}_1$ 上有唯一解; 对于所有的 $i \geqslant 0$, 我们可以定义 $\vec{\mathbf{h}}_i = -[\mathbf{D}\vec{\mathbf{f}}(\mathbf{a}_i)]^{-1}\vec{\mathbf{f}}(\mathbf{a}_i)$ 以及 $\mathbf{a}_{i+1} = \mathbf{a}_i + \vec{\mathbf{h}}_i$, 则 "牛顿序列" $i \mapsto \mathbf{a}_i$ 收敛到这个唯一解.

定理的证明在附录 A.5 中.

康托诺维奇 (图 2.8.6) 是最早把线性规划用在经济学中的人之一. 他的文章出版于 1939 年. 他在 1975 年被授予诺贝尔经济学奖.

图 2.8.6
康托诺维奇 (Leonid Kantorovich, 1912 — 1986)

在讨论康托诺维奇定理和牛顿方法的时候, 我们写 $\vec{\mathbf{f}}(\mathbf{x}) = \vec{\mathbf{0}}$(带箭头), 因为我们把 $\vec{\mathbf{f}}$ 的陪域想成一个向量空间; $\vec{\mathbf{h}}_0$ 的定义只有在 $\vec{\mathbf{f}}(\mathbf{a}_0)$ 是一个向量的时候有意义. 更进一步, $\vec{\mathbf{0}}$ 在牛顿方法中起到了与众不同的作用 (如它在任何向量空间中一样): 我们试图解 $\vec{\mathbf{f}}(\mathbf{x}) = \vec{\mathbf{0}}$, 而不是对某些随机的 $\mathbf{a}$ 解 $\mathbf{f}(\mathbf{x}) = \mathbf{a}$.

基本的思想很简单. 必须很小的三个量中的第一个是函数在 $\mathbf{a}_0$ 的值. 如果你在近地飞行的飞机上, 比起你飞几千米高, 你更可能会坠机 (找到一个根).

第二个量是导数在 $\mathbf{a}_0$ 的逆的长度的平方. 在一维上, 我们可以认为导数一定很大.[19] 如果你的飞机以大坡度接近地面, 那么比起飞机几乎平行于地面飞行, 坠机的可能性大得多.

第三个量是李普希兹比率 M, 测量的是导数的变化 (就是加速度). 如果在最后一分钟, 飞行员把飞机从俯冲状态改为拉升状态, 飞机上的人可能会被甩到地面, 因为导数剧烈变化, 但是可以避免坠机. (加速度不必是速率的变化, 它也可以是速度方向的变化.)

但并不是每个量都必须很小: 乘积必须要小. 如果飞机在非常接近地面的时候开始俯冲, 就算是一个导数的突然变化也不能挽救飞机. 如果它从几千米的高度开始俯冲, 且如果它直接掉落下来, 则它仍将会坠毁. 如果它持续地失去高度, 而不是垂直落向地面, 就算是导数从来没变, 它也会坠毁 (至少是落地).

注释.

1. 要检验一个方程是否有意义, 首先要确保两边的单位相同. 在物理和工程上, 这是最基本的. 不等式 (2.8.53) 的右边是无单位的数 1/2. 左边的

$$|\vec{\mathbf{f}}(\mathbf{a}_0)||[\mathbf{D}\vec{\mathbf{f}}(\mathbf{a}_0)]^{-1}|^2 M \tag{2.8.54}$$

   是通常不同的定义域和陪域的单位的一个复杂的混合. 幸运的是, 这些单位互相抵消了. 要看到这一点, 用 u 表示定义域 U 的单位, 用 r 表示陪域 $\mathbb{R}^n$ 的单位. $|\vec{\mathbf{f}}(\mathbf{a}_0)|$ 这一项的单位为 r. 导数的单位是陪域/定义域 (典型的例子是距离除以时间), 所以导数的逆的单位是定义域/陪域 $=u/r$, $|[\mathbf{D}\vec{\mathbf{f}}(\mathbf{a}_0)]^{-1}|^2$ 一项的单位是 u^2/r^2. 李普希兹比率 M 是定义域中的导数之间的距离除以定义域中的距离, 所以单位为 r/u 除以 u. 这就给出了单位 $r \times \dfrac{u^2}{r^2} \times \dfrac{r}{u^2}$, 它们互相抵消了.

2. 康托诺维奇定理没有说明, 如果不等式 (2.8.53) 不被满足, 则方程无解; 它甚至没有说明, 如果不等式不被满足, 则在 $\overline{U}_1$ 上无解. 在 2.9 节, 我们将看到, 如果我们用一个不同的方法来测量 $[\mathbf{D}\vec{\mathbf{f}}(\mathbf{a}_0)]$, 也就是更难计算的

[19] 为什么定理规定导数的逆的平方更为微妙? 我们可以这样想: 定义应当在改变比例的时候保持成立. 因为不等式 (2.8.53) 中的 "分子" $\vec{\mathbf{f}}(\mathbf{a}_0)M$ 包含两项, 按比例放大将把它改变到比例的平方. 所以 "分母" $|[\mathbf{D}\vec{\mathbf{f}}(\mathbf{a}_0)]^{-1}|^2$ 必须也包含一个平方.

范数(norm), 则不等式 (2.8.53) 很容易被满足. 那个版本的康托诺维奇定理保证了某些方程组的收敛, 但这个弱的版本却对这些方程保持"沉默".

3. 要看到为什么有必要在最后一句话指定闭球 $\overline{U}_1$, 而不是 U_1, 考虑例 2.9.1, 牛顿方法收敛到 1, 不在 U_1 中, 但是在闭包中. △

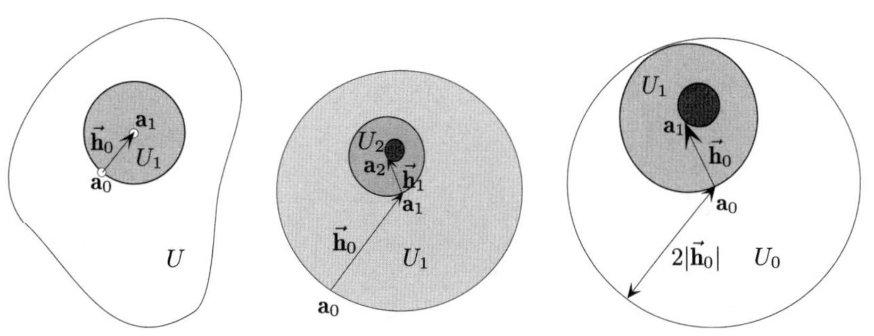

图 2.8.7

等式 (2.8.51) 定义了 U_1 的邻域, 在其中, 当不等式 (2.8.53) 成立时, 牛顿方法保证有效. 左图: 邻域 U_1 是 $\mathbf{a}_1$ 周围的半径为 $|\vec{\mathbf{h}}_0| = |\mathbf{a}_1 - \mathbf{a}_0|$ 的球, 所以 $\mathbf{a}_0$ 在 U_1 的边界上. 中图: 膨胀了的 U_1(阴影), 显示了 U_2 的邻域 (深色) 和 U_3(更深的). 右图: 命题 2.8.14 中描述的球 U_0.

如果不等式 (2.8.53) 得以满足, 则在每次迭代时, 我们在前一个球内创造出一个新的球: U_2 在 U_1 中, U_3 在 U_2 中, ······, 如图 2.8.7 的中间的图所示. 随着球的半径接近 0, 序列 $i \mapsto \mathbf{a}_i$ 收敛到 $\mathbf{a}$, 我们将看到这就是一个根.

在很多情况下, 我们对在 $\mathbf{a}_0$ 周围的一个球内有唯一解感兴趣 (图 2.8.7 的右图显示的球 U_0); 这个很容易达到.

命题 2.8.14 ($\overline{U}_0$ 中的唯一解). 定义

$$U_0 \stackrel{\text{def}}{=} \{\mathbf{x} \mid |\mathbf{x} - \mathbf{a}_0| < 2|\vec{\mathbf{h}}_0|\}. \tag{2.8.55}$$

如果李普希兹条件

$$|[\mathbf{D}\vec{\mathbf{f}}(\mathbf{u}_1)] - [\mathbf{D}\vec{\mathbf{f}}(\mathbf{u}_2)]| \leqslant M|\mathbf{u}_1 - \mathbf{u}_2| \tag{2.8.56}$$

在所有的点 $\mathbf{u}_1, \mathbf{u}_2 \in U_0$ 被满足, 并且不等式 (2.8.53) 的条件也被满足, 则方程 $\vec{\mathbf{f}}(\mathbf{x}) = \vec{\mathbf{0}}$ 在 $\overline{U}_0$ 上有唯一解, 从 $\mathbf{a}_0$ 开始, 使用牛顿方法将收敛到这个解.

命题 2.8.14: 我们能保证存在性的集合越小越好. 说在纽约州有 523 人的 Nowhere 镇有一个 William Ardvark 比说在纽约州有一个 William Ardvark 是一个更强的陈述.

我们能保证唯一性的集合越大越好. 说在加州只有一个 John W. Smith 要比说在加州 Tinytown 只有一个 John W. Smith 是一个更强的陈述.

有些时候, 比如证明逆函数的唯一性的时候, 我们需要康托诺维奇定理是对大一点的球 U_0 陈述的. 但也有些时候, 函数在 U_0 上不是李普希兹的, 或者甚至在 U_0 上没有定义. 在这种情况下, 原来的康托诺维奇定理则是一个有用的定理.

康托诺维奇定理没有说方程组有唯一解; 它可能有很多解. 但在球 $\overline{U}_1$ 中, 它有唯一解. 如果你从最初的猜测 $\mathbf{a}_0$ 开始, 牛顿方法将能够找到它.

在我们证明康托诺维奇定理的时候, 在附录 A.5 中对该命题进行了证明.

例 2.8.15 (使用牛顿方法). 假设我们要解两个方程

$$\begin{cases} \cos(x-y) &= y \\ \sin(x+y) &= x \end{cases}, \text{ 也就是 } \vec{\mathbf{F}}\begin{pmatrix} x \\ y \end{pmatrix} = \begin{bmatrix} \cos(x-y)-y \\ \sin(x+y)-x \end{bmatrix} = \begin{bmatrix} 0 \\ 0 \end{bmatrix}. \tag{2.8.57}$$

我们碰巧注意到[20] 方程在 $\begin{pmatrix} 1 \\ 1 \end{pmatrix}$ 接近被满足:

$$\cos(1-1)-1=0,\ \sin(1+1)-1=-0.090\,7\cdots. \tag{2.8.58}$$

[20]我们在计算器的帮助下"碰巧注意到"$\sin 2 - 1 = -0.090\,7$. 给牛顿方法找到一个初始条件总是很微妙的部分.

我们来验证牛顿方法从 $\mathbf{a}_0 = \begin{pmatrix}1\\1\end{pmatrix}$ 开始可以有效. 要做到这一点, 我们必须看到不等式 (2.8.53) 被满足. 我们刚好看到了 $|\vec{\mathbf{F}}(\mathbf{a}_0)| \sim 0.090\ 7$. 在 $\mathbf{a}_0$ 的导数并没有变差很多:

$$[\mathbf{D}\vec{\mathbf{F}}(\mathbf{a}_0)] = \begin{bmatrix} 0 & -1 \\ (\cos 2) - 1 & \cos 2 \end{bmatrix}, \tag{2.8.59}$$

等式 (2.8.60): 回顾

$$A = \begin{bmatrix} a & b \\ c & d \end{bmatrix}$$

的逆是

$$A^{-1} = \frac{1}{ad-bc}\begin{bmatrix} d & -b \\ -c & a \end{bmatrix}.$$

所以

$$[\mathbf{D}\vec{\mathbf{F}}(\mathbf{a}_0)]^{-1} = \frac{1}{(\cos 2) - 1}\begin{bmatrix} \cos 2 & 1 \\ 1-\cos 2 & 0 \end{bmatrix}, \tag{2.8.60}$$

且

$$\left|[\mathbf{D}\vec{\mathbf{F}}(\mathbf{a}_0)]^{-1}\right|^2 = \frac{1}{(\cos 2 - 1)^2}\Big((\cos 2)^2 + 1 + (1-\cos 2)^2\Big) \sim 1.172\ 7 < 1.2, \tag{2.8.61}$$

如果你把它敲入计算器, 你就可以看到这个结果.

这使得计算可以控制: 与其用二阶偏导计算导数的李普希兹比率, 我们不如直接来做, 利用有用的公式 $|\sin a - \sin b| \leqslant |a-b|, |\cos a - \cos b| \leqslant |a-b|$.[21]

$$\begin{aligned}
\left|\left[\mathbf{D}\vec{\mathbf{F}}\begin{pmatrix}x_1\\y_1\end{pmatrix}\right] - \left[\mathbf{D}\vec{\mathbf{F}}\begin{pmatrix}x_2\\y_2\end{pmatrix}\right]\right| &= \left|\begin{bmatrix} -\sin(x_1-y_1)+\sin(x_2-y_2) & \sin(x_1-y_1)-\sin(x_2-y_2) \\ \cos(x_1+y_1)-\cos(x_2+y_2) & \cos(x_1+y_1)-\cos(x_2+y_2)\end{bmatrix}\right| \\
&\leqslant \left|\begin{bmatrix} |-(x_1-y_1)+(x_2-y_2)| & |(x_1-y_1)-(x_2-y_2)| \\ |(x_1+y_1)-(x_2+y_2)| & |(x_1+y_1)-(x_2+y_2)| \end{bmatrix}\right| \\
&\leqslant \sqrt{8\Big((x_1-x_2)^2+(y_1-y_2)^2\Big)} = 2\sqrt{2}\left|\begin{pmatrix}x_1\\y_1\end{pmatrix} - \begin{pmatrix}x_2\\y_2\end{pmatrix}\right|.
\end{aligned} \tag{2.8.62}$$

从不等式 (2.8.62) 的第二行到第三行, 我们使用了

$$(a+b)^2 \leqslant 2(a^2+b^2).$$

因此, $M = 2\sqrt{2}$ 为 $[\mathbf{D}\vec{\mathbf{F}}]$ 的一个李普希兹比率. 综合到一起, 我们看到

$$|\vec{\mathbf{F}}(\mathbf{a}_0)|\left|[\mathbf{D}\vec{\mathbf{F}}(\mathbf{a}_0)]^{-1}\right|^2 M \leqslant (0.1)(1.2)(2\sqrt{2}) \approx 0.34 < 0.5. \tag{2.8.63}$$

所以, 方程有一个解, 牛顿方法从 $\begin{pmatrix}1\\1\end{pmatrix}$ 开始可以收敛到它. 进一步

$$\vec{\mathbf{h}}_0 = \underbrace{\frac{-1}{\cos 2 - 1}\begin{bmatrix} \cos 2 & 1 \\ 1-\cos 2 & 0\end{bmatrix}}_{-[\mathbf{D}\vec{\mathbf{F}}(\mathbf{a}_0)]^{-1}}\underbrace{\begin{bmatrix} 0 \\ \sin 2 - 1\end{bmatrix}}_{\vec{\mathbf{F}}(\mathbf{a}_0)} = \begin{bmatrix} \dfrac{\sin 2 - 1}{1-\cos 2} \\ 0 \end{bmatrix} \approx \begin{bmatrix} -0.064 \\ 0 \end{bmatrix}.$$

所以康托诺维奇定理保证了解距离点 $\mathbf{a}_1 = \mathbf{a}_0 + \vec{\mathbf{h}}_0 = \begin{pmatrix}0.936\\1\end{pmatrix}$ 在 0.064 以内.

[21] 根据中值定理, 存在一个在 a 和 b 之间的 c 满足

$$|\sin a - \sin b| = |\underbrace{\cos c}_{\sin' c}||a-b|.$$

因为 $|\cos c| \leqslant 1$, 我们有 $|\sin a - \sin b| \leqslant |a-b|$.

根据我们的计算机的计算, 解为 $\begin{pmatrix} 0.935 \\ 0.998 \end{pmatrix}$ (精确到小数点后三位). △

例 2.8.16: 如果你想要不用牛顿方法来解方程 (2.8.64), 而把 $X = \begin{bmatrix} a & b \\ c & d \end{bmatrix}$ 考虑成 $\mathbb{R}^4$ 中的一个点, 则需要解含四个未知变量的四个二次方程. 如何解并不是显然的.

为什么 $\begin{bmatrix} 4 & 0 \\ 0 & 4 \end{bmatrix}$ 是一个显然的选择? 矩阵

$$\begin{bmatrix} 4 & 0 \\ 0 & 4 \end{bmatrix}^2 = \begin{bmatrix} 16 & 0 \\ 0 & 16 \end{bmatrix}$$

接近

$$\begin{bmatrix} 15 & 0 \\ 0 & 17 \end{bmatrix},$$

且

$$\begin{bmatrix} 0 & 1 \\ 1 & 0 \end{bmatrix} \begin{bmatrix} 4 & 0 \\ 0 & 4 \end{bmatrix} = \begin{bmatrix} 0 & 4 \\ 4 & 0 \end{bmatrix}$$

接近

$$\begin{bmatrix} 0 & 5 \\ 3 & 0 \end{bmatrix}.$$

例 2.8.16 (牛顿方法和矩阵映射). 定义 $f : \text{Mat}(2,2) \to \text{Mat}(2,2)$ 为

$$f(X) = X^2 + \begin{bmatrix} 0 & 1 \\ 1 & 0 \end{bmatrix} X - \begin{bmatrix} 15 & 5 \\ 3 & 17 \end{bmatrix}. \tag{2.8.64}$$

牛顿方法关于方程 $f(X) = \begin{bmatrix} 0 & 0 \\ 0 & 0 \end{bmatrix}$ 说了什么呢? 有一个显然的初始猜测 $A_0 = \begin{bmatrix} 4 & 0 \\ 0 & 4 \end{bmatrix}$. 因为 $f(A_0) = \begin{bmatrix} 1 & -1 \\ 1 & -1 \end{bmatrix}$, 我们有 $|f(A_0)| = 2$. 现在, 我们计算康托诺维奇定理中的其他的量. 首先, 我们计算在 A_0 的导数 (因为 A_0 是单位矩阵的标量倍数, 所以 $A_0H = HA_0$):

$$[\mathbf{D}f(A_0)]H = \underbrace{A_0H + HA_0}_{\text{见例 1.7.17}} + \begin{bmatrix} 0 & 1 \\ 1 & 0 \end{bmatrix} H = \begin{bmatrix} 8 & 1 \\ 1 & 8 \end{bmatrix} H, \tag{2.8.65}$$

这给出了

$$[\mathbf{D}f(A_0)]^{-1}H = \frac{1}{63} \begin{bmatrix} 8 & -1 \\ -1 & 8 \end{bmatrix} H. \tag{2.8.66}$$

现在, 我们遇到了麻烦: 我们必须计算导数的长度 (以找到李普希兹比率) 和导数的逆的长度 (对于康托诺维奇不等式). 计算 $|f(A_0)|$ 不是问题, 但要计算导数的长度, 我们在把 f 想成从 $\mathbb{R}^4$ 到 $\mathbb{R}^4$ 的映射的时候, 需要知道导数是哪个 4×4 的矩阵. 把 $\mathbb{R}^4$ 的标准基向量写成 2×2 的矩阵

$$\begin{bmatrix} 1 & 0 \\ 0 & 0 \end{bmatrix}, \begin{bmatrix} 0 & 1 \\ 0 & 0 \end{bmatrix}, \begin{bmatrix} 0 & 0 \\ 1 & 0 \end{bmatrix}, \begin{bmatrix} 0 & 0 \\ 0 & 1 \end{bmatrix}. \tag{2.8.67}$$

我们通过把 $[\mathbf{D}f(A_0)]$ 用在 $\begin{bmatrix} 1 & 0 \\ 0 & 0 \end{bmatrix}$ 上, 得到了 4×4 的导数矩阵的第一列:

$$\begin{bmatrix} 8 & 1 \\ 1 & 8 \end{bmatrix} \begin{bmatrix} 1 & 0 \\ 0 & 0 \end{bmatrix} = \begin{bmatrix} 8 & 0 \\ 1 & 0 \end{bmatrix}. \tag{2.8.68}$$

类似地, 余下的列由以下乘积给出

$$\begin{bmatrix} 8 & 1 \\ 1 & 8 \end{bmatrix} \begin{bmatrix} 0 & 1 \\ 0 & 0 \end{bmatrix}, \begin{bmatrix} 8 & 1 \\ 1 & 8 \end{bmatrix} \begin{bmatrix} 0 & 0 \\ 1 & 0 \end{bmatrix}, \begin{bmatrix} 8 & 1 \\ 1 & 8 \end{bmatrix} \begin{bmatrix} 0 & 0 \\ 0 & 1 \end{bmatrix}. \tag{2.8.69}$$

因此, 在 A_0 处计算导数为

$$[\mathbf{D}f(A_0)] = \begin{bmatrix} 8 & 0 & 1 & 0 \\ 0 & 8 & 0 & 1 \\ 1 & 0 & 8 & 0 \\ 0 & 1 & 0 & 8 \end{bmatrix}. \tag{2.8.70}$$

采用与用在 $[\mathbf{D}f(A_0)]^{-1}H = \frac{1}{63}\begin{bmatrix} 8 & -1 \\ -1 & 8 \end{bmatrix} H$ 上的同样的过程, 我们看到逆为 $\frac{1}{63}\begin{bmatrix} 8 & 0 & -1 & 0 \\ 0 & 8 & 0 & -1 \\ -1 & 0 & 8 & 0 \\ 0 & -1 & 0 & 8 \end{bmatrix}$, 长度为 $|[\mathbf{D}f(A_0)]^{-1}| = \frac{2}{63}\sqrt{65} \approx 0.256$.

要找到一个李普希兹比率, 我们在 $A = \begin{bmatrix} a & b \\ c & d \end{bmatrix}$ 和 $A' = \begin{bmatrix} a' & b' \\ c' & d' \end{bmatrix}$ 处计算导数. 我们得到

不等式 (2.8.71): 这个计算的唯一棘手的部分是第一个不等式, 用到了

$$\begin{aligned} &(a-a'+d-d')^2 \\ \leqslant\ & 2(a-a')^2 + 2(d-d')^2. \end{aligned}$$

记住因为

$$(u-v)^2 = u^2+v^2-2uv \geqslant 0,$$

我们有 $2uv \leqslant u^2+v^2$, 所以

$$\begin{aligned} (u+v)^2 &= u^2+v^2+2uv \\ &\leqslant 2u^2+2v^2. \end{aligned}$$

$$\begin{aligned} &|[\mathbf{D}f(A)] - [\mathbf{D}f(A')]|^2 \\ =\ & 4(a-a')^2 + 4(c-c')^2 + 4(b-b')^2 + 4(d-d')^2 + 2(a-a'+d-d')^2 \\ \leqslant\ & 8(a-a')^2 + 4(c-c')^2 + 4(b-b')^2 + 8(d-d')^2 \\ \leqslant\ & 8\underbrace{\left((a-a')^2 + (c-c')^2 + (b-b')^2 + (d-d')^2\right)}_{|A-A'|^2}. \end{aligned} \tag{2.8.71}$$

所以 $2\sqrt{2} \approx 2.8$ 是一个李普希兹比率:

$$|[\mathbf{D}f(A)] - [\mathbf{D}f(A')]| \leqslant 2\sqrt{2}|A-A'|. \tag{2.8.72}$$

因为

$$\underbrace{2}_{|f(A_0)|}\ \underbrace{(0.256)^2}_{|[\mathbf{D}f(A_0)]^{-1}|^2}\ \underbrace{2.8}_{M} = 0.367 < 0.5, \tag{2.8.73}$$

所以康托诺维奇不等式在 A' 附近的半径为 $|H_0|$ 的球内被满足. 一些计算[22] 给出 $|H_0| = 2/9$, 以及 $A' = \frac{1}{9}\begin{bmatrix} 35 & 1 \\ -1 & 37 \end{bmatrix}$. △

例 2.8.17 (牛顿方法: 使用计算机). 现在我们将使用 Matlab 程序 Newton.m[23]来解方程组

$$x^2 - y + \sin(x-y) = 2,\ y^2 - x = 3, \tag{2.8.74}$$

分别从 $\begin{pmatrix} 2 \\ 2 \end{pmatrix}$ 和 $\begin{pmatrix} -2 \\ 2 \end{pmatrix}$ 开始.

我们要解的方程组为

$$\vec{\mathbf{f}}\begin{pmatrix} x \\ y \end{pmatrix} = \begin{bmatrix} x^2 - y + \sin(x-y) - 2 \\ y^2 - x - 3 \end{bmatrix} = \begin{bmatrix} 0 \\ 0 \end{bmatrix}. \tag{2.8.75}$$

---

[22] $f(A_0) = \begin{bmatrix} 1 \\ -1 \\ 1 \\ -1 \end{bmatrix}$ 给出 $H_0 = -\frac{1}{63}\begin{bmatrix} 8 & 0 & -1 & 0 \\ 0 & 8 & 0 & -1 \\ -1 & 0 & 8 & 0 \\ 0 & -1 & 0 & 8 \end{bmatrix}\begin{bmatrix} 1 \\ -1 \\ 1 \\ -1 \end{bmatrix} = -\frac{1}{9}\begin{bmatrix} 1 \\ -1 \\ 1 \\ -1 \end{bmatrix}$, 所以 $|H_0| = \frac{1}{9}\sqrt{4\cdot 1^2} = \frac{2}{9}$ 以及 $A_1 = A_0 + H_0 = \begin{bmatrix} 4 & 0 \\ 0 & 4 \end{bmatrix} - \frac{1}{9}\begin{bmatrix} 1 & -1 \\ 1 & -1 \end{bmatrix}$.

[23] 在 matrixeditions.com/Programs.html 上寻找.

从 $\begin{pmatrix}2\\2\end{pmatrix}$ 开始, Newton.m 给出下列值

$$\mathbf{x}_0=\begin{pmatrix}2\\2\end{pmatrix},\mathbf{x}_1=\begin{pmatrix}2.\overline{1}\\2.2\overline{7}\end{pmatrix},\mathbf{x}_2=\begin{pmatrix}2.101\ 313\ 730\ 556\ 64\\2.258\ 689\ 463\ 889\ 13\end{pmatrix},$$
$$\mathbf{x}_3=\begin{pmatrix}2.101\ 258\ 294\ 418\ 18\\2.258\ 596\ 533\ 924\ 14\end{pmatrix},\mathbf{x}_4=\begin{pmatrix}2.101\ 258\ 292\ 948\ 05\\2.258\ 596\ 531\ 686\ 89\end{pmatrix},\qquad(2.8.76)$$

前 14 位小数数位之后就不再变化. 牛顿方法当然看上去是收敛的. 实际上, 它超收敛: 正确的小数数位每一轮迭代都会加倍; 我们看到了一个正确的小数数位, 然后 3 个, 然后 8 个, 然后 14 个. (我们将在 2.9 节讨论超收敛性.)

但康托诺维奇定理的条件是否被满足了呢? 我们首先对导数直接计算李普希兹比率, 发现非常棘手. 利用二阶偏导的方法要明显简单得多:

$$D_1D_1f_1=2-\sin(x-y);D_1D_2f_1=\sin(x-y);D_2D_2f_1=-\sin(x-y);$$
$$D_1D_1f_2=0;D_1D_2f_2=0;D_2D_2f_2=2.\qquad(2.8.77)$$

因为 $-1\leqslant\sin\leqslant 1$, 所以

$c_{i,j,k}$ 在不等式 (2.8.35) 中定义.

$$\begin{aligned}&\sup|D_1D_1f_1|\leqslant 3=c_{1,1,1};\quad \sup|D_1D_1f_2|=0=c_{2,1,1};\\&\sup|D_1D_2f_1|\leqslant 1=c_{1,2,1};\quad \sup|D_1D_2f_2|=0=c_{2,2,1};\\&\sup|D_2D_1f_1|\leqslant 1=c_{1,1,2};\quad \sup|D_2D_1f_2|=0=c_{2,1,2};\\&\sup|D_2D_2f_1|\leqslant 1=c_{1,2,2};\quad \sup|D_2D_2f_2|=2=c_{2,2,2}.\end{aligned}$$

因此 4 是 $\vec{\mathbf{f}}$ 在全部 $\mathbb{R}^2$ 中的一个李普希兹比率:

等式 (2.8.78): 平方根中的三个 1 对应于 $c_{1,2,1},c_{2,1,1},c_{2,2,1}$.

$$\left(\sum_{1\leqslant i,j,k\leqslant n}(c_{i,j,k})^2\right)^{1/2}=\sqrt{9+1+1+1+4}=4.\qquad(2.8.78)$$

我们修改了 Matlab 程序, 在每一轮打印出一个数 cond, 它的数值等于 $|\vec{\mathbf{f}}(\mathbf{x}_i)|\left|[\mathbf{D}\vec{\mathbf{f}}(\mathbf{x}_i)]^{-1}\right|^2$. 康托诺维奇定理说明, 牛顿方法在 $\text{cond}\cdot 4\leqslant 1/2$ 时将收敛.

第一轮迭代 (与以前一样, 从 $\begin{pmatrix}2\\2\end{pmatrix}$ 开始), 给出 $\text{cond}=0.141\ 975\ 3$(精确的值是 $\sqrt{46}/18$). 因为 $4\times 0.141\ 975\ 3>0.5$, 所以康托诺维奇定理不能确保其收敛, 但它也没有偏离太多. 在下一轮循环, 我们得到

$$\text{cond}=0.008\ 747\ 142\ 750\ 69.\qquad(2.8.79)$$

如果我们从 $\begin{pmatrix}-2\\2\end{pmatrix}$ 开始会发生什么? 计算机给出了

$$\mathbf{x}_0=\begin{pmatrix}-2\\2\end{pmatrix},$$
$$\mathbf{x}_1=\begin{pmatrix}-1.785\ 544\ 330\ 702\ 48\\1.303\ 613\ 917\ 324\ 38\end{pmatrix},\ \mathbf{x}_2=\begin{pmatrix}-1.822\ 216\ 376\ 923\ 67\\1.103\ 544\ 857\ 216\ 42\end{pmatrix},$$

$$\mathbf{x}_3 = \begin{pmatrix} -1.821\,527\,907\,659\,92 \\ 1.085\,720\,860\,624\,22 \end{pmatrix},\ \mathbf{x}_4 = \begin{pmatrix} -1.821\,518\,789\,372\,33 \\ 1.085\,578\,753\,855\,29 \end{pmatrix},$$

$$\mathbf{x}_5 = \begin{pmatrix} -1.821\,518\,788\,725\,56 \\ 1.085\,578\,744\,852\,00 \end{pmatrix}, \cdots, \tag{2.8.80}$$

再一次, 继续迭代, 数字不再变化. 它当然收敛得很快. cond 的数值为

$$0.333\,7,\ 0.103\,6,\ 0.010\,45, \cdots. \tag{2.8.81}$$

我们看到, 康托诺维奇定理的条件在第一步就失败了 (实际上, 第一步很大), 但它在第二步成功了 (只是刚刚好). △

注释. 要是你不知道一个初始点 $\mathbf{a}_0$ 会怎么样? *牛顿方法只有在你知道从哪里开始的时候才能保证有效.* 如果你不知道, 则必须要猜一个, 并且寄予最好的希望. 实际上, 这也不是十分正确. 在 19 世纪, 凯莱证明了, 对于任何二次方程, 牛顿方法基本上*总是有效*的. 但二次方程是仅有的牛顿方法不会产生混沌行为的情况.[24] △

注释. 牛顿方法的难点是计算李普希兹比率, 哪怕使用的是二阶偏导的方法; 给二阶偏导定界极少像例 2.8.17 那么容易. 在实践中, 人们实际上不计算二阶偏导的上界 (也就是命题 2.8.9 中的 $c_{i,j,k}$). 对于上界, 它们实际上替换成了实际的二阶偏导, 在 $\mathbf{a}_0$ 处计算数值 (之后是 $\mathbf{a}_1, \mathbf{a}_2, \cdots$); 因此李普希兹比率 M 被替换为二阶偏导的平方和的平方根.

这个就要引起一些注意. 细心的人会记录数是如何变化的; 如果序列 $\mathbf{a}_0$, $\mathbf{a}_1$, $\cdots$ 收敛到一个根, 则数值的变化应该趋于 0. 如果它不能稳定地减小, 那么有可能你是从一个混沌的区域开始的, 初始条件的微小变化会在最终的结果上产生很大的差异: 而不是收敛到最近的根, 牛顿方法的结果远离了根. 如果你使用这个方法却没有注意, 则只会看到最后的结果: 你从一个点 $\mathbf{a}_0$ 开始, 结束在一个根上. 知道你并没有结束在离你的起点最近的根上, 通常是有用的. △

2.8 节的练习

2.8.1 在例 2.8.15 中, 我们直接计算了一个李普希兹比率 M, 得到 $M = 2\sqrt{2}$. 用二阶偏导计算这个数 (命题 2.8.9).

2.8.2 a. 如果用牛顿方法来计算 $\sqrt{b}$, 设 $a_{n+1} = \frac{1}{2}\left(a_n + \frac{b}{a_n}\right)$, 从 $a_0 < 0$ 开始, 将会发生什么?

b. 如果用牛顿方法从 $a_0 < 0$ 开始计算 $\sqrt[3]{b}$, $b > 0$, 将会发生什么? 提示: 仔细画一张图, 侧重于如果 $a_0 = 0$ 或者 $a_1 = 0$ 将会发生什么, 等等.

练习 2.8.3: 我们在定义 2.8.4 的脚注中定义了一个李普希兹函数. 如果 $X \subset \mathbb{R}^n$, 则映射 $\mathbf{f}\colon X \to \mathbb{R}^m$ 是李普希兹的, 如果存在 C 使得

$$|\mathbf{f}(\mathbf{x}) - \mathbf{f}(\mathbf{y})| \leqslant C|\mathbf{x} - \mathbf{y}|.$$

(当然, 一个李普希兹映射为连续的; 它比连续还要好.)

2.8.3 a. 证明: 函数 $|x|$ 是李普希兹的, 其李普希兹比率为 1.

b. 证明: 函数 $\sqrt{|x|}$ 不是李普希兹的.

[24] 关于牛顿方法如何处理二次方程, 以及在其他的情况下是怎么出问题的更为精确的描述, 见 J.Hubbard 和 B.West, *Differential Equations, A Dynamical Systems Approach, Part I*, Texts in Applied Mathematics No.5, Springer-Verlag, New York, 1991, pp.227-235.

2.8.4 a. 找到一个用牛顿方法来计算一个数的 k 次方根的公式 $a_{n+1}=g(a_n)$.

b. 把这个公式解读为加权平均.

2.8.5 a. 从 $a_0=2$ 开始, 使用牛顿方法, 手算 $9^{1/3}$ 到小数点后 6 位.

b. 在这种情况中, 找到康托诺维奇定理中的相关的量, h_0, a_1, M.

c. 证明: 牛顿方法收敛. (你当然可以使用康托诺维奇定理.)

$$\mathbf{f}\begin{pmatrix}x\\y\end{pmatrix}=\begin{pmatrix}x^2-y-12\\y^2-x-11\end{pmatrix}$$

练习 2.8.6 的映射.

2.8.6 a. 给边注中的映射 $\mathbf{f}\colon \mathbb{R}^2\to\mathbb{R}^2$ 的导数找到一个全局的李普希兹比率.

b. 执行牛顿方法的一步来解 $\mathbf{f}\begin{pmatrix}x\\y\end{pmatrix}=\begin{pmatrix}0\\0\end{pmatrix}$, 从点 $\begin{pmatrix}4\\4\end{pmatrix}$ 开始.

c. 找到一个你确信包含一个根的圆盘.

在练习 2.8.7 中, 我们倡导使用像 Matlab(Newton.m) 这样的程序, 但它对于一台计算器来说, 并不是太麻烦.

2.8.7 考虑方程组 $\begin{cases}\cos x+y &= 1.1\\ x+\cos(x+y) &= 0.9\end{cases}$.

a. 执行牛顿方法的四步计算, 从 $\begin{pmatrix}0\\0\end{pmatrix}$ 开始. 在第三和第四步之间, 几个小数数位发生了变化?

b. 康托诺维奇定理的条件在第一步时被满足了吗? 在第二步呢?

练习 2.8.8: “超收敛性” 在 2.9 节有精确的定义. 在例 2.8.17 中, 我们给出了非正式的定义. “牛顿方法看上去超收敛吗?” 的意思是 “正确的小数数位的数量在每一步是加倍了吗?”

2.8.8 利用 MATLAB 程序 Newton.m [25] (或者等价的) 来解下列方程组:

a. $\begin{cases}x^2-y+\sin(x-y) &= 2\\ y^2-x &= 3\end{cases}$, 从 $\begin{pmatrix}2\\2\end{pmatrix}, \begin{pmatrix}-2\\2\end{pmatrix}$ 开始.

b. $\begin{cases}x^3-y+\sin(x-y) &= 5\\ y^2-x &= 3\end{cases}$, 从 $\begin{pmatrix}2\\2\end{pmatrix}, \begin{pmatrix}-2\\2\end{pmatrix}$ 开始.

牛顿方法看上去超收敛吗?

在所有的情况下确定出现在康托诺维奇定理中的数, 并检验定理是否可以保证收敛.

$$\begin{cases}x+y^2 &= a\\ y+z^2 &= b\\ z+x^2 &= c\end{cases}$$

练习 2.8.9 的方程组.

2.8.9 找到数值 $\epsilon>0$, 使得边注中的方程组在 $|a|,|b|,|c|<\epsilon$ 时, 在 $\mathbf{0}$ 附近有唯一解.

2.8.10 执行牛顿方法的一步, 解方程组

$$\begin{cases}x+\cos y-1.1 &= 0\\ x^2-\sin y+0.1 &= 0\end{cases},$$

从 $\mathbf{a}_0=\begin{pmatrix}0\\0\end{pmatrix}$ 开始.

2.8.11 a. 写出用牛顿方法解方程 $x^5-x-6=0$ 的一步, 从 $x_0=2$ 开始.

b. 证明这个牛顿方法收敛.

[25] 见 http://matrixeditions.com/Programs.html.

2.8.12　a. 执行牛顿方法的一步, 解方程组

$$\begin{cases} y - x^2 + 8 + \cos x &= 0 \\ x - y^2 + 9 + 2\cos y &= 0 \end{cases},$$

从 $\begin{pmatrix} x_0 \\ y_0 \end{pmatrix} = \begin{pmatrix} \pi \\ \pi \end{pmatrix}$ 开始.

b. 牛顿方法收敛吗? 你可能会发现 $\pi^2 \approx 9.86$, 非常接近 10 是有用的.

c. 求一个数 $R < 1$, 使得在 $\begin{pmatrix} \pi \\ \pi \end{pmatrix}$ 附近的半径为 R 的圆盘中存在方程组的一个根.

2.8.13　a. 为由

$$\mathbf{F}\begin{pmatrix} x \\ y \end{pmatrix} = \begin{pmatrix} x^2 + y^2 - 2x - 15 \\ xy - x - y \end{pmatrix}$$

给出的映射 $\mathbf{F}\colon \mathbb{R}^2 \to \mathbb{R}^2$ 的导数找到一个全局李普希兹比率.

练习 2.8.13, a 问: 笨 (偏导) 方法有效, 但直接的计算会给出更好的结果.

b. 执行牛顿方法的一步, 解 $\mathbf{F}\begin{pmatrix} x \\ y \end{pmatrix} = \begin{pmatrix} 0 \\ 0 \end{pmatrix}$, 从 $\begin{pmatrix} 5 \\ 1 \end{pmatrix}$ 开始.

c. 找到并简单画出一个你确信会包含一个根的 $\mathbb{R}^2$ 中的圆盘.

***2.8.14**　a. 证明: 如果使用牛顿方法来计算 $\sqrt[k]{b}$, 如练习 2.8.4, 选取 $a_0 > 0$ 和 $b > 0$, 则序列 $n \mapsto a_n$ 收敛到正的 k 次方根.

练习 2.8.14, b 问的提示: 令 $f(a) = \frac{1}{2}\left(a + \frac{b}{a^{k-1}}\right)$. 证明: $f(b^{1/k}) = b^{1/k}$; 计算 $f'(b^{1/k})$.

b. 证明: 如果选取 $a_0 > 0$ 和 $b > 0$, 并由 “作除法并取平均” 算法递归地定义序列 $n \mapsto a_n$ 为

$$a_{n+1} = \frac{1}{2}\left(a_n + \frac{b}{a_n^{k-1}}\right),$$

则上述结论不成立.

c. 使用牛顿方法和 “作除法并取平均” (一台计算器或者计算机) 来计算 $\sqrt[3]{2}$, 从 $a_0 = 2$ 开始. 关于收敛速度, 你可以得出什么结论? (推荐画图, 因为计算立方根比计算平方根要难得多.)

2.8.15 找到 $r > 0$, 使得用牛顿方法解 $\begin{bmatrix} 1+a & a^2 & 0 \\ a & 2 & a \\ -a & 0 & 3 \end{bmatrix}\begin{bmatrix} 1 \\ y \\ z \end{bmatrix} = \lambda\begin{bmatrix} 1 \\ y \\ z \end{bmatrix}$, 从 $\begin{pmatrix} 1 \\ y_0 \\ z_0 \end{pmatrix} = \begin{pmatrix} 1 \\ 0 \\ 0 \end{pmatrix}$, $\lambda_0 = 1$ 开始, 对于 $|a| < r$, 你可以确定收敛到一个解.

练习 2.8.15: 注意这是一个关于 y, z, λ 的二次方程. 寻找本征值总是可以产生二次方程.

2.8.16 找到 $r > 0$, 使得如果你从 0 开始用牛顿方法解方程 $x^6 + x^5 - x = a$, 对于 $|a| < r$, 你可以确定收敛到一个解.

练习 2.8.16: 试着加上变量 $u_1 = x^2, u_2 = x^4 = u_1^2$, 如例 2.8.12.

2.9　超收敛性

如果牛顿方法仅仅给出了由康托诺维奇定理所保证的线性收敛速率, 那么它的用途就有限了. 人们使用它的原因是, 如果我们在不等式 (2.8.53) 中要求 "$< 1/2$", 而不是 "$\leqslant 1/2$", 它就超收敛 (superconverge).

我们也将看到, 如果用另一种方法来测量矩阵, 用它的范数而不是长度, 则康托诺维奇定理的假设就更容易被满足, 所以定理可以用在更多的方程组上.

超收敛性解释了为什么牛顿方法是解方程时一个受欢迎的方法. 如果在每一步, 牛顿方法仅仅把猜测的根与真实的根之间的距离减半, 很多简单的算法 (例如二分法) 也可以满足要求.

当牛顿方法可以有效的时候, 它很快就开始超收敛. 作为一个经验法则, 如果牛顿方法没有在七、八步以内收敛到根, 你可能是选错了起始值.

例 2.9.1 (慢速收敛). 我们来用牛顿方法解 $f(x) = (x-1)^2 = 0$, 从 $a_0 = 0$ 开始. 如练习 2.9.1 让你证明的, f' 的最好的李普希兹比率是 2, 因此

$$|f(a_0)||(f'(a_0))^{-1}|^2 M = 1 \cdot \left(-\frac{1}{2}\right)^2 \cdot 2 = \frac{1}{2}, \tag{2.9.1}$$

且定理 2.8.13 保证了牛顿方法将收敛到唯一的根 $a = 1$, 它在 $U_1 = (0, 1)$ 的边界上. 这个练习还让你检验 $h_n = 1/2^{n+1}$, 即 $a_n = 1 - 1/2^n$. 这样在每一步, $|h_n|$ 恰好是前一步的 $|h_{n-1}|$ 的一半. 附录 A.5 的康托诺维奇定理证明了这恰好是保证收敛的最小的比率. △

例 2.9.1 既是对的, 也具有误导性. 牛顿方法通常收敛得比例 2.9.1 快得多. 如果不等式 (2.8.53) 中的乘积严格小于 1/2:

$$|\vec{\mathbf{f}}(\mathbf{a}_0)||[\mathbf{D}\vec{\mathbf{f}}(\mathbf{a}_0)]^{-1}|^2 M = k < \frac{1}{2}, \tag{2.9.2}$$

则牛顿方法超收敛. 它多快可以开始超收敛取决于问题本身. 但是一旦开始, 它就会快到让你在四步以内就可以把你的计算结果精确到计算机所能达到的最大精度.

那么我们说的超收敛性是什么意思呢? 我们的定义如下:

在定义 2.9.2, x_i 代表序列的两个连续项之间的差.

定义 2.9.2 (超收敛性). 设 $x_i = |a_{i+1} - a_i|$. 序列 $a_0, a_1, \cdots$ 超收敛, 如果当把 x_i 写成二进制的时候, x_i 中的每个数以 $2^i - 1 \approx 2^i$ 个 0 开始.

例 2.9.3, $x_0 = 1/2$ 中的 1/2 与不等式 (2.9.2) 中的 1/2 没有关系. 如果我们用十进制中的数字来定义超收敛, 则同样的序列将从 $x_3 \leqslant 1/10$ 开始超收敛. 要让它从 x_0 开始超收敛, 我们需要有 $x_0 \leqslant 1/10$.

例 2.9.3 (超收敛性). 序列 $x_{n+1} = x_n^2$, 开始于 $x_0 = 1/2$(二进制中写为 0.1), 超收敛到 0, 如表 2.9.1 的左侧. 表的右侧显示出了例 2.9.1 中从 $x_0 = 1/2$ 开始所得到的收敛性. △

表 2.9.1

$x_0 = 0.1$	$x_0 = 0.1$
$x_1 = 0.01$	$x_1 = 0.01$
$x_2 = 0.0001$	$x_2 = 0.001$
$x_3 = 0.00000001$	$x_3 = 0.0001$
$x_4 = 0.0000000000000001$	$x_4 = 0.00001$

左: 超收敛. 右: 康托诺维奇定理保证的收敛. 数字是用二进制表示的.

例 2.9.1 的错误在于只要康托诺维奇不等式中的乘积等于 1/2, 等式 (2.9.4) 中的分母 $1-2k$ 就是 0, 且 c 是有限的, 所以不等式 (2.9.5) 中的不等式 $|\vec{\mathbf{h}}_n| \leqslant 1/(2c)$ 就是没有意义的. 当康托诺维奇不等式 (2.8.53) 严格小于 1/2 时, 我们就保证超收敛将要发生.

定理 2.9.4 (牛顿方法超收敛). 设

$$k \stackrel{\text{def}}{=} |\vec{\mathbf{f}}(\mathbf{a}_0)||[\mathbf{D}\vec{\mathbf{f}}(\mathbf{a}_0)]^{-1}|^2 M < \frac{1}{2}, \tag{2.9.3}$$

$$c \stackrel{\text{def}}{=} \frac{1-k}{1-2k}|[\mathbf{D}\vec{\mathbf{f}}(\mathbf{a}_0)]^{-1}|\frac{M}{2}. \tag{2.9.4}$$

$$\text{如果 } |\vec{\mathbf{h}}_n| \leqslant \frac{1}{2c}, \text{ 则 } |\vec{\mathbf{h}}_{n+m}| \leqslant \frac{1}{c}\left(\frac{1}{2}\right)^{2^m}. \tag{2.9.5}$$

几何收敛将把不等式 (2.9.5) 的指数中的 2^m 替代成 m. 这样将在每一轮在二进制数的后面加上一位, 而不是把数位的数量加倍.

就算

$k = |\vec{\mathbf{f}}(\mathbf{a}_0)||[\mathbf{D}\vec{\mathbf{f}}(\mathbf{a}_0)]^{-1}|^2 M$

几乎是 $1/2$, 以至于 c 很大, 因子 $(1/2)^{2^m}$ 也将很快占主导的地位.

由于 $\vec{\mathbf{h}}_n = |\mathbf{a}_{n+1} - \mathbf{a}_n|$, 从第 n 步开始, 使用牛顿方法重复 m 次会导致 $\mathbf{a}_n$ 和 $\mathbf{a}_{n+m}$ 之间的距离收缩到几乎为 0; 如果 $m = 10$, 则

$$|\vec{\mathbf{h}}_{n+m}| \leqslant \frac{1}{c} \cdot \left(\frac{1}{2}\right)^{1\ 024}. \tag{2.9.6}$$

证明过程需要用到下面的引理, 证明在附录 A.6 中.

引理 2.9.5. 如果定理 2.9.4 的条件得以满足, 则对所有的 i, 有

$$|\vec{\mathbf{h}}_{i+1}| \leqslant c|\vec{\mathbf{h}}_i|^2. \tag{2.9.7}$$

定理 2.9.4 的证明: 令 $x_i = c|\vec{\mathbf{h}}_i|$. 则根据引理 2.9.5, 有

$$x_{i+1} = c|\vec{\mathbf{h}}_{i+1}| \leqslant c^2|\vec{\mathbf{h}}_i|^2 = x_i^2. \tag{2.9.8}$$

我们的假设 $|\vec{\mathbf{h}}_n| \leqslant \frac{1}{2c}$ 告诉我们 $x_n \leqslant \frac{1}{2}$, 所以

$$\begin{aligned} x_{n+1} &\leqslant x_n^2 \leqslant \frac{1}{4} = \left(\frac{1}{2}\right)^{2^1}, \\ x_{n+2} &\leqslant (x_{n+1})^2 \leqslant x_n^4 \leqslant \frac{1}{16} = \left(\frac{1}{2}\right)^{2^2}, \\ &\vdots \\ x_{n+m} &\leqslant x_n^{2^m} \leqslant \left(\frac{1}{2}\right)^{2^m}. \end{aligned} \tag{2.9.9}$$

因为 $x_{n+m} = c|\vec{\mathbf{h}}_{n+m}|$, 这就给出了 $|\vec{\mathbf{h}}_{n+m}| \leqslant \frac{1}{c}\left(\frac{1}{2}\right)^{2^m}$ 的结果. □

康托诺维奇定理: 一个更强的版本

定义 2.9.6: 我们已经在定理 1.5.33 的证明的边注和练习 1.5.22 中遇到了范数.

范数也叫作*算子范数* (operator norm). 我们在这里用一个输入 $\mathbb{R}^n$ 中的向量, 输出 $\mathbb{R}^m$ 中的向量的线性变换来描述它, 但对输入、输出都是矩阵的线性变换 (见例 2.9.10) 或者抽象向量也可以计算范数. 可以对任何线性变换计算算子范数, 只要你有方法测量输入 (要求其长度为 1) 和输出 (来决定上确界).

现在证明: 我们可以以这样一种方式来陈述康托诺维奇定理, 使得它能够应用在一大类函数上. 我们通过使用一种不同的方式来测量线性映射: 范数.

定义 2.9.6 (线性变换的范数). 令 $A: \mathbb{R}^n \to \mathbb{R}^m$ 为一个线性变换. A 的范数(norm) $||A||$ 为

$$||A|| \stackrel{\text{def}}{=} \sup |A\vec{\mathbf{x}}|, \ \vec{\mathbf{x}} \in \mathbb{R}^n, |\vec{\mathbf{x}}| = 1. \tag{2.9.10}$$

这就意味着, $||A||$ 是乘上矩阵 A 能把一个向量拉伸的最大程度.

例 2.9.7: 乘上矩阵 A 最多只能把向量的长度变成两倍; 它并不总是可以这样. 例如,

$$\begin{bmatrix}2&0\\0&1\end{bmatrix}\begin{bmatrix}0\\1\end{bmatrix}=\begin{bmatrix}0\\1\end{bmatrix}.$$

我们在这里没有给出范数的完全通用的定义, 因为那样会要求给出一种方法来测量一个抽象向量的长度, 这超出了本书的范围.

如果你使用范数, 则有很多方程可以保证收敛, 但是若是使用长度, 它们就不收敛.

例 2.9.7 (矩阵的范数). 选取 $A=\begin{bmatrix}2&0\\0&1\end{bmatrix}$. 则 $A\vec{\mathbf{x}}=A\begin{bmatrix}x\\y\end{bmatrix}=\begin{bmatrix}2x\\y\end{bmatrix}$, 所以

$$||A||=\sup_{|\vec{\mathbf{x}}|=1}|A\vec{\mathbf{x}}|=\overbrace{\sup_{\sqrt{x^2+y^2}=1}\sqrt{4x^2+y^2}=2}^{\text{设 } x=1,y=0}. \qquad \triangle \tag{2.9.11}$$

在例 2.9.7 中, 注意到 $||A||=2$, 而 $|A|=\sqrt{5}$. 练习 2.9.4 让你证明下式恒成立

$$||A||\leqslant|A|. \tag{2.9.12}$$

这就是为什么使用范数而不是长度能让康托诺维奇定理更强: 这个定理的关键是不等式 (2.8.53), 使用范数更容易使其得以满足.

定理 2.9.8 (康托诺维奇定理: 一个更强的版本). 如果你把康托诺维奇定理 2.8.13 中的两个矩阵的长度都换成范数, 则定理仍然成立: $|[\mathbf{D}\vec{\mathbf{f}}(\mathbf{u}_1)]-[\mathbf{D}\vec{\mathbf{f}}(\mathbf{u}_2)]|$ 被替换为 $||[\mathbf{D}\vec{\mathbf{f}}(\mathbf{u}_1)]-[\mathbf{D}\vec{\mathbf{f}}(\mathbf{u}_2)]||$, $|[\mathbf{D}\vec{\mathbf{f}}(\mathbf{a}_0)]^{-1}|^2$ 替换成 $||[\mathbf{D}\vec{\mathbf{f}}(\mathbf{a}_0)]^{-1}||^2$.

证明: 在定理 2.8.13 的证明中, 我们仅用到了三角不等式和命题 1.4.11, 这些对于矩阵 A 的范数 $||A||$ 也和其长度 $|A|$ 一样成立, 如练习 2.9.2 和 2.9.3 让你来证明的.

不幸的是, 范数通常比长度难计算得多. 在等式 (2.9.11) 中, 不难看到, 2 是满足 $\sqrt{x^2+y^2}=1$ 的要求的 $\sqrt{4x^2+y^2}$ 的最大值, 通过设 $x=1$ 和 $y=0$ 获得. 计算范数通常不那么容易. □

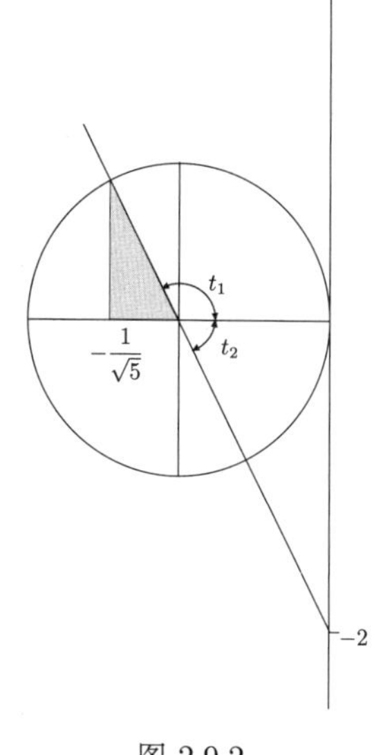

图 2.9.2
例 2.9.9 的示意图.

命题 3.8.3 给出了一个计算任意矩阵的范数的公式.

$$\begin{aligned}&\left((\cos t+\sin t)^2+\sin^2 t\right)'\\&=2(\cos t+\sin t)(\cos t-\sin t)\\&\quad+2\sin t\cos t\\&=2(\cos^2 t-\sin^2 t)+2\sin t\cos t\\&=2\cos 2t+\sin 2t.\end{aligned}$$

例 2.9.9 (范数更难计算). 矩阵 $A=\begin{bmatrix}1&1\\0&1\end{bmatrix}$ 的长度为 $\sqrt{1^2+1^2+1^2}=\sqrt{3}$, 或者约为 1.732. 范数为 $\dfrac{1+\sqrt{5}}{2}$, 或者约为 1.618; 得到这些数字需要一些工作, 如下所示. 一个长度为 1 的向量 $\begin{bmatrix}x\\y\end{bmatrix}$ 可以写成 $\begin{bmatrix}\cos t\\\sin t\end{bmatrix}$, 而 A 和这个向量的乘积为 $\begin{bmatrix}\cos t+\sin t\\\sin t\end{bmatrix}$, 所以我们的目标是找到

$$\sup\sqrt{(\cos t+\sin t)^2+\sin^2 t}. \tag{2.9.13}$$

在一个函数的极大值点或极小值点, 其导数为 0, 所以我们需要看, $(\cos t+\sin t)^2+\sin^2 t$ 的导数在哪里为 0. 它的导数为 $2\cos 2t+\sin 2t$, 在 $2t=\arctan(-2)$ 的时候为 0. 我们有两个可能的角要找, t_1 和 t_2, 如图 2.9.2 所示; 可以用计算器或者一点三角函数来计算它们, 我们可以选择给出表达式 (2.9.13) 最大值的那一个. 因为矩阵 A 的项都是正的, 我们选择 $t_1\in[0,\pi]$ 作为最佳的结果.

由相似三角形, 我们得到

$$\cos 2t_1=-\frac{1}{\sqrt{5}},\ \sin 2t_1=\frac{2}{\sqrt{5}}. \tag{2.9.14}$$

利用公式 $\cos 2t_1 = 2\cos^2 t_1 - 1 = 1 - 2\sin^2 t_1$, 我们得到

$$\cos t_1 = \sqrt{\frac{1}{2}\left(1 - \frac{1}{\sqrt{5}}\right)},\ \sin t_1 = \sqrt{\frac{1}{2}\left(1 + \frac{1}{\sqrt{5}}\right)}, \tag{2.9.15}$$

经过一些计算后, 给出

$$\left|\begin{bmatrix}\cos t_1 + \sin t_1 \\ \sin t_1\end{bmatrix}\right|^2 = \frac{3+\sqrt{5}}{2}, \tag{2.9.16}$$

最终

$$||A|| = \left|\left|\begin{bmatrix}1 & 1 \\ 0 & 1\end{bmatrix}\right|\right| = \sqrt{\frac{3+\sqrt{5}}{2}} = \sqrt{\frac{6+2\sqrt{5}}{4}} = \frac{1+\sqrt{5}}{2}. \quad \triangle \tag{2.9.17}$$

注释. 我们可能用到了下面的公式, 通过一个 2×2 的矩阵的长度和行列式来计算它的范数:

$$||A|| = \sqrt{\frac{|A|^2 + \sqrt{|A|^4 - 4(\det A)^2}}{2}}, \tag{2.9.18}$$

在练习 2.9.8 中让你来证明这个公式. 在更高的维度下, 问题变得更加糟糕了. 在我们证明康托诺维奇定理的时候, 要避免这种复杂性, 所以我们使用了长度而不是范数. △

但是, 在一些情况下, 范数比长度要容易计算, 比如下面的例子. 尤其是, 单位矩阵的倍数的范数容易计算: 这时候的范数就是倍数的绝对值.

例 2.9.10: 在这本书的草稿中, 我们证明了一个不同的例子, 寻找一个 2×2 的矩阵 A 使得

$$A^2 + A = \begin{bmatrix}1 & 1 \\ 1 & 1\end{bmatrix}.$$

一个朋友指出, 这个问题可以显式地 (更容易) 求解, 不需要牛顿方法, 这是练习 2.9.5 让你做的. 但不用牛顿方法去试图解方程 (2.9.19) 则是不那么令人愉快的.

等式 (2.9.20): 你可能会认为 $B = \begin{bmatrix}3 & 1 \\ -1 & 3\end{bmatrix}$ 更好, 但是 $B^2 = \begin{bmatrix}8 & 6 \\ -6 & 8\end{bmatrix}$. 另外, 从一个对角矩阵开始使得我们的计算更容易了.

不等式 (2.9.21): $F(A_0)$ 是一个矩阵, 但是它在定理 2.8.13 中起着向量 $\vec{\mathbf{f}}(\mathbf{a}_0)$ 的作用, 所以我们使用长度, 而不是范数.

等式 (2.9.22): 我们在例 1.7.17 中第一次遇到了导数 $AB + BA$.

例 2.9.10 (在牛顿方法中使用范数). 假设我们要找到 2×2 的矩阵 A, 满足 $A^2 = \begin{bmatrix}8 & 1 \\ -1 & 10\end{bmatrix}$. 我们定义 $F\colon \mathrm{Mat}(2,2) \to \mathrm{Mat}(2,2)$ 为

$$F(A) = A^2 - \begin{bmatrix}8 & 1 \\ -1 & 10\end{bmatrix}, \tag{2.9.19}$$

并试着用牛顿方法来解方程. 首先, 我们选取初始点 A_0. 一个合理的起点看上去应该是

$$A_0 = \begin{bmatrix}3 & 0 \\ 0 & 3\end{bmatrix}, \text{从而 } A_0^2 = \begin{bmatrix}9 & 0 \\ 0 & 9\end{bmatrix}. \tag{2.9.20}$$

我们想要看康托诺维奇不等式 (2.8.53) 是否被满足: 是否有

$$|F(A_0)| \cdot M||[\mathbf{D}F(A_0)]^{-1}||^2 \leqslant \frac{1}{2}. \tag{2.9.21}$$

首先, 计算导数:

$$[\mathbf{D}F(A)]B = AB + BA. \tag{2.9.22}$$

下面的计算说明了 $A \mapsto [\mathbf{D}F(A)]$ 关于范数是李普希兹的, 对于所有的

Mat(2,2) 的元素, 李普希兹比率为 2:

$$
\begin{aligned}
|||[\mathbf{D}F(A_1)]-[\mathbf{D}F(A_2)]||| &= \sup_{|B|=1}\left|\Big([\mathbf{D}F(A_1)]-[\mathbf{D}F(A_2)]\Big)B\right| \\
&= \sup_{|B|=1}|A_1B+BA_1-A_2B-BA_2| = \sup_{|B|=1}|(A_1-A_2)B+B(A_1-A_2)| \\
&\leqslant \sup_{|B|=1}|(A_1-A_2)B|+|B(A_1-A_2)| \leqslant \sup_{|B|=1}|A_1-A_2||B|+|B||A_1-A_2| \\
&\leqslant \sup_{|B|=1}2|B||A_1-A_2| = 2|A_1-A_2|. \qquad (2.9.23)
\end{aligned}
$$

注意, 在计算一个从 Mat(2,2) 到 Mat(2,2) 的线性变换的范数的时候, $\vec{\mathbf{x}}$ 在定义 2.9.6 中的角色由一个 2×2 的长度为 1 的矩阵来充当 (这里就是矩阵 B).

现在, 我们将 A_0 插入到等式 (2.9.19) 中, 得到

$$
F(A_0)=\begin{bmatrix}9&0\\0&9\end{bmatrix}-\begin{bmatrix}8&1\\-1&10\end{bmatrix}=\begin{bmatrix}1&-1\\1&-1\end{bmatrix}, \qquad (2.9.24)
$$

所以 $|F(A_0)|=\sqrt{4}=2$.

现在, 我们需要计算 $|||[\mathbf{D}F(A_0)]^{-1}|||^2$. 利用等式 (2.9.22) 以及 A_0 是单位矩阵的三倍的事实, 我们得到

$$
[\mathbf{D}F(A_0)]B=\underbrace{A_0B+BA_0=3B+3B}_{\text{乘单位矩阵的倍数是可交换的}}=6B. \qquad (2.9.25)
$$

所以

$$
[\mathbf{D}F(A_0)]^{-1}B=\frac{B}{6},\ |||[\mathbf{D}F(A_0)]^{-1}|||=\sup_{|B|=1}\left|\frac{B}{6}\right|=\sup_{|B|=1}\frac{|B|}{6}=\frac{1}{6},
$$
$$
|||[\mathbf{D}F(A_0)]^{-1}|||^2=\frac{1}{36}. \qquad (2.9.26)
$$

如果在例 2.9.10 中使用长度而不是范数, 我们将需要把 F 的导数表示成一个 4×4 的矩阵, 如例 2.8.16.

不等式 (2.9.21) 的左边为 $2\cdot 2\cdot 1/36=1/9$, 我们看到不等式被满足且还有多余的空间: 如果从 $\begin{bmatrix}3&0\\0&3\end{bmatrix}$ 开始, 使用牛顿方法, 我们可以计算 $\begin{bmatrix}8&1\\-1&10\end{bmatrix}$ 的平方根. △

2.9 节的练习

2.9.1 证明 (例 2.9.1): 在用牛顿方法从 $a_0=0$ 开始解方程 $f(x)=(x-1)^2=0$ 时, 最佳的 f' 的李普希兹比率为 2, 所以不等式 (2.8.53) 作为等式得以满足, 定理 2.8.13 保证了牛顿方法将收敛到唯一的根 $a=1$. 检验一下 $h_n=1/2^{n+1}$, 使得 $a_n=1-1/2^n$, 刚好在我们宣称的收敛比率上.

2.9.2 证明: 命题 1.4.11 对于矩阵 A 的范数 $||A||$ 成立, 也对它的长度 $|A|$ 成立; 也就是, 证明: 如果 A 是 $n\times m$ 的矩阵, $\vec{\mathbf{b}}$ 是 $\mathbb{R}^m$ 中的一个向量, B 为一个 $m\times k$ 的矩阵, 则

$$
|A\vec{\mathbf{b}}|\leqslant ||A||\cdot|\vec{\mathbf{b}}| \text{ 且 } ||AB||\leqslant ||A||\cdot||B||.
$$

2.9.3 证明: 三角不等式 (定理 1.4.9) 对于矩阵 A 的范数 $||A||$ 成立, 也就是, 对于任何 $\mathbb{R}^n$ 中的矩阵 A 和 B, 有

$$
||A+B||\leqslant ||A||+||B||.
$$

2.9.4 a. 证明: (不等式 (2.9.12)) 矩阵的范数最多等于它的长度: $||A|| \leqslant |A|$. 提示: 这个由命题 1.4.11 得到.

**b. 它们什么时候相等?

2.9.5 a. 找到一个 2×2 的矩阵 A 满足 $A^2 + A = \begin{bmatrix} 1 & 1 \\ 1 & 1 \end{bmatrix}$.

练习 2.9.5: 尝试一个所有的项都相同的矩阵.

b. 证明: 牛顿方法在被用来从单位矩阵开始解前面一个方程的时候收敛.

2.9.6 令 X 为一个 2×2 的矩阵. 对于哪个矩阵 C, 你可以确定方程 $X^2 + X = C$ 有一个可以从 0 开始找到的根? 从 I 开始呢?

2.9.7 使用范数, 重复例 2.8.16 中的计算.

****2.9.8** 如果 $A = \begin{bmatrix} a & b \\ c & d \end{bmatrix}$ 是一个实矩阵, 证明

$$||A|| = \left(\frac{|A|^2 + \sqrt{|A|^4 - 4D^2}}{2} \right)^{1/2},$$

其中, $D = ad - bc = \det A$.

2.10 逆函数和隐函数定理

在 2.2 节, 我们彻底地分析了线性方程组. 给定一个非线性方程组, 我们会有什么样的解呢? 哪些变量依赖于其他的变量? 我们用来回答这些问题的工具是隐函数定理和它的特殊情况, 即逆函数定理. 这些定理是微积分的微分部分的支柱, 与它们的线性的类比一样. 定理 2.2.1 和定理 2.2.6 是线性代数的支柱. 我们将从逆函数开始, 然后再进入更一般的情况.

我们的逆函数和隐函数定理是基于牛顿方法的. 这给出了比标准的方法更加精确的陈述.

"隐" 的意思是 "暗示". 陈述 $2x - 8 = 0$ 隐含着 $x = 4$; 它没有明确 (直接) 说出来.

逆函数是一个函数, 它逆转了原函数所做的事; 根据定义 0.4.7, 如果一个函数是一一对应的, 并且是满射, 则它有逆函数. 如果 $f(x) = 2x$, 很明显, 存在函数 g 使得 $g(f(x)) = x$, 也就是函数 $g(y) = y/2$. 通常, 找到逆函数不是那么直接的. 但在单变量的情况下, 对于连续函数有一个简单的标准来判断它是否有逆函数: 这个函数必须是单调的. 也有一个简单的技术来找到逆函数.

定义 2.10.1 (单调函数). 如果一个函数的图像总是向上增加或者总是向下减少, 则它是*严格单调的*(strictly monotone). 如果 $x < y$ 总是意味着 $f(x) < f(y)$, 则函数为*单调递增*(monotone increasing)的; 如果 $x < y$ 总是意味着 $f(x) > f(y)$, 则函数是*单调递减*(monotone decreasing)的.

如果一个连续函数 f 是单调的, 则它有逆函数 g. 另外, 你可以通过一系列的收敛到解的猜想来找到 g, 知道 f 的导数可以告诉你如何计算 g 的导数. 更精确地, 我们有如下的定理.

定理 2.10.2 (一维的逆函数定理). 令 $f\colon [a,b] \to [c,d]$ 为一个连续函数, 且 $f(a)=c, f(b)=d$, f 在 $[a,b]$ 上严格单调. 则:

1. 存在唯一的一个连续函数 $g\colon [c,d] \to [a,b]$ 满足

$$f(g(y)) = y, \text{ 对任意 } y \in [c,d] \text{ 成立}, \tag{2.10.1}$$

且

$$g(f(x)) = x, \text{ 对任意 } x \in [a,b] \text{ 成立}. \tag{2.10.2}$$

2. 你可以通过二分法 (下面将描述) 解关于 x 的方程 $y - f(x) = 0$ 来找到 $g(y)$.

3. 如果 f 在 $x \in (a,b)$ 上可微, 且 $f'(x) \neq 0$, 则 g 在 $f(x)$ 上可微, 且它的导数满足 $g'(f(x)) = 1/f'(x)$.

练习 2.10.17 要求你证明定理 2.10.2.

定理 2.10.2 的第三部分解释了隐微分的使用: 例如这样的陈述

$$\arcsin'(x) = \frac{1}{\sqrt{1-x^2}}.$$

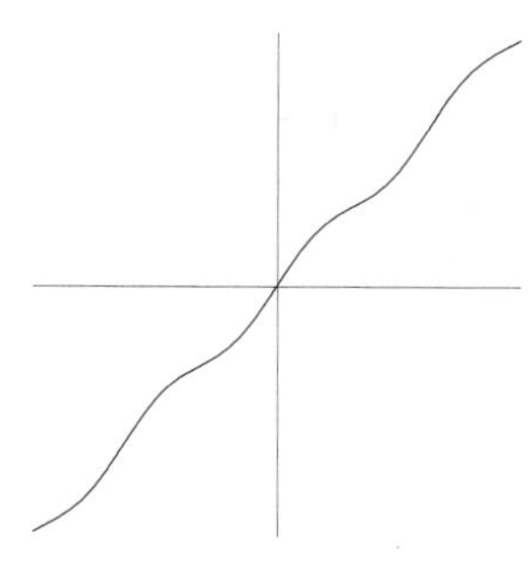

图 2.10.1

函数 $f(x) = 2x + \sin x$ 单调递增; 它有一个逆函数 $g(2x+\sin x) = x$. 但找到逆函数需要解方程 $2x + \sin x = y$, x 为未知变量, y 为已知变量. 这个可以做到, 但是它需要近似的技术. 你无法使用代数、三角, 甚至更高级的技术找到一个求解的公式.

例 2.10.3 (一维的逆函数). 考虑 $f(x) = 2x + \sin x$, 如图 2.10.1 所示, 选择 $[a,b] = [-k\pi, k\pi]$, k 为某个正整数. 则

$$f(a) = f(-k\pi) = -2k\pi + \overbrace{\sin(-k\pi)}^{=0},\ f(b) = f(k\pi) = 2k\pi + \overbrace{\sin(k\pi)}^{=0};$$

也就是, $f(a) = 2a$, $f(b) = 2b$. 因为 $f'(x) = 2 + \cos x \geqslant 1$, 我们看到 f 是严格递增的. 因此, 定理 2.10.2 说的是, $y = 2x + \sin x$ 把 x 隐式地表示为 y 的函数, $y \in [-2k\pi, 2k\pi]$: 存在一个函数 $g\colon [-2k\pi, 2k\pi] \to [-k\pi, k\pi]$, 满足 $g(f(x)) = g(2x + \sin x) = x$.

但是, 如果你采取强硬的态度, 说, "好的, 那 $g(1)$ 是多少?", 你会看到问题不那么容易回答. 方程 $1 = 2x + \sin x$ 不那么难解决, 但你使用代数、三角, 或者甚至更高级的技术找不到一个求解的公式. 你必须使用一些近似计算的方法. △

在一维上, 我们可以使用二分法作为近似计算的技术. 假设你要解 $f(x) = y$, 而且你知道 a 和 b 满足 $f(a) < y$ 以及 $f(b) > y$. 首先试一下 x 取 $[a,b]$ 的中点的值, 计算 $f\left(\dfrac{a+b}{2}\right)$. 如果结果太小, 再测试右一半区间的中点; 如果结果太大, 则尝试左一半区间的中点. 下一步, 选择右边 (如果你的结果太小) 或者左边 (如果你的结果太大) 的四分之一区间的中点. 这样选取的序列 x_n 将收敛到 $g(y)$.

如果一个函数不是单调的, 我们不能期望找到一个全局的逆函数, 但是它们通常是存在局部逆函数的函数的单调拉伸. 考虑 $f(x) = x^2$. f 的任意逆函数只能定义在 f 的像上, 就是正的实数. 更进一步, 有两个这样的 "逆函数", 即

$$g_1(y) = +\sqrt{y},\ g_2(y) = -\sqrt{y}, \tag{2.10.3}$$

它们都满足 $f(g(y)) = y$, 但是它们不满足 $g(f(x)) = x$. 然而, 如果把 f 的定义域限制在 $x \geqslant 0$ 上的话, 则 g_1 是一个逆函数; 如果把 f 的定义域限制在 $x \leqslant 0$

上的话, 则 g_2 是一个逆函数. 图 2.10.2 给出了另一个例子.

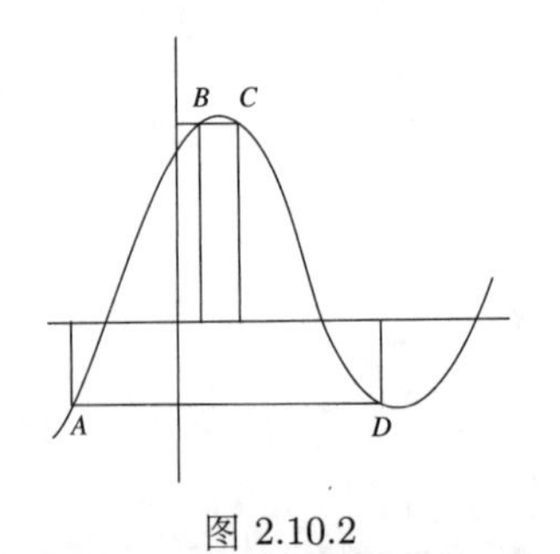

图 2.10.2

这个画出图像的函数不是单调的, 没有全局的逆函数. 同样的 y 值给出 $x = B$ 和 $x = C$. 类似地, 同样的 y 值给出 $x = A$ 和 $x = D$. 但是它有局部的逆函数, AB 和 CD 两段弧线都把 x 表示成了 y 的函数.

定理 2.10.4: 如果 $U, V \subset \mathbb{R}^k$ 是开子集且 $\mathbf{f}$: $U \to V$ 为可微映射, 具有可微的逆, 根据链式法则, 我们看到线性变换 $[\mathbf{Df(u)}]$ 是可逆的, 且逆函数的导数是导数的逆:

$$\begin{aligned} I &= [\mathbf{D}(\mathbf{f}^{-1} \circ \mathbf{f})(\mathbf{u})] \\ &= [\mathbf{Df}^{-1}(\mathbf{f}(\mathbf{u}))][\mathbf{Df}(\mathbf{u})]. \end{aligned}$$

逆函数定理是相反的: 如果一个函数 $\mathbf{f}$ 的导数是可逆的, 则 $\mathbf{f}$ 是局部可逆的.

更高维度的逆函数

在更高的维度上, 我们不能说一个映射总是增加或者总是减小的, 但无论怎样, 在高维度下, 逆函数存在. 单调性被映射的导数为可逆的这个要求代替了; 二分法被牛顿方法代替了. 逆函数定理的完整陈述被作为定理 2.10.7 给出; 我们首先给出一个简化的版本, 不带证明. 关键的信息是:

如果导数是可逆的, 则映射是局部可逆的.

更精确地:

定理 2.10.4 (逆函数定理: 简短的版本). 如果映射 $\mathbf{f}$ 是连续可微的, 且它的导数在某个点 $\mathbf{x}_0$ 可逆, 则 $\mathbf{f}$ 是局部可逆的, 在 $\mathbf{f}(\mathbf{x}_0)$ 的某个邻域内有可微的逆.

注释. 导数连续的条件确实是必要的. 例如, 例 1.9.4 的函数在 0 附近没有局部逆函数, 尽管导数不为 0. 不说导数是如何连续的, 我们对逆函数的定义域就不能做任何结论. 定理 2.10.7 要求导数为李普希兹的. 练习 A.5.1 探索了一个弱一些的连续条件的使用. △

在 1.7 节, 我们从一个非线性函数到它的线性近似—— 导数, 在这里, 我们走向另一个方向, 使用 (线性) 导数的信息来推测出关于函数的信息.

注意到, 定理只能用在从 $\mathbb{R}^m$ 到 $\mathbb{R}^m$ 的, 或者从 $\mathbb{R}^m$ 的一个子集到 $\mathbb{R}^m$ 的一个子集的函数 $\mathbf{f}$ 上; 它处理的是我们有 m 个未知变量, m 个方程的情况. 这个应该是显然的: 只有方形矩阵才可能有逆, 而如果一个函数的导数是方形矩阵, 则函数的定义域和陪域的维数必须相同.[26]

“局部可微” 这个词很重要. 我们在定义 0.4.7 中说明, 如果一个变换是满射和单射, 则它有一个逆: 对于 $\mathbf{f}$: $W \subset \mathbb{R}^m \to \mathbb{R}^m$, 如果方程 $\mathbf{f}(\mathbf{x}) = \mathbf{y}$ 对每个 $\mathbf{y} \in \mathbb{R}^m$ 有唯一解 $\mathbf{x} \in W$, 则它是可逆的. 这样的逆是全局的. 最常见的是一个映射没有全局的逆, 但它有局部的逆 (或者几个局部的逆). 一般来说, 我们将满足于问: 如果 $\mathbf{f}(\mathbf{x}_0) = \mathbf{y}_0$, 在 $\mathbf{y}_0$ 的一个邻域内是否存在一个局部的逆.

注释. 在实践中, 我们通过问 “行列式是非零的吗?” 来回答 “导数是可逆的吗?” 这个问题. 当且仅当一个 2×2 的矩阵的行列式不是 0 的时候, 我们可从 2×2 的矩阵的逆的公式得到矩阵可逆; 练习 1.4.20 证明了对于 3×3 的矩阵这个也是成立的. 定理 4.8.3 把这个推广到了 $n \times n$ 的矩阵上. △

例 2.10.5 (f 在哪里是可逆的?). 函数

$$\mathbf{f}\begin{pmatrix} x \\ y \end{pmatrix} = \begin{pmatrix} \sin(x+y) \\ x^2 - y^2 \end{pmatrix} \tag{2.10.4}$$

[26] 如 1.3 节提到的, 可能有一个 $\mathbb{R}^n \to \mathbb{R}^m$ 的可逆映射, $n \neq m$, 但这样的一个映射从来都不是连续的, 可微性要差得多. 这样的映射是极其不连续的, 对于我们的平淡无奇的连续可微函数的世界, 就是个异类.

在哪里是局部可逆的? 导数为

$$\left[\mathbf{Df}\begin{pmatrix}x\\y\end{pmatrix}\right]=\begin{bmatrix}\cos(x+y) & \cos(x+y)\\2x & -2y\end{bmatrix}, \tag{2.10.5}$$

如果 $-2y\cos(x+y)-2x\cos(x+y)\neq 0$, 则导数就是可逆的. 所以函数 $\mathbf{f}$ 在所有满足 $-y\neq x$ 以及 $\cos(x+y)\neq 0$(即 $x+y\neq \pi/2+k\pi$) 的点 $\mathbf{f}\begin{pmatrix}x_0\\y_0\end{pmatrix}$ 都是局部可逆的. △

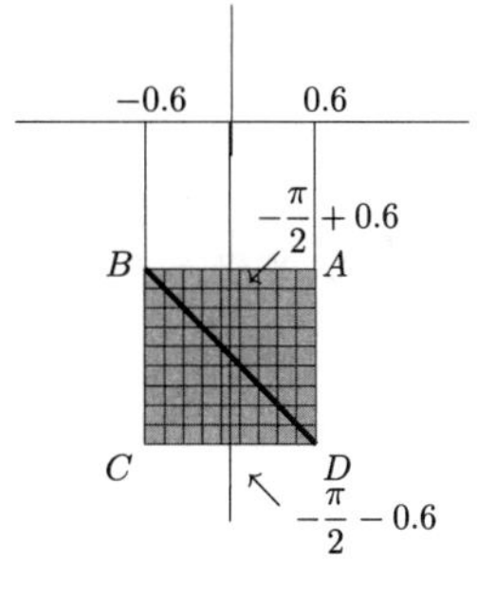

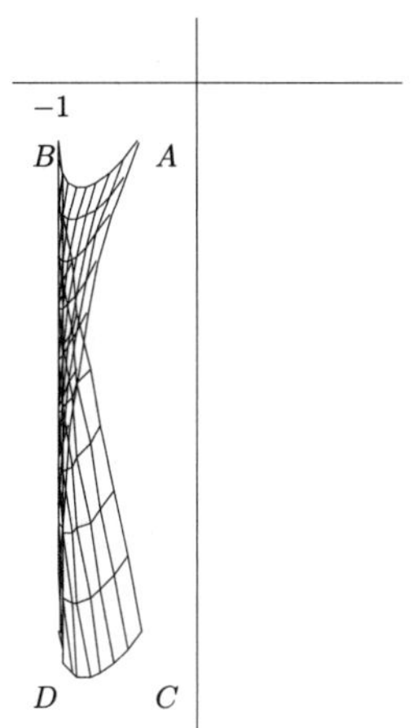

图 2.10.3

上图: 正方形

$|x|\leqslant 0.6,\ \left|y+\frac{\pi}{2}\right|\leqslant 0.6.$

下图: 正方形在例 2.10.5 的映射 $\mathbf{f}$ 下的像. 我们通过把正方形沿着 $x+y=-\frac{\pi}{2}$(从 B 到 D 的线) 折叠起来得到这个图. 从折叠可以明显看出, $\mathbf{f}$ 在正方形上是不可逆的.

注释. 我们推荐使用计算机来理解例 2.10.5 的映射 $\mathbf{f}$: $\mathbb{R}^2\to\mathbb{R}^2$, 更一般地, 任何从 $\mathbb{R}^2$ 到 $\mathbb{R}^2$ 的映射. (不借助计算机的帮助, 我们所能说的一个结论是, $\mathbf{f}$ 的像中每个点的第一个坐标不能大于 1, 或者小于 -1, 因为 sin 函数在 -1 与 1 之间振荡. 所以如果我们用 (x,y) 坐标来画图像, 它将被包含在 $x=-1$ 和 $x=1$ 之间的一个带子里.) 图 2.10.3 和图 2.10.4 演示了 $\mathbf{f}$ 的定义域的区域和相应的像的区域的两个例子. 图 2.10.3 演示了图像的一个折叠的区域; 在那个区域中, 函数没有逆. 图 2.10.4 显示了一个函数有逆的区域. △

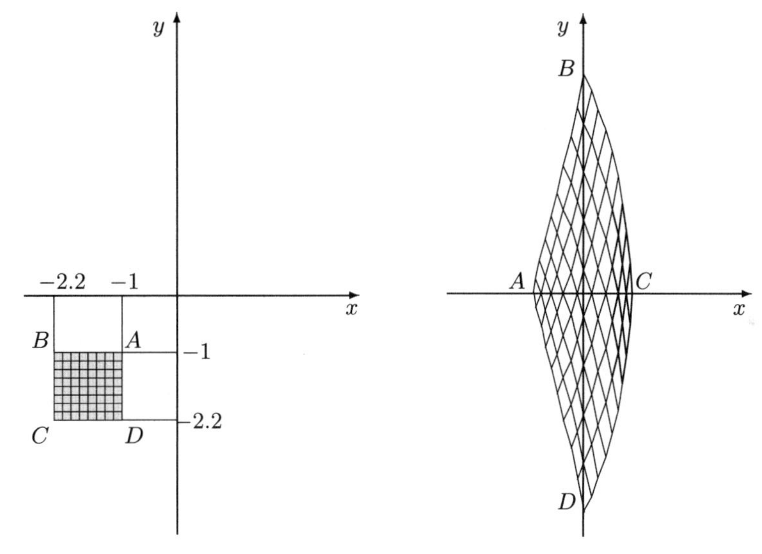

图 2.10.4

例 2.10.5 中的函数 $\mathbf{f}$ 将左边的区域映射到右边的区域. 在这个区域中, $\mathbf{f}$ 是可逆的.

例 2.10.6 (与机器人有关的一个例子). 令 C_1 为 $\mathbb{R}^2$ 中圆心在原点、半径为 3 的圆, 令 C_2 为圆心在 $\begin{pmatrix}10\\0\end{pmatrix}$、半径为 1 的圆. 如图 2.10.5 中展示的, 联结 C_1 上的一个点与 C_2 上的一个点的线段的中点构成的图形是什么呢?

这个例子看上去是人为的吗? 不是. 像这样的问题经常在机器人中出现; 知道机器人的手臂可以够到哪里的问题就是这样的问题.

联结

$$\begin{pmatrix}3\cos\theta\\3\sin\theta\end{pmatrix}\in C_1 \text{ 与 } \begin{pmatrix}\cos\varphi+10\\\sin\varphi\end{pmatrix}\in C_2 \tag{2.10.6}$$

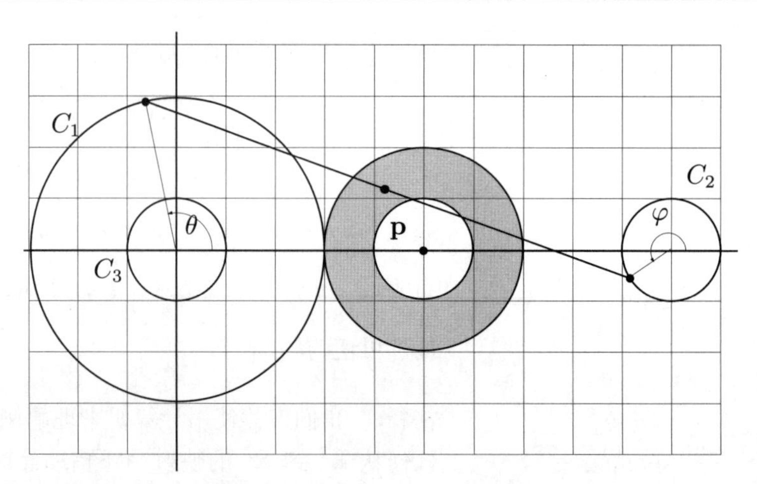

图 2.10.5

上图中, C_1 为圆心在原点、半径为 3 的圆, C_2 为圆心在 $\begin{pmatrix}10\\0\end{pmatrix}$、半径为 1 的圆. 每条联结 C_1 上的一个点和 C_2 上的一个点的线段的中点在圆心在 $\mathbf{p}$、半径为 1 和半径为 2 的圆之间的圆环区域中. 图中显示了一个这样的中点. 延长线段到 C_2 的远端将给出一个不同的中点.

的线段的中点为点

$$F\begin{pmatrix}\theta\\\varphi\end{pmatrix} \stackrel{\text{def}}{=} \frac{1}{2}\begin{pmatrix}3\cos\theta+\cos\varphi+10\\3\sin\theta+\sin\varphi\end{pmatrix}. \tag{2.10.7}$$

我们想要找到 F 的像. 如果在一个点 $\begin{pmatrix}\theta\\\varphi\end{pmatrix}$, F 的导数是可逆的, $F\begin{pmatrix}\theta\\\varphi\end{pmatrix}$ 将必定在像的内部, 因为那个点的邻域内的点也在像里. 要理解像, 我们要知道它的边界在哪里. 我们将首先寻找像的边界, 然后确定什么样的轨迹可以有那样的边界.

候选的像的边界是那些满足 $\left[\mathbf{D}F\begin{pmatrix}\theta\\\varphi\end{pmatrix}\right]$ 是不可逆的点 $F\begin{pmatrix}\theta\\\varphi\end{pmatrix}$. 因为

$$\begin{aligned}\det\left[\mathbf{D}F\begin{pmatrix}\theta\\\varphi\end{pmatrix}\right] &= \frac{1}{4}\det\begin{bmatrix}-3\sin\theta & -\sin\varphi\\3\cos\theta & \cos\varphi\end{bmatrix} \\ &= -\frac{3}{4}(\sin\theta\cos\varphi-\cos\theta\sin\varphi) = -\frac{3}{4}\sin(\theta-\varphi),\end{aligned} \tag{2.10.8}$$

等式 (2.10.9): 计算

$$F\begin{pmatrix}\theta\\\theta-\pi\end{pmatrix},$$

我们用到了 $\cos(\theta-\pi)=-\cos\theta$ 和 $\sin(\theta-\pi)=-\sin\theta$.

它在 $\theta=\varphi$ 和 $\theta=\varphi+\pi$ 的时候为 0, 候选的像的边界为点

$$F\begin{pmatrix}\theta\\\theta\end{pmatrix}=\begin{pmatrix}2\cos\theta+5\\2\sin\theta\end{pmatrix} \text{ 和 } F\begin{pmatrix}\theta\\\theta-\pi\end{pmatrix}=\begin{pmatrix}\cos\theta+5\\\sin\theta\end{pmatrix}, \tag{2.10.9}$$

也就是, 圆心在 $\mathbf{p}=\begin{pmatrix}5\\0\end{pmatrix}$、半径为 2 和 1 的圆.

边界为这些集合的子集的仅有的区域是整个圆心在 $\mathbf{p}$、半径为 2 的圆盘, 以及两个圆之间的环形的部分. 我们断言 F 的像是环形的区域. 如果它是整个半径为 2 的圆盘, 则 $\mathbf{p}$ 就将在像里, 但它不能. 如果 $\mathbf{p}$ 为一端在 C_2 上的线段的中点, 则另一端在 C_3 上 (圆心在原点、半径为 1 的圆), 因此不在 C_1 上. △

注释. 如果一个函数 $\mathbf{f}$ 的导数在某个点 $\mathbf{x}_0$ 可逆, 则 $\mathbf{f}$ 在 $\mathbf{f}(\mathbf{x}_0)$ 的一个邻域内局部可逆; 但是, "如果导数处处可逆, 则函数可逆" 则是不成立的. 考虑函数 $\mathbf{f}\colon \mathbb{R}^2 \to \mathbb{R}^2$, 定义为

$$\begin{pmatrix} t \\ \theta \end{pmatrix} \mapsto \begin{pmatrix} \mathrm{e}^t \cos\theta \\ \mathrm{e}^t \sin\theta \end{pmatrix}; \tag{2.10.10}$$

导数处处可逆, 因为 $\det[\mathbf{Df}] = \mathrm{e}^t \neq 0$, 但 $\mathbf{f}$ 是不可逆的, 因为它把 $\begin{pmatrix} t \\ \theta \end{pmatrix}$ 和 $\begin{pmatrix} t \\ \theta + 2\pi \end{pmatrix}$ 都送到了同一个点上. △

完整的逆函数定理: 量化 "局部"

到目前为止, 我们已经用到了逆函数定理的简短版本, 它保证了局部逆函数的存在性, 而不必指定局部逆函数的定义域. 如果你想计算一个逆函数, 你就需要知道它在哪个邻域内存在. 定理 2.10.7 告诉我们如何计算这个邻域. 与只要求导数是连续的简短版本不同, 定理 2.10.7 要求函数为李普希兹的. 要计算逆函数存在的邻域, 我们必须对导数是如何连续的说点什么. 我们选择李普希兹条件, 因为我们要用牛顿方法来计算逆函数, 康托诺维奇定理需要李普希兹条件. 练习 A.5.1 探索了在弱的连续条件下会发生什么.

注释. 如果导数 $[\mathbf{Df}(\mathbf{x}_0)]$ 不可逆, 则 $\mathbf{f}$ 在 $\mathbf{f}(\mathbf{x}_0)$ 的邻域内没有可微的逆函数; 见练习 2.10.4. 然而, 它可能有*不可微的逆函数*. 例如, 函数 $x \mapsto x^3$ 在 0 的导数为 0, 它是不可逆的. 但是函数是可逆的; 它的逆是立方根函数 $g(y) = y^{1/3}$. 这与逆函数定理并不矛盾, 因为 g 在 0 不可微, 因为

$$g'(y) = \frac{1}{3}\frac{1}{y^{2/3}}. \qquad \triangle$$

定理 2.10.7 在图 2.10.6 中演示.

注意我们可以把导数的长度替换成它们的范数 (定义 2.9.6) 以得到一个稍微强一点的定理.

在第一次阅读的时候, 可以跳过关于半径为 R_1 的球的最后一句话. 它只是次要的.

定理 2.10.7 (逆函数定理).

令 $W \subset \mathbb{R}^m$ 为 $\mathbf{x}_0$ 的一个开邻域, 令 $\mathbf{f}\colon W \to \mathbb{R}^m$ 为一个连续可微函数. 设 $\mathbf{y}_0 = \mathbf{f}(\mathbf{x}_0)$.

如果导数 $[\mathbf{Df}(\mathbf{x}_0)]$ 是可逆的, 则 $\mathbf{f}$ 在 $\mathbf{y}_0$ 的某个邻域内是可逆的, 且逆是可微的.

要量化这个陈述, 我们将指定一个使逆函数有定义的、中心在 $\mathbf{y}_0$ 的球 V 的半径 R. 首先, 简化记号, 设 $L = [\mathbf{Df}(\mathbf{x}_0)]$. 现在找到满足下列条件的 $R(R > 0)$:

1. 圆心在 $\mathbf{x}_0$、半径为 $2R|L^{-1}|$ 的球 W_0 被包含在 W 里.

2. 在 W_0 里, $\mathbf{f}$ 的导数满足李普希兹条件

$$|[\mathbf{Df}(\mathbf{u})] - [\mathbf{Df}(\mathbf{v})]| \leqslant \frac{1}{2R|L^{-1}|^2}|\mathbf{u} - \mathbf{v}|. \tag{2.10.11}$$

设 $V = B_R(\mathbf{y}_0)$. 则:

1. 存在唯一的一个连续可微映射 $\mathbf{g}: V \to W_0$, 满足

$$\mathbf{g}(\mathbf{y}_0) = \mathbf{x}_0, \text{ 且 } \mathbf{f}(\mathbf{g}(\mathbf{y})) = \mathbf{y} \text{ 对任意 } \mathbf{y} \in V \text{成立}. \tag{2.10.12}$$

因为恒等变换的导数是恒等变换, 根据链式法则, $\mathbf{g}$ 的导数为 $[\mathbf{Dg}(\mathbf{y})] = [\mathbf{Df}(\mathbf{g}(\mathbf{y}))]^{-1}$.

2. $\mathbf{g}$ 的像包含 $\mathbf{x}_0$ 附近的半径为 R_1 的球, 其中

$$R_1 = R|L^{-1}|^2\left(\sqrt{|L|^2 + \frac{2}{|L^{-1}|^2}} - |L|\right). \tag{2.10.13}$$

球 V 给出了 $\mathbf{g}$ 的定义域的一个下限; 实际的定义域可能会大一些. 但存在满足定理 2.10.7 的条件的最大的 R 就是最佳的情况. 我们邀请你来检验, 如果 $f(x) = (x-1)^2$, $x_0 = 0$, 使得 $y_0 = 1$, 则满足不等式 (2.10.11) 的最大的 R 是 1. 因此, 区间 $V = (0, 2)$ 是中心在 1 的可以定义逆函数的最大区间. 实际上, 因为函数 g 是 $g(y) = 1 - \sqrt{y}$, 任何小于 0 的 y 值都不在 g 的定义域内.

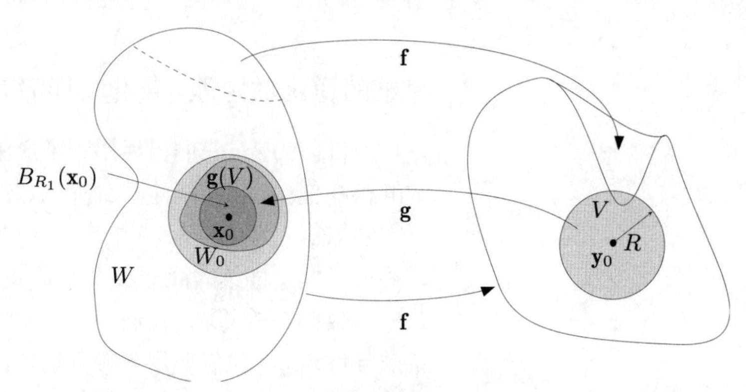

图 2.10.6

函数 $\mathbf{f}: W \to \mathbb{R}^m$ 把 $\mathbf{g}(V)$ 内的每个点映射到 V 中的一个点; 尤其是, 它把 $\mathbf{x}_0$ 映射到了 $\mathbf{f}(\mathbf{x}_0) = \mathbf{y}_0$. 它的逆函数 $\mathbf{g}: V \to W_0$ 逆转了这个映射. $\mathbf{g}$ 的像 $\mathbf{g}(V)$ 可能比它的陪域 W_0 小. 球 $B_{R_1}(\mathbf{x}_0)$ 保证在 $\mathbf{g}(V)$ 中; 它量化了 "局部可逆".

注意 $\mathbf{f}$ 可以把 W 中的一些点映射到 V 外面的点. 这就是为什么我们要在等式 (2.10.12) 中写 $\mathbf{f}(\mathbf{g}(\mathbf{y})) = \mathbf{y}$, 而不是 $\mathbf{g}(\mathbf{f}(\mathbf{x})) = \mathbf{x}$. 另外, $\mathbf{f}$ 可能会把多于一个点映射到 V 中的同一个点上, 但只有一个可以是来自 W_0 的, 且任何来自 W_0 的点必须来自于子集 $\mathbf{g}(V)$. 但是 $\mathbf{g}$ 把 V 中的一个点只映射到一个点 (因为它是一个定义明确的映射), 而且那个点必须也在 W_0 中 (因为 $\mathbf{g}$ 的像必须在 $\mathbf{g}$ 的陪域中).

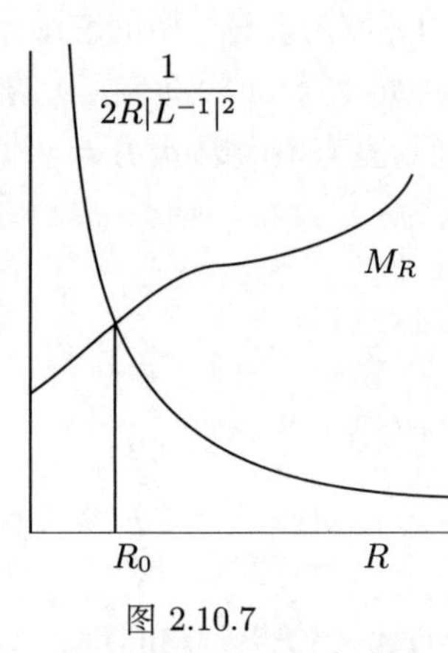

图 2.10.7

$[\mathbf{Df}]$ 在半径为 $2R|L^{-1}|$ 的球 W_0 上, "最佳李普希兹比率" M_R 的图像随着 R 的增大而增大, 函数

$$\frac{1}{2R|L^{-1}|^2}$$

的图像递减. 逆函数定理只保证当

$$\frac{1}{2R|L^{-1}|^2} > M_R$$

时, 在一个半径为 R 的邻域 V 上存在逆函数. 应用这些原理的主要困难是 M_R 通常很难计算, 而 $|L^{-1}|$ 的计算, 尽管容易一些, 也仍然不令人愉快.

要得到包含定理的细节的项, 考虑 R 的大小是如何影响陈述的是有所帮助的. 在一个理想的情况下, 我们会需要 R 大还是小呢? 我们希望它大一点, 因为这样 V 将是大的, $\mathbf{g}$ 的逆函数将在一个更大的邻域内定义. 那什么会阻止 R 变大呢? 首先, 看定理的条件 1. 我们需要 W_0($\mathbf{g}$ 的陪域) 在 W 中 ($\mathbf{f}$ 的定义域). 因为 W_0 的半径为 $2R|L^{-1}|$, 如果 R 太大, 则 W_0 可能不能放进 W 中.

条件 2 更为微妙. 假设导数 $[\mathbf{Df}(\mathbf{x})]$ 在 W 上是局部李普希兹的. 它将在每个 $W_0 \subset W$ 上是李普希兹的, 但是有一个最佳的李普希兹比率 M_R, 它在 W_0 只是一个点 (也就是 $R = 0$) 的时候从某个可能非零的数开始, 随着 R 的变大而变得越来越大 (在一个大的面积上满足一个李普希兹比率要比在小的面积上难). 作为对比, 量 $1/(2R|L^{-1}|^2)$ 从 $R = 0$ 时的无限开始, 随着 R 的增大而减小 (如图 2.10.7). 所以不等式 (2.10.11) 在 R 很小的时候被满足, 但通常 M_R 的图像和 $1/(2R|L^{-1}|^2)$ 的图像在某个 R_0 处相交; 逆函数定理不保证在任何半径大于 R_0 的区域 V 上存在.

注释 2.10.8. 我们需要担心可能不存在适当的 R 吗? 答案是不需要. 如果 $\mathbf{f}$

可微, 并且导数在 $\mathbf{x}_0$ 的某个邻域内是李普希兹的 (具有任何李普希兹比率), 则函数 M_R 存在, 所以只要 $R < R_0$, 则 R 上的假设就可以得到满足. 因此, 一个具有李普希兹导数的可微的映射在导数可逆的任何点附近都有局部的逆函数: 如果 L^{-1} 存在, 我们可以找到一个可以使用的 R. △

逆函数定理的证明

我们将证明: 如果逆函数定理的条件被满足, 则康托诺维奇定理有效, 且牛顿方法可以用来找到逆函数.

给定 $\mathbf{y} \in V$, 我们要找到 $\mathbf{x}$ 满足 $\mathbf{f}(\mathbf{x}) = \mathbf{y}$. 因为我们希望利用牛顿方法, 所以我们将重述问题: 定义

$$\vec{\mathbf{f}}_{\mathbf{y}}(\mathbf{x}) \stackrel{\text{def}}{=} \mathbf{f}(\mathbf{x}) - \mathbf{y} = \vec{\mathbf{0}}. \tag{2.10.14}$$

我们希望对 $\mathbf{y} \in V$ 采用牛顿方法, 以 $\mathbf{x}_0$ 为初始值, 解方程 $\vec{\mathbf{f}}_{\mathbf{y}}(\mathbf{x}) = \vec{\mathbf{0}}$.

我们将使用定理 2.8.13 的标记, 但是因为问题与 $\mathbf{y}$ 有关, 我们将记为 $\vec{\mathbf{h}}_0(\mathbf{y}), U_1(\mathbf{y})$ 等. 注意到

$$|\mathbf{D}\vec{\mathbf{f}}_{\mathbf{y}}(\mathbf{x}_0)| = |\mathbf{D}\mathbf{f}(\mathbf{x}_0)| = L,\ \vec{\mathbf{f}}_{\mathbf{y}}(\mathbf{x}_0) = \underbrace{\mathbf{f}(\mathbf{x}_0)}_{=\mathbf{y}_0} - \mathbf{y} = \mathbf{y}_0 - \mathbf{y}, \tag{2.10.15}$$

我们通过向由康托诺维奇定理 (等式 (2.8.51)) 的陈述中给出的 $\vec{\mathbf{h}}_0$ 的定义中代入适当的数值, 得到等式 (2.10.16) 中的第一个等式:

$$\vec{\mathbf{h}}_0 = -[\mathbf{D}\mathbf{f}(\mathbf{a}_0)]^{-1}\mathbf{f}(\mathbf{a}_0).$$

所以

$$\vec{\mathbf{h}}_0(\mathbf{y}) = -\underbrace{[\mathbf{D}\vec{\mathbf{f}}_{\mathbf{y}}(\mathbf{x}_0)]}_{L}{}^{-1}\,\vec{\mathbf{f}}_{\mathbf{y}}(\mathbf{x}_0) = -L^{-1}(\mathbf{y}_0 - \mathbf{y}). \tag{2.10.16}$$

这隐含着 $|\vec{\mathbf{h}}_0(\mathbf{y})| \leqslant |L^{-1}|R$, 因为 $\mathbf{y}_0$ 是 V 的中心, $\mathbf{y}$ 在 V 中, V 的半径为 R, 给出 $|\mathbf{y}_0 - \mathbf{y}| \leqslant R$. 现在, 我们来计算 $\mathbf{x}_1(\mathbf{y}) = \mathbf{x}_0 + \vec{\mathbf{h}}_0(\mathbf{y})$(如等式 (2.8.51), 其中 $\mathbf{a}_1 = \mathbf{a}_0 + \vec{\mathbf{h}}_0$). 因为 $|\vec{\mathbf{h}}_0(\mathbf{y})|$ 至多为 W_0 的半径的一半 (也就是, $2R|L^{-1}|$ 的一半), 我们看到 $U_1(\mathbf{y})$(以 $\mathbf{x}_1(\mathbf{y})$ 为中心、半径为 $|\vec{\mathbf{h}}_0(\mathbf{y})|$ 的圆) 包含在 W_0 内, 如图 2.10.8 所表明的.

可以推出, 康托诺维奇不等式 (2.8.53) 被满足:

$$\underbrace{|\vec{\mathbf{f}}_{\mathbf{y}}(\mathbf{x}_0)|}_{|\mathbf{y}_0-\mathbf{y}|\leqslant R}\,\underbrace{|[\mathbf{D}\vec{\mathbf{f}}_{\mathbf{y}}(\mathbf{x}_0)]^{-1}|^2}_{|L^{-1}|^2} M \leqslant R|L^{-1}|^2 \underbrace{\frac{1}{2R|L^{-1}|^2}}_{M} = \frac{1}{2}. \tag{2.10.17}$$

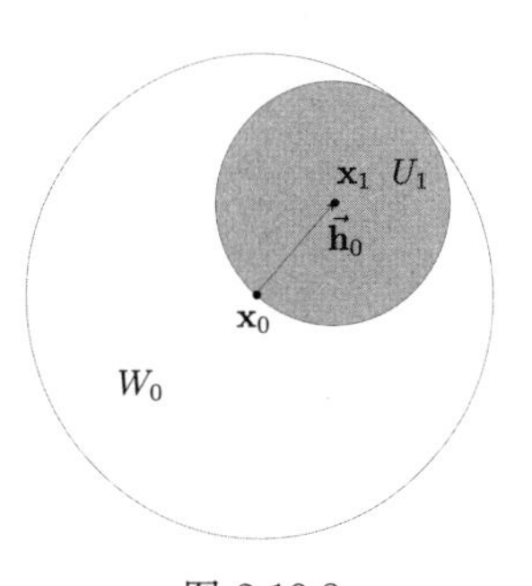

图 2.10.8

把牛顿方法用到方程 $f_{\mathbf{y}}(\mathbf{x}) = 0$ 上, 从 $\mathbf{x}_0$ 开始, 收敛到 $\overline{U}_1$ 中的一个根. 康托诺维奇定理告诉我们这是 $\overline{U}_1$ 中的唯一的根; 逆函数定理告诉我们, 它是在全部 W_0 中的唯一的根.

因此, 康托诺维奇定理说明, 从 $\mathbf{x}_0$ 开始, 把牛顿方法用到方程 $\vec{\mathbf{f}}_{\mathbf{y}}(\mathbf{x}) = \vec{\mathbf{0}}$ 上将会收敛; 用 $\mathbf{g}(\mathbf{y})$ 表示这个极限. 因为对任意 $\mathbf{y} \in V$, $\mathbf{g}(\mathbf{y})$ 是等式 (2.10.14) 的一个解, $\mathbf{f}(\mathbf{g}(\mathbf{y})) = \mathbf{y}$. 更进一步, $\mathbf{g}(\mathbf{y}_0)$ 是由牛顿方法给出的常数序列 $\mathbf{x}_0, \mathbf{x}_0, \cdots$ 的极限, 所以 $\mathbf{g}(\mathbf{y}_0) = \mathbf{x}_0$. 我们现在有了满足等式 (2.10.12) 的逆函数 $\mathbf{g}$.

一个完整的证明需要证明 $\mathbf{g}$ 是连续可微的. 这个将在附录 A.7 中完成, 在那里, 我们还证明了关于中心在 $\mathbf{x}_0$ 的球 B_{R_1} 的等式 (2.10.13).

例 2.10.9 (量化 "局部"). 我们回到例 2.10.5 中的函数

$$\mathbf{f}\begin{pmatrix} x \\ y \end{pmatrix} = \begin{pmatrix} \sin(x+y) \\ x^2 - y^2 \end{pmatrix}. \tag{2.10.18}$$

我们选择一个导数可逆的点 $\mathbf{x}_0$, 看一下在 $\mathbf{f}(\mathbf{x}_0)$ 的一个多大的邻域内可以保证逆函数存在. (我们说“保证存在”是因为逆函数实际的定义域可能会大于球 V.) 我们从例 2.10.5 知道导数在 $\mathbf{x}_0 = \begin{pmatrix} 0 \\ \pi \end{pmatrix}$ 可逆. 这就给出了

$$L = \left[\mathbf{Df}\begin{pmatrix} 0 \\ \pi \end{pmatrix}\right] = \begin{bmatrix} -1 & -1 \\ 0 & -2\pi \end{bmatrix}, \tag{2.10.19}$$

所以

$$L^{-1} = \frac{1}{2\pi}\begin{bmatrix} -2\pi & 1 \\ 0 & -1 \end{bmatrix}, \ |L^{-1}|^2 = \frac{4\pi^2+2}{4\pi^2}. \tag{2.10.20}$$

下一步, 我们来计算李普希兹比率 M(不等式 (2.10.11)):

$$\begin{aligned} & \big|[\mathbf{Df}(\mathbf{u})] - [\mathbf{Df}(\mathbf{v})]\big| \\ = & \left|\begin{bmatrix} \cos(u_1+u_2)-\cos(v_1+v_2) & \cos(u_1+u_2)-\cos(v_1+v_2) \\ 2(u_1-v_1) & 2(v_2-u_2) \end{bmatrix}\right| \\ \leqslant & \left|\begin{bmatrix} u_1+u_2-v_1-v_2 & u_1+u_2-v_1-v_2 \\ 2(u_1-v_1) & 2(v_2-u_2) \end{bmatrix}\right| \\ = & \sqrt{2\Big((u_1-v_1)+(u_2-v_2)\Big)^2 + 4\Big((u_1-v_1)^2+(u_2-v_2)^2\Big)} \\ \leqslant & \sqrt{4\Big((u_1-v_1)^2+(u_2-v_2)^2\Big) + 4\Big((u_1-v_1)^2+(u_2-v_2)^2\Big)} \\ = & \sqrt{8}|\mathbf{u}-\mathbf{v}|. \end{aligned} \tag{2.10.21}$$

对于不等式 (2.10.21) 中的第一个不等式, 记住

$$|\cos a - \cos b| \leqslant |a-b|,$$

并设 $a = u_1 + u_2$ 和 $b = v_1 + v_2$.

从第一个平方根到第二个, 我们用了

$$(a+b)^2 \leqslant 2(a^2+b^2),$$

并设 $a = u_1 - v_1$ 和 $b = u_2 - v_2$.

我们的李普希兹比率 M 是 $\sqrt{8} = 2\sqrt{2}$, 允许我们计算 R:

$$\frac{1}{2R|L^{-1}|^2} = 2\sqrt{2}, \text{ 所以 } R = \frac{4\pi^2}{4\sqrt{2}(4\pi^2+2)} \approx 0.168\ 25. \tag{2.10.22}$$

我们的逆函数的最小的定义域 V 是半径约为 0.17 的球.

因为 $\mathbf{f}$ 的定义域 W 是 $\mathbb{R}^2$, 等式 (2.10.22) 中的 R 的值显然满足半径为 $2R|L^{-1}|$ 的球 W_0 在 W 内的要求.

这对于实际上计算逆函数说明了什么呢? 例如

$$\mathbf{f}\begin{pmatrix} 0 \\ \pi \end{pmatrix} = \begin{pmatrix} 0 \\ -\pi^2 \end{pmatrix}, \text{ 且 } \begin{pmatrix} 0.1 \\ -10 \end{pmatrix} \text{ 在 } \begin{pmatrix} 0 \\ -\pi^2 \end{pmatrix} \text{ 的0.17的范围内}, \tag{2.10.23}$$

逆函数定理告诉我们, 通过使用牛顿方法, 我们可以解方程 $\mathbf{f}(\mathbf{x}) = \begin{pmatrix} 0.1 \\ -10 \end{pmatrix}$ 找到 $\mathbf{x}$. △

隐函数定理

逆函数定理处理的是我们有含 n 个未知变量的 n 个方程的情况. 如果我们的未知变量比方程多呢? 没有逆函数, 但我们通常可以把一些未知变量用其他的来表示.

例 2.10.10 (单位球: 三个变量, 一个方程). 方程 $x^2+y^2+z^2-1=0$ 在 $\vec{\mathbf{e}}_3$ 附近

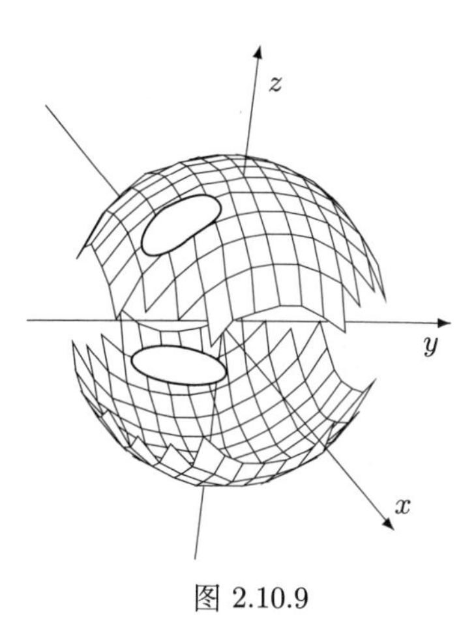

图 2.10.9

例 2.10.10: 单位球的整个上半球把 z 隐式地表示为 x 和 y 的函数. 顶部的弯曲的区域是这个函数的图像, 在 (x,y) 平面的一个小的圆盘上取的值.

回顾 (见定理 1.9.8) 要求 $\mathbf{F}$ 为 C^1 的等价于要求它的所有的偏导都是连续的. 练习 2.10.3 说明了当 $[\mathbf{DF}(\mathbf{x})]$ 关于 $\mathbf{x}$ 不连续的时候, 那里会出现的问题. 但是你不太可能见到导数不连续的函数.

把 z 表示为 $\begin{pmatrix} x \\ y \end{pmatrix}$ 的隐函数. 这个隐函数可以变成显函数: $z = \sqrt{1-x^2-y^2}$; 你可以把 z 表示为 x 和 y 的函数 (如图 2.10.9). △

隐函数定理告诉我们, 在什么条件下, 在哪个邻域内, 存在一个隐函数. 想法就是把变量分成两组: 如果我们有含 n 个变量的 $n-k$ 个方程, 则可以把 k 个变量当成是“已知”的 (可以自由取值的变量). 这就给出了含 $n-k$ 个变量的 $n-k$ 个方程. 如果存在 $n-k$ 个方程的一组解, 并且是唯一的, 我们将把 $n-k$ 个变量用 k 个已知的或者主动变量来表示. 然后我们说, 原来的方程组用 k 个主动变量隐式地表示了 $n-k$ 个被动变量.

定理 2.10.11 (隐函数定理: 简短的版本). 令 $U \subset \mathbb{R}^n$ 为开的, $\mathbf{c}$ 为 U 中的一个点. 令 $\mathbf{F}\colon U \to \mathbb{R}^{n-k}$ 为一个 C^1 映射, 满足 $\mathbf{F}(\mathbf{c}) = \mathbf{0}$, 以及 $[\mathbf{DF}(\mathbf{c})]$ 为满射. 则线性方程组 $[\mathbf{DF}(\mathbf{c})](\vec{\mathbf{x}}) = \vec{\mathbf{0}}$ 有 $n-k$ 个主元 (被动) 变量和 k 个非主元 (主动) 变量, 且存在一个 $\mathbf{c}$ 的邻域, 在其中 $\mathbf{F} = \mathbf{0}$ 隐含着把 $n-k$ 个被动变量定义为 k 个主动变量的函数 $\mathbf{g}$.

函数 $\mathbf{g}$ 为隐函数.

定理 2.10.11 如前所述是正确的, 但是我们没有给出证明; 我们给出的隐函数定理的完整陈述的证明 (定理 2.10.14) 要求导数为李普希兹的.

就像逆函数定理一样, 定理 2.10.11 说明, *局部上, 映射的行为就像它的导数, 也就是像它的线性化*. 因为 $\mathbf{F}$ 是从 $\mathbb{R}^n$ 的子集到 $\mathbb{R}^{n-k}$, 它的导数是从 $\mathbb{R}^n$ 到 $\mathbb{R}^{n-k}$. 导数 $[\mathbf{DF}(\mathbf{c})]$ 为满射的意思是它的列可生成 $\mathbb{R}^{n-k}$. 导数 $[\mathbf{DF}(\mathbf{c})]$ 有 $n-k$ 个主元列和 k 个非主元列. 我们是在定理 2.2.1 的情况 2b 下; 我们可以自由地选取 k 个非主元变量的值; 这些值决定了 $n-k$ 个主元变量的值.

例 2.10.12 和图 2.10.10 显示出, 我们可以在几何上解读: 局部上, 隐函数的图像是方程 $\mathbf{F}(\mathbf{x}) = \mathbf{0}$ 的解集.

例 2.10.12 (单位圆和简短版本的隐函数定理). 单位圆是满足 $F(\mathbf{c}) = 0$ 的点 $\mathbf{c} = \begin{pmatrix} x \\ y \end{pmatrix}$ 的集合, 其中 F 是函数 $F\begin{pmatrix} x \\ y \end{pmatrix} = x^2+y^2-1$. 这里我们有一个主动变量和一个被动变量: $n=2, k=n-k=1$. 函数是可微的, 导数为

$$\left[\mathbf{D}F\begin{pmatrix} a \\ b \end{pmatrix}\right] = [2a, 2b]. \tag{2.10.24}$$

导数将是到 $\mathbb{R}$ 上的满射, 只要它不是 $[0,0]$, 但这个点从来都不在单位圆上. 如果 $b \neq 0$, 我们可以考虑让 a 为主动变量; 则定理 2.10.11 保证在 $\begin{pmatrix} a \\ b \end{pmatrix}$ 的某个邻域内, 方程 $x^2+y^2-1=0$ 把 y 表示为 x 的隐函数. 如果 $a \neq 0$, 我们可以考虑让 b 为主动变量; 则定理 2.10.11 保证在 $\begin{pmatrix} a \\ b \end{pmatrix}$ 的某个邻域内, 方程 $x^2+y^2-1=0$ 把 x 表示为 y 的隐函数. 如果 a 和 b 都不是 0, 我们可以选取任何一个为主动变量.

导数是到 $\mathbb{R}$ 上的满射, 如果在行化简后, 它包含一个主元 1(也就是, 如果导数包含一个线性无关的列).

在局部上, $x^2+y^2-1=0$ 的解集是一个隐函数的图像. 在这种情况下, 隐函数可以显式地写出, 我们对于用哪个隐函数还有一些选择:

- 上半圆: $y>0$, 是 $\sqrt{1-x^2}$ 的图像.

- 下半圆: 是 $-\sqrt{1-x^2}$ 的图像.
- 右半圆: $x>0$, 是 $\sqrt{1-y^2}$ 的图像.
- 左半圆: 是 $-\sqrt{1-y^2}$ 的图像.

因此, 在 $x,y\neq 0$ 的点附近, 方程 $x^2+y^2=1$ 把 x 表示为 y 的函数, 也把 y 表示为 x 的函数. 在 $y=0$ 的两个点附近, 它只是把 x 表示为 y 的函数, 如图 2.10.10 所示; 在 $x=0$ 附近, 它只是把 y 表示为 x 的函数. △

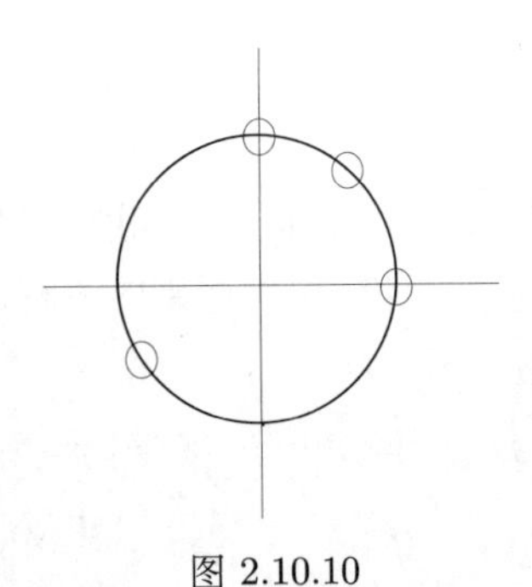

图 2.10.10

单位圆是 $x^2+y^2-1=0$ 的解集. 对于 $x,y>0$, 解集为 $\sqrt{1-y^2}$ 以及 $\sqrt{1-x^2}$ 的图像, 一个用 y 来表示 x, 另一个用 x 来表示 y. 在第三象限, 它是 $-\sqrt{1-y^2}$ 以及 $-\sqrt{1-x^2}$ 的图像. 在 $\begin{pmatrix}0\\1\end{pmatrix}$ 附近, 解集不是 $\sqrt{1-y^2}$ 的图像, 因为同样的 y 值给出两个不同的 x 值. 在 $\begin{pmatrix}1\\0\end{pmatrix}$ 附近, 它不是 $\sqrt{1-x^2}$ 的图像, 因为同样的 x 值给出两个不同的 y 值.

例 2.10.13 (隐函数定理不能保证不存在隐函数). 方程组

$$\begin{cases}(x+t)^2 &= 0\\ y-t &= 0\end{cases}$$

是否在 $\begin{pmatrix}0\\0\\0\end{pmatrix}$ 的一个邻域内把 x 和 y 表示为 t 的隐函数? 隐函数定理不保证隐函数的存在性: $\mathbf{F}\begin{pmatrix}x\\y\\t\end{pmatrix}=\begin{pmatrix}(x+t)^2\\y-t\end{pmatrix}$ 的导数为 $\begin{bmatrix}2(x+t) & 0 & 2(x+t)\\ 0 & 1 & -1\end{bmatrix}$, 在 $\begin{pmatrix}0\\0\\0\end{pmatrix}$ 为 $\begin{bmatrix}0&0&0\\0&1&-1\end{bmatrix}$. 这个导数不是到 $\mathbb{R}^2$ 上的满射.

但有一个隐函数 g, 定义为 $g(t)=\begin{pmatrix}-t\\t\end{pmatrix}$, 满足在 $\begin{pmatrix}0\\0\\0\end{pmatrix}$ 的一个邻域内有 $\mathbf{F}\begin{pmatrix}g(t)\\t\end{pmatrix}=\begin{pmatrix}0\\0\end{pmatrix}$, 且这个隐函数是可微的. △

隐函数定理的完整陈述

在 3.1 节, 我们将看到隐函数定理的简短版本足以告诉我们什么时候一个方程可以定义一条光滑曲线、曲面, 或者更高维的类似的研究对象. 简短版本只需要映射为 C^1 的, 也就是, 导数为连续的. 但是要得到隐函数 (我们要计算隐函数) 的定义域的一个边界, 我们必须说导数是*如何*连续的.

因此, 与逆函数的情况一样, 在长版本中, 我们把导数连续的条件替换成了一个更严格的条件, 就是要求导数是李普希兹的.

图 2.10.11 演示了这个定理.

因为 $[\mathbf{DF}(\mathbf{c})]$ 是满射, 所以可以把定义域中的变量排序使得包含 $[\mathbf{DF}(\mathbf{c})]$ 前 $n-k$ 列的矩阵行化简到单位矩阵. (可能有多种方式做到这一点.) 则对应于那 $n-k$ 列的变量为主元未知变量; 对应于其余 k 列的变量为非主元未知变量.

定理 2.10.14 (隐函数定理). 令 W 为 $\mathbf{c}\in\mathbb{R}^n$ 的一个开邻域, 令 $\mathbf{F}\colon W\to\mathbb{R}^{n-k}$ 为一个可微函数, $\mathbf{F}(\mathbf{c})=\mathbf{0}$, 且 $[\mathbf{DF}(\mathbf{c})]$ 为满射.

将定义域中的变量排序, 使得含有 $[\mathbf{DF}(\mathbf{c})]$ 的前 $n-k$ 列的矩阵行化简到单位矩阵. 设 $\mathbf{c}=\begin{pmatrix}\mathbf{a}\\\mathbf{b}\end{pmatrix}$, 其中 $\mathbf{a}$ 的项对应于 $n-k$ 个主元未知变量, $\mathbf{b}$ 的项对应于 k 个非主元 (主动) 未知变量. 则存在唯一一个连续可微的、从 $\mathbf{b}$

的一个邻域到 $\mathbf{a}$ 的一个邻域的映射 $\mathbf{g}$, 使得 $\mathbf{F}\begin{pmatrix}\mathbf{x}\\ \mathbf{y}\end{pmatrix}=\mathbf{0}$ 在把 $\mathbf{g}$ 用在后 k 个变量上时, 表示了前 $n-k$ 个变量: $\mathbf{x}=\mathbf{g}(\mathbf{y})$.

要指定 $\mathbf{g}$ 的定义域, 令 L 为 $n\times n$ 的矩阵

$$L=\begin{bmatrix}[D_1\mathbf{F}(\mathbf{c}),\cdots,D_{n-k}\mathbf{F}(\mathbf{c})] & [D_{n-k+1}\mathbf{F}(\mathbf{c}),\cdots,D_n\mathbf{F}(\mathbf{c})]\\ [0] & I_k\end{bmatrix}. \quad (2.10.25)$$

等式 (2.10.25): [0] 表示 $k\times(n-k)$ 的零矩阵; I_k 为 $k\times k$ 的单位矩阵. 所以 L 为 $n\times n$ 的. 如果它不是方形的, 它就不能是可逆的. 练习 2.5 解释了 L 为可逆的陈述.

则 L 是可逆的. 现在找到一个数 $R>0$, 满足下述假设:

1. 中心在 $\mathbf{c}$、半径为 $2R|L^{-1}|$ 的球 W_0 被包含在 W 内.
2. 对于 W_0 中的 $\mathbf{u},\mathbf{v}$, 导数满足李普希兹条件

$$|[\mathbf{DF}(\mathbf{u})]-[\mathbf{DF}(\mathbf{v})]|\leqslant\frac{1}{2R|L^{-1}|^2}|\mathbf{u}-\mathbf{v}|. \quad (2.10.26)$$

则存在唯一一个连续可微映射

$$\mathbf{g}\colon B_R(\mathbf{b})\to B_{2R|L^{-1}|}(\mathbf{a}), \quad (2.10.27)$$

满足对所有的 $\mathbf{y}\in B_R(\mathbf{b})$, 有

$$\mathbf{g}(\mathbf{b})=\mathbf{a},\ \mathbf{F}\begin{pmatrix}\mathbf{g}(\mathbf{y})\\ \mathbf{y}\end{pmatrix}=\mathbf{0}. \quad (2.10.28)$$

由链式法则, 这个隐函数 $\mathbf{g}$ 在 $\mathbf{b}$ 的导数为

$$[\mathbf{Dg}(\mathbf{b})]=-\underbrace{[D_1\mathbf{F}(\mathbf{c}),\cdots,D_{n-k}\mathbf{F}(\mathbf{c})]}_{(n-k)\text{个主元变量的偏导}}{}^{-1}\underbrace{[D_{n-k+1}\mathbf{F}(\mathbf{c}),\cdots,D_n\mathbf{F}(\mathbf{c})]}_{k\text{个非主元变量的偏导}}. \quad (2.10.29)$$

隐函数定理可以用弱一些的连续性条件来陈述, 而不是要求导数为李普希兹的; 见附录 A.5 中的练习 A.5.1. 你付出什么就得到什么: 用弱一些的条件, 你得到隐函数的一个小一点的定义域.

$\mathbf{g}$ 的定义域 $B_R(\mathbf{b})$ 的维数为 k; 它的陪域的维数为 $n-k$. 它以 k 个主动变量作为输入, 以 $n-k$ 个被动变量的值作为输出.

告诉我们如何计算一个隐函数的导数的等式 (2.10.29) 很重要, 我们将经常用到它.

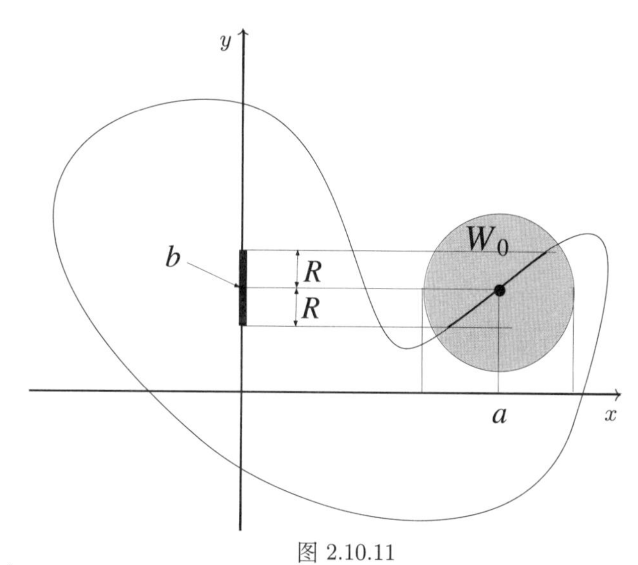

图 2.10.11

在 $\begin{pmatrix}a\\ b\end{pmatrix}$ 的邻域内, 方程 $F=0$ 把 x 表示为 y 的隐函数. 那个邻域包含在半径为 $r=2R|L^{-1}|$ 的球 W_0 内. 但是整条曲线不是把 x 表示为 y 的一个函数 f 的图像; 在 $y=b$ 附近, 有四个这样的函数.

注释. 1. 与 $\mathbf{b}$ 对应的 k 个变量 $\mathbf{y}$ 确定了与 $\mathbf{a}$ 对应的 $n-k$ 个变量 $\mathbf{x}$, 既用在函数上, 也用在导数上. 我们把前 $n-k$ 个变量用后 k 个变量表示的假设是很方便的; 在实践中, 究竟把什么表示为什么取决于上下文.

通常, 如果 $\mathbf{F}$ 的导数是到 $\mathbb{R}^{n-k}$ 上的满射 (也就是有 $n-k$ 个线性无关的列), 就将有多于一种方式来选择这些列 (见练习 2.5.7). 对于 $n-k$ 个线性无关的列的任何选择, 隐函数定理保证你可以把相应的变量用其他变量隐式地表示.

2. 附录 A.8 给出的隐函数定理的证明说明了 W_0 中的是 $\mathbf{F}\begin{pmatrix}\mathbf{x}\\\mathbf{y}\end{pmatrix}=\mathbf{0}$ 的解的每个点具有 $\begin{pmatrix}\mathbf{g}(\mathbf{y})\\\mathbf{y}\end{pmatrix}$ 的形式. 因此, W_0 与 $\mathbf{g}$ 的图像的交集为 W_0 与 $\mathbf{F}\begin{pmatrix}\mathbf{x}\\\mathbf{y}\end{pmatrix}=\mathbf{0}$ 的解集的交集. (函数 $f\colon\mathbb{R}^k\to\mathbb{R}^{n-k}$ 的图像在 n 维空间中存在.) $\triangle$

逆函数定理是隐函数定理在我们有 $n=2k$ 个变量, k 维的被动变量 $\mathbf{x}$, k 维的主动变量 $\mathbf{y}$, 并且原方程为

$$\mathbf{f}(\mathbf{x})-\mathbf{y}=\vec{\mathbf{0}}$$

时的特例. 也就是, 我们可以把 $\mathbf{y}$ 从 $\mathbf{F}\begin{pmatrix}\mathbf{x}\\\mathbf{y}\end{pmatrix}$ 中分离出来.

例 2.10.15 (单位圆和隐函数定理). 在例 2.10.12 中, 我们证明了, 如果 $a\neq 0$, 则在 $\begin{pmatrix}a\\b\end{pmatrix}$ 的某个邻域内, 方程 $x^2+y^2-1=0$ 隐式地把 x 表示为 y 的函数. 我们来看更强版本的隐函数定理关于隐函数的定义域说了些什么. 等式 (2.10.25) 的矩阵 L 为

$$L=\begin{bmatrix}2a & 2b\\0 & 1\end{bmatrix},\ L^{-1}=\frac{1}{2a}\begin{bmatrix}1 & -2b\\0 & 2a\end{bmatrix}. \tag{2.10.30}$$

等式 (2.10.30): 在 L 的右下角, 我们有数值 1, 不是单位矩阵 I; 我们的函数 F 是从 $\mathbb{R}^2\to\mathbb{R}$ 的, 所以 $n=m=1$, 1×1 的单位矩阵就是数值 1.

所以我们有

$$|L^{-1}|=\frac{1}{2|a|}\sqrt{1+4a^2+4b^2}=\frac{\sqrt{5}}{2|a|}. \tag{2.10.31}$$

$F\begin{pmatrix}x\\y\end{pmatrix}=x^2+y^2-1$ 的导数是李普希兹的, 其李普希兹比率为 2:

$$\begin{aligned}\left|\left[\mathbf{D}F\begin{pmatrix}u_1\\u_2\end{pmatrix}\right]-\left[\mathbf{D}F\begin{pmatrix}v_1\\v_2\end{pmatrix}\right]\right| &= |[2u_1-2v_1, 2u_2-2v_2]|\\ &= 2|[u_1-v_1, u_2-v_2]|\\ &\leqslant 2|\mathbf{u}-\mathbf{v}|,\end{aligned} \tag{2.10.32}$$

所以 (根据不等式 (2.10.26)), 如果 R 满足

$$2=\frac{1}{2R|L^{-1}|^2},\quad \text{也就是 } R=\frac{1}{4|L^{-1}|^2}=\frac{a^2}{5}, \tag{2.10.33}$$

等式 (2.10.33): 注意 b 两边的区间的半径 R 是如何随着 $a\to 0$ 缩小而不消失的. 在点 $\begin{pmatrix}0\\1\end{pmatrix}$ 和 $\begin{pmatrix}0\\-1\end{pmatrix}$, 方程

$$x^2+y^2-1=0$$

没有把 x 用 y 来表示, 但是它确实在 a 任意接近 0 的时候, 把 x 用 y 来表示.

则可以满足条件 2.

然后我们看到, W_0 为一个球, 半径为

$$2R|L^{-1}|=\frac{2a^2}{5}\frac{\sqrt{5}}{2|a|}=\frac{|a|}{\sqrt{5}}; \tag{2.10.34}$$

由于 W 是全部的 $\mathbb{R}^2$, 条件 1 被满足. 因此, 对于所有的 $\begin{pmatrix} a \\ b \end{pmatrix}$, $a \neq 0$, 方程 $x^2+y^2-1=0$ 把 x(在 a 附近的半径为 $|a|/\sqrt{5}$ 的区间内) 表示为 y(在 $B_R(b)$, 即 b 附近的半径为 $a^2/5$ 的区间内) 的函数.

当然, 我们不需要隐函数定理也能理解单位圆; 我们知道 $x=\pm\sqrt{1-y^2}$. 但是, 我们假装不知道, 并更进一步. 隐函数定理说明, 如果 $\begin{pmatrix} a \\ b \end{pmatrix}$ 是方程 $x^2+y^2-1=0$ 的一个根, 则对于任意与 b 距离在 $a^2/5$ 以内的 y, 我们可以通过从猜测 $x_0=a$ 开始, 使用牛顿方法, 通过迭代计算

$$x_{n+1}=x_n-\frac{F\begin{pmatrix} x_n \\ y \end{pmatrix}}{D_1F\begin{pmatrix} x_n \\ y \end{pmatrix}}=x_n-\frac{x_n^2+y^2-1}{2x_n} \tag{2.10.35}$$

来找到相应的 x. (在等式 (2.10.35) 中, 我们写 $1/D_1F$ 而不是 $(D_1F)^{-1}$, 是因为 D_1F 是 1×1 的矩阵, 也就是一个数.) △

当然, 有两个可能的 x. 一个是从 a 开始, 利用牛顿方法来找到的, 另一个从 $-a$ 开始.

例 2.10.16 (一个多变量的隐函数). 方程组 $\begin{cases} x^2-y=a \\ y^2-z=b \\ z^2-x=0 \end{cases}$ 在 $\mathbf{c}\overset{\text{def}}{=}\begin{pmatrix} 0\\0\\0\\0\\0 \end{pmatrix}$ 的哪个邻域内, 把 $\begin{pmatrix} x\\y\\z \end{pmatrix}$ 确定为 a 和 b 的隐函数? 这里 $n=5, k=2$, $\mathbf{F}\begin{pmatrix} x\\y\\z\\a\\b \end{pmatrix}=\begin{pmatrix} x^2-y-a \\ y^2-z-b \\ z^2-x \end{pmatrix}$, 导数为 $\begin{bmatrix} 2x & -1 & 0 & -1 & 0 \\ 0 & 2y & -1 & 0 & -1 \\ -1 & 0 & 2z & 0 & 0 \end{bmatrix}$.

$$\begin{bmatrix} 0 & -1 & 0 & -1 & 0 \\ 0 & 0 & -1 & 0 & -1 \\ -1 & 0 & 0 & 0 & 0 \\ 0 & 0 & 0 & 1 & 0 \\ 0 & 0 & 0 & 0 & 1 \end{bmatrix}$$

例 2.10.16 中的 L.

$$\begin{bmatrix} 0 & 0 & -1 & 0 & 0 \\ -1 & 0 & 0 & -1 & 0 \\ 0 & -1 & 0 & 0 & -1 \\ 0 & 0 & 0 & 1 & 0 \\ 0 & 0 & 0 & 0 & 1 \end{bmatrix}$$

例 2.10.16 中的 L^{-1}.

在 $\mathbf{c}$ 点, 导数为 $\begin{bmatrix} 0 & -1 & 0 & -1 & 0 \\ 0 & 0 & -1 & 0 & -1 \\ -1 & 0 & 0 & 0 & 0 \end{bmatrix}$; 前三列是线性无关的.

加上最下面的适当的两行, 我们找到了边注中的 L 和 L^{-1}, 并且 $|L^{-1}|^2=7$.

因为 $\mathbf{F}$ 在全部 $\mathbb{R}^5$ 上有定义, 对 R 的第一个限制就没有意义了: 对于 R 的任意值, 我们有 $W_0\subset\mathbb{R}^5$. 第二个限制要求 W_0 里的导数是李普希兹的. 因为 $M=2$ 为导数的全局的李普希兹比率:

$$\left|\begin{bmatrix} 2x_1 & -1 & 0 & -1 & 0 \\ 0 & 2y_1 & -1 & 0 & -1 \\ -1 & 0 & 2z_1 & 0 & 0 \end{bmatrix}-\begin{bmatrix} 2x_2 & -1 & 0 & -1 & 0 \\ 0 & 2y_2 & -1 & 0 & -1 \\ -1 & 0 & 2z_2 & 0 & 0 \end{bmatrix}\right|$$

$$= \quad 2\sqrt{(x_1-x_2)^2+(y_1-y_2)^2+(z_1-z_2)^2} \leqslant 2\left|\begin{pmatrix}x_1\\y_1\\z_1\\a_1\\b_1\end{pmatrix}-\begin{pmatrix}x_2\\y_2\\z_2\\a_2\\b_2\end{pmatrix}\right|. \tag{2.10.36}$$

这就意味着, 我们需要 $\dfrac{1}{2R|L^{-1}|^2} \geqslant 2$, 也就是, 可以选取 $R=\dfrac{1}{28}$.

这个讨论里的 $\begin{pmatrix}a\\b\end{pmatrix}$ 是等式 (2.10.28) 中的 $\mathbf{y}$, 这里的原点是这个方程中的 $\mathbf{b}$.

因此, 我们可以确信, 对于在原点附近的一个半径为 1/28 的球内的任意的 $\begin{pmatrix}a\\b\end{pmatrix}$, 下面的方程组有唯一解

$$\begin{cases}x^2-y=a\\ y^2-z=b\\ z^2-x=0\end{cases} \text{且} \left|\begin{pmatrix}x\\y\\z\end{pmatrix}\right| \leqslant \underbrace{2R|L^{-1}|}_{W_0\text{的半径}} = \frac{2}{28}\sqrt{7}. \quad \triangle \tag{2.10.37}$$

在下一个例子里, 直接计算李普希兹比率将会更难, 所以我们采用一个不同的方法.

例 2.10.17 (隐函数定理: 一个更难的例子). 在 $\mathbf{0}=\begin{pmatrix}0\\0\\0\\0\\0\end{pmatrix}$ 的哪个邻域内, 方程组 $\begin{cases}x^3-y=a\\ y^3-z=b\\ z^3-x=0\end{cases}$ 能够隐含地确定 $\begin{pmatrix}x\\y\\z\end{pmatrix}$ 为一个函数 $\mathbf{g}\begin{pmatrix}a\\b\end{pmatrix}$, 且 $\mathbf{g}\begin{pmatrix}0\\0\end{pmatrix}=\begin{pmatrix}0\\0\\0\end{pmatrix}$? 导数为

在计算隐函数的时候, 困难的部分通常是计算李普希兹比率.

$$\left[\mathbf{DF}\begin{pmatrix}x\\y\\x\\a\\b\end{pmatrix}\right] = \begin{bmatrix}3x^2 & -1 & 0 & -1 & 0\\ 0 & 3y^2 & -1 & 0 & -1\\ -1 & 0 & 3z^2 & 0 & 0\end{bmatrix}. \tag{2.10.38}$$

等式 (2.10.38): 当我们计算在 $x=y=z=0$ 的导数的前三列的时候, 显然我们得到了一个可逆矩阵, 所以我们已经知道, 在某个邻域内, x,y,z 可以被表示为 a 和 b 的一个隐函数.

在 $\mathbf{0}$ 处计算导数的值, 加上适当的行, 我们得到

$$L=\begin{bmatrix}0 & -1 & 0 & -1 & 0\\ 0 & 0 & -1 & 0 & -1\\ -1 & 0 & 0 & 0 & 0\\ 0 & 0 & 0 & 1 & 0\\ 0 & 0 & 0 & 0 & 1\end{bmatrix}, \quad L^{-1}=\begin{bmatrix}0 & 0 & -1 & 0 & 0\\ -1 & 0 & 0 & -1 & 0\\ 0 & -1 & 0 & 0 & -1\\ 0 & 0 & 0 & 1 & 0\\ 0 & 0 & 0 & 0 & 1\end{bmatrix},$$

所以 $|L^{-1}| = \sqrt{7}$.

对于导数, 直接计算一个李普希兹比率将会比在例 2.10.16 中的计算困难 (尽管仍然是相对无辜的). 我们将换个方法, 使用偏导数, 如命题 2.8.9 和例 2.8.10 以及 2.8.11 所讨论的. 仅有的非零的二阶偏导为

$$D_{1,1}F_1 = 6x,\ D_{2,2}F_2 = 6y,\ D_{3,3}F_3 = 6z. \tag{2.10.39}$$

用 r 表示 W_0 的半径, 并设

$$x^2+y^2+z^2+a^2+b^2 \leqslant r^2,\ \text{得到}\ \sqrt{36(x^2+y^2+z^2)} \leqslant 6r \tag{2.10.40}$$

(这里用到了命题 2.8.9). 现在, 方程

$$\underbrace{2R|L^{-1}|}_{W_0\text{的半径}} = r,\ \text{以及}\ \underbrace{\frac{1}{2R|L^{-1}|^2}}_{\text{李普希兹不等式 (2.10.26)}} \geqslant \underbrace{6r}_{\text{计算得到的李普希兹比率}} \tag{2.10.41}$$

给出 $\dfrac{1}{r|L^{-1}|} \geqslant 6r$, 从而得到 $r^2 \leqslant \dfrac{1}{6\sqrt{7}}$, 所以

$$r \approx 0.250\ 9\ \text{且}\ R = \frac{r}{2|L^{-1}|} \approx \frac{1}{4}\cdot\frac{1}{2\sqrt{7}} \approx 0.047\ 2. \tag{2.10.42}$$

对于 $\begin{pmatrix}0\\0\end{pmatrix}$ 附近的半径为 0.047 2 的球内任意的 $\begin{pmatrix}a\\b\end{pmatrix}$, 我们的方程组用 a, b 来表示 x, y, z; 给定这样的点 $\begin{pmatrix}a\\b\end{pmatrix}$, 方程组在半径为 $r \approx 0.250\ 9$ 的球内有唯一解. △

例 2.10.18 没有证明不存在不可微的隐函数.

例 2.10.18 (证明不存在可微的隐函数). 一个方形矩阵的 "迹(trace)" tr 是它的对角线上的项的和. 考虑满足 $\det A = 1$, 且 A^2 是对角矩阵的 2×2 的矩阵 A 的集合. 在 $A_0 \stackrel{\text{def}}{=} \begin{bmatrix}0 & 1\\ -1 & 0\end{bmatrix}$ 的邻域内, 这样的矩阵可以确定为 $\operatorname{tr}(A^2)$ 的可微函数吗?

例 2.10.18:

$$\begin{bmatrix}a & b\\ c & d\end{bmatrix}\begin{bmatrix}a & b\\ c & d\end{bmatrix} = \begin{bmatrix}a^2+bc & ab+bd\\ ac+cd & bc+d^2\end{bmatrix}.$$

不, 它们不能. 假设 $A = \begin{bmatrix}a & b\\ c & d\end{bmatrix}$, 且 A^2 是对角矩阵, $\det A = 1$. 设 $t = \operatorname{tr} A^2$. 则

$$\begin{cases} ad-bc &= 1\\ ab+bd &= 0\\ ac+cd &= 0\\ a^2+2bc+d^2 &= t \end{cases} \quad \text{满足}\ A^2 = \begin{bmatrix}a^2+bc & ab+bd\\ ac+cd & bc+d^2\end{bmatrix}. \tag{2.10.43}$$

我们在问的是 (见等式 (2.10.28)), 满足

$$\mathbf{F}\begin{pmatrix}a\\b\\c\\d\\t\end{pmatrix} = \begin{pmatrix}ad-bc-1\\ ab+bd\\ ac+cd\\ a^2+2bc+d^2-t\end{pmatrix} = \begin{pmatrix}0\\0\\0\\0\end{pmatrix} \tag{2.10.44}$$

的函数 $\mathbf{F}$ 是否把 A 确定为一个函数 $t \mapsto G(t)$, 且 $G(-2) = A_0$. 其导数为

$$\left[\mathbf{DF}\begin{pmatrix} a \\ b \\ c \\ d \\ t \end{pmatrix}\right] = \begin{bmatrix} d & -c & -b & a & 0 \\ b & a+d & 0 & b & 0 \\ c & 0 & a+d & c & 0 \\ 2a & 2c & 2b & 2d & -1 \end{bmatrix},$$

在 $\begin{pmatrix} A_0 \\ \operatorname{tr} A_0^2 \end{pmatrix} = \begin{pmatrix} 0 \\ 1 \\ -1 \\ 0 \\ -2 \end{pmatrix}$, 这个就是 $\begin{bmatrix} 0 & 1 & -1 & 0 & 0 \\ 1 & 0 & 0 & 1 & 0 \\ -1 & 0 & 0 & -1 & 0 \\ 0 & -2 & 2 & 0 & -1 \end{bmatrix}$. 这个矩阵的前四列代表我们的候选的主元变量, 没有构成一个可逆的矩阵. 因此, 隐函数定理不保证存在一个隐式的函数 G.

我们在例 2.10.13 中看到, 有可能存在一个隐函数, 即使它不能被隐函数定理所保证. 这个会在这里发生吗? 不会. 链式法则说明

$$\left[\mathbf{D}\left(\mathbf{F} \circ \begin{pmatrix} G \\ \mathrm{id} \end{pmatrix}\right)(t)\right] = \left[\mathbf{DF}\begin{pmatrix} G(t) \\ t \end{pmatrix}\right]\begin{bmatrix} \mathbf{D}G(t) \\ 1 \end{bmatrix} = \begin{bmatrix} 0 \\ 0 \\ 0 \\ 0 \end{bmatrix},$$

也就是对于 $t = -2$, 有

$$\begin{bmatrix} 0 & 1 & -1 & 0 & 0 \\ 1 & 0 & 0 & 1 & 0 \\ -1 & 0 & 0 & -1 & 0 \\ 0 & -2 & 2 & 0 & -1 \end{bmatrix}\begin{bmatrix} \mathbf{D}G(t) \\ 1 \end{bmatrix} = \begin{bmatrix} 0 \\ 0 \\ 0 \\ 0 \end{bmatrix}. \tag{2.10.45}$$

不存在 $\mathbf{D}G(t)$ 满足等式 (2.10.45). 右边的第一项可以为 0 的唯一方法是 $\mathbf{D}G(t)$ 的第二项和第三项相等. 但是右边的第四项将为 -1, 而不是 0. $\triangle$

2.10 节的练习

2.10.1 逆函数定理能否保证下面的函数局部可微, 且有可微的逆?

a. $\mathbf{F}\begin{pmatrix} x \\ y \end{pmatrix} = \begin{pmatrix} x^2y \\ -2x \\ y^2 \end{pmatrix}$ 在 $\begin{pmatrix} 1 \\ 1 \end{pmatrix}$; b. $\mathbf{F}\begin{pmatrix} x \\ y \end{pmatrix} = \begin{pmatrix} x^2y \\ -2x \end{pmatrix}$ 在 $\begin{pmatrix} 1 \\ 1 \end{pmatrix}$;

c. $\mathbf{F}\begin{pmatrix} x \\ y \\ z \end{pmatrix} = \begin{pmatrix} xyz \\ x^2 \end{pmatrix}$ 在 $\begin{pmatrix} 0 \\ 0 \\ 0 \end{pmatrix}$; d. $\mathbf{F}\begin{pmatrix} x \\ y \\ z \end{pmatrix} = \begin{pmatrix} xyz \\ x^2 \\ z^2 \end{pmatrix}$ 在 $\begin{pmatrix} 0 \\ 0 \\ 0 \end{pmatrix}$;

e. $\mathbf{F}\begin{pmatrix} x \\ y \\ z \end{pmatrix} = \begin{pmatrix} xyz \\ x^2 \\ z^2 \end{pmatrix}$ 在 $\begin{pmatrix} 1 \\ 1 \\ 1 \end{pmatrix}$.

2.10.2 由逆函数定理, 映射 $\mathbf{f}\begin{pmatrix}x\\y\end{pmatrix}=\begin{pmatrix}xy\\x^2-y^2\end{pmatrix}$ 在哪里可以保证局部可逆?

2.10.3 令 f 为例 1.9.4 中讨论的函数 (见边注).

$$f(x)=\begin{cases}\dfrac{x}{2}+x^2\sin\dfrac{1}{x} & \text{如果 } x\neq 0\\ 0 & \text{如果 } x=0\end{cases}$$

练习 2.10.3 的函数.

a. 证明: f 在 0 可微, 导数为 1/2.

b. 证明: f 在 0 的任何邻域没有逆.

c. 为什么这个与定理 2.10.2(逆函数定理) 不矛盾.

2.10.4 证明: 如果定理 2.10.7 中的导数 $[\mathbf{Df}(\mathbf{x}_0)]$ 是不可逆的, 则 $\mathbf{f}$ 在 $\mathbf{f}(\mathbf{x}_0)$ 的邻域没有可微的逆.

2.10.5 a. 利用直接计算, 确定 $y^2+y+3x+1=0$ 在哪里把 y 隐式地定义为 x 的函数.

b. 检验上述的结论与隐函数定理一致.

c. 在 $x=-1/2$ 的哪个邻域内, 我们可以保证一个隐函数 $g(x)$ 满足 $g(-1/2)=(\sqrt{3}-1)/2$?

d. 在 $x=-13/4$ 的哪个邻域内, 我们可以保证一个隐函数 $g(x)$ 满足 $g(-13/4)=5/2$?

$$\mathbf{f}\begin{pmatrix}x\\y\end{pmatrix}=\begin{pmatrix}\dfrac{x^2-y^2}{x^2+y^2}\\[2ex]\dfrac{xy}{x^2+y^2}\end{pmatrix}$$

练习 2.10.6 的函数.

2.10.6 令 $\mathbf{f}\colon \mathbb{R}^2-\{\mathbf{0}\}\to\mathbb{R}^2$ 如边注所示. $\mathbf{f}$ 是否在 $\mathbb{R}^2$ 的每个点上都有局部的逆?

2.10.7 方程组 $x^2=0, y=t$ 是否在 $\mathbf{0}$ 的一个邻域内用 t 隐式地表示 $\begin{pmatrix}x\\y\end{pmatrix}$.

2.10.8 令 $x^2+y^3+\mathrm{e}^y=0$ 隐式地定义 $y=f(x)$. 计算 $f'(x)$, 并用 x 和 y 表示.

2.10.9 当 a 足够小的时候, 方程组 $\begin{cases}x+y+\sin(xy) &= a\\ \sin(x^2+y) &= 2a\end{cases}$ 是否有解?

2.10.10 形式为 $I+\epsilon B$ 的 2×2 的矩阵是否在 $\begin{bmatrix}1&0\\0&-1\end{bmatrix}$ 附近有一个平方根 A?

$$A=\begin{bmatrix}a_1&0&\cdots&0\\0&a_2&\cdots&0\\\vdots&\vdots&&\vdots\\0&0&\cdots&a_n\end{bmatrix}$$

练习 2.10.11 的矩阵.

2.10.11 令 A 为边注中的矩阵, 考虑线性变换 $T\colon \mathrm{Mat}(n,n)\to\mathrm{Mat}(n,n)$, 定义为 $T\colon H\mapsto AH+HA$.

a. 如果 $H_{i,j}$ 是在 (i,j) 位置上为 1, 其他位置上为 0 的矩阵, 计算 $TH_{i,j}$.

b. a_i 必须满足什么条件才能使 T 是可逆的?

c. 判断对错. 存在 $\mathrm{Mat}(3,3)$ 中的一个单位矩阵的一个邻域 U 和一个可微的 "平方根映射"$f\colon U\to\mathrm{Mat}(3,3)$, 满足 $(f(A))^2=A$ 对所有的 $A\in U$ 成立, 且 $f(I)=\begin{bmatrix}-1&0&0\\0&1&0\\0&0&1\end{bmatrix}$.

2.10.12 判断对错. 存在 $r>0$ 和一个可微的映射 $g\colon B_r\left(\begin{bmatrix}-3 & 0\\ 0 & -3\end{bmatrix}\right)\to \mathrm{Mat}(2,2)$, 使得 $g\left(\begin{bmatrix}-3 & 0\\ 0 & -3\end{bmatrix}\right)=\begin{bmatrix}1 & 2\\ -2 & -1\end{bmatrix}$, 且 $(g(A))^2=A$ 对所有的 $A\in B_r\left(\begin{bmatrix}-3 & 0\\ 0 & -3\end{bmatrix}\right)$ 成立.

2.10.13 判断对错. 如果 $f\colon\mathbb{R}^3\to\mathbb{R}$ 是连续可微的, 且有 $D_2f\begin{pmatrix}a\\ b\\ c\end{pmatrix}\neq 0$, $D_3f\begin{pmatrix}a\\ b\\ c\end{pmatrix}\neq 0$, 则存在 $\begin{pmatrix}y\\ z\end{pmatrix}$ 的一个函数 h, 定义在 $\begin{pmatrix}b\\ c\end{pmatrix}$ 附近, 使得 $f\begin{pmatrix}h\begin{pmatrix}y\\ z\end{pmatrix}\\ y\\ z\end{pmatrix}=0$.

2.10.14 考虑由 $S(A)=A^2$ 给出的映射 $S\colon \mathrm{Mat}(2,2)\to\mathrm{Mat}(2,2)$. 注意到 $S(-I)=I$. 是否存在一个逆映射 g, 也就是一个满足 $S(g(A))=A$, 定义在 I 的一个邻域内, 且满足 $g(I)=-I$ 的映射?

2.10.15 a. 证明: 映射 $\mathbf{F}\begin{pmatrix}x\\ y\end{pmatrix}=\begin{pmatrix}\mathrm{e}^x+\mathrm{e}^y\\ \mathrm{e}^x+\mathrm{e}^{-y}\end{pmatrix}$ 在每个点 $\begin{pmatrix}x\\ y\end{pmatrix}\in\mathbb{R}^2$ 局部可逆.

b. 如果 $\mathbf{F}(\mathbf{a})=\mathbf{b}$, 那么 $\mathbf{F}^{-1}$ 在 $\mathbf{b}$ 的导数是什么?

2.10.16 矩阵 $A_0=\begin{bmatrix}0 & 1 & 0\\ 0 & 0 & 1\\ 1 & 0 & 0\end{bmatrix}$ 满足 $A_0^3=I$. 是对还是错? 存在 I 的一个邻域 $U\subset\mathrm{Mat}(3,3)$, 以及一个连续可微函数 $g\colon U\to\mathrm{Mat}(3,3)$, 满足 $g(I)=A_0$, 以及 $(g(A))^3=A$ 对所有的 $A\in U$ 成立 (也就是, $g(A)$ 是 A 的立方根).

2.10.17 证明定理 2.10.2(一维上的逆函数定理).

2.11　第 2 章的复习题

$$\begin{cases}x+y-z &= a\\ x+2z &= b\\ x+ay+z &= b\end{cases}$$

练习 2.1 的方程组.

$$\begin{bmatrix}1 & 2 & 0 & 1\\ 1 & 1 & 3 & 3\\ 0 & 1 & 0 & 1\\ 2 & 1 & 1 & 3\end{bmatrix}$$

练习 2.2 的矩阵 A.

2.1 a. 对于 a 和 b 的哪些数值, 边注中的线性方程组有一个解? 无解? 有无穷多个解?

b. 对于 a 和 b 的哪些数值, 系数矩阵是可逆的?

2.2 当 A 是边注中的矩阵时, 乘上哪个初等矩阵相当于:

a. 交换 A 的第一行和第二行?

b. 把 A 的第四行乘上 3?

c. 把 A 的第三行的 2 倍加到 A 的第一行上?

2.3 a. 令 $T: \mathbb{R}^n \to \mathbb{R}^m$ 为一个线性变换. 下述的陈述是对还是错?

1. 如果 $\ker T = \{\vec{\mathbf{0}}\}$, $T(\vec{\mathbf{y}}) = \vec{\mathbf{b}}$, 则 $\vec{\mathbf{y}}$ 是方程 $T(\vec{\mathbf{x}}) = \vec{\mathbf{b}}$ 的唯一解.
2. 如果 $\vec{\mathbf{y}}$ 是 $T(\vec{\mathbf{x}}) = \vec{\mathbf{c}}$ 的唯一解, 则对于任何 $\vec{\mathbf{b}} \in \mathbb{R}^m$, 存在一个解满足 $T(\vec{\mathbf{x}}) = \vec{\mathbf{b}}$.
3. 如果 $\vec{\mathbf{y}} \in \mathbb{R}^n$ 是 $T(\vec{\mathbf{x}}) = \vec{\mathbf{b}}$ 的一个解, 则它是唯一解.
4. 如果对于任意的 $\vec{\mathbf{b}} \in \mathbb{R}^m$, 方程 $T(\vec{\mathbf{x}}) = \vec{\mathbf{b}}$ 有一个解, 则它是唯一解.

b. 对于任何不正确的陈述, 可否对 m 和 n 加上条件使得陈述变成正确的?

2.4 a. 证明: 当且仅当一个上三角矩阵的对角项都不是 0 的时候, 它是可逆的; 如果它是可逆的, 则它的逆矩阵也是上三角矩阵.

b. 证明: 上述的结论对于下三角矩阵也成立.

2.5 a. 令 A 为一个 $(n-k)\times(n-k)$ 的矩阵, B 为一个 $k\times k$ 的矩阵, C 为一个 $(n-k)\times k$ 的矩阵, $[0]$ 为 $k\times(n-k)$ 的零矩阵. 证明: 当且仅当 A 和 B 都是可逆的时候, $n\times n$ 的矩阵 $\begin{bmatrix} A & C \\ [0] & B \end{bmatrix}$ 是可逆的.

b. 求出计算逆矩阵的公式.

$$\begin{bmatrix} 1 & -1 & 3 & 0 & -2 \\ -2 & 2 & -6 & 0 & 4 \\ 0 & 2 & 5 & -1 & 0 \\ 2 & -6 & -4 & 2 & -4 \end{bmatrix}$$

练习 2.6 的矩阵 A.

练习 2.6, b 问: 例如, 对 $k = 2$, 我们问的是关于下面的方程组

$$\begin{bmatrix} 1 & -1 \\ -2 & 2 \\ 0 & 2 \\ 2 & -6 \end{bmatrix} \begin{bmatrix} x_1 \\ x_2 \end{bmatrix} = \begin{bmatrix} 3 \\ -6 \\ 5 \\ -4 \end{bmatrix}.$$

2.6 a. 行化简边注中的矩阵 A.

b. 令 $\vec{\mathbf{v}}_m$ 为 A 的列, $m = 1, \cdots, 5$. 关于下面的方程组

$$\begin{bmatrix} \vec{\mathbf{v}}_1, \cdots, \vec{\mathbf{v}}_k \end{bmatrix} \begin{bmatrix} x_1 \\ \vdots \\ x_k \end{bmatrix} = \vec{\mathbf{v}}_{k+1}, \; k = 1, 2, 3, 4,$$

你可以得出什么结论?

2.7 a. 对于 a 的哪个数值, 矩阵 $\begin{bmatrix} 1 & -1 & -1 \\ 0 & a & 1 \\ 2 & a+2 & a+2 \end{bmatrix}$ 是可逆的?

b. 对于这些数值, 计算逆矩阵.

2.8 证明下面两个陈述等价于是在说, 向量 $\vec{\mathbf{v}}_1, \cdots, \vec{\mathbf{v}}_k$ 的集合是线性无关的:

a. 把向量 $\vec{\mathbf{0}}$ 写成 $\vec{\mathbf{v}}_i$ 的线性组合的唯一方法是只用 0 系数.

b. 没有任何一个 $\vec{\mathbf{v}}_i$ 是其他向量的线性组合.

2.9 a. 证明: $\begin{bmatrix} \cos\theta \\ \sin\theta \end{bmatrix}, \begin{bmatrix} -\sin\theta \\ \cos\theta \end{bmatrix}$ 构成了 $\mathbb{R}^2$ 上的一组规范正交基.

b. 证明: $\begin{bmatrix} \cos\theta \\ \sin\theta \end{bmatrix}, \begin{bmatrix} \sin\theta \\ -\cos\theta \end{bmatrix}$ 构成了 $\mathbb{R}^2$ 上的一组规范正交基.

c. 证明任意正交的 2×2 矩阵给出的要么是反射, 要么是旋转: 如果它的行列式为负, 则为反射, 如果它的行列式为正, 则为旋转.

练习 2.10 的提示: 设

$$\begin{aligned} z_1 &= x^2, \\ z_2 &= y^2, \\ z_3 &= z_1^2. \end{aligned}$$

2.10 找到 a^2+b^2 的一个上界, 使得利用牛顿方法, 从 $x=0, y=0$ 开始解方程组

$$\begin{cases} x^3+x-3y^2 &= a \\ x^5+x^2y^3-y &= b \end{cases}$$

能保证收敛到一个解.

2.11 a. 令 $A=\begin{bmatrix}1 & 2\\ 2 & 1\end{bmatrix}$. $\operatorname{Mat}(2,2)$ 中的元素 I, A, A^2, A^3 是线性无关的吗? 它们生成的子空间 $V\subset \operatorname{Mat}(2,2)$ 的维数是多少? ($\operatorname{Mat}(n,m)$ 代表 $n\times m$ 的矩阵的集合.)

b. 证明: 满足 $AB=BA$ 的矩阵 $B\in \operatorname{Mat}(2,2)$ 的集合 W 是 $\operatorname{Mat}(2,2)$ 的子空间. 它的维数是多少?

c. 证明: $V\subset W$. 它们相等吗?

2.12 令 $\vec{\mathbf{v}}_1,\cdots,\vec{\mathbf{v}}_k$ 为 $\mathbb{R}^n$ 中的向量, 集合 $V=\{\vec{\mathbf{v}}_1,\cdots,\vec{\mathbf{v}}_k\}$:

a. 证明: 当且仅当 $V^{\mathrm{T}}V$ 是对角矩阵, 集合 $\{\vec{\mathbf{v}}_1,\cdots,\vec{\mathbf{v}}_k\}$ 才是正交的.

b. 证明: 当且仅当 $V^{\mathrm{T}}V=I_k$, 集合 $\{\vec{\mathbf{v}}_1,\cdots,\vec{\mathbf{v}}_k\}$ 才是规范正交的.

2.13 求下列矩阵的像和核的一组基向量

$$A=\begin{bmatrix}1 & 1 & 3 & 6 & 2\\ 2 & -1 & 0 & 4 & 1\\ 4 & 1 & 6 & 16 & 5\end{bmatrix},\ B=\begin{bmatrix}2 & 1 & 3 & 6 & 2\\ 2 & -1 & 0 & 4 & 1\end{bmatrix},$$

并且验证维数公式 (等式 (2.5.8)) 成立.

练习 2.14: 为简化记号, 我们省略了向量上的箭头, 用 $\bar{\mathbf{v}}$ 表示 $\mathbf{v}$ 的复共轭.

2.14 令 A 为一个 $n\times n$ 的实矩阵, 令 $\mathbf{v}\in\mathbb{C}^n$ 为一个向量, 满足 $A\mathbf{v}=(a+\mathrm{i}b)\mathbf{v}$, $b\neq 0$. 令 $\mathbf{u}=\dfrac{1}{2}(\mathbf{v}+\bar{\mathbf{v}})$, $\mathbf{w}=\dfrac{1}{2\mathrm{i}}(\mathbf{v}-\bar{\mathbf{v}})$.

a. 证明: $A\bar{\mathbf{v}}=(a-\mathrm{i}b)\bar{\mathbf{v}}$, 因此 $\mathbf{v}$ 和 $\bar{\mathbf{v}}$ 在 $\mathbb{C}^n$ 中是线性无关的.

b. 证明: $A\mathbf{u}=a\mathbf{u}-b\mathbf{w}$, $A\mathbf{w}=b\mathbf{u}+a\mathbf{w}$.

2.15 证明: 正交的 2×2 矩阵是旋转矩阵或者反射矩阵.

练习 2.16: 例如, 多项式

$$p=2x-y+3xy+5y^2$$

相应于点 $\begin{pmatrix}0\\2\\-1\\0\\3\\5\end{pmatrix}$, 所以

$$xD_1p=x(2+3y)=2x+3xy$$

相应于 $\begin{pmatrix}0\\2\\0\\0\\3\\0\end{pmatrix}$.

2.16 令 P 是不超过 2 次的变量为 x 和 y 的多项式的空间, 用 $\begin{pmatrix}a_1\\ \vdots\\ a_6\end{pmatrix}\in\mathbb{R}^6$ 表示 $a_1+a_2x+a_3y+a_4x^2+a_5xy+a_6y^2$.

a. 线性变换 $S, T\colon P\to P$

$$S(p)\begin{pmatrix}x\\y\end{pmatrix}=xD_1p\begin{pmatrix}x\\y\end{pmatrix},\ T(p)\begin{pmatrix}x\\y\end{pmatrix}=yD_2p\begin{pmatrix}x\\y\end{pmatrix}$$

的矩阵是什么?

b. 线性变换

$$p \mapsto 2p - S(p) - T(p)$$

的核和像是什么?

练习 2.17 的提示: 你应当用到以下事实: 满足 $p(n) = p'(n) = 0$ 的 d 次多项式 p 可以写成 $p(x) = (x-n)^2 q(x)$, 其中 q 为某个 $d-2$ 次的多项式.

2.17 令 $a_1, \cdots, a_k, b_1, \cdots, b_k$ 为任意 $2k$ 个数. 证明: 存在唯一的一个不超过 $2k-1$ 次的多项式 p, 满足 $p(n) = a_n$, $p'(n) = b_n$ 对所有的整数 $n(1 \leqslant n \leqslant k)$ 成立. 换句话说, 通过证明 p 和 p' 在 $1, \cdots, k$ 的值可以确定 p.

2.18 一个满足 $P^2 = P$ 的 $n \times n$ 的方形矩阵 P 叫作投影.

a. 证明: 当且仅当 $I - P$ 是一个投影时, P 是一个投影. 证明: 如果 P 是可逆的, 则 P 为单位矩阵.

练习 2.18, b 问的提示:

$$\vec{\mathbf{v}} = P\vec{\mathbf{v}} + (\vec{\mathbf{v}} - P\vec{\mathbf{v}}).$$

b. 令 $V_1 = \operatorname{img} P$, $V_2 = \ker P$. 证明: 任意向量 $\vec{\mathbf{v}} \in \mathbb{R}^n$ 可以唯一地写为 $\vec{\mathbf{v}} = \vec{\mathbf{v}}_1 + \vec{\mathbf{v}}_2$, 其中 $\vec{\mathbf{v}}_1 \in V_1$, $\vec{\mathbf{v}}_2 \in V_2$.

c. 证明: 存在 $\mathbb{R}^n$ 的一组基 $\vec{\mathbf{v}}_1, \cdots, \vec{\mathbf{v}}_n$, 以及一个整数 $k \leqslant n$ 满足

$$P\vec{\mathbf{v}}_1 = \vec{\mathbf{v}}_1, P\vec{\mathbf{v}}_2 = \vec{\mathbf{v}}_2, \cdots, P\vec{\mathbf{v}}_k = \vec{\mathbf{v}}_k,$$
$$P\vec{\mathbf{v}}_{k+1} = \vec{\mathbf{0}}, P\vec{\mathbf{v}}_{k+2} = \vec{\mathbf{0}}, \cdots, P\vec{\mathbf{v}}_n = \vec{\mathbf{0}}.$$

*d. 证明: 如果 P_1 和 P_2 是投影, 满足 $P_1P_2 = [0]$, 则 $Q = P_1 + P_2 - (P_2P_1)$ 是一个投影, $\ker Q = \ker P_1 \cap \ker P_2$, 且 Q 的像是由 P_1 的像和 P_2 的像生成的空间.

练习 2.19: $\mathcal{C}^2$ 是 C^2(二次连续可微) 函数的空间.

2.19 证明: 在例 2.6.7 中, 由等式 (2.6.8) 给出的变换 $T\colon \mathcal{C}^2(\mathbb{R}) \to \mathcal{C}(\mathbb{R})$ 是线性变换.

2.20 用 $\mathcal{L}\Big(\operatorname{Mat}(n,n), \operatorname{Mat}(n,n)\Big)$ 表示从 $\operatorname{Mat}(n,n)$ 到 $\operatorname{Mat}(n,n)$ 的线性变换的空间.

a. 证明: $\mathcal{L}\Big(\operatorname{Mat}(n,n), \operatorname{Mat}(n,n)\Big)$ 是一个向量空间, 并且它的维数是有限的. 它的维数是多少?

b. 证明: 对于任意 $A \in \operatorname{Mat}(n,n)$, 由 $L_A(B) = AB$ 和 $R_A(B) = BA$ 给出的变换

$$L_A, R_A : \operatorname{Mat}(n,n) \to \operatorname{Mat}(n,n)$$

是线性变换.

c. 令 $\mathcal{M}_L \subset \mathcal{L}\Big(\operatorname{Mat}(n,n), \operatorname{Mat}(n,n)\Big)$ 是形式为 L_A 的函数的集合. 证明它是 $\mathcal{L}\Big(\operatorname{Mat}(n,n), \operatorname{Mat}(n,n)\Big)$ 的子空间. 它的维数是几?

d. 证明: 存在线性变换 $T\colon \operatorname{Mat}(2,2) \to \operatorname{Mat}(2,2)$, 对于任意的两个矩阵 $A, B \in \operatorname{Mat}(2,2)$, 都不能写成 $L_A + R_B$. 你能找到这样的一个明确的例子吗?

2.21 证明: 在一个 n 维的向量空间中, 不存在超过 n 个线性无关的向量, 这个空间也从来不能被少于 n 个向量生成.

2.22 假设我们使用与练习 2.6.8 中相同的算子 $T\colon P_2 \to P_2$, 但选择使用基

$$q_1(x) = x^2, q_2(x) = x^2 + x, q_3(x) = x^2 + x + 1.$$

现在, 矩阵 $\Phi_{\{q\}}^{-1} \circ T \circ \Phi_{\{q\}}$ 是什么?

对于练习 2.23, 我们感谢 Tan Lei 和 Alexandre Bardet.

练习 2.23: 将矩阵 $\left[\widetilde{A}^{\mathrm{T}} \mid \widetilde{B}^{\mathrm{T}}\right]$ 转置给出 $\begin{bmatrix}\widetilde{A}\\ \widetilde{B}\end{bmatrix}$. 我们说 "$\widetilde{B}$ 中与 $\widetilde{A}$ 中的零列对应的列" 的意思是 $\widetilde{B}$ 的那些列会在 $\widetilde{A}$ 的零列的下面, $\widetilde{A}$ 的这些列构成了 $\widetilde{A}$ 的右边的一块 (可能是空的).

2.23 令 A 为一个 $n \times m$ 的矩阵. 证明: 如果你把增广矩阵 $[A^{\mathrm{T}} \mid I_m]$ 行化简到 $[\widetilde{A}^{\mathrm{T}} \mid \widetilde{B}^{\mathrm{T}}]$, 则 $\widetilde{A}$ 中的非零列构成了 A 的像的一组基, $\widetilde{B}$ 中与 $\widetilde{A}$ 中的零列对应的列构成了 A 的核的一组基.

$$\mathbf{F}\begin{pmatrix}x\\y\end{pmatrix} = \begin{pmatrix}\sin(x-y)+y^2\\ \cos(x+y)-x\end{pmatrix}$$

练习 2.24 的映射.

2.24 a. 给边注中定义的映射 $\mathbf{F}$ 的导数找到一个全局的李普希兹比率.

b. 执行一步牛顿方法, 从 $\begin{pmatrix}0\\0\end{pmatrix}$ 开始, 解方程 $\mathbf{F}\begin{pmatrix}x\\y\end{pmatrix} - \begin{pmatrix}0.5\\0\end{pmatrix} = \begin{pmatrix}0\\0\end{pmatrix}$.

c. 你可以确定牛顿方法收敛吗?

练习 2.25: 注意 $[2I]^3 = [8I]$, 即

$$\begin{bmatrix}2&0&0\\0&2&0\\0&0&2\end{bmatrix}^3 = \begin{bmatrix}8&0&0\\0&8&0\\0&0&8\end{bmatrix}.$$

2.25 利用牛顿方法, 解方程 $A^3 = \begin{bmatrix}9&0&1\\0&7&0\\0&2&8\end{bmatrix}$.

练习 2.26: 计算确实需要你进行行化简的一个 4×4 的矩阵.

2.26 考虑映射 $F\colon \mathrm{Mat}(2,2) \to \mathrm{Mat}(2,2)$, 由 $F(A) = A^2 + A^{-1}$ 定义. 设 $A_0 = \begin{bmatrix}0&1\\-1&0\end{bmatrix}$, $B_0 = F(A_0)$, 定义

$$U_r = \{B \in \mathrm{Mat}(2,2) \mid |B - B_0| < r\}.$$

是否存在 $r > 0$ 和一个可微的映射 $G\colon U_r \to \mathrm{Mat}(2,2)$ 使得 $F(G(B)) = B$ 对每个 $B \in U_r$ 都成立.

$$\mathbf{f}\begin{pmatrix}x\\y\end{pmatrix} = \begin{pmatrix}x^2-y-2\\ y^2-x-6\end{pmatrix}$$

练习 2.27 的映射.

2.27 a. 给在边注中给出的映射 $\mathbf{f}\colon \mathbb{R}^2 \to \mathbb{R}^2$ 的导数找到一个全局的李普希兹比率.

b. 执行一步牛顿方法, 从 $\begin{pmatrix}2\\3\end{pmatrix}$ 开始, 解方程 $\mathbf{f}\begin{pmatrix}x\\y\end{pmatrix} = \begin{pmatrix}0\\0\end{pmatrix}$.

c. 找到并简单画出一个在 $\mathbb{R}^2$ 上你确信会包含一个根的圆盘.

2.28 除了长度和范数, 还有其他可行的方法来测量矩阵; 例如, 我们可以声明矩阵 A 的大小 $|A|$ 为所有项中最大的绝对值. 在这种情况下, $|A+B| \leqslant |A| + |B|$, 但陈述 $|A\vec{\mathbf{x}}| \leqslant |A||\vec{\mathbf{x}}|$(其中 $|\vec{\mathbf{x}}|$ 是向量通常的长度) 是不成立的. 找到一个 ϵ 使得陈述对于

$$A = \begin{bmatrix}1&1&1+\epsilon\\0&0&0\\0&0&0\end{bmatrix} \text{ 和 } \vec{\mathbf{x}} = \begin{bmatrix}1\\1\\0\end{bmatrix}$$

不成立.

练习 2.29: 矩阵 A 的范数 $\|A\|$ 在 2.9 节定义 (定义 2.9.6).

2.29 证明: $\|A\| = \|A^{\mathrm{T}}\|$.

2.30 在例 2.10.9 中, 我们发现 $M = 2\sqrt{2}$ 是函数 $\mathbf{f}\begin{pmatrix}x\\y\end{pmatrix} = \begin{pmatrix}\sin(x+y)\\x^2-y^2\end{pmatrix}$ 的一个全局的李普希兹比率. 使用二阶偏导的方法, 你得到的李普希兹比率是

什么? 利用李普希兹比率, 你得到的逆函数在 $\mathbf{f}\begin{pmatrix}0\\ \pi\end{pmatrix}$ 的最小的定义域是什么?

2.31 a. 判断对错. 方程 $\sin(xyz)=z$ 在点 $\begin{pmatrix}x\\ y\\ z\end{pmatrix}=\begin{pmatrix}\frac{\pi}{2}\\ 1\\ 1\end{pmatrix}$ 附近把 x 表示为 y 和 z 的一个可微的隐函数.

b. 判断对错. 方程 $\sin(xyz)=z$ 在同一个点附近把 z 表示为 x 和 y 的一个可微的隐函数.

练习 2.32: 你可以用到下述事实: 如果

$$S\colon \mathrm{Mat}(2,2)\to\mathrm{Mat}(2,2)$$

为平方映射

$$S(A)=A^2,$$

则

$$[\mathbf{D}S(A)]B=AB+BA.$$

2.32 判断对错. 存在 $\begin{bmatrix}5&0\\0&5\end{bmatrix}$ 的一个邻域 $U\subset\mathrm{Mat}(2,2)$ 和一个 C^1 映射 $F\colon U\to\mathrm{Mat}(2,2)$, 满足 $F\left(\begin{bmatrix}5&0\\0&5\end{bmatrix}\right)=\begin{bmatrix}1&2\\2&-1\end{bmatrix}$ 且 $(F(A))^2=A$.

2.33 判断对错. 存在 $r>0$ 和一个可微的映射 $g\colon B_r\left(\begin{bmatrix}-3&0\\0&-3\end{bmatrix}\right)\to\mathrm{Mat}(2,2)$, 满足 $g\left(\begin{bmatrix}-3&0\\0&-3\end{bmatrix}\right)=\begin{bmatrix}1&2\\-2&-1\end{bmatrix}$, 且 $(g(A))^2=A$ 对于所有的 $A\in B_r\left(\begin{bmatrix}-3&0\\0&-3\end{bmatrix}\right)$ 成立.

Dierk Schleicher 贡献了练习 2.34. 几何上, 给定的条件是: 存在一个单位立方体, 一个顶点在原点, 且从原点发出的三条边为 $\vec{\mathbf{a}},\vec{\mathbf{b}},\vec{\mathbf{c}}$.

2.34 给定 $\mathbb{R}^2$ 中的三个向量 $\begin{bmatrix}a_1\\a_2\end{bmatrix},\begin{bmatrix}b_1\\b_2\end{bmatrix},\begin{bmatrix}c_1\\c_2\end{bmatrix}$, 证明: 当且仅当 $\vec{\mathbf{v}}_1=\begin{bmatrix}a_1\\b_1\\c_1\end{bmatrix}$ 和 $\vec{\mathbf{v}}_2=\begin{bmatrix}a_2\\b_2\\c_2\end{bmatrix}$ 的长度为 1, 且互相正交时, 才存在 $\mathbb{R}^3$ 中的向量 $\vec{\mathbf{a}}=\begin{bmatrix}a_1\\a_2\\a_3\end{bmatrix},\vec{\mathbf{b}}=\begin{bmatrix}b_1\\b_2\\b_3\end{bmatrix},\vec{\mathbf{c}}=\begin{bmatrix}c_1\\c_2\\c_3\end{bmatrix}$ 满足

$$|\vec{\mathbf{a}}|^2=|\vec{\mathbf{b}}|^2=|\vec{\mathbf{c}}|^2=1,\ \text{且}\ \vec{\mathbf{a}}\cdot\vec{\mathbf{b}}=\vec{\mathbf{a}}\cdot\vec{\mathbf{c}}=\vec{\mathbf{b}}\cdot\vec{\mathbf{c}}=0.$$

2.35 想象一下, 在构造牛顿序列

$$\mathbf{x}_{n+1}=\mathbf{x}_n-[\mathbf{Df}(\mathbf{x}_n)]^{-1}\mathbf{f}(\mathbf{x}_n)$$

练习 2.35: 这道题有很多 "正确" 的解答, 所以试着想一些.

的时候, 你遇到了一个不可逆的矩阵 $[\mathbf{Df}(\mathbf{x}_n)]$. 你应该怎么做? 对于处理这样的情况, 给出一些建议.

2.36 令 V 为一个向量空间, 记 $\mathcal{P}^*(V)$ 为 V 的非空子集的集合. 定义 $+:\mathcal{P}^*(V)\times\mathcal{P}^*(V)\to\mathcal{P}^*(V)$ 为

$$A+B\overset{\text{def}}{=}\{a+b\mid a\in A,b\in B\},$$

以及标量乘法 $\mathbb{R} \times \mathcal{P}^*(V) \to \mathcal{P}^*(V)$ 为 $\alpha A \stackrel{\text{def}}{=} \{\alpha a \mid a \in A\}$.

a. 证明 "+" 是符合结合律的: $(A+B)+C = A+(B+C)$, 而且 $\{0\}$ 是一个加法的单位元.

b. 证明: $\alpha(A+B) = \alpha A + \alpha B$, $1A = A$, 以及 $(\alpha\beta)A = \alpha(\beta A)$ 对所有的 $\alpha, \beta \in \mathbb{R}$ 成立.

c. 在这些运算下, $\mathcal{P}^*(V)$ 是一个向量空间吗?

*d. $\mathcal{P}^*(V)$ 是否有在这些运算下是向量空间的子集?

练习 2.36: d 部分的解答取决于你是否选择 $\{0\}$ 为加法单位元, 或者允许它可以是对你在研究的特殊的矩阵适合的元素. 在后一种情况下, 你可能会进入 "商空间".

***2.37** 这个练习给出了裴蜀定理的一个证明. 令 p_1 和 p_2 分别为 k_1 和 k_2 次多项式, 考虑映射

$$T : (q_1, q_2) \mapsto p_1 q_1 + p_2 q_2,$$

其中 q_1 是一个不超过 $k_2 - 1$ 次的多项式, q_2 为一个不超过 $k_1 - 1$ 次的多项式, 所以 $p_1 q_1 + p_2 q_2$ 的次数不超过 $k_1 + k_2 - 1$. 注意这样的 (q_1, q_2) 的空间的维数为 $k_1 + k_2$, 而不超过 $k_1 + k_2 - 1$ 次的多项式的空间的维数也是 $k_1 + k_2$.

练习 2.37, a 问: 可能用复数来计算要容易一些.

互质: 没有公因子.

a. 证明: 当且仅当 p_1 和 p_2 互质的时候, $\ker T = \{0\}$.

b. 利用推论 2.5.10 来证明裴蜀恒等式: 当且仅当存在唯一的 q_1 和 q_2, 其次数不超过 $k_2 - 1$ 和 $k_1 - 1$, 使得 $p_1 q_1 + p_2 q_2 = 1$ 的时候, p_1, p_2 是互质的.

****2.38** 令 A 为一个 $n \times n$ 的对角矩阵: $A = \begin{bmatrix} \lambda_1 & & \\ & \ddots & \\ & & \lambda_n \end{bmatrix}$, 假设其中的一个对角项, 比如 λ_k 满足

$$\inf_{k \neq j} |\lambda_k - \lambda_j| \geqslant m > 0$$

对某个 m 成立. 令 B 为一个 $n \times n$ 的矩阵. 找到一个数 R, 与 m 有关, 使得如果 $|B| < R$, 从 $\mathbf{x}_0 = \vec{\mathbf{e}}_k, \mu_0 = \lambda_k$ 开始, 用牛顿方法解方程

$$(A+B)\mathbf{x} = \mu \mathbf{x},$$

其中 $\mathbf{x}$ 满足 $|\mathbf{x}|^2 = 1$, 则牛顿方法收敛.

练习 2.39: 例如, 如果 $n = 4$, 则

$$J_2 = \begin{bmatrix} 0 & 0 & 0 & 0 \\ 0 & 0 & 0 & 0 \\ 0 & 0 & 1 & 0 \\ 0 & 0 & 0 & 1 \end{bmatrix};$$

$$J_3 = \begin{bmatrix} 0 & 0 & 0 & 0 \\ 0 & 1 & 0 & 0 \\ 0 & 0 & 1 & 0 \\ 0 & 0 & 0 & 1 \end{bmatrix}.$$

当然, 如果一个 $n \times n$ 的矩阵 A 的秩为 n, 则 $A = QJ_nP^{-1}$ 只是说 $A = QP^{-1}$, 也就是 A 是可逆的, 逆为 PQ^{-1}; 见命题 1.2.15.

2.39 证明: 任意秩为 k 的 $n \times n$ 矩阵 A 可以写为 $A = QJ_kP^{-1}$, 其中 P 和 Q 可逆, $J_k = \begin{bmatrix} 0 & 0 \\ 0 & I_k \end{bmatrix}$, I_k 为 $k \times k$ 的单位矩阵.

2.40 一个整数的序列 $a_0, a_1, a_2, \cdots$ 在 $n \geqslant 2$ 的时候定义为

$$a_0 = 1,\ a_1 = 0,\ a_n = 2a_{n-1} + a_{n-2}.$$

a. 找到矩阵 M 满足 $\begin{pmatrix} a_{n+1} \\ a_{n+2} \end{pmatrix} = M \begin{pmatrix} a_n \\ a_{n+1} \end{pmatrix}$. 用 M 的幂表示 $\begin{pmatrix} a_n \\ a_{n+1} \end{pmatrix}$.

b. 找到 I, M, M^2 之间的线性关系, 并用它找到 M 的本征值.

c. 找到矩阵 P, 使得 $P^{-1}MP$ 为对角矩阵.

d. 计算 M^n, 表示为数的幂次. 利用这个结果找到 a_n 的一个公式.

2.41 练习 2.2.11 让你证明, 使用行化简求解含 n 个未知变量的 n 个方程需要 $n^3+n^2/2-n/2$ 次运算, 其中一次单个的加法、乘法或者除法算作一次运算. 计算 $n\times n$ 矩阵 A 的逆需要多少次运算? 计算矩阵乘法 $A^{-1}\vec{\mathbf{b}}$ 需要多少次运算呢?

第 3 章　流形、泰勒多项式、二次型和曲率

Thomson [Lord Kelvin] 曾通过数学预言了第一条 (横跨大西洋的) 光缆的问题. 基于同样的数学基础, 他现在给公司承诺可以达到每分钟八个或者十二个字的传输速率. 五十万镑都下注在了偏微分方程的正确性上.

—— T.W. Körner, *Fourier Analysis*

3.0　引　言

计算机在计算正弦的时候, 它并不是去查找巨大的正弦表; 存储在计算机里的是一个多项式, 在某个指定的范围内, 它可以很好地近似 $\sin x$. 更具体地说, 它利用了与等式 (3.4.6) 非常接近的公式:

$$\sin x = x + a_3x^3 + a_5x^5 + a_7x^7 + a_9x^9 + a_{11}x^{11} + \epsilon(x),$$

其中, 系数分别为

$$\begin{aligned} a_3 &= -0.166\,666\,666\,4, \\ a_5 &= 0.008\,333\,331\,5, \\ a_7 &= -0.000\,198\,409\,0, \\ a_9 &= 0.000\,002\,752\,6, \\ a_{11} &= -0.000\,000\,023\,9. \end{aligned}$$

当

$$|x| \leqslant \frac{\pi}{2}$$

时, 误差 $\epsilon(x)$ 可以保证小于 2×10^{-9}. 对于一个能够计算 8 个有效数字的计算器来说已经足够好了. 计算机只需要记住 5 个系数, 做一点点算术运算来代替存储一个巨大的表格.

这一章就如同是个大杂烩. 虽然各个主题之间是相互关联的, 但是它们之间的关系并不能立刻显现出来. 我们从几何的两节开始. 在 3.1 节, 我们使用隐函数定理来定义光滑曲线、光滑曲面以及更一般的 $\mathbb{R}^n$ 空间上的 k 维的 "曲面", 叫作*流形*(manifolds). 在 3.2 节, 我们讨论流形的线性逼近: *切空间*(tangent spaces).

在 3.3 节, 我们转换工具, 用更高阶的导数来构造多变量函数的泰勒多项式. 我们在 1.7 节看到如何利用导数来近似一个非线性函数; 这里, 我们看到, 在 $k \geqslant 2$ 的时候, 我们可以用泰勒多项式更好地近似 C^k 上的函数. 这个是有用的, 因为多项式, 不像正弦、余弦、指数函数、平方根、对数等函数, 它可以只用算术就能计算. 通过计算高阶偏导数来计算泰勒多项式可能特别不令人愉快; 在 3.4 节, 我们会说明如何通过把简单函数的泰勒多项式结合起来进行计算.

在 3.5 节和 3.6 节, 我们稍微绕一点路, 引入了二次型, 并且看到如何根据它们的 "符号差" 对它们进行分类: 如果我们把一个函数的泰勒多项式的二次项当作二次型, 那么它的符号差通常可以告诉我们, 在一个导数为 0 的点上, 函数是否有局部极小值、局部极大值或者是某种*鞍点*(saddle), 就像山口一样. 在 3.7 节, 我们使用了拉格朗日乘子来寻找一个函数在被某个流形 $M \subset \mathbb{R}^n$ 约束下的极值; 我们用拉格朗日乘子证明了*谱定理*(spectral theorem).

在 3.8 节, 我们引入了有限概率空间, 并且展示了奇异值分解 (谱定理的一个结果) 是如何导致了统计学上有重大意义的*主成分分析*(principal component analysis).

在 3.9 节, 我们利用泰勒多项式提供的更高阶的近似, 对关于曲线与曲面的几何的众多的重要专题给出了简要的介绍: 曲线或曲面的*曲率*(curvature)依赖于定义它的函数的二次项, 而空间曲线的*挠率*(torsion)则依赖于三次项.

3.1 流 形

每个人都知道曲线是什么，直到他学习了足够多的数学知识，从而在数不清的可能的例外中变得迷茫.

—— 克莱因

这些熟悉的东西无论如何都是不简单的: 肥皂泡的理论就是一个很困难的课题，由复杂的微分方程控制着肥皂膜的形状.

克莱因 (图 3.1.1) 在几何上的工作"已经变成了我们现代的数学思维的一大部分，以至于我们无法意识到他的结果的新颖与独创性." —— 摘自 J.O'Connor 和 E.F.Robertson 的自传. 克莱因在把 *Mathematische Annalen* 发展成为最具盛名的数学期刊中也起了重要的作用.

图 3.1.1
克莱因 (Felix Klein, 1849 — 1925)

在这一节，我们引入多元微积分中的一个角色. 到目前为止，我们的映射首先是线性的，然后是具有一个很好的线性逼近的非线性映射. 但是我们的映射的定义域和陪域一直都是 $\mathbb{R}^n$ 中的"平"的开子集. 现在我们想要允许"非线性"的 $\mathbb{R}^n$，称为*光滑流形*(smooth manifolds).

流形是我们日常所熟悉的曲线和曲面的一个推广. 一个一维流形是一条光滑曲线; 一个二维流形是一个光滑曲面. 光滑曲线是像电话线或者花园里的复杂的水龙头的理想化的产物. 尤其漂亮的光滑曲面会在你吹肥皂泡的时候产生，它们摇摆，并且随着空气的飘移而慢慢地振动. 其他的例子在图 3.1.2 中展示.

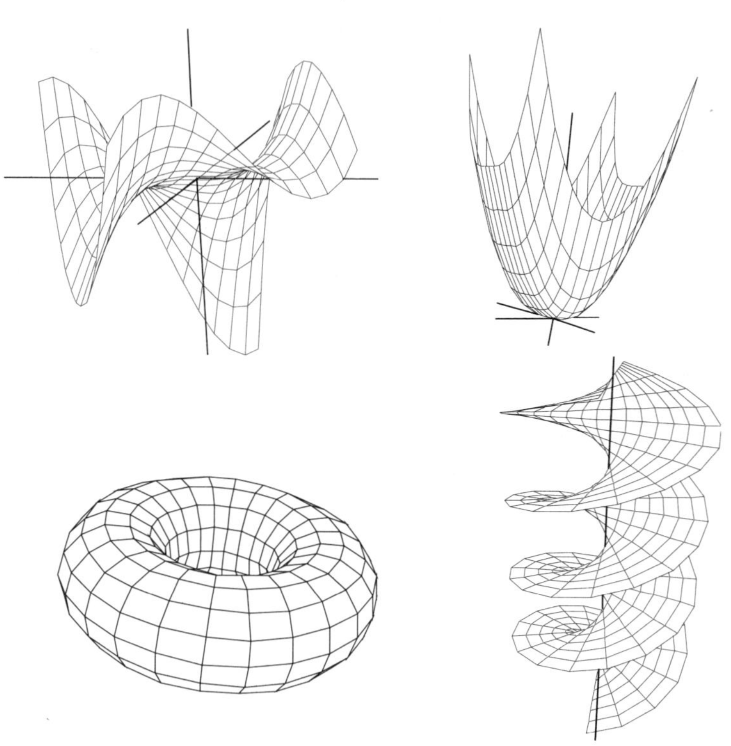

图 3.1.2
$\mathbb{R}^3$ 上的四个曲面. 上面的两个是函数的图像. 下面的两个在*局部*上是函数的图像. 所有这四个都符合光滑曲面 (二维流形) 的定义 3.1.2.

我们将在数学上定义光滑流形，排除一些我们可能认为是光滑的物体: 例如，数字 8. 我们将看到如何使用隐函数来辨别一个由方程定义的轨迹是否为光滑流形. 最后，我们将比较通过方程知道的曲线和通过参数化知道的曲线.

$\mathbb{R}^n$ 中的光滑流形

什么时候一个子集 $X \subset \mathbb{R}^n$ 为一个光滑流形? 我们的定义是基于图像的概念的.

在一个函数 $\mathbf{f}:\mathbb{R}^k\to\mathbb{R}^{n-k}$ 的图像上把一个点表示为 $\begin{pmatrix}\mathbf{x}\\ \mathbf{f}(\mathbf{x})\end{pmatrix}$ 是很方便的, 其中 $\mathbf{x}\in\mathbb{R}^k$, $\mathbf{f}(\mathbf{x})\in\mathbb{R}^{n-k}$. 但这预先假设了 "主动变量" 是前几个变量, 这就是个问题, 因为我们通常不能在流形的所有点上使用同样的主动变量.

那么我们如何在一个函数 $\mathbf{f}:\mathbb{R}^k\to\mathbb{R}^{n-k}$ 的图像上描述一个点 $\mathbf{z}$ 呢? 其中 $\mathbf{f}$ 的定义域上的变量的脚标为 $i_1,\cdots,i_k$, 陪域的变量的脚标为 $j_1,\cdots,j_{n-k}$? 这是一个精确的但是烦琐的方法, 利用定义 2.6.12 中的 "具体到抽象" 线性变换 Φ. 设

$$\mathbf{x}=\begin{pmatrix}x_1\\ \vdots\\ x_k\end{pmatrix},\mathbf{y}=\begin{pmatrix}y_1\\ \vdots\\ y_{n-k}\end{pmatrix},$$

其中 $\mathbf{f}(\mathbf{x})=\mathbf{y}$. 定义 Φ_d(d 代表 $\mathbf{f}$ 的定义域) 和 Φ_c(c 代表陪域) 为

$$\Phi_d(\mathbf{x})=x_1\vec{\mathbf{e}}_{i_1}+\cdots+x_k\vec{\mathbf{e}}_{i_k},$$

$$\Phi_c(\mathbf{y})=y_1\vec{\mathbf{e}}_{j_1}+\cdots+y_{n-k}\vec{\mathbf{e}}_{j_{n-k}},$$

其中 $\vec{\mathbf{e}}_{i_1},\cdots,\vec{\mathbf{e}}_{i_k}$, $\vec{\mathbf{e}}_{j_1},\cdots,\vec{\mathbf{e}}_{j_{n-k}}$ 是 $\mathbb{R}^n$ 中的标准基向量. 则 $\mathbf{f}$ 的图像为集合 $\mathbf{z}$, 满足

$$\mathbf{z}=\Phi_d(\mathbf{x})+\Phi_c\big(\mathbf{f}(\mathbf{x})\big).$$

因为定义 3.1.2 中的函数 $\mathbf{f}$ 是 C^1 的, 它的定义域必须是开的. 如果 $\mathbf{f}$ 是 C^p 的而不是 C^1 的, 则流形为一个 C^p 流形.

一个嵌入到 $\mathbb{R}^n$ 的流形M, 记为 $M\subset\mathbb{R}^n$, 有时候被称作一个 $\mathbb{R}^n$ 的*子流形*(submanifold). 严格来讲, 它就不应该被简单地称作流形, 这可能会暗示着一个抽象的流形, 不嵌入在任何空间中. 这本书中的流形都是某个 $\mathbb{R}^n$ 的子流形.

定义 3.1.1 (图像). 一个函数 $\mathbf{f}:\mathbb{R}^k\to\mathbb{R}^{n-k}$ 的图像(graph)为满足 $\mathbf{f}(\mathbf{x})=\mathbf{y}$ 的点 $\begin{pmatrix}\mathbf{x}\\ \mathbf{y}\end{pmatrix}\in\mathbb{R}^n$ 的集合. 记作 $\Gamma(\mathbf{f})$.

这样, 函数 $\mathbf{f}$ 的图像的维数等于 $\mathbf{f}$ 的定义域的维数与陪域的维数之和.

按照传统, 我们画函数 $f:\mathbb{R}\to\mathbb{R}$ 的图像的时候, 水平的 x 轴代表输入, 垂直的 y 轴对应于输出 (f 的值). 注意这样的函数的图像是 $\mathbb{R}^2$ 的一个子集. 例如, $f(x)=x^2$ 的图像包含点 $\begin{pmatrix}x\\ f(x)\end{pmatrix}\in\mathbb{R}^2$, 也就是点 $\begin{pmatrix}x\\ x^2\end{pmatrix}$.

图 3.1.2 的上面两个曲面是从 $\mathbb{R}^2$ 到 $\mathbb{R}$ 的函数的图像: 左边的曲面是函数 $f\begin{pmatrix}x\\ y\end{pmatrix}=x^3-2xy^2$ 的图像; 右边的是函数 $f\begin{pmatrix}x\\ y\end{pmatrix}=x^2+y^4$ 的图像. 尽管我们在一张平的纸上描画这些图像, 但它们实际上是 $\mathbb{R}^3$ 的子集. 第一个包含点 $\begin{pmatrix}x\\ y\\ x^3-2xy^2\end{pmatrix}$, 第二个包含点 $\begin{pmatrix}x\\ y\\ x^2+y^4\end{pmatrix}$.

定义 3.1.2 称, 如果一个函数 $\mathbf{f}:\mathbb{R}^k\to\mathbb{R}^{n-k}$ 为 C^1 的, 则它的图像是 $\mathbb{R}^n$ 上的一个光滑的 k 维流形. 这样, 图 3.1.2 中的上面的两个图是 $\mathbb{R}^3$ 上的二维流形.

但是图 3.1.2 中的环面和螺旋面也是二维流形. 两个都不是用其他两个变量来表示一个单变量函数. 但是两个都是函数的*局部*图像.

定义 3.1.2 ($\mathbb{R}^n$ 中的光滑流形). 一个子集 $M\subset\mathbb{R}^n$ 为一个*光滑的 k 维流形*, 如果在局部上, 它是一个 C^1 映射 $\mathbf{f}$ 的图像, 这个映射把 $n-k$ 个变量表示为其他 k 个变量的函数.

有了这个依赖于所选取的坐标的定义, 并不明显能看出一个光滑流形旋转之后还是不是光滑的. 我们将在定理 3.1.16 中看到它仍然是光滑的.

通常, "光滑" 的意思是 "与我们手上要解决的问题相关而言, 尽可能多次地可微". 在这一节和下一节, 它的意思是 C^1 类. 在说到光滑流形的时候, 我们经常省略光滑一词. [1]

"局部上" 的意思是, 每个点 $\mathbf{x}\in M$ 有一个邻域 $U\subset\mathbb{R}^n$, 满足 $M\cap U$(M 在 U 中的部分) 是一个把每个 $M\cap U$ 中的点的 $n-k$ 个坐标用其他 k 个来表示的映射的图像. 这可能听起来是具有不令人愉快的复杂性, 但*如果我们忽略 "局部上" 一词, 则我们将从我们的定义中排除最有趣的流形*. 我们已经看到, 图 3.1.2 中的环面和螺旋面都不是单一的一个把一个变量表示为另外两个变量的函数的图像. 就算是像单位圆这样一条简单的曲线也不是单一的把一个变量用其他变量表示的函数的图像. 在图 3.1.3 中, 我们给出另一条光滑曲线, 如果我们要求它为单一的把一个变量用其他变量来表示的函数, 它将不符合流形的标准; 标题解释了我们所声明的, 这条曲线是一条光滑的曲线.

例 3.1.3 (光滑函数的图像是光滑流形). 任何光滑函数的图像是一个光滑流形. 曲线 $y=x^2$ 是一个一维流形: y 作为函数 $f(x)=x^2$ 的图像. 曲线 $x=y^2$ 也

[1] 一些作者使用 "光滑" 来表示 C^∞: "无限多次可微". 对于我们的目的来说, 这个有点过了.

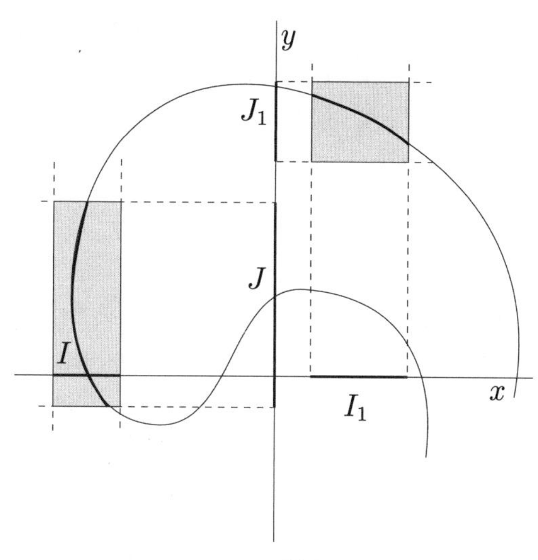

图 3.1.3

上图中, I 和 I_1 是 x 轴上的区间; J 和 J_1 是 y 轴上的区间. 带阴影的矩形 $I \times J$ 部分中的曲线的深色部分是一个把 $x \in I$ 表示为 $y \in J$ 的函数的图像, $I_1 \times J_1$ 中的曲线的深色部分是把 $y \in J_1$ 表示为 $x \in I_1$ 的函数的图像.(通过把 J_1 稍微减小一点, 我们也可以把 $I_1 \times J_1$ 中的曲线想成把 $x \in I_1$ 表示为 $y \in J_1$ 的函数的图像.) 但是我们不能把 $I \times J$ 中的曲线的深色部分想成一个把 $y \in J$ 表示为 $x \in I$ 的函数的图像; 有一些 x 的值给出两个不同的 y 值, 而其他的却一个也没有, 所以这样的函数的定义是不明确的.

尤其是在高维下, 使给函数图像做拼接的工作变得有全局意义是很充满挑战性的; 一个试图给流形画图的数学家更像一个从没有遇到过大象或者见过大象的图片, 又被蒙住了眼睛的人, 要通过先轻拍一支耳朵, 再拍躯干或者腿来辨认一只大象. 这是一个充满着开放性问题的专题, 一些完全就像费马大定理那样有趣和吸引人. 费马大定理的解在超过三个世纪之后引起了人们如此这样的热情的兴趣.

三维和四维流形尤其引起人们的兴趣, 部分是因为它用来表示时空.

是一个一维流形: 一个把 x 表示为 y 的函数的图像. 图 3.1.2 的顶部的每一个曲面都是一个把 z 表示为 x 和 y 的函数的图像. △

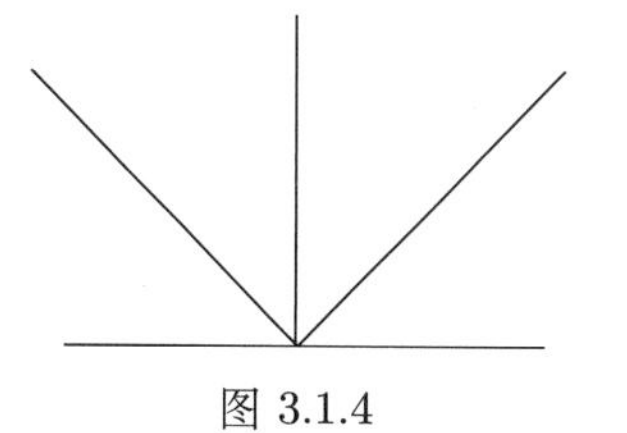

图 3.1.4

$f(x) = |x|$ 的图像不是一个光滑曲线.

例 3.1.4 (非光滑流形的图像). 函数 $f\colon \mathbb{R} \to \mathbb{R}, f(x) = |x|$ 的图像, 显示在图 3.1.4 中, 不是一条光滑曲线; 它当然是用 x 来表示 y 的函数 f 的图像, 但是 f 是不可微的. 把 x 表示成 y 的函数 f 的图像也不是光滑的, 因为在 0 的一个邻域上, 同样的 y 值有时候给出两个 x, 有时候一个都没有.

作为对比, 函数 $f(x) = x^{1/3}$ 的图像, 如图 3.1.5 所示, 是一条光滑曲线; f 在原点不可微, 但曲线是函数 $x = g(y) = y^3$ 的图像, 是可微的.

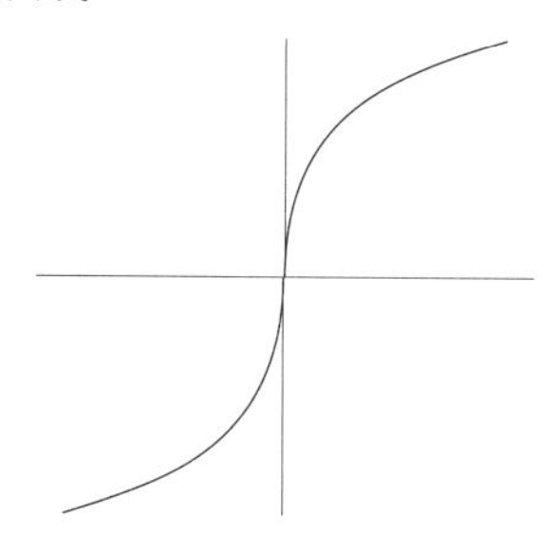

图 3.1.5

$f(x) = x^{1/3}$ 的图像是一条光滑曲线: 尽管 f 在原点不可微, 但是函数 $g(y) = y^3$ 在原点可微.

满足方程 $xy = 0$ 的集合 $X \subset \mathbb{R}^2$(两个轴的并集), 显示在图 3.1.6 中, 不是一条光滑曲线; 在 $\begin{pmatrix} 0 \\ 0 \end{pmatrix}$ 的任何邻域, 有无限多的 y 对应于 $x = 0$, 也有无限多的 x 对应于 $y = 0$, 所以它在两种情况下都不是函数的图像. 但 $X - \left\{\begin{pmatrix} 0 \\ 0 \end{pmatrix}\right\}$ 是一条光滑曲线, 尽管它包含了四个不同的部分. 流形不必是连通的. △

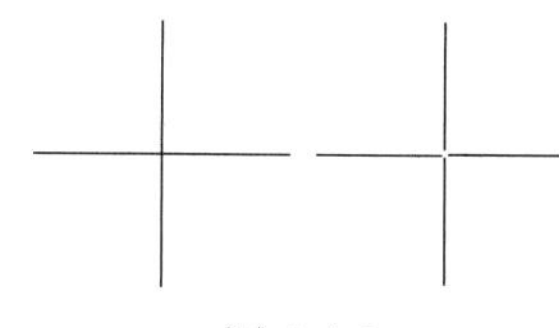

图 3.1.6

左: x 轴和 y 轴的图像不是一个光滑曲线. 右: 去掉了原点的轴是光滑曲线.

例 3.1.5 (单位圆). 方程为 $x^2 + y^2 = 1$ 的单位圆是一条光滑曲线. 我们需要四个函数的图像才能覆盖整个圆: 单位圆只在局部上是一个函数的图像. 如例 2.10.12 中所讨论的, 圆的上半部, 由满足 $y > 0$ 的点 $\begin{pmatrix} x \\ y \end{pmatrix}$ 组成, 是用 x 来表示 y 的函数 $\sqrt{1-x^2}$ 的图像, 下半部是 $-\sqrt{1-x^2}$ 的图像, 右半部是用 y 来表示 x 的函数 $\sqrt{1-y^2}$ 的图像, 左半部是 $-\sqrt{1-y^2}$ 的图像. △

利用定义 3.1.2 来说明一个集合是一个流形可能会很枯燥, 哪怕是对于像单位圆这么简单的情况. 在例 3.1.6 中, 我们用一个较难的方法来解决问题, 从定义直接开始. 我们在定理 3.1.10 中将看到有个较简单的方法.

例 3.1.6 ($\mathbb{R}^3$ 中的曲面). 根据定义 3.1.2, 一个子集 $S \subset \mathbb{R}^3$ 是一个 $\mathbb{R}^3$ 的光滑曲面 (二维流形), 如果满足在局部上, 它是一个把一个变量表示为另外两个变量的函数的 C^1 映射的图像. 也就是, S 是一个光滑曲面, 如果对于每个点 $\mathbf{a} = \begin{pmatrix} a \\ b \\ c \end{pmatrix} \in S$, 有 a 的邻域 I, b 的邻域 J, c 的邻域 K, 以及一个可微映射:

例 3.1.6: 很多学生觉得很难把方程为

$$x^2 + y^2 + z^2 = 1$$

的球面说成是二维的. 但当我们说芝加哥 "在" x 纬度和 y 经度的时候, 我们是把地球表面当作了二维的.

- $f\colon I \times J \to K$, 也就是, z 为 (x, y) 的函数, 或者:
- $g\colon I \times K \to J$, 也就是, y 为 (x, z) 的函数, 或者:
- $h\colon J \times K \to I$, 也就是, x 为 (y, z) 的函数.

满足 $S \cap (I \times J \times K)$ 为 f, g 或者 h 的图像.

例如, 单位球面

$$S^2 \stackrel{\text{def}}{=} \left\{ \begin{pmatrix} x \\ y \\ z \end{pmatrix} \text{ 满足 } x^2 + y^2 + z^2 = 1 \right\} \tag{3.1.1}$$

为一个光滑曲面. 令

$$D_{x,y} = \left\{ \begin{pmatrix} x \\ y \end{pmatrix} \text{ 满足 } x^2 + y^2 < 1 \right\} \tag{3.1.2}$$

为 (x, y) 平面上的单位圆盘, $\mathbb{R}_z^+$ 为 z 轴上 $z > 0$ 的部分, 则

$$S^2 \cap (D_{x,y} \times \mathbb{R}_z^+) \tag{3.1.3}$$

为把 z 表示为 $\sqrt{1 - x^2 - y^2}$ 的函数 $D_{x,y} \to \mathbb{R}_z^+$ 的图像.

这说明 S^2 是一个在每个 $z > 0$ 的点附近的曲面, 考虑 $z = -\sqrt{1 - x^2 - y^2}$ 应当让你相信 S^2 也是一个在每个 $z < 0$ 的点附近的光滑曲面. 练习 3.1.4 将让你考虑 $z = 0$ 的情况. $\triangle$

函数

$$\mathbf{f}\colon \mathbb{R} \to \mathbb{R}^2$$

的图像处在 $\mathbb{R}^3$ 中. 如果 x 确定了 y, z, 我们可以把这个写为 $\mathbf{f}(x) = \begin{pmatrix} f_1(x) \\ f_2(x) \end{pmatrix}$; 图像包含点 $\begin{pmatrix} x \\ f_1(x) \\ f_2(x) \end{pmatrix}$.

例 3.1.7 ($\mathbb{R}^3$ 中的光滑曲线). 对于 $\mathbb{R}^2$ 中的光滑曲线和 $\mathbb{R}^3$ 中的光滑曲面, 一个变量被表示为另一个变量或者另外几个变量的函数. 对于空间中的曲线, 我们有两个变量被表示为另外一个的函数: 一条空间曲线是 $\mathbb{R}^3$ 中的一个一维流形, 所以它在局部上是一个 C^1 映射, 把 $n - k = 2$ 个变量表示为余下的变量的函数. $\triangle$

$\mathbb{R}^3$ 上的曲线和曲面的例子倾向于给人误导的那样简单: 圆、球面、环面, 所有的都不太难在纸上画出来. 但曲线和曲面可以极其复杂. 如果你把一个纱线球放进洗衣机中, 你将会得到乱糟糟的一团. 这是 $\mathbb{R}^3$ 上的曲线的自然的状态. 如果你把纱线球的表面想成 $\mathbb{R}^3$ 中的曲面. 你将看到 $\mathbb{R}^3$ 上的曲面可以是至少同样复杂的.

更高维的流形

一个开子集 $U \subset \mathbb{R}^n$ 是最简单的 n 维流形; 它是零函数的图像, 这个函数把 U 中的点变到原点, 也就是向量空间 $\{\vec{\mathbf{0}}\}$ 中的唯一的点. (图在 $\mathbb{R}^n \times \{\vec{\mathbf{0}}\} =$

$\mathbb{R}^n$ 中.) 特别地, $\mathbb{R}^n$ 自身是一个 n 维流形.

下一个例子要复杂得多. 它描述的集合 X_2 是 $\mathbb{R}^8$ 上的一个四维流形; 局部上, 它是一个把四个变量用另外四个变量表示的函数的图像.

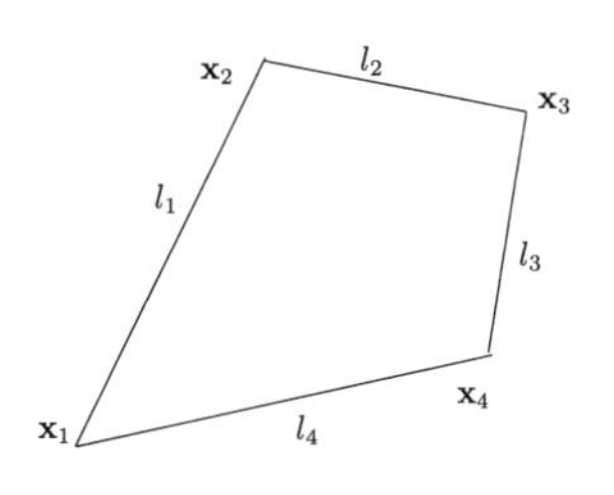

图 3.1.7

四根连起来的, 长度为 l_1, l_2, l_3 和 l_4 的, 限定在平面上的杆的一个可能的位置. 这样的四根杆的机制被用来把转动转换为前后的摇动 (例如, 来操作汽车的雨刷).

例 3.1.8 (连起来的杆). 由杆构成的联动装置在力学 (考虑一个铁路桥或者埃菲尔铁塔)、生物学 (头骨)、机器人、化学等学科中是无处不在的. 最简单的一个例子由四根刚体的杆组成, 长度为给定的 l_1, l_2, l_3 和 l_4, 由万向节连接在一起, 可以达到任意位置而形成四边形, 如图 3.1.7 所示.

如果点被限制在平面上, 那么联动装置可以达到的位置的集合 X_2 是什么呢? 或者点被允许在空间中移动, 那么联动装置能达到的位置的集合 X_3 是什么呢? (为了保证我们的集合不是空的, 我们将要求每根杆的长度不大于其他三根杆的长度之和.)

这些集合容易用方程来描述. 对于 X_2, X_2 = 所有的 $(x_1, x_2, x_3, x_4) \in (\mathbb{R}^2)^4$ 的集合, 满足

$$|\mathbf{x}_1 - \mathbf{x}_2| = l_1, |\mathbf{x}_2 - \mathbf{x}_3| = l_2, |\mathbf{x}_3 - \mathbf{x}_4| = l_3, |\mathbf{x}_4 - \mathbf{x}_1| = l_4. \tag{3.1.4}$$

这样 X_2 是 $\mathbb{R}^8$ 的一个子集. 另一种说法是 X_2 是方程 $\mathbf{f}(\mathbf{x}) = \mathbf{0}$ 定义的子集, 其中 $\mathbf{f}$: $(\mathbb{R}^2)^4 \to \mathbb{R}^4$ 为映射

等式 (3.1.5): 这个描述非常简洁, 也非常没有信息量. 甚至不清楚 X_2 和 X_3 的维数; 这在你通过方程知道一个集合的时候是很典型的.

$$\mathbf{f}\left(\underbrace{\begin{pmatrix} x_1 \\ y_1 \end{pmatrix}}_{\mathbf{x}_1}, \underbrace{\begin{pmatrix} x_2 \\ y_2 \end{pmatrix}}_{\mathbf{x}_2}, \underbrace{\begin{pmatrix} x_3 \\ y_3 \end{pmatrix}}_{\mathbf{x}_3}, \underbrace{\begin{pmatrix} x_4 \\ y_4 \end{pmatrix}}_{\mathbf{x}_4}\right) = \begin{bmatrix} (x_2 - x_1)^2 + (y_2 - y_1)^2 - l_1^2 \\ (x_3 - x_2)^2 + (y_3 - y_2)^2 - l_2^2 \\ (x_4 - x_3)^2 + (y_4 - y_3)^2 - l_3^2 \\ (x_1 - x_4)^2 + (y_1 - y_4)^2 - l_4^2 \end{bmatrix}. \tag{3.1.5}$$

($\mathbf{x}_i$ 有两个坐标, 因为点被限制在平面上.)

类似地, 空间中的位置的集合 X_3 也是由等式 (3.1.4) 描述, 如果我们取 $\mathbf{x}_i \in \mathbb{R}^3$; X_3 是 $\mathbb{R}^{12}$ 的子集. 当然, 要写出与等式 (3.1.5) 对应的方程, 我们需要给 $\mathbf{x}_i$ 加上第三项, 对应于 $(x_2 - x_1)^2 + (y_2 - y_1)^2 - l_1^2$ 的方程被重写为

$$(x_2 - x_1)^2 + (y_2 - y_1)^2 + (z_2 - z_1)^2 - l_1^2.$$

如果你反对说你不能把这个流形可视化, 那么我们同情你. 恰好因为这个原因, 对于可能会出现的问题, 它给出了一个很好的想法: 你有很多方程定义了一些集合, 但你却不知道它们看起来是什么样子.

就算是根据方程画出一个二维流形也会很难; 我们期待你能够可视化曲面 $x^2 + y^2 + z^2 = 1$, 但是你会立刻意识到方程 $z = x^3 - 2xy^2$ 表示的是图 3.1.2 的左上角所显示的曲面吗?

练习 3.1.18 将让你确定利用 $\mathbf{x}_1$ 和两个角度来确定有多少个位置是可能的, 再一次, 除了在几种情况下. 练习 3.1.15 将让你在 $l_1 = l_2 + l_3 + l_4$ 的时候描述 X_2 和 X_3.

我们可以把一些 $\mathbf{x}_i$ 表示为其他的 $\mathbf{x}_i$ 的函数吗? 你应该感觉到, 在物理的背景上, 如果联动装置放在地面上, 你可以按照你喜欢的方式移动相对的连接器, 联动装置会以唯一的方式跟随. 这也并不是说 $\mathbf{x}_2$ 和 $\mathbf{x}_4$ 是 $\mathbf{x}_1$ 和 $\mathbf{x}_3$ 的函数 (或者 $\mathbf{x}_1$ 和 $\mathbf{x}_3$ 是 $\mathbf{x}_2$ 和 $\mathbf{x}_4$ 的函数). 这不成立, 如图 3.1.8 所建议的.

通常, $\mathbf{x}_1$ 和 $\mathbf{x}_3$ 确定或者没有位置 (如果 $\mathbf{x}_1$ 和 $\mathbf{x}_3$ 的距离大于 $l_1 + l_2$ 或者 $l_3 + l_4$) 或者恰好有四个位置 (如果一些其他条件得到满足; 见练习 3.1.17). 但是 $\mathbf{x}_2$ 和 $\mathbf{x}_4$ 在*局部上*是 $\mathbf{x}_1$ 和 $\mathbf{x}_3$ 的函数. 对于给定的 $\mathbf{x}_1$ 和 $\mathbf{x}_3$, 有四个可能的位置. 如果杆在其中的一个位置上, 而且你把 $\mathbf{x}_1$ 和 $\mathbf{x}_3$ 移动一点点, 则联动装置只有一个可能的位置, 因此 $\mathbf{x}_2$ 和 $\mathbf{x}_4$ 在起始的位置附近也只有一个位置.

就算这也不总是成立的: 如果任何三个顶点共线 (例如, 如图 3.1.9 所示的, 或者一根杆相对于另一根折回去了), 则两个端点不能作为*参数* (parameters) (作为主动变量来决定其他变量的值). 例如, 如果 $\mathbf{x}_1, \mathbf{x}_2$ 和 $\mathbf{x}_3$ 共线, 则你不能任意移动 $\mathbf{x}_1$ 和 $\mathbf{x}_3$, 因为杆不能拉伸. 但是在*局部上*, 位置是 $\mathbf{x}_2$ 和 $\mathbf{x}_4$ 的函数.

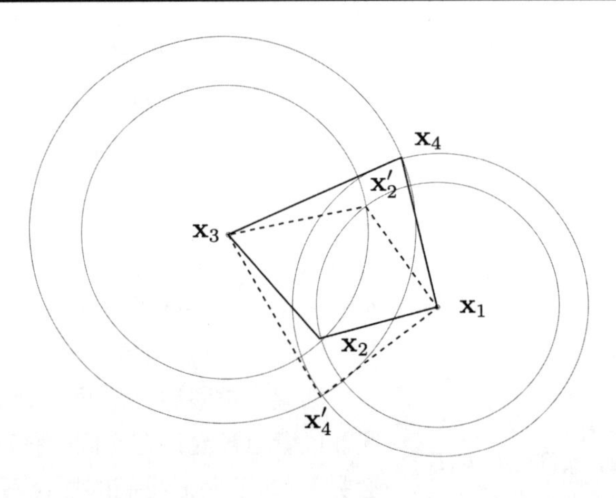

图 3.1.8

联动装置的两个可能的满足 $\mathbf{x}_1$ 和 $\mathbf{x}_3$ 相同的位置, 用实线和虚线显示. 另外两个是 $\mathbf{x}_1, \mathbf{x}_2, \mathbf{x}_3, \mathbf{x}_4'$ 和 $\mathbf{x}_1, \mathbf{x}_2', \mathbf{x}_3, \mathbf{x}_4$.

还有很多种其他的可能性. 例如, 我们可以选择 $\mathbf{x}_2$ 和 $\mathbf{x}_4$ 为变量, 在局部上确定 $\mathbf{x}_1$ 和 $\mathbf{x}_3$, 再次使得 X_2 在局部上是一个图像. 或者, 我们可以使用 $\mathbf{x}_1$ 的坐标 (两个数), 第一根杆与经过 $\mathbf{x}_1$ 的水平线之间的极角 (一个数), 以及第一根杆和第二根杆之间的夹角 (一个数): 一共四个数, 与我们使用 $\mathbf{x}_1$ 和 $\mathbf{x}_3$ 的坐标时有同样多的数.[2]

这样, 例 3.1.8 的集合 X_2 是 $\mathbb{R}^8$ 上的 4 维流形: 在局部上, 它是把四个变量 (两个点, 每个点两个坐标) 用其他四个变量 (另外两个点的坐标或者其他的选择) 来表示的函数的图像. 不必在每个地方都是相同的函数. 在大多数的邻域中, X_2 是一个 $\mathbf{x}_1$ 和 $\mathbf{x}_3$ 的函数的图像, 但我们看到这个在 $\mathbf{x}_1, \mathbf{x}_2, \mathbf{x}_3$ 共线的时候是不成立的; 在这样的点附近, X_2 是用 $\mathbf{x}_2$ 和 $\mathbf{x}_4$ 来表示 $\mathbf{x}_1$ 和 $\mathbf{x}_3$ 的函数的图像.[3] $\triangle$

下一个例子表明, 在把一种情况或者一个物体建模为高维流形的时候, 维数的选择会依赖于要解决的问题.

例 3.1.9 (作为更高维度的流形的单车). 考虑作为 k 维流形一辆单车的**配置空间**(configuration space)(位置的集合). k 是什么数? 要指定一个位置, 你必须说出引力中心在哪里 (三个数) 并且指定单车的方向, 说出单车的水平横梁指向什么方向 (两个数), 以及支持车座的杆子与垂直方向的夹角 (一个数). 然后, 你需要给出车把与车身之间的夹角 (一个数), 以及车轮与车叉之间的夹角 (两个数). 车的脚踏板的角度又是一个数. 很可能, 车链子的位置由脚踏板的位置决定, 所以这里不需要另一个自由的参数.

对于大多数的目的, 这应该是足够的: 十个数. 然而也许刹车线的位置也很重要, 也就是一共 12 个数. 位置的空间应该是一个十二维的流形. 但需要做出一个关于描述什么、忽略什么的选择. 我们忽略了滚珠中的球的位置, 它可能与骑车的人不相关, 但却与试着让摩擦力最小化的工程师相关. 我们还忽略了杆的振动, 对于骑车的人可能感觉不到, 但对于研究金属疲劳的工程师却是有着核心的重要性.

[2]这样一个系统被称为有四个自由度.

[3]对于一些长度的选择, X_2 不再是某些位置的邻域上的一个流形: 如果所有的四个长度相等, 则 X_2 不是它被折平的位置附近的流形.

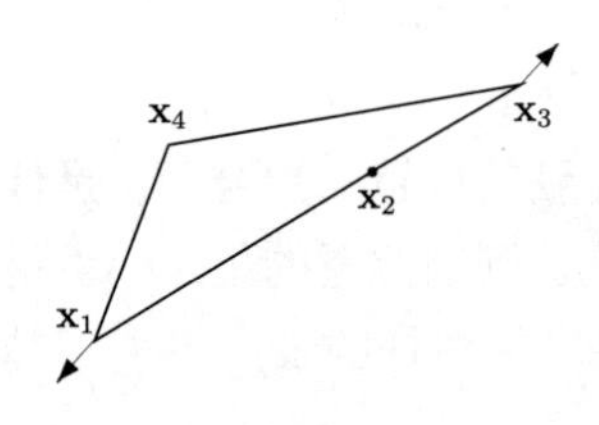

图 3.1.9

如果 3 个顶点在一条线上, 端点 (这里是 $\mathbf{x}_1$ 和 $\mathbf{x}_3$) 不能自由移动. 例如, 它们不能在箭头方向移动而不拉伸杆.

称 X_2 是一个四维流形并没有给我们提供很多它看上去是什么样子的信息. 例如, 它没有告诉我们 X_2 是否是连通的. 一个子集 $U \subset \mathbb{R}^n$ 是连通的, 如果满足给定任意两个点 $\mathbf{x}_0, \mathbf{x}_1 \in U$, 存在一个连续映射 $\gamma\colon [0,1] \to U$, 使得 $\gamma(0) = \mathbf{x}_0$ 以及 $\gamma(1) = \mathbf{x}_1$. 换句话说, U 是连通的, 如果存在一个连续的路径联结它的任意两个点. 这个非常直觉的连通性的定义被更为适当地叫作**路径连通性**(path connectedness); 它是本书采用的定义.(在拓扑学中, 连通性的意思稍有不同, 但对于 $\mathbb{R}^n$ 的开子集和流形, 连通性的两个概念是一致的.)

一个流形不必是连通的, 就像我们在图 3.1.6 中已经看到的光滑曲线的情况. 在更高维上, 确定一个集合是否是连通的可能很难. 例如, 在写这本书的时候, 我们不知道对于杆的哪些长度, X_2 是连通的或不连通的.

一个系统的 “配置空间” 是位置的集合. “相空间” 是位置和速度的集合.

尽管把这个十二维的自行车的配置空间可视化为一个 “像十二维的曲面的东西” 大概是不可能的, 学习骑车却是可能的. 在某种意义下, 知道如何骑车可以用来替代可视化; 它给了我们关于十二维实际上是什么的一个认知.

尽管有一些骑车的人可能会遗漏的部分. 例如, 他可能会想轮子的位置可以忽略: 除了在打气的时候, 谁会在意充气阀是朝上还是朝下. 但那些变量实际上是很根本的, 因为它们的导数测量了轮胎转得多快. 轮子的角动量是运动稳定性的关键.

在给一个实际的系统建模的时候, 这个问题总会出现: 哪些变量是相关的? 如果保留太多变量, 模型就会变得很笨拙, 并且不可理解到毫无用处; 保留太少, 你的描述可能从根本上就是错的.

注意, 如果一根刹车的线断了, 配置空间突然就多了一个维度, 因为制动卡钳的位置和相对应的刹车片突然变得不相关了. 骑车的人一定会注意到这个额外的维度. △

用隐函数来确定流形

对于像单位圆一样简单的问题, 利用定义 3.1.2 来说明它是一条合格的光滑曲线有点单调. 但那只是一个我们知道曲线是什么样子, 以及函数可以写成显式函数的简单的情况. 更典型的是下面这个问题, "由 $x^8+2x^3+y+y^5=1$ 所定义的轨迹是否为一条光滑曲线?"

借助计算机的帮助, 你可能可以使这条曲线可视化, 但用定义 3.1.2 来确定它是否符合一条光滑曲线的标准将会是很困难的; 你将不得不用 y 来解出 x, 或者用 x 解出 y, 也就是要解五阶或八阶的方程组. 使用这个定义来决定一个轨迹是否为更高阶的流形将是更具有挑战性的.

幸运的是, 隐函数定理给出了一种方法来决定一个由一个方程或者一组方程给出的轨迹是否为光滑流形. 在下面定理 3.1.10 中, $[\mathbf{DF}(\mathbf{a})]$ 是一个, 满映的条件是隐函数定理的一个关键条件.

定理 3.1.10 是正确的, 但证明是基于隐函数定理, 我们的关于更强版本的隐函数定理的证明要求 $\mathbf{F}$ 的导数是李普希兹的.

定理 3.1.10 (证明一个轨迹是一个光滑流形).

1. 令 $U\subset\mathbb{R}^n$ 为开的, 令 $\mathbf{F}\colon U\to\mathbb{R}^{n-k}$ 为一个 C^1 映射. 令 M 为 $\mathbb{R}^n$ 的一个子集, 满足
$$M\cap U=\{\mathbf{z}\in U\mid \mathbf{F}(\mathbf{z})=\mathbf{0}\}. \tag{3.1.6}$$
如果 $[\mathbf{DF}(\mathbf{z})]$ 对每个 $\mathbf{z}\in M\cap U$ 是满射, 则 $M\cap U$ 是一个嵌在 $\mathbb{R}^n$ 中的光滑的 k 维流形. 如果每个 $\mathbf{z}\in M$ 都在这样的一个 U 中, 则 M 是一个 k 维流形.

2. 相反地, 如果 M 是一个嵌在 $\mathbb{R}^n$ 中的光滑的 k 维流形, 则每个点 $\mathbf{z}\in M$ 有一个邻域 $U\subset\mathbb{R}^n$, 使得存在一个 C^1 映射 $\mathbf{F}\colon U\to\mathbb{R}^{n-k}$ 满足 $[\mathbf{DF}(\mathbf{z})]$ 为满射, 且 $M\cap U=\{\mathbf{y}\mid \mathbf{F}(\mathbf{y})=\mathbf{0}\}$.

我们将在例 3.1.15 的后面证明定理 3.1.10.

在代数几何中将方程
$$F\begin{pmatrix}x\\y\end{pmatrix}=(x^2+y^2-1)^2$$
称为**双圆**. 在代数几何中, 它与单位圆是不同的.

注释. 我们不能使用定理 3.1.10 来确定一个形状不是光滑流形; 就算 $[\mathbf{DF}(\mathbf{z})]$ 不是满射, 由 $\mathbf{F}(\mathbf{z})=\mathbf{0}$ 定义的形状可能是一个光滑流形. 例如, 由 $F\begin{pmatrix}x\\y\end{pmatrix}=0$ 定义的集合, 其中 $F\begin{pmatrix}x\\y\end{pmatrix}=(x^2+y^2-1)^2$, 是 "数了两次" 的单位圆; 它是一个光滑流形, 但 F 的导数不是满射, 因为
$$\left[\mathbf{D}F\begin{pmatrix}x\\y\end{pmatrix}\right]=2(x^2+y^2-1)[2x,2y]=0. \tag{3.1.7}$$

更一般地, 如果 $\mathbf{F}(\mathbf{z})=\mathbf{0}$ 定义了一个流形, 则 $(\mathbf{F}(\mathbf{z}))^2=\mathbf{0}$ 定义了同样的

流形, 但它的导数总是 0. △

例 3.1.11 (决定轨迹是否为光滑流形). 对于一个 $\mathbb{R}^2$ 上的一维流形 (也就是, 一条平面曲线), 定理 3.1.10 的函数是从 $\mathbb{R}^2$ 的一个开子集到 $\mathbb{R}$, $[\mathbf{D}F(\mathbf{z})]$ 对每一个 $\mathbf{z} \in M$ 都为满射的要求等价于要求

$$\left[\mathbf{D}F\begin{pmatrix}a\\b\end{pmatrix}\right] \neq [0,0], \text{ 对所有的 } \mathbf{a} \in \begin{pmatrix}a\\b\end{pmatrix} \in M \text{ 成立.} \tag{3.1.8}$$

例 3.1.11: 这里, 称

$[\mathbf{D}F(\mathbf{z})] = [D_1F(\mathbf{z}), D_2F(\mathbf{z})]$

为满射的意思是任何实数可以表示为一个线性组合 $\alpha D_1F(\mathbf{a}) + \beta D_2F(\mathbf{a})$, 其中 $\begin{pmatrix}\alpha\\\beta\end{pmatrix} \in \mathbb{R}^2$. 这样, 下面的陈述的意思是相同的: 对于所有的 $\mathbf{a} \in M$, 有:

1. $[\mathbf{D}F(\mathbf{a})]$ 是满射.
2. $[\mathbf{D}F(\mathbf{a})] \neq [0,0]$.
3. $D_1F(\mathbf{a})$ 和 $D_2F(\mathbf{a})$ 中的至少一个不是 0.

例如, 我们不知道由

$$x^8 + 2x^3 + y + y^5 = c \tag{3.1.9}$$

定义的集合是什么样子, 但我们知道它对所有的 c 都是光滑曲线, 因为函数 $F\begin{pmatrix}x\\y\end{pmatrix} = x^8 + 2x^3 + y + y^5 - c$ 的导数为

$$\left[\mathbf{D}F\begin{pmatrix}x\\y\end{pmatrix}\right] = [\underbrace{8x^7 + 6x^2}_{D_1F}, \underbrace{1 + 5y^4}_{D_2F}], \tag{3.1.10}$$

而第二项永远都不是 0. △

更一般地, 对于任意的 $\mathbb{R}^n$ 上的一个 $n-1$ 维的流形, $\mathbb{R}^{n-k} = \mathbb{R}$, 并且称

$[\mathbf{D}F(\mathbf{z})] = [D_1F(\mathbf{z}), \cdots, D_nF(\mathbf{z})]$

是满射等价于称至少一个偏导不是 0.

例 3.1.12 (光滑曲线: 第二个例子). 考虑函数 $F\begin{pmatrix}x\\y\end{pmatrix} = x^4 + y^4 + x^2 - y^2$. 我们有

$$\left[\mathbf{D}F\begin{pmatrix}x\\y\end{pmatrix}\right] = [\underbrace{4x^3 + 2x}_{D_1F}, \underbrace{4y^3 - 2y}_{D_2F}] = [2x(2x^2+1), 2y(2y^2-1)]. \tag{3.1.11}$$

两个偏导都为 0 的唯一的地方是 $\begin{pmatrix}0\\0\end{pmatrix}, \begin{pmatrix}0\\\pm 1/\sqrt{2}\end{pmatrix}$, F 在那里的值为 0 和 $-1/4$. 这样, 对任何 $c \neq 0$ 且 $c \neq -1/4$, 方程 $x^4 + y^4 + x^2 - y^2 = c$ 所对应的轨迹是一条光滑曲线.

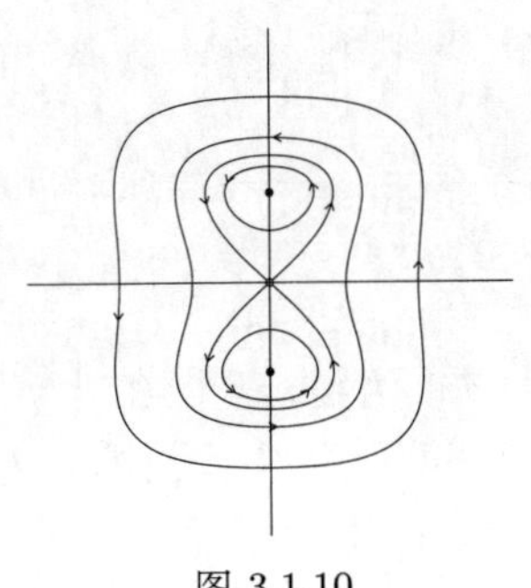

图 3.1.10

轨迹方程为

$x^4 + y^4 + x^2 - y^2 = -1/4$

的曲线包括 y 轴上 $y = \pm 1/\sqrt{2}$ 的两个点; 它不是一条光滑曲线 (但它是一个零维的流形). 数字 8 也不是一条光滑曲线: 在原点附近, 它看上去像两条相交的直线; 要使其成为光滑曲线, 我们将需要去掉线相交的点.

另一条曲线是光滑的. 另外, 根据我们的定义, 空集 (这里为 $c < -1/4$ 的情况) 也是光滑曲线! 允许空集为一条光滑曲线使得一些陈述变得简单.

线上的箭头是画图程序的工艺.

图 3.1.10 演示了这一点. 方程 $F\begin{pmatrix}x\\y\end{pmatrix} = -1/4$ 所代表的曲线包含两个点; 方程 $F\begin{pmatrix}x\\y\end{pmatrix} = 0$ 代表的是一个数字 8. 其他的都是所谓的光滑曲线. △

注释. 注意到, 方程 $F\begin{pmatrix}x\\y\end{pmatrix} = c$ 中的函数 F 与用来说明单位圆是光滑曲线的函数 $f(x) = \sqrt{1-x^2}$ 与 $g(x) = \sqrt{1-y^2}$ 是属于不同的种类的. 函数 F 起到了隐函数定理中 $\mathbf{F}$ 的作用; 函数 f 和 g 起到了隐函数定理中的隐函数 $\mathbf{g}$ 的作用. 如果定理 3.1.10 的条件得以满足, 则 $F(\mathbf{x}) = c$ 隐式地用 y 来表示 x 或者用 x 来表示 y: 图形是隐函数 g 或者隐函数 f 的图像. △

由一个形式为 $F\begin{pmatrix}x\\y\end{pmatrix} = c$ 的方程定义的轨迹被称为一条等值曲线 (level curve). 用来想象这样一个轨迹的一个方法是想象用平面 $z = c$ 来切开 F 的图像的曲面, 如图 3.1.11 所示.

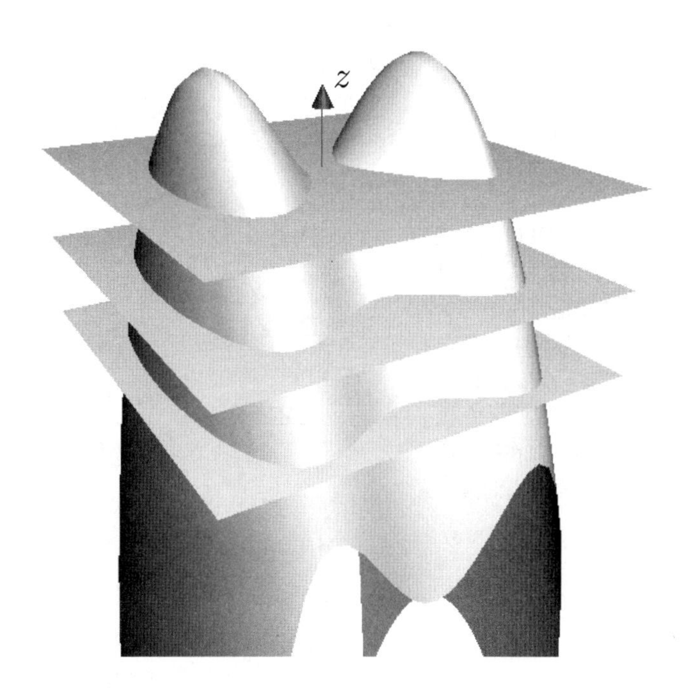

图 3.1.11

通过设 z 等于三个不同的常数, $F\begin{pmatrix}x\\y\end{pmatrix}=x^2-0.2x^4-y^2$ 的图像的曲面被水平地切片. 曲面与用来做切片的平面 $z=c$ 的交线被称为一个**水平集**(level set)或者**等值曲线**. 这个交线与方程 $F\begin{pmatrix}x\\y\end{pmatrix}=c$ 的轨迹相同.

如果我们对图 3.1.11 中的曲面 $z=c$ 进行“切片”, 其中 c 是 F 的最大值, 我们将得到一个点, 而不是一条光滑曲线. 如果我们在一个鞍点切片 (也是导数等于 0 的点, 所以切平面是水平的), 则我们将得到数字 8, 而不是一条光滑曲线.(鞍点将在 3.6 节讨论.)

例 3.1.13 ($\mathbb{R}^3$ 上的光滑曲面). 当我们使用定理 3.1.10 来确定一个图形是否是 $\mathbb{R}^3$ 上的光滑曲面的时候, 函数 $\mathbf{F}$ 从 $\mathbb{R}^3$ 的开子集到 $\mathbb{R}$. 在这种情况下, 要求 $[\mathbf{DF}(\mathbf{z})]$ 对每个 $\mathbf{z}\in M$ 为满射等价于要求对于每个 $\mathbf{z}\in M$, 我们有 $[\mathbf{DF}(\mathbf{z})]\neq[0,0,0]$, 至少一个偏导不为 0.

例如, 考虑由方程

$$F\begin{pmatrix}x\\y\\z\end{pmatrix}=\sin(x+yz)=0 \tag{3.1.12}$$

定义的集合. 它是一个光滑的曲面吗? 它的导数是

$$\left[\mathbf{D}F\begin{pmatrix}a\\b\\c\end{pmatrix}\right]=[\underbrace{\cos(a+bc)}_{D_1F},\underbrace{c\cos(a+bc)}_{D_2F},\underbrace{b\cos(a+bc)}_{D_3F}]. \tag{3.1.13}$$

在 X 上, 根据定义, $\sin(a+bc)=0$, 所以 $\cos(a+bc)\neq0$, 所以 X 是一个光滑曲面. (在这种情况下, 第一个偏导永远不等于 0, 所以在曲面的所有点上, 曲面是在局部上用 y 和 z 来表示 x 的函数的图像). △

你应该对例 3.1.13 印象深刻. 隐函数定理很难去证明, 但所做的工作是有回报的. 不知道等式 (3.1.12) 定义的集合看起来可能是什么样子, 我们几乎不需要做什么就能够确定它是一个光滑曲面.

弄清楚曲面看上去什么样子 (或者只是集合是否是空的) 是另外一件事情. 练习 3.1.6 让你弄清楚在这种情况下它看上去是什么样子, 但通常, 这种问题可以非常难.

例 3.1.14 ($\mathbb{R}^3$ 上的光滑曲面). 定理 3.1.10 建议了一个自然的方法来把 $\mathbb{R}^3$ 中的曲线 C 想象为两个曲面的交线. 这里 $n=3, k=1$. 如果曲面 S_1 和 S_2 由方程 $F_1(\mathbf{z})=0$ 和 $F_2(\mathbf{z})=0$ 给出, 每个函数是从 $\mathbb{R}^3$ 到 $\mathbb{R}$ 的, 则 $C=S_1\cap S_2$ 由方程 $\mathbf{F}(\mathbf{z})=\mathbf{0}$ 给出,

$$\mathbf{F}(\mathbf{z})=\begin{pmatrix}F_1(\mathbf{z})\\F_2(\mathbf{z})\end{pmatrix}\text{是一个从}U\to\mathbb{R}^2\text{的映射, 且 }U\subset\mathbb{R}^3\text{是开的.}$$

要让 2×3 矩阵 $[\mathbf{DF}(\mathbf{z})]$ 变成满射, 两行必须是线性无关的 (见 2.5 节关于满射的线性变换的等价的陈述). 几何上, 这个的意思是, 在 $\mathbf{z}$, 曲面 S_1 的切平面和曲面 S_2 的切平面必须是不同的, 也就是说, 曲面在 $\mathbf{z}$ 不能互相相切. 在那种情况下, 两个切平面的交线是曲线的切线.

因此, $[\mathbf{DF}(\mathbf{z})]$ 是一个 2×3 的矩阵:

$$[\mathbf{DF}(\mathbf{z})]=\begin{bmatrix}D_1F_1(\mathbf{z}) & D_2F_1(\mathbf{z}) & D_3F_1(\mathbf{z})\\ D_1F_2(\mathbf{z}) & D_2F_2(\mathbf{z}) & D_3F_2(\mathbf{z})\end{bmatrix}=\begin{bmatrix}[\mathbf{D}F_1(\mathbf{z})]\\ [\mathbf{D}F_2(\mathbf{z})]\end{bmatrix}. \tag{3.1.14}$$

矩阵的第一行是导数 $[\mathbf{D}F_1(\mathbf{z})]$. 如果它是满射 (如果那一行的三项中的任何一个不是 0), 则 S_1 是一个光滑曲面. 类似地, 如果导数 $[\mathbf{D}F_2(\mathbf{z})]$ 是满射, 则 S_2 是一个光滑曲面. 这样, 如果矩阵只有一项不是 0, 曲线是两个曲面的交线, 至少其中的一个是光滑的. 如果第一行的任意项不是 0, 且第二行的任意项不是 0, 则曲线是两个光滑曲面的交线. 但两个光滑曲面的交线不一定是光滑曲线. 例如, 考虑曲面 $F_1=0$ 和 $F_2=0$, 其中

$$F_1\begin{pmatrix}z_1\\z_2\\z_3\end{pmatrix}=z_3-z_2^2,\ F_2\begin{pmatrix}z_1\\z_2\\z_3\end{pmatrix}=z_3-z_1z_2, \tag{3.1.15}$$

则 $[\mathbf{DF}(\mathbf{z})]=\begin{bmatrix}0 & -2z_2 & 1\\ -z_2 & -z_1 & 1\end{bmatrix}$, 所以由 $\mathbf{F}(\mathbf{z})=\mathbf{0}$ 给出的曲线是两个光滑曲面的交线. 但是在原点, 导数不是满射到 $\mathbb{R}^2$ 的, 所以我们不能做出曲线是光滑的这个结论. △

例 3.1.15 (检验联动装置空间是一个流形). 在例 3.1.8 中, X_2 是四根被限制在平面上的刚性杆的位置的集合. 轨迹是由方程

$$\mathbf{f}(\mathbf{z})=\mathbf{f}\begin{pmatrix}x_1\\y_1\\x_2\\y_2\\x_3\\y_3\\x_4\\y_4\end{pmatrix}=\begin{bmatrix}(x_2-x_1)^2+(y_2-y_1)^2-l_1^2\\(x_3-x_2)^2+(y_3-y_2)^2-l_2^2\\(x_4-x_3)^2+(y_4-y_3)^2-l_3^2\\(x_1-x_4)^2+(y_1-y_4)^2-l_4^2\end{bmatrix}=\begin{bmatrix}0\\0\\0\\0\end{bmatrix} \tag{3.1.16}$$

给出的.

右边的每个偏导是一个有四项的向量. 例如

$$\overrightarrow{D_1}\mathbf{f}(\mathbf{z})=\begin{bmatrix}D_1f_1(\mathbf{z})\\D_1f_2(\mathbf{z})\\D_1f_3(\mathbf{z})\\D_1f_4(\mathbf{z})\end{bmatrix}$$

等.

导数由八个偏导 (在第二行我们用变量名显式地标记偏导):

$$\begin{aligned}[\mathbf{Df}(\mathbf{z})]&=[\overrightarrow{D_1}\mathbf{f}(\mathbf{z}),\overrightarrow{D_2}f(\mathbf{z}),\overrightarrow{D_3}f(\mathbf{z}),\overrightarrow{D_4}\mathbf{f}(\mathbf{z}),\overrightarrow{D_5}\mathbf{f}(\mathbf{z}),\overrightarrow{D_6}\mathbf{f}(\mathbf{z}),\overrightarrow{D_7}\mathbf{f}(\mathbf{z}),\overrightarrow{D_8}\mathbf{f}(\mathbf{z})]\\&=[\overrightarrow{D_{x_1}}\mathbf{f}(\mathbf{z}),\overrightarrow{D_{y_1}}\mathbf{f}(\mathbf{z}),\overrightarrow{D_{x_2}}\mathbf{f}(\mathbf{z}),\overrightarrow{D_{y_2}}\mathbf{f}(\mathbf{z}),\overrightarrow{D_{x_3}}\mathbf{f}(\mathbf{z}),\overrightarrow{D_{y_3}}\mathbf{f}(\mathbf{z}),\overrightarrow{D_{x_4}}\mathbf{f}(\mathbf{z}),\overrightarrow{D_{y_4}}\mathbf{f}(\mathbf{z})].\end{aligned}$$

计算偏导得到

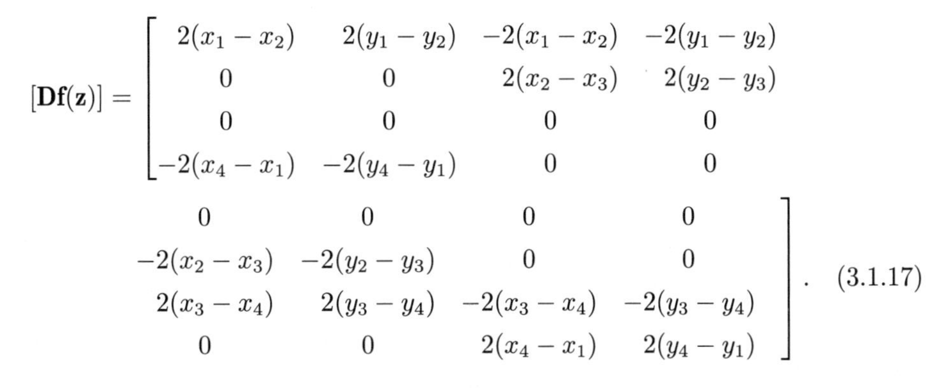

$$[\mathbf{Df}(\mathbf{z})] = \left[\begin{array}{cccc} 2(x_1-x_2) & 2(y_1-y_2) & -2(x_1-x_2) & -2(y_1-y_2) \\ 0 & 0 & 2(x_2-x_3) & 2(y_2-y_3) \\ 0 & 0 & 0 & 0 \\ -2(x_4-x_1) & -2(y_4-y_1) & 0 & 0 \end{array}\right.$$
$$\left.\begin{array}{cccc} 0 & 0 & 0 & 0 \\ -2(x_2-x_3) & -2(y_2-y_3) & 0 & 0 \\ 2(x_3-x_4) & 2(y_3-y_4) & -2(x_3-x_4) & -2(y_3-y_4) \\ 0 & 0 & 2(x_4-x_1) & 2(y_4-y_1) \end{array}\right]. \quad (3.1.17)$$

等式 (3.1.17): 我们必须把矩阵写成两部分才能放进页面. 第二部分包含了矩阵的后四列.

因为 $\mathbf{f}$ 是一个从 $\mathbb{R}^8$ 到 $\mathbb{R}^4$ 的映射, 如果它的四列是线性无关的, 则导数 $[\mathbf{Df}(\mathbf{z})]$ 是满射. 例如, 这里你从来都用不上前四列, 或者后四列, 因为在两种情况下, 都有一整行的 0. 那么第三、第四、第七和第八列呢? 也就是说, 点 $\mathbf{x}_2 = \begin{pmatrix} x_2 \\ y_2 \end{pmatrix}$, $\mathbf{x}_4 = \begin{pmatrix} x_4 \\ y_4 \end{pmatrix}$. 这些是可以的, 只要相应的矩阵的列

$$\begin{bmatrix} -2(x_1-x_2) & -2(y_1-y_2) & 0 & 0 \\ 2(x_2-x_3) & 2(y_2-y_3) & 0 & 0 \\ 0 & 0 & -2(x_3-x_4) & -2(y_3-y_4) \\ 0 & 0 & 2(x_4-x_1) & 2(y_4-y_1) \end{bmatrix} \quad (3.1.18)$$
$$\quad D_{x_2}\mathbf{f}(\mathbf{z}) \qquad D_{y_2}\mathbf{f}(\mathbf{z}) \qquad D_{x_4}\mathbf{f}(\mathbf{z}) \qquad D_{y_4}\mathbf{f}(\mathbf{z})$$

图 3.1.12

如果点
$$\begin{pmatrix} x_1 \\ y_1 \end{pmatrix}, \begin{pmatrix} x_2 \\ y_2 \end{pmatrix}, \begin{pmatrix} x_3 \\ y_3 \end{pmatrix}$$
在一条线上, 则矩阵 (3.1.18) 的前两列不能是线性无关的: $y_1 - y_2$ 有必须是 $x_1 - x_2$ 的倍数, $y_2 - y_3$ 必须是 $x_2 - x_3$ 的同样的倍数.

为线性无关的. 前两列在 $\mathbf{x}_1, \mathbf{x}_2$ 和 $\mathbf{x}_3$ 不共线的时候, 如图 3.1.12, 是线性无关的, 后两列在 $\mathbf{x}_3, \mathbf{x}_4$ 和 $\mathbf{x}_1$ 不共线的时候是线性无关的. 同样的论据对第一、二、五、六列也有效, 相应于 $\mathbf{x}_1$ 和 $\mathbf{x}_3$. 这样你可以使用相对的点的位置来局部地参数化 X_2, 只要另外两个点不与这两个相对的点中的任何一个共线. 这些点从来不会四点共线, 除非一个长度是另外的三个的总和, 或者 $l_1 + l_2 = l_3 + l_4$, 或者 $l_2 + l_3 = l_1 + l_4$. 在所有其他的情况中, X_2 是一个流形, 就算在最后的两个情况中, 在除了所有四根杆都共线的位置, 它也是个流形. △

定理 3.1.10 的证明:

1. 这个从隐函数定理直接得到.

2. 如果 M 是一个嵌在 $\mathbb{R}^n$ 上的光滑的 k 维流形, 则在局部上 (在任何一个固定点 $\mathbf{c} \in M$ 的一个邻域上) 它是一个把 $n-k$ 个变量 $z_{j_1}, \cdots, z_{j_{n-k}}$ 表示为其他 k 个变量 $z_{i_1}, \cdots, z_{i_k}$ 的函数的 C^1 映射 $\mathbf{f}$ 的图像. 设

$$\mathbf{x} = \underbrace{\begin{pmatrix} z_{j_1} \\ \vdots \\ z_{j_{n-k}} \end{pmatrix}}_{\text{被动变量}} \text{ 以及 } \mathbf{y} = \underbrace{\begin{pmatrix} z_{i_1} \\ \vdots \\ z_{i_k} \end{pmatrix}}_{\text{主动变量}}, \quad (3.1.19)$$

当 $n-k$ 个被动变量为 $\mathbf{z}$ 的前 $n-k$ 个变量时, 我们有 $\mathbf{z} = \begin{pmatrix} \mathbf{x} \\ \mathbf{y} \end{pmatrix}$.

则流形为方程 $\mathbf{F}(\mathbf{z}) = \mathbf{x} - \mathbf{f}(\mathbf{y}) = \vec{\mathbf{0}}$ 所定义的轨迹. 导数是满射到 $\mathbb{R}^{n-k}$ 的, 因为它有 $n-k$ 个主元 (线性无关的) 列, 对应于 $n-k$ 个被动变量. □

流形是独立于坐标系的

我们的流形的定义有一个严重的弱点：它显式地用到了一个特定的坐标系. 这里, 我们去掉这个限制: 推论 3.1.17 称, 光滑流形可以旋转、平移, 甚至线性变形, 但仍然保持为光滑流形. 从给出更多内容的定理 3.1.16 可以得到: 一个通过任意导数为满射的 C^1 映射得到的光滑流形的*逆像*(inverse image)仍然是一个光滑流形.

在定理 3.1.16 中, $\mathbf{f}^{-1}$ 不是一个逆映射; 因为 $\mathbf{f}$ 从 $\mathbb{R}^n$ 到 $\mathbb{R}^m$, 这样一个逆映射在 $n \neq m$ 的时候不存在. 我们用 $\mathbf{f}^{-1}(M)$ 来表示逆图像: 满足 $\mathbf{f}(\mathbf{x})$ 在 M 中 (参见定义 0.4.9 和命题 0.4.11) 的点 $\mathbf{x} \in \mathbb{R}^n$ 的集合.

定理 3.1.16 (C^1 映射的流形的逆图像). 令 $M \subset \mathbb{R}^m$ 为一个 k 维流形, U 为 $\mathbb{R}^n$ 的一个开子集, $\mathbf{f}\colon U \to \mathbb{R}^m$ 为一个 C^1 映射, 其导数 $[\mathbf{Df}(\mathbf{x})]$ 在每个点 $\mathbf{x} \in \mathbf{f}^{-1}(M)$ 上是满射. 则逆图像 $\mathbf{f}^{-1}(M)$ 是 $\mathbb{R}^n$ 的一个子流形, 维数为 $k+n-m$.

证明: 令 $\mathbf{x}$ 为 $\mathbf{f}^{-1}(M)$ 的一个点. 根据定理 3.1.10 的第二部分, 存在 $\mathbf{f}(\mathbf{x})$ 的一个邻域 V 使得 $M \cap V$ 由方程 $\mathbf{F}(\mathbf{y}) = \mathbf{0}$ 定义, 其中 $\mathbf{F}\colon V \to \mathbb{R}^{m-k}$ 是一个 C^1 映射, 其导数 $[\mathbf{DF}(\mathbf{y})]$ 对每个 $\mathbf{y} \in M \cap V$ 都是满射. 那么, $W \stackrel{\text{def}}{=} f^{-1}(V)$ 是 $\mathbf{x}$ 的一个开邻域, $f^{-1}(M) \cap W$ 由方程 $\mathbf{F} \circ \mathbf{f} = \mathbf{0}$ 定义. 根据链式法则

$$[\mathbf{D}(\mathbf{F} \circ \mathbf{f})(\mathbf{x})] = [\mathbf{DF}(\mathbf{f}(\mathbf{x}))][\mathbf{Df}(\mathbf{x})], \tag{3.1.20}$$

且 $[\mathbf{DF}(\mathbf{f}(\mathbf{x}))]$ 和 $[\mathbf{Df}(\mathbf{x})]$ 对于每个 $\mathbf{x} \in \mathbf{f}^{-1}(M) \cap W$ 都是满射的, 所以我们已经验证了定理 3.1.10 的第一部分的条件. 仍然根据定理 3.1.10 的第一部分, $\mathbf{f}^{-1}(M)$ 的维度是 $\mathbf{F} \circ \mathbf{f}$ 的定义域的维数减去其陪域的维数, 也就是 $n-(m-k)$. □

直接的图像更为麻烦. 在推论 3.1.17 中, 我们通过可逆映射来取直接图像, 使得直接图像是由逆得到的逆图像.

推论 3.1.17 的证明: 设 $\mathbf{f} = \mathbf{g}^{-1}$, 使得

$$\mathbf{f}(\mathbf{y}) = A^{-1}(\mathbf{y} - \mathbf{c}).$$

则 $\mathbf{g}(M) = \mathbf{f}^{-1}(M)$, 定理 3.1.16 可用.

推论 3.1.17 (流形是独立于坐标系的). 令 $\mathbf{g}\colon \mathbb{R}^n \to \mathbb{R}^n$ 为一个映射, 形式为

$$\mathbf{g}(\mathbf{x}) = A\mathbf{x} + \mathbf{c}, \tag{3.1.21}$$

其中 A 是一个可逆矩阵. 如果 $M \subset \mathbb{R}^n$ 是一个光滑的 k 维流形, 则直接的图像 $\mathbf{g}(M)$ 也是一个 k 维流形.

这样, 我们的流形的定义, 看上去是与坐标系统紧密联系的, 实际上是独立于坐标系的选择的. 特别地, 如果你旋转或者平移一个光滑的流形, 结果仍然是光滑流形.

流形的参数化

到目前为止, 我们把流形作为由方程的解集定义的位置. 技术上, 这样的方程完整地描述了流形. 在实践中 (如我们在等式 (3.1.5) 中所见到的), 这样的一个描述并不令人满意; 信息并没有以可以理解为流形的图像的形式出现.

这里有另一个方法来想象流形: *参数化*(parameterization). 通常, 如果要得到一条曲线或者一个曲面的图像, 你通过参数化了解它要比通过方程了解它

要容易得多. 通常计算机只要花费几个毫秒来计算足够多的点的坐标就可以给你一个参数化的曲线或者曲面的一个很好的图像.

当 "参数化" 这个词不那么严格地使用的时候, 我们可以说, 任何映射 $\mathbf{f}\colon \mathbb{R}^n \to \mathbb{R}^m$ 通过 $\mathbb{R}^n$ 上的定义域变量参数化了它的图像. 映射

$$g\colon t \mapsto \begin{pmatrix} t^2 - \sin t \\ -6\sin t\cos t \end{pmatrix} \tag{3.1.22}$$

参数化了图 3.1.13 中的曲线. 随着参数 t 的变化, $\mathbb{R}^2$ 中的一个点被选中; g 参数化了 g 的图像中的所有的点. 注意, 在把函数想成参数化的时候, 我们经常使用 "映射到"($\mapsto$) 这个记号, 但我们也能够把参数化写为

$$g(t) = \begin{pmatrix} t^2 - \sin t \\ -6\sin t\cos t \end{pmatrix}.$$

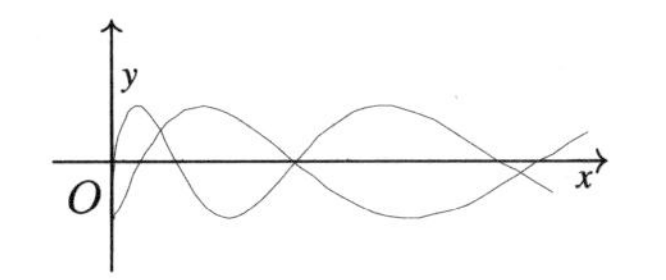

图 3.1.13

一条平面上的曲线, 参数化定义为

$$t \mapsto \begin{pmatrix} x = t^2 - \sin t \\ y = -6\sin t\cos t \end{pmatrix}.$$

映射 $t \mapsto \begin{pmatrix} \cos t \\ \sin t \\ at \end{pmatrix}$ 和 $\begin{pmatrix} u \\ v \end{pmatrix} \mapsto \begin{pmatrix} u^3\cos t \\ u^2 + v^2 \\ v^2\cos u \end{pmatrix}$ 参数化了图 3.1.14 中的空间曲线和图 3.1.15 中的曲面. 最著名的曲面的参数化用纬度 u 和经度 v 来参数化 $\mathbb{R}^3$ 上的单位球面:

$$\begin{pmatrix} u \\ v \end{pmatrix} \mapsto \begin{pmatrix} \cos u\cos v \\ \cos u\sin v \\ \sin u \end{pmatrix}. \tag{3.1.23}$$

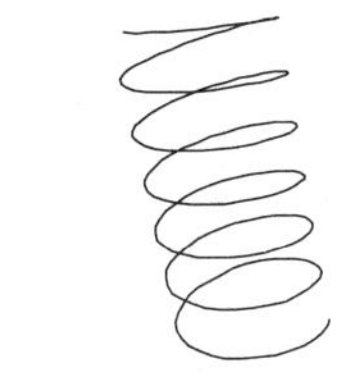

图 3.1.14

一条空间的曲线, 由参数化 $t \mapsto \begin{pmatrix} \cos t \\ \sin t \\ at \end{pmatrix}$ 定义.

利用计算机, 你可以轻而易举地得到你想要的尽可能多的 "参数化" 的曲线和曲面. 如果你填上 $t \mapsto \begin{pmatrix} - \\ - \end{pmatrix}$ 中的空白处, 每个空白处代表一个 t 的函数, 并让计算机画出来, 它将绘画出一条平面上的曲线. 如果你填上 $\begin{pmatrix} u \\ v \end{pmatrix} \mapsto \begin{pmatrix} - \\ - \\ - \end{pmatrix}$ 中的空白处, 其中空白处表示 u 和 v 的函数, 计算机将画出 $\mathbb{R}^3$ 上的曲面.

然而, 如果我们需要一个映射来参数化一个流形的时候, 我们必须要更加苛求. 特别地, 这样的一个映射必须是单射; 我们不能允许我们的流形与它们自身相交, 就像图 3.1.15 中的曲面那样.

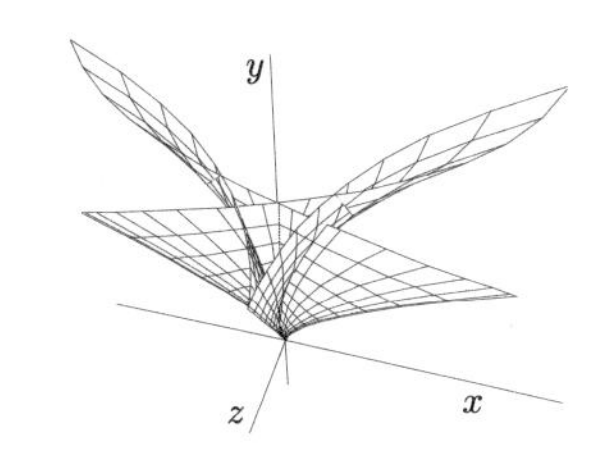

图 3.1.15

参数化为

$$\begin{pmatrix} u \\ v \end{pmatrix} \mapsto \begin{pmatrix} u^3\cos v \\ u^2 + v^2 \\ v^2\cos u \end{pmatrix}$$

的曲面. 注意, 这不是一个光滑的曲面, 它与自身相交.

在第 5 和第 6 章, 我们将需要在我们能够在流形上积分之前就把流形参数化. 幸运的是, 针对积分的这个目的, 我们将可以 "放松" 参数化的定义, 忽视那些有麻烦的点, 例如管子的端点, 或者从北极点到南极点的曲线.

定义 3.1.18 (流形的参数化). k 维流形 $M \subset \mathbb{R}^n$ 的一个参数化是一个映射 $\gamma\colon U \subset \mathbb{R}^k \to M$, 满足下列条件:

1. U 为开集.
2. γ 属于 C^1, 是单射, 且满射到 M.
3. $[\mathbf{D}\gamma(\mathbf{u})]$ 对每个 $\mathbf{u} \in U$ 都是单射.

我们将给出一些例子, 但首先做一些点评.

1. *给你已知方程的流形找到一个参数化是非常困难的, 经常是不可能的.* 就像流形很少是单一的函数的图像一样, 很少能够找到一个满足定义 3.1.18

选择哪怕是一个可以很好地适合我们要解决的问题的局部的参数化也是一个很难、很重要, 但是也是超级难以教给学生的技能. 在参数化一个曲面的时候, 有计算机来帮你画图有时候是有帮助的; 然后问你自己是否有某种方法能够用坐标来找到曲面上的点 (例如, 利用正弦和余弦, 或者经纬度).

的标准, 并且参数化整个的曲线的映射 γ. 一个圆并不像一个开区间: 如果你把一段管子弯曲成圆, 两端就变成了一个点. 一个圆柱并不像平面的一个开的子空间: 如果你把一张纸卷起来, 两条边变成一条线. 没有哪一个的参数化是单射.

对于球来说, 问题更为糟糕. 用经纬度的参数化 (公式 (3.1.23)) 只有在我们移除了从北极到南极的经过例如格林尼治 (Greenwich) 的线的情况下, 才满足定义 3.1.18. 解决这样的问题没有通用的规则. 一个简单的例子是当一个流形是单个函数的图像的时候. 例如, 图 3.1.2 的左上角的曲面是函数 $f\begin{pmatrix}x\\y\end{pmatrix}=x^3-2xy^2$ 的图像. 这个曲面被参数化为

$$\mathbf{g}\begin{pmatrix}x\\y\end{pmatrix}=\begin{pmatrix}x\\y\\x^3-2xy^2\end{pmatrix}. \tag{3.1.24}$$

任何时候当一个流形是一个函数 $\mathbf{f}(\mathbf{x})=\mathbf{y}$ 的图像的时候, 它被映射 $\mathbf{x}\mapsto\begin{pmatrix}\mathbf{x}\\\mathbf{f}(\mathbf{x})\end{pmatrix}$ 参数化.

瑟斯顿 (William Thurston, 1946—2012) 无疑是 20 世纪最好的几何学家, 他说, 了解一个流形的正确方式是从内部开始. 想象你自己在一个流形内部, 用手电筒首先照向一个点, 然后再照向另一个, 通过迷雾或者灰尘使得光束可见. 如果你把手电筒直接指向前方, 你会看到任何东西吗? 有什么东西会被反射回来吗? 或者你会看到光在你的侧面吗? 这个方法在视频 “Not Knot” (明尼苏达大学几何中心出品, 在 CRCPress.com 上可以得到) 中有演示.

2. *就算是证明一个候选的参数化是单射都可能是非常困难的*. 一个涉及极小曲面的例子 (一个极小曲面是在具有同样的边界的曲面中, 在局部上使得曲面面积最小的那个曲面; 这样的曲面的研究是从肥皂膜和水滴中得到的灵感). 维尔斯特拉斯发现了一个非常聪明的方法来 “参数化” 所有的极小曲面, 但是在这些映射被提出来之后的超过一个世纪的时间里, 没有人能够成功地给出一个通用的方法来检验它们是否真的是单射. 只是证明一个这样的映射是一个参数化就算是一个成就了.

3. *检验一个导数是单射很容易*, 在*局部*上, 导数是对它所近似的映射的一个好的向导. 这样, 如果 U 是 $\mathbb{R}^k$ 的一个开子集, 且 $\gamma\colon U\to\mathbb{R}^n$ 是一个光滑的映射, 使得 $[\mathbf{D}\gamma(\mathbf{u})]$ 是单射, 则 $\gamma(U)$ 未必是一个光滑的 k 维流形. 但在局部上它是成立的: 如果 U 足够小, 则相应的 γ 的图形将是一个光滑流形. 练习 3.1.20 简单说明了如何证明这一点.

一个用来画出参数化的曲线和曲面的程序是 Pacific Tech 生产的图形计算器 (www.pacifict.com), 版本 2.2 或者更高版本. (它也可以画出由方程隐式地给出的曲面, 但这个要难得多.)

当你到达 Yeniköy 的时候, 看一下你的里程表的读数, 然后朝着 Sariyer 的方向继续驾驶恰好 4 mi.

例 3.1.19 (一条曲线的参数化). 在曲线的情况中, 定义 3.1.18 的开子集 $U\subset\mathbb{R}^k$ 变成了一个开区间 $I\subset\mathbb{R}$. 把 I 想成一个时间的区间; 随着你沿着曲线运动, 参数化告诉你在一个给定的时刻的位置, 如图 3.1.16 所示. 在这个解读中, $\gamma'(t)$ 是速度向量; 它在 $\gamma(t)$ 与曲线相切, 它的长度是你在 t 时刻运动的速率.

—— 用弧长来参数化通向 Sariyer 的路 (Eric Ambler, *The Light of Day*). $\triangle$

曲线还可以用弧长来参数化 (参见定义 3.9.5). 车内的里程表用弧长来参数化曲线.

要求 $[\mathbf{D}\gamma(\mathbf{u})]$ 为单射的意思是 $\vec{\gamma}'(t)\neq\vec{\mathbf{0}}$: 因为 $\vec{\gamma}'(t)=[\mathbf{D}\gamma(t)]$ 是一个 $n\times 1$ 的列矩阵 (也就是向量), 由这个矩阵给出的线性变换恰好在 $\vec{\gamma}'(t)\neq 0$ 的时候是单射.

切线在 3.2 节详细讨论.

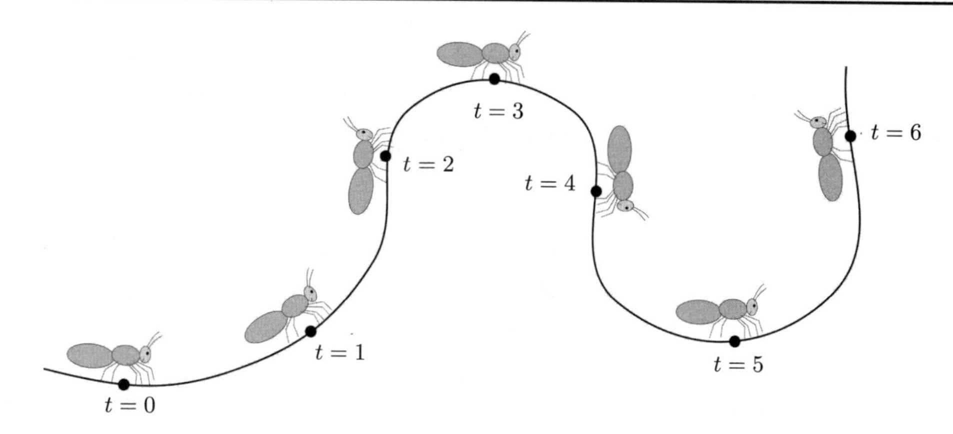

图 3.1.16
我们把一个参数化的曲线想象为一只蚂蚁在平面上或者空间行走. 参数化告诉我们在任意给定时刻, 蚂蚁在哪里.

函数 $\gamma\colon (0,\pi)\to C$, 定义为 $\gamma(\theta)=\begin{pmatrix}\cos\theta\\ \sin\theta\end{pmatrix}$, 参数化了单位圆的上半部分. 因为定义在开区间 $(0,\pi)$ 上, 函数是双射, 且 $\vec{\gamma}'(\theta)=\begin{pmatrix}-\sin\theta\\ \cos\theta\end{pmatrix}\neq\begin{pmatrix}0\\0\end{pmatrix}$. 注意, 根据定义 3.1.18, 这个映射不是整个圆的参数化, 因为为了使它变成单射, 我们必须把它的定义域限制在 $(0,2\pi)$; 遗憾的是, 这个限制漏掉了点 $\begin{pmatrix}1\\0\end{pmatrix}$.

当一条曲线被参数化的时候, $\vec{\gamma}'(t)\neq\vec{\mathbf{0}}$ 的要求也可以用线性无关的形式来陈述: 单个的向量 $\vec{\mathbf{v}}$ 在 $\vec{\mathbf{v}}\neq\vec{\mathbf{0}}$ 的时候是线性无关的.

因为例 3.1.20 中的映射 $\gamma\colon U\to M$ 是单射和满射, 它是可逆的. 这看上去可能令人惊讶, 因为 U 的一个元素有两个项, M 的元素有三个项. 但定义域和陪域都是二维的. 需要两个数, 不是三个, 来指定 M 中的一个点. 关键之处是 γ 的陪域不是 $\mathbb{R}^3$, 或者 $\mathbb{R}^3$ 的任何开子集; 它是 2–球面的一个子集.

例 3.1.20 (一个曲面的参数化). 在 $\mathbb{R}^3$ 中的一个曲面的情况, 定义 3.1.18 中的 U 是 $\mathbb{R}^2$ 的一个开子集, $[\mathbf{D}\gamma(\mathbf{u})]$ 是一个 3×2 的矩阵. 称它是单射等同于称 $\overrightarrow{D_1}\gamma$ 和 $\overrightarrow{D_2}\gamma$ 是线性无关的. 例如, 定义在 $U=(0,\pi)\times(0,\pi/2)$ 上的映射

$$\gamma\colon \begin{pmatrix}\theta\\ \varphi\end{pmatrix}\mapsto\begin{pmatrix}\cos\theta\cos\varphi\\ \sin\theta\cos\varphi\\ \sin\varphi\end{pmatrix} \tag{3.1.25}$$

参数化了单位球面 $x^2+y^2+z^2=1$ 的 $y,z>0$ 的四分之一, 我们用 M 来表示. 映射 γ 属于 C^1 类, 导数

$$\left[\mathbf{D}\gamma\begin{pmatrix}\theta\\ \varphi\end{pmatrix}\right]=\begin{bmatrix}-\cos\varphi\sin\theta & -\sin\varphi\cos\theta\\ \cos\theta\cos\varphi & -\sin\varphi\sin\theta\\ 0 & \cos\varphi\end{bmatrix} \tag{3.1.26}$$

是单射, 因为第三行的项保证了两列是线性无关的. 要检验 γ 是单射和满射到 M 的, 首先注意 γ 的图像是单位球面的一部分, 因为

$$\cos^2\theta\cos^2\varphi+\sin^2\theta\cos^2\varphi+\sin^2\varphi=1. \tag{3.1.27}$$

因为 $z\in(0,1)$, 存在一个唯一的 $\varphi\in(0,\pi/2)$, 满足 $\sin\varphi=z$, 又因为 $x\in(-1,1)$, 则存在一个唯一的 $\theta\in(0,\pi)$ 满足

$$\cos\theta=\frac{x}{\cos\varphi}=\frac{x}{\sqrt{1-z^2}}=\frac{x}{\sqrt{x^2+y^2}}. \tag{3.1.28}$$

对于 $\theta \in (0,\pi)$, 我们有 $\sin\theta > 0$, 所以 $y = \sin\theta\cos\varphi > 0$. △

参数化与方程的对比

如果你通过全局的参数化知道了一条曲线, 就很容易找到曲线上的点, 但是难以验证一个点是否在曲线上. 如果你通过方程知道一条曲线, 相反的结论则成立: 可能很难找到曲线上的点, 但是很容易验证一个点是否在这条曲线上.

例如, 给定参数化

$$\gamma : t \mapsto \begin{pmatrix} \cos^3 t - 3\sin t\cos t \\ t^2 - t^5 \end{pmatrix}, \tag{3.1.29}$$

你可以通过把 t 替换成某个值来找到一个点, 像 $t = 0$, 或者 $t = 1$. 但检验一个点 $\begin{pmatrix} a \\ b \end{pmatrix}$ 是否在这条曲线上, 则需要证明非线性方程组

$$\begin{aligned} a &= \cos^3 t - 3\sin t\cos t, \\ b &= t^2 - t^5 \end{aligned} \tag{3.1.30}$$

有一个解. 现在, 假设你有方程

$$y + \sin xy + \cos(x+y) = 0, \tag{3.1.31}$$

它定义了一条不同的曲线. 你可以通过插入 x 和 y 的值来检验一个给定的点是否在曲线上, 但不清楚你如何找到曲线上的一个点, 也就是, 解一个包含两个变量的非线性方程. 你可以试着固定一个变量并利用牛顿 (Newton) 方法, 但是并不清楚如何选取能够保证收敛的起始点. 例如, 你可以问这条曲线会穿过 y 轴, 也就是, 设 $x = 0$, 并解方程 $y + \cos y = 0$. 根据介值定理, 它有一个解: $y > 1$ 的时候, $y + \cos y$ 是正的, $y < -1$ 的时候是负的. 所以, 你可能会认为, 从 $y = 0$ 开始利用牛顿方法会收敛到根, 但康托诺维奇定理的不等式 (2.8.53) 不被满足. 但从 $y = -\pi/4$ 开始给出 $\dfrac{M|f(y_0)|}{(f'(y_0))^2} \leqslant 0.027 < \dfrac{1}{2}$.

微分学与线性代数的关系

通过一个方程 $\mathbf{F}(\mathbf{z}) = \mathbf{0}$ 知道一个流形可以类比于 (难于) 知道一个线性变换的核. 通过参数化来知道一个流形可以类比于 (难于) 知道一个线性变换的图像. 这继续了这本书的主题: 每个构造和线性变换的技术在非线性的微分世界里都有一个 (更难的) 等价问题, 在表 3.1.17 中总结了线性代数和微分学的对应关系.

表 3.1.17

	算 法	代 数	几 何
线性代数	行化简	定理 2.2.6 定理 2.2.1	子空间 (平的) 核 图像
微分学	牛顿方法	逆函数定理 隐函数定理	流形 (弯曲的) 由方程定义流形 由参数化定义流形

3.1 节的练习

练习 3.1.1: 除非另外说明, 单位球的球心总是在原点, 其半径为 1.

3.1.1 用定理 3.1.10 证明单位球是一个光滑曲面.

3.1.2 证明: 集合 $\left\{\begin{pmatrix} x \\ y \end{pmatrix} \in \mathbb{R}^2 \mid x + x^2 + y^2 = 2\right\}$ 是一条光滑曲线.

3.1.3 证明: 平面上的每条直线都是光滑曲线.

3.1.4 在练习 3.1.6 中, 利用 $D_{x,y}, D_{x,z}, D_{y,z}$, 半轴 $\mathbb{R}_z^+, \mathbb{R}_x^+, \mathbb{R}_y^+, \mathbb{R}_z^-, \mathbb{R}_x^-, \mathbb{R}_y^-$, 以及映射

$$\pm\sqrt{1-x^2-y^2}, \pm\sqrt{1-x^2-z^2}, \pm\sqrt{1-y^2-z^2},$$

证明 S^2 是一个光滑曲面.

这一节的几个练习在 3.2 节中将有对应的问题, 在那里处理的是切空间. 练习 3.1.2 与练习 3.2.1 是相关的; 练习 3.1.5 与 3.2.3 是相关的.

练习 3.1.6: 联想到当且仅当 $\alpha = k\pi$, 且 k 是某个整数的时候, $\sin\alpha = 0$.

3.1.5 a. 对 c 的哪个数值, 方程 $x^2 + y^3 = c$ 的集合 X_c 为一条光滑曲线?

b. 对一个有代表性的 c 的样本数值, 简单画出相应的曲线.

3.1.6 例 3.1.13 中的方程为 $F\begin{pmatrix} x \\ y \\ z \end{pmatrix} = \sin(x+yz) = 0$ 的曲面看上去是什么样子?

3.1.7 a. 证明: 对于 a 和 b, 方程

$$x^2 + y^3 + z = a \text{ 和 } x + y + z = b$$

的解集 X_a 和 X_b 是 $\mathbb{R}^3$ 上的光滑曲面.

练习 3.1.7 a 不需要隐函数定理.

b. 对于 a 和 b 的哪些数值, 定理 3.1.10 保证交集 $X_a \cap X_b$ 是一个光滑流形? 对于 a 和 b 的其他数值, 曲面 X_a 与 X_b 之间有什么几何关系?

3.1.8 a. 对于 a 和 b 的什么数值, 满足方程 $x - y^2 = a$ 和 $x^2 + y^2 + z^2 = b$ 的集合 X_a 和 Y_b 是 $\mathbb{R}^3$ 上的光滑曲面?

b. 对于 a 和 b 的什么数值, 定理 3.1.10 保证交集 $X_a \cap Y_b$ 是一个光滑的曲线?

c. 简要画出 (a, b) 平面上的子集, 使得 $X_a \cap Y_b$ 不保证为一个光滑曲线. 在补集的每一个分量上, 在 (x, y) 平面上简要画出交集 $X_a \cap Y_b$.

d. 对于不保证 $X_a \cap Y_b$ 为光滑曲线的那些 a 和 b 的数值, X_a 和 Y_b 之间有什么几何关系? 对于这些数值, 简要画出具有代表性的情况的向 (x, y) 平面的投影.

练习 3.1.8 d 的提示: 如图 3.9.2.

3.1.9 a. 找到二次多项式 p 和 q, 使得例 3.1.12 中的函数

$$F\begin{pmatrix} x \\ y \end{pmatrix} = x^4 + y^4 + x^2 - y^2$$

可以写为

$$F\begin{pmatrix} x \\ y \end{pmatrix} = p(x)^2 + q(y)^2 - \frac{1}{2}.$$

b. 简单画出 p, q, p^2 和 q^2 的图像, 并描述你的图像和图 3.1.10 之间的联系.

3.1.10 令 $f\begin{pmatrix}x\\y\end{pmatrix}=0$ 为一条曲线 $X\subset\mathbb{R}^2$ 的方程, 假设 $\left[\mathbf{D}f\begin{pmatrix}x\\y\end{pmatrix}\right]\neq\begin{bmatrix}0 & 0\end{bmatrix}$ 对所有的 $\begin{pmatrix}x\\y\end{pmatrix}\in X$ 成立.

练习 3.1.10 在练习 3.2.9 中有一个对应的问题.

a. 给 X 上的锥 $CX\subset\mathbb{R}^3$ 的闭包 $\overline{CX}$ 找到一个方程, CX 是通过原点和点 $\begin{pmatrix}x\\y\\1\end{pmatrix}$ 的所有的线的并集, 其中 $\begin{pmatrix}x\\y\end{pmatrix}\in X$.

b. 如果 X 的方程为 $y=x^3$, 则 $\overline{CX}$ 的方程是什么?

c. 当 X 的方程为 $y=x^3$ 时, $\overline{CX}-\{\mathbf{0}\}$ 在哪里可以保证是光滑曲面?

3.1.11 a. 找到通过原点和一条参数化的曲线 $t\mapsto\begin{pmatrix}t\\t^2\\t^3\end{pmatrix}$ 的并集的一个参数化.

b. 找到 X 的闭包 $\overline{X}$ 的一个方程. $\overline{X}$ 是与 X 精确相同的吗?

c. 证明 $\overline{X}-\{\mathbf{0}\}$ 是一个光滑曲面.

$$\begin{pmatrix}r\\\theta\end{pmatrix}\mapsto\begin{pmatrix}r(1+\sin\theta)\\r\cos\theta\\r(1-\sin\theta)\end{pmatrix}$$

练习 3.1.11 d 的映射.

d. 证明边注中的映射是 $\overline{X}$ 的另一个参数化. 在这个形式里, 你应该毫不困难地给出曲面 $\overline{X}$ 的一个名称.

e. 把 $\overline{X}$ 与不可逆的 2×2 的对称矩阵联系起来.

3.1.12 令 $X\subset\mathbb{R}^3$ 为联结曲线 $C_1\colon y=x^2, z=0$ 上的一个点与曲线 $C_2\colon z=y^2, x=0$ 上的一个点的线段的中点的集合.

a. 参数化 C_1 和 C_2.

b. 参数化 X.

c. 求 X 的一个方程.

d. 证明 X 是一个光滑曲面.

3.1.13 a. 包含点 $\mathbf{a}$ 且垂直于一个向量 $\vec{\mathbf{v}}$ 的平面 $P\subset\mathbb{R}^3$ 的方程是什么?

b. 令 $\gamma(t)=\begin{pmatrix}t\\t^2\\t^3\end{pmatrix}$, 令 P_t 为经过点 $\gamma(t)$ 且与 $\vec{\gamma}'(t)$ 垂直的平面. P_t 的方程是什么?

c. 证明: 如果 $t_1\neq t_2$, 平面 P_{t_1} 和 P_{t_2} 总是在一条线上相交. 交线 $P_{t_1}\cap P_{t_2}$ 的方程是什么?

d. 随着 h 趋向于 0, 交线 $P_1\cap P_{1+h}$ 的极限位置是什么?

3.1.14 对常数 c 的哪个数值, 方程 $\sin(x+y)=c$ 所定义的是一条光滑曲线? 提示: 这个不难, 但是只使用定理 3.1.10 是不够的.

3.1.15 在例 3.1.8 中, 在 $l_1=l_2+l_3+l_4$ 时, 描述 X_2 和 X_3.

练习 3.1.16 在练习 3.2.8 中有一个等价的问题.

3.1.16 考虑 $\mathbb{R}^3$ 中的一个长为 l 的杆的位置的空间 X_l, 其中一个端点被限制在 x 轴上, 另一个端点被限制在中心在原点的单位球面上.

a. 给出 X_l 作为 $\mathbb{R}^4$ 的子集的方程, 其中 $\mathbb{R}^4$ 中的坐标为杆的端点在 x 轴上的 x 坐标 (用 t 表示), 以及杆的另一个端点的三个坐标.

b. 证明: 在边注中的点 $\mathbf{p}$ 上, 集合 X_l 是一个流形.

c. 证明: 对于 $l \neq 1$, X_l 是一个流形.

d. 证明: 如果 $l = 1$, 存在一些位置 (X_1 中的点), 在其附近, X_1 不是一个流形.

$$\mathbf{p} = \begin{pmatrix} 1+l \\ 1 \\ 0 \\ 0 \end{pmatrix}$$

练习 3.1.16 b 中的点.

3.1.17 在例 3.1.8 中, 如果将点限制在一个平面上, 证明: 如果从 $\mathbf{x}_1$ 到 $\mathbf{x}_3$ 的距离既小于 $l_1 + l_2$ 又小于 $l_3 + l_4$, 且大于 $|l_1 - l_2|$ 和 $|l_3 - l_4|$, 则知道 $\mathbf{x}_1$ 和 $\mathbf{x}_3$ 将精确地确定联动装置的四个位置,

3.1.18 a. 用坐标 $\mathbf{x}_1$, 包含经过 $\mathbf{x}_1$ 的水平线的第一根杆的极角 θ_1, 第一和第二根杆之间的角度 θ_2: 一共四个数, 来参数化例 3.1.8 中的联动装置的位置. 对于满足

$$(l_3 - l_4)^2 < l_1^2 + l_2^2 - 2l_1 l_2 \cos\theta_2 < (l_3 + l_4)^2 \tag{1}$$

的每个 θ_2 的值, 联动装置一共有几个位置?

b. 如果不等式 (1) 中的任何一个是等式, 会发生什么?

练习 3.1.18: 当我们说, 由 θ_1, θ_2“参数化”, 和 $\mathbf{x}_1$ 的坐标的时候, 我们的意思是, 把联动装置的位置想成由那些坐标确定.

3.1.19 令 $M_k(n, m)$ 为秩为 k 的 $n \times m$ 的矩阵的空间.

a. 证明: 秩为 1 的 2×2 的矩阵空间 $M_1(2, 2)$ 是嵌在 $\mathrm{Mat}(2, 2)$ 中的流形.

b. 证明: 秩为 2 的 3×3 的矩阵的空间 $M_2(3, 3)$ 是嵌在 $\mathrm{Mat}(3, 3)$ 中的流形. 证明 (通过显式的计算): 当且仅当 A 的秩小于 2 的时候, $[\mathbf{D}\det(A)] = [0]$.

练习 3.1.19 a: 这是矩阵 $A \neq 0$, 且 $\det A = 0$ 的空间; b. 如果 $A \in M_2(3, 3)$, 则 $\det A = 0$.

***3.1.20** 令 $U \subset \mathbb{R}^2$ 为开集, $\mathbf{x}_0 \in U$ 为一个点, $\mathbf{f}\colon U \to \mathbb{R}^3$ 为一个具有李普希兹导数的可微映射. 假设 $[\mathbf{Df}(\mathbf{x}_0)]$ 是 1-1 的.

a. 证明: 在 $\mathbb{R}^3$ 上, 有两个生成平面 E_1 的标准基向量, 使得如果 $P\colon \mathbb{R}^3 \to E_1$ 表示向由这些向量生成的平面的投影, 则 $[\mathbf{D}(P \circ \mathbf{f})(\mathbf{x}_0)]$ 是可逆的.

b. 证明: 存在 $(P \circ \mathbf{f})(\mathbf{x}_0)$ 的一个邻域 $V \subset E_1$ 以及一个映射 $\mathbf{g}\colon V \to \mathbb{R}^2$, 使得 $(P \circ \mathbf{f} \circ \mathbf{g})(\mathbf{y}) = \mathbf{y}$ 对所有的 $\mathbf{y} \in V$ 成立.

c. 令 $W = \mathbf{g}(V)$. 证明: $\mathbf{f}(W)$ 是 $\mathbf{f} \circ \mathbf{g}\colon V \to E_2$ 的图像, 其中 E_2 是由第三个标准基向量生成的线. 推出 $\mathbf{f}(W)$ 是一个光滑曲面的结论.

3.1.21 a. 定理 3.1.10 能否保证方程 $\mathrm{e}^x + 2\mathrm{e}^y + 3\mathrm{e}^z = a$ 的子集 $X_a \subset \mathbb{R}^3$ 都是光滑曲面吗?

b. 它是否保证对于每个 (a, b), 方程 $\mathrm{e}^x + 2\mathrm{e}^y + 3\mathrm{e}^z = a$ 和 $x + y + z = b$ 给出的子集 $X_{a,b}$ 是一条光滑曲线?

3.1.22 a. 满足 $\begin{pmatrix}\cos\theta\\ \sin\theta\\ 0\end{pmatrix}$ 和 $\begin{pmatrix}\cos\varphi+1\\ 0\\ \sin\varphi\end{pmatrix}$ 之间的距离为 2 的集合 $\begin{pmatrix}\theta\\ \varphi\end{pmatrix}\in\mathbb{R}^2$ 是一条光滑曲线吗?

b. 在哪些点上, 这个集合在局部上是 φ 作为 θ 的函数? 在哪些点上, 在局部上是 θ 作为 φ 的函数?

***3.1.23** 考虑例 3.1.8. 如果 $l_1+l_2=l_3+l_4$, 证明 X_2 在所有四个点都共线的位置附近不是一个流形, 其中 $\mathbf{x}_2$ 和 $\mathbf{x}_4$ 在 $\mathbf{x}_1$ 和 $\mathbf{x}_3$ 之间.

练习 3.1.24 a: 写出 $M_1(n,m)$ 的方程很难, 但是证明 $M_1(n,m)$ 在局部上是一个用一些变量来表示其他变量的映射的图像并不太难. 例如, 假设

$$A=[\mathbf{a}_1,\cdots,\mathbf{a}_m]\in M_1(n,m)$$

且 $a_{1,1}\neq 0$. 证明

$$\begin{bmatrix}a_{2,2}&\cdots&a_{2,m}\\ \vdots&\ddots&\vdots\\ a_{n,2}&\cdots&a_{n,m}\end{bmatrix}$$

的所有的项是其他项的函数, 例如 $a_{2,2}=a_{1,2}a_{2,1}/a_{1,1}$.

***3.1.24** 令 $M_k(n,m)$ 是秩为 k 的 $n\times m$ 的矩阵的空间.

a. 证明: 对所有的 $n,m\geqslant 1$, $M_1(n,m)$ 是嵌在 $\mathrm{Mat}(n,m)$ 里的一个流形.

b. $M_1(n,m)$ 的维数是几?

3.1.25 证明: 映射 $\mathbf{g}$: $\begin{pmatrix}u\\ v\end{pmatrix}\mapsto\begin{pmatrix}\sin uv+u\\ u+v\\ uv\end{pmatrix}$ 为一个光滑曲线的参数化方程:

a. 证明 $\mathbf{g}$ 的图像包含在方程为

$$z=(x-\sin z)(\sin z-x+y)$$

的面内.

b. 证明: S 是一条光滑曲线.

c. 证明: $\mathbf{g}$ 把 $\mathbb{R}^2$ 满射到 S.

d. 证明: $\mathbf{g}$ 是 1-1 的, 且对于每一个 $\begin{pmatrix}u\\ v\end{pmatrix}\in\mathbb{R}^2$, $\left[\mathbf{Dg}\begin{pmatrix}u\\ v\end{pmatrix}\right]$ 是 1-1 的.

3.2　切空间

当我们在 3.7 节讨论限制条件下的极值, 在 3.9 节讨论微分几何, 在第 5 章讨论流形的体积, 以及在 6.3 节讨论流形的取向的时候, 流形的切空间将是最根本的.

微积分的微分部分的指导思想就是把非线性的对象替代成它们的线性逼近. 我们把函数替换成它的导数, 我们把曲线、曲面和更高阶的流形替换为它的**切空间**(tangent space). 主要的问题一直都是, 这个替代在多大的程度上可以给出非线性对象的精确图像.

一个 k 维的流形$M\subset\mathbb{R}^n$ 在局部上是 C^1 映射 $\mathbf{f}$, 把 $n-k$ 个变量表示成其他 k 个变量的函数. 在局部上, 一个流形的**切空间**(tangent space) 是 $\mathbf{f}$ 的导数的图像. 这样, 图像的线性逼近就是线性逼近的图像.

记得 (定义 3.1.1 的边注) 标记 $\mathbf{z}=\begin{pmatrix}\mathbf{x}\\ \mathbf{y}\end{pmatrix}$ 是个误导, 因为我们不能假设主动变量先出现. 写为

$$\mathbf{z}=\Phi_{\mathbf{d}}(\mathbf{x})+\Phi_{\mathbf{c}}(\mathbf{y})$$

将更为准确, 但有点笨拙.

对于 1 个点 $\mathbf{z}\in M$, 用 $\mathbf{x}$ 代表 k 个主动变量, $\mathbf{y}$ 代表 $n-k$ 个被动变量, 我们有

$$M=\left\{\begin{pmatrix}\mathbf{x}\\ \mathbf{y}\end{pmatrix}\in\mathbb{R}^n\mid\mathbf{f}(\mathbf{x})=\mathbf{y}\right\},\tag{3.2.1}$$

则 M 在点 $\mathbf{z}_0 = \begin{pmatrix} x_0 \\ y_0 \end{pmatrix} \in M$ 的**切平面**(tangent flat)(切线、切面以及更高阶的切面) 由下面的方程给出

$$\underbrace{\mathbf{y}-\mathbf{y}_0}_{\text{输出的变化}} = [\mathbf{Df}(\mathbf{x}_0)]\underbrace{(\mathbf{x}-\mathbf{x}_0)}_{\text{输入的变化}}. \tag{3.2.2}$$

如果要给出在 $\mathbf{z}_0$ 处的**切空间**(tangent space)的方程, 我们记 $\dot{\mathbf{x}}$ 为 $\mathbf{x}$ 的一个**增量**(increment), $\dot{\mathbf{y}}$ 为 $\mathbf{y}$ 的一个**增量**(increment). (这与物理学家使用点来表示增量是一致的.) 于是有

$$\dot{\mathbf{y}} = [\mathbf{Df}(\mathbf{x}_0)]\dot{\mathbf{x}}. \tag{3.2.3}$$

等式 (3.2.2) 和等式 (3.2.3) 之间有什么区别呢?

等式 (3.2.2), 给出了 M 在 $\mathbf{z}_0$ 处的切平面, 是把 $\mathbf{y}$ 表示成了 $\mathbf{x}$ 的一个**仿射函数**(affine function)

$$\mathbf{y} = \mathbf{y}_0 + [\mathbf{Df}(\mathbf{x}_0)](\mathbf{x}-\mathbf{x}_0) \tag{3.2.4}$$

(参见定义 1.3.14). 它描述了 $\mathbb{R}^n$ 的一个仿射空间.

而等式 (3.2.3) 把 $\dot{\mathbf{y}}$ 表达为 $\dot{\mathbf{x}}$ 的**线性函数**(linear function): 它定义了**向量子空间**(vector subspace) $T_{\mathbf{z}_0}M \subset \mathbb{R}^n$. $T_{\mathbf{z}_0}M$ 的元素应当被想象为从 $\mathbf{z}_0$ 开始的向量; 这个切点叫作切空间的 "原点", 如图 3.2.1 和图 3.2.2 所示.

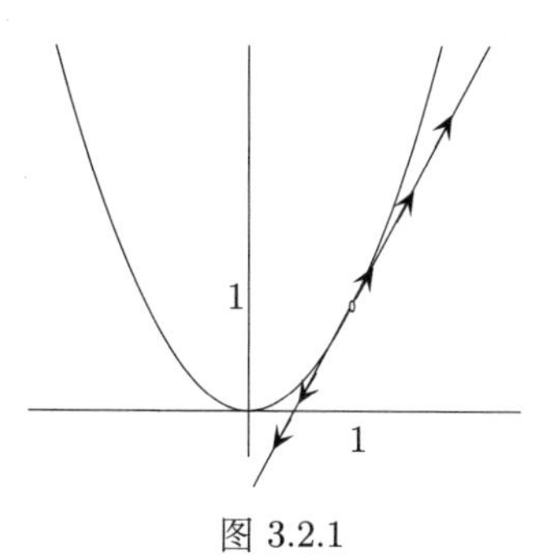

图 3.2.1

曲线 $f(x) = x^2$ 的切空间的元素应该被想成一端固定在 $\begin{pmatrix} 1 \\ 1 \end{pmatrix}$ 的并且与曲线相切的向量. 这些向量包括了零向量. 切空间是一个向量空间. 作为对比, 曲线在同一点的切线(line)不是向量空间; 它不经过 (x, y) 平面的原点.

根据上下文, 你可能对切空间或者切平面感兴趣. 切空间通常更有用: 因为它们是向量空间, 我们有线性代数的全套工具可以使用.

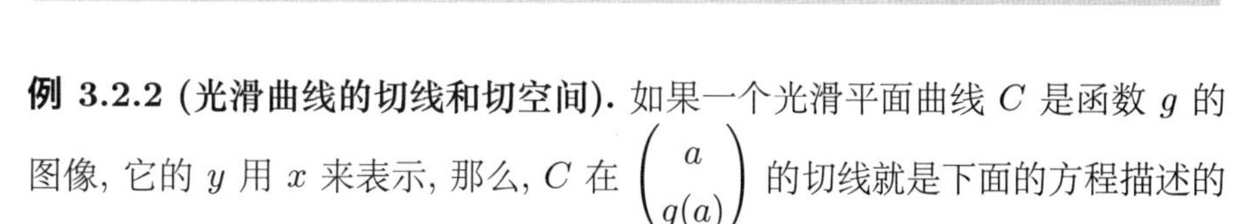

定义 3.2.1 (流形的切空间). 令 $M \subset \mathbb{R}^n$ 为一个 k 维流形. M 在 $\mathbf{z}_0 \stackrel{\text{def}}{=} \begin{pmatrix} \mathbf{x}_0 \\ \mathbf{y}_0 \end{pmatrix}$ 处的**切空间**(tangent space), 记为 $T_{\mathbf{z}_0}M$, 是线性变换 $[\mathbf{Df}(\mathbf{x}_0)]$ 的图像.

例 3.2.2 (光滑曲线的切线和切空间). 如果一个光滑平面曲线 C 是函数 g 的图像, 它的 y 用 x 来表示, 那么, C 在 $\begin{pmatrix} a \\ g(a) \end{pmatrix}$ 的切线就是下面的方程描述的直线

$$y = g(a) + g'(a)(x-a) \tag{3.2.5}$$

(你应该把这个理解为斜率为 $g'(a)$, y–截距为 $g(a) - ag'(a)$ 的直线方程) 在 $\begin{pmatrix} a \\ g(a) \end{pmatrix}$ 处的切空间由

$$\dot{y} = g'(a)\dot{x} \tag{3.2.6}$$

给出.

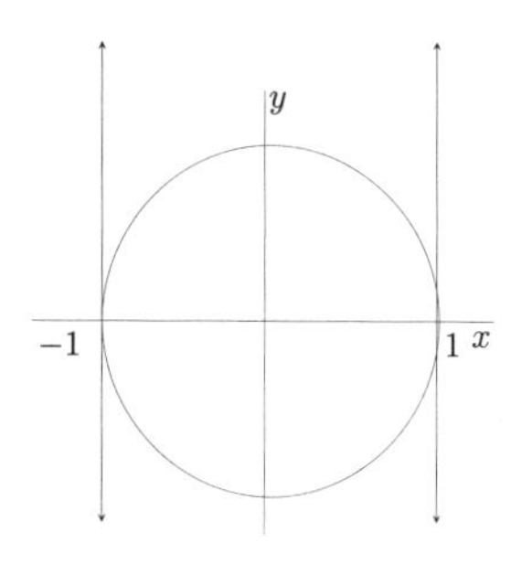

图 3.2.2

单位圆及在 $\begin{pmatrix} 1 \\ 0 \end{pmatrix}$ 和 $\begin{pmatrix} -1 \\ 0 \end{pmatrix}$ 的切空间. 两个切空间包含在 x 方向上增量为 0 的向量, 也就是 $\dot{x} = 0$.

在图 3.2.2 中, 在 $\begin{pmatrix} -1 \\ 0 \end{pmatrix}$ 处, 圆的切空间 (圆是把 x 用 y 来表示的函

数) 具有方程 $\dot{x}=0$; 它包括了一个在 x 方向上没有增量的向量. 在 $\begin{pmatrix}1\\0\end{pmatrix}$ 处的圆的切空间的方程也是 $\dot{x}=0$. 但是圆在 $\begin{pmatrix}-1\\0\end{pmatrix}$ 处的切线的方程为 $x=-1+g'(0)(y-0)=-1$, 在 $\begin{pmatrix}1\\0\end{pmatrix}$ 处的切线为 $x=1$. △

在一个点上, 如果该处的曲线既不垂直也不水平, 则它在局部可以被想成 x 作为 y 的函数或者 y 作为 x 的函数的图像. 这样会给出两条不同的切线吗? 不. 如果我们有一个点

$$\begin{pmatrix}a\\b\end{pmatrix}=\begin{pmatrix}a\\f(a)\end{pmatrix}=\begin{pmatrix}g(b)\\b\end{pmatrix}\in C, \tag{3.2.7}$$

其中 C 上 f 的图像, 也是 g 的图像, 有 $g\circ f(x)=x$. 特别地, 根据链式法则, $g'(b)f'(a)=1$, 所以由

$$y-f(a)=f'(a)(x-a) \tag{3.2.8}$$

给出的直线也是由方程 $x-g(b)=g'(b)(y-b)$ 给出的直线, 所以我们关于切线的定义是一致的[4]. 切空间的方程是 $\dot{y}=f'(a)\dot{x}$ 以及 $\dot{x}=g'(b)\dot{y}$, 它们也是重合的, 因为 $f'(a)g'(b)=1$.

一个曲面的切线和切空间是我们日常生活的一部分. 把曲面想象成你正在向下滑雪的一座山. 在每个特定的时刻, 你都会对与曲面的切平面(plane)的斜率感兴趣: 山究竟有多么陡? 但你也会对你滑得有多快感兴趣. 你在 **a** 点的速度由曲面在 **a** 点的切空间(tangent space)中的一个向量表示. 这个向量的箭头表示了你当前滑雪的方向; 它的长度说明了有多快. 如果你停下来了, 这个速度向量就是零向量.

例 3.2.3 (光滑曲面的切空间). 对子集 S, 如果在每个点 $\mathbf{a}\in\mathbf{S}$ 上, S 是一个把一个变量用其他两个变量来表示的 C^1 函数的图像, 则子集 $S\subset\mathbb{R}^3$ 是个光滑曲面. 光滑曲面 S 在 **a** 处的切空间是由起始于 **a** 的向量所构成的, 且与曲面相切.

如果, 在 $\mathbf{a}=\begin{pmatrix}a\\b\\c\end{pmatrix}$ 曲面是一个用 x 和 y 表示 z 的函数 f 的图像, 则 z 是被动变量: $z=f\begin{pmatrix}x\\y\end{pmatrix}$. 切平面的方程变成了

$$z=c+\left[\mathbf{D}f\begin{pmatrix}a\\b\end{pmatrix}\right]\begin{bmatrix}x-a\\y-b\end{bmatrix}=c+D_1f\begin{pmatrix}a\\b\end{pmatrix}(x-a)+D_2f\begin{pmatrix}a\\b\end{pmatrix}(y-b), \tag{3.2.9}$$

在同一点上切空间的方程为

$$\dot{z}=\left[\mathbf{D}f\begin{pmatrix}a\\b\end{pmatrix}\right]\begin{bmatrix}\dot{x}\\\dot{y}\end{bmatrix}=D_1f\begin{pmatrix}a\\b\end{pmatrix}\dot{x}+D_2f\begin{pmatrix}a\\b\end{pmatrix}\dot{y}. \tag{3.2.10}$$

如果, S 是一个把 y 用 x 和 z 来表示的函数 g 的图像, 那 $T_{\mathbf{a}}S$ 的方程是什么呢? 如果, S 是一个把 x 用 y 和 z 来表示的函数 h 的图像, 那 $T_{\mathbf{a}}S$ 的方

[4]因为 $g'(b)f'(a)=1$, 我们有 $f'(a)=1/g'(b)$, 所以 $y-f(a)=f'(a)(x-a)$ 可以写为 $y-b=\frac{x-a}{g'(b)}=\frac{x-g(b)}{g'(b)}$; 也就是 $x-g(b)=g'(b)(y-b)$.

程又是什么呢? [5] △

寻找切空间

通常, 如果我们通过一个方程知道了一个流形, 这个方程仅仅隐式地用其他的变量表示出了一部分向量. 在这种情况下, 我们不能用给出的方程写出切空间的方程.

定理 3.2.4 给出了不同的方法. 它把代数符号 $\ker[\mathbf{DF}(\mathbf{c})]$ 与切空间的几何表示联系在了一起.

我们采用定理 3.1.10 的符号: $U \subset \mathbb{R}^n$ 是一个开子集, $\mathbf{F}: U \to \mathbb{R}^{n-k}$ 是一个 C^1 映射.

从定理 3.2.4 我们应该清楚知道, 如果同一个流形可以用两种不同的方式表示成图像, 则两个切空间应该相同. 事实上, 如果一个方程 $\mathbf{F}(\mathbf{z}) = 0$ 用多种方法把一些变量用其他变量表示, 则在所有的情况下, 切空间是 $\mathbf{F}$ 的导数的核, 并且并不依赖于主元变量的选取.

定理 3.2.4 (由方程给出的流形的切空间). 如果 $\mathbf{F}(\mathbf{z}) = \mathbf{0}$ 描述了一个流形M, 且 $[\mathbf{DF}(\mathbf{z}_0)]$ 对于某些 $\mathbf{z}_0 \in M$ 为满射, 则切空间 $T_{\mathbf{z}_0}M$ 是 $[\mathbf{DF}(\mathbf{z}_0)]$ 的核:

$$T_{\mathbf{z}_0}M = \ker[\mathbf{DF}(\mathbf{z}_0)]. \tag{3.2.11}$$

从等式 (3.2.11) 得到, 在 $\mathbf{z}_0$ 的切空间的方程为

$$[\mathbf{DF}(\mathbf{z}_0)]\begin{bmatrix}\dot{z}_1\\ \vdots\\ \dot{z}_n\end{bmatrix} = \vec{\mathbf{0}}, \text{ 也就是 } \overrightarrow{D_1}\mathbf{F}(\mathbf{z}_0)\dot{z}_1 + \cdots + \overrightarrow{D_n}\mathbf{F}(\mathbf{z}_0)\dot{z}_n = \vec{\mathbf{0}}. \tag{3.2.12}$$

切平面的方程为

$$[\mathbf{DF}(\mathbf{z}_0)]\begin{bmatrix}z_1 - z_{0,1}\\ \vdots\\ z_n - z_{0,n}\end{bmatrix} = \vec{\mathbf{0}}, \tag{3.2.13}$$

也就是

$$\overrightarrow{D_1}\mathbf{F}(\mathbf{z}_0)(z_1 - z_{0,1}) + \cdots + \overrightarrow{D_n}\mathbf{F}(\mathbf{z}_0)(z_n - z_{0,n}) = \vec{\mathbf{0}}. \tag{3.2.14}$$

例 3.2.5: 称 $\ker[\mathbf{D}F(\mathbf{a})]$ 是 X_c 在 $\mathbf{a}$ 的切空间, 即每一个与 X_c 相切的向量 $\vec{\mathbf{v}}$ 满足方程:

$$[\mathbf{D}F(\mathbf{a})]\vec{\mathbf{v}} = 0.$$

这个让学生困惑, 他们辩称要让这个方程成立, 要么 $[\mathbf{D}F(\mathbf{a})]$ 必须为 $[0]$, 要么 $\vec{\mathbf{v}}$ 必须为 $\vec{\mathbf{0}}$, 然而导数为满射的要求为 $[\mathbf{D}F(\mathbf{a})] \neq [0,0]$. 这是忘记了 $[\mathbf{D}F(\mathbf{a})]$ 是一个矩阵. 例如, 如果 $[\mathbf{D}F(\mathbf{a})]$ 是矩阵 $[2,-2]$, 则 $[2,-2]\begin{bmatrix}1\\1\end{bmatrix} = 0$.

例 3.2.5 (光滑曲线的切空间和切线). 对所有的 c 的值, 由 $x^9+2x^3+y+y^5 = c$ 定义的轨迹 X_c 都是一条光滑曲线, 因为 $F\begin{pmatrix}x\\y\end{pmatrix} = x^9+2x^3+y+y^5$ 的导数为

$$\left[\mathbf{D}F\begin{pmatrix}x\\y\end{pmatrix}\right] = [9x^8+6x^2, 1+5y^4], \tag{3.2.15}$$

---

[5] 方程是

$$\dot{y} = \left[\mathbf{D}g\begin{pmatrix}a\\c\end{pmatrix}\right]\begin{bmatrix}\dot{x}\\ \dot{z}\end{bmatrix} = D_1 g\begin{pmatrix}a\\c\end{pmatrix}\dot{x} + D_2 g\begin{pmatrix}a\\c\end{pmatrix}\dot{z},$$

$$\dot{x} = \left[\mathbf{D}h\begin{pmatrix}b\\c\end{pmatrix}\right]\begin{bmatrix}\dot{y}\\ \dot{z}\end{bmatrix} = D_1 h\begin{pmatrix}b\\c\end{pmatrix}\dot{y} + D_2 h\begin{pmatrix}b\\c\end{pmatrix}\dot{z}.$$

而 $1+5y^4$ 从来不为 0.

定义为 $x^9+2x^3+y+y^5=5$ 的轨迹在点 $\begin{pmatrix}1\\1\end{pmatrix}$ 的切空间的方程是什么?

在点 $\begin{pmatrix}1\\1\end{pmatrix}\in X_5$, 导数为 $[15,6]$, 所以 X_5 在这个点的切空间为 $\ker[15,6]$, 切空间的方程为

$$15\dot{x}+6\dot{y}=0. \tag{3.2.16}$$

切线的方程为

$$15(x-1)+6(y-1)=0,\ \text{也就是}\ 15x+6y=21. \qquad \triangle$$

例 3.2.6 (光滑曲面的切空间). 我们在例 3.1.13 看到, 由 $F\begin{pmatrix}x\\y\\z\end{pmatrix}=\sin(x+yz)=0$ 所定义的集合是一个光滑曲面, 因为 F 的导数为

$$\left[\mathbf{D}F\begin{pmatrix}a\\b\\c\end{pmatrix}\right]=[\underbrace{\cos(a+bc)}_{D_1F},\underbrace{c\cos(a+bc)}_{D_2F},\underbrace{b\cos(a+bc)}_{D_3F}], \tag{3.2.17}$$

它是满射, 因为它从来不等于 0. 在同一个点的切空间的方程为

$$\cos(a+bc)\dot{x}+c\cos(a+bc)\dot{y}+b\cos(a+bc)\dot{z}=0. \quad \triangle \tag{3.2.18}$$

定理 3.2.4 的证明: 设 $\mathbf{c}=\mathbf{z}_0$. 令 $1\leqslant j_1<\cdots\leqslant j_{n-k}\leqslant n$ 为一组下标, 使得 $[\mathbf{DF}(\mathbf{c})]$ 对应的列为线性无关的 (主元列); 它们存在, 因为 $[\mathbf{DF}(\mathbf{c})]$ 是满射. 令另一组下标为 $1\leqslant i_1\leqslant\cdots\leqslant i_k\leqslant n$. 隐函数定理断言 $\mathbf{F}(\mathbf{z})=\mathbf{0}$ 用 $z_{i_1},\cdots,z_{i_k}$ 隐式地定义了 $z_{j_1},\cdots,z_{j_{n-k}}$. 这样, 在 $\mathbf{c}$ 附近的局部上, 流形 M 由方程

$$\begin{aligned} z_{j_1} &= g_{j_1}(z_{i_1},\cdots,z_{i_k}),\\ &\ \vdots \\ z_{j_{n-k}} &= g_{j_{n-k}}(z_{i_1},\cdots,z_{i_k}) \end{aligned} \tag{3.2.19}$$

定义. 对于变量 $\mathbf{z}\in\mathbb{R}^n$ 和点 $\mathbf{c}\in M$, 设

$$\mathbf{x}=\underbrace{\begin{pmatrix}z_{i_1}\\\vdots\\z_{i_k}\end{pmatrix}}_{\text{主动变量}},\mathbf{y}=\underbrace{\begin{pmatrix}z_{j_1}\\\vdots\\z_{j_{n-k}}\end{pmatrix}}_{\text{被动变量}},\mathbf{a}=\begin{pmatrix}c_{i_1}\\\vdots\\c_{i_k}\end{pmatrix},\mathbf{b}=\begin{pmatrix}c_{j_1}\\\vdots\\c_{j_{n-k}}\end{pmatrix}, \tag{3.2.20}$$

函数 $\mathbf{g}$ 为

$$\mathbf{g}=\begin{pmatrix}g_{j_1}\\\vdots\\g_{j_{n-k}}\end{pmatrix}.$$

因此, M 的方程为 $\mathbf{y}=\mathbf{g}(\mathbf{x})$, 切空间 $T_{\mathbf{c}}M$ 的方程为 $\dot{\mathbf{y}}=[\mathbf{Dg}(\mathbf{a})]\dot{\mathbf{x}}$. 隐函数定理的等式 (2.10.29) 告诉我们 $[\mathbf{Dg}(\mathbf{a})]$ 为

$$[\mathbf{Dg}(\mathbf{a})]=-[D_{j_1}\mathbf{F}(\mathbf{c}),\cdots,D_{j_{n-k}}\mathbf{F}(\mathbf{c})]^{-1}[D_{i_1}\mathbf{F}(\mathbf{c}),\cdots,D_{i_k}\mathbf{F}(\mathbf{c})]. \tag{3.2.21}$$

把这个 $[\mathbf{Dg}(\mathbf{a})]$ 的值代入方程 $\dot{\mathbf{y}} = [\mathbf{Dg}(\mathbf{a})]\dot{x}$, 并且两边乘上

$$[D_{j_1}\mathbf{F}(\mathbf{c}), \cdots, D_{j_{n-k}}\mathbf{F}(\mathbf{c})],$$

我们得到

$$[D_{j_1}\mathbf{F}(\mathbf{c}), \cdots, D_{j_{n-k}}\mathbf{F}(\mathbf{c})]\dot{\mathbf{y}} + [D_{i_1}\mathbf{F}(\mathbf{c}), \cdots, D_{i_k}\mathbf{F}(\mathbf{c})]\dot{\mathbf{x}} = \vec{\mathbf{0}}, \tag{3.2.22}$$

就是 $[\mathbf{DF}(\mathbf{c})]\dot{\mathbf{z}} = \vec{\mathbf{0}}$. □

从命题 3.2.7 得到, 偏导

$$D_1\gamma(\mathbf{u}), \cdots, D_k\gamma(\mathbf{u})$$

构成 $T_{\gamma(\mathbf{u})}M$ 的一个基.

命题 3.2.7 (由参数化给出的流形的切空间). 令 $U \subset \mathbb{R}^k$ 为开集, $\gamma\colon U \to \mathbb{R}^n$ 为流形M 的一个参数化表示. 则

$$T_{\gamma(\mathbf{u})}M = \operatorname{img}[\mathbf{D}\gamma(\mathbf{u})]. \tag{3.2.23}$$

证明: 假设在 $\gamma(\mathbf{u}) \in \mathbb{R}^n$ 的一些邻域 V 上, 流形M 由 $\mathbf{F}(\mathbf{x}) = \mathbf{0}$ 给出, 其中 $\mathbf{F}\colon V \to \mathbb{R}^{n-k}$ 是一个 C^1 映射, 其导数为满射, 所以它的核的维度为 $n-(n-k)=k$.

令 $U_1 = \gamma^{-1}(V)$, U_1 是开的, 所以 $U_1 \subset \mathbb{R}^k$ 为 $\mathbf{u}$ 的一个开的邻域, 且在 U_1 上 $\mathbf{F}\circ\gamma = \mathbf{0}$, 因为 $\gamma(U_1) \subset M$. 如果我们对这个方程作可微, 由链式法则, 我们得到

$$[\mathbf{D}(\mathbf{F}\circ\gamma)(\mathbf{u})] = [\mathbf{DF}(\gamma(\mathbf{u}))] \circ [\mathbf{D}\gamma(\mathbf{u})] = [0], \tag{3.2.24}$$

要证明 $[\mathbf{D}\gamma(\mathbf{u})]$ 的像是 $T_{\gamma(\mathbf{u})}$ 的切空间, 我们证明它等于 $[\mathbf{DF}(\gamma(\mathbf{u}))]$ 的核, 然后运用定理 3.2.4.

由此可得 $\operatorname{img}[\mathbf{D}\gamma(\mathbf{u})] \subset \ker[\mathbf{DF}(\gamma(\mathbf{u}))]$. 这两个空间是相等的, 因为它们的维数都是 k. 根据定理 3.2.4, $T_{\gamma(\mathbf{u})}M = \ker[\mathbf{DF}(\gamma(\mathbf{u}))]$. □

例 3.2.8. 映射 $\gamma\colon \begin{pmatrix} u \\ v \end{pmatrix} \mapsto \begin{pmatrix} u^2 \\ uv \\ v^2 \end{pmatrix}$, $0 < u < \infty, 0 < v < \infty$, 参数化了一个方程为 $F\begin{pmatrix} x \\ y \\ z \end{pmatrix} = xz - y^2 = 0$ 的曲面 M. 因为

$$\left[\mathbf{D}\gamma\begin{pmatrix} u \\ v \end{pmatrix}\right] = \begin{bmatrix} 2u & 0 \\ v & u \\ 0 & 2v \end{bmatrix}, \tag{3.2.25}$$

M 在 $\gamma\begin{pmatrix} 1 \\ 1 \end{pmatrix} = \begin{pmatrix} 1 \\ 1 \\ 1 \end{pmatrix}$ 的切空间是 $\begin{bmatrix} 2 & 0 \\ 1 & 1 \\ 0 & 2 \end{bmatrix}$ 的像, 也就是 (定理 2.5.4) 切空间由 $\begin{bmatrix} 2 \\ 1 \\ 0 \end{bmatrix}, \begin{bmatrix} 0 \\ 1 \\ 2 \end{bmatrix}$ 生成. 要看到切空间确实相等

$$\ker\left[\mathbf{D}F\left(\gamma\begin{pmatrix} 1 \\ 1 \end{pmatrix}\right)\right] = \ker\begin{bmatrix} 1 & -2 & 1 \end{bmatrix}, \tag{3.2.26}$$

就是定理 3.2.4 所要求的, 首先我们计算 $\begin{bmatrix}1 & -2 & 1\end{bmatrix}\begin{bmatrix}2 & 0\\1 & 1\\0 & 2\end{bmatrix} = \begin{bmatrix}0 & 0\end{bmatrix}$, 说明 $\operatorname{img}\begin{bmatrix}2 & 0\\1 & 1\\0 & 2\end{bmatrix} \subset \ker\begin{bmatrix}1 & -2 & 1\end{bmatrix}$, 然后, 我们用维数公式来看, 这两个的维数都是 2, 所以它们相等. △

注释. 定理 3.2.4 和命题 3.2.7 演示了微分学的黄金法则: 要找到一个流形的切空间, *用导数在增量上进行你对函数的点所作的同样的变换, 从而得到流形.* 例如,

- 如果一条曲线 C 是 f 的图像, 即方程为 $y = f(x)$, 在 $\begin{pmatrix}a\\f(a)\end{pmatrix}$ 的切空间是 $f'(a)$ 的图像, 方程为 $\dot{y} = f'(a)\dot{x}$.

注意 f'(隐函数的导数) 在 a 计算, 不是在 $\mathbf{a} = \begin{pmatrix}a\\b\end{pmatrix}$.

- 如果曲线方程为 $F\begin{pmatrix}x\\y\end{pmatrix} = 0$, 则曲线在 $\begin{pmatrix}a\\b\end{pmatrix}$ 的切空间的方程为

$$\left[\mathbf{D}F\begin{pmatrix}a\\b\end{pmatrix}\right]\begin{bmatrix}\dot{x}\\\dot{y}\end{bmatrix} = 0.$$

- 如果 $\gamma\colon (a,b) \to \mathbb{R}^2$ 参数化了 C, 则 $T_{\gamma(t)}C = \operatorname{img}[\mathbf{D}\gamma(t)]$. △

流形上的可微映射

要把我们的流形的程序完善为 "用于计算微积分的弯曲的对象", 我们需要对定义在流形上的映射定义可微的意思是什么, 或者更精确地, 属于 C^p 是什么意思.

命题和定义 3.2.9 (定义在流形上的 C^p 映射). 令 $M \subset \mathbb{R}^n$ 为一个 m 维流形, $\mathbf{f}\colon M \to \mathbb{R}^k$ 为一个映射. 则 $\mathbf{f}$ 属于 C^p 类函数, 如果每个 $\mathbf{x} \in M$ 有一个邻域 $U \subset \mathbb{R}^n$ 使得存在一个属于 C^p 的映射 $\tilde{\mathbf{f}}\colon U \to \mathbb{R}^k$, 且 $\tilde{\mathbf{f}}|_{U\cap M} = \mathbf{f}|_{U\cap M}$.

如果 $p \geqslant 1$, 则

$$[\mathbf{D}\mathbf{f}(\mathbf{x})]\colon T_{\mathbf{x}}M \to \mathbb{R}^k \stackrel{\text{def}}{=} [\mathbf{D}\tilde{\mathbf{f}}(\mathbf{x})]|_{T_{\mathbf{x}}M} \tag{3.2.27}$$

不依赖于 $\mathbf{f}$ 的扩展 $\tilde{\mathbf{f}}$ 的选择.

证明: 令 $\tilde{\mathbf{f}}_1$ 和 $\tilde{\mathbf{f}}_2$ 为 $\mathbf{f}$ 在 $\mathbf{x} \in M$ 的某个邻域 $U \subset \mathbb{R}^n$ 上的两个扩展. 选择 $\mathbf{x}$ 在 M 内的一个邻域内的一个参数化 $\gamma\colon V \to M$, 满足 $V \subset \mathbb{R}^m$ 为 $\mathbf{0}$ 的一个邻域, 以及 $\gamma(\mathbf{0}) = \mathbf{x}$.

因为 (根据命题 3.2.7)$[\mathbf{D}\gamma(\mathbf{0})]\colon \mathbb{R}^m \to T_{\mathbf{x}}M$ 为一个同构, 对于任意的 $\vec{\mathbf{v}} \in T_{\mathbf{x}}M$, 存在一个唯一的 $\vec{\mathbf{w}} \in \mathbb{R}^m$ 满足 $[\mathbf{D}\gamma(\mathbf{0})]\vec{\mathbf{w}} = \vec{\mathbf{v}}$. 因为 $\tilde{\mathbf{f}}_1$ 和 $\tilde{\mathbf{f}}_2$ 都扩展了 $\mathbf{f}$, 我们有

$$\tilde{\mathbf{f}}_1 \circ \gamma = \tilde{\mathbf{f}}_2 \circ \gamma, \text{ 所以 } [\mathbf{D}(\tilde{\mathbf{f}}_1 \circ \gamma)(\mathbf{0})] = [\mathbf{D}(\tilde{\mathbf{f}}_2 \circ \gamma)(\mathbf{0})]. \tag{3.2.28}$$

根据链式法则和恒等式 $\gamma(\mathbf{0})=\mathbf{x}$ 以及 $[\mathbf{D}\gamma(\mathbf{0})]\vec{\mathbf{w}}=\vec{\mathbf{v}}$, 有

$$\begin{aligned}[\mathbf{D}\widetilde{\mathbf{f}}_1(\mathbf{x})]\vec{\mathbf{v}} &= \underbrace{[D(\widetilde{\mathbf{f}}_1\circ\gamma)(\mathbf{0})]\vec{\mathbf{w}}}_{[\mathbf{D}\widetilde{\mathbf{f}}_1(\gamma(\mathbf{0}))][\mathbf{D}\gamma(\mathbf{0})]\vec{\mathbf{w}}} \\ &= [D(\widetilde{\mathbf{f}}_2\circ\gamma)(\mathbf{0})]\vec{\mathbf{w}} \\ &= [\mathbf{D}\widetilde{\mathbf{f}}_2(\mathbf{x})]\vec{\mathbf{v}}. \quad \square \end{aligned} \tag{3.2.29}$$

在命题 3.2.10 中, 要注意 $[\mathbf{Df}(\mathbf{x})]$ 是从 $T_{\mathbf{x}}M$ 到 $\mathbb{R}^k$ 的.

命题 3.2.10. 令 $M\subset\mathbb{R}^n$ 为一个 m 维的流形, $\mathbf{f}\colon M\to\mathbb{R}^k$ 为一个 C^1 映射; 令 $P\subset M$ 为一个满足 $\mathbf{f}=\mathbf{0}$ 的点的集合. 如果 $[\mathbf{Df}(\mathbf{x})]$ 在每个 $x\in P$ 上为满射, 则 P 是一个 $m-k$ 维的流形.

证明: 在 $\mathbf{x}\in P$ 的一个邻域上, 通过 $\mathbf{g}=\mathbf{0}$ 来定义 $M\cap U$, 其中 $\mathbf{g}\colon U\to\mathbb{R}^{n-m}$ 属于 C^1 类, 且满足对每个 $\mathbf{y}\in M\cap U$, $[\mathbf{Dg}(\mathbf{y})]$ 都为满射. 选择一个扩展 $\widetilde{\mathbf{f}}\colon U\to\mathbb{R}^k$, 如命题和定义 3.2.9 中的一样, 则 $P\cap U$ 由

$$\begin{pmatrix}\mathbf{g}\\ \widetilde{\mathbf{f}}\end{pmatrix}=\begin{pmatrix}\mathbf{0}\\ \mathbf{0}\end{pmatrix} \tag{3.2.30}$$

所定义. 要证明 P 是一个 $m-k$ 维的流形, 我们将会证明 $\left[D\begin{pmatrix}\mathbf{g}\\ \widetilde{\mathbf{f}}\end{pmatrix}(\mathbf{x})\right]$ 为满射. 选取 $\begin{pmatrix}\mathbf{v}\\ \mathbf{w}\end{pmatrix}\in\mathbb{R}^{n-m}\times\mathbb{R}^k$. 由于 $[\mathbf{Df}(\mathbf{x})]$ 为满射, 则存在 $\vec{\mathbf{w}}_1$, 在

$$T_{\mathbf{x}}M \underbrace{=}_{\text{定理 3.2.4}} \ker[\mathbf{Dg}(\mathbf{x})] \text{ 上满足 } [\mathbf{D}\widetilde{\mathbf{f}}(\mathbf{x})]\vec{\mathbf{w}}_1 \underbrace{=}_{\text{等式 (3.2.27)}} [\mathbf{Df}(\mathbf{x})]\vec{\mathbf{w}}_1=\vec{\mathbf{w}}.$$

线性变换 $[\mathbf{Dg}(\mathbf{x})]$ 把任何子空间 $V\subset\mathbb{R}^n$ 映射到 $\mathbb{R}^{n-m}$ 上, 只要 V 和 $T_{\mathbf{x}}M$ 一起生成 $\mathbb{R}^n$, 而 $\ker[\mathbf{D}\widetilde{\mathbf{f}}(\mathbf{x})]$ 就是一个这样的子空间. 所以存在 $\vec{\mathbf{v}}_1\in\ker[\mathbf{D}\widetilde{\mathbf{f}}(\mathbf{x})]$ 满足 $[\mathbf{Dg}(\mathbf{x})]\vec{\mathbf{v}}_1=\vec{\mathbf{v}}$. 从而

$$\left[\mathbf{D}\begin{pmatrix}\mathbf{g}\\ \widetilde{\mathbf{f}}\end{pmatrix}\left(\mathbf{x}\right)\right][\vec{\mathbf{v}}_1+\vec{\mathbf{w}}_1]=\begin{bmatrix}\vec{\mathbf{v}}\\ \vec{\mathbf{w}}\end{bmatrix}. \quad \square \tag{3.2.31}$$

称 $\mathbf{g}\colon U\to M$ 为 C^1 的就是说作为 $\mathbb{R}^n$ 的映射, $\mathbf{g}$ 是 C^1 的, 且像刚好在 M 上.

命题 3.2.11. 令 $M\subset\mathbb{R}^n$ 为一个流形, $\mathbf{f}\colon M\to\mathbb{R}^k$ 为一个 C^1 映射. 令 $U\subset\mathbb{R}^l$ 为开的, $\mathbf{g}\colon U\to M$ 为一个 C^1 映射. 则

$$[\mathbf{D}(\mathbf{f}\circ\mathbf{g})(\mathbf{x})]=[\mathbf{Df}(\mathbf{g}(\mathbf{x}))][\mathbf{Dg}(\mathbf{x})] \quad \text{对所有的}\mathbf{x}\in U\text{成立}.$$

证明: 选取 $\mathbf{x}\in U$, 令 $\widetilde{\mathbf{f}}$ 为 $\mathbf{f}$ 在 $\mathbf{g}(\mathbf{x})$ 的一个邻域上的一个扩展, 则根据标准的链式法则,

$$[\mathbf{D}(\widetilde{\mathbf{f}}\circ\mathbf{g})(\mathbf{x})]=[\mathbf{D}\widetilde{\mathbf{f}}(\mathbf{g}(\mathbf{x}))][\mathbf{Dg}(\mathbf{x})], \text{对所有的}\mathbf{x}\in U\text{成立}. \tag{3.2.32}$$

但是 $\mathbf{g}$ 的像是 M 的一个子集, 所以 $\widetilde{\mathbf{f}}\circ\mathbf{g}=\mathbf{f}\circ\mathbf{g}$, $[\mathbf{Dg}(\mathbf{x})]$ 的像是 $T_{\mathbf{g}(\mathbf{x})}M$ 的一

个子空间, 所以

$$[\mathbf{D}(\mathbf{f}\circ\mathbf{g})(\mathbf{x})] = [\mathbf{D}\widetilde{\mathbf{f}}(\mathbf{g}(\mathbf{x}))][\mathbf{D}\mathbf{g}(\mathbf{x})] = [\mathbf{D}\mathbf{f}(\mathbf{g}(\mathbf{x}))][\mathbf{D}\mathbf{g}(\mathbf{x})]. \quad \square$$

一个流形M 的参数化的逆是一个只定义在流形上的映射, 而不是事先定义在 M 的任何邻域上; 它正是命题和定义 3.2.9 所说到的那类映射.

在练习 3.4.12 中, 你将要证明命题 3.2.12 的推广: 如果 γ 是 C^p 的, 则 γ^{-1} 是 C^p 的.

命题 3.2.12. 如果 $V\subset\mathbb{R}^m$ 是开的, $\gamma\colon V\to\mathbb{R}^n$ 是一个流形$M\subset\mathbb{R}^n$ 的一个 C^1 参数化, 则 $\gamma^{-1}\colon M\to V$ 属于 C^1.

注意, 根据参数化的定义, 映射 γ 是到 M 上的单射和满射, 所以作为一个集合的映射, $\gamma^{-1}\colon M\to V$ 是有明确定义的.

命题 3.2.12 的证明: 记得 (练习 1.4.24 的边注注释)$\perp$ 的意思是"正交于". 空间 $(T_{\mathbf{x}}M)^\perp$ 称作 $T_{\mathbf{x}}M$ 的正交补空间(orthogonal complement), 也被称为 $T_{\mathbf{x}}M$ 的垂直子空间(normal subspace).

证明: 要应用命题和定义 3.2.9, 我们需要对于每个 $\mathbf{x}\in M$, 把 γ^{-1} 扩展到 $\mathbf{x}$ 的一个邻域 $U\subset\mathbb{R}^n$; 这要用到逆函数定理. 令 $\mathbf{y}=\gamma^{-1}(\mathbf{x})$. 定义 $\Psi\colon V\times(T_{\mathbf{x}}M)^\perp\to\mathbb{R}^n$ 为

$$\Psi\colon(\mathbf{v},\mathbf{w})\mapsto\gamma(\mathbf{v})+\mathbf{w}. \tag{3.2.33}$$

导数 $[\mathbf{D}\Psi(\mathbf{y},\mathbf{0})]$ 是映射 $\mathbb{R}^m\times T_{\mathbf{x}}M^\perp\to\mathbb{R}^n$, 它把 $[\vec{\mathbf{a}},\vec{\mathbf{b}}]$ 映射到 $[\mathbf{D}\gamma(\mathbf{y})]\vec{\mathbf{a}}+\vec{\mathbf{b}}$. 这是一个同构, 因为 $[\mathbf{D}\gamma(\mathbf{y})]\colon\mathbb{R}^m\to T_{\mathbf{x}}M$ 是一个同构. 所以在 $\mathbb{R}^n$ 中存在一个 $\mathbf{x}$ 的邻域 U 以及一个 C^1 映射 $\Phi\colon U\to V\times T_{\mathbf{x}}M^\perp$, 使得 $\Phi\circ\Psi=\mathrm{id}\colon U\to U$. Φ 与到 V 的投影是我们期待的扩展. $\square$

3.2 节的练习

3.2.1 练习 3.1.2 让你证明方程 $x+x^2+y^2=2$ 定义了一条光滑曲线.

a. 这条曲线在 $\begin{pmatrix}1\\0\end{pmatrix}$ 的切线方程是什么?

b. 曲线在同一个点的切空间的方程是什么?

3.2.2 练习 3.1.14 让你找到常数 c 的数值, 使得方程 $\sin(x+y)=c$ 定义一条光滑曲线. 这条曲线在点 $\begin{pmatrix}u\\v\end{pmatrix}$ 的切线方程是什么? 切空间的方程是什么?

3.2.3 练习 3.1.5 让你找到 c 的值, 使得方程 $X_c=x^2+y^3=c$ 的解集是一条光滑曲线. 给出这个曲线 X_c 在一个点 $\begin{pmatrix}u\\v\end{pmatrix}$ 上的切线和切平面的方程.

3.2.4 对于每个下面的函数 f 和点 $\begin{pmatrix}a\\b\end{pmatrix}$, 陈述在点 $\begin{pmatrix}a\\b\\f\begin{pmatrix}a\\b\end{pmatrix}\end{pmatrix}$ 是否存在 f 的图像的一个切平面. 如果有这样一个切平面, 找到其方程, 并且计算切平面与图像的交线.

练习 3.2.4: 鼓励你使用计算机, 尽管不是绝对必要的.

a. $f\begin{pmatrix}x\\y\end{pmatrix}=x^2-y^2$ 在 $\begin{pmatrix}1\\1\end{pmatrix}$; b. $f\begin{pmatrix}x\\y\end{pmatrix}=\sqrt{x^2+y^2}$ 在 $\begin{pmatrix}0\\0\end{pmatrix}$;

c. $f\begin{pmatrix}x\\y\end{pmatrix}=\sqrt{x^2+y^2}$ 在 $\begin{pmatrix}1\\-1\end{pmatrix}$; d. $f\begin{pmatrix}x\\y\end{pmatrix}=\cos(x^2+y)$ 在 $\begin{pmatrix}0\\0\end{pmatrix}$.

3.2.5 a. 在点

$$\mathbf{p}_1=\begin{pmatrix}0\\0\\0\end{pmatrix},\mathbf{p}_2=\begin{pmatrix}a\\0\\Aa^2\end{pmatrix},\mathbf{p}_3=\begin{pmatrix}0\\b\\Bb^2\end{pmatrix},$$

写出方程为 $z=Ax^2+By^2$ 的曲面在 P_1,P_2,P_3 的切平面的方程, 并找到点 $\mathbf{q}=P_1\cap P_2\cap P_3$.

b. 定点在 $\mathbf{p}_1,\mathbf{p}_2,\mathbf{p}_3$ 和 $\mathbf{q}$ 的四面体的体积是多少?

$$\mathbf{p}=\begin{pmatrix}1\\0\\1\\0\end{pmatrix}$$

练习 3.2.6 中的点 $\mathbf{p}$.

3.2.6 a. 证明: 满足

$$x_1^2+x_2^2-x_3^2-x_4^2=0 \text{ 和 } x_1+2x_2+3x_3+4x_4=4$$

的子集 $X\subset\mathbb{R}^4$ 在边注的点 $\mathbf{p}$ 的一个邻域上是一个流形.

b. X 在点 $\mathbf{p}$ 的切空间是什么?

c. 上面的方程没有把哪一对变量表示为另外两个的函数?

d. 整个集合 X 是流形吗?

3.2.7 证明: 在一个特定的点 $\mathbf{a}=\begin{pmatrix}a\\b\\c\end{pmatrix}$, 一个曲面同时是 z 作为 x,y 的函数、y 作为 x 和 z 的函数以及 x 作为 y 和 z 的函数的图像 (参见例 3.2.3), 则曲面在 $\mathbf{a}=\begin{pmatrix}a\\b\\c\end{pmatrix}$ 的对应的切平面的方程表示的是同一个平面.

$$\mathbf{p}=\begin{pmatrix}1+l\\1\\0\\0\end{pmatrix}$$

练习 3.2.8 中的点.

3.2.8 给出练习 3.1.16 中的集合 X_l 在边注中的点 $\mathbf{p}$ 的切空间的方程.

3.2.9 对于练习 3.1.10 中的锥 CX, CX 的在任何一个点 $\mathbf{x}\in CX-\{\mathbf{0}\}$ 的切平面的方程是什么?

练习 3.2.10 b: 这条曲线的一个参数化不难找到, 但计算机一定可以帮你描述这条曲线.

练习 3.2.11: 回忆 (定义 1.2.18) 到一个对称矩阵是一个等于它本身的转置的矩阵. 反对称矩阵是一个满足 $A=-A^{\mathrm{T}}$ 的矩阵.

回忆 (命题 2.4.19) 到 $A\in O(n)$ 当且仅当 $A^{\mathrm{T}}A=I$.

a 问 (与矩阵乘法的结合律一起) 说的就是 $O(n)$ 构成一个群, 称为*正交群*(orthogonal group).

3.2.10 令 C 为一个参数化为 $\gamma(t)=\begin{pmatrix}\cos t\\\sin t\\t\end{pmatrix}$ 的螺旋线.

a. 找到 C 的所有的切线的并集 X 的一个参数化. 用计算机程序来可视化这个曲面.

b. X 与 (x,z) 平面的交线是什么?

c. 证明: X 包含无限多条 X 与自身相交的双点曲线, 这些曲线是圆柱 $x^2+y^2=r_i^2$ 上的螺旋线.

3.2.11 令 $O(n)\subset\mathrm{Mat}(n,n)$ 为正交矩阵的集合. 令 $S(n,n)$ 为 $n\times n$ 的对称矩阵的集合. 令 A 为一个 $n\times n$ 矩阵.

a. 证明: 如果 $A \in O(n)$, $B \in O(n)$, 则 $AB \in O(n)$, $A^{-1} \in O(n)$.

b. 证明: $O(n)$ 是紧致的.

c. 证明: 对于任意的方形矩阵 A, 我们有 $A^{\mathrm{T}}A - I \in S(n, n)$.

*d. 定义 $F\colon \mathrm{Mat}(n, n) \to S(n, n)$ 为 $F(A) = A^{\mathrm{T}}A - I$, 使得 $O(n) = F^{-1}([0])$. 证明: 若矩阵 A 是正交的, 则导数 $[\mathbf{D}F(A)]\colon \mathrm{Mat}(n, n) \to S(n, n)$ 是满射.

e. 证明: $O(n)$ 是一个嵌在 $\mathrm{Mat}(n, n)$ 上的流形, $T_I O(n)$(正交群在恒等变换处的切空间) 是反对称的 $n \times n$ 矩阵的空间.

3.2.12 令 $C \subset \mathbb{R}^3$ 为参数化为 $\gamma(t) = \begin{pmatrix} t \\ t^2 \\ t^3 \end{pmatrix}$ 的曲线. 令 X 为所有与 C 相切的直线的并集.

a. 找到 X 的参数化.

b. 找到一个函数 $f\colon \mathbb{R}^3 \to \mathbb{R}$ 使得方程 $f(\mathbf{x}) = 0$ 定义了 X.

*c. 证明: $X - C$ 是一个光滑曲面. (我们的解用到了练习 3.1.20 中的材料.)

d. 找到 X 与平面 $x = 0$ 相交得到的曲线的方程.

练习 3.2.12 b: 写 $\mathbf{x} - \gamma(t)$ 是 $\gamma'(t)$ 的一个倍数, 产生了 x, y, z 和 t 的两个方程. 现在, 在这些方程中消去 t; 代数上有一点麻烦.

练习 3.2.12 c: 证明 f 和 $[\mathbf{D}f]$ 的唯一的共同的零点是 C 的点; 再一次, 这需要一点麻烦的代数.

3.3 多变量泰勒多项式

"尽管这个看起来是个悖论, 但所有的精确的科学都是被近似的思想所控制的.

—— 罗素 (Bertrand Russell)

在 3.1 节和 3.2 节中, 我们用到了一阶近似来讨论曲线、曲面和更高维度的流形. 一个函数的导数给函数提供了最好的线性逼近: 在点 $\mathbf{x}$, 函数和这个线性逼近的差别只是那些比线性项小的项 (通常是二次项或更高次项).

现在我们将利用泰勒多项式和高阶偏导, 讨论更高阶的近似. 函数的多项式近似是一元或者多元微积分里面的一个核心问题. 它在插值和曲线拟合, 以及计算机图形学上, 也是极其重要的. 计算机在画一个图像的时候, 大多数的情况下, 它会用三次的分段多项式函数来近似. 在 3.9 节, 我们将在曲线和曲面的几何问题上应用这些概念.

高阶偏导 (higher partial derivatives) 在数学和科学中都是必不可少的. 数学和物理学本质上是偏微分方程的理论. 电磁学是建立在麦克斯韦方程组的基础上的, 广义相对论是建立在爱因斯坦的方程上的, 流体力学是建立在 Navier–Stokes 方程的基础上的, 量子力学是建立在薛定谔方程的基础上的. 理解偏微分方程是对这些现象的任何严肃认真的研究的前提条件.

在单变量的时候, 你知道了在 a 附近的一个点 x 上, 函数可以用它在 a 的泰勒多项式很好地近似. 这个附加说明 "在 a 附近的 x" 非常重要. 当一个可微函数在整个区间内有定义时, 它在区间内的每个点的邻域上都有泰勒多项式. 但知道了在一个点上的泰勒多项式, 通常不能给出其他的多项式的任何信息.

在定理 3.3.1 中, $f^{(k)}$ 表示 f 的第 k 阶导数.

定理 3.3.1: 多项式 $p^k_{f,a}(a+h)$ 被称为 f 在 a 的 k 阶*泰勒多项式*(Taylor polynomial), 是被仔细地构造出来的, 满足在 a 的导数 (最高到 k 阶) 与 f 相同. 这个定理是定理 3.3.16(泰勒多变量定理) 的一个特例.

带有余项的泰勒定理提供了一个估算一个函数和一个用来近似它的泰勒多项式的差的方法. 一元或者多元的带有余项的泰勒定理, 在附录 A.12 中讨论.

泰勒 (图 3.1.1) 是目前所知的泰勒定理的结果的几个作者之一. 其重要性直到 1772 年拉格朗日宣告它为微分学的基本原理的时候才被正式认可. 除了在数学上, 泰勒还在开普勒的行星运动第二定律、毛细现象、磁学、温度计、弦振动等方面做了工作; 他还发现了透视的基本原理. 他的个人生活充满了悲剧: 他的第一个和第二个妻子都因难产而去世, 只有一个孩子活了下来.

图 3.3.1
泰勒 (Brook Taylor, 1685 — 1731)

几乎仅有的可以计算的函数就是多项式, 或者分段的多项式函数, 也被称为样条: 把不同的多项式函数的一小段连在一起. 样条是可以计算的, 因为你可以在计算你的函数的程序中使用 **if** 语句, 允许你对于变量的不同的值计算不同的多项式.(用有理函数近似, 涉及除法, 在实际应用中也是很重要的.)

定理 3.3.1 (单变量的没有余项的泰勒定理). 如果 $U \subset \mathbb{R}$, $f: U \to \mathbb{R}$, 在 U 上 k 次连续可微, 则多项式

$$\underbrace{p^k_{f,a}(a+h)}_{k\text{次的泰勒多项式}} \stackrel{\text{def}}{=} f(a) + f'(a)h + \frac{1}{2!}f''(a)h^2 + \cdots + \frac{1}{k!}f^{(k)}(a)h^k \quad (3.3.1)$$

是对 f 在 a 的最佳近似. 它是唯一阶数不大于 k, 且满足

$$\lim_{h\to 0} \frac{f(a+h) - p^k_{f,a}(a+h)}{h^k} = 0 \quad (3.3.2)$$

的多项式.

在练习 3.3.11 中有一个证明的概要, 包括把洛必达法则使用 k 次.

注释. 注意定理 3.3.1 中的 "k 次连续可微". 在 3.1 节和 3.2 节, 我们只要求我们的函数是 C^1 的: 一次连续可微. 在这一节和 3.4 节 (计算泰勒多项式的规则), 精确地存在几阶导数就很重要了. △

我们将会看到, 有一个 n 个变量的多项式, 在同样的意义下, 最佳近似了 n 个变量的函数.

高维度多项式的多重指数

首先我们必须引入一些记号. 在单变量下, 很容易把 k 次多项式的通式写为

$$a_0 + a_1x + a_2x^2 + \cdots + a_kx^k = \sum_{i=0}^{k} a_ix^i \quad (3.3.3)$$

不太明显的是, 如何写出多变量的多项式, 就像

$$1 + 2x + 3xyz - x^2z + 5xy^5z^2. \quad (3.3.4)$$

一个有效的但有点累的方法是采用多重指数. *多重指数*(multi-exponent)是写出多项式中的一项 (一个单项式) 的一个方法.

定义 3.3.2 (多重指数). *多重指数*I 是一个有限的非负整数的有序列表:

$$I \stackrel{\text{def}}{=} (i_1, \cdots, i_n), \quad (3.3.5)$$

当然可以包括 0.

例 3.3.3 (多重指数). 表 3.3.2 列出了公式 (3.3.4) 的多项式

$$1 + 2x + 3xyz - x^2z + 5xy^5z^2$$

的所有的有非零系数的多重指数.

多变量的多项式比单变量的要复杂得多: 就算是涉及因式分解、除法等的最简单的问题, 也会快速地变成代数几何中的困难问题.

表 3.3.2

$1+2x+3xyz-x^2z+5xy^5z^2$					
单项式	1	$2x$	$3xyz$	$-x^2z$	$5xy^5z^2$
多重指数	$(0,0,0)$	$(1,0,0)$	$(1,1,1)$	$(2,0,1)$	$(1,5,2)$
系数	1	2	3	-1	5

△

定义 3.3.4 和记号 3.3.6: xyz 的总次数为 3, 因为 $1+1+1=3$; y^2z 的总次数也是 3. 有三项的总次数为 2 的多重指数集合 $\mathcal{I}_3^2$ 包含

$$(0,1,1),(1,1,0),(1,0,1),$$
$$(2,0,0),(0,2,0),(0,0,2).$$

如果 $I=(2,0,3)$, 则 $\deg I=5$, $I!=2!0!3!=12$. (注意 $0!=1$.)

定义 3.3.4 (总阶数和多重指数的阶乘). 有 n 项的多重指数的集合记为 $\mathcal{I}_n$:

$$\mathcal{I}_n \stackrel{\text{def}}{=} \{(i_1,\cdots,i_n)\}. \tag{3.3.6}$$

对于任意的多重指数 $I\in\mathcal{I}_n$, I 的总阶数(total degree)为 $\deg I=i_1+\cdots+i_n$. I 的阶乘(factorial)为 $I!\stackrel{\text{def}}{=}i_1!\cdots i_n!$.

记号 3.3.5 ($\mathcal{I}_n^k$). 我们用 $\mathcal{I}_n^k$ 来表示有 n 项且总阶数为 k 的多重指数的集合.

集合 $\mathcal{I}_2^3$ 的元素是哪些? $\mathcal{I}_3^3$ 的呢? 到下面的脚注检查你的结果. [6]

使用多重指数, 我们可以把一个多项式写为单项式的和 (我们在表 3.3.2 中已经做了的).

记号 3.3.6 ($\mathbf{x}^I$). 对于任意 $I\in\mathcal{I}_n$, 我们用 $\mathbf{x}^I$ 表示 $\mathbb{R}^n$ 上的单项式函数 $\mathbf{x}^I\stackrel{\text{def}}{=}x_1^{i_1}\cdots x_n^{i_n}$.

这里 i_1 表示 x_1 的次数, i_2 给出了 x_2 的次数, 依此类推. 如果 $I=(2,3,1)$, 则 $\mathbf{x}^I$ 是一个总次数为 6 的单项式:

$$\mathbf{x}^I=\mathbf{x}^{(2,3,1)}=x_1^2x_2^3x_3^1. \tag{3.3.7}$$

我们现在可以把一个一般的 n 个变量的 m 次的多项式 p 写为一个单项式的和, 每一项有自己的系数 a_I:

$$p(\mathbf{x})=\sum_{k=0}^{m}\sum_{I\in\mathcal{I}_n^k}a_I\mathbf{x}^I. \tag{3.3.8}$$

在公式 (3.3.8)(和公式 (3.3.9) 的二重求和) 中, k 就是一个占位符, 用来表示次数. 要写出一个 n 个变量的多项式, 首先我们考虑单个的次数为 $k=0$ 的多重指数 I(常数项), 确定其系数. 下一步, 我们考虑集合 $\mathcal{I}_n^1$(次数为 $k=1$ 的多重指数), 且对于每一个, 我们确定其系数. 然后我们考虑集合 $\mathcal{I}_n^2$, 依此类推. 我们可以不用按照次数分组来使用多重指数记号, 把一个多项式表示为

$$\sum_{\substack{\deg I\leqslant m\\ I\in\mathcal{I}_n}}a_I\mathbf{x}^I.$$

但根据次数把多项式的项进行分组经常是有用的: 常数项、线性项、二次项、三次项, 等等.

例 3.3.7 (多重指数记号). 使用这种记法, 我们可以把多项式

$$2+x_1-x_2x_3+4x_1x_2x_3+2x_1^2x_2^2 \quad \text{写为} \quad \sum_{k=0}^{4}\sum_{I\in\mathcal{I}_3^k}a_I\mathbf{x}^I, \tag{3.3.9}$$

其中

$$\begin{aligned}a_{(0,0,0)}=2,\ a_{(1,0,0)}=1,\ a_{(0,1,1)}=-1,\\ a_{(1,1,1)}=4,\ a_{(2,2,0)}=2.\end{aligned} \tag{3.3.10}$$

对于 $I\in\mathcal{I}_3^k, k\leqslant 4$, 其他所有的 $a_I=0$.(共有 35 项.) △

[6] $\mathcal{I}_2^3=\{(1,2),(2,1),(0,3),(3,0)\}$; $\mathcal{I}_3^3=\{(1,1,1),(2,1,0),(2,0,1),(1,2,0),(1,0,2),(0,2,1),(0,1,2),(3,0,0),(0,3,0),(0,0,3)\}$.

多项式 $\sum_{k=0}^{3}\sum_{I\in\mathcal{I}_2^k} a_I\mathbf{x}^I$ 是什么? 其中 $a_{(0,0)}=3, a_{(1,0)}=-1, a_{(1,2)}=3, a_{(2,1)}=2$, 其余所有的系数 a_I 为 0. 在脚注检查你的结果[7].

多重指数标记和交叉偏导的等式

多重指数提供了一个简洁的方法来写高阶泰勒多项式中的高阶偏导. 回忆到 (定义 2.8.7), 如果函数 D_if 是可微的, 则它关于第 j 个变量的偏导 $D_j(D_if)$ 存在;[8] 它被称为 f 的*二阶偏导*(second partial derivative).

当然, D_If 只有在所有的不超过阶数 I 的导数都存在的时候才有定义, 而且假设它们都连续也是一个好的想法, 这样使得计算导数的顺序就无关紧要了 (推论 3.3.10).

要把多重指数记号应用到高阶偏导上, 设

$$D_If = D_1^{i_1}D_2^{i_2}\cdots D_n^{i_n}f. \tag{3.3.11}$$

例如, 对于一个 3 个变量的函数 f,

$$D_1\left(D_1\left(D_2(D_2f)\right)\right) = D_1^2(D_2^2f) \text{ 可以写为} D_1^2\left(D_2^2(D_3^0f)\right), \tag{3.3.12}$$

可以写为 $D_{(2,2,0)}f$, 即 D_If, 其中 $I=(i_1,i_2,i_3)=(2,2,0)$.

$D_{(1,0,2)}f$ 是什么, 写成我们对高阶偏导的标准记号是什么? $D_{(0,1,1)}f$ 是什么? 到脚注中检查你的结果.[9]

回忆一下, 多重指数 I 为一个*有序*(ordered)的非负整数的有限列表. 用多重指数记号, 我们如何区分 $D_1(D_3f)$ 和 $D_3(D_1f)$ 呢? 两个都写为 $D_{(1,0,1)}$. 类似地, $D_{1,1}$ 可以表示 $D_1(D_2f)$ 或者 $D_2(D_1f)$. 这会成为一个问题吗?

不. 如果你计算函数 x^2+xy^3+xz 的第二个偏导 $D_1(D_3f))$ 和 $D_3(D_1f)$, 那么你将看到它们相等:

$$D_1(D_3f)\begin{pmatrix}x\\y\\z\end{pmatrix} = D_3(D_1f)\begin{pmatrix}x\\y\\z\end{pmatrix} = 1. \tag{3.3.13}$$

交叉偏导的等式将会简化高维的泰勒多项式的书写 (定义 3.3.13): 例如, $D_1(D_2f)$ 和 $D_2(D_1f)$ 写为 $D_{(1,1)}$. 这是多重指数的一个益处.

定理 3.3.8 是一个惊人的难的结果, 将在附录 A.9 中证明.

我们有下面的结果:

二阶偏导连续
⇓
一阶偏导可微
⇓
交叉偏导相等

(第一个是定理 1.9.8) 在练习 4.5.13, 我们证明了富比尼定理隐含着一个定理的较弱的版本, 其中交叉偏导 (二阶偏导) 被要求连续. 这个版本弱一点的原因是, 要求二阶偏导连续是比要求一阶偏导可微更强的条件.

我们感谢 Xavier Buff 指出这个更强的结果.

类似地, $D_1(D_2f)=D_2(D_1f)$, $D_2(D_3f)=D_3(D_2f)$.

正常情况下, 交叉偏导是相等的.

定理 3.3.8 (交叉偏导的等式). 令 U 为 $\mathbb{R}^n$ 的一个开子集, $f\colon U\to\mathbb{R}$ 为一个函数, 满足所有的一阶偏导 D_if 在 $\mathbf{a}\in U$ 可微. 则对于每一对变量 x_i, x_j, 交叉偏导相等:

$$D_j(D_if)(\mathbf{a}) = D_i(D_jf)(\mathbf{a}). \tag{3.3.14}$$

定理 3.3.8 中对一阶偏导可微的要求是基本的, 例 3.3.9 中会给予说明.

---

[7] 多项式是 $3-x_1+3x_1x_2^2+2x_1^2x_2$.

[8] 这假设, 当然, $f\colon U\to\mathbb{R}$ 是可微函数, 且 $U\subset\mathbb{R}^n$ 是开的.

[9] 第一个为 $D_1(D_3^2f)$, 也可以写为 $D_1(D_3(D_3f))$. 第二个为 $D_2(D_3f))$.

例 3.3.9 (交叉偏导不等的情况). 考虑函数

$$f\begin{pmatrix}x\\y\end{pmatrix}=\begin{cases}xy\dfrac{x^2-y^2}{x^2+y^2}, & \begin{pmatrix}x\\y\end{pmatrix}\neq\begin{pmatrix}0\\0\end{pmatrix}\\ 0, & \begin{pmatrix}x\\y\end{pmatrix}=\begin{pmatrix}0\\0\end{pmatrix}\end{cases}, \tag{3.3.15}$$

则当 $\begin{pmatrix}x\\y\end{pmatrix}\neq\begin{pmatrix}0\\0\end{pmatrix}$ 时, 我们有

例 3.3.9: 我们邀请你来检验 D_1f 和 D_2f 在原点不可微. 但是对这个例子不要太认真. 这里的函数 f 是病态的; 这样的东西如果你不去找是不会出现的. 除非你怀疑有陷阱存在, 否则在计算的时候, 你应该假设交叉偏导是相等的.

$$\begin{aligned}D_1f\begin{pmatrix}x\\y\end{pmatrix}&=\frac{4x^2y^3+x^4y-y^5}{(x^2+y^2)^2},\\ D_2f\begin{pmatrix}x\\y\end{pmatrix}&=\frac{x^5-4x^3y^2-xy^4}{(x^2+y^2)^2},\end{aligned} \tag{3.3.16}$$

两个导数都在原点等于 0. 所以

$$D_1f\begin{pmatrix}0\\y\end{pmatrix}=\begin{cases}-y, & y\neq 0\\ 0, & y=0\end{cases}=-y,\ D_2f\begin{pmatrix}x\\0\end{pmatrix}=\begin{cases}x, & x\neq 0\\ 0, & x=0\end{cases}=x,$$

给出

$$\begin{aligned}D_2(D_1f)\begin{pmatrix}0\\y\end{pmatrix}&=D_2(-y)=-1,\\ D_1(D_2f)\begin{pmatrix}x\\0\end{pmatrix}&=D_1(x)=1,\end{aligned} \tag{3.3.17}$$

第一个是对所有的 y 值成立, 第二个是对所有的 x 值成立; 在原点, 交叉偏导 $D_2(D_1f)$ 和 $D_1(D_2f)$ 不相等. 这与定理 3.3.8 并不矛盾, 因为尽管第一阶偏导连续, 但它们并不可微. △

推论 3.3.10. 如果 $f\colon U\to\mathbb{R}$ 为一个函数, 其所有的最多到 k 阶的偏导都连续, 则最多到 k 阶的偏导不依赖于它们的计算顺序.

多项式作为导数的系数

例如, 取多项式 $x+2x^2+3x^3$. 则

$$f^{(0)}(0)=f(0)=0;$$

实际上, $0!a_0=0$.

更进一步, 有 $f'(x)=1+4x+9x^2$, 所以 $f'(0)=1$, 确实有 $1!a_1=1$.

$f''(x)=4+18x$, 所以 $f''(0)=4$, 确实有 $2!a_2=4$.

$f^{(3)}(x)=18$, 确实有 $3!a_3=6\cdot 3=18$.

我们可以把一个一元的多项式的系数用这个多项式在 0 的导数来表示. 如果 p 是一个 k 次多项式, 系数为 $a_0,\cdots,a_k$, 即 $p(x)=a_0+a_1x+a_2x^2+\cdots+a_kx^k$, 则用 $p^{(i)}$ 表示 p 的第 i 阶导数, 我们有

$$i!a_i=p^{(i)}(0),\ 即\ a_i=\frac{1}{i!}p^{(i)}(0). \tag{3.3.18}$$

在 0 计算多项式的第 i 阶偏导分离出来了 x^i 的系数: 低次项的第 i 阶导数为 0, 高次项的第 i 阶导数包含 x 的正的次方, 它在 0 的时候为 0.

我们将需要把这个转换到多变量的情况. 你可能会想是为什么. 我们的目标是用多项式来近似一个函数. 我们将在命题 3.3.17 中看到, 如果在一个点 $\mathbf{a}$, 一个函数的所有不超过 k 阶的导数为 0, 则函数在那个点的一个小的邻域上数值很小 (小的程度与 k 有关). 如果我们可以构造出一个多项式, 与我们要近似的函数的不超过 k 阶的导数都相等, 则代表函数与多项式之间的差的函数将有最多到 k 阶的 0 导数: 因此它将会很小.

命题 3.3.11 把等式 (3.3.18) 转换到了多变量的情况: 就像单变量时一样, 一个多变量的多项式的系数可以表示为多项式在 $\mathbf{0}$ 的偏导.

记得

$$I \in \mathcal{I} = (i_1, \cdots, i_n),$$

$$I! = i_1! \cdots i_n!.$$

命题 3.3.11 (把系数表示为在 0 的偏导). 令 p 为多项式

$$p(\mathbf{x}) \stackrel{\text{def}}{=} \sum_{m=0}^{k} \sum_{J \in \mathcal{I}_n^m} a_J \mathbf{x}^J, \tag{3.3.19}$$

则对任意的 $I \in \mathcal{I}_n$, 有

$$I! a_I = D_I p(\mathbf{0}). \tag{3.3.20}$$

从命题 3.3.11 得到, 如果一个多项式处处为 0(所以它的导数都是 0), 则它的系数都是 0.

证明: 首先, 我们来看, 只要证明

$$D_I \mathbf{x}^I(\mathbf{0}) = I!, \ D_I \mathbf{x}^J(\mathbf{0}) = 0 \text{ 对所有的 } J \neq I \text{成立} \tag{3.3.21}$$

就足够了. 我们可以通过写

$$D_I p(\mathbf{0}) = \overbrace{D_I \left(\sum_{m=0}^{k} \sum_{J \in \mathcal{I}_n^m} a_J \mathbf{x}^J \right)}^{\text{把}p\text{写成多重指数的形式}}(\mathbf{0}) = \sum_{m=0}^{k} \sum_{J \in \mathcal{I}_n^m} a_J D_I \mathbf{x}^J(\mathbf{0}) \tag{3.3.22}$$

来看到这一点. 若我们证明等式 (3.3.21) 中的陈述, 则所有的项 $a_J D_I \mathbf{x}^J(\mathbf{0})$ ($J \neq I$) 就都消失了, 只留下 $D_I p(\mathbf{0}) = I! a_I$.

要证明 $D_I \mathbf{x}^I(\mathbf{0}) = I!$, 记

$$\begin{aligned} D_I \mathbf{x}^I &= D_1^{i_1} \cdots D_n^{i_n} x_1^{i_1} x_2^{i_2} \cdots x_n^{i_n} \\ &= D_1^{i_1} x_1^{i_1} \cdots D_n^{i_n} x_n^{i_n} \\ &= i_1! \cdots i_n! = I!, \end{aligned} \tag{3.3.23}$$

等式 (3.3.23): $D_1^{i_1} x_1^{i_1} = i_1!$, $D_2^{i_2} x_2^{i_2} = i_2!$, 等. 例如

$$D^3 x^3 = D^2(3x^2) = D(6x)$$

$$= 6 = 3!.$$

如等式 (3.3.23) 所证明的, $D_I \mathbf{x}^I$ 是一个常数, 不依赖于 $\mathbf{x}$ 的值.

所以, 特别地, $D_I \mathbf{x}^I(\mathbf{0}) = I!$. 要证明 $D_I \mathbf{x}^J(\mathbf{0}) = 0$ 对所有的 $J \neq I$ 成立, 类似地, 记

$$\begin{aligned} D_I \mathbf{x}^J &= D_1^{i_1} \cdots D_n^{i_n} x_1^{j_1} x_2^{j_2} \cdots x_n^{j_n} \\ &= D_1^{i_1} x_1^{j_1} \cdots D_n^{i_n} x_n^{j_n}, \end{aligned} \tag{3.3.24}$$

至少一个 j_m 与 i_m 不同, 或者大或者小. 如果小的话, 则我们看到一个比幂次更高阶的导数, 因此导数是 0. 如果大的话, 则 $D_I \mathbf{x}^J$ 包含一个 x_m 的正的幂次; 当在 $\mathbf{0}$ 计算导数的时候, 我们再一次得到 0. □

例 3.3.12 (用在 0 的偏导表示的多项式的系数). 令 $p = 3x_1^2x_2^3$. $D_1^2D_2^3p$ 的表达式是什么? 我们有

$$D_2p = 9x_2^2x_1^2,\ D_2^2p = 18x_2x_1^2, \tag{3.3.25}$$

等, 以 $D_1^2D_2^3p = 36$ 结束. 在多重指数记号中, $p = 3x_1^2x_2^3$ 被记作 $3\mathbf{x}^{(2,3)}$, 即 $a_I\mathbf{x}^I$, 其中 $I = (2,3)$, $a_{(2,3)} = 3$. 高阶偏导 $D_1^2D_2^3p$ 记作 $D_{(2,3)}p$. 因为 $I = (2,3)$, 我们有 $I! = 2!3! = 12$.

如果你发现难以适应采用多重指数记号书写的证明, 你可以看例 3.3.12, 它把多重指数改写为了更为标准 (不那么简洁) 的记号.

命题 3.3.11 称

$$a_I = \frac{1}{I!}D_Ip(\mathbf{0}),$$

这里 $\frac{1}{I!}D_{(2,3)}p(\mathbf{0}) = \frac{36}{12} = 3$, 它就是 $a_{(2,3)}$.

如果更高阶的偏导的多重指数 I 与 $\mathbf{x}$ 的多重指数 J 不同会怎样呢? 如命题 3.3.11 的证明中所提到的, 结果是 0. 例如, 如果我们对多项式 $p = 3x_1^2x_2^3$ 取 $D_1^2D_2^2$, 且 $I = (2,2)$, $J = (2,3)$, 我们得到 $36x_2$; 在 $\mathbf{0}$ 作计算, 得到 0. 如果 I 中的任何指标大于 J 中对应的指标, 结果也是 0; 例如, 在 $I = (2,3), p = a_Jx^J, a_J = 3, J = (2,2)$ 的时候, $D_Ip(\mathbf{0})$ 是什么[10]? △

高维的泰勒多项式

现在我们做好了准备来定义高维的泰勒多项式, 并且要看在什么程度上它们可以用来近似 n 个变量的函数.

尽管等式 (3.3.26) 中的多项式被称为 f 在 $\mathbf{a}$ 的泰勒多项式, 它是在 $\mathbf{a}+\vec{\mathbf{h}}$ 计算数值的, 它在那里的数值依赖于 $\vec{\mathbf{h}}$, 即 $\mathbf{a}$ 的增量.

回忆 (定义 1.9.7), 一个 C^k 函数是 k 次连续可微的: 它的所有的最多到 k 阶的导数存在且在 U 上连续.

定义 3.3.13 (高维的泰勒多项式). 令 $U \subset \mathbb{R}^n$ 为开子集, 令 $f\colon U \to \mathbb{R}$ 为一个 C^k 函数. 则 k 次多项式

$$P_{f,\mathbf{a}}^k(\mathbf{a}+\vec{\mathbf{h}}) \overset{\text{def}}{=} \sum_{m=0}^{k}\sum_{I\in\mathcal{I}_n^m}\frac{1}{I!}D_If(\mathbf{a})\vec{\mathbf{h}}^I \tag{3.3.26}$$

被称为 f 在 $\mathbf{a}$ 的 k 阶*泰勒多项式*(Taylor polynomial). 如果 $\mathbf{f}\colon U \to \mathbb{R}^n$ 是一个 C^k 函数, 其泰勒多项式为多项式映射 $U \to \mathbb{R}^n$, 其坐标函数为 $\mathbf{f}$ 的坐标函数的泰勒多项式.

例 3.3.14: 记得 (定义 3.3.6)

$$\mathbf{x}^I = x_1^{i_1}\cdots x_n^{i_n}.$$

类似地, $\vec{\mathbf{h}}^I = h_1^{i_1}\cdots h_n^{i_n}$. 例如, 如果 $I = (1,1)$, 我们有

$$\vec{\mathbf{h}}^I = \vec{\mathbf{h}}^{(1,1)} = h_1h_2;$$

如果 $I = (2,0,3)$, 我们有

$$\vec{\mathbf{h}}^I = \vec{\mathbf{h}}^{(2,0,3)} = h_1^2h_3^3.$$

因为 f 的交叉偏导相等, 故

$$\begin{aligned} &D_{(1,1)}f(\mathbf{a})h_1h_2\\ &= \frac{1}{2}D_1D_2f(\mathbf{a})h_1h_2+\\ &\quad\frac{1}{2}D_2D_1f(\mathbf{a})h_1h_2.\end{aligned}$$

在泰勒多项式的公式中的 $1/I!$ 这一项把不同的项进行加权, 已把交叉偏导的存在性考虑进去. 多重指数的这个优点随着 n 的变大越来越有用.

在等式 (3.3.26) 中, 记住 I 为一个多重指数; 如果你要在某个特定的情况下把多项式写出来, 它可能非常复杂, 尤其是 k 或者 n 很大的时候.

下面的例 3.3.14 演示了记号的用法; 它没有数学内容. 注意, 第一项 (次数为 $m=0$ 的项) 对应于第 0 阶导数, 即函数 f 本身.

例 3.3.14 (双变量函数的泰勒多项式的多重指数标记). 令 $f\colon \mathbb{R}^2 \to \mathbb{R}$ 为一个函数. f 在 $\mathbf{a}$ 的 2 阶泰勒多项式的公式为

$$\begin{aligned} &P_{f,\mathbf{a}}^2(\mathbf{a}+\vec{\mathbf{h}})\\ &= \sum_{m=0}^{2}\sum_{I\in\mathcal{I}_2^m}\frac{1}{I!}D_If(\mathbf{a})\vec{\mathbf{h}}^I \qquad (3.3.27)\\ &= \underbrace{\frac{1}{0!0!}D_{(0,0)}f(\mathbf{a})h_1^0h_2^0}_{m=0,\text{即}f(\mathbf{a})} + \underbrace{\frac{1}{1!0!}D_{(1,0)}f(\mathbf{a})h_1^1h_2^0 + \frac{1}{0!1!}D_{(0,1)}f(\mathbf{a})h_1^0h_2^1}_{\text{一次项: 一阶导数}}\end{aligned}$$

[10]这相当于 $D_1^2D_2^3(3x_1^2x_2^3)$; 我们已经有 $D_2^3(3x_1^2x_2^2) = 0$.

$$+\underbrace{\frac{1}{2!0!}D_{(2,0)}f(\mathbf{a})h_1^2h_2^0+\frac{1}{1!1!}D_{(1,1)}f(\mathbf{a})h_1^1h_2^1+\frac{1}{0!2!}D_{(0,2)}f(\mathbf{a})h_1^0h_2^2}_{\text{二次项: 二阶导数}}.$$

我们可以更简单地写为

$$\begin{aligned}P^2_{f,\mathbf{a}}(\mathbf{a}+\vec{\mathbf{h}}) &= f(\mathbf{a})+D_{(1,0)}f(\mathbf{a})h_1+D_{(0,1)}f(\mathbf{a})h_2 \\ &\quad +\frac{1}{2}D_{(2,0)}f(\mathbf{a})h_1^2+D_{(1,1)}f(\mathbf{a})h_1h_2+\frac{1}{2}D_{(0,2)}f(\mathbf{a})h_2^2.\end{aligned} \tag{3.3.28}$$

记住, $D_{(1,0)}f=D_1f$, 而 $D_{(0,1)}f=D_2f$, 等等. △

三个变量的函数在 $\mathbf{a}$ 的 2 阶泰勒多项式的二次项 (二阶导数) 是什么呢?[11]

例 3.3.15 (计算泰勒多项式). 函数 $f\begin{pmatrix}x\\y\end{pmatrix}=\sin(x+y^2)$ 在 $\mathbf{0}=\begin{pmatrix}0\\0\end{pmatrix}$ 的二阶泰勒多项式是什么? 第一项次数为 0, 是 $f(\mathbf{0})=\sin 0=0$. 一次项为 $D_{(1,0)}f\begin{pmatrix}x\\y\end{pmatrix}=\cos(x+y^2)$, $D_{(0,1)}f\begin{pmatrix}x\\y\end{pmatrix}=2y\cos(x+y^2)$, 所以 $D_{(1,0)}f\begin{pmatrix}0\\0\end{pmatrix}=1$, $D_{(0,1)}f\begin{pmatrix}0\\0\end{pmatrix}=0$. 对于二次项, 有

$$\begin{aligned}D_{(2,0)}f\begin{pmatrix}x\\y\end{pmatrix} &= -\sin(x+y^2), \\ D_{(1,1)}f\begin{pmatrix}x\\y\end{pmatrix} &= -2y\sin(x+y^2), \\ D_{(0,2)}f\begin{pmatrix}x\\y\end{pmatrix} &= 2\cos(x+y^2)-4y^2\sin(x+y^2).\end{aligned} \tag{3.3.29}$$

在 $\mathbf{0}$, 这给出 0, 0 和 2. 所以二阶泰勒多项式为

$$P^2_{f,\mathbf{0}}\left(\begin{bmatrix}h_1\\h_2\end{bmatrix}\right)=0+h_1+0+0+0+\frac{2}{2}h_2^2. \tag{3.3.30}$$

对于三阶泰勒多项式, 我们计算

$$\begin{aligned}D_{(3,0)}f\begin{pmatrix}x\\y\end{pmatrix} &= D_1(-\sin(x+y^2))=-\cos(x+y^2), \\ D_{(0,3)}f\begin{pmatrix}x\\y\end{pmatrix} &= -4y\sin(x+y^2)-8y\sin(x+y^2)-8y^3\cos(x+y^2),\end{aligned}$$

在例 3.4.5 中, 我们将看到如何利用我们将给出的计算泰勒多项式的规则, 将这个计算简化到两行.

[11] $P^2_{f,\mathbf{a}}(\mathbf{a}+\vec{\mathbf{h}})=\sum_{m=0}^{2}\sum_{I\in\mathcal{I}_3^m}\frac{1}{I!}D_If(\mathbf{a})\vec{\mathbf{h}}^I$ 的第三项是

$$\overbrace{D_{(1,1,0)}f(\mathbf{a})h_1h_2}^{D_1D_2}+\overbrace{D_{(1,0,1)}f(\mathbf{a})h_1h_3}^{D_1D_3}+\overbrace{D_{(0,1,1)}f(\mathbf{a})h_2h_3}^{D_2D_3}$$
$$+\overbrace{\frac{1}{2}D_{(2,0,0)}f(\mathbf{a})h_1^2}^{D_1^2}+\overbrace{\frac{1}{2}D_{(0,2,0)}f(\mathbf{a})h_2^2}^{D_2^2}+\overbrace{\frac{1}{2}D_{(0,0,2)}f(\mathbf{a})h_3^2}^{D_3^2}$$

$$D_{(2,1)}f\begin{pmatrix}x\\y\end{pmatrix} = D_1(-2y\sin(x+y^2)) = -2y\cos(x+y^2), \quad (3.3.31)$$

$$D_{(1,2)}f\begin{pmatrix}x\\y\end{pmatrix} = -2\sin(x+y^2) - 4y^2\cos(x+y^2).$$

在 $\mathbf{0}$, 除 $D_{(3,0)}$ 为 -1 以外, 其他导数都是 0. 所以三次项为 $(-\frac{1}{3!})h_1^3 = -\frac{1}{6}h_1^3$, f 在 $\mathbf{0}$ 的三阶泰勒多项式为

$$P^3_{f,\mathbf{0}}\left(\begin{bmatrix}h_1\\h_2\end{bmatrix}\right) = h_1 + h_2^2 - \frac{1}{6}h_1^3. \qquad \triangle \quad (3.3.32)$$

定理 3.3.16 (高维的不带余项的泰勒定理). 令 $U \subset \mathbb{R}^n$ 为开的, $\mathbf{a} \in U$ 为一个点, $f\colon U \to \mathbb{R}$ 为一个 C^k 函数.

1. 多项式 $P^k_{f,\mathbf{a}}(\mathbf{a}+\vec{\mathbf{h}})$ 是唯一的与 f 在 $\mathbf{a}$ 有相同的最高到 k 阶偏导的 k 次多项式.
2. 它在 $\mathbf{a}$ 附近最佳地近似了 f: 它是唯一的不高于 k 次且满足

$$\lim_{\vec{\mathbf{h}}\to\vec{\mathbf{0}}} \frac{f(\mathbf{a}+\vec{\mathbf{h}}) - P^k_{f,\mathbf{a}}(\mathbf{a}+\vec{\mathbf{h}})}{|\vec{\mathbf{h}}|^k} = 0 \quad (3.3.33)$$

的多项式.

在定理 3.3.16 中, 注意到, 因为我们在除以 $|\vec{\mathbf{h}}|$ 的一个高次幂, 而且 $|\vec{\mathbf{h}}|$ 很小, 极限为 0 的意思是分子非常小.

我们必须要求偏导是连续的; 如果不是, 就算在 $k = 1$ 的时候, 陈述也不成立, 如果你看等式 (1.9.10), 你将会看到, 其中 f 是例 1.9.5 的函数, 其偏导不连续.

带余项的泰勒定理在附录 A.12 中讨论.

要证明定理 3.3.16, 我们需要下面的命题, 说的是, 如果一个函数 g 所有的最高到某个 k 阶的偏导在一个点 $\mathbf{a}$ 等于 0, 则在 $\mathbf{a}$ 的一个邻域上, g 与 $|\vec{\mathbf{h}}|^k$ 相比是小的. 证明在附录 A.10 中.

命题 3.3.17 (带有很多零偏导的函数的值有多大?). 令 U 为一个 $\mathbb{R}^n$ 的开子集, 令 $g\colon U \to \mathbb{R}$ 为一个 C^k 函数. 则当且仅当 g 在 $\mathbf{a} \in U$ 的所有的不超过 k 阶的偏导都为 0(包括 $g(\mathbf{a})$, 0 阶偏导) 的时候, 有

$$\lim_{\vec{\mathbf{h}}\to\vec{\mathbf{0}}} \frac{g(\mathbf{a}+\vec{\mathbf{h}})}{|\vec{\mathbf{h}}|^k} = 0. \quad (3.3.34)$$

定理 3.3.16 的证明: 1. 令 $Q^k_{f,\mathbf{a}}$ 为多项式, 在 $\vec{\mathbf{h}}$ 计算数值, 给出与泰勒多项式 $P^k_{f,\mathbf{a}}$ 在 $\mathbf{a}+\vec{\mathbf{h}}$ 计算得到的相同的数值:

$$P^k_{f,\mathbf{a}}(\mathbf{a}+\vec{\mathbf{h}}) = Q^k_{f,\mathbf{a}}(\vec{\mathbf{h}}) = \overbrace{\sum_{m=0}^{k}\sum_{J\in\mathcal{I}_n^m}\frac{1}{J!}\underbrace{D_Jf(\mathbf{a})}_{\text{系数}}\underbrace{\vec{\mathbf{h}}^J}_{\text{变量}}}^{\text{多项式}Q^k_{f,\mathbf{a}}\text{的多重指数记号}}. \quad (3.3.35)$$

右侧由公式 (3.3.8) 给出一个多项式的通用的多重指数记号得到

$$\sum_{m=0}^{k}\sum_{I\in\mathcal{I}_n^m} a_I\mathbf{x}^I.$$

这里, $\vec{\mathbf{h}}$ 对应于 $\mathbf{x}$, $\frac{1}{J!}D_Jf(\mathbf{a})$ 对应于 a_J.

根据命题 3.3.11, 有

$$\overbrace{D_IQ^k_{f,\mathbf{a}}(\mathbf{0})}^{D_Ip(\mathbf{0})} = \overbrace{I!\quad\underbrace{\frac{1}{I!}D_If(\mathbf{a})}_{\text{等式 (3.3.35) 得到的}\vec{\mathbf{h}}^I\text{的系数}}}^{I!\qquad a_I} = D_If(\mathbf{a}). \quad (3.3.36)$$

命题 3.3.11: 对于一个系数为 a_I 的多项式 p, 我们有

$$D_Ip(\mathbf{0}) = I!a_I.$$

因为 $D_I Q^k_{f,\mathbf{a}}(\mathbf{0}) = D_I P^k_{f,\mathbf{a}}(\mathbf{a})$, 我们有 $D_I P^k_{f,\mathbf{a}}(\mathbf{a}) = D_I f(\mathbf{a})$; $P^k_{f,\mathbf{a}}$ 的偏导, 最高到 k 阶, 与 f 最高到 k 阶的偏导相同.

第二部分则可以从命题 3.3.17 得到. 为了简化记号, 用 $g(\mathbf{a}+\vec{\mathbf{h}})$ 表示 $f(\mathbf{a}+\vec{\mathbf{h}})$ 与 f 之间在 $\mathbf{a}$ 的差. 因为 g 的所有最高到 k 阶的偏导为 0, 根据命题 3.3.17, 有

$$\lim_{\vec{\mathbf{h}}\to\vec{\mathbf{0}}} \frac{g(\mathbf{a}+\vec{\mathbf{h}})}{|\vec{\mathbf{h}}|^k} = 0. \quad \square \tag{3.3.37}$$

3.3 节的练习

3.3.1 对函数 $f\begin{pmatrix}x\\y\\z\end{pmatrix} = x^2y + xy^2 + yz^2$, 计算 $D_1(D_2f), D_2(D_3f), D_3(D_1f)$, 和 $D_1(D_2(D_3f))$.

3.3.2 a. 写出多项式 $\sum_{m=0}^{5}\sum_{I\in\mathcal{I}_3^m} a_I\mathbf{x}^I$, 其中

$$a_{(0,0,0)} = 4,\ a_{(0,1,0)} = 3,\ a_{(1,0,2)} = 4,\ a_{(1,1,2)} = 2,$$
$$a_{(2,2,0)} = 1,\ a_{(3,0,2)} = 2,\ a_{(5,0,0)} = 3,$$

对所有其他的 $I \in \mathcal{I}_3^m, m \leqslant 5$, 有 $a_I = 0$.

b. 用多重指数记号写多项式 $2x_2 + x_1x_2 - x_1x_2x_3 + x_1^2 + 5x_2^2x_3$.

c. 用多重指数记号来写 $3x_1x_2 - x_2x_3x_4 + 2x_2^2x_3 + x_2^2x_4^4 + x_2^5$.

3.3.3 根据例 3.3.14 的格式, 写出一个有三个变量 x, y, z 的函数 f 在一个点 $\mathbf{a}$ 的 2 阶泰勒多项式的项.

3.3.4 a. 重做例 3.3.14, 计算 3 阶泰勒多项式.

b. 重复上题, 计算 4 阶泰勒多项式.

3.3.5 找到 $\mathcal{I}_n^m$ 的基数 (元素的个数).

3.3.6 a. 令 f 为一个实数值的 C^k 函数, 定义在 $0\in\mathbb{R}$ 的一个邻域上. 假设 $f(-x) = -f(x)$. 考虑 f 在 0 的泰勒多项式, 证明所有的次数为偶数的项都消失了.

b. 令 f 为一个实数值的 C^k 函数, 定义在 $\mathbf{0}\in\mathbb{R}^n$ 的一个邻域上. 假设 $f(-\mathbf{x}) = -f(\mathbf{x})$. 考虑 f 在原点的泰勒多项式, 证明所有的总次数为偶数的项都消失了.

3.3.7 证明: 如果 $I \in \mathcal{I}_n^m$, 则 $(x\vec{\mathbf{h}})^I = x^m\vec{\mathbf{h}}^I$.

3.3.8 对于例 3.3.9 中的函数 f, 证明所有的一阶和二阶偏导处处存在, 一阶偏导是连续的, 但二阶偏导不连续.

3.3.9 考虑函数

$$f\begin{pmatrix}x\\y\end{pmatrix}=\begin{cases}\dfrac{x^2y(x-y)}{x^2+y^2} & 如果 \begin{pmatrix}x\\y\end{pmatrix}\neq\begin{pmatrix}0\\0\end{pmatrix}\\ 0 & 如果 \begin{pmatrix}x\\y\end{pmatrix}=\begin{pmatrix}0\\0\end{pmatrix}\end{cases}.$$

a. 计算 D_1f 和 D_2f. f 属于 C^1 吗?

b. 证明: f 的所有的二阶偏导处处存在.

c. 证明: $D_1\left(D_2f\begin{pmatrix}0\\0\end{pmatrix}\right)\neq D_2\left(D_1f\begin{pmatrix}0\\0\end{pmatrix}\right)$.

d. 为什么这与定理 3.3.8 不矛盾?

练习 3.3.10 的目标是演示连续导数会有多长?

3.3.10 a. 计算 $(1+f(x))^m$ 的导数, 最高到四阶.

b. 猜一猜五阶偏导有多少项?

**c. 猜一猜 n 阶偏导有多少项?

洛必达 (L'Hôpital) 法则 (用在练习 3.3.11 中): 如果 $f,g\colon U\to\mathbb{R}$ 在 0 的一个邻域 $U\subset\mathbb{R}$ 上为 k 次连续可微, 且

$f(0)=\quad\cdots=f^{(k-1)}(0)=0,$

$g(0)=\quad\cdots=g^{(k-1)}(0)=0,$

且 $g^{(k)}(0)\neq 0$, 则

$$\lim_{t\to 0}\frac{f(t)}{g(t)}=\frac{f^{(k)}(0)}{g^{(k)}(0)}.$$

3.3.11 证明定理 3.3.1. 提示: 通过对分子和分母对 h 求导 k 次来计算

$$\lim_{h\to 0}\frac{f(a+h)-\left(f(a)+f'(a)h+\cdots+\frac{f^{(k)}(a)}{k!}h^k\right)}{h^k}.$$

每一次都要检验洛必达法则的假设是否被满足.(见边注)

练习 3.3.12: 3.4 节中的方法将使解决这个练习变得简单得多. 但现在, 你必须用麻烦的方法来做.

3.3.12 a. 写出 $\sqrt{1+\dfrac{x+y}{1+xz}}$ 在原点的三阶泰勒多项式.

b. $D_{[1,1,1]}f\begin{pmatrix}0\\0\\0\end{pmatrix}$ 是多少?

3.3.13 计算函数 $f\begin{pmatrix}x\\y\end{pmatrix}=\sqrt{x+y+xy}$ 在 $\begin{pmatrix}-2\\-3\end{pmatrix}$ 的二阶泰勒多项式.

3.3.14 判断对错. 假设一个函数 $f\colon\mathbb{R}^2\to\mathbb{R}$ 满足拉普拉斯 (Laplace) 方程 $D_1^2f+D_2^2f=0$, 则函数

$$g\begin{pmatrix}x\\y\end{pmatrix}=f\begin{pmatrix}x/(x^2+y^2)\\y/(x^2+y^2)\end{pmatrix}$$

也满足拉普拉斯方程.

练习 3.3.15: 如果 S(或者更一般地, 一个 k 维流形M) 属于 C^m, $m\geqslant 2$, 则 $\mathbf{f}$ 的泰勒多项式从二次项开始.

这些二次项是 M 在 $\mathbf{a}$ 的第二基本型的一半. 我们将在 3.9 节再一次遇到第二基本型.

3.3.15 证明下列结果: 令 $M\subset\mathbb{R}^n$ 为一个 k 维流形, 并且 $\mathbf{a}\in M$ 为一个点. 如果 A 是一个正交的 $n\times n$ 矩阵, 把 $\operatorname{Span}(\vec{\mathbf{e}}_1,\cdots,\vec{\mathbf{e}}_k)$ 映射到 $T_{\mathbf{a}}M$, 并且 $\mathbf{F}\colon\mathbb{R}^n\to\mathbb{R}^n$ 定义为 $\mathbf{F}(\mathbf{x})=\mathbf{a}+A\mathbf{x}$, 则 $\mathbf{F}^{-1}(M)$ 在 $\mathbf{0}$ 的附近的局部上是满足 $\mathbf{h}(\mathbf{0})=\mathbf{0}$ 和 $[\mathbf{Dh}(\mathbf{0})]=[0]$ 的一个映射 $\mathbf{h}\colon\operatorname{Span}(\vec{\mathbf{e}}_1,\cdots,\vec{\mathbf{e}}_k)\to\operatorname{Span}(\vec{\mathbf{e}}_{k+1},\cdots,\vec{\mathbf{e}}_n)$ 的图像. (在一个曲面 $S\in\mathbb{R}^3$, 一个点 $\mathbf{a}\in S$ 的情况下, 这个陈述的意思是我们可以平移及旋转 S 来把 $\mathbf{a}$ 移动到原点, 并且

把切平面移动到 (x, y) 平面, 在这种情况下, S 在局部上变成了一个用 x 和 y 来表示 z 的函数的图像, 它在原点的导数为 0.)

3.4 计算泰勒多项式的规则

> 既然连续地计算导数总是令人痛苦的, 我们建议 (可能的时候) 把函数当作从简单函数通过基本的运算 (求和、乘积、乘方, 等等) 得来的.
>
> —— Jean Dieudonné, *Calcul Infinitésimal*

计算泰勒多项式非常像计算导数; 次数为 1 的时候, 它们就是一样的. 如同我们对求和、乘积、函数复合有计算规则一样, 我们对计算通过组合简单的函数获得的泰勒多项式函数也有运算规则. 因为计算偏导很快就会变得令人不愉快, 我们强烈建议使用这些规则.

要想写下一些标准函数的泰勒多项式, 我们采用朗道发明的记号来表达 “最高计算到 k 次项”: 记号 o, 也叫作小 o(读作小 o). 在命题 3.4.2 的方程里, o 项看起来像个余项, 但这样的项并没有给我们一个可以精确计算的余项. 小 o 提供了一种在你要计算泰勒多项式的点的一个*未指定*的邻域上, 用另一个函数来限定一个函数的方法.

朗道 (图 3.4.1) 在哥廷根大学教书, 直到 1933 年被纳粹强迫离开. 纳粹数学家 Oswald Teichmuller 组织了对朗道讲座的抵制.

图 3.4.1
朗道 (Edmund Landau, 1877 — 1938)

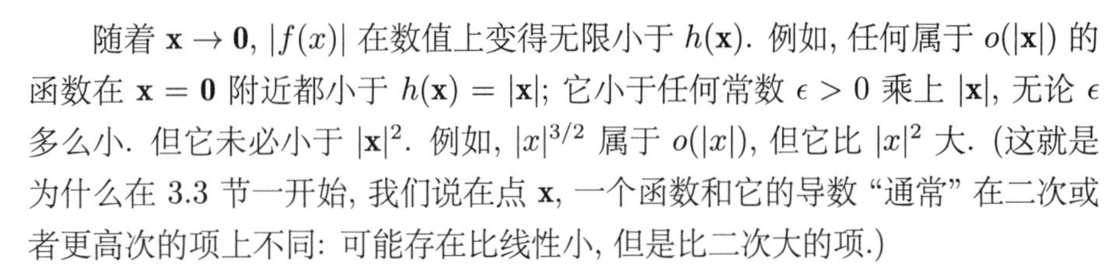

定义 3.4.1 (小 o). 小 o, 记作 o, 意思是 “小于”, 在以下的意义上: 令 $U \subset \mathbb{R}^n$ 为 $\mathbf{0}$ 的一个邻域, 令 $f, h\colon U - \{\mathbf{0}\} \to \mathbb{R}$ 为两个函数, $h > 0$. 如果

$$\lim_{x \to 0} \frac{f(x)}{h(x)} = 0, \tag{3.4.1}$$

则 f 属于 $o(h)$.

随着 $\mathbf{x} \to \mathbf{0}$, $|f(x)|$ 在数值上变得无限小于 $h(\mathbf{x})$. 例如, 任何属于 $o(|\mathbf{x}|)$ 的函数在 $\mathbf{x} = \mathbf{0}$ 附近都小于 $h(\mathbf{x}) = |\mathbf{x}|$; 它小于任何常数 $\epsilon > 0$ 乘上 $|\mathbf{x}|$, 无论 ϵ 多么小. 但它未必小于 $|\mathbf{x}|^2$. 例如, $|x|^{3/2}$ 属于 $o(|x|)$, 但它比 $|x|^2$ 大. (这就是为什么在 3.3 节一开始, 我们说在点 $\mathbf{x}$, 一个函数和它的导数 “通常” 在二次或者更高次的项上不同: 可能存在比线性小, 但是比二次大的项.)

运用这个概念, 我们把等式 (3.3.33) 重写为

$$f(\mathbf{a} + \vec{\mathbf{h}}) - P^k_{f,\mathbf{a}}(\mathbf{a} + \vec{\mathbf{h}}) \in o(|\vec{\mathbf{h}}|^k). \tag{3.4.2}$$

通常, 用带有小 o 的误差界写出的泰勒多项式是足够好的. 但在你需要知道对于某个特定的 $\mathbf{x}$ 的误差的设置下, 需要一些更强的结果: 带有余项的泰勒定理, 在附录 A.12 中讨论.

注释. 在我们处理可以用泰勒多项式近似的函数的时候, 我们感兴趣的函数 h 只有 $|x|^k$, 其中 $k \geqslant 0$. 如果一个函数是属于 C^k 的, 它应该看上去像一个 x 的非负整数次方. 在另一个设置下, 把比较不友好的函数 (不是 C^k 的) 与很广的一类函数做比较是很有趣的, 例如, 你可能希望用函数来给函数定界, 比如 $\sqrt{|x|}$ 或者 $|x| \ln |x|, \cdots$ (一个不友好的函数的例子, 见等式 (5.3.23)). 进行这种

等式 (3.4.3): 更强的陈述 $\pi(x)=\int_1^x \frac{1}{\ln u}\,\mathrm{d}u+o\left(|x|^{\frac{1}{2}+\epsilon}\right)$, 对于任意 $\epsilon>0$ 成立, 被称为*黎曼假设*(Riemann hypothesis). 它是目前最著名的未解决的数学问题.

比较的艺术被称为*渐进展开理论*(theory of asymptotic developments). 渐进展开的一个著名的例子是*质数定理*(prime number theorem), 它说的是, 如果 $\pi(x)$ 表示小于 x 的质数的个数, 则对于接近 ∞ 的 x, 有

$$\pi(x)=\frac{x}{\ln x}+o\left(\frac{x}{\ln x}\right). \tag{3.4.3}$$

(这里 π 与圆周率 $\pi\approx 3.141\,6$ 没有任何关系.) 这个结果是在高斯的猜想的一个世纪后, 在 1898 年被雅克 · 阿达马和 Charles de la Vallée–Poussin 独立证明的. △

在命题 3.4.2 中, 我们列出了我们期待你从大学第一年的微积分中知道的泰勒多项式的函数. 我们将只写出在 0 附近的多项式, 但通过平移, 可以在任何函数有定义的点附近写出来. 注意, 在命题 3.4.2 的方程中, 泰勒多项式是右手边的表达式去掉小 o 项, 这一项指明了泰勒多项式对于对应的函数的估计有多么好, 但没有给出精度.

严格地说, 命题 3.4.2 的方程写得很草率: "$+o$" 项不是一个使等式成立的函数, 但是可以指明使其成立的函数的种类. 使用公式 (3.4.2) 的形式更加正确, 例如, 记

$$\mathrm{e}^x-\left(1+x+\frac{x^2}{2!}+\cdots+\frac{x^n}{n!}\right)\in o(|x|^n). \tag{3.4.4}$$

*奇函数*是满足 $f(-x)=-f(x)$ 的函数; *偶函数*是满足 $f(-x)=f(x)$ 的函数. 奇函数的泰勒多项式只能有奇数次的项, 偶函数的泰勒多项式只能有偶数次的项. 这样, 正弦函数的泰勒多项式只包含奇数次项, 系数符号交替, 而余弦函数的泰勒多项式只包含偶数次项, 系数也是符号交替.

这一章的第一页的边注给出了对于 $|x|\leqslant\pi/2$ 的 $\sin x$ 的一个好的近似. 它们并不是精确地等于等式 (3.4.6) 中的系数, 因为它们被优化过使得它们可以在一个更大的范围上近似正弦函数.

命题 3.4.2 (一些标准函数的泰勒多项式). 下列公式给出了相应函数在 0 的泰勒多项式:

$$\mathrm{e}^x = 1+x+\frac{x^2}{2!}+\cdots+\frac{x^n}{n!}+o(|x|^n), \tag{3.4.5}$$

$$\sin(x) = x-\frac{x^3}{3!}+\frac{x^5}{5!}-\cdots+(-1)^n\frac{x^{2n+1}}{(2n+1)!}+o(|x|^{2n+1}), \tag{3.4.6}$$

$$\cos(x) = 1-\frac{x^2}{2!}+\frac{x^4}{4!}-\cdots+(-1)^n\frac{x^{2n}}{(2n)!}+o(|x|^{2n}), \tag{3.4.7}$$

$$\ln(1+x) = x-\frac{x^2}{2}+\cdots+(-1)^{n+1}\frac{x^n}{n}+o(|x|^n), \tag{3.4.8}$$

$$\begin{aligned}(1+x)^m = {}& 1+mx+\frac{m(m-1)}{2!}x^2+\frac{m(m-1)(m-2)}{3!}x^3+\cdots+\\ & \frac{m(m-1)\cdots(m-(n-1))}{n!}x^n+o(|x|^n).\end{aligned} \tag{3.4.9}$$

等式 (3.4.9) 是*二项式展开公式*(binomial formula).

命题 3.4.2 的证明在练习 3.4.10 的左边.

注意, 在 $\ln(1+x)$ 的泰勒多项式中, 分母中没有阶乘.

命题 3.4.3 和 3.4.4, 说明了如何把泰勒多项式组合起来, 在附录 A.11 有证明. 我们对标量函数陈述并证明它们, 但是它们对于向量函数也是成立的, 至少在后者有意义的时候. 例如, 乘积可以被替换成点乘, 或者数量与向量函数的乘积, 或者矩阵乘法. 详见练习 3.22.

命题 3.4.3 (泰勒多项式的求和与乘积). 令 $U\subset\mathbb{R}^n$ 为开集, $f,g\colon U\to\mathbb{R}$ 为 C^k 函数. 则 $f+g$ 和 fg 也为 C^k 函数, 且有:

1. 和的泰勒多项式为泰勒多项式的和:

$$P^k_{f+g,\mathbf{a}}(\mathbf{a}+\vec{\mathbf{h}})=P^k_{f,\mathbf{a}}(\mathbf{a}+\vec{\mathbf{h}})+P^k_{g,\mathbf{a}}(\mathbf{a}+\vec{\mathbf{h}}). \tag{3.4.10}$$

2. 乘积 fg 的泰勒多项式通过乘积

$$P^k_{f,\mathbf{a}}(\mathbf{a}+\vec{\mathbf{h}})\cdot P^k_{g,\mathbf{a}}(\mathbf{a}+\vec{\mathbf{h}}), \tag{3.4.11}$$

并舍弃次数大于 k 的项来得到.

注释. 在定理 5.4.6 的证明中, 我们将看到一个关于命题 3.4.3 在最终目标并不是计算泰勒多项式的时候如何用来简化计算的不同寻常的例子. 在那个证明中, 我们计算导数的方法是通过把导数分解为不同的分量的部分, 计算这些部分的一阶的泰勒多项式, 把它们合在一起得到函数的一阶泰勒多项式, 并舍弃常数项. 使用泰勒多项式允许我们在做计算之前舍弃不相关的高阶项. △

命题 3.4.4: 为什么公式 (3.4.12) 有意义? 多项式 $P^k_{f,b}(b+u)$ 只有在 $|u|$ 很小的时候是对 $f(b+u)$ 的很好的近似. 但我们要求的 $g(\mathbf{a})=b$ 精确地保证了在 $\vec{\mathbf{h}}$ 小的时候, $P^k_{g,\mathbf{a}}(\mathbf{a}+\vec{\mathbf{h}})=b+$ 一些小的项. 所以在计算多项式 $P^k_{f,b}(b+u)$ 的时候, 用 "一些小的项" 替换 u 是合理的.

练习 3.26 让你使用命题 3.4.4 来推导莱布尼兹规则.

命题 3.4.4 (泰勒多项式的链式法则). 令 $U\subset\mathbb{R}^n$ 和 $V\subset\mathbb{R}$ 为开的, $g\colon U\to V$ 和 $f\colon V\to\mathbb{R}$ 属于 C^k. 则 $f\circ g\colon U\to\mathbb{R}$ 属于 C^k, 且如果 $g(\mathbf{a})=b$, 泰勒多项式 $P^k_{f\circ g,\mathbf{a}}(\mathbf{a}+\vec{\mathbf{h}})$ 通过利用

$$\vec{\mathbf{h}}\mapsto P^k_{f,b}(P^k_{g,\mathbf{a}}(\mathbf{a}+\vec{\mathbf{h}})), \tag{3.4.12}$$

并舍弃次数大于 k 的项来得到.

例 3.4.5. 我们来使用这些法则计算函数 $f\begin{pmatrix}x\\y\end{pmatrix}=\sin(x+y^2)$ 在 $\mathbf{0}$ 的三阶泰勒多项式, 我们已经在例 3.3.15 中看到了这个结果. 利用命题 3.4.4, 我们仅仅把 $\sin u=u-u^3/6+o(u^3)$ 中的 u 替换为 $x+y^2$, 忽略次数大于 3 的项:

等式 (3.4.13): 第二行中的 "次数大于 3 的项" 包括来自第一行中的

$$\frac{(x+y^2)^3}{6}$$

的次数大于 3 的项.

$$\begin{aligned}\sin(x+y^2) &= (x+y^2)-(x+y^2)^3/6+\text{次数大于 3 的项}\\ &= \underbrace{x+y^2-\frac{x^3}{6}}_{\text{三阶泰勒多项式}}+\text{次数大于 3 的项}.\end{aligned} \tag{3.4.13}$$

半页变成了两行. △

例 3.4.6 (一个更难的例子). 令 $U\subset\mathbb{R}$ 为开的, 令 $f\colon U\to\mathbb{R}$ 属于 C^2. 令 $V\subset U\times U$ 为 $\mathbb{R}^2$ 的子集, 满足 $f(x)+f(y)\neq 0$. 在点 $\begin{pmatrix}a\\b\end{pmatrix}\in V$, 计算由

$$F\begin{pmatrix}x\\y\end{pmatrix}=\frac{1}{f(x)+f(y)} \tag{3.4.14}$$

给出的函数 $F\colon V\to\mathbb{R}$ 的二阶泰勒多项式.

设 $\begin{pmatrix}x\\y\end{pmatrix}=\begin{pmatrix}a+u\\b+v\end{pmatrix}$. 首先, 我们把 $f(a+u)$ 和 $f(b+v)$ 写为 f 的泰勒多项式在 $a+u$ 和 $b+v$ 的取值:

$$F\begin{pmatrix}a+u\\b+v\end{pmatrix}=\frac{1}{(f(a)+f'(a)u+f''(a)u^2/2+o(u^2))+(f(b)+f'(b)v+f''(b)v^2/2+o(v^2))}$$

等式 (3.4.15), 第二行: 在计算一个商的泰勒多项式的时候, 一个好的技巧是分解出常数项, 并对余下的式子运用等式 (3.4.9). 这里的常数项是 $f(a)+f(b)$.

$$= \overbrace{\frac{1}{f(a)+f(b)}}^{\text{一个常数}} \overbrace{\frac{1}{1+\dfrac{f'(a)u+f''(a)u^2/2+f'(b)v+f''(b)v^2/2}{f(a)+f(b)}}}^{(1+x)^{-1},\text{ 其中}x\text{是分母中的分数}} + o(u^2+v^2). \tag{3.4.15}$$

第二个因子的形式为[12] $(1+x)^{-1}=1-x+x^2-\cdots$, 推出

$$F\begin{pmatrix}a+u\\b+v\end{pmatrix} = \frac{1}{f(a)+f(b)}\left(1-\frac{f'(a)u+f''(a)u^2/2+f'(b)v+f''(b)v^2/2}{f(a)+f(b)}+\right.$$
$$\left.\left(\frac{f'(a)u+f''(a)u^2/2+f'(b)v+f''(b)v^2/2}{f(a)+f(b)}\right)^2-\cdots\right). \tag{3.4.16}$$

我们舍弃了次数大于 2 的项, 得到

$$P^2_{F,\begin{pmatrix}a\\b\end{pmatrix}}\begin{pmatrix}a+u\\b+v\end{pmatrix} = \frac{1}{f(a)+f(b)}-\frac{f'(a)u+f'(b)v}{(f(a)+f(b))^2}-\frac{f''(a)u^2+f''(b)v^2}{2(f(a)+f(b))^2}+\frac{(f'(a)u+f'(b)v)^2}{(f(a)+f(b))^3}. \quad \triangle \tag{3.4.17}$$

隐函数的泰勒多项式

我们尤其对由逆函数定理和隐函数定理给出的泰勒多项式感兴趣. 尽管这些函数只能通过一些极限过程来得到, 比如牛顿方法, 它们的泰勒多项式可以用代数方法来计算.

假设我们在隐函数定理的设置中, 其中 $\mathbf{F}$ 是从 $\mathbf{c}=\begin{pmatrix}\mathbf{a}\\\mathbf{b}\end{pmatrix}\in\mathbb{R}^{n+m}$ 的一个邻域到 $\mathbb{R}^n$ 的一个函数, $\mathbf{g}\colon V\to\mathbb{R}^n$ 是一个定义在包含 $\mathbf{b}$ 的一个开子集 $V\subset\mathbb{R}^m$ 中的隐函数, 满足 $\mathbf{g}(\mathbf{b})=\mathbf{a}$, 且对于所有的 $\mathbf{y}\in V$, 有 $\mathbf{F}\begin{pmatrix}\mathbf{g}(\mathbf{y})\\\mathbf{y}\end{pmatrix}=\mathbf{0}$.

从定理 3.4.7 得到, 如果你写出隐函数的泰勒多项式, 带有未确定的系数, 把它插入到给出隐函数的方程, 找出同类项, 你就可以确定系数, 我们在附录 A.15 中的定理 3.9.10 的证明中是这样做的.

在例 3.4.8 中, 我们使用了等式 (2.10.29) 来计算

$$g'(1)=a_1=-1,$$

但这是不必要的; 我们可能用了尚未确定的系数. 如果我们将 x 记为

$$1+a_1h+a_2h^2,$$

而不是等式 (3.4.22) 中的 $1-h+a_2h^2$, 线性项的消失就要求 $a_1=-1$.

当然, 等式 (3.4.19) 也隐含着在同一个点附近用 x 来表示 y.

定理 3.4.7 (隐函数的泰勒多项式). 令 $\mathbf{F}$ 为一个 C^k 函数, $k\geqslant 1$, 且满足 $\mathbf{F}\begin{pmatrix}\mathbf{a}\\\mathbf{b}\end{pmatrix}=\mathbf{0}$. 则隐函数 $\mathbf{g}$ 也是 C^k 的, 其 k 阶泰勒多项式 $P^k_{\mathbf{g},\mathbf{b}}\colon\mathbb{R}^m\to\mathbb{R}^n$ 满足

$$P^k_{\mathbf{F},\begin{pmatrix}\mathbf{a}\\\mathbf{b}\end{pmatrix}}\begin{pmatrix}P^k_{\mathbf{g},\mathbf{b}}(\mathbf{b}+\vec{\mathbf{h}})\\\mathbf{b}+\vec{\mathbf{h}}\end{pmatrix}\in o(|\vec{\mathbf{h}}|^k). \tag{3.4.18}$$

它是唯一满足上述条件的不超过 k 阶的多项式.

证明: 根据命题 3.4.4, 证明 $\mathbf{g}$ 属于 C^k 类就足够了. 根据等式 (2.10.29), 如果 $\mathbf{F}$ 属于 C^k 类, 则 $[\mathbf{Dg}]$ 属于 C^{k-1} 类, 因此 $\mathbf{g}$ 属于 C^k 类. □

例 3.4.8 (一个隐函数的泰勒多项式). 方程

[12]方程 $(1+x)^{-1}=1-x+x^2-\cdots$ 是等式 (3.4.9) 在 $m=-1$ 时的情况. 我们在练习 0.5.6 中见过这个结果, 我们有公式 $\sum_{n=0}^{\infty}ar^n=\dfrac{a}{1-r}$.

$$F\begin{pmatrix} x \\ y \end{pmatrix} = x^3 + xy + y^3 - 3 = 0 \tag{3.4.19}$$

在 $\begin{pmatrix} 1 \\ 1 \end{pmatrix}$ 附近把 x 用 y 隐式地表示, 因为在那个点, 导数 $[3x^2+y, 3y^2+x]$ 为 $[4,4]$, 而 4 是可逆的. 所以, 存在 g 满足 $g(1)=1$, 也就是 $\begin{pmatrix} g(y) \\ y \end{pmatrix} = \begin{pmatrix} 1 \\ 1 \end{pmatrix}$. 根据等式 (2.10.29), 我们有 $g'(1)=-1$. 我们将计算 $P^2_{g,1}$, 这个隐函数 g 在 1 处的泰勒多项式

$$g(1+h) = \underbrace{g(1) + g'(1)h + \frac{1}{2}g''(1)h^2}_{P^2_{g,1}} + \cdots = \underbrace{1 - h + a_2h^2}_{P^2_{g,1}} + \cdots. \tag{3.4.20}$$

因此, 我们需要计算等式 (3.4.20) 中的 a_2. 我们将写

$$F\begin{pmatrix} P^2_{g,1}(1+h) \\ 1+h \end{pmatrix} \in o(h^2), \tag{3.4.21}$$

用 F 来替代公式 (3.4.18) 中的 $P^2_{F,\begin{pmatrix} 1 \\ 1 \end{pmatrix}}$; 这是被允许的, 因为它们的二次型相同. 这就导致了

公式 (3.4.22): 很容易知道

$(1+x)^3 = 1 + 3x + 3x^2 + x^3$.

$$\underbrace{(1-h+a_2h^2)^3}_{x^3} + \underbrace{(1-h+a_2h^2)(h+1)}_{xy} + \underbrace{(1+h)^3}_{y^3} - 3 \in o(h^2). \tag{3.4.22}$$

如果我们乘开, 左边的常数项和线性项就消失了; 二次项为

$$3a_2h^2 + 3h^2 - h^2 + a_2h^2 + 3h^2 = (4a_2+5)h^2, \tag{3.4.23}$$

所以, 要满足公式 (3.4.22), 我们需要 $(4a_2+5)h^2 = 0$(也就是, $a_2 = -5/4$.) 这样, $g''(1) = -5/2$, 隐函数 g 在 1 的泰勒多项式为

$$1 - h - \frac{5}{4}h^2 + \cdots, \tag{3.4.24}$$

其图像在图 3.4.2 中显示. △

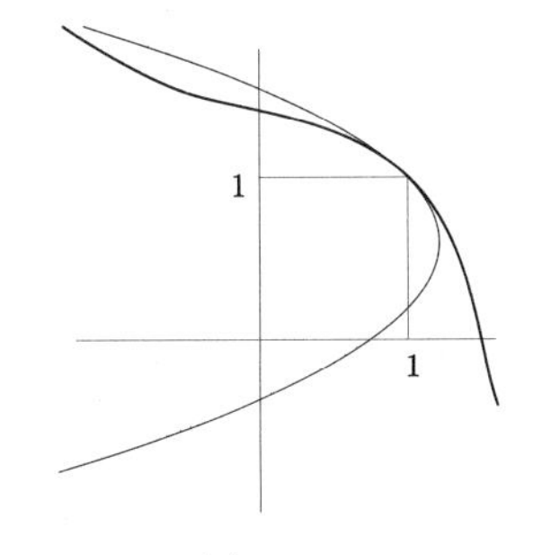

图 3.4.2

深色曲线是方程 $F(\mathbf{x}) = 0$ 的曲线, 其中 $F(\mathbf{x}) = x^3 + xy + y^3 - 3$.

另一条曲线是抛物线, 是隐函数的二阶泰勒多项式的图像, 它把 x 表示成了 y 的函数. 在 $\begin{pmatrix} 1 \\ 1 \end{pmatrix}$ 附近, 两条曲线几乎是相同的.

例 3.4.9 (隐函数的泰勒多项式, 一个更难的例子). 方程

$$F\begin{pmatrix} x \\ y \\ z \end{pmatrix} = x^2 + y^3 + xyz^3 - 3 = 0$$

在 $\begin{pmatrix} 1 \\ 1 \\ 1 \end{pmatrix}$ 的一个邻域上把 z 确定为 x 和 y 的函数, 因为 $D_3F\begin{pmatrix} 1 \\ 1 \\ 1 \end{pmatrix} = 3 \neq 0$.

这样, 存在一个函数 g 满足 $F\begin{pmatrix} x \\ y \\ g\begin{pmatrix} x \\ y \end{pmatrix}\end{pmatrix}=0$. 我们来计算隐函数 g 的二阶泰勒多项式. 我们设

$$\begin{aligned} g\begin{pmatrix} x \\ y \end{pmatrix} &= g\begin{pmatrix} 1+u \\ 1+v \end{pmatrix} \\ &= 1+a_{1,0}u+a_{0,1}v+\frac{a_{2,0}}{2}u^2+a_{1,1}uv+\frac{a_{0,2}}{2}v^2+o(u^2+v^2). \end{aligned} \tag{3.4.25}$$

把这个 z 的表达式插入到 $x^2+y^3+xyz^3-3=0$ 中, 得到

$$(1+u)^2+(1+v)^3+\left((1+u)(1+v)\left(1+a_{1,0}u+a_{0,1}v+\frac{a_{2,0}}{2}u^2+a_{1,1}uv+\frac{a_{0,2}}{2}v^2\right)^3\right)-3\in o(u^2+v^2).$$

现在, 我们乘开, 并匹配同类项, 我们得到:

线性项可能是从等式 (2.10.29) 中导出的, 在这个情况下为 $\left[\mathbf{D}g\begin{pmatrix} 1 \\ 1 \end{pmatrix}\right]=-[3]^{-1}[3,4]=-[1/3][3,4]=[-1,-4/3]$.

常数项: $3-3=0$.

线性项: $2u+3v+u+v+3a_{1,0}u+3a_{0,1}v=0$, 也就是 $a_{1,0}=-1, a_{0,1}=-4/3$.

二次项:

$$u^2\left(1+3a_{1,0}+3(a_{1,0})^2+\frac{3}{2}a_{2,0}\right)+v^2\left(3+3a_{0,1}+3(a_{0,1})^2+\frac{3}{2}a_{0,2}\right)+ uv(1+3a_{1,0}+3a_{0,1}+6a_{1,0}a_{0,1}+3a_{1,1})=0. \tag{3.4.26}$$

让 u^2, v^2 和 uv 的系数为 0, 并利用 $a_{1,0}=-1$, $a_{0,1}=-4/3$, 给出

$$\begin{aligned} a_{2,0} &= -2/3, \\ a_{0,2} &= -26/9, \\ a_{1,1} &= -2/3. \end{aligned} \tag{3.4.27}$$

最后给出了 g 的泰勒多项式:

$$P^2_{g,\begin{pmatrix} 1 \\ 1 \end{pmatrix}}=1-(x-1)-\frac{4}{3}(y-1)-\frac{1}{3}(x-1)^2-\frac{13}{9}(y-1)^2-\frac{2}{3}(x-1)(y-1). \tag{3.4.28}$$

因此

$$g\begin{pmatrix} x \\ y \end{pmatrix}=\overbrace{1-(x-1)-\frac{4}{3}(y-1)-\frac{1}{3}(x-1)^2-\frac{13}{9}(y-1)^2-\frac{2}{3}(x-1)(y-1)}^{P^2_{g,\begin{pmatrix} 1 \\ 1 \end{pmatrix}}:\ g\text{在}\begin{pmatrix} 1 \\ 1 \end{pmatrix}\text{的二阶泰勒多项式}}+\underbrace{o\left((x-1)^2+(y-1)^2\right)}_{\begin{bmatrix} x-1 \\ y-1 \end{bmatrix}\text{的长度的平方, 在}\begin{pmatrix} 1 \\ 1 \end{pmatrix}\text{附近很小}}. \quad \triangle \tag{3.4.29}$$

3.4 节的练习

3.4.1 写出 $f\begin{pmatrix}x\\y\end{pmatrix}=\sqrt{1+\sin(x+y)}$ 在原点的二阶泰勒多项式.

练习 3.4.2 a: 这一节的方法使得这个变得容易; 见例 3.4.5.

练习 3.4.2 b 的提示: 利用 $1/(1+u)$ 的泰勒多项式.

3.4.2 a. $\sin(x+y^2)$ 在原点的 5 阶泰勒多项式是什么?

b. $\dfrac{1}{1+x^2+y^2}$ 在原点的 4 阶泰勒多项式是什么?

练习 3.4.3: 注意有了 3.4 节的方法, 这个练习要比没有 3.4 节的方法的练习 3.3.13 简单得多?

3.4.3 找到函数

$$f\begin{pmatrix}x\\y\end{pmatrix}=\sqrt{x+y+xy}$$

在点 $\begin{pmatrix}-2\\-3\end{pmatrix}$ 的二阶泰勒多项式.

练习 3.4.4: 把

$$af(0)+bf(h)+cf(2h)$$

和 $\int_0^h f(t)\,\mathrm{d}t$ 展开为三阶泰勒多项式, 并让系数相等.

3.4.4 找到数值 a,b,c 使得当 f 属于 C^3 时, 有

$$h\Big(af(0)+bf(h)+cf(2h)\Big)-\int_0^h f(t)\,\mathrm{d}t\in o(h^3).$$

3.4.5 找到数值 a,b,c 使得当 f 属于 C^3 时, 有

$$h\Big(af(0)+bf(h)+cf(2h)\Big)-\int_0^{2h} f(t)\,\mathrm{d}t\in o(h^3).$$

(提示与练习 3.4.4 相同.)

3.4.6 在点 $x=0$ 找到 Fresnel 积分 $\varphi(x)=\int_0^x \sin t^2\,\mathrm{d}t$ 的泰勒多项式, 使其可以用来近似 $\varphi(1)$, 且误差小于 0.001.

3.4.7 证明: 方程 $z=\sin(xyz)$ 在点 $\begin{pmatrix}\pi/2\\1\\1\end{pmatrix}$ 附近把 z 确定为 x,y 的函数 g. 找到函数 g 在 $\begin{pmatrix}\pi/2\\1\end{pmatrix}$ 的 2 阶泰勒多项式.(我们把这个练习和第 3 章, 第 4 章中的一些其他练习归功于 Robert Piche.)

练习 3.4.8 推广了练习 3.3.14. 方程

$$D_1h_1-D_2h_2=0,$$
$$D_2h_1+D_1h_2=0$$

被称为**柯西-黎曼方程组**(Cauchy–Riemann equations).

3.4.8 证明: 如果 $f\colon\mathbb{R}^2\to\mathbb{R}$ 满足拉普拉斯方程 $D_1^2f+D_2^2f=0$ 且 $\mathbf{h}\colon\mathbb{R}^2\to\mathbb{R}^2$ 满足方程 $D_1h_1-D_2h_2=0$ 和 $D_2h_1+D_1h_2=0$, 则 $f\circ\mathbf{h}$ 满足拉普拉斯方程.

练习 3.4.9 的提示: 利用交替级数的误差估计.

3.4.9 计算误差函数

$$\mathrm{erf}(x)=\frac{2}{\sqrt{\pi}}\int_0^{\pi}\mathrm{e}^{-t^2}\,\mathrm{d}t$$

在 $x=0$ 的泰勒多项式, 使得它可以近似 erf(0.5), 误差不超过 0.001.

3.4.10 证明命题 3.4.2 的公式

利用 3.4 节的方法, 练习 3.4.11 要比不用这个方法的练习 3.3.12 简单得多.

3.4.11 a. 写出 $\sqrt{1+\dfrac{x+y}{1+xz}}$ 在原点的三阶泰勒多项式.

b. $D_{[1,1,1]}f\begin{pmatrix}0\\0\\0\end{pmatrix}$ 是多少?

3.4.12 证明命题 3.2.12 的一般情况 (用 C^p 代替 C^1).

3.5 二次型

二次型是一个多项式, 它的项的次数都为 2. 例如, $x_1^2+x_2^2$ 和 $4x_1^2+x_1x_2-x_2^2$ 是二次型, x_1x_3 也是二次型. 但 $x_1x_2x_3$ 不是二次型, 它是三次型.

定义 3.5.1 (二次型). 二次型(quadratic form)$Q\colon \mathbb{R}^n\to\mathbb{R}$ 是一个多项式函数, 变量为 $x_1,\cdots,x_n$, 其所有的项的次数都是 2.

练习 3.5.13 的边注定义了一个抽象向量空间上的二次型.

一个一维上的二次型就是形式为 ax^2 的表达式, 其中 $a\in\mathbb{R}$.

例 3.5.2: 映射 Q 是一个 p 的系数的一个函数. 如果 $p=x^2+2x+1$, 则

$$Q(\mathbf{a})=Q\begin{pmatrix}1\\2\\1\end{pmatrix}=\int_0^1(x^2+2x+1)^2\,\mathrm{d}x.$$

尽管我们将会花费这节的大部分篇幅来解决类似于 x^2+y^2 或者 $4x^2+xy-y^2$ 这样的二次型, 但是下面是一个更现实的例子. 多数的情况下, 我们实际遇到的二次型是函数的积分, 经常是高维函数的积分.

例 3.5.2 (作为二次型的积分). 令 p 为多项式 $p(t)=a_0+a_1t+a_2t^2$, 令 $Q\colon\mathbb{R}^3\to\mathbb{R}$ 为函数

$$Q(\mathbf{a})=\int_0^1(p(t))^2\,\mathrm{d}t. \tag{3.5.1}$$

则 Q 是一个二次型, 我们可以通过计算积分来确认.

$$\begin{aligned}
&Q(\mathbf{a})\\
=&\int_0^1(a_0+a_1t+a_2t^2)^2\,\mathrm{d}t\\
=&\int_0^1(a_0^2+a_1^2t^2+a_2^2t^4+2a_0a_1t+2a_0a_2t^2+2a_1a_2t^3)\,\mathrm{d}t\\
=&[a_0^2t]_0^1+\left[\frac{a_1^2t^3}{3}\right]_0^1+\left[\frac{a_2^2t^5}{5}\right]_0^1+\left[\frac{2a_0a_1t^2}{2}\right]_0^1+\left[\frac{2a_0a_2t^3}{3}\right]_0^1+\left[\frac{2a_1a_2t^4}{4}\right]_0^1\\
=&a_0^2+\frac{a_1^2}{3}+\frac{a_2^2}{5}+a_0a_1+\frac{2a_0a_2}{3}+\frac{a_1a_2}{2}.
\end{aligned}\tag{3.5.2}$$

在上面, p 是一个二次多项式, 但只要 p 是任意阶的多项式, 不仅局限于二次, 则等式 (3.5.1) 给出的函数都是二次型. 如果 p 是线性的, 这个很明显; 如果 $a_2=0$, 等式 (3.5.2) 就变成了 $Q(\mathbf{a})=a_0^2+a_1^2/3+a_0a_1$. 练习 3.5.14 c 将让你证明如果 p 是个三次多项式, 则 Q 是一个二次型. △

例 3.5.2 的二次型在物理上是很基本的. 如果一个长度为 1 的拉紧的琴弦 (想想吉他的弦) 被从其平衡位置拉开, 则它的新的位置是函数 f 的图像, 琴弦的势能为

$$Q(f)=\int_0^1\left(f(x)\right)^2\mathrm{d}x.$$

类似地, 一个电磁场的能量是场的平方的积分, 所以如果 p 是电磁场, $Q(p)$ 给出了在 0 到 1 之间的能量.

与二次型对比, 人们对三次型一无所知. 这对于理解流形有着难以预料的后果. 在对四维空间的抽象的代数的视角上, 它是一个整数上的二次型; 因为积分的二次型已经被很好地理解了, 在对四维流形的理解上已经取得了很大的进展. 但就算是在前沿的研究者也不知道如何解决六维的流形, 这会要求对三次型有所了解.

在各种伪装下, 二次型已经成为古希腊以来数学的一个重要的部分. 而总是作为高中数学的重要组成部分的二次方程求根公式是它的一个方面.

更深入的问题是, 什么样的整数可以写成 x^2+y^2 的形式? 当然, 任何数字 a 可以写成 $\sqrt{a}^2+0^2$, 但是, 假设你要求 x 和 y 都是整数. 例如, 5 可以写成两个平方的和, 2^2+1^2, 但是 3 和 7 就不行.

二次型在整数上的分类就成了深奥而困难的问题，尽管现在已经有所了解. 但是，在整个实数上的分类，因为我们可以计算正数的平方根，这个问题就相对容易. 我们将讨论实数上的二次型. 特别地，我们将会通过给每个二次型赋予两个整数，合在一起叫作*符号差*(signature)，来讨论实数上的二次型. 在 3.6 节我们将会看到，二次型的分类可以用来分析函数在临界点，也就是导数为 0 的点上的行为.

作为平方和的二次型

基本上关于实数的二次型所有能说的结论都在定理 3.5.3 中总结了，定理称，一个二次型可以表示成*线性无关的线性函数的平方和*. "平方和" 这个术语是传统的用法. 把它叫作平方的**组合**可能会更准确，因为有些平方可能是被减去的，而不是加上的.

定理 3.5.3: α_i 是行矩阵，即向量空间 $\text{Mat}(1,n)$ 的元素. 这样，线性无关的概念就有了意义. 更进一步，$\text{Mat}(1,n)$ 的维数为 n，所以 $m \leqslant n$，因为在 n 维向量空间中，不能有超过 n 个线性无关的元素.

定理 3.5.3 (作为平方和的二次型).

1. 对于任何二次型 $Q: \mathbb{R}^n \to \mathbb{R}$，存在 $m = k + l$ 个线性无关的线性函数 $\alpha_1, \cdots, \alpha_m: \mathbb{R}^n \to \mathbb{R}$，满足

$$Q(\mathbf{x}) = (\alpha_1(\mathbf{x}))^2 + \cdots + (\alpha_k(\mathbf{x}))^2 - (\alpha_{k+1}(\mathbf{x}))^2 - \cdots - (\alpha_{k+l}(\mathbf{x}))^2. \tag{3.5.3}$$

2. 加号的个数 k 和减号的个数 l 依赖于 Q 而不是特定的线性方程.

定义 3.5.4 (二次型的符号差). 二次型的符号差为数对 (k, l).

可以有超过一个二次型具有相同的符号差. 例 3.5.6 中和 3.5.7 中的二次型的符号差为 $(2,1)$.

一个二次型的符号差有时候也叫作它的类型.

"符号差" 这个词正确的意义是，无论二次型怎么分解为线性无关的线性函数的平方和，"符号差" 都保持不变. 它不正确的意义是，符号差可以用来识别区分一个二次型.

在给出证明之前，甚至是在对所涉及的术语给出一个精确的定义之前，我们想给出一些在证明中用到的主要方法的例子; 仔细地看这些例子甚至会让证明显得多余.

通过配方证明二次方程求根公式

证明是通过一个*配方*(completing squares)算法来找到线性无关函数 α_i 来完成的. 这个方法在高中时被用来证明二次方程求根公式.

费马的一个著名的定理断言，一个 $p \neq 2$ 的质数，当且仅当 p 除以 4 的余数是 1 的时候，可以写为两个平方数的和. 这个的证明以及一系列的类同的结果 (由费马、欧拉、拉格朗日、勒让德、高斯、狄利克雷、克罗内克等贡献的) 导致了代数数论以及抽象代数的发展.

实际上，要解方程 $ax^2 + bx + c = 0$，把它写为

$$ax^2 + bx + c = ax^2 + bx + \left(\frac{b}{2\sqrt{a}}\right)^2 - \left(\frac{b}{2\sqrt{a}}\right)^2 + c = 0, \tag{3.5.4}$$

由它得到

$$\left(\sqrt{a}x + \frac{b}{2\sqrt{a}}\right)^2 = \frac{b^2}{4a} - c. \tag{3.5.5}$$

开方得到

$$\sqrt{a}x + \frac{b}{2\sqrt{a}} = \pm\sqrt{\frac{b^2-4ac}{4a}}, \tag{3.5.6}$$

从而推出著名的公式

$$x = \frac{-b \pm \sqrt{b^2-4ac}}{2a}. \tag{3.5.7}$$

例 3.5.5 (作为平方和的二次型). 因为

$$x^2 + xy = x^2 + xy + \frac{1}{4}y^2 - \frac{1}{4}y^2 = \left(x + \frac{y}{2}\right)^2 - \left(\frac{y}{2}\right)^2. \tag{3.5.8}$$

二次型 $Q(\mathbf{x}) = x^2 + xy$ 可以写成 $(\alpha_1(\mathbf{x}))^2 - (\alpha_2(\mathbf{x}))^2$, 其中 $\alpha_1(\mathbf{x})$ 和 $\alpha_2(\mathbf{x})$ 是线性函数

$$\alpha_1\begin{pmatrix}x\\y\end{pmatrix} = x + \frac{y}{2},\ \alpha_2\begin{pmatrix}x\\y\end{pmatrix} = \frac{y}{2}. \tag{3.5.9}$$

现在你来把二次型 $x^2 + xy - y^2$ 表示成平方和, 到脚注里检查你的结果.[13] △

等式 (3.5.9): 显然, 函数

$$\alpha_1\begin{pmatrix}x\\y\end{pmatrix} = x + \frac{y}{2},\ \alpha_2\begin{pmatrix}x\\y\end{pmatrix} = \frac{y}{2}$$

是线性无关的: 没有 $y/2$ 的倍数可以等于 $x + y/2$. 如果我们喜欢, 我们可以系统化, 把这些方程写出一个矩阵的行:

$$\begin{bmatrix}1 & 1/2\\0 & 1/2\end{bmatrix},$$

不必对这个矩阵进行行化简就可以看到行之间是线性无关的.

例 3.5.6 (配方: 一个更复杂的例子). 考虑下面的二次型

$$Q(\mathbf{x}) = x^2 + 2xy - 4xz + 2yz - 4z^2. \tag{3.5.10}$$

我们把所有的包括 x 的项放在一起, 得到 $x^2 + (2y-4z)x$. 因为 $x^2 + (2y-4z)x + (y-2z)^2 = (x+y-2z)^2$, 加上再减去 $(y-2z)^2$ 得到

$$\begin{aligned} Q(\mathbf{x}) &= (x+y-2z)^2 - (y^2 - 4yz + 4z^2) + 2yz - 4z^2 \\ &= (x+y-2z)^2 - y^2 + 6yz - 8z^2. \end{aligned} \tag{3.5.11}$$

再把所有余下的带 y 的项和在一起, 再配方, 得到

$$Q(\mathbf{x}) = (x+y-2z)^2 - (y-3z)^2 + (z)^2. \tag{3.5.12}$$

在这个例子中, 线性函数是

$$\alpha_1\begin{pmatrix}x\\y\\z\end{pmatrix} = x+y-2z,\ \alpha_2\begin{pmatrix}x\\y\\z\end{pmatrix} = y-3z,\ \alpha_3\begin{pmatrix}x\\y\\z\end{pmatrix} = z. \tag{3.5.13}$$

这些函数是线性无关的, 把每个函数写成矩阵的一行, 得到 $\begin{bmatrix}1 & 1 & -2\\0 & 1 & -3\\0 & 0 & 1\end{bmatrix}$, 很明显, 这个矩阵是可逆的.

$Q(\mathbf{x})$ 的分解并不是唯一的. 练习 3.5.1 让你推导出另一个分解方法. △

[13] $x^2 + xy - y^2 = x^2 + xy + \frac{y^2}{4} - \frac{y^2}{4} - y^2 = \left(x + \frac{y}{2}\right)^2 - \left(\frac{\sqrt{5}y}{2}\right)^2.$

配方的算法应该非常清楚了: 只要某个坐标函数的平方实际上在表达式里出现了, 那个变量的每一次出现可以写到一个完全平方里; 通过把那个完全平方再减去, 你得到的就是一个二次型, 恰好少了一个变量. ("恰好少了一个变量" 保证了线性无关) 这个在至少有一个平方的时候是可以使用的, 但面对下面的情况, 你该怎么办呢?

例 3.5.7 (不包含平方的二次型). 考虑下面的二次型

$$Q(\mathbf{x}) = xy - xz + yz. \tag{3.5.14}$$

关于 u 的选择, 没有任何特别的方法, 练习 3.5.2 让你证明: 万事皆有可能.

一个可能性是引入新的变量 $u = x - y$, 我们就可以把 x 换成 $u + y$, 得到

$$\begin{aligned}(u+y)y - (u+y)z + yz &= y^2 + uy - uz = \left(y + \frac{u}{2}\right)^2 - \frac{u^2}{4} - uz - z^2 + z^2 \\ &= \left(y + \frac{u}{2}\right)^2 - \left(\frac{u}{2} + z\right)^2 + z^2 \\ &= \left(\frac{x}{2} + \frac{y}{2}\right)^2 - \left(\frac{x}{2} - \frac{y}{2} + z\right)^2 + z^2. \end{aligned} \tag{3.5.15}$$

再一次检验函数

$$\alpha_1 \begin{pmatrix} x \\ y \\ z \end{pmatrix} = \frac{x}{2} + \frac{y}{2},\ \alpha_2 \begin{pmatrix} x \\ y \\ z \end{pmatrix} = \frac{x}{2} - \frac{y}{2} + z,\ \alpha_3 \begin{pmatrix} x \\ y \\ z \end{pmatrix} = z \tag{3.5.16}$$

是线性无关的. 我们可以把它们写成矩阵:

$$\begin{bmatrix} 1/2 & 1/2 & 0 \\ 1/2 & -1/2 & 1 \\ 0 & 0 & 1 \end{bmatrix} \text{行消元到} \begin{bmatrix} 1 & 0 & 0 \\ 0 & 1 & 0 \\ 0 & 0 & 1 \end{bmatrix}. \quad \triangle \tag{3.5.17}$$

定理 3.5.3 称, 一个二次型可以表示为它的变量的线性无关函数的平方和, 但它没有说只要把二次型表示成平方和, 这些平方之间就是线性无关的.

例 3.5.8 (不是线性无关的平方). 我们可以把 $2x^2 + 2y^2 + 2xy$ 写为

$$x^2 + y^2 + (x+y)^2 \text{ 或者 } \left(\sqrt{2}x + \frac{y}{\sqrt{2}}\right)^2 + \left(\sqrt{\frac{3}{2}}y\right)^2, \tag{3.5.18}$$

只有第二个分解反映了定理 3.5.3. 在第一个分解中, 三个函数 $\begin{bmatrix} x \\ y \end{bmatrix} \mapsto x$, $\begin{bmatrix} x \\ y \end{bmatrix} \mapsto y$, $\begin{bmatrix} x \\ y \end{bmatrix} \mapsto x + y$ 是线性相关的. $\triangle$

定理 3.5.3 的证明

对于第一部分的证明的所有的基本想法都包含在例子中; 正式的证明在附录 A.13 中.

要证明第二部分, 也就是一个二次型的符号差 (k, l) 不依赖于为了分解而

选取的特定的线性函数, 我们需要引入一些新的词汇和一个命题.

定义 3.5.9 (正定和负定). 一个二次型 Q 是正定的, 如果当 $\mathbf{x} \neq \mathbf{0}$ 时, $Q(\mathbf{x}) > 0$. 它是负定的, 如果当 $\mathbf{x} \neq \mathbf{0}$ 时, $Q(\mathbf{x}) < 0$.

定义 3.5.9 等价于说, 如果一个 $\mathbb{R}^n$ 上的二次型的符号差为 $(n, 0)$, 则它是正定的 (练习 3.5.7 让你去证明的); 或者如果其符号差为 $(0, n)$, 则它是负定的.

例 3.5.10 中的二次型是负定的这个事实意味着, 一维上的拉普拉斯算子(Laplacian)(也就是把 p 变到 p'' 的变换) 是负的. 这具有重要的后果; 例如, 它导致了弹性力学里面的稳定平衡.

一个正定二次型的例子是 $Q(\mathbf{x}) = |\mathbf{x}|^2$. 另一个是 $Q(p) = \int_0^1 \big(p(t)\big)^2 \,\mathrm{d}t$, 我们在例 3.5.2 中见到过它. 例 3.5.10 给出了一个重要的负定二次型的例子.

例 3.5.10 (负定的二次型). 令 P_k 为次数不大于 k 的多项式的空间, 令 $V_{a,b} \subset P_k$ 为对于某些 $a < b$, 在 a 和 b 处的值为 0 的多项式 p 的空间. 考虑二次型 $Q\colon V_{a,b} \to \mathbb{R}$, 由下式给出:

$$Q(p) = \int_a^b p(t)p''(t)\,\mathrm{d}t, \tag{3.5.19}$$

利用分部积分, 有

$$Q(p) = \int_a^b p(t)p''(t)\,\mathrm{d}t = \overbrace{p(b)p'(b) - p(a)p'(a)}^{\text{根据定义等于0}} - \int_a^b (p'(t))^2\,\mathrm{d}t < 0. \tag{3.5.20}$$

由于 $p \in V_{a,b}$, 根据定义 $p(a) = p(b) = 0$; 除非 $p' = 0$(也就是除非 p 是常数), 否则积分是负的; $V_{a,b}$ 上唯一的常数为 0. △

命题 3.5.11. 数值 k 是 $\mathbb{R}^n$ 的一个使 Q 为正定的子集的最大维数, 数值 l 为 $\mathbb{R}^n$ 的一个使 Q 为负定的子集的最大维数.

从定理 3.5.3 中回忆到, 当一个二次型被写为线性无关函数的平方和的时候, k 是前面带有 “+” 号的平方的个数, l 是前面带有 “−” 号的平方的个数.

证明: 首先我们来证明, Q 在任何维数大于 k 的子空间上都不能是正定的. 假设

$$Q(\mathbf{x}) = \Big(\underbrace{\big(\alpha_1(\mathbf{x})\big)^2 + \cdots + \big(\alpha_k(\mathbf{x})\big)^2}_{k\text{项}}\Big) - \Big(\underbrace{\big(\alpha_{k+1}(\mathbf{x})\big)^2 + \cdots + \big(\alpha_{k+l}(\mathbf{x})\big)^2}_{l\text{项}}\Big) \tag{3.5.21}$$

是从 Q 到线性无关的线性函数的平方的分解, 且 $W \subset \mathbb{R}^n$ 为维数 $k_1 > k$ 的一个子空间.

考虑线性变换 $W \to \mathbb{R}^k$, 由

$$\vec{\mathbf{w}} \mapsto \begin{bmatrix} \alpha_1(\vec{\mathbf{w}}) \\ \vdots \\ \alpha_k(\vec{\mathbf{w}}) \end{bmatrix} \tag{3.5.22}$$

给出.

因为定义域的维数为 k_1, 大于陪域的维数 k, 这个映射有一个非平凡的核. 令 $\vec{\mathbf{w}} \neq \vec{\mathbf{0}}$ 为这个核的一个元素. 则因为 $\big(\alpha_1(\vec{\mathbf{w}})\big)^2 + \cdots + \big(\alpha_k(\vec{\mathbf{w}})\big)^2$ 为 0, 我们有

“非平凡” 核的意思是核不是 $\{\vec{\mathbf{0}}\}$.

$$Q(\vec{\mathbf{w}}) = -\Big(\big(\alpha_{k+1}(\vec{\mathbf{w}})\big)^2 + \cdots + \big(\alpha_{k+l}(\vec{\mathbf{w}})\big)^2\Big) \leqslant 0. \tag{3.5.23}$$

所以 Q 在任何维数大于 k 的子空间中都不能是正定的.

现在, 我们需要展示一个维数为 k 的子空间, 使得 Q 在该空间中是正定的. 我们有 $k+l$ 个线性无关的线性函数 $\alpha_1, \cdots, \alpha_{k+l}$. 向这个集合增加线性函数 $\alpha_{k+l+1}, \cdots, \alpha_n$ 使得 $\alpha_1, \cdots, \alpha_n$ 构成一个最大的线性无关的线性函数的族系; 也就是, 它们构成了 $1 \times n$ 的行矩阵的空间的一组基 (见练习 2.6.9). 考虑线性变换 $T: \mathbb{R}^n \to \mathbb{R}^{n-k}$, 由

$$T: \vec{\mathbf{x}} \mapsto \begin{bmatrix} \alpha_{k+1}(\vec{\mathbf{x}}) \\ \vdots \\ \alpha_n(\vec{\mathbf{x}}) \end{bmatrix} \tag{3.5.24}$$

给出. 矩阵的对应于 T 的行是线性无关的行矩阵 $\alpha_{k+1}, \cdots, \alpha_n$; 就像 Q 一样, 它们也被定义在 $\mathbb{R}^n$ 上, 所以矩阵 T 的列数为 n, 行数为 $n-k$. 我们来看 $\ker T$ 的维数为 k, 所以是一个使 Q 为正定的 k 维子空间. 根据命题 2.5.11, T 的秩等于 $n-k$(线性无关的行的个数). 所以根据维数公式

$$\dim \ker T + \dim \operatorname{img} T = n, \text{ 也就是 } \dim \ker T = k. \tag{3.5.25}$$

对于任意的 $\vec{\mathbf{v}} \in \ker T$, $Q(\vec{\mathbf{v}})$ 中的 $\alpha_{k+1}(\vec{\mathbf{v}}), \cdots, \alpha_{k+l}(\vec{\mathbf{v}})$ 为零, 所以

$$Q(\vec{\mathbf{v}}) = \left(\alpha_1(\vec{\mathbf{v}})\right)^2 + \cdots + \left(\alpha_k(\vec{\mathbf{v}})\right)^2 \geqslant 0. \tag{3.5.26}$$

如果 $Q(\vec{\mathbf{v}}) = 0$, 这意味着每一项都是 0, 所以

$$\alpha_1(\vec{\mathbf{v}}) = \cdots = \alpha_n(\vec{\mathbf{v}}) = 0, \tag{3.5.27}$$

这意味着 $\vec{\mathbf{v}} = \vec{\mathbf{0}}$. 所以如果 $\vec{\mathbf{v}} \neq \vec{\mathbf{0}}$, 则 Q 是严格为正的. 关于 l 的论证是相同的. □

推论 3.5.12 称, 一个二次型的符号差独立于坐标系.

推论 3.5.12. 如果 $Q: \mathbb{R}^n \to \mathbb{R}$ 是一个二次型, $A: \mathbb{R}^n \to \mathbb{R}^n$ 是可逆的, $Q \circ A$ 是一个符号差与 Q 相同的二次型.

定理 3.5.3 第二部分的证明: 因为命题 3.5.11 的证明没有说到任何特定的分解的选择, 我们看到 k 和 l 只依赖于二次型, 不依赖于我们用来把它表示为平方和的特定的线性无关的函数. □

二次型的分类

例 3.5.5 的二次型的秩为 2; 例 3.5.6 的二次型的秩为 3.

从练习 3.5.7 得到, 只有非退化的二次型才能是正定的或者负定的.

定义 3.5.13 (一个二次型的秩). 一个二次型的秩(rank of a quadratic form)是在把二次型用线性无关的平方的和来表示的时候, 线性无关的平方的个数.

定义 3.5.14 (退化和非退化的二次型). 如果 $m = n$, 则一个 $\mathbb{R}^n$ 上的秩为 m 的二次型是非退化的(nondegenerate). 如果 $m < n$, 则它是退化的(degenerate).

我们到目前所看到的例子都是非退化的; 例 3.5.16 给出了一个退化的二次型.

下列命题很重要, 我们将利用它们来证明关于使用二次型来给函数的临界点分类的定理 3.6.8.

命题 3.5.15 对于负定二次型同样有效; 只要用 $-C$ 和 "$\leqslant$" 就可以. 另一个证明 (短一点、少一点构造性) 在练习 3.5.16 中有简要说明.

命题 3.5.15. 如果 $Q\colon \mathbb{R}^n \to \mathbb{R}$ 是一个正定二次型, 则存在一个常数 $C>0$ 满足

$$Q(\vec{\mathbf{x}}) \geqslant C|\vec{\mathbf{x}}|^2 \quad \text{对于所有的} \quad \vec{\mathbf{x}} \in \mathbb{R}^n \text{成立}. \tag{3.5.28}$$

证明: 因为 Q 的秩为 n, 我们可以把 $Q(\vec{\mathbf{x}})$ 写为 n 个线性无关函数的平方和:

$$Q(\vec{\mathbf{x}}) = \big(\alpha_1(\vec{\mathbf{x}})\big)^2 + \cdots + \big(\alpha_n(\vec{\mathbf{x}})\big)^2. \tag{3.5.29}$$

各行为 α_i 的线性变换 $T\colon \mathbb{R}^n \to \mathbb{R}^n$ 是可逆的.

因为 Q 是正定的, 等式 (3.5.29) 中的所有的平方前面都是加号, 我们可以把 $Q(\vec{\mathbf{x}})$ 想成向量 $T\vec{\mathbf{x}}$ 的长度的平方. 因为 $|\vec{\mathbf{x}}| = |T^{-1}T\vec{\mathbf{x}}| \leqslant |T^{-1}||T\vec{\mathbf{x}}|$,

$$Q(\vec{\mathbf{x}}) = |T\vec{\mathbf{x}}|^2 \geqslant \frac{|\vec{\mathbf{x}}|^2}{|T^{-1}|^2}, \tag{3.5.30}$$

所以我们可以取 $C = 1/|T^{-1}|^2$. □

例 3.5.16 (退化二次型). 在不超过 k 阶次的多项式的空间 P_k 上的二次型

$$Q(p) = \int_0^1 \big(p'(t)\big)^2 \,\mathrm{d}t \tag{3.5.31}$$

是退化二次型, 因为 Q 在常数多项式上为 0. △

二次型和对称矩阵

回忆到 (定义 1.2.18), 一个对称矩阵是等于它本身的转置的矩阵.

等式 (3.5.32) 的例子:

$$\underbrace{\begin{bmatrix} x_1 \\ x_2 \\ x_3 \end{bmatrix}}_{\vec{\mathbf{x}}} \cdot \underbrace{\begin{bmatrix} 1 & 0 & 1 \\ 0 & 1 & 2 \\ 1 & 2 & 9 \end{bmatrix} \begin{bmatrix} x_1 \\ x_2 \\ x_3 \end{bmatrix}}_{A\vec{\mathbf{x}}} = \underbrace{x_1^2 + x_2^2 + 2x_1x_3 + 4x_2x_3 + 9x_3^2}_{\text{二次型}}.$$

等式 (3.5.32) 等同于

$$Q_A(\vec{\mathbf{x}}) = \vec{\mathbf{x}}^{\mathrm{T}} A\vec{\mathbf{x}}.$$

注意

$$Q_{T^{\mathrm{T}}AT} = Q_A \circ T,$$

因为

$$\begin{aligned} Q_{T^{\mathrm{T}}AT}(\vec{\mathbf{x}}) &= \vec{\mathbf{x}}^{\mathrm{T}} T^{\mathrm{T}} AT\vec{\mathbf{x}} \\ &= (T\vec{\mathbf{x}})^{\mathrm{T}} A(T\vec{\mathbf{x}}) \\ &= Q_A(T\vec{\mathbf{x}}) \\ &= (Q_A \circ T)\vec{\mathbf{x}}. \end{aligned}$$

在二次型的许多处理中, 二次多项式很少被提及; 二次型被看作对称矩阵的形式. 这导致了一个以本征值和本征向量的方式的对符号差处理的方法, 而不是计算平方 (我们将在 3.7 节讨论这个内容, 参见定理 3.7.16). 我们认为这是一个错误: 配方只涉及算术, 而寻找本征值和本征向量要难得多. 但是我们在 3.7 节中将要用到命题 3.5.17. 如果 A 是一个 $n \times n$ 的矩阵, 则定义为

$$Q_A(\vec{\mathbf{x}}) \stackrel{\text{def}}{=} \vec{\mathbf{x}} \cdot A\vec{\mathbf{x}} \tag{3.5.32}$$

的函数 Q_A 是 $\mathbb{R}^n$ 上的一个二次型. 一个特别的二次型可以由许多不同的方形矩阵给出, 但只有一个是对称矩阵. 这样, 我们可以用一组对称矩阵来表示一组二次型.

命题 3.5.17 (二次型和对称矩阵). 映射 $A \mapsto Q_A$ 是一个双射, 从 $n \times n$ 的对称矩阵的空间到 $\mathbb{R}^n$ 上的二次型.

与二次型相关联的对称矩阵是如下构造的: 每个对角项 $a_{i,i}$ 是二次型中对应的变量的平方的系数 (也就是 x_i^2 的系数), 而每个 $a_{i,j}$ 项是 x_ix_j 项的系数的一半. 对于边注中的二次型, 对应的矩阵的项 $a_{1,1} = 1$, 因为 x_1^2 的系数为 1, 而 $a_{2,1} = a_{1,2} = 0$, 因为 $x_2x_1 = x_1x_2$ 的系数是 0. 练习 3.16 让你把这个变成一个正式的证明.

3.5 节的练习

练习 3.5.7: 主要的目标是证明: 如果二次型 Q 的符号差为 $(k,0)$, 其中 $k<n$, 存在一个向量 $\vec{\mathbf{v}} \neq \vec{\mathbf{0}}$ 满足 $Q(\vec{\mathbf{v}})=0$. 你可以利用公式 (3.5.24) 中的变换 T 来找到这样的向量.

练习 3.5.8: 从练习 2.10.18 中回忆到, 一个方形矩阵 A 的迹, 记为 $\operatorname{tr} A$, 是其对角线上的项的和.

练习 3.5.9: 在狭义相对论中, 时空是一个四维向量, 有一个符号差为 $(1,3)$ 的二次型. 这个二次型给任何两个通过光线相连的事件分配一个 0 长度. 这样, 2×2 的埃尔米特矩阵空间是时空的一个有用的工具.

3.5.1 对于例 3.5.6 中的二次型 $Q(\mathbf{x})=x^2+2xy-4xz+2yz-4z^2$, 如果你从消去含 z 的项开始, 然后含 y 的项, 最后含 x 的项, 则你分解成哪些平方和.

3.5.2 考虑例 3.5.7 中的二次型: $Q(\mathbf{x})=xy-xz+yz$. 选择不同的 u 来分解 $Q(\mathbf{x})$, 以支持 $u=x-y$ 并不是一个神奇的选择的陈述.

3.5.3 通过配方来把下列的二次型分解, 并确定其符号差.

a. $x^2+xy-3y^2$; b. $x^2+2xy-y^2$; c. $x^2+xy+yz$.

3.5.4 下列的二次型是退化的还是非退化的? 它们是正定的, 负定的, 还是两者都不是?

a. $x^2+4xy+4y^2$, 在 $\mathbb{R}^2$ 上.

b. $x^2+2xy+2y^2+2yz+z^2$, 在 $\mathbb{R}^3$ 上.

c. $2x^2+2y^2+z^2+w^2+4xy+2xz-2xw-2yw$, 在 $\mathbb{R}^4$ 上.

3.5.5 下列二次型的符号差是什么?

a. x^2+xy, 在 $\mathbb{R}^2$ 上; b. $xy+yz$, 在 $\mathbb{R}^3$ 上.

3.5.6 确认对称矩阵 $A=\begin{bmatrix}1 & 0 & 1/2\\ 0 & 0 & -1/2\\ 1/2 & -1/2 & -1\end{bmatrix}$ 代表了二次型 $Q=x^2+xz-yz-z^2$.

3.5.7 证明: $\mathbb{R}^n$ 上的二次型是正定的, 当且仅当其符号差为 $(n,0)$.

3.5.8 把 $\begin{pmatrix}a\\ b\\ d\end{pmatrix}\in\mathbb{R}^3$ 当作上三角矩阵 $M=\begin{bmatrix}a & b\\ 0 & d\end{bmatrix}$.

a. 二次型 $Q(M)=\operatorname{tr}(M^2)$ 的符号差是什么? 通过设 $\operatorname{tr}(M^2)=1$, 你得到了 $\mathbb{R}^3$ 中的哪一种曲面?

b. 二次型 $Q(M)=\operatorname{tr}(M^{\mathrm{T}}M)$ 的符号差是什么? 通过设 $\operatorname{tr}(M^{\mathrm{T}}M)=1$, 你得到了 $\mathbb{R}^3$ 中的哪一种曲面?

3.5.9 考虑 2×2 的矩阵的向量空间

$$H=\begin{bmatrix}a & b+\mathrm{i}c\\ b-\mathrm{i}c & d\end{bmatrix},$$

其中 a,b,c,d 为实数.(这样的一个矩阵, 其复数共轭等于它本身的转置, 被称为**埃尔米特矩阵**(Hermitian matrix).) 二次型 $Q(H)=\det H$ 的符号差是什么?

3.5.10 对于下面的每一个方程, 确定由其左边表达式确定的二次型. 在可能的情况下, 简单画出由方程表示的曲线或者曲面.

a. $x^2+xy-y^2=1$; b. $x^2+2xy-y^2=1$;

c. $x^2+xy+yz=1$; d. $xy+yz=1$.

练习 3.5.11: 参见练习 3.5.8 的注释.

3.5.11　a. 令 A 为一个 2×2 的矩阵. 计算 $\operatorname{tr} A^2$ 和 $\operatorname{tr} A^{\mathrm{T}}A$, 并证明两个都是 $\mathrm{Mat}(2,2)$ 上的二次型.

b. 它们的符号差是什么?

***3.5.12** $\mathbb{R}^n$ 上的 $x_1x_2+x_2x_3+\cdots+x_{n-1}x_n$ 的符号差是什么?

练习 3.5.13 告诉我们一个抽象向量空间中的二次型应该是什么: 对于某个对称的双线性函数 $B\colon V\times V\to\mathbb{R}$, 它是一个形式为 $Q\colon V\to\mathbb{R}$ 的映射:

$$Q(\mathbf{v})=B(\mathbf{v},\mathbf{v}).$$

3.5.13 令 V 为一个向量空间. V 上的一个**对称的双线性函数**(symmetric bilinear function)为一个映射 $B\colon V\times V\to\mathbb{R}$, 满足:

1. $B(a\mathbf{v}_1+b\mathbf{v}_2,\mathbf{w})=aB(\mathbf{v}_1,\mathbf{w})+bB(\mathbf{v}_2,\mathbf{w})$ 对所有的 $\mathbf{v}_1,\mathbf{v}_2,\mathbf{w}\in V$ 且 $a,b\in\mathbb{R}$ 成立;
2. $B(\mathbf{v},\mathbf{w})=B(\mathbf{w},\mathbf{v})$ 对所有的 $\mathbf{v},\mathbf{w}\in V$ 成立.

a. 证明: 一个函数 $B\colon\mathbb{R}^n\times\mathbb{R}^n\to\mathbb{R}$ 是对称的和双线性的, 当且仅当存在一个对称矩阵 A 使得 $B(\vec{\mathbf{v}},\vec{\mathbf{w}})=\vec{\mathbf{v}}^{\mathrm{T}}A\vec{\mathbf{w}}$.

b. 证明: $\mathbb{R}^n$ 上的每个二次型的形式为 $\vec{\mathbf{v}}\mapsto B(\vec{\mathbf{v}},\vec{\mathbf{v}})$, 其中 B 为某个对称的双线性函数.

c. 令 P_k 为不超过 k 阶的多项式的空间.

证明: 函数 $B\colon P_k\times P_k\to\mathbb{R}$, 定义为 $B(p,q)=\displaystyle\int_0^1 p(t)q(t)\,\mathrm{d}t$, 为一个对称的双线性函数.

d. 用 $p_1(t)=1,p_2(t)=t,\cdots,p_{k+1}(t)=t^k$ 表示 P_k 的通常的基, 用 Φ_p 表示相应的 "具体到抽象" 线性变换. 证明: $B(\Phi_p(\vec{\mathbf{a}}),\Phi_p(\vec{\mathbf{b}}))$ 为 $\mathbb{R}^n$ 上的一个对称的双线性函数, 并找到其矩阵.

3.5.14　a. 如果 $p(t)=a_0+a_1t$, 证明: $Q(\mathbf{a})=\displaystyle\int_0^1(p(t))^2\,\mathrm{d}t$ 是一个二次型, 并明确地写出来.

b. 对 $p(t)=a_0+a_1t+a_2t^2$ 重复一次.

c. 对 $p(t)=a_0+a_1t+a_2t^2+a_3t^3$ 重复一次.

3.5.15　a. 令 P_k 为不超过 k 次的多项式的空间. 证明: 函数

$$Q(p)=\int_0^1\left(\big(p(t)\big)^2-\big(p'(t)\big)^2\right)\mathrm{d}t$$

是 P_k 上的一个二次型.

b. 当 $k=2$ 的时候, Q 的符号差是什么?

3.5.16 这里是命题 3.5.15 的另一个证明. 令 $Q\colon\mathbb{R}^n\to\mathbb{R}$ 为一个正定二次型. 以如下的方式证明: 存在一个常数 $C>0$ 满足 $Q(\vec{\mathbf{x}})\geqslant C|\vec{\mathbf{x}}|^2$, 对于所有的 $\vec{\mathbf{x}}\in\mathbb{R}^n$ 成立.

a. 令 $S^{n-1}\overset{\mathrm{def}}{=}\{\vec{\mathbf{x}}\in\mathbb{R}^n\mid|\vec{\mathbf{x}}|=1\}$. 证明 S^{n-1} 为紧致的, 所以存在 $\vec{\mathbf{x}}_0\in S^{n-1}$, 使得 $Q(\vec{\mathbf{x}}_0)\leqslant Q(\vec{\mathbf{x}})$ 对于所有的 $\vec{\mathbf{x}}\in S^{n-1}$ 成立.

b. 证明: $Q(\vec{\mathbf{x}}_0)>0$.

c. 利用公式 $Q(\vec{\mathbf{x}})=|\vec{\mathbf{x}}|^2Q\left(\dfrac{\vec{\mathbf{x}}}{|\vec{\mathbf{x}}|}\right)$ 来证明命题 3.5.15.

3.5.17 识别 (比如一个椭圆、双曲线, 等等) 并简要画出方程 $\vec{\mathbf{x}}^{\mathrm{T}}Q(\vec{\mathbf{x}})=1$ 的圆锥曲线和二次曲面, 其中 Q 是下面的矩阵之一:

a. $\begin{bmatrix}2&1\\1&3\end{bmatrix}$; b. $\begin{bmatrix}2&1&0\\1&2&1\\0&1&2\end{bmatrix}$; c. $\begin{bmatrix}2&0&3\\0&0&0\\3&0&-1\end{bmatrix}$; d. $\begin{bmatrix}2&4&-3\\4&1&3\\-3&3&-1\end{bmatrix}$; e. $\begin{bmatrix}1&2\\2&4\end{bmatrix}$.

3.5.18 令 A 为一个实的 $n\times m$ 的矩阵, 定义 $M=A^{\mathrm{T}}A$. 证明: 当且仅当 $\operatorname{rank}A=m$ 时, $\vec{\mathbf{x}}\mapsto\vec{\mathbf{x}}^{\mathrm{T}}M\vec{\mathbf{x}}$ 为一个正定的二次型.

3.6　函数临界点的分类

在一元微积分中, 我们通过寻找导数为 0 的点来找极大值和极小值.

定理 3.6.1 (一元函数的极值). 令 $U\subset\mathbb{R}$ 为一个开区间, $f\colon U\to\mathbb{R}$ 为可微函数.

1. 如果 $x_0\in U$ 为函数 f 的一个局部极小值点或者局部极大值点, 则 $f'(x_0)=0$.
2. 如果 f 为二次可微函数, 且 $f'(x_0)=0$, $f''(x_0)>0$, 则 x_0 是 f 的一个严格的局部极小值点.
3. 如果 f 为二次可微函数, 且 $f'(x_0)=0$, $f''(x_0)<0$, 则 x_0 是 f 的一个严格的局部极大值点.

一个函数的最 (极) 小值点和最 (极) 大值点 (定义 1.6.6 和定义 1.6.8) 都被叫作*最 (极) 值点* (extrema); 奇异值点 (singular) 就是*极值点*(extremum).

第二部分: “严格局部极小值点” 的意思是, 存在 x_0 的一个邻域 $V\subset U$ 使得 $f(x_0)<f(x)$ 对所有的 $x\in V-\{x_0\}$ 成立.

第三部分: “严格局部极大值点” 的意思是, 存在 x_0 的一个邻域 $V\subset U$ 使得 $f(x_0)>f(x)$ 对所有的 $x\in V-\{x_0\}$ 成立.

定理 3.6.1 详细叙述了命题 1.6.12.

注意, 定理 3.6.1 对于退化的情况, 也就是 $f'(x_0)=0, f''(x_0)=0$ 的情况没有做任何结论.

对于一个多元函数, 给*临界点*(critical points) —— 也就是导数为 0 的点 —— 分类要复杂得多: 非退化的临界点可以是局部极大值点, 局部极小值点, 或者*鞍点*(saddle point) (如图 3.6.1). 在这一节, 我们来看一下如何利用泰勒多项式的二次项, 对这类函数的非退化的临界点进行分类.

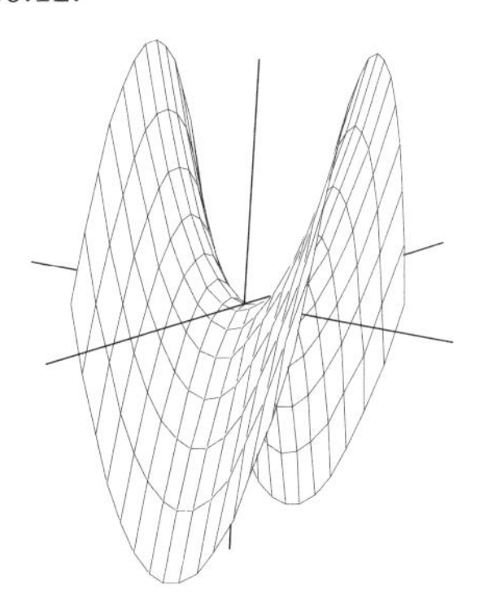

图 3.6.1

x^2-y^2 的图像, 一个典型的马鞍. 在一个鞍点附近, 表面就像一山口, 两边有山, 一个已经在身后的山谷和一个在前方的另一个山谷.

定义 3.6.2 (临界点, 临界值). 令 $U\subset\mathbb{R}^n$ 为一个开子集, 令 $f\colon U\to\mathbb{R}$ 为一个可微函数. f 的*临界点*是导数为 0 的点. f 在临界点上的值叫作*临界值*(critical value).

定理 3.6.1 的第一部分以一个明显的方式推广到了多变量的函数上.

定理 3.6.3 (在极值点导数为 0). 令 $U\subset\mathbb{R}^n$ 为一个开子集, 令 $f\colon U\to\mathbb{R}$ 为一个可微函数. 如果 $\mathbf{x}_0\in U$ 是 f 的局部极小值点或者局部极大值点, 则 $[\mathbf{D}f(\mathbf{x}_0)]=[0]$.

定理 3.6.3 中的导数 $[\mathbf{D}f(\mathbf{x}_0)]$ 是一个 n 列的行矩阵.

证明: 因为导数由雅可比矩阵给出, 只要证明, 如果 $\mathbf{x}_0$ 为 f 的局部极值点, 则对于所有的 $i=1,\cdots,n$, $D_if(\mathbf{x}_0)=0$ 就足够了. 但 $D_if(\mathbf{x}_0)=g'(0)$, 其中 g 是单变量函数 $g(t)=f(\mathbf{x}_0+t\vec{\mathbf{e}}_i)$, 我们的假设也意味着 $t=0$ 是 g 的一个极值点, 所以由定理 3.6.1, $g'(0)=0$. □

寻找临界点

定理 3.6.3 说明, 在寻找极大值点和极小值点的时候, 第一步是寻找临界点, 就是导数为 0 的地方. 要使函数 $f\colon U \subset \mathbb{R}^n \to \mathbb{R}$ 的导数为 0 意味着所有的偏导为 0. 因此, 寻找临界点就意味着解 $[\mathbf{D}f(\mathbf{x})] = [0]$, 这是一个含有 n 个未知变量的 n 个方程的方程组. 通常, 没有比运用牛顿方法更好的寻找临界点的方法; 寻找临界点是牛顿方法的一个重要的应用.

例 3.6.4 (寻找临界点). 定义为

$$f\begin{pmatrix} x \\ y \end{pmatrix} = x + x^2 + xy + y^3 \tag{3.6.1}$$

的函数 $f\colon \mathbb{R}^2 \to \mathbb{R}$ 的临界点是什么?

偏导为

$$D_1 f\begin{pmatrix} x \\ y \end{pmatrix} = 1 + 2x + y,\ D_2 f\begin{pmatrix} x \\ y \end{pmatrix} = x + 3y^2. \tag{3.6.2}$$

在这个例子里, 我们不需要牛顿方法, 因为方程组可以显式地解出来. 将由第二个方程得到的 $x = -3y^2$ 代入第一个方程, 得到

$$1 + y - 6y^2 = 0,\ \text{解得}\ y = \frac{1 \pm \sqrt{1+24}}{12} = \frac{1}{2}\ \text{或者}\ -\frac{1}{3}. \tag{3.6.3}$$

将这个代入 $x = -(1+y)/2$ (或者 $x = -3y^2$) 给出两个临界点

$$\mathbf{a}_1 = \begin{pmatrix} -\frac{3}{4} \\ \frac{1}{2} \end{pmatrix}\ \text{和}\ \mathbf{a}_2 = \begin{pmatrix} -\frac{1}{3} \\ -\frac{1}{3} \end{pmatrix}. \quad \triangle \tag{3.6.4}$$

注释 3.6.5 (闭集上的临界点). 使用定理 3.6.3 时的一个主要问题是 U 是开的这个假设. 通过找到导数为 0 的位置来寻找极小值点或者极大值点, 当临界点在边界上的时候通常是无效的.

在 3.7 节, 我们将说明如何分析限制在边界上的函数的行为.

例如, x^2 在 $[0,2]$ 上的最大值是 4, 它发生在 $x = 2$ 的时候, 而不是 x^2 的导数为 0 的地方. 尤其是当我们用过了定理 1.6.9 来确认最大值点或最小值点在一个紧致的子集 $\overline{U}$ 中存在的时候, 在我们能够说它是临界点之前, 我们需要检验极值点出现在内部 U. $\triangle$

二阶导数的标准

等式 (3.6.4) 中的任何一个临界点是极值点吗? 在一个变量时, 我们将会通过看二阶导的符号来回答这个问题 (定理 3.6.1). “二阶导数” 到更高维的正确的推广是 “由泰勒多项式的二次项给出的二次型”, “二阶导的符号” 的正确的推广是 “二次型的符号差”, 我们也将其称为临界点的*符号差*(signature).

因为一个足够可微的函数 f 在一个临界点附近可以由其泰勒多项式很好地近似, 看上去, 我们可以合理地希望 f 的行为就像它的泰勒多项式一样. 在

临界点 $\mathbf{a}_1 = \begin{pmatrix} -3/4 \\ 1/2 \end{pmatrix}$ 计算函数 $f\begin{pmatrix} x \\ y \end{pmatrix} = x + x^2 + xy + y^3$ 的泰勒多项式的数值, 我们得到

$$P^2_{f,\mathbf{a}_1}(\mathbf{a}_1 + \vec{\mathbf{h}}) = \underbrace{-\frac{7}{16}}_{f(\mathbf{a}_1)} + \underbrace{\frac{1}{2}2h_1^2 + h_1h_2 + \frac{1}{2}3h_2^2}_{\text{二次项}}. \tag{3.6.5}$$

等式 (3.6.5): 在计算二阶导数的时候, 记得 $D_1^2 f(\mathbf{a})$ 为二阶导 D_1D_1f, 在 $\mathbf{a}$ 处计算数值. 在这个例子里, 我们有

$$D_1^2 f = 2, D_1D_2 f = 1.$$

这些是常数, 所以我们在哪里计算数值无关紧要. 但 $D_2^2 f = 6y$; 在 $\mathbf{a}_1$ 处计算数值, 给出结果为 3.

二次项构成了一个正定二次型:

$$h_1^2 + h_1h_2 + \frac{3}{2}h_2^2 = \left(h_1 + \frac{h_2}{2}\right)^2 + \frac{5}{4}h_2^2, \text{ 符号差为}(2,0). \tag{3.6.6}$$

我们如何来解读这个结果呢? 二次型是正定的, 所以 (根据命题 3.5.15) 它在 $\vec{\mathbf{h}} = \vec{\mathbf{0}}$ 有一个局部极小值点, 并且如果 $P^2_{f,\mathbf{a}_1}$ 在 $\mathbf{a}_1$ 附近能够足够好地近似 f, 则 f 应该在 $\mathbf{a}_1$ 有局部极小值点. (泰勒多项式在 $\vec{\mathbf{h}} = \vec{\mathbf{0}}$ 的一个邻域相应于对于 f 的 $\mathbf{a}_1$ 的一个邻域.) 类似地, 如果临界点的符号差是 $(0, n)$, 我们将会期待临界点为一个局部极大值点.

对于临界点 $\mathbf{a}_2 = \begin{pmatrix} -1/3 \\ -1/3 \end{pmatrix}$ 发生了什么? 到下面检查.[14]

定义 3.6.6: 为了定义一个临界点的符号差, 函数 f 必须至少是 C^2 的; 我们不知道任何只是可微或者属于 C^1 类的函数的临界点的分类的理论.

第二个偏导的矩阵 H 是 f 在 $\mathbf{x}$ 的哈塞矩阵. 你可以把它想为 f 的 "二阶导"; 它实际上只有在 $\mathbf{x}$ 是一个临界点的时候才有意义. 注意, 一个哈塞矩阵总是方形的, 并且 (因为交叉偏导相等) 是对称的.

定义 3.6.6 (临界点的符号差). 令 $U \subset \mathbb{R}^n$ 为一个开集, 令 $f\colon U \to \mathbb{R}$ 属于 C^2 类, 令 $\mathbf{a} \in U$ 为 f 的一个临界点. 临界点 $\mathbf{a}$ 的符号差为二次型

$$Q_{f,\mathbf{a}}(\vec{\mathbf{h}}) \stackrel{\text{def}}{=} \sum_{I \in \mathcal{I}_n^2} \frac{1}{I!}\Big(D_I f(\mathbf{a})\Big)\vec{\mathbf{h}}^I \tag{3.6.7}$$

的符号差.

等式 (3.6.7) 中的二次型是 f 在 $\mathbf{a}$ 的泰勒多项式的二次项 (见定义 3.3.13).

回忆到 (命题 3.5.17) 每个二次型与唯一的对称矩阵相关联. 二次型 $Q_{f,\mathbf{a}}(\vec{\mathbf{h}})$ 与由 f 的二阶偏导组成的矩阵相关联: 如果我们定义 H 为

$$H_{i,j}(\mathbf{x}) = D_iD_j f(\mathbf{x}), \text{ 则 } Q_{f,\mathbf{a}}(\vec{\mathbf{h}}) = \frac{1}{2}\left(\vec{\mathbf{h}} \cdot H\vec{\mathbf{h}}\right). \tag{3.6.8}$$

一个临界点 $\mathbf{a}$ 被称为退化的或者非退化的, 也恰好就是在二次型 $Q_{f,\mathbf{a}}$ 是退化的或者非退化的时候.

命题 3.6.7 说的是, 一个临界点的符号差是独立于坐标系的.

命题 3.6.7. 令 $U, V \subset \mathbb{R}^n$ 为开的, 令 $\varphi\colon V \to U$ 为一个 C^2 映射, 令 $f\colon U \to \mathbb{R}$ 为一个 C^2 函数. 令 $\mathbf{x}_0 \in U$ 为 f 的一个临界点, $\mathbf{y}_0 \in V$ 为满足 $\varphi(\mathbf{y}_0) = \mathbf{x}_0$ 的一个点. 则 $\mathbf{y}_0$ 是 $f \circ \varphi$ 的一个临界点. 如果导数 $[\mathbf{D}\varphi(\mathbf{y}_0)]$ 是可逆的, 则 $\mathbf{x}_0$ 与 $\mathbf{y}_0$ 有相同的符号差.

证明: 从命题 3.4.4 得到

$$P^2_{f,\mathbf{x}_0} \circ P^1_{\varphi,\mathbf{y}_0} = P^2_{f\circ\varphi,\mathbf{y}_0}. \tag{3.6.9}$$

[14] $P^2_{f,\mathbf{a}_2}(\mathbf{a}_2 + \vec{\mathbf{h}}) = -\frac{4}{27} + \frac{1}{2}2h_1^2 + h_1h_2 + \frac{1}{2}(-2)h_2^2$, 二次型为 $h_1^2 + h_1h_2 - h_2^2 = \left(h_1 + \frac{h_2}{2}\right)^2 - \frac{5}{4}h_2^2$, 符号差为 $(1, 1)$.

我们为什么在这里写 $P^1_{\varphi,\mathbf{y}_0}$ 而不是 $P^2_{\varphi,\mathbf{y}_0}$ 呢? 因为 $\mathbf{x}_0$ 是 f 的一个临界点, 泰勒多项式 $P^2_{f,\mathbf{x}_0}$ 没有线性项, $P^2_{f,\mathbf{x}_0}$ 的二次项应用到 $P^2_{\varphi,\mathbf{y}_0}$ 的二次项上将给出 $f\circ\varphi$ 的泰勒多项式的四次项. 忽略常数项, 这推出

$$Q_{f,\mathbf{x}_0}\circ[\mathbf{D}\varphi(\mathbf{y}_0)] = Q_{f\circ\varphi,\mathbf{y}_0}, \tag{3.6.10}$$

命题 3.6.7 从推论 3.5.12 得到. □

定理 3.6.8 (二次型和极值点). 令 $U\subset\mathbb{R}^n$ 为一个开集, $f\colon U\to\mathbb{R}$ 属于 C^2 类, $\mathbf{a}\in U$ 为 f 的一个临界点.

1. 如果 $\mathbf{a}$ 的符号差为 $(n,0)$, 也就是 $Q_{f,\mathbf{a}}$ 是正定的, 则 $\mathbf{a}$ 是 f 的一个严格的局部极小值点. 如果 $\mathbf{a}$ 的符号差为 (k,l), 其中 $l>0$, 则 $\mathbf{a}$ 不是一个局部极小值点.

2. 如果 $\mathbf{a}$ 的符号差为 $(0,n)$, 也就是 $Q_{f,\mathbf{a}}$ 是负定的, 则 $\mathbf{a}$ 是 f 的一个严格的局部极大值点. 如果 $\mathbf{a}$ 的符号差为 (k,l), 其中 $k>0$, 则 $\mathbf{a}$ 不是一个局部极大值点.

我们像这样陈述定理 3.6.8 是因为, 如果 $\mathbb{R}^n$ 上的一个二次型是退化的 (也就是, $k+l<n$), 那么若它的符号差为 $(k,0)$, 则它是正的但不是正定的, 符号差并没有告诉你存在一个局部极小值点. 类似地, 如果符号差为 $(0,k)$, 则它也没有告诉你存在一个局部极大值点.

当然, 一元函数的二次型可以退化的唯一方法是它的符号差为 $(0,0)$.

第一部分的第一个陈述对应于定理 3.6.1 的第二部分; 第二部分的第一个陈述对应于同一个定理的第三部分.

对于不是正定也不是负定的临界点, 例如等式 (3.6.4) 的符号差为 $(1,1)$ 的临界点 $\mathbf{a}_2$, 会是什么情况? 对于单变量函数, 临界点是极值点, 除非二阶导为 0, 也就是, 除非由二阶导给出的二次型是退化的情况. 在高维度下不是这样的情况: 既非正定也非负定的非退化的二次型与那些正定或者负定的一样正常; 它们对应于不同类型的*鞍点*.

定义 3.6.9 (鞍). 如果 $\mathbf{a}$ 是一个 C^2 函数 f 的临界点, 等式 (3.6.7) 的二次型 $Q_{f,\mathbf{a}}$ 具有符号差 (k,l), 其中 $k>0, l>0$, 则 $\mathbf{a}$ 是一个*鞍*(saddle).

原点对于函数 x^2-y^2 是一个鞍点.

*鞍*和*鞍点*(saddle point) 是同义词.

一个鞍点可以是退化的也可以是非退化的.

定理 3.6.10 (函数在鞍点附近的行为). 令 $U\subset\mathbb{R}^n$ 为一个开集, 令 $f\colon U\to\mathbb{R}$ 为一个 C^2 函数. 如果 f 在 $\mathbf{a}\in U$ 有一个鞍点, 则在 $\mathbf{a}$ 的每一个邻域内有点 $\mathbf{b}$ 满足 $f(\mathbf{b})>f(\mathbf{a})$, 以及点 $\mathbf{c}$ 满足 $f(\mathbf{c})<f(\mathbf{a})$.

定理 3.6.8 的证明: 我们将只处理第一部分; 第二部分可以从它推导出来, 通过考虑 $-f$ 而不是 f. 因为 $\mathbf{a}$ 是 f 的一个临界点, 我们可以写

$$f(\mathbf{a}+\vec{\mathbf{h}}) = f(\mathbf{a}) + Q_{f,\mathbf{a}}(\vec{\mathbf{h}}) + r(\vec{\mathbf{h}}), \tag{3.6.11}$$

其中的余项满足

$$\lim_{\vec{\mathbf{h}}\to\vec{\mathbf{0}}}\frac{r(\vec{\mathbf{h}})}{|\vec{\mathbf{h}}|^2} = 0 \tag{3.6.12}$$

(也就是, 余项小于二次项). 因此, 如果 $Q_{f,\mathbf{a}}$ 是正定的, 那么

$$\frac{f(\mathbf{a}+\vec{\mathbf{h}})-f(\mathbf{a})}{|\vec{\mathbf{h}}|^2} = \frac{Q_{f,\mathbf{a}}(\vec{\mathbf{h}})}{|\vec{\mathbf{h}}|^2} + \frac{r(\vec{\mathbf{h}})}{|\vec{\mathbf{h}}|^2} \geqslant C + \frac{r(\vec{\mathbf{h}})}{|\vec{\mathbf{h}}|^2}, \tag{3.6.13}$$

不等式 (3.6.13) 用到了命题 3.5.15. 常数 C 依赖于 $Q_{f,\mathbf{a}}$, 而不是用来计算 $Q_{f,\mathbf{a}}$ 的值的向量, 所以

$$Q_{f,\mathbf{a}}(\vec{\mathbf{h}}) \geqslant C|\vec{\mathbf{h}}|^2,$$

也就是

$$\frac{Q_{f,\mathbf{a}}(\vec{\mathbf{h}})}{|\vec{\mathbf{h}}|^2} \geqslant \frac{C|\vec{\mathbf{h}}|^2}{|\vec{\mathbf{h}}|^2} = C.$$

其中 C 为命题 3.5.15 中的常数 —— 常数 $C>0$, 使得 $Q_{f,\mathbf{a}}(\vec{\mathbf{x}}) \geqslant C|\vec{\mathbf{x}}|^2$ 对于所有的 $\vec{\mathbf{x}} \in \mathbb{R}^n$, 在 $Q_{f,\mathbf{a}}$ 是正定的时候成立.

右侧对于足够小 (见等式 (3.6.12)) 的 $\vec{\mathbf{h}}$ 是正的, 所以左侧也是, 也就是, $f(\mathbf{a}+\vec{\mathbf{h}}) > f(\mathbf{a})$ 对于足够小的 $|\vec{\mathbf{h}}|$ 成立. 因此, $\mathbf{a}$ 是 f 的一个严格的局部极小值点.

等式 (3.6.14): 因为 $Q_{f,\mathbf{a}}$ 是一个二次型, 所以

$$Q_{f,\mathbf{a}}(t\vec{\mathbf{h}}) = t^2 Q_{f,\mathbf{a}}(\vec{\mathbf{h}}).$$

如果符号差为 (k,l), $l>0$, 那么存在 $\vec{\mathbf{h}}$ 满足 $Q_{f,\mathbf{a}}(\vec{\mathbf{h}})<0$. 则有

$$f(\mathbf{a}+t\vec{\mathbf{h}}) - f(\mathbf{a}) = Q_{f,\mathbf{a}}(t\vec{\mathbf{h}}) + r(t\vec{\mathbf{h}}) = t^2 Q_{f,\mathbf{a}}(\vec{\mathbf{h}}) + r(t\vec{\mathbf{h}}). \tag{3.6.14}$$

因此

$$\frac{f(\mathbf{a}+t\vec{\mathbf{h}}) - f(\mathbf{a})}{t^2} = Q_{f,\mathbf{a}}(\vec{\mathbf{h}}) + \frac{r(t\vec{\mathbf{h}})}{t^2}, \tag{3.6.15}$$

并且因为

$$\lim_{t\to 0} \frac{r(t\vec{\mathbf{h}})}{t^2} = 0, \text{ 我们有 } f(\mathbf{a}+t\vec{\mathbf{h}}) < f(\mathbf{a}) \tag{3.6.16}$$

对于足够小的 $|t|>0$ 成立. 这样 $\mathbf{a}$ 不是一个局部极小值点. □

关于 W 的一个类似的论证显示出, 还有点 $\mathbf{c}$ 满足 $f(\mathbf{c}) < f(\mathbf{a})$. 练习 3.6.3 让你详细说明这个论证.

定理 3.6.10(函数在鞍点附近的行为) 的证明: 如等式 (3.6.11) 和等式 (3.6.12), 记

$$f(\mathbf{a}+\vec{\mathbf{h}}) = f(\mathbf{a}) + Q_{f,\mathbf{a}}(\vec{\mathbf{h}}) + r(\vec{\mathbf{h}}), \quad \lim_{\vec{\mathbf{h}}\to\vec{0}} \frac{r(\vec{\mathbf{h}})}{|\vec{\mathbf{h}}|^2} = 0. \tag{3.6.17}$$

根据定义 3.6.9, 存在向量 $\vec{\mathbf{h}}$ 和 $\vec{\mathbf{k}}$ 满足 $Q_{f,\mathbf{a}}(\vec{\mathbf{h}})>0$, $Q_{f,\mathbf{a}}(\vec{\mathbf{k}})<0$. 则

$$\frac{f(\mathbf{a}+t\vec{\mathbf{h}}) - f(\mathbf{a})}{t^2} = \frac{t^2 Q_{f,\mathbf{a}}(\vec{\mathbf{h}}) + r(t\vec{\mathbf{h}})}{t^2} = Q_{f,\mathbf{a}}(\vec{\mathbf{h}}) + \frac{r(t\vec{\mathbf{h}})}{t^2} \tag{3.6.18}$$

对于足够小的 $t>0$ 是严格为正的, 而

$$\frac{f(\mathbf{a}+t\vec{\mathbf{k}}) - f(\mathbf{a})}{t^2} = \frac{t^2 Q_{f,\mathbf{a}}(\vec{\mathbf{k}}) + r(t\vec{\mathbf{k}})}{t^2} = Q_{f,\mathbf{a}}(\vec{\mathbf{k}}) + \frac{r(t\vec{\mathbf{k}})}{t^2} \tag{3.6.19}$$

对于足够小的 $t \neq 0$ 为负的. □

定理 3.6.8 和 3.6.10 说明, 在一个临界点 $\mathbf{a}$ 附近, 函数 f"行为上像" 二次型 $Q_{f,\mathbf{a}}$(尽管定理 3.6.10 是 "行为上像" 的一个弱化的意义). 陈述可以改进: Morse 引理[15]说的是, 当 $\mathbf{a}$ 是非退化的时候, 有一个与命题 3.6.7 相同的换元 φ, 满足 $f\circ\varphi = Q_{f,\mathbf{a}}$.

退化的临界点

退化的临界点是 "不同寻常的", 就像一个一元函数的一阶和二阶导数通常不相同. 我们将不会尝试给它们分类 (这是很大的工程, 也许是不可能的), 而是简单地给出一些例子.

[15]见 J. Milnor, *Morse Theory*, Princeton University Press, 1963, 第 6 页的引理 2.2.

例 3.6.11 (退化的临界点). 三个函数 x^2+y^3, x^2+y^4 和 x^2-y^4 都有相同的二阶泰勒多项式的退化二次型: x^2. 但它们的行为非常不一样, 如图 3.6.2 和图 3.6.3 的左曲面. 图 3.6.2 的下图中显示的函数, 具有极小值点; 另外三个则没有. $\triangle$

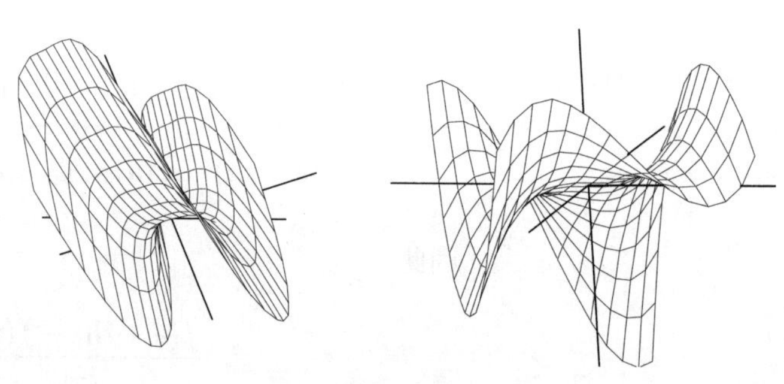

图 3.6.3

左图: 方程为 $z=x^2-y^4$ 的曲面. 尽管图中的图像看上去与图 3.6.2 中的非常不同, 但所有的三个函数 x^2+y^3, x^2+y^4 和 x^2-y^4 都有相同的二阶泰勒多项式的退化二次型.

右图: 猴形鞍; 它是 $z=x^3-2xy^2$ 的图像, 其二次型为 0. 图像在三个方向上上升, 也在三个方向上下降 (两个是腿, 一个是尾巴).

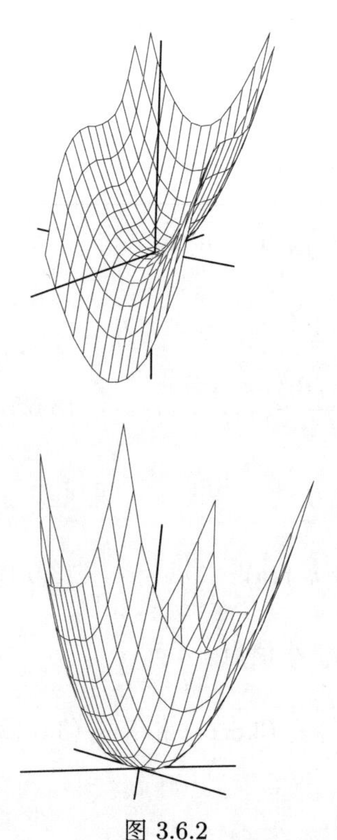

图 3.6.2

上: 方程为 $z=x^2+y^3$ 的曲面. 下: 方程为 $z=x^2+y^4$ 的曲面.

3.6 节的练习

3.6.1 a. 证明 $f\begin{pmatrix}x\\y\\z\end{pmatrix}=x^2+xy+z^2-\cos y$ 在原点有一个临界点.

b. 它有哪一类临界点?

3.6.2 a. 找到函数

$$f\begin{pmatrix}x\\y\end{pmatrix}=x^3-12xy+8y^3$$

的临界点.

b. 确定每个临界点的属性.

3.6.3 完成定理 3.6.10 的证明, 证明: 如果 f 在 $\mathbf{a}\in U$ 有一个鞍点, 则在 $\mathbf{a}$ 的每个邻域内, 存在 $\mathbf{c}$ 满足 $f(\mathbf{c})<f(\mathbf{a})$.

3.6.4 利用牛顿方法 (最好是用计算机) 来找到 $-x^3+y^3+xy+4x-5y$ 的临界点. 将它们进行分类, 仍然利用计算机.

3.6.5 a. 找到函数 $f\begin{pmatrix}x\\y\\z\end{pmatrix}=xy+yz-xz+xyz$ 的临界点.

b. 确定每一个临界点的属性.

3.6.6 找到下述函数的所有临界点:

a. $\sin x\cos y$.

b. $xy+\dfrac{8}{x}+\dfrac{1}{y}$.

*c. $\sin x+\sin y+\sin(x+y)$.

3.6.7 a. 找到函数 $f\begin{pmatrix} x \\ y \end{pmatrix} = (x^2+y^2)e^{x^2-y^2}$ 的临界点.

b. 确定每一个临界点的属性.

3.6.8 a. 在原点把函数 $f\begin{pmatrix} x \\ y \end{pmatrix} = \sqrt{1-x+y^2}$ 写成三阶泰勒多项式.

b. 证明 $g\begin{pmatrix} x \\ y \end{pmatrix} = \sqrt{1-x+y^2}+x/2$ 在原点有一个临界点. 这个临界点是哪一类的?

3.7 约束下的临界点和拉格朗日乘子

两点间的最短路径是直线. 但如果你被约束在球面上的路径上, 那么最短路径是什么 (例如, 因为你要从纽约飞到巴黎)? 这个例子直觉上很清楚, 但很难来陈述.

找到最短的路径的问题是以**变分法**(calculus of variations)的名义讨论的. 从纽约到巴黎的路径的集合是一个无限维的流形. 我们将把研究对象限定在有限维的问题上. 但我们开发的工具在无限维的设置下也用得相当好.

另一个例子在 2.9 节出现: 一个矩阵的范数

$$\sup_{|\vec{\mathbf{x}}|=1} |A\vec{\mathbf{x}}|$$

回答了下面的问题: 当我们要求 $\vec{\mathbf{x}}$ 的长度为 1 的时候, $\sup|A\vec{\mathbf{x}}|$ 是什么?

这里, 我们将以同样的精神看一些简单的问题. 我们将对一个定义在流形$X \subset \mathbb{R}^n$ 上或者约束在它上面的函数 f 的极 (最) 值点感兴趣. 在描述平面上四根互相连接的棒子的集合 $X \subset \mathbb{R}^8$ 的例子中 (例 3.1.8), 我们可以想象在顶点 $\mathbf{x}_i$ 连接棒子的四个连接中的每一个通过一根橡皮筋连接到原点, 顶点 $\mathbf{x}_i$ 具有一个 "势能"$|\vec{\mathbf{x}}_i|^2$. 那么, 平衡点是什么, 也就是实现了势能的局部极小值的连接是什么? 当然, 所有的 4 个顶点都试图在原点, 但是它们不能. 它们去哪里了? 在这个例子里, 函数 "$|\vec{\mathbf{x}}_i|^2$ 的和" 是在仿射空间中定义的, 但有一些重要的函数却不是, 比如曲面的曲率.

在这一节, 我们提供工具来回答这一类问题.

利用导数寻找约束下的临界点

回忆到, 在 3.2 节, 我们对定义在一个流形上的函数定义了导数. 因此, 我们可以对定义 3.6.2 进行显然的推广.

f 的导数 $[\mathbf{D}f(\mathbf{x})]$ 只在切空间 $T_{\mathbf{x}}X$ 上有定义, 所以说它为 0 就是在说它在 X 的**切向量**上为 0.

定义 3.7.1 (定义在流形上的函数的临界点). 令 $X \subset \mathbb{R}^n$ 为一个流形, 令 $f\colon X \to \mathbb{R}$ 为一个 C^1 函数. 则 f 的一个临界点是满足 $\mathbf{x} \in X$ 且 $[\mathbf{D}f(\mathbf{x})] = 0$ 的点 $\mathbf{x}$.

一个重要的特例是当 f 不仅定义在 X 上, 也定义在 X 的一个开邻域 $U \subset \mathbb{R}^n$ 上的情况; 在这种情况下, 我们找的是约束在 X 上的函数 f, 也就是 $f|_X$ 的临界点.

分析函数 $f\colon X \to \mathbb{R}$ 的临界点并不完全是这一节的重点; 我们实际上关心的是定义在流形 X 的一个邻域上的函数 g, 并研究把 g 限定在 X 上的临界点.

传统上, 约束在 X 上的 g 的一个临界点被称为**约束下的临界点**.

定理 3.7.2. 令 $X \subset \mathbb{R}^n$ 为一个流形, $f\colon X \to \mathbb{R}$ 为一个 C^1 函数, $\mathbf{c} \in X$ 为 f 的一个局部极值点. 则 $\mathbf{c}$ 是 f 的一个临界点.

证明: 令 $\gamma\colon V \to X$ 为 $\mathbf{c} \in X$ 的邻域的一个参数化, 满足 $\gamma(\mathbf{x}_0) = \mathbf{c}$. 则当且仅当 $\mathbf{x}_0$ 为 $f \circ \gamma$ 的一个极值点的时候, $\mathbf{c}$ 是 f 的一个极值点. 根据定理 3.6.3,

$[\mathbf{D}(f\circ\gamma)(\mathbf{x}_0)]=[0]$, 所以根据命题 3.2.11, 有

$$[\mathbf{D}(f\circ\gamma)(\mathbf{x}_0)]=[\mathbf{D}f(\gamma(\mathbf{x}_0))][\mathbf{D}\gamma(\mathbf{x}_0)]=[\mathbf{D}f(\mathbf{c})][\mathbf{D}\gamma(\mathbf{x}_0)]=[0].$$

根据命题 3.2.7, $[\mathbf{D}\gamma(\mathbf{x}_0)]$ 的像为 $T_\mathbf{c}X$, 所以 $[\mathbf{D}f(\mathbf{c})]$ 在 $T_\mathbf{c}X$ 上为 0. 证明在图 3.7.1 中演示. □

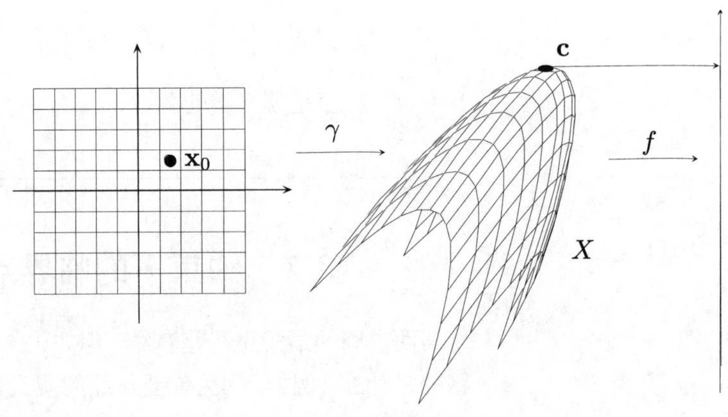

图 3.7.1

参数化 γ 把 $\mathbb{R}^2$ 中的一个点变成流形X; f 把它变到 $\mathbb{R}$. 复合 $f\circ\gamma$ 的一个极值点对应于 f 的一个极值点.

我们已经使用了例 2.9.9 的证明中的想法, 找到了对于矩阵 $A=\begin{bmatrix}1&1\\0&1\end{bmatrix}$, $|A\mathbf{x}|$ 约束在单位圆上的最大值点.

在例 3.7.3 和 3.7.4 中, 我们知道一个可以作为起点的临界点, 并且证明了公式 (3.7.1) 得以满足:

$$T_\mathbf{c}X\subset\ker[\mathbf{D}f(\mathbf{c})].$$

定理和定义 3.7.5 将说明, 当我们是通过方程 $\mathbf{F}(\mathbf{z})=\mathbf{0}$ 知道一个流形的时候, 如何找到一个约束在一个流形上的函数的临界点 (而不是定义在流形上, 如定义 3.7.1).

例 3.7.3 和 3.7.4 演示了约束临界点. 它们展示出如何检验一个最大值点或最小值点确实是一个满足定义 3.7.1 的临界点.

假设一个流形X 由方程 $\mathbf{F}(\mathbf{z})=\mathbf{0}$ 定义, 其中 $\mathbf{F}\colon U\subset\mathbb{R}^n\to\mathbb{R}^{n-k}$ 对于所有的 $\mathbf{x}\in U\cap X$ 都具有满射的导数 $[\mathbf{DF}(\mathbf{x})]$, 并假设 $f\colon U\to\mathbb{R}$ 是一个 C^1 函数. 则定义 3.7.1 说明, $\mathbf{c}$ 是 f 的一个约束在 X 上的临界点, 如果

$$T_\mathbf{c}X\underbrace{=}_{\text{定理 3.2.4}}\ker[\mathbf{DF}(\mathbf{c})]\underbrace{\subset}_{\text{定义 3.7.1}}\ker[\mathbf{D}f(\mathbf{c})].\tag{3.7.1}$$

注意, 公式 (3.7.1) 中的两个导数有相同的宽度, 因为要使那个方程有意义, 它们必须如此; $[\mathbf{DF}(\mathbf{c})]$ 是一个 $(n-k)\times n$ 的矩阵, $[\mathbf{D}f(\mathbf{c})]$ 是一个 $1\times n$ 的矩阵, 所以两个都可以在 $\mathbb{R}^n$ 的一个向量上计算数值. 高一点的矩阵的核是矮一点的矩阵的核的子集也是有道理的. 说 $\vec{\mathbf{v}}\in\ker[\mathbf{DF}(\mathbf{c})]$ 的意思是

$$\begin{bmatrix}D_1F_1(\mathbf{c})&\cdots&D_nF_1(\mathbf{c})\\\vdots&&\vdots\\D_1F_{n-k}(\mathbf{c})&\cdots&D_nF_{n-k}(\mathbf{c})\end{bmatrix}\begin{bmatrix}v_1\\\vdots\\v_n\end{bmatrix}=\begin{bmatrix}0\\\vdots\\0\end{bmatrix};\tag{3.7.2}$$

有 $n-k$ 个方程需要被满足. 说 $\vec{\mathbf{v}}\in\ker[\mathbf{D}f(\mathbf{c})]$ 的意思是, 只要满足一个方程:

具有更多约束的空间小于约束少的空间: 属于音乐家的集合的人数多于属于红头发、左撇子, 且姓是以 W 开始的大提琴演奏者的集合的人数.

$$\begin{bmatrix}D_1f(\mathbf{c})&\cdots&D_nf(\mathbf{c})\end{bmatrix}\begin{bmatrix}v_1\\\vdots\\v_n\end{bmatrix}=0.\tag{3.7.3}$$

公式 (3.7.1) 说的是, 在一个临界点 $\mathbf{c}$, 任何满足等式 (3.7.2) 的向量也满足等式 (3.7.3).

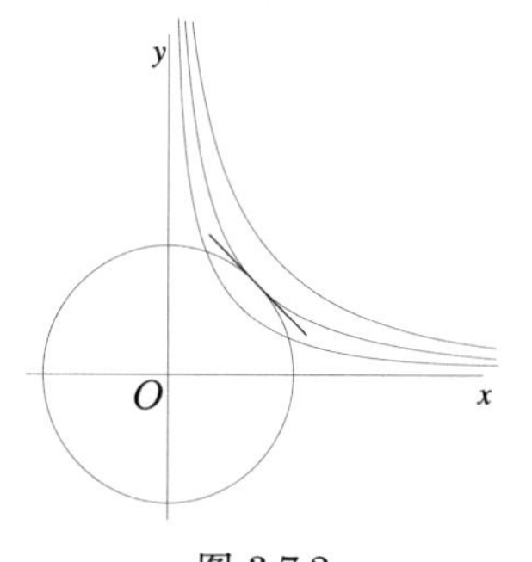

图 3.7.2

单位圆和函数 xy 的多个等高线. 等高线 $xy=1/2$, 取得了 xy 被限定在单位圆上的最大值, 在取得最大值的点 $\begin{pmatrix}1/\sqrt{2}\\1/\sqrt{2}\end{pmatrix}$ 与单位圆相切.

例 3.7.3 (约束下的临界点, 一个简单的例子). 假设我们希望在圆 $x^2+y^2=1$ 的第一象限的那部分上最大化函数 $f\begin{pmatrix}x\\y\end{pmatrix}=xy$, 我们把圆记作 X. 如图 3.7.2 所示, 那个函数的一些水平集不与圆相交, 一些交于两个点, 但有一条, $xy=1/2$ 与圆交于点 $\mathbf{c}=\begin{pmatrix}1/\sqrt{2}\\1/\sqrt{2}\end{pmatrix}$. 要证明 $\mathbf{c}$ 是 f 约束在 X 上的临界点, 我们需要证明 $T_{\mathbf{c}}X\subset\ker[\mathbf{D}f(\mathbf{c})]$.

因为 $F\begin{pmatrix}x\\y\end{pmatrix}=x^2+y^2-1$ 是定义圆的函数, 我们有

$$T_{\mathbf{c}}X=\ker[\mathbf{D}F(\mathbf{c})] = \ker[2c_1,2c_2]=\ker\left[\frac{2}{\sqrt{2}},\frac{2}{\sqrt{2}}\right], \tag{3.7.4}$$

$$\ker[\mathbf{D}f(\mathbf{c})] = \ker[c_2,c_1]=\ker\left[\frac{1}{\sqrt{2}},\frac{1}{\sqrt{2}}\right]. \tag{3.7.5}$$

显然, $[\mathbf{D}F(\mathbf{c})]$ 和 $[\mathbf{D}f(\mathbf{c})]$ 的核都包含向量 $\begin{bmatrix}v_1\\v_2\end{bmatrix}$, 其中 $v_1=-v_2$. 特别地, $T_{\mathbf{c}}X\subset\ker[\mathbf{D}f(\mathbf{c})]$, 说明 $\mathbf{c}$ 是 f 被约束在 X 上的一个临界点. △

例 3.7.4 (高维度下的约束临界点). 我们来寻找函数 $f(\mathbf{x})=x_1^2+x_2^2+x_3^2$ 的限定在椭圆 X 上的最小值点, 其中 X 是圆柱 $x_1^2+x_2^2=1$ 和平面 $x_1=x_3$ 之间的交线, 如图 3.7.3 所示.

因为 f 测量了到原点的距离的平方, 我们在寻找椭圆上离原点最近的点. 显然, 它们是 $\mathbf{a}=\begin{pmatrix}0\\1\\0\end{pmatrix}$ 和 $-\mathbf{a}=\begin{pmatrix}0\\-1\\0\end{pmatrix}$, 在这些点上, $f=1$. 我们来对 $\mathbf{a}$ 正式地确认这个结果. 椭圆 X 由方程 $\mathbf{F}(\mathbf{x})=\mathbf{0}$ 给出, 其中

等式 (3.7.6): 见例 3.1.14, 它讨论了空间中作为两个曲面的交线的一条曲线.

$$\mathbf{F}\begin{pmatrix}x_1\\x_2\\x_3\end{pmatrix}=\begin{pmatrix}x_1^2+x_2^2-1\\x_1-x_3\end{pmatrix}. \tag{3.7.6}$$

根据公式 (3.7.1), $\mathbf{a}$ 是 f 约束在 X 上的一个临界点, 如果

$$\ker[\mathbf{DF}(\mathbf{a})]\subset\ker[\mathbf{D}f(\mathbf{a})]. \tag{3.7.7}$$

我们有

$$[\mathbf{DF}(\mathbf{a})]=\begin{bmatrix}0&2&0\\1&0&-1\end{bmatrix},\ 以及\ [\mathbf{D}f(\mathbf{a})]=[0\ 2\ 0]. \tag{3.7.8}$$

显然, 公式 (3.7.7) 被满足. 若要使一个向量 $\vec{\mathbf{x}}$ 在 $[\mathbf{DF}(\mathbf{a})]$ 的核中, 它必须满足两个方程: $2y=0$ 和 $x-z=0$. 要在 $[\mathbf{D}f(\mathbf{a})]$ 的核中, 它只要满足 $2y=0$. △

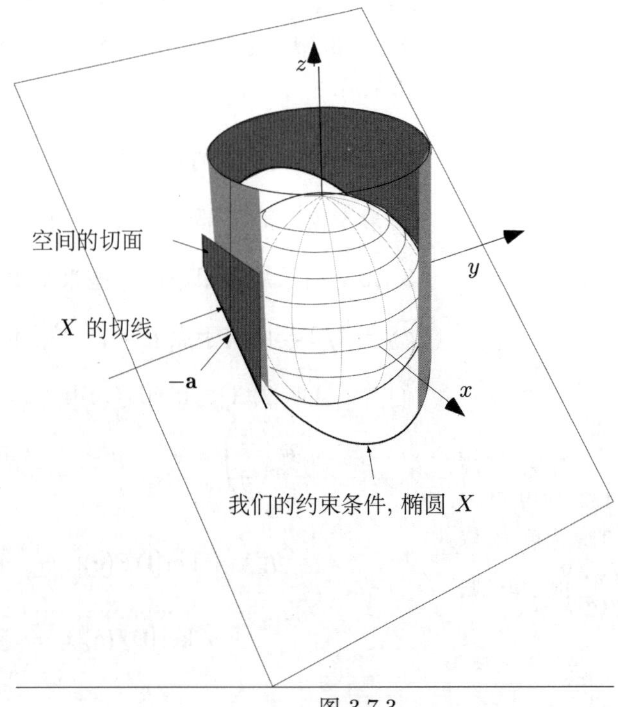

图 3.7.3

点 $-\mathbf{a}$ 是函数 $x^2+y^2+z^2$ 约束在椭圆上的一个最小值点; 在 $-\mathbf{a}$, 椭圆 X 的一维切空间是由 $x^2+y^2+z^2$ 给出的球面的二维切空间的子空间.

拉格朗日乘子

定理 3.7.2 的证明说明了如何找到定义 (或者约束) 在一个流形上的函数的临界点的方程, 只要你知道这个流形的参数化形式.

如果你仅仅通过方程知道了一个流形, 且 f 被定义在流形X 的一个开的邻域 $U \subset \mathbb{R}^n$ 上, 则拉格朗日乘子提供了一个建立起约束在 X 上的 f 的临界点的方程的方法. (解方程则是另一回事.)

定理和定义 3.7.5: $F_1, \cdots, F_m$ 被称为约束函数(constraint functions), 因为它们定义了 f 被约束到的流形.

要注意 X 为流形的假设. 练习 3.7.15 说明了这个是必要的. 这里, X 为一个嵌在 $\mathbb{R}^n$ 上的 $n-m$ 维流形.

等式 (3.7.9) 说明, f 在 $\mathbf{a}$ 的导数是约束函数的导数的线性组合.

在例 3.7.6 中, 我们的约束流形是由一个标量函数 F 定义的, 而不是由向量函数 $\mathbf{F}$ 定义的.

在定理和定义 3.7.5 中, 等式 (3.7.9) 说明, f 在 $\mathbf{a}$ 的导数是约束函数的导数的线性组合.

定义了流形的方程 $\mathbf{F}(\mathbf{a})=\mathbf{0}$ 是关于 n 个变量 $a_1, \cdots, a_n$ 的 m 个方程. 等式 (3.7.9) 是一个具有 $n+m$ 个未知变量, n 个方程的方程组: a_i 和 $\lambda_1, \cdots, \lambda_m$. 所以, 我们一共有 $n+m$ 个未知变量和 $n+m$ 个方程.

定理和定义 3.7.5 (拉格朗日乘子). 令 $U \subset \mathbb{R}^n$ 为开的, 令 $\mathbf{F}\colon U \to \mathbb{R}^m$ 为一个 C^1 映射, 定义了一个流形$X \stackrel{\text{def}}{=} \mathbf{F}^{-1}(\mathbf{0})$, 使得对于每个 $\mathbf{x} \in X$, $[\mathbf{DF}(\mathbf{x})]$ 为满射. 令 $f\colon U \to \mathbb{R}$ 为一个 C^1 映射. 则当且仅当存在数值 $\lambda_1, \cdots, \lambda_m$ 满足

$$[\mathbf{D}f(\mathbf{a})] = \lambda_1[\mathbf{D}F_1(\mathbf{a})] + \cdots + \lambda_m[\mathbf{D}F_m(\mathbf{a})] \tag{3.7.9}$$

时, $\mathbf{a} \in X$ 为 f 的约束在 X 上的一个临界点. 数值 $\lambda_1, \cdots, \lambda_m$ 被称为**拉格朗日乘子**(Lagrange multipliers).

我们在一些例子之后证明定理和定义 3.7.5.

例 3.7.6 (拉格朗日乘子: 一个简单的例子). 假设我们需要在椭圆 $x^2+2y^2=1$ 上最大化 $f\begin{pmatrix}x\\y\end{pmatrix} = x+y$. 我们有

$$\underbrace{F\begin{pmatrix}x\\y\end{pmatrix} = x^2+2y^2-1}_{\text{约束条件}}, \quad \left[\mathbf{D}F\begin{pmatrix}x\\y\end{pmatrix}\right] = [2x, 4y], \tag{3.7.10}$$

$\left[\mathbf{D}f\begin{pmatrix}x\\y\end{pmatrix}\right]=[1,1]$. 所以在一个临界点上, 存在 λ 满足

$$[1,1]=\lambda[2x,4y];\ \text{也就是}\ x=\frac{1}{2\lambda};\ y=\frac{1}{4\lambda}. \tag{3.7.11}$$

把这些值代入椭圆的方程给出

$$\frac{1}{4\lambda^2}+2\frac{1}{16\lambda^2}=1\ \text{推出}\ \lambda=\pm\sqrt{\frac{3}{8}}; \tag{3.7.12}$$

把这些 λ 的值代入等式 (3.7.11) 给出

$$x=\pm\frac{1}{2}\sqrt{\frac{8}{3}}\ \text{以及}\ y=\pm\frac{1}{4}\sqrt{\frac{8}{3}}.$$

所以函数在椭圆上的最大值为

$$\underbrace{\frac{1}{2}\sqrt{\frac{8}{3}}}_{x}+\underbrace{\frac{1}{4}\sqrt{\frac{8}{3}}}_{y}=\frac{3}{4}\sqrt{\frac{8}{3}}=\sqrt{\frac{3}{2}}. \tag{3.7.13}$$

$\lambda=-\sqrt{3/8}$ 的数值给出最小值, $x+y=-\sqrt{3/2}$. $\triangle$

拉格朗日 (图 3.7.4) 于 1736 年生于意大利, 他是 11 个孩子中的一个, 其中 9 个孩子没有活到成年. 法国大革命期间, 他在巴黎; 1793 年, 伟大的化学家拉瓦锡 (Antoine-Laurent Lavoisier, 下一年被送上了断头台) 介入了他作为外国人被逮捕的事件. 1808 年, 拿破仑授予他帝国伯爵的称号.

拉格朗日的著作 *Mécanique Analytique* 为这一学科的后续几百年制定了标准.

图 3.7.4
拉格朗日 (Joseph-Louis Lagrange, 1736 — 1813)

例 3.7.7 (约束在椭圆上的临界点). 我们来走一遍对例 3.7.4 中的函数 $f(\mathbf{x})=x^2+y^2+z^2$ 的这个流程, 与之前相同, 还是限定在椭圆

$$\mathbf{F}(\mathbf{x})=\mathbf{F}\begin{pmatrix}x\\y\\z\end{pmatrix}=\begin{pmatrix}x^2+y^2-1\\x-z\end{pmatrix}=\mathbf{0} \tag{3.7.14}$$

上. 我们有

$$[\mathbf{D}f(\mathbf{x})]=[2x,2y,2z],\ [\mathbf{D}F_1(\mathbf{x})]=[2x,2y,0],\ [\mathbf{D}F_2(\mathbf{x})]=[1,0,-1].$$

所以, 定理和定义 3.7.5 说的是, 在一个临界点, 存在数值 λ_1 和 λ_2, 满足 $[\ 2x,\ 2y,\ 2z\ ]=\lambda_1[\ 2x,\ 2y,\ 0\ ]+\lambda_2[\ 1,\ 0,\ -1\ ]$, 这给出了

$$2x=\lambda_1 2x+\lambda_2,\ 2y=\lambda_1 2y+0,\ 2z=\lambda_1\cdot 0-\lambda_2. \tag{3.7.15}$$

如果 $y\neq 0$, 这给出 $\lambda_1=1,\lambda_2=0,z=0$. 方程 $F_1=0$ 和 $F_2=0$ 则说的是 $x=0,y=\pm1$, 所以 $\begin{pmatrix}0\\1\\0\end{pmatrix}$ 和 $\begin{pmatrix}0\\-1\\0\end{pmatrix}$ 是临界点. 但如果 $y=0$, 则 $F_1=0$ 和 $F_2=0$ 给出 $x=z=\pm1$, 所以 $\begin{pmatrix}1\\0\\1\end{pmatrix}$ 和 $\begin{pmatrix}-1\\0\\-1\end{pmatrix}$ 也是临界点. 对于第一个, $\lambda_1=2,\lambda_2=-2$; 对于第二个, $\lambda_1=2,\lambda_2=2$.

因为椭圆是紧致的, 所以 f 限定在 $\mathbf{F}=\mathbf{0}$ 上的最大值和最小值在 f 的约

束临界点处. 因为 $f\begin{pmatrix}0\\1\\0\end{pmatrix}=f\begin{pmatrix}0\\-1\\0\end{pmatrix}=1$, $f\begin{pmatrix}1\\0\\1\end{pmatrix}=f\begin{pmatrix}-1\\0\\-1\end{pmatrix}=2$, 我们看到 f 在 $\begin{pmatrix}1\\0\\1\end{pmatrix}$ 和 $\begin{pmatrix}-1\\0\\-1\end{pmatrix}$ 取得最大值 2, 在 $\begin{pmatrix}0\\1\\0\end{pmatrix}$ 和 $\begin{pmatrix}0\\-1\\0\end{pmatrix}$ 取得最小值 1(正如我们在例 3.7.4 中所见到的). △

例 3.7.8 (拉格朗日乘子: 一个难一些的例子). 满足使任何两个总面积为 1 的正方形 S_1, S_2 都可以互不重叠地放进一个面积为 A 的矩形中的最小的 A 是多少?

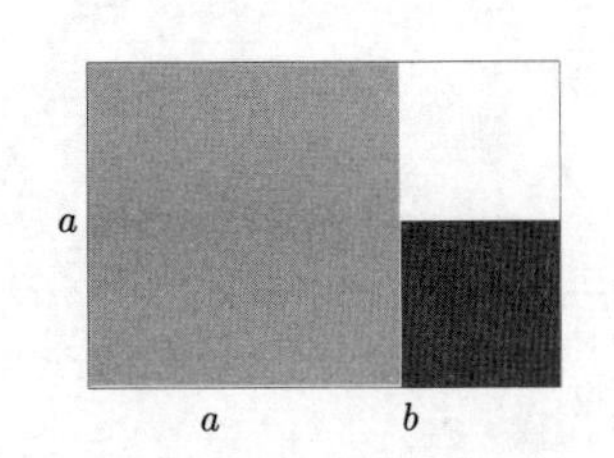

图 3.7.5

例 3.7.8: 如果 $a\geqslant b$, 则能够包含两个互不重叠的正方形的最小的矩阵的边长为 a 和 $a+b$.

我们称 a 和 b 为 S_1 和 S_2 的边长, 我们可以假设 $a\geqslant b\geqslant 0$. 则最小的能够包含这两个互不重叠的正方形的矩形的边长为 a 和 $a+b$, 面积为 $a(a+b)$, 如图 3.7.5 所示. 最大边不能小于 $a+b$, 否则正方形将会重叠; 如果它大于 $a+b$, 则我们可以使矩形不必要的大.

问题就是最大化面积 a^2+ab, 受到的约束条件为 $a^2+b^2=1$, $a\geqslant b\geqslant 0$. 记得面积 A 必须足够大使得给定任何两个总面积为 1 的正方形, 我们都可以找到一个矩形, 面积为 A 且可以互不重叠地把它们包含起来. 如果 $a=1$, $b=0$, 或者 $a=b=1/\sqrt{2}$, 则两个正方形将能够放进一个面积为 1 的矩形中. 如果 $a=\sqrt{2/3}, b=\sqrt{1/3}$, 就需要一个更大的矩形, 面积大约为 1.14. 要找到最小的可用的 A, 我们需要找到 a^2+ab 在满足 $a^2+b^2=1, a\geqslant b\geqslant 0$ 的时候可能取到的最大值.

我们不是在寻找一个面积为 A 且可以包含任意两个总面积为 1 的正方形 S_1 和 S_2 的矩形. 想象一下你被挑战去找到最少个数的小 (但是很贵) 块, 用来做一个矩形, 可以装进任意两个总面积为 1 的正方形. 你去购买你认为你需要的块; 你的对手用一对正方形来挑战你. 如果你的对手有一对正方形, 但你不能把它们装进你用块做的矩形中, 你就输了. 如果其他人用更少的块, 你也输了.

拉格朗日乘子定理告诉我们, 在约束函数的一个临界点上, 存在一个 λ 满足

$$\underbrace{[2a+b,a]}_{\text{面积函数的导数}}=\lambda\underbrace{[2a,2b]}_{\text{约束函数的导数}}. \tag{3.7.16}$$

所以, 我们需要解含三个非线性方程的方程组

$$2a+b=2a\lambda,\ a=2b\lambda,\ a^2+b^2=1. \tag{3.7.17}$$

把从第二个方程中得到的 a 替换到第一个方程中, 我们得到

$$4b\lambda^2-4b\lambda-b=0. \tag{3.7.18}$$

一个解是 $b=0$, 但这给出了 $a=0$, 与 $a^2+b^2=1$ 不兼容. 如果 $b\neq 0$, 则

$$4\lambda^2-4\lambda-1=0,\ 给出\ \lambda=\frac{1\pm\sqrt{2}}{2}. \tag{3.7.19}$$

余下的一个方程现在是

$$\frac{a}{b}=2\lambda=1\pm\sqrt{2},\ a^2+b^2=1, \tag{3.7.20}$$

因为我们要求 $a, b \geqslant 0$, 所以必须取正的平方根. 我们就有唯一的解

$$a=\frac{\sqrt{2+\sqrt{2}}}{2},\ b=\frac{\sqrt{2-\sqrt{2}}}{2}. \tag{3.7.21}$$

这满足约束条件 $a \geqslant b \geqslant 0$, 从而得到

$$A=a(a+b)=\frac{\sqrt{2}+\sqrt{6+4\sqrt{2}}}{4}\approx 1.21. \tag{3.7.22}$$

两个端点对应于两个极 (最) 值点: 一个正方形内的所有面积加上另一个正方形内的 0 面积, 或者两个面积相同的正方形. 在 $\begin{pmatrix}1\\0\end{pmatrix}$, 一个正方形的面积为 1, 另一个的面积为 0; 在 $\begin{pmatrix}\sqrt{2}/2\\\sqrt{2}/2\end{pmatrix}$, 两个正方形是相同的.

我们必须检查 (见注释 3.6.5) 最大值点不是在约束区域的端点 (坐标为 $a=1, b=0$ 的点或者坐标为 $a=b=\sqrt{2}/2$ 的点). 很容易看到在两个端点上, $(a+b)a=1$, 因为 $A>1$, 这是唯一的最大值. △

在例 3.7.9 中, F 是被约束函数, f 是约束函数, 与我们通常的实际情况相反. 你不应当假设在这类问题中, f 必须是带有约束点的函数, F 就是约束函数.

注意, (3.7.23) 是一个有四个变量, 四个方程的方程组. 通常来说, 没有更好的方法来处理这样的方程组, 除了使用牛顿方法或者一些类似的算法. 这个例子不是典型的, 因为解方程组 (3.7.23) 是有窍门的. 一般情况下, 你不能指望这个.

例 3.7.9 (拉格朗日乘子: 第四个例子). 在方程 $f\begin{pmatrix}x\\y\\z\end{pmatrix}=x+2y+3z-1=0$ 给出的平面上找到 $F\begin{pmatrix}x\\y\\z\end{pmatrix}=xyz$ 的临界点. 定理和定义 3.7.5 确认了临界点是方程:

$$\begin{aligned}&1.\ \underbrace{[yz,xz,xy]}_{F\text{的导数}}=\lambda\underbrace{[1,2,3]}_{f\text{的导数}}\\&2.\ \underbrace{x+2y+3z=1}_{\text{约束方程}}\end{aligned}\quad\text{或者}\quad\begin{aligned}yz&=\lambda\\xz&=2\lambda\\xy&=3\lambda\\1&=x+2y+3z\end{aligned} \tag{3.7.23}$$

的一个解.

在这个例子里, 我们可以使用一点技巧. 不难推出 $xz=2yz$, $xy=3yz$. 所以, 如果 $z\neq 0$, $y\neq 0$, 则 $y=x/2$, $z=x/3$. 把这些值代入最后一个方程, 给出 $x=1/3$, 从而 $y=1/6$, $z=1/9$. 在这个点上, F 的值为 $1/162$.

要是 $z=0$ 或者 $y=0$ 呢? 如果 $z=0$, 则拉格朗日乘子方程为

$$[0,0,xy]=\lambda[1,2,3], \tag{3.7.24}$$

它说的是 $\lambda=0$, 所以 x 和 y 中的一个必须为 0. 假设 $y=0$, 则 $x=1$, F 的值为 0. 有两个类似的点. 总结一下: 有四个临界点, 即

$$\begin{pmatrix}1\\0\\0\end{pmatrix},\begin{pmatrix}0\\1/2\\0\end{pmatrix},\begin{pmatrix}0\\0\\1/3\end{pmatrix},\begin{pmatrix}1/3\\1/6\\1/9\end{pmatrix}, \tag{3.7.25}$$

对于前三个, $F=0$, 对于第四个, $F=1/162$.

我们的第四个点是最大值点吗? 回答是肯定的 (至少, 它是一个局部极大值点). 平面 $x+2y+3z=1$ 在第一象限中满足 $x,y,z\geqslant 0$ 的一部分是紧致的, 因为在那里有 $|x|,|y|,|z|\leqslant 1$. 否则, 平面的方程不能被满足. 所以 (根据定理 1.6.9)F 在这个象限有一个最大值点. 要确定这个最大值点是一个临界点, 我们必须检查它不在象限的边界上 (也就是, 任何 x, y, z 等于 0 的地方). 那

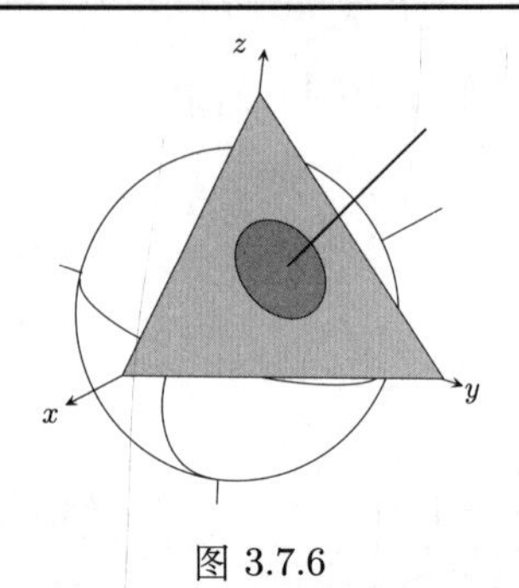

图 3.7.6

例 3.7.10: 浅色阴影区域代表平面 $x+y+z=a$, a 为某个数. 深色阴影区域代表 X_a, 单位球面上满足 $x+y+z \geqslant a$ 的部分; 你可以把它想象成极地帽.

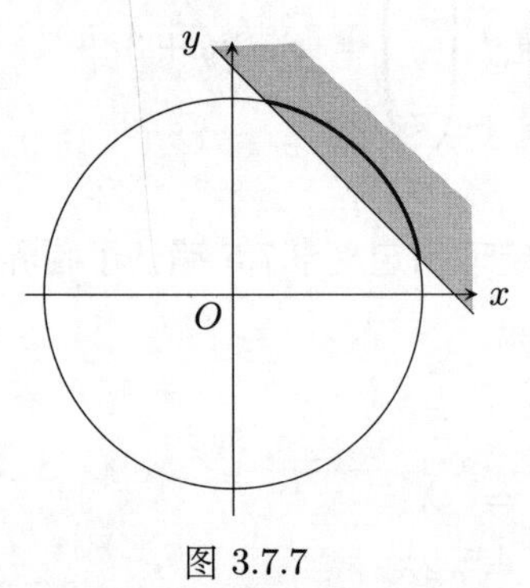

图 3.7.7

阴影区域是平面上满足 $x+y \geqslant 1.2$ 的部分; 圆上加粗的弧线是这个区域内的单位圆.

是直接可以证明的, 因为函数在边界上为 0, 而它在第四个点上为正的. 所以由定理 1.6.9 保证的最大值点是我们的第四个点, 给出 F 最大值的临界点. 练习 3.7.7 让你证明, 其他的临界点是鞍点. $\triangle$

例 3.7.10 证明了, 当你寻找一个函数的最大值点或者最小值点的时候, 检验边界点可能是第二个拉格朗日乘子的问题, 也许比第一个还要难. 它也指出了知道函数的定义域和陪域的紧致性的价值.

例 3.7.10. 令 X_a 为球面 $x^2+y^2+z^2=1$ 中 $x+y+z \geqslant a$ 的部分, 如图 3.7.6 所示 (圆的类比的例子, 更容易可视化, 如图 3.7.7 所示). 用 a 表示, 函数 $f\begin{pmatrix}x\\y\\z\end{pmatrix}=xy$ 在 X_a 上的最大值点和最小值点是什么? 注意到, 约束在球面上的函数 $x+y+z$ 在 $x=y=z=1/\sqrt{3}$ 处取最大值, 在 $x=y=z=-1/\sqrt{3}$ 处取最小值. 因此, 我们可以约束 $|a| \leqslant \sqrt{3}$; 如果 $a>\sqrt{3}$, 则 X_a 是空集, 如果 $a<-\sqrt{3}$, 则集合 X_a 是整个球面.

因为 X_a 是紧致的, f 是连续的, 所以对于每个满足 $|a| \leqslant \sqrt{3}$ 的 a, 有一个最大值点和一个最小值点. 每个最大值点和最小值点出现在 X_a 的内部或者边界上.

第一个问题是找到 f 在球面上的临界点. 利用拉格朗日乘子, 我们得到方程

$$\begin{aligned}[y\ x\ 0] &= \lambda[2x\ 2y\ 2z], \\ x^2+y^2+z^2 &= 1.\end{aligned} \tag{3.7.26}$$

我们留给你去检验这些方程的解为

$$\mathbf{p}_1=\begin{pmatrix}\sqrt{2}/2\\\sqrt{2}/2\\0\end{pmatrix},\ \mathbf{p}_2=\begin{pmatrix}\sqrt{2}/2\\-\sqrt{2}/2\\0\end{pmatrix},\ \mathbf{p}_3=\begin{pmatrix}-\sqrt{2}/2\\\sqrt{2}/2\\0\end{pmatrix},\ \mathbf{p}_4=\begin{pmatrix}-\sqrt{2}/2\\-\sqrt{2}/2\\0\end{pmatrix},\ \mathbf{q}_1=\begin{pmatrix}0\\0\\1\end{pmatrix},\ \mathbf{q}_2=\begin{pmatrix}0\\0\\-1\end{pmatrix}. \tag{3.7.27}$$

图 3.7.8 显示出这些点中哪些在 X_a 里, 这取决于 a 的值.

临界点 $\mathbf{p}_1,\mathbf{p}_2,\mathbf{p}_3,\mathbf{p}_4,\mathbf{q}_1,\mathbf{q}_2$ 在 X_a 内部的时候, 它们是候选的最大值点和最小值点, 但我们必须检验满足 $x+y+z=a$ 的 X_a 的边界; 我们必须找到 xy 限定在 X_a 的边界上的任意的临界点, 并且把那里的 xy 的值与 X_a 中的 $\mathbf{p}_i$ 和 $\mathbf{q}_i$ 处的值做比较. 应用拉格朗日乘子, 我们得到含有五个未知变量的五个方程:

我们可以使用拉格朗日乘子来得到等式 (3.7.28), 因为 X_a 的边界在 $|a|<\sqrt{3}$ 的时候是个光滑流形 (实际上, 一个圆).

$$\begin{aligned}&[y\ x\ 0]=\lambda_1[2x\ 2y\ 2z]+\lambda_2[1\ 1\ 1], \\ &x^2+y^2+z^2=1,\ x+y+z=a.\end{aligned} \tag{3.7.28}$$

(记住对这个方程组来说, a 是一个固定的参数.) 解这个方程组有点麻烦. 用第一行的两个方程中的一个减去另一个, 得到

$$(x-y)(1+2\lambda_1)=0. \tag{3.7.29}$$

因此, 分析就被分成了两种情况: $x=y$ 和 $\lambda_1=-1/2$.

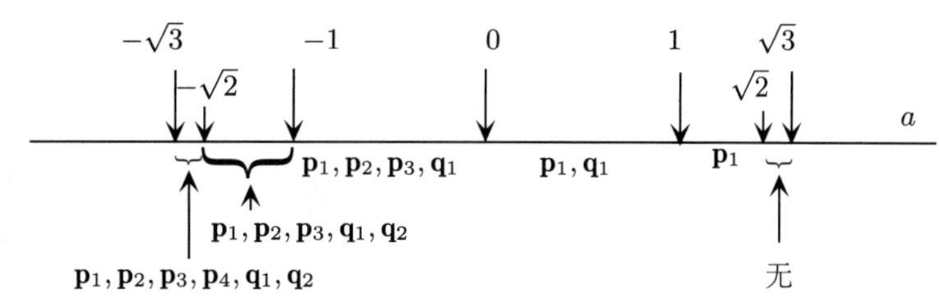

图 3.7.8

随着 a 从 $\sqrt{3}$ 减小到 $-\sqrt{3}$, 集合 X_a 增长; 在 $a\in(\sqrt{2},\sqrt{3})$ 的时候, 它不包含 $\mathbf{p}_i,\mathbf{q}_i$ 中的任何一个, 在 $a\in(-\sqrt{3},-\sqrt{2})$ 时, 它包含全部的 $\mathbf{p}_i,\mathbf{q}_i$.

在 X_a 上, 我们有 $x+y+z\geqslant a$.
在 $\mathbf{p}_1$: $x+y+z=\sqrt{2}$.
在 $\mathbf{p}_2$: $x+y+z=0$.
在 $\mathbf{p}_3$: $x+y+z=0$.
在 $\mathbf{p}_4$: $x+y+z=-\sqrt{2}$.
在 $\mathbf{q}_1$: $x+y+z=1$.
在 $\mathbf{q}_2$: $x+y+z=-1$.

$x=y$ 的情况: 记 $z=a-2x$, 并代入球面的方程, 得到

$$6x^2-4ax+a^2-1=0,\ 根为\ x=\frac{2a\pm\sqrt{6-2a^2}}{6}. \tag{3.7.30}$$

f 在这些根处的值为

$$\frac{a^2+3+2a\sqrt{6-2a^2}}{18}\ 和\ \frac{a^2+3-2a\sqrt{6-2a^2}}{18}. \tag{3.7.31}$$

f 作为 a 的函数的这些值形成了图 3.7.9 中显示的数字 8; 数字 8 的每个点都是约束在边界上的 xy 的临界点.

$\lambda_1=-1/2$ 的情况: 这里, (3.7.28) 中的第一组方程给出了 $x+y=\lambda_2$ 和 $z=\lambda_2$, 因此 $2\lambda_2=a$. 代入球面方程给出 $4x^2-2ax+a^2-2=0$. 注意, 这个方程只有在 $|a|\leqslant 2\sqrt{6}/3$ 的时候有实数根, 在这种情况下, 我们用 $y=\lambda_2-x$ 和 $2\lambda_2=a$ 来计算 $xy=a^2/4-1/2$, 其图像是图 3.7.9 中显示的抛物线.

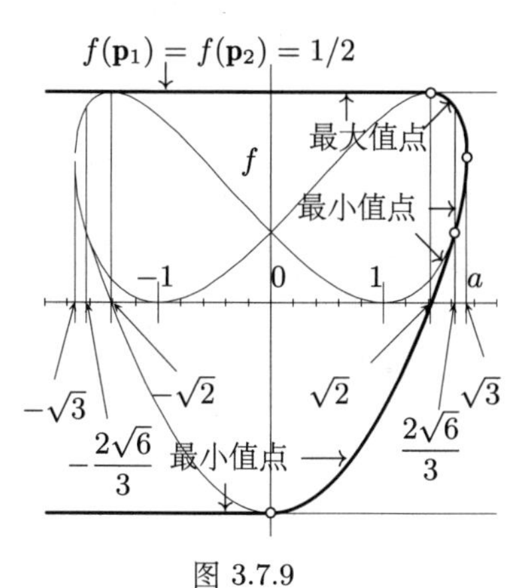

图 3.7.9

这个图片画出了 f 在 X_a 中和边界上的临界点处的数值. 数字 8 和抛物线是边界上的临界点处的数值; 水平线是内部的临界点 (f 的值不依赖于 a; 数值 a 只是确定临界点是否在 X_a 中).

我们用粗线标记了对应于最大值和最小值的曲线.

注意, 只有抛物线的一部分 ($|a|\leqslant 2\sqrt{6}/3$ 的弧) 包含边界上的点; 抛物线正好在现有的点上, 但它们对应的点有非实数坐标.

数字 8 和抛物线是边界上的临界点的数值; 水平线是内部的临界点 (f 的值不依赖于 a; a 的值只是确定了临界点是否在 X_a 的内部).

所有这些的意义是什么? 如果 xy 的一个临界点是在 X_a 的内部, 则它就是等式 (3.7.27) 中的六个点中的一个, 如图 3.7.8 所指定的一样. 通过解带边界的拉格朗日乘子问题 (等式 (3.7.28)), 我们已经找到了 xy 限定在 X_a 的边界上的所有临界点.

要看到哪个临界点是最大值点或最小值点, 我们需要比较 xy 在这些不同的点处的值. (因为 X_a 是紧致的, 我们可以说, 临界点中的一些是最大值点或者最小值点, 而不需要做任何二阶导数的测试.) 把 f 在 X_a 内部的所有的临界点处的值以及 f 在边界上的临界点处的值画出来, 我们得到图 3.7.9. 我们用粗线标记对应于最大值和最小值的曲线, 作为 a 的函数.

利用公式, 这些最大值点和最小值点的描述如下:

- $2\sqrt{6}/3<a<\sqrt{3}$: 任何 $\mathbf{p}_i$ 和 $\mathbf{q}_i$ 都不在 X_a 中. 最大值点和最小值点都在边界上, 由

$$x=y=\frac{2a\pm\sqrt{6-2a^2}}{6},\ z=a-2x,\ f=\frac{a^2+3\pm 2a\sqrt{6-2a^2}}{18}$$

给出.

- $\sqrt{2}<a<2\sqrt{6}/3$: 任何 $\mathbf{p}_i$ 和 $\mathbf{q}_i$ 都不在 X_a 中. 最大值点和最小值点都

在边界上. 同上, 最大值在

$$x = y = \frac{2a+\sqrt{6-2a^2}}{6},\ z = a-2x \text{ 处取得},\ f = \frac{a^2+3+2a\sqrt{6-2a^2}}{18},$$

最小值在两个点处取得:

$$x = \frac{a+\sqrt{8-3a^2}}{4},\ y = \frac{a-\sqrt{8-3a^2}}{4},\ z = \frac{a}{2},\ f = \frac{a^2-2}{4}, \quad (3.7.32)$$

$$x = \frac{a-\sqrt{8-3a^2}}{4},\ y = \frac{a+\sqrt{8-3a^2}}{4},\ z = \frac{a}{2},\ f = \frac{a^2-2}{4}. \quad (3.7.33)$$

- $0 < a < \sqrt{2}$: 最大值在 $\mathbf{p}_1$ 处取得, 值为 $1/2$, 最小值 $(a^2-2)/4$ 仍然在等式 (3.7.32) 和等式 (3.7.33) 的两个点处取得.
- $-\sqrt{2} < a < 0$: 最大值 $1/2$ 在 $\mathbf{p}_1$ 处取得, 最小值 $-1/2$ 在 $\mathbf{p}_2$ 和 $\mathbf{p}_3$ 两个点处取得.
- 对于 $a < -\sqrt{2}$: 最大值 $1/2$ 也在 $\mathbf{p}_4$ 处取得.

△

关于拉格朗日乘子的定理和定义 3.7.5 的证明

这就是引理 3.7.11 在公式 (3.7.7) 上的一个应用, 它说的是 $\ker[\mathbf{DF}(\mathbf{a})] \subset \ker[\mathbf{D}f(\mathbf{a})]$.

引理 3.7.11: A 是一个 $m \times n$ 的矩阵, β 是一个宽度为 n 的行矩阵:

$$A = \begin{bmatrix} \alpha_{1,1} & \cdots & \alpha_{1,n} \\ \vdots & & \vdots \\ \alpha_{m,1} & \cdots & \alpha_{m,n} \end{bmatrix},$$

$$\beta = \begin{bmatrix} \beta_1 & \cdots & \beta_n \end{bmatrix}.$$

如我们所讨论的与等式 (3.7.2) 和等式 (3.7.3) 的联系, 一个有很多约束的空间要比约束少的空间小. 这里 $A\mathbf{x} = \mathbf{0}$ 给出了 m 个约束, $\beta\mathbf{x} = 0$ 只给出了 1 个约束.

引理 3.7.11 就是在说我们能够从一个线性方程组得到的仅有的线性结果是这些方程的线性组合.

我们对 n 和 m 的关系一无所知, 但我们知道 $k \leqslant n$, 因为 $\mathbb{R}^n$ 中的 $n+1$ 个向量不能是线性无关的.

引理 3.7.11. 令 $A = \begin{bmatrix} \alpha_1 \\ \vdots \\ \alpha_m \end{bmatrix} : \mathbb{R}^n \to \mathbb{R}^m$ 以及 $\beta: \mathbb{R}^n \to \mathbb{R}$ 为一个线性变换. 则

$$\ker A \subset \ker \beta \quad (3.7.34)$$

当且仅当存在数 $\lambda_1, \cdots, \lambda_m$ 满足

$$\beta = \lambda_1\alpha_1 + \cdots + \lambda_m\alpha_m \quad (3.7.35)$$

的时候成立.

引理 3.7.11 的证明: 在一个方向上, 如果

$$\beta = \lambda_1\alpha_1 + \cdots + \lambda_m\alpha_m, \quad (3.7.36)$$

且 $\vec{\mathbf{v}} \in \ker A$, 则 $\vec{\mathbf{v}} \in \ker \alpha_i$, $i = 1, \cdots, m$, 所以 $\vec{\mathbf{v}} \in \ker \beta$.

对于其他的方向, 如果 $\ker A \subset \ker \beta$, 则

$$\begin{bmatrix} \alpha_1 \\ \vdots \\ \alpha_m \end{bmatrix} \text{ 和 } \begin{bmatrix} \alpha_1 \\ \vdots \\ \alpha_m \\ \beta \end{bmatrix} \quad (3.7.37)$$

有相同的核, 从而 (根据维数公式) 有同样的秩. 根据命题 2.5.11, 有

$$\operatorname{rank}[\alpha_1^{\mathrm{T}}\ \cdots\ \alpha_m^{\mathrm{T}}] = \operatorname{rank}[\alpha_1^{\mathrm{T}}\ \cdots\ \alpha_m^{\mathrm{T}}\ \beta^{\mathrm{T}}] \tag{3.7.38}$$

所以, 如果行化简 $[\alpha_1^{\mathrm{T}}\ \cdots\ \alpha_m^{\mathrm{T}}\ \beta^{\mathrm{T}}]$, 在最后一列将没有主元 1. 因此, 方程 $\beta = \lambda_1\alpha_1 + \cdots + \lambda_m\alpha_m$ 有一个解. □

约束临界点的分类

在例 3.7.6 ~ 3.7.10 中, 我们以定理 1.6.9 为主要工具, 给约束临界点进行了分类. 但我们的方法不系统, 而且在练习 3.7.7 中, 当我们让你确认例 3.7.9 中的三个临界点是鞍点的时候, 我们建议使用参数化. 这经常是不可能的; 通常, 参数化不能用公式写出. 我们现在将给出一个直接 (如果冗长的话) 的方法来给约束在一个已知方程的流形上的临界点进行分类. 这是对采用二阶偏导标准的约束临界点的推广.

首先我们需要定义一个约束临界点的符号差.

命题和定义 3.7.12 (约束临界点的符号差). 令 $U \subset \mathbb{R}^{n+m}$ 为开的. 令 $Z \subset U$ 为一个 n 维流形, $f\colon U \to \mathbb{R}$ 为一个 C^2 函数. 假设 V 是 $\mathbb{R}^n$ 中的开集, $\gamma\colon V \to Z$ 是 Z 在 $\mathbf{z}_0 \in Z$ 附近的一个参数化; 令 $\mathbf{v}_0 \in V$ 为满足 $\gamma(\mathbf{v}_0) = \mathbf{z}_0$ 的点. 则:

1. 当且仅当 $\mathbf{z}_0$ 是 $f|_Z$ 的一个临界点的时候, 点 $\mathbf{v}_0$ 是 $f \circ \gamma$ 的一个临界点.

2. $f \circ \gamma$ 的符号差 (p, q) 不依赖于参数化的选择. 它被称为 $f|_Z$ 在 $\mathbf{z}_0$ 的符号差.

我们用 $f|_Z$ 表示约束在 Z 上的函数 f.

等式

$$T_{\mathbf{z}_0}X = \operatorname{img}[\mathbf{D}\gamma(\mathbf{v}_0)]$$

是命题 3.2.7.

证明: 1. 根据链式法则, 有

$$[\mathbf{D}(f \circ \gamma)(\mathbf{v}_0)] = [\mathbf{D}f(\gamma(\mathbf{v}_0))][\mathbf{D}\gamma(\mathbf{v}_0)] = [\mathbf{D}f(\mathbf{z}_0)][\mathbf{D}\gamma(\mathbf{v}_0)]. \tag{3.7.39}$$

所以, 当且仅当 $[\mathbf{D}f(\mathbf{z}_0)]$ 在 $T_{\mathbf{z}_0}X = \operatorname{img}[\mathbf{D}\gamma(\mathbf{v}_0)]$ 上为 0, 也就是, 当且仅当 $\mathbf{z}_0$ 是 $f|_Z$ 的一个临界点的时候, $\mathbf{v}_0$ 是 $f \circ \gamma$ 的一个临界点.

2. 如果 V_1, V_2 是 $\mathbb{R}^n$ 的开子集, $\gamma_1\colon V_1 \to Z$ 和 $\gamma_2\colon V_2 \to Z$ 是两个属于 C^2 类函数的参数化, 则两个函数 $f \circ \gamma_1$ 和 $f \circ \gamma_2$ 通过换元公式 $\varphi \overset{\text{def}}{=} \gamma_1^{-1} \circ \gamma_2$ 相关联:

$$f \circ \gamma_2 = f \circ \gamma_1 \circ \gamma_1^{-1} \circ \gamma_2 = (f \circ \gamma_1) \circ \varphi. \tag{3.7.40}$$

命题 3.6.7 说明, $f \circ \gamma_1$ 的临界点 $\gamma_1^{-1}(\mathbf{z}_0)$ 和 $f \circ \gamma_2$ 的临界点 $\gamma_2^{-1}(\mathbf{z}_0)$ 有相同的符号差. □

通常, 我们通过方程 $\mathbf{F} = \mathbf{0}$ 来了解一个约束流形, 其中 U 为 $\mathbb{R}^{n+m}$ 的子集, $\mathbf{F}\colon U \to \mathbb{R}^m$ 为一个 C^1 映射, 在 Z 中的每个点上有满射的导数. 我们通常不知道任何参数化. 根据隐函数定理, 参数化存在, 但计算它们涉及一些重复而且笨拙的方法, 比如牛顿方法.

拉格朗日乘子允许我们不用知道一个参数化就可以找到约束临界点; 拉格

朗日乘子利用**增广的哈塞矩阵**(augmented Hessian matrix)的详细阐述, 允许我们找到这样的点的符号差, 还是不需要知道一个参数化. 因此, 我们将需要 $\mathbf{F}$ 为 C^2 的.

假设 f 的约束在 Z 上的一个临界点 $\mathbf{z}_0$ 已经通过拉格朗日乘子找到了, 对应数值 $\lambda_1, \cdots, \lambda_m$, 满足

$$D_i f(\mathbf{z}_0) = \sum_{j=1}^{m} \lambda_j D_i F_j(\mathbf{z}_0), \tag{3.7.41}$$

其中 F_j 为 $\mathbf{F}$ 的坐标函数. 利用这些拉格朗日乘子, 以及 f 的二阶导数, 与 $\mathbf{F}$ 一起来构造 $(m+n)\times(m+n)$ 矩阵

$$B = \begin{bmatrix} D_1D_1f(\mathbf{z}_0) - \sum_{k=1}^{m}\lambda_k D_1D_1F_k & \cdots & D_1D_{m+n}f(\mathbf{z}_0) - \sum_{k=1}^{m}\lambda_k D_1D_{m+n}F_k \\ \vdots & & \vdots \\ D_{m+n}D_1f(\mathbf{z}_0) - \sum_{k=1}^{m}\lambda_k D_{m+n}D_1F_k & \cdots & D_{m+n}D_{m+n}f(\mathbf{z}_0) - \sum_{k=1}^{m}\lambda_k D_{m+n}D_{m+n}F_k \end{bmatrix}. \tag{3.7.42}$$

现在, 构造 $(n+2m)\times(n+2m)$ 的增广哈塞矩阵

$$H = \begin{bmatrix} B & -[\mathbf{DF}(\mathbf{z}_0)]^{\mathrm{T}} \\ -[\mathbf{DF}(\mathbf{z}_0)] & [0] \end{bmatrix}, \tag{3.7.43}$$

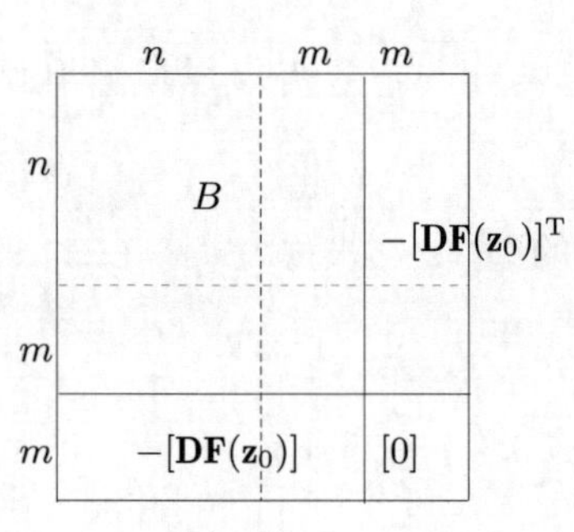

图 3.7.10

等式 (3.7.43) 的增广哈塞矩阵 H. 因为 $\mathbf{F}$ 是从 $\mathbb{R}^{m+n}$ 的一个子集到 $\mathbb{R}^m$ 的, 矩阵 $[\mathbf{DF}(\mathbf{z}_0)]$ 是 $m\times(m+n)$ 的. 等式 (3.7.42) 定义的矩阵 B 是 $(m+n)\times(m+n)$ 的, $[0]$ 是 $m\times m$ 的.

从 3.6 节回忆到一个 (非增广) 哈塞矩阵是 f 在一个临界点的二阶偏导的矩阵.

其中 $[0]$ 表示 $m\times m$ 的 0 矩阵; 如图 3.7.10. 注意, 如果你可以找到 f 的约束在 Z 上的一个临界点, 则这个增广哈塞矩阵可以写下来; 它可能很大, 写起来不令人愉快, 但并没有实际的困难.

由于交叉偏导是相等的 (定理 3.3.8), H 是对称的, (根据命题 3.5.17) 它定义了 $\mathbb{R}^{n+2m}$ 上的二次型. 用 (p_1, q_1) 表示其符号差; 这些数 p_1 和 q_1 可以通过配方来计算. 等式 (3.7.44), 很令人惊讶, 说的是知道了 (p_1, q_1) 可以让我们计算约束临界点的符号差 (p, q).

定理 3.7.13 (计算一个约束临界点的符号差). 令 $U \subset \mathbb{R}^{n+m}$ 为开的, $f\colon U \to \mathbb{R}$ 为一个 C^2 函数, $\mathbf{F}\colon U \to \mathbb{R}^m$ 为一个 C^2 映射, 定义了一个流形 $Z \stackrel{\text{def}}{=} \mathbf{F}^{-1}(\mathbf{0})$, 在每一点 $\mathbf{z} \in Z$ 上 $\mathbf{DF}(\mathbf{z})$ 都为满射. 令 $\mathbf{z}_0 \in Z$ 为 f 的一个约束在 Z 上的符号差为 (p, q) 的临界点, 令 (p_1, q_1) 为由增广哈塞矩阵 H 定义的二次型的符号差. 则

$$(p, q) = (p_1 - m, q_1 - m). \tag{3.7.44}$$

在定理 3.7.13 中, $f: U \to \mathbb{R}$ 是 C^2 函数, 使得 $f|_Z$ 的临界点要做分类, H 是等式 (3.7.43) 中定义的增广哈塞矩阵.

因为定理 3.7.13 是局部的, 这足以说明 $[\mathbf{DF}(\mathbf{z}_0)]$ 是满射.

定理 3.7.13 在附录 A.14 中证明.

例 3.7.14 (约束临界点的分类). 我们将找到 $f\begin{pmatrix} x \\ y \\ z \end{pmatrix} = ax + by + cz$ 在曲面 $\frac{1}{x} + \frac{1}{y} + \frac{1}{z} = 1$ 上的临界点并进行分类, 都用参数 a, b, c 来表示.

在这个例子里, 拉格朗日乘子方程变成

$$[a,b,c]=\left[-\frac{\lambda}{x^2},-\frac{\lambda}{y^2},-\frac{\lambda}{z^2}\right], \tag{3.7.45}$$

推出四个方程:

$$x^2=-\frac{\lambda}{a},\ y^2=-\frac{\lambda}{b},\ z^2=-\frac{\lambda}{c},\ \frac{1}{x}+\frac{1}{y}+\frac{1}{z}=1. \tag{3.7.46}$$

要使这个方程组有解, 我们必须有 $\lambda>0$, 且 $a<0,b<0,c<0$; 或者 $\lambda<0$, 且 $a>0,b>0,c>0$. 这两个可能性并没有实质的区别: 它们相当于是把 f 换成 $-f$, 这样的临界点是相同的, 符号差 (p,q) 变为 (q,p). 我们将假设 $\lambda<0$, $a>0,b>0,c>0$.

不失一般性, 我们可以唯一地写出解

$$x=s_1\frac{\sqrt{-\lambda}}{\sqrt{a}},\ y=s_2\frac{\sqrt{-\lambda}}{\sqrt{b}},\ z=s_3\frac{\sqrt{-\lambda}}{\sqrt{c}}, \tag{3.7.47}$$

所有的平方根大于 0, 而每个 s_i 为 $+1$ 或者 -1. 约束条件变为

$$s_1\sqrt{a}+s_2\sqrt{b}+s_3\sqrt{c}=\sqrt{-\lambda}, \tag{3.7.48}$$

所以, 当且仅当 $s_1\sqrt{a}+s_2\sqrt{b}+s_3\sqrt{c}>0$ 的时候, 存在一个符号为 s_1,s_2,s_3 的解.

如果三个数 $\sqrt{a}$, $\sqrt{b}$, $\sqrt{c}$ 中没有任何一个大于另外两个的和, 则有四个解: 所有的 s_i 为 $+1$, 或者两个 $+1$, 另一个为 -1. 对应的解或者所有的坐标为正, 或者两正一负.

如果三个数 $\sqrt{a},\sqrt{b},\sqrt{c}$ 中的一个大于另外两个的和, 比如 $\sqrt{a}>\sqrt{b}+\sqrt{c}$, 则我们必须有 $s_1>0$, 且 s_2 和 s_3 任意. 因此, 仍然有四个解, 一个解的所有坐标为正, 两个解有两个坐标为正, 一个坐标为负, 以及一个解有一个坐标为正, 两个坐标为负.

在 "退化" 的情况下, 一个数等于另外两个的和, 比如 $\sqrt{a}=\sqrt{b}+\sqrt{c}$, 只有三个解: $s_1=+1,s_2=s_3=-1$ 的组合是不可能的.

现在, 我们来分析这些临界点的本质. 这里 $n=2$, $m=1$; 增广哈塞矩阵是 4×4 的矩阵

$$H=\begin{bmatrix}-\frac{2\lambda}{x^3} & 0 & 0 & \frac{1}{x^2}\\ 0 & -\frac{2\lambda}{y^3} & 0 & \frac{1}{y^2}\\ 0 & 0 & -\frac{2\lambda}{z^3} & \frac{1}{z^2}\\ \frac{1}{x^2} & \frac{1}{y^2} & \frac{1}{z^2} & 0\end{bmatrix}, \tag{3.7.49}$$

等式 (3.7.49): 这里 $m=1$, F 为函数

$$\frac{1}{x}+\frac{1}{y}+\frac{1}{z}-1,$$

所以 H 的项 $h_{1,1}$ 为

$$D_1D_1f(\mathbf{a})-\lambda_1D_1D_1F=0-\frac{2\lambda}{x^3},$$

其中 $\mathbf{a}$ 是 f 被限制在 $F=0$ 上的临界点.

其中 x,y,z,λ 为上面找到的一个临界点的坐标. 这个矩阵对应于二次型:

$$-\frac{2\lambda}{x^3}A^2-\frac{2\lambda}{y^3}B^2-\frac{2\lambda}{z^3}C^2+\frac{2}{x^2}AD+\frac{2}{y^2}BD+\frac{2}{z^2}CD$$

$$
\begin{aligned}
&= -\frac{2}{x^2}\left(\frac{\lambda}{x}A^2 - AD + \frac{x}{4\lambda}D^2\right) - \frac{2}{y^2}\left(\frac{\lambda}{y}B^2 - BD + \frac{y}{4\lambda}D^2\right) \\
&\quad -\frac{2}{z^2}\left(\frac{\lambda}{z}C^2 - CD + \frac{z}{4\lambda}D^2\right) + \frac{1}{2\lambda}\left(\frac{1}{x} + \frac{1}{y} + \frac{1}{z}\right)D^2. \qquad (3.7.50)
\end{aligned}
$$

右边的四个被加数都是正的或者负的完全平方. 前三项与相应的临界点的坐标有相同的符号, 因为 $\lambda < 0$.[16] 又因为 $\frac{1}{x} + \frac{1}{y} + \frac{1}{z} = 1$ 且 $\lambda < 0$, 所以最后的平方带着负号.

因此, 由增广矩阵表示的二次型的符号差 (p_1, q_1) 可以为:

1. $(3,1)$: 临界点的所有坐标都是正的情况. 在这种情况下, 约束临界点的符号差为 $(2,0)$, 所以临界点是一个极小值点.

2. $(2,2)$: 临界点的两个坐标为正, 一个为负的情况. 在这种情况下, 约束临界点的符号差为 $(1,1)$, 所以临界点是一个鞍点.

3. $(1,3)$: 临界点的一个坐标为正, 两个坐标为负的情况. 在这种情况下, 约束临界点的符号差为 $(0,2)$, 所以临界点是一个极大值点. 注意, 这个只有在 $\sqrt{a}, \sqrt{b}, \sqrt{c}$ 中的一个数大于另外两个数的和的时候才会出现. △

对称矩阵的谱定理

现在我们将证明的可能是线性代数中最重要的一个定理. 它有许多个名字: **谱定理**(spectral theorem)、**主轴定理**(principal axis theorem)、**西尔维斯特惯性原理**(Sylvester's principle of inertia).

定理 3.7.15 (谱定理). 令 A 为一个每项都是实数的 $n \times n$ 的对称矩阵. 则存在 $\mathbb{R}^n$ 的一组规范正交基 $\vec{\mathbf{v}}_1, \cdots, \vec{\mathbf{v}}_n$, 以及数 $\lambda_1, \cdots, \lambda_n \in \mathbb{R}$, 满足

$$A\vec{\mathbf{v}}_i = \lambda_i \vec{\mathbf{v}}_i. \qquad (3.7.51)$$

根据命题 2.7.5, 定理 3.7.15 等价于 $B^{-1}AB = B^{\mathrm{T}}AB$ 是对角矩阵的陈述, 其中 B 是列为 $\vec{\mathbf{v}}_1, \cdots, \vec{\mathbf{v}}_n$ 的正交矩阵. (矩阵 B 是正交的, 当且仅当 $B^{\mathrm{T}}B = I$.)

注释. 从定义 2.7.2 回忆到, 一个满足等式 (3.7.51) 的向量 $\vec{\mathbf{v}}_i$ 是一个本征向量, 本征值为 λ_i. 所以, 定理 3.7.15 中的正交基是一组本征基. 在 2.7 节, 我们证明了每个方形矩 阵至少有一个本征向量, 但由于我们找到它的流程中用到了代数基本定理, 它就必须考虑相应的本征值是复数的可能性. 存在没有实的本征向量和本征值的方形实矩阵: 例如, 矩阵 $A = \begin{bmatrix} 0 & 1 \\ -1 & 0 \end{bmatrix}$ 把向量沿顺时针方向旋转 $\pi/2$, 所以显然没有 $\lambda \in \mathbb{R}$, 也没有非零向量 $\vec{\mathbf{v}} \in \mathbb{R}^2$ 满足 $A\vec{\mathbf{v}} = \lambda\vec{\mathbf{v}}$; 其本征值为 $\pm\mathrm{i}$. 对称的实矩阵是一类特别的方形实矩阵, 其本征向量不仅保证存在, 还保证构成规范正交基. △

我们讨论了如何构造一个与紧接着命题 3.5.17 的二次型关联的对称矩阵. 这里, 我们走向另一个方向. 等式 (3.7.50) 中的 A, B, C, D 是对应于等式 (3.5.32) 中的向量 $\vec{\mathbf{x}}$ 的向量的坐标:

$$Q_H\begin{bmatrix} A \\ B \\ C \\ D \end{bmatrix} = \begin{bmatrix} A \\ B \\ C \\ D \end{bmatrix} \cdot H \begin{bmatrix} A \\ B \\ C \\ D \end{bmatrix}.$$

根据命题 3.7.13, 如果与增广哈塞矩阵关联的二次型的符号差为 (p_1, q_1), 则与一个约束临界点关联的二次型的符号差为 $(p_1 - m, q_1 - m)$. 这里 $m = 1$.

我们使用 λ 来表示本征值和定理和定义 3.7.5 中的拉格朗日乘子. 在解决一个涉及约束临界点的问题的时候, 拉格朗日用 λ 来表示我们现在称为拉格朗日乘子的量. 在那个时候, 线性代数还不存在, 但后来 (在希尔伯特证明了更难的无限维上的谱定理后), 人们意识到拉格朗日已经证明了有限维的版本, 定理 3.7.15.

推广谱定理到无限多的维数上是函数分析的一个中心话题.

我们对谱定理的证明用到了定理 1.6.9, 它保证了一个紧致集合上的连续函数有最大值点. 这个定理是非构造性的: 它证明了最大值点的存在性, 但没有说明如何找到它, 这样, 定理 3.7.15 也是非构造性的. 有一个实用的方法给一个对称矩阵找到本征基, 叫作**雅可比方法**(Jacobi's method); 见练习 3.29.

[16] 例如, 如果 $x > 0$, 则第一个被加数可以写为 $\frac{2}{x^2}\left(\sqrt{\frac{-\lambda}{x}}A + \frac{1}{2}\sqrt{\frac{x}{-\lambda}}D\right)^2$; 如果 $x < 0$, 则它可以被写为 $-\frac{2}{x^2}\left(\sqrt{\frac{\lambda}{x}}A - \frac{1}{2}\sqrt{\frac{x}{\lambda}}D\right)^2$.

证明: 我们的策略将是考虑函数 $Q_A\colon \mathbb{R}^n \to \mathbb{R}$, 定义为 $Q_A(\vec{\mathbf{x}}) = \vec{\mathbf{x}} \cdot A\vec{\mathbf{x}}$, 受到各种条件的约束. 第一个约束条件确保我们找到的第一个基向量的长度为 1. 加上第二个约束条件确保第二个基向量的长度为 1, 且与第一个基向量正交. 加上第三个约束条件确保第三个基向量的长度为 1, 且与前两个基向量正交, 依此类推. 我们将看到这些向量是本征向量.

首先我们把 Q_A 限定在方程为 $F_1(\vec{\mathbf{x}}) = |\vec{\mathbf{x}}|^2 = 1$ 的 $n-1$ 维的球面 $S \subset \mathbb{R}^n$ 上; 这是第一个约束条件. 因为 S 是 $\mathbb{R}^n$ 的一个紧致子集, 约束在 S 上的 Q_A 有一个最大值点, 而且约束条件 $F_1(\vec{\mathbf{x}}) = |\vec{\mathbf{x}}|^2 = 1$ 确保了这个最大值点的长度为 1.

记住, Q_A 的最大值点是其定义域中的一个元素; 函数在最大值点处取得最大值.

练习 3.7.9 让你说明 Q_A 的导数为

$$[\mathbf{D}Q_A(\vec{\mathbf{a}})]\vec{\mathbf{h}} = \vec{\mathbf{a}} \cdot (A\vec{\mathbf{h}}) + \vec{\mathbf{h}} \cdot (A\vec{\mathbf{a}}) = \vec{\mathbf{a}}^{\mathrm{T}} A\vec{\mathbf{h}} + \vec{\mathbf{h}}^{\mathrm{T}} A\vec{\mathbf{a}} = 2\vec{\mathbf{a}}^{\mathrm{T}} A\vec{\mathbf{h}}. \tag{3.7.52}$$

约束函数的导数为

$$[\mathbf{D}F_1(\vec{\mathbf{a}})]\vec{\mathbf{h}} = [2a_1 \cdots 2a_n] \begin{bmatrix} h_1 \\ \vdots \\ h_n \end{bmatrix} = 2\vec{\mathbf{a}}^{\mathrm{T}}\vec{\mathbf{h}}. \tag{3.7.53}$$

定理和定义 3.7.5 告诉我们, 如果 $\vec{\mathbf{v}}_1$ 是约束在 S 上的 Q_A 的一个最大值点, 则存在 λ_1, 满足

$$2\vec{\mathbf{v}}_1^{\mathrm{T}} A = \lambda_1 2\vec{\mathbf{v}}_1^{\mathrm{T}}, \text{ 所以 } (\vec{\mathbf{v}}_1^{\mathrm{T}} A)^{\mathrm{T}} = (\lambda_1 \vec{\mathbf{v}}_1^{\mathrm{T}})^{\mathrm{T}}, \text{ 也就是 } A^{\mathrm{T}}\vec{\mathbf{v}}_1 = \lambda_1 \vec{\mathbf{v}}_1. \tag{3.7.54}$$

(记住, $(AB)^{\mathrm{T}} = B^{\mathrm{T}}A^{\mathrm{T}}$.)

练习 3.2.11 探索了关于正交和对称矩阵的其他结果.

因为 A 是对称的, 我们可以把等式 (3.7.54) 重写为 $A\vec{\mathbf{v}}_1 = \lambda_1\vec{\mathbf{v}}_1$. 因此, 被约束在 S 上的 Q_A 的最大值点 $\vec{\mathbf{v}}_1$ 满足等式 (3.7.51), 并且长度为 1; 它是我们的本征向量的正交基中的第一个向量.

注释. 我们还可以用一个更为几何的论证来证明第一个本征向量的存在性. 根据定理 3.7.2, 在一个临界点 $\vec{\mathbf{v}}_1$, 导数 $[\mathbf{D}Q_A(\vec{\mathbf{v}}_1)]$ 在 $T_{\vec{\mathbf{v}}_1}S$ 上为 0: 对所有的 $\vec{\mathbf{w}} \in T_{\vec{\mathbf{v}}_1}S$, $[\mathbf{D}Q_A(\vec{\mathbf{v}}_1)]\vec{\mathbf{w}} = 0$ 成立. 因为 $T_{\vec{\mathbf{v}}_1}S$ 由在 $\vec{\mathbf{v}}_1$ 与球面相切的向量构成, 从而与球面在 $\vec{\mathbf{v}}_1$ 正交, 这意味着对于所有满足 $\vec{\mathbf{w}} \cdot \vec{\mathbf{v}}_1 = 0$ 的 $\vec{\mathbf{w}}$, 都有

$$[\mathbf{D}Q_A(\vec{\mathbf{v}}_1)]\vec{\mathbf{w}} = 2(\vec{\mathbf{v}}_1^{\mathrm{T}} A)\vec{\mathbf{w}} = 0. \tag{3.7.55}$$

对两边取转置, 给出 $\vec{\mathbf{w}}^{\mathrm{T}} A\vec{\mathbf{v}}_1 = \vec{\mathbf{w}} \cdot A\vec{\mathbf{v}}_1 = 0$. 因为 $\vec{\mathbf{w}} \perp \vec{\mathbf{v}}_1$, 这就是说, $A\vec{\mathbf{v}}_1$ 正交于任何与 $\vec{\mathbf{v}}_1$ 正交的向量. 因此, 它指向与 $\vec{\mathbf{v}}_1$ 相同的方向: $A\vec{\mathbf{v}}_1 = \lambda_1\vec{\mathbf{v}}_1$, 对于某个 λ_1 成立. △

空间 $(\vec{\mathbf{v}}_1)^{\perp}$ 被称为由 $\vec{\mathbf{v}}_1$ 生成的空间的正交补空间. 更一般地, 满足

$$\vec{\mathbf{x}} \cdot \vec{\mathbf{v}}_1 = 0, \vec{\mathbf{x}} \cdot \vec{\mathbf{v}}_2 = 0$$

的一组向量 (见等式 (3.7.62)) 被称为由 $\vec{\mathbf{v}}_1$ 和 $\vec{\mathbf{v}}_2$ 生成的空间的正交补空间.

对于第二个本征向量, 用 $\vec{\mathbf{v}}_2$ 表示当 Q_A 受到两个条件

$$F_1(\vec{\mathbf{x}}) = |\vec{\mathbf{x}}|^2 = 1, \; F_2(\vec{\mathbf{x}}) = \vec{\mathbf{x}} \cdot \vec{\mathbf{v}}_1 = 0 \tag{3.7.56}$$

约束时的最大值点. 换句话说, 我们在考虑 Q_A 被约束在空间 $S \cap (\vec{\mathbf{v}}_1)^{\perp}$ 上的最大值点, 其中 $(\vec{\mathbf{v}}_1)^{\perp}$ 是正交于 $\vec{\mathbf{v}}_1$ 的向量的空间.

因为 $[\mathbf{D}F_2(\vec{\mathbf{v}}_2)] = \vec{\mathbf{v}}_1^{\mathrm{T}}$, 等式 (3.7.52) 和等式 (3.7.53) 以及定理和定义 3.7.5

告诉我们, 存在数值 λ_2 和 $\mu_{2,1}$, 满足

等式 (3.7.57): μ 的脚标 2,1 表示我们在寻找第二个基向量; 1 表示我们选择它与第一个基向量正交.

$$\underbrace{2\vec{\mathbf{v}}_2^{\mathrm{T}}A}_{[\mathbf{D}Q_A(\vec{\mathbf{v}}_2)]} = \underbrace{\lambda_2 2\vec{\mathbf{v}}_2^{\mathrm{T}}}_{\lambda_1[\mathbf{D}F_1(\vec{\mathbf{v}}_2)]} + \underbrace{\mu_{2,1}\vec{\mathbf{v}}_1^{\mathrm{T}}}_{\lambda_2[\mathbf{D}F_2(\vec{\mathbf{v}}_2)]}. \tag{3.7.57}$$

(注意, 这里 λ_2 对应于等式 (3.7.9) 中的 λ_1, $\mu_{2,1}$ 对应于那个方程中的 λ_2.) 对两边同时取转置 (记住, 因为 A 是对称的, 所以 $A^{\mathrm{T}}=A$), 得到

$$A\vec{\mathbf{v}}_2 = \lambda_2\vec{\mathbf{v}}_2 + \frac{\mu_{2,1}}{2}\vec{\mathbf{v}}_1. \tag{3.7.58}$$

现在, 用 $\vec{\mathbf{v}}_1$ 对两边取点乘, 得到

$$(A\vec{\mathbf{v}}_2)\cdot\vec{\mathbf{v}}_1 = \lambda_2\underbrace{\vec{\mathbf{v}}_2\cdot\vec{\mathbf{v}}_1}_{0} + \frac{\mu_{2,1}}{2}\underbrace{\vec{\mathbf{v}}_1\cdot\vec{\mathbf{v}}_1}_{1} = \frac{\mu_{2,1}}{2}. \tag{3.7.59}$$

(我们有 $\vec{\mathbf{v}}_1\cdot\vec{\mathbf{v}}_1=1$, 因为 $\vec{\mathbf{v}}_1$ 的长度为 1; 我们有 $\vec{\mathbf{v}}_2\cdot\vec{\mathbf{v}}_1=0$, 因为两个向量互相正交.) 利用

等式 (3.7.60) 的第一个等式用到了 A 的对称性: 如果 A 是对称的, 则

$$\begin{aligned}\vec{\mathbf{v}}\cdot(A\vec{\mathbf{w}}) &= \vec{\mathbf{v}}^{\mathrm{T}}(A\vec{\mathbf{w}}) = (\vec{\mathbf{v}}^{\mathrm{T}}A)\vec{\mathbf{w}}\\ &= (\vec{\mathbf{v}}^{\mathrm{T}}A^{\mathrm{T}})\vec{\mathbf{w}} = (A\vec{\mathbf{v}})^{\mathrm{T}}\vec{\mathbf{w}}\\ &= (A\vec{\mathbf{v}})\cdot\vec{\mathbf{w}}.\end{aligned}$$

第三个, 用到了如下事实

$$\vec{\mathbf{v}}_2\in S\cap(\vec{\mathbf{v}}_1)^{\perp}.$$

你应当对从本征向量的存在性是多么容易地推出了拉格朗日乘子有深刻的印象. 当然, 没有定理 1.6.9 来保证函数 Q_A 有最大值点和最小值点, 我们还不能做到这个. 另外, 我们只证明了存在性: 没有明显的方法来找到 Q_A 在这些约束下的最大值点.

$$(A\vec{\mathbf{v}}_2)\cdot\vec{\mathbf{v}}_1 = \vec{\mathbf{v}}_2\cdot(A\vec{\mathbf{v}}_1) = \vec{\mathbf{v}}_2\cdot(\lambda_1\vec{\mathbf{v}}_1) = 0, \tag{3.7.60}$$

等式 (3.7.59) 变成了 $0=\mu_{2,1}$, 所以等式 (3.7.58) 变成了

$$A\vec{\mathbf{v}}_2 = \lambda_2\vec{\mathbf{v}}_2. \tag{3.7.61}$$

因此, 我们找到了第二个本征向量: 它是 Q_A 约束在 $F_1=0$ 和 $F_2=0$ 的集合上的最大值点.

应该很清楚如何继续, 但我们来再进一步. 假设 $\vec{\mathbf{v}}_3$ 是 Q_A 约束在 $S\cap\vec{\mathbf{v}}_1^{\perp}\cap\vec{\mathbf{v}}_2^{\perp}$ 上的一个最大值点, 也就是在三个约束条件下最大化 Q_A:

$$F_1(\vec{\mathbf{x}})=1,\ F_2(\vec{\mathbf{x}})=\vec{\mathbf{x}}\cdot\vec{\mathbf{v}}_1=0,\ F_3(\vec{\mathbf{x}})=\vec{\mathbf{x}}\cdot\vec{\mathbf{v}}_2=0. \tag{3.7.62}$$

上面的论证说明, 存在数值 $\lambda_3,\mu_{3,1},\mu_{3,2}$, 满足

$$A\vec{\mathbf{v}}_3 = \mu_{3,1}\vec{\mathbf{v}}_1 + \mu_{3,2}\vec{\mathbf{v}}_2 + \lambda_3\vec{\mathbf{v}}_3. \tag{3.7.63}$$

把整个方程点乘 $\vec{\mathbf{v}}_1$(也分别点乘 $\vec{\mathbf{v}}_2$); 你将得到 $\mu_{3,1}=\mu_{3,2}=0$. 因此 $A\vec{\mathbf{v}}_3=\lambda_3\vec{\mathbf{v}}_3$. □

谱定理给出了处理二次型的另一个方法, 几何上比配方更有吸引力.

定理 3.7.16. 令 A 为一个实的 $n\times n$ 的对称矩阵. 当且仅当存在 $\mathbb{R}^n$ 上的一组规范正交基 $\vec{\mathbf{v}}_1,\cdots,\vec{\mathbf{v}}_n$, 满足 $A\vec{\mathbf{v}}_i=\lambda_i\vec{\mathbf{v}}_i$, 其中 $\lambda_1,\cdots,\lambda_k>0$, $\lambda_{k+1},\cdots,\lambda_{k+l}<0$, 且所有的 $\lambda_{k+l+1},\cdots,\lambda_n$ 为 0(如果 $k+l<n$) 的时候, 二次型 Q_A 的符号差为 (k,l).

证明: 根据谱定理, 存在 A 的在 $\mathbb{R}^n$ 上的一组规范正交本征基 $\vec{\mathbf{v}}_1,\cdots,\vec{\mathbf{v}}_n$; 用 $\lambda_1,\cdots,\lambda_n$ 表示相应的本征值. 则 (命题 2.4.18) 任意向量 $\vec{\mathbf{x}}\in\mathbb{R}^n$ 可以写为

$$\vec{\mathbf{x}} = \sum_{i=1}^{n}(\vec{\mathbf{x}}\cdot\vec{\mathbf{v}}_i)\vec{\mathbf{v}}_i,\ 所以\ A\vec{\mathbf{x}} = \sum_{i=1}^{n}\lambda_i(\vec{\mathbf{x}}\cdot\vec{\mathbf{v}}_i)\vec{\mathbf{v}}_i. \tag{3.7.64}$$

线性函数 $\alpha_i(\vec{\mathbf{x}}) \stackrel{\text{def}}{=} \vec{\mathbf{x}}\cdot\vec{\mathbf{v}}_i$ 是线性无关的, 且

$$\begin{aligned} Q_A(\vec{\mathbf{x}}) \underbrace{=}_{\text{等式 (3.5.32)}} \vec{\mathbf{x}}^{\mathrm{T}}A\vec{\mathbf{x}} &= \left(\sum_{i=1}^{n}(\vec{\mathbf{x}}\cdot\vec{\mathbf{v}}_i)\vec{\mathbf{v}}_i\right)^{\mathrm{T}} A\left(\sum_{j=1}^{n}(\vec{\mathbf{x}}\cdot\vec{\mathbf{v}}_j)\vec{\mathbf{v}}_j\right) = \left(\sum_{i=1}^{n}\alpha_i(\vec{\mathbf{x}})\vec{\mathbf{v}}_i\right)\cdot\left(\sum_{j=1}^{n}\alpha_j(\vec{\mathbf{x}})\lambda_j\vec{\mathbf{v}}_j\right) \\ &= \sum_{i=1}^{n}\sum_{j=1}^{n}\alpha_i(\vec{\mathbf{x}})\alpha_j(\vec{\mathbf{x}})\lambda_j\vec{\mathbf{v}}_i\cdot\vec{\mathbf{v}}_j = \sum_{i=1}^{n}\lambda_i\alpha_i(\vec{\mathbf{x}})^2. \end{aligned} \tag{3.7.65}$$

等式 (3.7.65) 利用了 $\vec{\mathbf{v}}_1, \cdots, \vec{\mathbf{v}}_n$ 构成一组正交基的事实, 所以, 如果 $i \neq j$, 则 $\vec{\mathbf{v}}_i\cdot\vec{\mathbf{v}}_j = 0$, 如果 $i = j$, 则为 1.

这证明了定理 3.7.16: 如果 Q_A 的符号差为 (k,l), 则 k 个 λ_i 为正的, l 个为负的, 其余的为 0; 相反地, 如果 k 个本征值是正的, l 个是负的, 则 Q_A 的符号差为 (k,l). □

3.7 节的练习

3.7.1 表面积为 10, 一边长恰好等于另一边长两倍的盒子的最大体积是多少?

3.7.2 考虑方程为 $x = \sin z$ 的曲面 X(图见边注) 的 "参数化" $\mathbf{g}$: $\begin{pmatrix} u \\ v \end{pmatrix} \mapsto \begin{pmatrix} \sin uv \\ u+v \\ uv \end{pmatrix}$. 设 $f(\mathbf{x}) = x+y+z$.

a. 证明: 对于所有的 $\mathbf{x} \in X$, 导数 $[\mathbf{D}f(\mathbf{x})]$ 在 $T_{\mathbf{x}}X$ 上不为 0.

b. 证明: $f\circ\mathbf{g}$ 没有临界点.

c. 根据 a 问, 这些临界点不是 f 限定在 X 上的临界点, 哪里出了问题?

练习 3.7.2 的图

"曲面" Y 是

$$\mathbf{g}: \begin{pmatrix} u \\ v \end{pmatrix} \mapsto \begin{pmatrix} \sin uv \\ u+v \\ uv \end{pmatrix}$$

的像; 它是像一个板凳的曲面 $x = \sin z$ 的一个子集. X 在任何点的切平面总是与 y 轴平行的.

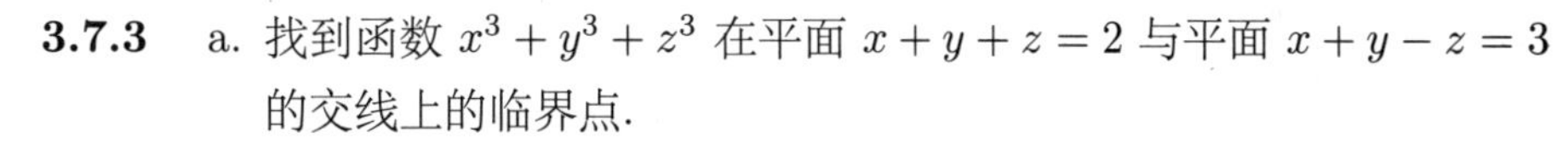

3.7.3 a. 找到函数 $x^3+y^3+z^3$ 在平面 $x+y+z=2$ 与平面 $x+y-z=3$ 的交线上的临界点.

b. 这些临界点是极大值点, 极小值点, 还是两者都不是?

3.7.4 a. 证明: 行列式为 1 的 2×2 的矩阵的集合 $X \subset \mathrm{Mat}(2,2)$ 是一个光滑的子流形. 它的维数是多少?

b. 找到 X 中与矩阵 $\begin{bmatrix} 0 & 1 \\ 1 & 0 \end{bmatrix}$ 的距离最近的一个矩阵.

3.7.5 边与坐标轴平行, 且包含在椭球 $x^2+4y^2+9z^2 \leqslant 9$ 中的最大的平行六面体的体积是多少?

3.7.6 找到函数

$$f\begin{pmatrix} x \\ y \\ z \end{pmatrix} = 2xy+2yz-2x^2-2y^2-2z^2$$

在 $\mathbb{R}^3$ 中的单位球面上的临界点.

练习 3.7.7: 利用平面的方程用 x 和 y 来表示 z(也就是, 用 x 和 y 来参数化平面).

3.7.7 a. 推广例 3.7.9: 证明, 当 $a,b,c>0$ 时, 函数 xyz 在平面 $\varphi\begin{pmatrix} x \\ y \\ z \end{pmatrix} = ax+by+cz-1=0$ 上有四个临界点.

b. 证明: 这其中的三个临界点是鞍点, 一个是极大值点.

3.7.8 找到函数 $x^a e^{-x} y^b e^{-y}$ 在三角形 $x \geqslant 0,\ y \geqslant 0,\ x+y \leqslant 1$ 上的最大值点, 用 a 和 b 表示, 其中 $a, b > 0$.

练习 3.7.8: 想想什么时候最大值点在三角形内部, 什么时候在边界上.

3.7.9 利用导数的定义以及 A 是对称的事实, 解释说明等式 (3.7.51).

***3.7.10** 令 D 为由不等式 $x+y \geqslant 0$ 和 $x^2+y^2 \leqslant 1$ 所描述的封闭的区域, 如边注所示.

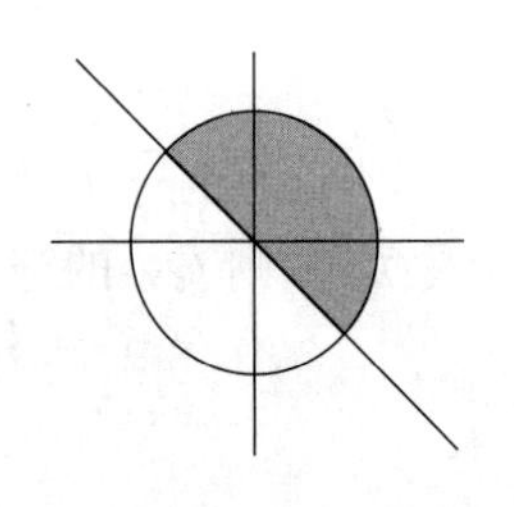

练习 3.7.10 的图

a. 找到函数 $f\begin{pmatrix} x \\ y \end{pmatrix} = xy$ 在 D 上的最大值点和最小值点.

b. 对于 $f\begin{pmatrix} x \\ y \end{pmatrix} = x + 5xy$ 再试着做一次.

3.7.11 方程为 $z^2 = x^2 + y^2$ 的锥在一条曲线 C 上被平面 $z = 1 + x + y$ 切割. 找到 C 上离原点最远和最近的点.

3.7.12 找到函数 $f\begin{pmatrix} x \\ y \\ z \end{pmatrix} = x + y + z$ 在由 $\mathbf{g}\colon \begin{pmatrix} u \\ v \end{pmatrix} \mapsto \begin{pmatrix} \sin uv + u \\ u + v \\ uv \end{pmatrix}$ 参数化的曲面 (图在边注) 上的局部临界点. (练习 3.1.25 让你证明 $\mathbf{g}$ 确实是一个参数化.)

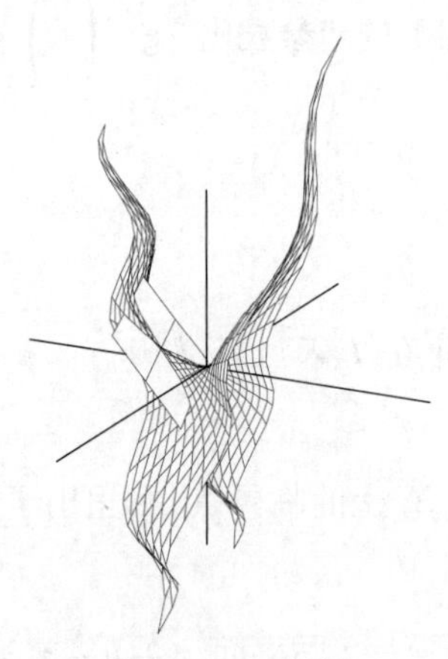

练习 3.7.12 的图

3.7.13 定义 $f\colon \mathbb{R}^3 \to \mathbb{R}$ 为 $f\begin{pmatrix} x \\ y \\ z \end{pmatrix} = xy - x + y + z^2$. 令 $\mathbf{x}_0 = \begin{pmatrix} -1 \\ 1 \\ 0 \end{pmatrix}$.

a. 证明 f 只有一个临界点 $\mathbf{x}_0$. 它是哪一类临界点?

b. 找到所有的 f 被限定在由下式给出的流形$S_{\sqrt{2}}(\mathbf{x}_0)$(球心在 $\mathbf{x}_0$、半径为 $\sqrt{2}$ 的球面) 上的临界点:

$$F\begin{pmatrix} x \\ y \\ z \end{pmatrix} = (x+1)^2 + (y-1)^2 + z^2 - 2 = 0.$$

c. f 在闭球 $\overline{B_{\sqrt{2}}(\mathbf{x}_0)}$ 上的最大值和最小值是什么?

练习 3.7.13 c 问的提示: 最大值和最小值 k 要么在 $B_{\sqrt{2}}(\mathbf{x}_0)$ 的临界点处出现, 要么在边界

$$\partial\overline{B_{\sqrt{2}}(\mathbf{x}_0)} = S_{\sqrt{2}}(\mathbf{x}_0)$$

的一个受约束的临界点处出现.

3.7.14 利用增广哈塞矩阵, 分析在例 3.7.9 中找到的临界点.

3.7.15 令 $X \subset \mathbb{R}^2$ 由方程 $y^2 = (x-1)^3$ 定义.

a. 证明 $f\begin{pmatrix} x \\ y \end{pmatrix} = x^2 + y^2$ 在 X 上有一个最小值点.

b. 证明拉格朗日乘子方程无解.

c. 哪里错了?

3.7.16 找到 $f(x,y,z) = x^3 + y^3 + z^3$ 在曲面 $x^{-1} + y^{-1} + z^{-1} = 1$ 上的临界点.

3.8 概率和奇异值分解

$$\begin{bmatrix} 2 & 0 & 0 & 0 \\ 0 & 1 & 0 & 0 \\ 0 & 0 & 0 & 0 \end{bmatrix},$$

这个矩形对角矩阵是非负的. "对角项" 为 2, 1 和 0.

在 SVD 的应用中, A 被允许为非方形的是非常根本的. 涉及的矩阵经常戏剧性地一边倒, 比如在例 3.8.10 中的 $200 \times 1\,000\,000$.

矩阵 D 在轴的方向上拉伸; 我们将在练习 4.8.23 中看到, 正交矩阵 P 和 Q 是反射和旋转的复合.

如果 A 不是对称的, 则谱定理就不能用. 但是 AA^{T} 和 $A^{\mathrm{T}}A$ 都是对称的 (见练习 1.2.16), 谱定理可以用在这些矩阵上, 从而导致了**奇异值分解**(Singular Value Decomposition, SVD)的产生. 这个结果在统计学上有着极大的重要性, 被称为**主成分分析**(Principal Component Analysis, PCA).

我们称一个 $n \times m$ 的矩阵为**矩形对角的**(rectangular diagonal), 如果满足对 $i \neq j$, 有 $d_{i,j} = 0$; 如果对所有的 $1 \leqslant i \leqslant \min\{n, m\}$, 对角项 $d_{i,i} \geqslant 0$, 则称为**非负的**(nonnegative).

定理 3.8.1 (奇异值分解). 令 A 为一个 $n \times m$ 的实矩阵. 则存在一个正交的 $n \times n$ 的矩阵 P, 一个正交的 $m \times m$ 的矩阵 Q, 一个非负的 $n \times m$ 的矩形对角矩阵 D, 满足 $A = PDQ^{\mathrm{T}}$.

D 上的非零对角项 $d_{i,i}$ 是 $A^{\mathrm{T}}A$ 的本征值的平方根.

D 上的对角项 $d_{i,i}$ 叫作矩阵 A 的**奇异值**(singular values).

要证明定理 3.8.1, 我们将需要下面这个或许令人惊讶的陈述.

引理 3.8.2: 我们说引理 3.8.2 令人惊讶, 是因为矩阵 $A^{\mathrm{T}}A$ 和 AA^{T} 可能有完全不同的大小. 注意, 尽管它们有同样的非零的本征值, 以及相同的重数, 但它们可能有不同个数的零本征值.

引理 3.8.2. 对称矩阵 $A^{\mathrm{T}}A$ 和 AA^{T} 有着相同的非零本征值, 且重数相同: 对任何 $\lambda \neq 0$, 映射

$$\vec{\mathbf{v}} \mapsto \frac{1}{\sqrt{\lambda}} A\vec{\mathbf{v}} \tag{3.8.1}$$

对应一个同构 $\ker(A^{\mathrm{T}}A - \lambda I) \to \ker(AA^{\mathrm{T}} - \lambda I)$.

引理 3.8.2 的证明: 如果 $\vec{\mathbf{v}}$ 在 $\ker(A^{\mathrm{T}}A - \lambda I)$ 中, 也就是 $A^{\mathrm{T}}A\vec{\mathbf{v}} = \lambda\vec{\mathbf{v}}$, 则 $A\vec{\mathbf{v}}/\sqrt{\lambda}$ 在 $\ker(AA^{\mathrm{T}} - \lambda I)$ 中:

$$AA^{\mathrm{T}}\left(\frac{1}{\sqrt{\lambda}}A\vec{\mathbf{v}}\right) = \frac{1}{\sqrt{\lambda}}A(A^{\mathrm{T}}A\vec{\mathbf{v}}) = \lambda\left(\frac{1}{\sqrt{\lambda}}A\vec{\mathbf{v}}\right). \tag{3.8.2}$$

这个映射是一个同构, 因为 $\vec{\mathbf{w}} \mapsto \frac{1}{\sqrt{\lambda}}A^{\mathrm{T}}\vec{\mathbf{w}}$ 是它的逆. 因此 $A^{\mathrm{T}}A$ 和 AA^{T} 有相同的非零本征值, 根据定义 2.7.2, 这些本征值有相同的重数. □

定理 3.8.1 的证明: 练习 3.8.5 让你使用引理 3.8.2 和谱定理来证明 $A^{\mathrm{T}}A$ 具有正交基 $\vec{\mathbf{v}}_1, \cdots, \vec{\mathbf{v}}_m$, 相应的本征值为 $\lambda_1 \geqslant \cdots \geqslant \lambda_k > 0$, $\lambda_{k+1} = \cdots = \lambda_m = 0$, AA^{T} 也有正交的本征基 $\vec{\mathbf{w}}_1, \cdots, \vec{\mathbf{w}}_n$, 相应的本征值为 $\mu_1 = \lambda_1, \cdots, \mu_k = \lambda_k$, $\mu_{k+1} = \cdots = \mu_n = 0$, 满足

$$\vec{\mathbf{w}}_i = \frac{1}{\sqrt{\lambda_i}}A\vec{\mathbf{v}}_i \text{ 以及 } \vec{\mathbf{v}}_i = \frac{1}{\sqrt{\mu_i}}A^{\mathrm{T}}\vec{\mathbf{w}}_i,\ i \leqslant k. \tag{3.8.3}$$

要利用 MATLAB 找到一个方形矩阵 A 的奇异值分解, 输入

[P, D, Q] = svd(A)

你将得到矩阵 P, D, Q, 满足 $A = PDQ$, 其中 D 是对角矩阵, P 和 Q 是正交的. (这个 Q 将是我们的 Q^{T}.)

(注意, 如果 A 是 $n \times m$ 的, 则 $A^{\mathrm{T}}A$ 是 $m \times m$ 的, AA^{T} 是 $n \times n$ 的; 我们有 $\vec{\mathbf{v}}_i \in \mathbb{R}^m$, $A\vec{\mathbf{v}} \in \mathbb{R}^n$, $\vec{\mathbf{w}} \in \mathbb{R}^n$, $A^{\mathrm{T}}\vec{\mathbf{w}} \in \mathbb{R}^m$, 所以等式 (3.8.3) 有意义.) 现在, 设

$$P = [\vec{\mathbf{w}}_1, \cdots, \vec{\mathbf{w}}_n],\ Q = [\vec{\mathbf{v}}_1, \cdots, \vec{\mathbf{v}}_m], \tag{3.8.4}$$

设 $D = P^{\mathrm{T}}AQ$. P 和 Q 都是正交矩阵, D 的第 (i,j) 项为

$$\vec{\mathbf{w}}_i^{\mathrm{T}} A\vec{\mathbf{v}}_j = \begin{cases} 0 & \text{如果 } i > k \text{ 或者 } j > k \\ \vec{\mathbf{w}}_i \cdot \sqrt{\lambda_j}\vec{\mathbf{w}}_j & \text{如果 } i,j \leqslant k \end{cases}, \tag{3.8.5}$$

因为如果 $i > k$, 则 $\vec{\mathbf{w}}_i^{\mathrm{T}} A = \vec{\mathbf{0}}^{\mathrm{T}}$, 如果 $j > k$, 则 $A\vec{\mathbf{v}}_j = \vec{\mathbf{0}}$. 更进一步, 有

$$\vec{\mathbf{w}}_i \cdot \sqrt{\lambda_j}\vec{\mathbf{w}}_j = \begin{cases} 0 & \text{如果 } i \neq j \text{ 或者 } i = j, \text{ 且 } i > k \\ \sqrt{\lambda_j} & \text{如果 } i = j \text{ 且 } i,j \leqslant k \end{cases}. \tag{3.8.6}$$

因此, D 是矩形对角矩阵, 对角项为 $\sqrt{\lambda_1}, \cdots, \sqrt{\lambda_k}$. 又因为 P 和 Q 是正交的, $D = P^{\mathrm{T}}AQ$ 意味着 $A = PDQ^{\mathrm{T}}$.

对角矩阵 $DD^{\mathrm{T}} = P^{\mathrm{T}}AA^{\mathrm{T}}P$ 的对角项是 D 的 "对角项" 的平方. 这样, A 的奇异值是 DD^{T} 的对角项 (本征值) 的平方根. 因为, 根据命题 2.7.5, $DD^{\mathrm{T}} = P^{-1}AA^{\mathrm{T}}P$ 的本征值也是 AA^{T} 的本征值, A 的奇异值仅仅依赖于 A. □

回忆到一个矩阵 B 是正交的, 当且仅当 $B^{\mathrm{T}}B = I$. 所以

$$\begin{aligned} DD^{\mathrm{T}} &= P^{\mathrm{T}}AQQ^{\mathrm{T}}A^{\mathrm{T}}P \\ &= P^{\mathrm{T}}AA^{\mathrm{T}}P \\ &= P^{-1}AA^{\mathrm{T}}P. \end{aligned}$$

定义 2.9.6: A 的范数 $||A||$ 为

$$||A|| = \sup |A\vec{\mathbf{x}}|,$$

其中 $\vec{\mathbf{x}} \in \mathbb{R}^n$ 且 $|\vec{\mathbf{x}}| = 1$.

一个有趣的结果就是一个矩阵的范数的公式.

命题 3.8.3. 对任意实矩阵 A, A 的范数为

$$||A|| = \max_{\lambda\text{为}A^{\mathrm{T}}A\text{的本征值}} \sqrt{\lambda}.$$

证明: 根据命题和定义 2.4.19, 一个正交矩阵保持长度. 因此, 如果 P 和 Q 正交, 且 B 为任意矩阵 (不一定是方阵), 则 $||QB|| = \sup_{|\vec{\mathbf{v}}|=1} |QB\vec{\mathbf{v}}| = \sup_{|\vec{\mathbf{v}}|=1} |B\vec{\mathbf{v}}| = ||B||$, 且

$$||BQ|| = \sup_{|\vec{\mathbf{v}}|=1} |BQ\vec{\mathbf{v}}| = \sup_{|Q\vec{\mathbf{v}}|=1} |BQ\vec{\mathbf{v}}| = \sup_{|\vec{\mathbf{w}}|=1} ||B\vec{\mathbf{w}}|| = ||B||,$$

$$||A|| = ||PDQ^{\mathrm{T}}|| = ||D|| = \max_{\lambda\text{为}A^{\mathrm{T}}A\text{的本征值}} \sqrt{\lambda}. \quad \square$$

科尔莫哥洛夫 (图 3.8.1) 是 20 世纪最伟大的数学家之一, 他使概率成为数学的一个严格的分支. 他的贡献中的一部分是说, 在任何对概率的严肃的处理过程中, 你都必须要小心: 你需要指定哪个子集有一个概率 (这些子集被称为**可测子集**(measurable subset)), 你需要把定义 3.8.4 中的要求 3 替换为**可数的可加性**(countable additivity): 如果 $i \mapsto A_i$ 为一个 X 的不相交的可测子集的序列, 则

$$\mathbf{P}\left(\bigcup_{i=1}^{\infty} A_i\right) = \sum_{i=1}^{\infty} \mathbf{P}(A_i);$$

见定理 A.21.6.

科尔莫哥洛夫解决了希尔伯特在 1900 年提出的二十三个问题中的第十三个, 并且对动态系统、复杂性和信息理论做出了主要贡献. (照片由 Jürgen Moser 拍摄.)

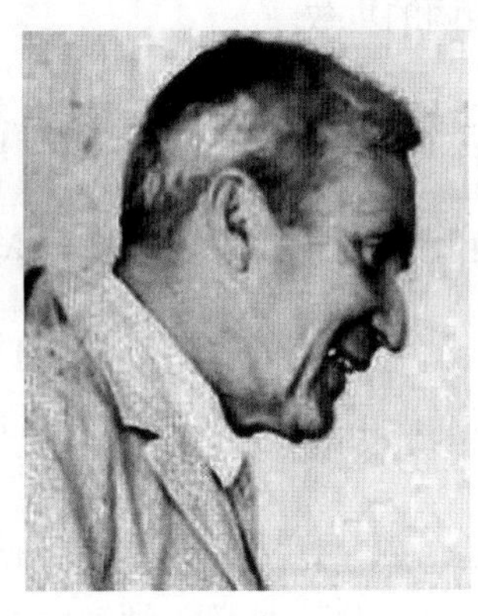

图 3.8.1
科尔莫哥洛夫 (Andrei Kolmogorov, 1903 — 1987)

有限概率的语言

要理解奇异值分解如何被用在统计学中, 我们需要一些概率的术语. 在概率中, 我们有一个样本空间 S, 它是某个试验的所有可能的结果的集合, 与给出输出结果在某个子集 $A \subset S$ (称为一个**事件**(event)) 中的概率的**概率测度**(probability measure) $\mathbf{P}$. 如果试验包括了投掷一个 6 面的骰子, 样本空间为 $\{1, 2, 3, 4, 5, 6\}$; 事件 $A = \{3, 4\}$ 的意思是, "停在 3 或者 4", $\mathbf{P}(A)$ 说的是停在 3 或者 4 有多大的可能性.

定义 3.8.4 (概率测度). 测度 $\mathbf{P}$ 需要满足下列规则:

1. $\mathbf{P}(A) \in [0, 1]$;

2. $\mathbf{P}(S) = 1$;

3. 如果对于 $A, B \subset S$, 有 $A \cap B = \varnothing$, 则

$$\mathbf{P}(A \cup B) = \mathbf{P}(A) + \mathbf{P}(B).$$

在这一节, 我们把研究对象限定在有限的样本空间中; 任何子集的概率就是这个子集中的输出结果的概率的总和. 在 6 面的公平的骰子的例子中, $\mathbf{P}(\{3\}) = 1/6$, $\mathbf{P}(\{4\}) = 1/6$, 所以 $\mathbf{P}(\{3,4\}) = 1/3$. 在练习 3.8.3 中, 我们探索在样本空间为可数的无限的情况下可能会出现的一些困难; 在 4.2 节, 我们讨论连续的样本空间, 其中单个输出结果的概率为 0.

一个随机变量(random variable)是你可以测量的试验的某个特性. 如果试验包含投掷两个骰子, 我们可以把计算总和的函数作为我们的随机变量.

定义 3.8.5 (随机变量). 随机变量是一个函数 $S \to \mathbb{R}$. 我们用 $RV(S)$ 表示随机变量的向量空间.

当样本空间是有限的时候, $S = \{s_1, \cdots, s_m\}$, S 上的随机变量的空间就是 $\mathbb{R}^m$, $f \in RV(S)$ 由一列数 $f(s_1), \cdots, f(s_m)$ 给出. 但有一个聪明的方法把 $RV(S)$ 当作 $\mathbb{R}^m$: 映射

映射 Φ 提供了一座从概率和统计的一边到 $\mathbb{R}^m$ 上的几何的另一边的桥.

$$\Phi\colon RV(S) \to \mathbb{R}^m : f \mapsto \begin{bmatrix} f(s_1)\sqrt{\mathbf{P}(\{s_1\})} \\ \vdots \\ f(s_m)\sqrt{\mathbf{P}(\{s_m\})} \end{bmatrix}, \tag{3.8.7}$$

它把 f 的值按照相应的概率的平方根的比例调整. 这个方法很聪明, 是因为用这种表示方法, 概率和统计的主要构造都在 $\mathbb{R}^m$ 的几何上有了自然的解读. 要推出这些关系, 我们写

等式 (3.8.8): $\langle f, g\rangle$ 是内积的标准记号, 点乘是个典型的例子. $\mathbb{R}^m$ 的几何来自点乘; 给 $RV(S)$ 定义一种点乘, 它给了那个空间一种就和 $\mathbb{R}^m$ 的同样的几何. 注意到, 内积 $\langle f, g\rangle_{(S,\mathbf{P})}$ 与点乘有相同的分配律; 见等式 (1.4.3).

$$\langle f, g\rangle_{(S,\mathbf{P})} \overset{\text{def}}{=} \Phi(f)\cdot\Phi(g), \tag{3.8.8}$$

$$||f||^2_{(S,\mathbf{P})} \overset{\text{def}}{=} |\Phi(f)|^2 = \langle f, f\rangle_{(S,\mathbf{P})}. \tag{3.8.9}$$

因此

$$\begin{aligned} \langle f, g\rangle_{(S,\mathbf{P})} &= f(s_1)g(s_1)\mathbf{P}(\{s_1\}) + \cdots + f(s_m)g(s_m)\mathbf{P}(\{s_m\}), \\ ||f||^2_{(S,\mathbf{P})} &= \langle f, f\rangle_{(S,\mathbf{P})} = f^2(s_1)\mathbf{P}(\{s_1\}) + \cdots + f^2(s_m)\mathbf{P}(\{s_m\}). \end{aligned} \tag{3.8.10}$$

定义 3.8.6: 期望值的定义没有说到重复试验, 但从大数定理(law of large numbers)得到, 如果你把试验做很多次, 并把结果取平均, 则 $E(f)$ 是你将期待得到的值.

期望值可能会产生误导. 假设随机变量 f 给样本空间 S 中的一个元素分配收入, 这里的 S 包括 1 000 个超市的收费员和比尔 · 盖茨 (或者, 实际上, 1 000 个学校的老师或者大学教授和比尔 · 盖茨); 如果你所知道的只是平均收入, 你可能会得到非常错误的结论.

令 $\mathbf{1}_S$ 是数值为常数 1 的随机变量; 注意到

$$||\mathbf{1}_S||_{(S,\mathbf{P})} = \sum_{s\in S} \mathbf{P}(\{s\}) = 1. \tag{3.8.11}$$

定义 3.8.6.

1. f 的期望值(expected value)为

$$E(f) \overset{\text{def}}{=} \sum_{s\in S} f(s)\mathbf{P}(\{s\}) = \langle f, \mathbf{1}_S\rangle_{(S,\mathbf{P})}, \tag{3.8.12}$$

根据等式 (3.8.10), 它给出

$$\langle f, g\rangle_{(S,\mathbf{P})} = E(fg),\ \|f\|^2_{(S,\mathbf{P})} = E(f^2). \tag{3.8.13}$$

2. 随机变量 $\widetilde{f} \stackrel{\text{def}}{=} f - E(f)$ 被称作 **"中心化的 f"**.

3. f 的**方差**(variance)是

$$\operatorname{Var}(f) \stackrel{\text{def}}{=} \|\widetilde{f}\|^2_{(S,\mathbf{P})} = E\Big(\big(f - E(f)\big)^2\Big) = E(f^2) - \big(E(f)\big)^2. \tag{3.8.14}$$

4. f 的**标准差**(standard deviation) $\sigma(f)$ 为

$$\sigma(f) \stackrel{\text{def}}{=} \sqrt{\operatorname{Var}(f)} = \|\widetilde{f}\|_{(S,\mathbf{P})}. \tag{3.8.15}$$

5. f 和 g 的**协方差**(covariance) 为

$$\operatorname{cov}(f, g) \stackrel{\text{def}}{=} \langle \widetilde{f}, \widetilde{g}\rangle_{(S,\mathbf{P})} = E(fg) - E(f)E(g). \tag{3.8.16}$$

6. f 和 g 的**相关系数**(correlation)为

$$\operatorname{corr}(f, g) \stackrel{\text{def}}{=} \frac{\operatorname{cov}(f, g)}{\sigma(f)\sigma(g)}. \tag{3.8.17}$$

上述的每个术语都需要解释一下.

1. **期望值**: 期望值是 f 的值的平均值, 每个值由相应的输出结果的概率来确定权重. "期望值""期望""平均"这几个词都是同义词. $E(f) = \langle f, \mathbf{1}_S\rangle_{(S,\mathbf{P})}$ 是一个简单的计算; 对于 $S = \{s_1, \cdots, s_m\}$, 我们有

$$\langle f, \mathbf{1}_S\rangle_{(S,\mathbf{P})} = \begin{bmatrix} f_1(s_1)\sqrt{\mathbf{P}(\{s_1\})} \\ \vdots \\ f_m(s_m)\sqrt{\mathbf{P}(\{s_m\})} \end{bmatrix} \cdot \begin{bmatrix} \sqrt{\mathbf{P}(\{s_1\})} \\ \vdots \\ \sqrt{\mathbf{P}(\{s_m\})} \end{bmatrix} = \sum_{i=1}^{m} f_i(s_i)\mathbf{P}(\{s_i\}).$$

根据推论 1.4.4, 可以得到期望值是 f 到 $\mathbf{1}_S$, 也就是常数随机变量的空间的投影的带符号的长度.

2. **中心化的 f**(f–centered): 随机变量 $\widetilde{f}$ 告诉我们每个量偏离平均值多远. 如果一个随机变量 f 给出一个 6 个月的婴儿的体重, 则 $\widetilde{f}$ 告诉我们某个特定的婴儿比平均体重轻多少或者重多少. 显然 $E(\widetilde{f}) = 0$.

3. **方差**: 方差测量了一个随机变量从其期望值分散的程度. 我们不能使用 $f - E(f)$ 的平均值, 因为 f 大于平均值和小于平均值是基本平衡的, 所以 $E(f - E(f)) = 0$; 取 $f - E(f)$ 的平方使得方差为正的. 看起来考虑**平均绝对偏差**(mean absolute deviation) $E(|f - E(f)|)$ 可能会更自然一些, 但绝对偏差的几何特性不好, 因此也不好处理. 方差的定义中的最后一个等式在协方差后面的注释里解释.

平均绝对偏差: 见例 3.8.9 的边注.

4. **标准差**: 方差是 $\widetilde{f}$ 的长度的平方; 标准差把它变成了长度.

5. *协方差*: 因为 (下面的第二个等式用到了等式 (3.8.13))

$$\operatorname{cov}(f,g)=\langle\widetilde{f},\widetilde{g}\rangle_{(S,\mathbf{P})}=E(\widetilde{f}\,\widetilde{g})=E\Big(\big(f-E(f)\big)\big(g-E(g)\big)\Big). \tag{3.8.18}$$

几何上, 协方差与方差的关系与点积和长度平方的关系相同:

$$\begin{aligned}\operatorname{cov}(f,f)&=\operatorname{Var}(f),\\ \vec{\mathbf{x}}\cdot\vec{\mathbf{x}}&=|\vec{\mathbf{x}}|^2.\end{aligned}$$

我们看到, 协方差测量的是 f 和 g 在多大的程度上 "一起" 变化或者 "相反" 变化: $\big(f(s)-E(f)\big)\big(g(s)-E(g)\big)$ 在 $f(s)$ 和 $g(s)$ 都大于或者都小于它们的平均值的时候为正的, 在一个大于、一个小于的时候为负的.

下面的计算用到了 E 是随机变量的向量空间上的线性函数的事实, 解释了定义协方差 (因此是定义方差的等式 (3.8.14) 中的最后一个等式) 的等式 (3.8.16) 中的第二个等式:

$$\begin{aligned}\operatorname{cov}(f,g)&=\langle\widetilde{f},\widetilde{g}\rangle_{(S,\mathbf{P})}=E\Big(\big(f-E(f)\big)\big(g-E(g)\big)\Big)\\&=E\Big(fg-fE(g)-gE(f)+E(f)E(g)\Big)\\&=E(fg)-E(fE(g))-E(gE(f))+E(f)E(g)\\&=E(fg)-2E(f)E(g)+E(f)E(g)\\&=E(fg)-E(f)E(g)\\&=\langle f,g\rangle_{(S,\mathbf{P})}-E(f)E(g).\end{aligned} \tag{3.8.19}$$

等式 (3.8.19), 从第三行到第四行: 因为 $E(g)$ 是常数, 所以

$$E(f(E(g)))=E(f)E(g);$$

类似地, 因为 $E(f)E(g)$ 是常数, 所以

$$E(E(f)E(g))=E(f)E(g).$$

6. *相关系数*: 命题 1.4.3 说明, $\vec{\mathbf{v}}\cdot\vec{\mathbf{w}}=|\vec{\mathbf{v}}||\vec{\mathbf{w}}|\cos\theta$. 等式 (3.8.17) 说明

$$\operatorname{cov}(f,g)=\sigma(f)\sigma(g)\operatorname{corr}(f,g). \tag{3.8.20}$$

所以相关系数是两个中心化之后的随机变量之间的夹角.

回忆到, 点乘的几何解释需要施瓦兹不等式 $|\vec{\mathbf{v}}\cdot\vec{\mathbf{w}}|\leqslant|\vec{\mathbf{v}}||\vec{\mathbf{w}}|$. 要把相关性解释为余弦函数, 我们需要检验类似的结果在这里成立.

命题 3.8.7. 令 $f,g\colon(S,\mathbf{P})\to\mathbb{R}$ 为两个随机变量, 则:

1. $|\operatorname{corr}(f,g)|\leqslant 1$;
2. $|\operatorname{corr}(f,g)|=1$, 当且仅当存在 $a,b\in\mathbb{R}$ 满足 $f=ag+b$.

命题 3.8.7, 第二部分: 我们把它留给读者来检验, 如果 $a>0$, 则相关系数为 1, 如果 $a<0$, 则相关系数为 -1. 尤其是, 当 $f=g$ 时

$$\operatorname{corr}(f,g)=1;$$

当 $f=-g$ 时

$$\operatorname{corr}(f,g)=-1.$$

说两个随机变量的相关系数为 ±1 的意思就是一个是另一个的倍数. 说 $\operatorname{corr}(f,g)=0$ 的意思是 f 和 g 是正交的; 如果你知道 f, 则你只知道 $g\in f^{\perp}$. 但 $f^{\perp}\subset\mathbb{R}^n$ 是维数为 $n-1$ 的一个子空间.

证明:

1. 根据施瓦兹不等式, 有

$$\begin{aligned}|\operatorname{cov}(f,g)|&=|\langle\widetilde{f},\widetilde{g}\rangle_{(S,\mathbf{P})}|\underset{(1)}{=}|\Phi(\widetilde{f})\cdot\Phi(\widetilde{g})|\\&\underset{(2)}{\leqslant}|\Phi(\widetilde{f})||\Phi(\widetilde{g})|\underset{(3)}{=}||\widetilde{f}||_{(S,\mathbf{P})}||\widetilde{g}||_{(S,\mathbf{P})}=\sigma(f)\sigma(g).\end{aligned} \tag{3.8.21}$$

不等式 (3.8.21): 标记为 1 的等式是等式 (3.8.8); 标记为 2 的不等式是施瓦兹不等式; 等式 (3) 是等式 (3.8.9).

所以我们有

$$|\operatorname{corr}(f,g)|=\left|\frac{\operatorname{cov}(f,g)}{\sigma(f)\sigma(g)}\right|\leqslant 1. \tag{3.8.22}$$

2. 再根据施瓦兹定理, 我们有, 当且仅当 $\Phi(\widetilde{f})$ 是 $\Phi(\widetilde{g})$ 的一个倍数, 或者

$\Phi(\widetilde{g})$ 是 $\Phi(\widetilde{f})$ 的一个倍数 (可能两个都是) 的时候, $|\operatorname{corr}(f,g)|=1$. 假设是前者, 当且仅当 $\widetilde{f}$ 是 $\widetilde{g}$ 的倍数, 就是

$$f-E(f)=a(g-E(g)),\ \text{也就是}\ f=ag+(E(f)-aE(g))=ag+b$$

的时候发生. □

这样我们就知道了 $\operatorname{corr}(f,g)=\pm 1$ 的含义: f 和 g 为*仿射关联的*.

如果 $\operatorname{corr}(f,g)=0$, 也就是 f 和 g *不相关*(uncorrelated), 那该怎么办? 这个并没有一个清楚的答案.

例 3.8.8. 令我们的样本空间为平面上包含某 m 个点 $\begin{pmatrix}\pm x_i\\ x_i^2\end{pmatrix}$ 的子集, 其中 $x_i\neq 0$, 所有的都被赋予同样的概率 $1/(2m)$. 令 f 和 g 为两个随机变量

$$f\begin{pmatrix}\pm x_i\\ x_i^2\end{pmatrix}=\pm x_i,\ g\begin{pmatrix}\pm x_i\\ x_i^2\end{pmatrix}=x_i^2,\ \text{所以}\ g=f^2, \tag{3.8.23}$$

如图 3.8.2. △

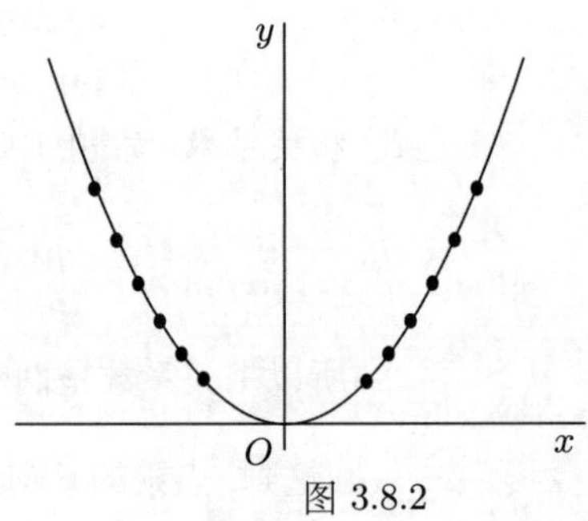

图 3.8.2

令 S 为抛物线 $y=x^2$ 上的点的集合, 关于 y 轴对称. 随机变量 x 和 y 不相关, 尽管 $y=x^2$.

那么, 因为 $E(f)=0$, $E(f^3)=0$, 我们有

$$\operatorname{cov}(f,f^2)=E(ff^2)-E(f)E(f^2)=0, \tag{3.8.24}$$

因此 $\operatorname{corr}(f,g)=0$. 这显然与我们对 “不相关” 的概念的直觉不同: f 的值决定了 g 的值, 甚至只是通过一个非常简单 (但是是非线性的) 的函数.

这里的结论是, 相关性确实应该被叫作线性相关 (或者仿射相关); 当被用在非线性函数上的时候不是很有用. 这是统计学的主要的弱点和不足之一.

在例 3.8.9 中, “总数” 随机变量 g 的平均绝对偏差大约是 1.94, 明显小于标准差 2.41. 因为方差公式中的平方, 标准差给那些更加偏离期望值的值赋予了比接近期望值的值更大的权重, 而平均绝对偏差则平等地对待它们.

例 3.8.9 (期望值、方差、标准差、协方差). 考虑一下投掷两个骰子, 一个红色、一个黑色. 样本空间 S 为包含 36 个可能的投掷结果的集合, 所以 $RV(S)$ 为 $\mathbb{R}^{36}$; 这个空间的一个元素是包含 36 个数的列表, 最好写成 6×6 的矩阵. 每一个结果机会均等: 对任何 $s\in S$, $\mathbf{P}(\{s\})=1/36$. 下面我们会看到 3 个随机变量; f_R 是 “红色骰子的数”, f_B 是 “黑色骰子的数”, g 是它们的和. 水平方向的标签相应于红色的骰子, 竖直方向的标签相应于黑色的骰子. 例如, 对 f_R, 如果红色骰子上的数是 5(有下划线的), 黑色骰子上的数是 3, 则 $(f_R)_{3,5}$ 为 5.

$$f_R = \begin{array}{c@{}c} & \begin{array}{cccccc}1&2&3&4&\underline{5}&6\end{array}\\ \begin{array}{c}1\\2\\\underline{3}\\4\\5\\6\end{array} & \begin{bmatrix}1&2&3&4&5&6\\1&2&3&4&5&6\\1&2&3&4&\underline{5}&6\\1&2&3&4&5&6\\1&2&3&4&5&6\\1&2&3&4&5&6\end{bmatrix}\end{array},\quad f_B = \begin{array}{c@{}c} & \begin{array}{cccccc}1&2&3&4&5&6\end{array}\\ \begin{array}{c}1\\2\\3\\4\\5\\6\end{array} & \begin{bmatrix}1&1&1&1&1&1\\2&2&2&2&2&2\\3&3&3&3&3&3\\4&4&4&4&4&4\\5&5&5&5&5&5\\6&6&6&6&6&6\end{bmatrix}\end{array},$$

$$g = f_R + f_B = \begin{array}{c@{}c} & \begin{array}{cccccc}1&2&3&4&5&6\end{array}\\ \begin{array}{c}1\\2\\3\\4\\5\\6\end{array} & \begin{bmatrix}2&3&4&5&6&7\\3&4&5&6&7&8\\4&5&6&7&8&9\\5&6&7&8&9&10\\6&7&8&9&10&11\\7&8&9&10&11&12\end{bmatrix}\end{array}.$$

等式 (3.8.26): 如果你投掷两个骰子 500 次, 平均的总数不接近 7, 你就会怀疑骰子被改动了. 中心极限定理 (定理 4.2.7) 将会允许你量化你的怀疑.

期望值就简单地是所有 36 个项的和除以 36. 这样

$$E(f_R) = E(f_B) = \frac{6(1+2+3+4+5+6)}{36} = 3.5, \tag{3.8.25}$$

$$E(g) = E(f_R + f_B) = E(f_R) + E(f_B) = 7. \tag{3.8.26}$$

我们使用公式 $\mathrm{Var}(f) = E(f^2) - (E(f))^2$(等式 (3.8.14) 中的第二个等式) 来计算 f_R 和 f_B 的方差和标准差:

$$\mathrm{Var}(f_R) = \mathrm{Var}(f_B) = \frac{6(1+4+9+16+25+36)}{36} - \left(\frac{7}{2}\right)^2 = \frac{35}{12} \approx 2.92,$$

$$\sigma(f_R) = \sigma(f_B) = \sqrt{\frac{35}{12}} \approx 1.71.$$

$$\begin{array}{c@{}c} & \begin{array}{cccccc}1&2&3&4&5&6\end{array}\\ \begin{array}{c}1\\2\\3\\4\\5\\6\end{array} & \begin{bmatrix}5^2&4^2&3^2&2^2&1^2&0\\4^2&3^2&2^2&1^2&0&1^2\\3^2&2^2&1^2&0&1^2&2^2\\2^2&1^2&0&1^2&2^2&3^2\\1^2&0&1^2&2^2&3^2&4^2\\0&1^2&2^2&3^2&4^2&5^2\end{bmatrix}\end{array}$$

矩阵 $(g - E(g))^2$.

g 的方差可以用

$$\mathrm{Var}(g) = E\Big(\big(g - E(g)\big)^2\Big) = \widetilde{g}^2(s_1)\mathbf{P}(\{s_1\}) + \cdots + \widetilde{g}^2(s_m)\mathbf{P}(\{s_{36}\})$$

来计算. 把边注的矩阵 $(g - E(g))^2$ 中的所有项加在一起, 并除以 36, 得到 $\mathrm{Var}(g) = 35/6 \approx 5.83$, 所以标准差为 $\sigma(g) = \sqrt{35/6}$.

要计算协方差, 我们使用 $\mathrm{cov}(f,g) = E(fg) - E(f)E(g)$(见等式 (3.8.19)). 边注中的计算给出

$$\begin{array}{c@{}c} & \begin{array}{cccccc}1&2&3&4&5&6\end{array}\\ \begin{array}{c}1\\2\\3\\4\\5\\6\end{array} & \begin{bmatrix}1&2&3&4&5&6\\2&4&6&8&10&12\\3&6&9&12&15&18\\4&8&12&16&20&24\\5&10&15&20&25&30\\6&12&18&24&30&36\end{bmatrix}\end{array}$$

矩阵 $f_R f_B$.

第二行是第一行乘上 2, 第三行是第一行乘上 3, 依此类推. 因此

$$\begin{aligned} & E(f_R f_B) \\ = \; & \frac{1}{36}(1+2+3+4+5+6)^2 \\ = \; & E(f_R)E(f_B), \end{aligned}$$

给出

$$\underbrace{E(f_R f_B) - E(f_R)E(f_B)}_{\text{由等式 (3.8.16), 为 } \mathrm{cov}(f_R, f_B)} = 0.$$

$$\mathrm{cov}(f_R, f_B) = 0, \ \text{因此}\ \mathrm{corr}(f_R, f_B) = 0. \tag{3.8.27}$$

随机变量 f_R 和 f_B 是**不相关的**.

那么 $\mathrm{corr}(f_R, g)$ 呢? 如果我们知道红色骰子的结果, 它能够给我们关于两个骰子的什么信息呢? 我们从计算协方差开始, 这一次, 使用公式 $\mathrm{cov}(f,g) = \langle \widetilde{f}, \widetilde{g} \rangle_{(S,\mathbf{P})}$:

$$\mathrm{cov}(f_R, g) \;=\; \langle \widetilde{f_R}, \widetilde{g} \rangle_{(S,\mathbf{P})} = \langle \widetilde{f_R}, \widetilde{f_R} + \widetilde{f_B} \rangle_{(S,\mathbf{P})}$$

$$= \overbrace{\langle \widetilde{f_R}, \widetilde{f_R} \rangle_{(S,\mathbf{P})}}^{||\widetilde{f_R}||^2_{(S,\mathbf{P})}=\mathrm{Var}(f_R)} + \overbrace{\langle \widetilde{f_R}, \widetilde{f_B} \rangle_{(S,\mathbf{P})}}^{\text{根据等式 (3.8.27), 等于 0}} = \mathrm{Var}(f_R) = \frac{35}{12}.$$

则相关系数为

$$\frac{\mathrm{cov}(f_R, g)}{\sigma(f_R)\sigma(g)} = \frac{35/12}{\sqrt{35/12}\sqrt{35/6}} = \frac{1}{\sqrt{2}};$$

两个随机变量 f_R 和 g 之间的夹角为 45 度. △

协方差矩阵

注意到, 因为

$$\vec{\mathbf{v}} \cdot \vec{\mathbf{w}} = \vec{\mathbf{w}} \cdot \vec{\mathbf{v}},$$

所以协方差矩阵是对称的. 实际上, 对于任意矩阵 A, 矩阵 $A^{\mathrm{T}}A$ 是对称的; 见练习 1.2.16. 所以我们可以应用谱定理.

如果 $f_1, \cdots, f_k$ 为随机变量, 它们的*协方差矩阵*(covariance matrix)为一个 $k \times k$ 矩阵 [Cov], 其第 (i,j) 位置上的项为

$$[\mathrm{Cov}]_{i,j} \overset{\mathrm{def}}{=} \mathrm{cov}(f_i, f_j) = (\widetilde{f_i}, \widetilde{f_j})_{(S,\mathbf{P})} = \Phi(\widetilde{f_i}) \cdot \Phi(\widetilde{f_j}). \tag{3.8.28}$$

我们也可以写为

$$[\mathrm{Cov}] = C^{\mathrm{T}}C, \text{ 其中 } C = [\Phi(\widetilde{f_1}), \cdots, \Phi(\widetilde{f_k})], \tag{3.8.29}$$

因为 $C^{\mathrm{T}}C$ 的第 (i,j) 位置上的项是点乘 $\Phi(\widetilde{f_i}) \cdot \Phi(\widetilde{f_j})$.

回忆在 $n \times n$ 的对称矩阵 A 的谱定理的证明里, 我们首先发现了函数 $Q_A(\vec{\mathbf{x}}) = \vec{\mathbf{x}} \cdot A\vec{\mathbf{x}}$ 在球 $S = \{\vec{\mathbf{x}} \in \mathbb{R}^n \mid |\vec{\mathbf{x}}| = 1\}$ 上的最大值点; 达到最大值的点是矩阵 A 的第一个本征向量 $\vec{\mathbf{v}}_1$, 最大值 λ_1 为第一个本征值. 我们的第二个本征向量是点 $\vec{\mathbf{v}}_2 \in S \cap \vec{\mathbf{v}}_1^{\perp}$, 在这个点上, Q_A 达到它的最大值 λ_2, 等等.

在这个设置下, 我们感兴趣的是 $Q_{[\mathrm{Cov}]}(\vec{\mathbf{x}}) = \vec{\mathbf{x}} \cdot [\mathrm{Cov}]\vec{\mathbf{x}}$. 这个函数是 $\mathbb{R}^k$ 上的二次型, 在某种意义上代表了方差

在等式 (3.8.30) 中,

$$x_1 f_1 + \cdots + x_k f_k$$

是 k 个随机变量的一个线性组合. 如果 $\vec{\mathbf{w}}$ 是 [Cov] 的对应最大本征值的单位本征向量, 则方差在所有的单位向量中的

$$w_1 f_1 + \cdots + w_k f_k$$

处达到最大. 你可以发现复习一下谱定理是有用的.

$$\begin{aligned} Q_{[\mathrm{Cov}]}(\vec{\mathbf{x}}) &= \vec{\mathbf{x}} \cdot [\mathrm{Cov}]\vec{\mathbf{x}} = \sum_{i=1}^{k}\sum_{j=1}^{k} x_i x_j (\widetilde{f_i}, \widetilde{f_j})_{(S,\mathbf{P})} \\ &= \langle x_1\widetilde{f_1} + \cdots + x_k\widetilde{f_k}, x_1\widetilde{f_1} + \cdots + x_k\widetilde{f_k} \rangle_{(S,\mathbf{P})} \\ &= ||x_1\widetilde{f_i} + \cdots + x_k\widetilde{f_k}||^2_{(S,\mathbf{P})} = \mathrm{Var}(x_1 f_1 + \cdots + x_k f_k). \end{aligned} \tag{3.8.30}$$

因此, $\vec{\mathbf{x}} \mapsto Q_{[\mathrm{Cov}]}\vec{\mathbf{x}}$ 在 [Cov] 的首本征向量的单位向量上取到最大值. [Cov] 的本征向量叫作*主成分*(principal components), 这个主题就叫作*主成分分析*.

PCA 和统计学

统计学是从数据中梳理出规律的艺术. 什么是数据? 通常, 它是 $\mathbb{R}^k$ 上的 N 个点构成的一片云. 如果我们测量一个大的总体的某些特性, 则可能在一个低维度的空间上有很多个点, 或者在很高的维度上有少量的点, 或者, 两种情况的维度都很大, 就如同在国务院的护照照片和签证申请上的所有的图片一样: 或许有 100 000 000 张图片, 每张图片或许有 1 M 字节. 这样的点云可以写成 $k \times N$ 的矩阵 A: 要测量多少个特性, 它就有多少行, 每一个数据点会独占一列.[17] 在“大数据”的时代, 矩阵可能是非常巨大的, $1\ 000 \times 1\ 000\ 000$ 的矩阵

[17]用行代表特征, 用列代表数据的决定是任意的.

在互联网上几分钟就可以发现, 主成分分析的用途是各种各样的: 查询数据库的**潜在语义索引**(latent semantic indexing), 确认来自一个可疑的纵火犯的汽油样品的起源, 分析一幅 16 世纪斯洛文尼亚的祭坛画中的颜料, 确定意大利莫泽雷勒干酪是否来自 Campania 或者 Apulia.

一点都不奇怪, 十亿量级大小的矩阵 (沃尔玛的交易数据, 人口普查数据) 非常常见, 甚至万亿量级的 (天体, 天气预报, 地质勘探) 有时候也会用到.

PCA 的目标是从巨大的数据库 A 中提取有用的信息. 想法就是计算适当的平均值 $\overline{A}$ 来给数据找到中心点, 然后把 SVD 运用到协方差矩阵 $[A-\overline{A}]^{\mathrm{T}}[A-\overline{A}]$ 上. 这个协方差矩阵的对应于最大的本征值的单位本征向量指向数据具有最大的方差的方向; 这样它对应于承载信息最多的方向. 在与第一个本征向量正交的本征向量中, 我们选取具有最大的本征值的本征向量, 它承载着第二多的信息, 依此类推. 我们的希望是, 相对少的这些本征向量将承载大多数的信息. 如果这个 "大多数" 得到证实, 将数据投影到由那些方向生成的空间中, 将几乎不损失信息.

例 3.8.10 (本征脸). 假设你有一个庞大的脸的图像的数据库. 也许你是国务院, 有所有的签证申请者和护照所有者的照片, 或者是脸书公司, 有更多的照片, 没太仔细加上框. 这些机构和公司要对他们的数据库做不同的事情, 把一张新照片识别为数据库中的某个人是你要完成的一个基本任务.

图 3.8.3

Kevin Huang 在他是三一学院的本科生的时候, 在一个本征脸的研究中, 利用了这些训练用的脸.

要使用**本征脸**(eigenfaces), 你首先选择一组 m 个 "训练脸". Matthew Pentland 和 Alex Turk 的影响深远的文章[18]只有 $m=16$, 在我们眼中, 他们看上去都疑似计算机科学的研究生, 但这篇文章可追溯到 1991 年, 那个技术的恐龙时代. 训练脸应当是从数据库中随机选取的, 以使有效性最好. 这些图像可能看上去像图 3.8.3.

从 m 个训练脸, 构成一个 $m \times n^2$ 的矩阵 P, 其中 n 可能是 128(对于分辨率很低的图片), 或者 1 024(对于 1 K × 1 K 的图片, 分辨率仍然很低). 矩阵的项可以是低分辨率的世界中从 0 到 255 的整数, 或者彩色图片的从 0 到 2^{24} 的整数. 用 $p_1, \cdots, p_m$ 表示这个矩阵的行; 每一个的宽度为 n^2, 表示一张 $n \times n$ 的图片. 我们把每个像素的阴影当作一个随机变量.

图 3.8.4

上述十个训练用的脸的平均.

在任意的情况下, n^2 要远远大于 m. 图像的空间是巨大的: n^2 将大约为 10^{12}, 如果图片是 1 K× 1 K 的. 想法就是定位**脸空间**(face space): 这个巨大的空间的一个维数小得多的子空间使得脸的图像非常接近这个空间.

首先找到 "平均图片"

$$\overline{p} = \frac{1}{m}(p_1 + \cdots + p_m), \tag{3.8.31}$$

其中 p_i 是训练脸. 这个平均 $\overline{p}$ 是另一个图像, 但不是任何人的图片; 如图 3.8.4. 现在 (如图 3.8.5) 把 $\overline{p}$ 从每个训练脸 p_i 中减去得到 "中心化" 的图片 $p_i - \overline{p}$, 令 C^{T} 为 $n^2 \times m$ 矩阵

图 3.8.5

五个中心化的脸: 五张减去了平均值 $\overline{p}$ 的脸.

$$C^{\mathrm{T}} = [p_1 - \overline{p}, \cdots, p_m - \overline{p}]; \tag{3.8.32}$$

也就是, C^{T} 的第 i 列是 $p_i - \overline{p}$. 现在把谱定理应用到 $n^2 \times n^2$ 的协方差矩阵 $C^{\mathrm{T}}C$ 上.

这是一个大得可怕的矩阵, 但我们的任务实际上是很可行的, 因为根据引理 3.8.2, $C^{\mathrm{T}}C$ 的非零本征值与 CC^{T} 的非零本征值是相同的, 而 CC^{T} 只有 $m \times m$, 也许 500×500 或者 $1\,000 \times 1\,000$(而且当然是对称的). 找到这样的矩

[18]M. Turk, A. Pentland, *Face Recognition using eigenfaces.* Computer Vision and Pattern Recognition, 1991. Proceedings CVPR' 91., IEEE Computer Society Conference on 1991.

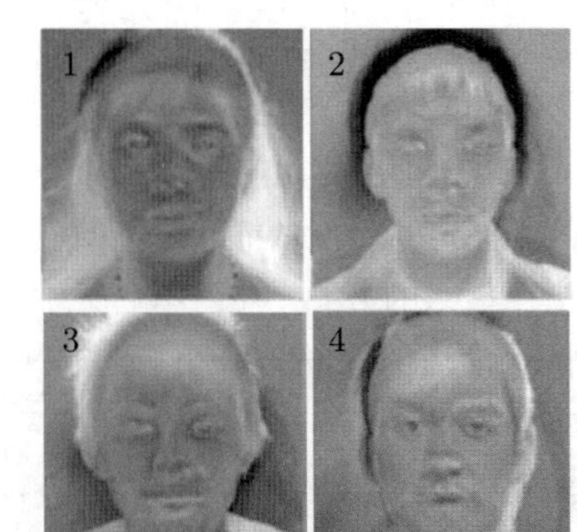

图 3.8.6

从图 3.8.3 产生的具有最大的本征值的四张本征脸. 标记为 1 的具有最大的本征值.

注意线性代数告诉我们的是主要的 "特征", 而不是那些我们可以描述的特征. 如果在图 3.8.6 中, 我们没有把本征脸做最大本征值的标记, 你可能根本就没有找出来哪一个具有最大的本征值.

在识别一个朋友或者熟悉的人的脸的时候, 我们是怎么做的? 我们如何存储和提取数据? 在缺乏知识的时候, 我们可以猜测: 也许我们的大脑运行了某种形式的 "本征脸". 我们分辨得最好的特征是那些我们看作孩子的 "训练脸". 一些类似的说明可以解释为什么我们可以准确地辨别母语的声音, 但通常我们听到的外语的声音都一样, 而对于作为母语的人来说, 他们听起来完全不同.

我们与其说 $C^{\mathrm{T}}C$ 的最大的本征值, 不如说 C 的最大的奇异值, 因为根据定理 3.8.1 和奇异值的定义, 它们是 $C^{\mathrm{T}}C$ 的本征值的平方根.

阵的本征值和本征向量就是一个程序化的过程. 引理 3.8.2 又告诉我们如何找到 $C^{\mathrm{T}}C$ 的本征向量. 这些本征向量被称为**本征脸**: 它们是对图像做了编码的 (通常是重影的), 高为 n^2 的向量, 如图 3.8.6.

下一步涉及一个评价元素: 哪一个是 "重要的" 本征脸? 它们当然应当是本征值最大的那个, 因为它们是测试图片显现出最大的方差的方向. 但你应该选取几个? 这个问题没有一个清晰明确的答案: 也许, 本征值之间有一个巨大的间隔, 在间隔下面的图片可以忽略; 也许你选择了在某个阈值处切断. 在最终的分析中, 问题是选定的本征脸是否给了用户完成要做的工作所需要的分辨率. 据说 Facebook 使用的是最大的 $125 \sim 150$ 个奇异值.

假设你选取了 k 个本征脸 $q_1, \cdots, q_k$ 作为重要的; **脸空间** $\mathcal{F} \subset \mathbb{R}^{n^2}$ 是由这些脸生成的子空间. 本征脸构成了 $\mathcal{F}$ 的一个规范正交基. 任何图像 p 可以首先通过设置 $\widetilde{p} = p - \overline{p}$ 来中心化, 再投影到脸空间. 投影 $\pi_{\mathcal{F}}(\widetilde{p})$ 可以写为一个线性变换

$$\pi_{\mathcal{F}}(\widetilde{p}) = \alpha_1(p)q_1 + \cdots + \alpha_k(p)q_k. \tag{3.8.33}$$

这些系数应当给出了关于 p 的很多信息, 因为选定的本征脸是所用的脸的样本方差最大的方向. 把这个应用到数据库中的脸上, 产生一个 $\mathbb{R}^k$ 的元素的列表, 它们应该是把数据库中的每个量的主要特征做了编码得到的. 当一张新的图片 p_{new} 来到的时候, 把 $\widetilde{p}_{\text{new}} = p_{\text{new}} - \overline{p}$ 投影到脸空间, 以找到相应的系数 $\alpha_1, \cdots, \alpha_k$.

有两个问题要问: $|\widetilde{p}_{\text{new}} - \pi_{\mathcal{F}}(\widetilde{p}_{\text{new}})|$ 有多大? 也就是问: $\widetilde{p}_{\text{new}}$ 离本征脸有多远? 如果这个距离太大, 图片可能根本就不是一张脸. 假设 $\widetilde{p}_{\text{new}}$ 经过了 "脸测试"; 则对于数据库中的一个 p, $\pi_{\mathcal{F}}(\widetilde{p}_{\text{new}})$ 离 $\widetilde{p}$ 有多么近? 如果这个距离足够小, p_{new} 被识别为 p, 否则它是一张新的脸, 也许要加到数据库中. 阈值的选取是否合适的最终判断就是算法是否有效: 它有没有正确地识别出脸. △

3.8 节的练习

3.8.1 假设一个试验包含投两个六面的骰子, 每一个有一半的概率投出 4, 其余的结果机会均等. 随机变量 f 给出了每次投掷得到的总和. 每一个输出结果的权重为多少?

3.8.2 重复练习 3.8.1, 但这一次一个骰子与之前相同, 另一个骰子有一半的概率投出 3, 其余结果机会均等.

3.8.3 投掷一枚硬币, 直到出现正面. 这个游戏的样本空间 S 为正整数集 $S = \{1, 2, \cdots\}$; n 对应于第一次出现正面是在第 n 次投掷的时候. 假设硬币是公平的, 也就是 $\mathbf{P}(\{n\}) = 1/2^n$.

a. 令 f 为随机变量 $f(n) = n$. 证明: $E(f) = 2$.

b. 令 g 为随机变量 $g(n) = 2^n$. 证明: $E(g) = \infty$.

c. 把这些随机变量想成你玩游戏的回报: 如果正面首次出现在第 n 次投掷时, 则对于 f, 你得到的回报为 \$$n$; 对于 g, 你得到的回报为 \$$2^n$. 对于回报 f, 你会愿意付出多少来玩这个游戏? 对于回报 g 呢?

3.8.4 假设一个概率空间 X 包含 n 个输出结果, $\{1,2,\cdots,n\}$, 每个出现的概率均为 $1/n$. 则 X 上的一个随机变量 f 可以用一个元素 $\vec{f}\in\mathbb{R}^n$ 来表示.

a. 证明: $E(f)=\frac{1}{n}(\vec{f}\cdot\vec{1})$, 其中 $\vec{1}$ 是所有项都为 1 的向量.

b. 证明: $\operatorname{Var}(f)=\frac{1}{n}\left|\vec{f}-E(f)\vec{1}\right|^2$, $\sigma(f)=\frac{1}{\sqrt{n}}\left|\vec{f}-E(f)\vec{1}\right|$.

c. 证明:

$$\operatorname{cov}(f,g)=\frac{1}{n}\left(\vec{f}-E(f)\vec{1}\right)\cdot\left(\vec{g}-E(g)\vec{1}\right),$$
$$\operatorname{corr}(f,g)=\cos\theta,$$

其中 θ 是向量 $\vec{f}-E(f)\vec{1}$ 与 $\vec{g}-E(g)\vec{1}$ 之间的夹角.

3.8.5 令 A 为一个 $n\times m$ 的矩阵.

a. 证明: 如果 $\vec{\mathbf{v}}\in\ker A^{\mathrm{T}}A$, 则 $\vec{\mathbf{v}}\in\ker A$, 并且如果 $\vec{\mathbf{w}}\in\ker AA^{\mathrm{T}}$, 则 $\vec{\mathbf{w}}\in\ker A^{\mathrm{T}}$.

b. 利用引理 3.8.2 和谱定理, 证明 $A^{\mathrm{T}}A$ 有规范正交本征基 $\vec{\mathbf{v}}_1,\cdots,\vec{\mathbf{v}}_m$, 本征值为 $\lambda_1\geqslant\cdots\geqslant\lambda_k>0$, $\lambda_{k+1}=\cdots=\lambda_m=0$, 且 AA^{T} 有规范正交本征基 $\vec{\mathbf{w}}_1,\cdots,\vec{\mathbf{w}}_n$, 本征值为 $\mu_1=\lambda_1,\cdots,\mu_k=\lambda_k$, $\mu_{k+1}=\cdots=\mu_n=0$, 满足

$$\vec{\mathbf{w}}_i=\frac{1}{\sqrt{\lambda_i}}A\vec{\mathbf{v}}_i,\ i\leqslant k,\ \vec{\mathbf{v}}_i=\frac{1}{\sqrt{\mu_i}}A^{\mathrm{T}}\vec{\mathbf{w}}_i,\ i\leqslant k.$$

3.9 曲线和曲面的几何

在这一节, 我们将把所学的泰勒多项式、二次型、临界点应用到曲线和曲面的几何上, 尤其是用在它们的曲率上.

几何中的曲率在表明它自身为引力. —— C. Misner, K.S. Thorne, J. Wheeler, *Gravitation.*

一条曲线从它被镶嵌的空间获取它的几何性质. 没有了这些镶嵌, 曲线是乏味的: 几何上, 它就是一条直线. 住在一条光滑曲线内的一条一维的蠕虫不能辨别曲线是直的还是弯的; 它最多 (如果允许它在身后留下痕迹) 可以辨别曲线是不是封闭的.

这个结论对于曲面或者更高维度的流形是不成立的. 给定一条足够长的胶带, 你不用借助周围的空间, 就可以证明地球是球形的; 练习 3.9.7 让你计算你需要多长的胶带.

用来探索这些问题的核心概念叫作*曲率*(curvature), 它以几种不同的方式存在. 它的重要性无论怎么强调都不会过度: 引力是时空的曲率; 电磁场是电磁势的曲率. 曲线和曲面的几何是个巨大的领域; 我们所能做的不过就是一个最简单的概述. [19]

[19]进一步的阅读, 我们建议 *Riemannian Geometry, A Beginner's Guide*, 作者 Frank Morgan (A K Peters, Ltd., Natick, MA, second edition, 1998) 以及 *Differential Geometry of Curves and Surfaces*, 作者 Manfredo P. do Carmo (Prentice Hall, Inc., 1976).

回顾“光滑”的模糊定义, 即“就与要解决的问题相关而言, 尽可能地多次可微”. 在 3.1 节和 3.2 节, 一次连续可微就是足够的, 但在这里不行.

我们从曲率开始, 因为它被用在了空间的曲线和曲面上. 在两种情况下, 我们把曲线写成一个函数在最适应于它的坐标系里的图像, 并且从函数的泰勒多项式中的二次项上找到它的曲率. 微分几何仅仅对于二次连续可微的函数存在; 离开了这些假设, 所有的事情的难度都变成了原来的一百万倍. 从而, 我们所讨论的函数都具有至少二阶的泰勒多项式. 对于空间的曲线, 我们会要求函数三次连续可微, 具有三阶泰勒多项式.

平面曲线的几何和曲率

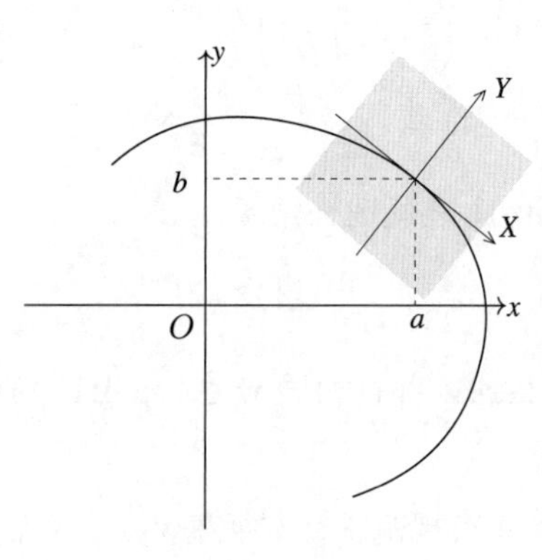

图 3.9.1

要在 $\mathbf{a}=\begin{pmatrix}a\\b\end{pmatrix}$ 研究一条光滑的曲线, 我们将 $\mathbf{a}$ 作为新坐标系的原点, 并把 X 轴定为曲线在 $\mathbf{a}$ 的切线的方向. 在阴影区域内, 曲线是开始于二次项的函数 $Y=g(X)$ 的图像.

对于平面上的一条光滑曲线, 在一个点 $\mathbf{a}=\begin{pmatrix}a\\b\end{pmatrix}$ 上的“最佳坐标系”X,Y 是中心在 $\mathbf{a}$, X 轴在切线的方向, Y 轴在那个点上与切线正交的坐标系, 如图 3.9.1 所示. 在这些 (X,Y) 坐标系中, 曲线在局部上是函数 $Y=g(X)$ 的图像, 可以用其泰勒多项式来近似. 这个泰勒多项式仅包含二次和高次项[20]:

$$Y=g(X)=\frac{A_2}{2}X^2+\frac{A_3}{6}X^3+\cdots, \tag{3.9.1}$$

其中 A_2 是 g 的二阶导数 (见等式 (3.3.1)). 这个多项式的所有系数都是曲线的不变量(invariants): 与曲线上的一个点关联的数值在你平移或者旋转曲线的时候保持不变. (当然, 它们依赖于其在曲线上的位置.)

在定义一条平面曲线的曲率的时候, 引起我们兴趣的系数是 g 的二阶导数 A_2.

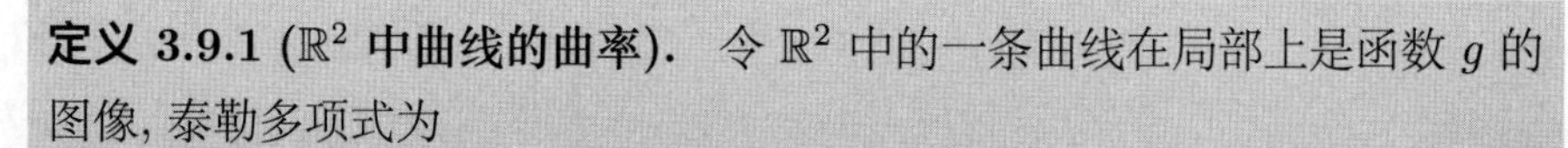

定义 3.9.1 ($\mathbb{R}^2$ 中曲线的曲率). 令 $\mathbb{R}^2$ 中的一条曲线在局部上是函数 g 的图像, 泰勒多项式为

$$g(X)=\frac{A_2}{2}X^2+\frac{A_3}{6}X^3+\cdots. \tag{3.9.2}$$

则曲线在 $\mathbf{0}$(在原来的 (x,y) 坐标系中的 $\mathbf{a}$ 处) 的*曲率*κ 为

$$\kappa(\mathbf{0})\overset{\text{def}}{=}|A_2|. \tag{3.9.3}$$

希腊字母 κ 是希腊字母表中的第十个字母.

我们可以通过定义定向曲线的带符号的曲率来避免定义 3.9.1 中的绝对值.

$-\frac{1}{2}X^2+\cdots$ 中的点代表高次项. 我们通过利用一个二项式 (等式 (3.4.9)) 的泰勒级数避免计算 $g(X)$ 的导数. 在这种情况下, $m=1/2$, $a=-X^2$.

注释. 单位圆具有曲率 1: 在点 $\begin{pmatrix}0\\1\end{pmatrix}$ 附近, 对于单位圆的“最佳坐标系”是 $X=x, Y=y-1$, 所以 $y=\sqrt{1-x^2}$ 变成了

$$g(X)=Y=y-1=\sqrt{1-x^2}-1=\sqrt{1-X^2}-1, \tag{3.9.4}$$

其泰勒多项式为 $g(X)=-\frac{1}{2}X^2+\cdots$.

(当 $X=0$ 的时候, $g(X)$ 和 $g'(0)$ 都为 0, 而 $g''(0)=-1$; 泰勒多项式的二次项为 $\frac{1}{2}g''$.) 所以单位圆的曲率为 $|-1|=1$. △

命题 3.9.2 告诉我们如何计算一条在局部上是函数 f 的图像的光滑平面曲线的曲率. (也就是, 我们是在任意的曲线在局部上是一个函数的图像的 x,y 坐标系中, 而不是在“最佳” 的 X,Y 坐标系中.) 我们在给出几个例子后证明它.

[20] 点 $\mathbf{a}$ 有坐标 $X=0, Y=0$, 所以常数项为 0; 线性项为 0 是因为曲线在 $\mathbf{a}$ 与 X 轴相切.

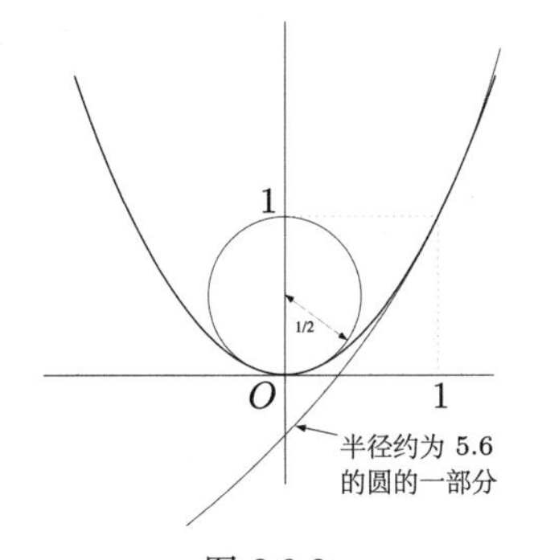

图 3.9.2

在 $\begin{pmatrix}1\\1\end{pmatrix}$ 处, 对应于 $a=1$, 抛物线 $y=x^2$ 看上去要比单位圆平坦得多. 它其实更像一个半径为 $5\sqrt{5}/2\approx 5.59$ 的圆. (图中显示了这样的圆的一部分. 注意, 它穿过抛物线. 这是常见的情况, 在适配坐标系中的圆与抛物线的差的泰勒多项式的三次项不是 0 的时候出现.)

在原点, 对应于 $a=0$, 抛物线的曲率为 2, 与半径为 1/2, 圆心在 $\begin{pmatrix}0\\1/2\end{pmatrix}$ 的圆相像, 其曲率也为 2.

"相像" 是一个保守的说法. 在原点, 圆与抛物线的差的泰勒多项式从四次项开始.

命题 3.9.2 (计算通过图像给出的平面曲线的曲率). 曲线 $y=f(x)$ 在 $\begin{pmatrix}a\\f(a)\end{pmatrix}$ 的曲率 κ 为

$$\kappa\begin{pmatrix}a\\f(a)\end{pmatrix}=\frac{|f''(a)|}{\left(1+(f'(a))^2\right)^{3/2}}. \tag{3.9.5}$$

例 3.9.3 (抛物线的曲率). 曲线 $y=x^2$ 在点 $\begin{pmatrix}a\\a^2\end{pmatrix}$ 的曲率为

$$\kappa=\frac{2}{(1+4a^2)^{3/2}}. \tag{3.9.6}$$

注意, 当 $a=0$ 的时候, 曲率为 2, 是单位圆曲率的两倍. 随着 a 的增加, 曲率快速地减小. 在 $\begin{pmatrix}1\\1\end{pmatrix}$ 处, 对应于 $a=1$, 曲率为 $2/(5\sqrt{5})\approx 0.179$. 图 3.9.2 显示出, 在这个点, 抛物线实际上要比单位圆平坦得多. 在原点, 它就与半径为 1/2, 圆心在 $\begin{pmatrix}0\\1/2\end{pmatrix}$ 的圆相像. $\triangle$

例 3.9.4 (作为隐函数图像的曲线的曲率). 我们在例 3.4.8 中看到

$$x^3+xy+y^3=3, \tag{3.9.7}$$

在 $\begin{pmatrix}1\\1\end{pmatrix}$ 附近把 x 用 y 隐式地表示出来. 隐函数 g 在 1 的一阶导和二阶导为 $g'(1)=-1$, $g''(1)=-5/2$.

因此, 在 $\begin{pmatrix}1\\1\end{pmatrix}$ 附近, 等式 (3.9.7) 描述的曲线的曲率为

$$\kappa=\frac{|f''(a)|}{(1+(f'(a))^2)^{3/2}}=\frac{|-5/2|}{2^{3/2}}=\frac{5}{4\sqrt{2}}. \qquad \triangle \tag{3.9.8}$$

命题 3.9.2 的证明: 我们把 f 表示为它的泰勒多项式, 忽略常数项, 因为我们可以通过平移坐标系而不改变任何导数来消去它. 这给出了

$$f(x)=f'(a)x+\frac{f''(a)}{2}x^2+\cdots. \tag{3.9.9}$$

现在, 把 x,y 坐标系旋转 θ, 得到 X,Y 坐标系, 如图 3.9.3 所示: 利用旋转矩阵

$$R=\begin{bmatrix}\cos\theta & \sin\theta\\ -\sin\theta & \cos\theta\end{bmatrix} \text{ 得到 } \begin{bmatrix}X\\Y\end{bmatrix}=R\begin{bmatrix}x\\y\end{bmatrix}=\begin{bmatrix}x\cos\theta+y\sin\theta\\ -x\sin\theta+y\cos\theta\end{bmatrix}. \tag{3.9.10}$$

然后通过乘矩阵 R^{-1} 来用 X,Y 表示 x,y:

$$\underbrace{\begin{bmatrix}\cos\theta & -\sin\theta\\ \sin\theta & \cos\theta\end{bmatrix}}_{R^{-1}}\begin{bmatrix}X\\Y\end{bmatrix}=\underbrace{\begin{bmatrix}\cos\theta & -\sin\theta\\ \sin\theta & \cos\theta\end{bmatrix}\begin{bmatrix}\cos\theta & \sin\theta\\ -\sin\theta & \cos\theta\end{bmatrix}}_{I}\begin{bmatrix}x\\y\end{bmatrix}=\begin{bmatrix}x\\y\end{bmatrix},$$

得到 $x = X\cos\theta - Y\sin\theta$, $y = X\sin\theta + Y\cos\theta$. 把这些值代入等式 (3.9.9) 得到

$$\underbrace{X\sin\theta + Y\cos\theta}_{y} = f'(a)\underbrace{(X\cos\theta - Y\sin\theta)}_{x} + \frac{f''(a)}{2}\underbrace{(X\cos\theta - Y\sin\theta)^2}_{x^2} + \cdots. \tag{3.9.11}$$

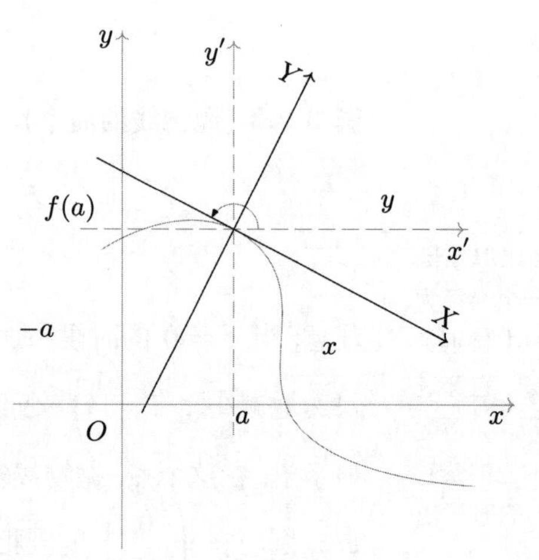

图 3.9.3

在中心为 $\begin{pmatrix} a \\ f(a) \end{pmatrix}$ 的 X, Y 坐标系中, 方程为 $y = f(x)$ 的曲线是方程为 $Y = F(X)$ 的曲线, 其中 F 的泰勒多项式从二次项开始.

回忆到 (定义 3.9.1) 曲率在局部上对那些泰勒多项式从二次项开始的函数 g 的图像的曲线有定义. 所以我们要选择 θ, 使得等式 (3.9.11) 把 Y 表示为 X 的函数, 在起始点的导数为 0, 所以其泰勒多项式从二次项开始:

$$Y = g(X) = \frac{A_2}{2}X^2 + \cdots. \tag{3.9.12}$$

这里我们把 Y 视为主元未知变量, X 视为非主元未知变量, 所以 D_2F 对应于定理 2.10.14 中的可逆矩阵 $[D_1\mathbf{F}(\mathbf{c}), \cdots, D_{n-k}\mathbf{F}(\mathbf{c})]$. 因为 D_2F 是一个数, 不等于零与可逆是一个意思. (我们也可以说, X 是 Y 的一个函数, 如果 D_1F 是可逆的.)

如果我们从等式 (3.9.11) 的两边同时减去 $X\sin\theta + Y\cos\theta$, 则可以把曲线的方程用 (X, Y) 坐标表示:

$$F\begin{pmatrix} X \\ Y \end{pmatrix} = 0 = -X\sin\theta - Y\cos\theta + f'(a)(X\cos\theta - Y\sin\theta) + \cdots, \tag{3.9.13}$$

导数为

$$\left[\mathbf{D}F\begin{pmatrix} 0 \\ 0 \end{pmatrix}\right] = [\underbrace{-\sin\theta + f'(a)\cos\theta}_{D_1F}, \underbrace{-\cos\theta - f'(a)\sin\theta}_{D_2F}]. \tag{3.9.14}$$

隐函数定理说明, 如果 D_2F 是可逆的 (也就是, 如果 $-f'(a)\sin\theta - \cos\theta \neq 0$), 则有一个函数 g 用 X 来表示 Y. 在这种情况下, 隐函数的导数的等式 (2.10.29) 告诉我们, 为了得到 $g'(0) = 0$, 从而 $g(X)$ 从二次项开始, 我们必须有 $D_1F = f'(a)\cos\theta - \sin\theta = 0$:

$$g'(0) = 0 = -\underbrace{[D_2F(0)]^{-1}}_{\neq 0}\underbrace{(f'(a)\cos\theta - \sin\theta)}_{[D_1F(0)]\text{必须为 }0}. \tag{3.9.15}$$

$\tan\theta = f'(a)$ 表示 $f'(a)$ 是曲线的斜率.

因此, 我们必须有 $\tan\theta = f'(a)$. 事实上, 如果 θ 满足 $\tan\theta = f'(a)$, 则

$$D_2F(0) = -f'(a)\sin\theta - \cos\theta = -\frac{1}{\cos\theta} \neq 0. \tag{3.9.16}$$

所以, 隐函数定理可以使用. 现在, 我们如同在例 3.4.8 中所做的那样计算隐函数的泰勒多项式. 我们把等式 (3.9.13) 中的 Y 替换成 $g(X)$:

$$F\begin{pmatrix} X \\ g(X) \end{pmatrix} = 0 = -X\sin\theta - g(X)\cos\theta + f'(a)\big(X\cos\theta - g(X)\sin\theta\big) + \underbrace{\frac{f''(a)}{2}\Big(X\cos\theta - g(X)\sin\theta\Big)^2}_{\text{多余的项, 见等式 (3.9.11)}} + \cdots. \tag{3.9.17}$$

现在我们重写等式 (3.9.17), 把 $g(X)$ 中的线性部分放在左边, 其余部分放在右边. 这给出了

$$\begin{aligned}\Big(f'(a)\sin\theta + \cos\theta\Big)g(X) &= \overbrace{\big(f'(a)\cos\theta - \sin\theta\big)}^{=0}X + \frac{f''(a)}{2}\Big(\cos\theta X - \sin\theta g(X)\Big)^2 + \cdots \\ &= \frac{f''(a)}{2}\Big(\cos\theta X - \sin\theta g(X)\Big)^2 + \cdots.\end{aligned} \tag{3.9.18}$$

我们除以 $f'(a)\sin\theta + \cos\theta$, 得到

$$g(X) = \frac{1}{f'(a)\sin\theta + \cos\theta}\frac{f''(a)}{2}\Big(\cos^2\theta X^2 - \underbrace{2\cos\theta\sin\theta Xg(X) + \sin^2\theta(g(X))^2}_{\text{这些是三次或者更高次的项}}\Big) + \cdots. \tag{3.9.19}$$

等式 (3.9.19): $g'(0) = 0$, 所以 $g(X)$ 从二次项开始. 另外, 根据定理 3.4.7, 函数 g 和 F 一样可微, f 也一样. 所以 $Xg(X)$ 这一项的次数为 3, $g(X)^2$ 的次数为 4.

现在, 我们把 X^2 的系数表达为 $A_2/2$(见定义 3.9.1), 得到

$$A_2 = \frac{f''(a)\cos^2\theta}{f'(a)\sin\theta + \cos\theta}. \tag{3.9.20}$$

因为 $f'(a) = \tan\theta$, 我们得到图 3.9.4 中的直角三角形, 所以

$$\sin\theta = \frac{f'(a)}{\sqrt{1 + (f'(a))^2}}, \quad \cos\theta = \frac{1}{\sqrt{1 + (f'(a))^2}}. \tag{3.9.21}$$

用这些值来替换等式 (3.9.20) 中的值, 我们有

$$A_2 = \frac{f''(a)}{\big(1 + (f'(a))^2\big)^{3/2}}, \text{ 所以 } \kappa = |A_2| = \frac{|f''(a)|}{\big(1 + (f'(a))^2\big)^{3/2}}. \quad \square \tag{3.9.22}$$

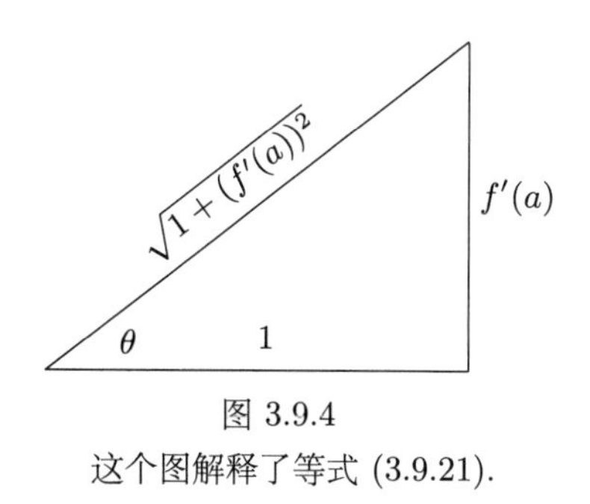

图 3.9.4
这个图解释了等式 (3.9.21).

用弧长来参数化的曲线的几何

有另一个替代的方法来研究曲线的几何, 在平面上的或者在空间中的: 用弧长来参数化. 这个方法反映了曲线没有有趣的固有几何结构的事实: 如果你是一只一维的虫子, 住在曲线上, 你不能通过任何测量来确定你的宇宙是一条直线, 还是纠缠在一起.

回忆到 (定义 3.1.19) 一条参数化的曲线是一个映射 $\gamma\colon I \to \mathbb{R}^n$, 其中 I 是

$\mathbb{R}$ 中的一个区间. 你可以把 I 想成一个时间的区间; 如果你沿着曲线行进, 参数化告诉你在一个给定的时间你在曲线上的位置. 向量 $\vec{\gamma}'$ 是参数化 γ 的速度向量.

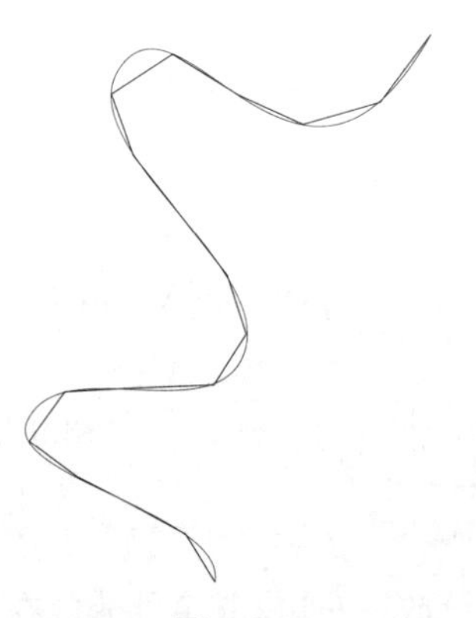

图 3.9.5

一个由内接多边形近似的曲线. 你可能更熟悉闭合的多边形, 但一个多边形不必是闭合的.

定义 3.9.5 (弧长). 参数化为 γ 的曲线的一段 $\gamma([a,b])$ 的**弧长**(arc length)由如下积分给出

$$\int_a^b |\vec{\gamma}'(t)|\,\mathrm{d}t. \tag{3.9.23}$$

一个更为直观的定义是考虑联结 $\gamma(t_0),\gamma(t_1),\cdots,\gamma(t_m)$ 的直线段的长度 (“内接多边形曲线”), 其中 $t_0=a$, $t_m=b$, 如图 3.9.5 所示. 然后在线段变得越来越短的情况下取极限. 在公式中, 这意味着考虑

$$\sum_{i=0}^{m-1}|\gamma(t_{i+1})-\gamma(t_i)|,\ \text{这几乎就是}\ \sum_{i=0}^{m-1}|\vec{\gamma}'(t_i)|(t_{i+1}-t_i) \tag{3.9.24}$$

(如果你对 “这几乎就是” 有疑问, 当 γ 是二次连续可微的时候, 练习 3.24 应该会消除这些疑问). 最后一个表达式是 $\displaystyle\int_a^b|\vec{\gamma}'(t)|\,\mathrm{d}t$ 的黎曼和.

等式 (3.9.25): 如果你的里程表表明你已经走了 50 mi, 则你已经在曲线上走了 50 mi.

利用弧长的参数化在理论上比在实践中更有吸引力: 计算等式 (3.9.25) 中的积分是痛苦的, 计算逆函数 $t(s)$ 甚至令人更痛苦. 后续, 我们将看到如何计算一条由任意的参数化给出的曲线的曲率, 它要容易得多 (见等式 (3.9.61)).

如果选择一个原点 $\gamma(t_0)$, 则可以把 $s(t)$ 定义为公式:

$$\underbrace{s(t)}_{t\text{时刻的里程表读数}} = \int_{t_0}^{t} \underbrace{|\vec{\gamma}'(u)|}_{u\text{时刻的速度表的读数}}\,\mathrm{d}u; \tag{3.9.25}$$

$s(t)$ 给出了里程表的读数作为时间的函数: “从 t_0 以后你已经走了多远”. 它是一个单调递增函数, 所以 (定理 2.10.2) 它有一个逆函数 $t(s)$. (在什么时间你在曲线上走了距离 s?) 把这个函数与 $\gamma\colon I\to\mathbb{R}^2$ 或者 $\gamma\colon I\to\mathbb{R}^3$ 复合, 现在说的是, 当你沿着曲线走了距离 s 时, 你在平面或者空间中的哪里 (或者, 如果 $\gamma\colon I\to\mathbb{R}^n$, 你在 $\mathbb{R}^n$ 中的哪里). 曲线

$$\delta(s)=\gamma\big(t(s)\big) \tag{3.9.26}$$

现在由弧长来参数化: 沿着曲线的距离恰好与 s 所在的参数定义域中的距离相同.

命题 3.9.6 (由弧长来参数化的平面曲线的曲率). 一条由弧长来参数化的平面曲线 $\delta(s)$ 的曲率由下式给出

$$\kappa\big(\delta(s)\big)=|\vec{\delta}''(s)|. \tag{3.9.27}$$

练习 3.9.12 让你证明命题 3.9.6.

曲面的最佳坐标系

因为曲面具有固有几何结构, 我们不能把用在曲线上的参数化方法推广过来. 我们将回到 “最佳坐标系” 的方法, 如等式 (3.9.1). 令 S 为 $\mathbb{R}^3$ 中的曲面, 令 $\mathbf{a}$ 为 S 中的一个点.

相对于一个固定在 $\mathbf{a}$ 处的规范正交基 $\vec{\mathbf{v}}_1,\vec{\mathbf{v}}_2,\vec{\mathbf{v}}_3$ 的坐标 X,Y,Z *在* $\mathbf{a}$ *处是适配*(adapted)*于* S *的*, 如果 $\vec{\mathbf{v}}_1$ 和 $\vec{\mathbf{v}}_2$ 生成 $T_{\mathbf{a}}S$, 使得 $\vec{\mathbf{v}}_3$ 是一个单位向量, 在 $\mathbf{a}$ 处正交于 S, 通常称为*单位法向量*(unit normal), 记作 $\vec{\mathbf{n}}$. 在这样的坐标系中, 曲面 S 在局部上是函数

$$Z=f\begin{pmatrix}X\\Y\end{pmatrix}=\overbrace{\frac{1}{2}(A_{2,0}X^2+2A_{1,1}XY+A_{0,2}Y^2)}^{\text{泰勒多项式的二次项}}+\text{高次项} \tag{3.9.28}$$

的图像, 如图 3.9.6. 二次型

$$\begin{pmatrix}X\\Y\end{pmatrix}\mapsto A_{2,0}X^2+2A_{1,1}XY+A_{0,2}Y^2 \tag{3.9.29}$$

称为曲面 S 在点 $\mathbf{a}$ 处的*第二基本型*(second fundamental form); 它是切空间 $T_{\mathbf{a}}S$ 上的一个二次型. 许多有趣的信息可以从数值 $A_{2,0},A_{1,1},A_{0,2}$ 中读出来, 尤其是, *平均曲率*(mean curvature)和*高斯曲率*(Gaussian curvature), 两个都是光滑曲线上的单一的曲率的推广.

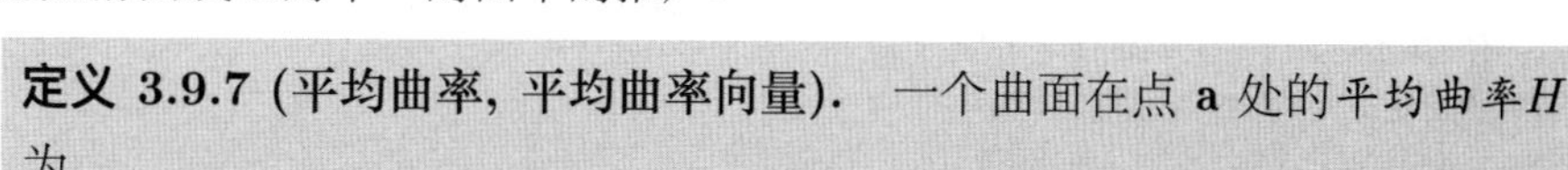

定义 3.9.7 (平均曲率, 平均曲率向量). 一个曲面在点 $\mathbf{a}$ 处的*平均曲率* H 为

$$H(\mathbf{a})\overset{\text{def}}{=}\frac{1}{2}(A_{2,0}+A_{0,2}). \tag{3.9.30}$$

平均曲率向量(mean curvature vector)为 $\vec{H}(\mathbf{a})\overset{\text{def}}{=}H(\mathbf{a})\vec{\mathbf{v}}_3$, 其中 $\vec{\mathbf{v}}_3$ 是选定的单位法向量.

通过选择法向量 $-\vec{\mathbf{v}}_3$ 而不是 $\vec{\mathbf{v}}_3$(也就是, 改变 Z 的符号) 来改变适配坐标系, 改变了平均曲率 $H(\mathbf{a})$ 的符号, 但没有改变平均曲率向量.

平均曲率向量很容易直观地理解. 如果对一个曲面进行演化, 在保持边界固定的条件下使面积最小化, 就像在一个金属线围成的环上扩张成的肥皂膜, 则平均曲率指向曲面移动的方向 (这个陈述将在 5.4 节来解释; 见定理 5.4.4 和推论 5.4.5). *极小曲面*(minimal surface)是一个在局部上所有具有相同边界的曲面中面积最小的那个; 根据这个描述, 一个曲面恰好在平均曲率为 0 的时候是最小的.

高斯曲率不依赖于法向量 $\vec{\mathbf{v}}_3$ 的选择. 它是微分几何中所有确实有趣的内容的原型. 它测量了一片曲面在不拉伸或者变形的条件下, 在多大程度上可以变成平坦的 —— 对于圆锥面或者圆柱面, 这是可能的, 但对于球面这是不可能的.

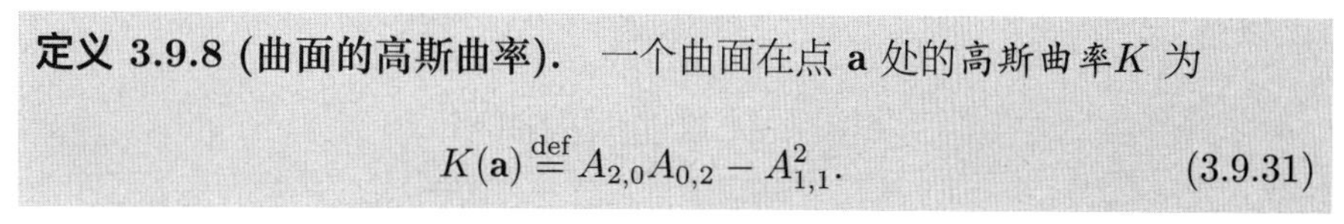

定义 3.9.8 (曲面的高斯曲率). 一个曲面在点 $\mathbf{a}$ 处的*高斯曲率* K 为

$$K(\mathbf{a})\overset{\text{def}}{=}A_{2,0}A_{0,2}-A_{1,1}^2. \tag{3.9.31}$$

由此可以得到 (见练习 3.28), 如果在某个点上, 在适配的坐标系中代表了 S 的函数 f 的二次型构成一个正定或者负定的二次型, 则在这个点上, 高斯曲率是正的; 否则, 高斯曲率是非正的.

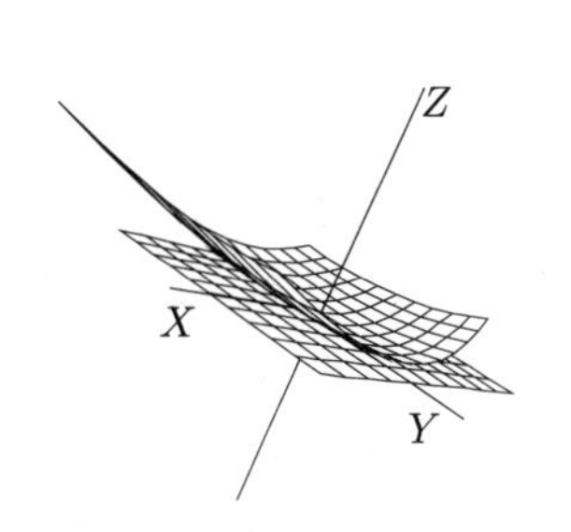

图 3.9.6

在一个适配的坐标系中, 一个曲面被表示为从切平面到法向量的从二次项开始的函数的图像, 见等式 (3.9.28).

因为 $\vec{\mathbf{v}}_1,\vec{\mathbf{v}}_2,\vec{\mathbf{v}}_3$ 为规范正交基, 坐标函数 $X,Y,Z:\mathbb{R}^3\to\mathbb{R}$ 被定义为

$$\begin{aligned}X(\mathbf{x})&=(\mathbf{x}-\mathbf{a})\cdot\vec{\mathbf{v}}_1,\\Y(\mathbf{x})&=(\mathbf{x}-\mathbf{a})\cdot\vec{\mathbf{v}}_2,\\Z(\mathbf{x})&=(\mathbf{x}-\mathbf{a})\cdot\vec{\mathbf{v}}_3.\end{aligned}$$

(见命题 2.4.18 的第一部分.)

因为 S 在点 $\mathbf{a}$ 处的第二基本型为二次型, 所以它由一个对称矩阵给出, 就是矩阵

$$M=\begin{bmatrix}A_{2,0}&A_{1,1}\\A_{1,1}&A_{2,0}\end{bmatrix}.$$

平均曲率是它的迹的一半; 高斯曲率 (定义 3.9.8) 是其行列式:

$$\begin{aligned}H(\mathbf{a})&=\frac{1}{2}\operatorname{tr}M,\\K(\mathbf{a})&=\det M.\end{aligned}$$

M 的本征值是 S 在 $\mathbf{a}$ 处的*主曲率*(principal curvature).

平坦的圆盘是被圆界定的极小曲面; 由同样的圆界定的半球不是. 弯曲一条金属线形成一个闭合曲线, 并把它浸入肥皂溶液, 可以形成非常好的极小曲面. 肥皂膜的*平均曲率*为 0. 你可以想象, 金属线形成的环是平坦的, 但是它也有很多其他形状, 就平均曲率来说, 扩张出环的肥皂膜仍然是 “平坦” 的.

练习 3.9.3 让你证明单位球面的高斯曲率为 1.

定理 3.9.9 在 5.4 节中证明, 它指出高斯曲率测量的是一个曲面与一个平坦曲面相比有多大或者有多小. 它是高斯著名定理的一个版本.

定理 3.9.9. 令 $D_r(\mathbf{x})$ 为曲面 $S \subset \mathbb{R}^3$ 中所有点 $\mathbf{q}$ 的集合, 满足在 S 中存在一条曲线把 $\mathbf{x}$ 与 $\mathbf{q}$ 联结起来, 长度小于或等于 r. 则

$$\underbrace{\text{Area}(D_r(\mathbf{x}))}_{\text{弯曲的圆盘的面积}} = \underbrace{\pi r^2}_{\text{平坦的圆盘的面积}} - \frac{K(\mathbf{x})\pi}{12} r^4 + o(r^4). \tag{3.9.32}$$

如果曲率是正的, 则弯曲的圆盘 $D_r(\mathbf{x})$ 要小于平坦的圆盘, 如果曲率是负的, 则是大于. 圆盘需要用包含在曲面上的卷尺来测量; 换句话说, $D_r(\mathbf{x})$ 是可以通过*包含在曲面上*, 且长度最多为 r 的曲线与 $\mathbf{x}$ 联结的点的集合.

一个显然的具有正的高斯曲率的曲面的例子是球的曲面. 用餐巾纸把一个篮球围起来; 你会有多余的不是光滑的部分. 这就是为什么地球的地图总是把区域变形: 否则多余的部分不会保持光滑. 一个具有负的高斯曲率的曲面的例子是一个山口. 另一个是腋窝.

图 3.9.7 给出了另一个高斯曲率的例子.

如果你缝制过衬衫或者连衣裙上的圆袖, 就知道在你把袖子下面的部分固定到衣服主体的时候, 你会有多余的不平坦的布料; 把两部分缝到一起而不出褶子是很难的, 会使布料变形.

缝纫是一门濒临消亡的艺术, 但是有着传奇般的几何视野的数学家 Bill Thurston 坚持认为那是获得对曲面几何的感觉的极好的方法.

图 3.9.7

前景中的比利山羊 (Billy Goat Gruff) 可以吃到数量恰好的草; 它住在一个高斯曲率为 0 的平坦曲面上. 远处左边的羊很瘦; 它住在高斯曲率为正的山顶; 它能够吃到的草少一些. 第三只很肥. 它的曲面具有负的高斯曲率; 在链子长度相同的情况下, 它能够吃到更多的草. 就算是链子重到贴到地面上时, 这个也是成立的.

计算曲面的曲率

命题 3.9.11 告诉我们如何在任意的坐标系中计算一个曲面的曲率. 首先我们使用命题 3.9.10 来把曲面放进“最佳”的坐标系中, 如果它还没有在这里面的话. 证明在附录 A.15 中.

命题 3.9.10 (把一个曲面放进“最佳”坐标系). 令 $U \subset \mathbb{R}^2$ 为开的, $f: U \to \mathbb{R}$ 为一个 C^2 函数, S 为 f 的图像. 令 f 在原点的泰勒多项式为

$$z = f\begin{pmatrix} x \\ y \end{pmatrix} = a_1 x + a_2 y + \frac{1}{2}\left(a_{2,0}x^2 + 2a_{1,1}xy + a_{0,2}y^2\right) + \cdots. \tag{3.9.33}$$

等式 (3.9.33): 没有常数项, 因为我们平移了曲面, 把所考虑的点变成了原点.

数值 $c = \sqrt{a_1^2 + a_2^2}$ 可以被想成线性项的“长度”. 如果 $c = 0$, 则 $a_1 = a_2 = 0$, 没有线性项; 我们已经在最佳坐标系中了.

设

$$c = \sqrt{a_1^2 + a_2^2}.$$

如果 $c \neq 0$, 则相对于规范正交基

$$\vec{\mathbf{v}}_1 = \begin{bmatrix} -\frac{a_2}{c} \\ \frac{a_1}{c} \\ 0 \end{bmatrix}, \quad \vec{\mathbf{v}}_2 = \begin{bmatrix} \frac{a_1}{c\sqrt{1+c^2}} \\ \frac{a_2}{c\sqrt{1+c^2}} \\ \frac{c}{\sqrt{1+c^2}} \end{bmatrix}, \quad \vec{\mathbf{v}}_3 = \begin{bmatrix} \frac{a_1}{\sqrt{1+c^2}} \\ \frac{a_2}{\sqrt{1+c^2}} \\ \frac{-1}{\sqrt{1+c^2}} \end{bmatrix}, \tag{3.9.34}$$

等式 (3.9.34) 中的向量为在本小节开始时记为 $\vec{\mathbf{v}}_1, \vec{\mathbf{v}}_2, \vec{\mathbf{v}}_3$ 的向量. 第一个向量是切平面上的水平的单位向量. 第二个是切平面上与第一个正交的单位向量. 第三个是与前两个正交的单位向量. (它是向下指的法向量.) 需要一点几何知识才能发现它们, 但命题 3.9.10 的证明将说明这些坐标系确实是与曲面适配的.

S 为 Z 作为一个函数

$$F\begin{pmatrix} X \\ Y \end{pmatrix} = \frac{1}{2}\Big(A_{2,0}X^2 + 2A_{1,1}XY + A_{0,2}Y^2\Big) + \cdots \tag{3.9.35}$$

的图像. 函数从二次项开始, 其中

$$\begin{aligned} A_{2,0} &= \frac{-1}{c^2\sqrt{1+c^2}}\left(a_{2,0}a_2^2 - 2a_{1,1}a_1a_2 + a_{0,2}a_1^2\right), \\ A_{1,1} &= \frac{1}{c^2(1+c^2)}\Big(a_1a_2(a_{2,0} - a_{0,2}) + a_{1,1}(a_2^2 - a_1^2)\Big), \\ A_{0,2} &= \frac{-1}{c^2(1+c^2)^{3/2}}\left(a_{2,0}a_1^2 + 2a_{1,1}a_1a_2 + a_{0,2}a_2^2\right). \end{aligned} \tag{3.9.36}$$

命题 3.9.11 (计算曲面的曲率). 令 S 和 $\vec{\mathbf{n}}$ 同命题 3.9.10.

1. S 在原点处的高斯曲率为

$$K(\mathbf{0}) = \frac{a_{2,0}a_{0,2} - a_{1,1}^2}{(1+c^2)^2}. \tag{3.9.37}$$

2. S 在原点处相对于 $\vec{\mathbf{n}}$ 的平均曲率为

$$H(\mathbf{0}) = \frac{1}{2(1+c^2)^{3/2}}\Big(a_{2,0}(1+a_2^2) - 2a_1a_2a_{1,1} + a_{0,2}(1+a_1^2)\Big). \tag{3.9.38}$$

注意到命题 3.9.11 的方程与一条平面曲线的曲率的等式 (3.9.5) 之间的相似性. 在每种情况下, 分子包含二阶导数 ($a_{2,0}$, $a_{0,2}$, 等等, 是泰勒多项式的二次项的系数), 分母包含像 $1+|Df|^2$ 一样的项 ($c^2 = a_1^2 + a_2^2$ 中的 a_1 和 a_2 为一次项的系数). 如果你考虑曲面 $z = f(x)$, y 任意, 以及平面曲线 $z = f(x)$, 你可以看到一个更为精确的关系; 见练习 3.9.5.

命题 3.9.11 给出了一个直接且合理的方法来计算任意曲面在任意点处的曲率和平均曲率. 它是针对一个把 z 表示为函数 $f\begin{pmatrix} x \\ y \end{pmatrix}$, 且 $f\begin{pmatrix} 0 \\ 0 \end{pmatrix} = 0$ 的曲面来陈述的 (经过原点的曲面). 它用 f 在 $\begin{pmatrix} 0 \\ 0 \end{pmatrix}$ 的泰勒多项式的系数给出了在

原点处的曲率. 对于曲面 S 上的任意点 $\mathbf{a}$, 我们可以平移坐标系来把 $\mathbf{a}$ 放在原点, 并且也需要给坐标系重新起名字, 从而让我们的曲面符合这种情况. 注意, 就算我们不能显式地找到一个函数, 使得 S 在局部上是它的图像, 我们也可以利用定理 3.4.7 找到这个函数的二阶泰勒多项式.

命题 3.9.11 的证明: 对于高斯曲率, 把由命题 3.9.10 给出的 $A_{2,0}, A_{1,1}, A_{0,2}$ 的值代入定义 3.9.8.

$$\begin{aligned}
K(\mathbf{0}) &= A_{2,0}A_{0,2} - A_{1,1}^2 \\
&= \frac{1}{c^4(1+c^2)^2}\Big((a_{2,0}a_2^2 - 2a_{1,1}a_1a_2 + a_{0,2}a_1^2)(a_{2,0}a_1^2 + 2a_{1,1}a_1a_2 + a_{0,2}a_2^2) \\
&\quad -(a_{2,0}a_1a_2 + a_{1,1}a_2^2 - a_{1,1}a_1^2 - a_{0,2}a_1a_2)^2\Big) \\
&= \frac{a_{2,0}a_{0,2} - a_{1,1}^2}{(1+c^2)^2}.
\end{aligned} \tag{3.9.39}$$

这涉及一些非常神奇的消元, 就和平均曲率的计算一样, 留作练习 A.15.1. □

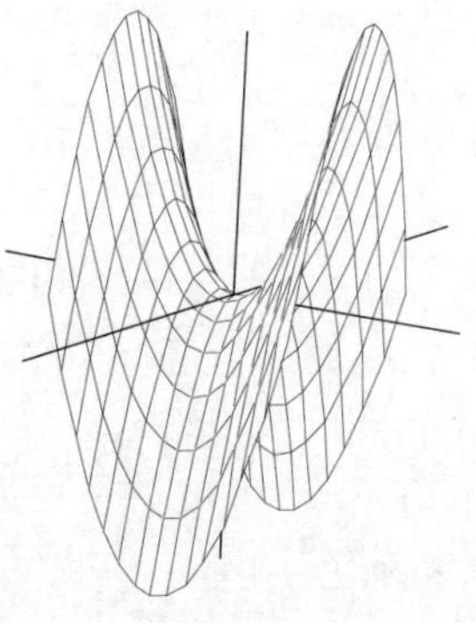

图 3.9.8

$x^2 - y^2$ 的图像, 一个典型的马鞍.

例 3.9.12 (计算给定函数图像的曲面的高斯曲率和平均曲率). 假设我们要测量图 3.9.8 中由 $z = x^2 - y^2$ 给出的曲面在点 $\mathbf{a} \stackrel{\text{def}}{=} \begin{pmatrix} a \\ b \\ a^2 - b^2 \end{pmatrix}$ 处的高斯曲率.

要确定在点 $\mathbf{a}$ 处的高斯曲率, 我们让 $\mathbf{a}$ 成为新的原点; 也就是, 我们使用新的平移后的坐标系, u, v, w, 其中

$$\begin{aligned}
x &= a + u, \\
y &= b + v, \\
z &= a^2 - b^2 + w.
\end{aligned} \tag{3.9.40}$$

(u 轴替代了原来的 x 轴, v 轴替代了原来的 y 轴, w 轴替代了原来的 z 轴.) 现在, 我们把 $z = x^2 - y^2$ 重写为

$$\underbrace{a^2 - b^2 + w}_{z} = \underbrace{(a+u)^2}_{x^2} - \underbrace{(b+v)^2}_{y^2} = a^2 + 2au + u^2 - b^2 - 2bv - v^2, \tag{3.9.41}$$

这给出了

$$w = 2au - 2bv + u^2 - v^2 = \underbrace{2a}_{a_1}u + \underbrace{(-2b)}_{a_2}v + \frac{1}{2}\Big(\underbrace{2}_{a_{2,0}}u^2 + \underbrace{(-2)}_{a_{0,2}}v^2\Big). \tag{3.9.42}$$

现在, 我们有一个形式如同等式 (3.9.33) 的方程, 并且 (记住 $c = \sqrt{a_1^2 + a_2^2}$) 我们可以利用命题 3.9.11 读出高斯曲率:

在 $\mathbf{a}$ 处的高斯曲率为

$$K(\mathbf{a}) = \frac{\overbrace{(2\cdot(-2)) - 0}^{a_{2,0}a_{0,2} - a_{1,1}^2}}{\underbrace{(1 + 4a^2 + 4b^2)^2}_{(1+c^2)^2}} = \frac{-4}{(1+4a^2+4b^2)^2}. \tag{3.9.43}$$

看一看这个 K 的公式, 在离原点越远时, 关于曲面的高斯曲率你可以说些什么? [21]

类似地, 我们可以计算平均曲率

$$H(\mathbf{a}) = \frac{4(a^2-b^2)}{(1+4a^2+4b^2)^{3/2}}. \qquad \triangle \tag{3.9.44}$$

例 3.9.13 (计算螺旋面的高斯曲率和平均曲率). 螺旋面是方程为 $y\cos z = x\sin z$ 的曲面. 你可以把它想象为穿过 z 轴的一条水平线, 并且随着 z 坐标的变化稳定地旋转, 与经过同一个点且与 x 轴平行的轴夹角为 z, 如图 3.9.9 所示.

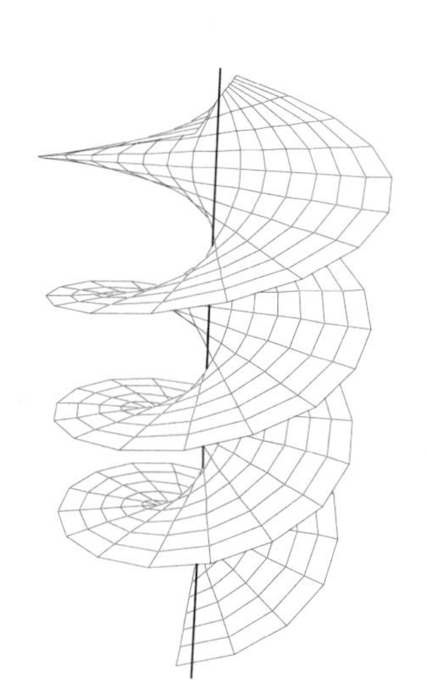

图 3.9.9

螺旋面是由一条水平线扫出来的, 它在抬高的时候旋转.

"Helicoid" 来自于 "螺旋" 的希腊语.

例 3.9.13 中的映射同时在 (x,y) 平面内按顺时针旋转和沿着 z 轴方向降低 a, 公式 (3.9.45) 右边的前两行是将 $\begin{bmatrix}x\\y\end{bmatrix}$ 乘上我们在公式 (3.9.10) 见到的旋转矩阵的结果.

要得到公式 (3.9.47), 我们把 $\cos z$ 替换成它的泰勒多项式

$$1-\frac{z^2}{2!}+\frac{z^4}{4!}-\cdots,$$

只保留第一项. ($z^2/2!$ 项是二次的, 但是没有保留, 因为 $yz^2/2!$ 是三次的.)

首先要观察的映射

$$\begin{pmatrix}x\\y\\z\end{pmatrix} \to \begin{pmatrix}x\cos a + y\sin a\\ -x\sin a + y\cos a\\ z-a\end{pmatrix} \tag{3.9.45}$$

是 $\mathbb{R}^3$ 上的一个刚体运动, 把螺旋面转向自身. (你可以证明这个陈述吗? [22]) 尤其是, 设 $a=z$, 这个刚体运动把任何点变成 $\begin{pmatrix}r\\0\\0\end{pmatrix}$ 的形式. (你看到为什么了吗? [23]) 这足以计算在这样的点处的高斯曲率.

我们不是通过图像了解的螺旋面, 但就如练习 3.11 让你证明的, 通过隐函数定理, 螺旋面的方程在 $r\neq 0$ 时, 把 z 在 $\begin{pmatrix}r\\0\\0\end{pmatrix}$ 附近确定为一个函数 $g_r\begin{pmatrix}x\\y\end{pmatrix}$. 我们需要的是 g_r 的泰勒多项式. 引入新的坐标 u 使得 $r+u=x$, 可以写出

$$g_r\begin{pmatrix}u\\y\end{pmatrix} = z = a_2y + a_{1,1}uy + \frac{1}{2}a_{0,2}y^2 + \cdots. \tag{3.9.46}$$

练习 3.11 的 b 问让你说明我们为什么要省略 a_1u 和 $a_{2,0}u^2$. 现在, 利用 $\cos z$ 和 $\sin z$ 的泰勒多项式, 重写 $y\cos z$ 和 $(r+u)\sin z$, 只保留到二次项, 可以得到

$$\begin{aligned} y\cos z &\approx y\cdot 1, \qquad (3.9.47)\\ (r+u)\sin z &\approx (r+u)\underbrace{\left(a_2y + a_{1,1}uy + \frac{1}{2}a_{0,2}y^2+\cdots\right)}_{\text{等式 (3.9.46) 里的 } z}\\ &\approx ra_2y + a_2uy + ra_{1,1}uy + \frac{r}{2}a_{0,2}y^2 \qquad (3.9.48)\end{aligned}$$

(在公式 (3.9.48) 里, 我们把 $\sin z$ 替换成了它的泰勒多项式的第一项 z; 在第二行, 我们只保留了一次项和二次项).

所以, 如果在 $y\cos z = (r+u)\sin z$ 里, 我们把函数替换成它的二阶泰勒

[21] 这个曲面的高斯曲率总是负的, 但离原点越远, 它就越小, 曲面就越平.

[22] 如果你把方程 $y\cos z = x\sin z$ 里面的 x 替换成 $x\cos a + y\sin a$, 把 y 替换成 $-x\sin a + y\cos a$, 把 z 替换成 $z-a$, 并且做一些计算, 记住 $\cos(z-a) = \cos z\cos a + \sin z\sin a$, $\sin(z-a) = \sin z\cos a - \cos z\sin a$, 你会再次得到方程 $y\cos z = x\sin z$.

[23] 如果 $z=a$, 则把公式 (3.9.45) 里的值代入 $y\cos z = x\sin z$, 给出 $y\cos 0 = 0$, 所以 $y=0$.

多项式, 则得到

$$y = ra_2y + a_2uy + ra_{1,1}uy + \frac{r}{2}a_{0,2}y^2. \tag{3.9.49}$$

在识别线性项和二次项的时候, 注意, 等式 (3.9.49) 右边的唯一的线性项是 ra_2y, 给出 $a_2 = 1/r$. uy 的系数是 $a_2 + ra_{1,1}$, 它必须为 0.

等式 (3.9.50) 说明, 系数 a_2 和 $a_{1,1}$ 随着 $r \to 0$ 而爆炸式增长, 这应该是你期待的, 因为在原点, 螺旋面并没有把 z 表示为 x 和 y 的函数. 但是曲率没有变得很大, 因为螺旋面在原点是一个光滑曲面.

在第一次做这个计算的时候, 我们得到了在原点确实很大的高斯曲率. 因为这没有道理, 我们检查了之后发现在陈述中有一个错误. 我们建议做这种内部检查 (比如确保物理上的单位是正确的), 尤其是, 你在计算中不会不犯错.

结理论是今天的一个活跃的研究领域, 它与物理之间有着紧密的联系 (尤其是最新的理论物理的宠儿: 弦理论).

通过识别出一次项和二次项, 可以确定其中的系数为

$$a_1 = 0,\ a_2 = \frac{1}{r},\ a_{1,1} = -\frac{1}{r^2},\ a_{0,2} = 0,\ a_{2,0} = 0. \tag{3.9.50}$$

我们现在可以读出高斯曲率和平均曲率为

$$\underbrace{K(r)}_{\text{高斯曲率}} = \frac{-1}{r^4(1+1/r^2)^2} = \frac{-1}{(1+r^2)^2},\ \underbrace{H(r)}_{\text{平均曲率}} = 0. \tag{3.9.51}$$

第一个方程说明了高斯曲率总是负的, 随着 $r \to 0$ 并没有产生爆炸式的效果: 当 $r \to 0$ 时, 我们有 $K(r) \to -1$. 这是我们应该期待的, 因为螺旋面是光滑曲面. 第二个方程更加有意思. 它说明了螺旋面是一个极小曲面: 螺旋面上每一块都在具有同样边界的曲面中, 具有最小的面积. △

适应于空间曲线的坐标

$\mathbb{R}^3$ 中的曲线比起曲面, 具有明显简单的局部几何性质: 基本上它们所有的性质都在下面的命题 3.9.15 和 3.9.16 里面. 它们的全局的几何性质则是非常不同的另一件事: 它们可能以一种最怪诞的方式纠缠、打节、连接, 等等.

假设 $C \subset \mathbb{R}^3$ 是一条光滑曲线, $\mathbf{a} \in C$ 是一个点. 什么样的新坐标系 X, Y, Z 可以在点 $\mathbf{a}$ 很好地适应 C 呢? 当然, 我们会把点 $\mathbf{a}$ 看作新坐标系的原点. 如果我们需要 X 轴在点 $\mathbf{a}$ 处与 C 相切, 并且把另外两个坐标称为 U 和 V, 则在 $\mathbf{a}$ 附近, 曲线 C 具有以下形式的方程

$$\begin{aligned} U &= f(X) = \frac{1}{2}a_2X^2 + \frac{1}{6}a_3X^3 + \cdots, \\ V &= g(X) = \frac{1}{2}b_2X^2 + \frac{1}{6}b_3X^3 + \cdots, \end{aligned} \tag{3.9.52}$$

两个坐标都开始于二次项. 但我们可以做得更好一点, 至少当 C 是三次或三次以上可微, 且 $a_2^2 + b_2^2 \neq 0$ 时. 假设我们绕着 X 轴把坐标系旋转一个角度 θ, 并且用 X, Y, Z 表示新的 (最终的) 坐标. 令 $c = \cos\theta$, $s = \sin\theta$(与命题 3.9.2 的证明里一致), 再写出

$$U = cY + sZ,\ V = -sY + cZ. \tag{3.9.53}$$

把这些表达式代入等式 (3.9.52), 得到

$$\begin{aligned} cY + sZ &= \frac{1}{2}a_2X^2 + \frac{1}{6}a_3X^3 + \cdots, \\ -sY + cZ &= \frac{1}{2}b_2X^2 + \frac{1}{6}b_3X^3 + \cdots. \end{aligned} \tag{3.9.54}$$

记得 $s = \sin\theta$, $c = \cos\theta$, 所以 $s^2 + c^2 = 1$.

我们可以解这个方程组, 得到 Y 和 Z:

$$Y(c^2 + s^2) = Y = \frac{1}{2}(ca_2 - sb_2)X^2 + \frac{1}{6}(ca_3 - sb_3)X^3,$$

$$Z = \frac{1}{2}(sa_2+cb_2)X^2 + \frac{1}{6}(sa_3+cb_3)X^3. \qquad (3.9.55)$$

如果 $a_2 = b_2 = 0$, 则这些 θ 的值就没有意义. 在这样的点上, 我们定义曲率为 0 (这个定义与一般的定义 3.9.14 一致, 为 $A_2 = 0$ 时的情况).

我们选择 $\kappa = A_2$ 为正的平方根, $+\sqrt{a_2^2+b_2^2}$; 这样我们对一条空间曲线的曲率的定义与定义 3.9.1 的平面曲线的曲率的定义兼容.

所有这些的关键点是, 我们希望选取 θ(我们把坐标系绕着 X 轴旋转的角度) 使得曲线的 Z 坐标可以从三次项开始. 我们通过设

$$\cos\theta = \frac{a_2}{\sqrt{a_2^2+b_2^2}},\ \sin\theta = \frac{-b_2}{\sqrt{a_2^2+b_2^2}}$$

来达到这个目标, 从而有 $\tan\theta = -\dfrac{b_2}{a_2}$, 并得到

$$\begin{aligned} Y &= \frac{1}{2}\overbrace{\sqrt{a_2^2+b_2^2}}^{A_2}X^2 + \frac{1}{6}\frac{a_2a_3+b_2b_3}{\sqrt{a_2^2+b_2^2}}X^3 = \frac{A_2}{2}X^2 + \frac{A_3}{6}X^3 + \cdots, \\ Z &= \frac{1}{6}\frac{-b_2a_3+a_2b_3}{\sqrt{a_2^2+b_2^2}}X^3 + \cdots = \frac{B_3}{6}X^3 + \cdots. \end{aligned} \qquad (3.9.56)$$

Z–分量测量了曲线与 (X,Y) 平面之间的距离; 由于 Z 很小, 曲线主要停留在那个平面上 (更精确地, 它缓慢地离开平面). 这个 (X,Y) 平面被称为 C 在 $\mathbf{a}$ 处的*密切平面*(osculating plane).

"*密切*(osculating)" 这个词来自于拉丁语 "osculari", 意思是 "接吻".

密切平面是一条曲线几乎在其里面的平面, 挠率测量了曲线以多快的速度离开它. 它测量了曲线的 "非平面性".

这是我们对这条曲线在点 $\mathbf{a}$ 的最好的坐标系, 它存在且唯一, 除非 $a_2 = b_2 = 0$. 数值 $A_2 \geqslant 0$ 叫作 C 在 $\mathbf{a}$ 处的*曲率*(curvature) κ, B_3/A_2 叫作它的*挠率*(torsion) τ.

定义 3.9.14 (空间曲线的曲率和挠率). 令 C 为空间曲线, 则

$$C \text{ 在 } \mathbf{a}\text{处的曲率为} \kappa(\mathbf{a}) \stackrel{\text{def}}{=} A_2,$$
$$C \text{ 在 } \mathbf{a}\text{处的挠率为} \tau(\mathbf{a}) \stackrel{\text{def}}{=} B_3/A_2.$$

注意, 挠率只在曲率不是 0 的时候有定义.

用弧长来参数化空间曲线: 弗雷内标架

通常, 空间曲线的几何结构是通过用弧长的参数化, 而不是通过适配的坐标系来发展的. 在前面, 我们强调适配的坐标系, 是因为它们可以被推广到高维的流形中, 而用弧长的参数化却不能.

当我们利用弧长的参数化来研究曲线的几何结构的时候, 主要的要素是*弗雷内标架*(Frenet frame). 想象按单位速率沿着曲线驾驶汽车, 也许是通过巡航控制. 则 (至少在曲线确实是弯的而不是直的时候) 在每个时刻, 你有一个不同的 $\mathbb{R}^3$ 的规范正交基, 称为弗雷内标架.

第一个基向量是速度向量 $\vec{\mathbf{t}}$, 指向曲线的方向; 它是一个单位向量, 因为我们以单位速率在运动. 第二个向量 $\vec{\mathbf{n}}$ 是加速度方向的单位向量. 它与曲线正交, 指向受力的方向, 也就是, 在你感觉到的离心力的反方向. (我们知道加速度必须正交于曲线, 因为速率是常数; 在运动的方向上加速度没有分量.[24]) 第三个是*副法向量*(binormal) $\vec{\mathbf{b}}$, 与其他两个正交.

[24]换个方法, 你可以从 $|\vec{\delta}'|^2 = 1$ 推导出 $2\vec{\delta}' \cdot \vec{\delta}'' = 0$.

所以, 如果 $\delta\colon \mathbb{R} \to \mathbb{R}^3$ 是对曲线用弧长的参数化, 且 $\vec{\delta}''(s) \neq 0$, 则三个向量为

$$\underbrace{\vec{\mathbf{t}}(s) = \vec{\delta}'(s)}_{\text{速度向量}},\ \underbrace{\vec{\mathbf{n}}(s) = \frac{\vec{\mathbf{t}}'(s)}{|\vec{\mathbf{t}}'(s)|} = \frac{\vec{\delta}''(s)}{|\vec{\delta}''(s)|}}_{\text{标准化的加速度向量}},\ \underbrace{\vec{\mathbf{b}}(s) = \vec{\mathbf{t}}(s) \times \vec{\mathbf{n}}(s)}_{\text{副法向量}}. \tag{3.9.57}$$

$\mathbb{R}^n$ 中的一条曲线可以用弧长来参数化, 因为曲线没有固有几何结构; 你可以用一条直线来代表亚马逊河而不改变其长度. 曲面和其他的高维流形不能用任何与弧长类比的量来参数化; 任何把地球表面表达为一个平坦映射的尝试都会让大陆的尺度和形状发生扭曲. 高斯曲率就是其中的障碍.

想象你在黑夜里骑摩托车, 第一个单位向量是由你的头灯产生的一束光.

命题 3.9.15: 要求 $\vec{\delta}'' \neq 0$ 意味着 $\kappa \neq 0$, 因为 $\vec{\mathbf{t}}'(0) = \vec{\delta}''(0)$(等式 (3.9.57)) 以及 $\vec{\mathbf{t}}(0) = \kappa\vec{\mathbf{n}}(0)$(命题 3.9.16).

尤其是, 公式 (3.9.59) 说明, 旧坐标系中的点 $\delta(0)$ 是新坐标系中的点 $\begin{pmatrix}0\\0\\0\end{pmatrix}$, 这正是我们想要的.

命题 3.9.15 和 3.9.16 把弗雷内标架和适配的坐标系联系了起来; 它们提供了曲率和挠率的另外一种描述, 并证明了两个方法是吻合的. 它们的证明在附录 A.15 中.

命题 3.9.15 (弗雷内标架). 令 $\delta\colon \mathbb{R} \to \mathbb{R}^3$ 用弧长参数化了一条曲线 C, 满足 $\vec{\delta}''(s) \neq 0$. 则在 0 处, 相对于弗雷内标架的坐标

$$\vec{\mathbf{t}}(0), \vec{\mathbf{n}}(0), \vec{\mathbf{b}}(0), \tag{3.9.58}$$

在 $\delta(0)$ 与曲线 C 适配.

因此, 在新的适配坐标系中, 坐标为 X, Y, Z 的点为在旧 (x, y, z) 坐标系中的点

$$\delta(0) + X\vec{\mathbf{t}}(0) + Y\vec{\mathbf{n}}(0) + Z\vec{\mathbf{b}}(0). \tag{3.9.59}$$

命题 3.9.16 (与曲率和挠率相关的弗雷内标架). 令 $\delta\colon \mathbb{R} \to \mathbb{R}^3$ 用弧长来参数化一条曲线 C. 则弗雷内标架满足下列方程, 其中 κ 是曲线在 $\delta(0)$ 的曲率, τ 是其挠率:

$$\begin{aligned} \vec{\mathbf{t}}'(0) &= \kappa\vec{\mathbf{n}}(0), \\ \vec{\mathbf{n}}'(0) &= -\kappa\vec{\mathbf{t}}(0) + \tau\vec{\mathbf{b}}(0), \\ \vec{\mathbf{b}}'(0) &= -\tau\vec{\mathbf{n}}(0). \end{aligned} \tag{3.9.60}$$

命题 3.9.16: 在 0 的导数最容易计算, 但方程 $\vec{\mathbf{t}}'(s) = \kappa\vec{\mathbf{n}}(s)$ 以及其他的方程在任何点 s 都是成立的 (任何里程表读数).

等式 (3.9.60) 对应于反对称矩阵

$$A = \begin{bmatrix} 0 & -\kappa & 0 \\ \kappa & 0 & -\tau \\ 0 & \tau & 0 \end{bmatrix},$$

所以

$$[\vec{\mathbf{t}}', \vec{\mathbf{n}}', \vec{\mathbf{b}}'] = [\vec{\mathbf{t}}, \vec{\mathbf{n}}, \vec{\mathbf{b}}]A.$$

练习 3.9.11 让你来解释这个反对称矩阵是从哪里来的.

导数 $\vec{\mathbf{t}}', \vec{\mathbf{n}}'$ 和 $\vec{\mathbf{b}}'$ 是对弧长计算的. 把点 $\delta(0)$ 想象为你把里程表读数设为 0 的地方, 解释了 $\vec{\mathbf{t}}'(0)$, 等等.

计算参数化曲线的曲率和挠率

现在我们可以给出能够直接计算任何 $\mathbb{R}^3$ 中的参数化曲线的曲率和挠率的公式 (在命题 3.9.17, 3.9.18 中).

我们已经有了两个等式来计算一条空间曲线的曲率和挠率: 等式 (3.9.56) 和等式 (3.9.60), 但是它们很难应用. 等式 (3.9.56) 要求知道一个适配的坐标系, 这会导致冗长的公式. 等式 (3.9.60) 需要用弧长来参数化; 这样的参数化仅仅是作为自身是一个不定积分而且很少能够有闭合形式的函数的逆函数被我们所知道的.

弗雷内公式可以适应于任何参数曲线, 并给出下面的命题.

命题 3.9.17 (参数化曲线的曲率). 由 $\gamma\colon \mathbb{R} \to \mathbb{R}^3$ 参数化的曲线的曲率 κ

为

$$\kappa(\gamma(t)) = \frac{|\vec{\gamma}'(t) \times \vec{\gamma}''(t)|}{|\vec{\gamma}'(t)|^3}. \tag{3.9.61}$$

命题 3.9.17 和 3.9.18: 许多的教材用 $\kappa(t)$ 和 $\tau(t)$, 而不是 $\kappa(\gamma(t))$ 和 $\tau(\gamma(t))$. 然而, 曲率和挠率是曲线的**不变量**(invariants): 它们仅依赖于所用来计算数值的点, 而不依赖于所用的参数化或者时间 (除了时间可以用来指定曲线上的一个点). 你可以想象一条弯曲的山区道路: 路上的每个点有其内在的曲率和挠率. 如果两个司机都从 $t=0$ 开始, 一个以 30 mi/h 的速度驾驶 (参数化 γ_1), 另一个以 50 mi/h 的速度驾驶 (参数化 γ_2), 他们会在不同的时间到达一个点, 但它们将面对同样的曲率和挠率.

命题 3.9.18 (参数化曲线的挠率). 由 $\gamma\colon \mathbb{R} \to \mathbb{R}^3$ 参数化的曲线的挠率 τ 为

$$\tau(\gamma(t)) = \frac{(\vec{\gamma}'(t) \times \vec{\gamma}''(t)) \cdot \vec{\gamma}'''(t)}{|\vec{\gamma}'(t) \times \vec{\gamma}''(t)|^2}. \tag{3.9.62}$$

例 3.9.19. 令 $\gamma(t) = \begin{pmatrix} t \\ t^2 \\ t^3 \end{pmatrix}$, 则

$$\gamma'(t) = \begin{pmatrix} 1 \\ 2t \\ 3t^2 \end{pmatrix}, \gamma''(t) = \begin{pmatrix} 0 \\ 2 \\ 6t \end{pmatrix}, \gamma'''(t) = \begin{pmatrix} 0 \\ 0 \\ 6 \end{pmatrix}. \tag{3.9.63}$$

所以我们得到

$$\begin{aligned} \kappa\Big(\gamma(t)\Big) &= \frac{1}{(1+4t^2+9t^4)^{3/2}} \left| \begin{pmatrix} 1 \\ 2t \\ 3t^2 \end{pmatrix} \times \begin{pmatrix} 0 \\ 2 \\ 6t \end{pmatrix} \right| \\ &= 2\frac{(1+9t^2+9t^4)^{1/2}}{(1+4t^2+9t^4)^{3/2}}, \end{aligned} \tag{3.9.64}$$

以及

$$\tau\Big(\gamma(t)\Big) = \frac{1}{4(1+9t^2+9t^4)} \begin{pmatrix} 6t^2 \\ -6t \\ 2 \end{pmatrix} \cdot \begin{pmatrix} 0 \\ 0 \\ 6 \end{pmatrix} = \frac{3}{1+9t^2+9t^4}. \tag{3.9.65}$$

在原点, 标准坐标系是适配于曲线的, 所以从等式 (3.9.56), 我们得到 $A_2 = 2, B_3 = 6$, 给出 $\kappa = A_2 = 2$, $\tau = B_3/A_3 = 3$. 这在 $t=0$ 时与等式 (3.9.64) 和等式 (3.9.65) 是一致的. △

因为 $\gamma(t) = \begin{pmatrix} t \\ t^2 \\ t^3 \end{pmatrix}$, 我们有 $Y = X^2$ 和 $Z = X^3$, 所以等式 (3.9.56) 说明 $Y = X^2 = \frac{2}{2}X^2$, 所以 $A_2 = 2, \cdots$.

命题 3.9.17(参数化曲线的曲率) 的证明: 假设有一条参数化曲线 $\gamma\colon \mathbb{R} \to \mathbb{R}^3$; 你应当想象你在沿着某条弯曲的山路驾驶汽车, $\gamma(t)$ 是你在 t 时刻的位置. 因为我们的计算将用到等式 (3.9.60), 所以也将利用弧长的参数化; 我们将用 $\delta(s)$ 来表示汽车在里程表读数为 s 时的位置, 而 γ 表示一个任意的参数. 这些通过下面的方程联系起来

$$\gamma(t) = \delta(s(t)), \text{ 其中 } s(t) = \int_{t_0}^{t} |\vec{\gamma}'(u)|\,\mathrm{d}u, \tag{3.9.66}$$

t_0 为里程表读数被重置为 0 的时间. 函数 $t \mapsto s(t)$ 给出了里程表的读数与时间的函数关系. 单位向量 $\vec{\mathbf{t}}, \vec{\mathbf{n}}$ 和 $\vec{\mathbf{b}}$ 将看作 s 的函数, 曲率 κ 和挠率 τ 也一样.[25]

[25] 严格来说, $\vec{\mathbf{t}}, \vec{\mathbf{n}}, \vec{\mathbf{b}}, \kappa$ 和 τ 应该被视为 $\delta(s(t))$ 的函数: 汽车处于特定里程表读数的点, 它依赖于时间. 然而, 我们对把记号变得比这个更为令人畏惧还是有点犹豫的.

我们现在使用链式法则来计算 γ 的连续的三阶导数. 在等式 (3.9.67) 中, 回忆 (等式 (3.9.57)) $\vec{\delta}' = \vec{\mathbf{t}}$; 在等式 (3.9.68) 的第二行, 回忆 (等式 (3.9.60)) $\vec{\mathbf{t}}'(0) = \kappa\vec{\mathbf{n}}(0)$. 这给出了

等式 (3.9.68), 第二行: 注意, 我们通过向量相加来得到向量:

$$\underbrace{\kappa(s(t))(s'(t))^2}_{\text{个数}}\underbrace{\vec{\mathbf{n}}(s(t))}_{\text{向量}} + \underbrace{s''(t)}_{\text{个数}}\underbrace{\vec{\mathbf{t}}(s(t))}_{\text{向量}}.$$

$$\begin{aligned}\vec{\gamma}'(t) &= \vec{\delta}'\big(s(t)\big)s'(t) = s'(t)\vec{\mathbf{t}}\big(s(t)\big), \qquad (3.9.67)\\ \vec{\gamma}''(t) &= \vec{\mathbf{t}}'\big(s(t)\big)\big(s'(t)\big)^2 + \vec{\mathbf{t}}\big(s(t)\big)s''(t)\\ &= \kappa\big(s(t)\big)\big(s'(t)\big)^2\vec{\mathbf{n}}\big(s(t)\big) + s''(t)\vec{\mathbf{t}}\big(s(t)\big), \qquad (3.9.68)\\ \vec{\gamma}'''(t) &= \kappa'\big(s(t)\big)\vec{\mathbf{n}}\big(s(t)\big)\big(s'(t)\big)^3 + \kappa\big(s(t)\big)\vec{\mathbf{n}}'\big(s(t)\big)\big(s'(t)\big)^3\\ &\quad +2\kappa\big(s(t)\big)\vec{\mathbf{n}}\big(s(t)\big)\big(s'(t)\big)\big(s''(t)\big) + \vec{\mathbf{t}}'\big(s(t)\big)\big(s'(t)\big)\big(s''(t)\big)\\ &\quad +\vec{\mathbf{t}}\big(s(t)\big)\big(s'''(t)\big)\\ &= \Big(-\big(\kappa\big(s(t)\big)\big)^2\big(s'(t)\big)^3 + s'''(t)\Big)\vec{\mathbf{t}}\big(s(t)\big) \qquad (3.9.69)\\ &\quad +\Big(\kappa'\big(s(t)\big)\big(s'(t)\big)^3 + 3\kappa\big(s(t)\big)\big(s'(t)\big)\big(s''(t)\big)\Big)\vec{\mathbf{n}}\big(s(t)\big)\\ &\quad +\Big(\kappa\big(s(t)\big)\tau\big(s(t)\big)\big(s'(t)\big)^3\Big)\vec{\mathbf{b}}\big(s(t)\big).\end{aligned}$$

等式 (3.9.69): 导数 κ' 为 κ 对弧长的导数. 我们使用了命题 3.9.18 的证明中的等式 (3.9.69), 但是在这里陈述它, 因为它非常适合.

因为 $\vec{\mathbf{t}}$ 的长度为 1, 所以等式 (3.9.67) 给出

$$s'(t) = |\vec{\gamma}'(t)|, \qquad (3.9.70)$$

这个是我们从 s 的定义中已经知道的. 因为 $\vec{\mathbf{t}}\times\vec{\mathbf{n}} = \vec{\mathbf{b}}$, 所以等式 (3.9.67) 和等式 (3.9.68) 给出

$$\vec{\gamma}'(t)\times\vec{\gamma}''(t) = \kappa\big(s(t)\big)\big(s'(t)\big)^3\vec{\mathbf{b}}\big(s(t)\big). \qquad (3.9.71)$$

等式 (3.9.71): 根据等式 (3.9.67) 和等式 (3.9.68), 有

$$\begin{aligned}&\vec{\gamma}'(t)\times\vec{\gamma}''(t)\\ =\ & s'(t)\vec{\mathbf{t}}(s(t))\\ &\times\Big[\kappa(s(t))(s'(t))^2\vec{\mathbf{n}}(s(t))\\ &+s''(t)\vec{\mathbf{t}}(s(t))\Big].\end{aligned}$$

因为对于任意的向量 $\vec{\mathbf{t}}\in\mathbb{R}^3$, 有

$$\vec{\mathbf{t}}\times\vec{\mathbf{t}} = \vec{\mathbf{0}},$$

因为叉乘满足分配律, 并且因为 (等式 (3.9.57))

$$\vec{\mathbf{t}}\times\vec{\mathbf{n}} = \vec{\mathbf{b}},$$

这就给出了

$$\begin{aligned}&\vec{\gamma}'(t)\times\vec{\gamma}''(t)\\ =\ & s'(t)\vec{\mathbf{t}}(s(t))\\ &\times\Big[\kappa(s(t))(s'(t))^2\vec{\mathbf{n}}(s(t))\Big]\\ =\ & \kappa(s(t))(s'(t))^3\vec{\mathbf{b}}(s(t)).\end{aligned}$$

因为 $\vec{\mathbf{b}}$ 的长度为 1, 所以

$$|\vec{\gamma}'(t)\times\vec{\gamma}''(t)| = \kappa\big(s(t)\big)\big(s'(t)\big)^3. \qquad (3.9.72)$$

利用等式 (3.9.70), 这就给出了命题 3.9.17 中的曲率的计算公式. □

命题 3.9.18(参数化曲线的挠率) 的证明: 既然 $\vec{\gamma}'\times\vec{\gamma}''$ 指向 $\vec{\mathbf{b}}$ 的方向, 让它与 $\vec{\gamma}'''$ 点乘可以挑出 $\vec{\gamma}'''$ 中 $\vec{\mathbf{b}}$ 的系数, 从而推出

$$\big(\vec{\gamma}'(t)\times\vec{\gamma}''(t)\big)\cdot\vec{\gamma}'''(t) = \tau\big(s(t)\big)\underbrace{\Big(\kappa\big(s(t)\big)\Big)^2\big(s'(t)\big)^6}_{\text{等式 (3.9.72) 的平方}}. \quad □ \qquad (3.9.73)$$

3.9 节的练习

3.9.1 a. 半径为 r 的圆的曲率为多少?

b. 方程为 $\dfrac{x^2}{a^2}+\dfrac{y^2}{b^2}=1$ 的椭圆在 $\begin{pmatrix}u\\v\end{pmatrix}$ 处的曲率是多少?

3.9.2 方程为 $\dfrac{x^2}{a^2}-\dfrac{y^2}{b^2}=1$ 的椭圆在 $\begin{pmatrix}u\\v\end{pmatrix}$ 处的曲率是多少?

3.9.3 证明单位球的平均曲率的绝对值为 1, 单位球的高斯曲率为 1.

3.9.4　a. 半径为 r 的球的高斯曲率是多少?

b. 方程为 $\frac{x^2}{a^2}+\frac{y^2}{b^2}+\frac{z^2}{c^2}=1$ 的椭球在点 $\begin{pmatrix} u \\ v \\ w \end{pmatrix}$ 处的高斯曲率和平均曲率是多少?

3.9.5 检验: 如果考虑方程为 $z=f(x)$, y 是任意的**曲面**, 以及平面**曲线** $z=f(x)$, 则曲面的平均曲率的绝对值是平面曲线的曲率的一半.

3.9.6 方程为

$$\frac{x^2}{a^2}-\frac{y^2}{b^2}+\frac{z^2}{c^2}=1$$

的曲面在 $\begin{pmatrix} u \\ v \\ w \end{pmatrix}$ 处的高斯曲率和平均曲率是什么?

对练习 3.9.7 有用的事实: 北极圈是那些北极南边 2 607.5 km 的点. “那个半径” 的意思是在地球表面上从极点开始测量的半径, 也就是 2 607.5 km.

3.9.7　a. 北极圈的长度是多少? 如果地球是平坦的, 则那个半径的圆将有多长?

b. 你需要测量极点周围的一个多大的圆, 才能使得其长度与平面上对应的长度之间的差达到 1 km.

3.9.8　a. 画出通过参数 $\begin{pmatrix} x \\ y \end{pmatrix}=\begin{pmatrix} a(t-\sin t) \\ a(1-\cos t) \end{pmatrix}$ 给出的**摆线**(cycloid).

b. 你能把 “摆线” 与 “自行车” 联系起来吗?

c. 找到摆线的一段弧长.

3.9.9 对**内摆线**(hypocycloid) $\begin{pmatrix} x \\ y \end{pmatrix}=\begin{pmatrix} a\cos^3 t \\ a\sin^3 t \end{pmatrix}$, 重复练习 3.9.8.

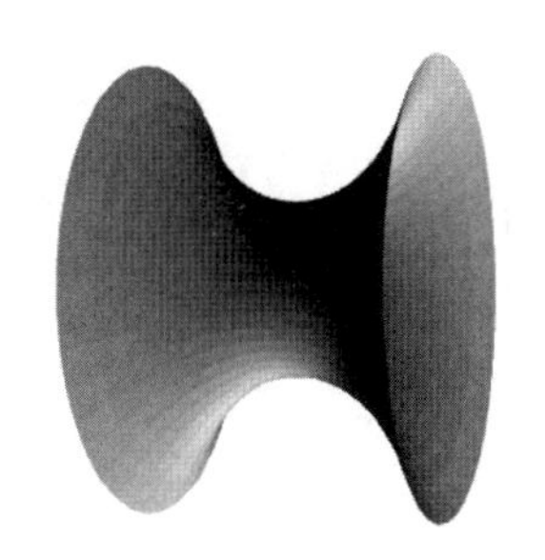

练习 3.9.10 的图

d 问: 方程为

$$y^2+z^2=(\cosh x)^2$$

的**悬链面**(catenoid).

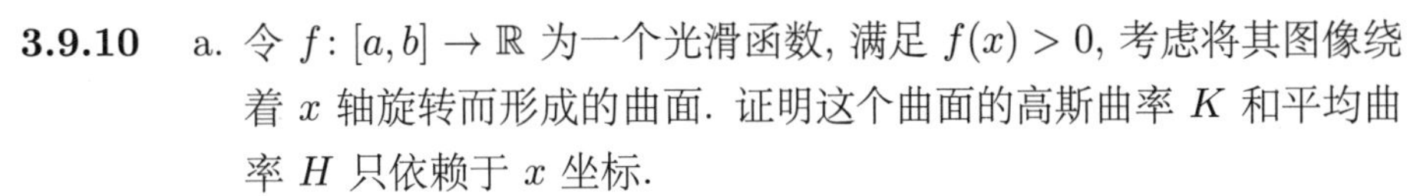

3.9.10　a. 令 $f\colon [a,b]\to\mathbb{R}$ 为一个光滑函数, 满足 $f(x)>0$, 考虑将其图像绕着 x 轴旋转而形成的曲面. 证明这个曲面的高斯曲率 K 和平均曲率 H 只依赖于 x 坐标.

b. 证明:

$$K(x)=\frac{-f''(x)}{f(x)\Big(1+\big(f'(x)\big)^2\Big)^2}.$$

c. 证明:

$$H(x)=\frac{1}{2\Big(1+\big(f'(x)\big)^2\Big)^{3/2}}\left(f''(x)-\frac{1+\big(f'(x)\big)^2}{f(x)}\right).$$

d. 证明: 方程为 $y^2+z^2=(\cosh x)^2$ 的**悬链面** (见边注) 的平均曲率为 0.

练习 3.9.11: 曲线

$$F\colon t\mapsto[\vec{\mathbf{t}}(t),\vec{\mathbf{n}}(t),\vec{\mathbf{b}}(t)]=T(t)$$

是一个到行列式为 +1 的 3×3 的正交矩阵空间的映射 $I\to SO(3)$. 所以

$$t\mapsto T^{-1}(t_0)T(t)$$

是 $SO(3)$ 中的一条曲线, 在 t_0 处经过恒等变换.

***3.9.11** 利用练习 3.2.11 来解释为什么弗雷内公式给出了一个反对称矩阵.

3.9.12 利用命题 3.9.16 来证明命题 3.9.6.

3.10　第 3 章的复习题

3.1　a. 证明: 满足方程 $x^3+xy^2+yz^2+z^3=4$ 的集合 $X\subset\mathbb{R}^3$ 是一个光滑曲面.

b. 给出 X 在 $\begin{pmatrix}1\\1\\1\end{pmatrix}$ 处的切平面和切空间的方程.

练习 3.2: 我们强烈建议你使用 MATLAB 或者类似的软件.

3.2　a. 对于 c 的哪些数值, 满足方程 $Y_c=x^2+y^3+z^4=c$ 的集合是一个光滑曲面.

b. 对于一个有代表性的 c 的样本数值 (例如, 数值 $-2,-1,0,1,2$), 简要画出这个曲面.

c. 在曲面 Y_c 的一个点, 给出切平面和切空间的方程.

$$\begin{pmatrix}x_1\\y_1\\z_1\\x_2\\y_2\\z_2\end{pmatrix}=\begin{pmatrix}1\\1\\0\\-1\\1\\0\end{pmatrix}$$

练习 3.3 的 b 问和 c 问中的点.

3.3 考虑 $\mathbb{R}^3$ 中长度为 2 的杆的位置的空间, 杆的一端被限制在球面 $(x-1)^2+y^2+z^2=1$ 上, 另一端被限制在球面 $(x+1)^2+y^2+z^2=1$ 上.

a. 给出 X 作为 $\mathbb{R}^6$ 的一个子集的方程, 其中 $\mathbb{R}^6$ 中的坐标为第一个球面上的杆的端点 $\begin{pmatrix}x_1\\y_1\\z_1\end{pmatrix}$ 和另一根杆的端点 $\begin{pmatrix}x_2\\y_2\\z_2\end{pmatrix}$.

b. 证明: 在边注中的 $\mathbb{R}^6$ 中的点附近, 集合 X 是一个流形. 在这个点附近 X 的维数是多少?

c. 在与 b 问中相同的点上, 给出集合 X 的切空间的方程.

3.4 考虑满足 $y\neq 0$ 的三个点

$$\mathbf{p}=\begin{pmatrix}x\\0\\0\end{pmatrix},\mathbf{q}=\begin{pmatrix}0\\y\\0\end{pmatrix},\mathbf{r}=\begin{pmatrix}0\\0\\z\end{pmatrix},$$

且线段 $\overline{\mathbf{p},\mathbf{q}}$ 和 $\overline{\mathbf{q},\mathbf{r}}$ 间的夹角为 $\pi/4$ 的空间 X.

练习 3.4: 记号 $\overline{\mathbf{p},\mathbf{q}}$ 的意思是从 $\mathbf{p}$ 到 $\mathbf{q}$ 的线段.

a. 写出 X 的所有点都满足的方程 $f\begin{pmatrix}x\\y\\z\end{pmatrix}=0$.

b. 证明: X 是一个光滑流形.

c. 判断对错. 令 $\mathbf{a}\overset{\text{def}}{=}\begin{pmatrix}0\\1\\1\end{pmatrix}$. 则 $\mathbf{a}\in X$, 且在 $\mathbf{a}$ 附近, 曲面 X 在局部上是用 x 和 y 来表示 z 的函数的图像.

d. X 在 $\mathbf{a}$ 处的切平面是什么? 切空间 $T_{\mathbf{a}}X$ 是什么?

3.5 求函数

$$f\begin{pmatrix}x\\y\\z\end{pmatrix}=\sin(x+y+z)$$

在点 $\begin{pmatrix}\pi/6\\ \pi/4\\ \pi/3\end{pmatrix}$ 处的三阶泰勒多项式.

3.6 证明: 如果 $f\begin{pmatrix}x\\ y\end{pmatrix}=\varphi(x-y)$ 对于某些二次连续可微函数 $\varphi\colon\mathbb{R}\to\mathbb{R}$ 成立, 则 $D_1^2f-D_2^2f=0$.

3.7 写出

$$f\begin{pmatrix}x\\ y\end{pmatrix}=\cos\Big(1+\sin(x^2+y)\Big)$$

在原点的不超过三阶的泰勒多项式 $P^3_{f,0}$.

***3.8** a. 令 $M_1(m,n)\subset\mathrm{Mat}(m,n)$ 是秩为 1 的矩阵的子集. 证明: 映射 $\varphi_1\colon(\mathbb{R}^m-\{0\})\times\mathbb{R}^{n-1}\to\mathrm{Mat}(m,n)$ 定义为

$$\varphi_1\left(\mathbf{a},\begin{bmatrix}\lambda_2\\ \vdots\\ \lambda_n\end{bmatrix}\right)\mapsto[\mathbf{a},\lambda_2\mathbf{a},\cdots,\lambda_n\mathbf{a}],$$

是那些第一列不是 $\mathbf{0}$ 的矩阵的开子集 $U_1\subset\mathrm{M}_1(m,n)$ 的一个参数化.

b. 证明: $M_1(m,n)-U_1$ 是一个嵌在 $M_1(m,n)$ 中的流形. 它的维数是什么?

c. 你需要多少个像 φ_1 这样的参数化来覆盖 $M_1(m,n)$ 中的每个点?

***3.9** 一个四次双变量的齐次多项式是形式为 $p(x,y)=ax^4+bx^3y+cx^2y^2+dxy^3+ey^4$ 的表达式. 考虑函数

齐次多项式 (homogeneous polynomial) 是所有单项式的次数都相同的多项式.

$$f\begin{pmatrix}x\\ y\end{pmatrix}=\begin{cases}\dfrac{p(x,y)}{x^2+y^2} & \text{如果}\begin{pmatrix}x\\ y\end{pmatrix}\neq\begin{pmatrix}0\\ 0\end{pmatrix}\\ 0 & \text{如果}\begin{pmatrix}x\\ y\end{pmatrix}=\begin{pmatrix}0\\ 0\end{pmatrix}\end{cases},$$

其中 p 为一个四次的齐次多项式. p 的系数必须满足什么条件才能使交叉偏导 $D_1\big(D_2(f)\big)$ 和 $D_2\big(D_1(f)\big)$ 在原点相等.

3.10 a. 证明: 对 $x\geqslant 0$, $y\mathrm{e}^y=x$ 把 y 定义为 x 的隐函数.

b. 求这个隐函数的四阶泰勒多项式.

3.11 a. 证明: 方程 $y\cos z=x\sin z$ 在点 $\begin{pmatrix}r\\ 0\\ 0\end{pmatrix}$ 附近把 z 表示为隐函数 $z=g_r\begin{pmatrix}x\\ y\end{pmatrix}$.

b. 证明: $D_1 g_r \begin{pmatrix} r \\ 0 \end{pmatrix} = D_1^2 g_r \begin{pmatrix} r \\ 0 \end{pmatrix} = 0.$

练习 3.11 与练习 3.9.13 相关. b 问的提示: x 轴包含在曲面上.

3.12 在由 $M = \begin{bmatrix} a & c \\ b & d \end{bmatrix}$ 描述的 $\mathbb{R}^4$ 上, 考虑二次型 $Q(M) = \det M$. 它的符号差是什么?

$$Q_1 \begin{pmatrix} x \\ y \\ z \end{pmatrix} = \det \begin{bmatrix} 1 & x & y \\ 1 & y & z \\ 1 & z & x \end{bmatrix},$$

$$Q_2 \begin{pmatrix} x \\ y \\ z \end{pmatrix} = \det \begin{bmatrix} 0 & x & y \\ x & 0 & z \\ y & z & 0 \end{bmatrix}$$

练习 3.13 的函数.

3.13 a. 边注中的函数 Q_1 和 Q_2 是 $\mathbb{R}^3$ 上的二次型吗?

b. 对于任意一个二次型, 它的符号差是什么? 它是退化的还是非退化的?

3.14 令 P_k 为不超过 k 次的多项式 p 的空间.

a. 证明: 函数 $\delta_a \colon P_k \to \mathbb{R}$, 定义为 $\delta_a(p) = p(a)$, 是一个线性函数.

b. 证明: $\delta_0, \cdots, \delta_k$ 是线性无关的. 首先说出它的含义是什么, 小心使用量词. 想一下下面的多项式可能是有帮助的

$$x(x-1)\cdot(x-(j-1))\,(x-(j+1))\cdots(x-k),$$

它在 $0, 1, \cdots, j-1, j+1, \cdots, k$ 都是 0, 但是在 j 不是 0.

c. 证明函数

练习 3.14 c: 有聪明的方法, 也有烦琐的方法.

$$Q(p) = \big(p(0)\big)^2 - \big(p(1)\big)^2 + \cdots + (-1)^k \big(p(k)\big)^2$$

是 P_k 上的一个二次型. 当 $k = 3$ 的时候, 把它用 $p(x) = ax^3 + bx^2 + cx + d$ 的系数来表示.

d. 在 $k = 3$ 的时候, Q 的符号差是什么?

3.15 证明: 对于一个 2×2 对称矩阵 $G = \begin{bmatrix} a & b \\ b & d \end{bmatrix}$, 当且仅当 $\det G > 0, a+d > 0$ 的时候, 它代表一个正定二次型.

3.16 令 Q 为一个二次型. 按如下方式构造一个对称矩阵 A: 对角线上的每一项 $A_{i,i}$ 是 x_i^2 的系数, 而每一项 $A_{i,j}$ 是 $x_i x_j$ 项的系数的一半.

a. 证明: $Q(\vec{\mathbf{x}}) = \vec{\mathbf{x}} \cdot A\vec{\mathbf{x}}$.

练习 3.16 b: 考虑 $Q(\vec{\mathbf{e}}_i)$ 和 $Q(\vec{\mathbf{e}}_i + \vec{\mathbf{e}}_j)$.

b. 证明: A 是唯一具有这个属性的对称矩阵.

3.17 a. 找到函数 $f \begin{pmatrix} x \\ y \end{pmatrix} = 3x^2 - 6xy + 2y^3$ 的临界点.

b. 它们是哪一种临界点?

3.18 a. 函数

练习 3.18 a: 如果使用

$$\sin(\alpha+\beta) = \sin\alpha\cos\beta + \cos\alpha\sin\beta,$$

这个就要容易一些.

$$f \begin{pmatrix} x \\ y \end{pmatrix} = \sin(2x + y)$$

在点 $\begin{pmatrix} \pi/6 \\ \pi/3 \end{pmatrix}$ 处的二阶泰勒多项式是什么?

b. 证明 $f\begin{pmatrix}x\\y\end{pmatrix}+\frac{1}{2}\left(2x+y-\frac{2\pi}{3}\right)-\left(x-\frac{\pi}{6}\right)^2$ 在 $\begin{pmatrix}\pi/6\\\pi/3\end{pmatrix}$ 处有一个临界点. 这是哪一类临界点?

3.19 边注中的函数恰好有五个临界点.

$$F\begin{pmatrix}x\\y\\z\end{pmatrix}=\det\begin{bmatrix}1&x&y\\x&1&z\\y&z&1\end{bmatrix}$$

练习 3.19 的函数.

a. 找到它们.

b. 对于每个临界点, 在这个点处的泰勒多项式的二次项是什么?

c. 关于每个临界点的分类畅所欲言.

3.20 a. 找到 xyz 的临界点, 其中 x, y, z 属于方程为 $x+y+z^2=16$ 的曲面 S.

b. 在整个曲面上是否有极大值点? 如果有, 它来自哪个临界点?

c. 在 S 的 x, y, z 都为正的那部分上有极大值点吗?

3.21 令 A, B, C, D 为平面上的一个凸四边形, 顶点自由移动, 但是 AB 的长度为 a, BC 的长度为 b, CD 的长度为 c, DA 的长度为 d, 都被分配了数值. 令 φ 为在 A 的角, ψ 为在 C 的角.

a. 证明: 角度 φ 和 ψ 满足限制条件

$$a^2+d^2-2ad\cos\varphi=b^2+c^2-2bc\cos\psi.$$

练习 3.21 c: 你可以利用下述事实: 如果四边形的对角之和为 π, 则它可以内接于一个圆.

b. 找到一个公式来计算四边形的面积, 用 φ, ψ 和 a, b, c, d 表示.

c. 证明: 当四边形内接于一个圆的时候, 四边形的面积最大.

3.22 令 A 为一个 $n\times n$ 矩阵. $X\mapsto X^3$ 在 A 的二阶泰勒多项式是什么?

3.23 计算方程为 $z=\sqrt{x^2+y^2}$ 的曲面在 $\begin{pmatrix}x\\y\\z\end{pmatrix}=\begin{pmatrix}a\\b\\\sqrt{a^2+b^2}\end{pmatrix}$ 处的高斯曲率和平均曲率. 解释你的结果.

3.24 假设 $\gamma(t)=\begin{pmatrix}\gamma_1(t)\\\vdots\\\gamma_n(t)\end{pmatrix}$ 在 $[a,b]$ 的一个邻域上是二次连续可微的.

a. 利用带余项的泰勒定理 (或者从中值定理直接论证) 证明: 对于 $[a,b]$ 中的任意 $s_1<s_2$, 有

$$|\gamma(s_2)-\gamma(s_1)-\gamma'(s_1)(s_2-s_1)|\leqslant C|s_2-s_1|^2,$$

其中 $C=\sqrt{n}\sup\limits_{j=1,\cdots,n}\sup\limits_{t\in[a,b]}|\gamma_j''(t)|$.

b. 利用这个来证明 $\lim\sum\limits_{i=0}^{m-1}|\gamma(t_{i+1})-\gamma(t_i)|=\int_a^b|\gamma'(t)|\,\mathrm{d}t$, 其中 $a=t_0<t_1<\cdots<t_m=b$, 并且在距离 $t_{i+1}-t_i$ 趋近于 0 的时候取极限.

3.25 分析例 3.7.7 中找到的临界点, 这一次, 使用增广哈塞矩阵.

练习 3.27 的图
Scherk 曲面, 方程为

$$e^z \cos y = \cos x.$$

我们感谢 Francisco Martin 允许我们使用这张图和练习 3.9.10 中悬链面的图.

3.26 利用泰勒多项式的链式法则 (命题 3.4.4) 来推导莱布尼兹规则.

3.27 证明: 方程为 $e^z \cos y = \cos x$ 的 Scherk 曲面是一个极小曲面. 提示: 把方程写为 $z = \ln\cos x - \ln\cos y$.

3.28 证明二次型 $ax^2 + 2bxy + cy^2$:

a. 是正定的, 当且仅当 $ac - b^2 > 0$ 且 $a > 0$.

b. 是负定的, 当且仅当 $ac - b^2 > 0$ 且 $a < 0$.

c. 具有符号差 $(1, 1)$, 当且仅当 $ac - b^2 < 0$.

3.29 令 $Q_{i,j}(\theta)$ 为 (i, j) 平面上表示旋转 θ 的矩阵; 注意到 $\left(Q_{i,j}(\theta)\right)^{-1} = \left(Q_{i,j}(\theta)\right)^{\mathrm{T}} = Q_{i,j}(-\theta)$. 令 A 为一个实的 $n \times n$ 对称矩阵, 对某些 $i < j$, 有 $a_{i,j} \neq 0$.

a. 找到一个角度 θ 的公式, 使得如果 $B = Q_{i,j}(-\theta)AQ_{i,j}(\theta)$, 则 B 是对称的, 且 $b_{i,j} = 0$.

b. 证明:
$$\sum_{1\leqslant k<l\leqslant n} |b_{k,l}|^2 = \sum_{1\leqslant k<l\leqslant n} |a_{k,l}|^2 - |a_{i,j}|^2.$$

c. 使用这个公式给出谱定理的另一个证明; 你可能需要用到正交群是紧致的这个事实.

3.30 证明: 如果 $M \subset \mathbb{R}^m$ 为一个 k 维的流形, 且 $P \subset \mathbb{R}^p$ 为一个 l 维的流形, 则 $M \times P \subset \mathbb{R}^m \times \mathbb{R}^p$ 是一个 $k + l$ 维的流形.

3.31 找到函数 $x_1x_2\cdots x_n$ 的最大值, 约束条件为
$$x_1^2 + 2x_2^2 + \cdots + nx_n^2 = 1.$$

第 4 章　积　分

当你可以测量你所谈论的东西, 并且可以用数字表达出来的时候, 你对这些东西就有所了解了; 但当你还不能测量, 不能用数字来表达的时候, 你对这些东西的了解仍然是贫乏而令人不满意的. 这可能是知识的开始, 但在你的思想上, 几乎还没有前进到科学的阶段.

—— William Thomson(图 4.0.1), Lord Kevin

图 4.0.1
开尔文 (William Thomson, 1824 — 1907)

确定人寿保险政策附加费的精算师需要用到积分. 给股票期权定价的银行家也需要积分. Black 和 Scholes 因为这个涉及非常时髦的随机过程的积分的工作而获得了诺贝尔奖.

黎曼 (图 4.0.2) 出生于 1826 年, 1866 年死于肺结核. 他在研究三角序列时定义的黎曼积分, 还不是他最伟大的成就. 他在很多领域都做出了贡献, 包括微分几何和复分析. 黎曼假设也许是数学里最著名的未解之谜.

图 4.0.2
黎曼 (Bernhard Riemann, 1826 — 1866)

4.0　引　言

第 1 章和第 2 章从代数开始, 然后前进到了微积分. 在这里, 如同第 3 章一样, 我们将直接引入微积分. 我们将在本章的后期必要时引入相关的线性代数 (行列式).

学生们在第一次遇到积分的时候, 积分以两种非常不同的方式出现, 黎曼和 (思想) 与反导 (食谱) —— 而不是像导数来源于极限, 以及要用莱布尼兹法则和链式法则计算的一些东西.

因为积分仅仅可以通过反导数进行系统的计算 (手算), 学生们通常就把它当成了定义. 这是误导性的: 积分的定义是通过黎曼和 (或者曲线下的面积, 黎曼和仅仅是让面积的定义变得更精确的一个方法) 给出的. 4.1 节将专注于把黎曼和推广到多元函数上. 我们不再是把函数的定义域 $f\colon \mathbb{R} \to \mathbb{R}$ 切割成很小的区间来计算对应于每个积分的图像下的面积, 而是将函数 $f\colon \mathbb{R}^n \to \mathbb{R}^n$ 的 "n 维的定义域" 切割成小的 n 维的立方体.

计算 n 维空间里的体积是多元微积分的一个重要应用. 另外一个应用是概率论; 概率已经成为积分的一个非常重要的部分, 以至于积分已经成了概率论的一部分. 就算是量化一个小孩子有多重这样一个寻常的问题也需要多重积分. 更厉害的是在物理学家研究湍流的时候, 或者工程师试图改进内燃机引擎的时候对概率的使用. 他们不能指望着每次只处理一个分子; 任何他们在微观水平下得到的关于现实的图像都是微观尺度上的基于概率的图像. 我们将在 4.2 节给出关于这个重要领域的简单介绍.

4.3 节讨论什么函数是可积的; 在 4.4 节里, 我们使用了*测度*(measure)这个术语来给出可积性的一个清晰的标准 (这个标准比 4.3 节的标准可以用在更多的函数上).

在 4.5 节里, 我们讨论富比尼定理, 它可以把对 n 元函数的积分的计算简化成 n 个普通的积分. 这是一个非常重要的理论工具. 进一步来说, 只要积分可以用基本项来计算, 富比尼定理就是一个关键的工具. 不幸的是, 就算是一元函数, 通常也不可能用基本项来计算其反导, 对于多元的函数更是如此.

在实践中, 计算多重积分最常用的是数值方法, 我们将在 4.6 节里讨论. 我们将看到, 对于 $\mathbb{R}^2$ 和 $\mathbb{R}^{10^{24}}$, 尽管理论上大同小异, 但计算上的问题则是非常不同的. 我们还将看到, 在寻找计算一个函数值的最优点, 以及在理解为什么蒙特卡洛 (Monte Carlo) 方法在高维空间有效这些深度的概率问题时, 牛顿方法的一些有意思的应用.

使用铺排来定义体积, 就像我们在 4.1 节里所做的, 会给出大多数定理的最容易的证明方法, 因为所有的二进铺排都是可兼容的. 对于任意的两个二进铺排, 一个是另一个的精细化: 随着我们把积分域切割成越来越小的立方体, 更小的立方体可以精确地装进大的立方体, 这在更高的维度上是尤其重要的. 但是这样的铺排是死板的, 通常我们在函数变化剧烈的时候, 会需要更多的 "铺路石", 而在其他的地方则需要更大的 "石块". 选择铺排的灵活性对于*换元公式*(change of variable formula)的证明也是很重要的. 4.7 节会讨论更一般的铺排.

在 4.8 节, 我们回到线性代数, 来讨论高维的行列式. 在 4.9 节, 我们会证明, 在任何维度上, 行列式都代表体积. 我们将在 4.10 节里讨论换元公式的时候, 用到这一事实.

许多有意思的积分, 比如在拉普拉斯变换和傅里叶变换里的那些, 不是有界函数在有界的积分域下的积分. 这些积分要用到一个不同的方法, 勒贝格积分, 将在 4.11 节里讨论. *勒贝格积分*(Lebesgue integration)不能定义为黎曼和, 它需要我们在极限下理解积分的行为. 控制收敛定理是解决这个问题的一个关键的工具.

4.1　积分的定义

积分就是一个求和的过程: 它回答了这样的问题, 一共有多少? 在一维空间里, $\rho(x)$ 可能是一根用 $[a,b]$ 来参数化的棒子在 x 位置上的密度. 在这种情况下

希腊字母 ρ("rho") 与 "row" 读音相同.

$$\int_a^b \rho(x)\,\mathrm{d}x \tag{4.1.1}$$

就是棒子的总质量.

我们将在 4.5 节看到公式 (4.1.2) 的二重积分可以写为
$$\int_c^d \left(\int_a^b \rho\begin{pmatrix}x\\y\end{pmatrix}\mathrm{d}x\right)\mathrm{d}y,$$
在这一节, 我们没有预先假定这个等价性. 值得注意的一个区别是 $\int_a^b$ 指定了一个方向: 从 a 到 b. (你应该想到方向会产生差别: $\int_a^b = -\int_b^a$.) 公式 (4.1.2) 的积分指定了一个定义域, 但对于方向则什么都没说.

如果, 我们有一块长方形的平板, 用 $a \leqslant x \leqslant b$ 和 $c \leqslant y \leqslant d$ 来表示, 密度为 $\rho\begin{pmatrix}x\\y\end{pmatrix}$, 则总质量可以通过计算*二重积分*(double integral)来给出

$$\int_{[a,b]\times[c,d]} \rho\begin{pmatrix}x\\y\end{pmatrix}\mathrm{d}x. \tag{4.1.2}$$

其中整个二重积分的积分域为 $[a,b]\times[c,d]$ (板子本身). 我们将在本章定义这样的多重积分. 但你必须时刻记着, 前面的例子太简单了. 我们可能需要理解海岸线为非常复杂边界的不列颠的总降雨量. (有一篇非常著名的文章把海岸线分析为分形, 且有无限的长度.) 或者我们要理解存储在薄膜的表面张力里的总势能; 物理学家告诉我们, 薄膜会选取势能最小的形状.

我们还要为更奇特的定义域和函数定义积分. 我们的方法对于极其奇特的

函数可能是不行的, 比如, 一个函数在所有的有理数上取 1, 在所有的无理数上取 0. 对于这样的函数, 我们需要勒贝格积分 (见 4.11 节). 但是我们仍然需要认真地指定我们希望允许什么样的积分域和函数.

如果我们保持函数的定义域简单, 而把所有的复杂性都放进被积分的函数里, 那么我们的任务可能会变得容易. 如果我们想要给不列颠的降雨求和, 我们会用到 $\mathbb{R}^2$, 而不是把不列颠 (以及有其分形的海岸线) 作为积分的定义域. 我们可以把函数定义为不列颠的降雨量, 而其他地方为 0.

这样的话, 对于一个函数 $f: \mathbb{R}^n \to \mathbb{R}^n$, 我们将定义多重积分

$$\int_{\mathbb{R}^n} f(x)|\,\mathrm{d}^n\mathbf{x}|, \tag{4.1.3}$$

$\mathbb{R}^n$ 为积分域.

我们断然不能假设 f 是连续的, 因为多数情况下它不是: 如果, 例如 f 被定义为不列颠在十月份的总降雨量, 而其他地方为 0, 那么在边界上的大部分都将是不连续的, 如图 4.1.1 所示. 我们实际上有一个定义在一些比不列颠大的 $\mathbb{R}^n$ 的子集上的函数 g. 然后我们可以通过设

$$f(\mathbf{x}) = \begin{cases} g(\mathbf{x}) & \text{如果 } \mathbf{x} \in \text{不列颠} \\ 0 & \text{其他} \end{cases} \tag{4.1.4}$$

来只考虑在不列颠上的函数. 我们可以用另外一种方式来表达这个函数, 就是使用**指示函数 1**.

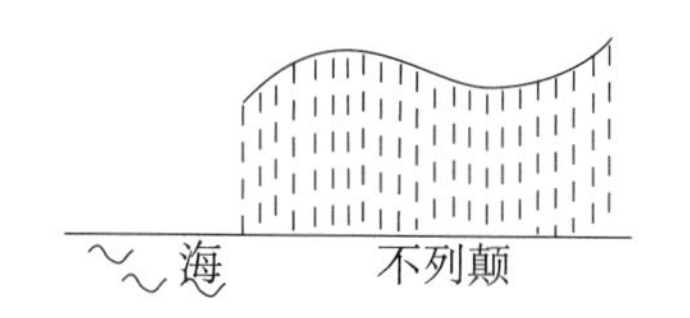

图 4.1.1

在不列颠上空为降雨量, 其余地方为 0 的函数在海岸线上是不连续的.

指示函数也被称为**特征函数**(characteristic function).

我们在选择 $|\mathrm{d}^n\mathbf{x}|$ 之前, 试了几种记号. 首先我们用了 $\mathrm{d}x_1 \cdots \mathrm{d}x_n$. 这个看起来有点笨拙, 所以我们换成了 $\mathrm{d}V$. 但它没能区分 $|\mathrm{d}^2\mathbf{x}|$ 和 $|\mathrm{d}^3\mathbf{x}|$, 而且在换变量的时候, 我们不得不附加脚标以保持变量意义明确.

但 $\mathrm{d}V$ 的优势是正确地建议我们不关心方向 (不像大学第一年的微积分, $\int_a^b \mathrm{d}x \neq \int_b^a \mathrm{d}x$). 我们起初犹豫用绝对值符号来传递同样的消息, 担心这个记号看上去令人生畏, 但是我们决定, 有方向的和无方向的定义域之间的区别如此重要 (它是第 6 章的中心主题), 我们的记号必须反映出这个区别.

Supp(support, 支撑) 这个记号不应该与 sup(supremum, 上确界) 混淆. supremum 和最小上界是同义词, infimum 和最大下界是同义词 (定义 1.6.5 和 1.6.7).

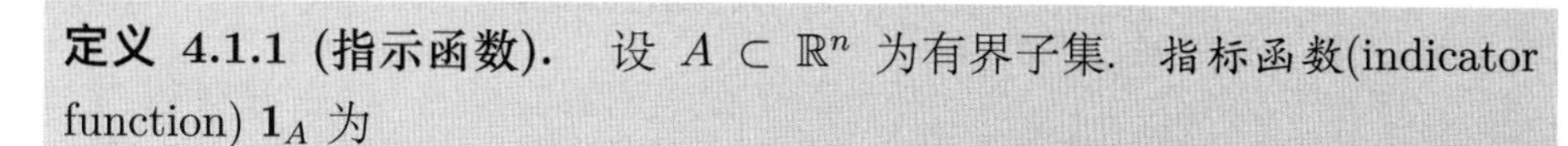

定义 4.1.1 (指示函数). 设 $A \subset \mathbb{R}^n$ 为有界子集. **指标函数**(indicator function) $\mathbf{1}_A$ 为

$$\mathbf{1}_A(x) \stackrel{\text{def}}{=} \begin{cases} 1 & \text{如果 } \mathbf{x} \in A \\ 0 & \text{如果 } \mathbf{x} \notin A \end{cases}. \tag{4.1.5}$$

等式 (4.1.4) 可以被重写为

$$f(\mathbf{x}) = g(\mathbf{x})\mathbf{1}_{\text{不列颠}}(\mathbf{x}). \tag{4.1.6}$$

这样还没有排除掉像不列颠的海岸线的那种困难 —— 实际上, 这样的函数 f 通常会在海岸线上有不连续性 —— 但把所有的难点都放在函数这一边, 会让我们的定义变得更为容易一些 (至少短一些).

所以, 因为我们真的想要在不列颠上积分 g(比如降雨量), 我们把这个积分定义为 f 在 $\mathbb{R}^n$ 上的积分的形式, 设

$$\int_{\text{不列颠}} g(\mathbf{x})|\,\mathrm{d}^n\mathbf{x}| = \int_{\mathbb{R}^n} g(\mathbf{x})\mathbf{1}_{\text{不列颠}}(\mathbf{x})|\,\mathrm{d}^n\mathbf{x}| = \int_{\mathbb{R}^n} f(\mathbf{x})|\,\mathrm{d}^n\mathbf{x}|. \tag{4.1.7}$$

更一般地, 当在子集 $A \subset \mathbb{R}^n$ 上积分时,

$$\int_A g(\mathbf{x})|\,\mathrm{d}^n\mathbf{x}| = \int_{\mathbb{R}^n} g(\mathbf{x})\mathbf{1}_A(\mathbf{x})|\,\mathrm{d}^n\mathbf{x}|. \tag{4.1.8}$$

一些预备的定义和记号

定义 4.1.2 (函数的支撑集: $\mathrm{Supp}(f)$). 函数 $f: \mathbb{R}^n \to \mathbb{R}^n$ 的**支撑集**(support) $\mathrm{Supp}(f)$ 为以下集合的闭包

$$\{\mathbf{x} \in \mathbb{R}^n \mid f(\mathbf{x}) \neq 0\}. \tag{4.1.9}$$

定义 4.1.3 ($M_A(f)$ 和 $m_A(f)$). 如果 $A \subset \mathbb{R}^n$ 是任意子集, 我们用 $M_A(f)$ 来表示 $f(\mathbf{x})$ 的上确界, 用 $m_A(f)$ 来表示 $f(\mathbf{x})$ 的下确界,

$$M_A(f) \stackrel{\text{def}}{=} \sup_{\mathbf{x} \in A} f(\mathbf{x}),\ m_A(f) \stackrel{\text{def}}{=} \inf_{\mathbf{x} \in A} f(\mathbf{x}), \tag{4.1.10}$$

其中 $\mathbf{x} \in A$.

定义 4.1.4 (振幅). 函数 f 在 A 上的**振幅**(oscillation)用 $\mathrm{osc}_A(f)$ 来表示, 代表上确界与下确界之间的差

$$\mathrm{osc}_A(f) \stackrel{\text{def}}{=} M_A(f) - m_A(f). \tag{4.1.11}$$

黎曼积分的定义: 二进铺排

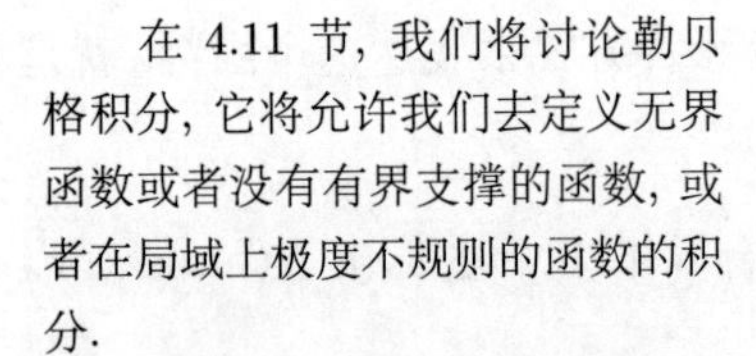
在 4.11 节, 我们将讨论勒贝格积分, 它将允许我们去定义无界函数或者没有有界支撑的函数, 或者在局域上极度不规则的函数的积分.

你可能已经见过无界函数在无界的定义域上的反常积分, 但是这个只在 1 维上有效: 反常积分在高维上没有意义. 在任何情况下, 不绝对收敛的反常积分非常微妙, 那些绝对收敛的积分也作为勒贝格积分存在; 见练习 4.11.19.

在 4.1 ~ 4.10 节里, 我们讨论了满足以下条件的函数 $f: \mathbb{R}^n \to \mathbb{R}^n$ 的积分:

1. $|f|$ 是有界的.
2. f 是有有界支撑的 (存在 R 使得当 $|\mathbf{x}| > R$ 时, $f(\mathbf{x}) = 0$).

对 f 有了这些限制, 对任何子集 $A \in \mathbb{R}^n$, 每个量 $M_A(f)$ 和 $m_A(f)$, 以及 $\mathrm{osc}_A(f)$ 都是有明确定义的有限数. 对定义在开区间 $(0,1)$ 上的函数 $f(x) = \dfrac{1}{x}$, 这个是不成立的. 在这种情况下, $|f|$ 是无界的, 且 $\sup(f) = \infty$.

关于如何定义积分有很多种选择, 我们将首先采用限制最强的定义: $\mathbb{R}^n$ 上的**二进铺排**(dyadic paving).

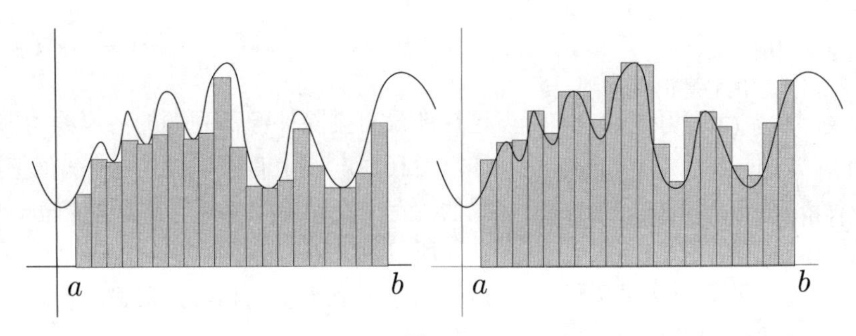

图 4.1.2

左图: $\displaystyle\int_a^b f(x)\,\mathrm{d}x$ 的下黎曼和. 右图: 上黎曼和. 如果两个和收敛到一个共同的极限, 这个极限就是函数的积分.

要计算 1 维空间上的积分, 我们把积分域分解为小的区间, 在每个区间上, 构造能够放在曲线下的最高的矩形, 以及最短的包含了函数曲线的矩形, 如图 4.1.2 所示. 如果, 随着我们把矩形变得越来越小, 上面的矩形的总面积趋近于

下面的矩形的总面积，那么这个函数就是可积的. 我们可以把积分近似为所有矩形的面积之和，要么高的那些，要么低的那些，或者用其他的方法构造出来的矩形. 究竟选择哪个点来测量高度并不那么重要，因为高的矩形的总面积和低的矩形的总面积可以无限地接近.

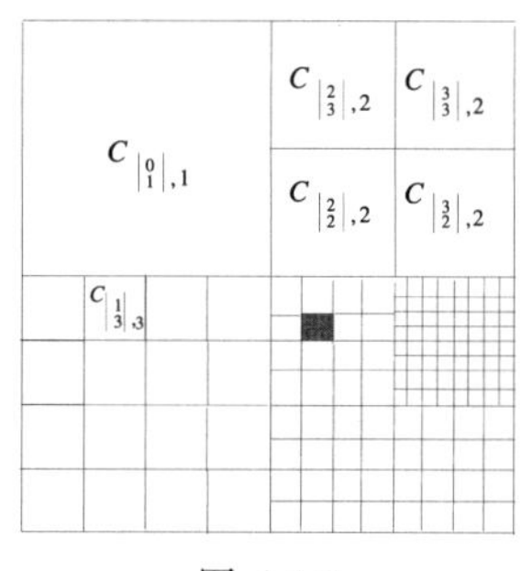

图 4.1.3

一个 $\mathbb{R}^2$ 上的二进分解. 整个图是在 $N=0$ 层的 $\mathbb{R}^2$ 上的立方体，边长为 $1/2^0=1$. 在第一层 (左上象限) 立方体的边长为 $1/2^1=1/2$. 在第二层 (右上象限)，边长为 $1/2^2=1/4$; 以此类推.

如例 4.1.6 所解释的，右下方的象限中的小的带阴影的立方体为 $C_{\binom{9}{6},4}-\mathbf{k}=\begin{pmatrix}9\\6\end{pmatrix}, N=4$ 的立方体.

在 1 维空间里，二进铺排的高的面积的和与低的面积的和对应于把我们限制在首先把积分域在整数上分解，然后是半整数，然后是四分之一整数，以此类推.

要想在 $\mathbb{R}^n$ 上使用这种方法，我们所做的基本相同. 我们首先把 $\mathbb{R}^n$ 切割成边长为 1 的小的立方体，如图 4.1.3 中的大正方形. ("立方体" 表示 1 维中的区间，二维中的正方形，3 维中的立方体，以及更高维空间中与立方体类似的东西). 下一步，我们把立方体的每一个边一分为二，把一个区间切到一半，或者把一个正方形切成四个等大的正方形，一个立方体分成八个等大的立方体，等等，在每一步中，我们都把边一分为二.

要精确地定义 $\mathbb{R}^n$ 上的二进铺排，必须首先说明我们用 n 维立方体表示什么.

定义 4.1.5 (二进立方体). 一个*二进立方体*(dyadic cube) $C_{\mathbf{k},N}\subset\mathbb{R}^n$ 的定义为

$$C_{\mathbf{k},N}\stackrel{\text{def}}{=}\left\{\mathbf{x}\in\mathbb{R}^n \mid \frac{k_i}{2^N}\leqslant x_i<\frac{k_i+1}{2^N},\ 1\leqslant i\leqslant n\right\}, \tag{4.1.12}$$

其中 $\mathbf{k}\stackrel{\text{def}}{=}\begin{pmatrix}k_1\\\vdots\\k_n\end{pmatrix}$, $k_1,\cdots,k_n$ 是整数.

在等式 (4.1.12) 中，我们在 x_i 的左边选择了不等式 $\leqslant$，在右边选择了 $<$，所以在每个级别上，$\mathbb{R}^n$ 上的每个点恰好在一个立方体内. 我们也可以使用相反的顺序; 允许边界重叠也不会成为问题.

每个立方体 C 有两个脚标. 第一个脚标 $\mathbf{k}$ 定位了每个立方体，它给出了立方体的左下角的坐标的分子，分母为 2^N. 第二个脚标 N，说明了我们考虑的是哪一层，从 0 开始. 你可以把 N 理解为立方体的精细程度. 立方体的边长为 $1/2^N$，所以当 $N=0$ 时，每个边长都是 1; 当 $N=1$ 时，每个边长为 1/2. N 越大，则分得越精细，立方体越小.

例 4.1.6 (二进立方体). 图 4.1.3 的右下方的象限里，带阴影的立方体为

$$C_{\binom{9}{6},4}=\left\{\mathbf{x}\in\mathbb{R}^2 \,\middle|\, \underbrace{\frac{9}{16}\leqslant x<\frac{10}{16}}_{\text{立方体的宽}},\underbrace{\frac{6}{16}\leqslant y<\frac{7}{16}}_{\text{立方体的高}}\right\}. \quad\triangle \tag{4.1.13}$$

我们把我们的铺排称为二进(dyadic) 的，因为每一次我们都是除以 2: "dyadic" 来自希腊语的 dyas，意思是 2. 我们也可以使用十进制铺排，每一次把每一条边分成十份，但是 "dyadic" 要更容易画出来. 在 4.7 节，我们将看到可以使用更为通用得多的铺排.

如果立方体是三维的，$\mathbf{k}$ 包含三个数，每个立方体 $C_{\mathbf{k},N}$ 由 $\mathbf{x}=\begin{pmatrix}x\\y\\z\end{pmatrix}$ 组成，其中

$$\underbrace{\frac{k_1}{2^N}\leqslant x<\frac{k_1+1}{2^N}}_{\text{立方体的宽}};\underbrace{\frac{k_2}{2^N}\leqslant y<\frac{k_2+1}{2^N}}_{\text{立方体的长}};\underbrace{\frac{k_3}{2^N}\leqslant z<\frac{k_3+1}{2^N}}_{\text{立方体的高}}. \tag{4.1.14}$$

所有这些立方体的集合*铺成*了 $\mathbb{R}^n$.

定义 4.1.7 (二进铺排). 在单一的第 N 层上, 所有立方体 $C_{\mathbf{k},N}$ 的集合, 标记为 $\mathbb{D}_N(\mathbb{R}^n)$, 是 $\mathbb{R}^n$ 的第 N 个二进铺排.

我们用 vol_n 来表示 n 维体积.

立方体 C 的 n 维体积是它的各个边的乘积. 由于每条边的长度为 $\frac{1}{2^N}$, 所以 n 维的体积为

$$\text{vol}_n C = \left(\frac{1}{2^N}\right)^n = \frac{1}{2^{Nn}}. \tag{4.1.15}$$

注意到所有满足 $C \in \mathcal{D}_N$ 的立方体都有相同的体积.

练习 4.1.8 让你证明不等式 4.1.16.

在立方体 $C \in \mathcal{D}_N$ 里, 两点之间的距离满足

$$|\mathbf{x} - \mathbf{y}| \leqslant \frac{\sqrt{n}}{2^N}. \tag{4.1.16}$$

因此, 当 N 变大的时候, 两点之间的距离变小.

使用二进铺排得到的上和与下和

在一维上, 如果当区间的分解变得越来越细的时候, 上面的矩形的面积之和与下面的矩形的面积之和趋向于一个共同的极限, 我们就说一个函数是可积的. 这个共同的极限就叫作积分.

在这里我们做同样的事情. 我们定义第 N 个上和与下和:

定义 4.1.8: 与定义 4.1.3 中的一样, $M_C(f)$ 表示最小上界, $m_C(f)$ 表示最大下界.

因为我们假设 f 具有有界支撑, 这些和只包含有限多的项. 每一项都是有限的, 因为 f 自身是有界的. 我们可以允许函数具有无界支撑, 但这需要定义 4.1.8 中的和是绝对收敛的级数; 这就使得理论复杂化了.

定义 4.1.8 (第 N 个上和, 第 N 个下和). 令 $f\colon \mathbb{R}^n \to \mathbb{R}$ 为有界的, 且被有界的支撑集支撑. 函数 f 的第 N 个上和(upper sum)与下和(lower sum)为

$$\underbrace{U_{N(f)}}_{\text{第}N\text{个上和}} \stackrel{\text{def}}{=} \sum_{C\in\mathcal{D}_N} M_C(f)\,\text{vol}_n C, \quad \underbrace{L_{N(f)}}_{\text{第}N\text{个下和}} \stackrel{\text{def}}{=} \sum_{C\in\mathcal{D}_N} m_C(f)\,\text{vol}_n C.$$

对于我们的第 N 个上和, 我们对第 N 层上的每个立方体 C, 计算立方体内部函数的最小的上界与立方体的体积的乘积, 并且把所有的乘积加在一起. 对下和, 我们做同样的运算, 采用最大的下界. 因为对所有的铺排, 所有的立方体的体积相同, 因此可以提取公因子, 得到

命题 4.1.9: 想象一个 2 维函数, 其图像为一个有高山的峡谷的表面. 在一个粗糙的水平上, 用大的立方体 (也就是方块), 包含一个山峰和一个峡谷的方块对上和贡献很大.

随着 N 增加, 山峰对于一个小得多的方块为最小上界; 大方块的其余部分则有小一点的最小上界.

同样的论据对于相反的下和的情况也成立; 如果一个大方块包含一个很深的峡谷, 整个方块将有一个更小的最大下界; 随着 N 增加, 方块减小, 峡谷的影响变小, 下和将变大. 我们邀请你把这个论点变成正式的证明.

$$U_N(f) = \frac{1}{2^{nN}} \sum_{C\in\mathcal{D}_N} M_C(f),\ L_N(f) = \frac{1}{2^{nN}} \sum_{C\in\mathcal{D}_N} m_C(f). \tag{4.1.17}$$

命题 4.1.9. 随着 N 的增加, 数列 $N \mapsto U_N(f)$ 减小, 数列 $N \mapsto L_N(f)$ 增加.

严格来说, 在命题 4.1.9 里, 数列 $N \to U_N(f)$ 是非增的, $N \to L_N(f)$ 是非减的, 它们可能在部分或者全部的步骤上保持不变.

我们已经做好了定义多重积分的准备.

定义 4.1.10 (上积分与下积分). 我们称

$$U(f) \stackrel{\text{def}}{=} \lim_{N\to\infty} U_N(f) \text{ 和 } L(f) \stackrel{\text{def}}{=} \lim_{N\to\infty} L_N(f) \tag{4.1.18}$$

为 f 的**上积分**(upper integral)与**下积分**(lower integral).

命题 4.1.11. 如果 f, g 是有界函数, 并且有有界支撑, 且 $f \leqslant g$, 则

$$U(f) \leqslant U(g),\ L(f) \leqslant L(g). \tag{4.1.19}$$

我们把命题 4.1.11 的证明留给读者.

定义 4.1.12 (可积函数, 积分). 函数 $f\colon \mathbb{R}^n \to \mathbb{R}$, 被有界支撑集界定, 如果它的上下积分相等, 则它是**可积的**(integrable), 其**积分**(integral)为

$$\int_{\mathbb{R}^n} f|\,\mathrm{d}^n\mathbf{x}| \stackrel{\text{def}}{=} U(f) \stackrel{\text{def}}{=} L(f). \tag{4.1.20}$$

根据定义 4.1.12, 一个可积函数是数值的, 但可以定义复值可积函数, 对实部和虚部分开积分, 更一般地, 向量值可积函数, 对每个坐标函数分别积分.

被积函数(integrand)是放在积分号后面的项: 在等式 (4.1.20) 中, 被积函数是 $f|\,\mathrm{d}^n\mathbf{x}|$.

但是找到可以直接利用定义就能计算的积分有点难, 下面是一个例子.

例 4.1.13 (计算积分). 令

$$f(x) = \begin{cases} x & \text{如果 } 0 \leqslant x < 1 \\ 0 & \text{其他} \end{cases}. \tag{4.1.21}$$

我们来看积分

$$\int_0^1 f(x)|\,\mathrm{d}x| = \left[\frac{x^2}{2}\right]_0^1 = \frac{1}{2}, \tag{4.1.22}$$

这几乎是微积分所能做的最简单事情了, 它可以通过二进铺排求和来计算.

采用指标函数, 我们可以把 f 表示为如下的乘积

$$f(x) = x\mathbf{1}_{[0,1)}(x) \tag{4.1.23}$$

因为我们在 1 维上, 我们的立方体就是区间

$$C_{k,N} = \left[\frac{k}{2^N}, \frac{k+1}{2^N}\right).$$

注意, 从等式 (4.1.21) 可知, f 是被有界支撑集界定的有界函数. 除非 $0 \leqslant k/2^N < 1$, 我们都有

$$m_{C_{k,N}} = M_{C_{k,N}}(f) = 0. \tag{4.1.24}$$

如果 $0 \leqslant k/2^N < 1$, 那么有

$$\underbrace{m_{C_{k,N}}(f) = \frac{k}{2^N}}_{f\text{在}C_{k,N}\text{上的最大下界是区间的开始}} \quad \text{以及} \quad \underbrace{M_{C_{k,N}}(f) = \frac{k+1}{2^N}}_{f\text{在}C_{k,N}\text{上的最小上界是下一个区间的开始}}. \tag{4.1.25}$$

用黎曼和计算多重积分在概念上不比计算一维积分难, 但是要花的时间多得多. 就算是维数只是中等大的时候 (例如, 3 或者 4), 这也是个严肃的问题. 当维数是 9 或 10 的时候, 这个问题就变得糟糕得多; 数值积分正确到六位有效数字可能并不现实.

当维数变得真的很大的时候, 比如 10^{24}, 如在量子场论和统计力学里见到的, 就算是在最直接的情况下, 也没有人知道如何计算这样的积分, 它们的行为是这个领域的数学的中心问题. 我们在 4.6 节给出了黎曼和在实践中应用的简介.

这样, 当 $n = 1$ 时, 等式 (4.1.17) 就变成了

$$L_N(f) = \frac{1}{2^N}\sum_{k=0}^{2^N-1}\frac{k}{2^N},\ U_N(f) = \frac{1}{2^N}\sum_{k=0}^{2^N-1}\frac{k+1}{2^N} = \frac{1}{2^N}\sum_{k=1}^{2^N}\frac{k}{2^N}. \tag{4.1.26}$$

特别地, 有 $U_N(f) - L_N(f) = 2^N/2^{2N} = 1/2^N$, 随着 N 趋向于无穷大, 会趋向于 0, 因此 f 是可积的. 计算积分的值需要用到公式 $1+2+\cdots+m = m(m+1)/2$. 使用这个公式, 我们发现

$$L_N(f) \ = \ \frac{1}{2^N}\frac{(2^N-1)2^N}{2\cdot 2^N} = \frac{1}{2}\left(1 - \frac{1}{2^N}\right),$$

$$U_N(f) \;=\; \frac{1}{2^N}\frac{(2^N+1)2^N}{2\cdot 2^N} = \frac{1}{2}\left(1+\frac{1}{2^N}\right). \tag{4.1.27}$$

很明显, 随着 N 趋向于无限大, 两个和都收敛于 1/2. △

黎曼和

计算上积分 $U(f)$ 和下积分 $L(f)$ 可能是困难的, 因为涉及寻找最大值点和最小值点. 幸运的是, 计算上下和并不是真的有必要的. 假设我们知道 f 是可积的, 那么, 就像黎曼和是一维的一样, 我们可以选择任何点 $x_{\mathbf{k},N} \in C_{\mathbf{k},N}$, 比如每个立方体的中心, 或者左下角, 然后考虑黎曼和

$$R(f,N) = \sum_{k\in\mathcal{Z}^n} \overbrace{\mathrm{vol}_n(C_{\mathbf{k},N})}^{\text{“宽”}}\overbrace{f(x_{\mathbf{k},N})}^{\text{“高”}}. \tag{4.1.28}$$

由于函数在任意一点 $x_{\mathbf{k},N}$ 上的值在上方被最小上界限定, 下方被最大下界限定:

$$m_{C_{\mathbf{k},N}} f \leqslant f(x_{\mathbf{k},N}) \leqslant M_{C_{\mathbf{k},N}} f. \tag{4.1.29}$$

黎曼和 $R(f,N)$ 将会收敛于积分. 尤其是, 定义 4.1.12 证明了第一年的微积分课中所学到的: 如果 $f\colon \mathbb{R}\to\mathbb{R}$ 是可积的, 在 $[a,b]$ 上有支撑 (这意味着 $a\leqslant b$), 则

$$\int_{\mathbb{R}} f(x)|\,\mathrm{d}x| = \int_{-\infty}^{\infty} f(x)\,\mathrm{d}x = \int_a^b f(x)\,\mathrm{d}x. \tag{4.1.30}$$

并且 4.1.12 里定义的一维积分可以用大学第一年的微积分课上所学到的方法来计算.[1]

警告: 在你做这个之前, 你必须知道你的函数是可积的: 上和与下和收敛到一个共同的极限. 黎曼和收敛而函数不可积是完全有可能的 (见练习 4.1.14). 在这种情况下, 极限没有很多意义, 它应该被以怀疑的态度来看待.

“在 [a, b] 上有支撑” 的意思是如果 $x\notin[a,b]$, 则 $f(x)=0$. 如果对一些其他的区间, 比如说 $[c,d]$ 上的 x, 有 $f(x)\neq 0$, 我们会说 “在 $[a,b]\cup[c,d]$” 上有支撑.

在计算黎曼和的时候, 任何点都可以, 但一些点会比另一些点更好一些. 如果你使用了中心点而不是角上的点, 和会收敛得更快一些.

命题 4.1.14: 第四部分的反面是错的. 考虑函数

$$f(x)=\begin{cases}1 & x\in[0,1]\cap\mathbb{R}\\ -1 & x\in[0,1]\cap(\mathbb{R}-\mathbb{Q})\\ 0 & \text{其他}\end{cases},$$

函数 $|f| = \mathbf{1}_{[0,1]}$ 是可积的, 但 f 不是.

计算多重积分的一些规则

几个结果或多或少是显然的.

命题 4.1.14 (计算多重积分的规则).

1. 如果两个函数 $f,g\colon \mathbb{R}^n\to\mathbb{R}$ 都是可积的, 那么 $f+g$ 也是可积的, 且有

$$\int_{\mathbb{R}^n}(f+g)|\,\mathrm{d}^n\mathbf{x}| = \int_{\mathbb{R}^n} f|\,\mathrm{d}^n\mathbf{x}| + \int_{\mathbb{R}^n} g|\,\mathrm{d}^n\mathbf{x}|. \tag{4.1.31}$$

2. 如果 f 是一个可积函数, $a\in\mathbb{R}$, 则 af 也是可积的, 且有

$$\int_{\mathbb{R}^n}(af)|\,\mathrm{d}^n\mathbf{x}| = a\int_{\mathbb{R}^n} f|\,\mathrm{d}^n\mathbf{x}|. \tag{4.1.32}$$

---

[1] 在从 $\mathrm{d}x$ 到 $|\mathrm{d}x|$ 的切换过程中, 我们在一定程度上扔掉了一些信息. 没有办法用 $|\mathrm{d}x|$ 来表达 $\int_a^b f(x)\,\mathrm{d}x$. 被积函数 $f(x)\,\mathrm{d}x$ 在乎积分域的方向; 而被积函数 $f(x)|\,\mathrm{d}x|$ 不在乎方向. 在一维上, 方向很简单, 可以 (也经常) 避而不谈. 在高维上, 方向要微妙得多, 也很难处理. 在第 6 章, 我们将要学到如何在高维定向的积分域上积分.

3. 如果 f, g 是可积函数, 且 $f \leqslant g$(即对于所有的 $\mathbf{x}$, 都有 $f(\mathbf{x}) \leqslant g(\mathbf{x})$), 则

$$\int_{\mathbb{R}^n} f|\mathrm{d}^n\mathbf{x}| \leqslant \int_{\mathbb{R}^n} g|\mathrm{d}^n\mathbf{x}|. \tag{4.1.33}$$

4. 如果 $f: \mathbb{R}^n \to \mathbb{R}$ 是可积的, 则 $|f|$ 也是可积的, 且

$$\left|\int_{\mathbb{R}^n} f|\mathrm{d}^n\mathbf{x}|\right| \leqslant \int_{\mathbb{R}^n} |f||\mathrm{d}^n\mathbf{x}|. \tag{4.1.34}$$

不等式 (4.1.35): 如果 f 和 g 是普查地段的函数, f 给每个普查地段赋予了四月到九月的人均收入, g 给的是十月到次年三月的人均收入, 则 f 的最大值与 g 的最大值的和至少是 $f+g$ 的最大值, 很可能更多. 一个依赖于建筑工业的社区可能夏天的人均收入要高一些, 而滑雪场可能在冬季有最高的人均收入.

证明: 1. 对任意子集 $A \subset \mathbb{R}^n$, 我们有

$$M_A(f) + M_A(g) \geqslant M_A(f+g),\ m_A(f) + m_A(g) \leqslant m_A(f+g). \tag{4.1.35}$$

把这个应用到每个立方体 $C \in \mathcal{D}_N(\mathbb{R}^n)$, 我们得到

$$U_N(f) + U_N(g) \geqslant U_N(f+g) \geqslant L_N(f+g) \geqslant L_N(f) + L_N(g). \tag{4.1.36}$$

因为最外层的项在 $N \to \infty$ 时有共同的极限, 内层的项也有同样的极限, 这给出了

$$\underbrace{U(f)+U(g)}_{\int_{\mathbb{R}^n}(f)|\mathrm{d}^n\mathbf{x}|+\int_{\mathbb{R}^n}(g)|\mathrm{d}^n\mathbf{x}|} = \underbrace{U_N(f+g)}_{\int_{\mathbb{R}^n}(f+g)|\mathrm{d}^n\mathbf{x}|} = L(f+g) \leqslant L(f) + L(g). \tag{4.1.37}$$

2. 如果 $a > 0$, 则 $U_N(af) = aU_N(f)$ 和 $L_N(af) = aLN(f)$ 对任意 N 都成立, 所以 af 的积分为 a 乘上 f 的积分.

如果 $a < 0$, 则 $U_N(af) = aL_N(f)$, $L_N(af) = aU_N(f)$, 所以结果仍然成立: 乘上一个负数把上限变成下限, 反之亦然.

3. 这个很显然: $U_N(f) \leqslant U_N(g)$, 对每个 N 成立.

4. 一次看一个立方体, 我们看到, 对每个 N, 我们有

$$U_N(|f|) - L_N(|f|) \leqslant U_N(f) - L_N(f) \text{ 以及 } |U_N(f)| \leqslant U_N(|f|), \tag{4.1.38}$$

第一个不等式证明了 $|f|$ 是可积的; 第二个证明了不等式 (4.1.34). □

推论 4.1.15 的第一部分让我们把一个关于任意函数的问题化简到一个关于非负函数的问题. 我们将用它来证明命题 4.1.16. 如果 $f: \mathbb{R}^n \to \mathbb{R}$ 为任意函数, 我们定义 f^+ 和 f^- 为

$$f^+ = \begin{cases} f(\mathbf{x}) & \text{如果 } f(\mathbf{x}) \geqslant 0 \\ 0 & \text{如果 } f(\mathbf{x}) < 0 \end{cases},\quad f^- = \begin{cases} -f(\mathbf{x}) & \text{如果 } f(\mathbf{x}) \geqslant 0 \\ 0 & \text{如果 } f(\mathbf{x}) < 0 \end{cases}. \tag{4.1.39}$$

显然, f^+ 和 f^- 为非负函数, 且 $f = f^+ - f^-$.

命题 4.1.15 第二部分:

$$\sup(f,g)(\mathbf{x}) \stackrel{\text{def}}{=} \sup\left\{f(\mathbf{x}),g(\mathbf{x})\right\},$$
$$\inf(f,g)(\mathbf{x}) \stackrel{\text{def}}{=} \inf\left\{f(\mathbf{x}),g(\mathbf{x})\right\}.$$

推论 4.1.15.

1. 一个具有有界支撑的有界函数 f 是可积的, 当且仅当 f^+ 和 f^- 都是可积的.
2. 如果 f 和 g 都是可积的, 则 $\sup(f,g)$ 和 $\inf(f,g)$ 也都是可积的.

证明: 1. 如果 f 是可积的, 则根据命题 4.1.14 的第四部分, $|f|$ 是可积的, 所以由第一和第二部分, $f^+ = \dfrac{1}{2}(|f|+f)$ 和 $f^- = \dfrac{1}{2}(|f|-f)$ 也是可积的. 现在假设 f^+ 和 f^- 是可积的. 则再根据第一和第二部分, $f = f^+ - f^-$ 是可积的.

2. 由第一部分和命题 4.1.14, 函数 $(f-g)^+$ 和 $(f-g)^-$ 是可积的, 所以根据命题 4.1.14, 函数

$$\inf(f,g) = \frac{1}{2}\Big(f+g-(f-g)^+-(f-g)^-\Big),$$

以及　(4.1.40)

$$\sup(f,g) = \frac{1}{2}\Big(f+g+(f-g)^+ + (f-g)^-\Big)$$

也都是可积的. □

命题 4.1.16: 你可以把等式 (4.1.42) 读作 "乘积 $f_1(\mathbf{x})f_2(\mathbf{y})$ 的积分等于积分的乘积", 但是请注意我们没有在说 (并且也是不成立的), 对于两个相同变量的函数, 乘积的积分等于积分的乘积. 对于积分 $\int f_1(\mathbf{x})f_2(\mathbf{x})$, 没有公式. 命题 4.1.16 中的两个函数有不同的变量.

命题 4.1.16. 如果 $f_1(\mathbf{x})$ 在 $\mathbb{R}^n$ 上是可积的, $f_2(\mathbf{x})$ 在 $\mathbb{R}^m$ 上是可积的, 则 R^{n+m} 上的函数

$$g(\mathbf{x},\mathbf{y}) = f_1(\mathbf{x})f_2(\mathbf{y}) \tag{4.1.41}$$

是可积的, 且

$$\int_{\mathbb{R}^{n+m}} g|\mathrm{d}^n\mathbf{x}||\mathrm{d}^m\mathbf{y}| = \left(\int_{\mathbb{R}^n} f_1|\mathrm{d}^n\mathbf{x}|\right)\left(\int_{\mathbb{R}^m} f_2|\mathrm{d}^m\mathbf{y}|\right). \tag{4.1.42}$$

证明: 首先假设 f_1 和 f_2 是非负的. 对于任意的 $A_1 \subset \mathbb{R}^n$ 和 $A_2 \subset \mathbb{R}^m$, 我们有

$$M_{A_1\times A_2}(g) = M_{A_1}(f_1)M_{A_2}(f_2);\ m_{A_1\times A_2}(g) = m_{A_1}(f_1)m_{A_2}(f_2). \tag{4.1.43}$$

命题 4.1.16 的证明: 计算并不难, 尽管结果的方程看上去很可怕. 我们把细节留作练习 4.1.7.

因为任意的 $C \in \mathcal{D}_N(\mathbb{R}^{n+m})$ 都是 $C_1 \times C_2$ 的形式, 其中 $C_1 \in \mathcal{D}_N(\mathbb{R}^n)$, $C_2 \in \mathcal{D}_N(\mathbb{R}^m)$, 分别将等式 (4.1.43) 应用在每个立方体上, 给出

$$U_N(g) = U_N(f_1)U_N(f_2),\ L_N(g) = L_N(f_1)L_N(f_2). \tag{4.1.44}$$

对于一般的情况, 写 $f_1 = f_1^+ - f_1^-$ 和 $f_2 = f_2^+ - f_2^-$; 展开 f_1f_2 并且把非负的情况应用于每一项上. 我们在重新整理各个项的时候, 结果就出现了. □

更通用的体积的定义

体积的计算, 作为历史上计算积分的一个主要动机, 目前仍然是一个重要的应用. 我们使用立方体的体积来定义积分, 现在我们用积分来给出更通用的体积的定义.

定义 4.1.17: vol_1 为 $\mathbb{R}$ 的子集的长度, vol_2 为 $\mathbb{R}^2$ 的子集的面积, 以此类推.

定义 4.1.17 (n 维体积). 当 $\mathbf{1}_A$ 可积的时候, A 的n 维体积(n-dimensional volume)的定义为

$$\text{vol}_n A \stackrel{\text{def}}{=} \int_{\mathbb{R}^n} \mathbf{1}_A |\mathrm{d}^n \mathbf{x}|. \tag{4.1.45}$$

我们已经定义了等式 (4.1.15) 里的铺排的立方体的体积. 在命题 4.1.20 里, 我们将会看到这些定义是一致的.

一些教材用 “可铺集合” 表示 “有内容” 的集合.

定义 4.1.18 (可铺集合). 如果一个集合有明确定义的体积 (就是如果它的指标函数是可积的), 则这个集合为可铺的(pavable).

引理 4.1.19. 一个区间 $I=[a,b]$ 的长度为 $|b-a|$.

证明: 在立方体 $C \in \mathcal{D}_N(\mathbb{R})$ 中, 最多两个包含端点 a 或者 b. 其他的或者全部在 I 中, 或者全部在外面; 在它们上面有

$$M_C(\mathbf{1}_I) = m_C(\mathbf{1}_I) = \begin{cases} 1 & \text{如果 } C \subset I \\ 0 & \text{如果 } C \cap I = \varnothing \end{cases}. \tag{4.1.46}$$

一个立方体的体积为 $\frac{1}{2^{nN}}$, 但在这里 $n=1$.

这样, 上和与下和之间的差最多为单个立方体体积 (也就是, 一个单个区间的长度) 的两倍:

$$U_N(\mathbf{1}_I) - L_N(\mathbf{1}_I) \leqslant 2\frac{1}{2^N}. \tag{4.1.47}$$

这个量随着 $N \to \infty$ 而趋于 0, 所以上和与下和收敛到同一个极限: $\mathbf{1}_I$ 是可积的, 而且 I 有体积. 我们把这个计算留作练习 4.1.13. □

类似地, 边与轴平行的平行四边形的体积正是我们所能期待的, 是边长的乘积.

根据 0.3 节,

$P = I_1 \times \cdots \times I_n \subset \mathbb{R}^n$

的意思是

$P = \{\mathbf{x} \in \mathbb{R}^n \mid x_i \in I_i\}$.

这样, 如果 $n=1$, 则 P 为一个区间, 如果 $n=2$, 则 P 为一个矩形, 如果 $n=3$, 则为一个盒子.

命题 4.1.20 (n 维平行四边形的体积). 由区间 $I_i=[a_i,b_i]$ 的乘积形成的 n 维平行四边形

$$P \stackrel{\text{def}}{=} I_1 \times \cdots \times I_n \subset \mathbb{R}^n \tag{4.1.48}$$

的体积为

$$\text{vol}_m(P) = |b_1-a_1||b_2-a_2|\cdots|b_n-a_n|. \tag{4.1.49}$$

等式 (4.1.15), 说一个二进立方体的 n 维体积为

$\text{vol}_n C = \frac{1}{2^{Nn}}$,

这是命题 4.1.20 的一个特殊情况.

证明: 这个可以通过把命题 4.1.16 应用到

$$\mathbf{1}_P(\mathbf{x}) = \mathbf{1}_{I_1}(x_1)\mathbf{1}_{I_2}(x_2)\cdots\mathbf{1}_{I_n}(x_n) \tag{4.1.50}$$

来直接得到. □

下面的基本结果有着强大的后续结果 (尽管这些在后面才能变得清晰).

"不相交(disjoint)" 的意思是没用公共的点.

定理 4.1.21 (体积的和). 如果 $\mathbb{R}^n$ 上的两个不相交的集合 A 和 B 是可铺的, 则它们的并集也是可铺的, 且并集的体积是两个体积的和:

$$\mathrm{vol}_n(A \cup B) = \mathrm{vol}_n A + \mathrm{vol}_n B. \tag{4.1.51}$$

证明: 因为如果 A 和 B 不相交, 则 $\mathbf{1}_{A\cup B} = \mathbf{1}_A + \mathbf{1}_B$, 结果从命题 4.1.14 的第一部分得到. □

一个可数的无限多的可铺集合的并集经常是不可铺的. 这是黎曼积分和勒贝格积分之间的关键区别; 定理 A.21.6, 对应于定理 4.1.21 的勒贝格积分的结果, 对于可数的无限并集成立.

我们将把定理 4.1.21 用在证明下列重要陈述上.

定理 4.1.22 (平移下的体积不变量). 令 A 为 $\mathbb{R}^n$ 的任意可铺子集, $\vec{\mathbf{v}} \in \mathbb{R}^n$ 为任意向量. 用 $A + \vec{\mathbf{v}}$ 表示平移了 $\vec{\mathbf{v}}$ 的集合 A. 则 $A + \vec{\mathbf{v}}$ 是可铺的, 且

$$\mathrm{vol}_n(A + \vec{\mathbf{v}}) = \mathrm{vol}_n A. \tag{4.1.52}$$

若要把 A 平移 $\vec{\mathbf{v}}$, 我们把 A 中的每个点加上 $\vec{\mathbf{v}}$.

尤其是, 如果 $C \in \mathcal{D}_N(\mathbb{R})$, 则 $\mathrm{vol}_n(C + \vec{\mathbf{v}}) = \mathrm{vol}_n(C)$.

证明: 令 K_N 为立方体 $C \in \mathcal{D}_N(\mathbb{R}^n)$ 的集合且 $C \subset A$(也就是第 N 层的完全在 A 中的立方体的集合), 令 H_N 为与 A 相交 (在 A 内部, 或者跨在边上, 使得 $K_N \subset H_N$) 的立方体 $C \in \mathcal{D}_N(\mathbb{R}^n)$ 的集合. 则

$$\mathbf{1}_{\bigcup_{C\in K_N}(C+\vec{\mathbf{v}})} \leqslant \mathbf{1}_{(A+\vec{\mathbf{v}})} \leqslant \mathbf{1}_{\bigcup_{C\in H_N}(C+\vec{\mathbf{v}})}, \tag{4.1.53}$$

根据定义 4.1.10, L 表示下积分, U 表示上积分.

所以

$$L\Big(\mathbf{1}_{\bigcup_{C\in K_N}(C+\vec{\mathbf{v}})}\Big) \leqslant L\Big(\mathbf{1}_{(A+\vec{\mathbf{v}})}\Big) \leqslant U\Big(\mathbf{1}_{(A+\vec{\mathbf{v}})}\Big) \leqslant U\Big(\mathbf{1}_{\bigcup_{C\in K_N}(C+\vec{\mathbf{v}})}\Big). \tag{4.1.54}$$

为了简化记号, 在这个证明中, 我们把积分简单地写为 $\int f$, 而不是其正确的写法 $\int_{\mathbb{R}^n} f|\mathrm{d}^n\mathbf{x}|$.

如果两个集合 A 和 B 不相交, $\mathbf{1}_{A\cup B} = \mathbf{1}_A + \mathbf{1}_B$, 所以

$$\mathbf{1}_{\bigcup_{C\in K_N}(C+\vec{\mathbf{v}})} = \sum_{C\in K_N} \mathbf{1}_{(C+\vec{\mathbf{v}})}. \tag{4.1.55}$$

命题 4.1.20 说, 任何 n 平行四边形是可铺的, 所以 $C + \vec{\mathbf{v}}$ 是可铺的; 等价地, $\mathbf{1}_{C+\vec{\mathbf{v}}}$ 是可积的. 根据命题 4.1.14, 可积函数的和的积分等于积分的和, 所以有

$$\int \mathbf{1}_{\bigcup_{C\in K_N}(C+\vec{\mathbf{v}})} = \sum_{C\in K_N} \int \mathbf{1}_{(C+\vec{\mathbf{v}})}. \tag{4.1.56}$$

如果函数 f 是可积的, $U(f) = L(f) = \int f$, 所以我们可以把等式 (4.1.56) 左边的积分换成下和:

等式 (4.1.57): $C+\vec{\mathbf{v}}$ 的边与 C 的边的长度相等.

$$\begin{aligned} L\Big(\mathbf{1}_{\bigcup_{C\in K_N}(C+\vec{\mathbf{v}})}\Big) &= \sum_{C\in K_N} \int \mathbf{1}_{(C+\vec{\mathbf{v}})} \\ &\overbrace{=}^{\text{体积的定义}} \sum_{C\in K_N} \mathrm{vol}_n(C+\vec{\mathbf{v}}) \\ &\overbrace{=}^{\text{命题4.1.20}} \sum_{C\in K_N} \mathrm{vol}_n C. \end{aligned} \tag{4.1.57}$$

不幸的是, 在这个时候, 我们能积分的函数很少; 我们必须等到 4.5 节才能计算任何有意思的例子.

一个类似的论证给出

$$U\left(\mathbf{1}_{\bigcup C\in H_N}(C+\vec{\mathbf{v}})\right)=\sum_{C\in H_N}\mathrm{vol}_n C, \tag{4.1.58}$$

因此不等式 (4.1.54) 变为

$$\sum_{C\in K_N}\mathrm{vol}_n C\leqslant L(\mathbf{1}_{(A+\vec{\mathbf{v}})})\leqslant U(\mathbf{1}_{(A+\vec{\mathbf{v}})})\leqslant\sum_{C\in H_N}\mathrm{vol}_n C. \tag{4.1.59}$$

我们有

$$\lim_{N\to\infty}\sum_{C\in K_N}\mathrm{vol}_n C=\lim_{N\to\infty}\sum_{C\in H_N}\mathrm{vol}_n C=\mathrm{vol}_n A, \tag{4.1.60}$$

这给出

$$L(\mathbf{1}_{(A+\vec{\mathbf{v}})})=U(\mathbf{1}_{(A+\vec{\mathbf{v}})})=\mathrm{vol}_n(A+\vec{\mathbf{v}})=\mathrm{vol}_n A. \tag{4.1.61}$$

□

练习 4.1.4 让你证明命题 4.1.23.

定理 4.1.23 (体积为 0 的集合). 一个有界集合 $X\subset\mathbb{R}^n$ 的体积为 0, 当且仅当对于每个 $\epsilon>0$, 存在 N 满足

$$\sum_{\substack{C\,\in\,\mathcal{D}_N(\mathbb{R}^n)\\ C\,\cap\,X\,\neq\,\varnothing}}\mathrm{vol}_n(C)\leqslant\epsilon. \tag{4.1.62}$$

定理 4.1.24 (缩放体积). 如果 $A\subset\mathbb{R}^n$ 有体积, 且 $t\in\mathbb{R}$, 则 tA 也有体积, 且

$$\mathrm{vol}_n(tA)=|t|^n\,\mathrm{vol}_n(A). \tag{4.1.63}$$

证明: 根据命题 4.1.20, 这个在 A 是平行四边形的时候成立, 尤其是, 对于一个立方体 $C\in\mathcal{D}_N$ 成立. 假设 A 是 $\mathbb{R}^n$ 的一个子集, 其体积有明确的定义. 这意味着 $\mathbf{a}_A$ 是可积的, 或者, 等价地

$$\lim_{N\to\infty}\sum_{C\in\mathcal{D}_N, C\subset A}\mathrm{vol}_n(C)=\lim_{N\to\infty}\sum_{C\in\mathcal{D}_N, C\cap A\neq\varnothing}\mathrm{vol}_n(C), \tag{4.1.64}$$

共同的极限为 $\mathrm{vol}_n(A)$.

因为

$$\bigcup_{C\in\mathcal{D}_N, C\subset A} tC\subset tA\subset\bigcup_{C\in\mathcal{D}_N, C\cap A\neq\varnothing} tC, \tag{4.1.65}$$

并且因为 $\mathrm{vol}_n(tC)=|t|^n\,\mathrm{vol}_n(C)$ 对每个立方体成立, 这样给出了

$$\begin{aligned}|t|^n\sum_{C\in\mathcal{D}_N, C\subset A}\mathrm{vol}_n(C)&=\int\sum_{C\in\mathcal{D}_N, C\subset A}\mathbf{1}_{tC}\leqslant L(\mathbf{1}_{tA})\\&\leqslant U(\mathbf{1}_{tA})\leqslant\int\sum_{C\in\mathcal{D}_N, C\cap A\neq\varnothing}\mathbf{1}_{tC}\\&=|t|^n\sum_{C\in\mathcal{D}_N, C\cap A\neq\varnothing}\mathrm{vol}_n(C).\end{aligned} \tag{4.1.66}$$

不等式 (4.1.66): 第一行的积分等于相应的下和, 给出不等式:

$$\begin{aligned}&\int\sum_{C\in\mathcal{D}_N, C\subset A}\mathbf{1}_{tC}\\=\;&L\left(\sum_{C\in\mathcal{D}_N, C\subset A}\mathbf{1}_{tC}\right)\\\leqslant\;&L(\mathbf{1}_{tA}).\end{aligned}$$

外层的项在 $N\to\infty$ 时有共同的极限, 所以 $L(\mathbf{1}_{tA})=U(\mathbf{1}_{tA})$, 且

$$\operatorname{vol}_n(tA)=\int \mathbf{1}_{tA(\mathbf{x})}|\,\mathrm{d}^n\mathbf{x}|=|t|^n\operatorname{vol}_n(A).\quad\square \tag{4.1.67}$$

4.1 节的练习

4.1.1 a. 一个二进立方体 $C\in\mathcal{D}_3(\mathbb{R}^2)$ 的 2 维体积 (也就是面积) 是什么? $C\in\mathcal{D}_4(\mathbb{R}^2)$ 的呢? $C\in\mathcal{D}_5(\mathbb{R}^2)$ 的呢?

b. 一个二进立方体 $C\in\mathcal{D}_3(\mathbb{R}^3)$ 的体积是什么? $C\in\mathcal{D}_4(\mathbb{R}^3)$ 的呢? $C\in\mathcal{D}_5(\mathbb{R}^3)$ 的呢?

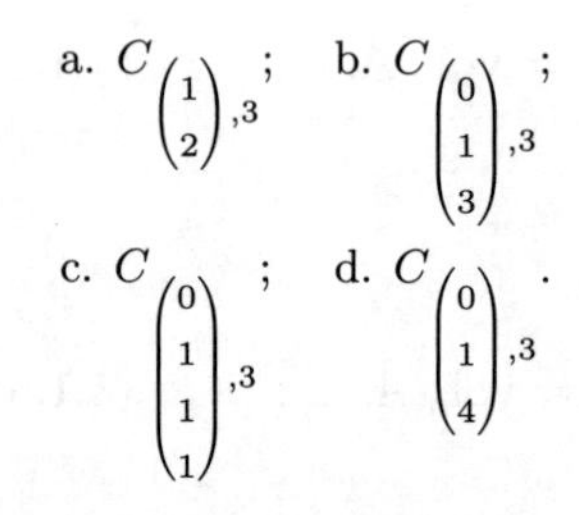

练习 4.1.3 的二进立方体

4.1.2 在下面的每一组二进立方体中, 哪个体积最小? 哪个体积最大?

a. $C_{\begin{pmatrix}1\\2\end{pmatrix},4}$; $C_{\begin{pmatrix}1\\2\end{pmatrix},2}$; $C_{\begin{pmatrix}1\\2\end{pmatrix},6}$; b. $C\in\mathcal{D}_2(\mathbb{R}^3)$; $C\in\mathcal{D}_1(\mathbb{R}^3)$; $C\in\mathcal{D}_8(\mathbb{R}^3)$.

4.1.3 边注的每个二进立方体的体积是多少? 体积是几维的?(例如, 立方体是 2 维的吗? 是 3 维的吗?) 哪些给定的信息对你回答这些问题是没有用的?

4.1.4 证明命题 4.1.23.

练习 4.1.5 和 4.1.6: 在 c 和 d 问中, 你需要区分 a 与 b 是 "二进"(二进区间的端点) 的情况和不是 "二进" 的情况.

4.1.5 a. 计算 $\displaystyle\sum_{i=0}^{n} i$.

b. 从积分的定义直接计算

$$\int_{\mathbb{R}} x\mathbf{1}_{[0,1)}(x)|\,\mathrm{d}x|,\ \int_{\mathbb{R}} x\mathbf{1}_{[0,1]}(x)|\,\mathrm{d}x|,\ \int_{\mathbb{R}} x\mathbf{1}_{(0,1]}(x)|\,\mathrm{d}x|,\ \int_{\mathbb{R}} x\mathbf{1}_{(0,1)}(x)|\,\mathrm{d}x|.$$

尤其是, 证明它们都存在而且相等.

c. 选择 $a>0$, 从积分的定义直接计算

$$\int_{\mathbb{R}} x\mathbf{1}_{[0,a)}(x)|\,\mathrm{d}x|,\ \int_{\mathbb{R}} x\mathbf{1}_{[0,a]}(x)|\,\mathrm{d}x|,\ \int_{\mathbb{R}} x\mathbf{1}_{(0,a]}(x)|\,\mathrm{d}x|,\ \int_{\mathbb{R}} x\mathbf{1}_{(0,a)}(x)|\,\mathrm{d}x|.$$

(第一个图示在边注中.)

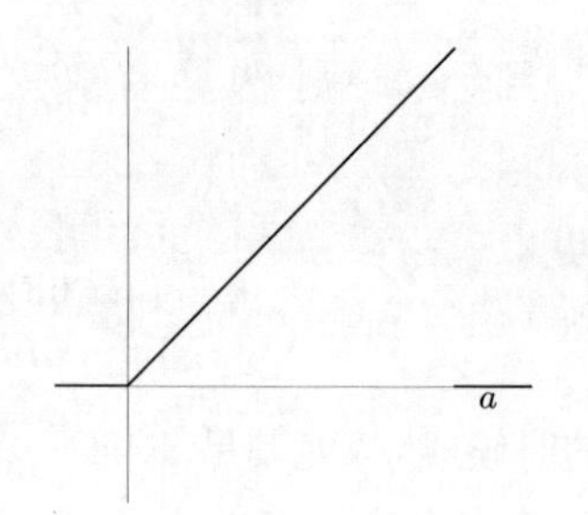

练习 4.1.5 的图

黑线是函数 $x\mathbf{1}_{[0,a)}(x)$ 的图像.

d. 如果 $0<a<b$, 证明 $x\mathbf{1}_{[a,b]}, x\mathbf{1}_{[a,b)}, x\mathbf{1}_{(a,b]}, x\mathbf{1}_{(a,b)}$ 都是可积的, 并且计算它们的积分. 特别地, 证明它们都存在而且相等.

4.1.6 a. 计算 $\displaystyle\sum_{i=0}^{n} i^2$.

b. 选择 $a>0$, 从积分的定义直接计算

$$\int_{\mathbb{R}} x^2\mathbf{1}_{[0,a)}(x)|\,\mathrm{d}x|,\ \int_{\mathbb{R}} x^2\mathbf{1}_{[0,a]}(x)|\,\mathrm{d}x|,\ \int_{\mathbb{R}} x^2\mathbf{1}_{(0,a]}(x)|\,\mathrm{d}x|,\ \int_{\mathbb{R}} x^2\mathbf{1}_{(0,a)}|\,\mathrm{d}x|$$

尤其是, 证明它们都存在且相等.

c. 如果 $0<a<b$, 证明 $x^2\mathbf{1}_{[a,b]}, x^2\mathbf{1}_{[a,b)}, x^2\mathbf{1}_{(a,b]}, x^2\mathbf{1}_{(a,b)}$ 全都可积, 并且计算它们的相等的积分.

4.1.7 证明命题 4.1.16 的一般的情况.

4.1.8 证明: 在同一个立方体 $C \in \mathcal{D}_N(\mathbb{R}^n)$ 中的两个点 $\mathbf{x}$ 和 $\mathbf{y}$ 之间的距离满足 $|\mathbf{x}-\mathbf{y}| \leqslant \frac{\sqrt{n}}{2^N}$.

4.1.9 令 $Q \subset \mathbb{R}^2$ 为单位正方形 $0 \leqslant x, y \leqslant 1$. 通过给 $U_N(f) - L_N(f)$ 提供一个在 $N \to \infty$ 时趋于 0 的显式的上界来证明, 函数

$$f\begin{pmatrix} x \\ y \end{pmatrix} = \sin(x-y)\mathbf{1}_Q\begin{pmatrix} x \\ y \end{pmatrix}$$

是可积的.

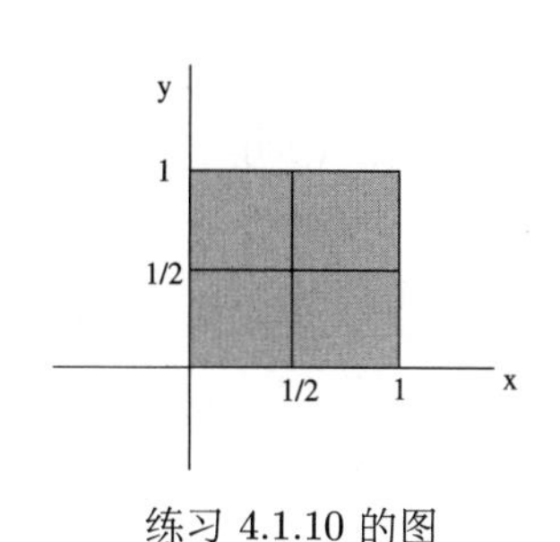

练习 4.1.10 的图

4.1.10 a. 对于函数

$$f\begin{pmatrix} x \\ y \end{pmatrix} = \begin{cases} x^2+y^2 & \text{如果 } 0 < x, y < 1 \\ 0 & \text{其他} \end{cases},$$

上和与下和 $U_1(f)$ 和 $L_1(f)$, 也就是分拆 $\mathcal{D}_1(\mathbb{R}^2)$ 的上和与下和 (见边注中的图), 是什么?

b. 计算 f 的积分, 并证明它介于上和与下和之间.

4.1.11 由下式定义函数 $f\colon \mathbb{R}^n \to \mathbb{R}$ 的膨胀 a 倍为

$$D_a f(\mathbf{x}) = f\left(\frac{\mathbf{x}}{a}\right).$$

证明: 如果 f 是可积的, 则 $D_{2^N} f$ 也是, 且

$$\int_{\mathbb{R}^n} D_{2^N} f(\mathbf{x})\,|\mathrm{d}^n\mathbf{x}| = 2^{nN}\int_{\mathbb{R}^n} f(\mathbf{x})\,|\mathrm{d}^n\mathbf{x}|.$$

4.1.12 回忆到二进立方体为半开半闭的. 证明: 封闭立方体的体积与之相等. (这个结果是显然的, 但比你的预期要难证得多.)

4.1.13 完成引理 4.1.19 的证明.

4.1.14 考虑函数

$$f(x) = \begin{cases} 0 & \text{如果} x \notin [0,1], \text{或者} x \text{是有理数} \\ 1 & \text{如果} x \in [0,1], \text{或者} x \text{是无理数} \end{cases}.$$

a. 计算 "左黎曼和", 对区间 $C_{\mathbf{k},N} = \left\{ x \,\middle|\, \frac{k}{2^N} \leqslant x < \frac{k+1}{2^N} \right\}$ 你选取左端点 $k/2^N$, 你得到的数值是什么?

你选取右端点 $(k+1)/2^N$, 你得到的数值是什么? 中点黎曼和是什么?

b. 对于 "几何平均" 黎曼和, 在每个 $C_{\mathbf{k},N}$ 中你选取的点是两个端点的几何平均值,

$$\sqrt{\left(\frac{k}{2^N}\right)\left(\frac{k+1}{2^N}\right)} = \frac{\sqrt{k(k+1)}}{2^N},$$

你得到的数值是什么?

4.1.15 a. 证明: 如果 X 和 Y 体积为 0, 则 $X\cap Y$, $X\times Y$, $X\cup Y$ 体积也为 0.

b. 证明: $\left\{\begin{pmatrix}x_1\\0\end{pmatrix}\in\mathbb{R}^2\;\middle|\;0\leqslant x_1\leqslant 1\right\}$ 体积为 0(也就是 $\mathrm{vol}_2=0$).

c. 证明: $\left\{\begin{pmatrix}x_1\\x_2\\0\end{pmatrix}\in\mathbb{R}^3\;\middle|\;0\leqslant x_1,x_2\leqslant 1\right\}$ 体积为 0(也就是 $\mathrm{vol}_3=0$).

***4.1.16** a. 令 Q 为 $\mathbb{R}^n$ 上的单位立方体, 选取 $a\in[0,1)$. 证明: 子集 $\{\mathbf{x}\in S\mid x_i=a\}$ 的 n 维体积为 0.

练习 4.1.16: 单位立方体左下角固定在原点.

练习 4.1.16 证明了一个可积函数 $f\colon\mathbb{R}^n\to\mathbb{R}$ 在立方体 $\mathcal{D}_N$ 的边界上的行为不影响积分.

c 问:

$$\mathring{C}=\left\{\mathbf{x}\in\mathbb{R}^n\;\middle|\;\frac{k_i}{2N}<x_i<\frac{k_i+1}{2^N}\right\},$$

$$\overline{C}=\left\{\mathbf{x}\in\mathbb{R}^n\;\middle|\;\frac{k_i}{2N}\leqslant x_i\leqslant\frac{k_i+1}{2^N}\right\}.$$

b. 令 $X_N=\partial\mathcal{D}_N$ 为由所有的立方体 $C\in\mathbf{D}_N$ 的边界的集合. 证明: $\mathrm{vol}_n(X_N\cap S)=0$.

c. 对每个如等式 (4.1.12) 中定义的立方体 C, 考虑其由定义 1.5.8 和定义 1.5.9 给出, 且在边注中说明的闭包 $\overline{C}$ 和内部 $\mathring{C}$. 证明: 如果 $f\colon\mathbb{R}^n\to\mathbb{R}$ 是可积的, 则

$$\begin{aligned}\mathring{U}(f)&=\lim_{N\to\infty}\sum_{C\in\mathcal{D}(\mathbb{R}^n)}M_{\mathring{C}}(f)\,\mathrm{vol}_n(C),\\ \mathring{L}(f)&=\lim_{N\to\infty}\sum_{C\in\mathcal{D}(\mathbb{R}^n)}m_{\mathring{C}}(f)\,\mathrm{vol}_n(C),\\ \overline{U}(f)&=\lim_{N\to\infty}\sum_{C\in\mathcal{D}(\mathbb{R}^n)}M_{\overline{C}}(f)\,\mathrm{vol}_n(C),\\ \overline{L}(f)&=\lim_{N\to\infty}\sum_{C\in\mathcal{D}(\mathbb{R}^n)}m_{\overline{C}}(f)\,\mathrm{vol}_n(C)\end{aligned}$$

都存在, 并且都等于 $\int_{\mathbb{R}^n}f(\mathbf{x})|\mathrm{d}^n\mathbf{x}|$. 提示: 你可以假设 f 的支撑被包含在 Q 中, 且 $|f|\leqslant 1$. 选取 $\epsilon>0$, 然后选取 N_1 使得

$$U_{N_1}(f)-L_{N_1}(f)<\epsilon/2,$$

然后选择 $N_2|N_1$ 使 $\mathrm{vol}(X_{\partial\mathcal{D}_{N_2}})<\epsilon/2$. 现在证明对 $N>N_2$, $\mathring{U}_N(f)-\mathring{L}_N(f)<\epsilon$ 且 $\overline{U}_N(f)-\overline{L}_N(f)<\epsilon$.

d. 假设 $f\colon\mathbb{R}^n\to\mathbb{R}$ 是可积的, $f(-\mathbf{x})=-f(\mathbf{x})$. 证明: $\int_{\mathbb{R}^n}f|\mathrm{d}^n\mathbf{x}|=0$.

4.1.17 一个被积函数应该是输入积分域中的一个数, 并返回一个数, 使得如果我们把定义域分解成更小的部分, 在每个更小的部分上计算被积函数, 并加在一起, 这个和在积分域的分解变得无限精细的时候应该有一个极限 (这个极限不依赖于积分域是如何分解的). 如果我们把 $[0,1]^2$ 分解成由区间 $[x_i,x_{i+1}]$, $i=0,1,\cdots,n-1$, 且 $0=x_0<x_1<\cdots<x_n=1$, 并给每个区间 $[x_i,x_{i+1}]$ 赋予下面的数中的一个, 将会发生什么?

a. $|x_{i+1}-x_i|^2$;　b. $\sin|x_i-x_{i+1}|$;　c. $\sqrt{|x_i-x_{i+1}|}$;

d. $|(x_{i+1})^2-(x_i)^2|$;　e. $|(x_{i+1})^3-(x_i)^3|$.

4.1.18 同练习 4.1.17, 如果我们把 $[0,1]$ 分解为区间 $[x_i, x_{i+1}]$, $i=0,1,\cdots,n-1$, 且 $0=x_0<x_1<\cdots<x_n=1$, 并给每个区间 $[x_i,x_{i+1}]$ 赋予一个数, 那将会发生什么? 在 a, b, c 间, 函数 f 是一个在 $[0,1]$ 的一个邻域上的 C^1 函数.

a. $f(x_{i+1})-f(x_i)$; b. $\Big(f(x_{i+1})\Big)^2-f(x_i^2)$;

c. $\Big(f(x_{i+1})\Big)^2-\Big(f(x_i)\Big)^2$; d. $|x_{i+1}-x_i|\ln|x_{i+1}-x_i|$.

4.1.19 重复练习 4.1.18, 但是这次是在 $\mathbb{R}^2$ 上, 对被积函数在 $[0,1]^2$ 上积分. 被积函数以一个矩形 $a<x<b, c<y<d$ 为输入, 返回一个数 $|b-a|^2\sqrt{|c-d|}$.

4.1.20 令 $a,b>0$ 为实数, 令 T 为由 $x\geqslant 0, y\geqslant 0, x/a+y/b\leqslant 1$ 定义的三角形. 利用上和与下和, 计算积分

$$\int_T x\,\mathrm{d}x\,\mathrm{d}y=\frac{a^2b}{6}.$$

提示: 对所有的 $c\in\mathbb{R}$, 取整函数(floor) $\lfloor c\rfloor$ 为 $\leqslant c$ 的最大整数. 证明:

$$L_N(f)=\frac{1}{2^{2N}}\sum_{k=0}^{\lfloor 2^N a\rfloor}\ \sum_{j=0}^{\lfloor 2^N b\left(1-\frac{k+1}{2^N a}\right)\rfloor}\frac{k}{2^N}.$$

并找到对 $U_N(f)$ 类似的公式. 在计算二重求和的时候, 注意, $k/2^N$ 这一项不依赖于 j, 所以内层求和就只是一个乘积.

练习 4.1.20 的积分用富比尼定理要容易计算得多 (4.5 节). 这个练习应该会使你相信你从来都不希望用上和和下和来计算积分.

要计算外层的和, 记住下列公式是有帮助的:

$$\sum_{k=0}^{m}k=\frac{m(m+1)}{2},$$

$$\sum_{k=0}^{m}k^2=\frac{m(m+1)(2n+1)}{6}.$$

4.1.21 令 $f,g\colon\mathbb{R}^n\to\mathbb{R}$ 为有界的且有有界支撑.

a. 证明: $U(f+g)\leqslant U(f)+U(g)$.

b. 找到 f 和 g 满足 $U(f+g)<U(f)+U(g)$.

4.2 概率和重心

计算面积和体积是多重积分的一个重要的应用. 但还有许多更广泛的领域: 几何、力学、概率, 等等. 我们在这里涉及其中的两个, 当不能用个体的输出结果来计算的时候, 我们计算重心和计算概率. 这些公式之间非常相似, 我们认为它们都可以帮助我们理解另一个问题.

一个物体 A 的引力中心(center of gravity) $\mathbf{x}$ 指的是这样一个点, 物体 A 可以在这个点上达到平衡.

定义 4.2.1 (物体的引力中心).

1. 如果物体 $A\subset\mathbb{R}^n$(也就是一个可铺集合) 由一些均匀材料制成, 则 A

的引力中心为点 $\mathbf{x}$, 其第 i 个坐标为

$$\overline{x}_i \stackrel{\text{def}}{=} \frac{\displaystyle\int_A x_i |\,\mathrm{d}^n\mathbf{x}|}{\displaystyle\int_A |\,\mathrm{d}^n\mathbf{x}|}. \tag{4.2.1}$$

2. 如果 A 的密度变化, 且由 $\mu\colon A \to \mathbb{R}$ 给出, 则这个物体的质量为

$$M(A) \stackrel{\text{def}}{=} \int_A x_i \mu(\mathbf{x}) |\,\mathrm{d}^n\mathbf{x}|. \tag{4.2.2}$$

A 的引力中心为 $\overline{\mathbf{x}}$, 其第 i 个坐标为

$$\overline{x}_i \stackrel{\text{def}}{=} \frac{\displaystyle\int_A x_i \mu(\mathbf{x}) |\,\mathrm{d}^n\mathbf{x}|}{M(A)}. \tag{4.2.3}$$

练习 4.2.1 给出了在整个物体上, 第 i 个坐标的平均值.

练习 4.2.2: 积分密度得到质量. 在物理中, μ("miu") 是非负的. 在概率的很多问题中, 有一个类似的函数 μ, 给出了 "概率密度".

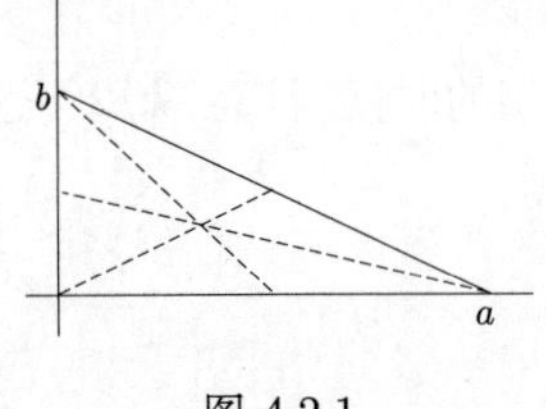

图 4.2.1

每一条中位线把三角形切成质量相同的两部分; 三角形, 如果是木头做的, 会在中线上平衡. 中线的交点是引力中心. 引力中心的 x 坐标给出了在三角形上的 x 的平均值; y 坐标给出了 y 的平均值.

例 4.2.2 (引力中心). 图 4.2.1 中的直角三角形的引力中心在哪里? 面积 T, 也就是 $\int_T \mathrm{d}x\,\mathrm{d}y$ 为 $ab/2$. 利用 4.5 节的技术, 我们可以很容易地计算

$$\int_T x\,\mathrm{d}x\,\mathrm{d}y = \frac{a^2b}{6},\ \int_T y\,\mathrm{d}x\,\mathrm{d}y = \frac{ab^2}{6}. \tag{4.2.4}$$

(练习 4.1.20 让你用上和与下和来计算这些积分, 很困难), 所以根据等式 (4.2.1), T 的引力中心为点 $\overline{\mathbf{x}}$, 其坐标为

$$\overline{x} = \frac{\frac{a^2b}{6}}{\frac{ab}{2}} = \frac{a}{3},\ \overline{y} = \frac{\frac{ab^2}{6}}{\frac{ab}{2}} = \frac{b}{3}. \tag{4.2.5}$$

注意, 这个可能与你在高中的时候所学的一致: 三角形的引力中心为中线 (从定点到对边的中点的连线) 的交点, 引力中心将每条中线分成 2: 1 的比例, 如图 4.2.1. △

概率和积分

回想一下在 3.8 节里, 概率上, 一个样本空间 S 是某个试验过程中所有可能的结果的集合, 并配上分配给每个事件的一个概率测度 P. 这个测度需要满足定义 3.8.4 里面的条件.

当 S 是有限的, 或者无限但可数的, 我们可以把 P 想成单个结果的概率. 但当 $S = \mathbb{R}$, 或者 $S = \mathbb{R}^k$ 时, 通常单个的结果的概率为 0. 那么我们如何计算 P 呢?

在许多有意思的情况下, 我们可以用概率密度(probability density)来描述对概率的测量.

定义 4.2.3 (概率密度). 令 $S, \mathbf{P}$ 为概率空间, $S \subset \mathbb{R}^n$. 如果存在一个非负可积函数 $\mu\colon \mathbb{R}^n \to \mathbb{R}$ 满足: 对于任意事件 A

$$\mathbf{P}(A) = \int_A \mu(\mathbf{x}) |\,\mathrm{d}^n\mathbf{x}|, \tag{4.2.6}$$

则 μ 称作 $S, \mathbf{P}$ 的概率密度(probability density).

可以得到概率密度必须满足

$$\mu(\mathbf{x}) \geqslant 0, \quad \int_{\mathbb{R}^k} \mu(\mathbf{x}) |\mathrm{d}^k \mathbf{x}| = 1. \tag{4.2.7}$$

法国数学家和自然史学家布丰(图 4.2.2) 找到了这个令人惊讶的计算 π 的方法. 巴斯大学的科学家汇报说, 一个品种的蚂蚁看起来在使用布丰的投针算法来测量可能的巢穴的地点的面积.

图 4.2.2
布丰 (George Leclerc Comte de Buffon, 1707 — 1788)

例 4.2.4 (利用布丰试验计算 π). 向一张画了间隔为 1 且平行于 x 轴的线的纸上投掷长度为 1 的针. 样本空间就是所有可能的针的位置. 我们感兴趣的是针与其中一条线相交的概率, 我们不考虑交上的是哪一条线以及在哪里, 于是就可以用针在极坐标里的角度 $\theta \in [0, \pi)$, 以及针的中心到离它最近的线之间的距离 $s \in [0, \frac{1}{2}]$ 来编码一个位置; 如图 4.2.3 的左图. (你可以在互联网上找到布丰投针试验的模拟, 其中一个在 http://vis.supstat.com/2013/04/buffons-needle/).

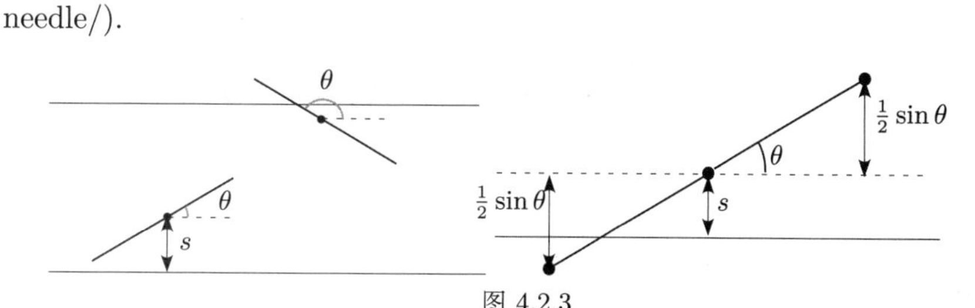

图 4.2.3

左: 一根针的位置是由针的中心到最近的线的距离 $s \in [0, \frac{1}{2}]$ 以及针与水平线之间的角度 $\theta \in [0, \pi)$ 编码的. 右: 如果 $s < \frac{1}{2} \sin \theta$, 则针与线相交.

概率密度

$$\mu \begin{pmatrix} \theta \\ s \end{pmatrix} |\mathrm{d}\theta\, \mathrm{d}s| = \frac{2}{\pi} |\mathrm{d}\theta\, \mathrm{d}s|, \tag{4.2.8}$$

描述了我们随机投针的试验, 对于针与纸上的线的相对位置没有任何偏好. $2/\pi$ 是必须的, 以保证 $\int_{[0,1/2]\times[0,\pi]} \mu \begin{pmatrix} \theta \\ s \end{pmatrix} |\mathrm{d}\theta\, \mathrm{d}s| = 1$.

如图 4.2.3 右图和图 4.2.4 所示, 针与线相交这个事件对应于集合

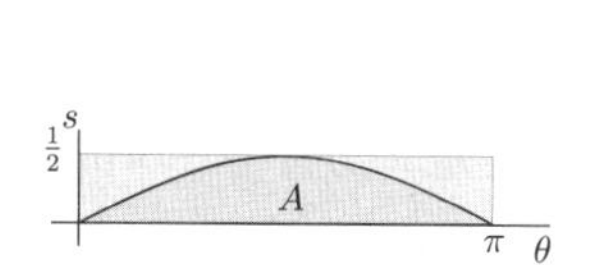

图 4.2.4
阴影部分的长方形为 S; 更暗的区域 $A \subset S$ 是针与线相交的子集.

$$A = \left\{ s - \frac{1}{2} \sin \theta < 0 \right\}, \tag{4.2.9}$$

所以针与线相交的概率为

$$\mathbf{P}(A) = \frac{2}{\pi} \int_A |\mathrm{d}\theta\, \mathrm{d}s| = \frac{2}{\pi} \int_0^{\pi} \frac{1}{2} \sin \theta\, \mathrm{d}\theta = \frac{2}{\pi}. \tag{4.2.10}$$

等式 (4.2.10): 看起来有一点奇怪的是, 无限多个概率为 0 的输出结果可以相加得到某个正数 (这里是 $2/\pi$), 但这与我们更为熟悉的, 一条线有长度, 但是组成它的点的长度为 0 的概念相同.

这样得到了针与线相交的概率为 $2/\pi$. 这给我们提供了一个计算 π 的方法: 如果像上面的情况, 你把针投掷到画线的纸上 N 次, 其中 n 次针与线相交了, 那么从长远来看, $2N/n$ 应该大约等于 π. △

例 4.2.5 (正面朝上, 背面朝上, 和长度). 在猜谜游戏中, 你会被要求 "选取一个数, 任何数". 这个是没有意义的, 但有一种方法 (有许多种方法)"随机地" 选 $x \in [0, 1]$. 把数写成二进制, 通过投硬币来选取小数点后的位, 如果是正面朝上, 就写 0, 否则写 1.

例 4.2.5: 也许有点令人惊讶的是, 这个概率试验最后给出来的是像长度一样简单的结果. 如果硬币不是正常的, 结果就不是这样的. 假设你掷的不是硬币而是骰子, 如果投出来的是 1, 你就写 1, 否则, 就是投出来的是 2, 3, 4, 5, 6 的时候, 你写 0.

这也是选取随机数的一个方法. 它也给出了 $[0,1]$ 上的一个概率测度, 但显然它不对应于长度. 例如

$$\mathbf{P}([0,1/2]) = 5/6,$$
$$\mathbf{P}([1/2,1]) = 1/6,$$

而理解函数 $x \mapsto \mathbf{P}([0,x]), x \in [0,1]$ 将会非常困难.

任何单一的输出结果 ($[0,1]$ 中的数) 的概率是 0: 任何长为 m 的概率为 $1/2^m$, 因为有 2^m 个这样的字符串, 且每一个机会均等. 但去问某些事件(event)的概率也是合理的, 也就是样本空间 $[0,1]$ 的那些子集. 例如, 问 "点后面的第一位是 1" 的概率, 就是合理的, 也就是数字在 $1/2$ 和 1 之间. 应该清楚这个概率是 $1/2$: 它精确的为第一个硬币投出来反面的概率, 不受后续的投掷结果影响.

同样的论据说明, 对于 $0 \leqslant k < 2^N$, 每个二进区间 $[k/2^N, (k+1)/2^N]$ 有 $1/2^N$ 的概率, 因为在这样的区间内的数恰好就是那些二进制的前 7 位与 k 相同的数. 这样, 任意二进区间的概率就是它的长度. 因为我们的长度的定义是用二进区间的形式给的, 这说明了对于任意 $A \subset [0,1]$, 其长度为

$$\mathbf{P}(A) = \int_{\mathbb{R}} \mathbf{1}_A |\,\mathrm{d}x|. \qquad \triangle \tag{4.2.11}$$

定义 4.2.6 (期望值). 令 $S \subset \mathbb{R}^n$ 为一个样本空间, 概率密度为 μ. 如果 f 为一个随机变量, 满足 $f(\mathbf{x})\mu(\mathbf{x})$ 是可积的, f 的期望值(expected value)为

$$E(f) \overset{\text{def}}{=} \int_S f(\mathbf{x})\mu(\mathbf{x})|\,\mathrm{d}^n\mathbf{x}|. \tag{4.2.12}$$

其他的定义在用期望值的形式表示的时候, 与定义 3.8.6 的相同. 令 $f, g \in \mathrm{RV}(S)$. 则

$$\begin{aligned}
\mathrm{Var}(f) &\overset{\text{def}}{=} E(f^2) - (E(f))^2,\\
\sigma(f) &\overset{\text{def}}{=} \sqrt{\mathrm{Var}(f)},\\
\mathrm{cov}(f,g) &\overset{\text{def}}{=} E\Big(\big(f - E(f)\big)\big(g - E(g)\big)\Big) = E(fg) - E(f)E(g),\\
\mathrm{corr}(f,g) &\overset{\text{def}}{=} \frac{cov(f,g)}{\sigma(f)\sigma(g)}.
\end{aligned} \tag{4.2.13}$$

中心极限定理

函数 μ 叫作高斯(Gaussian); 它的图像是一条钟形的曲线.

有一个概率密度在概率论里几乎是无处不在的, 就是**正态分布**(normal distribution), 有下面的表达式给出

$$\mu(x) = \frac{1}{\sqrt{2\pi}}\mathrm{e}^{-x^2/2}. \tag{4.2.14}$$

随着 n 增加, 原始试验中的所有的细节都被熨烫平了, 只留下了正态分布.

新的试验的标准差 ("重复试验 n 次取平均" 的试验) 是最初的试验的标准差除以 $\sqrt{n}$.

公式 (4.2.16) 中 e 的指数太小可能有点难读; 它是

$$-\frac{n}{2}\left(\frac{x-E}{\sigma}\right)^2.$$

公式 (4.2.16) 把复杂性放进了指数; 公式 (4.2.17) 把它放进了积分的定义域.

使得正态分布变得重要的一个定理叫作**中心极限定理**(centeral limit theorem). 假设你有一个试验和一个随机变量, 其期望值为 E, 标准差为 σ. 假设你把试验重复 n 次, 每次的结果为 $x_1, \cdots, x_n$. 则中心极限定理断言, 平均值

$$\overline{x} = \frac{1}{n}(x_1 + \cdots + x_n) \tag{4.2.15}$$

近似地服从期望值为 E, 标准差为 $\sigma/\sqrt{n}$ 的正态分布, 随着 $n \to \infty$, 这个近似变得越来越好. 无论你做什么试验, 只要你重复它并取平均, 你的结果必然可以用正态分布来描述.

下面我们将用硬币投掷试验来说明这个陈述. 首先, 我们来看一下如何把陈述翻译成公式. 有两种方法来做到. 一种是说 $\overline{x}$ 处于 A 和 B 之间的概率可

以近似为

$$\frac{\sqrt{n}}{\sqrt{2\pi}\sigma}\int_A^B \mathrm{e}^{-\frac{n}{2}\left(\frac{x-E}{\sigma}\right)^2}\,\mathrm{d}x. \tag{4.2.16}$$

我们将在对定理的正式的陈述里使用另外一个. 为了做到这一点, 我们首先进行变量代换 $A = E + \sigma a/\sqrt{n}$, $B = E + \sigma b/\sqrt{n}$.

定理 4.2.7 (中心极限定理). 如果一个试验和一个随机变量具有期望值 E, 标准差 σ, 试验被重复 n 次, 平均值记为 $\overline{x}$, 则 $\overline{x}$ 在 $E+\frac{\sigma}{\sqrt{n}}a$ 与 $E+\frac{\sigma}{\sqrt{n}}b$ 之间的概率近似为

$$\frac{1}{\sqrt{2\pi}}\int_a^b \mathrm{e}^{-y^2/2}\,\mathrm{d}y. \tag{4.2.17}$$

对中心极限定理有很多改进和扩展; 我们不能希望在这里谈及它们.

我们在附录 A.16 里证明了中心极限定理的一种特殊情况. 这个证明用到了**斯特林公式**(Stirling's formula), 用来描述随着 n 变得很大, $n!$ 的行为的一个非常有用的结果. 如果时间允许, 我们建议你去读一下证明的过程, 因为它给出了我们目前研究的概念 (泰勒多项式和黎曼求和), 以及你应该从高中开始就记得的一些内容的有趣的用法.

例 4.2.8 (投掷硬币). 作为第一步, 我们来看看中心极限定理如何回答下面的问题, 一个正常的硬币投掷 1 000 次, 正面向上的次数在 510 和 520 之间的概率是多少? 理论上, 这个可以很直接地计算为下面的求和

公式 (4.2.18): 二项式系数公式:

$$\binom{n}{k} = \frac{n!}{k!(n-k)!}.$$

$$\frac{1}{2^{1\,000}}\sum_{k=510}^{520}\binom{1\,000}{k}. \tag{4.2.18}$$

而从实际的角度, 计算上面的数将是一个沉重的负担; 采用中心极限定理就会使得计算变得简单得多. 我们的单个试验包括了投掷一个硬币, 如果我们投出正面, 则我们的随机变量为 1, 否则为 0. 这个随机变量的期望值为 $E = 0.5$, 标准差也为 $\sigma = 0.5$, 我们感兴趣的是平均值在 0.51 和 0.52 之间的概率. 采用公式 (4.2.16) 里的中心极限定理的版本, 可以看到我们要求的概率可以近似为

$$\frac{\sqrt{1\,000}}{\sqrt{2\pi}\frac{1}{2}}\int_{0.51}^{0.52} \mathrm{e}^{-\frac{1\,000}{2}\left(\frac{x-0.5}{0.5}\right)^2}\,\mathrm{d}x. \tag{4.2.19}$$

现在, 我们可以设

$$1\,000\left(\frac{x-0.5}{0.5}\right)^2 = t^2,\ 因此\ 2\sqrt{1\,000}\,\mathrm{d}x = \mathrm{d}t. \tag{4.2.20}$$

把公式 (4.2.19) 换成用 t^2 和 $\mathrm{d}t$ 来写, 我们得到

$$\frac{1}{\sqrt{2\pi}}\int_{20/\sqrt{1\,000}}^{40/\sqrt{1\,000}} \mathrm{e}^{-t^2/2}\,\mathrm{d}t \approx 0.160\,6. \tag{4.2.21}$$

对你来说这个概率看起来大吗? 对于大多数人来说, 它确实有点大. △

我们也可以把式子 (4.2.21) 中的积分写为

$$\frac{1}{\sqrt{2\pi}}\int_{\sqrt{10}/5}^{2\sqrt{10}/5} \mathrm{e}^{-t^2/2}\,\mathrm{d}t,$$

得到式子 (4.2.21) 的结果的一个方法是, 通过查 "标准正态分布表".

另一个方法是使用软件. 用 MATLAB, 我们用 0.5 erf 得到

```
EDU > a=0.5*erf(20/sqrt(2000))
EDU > a=0.236455371567231
EDU > b=0.5*erf(40/sqrt(2000))
EDU > b=0.397048304633966
EDU > b - a
ans = 0.160593023066735
```

"误差函数"erf 与标准正态分布的关系是:

$$\frac{1}{\sqrt{2\pi}}\int_0^a \mathrm{e}^{-\frac{t^2}{2}}\,\mathrm{d}t = \frac{1}{2}\operatorname{erf}\left(\frac{a}{\sqrt{2}}\right).$$

例 4.2.9 (政治民意测验). 需要给多少人进行民意测验, 才能在 95% 的概率上,

使一个选举的结果在真实值的 $\pm1\%$ 的范围以内. 关于这个的数学模型是投掷一个不公平的硬币, 它以一个未知的概率 p 正面朝上, 以 $1-p$ 的概率反面朝上. 如果我们把这个硬币投掷 n 次 (即抽样 n 个人), 如果正面朝上, 则结果为 1, 否则为 0(1 代表候选人 A, 0 代表候选人 B), 问题是: n 需要多大, 才能以 95% 的概率使得我们得到的平均值在 p 的正负 1% 以内?

我们需要对钟形曲线有所了解来回答这个问题, 就是, 95% 的质量在平均值的两个标准差以内, 如图 4.2.5 所示.

像这样的计算到处在使用: 例如, 制药公司要计算试用新药要多少人的时候, 或者某个行业要计算一个产品预计可以持续使用多久的时候.

这意味着, 我们需要在问过 n 个人之后的试验结果的标准差为 $\frac{1}{2}\%$. 询问一个人的结果的标准差是 $\sigma=\sqrt{p(1-p)}$. 当然我们并不知道 p 的数值, 但 $\sqrt{p(1-p)}$ 的最大值是 $\frac{1}{2}$(它是在 $p=\frac{1}{2}$ 的时候得到的). 所以我们是安全的, 如果我们选择 n 使得标准差 $\sigma/\sqrt{n}$ 为

$$\frac{1}{2\sqrt{n}}=\frac{1}{200},\ 即\ n=10\,000 \tag{4.2.22}$$

那如果你要结果在 95% 的概率下在真实值的 2% 以内呢? 参见脚注.[2] △

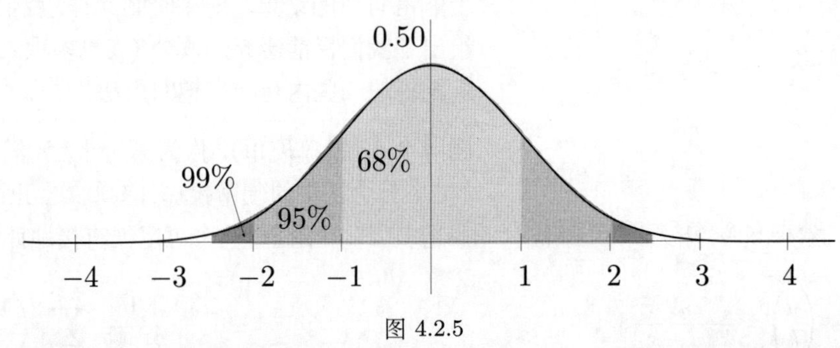

图 4.2.5

对于正态分布, 68% 的概率是在一个标准差以内; 95% 的概率是在两个标准差以内; 99% 的概率是在 2.5 个标准差以内.

图 4.2.5 给出了钟形曲线下的三个典型的面积. 对于其他的值, 你需要查表或者使用软件, 如练习 4.2.8 中所描述的.

记住图 4.2.5 是个好主意; 它允许你能够把重要的结果与可以用概率解释出来的区分开, 使得你可以评估各种试验结果: 药物的有效性, 选举结果, 等等.

例 4.2.10 (不符合正态分布的实际数据). Black-Scholes 公式是在给衍生产品定价时使用的. 他在 20 世纪 70 年代给金融数学带来了一场革命. 它是基于这样的想法, 价格在期望值附近振荡, 大致上符合正态分布,[3] 标准差叫作不确定性. 在这个视角下, 价格的波动是由于无数的不可知的原因造成的, 它们之间大致上可以互相抵消, 并形成如同随机行走的行为. 剧烈的振荡被假设为几乎是不可能发生的. 这个假设在 1987 年 10 月 19 日被证明是错误的, 那一天股票市场失去了 20% 的市值. △

4.2 节的练习

4.2.1 假设给你下列 15 个数

$$8,2,9,4,7,7,1,12,,6,5,10,9,9,1,$$

你被告知每个数为投掷了一个硬币 14 次之后得到的正面朝上的次数. 这个可信吗? 这些数符合正态分布吗?

[2]这个数是 2 500. 注意到结果提高 1% 使民意测验的成本变成 4 倍.

[3]更精确的, 对数正态分布(lognormal distribution), 就是价格均等地涨或者跌某个给定的百分比, 而不是一个给定的美元的数值.

4.2.2 函数 (随机变量)$f(x) = x$ 对于概率密度

$$\mu(x) = \frac{1}{2a}\mathbf{1}_{[-a,a]}(x)$$

的期望值、方差和标准差是什么? 其中样本空间为全部 $\mathbb{R}$.

4.2.3 a. 对 $f(x) = x^2$ 重复练习 4.2.2.

b. 对 $f(x) = x^3$ 重复练习 4.2.2.

4.2.4 令 $A = [a_1, b_1] \times \cdots \times [a_n, b_n]$ 为 $\mathbb{R}^n$ 上的一个盒子, 密度为常数 1. 证明: 盒子的引力中心 $\bar{\mathbf{x}}$ 为盒子的中心, 也就是, 坐标为 $c_i = \dfrac{a_i + b_i}{2}$ 的点 $\mathbf{c}$.

4.3 什么样的函数是可积的

什么样的函数是可积的? 很容易根据手头的素材即时建立起一组可积函数, 但是, 我们不这样做, 我们在这一节证明三个定理来回答这个问题. 尤其是, 这些规则将可以保证所有通常的函数都是可积的.

第一个定理 4.3.1, 是基于我们的二进铺排的概念. 第二个定理 (定理 4.3.6) 说的是任何在 $\mathbb{R}^n$ 上的连续的, 且具有有界支撑的函数都是可积的. 第三个定理 (定理 4.3.9), 比第二个更强一点, 它告诉我们具有有界支撑的函数不必处处连续才是可积的, 它只要在除去一些体积的 0 的点集以外连续就可以了.

首先, 我们基于二进铺排来讨论定理 4.3.1. 尽管求和符号下的脚标看起来不那么友好, 但被证明还是简单合理的, 而且并不意味着它给出的判断可积的标准在实践中容易去验证. 我们不想建议说这个定理是没有用的. 相反, 它是整个主题的基础. 但是证明你的函数满足假设本身就是一个困难的定理. 另外的定理说, 有几类函数都满足假设的条件, 因此验证可积性就变成了判断一个函数是否属于某些特殊的类.

定理 4.3.9 对于大多数你将遇到的函数是足够的. 然而, 它并不是可能的陈述中最强的. 在 4.4 节, 我们证明一个更难的结果: 一个有界且有有界的支撑的函数 $f\colon \mathbb{R}^n \to \mathbb{R}$, 当且仅当它在除了一个测度为 0 的集合上以外都连续的时候, 它是可积的. 测度 0 的概念很微妙令人惊讶; 有了这个概念, 我们能看到一些非常奇怪的函数是可积的. 这样的函数会在统计力学中出现.

在 4.11 节, 我们讨论勒贝格积分, 它不要求函数有界且有有界的支撑.

不等式 (4.3.1): 想到 $\mathcal{D}_N$ 表示所有在一层上的二进立方体的集合, $\operatorname{osc}(f)$ 表示 f 在 C 上的振荡: 它在 C 上的上确界和下确界的差.

Epsilon(ϵ) 具有 vol_n 的单位. 如果 $n = 2$, ϵ 是以平方厘米 (或者平方米 ……) 来测量的; 如果 $n = 3$, 则它是以立方厘米 (或者任何长度单位的立方) 为单位测量的.

定理 4.3.1 (判断可积性的标准). 一个函数 $f\colon \mathbb{R}^n \to \mathbb{R}$ 是可积的, 当且仅当它有界, 且有有界支撑, 并且对于所有的 $\epsilon > 0$, 存在 N 使得

$$\overbrace{\sum_{\{C \in \mathcal{D}_N \mid \operatorname{osc}_C(f) > \epsilon\}} \operatorname{vol}_n C}^{\text{所有的 } f \text{ 在其内部的震荡}>\epsilon\text{的立方体的体积}} < \epsilon. \tag{4.3.1}$$

在不等式 (4.3.1) 里, 我们仅仅求和了一部分立方体的体积, 在这些立方体里, 函数的振荡幅度超过了 ϵ. 如果通过让立方体变得很小 (选择足够大的 N) 它们的总体积就会小于 ϵ, 则函数就是可积的: 我们可以让求和的上限和下限之间的差异任意小, 它们有相同的极限. (其他的立方体, 振荡幅度小, 对上下和的差异的贡献任意小.)

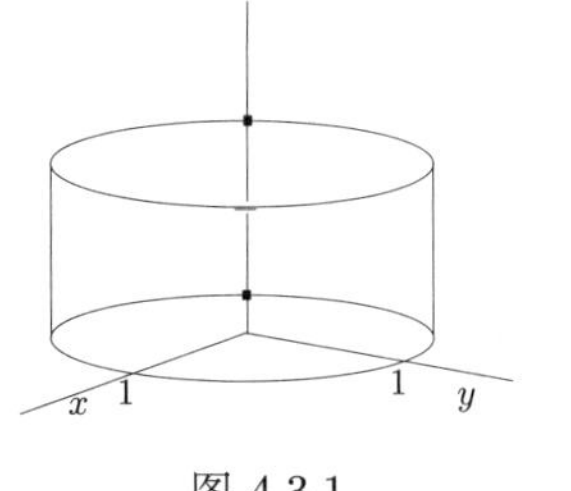

图 4.3.1
单位圆盘的指标函数 $\mathbf{1}_D$ 的图.

例 4.3.2 (可积函数). 考虑指标函数 $\mathbf{1}_D$, 它在一个圆盘上为 1, 外面为 0, 如图 4.3.1 所示. 对于全部在里面或者全部在外面的立方体 C 有 $\operatorname{osc}_C(\mathbf{1}_D) = 0$. 跨

在边界上的立方体的振荡等于 1. (实际上, 这些立方体是正方形, 因为 $n = 2$.) 通过把正方形变得足够小 (选取足够大的 N), 你可以使跨在边界上的正方形的面积任意小. 因此, $\mathbf{1}_D$ 是可积的.

你可能反对说, 有很多正方形, 所以它们的总体积怎么会小于 ϵ? 当然, 当我们把正方形变小的时候, 我们需要更多的正方形来覆盖边界. 但随着我们把最初的边界上的正方形分成更小的正方形的时候, 它们中的一些就不再跨在边界上了. (注意, 这个不算是一个证明; 它的意图是帮助你理解定理 4.3.1 所陈述的意思.) 图 4.3.2 给出了另一个可积函数, $\sin\dfrac{1}{x}$. 在 0 附近, 我们看到 x 的一个微小的变化在 $f(x)$ 上产生了巨大的变化, 导致了一个剧烈振荡. 但是我们仍然可以通过选取足够大的 N, 从而有足够小的区间, 来使上和与下和之间的差任意的小. 定理 4.3.9 解释了我们关于这个函数可积的陈述. △

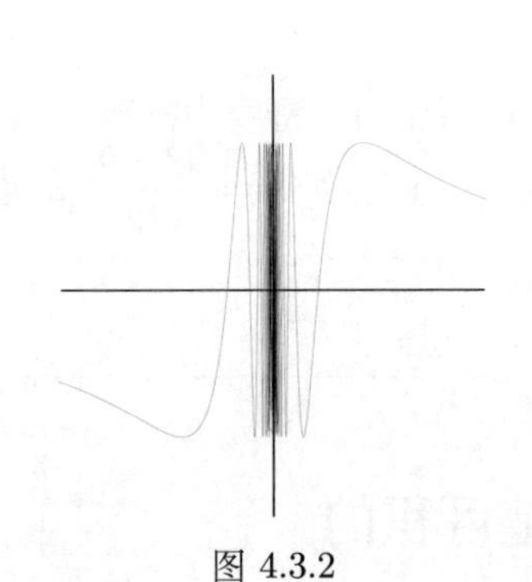

图 4.3.2

函数 $\sin\frac{1}{x}$ 在任何有界的区间上是可积的. 足够接近 0 的二进区间的振荡总是 2, 但是当铺排变得精细的时候, 它们的长度就很小. 中心区域是黑色的, 因为在那个区域上有无限多次振荡.

例 4.3.3 (不可积函数). 一个在有理数上等于 1, 其他地方等于 0 的函数是不可积的. 无论你让立方体的体积多么小 (在这种情况下是区间), 每个立方体仍然会包含有理数和无理数, 因此我们就有 $\text{osc} = 1$. △

定理 4.3.1 的证明: 从定义 4.1.12 可知, 要想是可积的, 函数必须有界且具有有界的支撑, 所以我们只关心不等式 (4.3.1). 首先我们将证明存在满足不等式 (4.3.1) 的 N 就意味着可积. 选择任意 $\epsilon > 0$, 让 N 满足不等式 (4.3.1). 则

$$\begin{aligned} &U_N(f) - L_N(f) \\ &\leqslant \overbrace{\sum_{\{C\in\mathcal{D}_N \mid \text{osc}(f)>\epsilon\}} 2\sup|f| \operatorname{vol}_n C}^{\text{osc} > \epsilon \text{ 的立方体的贡献}} + \overbrace{\sum_{\substack{\{C\in\mathcal{D}_N \mid \text{osc}_C(f)\leqslant\epsilon \\ \text{且} C\cap\operatorname{Supp}(f)\neq\varnothing\}}} \epsilon \operatorname{vol}_n C}^{\text{osc} \leqslant \epsilon \text{ 的立方体的贡献}} \\ &\leqslant \epsilon(2\sup|f| + \operatorname{vol}_n C_{\text{Supp}}). \end{aligned} \tag{4.3.2}$$

其中 $\sup|f|$ 是 $|f|$ 的上确界, C_{Supp} 是一个 (巨大的) 的立方体, 包含着 f 的支撑集 (见定义 4.1.2).

注意到, 在不等式 (4.3.2) 中, 我们证明某个量为 0 的令人惊讶但是标准的方法: 我们证明它比任意小的 $\epsilon > 0$ 都要小. 或者我们证明, 它小于 $u(\epsilon)$, 这里 u 是一个函数, 满足当 $\epsilon \to 0$ 时, $u(\epsilon) \to 0$. 定理 1.5.14 说这些条件是等价的.

你可能反对, 在不等式 (4.3.4) 中, 我们说最后一行的 ϵ_0^2 的意思是总和不收敛; 然而一个很小的数的平方还是很小的. 区别是, 不等式 (4.3.4) 关注一个*特定的* $\epsilon_0 > 0$, 它是固定的, 而不等式 (4.3.2) 涉及任意 $\epsilon > 0$, 我们可以把它选得任意小.

要复习如何否定一个陈述, 见 0.2 节.

不等式 (4.3.2) 右侧的第一个求和只涉及满足 $\text{osc} > \epsilon$ 的立方体. 每个这样的立方体对于上下和之间的最大差异的贡献至多为 $2\sup|f| \operatorname{vol}_n C$. (是 $2\sup|f|$ 而不是 $\sup|f|$ 是因为 f 在单个立方体内的值可能从一个正数振荡到一个负数. 我们可以把这个差异表达为 $\sup f - \inf f$.)

第二个求和涉及满足 $\text{osc} \leqslant \epsilon$ 的立方体. 我们必须指定我们仅仅计数那些 f 在立方体里某个地方的不等于 0 的那些立方体. 这就是为什么我们说 $\{C \mid C\cap\operatorname{Supp}(f)\neq\varnothing\}$.

根据定义, 这些立方体里的振荡最多为 ϵ, 每个对上和和下和之间的差的贡献最多为 $\epsilon\operatorname{vol}_n C$.

我们假设可能找到 N 使得满足 $\text{osc} > \epsilon$ 的立方体的总体积小于 ϵ, 所以在不等式 (4.3.2) 的第二行, 我们把第一个和替换成了 $2\epsilon\sup|f|$. 提取出公因子 ϵ, 我们可以看到, 只要 N 选得足够大, 上下和之间的差可以变得任意小. 因此, 函数是可积的. 这个解读了定理 4.3.1 里面的 "当" 的部分.

对于 "仅当" 部分, 我们必须证明如果 f 是可积的, 那么一定存在适当的

N. 假设不这样, 那么, 就存在 $\epsilon_0 > 0$, 使得对于所有的 N,

$$\sum_{\{C \in \mathcal{D}_N \mid \operatorname{osc}_C(f) > \epsilon_0\}} \geqslant \epsilon_0. \tag{4.3.3}$$

在这种情况下, 对于任意的 N, 我们有

$$\begin{aligned} U_N(f) - L_N(f) &= \sum_{C \in \mathcal{D}_N} \operatorname{osc}_C(f) \operatorname{vol}_n C \\ &\geqslant \sum_{\{C \in \mathcal{D}) N \mid \operatorname{osc}_C(f) >] \epsilon_0\}} \overbrace{\operatorname{osc}_C(f)}^{> \epsilon_0} \overbrace{\operatorname{vol}_n C}^{\text{这些的和} \geqslant \epsilon_0} \geqslant \epsilon_0^2. \end{aligned} \tag{4.3.4}$$

$\operatorname{vol}_n C$ 的和至少为 ϵ_0, 根据不等式 (4.3.3), 所以上积分与下积分的差至少为 ϵ_0^2, 不会趋向于共同的极限. 但我们是从函数可积的假设开始的. □

命题 4.3.4 告诉我们, 为什么例 4.3.2 中讨论的圆盘的指标函数是可积的. 我们在这个例子中论证可以使得跨在边界上的立方体的面积任意小. 现在, 我们来解释这个论据. 圆盘的边界是两个可积函数的并集; 命题 4.3.4 说, 一个可积函数的图的任何有界部分的体积为 0.

命题 4.3.4 (可积函数的有界部分的体积为 0). 令 $f: \mathbb{R}^n \to \mathbb{R}$ 为一个可积函数, 图像为 $\Gamma(f)$, 令 $C_0 \subset \mathbb{R}^n$ 为任意的二进立方体. 则

$$\operatorname{vol}_{n+1} \underbrace{\Big(\Gamma(f) \cap (C_0 \times \mathbb{R})\Big)}_{\text{图的有界部分}} = 0. \tag{4.3.5}$$

在命题 4.3.4 中, 写

$$\operatorname{vol}_{n+1}\Big(\Gamma(f)\Big) = 0$$

要简单一些. 但我们的可积的定义要求一个可积函数有有界的支撑. 由于 f 是可积的, 因此有有界支撑, 它在全部 $\mathbb{R}^n$ 上有定义. 所以尽管它在某个固定的立方体外为 0, 但它的图像在固定的立方体外仍然存在, 它的图像的指标函数没有有界支撑. 我们通过讨论图像与 $(n+1)$ 维有界区域 $C_0 \times \mathbb{R}$ 的交集的体积来修正这个问题. 你应该想象 C_0 大到足以包含 f 的支撑, 尽管证明在任何情况下都有效.

命题 4.3.4 和 4.3.5 在附录 A.20 中证明.

根据定义, 一个函数的支撑为封闭的, 所以如果它是有界的, 它就是紧致的.

如你所期待的, 平面上的曲线面积为 0, $\mathbb{R}^3$ 上的曲面的体积为 0, 以此类推. 下面我们规定这样的流形必须是紧致的, 因为我们仅对 $\mathbb{R}^n$ 的有界子集定义了体积.

命题 4.3.5 (紧致子流形的体积). 如果 $M \subset \mathbb{R}^n$ 是一个维数 $k < n$ 的流形, 则任何紧致子集 $X \subset M$ 满足 $\operatorname{vol}_n(X) = 0$. 尤其是, 一个维数 $k < n$ 的子空间的有界部分的 n 维体积为 0.

具有有界支撑的连续函数的可积性

什么函数满足定理 4.3.1 的假设呢? 一个重要的类型包含具有有界支撑的连续函数.

定理 4.3.6. 任何具有有界支撑的连续函数 $\mathbb{R}^n \to \mathbb{R}^n$ 是可积的.

证明: 定理 4.3.6 几乎从定理 1.6.11 直接得到. 令 f 连续且有有界支撑. 因为 $\sup|f|$ 在支撑集上实现, f 是有界的. 由定理 1.6.11, f 是一致连续的: 选取 ϵ 并找到 $\delta > 0$ 使得

$$|\mathbf{x} - \mathbf{y}| < \delta \Rightarrow |f(\mathbf{x}) - f(\mathbf{y})| < \epsilon. \tag{4.3.6}$$

对于所有满足 $\sqrt{n}/2^N < \delta$ 的 N, $\mathcal{D}_N(\mathbb{R}^n)$ 的一个立方体中的任意两个点之间

最多距离为 δ. 这样, 如果 $C \in \mathcal{D}_N(\mathbb{R}^n)$, 则

$$|f(\mathbf{x}) - f(\mathbf{y})| < \epsilon. \tag{4.3.7}$$

这就证明了定理: f 满足一个比定理 4.3.1 要求的强得多的条件. 定理 4.3.1 只要求振荡在一个总体积 $< \epsilon$ 的立方体的集合上大于 ϵ, 而在这个例子中, 对于足够大的 N, 没有$\mathcal{D}_N(\mathbb{R}^n)$ 中的立方体满足振荡 $\geqslant \epsilon$. □

推论 4.3.7. 令 $X \subset \mathbb{R}^n$ 为紧致的且 $f\colon X \to \mathbb{R}$ 为连续的. 则图 $\Gamma_f \subset \mathbb{R}^{n+1}$ 体积为 0.

推论 4.3.7 不只是一个命题 4.3.4 的特殊情况, 因为尽管我们可以在全部 $\mathbb{R}^n$ 上定义 f, 让它在 X 外为 0, 我们没有要求对 f 的这样的扩展是可积的, 它可能并不是.

证明: 因为 X 是紧致的, 它是有界的, 存在一个数 A 满足对所有的 N, 满足 $X \cap C \neq \varnothing$ 的立方体 $C \in \mathcal{D}_N(\mathbb{R}^n)$ 的数量最多为 $A \cdot 2^{nN}$. 选取 $\epsilon > 0$, 利用定理 1.6.11 找到 $\delta > 0$ 使得如果 $\mathbf{x}_1, \mathbf{x}_2 \in X$,

$$|\mathbf{x}_1 - \mathbf{x}_2| < \delta \Rightarrow |f(\mathbf{x}_1) - f(\mathbf{x}_2)| < \epsilon. \tag{4.3.8}$$

进一步选取 N 满足 $\sqrt{n}/2^N < \delta$, 使得对于任意 $C \in \mathcal{D}_N(\mathbb{R}^n)$ 以及任意 $\mathbf{x}_1, \mathbf{x}_2 \in C$, 我们有 $|\mathbf{x}_1 - \mathbf{x}_2| < \delta$.

对于任意 $C \in \mathcal{D}_N(\mathbb{R}^n)$, 且满足 $C \cap X \neq \varnothing$, 至多 $2^N\epsilon + 2$ 个 $\mathcal{D}_N(\mathbb{R}^{n+1})$ 的立方体投影到 C 和 Γ_f 的交集, 因此 Γ_f 被至多 $A \cdot 2^{nN}(2^N\epsilon + 2)$ 个立方体覆盖, 总体积为

$$\frac{1}{2^{(n+1)N}} A \cdot 2^{nN}(2^N\epsilon + 2), \tag{4.3.9}$$

它可以通过让 ϵ 足够小而 N 足够大而变得任意小. □

推论 4.3.8. 令 $U \subset \mathbb{R}^n$ 为开的, 令 $f\colon U \to \mathbb{R}$ 为一个连续函数. 则 f 的图像的任意紧致集合 Y 的 $(n+1)$ 维体积为 0.

推论 4.3.8: 你可能期待一个连续函数 $f\colon U \to \mathbb{R}$ 的任意图像的 $(n+1)$ 维体积都为 0, 但这是不对的, 就算 U 和 f 是有界的. 见练习 4.33.

证明: Y 向 $\mathbb{R}^n$ 的投影是紧致的, 把 f 限制在这个投影上满足推论 4.3.7 的假设条件. □

在体积为 0 的集合以外连续的函数的可积性

我们的第三个定理证明了一个函数不必处处连续也可以是可积的. 这个定理比起前两个要难证得多, 但可积的标准也有用得多.

定理 4.3.9. 一个函数 $f\colon \mathbb{R}^n \to \mathbb{R}$ 被有界支撑界定. 如果它在除了一个体积为 0 的集合以外都连续, 则它是可积的.

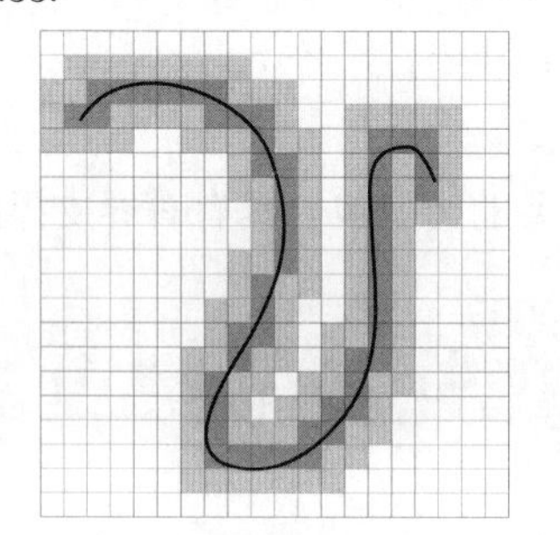

图 4.3.3

定理 4.3.9 的证明: 黑色的曲线是 Δ, 使 f 不连续的点的集合. 深色的立方体与 Δ 相交. 浅色的立方体是在同样的深度上且至少与一个深色立方体有共同边界的立方体. 我们用 L 表示所有阴影的立方体的并集.

注意到定理 4.3.9 不是 “当且仅当” 的陈述. 在 4.4 节我们将看到, 可能找到函数在所有的有理数上不连续, 但仍然是可积的.

证明: 用 Δ(“delta”) 表示使 f 不连续的点的集合. 因为 f 在除了一个体积为 0 的集合外都是连续的, 我们有 $\mathrm{vol}_n\,\Delta = 0$. 所以 (根据命题 4.1.23) 对每个

$\epsilon > 0$, 存在 N 和某个立方体 $C_1, \cdots, C_k \in \mathcal{D}_N(\mathbb{R}^n)$ 的并集, 满足

$$\Delta \subset C_1 \cup \cdots \cup C_k \text{ 且 } \sum_{i=1}^{k} \mathrm{vol}_n C_i \leqslant \frac{\epsilon}{3^n}. \tag{4.3.10}$$

现在, 我们在不连续的点周围创造了一个 "缓冲区": 令 L 为 C_i 和所有第 N 层上边界的立方体的并集, 如图 4.3.3 所示. 如图 4.3.4 所示, 我们可以使用 $3^n - 1$ 个立方体来完全环绕每个 C_i. 因为所有的 C_i 的总体积小于 $\epsilon/3^n$,

$$\mathrm{vol}_n(L) \leqslant \epsilon. \quad \square \tag{4.3.11}$$

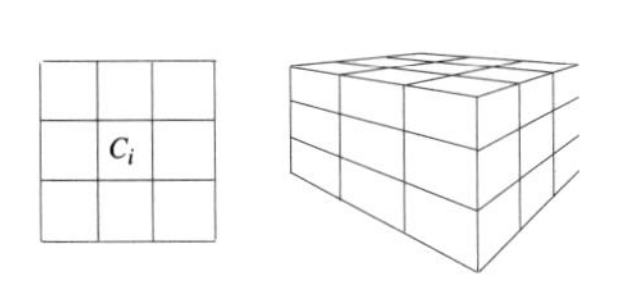

图 4.3.4

左: 需要 $3^2 - 1 = 8$ 个立方体来环绕 $\mathbb{R}^2$ 上的一个立方体 C_i. 右: 在 $\mathbb{R}^3$ 上, 需要 $3^3 - 1 = 26$ 个立方体. 如果我们包括 C_i, 则在 $\mathbb{R}^2$ 上, 3^2 个立方体就足够了, 在 $\mathbb{R}^3$ 上, 3^3 个立方体就足够了.

现在余下的事情就是去证明存在 $M \geqslant N$, 使得如果 $C \in \mathcal{D}_M(\mathbb{R}^n)$ 且 $C \notin L$, 则 $\mathrm{osc}_C(f) \leqslant \epsilon$. 如果我们可以这样做, 我们就将证明存在一个分解使得所有满足 $\mathrm{osc}(f) > \epsilon$ 的立方体的总体积小于 ϵ, 这正是定理 4.3.1 给出的可积性的标准.

假设不存在这样的 M. 则对于每个 $M \geqslant N$, 存在一个立方体 $C \in \mathcal{D}_M$ 和点 $\mathbf{x}_M, \mathbf{y}_M \in C$, 满足 $|f(\mathbf{x}_M) - f(\mathbf{y}_M)| > \epsilon$.

序列 $M \mapsto \mathbf{x}_M$ 在 $\mathbb{R}^n$ 上有界, 所以我们可以抽取出一个子序列 $i \mapsto \mathbf{x}_{M}$, 收敛于某个点 $\mathbf{a}$. 因为, 根据三角不等式,

$$|f(\mathbf{x}_{M_i}) - f(\mathbf{a})| + |f(\mathbf{a}) - f(\mathbf{y}_{M_i})| \geqslant |f(\mathbf{x}_{M_i}) - f(\mathbf{y}_{M_i})| > \epsilon. \tag{4.3.12}$$

我们看到, 至少 $|f(\mathbf{x}_{M_i}) - f(\mathbf{y}_{M_i})|$ 和 $|f(\mathbf{y}_{M_i}) - f(\mathbf{a})|$ 中的一个不收敛到 0, 所以 f 在 $\mathbf{a}$ 点不连续, 也就是, $\mathbf{a}$ 在 Δ 中. 但是这与 $\mathbf{a}$ 是 L 外的点的一个极限相矛盾. 因为一个立方体的边长为 $1/2^N$, 所有的 $\mathbf{x}_M$ 与 Δ 的距离至少为 $1/2^N$, 所以 $\mathbf{a}$ 也远离 Δ 中的点至少 $1/2^N$ 的距离.

推论 4.3.10. 令 $f\colon \mathbb{R}^n \to \mathbb{R}$ 为可积的, $g\colon \mathbb{R}^n \to \mathbb{R}$ 为一个有界函数. 如果在除了一个体积为 0 的集合上, $f = g$, 则 g 是可积的, 且

$$\int_{\mathbb{R}^n} f|\mathrm{d}^n\mathbf{x}| = \int_{\mathbb{R}^n} g|\mathrm{d}^n\mathbf{x}|. \tag{4.3.13}$$

证明: g 的支撑是有界的, 因为 f 的支撑是有界的, 所以 $g - f$ 也一样. 对任意的 N, 一个满足 $\mathrm{osc}_C(g) > \epsilon$ 的立方体 $C \in \mathcal{D}_N(\mathbb{R}^n)$ 或者是满足 $\mathrm{osc}_C(f) > \epsilon$ 的, 或者是与 $f - g$ 的支撑相交的, 或者两者都是. 选取 $\epsilon > 0$. 根据定理 4.3.1, 对足够大的 N, 第一类立方体的总体积 $< \epsilon$, 根据命题 4.1.23, 那些第二类的总体积 $< \epsilon$. $\square$

推论 4.3.11 说, 在向量微积分中出现的几乎所有的函数都是可积的. 由定理 1.6.9, 推论 4.3.8 和定理 4.3.9 可以得到这个结论.

推论 4.3.11: 例如, 圆盘的指标函数是可积的, 因为圆盘被函数

$$y = +\sqrt{1 - x^2}, y = -\sqrt{1 - x^2}$$

的图像的并集界定.

推论 4.3.11. 令 $A \subset \mathbb{R}^n$ 为一个紧致区域, 被连续函数图像的有限并集所界定, 并令 $f\colon A \to \mathbb{R}$ 为连续的. 则在 $\mathbf{x} \in A$ 上为 $f(\mathbf{x})$, 在 A 外面为 0 函数 $\tilde{f}\colon \mathbb{R}^n \to \mathbb{R}$ 是可积的.

练习 4.3.3 让你对需要覆盖单位立方体所需要的 $\mathcal{D}_N(\mathbb{R}^2)$ 的个数给出一个明确的界限.

多项式当然不可积, 因为它们没有有界的支撑, 但它们可以在体积有限的集合上积分.

推论 4.3.12. 任意多项式 p 可以在任何体积有限的集合 A 上被积分; 也就是, $p\cdot\mathbf{1}_A$ 是可积的.

证明: 函数 $p\cdot\mathbf{1}_A$ 满足定理 4.3.9 的条件: 它被有界的支撑界定, 并且在除了体积为 0 的 A 的边界以外是连续的. □

4.3 节的练习

4.3.1 a. 证明: 如果 $f:\mathbb{R}^n\to\mathbb{R}$ 是可积的, 则 $|f|$ 是可积的, 且 $\left|\int f\right|\leqslant\int|f|$.

b. 找到一个 $|f|$ 可积但 f 不可积的例子.

4.3.2 证明: 一个体积为 0 的集合的子集体积也是 0.

练习 4.3.3 的提示: 模仿命题 4.3.4 的证明, 把单位圆写为四个图的并集: 对 $|x|\leqslant\sqrt{2}/2$ 为

$$y=\sqrt{1-x^2}.$$

其他三个图可以通过把这个图绕着原点旋转 $\pi/2$ 的倍数得到.

4.3.3 a. 对覆盖 $\mathbb{R}^2$ 上的单位圆需要的方块 $C\in\mathcal{D}(\mathbb{R}^2)$ 的数量的上界给出一个显式的表达式 (用 N 表示), 使得方块的面积在 $N\to\infty$ 时趋向于 0.

b. 用这个上界证明单位圆的面积为 0.

4.3.4 对任意实数 $a<b$, 令

$$Q_{a,b}^n=\{\mathbf{x}\in\mathbb{R}^n \mid a\leqslant x_i\leqslant b, 1\leqslant i\leqslant n\}.$$

令 $P_{a,b}^n\subset Q_{a,b}^n$ 为子集, $a\leqslant x_1\leqslant x_2\leqslant\cdots\leqslant x_n\leqslant b$. ($n=2$ 的情况在边注的图中显示)

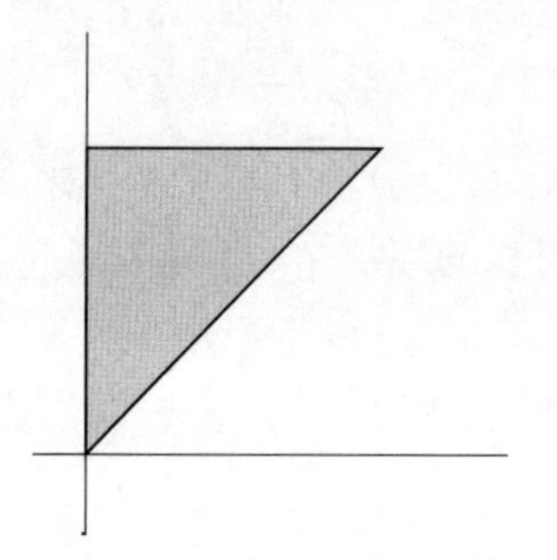

练习 4.3.4 的图

练习 4.3.4 a: 置换在 4.8 节讨论. 练习 4.5.17 给出了练习 4.3.4 的进一步的应用.

a. 令 $f\colon\mathbb{R}^n\to\mathbb{R}$ 为一个对称可积函数

$$f\begin{pmatrix}x_1\\ \vdots\\ x_3\end{pmatrix}=f\begin{pmatrix}x_{\sigma(1)}\\ \vdots\\ x_{\sigma(n)}\end{pmatrix}\text{ 对 }1,2,\cdots,n\text{ 的任意置换成立}$$

证明:

$$\int_{Q_{a,b}^n}f(\mathbf{x})|\,\mathrm{d}^n\mathbf{x}|=n!\int_{P_{a,b}^n}f(\mathbf{x})|\,\mathrm{d}^n\mathbf{x}|.$$

b. 令 $f\colon[a,b]\to\mathbb{R}$ 为一个可积函数. 证明:

$$\int_{P_{a,b}^n}f(x_1)f(x_2)\cdots f(x_n)|\,\mathrm{d}^n\mathbf{x}|=\frac{1}{n!}\left(\int_a^b f(x)|\,\mathrm{d}x|\right)^n.$$

练习 4.3.5: 你可以应用定理或者直接证明结果. 如果你应用定理, 你必须证明定理可以使用.

4.3.5 令 P 为区域 $x^2<y<1$. 证明: $\int_P\sin(y^2)|\,\mathrm{d}x\,\mathrm{d}y|$ 存在.

4.4 零测度

万物皆有测度.

—— Horace

积分的测度论的方法, 勒贝格积分, 在 4.11 节讨论. 从几个角度来看, 它要比黎曼积分更优越. 它使得一些不可积的函数变成了可积的, 而且它在极限方面比起黎曼积分表现得更好.

然而, 勒贝格积分基本上是无法计算的, 除非你把积分当作是黎曼积分, 或者这种积分的极限.

我们在 4.3 节提到了定理 4.3.9 里给出的可积的标准并不是很明确. 一个函数 (有界并有有界支撑) 在除了一个体积为零的集合以外是连续的, 对于它是可积的并不是必须的: 它在除了一个*测度*(measure)为零的集合上连续是它连续的充分和必要条件.

测度论是个很大的主题, 将在附录 A.21 里讨论. 幸运的是, 零测度的概念是更容易理解与接近的. 这是一个很微妙的概念, 并产生了一些奇怪的结果. 比如, 它给出了我们一种方法, 比如说所有的有理数 “不能数”. 这样, 它允许我们使用黎曼积分来对一些十分有趣的函数进行积分, 包括我们在例 4.4.7 里所探索的那个, 并把积分结果作为在统计力学中计算空间平均值的一个合理的模型.

在定义 4.4.1 给出的零测度的定义里, 一个 $\mathbb{R}^n$ 上的边长为 δ 的盒子 B 是一个立方体, 形式为

$$\{x \in \mathbb{R}^n \mid a_i < x_i < a_i + \delta,\ i = 1, \cdots, n\}, \tag{4.4.1}$$

并不要求 a_i 和 δ 是二进的.

你可能注意到了, 虽然我们的二进立方体是半开的, 定义 4.4.1 中的盒子是开的, 但理论也可以建立在闭的立方体和盒子上 (见 4.4.1).

理论还可以用在其他形状的盒子上: 定义 4.4.1 对有明确定义的体积的任意的 B_i 有效. 练习 4.4.2 让你证明你可以使用球; 练习 4.9 让你证明你可以使用任何形状的可铺集合.

定义 4.4.1 (零测度). 一个集合 $X \subset \mathbb{R}^n$ 有零测度, 如果对于每个 $\epsilon > 0$, 存在一个开盒子 B_i 的无限序列使得

$$X \subset \cup B_i \text{ 以及 } \sum \mathrm{vol}_n(B_i) \leqslant \epsilon. \tag{4.4.2}$$

定义 4.4.2 (几乎处处, 几乎所有). 术语*几乎处处*(almost everywhere), 简写为 a.e., 意思是*除去一个测度为零的集合*. 对除了一个测度为零的集合以外的所有的 $\mathbf{x}$ 上成立被称为对*几乎所有的*(almost all) $\mathbf{x}$ 成立.

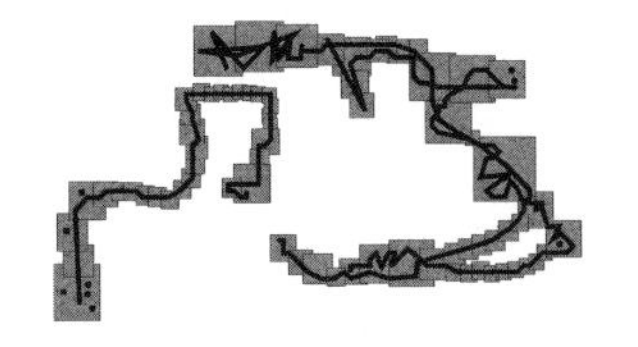

图 4.4.1

集合 X, 显示为黑色的线, 被重叠的盒子覆盖.

测度与体积之间最关键的区别是定义 4.4.1 里的 “无限” 这个词. 一个体积为零的集合可以被包含在一个立方体的*有限*的序列里, 这些立方体的总体积是任意小的. 一个体积为零的集合的测度必须为零, 但是有可能一个集合测度为零, 但却没有确定的体积, 如例 4.4.3 所示. 注意, 当我们说一个子集 $X \subset \mathbb{R}^n$ 有零测度的时候, 我们的意思是它的 n 维测度为零.

附录中的练习 A.21.1 探索了练习 4.4.3 中的集合 U_ϵ 的一些奇特的属性. 这是一个在画 B_i 的图时要记住的很好的集合, 因为它帮我们看到, 虽然序列 $i \mapsto B_i$ 由 $B_1, B_2, \cdots$, 按这个顺序组成, 这些盒子可能会跳来跳去: 如果 B_1 的中心在 1/2, 则 B_2 的中心在 1/3, B_3 的中心在 2/3, B_4 的中心在 1/4, 等等. 一些盒子可能被包含在另一些中: 例如, 根据 ϵ 的选择, 中心在 17/32 的区间可能被包含在中心在 1/2 的区间中.

注释. 我们使用盒子, 而不是立方体, 来避免与我们在二进铺排里用的立方体混淆. 在二进铺排里, 我们考虑一类大小相同的立方体, 就是在某个特定的分辨率 N 下的立方体, 并把它们放进二进格子里. 定义 4.4.1 里的盒子 B_i 随着 i 的增加而减小, 由于它们的总体积小于 ϵ, 但是没有必要要求任何一个特定的盒子都比它前面的小. 这些盒子可以重叠, 如图 4.4.1 所示, 它们不必与任何特定的格子匹配. △

例 4.4.3 (测度为零, 体积无定义的集合). 区间 $[0,1]$ 上的有理数的集合具有零测度. 你可以按顺序把它们列出来, 例如, 1, 1/2, 1/3, 2/3, 1/4, 2/4, 3/4, 1/5,

$\cdots$ (这个列表是无限的, 有些数会出现超过一次.) 把一个长度为 $\epsilon/2$ 的开区间的中心放在 1, 把一个长度为 $\epsilon/4$ 的开区间的中心放在 $1/2$, 把一个长度为 $\epsilon/8$ 的开区间的中心放在 $1/3$, 以此类推. 把这些区间的并集叫作 U_ϵ. 这些区间的总长度为 $\epsilon(1/2+1/4+1/8+\cdots)=\epsilon$, 这些并集的总长度 $<\epsilon$, 因为其中的一些区间重叠.

你可以把所有的 $[0,1]$ 上的有理数放进数值个数无限, 但总长度任意小的区间里. 于是集合 U_ϵ 就有了零测度. 但是它并不具有确定的体积, 因为每个不是单个点的区间都包含了有理数和无理数. △

类似的论证证明了一个更强的结果.

定理 4.4.4 (可数个数的测度为零的集合的并集的测度为零). 令 $i \mapsto X_i$ 为一个测度为零的集合的序列. 则

$$X_1 \cup X_2 \cup \cdots \text{为一个测度为零的集合.}$$

例 4.4.3 (更一般地, 任何可数集合) 对应了定理 4.4.4 里的情况, 其中每个 X_i 都是一个单个的点.

定理 4.4.4 当然对于任意的并集是不成立的: 任何集合是它的点的并集. 这些点的测度都是零. 这样, 测度论依赖于区分可数和不可数的无限, 只能出现在康托的工作 (见 0.6 节) 之后. 实际上, 不依赖于康托的工作的黎曼积分, 是先出现的, 但勒贝格积分, 依赖于康托的工作, 是后出现的.

定理 4.4.4 的证明: 因为存在无限序列 $i \mapsto B_{j,i}$ 个盒子 (对每个 j 有一个序列) 使得

$$\begin{aligned}
X_1 &\subset B_{i,1} \cup B_{1,2} \cup \cdots, & \sum \operatorname{vol} B_{1,i} &\leqslant \frac{\epsilon}{2}\\
X_2 &\subset B_{2,1} \cup B_{2,2} \cup \cdots, & \sum \operatorname{vol} B_{2,i} &\leqslant \frac{\epsilon}{4}\\
&\vdots\\
X_j &\subset B_{j,1} \cup B_{j,2} \cup \cdots, & \sum \operatorname{vol} B_{j,i} &\leqslant \frac{\epsilon}{2^j}\\
&\vdots
\end{aligned} \tag{4.4.3}$$

存在一个无限的开盒子 $B_{j,i}$ 的序列, 满足

$$\left(X_1 \bigcup X_2 \bigcup \cdots\right) \subset \bigcup_{j,i} B_{j,i}, \text{ 且 } \sum_{i,j} \operatorname{vol} B_{i,j} \leqslant \epsilon. \quad \square$$

定理 4.4.4 的证明: 我们可以把序列

$$B_{1,i}, \cdots, B_{j,i}, \cdots$$

通过把盒子按照某个顺序列出来而变成一个单个的序列, 就如同我们在例 4.4.3 中对有理数所做的事情一样.

例如, 你可以首先列出满足 $i+j=2$ 的盒子, 然后那些 $i+j=3$ 的盒子, 如此类推:

$$B_{1,1}, B_{1,2}, B_{2,1}, B_{1,3}, B_{2,2}, B_{3,1}, \cdots$$

推论 4.4.5. 令 $B_R(\mathbf{0})$ 为中心在 $\mathbf{0}$, 半径为 R 的球. 如果对于所有的 $R \geqslant 0$, 子集 $X \subset \mathbb{R}^n$ 满足 $\operatorname{vol}_n(X \cap B_R(\mathbf{0}))=0$, 则 X 的测度为零.

证明: 因为 $X=\bigcup_{m=1}^{\infty}(X \cap B_m(\mathbf{0}))$, 它是体积为零的集合的可数并集, 因此测度为零. □

命题 4.4.6. 令 X 为 $\mathbb{R}^n$ 的一个维数 $k<n$ 的子集. 则 X 测度为零, 且任何 X 的平移的测度为零.

我们也可以以仿射子空间的形式来陈述命题 4.4.6: 一个维度为 $k<n$ 的仿射子空间 $X \in \mathbb{R}^n$ 的测度为零.

证明: 第一个陈述从命题 4.3.5 和推论 4.4.5 得到; 第二个从命题 4.1.22 得到. □

定义 4.4.2 中描述的集合在例 4.3.3 中已经见过了, 那时我们发现不能积分一个在 $[0,1]$ 内的有理数上为 1, 其他地方为零的函数. 函数处处是不连续

例 4.4.7: “以最简形式”传统上也包括分母为正的要求, 所以 f 对负数也是有明确定义的: $-\frac{1}{2}$ 只可以写为 $\frac{-1}{2}$, 不能写为 $\frac{1}{-2}$.

图 4.4.2
玻尔兹曼 (Ludwig Boltzmann, 1844 — 1906)

玻尔兹曼 (图 4.4.2) 被认为是统计力学的发明人. 作为一个数学物理学家, 他还在维也纳开设哲学讲座, 因为太受欢迎, 以至于找不到足够大的讲堂.

“对哲学家来说, 最寻常的事情是未解之谜之源,” 他写道. “用无限的创造力, 它构造了一个空间和时间的概念, 然后发现这个空间中绝对不可能有物体存在, 或者在这个时间发生某个过程 ······ 这种逻辑的来源是过度地相信所谓的思想律.” 他在黑格尔那里发现了 “不清楚的没有思想的文字流”; 在康德那里, “有太多东西, 我能掌握的太少以至于 ······ 我几乎怀疑他在开读者的玩笑, 或者就是个江湖骗子”.

关于 KAM 定理, 参见 “*A proof of Kolmogorov's theorem on the conservation of invariant tori*,” J. Hubbard and Y. Ilyashenko, Discrete and Continuous Dynamical System, Vol. 10, N.1 & 2, Jan. and March 2004, pp. 367-385.

的; 在每个无论多么小的区间内, 函数从 0 跳到 1, 又从 1 跳到 0. 在例 4.4.7 中, 我们将看到一个看上去相似却非常不同的函数. 这个函数在除了一个测度为零的集合以外的地方连续, 因此是可积的. 它来自于实际生活中 (至少是统计力学).

例 4.4.7 (一个在体积不为零的集合上不连续的可积函数). 考虑下述函数

$$f(x)=\begin{cases}\dfrac{1}{q} & \text{如果}x=\dfrac{p}{q}\text{是有理的, 用最简式写出, 其中}q>0\text{且}|x|\leqslant 1\\ 0 & \text{如果}x\text{是无理的或者}|x|>1\end{cases}.$$

这个函数是可积的, 尽管它在 $f(x)\neq 0$ 的 x 上不连续. 例如, $f(3/4)=1/4$, 但与 3/4 任意接近的地方我们都有无理数, 导致 $f(x)=0$. 但这些值构成了一个测度为零的集合. 函数在无理数上是连续的, 与无理数 x 任意接近的地方, 你都会找到有理数 p/q, 但你可以选择一个 x 的邻域, 只包含分母任意大的有理数, 使得 f 在这样的邻域里任意小. △

例 4.4.7 里的函数很重要, 因为它是一个可以描述在统计力学里以一种最基本的形式出现的函数 (不像例 4.3.3 里的函数, 就我们所知, 只是一个病态函数的例子, 被设计用来测试数学陈述的极限).

在统计力学里, 我们试图描述一个系统, 最典型的是装在一个盒子里的气体, 大约由 10^{25} 个分子构成. 我们感兴趣的量可能是温度、压强、不同的化合物的浓度, 等等. 系统的一个状态是每一个分子的位置, 速度 (以及转动的速度, 振动的能量, 等等, 如果分子有内部结构的话). 要想编码这些信息, 我们需要用到一些维度巨大的空间.

力学告诉我们在试验开始时, 系统处于某个状态, 并且按照物理定律进行演变, 随着时间的推移, 它会探索所有的状态空间中的一部分. (相对于我们的时间尺度, 它探索得非常之快: 室温下气体里的粒子通常每秒钟移动几百米, 且每秒钟会经历几百万次的碰撞.) 热力学下的猜想是, 我们所测出来的值, 通常是它们沿着所走过的轨迹的时间平均值, 它在长期上应该几乎等于所有可能的状态的平均值, 即*空间平均值*(space average)(这个所谓的长期在我们的时钟上的时间其实是很短的).

这个时间平均值与空间平均值的等式叫作*玻尔兹曼状态遍历假说* (Boltzmann's ergodic hypothesis). 它是一个关键的假设, 把统计力学与热力学联系了起来. 物理学家们相信, 它在更广义的范围内成立, 尽管并没有那么多的力学系统能来证明它在数学上是正确的. KAM 理论说明了在一些情况下, 你希望它正确的时候, 它可能并不是.[4]

这个与例 4.4.7 里的函数 f 有什么关系? 尽管你相信, 一个通常的时间演化会比较平均地探索状态空间, 但总有一些运动轨迹并不是这样. 考虑 (大大简化的) 在一个方形的台球桌上在没有摩擦力的情况下移动的单粒子模型, 它在碰到边界的时候会进行正常的反弹 (入射角等于反射角). 大多数的轨迹 (那些开始于无理数的斜率的) 将最终平均地填充进桌子. 但是那些具有有理数斜率的不会: 它们形成封闭的轨迹, 在同一个封闭的路径上反反复复地重复.

[4]Andrei Kolmogorov, Vladimir Arnold 和 Jürgen Moser, 建立的 KAM 理论, 可以应用在所有的没有摩擦的经典力学系统中. 它证明了在某些条件下, 这些系统天生就是稳定的. 稳定性和混乱之间的差别可以与数论里的一个精致的问题联系起来: 无理数可以在多大的程度上用有理数近似.

还有, 如图 4.4.3 所示, 随着斜率的分母变得越来越大, 这些封闭的路线访问了桌子上越来越多的部分.

这个台球桌的例子是我们在统计力学中可能遇到的一类问题的一个缩影, 例如, 在盒子的一半有一种气体, 另一半有另一种气体, 并且它们之间的分隔被去掉了.

统计力学是把概率论用到大的粒子系统上, 通过力学定律来估计平均值, 例如温度、压强. 在另一方面, 热力学是一个复杂的微观理论. 它试着把某些宏观的量 (温度、压强, 等等) 在唯象的水平上联系起来. 显然, 我们希望用统计力学来解释热力学.

有理数与无理数的问题对于理解例如由 *Lakes of Wada* 展现出来的混沌的和稳定的行为是关键. 关于这个主题更多的内容, 见 "*What it means to Understanding a Differential Equation*", J.H. Hubbard, The College Mathematics Journal, Vol. 25(Nov. 5, 1994), 372-384.

进一步假设要观察的量是桌子上的某个函数平均值为零的函数 f, 它在中心附近是正的, 接近角的地方负得非常多, 如图 4.4.3 中在角的附近没有阴影. 假设我们在桌子的中心开始我们的粒子, 但不指定方向.

经过桌子中心的斜率为零的轨迹, 将有正的时间平均值, 斜率为 ∞ 的轨迹也一样; 轨迹将错过中心. 类似地, 我们相信每个斜率为有理数的轨迹关于时间的平均值也将是正的. 但斜率为无理数的轨迹的时间平均值将是零: 给定足够的时间, 这些轨迹将均等地访问桌子的每个部分. 任何斜率为分母足够大的有理数的轨迹的时间平均值都接近零.

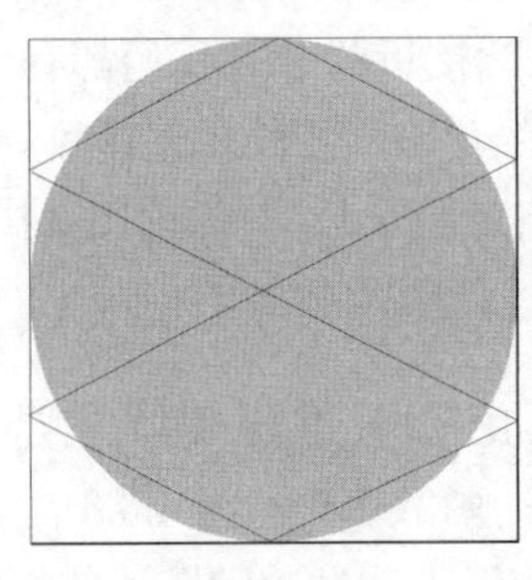
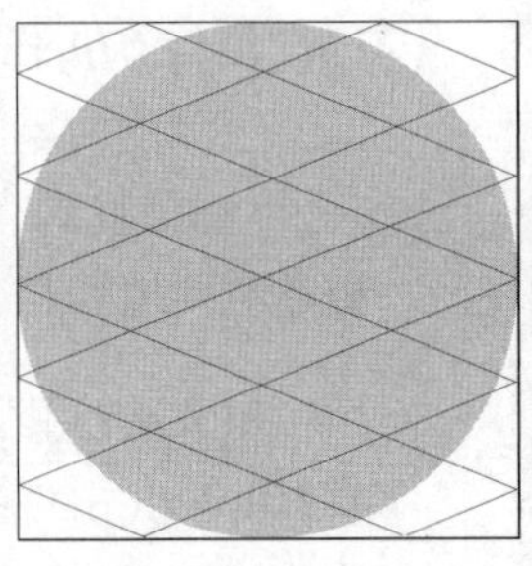
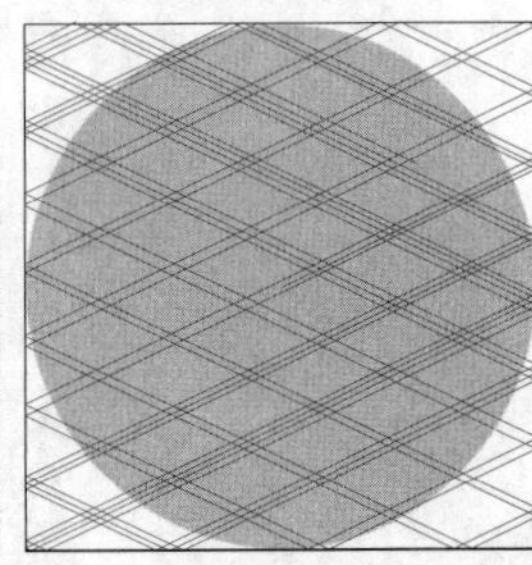

图 4.4.3

中间的斜率为 2/5 的轨迹, 比左边的斜率为 1/2 的轨迹访问了更多的点. 右边的轨迹的斜率很好地近似了一个无理数; 如果允许继续, 这个轨迹将几乎访问到正方形的每个部分.(正方形很快就全变成黑色了.)

因为有理数的测度为零, 它们对平均值的贡献无关紧要; 在这个例子里, 至少玻尔兹曼的状态遍历假设看起来是正确的.

"几乎" 连续函数的可积性

我们现在已经准备好要陈述定理 4.4.8 了. 从这个定理我们可以清楚地看出, 函数是否可积不依赖于它被放在一个任意的格子里的位置.

定理 4.4.8 (什么函数是可积的). 令 $f\colon \mathbb{R}^n \to \mathbb{R}$ 为具有有界支撑的有界函数. 则当且仅当 f 在除了一个测度为零的集合以外都连续时, f 是可积的.

定理 4.4.8 要强于定理 4.3.9, 因为任何体积为零的集合测度也是零, 但反过来不对. 它也强于定理 4.3.6. 它不强于定理 4.3.1. 定理 4.4.8 和定理 4.3.1 都给出了可积的一个 "当且仅当" 的条件; 它们是精确地等价的. 但利用定理 4.4.8 验证一个函数是可积的经常要更容易一些.

证明: 我们将从难的方向开始: 如果 $f\colon \mathbb{R}^n \to \mathbb{R}$, 有界且具有有界支撑, 几乎处处连续, 则它是可积的. 我们将采用定理 4.3.1 中给出的可积性标准; 这样我们想要证明, 对于任意 $\epsilon > 0$, 存在 N 使得满足 $\mathrm{osc}_C(f) > \epsilon$ 的立方体 $C \in \mathcal{D}_N$ 的总体积小于 ϵ.

用 Δ 表示 f 不连续的点的集合, 选取 $\epsilon > 0$(它将在证明过程中保持不变). 根据零测度的定义 4.4.1, 存在一个开盒子的无限序列 $i \mapsto B_i$, 满足

$$\Delta \subset \cup B_i \text{ 和 } \sum \mathrm{vol}_n B_i < \epsilon. \tag{4.4.4}$$

我们通过扔掉被包含在更早的盒子里的盒子来修剪盒子的列表. 我们能够不通过修剪列表来证明我们的结果, 但它会使论证变得很麻烦.

我们将选择盒子, 使得没有任何盒子被其他盒子包含.

证明十分复杂. 首先我们要去掉无限. □

引理 4.4.9. 令 $i \mapsto B_i$ 为一个序列, 满足 $\Delta \subset \cup B_i$, $\sum \mathrm{vol}_n B_i < \epsilon$. 则只在有限多的盒子 B_i 中有 $\mathrm{osc}_{B_i}(f)\epsilon$.

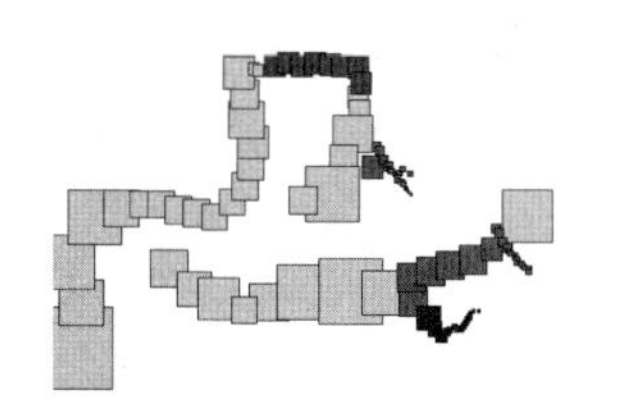

图 4.4.4

覆盖 Δ 的盒子 B_i 是浅灰色的. 满足 $\mathrm{osc} > \epsilon$ 的盒子 B_{i_j} 颜色稍微深一些. 这些序列的一个收敛子序列被染成更深的颜色. 引理 4.4.9 的关键是它们收敛到的点必须属于某个盒子 B_i.

把这样的盒子记为 B_{i_j}; 用 L 来表示 B_{i_j} 的并集.(在图 4.4.4 中, B_i 是浅色的带阴影的盒子; B_{i_j} 稍微深一些.)

引理 4.4.9 的证明: 假设引理是错的, 则存在一个盒子的无限子序列 $j \mapsto B_{i_j}$, 和 B_{i_j} 中的两个无限的点的序列, $j \mapsto \mathbf{x}_j, j \mapsto \mathbf{y}_j$, 满足 $|f(\mathbf{x}_j) - f(\mathbf{y}_j)| > \epsilon$.

序列 $j \mapsto \mathbf{x}_j$ 是有界的, 因为 f 的支撑是有界的且 $\mathbf{x}_j$ 和 $\mathbf{y}_j$ 中至少有一个在 f 的支撑集中, 并且它们彼此接近. 所以它有一个收敛的子序列 $\mathbf{x}_{j_k}$, 收敛到某个点 $\mathbf{p}$. 因为在 $j \mapsto \infty$ 时, $|\mathbf{x}_j - \mathbf{y}_j| \to 0$, 子序列 $\mathbf{y}_{j_k}$ 也收敛到 $\mathbf{p}$.

函数 f 在点 $\mathbf{p}$ 当然不连续, 所以 $\mathbf{p} \in \Delta$, 根据公式 (4.4.4), $\mathbf{p}$ 必须在一个特别的盒子里; 我们将把它称为 $B_{\mathbf{p}}$. (由于盒子可以重叠, 它可以在超过一个盒子里, 但我们只需要一个.) 因为 $\mathbf{x}_{j_k}$ 和 $\mathbf{y}_{j_k}$ 收敛到 $\mathbf{p}$, 且因为 B_{i_j} 随着 j 变大而变小 (它们的总体积小于 ϵ), 则一个特定点之后的所有的 $B_{i_{j_k}}$ 都包含在 $B_{\mathbf{p}}$ 中. 但是这与我们已经修剪了盒子列表使得没有盒子被包含在其他的盒子中的假设相矛盾. 因此引理 4.4.9 是正确的: 有无限多的 B_i 满足 $\mathrm{osc}_{B_i} f > \epsilon$. □

引理 4.4.10. 存在 N 使得如果 $C \in \mathcal{D}_N(\mathbb{R}^n)$ 且 $\mathrm{osc}_C f > \epsilon$, 则 $C \subset L$.

如果我们证明了这个结论, 那我们就完成了任务, 因为根据定理 4.3.1, 对一个具有有界支撑的有界函数, 当存在 N 使得 $\mathrm{osc} > \epsilon$ 的立方体的总体积小于 ϵ 的时候是可积的. 我们知道 L 是 B_i 的有限集合, B_i 总体积 $< \epsilon$.

引理 4.4.10 的证明: 我们将再一次用反证法来论证. 假设引理不成立. 则对于每个 N, 存在一个 C_N, 不是 L 的子集且满足 $\mathrm{osc}_{C_N} f > \epsilon$. 换句话说, 在 C_N 中, 存在点 $\mathbf{x}_N, \mathbf{y}_N, \mathbf{z}_N$ 满足 $\mathbf{z}_N \notin L$, 且

$$|f(\mathbf{x}_N) - f(\mathbf{y}_N)| > \epsilon. \tag{4.4.5}$$

因为 $\mathbf{x}_N, \mathbf{y}_N$, 和 $\mathbf{z}_N$ 是无限序列 (对 $N = 1, 2, \cdots$), 存在收敛子序列 $\mathbf{x}_{N_i}, \mathbf{y}_{N_i}, \mathbf{z}_{N_i}$, 全都收敛到同一个点, 我们称之为 $\mathbf{q}$.

你可能会问, 我们怎么知道它们收敛到同一个点? 因为 $\mathbf{x}_{N_i}, \mathbf{y}_{N_i}$ 和 $\mathbf{z}_{N_i}$ 都在同一个立方体内, 这个立方体随着 $N \to \infty$ 收缩到一个点.

Δ 是 f 不连续的点的集合, L 是满足 $\mathrm{osc}_{B_i}(f) > \epsilon$ 的盒子 B_i 的有限并集.

构成 L 的盒子 B_i 在 $\mathbb{R}^n$ 中, 所以 L 的补集为 $\mathbb{R}^n - L$. 记着 (定义 1.5.4) 一个闭集 $C \subset \mathbb{R}^n$ 是一个使 $\mathbb{R}^n - C$ 为开集的集合.

- $\mathbf{q} \in \Delta$: 也就是, 它是 f 的一个不连续点, 无论 $\mathbf{x}_{N_i}$ 和 $\mathbf{y}_{N_i}$ 怎样接近 $\mathbf{q}$, 我们都有 $|f(\mathbf{x}_{N_i}) - f(\mathbf{y}_{N_i})| > \epsilon$. 因此 (因为 f 的所有的不连续点都包含在 B_i 内), 它在某个盒子 B_i 中, 我们称之为 $B_{\mathbf{q}}$.
- $\mathbf{q} \notin L$. (集合 L 是开的, 因为它是开集的并集; 见练习 1.5.3. 因此, 它的补集是闭的; 因为 $\mathbf{z}_{N_i}$ 中没有点在 L 中, 它的极限, $\mathbf{q}$ 也不在 L 中.)

因为 $\mathbf{q} \in B_q$, 且 $\mathbf{q} \notin L$, 我们知道 B_q 不是满足 $\mathrm{osc} > \epsilon$ 的盒子之一. 但是对于足够大的 N_i, $\mathbf{x}_{N_i}$ 和 $\mathbf{y}_{N_i}$ 是在 B_q 中的, 从而 $\mathrm{osc}_{B_q} f < \epsilon$ 与 $|f(\mathbf{x}_{N_i} - f(\mathbf{y}_{N_i})| > \epsilon$ 相矛盾. □

引理 4.4.10 的证明意味着我们已经证明了定理 4.4.8 的一个方向: 如果一个具有有界支撑的有界函数在除了一个测度为零的子集外都连续, 则它是可积的.

定义 4.4.1 指定了 B_i 为开的. 定义二进立方体的等式 (4.1.12) 证明了它们是半开的: x_i 大于或者等于一个量, 但严格地小于另一个 $\frac{k_i}{2^N} \leqslant x_i < \frac{k+1}{2^N}$.

现在, 我们需要证明另一个方向: 如果函数 $f\colon \mathbb{R}^n \to \mathbb{R}$, 有界且有有界支撑, 是可积的, 则它几乎处处连续. 这个要容易一些, 但我们选取二进立方体为半开的, 我们的盒子为开的这个事实引入了一点复杂性.

选取 $\delta > 0$. 因为 f 是可积的, 我们知道 (定理 4.3.1), 对于每个 $\epsilon > 0$, 存在 N 使得立方体

$$\{C \in \mathcal{D}_N(\mathbb{R}^n) \mid \operatorname{osc}_C(f) > \epsilon\} \tag{4.4.6}$$

的有限并集的总体积小于 ϵ. 所以我们可以选择 N_1 使得如果 C_{N_1} 表示满足 $\operatorname{osc}_C f > \delta/4$ 的立方体 $C \in \mathcal{D}_{N_1}(\mathbb{R}^n)$ 的有限集合, 这些立方体的总体积小于 $\epsilon/4$.

现在令 C_{N_2} 为满足 $\operatorname{osc}_C f > \delta/8$ 的立方体的集合, 这些立方体的总体积小于 $\delta/8$. 再用 $\delta/16\cdots$ 继续下去. 最终, 考虑开盒子 $B_1, B_2, \cdots$ 的无限序列, 通过首先列出 $\mathcal{C}_{N_1}$ 中的立方体的内部, 然后再列出 $\mathcal{C}_{N_2}$ 中的, 等等.

这几乎解决了我们的问题: 序列中的盒子的总体积最多为 $\delta/4+\delta/8+\cdots = \delta/2$. 这个问题是二进立方体的边界上的不连续性可能会因为二进立方体的振荡而不被观察到: 在一个立方体上的函数值可能是零, 而在相邻的立方体上的可能是 1; 在每种情况下, 立方体上的振荡可能为零, 但函数可能在两个立方体之间的边界上不连续.

这个可以很容易处理: 所有的二进立方体 (对所有的 N) 的边界的并集的测度为零. 要看到这些, 用 $\delta\mathcal{D}_N(\mathbb{R}^n)$ 表示二进立方体 $\mathcal{D}_N$ 的边界的并集. 则:

1. 对于每个 N, 边界 $\delta\mathcal{D}_N(\mathbb{R}^n)$ 是 $n-1$ 维子空间的平移的可数并集, 因此根据定理 4.4.4 和推论 4.4.5, 具有零测度.

2. 集合 $\cup_{MN=1}^{\infty}\delta\mathcal{D}_N(\mathbb{R}^n)$ 测度为零. 因为它是测度为零的集合的可数并集.

推论 4.4.11. 令 f 和 g 为 $\mathbb{R}^n$ 上的可积函数, 满足 $f \geqslant g$ 和 $\int f(\mathbf{x})|\mathrm{d}^n\mathbf{x}| = \int g(\mathbf{x})|\mathrm{d}^n\mathbf{x}|$. 则

$$\{\mathbf{x} \mid f(\mathbf{x}) \neq g(\mathbf{x})\}\text{具有零测度}.$$

证明: 函数 $f-g$ 是可积的, 因此是几乎处处连续的. 这样, 如果在一个测度不为零的集合上有 $f > g$, 则存在 $\mathbf{x}_0$ 使得 $f(\mathbf{x}_0) > g(\mathbf{x}_0)$, 且 $f-g$ 在 $\mathbf{x}_0$ 连续. 这样, 存在 $\epsilon > 0$ 和 $r > 0$ 使得 $f(\mathbf{x}) - g(\mathbf{x}) > \epsilon$ 在 $|\mathbf{x}-\mathbf{x}_0| \leqslant r$ 的时候成立. 我们之后就有

$$\begin{aligned}\int_{\mathbb{R}^n}(f-g)(\mathbf{x})|\,\mathrm{d}^n\mathbf{x}| &\geqslant \int_{B_r(\mathbf{x}_0)}(f-g)(\mathbf{x})|\,\mathrm{d}^n\mathbf{x}| \\ &\geqslant \epsilon\operatorname{vol}_n\big(B_r(\mathbf{x}_0)\big) > 0,\end{aligned} \tag{4.4.7}$$

与我们的假设 $\int f(\mathbf{x})|\,\mathrm{d}^n\mathbf{x}| = \int g(\mathbf{x})|\,\mathrm{d}^n\mathbf{x}|$ 矛盾. □

在命题 4.1.14 中, 我们看到两个可积函数的和是可积的, 一个实数和一个可积函数的乘积是可积的. 还有如果两个函数 $f, g\colon \mathbb{R}^n \to \mathbb{R}$ 都是可积的, 则它们的乘积是可积的 (尽管乘积的积分通常不等于积分的乘积).

推论 4.4.12 (可积函数的乘积是可积的). 如果两个函数 $f, g\colon \mathbb{R}^n \to \mathbb{R}$ 都是可积的, 则 fg 也是可积的.

推论 4.4.12: 乘积的积分通常不是积分的乘积. 然而 (命题 4.1.16), 如果 f 和 g 是不同变量的函数, 则乘积在定义域的乘积上的积分等于积分的乘积.

推论 4.4.13 从定理 4.4.8 中得到.

证明: 如果 f 在除了一个测度为零的集合 X_f 以外是连续的, g 在除了一个测度为零的集合 X_g 以外是连续的, 则 (命题 1.5.29)fg 在除了 $X_f \cup X_g$ 的一个子集以外是连续的. 根据定理 4.4.4, 这个子集的测度为零. 这样根据定理 4.4.8, fg 是可积的. □

推论 4.4.13 (积分是平移不变量). 如果一个函数 $f\colon \mathbb{R}^n \to \mathbb{R}$ 是可积的, 则对于任意 $\vec{\mathbf{v}} \in \mathbb{R}^n$, 函数 $\mathbf{x} \mapsto f(\mathbf{x} - \vec{\mathbf{v}})$ 是可积的.

4.4 节的练习

4.4.1 利用定义 4.1.17 定义的 n 维体积, 证明同样的集合测度为零, 无论你用开盒子定义测度零还是闭盒子定义测度零.

4.4.2 证明: $X \subset \mathbb{R}^n$ 有测度零, 当且仅当对于任意 $\epsilon > 0$, 存在一个球的无限序列

$$B_i = \{\mathbf{x} \in \mathbb{R}^n \mid |\mathbf{x} - \mathbf{a}_i| < r_i\}, \sum_{i=1}^{\infty} r_i^n < \epsilon \text{ 使得 } X \subset \bigcup_{i=1}^{\infty} B_i.$$

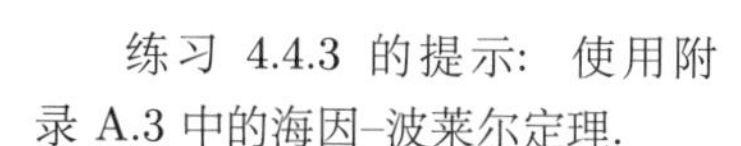
练习 4.4.3 的提示: 使用附录 A.3 中的海因–波莱尔定理.

4.4.3 证明: 任意 $\mathbb{R}^n$ 的测度为零的紧致子集体积为零.

****4.4.4** 考虑由所有的有理数 $p/q \in [0,1]$ 形成的开区间 $\left(\frac{p}{q} - \frac{C}{q^3}, \frac{p}{q} + \frac{C}{q^3}\right)$ 的并集的子集 $U \subset [0,1]$. 证明: 对于足够小的 $C > 0$, U 是不可铺的. 如果 3 被替换成 2, 将会怎样?(这个确实很难.)

4.4.5 证明: 如果把推论 4.4.11 中的 "测度" 替换为 "体积" 则推论不成立.

4.4.6 证明: 如果 $A \subset \mathbb{R}^n$ 有明确定义的 n 维体积, 则 ∂A 也有明确定义的体积且 $\mathrm{vol}_n\, \partial A = 0$.

4.4.7 证明: 十进制中可以只用数字 1 ~ 6 写出来的数集的测度为零.

4.5 富比尼定理和迭代积分

图 4.5.1
富比尼 (Guido Fubini, 1879 — 1943)

我们现在知道, 至少在理论上, 如何确定一个函数是否可积. 假设它是可积的, 那么我们如何来计算积分呢? 富比尼 (图 4.5.1) 定理允许我们手算多重积分, 或者至少把它化简到一维的积分上. 如果函数 $f\colon \mathbb{R}^n \to \mathbb{R}$ 是可积的, 则有

$$\int_{\mathbb{R}^n} f(\mathbf{x})|\mathrm{d}^n\mathbf{x}| = \int_{-\infty}^{\infty} \left(\cdots \left(\int_{-\infty}^{\infty} f\begin{pmatrix} x_1 \\ \vdots \\ x_n \end{pmatrix} \mathrm{d}x_1 \right) \cdots \right) \mathrm{d}x_n. \qquad (4.5.1)$$

就是说, 我们首先保持变量 $x_2, \cdots, x_n$ 为常数, 对 x_1 进行积分; 然后, 把得到的函数 (毫无疑问是很复杂的) 关于 x_2 进行积分, 以此类推. 注意, 等式 (4.5.1) 的等号左侧并没有指定变量的顺序, 所以等号右侧的积分也可以按照任意顺序来写: 我们可以先对 x_n 进行积分, 或者任何其他变量. 这无论是理论上还是实际计算上对富比尼定理都是重要的. 也要注意, 在一维上, 等式 (4.5.1) 就变成了的等式 (4.1.30).

注释. 等式 (4.5.1) 并不十分正确, 因为等式 (4.5.1) 里等号右边括号里的一些函数可能是不可积的; 这个问题会在附录 A.17 里讨论. 我们在本节的最后会正确地陈述富比尼定理. 目前, 我们假设我们处在等式 (4.5.1) 可以正确使用的情况里. △

在实践中, 把多重积分写成一维迭代积分的主要困难是处理我们要进行积分的区域的边界. 我们试图像处理不列颠的分形的海岸线的问题那样, 选择在 $\mathbb{R}^n$ 上进行积分来扫清困难. 但是, 当然这些困难仍然存在. 这就是我们必须使用带有它们的项: 我们必须找出积分的上限和下限.

如果积分的定义域看起来像不列颠的海岸线, 如何来解决这个问题并不明显. 对于积分的区域被光滑曲线和曲面包围的积分, 在很多情况下, 存在我们感兴趣的公式 (尤其是在微积分考试的时候), 但这仍然是给学生带来最大麻烦的部分. 所以, 在计算任何多重积分之前, 让我们来看看如果把积分建立起来. 一个多重积分是从里向外计算的, 首先对内层括号里的变量积分, 我们推荐从外向内把问题建立起来, 如等式 (4.5.1) 和等式 (4.5.2) 所示.

例 4.5.1 (建立多重积分: 一个容易的问题). 假设我们要在如图 4.5.2 所示的三角形上积分一个函数 $f\colon \mathbb{R}^2 \to \mathbb{R}$

$$T = \left\{ \begin{pmatrix} x \\ y \end{pmatrix} \in \mathbb{R}^2 \mid 0 \leqslant 2x \leqslant y \leqslant 2 \right\}. \tag{4.5.2}$$

这个三角形是由不等式 $0 \leqslant x, 2x \leqslant y$ 和 $y \leqslant 2$ 定义的三个区域的交集.

"在三角形上积分" 的意思是, 我们想象 f 在三角形内部由某个公式定义, 在三角形外面由 $f = 0$ 定义.

例如, 我们首先对 y 进行积分. 我们如下方式建立起积分, 临时忽略积分的上下限.

$$\int_{\mathcal{R}^{\in}} f\begin{pmatrix} x \\ y \end{pmatrix} |\mathrm{d}x\,\mathrm{d}y| = \int \left(\int f\,\mathrm{d}y \right) \mathrm{d}x. \tag{4.5.3}$$

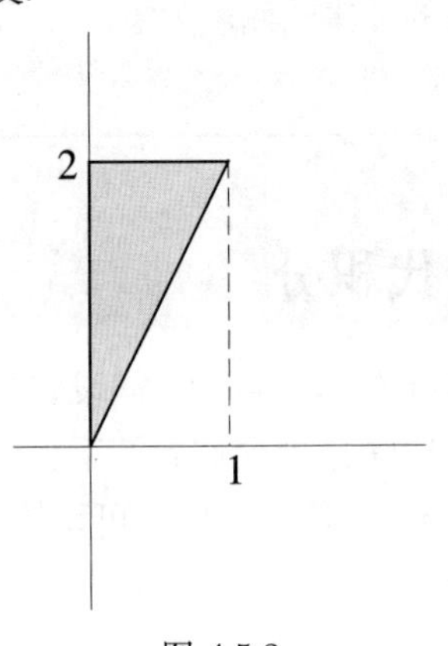

图 4.5.2
等式 (4.5.2) 定义的三角形.

(对于函数, 我们只写 f, 因为我们不想因为指定某个特定的函数, 而把事情搞得太复杂.) 从外层的积分开始, 首先想 x, 我们拿着一支铅笔, 平行于 y 轴, 在三角形的上面滚动. 我们看到三角形从 $x = 0$ 开始, 在 $x = 1$ 结束, 所以我们写上这些积分限:

$$\int_0^1 \left(\int f\,\mathrm{d}y \right) \mathrm{d}x. \tag{4.5.4}$$

现在, 考虑一下当你把铅笔从 $x = 0$ 滚动到 $x = 1$ 会发生什么: 对于每个 x 的值, 哪些 y 的值在三角形里呢? 在这个简单的例子里, 对于每个 x 的值, 铅笔和三角形相交于一个区间, 从三角形的斜边开始, 到 $y = 2$ 结束. 所以上

限值是 $y=2$, 下限值是 $y=2x$, 就是斜边所在的线. 于是我们有

$$\int_0^1 \left(\int_{2x}^2 f\,\mathrm{d}y\right)\mathrm{d}x. \tag{4.5.5}$$

如果我们想从对 x 积分开始, 我们就写成

$$\int_{\mathbb{R}^2} f\begin{pmatrix}x\\y\end{pmatrix}|\mathrm{d}x\,\mathrm{d}y| = \int\left(\int f\,\mathrm{d}x\right)\mathrm{d}y. \tag{4.5.6}$$

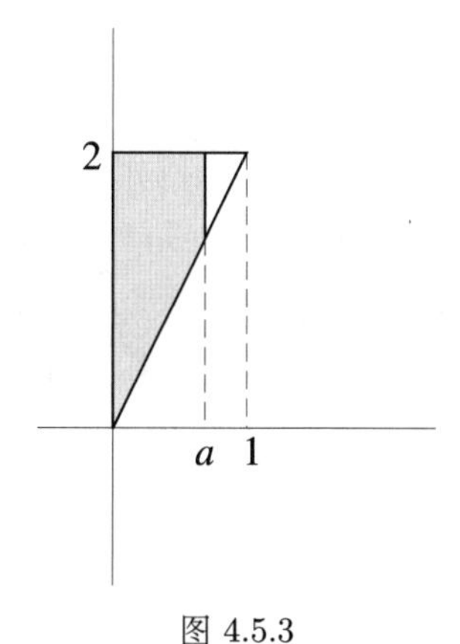

图 4.5.3
阴影部分表示图 4.5.2 的三角形的截短的部分.

从外层积分开始, 我们拿着铅笔, 平行于 x 轴, 从三角形的底部开始, 滚动到顶部, 从 $y=0$ 到 $y=2$. 随着我们滚动铅笔, 我们问自己, 对于每个 y 值, x 的下限和上限分别是多少? 下限的值总是 $x=0$, 而上限的值由斜边确定, 但是我们把它表示为 $x=y/2$. 这样就得到

$$\int_0^2 \left(\int_0^{\frac{\pi}{2}} f\,\mathrm{d}x\right)\mathrm{d}y. \tag{4.5.7}$$

现在, 假设我们只是要在三角形的一部分上积分, 如图 4.5.3 所示. 那么我们在积分 $\int(\int(f\,\mathrm{d}y)\,\mathrm{d}x$ 里采用哪个积分限呢? 在看脚注的答案之前, 你自己先尝试一下.[5]　△

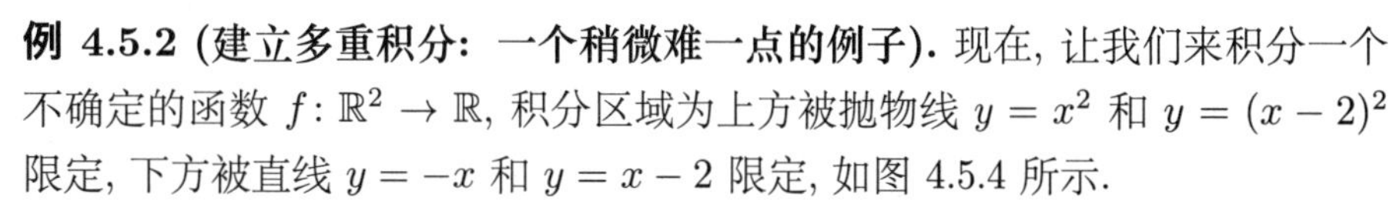

例 4.5.2 (建立多重积分: 一个稍微难一点的例子). 现在, 让我们来积分一个不确定的函数 $f\colon \mathbb{R}^2 \to \mathbb{R}$, 积分区域为上方被抛物线 $y=x^2$ 和 $y=(x-2)^2$ 限定, 下方被直线 $y=-x$ 和 $y=x-2$ 限定, 如图 4.5.4 所示.

练习 4.5.3 让你给例 4.5.2 建立多重积分, 外层积分是要对 y 积分. 答案将是积分的和.

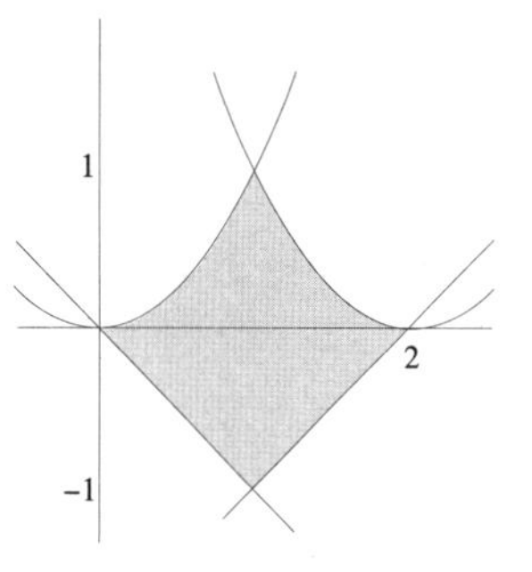

图 4.5.4
例 4.5.2 的积分区域.

我们再次把铅笔从左向右扫描, 相当于对 x 进行外层积分. 很明显, 外层积分的积分限是 $x=0$ 和 $x=2$, 于是得到

$$\int_0^2 (f\,\mathrm{d}y)\,\mathrm{d}x. \tag{4.5.8}$$

随着我们把铅笔从左向右扫描, 我们看到 y 的下限是由直线 $y=-x$ 给出的, 上限由 $y=x^2$ 给出的, 我们就试着写出 $\int_0^2\left(\int_{-x}^{x^2} f\,\mathrm{d}y\right)\mathrm{d}x$, 但在 $x=1$ 的时候, 我们遇到了问题. 这时候下限是由 $y=x-2$ 给出的, 上限则是由抛物线 $y=(x-2)^2$ 给出的. 那我们如何来表达这个呢? 在看脚注之前先自己尝试一下.[6]　△

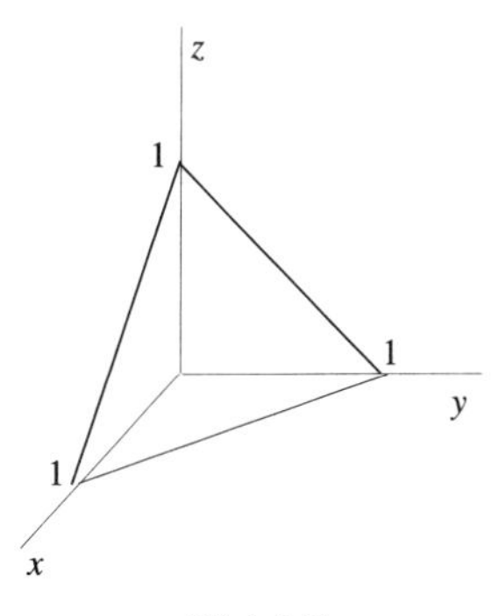

图 4.5.5
例 4.5.3 的三棱锥.

例 4.5.3 (在 $\mathbb{R}^3$ 上建立多重积分). 在 $\mathbb{R}^3$ 上这种可视化就已经变得很困难了. 假设我们要积分几个函数, 区域是一个三棱锥型的区域, 如图 4.5.5 所示, 区域由公式

[5] 当积分的积分域是图 4.5.3 里截断的三角形时, 积分写成

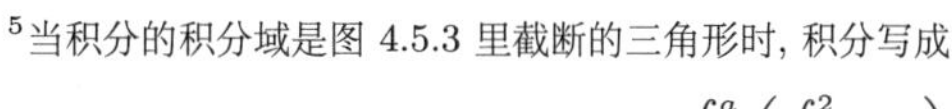

$$\int_0^a \left(\int_{2x}^2 f\,\mathrm{d}y\right)\mathrm{d}x.$$

另一个方向要难一些, 我们会在练习 4.5.2 里回到这个问题上.

[6] 我们需要把这个积分拆分成积分的和

$$\int_0^1 \left(\int_{-x}^{x^2} f\,\mathrm{d}y\right)\mathrm{d}x + \int_1^2 \left(\int_{x-2}^{(x-2)^2} f\,\mathrm{d}y\right)\mathrm{d}x.$$

练习 4.5.1 让你解释, 为什么我们可以忽略把直线 $x=1$ 计算了两次的事实.

$$P = \left\{ \begin{pmatrix} x \\ y \\ z \end{pmatrix} \in \mathbb{R}^3 \;\middle|\; 0 \leqslant x; 0 \leqslant y;\ 0 \leqslant z;\ x+y+z \leqslant 1 \right\} \tag{4.5.9}$$

给出. 我们要找到下述多重积分的上下限

$$\int_P f \begin{pmatrix} x \\ y \\ z \end{pmatrix} \mid \mathrm{d}x\,\mathrm{d}y\,\mathrm{d}z| = \int \left(\int \left(\int f\,\mathrm{d}x \right) \mathrm{d}y \right) \mathrm{d}z. \tag{4.5.10}$$

共有六种方式来应用富比尼定理, 在这里的情况下, 由于对称性的存在, 会得到同样的表达式, 只是变量的顺序不同而已. 我们首先变化 z. 例如, 我们可以抬起一张纸, 看看它在不同的高度上是如何与三棱锥相交的. 很清楚, 只有在高度介于 0 和 1 之间的时候, 纸才会与三棱锥相交. 这就给出了 $\int_0^1 (\ )\,\mathrm{d}z$, 其中积分里面的空格处需要填充进 f 在高度为 z 的那部分三棱锥的二重积分, 图示于图 4.5.6, 右边与之前一样, 配上了平面图.

注意到在建立一个多重积分的时候, 外层积分的上下限只是数. 之后 (从外向内) 下一个积分的积分限可能会与外层积分变量有关. 例如, 积分 4.5.7 中的上限 $y/2$, 和积分 4.5.11 中的上限 $1-z$. 下一个积分的积分限可能会与两个外层积分变量有关; 见公式 (4.5.12) 中的上限 $1-y-z$.

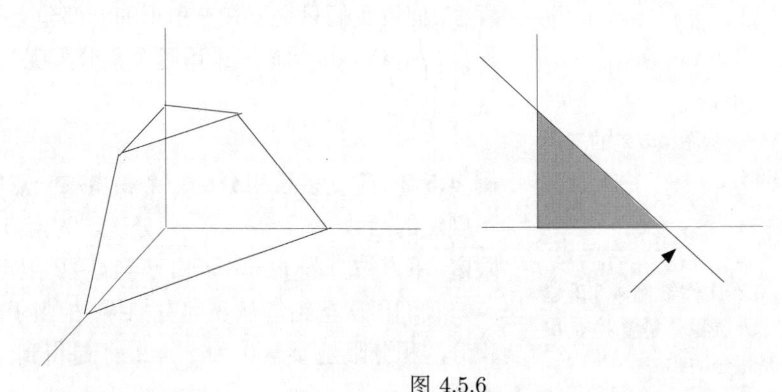

图 4.5.6

左: 图 4.5.5 中的三棱锥, 在高度 z 的位置截断. 右: 放平了的高度 z 处的平面.

这一次, 我们在一个三角形上积分 (它依赖于 z); 如图 4.5.6 的右图. 所以, 我们处在例 4.5.1 的情况下. 我们首先变化 y. 手持铅笔, 平行于 x 轴, 在三角形上滚动, 从下方到上方, 我们看到相关的 y 值在 0 和 $1-z$ 之间 (上限值是在直线 $y=1-z-x$ 在三角形内部的 y 的最大值). 我们可以写

$$\int_0^1 \left(\int_0^{1-z} \left(\qquad\qquad\qquad \right) \mathrm{d}y \right) \mathrm{d}z, \tag{4.5.11}$$

这里, 空格代表了沿着高度为 z, 深度为 y 的水平线段的积分. 这些 x 值介于 0 和 $1-z-y$ 之间, 最终我们把积分写成

$$\int_0^1 \left(\int_0^{1-z} \left(\int_0^{1-y-z} f \begin{pmatrix} x \\ y \\ z \end{pmatrix} \mathrm{d}x \right) \mathrm{d}y \right) \mathrm{d}z. \qquad \triangle \tag{4.5.12}$$

公式 (4.5.12): 当我们对 x 积分的时候, 为什么上限的值是 $1-y-z$, 而对 y 积分的时候的上限是 $1-z$ 不是 $1-z-x$? 因为最先计算的内层积分是关于 x 的, 我们必须考虑所有的 y 和 z 的值. 但我们对 y 积分的时候, 我们已经完成了对 x 的积分. 显然, 满足使 $y=1-z-x$ 最大的 x 的值是 $x=0$, 给出上限 $y=1-z$.

例 4.5.4 (一个不太容易可视化的例子). 在前面的例子里, 我们可以从图像推导出积分区域的上下限. 这里是另一种情况, 通过图像无法给出结果. 我们来

建立起一个在椭圆形区域 E 上的多重积分, 定义为

$$E=\left\{\begin{pmatrix}x\\y\end{pmatrix}\ \Big|\ x^2+xy+y^2\leqslant 1\right\}. \tag{4.5.13}$$

E 的边界定义为 $y^2+xy+x^2-1=0$, 所以, 在边界上,

$$y=\frac{-x\pm\sqrt{x^2-4(x^2-1)}}{2}=\frac{-x\pm\sqrt{4-3x^2}}{2}. \tag{4.5.14}$$

这些值只有在 $4-3x^2\geqslant 0$ 时存在, 也就是 $|x|\leqslant 2\sqrt{3}/3$. 所以要建立起函数 f 在 E 上的积分, 我们写

$$\int_{-2\sqrt{3}/3}^{2\sqrt{3}/3}\left(\int_{\frac{-x-\sqrt{4-3x^2}}{2}}^{\frac{-x+\sqrt{4-3x^2}}{2}} f\begin{pmatrix}x\\y\end{pmatrix}\mathrm{d}y\right)\mathrm{d}x. \qquad \triangle \tag{4.5.15}$$

这里, x 和 y 起着对称的作用, 所以若要首先对 x 积分, 我们只需要把每个 y 换成 x, 每个 x 换成 y.

现在, 我们来实际计算几个多重积分.

例 4.5.5 (计算多重积分). 令 $f:\mathbb{R}^2\to\mathbb{R}$ 为一个函数 $f\begin{pmatrix}x\\y\end{pmatrix}=xy\mathbf{1}_S\begin{pmatrix}x\\y\end{pmatrix}$, 其中 S 为单位正方形, 如图 4.5.7 所示. 则

$$\begin{aligned}\int_{\mathbb{R}^2} f\begin{pmatrix}x\\y\end{pmatrix}|\mathrm{d}x\,\mathrm{d}y| &= \int_0^1\left(\int_0^1 xy\,\mathrm{d}x\right)\mathrm{d}y,\\ &= \int_0^1\left[\frac{x^2y}{2}\right]_{x=0}^{x=1}\mathrm{d}y=\int_0^1\frac{y}{2}\,\mathrm{d}y=\frac{1}{4}. \end{aligned}\tag{4.5.16}$$

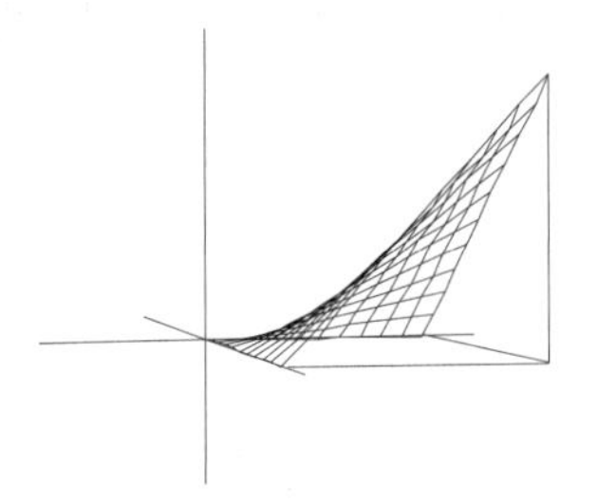

图 4.5.7

等式 (4.5.16) 的积分为 1/4: 曲面 $f\begin{pmatrix}x\\y\end{pmatrix}$ 下, 单位正方形上的体积为 1/4.

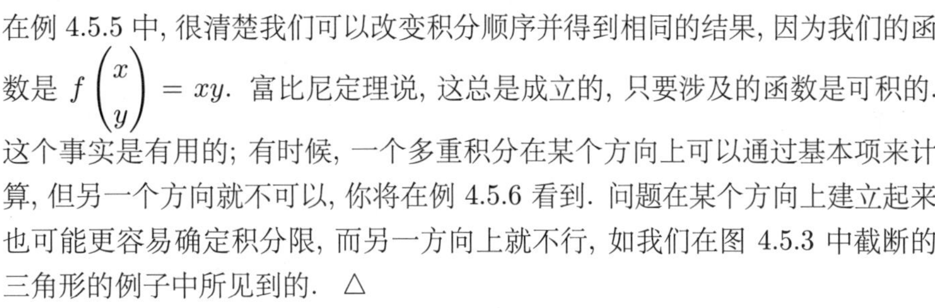

在例 4.5.5 中, 很清楚我们可以改变积分顺序并得到相同的结果, 因为我们的函数是 $f\begin{pmatrix}x\\y\end{pmatrix}=xy$. 富比尼定理说, 这总是成立的, 只要涉及的函数是可积的. 这个事实是有用的; 有时候, 一个多重积分在某个方向上可以通过基本项来计算, 但另一个方向就不可以, 你将在例 4.5.6 看到. 问题在某个方向上建立起来也可能更容易确定积分限, 而另一方向上就不行, 如我们在图 4.5.3 中截断的三角形的例子中所见到的. $\triangle$

例 4.5.6 (选择容易的方向). 我们来对函数 e^{-y^2} 进行积分, 积分区域为图 4.5.8 所示的三角形

$$T=\left\{\begin{pmatrix}x\\y\end{pmatrix}\in\mathbb{R}^2\ \Big|\ 0\leqslant x\leqslant y\leqslant 1\right\}. \tag{4.5.17}$$

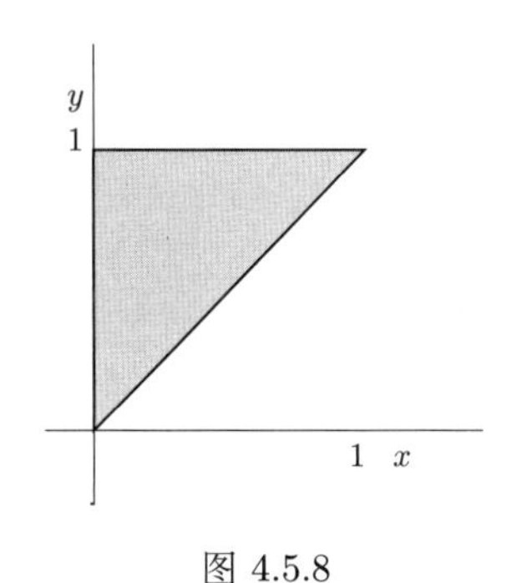

图 4.5.8

例 4.5.6 的三角形为 $\left\{\begin{pmatrix}x\\y\end{pmatrix}\in\mathbb{R}^2\ \Big|\ 0\leqslant x\leqslant y\leqslant 1\right\}$.

富比尼定理给了我们两个方法来把这个积分写成一个一维的迭代积分:

$$\int_0^1\left(\int_x^1\mathrm{e}^{-y^2}\,\mathrm{d}y\right)\mathrm{d}x \text{ 和 } \int_0^1\left(\int_0^y\mathrm{e}^{-y^2}\,\mathrm{d}x\right)\mathrm{d}y. \tag{4.5.18}$$

第一个不能用基本项来计算, 因为 e^{-y^2} 没有基本的反导函数. 但是第二个可以计算

$$\int_0^1\left(\int_0^y\mathrm{e}^{-y^2}\,\mathrm{d}x\right)\mathrm{d}y=\int_0^1 y\mathrm{e}^{-y^2}\,\mathrm{d}y=-\frac{1}{2}\left[\mathrm{e}^{-y^2}\right]_0^1=\frac{1}{2}\left(1-\frac{1}{\mathrm{e}}\right). \qquad \triangle \tag{4.5.19}$$

旧的教材包含了很多这样的计算上的奇迹. 我们认为, 对数值理论产生浓厚的兴趣, 而稍微用一下计算技巧会更有说服力, 但这些技巧在任何情况下都不具有普遍性.

例 4.5.7: 球 $B_1^n(\mathbf{0})$ 是 $\mathbb{R}^n$ 上的球心在原点, 半径为 1 的球; 球 $B^{n-1}_{\sqrt{1-x_n^2}}(\mathbf{0})$ 是 $\mathbb{R}^{n-1}$ 上半径为 $\sqrt{1-x_n^2}$ 的球, 原因仍旧在原点.

在等式 (4.5.20) 的第一行, 我们想象把 n 维的球水平切片, 并计算每一个切片的 $(n-1)$ 维的体积.

例 4.5.7 ($\mathbb{R}^n$ 上球的体积). 令 $B_R^n(\mathbf{0})$ 为 $\mathbb{R}^n$ 中半径为 R, 中心在 $\mathbf{0}$ 的球, 令 $b_n(R)$ 为其体积. 根据命题 4.1.24, $b_n(R) = R^n b_n(1)$. 我们将用 $\beta_n = b_n(1)$ 表示单位球的体积. 根据富比尼定理,

$$\begin{aligned}\underbrace{\beta_n}_{\mathbb{R}^n\text{上的单位球的体积}} &= \int_{B_1^n(\mathbf{0})} |\mathrm{d}^n\mathbf{x}| = \int_{-1}^{1} \overbrace{\left(\int_{B^{n-1}_{\sqrt{1-x_n^2}}(\mathbf{0})} |\mathrm{d}^{n-1}\mathbf{x}|\right)}^{B_1^n(\mathbf{0})\text{的一片的}(n-1)\text{维体积}} \mathrm{d}x_n \\ &= \int_{-1}^{1} \underbrace{b_{n-1}\left(\sqrt{1-x_n^2}\right)}_{\mathbb{R}^{n-1}\text{上的半径为}r=\sqrt{1-x_n^2}\text{的球的体积}} \mathrm{d}x_n \\ &= \int_{-1}^{1} \underbrace{(1-x_n^2)^{\frac{n-1}{2}}}_{r^{n-1}} \underbrace{\beta_{n-1}}_{\mathbb{R}^{n-1}\text{上的半径为 1 的球的体积}} \mathrm{d}x_n \\ &= \underbrace{\beta_{n-1}}_{\mathbb{R}^{n-1}\text{上的单位球的体积}} \int_{-1}^{1} (1-x_n^2)^{\frac{n-1}{2}}\,\mathrm{d}x_n. \end{aligned} \tag{4.5.20}$$

这把 β_n 的计算简化为计算积分

$$c_n = \int_{-1}^{1} (1-t^2)^{\frac{n-1}{2}}\,\mathrm{d}t. \tag{4.5.21}$$

这是一元微积分中的一个标准的棘手的问题: 练习 4.5.4 让你证明 $c_0 = \pi$, $c_1 = 2$, 且对于 $n \geqslant 2$,

$$c_n = \frac{n-1}{n} c_{n-2}. \tag{4.5.22}$$

这允许我们建立表 4.5.9. 很容易继续这张表格.(β_6 是什么? 见下面脚注.[7]). △

表 4.5.9. 计算从 $\mathbb{R}^1$ 到 $\mathbb{R}^5$ 中的单位球的体积

n	$c_n = \frac{n-1}{n} c_{n-2}$	球 $\beta_n = c_n\beta_{n-1}$ 的体积
0	π	
1	2	2
2	$\frac{\pi}{2}$	π
3	$\frac{4}{3}$	$\frac{4\pi}{3}$
4	$\frac{3\pi}{8}$	$\frac{\pi^2}{2}$
5	$\frac{16}{15}$	$\frac{8\pi^2}{15}$

如果你喜欢归纳法的证明, 你可以尝试练习 4.5.5, 它让你对每个 i, 找到一个 β_i 的公式. 练习 4.5.6 让你证明, 随着 n 增加, n 维单位球的体积占包含它的最小的 n 为立方体中越来越小的比例.

[7] $c_6 = \frac{5}{6}c_4 = \frac{15\pi}{48}$, 所以 $\beta_6 = c_6\beta_5 = \frac{\pi^3}{6}$.

用积分计算概率

我们看到在 4.2 节里, 积分在计算概率上是有用的.

练习 4.5.10 让你证明: 如果在单位正方形内选取两个点 $\mathbf{x}, \mathbf{y}$, 正方形的任何部分都没有特别, 则 $E(|\mathbf{x}-\mathbf{y}|^2) = 1/3$.

例 4.5.8 (用富比尼定理计算概率). 回想一下 (等式 (4.2.12)) 一个随机变量 f 的期望值是由 $E(f) = \int_S f(s)\mu(s)|\mathrm{d}s|$ 给出的, 其中函数 μ 根据每一种结果的发生的可能性, 为其赋予权重, S 是样本空间. 如果我们在 $[0,1]$ 选择两个点 x 和 y, 但不给那个区间的任何部分赋予任何优先级, 那么函数 $f\begin{pmatrix}x\\y\end{pmatrix} = (x-y)^2$ 的期望值是多少呢?

注意, $|x-y|$ 的期望值比 $(x-y)^2$ 的计算要复杂得多. 如果被要求计算 x 和 y 之间的平均距离, 一个概率学家最有可能计算 $E\Big((x-y)^2\Big)$ 并且计算平方根, 得到 $1/\sqrt{6}$, 它并不是实际的平均距离 1/3. 计算 $E\Big((x-y)^2\Big)$ 并且取平方根类比于计算标准差; 计算 $E(|x-y|)$ 类比于计算平均的绝对偏差.

"不给区间的任何部分赋予优先级的意思是 $\mu = 1$". 这样

$$\begin{aligned} E\big((x-y)^2\big) &= \int_0^1\int_0^1 (x-y)^2\,\mathrm{d}x\,\mathrm{d}y = \int_0^1\left(\int_0^1 (x^2-2xy+y^2)\,\mathrm{d}x\right)\mathrm{d}y \\ &= \int_0^1\left[\frac{x^3}{3} - x^2y + y^2x\right]_0^1 = \int_0^1\left(\frac{1}{3} - y + y^2\right)\mathrm{d}y \\ &= \left[\frac{y}{3} - \frac{y^2}{2} + \frac{y^3}{3}\right]_0^1 = \frac{1}{6}. \end{aligned} \tag{4.5.23}$$

如果 x, y 在同一个区间里, 那么函数 $f\begin{pmatrix}x\\y\end{pmatrix} = |x-y|$ 的期望值是多少呢? 现在我们需要包括 $x-y$ 的正值和 $y-x$ 的正值. 要做到这一点, 我们先假设 $x>y$(从而对 y 的积分是从 0 到 x), 然后把积分的结果加倍来把 $y>x$ 的情况也包括在结果里.

$$\begin{aligned} E(|x-y|) &= 2\int_0^1\left(\int_0^x (x-y)\,\mathrm{d}y\right)\mathrm{d}x = 2\int_0^1\left[xy - \frac{y^2}{2}\right]_0^x\mathrm{d}x \\ &= 2\int_0^1\left(x^2 - \frac{x^2}{2}\right)\mathrm{d}x = 2\left[\frac{x^3}{3} - \frac{x^3}{6}\right]_0^1 = \frac{1}{3}. \quad \triangle \end{aligned} \tag{4.5.24}$$

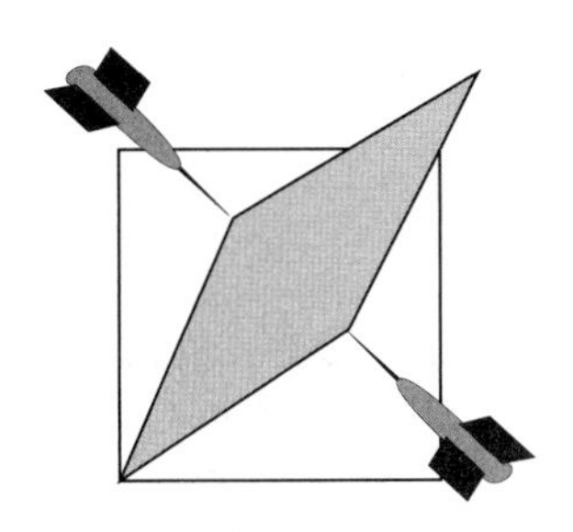

图 4.5.10

选择一个随机的平行四边形: 一个飞镖落在 $\begin{pmatrix}x_1\\y_1\end{pmatrix}$, 另一个在 $\begin{pmatrix}x_2\\y_2\end{pmatrix}$. 说我们在正方形内随机选取点的意思是每个飞镖的概率密度是正方形的指标函数.

例 4.5.9 (计算概率, 一个难一点的例子). 在 0 到 1 之间随机地选取两对正数, 用这些正数作为两个以圆点为起点的向量的坐标 (x_1,y_1), (x_2,y_2), 如图 4.5.10 所示. (你可能想象到向一个单位正方形投掷飞镖) 那么由这两个向量构成的平行四边形的面积的期望值是多少呢? 换句话说 (回顾一下命题 1.4.14), $|\det|$ 的数值的期望值是多少? 这个平均值为

$$\int_C \underbrace{|x_1y_2 - x_2y_1|}_{\det}\,|\mathrm{d}^2\mathbf{x}||\mathrm{d}^2\mathbf{y}|, \tag{4.5.25}$$

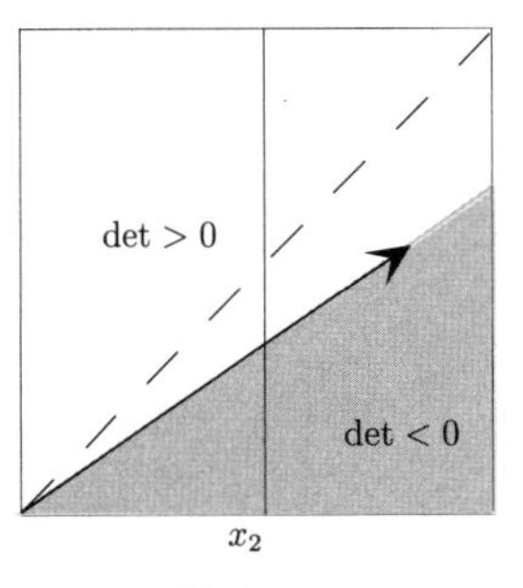

图 4.5.11

箭头是第一支飞镖. 如果第二支飞镖落在阴影区域, 则行列式将是负的, 因为第二个向量在第一个向量的顺时针方向.

其中 C 是 $\mathbb{R}^4$ 上的单位立方体. (每个可能的平行四边形对应于单位正方形里的两个点.) 如果我们只考虑 $x_1 > y_1$ 的情况, 也就是我们假设第一支飞镖落在正方形对角线的下方, 那么我们的计算会被简化. 由于对角线把正方形对称地分成两半, 第一支飞镖落在对角线下方的情况与落在对角线上方的情况对结果的贡献是相同的. 这样, 我们要把下面的四重积分计算*两次*.

$$\int_0^1\int_0^{x_1}\int_0^1\int_0^1 |x_1y_2 - x_2y_1|\,\mathrm{d}y_2\,\mathrm{d}x_2\,\mathrm{d}y_1\,\mathrm{d}x_1. \tag{4.5.26}$$

(注意, 积分 $\int_0^{x_1}$ 和 y_1 是一起的: 最内层的积分与最里面的积分变量配对, 以此类推. 第二个积分 $\int_0^{x_1}$ 的积分限为 0, x_1, 因为 $0 \leqslant y_1 \leqslant x_1$.)

要去掉绝对值符号, 我们考虑分类讨论, 一类是 $\det = x_1y_2 - x_2y_1$ 为负的, 一类是 $\det = x_1y_2 - x_2y_1$ 为正的. 注意到, 在直线 $y_2 = \frac{y_1}{x_1}x_2$ 的一侧 (图 4.5.11 的阴影一侧), 行列式为负的, 在另一侧则为正的.

由于我们已经假设了第一支飞镖落在对角线的下方, 我们在对 y_2 积分的时候, 有两个选择: 如果 y_2 在阴影部分, 则行列式为负的, 否则, 行列式为正的. 所以我们把最内层的积分分解成两个部分:

$$\int_0^1 \int_0^{x_1} \int_0^1 \left(\overbrace{\int_0^{(y_1x_2)/x_1} (x_2y_1 - x_1y_2)\,\mathrm{d}y_2}^{x_1y_2 - x_2y_1 < 0,\ \text{也就是}\ \det < 0} + \overbrace{\int_{(y_1x_2)/x_1}^1 (x_1y_2 - x_2y_1)\,\mathrm{d}y_2}^{\det > 0} \right) \mathrm{d}x_2\,\mathrm{d}y_1\,\mathrm{d}x_1. \tag{4.5.27}$$

现在, 我们要仔细的计算四个普通的积分, 分清哪些是常数, 哪些是变量. 首先, 我们对 y_2 计算内层积分. 第一项给出

$$\left[x_2y_1y_2 - x_1\frac{y_2^2}{2}\right]_0^{y_1x_2/x_1} = \overbrace{\frac{x_2^2y_1^2}{x_1} - \frac{1}{2}x_1\frac{y_1^2x_2^2}{x_1^2}}^{y_2 = y_1x_2/x_1\ \text{时的值}} - \overbrace{0}^{y_2 = 0\ \text{时的值}} = \frac{1}{2}\frac{y_1^2x_2^2}{x_1}, \tag{4.5.28}$$

第二项给出

$$\begin{aligned}\left[\frac{x_1y_2^2}{2} - x_2y_1y_2\right]_{y_1x_2/x_1}^1 &= \overbrace{\left(\frac{x_1}{2} - x_2y_1\right)}^{y_2=1\text{时的值}} - \overbrace{\left(\frac{x_1y_1^2x_2^2}{2x_1^2} - \frac{x_2y_1^2x_2}{x_1}\right)}^{y_2 = y_1x_2/x_1\text{时的值}}. \\ &= \frac{x_1}{2} - x_2y_1 + \frac{x_2^2y_1^2}{2x_1}\end{aligned} \tag{4.5.29}$$

继续计算 4.5.28 的积分, 我们得到

$$\begin{aligned}&\int_0^1 \int_0^{x_1} \int_0^1 \left(\int_0^{\frac{y_1x_2}{x_1}} (x_2y_1 - x_1y_2)\,\mathrm{d}y_2 + \int_{\frac{y_1x_2}{x_1}}^1 (x_1y_2 - x_2y_1)\,\mathrm{d}y_2 \right) \mathrm{d}x_2\,\mathrm{d}y_1\,\mathrm{d}x_1 \\ &= \int_0^1 \int_0^{x_1} \underbrace{\int_0^1 \left(\frac{x_1}{2} - x_2y_1 + \frac{x_2^2y_1^2}{x_1}\right) \mathrm{d}x_2}_{\left[\frac{x_1x_2}{2} - \frac{x_2^2y_1}{2} + \frac{x_2^3y_1^2}{3x_1}\right]_{x_2=0}^{x_2=1}}\,\mathrm{d}y_1\,\mathrm{d}x_1 \\ &= \int_0^1 \underbrace{\int_0^{x_1} \left(\frac{x_1}{2} - \frac{y_1}{2} + \frac{y_1^2}{3x_1}\right) \mathrm{d}y_1}_{\left[\frac{x_1y_1}{2} - \frac{y_1^2}{4} + \frac{y_1^3}{9x_1}\right]_{y_1=0}^{y_1=x_1}}\,\mathrm{d}x_1 = \int_0^1 \left(\frac{x_1^2}{2} - \frac{x_1^2}{4} + \frac{x_1^2}{9}\right) \mathrm{d}x_1 \\ &= \frac{13}{36}\int_0^1 x_1^2\,\mathrm{d}x_1 = \frac{13}{36}\left[\frac{x_1^3}{3}\right]_0^1 = \frac{13}{108}.\end{aligned} \tag{4.5.30}$$

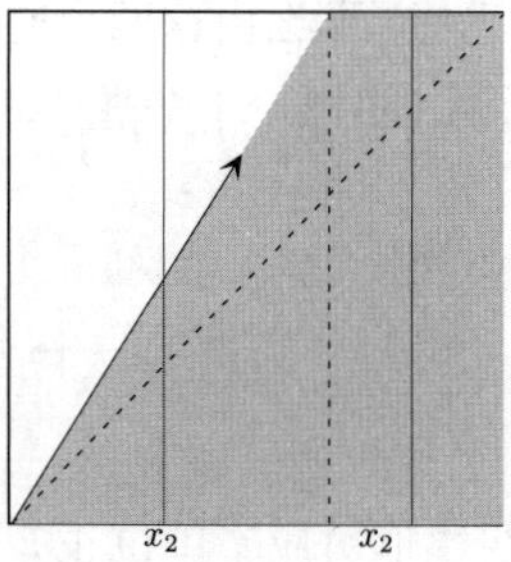

所以面积的期望值为 13/108 的两倍, 也就是 13/54, 比 1/4 稍微小一点. (如果我们没有限制第一支飞镖在对角线下方的话, 我们就有图 4.5.12 的情况,

图 4.5.12

第一镖落在对角线上方的情况. 如果第二镖落在阴影部分, 我们有 $\det < 0$. 对于在竖直的点线右边的 x_2, y_2 从 0 变到 1. 对于这条线左边的 x_2, 我们必须分开考虑 y_2 的值从 0 到 $\frac{y_1x_2}{x_1}$(阴影区域, 有负的 det) 和 y_2 的值从 $\frac{y_1x_2}{x_1}$ 到 1(没有阴影的区域, 有正的 det).

我们的积分会变得更加复杂.[8])

那么, 如果我们随机地在单位立方体内选择三个向量呢? 我们将需要在 9 维的立方体上进行积分. 利用黎曼和计算这个积分是很恐怖的. 我们把那个点的 9 个坐标写成一个 3×3 的矩阵, 并计算这个矩阵的行列式. 这样的话, 需要计算 10^9 个行列式, 每一个需要 18 次乘法和五次加法计算.

再继续提高一个维度, 则计算就已经超出我们的能力范畴了. 但物理学家们经常计算上千个维度的积分. 这个最经常用到的技术叫作**蒙特卡洛积分**(Monte Carlo integration). 我们会在 4.6 节里进行讨论.

我们现在给出富比尼定理的精确陈述. 更强的版本在附录 A.17 里证明. 注意, 等式 (4.5.32) 的左侧是关于 $\mathbf{x}$ 和 $\mathbf{y}$ 对称的, 所以右侧的积分可以用 $|\,\mathrm{d}^n\mathbf{x}|$ 来写为内层的被积函数. △

你应该学会如何用富比尼定理处理简单的例子, 你也应该学会在一些复杂的情况下有效的一些标准的技巧; 这些在考试的时候很方便, 尤其是物理和工程的课程.

在现实生活中, 你可能遇到令人讨厌的问题, 就算是职业数学家动手解决起来也可能有麻烦; 通常, 你将需要使用计算机来帮你计算积分. 我们在 4.6 节讨论计算积分的数值方法.

定理 4.5.10 (富比尼定理). 令 $f\colon \mathbb{R}^n\times\mathbb{R}^m\to\mathbb{R}$ 为一个可积函数, 假设对于每个 $\mathbf{x}\in\mathbb{R}^n$, 函数 $\mathbf{y}\to f(\mathbf{x},\mathbf{y})$ 是可积的. 则函数

$$\mathbf{x}\mapsto\int_{\mathbb{R}^m} f(\mathbf{x},\mathbf{y})|\,\mathrm{d}^m\mathbf{y}| \tag{4.5.31}$$

是可积的, 且

$$\int_{\mathbb{R}^{n+m}} f(\mathbf{x},\mathbf{y})|\,\mathrm{d}^n\mathbf{x}||\,\mathrm{d}^m\mathbf{y}| = \int_{\mathbb{R}^n}\left(\int_{\mathbb{R}^m} f(\mathbf{x},\mathbf{y})|\,\mathrm{d}^m\mathbf{y}|\right)|\,\mathrm{d}^n\mathbf{x}|. \tag{4.5.32}$$

4.5 节的练习

4.5.1 在例 4.5.2 中, 为什么你可以忽视直线 $x=1$ 被计数两次的事实?

4.5.2 对图 4.5.3 中的截断了的三角形建立多重积分 $\displaystyle\int\Big(\int f\,\mathrm{d}x\Big)\,\mathrm{d}y$.

4.5.3 a. 对例 4.5.2 建立多重积分, 但是外层积分是对 y 的积分. 请注意你用的是哪个平方根?

b. 如果在 a 中, 你把 $\sqrt{y}$ 换成了 $-\sqrt{y}$, 把 $-\sqrt{y}$ 换成了 $\sqrt{y}$, 那么相应的积分区域是什么?

4.5.4 a. 根据例 4.5.7(等式 (4.5.22)) 的上下文, 证明: 如果

$$c_n=\int_{-1}^{1}(1-t^2)^{(n-1)/2}\,\mathrm{d}t,\ 则\ c_n=\frac{n-1}{n}c_{n-2},\ n\geqslant 2.$$

b. 证明: $c_0=\pi$, $c_1=2$.

---

[8]练习 4.5.9 让你用那个方法计算积分. 积分是正方形在对角线下面的一半上的积分 (公式 (4.5.27) 给出) 与在对角线上面的一半上的积分的和. 后者是

$$\int_0^1\int_{x_1}^1\int_0^{\frac{x_1}{y_1}}\overbrace{\left(\int_0^{\frac{y_1y_2}{x_1}}\underbrace{(x_2y_1-x_1y_2)}_{-\det}\mathrm{d}y_2+\int_{\frac{y_1y_2}{x_1}}^1\underbrace{(x_1y_2-x_2y_1)}_{+\det}\mathrm{d}y_2\right)}^{\text{在}x\text{坐标为}x_1\text{的竖直的直线左边的}x_2}\mathrm{d}x_2\,\mathrm{d}y_1\,\mathrm{d}x_1$$

$$+\int_0^1\int_{x_1}^1\int_{\frac{x_1}{y_1}}^1\underbrace{\left(\int_0^1(x_2y_1-x_1y_2)\,\mathrm{d}y_2\right)}_{\text{在}x\text{坐标为}x_1\text{的竖直的直线右边的}x_2;-\det}\mathrm{d}x_2\,\mathrm{d}y_1\,\mathrm{d}x_1.$$

4.5.5 对例 4.5.7, 证明:

a. $\beta_{2k}=\dfrac{\pi^k}{k!}$;　　b. $\beta_{2k+1}=\dfrac{\pi^k k! 2^{2k+1}}{(2k+1)!}$.

4.5.6 a. 证明: 随着 n 增加, n 维单位球的体积占包含它的最小的 n 维立方体的比例越来越小.

b. 计算第一个使体积的比例小于 10^{-2} 的 n?

c. 计算第一个使体积的比例小于 10^{-6} 的 n?

d. n 等于几的时候, n 维单位球的体积最大? 解释你的解答.

4.5.7 把 xyz 在区域 $x,y,z\geqslant 0, x+2y+3z\leqslant 1$ 上的三重积分用六种不同的方式写为迭代积分. 不用计算出结果.

4.5.8 给计算圆柱 $x^2+y^2\leqslant 1$ 在平面

$$z=0, z=2, y=\frac{1}{2}, y=-\frac{1}{2}$$

之间的薄片的体积建立迭代积分.

4.5.9 在例 4.5.9 中, 不假设第一支飞镖落在对角线的下边 (见公式 (4.5.27) 后的脚注), 计算积分.

4.5.10 在单位正方形 (边长为 1, 左下角在原点的正方形) 内选取两个点 $\mathbf{x}$ 和 $\mathbf{y}$, 所有点都机会均等. 证明 $E(|\mathbf{x}-\mathbf{y}|^2)=1/3$($E$ 是期望值; 见练习 4.5.8).

4.5.11 a. 利用富比尼定理把积分 $\displaystyle\int_0^\pi\left(\int_y^\pi \frac{\sin x}{x}\,\mathrm{d}x\right)\mathrm{d}y$ 表示成在 $\mathbb{R}^2$ 的一个区域的积分.

b. 把积分用另一个顺序写成一个迭代积分.

c. 计算这个积分.

4.5.12 a. 把积分 $\displaystyle\int_0^\pi\left(\int_{x^2}^{a^2}\sqrt{y}\mathrm{e}^{-y^2}\,\mathrm{d}y\right)\mathrm{d}x$ 表示成 $\sqrt{y}\mathrm{e}^{-y^2}$ 在一个平面的区域内的积分. 简单画出这个区域.

b. 使用富比尼定理把这个积分变成一个相反顺序的迭代积分.

c. 计算这个积分.

4.5.13 a. 证明: 如果 $U\subset\mathbb{R}^2$ 为开的, $f\colon U\to\mathbb{R}^2$ 为一个函数满足 $D_2(D_1(f))$ 和 $D_1(D_2(f))$ 存在且连续, 并且

$$D_1(D_2(f))\begin{pmatrix}a\\b\end{pmatrix}\neq D_2(D_1(f))\begin{pmatrix}a\\b\end{pmatrix}$$

对某些 $\begin{pmatrix}a\\b\end{pmatrix}$ 成立, 则存在一个正方形 $S\subset U$ 使得在 S 上 $D_2(D_1(f))>D_1(D_2(f))$ 或者 $D_1(D_2(f))>D_2(D_1(f))$.

b. 通过把富比尼定理用在积分

$$\int_S\Big(D_2\big(D_1(f)\big)-D_1\big(D_2(f)\big)\Big)|\mathrm{d}x\,\mathrm{d}y|$$

关于交叉偏导的等式的定理 3.3.8 只需要 f 的所有的偏导 $D_i f$ 可微; 附录 A.9 中的证明令人惊讶的难. 练习 4.5.13 在函数二阶导连续这个更强的条件下, 给出了更容易的证明. 它用到了富比尼定理.

上, 推导出一个矛盾.

c. 我们在例 3.3.9 中看到 $D_1(D_2 f) \neq D_2(D_1 f)$ 的函数的标准的例子

$$f\begin{pmatrix}x\\y\end{pmatrix}=\begin{cases}xy\cdot\dfrac{x^2-y^2}{x^2+y^2} & \text{如果} \begin{pmatrix}x\\y\end{pmatrix}\neq\begin{pmatrix}0\\0\end{pmatrix}\\ 0 & \text{其他}\end{cases}$$

证明过程出现了什么问题?

4.5.14 a. 把在区域

$$0 \leqslant x \leqslant \cos y,\ 0 \leqslant y \leqslant \pi/6$$

上的积分用两种方法建立为迭代积分.

b. 把 $\displaystyle\int_1^2\int_{y^3}^{3y^3}\frac{1}{x}\,\mathrm{d}x\,\mathrm{d}y$ 写为一个积分, 第一个积分要对 y 进行, 然后才对 x 进行,

4.5.15 计算区域

$$z \geqslant x^2+y^2,\ z \leqslant 10-x^2-y^2$$

的体积.

4.5.16 在由 $0 \leqslant x \leqslant 1$ 和 $0 \leqslant y \leqslant 1$ 定义的单位正方形上计算函数 $|y-x^2|$ 的积分.

4.5.17 从练习 4.3.4 回忆到 $P_{a,b}^n \subset Q_{a,b}^n$ 的定义; 利用那个练习的结果计算下列积分.

练习 4.5.17 是借用于 Tiberiu Trif 的书 "*Multiple Integrals of Symmetric Functions*", American Mathematical Monthly, Vol. 104 No. 7, (1997). pp 605-608.

a. 令 $M_r(\mathbf{x})$ 为 $\mathbf{x}$ 的坐标 $x_1,\cdots,x_n$ 中的第 r 小的数. 证明

$$\int_{Q_{0,1}^n} M_r(\mathbf{x})|\,\mathrm{d}^n\mathbf{x}|=\frac{r}{n+1}$$

b. 令 $n \geqslant 2$, $0<b<1$. 证明

$$\int_{Q_{0,1}^n}\min\left(1,\frac{b}{x_1},\cdots,\frac{b}{x_n}\right)|\,\mathrm{d}^n\mathbf{x}|=\frac{nb-b^n}{n-1}$$

4.5.18 把迭代积分 $\displaystyle\int_0^1\left(\int_y^{y^{1/3}}\mathrm{e}^{-x^2}\,\mathrm{d}x\right)$ 转换成在平面上的一个子集的积分. 简要画出子集的图形.

4.5.19 由

$$\frac{x^2}{(z^3-1)^2}+\frac{y^2}{(z^3+1)^2} \leqslant 1,\ -1 \leqslant z \leqslant 1$$

给出的左图的图形中的区域的体积是多少?

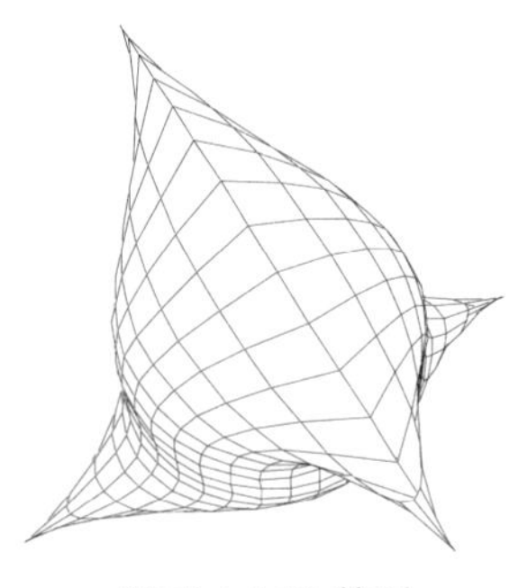

练习 4.5.19 的图

练习 4.5.19 描述的区域看上去像一个特殊的枕头.

4.6 积分的数值方法

通常, 富比尼定理不能得到可以用封闭形式计算的表达式, 积分必须通过数值计算得到. 在一维上, 有大量关于这个的文献. 在高维度上, 文献也有很多, 但是这个领域还不是那么被人们所熟知.

一维积分

在第一年的微积分课程里, 你可能会听到过计算普通的积分的梯形法则或者辛普森法则, 梯形法则并没有太多实用的价值, 但辛普森法则大概就已经对你所需要的任何积分足够好了, 除非你成为了工程师或者物理学家. 在这个法则里, 函数在规则的区间上进行取样, 并被赋予不同的权重.

在辛普森法则中, 为什么我们要乘上 $(b-a)/(6n)$? 把积分想成 n 个矩形的面积之和. 每个矩形的宽度为 $(b-a)/n$; 高度应该是函数在区间内的值的某种平均值, 但我们已经给每个子区间赋予了权重 $1+4+1=6$. 除以 $6n$ 而不是 n 对这个权重做了调整.

定义 4.6.1 (辛普森法则). 令 f 是一个 $[a,b]$ 区间上的函数, 选择整数 n, 在 $2n+1$ 个等间隔分布的点 $x_0, x_1, \cdots, x_{2n}$ 上对 f 进行取样, 其中 $x_0=a, x_{2n}=b$, 辛普森对积分

$$\int_a^b f(x)\,\mathrm{d}x$$

的 n 步的近似为

$$S^n_{[a,b]}(f) \overset{\text{def}}{=} \frac{b-a}{6n}\Big(f(x_0)+4f(x_1)+2f(x_2)+4f(x_3)+\cdots + 4f(x_{2n-1})+f(x_{2n})\Big).$$

例如, 当 $n=3, a=-1, b=1$ 时, 我们把区间 $[-1,1]$ 分成 6 个等大的部分, 并计算

$$\frac{1}{9}\left(f(-1)+4f\left(-\frac{2}{3}\right)+2f\left(-\frac{1}{3}\right)+4f(0)+2f\left(\frac{1}{3}\right)+4f\left(\frac{2}{3}\right)+f(1)\right). \tag{4.6.1}$$

为什么权重从 1 开始, 到 1 结束, 而中间部分在 4 和 2 之间交替呢? 如图 4.6.2 所示, 权重的数值的规律并不是 $1,4,2,\cdots,4,1$, 而是 1,4,1, 1,4,1, $\cdots$, 1,4,1: 每个不在起点 a 或者不在终点 b 的 1 被计算了两次, 所以变成了 2. 区间的中点被赋予了权重 4, 这样可以保证对于 3 次函数, 公式是准确的 (如表 4.6.3).

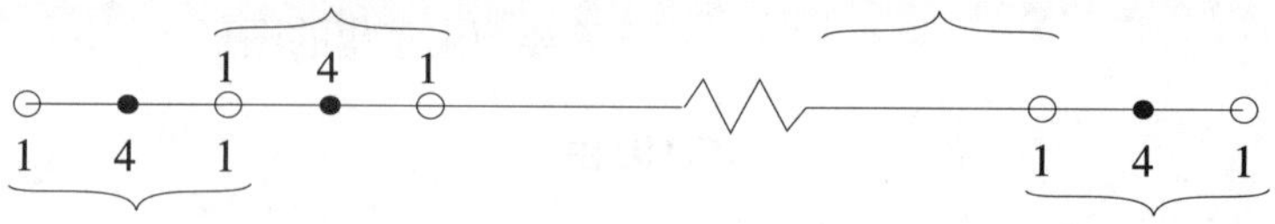

图 4.6.1
辛普森 (Thomas Simpson, 1710 — 1761)

他做过纺织工人, 后来是伦敦咖啡屋的巡回数学教师. 另一位数学家 Charles Hutton 写道: "据说辛普森 (图 4.6.1) 先生经常与一群狐朋狗友来往, 和他们一起狂饮波特酒和杜松子酒: 但是必须指出, 由于他的家庭的失当行为, 他不能与绅士们交往, 也无法获得更好的酒."

1 4 1
1 4 1
1 4 1

图 4.6.2

辛普森法则将 $[a,b]$ 分成了 n 片 (第一个从 $a=x_0$ 到 x_2, 下一个从 x_2 到 x_4, 等等); f 在每一片的起点、中点和末端计算数值, 起点和末端的权重为 1, 中点的权重为 4. 一个区间的末端是下一个区间的起点, 所以它被算两次, 结果乘上 $(b-a)/(6n)$.

我们实际上把区间分成了 n 个子区间, 并在每个子区间上进行积分:

$$\int_a^b f(x)\,\mathrm{d}x = \int_a^{x_2} f(x)\,\mathrm{d}x + \int_{x_2}^{x_4} f(x)\,\mathrm{d}x + \cdots + \int_{x_{2n-2}}^{b} f(x)\,\mathrm{d}x, \quad (4.6.2)$$

每个子积分通过在区间的起点、终点 (权重为 1), 以及子区间的中点 (权重 4) 进行取样, 总权重为 6.

定理 4.6.2 (辛普森法则).

1. 如果 $f:[a,b]\to\mathbb{R}$ 是一个连续分段的三次函数, 在区间 $[x_{2i}, x_{2i+1}]$ 上精确地等于一个三次多项式, 那么辛普森法则计算的积分是精确的.

2. 如果函数 f 是四次可微的函数, 则存在 $c\in(a,b)$, 使得

$$S^n_{[a,b]}(f) - \int_a^b f(x)\,\mathrm{d}x = \frac{(b-a)^5}{2\,880n^4} f^{(4)}(c). \quad (4.6.3)$$

我们说的三次多项式的意思是不超过三次, 包括三次的多项式: 常数函数、线性函数、二次函数和三次函数.

第一部分的证明: 换元

$$x \mapsto \frac{1}{2}\big((x+1)b + (1-x)a\big)$$

将把在任意线段 $[a,b]$ 上的积分变成在 $[-1,1]$ 上的积分; 在积分一个多项式的时候, 这并不会改变多项式的次数.

在计算机图形学的世界里, 分段三次多项式无处不在. 当你利用画图程序构造一条光滑曲线的时候, 计算机实际上在产生分段三次曲线, 通常利用三次插值的 Bezier 算法. 用这种方法画出的曲线被称作*三次样条曲线*(cubic splines).

当第一次用这样的程序画曲线的时候, 需要的控制点数量之少是令人惊讶的.

辛普森法则是一个四阶方法; 误差 (如果 f 有足够的导数) 是 h^4 的数量级的, 其中 h 是步长:

$$h = \frac{b-a}{n}.$$

这样, 如果你增加步数到 10 倍, 误差减小到 1/10 000.

证明: 表 4.6.3 证明了第一部分. 证明的第二部分将会在练习 4.6.6 里给出梗概. 因为辛普森法则可以精确地计算分段的三次函数的积分, 那么在误差限里出现四阶导数也就不意外了. □

表 4.6.3

函数	辛普森法则	积分
	$(1/3)\big(f(-1)+4(f(0))+f(1)\big)$	$\int_{-1}^{1} f(x)\,\mathrm{d}x$
$f(x)=1$	$(1/3)(1+4+1)=2$	2
$f(x)=x$	0	0
$f(x)=x^2$	$(1/3)(1+0+1)=2/3$	$\int_{-1}^{1} x^2\,\mathrm{d}x = 2/3$
$f(x)=x^3$	0	0

在上表中, 我们计算了常数, 线性、二次和三次函数在 $[-1,1]$ 的积分, 其中 $n=1$. 辛普森法则与直接计算积分给出了相同的结果.

当然, 你并不经常在现实生活中遇到分段的三次多项式函数 (计算机图形学是个例外). 通常, 辛普森的方法用来近似计算积分, 而不是精确地计算积分.

例 4.6.3 (用辛普森法则近似积分). 采用辛普森法则, 在 $n=100$ 的情况下, 估算

$$\int_1^4 \frac{1}{x}\,\mathrm{d}x = \ln 4 = 2\ln 2 \quad (4.6.4)$$

这个积分函数是无穷阶可微的, 因为 $f^{(4)} = 24/x^5$, 它在 $x=1$ 时取到最大值, 定理 4.6.2 确认了结果在误差

$$\frac{3^5\cdot 24}{2\,880\cdot 100^4} = 2.025\cdot 10^{-8} \quad (4.6.5)$$

的范围内是精确的, 所以, 至少 7 个数字是正确的. △

辛普森法则并不是唯一的通过计算分割点上的函数值的加权平均值来计算积分的方法:

$$\int_a^b f(x)\,\mathrm{d}x \sim \sum_i w_i f(x_i). \tag{4.6.6}$$

有一些方法可以给出同等的或者更高的精度, 但计算函数值的次数却少得多. 尤其著名的是高斯法则的惊人的精确度, 在这种方法里, 我们取 p 为次数 $< 2k$ 的多项式, 并把

$$\int_a^b p(x)\,\mathrm{d}x = \sum_{i=1}^k w_i f(x_i) \tag{4.6.7}$$

看成一个由 $2k$ 个方程构成的有 $2k$ 个未知变量 $x_1, x_2, \cdots, x_k, w_1, \cdots, w_k$ 的方程组 (对每个 $p(x) = 1, x, x^2, \cdots, x^{2k-1}$ 均有一个方程) 这个方程组有唯一解 $a < x_1 < x_2 < \cdots < x_k < b$, 进一步的, 所有的权重均有 $w_i > 0$.

练习 4.6.4 探索了计算积分
$$\int_0^\infty \mathrm{e}^{-x} f(x)\,\mathrm{d}x$$
的高斯法则.

练习 4.16 探索了计算积分
$$\int_0^\infty \mathrm{e}^{-x^2} f(x)\,\mathrm{d}x$$
的高斯法则.

这里的证明非常优雅漂亮, 但它需要用到*正交多项式*(orthogonal polynomial), 这是一个由于空间有限, 故我们没有在这里展开的专题. 但我们需要注意到同样的证明对于计算下列形式的积分仍然成立,

$$\int_0^\infty \mathrm{e}^{-x} f(x)\,\mathrm{d}x,\ \int_{-\infty}^\infty \mathrm{e}^{-x^2} f(x)\,\mathrm{d}x,\ \int_{-1}^1 \frac{f(x)\,\mathrm{d}x}{\sqrt{1-x^2}} \tag{4.6.8}$$

这些是在无限定义域上的积分, 或者无界函数的积分. 对于这些积分, 辛普森方法表现得并不太好

乘法法则

每个一维积分法则都有一个在高维积分上的对应, 叫作*乘法法则*(product rule). 如果在一维下的法则为

$$\int_a^b f(x)\,\mathrm{d}x \approx \sum_{i=1}^k w_i f(x_i), \tag{4.6.9}$$

则相应的 n 维上的法则为

$$\int_{[a,b]^n} f(\mathbf{x})|\,\mathrm{d}^n\mathbf{x}| \approx \sum_{1\leqslant i_1,\cdots,i_n\leqslant k} w_{i_1} w_{i_2} \cdots w_{i_n} f\begin{pmatrix} p_{i_1} \\ \vdots \\ p_{i_n} \end{pmatrix}. \tag{4.6.10}$$

命题 4.6.4 的一个弱点是它可以被用在平行四边形上和更高维的类比物上. 在利用指示函数 (见 4.1 节对指标函数的讨论) 在一个不太规则的区域 A 上积分的时候, 它也可以使用. 当积分是根据定义来计算的时候, 使用黎曼和, 则 A 和平行四边形其余的部分之间的边界不影响积分.

但当使用数值方法的时候, $\mathbf{1}_A$ 是不连续的, 这个事实严重地影响了积分. 例如, 辛普森规则的误差界要求被积分函数四次连续可微.

命题 4.6.4 (乘法法则). 如果 $f_1, \cdots, f_n$ 为由一个积分规则精确积分的函数, 也就是

$$\int_a^b f_j(\mathbf{x})\,\mathrm{d}x = \sum_i w_i f_j(p_i), j = 1, \cdots, n \tag{4.6.11}$$

则乘积

$$f(\mathbf{x}) \stackrel{\text{def}}{=} f_1(x_1) f_2(x_2) \cdots f_n(x_n) \tag{4.6.12}$$

可以由 $[a,b]^n$ 上的相应的乘法规则精确地计算积分.

证明: 这个命题可以从命题 4.1.16 直接得到. 实际上

$$\begin{aligned}\int_{[a,b]^n} f(\mathbf{x})|\,\mathrm{d}^n\mathbf{x}| &= \left(\int_a^b f_1(x_1)\,\mathrm{d}x_1\right)\cdots\left(\int_a^b f_n(x_n)\,\mathrm{d}x_n\right)\\ &= \left(\sum w_i f_1(p_i)\right)\cdots\left(\sum w_i f_n(p_i)\right)\\ &= \sum_{i_1,\cdots,i_n} w_{i_1}\cdots w_{i_n} f\begin{pmatrix}p_{i_1}\\ \vdots\\ p_{i_n}\end{pmatrix}. \quad \square\end{aligned} \tag{4.6.13}$$

例 4.6.5 (二维空间上的辛普森法则). 二维空间上的辛普森法则里的每个权重等于来自定义 4.6.1 的两个一维辛普森权重的乘积. 在我们要计算在正方形区域上的积分这个非常简单的情况下, 我们把积分区域分成 4 个子正方形, 并在每个顶点上对函数取样, 我们共有 9 个样本.

我们在边长为 $b-a=2$ 的正方形进行计算. 因为 $n=1$(这个正方形相当于一维情况下, 图 4.6.2 里的第一块), 一维上的权重为

$$w_1 = w_3 = \frac{b-a}{6n}\cdot 1 = \frac{1}{3},\ w_2 = \frac{b-a}{6n}\times 4 = \frac{4}{3}. \tag{4.6.14}$$

式子 (4.6.10) 就变成了

$$\begin{aligned}\int_{[-1,1]^2} f(\mathbf{x})|d^2\mathbf{x}| \approx\ & \underbrace{w_1w_1}_{1/9} f\begin{pmatrix}-1\\-1\end{pmatrix} + \underbrace{w_1w_2}_{4/9} f\begin{pmatrix}-1\\0\end{pmatrix} + \underbrace{w_1w_3}_{1/9} f\begin{pmatrix}-1\\1\end{pmatrix}\\ &+ \underbrace{w_2w_1}_{4/9} f\begin{pmatrix}0\\-1\end{pmatrix} + \underbrace{w_2w_2}_{9/16} f\begin{pmatrix}0\\0\end{pmatrix} + \underbrace{w_2w_3}_{4/9} f\begin{pmatrix}0\\1\end{pmatrix}\\ &+ \underbrace{w_3w_1}_{1/9} f\begin{pmatrix}1\\-1\end{pmatrix} + \underbrace{w_3w_2}_{4/9} f\begin{pmatrix}1\\0\end{pmatrix} + \underbrace{w_3w_3}_{1/9} f\begin{pmatrix}1\\1\end{pmatrix}.\end{aligned} \tag{4.6.15}$$

这给出了图 4.6.4 中的权重, 在那里我们把正方形当成 $[-1,1]\times[-1,1]$ 的.

定理 4.6.2 和命题 4.6.4 告诉我们, 这个 2 维的辛普森方法将精确地积分多项式

$$1, x, y, x^2, xy, y^2, x^3, x^2y, xy^2, y^3, \tag{4.6.16}$$

以及许多其他的 (例如 x^2y^3), 但不包括 x^4. 它们也将可以利用图 4.6.5 中给出的权重, 精确地积分在每个单位正方形上是不超过 3 次的多项式的分段函数. △

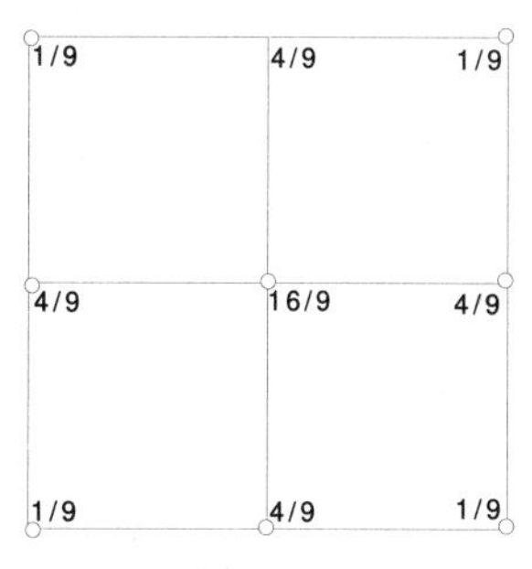

图 4.6.4

边长为 2 的正方形被分成 4 个子方块, 权重由辛普森方法给出.

1	4	2	4	...	4	1
4	16	8	16	...	16	4
2	8	4	8	...	8	1
4	16	8	16	...	16	4
⋮	⋮	⋮	⋮		⋮	⋮
4	16	8	16	...	16	4
1	4	2	4	...	4	1

图 4.6.5

采用 2 维的辛普森方法, 把正方形分成 $4n^2$ 个子方块, 近似计算正方形上的积分的权重. 每个权重要乘上

$$\frac{(b-a)^2}{36n^2}.$$

在图 4.6.4 中, $b-a=2$, $n=1$, 所以每个权重要乘上 1/9.

更高维度上的黎曼和问题

无论是辛普森法则, 还是高斯法则, 都是黎曼和的不同版本. 高维空间上的黎曼和至少有两个严峻的困难. 一个是方法越酷, 被积分函数就必须要越光滑, 这样才能使方法按照指定的标准工作. 在一维上, 这个问题通常没那么严重. 如果存在不连续性, 你可以在不连续的点上把积分区间分成若干个小的区间. 但是在高维度上, 尤其是如果你试图通过积分一个指标函数来计算体积的

时候, 只有在你已经知道了答案的时候, 才能对不连续性采取策略.

另一个问题是计算量的问题. 在一维时, 在辛普森方法中为了获取期待的精度 (可能是 10 位有效数字), 使用 100 个点或者 1 000 个点都没有什么问题. 随着维数的增加, 这类问题先变得代价很大, 然后就基本变成了不可能的. 在 4 维的时候, 每边采用 100 个点的辛普森方法, 需要大约 100 000 000 次函数值的计算, 对于现在的计算机, 如果你愿意等一会儿的话, 还是可行的; 每边采用 1 000 个点则需要计算 10^{12} 次函数值, 就算是最强大的计算机也需要几天的时间.

到了 9 维的时候, 这类问题就变得完全不现实了, 除非你愿意降低你对精度的要求: $100^9 = 10^{18}$ 次函数值计算, 就算是在最快的计算机上, 也将需要超过 10^9 秒 (大约 32 年), 但 10^9 还是在合理的范围内的, 还可以给出几位有效数字.

当维数超过 10 的时候, 辛普森方法和所有类似的方法就变得完全不可能了, 哪怕就算是你满足于只要一位有效数字, 只是给出数量级. 这些情况就需要下面要描述的概率方法来解决. 它们可以迅速地给出几位有效数字 (有很大的概率, 你从来都不能确定), 但我们将看到要得到确实很高的精度 (比如 6 位有效数字), 它也是接近不可能的.

蒙特卡洛方法

假设我们想要计算所有 $n \times n$ 的, 且每个数都是在一个单位区间内随机选取的矩阵的 $|\det A|$ 的平均值. 我们在例 4.5.9 里计算了这个积分在 $n = 2$ 时的情况, 得到的 13/54. 对于 3×3 的矩阵, 精确地计算这个积分, 即便是对于计算机, 也还是有点令人畏惧. 那么数值积分怎么样的? 如果我们想要运用辛普森方法, 就算是在立方体的每个边上只取 10 个点, 我们也需要计算 10^9 个行列式的值, 每一个都包括六次三个数乘积的求和. 这个对于目前的计算机倒也不是不可能的, 但是仍然是个巨大的计算任务. 我们也不能对有效数字的个数有太多的期待, 因为辛普森方法里的误差限的计算中要求被积分函数是 4 次可微的, 而 $\det A$ 根本就不可微.

有一个好得多的方法, 叫作蒙特卡洛方法: 在 9 维的立方体里, 随机地选取一些点, 用你选出来的每个点生成的 3×3 矩阵计算行列式的平均值, 并取平均. 一个类似的方法可以允许你在 20 维, 甚至 100 维或者更高的维度上, 计算 (在一定的精度下) 积分. 物理学家运用蒙特卡洛方法, 在阿伏伽德罗常数 (6×10^{23}) 的维度上来近似计算积分 (这个数是 1 个摩尔的任何物质的分子的个数, 太大了, 以至于还需要用到一些很牛的技巧, 比如重整化).

蒙特卡洛方法近似计算标准化的积分, 也就是下面的比例

$$\frac{\int_A f(\mathbf{x})|\,\mathrm{d}^n\mathbf{x}|}{\int_A |\,\mathrm{d}^n\mathbf{x}|} = \frac{\int_A f(\mathbf{x})|\,\mathrm{d}^n\mathbf{x}|}{\mathrm{vol}_n(A)}. \tag{4.6.17}$$

我们将把等式 (4.6.17) 想为包括了在 A 中随机选取的点上的计算 f 的这个试

等式 (4.6.17): 如果你需要积分

$$\int_A f(\mathbf{x})|\,\mathrm{d}^n\mathbf{x}|$$

的数值, 不是等式 (4.6.17) 中的比率, 你就需要计算 $\mathrm{vol}_n(A)$. 这个可以用同样的方法完成: 把 A 放进一个已知体积的盒子 B, 然后在 B 中随机选点. 这些点中在 A 中的比例提供了 $\mathrm{vol}_n(A)/\mathrm{vol}_n(B)$ 的一个估计. 这就是把蒙特卡洛方法应用在了 $\int_B \mathbf{1}_A(\mathbf{x})|\,\mathrm{d}^n\mathbf{x}|$ 上的例子.

验的期望值

$$E(f) = \frac{\int_A f(\mathbf{x})|\,\mathrm{d}^n\mathbf{x}|}{\mathrm{vol}_n(A)}. \tag{4.6.18}$$

(除以 $\mathrm{vol}_n(A)$ 可以使得特定事件的概率为 1.) 蒙特卡洛算法给出了 $E(f)$ 和 $\mathrm{Var}(f)$ 的近似值. 由于我们在反复重复同样的试验, 概率上的**中心极限定理**(central limit theorem) (定理 4.2.7) 则允许我们来估计这些近似的准确度.

在定义 4.6.6 里, $\overline{a}$ 近似计算了 $E(f)$, 就是等式 (4.6.18) 里的标准化了的积分; $\overline{s}$ 将近似计算标准差.

定义 4.6.6 (蒙特卡洛方法). 令 $f\colon A \to \mathbb{R}$ 为一个函数, A 为一个带有概率测度的集合. 计算 f 在 A 上的积分的蒙特卡洛方法包括:

1. 在 A 中, 根据给定的概率测度, 随机选取点 $\mathbf{x}_i, i = 1, \cdots, N$;
2. 计算 $a_i = f(\mathbf{x}_i)$;
3. 计算

$$\overline{a} = \frac{1}{N}\sum_{i=1}^{N} a_i, \tag{4.6.19}$$

$$\overline{s}^2 = \frac{1}{N}\sum_{i=1}^{N}(a_i - \overline{a})^2 = \left(\frac{1}{N}\sum_{i=1}^{N} a_i^2\right) - \overline{a}^2. \tag{4.6.20}$$

等式 (4.6.20): 回想计算方差的两个表达式 (定理 3.8.6). 用第二个表达式计算 s^2 要容易一些; 第一个需要把样本 a_i 的值保存在内存中直到计算结束, 而第二个则只要保留一个 a_i 的计算结果.

就算是我们只对期望值感兴趣, 我们也需要计算标准差的一个近似 $\overline{s}$, 因为中心极限定理需要这个标准差.

注释. 专家会告诉你, 公式 (4.6.20) 计算的 $\overline{s}^2$ 是有偏差的, 那里面的 N 应该被换成 $N-1$. 很容易看到我们的公式也是有偏差的, 你会期待对于任意的 N 次重复测量, 每个测量应该更接近于测量的平均值, 而不是真实的平均值. 你可能完全不清楚为什么把 N 换成 $N-1$ 可以消除偏差 (甚至连什么是偏差都还不知道); 练习 4.6.7 解决了这个问题, 并告诉我们如何证明在实际的应用里, 我们不需要 $\overline{s}$ 有任何精度, 因为一旦 N 变大了, 两个公式会得到类似的结果. △

毫无疑问, 定义 4.6.6 中所说的 A 中的点是利用随机数发生器来选取的. 如果这个是有偏差的, 整个方法就变得不可靠了. 另一方面, 现成的随机数发生器有个隐含的保证, 因为如果你能探测出一个偏差, 你可以利用那个信息来攻破商业编码体系.

要利用随机数发生器构造一个编码, 你可以在你的消息上加上一个随机的位序列 (没有进位, 所以 $1+1=0$.); 要解码, 就减去它. 如果你的消息 (编码为位) 是下面的第一行, 第二行是由一个随机数发生器产生的, 这两行的和也将看起来是随机的, 因此是不可解码的.

1011101011110101

0101101000001101

1110000011111000

中心极限定理确认了 $\overline{a}$ 在

$$E + \frac{a\sigma}{\sqrt{N}} \text{ 与 } E + \frac{b\sigma}{\sqrt{N}} \tag{4.6.21}$$

之间的概率大约为

$$\frac{1}{\sqrt{2\pi}}\int_a^b \mathrm{e}^{-\frac{t^2}{2}}\,\mathrm{d}t. \tag{4.6.22}$$

就是钟形曲线下面在 a 和 b 之间的面积. 理论上, 用这个公式可以推出任何结果. 我们来看看, 如何利用这个来估计需要把 试验重复多少次才能让积分达到一个给定的精度和置信度.

假设我们要计算一个积分, 精确到千分之一. 利用蒙特卡洛方法, 我们从来不对任何结果有确定性. 但是可以问, 什么样的 N 可以让我们以 98% 的概率相信, 估计出来的 $\overline{a}$ 精确到千分之一, 也就是

$$\left|\frac{E - \overline{a}}{E}\right| < 0.001? \tag{4.6.23}$$

积分的概率方法就像政治的民意测验. 你不需要为更高的维度付出很大的代价, 就像你不会因为是总统竞选而不是参议院的竞选而调查更多的人.

使用蒙特卡洛方法的真正困难之处在于做一个好的随机数发生器, 就像在民意测验时, 实际的问题是确认你的样本是没有偏差的一样. 在 1936 年的总统选举中, *Literacy Digest* 根据从大量的返回邮件得到的 200 万人的模拟投票预测兰登将击败富兰克林 · 罗斯福. 邮件列表由拥有汽车或者电话的人中产生, 这在大萧条时期很难说是一个随机的样本.

民意测验者之后开始调查少得多的人 (典型的是大约 10 000 人), 更多地注意是否得到了一个有代表性的样本. 但仍然, 在 1948 年, 芝加哥论坛报 (Tribune) 发布了头条新闻《杜威击败了杜鲁门》; 民意测验都一致地预测杜鲁门的溃败. 一个问题是, 一些负责调查的人避开了低收入的居民区. 另一个问题是, 盖洛普 (Gallup) 在选举前两周停止了民意测验.

练习 4.6.2–4.6.4 探索了高斯求积法.

练习 4.6.2: 规律应该很明显; 通过试验找到 $k=5$ 时的初始条件. 提示: 写出方程十分容易. 难的部分是找到好的初始条件. 下面的这些有效:

$k=1$ $w_1=0.7$ $x_1=0.5$

$k=2$ $w_1=0.6$ $x_1=0.3$
$w_2=0.4$ $x_2=0.8$

$k=3$ $w_1=0.5$ $x_1=0.2$
$w_2=0.3$ $x_2=0.7$
$w_3=0.2$ $x_3=0.9$

$k=4$ $w_1=0.35$ $x_1=0.2$
$w_2=0.3$ $x_2=0.5$
$x_3=0.2$ $x_3=0.8$
$w_4=0.1$ $x_4=0.95$

这个需要我们知道一些关于钟形曲线的事实. 在 98% 的概率下, 结果会在平均值的正负 2.4 个标准差以内: $|E-\overline{a}|\leqslant \frac{2.4\sigma}{\sqrt{N}}$. 所以我们需要

$$\frac{2.4\sigma}{\sqrt{N}E}\leqslant 0.001,\text{ 化简得到 } N\geqslant \frac{5.76\times 10^6\sigma^2}{E^2}. \tag{4.6.24}$$

当然, 在利用不等式 4.6.24 的时候, 我们需要把 σ 替换成它的近似值 $\overline{s}$.

例 4.6.7 (蒙特卡洛). 在例 4.5.9 中, 我们计算了 2×2 的矩阵的行列式的期望值. 现在, 我们对 3×3 的矩阵做同样的计算. 我们利用 MATHEMATICA 语言中的 Montecarlo 程序, 来估计

$$\int_C |\det A|\,|\mathrm{d}^9\mathbf{x}|. \tag{4.6.25}$$

也就是, 计算每项都是在 $[0,1]$ 之间随机选取的 3×3 的矩阵的行列式的绝对值的平均值.

四次长度为 50 000 的计算给出了以下的对积分的估计

$$0.134\,53, 0.135\,19, 0.134\,09, 0.134\,56. \tag{4.6.26}$$

这些猜测的结果有多准呢? 我们可能会期望前两个有效数字是准确的, 第三个可能会差 1 或 2. 那么理论会说什么呢?

同样的程序计算了选取一个矩阵, 并计算 $\det A$ 所对应的标准差, 对第一次和第四次试验, 大约为 0.129, 对第二次和第三次试验, 大约为 0.127. 中心极限定理说, 重复 50 000 次试验得到的标准差约为 $0.129/\sqrt{50\,000}\sim 0.000\,57$. 图 4.2.5 说, 99% 的概率下, 结果应在 2.5 个标准差以内, 也就是在正确结果的 0.001 4 以内, 从而确认了结果的第三个数字差了 1 或 2.

那如果我们把试验重复 1 000 000 次或更多次呢? 一次重复 1 000 000 的程序运行给出的估计为 0.134 396 1, 标准差为 0.129, 把这个除以 1 000 000 的平方根, 给出的标准差为 0.000 129, 乘以 2.5 得到 0.000 32; 在 99% 的概率下, 我们会期待前三个数字是准确的, 而第四个最多会差 3 左右.

对重复 5 000 000 的情况做了一次计算, 得到的结果为 0.134 396, 标准差还是 0.129. 除以 5 000 000 的平方根得到了标准差 0.000 057, 乘以 2.5 得到 0.000 14. (注意, 估算我们要把试验重复多少次的时候, 我们不需要 σ 的多位数字, 我们只在乎数量级. 如果把 0.129 换成 0.14, 我们仍然得到 0.000 14.) △

4.6 节的练习

4.6.1 a. 对积分 $\int_Q f(\mathbf{x})|\,\mathrm{d}^n\mathbf{x}|$, 在 Q 是 $\mathbb{R}^2$ 上的单位正方形, 以及它是 $\mathbb{R}^3$ 上的单位立方体的时候, 写出使用一步的辛普森方法给出的和.(单位正方形和单位立方体中心不在 0; 如图 1.3.8.) 应该分别有 9 项和 27 项.

b. 对 $f\begin{pmatrix}x\\y\end{pmatrix}=\frac{1}{1+x+y}$, 计算单位正方形上的和, 并把近似值与积分的精确值进行比较.

4.6.2 在 $a=-1, b=1$ 时, 对于 $k=2,3,4,5$, 通过求解方程组 4.6.7, 找到高斯积分方法的权重和控制点 (见等式 (4.6.7) 和边注).

4.6.3 找到把用来计算 $\int_a^b f(x)\,\mathrm{d}x$ 的权重 W_i 和样本点 X_i 与适合 $\int_{-1}^1 f(x)\,\mathrm{d}x$ 的权重 w_i 和点 x_i 联系起来的公式.

4.6.4 a. 找到 $x_1<\cdots<x_m$ 和 $w_1<\cdots<w_m$ 必须要满足的方程, 使得方程

$$\int_0^\infty p(x)\mathrm{e}^{-x}\,\mathrm{d}x=\sum_{k=1}^n w_k p(x_k)$$

对于所有阶数 $\leqslant d$ 的多项式成立.

b. 对于 d 的哪个值, 这个会产生与未知变量同样多的方程?

c. 在 $m=1$ 时, 解方程组.

d. 对于 $m=2,3,4$, 使用牛顿方法解方程组.

e. 对于 $m=1,\cdots,4$, 近似计算

$$\int_0^\infty \mathrm{e}^{-x}\sin x\,\mathrm{d}x \text{ 和 } \int_0^\infty \mathrm{e}^{-x}\ln x\,\mathrm{d}x,$$

并把近似结果与精确结果进行比较.

4.6.5 a. 证明: 如果

$$\int_a^b f(x)\,\mathrm{d}x=\sum_{i=1}^n c_i f(x_i),\quad \int_a^b g(x)fx=\sum_{i=1}^n c_i g(x_i),$$

则

$$\int_{[a,b]\times[c,d]} f(x)g(x)|\,\mathrm{d}x\,\mathrm{d}y|=\sum_{i=1}^n\sum_{j=1}^n c_ic_jf(x_i)g(x_j).$$

b. 计算积分

$$\int_{[0,1]\times[0,1]} x^2y^2|\,\mathrm{d}x\,\mathrm{d}y|$$

的一步的辛普森近似是什么?

4.6.6 在这个练习中, 我们将简单地给出等式 (4.6.3) 的证明. 证明有很多部分, 很多中间的步骤有独立的意义.

练习 4.6.6 在很大程度上是受到 Michael Spivak 的 *Calculus* 中的一个练习的启发.

b 问: 如果

$$f(a)=f'(a)=\cdots=f^{(k)}(a)=0,$$

则 a 是函数 f 的多重根.

c 问: 证明: 函数

$$g(t)=q(x)(f(t)-p(t))-q(t)(f(x)-p(x))$$

有 $n+2$ 个零点; 注意, n 次多项式的 $n+1$ 阶导数为 0.

a. 证明: 如果函数 f 在 $[a_0,a_n]$ 上连续, 且在 (a_0,a_n) 上 n 次可微, f 在 $n+1$ 个不同的点 $a_0<a_1<\cdots<a_n$ 上为 0, 则存在 $c\in(a_0,a_n)$, 满足 $f^{(n)}(c)=0$.

b. 现在证明在函数有多重零点时的相同的结论. 证明: 如果 f 在 a_i 为 k_i+1 重的根, 并且 f 为 $N=n+\sum_{i=0}^n k_i$ 次可微的, 则存在 $c\in(a_0,a_n)$ 满足 $f^{(N)}(c)=0$.

c. 令 f 在 $[a_0,a_n]$ 上 n 次可微; 令 p 为 n 次多项式 (事实上, 根据练习 2.5.17, 唯一的一个) 使得 $f(a_i)=p(a_i)$. 设 $q(x)=\prod_{i=0}^n(x-a_i)$.

证明: 存在 $c \in (a_0, a_n)$ 使得

$$f(x) - p(x) = \frac{f^{(n+1)}(c)}{(n+1)!} q(x).$$

d. 令 f 在 $[a,b]$ 上四次连续可微, 令 p 维 3 次多项式, 满足

$$f(a) = p(a),\ f\left(\frac{a+b}{2}\right) = p\left(\frac{a+b}{2}\right),$$
$$f'\left(\frac{a+b}{2}\right) = p'\left(\frac{a+b}{2}\right),\ f(b) = p(b).$$

证明:

$$\int_a^b f(x)\,\mathrm{d}x = \frac{b-a}{6}\left(f(a) + 4f\left(\frac{a+b}{2}\right) + f(b)\right) - \frac{(b-a)^5}{2\,880} f^{(4)}(c)$$

对某个 $c \in [a,b]$ 成立.

e. 证明: 辛普森法则的第二部分 (定理 4.6.2): 如果 f 是四次连续可微的, 则存在 $c \in (a,b)$ 满足

$$S^n_{[a,b]}(f) - \int_a^b f(x)\,\mathrm{d}x = \frac{(b-a)^5}{2\,880 n^4} f^{(4)}(c).$$

练习 4.6.7: g 的第一个表达式就像样本方差 $\overline{s}^2$, 由等式 (4.6.20) 给出:

$$\overline{s}^2 = \frac{1}{N}\sum_{i=1}^{N}(a_i - \overline{a})^2,$$

除了这里, 我们用的是 $\frac{1}{N-1}$ 而不是 $\frac{1}{N}$. 从 g 的第二个到第三个表达式, 注意 (等式 (3.8.14))

$$\mathrm{Var}(f) = E\Big(\big(f - E(f)\big)^2\Big).$$

d 问: 方程

$$\mathrm{Var}_{\mathbf{T}}(\overline{f}_T) = \frac{1}{N}\mathrm{Var}_S(f)$$

是统计的核心内容. 把方程除以 N 相应于把标准差除以 $\sqrt{N}$; 我们在讨论中心极限定理的时候遇到了这个. 它解释了为什么民意测验将调查的人数加倍会使得置信区间的宽度除以 $\sqrt{2}$.

4.6.7 令 $(S, \mathbf{P})$ 为一个有限概率空间, 其所有的输出结果机会均等, 令 $\mathbf{T}$ 为有 N 个元素的 S 的子集的集合. 空间 $\mathbf{T}$ 子集就是一个概率空间, 每个 $T \in \mathbf{T}$ 也是; 我们将用 $E_S, E_{\mathbf{T}}, E_T$ 表示这些空间上的随机变量的期望值. 令 $u\colon S \to \mathbb{R}$ 为一个随机变量; 我们将说 $v\colon \mathbf{T} \to \mathbb{R}$ 是 f 的一个无偏估计, 如果 $E_{\mathbf{T}}(v) = E_S(u)$.

设 $\overline{f_T} = E_T(f)$; 它是 f 在样本 T 上的平均值. 等价地, 定义 $g\colon \mathbf{T} \to \mathbb{R}$ 为

$$g(T) = \frac{1}{N-1}\sum_{t\in T}\left(f(t) - \overline{f}_T\right)^2 = \frac{N}{N-1}E_T\left(\left(f - \overline{f}_T\right)^2\right) = \frac{N}{N-1}\mathrm{Var}_T(f).$$

说 g 是 f 的方差的一个无偏估计的意思是

$$\mathrm{Var}_S(f) = E_{\mathbf{T}}(g) = E_{\mathbf{T}}\frac{N}{N-1}\Big(E_T(f - \overline{f}_T)^2\Big). \tag{1}$$

这就是这个练习要证明的.

a. 证明:

$$E_{\mathbf{T}}(E_T(f^2)) = E_S(f^2),\ E_T(\overline{f}_T^2) = \overline{f}_T^2,\ E_T(f\overline{f}_T) = \overline{f}_T^2.$$

b. 展开方程 (1) 右边的平方, 得到

$$\frac{N}{N-1}E_{\mathbf{T}}\Big(E_T(f - \overline{f}_T)^2\Big) = \frac{N}{N-1}\Big(E_S(f^2) - E_{\mathbf{T}}(\overline{f}_T^2)\Big).$$

c. 对上面的两项, 使用 $\mathrm{Var}(f) + (E(f))^2 = E(f^2)$(等式 (3.8.14)) 得

到

$$E_{\mathbf{T}}(g) = \frac{N}{N-1}E_{\mathbf{T}}\Big(E_T(f-\overline{f}_T)^2\Big)$$
$$= \frac{N}{N-1}\bigg(\mathrm{Var}_S(f) + (E_S(f))^2 - \mathrm{Var}_{\mathbf{T}}(\overline{f}_T) - \Big(E_{\mathbf{T}}(\overline{f}_T)\Big)^2\bigg),$$

并证明第二项和第四项互相抵消.

d. 证明: $\mathrm{Var}_{\mathbf{T}}(\overline{f}_T) = \dfrac{1}{N}\mathrm{Var}_S(f)$. 从而作出 g 是 f 的方差的一个无偏估计的结论.

4.7 其他的铺排

二进铺排是我们能想到的最严格的, 也是最有限制的方法, 它使得许多的定理变得更容易证明. 但在很多的设置上, 二进铺排 $\mathcal{D}_N$ 的严格性是不必要的或者是最好的. 通常, 我们会在函数变化剧烈的地方需要更多的 "块", 其他的地方需要更大的 "块", 通过改变形状来适应我们的积分域的需要. 在一些情况下, 一个特别的铺排或多或少是强制的.

要测量美国人收入的标准差, 你将需要按美国普查地段进行分区, 而不是按照接近的经纬度, 因为数据就是这样采集的.

例 4.7.1 (测量降雨量). 想象一下, 你要测量南美洲 2015 年 10 月的降雨量, 以升/平方公里为单位. 一个方法是, 使用二进铺排立方体 (这个情况下是方形的), 来测量在每个立方体中心的降雨, 并观察随着分解越来越细小会发生什么. 这种方法的一个问题 (我们将在第 5 章讨论) 是二进的正方形位于一个平面上, 而南美洲的地表面并不是平的. 另一个方法是, 二进立方体会使收集数据变得复杂. 把南美洲分解成各个国家, 并且把每个国家的面积和在该国家内某一点的降雨量的乘积, 也许是它的首都, 分配给这个国家, 然后你再把所有这些乘积加在一起, 则更为容易一些. 要得到对积分的更准确的估计, 你要使用更精细的分解, 比如精细到省或者县. △

在这里, 我们将证明每一个通用的铺排都可以用来计算积分. 定义 4.7.2 的第一部分说, 所有的 $P \in \mathcal{P}$ 的集合, 完全铺排了 $X \subset \mathbb{R}^n$, 第二部分说, 两个 "块" 只能在体积为 0 的集合上重叠. 第四部分防止块莫名其妙地变成很有趣的形状 (对于所允许的不公正改划选区是有限制的).

从定义 4.7.2 的 d 问可以得到, 每个 P 都是可铺的: 有明确定义的体积.

找到令条件 4 失败的例子是很难的, 但它是可能的, 这样的例子看起来一点都不像是你会称作 "块" 的东西.

定义 4.7.2 (一个 $X \subset \mathbb{R}^n$ 上的铺排). 一个子集 $X \subset \mathbb{R}^n$ 的一个*铺排*(paving)是有界子集 $P \subset X$ 的集合 $\mathcal{P}$, 满足:

1. $\bigcup_{P\in\mathcal{P}} P = X$;
2. 当 $P_1, P_2 \in \mathcal{P}$ 且 $P_1 \neq P_2$ 时, $\mathrm{vol}_n(P_1 \cap P_2) = 0$;
3. 对所有的 $P \in \mathcal{P}$, 我们有 $\mathrm{vol}_n(\partial P) = 0$.

用县来铺排美国是把用州的铺排变得更为精细化了: 没有哪个县一部分在一个州而另一部分在另一个州. 一个进一步的精细化是人口普查分区. 但是这不是一个嵌套分拆, 因为我们没有 (无限的) 分拆的序列.

定义 4.7.3 (嵌套分区). $X \subset \mathbb{R}^n$ 的一个铺排序列称为 X 的*嵌套分区*(nested partition), 如果:

1. $\mathcal{P}_{N+1}$ 细化了 $\mathcal{P}_N$: $\mathcal{P}_{N+1}$ 的每一片被包含在 $\mathcal{P}_N$ 的一片中;

2. $\mathcal{P}_N$ 的片在 $N \to \infty$ 时收缩到点:

$$\lim_{N\to\infty} \sup_{P\in\mathcal{P}_N} \operatorname{diam}(P) = 0, \tag{4.7.1}$$

其中 P 的直径, 记作 $\operatorname{diam}(P)$, 是点 $\mathbf{x}, \mathbf{y} \in P$ 的距离的上确界.

我们在 4.1 节称为 $U_N(f)$ 的, 在这种记号下, 应该叫作 $U_{\mathcal{D}_N}(f)$. 在用来指代二进分解的时候, 我们将经常省略下标 $\mathcal{D}_N$(这个代表在一个单一的第 N 层上的立方体 C 的集合.), 为了简化记号, 以及避免混淆在使用小号的下标字体时看上去很像的 $\mathcal{D}$ 和 $\mathcal{P}$.

与在一个给定的分辨率 N 时任何立方体 C 的 $\operatorname{vol}_n C$ 都相同的二进分解 (等式 (4.1.17)) 的上和以及下和对比, 在等式 (4.7.2) 中, $\operatorname{vol}_n P$ 不必对所有的铺排砖块 $P \in \mathcal{P}_N$ 都相等.

根据定义, 等式 (4.7.4) 的两边相等.

定理 4.7.4 在附录 A.18 中证明.

对任意有有界支撑的有界函数 f, 我们可以对任意的铺排定义一个上和 $U_{\mathcal{P}_N}(f)$ 与一个下和 $L_{\mathcal{P}_N}$:

$$U_{\mathcal{P}_N}(f) = \sum_{P\in\mathcal{P}_N} M_P(f) \operatorname{vol}_n P \text{ 和 } L_{\mathcal{P}_N}(f) = \sum_{P\in\mathcal{P}_N} m_P(f) \operatorname{vol}_n. \tag{4.7.2}$$

定理 4.7.4 (用任意铺排的积分). 令 $X \subset \mathbb{R}^n$ 为一个有界子集, $\mathcal{P}_N$ 为 X 的一个嵌套分拆.

1. 如果 $f\colon \mathbb{R}^n \to \mathbb{R}$ 是可积的, 则极限

$$\lim_{N\to\infty} U_{\mathcal{P}_N}(f\mathbf{1}_X) \text{ 和 } \lim_{N\to\infty} L_{\mathcal{P}_N}(f\mathbf{1}_X) \tag{4.7.3}$$

存在且都等于

$$\int_X f(\mathbf{x})|\,d^n\mathbf{x}| = \int_X f(\mathbf{x})\mathbf{1}_X(\mathbf{x})|\,d^n\mathbf{x}|. \tag{4.7.4}$$

2. 相反地, 如果公式 (4.7.3) 中的极限相等, $f\mathbf{1}_X$ 是可积的, 且

$$\int_{\mathbb{R}^n} f(\mathbf{x})\mathbf{1}_X(\mathbf{x})|\,d^n\mathbf{x}| \tag{4.7.5}$$

等于共同的极限.

4.7 节的练习

练习 4.7.1: 这是一个十分明显的黎曼和. 你被允许 (鼓励) 使用 4.3 节的所有定理. 使用黎曼和来证明极限存在是一个很常见的技术; 见练习 4.30.

4.7.1 a. 证明极限 $\displaystyle\lim_{N\to\infty} \frac{1}{N^3} \sum_{0\leqslant n,m<N} me^{-nm/N^2}$ 存在.

b. 计算 a 问中的极限.

4.7.2 a. 令 $A(R)$ 为由 $x^2+y^2 \leqslant R^2$ 给出的圆盘上整数点的数量. 证明极限 $\displaystyle\lim_{R\to\infty} \frac{A(R)}{R^2}$ 存在, 并计算其数值.

b. 对函数 $B(R)$ 重复上述过程, $B(R)$ 表示在圆盘上有多少三角格点 $\left\{ n\begin{pmatrix}1\\0\end{pmatrix} + m\begin{pmatrix}1/2\\ \sqrt{3}/2\end{pmatrix} \;\middle|\; n,m\in\mathbb{Z} \right\}$.

4.8 行列式

行列式(determinant)是方形矩阵的一个函数. 在 1.4 节, 我们看到 2×2 和 3×3 的矩阵的行列式有其几何解释: 前一个给出了由两个向量生成的平行四边形的带符号的面积, 后一个给出了由三个向量生成的平行多面体的带符号

在本书余下的章节里，我们将大量地使用行列式：将在第 6 章讨论的形式，就是建立在行列式的基础上的.

函数 D 接受 $\mathbb{R}^n$ 上的 n 个向量为输入，返回一个数. 我们将把行列式想为一个 n 个向量的函数，而不是一个 $n \times n$ 的矩阵的函数.

"antisymmetric" 和 "alternating" 是同义词.

在定理和定义 4.8.1 中，我们假设矩阵 A 的项为实数. 这不是根本的；它们可以是复数、多项式，甚至是函数. 但是最根本的是，无论项是什么，项的乘法必须是可交换的. 例如，矩阵的矩阵就没有行列式函数 (见练习 4.8.4).

的体积. 在更高的维度上，行列式仍然可以有它的几何解释，为带符号的 n 维体积(signed n dimensional volume)，这就是为什么行列式这么重要.

为了更容易地得到体积的解释，我们要用反映它的特性的三个属性来定义其行列式. 在证明定理和定义 4.8.1 时，我们会首先证明存在性，然后再证明唯一性.

定理和定义 4.8.1 (行列式). 存在唯一的函数 D: $(\mathbb{R}^n)^n \to \mathbb{R}$ 满足:

1. 多线性(multilinear): D 对于它的每一个输入都是线性的.
2. 反对称性(antisymmetric): 交换任意两个输入，改变符号.
3. 标准化(normalized): $D(\vec{\mathbf{e}}_1, \cdots, \vec{\mathbf{e}}_n) = 1$.

$n \times n$ 的矩阵 $A = [\vec{\mathbf{a}}_1, \cdots, \vec{\mathbf{a}}_n]$ 的行列式为

$$\det A = D(\vec{\mathbf{a}}_1, \cdots, \vec{\mathbf{a}}_n).$$

反对称性意味着，对于所有的 $1 \leqslant i < j \leqslant n$，我们都有

$$\det[\vec{\mathbf{a}}_1, \cdots, \vec{\mathbf{a}}_i, \cdots, \vec{\mathbf{a}}_j, \cdots, \vec{\mathbf{a}}_n] = -\det[\vec{\mathbf{a}}_1, \cdots, \vec{\mathbf{a}}_j, \cdots, \vec{\mathbf{a}}_i, \cdots, \vec{\mathbf{a}}_n] \tag{4.8.1}$$

我们来解释一下多重线性的意思：如果把 A 的一列写成

$$\vec{\mathbf{a}}_i = \alpha \vec{\mathbf{u}} + \beta \vec{\mathbf{w}}, \tag{4.8.2}$$

则

$$\begin{aligned} &\det[\vec{\mathbf{a}}_1, \cdots, \vec{\mathbf{a}}_{i-1}, (\alpha\vec{\mathbf{u}} + \beta\vec{\mathbf{w}}), \vec{\mathbf{a}}_{i+1}, \cdots, \vec{\mathbf{a}}_n] \\ = &\alpha \det[\vec{\mathbf{a}}_1, \cdots, \vec{\mathbf{a}}_{i-1}, \vec{\mathbf{u}}, \vec{\mathbf{a}}_{i+1}, \cdots, \vec{\mathbf{a}}_n] + \beta \det[\vec{\mathbf{a}}_1, \cdots, \vec{\mathbf{a}}_{i-1}, \vec{\mathbf{w}}, \vec{\mathbf{a}}_{i+1}, \cdots, \vec{\mathbf{a}}_n]. \end{aligned} \tag{4.8.3}$$

你可以通过公式来定义行列式，但是一旦矩阵大于 3×3，公式对于手算来说就太乱，甚至一旦矩阵达到中等大小，对计算机来说就很费时间了. 我们将看到 (等式 (4.8.20))，行列式可以通过行化简或者列化简而得到合理得多的计算.

例如，如果

$$\vec{\mathbf{u}} = \begin{bmatrix} 1 \\ 0 \\ 1 \end{bmatrix}, \vec{\mathbf{w}} = \begin{bmatrix} 2 \\ 2 \\ 3 \end{bmatrix}, \text{ 则有 } -1\vec{\mathbf{u}} + 2\vec{\mathbf{w}} = \begin{bmatrix} -1 \\ 0 \\ -1 \end{bmatrix} + \begin{bmatrix} 4 \\ 4 \\ 6 \end{bmatrix} = \begin{bmatrix} 3 \\ 4 \\ 5 \end{bmatrix},$$

于是

$$\underbrace{\det \begin{bmatrix} 1 & 3 & 3 \\ 2 & 4 & 1 \\ 0 & 5 & 1 \end{bmatrix}}_{23} = \underbrace{-1 \det \begin{bmatrix} 1 & 1 & 3 \\ 2 & 0 & 1 \\ 0 & 1 & 1 \end{bmatrix}}_{-1\times 3=3} \underbrace{+2 \det \begin{bmatrix} 1 & 2 & 3 \\ 2 & 2 & 1 \\ 0 & 3 & 1 \end{bmatrix}}_{2\times 13=26}. \tag{4.8.4}$$

练习 4.8.7 让你证明：如果一个矩阵有一列 0，或者它有两个相同的列，则它的行列式为 0.

存在很多函数 Δ_n 的变形，例如根据最后一列，或者第一行展开. 这些都是等价的. 尤其是，定理 4.8.8 说明了，我们用列还是行来计算是无关紧要的.

证明存在性

要证明存在性，我们构造一个函数 Δ_n，以一个 $n \times n$ 的矩阵为输入，返回一个数；然后我们证明它满足定理和定义 4.8.1 例的条件 1~3.

如果 A 是一个 $n \times n$ 的矩阵，$n > 1$，用 $A_{[i,j]}$ 代表从矩阵 A，通过消除

第 i 行和第 j 列而得到的 $(n-1)\times(n-1)$ 的矩阵, 如例 4.8.2 所示. 定义 Δ_n: $\mathrm{Mat}(n,n)\to\mathbb{R}$ 为

$$\Delta_1([a]) \stackrel{\text{def}}{=} a$$

$$\Delta_n(A) \stackrel{\text{def}}{=} \sum_{i=1}^{n} \overbrace{(-1)^{1+i}}^{\text{确定+或者−}} \overbrace{a_{i,1}\Delta_{n-1}(A_{[i,1]})}^{a_{i,1}\text{与更小的矩阵的}\Delta\text{的乘积}}, \quad n>1, \tag{4.8.5}$$

其中, $a_{i,1}$ 是矩阵 A 的第 i 行第一列的数, $[a]$ 是一个 1×1 的矩阵 (数 a). 我们用 Δ(不带下标) 代表方形矩阵的函数, 对于 $n\times n$ 的矩阵就是 Δ_n. 这个叫作*根据第一列进行展开*.

对利用任意列或者行的展开有类似的公式.

因此我们的候选的行列式函数是被递归定义的: $\Delta_n(A)$ 是 n 项的和, 每一项都涉及一个 $(n-1)\times(n-1)$ 的矩阵的 Δ_{n-1}; 同理, 每个 $(n-1)\times(n-1)$ 的矩阵的 Δ_{n-1} 是 $n-1$ 项的和, 每个和涉及一个 $(n-2)\times(n-2)$ 的矩阵的 Δ_{n-2}, …… 最终, 我们降到计算许多个 1×1 矩阵的 Δ_1, 而 Δ_1 只是返回矩阵中的唯一的数.

例 4.8.2 (函数 Δ_3). 如果

$$A=\begin{bmatrix}1&3&4\\0&1&1\\1&2&0\end{bmatrix} \quad \text{则} A_{[2,1]}=\begin{bmatrix}\not1&3&4\\ \not0&\not1&\not1\\ \not1&2&0\end{bmatrix}=\begin{bmatrix}3&4\\2&0\end{bmatrix}, \tag{4.8.6}$$

等式 (4.8.5) 对应于

$$\Delta_3(A)=\underbrace{1\,\Delta_2\left(\begin{bmatrix}1&1\\2&0\end{bmatrix}\right)}_{i=1}\underbrace{-0\,\Delta_2\left(\begin{bmatrix}3&4\\2&0\end{bmatrix}\right)}_{i=2}\underbrace{+1\,\Delta_2\left(\begin{bmatrix}3&4\\1&1\end{bmatrix}\right)}_{i=3}, \tag{4.8.7}$$

第一项带着一个 $+$ 号, 因为 $i=1$, 所以 $1+i=2$, 我们有 $(-1)^2=1$; 第二项带着一个 $-$ 号, 因为 $(-1)^3=-1$, 以此类推.

列变换是通过把行变换的定义 2.1.1 中的 "行" 替换成 "列"来定义的. 尤其是, 行化简 A^{T} 与列化简 A 是相同的. 这样, 根据定理 2.1.7, 每个矩阵可以被列化简, 列阶梯形式的方形矩阵是单位矩阵或者有一列全是 0.

我们在构造时利用列变换而不是行变换, 因为我们把行列式定义为 n 列向量的函数. 这个传统用体积的解释更简单, 定理 4.8.8 证明了行和列效果是相同的.

对每个 2×2 的矩阵, 运用等式 (4.8.5), 得到

$$\begin{aligned}\Delta_2\left(\begin{bmatrix}1&1\\2&0\end{bmatrix}\right)&=1\Delta_1[0]-2\Delta_1[1]=-2,\\ \Delta_2\left(\begin{bmatrix}3&4\\2&0\end{bmatrix}\right)&=3\Delta_1[0]-2\Delta_1[4]=-8,\\ \Delta_2\left(\begin{bmatrix}3&4\\1&1\end{bmatrix}\right)&=3\Delta_1[1]-1\Delta_1[4]=-1.\end{aligned} \tag{4.8.8}$$

所以, 我们一开始要计算的 2×3 的矩阵的 Δ_3 为 $1(-2)-0+1(-1)=-3$. △

现在, 我们将要验证函数 Δ 满足性质 1, 2, 3.

1. *多线性*(multilinearity): 令 $b,c\in\mathbb{R}^n$, 假设 $\mathbf{a}_k=\beta\mathbf{b}+\gamma\mathbf{c}$. 设

$$\begin{aligned}A&=[\mathbf{a}_1,\cdots,\mathbf{a}_k,\cdots,\mathbf{a}_n],\\ B&=[\mathbf{a}_1,\cdots,\mathbf{b},\cdots,\mathbf{a}_n],\end{aligned} \tag{4.8.9}$$

等式 (4.8.9) 的矩阵 A, B, C 除了第 k 列以外都相同.

$$C = [\mathbf{a}_1, \cdots, \mathbf{c}, \cdots, \mathbf{a}_n],$$

我们的目标是证明 $\Delta(A) = \beta\Delta(B) + \gamma\Delta(C)$. 我们需要分两种情况: $k = 1$(a_k 是第一列) 和 $k > 1$.

$k > 1$ 的情况通过归纳来证明. 很明显, 多线性对于 Δ_1 是对的 (如果 $[a]$ 是一个 1×1 的矩阵, $\Delta_1[a] = a$). 我们将假设对于 Δ_{n-1}, 多线性是成立的, 然后来证明对于 Δ_n 它也是成立的. 只要写

等式 (4.8.10): 第一行是等式 (4.8.5); 第二行是归纳假设.

$$\begin{aligned}
\Delta_n(A) &= \sum_{i=1}^{n}(-1)^{1+i}a_{i,1}\Delta_{n-1}(A_{[i,1]}) \\
&= \sum_{i=1}^{n}(-1)^{1+i}a_{i,1}(\beta\Delta_{n-1}(B_{[i,1]}) + \gamma\Delta_{n-1}(C_{[i,1]})) \qquad (4.8.10) \\
&= \beta\sum_{i=1}^{n}(-1)^{1+i}a_{i,1}\Delta_{n-1}(B_{[i,1]}) + \gamma\sum_{i=1}^{n}(-1)^{1+i}a_{i,1}\Delta_{n-1}(C_{[i,1]})) \\
&= \beta\Delta_n(B) + \gamma\Delta_n(C).
\end{aligned}$$

这证明了 $k > 1$ 的情况. 对于 $k = 1$ 的情况,

在等式 (4.8.11) 的第二行, $A_{[i,1]} = B_{[i,1]} = C_{[i,1]}$ 因为 A, B, 和 C 除了第一列以外都相同, 第一列被去掉而产生了 $A_{[i,1]}, B_{[i,1]}$ 和 $C_{[i,1]}$.

$$\begin{aligned}
\Delta_n(A) &= \sum_{i=1}^{n}(-1)^{1+i}a_{i,1}\Delta_{n-1}(A_{[i,1]}) \\
&= \sum_{i=1}^{n}(-1)^{1+i}\underbrace{(\beta b_{i,1} + \gamma c_{i,1})}_{\text{根据定义}=a_{i,1}}\Delta_{n-1}(A_{[i,1]}) \\
&= \beta\sum_{i=1}^{n}(-1)^{1+i}b_{i,1}\Delta_{n-1}\underbrace{(A_{[i,1]})}_{=(B_{[i,1]})} + \gamma\sum_{i=1}^{n}(-1)^{1+i}c_{i,1}\Delta_{n-1}\underbrace{(A_{[i,1]})}_{=(C_{[i,1]})} \\
&= \beta\Delta_n(B) + \gamma\Delta_n(C). \qquad (4.8.11)
\end{aligned}$$

这证明了我们的函数 Δ 的多线性.

2. *反对称性*(antisymmetry): 我们要证明 $\Delta_n(A) = -\Delta_n(\widetilde{A})$, 其中 $\widetilde{A}$ 是通过交换 A 的第 m 列和第 p 列得到的.

再一次, 我们有两种情况要考虑. 第一个, m 和 p 都大于 1, 用归纳法证明. 对于 $n = 2$, 它的成立并没什么实质意义, 因为 $m, p > 1$ 隐含着 $n \geqslant 3$. 我们假设 $n \geqslant 3$, 并且函数 Δ_{n-1} 是反对称的, 所以有 $\Delta_{n-1}(A_{[i,1]}) = -\Delta_{n-1}(\widetilde{A}_{[i,1]})$ 对每个 i 成立. 则

$$\begin{aligned}
\Delta_n(A) &= \sum_{i=1}^{n}(-1)^{1+i}a_{i,1}\Delta_{n-1}(A_{[i,1]}) \\
&\overbrace{=}^{\text{根据归纳}} -\sum_{i=1}^{n}(-1)^{i+1}a_{i,1}\Delta_{n-1}(\widetilde{A}_{[i,1]}) = -\Delta_n(\widetilde{A}). \qquad (4.8.12)
\end{aligned}$$

m 或者 p 等于 1 的情况很微妙. 我们来假设 $m = 1, p = 2$.[9] 很方便用 $(a_{[i,j]})_{k,l}$ 来表示 $A_{[i,j]}$ 的第 k, l 项, 用 $A_{[i,j]}[k,l]$ 表示第 k 行第 l 列被

[9]我们可以将自己限定在 $p = 2$, 因为如果 $p > 2$, 我们可以把第 p 列和第二列交换, 然后第二列和第一列交换, 再将第二列和第 p 列交换. 根据归纳假设, 第一个和第三个交换每次都会改变行列式的符号, 结果是没有变化; 仅有的有影响的交换是第一个和第二个位置的变化.

省略掉了之后的矩阵 $A_{[i,j]}$.

数值 $(a_{[i,j]})_{k,l}$ 和 $A_{[i,j]}[k,l]$ 的项都是 A 的项, 但有时候有不同的脚标; 图 4.8.1 应该可以帮助你弄清楚哪个对应哪个.

使用这个标记方法, 我们可以在我们的递归公式中深入一层, 写

$$\Delta_n(A)=\sum_{i=1}^{n}(-1)^{i+1}a_{i,1}\Delta_{n-1}(A_{[i,1]})=\sum_{i=1}^{n}(-1)^{i+1}a_{i,1}\left(\sum_{j=1}^{n-1}(-1)^{j+1}(a_{[i,1]})_{j,1}\Delta_{n-2}(A_{[i,1]}[j,1])\right).$$

当然, 对 $\widetilde{A}$ 有一个类似的公式. 我们需要证明: 对 A 的二重求和的每一项也出现在 $\widetilde{A}$ 的二重求和中, 只是符号相反.

证明的关键是下述事实 (如图 4.8.1 的标题):

$$A_{[i,1][j-1,1]}=\widetilde{A}_{[j,1][i,1]}$$

这是因为, 在删除了 A 的第 i 行之后, 第 j 行变成了 $A_{[i,1]}$ 的第 $j-1$ 行. 这导致了公式 (4.8.14) 的符号变化.

在图 4.8.1 中, 我们假设了 $i<j$. 对于 $i>j$ 的情况, 我们可以简单地交换 A 和 $\widetilde{A}$ 的角色.

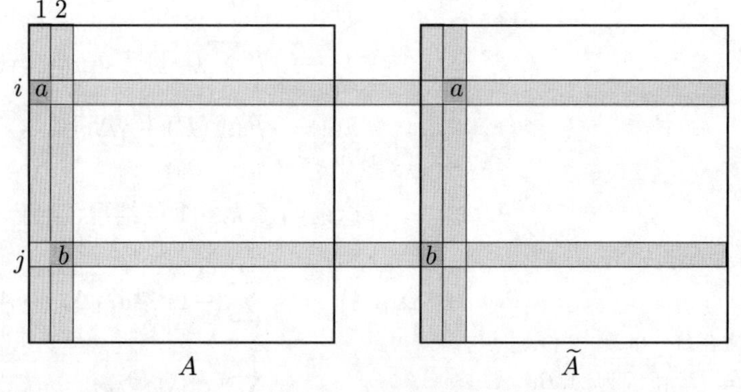

图 4.8.1

在两个矩阵中, C 是不带阴影的部分. 左图: $n\times n$ 的矩阵 A, 第 i 行和第 j 行以及前两列加上了阴影. 右图: 矩阵 $\widetilde{A}$, 与 A 除了前两列被交换了以外都相同. 令 a 和 b 为带阴影的项 $a=a_{i,1}=\widetilde{a}_{i,2}$ 以及 $b=a_{j,2}=\widetilde{a}_{j,1}$. 注意, 不带阴影的部分相同: $A_{[i,1][j-1,1]}=\widetilde{A}_{[j,1][i,1]}$.

图 4.8.1 中的左图和右图中不带阴影的部分 C 是同样的 $(n-2)\times(n-2)$ 的矩阵, 尽管它在左图中被称为 $C=A_{[i,1][j-1,1]}$, 在右图中被称为 $C=A_{[j,1][i,1]}$. 更进一步, $\Delta_{n-2}(C)$ 的系数

$$ab=a_{i,1}a_{j,2}=ba=\widetilde{a}_{j,1}\widetilde{a}_{i,2}\tag{4.8.13}$$

在左边被称为 $a_{i,1}(a_{[i,1]})_{j-1,1}$, 在右边被称为 $\widetilde{a}_{j,1}(\widetilde{a}_{[j,1]})_{i,1}$.

这样, $ab\Delta_{n-2}(C)$ 这一项带着符号

$$\text{左边为}(-1)^{i+1+j-1+1},\quad \text{右边为}(-1)^{j+1+i+1},\tag{4.8.14}$$

也就是, 符号相反.

3. 标准化(normalization): 这个要容易得多. 如果 $A=[\vec{\mathbf{e}}_1,\cdots,\vec{\mathbf{e}}_n]$, 则在第一列, 只有第一项 $a_{1,1}=1$ 不是 0, $A_{1,1}$ 是小一号的单位矩阵, 根据归纳法, 其 Δ_{n-1} 是 1. 所以

$$\Delta_n(A)=a_{1,1}\Delta_{n-1}(A_{1,1})=1,\tag{4.8.15}$$

并且我们也证明了属性 3. 到此完成了存在性的证明.

证明唯一性

我们已经证明了, Δ 满足定理和定义 4.8.1 的条件 1—3. 要证明行列式的唯一性, 假设 Δ' 是另一个满足这些条件的函数; 我们必须证明 $\Delta(A)=\Delta'(A)$ 对任意方形矩阵成立.

首先, 注意到, 如果一个矩阵 A_2 是从 A_1 通过列变换得到的, 则

$$\Delta'(A_2)=\mu\Delta'(A_1), \tag{4.8.16}$$

μ 是一个与列变换的类型有关的数.

1. A_2 是通过将 A_1 的某一列乘上一个数 $m\neq 0$ 得到的. 由多线性, $\Delta'(A_2)=m\Delta'(A_1)$, 所以 $\mu=m$.

2. A_2 是通过将 A_1 的第 i 列加到第 j 列上得到的, 其中 $i\neq j$. 由属性 1, 这不改变行列式, 因为

式子 (4.8.17): 右边的第二项为 0, 因为两列相等.(练习 4.8.7)

$$\begin{aligned}&\Delta'[\vec{\mathbf{a}}_1,\cdots,\vec{\mathbf{a}}_i,\cdots,(\vec{\mathbf{a}}_j+\beta\vec{\mathbf{a}}_i),\cdots,\vec{\mathbf{a}}_n] \\ =\;&\Delta'[\vec{\mathbf{a}}_1,\cdots,\vec{\mathbf{a}}_i,\cdots,\vec{\mathbf{a}}_j,\cdots,\vec{\mathbf{a}}_n]+\underbrace{\beta\Delta'[\vec{\mathbf{a}}_1,\cdots,\vec{\mathbf{a}}_i,\cdots,\vec{\mathbf{a}}_i,\cdots,\vec{\mathbf{a}}_n]}_{\text{因为两个相同的列}\vec{\mathbf{a}}_i\text{,因此为0}},\end{aligned} \tag{4.8.17}$$

这样在这个情况下, $\mu=1$.

3. A_2 是 A_1 通过交换两列得到的. 由反对称性, 这也改变了行列式的符号, 所以 $\mu=-1$.

任意方形矩阵可以被列化简, 直到最后你要么得到一个单位矩阵, 要么得到一个有一列为 0 的矩阵.

把一个矩阵 A 行化简到列阶梯形式的矩阵 A_p 可以如下表达, 其中对应于每个列变换的 μ_i 在表示变换的箭头上:

$$A\xrightarrow{\mu_1}A_1\xrightarrow{\mu_2}A_2\xrightarrow{\mu_3}\cdots\xrightarrow{\mu_{p-1}}A_{p-1}\xrightarrow{\mu_p}A_p. \tag{4.8.18}$$

现在, 我们来看 $\Delta(A)=\Delta'(A)$.

如果 $A\neq I$, 则根据属性 1, $\Delta(A_p)=\Delta'(A_p)=0$(见练习 4.8.7). 如果 $A_p=I$, 则根据属性 3, $\Delta(A_p)=\Delta'(A_p)=1$.

然后, 反向计算,

因子 $1/\mu$ 来自于多线性和反对称性, 而不是来自于函数是如何定义的细节, 所以如果 Δ' 是任何满足那些条件的函数, 我们必须有

$$\Delta'(A_{i-1})=\frac{1}{\mu_i}\Delta'(A_i).$$

唯一性也需要标准化, 它允许我们确认, 如果 A_p 是列阶梯形式, 则 $\Delta'(A_p)=\Delta(A_p)$.

$$\begin{aligned}\Delta(A_{p-1})=\frac{1}{\mu_p}\Delta(A_p)&=\frac{1}{\mu_p}\Delta'(A_p)=\Delta'(A_{p-1}),\\ \Delta(A_{p-2})=\frac{1}{\mu_p\mu_{p-1}}\Delta(A_p)&=\frac{1}{\mu_p\mu_{p-1}}\Delta'(A_p)=\Delta'(A_{p-2}),\\ \cdots&=\cdots\\ \Delta(A)=\frac{1}{\mu_p\mu_{p-1}\cdots\mu_1}\Delta(A_p)&=\frac{1}{\mu_p\mu_{p-1}\cdots\mu_1}\Delta'(A_p)=\Delta'(A).\end{aligned} \tag{4.8.19}$$

这就证明了唯一性. □

注释. 等式 (4.8.19) 也提供了一个有效的方法来计算行列式:

$$\det A = \frac{1}{\mu_p\mu_{p-1}\cdots\mu_1}\det A_p = \begin{cases} \frac{1}{\mu_p\mu_{p-1}\cdots\mu_1} & \text{如果} A_p = I \\ 0 & \text{如果} A_p \neq I \end{cases}, \tag{4.8.20}$$

比起根据第一列展开得很慢的算法, 这是一个计算行列式的好得多的算法.

有多慢? 需要 $T(k)$ 的时间计算 $k \times k$ 的矩阵的行列式. 要计算 $(k+1) \times (k+1)$ 的矩阵的行列式, 我们将需要计算 $k+1$ 个 $k \times k$ 的矩阵的行列式, 以及 $k+1$ 次乘法和 k 次加法:

$$T(k+1) = (k+1)T(k) + (k+1) + k, \tag{4.8.21}$$

尤其是, $T(k) > k!$. 对于 15×15 的矩阵, 这意味着 $15! \approx 1.3 \times 10^{22}$ 次调用或者变换: 即便是 2015 年最强大的计算机也不能在 1 秒钟之内完成. 而 15×15 并不是一个很大的矩阵; 给大桥或者飞机建模的工程师和给一家大公司建模的经济学家常常使用大于 $1\,000 \times 1\,000$ 的矩阵. 对于 40×40 的矩阵, 采用根据第一列展开的方法计算行列式所需要的变换的数量*大于从宇宙诞生至今过去的秒数*. 事实上, 大于已经过去的十亿秒的数量. 如果你在恐龙时代设置了计算机来计算行列式, 那么现在计算可能才刚刚开始.

但是一个 $n \times n$ 矩阵的列化简, 采用等式 (4.8.20), 大概需要 n^3 次变换 (见练习 2.1.11). 使用列化简, 我们可以用 64 000 次变换来计算一个 40×40 的矩阵的行列式, 大概需要一台普通的笔记本电脑不到一秒的时间. △

把矩阵与行列式关联起来的定理

等价地, $\det A = 0$ 当且仅当它的列是线性相关的. 尤其是, $\det A = 0$, 如果有一列或者一行全是 0, 或者两列或者两行相等.

定理 4.8.3. 当且仅当 $\det A \neq 0$ 的时候, 矩阵 A 是可逆的.

证明: 这个可以从列化简的算法和唯一性的证明直接得到, 因为沿着这个思路, 我们证明了当且仅当一个方形矩阵可以被列化简到单位矩阵时, 它的矩阵行列式不为 0. 我们从定理 2.3.2 知道, 当且仅当一个矩阵可以被行化简到单位矩阵时, 它是可逆的; 同样的论证可以用在列化简上. □

现在, 我们得到了行列式的关键性质, 我们随后会看到它的几何解释. 就是为了证明这个定理, 我们才根据它的性质定义了行列式.

定理 4.8.4. 如果 A 和 B 是 $n \times n$ 的矩阵, 则

$$\det A \det B = \det(AB). \tag{4.8.22}$$

通过属性定义一个物体或者变换的定义叫作**公理化**(axiomatic) 定义. 定理 4.8.4 的证明应该说服你相信这个可以是一个收获颇多的方法. 想象试着从递归的定义来证明

$$D(A)D(B) = D(AB).$$

证明: 严肃的情况是 A 是可逆的. 如果 A 是可逆的, 考虑函数

$$f(B) = \frac{\det(AB)}{\det A}. \tag{4.8.23}$$

你可以很方便地检验 (练习 4.8.8), 它具有属性 1, 2, 3, 这些是行列式函数的特征. 因为行列式是由这些属性唯一定义的, 因此得到 $f(B) = \det(B)$.

利用我们关于图像和线性变换的维数的信息, A 不可逆的情况很容易. 如果 A 不是可逆的, $\det A = 0$(定理 4.8.3), 所以等式 (4.8.22) 的左边为 0. 右边

也必须为 0: 因为 A 是不可逆的, $\operatorname{rank} A < n$. 因为 $\operatorname{img}(AB) \subset \operatorname{img} A$, 所以有 $\operatorname{rank}(AB) \leqslant \operatorname{rank} A < n$, 所以 AB 也是不可逆的, $\det(AB) = 0$. □

推论 4.8.5. 如果矩阵 A 是可逆的, 则

$$\det A^{-1} = \frac{1}{\det A}. \tag{4.8.24}$$

证明: 只要计算: $\det A \det A^{-1} = \det(AA^{-1}) = \det I = 1$. □

下一个定理说, 行列式函数与基向量无关.

想一想 2.7 节的基变换的讨论.

定理 4.8.6. 如果 P 是可逆的, 则

$$\det A = \det(P^{-1}AP). \tag{4.8.25}$$

证明: 这个可以从定理 4.8.4 和 4.8.5 直接得到 (记住, 行列式是一个数, 所以 $\det A \det B = \det B \det A$). □

注释 4.8.7. 从定理 4.8.6, 我们可以说一个抽象的线性变换的行列式 $A\colon V \to V$. 如果 $\{\mathbf{v}\}$ 和 $\{\mathbf{w}\}$ 是 V 空间的两组基向量, T 是基向量变换矩阵, 我们可以把 A 写成矩阵 $[A]_{\{\mathbf{v}\},\{\mathbf{v}\}}$, 或者写成矩阵 $T^{-1}[A_{\{\mathbf{w}\},\{\mathbf{w}\}}]T$; 根据定理 4.8.6, 这两个矩阵的行列式相等. 但是行列式并没有被定义在 V 与 W 不同的线性变换 $A\colon V \to W$ 上. △

$$\det \begin{bmatrix} 1 & 0 & 0 & 0 \\ 0 & 1 & 0 & 0 \\ 0 & 0 & 2 & 0 \\ 0 & 0 & 0 & 1 \end{bmatrix} = 2$$

第一类初等矩阵 $E_{3,2}$ 的行列式是 2.

$$\det \begin{bmatrix} 1 & 0 & -3 \\ 0 & 1 & 0 \\ 0 & 0 & 1 \end{bmatrix} = 1$$

第二类初等矩阵的行列式是 1.

$$\det \begin{bmatrix} 0 & 1 & 0 \\ 1 & 0 & 0 \\ 0 & 0 & 1 \end{bmatrix} = -1$$

第三类初等矩阵 E_3 交换了两行, 所以

$$\det E_3 = -\det I = -1.$$

所有的第一类矩阵都是对角的, 所有的第二类矩阵都是三角的, 所以等式 (4.8.27) 和 (4.8.28) 演示了定理 4.8.9.

定理 4.8.8 是一个主要的结果, 一个贯穿本书的重要的结果是, 在我们说到列变换的时候, 我们也同样可以说行变换.

定理 4.8.8. 对任何 $n \times n$ 的矩阵 A,

$$\det A = \det A^{\mathrm{T}}. \tag{4.8.26}$$

证明: 首先我们会看到这个定理对于初等矩阵是成立的. 唯一性的证明里的方程 $D(A_2) = \mu D(A_1)$ 可以写作 $\det E = \mu \det I = \mu$, 其中 E 是一个初等矩阵, I 是单位矩阵. 所以有

$$\det E_1(i, m) = m, \tag{4.8.27}$$

$$\det E_2(i, j, m) = 1, \tag{4.8.28}$$

$$\det E_3(i, j) = -1. \tag{4.8.29}$$

可以推出, 如果 E 是任何初等矩阵, 都有 $\det E = \det E^{\mathrm{T}}$, 因为

$$E_1(i, m)^{\mathrm{T}} = E_1(i, m),\ E_2(i, j, x)^{\mathrm{T}} = E_2(i, j, x),\ E_3(i, j)^{\mathrm{T}} = E_3(i, j),$$

在所有这三种情况下, 行列式是相等的.

现在, 回想起 2.3 节里, 对于任何矩阵 A 都存在初等矩阵 $E_1, \cdots, E_k$, 使得

$$\widetilde{A} = E_k \cdots E_1 A, \tag{4.8.30}$$

其中 $\widetilde{A}$ 是行阶梯形矩阵. 由此有

$$\widetilde{A}^{\mathrm{T}} = A^{\mathrm{T}} E_1^{\mathrm{T}} \cdots E_k^{\mathrm{T}}, \tag{4.8.31}$$

其中 $\widetilde{A}^{\mathrm{T}}$ 是列阶梯形矩阵, 如果 A 是方形矩阵, 则

$$\det A = \frac{\det \widetilde{A}}{(\det E_k)\cdots(\det E_1)},\ \det A^{\mathrm{T}} = \frac{\det \widetilde{A}^{\mathrm{T}}}{(\det E_1^{\mathrm{T}})\cdots(\det E_k^{\mathrm{T}})}. \tag{4.8.32}$$

等式 (4.8.33): 因为行列式是数,

$$(\det E_k)\cdots(\det E_1) = (\det E_1)\cdots(\det E_k).$$

行列式是数字, 因此行列式的乘积是可交换的, 这在很大程度上是行列式的意义所在; 基本上任何与矩阵相关但不涉及非交换性都可以用行列式来解决.

有两种可能: $\widetilde{A} = I$ 或者 $\widetilde{A} \neq I$. 如果 $\widetilde{A} = I$, 则 $\widetilde{A}^{\mathrm{T}} = I$, $\det \widetilde{A} = \det \widetilde{A}^{\mathrm{T}} = 1$, 从而得到

$$\det A \ = \ \frac{1}{(\det E_k)\cdots(\det E_1)} = \frac{1}{(\det E_1^{\mathrm{T}})\cdots(\det E_k^{\mathrm{T}})} = \det A^{\mathrm{T}}. \tag{4.8.33}$$

如果 $\widetilde{A} \neq I$, 则 (根据命题 2.5.11)$\det A = \det A^{\mathrm{T}} = 0$, 证毕. □

三角矩阵的行列式很容易计算.

回顾定义 1.2.19, 一个上三角矩阵是一个方形矩阵, 只在主对角线上或者上方有非零项; 一个下三角矩阵是一个方形矩阵, 只在对角线上或者下方有非零项. 对角线是从左上角到右下角的. 当然, 一个对角矩阵是三角矩阵, 所以一个对角矩阵的行列式也就是它的对角项的乘积.

定理 4.8.9 (三角矩阵的行列式). 如果一个矩阵为三角矩阵, 那么它的行列式是它沿着对角线上的数字的乘积.

证明: 我们将对三角矩阵证明这个结果, 下三角矩阵的结果可以由定理 4.8.8 得到. 证明是用归纳法进行的. 定理 4.8.9 对于 1×1 的矩阵显然是对的. 如果 A 是 $n\times n$ 的三角矩阵, $n>1$, 子矩阵 $A_{1,1}$(A 的第一行和第一列被删除了) 也是三角矩阵, 大小为 $(n-1)\times(n-1)$, 所以我们根据归纳法, 假设

$$\det A_{1,1} = a_{2,2}a_{3,3}\cdots a_{n,n}. \tag{4.8.34}$$

另一个证明在练习 4.8.22 中.

由于 $a_{1,1}$ 是第一列里唯一的非零元, 由第一列的展开给出

$$\det A = (-1)^2 a_{1,1} \det A_{1,1} = a_{1,1}a_{2,2}\cdots a_{n,n}. \tag{4.8.35}$$

证毕. □

定理 4.8.10: 我们也可以把非零矩阵 C(现在是 $m\times n$ 的) 放在左下角:

$$\det \begin{bmatrix} A & | & 0 \\ C & | & B \end{bmatrix} = \det A \det B.$$

练习 4.8.11 让你证明定理 4.8.10.

定理 4.8.10. 如果 A 是一个 $n\times n$ 的行列式, B 是一个 $m\times m$ 的行列式, C 是一个 $n\times m$ 的行列式, 则有

$$\det \begin{bmatrix} A & | & C \\ 0 & | & B \end{bmatrix} = \det A \det B. \tag{4.8.36}$$

置换和它们的表征

一个集合 X 的一个*置换*(permutation)是一个双射映射 $f\colon X\to X$; 这个词通常只在 X 是有限的情况下使用. 集合 $\{1,2,\cdots,n\}$ 的置换的集合记作 Perm_n, 它有 $n!$ 个元素. 它具有下列属性:

1. 复合是满足结合律的: 如果 $\sigma_1,\sigma_2,\sigma_3\in\mathrm{Perm}_n$, 则

$$(\sigma_1\circ\sigma_2)\circ\sigma_3 = \sigma_1\circ(\sigma_2\circ\sigma_3) \tag{4.8.37}$$

(见命题 0.4.15).

2. 存在一个复合的恒等变换 id: $\sigma \circ \mathrm{id} = \mathrm{id} \circ \sigma = \sigma$.

3. 对于每一个 $\sigma \in \mathrm{Perm}_n$. 置换 σ^{-1} 满足

$$\sigma \circ \sigma^{-1} = \sigma^{-1} \circ \sigma = \mathrm{id} \tag{4.8.38}$$

(见命题 0.4.15).

一个集合 X 加上一个满足这三个属性的二元变换$X \times X \to X$ 称为群. 这样, Perm_n 配上复合这个二元变换是一个群. 我们在练习 3.2.11 遇到过另一个群, 正交群 $O(n)$. 集合 Perm_n 配上复合这个二元变换, 是 $O(n)$ 的子群, 其中的二元变换是矩阵乘法.

循环的记法除了简洁还有优点. 置换的阶是使得 $\sigma^m = \mathrm{id}$ 的最小的 m.(σ^m 的意思是 σ 与它自身复合 m 次, 这样有 $\sigma^3 = \sigma \circ \sigma \circ \sigma$.) 当一个置换写成循环形式的时候, 阶就是循环的长度的最小公倍数.

例如, 循环 $(1,3,5)$ 的长度为 3, $(2,4)$ 的长度为 2, 所以置换 $(1,3,5)(2,4)$ 的阶数为 6, 是 3 和 2 的最小公倍数.

你也可以把表征计算为循环的长度的函数; 见练习 4.8.10.

第一步是要学习如何书写置换. 一种方法就是列出一个置换的数值: 例如, Perm_5 的一个元素 σ 为

$$\sigma(1) = 3, \sigma(2) = 4, \sigma(3) = 5, \sigma(4) = 2, \sigma(5) = 1. \tag{4.8.39}$$

我们可以更准确地把这个置换写为 $(1,3,5)(2,4)$. $(1,3,5)$ 和 $(2,4)$ 两项称为*循环*(cycles). 循环 $(1,3,5)$ 的意思是 σ 把 1 换到 3, 把 3 换到 5, 把 5 换回到 1. 循环 $(2,4)$ 的意思是 σ 把 2 换到 4, 把 4 换到 2. $(1,2,3)$ 的恒等置换为 $(1)(2)(3)$.

换位(transposition)是一个交换两个符号而保持其他符号不变的置换; 例如 $(1)(2,4)(3)(5)$ 是交换 2 和 4 的换位.

置换有两种: 如果表征为 1, 则置换为*偶的*(even); 如果表征为 -1, 则置换为*奇的*(odd).

定理和定义 4.8.11 (置换的表征). 存在唯一的映射

$$\mathrm{sgn}\colon \mathrm{Perm}_n \to \{-1, 1\},$$

被称为*表征*(signature), 它满足:

1. $\mathrm{sgn}(\sigma_1 \circ \sigma_2) = \mathrm{sgn}(\sigma_1)\mathrm{sgn}(\sigma_2)$ 对所有 $\sigma_1, \sigma_2 \in \mathrm{Perm}_n$ 成立;

2. $\mathrm{sgn}(\tau) = -1$ 对所有的换位 $\tau \in \mathrm{Perm}_n$ 成立.

令 $\sigma = (1,3)(2,4)$, 也就是:

$\sigma(1) = 3,\ \sigma(2) = 4$

$\sigma(3) = 1,\ \sigma(4) = 2$

则置换矩阵 (permutation matrix) M_σ 为

$$M_\sigma = \begin{bmatrix} 0 & 0 & 1 & 0 \\ 0 & 0 & 0 & 1 \\ 1 & 0 & 0 & 0 \\ 0 & 1 & 0 & 0 \end{bmatrix}$$

第一列为 $\vec{\mathbf{e}}_{\sigma(1)} = \vec{\mathbf{e}}_3$, 第二列为 $\vec{\mathbf{e}}_{\sigma(2)} = \vec{\mathbf{e}}_4$, 等等.

证明: 对每个 $\sigma \in \mathrm{Perm}_n$, 定义置换矩阵 M_σ:

$$M_\sigma \vec{\mathbf{e}}_i = \vec{\mathbf{e}}_{\sigma(i)}. \tag{4.8.40}$$

令 $\sigma, \tau \in \mathrm{Perm}_n$. 则 $M_{\sigma\circ\tau} = M_\sigma M_\tau$, 因为

$$M_{\sigma\circ\tau}\vec{\mathbf{e}}_i = \vec{\mathbf{e}}_{\sigma(\tau(i))} = M_\sigma \vec{\mathbf{e}}_{\tau(i)} = M_\sigma M_\tau \vec{\mathbf{e}}_i, \tag{4.8.41}$$

所以 $M_\sigma M_\tau$ 和 $M_{\sigma\circ\tau}$ 对每个基向量都相同. 对每个 $\sigma \in \mathrm{Perm}_n$, 定义

$$\mathrm{sgn}(\sigma) \overset{\text{def}}{=} \det M_\sigma. \tag{4.8.42}$$

定理和定义 4.8.11 的属性 1 由定理 4.8.4 得到. 属性 2 从行列式的反对称性得到: 如果 τ 是一个换位, 则 M_σ 可以通过把单位矩阵交换两列得到. 这证明了存在性. 任何满足属性 1 和属性 2 的规则必须对任意的置换给出相同的值: 每

性质 1:

$$\begin{aligned}\operatorname{sgn}(\sigma_1\circ\sigma_2) &= \det M_{\sigma_1\circ\sigma_2}\\ &= \det(M_{\sigma_1}M_{\sigma_2})\\ &= \det(M_{\sigma_1})(\det M_{\sigma_2})\\ &= \operatorname{sgn}\sigma_1\operatorname{sgn}\sigma_2\end{aligned}$$

等式 (4.8.43): 求和的每一项是矩阵 A 的 n 项的乘积, 每一行和每一列都只有一项; 没有两项来自于同一列或者同一行. 这些乘积带上适当的符号后被加在一起.

例 4.8.13: 你在练习 4.8.13 中要确认这些表征.

利用定义 1.4.15 计算行列式要快一些. 定理 4.8.12 没有提供一个有效的计算行列式的算法; 对 2×2 和 3×3 的这些课堂上用的标准矩阵 (其实任何其他地方都用) 我们有明确的和能控制的公式. 当它们很大时, 列化简 (等式 (4.8.20)) 要快得多: 与 30×30 的矩阵相比, 大概是 1 秒钟与宇宙的年龄之间的差别.

个置换可以写为换位的复合, 如果你需要偶数次换位, 则表征为 $+1$, 如果你需要奇数次换位, 则表征为 -1. 这证明了唯一性. □

注释. 在证明的过程中, 我们证明了需要的换位的次数的奇偶性与写为换位的乘积的分解无关. △

在等式 (4.8.42) 中, 我们用行列式定义了表征: 我们可以倒推, 用表征来定义行列式.

定理 4.8.12 (用置换表示的行列式). 令 A 为一个 $n\times n$ 的矩阵, 它的项为 $a_{i,j}$, 则

$$\det A=\sum_{\sigma\in\mathrm{Perm}_n}\operatorname{sgn}(\sigma)a_{1,\sigma(1)}\cdots a_{n,\sigma(n)}. \tag{4.8.43}$$

例 4.8.13 (计算置换的行列式). 令 $n=3$, 矩阵 $A=\begin{bmatrix}1&2&3\\4&5&6\\7&8&9\end{bmatrix}$. 对于 $n=3$, 有 6 个置换, 所以我们有下列结果, σ 的标签是任意的.

$\sigma_1=(1)(2)(3)$	$+$	$a_{1,1}a_{2,2}a_{3,3}=1\cdot5\cdot9=45$
$\sigma_2=(1,2,3)$	$+$	$a_{1,2}a_{2,3}a_{3,1}=2\cdot6\cdot7=84$
$\sigma_3=(1,3,2)$	$+$	$a_{1,3}a_{2,1}a_{3,2}=3\cdot4\cdot8=96$
$\sigma_4=(1)(2,3)$	$-$	$a_{1,1}a_{2,3}a_{3,2}=1\cdot6\cdot8=48$
$\sigma_5=(1,2)(3)$	$-$	$a_{1,2}a_{2,1}a_{3,3}=2\cdot4\cdot9=72$
$\sigma_6=(1,3)(2)$	$-$	$a_{1,3}a_{2,2}a_{3,1}=3\cdot5\cdot7=105$

所以 $\det A=45+84+96-48-72-105=0$. 你能看出来为什么这个行列式必须为 0 吗?[10] △

定理 4.8.12 的证明: 为了不产生偏见, 我们先暂时把定理 4.8.12 的函数叫作 D:

$$D(A)=\sum_{\sigma\in\mathrm{Perm}(1,\cdots,n)}\operatorname{sgn}(\sigma)a_{1,\sigma(1)}\cdots a_{n,\sigma(n)}. \tag{4.8.44}$$

我们将证明 D 有描述行列式的三个属性. 标准化是满足的, $D(I)=1$, 因为仅有的 $\sigma\in\mathrm{Perm}_n$ 对求和贡献了一个非零项的是恒等变换. 事实上, 如果 σ 不是恒等置换, 相应的乘积 $\operatorname{sgn}(\sigma_1)a_{1,\sigma(1)}\cdots a_{n,\sigma(n)}$ 至少包含一个不在对角线上的项, 并给出 0. 所以求和只有一项, 对应于对角项的乘积, 对角线上全都是 1, 符号是恒等置换的表征, 为 $+1$.

多线性的证明是直接的: 每一项 $a_{1,\sigma(1)}\cdot a_{n,\sigma(n)}$ 作为列的函数是多线性的, 所以任何这样的项的线性组合也是多线性的.

要证明反对称, 令 A 为一个 $n\times n$ 的矩阵, 令 τ 为 $\{1,\cdots,n\}$ 的置换, 仅交换了 i 和 j 而保持其他项不变, 注意到 $\operatorname{sgn}(\tau)=\operatorname{sgn}(\tau^{-1})=-1$. 用 A' 表示交换 A 的第 i 列和第 j 列而得到的矩阵. 则等式 (4.8.44), 用到矩阵 A' 上,

[10] 用 $\vec{\mathbf{a}}_1,\vec{\mathbf{a}}_2,\vec{\mathbf{a}}_3$ 来表示 A 的列, 则 $2\vec{\mathbf{a}}_2-\vec{\mathbf{a}}_1=\vec{\mathbf{a}}_3$; 列之间是线性相关的, 所以矩阵是不可逆的, 它的行列式为 0.

给出

$$\begin{aligned} D(A') &= \sum_{\sigma \in \operatorname{Perm}(1,\cdots,n)} \operatorname{sgn}(\sigma) a'_{1,\sigma(1)} \cdots a'_{n,\sigma(n)} \\ &= \sum_{\sigma \in \operatorname{Perm}(1,\cdots,n)} \operatorname{sgn}(\sigma) a_{1,\tau\circ\sigma(1)} \cdots a_{n,\tau\circ\sigma(n)}. \end{aligned} \tag{4.8.45}$$

注意 $\tau^{-1} \circ \sigma' = \sigma$. 我们用定理 4.8.4 来写

$$\begin{aligned} \operatorname{sgn}(\tau^{-1} \circ \sigma') &= \operatorname{sgn}(\tau^{-1}) \operatorname{sgn}(\sigma') \\ &= -\operatorname{sgn}(\sigma'). \end{aligned}$$

当 σ 遍历所有的置换, $\sigma' = \tau \circ \sigma$ 也遍历所有的置换, 所以我们可以写

$$\begin{aligned} D(A') &= \sum_{\sigma' \in \operatorname{Perm}(1,\cdots,n)} \underbrace{\operatorname{sgn}(\tau^{-1} \circ \sigma')}_{\operatorname{sgn}(\tau^{-1})\operatorname{sgn}(\sigma') = -\operatorname{sgn}(\sigma')} a_{1,\sigma'(1)} \cdots a_{n,\sigma'(n)} \\ &= -\sum_{\sigma' \in \operatorname{Perm}(1,\cdots,n)} \operatorname{sgn}(\sigma') a_{1,\sigma'(1)} \cdots a_{n,\sigma'(n)} \\ &= -D(A). \quad \square \end{aligned} \tag{4.8.46}$$

矩阵的迹与行列式的导数

定义 4.8.14 (矩阵的迹). $n \times n$ 的矩阵 A 的迹 (trace) 是它的对角项的和:

$$\operatorname{tr} A \stackrel{\text{def}}{=} \sum_{i=1}^{n} a_{i,i} = a_{1,1} + a_{2,2} + \cdots + a_{n,n}. \tag{4.8.47}$$

迹, 显然很容易计算 (比行列式的计算容易得多), 它是矩阵 A 的线性函数: 如果 A, B 为 $n \times n$ 的矩阵, 则

$$\operatorname{tr}(aA + bB) = a \operatorname{tr}(A) + b \operatorname{tr}(B). \tag{4.8.48}$$

定理 4.8.15 证明了迹和行列式是有紧密联系的. 它允许对迹的很多从定义上并不是那么显然的属性给出很容易的证明.

矩阵

$$\begin{bmatrix} 1 & 0 & 3 \\ 1 & 2 & 1 \\ 0 & 1 & -1 \end{bmatrix}$$

的迹是 $1 + 2 + (-1) = 2$.

定理 4.8.15 的第二部分是第三部分的一个特殊情况, 但它本身就很有趣. 我们首先证明它, 所以我们分开陈述它. 当 A 不可逆的时候计算导数有一些微妙, 在练习 4.8.19 中探索.

定理 4.8.15 (行列式的导数).

1. 行列式函数 $\det\colon \operatorname{Mat}(n, n) \to \mathbb{R}$ 是可微的.
2. 行列式在单位矩阵上的导数为

$$[\mathbf{D} \det(I)] B = \operatorname{tr} B. \tag{4.8.49}$$

3. 如果 $\det A \neq 0$, 则 $[\mathbf{D} \det(A)] B = \det A \operatorname{tr}(A^{-1} B)$.

例 4.8.16 (2×2 **的矩阵的行列式的导数**). 2×2 的矩阵的行列式函数可以被看作函数 $\det\colon \mathbb{R}^4 \to \mathbb{R}$, 定义为 $\det \begin{pmatrix} a \\ b \\ c \\ d \end{pmatrix} = ad - bc$, 其导数为 $\left[\mathbf{D} \det \begin{bmatrix} a & b \\ c & d \end{bmatrix}\right] = [d, -c, -b, a]$.

在单位矩阵上, 导数为 $[1,0,0,1]$; 如果我们把 $B = \begin{bmatrix}\alpha & \beta\\ \gamma & \delta\end{bmatrix}$ 记为 $\begin{pmatrix}\alpha\\ \beta\\ \gamma\\ \delta\end{pmatrix}$, 我们就有 $[1,0,0,1]\begin{pmatrix}\alpha\\ \beta\\ \gamma\\ \delta\end{pmatrix} = \alpha+\delta = \operatorname{tr} B$. △

证明: 1. 根据定理 4.8.12, 行列式是一个矩阵中的项的多项式, 因此当然是可微的. (例如, 公式 $ad-bc$ 是变量 a,b,c,d 的多项式.)

2. 因为 (命题 1.7.14)$[\mathbf{D}\det(I)]B$ 是方向导数

$$\lim_{h\to 0}\frac{\det(I+hB)-\det(I)}{h}, \tag{4.8.50}$$

计算这个极限就足够了. 换一个方法, 我们要对

$$\det(I+hB) = \det\begin{bmatrix} 1+hb_{1,1} & hb_{1,2} & \cdots & hb_{1,n}\\ hb_{2,1} & 1+hb_{2,2} & \cdots & hb_{2,n}\\ \vdots & \vdots & & \vdots\\ hb_{n,1} & hb_{n,2} & \cdots & 1+hb_{n,n}\end{bmatrix} \tag{4.8.51}$$

找到那些在展开中由等式 (4.8.43) 给出的 h 的线性项.

尝试等式 (4.8.51) 的 2×2 的情况:

$$\begin{aligned}&\det\left(I+h\begin{bmatrix}a & b\\ c & d\end{bmatrix}\right)\\ =\ &\det\begin{bmatrix}1+ha & hb\\ hc & 1+hd\end{bmatrix}\\ =\ &(1+ha)(1+hd)-h^2bc\\ =\ &1+h(a+d)+h^2(ad-bc).\end{aligned}$$

等式 (4.8.43) 显示出, 如果一项有一个因子不在对角线上, 它就必须至少有两个这样的项 (如边注中的 2×2 的例子): 一个把除了一个符号外的所有符号置换到它们自身的置换也必须把最后一个符号换到自己: 它无处可去. 但对角线外的项都包含一个因子 h, 所以只有对相应于恒等置换的项贡献了 h 的线性项. 那个项, 表征为 $+1$, 为

$$\begin{aligned}&(1+hb_{1,1})(1+hb_{2,2})\cdots(1+hb_{n,n})\\ =\ &1+h(b_{1,1}+b_{2,2}+\cdots+b_{n,n})+\cdots+h^n b_{1,1}b_{2,2}\dots b_{n,n},\end{aligned} \tag{4.8.52}$$

我们看到线性项刚好是 $b_{1,1}+b_{2,2}+\cdots+b_{n,n} = \operatorname{tr} B$.

3. 再一次, 取方向导数:

$$\begin{aligned}&\lim_{h\to 0}\frac{\det(A+hB)-\det A}{h} = \lim_{h\to 0}\frac{\det(A(I+hA^{-1}B))-\det A}{h}\\ =\ &\lim_{h\to 0}\frac{\det A\det(I+hA^{-1}B)-\det A}{h} = \det A\lim_{h\to 0}\frac{\det(I+hA^{-1}B)-1}{h}\\ =\ &\det A\lim_{h\to 0}\frac{\det(I+hA^{-1}B)-\det I}{h}\\ =\ &\det A\operatorname{tr}(A^{-1}B).\quad \square\end{aligned} \tag{4.8.53}$$

等式 (4.8.53): 最后一行的极限是 det 在方向 $A^{-1}B$ 上 I 处的方向导数, 根据命题 1.7.14, 它可以写为

$$[\mathbf{D}\det(I)](A^{-1}B).$$

根据定理的第二部分, 它就是 $\operatorname{tr}(A^{-1}B)$.

等式 (4.8.54) 看上去像定理 4.8.6 中的等式 (4.8.25), 但同样的原因它是不成立的. 定理 4.8.6 从定理 4.8.4 得到:

$$\det(AB) = \det A\det B$$

这个对于迹是不成立的: 乘积的迹不等于迹的乘积.

推论 4.8.17. 如果 P 是可逆的, 则对于任意矩阵 A, 我们有

$$\operatorname{tr}(P^{-1}AP) = \operatorname{tr} A. \tag{4.8.54}$$

证明: 这个利用了定理 4.8.15 和定理 4.8.6 (基独立于行列式):

$$\begin{aligned}
\operatorname{tr}(P^{-1}AP) &\overbrace{=}^{\text{定理 4.8.15}} [\mathbf{D}\det(I)](P^{-1}AP) \\
&= \lim_{h\to 0}\frac{\det(I+hP^{-1}AP)-\det I}{h} \\
&= \lim_{h\to 0}\frac{\det\left(P^{-1}(P+hAP)\right)-\det I}{h} \\
&= \lim_{h\to 0}\frac{\det\left(P^{-1}(I+hA)P\right)-\det I}{h} \\
&\underbrace{=}_{\text{定理 4.8.6}} \lim_{h\to 0}\frac{\det(I+hA)-\det I}{h} \\
&= [\mathbf{D}\det(I)]A \underbrace{=}_{\text{定理4.8.15}} \operatorname{tr} A. \quad \square
\end{aligned} \tag{4.8.55}$$

推论 4.8.17 的大多数的证明都是从证明

$$\operatorname{tr} AB = \operatorname{tr} BA$$

开始的. 练习 4.8.5 让你用代数方法证明这个; 练习 4.18 让你用推论 4.8.17 证明它.

行列式与本征值

在 2.7 节, 我们给出了本征值和本征向量的第一个处理. 这里, 我们将给出一个不同的处理; 它并不比早些时候的更好, 并且在某些方面更差. 但是它是非常传统的, 公式非常简洁, 在某些方面, 两个方法是互补的.

定义 4.8.18 (特征多项式). 令 A 为一个方形矩阵. 则 A 的**特征多项式** (characteristic polynomial) 为

$$\chi_A(t) \overset{\text{def}}{=} \det(tI-A).$$

特征多项式的一个问题是, 对于中等大小的矩阵, 它或多或少是可能计算的. 根据第一列的展开, 或者利用置换 (等式 (4.8.43)), 对于 $n\times n$ 的矩阵, 涉及至少 $n!$ 次计算, 对于 $n>20$, 肯定是不现实的.

行化简要好得多, 但是要行化简 $tI-A$, 我们必须对多项式做运算, 而不是对数字, 由于行化简涉及除法, 我们必须计算有理函数 (多项式的比值).

这要比数值的算术运算难得多, 更加费时间, 数值上也更加不稳定, 因为四舍五入的误差增长得更快.

作为对比, 我们在 2.7 节的多项式 p_i 仅涉及数值的矩阵的行化简,

例 4.8.19. 如果 $A=\begin{bmatrix}0&1\\1&1\end{bmatrix}$, 则

$$\chi_A(t)=\det\left(\begin{bmatrix}t&0\\0&t\end{bmatrix}-\begin{bmatrix}0&1\\1&1\end{bmatrix}\right)=\det\begin{bmatrix}t&-1\\-1&t-1\end{bmatrix}=t^2-t-1. \quad \triangle$$

显然, 如果 A 是一个 $n\times n$ 矩阵, 它的特征多项式 χ_A 是一个 n 次多项式.

定理 4.8.20. 令 A 为一个方形矩阵. A 的本征值为 χ_A 的根.

证明: 如果 λ 是 χ_A 的一个根, 则 $\det(\lambda I-A)=0$, 所以 (根据定理 4.8.13 和维数公式) $\ker(\lambda I-A)\neq\{\mathbf{0}\}$. 如果 $\vec{\mathbf{v}}\in\ker(\lambda I-A)$ 是一个非零向量, 它是一个本征值为 λ 的本征向量, 因为 $A\vec{\mathbf{v}}=\lambda\vec{\mathbf{v}}$. 相反地, 如果 $A\vec{\mathbf{v}}=\lambda\vec{\mathbf{v}}$ 且 $\vec{\mathbf{v}}\neq\vec{\mathbf{0}}$, 则 $\vec{\mathbf{v}}\in\ker(\lambda I-A)$, 所以 $\lambda I-A$ 是不可逆的, 所以 $\det(\lambda I-A)=0$. $\square$

推论 4.8.21. 如果 A 是一个三角矩阵, A 的对角项为 A 的本征值, 每个出现的次数等于其作为 χ_A 的根的重数.

这个证明就是练习 4.8.12 的目标.

推论 4.8.22. 如果 χ_A 的根都是单根, 则 A 在 $\mathbb{C}^n$ 中有本征基.

不像定理 2.7.9, 推论 4.8.22 不是 "当且仅当" 的陈述: 就算 χ_A 的根不是单根, 仍然可以有本征基.

证明: 如果根是单根, 有 n 个, 根据定理 2.7.7, 相应的本征向量是线性无关的, 提供了一个本征基. □

推论 4.8.22 是如何与我们早些时候的处理, 尤其是与由满足 $A^m\vec{\mathbf{w}}$ 是 $\vec{\mathbf{w}}, A\vec{\mathbf{w}}, \cdots, A^{m-1}\vec{\mathbf{w}}$ 的一个线性组合的最小的 m 定义的多项式 p 联系起来的呢? 因为 p 的根是 A 的本征值, 有任何理由期待 p 与 χ_A 有联系, 而实际上确实是这样的.

定理 4.8.23. 对于任意向量 $\vec{\mathbf{w}}$, 多项式 p 整除 χ_A.

定理 4.8.23 的证明令人惊讶的难. 定理在 A 有本征基的时候显然是成立的; 则 p 的根, 也是 χ_A 的根, 是单根, 所以 p 整除 χ_A.

p 的根为本征值, 所以它们也是 χ_A 的根. 问题是, 我们需要证明 p 的一个根的重数不能高于它作为 χ_A 的一个根的重数. 这需要三个中间的陈述, 所有的三个本身就有重大意义.

命题 4.8.24. 如果 A 是一个 $n\times n$ 的复数矩阵, 存在一个可逆矩阵 P 使得 $P^{-1}AP$ 是上三角矩阵, 等价地, 由一个基 $\vec{\mathbf{v}}_1, \cdots, \vec{\mathbf{v}}_n$ 使得 A 在这个基下的矩阵为上三角矩阵.

证明: 这个证明用的是对 n 进行归纳. 如果 $n=1$ 是显然的, 所以假设 $n\geqslant 2$, 并假设结果对所有 $(n-1)\times(n-1)$ 的矩阵成立.

找到一个本征值为 λ_1 的本征向量 $\vec{\mathbf{v}}_1$(根据代数基本定理, 它是存在的). 选取向量 $\vec{\mathbf{w}}_2, \cdots, \vec{\mathbf{w}}_n$ 使得向量 $\vec{\mathbf{v}}_1, \vec{\mathbf{w}}_2, \cdots, \vec{\mathbf{w}}_n$ 构成 $\mathbb{R}^n$ 的一组基. 则我们有 $T \overset{\text{def}}{=} [\vec{\mathbf{v}}_1, \vec{\mathbf{w}}_2, \cdots, \vec{\mathbf{w}}_n]$ 是可逆的, 并且因为 $\vec{\mathbf{v}}_1$ 是一个 A 的本征向量, $B \overset{\text{def}}{=} T^{-1}AT$ 的第一列为 $\lambda_1\vec{\mathbf{e}}_1$, 也就是, 我们可以写

B 的第一列为

$$B\vec{\mathbf{e}}_1 = (T^{-1}AT)\vec{\mathbf{e}}_1 = (T^{-1}A)T\vec{\mathbf{e}}_1$$
$$= T^{-1}A\vec{\mathbf{v}}_1 = T^{-1}\lambda_1\vec{\mathbf{v}}_1$$
$$= \lambda + 1\vec{\mathbf{e}}_1 \text{ (因为 } T\vec{\mathbf{e}}_1 = \vec{\mathbf{v}}_1).$$

$$B \overset{\text{def}}{=} T^{-1}AT = \left[\begin{array}{c|c} \lambda_1 & \beta \\ \hline 0 & \\ \vdots & \widetilde{B} \\ 0 & \end{array}\right], \tag{4.8.56}$$

其中, β 是某个 $1\times(n-1)$ 的矩阵, $\widetilde{B}$ 是一个 $(n-1)\times(n-1)$ 的矩阵.

根据我们的归纳假设, 我们可以找到一个可逆矩阵 $\widetilde{Q}$ 使得 $\widetilde{A}^{-1}\widetilde{B}\widetilde{Q}$ 为上三角矩阵, 设

$$Q = \left[\begin{array}{c|c} 1 & \cdots \quad 0 \quad \cdots \\ \hline 0 & \\ \vdots & \widetilde{Q} \\ 0 & \end{array}\right], \text{ 所以 } Q^{-1} = \left[\begin{array}{c|c} 1 & \cdots \quad 0 \quad \cdots \\ \hline 0 & \\ \vdots & \widetilde{Q}^{-1} \\ 0 & \end{array}\right],$$

$$\text{以及 } Q^{-1}BQ = \left[\begin{array}{c|c} \lambda_1 & \beta\widetilde{Q} \\ \hline 0 & \\ \vdots & \widetilde{Q}^{-1}\widetilde{B}\widetilde{Q} \\ 0 & \end{array}\right]. \tag{4.8.57}$$

尤其是, $Q^{-1}BQ$ 是上三角矩阵. 设 $P=TQ$, 则

$$P^{-1}AP=Q^{-1}T^{-1}ATQ=Q^{-1}BQ \tag{4.8.58}$$

是上三角矩阵. □

推论 4.8.25. 如果 A 是一个 $n\times n$ 的矩阵, 本征值为 $\lambda_1,\cdots,\lambda_n$, 则

$$\det A=\lambda_1\cdots\lambda_n.$$

练习 4.8.20 让你证明推论 4.8.25.

显然, 可对角化矩阵是非常友好的. 基于一般的悲观主义的想法, 你可能期待会有例外. 它的反面是成立的: 大多数的方形矩阵都是可对角化的.

定理 4.8.26. 所有的矩阵都在可对角化的矩阵的闭包里: 对于每个方形的复数矩阵 A, 有一个复数可对角化矩阵的序列 A_i, 它收敛到 A.

证明: 假设 $B\overset{\text{def}}{=}P^{-1}AP$ 是上三角矩阵, 对角项为 $\lambda_1,\cdots,\lambda_n$. 选取序列 $\lambda_{i,m}$ 使得对所有的 m, $\lambda_{1,m},\cdots,\lambda_{n,m}$ 都不相同, 且满足在 $m\to\infty$ 时, $\lambda_{i,m}\to\lambda_i$. 令 B_m 为矩阵 B, λ_i 被替换成了 $\lambda_{i,m}$. 则序列 PB_mP^{-1} 满足我们的要求. □

我们的下一个结果是线性代数的一个著名的结果. 下面 [0] 表示所有项为 0 的矩阵.

定理 4.8.27 (凯莱–哈密尔顿定理). 如果 A 是任意方形矩阵, 则 $\chi_A(A)=[0]$.

这个定理的代数证明非常困难, 但使用定理 4.8.26 它就很容易, 它的证明 (带着提示) 是练习 4.8.14 的目标.

定理 4.8.23 的证明: 现在, 我们能够证明定理 4.8.23. 利用带余项的乘法, 写 $\chi_A=qp+r$, 其中如果 $r\neq 0$ 则 $\deg r<\deg p$. 由定理 4.8.27, $\chi_A(A)=[0]$, 所以 $\chi_A(A)\vec{\mathbf{w}}=\vec{\mathbf{0}}$. 这样

$$\chi_A(A)\vec{\mathbf{w}}=q(A)p(A)\vec{\mathbf{w}}+r(A)\vec{\mathbf{w}} \tag{4.8.59}$$

变成了 0, 所以右边的第一项也为 0, 因为 $p(A)\vec{\mathbf{w}}=\vec{\mathbf{0}}$; 见等式 (2.7.22). 也得到 $r(A)\vec{\mathbf{w}}=\vec{\mathbf{0}}$. 因为 p 是满足 $p(A)\vec{\mathbf{w}}=\vec{\mathbf{0}}$ 的最低次多项式且 $\deg r<\deg p$, 这意味着 $r=0$. □

定理 4.8.27: 我们不能简单地说 $\chi_A(A)$ 等于 $\det(IA-A)=\det[0]=0$. 因为 A 是个矩阵, $\chi_A(A)$ 是个矩阵, 不是一个数; 见等式 (2.7.20). 我们必须首先计算 $\chi_A(t)$, 然后用 A 来替换 t. 例如对于例 4.8.19 中的 A,

$$\chi_A(A)=A^2-A-I.$$

凯莱"证明"了定理 4.8.27: 对于 $A=\begin{bmatrix}a&b\\c&d\end{bmatrix}$,

$$\begin{aligned}&\det(tI-A)\\ =\ &\det\begin{bmatrix}t-a&-b\\-c&t-d\end{bmatrix}\\ =\ &t^2-(a+d)t+ad-bc,\end{aligned}$$

他通过计算确定

$$\begin{bmatrix}a&b\\c&d\end{bmatrix}^2-(a+d)\begin{bmatrix}t-a&-b\\-c&t-d\end{bmatrix}+(ad-bc)I=[0].$$

并宣称他也验证了 3×3 的矩阵, 但是写道: "*我不认为有必要对一般的任意大小的矩阵的情况花费力气去进行正式的证明.*"

我们强烈地不同意学生有这种态度.

$$\underbrace{\begin{bmatrix}1&-2&3&0\\4&0&1&2\\5&-1&2&1\\3&2&1&0\end{bmatrix}}_{A},\ \underbrace{\begin{bmatrix}1&1&2&1\\0&3&4&1\\1&2&3&1\\2&1&0&4\end{bmatrix}}_{B}$$

$$\underbrace{\begin{bmatrix}1&2&3&4\\0&1&-1&3\\3&0&1&1\\1&2&-2&0\end{bmatrix}}_{C}$$

练习 4.8.1 的矩阵.

4.8 节的练习

4.8.1 计算边注的矩阵 A,B,C 的行列式, 使用第一列展开或者第一行展开.

4.8.2 a. 矩阵 $\begin{bmatrix}b&a&0&0\\0&b&a&0\\0&0&b&a\\a&0&0&b\end{bmatrix}$ 的行列式是什么?

b. 对角线上为 b, 对角线上方的线上以及左下角为 a 的相应的 $n\times n$ 矩阵的行列式是什么?

c. 对于每个 n, a 和 b 是什么值的时候, b 问中的矩阵是不可逆的? 提示: 不要忘了复数.

4.8.3 精确阐明定义行列式 (定义 4.8.1) 的三个条件对于 2×2 的矩阵的意义, 并证明它们.

4.8.4 令 A, B, C, D 为 2×2 矩阵. 考虑形式为 $\begin{bmatrix}[A] & [B]\\ [C] & [D]\end{bmatrix}$ 的 4×4 的矩阵的函数 Δ, 定义为

$$\Delta\begin{bmatrix}[A] & [B]\\ [C] & [D]\end{bmatrix} = \det A \det D - \det B \det C.$$

a. 函数 Δ 相对于 M 的四列是多线性的吗?

b. 相对于那些列, 函数是反对称的吗?

c. 它是否满足 $\Delta\begin{bmatrix}[I] & [0]\\ [0] & [I]\end{bmatrix} = 1$?

4.8.5 通过直接计算证明: 如果 A, B 为 2×2 矩阵, 则 $\operatorname{tr}(AB) = \operatorname{tr}(BA)$.

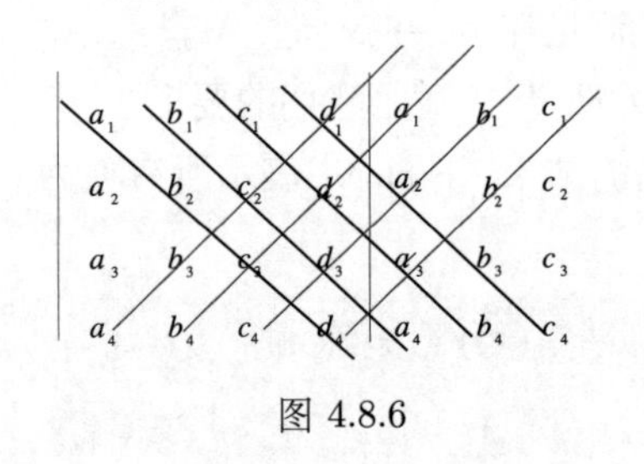

图 4.8.6

4.8.6 在 1.4 节 (图 1.4.11) 给出了计算 3×3 矩阵行列式的一个简便方法. 边注的图给出了类似的 4×4 矩阵 $\begin{bmatrix}a_1 & b_1 & c_1 & d_1\\ a_2 & b_2 & c_2 & d_2\\ a_3 & b_3 & c_3 & d_3\\ a_4 & b_4 & c_4 & d_4\end{bmatrix}$ 的计算方法: 加每条实对角线上的乘积, 减去点线上的项的乘积. 这个算法计算了行列式吗? 如果是的话, 证明它. 如果没有, 它缺少了行列式的哪些属性?

练习 4.8.7 a 的提示: 想到把列乘以 2, 或者 -4.

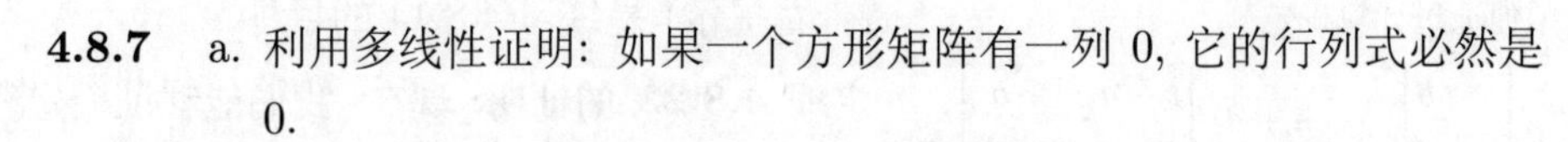

4.8.7 a. 利用多线性证明: 如果一个方形矩阵有一列 0, 它的行列式必然是 0.

b. 证明: 如果一个方形矩阵 A 的两列相等, 则 $\det A = 0$.

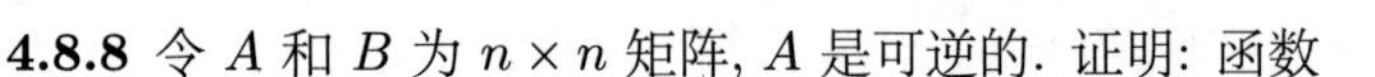

4.8.8 令 A 和 B 为 $n\times n$ 矩阵, A 是可逆的. 证明: 函数

$$f(B) = \frac{\det(AB)}{\det A}$$

满足多线性、反对称和标准化, 所以 $f(B) = \det B$.

4.8.9 a. 找到下列置换的置换矩阵.

i. $(1,3,2)$;　ii. $(1,2,4,3)$;

iii. $\tau\circ\sigma$, 其中 $\sigma = (1)(2,3), \tau = (1,3)(2)$.

b. 对于 iii, 通过矩阵乘法验证 $M_\tau M_\sigma = M_{\tau\circ\sigma}$.

练习 4.8.10: 例如, 置换

$$\sigma\colon 1\mapsto 2, 2\mapsto 1, 3\mapsto 5$$
$$4\mapsto 7, 5\mapsto 4, 6\mapsto 6, 7\mapsto 3$$

被写成循环形式

$$(1,2)(3,5,4,7)(6).$$

所以它的表征为

$$(-1)^{1+3+0} = 1.$$

4.8.10 证明: 如果一个置换 σ 被写为循环形式, 它的表征为

$$\operatorname{sgn}(\sigma) = (-1)^{\sum(\text{循环的长度})-1}$$

(这个有时候会作为表征的定义给出).

4.8.11 证明定理 4.8.10: 如果 A 是一个 $n \times n$ 矩阵, B 是一个 $m \times m$ 的矩阵, C 是任意的 $n \times m$ 的矩阵, 则

$$\det \begin{bmatrix} A & | & C \\ 0 & | & B \end{bmatrix} = \det A \det B.$$

4.8.12 证明推论 4.8.21.

4.8.13 确认数字 1, 2, 3 的六个排列的表征与例 4.8.13 中的相同.

4.8.14 证明凯莱–哈密尔顿定理:

a. 首先对对角矩阵证明该定理.

b. 然后证明 $\chi_{P^{-1}BP} = \chi_B$. 利用这个, 和 a 问的结果证明定理对可对角化矩阵成立.

c. 最后, 用定理 4.8.26 证明一般的结论.

$$\begin{bmatrix} 2 & 1 & 0 & 1 \\ 1 & 1 & 3 & 2 \\ 2 & 0 & 2 & 1 \\ 1 & 0 & 4 & 2 \end{bmatrix}$$

练习 4.8.15 的矩阵.

练习 4.8.16: 这种计算最好由计算机来完成, 尽管我们是手算的.

注意, 练习 4.8.17 比起使用第 2 章的方法的同样的练习 (练习 2.9.8) 要容易多少?

4.8.15 a. 使用行变换 (或者列变换) 和等式 (4.8.20) 来计算边注的矩阵的行列式.

b. 利用置换计算同一个矩阵的行列式.

4.8.16 用凯莱的方法 "证明" 凯莱–哈密尔顿定理: 通过计算证明: 如果 A 是 3×3 的矩阵, 则 $\chi_A(A) = [0]$.

4.8.17 利用命题 3.8.3, 证明: 对于 2×2 的矩阵 A,

$$||A|| = \sqrt{\frac{|A|^2 + \sqrt{|A|^4 - 4(\det A)^2}}{2}}.$$

练习 4.8.18: 如果 $\det A \neq 0$, a 问给出公式

$$x_i = \frac{\det A_i(\vec{\mathbf{b}})}{\det A},$$

被称为***克莱姆法则***(Cramer's rule). 这个解线性方程组的显式的方法在数值计算上并不那么有效, 除非 n 比较小, 但是它有相当重要的理论价值, 在 b 问中给予展示.

练习 4.8.19 的提示: 见练习 2.39.

4.8.18 如果 $A \in \text{Mat}(n, n)$, $\vec{\mathbf{b}} \in \mathbb{R}^n$, 用 $A_i(\vec{\mathbf{b}})$ 表示第 i 列被替换成 $\vec{\mathbf{b}}$ 的矩阵 A.

a. 如果 $A\vec{\mathbf{x}} = \vec{\mathbf{b}}$, 证明 $x_i \det A = \det A_i(\vec{\mathbf{b}})$. 提示: 使用行列式和列变换规则, 证明 $\det A_I(\vec{\mathbf{b}}) = \det A_i(A\vec{\mathbf{x}}) = x_i \det A$.

b. 证明: 如果 A 是一个可逆的 $n \times n$ 的整数矩阵, 则当且仅当 $\det A = \pm 1$ 的时候, A^{-1} 是整数矩阵.

4.8.19 令 A 为一个 $n \times n$ 的矩阵.

a. 证明: 如果 $\text{rank}(A) = n - 1$, 则 $[\mathbf{D} \det(A)]: \text{Mat}(n, n) \to \mathbb{R}$ 不是 0 变换.

b. 证明: 如果 $\text{rank}(A) \leqslant n - 2$, 则 $[\mathbf{D} \det(A)]$ 是 0 变换.

4.8.20 令 A 为一个 $n \times n$ 的矩阵, 本征值为 $\lambda_1, \cdots, \lambda_n$(不必不同: 作为一个多项式方程的根, 每一个值出现的次数等于其重数). 证明: $\det A = \lambda_1 \cdots \lambda_n$.

4.8.21 给定两个置换 σ 和 τ, 证明与每个矩阵 (M_σ 和 M_τ) 相关联的变换是一个***群同构***(group homomorphism): 它满足 $M_{\sigma \circ \tau} = M_\sigma M_\tau$.

4.8.22 通过证明:

a. 如果一个上三角矩阵的所有的对角项都不是 0, 你可以用列变换 (第二类) 把矩阵变成对角的, 而不用改变主对角线上的项.

b. 如果主对角线上的某些项为 0, 列变换可以用来得到一列 0.

给出定理 4.8.9 的另一个证明.

4.8.23 令 A 为一个正交的 $n \times n$ 矩阵.

a. 证明: $\det A = \pm 1$.

b. 证明: A 的所有的本征值 λ 都满足 $|\lambda| = 1$.

c. 证明: $\det A = -1$ 当且仅当 -1 是 A 的一个本征值, 重数为奇数时成立.

d. 证明: A 是一个反射和旋转的复合.

4.9 体积与行列式

在这一节, 我们证明在所有的维度下, 行列式都可以测量体积. 这推广了命题 1.4.14, 它说的是由 $\vec{\mathbf{a}}$ 和 $\vec{\mathbf{b}}$ 生成的平行四边形的面积为 $\det[\vec{\mathbf{a}}, \vec{\mathbf{b}}]$, 和命题 1.4.21, 说的是由 $\vec{\mathbf{a}}, \vec{\mathbf{b}}, \vec{\mathbf{c}}$ 生成的平行六面体的体积为 $|\det[\vec{\mathbf{a}}, \vec{\mathbf{b}}, \vec{\mathbf{c}}]|$.

我们将在第 6 章看到行列式测量 k 维平行四边形的 "带符号的体积", 也就是定向的 k–平行四边形的体积.

定理 4.9.1: 从定义 4.1.18, 我们记着可铺集合有明确定义的体积.

定理 4.9.1 (行列式按比例缩放体积). 令 $T: \mathbb{R}^n \to \mathbb{R}^n$ 为一个线性变换, 由矩阵 $[T]$ 给出. 则对于任意的可铺集合 $A \subset \mathbb{R}^n$, 它的图像 $T(A)$ 是可铺的, 且

$$\mathrm{vol}_n\, T(A) = |\det[T]|\, \mathrm{vol}_n\, A. \tag{4.9.1}$$

行列式的绝对值, $|\det[T]|$, 把 A 的体积按比例放大或者缩小而得到 $T(A)$ 的体积; 它测量了 $T(A)$ 的体积与 A 的体积的比率. 如果 T 是线性的 (如图 4.9.1), 比率仅依赖于 T, 不依赖于 A. 集合 A 可以是一个立方体, 或者一个球, 或者某些随机的土豆形状的物体; 如果它被 T 改变了形状, 它的体积也总是按照同样的比例变化.[11]

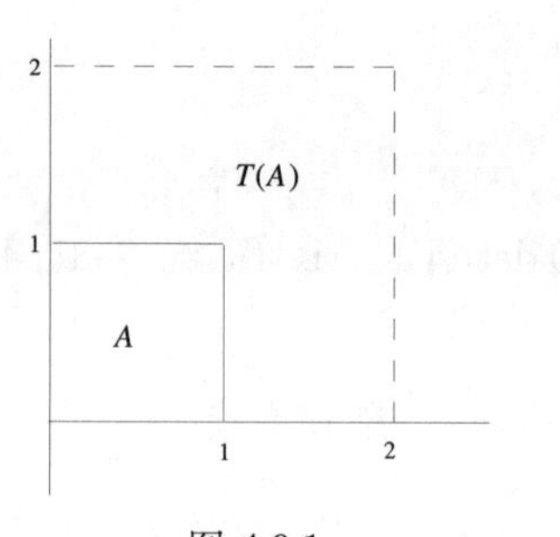

图 4.9.1

由 $\begin{bmatrix} 2 & 0 \\ 0 & 2 \end{bmatrix}$ 给出的比例变换把边长为 1 的单位正方形变成边长为 2 的. 第一个的面积为 1; 第二个的面积为 $|\det[T]|$ 倍 (也就是 4).

推论 4.9.2. 如果 S 为一个正交矩阵, 则

$$\mathrm{vol}_n\, S(A) = \mathrm{vol}_n\, A. \tag{4.9.2}$$

证明: 因为 $S^{\mathrm{T}} S = I$(定理 2.4.15 的边注), 我们有 $(\det S)(\det S^{\mathrm{T}}) = (\det S)^2 = 1$, 所以 $|\det S| = 1$. □

对这一节和第 5 章, 我们需要定义 k 维平行四边形, 也叫作 k–平行四边形.

---

[11]定理 4.9.1 解释了为什么一个半长轴为 a, 半短轴为 b 的椭圆的面积为 πab. 这样的椭圆是一个半径为 r 的圆被线性变换 $\begin{bmatrix} a & 0 \\ 0 & b \end{bmatrix}$ 形变得到的. 但是弧长并没有类似地按比例变化, 没有简单的公式计算椭圆的弧长. 事实上, 椭圆函数被称为椭圆是因为它们来自于计算椭圆的弧长的尝试.

定义 4.9.3 ($\mathbb{R}^n$ 上的平行四边形的体积). 令 $\vec{\mathbf{v}}_1,\cdots,\vec{\mathbf{v}}_k$ 为 $\mathbb{R}^n$ 上的 k 个向量. 由 $\vec{\mathbf{v}}_1,\cdots,\vec{\mathbf{v}}_k$ 生成的*k–平行四边形*(k–parallelogram)为所有的

$$t_1\vec{\mathbf{v}}_1+\cdots+t_k\vec{\mathbf{v}}_k \tag{4.9.3}$$

的集合, 记作 $P(\vec{\mathbf{v}}_1,\cdots,\vec{\mathbf{v}}_k)$, 其中 $0\leqslant t_i\leqslant 1$, $i=1,\cdots,k$.

在定义 4.9.3 中, t_i 的作用是一个精确的方式来表达 k–平行四边形是由 $\vec{\mathbf{v}}_1,\cdots,\vec{\mathbf{v}}_k$ 生成的物体, 包括边界和内部.

这样, $P(\vec{\mathbf{v}})$ 是一个线段, $P(\vec{\mathbf{v}}_1,\vec{\mathbf{v}}_2)$ 是一个平行四边形, $P(\vec{\mathbf{v}}_1,\vec{\mathbf{v}}_2,\vec{\mathbf{v}}_3)$ 是一个平行六面体, 等等.[12]

注意我们写向量的顺序无关紧要:

$$\begin{aligned}&P(\vec{\mathbf{v}}_1,\vec{\mathbf{v}}_2)=P(\vec{\mathbf{v}}_2,\vec{\mathbf{v}}_1),\\&P(\vec{\mathbf{v}}_1,\vec{\mathbf{v}}_2,\vec{\mathbf{v}}_3)=P(\vec{\mathbf{v}}_1,\vec{\mathbf{v}}_3,\vec{\mathbf{v}}_2),\cdots.\end{aligned} \tag{4.9.4}$$

在定理 4.9.1 的证明中, 我们将用 k–平行四边形的一个特殊的情况: n 维单位立方体. 单位圆盘的中心通常在原点, 我们把单位立方体的左下角固定在原点.

定义 4.9.4: 把 Q 固定在原点是很方便的; 如果我们把系锚的地方切断, 让它在 n 维空间自由漂浮, 它的体积仍然为 1.

定义 4.9.4 (n 维单位立方体 Q). *n 维单位立方体*(n dimensional cube) Q_n 是由 $\vec{\mathbf{e}}_1,\cdots,\vec{\mathbf{e}}_n$ 生成的 n 维平行四边形. 在没有歧义的情况下, 我们记作 Q.

现在注意到, 如果我们把一个线性变换 T 应用到 Q 上, 结果 $T(Q)$ 为由 $[T]$ 的列扩生成的 n 维平行四边形. 这个就是例 1.2.6 所展示的事实, 矩阵 $[T]$ 的第 i 列为 $[T]\vec{\mathbf{e}}_i$; 如果构成 $[T]$ 的向量为 $\vec{\mathbf{v}}_1,\cdots,\vec{\mathbf{v}}_n$, 这将给出 $\vec{\mathbf{v}}_i=[T]\vec{\mathbf{e}}_i$, 我们可以写

$$T(Q)=P(\vec{\mathbf{v}}_1,\cdots,\vec{\mathbf{v}}_n). \tag{4.9.5}$$

这个陈述和定理 4.9.1 给出了下述命题.

注意到一个 $\mathbb{R}^2$ 上的 3–平行四边形必须被压平, 而且它可以在 $\mathbb{R}^n, n>2$ 内被完美地压平: 这在 $\vec{\mathbf{v}}_1,\vec{\mathbf{v}}_2,\vec{\mathbf{v}}_3$ 线性相关的时候会发生.

命题 4.9.5 ($\mathbb{R}^n$ 上的 n–平行四边形平行四边形的体积). 令 $\vec{\mathbf{v}}_1,\cdots,\vec{\mathbf{v}}_m$ 为 $\mathbb{R}^n$ 中的向量. 则

$$\operatorname{vol}_n P(\vec{\mathbf{v}}_1,\cdots,\vec{\mathbf{v}}_n)=|\det[\vec{\mathbf{v}}_1,\cdots,\vec{\mathbf{v}}_n]|. \tag{4.9.6}$$

你可能想起了在 $\mathbb{R}^2$ 中, 尤其是 $\mathbb{R}^3$ 中, 行列式测量体积的证明是一个冗长的计算 (命题 1.4.14 和 1.4.21). 在 $\mathbb{R}^n$ 上, 这样的计算证明是不可能的.

公式 (4.9.7): 如果 $\vec{\mathbf{v}}\in T(C)$, 则 $T^{-1}(\vec{\mathbf{v}})\in T^{-1}T(C)=C$. 如果 $\vec{\mathbf{v}}\in B_R(\mathbf{0})$, 则 $|\vec{\mathbf{v}}|\leqslant R$, 且 $|T^{-1}\vec{\mathbf{v}}|\leqslant|T^{-1}|R$, 所以

$$T^{-1}\vec{\mathbf{v}}\in B_{R|T^{-1}|}(\mathbf{0}).$$

定理 4.9.1 的证明: 如果 $[T]$ 是不可逆的, 定理成立, 因为等式 (4.9.1) 的两边都为 0. 右边为 0 是因为当 $[T]$ 不可逆的时候, $\det[T]=0$(定理 4.8.3). 左边为 0 是因为如果 $[T]$ 不可逆, 则 $T(\mathbb{R}^n)$ 是 $\mathbb{R}^n$ 的一个维数小于 n 的子空间, 且 $T(A)$ 是这个子空间的一个有界子集, 所以根据命题 4.3.5, 它的 n 维体积是 0.

$[T]$ 是可逆的情况要复杂得多. 我们将从证明 $T(C), C\in\mathcal{D}_N(\mathbb{R}^n)$ 构成了 $\mathbb{R}^n$ 的一个铺排开始. 定义 4.7.2 的第一个条件被满足了, 因为 T 是可逆的.

条件 2 被满足是因为根据二进分解 $\mathcal{D}_N$ 的定义, $\mathbf{x}\in T(C_1)\cap T(C_2)\Rightarrow T^{-1}(\mathbf{x})\in C_1\cap C_2$, 但如果 $C_1\neq C_2$, 则 $C_1\cap C_2=\varnothing$. 条件 3 被满足是因为

$$T(C)\cap B_R(\mathbf{0})\neq\varnothing\Rightarrow C\cap B_{R|T^{-1}|}(\mathbf{0})\neq\varnothing; \tag{4.9.7}$$

[12]我们最初使用 k–parallelepiped (平行六面体); 我们后来放弃了这个用法, 因为我们的一个女儿说 “piped” 会让她想起一个有 3.1415··· 条腿的生物.

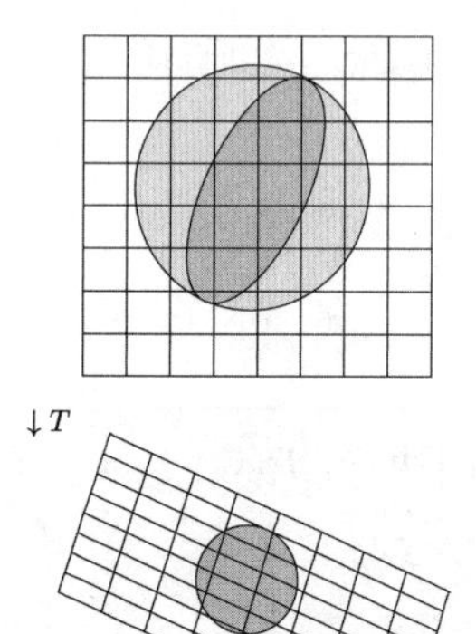

图 4.9.2

下面的铺排是 $T(\mathcal{P}(\mathcal{D}_N))$. 一个半径为 R 的球只与有限多的方块相交, 因为它的逆图像 (一个椭球) 被包含在一个 $R[T^{-1}]$ 的球中.

见边注的注释和图 4.9.2. 条件 4 被满足是因为 $T(C)$ 的边界被包含在有限多的低维度的子空间中.

下一步, 我们需要证明下列陈述:

1. 铺排序列 $N \mapsto T\big(\mathcal{D}_M(\mathbb{R}^n)\big)$ 是嵌套分拆.
2. 如果 $C \in \mathcal{D}_N(\mathbb{R}^n)$, Q 是 n 维的单位立方体 ($\text{vol}_n\, Q = 1$), 则
$$\text{vol}_n\, T(C) = \text{vol}_n\, T(Q)\, \text{vol}_n\, C. \tag{4.9.8}$$
3. 如果 A 是可铺的, 则它的图像 $T(A)$ 是可铺的, 且
$$\text{vol}_n\, T(A) = \text{vol}_n\, T(Q)\, \text{vol}_n\, A. \tag{4.9.9}$$
4.
$$\text{vol}_n\, T(Q) = |\det[T]| \tag{4.9.10}$$

我们将按顺序来证明. □

引理 4.9.6. 铺排 $N \mapsto T(\mathcal{D}_N(\mathbb{R}^n))$ 是一个嵌套的分拆.

引理 4.9.6 的证明: 我们必须检验嵌套分拆的定义 4.7.3 中的两个条件. 第一个条件是小的铺排的块必须能够放进大的铺排的块中: 如果我们用 $T(C)$ 的块来铺排 $\mathbb{R}^n$, 且如果

$$C_1 \in \mathcal{D}_{N_1}(\mathbb{R}^n), C_2 \in \mathcal{D}_{N_2}(\mathbb{R}^n), \text{ 并且 } C_1 \subset C_2, \tag{4.9.11}$$

我们有

$$T(C_1) \subset T(C_2) \tag{4.9.12}$$

这个显然是满足的; 例如, 如果你把图 4.9.1 中的方块 A 分割成四个小方块, 每个小方块的图像将可以放进 $T(A)$. □

我们使用 T 的线性来满足第二个条件—— $T(C)$ 的小片随着 $N \to \infty$ 缩小到点. 这个是被满足的: 对于 $C \in \mathcal{D}_N(\mathbb{R}^n)$, 我们有

$$\text{diam}(C) = \frac{\sqrt{n}}{2^N}, \text{ 所以 } \text{diam}(T(C)) \leqslant |T|\frac{\sqrt{n}}{2^N}. \tag{4.9.13}$$

(回忆定义 4.7.3, $\text{diam}(X)$ 是点 $\mathbf{x}, \mathbf{y} \in X$ 的最大距离. 如果不等式 (4.9.13) 对于你还不清楚, 见脚注.[13]) 所以随着 $N \to \infty$, $\text{diam}(T(C)) \to 0$.

定理 4.9.1 的第二个陈述的证明: 现在, 我们需要证明, 如果 $C \in \mathcal{D}_N(\mathbb{R}^n)$, 则

$$\text{vol}_n\, T(C) = \text{vol}_n\, T(Q)\, \text{vol}_n\, C. \tag{4.9.14}$$

[13]对任意点 $\mathbf{a}, \mathbf{b} \in C$(我们可以把它们想成是由向量 $\vec{\mathbf{v}}$ 相联结的),

$$|T(\mathbf{a}) - T(\mathbf{b})| = T|(\mathbf{a} - \mathbf{b})| = \Big|[T]\vec{\mathbf{v}}\Big| \underbrace{\leqslant}_{\text{命题 1.4.11}} |[T]||\vec{\mathbf{v}}|.$$

这样, $T(C)$ 的直径最多为联结 C 的两个点的最长的向量的长度的 $|[T]|$ 倍 (根据不等式 (4.1.16), 也就是 $\sqrt{n}/2^N$).

我们证明了 $T(Q)$ 是可铺排的, 以及所有的 $C \in \mathcal{D}_N$ 的 $T(C)$. 因为 C 是 Q 在各个方向上放大或者缩小 2^N, $T(C)$ 是 $T(Q)$ 按同样的比例变大或者变小, 我们有

$$\frac{\mathrm{vol}_n T(C)}{\mathrm{vol}_n T(Q)} = \frac{\mathrm{vol}_n C}{\mathrm{vol}_n Q} = \frac{\mathrm{vol}_n C}{1}. \quad \square \tag{4.9.15}$$

定理 4.9.1 的第三个陈述的证明: 现在, 我们需要证明, 如果 A 是可铺的, 则 $T(A)$ 也是可铺的, 且

$$\mathrm{vol}_n T(A) = \mathrm{vol}_n T(Q) \, \mathrm{vol}_n A. \tag{4.9.16}$$

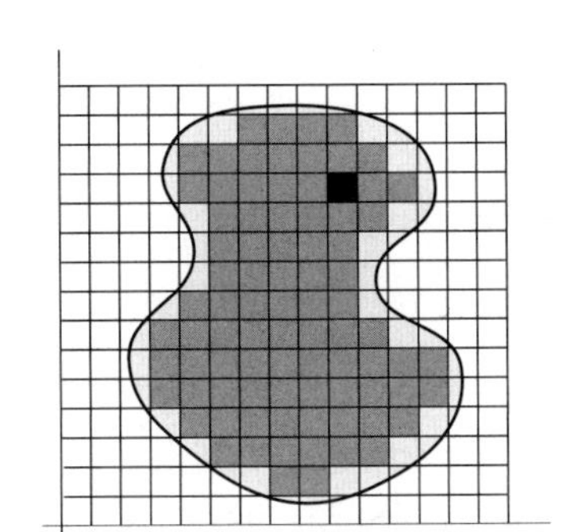

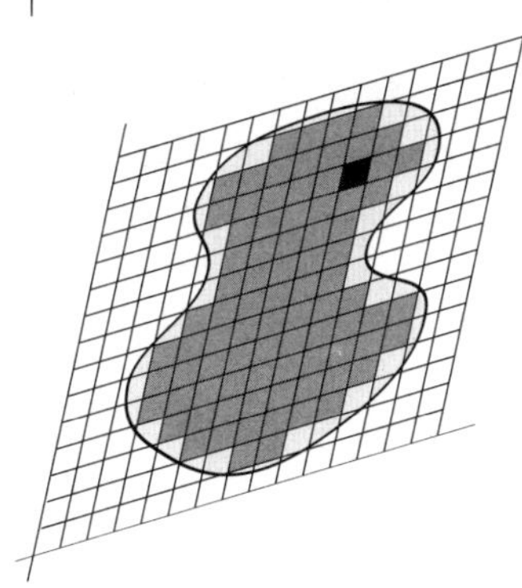

图 4.9.3

上图中土豆形状的区域是集合 A; 它通过 T 被映射到下图的图像 $T(A)$. 如果 C 是上图中的小的黑色方块, $T(C)$ 是下图中的黑色的平行四边形. 所有的 $\mathcal{D}_N(\mathbb{R}^n)$ 中的 C 的 $T(C)$ 的集合记作 $T(\mathcal{D}_N)$.

$T(A)$ 的体积是所有的满足 $C \in \mathcal{D}_N(\mathbb{R}^n)$ 且 $C \subset A$ 的 $T(C)$ 的体积的和. 每一个这样的块有相同的体积: 根据等式 (4.9.15),

$$\mathrm{vol}_n T(C) = \mathrm{vol}_n C \, \mathrm{vol}_n T(Q).$$

在等式 (4.9.17) 和 (4.9.18) 中, 注意我们是在对哪些立方体求和是很重要的:

$C \cap A \neq \varnothing =$ C 在 A 中或者跨在 A 的边界上

$C \subset A =$ C 全在 A 的内部.

从第二个中减去第一个给出那些跨在 A 的边界上的 C.

我们知道 A 是可铺的; 如图 4.9.3 所示, 我们可以通过对下和 (完全在 A 中的立方体 $C \in \mathcal{D}$) 取极限来计算体积或者取上和 (或者完全在 A 中或者跨在 A 的边界上) 的极限.

因为 (根据引理 4.9.6) $T(\mathcal{D}_N)$ 是一个嵌套分拆, 我们可以把它用作一个铺排来测量 $T(A)$ 的体积, 用上和与下和:

$$\begin{aligned}
\overbrace{\sum_{T(C)\cap T(A)\neq\varnothing} \mathrm{vol}_n(C)}^{\mathbf{1}_{T(A)}\text{的上和}} &= \sum_{C\cap A\neq\varnothing} \overbrace{\mathrm{vol}_n(C)\,\mathrm{vol}_n T(Q)}^{\text{根据等式 (4.9.14), 为 } \mathrm{vol}_n T(C)} \\
&= \mathrm{vol}_n T(Q) \overbrace{\sum_{C\cap A\neq\varnothing} \mathrm{vol}_n C}^{\text{极限为 } \mathrm{vol}_n A};
\end{aligned} \tag{4.9.17}$$

$$\overbrace{\sum_{T(C)\subset T(A)} \mathrm{vol}_n(C)}^{\mathbf{1}_{T(A)}\text{的下和}} = \sum_{C\subset A} \mathrm{vol}_n(C)\,\mathrm{vol}_n T(Q) = \mathrm{vol}_n T(Q) \overbrace{\sum_{C\subset A} \mathrm{vol}_n C}^{\text{极限为 } \mathrm{vol}_n A}. \tag{4.9.18}$$

从上和中减去下和, 我们得到

$$\underbrace{U_{T(\mathcal{D}_N)}(\mathbf{1}_{T(A)}) - L_{T(\mathcal{D}_N)}(\mathbf{1}_{T(A)})}_{\text{对于嵌套分拆}T(\mathcal{D}_N)\text{的上和与下和的差}} = \mathrm{vol}_n T(Q) \sum_{C\text{跨在}A\text{的边界上}} \mathrm{vol}_n C. \tag{4.9.19}$$

因为 A 是可铺的, 右侧可以被变得任意小, 所以上和与下和有共同的极限, $T(A)$ 是可铺的, 且

$$\mathrm{vol}_n T(A) = \mathrm{vol}_n T(Q) \, \mathrm{vol}_n A. \quad \square \tag{4.9.20}$$

定理 4.9.1 的第四个陈述的证明: 这就剩下了第四部分: 为什么 $\mathrm{vol}_n T(Q)$ 等于 $|\det[T]|$? 在体积和极其复杂的行列式的公式之间并没有显然的关系. 我们的策略是把定理简化到 T 是有初等矩阵给出的情况, 因为初等矩阵的行列式是直接计算的. 下面的引理是关键. $\square$

引理 4.9.7. 如果 $S, T\colon \mathbb{R}^n \to \mathbb{R}$ 为线性变换, 则

$$\mathrm{vol}_n (S \circ T)(Q) = \mathrm{vol}_n S(Q) \, \mathrm{vol}_n T(Q). \tag{4.9.21}$$

引理 4.9.7 的证明: 这个从等式 (4.9.20) 得到, 用 S 替代 T, 用 $T(Q)$ 替代 A.

$$\operatorname{vol}_n(S\circ T)(Q)=\operatorname{vol}_n S(T(Q))=\operatorname{vol}_n S(Q)\operatorname{vol}_n T(Q).\quad\square \tag{4.9.22}$$

当集合 A 用集合形式定义的时候, 如图 4.9.4 中的, 那么 $E(A)$ 的意思是什么呢? 我们把 E 想成一个变换; 把这个变化应用到 A 上的意思是把 A 的每一个点乘上 E 得到 $E(A)$ 中对应的点. 我们在 1.3 节讨论了把线性变换应用在子集上.

任意可逆线性变换 T, 用它的矩阵表示, 可以写成初等矩阵的乘积.

$$[T]=E_kE_{k-1}\cdots E_1 \tag{4.9.23}$$

(见等式 (2.3.5)). 所以由引理 4.9.7 和定理 4.8.4, 对初等矩阵证明第四部分就足够了, 也就是证明

$$\operatorname{vol}_n E(Q)=|\det E|. \tag{4.9.24}$$

初等矩阵有三类, 在定义 2.3.5 中有描述.(这里我们以列的形式来讨论它们, 不是行的形式)

1. 如果 E 是第一类初等矩阵, 把一列乘上一个非零数 m, 则 $\det E=m$(等式 (4.8.27)), 等式 (4.9.24) 变成了 $\operatorname{vol}_n E(Q)=[m]$. 这个结果在命题 4.1.20 中证明了, 因为 $E(Q)$ 是一个除了一条边以外所有边长都为 1 的平行六面体, 其长度为 $[m]$.

2. E 是第二类的情况, 把一列的倍数加到另一列上, 稍微复杂一些. 不失一般性, 我们可以假设第一列的一个倍数被加到第二列上. 首先我们来验证 $n=2$ 的情况, 其中 E 是矩阵

$$E=\begin{bmatrix}1&a\\0&1\end{bmatrix},\ \text{满足}\ \det E=1. \tag{4.9.25}$$

Q 为单位正方形. 则 $E(Q)$ 是一个平行四边形 (如图 4.9.4) , 底为 1, 高为 1, 所以 $\operatorname{vol}_2(E(Q))=|\det E|=1$.[14] 如果 $n>2$, 把 $\mathbb{R}^n$ 写成 $\mathbb{R}^2\times\mathbb{R}^{n-2}$. 相应地, 我们可以写 $Q=Q_1\times Q_2$ 以及 $E=E_1\times E_2$, 其中 E_2 为单位矩阵, 如图 4.9.5 所示. 则根据命题 4.1.16,

$$\operatorname{vol}_n E(Q)=\operatorname{vol}_2(E_1(Q_1))\operatorname{vol}_{n-2}(Q_2)=1\cdot 1=1. \tag{4.9.26}$$

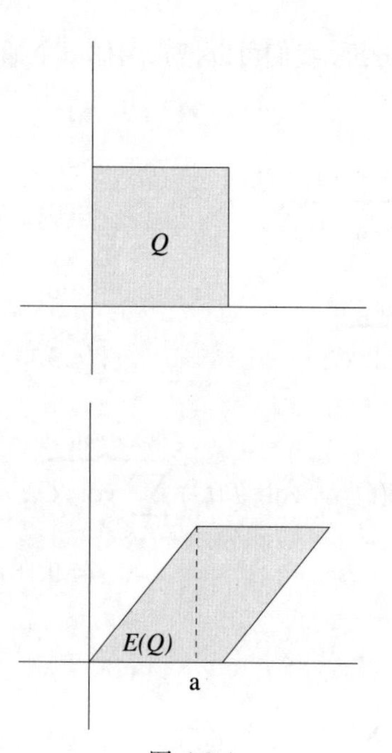

图 4.9.4

$\mathbb{R}^2$ 上的第二类初等矩阵, 简单地把单位正方形 Q 变成了底边为 1, 高为 1 的平行四边形.

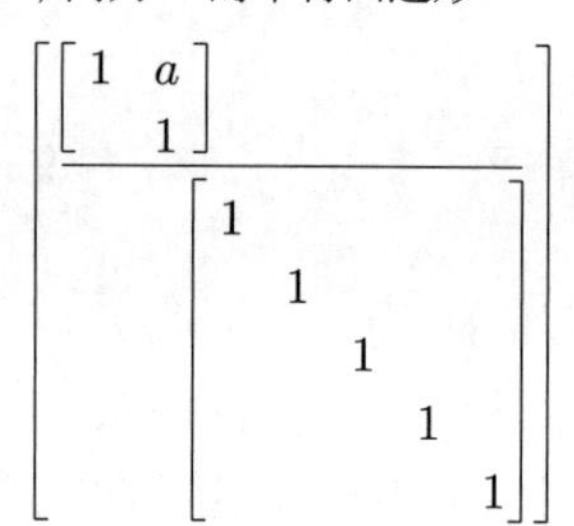

图 4.9.5

这里 $n=7$; 从 7×7 矩阵 E, 我们创建了 2×2 矩阵

$$E_1=\begin{bmatrix}1&a\\0&1\end{bmatrix}$$

和 5×5 的单位矩阵 E_2.

3. 如果 E 是第三类, 则 $\det E=-1$, 所以 $|\det E|=1$, 且等式 (4.9.24) 变成了 $\operatorname{vol}_n E(Q)=1$. 事实上, 因为 $E(Q)$ 只是把顶点重新标记的 Q, 其体积为 1.

注意到, 因为 $\operatorname{vol}_n T(Q)=|\det[T]|$, 等式 (4.9.21) 可以被重写为

$$|\det[ST]|=|\det[S]||\det[T]|. \tag{4.9.27}$$

当然, 从定理 4.8.4 就可以清楚这个结果. 但那个结果没有一个很透明的证明,

[14] 但这是一个证明吗? 我们在用我们的铺排, 或者某些 “几何直觉” 定义的, 正确但很难解释的体积 (这个例子里是面积) 吗? 一个使用富比尼定理的严格解释为:

$$\operatorname{vol}_2(E(Q))=\int_0^1\left(\int_{ay}^{ay+1}\right)\mathrm{d}y=1.$$

另一个可能性在练习 4.9.2 中给出.

而等式 (4.9.21) 有一个清晰的几何意义. 这样, 把行列式解读为体积给出了一个为什么定理 4.8.4 应该成立的理由.

变量的线性换元

总是或多或少等价地谈到体积或者谈到积分; 把定理 4.9.1(“行列式测量体积”) 翻译成积分的语言给出下面的定理.

定理 4.9.8 (变量的线性换元). 令 $T\colon \mathbb{R}^n \to \mathbb{R}^n$ 为一个可逆的线性变换, $f\colon \mathbb{R}^n \to \mathbb{R}$ 为可积函数. 则 $f \circ T$ 为可积的, 且

$$\int_{\mathbb{R}^n} f(\mathbf{y})|\,\mathrm{d}^n\mathbf{y}| = \underbrace{|\det T|}_{\text{修正了}T\text{导致的拉伸}} \int_{\mathbb{R}^n} \underbrace{f\big(T(\mathbf{x})\big)}_{f(\mathbf{y})}|\,\mathrm{d}^n\mathbf{x}|. \tag{4.9.28}$$

在等式 (4.9.28) 中, $|\det T|$ 修正了由 T 带来的线性形变. 左边的 $\mathbb{R}^n$ 是 T 的陪域 (以及 f 的定义域); 右边的 $\mathbb{R}^n$ 是 T 的定义域.

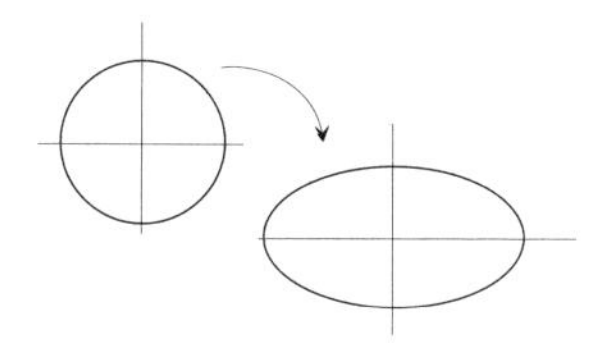

图 4.9.6

线性变换

$$T = \begin{bmatrix} a & 0 \\ 0 & b \end{bmatrix}$$

把单位圆盘变成了椭圆 (填充的).

例 4.9.9 (变量的线性变换). 由 $T = \begin{bmatrix} a & 0 \\ 0 & b \end{bmatrix}$ 给出的线性变换把单位圆盘变成了椭圆, 如图 4.9.6 所示. 椭圆的面积则由下式给出

$$\text{椭圆的面积} = \int_{\text{椭圆}} |\,\mathrm{d}^2\mathbf{y}| = \underbrace{\left|\det \begin{bmatrix} a & 0 \\ 0 & b \end{bmatrix}\right|}_{ab} \underbrace{\int_{\text{圆盘}} |\,\mathrm{d}^2\mathbf{x}|}_{\pi=\text{单位圆盘的面积}} = |ab|\pi. \tag{4.9.29}$$

如果我们已经在单位圆上积分了某些函数 $f\colon \mathbb{R}^2 \to \mathbb{R}$, 并且想知道同样的函数在椭圆上积分会给出什么, 我们可以用公式

$$\int_{\text{椭圆的}} f(\mathbf{y})|\,\mathrm{d}^2\mathbf{y}| = |ab| \int_{\text{圆盘}} f \underbrace{\begin{pmatrix} ax_1 \\ bx_2 \end{pmatrix}}_{T(\mathbf{x})} |\,\mathrm{d}^2\mathbf{x}|. \quad \triangle \tag{4.9.30}$$

定理 4.9.8 的证明: 回顾 (定义 4.1.3) $M_C(g)$ 是 $g(\mathbf{x}), \mathbf{x} \in C$ 的上确界. 回顾 (引理 4.9.6)$T(\mathcal{D}_N(\mathbb{R}^n))$ 是一个嵌套的分拆. 定理 4.7.5 和定理 4.7.1 给出了下列结果:

$$\begin{aligned}
\int_{\mathbb{R}^n} f\big(T(\mathbf{x})\big)|\det T||\,\mathrm{d}^n\mathbf{x}| &= \lim_{N\to\infty} \sum_{C\in\mathcal{D}_N(\mathbb{R}^n)} M_C\Big((f\circ T)|\det T|\Big)\operatorname{vol}_n C \\
&\underbrace{=}_{\text{定理4.9.1}} \lim_{N\to\infty} \sum_{C\in\mathcal{D}_N(\mathbb{R}^n)} M_C(f\circ T)\underbrace{\operatorname{vol}_n\big(T(C)\big)}_{=|\det T|\operatorname{vol}_n C} \\
&\underbrace{=}_{\text{定理4.7.4}} \lim_{N\to\infty} \sum_{P\in(T(\mathcal{D}_N(\mathbb{R}^n)))} M_P(f)\operatorname{vol}_n(P) \\
&= \int_{\mathbb{R}^n} f(\mathbf{y})|\,\mathrm{d}^n\mathbf{y}|. \quad \square
\end{aligned} \tag{4.9.31}$$

4.9 节的练习

4.9.1 令 $T\colon \mathbb{R}^n \to \mathbb{R}^n$ 由边注的矩阵给出, 令 $A \subset \mathbb{R}^n$ 为

$$|x_1| + |x_2|^2 + |x_3|^3 + \cdots + |x_n|^n \leqslant 1$$

$$\begin{bmatrix} 1 & 0 & 0 & \cdots & 0 \\ 2 & 2 & 0 & \cdots & 0 \\ 3 & 3 & 3 & \cdots & 0 \\ \vdots & \vdots & \vdots & & \vdots \\ n & n & n & \cdots & n \end{bmatrix}$$

练习 4.9.1 的矩阵

给出的区间. 计算 $\mathrm{vol}_n T(A)/\mathrm{vol}_n A$.

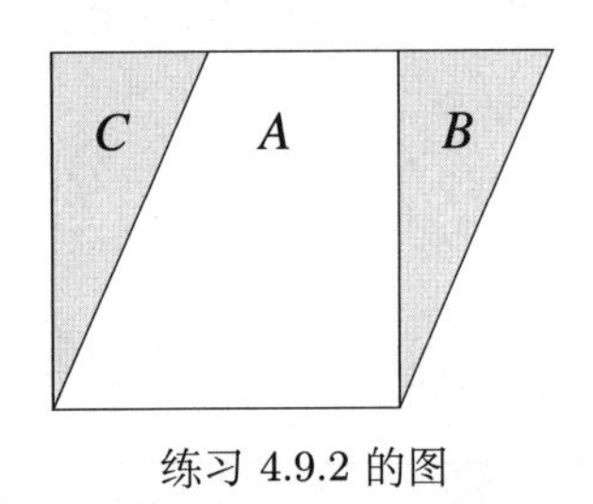

练习 4.9.2 的图

4.9.2 使用 "切割" (边注的图中所建议的那样), 证明 E 为第二类时的等式 (4.9.24).

练习 4.9.3, a 问: 利用富比尼定理; b 问: 不用富比尼定理. 找到一个线性变换 S 满足 $S(T_1) = T_2$.

4.9.3 a. 顶点为

$$\begin{bmatrix}0\\0\\0\end{bmatrix}, \begin{bmatrix}1\\0\\0\end{bmatrix}, \begin{bmatrix}0\\1\\0\end{bmatrix}, \begin{bmatrix}0\\0\\1\end{bmatrix}$$

的四面体 T_1 的体积是什么?

b. 顶点为

$$\begin{bmatrix}0\\0\\0\end{bmatrix}, \begin{bmatrix}2\\1\\1\end{bmatrix}, \begin{bmatrix}-1\\3\\1\end{bmatrix}, \begin{bmatrix}-2\\-5\\2\end{bmatrix}$$

的四面体 T_2 的体积是什么?

4.9.4 区域

$$\{\mathbf{x} \in \mathbb{R}^n | x_i \geqslant 0, i = 1, \cdots, n; x_1 + \cdots + x_n \leqslant 1\}$$

的 n 维体积是什么?

4.9.5 令 q 为 $\mathbb{R}$ 上的连续函数, 假设 f 和 g 满足微分方程

$$f''(x) = q(x)f(x),\ g''(x) = q(x)g(x),$$

把由 $\begin{bmatrix}f(x)\\f'(x)\end{bmatrix}, \begin{bmatrix}g(x)\\g'(x)\end{bmatrix}$ 生成的平行四边形的面积 $A(x)$ 用 $A(0)$ 表示. 提示: 你可能需要对 $A(x)$ 求导.

a. $\begin{bmatrix}1\\3\\-1\end{bmatrix}, \begin{bmatrix}2\\-1\\-1\end{bmatrix}, \begin{bmatrix}3\\6\\0\end{bmatrix}$;

b. $\begin{bmatrix}1\\1\\1\\0\end{bmatrix}, \begin{bmatrix}1\\1\\0\\1\end{bmatrix}, \begin{bmatrix}1\\0\\1\\1\end{bmatrix}, \begin{bmatrix}0\\1\\1\\1\end{bmatrix}$;

c. $\begin{bmatrix}4\\3\\2\\1\\0\end{bmatrix}, \begin{bmatrix}3\\2\\1\\0\\1\end{bmatrix}, \begin{bmatrix}2\\1\\0\\1\\2\end{bmatrix}, \begin{bmatrix}1\\0\\1\\2\\3\end{bmatrix}, \begin{bmatrix}0\\1\\2\\3\\4\end{bmatrix}$.

练习 4.9.6 的向量.

4.9.6 计算由边注中的向量生成的 k–平行四边形的体积.

练习 4.9.7 a: 这是对的, 但不能直接而显然看出第一个性质来自于其他的性质, 因此实际上是不必要的.

***4.9.7** a. 证明: $\widetilde{\Delta} = |\det T|$ 是唯一的满足以下属性的映射 $\mathrm{Mat}(n, n) \to \mathbb{R}$:

1. 对于所有的 $T \in \mathrm{Mat}(n, n)$, 我们有 $\widetilde{\Delta}(T) \geqslant 0$.
2. 函数 $\widetilde{\Delta}$ 是列的对称函数 (也就是, 交换两列不改变函数值).
3. 对于所有的 $T = [\vec{\mathbf{v}}_1, \vec{\mathbf{v}}_2, \cdots, \vec{\mathbf{v}}_n] \in \mathrm{Mat}(n, n)$,

$$\widetilde{\Delta}[a\vec{\mathbf{v}}_1, \vec{\mathbf{v}}_2, \cdots, \vec{\mathbf{v}}_n] = |a|\widetilde{\Delta}[\vec{\mathbf{v}}_1, \vec{\mathbf{v}}_2, \cdots, \vec{\mathbf{v}}_n].$$

4. 对于所有的 $T = [\vec{\mathbf{v}}_1, \vec{\mathbf{v}}_2, \cdots, \vec{\mathbf{v}}_n] \in \mathrm{Mat}(n, n)$,

$$\widetilde{\Delta}[\vec{\mathbf{v}}_1, \vec{\mathbf{v}}_2, \cdots, \vec{\mathbf{v}}_n] = \widetilde{\Delta}[\vec{\mathbf{v}}_1 + a\vec{\mathbf{v}}_2, \vec{\mathbf{v}}_2, \cdots, \vec{\mathbf{v}}_n].$$

5. $\widetilde{\Delta}(I_n) = 1$.

b. 证明: $T \mapsto \mathrm{vol}_n(T(Q))$ 满足描述 Δ 的特征的属性.

4.10 换元公式

我们在 4.9 节讨论了线性变量变换. 这一节专注于在高维度下的非线性变量变换. 毫无疑问, 你遇到过一维积分的变量变换, 也许是在*换元法*(substitution method) 的名字下.

例 4.10.1 (换元法). 要计算

$$\int_0^\pi \sin x \, \mathrm{e}^{\cos x} \, \mathrm{d}x, \tag{4.10.1}$$

传统上, 我们设 $u = \cos x$, 所以 $\mathrm{d}u = -\sin x \, \mathrm{d}x$. 则对 $x = 0$, 我们有 $u = \cos 0 = 1$, 对于 $x = \pi$, 我们有 $u = \cos \pi = -1$, 所以

$$\int_0^\pi \sin x \mathrm{e}^{\cos x} \, \mathrm{d}x = \int_1^{-1} -\mathrm{e}^u \, \mathrm{d}u = \int_{-1}^1 \mathrm{e}^u \, \mathrm{d}u = \mathrm{e} - \frac{1}{\mathrm{e}}. \tag{4.10.2}$$

$\mathrm{d}u$ 这个表达式的意义在第 6 章探索.

在这一节, 我们把这种计算推广到多个变量上. 它包括两部分, 变换被积函数, 变换积分域. 在例 4.10.1, 我们通过设 $u = \cos x$, 从而 $\mathrm{d}u = -\sin x \, \mathrm{d}x$(不管 $\mathrm{d}u$ 的意思是什么) 变换了被积函数, 我们通过 $x = 0$ 对应于 $u = \cos 0 = 1$, $x = \pi$ 对应于 $u = \cos \pi = -1$ 来变换积分域.

两个部分在多个变量的时候都很难, 尤其是第二个. 在一维的时候, 积分域通常是一个区间, 并不太难来看到区间如何做出反应. $\mathbb{R}^n$ 上的积分域, 就算是在传统的圆盘、扇形、球、圆柱, 等等的情况, 也有点难以处理. 我们的处理方法的主要部分是在变量变换下对 “域的对应” 做出精确的解释. △

三个重要的换元

在陈述通用的换元公式之前, 我们将探索它对平面上的极坐标、空间的球面坐标和柱坐标都描述了些什么. 这将帮助你理解一般的情况. 另外, 很多实际的系统 (例如在物理课上遇到的) 在盘面上或者空间上有中心对称性, 或者在平面上有对称轴, 在所有这些情况下, 这些换元都是有用的工具. 最后, 很多标准的多重积分是通过这些换元计算的.

极坐标

如果你用标准的方式画 (x, y) 平面, 则极角 θ 随着你沿着单位圆逆时针旋转而增加.

极坐标在平面上有旋转对称性的时候适用.

定义 4.10.2 (极坐标映射). *极坐标映射*(polar coordinate map)P 把 (r, θ) 平面上的一个点映射到 (x, y) 平面上的一个点:

$$P \colon \begin{pmatrix} r \\ \theta \end{pmatrix} \mapsto \begin{pmatrix} x = r\cos\theta \\ y = r\sin\theta \end{pmatrix}, \tag{4.10.3}$$

其中 r 测量的是沿着辐条到原点的距离, 极角测量的是由辐条和 x 正半轴之间形成的角 (以弧度为单位).

这样, 如图 4.10.1 所示, P 的定义域内的一个矩形在 P 的图像中变成了一个曲边 “矩形”.

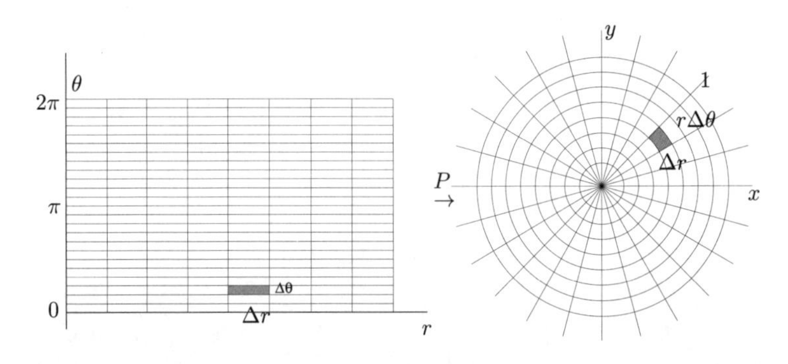

图 4.10.1

极坐标映射 P 把左边的大小为 Δr 和 $\Delta\theta$ 的矩形映射到右边的曲边的盒子, 有两条长度为 Δr 的直边和两条长度为 $r\Delta\theta$ 的曲边 (对不同的 r 值).

命题 4.10.3 (极坐标的变量变换). 假设 f 是一个定义在 $\mathbb{R}^2$ 上的可积函数, 假设极坐标映射 P 把 (r,θ) 平面上的区域 $B \subset (0,\infty)\times[0,2\pi)$ 映射到 (x,y) 平面内的区域 A. 则

$$\int_A f\begin{pmatrix}x\\y\end{pmatrix}|\mathrm{d}x\,\mathrm{d}y| = \int_B f\begin{pmatrix}r\cos\theta\\r\sin\theta\end{pmatrix}r|\mathrm{d}r\,\mathrm{d}\theta|. \tag{4.10.4}$$

在等式 (4.10.4) 中, $r|\mathrm{d}r\,\mathrm{d}\theta|$ 中的 r 起到了线性换元公式 (定理 4.9.8) 中的 $|\det T|$ 的作用: 它修正了由极坐标映射 P 导致的形变. 我们可以把 $|\det T|$ 放在积分前面, 因为它是个常数.

这里, 我们不能把 r 放在积分前面; 因为 P 是非线性的, 形变的量不是常数, 而是依赖于 P 所作用的点.

在等式 (4.10.4) 中, 我们可以把

$$\int_B f\begin{pmatrix}r\cos\theta\\r\sin\theta\end{pmatrix}$$

替换成

$$\int_B f\left(P\begin{pmatrix}r\\\theta\end{pmatrix}\right).$$

定理 4.9.8 中关于线性的情况使用的格式.

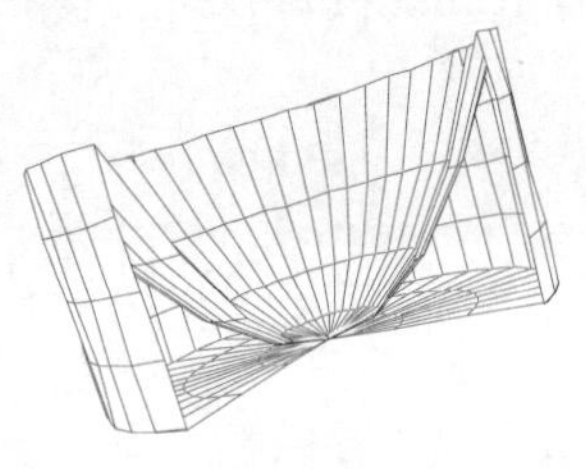

图 4.10.2

在例 4.10.4 中, “图像下的体积” 是在圆柱内部, 抛物面外部的区域. 这个体积最先是阿基米德计算出来的, 它在计算过程中发明了很多积分学的方法. 大约在 2 000 年里, 没有人理解他究竟在做什么.

注意到映射 $P\colon B\to A$ 是双射 (单射和满射), 因为我们要求 $\theta\in[0,2\pi)$. 这个选择基本上是任意的; 区间 $[-\pi,\pi]$ 也将同样好, 还有 $(0,2\pi]$ 也一样.(没必要担心 $\theta=0$ 或者 $\theta=2\pi$ 时会发生什么, 因为那些是体积为 0 的集合, 根据推论 4.3.10, 它们不影响积分.) 要求 r 在 $(0,\infty)$ 中就避免了在原点没有明确定义的极角的问题; 再一次, 省略 $r=0$ 不影响积分.

我们将把等式 (4.10.4) 是怎么来的讨论推迟, 并先看一些例子.

例 4.10.4 (抛物旋转体下的体积). 考虑图 4.10.2 的抛物面, 由下式给出

$$z = f\begin{pmatrix}x\\y\end{pmatrix} = \begin{cases}x^2+y^2 & \text{如果 } x^2+y^2\leqslant R^2\\ 0 & \text{如果 } x^2+y^2>R^2\end{cases}. \tag{4.10.5}$$

通常, 我们可以把积分

$$\int_{\mathbb{R}^2} f\begin{pmatrix}x\\y\end{pmatrix}|\mathrm{d}x\,\mathrm{d}y| \text{ 写为 } \int_{D_R}(x^2+y^2)|\mathrm{d}x\,\mathrm{d}y|, \tag{4.10.6}$$

其中

$$D_R = \left\{\begin{pmatrix}x\\y\end{pmatrix}\in\mathbb{R}^2 | x^2+y^2\leqslant R^2\right\} \tag{4.10.7}$$

为圆心在原点半径为 R 的圆盘. 这个积分用富比尼定理很难计算; 练习 4.10.1 让你来完成这个计算. 使用换元公式 (4.10.4), 就是直接的计算:

$$\int_{\mathbb{R}^2} f\begin{pmatrix}x\\y\end{pmatrix}|\mathrm{d}x\,\mathrm{d}y| \quad = \quad \int_0^{2\pi}\int_0^R f\begin{pmatrix}r\cos\theta\\r\sin\theta\end{pmatrix}r\,\mathrm{d}r\,\mathrm{d}\theta$$

$$= \int_0^{2\pi} \int_0^R (r^2)(\cos^2\theta + \sin^2\theta) r \, \mathrm{d}r \, \mathrm{d}\theta \qquad (4.10.8)$$

$$= \int_0^{2\pi} \int_0^R (r^2) r \, \mathrm{d}r \, \mathrm{d}\theta = 2\pi \left[\frac{r^4}{4}\right]_0^R = \frac{\pi}{2} R^4. \qquad \triangle$$

最常见的, 在积分域为一个圆盘或者圆盘的一个扇形的时候, 可以使用极坐标, 但它们也可以用在很多边界的方程可以刚好适合极坐标的情况下, 如例 4.10.5.

例 4.10.5 (双纽线的面积). 双纽线看上去像一个数字 8; 名字来自于拉丁语的 "带子". 我们将计算由方程 $r^2 = \cos 2\theta$ 给出的双纽线的右半部分 A 的面积. (也就是, 图 4.10.3 中由曲线的右边的圈围起来的面积.)

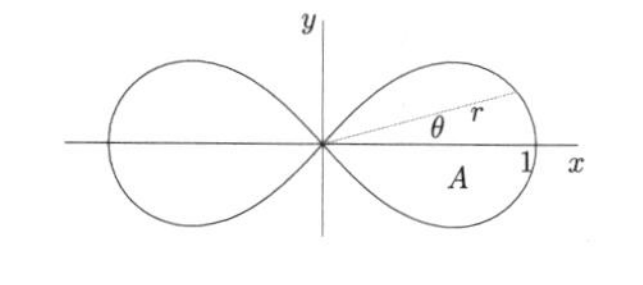

图 4.10.3

方程为

$$r^2 = \cos 2\theta$$

的双纽线, 在 (x, y) 平面上利用极坐标:

$$x = r\cos\theta, y = r\sin\theta$$

画出. (图 4.10.1 所显示的, θ 是极角, r 是到原点的距离.) 区域 A 是右侧的圈. 练习 4.10.3 让你写出在复数记号下的双纽线的方程.

这个面积可以写为 $\int_A \mathrm{d}x \, \mathrm{d}y$, 可以通过黎曼和来计算, 但用富比尼定理得到的表达式复杂得令人崩溃. 使用极坐标简化了计算. 区域 A 对应于 (r, θ) 平面上的区域 B:

$$B = \left\{ \begin{pmatrix} r \\ \theta \end{pmatrix} \middle| -\frac{\pi}{4} \leqslant \theta \leqslant \frac{\pi}{4}, 0 < r < \sqrt{\cos 2\theta} \right\}. \qquad (4.10.9)$$

这样, 在极坐标中, 积分变成了

$$\int_{-\pi/4}^{\pi/4} \left(\int_0^{\sqrt{\cos 2\theta}} r \, \mathrm{d}r \right) \mathrm{d}\theta = \int_{-\pi/4}^{\pi/4} \left[\frac{r^2}{2}\right]_0^{\cos 2\theta} \mathrm{d}\theta \qquad (4.10.10)$$

$$= \int_{-\pi/4}^{\pi/4} \frac{\cos 2\theta}{2} \, \mathrm{d}\theta = \left[\frac{\sin 2\theta}{4}\right]_{-\pi/4}^{\pi/4} = \frac{1}{2}.$$

(极坐标的换元公式, 等式 (4.10.4) 的两侧都有函数 f. 因为我们在计算面积, 函数就是简单的 1.) $\triangle$

球面坐标系

只要你在 $\mathbb{R}^3$ 上有对称中心, 球面坐标就是重要的. 尽管数学上, "球面" 这个词指的是 3 维球的 2 维曲面, 球面坐标映射把空间给参数化了, 如图 4.10.4; 它是从 $\mathbb{R}^3$ 到 $\mathbb{R}^3$(或者 $\mathbb{R}^3$ 的一个子集) 的映射.

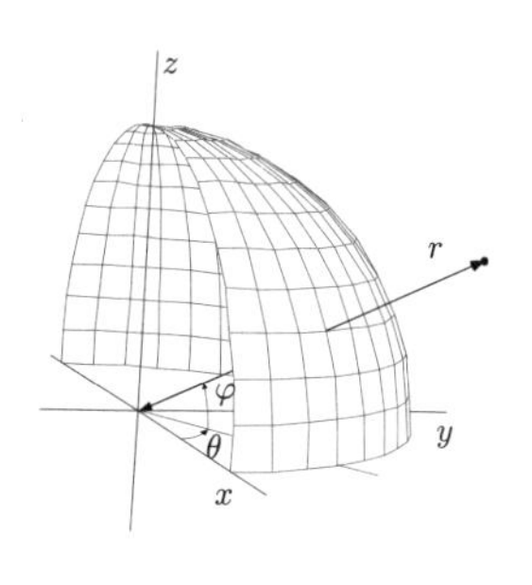

图 4.10.4

在球面坐标中, 一个点是由它到原点的距离 r, 它的经度 θ, 纬度 φ 确定的; 经纬度单位是弧度, 不是度.

许多作者用从北极算起的角度, 而不是纬度. 主要是因为大多数的人对标准的纬度的感觉舒适一些, 我们倾向于这个. 用北极的公式在练习 5.2.3 中给出.

定义 4.10.6 (球面坐标映射). 球面坐标映射(spherical coordinate map)S 把空间中由其到原点的距离 r, 其经度 θ 和纬度 φ 定义的一个点 (例如, 地球内的一个点) 映射到

$$S: \begin{pmatrix} r \\ \theta \\ \varphi \end{pmatrix} \mapsto \begin{pmatrix} x = r\cos\theta\cos\varphi \\ y = r\sin\theta\cos\varphi \\ z = r\sin\varphi \end{pmatrix}. \qquad (4.10.11)$$

命题 4.10.7 (球面坐标变量变换). 令 f 为定义在 $\mathbb{R}^3$ 上的可积函数, 令球面坐标映射把 (r, θ, φ)–空间的一个区域 B 映射到 (x, y, z)–空间的一个区域 A. 假设

$$B \subset (0, \infty) \times [0, 2\pi) \times (-\pi/2, \pi/2)$$

则

$$\int_A f\begin{pmatrix}x\\y\\z\end{pmatrix}|\,\mathrm{d}x\,\mathrm{d}y\,\mathrm{d}z| = \int_B f\begin{pmatrix}r\cos\theta\cos\varphi\\r\sin\theta\cos\varphi\\r\sin\varphi\end{pmatrix} r^2\cos\varphi|\,\mathrm{d}r\,\mathrm{d}\theta\,\mathrm{d}\varphi|. \tag{4.10.12}$$

$r^2\cos\varphi$ 修正了由球面坐标映射而导致的变形. 我们再一次把这个公式的解释推迟.

例 4.10.8 (球面坐标). 我们来在单位球的上半部积分函数 z, 积分区域记作 A:

$$A = \left\{\begin{pmatrix}x\\y\\z\end{pmatrix}\in\mathbb{R}^3 \;\middle|\; x^2+y^2+z^2\leqslant 1, z\geqslant 0\right\}. \tag{4.10.13}$$

在球面坐标映射 S 下, 对应于 A 的区域 B 为

$$B = \left\{\begin{pmatrix}r\\\theta\\\varphi\end{pmatrix}\in \underbrace{(0,\infty)}_{r}\times\underbrace{[0,2\pi)}_{\theta}\times\underbrace{(-\pi/2,\pi/2)}_{\varphi} | r\leqslant 1, \varphi\geqslant 0\right\}. \tag{4.10.14}$$

对于单位球的上半部, r 从 0 到 1, φ 从 0 到 $\pi/2$(从赤道到北极), θ 从 0 到 2π. 这样, 我们的积分 $\displaystyle\int_A z|\,\mathrm{d}x\,\mathrm{d}y\,\mathrm{d}z|$ 变成了

$$\begin{aligned}\int_B \underbrace{(r\sin\varphi)}_{z}(r^2\cos\varphi)|\,\mathrm{d}r\,\mathrm{d}\theta\,\mathrm{d}\varphi| &= \int_0^1\left(\int_0^{\pi/2}\left(\int_0^{2\pi} r^3\sin\varphi\cos\varphi\,\mathrm{d}\theta\right)\mathrm{d}\varphi\right)\mathrm{d}r\\ &= 2\pi\int_0^1 r^3\left[\frac{\sin^2\varphi}{2}\right]_0^{\pi/2}\mathrm{d}r\\ &= 2\pi\int_0^1\frac{r^3}{2}\,\mathrm{d}r = 2\pi\left[\frac{r^4}{8}\right]_0^1 = \frac{\pi}{4}. \qquad \triangle(4.10.15)\end{aligned}$$

柱坐标

柱坐标, 如图 4.10.5 所示, 在有对称轴的时候是重要的.

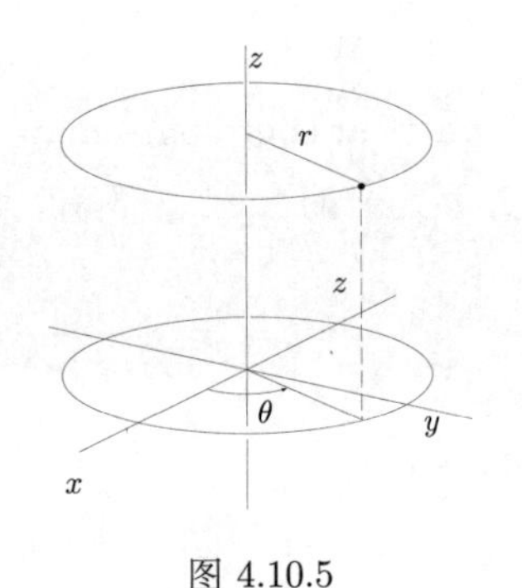

图 4.10.5
在柱坐标系中, 一个点由它到 z 轴的距离, 极角 θ, 和 z 坐标来指定.

定义 4.10.9 (柱坐标映射). 柱坐标映射(cylindrical coordinate map)C 把空间中的一个已知高度 z 和到 (x,y) 平面的投影的极坐标 r,θ 的点映射到 (x,y,z) 空间内的一个点:

$$C:\begin{pmatrix}r\\\theta\\z\end{pmatrix}\mapsto\begin{pmatrix}r\cos\theta\\r\sin\theta\\z\end{pmatrix}. \tag{4.10.16}$$

命题 4.10.10 (柱坐标的变量变换). 令 f 为定义在 $\mathbb{R}^3$ 上的一个可积函数, 假设柱坐标映射 C 把 (r,θ,z) 空间的一个区域 $B\subset(0,\infty)\times[0,2\pi)\times\mathbb{R}$ 映

射到 (x,y,z)-空间的一个区域 A. 则

$$\int_A f\begin{pmatrix}x\\y\\z\end{pmatrix}|\mathrm{d}x\,\mathrm{d}y\,\mathrm{d}z| = \int_B f\begin{pmatrix}r\cos\theta\\r\sin\theta\\z\end{pmatrix} r|\mathrm{d}r\,\mathrm{d}\theta\,\mathrm{d}z|. \tag{4.10.17}$$

在等式 (4.10.17) 中, $r\,\mathrm{d}r\,\mathrm{d}\theta\,\mathrm{d}z$ 中的 r 修正了由柱坐标映射 C 而导致的变形. 这是与极坐标中相同的"形变修正因子".

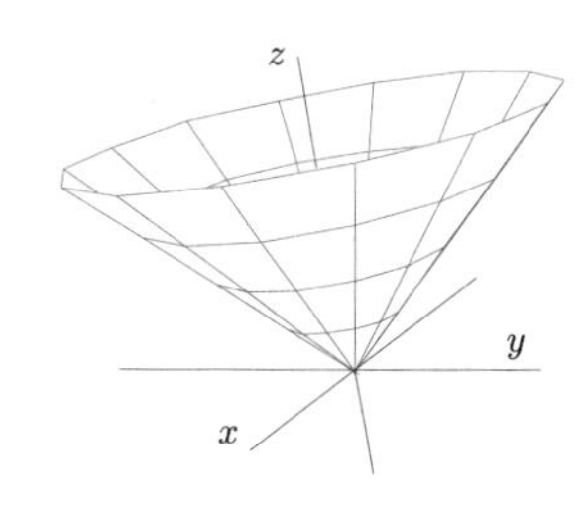

图 4.10.6
例 4.10.11: 我们积分域是圆锥 $z^2 \geqslant x^2+y^2$ 中 $0 \leqslant z \leqslant 1$ 的部分.

例 4.10.11 (在锥上积分一个函数). 我们来在区域 $A \subset \mathbb{R}^3$ 上积分 $(x^2+y^2)z$, 它是圆锥 $z^2 \geqslant x^2+y^2$ 的 $0 \leqslant z \leqslant 1$ 的部分 (如图 4.10.6). 这在映射 C 下, 相当于 (r,θ,z)-空间的 $r \leqslant z \leqslant 1$ 的区域 B. 这样, 我们的积分为

$$\begin{aligned}
&\int_A (x^2+y^2)z|\mathrm{d}x\,\mathrm{d}y\,\mathrm{d}z| \\
=\ &\int_B r^2 z\underbrace{(\cos^2\theta+\sin^2\theta)}_{=1} r|\mathrm{d}r\,\mathrm{d}\theta\,\mathrm{d}z| = \int_B (r^2 z) r|\mathrm{d}r\,\mathrm{d}\theta\,\mathrm{d}z| \\
=\ &\int_0^{2\pi}\left(\int_0^1\left(\int_r^1 r^3 z\,\mathrm{d}x\right)\mathrm{d}r\right)\mathrm{d}\theta = 2\pi\int_0^1 r^3\left[\frac{z^2}{2}\right]_{z=r}^{z=1}\mathrm{d}r \\
=\ &2\pi\int_0^1 r^3\left(\frac{1}{2}-\frac{r^2}{2}\right)\mathrm{d}r = 2\pi\left[\frac{r^4}{8}-\frac{r^6}{12}\right]_0^1 \\
=\ &2\pi\left(\frac{1}{8}-\frac{1}{12}\right) = \frac{\pi}{12}.
\end{aligned} \tag{4.10.18}$$

注意, 把圆锥的平的顶部在球面坐标中表示是令人很不愉快的. △

通用的换元公式

你可能认为定理 4.10.12 中边界的 n 维体积是 0 的条件总是被满足的, 但这并不正确; 存在 $\mathbb{R}^n$ 的紧致子集, 其边界并没有体积; 例如例 4.4.3 中的集合 U_ϵ 的补集是紧致的, 但边界 U_ϵ 没有体积.

可能定义在这样的集合上的积分; 见练习 5.2.5. 但在那个情况下, 在集合上的积分和在它的闭包上的积分是不同的.

出现在等式 (4.10.19) 中的行列式 $\det[\mathbf{D}\Phi(\mathbf{x})]$ 经常被称为雅可比行列式, 或者甚至简称为雅可比.

当我们在 4.11 节有勒贝格积分时, 我们将能够给出换元定理的更简洁的版本 (定理 4.11.20).

极坐标映射 P:

$$P\colon \begin{pmatrix}r\\\theta\end{pmatrix} \mapsto \begin{pmatrix}x=r\cos\theta\\y=r\sin\theta\end{pmatrix}$$

这里我们重复给出了极坐标换元的公式 (4.10.4):

$$\int_A f\begin{pmatrix}x\\y\end{pmatrix}|\mathrm{d}x\,\mathrm{d}y| = \int_B f\begin{pmatrix}r\cos\theta\\r\sin\theta\end{pmatrix} r|\mathrm{d}r\,\mathrm{d}\theta|.$$

我们看到了在极坐标、球面坐标和柱坐标的变量变换下, 积分是如何变换的; 我们现在将看到在一般的变量变换下, 对于多重积分会发生什么?

定理 4.10.12 (变量变换公式). 令 X 为 $\mathbb{R}^n$ 的紧致子集, 边界为 ∂X, 体积为 0; 令 $U \subset \mathbb{R}^n$ 为一个包含 X 的开子集. 令 $\Phi\colon U \to \mathbb{R}^n$ 为一个在 $(X-\partial X)$ 上的 C^1 映射, 且有李普希兹导数, $[\mathbf{D}\Phi(\mathbf{x})]$ 在每个 $\mathbf{x} \in (X-\partial X)$ 上可逆. 设 $Y=\Phi(X)$. 则如果 $f\colon Y \to \mathbb{R}$ 为可积的, $(f\circ\Phi)|\det[\mathbf{D}\Phi]|$ 在 X 上是可积的, 且

$$\int_Y f(\mathbf{y})|\mathrm{d}^n\mathbf{y}| = \int_X (f\circ\Phi)(\mathbf{x})|\det[\mathbf{D}\Phi(\mathbf{x})]||\mathrm{d}^n\mathbf{x}|. \tag{4.10.19}$$

这个定理在附录 A.19 中证明.

映射 Φ 是一个"松弛的参数化", 我们忽略了在测度为 0 的集合上所发生的事情. 这是一个比起 3.1 节给出的参数化的不严格的使用, 但是它可以更好地适应积分问题. 我们在 5.2 节进一步讨论这个问题.

现在, 我们来检验极坐标和球面坐标的变换是定理 4.10.12 的特殊情况.(对柱坐标的论证本质上与极坐标的相同.)

例 4.10.13 (极坐标和变量变换公式). 很容易检验极坐标的等式 (4.10.4) 是等式 (4.10.19) 的一个特殊情况, 如果 P 起到 Φ 的作用. 等式 (4.10.4) 的右边的 $f\begin{pmatrix}r\cos\theta\\r\sin\theta\end{pmatrix}$ 是 $(f\circ P)(\mathbf{x})$. 极坐标换元的"形变因子" r 相当于等式 (4.10.19)

中的 $|\det[\mathbf{D}\Phi(\mathbf{x})]|$, 因为

$$\left[\mathbf{D}P\begin{pmatrix} r \\ \theta \end{pmatrix}\right] = \begin{bmatrix} \cos\theta & -\sin\theta \\ \sin\theta & r\cos\theta \end{bmatrix}, \text{ 推出} \left|\det\left[\mathbf{D}P\begin{pmatrix} r \\ \theta \end{pmatrix}\right]\right| = r. \tag{4.10.20}$$

检验 P 满足 Φ 的要求需要多一点的工作. 令 $f\colon \mathbb{R}^2 \to \mathbb{R}$ 为一个可积函数. 假设 f 的支撑被包含在半径为 R 的圆盘中. 则设

$$X = \left\{ \begin{pmatrix} r \\ \theta \end{pmatrix} \;\middle|\; 0 \leqslant r \leqslant R, 0 \leqslant \theta \leqslant 2\pi \right\}, \tag{4.10.21}$$

并选取 U 为 X 的任意有界邻域, 例如, (r,θ) 平面上圆心在原点半径为 $R+2\pi$ 的圆. 我们宣称所有的条件都被满足: P 在 U 上是 C^1 的, 有李普希兹导数, 它在 $\mathring{X}$ 上是单射的 (尽管不在边界上). 更进一步, $[\mathbf{D}P]$ 在 $\mathring{X}$ 是可逆的, 因为 $\det[\mathbf{D}P] = r$, 它是 X 的边界上唯一的 0 点. △

$\mathring{X}$ 表示 X 的内部:

$$\mathring{X} = X - \partial X.$$

例 4.10.14 (球面坐标和变量变换公式). 球面坐标的换元的 $f\begin{pmatrix} r\cos\varphi\cos\theta \\ r\cos\varphi\sin\theta \\ r\sin\varphi \end{pmatrix}$ 是 $(f\circ\Phi)(\mathbf{x})$, 其中 S 起到了 Φ 的作用. 球的 "形变修正因子" $r^2\cos\varphi$ 相当于等式 (4.10.19) 中的 $|\det[\mathbf{D}\Phi(\mathbf{x})]|$, 因为

球面坐标映射:

$$S\colon \begin{pmatrix} r \\ \theta \\ \varphi \end{pmatrix} = \begin{pmatrix} r\cos\varphi\cos\theta \\ r\cos\varphi\sin\theta \\ r\sin\varphi \end{pmatrix}.$$

$$\left[\mathbf{D}S\begin{pmatrix} r \\ \theta \\ \varphi \end{pmatrix}\right] = \begin{bmatrix} \cos\theta\cos\varphi & -r\sin\theta\cos\varphi & -r\cos\theta\sin\varphi \\ \sin\theta\cos\varphi & r\cos\theta\cos\varphi & -r\sin\theta\sin\varphi \\ \sin\varphi & 0 & r\cos\varphi \end{bmatrix}, \tag{4.10.22}$$

所以

$$\left|\det\left[\mathbf{D}S\begin{pmatrix} r \\ \theta \\ \varphi \end{pmatrix}\right]\right| = r^2\cos\varphi. \tag{4.10.23}$$

再一次, 我们需要检验 S 符合作为换元映射的 Φ 的条件. 如果要积分的函数 f 在圆周围的半径为 R 的球内有支撑, 取

$$X = \left\{ \begin{pmatrix} r \\ \theta \\ \varphi \end{pmatrix} \;\middle|\; 0 \leqslant r \leqslant R, -\frac{\pi}{2} \leqslant \varphi \leqslant \frac{\pi}{2}, 0 \leqslant \theta \leqslant 2\pi, \right\} \tag{4.10.24}$$

以及 X 的任何有界的开邻域. 则实际上 S 在 U 上是 C^1 的, 且有李普希兹导数; 它是 $\mathring{X}$ 上的单射, 它的导数在那里可逆, 因为 $\det[\mathbf{D}S] = r^2\cos\varphi$, 这个只在 ∂X 上为 0. △

注释 4.10.15. 要求 Φ 为单射会经常产生极大的困难. 在第一年的微积分课中, 你不用担心函数是否是单射. 这是因为一元微积分中的被积函数 $\mathrm{d}x$ 实际上是一个*形式场*, 在一个定向的积分域中积分: $\int_a^b f\,\mathrm{d}x = -\int_b^a f\,\mathrm{d}x$.

例如, 考虑 $\int_1^4 \mathrm{d}x$. 如果我们设 $x=u^2$, 所以有 $\mathrm{d}x=2u\,\mathrm{d}u$, 则 $x=4$ 相当于 $u=\pm 2$, 而 $x=1$ 相当于 $u=\pm 1$. 如果我们在第一个中选择 $u=-2$, 在第二个中选择 $u=1$, 则换元不是单射的. 但这无关紧要, 换元公式给出了

$$3=\int_1^4 \mathrm{d}x=\int_1^{-2} 2u\,\mathrm{d}u=[u^2]_1^{-2}=4-1=3; \tag{4.10.25}$$

随着 u 从 1 变到 -2, x 从 1 降到 0, 再从 0 升到 4. 尤其是, 它以不同的方向经过了从 1 到 0 的线段 2 次, 这些对积分的贡献互相抵消了. 我们建立的多重积分不允许这种抵消. 这样, 我们的换元必须是单射. 在第 6 章, 我们将使用形式场来陈述这个问题, 但是高维空间的定向比 1 维空间要困难得多. (换元公式的最佳陈述使用了微分形式, 但是它超出了本书的范围.) △

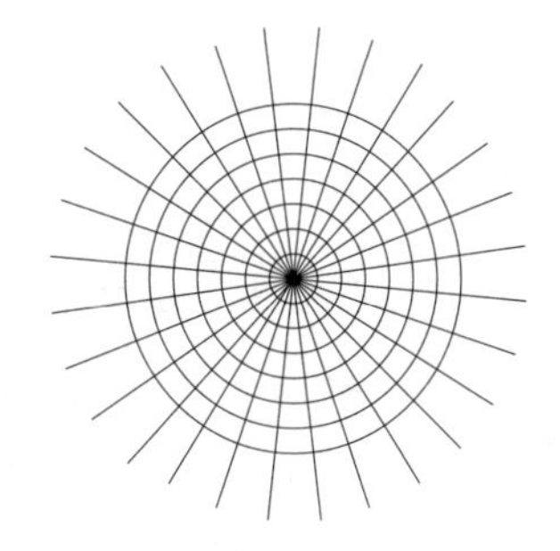

图 4.10.7
在定义 4.10.2 的极坐标映射 P 下的 $\mathbb{R}^2$ 的铺排 $P(\mathcal{D}_N^{\text{new}})$. 每一块在角的方向 (辐条的方向) 上的大小为 $\pi/2^N$.

换元公式的启发性的推导

不难看到为什么换元公式是对的. 在每一种情况下, 在新的空间里的标准的铺排 $\mathcal{D}_N$ 引出了在原空间中的一个铺排.

事实上, 在用极坐标, 球面坐标, 柱坐标的时候, 如果我们能在角度的方向上使用边长为 $\pi/2^N$, 而不是边长为 $1/2^N$ 的标准的块会更好. (因为 π 是无理数, 使用分数弧度的铺排不能精确地填满整个圆, 但两段式的转角可以). 我们把这个铺排记作 $\mathcal{D}_N^{\text{new}}$, 一部分原因是为了指明维数, 但主要是想记住被铺排的是什么空间.

$\mathbb{R}^2$ 空间在极坐标映射 P 下的图像铺排 $\mathcal{P}(\mathcal{D}_N^{\text{new}})$ 在图 4.10.7 中展示; 相应于图 4.10.8 中展示的球面坐标的 $\mathbb{R}^3$ 空间的铺.

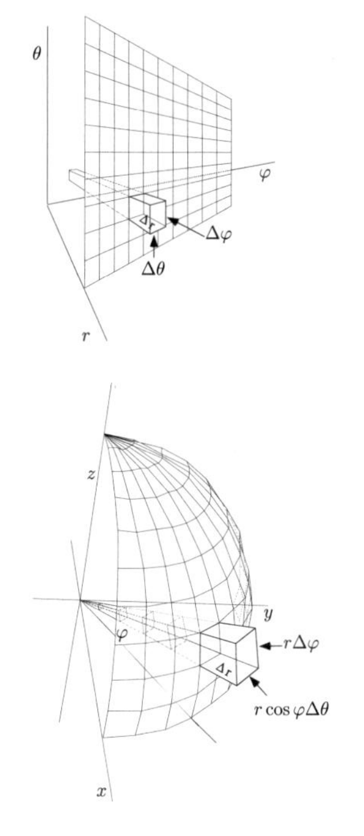

图 4.10.8
在球面坐标映射 S 下, 一个维度为 $\Delta r, \Delta\theta$ 和 $\Delta\varphi$ 的盒子, 固定在 $\begin{pmatrix} r\\ \theta\\ \varphi \end{pmatrix}$ (上图) 被映射到一个曲线的盒子, 其大小为 $\Delta r, r\cos\varphi\Delta\theta$ 和 $r\Delta\varphi$.

在极坐标、球面坐标和柱坐标的情况下, $\mathcal{P}(\mathcal{D}_N^{\text{new}})$, $\mathcal{S}(\mathcal{D}_N^{\text{new}})$, $\mathcal{C}(\mathcal{D}_N^{\text{new}})$ 可以清楚地形成嵌套的分割. (当我们对变量 Φ 做出更多的变化时, 我们将需要加上一些要求, 使得这个结果还是成立的.) 从而给定一个变量换元的映射 $\Phi\colon X\to Y$, 我们有

$$\begin{aligned}\int_Y f(\mathbf{y})|\,\mathrm{d}^n\mathbf{y}| &= \lim_{N\to\infty}\sum_{C\in\mathcal{D}_N^{\text{new}}} M_{\Phi(C)}(f)\mathrm{vol}_n\Phi(C) \\ &= \lim_{N\to\infty}\sum_{C\in\mathcal{D}_N^{\text{new}}} \underbrace{M_C(f\circ\Phi)}_{=M_{\Phi(C)}(f)}\frac{\mathrm{vol}_n\Phi(C)}{\mathrm{vol}_n C}\mathrm{vol}_n C.\end{aligned} \tag{4.10.26}$$

定理 4.7.4 证明了第一个等式. 第二行 (见定义 4.1.8 和 4.1.10) 看起来像 $f\circ\Phi$ 和比例

$$\frac{\mathrm{vol}_n\Phi(C)}{\mathrm{vol}_n C}. \tag{4.10.27}$$

随着 $N\to\infty$, 从而 C 变小的时候的极限的乘积在 X 上的积分. 这个给出下面的结果

$$\int_Y f(\mathbf{y})|\,\mathrm{d}^n\mathbf{y}| \sim \int_X \left((f\circ\Phi)(\mathbf{x})\lim_{N\to\infty}\frac{\mathrm{vol}_n(\Phi)}{\mathrm{vol}_n C}\right)|\,\mathrm{d}^n\mathbf{x}|. \tag{4.10.28}$$

并不明显, 被积函数是个函数从而可以积分; 我们如何知道极限是存在的呢? 但是, 利用等式 (4.9.1), 行列式是精确地设计用来测量在线性变换下体积

的比例的. 当然, 我们的换元映射 Φ 不是线性的, 但是如果它是可微的, 那它在每一个小的立方体上都几乎是线性的, 所以我们会期望 (见等式 (4.9.8) 和等式 (4.9.10)) $C_{\mathbf{x}}$ 是 $\mathcal{D}_N^{\text{new}}(\mathbb{R}^n)$ 里包含 $\mathbf{x}$ 的那一块, 由此

$$\lim_{N\to\infty}\frac{\mathrm{vol}_n\Phi(C_{\mathbf{x}})}{\mathrm{vol}_nC}=|\det[\mathbf{D}\Phi(\mathbf{x})]|. \tag{4.10.29}$$

所以我们可能期望我们的积分 $\int_A f$ 等于

$$\int_Y f(\mathbf{y})|\,\mathrm{d}^n\mathbf{y}|=\int_X (f\circ\Phi)(\mathbf{x})|\det[\mathbf{D}\Phi(\mathbf{x})]||\,\mathrm{d}^n\mathbf{x}|. \tag{4.10.30}$$

在附录 A.19 里, 我们把这个论证转化成了一个严格的证明.

应用定理 4.10.12 的难点在于, 当不是直接明显地看出极坐标、球面坐标、柱坐标映射有效的时候, 可以找到一个合适的换元的映射. 这个与寻找 3.1 节定义的参数化的难点相似 (但没有那么难, 因为只是在 X 的内部, 不是边界上, 要求 Φ 是单射且 $[\mathbf{D}\Phi]$ 是可逆的).

例 4.10.16 (极坐标下面积的比例). 考虑一下在极坐标等式 (4.10.29) 中, 当 $\Phi=P$ 时的比例. 如果 (r,θ) 平面里包含点 $\begin{pmatrix}r_0\\\theta_0\end{pmatrix}$ 的长方形 C, 边长为长度 Δr 和 $\Delta\theta$, 则在 (x,y) 平面上, 相应于这一块的 $P(C)$ 大约是个长方形, 长度为 $r_0\Delta\theta$ 和 Δr, 如图 4.10.1 所示. 它的面积大约为 $r_0\Delta r\Delta\theta$, 面积的比例大约为 r_0, 导致如下结果

$$\int_Y f|\,\mathrm{d}^n\mathbf{y}|=\int_X (f\circ P)r|\,\mathrm{d}r\,\mathrm{d}\theta|, \tag{4.10.31}$$

其中 r 是用到的无穷小的铺排块的体积之比. $\triangle$

例 4.10.17 (球面坐标下体积的比例). 对于球面坐标, $\Phi=S$, 在 $\mathcal{D}_N^{\text{new}}(\mathbb{R}^3)$ 里的边长为 $\Delta r,\Delta\theta,\Delta\varphi$ 的盒子 C 的图像 $S(C)$ 大概是一个边长分别为 Δr, $r\Delta\varphi$, $r\cos\varphi\Delta\theta$ 的盒子, 所以体积的比例大约为 $r^2\cos\varphi$. $\triangle$

寻找其他的换元方法

没有简单的帮我们找到适合的换元映射的 “食谱”. 当然, 要做的第一件事是考虑是否有一个标准的映射可用. 如果存在一个对称轴, 考虑柱坐标; 在 $\mathbb{R}^3$ 上有对称中心, 考虑球面坐标; 在 $\mathbb{R}^2$ 上有对称中心, 考虑极坐标.

如果一个适合的映射不是显而易见的, 试着画出积分域 (一个好的画图程序会有帮助). 如果积分域是由方程定义的, 方程可能会给出有用的换元的建议.

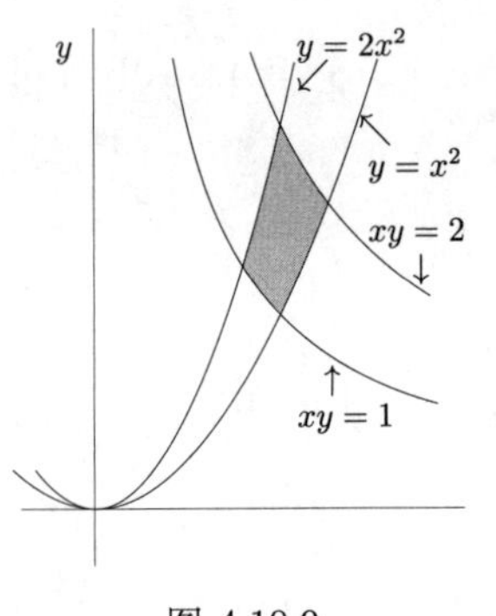

图 4.10.9
例 4.10.18: 阴影区域为
$1\leqslant xy\leqslant 2,\ x^2\leqslant y\leqslant 2x^2$
定义的区域 X.

例 4.10.18 (找到一个变量换元的映射). 假设你想找到区域 $X\subset\mathbb{R}^2$ 的面积, 其中 X 满足

$$1\leqslant xy\leqslant 2,\ x^2\leqslant y\leqslant 2x^2. \tag{4.10.32}$$

哪个换元法适合呢? 首先, 我们画出由 $1=xy$ 和 $2=xy$ 给出的双曲线, 以及由 $x^2=y$ 和 $y=2x^2$ 给出的抛物线, 如图 4.10.9 所示. 这个图建议我们, 设 $u=xy$ 可能是个不错的选择; 方程 $x^2\leqslant y\leqslant 2x^2$ 建议我们, 设 $v=y/x^2$ 是另一个不错的选择; 区域 X 将被 $1\leqslant u\leqslant 2$ 和 $1\leqslant v\leqslant 2$ 所定义.

下一步是用 u 和 v 来表示 x 和 y. 这个不总是可能的, 但在这个情况里, 我们可以通过 $xy=u$ 和 $y=vx^2$ 来解出 x 和 y, 得到 $x=\sqrt[3]{u/v}$ 和 $y=\sqrt[3]{u^2v}$.

这样就得到了换元的映射

$$\Phi\begin{pmatrix} u \\ v \end{pmatrix} = \begin{pmatrix} \sqrt[3]{u/v} \\ \sqrt[3]{u^2 v} \end{pmatrix}. \tag{4.10.33}$$

(我们用 u, v 来显式地表示 x, y, 所以, 在 X 中满足 $v \neq 0$ 的时候, 映射 Φ 不仅是一个单射, 它还是可逆的. 练习 4.10.6 让你证明它的导数 $[\mathbf{D}\Phi]$ 在 $\mathring{X}$ 上是可逆的, 并且计算 X 的面积.) $\triangle$

下面的例子使用了一个很巧妙的换元.

例 4.10.19 (一个不太标准的变量变换). 由

$$\left(\frac{x}{1-z}\right)^2 + \left(\frac{y}{1+z}\right)^2 \leqslant 1,\ -1 < z < 1 \tag{4.10.34}$$

所定义的区域 T 看上去像曲边的四面体, 如图 4.10.10; 我们将计算它的体积. 注意到 T 的水平切片为椭圆, 所以我们将使用 "椭圆的极坐标系": 映射 $\begin{pmatrix} r \\ \theta \end{pmatrix} \mapsto \begin{pmatrix} ar\cos\theta \\ br\sin\theta \end{pmatrix}, 0 \leqslant r \leqslant 1, 0 \leqslant \theta \leqslant 2\pi$ 参数化了 $\dfrac{x^2}{a^2} + \dfrac{y^2}{b^2} \leqslant 1$ 因此, 我们可以设 $a = 1 - z$, $b = 1 + z$; 映射 γ: $[0,1] \times [0, 2\pi] \times [-1, 1] \to \mathbb{R}^3$, 由 $\gamma\begin{pmatrix} r \\ \theta \\ z \end{pmatrix} = \begin{pmatrix} r(1-z)\cos\theta \\ r(1+z)\sin\theta \\ z \end{pmatrix}$ 给出, 参数化了区域 T. 因为对每个固定的 $z = c$, 它参数化了椭圆 $T \cap \{z = c\}$. $[\mathbf{D}\gamma]$ 的行列式为

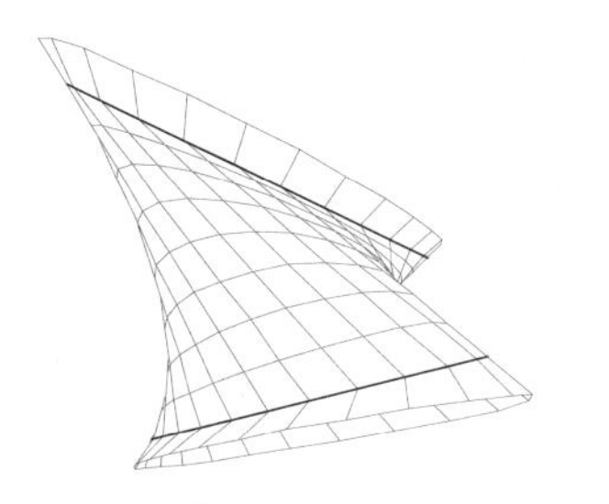

图 4.10.10

区域 T 很像圆柱在两端展平了. T 的水平截面是椭圆, 在 $z = \pm 1$ 的时候退化成了线.

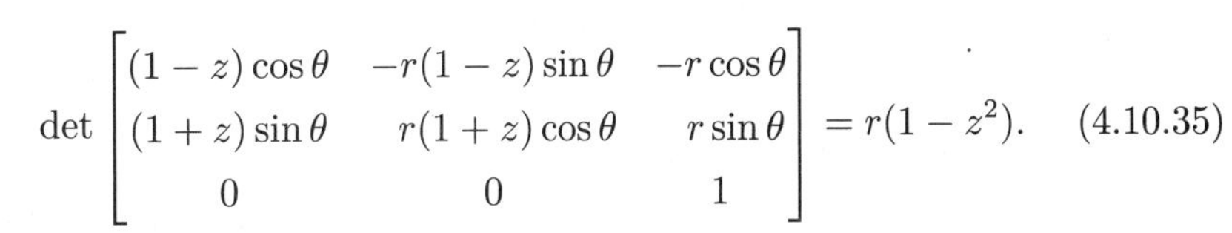

$$\det\begin{bmatrix} (1-z)\cos\theta & -r(1-z)\sin\theta & -r\cos\theta \\ (1+z)\sin\theta & r(1+z)\cos\theta & r\sin\theta \\ 0 & 0 & 1 \end{bmatrix} = r(1-z^2). \tag{4.10.35}$$

练习 4.10.4 让你解决一个同类的问题.

这样, 体积由积分给出:

$$\int_0^{2\pi}\int_0^1\int_{-1}^1 |r(1-z^2)|\,\mathrm{d}z\,\mathrm{d}r\,\mathrm{d}\theta = \frac{4\pi}{3}. \qquad \triangle \tag{4.10.36}$$

4.10 节的练习

4.10.1 用富比尼定理, 计算 $\int_{D_R}(x^2+y^2)\,\mathrm{d}x\,\mathrm{d}y$(见例 4.10.4), 其中

$$D_R = \left\{\begin{pmatrix} x \\ y \end{pmatrix} \in \mathbb{R}^2 \,\middle|\, x^2 + y^2 \leqslant R^2\right\}.$$

4.10.2 从极坐标公式和富比尼定理推导柱坐标的换元公式.

4.10.3 证明: 用复数的记号, $z = x + \mathrm{i}y$, 图 4.10.3 的双纽线的方程可以写成 $|x^2 - \frac{1}{2}| = \frac{1}{2}$.

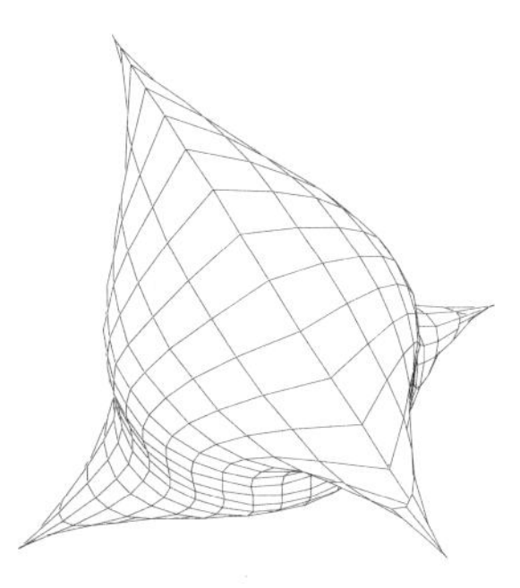

练习 4.10.4 的图

4.5.19 让你计算这个区域的体积; 现在你要用换元公式计算体积.

4.10.4 用换元公式计算区域 $\dfrac{x^2}{(z^3-1)^2} + \dfrac{y^2}{(z^3+1)^2} \leqslant 1$ 的体积, 其中 $-1 \leqslant z \leqslant 1$, 图在边注中.

4.10.5 a. 椭圆 $\dfrac{x^2}{a^2}+\dfrac{y^2}{b^2}\leqslant 1$ 的面积是什么? 提示: 使用换元 $u=x/a, v=y/b$.

b. 椭球 $\dfrac{x^2}{a^2}+\dfrac{y^2}{b^2}+\dfrac{z^2}{c^2}\leqslant 1$ 的体积是什么?

4.10.6 证明: 练习 4.10.18 中的 Φ 的导数在 $\mathring{X}$ 中是可逆的, 并计算 X 的面积.

***4.10.7** 令 A 为一个 $n\times n$ 的对称矩阵, 满足 $Q_A(\vec{\mathbf{x}})=\vec{\mathbf{x}}\cdot A\vec{\mathbf{x}}$ 为正定的. 区域 $Q_A(\vec{\mathbf{x}})\leqslant 1$ 的体积是什么?

练习 4.10.7: 你可能需要使用定理 3.7.15(谱定理).

4.10.8 a. 对固定的 $a,b>1$, 令 $U_{a,b}$ 为第一象限内由不等式 $1\leqslant xy\leqslant a, x\leqslant y\leqslant bx$ 所定义的平面区域. 简单画出 $U_{2,4}$.

b. 计算 $\displaystyle\int_{U_{a,b}} x^2y^2|\,\mathrm{d}x\,\mathrm{d}y|$.

练习 4.10.8 b: $U_{a,b}$ 的形式应该给出了适合的换元的建议.

4.10.9 令 $V=\left\{\begin{pmatrix}x\\y\\z\end{pmatrix}\in\mathbb{R}^3\;\middle|\;x>0,\ y>0,\ z>0, \dfrac{x^2}{a^2}+\dfrac{y^2}{b^2}+\dfrac{z^2}{c^2}\leqslant 1\right\}$.

计算 $\displaystyle\int_V xyz|\,\mathrm{d}x\,\mathrm{d}y\,\mathrm{d}z|$.

4.10.10 a. 在 4 维空间上球面坐标的类比是什么? 在哪个情况下, 换元公式将是什么?

b. $|\mathbf{x}|$ 在 $\mathbb{R}^4$ 上的一个半径为 R 的球内的积分是什么?

4.10.11 解释说明 $\mathbb{R}^3$ 上的半径为 R 的球的体积为 $\frac{4}{3}\pi R^3$.

4.10.12 计算迭代积分

$$\int_{-2}^{2}\int_{0}^{\sqrt{4-x^2}}\int_{0}^{\sqrt{4-x^2-y^2}}(x^2+y^2+z^2)^{3/2}\,\mathrm{d}z\,\mathrm{d}y\,\mathrm{d}x.$$

练习 4.10.12: 首先把它变换为在 $\mathbb{R}^3$ 的子集上的积分 (它将看上去像一个瓜的四分之一), 然后换到球面坐标系.

4.10.13 计算在方程为 $z^2=x^2+y^2$ 的圆锥和方程为 $z=x^2+y^2$ 之间的抛物面之间的区域的体积.

4.10.14 计算 $z\geqslant x^2+y^2, z\leqslant 10-x^2-y^2$ 所定义的区域的体积 (练习 4.5.15), 这一次使用柱坐标换元.

4.10.15 a. 简单画出在极坐标下的曲线 $r=\cos 2\theta, |\theta|<\pi/4$ 的曲线.

b. 区域 $0<r\leqslant\cos 2\theta, |\theta|<\pi/4$ 的引力中心在哪里?

练习 4.10.15: 你可能想要使用三角公式:

$$\begin{aligned}4\cos^3\theta &= \cos 3\theta+3\cos\theta\\ 2\cos\varphi\cos\theta &= \cos(\theta+\varphi)\\ &\quad+\cos(\theta-\varphi).\end{aligned}$$

4.10.16 由不等式

$$x^2+y^2\leqslant z,\ x\geqslant 0,\ y\geqslant 0$$

定义的区域的引力中心是什么?

4.10.17 令 $Q_a=[0,a]\times[0,a]\subset\mathbb{R}^2$ 为第一象限的边长为 a 的正方形, 有两条边在轴上, 令 $\Phi:\mathbb{R}^2\to\mathbb{R}^2$ 被定义为

$$\Phi\begin{pmatrix}u\\v\end{pmatrix}=\begin{pmatrix}u-v\\ \mathrm{e}^u+\mathrm{e}^v\end{pmatrix}.$$

设 $A=\Phi(Q_a)$.

a. 通过计算 Q_a 的每一条边的图像, 简单画出 A. 首先仔细画出 $y=\mathrm{e}^x+1$ 和 $y=\mathrm{e}^{-x}+1$ 的图像应该是有帮助的.

b. 证明: $\Phi\colon Q_a\to A$ 是一一映射.

c. $\int_A y|\mathrm{d}x\,\mathrm{d}y|$ 是什么?

4.10.18 方程为 $x^2+y^2+z^2\leqslant 4$ 的球的满足 $z^2\geqslant x^2+y^2, z>0$ 的那部分的体积是多少?

4.10.19 令 $Q=[0,1]\times[0,1]$ 为 $\mathbb{R}^2$ 上的单位正方形, 令 $\Phi\colon\mathbb{R}^2\to\mathbb{R}^2$ 被定义为

$$\Phi\begin{pmatrix}u\\v\end{pmatrix}=\begin{pmatrix}u-v\\u^2-v^2\end{pmatrix}.$$

设 $A=\Phi(Q)$.

a. 通过计算 Q 的每边 (它们都是抛物线的弧) 的图像, 简要画出 A 的图.

b. 证明: $\Phi\colon Q\to A$ 是一一映射.

c. $\int_A x|\mathrm{d}x\,\mathrm{d}y|$ 是什么?

练习 4.10.20 的换元:

$$\Phi\begin{pmatrix}u\\v\\w\end{pmatrix}=\begin{pmatrix}(w^3-1)u\\w^3+1)v\\w\end{pmatrix}.$$

4.10.20 利用边注的换元重做练习 4.5.19.

4.10.21 一个物体 $X\subset\mathbb{R}^3$ 绕着一个轴的转动惯量为积分 $\int_X(r(\mathbf{x}))^2|\mathrm{d}^3\mathbf{x}|$, 其中 $r(\mathbf{x})$ 为 $\mathbf{x}$ 到轴的距离.

a. 令 f 为 $x\in[a,b]$ 的一个非负连续函数, B 为通过把区域 $0\leqslant y\leqslant f(x), a\leqslant x\leqslant b$ 绕着 x 轴旋转所形成的旋转体. B 绕着 x 轴的转动惯量是什么?

b. 当 $f(x)=\cos x, a=-\dfrac{\pi}{2}, b=\dfrac{\pi}{2}$ 的时候, 结果是哪个数?

4.11 勒贝格积分

> 这个新的勒贝格积分证明了自己是一个非常神奇的工具. 我可能想要把它和现代的 Krupp 系列的枪支进行比较, 它可以轻而易举的穿透坚不可摧的障碍.
>
> —— Edward Van Vleck,
> *Bulletin of the American Mathematical Society*, Vol. 23, 1916.

有很多理由来学习勒贝格积分. 最基本的一个是作为工程和信号处理中的基本工具的傅里叶变换, 更不要说调和分析了. (傅里叶变换在本章的最后讨论) 勒贝格积分在概率论中也无处不在.

到目前为止, 我们把自己限定在有界且具有有界支撑的函数的积分上, 这个积分的上下和是相同的. 但通常我们要对无界函数, 或者没有有界支撑的函数进行积分. 勒贝格积分使这成为可能, 它有两个优点:

1. 勒贝格积分是为了那些到处都存在着“局部无意义”的函数而存在的，比如我们所见到的在 $[0,1]$ 上的有理数上为 1，其余地方为 0 的函数. 勒贝格积分忽略了在测度为 0 的集合上的“局部无意义”.

2. 勒贝格积分在极限下表现得更好.

我们处理勒贝格积分的方法与标准的方法非常不一样. 通常定义勒贝格积分的方式

$$\int_{\mathbb{R}^n} f(\mathbf{x})|\,\mathrm{d}^n\mathbf{x}|$$

是把**陪域**(codomain) $\mathbb{R}$ 切割成小的区间 $I_i=[x_i,x_{i+1}]$，并通过

$$\sum_i x_i\mu(f^{-1}(I_i))$$

来近似积分，其中 $\mu(A)$ 为 A 的**测度**(measure)，然后令陪域的分解变得任意的精细. 当然，这需要说那些子集是可测的，并且定义它们的测度. 这是标准方法的主要任务，并且因为这个原因，勒贝格积分的理论也经常被称作**测度论**(measure theory).

令人惊讶的是当我们分解的是陪域而不是定义域的时候，这个理论变得更为强大得多！但是我们要为之付出代价：我们根本就不清楚如何近似一个勒贝格积分：找出集合 $f^{-1}(I_i)$ 是什么，更不用说找到它们的测度，哪怕是最简单的函数，都已经是很困难或者不可能的了.

我们采用不同的策略，建立在黎曼积分理论的基础上，直接通过取黎曼可积函数的极限来定义积分. 我们在最后得到了测度论这个副产品：就像黎曼积分可以用来定义体积，勒贝格积分可以用来定义测度. 这个在附录 A.21 中讨论.

注释. 如果勒贝格积分比黎曼积分优越的话，我们为什么还要在本章的前几节那么强调黎曼积分呢？相比于勒贝格积分，黎曼积分有一个很大的优点：它们可以通过黎曼和来计算. 勒贝格积分只能通过黎曼积分来计算（或者也许可以通过蒙特卡洛方法）. 这样我们的处理方法是继续强调在计算上有效的算法. △

在定义勒贝格积分之前，我们将讨论黎曼积分在极限下的行为.

积分和极限

在极限下，积分的行为通常是非常重要的. 在这里，我们给出关于黎曼积分和极限的最好的通用陈述.

我们将可以说，如果 $k\mapsto f_k$ 是收敛的函数序列，那么，随着 $k\to\infty$，

$$\int \lim f_k = \lim \int f_k. \tag{4.11.1}$$

在某种条件下，这个是正确而直接的：当 $k\to f_k$ 是一个可积函数的**一致收敛**(converges uniformly)序列，而且都在同一个有界集合里有支撑的时候成立. 定义 4.11.1 里的关键的条件是，给定 ϵ，同样的 K 对所有的 x 有效.

定义 4.11.1 (一致收敛性). 一个函数 $f_k\colon\mathbb{R}^n\to\mathbb{R}$ 的序列 $k\mapsto f_k$，如果对每个 $\epsilon>0$，都存在 K 使得当 $k\geqslant K$ 时，对于所有的 $x\in\mathbb{R}^n$，都有 $|f_k(x)-f(x)|<\epsilon$，则 f_k **一致收敛**于函数 f.

例 4.11.3 里面的三个函数序列并不一致收敛，尽管它们是收敛的. 在全部 $\mathbb{R}^n$ 上的一致收敛并不是常见的现象，除非故意通过一些方法来把定义域减小. 例如，假设 $k\mapsto p_k$ 是一个多项式

$$p_k(x)=a_{0,k}+a_{1,k}x+\cdots+a_{m,k}x^m \tag{4.11.2}$$

的序列，所有的多项式的次数都 $\leqslant m$，很明显，这个序列对于每个阶数 i(也就是每个 x^i) 都收敛，系数的序列 $a_{i,0},a_{i,1},a_{i,2},\cdots$ 收敛. 那么 $k\to p_k$ 并不在 $\mathbb{R}$ 上一致收敛. 但是对于任何有界集合 A，序列 $k\mapsto p_k\mathbf{1}_A$ 都一致收敛.[15]

定理 4.11.2 (黎曼积分的收敛性). 令 $k\mapsto f_k$ 为一个 $\mathbb{R}^n\to\mathbb{R}$ 的可积函数的序列，每一个都在一个固定的球 $B\subset\mathbb{R}^n$ 上有支撑集，并一致收敛到函数 f. 则 f 是可积的，且

$$\lim_{k\to\infty}\int_{\mathbb{R}^n} f_k(\mathbf{x})|\,\mathrm{d}^n\mathbf{x}|=\int_{\mathbb{R}^n} f(\mathbf{x})|\,\mathrm{d}^n\mathbf{x}|. \tag{4.11.3}$$

[15] 如果不写成 $p_k\mathbf{1}_A$，我们可以写“受限于 A 的 p_k”.

证明: 选取 $\epsilon>0$ 以及足够大的 K, 使得当 $k>K$ 时, $\sup_{\mathbf{x}\in\mathbb{R}^n}|f(\mathbf{x})-f_k(\mathbf{x})|<\epsilon$. 则当 $k>K$ 时, 对于任何 N, 我们有

$$L_N(f)>L_N(f_k)-\epsilon\operatorname{vol}_n(B) \text{ 和 } U_N(f)<U_N(f_k)+\epsilon\operatorname{vol}_n(B) \tag{4.11.4}$$

不等式 (4.11.4): 如果你把这个作为一维上的黎曼和来画图, ϵ 为 f 的最低的长方形的高度与 f_k 的最低的长方形的高度的差. 所有长方形的总宽度为 $\operatorname{vol}_1(B)$, 因为 B 是 f_k 的支撑.

现在, 选取 N 足够大, 使得 $U_N(f_k)-L_N(f_k)<\epsilon$, 我们得到

$$U_N(f)-L_N(f)<\underbrace{U_N(f_k)-L_N(f_k)}_{<\epsilon}+2\epsilon\operatorname{vol}_n(B), \tag{4.11.5}$$

推出 $U(f)-L(f)\leqslant\epsilon(1+2\operatorname{vol}_n(B))$, 证毕. □

在许多情况下, 定理 4.11.2 就足够好了, 但是, 它不能处理无界函数, 或者有无界支撑集的函数. 例 4.11.3 说明了有可能出问题的一些情况.

例 4.11.3 (积分的质量丢失的情况). 这里有三个积分极限不等于极限的积分的函数序列.

练习 4.11.13 让你验证在例 4.11.3 中的三个系列的函数中, 质量确实损失了.

1. 当 f_k 定义为

$$f_k(x)=\begin{cases}1 & \text{如果}k\leqslant x\leqslant k+1\\ 0 & \text{其他}\end{cases}, \tag{4.11.6}$$

积分的质量被包含在一个高为 1, 宽为 1 的正方形中. 随着 $k\to\infty$, 这个质量漂移到了无限然后消失了:

$$\lim_{k\to\infty}\int_0^\infty f_k(x)\,\mathrm{d}x=1,\ \text{但}\int_0^\infty\lim_{k\to\infty}f_k(x)\,\mathrm{d}x=\int_0^\infty 0\,\mathrm{d}x=0. \tag{4.11.7}$$

2. 对函数

$$f_k(x)=\begin{cases}k & \text{如果}0\leqslant x\leqslant \frac{1}{k}\\ 0 & \text{其他}\end{cases}, \tag{4.11.8}$$

积分的质量被包含在一个高为 k 宽为 $1/k$ 的矩形内. 随着 $k\to\infty$, 矩形的高趋向于 ∞, 它的宽趋向于 0:

$$\lim_{k\to\infty}\int_0^1 f_k(x)\,\mathrm{d}x=1,\ \text{但}\int_0^\infty\lim_{k\to\infty}f_k(x)\,\mathrm{d}x=\int_0^\infty 0\ \mathrm{d}x=0. \tag{4.11.9}$$

3. 第三个例子是我们的一个使用黎曼积分不可积的函数的标准的例子. 做一个 0 到 1 之间的有理数的列表 $a_1,a_2,\cdots$. 现在定义

$$f_k(x)=\begin{cases}1 & \text{如果}x\in\{a_1,\cdots,a_k\}\\ 0 & \text{其他}\end{cases}, \tag{4.11.10}$$

勒贝格的父亲死于肺结核, 留下三个孩子, 其中最大的为五岁. 他们的母亲通过帮人打扫房间来供养他们. 勒贝格后来写道, "我的第一个好运气是有聪明的父母, 然后生病并且极度贫困, 这使我远离暴力游戏和娱乐消遣,……, 最重要的是, 我有一位即便对于法国这个有很多优秀的母亲的国家仍然显得尤为伟大的母亲."

当勒贝格的一个学生充满忧虑地得到了他的第一份教职, 但要替代一个受欢迎的代课老师的时候, 她发现了他留给自己的字条. 他写的是 "让你像在任何地方一样被人们所热爱". "它是一束光", 她在一个随笔里回忆到. (随笔收录在 *Message d'un mathématicien: Henri Lebesgue, pour le centenaire de sa naissance*, Paris, A. Blanchard, 1974.)

图 4.11.1
勒贝格 (Henri Lebesgue, 1875 — 1941)

命题 4.11.5 的证明在附录 A.21 中.

"除了在一个测度为 0 的集合上" 也写作 "几乎处处".

"勒贝格等式" 的概念是十分微妙的. 就像测度为 0 的集合可以是十分复杂的一样. 例如, 如果你只是几乎处处都知道一个函数, 那么你从来不能在任何点上计算它: 你从来不知道这个点是不是你知道函数值的点. 经验教训: 一个除了测度为 0 的集合上你都了解的函数只能出现在积分号的下面.

则我们有

$$\int_0^1 f_k(x)\,\mathrm{d}x = 0, \text{ 对所有的 } k \text{ 都成立}, \tag{4.11.11}$$

但是 $\lim\limits_{k\to\infty} f_k$ 是在 0 到 1 之间有理数上为 1, 无理数上为 0 的函数, 因此是不可积的. △

丢失质量的陷阱可以通过黎曼积分的控制收敛定理来避免. 在实践中, 这个定理没有你希望的那么有用, 因为极限是黎曼可积的这个假设很少能够被满足, 除非收敛是一致的, 在这种情况下, 更容易的定理 4.11.2 就可以用了. 但在我们处理勒贝格 (图 4.11.1) 积分的方法中, 定理 4.11.4 是关键的工具. 证明在附录 A.21 里, 非常难, 也很棘手.

定理 4.11.4 (黎曼积分的控制 (Dominated) 收敛). 令 $f_k\colon \mathbb{R}^n \to \mathbb{R}$ 为一个 R–可积函数的序列. 假设存在 R 使得所有的 f_k 在 $B_R(0)$ 上有支撑, 且满足 $|f_k| \leqslant R$. 令 $f\colon \mathbb{R}^n \to \mathbb{R}$ 为一个 R–可积函数, 且在除去测度为 0 的集合上满足 $f(\mathbf{x}) = \lim\limits_{k\to\infty} f_k(\mathbf{x})$. 则有

$$\lim_{k\to\infty} \int_{\mathbb{R}^n} f_k(\mathbf{x})|\,\mathrm{d}^n\mathbf{x}| = \int_{\mathbb{R}^n} f(\mathbf{x})|\,\mathrm{d}^n\mathbf{x}|. \tag{4.11.12}$$

例 4.11.3 里面的前两个函数没能满足定理 4.11.4 的条件: 对于第一个, f_k 没有一致的有界支撑集; 对于第二个, f_k 几乎处处收敛到 $f = 0$; 等式 (4.11.12) 里的两个积分都是 0. 练习 4.34 给出了这个不会发生的一种情况.

定义勒贝格积分

定理 4.11.4 的不足之处是, 我们必须知道极限是可积的. 通常, 我们不知道这一点; 最常见的情况下, 我们需要处理一个函数序列的极限, 我们只知道它是一个极限. 但我们现在将会看到, 定理 4.11.4 可以用来构造勒贝格积分, 它在极限下的行为要好得多.

命题 4.11.5 (在除了测度为 0 的集合上的收敛). 如果对于 $k = 1, 2, \cdots$, f_k 为 $\mathbb{R}^n$ 上的黎曼可积函数满足

$$\sum_{k=1}^{\infty} \int_{\mathbb{R}^n} |f_k(\mathbf{x})|\,|\mathrm{d}^n\mathbf{x}| < \infty, \tag{4.11.13}$$

则级数 $\sum\limits_{k=1}^{\infty} f_k(\mathbf{x})$ 几乎处处收敛.

我们现在可以定义 "*在勒贝格积分的意义上相等*", 记作 $\underset{L}{=}$. "a.e." 的意思是 "几乎处处", 等价地, "对于几乎所有的 $\mathbf{x} \in \mathbb{R}$" 或者 "在除了在一个测度为 0 的集合上".

定义 4.11.6 (勒贝格等式). 令 $k \mapsto f_k, k \mapsto g_k$ 为两个 R–可积函数 $\mathbb{R}^n \to$

$\mathbb{R}$ 的序列, 满足

$$\sum_{k=1}^{\infty}\int_{\mathbb{R}^n}|f_k(\mathbf{x})||\,\mathrm{d}^n\mathbf{x}|<\infty,\ \sum_{k=1}^{\infty}\int_{\mathbb{R}^n}|g_k(\mathbf{x})||\,\mathrm{d}^n\mathbf{x}|<\infty. \tag{4.11.14}$$

我们将会说,

$$\text{如果}\sum_{k=1}^{\infty}f_k(\mathbf{x})=\sum_{k=1}^{\infty}g_k(\mathbf{x})\ \text{几乎处处成立, 则}\ \sum_{k=1}^{\infty}f_k\underset{L}{=}\sum_{k=1}^{\infty}g_k. \tag{4.11.15}$$

勒贝格积分不要求函数有界并有有界支撑, 它在测度为 0 的集合上忽略了局部的 "无意义", 它在极限的意义下的行为要好一些.

但是如果你想要计算积分, 黎曼积分仍然是基本的. 勒贝格积分或多或少是不可计算的, 除非你知道一个函数在恰当的意义上为黎曼可积函数的极限, 例如, 在命题 4.11.5 的意义上.

定理 4.11.7 的证明在定义 4.11.8 之后.

定理 4.11.7. 令 $k\mapsto f_k, k\mapsto g_k$ 为两个 R–可积函数的序列, 满足

$$\sum_{k=1}^{\infty}\int_{\mathbb{R}^n}|f_k(\mathbf{x})||\,\mathrm{d}^n\mathbf{x}|<\infty,\ \sum_{k=1}^{\infty}\int_{\mathbb{R}^n}|g_k(\mathbf{x})||\,\mathrm{d}^n\mathbf{x}|<\infty. \tag{4.11.16}$$

并且

$$\sum_{k=1}^{\infty}f_k\underset{L}{=}\sum_{k=1}^{\infty}g_k, \tag{4.11.17}$$

则

$$\sum_{k=1}^{\infty}\int_{\mathbb{R}^n}f_k(\mathbf{x})|\,\mathrm{d}^n\mathbf{x}|=\sum_{k=1}^{\infty}\int_{\mathbb{R}^n}g_k(\mathbf{x})|\,\mathrm{d}^n\mathbf{x}|. \tag{4.11.18}$$

因为 f_k 和 g_k 几乎处处收敛到相同的函数 f, 作为等式 (4.11.13) 中的一系列 R–可积函数的和的函数 f 的积分仅依赖于 f, 而不依赖于这个函数序列. 所以我们现在可以定义勒贝格积分了.

定义 4.11.8 (勒贝格积分). 令 $k\mapsto f_k$ 为一个 R–可积函数的序列, 使得

$$\sum_{k=1}^{\infty}\int_{\mathbb{R}^n}|f_k(\mathbf{x})||\,\mathrm{d}^n\mathbf{x}|<\infty, \tag{4.11.19}$$

则 $f\underset{L}{=}\sum_{k=1}^{\infty}f_k$ 是*勒贝格可积的*(Lebesgue integrable), 其*勒贝格积分* (Lebesgue integral) 为

$$\int_{\mathbb{R}^n}|f(\mathbf{x})||\,\mathrm{d}^n\mathbf{x}|\overset{\text{def}}{=}\sum_{k=1}^{\infty}f_k(\mathbf{x})|\,\mathrm{d}^n\mathbf{x}|. \tag{4.11.20}$$

等式 (4.11.20): 根据定理 0.5.8, 右边的级数是收敛的, 因为 (根据命题 4.1.14 的第四部分) 它绝对收敛.

注意, 等式 (4.11.20) 可以被重写为

$$\int_{\mathbb{R}^n}\sum_{k=1}^{\infty}f_k(\mathbf{x})|\,\mathrm{d}^n\mathbf{x}| = \sum_{k=1}^{\infty}\int_{\mathbb{R}^n}f_k(\mathbf{x})|\,\mathrm{d}^n\mathbf{x}|,$$

交换了求和与积分.

定理 4.11.7 的证明: 设 $h_k=f_k-g_k$, $H_l=\sum_{k=1}^{l}h_k$. 要证明等式 (4.11.18), 我们需要证明

$$\lim_{l\to\infty}\int_{\mathbb{R}^n}H_l(\mathbf{x})|\,\mathrm{d}^n\mathbf{x}|=0. \tag{4.11.21}$$

H_l 构成了一个几乎处处收敛到 0(根据等式 (4.11.17)) 的黎曼可积函数的序列. 如果另外它们都在 $B_R(\mathbf{0})$ 有支撑, 并且 $|H_l|\leqslant R$ 对所有的 l 成立, 则

H_l 将满足控制收敛定理 (定理 4.11.4) 中对 f_k 的要求, 所以

不等式 (4.11.22) 使用了定理 4.11.4: 如果 H_l 有界且有有界支撑, 我们可以有

$$\lim_{l\to\infty}\int_{\mathbb{R}^n} H_l(\mathbf{x})|\,\mathrm{d}^n\mathbf{x}| = \int_{\mathbb{R}^n} 0|\,\mathrm{d}^n\mathbf{x}|,$$

其中函数 0 起到了定理 4.11.4 中的 f 的作用.

$$\lim_{l\to\infty}\int_{\mathbb{R}^n} H_l(\mathbf{x})|\,\mathrm{d}^n\mathbf{x}| = 0 \tag{4.11.22}$$

它将给出

要从等式 (4.11.22) 到等式 (4.11.23), 我们可以交换积分, 并求和, 因为和是有限的.(记着等式 (4.11.22) 中的 H_l 是一个有限和.)

$$\lim_{l\to\infty}\sum_{k=1}^{l}\int_{\mathbb{R}^n} h_k(\mathbf{x})|\,\mathrm{d}^n\mathbf{x}| = 0 \tag{4.11.23}$$

证明了结果.

我们的策略是把 H_l 不是有界且有有界支撑的一般的情况, 通过适当地截断 H_l, 简化到这种情况: 我们将定义 $[H_l]_R$ 的截断, 并且我们将把 H_l 想为和 $[H_l]_R+H_l-[H_l]_R$, 并且分开考虑 $[H_l]_R$ 的积分 (见等式 (4.11.27)) 和 $H_l-[H_l]_R$ 的积分 (证明的余下的部分).

根据 f_k 和 g_k 的定义, 级数 $\sum_k^{\infty}\int|h_k|$ 是收敛的, 所以选取足够大的 M, 我们可以使级数的尾和达到我们希望的那么小. 这就是为什么我们首先选择 M, 然后选择截断的 R.

选择 $\epsilon>0$ 并且选择 M 使得

$$\sum_{k=M+1}^{\infty}\int_{\mathbb{R}^n}|h_k(\mathbf{x})||\,\mathrm{d}^n\mathbf{x}| < \epsilon, \tag{4.11.24}$$

所以对于所有的 $l>M$, 我们有

$$\begin{aligned}\int_{\mathbb{R}^n}|H_l(\mathbf{x})-H_M(\mathbf{x})||\,\mathrm{d}^n\mathbf{x}| &\leqslant \sum_{k=M+1}^{l}\int_{\mathbb{R}^n}|h_k(\mathbf{x})||\,\mathrm{d}^n\mathbf{x}|\\ &\leqslant \sum_{k=M+1}^{\infty}\int_{\mathbb{R}^n}|h_k(\mathbf{x})||\,\mathrm{d}^n\mathbf{x}| < \epsilon.\end{aligned} \tag{4.11.25}$$

$[H_l]_R$ 的定义可能要容易理解一些, 如果等式 (4.11.26) 按如下方式重写:

$$[H_l]_R(\mathbf{x}) = \begin{cases} 0 & |\mathbf{x}|>R \\ R & |\mathbf{x}|\leqslant R, H_l(\mathbf{x})>R \\ -R & |\mathbf{x}|\leqslant R, H_l(\mathbf{x})<-R \\ H_l(\mathbf{x}) & \text{其他} \end{cases}$$

等式 (4.11.26) 中定义 $[H_l]_R$ 的好处是它证明了 $[H_l]_R$ 是黎曼可积的 (见推论 4.1.15).

下一步, 选择 R 使得当 $|\mathbf{x}|\geqslant R$ 的时候, $\sup|H_M(\mathbf{x})|<R/2$ 且 $H_M(\mathbf{x})=0$. 我们定义函数 f 的 R–截断, 记为 $[f]_R$, 为

$$[f]_R = \sup\Big(-R\mathbf{1}_{B_R(\mathbf{0})}, \inf\Big(R\mathbf{1}_{B_R(\mathbf{0})}, f\Big)\Big), \tag{4.11.26}$$

在图 4.11.2 展示, 并且在边注中展示出 $[H_l]_R$. 这些 $[H_l]_R$ 形成了一个黎曼可积函数的序列, 每一个都在 $B_R(\mathbf{0})$ 上有支撑, 满足 $|[H_l]_R|\leqslant R$, 且 (根据等式 (4.11.17)) 几乎处处趋于 0, 所以根据定理 4.11.4,

$$\underbrace{\lim_{l\to\infty}\int_{\mathbb{R}^n}[H_l]_R(\mathbf{x})|\,\mathrm{d}^n\mathbf{x}| = 0}_{\text{证明的主要驱动力}}. \tag{4.11.27}$$

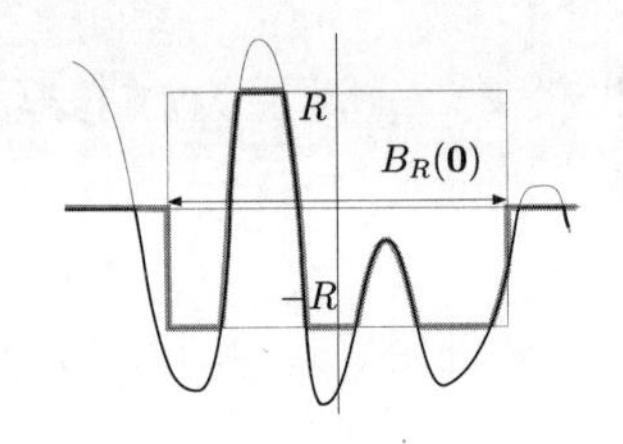

图 4.11.2

函数的 R–截断: 见等式 (4.11.26). 细线是 f 的函数; 黑线是 $\inf(R\mathbf{1}_{B_R(\mathbf{0})}, f)$. 我们取黑线的 sup 以及 $-R\mathbf{1}_{B_R(\mathbf{0})}$ 而得到粗的浅灰色的线, 表示 $[f]_R$.

我们现在完成了大部分的工作 (难的部分是证明定理 4.11.4). 但对于 $l>M$, 我们仍然需要处理差值:

$$H_l-[H_l]_R = (H_l-H_M)-([H_l]_R-H_M). \tag{4.11.28}$$

根据不等式 (4.11.25), $|H_l-H_M|$ 的积分小于 ϵ, 所以我们只需要考虑 $|[H_l]_R-H_M|$ 的积分. 在 $B_R(\mathbf{0})$ 之外, 我们有 $H_M=0$ 和 $[H_l]_R=0$, 所以我们

只需要考虑

$$\int_{B_R(\mathbf{0})} |[H_l]_R - H_M(\mathbf{x})|| \, \mathrm{d}^n\mathbf{x}|. \tag{4.11.29}$$

要看到这个积分很小, 首先找到 N 使得 $U_N(|H_l - H_M|) < \epsilon$. 然后考虑与 $B_R(\mathbf{0})$ 相交且 $M_C(|H_l - H_M|) > R/2$ 的立方体 $C \in \mathcal{D}_N(\mathbb{R}^n)$ 的并集. 因为上和 $U_N(|H_l - H_M|)$ 小, A 的体积必须小; 事实上, 它最多为 $2\epsilon/R$:

$$\begin{aligned} \epsilon &> U_N|H_l - H_M| = \sum_{C\in\mathcal{D}_N(\mathbb{R}^n)} M_C|H_l - H_M|\mathrm{vol}_n C \\ &\geqslant \sum_{C\in\mathcal{D}_N(\mathbb{R}^n),\ C\subset A} M_C|H_l - H_M|\mathrm{vol}_n C \\ &\geqslant \sum_{C\in\mathcal{D}_N(\mathbb{R}^n),\ C\subset A} \frac{R}{2}\mathrm{vol}_n C = \frac{R}{2}\mathrm{vol}_n A. \end{aligned} \tag{4.11.30}$$

令 B 为与 $B_R(\mathbf{0})$ 相交且满足 $M_C(|H_l - H_M|) \leqslant R/2$ 的立方体 $C \in \mathcal{D}_N(\mathbb{R}^n)$ 的并集; 对这些立方体,

$$|H_l| \leqslant |H_l - H_M| + |H_M| \leqslant R/2 + R/2 = R. \tag{4.11.31}$$

(记得 $\sup|H_M(\mathbf{x})| < R/2$) 所以在 B 上, 我们有 $[H_l]_R = H_l$. 这样[16]

$$\begin{aligned} &\int_{B_R(\mathbf{0})} \Big|[H_l]_R(\mathbf{x}) - H_M(\mathbf{x})\Big|| \, \mathrm{d}^n\mathbf{x}| \\ =\ & \int_A \Big|[H_l]_R(\mathbf{x}) - H_M(\mathbf{x})\Big| \, |\mathrm{d}^n\mathbf{x}| + \int_B \Big|[H_l]_R(\mathbf{x}) - H_M(\mathbf{x})\Big|| \, \mathrm{d}^n\mathbf{x}| \\ \leqslant\ & \frac{3R}{2}\mathrm{vol}_n(A) + \underbrace{\int_B \Big|H_l(\mathbf{x}) - H_M(\mathbf{x})\Big|| \, \mathrm{d}^n\mathbf{x}|}_{\text{根据不等式 (4.11.25)},<\epsilon} \\ \leqslant\ & 3\epsilon + \epsilon = 4\epsilon. \end{aligned} \tag{4.11.32}$$

总结一下: 对于任意 R,

$$\lim_{l\to\infty} \int_{\mathbb{R}^n} H_l(\mathbf{x})| \, \mathrm{d}^n\mathbf{x}| = \underbrace{\lim_{l\to\infty} \int_{\mathbb{R}^n} [H_l]_R(\mathbf{x})| \, \mathrm{d}^n\mathbf{x}|}_{\text{根据等式 (4.11.27)},=0} + \underbrace{\lim_{l\to\infty} \int_{\mathbb{R}^n} \Big(H_l(\mathbf{x}) - [H_l]_R(\mathbf{x})\Big)| \, \mathrm{d}^n\mathbf{x}|}_{\text{如下所示},=0}. \tag{4.11.33}$$

对于右边的第二个积分, 首先选取 $\epsilon > 0$, 然后选取 M 满足等式 (4.11.24), 然后 R 同上 (等式 (4.11.26) 前面的文字). 对于这些选择, 我们已经证明了, 对于所有的 $l > M$, 我们有

$$\int_{\mathbb{R}^n} \Big(H_l(\mathbf{x}) - [H_l]_R(\mathbf{x})\Big)| \, \mathrm{d}^n\mathbf{x}| = \underbrace{\int_{\mathbb{R}^n} \Big(H_l(\mathbf{x}) - H_M(\mathbf{x})\Big)| \, \mathrm{d}^n\mathbf{x}|}_{\text{根据不等式 (4.11.25)},<\epsilon} + \underbrace{\int_{\mathbb{R}^n} ([H_l]_R(\mathbf{x}) - H_M(\mathbf{x}))| \, \mathrm{d}^n\mathbf{x}|}_{\text{根据不等式 (4.11.32)},<4\epsilon}, \tag{4.11.34}$$

[16]不等式 4.11.32: 要得到最后一行的 $3R/2$, 记住

$$\sup|H_M(\mathbf{x})| < R/2, \text{ 以及 } |[H_l]_R(\mathbf{x})| \leqslant R.$$

所以

$$\lim_{l\to\infty}\int_{\mathbb{R}^n}(H_l(\mathbf{x})-[H_l]_R(\mathbf{x}))|\,\mathrm{d}^n\mathbf{x}|=0. \tag{4.11.35}$$

因为 (根据等式 (4.11.27))

$$\lim_{l\to\infty}\int_{\mathbb{R}^n}[H_l]_R(\mathbf{x})|\,\mathrm{d}^n\mathbf{x}|=0,\ \text{这给出}\ \lim_{l\to\infty}H_l(\mathbf{x})|\,\mathrm{d}^n\mathbf{x}|. \tag{4.11.36}$$

这就完成了定理 4.11.7 的证明. □

勒贝格积分的一些例子

我们之前在这本书上计算的所有积分都是勒贝格积分的例子, 因为如下的结果.

命题 4.11.9 解释了对勒贝格积分与黎曼积分使用了相同的符号.

命题 4.11.9. 如果 f 是 R–可积的, 则它是 L–可积的, 其勒贝格积分等于它的黎曼积分.

证明: 就取 $f_1=f$, 设 $f_k=0, k=2,3,\cdots$ 显然处处都有 $\sum f_k=f$, 不等式 (4.11.19) 被满足:

$$\sum_{k=1}^{\infty}\int|f_k(\mathbf{x})||\,\mathrm{d}^n\mathbf{x}|=\int|f_1(\mathbf{x})||\,\mathrm{d}^n\mathbf{x}|, \tag{4.11.37}$$

所以

$$\underbrace{\sum_{k=1}^{\infty}\int f_k(\mathbf{x})|\,\mathrm{d}^n\mathbf{x}|}_{\text{勒贝格积分}}=\underbrace{\int f_1(\mathbf{x})|\,\mathrm{d}^n\mathbf{x}|<\infty}_{\text{黎曼积分}}.\quad\square \tag{4.11.38}$$

例 4.11.10: 在练习 4.11.20 中, 你要找到一个精确地收敛到 f 的黎曼可积函数系列.

发明有界且有有界支撑, 但不是勒贝格可积的函数是极其困难的. 构造这种函数需要用到选择公理, 由此会依赖于你的集合论模型, 见例 A.21.7.

我们把练习 4.11.10 中的函数当作 "病态" 函数, 并不是一个说明勒贝格积分的威力的很好的例子. 例 4.11.11 和例 4.11.12 中的函数是我们引入勒贝格积分的真实动机. 这样的积分在物理中到处出现.

练习 4.11.19 让你证明, 如果一个函数的反常积分是绝对收敛的 (如等式 (4.11.40) ~ (4.11.42) 的那些), 则积分作为勒贝格积分是存在的.

我们也可以计算各种我们之前没有想过是可以积分的函数的积分, 例如 4.3.3 中的函数.

例 4.11.10 (不是 R–可积的 L–可积函数). 令 f 为有理数的指示函数, 也就是

$$f(x)=\begin{cases}1 & \text{如果}x\in\mathbb{Q}\\ 0 & \text{其他}\end{cases}. \tag{4.11.39}$$

这个函数几乎处处等于 0, 所以它是勒贝格可积的, 积分为 0. △

例 4.11.11 (一个具有有界支撑的可积函数). 在单变量时, 你可能学习了无界函数或者没有有界支撑的函数的反常积分: 就像

$$\int_{-\infty}^{\infty}\frac{1}{1+x^2}\,\mathrm{d}x=[\arctan x]_{-\infty}^{\infty}=\pi, \tag{4.11.40}$$

$$\int_0^{\infty}x^n\mathrm{e}^{-x}\,\mathrm{d}x=n!, \tag{4.11.41}$$

$$\int_0^1\frac{1}{\sqrt{x}}\,\mathrm{d}x=[2\sqrt{x}]_0^1=2 \tag{4.11.42}$$

这样的积分.

这些反常积分在高维下有可以与之类比的问题

$$\int_{\mathbb{R}^n} \frac{1}{1+|\mathbf{x}|^{n+1}} |\mathrm{d}^n\mathbf{x}|. \tag{4.11.43}$$

我们将证明, 如果 $m>n$, 函数

$$f(\mathbf{x}) = \frac{1}{1+|\mathbf{x}|^m} \tag{4.11.44}$$

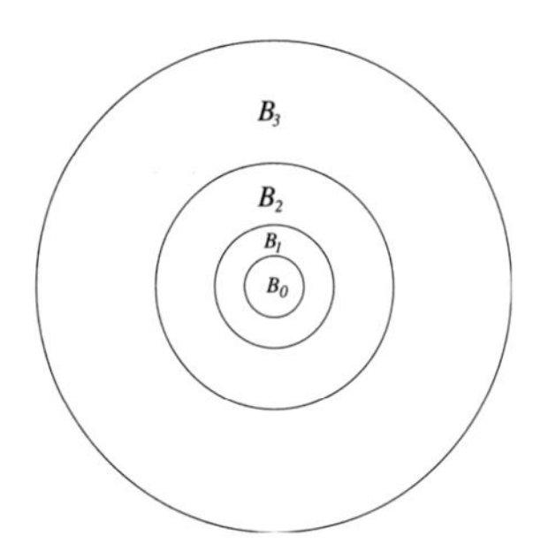

图 4.11.3

例 4.11.11: 在 $\mathbb{R}^3$ 中, B_i 的边界构成了一个同心圆的序列: B_0 为单位圆盘, B_1 为半径为 1 的圆和半径为 2 的圆之间的环形区域, 以此类推.

在 $\mathbb{R}^n$ 上是 L–可积的. 如图 4.11.3 所示, 定义

$$B_i = \{\mathbf{x}\in\mathbb{R}^n \mid 2^{i-1} < |\mathbf{x}| \leqslant x^i\},\ i=1,2,\cdots, \tag{4.11.45}$$

并令 B_0 为单位球.(我们可以设 $2^{i-1}\leqslant|\mathbf{x}|\leqslant 2^i$; 这个不会影响任何积分, 因为重叠部分的测度为 0.) 则有

$$f = \sum_{i=0}^{\infty} f_i,\ 其中 f_i(\mathbf{x}) = \mathbf{1}_{B_i(\mathbf{x})}\frac{1}{1+|\mathbf{x}|^m}. \tag{4.11.46}$$

(函数 f_0 在单位球上与 f 相同, 在其他地方为 0; f_1 在 B_1 上与 f 相同, 其他地方为 0, $\cdots$.)

显然, f_i 是 R–可积的: 它们有界且有有界的支撑, 而且除了在两个球上以外都连续, 而两个球的测度当然为 0. 这样, 这个例子的实质就是证明

$$\sum_{i=1}^{\infty}\int_{\mathbb{R}^n} |f_i(\mathbf{x})||\,\mathrm{d}^n\mathbf{x}|M < \infty. \tag{4.11.47}$$

映射 $\Phi_i\colon \mathbf{x}\mapsto 2^{i-1}\mathbf{x},\ i\geqslant 1$, 是一个把 B_1 变为 B_i 的换元; 注意 $\det[\mathbf{D}\Phi_i(\mathbf{x})] = 2^{(i-1)n}(\mathbf{x})$. 换元公式给出

$$\begin{aligned}
\int_{\mathbb{R}^n} |f_i(\mathbf{x}||\,\mathrm{d}^n\mathbf{x}| &= \int_{B_i} f(\mathbf{x})|\,\mathrm{d}^n\mathbf{x}| \int_{B_i}\frac{1}{1+|\mathbf{x}|^m}|\,\mathrm{d}^n\mathbf{x}| \\
&= \int_{B_i} (f\circ\Phi)(\mathbf{x})\Big|\det[\mathbf{D}\Phi_i(\mathbf{x})]\Big||\,\mathrm{d}^n\mathbf{x}| \\
&= \int_{B_i}\frac{1}{1+|2^{i-1}\mathbf{x}|^m}2^{(i-1)n}|\,\mathrm{d}^n\mathbf{x}| \\
&\leqslant \int_{B_i}\frac{2^{(i-1)n}}{2^{(i-1)m}|\mathbf{x}|^m}|\,\mathrm{d}^n\mathbf{x}| = 2^{(i-1)(n-m)}\int_{B_1}\frac{1}{|\mathbf{x}|^m}|\,\mathrm{d}^n\mathbf{x}|.
\end{aligned} \tag{4.11.48}$$

如果 $m>n$, 这个几何级数收敛, 因为和 $\sum_i 2^{(i-1)(n-m)}$ 在 $m>n$ 时收敛. 练习 4.11.21 让你证明, 如果 $m\leqslant n$, 则 f 在 $\mathbb{R}^n$ 上不是 L–可积的. △

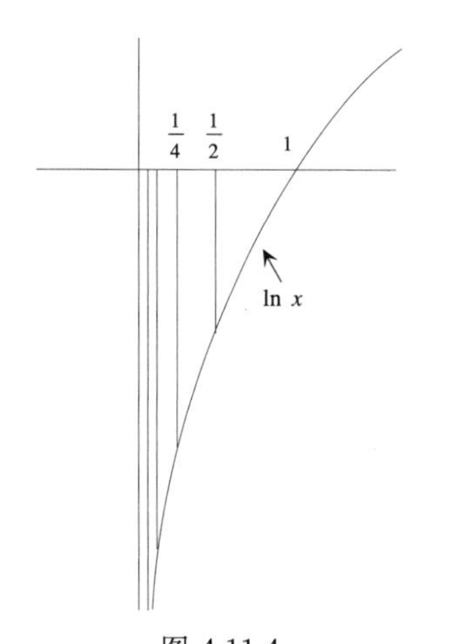

图 4.11.4

例 4.11.12: 我们考虑

$$f(x) \underset{L}{=} \mathbf{1}_{[0,1]}(x)\ln x$$

为函数的和: 在 $\frac{1}{2}$ 和 1 之间为 $\ln x$, 其他地方为 0 的函数, 加上在 1/4 与 1/2 之间为 $\ln x$, 其他地方为 0 的函数, 加上在 1/8 与 1/4 之间为 $\ln x$, 其他地方为 0 的函数, $\cdots\cdots$

例 4.11.12 (一个无界的可积函数). 函数 $f(x) = \mathbf{1}_{[0,1]}(x)\ln x$ 是 L–可积的, 尽管它是无界的. 如图 4.11.4 所示, 它可以写为有界函数的和

$$f(x) \underset{L}{=} \sum_{i=0}^{\infty} f_i(x),\ 其中\ f_i = \left(\mathbf{1}_{(2^{-(i+1)},2^{-i}]}(x)\right)\ln x. \tag{4.11.49}$$

函数 f_i 是 R–可积的, 级数

$$\sum_{i=0}^{\infty}\int_{1/2^{i+1}}^{1/2^i}|\ln x|\,\mathrm{d}x \tag{4.11.50}$$

是收敛的, 这是练习 4.11.15 中让你来检验的. △

例 4.11.13 (一个不是勒贝格可积的函数). 一些反常的一维积分*没有*对应的勒贝格可积函数: 存在性依赖于相互抵消的积分, 像

$$\int_0^{\infty}\frac{\sin x}{x}\,\mathrm{d}x. \tag{4.11.51}$$

例 4.11.13 证明了勒贝格积分不是严格的反常积分的推广: 一些反常积分, 那些依赖于相互抵消的, 不作为勒贝格积分为存在. 因为对于依赖于相互抵消的积分, 没有富比尼定理和换元公式, 勒贝格积分很聪明地禁止了它们.

你可能回忆起了一元微积分, 这个反常积分的定义为

$$\lim_{A\to\infty}\int_0^{A}\frac{\sin x}{x}\,\mathrm{d}x. \tag{4.11.52}$$

我们可以证明极限存在, 例如通过说级数

$$\sum_{k=0}^{\infty}\int_{k\pi}^{(k+1)\pi}\frac{\sin x}{x}\,\mathrm{d}x \tag{4.11.53}$$

为递减的交替级数, 随着 $k\to\infty$, 它的项趋向于 0. 但是这个方法可用的理由仅仅是正的和负的项互相抵消: $\sin x/x$ 与 x 之间的面积是无限的,

$$\lim_{A\to\infty}\int_0^{A}\left|\frac{\sin x}{x}\right|\mathrm{d}x \tag{4.11.54}$$

没有极限. 4.11.51 中的积分不作为一个勒贝格积分而存在. 根据我们的定义 "f L–可积" 就意味着 $|f|$ 是 L–可积的, 但并不是这里的情况. △

练习 4.11.16 让你解释例 4.11.13 中的论据.

注意到我们不需要这个积分存在, 因为换元公式对于这种反常积分失效了 (见练习 4.11.17).

勒贝格积分的一些基本属性

命题 4.11.14 (勒贝格积分是线性的). 如果 f 和 g 是 L–可积的, a,b 为常数, 则 $af+bg$ 是 L–可积的, 且

$$\int_{\mathbb{R}^n}(af+bg)(\mathbf{x})|\,\mathrm{d}^n\mathbf{x}|=a\int_{\mathbb{R}^n}f(\mathbf{x})|\,\mathrm{d}^n\mathbf{x}|+b\int_{\mathbb{R}^n}g(\mathbf{x})|\,\mathrm{d}^n\mathbf{x}|.$$

证明: 如果 $f \underset{L}{=} \sum f_k, g \underset{L}{=} \sum g_k$, 则 $af+bg \underset{L}{=} \sum(af_k+bg_k)$. 实际上, 级数 $\sum(af_k+bg_k)$ 在除了使级数 $\sum\limits_k|f(\mathbf{x})|$ 和 $\sum\limits_k|g(\mathbf{x})|$ 发散的 $\mathbf{x}$ 的集合的并集以外都将收敛, 且两个测度为 0 的集合的并集的测度仍然为 0 (见定理 4.4.4). 对于不在这个集合中的 $\mathbf{x}$, 结果由数的级数的相应的陈述得到. □

两个 L–可积函数的乘积是 L–可积的这个说法未必是成立的; 例如, 函数 $\dfrac{\mathbf{1}_{[-1,1]}(x)}{\sqrt{|x|}}$ 是 L–可积的, 但它的平方并不是. 而我们有下面的结果.

命题 4.11.15. 如果 f 在 $\mathbb{R}^n$ 上是 L–可积的, g 在 $\mathbb{R}^n$ 上是 R–可积的, 则 fg 是 L–可积的.

证明: 因为 f 是 L–可积的, 我们可以设 $f \underset{L}{=} \sum_k f_k$, 其中函数 f_k 是 R–可积的, 且

$$\sum_k \int_{\mathbb{R}^n} |f_k(\mathbf{x})||\,\mathrm{d}^n\mathbf{x}| < \infty, \tag{4.11.55}$$

我们有 $fg \underset{L}{=} \sum_k f_k g$, 其中 $f_k g$ 是 R–可积的; 因为 g 是有界的,

$$\sum_k \int_{\mathbb{R}^n} |f_k(\mathbf{x})g(\mathbf{x})||\,\mathrm{d}^n\mathbf{x}| \leqslant \sup_{\mathbf{x}\in\mathbb{R}^n} |g(\mathbf{x})| \sum_k \int_{\mathbb{R}^n} |f_k(\mathbf{x})||\,\mathrm{d}^n\mathbf{x}| < \infty. \tag{4.11.56}$$

因此, fg 是 L–可积的. □

我们用符号 $\underset{L}{\leqslant}$ 表示 "对除了一个测度为 0 的集合上的 $\mathbf{x}$ 以外都满足 $\leqslant$".

命题 4.11.16. 如果 f 和 g 为 L–可积的, $f \underset{L}{\leqslant} g$ 函数, 则

$$\int_{\mathbb{R}^n} f(\mathbf{x})|\,\mathrm{d}^n\mathbf{x}| \leqslant \int_{\mathbb{R}^n} g(\mathbf{x})|\,\mathrm{d}^n\mathbf{x}|. \tag{4.11.57}$$

证明: 根据命题 4.11.14, 陈述等价于说, $0 \underset{L}{=} g - f$ 隐含着 $0 \leqslant \int_{\mathbb{R}^n} (g - f)(\mathbf{x})|\,\mathrm{d}^n\mathbf{x}|$. 用 f 代替 $g-f$; 陈述变成了 $0 \underset{L}{\leqslant} f \Rightarrow 0 \leqslant \int_{\mathbb{R}^n} f(\mathbf{x})|\,\mathrm{d}^n\mathbf{x}|$. 假设 $0 \underset{L}{=} f$, 写 $f \underset{L}{=} \sum_{k=1}^{\infty} f_k$, 其中所有的 f_k 为 R–可积的, 且 $\sum_{k=1}^{\infty} |f_k(\mathbf{x})||\,\mathrm{d}^n\mathbf{x}| < \infty$. 定义 $F_m = \sum_{k=1}^{m} f_k$, 以及

$$H_0 = 0, H_m = \sup\{0, F_m\}(m < 0), \text{ 以及 } h_k = H_k - H_{k-1} \tag{4.11.58}$$

我们有四种情况:

1. 如果 $F_{k-1}(\mathbf{x}) \geqslant 0, F_k(\mathbf{x}) \geqslant 0$, 则 $|h_k(\mathbf{x})| = |f_k(\mathbf{x})|$.
2. 如果 $F_{k-1}(\mathbf{x}) < 0, F_k(\mathbf{x}) \geqslant 0$, 则 $|h_k(\mathbf{x})| = |F_k(\mathbf{x}) - 0| < |F_k(\mathbf{x}) - F_{k-1}(\mathbf{x})| = |f_k(\mathbf{x})|$.
3. 如果 $F_{k-1}(\mathbf{x}) \geqslant 0, F_k(\mathbf{x}) < 0$, 则 $|h_k(\mathbf{x})| = |0 - F_{k-1}(\mathbf{x})| < |F_k(\mathbf{x}) - F_{k-1}(\mathbf{x})| = |f_k(\mathbf{x})|$.
4. 如果 $F_{k-1}(\mathbf{x}) < 0, F_k(\mathbf{x}) < 0$, 则 $|h_k(\mathbf{x})| = 0 \leqslant |f_k(\mathbf{x})|$.

在所有的四个情况中都有 $|h_k| \leqslant |f_k|$, 如图 4.11.5 所示. 更进一步, 对每个 k, h_k 是一个 R–可积函数, 所以根据命题 4.11.4 的第三部分,

$$\sum_{k=1}^{\infty} \int_{\mathbb{R}^n} |h_k(\mathbf{x})||\,\mathrm{d}^n\mathbf{x}| \leqslant \sum_{k=1}^{\infty} \int_{\mathbb{R}^n} |f_k(\mathbf{x})||\,\mathrm{d}^n\mathbf{x}| < \infty. \tag{4.11.59}$$

因为 $H_0 = 0$, 我们可以把 H_m 写为

$$H_m = \underbrace{H_m - H_{m-1}}_{h_m} + \underbrace{H_{m-1} - H_{m-2}}_{h_{m-1}} + \cdots + \underbrace{H_2 - H_1}_{h_2} + \underbrace{H_1 - H_0}_{h_1}, \tag{4.11.60}$$

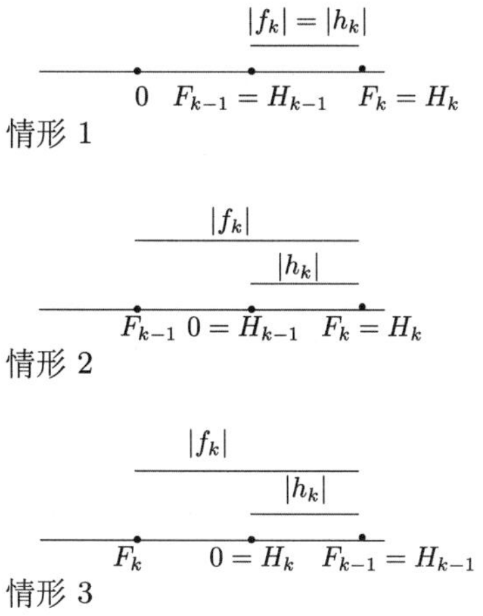

图 4.11.5

在所有上面的三种情形下, 因为

$$|h_k| = |H_k - H_{k-1}|$$

以及

$$|f_k| = |F_k - F_{k-1}|,$$

我们有

$$|h_k| \leqslant |f_k|.$$

在第一种情形下, 我们可以有

$$F_k < F_{k-1},$$

因为 f_k 可以为负的, 但这不会改变结果. 第四种情形是显然的.

所以 $\lim_{m\to\infty} H_m(\mathbf{x}) = \sum_{k=1}^{\infty} h_k(\mathbf{x})$. 因为我们假设了 $0 \underset{L}{\leqslant} f$, 我们几乎处处都有 $\lim_{m\to\infty} H_m(\mathbf{x}) = f(\mathbf{x})$. 这样, 我们有 $f(\mathbf{x}) \underset{L}{=} \sum_{k=1}^{\infty} h_k(\mathbf{x})$ 以及

$$\begin{aligned}\int_{\mathbb{R}^n} f(\mathbf{x})|\,\mathrm{d}^n\mathbf{x}| &= \sum_{k=1}^{\infty}\int_{\mathbb{R}^n} h_k(\mathbf{x})|\,\mathrm{d}^n\mathbf{x}| \qquad (4.11.61)\\ &= \lim_{m\to\infty}\sum_{k=1}^{m}\int_{\mathbb{R}^n} h_k(\mathbf{x})|\,\mathrm{d}^n\mathbf{x}|\\ &= \lim_{m\to\infty}\int_{\mathbb{R}^n} H_m(\mathbf{x}) \geqslant 0. \quad \square\end{aligned}$$

关于勒贝格积分的定理

关于勒贝格积分的重要定理是富比尼定理、换元定理、单调收敛定理和控制收敛定理. 它们都是对于勒贝格积分比起黎曼积分更为容易去陈述的.

我们从关于级数的定理 4.11.17 开始; 这并不是通常解决这个问题的方法, 但是在我们对勒贝格积分的处理中, 定理 4.11.17 是基本的结果.(在勒贝格积分的标准的处理中, 定理 4.11.17 说的是, $L^1(\mathbb{R}^n, |\,\mathrm{d}^n\mathbf{x}|)$ 是完备的.) 注意到我们没有假设 (像我们在定义 4.11.8 中所做的)f_k 是黎曼可积的. 定理在附录 A.21 中证明.

定理 4.11.17: 如果 f_k 是黎曼可积的, 并且不等式 (4.11.62) 被满足, 这就是勒贝格积分的定义.

定理 4.11.17 (勒贝格积分的第一极限定理). 令 $k \mapsto f_k$ 为一个系列的 L–可积函数, 满足

$$\sum_{k=1}^{\infty}\int_{\mathbb{R}^n} |f_k(\mathbf{x})||\,\mathrm{d}^n\mathbf{x}| < \infty, \qquad (4.11.62)$$

则 $f(\mathbf{x}) = \sum_{k=1}^{\infty} f_k(\mathbf{x})$ 对几乎所有的 $\mathbf{x}$ 存在, 函数 f 是 L–可积的, 且

$$\int_{\mathbb{R}^n} f(\mathbf{x})|\,\mathrm{d}^n\mathbf{x}| = \int_{\mathbb{R}^n}\sum_{k=1}^{\infty} f_k(\mathbf{x})|\,\mathrm{d}^n\mathbf{x}| = \sum_{k=1}^{\infty}\int_{\mathbb{R}^n} f_k(\mathbf{x})|\,\mathrm{d}^n\mathbf{x}|. \qquad (4.11.63)$$

当然, 单调收敛定理也可以用在下面被一个 L–可积函数界定的单调递减序列上.

定理 4.11.18 (单调收敛定理: 勒贝格积分).

1. 令 $0 \leqslant f_1 \underset{L}{\leqslant} f_2 \underset{L}{\leqslant} \cdots$ 为一个 L–可积的非负函数的序列. 如果

$$\sup_k \int_{\mathbb{R}^n} f_k(\mathbf{x})|\,\mathrm{d}^n\mathbf{x}| < \infty, \qquad (4.11.64)$$

则极限 $f(\mathbf{x}) = \lim_{k\to\infty} f_k(\mathbf{x})$ 对几乎所有的 $\mathbf{x}$ 存在, 函数 f 是 L–可积的, 且

$$\int_{\mathbb{R}^n} f(\mathbf{x})|\,\mathrm{d}^n\mathbf{x}| = \sup_k \int_{\mathbb{R}^n} |\,\mathrm{d}^n\mathbf{x}|. \qquad (4.11.65)$$

2. 相反地, 如果 $f(\mathbf{x}) \stackrel{\text{def}}{=} \lim_{k\to\infty} f_k(\mathbf{x})$ 几乎处处存在, 且 $\sup_k \int_{\mathbb{R}^n} f_k(\mathbf{x})|\,\mathrm{d}^n\mathbf{x}| = \infty$, 则 f 不是勒贝格可积的.

证明: 1. 对上确界应用定理 4.11.17 , 重写为级数

$$f = f_1 + (f_2 - f_1) + \cdots + (f_k - f_{k-1}) + \cdots = g_1 + g_2 + \cdots + g_k + \cdots$$

2. 如果 f 是 L–可积的, 则根据命题 4.11.16 和 $f \geqslant f_k$

$$\int_{\mathbb{R}^n} f(\mathbf{x})|\,\mathrm{d}^n\mathbf{x}| \geqslant \int_{\mathbb{R}^n} f_k(\mathbf{x})|\,\mathrm{d}^n\mathbf{x}|$$

对所有的 k 成立, 因此

$$\int_{\mathbb{R}^n} f(\mathbf{x})|\,\mathrm{d}^n\mathbf{x}| \geqslant \sup_k \int_{\mathbb{R}^n} f_k(\mathbf{x})|\,\mathrm{d}^n\mathbf{x}| = \infty,$$

所以 f 不是可积的. □

在定理 4.11.19 中, f_k 被 F 控制. 定理 4.11.19、定理 4.11.20 和定理 4.11.21 在附录 A.21 中证明,

定理 4.11.19 (控制收敛定理: 勒贝格积分). 令 $k \mapsto f_k$ 为一个 L–可积函数序列, 几乎处处分段收敛到某个函数 f. 假设有一个 L–可积函数 $F\colon \mathbb{R}^n \to \mathbb{R}$, 使得 $|f_k(\mathbf{x})| \leqslant F(\mathbf{x})$ 对几乎所有的 $\mathbf{x}$ 成立. 则 f 是 L–可积的, 且其积分为

$$\int_{\mathbb{R}^n} f(\mathbf{x})|\,\mathrm{d}^n\mathbf{x}| = \lim_{k\to\infty} f_k(\mathbf{x})|\,\mathrm{d}^n\mathbf{x}|. \tag{4.11.66}$$

定理 4.11.20 (换元公式: 勒贝格积分). 令 U, V 为 $\mathbb{R}^n$ 的开子集, 令 $\Phi\colon U \to V$ 为双射, 属于 C^1, 逆也属于 C^1, 使得 Φ 和 Φ^{-1} 都有李普希兹导数, 令 $f\colon V \to \mathbb{R}$ 在也许除了一个测度为 0 的集合以外都有定义. 则

f 在 V 上 L–可积 $\iff (f\circ\Phi)|\det[\mathbf{D}\Phi]|$ 在 U 上 L–可积, 且

$$\int_V f(\mathbf{v})|\,\mathrm{d}^n\mathbf{v}| = \int_U (f\circ\Phi)(\mathbf{u})\big|\det[\mathbf{D}\Phi(\mathbf{u})]\big|\,|\mathrm{d}^n\mathbf{u}|. \tag{4.11.67}$$

定理 4.11.21 (勒贝格积分的富比尼定理). 令 $f\colon \mathbb{R}^n \to \mathbb{R}$ 为一个 L–可积函数. 则函数

$$\mathbf{y} \mapsto \int_{\mathbb{R}^n} f(\mathbf{x},\mathbf{y})|\,\mathrm{d}^n\mathbf{x}| \tag{4.11.68}$$

对几乎所有的 $\mathbf{y} \in \mathbb{R}^m$ 有定义, 且在 $\mathbb{R}^m$ 上是 L–可积的, 且

$$\int_{\mathbb{R}^n\times\mathbb{R}^m} f(\mathbf{x},\mathbf{y})|\,\mathrm{d}^n\mathbf{x}||\,\mathrm{d}^m\mathbf{y}| = \int_{\mathbb{R}^m}\left(\int_{\mathbb{R}^n} f(\mathbf{x},\mathbf{y})|\,\mathrm{d}^n\mathbf{x}|\right)|\,\mathrm{d}^m\mathbf{y}|. \tag{4.11.69}$$

相反地, 如果 $f\colon \mathbb{R}^n \times \mathbb{R}^m \to \mathbb{R}$ 为一个函数, 满足:

1. 每个点 $(\mathbf{x},\mathbf{y}) \in \mathbb{R}^{n+m}$ 是一个球的中心, f 在这个球上是 L–可积的.
2. 函数 $\mathbf{x} \mapsto |f(\mathbf{x},\mathbf{y})|$ 在 $\mathbb{R}^n$ 上对几乎所有的 $\mathbf{y}$ 都是 L–可积的.
3. 函数 $\mathbf{y} \mapsto \int_{\mathbb{R}^n} |f(\mathbf{x},\mathbf{y})||\,\mathrm{d}^n\mathbf{x}|$ 在 $\mathbb{R}^m$ 上是 L–可积的, 则 f 在 $\mathbb{R}^{n+m}$ 上

是 L–可积的, 且

$$\int_{\mathbb{R}^n\times\mathbb{R}^m} f(\mathbf{x},\mathbf{y})|\,\mathrm{d}^n\mathbf{x}||\,\mathrm{d}^m\mathbf{y}| = \int_{\mathbb{R}^m}\left(\int_{\mathbb{R}^n} f(\mathbf{x},\mathbf{y})|\,\mathrm{d}^n\mathbf{x}|\right)|\,\mathrm{d}^m\mathbf{y}|.$$

逆定理的第二和第三部分的绝对值是必须的, 如图 4.11.6 所表示的函数 $f\colon \mathbb{R}^2\to\mathbb{R}$.

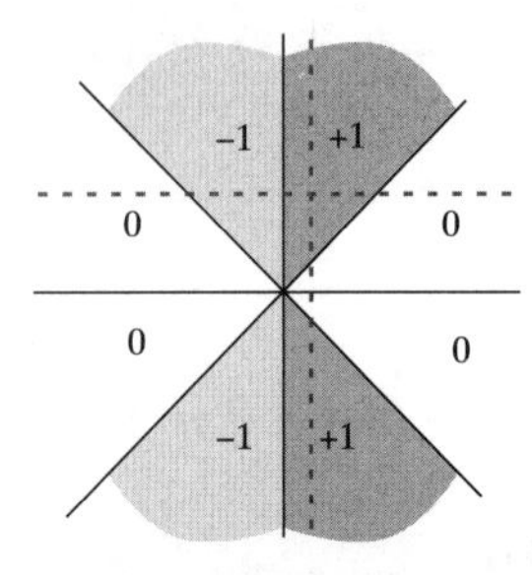

图 4.11.6

富比尼定理的第三部分: 考虑函数 $f\colon \mathbb{R}^2\to\mathbb{R}$, 它在深色阴影区域为 $+1$, 在浅色阴影区域为 -1, 其他地方为 0. 对于每个 y, 函数 $x\mapsto f(x,y)$ 是可积的, 实际上

$$\int_{\mathbb{R}} f(x,y)\,\mathrm{d}x = 0.$$

函数

$$y\mapsto \int_{\mathbb{R}} f(x,y)|\,\mathrm{d}x|$$

在 $\mathbb{R}$ 上是 L–可积的, 且

$$\int_{\mathbb{R}}\left(\int_{\mathbb{R}} f(x,y)\,\mathrm{d}x\right)\mathrm{d}y = \int_{\mathbb{R}} 0\,\mathrm{d}y = 0.$$

但是 f 在 $\mathbb{R}^2$ 上是不可积的, 迭代积分换一个写法

$$\int_{\mathbb{R}}\left(\int_{\mathbb{R}} f(x,y)\,\mathrm{d}y\right)\mathrm{d}x$$

是没有意义的; 内层积分对于 $x>0$ 都是 ∞, 对于 $x<0$ 都是 $-\infty$. 问题是, $y\mapsto \int_{\mathbb{R}}|f(x,y)||\,\mathrm{d}x|$ 是不可积的.

高斯积分

高斯钟形曲线的积分是所有数学中最重要的积分之一. 中心极限定理 (定理 4.2.7) 确认了如果你重复同一个试验 n 次, 每次是独立的, 每次做一些测量, 则测量的平均值将在区间 $[A,B]$ 中的概率为 (见公式 (4.2.16))

$$\int_A^B \frac{1}{\sqrt{2\pi}\tau}\mathrm{e}^{-\frac{(x-E)^2}{2\tau^2}}\,\mathrm{d}x, \tag{4.11.70}$$

其中 E 是 x 的期望值, σ 为标准差, $\tau=\sigma/\sqrt{n}$ 为重复试验的标准差. 因为概率大部分关注的是重复试验, 高斯积分有着重大的意义.

要想中心极限定理有意义, 公式 (4.11.70) 的被积分函数必须是一个概率密度, 也就是, 我们必须有

$$\int_{-\infty}^{\infty} \frac{1}{\sqrt{2\pi}\tau}\mathrm{e}^{-\frac{(x-E)^2}{2\tau^2}}\,\mathrm{d}x = 1. \tag{4.11.71}$$

练习 4.11.10 让你利用换元来从更简单的方程

$$\int_{-\infty}^{\infty} \mathrm{e}^{-x^2}\,\mathrm{d}x = \sqrt{\pi} \tag{4.11.72}$$

导出 4.11.71.

函数 e^{-x^2} 没有可以用基本形式写出的反导. [17] 计算它的一个方法是利用 2 维上的勒贝格积分. 设 $\int_{-\infty}^{\infty}\mathrm{e}^{-x^2}\,\mathrm{d}x = C$. 根据富比尼定理,

$$\int_{\mathbb{R}^2}\mathrm{e}^{-(x^2+y^2)}|\,\mathrm{d}^2\mathbf{x}| = \left(\int_{-\infty}^{\infty}\mathrm{e}^{-x^2}\,\mathrm{d}x\right)\left(\int_{-\infty}^{\infty}\mathrm{e}^{-y^2}\,\mathrm{d}y\right) = C^2. \tag{4.11.73}$$

我们现在利用换元公式, 转换到极坐标:

$$\int_{\mathbb{R}^2}\mathrm{e}^{-(x^2+y^2)}|\,\mathrm{d}^2\mathbf{x}| = \int_0^{2\pi}\int_0^{\infty}\mathrm{e}^{-r^2}r\,\mathrm{d}r\,\mathrm{d}\theta, \tag{4.11.74}$$

从换元得到的 r 使得这个计算变得直接了:

$$\begin{aligned} C^2 &= \int_0^{2\pi}\int_0^{\infty}\mathrm{e}^{-r^2}r\,\mathrm{d}r\,\mathrm{d}\theta \\ &= 2\pi\left[-\frac{\mathrm{e}^{-r^2}}{2}\right]_0^{\infty} \end{aligned}$$

[17] 这是一个很难的结果; 见 *Integration of Finite Terms*, R. Ritt Columbia University Press, New York, 1948. 当然, 它与你对 "基本" 的定义有关; 它的一个反导可以从误差函数 $\mathrm{erf}(x)\overset{\mathrm{def}}{=}\frac{2}{\sqrt{\pi}}\int_0^x \mathrm{e}^{-t^2}\,\mathrm{d}t$ 计算得到, 这是一个查表函数, 要通过查表或者输入计算器来得到结果.

等式 (4.11.73): 要应用富比尼定理 (定理 4.11.21), 我们需要检验函数

$f\colon \mathbb{R}\times\mathbb{R}\to\mathbb{R}, f\begin{pmatrix}x\\y\end{pmatrix}=\mathrm{e}^{-(x^2+y^2)}$

在 $\mathbb{R}^2$ 上为 L–可积的. 首先注意到 $x\mapsto \mathrm{e}^{-x^2}$ 在 $\mathbb{R}$ 上是 L–可积的 (见定义 4.11.8; 注意 $\mathrm{e}^{-x^2}>0$ 并把 e^{-x^2} 写为 $\sum_{j=-\infty}^{\infty}\mathrm{e}^{-x^2}\mathbf{1}_{[j,j+1)}$):

$$\sum_{-\infty}^{\infty}\int_j^{j+1}\mathrm{e}^{-x^2}|\,\mathrm{d}x|\leqslant 2\sum_{j=0}^{\infty}\mathrm{e}^{-j^2} < 2\sum_{j=0}^{\infty}\frac{1}{2^j}=4.$$

下一步, 设

$$\sum_{j,k=-\infty}^{\infty}=\sum_{j=-\infty}^{\infty}\sum_{k=-\infty}^{\infty}$$

并且写

$$\sum_{j,k=-\infty}^{\infty}\int_j^{j+1}\int_k^{k+1}\mathrm{e}^{-(x^2+y^2)}|\,\mathrm{d}x\,\mathrm{d}y| \leqslant 4\sum_{j=0}^{\infty}\sum_{k=0}^{\infty}\mathrm{e}^{-(j^2+k^2)} =4\sum_{j=0}^{\infty}\mathrm{e}^{-j^2}\left(\sum_{k=0}^{\infty}\mathrm{e}^{-k^2}\right) < 16.$$

定理 4.11.22 是一个主要的结果, 有着重大的意义.

我们需要条件 4.11.77, 使得我们可以在证明中使用控制收敛定理.

著名物理学家费曼 (Richard Feynman, 1965 年诺贝尔奖得主) 利用他的高中物理老师给他的一本书自学积分. 书上给出了如何在积分号下进行微分, 这是一个通常在大学里不教授的技术. 如他在 *Surely You're Joking, Mr. Feynman* 一书中所写的, 他经常能够计算其他人用所学到的标准的方法计算不了的积分. "所以我因为作积分而获得了巨大的声誉, 只是因为我的工具箱与其他人的都不一样."

$$= \quad 2\pi\left(0-\frac{-1}{2}\right)=\pi, \tag{4.11.75}$$

所以 $C=\sqrt{\pi}$.

什么时候导数的积分等于积分的导数?

我们经常需要对一个自身是积分的函数求导. 我们将看到, 对拉普拉斯变换和傅里叶变换, 情况尤其是这样. 如果用一个变量对函数进行积分, 然后对另外一个变量求导, 在什么情况下先积分后求导与先求导后积分给出的结果是相同的呢? 控制收敛定理给出了下面的一般的结果.

定理 4.11.22 (在积分号下求导). 令 $f(t,\mathbf{x})\colon\mathbb{R}^{n+1}\to\mathbb{R}$ 为一个函数, 满足对任意固定的 t, 积分

$$F(t)=\int_{\mathbb{R}^n}f(t,\mathbf{x})|\,\mathrm{d}^n\mathbf{x}| \tag{4.11.76}$$

存在. 假设 D_tf 对几乎所有的 $\mathbf{x}$ 存在. 如果存在 $\epsilon>0$ 和一个 L–可积函数 g 使得对所有的 $s\neq t$,

$$|s-t|<\epsilon\Rightarrow\left|\frac{f(s,\mathbf{x})-f(t,\mathbf{x})}{s-t}\right|\leqslant g(\mathbf{x}), \tag{4.11.77}$$

则 F 是可微的, 其导数为

$$F'(t)=\int_{\mathbb{R}^n}D_tf(t,\mathbf{x})|\,\mathrm{d}^n\mathbf{x}|. \tag{4.11.78}$$

证明: 只要计算

$$\begin{aligned}F'(t)&=\lim_{h\to0}\frac{F(t+h)-F(t)}{h}=\lim_{h\to0}\frac{f(t+h,\mathbf{x})-f(t,\mathbf{x})}{h}|\,\mathrm{d}^n\mathbf{x}|\\&=\int_{\mathbb{R}^n}\lim_{h\to0}\frac{f(t+h,\mathbf{x})-f(t,\mathbf{x})}{h}|\,\mathrm{d}^n\mathbf{x}|=\int_{\mathbb{R}^n}D_tf(t,\mathbf{x})|\,\mathrm{d}^n\mathbf{x}|.\end{aligned} \tag{4.11.79}$$

积分号里面的极限的移动可以由勒贝格积分的控制收敛定理 (定理 4.11.19) 来解释. □

有时候, 积分号下的积分允许我们计算用反导无法计算的积分.

例 4.11.23. 考虑函数

$$F(t)=\int_0^1f(t,x)\,\mathrm{d}x=\int_0^1\frac{x^t-1}{\ln x}\,\mathrm{d}x,\ t\geqslant0. \tag{4.11.80}$$

导数 D_tf 存在, 为

$$D_t\frac{x^t-1}{\ln x}=D_t\frac{\mathrm{e}^{t\ln x}-1}{\ln x}=\frac{(\ln x)\mathrm{e}^{t\ln x}}{\ln x}=x^t. \tag{4.11.81}$$

条件 4.11.77 得以满足, 所以

$$F'(t)=\int_0^1\frac{(\ln x)x^t}{\ln x}\,\mathrm{d}x=\int_0^1x^t\,\mathrm{d}x=\left[\frac{x^{t+1}}{t+1}\right]_{x=0}^{x=1}=\frac{1}{t+1}. \tag{4.11.82}$$

例 4.11.23: 函数
$$\frac{x^t-1}{\ln x}$$
没有基本形式的反导. 如果它有, 则我们可以把
$$\int_0^a \frac{x^t-1}{\ln x}\,\mathrm{d}x$$
写成基本形式, 这就导致了积分 e^x/x, 但这个已经知道是没有基本形式的反导的.

因此

$$F'(t)=\ln(t+1)+C, f(0)=C=0,\ \text{所以}\ f(t)=\ln(t+1).\quad\triangle$$

傅里叶和拉普拉斯变换的应用

傅里叶变换和拉普拉斯变换是分析的基本工具. 在这里, 我们将仅作为积分号下的求导的例子来学习它们. 我们将看到这些变换把微分 (一个分析构造) 变成了乘法 (代数). 这是为什么这些变换如此重要的主要原因.

如果 f 是 $\mathbb{R}$ 上的 L–可积函数, 则对每个 $\xi\in\mathbb{R}$, $f(x)\mathrm{e}^{\mathrm{i}\xi x}$ 也是可积函数, 因为

$$|f(x)\mathrm{e}^{\mathrm{i}\xi x}|=|f(x)|. \tag{4.11.83}$$

等式 (4.11.84): 注意这是一个复值函数的积分. 到目前为止, 我们仅讨论了实值函数的积分, 但复值函数并没有引入新的困难. 如果 $f=f_1+\mathrm{i}f_2$, f_1 和 f_2 为实值函数, 为函数 f 的实部和虚部, 则我们定义
$$\int f(x)\,\mathrm{d}x=\int f_1(x)\,\mathrm{d}x+\mathrm{i}\int f_2(x)\,\mathrm{d}x.$$

希腊字母 ξ 是 xi, 发音为 “ksee” 或者 “kseye”. 通常人们使用罗马字母作为 f 的变量, 在傅里叶变换中的相应的希腊字母为 x 和 ξ, t 和 τ, z 和 ζ.

定义 4.11.24 (傅里叶变换). 由

$$\widehat{f}(\xi)\overset{\text{def}}{=}\int_{\mathbb{R}} f(x)\mathrm{e}^{2\pi\mathrm{i}\xi x}\,\mathrm{d}x \tag{4.11.84}$$

定义的函数 $\widehat{f}$ 称为 f 的*傅里叶变换*(Fourier transform).

注释. 傅里叶变换的重要性再怎么强调都不算夸大, 无论是在纯数学还是应用数学中. 从 f 到 $\widehat{f}$ 是数学分析 (以及物理, 从 f 到 $\widehat{f}$ 的传递的意思是从物理空间到动量空间) 的一个核心的构造方法. △

根据定理 4.11.22, f 的导数 $D\widehat{f}$ 为

$$\begin{aligned} D\widehat{f}(\xi) &= \int_{\mathbb{R}} D_\xi\left(f(x)\mathrm{e}^{2\pi\mathrm{i}x\xi}\right)\mathrm{d}x=\int_{\mathbb{R}} f(x)D_\xi(\mathrm{e}^{2\pi\mathrm{i}x\xi})\,\mathrm{d}x \\ &= \int_{\mathbb{R}} 2\pi\mathrm{i}xf(x)\mathrm{e}^{2\pi\mathrm{i}x\xi}\,\mathrm{d}x=2\pi\mathrm{i}\widehat{xf}(\xi), \end{aligned} \tag{4.11.85}$$

$\widehat{f}$ 的导数 $D\widehat{f}$ 可以写成 $(\widehat{f})'$.

只要差的商

$$\left|\frac{f(x)\mathrm{e}^{2\pi\mathrm{i}(\xi+h)x}-f(x)\mathrm{e}^{2\pi\mathrm{i}\xi x}}{h}\right|=\underbrace{|\mathrm{e}^{2\pi\mathrm{i}\xi x}|}_{1}\left|\frac{\mathrm{e}^{2\pi\mathrm{i}hx}-1}{h}\right| \tag{4.11.86}$$

都被一个 L–可积函数界定. 因为

$$|\mathrm{e}^{2\pi\mathrm{i}a}-1|=2|\sin(\pi a)|\leqslant 2\pi|a| \tag{4.11.87}$$

等式 (4.11.86):
$$\left|\frac{\mathrm{e}^{2\pi\mathrm{i}hx}-1}{h}\right||f(x)|$$
相应于定理 4.11.22 中的
$$\left|\frac{f(s,\mathbf{x})-f(t,\mathbf{x})}{s-t}\right|,$$

对任意的 $a\in\mathbb{R}$ 成立. 我们看到

$$\left|\frac{\mathrm{e}^{2\pi\mathrm{i}hx}-1}{h}\right||f(x)|\leqslant\frac{|2\pi hx||f(x)|}{|h|}=|2\pi xf(x)|. \tag{4.11.88}$$

说 $x\mapsto x^p|f(x)|$ 是 L–可积的就是在说 f 在无穷大的时候随着 $p\to\infty$ 减少得越来越快.

所以, 如果 $x\mapsto|xf(x)|$ 是一个 L–可积函数, 这个就可以被满足. 更一般地, 如果 $x\mapsto x^p|f(x)|$ 是 L–可积函数, 则 $\widehat{f}$ 是 p 次可微的. 要看到这一点, 设 $(Mf)(x)=2\pi\mathrm{i}xf(x)$, 所以 $(M^pf)(x)=(2\pi\mathrm{i}x)^pf(x)$. 则有

$$D^p\widehat{f}(\xi) = \int_{\mathbb{R}} D_\xi^p\left(\mathrm{e}^{2\pi\mathrm{i}x\xi}f(x)\right)\mathrm{d}x=\int_{\mathbb{R}}(M^pf)(x)\mathrm{e}^{2\pi\mathrm{i}x\xi}\,\mathrm{d}x$$

$$= \widehat{M^p f}(\xi). \tag{4.11.89}$$

这样, f 在无限处减小得越快, 傅里叶变换 $\widehat{f}$ 就越光滑. 这就带来了傅里叶变换的一个特征: 原函数 f 的增大的条件被翻译成了傅里叶变换的光滑的条件.

你可能想, 如果 f 是 L–可积的, 则 f 必须在无限的地方趋向于 0. 这个是不成立的; 例如 f 可能由高为 1, 且在所有的整数 n 上有宽度为 $1/n^2$ 的尖峰.

例 4.11.25 (高斯的傅里叶变换). 令

$$f_a(x) = \mathrm{e}^{-ax^2}, \text{ 所以有 } \widehat{f}_a(\xi) = \int_{\mathbb{R}} \mathrm{e}^{-ax^2}\mathrm{e}^{2\pi\mathrm{i}\xi x}\,\mathrm{d}x. \tag{4.11.90}$$

我们不能直接计算这个傅里叶变换, 但是等式 (4.11.85)(或者定理 4.11.22) 给出

$$\widehat{f}_a'(\xi) = \pi\mathrm{i}\int_{-\infty}^{\infty} \mathrm{e}^{2\pi\mathrm{i}x\xi}(2x\mathrm{e}^{-ax^2})\,\mathrm{d}x. \tag{4.11.91}$$

这个可以通过分部积分 (在练习 4.11.8 中解释) 得到

$$\widehat{f}_a'(\xi) = \pi\mathrm{i}\left[\mathrm{e}^{2\pi\mathrm{i}x\xi}\frac{\mathrm{e}^{-ax^2}}{-a}\right]_{-\infty}^{\infty} - \frac{2\pi^2\xi}{a}\int_{-\infty}^{\infty}\mathrm{e}^{2\pi\mathrm{i}x\xi}\mathrm{e}^{-ax^2}\,\mathrm{d}x = -\frac{2\pi^2\xi}{a}\widehat{f}_a(\xi).$$

从这个得到 $\widehat{f}_a(\xi) = C\mathrm{e}^{-\frac{\pi^2\xi^2}{a}}$ 对某个常数 C 成立, 我们可以通过在 $\xi = 0$ 时计算等式两边 (并进行换元 $\sqrt{a}x = u$, 所以 $\sqrt{a}\,\mathrm{d}x = \mathrm{d}u$) 来确定 C:

$$C = \widehat{f}_a(0) = \int_{-\infty}^{\infty}\mathrm{e}^{-ax^2}\,\mathrm{d}x = \frac{1}{\sqrt{a}}\int_{-\infty}^{\infty}\mathrm{e}^{-u^2}\,\mathrm{d}u \underbrace{=}_{\text{等式 (4.11.72)}} \sqrt{\frac{\pi}{a}}. \tag{4.11.92}$$

等式 (4.11.92): 由傅里叶变换的定义,

$$\widehat{f}(0) = \int_{\mathbb{R}} f(x)\,\mathrm{d}x.$$

这样

$$\widehat{f}_a(\xi) = \sqrt{\frac{\pi}{a}}\mathrm{e}^{-\frac{\pi^2\xi^2}{a}} \tag{4.11.93}$$

一个类似的计算允许我们计算高斯函数的矩: $m_p(f_a) \overset{\text{def}}{=} \int_{-\infty}^{\infty} x^p\mathrm{e}^{-ax^2}\,\mathrm{d}x$. p 为奇数时, 显然 $m_p = 0$. $p \geqslant 2$ 且为偶数时, 分部积分给出

$$\begin{aligned} m_p(f_a) &\overset{\text{def}}{=} \int_{-\infty}^{\infty} x^{p-1}x\mathrm{e}^{-ax^2}\,\mathrm{d}x = \left[x^{p-1}\frac{\mathrm{e}^{-ax^2}}{-2a}\right]_{-\infty}^{\infty} + \frac{p-1}{2a}\int_{-\infty}^{\infty} x^{p-2}\mathrm{e}^{-ax^2}\,\mathrm{d}x \\ &= \frac{p-1}{2a}m_{p-2}. \end{aligned} \tag{4.11.94}$$

尤其是, $m_2 = m_0/(2a)$. △

对于任意函数 f, 第 p 个矩是

$$m_p(f) = \int_{-\infty}^{\infty} x^p f(x)\,\mathrm{d}x.$$

在多大的程度上你可以从函数的矩推出函数的行为是一个很大的专题. 当 f 为密度函数 μ 的时候, 则 $m_0(\mu)$ 是总质量 (见等式 (4.2.2)), 引力中心的第 i 个坐标是 1 阶矩的第 i 个坐标除以总质量 (见等式 (4.2.3)).

与其对傅里叶变换求导, 我们可能要对导数做傅里叶变换, 如果 f 是属于 C^1 且 f 和 f' 是 L–可积的, 就可以做到. 这个最好通过分部积分来完成:

$$\begin{aligned} \widehat{f'}(\xi) &= \int_{\mathbb{R}} f'(x)\mathrm{e}^{2\pi\mathrm{i}\xi x}\,\mathrm{d}x = \lim_{A\to\infty} f'(x)\mathrm{e}^{2\pi\mathrm{i}\xi x}\,\mathrm{d}x \\ &= \lim_{A\to\infty}\left[f(x)\mathrm{e}^{2\pi\mathrm{i}\xi x}\right]_{x=-A}^{A} - \lim_{A\to\infty}\int_{-A}^{A} 2\pi\mathrm{i}\xi f(x)\mathrm{e}^{2\pi\mathrm{i}\xi x}\,\mathrm{d}x. \end{aligned} \tag{4.11.95}$$

因为 f 和 f' 为连续的以及 L–可积的, $\lim_{x\to\pm\infty} f(x)=0$, 所以

$$\lim_{A\to\infty}[f(x)\mathrm{e}^{2\pi\mathrm{i}\xi x}]_{-A}^{A} \quad = \quad 0, \tag{4.11.96}$$

$$\widehat{f'}(\xi)=-2\pi\mathrm{i}\xi\int_{\mathbb{R}} f(x)\mathrm{e}^{2\pi\mathrm{i}\xi x}\,\mathrm{d}x \quad = \quad -2\pi\mathrm{i}\xi\widehat{f}(\xi). \tag{4.11.97}$$

这样傅里叶变换把求导变成了乘法. 例 4.11.26 证明了它把微分算子变成了乘以多项式, 从而把解微分方程变成了除以多项式.

这个把求导的分析的运算替换成乘法的代数运算是傅里叶变换在微分方程, 尤其是偏微分方程的理论中如此重要的原因之一.

例 4.11.26 是一个巨大的数学领域的第 0 步. 等式 (4.11.100) 的分母中的多项式的 0 点 (那些使分母为 0 的 ξ) 产生了严肃的问题, 而在更高的维度上的类比还要更严重的多.

例 4.11.26 (一个微分方程的傅里叶变换). 微分方程

$$a_pD^pf+\cdots+a_0f=g \tag{4.11.98}$$

的两边的傅里叶变换为

$$\underbrace{\Big(a_p(-2\pi\xi)^p+a_{p-1}(-2\pi\xi)^{p-1}+\cdots+a_0\Big)\widehat{f}}_{\widehat{f}\text{与一个多项式的乘积}}=\widehat{g}, \tag{4.11.99}$$

给出

$$\widehat{f}=\frac{\widehat{g}}{(-2\mathrm{i}\pi\xi)^pa_p+\cdots+a_0}. \tag{4.11.100}$$

如果你知道如何做傅里叶变换的逆变换, 你可以从这个 $\widehat{f}$ 的公式计算 f. △

海森堡测不准原理

在量子力学中, 一个一维粒子的状态是通过波函数 $\psi\colon\mathbb{R}\to\mathbb{C}$ 来描述的, 使得

$$\int_{-\infty}^{\infty}|\psi(x)|^2\,\mathrm{d}x=1. \tag{4.11.101}$$

仅仅是 ψ 如何描述这个系统就充满了哲学上的困难, 但一部分的解释是 $|\psi|^2$ 描述了 “位置的概率密度”: 粒子在 $[a,b]$ 内的概率为

$$\int_a^b|\psi(x)|^2\,\mathrm{d}x. \tag{4.11.102}$$

“动量的概率密度” 由 $|\widehat{\psi}(\xi)|^2$ 给出. 海森堡测不准原理说的是, 随机变量 x^2 的方差 (对于 $|\psi|^2$) 和随机变量 ξ^2 的方差 (对于 $|\widehat{\psi}(\xi)|^2$) 的乘积必须至少是 $1/(16\pi^2)$:

$$\mathrm{Var}_{|\psi|^2}(x^2)\,\mathrm{Var}_{|\widehat{\psi}|^2}(\xi^2)\geqslant\frac{1}{16\pi^2}. \tag{4.11.103}$$

我们将看到, 不等式 (4.11.103) 在 ψ 为高斯函数的时候变成了等式

$$\psi_a(x)\overset{\text{def}}{=}\left(\frac{a}{\pi}\right)^{1/4}\mathrm{e}^{-ax^2/2}. \tag{4.11.104}$$

在这个例子里, 位置和动量的概率密度为

帕塞瓦尔定理确定

$$\int_{-\infty}^{\infty}|\widehat{\psi}(\xi)|^2\,\mathrm{d}x=1,$$

所以 $|\widehat{\psi}(\xi)|^2$ 是一个概率密度, 见定义 4.2.3.

不等式 (4.11.103): 如果我们需要更多的关于位置的精确的知识, 我们付出的代价是缺少动量的信息, 反之亦然.

等式 (4.11.104): 根据定义 4.11.92, ψ_a 的定义中的系数 $\left(\frac{a}{\pi}\right)^{1/4}$ 给出

$$\int_{\mathbb{R}}|\psi_a(x)|^2\,\mathrm{d}x=1.$$

所以 $|\psi_a|^2$ 是一个概率密度, 这是量子力学所要求的.

要得到等式 (4.11.106) 和 (4.11.107), 我们首先使用等式 (4.2.12) 来计算 x 和 ξ 的期望值, 然后使用

$$\mathrm{Var}(f)=E(f^2)-(E(f))^2$$

(等式 (3.8.14)), 注意到 $(E(f))^2$ 项为 0: $E(f)=0$, 因为 $x\mathrm{e}^{-ax^2}$ 是奇函数.

$$|\psi_a(x)|^2 = \sqrt{\frac{a}{\pi}}\mathrm{e}^{-ax^2}, \ |\psi_a(\xi)|^2 = 2\sqrt{\frac{\pi}{a}}\mathrm{e}^{-4\pi^2\xi^2/a}, \tag{4.11.105}$$

随着 $a \to \infty$, 位置的概率密度 $|\psi_a|^2$ 变得越来越集中在 0 附近, 但是动量的概率变得越来越分散: 如果 $a \to \infty$, 则 $1/a \to 0$.

更精确地, 随机变量 x 对于概率密度 $|\psi_a|^2$ 的方差为

$$\begin{aligned} \mathrm{Var}(x) &= \overbrace{\sqrt{\frac{a}{\pi}}\int_{-\infty}^{\infty} x^2\mathrm{e}^{-ax^2}\,\mathrm{d}x}^{E(f^2)} - \overbrace{0}^{(E(f))^2} \\ &= \frac{1}{2a}. \end{aligned} \tag{4.11.106}$$

随机变量 ξ 对于概率密度 $|\widehat{\psi}_a|^2$ 的方差为

$$2\sqrt{\frac{\pi}{a}}\int_{-\infty}^{\infty} \xi^2\mathrm{e}^{-4\pi^2\xi^2/a}\,\mathrm{d}\xi = \frac{a}{8\pi^2}, \tag{4.11.107}$$

所以

$$Var_{|\psi_a|^2}(x^2)\,\mathrm{Var}_{|\widehat{\psi}_a|^2}(\xi^2) = \frac{1}{16\pi^2}. \tag{4.11.108}$$

等式 (4.11.108) 说, 高斯波函数把位置和动量的信息同步最大化.

拉普拉斯变换

定义 4.11.27 (拉普拉斯变换). f 的拉普拉斯变换 (Laplace transform) $\mathcal{L}(f)$ 由公式

$$\mathcal{L}(f)(s) \overset{\text{def}}{=} \int_0^{\infty} f(t)\mathrm{e}^{-st}\,\mathrm{d}t \tag{4.11.109}$$

定义.

注意到积分是从 0 到 ∞ 的, 不是从 $-\infty$ 到 ∞ 的. 再一次, 在适当的情况下, 我们可以在积分符号下进行微分:

$$D(\mathcal{L}f)(s) = \int_0^{\infty} D_s(f(t)\mathrm{e}^{-st})\,\mathrm{d}t = \int_0^{\infty} -tf(t)\mathrm{e}^{-st}\,\mathrm{d}t = (\mathcal{L}(-tf))(s).$$

与你感兴趣的 s 的值的范围有关, 拉普拉斯变换 $\mathcal{L}(f)$ 对相当大的范围的函数 f 存在. 例如, 如果 f 是 L–可积的, 则 $\mathcal{L}(f)$ 是 s 的一个连续函数, $s \in [0,\infty)$, 如果 f 比某些多项式函数增长得慢, 则 $\mathcal{L}(f)$ 在 $(0,\infty)$ 上有定义且连续.

就算是 f 增长得与 e^{at} 一样快, 拉普拉斯变换 $\mathcal{L}f$ 在 $s > a$ 时也是可微的.

我们在对于固定的 $s > 0$, 函数 $t \mapsto t\mathrm{e}^{-st/2}f(t)$ 为 L–可积的这个假设下来说明可微性. 我们需要证明下面的极限

$$\begin{aligned} \lim_{h\to 0}\frac{\mathcal{L}f(s+h) - \mathcal{L}f(s)}{h} &= \lim_{h\to 0}\int_0^{\infty}\frac{\mathrm{e}^{-(s+h)t} - \mathrm{e}^{-st}}{h}f(t)\,\mathrm{d}t \\ &= \lim_{h\to 0}\int_0^{\infty} f(t)\mathrm{e}^{-st}\frac{\mathrm{e}^{-ht} - 1}{h}\,dt \end{aligned} \tag{4.11.110}$$

存在. 当 $0 < |h| < s/2$ 的时候, 中值定理给出

$$\left|\frac{\mathrm{e}^{-ht} - 1}{h}\right| \leqslant t\mathrm{e}^{|ht|} \leqslant t\mathrm{e}^{st/2}$$

所以

$$\left|e^{-st}f(t)\frac{e^{-ht}-1}{h}\right| \leqslant te^{-st/2}|f(t)|. \tag{4.11.111}$$

因此, 由控制收敛定理 (定理 4.11.19), 我们有

$$\begin{aligned}(\mathcal{L}f)'(s) &= \lim_{h\to 0}\int_0^\infty e^{-st}f(t)\frac{e^{-ht}-1}{h}\,dt \\ &\underbrace{=}_{\text{定理4.11.19}} \int_0^\infty \lim_{h\to 0}\left(e^{-st}f(t)\frac{e^{-ht}-1}{h}\right)dt \\ &= -\int_0^\infty e^{-st}tf(t)\,dt. \end{aligned} \tag{4.11.112}$$

4.11 节的练习

4.11.1 a. 令 $\mathbf{x}\in\mathbb{R}^2$. 对于 $p\in\mathbb{R}$ 的哪个值, $|\mathbf{x}|^p$ 在 $\mathbb{R}^2$ 上的单位圆盘上是 L–可积的?(考虑极坐标)

b. 对于这些数值, 计算积分.

4.11.2 a. 令 $\mathbf{x}\in\mathbb{R}^3$. 对于 $p\in\mathbb{R}$ 的哪个值, $|\mathbf{x}|^p$ 在 $\mathbb{R}^3$ 上的单位球上是 L–可积的.(考虑球面坐标)

b. 对于这些数值, 计算积分.

4.11.3 a. 对于 $p\in\mathbb{R}$ 的哪个值, 积分 $\int_{\mathbb{R}^2-B_1(\mathbf{0})}|\mathbf{x}|^p|\,d^2\mathbf{x}|$ 作为一个勒贝格积分是存在的?(考虑极坐标)

b. 对于这些数值, 计算积分.

4.11.4 a. 对于 $p\in\mathbb{R}$ 的哪个值, 积分 $\int_{\mathbb{R}^3-B_1(\mathbf{0})}|\mathbf{x}|^p|\,d^3\mathbf{x}|$ 作为一个勒贝格积分是存在的?(考虑球坐标)

b. 对于这些数值, 计算积分.

4.11.5 对于 $p\in\mathbb{R}$ 的哪个值, 积分 $\int_{\mathbb{R}^n-B_1(\mathbf{0})}|\mathbf{x}|^p|\,d^n\mathbf{x}|$ 作为一个勒贝格积分是存在的 (结果与 n 有关)?

4.11.6 设 $A_m=\{0\leqslant y\leqslant x^m, 0\leqslant x\leqslant 1\}, m\in\mathbb{R}, m\geqslant 0$. 对于哪些数值 $p\in\mathbb{R}$, 勒贝格积分 $\int_{A_m}\frac{1}{(x^2+y^2)^p}|\,dx\,dy|$ 存在.

4.11.7 重复练习 4.11.6, 设 $A_m=\{0\leqslant y\leqslant x^m, 1\leqslant x\leqslant\infty\}$.

4.11.8 a. 令 f 为 $\mathbb{R}$ 上的 L–可积函数. 证明: $F(x)=\int_0^x f(t)\,dt$ 是连续的.

b. 证明: 分部积分对勒贝格积分成立, 如果 f,g 为 L–可积的, F 和 G 为边注中定义的函数, 则

$$\int_a^b f(t)G(t)\,dt = F(b)G(b)-F(a)G(a)-\int_a^b F(t)g(t)\,dt.$$

$$F(x)=\int_0^x f(t)\,dt,$$
$$G(x)=\int_0^x g(t)\,dt.$$

练习 4.11.8 b 的函数 F 和 G.

c. 令 f, F 同 a. 证明: 如果 F 是 L–可积的, 则

$$\lim_{x\to\pm\infty} F(x) = 0.$$

d. 证明: 如果 f, F, g, G 如 b 问, 另外, F 是 L–可积的, G 是有界的, 则

$$\int_{-\infty}^{\infty} f(t)G(t)\,\mathrm{d}t = -\int_{-\infty}^{\infty} F(t)g(t)\,\mathrm{d}t.$$

4.11.9 计算 $[-1,1]$ 上的指示函数的傅里叶变换.

4.11.10 使用换元和等式 (4.11.72), 证明: 等式 (4.11.70) 的被积分函数是一个概率密度函数.

4.11.11 证明: 对于所有的多项式 p, 勒贝格积分

$$\int_{\mathbb{R}^n} p(\mathbf{x})\mathrm{e}^{-|\mathbf{x}|^2}\,|\mathrm{d}^n\mathbf{x}|$$

存在.

4.11.12 对 a 和 b 的哪些数值, $f\begin{pmatrix}x\\y\end{pmatrix} = x^a y^b$ 在由不等式 $0 \leqslant x \leqslant y$ 和 $xy \leqslant 1$ 定义的区域 A 上可积?

练习 4.11.12: 使用定理 4.11.20 以及换元 $xy = u$ 和 $y/x = v$.

4.11.13 a. 证明: 例 4.11.3 中的三个函数序列不一致收敛.

*b. 证明: 次数 $\leqslant m$ 的多项式序列 $k \mapsto p_k$

$$p_k(x) = a_{0,k} + a_{1,k}x + \cdots + a_{m,k}x^m$$

在 $\mathbb{R}$ 上不一致收敛, 除非序列 $k \mapsto a_{i,k}$ 对于所有的 $i > 0$ 最终变成常数, 且序列 $k \mapsto p_k\mathbf{1}_A$ 一致收敛.

4.11.14 对于例 4.11.3 中的前两个函数序列, 证明:

$$\lim_{k\to\infty}\lim_{R\to\infty}\int_{\mathbb{R}}[f_k]_{R(x)}\,\mathrm{d}x \neq \lim_{R\to\infty}\lim_{k\to\infty}\int_{\mathbb{R}}[f_k]_{R(x)}\,\mathrm{d}x.$$

4.11.15 证明: 例 4.11.12 中的级数 $\displaystyle\sum_{i=0}^{\infty}\int_{1/2^{i+1}}^{1/2^i}|\ln x|\,\mathrm{d}x$ 收敛.

4.11.16 证明: 积分 $\displaystyle\int_0^{\infty}\frac{\sin x}{x}\,\mathrm{d}x$(公式 (4.11.51)) 等于级数

$$\sum_{k=0}^{\infty}\left(\int_{k\pi}^{(k+1)\pi}\frac{\sin x}{x}\,\mathrm{d}x\right),$$

且这个级数收敛.

4.11.17 在积分 $\displaystyle\int_0^{\infty}\frac{\sin x}{x}\,\mathrm{d}x$ 中做换元 $u = 1/x$. 得到的如例 4.11.13 中所描述的新的积分作为一个反常积分, 是否存在?

4.11.18 令 P_k 为阶数最多为 k 的多项式的空间. 考虑函数 $F\colon P_k \to \mathbb{R}$, 定义为 $p \mapsto \int_0^1 |p(x)|\,\mathrm{d}x$.

练习 4.11.18: 要证明这个, 你需要控制收敛定理.

(b): "除了 0" 的意思是 "除了 $0 \in P_k$", 也就是 0 多项式.

a. 在 $k=1$ 和 $k=2$ 时, 计算 F, 也就是, 计算积分 $\int_0^1 |a+bx|\,\mathrm{d}x$ 和 $\int_0^1 |a+bx+cx^2|\,\mathrm{d}x$(第二个很难).

b. 证明: F 在除了 0 以外都是可微的. 计算其导数.

*c. 证明: 如果 p 在 0 和 1 之间只有单根, 则 F 在 p 二阶可微.

4.11.19 假设 f 在 $[a,b)$ 上有支撑, 其中 b 可以是无限大. 假设对每个满足 $a<c<b$ 的 c, f 在 $[a,c]$ 上是 L–可积的. 证明: 如果 $\lim_{c\to b}\int_a^c |f(x)|\,\mathrm{d}x$ 存在, 则 f 是 L–可积的, 且

$$\lim_{c\to b}\int_a^c f(x)\,\mathrm{d}x = \int_a^b f(x)\,\mathrm{d}x.$$

4.11.20 找到一个黎曼可积函数的级数, 恰好收敛到例 4.11.10 中的函数.

4.11.21 证明: 等式 (4.11.44) 中的函数 f 在 $m \leqslant n$ 时, 在 $\mathbb{R}^n$ 上不是 L–可积的.

4.12　第 4 章的复习题

4.1 证明: 如果 $C \in \mathcal{D}(\mathbb{R}^m)$, 则 $\mathbf{1}_C$ 是可积的.

练习 4.1: $U_N(\mathbf{1}_C) = L_N(\mathbf{1}_C)$

4.2 一个被积函数应该是输入定义域中的一个数, 返回一个数, 使得如果我们把定义域分解成更小部分, 在每个更小的部分上计算被积分函数, 并加在一起, 这个和随着定义域的分解变得无限精细的时候应该有一个极限(这个极限不依赖于定义域是如何分解的). 如果我们把 $[0,1]^2$ 分解成由 $a<x<b, c<y<d$ 定义的矩形, 并给每个矩形赋予下面的数中的一个, 将会发生什么?

a. $|ac-bd|$;　　b. $(ad-bc)^2$.

4.3 令 A 为 $n\times n$ 的整数矩阵, 看成一个映射 $\mathbb{Z}^n \to \mathbb{Z}^n$. 下列哪些是成立的?

1. $\ker A = 0 \Rightarrow A$ 为满射;
2. A 为满射 $\Rightarrow \ker A = 0$;
3. $\det A \neq 0 \Rightarrow \ker A = 0$;
4. $\det A \neq 0 \Rightarrow A$ 为满射.

4.4 哪个初等矩阵是置换矩阵? 描述相应的置换.

4.5 计算 $\lim_{N\to\infty}\frac{1}{N^2}\sum_{k=1}^{N}\sum_{l=1}^{2N}\mathrm{e}^{\frac{k+l}{N}}$.

4.6 对于以下的概率密度, 随机变量 $f(x) = x$ 的期望值、方差、标准差, 如果存在, 分别是多少?

a. $\mu(x) = \mathrm{e}^{-x}\mathbf{1}_{[0,\infty]}$;

b. $\mu(x) = \dfrac{1}{(x+1)^2}\mathbf{1}_{[0,\infty)}$;

c. $\mu(x) = \dfrac{2}{(x+1)^3}\mathbf{1}_{[0,\infty)}$.

4.7 令 A 和 B 为两个不相交的物体, 密度分别为 μ_1 和 μ_2, 质量分别为 $M(A)$ 和 $M(B)$. 设 $C = A \cup B$. 证明: C 的引力中心为

$$\overline{\mathbf{x}}(C) = \frac{M(A)\overline{\mathbf{x}}(A) + M(B)\overline{\mathbf{x}}(B)}{M(A) + M(B)}.$$

4.8 选择 r 和 R, 满足 $0 < r < R < \infty$.

a. 计算在区域 $r^2 \leqslant x^2 + y^2 + z^2 \leqslant R^2$ 上的积分

$$\int_{A_{r,R}} \frac{\mathrm{e}^{-(x^2+y^2+z^2)}}{\sqrt{x^2+y^2+z^2}}.$$

b. 在 $R \to \infty$ 时, 这个积分有极限吗? 在 $R \to 0$ 时呢?

4.9 令 X 为 $\mathbb{R}^n$ 的一个子集, 使得对任意的 $\epsilon > 0$, 存在一个序列 $i \mapsto B_i$ 个可铺集合, 满足 $X \subset \bigcup_{i=1}^{\infty}$ 且 $\sum_{i=1}^{\infty} \mathrm{vol}_n(B_i) < \epsilon$. 证明: X 的测度为 0.

4.10 对覆盖单位球 $S^2 \subset \mathbb{R}^3$ 所需要的 $\mathcal{D}_N(\mathbb{R}^3)$ 上的立方体的数量给出一个明确的上界 (用 N 表示), 使得立方体的体积在 N 区域无限大时趋于 0.

4.11 被下面的每一个二重积分用两种方式写为迭代积分, 并计算:

a. $\sin(x+y)$ 在 $x^2 < y < 2$ 的区域的积分.

b. $x^2 + y^2$ 在 $1 \leqslant |x| \leqslant 2, 1 \leqslant |y| \leqslant 2$ 上的积分.

4.12 计算在由不等式 $x > 0, y > 0, x + 2y + 3z < 1$ 所描述的区域上的函数 z 的积分.

4.13 a. 如果 $f\begin{pmatrix}x\\y\end{pmatrix} = a + bx + cy$, 计算

$$\int_0^1\int_0^2 f\begin{pmatrix}x\\y\end{pmatrix}|\mathrm{d}x\,\mathrm{d}y| \text{ 和 } \int_0^1\int_0^2 \left(f\begin{pmatrix}x\\y\end{pmatrix}\right)^2 |\mathrm{d}x\,\mathrm{d}y|.$$

b. 令 f 为 a 问中的函数. 对于所有满足

$$\int_0^1\int_0^2 f\begin{pmatrix}x\\y\end{pmatrix}|\mathrm{d}x\,\mathrm{d}y| = 1$$

的函数 f, $\displaystyle\int_0^1\int_0^2 \left(f\begin{pmatrix}x\\y\end{pmatrix}\right)^2 |\mathrm{d}x\,\mathrm{d}y|$ 的最大值是多少?

4.14

$$\frac{x^2}{(z^3-1)^2}+\frac{y^3}{(z^3+1)^2}\leqslant 1,\ 0\leqslant z\leqslant 1$$

所定义的区域的重心的 z 坐标是多少?

4.15 证明: 存在 c 和 u, 使得当 f 为任意小于或者等于 3 次的多项式的时候,

$$\int_{-1}^{1} f(x)\frac{1}{\sqrt{1-x^2}}\,\mathrm{d}x = c\Big(f(u)+f(-u)\Big).$$

4.16 重复练习 4.6.4, a ~d 问, 但这一次权重为 e^{-x^2}, 积分限为 $-\infty$ 到 ∞; 也就是, 找到点 x_i 和 w_i 使得

$$\int_{-\infty}^{\infty} p(x)\mathrm{e}^{-x^2}\,\mathrm{d}x = \sum_{i=0}^{k} w_i p(x_i)$$

对于所有的 $\leqslant 2k-1$ 次的多项式成立.

4.17 检验定理 4.8.15 的第三部分, $A=\begin{bmatrix}1 & 3\\ 2 & 1\end{bmatrix}$, $B=\begin{bmatrix}a & b\\ c & d\end{bmatrix}$; 也就是, 证明: $[\mathbf{D}\det(A)]B=\det A\,\mathrm{tr}(A^{-1}B)$.

练习 4.18: 从推论 4.8.17 开始, 设 $C=P$ 和 $D=AP^{-1}$. 这证明了 C 是可逆时的公式. 通过证明, 如果 $n\mapsto C_n$ 是一个收敛到 C 的矩阵序列, 以及 $\mathrm{tr}(C_nD)=\mathrm{tr}(DC_n)$ 对所有的 n 成立, 则 $\mathrm{tr}(CD)=\mathrm{tr}(DC)$, 来完成证明.

4.18 证明: 如果 A 和 B 为 $n\times n$ 矩阵, 则 $\mathrm{tr}(AB)=\mathrm{tr}(BA)$.

4.19 区域

$$\{\mathbf{x}\in\mathbb{R}^n \mid x_i\geqslant 0,\ i=1,\cdots,n;\ 且\ x_1+2x_2+\cdots+nx_n\leqslant n\}$$

的 n 维体积是什么?

4.20 a. 找到一个用 $|\vec{\mathbf{v}}_1|$, $|\vec{\mathbf{v}}_2|$, 和 $|\vec{\mathbf{v}}_1-\vec{\mathbf{v}}_2|$ 表示的由 $\vec{\mathbf{v}}_1$ 和 $\vec{\mathbf{v}}_2$ 生成的平行四边形的面积的表达式.

b. 证明海伦公式: 一个三角形, 边长为 a,b,c, 则面积为

$$\sqrt{p(p-a)(p-b)(p-c)}$$

其中 $p=\dfrac{a+b+c}{2}$.

4.21 a. 在平面上画出由极坐标方程 $r=1+\sin\theta$ 定义的曲线.

b. 计算曲线围起来的面积.

4.22 一个半径为 R 的半圆密度为 $\rho\begin{pmatrix}x\\ y\end{pmatrix}=m(x^2+y^2)$, 正比于点到圆心距离的平方. 它的质量为多少?

4.23 令 Q 为单位球 $x^2+y^2+z^2\leqslant 1$ 的 $x,y,z>0$ 的部分. 使用球坐标系, 将 $\displaystyle\int_Q (x+y+z)|\,\mathrm{d}^3\mathbf{x}|$ 写为迭代积分.

b. 计算积分.

4.24 令 A 为一个方形矩阵. 证明: A 和 A^{T} 有相同的本征值, 重数也相等.

4.25 令 $A \subset \mathbb{R}^3$ 为由不等式 $x^2+y^2 \leqslant z \leqslant 1$ 定义的区域. A 的引力中心在哪里?

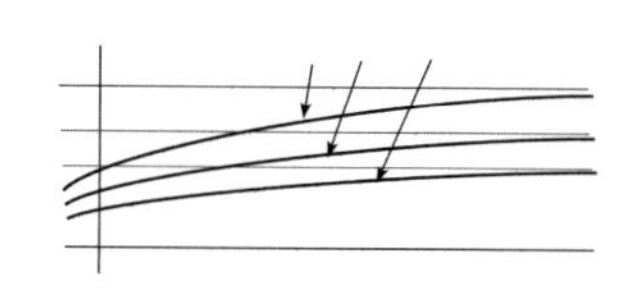

练习 4.26 的图

d 问的序列 $n \mapsto c_n(t)$. 函数 $c_n(t)$ 是 t 的正的单调递增函数, n 的递减函数.

4.26 在这个练习中, 我们将证明 $\int_0^\infty \frac{\sin x}{x}\,\mathrm{d}x = \frac{\pi}{2}$. 这个函数不是勒贝格可积的, 积分应该被理解为

$$\int_0^\infty \frac{\sin x}{x}\,\mathrm{d}x = \lim_{a\to\infty}\int_0^a \frac{\sin x}{x}\,\mathrm{d}x.$$

a. 证明: 对于所有的 $0<a<b<\infty$,

$$\int_a^b \left(\int_0^\infty \mathrm{e}^{-px}\sin x\,\mathrm{d}x\right)\mathrm{d}p = \int_0^\infty \left(\int_a^b \mathrm{e}^{-px}\sin x\,\mathrm{d}p\right)\mathrm{d}x.$$

b. 利用 a 问, 证明:

$$\arctan b - \arctan a = \int_0^\infty \frac{(\mathrm{e}^{-ax}-\mathrm{e}^{-bx})\sin x}{x}\,\mathrm{d}x.$$

c. 为什么定理 4.11.4 不能推出

$$\lim_{a\to 0}\lim_{b\to\infty}\int_0^\infty \frac{(\mathrm{e}^{-ax}-\mathrm{e}^{-bx})\sin x}{x}\,\mathrm{d}x = \int_0^\infty \frac{\sin x}{x}\,\mathrm{d}x?$$

练习 4.26 d: 记着下一个被省略的项是每个部分和的误差的一个上限.

d. 证明: c 问中的等式 1 总是成立的. 下面的引理是关键: 如果 $n \mapsto c_n(t)$ 是一个 t 的正的单调递增函数的序列, 满足 $\lim\limits_{t\to\infty} c_n(t) = C_n$, 对于每个固定的 t 是 n 的减函数, 则

$$\lim_{t\to\infty}\sum_{n=1}^\infty (-1)^n c_n(t) = \sum_{n=1}^\infty (-1)^n C_n.$$

e. 写

$$\int_0^\infty \frac{(\mathrm{e}^{-ax}-\mathrm{e}^{-bx})\sin x}{x}\,\mathrm{d}x = \sum_{n=0}^\infty \int_{k\pi}^{(k+1)\pi} (-1)^k \frac{(\mathrm{e}^{-ax}-\mathrm{e}^{-bx})|\sin x|}{x}\,\mathrm{d}x,$$

并利用 d 问, 证明: 等式 $\int_0^\infty \frac{\sin x}{x}\,\mathrm{d}x = \frac{\pi}{2}$.

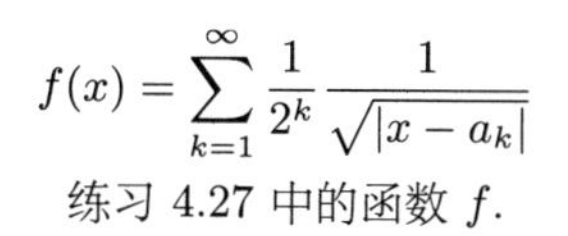

$$f(x) = \sum_{k=1}^\infty \frac{1}{2^k}\frac{1}{\sqrt{|x-a_k|}}$$

练习 4.27 中的函数 f.

练习 4.27 c: 这依赖于所选择的顺序.

4.27 令 $a_1, a_2, \cdots$ 为 $[0,1]$ 上的有理数的一个列表.

a. 证明: 边注给出的函数 f 是 L–可积的.

b. 证明: 级数对除了一个测度为 0 的集合外的 x 收敛.

*c. 找到一个使级数收敛的 x.

4.28 a. 证明: $\frac{1}{x^2}\mathbf{1}_{[1,\infty)}(x)$ 是一个概率密度.

b. 证明: 对于 a 问中的概率密度, 随机变量 $f(x)=x$ 没有期望值 (就是期望值为无限大).

c. 证明: $\frac{2}{x^3}\mathbf{1}_{[1,\infty]}(x)$ 是概率密度.

d. 证明: 对于 c 问中的概率密度, 随机变量 $f(x)=x$ 有一个期望值; 计算这个期望值. 证明它没有方差 (就是方差为无限大).

4.29 令 $T\colon \mathbb{R}^2 \to \mathbb{R}^2$ 为线性变换, 由 $T(u) = au + b\overline{u}$ 定义, 其中我们把 $\mathbb{R}^2$ 用 $\mathbb{C}$ 以标准的方式代表. 证明:

$$\det T = |a|^2 - |b|^2, ||T|| = |a| + |b|.$$

练习 4.30: 考虑黎曼和.

4.30 a. 找到唯一的整数 p, 使得极限

$$\lim_{n\to\infty} \frac{1}{n^p} \sum_{\substack{k,\,l,\,m\text{为整数} \\ 0\leqslant k,\, 0\leqslant l,\, 0\leqslant m \\ k^2+l^2+m^2\leqslant n^2}} \frac{klm}{k^2+l^2+m^2}$$

存在且不为 0. 对这个 p 值, 计算极限.

b. 如果我们把 p 换成 $p' < p$, 结果是什么? 换成 $p' > p$ 结果是什么?

4.31 对 $a > 1, b > 1, c > 1$, 区域

$$A = \left\{ \begin{pmatrix} x \\ y \\ z \end{pmatrix} \in \mathbb{R}^3 \;\middle|\; 1 \leqslant xyz \leqslant a, 1 \leqslant x \leqslant b, xz \leqslant y \leqslant cxz \right\}$$

的 $x > 0, y > 0, z > 0$ 的部分的体积是多少?

a. 找到一个换元公式, 用 $\begin{pmatrix} x \\ y \\ z \end{pmatrix}$ 表示适当的 $\begin{pmatrix} u \\ v \\ w \end{pmatrix}$, 使得在新的变量下, A 变成平行六面体.

b. 求换元公式的逆, 找到其导数和导数的行列式.

c. 计算积分.

4.32 a. 把边注的迭代积分转换成在 $\mathbb{R}^2$ 的一个子集上的积分. 简单画出这个子集.

b. 计算积分.

$$\int_0^1 \left(\int_y^{y^{1/3}} \sin(x^2)\,\mathrm{d}x \right) \mathrm{d}y$$

练习 4.32 的积分.

***4.33** 找到一个 $U \subset [0,1]$ 的开子集和一个连续函数 $f\colon U \to [0,1]$, 其图像 $\Gamma_f \subset [0,1] \times [0,1]$ 没有体积. 证明: 它的二维测度为 0. 提示: 见注释 5.2.5.

4.34 令 $i \mapsto a_i$ 为一个 $[0,1]$ 上的有理数列表, 令

$$f(x_i) = \begin{cases} 1 & \text{如果 } x \in [0,1] \text{ 且 } |x - a_i| < \dfrac{1}{10^i},\ i \leqslant k \\ 0 & \end{cases}$$

证明: f_k 为黎曼可积的, 但是它们不能在一个测度为 0 的集合上修改使得函数收敛到一个黎曼可积函数.

4.35 令 $\mathbf{x} \in \mathbb{R}^n$. 对于哪些 $p \in \mathbb{R}$, $\displaystyle\int_{B_1(\mathbf{0})} |\mathbf{x}|^p |\,\mathrm{d}^n\mathbf{x}|$ 作为勒贝格积分而存在?

第 5 章　流形的体积

5.0 引　言

在第 4 章, 我们看到了如何在 $\mathbb{R}^n$ 的子集上进行积分, 首先使用**二进铺排**(dyadic paving), 然后用更一般的铺排. 但这些子集是 $\mathbb{R}^n$ 的平坦的 n 维子集. 如果我们想要在 $\mathbb{R}^3$ 中的一个曲面上进行积分会怎样呢? 有许多显然有趣的情况, 例如一个曲面的面积, 一个肥皂泡中存储在表面张力下的能量, 或者流过一个管道的流体的量, 都是某一种曲面积分. 在物理课中, 你可能学到了经过一个封闭曲面的**电通量**(electric flux)正比于被包围在曲面以内的总的电荷量.

我们在第 4 章说有 "平坦的积分域" 的时候, 意思是有 $\mathbb{R}^n$ 的 n 维子集. 平面上的圆盘是平坦的, 尽管它的边界是一个圆: 我们不能把一个圆盘弯折并保持它仍然是平面的子集. $\mathbb{R}$ 的一个子集必须是直的; 如果我们需要一条弯曲的线, 则必须允许至少两个维度.

在这一章, 我们将说明如何计算 $\mathbb{R}^3$ 中的一个曲面的面积, 或者更一般地, $\mathbb{R}^n$ 中的一个 k 维流形的 k 维体积, 其中 $k < n$. 我们不能使用 4.1 节给出的方法, 在那种方法中, 我们看到, 在一个子集 $A \subset \mathbb{R}^n$ 上积分的时候, 有

$$\int_A g(\mathbf{x})|\,\mathrm{d}^n\mathbf{x}| = \int_{\mathbb{R}^n} g(\mathbf{x})\mathbf{1}_A(\mathbf{x})|\,\mathrm{d}^n\mathbf{x}|. \tag{4.1.8}$$

如果我们试图使用这个方程在一个曲面上对 $\mathbb{R}^3$ 中的一个函数进行积分, 则积分必定为 0, 因为曲面的三维体积为 0. 对于嵌入在 $\mathbb{R}^n$ 中的任意的 k 维流形M, 当 $k < n$ 的时候, 积分也必然为 0, 因为 M 的 n 维体积为 0. 我们需要重新思考整个积分的过程.

在问题的核心, 积分总是相同的:

> 把积分域分解成 "小片", 给每个小片分配一个很小的数, 最后把所有的数加起来. 再把积分域分解成更小的小片并且重复这个过程, 在分解变得无限精细的情况下取极限. **被积函数**(integrand)就是给定义域中的每一小片分配数的 "东西".

在选择使用哪一种 "小片" 的时候, 有很多选择的余地; 选取把曲面分解成小片可以类比为选取一个铺排, 如我们在 4.7 节所看到的, 除了二进铺排, 还有很多选择.

在第 6 章, 我们将学习一个不同类型的积分, 它给**定向的**(oriented)流形的小片分配数值.

在这个启发式的描述中, "小片" 一词的含义需要在我们做出任何有意义的事情之前就确定下来. 我们将把积分域分解成 k 维平行四边形, 赋予每个小的平行四边形的 "很小的数" 将是其 k 维体积. 在 5.1 节, 我们将看到如何计算这个体积.

我们可以只对参数化的区域进行积分, 如果使用第 3 章给出的参数化的定义, 我们将不能对哪怕简单到像圆一样的对象进行参数化. 5.2 节给出了参数化的一个放松一点的定义, 这个定义对于积分是足够的. 在 5.3 节, 我们计算 k 维流形的体积. 在 5.4 节, 我们将证明三个把曲率和积分联系起来的定理, 包括解释了高斯和平均曲率的两个结果. 分形和分数维数在 5.5 节中讨论.

5.1　平行四边形和它们的体积

我们在 4.9 节看到, $\mathbb{R}^k$ 中的 k–平行四边形的体积为

$$\mathrm{vol}_k P(\vec{\mathbf{v}}_1, \cdots, \vec{\mathbf{v}}_k) = |\det[\vec{\mathbf{v}}_1, \cdots, \vec{\mathbf{v}}_k]|. \tag{5.1.1}$$

那么 $\mathbb{R}^n$ 中的 k–平行四边形会怎样呢? 显然, 如果我们在一块板上画一个平行四边形, 切下来, 让它在空间中移动, 则它的面积不会改变. 这个面积应该只依赖于生成这个平行四边形的向量的长度和向量之间的夹角, 而不是它们在 $\mathbb{R}^3$ 中的位置. 我们还并不是很清楚如何计算这个体积: 不能使用等式 (5.1.1), 因为行列式仅对方形矩阵有定义. 对于 $\mathbb{R}^3$ 中的一个 2–平行四边形, 存在一个涉及叉乘的公式. 我们如何计算 $\mathbb{R}^4$ 中的一个 2–平行四边形的面积呢? 更不用说 $\mathbb{R}^5$ 中的一个 3–平行四边形了.

下面的命题是个关键. 它与 $\mathbb{R}^k$ 中的 k–平行四边形有关, 但我们将能够把它应用在 $\mathbb{R}^n$ 中的 k–平行四边形上.

练习 5.1.3 让你证明, 如果 $\vec{\mathbf{v}}_1, \cdots, \vec{\mathbf{v}}_k$ 是线性无关的, 则

$$\mathrm{vol}_k\Big(P(\vec{\mathbf{v}}_1, \cdots, \vec{\mathbf{v}}_k)\Big) = 0.$$

特别地, 这证明了, 如果 $k > n$, 则

$$\mathrm{vol}_k\Big(P(\vec{\mathbf{v}}_1, \cdots, \vec{\mathbf{v}}_k)\Big) = 0.$$

命题 5.1.1 ($\mathbb{R}^k$ 中的 k–平行四边形的体积). 令 $\vec{\mathbf{v}}_1, \cdots, \vec{\mathbf{v}}_k$ 为 $\mathbb{R}^k$ 中的 k 个向量, 满足 $T = [\vec{\mathbf{v}}_1, \cdots, \vec{\mathbf{v}}_k]$ 是一个 $k \times k$ 的方形矩阵. 则

$$\mathrm{vol}_k P(\vec{\mathbf{v}}_1, \cdots, \vec{\mathbf{v}}_k) = \sqrt{\det(T^{\mathrm{T}}T)}. \tag{5.1.2}$$

命题 5.1.1 的证明: 如果 A 和 B 是 $n \times n$ 的矩阵, 则

$$\begin{aligned} \det A \det B &= \det(AB), \\ \det A &= \det A^{\mathrm{T}} \end{aligned}$$

(定理 4.8.4 和定理 4.8.8).

回忆 (定义 1.4.6)

$$\vec{\mathbf{x}} \cdot \vec{\mathbf{y}} = |\vec{\mathbf{x}}||\vec{\mathbf{y}}| \cos\alpha,$$

其中 α 是向量 $\vec{\mathbf{x}}$ 和向量 $\vec{\mathbf{y}}$ 之间的夹角.

证明: $\sqrt{\det(T^{\mathrm{T}}T)} = \sqrt{(\det T^{\mathrm{T}})(\det T)} = \sqrt{(\det T)^2} = |\det T|$. □

例 5.1.2 (二维和三维平行四边形的体积). 当 $k = 2$ 时, 我们有

$$\begin{aligned} \det(T^{\mathrm{T}}T) &= \det\left(\begin{bmatrix} \vec{\mathbf{v}}_1^{\mathrm{T}} \\ \vec{\mathbf{v}}_2^{\mathrm{T}} \end{bmatrix} [\vec{\mathbf{v}}_1\ \vec{\mathbf{v}}_2]\right) = \det\begin{bmatrix} |\vec{\mathbf{v}}_1|^2 & \vec{\mathbf{v}}_1 \cdot \vec{\mathbf{v}}_2 \\ \vec{\mathbf{v}}_2 \cdot \vec{\mathbf{v}}_1 & |\vec{\mathbf{v}}_2|^2 \end{bmatrix} \\ &= |\vec{\mathbf{v}}_1|^2|\vec{\mathbf{v}}_2|^2 - (\vec{\mathbf{v}}_1 \cdot \vec{\mathbf{v}}_2)^2. \end{aligned} \tag{5.1.3}$$

如果我们写 $\vec{\mathbf{v}}_1 \cdot \vec{\mathbf{v}}_2 = |\vec{\mathbf{v}}_1||\vec{\mathbf{v}}_2| \cos\theta$(其中 θ 为 $\vec{\mathbf{v}}_1$ 与 $\vec{\mathbf{v}}_2$ 之间的夹角), 上面的结果就变成了

$$\det(T^{\mathrm{T}}T) = |\vec{\mathbf{v}}_1|^2|\vec{\mathbf{v}}_2|^2(1 - \cos^2\theta) = |\vec{\mathbf{v}}_1|^2|\vec{\mathbf{v}}_2|^2 \sin^2\theta. \tag{5.1.4}$$

这样, 命题 5.1.1 确定了由 $\vec{\mathbf{v}}_1, \vec{\mathbf{v}}_2$ 生成的 2–平行四边形的面积为

$$\sqrt{\det(T^{\mathrm{T}}T)} = |\vec{\mathbf{v}}_1||\vec{\mathbf{v}}_2||\sin\theta|, \tag{5.1.5}$$

这与在高中所学的底乘以高的公式是一致的: 如果以 $\vec{\mathbf{v}}_2$ 为底, 则高为 $\vec{\mathbf{v}}_1 \sin\theta$.

在 $k = 3$ 时的同样的计算产生了一个我们陌生得多的公式. 假设 $T = [\vec{\mathbf{v}}_1, \vec{\mathbf{v}}_2, \vec{\mathbf{v}}_3]$, $\vec{\mathbf{v}}_2$ 与 $\vec{\mathbf{v}}_3$ 之间的夹角为 θ_1, $\vec{\mathbf{v}}_1$ 与 $\vec{\mathbf{v}}_3$ 之间的夹角为 θ_2, $\vec{\mathbf{v}}_1$ 与 $\vec{\mathbf{v}}_2$ 之间的夹角为 θ_3. 则

$$T^{\mathrm{T}}T = \begin{bmatrix} |\vec{\mathbf{v}}_1|^2 & \vec{\mathbf{v}}_1 \cdot \vec{\mathbf{v}}_2 & \vec{\mathbf{v}}_1 \cdot \vec{\mathbf{v}}_3 \\ \vec{\mathbf{v}}_2 \cdot \vec{\mathbf{v}}_1 & |\vec{\mathbf{v}}_2|^2 & \vec{\mathbf{v}}_2 \cdot \vec{\mathbf{v}}_3 \\ \vec{\mathbf{v}}_3 \cdot \vec{\mathbf{v}}_1 & \vec{\mathbf{v}}_3 \cdot \vec{\mathbf{v}}_2 & |\vec{\mathbf{v}}_3|^2 \end{bmatrix}. \tag{5.1.6}$$

其行列式 $\det T^{\mathrm{T}}T$ 为

$$\begin{aligned}\det T^{\mathrm{T}}T &= |\vec{\mathbf{v}}_1|^2|\vec{\mathbf{v}}_2|^2|\vec{\mathbf{v}}_3|^2 + 2(\vec{\mathbf{v}}_1\cdot\vec{\mathbf{v}}_2)(\vec{\mathbf{v}}_2\cdot\vec{\mathbf{v}}_3)(\vec{\mathbf{v}}_1\cdot\vec{\mathbf{v}}_3)\\ &\quad -|\vec{\mathbf{v}}_1|^2(\vec{\mathbf{v}}_2\cdot\vec{\mathbf{v}}_3)^2 - |\vec{\mathbf{v}}_2|^2(\vec{\mathbf{v}}_1\cdot\vec{\mathbf{v}}_3)^2 - |\vec{\mathbf{v}}_3|^2(\vec{\mathbf{v}}_1\cdot\vec{\mathbf{v}}_2)^2\\ &= |\vec{\mathbf{v}}_1|^2|\vec{\mathbf{v}}_2|^2|\vec{\mathbf{v}}_3|^2\Big(1+2\cos\theta_1\cos\theta_2\cos\theta_3 - (\cos^2\theta_1+\cos^2\theta_2+\cos^2\theta_3)\Big).\end{aligned} \tag{5.1.7}$$

从命题 5.1.1 和等式 (5.1.7) 得到, 我们可以用 $\mathbb{R}^n$ 中的一个 n–平行四边形的向量和向量之间的夹角来表示这个平行四边形的体积: 纯粹的几何信息.

等式 (5.1.8): 要是用等式 (5.1.1) 来计算由三个彼此夹角为 $\pi/4$ 的单位向量生成的平行六面体的体积, 我们首先应该找到适合的向量, 这并不容易.

例如, 由三个相互之间夹角都是 $\pi/4$ 的单位向量生成的平行六面体 P 的体积为

$$\mathrm{vol}_3 P = \sqrt{1+2\cos^3\frac{\pi}{4} - 3\cos^2\frac{\pi}{4}} = \sqrt{\frac{\sqrt{2}-1}{2}}. \qquad \triangle \tag{5.1.8}$$

$\mathbb{R}^n$ 中的 k–平行四边形的体积

公式 $\mathrm{vol}_k P(\vec{\mathbf{v}}_1,\cdots,\vec{\mathbf{v}}_k) = \sqrt{\det(T^{\mathrm{T}}T)}$ 在等式 (5.1.8) 中是有用的. 但使得命题 5.1.1 有趣的真正原因是同样的公式还可以用来计算 $\mathbb{R}^n$ 中的 k–平行四边形的 k 维体积. 注意, 如果 T 是一个 $n\times k$ 的矩阵, 它的列为 $\vec{\mathbf{v}}_1,\cdots,\vec{\mathbf{v}}_k$, 则乘积 $T^{\mathrm{T}}T$ 是一个对称的 $k\times k$ 的矩阵, 其各个项是向量 $\vec{\mathbf{v}}_i$ 的内积:

由另一种方法看到, 用一个正交矩阵 A 来旋转向量 $\vec{\mathbf{v}}_i$ 不改变 $T^{\mathrm{T}}T$: 矩阵 T 变成 AT, 且

$$(AT)^{\mathrm{T}}AT = T^{\mathrm{T}}A^{\mathrm{T}}AT = T^{\mathrm{T}}T.$$

$$\overbrace{\begin{bmatrix}\vdots & \vdots & \cdots & \vdots\\ \vec{\mathbf{v}}_1 & \vec{\mathbf{v}}_2 & \cdots & \vec{\mathbf{v}}_k\\ \vdots & \vdots & \cdots & \vdots\end{bmatrix}}^{T}$$

$$\underbrace{\begin{bmatrix}\cdots & \vec{\mathbf{v}}_1^{\mathrm{T}} & \cdots\\ \cdots & \vec{\mathbf{v}}_2^{\mathrm{T}} & \cdots\\ \cdots & \cdots & \cdots\\ \cdots & \vec{\mathbf{v}}_k^{\mathrm{T}} & \cdots\end{bmatrix}}_{T^{\mathrm{T}}}\ \underbrace{\begin{bmatrix}|\vec{\mathbf{v}}_1|^2 & \vec{\mathbf{v}}_1\cdot\vec{\mathbf{v}}_2 & \cdots & \vec{\mathbf{v}}_1\cdot\vec{\mathbf{v}}_k\\ \vec{\mathbf{v}}_2\cdot\vec{\mathbf{v}}_1 & |\vec{\mathbf{v}}_2|^2 & \cdots & \vec{\mathbf{v}}_2\cdot\vec{\mathbf{v}}_k\\ \vdots & \vdots & & \vdots\\ \vec{\mathbf{v}}_k\cdot\vec{\mathbf{v}}_1 & \vec{\mathbf{v}}_k\cdot\vec{\mathbf{v}}_2 & \cdots & |\vec{\mathbf{v}}_k|^2\end{bmatrix}}_{T^{\mathrm{T}}T}. \tag{5.1.9}$$

练习 5.1.6 让你利用奇异值分解给出利用

$$\sqrt{\det T^{\mathrm{T}}T}$$

来定义 $\mathbb{R}^n$ 中的 k 维体积的一个不同的解释.

尽管 T 本身不是方的, 但矩阵 $T^{\mathrm{T}}T$ 是方的, 它的项可以从 k 个向量的长度以及向量之间的夹角计算得到. 不需要更多的信息. 特别地, 如果向量都通过同一个正交矩阵来旋转, 则 $T^{\mathrm{T}}T$ 保持不变. 更进一步, 我们不需要知道向量在哪里: 平行四边形固定在哪个点. 这样, 我们可以利用 $\sqrt{\det(T^{\mathrm{T}}T)}$ 来定义 $\mathbb{R}^n$ 中的 k 维体积.

练习 5.1.5 让你证明

$$\det(T^{\mathrm{T}}T) \geqslant 0,$$

从而使得定义 5.1.3 有意义.

定义 5.1.3 ($\mathbb{R}^n$ 中的 k–平行四边形的体积). 令 $T=[\vec{\mathbf{v}}_1,\cdots,\vec{\mathbf{v}}_k]$ 为一个 $n\times k$ 的实矩阵. 则 $P(\vec{\mathbf{v}}_1,\cdots,\vec{\mathbf{v}}_k)$ 的 k 维体积(k–dimensional volume)为

$$\mathrm{vol}_k\, P(\vec{\mathbf{v}}_1,\cdots,\vec{\mathbf{v}}_k) \stackrel{\mathrm{def}}{=} \sqrt{\det(T^{\mathrm{T}}T)}. \tag{5.1.10}$$

例 5.1.4 ($\mathbb{R}^4$ 中的 3–平行四边形的体积). 令 P 为 $\mathbb{R}^4$ 中的由 $\vec{\mathbf{v}}_1 = \begin{bmatrix}1\\0\\0\\1\end{bmatrix}, \vec{\mathbf{v}}_2 =$

$\begin{bmatrix}0\\1\\0\\1\end{bmatrix}, \vec{\mathbf{v}}_3 = \begin{bmatrix}0\\0\\1\\1\end{bmatrix}$ 生成的 3–平行四边形 P. 它的三维体积是什么? 设 $T =$

$[\vec{\mathbf{v}}_1, \vec{\mathbf{v}}_2, \vec{\mathbf{v}}_3]$, 则 $T^{\mathrm{T}}T = \begin{bmatrix}2 & 1 & 1\\1 & 2 & 1\\1 & 1 & 2\end{bmatrix}$, 且 $\det(T^{\mathrm{T}}T) = 4$, 所以 $\mathrm{vol}_3 P = 2$. △

锚定 k–平行四边形的体积

要把一个定义域拆分成小的 k–平行四边形, 我们将需要使用 "锚定" 在定义域内的不同点上的平行四边形. 我们用 $P_{\mathbf{x}}(\vec{\mathbf{v}}_1, \cdots, \vec{\mathbf{v}}_k)$ 表示 $\mathbb{R}^n$ 中的一个锚定在 $\mathbf{x} \in \mathbb{R}^n$ 上的 k–平行四边形: 生成平行四边形的 k 个向量的起点都在 $\mathbf{x}$. 则

$$\mathrm{vol}_k P(\vec{\mathbf{v}}_1, \cdots, \vec{\mathbf{v}}_k) = \mathrm{vol}_k P_{\mathbf{x}}(\vec{\mathbf{v}}_1, \cdots, \vec{\mathbf{v}}_k). \tag{5.1.11}$$

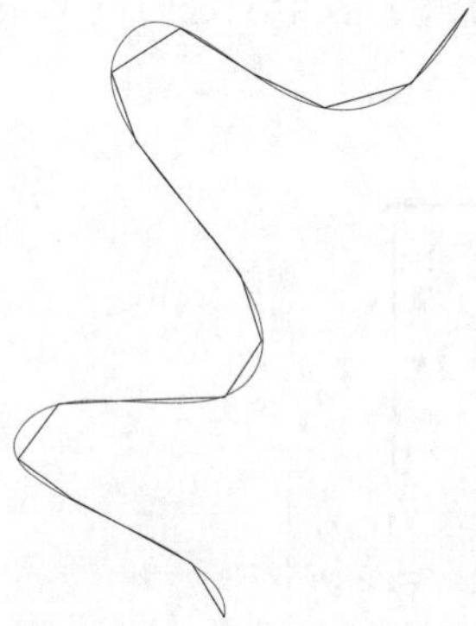

对参数化的需求

现在, 我们必须陈述一个更为复杂的问题. 积分的第一步是 "把定义域分成小片". 在第 4 章, 我们有平坦的定义域. 现在, 我们必须把弯曲的定义域分解成平坦的 k–平行四边形.

对于一条曲线, 这不难. 如果 $C \subset \mathbb{R}^n$ 为一条光滑曲线, 积分 $\int_C |\mathrm{d}^1\mathbf{x}|$ 是通过下列过程得到的数: 如图 5.1.1 那样用小线段近似 C, 把 $|\mathrm{d}^1\mathbf{x}|$ 用在每一条线段上得到其长度, 然后加在一起. 根据定义, 这个极限就是 C 的长度.

定义表面积要难得多. 一个显然的想法是, 取内接三角形的面积在这些三角形变得越来越小的时候的极限, 但这个想法只有在我们小心地防止这些三角形在变小时变得过于细小的时候才有效, 然而这样的内接多面体是否存在并不是显然的 (见练习 5.3.14).[1] 困难不是不能克服的, 但是它们还是令人畏惧的.

我们将换一个思路, 将我们对表面积 (更一般地, k 维流形的 k 维体积) 的定义建立在参数化的基础上: 在计算一个流形的 k 维体积的时候, 第一步将是把流形参数化. 这产生了若干的问题. 首先, 它迫使我们放松对参数化的定义. 其次, 它要求我们知道一个适当的参数化, 可能从简单的, 到微妙的, 甚至是不可能的. 最后, 因为有多于一种方法来对一个流形进行参数化, 我们必须确保所计算的积分不依赖于对参数化的选择. 我们在下一节讨论前两个问题, 在 5.3 节讨论第三个问题.

图 5.1.1
一条由一个内接多边形近似的曲线在 3.9 节已经出现过了.

阿基米德 (Archimedes, 前 287 — 前 212) 用这个过程证明了

$$223/71 < \pi < 22/7.$$

在他的著名文章 *The Measurement of the Circle* 中, 他用内接和外切的 96 边形近似了圆, 那是积分学的开始.

锚定的 k–平行四边形是我们在分解定义域的时候要使用的 "小片".

分配给每一片的 "很小的数" 是它的体积.

$$\begin{bmatrix}1\\0\\1\\1\end{bmatrix}, \begin{bmatrix}0\\2\\1\\1\end{bmatrix}, \begin{bmatrix}1\\1\\0\\2\end{bmatrix}$$

练习 5.1.1 的向量.

5.1 节的练习

5.1.1 $\mathbb{R}^4$ 中由边注中的向量生成的 3–平行四边形的体积是多少?

5.1.2 由从同一个点发射出来的长度为 1, 2, 3, 两两之间夹角分别为 $\pi/3$, $\pi/4$ 和 $\pi/6$ 的三条边形成的平行六面体的体积是多少?

[1] 我们说三角形而不是平行四边形的原因与如果你的地板是不平坦的, 需要一个三条腿的板凳而不是一把椅子的原因是相同的. 你可以使三角形的三个顶点都触到弯曲的表面; 对平行四边形的四个顶点, 你做不到这一点.

练习 5.1.3 的提示: 证明 $\operatorname{rank}(T^{\mathrm{T}}T) \leqslant \operatorname{rank} T < k$.

5.1.3 证明: 如果 $\vec{\mathbf{v}}_1, \cdots, \vec{\mathbf{v}}_k$ 为线性相关的, 则 $\operatorname{vol}_k\Big(P(\vec{\mathbf{v}}_1, \cdots, \vec{\mathbf{v}}_k)\Big) = 0$.

5.1.4 证明: 对于 $\vec{\mathbf{v}}_1, \vec{\mathbf{v}}_2 \in \mathbb{R}^3$, 我们有 $|\vec{\mathbf{v}}_1 \times \vec{\mathbf{v}}_2| = \sqrt{\det\left([\vec{\mathbf{v}}_1, \vec{\mathbf{v}}_2]^{\mathrm{T}}[\vec{\mathbf{v}}_1, \vec{\mathbf{v}}_2]\right)}$.

5.1.5 令 T 为一个 $n \times k$ 的矩阵. 证明: $\det(T^{\mathrm{T}}T) \geqslant 0$, 以便定义 5.1.3 有意义.

5.1.6 利用奇异值分解 (定理 3.8.1) 证明: vol_k 是唯一的 $n \times k$ 的实矩阵的实值函数 V, 使得对于所有的 $n \times n$ 的正交矩阵 P 以及所有的 $k \times k$ 的正交矩阵 Q, 我们有

$$V(M) = V(PMQ) \text{ 且 } V(\sigma_1 \vec{\mathbf{e}}_1, \cdots, \sigma_k \vec{\mathbf{e}}_k) = |\sigma_1 \cdots \sigma_k|$$

对于任意的 $n \times k$ 的矩阵 M 和任意的数 $\sigma_1, \cdots, \sigma_k$ 成立.

练习 5.1.6: 我们可以把 V 想成 $\mathbb{R}^n$ 中的一个含 k 个向量的函数: M 的列. 左乘 P 相当于将这些向量旋转并反射 (见练习 4.8.23), 右乘 Q 更难可视化. 它相当于把 M 的行, 也就是 M^{T} 的列旋转并反射.

5.2 参数化

在第 3 章 (定义 3.1.18) 中, 我们说过, 一个流形 M 的参数化是指一个 C^1 映射 γ, 它是从一个开子集 $U \subset \mathbb{R}^k$ 到 M, 且是单射和满射, 其导数也是单射.

这个定义的问题是, 多数的流形不能被参数化, 就算是圆都不可以; 球也不可以, 环面也不可以. 但全部的在流形上的积分理论都依赖于参数化, 我们不能在大多数的例子中简单地放弃它.

我们来检查一下对于圆出了什么问题. 对于圆, 最显然的参数化是 $\gamma\colon t \mapsto \begin{pmatrix}\cos t\\ \sin t\end{pmatrix}$. 问题是在选取定义域上. 如果我们选取 $(0, 2\pi)$, 则 γ 不是满射. 如果我们选取 $[0, 2\pi]$, 则定义域不是开集, γ 不是单射. 如果我们选取 $[0, 2\pi)$, 则定义域不是开集. 在 3.1 节 (定义 3.1.18 后面的讨论) 我们看到同样的问题在用经度和纬度参数化一个球的时候也出现了.

这些例子的关键点是, “*麻烦只在体积为 0 的集合上出现*”, 因此在我们积分时它应该是无关紧要的. 我们的关于参数化的新定义将与旧的精确相同, 除了我们允许定义在体积为 0 的集合上出现问题.

4.10 节给出的换元公式是 $\mathbb{R}^n$ 的开子集上的放松的参数化的特殊情况, 从一个集合到一个相同维数的集合; 公式 (4.10.11) 用 (r, θ, φ)–空间的一块参数化了 (x, y, z)–空间的一块. 这里, 我们强调的是参数化 $\mathbb{R}^n$ 中的 k 维子流形, 其中 $k < n$, 例如, 用 (θ, φ) 平面的一片来参数化 $\mathbb{R}^3$ 中的球.

$\mathbb{R}^n$ 中的 k 维体积 0 的集合

我们需要知道一个子集 $X \subset \mathbb{R}^n$ 在 k 维积分的问题上什么时候可以忽略. 直觉上, 应该很清楚这个的意思是什么: 对于一维或者更高维的积分, 点可以忽略; 对于二维积分, 点和曲线可以忽略, 依此类推.

有可能定义一个任意的子集 $X \subset \mathbb{R}^n$ 的 vol_k, 我们将在关于分形的 5.5 节涉及这个话题. 那个定义十分复杂; 说什么时候这样的子集的 k 维体积为 0 则简单得多.

等式 (5.2.1) 中的立方体的边长为 $1/2^N$. 我们对与 X 相交的立方体求和. 当然, 我们可以用球来替代立方体.

定义 5.2.1 ($\mathbb{R}^n$ 的子集的 k 维体积 0).

1. 一个有界子集 $X \subset \mathbb{R}^n$ 的 k 维体积为 0, 如果

$$\lim_{N\to\infty} \sum_{\substack{C \in \mathcal{D}_N(\mathbb{R}^n) \\ C \cap X \neq \varnothing}} \Big(\underbrace{\frac{1}{2^N}}_{C\text{的边长}}\Big)^k = 0 \tag{5.2.1}$$

成立.

2. 任意子集 $X \subset \mathbb{R}^n$ 的 k 维体积为 0, 如果对于任意的 R, 有界集合 $X \cap B_R(\mathbf{0})$ 的 k 维体积为 0.

这个条件验证起来十分复杂, 但有一个标准可以用在几乎所有实际会遇到的情况上.

命题 5.2.2 的证明在附录 A.20 中.

命题 5.2.2 (一个流形的 k 维体积 0). 如果整数 m, k, n 满足 $0 \leqslant m < k \leqslant n$, $M \subset \mathbb{R}^n$ 是一个 m 维的流形, 则任意闭子集 $X \subset M$ 的 k 维体积为 0.

定义 5.2.3 (流形的"放松的"参数化). 令 $M \subset \mathbb{R}^n$ 为一个 k 维流形, 令 $U \subset \mathbb{R}^k$ 为边界的 k 维体积为 0 的子集. 令 $X \subset U$ 满足 $U - X$ 为开集. 如果一个连续映射 $\gamma \colon U \to \mathbb{R}^n$ 满足下列条件:

1. $\gamma(U) \supset M$;
2. $\gamma(U - X) \subset M$;
3. $\gamma \colon (U - X) \to M$ 是一对一的, 属于 C^1;
4. 导数 $[\mathbf{D}\gamma(\mathbf{u})]$ 对于所有的 $\mathbf{u} \in (U - X)$ 都是单射, 像为 $T_{\gamma(\mathbf{u})}M$;
5. X 的 k 维体积为 0, 对任意的紧致子集 $C \subset M$, $\gamma(X) \cap C$ 的 k 维体积也为 0,

则它对 M 作了参数化.

定义 5.2.3: 在任何我们需要确定一个隐函数的定义域的时候, 将需要 $\gamma \colon (U - X) \to M$ 有局部的李普希兹导数.

第四部分: 从命题 3.2.7 回忆到: $T_{\gamma(\mathbf{u})}M = \operatorname{img}[\mathbf{D}\gamma(\mathbf{u})]$.

在定义 5.2.3 中, 我们要求 γ 在 $U - X$ 上的行为是良好的, 而不是在整个的 U 上. 集合 X 包含了上面所指的所有产生麻烦的点; 排除它不影响积分, 因为它的 k 维体积为 0. 在典型的情况下, U 是封闭的, X 是它的边界. 但有很多的情况, 我们希望 X 要大一些; 见例 5.2.4. 在其他的情况下, X 可能是空的.

在例 5.2.4 中, $\gamma(U)$ 是 M, 原点, 平面 $z = 1$ 上的半径为 1、圆心在 z 轴上的圆的并集. 集合 $\gamma(U - X)$ 是去掉了线段 $x = z, y = 0$ 之后的 M.

条件 1 通常是一个等式. 例如, 如果 M 是一个球, U 是一个封闭的矩形, 通过球坐标映射到 M, 则 $\gamma(U) = M$. 在这种情况下, 我们可以取 X 为 U 的边界, $\gamma(X)$ 包含了两极和大圆的一半 (例如, 国际日期变更线), 对于条件 2, 给出 $\gamma(U - X) \subset M$.

从现在开始, "参数化" 一词将指代定义 5.2.3; 我们把定义 3.1.18 的参数化称作一个 "严格的参数化". 注意, $\gamma \colon U - X \to M - \gamma(X)$ 是一个严格的参数化: 我们已经去掉了产生麻烦的 (k 维体积为 0 的) 点.

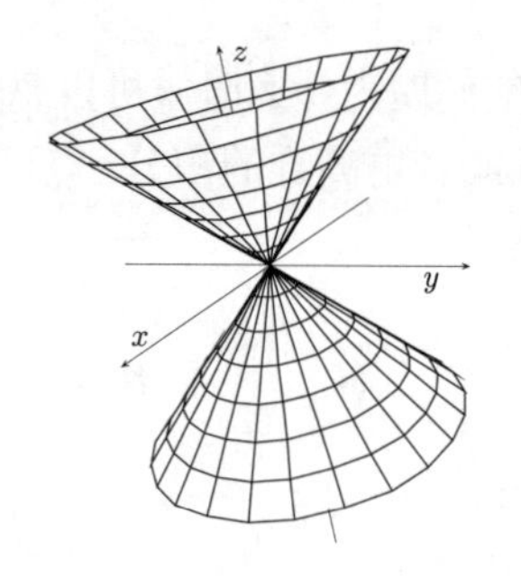

图 5.2.1

$\mathbb{R}^3$ 中方程为 $x^2 + y^2 = z^2$ 的子集在顶点处不是一个流形. 流形M 是 $0 < z < 1$ 的部分.

例 5.2.4 (锥的参数化). $\mathbb{R}^3$ 中满足方程 $x^2 + y^2 - z^2 = 0$ 的子集, 如图 5.2.1 所示, 在位于原点的顶点的邻域内不是一个流形. 然而, 子集

$$M = \left\{ \begin{pmatrix} x \\ y \\ z \end{pmatrix} \;\middle|\; x^2 + y^2 - z^2 = 0, 0 < z < 1 \right\} \tag{5.2.2}$$

是一个流形. 我们来检验由 $\gamma \colon \begin{pmatrix} r \\ \theta \end{pmatrix} \mapsto \begin{pmatrix} r\cos\theta \\ r\sin\theta \\ r \end{pmatrix}$ 给出的映射 $\gamma \colon [0,1] \times [0, 2\pi] \to \mathbb{R}^3$ 参数化了 M. 在定义 5.2.3 的语言中, 我们有 $U = [0,1] \times [0, 2\pi]$. 我们将设 $X = \partial U$, 所以 $U - X = (0,1) \times (0, 2\pi)$, 且 X 包括了四条线段 $\begin{pmatrix} 0 \\ \theta \end{pmatrix}, \begin{pmatrix} 1 \\ \theta \end{pmatrix}, \begin{pmatrix} r \\ 0 \end{pmatrix}, \begin{pmatrix} r \\ 2\pi \end{pmatrix}, 0 \leqslant r \leqslant 1, 0 \leqslant \theta \leqslant 2\pi$.

条件 1 被满足, 因为 $\gamma([0,1]\times[0,2\pi])\supset M$. (在 M 之外, 它还包含顶点以及平面 $z=1$ 上的半径为 1 的圆.)

条件 5 被满足: 根据命题 5.2.2, 构成 X 的线段的二维体积为 0. 更进一步, γ 把 $\begin{pmatrix}0\\\theta\end{pmatrix}$ 映射到原点; 它把 $\begin{pmatrix}1\\\theta\end{pmatrix}$ 映射到 $z=1$ 上的半径为 1 的圆; 它把 $\begin{pmatrix}r\\0\end{pmatrix}$ 和 $\begin{pmatrix}r\\2\pi\end{pmatrix}$ 映射到由 $x=z, y=0, 0\leqslant x, y\leqslant 1$ 给出的线段. 根据命题 5.2.2, 在所有的情况下, 二维体积都是 0.

条件 2 被满足, 因为 $\gamma\big((0,1)\times(0,2\pi)\big)$ 包含去掉了线段 $x=z, y=0$ 的 M. 练习 5.2.1 让你检验条件 3 和条件 4 也被满足. △

注释 5.2.5. 定义 5.2.3 中 $U\subset\mathbb{R}^k$ 的边界的 k 维体积为 0 的要求看起来可能是不必要的; 直觉上, 显然 (由命题 5.2.2 解释) 一个圆盘的边界的二维体积为 0, 一个立方体的边界的三维体积为 0. 但这个要求是必要的. 我们之前在例 4.4.3 中, 尤其是在定理 4.10.12 中, 遇到过这样的问题. 我们再来看例 4.4.3. 选取一个整数 $N>2$, 构造 $[0,1]$ 中的一个有理数的列表 $a_1, a_2, \cdots$, 并考虑由 a_i 附近的小的开区间构成的集合:

$$U=\bigcup_{i=1}^{\infty}\left(a_i-\frac{1}{2^{N+i}}, a_i+\frac{1}{2^{N+i}}\right). \tag{5.2.3}$$

这是 $\mathbb{R}$ 上的一个开集, 因为它是开集的并集, 且它在 $[0,1]$ 上是稠密的, 因为它包含有理数. 你可能会期待它的边界将由线段的边界组成, 也就是, 点的一个可数并集. 但实际上不是这样的. 根据定义 1.5.10, $[0,1]-U$ 上的每个点都在 ∂U 中, 因为这样的点的每个邻域都包含 U 的点和 $[0,1]-U$ 的点.

因为 U 是 $\mathbb{R}$ 的一个开子集, 它是一个流形, 定理 5.2.6 表明, 它可以被参数化. 然而, 因为它的边界的一维体积不是 0, 定义 5.2.3 表明, 恒等变换不能用来把它参数化. 练习 5.2.5 让你找到一个参数化.

因为一些区间被包含在其他区间中, 所以

$$U\text{的长度}<\sum_{i=1}^{\infty}\frac{2}{2^{N+i}}=\frac{1}{2^{N-1}}. \tag{5.2.4}$$

如果 N 很大, 比如 $N=10$, 则这个长度非常小. 因此, 如果 ∂U 有长度 (一维体积), 则这个长度是 $[0,1]$ 的长度减去 U 的长度; 它不仅不是 0, 而且几乎就是 1:

$$\partial U\text{的长度}>1-\frac{1}{2^{N-1}}. \tag{5.2.5}$$

根据定义可知, 如果指示函数 $\mathbf{1}_{[0,1]-U}$ 是 R–可积的, 则 $[0,1]-U$ 具有长度. 但是上和与下和并不收敛到共同的极限.

事实上, (如我们在例 4.4.3 中看到的)∂U 没有一维体积, 但它确实有一维测度, 而且它的测度满足不等式 (5.2.5). △

我们整个的在流形上的积分理论将建立在参数化的基础上. 幸运的是, 有了我们的放松的定义, 所有的流形都可以被参数化.

定理 5.2.6 (参数化的存在性). 所有的流形都可以参数化.

注释. 定理 5.2.6 并不意味着参数化可以显式地写出来: 在证明中 (练习 5.2.8 的目标, 不是非常难), 我们将需要知道它们可以在局部上被参数化, 这需要用到隐函数定理: 参数化映射只在隐函数定理保证其存在性的意义上存在. △

参数化的一个小型目录

通常, 定理 5.2.6 只是一个于事无补的安慰而已. 构造一个参数化通常需要牛顿方法和隐函数定理; 这样的参数化不能显式地写出来. 幸运的是, 有一些可以显式地写出来, 并且它们不成比例地出现在考试题和应用中, 尤其是在有对称性的应用中. 下面我们给出例子. 有两大类: 图像和旋转曲面.

图像. 如果 $U \subset \mathbb{R}^k$ 是开集, 有 k 维体积为 0 的边界, $\mathbf{f}\colon U \to \mathbb{R}^{n-k}$ 为一个 C^1 映射, 则 $\mathbf{f}$ 的图像是 $\mathbb{R}^n$ 中的一个流形, 且

$$\mathbf{x} \mapsto \begin{pmatrix} \mathbf{x} \\ \mathbf{f}(\mathbf{x}) \end{pmatrix} \text{是一个参数化.} \tag{5.2.6}$$

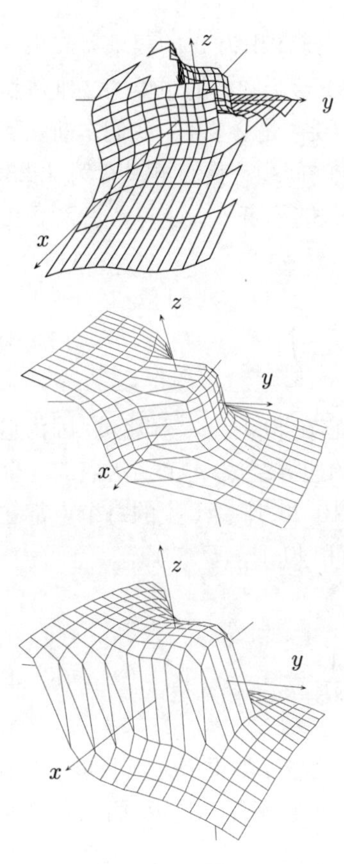

图 5.2.2

例 5.2.8 中讨论的是方程为

$$x^2+y^3+z^5=1$$

的曲面.

上图: 把曲面视为 x 作为 y 和 z 的函数的图像 (也就是用 y 和 z 来参数化). 图像包含两片: 正的平方根和负的平方根.

中图: 由 x 和 z 参数化的曲面.

下图: 由 x 和 y 参数化的曲面.

注意, 中图和下图中的线画得不同: 不同的参数化对于不同的区域给出不同的分辨率.

例 5.2.7 (作为图像的参数化). 方程为 $z=x^2+y^2$ 的曲面由 $\begin{pmatrix} x \\ y \end{pmatrix} \mapsto \begin{pmatrix} x \\ y \\ x^2+y^2 \end{pmatrix}$ 参数化. 另一个例子在等式 (3.1.24) 中给出. △

在很多情况下, 作为一个图像的参数化还是可用的, 尽管上述的条件不再被满足: 就是那些你可以用其余的 k 个变量 “解出” $n-k$ 个变量定义方程的情况.

例 5.2.8 (作为图像的参数化: 一个更复杂的情况). 考虑 $\mathbb{R}^3$ 中方程为 $x^2+y^3+z^5=1$ 的曲面. 在这个例子里, 你可以把 x“解出” 为 y 和 z 的函数:

$$x=\pm\sqrt{1-y^3-z^5}. \tag{5.2.7}$$

你也可以把 y 或者 z 解出为其他变量的函数, 三种方法给出了对曲面的不同的观察视角, 如图 5.2.2 所示. 当然, 在你能够把这些中的任何一个称为参数化之前, 需要指定函数的定义域. 当方程解出的是 x 的时候, 定义域是 (y,z) 平面的子集, 满足 $1-y^3-z^5 \geqslant 0$. 在解出来的是 y 的时候, 记住每一个实数有唯一的一个立方根, 所以函数 $y=(1-x^2-z^5)^{1/3}$ 在每个点都有定义, 但在 $x^2+z^5=1$ 的时候是不可微的, 所以这条曲线必须被包含在那些可以忽略掉的有麻烦的点的集合中. △

旋转曲面. 一个旋转曲面可以通过旋转一条曲线得到, 无论曲线是一个函数的图像还是通过参数化给出的.

1. 曲线是一个函数的图像的情况:

   假设曲线 C 是一个函数 $f(x)=y$ 的图像. 我们来假设 f 只输入正数, 把 C 绕着 x 轴旋转, 以得到方程为

$$y^2+z^2=\big(f(x)\big)^2 \tag{5.2.8}$$

的旋转曲面. 这个曲面可以由

$$\gamma\colon \begin{pmatrix} x \\ \theta \end{pmatrix} \mapsto \begin{pmatrix} x \\ f(x)\cos\theta \\ f(x)\sin\theta \end{pmatrix} \tag{5.2.9}$$

参数化, 其中 θ 测量了旋转. 为什么是这个参数化? 因为曲线是绕着 x 轴旋转的, x 坐标保持不变. 当然, 等式 (5.2.8) 被满足:

$$\big(f(x)\cos\theta\big)^2+\big(f(x)\sin\theta\big)^2=\big(f(x)\big)^2.$$

再一次, 为了精确起见, 我们必须指定 γ 的定义域. 假设 $f\colon(a,b)\to\mathbb{R}$ 在 (a,b) 上有定义且连续可微. 则我们可以选择 γ 的定义域为 $(a,b)\times[0,2\pi]$, 且 γ 是单射, 导数在 $(a,b)\times(0,2\pi)$ 上也是单射.

2. 要旋转的曲线是一个参数化的曲线的情况:

如果 C 是 (x,y) 平面上的一条曲线, 由 $t\mapsto\begin{pmatrix}u(t)\\v(t)\end{pmatrix}$ 参数化, 那么由 C 绕着 z 轴旋转得到的曲面可以由

$$\begin{pmatrix}t\\\theta\end{pmatrix}\mapsto\begin{pmatrix}u(t)\\v(t)\cos\theta\\v(t)\sin\theta\end{pmatrix} \tag{5.2.10}$$

参数化. 半径为 R 的球面上的球坐标是这个构造的一种特殊情况. 如果 C 是 (x,z) 平面上的半径为 R 的半圆, 圆心在原点, 由

$$\varphi\mapsto\begin{pmatrix}x=R\cos\varphi\\z=R\sin\varphi\end{pmatrix},\ -\frac{\pi}{2}\leqslant\varphi\leqslant\frac{\pi}{2} \tag{5.2.11}$$

参数化, 则将这个半圆绕着 z 轴旋转得到的曲面为 $\mathbb{R}^3$ 中的圆心在原点、半径为 R 的球面, 由

$$\begin{pmatrix}\varphi\\\theta\end{pmatrix}\mapsto\begin{pmatrix}R\cos\varphi\cos\theta\\R\cos\varphi\sin\theta\\R\sin\varphi\end{pmatrix} \tag{5.2.12}$$

参数化, 是利用经度 φ 和纬度 θ 对球面的参数化. (这个看上去不像公式 (5.2.10), 因为现在我们是绕着 z 轴旋转的, 而不是 x 轴, 所以是 z 坐标保持不变.)

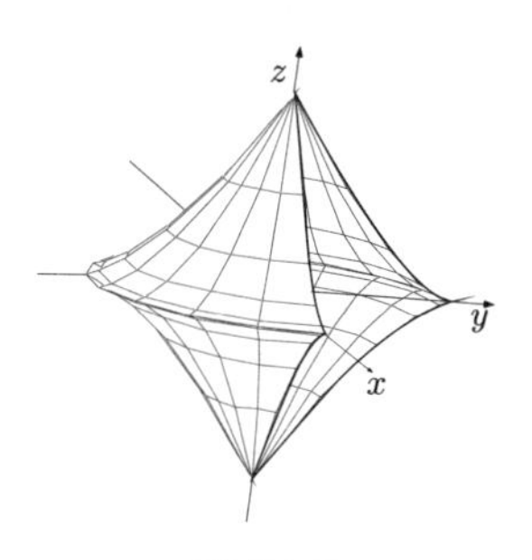

图 5.2.3

例 5.2.9 中讨论的曲面是通过将方程为

$$(1-x)^3=z^2$$

的曲线绕着 z 轴旋转形成的. 画出的曲面相当于 $|z|\leqslant 1$ 的区域仅在一个完整的旋转中转完了 3/4.

如果你取任何代表 (x,z) 平面上的一条曲线的方程, 把 x 替换成 $\sqrt{x^2+y^2}$, 如我们在例 5.2.9 中所做的, 你就得到了将原始的曲线绕着 z 轴旋转得到的曲面的方程. 这个曲面关于 z 轴对称.

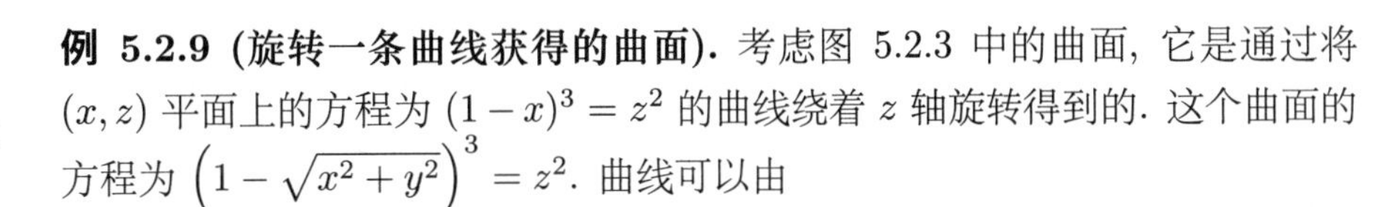

例 5.2.9 (旋转一条曲线获得的曲面). 考虑图 5.2.3 中的曲面, 它是通过将 (x,z) 平面上的方程为 $(1-x)^3=z^2$ 的曲线绕着 z 轴旋转得到的. 这个曲面的方程为 $\left(1-\sqrt{x^2+y^2}\right)^3=z^2$. 曲线可以由

$$t\mapsto\begin{pmatrix}x=1-t^2\\z=t^3\end{pmatrix} \tag{5.2.13}$$

参数化 (你可以通过把 $(1-x)^3=z^2$ 中的 x 换成 $1-t^2$, 把 z 换成 t^3 来检验), 所以曲面可以由

$$\begin{pmatrix}t\\\theta\end{pmatrix}\mapsto\begin{pmatrix}(1-t^2)\cos\theta\\(1-t^2)\sin\theta\\t^3\end{pmatrix} \tag{5.2.14}$$

参数化. 图 5.2.3 显示了这个参数化的图像, 其中 $0 \leqslant \theta \leqslant 3\pi/2$, $|t| \leqslant 1$. 可以从图中猜到, 并用公式证明: 在 $[-1,1] \times [0, 3\pi/2]$ 上的点中, $t = \pm 1$ 时的点是比较麻烦的点 (它们对应于顶部和底部的 "锥点"). 子集 $\{0\} \times [0, 3\pi/2]$ 也造成了麻烦; 它对应于一个 "尖点曲线". △

参数的变换

在 5.3 节, 我们证明了曲线的长度、曲面的面积和一个流形的体积是独立于在计算长度、面积和体积的时候所选择的参数的. 在所有的三种情况中, 我们使用的工具是勒贝格积分的换元公式, 定理 4.11.20: 我们建立起一个换元映射, 并且应用换元公式. 这里, 我们说明如何构造一个满足定理 4.11.20 中的假设的换元映射.

假设我们有一个 k 维流形$M \subset \mathbb{R}^n$ 和两个参数化

$$\gamma_1 : \overline{U}_1 \to M \text{ 和 } \gamma_2 : \overline{U}_2 \to M, \tag{5.2.15}$$

其中 U_1 和 U_2 为 $\mathbb{R}^k$ 的子集. 我们候选的换元映射是 $\Phi = \gamma_2^{-1} \circ \gamma_1$, 也就是

$$\overline{U}_1 \underset{\gamma_1}{\to} M \underset{\gamma_2^{-1}}{\to} \overline{U}_2. \tag{5.2.16}$$

但是会产生严峻的困难, 如下面的例子里所展示的.

例 5.2.10: S^2 是 $\mathbb{R}^3$ 中的单位球面的标准符号.

例 5.2.10 (参数变换时的问题). 令 γ_1 和 γ_2 为 S^2 的两个利用球坐标的参数化, 但是有不同的极点. 称 P_1, P_1' 为 γ_1 的极点, P_2, P_2' 为 γ_2 的极点. 则 $\gamma_2^{-1} \circ \gamma_1$ 在 $\gamma_1^{-1}(P_2)$ 或者在 $\gamma_1^{-1}(P_2')$ 无定义. 实际上, γ_1 的定义域中的某单个点被映射到了 P_2. [2] 但是如图 5.2.4 所示, γ_2 把整条线段映射到 P_2, 所以 $\gamma_2^{-1} \circ \gamma_1$ 把点 $\gamma_1^{-1}(P_2)$ 映射到整条线段, 这是没有意义的. 对 $\gamma_1^{-1}(P_2')$ 有同样的结论. 我们的映射 $\gamma_2^{-1} \circ \gamma_1$ 没有明确的定义; 我们不可能应用定理 4.11.20 来证明积分独立于参数化的选择.

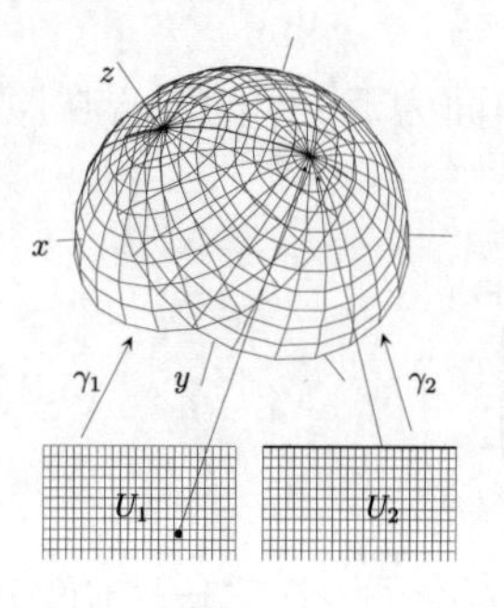

图 5.2.4

这里 X_1 包含左边的矩形的整个边界. 如果在我们的球坐标中, 选择 $-\pi \leqslant \theta \leqslant \pi$, 则边界的竖直部分映射到日期变更线; 顶部和底部的线映射到南北极. 左图的矩形中的深色盒子是 Y_2 的一个点; 它被映射到 γ_2 的一个极, 然后映射到右图中的深色线.

从 Φ 的定义域中排除 X_1 确保了它是单射的; 排除 Y_2 确保了它是有明确定义的. 从陪域中排除 X_2 和 Y_1 确保了在 X_1 和 Y_2 被从陪域中去掉的时候, Φ 仍然是满射.

处理这个问题的唯一方法是从 $\Phi = \gamma_2^{-1} \circ \gamma_1$ 中去掉 $\gamma^{-1}(\{P_2, P_2'\})$, 并寄希望于被去掉的部分的 k 维体积为 0. 在这个例子里, $k = 2$, 所以这不是问题: 我们仅仅从定义域中去掉了两个点, 两个点的面积当然是 0.

一个参数化的定义 5.2.3 被小心地计算以使得类似的陈述在一般的情况下成立.

我们来建立起精度稍高一点的换元. 令 U_1 和 U_2 为 $\mathbb{R}^k$ 的子集. 遵循定义 5.2.3 的符号, 用 X_1 表示 γ_1 中的可忽略的 "麻烦点", 用 X_2 表示 γ_2 中的麻烦点. 在例 5.2.10 中, X_1 和 X_2 包含映射到极点的点; 在图 5.2.4 中, X_2 是用粗线标出来的线段.

设

$$Y_1 = (\gamma_2^{-1} \circ \gamma_1)(X_1),\ Y_2 = (\gamma_1^{-1} \circ \gamma_2)(X_2); \tag{5.2.17}$$

在图 5.2.4 中, 左边的矩形中深色的点为 Y_2, 被 γ_1 映射到 γ_2 的一个极点, 又被 γ_2^{-1} 映射到右边的深色线; Y_1 是 (未标出来) 右边的矩形中映射到 γ_1 的极

[2] 如果 P_2 对于 γ_1 碰巧在日期变更线上, 两个点被映射到 P_2: 在图 5.2.4 中, 在矩形的右边界上的一个点, 以及相对应的左边界上的点.

点的点.

现在定义

$$U_1^{\mathrm{OK}} = U_1 - (X_1 \cup Y_2), \text{ 以及 } U_2^{\mathrm{OK}} = U_2 - (X_2 \cup Y_1); \tag{5.2.18}$$

也就是, 我们用上角标 "OK"(okay) 来表示一个已经去掉了任意体积为 0 的麻烦点的换元映射的定义域或者陪域.

定理 5.2.11 表明, $\Phi\colon U_1^{\mathrm{OK}} \to U_2^{\mathrm{OK}}$ 是换元公式要应用的地方. 不要忘了, 微分同胚是一个具有可微的逆的可微映射. △

定理 5.2.11. $U_1^{\mathrm{OK}} = U_1 - (X_1 \cup Y_2)$ 和 $U_2^{\mathrm{OK}} = U_2 - (X_2 \cup Y_1)$ 为 $\mathbb{R}^k$ 的开子集, 边界的 k 维体积为 0, 且

$$\Phi \stackrel{\mathrm{def}}{=} \gamma_2^{-1} \circ \gamma_1 : U_1^{\mathrm{OK}} \to U_2^{\mathrm{OK}} \tag{5.2.19}$$

为一个属于 C^1 的具有局部李普希兹的逆的微分同胚.

证明: 根据命题 3.2.11, 我们有

$$[\mathbf{D}\Phi(\mathbf{x})] = [\mathbf{D}\gamma_2^{-1}(\gamma_1(\mathbf{x}))][\mathbf{D}\gamma_1(\mathbf{x})]; \tag{5.2.20}$$

因为 $[\mathbf{D}\gamma_2^{-1}(\gamma_1(\mathbf{x}))]$ 和 $[\mathbf{D}\gamma_1(\mathbf{x})]$ 是同构的, 所以它们的复合也是. 所以 Φ 是一个局部的 C^1 微分同胚, 因此是一个全局的微分同胚, 因为 $\Phi : U_1^{\mathrm{OK}} \to U_2^{\mathrm{OK}}$ 是单射和满射.

余下要证明的只是 U_1^{OK} 和 U_2^{OK} 的边界的 k 维体积为 0. 只要证明其中一个就足够了, 例如 U_1^{OK}. U_1^{OK} 的边界被包含在:

1. U_1 的边界;
2. X_1(γ_1 的可忽略的 "麻烦点");
3. 集合 $Y_2 = (\gamma_1^{-1} \cdot \gamma_2)(X_2)$

的并集当中. 根据定义 5.2.1 的第二部分, 只要证明对于任意的 $R > 0$, U_1^{OK} 的边界在半径为 R 的球中的部分的体积为 0 就足够了; 这样我们可以 (也将要) 假设 U_1 和 U_2 都是有界的. 选择 $\epsilon > 0$, 用有限多的满足 $\sum_{i=1}^{p}(r_i)^k < \epsilon/2$ 的开球 $B_{r_i}(\mathbf{x}_i)(i = 1, \cdots, p)$ 覆盖 $X_1 \cup \partial U_1$, 我们可以这样做, 是因为根据假设 ∂U_1 和 X_1 的 k 维体积为 0. 令 B 为 B_{r_i} 的并集.

我们需要证明 Y_2 的 k 维体积也是 0. 集合

$$\widetilde{Y}_2 = \overline{Y}_2 - (\overline{Y}_2 \cap B) \tag{5.2.21}$$

是封闭的, 在 $\mathbb{R}^k$ 中有界, 所以它是紧致的, $\gamma_1(\widetilde{Y}_2)$ 也是. 特别地, 根据定义 5.2.3 的第五部分, $\gamma_2(X_2) \cap \gamma_1(\widetilde{Y}_2)$ 的 k 维体积为 0. 因为 $\gamma_1(\widetilde{Y}_2) \subset \gamma_2(X_2)$, 得到 $\gamma_1(\widetilde{Y}_2)$ 的 k 维体积也是 0. 现在, 结果将由引理 5.2.12 得到. □

定理 4.11.20: 勒贝格积分的换元对于换元映射 Φ 在定义域的边界上的行为什么都没有说. 所以, 我们可以不受惩罚地从定义域中去掉任何 "麻烦点"(就如同我们在例 5.2.10 中所做的), 只要它们的体积为 0.

我们的使用了黎曼积分的换元公式的早期版本 (定理 4.10.12) 要求积分 X 的定义域为紧致的, 且 Φ 定义在 X 的一个邻域 U 上. 利用这个定理, 我们将不能简单地从 U 中去掉任何麻烦点 (体积为 0 的), 而只在余下的部分定义 Φ. 所以我们将不能使用定理 4.10.12 来解释关于积分不依赖于参数化的选择的断言.

引理 5.2.12. 存在 L 使得对于每一个 $\mathbf{y}\in\widetilde{Y}_2$ 和每一个 $r>0$, 我们有

$$B_r(\gamma_1(\mathbf{y}))\subset\gamma_1(B_{Lr}(\mathbf{y})). \tag{5.2.22}$$

我们用这个引理来完成定理 5.2.11 的证明. 找到 $\gamma_1(\widetilde{Y}_2)$ 的一个使用有限多个球 $B_{r'_j}(\gamma_1(\mathbf{y}_j))$ 的覆盖, 满足

$$\sum_j (r'_j)^k<\frac{\epsilon}{2L^k}, \tag{5.2.23}$$

逆像 $\gamma_1^{-1}\Big(B_{r'_j}\big(\gamma_1(\mathbf{y}_j)\big)\Big)$ 覆盖了 $\widetilde{Y}_2$, 根据引理 5.2.12, 有

$$\gamma_1^{-1}\Big(B_{r'_j}\big(\gamma_1(\mathbf{y}_j)\big)\Big)\subset B_{Lr'_j}(\mathbf{y}_j); \tag{5.2.24}$$

这些半径为 Lr'_j 的更大的球因此也覆盖了 $\widetilde{Y}_2$. 这样, $\widetilde{Y}_2$ 的 k 维体积为 0:

$$\sum_j (Lr'_j)^k\leqslant L^k\sum_j r'^k_j\leqslant L^k\frac{\epsilon}{2L^k}=\frac{\epsilon}{2}; \tag{5.2.25}$$

最后得到 Y_2 的 k 维体积也是 0.

引理 5.2.12 的证明: 由反证法, 如果引理不成立, 则存在序列 $i\mapsto\mathbf{y}_i, i\mapsto\mathbf{y}'_i$, 满足 $\mathbf{y}_i\neq\mathbf{y}'_i$ 且

$$\lim_{i\to\infty}\frac{\gamma_1(\mathbf{y}_i)-\gamma_1(\mathbf{y}'_i)}{|\mathbf{y}_i-\mathbf{y}'_i|}=0. \tag{5.2.26}$$

由紧致性, 我们可以假设 $i\mapsto\mathbf{y}_i$ 收敛到某个 $\mathbf{y}_0$; 则因为 γ_1 是在紧致集合 $\widetilde{Y}_2$ 上的单射, 所以序列 $i\mapsto\mathbf{y}'_i$ 也收敛到 $\mathbf{y}_0$. 进一步, 根据 $\mathbb{R}^k$ 上的单位球的紧致性, 我们可以假设单位向量的序列

$$i\mapsto\mathbf{v}_i\overset{\text{def}}{=}\frac{\mathbf{y}'_i-\mathbf{y}_i}{|\mathbf{y}'_i-\mathbf{y}_i|} \tag{5.2.27}$$

也收敛到某个单位向量 $\mathbf{v}_0$. 则

$$\begin{aligned}[\mathbf{D}\gamma_1(\mathbf{y}_0)]\mathbf{v}_0 &= \lim_{i\to\infty}[\mathbf{D}\gamma_1(\mathbf{y}_i)]\mathbf{v}_0=\lim_{i\to\infty}\lim_{j\to\infty}[\mathbf{D}\gamma_1(\mathbf{y}_i)]\frac{\mathbf{y}'_j-\mathbf{y}_j}{|\mathbf{y}'_j-\mathbf{y}_j|}\\ &= \lim_{i\to\infty}\lim_{j\to\infty}\frac{1}{|\mathbf{y}'_j-\mathbf{y}_j|}[\mathbf{D}\gamma_1(\mathbf{y}_i)](\mathbf{y}'_j-\mathbf{y}_j)\\ &= \lim_{i\to\infty}\lim_{j\to\infty}\frac{1}{|\mathbf{y}'_j-\mathbf{y}_j|}\Big(\gamma_1(\mathbf{y}'_j)-\gamma_1(\mathbf{y}_j)+o(|\mathbf{y}'_j-\mathbf{y}_j|)\Big)=0.\end{aligned} \tag{5.2.28}$$

这与 $[\mathbf{D}\gamma_1(\mathbf{y}_0)]$ 的单射性相矛盾. □引理 5.2.12

5.2 节的练习

5.2.1 检验例 5.2.4 的映射 γ 满足定义 5.2.3 的条件 3 和 4.

5.2.2 a. 证明: 对角线的线段 $\left\{\begin{pmatrix}x\\x\end{pmatrix}\in\mathbb{R}^2\,\middle|\,|x|\leqslant 1\right\}$ 的一维体积不是 0.

b. 证明: $\mathbb{R}^3$ 中由 $t \mapsto \begin{pmatrix} \cos t \\ \cos t \\ \sin t \end{pmatrix}$ 参数化的曲线的二维体积为 0, 但一维体积不为 0.

5.2.3 证明: 映射

$$S\colon \begin{pmatrix} r \\ \theta \\ \varphi \end{pmatrix} \mapsto \begin{pmatrix} r\sin\varphi\cos\theta \\ r\sin\varphi\sin\theta \\ r\cos\varphi \end{pmatrix},$$

$0 \leqslant r < \infty, 0 \leqslant \theta \leqslant 2\pi, 0 \leqslant \varphi \leqslant \pi$, 用到原点的距离 r, 极角 θ, 从北极的角度 φ 参数化了空间.

5.2.4 选择数 $0 < r < R$, 并考虑 (x, z) 平面上圆心在 $\begin{pmatrix} x = R \\ z = 0 \end{pmatrix}$, 半径为 r 的圆. 令 S 为把这个圆绕着 z 轴旋转得到的曲面 (这是图 5.3.2 中的环面).

a. 写出 S 的一个方程, 并检验 S 是一个光滑曲面.

b. 写出 S 的一个参数化, 注意使用的集合 U 和 X.

c. 参数化 S 的下列部分:

i. $z > 0$; ii. $x > 0, y > 0$; iii. $z > x + y$.

练习 5.2.4 c: iii 比其他的要难得多; 就算是找到了参数化的区域的边界曲线的方程之后, 你仍然需要计算机来把它可视化.

***5.2.5** 考虑例 4.4.3 中构造的 $\mathbb{R}$ 的开子集: 列出 0 和 1 之间的有理数, 比如 $a_1, a_2, a_3, \cdots$, 并且对某个整数 $k > 2$ 取并集

$$U = \bigcup_{i=1}^{\infty} \left(a_i - \frac{1}{2^{i+k}}, a_i + \frac{1}{2^{i+k}} \right).$$

证明: U 是一个一维流形, 它可以根据定义 5.2.3 来参数化.

5.2.6 利用定义 5.2.1 证明: $\mathbb{R}^n$ 中任何单个点的 0 维体积都不是 0. [3]

5.2.7 a. 证明: 如果 $X \subset \mathbb{R}^n$ 是一个 k 维体积为 0 的有界子集, 则它向由任意 k 个标准基向量生成的子空间的投影的 k 维体积也是 0.

b. 证明: 如果 X 是无界的, 这个则不成立. 例如, 产生一个长度为 0 的 $\mathbb{R}^2$ 的无界子集, 它向 x 轴的投影的长度不是 0.

***5.2.8** 证明定理 5.2.6. 方法有很多, 但它们都很烦琐. 一种可能性是用一个立方体序列 C_i 覆盖 M, 使得 $M \cap C_i$ 是一个用另外 k 个变量表示 $n-k$ 个变量的映射 $\mathbf{f}_i$ 的图像 Γ_i. 这些 Γ_i 将可能没有不相交的内部: 修改 C_i 以去掉 Γ_i 中在某个 Γ_j 的内部的部分, 其中 $j < i$.

把这些 $\mathbf{f}_i$ 的定义域分散开, 使得它们完全分离. 定理的第五部分的第一个条件则变得容易了, 第二个可从海因–波莱尔定理 (附录 A.3 的定理 A.3.3) 得到.

---

[3]我们没有问一个点的 0 维体积是多少. 实际上, 一个集合的 0 维体积就是简单地数点. 要让这个成为定义 5.1.3 的一个特例, 你需要看到空矩阵 (不是零矩阵) 的行列式是 1, 这正是行列式的标准化的条件所表达的: $\mathbb{R}^n \to \mathbb{R}^n$ 的恒等变换的行列式对于所有的 n 都为 1, 包括 $n = 0$, 就是当恒等变换的矩阵为空矩阵的时候. 如果你感觉这个不好想象, 我们表示同情.

5.3 计算流形的体积

嵌入在 $\mathbb{R}^n$ 中的 k 维流形 M 的 k 维体积由

$$\operatorname{vol}_k M = \int_M |\mathrm{d}^k\mathbf{x}| \tag{5.3.1}$$

给出, 其中 $|\mathrm{d}^k\mathbf{x}|$ 是被积函数, 输入一个 k–平行四边形, 返回它的 k 维体积. 因此, 一条曲线 C 的长度可以写作 $\int_C |\mathrm{d}^1\mathbf{x}|$, 一个曲面 S 的面积可以写作 $\int_S |\mathrm{d}^2\mathbf{x}|$. 通常, $|\mathrm{d}^1\mathbf{x}|$ 写作 $\mathrm{d}l$ 或者 $\mathrm{d}s$, 称作*长度元*(element of length); $|\mathrm{d}^2\mathbf{x}|$ 写作 $\mathrm{d}S$ 或者 $\mathrm{d}A$, 称作*面积元*(element of area); $|\mathrm{d}^3\mathbf{x}|$ 写作 $\mathrm{d}V$, 称作*体积元*(element of volume).

我们为 $\mathrm{d}l$, $\mathrm{d}s$, $\mathrm{d}S$, $\mathrm{d}A$ 和 $\mathrm{d}V$ 感到惋惜, 因为这个记号不能推广到更高的维度上.

等式 (5.3.1) 的积分是通过将流形切成小的锚定的 k–平行四边形, 把它们的 k 维体积求和, 并在分解变得无限精细的情况下对求和取极限来定义的.

我们知道如何计算一个 k–平行四边形的 $|\mathrm{d}^k\mathbf{x}|$: 如果 $T = [\vec{\mathbf{v}}_1, \cdots, \vec{\mathbf{v}}_k]$, 则

$$|\mathrm{d}^k\mathbf{x}|P_{\mathbf{x}}(\vec{\mathbf{v}}_1, \cdots, \vec{\mathbf{v}}_k) = \operatorname{vol}_k P_{\mathbf{x}}(\vec{\mathbf{v}}_1, \cdots, \vec{\mathbf{v}}_k) = \sqrt{\det(T^{\mathrm{T}}T)}. \tag{5.3.2}$$

要计算一个 k 维流形的体积, 我们用一个映射 γ 来参数化 M, 然后计算由 γ 的偏导生成的 k–平行四边形的体积并求和, 在分解变得无限精细的情况下取极限. 这给出了下面的定义:

定义 5.3.1 (流形的体积). 令 $M \subset \mathbb{R}^n$ 为一个光滑的 k 维流形, U 为 $\mathbb{R}^k$ 的可铺子集, $\gamma\colon U \to M$ 为一个根据定义 5.2.3 的参数化. 令 X 与该定义一致, 则

$$\begin{aligned}\operatorname{vol}_k M &\stackrel{\text{def}}{=} \int_{\gamma(U-X)} |\mathrm{d}^k\mathbf{x}| \\ &= \int_{U-X} \Big(|\mathrm{d}^k\mathbf{x}|\big(P_{\gamma(\mathbf{u})}(\overrightarrow{D_1}\gamma(\mathbf{u}), \cdots, \overrightarrow{D_k}\gamma(\mathbf{u}))\big)\Big)|\mathrm{d}^k\mathbf{u}| \\ &= \int_{U-X} \sqrt{\det([\mathbf{D}\gamma(\mathbf{u})]^{\mathrm{T}}[\mathbf{D}\gamma(\mathbf{u})])}\,|\mathrm{d}^k\mathbf{u}|.\end{aligned} \tag{5.3.3}$$

在等式 (5.3.3) 中 $P_{\gamma(\mathbf{u})}\left(\overrightarrow{D_1}\gamma(\mathbf{u}), \cdots, \overrightarrow{D_k}\gamma(\mathbf{u})\right)$ 为固定在 $\gamma(\mathbf{u})$, 且由偏导 $\overrightarrow{D_1}\gamma(\mathbf{u}), \cdots, \overrightarrow{D_k}\gamma(\mathbf{u})$ 生成的 k–平行四边形; 这个平行四边形的 $|\mathrm{d}^k\mathbf{x}|$ 是平行四边形的体积 (见命题 5.1.1).

注意, 流形的体积可能是无限的.

在定义 5.3.1 和定义 5.3.2 中, 我们是在 $U - X$ 上积分, 而不是在 U 上积分, 因为 γ 可能在 X 上不可微. 但 X 的 k 维体积为 0, 所以这不影响积分.

定义 5.3.2: 在第 6 章, 我们将要学习流形上的*微分形式*(differential forms)的积分. 定义 5.3.2 的积分有时候被用作*密度的积分*(integral of density). 微分形式要好一些, 但缺乏直觉的形象. 原因是, 对于形式, 有导数的概念, 它使得微积分基本定理的推广变成可能的. 对于密度, 没有这样的东西.

注释. 当流形是由 $\gamma\colon [a,b] \to C$ 参数化的一条曲线的时候, 等式 (5.3.3) 可以写为

$$\begin{aligned}\int_C |\mathrm{d}^1\mathbf{x}| &= \int_{[a,b]} \sqrt{\det\left(\vec{\gamma}'(t)\cdot\vec{\gamma}'(t)\right)}\,|\mathrm{d}t| \\ &= \int_a^b |\vec{\gamma}'(t)|\,\mathrm{d}t,\end{aligned} \tag{5.3.4}$$

这与弧长的定义 3.9.5 是兼容的. △

定义 5.3.1 是下列情况的一种特殊情况. 在定义 5.3.2 中, $\mathbf{1}$ 表示指标函数 (定义 4.1.1); 注意 $\mathbf{1}_Y(\gamma(\mathbf{u})) = \mathbf{1}_{\gamma^{-1}(Y)}(\mathbf{u})$.

定义 5.3.2 (在流形上的对体积的积分). 令 $M \subset \mathbb{R}^n$ 为一个光滑的 k 维流形, U 为 $\mathbb{R}^k$ 的一个可铺子集, $\gamma\colon U \to M$ 为一个参数化. 令 X 与定义

5.2.3 中的定义相同. 如果等式 (5.3.5) 右边的积分存在, 并且

$$\int_M f(\mathbf{x})|\,\mathrm{d}^k\mathbf{x}| \stackrel{\text{def}}{=} \int_{U-X} f(\gamma(\mathbf{u}))\sqrt{\det([\mathbf{D}\gamma(\mathbf{u})]^{\mathrm{T}}[\mathbf{D}\gamma(\mathbf{u})])}\,|\mathrm{d}^k\mathbf{u}|, \tag{5.3.5}$$

则 $f\colon M\to\mathbb{R}$ 在 M 上关于体积是可积的. 特别地, 如果 $Y\subset M$ 为一个满足 $\mathbf{1}_{\gamma^{-1}(Y)}$ 是可积的子集, 则

$$\mathrm{vol}_k\, Y \stackrel{\text{def}}{=} \int_{U-X} \mathbf{1}_Y\Big(\gamma(\mathbf{u})\Big)\sqrt{\det\Big([\mathbf{D}\gamma(\mathbf{u})]^{\mathrm{T}}[\mathbf{D}\gamma(\mathbf{u})]\Big)}\,|\mathrm{d}^k\mathbf{u}|.$$

我们来看为什么定义 5.3.2 对应于我们的体积的概念 (或者面积). 为了简化讨论, 我们来考虑由 $\gamma\colon U\to\mathbb{R}^3$ 参数化的曲面 S 的面积. 这个面积应该是

$$\lim_{N\to\infty}\sum_{C\in\mathcal{D}_N(\mathbb{R}^2)}\mathrm{Area}(\gamma(C\cap U)). \tag{5.3.6}$$

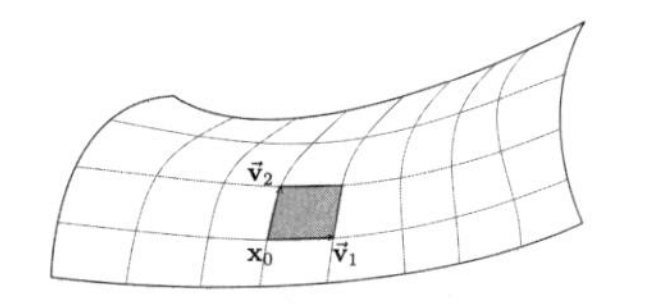

图 5.3.1

一个被平行四边形近似的曲面. 点 $\mathbf{x}_0$ 对应于 $\gamma(\mathbf{u})$, 向量 $\vec{\mathbf{v}}_1$ 和 $\vec{\mathbf{v}}_2$ 对应于向量 $\frac{1}{2^N}\overrightarrow{D_1}\gamma(\mathbf{u})$ 和 $\frac{1}{2^N}\overrightarrow{D_2}\gamma(\mathbf{u})$.

也就是, 我们做了 $\mathbb{R}^2$ 的一个二进分解, 并且看 γ 是如何把 U 中的二进方块, 或者跨在 U 上的二进方块 C 映射到 S 的. 然后我们对得到的区域 $\gamma(C\cap U)$ 的面积求和. 对于 $C\subset U$, 这等于 $\gamma(C)$; 对于跨在 U 上的 C, 我们加的是 C 在 U 中的部分的面积. 正方形 $C\in\mathcal{D}_N(\mathbb{R}^2)$ 的边长为 $1/2^N$, 所以至少在 $C\subset U$ 时, 集合 $\gamma(C\cap U)$, 如图 5.3.1 所示, 近似为平行四边形

$$P_{\gamma(\mathbf{u})}\left(\frac{1}{2^N}\overrightarrow{D_1}\gamma(\mathbf{u}),\frac{1}{2^N}\overrightarrow{D_2}\gamma(\mathbf{u})\right), \tag{5.3.7}$$

其中 $\mathbf{u}$ 为 C 的左下角. 这个平行四边形的面积为

$$\frac{1}{2^{2N}}\sqrt{\det\left([\mathbf{D}\gamma(\mathbf{u})]^{\mathrm{T}}[\mathbf{D}\gamma(\mathbf{u})]\right)}. \tag{5.3.8}$$

所以看起来可以合理地期待我们在公式 (5.3.6) 中用

$$\mathrm{vol}_2(C)\sqrt{\det\left([\mathbf{D}\gamma(\mathbf{u})]^{\mathrm{T}}[\mathbf{D}\gamma(\mathbf{u})]\right)}\ \text{代替}\ \mathrm{Area}(\gamma(C\cap U)) \tag{5.3.9}$$

而产生的误差在 $N\to\infty$ 的极限下消失, 我们对于给出表面积的积分有一个黎曼和:

$$\underbrace{\lim_{N\to\infty}\sum_{C\in\mathcal{D}_N(\mathbb{R}^2)}\mathrm{vol}_2\, C\sqrt{\det\left([\mathbf{D}\gamma(\mathbf{u})]^{\mathrm{T}}[\mathbf{D}\gamma(\mathbf{u})]\right)}}_{\text{把 (5.3.9) 给出的换元代入公式 (5.3.6)}} = \underbrace{\int_U\sqrt{\det\left([\mathbf{D}\gamma(\mathbf{u})]^{\mathrm{T}}[\mathbf{D}\gamma(\mathbf{u})]\right)}\,|\mathrm{d}^2\mathbf{u}|.}_{\text{等式 (5.3.3) 给出的表面积}} \tag{5.3.10}$$

这个论证并不是完全令人信服的. 我们可以把平行四边形想象为平铺曲面: 我们把画在表面的格子的角上的小的、平坦的块用胶水固定, 就像使用陶瓷片来覆盖一个弯曲的柜台. 我们因为选择越来越小的瓷片而得到越来越好的匹配, 但这就足够好了吗? 要确保定义 5.3.2 是正确的, 我们需要证明积分与参数化的选择无关.

命题 5.3.3 (与参数化无关的积分). 令 M 为 $\mathbb{R}^n$ 中的一个 k 维流形, $f\colon M \to \mathbb{R}$ 为一个函数. 如果 U 和 V 是 $\mathbb{R}^k$ 的子集, 且 $\gamma_1\colon U \to M, \gamma_2\colon V \to M$ 为 M 的两个参数化, 则

$$\int_U f(\gamma_1(\mathbf{u}))\sqrt{\det\Big([\mathbf{D}\gamma_1(\mathbf{u})]^{\mathrm{T}}[\mathbf{D}\gamma_1(\mathbf{u})]\Big)}\,|\mathrm{d}^k\mathbf{u}| \tag{5.3.11}$$

存在, 当且仅当

$$\int_V f(\gamma_2(\mathbf{v}))\sqrt{\det\Big([\mathbf{D}\gamma_2(\mathbf{v})]^{\mathrm{T}}[\mathbf{D}\gamma_2(\mathbf{v})]\Big)}\,|\mathrm{d}^k\mathbf{v}| \tag{5.3.12}$$

存在, 在这种情况下, 积分是相等的.

在一维的情况下, 这给出了

$$\int_{I_1} |\vec{\gamma_1'}(t_1)||\,\mathrm{d}t_1| = \int_{I_2} |\vec{\gamma_2'}(t_2)||\,\mathrm{d}t_2|. \tag{5.3.13}$$

对速度向量的长度, 即 $|\vec{\gamma}'(t)|$ 进行积分, 给出了沿着曲线的距离. 这样, 命题 5.3.3 说明, 如果你从纽约到波士顿选择同一条路线两次, 第一次时间很好, 但第二次遇到堵车, 这将给出用你的时间为参数对路线的两个不同的参数化, 但两次你走的距离是相同的.

证明: 定义 $\Phi = \gamma_2^{-1}\circ\gamma_1\colon U^{\mathrm{OK}} \to V^{\mathrm{OK}}$ 为 "参数变换" 映射, 满足 $\mathbf{v} = \Phi(\mathbf{u})$. 注意, 将链式法则用在方程

$$\gamma_1 = \gamma_2 \circ \underbrace{\gamma_2^{-1}\circ\gamma_1}_{\Phi} = \gamma_2\circ\Phi \tag{5.3.14}$$

上得到

$$[\mathbf{D}\gamma_1(\mathbf{u})] = [\mathbf{D}(\gamma_2\circ\Phi)(\mathbf{u})] = [\mathbf{D}\gamma_2(\Phi(\mathbf{u}))][\mathbf{D}\Phi(\mathbf{u})]. \tag{5.3.15}$$

对勒贝格积分应用换元公式, 我们得到

$$\begin{aligned}
&\int_V \overbrace{\sqrt{\det\left([\mathbf{D}\gamma_2(\mathbf{v})]^{\mathrm{T}}[\mathbf{D}\gamma_2(\mathbf{v})]\right)}f\big(\gamma_2(\mathbf{v})\big)}^{\text{对应于换元公式中的}f(\mathbf{v})}\,|\mathrm{d}^k\mathbf{v}| \\
&\underset{1}{=}\int_U \sqrt{\det\Big([\mathbf{D}\gamma_2(\Phi(\mathbf{u}))]^{\mathrm{T}}[\mathbf{D}\gamma_2(\Phi(\mathbf{u}))]\Big)}\,|\det[\mathbf{D}\Phi(\mathbf{u})]|f\big(\underbrace{\gamma_2(\Phi(\mathbf{u}))}_{\gamma_1(\mathbf{u})}\big)|\,\mathrm{d}^k\mathbf{u}| \\
&\underset{2}{=}\int_U \sqrt{\det\Big(\underbrace{[\mathbf{D}\gamma_2(\Phi(\mathbf{u}))]^{\mathrm{T}}[\mathbf{D}\gamma_2(\Phi(\mathbf{u}))]}_{\text{方形矩阵}}\Big)}\sqrt{\det\Big(\underbrace{[\mathbf{D}\Phi(\mathbf{u})]^{\mathrm{T}}[\mathbf{D}\Phi(\mathbf{u})]}_{\text{两个方形矩阵}}\Big)}f(\gamma_1(\mathbf{u}))|\,\mathrm{d}^k\mathbf{u}| \\
&\quad f(\gamma_1(\mathbf{u}))|\,\mathrm{d}^k\mathbf{u}| \\
&\underset{3}{=}\int_U \sqrt{\det\Big([\mathbf{D}\Phi(\mathbf{u})]^{\mathrm{T}}[\mathbf{D}\gamma_2(\Phi(\mathbf{u}))]^{\mathrm{T}}[\mathbf{D}\gamma_2(\Phi(\mathbf{u}))][\mathbf{D}\Phi(\mathbf{u})]\Big)}f(\gamma_1(\mathbf{u}))|\,\mathrm{d}^k\mathbf{u}| \\
&\underset{4}{=}\int_U \sqrt{\det\Big([\mathbf{D}(\gamma_2\circ\Phi)(\mathbf{u})]^{\mathrm{T}}[\mathbf{D}(\gamma_2\circ\Phi)(\mathbf{u})]\Big)}f(\gamma_1(\mathbf{u}))|\,\mathrm{d}^k\mathbf{u}|
\end{aligned} \tag{5.3.16}$$

等式 (5.3.16): 标记为 1 的等式用到了换元公式

$$\int_V f(\mathbf{v})|\,\mathrm{d}^n\mathbf{v}| = \int_U f\Big(\Phi(\mathbf{u})\Big)|\det[\mathbf{D}\Phi(\mathbf{u})]||\,\mathrm{d}^n\mathbf{u}|.$$

注意, 我们把第一行被积函数中的每个 $\mathbf{v}$ 替换为 $\Phi(\mathbf{u})$. 这个换元公式的使用在定理 5.2.11 中解释.

等式 (5.3.16), 等式 2: $[\mathbf{D}\Phi(\mathbf{u})]$ 是一个方形矩阵, 对于方形矩阵 A, 有

$$|\det A| = \sqrt{\det A^{\mathrm{T}}A}.$$

等式 3: 如果 A, B 为方形矩阵, 则

$$\det AB = \det A \det B.$$

在第三行, 我们有

$$\sqrt{\det A}\sqrt{\det BC},$$

其中 A, B, C 为方形的, 所以

$$\begin{aligned}
&\sqrt{\det A}\sqrt{\det BC} \\
=\ &\sqrt{\det A \det B \det C} \\
=\ &\sqrt{\det B \det A \det C} \\
=\ &\sqrt{\det BAC}.
\end{aligned}$$

等式 4 用了链式法则. 等式 5 用了定义 $\Phi = \gamma_2^{-1}\circ\gamma_1$.

$$\underset{5}{=}\int_U \sqrt{\det\Big([\mathbf{D}\gamma_1(\mathbf{u})]^{\mathrm{T}}[\mathbf{D}\gamma_1(\mathbf{u})]\Big)}f(\gamma_1(\mathbf{u}))|\,\mathrm{d}^k\mathbf{u}|. \quad \square$$

推论 5.3.4. k 维流形 $M\subset\mathbb{R}^n$ 的每个点有一个具有有限 k 维体积的邻域.

证明: 这个推论可从定理 5.2.6 和命题 5.3.3 得到 (以及定理 4.3.6, 说的是积分, 从而体积存在). $\square$

例 5.3.5 (半圆的两个参数化). 我们可以参数化单位圆的上半部分:

$$x\mapsto\begin{pmatrix}x\\ \sqrt{1-x^2}\end{pmatrix}, -1\leqslant x\leqslant 1, \text{ 或者 } t\mapsto\begin{pmatrix}\cos t\\ \sin t\end{pmatrix},\ 0\leqslant t\leqslant\pi. \quad (5.3.17)$$

我们用等式 (5.3.4) 来计算它的长度. 第一个参数化给出

等式 (5.3.18): 这里我们写 $\int_{[-1,1]}$ 而不是 $\int_{-1}^{1}$, 是因为我们并不关心方向: 是从 -1 到 1 还是从 1 到 -1 并不重要. 出于相同的原因, 我们写 $|\,\mathrm{d}x|$ 而不是 $\mathrm{d}x$.

$$\int_{[-1,1]}\left|\left[\begin{matrix}1\\ \dfrac{-x}{\sqrt{1-x^2}}\end{matrix}\right]\right||\,\mathrm{d}x| = \int_{[-1,1]}\sqrt{1+\frac{x^2}{1-x^2}}|\,\mathrm{d}x| \quad (5.3.18)$$

$$= \int_{[-1,1]}\frac{1}{\sqrt{1-x^2}}|\,\mathrm{d}x| = [\arcsin x]_{-1}^{1} = \frac{\pi}{2}-\left(-\frac{\pi}{2}\right)=\pi.$$

第二个给出

$$\int_{[0,\pi]}\left|\left[\begin{matrix}-\sin t\\ \cos t\end{matrix}\right]\right||\,\mathrm{d}t| = \int_{[0,\pi]}\sqrt{\sin^2 t+\cos^2 t}|\,\mathrm{d}t| = \int_{[0,\pi]}|\,\mathrm{d}t| = \pi. \quad \triangle\,(5.3.19)$$

例 5.3.6 (函数图像的长度). 一个 C^1 函数 $f\colon[a,b]\to\mathbb{R}$ 的图像被 $x\mapsto\begin{pmatrix}x\\ f(x)\end{pmatrix}$ 参数化, 因此它的弧长由下面的积分来计算

计算椭圆弧长的公式 (5.3.20) 导致了一个非初等的 “椭圆积分”. 这样的积分的理论和相关的椭圆函数是复分析、数论和编码理论的核心内容.

$$\int_{[a,b]}\left|\left[\begin{matrix}1\\ f'(x)\end{matrix}\right]\right||\,\mathrm{d}x| = \int_a^b\sqrt{1+\big(f'(x)\big)^2}\,\mathrm{d}x. \quad (5.3.20)$$

因为这个平方根, 这些积分用初等项来计算会变得不那么友好或者甚至是不可能的. 下面的例子, 已经非常难了, 仍然还只是最简单的例子之一. 抛物线 $y=ax^2$ 在 $0\leqslant x\leqslant A$ 之间的弧长为

$$\int_0^A\left|\left[\begin{matrix}1\\ f'(x)\end{matrix}\right]\right||\,\mathrm{d}x| = \int_0^A\left|\left[\begin{matrix}1\\ 2ax\end{matrix}\right]\right||\,\mathrm{d}x| = \int_0^A\sqrt{1+4a^2x^2}\,\mathrm{d}x. \quad (5.3.21)$$

积分表会给出

$$\int\sqrt{1+u^2}\,\mathrm{d}u = \frac{u}{2}\sqrt{u^2+1}+\frac{1}{2}\ln\left|u+\sqrt{1+u^2}\right|. \quad (5.3.22)$$

设 $2ax=u$, 所以 $\mathrm{d}x=\dfrac{\mathrm{d}u}{2a}$, 给出抛物线的弧长公式

$$\int_0^A\sqrt{1+4a^2x^2}\,\mathrm{d}x = \frac{1}{4a}\left[2ax\sqrt{1+4a^2x^2}+\ln\left|2ax+\sqrt{1+4a^2x^2}\right|\right]_0^A$$

$$= \frac{1}{4a}\left(2aA\sqrt{1+4a^2A^2}+\ln\left|2aA+\sqrt{1+4a^2A^2}\right|\right). \quad \triangle \quad (5.3.23)$$

即便在 $n>3$ 的时候, 我们仍可以计算 $\mathbb{R}^n$ 中的曲线的长度.

例 5.3.7 中的曲线在力学里和在几何上都很重要. 它包含在单位球 $S^3 \subset \mathbb{R}^4$ 内, 它在 p 和 q 都大于 1 且互质 (没有大于 1 的公因子) 的时候是纽结的.

例 5.3.7 ($\mathbb{R}^4$ 中的曲线的长度). 令 p,q 为两个整数, 考虑 $\mathbb{R}^4$ 中由

$$\gamma(t)=\begin{pmatrix}\cos pt\\ \sin pt\\ \cos qt\\ \sin qt\end{pmatrix},\ 0\leqslant t\leqslant 2\pi \quad (5.3.24)$$

参数化的曲线. 它的长度为

$$\int_0^{2\pi}\sqrt{(-p\sin pt)^2+(p\cos pt)^2+(-q\sin qt)^2+(q\cos qt)^2}\,\mathrm{d}t$$
$$= 2\pi\sqrt{p^2+q^2}. \qquad \triangle \quad (5.3.25)$$

我们也可以测量数据而不是纯粹的弧长. 假设 $I\subset\mathbb{R}$ 为一个区间, $\gamma\colon I\to C$ 参数化了一条曲线 C. 则我们可以定义

$$\int_C f(\mathbf{x})|\,\mathrm{d}^1\mathbf{x}| \overset{\text{def}}{=} \int_I f\big(\gamma(t)\big)|\vec{\gamma}'(t)||\,\mathrm{d}t|. \quad (5.3.26)$$

例如, 如果 $f(\mathbf{x})$ 给出了一条密度不均匀的电线的密度, 则积分 (5.3.26) 给出了电线的质量. 这里是另一个例子.

例 5.3.8 (封闭曲线的总曲率). 一条曲线的曲率 κ 在定义 3.9.1 中定义. 令 C 是方程为 $x=y^2-2$ 的曲面与方程为 $x=2-z^2$ 的曲面的交集. 我们将在这条曲线上对 κ 积分来得到总曲率.

设 $y^2-2=2-z^2$, 得到 $y^2+z^2=4$, 这建议我们设 $y=2\cos\theta$, $z=2\sin\theta$, $x=4\cos^2\theta-2=2(2\cos^2\theta-1)=2\cos 2\theta$. 也就是, 我们用 $\gamma(\theta)=\begin{pmatrix}2\cos 2\theta\\ 2\cos\theta\\ 2\sin\theta\end{pmatrix}$ 来参数化 C. 这样, 要在 C 上对 κ 积分, 我们需要计算

$$\int_C \kappa|\,\mathrm{d}^1\mathbf{x}| = \int_0^{2\pi}\kappa(\gamma(\theta))|\vec{\gamma}'(\theta)|\,\mathrm{d}\theta=\int_0^{2\pi}\kappa(\gamma(\theta))\left|\begin{bmatrix}-4\sin 2\theta\\ -2\sin\theta\\ 2\cos\theta\end{bmatrix}\right|\mathrm{d}\theta$$
$$= \int_0^{2\pi}\kappa(\gamma(\theta))2\sqrt{4\sin^2 2\theta+1}\,\mathrm{d}\theta. \quad (5.3.27)$$

命题 3.9.17: 由 $\gamma\colon\mathbb{R}\to\mathbb{R}^3$ 参数化的曲线的曲率 κ 为

$$\kappa\left(\gamma(t)\right)=\frac{|\vec{\gamma}'(t)\times\vec{\gamma}''(t)|}{|\vec{\gamma}'(t)|^3}.$$

我们用命题 3.9.17(见边注) 来计算 κ:

$$\kappa\big(\gamma(t)\big)=\frac{\sqrt{16+(16)^2\cos^2 2\theta+8^2\sin^2 2\theta}}{2^3(\sqrt{4\sin^2 2\theta+1})^3}, \quad (5.3.28)$$

所以我们有

$$\int_C \kappa|\,\mathrm{d}^1\mathbf{x}| = \int_0^{2\pi}\frac{4\sqrt{1+16\cos^2 2\theta+4\sin^2 2\theta}(2\sqrt{4\sin^2 2\theta+1})}{2^3(\sqrt{4\sin^2 2\theta+1})^3}\,\mathrm{d}\theta$$

$$= \int_0^{2\pi} \frac{\sqrt{5+12\cos^2 2\theta}}{4\sin^2 2\theta + 1}\, d\theta \approx 10.107\,018. \qquad \triangle \tag{5.3.29}$$

我们用 MAPLE 计算公式 (5.3.29) 中的积分. 许多图形计算器可以计算这个积分.

例 5.3.9 (环面的面积). 选择 $R > r > 0$. 我们可以通过让 (x, z) 平面上圆心在 $x = R, z = 0$、半径为 r 的圆绕着 z 轴旋转得到图 5.3.2 中的环面. 这个曲面由

$$\gamma\begin{pmatrix} u \\ v \end{pmatrix} = \begin{pmatrix} (R + r\cos u)\cos v \\ (R + r\cos u)\sin v \\ r\sin u \end{pmatrix} \tag{5.3.30}$$

参数化, 练习 5.1 让你验证这个结果. 则有

$$[\mathbf{D}\gamma(\mathbf{u})] = \begin{bmatrix} -r\sin u\cos v & -(R+r\cos u)\sin v \\ -r\sin u\sin v & (R+r\cos u)\cos v \\ r\cos u & 0 \end{bmatrix}, \tag{5.3.31}$$

等式 (5.3.32): 在计算

$$[\mathbf{D}\gamma(\mathbf{u})]^{\mathrm{T}}[\mathbf{D}\gamma(\mathbf{u})]$$

的时候, 确保把矩阵按正确的顺序排好 (转置放在左边), 并在计算行列式之前尽可能地化简所得矩阵的项.

我们在等式 (5.3.32) 中写 $|\mathrm{d}u\,\mathrm{d}v|$ 以避免在变量上加上脚标: 我们可能用过了 u_1 和 u_2 而不是 u 和 v, 然后用了被积函数 $|\mathrm{d}^2\mathbf{u}|$. 在最后的二重积分中, 我们在一个**定向的**区间上, 从 0 到 2π 积分, 所以我们写 $\mathrm{d}u\,\mathrm{d}v$ 而不是 $|\mathrm{d}u\,\mathrm{d}v|$.

例外的是, 任何函数的平方根都可以用初等项进行积分, 如例 5.3.9 中所示. 例 5.3.10 是更为典型的.

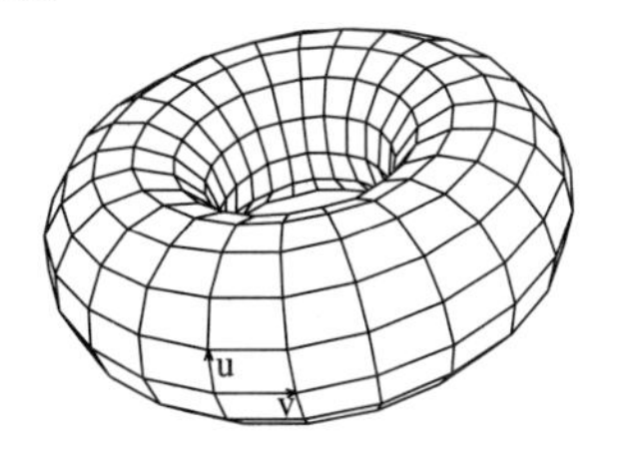

图 5.3.2

例 5.3.9 的环面画上了 u, v 坐标. 你应该把直线想象为弯曲的. "环面" 的意思是物体的表面. 实心的物体称作 "实心的环面".

且环面的表面积由下面的积分给出

$$\begin{aligned} &\int_{[0,2\pi]\times[0,2\pi]} \sqrt{\det\left([\mathbf{D}\gamma(\mathbf{u})]^{\mathrm{T}}[\mathbf{D}\gamma(\mathbf{u})]\right)}\,|\mathrm{d}u\,\mathrm{d}v| \\ =\ &\int_{[0,2\pi]\times[0,2\pi]} \sqrt{\det\begin{bmatrix} r^2 & 0 \\ 0 & (R+r\cos u)^2 \end{bmatrix}}\,|\mathrm{d}u\,\mathrm{d}v| \\ =\ &\int_0^{2\pi}\int_0^{2\pi} r(R+r\cos u)\,\mathrm{d}u\,\mathrm{d}v = 4\pi^2 rR. \end{aligned} \tag{5.3.32}$$

注意, 结果具有正确的单位: r 和 R 有长度单位, 所以 $4\pi^2 rR$ 的单位是长度的平方. $\triangle$

注释. 在 $\mathbb{R}^3$ 中, 回忆到

$$\sqrt{\det\left([\mathbf{D}\gamma(\mathbf{u})]^{\mathrm{T}}[\mathbf{D}\gamma(\mathbf{u})]\right)} = |\overrightarrow{D_1}\gamma \times \overrightarrow{D_2}\gamma| \tag{5.3.33}$$

(练习 5.1.4 让你证明它), 所以你也可以利用叉乘计算例 5.3.9 中的面积. $\triangle$

例 5.3.10 (表面积: 一个难一些的问题). 函数 $x^2 + y^3$ 在单位正方形 $Q \subset \mathbb{R}^2$ 上方的图像的面积是多少? 应用公式 (5.2.6), 我们用

$$\gamma\begin{pmatrix} x \\ y \end{pmatrix} \mapsto \begin{pmatrix} x \\ y \\ x^2 + y^3 \end{pmatrix} \tag{5.3.34}$$

来参数化曲面, 并用等式 (5.3.33) 来计算

$$\int_Q \left| \overbrace{\begin{bmatrix} 1 \\ 0 \\ 2x \end{bmatrix}}^{\overrightarrow{D_1}\gamma} \times \overbrace{\begin{bmatrix} 0 \\ 1 \\ 3y^2 \end{bmatrix}}^{\overrightarrow{D_2}\gamma} \right| |\mathrm{d}x\,\mathrm{d}y| = \int_0^1\int_0^1 \sqrt{1 + 4x^2 + 9y^4}\,\mathrm{d}x\,\mathrm{d}y \tag{5.3.35}$$

(在右边, 我们有 $dx\,dy$, 而不是 $|dx\,dy|$, 因为我们现在是在定向的域上积分). 对 x 的积分是我们能计算的 (也就是刚刚好, 用积分表检验我们的结果). 首先我们得到

$$\int \sqrt{u^2+a^2}\,du = \frac{u\sqrt{u^2+a^2}}{2} + \frac{a^2\ln(u+\sqrt{u^2+a^2})}{2}. \tag{5.3.36}$$

这导出了积分

$$\begin{aligned}\int_0^1\int_0^1 \sqrt{1+4x^2+9y^4}\,dx\,dy &= \int_0^1 \left[\frac{x\sqrt{4x^2+1+9y^4}}{2} + \frac{(1+9y^4)\ln(2x+\sqrt{4x^2+1+9y^4})}{4}\right]_0^1 dy\\ &= \int_0^1 \left(\frac{\sqrt{5+9y^4}}{2} + \frac{1+9y^4}{4}\ln\frac{2+\sqrt{5+9y^4}}{\sqrt{1+9y^4}}\right) dy. \end{aligned}\tag{5.3.37}$$

用初等项来积分这个是毫无希望的. 第一项需要椭圆函数, 而且我们不知道任何特殊函数可以用来表示第二项. 但数值上, 这不是一个大问题; 20 步的辛普森方法给出的近似值为 1.932 249 57···. △

即使是例 5.3.10 在计算上也比标准的更好: 我们可以对 x 积分. 如果要计算 x^3+y^4 的图像的面积, 则我们不可能对任何变量用初等项进行积分, 需要运用计算机来计算二重积分.

这里出了什么问题呢? 无论能不能用初等项计算, 积分都存在, 对数值积分的恐惧在这个计算机的时代是不合适的. 如果你把研究对象限制在能用初等项计算面积的曲面上, 就等于把研究对象限制在一类极小的曲面上.

例 5.3.11 ($\mathbb{R}^4$ 中的曲面的面积). $\mathbb{R}^4$ 中由两个方程、四个未知变量

$$x_1^2+x_2^2=r_1^2,\ x_3^2+x_4^2=r_2^2 \tag{5.3.38}$$

给出的子集是一个曲面. 它可以由

$$\gamma\begin{pmatrix}u\\v\end{pmatrix} = \begin{pmatrix}r_1\cos u\\ r_1\sin u\\ r_2\cos v\\ r_2\sin v\end{pmatrix},\ 0\leqslant u,v\leqslant 2\pi \tag{5.3.39}$$

参数化, 且因为

$$\overbrace{\begin{bmatrix}-r_1\sin u & r_1\cos u & 0 & 0\\ 0 & 0 & -r_2\sin v & r_2\cos v\end{bmatrix}}^{\left[\mathbf{D}\gamma\left(\begin{pmatrix}u\\v\end{pmatrix}\right)\right]^{\mathrm{T}}}\overbrace{\begin{bmatrix}-r_1\sin u & 0\\ r_1\cos u & 0\\ 0 & -r_2\sin v\\ 0 & r_2\cos v\end{bmatrix}}^{\left[\mathbf{D}\gamma\left(\begin{pmatrix}u\\v\end{pmatrix}\right)\right]} = \begin{bmatrix}r_1^2 & 0\\ 0 & r_2^2\end{bmatrix}, \tag{5.3.40}$$

所以, 曲面的面积为

$$\begin{aligned}&\int_{[0,2\pi]\times[0,2\pi]} \sqrt{\det\left(\left[\mathbf{D}\gamma\begin{pmatrix}u\\v\end{pmatrix}\right]^{\mathrm{T}}\left[\mathbf{D}\gamma\begin{pmatrix}u\\v\end{pmatrix}\right]\right)}\,|du\,dv|\\ &= \int_{[0,2\pi]\times[0,2\pi]} \sqrt{r_1^2r_2^2}\,|du\,dv| = 4\pi^2 r_1 r_2. \qquad \triangle\end{aligned}\tag{5.3.41}$$

$\mathbb{R}^4$ 中的另一类曲面在很多应用中都很重要, 它是使用复变量来描述的. 这导致了比你可能期待的要简单的计算, 在下面的例子中展示.

例 5.3.12:

$$\left[\mathbf{D}\gamma\begin{pmatrix} r \\ \theta \end{pmatrix}\right] = \begin{bmatrix} \cos\theta & -r\sin\theta \\ \sin\theta & r\cos\theta \\ 2r\cos 2\theta & -2r^2\sin 2\theta \\ 2r\sin 2\theta & 2r^2\cos 2\theta \end{bmatrix}.$$

例 5.3.12 ($\mathbb{C}^2$ 中的曲面的面积). 考虑函数 $f(z) = z^2$ 的图像, 其中 z 为复数, 也就是 $z = x + \mathrm{i}y$. 这个图像在 $\mathbb{C}^2$ 中的方程为 $z_2 = z_1^2$, 或者在 $\mathbb{R}^4$ 中的方程为

$$x_2 = x_1^2 - y_1^2,\ y_2 = 2x_1y_1. \tag{5.3.42}$$

我们来计算方程为 $z_2 = z_1^2$ 的曲面在 $|z_1| \leqslant 1$ 部分的面积. z_1 的极坐标给出了很好的参数化

$$\gamma\begin{pmatrix} r \\ \theta \end{pmatrix} = \begin{pmatrix} r\cos\theta \\ r\sin\theta \\ r^2\cos 2\theta \\ r^2\sin 2\theta \end{pmatrix},\ 0 \leqslant r \leqslant 1, 0 \leqslant \theta \leqslant 2\pi. \tag{5.3.43}$$

再一次, 我们需要计算由两个偏导生成的平行四边形的面积. 因为

$$\left[\mathbf{D}\gamma\begin{pmatrix} r \\ \theta \end{pmatrix}\right]^{\mathrm{T}}\left[\mathbf{D}\gamma\begin{pmatrix} r \\ \theta \end{pmatrix}\right] = \begin{bmatrix} 1+4r^2 & 0 \\ 0 & r^2(1+4r^2) \end{bmatrix}, \tag{5.3.44}$$

所以面积为

$$\int_{[0,1]\times[0,2\pi]} \underbrace{\sqrt{r^2(1+4r^2)^2}}_{\text{完全平方式的平方根}} |\,\mathrm{d}r\,\mathrm{d}\theta| = 2\pi\left[\frac{r^2}{2} + r^4\right]_0^1 = 3\pi. \quad \triangle \tag{5.3.45}$$

注释. 注意到例 5.3.12 中的行列式是一个完全平方式; 例 5.3.6 中用来处理实际方程为 $y = x^2$ 的曲线而产生麻烦的平方根对于同样的方程 $z_2 = z_1^2$ 没有产生任何复杂的曲面. 这个 "奇迹" 发生在 $\mathbb{C}^n$ 中所有由复数方程给出的流形上, 例如复变量的多项式. 另外的例子在练习 5.3.16 和 5.3.21 中探索. 练习 6.3.15 解释了 "奇迹" 背后的原因: 复向量空间是天然就有方向的. $\triangle$

例 5.3.13 ($\mathbb{R}^4$ 中的三维流形的体积). 令 $U \subset \mathbb{R}^3$ 为一个开集, 令 $f\colon U \to \mathbb{R}$ 为一个 C^1 函数. f 的图像是 $\mathbb{R}^4$ 中的一个三维流形, 它具有边注中给出的天然的参数化 γ. 则有

$$\begin{aligned} \det\left(\left[\mathbf{D}\gamma\begin{pmatrix} x \\ y \\ z \end{pmatrix}\right]^{\mathrm{T}}\left[\mathbf{D}\gamma\begin{pmatrix} x \\ y \\ z \end{pmatrix}\right]\right) &= \det\left(\begin{bmatrix} 1 & 0 & 0 & D_1f \\ 0 & 1 & 0 & D_2f \\ 0 & 0 & 1 & D_3f \end{bmatrix}\begin{bmatrix} 1 & 0 & 0 \\ 0 & 1 & 0 \\ 0 & 0 & 1 \\ D_1f & D_2f & D_3f \end{bmatrix}\right) \\ &= \det\begin{bmatrix} 1+(D_1f)^2 & (D_1f)(D_2f) & (D_1f)(D_3f) \\ (D_1f)(D_2f) & 1+(D_2f)^2 & (D_2f)(D_3f) \\ (D_1f)(D_3f) & (D_2f)(D_3f) & 1+(D_3f)^2 \end{bmatrix} \\ &= 1 + (D_1f)^2 + (D_2f)^2 + (D_3f)^2. \end{aligned} \tag{5.3.46}$$

$$\gamma\begin{pmatrix} x \\ y \\ z \end{pmatrix} = \begin{pmatrix} x \\ y \\ z \\ f\begin{pmatrix} x \\ y \\ z \end{pmatrix} \end{pmatrix}$$

例 5.3.13 中的参数化.

所以, f 的图像的三维体积为

$$\int_U \sqrt{1 + (D_1f)^2 + (D_2f)^2 + (D_3f)^2}\,|\mathrm{d}^3\mathbf{x}|. \tag{5.3.47}$$

找到能用初等项来完成上述积分的函数是一个挑战. 我们来试着计算

$$f\begin{pmatrix}x\\y\\z\end{pmatrix}=\frac{1}{2}\left(x^2+y^2+z^2\right) \tag{5.3.48}$$

在圆心为原点、半径为 R 的球 $B_R(\mathbf{0})$ 上方的图像的面积. 利用球坐标, 我们得到

等式 (5.3.49): 这个积分将挑战你的积分技术. 练习 5.3.19 让你解释这个计算的最后一步.

$$\begin{aligned}
&\int_{B_R(\mathbf{0})}\sqrt{1+(D_1f)^2+(D_2f)^2+(D_3f)^2}|\mathrm{d}^3\mathbf{x}|=\int_{B_R(\mathbf{0})}\sqrt{1+x^2+y^2+z^2}|\mathrm{d}^3\mathbf{x}|\\
=&\int_0^{2\pi}\int_{-\pi/2}^{\pi/2}\int_0^R\sqrt{1+(r\cos\theta\cos\varphi)^2+(r\sin\theta\cos\varphi)^2+(r\sin\varphi)^2}\,r^2\cos\varphi\,\mathrm{d}r\,\mathrm{d}\varphi\,\mathrm{d}\theta\\
=&\int_0^{2\pi}\int_{-\pi/2}^{\pi/2}\int_0^R\sqrt{1+r^2}\,r^2\cos\varphi\,\mathrm{d}r\,\mathrm{d}\varphi\,\mathrm{d}\theta=4\pi\int_0^R\sqrt{1+r^2}\,r^2\,\mathrm{d}r \qquad (5.3.49)\\
=&\ \pi\left(R(1+R^2)^{3/2}-\frac{1}{2}\ln\left(R+\sqrt{1+R^2}\right)-\frac{1}{2}R\sqrt{1+R^2}\right).\qquad\triangle
\end{aligned}$$

例 5.3.14 ($\mathbb{R}^{n+1}$ 中的 n 维球面的体积). 我们来计算 $\mathrm{vol}_n\,S^n$, 其中 $S^n\subset\mathbb{R}^{n+1}$ 为单位球面. 我们可以利用球坐标的一些推广来完成这个, 练习 5.3.15 让你对 3 维球面这样做. 这些计算变得很烦琐, 但我们有容易的方法. 它把 $\mathrm{vol}_n\,S^n$ 与一个 $(n+1)$ 维的球的 $(n+1)$ 维体积 $\mathrm{vol}_{n+1}\,B^{n+1}$ 联系了起来.

我们可以从单位圆的长度来计算单位圆盘的面积:

$$\mathrm{vol}_2\,B^2=\int_0^1 r\,\mathrm{vol}_1\,S^1\,\mathrm{d}r=\int_0^1 2\pi r\,\mathrm{d}r=\left[\frac{2\pi r^2}{2}\right]_0^1=\pi.$$

得到等式 (5.3.50) 的另一个方法是把半径为 r 的 n 维球面的 n 维体积想成半径为 r 的 $(n+1)$ 维球的 $(n+1)$ 维体积的导数. 练习 5.6 探索了第三种方法.

我们怎样才能把圆的*长度* (也就是一个一维的球面 S^1) 与一个圆盘的*面积* (一个二维的球, B^2) 联系起来呢? 我们可以用同心环填满圆盘并把它们的面积加在一起, 每一个大约为相应的圆的长度乘上某个表示圆的间距的 δr. 半径为 r 的圆的长度为 r 乘上半径为 1 的圆的长度. 更一般地, B^{n+1} 介于 r 和 $r+\Delta r$ 之间的部分的体积应该为 Δr 乘上 $(\mathrm{vol}_n(S^n(r)))$. 这给出了

$$\begin{aligned}
\mathrm{vol}_{n+1}\,B^{n+1}&=\int_0^1\mathrm{vol}_n\,S^n(r)\,\mathrm{d}r\\
&=\int_0^1 r^n\,\mathrm{vol}_n\,S^n\,\mathrm{d}r=\frac{1}{n+1}\mathrm{vol}_n(S^n).
\end{aligned}\tag{5.3.50}$$

$\mathbb{R}$ 中的 0 维球面包含点 -1 和 1.

这是练习 5.6 让你来证明的. 这允许我们在表 4.5.9 中增加一列而得到表 5.3.3. △

表 5.3.3

n	$c_n=\frac{n-1}{n}c_{n-2}$	球的体积 $\beta_n=c_n\beta_{n-1}$	球面的体积 $\mathrm{vol}_n\,S^n=(n+1)\beta_{n+1}$
0	π		2
1	2	2	2π
2	$\frac{\pi}{2}$	π	4π
3	$\frac{4}{3}$	$\frac{4\pi}{3}$	$2\pi^2$
4	$\frac{3\pi}{8}$	$\frac{\pi^2}{2}$	$\frac{8\pi^2}{3}$
5	$\frac{16}{15}$	$\frac{8\pi^2}{15}$	π^3

n 维单位球 $B^n\subset\mathbb{R}^n$ 的体积 β_n, 以及 $\mathbb{R}^{n+1}$ 中的 n 维单位球面的体积, 其中 $n=0,1,\cdots,5$.

5.3 节的练习

5.3.1 a. 令 $\begin{pmatrix} r(t) \\ \theta(t) \end{pmatrix}$ 为极坐标中的一条曲线的参数化. 证明: 曲线在 $t=a$ 与 $t=b$ 之间的部分的长度可由积分

$$\int_a^b \sqrt{(r'(t))^2+(r(t))^2(\theta'(t))^2}\,\mathrm{d}t$$

给出.

b. 考虑极坐标中的螺旋线 $r(t)=\mathrm{e}^{-\alpha t}, \theta(t)=t, \alpha>0$. 它在 $t=0$ 和 $t=b$ 之间的部分的长度是什么? 这个长度在 $\alpha \to 0$ 时的极限是什么?

c. 证明: 随着 $t \to \infty$, 螺旋线绕着原点转了无穷多圈. 这个长度在 $b \to \infty$ 时会趋于 ∞ 吗?

5.3.2 利用练习 5.3.1a 的结果, 计算曲线

$$\begin{pmatrix} r(t) \\ \theta(t) \end{pmatrix} = \begin{pmatrix} 1/t \\ t \end{pmatrix}$$

在 $t=1$ 和 $t=a$ 之间的长度. 在 $a \to \infty$ 时, 长度的极限是有限的吗?

5.3.3 a. 假设 $t \mapsto \begin{pmatrix} r(t) \\ \theta(t) \\ \varphi(t) \end{pmatrix}$ 为 $\mathbb{R}^3$ 中的一条曲线的参数化, 写成球面坐标的形式. 找出与练习 5.3.1a 的积分类似的公式来计算在 $t=a$ 与 $t=b$ 之间的弧的长度.

b. 求由 $r(t)=\cos t, \theta(t)=\tan t, \varphi(t)=t$ 参数化的曲线在 $t=0$ 和 $t=a$ 之间的部分的长度, 其中 $0<a<\pi/2$.

5.3.4 a. 建立一个用来计算单位球面的表面积的积分.

b. 计算表面积 (如果你知道公式, 我们当然希望你知道, 但直接给出结果是不够的).

5.3.5 a. 建立 (但不计算) 方程为 $z=\dfrac{x^2}{4}+\dfrac{y^2}{9}$ 的曲面在 $z \leqslant a^2$ 部分的表面积的积分.

b. 区域 $\dfrac{x^2}{4}+\dfrac{y^2}{9} \leqslant z \leqslant a^2$ 的体积是什么?

5.3.6 令 S 为旋转抛物面 $z=x^2+y^2, z \leqslant 9$ 的部分, 计算积分 $\displaystyle\int_S (x^2+y^2+3z^2)|\,\mathrm{d}^2\mathbf{x}|$.

5.3.7 a. 给出椭球 $\dfrac{x^2}{a^2}+\dfrac{y^2}{b^2}+\dfrac{z^2}{c^2}=1$ 的表面的一个与球坐标类似的参数化.

练习 5.3.7: 椭球是每个平的截面都是椭圆或者圆的立体.

b. 建立计算椭球的表面积的积分.

5.3.8 旋转抛物面 $z=x^2+y^2, z \leqslant 1$ 的部分的表面积是多少?

练习 5.3.9 b: 计算机和适当的软件会有所帮助.

练习 5.3.10 a: 对 $z = x + \mathrm{i}y$ 利用极坐标 $x = r\cos\theta$, $y = r\sin\theta$ 的意思是设 $z = r(\cos\theta + \mathrm{i}\sin\theta)$.

练习 5.3.11: 定理 5.4.6 将说明如何系统地解决这一类问题. 目前你需要徒手解决问题.

练习 5.3.13 a 部分是由阿基米德发现的; 他的墓碑上的一个带有圆柱和球面的雕刻品暗示着这个结果. 这座坟墓是在阿基米德去世后 137 年被西西里的刑事执政官 Cicero 发现的.

练习 5.3.13 b: 地球的周长约为 40 000 km. 极地冠是由北极圈和南极圈包围的区域, 分别是从南北极算起的 23°27′. 热带地区为介于北回归线 (北纬 23°27′) 与南回归线 (南纬 23°27′) 之间的区域.

练习 5.3.14: 单位正方形的三角剖分意味着把正方形分解为三角形.

$$\gamma\colon \begin{pmatrix}\theta\\ \varphi\\ \psi\end{pmatrix} \mapsto \begin{pmatrix}\cos\psi\cos\varphi\cos\theta\\ \cos\psi\cos\varphi\sin\theta\\ \cos\psi\sin\varphi\\ \sin\psi\end{pmatrix}$$

练习 5.3.15 的映射 γ.

5.3.9 a. 建立一个积分来计算 $\int_S (x+y+z)|\,\mathrm{d}^2\mathbf{x}|$, 其中 S 是 x^3+y^4 的图像在单位圆上面的部分.

b. 数值计算这个积分.

5.3.10 令 $X \subset \mathbb{C}^2$ 为函数 $w = z^k$ 的图像, 其中 $z = x + \mathrm{i}y = r\mathrm{e}^{\mathrm{i}\theta}$, $w = u + \mathrm{i}v$, 都是复变量.

a. 通过用极坐标 r, θ 表示 z 来把 X 参数化.

b. X 的满足 $|z| \leqslant R$ 的部分的面积是什么?

5.3.11 一个曲面 $S \subset \mathbb{R}^3$ 的总曲率 $\mathbf{K}(S)$ 通过将高斯曲率 (定义 3.9.8) 在曲面上积分得到:

$$\mathbf{K}(S) = \int_S |K(\mathbf{x})|\,|\mathrm{d}^2\mathbf{x}|.$$

a. 半径为 R 的球 $S_R^2 \subset \mathbb{R}^3$ 的总曲率是什么?

b. $f\begin{pmatrix}x\\ y\end{pmatrix} = x^2 - y^2$ 的图像的总曲率是什么?(见例 3.9.12.)

5.3.12 曲线 C 的*总曲率*为 $\int_C \kappa|\,\mathrm{d}^1\mathbf{x}|$. 令 $C \subset \mathbb{R}^3$ 是方程为 $y = x^2 - 1$ 的抛物柱面与方程为 $z = y^2 - 1$ 的抛物柱面的交线.

a. 证明: C 可以由 $\gamma(t) = \begin{pmatrix}t\\ t^2-1\\ t^4-2t^2\end{pmatrix}$ 参数化.

b. 计算 $\kappa(\gamma(t))$ 和 $\tau(\gamma(t))$.

c. 计算 C 在 $\begin{pmatrix}0\\ -1\\ 0\end{pmatrix}$ 与 $\begin{pmatrix}a\\ a^2-1\\ a^4-2a^2\end{pmatrix}$ 之间的总曲率.

d. 整个 C 的总曲率是有限的还是无限的?

5.3.13 a. 令 S^2 为单位球面, S_1 是方程为 $x^2+y^2=1$ 的圆柱的 $-1 \leqslant z \leqslant 1$ 的部分. 证明: 水平的径向投影 $S_1 \to S^2$ 保持面积不变.

b. 地球的极地冠的面积是多少? 热带地区呢?

c. 找到计算半径为 R 的球面上的半径为 r 的圆盘的面积 $A_R(r)$ 的公式 (圆盘的半径是在球面上测量的, 不是在球的内部). $A_R(r)$ 的 4 阶泰勒多项式是什么?

***5.3.14** 令 $\mathbf{f}\begin{pmatrix}u\\ v\end{pmatrix} = \begin{pmatrix}u\\ u^2\\ v\end{pmatrix}$ 为一个抛物柱面的参数化. 如果 T 是一个顶点在 $\mathbf{a}, \mathbf{b}, \mathbf{c} \in \mathbb{R}^2$ 的三角形, 根据定义, 图像中的三角形为 $\mathbb{R}^3$ 中顶点在 $\mathbf{f}(\mathbf{a})$, $\mathbf{f}(\mathbf{b})$, $\mathbf{f}(\mathbf{c})$ 的三角形. 证明: 存在 (u, v) 平面上的单位正方形的三角剖分, 使得图像中的三角形的总面积任意大.

5.3.15 a. 证明: 当 φ, ψ, θ 满足

$$-\pi/2 \leqslant \varphi \leqslant \pi/2,\ -\pi/2 \leqslant \psi \leqslant \pi/2,\ 0 \leqslant \theta < 2\pi$$

的时候, 边注给出的映射 γ 参数化了 $\mathbb{R}^4$ 中的单位球面 S^3.

b. 利用这个参数化计算 $\mathrm{vol}_3(S^3)$.

5.3.16 定义 $X = \left\{ \begin{pmatrix} z \\ w \end{pmatrix} \in \mathbb{C}^2 \mid w = \mathrm{e}^z + \mathrm{e}^{-z} \right\}$, 也就是, X 是函数 $\mathrm{e}^z + \mathrm{e}^{-z}$ 的图像. X 在 $-1 \leqslant x \leqslant 1, -1 \leqslant y \leqslant 1$ 的部分的面积是多少?

5.3.17 位于方程为 $y = x^2, 0 \leqslant x \leqslant a$ 的抛物线上的均匀导线的重心在哪里?

5.3.18 一种气体的密度为 C/r, 其中 $r = \sqrt{x^2 + y^2 + z^2}$. 如果 $0 < a < b$, 那么在同心球面 $r = a$ 和 $r = b$ 之间的气体的质量是多少?

5.3.19 通过计算第三行的积分 $4\pi \int_0^R \sqrt{1 + r^2} r^2 \,\mathrm{d}r$ 来证明等式 (5.3.49).

5.3.20 令 $M_1(n, m)$ 是秩为 1 的 $n \times m$ 矩阵的空间. $M_1(2, 2)$ 的由满足 $|A| \leqslant R, R > 0$ 的矩阵 A 构成的部分的三维体积是多少?

5.3.21 由 $\gamma(z) = \begin{pmatrix} z^p \\ z^q \\ z^r \end{pmatrix}, z \in \mathbb{C}, |z| \leqslant 1$ 参数化的 $\mathbb{C}^3$ 中的曲面的面积是多少?

5.4 积分和曲率

在这一节, 我们证明 3 个把曲率与积分联系起来的定理: *高斯的著名定理*(Gauss's remarkable theorem), 解释了高斯曲率; 定理 5.4.4, 解释了平均曲率; 定理 5.4.6, 解释了高斯映射的曲率.

高斯用拉丁语把这个结果称为 "著名定理: 如果一个弯曲的表面是在任何其他的表面上展开的, 则在每个点上的曲率的测度保持不变." 高斯本人的证明是个复杂而动机不明的计算过程, 被雅可比比喻为 "*狐狸用它的尾巴抹去了留在沙子上的足迹*", 见第 3 页.

拉丁语的词汇 "egregious"(从字面上说, 不属于普通群体) 被翻译成令人敬佩的、优秀的、超乎寻常的、杰出的 …… 这些赞美之意在 19 世纪的英语中得以保留 (Thackeray 写道 "some one splendid and egregious"), 但这个词也被用来表示它现在的含义: "非常糟糕"; 在莎士比亚的书 *Cymbeline* 中, 一个人物宣称自己是 "egregious 的谋杀者".

保距映射(isometry)是一个保持所有曲线的长度的映射.

高斯的著名定理

也许微分几何中最重要的定理是高斯的著名定理 (Theorema Egregium, 拉丁文), 它确认了一个曲面的高斯曲率是 "内在的": 可以通过曲面上测量的长度和角度来计算.

它很著名是因为高斯曲率是两个 "*外在的*(extrinsic)" 量的乘积: 它们依赖于曲面如何嵌入到 $\mathbb{R}^3$ 中.

我们在 3.9 节看到, 在 "最佳的坐标系" 下, 一个曲面 $S \subset \mathbb{R}^3$ 在每个 $\mathbf{p} \in S$ 的点附近的局部上, 是从它的切空间 $T_{\mathbf{p}}S$ 到它的法向量 $N_{\mathbf{p}}$ 的映射的图像. 正如我们在等式 (3.9.28) 中看到的, 这个映射的泰勒多项式从二次项开始

$$Z = f\begin{pmatrix} X \\ Y \end{pmatrix} = \frac{1}{2}(A_{2,0}X^2 + 2A_{1,1}XY + A_{0,2}Y^2) + o(X^2 + Y^2). \quad (5.4.1)$$

上面的结果是*外在的*: 如果 $\varphi: S \to S'$ 为一个嵌入曲面之间的保距映射, 则 S 的系数 $A_{2,0}, A_{1,1}$ 和 $A_{0,2}$ 与 S' 的系数 $A'_{2,0}, A'_{1,1}$ 和 $A'_{0,2}$ 通常是不同的.

然而高斯证明了高斯曲率是内在的:

$$K(\mathbf{p}) = A_{2,0}A_{0,2} - A_{1,1}^2 = A'_{2,0}A'_{0,2} - A'^2_{1,1}. \tag{5.4.2}$$

我们在 3.9 节说过, 可以把高斯的著名定理表示为定理 3.9.9, 我们在下面的定理 5.4.1 中重复这个定理.

定理 5.4.1. 令 $D_r(\mathbf{p})$ 为曲面 $S \subset \mathbb{R}^3$ 上所有点 $\mathbf{q}$ 的集合, 满足在 S 内存在一条长度小于或者等于 r 的曲线把 $\mathbf{p}$ 和 $\mathbf{q}$ 联结起来. 则

$$\text{Area}(D_r(\mathbf{p})) = \pi r^2 - \frac{\pi K(\mathbf{p})}{12} r^4 + o(r^4). \tag{5.4.3}$$

因为 $\mathbf{p}$ 周围半径为 r 的圆盘 $D_r(\mathbf{p})$ 的面积显然是一个 "内在" 的函数, 它决定了曲率 $K(\mathbf{p})$, 从而得到高斯的著名定理.

我们所知道的定理 5.4.1 的其他证明或者涉及 Christoffel 符号 $\Gamma_{1,2}$(从而涉及从嵌入继承来的与 S 上的黎曼度量相关的列维–奇维塔连接), 或者涉及雅可比的第二变分方程, 它描述了 S 上的测地线是如何分散开的.

这些工具对于任何对微分几何的严肃的研究都是关键的, 但它们超出了本书的范围. 目前的证明使用了第 3, 4, 5 章发展的技术和概念, 以及附录 A.11 中给出的小 o 和大 O 的规则.

证明: 这个证明大约需要 4 页. 因为定理 5.4.1 是局部的, 我们可以假设 $\mathbf{p} = \mathbf{0}$ 并且 S 是一个定义在 $\mathbb{R}^2$ 的原点附近的光滑函数的图像, 其泰勒多项式从二次项开始, 如等式 (5.4.1). 这些二次项是 $\mathbb{R}^2$ 上的二次型 Q_A, 其中 $A = \begin{bmatrix} A_{2,0} & A_{1,1} \\ A_{1,1} & A_{0,2} \end{bmatrix}$. 因为 A 是对称的, 根据谱定理 (定理 3.7.15), 存在一个规范正交基, 使得矩阵 A 在其中是对角的. 为了简化记法, 我们把 $A_{2,0}$ 替换为 a, $A_{0,2}$ 替换为 b. 这样我们可以假设曲面是函数

$$f\begin{pmatrix} x \\ y \end{pmatrix} = \frac{1}{2}(ax^2 + by^2) + o(x^2 + y^2) \tag{5.4.4}$$

的图像, 使得在原点的高斯曲率为 $K(\mathbf{0}) = ab$. 这样, 要证明定理 5.4.1, 我们需要证明

$$\text{Area}(D_r(\mathbf{0})) = \pi r^2 - \frac{ab\pi}{12} r^4 + o(r^4). \tag{5.4.5}$$

我们从定义 5.3.1 知道如何计算一个通过参数化给出的流形的体积. 第一步是对曲面 S 进行参数化. 我们将使用 "径向参数化"

$$g\begin{pmatrix} \rho \\ \theta \end{pmatrix} = \begin{pmatrix} \rho\cos\theta \\ \rho\sin\theta \\ f\begin{pmatrix} \rho\cos\theta \\ \rho\sin\theta \end{pmatrix} \end{pmatrix} = \begin{pmatrix} \rho\cos\theta \\ \rho\sin\theta \\ \frac{1}{2}\rho^2(a\cos^2\theta + b\sin^2\theta) + o(\rho^2) \end{pmatrix}. \tag{5.4.6}$$

然而, 要应用定义 5.3.1, 我们需要找到一个子集 $U_r \subset \mathbb{R}^2$ 使得 $g(U_r) = D_r(\mathbf{0})$, 或者, 在 $o(r^4)$ 的精度上, 它们有相同的面积. 然后我们就可以写出

$$\text{Area}\, D_r(\mathbf{0}) = \int_{U_r} \sqrt{\det\left(\left[\mathbf{D}g\begin{pmatrix} \rho \\ \theta \end{pmatrix}\right]^{\mathrm{T}} \left[\mathbf{D}g\begin{pmatrix} \rho \\ \theta \end{pmatrix}\right]\right)}\, |\mathrm{d}\rho\, \mathrm{d}\theta| + o(r^4). \tag{5.4.7}$$

我们将通过找到 S 上的一条参数化的曲线 $\widetilde{\gamma}$ 使得沿着曲线从 $\mathbf{0}$ 到 S 上的另一个点的距离足够接近最小值, 从而我们的误差是以 $o(r^4)$ 的项开始的. 我们可以把 $\widetilde{\gamma}(0)$ 与 $\widetilde{\gamma}(r)$ 之间的弧 $\widetilde{\gamma}([0,r])$ 想成在 (ρ,θ) 平面上半径为 r 的圆

盘上直的辐条 (长度为 r) 向着 S 的"非常轻微的摆动". 我们将确定一个集合 $D'_r(\mathbf{0}) \subset S$, 可以通过确定这个"几乎最小"的长度来把 $D_r(\mathbf{0})$ 近似到足够的精度[4]; 我们想要的子集 $U_r \subset \mathbb{R}^2$ 将是 $D'_r(\mathbf{0})$ 向 $\mathbb{R}^2$ 上的投影 (图 5.4.1).

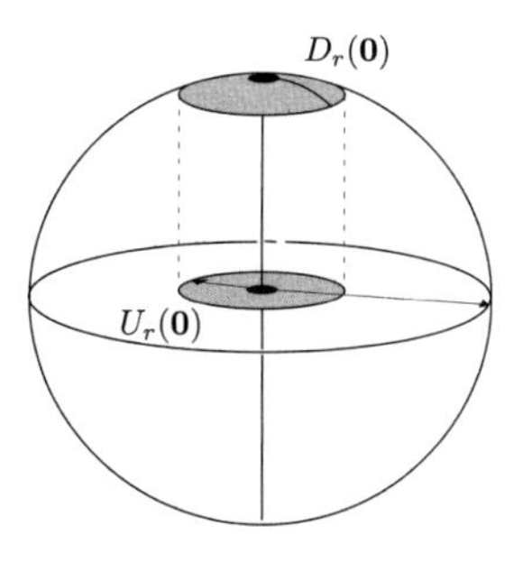

图 5.4.1

单位球面上北极附近的半径为 r 的圆盘投影到 (x, y) 平面上半径为

$$\sin r = r - \frac{r^3}{6} + o(r^3)$$

的圆盘 U_r. 这对应于等式 (5.4.19) 的 $a = b = 1$ 的情况.

S 上的曲线的长度

我们如何找到 S 中的一条具有"几乎最小"长度的曲线? 假设 S 上的一条光滑曲线 $\widetilde{\gamma}$ 被投影到 $\mathbb{R}^2$ 上成为方程为 $\theta = \alpha(\rho)$ 的极坐标曲线, 所以我们可以写

$$\gamma(\rho) = \begin{pmatrix} \rho\cos\alpha(\rho) \\ \rho\sin\alpha(\rho) \end{pmatrix} \text{ 和 } \widetilde{\gamma}(\rho) = \begin{pmatrix} \gamma(\rho) \\ f(\gamma(\rho)) \end{pmatrix}, \tag{5.4.8}$$

其中 f 与等式 (5.4.4) 相同. 如果 γ 和 $\widetilde{\gamma}$ 是光滑的, 则指定它们的函数 $\rho \mapsto \alpha(\rho)$ 具有泰勒多项式:

$$\alpha(\rho) = \theta_0 + k\rho + \frac{m}{2}\rho^2 + o(\rho^2), \tag{5.4.9}$$

其中 $\theta_0 = \alpha(0), k = \alpha'(0)$, $m = \alpha''(0)$. 我们将看到最小化从 $\mathbf{0}$ 到 S 上的一个点的距离的曲线必须满足 $k = 0$.

命题 5.4.2 是直观的: 要走得快, 你应该尽可能地走直线, 因此没有侧向的加速度.

注意, $\widetilde{\gamma}$ 和 $\widetilde{\delta}_r$ 之间的唯一的区别是: 对于前者, α 是 ρ 的一个函数, 对于后者 $\alpha(r)$ 是常数.

命题 5.4.2. 设 $\gamma(\rho) = \begin{pmatrix} \rho\cos\alpha(\rho) \\ \rho\sin\alpha(\rho) \end{pmatrix}$, $\delta_r(\rho) = \begin{pmatrix} \rho\cos\alpha(r) \\ \rho\sin\alpha(r) \end{pmatrix}$, 其中 α 同等式 (5.4.9), 令 $\widetilde{\gamma}$ 和 $\widetilde{\delta}_r$ 为参数化的曲线

$$\widetilde{\gamma}(\rho) = \begin{pmatrix} \gamma(\rho) \\ f(\gamma(\rho)) \end{pmatrix}, \ \widetilde{\delta}_r(\rho) = \begin{pmatrix} \delta_r(\rho) \\ f(\delta_r(\rho)) \end{pmatrix}. \tag{5.4.10}$$

如果 $k \neq 0$ 且 $r > 0$ 足够小, 则弧 $\widetilde{\delta}_r([0, r])$ 比弧 $\widetilde{\gamma}([0, r])$ 要短.

因此, 在试图找到一条能够"足够最小化" $\mathbf{0} \in S$ 与边界 $\partial D_r(\mathbf{0})$ 上的一个点之间的距离的曲线的时候, 我们只需考虑 $k = 0$ 的情况, 也就是 $\alpha(\rho) = \theta_0 + m\rho^2/2 + o(\rho^2)$ 的曲线.

命题 5.4.2 的证明: 证明包含计算泰勒多项式. 我们将把 $\widetilde{\delta}_r([0, r])$ 和 $\widetilde{\gamma}([0, r])$ 的长度的泰勒多项式, 作为 r 的函数, 计算到 r^3 项. 弧长的公式、$\widetilde{\gamma}$ 的定义以及链式法则告诉我们

等式 (5.4.11): 定义 3.9.5 给出了弧长的公式; 等式 (5.3.4) 证明了这个定义与流形的体积的定义 5.3.1 是兼容的.

$$\begin{aligned} \text{Length}(\widetilde{\gamma}([0, r])) &= \int_0^r |\widetilde{\gamma}'(\rho)| \, \mathrm{d}\rho = \int_0^r \left| \begin{pmatrix} \gamma'(\rho) \\ (f \circ \gamma)'(\rho) \end{pmatrix} \right| \mathrm{d}\rho \\ &= \int_0^r \sqrt{|\gamma'(\rho)|^2 + |[\mathbf{D}f(\gamma(\rho))]\gamma'(\rho)|^2} \, \mathrm{d}\rho. \end{aligned} \tag{5.4.11}$$

我们将把平方根下的两项计算到 ρ^2 的精度 (它积分得到 r^3 项). 对于第一项,

[4] 我们讨论几乎最小化距离的曲线, 是因为证明那条测地线 (实际上是最小化距离的曲线) 在 S 中存在超出了本书的范围.

在等式 (5.4.12) 中, 第一个平方的交叉项

$$-2\rho\cos\alpha(\rho)\sin\alpha(\rho)\alpha'(\rho)$$

与第二个平方的交叉项互相抵消了.

等式 (5.4.13): 回忆 f 的定义 (等式 (5.4.4)):

$$f\begin{pmatrix}x\\y\end{pmatrix}=\frac{1}{2}(ax^2+by^2)+o(x^2+y^2).$$

第一个和第二个等式使用了命题 A.11.2. 最后一个等式使用了 α 的泰勒多项式:

$$\alpha(\rho)=\theta_0+k\rho+\frac{m}{2}\rho^2+o(\rho^2).$$

我们得到

$$\begin{aligned}|\gamma'(\rho)|^2 &= \Big(\cos\alpha(\rho)-\rho\alpha'(\rho)\sin\alpha(\rho)\Big)^2+\Big(\sin\alpha(\rho)+\rho\alpha'(\rho)\cos\alpha(\rho)\Big)^2\\ &= 1+\rho^2(\alpha'(\rho))^2=1+k^2\rho^2+o(\rho^2).\end{aligned}\tag{5.4.12}$$

对于等式 (5.4.11) 中平方根下的第二项, 我们得到

$$\begin{aligned}&\Big|[\mathbf{D}f(\gamma(\rho))]\gamma'(\rho)\Big|^2\\ &= \left|\left[\mathbf{D}f\begin{pmatrix}\rho\cos\alpha(\rho)\\ \rho\sin\alpha(\rho)\end{pmatrix}\right]\gamma'(\rho)\right|^2\\ &= \left|\Big[a\rho\cos\alpha(\rho)+o(\rho)\quad b\rho\sin\alpha(\rho)+o(\rho)\Big]\begin{bmatrix}\cos\alpha(\rho)-\rho\sin\alpha(\rho)\alpha'(\rho)\\ \sin\alpha(\rho)+\rho\cos\alpha(\rho)\alpha'(\rho)\end{bmatrix}\right|^2\\ &= \Big(a\rho\cos^2\alpha(\rho)+o(\rho)+b\rho\sin^2\alpha(\rho)+o(\rho)\Big)^2\\ &= \rho^2\Big(a\cos^2\alpha(\rho)+b\sin^2\alpha(\rho)\Big)^2+o(\rho^2)\\ &= \rho^2\Big(a\cos^2\theta_0+b\sin^2\theta_0\Big)^2+o(\rho^2).\end{aligned}\tag{5.4.13}$$

把这些公式放在一起, 加上 $\sqrt{1+t}=1+\dfrac{t}{2}+o(t)$, 给出

$$\begin{aligned}\text{Length}(\widetilde{\gamma}([0,r])) &= \int_0^r\sqrt{1+\rho^2\Big(k^2+(a\cos^2\theta_0+b\sin^2\theta_0)^2\Big)+o(\rho^2)}\,\mathrm{d}\rho\\ &= \int_0^r\left(1+\frac{\rho^2}{2}\Big(k^2+(a\cos^2\theta_0+b\sin^2\theta_0)^2\Big)+o(\rho^2)\right)\mathrm{d}\rho\\ &= r+\frac{r^3}{6}\Big(k^2+(a\cos^2\theta_0+b\sin^2\theta_0)^2\Big)+o(r^3).\end{aligned}\tag{5.4.14}$$

相应的计算 $\delta_r([0,r])$ 的长度的公式是这个例子在 $k=0$ 的子情况, 给出

$$\text{Length}\,(\delta_r([0,r]))=r+\frac{r^3}{6}\Big(a\cos^2\theta_0+b\sin^2\theta_0\Big)^2+o(r^3).\tag{5.4.15}$$

显然, 如果 $k\neq 0$, 那么 $k^2>0$, 我们有, 对于 $r>0$ 足够小, 则

$$\text{Length}(\widetilde{\gamma}([0,r]))>\text{Length}(\widetilde{\delta}_r([0,r])).\tag{5.4.16}$$

□命题 5.4.2

$D_r(\mathbf{0})$ 的投影

等式 (5.4.17): 注意 m 没有出现在这个等式中; 计算到 r^3 项, 长度仅依赖于 θ_0 和 r.

命题 5.4.2 的证明说明了要定义 $D_r(\mathbf{0})$, 我们仅需要考虑泰勒多项式为 $\alpha(\rho)=\theta_0+m\rho^2/2+o(\rho^2)$ 的曲线 γ, 其弧长为

$$\text{Length}(\gamma([0,r]))=r+\frac{r^3}{6}\Big(a\cos^2\theta_0+b\sin^2\theta_0\Big)^2+o(r^3).\tag{5.4.17}$$

因为 $r\mapsto r+\dfrac{r^3}{6}(a\cos^2\theta_0+b\sin^2\theta_0)^2$ 的逆函数为

$$r\mapsto r-\frac{r^3}{6}(a\cos^2\theta_0+b\sin^2\theta_0)^2+o(r^3),\tag{5.4.18}$$

所以可以得出 (图 5.4.1) 圆盘 $D_r(\mathbf{0}) \subset S$ 投影到一个区域 $U_r \subset \mathbb{R}^2$, 由极坐标给出, 为

$$U_r = \left\{ \begin{pmatrix} \rho \\ \theta \end{pmatrix} \;\middle|\; \rho \leqslant r - \frac{r^3}{6}(a\cos^2\theta + b\sin^2\theta)^2 + o(r^3) \right\}. \tag{5.4.19}$$

我们现在可以把 $D_r(\mathbf{0})$ 的面积计算到 r^4 项:

$$\operatorname{Area} D_r(\mathbf{0}) = \int_{U_r} \sqrt{\det\left(\left[\mathbf{D}g\begin{pmatrix} \rho \\ \theta \end{pmatrix}\right]^{\mathrm{T}} \left[\mathbf{D}g\begin{pmatrix} \rho \\ \theta \end{pmatrix}\right]\right)}\, |\mathrm{d}\rho\,\mathrm{d}\theta| + o(r^4), \tag{5.4.20}$$

其中 g 与等式 (5.4.6) 相同. 首先我们将计算被积函数.

命题 5.4.3. 我们有

$$\sqrt{\det\left(\left[\mathbf{D}g\begin{pmatrix} \rho \\ \theta \end{pmatrix}\right]^{\mathrm{T}} \left[\mathbf{D}g\begin{pmatrix} \rho \\ \theta \end{pmatrix}\right]\right)} = \rho + \frac{\rho^3}{2}(a^2\cos^2\theta + b^2\sin^2\theta) + o(\rho^3).$$

命题 5.4.3 的证明: 这是一个直接的计算:

$$\left[\mathbf{D}g\begin{pmatrix} \rho \\ \theta \end{pmatrix}\right] = \begin{bmatrix} \cos\theta & -\rho\sin\theta \\ \sin\theta & \rho\cos\theta \\ \rho(a\cos^2\theta + b\sin^2\theta) + o(\rho) & \rho^2\sin\theta\cos\theta(b-a) + o(\rho^2) \end{bmatrix}.$$

所以

$$\left[\mathbf{D}g\begin{pmatrix} \rho \\ \theta \end{pmatrix}\right]^{\mathrm{T}} \left[\mathbf{D}g\begin{pmatrix} \rho \\ \theta \end{pmatrix}\right] \tag{5.4.21}$$

$$= \begin{bmatrix} 1 + \rho^2(a\cos^2\theta + b\sin^2\theta)^2 + o(\rho^2) & \rho^3\cos\theta\sin\theta(a\cos^2\theta + b\sin^2\theta)(b-a) + o(\rho^3) \\ \rho^3\cos\theta\sin\theta(a\cos^2\theta + b\sin^2\theta)(b-a) + o(\rho^3) & \rho^2 + \rho^4\sin^2\theta\cos^2\theta(b-a)^2 + o(\rho^4) \end{bmatrix}.$$

我们可以把行列式计算到 $o(\rho^3)$; 特别地, 我们可以忽略非对角项, 它们的乘积都是 ρ^6 阶的. 我们得到

$$\sqrt{\det\left(\left[\mathbf{D}g\begin{pmatrix} \rho \\ \theta \end{pmatrix}\right]^{\mathrm{T}} \left[\mathbf{D}g\begin{pmatrix} \rho \\ \theta \end{pmatrix}\right]\right)} \tag{5.4.22}$$

$$\begin{aligned} &= \sqrt{\rho^2 + \rho^4\Big(\sin^2\theta\cos^2\theta(b-a)^2 + (a\cos^2\theta + b\sin^2\theta)^2\Big) + o(\rho^4)} \\ &= \rho\sqrt{1 + \rho^2(a^2\cos^2\theta + b^2\sin^2\theta) + o(\rho^2)} \\ &= \rho + \frac{\rho^3}{2}(a^2\cos^2\theta + b^2\sin^2\theta) + o(\rho^3). \quad \square \end{aligned}$$

等式 (5.4.22): 我们从第二行到第三行顺手用到了互相抵消以及

$$\begin{aligned} & b^2\sin^2\theta\cos^2\theta + b^2\sin^4\theta \\ = \;& b^2\sin^2\theta(\cos^2\theta + \sin^2\theta) \\ = \;& b^2\sin^2\theta. \end{aligned}$$

对于包含 $a^2\cos^2\theta$ 的项也是类似的. 最后的等式用到了 $(1+x)^m$ 的泰勒展开式 (3.4.9).

我们现在可以计算 Area $D_r(\mathbf{0})$ 到 r^4 阶的项:

$$\begin{aligned}
&\int_{U_r}\left(\rho+\frac{\rho^3}{2}(a^2\cos^2\theta+b^2\sin^2\theta)+o(\rho^3)\right)|\mathrm{d}\rho\,\mathrm{d}\theta| \\
=&\int_0^{2\pi}\int_0^{r-\frac{r^3}{6}(a\cos^2\theta+b\sin^2\theta)^2+o(r^3)}\left(\rho+\frac{\rho^3}{2}(a^2\cos^2\theta+b^2\sin^2\theta)+o(\rho^3)\right)\mathrm{d}\rho\,\mathrm{d}\theta \\
=&\int_0^{2\pi}\left(\frac{1}{2}\left(r-\frac{r^3}{6}(a\cos^2\theta+b\sin^2\theta)^2\right)^2+\frac{r^4}{8}(a^2\cos^2\theta+b^2\sin^2\theta)\right)\mathrm{d}\theta+o(r^4) \\
=&\ \pi r^2+r^4\int_0^{2\pi}\left(a^2\left(\frac{\cos^2\theta}{8}-\frac{\cos^4\theta}{6}\right)+b^2\left(\frac{\sin^2\theta}{8}-\frac{\sin^4\theta}{6}\right)\right. \\
&\left.-\frac{1}{3}ab\cos^2\theta\sin^2\theta\right)\mathrm{d}\theta+o(r^4) \\
=&\ \pi r^2-\frac{ab\pi}{12}r^4+o(r^4).
\end{aligned}\tag{5.4.23}$$

等式 (5.4.23): 要得到最后的等式, 注意到

$$\int_0^{2\pi}\sin^4\theta\,\mathrm{d}\theta=\int_0^{2\pi}\cos^4\theta\,\mathrm{d}\theta=\frac{3}{4}\pi,$$

$$\int_0^{2\pi}\sin^2\theta\,\mathrm{d}\theta=\int_0^{2\pi}\cos^2\theta\,\mathrm{d}\theta=\pi,$$

所以在倒数第三行, 乘上 a^2 和 b^2 的积分等于 0. 另外, $\sin 2\theta=2\sin\theta\cos\theta$, 所以

$$\int_0^{2\pi}\cos^2\theta\sin^2\theta\,\mathrm{d}\theta=\frac{\pi}{4}.$$

因为 S 在 $\mathbf{0}$ 的高斯曲率为 $K(\mathbf{0})=ab$, 这证明了定理 5.4.1, 而定理 5.4.1 证明了高斯的著名定理. □

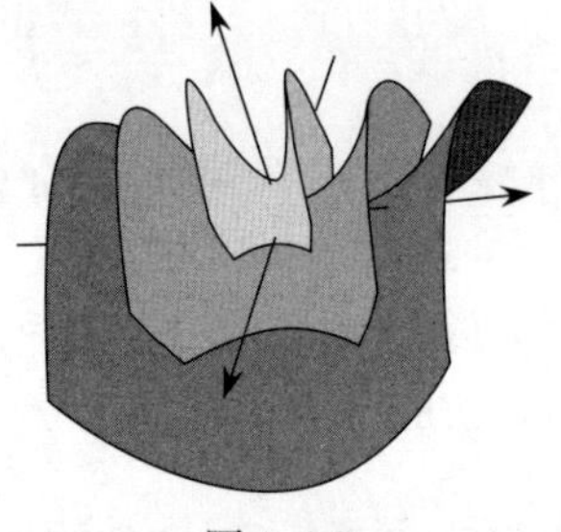

图 5.4.2

把一个曲面沿着法向量场 $\vec{\mathbf{w}}$ 移动. 在这个例子里, S 是方程为 $z=y^2-x^2$ 的曲面, 向量场为 $\begin{bmatrix}2x\\-2y\\1\end{bmatrix}$, 图中的曲面分别对应于 $t=-0.3,0,0.3$.

平均曲率的意义

接下来, 我们将解释 3.9 节中的陈述, 平均曲率测量一个曲面离极小曲面有多远. 更一般地, 平均曲率向量 $\vec{H}$(定义 3.9.7) 测量一个曲面 S 在沿着法向量场移动的时候, 它的面积如何变化. 令 $\vec{\mathbf{w}}$ 为 S 上的一个法向量场. 考虑 (图 5.4.2) 一个曲面族 S_t, 它是 $\varphi_t\colon S\to\mathbb{R}^3$ 的像, φ_t 由

$$\varphi_t(\mathbf{x})=\mathbf{x}+t\vec{\mathbf{w}}(\mathbf{x})\tag{5.4.24}$$

给出.

定理 5.4.4. S_t 的面积由下面的公式给出

$$\text{Area }S_t=\text{Area }S-2t\int_S\vec{H}(\mathbf{x})\cdot\vec{\mathbf{w}}(\mathbf{x})|\,\mathrm{d}^2\mathbf{x}|+o(t).\tag{5.4.25}$$

证明: 令 $U\subset\mathbb{R}^2$ 为开的, 令 $\gamma\colon U\to S$ 为一个参数化. 我们将不直接使用 S 上的向量场 $\vec{\mathbf{w}}$ 来计算, 而是使用由 $\overrightarrow{W}(\mathbf{u})=\vec{\mathbf{w}}(\gamma(\mathbf{u}))$ 给出的映射 $\overrightarrow{W}\colon U\to\mathbb{R}^3$; 我们把 $\overrightarrow{W}(\mathbf{u})$ 想成 $\mathbb{R}^3$ 中的一个锚定在 $\gamma(\mathbf{u})$ 的向量. 现在, S_t 由

$$\mathbf{u}\mapsto\varphi_t(\gamma(\mathbf{u}))=\gamma(\mathbf{u})+t\overrightarrow{W}(\mathbf{u})\tag{5.4.26}$$

参数化, 所以等式 (5.3.3) 说明

$$\begin{aligned}
&\text{Area }S_t \\
=&\int_U\sqrt{\det\left([\mathbf{D}(\gamma+t\overrightarrow{W})(\mathbf{u})]^{\mathrm{T}}[\mathbf{D}(\gamma+t\overrightarrow{W})(\mathbf{u})]\right)}\,|\mathrm{d}^2\mathbf{u}| \qquad (5.4.27)\\
=&\int_U\sqrt{\det\left(([\mathbf{D}\gamma(\mathbf{u})]^{\mathrm{T}}+t[\mathbf{D}\overrightarrow{W}(\mathbf{u})]^{\mathrm{T}})([\mathbf{D}\gamma(\mathbf{u})]+t[\mathbf{D}\overrightarrow{W}(\mathbf{u})])\right)}\,|\mathrm{d}^2\mathbf{u}| \\
=&\int_U\sqrt{\det\left([\mathbf{D}\gamma(\mathbf{u})]^{\mathrm{T}}[\mathbf{D}\gamma(\mathbf{u})]+t\left([\mathbf{D}\gamma(\mathbf{u})]^{\mathrm{T}}[\mathbf{D}\overrightarrow{W}(\mathbf{u})]+[\mathbf{D}\overrightarrow{W}(\mathbf{u})]^{\mathrm{T}}[\mathbf{D}\gamma(\mathbf{u})]\right)\right)}\,|\mathrm{d}^2\mathbf{u}|+o(t).
\end{aligned}$$

更进一步, 利用等式 (5.3.5), 我们可以把等式 (5.4.25) 重写为

$$\text{Area}\, S_t = \int_U \sqrt{\det\left([\mathbf{D}\gamma(\mathbf{u})]^{\mathrm{T}}[\mathbf{D}\gamma(\mathbf{u})]\right)}\left(1 - 2t\vec{H}(\gamma(\mathbf{u}))\cdot\overrightarrow{W}(\mathbf{u})\right)|\,\mathrm{d}^2\mathbf{u}| + o(t). \tag{5.4.28}$$

在等式 (5.4.28) 中,

$$\vec{H}(\gamma(\mathbf{u}))\cdot\overrightarrow{W}(\mathbf{u})$$

起到了 $f(\gamma(\mathbf{u}))$ 的作用.

命题 5.3.3 解释了我们使用参数化 $\widetilde{f}$ 而不是 γ 的原因.

我们需要证明等式 (5.4.27) 和等式 (5.4.28) 中的被积函数是相等的. 首先, 我们将计算等式 (5.4.27) 第二行中的被积函数. 与我们在等式 (5.4.4) 中所做的一样, 我们将假设 S 为由 $\widetilde{f}\begin{pmatrix}x\\y\end{pmatrix} = \begin{pmatrix}x\\y\\f\begin{pmatrix}x\\y\end{pmatrix}\end{pmatrix}$ 参数化的 $f\begin{pmatrix}x\\y\end{pmatrix} = \frac{1}{2}(ax^2+by^2)+o(x^2+y^2)$ 的图像, 所以等式 (5.4.27) 中的 γ 被替换成 $\widetilde{f}$. 我们将计算在原点的被积函数, 使得可以忽略所有在原点为 0 的项 (当然是在计算了适当的导数之后). 在这些适配的坐标系中, $[\mathbf{D}\gamma(\mathbf{u})]^{\mathrm{T}}[\mathbf{D}\gamma(\mathbf{u})]$ 变成了

$$\left[\mathbf{D}\widetilde{f}\begin{pmatrix}0\\0\end{pmatrix}\right]^{\mathrm{T}}\left[\mathbf{D}\widetilde{f}\begin{pmatrix}0\\0\end{pmatrix}\right] = \begin{bmatrix}1&0&0\\0&1&0\end{bmatrix}\begin{bmatrix}1&0\\0&1\\0&0\end{bmatrix} = \begin{bmatrix}1&0\\0&1\end{bmatrix}. \tag{5.4.29}$$

因为 $\vec{\mathbf{w}}$ 与 S 正交, 所以 $\overrightarrow{W}$ 也与 S 正交; 因此 (命题 1.4.20) 我们可以把 $\overrightarrow{W}$ 写为 $\widetilde{f}$ 的偏导与某个标量值函数 α 的叉乘的倍数:

$$\begin{aligned}\overrightarrow{W}\begin{pmatrix}x\\y\end{pmatrix} &= \alpha\begin{pmatrix}x\\y\end{pmatrix}\left(\begin{bmatrix}1\\0\\ax+o(|x|+|y|)\end{bmatrix}\times\begin{bmatrix}0\\1\\by+o(|x|+|y|)\end{bmatrix}\right)\\ &= \alpha\begin{pmatrix}x\\y\end{pmatrix}\begin{bmatrix}-ax+o(|x|+|y|)\\-by+o(|x|+|y|)\\1\end{bmatrix}.\end{aligned}$$

这给出了

$$\left[\mathbf{D}\overrightarrow{W}\begin{pmatrix}x\\y\end{pmatrix}\right] = \left[D_1\alpha\begin{pmatrix}x\\y\end{pmatrix}\begin{bmatrix}-ax\\-by\\1\end{bmatrix}, D_2\alpha\begin{pmatrix}x\\y\end{pmatrix}\begin{bmatrix}-ax\\-by\\1\end{bmatrix}\right] + \alpha\begin{pmatrix}x\\y\end{pmatrix}\begin{bmatrix}-a&0\\0&-b\\0&0\end{bmatrix} + o(1). \tag{5.4.30}$$

最后得到

$$\left[\mathbf{D}\overrightarrow{W}\begin{pmatrix}0\\0\end{pmatrix}\right] = \begin{bmatrix}-a\alpha\begin{pmatrix}0\\0\end{pmatrix} & 0\\ 0 & -b\alpha\begin{pmatrix}0\\0\end{pmatrix}\\ D_1\alpha\begin{pmatrix}0\\0\end{pmatrix} & D_2\alpha\begin{pmatrix}0\\0\end{pmatrix}\end{bmatrix}. \tag{5.4.31}$$

因此, 把在原点的被积函数中的 γ 换成 $\widetilde{f}$, 得到

$$\sqrt{\det\left(\begin{bmatrix}1&0\\0&1\end{bmatrix}+t\begin{bmatrix}1&0\\0&1\\0&0\end{bmatrix}^{\mathrm{T}}\begin{bmatrix}-a\alpha\begin{pmatrix}0\\0\end{pmatrix}&0\\0&-b\alpha\begin{pmatrix}0\\0\end{pmatrix}\\D_1\alpha\begin{pmatrix}0\\0\end{pmatrix}&D_2\alpha\begin{pmatrix}0\\0\end{pmatrix}\end{bmatrix}+t\begin{bmatrix}-a\alpha\begin{pmatrix}0\\0\end{pmatrix}&0\\0&-b\alpha\begin{pmatrix}0\\0\end{pmatrix}\\D_1\alpha\begin{pmatrix}0\\0\end{pmatrix}&D_2\alpha\begin{pmatrix}0\\0\end{pmatrix}\end{bmatrix}^{\mathrm{T}}\begin{bmatrix}1&0\\0&1\\0&0\end{bmatrix}\right)}$$

$$= \sqrt{1-2t(a+b)\alpha\begin{pmatrix}0\\0\end{pmatrix}+4t^2ab\left(\alpha\begin{pmatrix}0\\0\end{pmatrix}\right)^2} = \sqrt{1-2t(a+b)\alpha\begin{pmatrix}0\\0\end{pmatrix}} \tag{5.4.32}$$

$$= 1-t(a+b)\alpha\begin{pmatrix}0\\0\end{pmatrix} \quad (\text{利用等式 } (3.4.9)).$$

这就完成了等式 (5.4.27) 的计算.

平均曲率 H 和平均曲率向量 $\vec{H}$ 的定义 3.9.7:

$$H(\mathbf{a})=\frac{1}{2}(A_{2,0}+A_{0,2}),$$

$$\vec{H}(\mathbf{a})=H(\mathbf{a})\vec{\mathbf{v}}_3,$$

其中 $\vec{\mathbf{v}}_3$ 是所选择的单位法向量.

现在考虑等式 (5.4.28) 中的被积函数. 在我们的适配的坐标系中, $A_{2,0} = a, A_{0,2} = b$, 定义 3.9.7 中称为单位法向量的 $\vec{\mathbf{v}}_3$ 为 $\begin{bmatrix}0\\0\\1\end{bmatrix}$. 所以在原点的平均曲率向量 $\vec{H}$ 为 $\begin{bmatrix}0\\0\\\frac{a+b}{2}\end{bmatrix}$, 等式 (5.4.28) 的被积函数为

$$\sqrt{\det\begin{bmatrix}1&0\\0&1\end{bmatrix}}\left(1-2t\begin{bmatrix}0\\0\\\frac{a+b}{2}\end{bmatrix}\cdot\begin{bmatrix}0\\0\\\alpha\begin{pmatrix}0\\0\end{pmatrix}\end{bmatrix}\right)=1-t(a+b)\alpha\begin{pmatrix}0\\0\end{pmatrix}. \quad \square \tag{5.4.33}$$

推论 5.4.5. 一个最小曲面的平均曲率为 0.

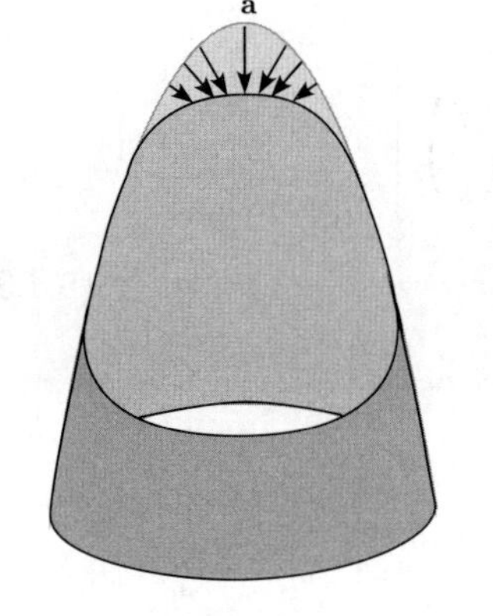

图 5.4.3

向量场 $\vec{\mathbf{w}}$ 在 $\mathbf{a}$ 附近有小的支撑, 并且与平均曲率向量 $\vec{H}(\mathbf{x})$ 指向同一方向. 如果我们把顶部向下推, 就算只是局部地, 如向量场所指明的那样, 面积也会缩小.

证明: 假设在某个点 $\mathbf{a}\in S$, 我们有 $\vec{H}(\mathbf{a})\neq\vec{\mathbf{0}}$. 向量场 $\vec{H}$ 则在 $\mathbf{a}$ 的某个邻域 V 内指向曲面的一侧, 我们可以找到一个小的 "截断" 场 $\vec{\mathbf{w}}$, 在 V 的外部为 0, 在 V 的内部与 $\vec{H}$ 指向 S 的同一侧; 如图 5.4.3. 在这种情况下, 积分

$$\int_S \vec{H}(\mathbf{x})\cdot\vec{\mathbf{w}}(\mathbf{x})|\,\mathrm{d}^2\mathbf{x}| \tag{5.4.34}$$

是严格大于 0 的, 所以对于足够小的 $t>0$, $\operatorname{Area} S_t < \operatorname{Area} S$(见等式 (5.4.25)). 因此, S_t 为接近 S 的曲面, 在 V 的外面与 S 重合, 但有更小的面积, 所以 S 在附近的具有相同的边界的曲面中面积不是最小的. $\square$

高斯曲率和高斯映射

令 $S\subset\mathbb{R}^3$ 为一个曲面, $\vec{\mathbf{n}}$ 为一个单位法向量场. 我们可以想象 $\vec{\mathbf{n}}(\mathbf{x})$ 被锚定在点 $\mathbf{x}\in S$, 但如果向量 $\vec{\mathbf{n}}(\mathbf{x})$ 被平移使得其尾部在原点, 则它的头部是单

位球面 S^2 上的一个点. 这给出了一个映射 $\mathbf{n}\colon S \to S^2$, 称为**高斯映射**(Gauss map), 在图 5.4.4 中展示.

高斯映射与曲率联系紧密: 导数 $[\mathbf{Dn}(\mathbf{x})]\colon T_{\mathbf{x}}S \to T_{\mathbf{n}(\mathbf{x})}S^2$ 的定义域和陪域相同: 两者都是 $(\vec{\mathbf{n}}(\mathbf{x}))^{\perp}$. 所以 (见注释 4.8.7) 说**雅可比行列式**(Jacobian determinant)$\det[\mathbf{Dn}(\mathbf{x})]$ 是有意义的; 这就是高斯曲率 $K(\mathbf{x})$.

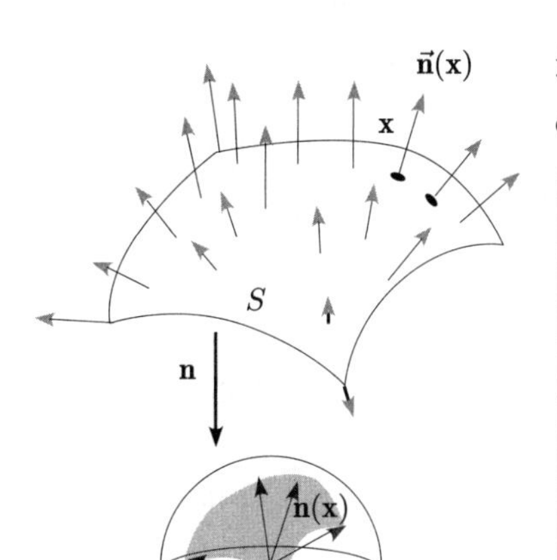

图 5.4.4

向量场 $\vec{\mathbf{n}}$ 是在曲面 $S \subset \mathbb{R}^3$ 上的单位法向量场. 高斯映射 $\mathbf{n}$ 把每个单位向量 $\vec{\mathbf{n}}(\mathbf{x})$ 拉向原点, 使得其箭头成为单位球面 S^2 上的一个点.

定理 5.4.6 (高斯曲率和高斯映射). 令 $S \subset \mathbb{R}^3$ 为一个曲面, 令 $\mathbf{n}\colon S \to S^2$ 为高斯映射. 则:

1. $K(\mathbf{x}) = \det[\mathbf{Dn}(\mathbf{x})]$.
2. 如果 $\mathbf{n}$ 在 S 上是单射, 则

$$\int_S |K(\mathbf{x})|\,|\mathrm{d}^2\mathbf{x}| = \int_{\mathbf{n}(S)} |\mathrm{d}^2\mathbf{x}| = \operatorname{Area}\mathbf{n}(S). \tag{5.4.35}$$

如果 S 是 $\mathbf{x}$ 的一个小的邻域, 在这个邻域内 K 可以被视为常数, 等式 (5.4.35) 就变成了

$$|K(\mathbf{x})| \int_S |\mathrm{d}^2\mathbf{x}| \approx \int_{\mathbf{n}(S)} |\mathrm{d}^2\mathbf{x}|, \text{ 也就是 } |K(\mathbf{x})| \approx \frac{\int_{\mathbf{n}(S)} |\mathrm{d}^2\mathbf{x}|}{\int_S |\mathrm{d}^2\mathbf{x}|}. \tag{5.4.36}$$

因此, $\mathbf{x}$ 处的高斯曲率是当 $\mathbf{x}$ 的邻域 S 变得很小的时候, $\mathbf{n}(S)$ 的面积与 S 的面积之比的极限.

例 5.4.7. 令 $S \subset \mathbb{R}^3$ 为一个椭球. 则 $\mathbf{n}(S) = S^2$, 且

$$\int_S |K(\mathbf{x})|\,|\mathrm{d}^2\mathbf{x}| = 4\pi \tag{5.4.37}$$

为单位球面的面积. 更一般地, 在 S 为 $\mathbb{R}^3$ 的任何具有光滑边界的有界凸子集的边界的时候, 这一点成立. 在所有的情况下, 映射 $\mathbf{n}\colon S \to S^2$ 是双射. △

证明: 1. 这是一个关于单点 $\mathbf{x} \in S$ 的陈述, 显然是独立于平移和旋转的. 因此, 我们可以假设 $\mathbf{x} = \mathbf{0}$, 并且在局部上, 在 $\mathbf{x}$ 附近, 曲面 S 是映射

在等式 (5.4.38) 中, 我们可以通过旋转消去 $2bXY$ 项; 见等式 (5.4.4).

$$f\begin{pmatrix} X \\ Y \end{pmatrix} \stackrel{\text{def}}{=} \frac{1}{2}(aX^2 + 2bXY + cY^2) + o(|X|^2 + |Y|^2) \tag{5.4.38}$$

的图像, 见等式 (3.9.28) 和练习 3.3.15. 因此

$$\gamma\begin{pmatrix} X \\ Y \end{pmatrix} = \begin{pmatrix} X \\ Y \\ f\begin{pmatrix} X \\ Y \end{pmatrix} \end{pmatrix} \tag{5.4.39}$$

为曲面 S 在 $\mathbf{0}$ 附近的参数化.

映射 $\mathbf{n}$ 则是由下式给出的

$$(\mathbf{n}\circ\gamma)\begin{pmatrix}X\\Y\end{pmatrix}=\underbrace{\frac{1}{\sqrt{\left(D_1f\begin{pmatrix}X\\Y\end{pmatrix}\right)^2+\left(D_2f\begin{pmatrix}X\\Y\end{pmatrix}\right)^2+1}}\overbrace{\begin{bmatrix}1\\0\\D_1f\begin{pmatrix}X\\Y\end{pmatrix}\end{bmatrix}}^{\text{与}S\text{相切}}\times\overbrace{\begin{bmatrix}0\\1\\D_2f\begin{pmatrix}X\\Y\end{pmatrix}\end{bmatrix}}^{\text{与}S\text{相切}}}_{\text{正交于曲面}S\text{的单位向量}}.\tag{5.4.40}$$

这个表达式看起来很烦琐, 我们需要对它求导. 但是如果我们把每个表达式都替换成它的一阶泰勒多项式, 它就很容易, 因为分母就变成了 1: 导数是线性的, 但是它们被平方了, 因此成了 2 次的: 它们是 $o(\sqrt{X^2+Y^2})$ 的, 因此可以被忽略. 这给出了

正如我们提到的小 o 的记号 (在公式 (3.4.4) 之前的讨论), 等式 (5.4.41) 的第一行写得不太严谨. 要写得正确的话, 我们应该写左侧与叉乘的差为 $o(\sqrt{X^2+Y^2})$ 的.

$$\begin{aligned}\mathbf{n}\circ\gamma\begin{pmatrix}X\\Y\end{pmatrix}&=\begin{bmatrix}1\\0\\aX+bY\end{bmatrix}\times\begin{bmatrix}0\\1\\bX+cY\end{bmatrix}+o(\sqrt{X^2+Y^2})\\&=\begin{bmatrix}-(aX+bY)\\-(bX+cY)\\1\end{bmatrix}+o(\sqrt{X^2+Y^2}).\end{aligned}\tag{5.4.41}$$

导数 $[\mathbf{D}(\mathbf{n}\circ\gamma)(\mathbf{0})]$ 由线性项给出:

$$[\mathbf{D}(\mathbf{n}\circ\gamma)(\mathbf{0})]\begin{pmatrix}\dot X\\\dot Y\end{pmatrix}=\begin{bmatrix}-a\dot X-b\dot Y\\-b\dot X-c\dot Y\\0\end{bmatrix}.\tag{5.4.42}$$

.

第三项 0 反映了 $[\mathbf{Dn}(\mathbf{x})]$ 的定义域与陪域相同的事实, 它们都是 $T_{\mathbf{x}}S$, 在这个例子里就是水平面, 因此雅可比行列式为

等式 (5.4.43): 在第 3 章 (等式 (3.9.37)) 我们有

$$K(\mathbf{0})=\frac{a_{2,0}a_{0,2}-a_{1,1}^2}{(1+c^2)^2},$$

其中 $c=\sqrt{a_1^2+a_2^2}$, 但这是对于那些在原点的泰勒多项式从线性项 a_1x+a_2y 开始的函数. 这里的线性项为 0.

$$\det\begin{bmatrix}-a&-b\\-b&-c\end{bmatrix}=ac-b^2=K(\mathbf{0}).\tag{5.4.43}$$

这就证明了第一部分.

对于第二部分, 在局部上证明结果就足够了, 也就是, 在 S 的如同上面那样被参数化为 $f\colon U\to\mathbb{R}$ 的图像的部分. 如果 $\mathbf{n}$ 在 $f(U)$ 上是单射, 则映射 $\mathbf{n}\circ\gamma$ 参数化了 $f(U)\subset S^2$. 要证明第二部分, 我们需要证明

$$\det\Big([\mathbf{D}(\mathbf{n}\circ\gamma)(\mathbf{x})]^{\mathrm{T}}[\mathbf{D}(\mathbf{n}\circ\gamma)(\mathbf{x})]\Big)=|K(\mathbf{x})|^2;\tag{5.4.44}$$

在 $\mathbf{x}=\mathbf{0}$ 证明这个结果就足够了. 在等式 (5.4.42) 中, 我们计算

$$[\mathbf{D}(\mathbf{n}\circ\gamma)(\mathbf{0})]=\begin{bmatrix}-a&-b\\-b&-c\\0&0\end{bmatrix}.\tag{5.4.45}$$

所以

$$\det\left(\begin{bmatrix}-a & -b\\ -b & -c\\ 0 & 0\end{bmatrix}^{\mathrm{T}}\begin{bmatrix}-a & -b\\ -b & -c\\ 0 & 0\end{bmatrix}\right)=\det\begin{bmatrix}a^2+b^2 & ab+bc\\ ab+bc & b^2+c^2\end{bmatrix}$$

$$= a^2b^2+a^2c^2+b^4+b^2c^2-a^2b^2-2ab^2c-b^2c^2=(ac-b^2)^2. \quad \square \tag{5.4.46}$$

5.4 节的练习

5.4.1 a. 令 X 是方程为 $x^2+y^2-a^2z^2=1$ 的旋转双曲面, 证明

$$\int_X |K(\mathbf{x})||\,\mathrm{d}^2\mathbf{x}|=\frac{4a\pi}{\sqrt{1+a^2}}.$$

b. 如果 X 是方程为

$$x^2+y^2-a^2z^2=-1$$

的双曲面的 $z>0$ 的部分, 那么积分 $\int_X |K(\mathbf{x})||\,\mathrm{d}^2\mathbf{x}|$ 是什么?

5.4.2 令 X 是 (x,z) 平面上方程为 $(x-2)^2+z^2=1$ 的圆绕着 z 轴旋转得到的旋转曲面. 计算 $\int_X |K(\mathbf{x})||\,\mathrm{d}^2\mathbf{x}|$ 和 $\int_X K(\mathbf{x})|\,\mathrm{d}^2\mathbf{x}|$.

***5.4.3** 令 X 是方程为 $x\cos z+y\sin z=0$ 的螺旋面, $X_{a,R}$ 为 X 的满足 $0\leqslant z\leqslant a$ 以及 $x^2+y^2\leqslant R^2$ 的部分. $\int_{X_{a,R}} |K(\mathbf{x})||\,\mathrm{d}^2\mathbf{x}|$ 是多少?

练习 5.4.4 的提示: 考虑由两个大圆形成的 "月牙形".

这一节的三个定理 (定理 5.4.1, 5.4.4 和 5.4.6) 是对 $\mathbb{R}^3$ 中的曲面陈述的. 练习 5.4.5 探索了对于任意的 $n>1$, 如何把这些定理推广到 $\mathbb{R}^{n+1}$ 中的超曲面上 (也就是 $\mathbb{R}^{n+1}$ 中的 n 维子流形).

***5.4.4** 令 $T\subset S^2$ 是各个边为大圆的弧的球面三角形, 角度为 α, β 和 γ. 证明: T 的面积为 $\operatorname{Area} T=\alpha+\beta+\gamma-\pi$.

5.4.5 令 M 为 $\mathbb{R}^{n+1}$ 中的一个 n 维光滑流形, $\mathbf{x}_0\in M$ 为一个点, $\vec{\mathbf{n}}\in\mathbb{R}^{n+1}$ 为一个单位向量, 在 $\mathbf{x}_0$ 处与 M 垂直, 也就是, 与 $T_{\mathbf{x}_0}M$ 正交的单位向量.

a. 证明: 在 $\mathbf{x}_0$ 处的 M 的最佳的坐标系中, 流形M 的方程

$$x_{n+1}=\frac{1}{2}(a_1x_1^2+\cdots+a_nx_n^2)+o(x_1^2+\cdots+x_n^2)$$

对某些 a_i 成立, 称为**主曲率**(principal curvature).

数值 $S(\mathbf{x}_0)\overset{\text{def}}{=}2\sum_{i<j}a_ia_j$ 被称为 M 在 $\mathbf{x}_0$ 的**标量曲率**(scalar curvature).

我们将称数值 $K(\mathbf{x}_0)\overset{\text{def}}{=}(-1)^n a_1\cdots a_n$ 为 M 在 $\mathbf{x}_0$ 的**高斯曲率**(Gauss curvature).[5]

b. 数值 $H(\mathbf{x}_0)\overset{\text{def}}{=}a_1+\cdots+a_n$ 被称为 M 在 $\mathbf{x}_0$ 的**平均曲率**(mean curvature). 证明: $\vec{H}(\mathbf{x}_0)\overset{\text{def}}{=}H(\mathbf{x}_0)\vec{\mathbf{n}}$ 不依赖于 $\vec{\mathbf{n}}$ 的选择; 它被称为平均曲率向量.

[5]这个术语与 Shlomo Sternberg 在 *Lectures in Differential Geometry* (M.M. Postnikov, Geometry VI, 《数学科学大百科全书》, Vol 91) 中的说法一致. 该书中把它叫作 (不带符号的) 总曲率.

****5.4.6** 令 M 与练习 5.4.5 中的相同. 证明: M 中可以通过 M 中长度小于或者等于 r 的曲线联结到 $\mathbf{x}$ 的点的集合 $D_r(\mathbf{x})$ 的 n 维体积的泰勒多项式为

$$\mathrm{vol}_n\Big(D_r(\mathbf{x})\Big) = (\mathrm{vol}_n B_r)\left(1 - \frac{r^2}{n+2}\frac{S(\mathbf{x})}{6}\right) + o(r^{n+2}),$$

其中 $\mathrm{vol}_n B_r$ 是 $\mathbb{R}^n$ 中通常的半径为 r 的球的体积 (也就是, $r^n\beta_n$ 为单位 n–球的体积; 见表 5.3.3), S 为标量曲率.

5.4.7 令 M 与练习 5.4.5 中的相同. 令 $\vec{\mathbf{w}}$ 为 M 上的法向量场. 考虑一组曲面 M_t, 它们是由

$$\varphi_t(\mathbf{x}) = \mathbf{x} + t\vec{\mathbf{w}}(\mathbf{x})$$

给出的 $\varphi_t\colon M \to \mathbb{R}^{n+1}$ 的像. 证明: $\mathrm{vol}_n(M_t)$ 的泰勒多项式为

$$\mathrm{vol}_n(M_t) = \mathrm{vol}_n M - 2t\int_S \vec{H}(\mathbf{x})\cdot\vec{\mathbf{w}}(\mathbf{x})|\,\mathrm{d}^n\mathbf{x}| + o(t).$$

5.4.8 令 M 与练习 5.4.5 中的相同. 令 $\vec{\mathbf{n}}\colon M \to S^n$ 为 M 上的单位法向量场.

a. 证明: $[\mathbf{D}\vec{\mathbf{n}}(\mathbf{x})]$ 的定义域和像都是 $T_{\mathbf{x}}M$, 所以 $\det[\mathbf{D}\vec{\mathbf{n}}(\mathbf{x})]$ 有意义.

b. 证明: $\det[\mathbf{D}\vec{\mathbf{n}}(\mathbf{x})] = K(\mathbf{x})$, 其中 K 与练习 5.4.5 中的相同.

豪斯道夫在波恩一直工作到了 1935 年, 那一年他因为是犹太人而被迫退休. 1942 年, 他和他的妻子选择自杀而不是被送到集中营.

图 5.5.1
豪斯道夫 (Felix Hausdorff, 1868 — 1942)

5.5　分形和分数维数

1919 年, 豪斯道夫 (图 5.5.1) 证明了维数并不仅限于长度、面积、体积, 等等; 我们也可以说**分数维数**(fractional dimension). 这个发现在曼德布洛特 (Benoit Mandelbrot) 的工作之后变得更为重要. 曼德布洛特证明了自然界的很多物体 (肺部的内膜, 窗户上的霜的图案, 水上的油膜形成的图案) 都是分形, 具有分数维数.

例 5.5.1 (科赫雪花). 要构造科赫雪花曲线 K, 从一条线段开始, 例如 $\mathbb{R}^2$ 中的 $0 \leqslant x \leqslant 1, y = 0$. 把它中间的 1/3 替换为一个等边三角形的顶部, 如图 5.5.2 所示. 这样给出了 4 条线段, 每一条的长度为原始线段长度的 1/3. 把每一条线段的中间的 1/3 替换为一个等边三角形的顶部, 依此类推. 这条曲线的长度是多少? 在 $N = 0$ 的分辨率上, 我们能得到长度 1. 在 $N = 1$ 的分辨率上, 曲线包含 4 条线段, 我们得到长度 $4\cdot(1/3)$. 在 $N = 2$ 的分辨率上, 长度为 $16\cdot(1/9)$; 在第 N 级上, 长度为 $(4/3)^N$. 随着分辨率变得无限大, 长度也变成无限大.

图 5.5.2
构造科赫雪花的前 5 步. 它的长度是无限的, 但长度对于测量分形物体是个错误的方法. 科赫雪花最早是由瑞典数学家 Helge von Koch 在 1904 年描述的.

"长度" 用在科赫雪花上是个错误用词, 因为科赫雪花既不是曲线也不是曲面. 它是一个分形, 具有分数维数: 科赫雪花的维数为 $\ln 4/\ln 3 \approx 1.26$. 我们来看为什么可能是这种情况. 将在 $[0, 1/3]$ 上构造的曲线部分称为 A, 整条曲线称为 B, 如图 5.5.3. 则 B 包含了 A 的 4 个复制品. (这在任何层级上都是成立的, 但是在第一级上容易看出来, 如图 5.5.2 的上图.) 因此, 在任意的维数 d 上, $\mathrm{vol}_d(B) = 4\mathrm{vol}_d(A)$ 都应该成立.

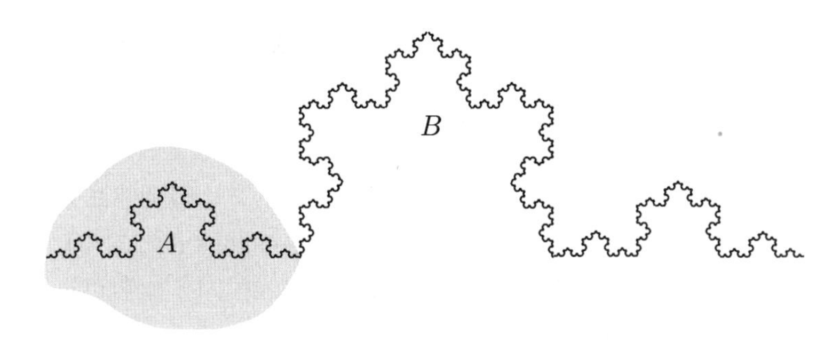

图 5.5.3

曲线 B 包含了 A 的 4 个复制品. 它也是放大 3 倍的 A. 就是这些 3 和 4 的差别导致了曲线的分数维数.

然而, 如果把 A 放大 3 倍, 则可得到 B. (这在极限下, 在构造过程进行了无限多次之后是成立的.) 根据面积与长度的平方成正比的原理, 体积与长度的立方成正比, 等等, 我们将期待 d 维体积与长度的 d 次方成正比, 由此得到

$$\mathrm{vol}_d(B) = 3^d \mathrm{vol}_d(A). \tag{5.5.1}$$

如果把这个方程与 $\mathrm{vol}_d(B) = 4\mathrm{vol}_d(A)$ 放在一起, 你将看到使科赫曲线的体积不等于 0 或者无限大的唯一的维数为使 $4 = 3^d$(也就是 $d = \ln 4/\ln 3$) 成立的维数 d.

如果把科赫曲线分解成构造在第 n 层的边上的小片 (有 4^n 个, 每个小片的长度为 $1/3^n$), 并计算它们的长度的 d 次方, 我们得到

$$4^n \left(\frac{1}{3}\right)^{n\ln 4/\ln 3} = 4^n \mathrm{e}^{n\frac{\ln 4}{\ln 3}\left(\ln \frac{1}{3}\right)} = 4^n \mathrm{e}^{n\frac{\ln 4}{\ln 3}(-\ln 3)} = 4^n \mathrm{e}^{-n\ln 4} = \frac{4^n}{4^n} = 1. \tag{5.5.2}$$

(在等式 (5.5.2) 中, 我们用到了 $a^x = \mathrm{e}^{x\ln a}$.) 尽管没有精确的定义, 你可以期待这个计算的意思是

$$\int_K |\,\mathrm{d}\mathbf{x}^{\ln 4/\ln 3}| = 1. \qquad \triangle \tag{5.5.3}$$

图 5.5.4

谢尔宾斯基地毯: 第二、第四、第五和第六步.

例 5.5.2 (谢尔宾斯基地毯). 科赫雪花看上去像一条很粗的曲线, **谢尔宾斯基地毯**(Sierpinski gasket)则看上去更像一个很薄的面. 这是通过把一个填充满的边长为 l 的等边三角形嵌在中心的子三角形去掉, 再去掉余下的三个三角形中心的子三角形, 如此重复下去而得到的, 如图 5.5.4. 我们断言这是一个维数为 $\ln 3/\ln 2$ 的集合. 在构造的第 n 步, 对所有的小片的边长的 p 次方求和:

$$3^n \left(\frac{l}{2^n}\right)^p. \tag{5.5.4}$$

(如果测量长度, 则 $p = 1$; 如果测量面积, 则 $p = 2$.) 如果集合有一个长度, 则在 $p = 1$ 的时候, 随着 $n \to \infty$, 总和应该收敛; 实际上, 总和是无限的. 如果它确实有一个面积, 则 $p = 2$ 会导致一个有限的总和; 实际上, 总和是 0. 但 $p = \ln 3/\ln 2$ 的时候, 总和收敛到 $l^{\ln 3/\ln 2} \approx l^{1.58}$. 这是仅有的一个使得谢尔宾斯基地毯具有有限的非零体积的维数; 在更大的维数上, 体积为 0; 在更小的维

数上, 体积为无限大. △

5.5 节的练习

练习 5.5.1 a 的提示: 写为 $0.02220000022202002222\cdots$ 的三进制数在 C 中.

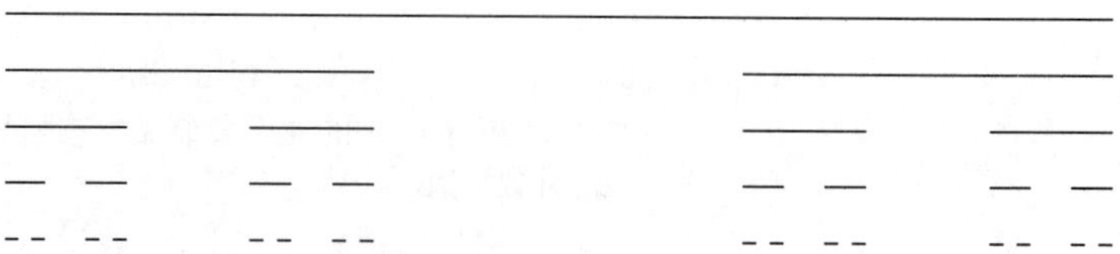

5.5.1 考虑用如下方法得到的三分康托集合(triadic Cantor set) C: 从 $[0,1]$ 上首先去掉中间的 $(1/3, 2/3)$, 再从每个余下的线段中去掉中间的 $1/3$, 再从余下的线段中去掉中间的 $1/3$, 如此继续下去:

a. 证明 C 的另一种描述为: 它是在三进制的表示中不使用数字 1 的点的集合. 利用这个证明 C 是一个不可数的集合.

b. 证明: C 是一个可铺集合, 其一维体积为 0.

c. 证明: 使 C 有不等于 0 或者无限大的体积的唯一的维数是 $\ln 2/\ln 3$.

5.5.2 这一次, 令集合 C 为从单位区间通过省略中间的 $1/n$ 的开区间, 再从余下的区间中去掉中间的 $1/n$ 的开区间, 再从余下的区间中去掉中间的 $1/n$ 的开区间, 依此类推而得到的. (当 n 为偶数的时候, 这意味着省略了等价于单位区间的 $1/n$ 的开区间, 在两侧留下等量的区间, 依此类推.)

a. 证明: C 是一个可铺集合, 其一维体积为 0.

b. 使 C 有不等于 0 或者无穷大的体积的唯一的维数是多少? 在 $n=2$ 的时候, 这个维数是多少?

5.6　第 5 章的复习题

5.1 验证: 等式 (5.3.30) 参数化了通过把 (x,z) 平面上圆心在 $x=R, z=0$, 半径为 r 的圆绕着 z 轴旋转而形成的环面.

5.2 令 $f\colon [a,b]\to\mathbb{R}$ 为一个光滑的正函数. 求方程为 $\dfrac{x^2}{A^2}+\dfrac{y^2}{B^2}=(f(z))^2$ 的曲面的参数化.

5.3 对 α 的哪些数值, 螺旋 $\begin{pmatrix} r(t)\\ \theta(t)\end{pmatrix}=\begin{pmatrix} 1/t^\alpha\\ t\end{pmatrix}, \alpha>0$ 在 $t=1$ 和 $t=\infty$ 之间的部分具有有限的长度?

5.4 计算函数 $f\begin{pmatrix} x\\ y\end{pmatrix}=\dfrac{2}{3}(x^{3/2}+y^{3/2})$ 在区域 $0\leqslant x\leqslant 1, 0\leqslant y\leqslant 1$ 上方的图像的面积.

5.5 令 f 为一个正的 $x\in[a,b]$ 的 C^1 函数.

a. 找出把 f 的图像绕着 x 轴旋转形成的 $\mathbb{R}^3$ 中的曲面的一个参数化.

b. 这个曲面的面积是多少?

练习 5.5 b: 解答应该是一维积分的形式.

***5.6** 令

$$\omega_{n+1}(r) = \mathrm{vol}_{n+1}(B_r^{n+1}(\mathbf{0}))$$

为 $\mathbb{R}^{n+1}$ 中半径为 r 的球的 $(n+1)$ 维体积, 令 $\mathrm{vol}_n(S_r^n)$ 为 $\mathbb{R}^{n+1}$ 中半径为 r 的球面的 n 维体积.

a. 证明: $\omega'_{n+1}(r) = \mathrm{vol}_n(S_r^n)$.

b. 证明: $\mathrm{vol}_n(S_r^n) = r^n \mathrm{vol}_n(S_1^n)$.

c. 利用 $\omega_{n+1}(1) = \int_0^1 \omega'_{n+1}(r)\,\mathrm{d}r$ 推导公式 (5.3.50).

一个曲面的*总曲率*(total curvature) 在练习 5.3.11 中定义.

5.7 令 H 是方程为 $y\cos z = x\sin z$ 的螺旋面 (见例 3.9.13). H 的 $0 \leqslant z \leqslant a$ 的部分的总曲率是多少?

5.8 对于 $z \in \mathbb{C}$, 根据定义, 函数 $\cos z = \dfrac{\mathrm{e}^{\mathrm{i}z} + \mathrm{e}^{-\mathrm{i}z}}{2}$.

a. 如果 $z = x + \mathrm{i}y$, 用 x 和 y 写出 $\cos z$ 的实部和虚部.

b. $\cos z$ 的图像中, $-\pi \leqslant x \leqslant \pi, -1 \leqslant y \leqslant 1$ 的部分的面积是多少?

5.9 令集合 C 为从单位区间 $[0,1]$ 通过去掉中间的 1/5 的开区间, 再去掉每个余下的区间的中间的 1/5, 再去掉每个余下的区间的中间的 1/5, 依此类推而得到的.

a. 证明 C 的另一种描述为: 它是那些可以在五进制的表示中不使用数字 2 的点的集合. 利用这个证明 C 是一个不可数的集合.

b. 证明: C 是一个可铺集合, 其一维体积为 0.

c. 使 C 有不等于 0 或者无穷大的体积的唯一的维数是多少?

练习 5.10 受到了 *Functional Analysis, Volume 1: A Gentle Introduction* (Dzung Minh Ha, Matrix Editions, 2006) 一书中的一个命题的启发.

5.10 令 $\vec{\mathbf{x}}_0, \vec{\mathbf{x}}_1, \cdots, \vec{\mathbf{x}}_k$ 为 $\mathbb{R}^n$ 中的向量, 且 $\vec{\mathbf{x}}_1, \cdots, \vec{\mathbf{x}}_k$ 是线性无关的, 令 $M \subset \mathbb{R}^n$ 为由 $\vec{\mathbf{x}}_1, \cdots, \vec{\mathbf{x}}_k$ 生成的子空间.

令 G 为 $k \times k$ 的矩阵, $G = [\vec{\mathbf{x}}_1, \cdots, \vec{\mathbf{x}}_k]^{\mathrm{T}}[\vec{\mathbf{x}}_1, \cdots, \vec{\mathbf{x}}_k]$, 令 G^+ 为 $(k+1) \times (k+1)$ 的矩阵

$$G^+ = [\vec{\mathbf{x}}_0, \vec{\mathbf{x}}_1, \cdots, \vec{\mathbf{x}}_k]^{\mathrm{T}}[\vec{\mathbf{x}}_0, \vec{\mathbf{x}}_1, \cdots, \vec{\mathbf{x}}_k].$$

距离 $d(\vec{\mathbf{x}}, M)$ 定义为 $d(\vec{\mathbf{x}}, M) = \inf_{\vec{\mathbf{y}} \in M}(\vec{\mathbf{x}} - \vec{\mathbf{y}})$.

a. 证明:

$$\Big(d(\vec{\mathbf{x}}_0, M)\Big)^2 = \frac{\det G^+}{\det G}.$$

b. $\vec{\mathbf{x}}_0$ 到由 $\vec{\mathbf{x}}_1$ 与 $\vec{\mathbf{x}}_2$(在边注中定义) 生成的平面 M 之间的距离是多少?

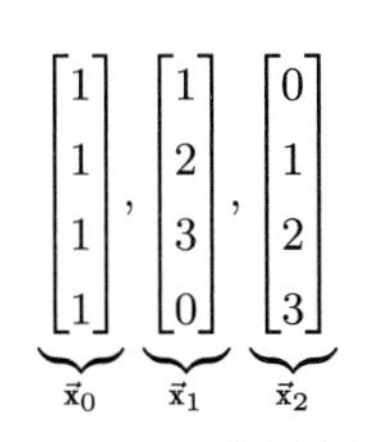

$$\underbrace{\begin{bmatrix}1\\1\\1\\1\end{bmatrix}}_{\vec{\mathbf{x}}_0}, \underbrace{\begin{bmatrix}1\\2\\3\\0\end{bmatrix}}_{\vec{\mathbf{x}}_1}, \underbrace{\begin{bmatrix}0\\1\\2\\3\end{bmatrix}}_{\vec{\mathbf{x}}_2}$$

练习 5.10 b 中的向量.

第 6 章 形式和向量微积分

梯度是 1–形式吗? 为什么是这样? 我们不是总把梯度作为一个向量吗?
确实是的, 但只是因为我们不熟悉更为合适的 1–形式的概念.
—— C. Misner, K.S. Thorne, J. Wheeler, *Gravitation*

6.0 引 言

真正使得微积分可以使用的是微积分基本定理: 与速率有关的微分, 与面积有关的积分, 在一定意义上是互逆的运算.

我们想要把微积分基本定理推广到更高的维度上. 不幸的是, 我们不能利用在第 4 章和第 5 章用 $|\mathrm{d}^n\mathbf{x}|$ 积分的技术做到这一点. 做不到的原因是 $|\mathrm{d}^n\mathbf{x}|$ 总是返回一个正数; 它不关心所积分的子集的方向, 而不像一维微积分上的 $\mathrm{d}x$ 满足:

$$\int_a^b f(x)\,\mathrm{d}x = -\int_b^a f(x)\,\mathrm{d}x. \tag{6.0.1}$$

在单变量微积分中, 标准的被积函数 (integrand) $f(x)\,\mathrm{d}x$ 取定义域中的一小段区间 $[x_i, x_{i+1}]$, 并返回一个数

$$f(x_i)(x_{i+1}-x_i),$$

即高为 $f(x_i)$, 宽为 $x_{i+1}-x_i$ 的矩形的面积. 注意 $\mathrm{d}x$ 返回 $x_{i+1}-x_i$, 而不是 $|x_{i+1}-x_i|$; 这就解释了等式 (6.0.1).

由于方向相反而产生的相互抵消使得微积分基本定理成为可能. 要得到在更高维度上的微积分基本定理, 我们需要定义更高维度上的方向, 需要一个能够在积分域的一个方向上积分时给出一个数, 而在相反方向上积分时给出相反数的被积函数.

在第 4 章, 我们研究了被积函数 $|\mathrm{d}^n\mathbf{x}|$, 它取一个 (平坦的) 子集 $A \subset \mathbb{R}^n$, 返回其 n 维体积. 在第 5 章, 我们演示说明了如何通过在 (弯曲的)$\mathbb{R}^n$ 中的一个 k 维流形上积分来计算其 k 维体积. 这样的被积函数没有提到小片的方向.

因此, 在更高维度上的方向必须这样定义: 对方向的选择总是在一个方向和与它相反的方向中做出选择. 显然, 你可以通过在曲线上画箭头来给一条曲线确定方向; 方向意味着, 你沿着什么方向在曲线上移动, 是沿着箭头方向还是沿着与其相反的方向? 对于 $\mathbb{R}^3$ 中的一个曲面, 方向是所指定的穿过曲面的方向, 比如, "从内到外" 或者 "从外到内" 穿过球面. 这两个方向的概念, 对于一条曲线或者一个曲面, 实际上是同一个概念的两个实例: 我们将提供定向的一个定义, 它包含这两种情况, 也包含其他的情况 (包括 0–形式, 或者点, 这些在其他对方向的处理方法中可能没有被考虑进去).

微分形式是张量的一个特殊情况. 流形上的一个*张量*(tensor)是 "从切向量以及切向量的对应的事物, 你所能建立起来的任何东西": 向量场是一个张量, 切向量上的二次型也是.

尽管张量微积分是个强大的工具, 尤其是在计算中, 但我们发现谈到张量会倾向于让我们所讨论的对象的性质变得模糊.

一旦我们决定了如何给我们的目标确定方向, 就必须选取*被积函数*: 一个可以给定义域中的小片分配很小的数的数学对象. 如果我们愿意把研究对象限定在 $\mathbb{R}^2$ 和 $\mathbb{R}^3$ 中, 就可以使用向量微积分的技术. 但我们并不这样做, 而是将使用*形式*(form), 也被称为*微分形式*(differential form). 形式使得把微分和微积分基本定理做统一处理成为可能: 一个算子 (*外导数*(exterior derivative)) 可以被用在所有维度下, 一个简短且优雅的陈述 (推广的斯托克斯定理) 把微积

分基本定理推广到了所有的维度上. 作为对比, 向量微积分对于每个它所能使用的维度, 都要求有特殊的公式、算子和定理.

但是向量微积分的语言被用在了很多学科的课程中, 尤其是在本科阶段. 此外, 向量微积分中的函数和向量场比形式更直观. 向量场是一个我们可以描绘的对象, 如图 6.0.1 所示. 要得到形式中的项需要付出更多的努力; 我们不能给你画一个形式的图像. 如我们将要看到的, 一个 k–形式是像行列式一样的东西: 它输入 k 个向量, 反复修改直到它变成一个方形矩阵, 然后计算其行列式.

基于这两个原因, 我们专门用三节的篇幅来在形式和向量微积分之间进行转换: 6.5 节把 $\mathbb{R}^3$ 上的形式和函数以及向量场关联了起来, 6.8 节证明了我们用形式定义的外导数在向量微积分中具有三个独立的化身: grad, curl 和 div. 6.11 节证明了如何将斯托克斯定理在形式语言中单一的陈述变成向量微积分语言中四个更加复杂的陈述.

在 6.9 节, 我们讨论了形式场的**回调**(pullback), 它描述了在变量变换下被积函数如何变化.

因为形式在任何维度下都有效, 所以它是处理电磁学和相对论这两个本质就是四维的“高冷”的主题的天然方法. 电磁学是 6.12 节的主题. 6.13 节引入**锥算子**(cone operator) 来处理势, 该算子具有足够的普遍性, 可应用于电磁学.

我们从引入形式开始; 我们将看到 (6.2 节) 如何在触及 6.3 节和 6.4 节的定向的问题之前, 在参数化的域上对形式 (带有固有定向的域) 进行积分.

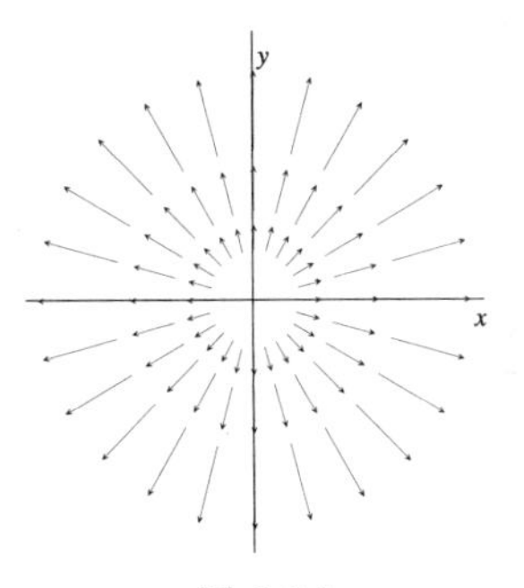

图 6.0.1
径向向量场

$$\vec{F}\begin{pmatrix}x\\y\end{pmatrix}=\begin{bmatrix}x\\y\end{bmatrix}.$$

行列式和 k–形式之间的重要区别是, $\mathbb{R}^n$ 上的 k–形式是 k 个向量的函数, 而 $\mathbb{R}^n$ 上的行列式是 n 个向量的函数; 行列式只对方形矩阵有定义.

6.12 节利用形式对电磁学进行了宏大的处理; 我们将看到麦克斯韦定律可以用优雅的形式写出来:

$$\mathbf{d}\mathbb{F}=0,\ \mathbf{d}\mathbb{M}=4\pi\mathbb{J}.$$

我们对形式的处理, 尤其是外导数, 受到了 Vladimir Arnold 的书 *Mathematical Methods of Classical Mechanics* 的影响.

6.1 $\mathbb{R}^n$ 上的形式

在 4.8 节, 我们看到, 行列式是 $\mathbb{R}^n$ 中在标准基向量上给出 1 的反对称和多线性的唯一的 n 个向量的函数. 由于 4.9 节所描述的行列式和体积之间的联系, 行列式对于多重积分中的换元是很基本的, 如我们在 4.10 节所见到的.

这里, 我们将要研究 $\mathbb{R}^n$ 中的 k 个向量的多线性反对称函数, 其中 $k \geqslant 0$, 可以是任意整数, 尽管我们将要看到唯一有意思的情况是在 $k \leqslant n$ 的时候. 它再一次与体积有着紧密的联系; 这些东西, 被称为**形式**或者**k–形式**(k–form), 是在定向的 k 维域上积分时的正确的被积函数.

定义 6.1.1 实际上就是一个常数 k–形式的定义. 在这一节, 我们主要讨论**常数k–形式**的代数, 我们将其称为形式. 在这一章的后面, 我们将使用**k–形式场**(k–form field), 它在每个点上都有一个 k–形式; 见定义 6.1.16. 常数形式和形式场之间的关系与数和函数之间的关系是相同的.

定义 6.1.1 ($\mathbb{R}^n$ 上的 k–形式). $\mathbb{R}^n$ 上的 k–形式是一个函数 φ, 它输入 $\mathbb{R}^n$ 中的 k 个向量, 返回一个数 $\varphi(\vec{\mathbf{v}}_1,\cdots,\vec{\mathbf{v}}_k)$, 使得 φ 作为向量的函数是多线性和反对称的.

数值 k 称为形式的**阶**(degree).

下面是一个基本的例子.

例 6.1.2 (k–形式). 令 $i_1,\cdots,i_k$ 为 1 和 n 之间的任意 k 个整数. 则 k–形式 $\mathrm{d}x_{i_1}\wedge\cdots\wedge\mathrm{d}x_{i_k}$ 是 $\mathbb{R}^n$ 中的 k 个向量 $\vec{\mathbf{v}}_1,\cdots,\vec{\mathbf{v}}_k$ 的函数, 它把这些向量并列排列, 构成 $n\times k$ 的矩阵

$$\begin{bmatrix}v_{1,1}&\cdots&v_{1,k}\\\vdots&&\vdots\\v_{n,1}&\cdots&v_{n,k}\end{bmatrix},\tag{6.1.1}$$

反对称

如果交换 φ 的任意两个输入, 则会改变 φ 的符号:

$$\varphi(\vec{\mathbf{v}}_1,\cdots,\vec{\mathbf{v}}_i,\cdots,\vec{\mathbf{v}}_j,\cdots,\vec{\mathbf{v}}_k) = -\varphi(\vec{\mathbf{v}}_1,\cdots,\vec{\mathbf{v}}_j,\cdots,\vec{\mathbf{v}}_i,\cdots,\vec{\mathbf{v}}_k).$$

多线性

如果 φ 是一个 k–形式, 且

$$\vec{\mathbf{v}}_i = a\vec{\mathbf{u}} + b\vec{\mathbf{v}},$$

则

$$\varphi(\vec{\mathbf{v}}_1,\cdots,(a\vec{\mathbf{u}}+b\vec{\mathbf{v}}),\cdots,\vec{\mathbf{v}}_k) = a\varphi(\vec{\mathbf{v}}_1,\cdots,\vec{\mathbf{v}}_{i-1},\vec{\mathbf{u}},\vec{\mathbf{v}}_{i+1},\cdots,\vec{\mathbf{v}}_k) + b\varphi(\vec{\mathbf{v}}_1,\cdots,\vec{\mathbf{v}}_{i-1},\vec{\mathbf{v}},\vec{\mathbf{v}}_{i+1},\cdots,\vec{\mathbf{v}}_k).$$

等式 (6.1.3): 注意到, 要给出一个 3–形式的例子, 我们必须加上第三个向量, 你不能在两个 (或者四个) 向量上计算 3–形式, 但你可以在 $\mathbb{R}^4$ 或者 $\mathbb{R}^{16}$ 中的两个向量上计算 2–形式 (如我们在等式 (6.1.2) 中所做的). 对于行列式不是这样的情况, 行列式是 $\mathbb{R}^n$ 中的 n 个向量的函数.

并且选出 k 行: 首先是第 i_1 行, 然后是第 i_2 行, 依此类推, 最后是第 i_k 行, 形成一个方形的 $k\times k$ 的矩阵, 然后计算其行列式. 例如

$$\underbrace{\mathrm{d}x_1\wedge\mathrm{d}x_2}_{2\text{–形式}}\left(\begin{bmatrix}1\\2\\-1\\1\end{bmatrix},\begin{bmatrix}3\\-2\\1\\2\end{bmatrix}\right) = \det\underbrace{\begin{bmatrix}1&3\\2&-2\end{bmatrix}}_{\substack{\text{原始矩阵的}\\\text{第一行和第二行}}} = -8, \tag{6.1.2}$$

$$\underbrace{\mathrm{d}x_1\wedge\mathrm{d}x_2\wedge\mathrm{d}x_4}_{3\text{–形式}}\left(\begin{bmatrix}1\\2\\-1\\1\end{bmatrix},\begin{bmatrix}3\\-2\\1\\2\end{bmatrix},\begin{bmatrix}0\\1\\2\\1\end{bmatrix}\right) = \det\begin{bmatrix}1&3&0\\2&-2&1\\1&2&1\end{bmatrix} = -7, \tag{6.1.3}$$

$$\underbrace{\mathrm{d}x_2\wedge\mathrm{d}x_1\wedge\mathrm{d}x_4}_{3\text{–形式}}\left(\begin{bmatrix}1\\2\\-1\\1\end{bmatrix},\begin{bmatrix}3\\-2\\1\\2\end{bmatrix},\begin{bmatrix}0\\1\\2\\1\end{bmatrix}\right) = \det\begin{bmatrix}2&-2&1\\1&3&0\\1&2&1\end{bmatrix} = 7. \quad \triangle$$

例 6.1.3 (0–形式). 定义 6.1.1 就算在 $k=0$ 的时候也是有意义的; $\mathbb{R}^n$ 上的一个 0–形式不输入任何向量, 但返回一个数. 换句话说, 它就是那个数. △

注释. 1. 目前, 把 $\mathrm{d}x_1\wedge\mathrm{d}x_2$ 或者 $\mathrm{d}x_1\wedge\mathrm{d}x_2\wedge\mathrm{d}x_4$ 这样的形式想成一项, 而不用担心分量的部分. 使用 "$\wedge$" 的原因将在这一节的最后来解释, 在那里我们讨论*楔积*(wedge product); 我们将看到在楔积中使用 "$\wedge$" 与其在这里的用法是一致的. 在 6.8 节, 我们将看到, 在这里的记号中使用的 d 与其用来表示*外导数*的用法是一致的.

2. 第 5 章的被积函数 $|\mathrm{d}^k\mathbf{x}|$ 也输入 $\mathbb{R}^n$ 中的 k 个向量, 并给出一个数:

$$|\mathrm{d}^k\mathbf{x}|(\vec{\mathbf{v}}_1,\cdots,\vec{\mathbf{v}}_k) = \sqrt{\det\left([\vec{\mathbf{v}}_1,\cdots,\vec{\mathbf{v}}_k]^{\mathrm{T}}[\vec{\mathbf{v}}_1,\cdots,\vec{\mathbf{v}}_k]\right)}. \tag{6.1.4}$$

但是这些被积函数既不是多线性的, 也不是反对称的. △

注意到, 当 $k>n$ 的时候, 在 $\mathbb{R}^n$ 上没有非零的 k–形式. 如果 $\vec{\mathbf{v}}_1,\cdots,\vec{\mathbf{v}}_k$ 是 $\mathbb{R}^n$ 中的向量, 且 $k>n$, 则向量不是线性无关的, 至少有一个向量是其他向量的线性组合, 比如

$$\vec{\mathbf{v}}_k = \sum_{i=1}^{k-1} a_i\vec{\mathbf{v}}_i. \tag{6.1.5}$$

那么, 如果 φ 是 $\mathbb{R}^n$ 上的一个 k–形式, 在 $\vec{\mathbf{v}}_1,\cdots,\vec{\mathbf{v}}_k$ 上取值, 则将给出

$$\varphi(\vec{\mathbf{v}}_1,\cdots,\vec{\mathbf{v}}_k) = \varphi\left(\vec{\mathbf{v}}_1,\cdots,\sum_{i=1}^{k-1}a_i\vec{\mathbf{v}}_i\right) = \sum_{i=1}^{k-1}a_i\varphi(\vec{\mathbf{v}}_1,\cdots,\vec{\mathbf{v}}_{k-1},\vec{\mathbf{v}}_i). \tag{6.1.6}$$

右边的和的第一项是 $a_1\varphi(\vec{\mathbf{v}}_1,\cdots,\vec{\mathbf{v}}_{k-1},\vec{\mathbf{v}}_1)$, 第二项是 $a_2\varphi(\vec{\mathbf{v}}_1,\cdots,\vec{\mathbf{v}}_{k-1},\vec{\mathbf{v}}_2)$, 依

此类推; 每一项在 k 个向量上计算 φ, 其中的两个向量是相等的, 所以 (根据反对称性)k–形式返回 0.

k–形式的几何意义

在向量 $\vec{\mathbf{a}}, \vec{\mathbf{b}} \in \mathbb{R}^3$ 上计算 2–形式 $\mathrm{d}x_1 \wedge \mathrm{d}x_2$, 我们有

$$\mathrm{d}x_1 \wedge \mathrm{d}x_2 \left(\begin{bmatrix} a_1 \\ a_2 \\ a_3 \end{bmatrix}, \begin{bmatrix} b_1 \\ b_2 \\ b_3 \end{bmatrix} \right) = \det \begin{bmatrix} a_1 & b_1 \\ a_2 & b_2 \end{bmatrix} = a_1 b_2 - a_2 b_1. \tag{6.1.7}$$

除了想象把 $\vec{\mathbf{a}}$ 和 $\vec{\mathbf{b}}$ 投影到平面上得到公式 (6.1.8) 的向量, 我们还可以想象把由 $\vec{\mathbf{a}}$ 和 $\vec{\mathbf{b}}$ 生成的平行四边形投影到平面上得到由公式 (6.1.8) 的向量生成的平行四边形.

如果我们把 $\vec{\mathbf{a}}$ 和 $\vec{\mathbf{b}}$ 投影到 (x_1, x_2) 平面上, 则得到向量

$$\begin{bmatrix} a_1 \\ a_2 \end{bmatrix} \text{ 和 } \begin{bmatrix} b_1 \\ b_2 \end{bmatrix}; \tag{6.1.8}$$

等式 (6.1.7) 中的行列式给出了*由公式 (6.1.8) 中的向量生成的平行四边形的带符号的面积*.

> 因此, $\mathrm{d}x_1 \wedge \mathrm{d}x_2$ 应该可以被称为带符号的面积的 (x_1, x_2)–分量. 类似地, $\mathrm{d}x_2 \wedge \mathrm{d}x_3$ 和 $\mathrm{d}x_1 \wedge \mathrm{d}x_3$ 应该可以被称为带符号的面积的 (x_2, x_3)–分量和 (x_1, x_3)–分量.

我们现在可以在几何上解读等式 (6.1.2) 和等式 (6.1.3). 2–形式 $\mathrm{d}x_1 \wedge \mathrm{d}x_2$ 告诉我们, 由等式 (6.1.2) 中的两个向量生成的平行四边形的带符号的面积的 (x_1, x_2)–分量为 -8. 3–形式 $\mathrm{d}x_1 \wedge \mathrm{d}x_2 \wedge \mathrm{d}x_4$ 告诉我们, 由等式 (6.1.3) 中的三个向量生成的带符号的体积的 (x_1, x_2, x_4)–分量为 -7.

类似地, 1–形式 $\mathrm{d}x$ 给出了一个向量的带符号的长度的 x–分量, 而 $\mathrm{d}y$ 给出了其 y–分量:

$$\mathrm{d}x \left(\begin{bmatrix} 2 \\ -3 \\ 1 \end{bmatrix} \right) = \det 2 = 2, \ \mathrm{d}y \left(\begin{bmatrix} 2 \\ -3 \\ 1 \end{bmatrix} \right) = \det(-3) = -3. \tag{6.1.9}$$

更一般地 (以及 k–形式的一个优点是它们可以轻而易举地推广到更高的维度上), 我们看到

$$\mathrm{d}x_i \left(\begin{bmatrix} v_1 \\ \vdots \\ v_n \end{bmatrix} \right) = \det[v_i] = v_i \tag{6.1.10}$$

是 $\vec{\mathbf{v}}$ 的带符号的长度的第 i 个分量, 且在 $(\vec{\mathbf{v}}_1, \cdots, \vec{\mathbf{v}}_k)$ 上计算

$$\mathrm{d}x_{i_1} \wedge \cdots \wedge \mathrm{d}x_{i_k}, \tag{6.1.11}$$

给出了由 $\vec{\mathbf{v}}_1, \cdots, \vec{\mathbf{v}}_k$ 生成的 k–平行四边形的带符号的 k 维体积的 $(x_{i_1}, \cdots, x_{i_k})$–分量.

图 6.1.1 给出了一个由两个锚定在 $\begin{pmatrix}1\\2\\1.5\end{pmatrix}$ 的向量 $\vec{\mathbf{v}}_1$ 和 $\vec{\mathbf{v}}_2$ 生成的平行四边形 P, 以及 P 在 (x,y) 平面上的投影 P_3, 在 (x,z) 平面上的投影 P_2, 以及在 (y,z) 平面上的投影 P_1. 在 $\vec{\mathbf{v}}_1$ 和 $\vec{\mathbf{v}}_2$ 上计算 $\mathrm{d}x\wedge\mathrm{d}y$ 给出 P_3 的带符号的面积, 而 $\mathrm{d}x\wedge\mathrm{d}z$ 给出 P_2 的带符号的面积, $\mathrm{d}y\wedge\mathrm{d}z$ 给出 P_1 的带符号的面积. 注意, 虽然我们把一个 k–形式定义为 k 个向量的函数, 但我们也可以把它想成由这 k 个向量生成的 k–平行四边形的函数.

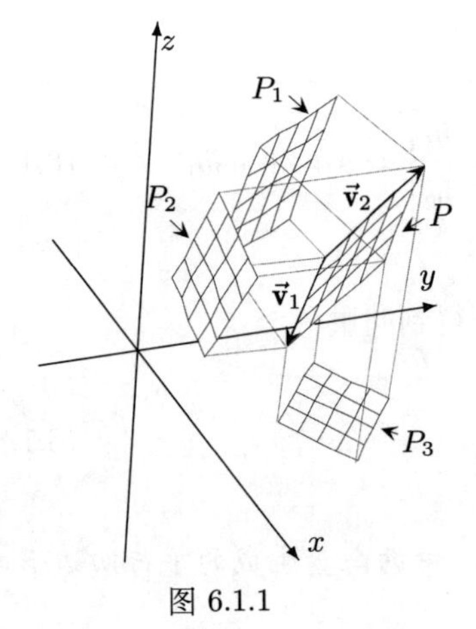

图 6.1.1

由

$$\vec{\mathbf{v}}_1=\begin{bmatrix}1\\-1\\-0.5\end{bmatrix},\ \vec{\mathbf{v}}_2=\begin{bmatrix}1\\0.5\\1.5\end{bmatrix}$$

生成的平行四边形 P 及其在 (x,y) 平面上的投影 (P_3), 在 (x,z) 平面上的投影 (P_2), 在 (y,z) 平面上的投影 (P_1).

在 $\vec{\mathbf{v}}_1,\vec{\mathbf{v}}_2$ 上计算适当的 2–形式, 给出这些投影的面积:

$$\mathrm{vol}_2P_1=\mathrm{d}y\wedge\mathrm{d}z(\vec{\mathbf{v}}_1,\vec{\mathbf{v}}_2)=-5/4,$$
$$\mathrm{vol}_2P_2=\mathrm{d}x\wedge\mathrm{d}z(\vec{\mathbf{v}}_1,\vec{\mathbf{v}}_2)=2,$$
$$\mathrm{vol}_2P_3=\mathrm{d}x\wedge\mathrm{d}y(\vec{\mathbf{v}}_1,\vec{\mathbf{v}}_2)=3/2.$$

利用这些几何上的描述, 当 $k>n$ 时, 不存在非零的 k–形式的这个陈述就来得不令人惊讶了: 你应当期待 $\mathbb{R}^2$ 中的任何三维体积都为 0, 更一般地, 在 $k>n$ 的时候, $\mathbb{R}^n$ 中的任意 k 维体积为 0.

基本形式

在表达式 $\mathrm{d}x_{i_1}\wedge\cdots\wedge\mathrm{d}x_{i_k}$ 中有大量的冗余. 考虑 $\mathrm{d}x_1\wedge\mathrm{d}x_3\wedge\mathrm{d}x_1$. 这个 3–形式把 $\mathbb{R}^n$ 中的三个向量排列在一起形成一个 $n\times 3$ 的矩阵, 选取第一行, 然后第三行, 再选取第一行, 形成一个 3×3 的矩阵, 取它的行列式. 这个行列式总是 0. (你看到为什么了吗?[1])

但是 $\mathrm{d}x_1\wedge\mathrm{d}x_3\wedge\mathrm{d}x_1$ 并不是书写输入三个向量返回 0 的形式的唯一方法; $\mathrm{d}x_1\wedge\mathrm{d}x_1\wedge\mathrm{d}x_3$ 和 $\mathrm{d}x_2\wedge\mathrm{d}x_3\wedge\mathrm{d}x_3$ 也可以. 实际上, 如果 $i_1,\cdots,i_k$ 中的任意两个指标相等, 则 $\mathrm{d}x_{i_1}\wedge\cdots\wedge\mathrm{d}x_{i_k}=0$.

下面, 考虑 $\mathrm{d}x_1\wedge\mathrm{d}x_3$ 和 $\mathrm{d}x_3\wedge\mathrm{d}x_1$. 当这些形式在 $\vec{\mathbf{a}}=\begin{bmatrix}a_1\\\vdots\\a_n\end{bmatrix}$ 和 $\vec{\mathbf{b}}=\begin{bmatrix}b_1\\\vdots\\b_n\end{bmatrix}$ 上取值的时候, 我们发现

$$\mathrm{d}x_1\wedge\mathrm{d}x_3(\vec{\mathbf{a}},\vec{\mathbf{b}})=\det\begin{bmatrix}a_1&b_1\\a_3&b_3\end{bmatrix}=a_1b_3-a_3b_1,$$

$$\mathrm{d}x_3\wedge\mathrm{d}x_1(\vec{\mathbf{a}},\vec{\mathbf{b}})=\det\begin{bmatrix}a_3&b_3\\a_1&b_1\end{bmatrix}=a_3b_1-a_1b_3. \tag{6.1.12}$$

显然, $\mathrm{d}x_1\wedge\mathrm{d}x_3=-\mathrm{d}x_3\wedge\mathrm{d}x_1$; 这两个 2–形式, 在同样的两个向量上取值的时候, 总是返回相反的结果.

回忆到一个置换 σ 的表征被记作 $\mathrm{sgn}(\sigma)$; 见定理和定义 4.8.11. 定理 4.8.12 给出了一个利用这个表征计算行列式的公式.

更一般地, 如果 $i_1,\cdots,i_k$ 和 $j_1,\cdots,j_k$ 是相同的整数, 只是顺序不同, 使得 $j_1=i_{\sigma(1)},j_2=i_{\sigma(2)},\cdots,j_k=i_{\sigma(k)}$, 即 σ 为 $\{1,2,\cdots,k\}$ 的某个置换, 则

$$\mathrm{d}x_{j_1}\wedge\cdots\wedge\mathrm{d}x_{j_k}=\mathrm{sgn}(\sigma)\,\mathrm{d}x_{i_1}\wedge\cdots\wedge\mathrm{d}x_{i_k}. \tag{6.1.13}$$

实际上, $\mathrm{d}x_{j_1}\wedge\cdots\wedge\mathrm{d}x_{j_k}$ 与 $\mathrm{d}x_{i_1}\wedge\cdots\wedge\mathrm{d}x_{i_k}$ 计算的是同样的矩阵的行列式, 只是行被 σ 给置换了. 例如

$$\mathrm{d}x_1\wedge\mathrm{d}x_2\wedge\mathrm{d}x_3=\mathrm{d}x_2\wedge\mathrm{d}x_3\wedge\mathrm{d}x_1=\mathrm{d}x_3\wedge\mathrm{d}x_1\wedge\mathrm{d}x_2. \tag{6.1.14}$$

我们将发现定义一类特殊的 k–形式 (即基本 k–形式) 是有用的, 它可以避免这

[1] 包含两个相同的列的方形矩阵的行列式总是 0, 因为交换这两列会改变行列式的符号, 但又保持其不变. 因为 (定理 4.8.8) $\det A=\det A^{\mathrm{T}}$, 如果一个矩阵的两行相等, 则其行列式也是 0.

种烦琐的重复.

定义 6.1.4: 把脚标按照递增的顺序来写, 对于任意不同的整数 $j_1, \cdots, j_k$ 的集合, 都会选出一个特定的置换. 例如, 如果 $n=4, k=3$, 则 $1 \leqslant i_1 < \cdots < i_k \leqslant n$ 为集合

$$\{(i_1=1, i_2=2, i_3=3),$$
$$(i_1=1, i_2=2, i_3=4),$$
$$(i_1=1, i_2=3, i_3=4),$$
$$(i_1=2, i_2=3, i_3=4)\},$$

对应于

$$\mathrm{d}x_1 \wedge \mathrm{d}x_2 \wedge \mathrm{d}x_3,$$
$$\mathrm{d}x_1 \wedge \mathrm{d}x_2 \wedge \mathrm{d}x_4,$$

等等. k–形式

$$\mathrm{d}x_2 \wedge \mathrm{d}x_1 \wedge \mathrm{d}x_3$$

存在, 但是它不是基本 k–形式,

定义 6.1.4 ($\mathbb{R}^n$ 上的基本 k–形式). $\mathbb{R}^n$ 上的基本 k–形式为以下形式的表达式

$$\mathrm{d}x_{i_1} \wedge \cdots \wedge \mathrm{d}x_{i_k}, \tag{6.1.15}$$

其中 $1 \leqslant i_1 < \cdots < i_k \leqslant n$. 在向量 $\vec{\mathbf{v}}_1, \cdots, \vec{\mathbf{v}}_k$ 上计算, 它给出通过选取各个列为 $\vec{\mathbf{v}}_1, \cdots, \vec{\mathbf{v}}_k$ 的矩阵的第 $i_1, \cdots, i_k$ 行得到的 $k \times k$ 矩阵的行列式. 唯一的基本 0–形式为记作 1 的形式, 它在 0 个向量上计算数值, 返回 1.

我们看到, 在 $k > n$ 的时候, 在 $\mathbb{R}^n$ 上不存在非零的 k–形式; 并不令人惊讶的是, 当 $k > n$ 的时候, 不存在 $\mathbb{R}^n$ 上的基本 k–形式. (当 $k > n$ 的时候没有基本 k–形式是 "鸽笼原理 (抽屉原理)" 的一个例子: 如果超过 n 只鸽子被放进 n 个洞中, 则有一个洞至少有两只鸽子. 这里, 我们需要在 1 和 n 之间选出超过 n 个不同的整数.)

所有的形式都是基本形式的线性组合

我们说过 $\mathrm{d}x_{i_1} \wedge \cdots \wedge \mathrm{d}x_{i_k}$ 是一个 k–形式的基本例子. 现在我们将通过证明任意的 k–形式都是基本 k–形式的线性组合来解释这个陈述. 下面的定义说明, 谈论这样的线性组合是有意义的: 我们可以把 k–形式相加, 并且以显然的方式将它们与标量相乘.

k–形式相加

$$3\,\mathrm{d}x \wedge \mathrm{d}y + 2\,\mathrm{d}x \wedge \mathrm{d}y = 5\,\mathrm{d}x \wedge \mathrm{d}y,$$
$$\mathrm{d}x \wedge \mathrm{d}y + \mathrm{d}y \wedge \mathrm{d}x = 0.$$

定义 6.1.5 (k–形式的加法). 令 φ 和 ψ 为两个 k–形式. 则

$$(\varphi + \psi)(\vec{\mathbf{v}}_1, \cdots, \vec{\mathbf{v}}_k) \stackrel{\text{def}}{=} \varphi(\vec{\mathbf{v}}_1, \cdots, \vec{\mathbf{v}}_k) + \psi(\vec{\mathbf{v}}_1, \cdots, \vec{\mathbf{v}}_k). \tag{6.1.16}$$

k–形式乘上标量

$$5(\mathrm{d}x \wedge \mathrm{d}y + 2\,\mathrm{d}x \wedge \mathrm{d}z)$$
$$= 5\,\mathrm{d}x \wedge \mathrm{d}y + 10\,\mathrm{d}x \wedge \mathrm{d}z.$$

定义 6.1.6 (k–形式与标量的乘法). 如果 φ 为一个 k–形式, a 是一个标量, 则

$$(a\varphi)(\vec{\mathbf{v}}_1, \cdots, \vec{\mathbf{v}}_k) \stackrel{\text{def}}{=} a\big(\varphi(\vec{\mathbf{v}}_1, \cdots, \vec{\mathbf{v}}_k)\big). \tag{6.1.17}$$

说 $\mathbb{R}^n$ 上的 k–形式的空间是向量空间 (定义 2.6.1) 的意思是 k–形式可以以我们熟悉的方式进行运算, 例如, 对于标量 α, β, 有

$$\alpha(\beta\varphi) = (\alpha\beta)\varphi$$
(乘法结合律),
$$(\alpha + \beta)\varphi = \alpha\varphi + \beta\varphi$$
(标量加法的分配律),
$$\alpha(\varphi + \psi) = \alpha\varphi + \alpha\psi$$
(形式加法的分配律).

当 $k = n$ 的时候, 定理 6.1.8 就是定理和定义 4.8.1, 说的是, 行列式是唯一的从 $(\mathbb{R}^n)^n$ 到 $\mathbb{R}$, 且满足多重线性、反对称和标准化的函数.

利用这些定义, $\mathbb{R}^n$ 上的 k–形式的空间是一个向量空间. 基本 k–形式构成这个空间的一组基.

定义 6.1.7 ($A_c^k(\mathbb{R}^n)$). $\mathbb{R}^n$ 上的 k–形式的空间记作 $A_c^k(\mathbb{R}^n)$.

我们使用标记 A_c^k 是因为我们需要把 A^k 的记号保留给*形式场*的空间 (定义 6.1.16). A_c^k 中的 c 表示 "常数": $A_c^k(\mathbb{R}^n)$ 的元素可以被想成常数形式场.

定理 6.1.8 (基本 k–形式是 $A_c^k(\mathbb{R}^n)$ 的一组基). 基本 k–形式是 $A_c^k(\mathbb{R}^n)$ 的一组基: 每个 k–形式可以被唯一地写为

$$\varphi = \sum_{1 \leqslant i_1 < \cdots < i_k \leqslant n} a_{i_1 \cdots i_k}\, \mathrm{d}x_{i_1} \wedge \cdots \wedge \mathrm{d}x_{i_k}, \tag{6.1.18}$$

其中的系数 $a_{i_1\cdots i_k}$ 由下式给出

$$a_{i_1\cdots i_k}=\varphi(\vec{\mathbf{e}}_{i_1},\cdots,\vec{\mathbf{e}}_{i_k}). \tag{6.1.19}$$

注释. 在 1.3 节, 我们看到一个矩阵 T 的第 i 列由 $T\vec{\mathbf{e}}_i$ 给出: 一旦我们知道一个线性变换对于标准基向量的作用, 就可以推导出它对其定义域中的任意向量的作用.

等式 (6.1.19) 指出了关于 k–形式的一些类似的情况: 一旦我们知道了 $\mathbb{R}^n$ 上的一个 k–形式在适当的标准基向量上计算时返回什么, 就知道了它在任意的 k 个向量上计算时会返回什么, 因为知道了系数就允许我们写出形式的完整的细节. 我们用 "适当的" 的意思是 $\mathbb{R}^n$ 中的所有 k 个标准基向量以递增的顺序列出: 对于 $\mathbb{R}^2$ 上的 2–形式, 就是 $(\vec{\mathbf{e}}_1,\vec{\mathbf{e}}_2)$; 对于 $\mathbb{R}^3$ 上的 3–形式, 为 $(\vec{\mathbf{e}}_1,\vec{\mathbf{e}}_2)$,$(\vec{\mathbf{e}}_1,\vec{\mathbf{e}}_3)$,$(\vec{\mathbf{e}}_2,\vec{\mathbf{e}}_3)$. △

例 6.1.9: 函数 $W_{\vec{\mathbf{v}}}(\vec{\mathbf{w}})=\vec{\mathbf{v}}\cdot\vec{\mathbf{w}}$ 是 $\mathbb{R}^n$ 中的一个 1–形式, 因为它是一个向量的函数, 并且它作为 $\vec{\mathbf{w}}$ 的函数是线性的. 它是反对称的要求被自动满足了, 因为它只是一个向量的函数. 我们将在定义 6.5.1 中再一次遇到这个函数, 在那里我们将看到它是一个向量场的功形式.

例 6.1.9 (找到一个 1–形式的系数). 由 $W_{\vec{\mathbf{v}}}(\vec{\mathbf{w}})=\vec{\mathbf{v}}\cdot\vec{\mathbf{w}}$ 确定的函数是 $\mathbb{R}^n$ 上的一个 1–形式 (见边注), 其中的固定的向量 $\vec{\mathbf{v}}$ 和变量 $\vec{\mathbf{w}}$ 都是 $\mathbb{R}^n$ 中的元素. 因此, 定理 6.1.8 说明, 它可以写成基本 1–形式的线性组合, 形式为

$$W_{\vec{\mathbf{v}}}=a_1\,\mathrm{d}x_1+\cdots+a_n\,\mathrm{d}x_n. \tag{6.1.20}$$

a_i 由等式 (6.1.19) 给出: $a_i=W_{\vec{\mathbf{v}}}(\vec{\mathbf{e}}_i)=\vec{\mathbf{v}}\cdot\vec{\mathbf{e}}_i=v_i$. 因此

$$W_{\vec{\mathbf{v}}}=v_1\,\mathrm{d}x_1+\cdots+v_n\,\mathrm{d}x_n,\ W_{\vec{\mathbf{v}}}(\vec{\mathbf{w}})=v_1w_1+\cdots+v_nw_n. \qquad \triangle \tag{6.1.21}$$

定理 6.1.8 的证明: 首先我们利用 $\mathbb{R}^3$ 上的一个 2–形式 φ 来解释我们的陈述: 一个 k–形式可以由它对标准基向量的作用完全确定. 计算在除了第一个以外的所有等式上都用到了多线性; 在最后一个等式上用到了反对称性:

$$\begin{aligned}
&\varphi\left(\underbrace{\begin{bmatrix}v_1\\v_2\\v_3\end{bmatrix}}_{\vec{\mathbf{v}}},\underbrace{\begin{bmatrix}w_1\\w_2\\w_3\end{bmatrix}}_{\vec{\mathbf{w}}}\right)\\
\underset{1}{=}\;&\varphi(\underbrace{v_1\vec{\mathbf{e}}_1+v_2\vec{\mathbf{e}}_2+v_3\vec{\mathbf{e}}_3}_{\vec{\mathbf{v}}},\underbrace{w_1\vec{\mathbf{e}}_1+w_2\vec{\mathbf{e}}_2+w_3\vec{\mathbf{e}}_3}_{\vec{\mathbf{w}}})\\
=\;&\varphi(v_1\vec{\mathbf{e}}_1,\underbrace{w_1\vec{\mathbf{e}}_1+w_2\vec{\mathbf{e}}_2+w_3\vec{\mathbf{e}}_3}_{\vec{\mathbf{w}}})+\varphi(v_2\vec{\mathbf{e}}_2,\underbrace{w_1\vec{\mathbf{e}}_1+w_2\vec{\mathbf{e}}_2+w_3\vec{\mathbf{e}}_3}_{\vec{\mathbf{w}}})\\
&+\varphi(v_3\vec{\mathbf{e}}_3,\underbrace{w_1\vec{\mathbf{e}}_1+w_2\vec{\mathbf{e}}_2+w_3\vec{\mathbf{e}}_3}_{\vec{\mathbf{w}}})\\
=\;&\varphi(v_1\vec{\mathbf{e}}_1,w_1\vec{\mathbf{e}}_1)+\varphi(v_1\vec{\mathbf{e}}_1,w_2\vec{\mathbf{e}}_2)+\varphi(v_1\vec{\mathbf{e}}_1,w_3\vec{\mathbf{e}}_3)+\cdots(\text{一共 9 项})\\
\underset{2}{=}\;&\underbrace{v_1w_1\varphi(\vec{\mathbf{e}}_1,\vec{\mathbf{e}}_1)}_{0}+v_1w_2\varphi(\vec{\mathbf{e}}_1,\vec{\mathbf{e}}_2)+v_1w_3\varphi(\vec{\mathbf{e}}_1,\vec{\mathbf{e}}_3)+\underbrace{v_2w_1\varphi(\vec{\mathbf{e}}_2,\vec{\mathbf{e}}_1)}_{-v_2w_1\varphi(\vec{\mathbf{e}}_1,\vec{\mathbf{e}}_2)}\\
&+\cdots(\text{一共 9 项})\\
\underset{3}{=}\;&(v_1w_2-v_2w_1)\varphi(\vec{\mathbf{e}}_1,\vec{\mathbf{e}}_2)+(v_1w_3-v_3w_1)\varphi(\vec{\mathbf{e}}_1,\vec{\mathbf{e}}_3)\\
&+(v_2w_3-v_3w_2)\varphi(\vec{\mathbf{e}}_2,\vec{\mathbf{e}}_3).
\end{aligned} \tag{6.1.22}$$

等式 (6.1.22) 说明, 对于某些系数 d_1, d_2, d_3, 有

$$\varphi(\vec{\mathbf{v}},\vec{\mathbf{w}})=d_1\varphi(\vec{\mathbf{e}}_1,\vec{\mathbf{e}}_2)+d_2\varphi(\vec{\mathbf{e}}_1,\vec{\mathbf{e}}_3)+d_3\varphi(\vec{\mathbf{e}}_2,\vec{\mathbf{e}}_3);$$

φ 是由它对于 $\vec{\mathbf{e}}_1,\vec{\mathbf{e}}_2,\vec{\mathbf{e}}_3$ 的作用确定的. 系数 d_i 都是行列式; 例如

$$v_1w_2-v_2w_1=\det\begin{bmatrix}v_1&w_1\\v_2&w_2\end{bmatrix}.$$

现在, 考虑对于 $\mathbb{R}^n$ 上的一个 k–形式 φ 的相应计算, 其中的每个等式对应

于等式 (6.1.22) 中同样编号的等式:

$$\begin{aligned}
&\varphi(\vec{\mathbf{v}}_1,\cdots,\vec{\mathbf{v}}_k)\\
\underset{1}{=}\ &\varphi\left(\left(\sum_{i_1=1}^{n} v_{i_1,1}\vec{\mathbf{e}}_{i_1}\right),\left(\sum_{i_1=1}^{n} v_{i_2,2}\vec{\mathbf{e}}_{i_2}\right),\cdots,\left(\sum_{i_1=1}^{n} v_{i_k,k}\vec{\mathbf{e}}_{i_k}\right)\right)\\
\underset{2}{=}\ &\sum_{i_1=1}^{n}\sum_{i_2=1}^{n}\cdots\sum_{i_k=1}^{n} v_{i_1,1}\cdots v_{i_k,k}\varphi(\vec{\mathbf{e}}_{i_1},\cdots,\vec{\mathbf{e}}_{i_k}) \qquad (n^k\text{项}) \qquad (6.1.23)\\
\underset{3}{=}\ &\sum_{1\leqslant i_1<\cdots<i_k\leqslant n}\Bigg(\underbrace{\sum_{\sigma\in\mathrm{Perm}_k}(\operatorname{sgn}\sigma)v_{i_1,\sigma(1)}\cdots v_{i_k,\sigma(k)}}_{\text{根据定理 4.8.12, } k\times k\text{的矩阵的行列式}}\varphi(\vec{\mathbf{e}}_{i_1},\cdots,\vec{\mathbf{e}}_{i_k})\Bigg).
\end{aligned}$$

利用边注, 这就变成

$$\begin{aligned}
\varphi(\vec{\mathbf{v}}_1,\cdots,\vec{\mathbf{v}}_k) &= \sum_{1\leqslant i_1<\cdots<i_k\leqslant n} \mathrm{d}x_{i_1}\wedge\cdots\wedge\mathrm{d}x_{i_k}(\vec{\mathbf{v}}_1,\cdots,\vec{\mathbf{v}}_k)\underbrace{\varphi(\vec{\mathbf{e}}_{i_1},\cdots,\vec{\mathbf{e}}_{i_k})}_{a_{i_1\cdots i_k}}\\
&= \sum_{1\leqslant i_1<\cdots<i_k\leqslant n} a_{i_1\cdots i_k}\,\mathrm{d}x_{i_1}\wedge\cdots\wedge\mathrm{d}x_{i_k}(\vec{\mathbf{v}}_1,\cdots,\vec{\mathbf{v}}_k), \qquad (6.1.24)
\end{aligned}$$

从而就完成了证明. □

定理 6.1.10: 记住 $0!=1$. 当 $n=k$ 的时候, 空间 $A_c^k(\mathbb{R}^k)$ 是一条包含行列式的倍数的线, 因为 det 是 $\mathbb{R}^k$ 中唯一的满足多重线性、反对称和标准化的 k 个向量的函数; $A_c^k(\mathbb{R}^k)$ 的元素满足前两个性质.

定理 6.1.10 ($A_c^k(\mathbb{R}^n)$ 的维数). 空间 $A_c^k(\mathbb{R}^n)$ 的维数等于二项式系数

$$\binom{n}{k}=\frac{n!}{k!(n-k)!}. \qquad (6.1.25)$$

证明: 只要数一数基中的元素的个数就可以了: $\mathbb{R}^n$ 上的基本 k–形式. 二项式系数被称作 "n 选 k" 并非毫无意义. □

等式 (6.1.26): 对于一个给定的 n, 有同样个数的基本 k–形式和基本 $(n-k)$–形式, 这个事实可能看上去是个巧合, 但这样的代数上的 "巧合" 通常成为几何对称性的外在标志. 这个特别的巧合可由*庞加莱二元性*(Poincaré duality) 来解释: 一个 n 维的流形有同样个数的 k 维的洞和 $(n-k)$ 维的洞. (要看到这个联系需要用到一些高等的数学知识, 包括*星算子*(star operator).)

注意

$$\binom{n}{k}=\binom{n}{n-k}, \qquad (6.1.26)$$

因为每次你从 n 个中选取 k 个, 也就选取了余下的 $n-k$ 个.[2] 所以对于一个给定的 n, 有相同个数的基本 k–形式和基本 $(n-k)$–形式: $A_c^k(\mathbb{R}^n)$ 和 $A_c^{n-k}(\mathbb{R}^n)$ 有相同的维数. 这样, 在 $\mathbb{R}^3$ 中, 有一个基本 0–形式和一个基本 3–形式, 所以空间 $A_c^0(\mathbb{R}^3)$ 和 $A_c^3(\mathbb{R}^3)$ 可以被当作 $\mathbb{R}$.

在 $\mathbb{R}^3$ 上, 有三个基本 1–形式, 三个基本 2–形式, 所以空间 $A_c^1(\mathbb{R}^3)$ 和 $A_c^2(\mathbb{R}^3)$ 可以用 $\mathbb{R}^3$ 来表示.

例 6.1.11 ($A_c^k(\mathbb{R}^3)$ 的维数). 向量空间 $A_c^0(\mathbb{R}^3)$ 和 $A_c^3(\mathbb{R}^3)$ 的维数为 1, $A_c^1(\mathbb{R}^3)$ 和 $A_c^2(\mathbb{R}^3)$ 的维数为 3, 因为在 $\mathbb{R}^3$ 上, 我们有

$$\binom{3}{0}=\frac{3!}{0!3!}=1\ \text{个基本 0–形式}; \quad \binom{3}{1}=\frac{3!}{1!2!}=3\ \text{个基本 1–形式};$$

[2] 下面的计算也解释了这个等式:

$$\binom{n}{n-k}=\frac{n!}{(n-k)!(n-(n-k))!}=\frac{n!}{k!(n-k)!}.$$

$$\binom{3}{2} = \frac{3!}{2!1!} = 3 \text{ 个基本 2–形式}; \binom{3}{3} = \frac{3!}{3!0!} = 1 \text{ 个基本 3–形式}. \quad \triangle$$

楔积

我们用 “$\wedge$” 来书写形式. 现在我们将看到它的含义: 它表示*楔积*(wedge product), 也被称为*外积*(exterior product). 楔积是一个很混乱的东西: 一个对向量的不同 “重排” 的两个 k–形式的乘积的求和, 每一个根据置换的规则被分配上 “+” 或者 “−”. 图 6.1.2 解释了 “重排” 的含义.

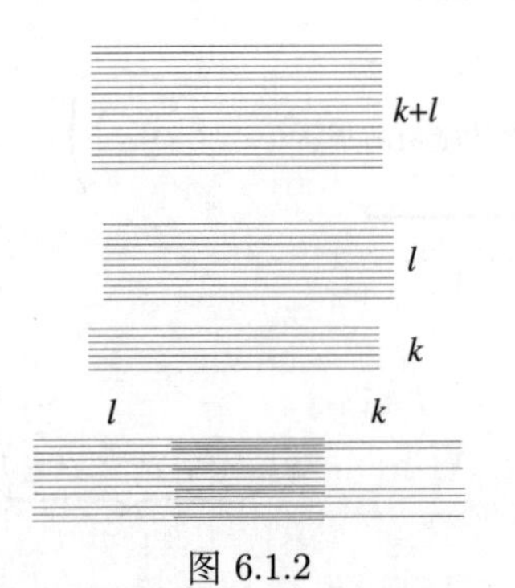

图 6.1.2

取一套 $k+l$ 张牌, 分成两个子套, 分别有 k 张和 l 张, 并且重排. 在子套中的牌的顺序保持不变.

定义 6.1.12 (楔积). 形式$\varphi \in A_c^k(\mathbb{R}^n)$ 和 $\omega \in A_c^l(\mathbb{R}^n)$ 的*楔积*是由下式定义的元素 $\varphi \wedge \omega \in A_c^{k+l}(\mathbb{R}^n)$:

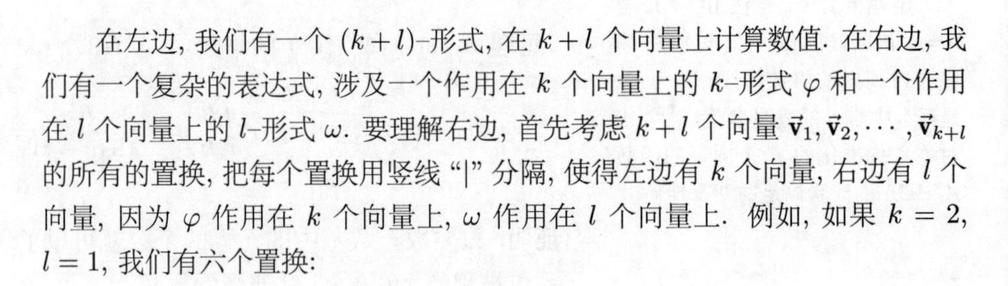

$$\overbrace{(\varphi\wedge\omega)(\vec{\mathbf{v}}_1,\vec{\mathbf{v}}_2,\cdots,\vec{\mathbf{v}}_{k+l})}^{\text{在}k+l\text{个向量上的楔积}} \overset{\text{def}}{=} \sum_{\text{“重排”}\sigma\in \mathrm{Perm}(k,l)} \mathrm{sgn}(\sigma)\varphi\underbrace{(\vec{\mathbf{v}}_{\sigma(1)},\cdots,\vec{\mathbf{v}}_{\sigma(k)})}_{k\text{个向量}}\omega\underbrace{(\vec{\mathbf{v}}_{\sigma(k+1)},\cdots,\vec{\mathbf{v}}_{\sigma(k+l)})}_{l\text{个向量}},$$

其中求和是对数字 $1, 2, \cdots, k+l$ 的所有满足 $\sigma(1) < \sigma(2) < \cdots < \sigma(k)$ 以及 $\sigma(k+1) < \cdots < \cdots < \sigma(k+l)$ 的置换进行的.

在左边, 我们有一个 $(k+l)$–形式, 在 $k+l$ 个向量上计算数值. 在右边, 我们有一个复杂的表达式, 涉及一个作用在 k 个向量上的 k–形式 φ 和一个作用在 l 个向量上的 l–形式 ω. 要理解右边, 首先考虑 $k+l$ 个向量 $\vec{\mathbf{v}}_1, \vec{\mathbf{v}}_2, \cdots, \vec{\mathbf{v}}_{k+l}$ 的所有的置换, 把每个置换用竖线 “|” 分隔, 使得左边有 k 个向量, 右边有 l 个向量, 因为 φ 作用在 k 个向量上, ω 作用在 l 个向量上. 例如, 如果 $k=2$, $l=1$, 我们有六个置换:

$$\vec{\mathbf{v}}_1\vec{\mathbf{v}}_2|\vec{\mathbf{v}}_3, \vec{\mathbf{v}}_1\vec{\mathbf{v}}_3|\vec{\mathbf{v}}_2, \vec{\mathbf{v}}_2\vec{\mathbf{v}}_3|\vec{\mathbf{v}}_1, \vec{\mathbf{v}}_2\vec{\mathbf{v}}_1|\vec{\mathbf{v}}_3, \vec{\mathbf{v}}_3\vec{\mathbf{v}}_2|\vec{\mathbf{v}}_1, \vec{\mathbf{v}}_3\vec{\mathbf{v}}_1|\vec{\mathbf{v}}_2. \tag{6.1.27}$$

只选取那些 k–形式的下标和 l–形式的下标分别独立地按照*递增*顺序排列的置换 (在上面, 前三个置换满足这个要求). 然后, 我们根据定理和定义 4.8.11 给出的规则, 为每个被选中的置换分配符号. 最后我们计算求和.

置换矩阵是在等式 (4.8.40) 中定义的. 更简单地, 我们注意到第一个置换涉及偶数 (0) 次交换, 或者*换位*(transposition), 所以表征是正的, 而第二个涉及奇数次 (1), 所以表征是负的.

0–形式 α 与 k–形式 ω 的楔积是 k–形式, $\alpha\wedge\omega = \alpha\omega$. 在这种情况下, 楔积与乘上一个数是相同的.

例 6.1.13 (两个 1–形式的楔积). 如果 φ 和 ω 都是 1–形式, 我们有两个置换, $\vec{\mathbf{v}}_1|\vec{\mathbf{v}}_2$ 和 $\vec{\mathbf{v}}_2|\vec{\mathbf{v}}_1$, 在我们的 “递增顺序” 的规则下都是允许的. 第一个的符号是正的, 因为 $(\vec{\mathbf{v}}_1, \vec{\mathbf{v}}_2) \to (\vec{\mathbf{v}}_1, \vec{\mathbf{v}}_2)$ 对应于置换矩阵 $\begin{bmatrix} 1 & 0 \\ 0 & 1 \end{bmatrix}$, 其行列式为 $+1$. 第二个的符号是负的, 因为 $(\vec{\mathbf{v}}_1, \vec{\mathbf{v}}_2) \to (\vec{\mathbf{v}}_2, \vec{\mathbf{v}}_1)$ 对应于置换矩阵 $\begin{bmatrix} 0 & 1 \\ 1 & 0 \end{bmatrix}$, 其行列式为 -1. 所以定义 6.1.12 给出

$$(\varphi\wedge\omega)(\vec{\mathbf{v}}_1, \vec{\mathbf{v}}_2) = \varphi(\vec{\mathbf{v}}_1)\omega(\vec{\mathbf{v}}_2) - \varphi(\vec{\mathbf{v}}_2)\omega(\vec{\mathbf{v}}_1). \tag{6.1.28}$$

这样, 2–形式

$$\mathrm{d}x_1 \wedge \mathrm{d}x_2(\vec{\mathbf{a}}, \vec{\mathbf{b}}) = \det \begin{bmatrix} a_1 & b_1 \\ a_2 & b_2 \end{bmatrix} = a_1b_2 - a_2b_1 \tag{6.1.29}$$

实际上等于 1–形式 $\mathrm{d}x_1$ 和 $\mathrm{d}x_2$ 的楔积, 它们在相同的两个向量上计算将给出

$$\mathrm{d}x_1 \wedge \mathrm{d}x_2(\vec{\mathbf{a}}, \vec{\mathbf{b}}) = \mathrm{d}x_1(\vec{\mathbf{a}})\,\mathrm{d}x_2(\vec{\mathbf{b}}) - \mathrm{d}x_1(\vec{\mathbf{b}})\,\mathrm{d}x_2(\vec{\mathbf{a}}) = a_1b_2 - a_2b_1. \quad (6.1.30)$$

所以我们使用楔积来给基本形式命名与其用于表示这种特殊的乘法的用途是一致的. △

公式 (6.1.31): 只需要一次换位就可以将 $\vec{\mathbf{v}}_1\vec{\mathbf{v}}_2|\vec{\mathbf{v}}_3$ 转换为 $\vec{\mathbf{v}}_1\vec{\mathbf{v}}_3|\vec{\mathbf{v}}_2$, 这解释了取负号的原因.

例 6.1.14 (一个 2–形式和一个 1–形式的楔积). 如果 φ 是一个 2–形式, ω 是一个 1–形式, 那么 (如我们在公式 (6.1.27) 中所看到的), 我们有六个置换. 其中三个的前两个指标是递增的:

$$+(\vec{\mathbf{v}}_1\vec{\mathbf{v}}_2|\vec{\mathbf{v}}_3), -(\vec{\mathbf{v}}_1\vec{\mathbf{v}}_3|\vec{\mathbf{v}}_2), +(\vec{\mathbf{v}}_2\vec{\mathbf{v}}_3|\vec{\mathbf{v}}_1), \quad (6.1.31)$$

给出楔积

$$\varphi \wedge \omega(\vec{\mathbf{v}}_1, \vec{\mathbf{v}}_2, \vec{\mathbf{v}}_3) = \varphi(\vec{\mathbf{v}}_1, \vec{\mathbf{v}}_2)\omega(\vec{\mathbf{v}}_3) - \varphi(\vec{\mathbf{v}}_1, \vec{\mathbf{v}}_3)\omega(\vec{\mathbf{v}}_2) + \varphi(\vec{\mathbf{v}}_2, \vec{\mathbf{v}}_3)\omega(\vec{\mathbf{v}}_1). \quad (6.1.32)$$

再一次, 我们来把这个与我们用定义 6.1.4 得到的结果相比较, 设 $\varphi = \mathrm{d}x_1 \wedge \mathrm{d}x_2$, $\omega = \mathrm{d}x_3$; 为了避免双重下标, 我们将把向量 $\vec{\mathbf{v}}_1, \vec{\mathbf{v}}_2, \vec{\mathbf{v}}_3$ 重新命名为 $\vec{\mathbf{u}}, \vec{\mathbf{v}}, \vec{\mathbf{w}}$. 利用定义 6.1.4, 我们得到

$$\begin{aligned} &\underbrace{(\mathrm{d}x_1 \wedge \mathrm{d}x_2)}_{\varphi} \wedge \underbrace{\mathrm{d}x_3}_{\omega}(\vec{\mathbf{u}}, \vec{\mathbf{v}}, \vec{\mathbf{w}}) \\ = \ & \det \begin{bmatrix} u_1 & v_1 & w_1 \\ u_2 & v_2 & w_2 \\ u_3 & v_3 & w_3 \end{bmatrix} \\ = \ & u_1v_2w_3 - u_1v_3w_2 - u_2v_1w_3 + u_2v_3w_1 + u_3v_1w_2 - u_3v_2w_1. \end{aligned} \quad (6.1.33)$$

相反, 对于楔积, 我们利用等式 (6.1.32), 得到

$$\begin{aligned} &(\mathrm{d}x_1 \wedge \mathrm{d}x_2) \wedge \mathrm{d}x_3(\vec{\mathbf{u}}, \vec{\mathbf{v}}, \vec{\mathbf{w}}) \\ = \ & (\mathrm{d}x_1 \wedge \mathrm{d}x_2)(\vec{\mathbf{u}}, \vec{\mathbf{v}})\,\mathrm{d}x_3(\vec{\mathbf{w}}) - (\mathrm{d}x_1 \wedge \mathrm{d}x_2)(\vec{\mathbf{u}}, \vec{\mathbf{w}})\,\mathrm{d}x_3(\vec{\mathbf{v}}) \\ & +(\mathrm{d}x_1 \wedge \mathrm{d}x_2)(\vec{\mathbf{v}}, \vec{\mathbf{w}})\,\mathrm{d}x_3(\vec{\mathbf{u}}) \\ = \ & \det \begin{bmatrix} u_1 & v_1 \\ u_2 & v_2 \end{bmatrix} w_3 - \det \begin{bmatrix} u_1 & w_1 \\ u_2 & w_2 \end{bmatrix} v_3 + \det \begin{bmatrix} v_1 & w_1 \\ v_2 & w_2 \end{bmatrix} u_3 \\ = \ & u_1v_2w_3 - u_1v_3w_2 - u_2v_1w_3 + u_2v_3w_1 + u_3v_1w_2 - u_3v_2w_1. \end{aligned} \quad (6.1.34)$$

△

你要在练习 6.1.13 中证明命题 6.1.15. 第二部分要比第一部分和第三部分难一点.

第二部分解释了在 k–形式

$$\mathrm{d}x_{i_1} \wedge \mathrm{d}x_{i_2} \wedge \cdots \wedge \mathrm{d}x_{i_k}$$

中省略括号, 把括号放进表达式的所有方式都会给出相同的结果.

楔积的性质

楔积的行为非常像普通的乘法, 除了我们需要注意符号, 因为斜交换性:

命题 6.1.15 (楔积的性质). 楔积具有以下性质:

1. 分配性(distributivity):

$$\varphi \wedge (\omega_1 + \omega_2) = \varphi \wedge \omega_1 + \varphi \wedge \omega_2. \quad (6.1.35)$$

2. **结合性**(associativity):

$$(\varphi_1 \wedge \varphi_2) \wedge \varphi_3 = \varphi_1 \wedge (\varphi_2 \wedge \varphi_3). \tag{6.1.36}$$

3. **斜交换性**(skew commutativity): 如果 φ 是一个 k–形式, ω 是一个 l–形式, 则

$$\varphi \wedge \omega = (-1)^{kl} \omega \wedge \varphi. \tag{6.1.37}$$

注意, 在等式 (6.1.37) 中, φ 和 ω 改变了位置. 例如, 如果 $\varphi = \mathrm{d}x_1 \wedge \mathrm{d}x_2$, $\omega = \mathrm{d}x_3$, 斜交换性表明 $(\mathrm{d}x_1 \wedge \mathrm{d}x_2) \wedge \mathrm{d}x_3 = (-1)^2\, \mathrm{d}x_3 \wedge (\mathrm{d}x_1 \wedge \mathrm{d}x_2)$, 也就是

$$\det \begin{bmatrix} u_1 & v_1 & w_1 \\ u_2 & v_2 & w_2 \\ u_3 & v_3 & w_3 \end{bmatrix} = \det \begin{bmatrix} u_3 & v_3 & w_3 \\ u_1 & v_1 & w_1 \\ u_2 & v_2 & w_2 \end{bmatrix}. \tag{6.1.38}$$

你可以通过观察两个矩阵只差了两个行交换 (改变符号两次), 或者通过完成计算来确认上面的式子.

练习 6.1.8 让你验证两个 1–形式的楔积不满足交换律, 一个 2–形式和一个 1–形式的楔积是可交换的.

从命题 6.1.15 的第三部分得到, 如果 φ 是一个偶数阶的形式, 则 $\varphi \wedge \psi = \psi \wedge \varphi$. 尤其是 2–形式与所有的形式都是可以交换的.

形式场

在最常见的情况下, 我们不去积分一个 k–形式, 而是去积分一个*k–形式场*, 也称为 “*微分形式*”.

一个 “– 场” 的意思是, 在每个点都有一个 “–”. 一个 “向量场” 的意思是, 在每个点上都附上了一个向量. 一个 “草莓场” 的意思是, 在每个点都有一个草莓. 一个 “k–形式场” 在每个点有一个形式: 一个形式场返回的数依赖于 k 个向量以及你可以想象到的这些点所锚定的向量.

定义 6.1.16 (k–形式场). 在开子集 $U \subset \mathbb{R}^n$ 上的一个 k–形式场是一个映射 $\varphi : U \to A_c^k(\mathbb{R}^n)$. U 上的 k–形式场的空间记作 $A^k(U)$.

我们把 $\varphi \in A^k(U)$ 想成取锚定在 U 的点上的 k 维平行四边形, 并且根据下面的公式返回数值

$$\varphi\big(P_{\mathbf{x}}(\vec{\mathbf{v}}_1, \cdots, \vec{\mathbf{v}}_k)\big) \stackrel{\text{def}}{=} \varphi(\mathbf{x})(\vec{\mathbf{v}}_1, \cdots, \vec{\mathbf{v}}_k). \tag{6.1.39}$$

0–形式场取一个由锚定在 $\mathbf{x}$ 的零向量形成的 “平行四边形”, 并返回一个数; 换句话说, U 上的 0–形式场是 U 上的一个函数.

函数 $\vec{\mathbf{v}}_1, \cdots, \vec{\mathbf{v}}_k \mapsto \varphi\big(P_{\mathbf{x}}(\vec{\mathbf{v}}_1, \cdots, \vec{\mathbf{v}}_k)\big)$ 是多线性和反对称的.

我们已经知道了如何写出 $A^k(U)$ 的元素: 它们是形式如下的表达式

$$\varphi = \sum_{1 \leqslant i_1 < \cdots < i_k \leqslant n} a_{i_1, \cdots, i_k}\, \mathrm{d}x_{i_1} \wedge \cdots \wedge \mathrm{d}x_{i_k}; \tag{6.1.40}$$

对于每组满足 $1 \leqslant i_1 < \cdots < i_k \leqslant n$ 的 $i_1, \cdots, i_k$, 映射 $\mathbf{x} \mapsto a_{i_1, \cdots, i_k}(\mathbf{x})$ 是 U 上的一个实值函数.

为了简化术语, 我们将经常简单地用形式来指代形式场; 从现在开始, 当我们想说无论平行四边形被锚定在点 $\mathbf{x}$ 的哪里, 都返回同样的数的一个形式的时候, 我们将称其为*常数形式*(constant form).

我们要指定这个形式是如何依赖于 $\mathbf{x}$ 的. 一个 k–形式场 φ 是属于 C^p 的, 如果系数 $a_{i_1, \cdots, i_k}$ 属于 C^p. 通常我们省略这个数据, 并假设形式场是按需可微的, 总是 C^0 的. 如果我们需要微分 φ, 它就是 C^1 的, 也有时候是 C^2 的 (例如, 在定理 6.7.4 和 6.7.8 中).

我们发现 “微分” 是个神秘的词语; 几乎不可能理解大学一年级微积分中使用的 “微分” 这个词. 我们认识一位教授, 他宣称自己教了 20 年的微分, 但仍然不知道微分是什么.

例 6.1.17 ($\mathbb{R}^3$ 上的一个 2–形式场). 形式场 $\cos(xz)\, \mathrm{d}x \wedge \mathrm{d}y$ 是 $\mathbb{R}^3$ 上的一个 2–形式场. 在这里我们把它计算两次, 每一次都是对同样的向量, 但是是在不

同的点上计算的:

$$\cos(xz)\,\mathrm{d}x\wedge\mathrm{d}y\left(P_{\begin{pmatrix}1\\2\\\pi\end{pmatrix}}\left(\begin{bmatrix}1\\0\\1\end{bmatrix},\begin{bmatrix}2\\2\\3\end{bmatrix}\right)\right)=\big(\cos(1\cdot\pi)\big)\det\begin{bmatrix}1&2\\0&2\end{bmatrix}=-2,$$

$$\cos(xz)\,\mathrm{d}x\wedge\mathrm{d}y\left(P_{\begin{pmatrix}1/2\\2\\\pi\end{pmatrix}}\left(\begin{bmatrix}1\\0\\1\end{bmatrix},\begin{bmatrix}2\\2\\3\end{bmatrix}\right)\right)=\big(\cos(1/2\cdot\pi)\big)\det\begin{bmatrix}1&2\\0&2\end{bmatrix}=0.$$

当然, 如果我们在例 6.1.17 的第一个方程中改变向量的顺序, 将得到 2, 而不是 -2. 被积函数 $|\mathrm{d}^k\mathbf{x}|$ 是体积的一个元素; k–形式是带符号的体积(signed volume)的一个元素. △

6.1 节的练习

6.1.1 a. 列出 $\mathbb{R}^3$ 中的基本 k–形式.

b. 列出 $\mathbb{R}^4$ 中的基本 k–形式.

c. 在 $\mathbb{R}^5$ 上有多少个基本 4–形式? 列出它们.

$$\vec{\mathbf{v}}_1=\begin{bmatrix}1\\2\\3\\4\end{bmatrix},\ \vec{\mathbf{v}}_2=\begin{bmatrix}0\\1\\-1\\1\end{bmatrix},\ \vec{\mathbf{v}}_3=\begin{bmatrix}1\\0\\3\\2\end{bmatrix}$$

练习 6.1.2 a 中的向量.

6.1.2 计算下列数, 其中 $\vec{\mathbf{v}}_1,\vec{\mathbf{v}}_2,\vec{\mathbf{v}}_3$ 在边注中.

a. $\mathrm{d}x_3\wedge\mathrm{d}x_2\wedge\mathrm{d}x_4(\vec{\mathbf{v}}_1,\vec{\mathbf{v}}_2,\vec{\mathbf{v}}_3)$; b. $3\,\mathrm{d}y\left(\begin{bmatrix}1\\2\end{bmatrix}\right)$.

6.1.3 计算下列数:

a. $\mathrm{d}x_1\wedge\mathrm{d}x_4\left(\begin{bmatrix}1\\0\\1\\2\end{bmatrix},\begin{bmatrix}1\\-3\\-1\\2\end{bmatrix}\right)$; b. $(\mathrm{d}x_1\wedge\mathrm{d}x_2+2\,\mathrm{d}x_2\wedge\mathrm{d}x_3)\left(\begin{bmatrix}1\\0\\1\end{bmatrix},\begin{bmatrix}-2\\1\\0\end{bmatrix}\right)$;

c. $\mathrm{d}x_4\wedge\mathrm{d}x_2\left(\begin{bmatrix}1\\0\\1\\2\end{bmatrix},\begin{bmatrix}1\\-3\\-1\\2\end{bmatrix}\right)$; d. $\mathrm{d}x_1\wedge\mathrm{d}x_2\wedge\mathrm{d}x_2\left(\begin{bmatrix}1\\3\\1\end{bmatrix},\begin{bmatrix}-2\\1\\4\end{bmatrix},\begin{bmatrix}2\\2\\2\end{bmatrix}\right)$.

$$\underbrace{\begin{bmatrix}1\\2\\0\end{bmatrix}}_{\vec{\mathbf{v}}_1},\underbrace{\begin{bmatrix}2\\1\\1\end{bmatrix}}_{\vec{\mathbf{v}}_2}$$

练习 6.1.4 a 中的向量.

$$\underbrace{\begin{bmatrix}1\\0\\2\end{bmatrix}}_{\vec{\mathbf{v}}_1},\underbrace{\begin{bmatrix}2\\1\\1\end{bmatrix}}_{\vec{\mathbf{v}}_2},\underbrace{\begin{bmatrix}3\\1\\0\end{bmatrix}}_{\vec{\mathbf{v}}_3}$$

练习 6.1.4 b 中的向量.

6.1.4 a. 利用第 5 章的被积函数 $|\mathrm{d}^k\mathbf{x}|$ 和边注中的向量 $\vec{\mathbf{v}}_1,\vec{\mathbf{v}}_2$, 计算:

i. $|\mathrm{d}^2\mathbf{x}|(\vec{\mathbf{v}}_1,\vec{\mathbf{v}}_2)$ 和 $|\mathrm{d}^2\mathbf{x}|(\vec{\mathbf{v}}_2,\vec{\mathbf{v}}_1)$.

ii. $\mathrm{d}x\wedge\mathrm{d}y(\vec{\mathbf{v}}_1,\vec{\mathbf{v}}_2)$ 和 $\mathrm{d}x\wedge\mathrm{d}y(\vec{\mathbf{v}}_2,\vec{\mathbf{v}}_1)$.

b. 对于边注中的向量 $\vec{\mathbf{v}}_1,\vec{\mathbf{v}}_2,\vec{\mathbf{v}}_3$, 计算:

i. $|\mathrm{d}^3\mathbf{x}|(\vec{\mathbf{v}}_1,\vec{\mathbf{v}}_2,\vec{\mathbf{v}}_3)$ 和 $|\mathrm{d}^3\mathbf{x}|(\vec{\mathbf{v}}_1,\vec{\mathbf{v}}_3,\vec{\mathbf{v}}_2)$.

ii. $\mathrm{d}x\wedge\mathrm{d}y\wedge\mathrm{d}z(\vec{\mathbf{v}}_1,\vec{\mathbf{v}}_2,\vec{\mathbf{v}}_3)$ 和 $\mathrm{d}x\wedge\mathrm{d}y\wedge\mathrm{d}z(\vec{\mathbf{v}}_1,\vec{\mathbf{v}}_3,\vec{\mathbf{v}}_2)$.

$$\underbrace{\begin{bmatrix}2\\1\\0\\4\end{bmatrix}}_{\vec{\mathbf{w}}_1},\underbrace{\begin{bmatrix}-2\\1\\2\\-3\end{bmatrix}}_{\vec{\mathbf{w}}_2}$$

练习 6.1.5 b 中的向量.

6.1.5 a. 向量 $\begin{bmatrix}2\\-3\\4\end{bmatrix}$ 的带符号的长度的 y–分量是什么?

b. 由边注中的向量 $\vec{\mathbf{w}}_1, \vec{\mathbf{w}}_2$ 生成的平行四边形 $P \subset \mathbb{R}^4$ 的带符号的体积的 (x_2, x_4)–分量是什么?

6.1.6 下列哪些表达式有意义? 计算那些有意义的表达式的数值:

a. $\mathrm{d}x_1 \wedge \mathrm{d}x_2 \left(\begin{bmatrix} 1 \\ 0 \\ 1 \end{bmatrix}, \begin{bmatrix} 2 \\ 3 \\ 1 \end{bmatrix} \right)$;　b. $\mathrm{d}x_1 \wedge \mathrm{d}x_3 \left(\begin{bmatrix} 1 \\ 1 \end{bmatrix}, \begin{bmatrix} 2 \\ 3 \end{bmatrix} \right)$;

c. $\mathrm{d}x_1 \wedge \mathrm{d}x_2 \left(\begin{bmatrix} 1 \\ 1 \end{bmatrix}, \begin{bmatrix} 2 \\ 3 \end{bmatrix}, \begin{bmatrix} -2 \\ 1 \end{bmatrix} \right)$;　d. $\mathrm{d}x_1 \wedge \mathrm{d}x_2 \wedge \mathrm{d}x_4 \left(\begin{bmatrix} 1 \\ 0 \\ 3 \end{bmatrix}, \begin{bmatrix} 3 \\ 7 \\ 2 \end{bmatrix}, \begin{bmatrix} 2 \\ 0 \\ 1 \end{bmatrix} \right)$;

e. $\mathrm{d}x_1 \wedge \mathrm{d}x_2 \wedge \mathrm{d}x_3 \left(\begin{bmatrix} 1 \\ 1 \end{bmatrix}, \begin{bmatrix} 2 \\ 3 \end{bmatrix} \right)$;　f. $\mathrm{d}x_1 \wedge \mathrm{d}x_2 \wedge \mathrm{d}x_3 \left(\begin{bmatrix} 1 \\ 0 \\ 3 \end{bmatrix}, \begin{bmatrix} 3 \\ 7 \\ 2 \end{bmatrix}, \begin{bmatrix} 2 \\ 0 \\ 1 \end{bmatrix} \right)$.

6.1.7 a. 利用定理 6.1.10 验证在 $\mathbb{R}^4$ 上有一个基本 0–形式, 四个基本 1–形式, 六个基本 2–形式, 四个基本 3–形式, 以及一个基本 4–形式.

b. 利用定理 6.1.10 来确定在 $\mathbb{R}^5$ 上有几个基本 1–形式、2–形式、3–形式、4–形式, 以及 5–形式, 把它们列出来.

6.1.8 验证两个 1–形式的楔积不满足交换律, 一个 2–形式和一个 1–形式的楔积满足交换律.

6.1.9 证明: 当 $k = 2$ 且 $n = 3$ 时, 等式 (6.1.23) 的最后一行与等式 (6.1.22) 的最后一行相同.

6.1.10 令 $\vec{\mathbf{a}}, \vec{\mathbf{v}}, \vec{\mathbf{w}}$ 为 $\mathbb{R}^3$ 中的向量, 令 φ 为 $\mathbb{R}^3$ 上的 2–形式, 定义为 $\varphi(\vec{\mathbf{v}}, \vec{\mathbf{w}}) = \det[\vec{\mathbf{a}}, \vec{\mathbf{v}}, \vec{\mathbf{w}}]$. 利用 $\vec{\mathbf{a}}$ 的坐标, 把 φ 写为 $\mathbb{R}^3$ 上的基本 2–形式的线性组合.

6.1.11 令 φ 和 ψ 为 2–形式. 利用定义 6.1.12, 把楔积 $\varphi \wedge \psi(\vec{\mathbf{v}}_1, \vec{\mathbf{v}}_2, \vec{\mathbf{v}}_3, \vec{\mathbf{v}}_4)$ 写为在适当的向量上计算的 φ 和 ψ 的值的组合 (如等式 (6.1.28) 和等式 (6.1.32)).

6.1.12 计算:

a. $(x_1 - x_4)\, \mathrm{d}x_3 \wedge \mathrm{d}x_2 \left(P_{\mathbf{0}} \left(\begin{bmatrix} 1 \\ 2 \\ 3 \\ 4 \end{bmatrix}, \begin{bmatrix} 0 \\ 1 \\ -1 \\ 1 \end{bmatrix} \right) \right)$;

b. $\mathrm{e}^x\, \mathrm{d}y \left(P_{\binom{2}{1}} \begin{pmatrix} 3 \\ 2 \end{pmatrix} \right)$;

c. $x_1^2\, \mathrm{d}x_3 \wedge \mathrm{d}x_2 \wedge \mathrm{d}x_1 \left(P_{\begin{pmatrix} 2 \\ 0 \\ 0 \\ 0 \end{pmatrix}} \left(\begin{bmatrix} 1 \\ 2 \\ 3 \\ 4 \end{bmatrix}, \begin{bmatrix} 0 \\ 1 \\ -1 \\ 1 \end{bmatrix}, \begin{bmatrix} 1 \\ -1 \\ -1 \\ 0 \end{bmatrix} \right) \right)$.

练习 6.1.14 等同于在 $n=k$ 的情况下证明定理 6.1.8, 并没有限制在 $\mathbb{R}^2$ 中的 2–形式或者 $\mathbb{R}^3$ 中的 3–形式上, 也就是, 完成 "一个类似的但是更混乱的计算" 的过程.

***6.1.13** 证明命题 6.1.15.

6.1.14 利用定理和定义 4.8.1 来证明: $\mathbb{R}^k$ 中的一个 k–形式可以写为行列式的一个倍数: $\omega = a\det$. 给出一个计算系数 a 的公式.

6.1.15 计算:

$$\text{a. } \sin(x_4)\,\mathrm{d}x_3\wedge\mathrm{d}x_2\left(P_{\begin{pmatrix}x_1\\x_2\\x_3\\x_4\end{pmatrix}}\left(\begin{bmatrix}x_2\\2x_1\\3\\4\end{bmatrix},\begin{bmatrix}0\\x_4\\-1\\-x_4\end{bmatrix}\right)\right);$$

$$\text{b. } \mathrm{e}^x\,\mathrm{d}y\left(P_{\begin{pmatrix}x\\y\end{pmatrix}}\begin{pmatrix}3\\2\end{pmatrix}\right);$$

$$\text{c. } x_1^2\mathrm{e}^{x_2}\,\mathrm{d}x_3\wedge\mathrm{d}x_2\wedge\mathrm{d}x_1\left(P_{\begin{pmatrix}-x_1\\x_2\\-x_3\\x_4\end{pmatrix}}\left(\begin{bmatrix}1\\2\\3\\4\end{bmatrix},\begin{bmatrix}0\\1\\-1\\1\end{bmatrix},\begin{bmatrix}1\\-1\\-1\\0\end{bmatrix}\right)\right).$$

6.2 在参数化的域上对形式场进行积分

这一章前半部分的目标是定义*定向流形上形式的积分*. 定向通常是向量微积分中最难的概念, 我们需要花一些时间来定义它. 但有一种方法可以克服困难, 就是通过定义积分域来使它们自带定向. 在这一节, 我们采纳了这个方法; 在下一节, 我们将看看困难究竟是什么.

令 $U\subset\mathbb{R}^k$ 为一个有界开集, 其边界的 k 维体积为 0. C^1 映射 $\gamma\colon U\to\mathbb{R}^n$ 定义了$\mathbb{R}^n$ *中由 U 参数化的一个域*. 我们用 $[\gamma(U)]$ 来表示 (U,γ); 我们把它想象为有一些额外数据的像的集合 $\gamma(U)$, 也就是 γ 是如何把 U 映射到它的, 这里包括协商好 $\gamma(U)$ 上的定向.[3] 目前, 就先接受 $[\gamma(U)]$ 是一个我们可以在其上面对一个 k–形式进行积分的域这个事实. 如图 6.2.1 所示, 它不必是一个光滑流形.

图 6.2.1

你可能希望认为 γ 参数化了一个流形. 但就目前的目的而言, 这是无关紧要的; γ 的像可能是任意 "恐怖" 的, 就像这里的曲线 (当然是不光滑的), 它是一个参数化的域 $[\gamma(U)]$, 其中 γ 是从 $\mathbb{R}$ 到 $\mathbb{R}^2$ 的函数.

定义 6.2.1 (在一个参数化的域上积分一个 k–形式场). 令 $U\subset\mathbb{R}^k$ 为一个有界开集, 其中 $\mathrm{vol}_k\partial U=0$. 令 $V\subset\mathbb{R}^n$ 为开的, 令 $[\gamma(U)]$ 为 V 中的一个参数化的域. 令 φ 为 V 上的一个 k–形式场. 则 φ 在 $[\gamma(U)]$ 上的**积分**(integral)是

$$\int_{[\gamma(U)]}\varphi \stackrel{\text{def}}{=} \int_U \varphi\left(P_{\gamma(\mathbf{u})}\left(\overrightarrow{D_1}\gamma(\mathbf{u}),\cdots,\overrightarrow{D_k}\gamma(\mathbf{u})\right)\right)|\mathrm{d}^k\mathbf{u}|. \tag{6.2.1}$$

注意流形的体积的计算

$$\int_M|\mathrm{d}^k\mathbf{x}| = \int_{\gamma(U)}|\mathrm{d}^k\mathbf{x}| = \int_U|\mathrm{d}^k\mathbf{x}|\left(P_{\gamma(\mathbf{u})}\left(\overrightarrow{D_1}\gamma(\mathbf{u}),\cdots,\overrightarrow{D_k}\gamma(\mathbf{u})\right)\right)|\mathrm{d}^k\mathbf{u}|$$

[3] 我们将在 6.4 节看到, 这个额外数据的细节并不影响积分, 但参数化的域的定向会影响积分.

与等式 (5.3.3) 的相似性以及重要的区别. 当我们在 k–平行四边形上通过

$$|\,\mathrm{d}^k\mathbf{x}|\left(P_{\gamma(\mathbf{u})}\left(\overrightarrow{D_1}\gamma(\mathbf{u}),\cdots,\overrightarrow{D_k}\gamma(\mathbf{u})\right)\right)=\sqrt{\det([\mathbf{D}\gamma(\mathbf{u})]^{\mathrm{T}}[\mathbf{D}\gamma(\mathbf{u})])}\qquad(6.2.2)$$

计算 $|\,\mathrm{d}^k\mathbf{x}|$ 时, 向量的顺序并不会影响结果. (我们在第 5 章看到 $\sqrt{\det(T^{\mathrm{T}}T)}=|\det T|$); 交换 T 的列改变 $\det T$ 的符号, 但这个改变被取绝对值消除了.) 在等式 (6.2.1) 中, 显然与向量的顺序 (也就是偏导) 是有关系的; 形式是一个反对称的函数.

例 6.2.2 (在一条参数化的曲线上积分一个 1–形式场). 考虑一个 $k=1,n=2,\gamma(u)=\begin{pmatrix}R\cos u\\R\sin u\end{pmatrix}$ 的情况. 我们将取 U 为区间 $[0,a]$, $a>0$. 如果我们在 $[\gamma(U)]$ 上积分 $x\,\mathrm{d}y-y\,\mathrm{d}x$, 利用等式 (6.2.1), 得到

$$\begin{aligned}\int_{[\gamma(U)]}(x\,\mathrm{d}y-y\,\mathrm{d}x)&=\int_{[0,a]}(x\,\mathrm{d}y-y\,\mathrm{d}x)\left(P_{\begin{pmatrix}R\cos u\\R\sin u\end{pmatrix}}\overbrace{\begin{bmatrix}-R\sin u\\R\cos u\end{bmatrix}}^{\overrightarrow{D_1}\gamma(\mathbf{u})}\right)|\,\mathrm{d}u|\\&=\int_{[0,a]}\big(R\cos uR\cos u-(R\sin u)(-R\sin u)\big)|\,\mathrm{d}u|\\&=\int_{[0,a]}R^2|\,\mathrm{d}u|=\int_0^a R^2\,\mathrm{d}u=R^2a.\qquad\triangle\end{aligned}\qquad(6.2.3)$$

等式 (6.2.3): 从等式 (6.1.39) 回忆到

$$\varphi\big(P_{\mathbf{x}}(\vec{\mathbf{v}}_1,\cdots,\vec{\mathbf{v}}_k)\big)=\varphi(\mathbf{x})(\vec{\mathbf{v}}_1,\cdots,\vec{\mathbf{v}}_k).$$

在等式 (6.2.3) 的第二行, 第一个 $R\cos u$ 为 x, 而第二个是由在平行四边形上计算得到的 $\mathrm{d}y$ 给出的数. 类似地, $R\sin u$ 为 y, 而 $(-R\sin u)$ 是由在平行四边形上计算得到的 $\mathrm{d}x$ 给出的数.

例 6.2.3 (锚定的 k–平行四边形). 参数化的域的一个重要例子是 $P_{\mathbf{x}}(\mathbf{v}_1,\cdots,\vec{\mathbf{v}}_k)$, 由

$$\gamma\begin{pmatrix}t_1\\\vdots\\t_k\end{pmatrix}=\mathbf{x}+t_1\vec{\mathbf{v}}_1+\cdots+t_k\vec{\mathbf{v}}_k,\ 0\leqslant t_i\leqslant 1\qquad(6.2.4)$$

参数化. 在这个例子中, 定义 6.2.1 给出了

$$\int_{[P_{\mathbf{x}}(\vec{\mathbf{v}}_1,\cdots,\vec{\mathbf{v}}_k)]}\varphi=\int_0^1\cdots\int_0^1\varphi\big(P_{\gamma(\mathbf{t})}(\vec{\mathbf{v}}_1,\cdots,\vec{\mathbf{v}}_k)\big)\,\mathrm{d}t_1\cdots\mathrm{d}t_k.\qquad(6.2.5)$$

向量 $\vec{\mathbf{v}}_1,\cdots,\vec{\mathbf{v}}_k$ 为参数化的偏导. $\triangle$

如果在例 6.2.4 中, 我们使用映射

$$\gamma\begin{pmatrix}s\\t\end{pmatrix}=\begin{pmatrix}s+t\\t^2\\s^2\end{pmatrix},$$

则它应该参数化了同一个曲面, 因为 s 和 t 起到了对称的作用. 而我们在参数化的域上积分同一个 2–形式, 将得到 2/3, 而不是 −2/3. 我们还没有定义曲面的 “定向”, 但你可以认为一个参数化相当于在一个维度上测量流过一个曲面的流; 另一个相当于在相反的方向上测量流过这个曲面的流.

例 6.2.4 (在 $\mathbb{R}^3$ 中一个参数化的曲面上对一个 2–形式场积分). 我们来在参数化的域 $[\gamma(S)]$ 上积分 $\mathrm{d}x\wedge\mathrm{d}y+y\,\mathrm{d}x\wedge\mathrm{d}z$, 其中

$$\gamma\begin{pmatrix}s\\t\end{pmatrix}=\begin{pmatrix}s+t\\s^2\\t^2\end{pmatrix},\ S=\left\{\begin{pmatrix}s\\t\end{pmatrix}\Big|0\leqslant s\leqslant 1,0\leqslant t\leqslant 1\right\}.\qquad(6.2.6)$$

应用定义 6.2.1, 我们得到

$$\int_{[\gamma(S)]}\mathrm{d}x\wedge\mathrm{d}y+y\,\mathrm{d}x\wedge\mathrm{d}z$$

$$= \int_0^1\int_0^1 (\mathrm{d}x\wedge\mathrm{d}y + y\,\mathrm{d}x\wedge\mathrm{d}z)\left(P_{\begin{pmatrix}s+t\\s^2\\t^2\end{pmatrix}}\left(\begin{bmatrix}1\\2s\\0\end{bmatrix},\begin{bmatrix}1\\0\\2t\end{bmatrix}\right)\right)\mathrm{d}s\,\mathrm{d}t$$

$$= \int_0^1\int_0^1\left(\det\begin{bmatrix}1&1\\2s&0\end{bmatrix} + s^2\det\begin{bmatrix}1&1\\0&2t\end{bmatrix}\right)\mathrm{d}s\,\mathrm{d}t \qquad (6.2.7)$$

$$= \int_0^1\int_0^1\big(-2s+s^2(2t)\big)\,\mathrm{d}s\,\mathrm{d}t$$

$$= \int_0^1\left[-s^2+\frac{s^3}{3}2t\right]_{s=0}^{s=1}\mathrm{d}t$$

$$= \int_0^1\left(-1+\frac{2t}{3}\right)\mathrm{d}t$$

$$= \left[-t+\frac{t^2}{3}\right]_0^1 = -\frac{2}{3}. \qquad \triangle$$

为什么要看地毯下面?

如果我们利用定义 6.2.1 在参数化的域上对形式进行积分, 而不提及其定向, 那么为什么在流形上积分的时候还要考虑定向呢? 为什么我们不能直接参数化流形并利用等式 (6.2.1), 给我们免去很多烦恼呢? 我们来看一看哪里会出问题. 当我们在第 5 章通过在参数化的流形上积分 $|\mathrm{d}^k\mathbf{x}|$ 来计算流形的体积的时候, 看到 (命题 5.3.3) 参数化的选择无关紧要. 现在我们必须要更加小心.

例 6.2.5 (不同的参数化给出不同的结果). 假设你和你的邻居希望在单位圆的右上四分之一上对 $\mathrm{d}y$ 进行积分. 这可以被解读为确定那个圆弧的 y–分量. 如果你沿着圆弧行走, 你在 y 方向会走多远?

等式 (6.2.8): 当我们从 $t=0$ 开始来到 $t=\pi/2$ 的时候, 遵循着 $\mathbb{R}$ 的 "标准定向", 从负到正. 在更高维度下, 当等式 (6.2.1) 的偏导按照

$$\overrightarrow{D_1}\gamma(\mathbf{u}),\cdots,\overrightarrow{D_k}\gamma(\mathbf{u})$$

的顺序列出来, 而不是, 例如

$$\overrightarrow{D_2}\gamma(\mathbf{u}),\overrightarrow{D_1}\gamma(\mathbf{u}),\cdots,\overrightarrow{D_k}\gamma(\mathbf{u})$$

的顺序列出来的时候, 我们遵循着 $\mathbb{R}^k$ 的 "标准定向".

你选择了参数化 $\gamma(t)=\begin{pmatrix}\cos t\\ \sin t\end{pmatrix}$, 得到

$$\int_{[0,\pi/2]}\mathrm{d}y\left(P_{\begin{pmatrix}\cos t\\ \sin t\end{pmatrix}}\begin{bmatrix}-\sin t\\ \cos t\end{bmatrix}\right)|\mathrm{d}t| = \int_0^{\pi/2}\cos t\,\mathrm{d}t$$

$$= \Big[\sin t\Big]_0^{\pi/2} = 1. \qquad (6.2.8)$$

你的邻居选择了参数化 $\delta(t)=\begin{pmatrix}\sin t\\ \cos t\end{pmatrix}$, 得到

$$\int_{[0,\pi/2]}\mathrm{d}y\left(P_{\begin{pmatrix}\sin t\\ \cos t\end{pmatrix}}\begin{bmatrix}\cos t\\ -\sin t\end{bmatrix}\right)|\mathrm{d}t| = \int_0^{\pi/2}-\sin t\,\mathrm{d}t$$

$$= \Big[\cos t\Big]_0^{\pi/2} = -1. \qquad (6.2.9)$$

你的参数化对应于从 (x,y) 平面上的点 $\begin{pmatrix}1\\0\end{pmatrix}$ 开始 (γ 在 $t=0$ 处取值),

按逆时针方向走到 $\begin{pmatrix}1\\0\end{pmatrix}$($\gamma$ 在 $t=\pi/2$ 处取值). 你的邻居的参数化对应于从点 $\begin{pmatrix}0\\1\end{pmatrix}$ 开始, 顺时针走到 $\begin{pmatrix}1\\0\end{pmatrix}$.

得到相反的结果就已经够糟糕的了, 但是假设我们在对第一象限的圆上的积分和第二象限的圆上的积分求和. 如果对于两者使用同样的参数化, 则将得到 0; 如果我们在第一象限用你的参数化, 在第二象限用你的邻居的参数化, 则将得到 2; 如果在第二象限用你的参数化, 在第一象限用你的邻居的参数化, 则将得到 -2.

例 6.2.5 中的重点是, 你和你的邻居在解决不同的问题. 参数化中固有的方向, 对于你是逆时针的, 对于你的邻居是顺时针的, 为*积分域中的数据的一部分*. 问题 "$\mathrm{d}y$ 在单位圆的第一象限上的积分是什么" 是不完整的. 要回答这个问题, 你必须问, "是指顺时针方向的圆还是逆时针方向的圆?" △

例 6.2.6 (走上下楼的楼梯). 通常, 流形代表具有固有定向的真实物理对象. 在一维上, 你可以把这个定向想成曲线上的方向. 如果一条曲线代表一条单向的把粮食提升到一个筒仓顶部的传送带, 并且把曲线参数化, 在其上面积分一个 1–形式, 则为了解读你的答案, 最好知道你的参数化是否与曲线的方向是向上的, 而不是向下的保持一致.

对于一个曲面, 你可以认为, 给曲线定向的意思就是为流经曲面的流体选择方向. 例如, 高斯定律说明, 一个电场从一个区域内部到外部经过区域的边界的通量等于在这个区域内的电荷量. 如果我们希望通过在参数化的边界上积分一个 2–形式来计算这个通量, 则需要知道如何选择参数化, 使得在积分中向外的流被算成正的, 而向内的流被算成负的. △

同样的问题在更高的维度下也存在, 在那里我们将不再能够依赖于对 "曲线上的方向" 或者 "流体通过一个曲面的流" 的直观的概念. 因此, 我们需要对一个 k 维流形为定向的给出一个更为通用的定义. 我们将在下一节讨论流形的定向; 在 6.4 节, 我们将说明如何在参数化的定向流形上对形式进行积分.

6.2 节的练习

6.2.1 在参数化的域上, 将下面每个形式场的积分写为普通的多重积分, 并计算数值.

a. $\displaystyle\int_{[\gamma(I)]} x\,\mathrm{d}y + y\,\mathrm{d}z$, 其中 $I=[-1,1], \gamma(t)=\begin{pmatrix}\sin t\\ \cos t\\ t\end{pmatrix}$.

b. $\displaystyle\int_{[\gamma(U)]} x_1\,\mathrm{d}x_2\wedge \mathrm{d}x_3 + x_2\,\mathrm{d}x_3\wedge\mathrm{d}x_4$, 其中 $U=\left\{\begin{pmatrix}u\\v\end{pmatrix}\middle|\ 0\leqslant u,v; u+v\leqslant 2\right\}$,

且 $\gamma\begin{pmatrix}u\\v\end{pmatrix}=\begin{pmatrix}uv\\ u^2+v^2\\ u-v\\ \ln(u+v+1)\end{pmatrix}$.

练习 6.2.1 和 6.2.2 b: 强烈地鼓励你使用 MAPLE 或者同类的软件.

6.2.2 对下列问题, 重复练习 6.2.1:

a. $\int_{[\gamma(U)]} x\,\mathrm{d}y \wedge \mathrm{d}z$, 其中 $U = [-1,1] \times [-1,1]$, $\gamma\begin{pmatrix} u \\ v \end{pmatrix} = \begin{pmatrix} u^2 \\ u+v \\ v^3 \end{pmatrix}$.

b. $\int_{[\gamma(U)]} x_2\,\mathrm{d}x_1 \wedge \mathrm{d}x_3 \wedge \mathrm{d}x_4$, 其中

$$U = \left\{ \begin{pmatrix} u \\ v \\ w \end{pmatrix} \;\middle|\; 0 \leqslant u, v, w; u+v+w \leqslant 3 \right\}, \gamma\begin{pmatrix} u \\ v \\ w \end{pmatrix} = \begin{pmatrix} uv \\ u^2+w^2 \\ u-v \\ w \end{pmatrix}.$$

6.2.3 在参数化的域上, 将下列的形式场的积分写为一个普通的多重积分.

a. $\int_{[\gamma(U)]} (x_1+x_4)\,\mathrm{d}x_2 \wedge \mathrm{d}x_3$, 其中

$$U = \left\{ \begin{pmatrix} u \\ v \end{pmatrix} \;\middle|\; |v| \leqslant u \leqslant 1 \right\}, \gamma\begin{pmatrix} u \\ v \end{pmatrix} = \begin{pmatrix} \mathrm{e}^u \\ \mathrm{e}^{-v} \\ \cos u \\ \sin v \end{pmatrix}.$$

b. $\int_{[\gamma(U)]} x_2 x_4\,\mathrm{d}x_1 \wedge \mathrm{d}x_3 \wedge \mathrm{d}x_4$, 其中

$$U = \left\{ \begin{pmatrix} u \\ v \\ w \end{pmatrix} \;\middle|\; (w-1)^2 \geqslant u^2+v^2, 0 \leqslant w \leqslant 1 \right\}, \gamma\begin{pmatrix} u \\ v \\ w \end{pmatrix} = \begin{pmatrix} u+v \\ u-v \\ w+v \\ w-v \end{pmatrix}.$$

6.2.4 令 $z_1 = x_1 + \mathrm{i}y_1$, $z_2 = x_2 + \mathrm{i}y_2$ 为 $\mathbb{C}^2$ 中的坐标. 令 $S \subset \mathbb{C}$ 为正方形 $\{z = x + \mathrm{i}y \mid |x| \leqslant 1, |y| \leqslant 1\}$, 定义 $\gamma\colon S \to \mathbb{C}^2$ 为

$$\gamma\colon z \mapsto \begin{pmatrix} \mathrm{e}^z \\ \mathrm{e}^{-z} \end{pmatrix},\ z = x + \mathrm{i}y,\ |x| \leqslant 1,\ |y| \leqslant 1.$$

计算 $\int_{[\gamma(S)]} \mathrm{d}x_1 \wedge \mathrm{d}y_1 + \mathrm{d}y_1 \wedge \mathrm{d}x_2 + \mathrm{d}x_2 \wedge \mathrm{d}y_2$.

6.2.5 令 $S \subset \mathbb{C}$ 为集合 $\{z \mid |z| < 1\}$; 定义 $\gamma\colon S \to \mathbb{C}^3$ 为 $\gamma\colon z \mapsto \begin{pmatrix} z \\ z^2 \\ z^3 \end{pmatrix}$. 计算

$$\int_{[\gamma(S)]} \mathrm{d}x_1 \wedge \mathrm{d}y_1 + \mathrm{d}x_2 \wedge \mathrm{d}y_2 + \mathrm{d}x_3 \wedge \mathrm{d}y_3.$$

6.2.6 令 $S \subset \mathbb{C}$ 为集合 $\{z \mid |z| < 1\}$, 令 $\gamma\colon S \to \mathbb{C}^3$ 由 $\gamma\colon z \mapsto \begin{pmatrix} z^p \\ z^q \\ z^r \end{pmatrix}$ 给出.

计算 $\int_{[\gamma(S)]} \mathrm{d}x_1 \wedge \mathrm{d}y_1 + \mathrm{d}x_2 \wedge \mathrm{d}y_2 + \mathrm{d}x_3 \wedge \mathrm{d}y_3$.

6.2.7 证明

$$\int_{[P_{\mathbf{x}}(h\vec{\mathbf{v}}_1,\cdots,h\vec{\mathbf{v}}_k)]}\varphi = h^k\varphi\Big(P_{\mathbf{x}}(\vec{\mathbf{v}}_1,\cdots,\vec{\mathbf{v}}_k)\Big)+o(h^k).$$

6.3 流形的定向

这个世界上最伟大的事情并不是我们站在哪里, 而是我们在朝着哪个方向前进.

—— Oliver Wendell Holmes

我们在 6.0 节中说过, 定向的意思是选择两个可能性中的一个, 就像区分左和右. 在 6.2 节, 我们谈到了这对于曲线和曲面意味着什么. 在这里, 我们以完全通用的方式来陈述这个定义. 定义 6.3.1 说明, 向量空间 V 的一个定向 Ω 把 V 的基分成两组: *直接的*(direct)基和*间接的*(indirect)基.

在定义 6.3.1 中, 如果 $\det>0$, 则 $\operatorname{sgn}\det$ 为 $+1$; 如果 $\det<0$, 则 $\operatorname{sgn}\det$ 为 -1. 由于基变换矩阵总是可逆的, 故 $\det[P_{\mathbf{v}'\to\mathbf{v}}]$ 不会是 0.

为了定向 V, 选取 V 的一组基并声明其为直接的就足够了.

定义 6.3.1 (向量空间的定向). 令 V 为一个有限维的实向量空间, 令 $\mathcal{B}_V$ 为 V 的基的集合. V 的一个*定向*(orientation)为映射 $\Omega\colon \mathcal{B}_V\to\{+1,-1\}$, 使得如果 $\{\mathbf{v}\}$ 和 $\{\mathbf{v}'\}$ 为两组基, 基变换矩阵为 $\{P_{\mathbf{v}'\to\mathbf{v}}\}$, 则

$$\Omega(\{\mathbf{v}'\})=\operatorname{sgn}(\det[P_{\mathbf{v}'\to\mathbf{v}}])\Omega(\{\mathbf{v}\}). \tag{6.3.1}$$

一组基 $\{\mathbf{w}\}\in\mathcal{B}_V$ 被称作*直接的*, 如果 $\Omega(\{\mathbf{w}\})=+1$; 它被称为*间接的*, 如果 $\Omega(\{\mathbf{w}\})=-1$.

如果一个向量空间 V 是一维的, 也就是一条线, 按照我们的直觉, 它有两个方向; V 的一个定向是从两个方向中选取一个. 我们来把它用基的形式解释一下: 任何非零向量 $\mathbf{v}\in V$ 是 V 的一个基; 我们的方向给 V 定向的原则是, 如果它指向我们选取的方向, 则说它是直接的, 或者如果它指向相反的方向, 则说它是间接的.

区分基变换矩阵和它的逆矩阵是重要的 (这是一个经常产生混淆的地方), 但是在目前的情况下无关紧要: 一个矩阵的行列式的符号与它的逆矩阵的行列式的符号相同 (推论 4.8.5).

如果一个向量空间是复空间, 则 V 的两组基之间的基变换矩阵仍然存在, 但它的行列式是一个复数, 没有符号, 所以定义 6.3.1 不适用. 但隐含着的实向量空间可以被定向, 实际上它有一个天然的定向; 这个在练习 6.3.15 中探索.

对 V 的一组基 $\{\mathbf{v}\}$ 的选择指定了 V 的两个定向, 则

$$\Omega(\{\mathbf{v}'\})=\operatorname{sgn}\det[P_{\mathbf{v}'\to\mathbf{v}}] \text{ 和 } \Omega(\{\mathbf{v}'\})=-\operatorname{sgn}\det[P_{\mathbf{v}'\to\mathbf{v}}]; \tag{6.3.2}$$

第一个是唯一的使 $\{\mathbf{v}\}$ 为直接的定向, 第二个是唯一的使 $\{\mathbf{v}\}$ 为间接的定向. 特别地, 每个向量空间恰好有两个定向. 我们把使 $\{\mathbf{v}\}$ 为直接的定向记为 $\Omega^{\{\mathbf{v}\}}$, 并称之为*由 $\{\mathbf{v}\}$ 指定的定向*.

从定义 6.3.1 可以得到, 如果 $\operatorname{sgn}\det[P_{\{\mathbf{v}\}\to\{\mathbf{w}\}}]=+1$, 则两组基 $\{\mathbf{v}\}$ 和 $\{\mathbf{w}\}$ 定义了同样的定向; 如果 $\operatorname{sgn}\det[P_{\{\mathbf{v}\}\to\{\mathbf{w}\}}]=-1$, 则它们定义了相反的定向.

$\mathbb{R}^n$ 的*标准定向*(standard orientation)记作 Ω^{st}, 是通过声明标准基是直接的来定义的.

如果 V 是零维的呢? 它仍然有两个定向. 空集是一组基 (事实上是唯一的基): 它是一组最大的线性无关向量的集合. 所以基 $\mathcal{B}_V$ 的集合为 $\{\varnothing\}$, 且有两个映射 $\{\varnothing\}\to\{+1,-1\}$, 也就是 $\varnothing\mapsto+1$ 和 $\varnothing\mapsto-1$. 由于只有一组基, 等式 (6.3.1) 直接就被满足了. 因此, 零维向量空间的一个定向就简单的是在 $+1$ 和 -1 之间做出的选择.

例 6.3.2 (给一个子空间定向). 向量空间 $\mathbb{R}^n$ 具有一个标准定向, 但子空间没有. 例如

$$\underbrace{\begin{bmatrix}1\\-1\\0\end{bmatrix},\begin{bmatrix}1\\0\\-1\end{bmatrix}}_{\{\mathbf{v}_1\}};\underbrace{\begin{bmatrix}1\\0\\-1\end{bmatrix},\begin{bmatrix}0\\1\\-1\end{bmatrix}}_{\{\mathbf{v}_2\}};\underbrace{\begin{bmatrix}0\\1\\-1\end{bmatrix},\begin{bmatrix}1\\-1\\0\end{bmatrix}}_{\{\mathbf{v}_3\}}$$

是方程为 $x+y+z=0$ 的子空间 $V\subset\mathbb{R}^3$ 的三组基; 我们邀请你来检验由前两个定义的定向是相同的, 而第三个定义了相反的定向.[4] 两个定向看起来是同样自然的. △

给一个流形定向要比给一个向量空间定向更为复杂: 你必须在每个点上选取切空间的一个定向, 而且必须是连续变化的. 令 $M\subset\mathbb{R}^n$ 为一个 k 维的流形. 定义

等式 (6.3.3): 你可以把 $\mathcal{B}(M)$ 想成 $n\times(k+1)$ 的矩阵空间的一个子集. 我们定义 $\mathcal{B}(M)$ 来给定义 6.3.3 中的"连续"一词赋予含义.

$$\mathcal{B}(M)\stackrel{\text{def}}{=}\left\{(\mathbf{x},\vec{\mathbf{v}}_1,\cdots,\vec{\mathbf{v}}_k)\in\mathbb{R}^{n(k+1)}\right\},\tag{6.3.3}$$

其中 $\mathbf{x}\in M$, $\vec{\mathbf{v}}_1,\cdots,\vec{\mathbf{v}}_k$ 为 $T_\mathbf{x}M$ 的一组基. 令 $\mathcal{B}_\mathbf{x}(M)\subset\mathcal{B}(M)$ 为第一个坐标为 $\mathbf{x}$ 的子集, 也就是, $\mathcal{B}_\mathbf{x}(M)=\{\mathbf{x}\}\times\mathcal{B}_{T_\mathbf{x}M}$.

定义 6.3.3 (流形的定向). k 维流形$M\subset\mathbb{R}^n$ 的*定向*是一个连续的映射 $\Omega\colon\mathcal{B}(M)\to\{+1,-1\}$, 其对每一个 $\mathcal{B}_\mathbf{x}(M)$ 的限制 $\Omega_\mathbf{x}$ 均为 $T_\mathbf{x}M$ 的一个定向.

常见的情况是, 通过选择一个 k–形式 ω 并且定义 $\Omega=\operatorname{sgn}\omega$ 来给一个 k 维流形M 定向. 如果 $\omega\big(P_\mathbf{x}(\vec{\mathbf{v}}_1,\cdots,\vec{\mathbf{v}}_k)\big)\neq0$ 对于所有的 $\mathbf{x}\in M$ 和 $T_\mathbf{x}M$ 的所有的基 $\vec{\mathbf{v}}_1,\cdots,\vec{\mathbf{v}}_k$ 成立, 则这个方法可以使用.

命题 6.3.4 说明了如何描述点、$\mathbb{R}^n$ 的开子集、曲线以及 $\mathbb{R}^3$ 中的曲面的定向; 更一般的子流形在命题 6.3.9 中讨论. 图 6.3.1 和 6.3.2 演示了曲线和曲面的定向.

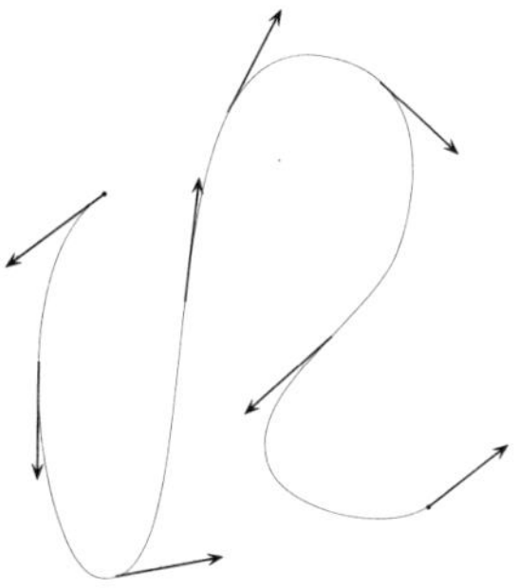

图 6.3.1

上面, 我们选择一个切向量场 (一个与曲线相切的向量场) 连续地依赖于 $\mathbf{x}$ 且从不为 0.

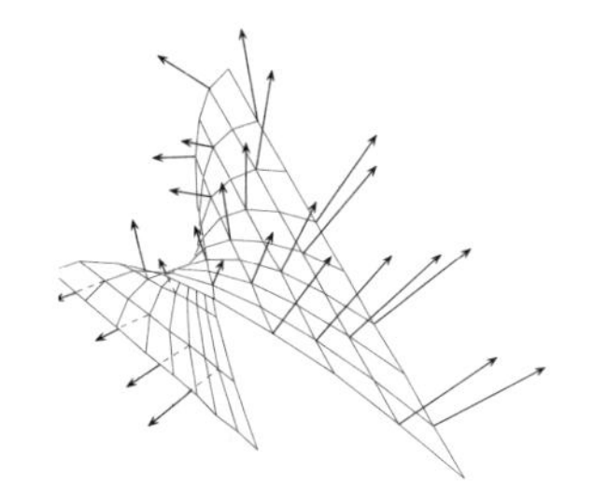

图 6.3.2

横向向量场的向量应该被看成是锚定在 S 的一个点上的. 向量场指定了 S 的一侧: 向量场所指向的一侧, 而不是向量场从那里向远指的一侧. 成为横向的最好的方式就是*垂直*(normal), 也就是, 与曲面正交; 在实践中, 用来给一个曲面定向的横向向量场通常是垂直的.

命题 6.3.4.

1. **给点定向.** 给 $\mathbb{R}^n$ 中的一个零维流形, 也就是一个离散的点集定向就是给每个点分配 $+1$ 或者 -1.

2. **给 $\mathbb{R}^n$ 的开子集定向.** 一个开子集 $U\subset\mathbb{R}^n$(n 维流形的平凡的情况) 带有 $\mathbb{R}^n$ 的标准定向 Ω^{st}: 在每个点 $\mathbf{x}\in U$, 我们有 $T_\mathbf{x}U=\mathbb{R}^n$(把 $\mathbb{R}^n$ 的向量想象为锚定在 $\mathbf{x}$) 以及 $\Omega^{\text{st}}_\mathbf{x}=\Omega^{\text{st}}$.

3. **给一条曲线定向.** 令 $C\subset\mathbb{R}^n$ 为一条光滑曲线. 一个随着 $\mathbf{x}$ 连续变化的非零的切向量场 $\vec{\mathbf{t}}$ 通过公式

$$\Omega^{\vec{\mathbf{t}}}_\mathbf{x}(\vec{\mathbf{v}})\stackrel{\text{def}}{=}\operatorname{sgn}(\vec{\mathbf{t}}(\mathbf{x})\cdot\vec{\mathbf{v}})\tag{6.3.4}$$

对 $T_\mathbf{x}C$ 的每组基 $\vec{\mathbf{v}}$ 定义了 C 的一个定向. 对于 $\Omega^{\vec{\mathbf{t}}}$, $T_\mathbf{x}C$ 的基 $\vec{\mathbf{t}}(\mathbf{x})$ 对

[4] $\det[P_{\{\mathbf{v}_1\}\to\{\mathbf{v}_2\}}]=\det\begin{bmatrix}1&1\\-1&0\end{bmatrix}=1$, $\det[P_{\{\mathbf{v}_1\}\to\{\mathbf{v}_3\}}]=\det\begin{bmatrix}0&1\\1&1\end{bmatrix}=-1$.

于所有的 $\mathbf{x}\in C$ 都是直接的.

4. **给 $\mathbb{R}^3$ 中一个曲面定向.** 令 $S\subset\mathbb{R}^3$ 为一个光滑曲面, 令 $\vec{\mathbf{n}}: S\to\mathbb{R}^3$ 为 S 上的一个横向向量场, 也就是, 一个在每个 $\mathbf{x}\in S$ 定义且随着 $\mathbf{x}\in S$ 的变化而连续变化的向量场, 且满足 $\vec{\mathbf{n}}(\mathbf{x})$ 不属于 $T_{\mathbf{x}}S$ (特别地, 不是 $\vec{\mathbf{0}}$). 则我们可以对于每个 $\mathbf{x}\in S$ 以及 $T_{\mathbf{x}}S$ 的所有的基 $\vec{\mathbf{v}}_1,\vec{\mathbf{v}}_2$, 定义 S 的一个定向 $\Omega^{\vec{\mathbf{n}}}$ 为

$$\Omega^{\vec{\mathbf{n}}}(\vec{\mathbf{v}}_1,\vec{\mathbf{v}}_2)\overset{\text{def}}{=}\operatorname{sgn}(\det[\vec{\mathbf{n}}(\mathbf{x}),\vec{\mathbf{v}}_1,\vec{\mathbf{v}}_2]),\tag{6.3.5}$$

我们称它为 S *被横向向量场* $\vec{\mathbf{n}}$ *确定的定向*.

证明:

1. 对于每个点, 切空间是零维的向量空间, 我们看到零维向量空间的一个定向为 $\varnothing\mapsto+1$ 或者 $\varnothing\mapsto-1$.

2. 这个是显然的.

3. 如果 $\vec{\mathbf{v}}_1$ 和 $\vec{\mathbf{v}}_2$ 是 $T_{\mathbf{x}}C$ 的两个基, 则 $\vec{\mathbf{v}}_2=c\vec{\mathbf{v}}_1$, $c\neq0$; c 就是 1×1 的基变换矩阵. 则

$$\operatorname{sgn}\left(\vec{\mathbf{t}}(\mathbf{x})\cdot\vec{\mathbf{v}}_2\right)=\operatorname{sgn}\left(\vec{\mathbf{t}}(\mathbf{x})\cdot c\vec{\mathbf{v}}_1\right)=(\operatorname{sgn}\det[c])\left(\operatorname{sgn}(\vec{\mathbf{t}}(\mathbf{x})\cdot\vec{\mathbf{v}}_1)\right).\tag{6.3.6}$$

这样 $\Omega^{\vec{\mathbf{t}}}$ 满足等式 (6.3.1). 更进一步, 映射 $(\mathbf{x},\vec{\mathbf{v}})\mapsto\vec{\mathbf{t}}(\mathbf{x})\cdot\vec{\mathbf{v}}$ 在 $C\times\mathbb{R}^n$ 上是连续的, 且在 $\vec{\mathbf{v}}$ 是 $T_{\mathbf{x}}C$ 的基的 $C\times\mathbb{R}^n$ 的子集上不为 0, 且 sgn 是 $\mathbb{R}-\{0\}$ 的一个连续函数, 所以 $\Omega^{\vec{\mathbf{t}}}$ 在 $\vec{\mathbf{v}}$ 为 $T_{\mathbf{x}}C$ 的基的 $(\mathbf{x},\vec{\mathbf{v}})$ 的集合上是连续的.

4. 由

$$(\mathbf{x},\vec{\mathbf{v}}_1,\vec{\mathbf{v}}_2)\mapsto\det[\vec{\mathbf{n}}(\mathbf{x}),\vec{\mathbf{v}}_1,\vec{\mathbf{v}}_2]\tag{6.3.7}$$

给出的映射 $S\times\mathbb{R}^3\times\mathbb{R}^3\to\mathbb{R}$ 是连续的, 且因为 $\vec{\mathbf{n}}(\mathbf{x})$ 不是 $T_{\mathbf{x}}S$ 的元素, 在 $\mathcal{B}(S)$ 上行列式不为 0, 所以

$$\Omega^{\vec{\mathbf{n}}}:(\mathbf{x},\vec{\mathbf{v}}_1,\vec{\mathbf{v}}_2)\mapsto\operatorname{sgn}(\det[\vec{\mathbf{n}}(\mathbf{x}),\vec{\mathbf{v}}_1,\vec{\mathbf{v}}_2])\tag{6.3.8}$$

也是连续的.

若 $\vec{\mathbf{v}}_1,\vec{\mathbf{v}}_2$ 和 $\vec{\mathbf{w}}_1,\vec{\mathbf{w}}_2$ 是 $T_{\mathbf{x}}S$ 的两组基, 基变换矩阵为 $P=\begin{bmatrix}p_{1,1}&p_{1,2}\\p_{2,1}&p_{2,2}\end{bmatrix}$, 则对于基 $\vec{\mathbf{n}}(\mathbf{x}),\vec{\mathbf{v}}_1,\vec{\mathbf{v}}_2$ 和 $\vec{\mathbf{n}}(\mathbf{x}),\vec{\mathbf{w}}_1,\vec{\mathbf{w}}_2$, 3×3 的基变换矩阵为

$$\widetilde{P}=\begin{bmatrix}1&0&0\\0&p_{1,1}&p_{1,2}\\0&p_{2,1}&p_{2,2}\end{bmatrix},$$

因为 $\det\widetilde{P}=\det P$, 我们看到

$$\Omega^{\vec{\mathbf{n}}}_{\mathbf{x}}(\vec{\mathbf{w}}_1,\vec{\mathbf{w}}_2)\ =\ \operatorname{sgn}\left(\det[\vec{\mathbf{n}}(\mathbf{x}),\vec{\mathbf{w}}_1,\vec{\mathbf{w}}_2]\right)=\operatorname{sgn}(\det\widetilde{P})\operatorname{sgn}\left(\det[\vec{\mathbf{n}}(\mathbf{x}),\vec{\mathbf{v}}_1,\vec{\mathbf{v}}_2]\right)$$

你有没有试着去教一个小朋友左和右的区别? 通常, 我们问, 你用哪只手画画? 要让这个方法有效, 当然, 这个孩子必须有一只惯用的手, 老师必须知道是哪一只. 这样, 尽管空间用右手定向是“标准”的, 但它看起来并没有那么特别“自然”. 想象你在与一个居住在被云层遮蔽的行星上的外星人进行无线电交流, 你无法告诉他去看任何东西. 有没有什么办法使你可以与他交流什么是“左”和“右”呢? 你能否给他们一些指导来造一个右手螺旋的开瓶起子, 而不是与之相反的镜像? 如果你想一想这个, 就可能得到没有办法交流这个信息的结论.

物理学家告诉我们这个不是真的: 当一个中子衰变到质子、电子和中微子的时候, 质子和电子不是朝着相反方向移动, 质子的变化的电场使电子朝着右手的螺旋开瓶起子的方向移动. 观察这个衰变的实验是可以交流的.

然而, 当一个反中子衰变的时候, 方向是反的, 所以如果外星人居住在一个反物质的世界里, 我们可能用了错误的方式交流. 根据天文学家所说, 在我们的宇宙中没有由反物质构成的星系, “为什么没有”这个问题是宇宙学的一个核心的谜团.

$$= \quad \mathrm{sgn}(\det P)\Omega_{\mathbf{x}}^{\vec{\mathbf{n}}}(\vec{\mathbf{v}}_1, \vec{\mathbf{v}}_2), \tag{6.3.9}$$

所以 $\Omega_{\mathbf{x}}^{\vec{\mathbf{n}}}$ 满足等式 (6.3.1). □

莫比乌斯带是以德国数学家和天文学家莫比乌斯 (图 6.3.3) 命名的, 他在 1858 年发现了它, 比李斯丁 (Johann Listing) 早了 4 年.

图 6.3.3
莫比乌斯 (August Möbius, 1790 — 1868)

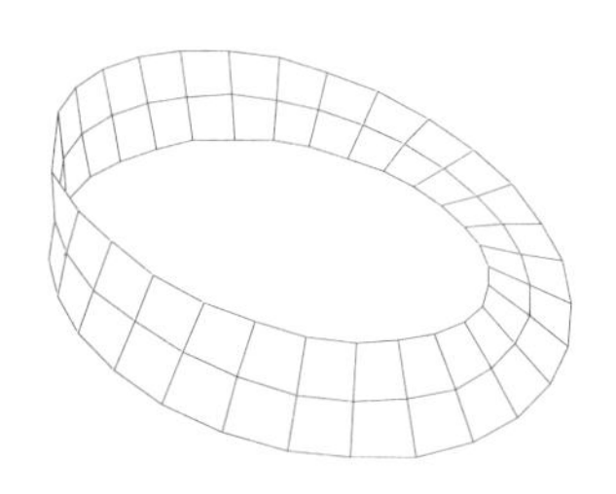

图 6.3.4
用纸做一个巨大的莫比乌斯带. 给一个孩子一只黄色的蜡笔, 另一个孩子一只蓝色的蜡笔, 让他们在带子的两侧开始上色. 把这个图与图 6.3.2 进行比较.

例 6.3.5 (一个不可定向的曲面). 图 6.3.4 中的莫比乌斯带是不可定向的; 不可能选取一个横向向量场 $\vec{\mathbf{n}}$ 随着 $\mathbf{x}$ 连续变化. 如果你想象自己沿着莫比乌斯带的表面走路, 种下法向量的森林, 每个点一棵, 都指向 "上"(你的头的方向), 则当你回到出发的地方的时候, 将会有相互间任意靠近的向量锚定在那里, 指向相反的方向. 注意, 尽管在莫比乌斯带上不能对形式积分, 但莫比乌斯带确实有定义明确的面积, 可以通过在其上面积分 $|\mathrm{d}^2\mathbf{x}|$ 得到. △

例 6.3.6 (给一个圆心在 0 的圆定向). 对于每个 $R > 0$, 向量场

$$\vec{\mathbf{t}}\begin{pmatrix} x \\ y \end{pmatrix} = \begin{bmatrix} -y \\ x \end{bmatrix} \tag{6.3.10}$$

是与方程为 $x^2 + y^2 = R^2$ 的圆 (以及所有的同心圆) 相切的一个非零的向量场, 定义了*逆时针*定向. △

例 6.3.7 (给 $\mathbb{R}^3$ 中的一个曲面定向). 令 $S \subset \mathbb{R}^3$ 是方程为 $ax^2+by^2+cz^2 = R^2$ 的曲面, 其中我们假设 $abc \neq 0$(也就是, a, b, c 都不是 0) 且 $R > 0$. 则径向向量场

$$\vec{\mathbf{n}}\begin{pmatrix} x \\ y \\ z \end{pmatrix} = \begin{bmatrix} x \\ y \\ z \end{bmatrix} \tag{6.3.11}$$

确定了 S 的一个定向. 实际上, 如果 $f\begin{pmatrix} x \\ y \\ z \end{pmatrix} = ax^2 + by^2 + cz^2 - R^2$, 则

$$\left[\mathbf{D}f\begin{pmatrix} x \\ y \\ z \end{pmatrix}\right]\overbrace{\begin{bmatrix} x \\ y \\ z \end{bmatrix}}^{\vec{\mathbf{n}}} = [2ax, 2by, 2cz]\begin{bmatrix} x \\ y \\ z \end{bmatrix} = 2R^2 \neq 0, \tag{6.3.12}$$

所以 $\vec{\mathbf{n}}$ 不在 $\ker[\mathbf{D}f(\mathbf{x})]$ 中, 从而 (根据定理 3.2.4) 不在 S 的切空间中. 所以, 它对 S 是横向的. 它从 S 的 $ax^2+by^2+cz^2 < R^2$ 的一侧到了 $ax^2+by^2+cz^2 > R^2$ 的一侧. △

例 6.3.8: 梯度 $\vec{\nabla}f(\mathbf{x})$ 在等式 (1.7.22) 中被定义为

$$\vec{\nabla}f(\mathbf{x}) \stackrel{\text{def}}{=} [\mathbf{D}f(\mathbf{x})]^{\mathrm{T}}.$$

通常, 我们更愿意使用线矩阵 $[\mathbf{D}f(\mathbf{x})]$, 而不是向量 $\vec{\nabla}f(\mathbf{x})$, 但这是一个例外. 如果流形$M$ 是由方程 $f(\mathbf{x}) = 0$ 定义的 (也就是, M 的维数比仿射空间少 1), 则在每个 $\mathbf{x} \in M$, 向量 $\vec{\nabla}f(\mathbf{x})$ 与 $T_{\mathbf{x}}M$ 正交.

例 6.3.7 有一点误导: 它似乎表明, 为了给一个曲面定向, 你需要猜出一个向量场. 实际上, 当曲面 $S \subset \mathbb{R}^3$ 是由方程 $f(\mathbf{x}) = 0$ 给出的时候, 甚至在 S 的所有点上 $[\mathbf{D}f(\mathbf{x})] \neq [0]$, 则梯度 $\vec{\nabla}f(\mathbf{x}) = [\mathbf{D}f(\mathbf{x})]^{\mathrm{T}}$ 是 S 上的一个横向向量场 (实际上, 垂直的), 从而总是定义一个定向.

例 6.3.8. 考虑曲面 S, 定义为 $f(\mathbf{x}) = \sin(x + yz) = 0$. 我们在例 3.1.13 中看到, 向量场

$$\vec{\nabla} f(\mathbf{x}) \stackrel{\text{def}}{=} \left[\mathbf{D}f\begin{pmatrix}x\\y\\z\end{pmatrix}\right]^{\mathrm{T}} = \begin{bmatrix}\cos(x+yz)\\z\cos(x+yz)\\y\cos(x+yz)\end{bmatrix} \tag{6.3.13}$$

在 S 的点上从不为 0. 甚至更好的是, 它与 S 正交, 因为根据定理 3.2.4, $\vec{\mathbf{v}} \in \ker[\mathbf{D}f(\mathbf{x})]$ 蕴含着 $\vec{\mathbf{v}} \in T_{\mathbf{x}}S$. 因此, 对于 $\vec{\mathbf{v}} \in T_{\mathbf{x}}S$, 有

$$0 = [\mathbf{D}f(\mathbf{x})]\vec{\mathbf{v}} = \vec{\nabla} f(\mathbf{x}) \cdot \vec{\mathbf{v}}, \tag{6.3.14}$$

所以向量 $\vec{\mathbf{x}} = \vec{\nabla} f(\mathbf{x})$ 定义了 S 的一个定向. △

这个构造可以认为是通用的.

命题 6.3.9 (给由方程给出的流形定向). 令 $U \subset \mathbb{R}^n$ 为开的, 令 $\mathbf{f}\colon U \to \mathbb{R}^{n-k}$ 为一个 C^1 映射, 满足 $[\mathbf{Df}(\mathbf{x})]$ 在所有的 $\mathbf{x} \in M \stackrel{\text{def}}{=} \mathbf{f}^{-1}(\mathbf{0})$ 是满射的. 则由

$$\Omega_{\mathbf{x}}(\vec{\mathbf{v}}_1, \cdots, \vec{\mathbf{v}}_k) \stackrel{\text{def}}{=} \operatorname{sgn}\det[\vec{\nabla} f_1(\mathbf{x}), \cdots, \vec{\nabla} f_{n-k}(\mathbf{x}), \vec{\mathbf{v}}_1, \cdots, \vec{\mathbf{v}}_k] \tag{6.3.15}$$

给出的映射 $\Omega_{\mathbf{x}}\colon \mathcal{B}(T_{\mathbf{x}}M) \to \{+1, -1\}$ 是 M 的一个定向.

命题 6.3.9 也许有一点误导, 会诱导读者认为所有的曲面都是可以定向的. 记住, 流形在局部上总是可以用方程给出的 ($\mathbb{R}^3$ 中的曲面的一个方程), 但有可能无法用具有线性无关的导数的 $n-k$ 个方程定义 $\mathbb{R}^n$ 中的一个 k 维流形. 特别地, 如果流形是不可定向的, 则它就确实是不可能的, 见例 6.4.9.

李斯丁 (图 6.3.5) 是第一个描述莫比乌斯带的数学家: 它还创造了词汇 "topology(拓扑)" 和 "micron(微米)". 在 13 岁的时候, 他用自己画画和书法的收入在经济上帮助他的家庭. 他后来成为数学家以及物理学家, 与高斯一起进行过关于地磁的实验.

图 6.3.5
李斯丁 (Johann Listing, 1808 — 1882)

连通的和非连通的流形的定向

从例 3.1.8 的讨论 (图 3.1.9 下的边注) 中我们可以回忆到, 一个流形 M 是**连通**的, 如果给定任意两个点 $\mathbf{u}_1, \mathbf{u}_2 \in M$, 存在 M 中的一条路径把它们联结起来: 一个连续的映射 $\delta\colon [a,b] \to M$ 满足 $\delta(a) = \mathbf{u}_1$, $\delta(b) = \mathbf{u}_2$.

命题 6.3.10 (连通的和非连通的流形的定向). 如果 M 是一个连通的流形, 则或者 M 是不可定向的, 或者它有两个定向. 如果 M 是可定向的, 则指定 $T_{\mathbf{x}}M$ 在一个点的定向, 将可以定义每个点的定向.

注意, 如果一个可定向的流形是不连通的, 则知道它在一个点的定向并不能告诉你它在各处的定向.

证明: 如果 M 是可定向的, 且 $\Omega\colon \mathcal{B}(M) \to \{+1, -1\}$ 为 M 的一个定向, 则 $-\Omega$ 也是一个定向, 所以一个可定向的流形至少有两个定向.

我们必须证明, 如果 M 是连通的, 并且 Ω', Ω'' 是 M 的两个定向, 使得 $\Omega'_{\mathbf{x}_0} = \Omega''_{\mathbf{x}_0}$ 对一个点 $\mathbf{x}_0 \in M$ 成立, 则 $\Omega'_{\mathbf{x}} = \Omega''_{\mathbf{x}}$ 对于所有的 $\mathbf{x} \in M$ 成立. 选取一条连续路径 $\gamma\colon [a,b] \to M$, 满足 $\gamma(a) = \mathbf{x}_0$, $\gamma(b) = \mathbf{x}$. 则对于所有的 t, 存在 $s(t) \in \{+1, -1\}$, 满足 $\Omega'_{\gamma(t)} = s(t)\Omega''_{\gamma(t)}$. 此外, 如果 s 不是常数, 则在 $[a,b]$ 中存在一个序列 $t_n \to t_\infty$ 满足 $s(t_n) = -1$ 对于所有的 n 成立, 但 $s(t_\infty) = +1$. 选取 $T_{\gamma(t_\infty)}M$ 的一组基 $\{\mathbf{b}\}$, 满足 $\Omega'(\gamma(t_\infty), \{\mathbf{b}\}) = \Omega''(\gamma(t_\infty), \{\mathbf{b}_n\})$. 根据练习

6.3.16, 存在 $T_{\gamma(t_n)}M$ 的一组基 $\{\mathbf{b}_n\}$, 使得 $(\gamma(t_n),\{\mathbf{b}_n\})$ 收敛到 $(\gamma(t_\infty),\{\mathbf{b}\})$. 则

$$s(t_n)=\frac{\Omega'(\gamma(t_n),\{\mathbf{b}_n\})}{\Omega''(\gamma(t_n),\{\mathbf{b}_n\})}=-1,\ \text{但}\ \frac{\Omega'(\gamma(t_n),\{\mathbf{b}\})}{\Omega''(\gamma(t_n),\{\mathbf{b}\})}=+1. \tag{6.3.16}$$

但 Ω'/Ω'' 是连续的 (定理 1.5.29), 所以 s 是常数. □

6.3 节的练习

6.3.1 常数向量场 $\begin{bmatrix}1\\1\end{bmatrix}$ 是否为定义了直线 $x+y=0$ 的定向的切向量场? 直线 $x-y=0$ 呢?

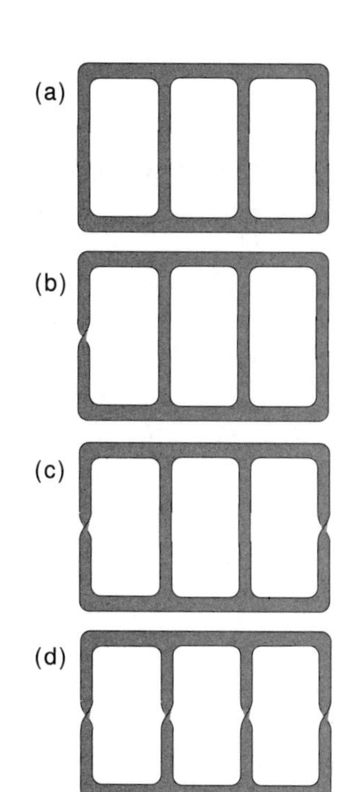

练习 6.3.2 中的曲面.

6.3.2 边注中的哪些曲面是可定向的?

6.3.3 有没有任何常数向量场定义了 $\mathbb{R}^3$ 中的单位球面的一个定向?

6.3.4 找到一个向量场, 给由 $x+x^2+y^2=2$ 定义的曲线定向.

6.3.5 下面的哪些向量场定义了方程为 $x+y+z=0$ 的平面 $P\subset\mathbb{R}^3$ 的一个定向? 在这些当中, 哪一对定义了同样的定向?

$$\begin{bmatrix}1\\1\\1\end{bmatrix},\ \begin{bmatrix}-1\\1\\1\end{bmatrix},\ \begin{bmatrix}-1\\-1\\1\end{bmatrix},\ \begin{bmatrix}-1\\-1\\-1\end{bmatrix}.$$

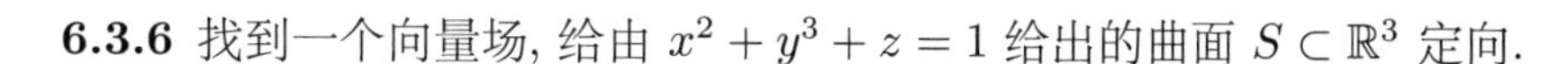

6.3.6 找到一个向量场, 给由 $x^2+y^3+z=1$ 给出的曲面 $S\subset\mathbb{R}^3$ 定向.

6.3.7 令 V 是方程为 $x+2y-z=0$ 的平面. 证明: 基

$$\vec{\mathbf{v}}_1=\begin{bmatrix}1\\0\\1\end{bmatrix},\vec{\mathbf{v}}_2=\begin{bmatrix}0\\1\\2\end{bmatrix}\ \text{和}\ \vec{\mathbf{w}}_1=\begin{bmatrix}2\\-3\\-4\end{bmatrix},\vec{\mathbf{w}}_2=\begin{bmatrix}1\\2\\5\end{bmatrix}$$

给出了相同的定向.

6.3.8 令 P 是方程为 $x+y+z=0$ 的平面.

a. 在下面的三组基当中, 哪一组给出了与其他两组不同的定向?

$$\begin{bmatrix}1\\0\\-1\end{bmatrix},\ \begin{bmatrix}0\\1\\-1\end{bmatrix},\ \begin{bmatrix}-1\\0\\1\end{bmatrix},\ \begin{bmatrix}-1\\1\\0\end{bmatrix},\ \begin{bmatrix}1\\-1\\0\end{bmatrix},\ \begin{bmatrix}0\\-1\\1\end{bmatrix}.$$

b. 找到给出与上面的这组基相同定向的 P 的法向量.

6.3.9 a. 令 $C\subset\mathbb{R}^2$ 为圆 $(x-1)^2+y^2=4$. 找到单位切向量场 $\vec{T}$, 按照 "递增的极角" 描述定向 ("单位向量场" 为一个所有向量的长度都为 1 的向量场).

b. 小心谨慎地解释, 为什么"递增的极角"这个说法不能描述圆 $(x-2)^2+y^2=1$ 的定向.

6.3.10 令 $M\subset\mathbb{R}^2$ 为一个流形, 由两个半径为 1/2 的圆组成. 一个的中心在 $\begin{pmatrix}-1\\0\end{pmatrix}$, 另一个的中心在 $\begin{pmatrix}1\\0\end{pmatrix}$. M 有多少个定向? 描述它们.

6.3.11 令 $S\subset\mathbb{R}^4$ 为由方程 $x_1^2-x_2^2=x_3$ 和 $2x_1x_2=x_4$ 给出的轨迹.

a. 证明: S 是一个曲面.

b. 找到 S 在原点的切空间的一组基, 它对于由命题 6.3.9 给出的定向是直接的.

6.3.12 考虑方程为 $x_1^2+x_2^2+x_3^2-x_4=0$ 的流形$M\subset\mathbb{R}^4$. 找到 M 在点 $\begin{pmatrix}1\\0\\0\\1\end{pmatrix}$ 的切空间的一组基, 它对于由命题 6.3.9 给出的定向是直接的.

练习 6.3.13: a 问说明了没有办法对 $\mathbb{R}^3$ 中所有的平面选择一个定向, 连续地依赖于平面. 如果有这样的一个标准定向, 则给定任意两个 $\mathbb{R}^3$ 中的线性无关的向量 $\vec{\mathbf{v}},\vec{\mathbf{w}}$, 将有可能来选择一个: 它们所生成的平面将有一个定向, 要么是 $(\vec{\mathbf{v}},\vec{\mathbf{w}})$ 的顺序, 要么是 $(\vec{\mathbf{w}},\vec{\mathbf{v}})$ 的顺序, 将是一个直接的基. 我们可以选择直接的基的第一个向量.

b 问说明了, 在 $\mathbb{R}^2$ 中, 这个无效. 或者 $\det[\vec{\mathbf{v}},\vec{\mathbf{w}}]>0$, 或者 $\det[\vec{\mathbf{w}},\vec{\mathbf{v}}]<0$, 我们可以选择具有正的行列式的那个矩阵的第一列.

c 问说明了它在 $\mathbb{R}^n$ 中无效, $n>2$. 和在 $\mathbb{R}^3$ 中一样, 我们可以用一个连续的运动且一直保持线性无关来交换向量.

6.3.13 a. 找到两个连续的映射 $[0,1]\to\mathbb{R}^3$, 记作 $\mathbf{v}$ 和 $\mathbf{w}$, 使得

$$\mathbf{v}(0)=\vec{\mathbf{e}}_1,\ \mathbf{v}(1)=\vec{\mathbf{e}}_2,\ \mathbf{w}(0)=\vec{\mathbf{e}}_2,\ \mathbf{w}(1)=\vec{\mathbf{e}}_1,$$

且 $\mathbf{v}(t)$ 和 $\mathbf{w}(t)$ 对于所有的 t 都是线性无关的.

b. 证明: 不存在这样的映射 $[0,1]\to\mathbb{R}^2$.

c. 证明: 给定 $\mathbb{R}^n$ 中任意两个线性无关的向量 $\vec{\mathbf{u}}_1,\vec{\mathbf{u}}_2$, 其中 $n>2$, 存在映射 $\mathbf{v},\mathbf{w}\colon[0,1]\to\mathbb{R}^n$ 使得

$$\mathbf{v}(0)=\vec{\mathbf{u}}_1,\ \mathbf{v}(1)=\vec{\mathbf{u}}_2,\ \mathbf{w}(0)=\vec{\mathbf{u}}_2,\ \mathbf{w}(1)=\vec{\mathbf{u}}_1,$$

且对于每个 t, $\mathbf{v}(t)$ 和 $\mathbf{w}(t)$ 是线性无关的.

6.3.14 向量场 $\vec{\mathbf{e}}_1$ 在哪里对 $\mathbb{R}^3$ 中的单位球面是横向的? 在哪里这个向量场给出的球面的定向与向外指的法向量给出的定向相同?

练习 6.3.15 说明了如何给一个 n 维的复向量空间定向: 给定一组复数基 $\mathbf{v}_1,\cdots,\mathbf{v}_n$, 我们可以通过声明实数基

$$\mathbf{v}_1,\mathbf{i}\mathbf{v}_1,\cdots,\mathbf{v}_n,\mathbf{i}\mathbf{v}_n$$

为直接的来定向 E. 我们将说, 这个定向是标准的. 这个练习证明了这个定向不依赖于 E 的复数基的选择.

6.3.15 令 E 为一个 n 维的复向量空间. E 的一组基为向量 $\mathbf{v}_1,\cdots,\mathbf{v}_n$ 的集合, 使得 E 的每个向量可以被唯一地写为 $c_1\mathbf{v}_1+\cdots+c_n\mathbf{v}_n$, 其中系数 $c_1,\cdots,c_n$ 是复数.

a. 证明: $2n$ 个向量 $\mathbf{v}_1,\mathbf{i}\mathbf{v}_1,\cdots,\mathbf{v}_n,\mathbf{i}\mathbf{v}_n$ 是 E 被看作实向量空间的一组基, 也就是, 每个向量 $\mathbf{x}\in E$ 可以唯一地写为

$$\mathbf{x}=a_1\mathbf{v}_1+b_1(\mathbf{i}\mathbf{v}_1)+\cdots+a_n\mathbf{v}_n+b_n(\mathbf{i}\mathbf{v}_n),$$

其中 $a_1,\cdots,a_n,b_1,\cdots,b_n\in\mathbb{R}$. 把这组基记作 $\{\widetilde{\mathbf{v}}\}$.

b. 令 $\mathbf{w}_1,\cdots,\mathbf{w}_n$ 为 E 的另一组基, 有复数的基变换矩阵 $C=[P_{\mathbf{w}\to\mathbf{v}}]$; 见命题和定义2.6.20. 把基 $\mathbf{w}_1,\mathbf{i}\mathbf{w}_1,\cdots,\mathbf{w}_n,\mathbf{i}\mathbf{w}_n$ 记作 $\{\widetilde{\mathbf{w}}\}$. 用 $c_{j,i}$ 的实部和虚部写出基变换矩阵 $\widetilde{C}=[P_{\widetilde{\mathbf{w}}\to\widetilde{\mathbf{v}}}]$.

提示: 首先尝试 $n=1$ 的情况, 然后是 $n=2$ 的情况; 规律应该会变得很明显.

**c. 证明: $\det \widetilde{C} = |\det C|^2$. 再一次, 首先证明 $n=1$ 和 $n=2$ 的情况.

d. 令 Ω 为 E 的定向, 满足 $\mathbf{v}_1, i\mathbf{v}_1, \cdots, \mathbf{v}_n, i\mathbf{v}_n$ 是直接的基. 证明: $\mathbf{w}_1, i\mathbf{w}_1, \cdots, \mathbf{w}_n, i\mathbf{w}_n$ 也是直接的基.

6.3.16 令 $M \subset \mathbb{R}^n$ 为 $\mathbb{R}^n$ 上的一个 k 维流形. 证明: $\mathcal{B}(M)$ 是 $\mathbb{R}^{n(k+1)}$ 上的一个流形, 且 $\mathcal{B}(M)$ 的每个开子集都投影到 M 的一个开子集上, 参见边注中的提示.

练习 6.3.16 的提示: 用 $GL_k\mathbb{R}$ 表示可逆的 $k \times k$ 的实矩阵的集合 (根据推论 1.5.30, 它在 $\mathrm{Mat}(n,n)$ 中是开的). 假设 U 是 $\mathbb{R}^k$ 的一个子集, $\gamma: U \to \mathbb{R}^n$ 是 M 的一个子集的参数化. 证明: 由

$$\Gamma(\mathbf{u}, [\mathbf{a}_1, \cdots, \mathbf{a}_k]) = \Big(\gamma(\mathbf{u}), [\mathbf{D}\gamma(\mathbf{u})]\mathbf{a}_1, \cdots, [\mathbf{D}\gamma(\mathbf{u})]\mathbf{a}_k\Big)$$

定义的映射

$$\Gamma: U \times GL_k\mathbb{R} \to \mathbb{R}^{n(k+1)}$$

参数化了 $\mathcal{B}(M)$ 的一个开子集.

6.4 在定向流形上对形式进行积分

这一节的目标是定义一个 k–形式在一个定向的 k 维流形上的积分. 我们在第 5 章看到, 当我们在一个流形上积分 $|\mathrm{d}^k\mathbf{x}|$ 的时候, 积分不依赖于参数化的选择; 这使我们能够定义 $|\mathrm{d}^k\mathbf{x}|$ 在一个流形上的积分. 在例 6.2.5 中, 我们看到参数化的选择在我们在一个定向流形上积分一个 k–形式的时候是很重要的. 要定义一个 k–形式在一个定向流形上的积分, 我们必须规定参数化要保持流形的定向. 我们是在沿着下楼的楼梯向下运动 (保持定向的参数化) 还是沿着下楼的楼梯向上走 (逆转定向的参数化)?

定义 6.4.1 (保持定向的线性变换). 令 V 为一个 k 维向量空间, 定向为 $\Omega: \mathcal{B}(V) \to \{+1, -1\}$. 一个线性变换 $T: \mathbb{R}^k \to V$ 是*保持定向*(orientation preserving) 的, 如果

$$\Omega\big(T(\vec{\mathbf{e}}_1), \cdots, T(\vec{\mathbf{e}}_k)\big) = +1; \tag{6.4.1}$$

如果

$$\Omega\big(T(\vec{\mathbf{e}}_1), \cdots, T(\vec{\mathbf{e}}_k)\big) = -1, \tag{6.4.2}$$

则它是*逆转定向*的.

定义 6.4.1: 要想让一个线性变换保持定向, 定义域和陪域必须是定向的, 而且必须有相同的维数. 当然

$$T(\vec{\mathbf{e}}_1), \cdots, T(\vec{\mathbf{e}}_k)$$

是 T 的列.

注意到, 如果定义 6.4.1 中的 T 不是可逆的, 则它既不保持也不逆转定向, 因为在这种情况下, $T(\vec{\mathbf{e}}_1), \cdots, T(\vec{\mathbf{e}}_k)$ 不是 V 的一组基.

定义 6.4.2 (保持定向的一个流形的参数化). 令 $M \subset \mathbb{R}^m$ 为一个 k 维流形, 由 Ω 定向, 令 $U \subset \mathbb{R}^k$ 为一个子集, 其边界的 k 维体积为 0. 令 $\gamma: U \to \mathbb{R}^m$ 参数化 M, 如定义 5.2.3 中所描述的, 使得 "有麻烦的点" 的集合满足那个定义的所有条件; 特别地, X 的 k 维体积为 0. 如果对于所有的 $\mathbf{u} \in (U - X)$, 我们有

$$\Omega\big(\overrightarrow{D_1}\gamma(\mathbf{u}), \cdots, \overrightarrow{D_k}\gamma(\mathbf{u})\big) = +1, \tag{6.4.3}$$

则 γ 是*保持定向*的.

注意到, 根据定义 5.2.3 的第四部分, 等式 (6.4.3) 中的向量是线性无关的, 所以根据命题 3.2.7, 它们构成了 $T_{\gamma(\mathbf{u})}M$ 的一组基.

例 6.4.3 (单位圆的参数化). 令 C 为圆 $x^2+y^2=R^2, R>0$, 由向量场 $\vec{\mathbf{t}}\begin{pmatrix}x\\y\end{pmatrix}=\begin{bmatrix}-y\\x\end{bmatrix}$ 定向, 如例 6.3.6 中的一样. 这是一个**逆时针定向** (counterclockwise orientation).

参数化 $\gamma(t)=\begin{pmatrix}R\cos t\\R\sin t\end{pmatrix}$ 保持那个定向, 因为

$$\begin{aligned}\vec{\mathbf{t}}(\gamma(t))\cdot\vec{\gamma}'(t) &= \begin{bmatrix}-R\sin t\\R\cos t\end{bmatrix}\cdot\begin{bmatrix}-R\sin t\\R\cos t\end{bmatrix}\\ &= R^2>0.\end{aligned}\tag{6.4.4}$$

随着 t 的增加, $\gamma(t)$ 按逆时针方向绕着圆周走一圈.

参数化 $\gamma_1(t)=\begin{pmatrix}R\sin t\\R\cos t\end{pmatrix}$ 逆转了定向, 因为

$$\begin{aligned}\vec{\mathbf{t}}(\gamma_1(t))\cdot\vec{\gamma_1}'(t) &= \begin{bmatrix}-R\cos t\\R\sin t\end{bmatrix}\cdot\begin{bmatrix}R\cos t\\-R\sin t\end{bmatrix}\\ &= -R^2<0.\end{aligned}\tag{6.4.5}$$

随着 t 的增加, $\gamma_1(t)$ 按顺时针方向绕着圆周走一圈. △

从命题 6.3.4, 我们回忆到一个横向的向量场 $\vec{\mathbf{n}}$ 通过公式

$$\Omega_{\mathbf{x}}(\vec{\mathbf{v}}_1,\vec{\mathbf{v}}_2)=\operatorname{sgn}\det[\vec{\mathbf{n}}(\mathbf{x}),\vec{\mathbf{v}}_1,\vec{\mathbf{v}}_2]\tag{6.4.6}$$

给曲面 $S\subset\mathbb{R}^3$ 定向.

如果 γ 是 S 的一个参数化, 而且如果我们设 $\vec{\mathbf{n}}=\overrightarrow{D_1}\gamma\times\overrightarrow{D_2}\gamma$, 则 γ 是保持定向的, 因为

$$\det[\overrightarrow{D_1}\gamma\times\overrightarrow{D_2}\gamma,\overrightarrow{D_1}\gamma,\overrightarrow{D_2}\gamma]>0.\tag{6.4.7}$$

这是下述事实 (命题 1.4.20) 的一个重述: 如果 $\vec{\mathbf{v}}$ 和 $\vec{\mathbf{w}}$ 是 $\mathbb{R}^3$ 中的线性无关的向量, 则 $\det[\vec{\mathbf{v}}\times\vec{\mathbf{w}},\vec{\mathbf{v}},\vec{\mathbf{w}}]>0$.

$$\gamma:\begin{pmatrix}x\\y\end{pmatrix}\mapsto\begin{pmatrix}x_1&=&x\\y_1&=&y\\x_2&=&x^2-y^2\\y_2&=&2xy\\x_3&=&x^3-3xy^2\\y_3&=&3x^2y-y^3\end{pmatrix}$$

例 6.4.4 的参数化: 前两项对应于 z 的实部和虚部, 第三项对应于 z^2 的实部, 第四项对应于 z^2 的虚部, 等等.

例 6.4.4 (保持定向的 $\mathbb{C}^3$ 中的曲面的参数化). 考虑曲面 $S\subset\mathbb{C}^3$, 由 $z\mapsto\begin{pmatrix}z\\z^2\\z^3\end{pmatrix}, |z|<1$ 参数化. S 在 $\begin{pmatrix}z\\z^2\\z^3\end{pmatrix}$ 的切空间为包含 $\begin{pmatrix}1\\2z\\3z^2\end{pmatrix}$ 的复数倍数的复直线; 尤其是它带有一个标准定向, 使得实数基 $\vec{\mathbf{v}}_1=\begin{pmatrix}1\\2z\\3z^2\end{pmatrix}, \vec{\mathbf{v}}_2=\begin{pmatrix}\mathrm{i}\\2\mathrm{i}z\\3\mathrm{i}z^2\end{pmatrix}$ 为直接的; 见练习 6.3.15. 把 S 想成 $\mathbb{R}^4$ 中的曲面, 被边注中的函数 γ 所参数化.

这个参数化是否保持了标准定向呢？利用定义 6.3.1, 我们必须计算在

$$\overrightarrow{D_1}\gamma\begin{pmatrix}x\\y\end{pmatrix}=\begin{pmatrix}1\\0\\2x\\2y\\3x^2-3y^2\\6xy\end{pmatrix},\ \overrightarrow{D_2}\gamma\begin{pmatrix}x\\y\end{pmatrix}=\begin{pmatrix}0\\1\\-2y\\2x\\-6xy\\3x^2-3y^2\end{pmatrix}\tag{6.4.8}$$

与基 $(\vec{\mathbf{v}}_1,\vec{\mathbf{v}}_2)$ 之间的基变换矩阵的行列式. 如果我们把 $\vec{\mathbf{v}}_1$ 和 $\vec{\mathbf{v}}_2$ 写为实部和虚部, 则得到等式 (6.4.8) 中的向量, 所以基变换矩阵为单位矩阵, γ 是保持定向的. △

例 6.4.5: 意识到一个参数化可能既不保持也不逆转定向是很重要的: 它可能在流形的一部分上保持定向, 而在另一部分上逆转定向.

例 6.4.5 (一个既不保持也不逆转定向的参数化). 考虑参数化为

$$\gamma\begin{pmatrix}\varphi\\\theta\end{pmatrix}=\begin{pmatrix}\cos\varphi\cos\theta\\\cos\varphi\sin\theta\\\sin\varphi\end{pmatrix},\ 0\leqslant\theta\leqslant\pi,-\pi\leqslant\varphi\leqslant\pi,\tag{6.4.9}$$

由向外指的法向量 $\vec{\mathbf{n}}=\begin{bmatrix}x\\y\\z\end{bmatrix}$ 定向的单位球面. 我们有

$$\det\left[\vec{\mathbf{n}}\left(\gamma\begin{pmatrix}\varphi\\\theta\end{pmatrix},\overrightarrow{D_1}\gamma\begin{pmatrix}\varphi\\\theta\end{pmatrix},\overrightarrow{D_2}\gamma\begin{pmatrix}\varphi\\\theta\end{pmatrix}\right)\right]=-\cos\varphi.\tag{6.4.10}$$

对于 $-\pi\leqslant\varphi<-\pi/2$, 我们有 $-\cos\varphi>0$; 对于 $-\pi/2<\varphi<\pi/2$, 我们有 $-\cos\varphi<0$; 对于 $\pi/2<\varphi\leqslant\pi$, 我们有 $-\cos\varphi>0$; 行列式的符号发生变化, 所以参数化在逆转和保持定向之间不断切换.

命题 6.4.6: 用放松的参数化的定义 (定义 5.2.3), U 可以是连通的, 但 $U-X$ 可能不是. 在这种情况下, 在一个点上检查只将给出在能够与 $U-X$ 中的那个点相联结的点集上 "保持定向".

命题 6.4.6 的证明类似于命题 6.3.10 的证明, 留作练习 6.4.8.

哪里出错了？映射 γ 在 (φ,θ) 平面上把整条直线 $\varphi=-\pi/2$ 变成单个的点 $\begin{pmatrix}0\\0\\-1\end{pmatrix}$; 它把直线 $\varphi=\pi/2$ 变到点 $\begin{pmatrix}0\\0\\1\end{pmatrix}$; 对于那些值, γ 不是一对一的. 它只是去掉那两条直线之后的 (φ,θ) 平面上的一个严格的参数化. 但那个定义域不是连通的; 它由三个独立的部分组成. △

我们将在证明例 6.4.9 中的流形不可定向的时候使用下面两个命题.

命题 6.4.6 (在单个点上检查定向). 令 M 为一个定向流形, 令 $\gamma\colon U\to M$ 为 M 的一个开子集的参数化, 满足 $U-X$ 为连通的, 其中的 X 与定义 5.2.3 中的相同. 如果 γ 在 U 的一个点上保持定向, 则它在每个点上都保持定向.

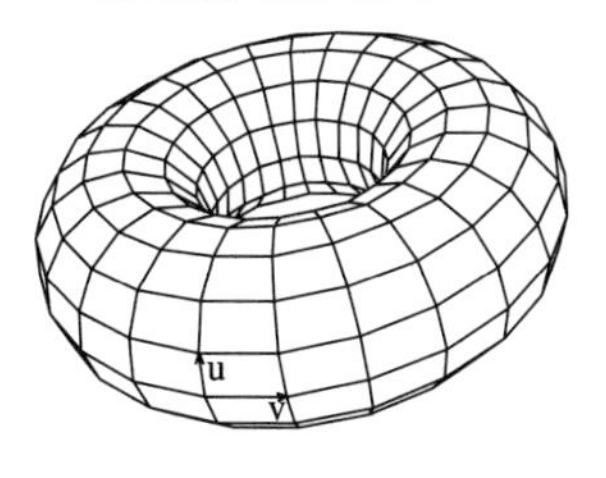

图 6.4.1

例 6.4.7: 画上了 u 和 v 坐标的环面. 你应当把直线想象为弯曲的. 我们用 "环面(torus)" 的意思是物体的表面. 实心的物体被称为实心的环面.

例 6.4.7 (检验一个定向的环面的参数化). 令 M 为例 5.3.9 中的环面, 通过选取 $R>r>0$, 将 (x,z) 平面上半径为 r, 中心在 $x=R,z=0$ 的圆绕着 z 轴旋转得到, 如图 6.4.1 所示 (这是一个二维的物体, 而不是实心的环面). 假设它

是由向外指的法向量定向的. 参数化

$$\gamma\begin{pmatrix}u\\v\end{pmatrix}=\begin{pmatrix}(R+r\cos u)\cos v\\(R+r\cos u)\sin v\\r\sin u\end{pmatrix}\tag{6.4.11}$$

是否保持那个定向呢?

例 6.4.7: 根据命题 6.4.6, 在一个点上检验就足够了, 也就是说, 在环面上的一个点上计算 $\vec{\mathbf{n}}$. 我们选择点 $\gamma\begin{pmatrix}0\\0\end{pmatrix}$, 这样可以简化计算.

因为

$$\overrightarrow{D_1}\gamma=\begin{bmatrix}-r\sin u\cos v\\-r\sin u\sin v\\r\cos u\end{bmatrix},\quad \overrightarrow{D_2}\gamma=\begin{bmatrix}-(R+r\cos u)\sin v\\(R+r\cos u)\cos v\\0\end{bmatrix},\tag{6.4.12}$$

我们可以把向量场

$$\overrightarrow{D_1}\gamma\times\overrightarrow{D_2}\gamma=-r(R+r\cos u)\begin{bmatrix}\cos u\cos v\\\cos u\sin v\\\sin u\end{bmatrix}\tag{6.4.13}$$

作为法向量场 $\vec{\mathbf{n}}$. 这个法向量场是向内还是向外指的? 在 $\gamma\begin{pmatrix}0\\0\end{pmatrix}$, 我们有

$$\vec{\mathbf{n}}\left(\gamma\begin{pmatrix}0\\0\end{pmatrix}\right)=-r(r+R)\begin{bmatrix}1\\0\\0\end{bmatrix},\tag{6.4.14}$$

它向内指, 所以 γ 不保持由向外指的向量给出的定向. △

命题 6.4.8: 映射 $\gamma_2^{-1}\circ\gamma_1$ 是"参数变换"映射. 从 5.2 节回忆到, 上角标 "OK"(okay) 表示换元映射的定义域或者陪域, 其中的有麻烦的点都被移除了, 假设它们的体积为 0.

命题 6.4.8 (保持定向的参数化). 令 $M\subset\mathbb{R}^n$ 为一个 k 维定向流形. 令 U_1,U_2 为 $\mathbb{R}^k$ 的子集, 令 $\gamma_1\colon U_1\to\mathbb{R}^n$ 和 $\gamma_2\colon U_2\to\mathbb{R}^n$ 为 M 的两个参数化. 则 γ_1 和 γ_2 或者都是保持定向的, 或者都是逆转定向的, 当且仅当所有的 $\mathbf{u}_1\in U_1^{\mathrm{OK}}$ 和所有的 $\mathbf{u}_2\in U_2^{\mathrm{OK}}$ 都满足 $\gamma_1(\mathbf{u}_1)=\gamma_2(\mathbf{u}_2)$, 我们有

$$\det[\mathbf{D}(\gamma_2^{-1}\circ\gamma_1)(\mathbf{u}_1)]>0.\tag{6.4.15}$$

证明: 设 $\mathbf{x}=\gamma_1(\mathbf{u}_1)=\gamma_2(\mathbf{u}_2)$. 则 (根据命题 3.2.7) $n\times k$ 矩阵 $[\mathbf{D}\gamma_1(\mathbf{u}_1)]$ 的列构成 $T_{\mathbf{x}}M$ 的一组基, $[\mathbf{D}\gamma_2(\mathbf{u}_2)]$ 的列也是如此. 记

$$\begin{aligned}[\mathbf{D}\gamma_1(\mathbf{u}_1)] &= [\mathbf{D}(\gamma_2\circ\gamma_2^{-1}\circ\gamma_1)(\mathbf{u}_1)]=[\mathbf{D}\gamma_2(\underbrace{\gamma_2^{-1}\circ\gamma_1)(\mathbf{u}_1)}_{\gamma_2(\mathbf{u}_2)}][\mathbf{D}(\gamma_2^{-1}\circ\gamma_1)(\mathbf{u}_1)]\\ &= [\mathbf{D}\gamma_2(\mathbf{u}_2)][\mathbf{D}(\gamma_2^{-1}\circ\gamma_1)(\mathbf{u}_1)].\end{aligned}\tag{6.4.16}$$

这是等式 (2.6.24), 在这个等式旁的边注中被重写为矩阵相乘的形式: $[\mathbf{D}\gamma_1(\mathbf{u}_1)]$ 和 $[\mathbf{D}\gamma_2(\mathbf{u}_2)]$ 为两组基, $[\mathbf{D}(\gamma_2^{-1}\circ\gamma_1)(\mathbf{u}_1)]$ 是基变换矩阵. 根据定义 6.3.1, 知

$$\Omega\big(\overrightarrow{D_1}\gamma_1(\mathbf{u}),\cdots,\overrightarrow{D_k}\gamma_1(\mathbf{u})\big)=\operatorname{sgn}\big(\det[\mathbf{D}(\gamma_2^{-1}\circ\gamma_1)(\mathbf{u}_1)]\big)\Omega\big(\overrightarrow{D_1}\gamma_2(\mathbf{u}),\cdots,\overrightarrow{D_k}\gamma_2(\mathbf{u})\big).\tag{6.4.17}$$

然后从定义 6.4.2 得到, 如果 $\det[\mathbf{D}(\gamma_2^{-1}\circ\gamma_1)(\mathbf{u}_1)]>0$, 则: 如果 γ_1 是保持

定向的, 则 γ_2 也将保持定向; 如果 γ_1 是逆转定向的, 则 γ_2 也是. 反过来, 如果 γ_1 和 γ_2 都是保持定向的, 或者都是逆转定向的, 则我们必须有 $\det[\mathbf{D}(\gamma_2^{-1} \circ \gamma_1)(\mathbf{u}_1)] > 0$. □

不可定向的流形

我们看到, 莫比乌斯带不能被定向, 但一个需要人的眼睛提供证据的证明还是不令人满意的. 数学不应当被限制在被带到课堂展示和讲解的物体上 (无论多么稀奇古怪). 现在我们可以给出一个流形的例子, 它可以被我们证明为不可定向的, 不需要借助画图, 或者剪刀和胶水.

练习 3.8 阐明了例 6.4.9 中使用的一些无须证明的细节.

例 6.4.9 (一个不可定向的流形). 考虑由秩为 1 的 2×3 的矩阵构成的子集 $X \subset \mathrm{Mat}(2,3)$. 这是 $\mathrm{Mat}(2,3)$ 中一个维数为 4 的流形, 练习 6.4.2 让你证明这个结果; 我们将看到, 它是不可定向的. 实际上, 假设 X 是可以定向的. 令

$$\gamma_1, \gamma_2 \colon \left(\mathbb{R}^2 - \left\{\begin{pmatrix}0\\0\end{pmatrix}\right\}\right) \times \mathbb{R}^2 \to X, \tag{6.4.18}$$

由

$$\gamma_1 \colon \begin{pmatrix}a_1\\b_1\\c_1\\d_1\end{pmatrix} \mapsto \begin{bmatrix}a_1 & c_1a_1 & d_1a_1\\ b_1 & c_1b_1 & d_1b_1\end{bmatrix}, \quad \gamma_2 \colon \begin{pmatrix}a_2\\b_2\\c_2\\d_2\end{pmatrix} \mapsto \begin{bmatrix}c_2a_2 & a_2 & d_2a_2\\ c_2b_2 & b_2 & d_2b_2\end{bmatrix} \tag{6.4.19}$$

给出.

从公式 (6.4.19) 得到, 前两个变量 γ_1 和 γ_2 不同时是 0: 对于 γ_1, 我们从来没有 $a_1 = b_1 = 0$, 对于 γ_2, 我们从来没有 $a_2 = b_2 = 0$. 这样, 公式 (6.4.19) 的第一个矩阵的第一列从来都不是 $\vec{\mathbf{0}}$, 第二个矩阵的第二列也从来不是 $\vec{\mathbf{0}}$.

两个映射都是它们的像的严格的参数化, 又因为每个的定义域都是连通的, 根据命题 6.4.6, 它们两个或者在整个定义域上保持定向, 或者在整个定义域上逆转定向. 特别地, $\det[\mathbf{D}(\gamma_2^{-1} \circ \gamma_1)]$ 必须在有定义的地方处处为正, 或者处处为负. 在这种情况下, 很容易通过设置像矩阵中相应的项相等来计算 $\gamma_2^{-1} \circ \gamma_1$; 方程

如果我们把等式 (6.4.20) 左边的 γ_1 和 γ_2 进行复合, 则得到

$$(\gamma_2^{-1} \circ \gamma_1)\begin{pmatrix}a_1\\b_1\\c_1\\d_1\end{pmatrix} = \begin{pmatrix}c_1a_1\\c_1b_1\\1/c_1\\d_1/c_1\end{pmatrix},$$

这将允许我们计算复合函数的导数.

$$\gamma_1\begin{pmatrix}a_1\\b_1\\c_1\\d_1\end{pmatrix} = \gamma_2\begin{pmatrix}a_2\\b_2\\c_2\\d_2\end{pmatrix} \ \text{推出}\ \begin{cases} a_2 = c_1a_1,\\ b_2 = c_1b_1,\\ c_2 = \dfrac{a_1}{a_2} = \dfrac{1}{c_1},\\ d_2 = \dfrac{d_1a_1}{a_2} = \dfrac{d_1}{c_1}. \end{cases} \tag{6.4.20}$$

因此, 我们看到 $\gamma_2^{-1} \circ \gamma_1$ 将 $\mathbb{R}^4$ 中 $\begin{pmatrix}a_1\\b_1\end{pmatrix} \neq \begin{pmatrix}0\\0\end{pmatrix}$, $c_1 \neq 0$ 的区域变到了 $\begin{pmatrix}a_2\\b_2\end{pmatrix} \neq \begin{pmatrix}0\\0\end{pmatrix}$, $c_2 \neq 0$ 的区域. 现在, 计算

$$\det[\mathbf{D}(\gamma_2^{-1} \circ \gamma_1)] = \det\begin{bmatrix}c_1 & 0 & a_1 & 0\\ 0 & c_1 & b_1 & 0\\ 0 & 0 & -\dfrac{1}{c_1^2} & 0\\ 0 & 0 & -\dfrac{d_1}{c_1^2} & \dfrac{1}{c_1}\end{bmatrix} = -\frac{1}{c_1}. \tag{6.4.21}$$

这个行列式在 $c_1 > 0$ 的时候为负的, 在 $c_1 < 0$ 的时候为正的, 与 X 是可定向的假设相矛盾. △

X 的轨迹由如下方程定义:

$$\mathbf{f}\begin{pmatrix} x_1 \\ x_2 \\ x_3 \\ y_1 \\ y_2 \\ y_3 \end{pmatrix} = \begin{pmatrix} x_1y_2 - x_2y_1 \\ x_1y_3 - x_3y_1 \\ x_2y_3 - x_3y_2 \end{pmatrix}.$$

因此, 它不满足命题 6.3.9 中关于一个通过方程知道的流形的定向的要求; $\mathbf{f}$ 的陪域的维数是错的. 根据定理 3.1.10, 陪域的维数应当为 $n-k=2$, 而不是 3.

为什么例 6.4.9 与说明如何给由方程定义的流形定向的命题 6.3.9 不矛盾呢? 轨迹 X 是由方程

$$\left\{\begin{array}{rcl} x_1y_2 - x_2y_1 &=& 0, \\ x_1y_3 - x_3y_1 &=& 0, \\ x_2y_3 - x_3y_2 &=& 0 \end{array}\right. \tag{6.4.22}$$

定义的矩阵 $\begin{bmatrix} x_1 & x_2 & x_3 \\ y_1 & y_2 & y_3 \end{bmatrix}$ 的集合, 也就是 $\mathbf{f}(\mathbf{x}) = \mathbf{0}$, 其中 $\mathbf{f}$ 是边注中定义的函数. 这个函数的陪域的维数是错误的; 要定义 $\mathbb{R}^6$ 中的一个四维的流形, 我们将需要两个方程, 而不是三个. 在 X 的任意点附近, 三个方程中的两个就能定义 X. 但你不能在每个点上都选择相同的两个. 例如, 第一个方程说明, 第一列和第二列是线性无关的, 而第二个方程说明, 第一列和第三列是线性无关的. 所以第一、二、三列是线性无关的, 矩阵的秩为 1, 除非 $x_1 = y_1 = 0$, 在这个时候它的秩可能是 2: 矩阵 $\begin{bmatrix} 0 & x_2 & x_3 \\ 0 & y_2 & y_3 \end{bmatrix}$ 将满足 (6.4.22) 的前两个等式, 但通常将不能满足第三个. 所以 (6.4.22) 的前两个等式在除了 X 中那些 $x_1 = y_1 = 0$ 的点以外的点的一个邻域内定义了 X.

因此, 命题 6.3.9 不能保证 X 是可定向的, 实际上关于 X 是不可定向的证明说明了它不能由两个包含线性无关导数的方程来定义.

在定向流形上对形式进行积分

现在我们将看到, 一个 k–形式在一个定向流形上的积分独立于参数化的选择, 只要参数化保持定向. 这将允许我们定义形式在定向流形上的积分.

定理 6.4.10 (独立于保持定向的参数化的积分). 令 $M \subset \mathbb{R}^n$ 为一个 k 维定向流形, 令 U_1, U_2 为 $\mathbb{R}^k$ 的开子集, 令 $\gamma_1\colon U_1 \to \mathbb{R}^n$ 和 $\gamma_2\colon U_2 \to \mathbb{R}^n$ 为 M 的两个保持定向的参数化. 则对于任意定义在 M 的一个邻域上的 k–形式 φ, 有

$$\int_{[\gamma_1(U_1)]} \varphi = \int_{[\gamma_2(U_2)]} \varphi. \tag{6.4.23}$$

定理 6.4.10 的证明: 我们通过研究 "流形对 $|\mathrm{d}^k\mathbf{x}|$ 的积分是独立于参数化的" 这个陈述的证明, 并注意到区别, 发现了这个论据. 你可能会发现比较这两个论据是有启发性的. 表面上看, 方程可能看上去很不一样, 但请注意它们的相似之处. 等式 (5.3.16) 的第一行对应于等式 (6.4.25) 第一行的右边; 在两者中, 我们都有

$$\int_{U_2} (--)|\,\mathrm{d}^k\mathbf{u}_2|.$$

两者的第二行都有

$$\int_{U_1} (--)|\det[\mathbf{D}\Phi(\mathbf{u}_1)]|.$$

(在命题 5.3.3 中, 我们用了 U, 而不是 U_1, 用了 V 而不是 U_2.)

如果 γ_1, γ_2 都是逆转定向的, 则积分也是相等的; 如果一个映射保持定向, 另一个逆转定向, 则它们就是相反的:

$$\int_{[\gamma_1(U_1)]} \varphi = -\int_{[\gamma_2(U_2)]} \varphi. \tag{6.4.24}$$

但是, 如果 $\det[\mathbf{D}(\gamma_2^{-1} \circ \gamma_1)]$ 在 U_1 的某些区域上是正的, 在其他区域上是负的, 则积分可能是不相关的, 正如我们已经在例 6.2.5 中所见到的.

定理 6.4.10 的证明: 我们将通过试图证明积分对于任何参数化 (无论是保持定向还是逆转定向) 都是相等的这个 (错误的) 陈述, 并发现哪里出了错来证明这个结论.

定义“参数变换”映射 $\Phi=\gamma_2^{-1}\circ\gamma_1\colon U_1^{\mathrm{OK}}\to U_2^{\mathrm{OK}}$. 则定义 6.2.1 和换元公式给出

$$\begin{aligned}\int_{[\gamma_2(U_2)]}\varphi &= \int_{U_2}\varphi\left(P_{\gamma_2(\mathbf{u}_2)}(\overrightarrow{D_1}\gamma_2(\mathbf{u}_2),\cdots,\overrightarrow{D_k}\gamma_2(\mathbf{u}_2))\right)|\mathrm{d}^k\mathbf{u}_2| \qquad (6.4.25)\\ &= \int_{U_1}\varphi\left(P_{\gamma_2\circ\Phi(\mathbf{u}_1)}(\overrightarrow{D_1}\gamma_2(\Phi(\mathbf{u}_1)),\cdots,\overrightarrow{D_k}\gamma_2(\Phi(\mathbf{u}_1)))\right)|\det[\mathbf{D}\Phi(\mathbf{u}_1)]||\mathrm{d}^k\mathbf{u}_1|.\end{aligned}$$

我们需要把所有的东西都用 γ_1 来表示. 对于平行四边形所锚定的点 $(\gamma_2\circ\Phi)(\mathbf{u}_1)=\gamma_1(\mathbf{u}_1)$, 没有任何问题, 但对于生成它的向量要更加麻烦一些, 需要下面的引理.

引理 6.4.11. 如果 $\vec{\mathbf{w}}_1,\cdots,\vec{\mathbf{w}}_k$ 为 $\mathbb{R}^k$ 中的任意 k 个向量, 则

$$\begin{aligned}&\varphi\left(P_{\gamma_2(\mathbf{u}_2)}([\mathbf{D}\gamma_2(\mathbf{u}_2)]\vec{\mathbf{w}}_1,\cdots,[\mathbf{D}\gamma_2(\mathbf{u}_2)]\vec{\mathbf{w}}_k)\right) \qquad (6.4.26)\\ =\ &\varphi\left(P_{\gamma_2(\mathbf{u}_2)}(\overrightarrow{D_1}\gamma_2(\mathbf{u}_2),\cdots,\overrightarrow{D_k}\gamma_2(\mathbf{u}_2))\right)\det[\vec{\mathbf{w}}_1,\cdots,\vec{\mathbf{w}}_k].\end{aligned}$$

引理 6.4.11 的证明: 把等式 (6.4.26) 的第一行想成 $\vec{\mathbf{w}}_1,\cdots,\vec{\mathbf{w}}_k$ 的函数:

$$\underbrace{F(\vec{\mathbf{w}}_1,\cdots,\vec{\mathbf{w}}_k)}_{a(\mathbf{u}_2)\det(\vec{\mathbf{w}}_1,\cdots,\vec{\mathbf{w}}_k)}=\varphi\left(P_{\gamma_2(\mathbf{u}_2)}([\mathbf{D}\gamma_2(\mathbf{u}_2)]\vec{\mathbf{w}}_1,\cdots,[\mathbf{D}\gamma_2(\mathbf{u}_2)]\vec{\mathbf{w}}_k)\right). \qquad (6.4.27)$$

这个函数 F 是 $\mathbb{R}^k$ 中的 k 个向量的多线性、反对称函数, 所以它是行列式的倍数: $F=a(\mathbf{u}_2)\det$. 根据定理 6.1.8, 系数 $a(\mathbf{u}_2)$ 是通过在标准基向量上计算 F 得到的:

等式 (6.4.28): 矩阵 T 的第 i 列为 $T\vec{\mathbf{e}}_i$. 所以
$$[\mathbf{D}\gamma_2(\mathbf{u}_2)]\vec{\mathbf{e}}_i=\overrightarrow{D_i}\gamma_2(\mathbf{u}_2).$$

$$\begin{aligned}a(\mathbf{u}_2)=F(\vec{\mathbf{e}}_1,\cdots,\vec{\mathbf{e}}_k) &= \varphi(P_{\gamma_2(\mathbf{u}_2)}([\mathbf{D}\gamma_2(\mathbf{u}_2)]\vec{\mathbf{e}}_1,\cdots,[\mathbf{D}\gamma_2(\mathbf{u}_2)]\vec{\mathbf{e}}_k))\\ &= \varphi\left(P_{\gamma_2(\mathbf{u}_2)}(\overrightarrow{D_1}\gamma_2(\mathbf{u}_2),\cdots,\overrightarrow{D_k}\gamma_2(\mathbf{u}_2))\right).\quad\square \qquad (6.4.28)\end{aligned}$$

现在, 我们在等式 (6.4.25) 的第二行写出被积分的函数, 但将 $\det[\mathbf{D}\Phi(\mathbf{u}_1)]$ 拿到绝对值符号的外面. 我们使用引理 6.4.11(“向后”) 从等式 (6.4.29) 的第一行得到第二行; 该引理中的 $\mathbf{u}_2$ 对应于 $\Phi(\mathbf{u}_1)$; 行列式 $\det[\vec{\mathbf{w}}_1,\cdots,\vec{\mathbf{w}}_k]$ 对应于 $\det[\mathbf{D}\Phi(\mathbf{u}_1)]=\det[D_1\Phi(\mathbf{u}_1),\cdots,D_k\Phi(\mathbf{u}_1)]$:

等式 (6.4.29): 从第二行到第三行, 我们使用了链式法则. 在应用链式法则的时候, 记住

$$\gamma_1=\gamma_2\circ\gamma_2^{-1}\circ\gamma_1=\gamma_2\circ\Phi,$$

且 $[\mathbf{D}\gamma_2(\Phi(\mathbf{u}))](\overrightarrow{D_i}\Phi(\mathbf{u}))$ 为矩阵

$$\begin{aligned}&\overbrace{[\mathbf{D}(\gamma_2\circ\Phi)(\mathbf{u})]}^{[\mathbf{D}\gamma_1(\mathbf{u})]}\\ =\ &[\mathbf{D}\gamma_2(\Phi(\mathbf{u}))][\mathbf{D}\Phi(\mathbf{u})]\end{aligned}$$

的第 i 列, 因为 AB 的第 i 列为 $A\vec{\mathbf{b}}_i$.

$$\begin{aligned}&\varphi\left(P_{\gamma_2\circ\Phi(\mathbf{u}_1)}(\overrightarrow{D_1}\gamma_2(\Phi(\mathbf{u}_1)),\cdots,\overrightarrow{D_k}\gamma_2(\Phi(\mathbf{u}_1)))\right)\det\overbrace{[\mathbf{D}\Phi(\mathbf{u}_1)]}^{\overrightarrow{D_1}\Phi(\mathbf{u}_1),\cdots,\overrightarrow{D_k}\Phi(\mathbf{u}_1)}\\ =\ &\varphi\left(P_{\gamma_2\circ\Phi(\mathbf{u}_1)}\left([\mathbf{D}\gamma_2(\Phi(\mathbf{u}_1))](\overrightarrow{D_1}\Phi(\mathbf{u}_1)),\cdots,[\mathbf{D}\gamma_2(\Phi(\mathbf{u}_1))](\overrightarrow{D_k}\Phi(\mathbf{u}_1))\right)\right)\\ =\ &\varphi\left(P_{\gamma_1(\mathbf{u}_1)}\left(\overrightarrow{D_1}\gamma_1(\mathbf{u}_1),\cdots,\overrightarrow{D_k}\gamma_1(\mathbf{u}_1)\right)\right). \qquad (6.4.29)\end{aligned}$$

关键点是从等式 (6.4.25) 的第一行到第二行引入了 $|\det[\mathbf{D}\Phi(\mathbf{u}_1)]|$, 而从最后一行到等式 (6.4.29) 的第一行引入了 $\det[\mathbf{D}\Phi(\mathbf{u}_1)]$, 不带绝对值符号. 除了绝对值, 被积函数是相同的. 因此, 如果 $\det[\mathbf{D}\Phi]=\det[\mathbf{D}(\gamma_2^{-1}\circ\gamma_1)]>0$ 对所有的 $\mathbf{u}_1\in U^{\mathrm{OK}}$ 成立, 则我们用 γ_1 得到的积分和我们用 γ_2 得到的积分将是相同的. (根据命题 6.4.8) 这个条件在两个参数化都是保持定向的时候是成立的. $\square$

现在, 我们可以定义形式场在一个定向流形上的积分.

定义 6.4.12 (形式场在一个定向流形上的积分). 令 $M \subset \mathbb{R}^n$ 为一个 k 维定向流形, φ 为 M 的邻域上的一个 k–形式场, $\gamma\colon U \to M$ 为 M 的任意保持定向的参数化. 则

$$\int_M \varphi \overset{\text{def}}{=} \int_{[\gamma(U)]} \varphi = \int_U \varphi\left(P_{\gamma(\mathbf{u})}\left(\overrightarrow{D_1}\gamma(\mathbf{u}), \cdots, \overrightarrow{D_k}\gamma(\mathbf{u})\right)\right) |\mathrm{d}^k\mathbf{u}|. \quad (6.4.30)$$

例 6.4.13 (在一个定向曲面上积分一个 2–形式). 2–形式 $\omega = y\,\mathrm{d}y\wedge\mathrm{d}z + x\,\mathrm{d}x\wedge\mathrm{d}z + z\,\mathrm{d}x\wedge\mathrm{d}y$ 在定义为 $x+y+z=1, x,y,z \geqslant 0$, 且由 $\vec{\mathbf{n}} = \begin{bmatrix}1\\1\\1\end{bmatrix}$ 定向的平面的一片 P 上的积分是什么? 这个曲面为 $z = 1-x-y$ 的图像, 所以

例 6.4.13: 这是 5.2 节列出来的参数化的第一类的一个例子, 参数化为图像; 见公式 (5.2.6).

$$\gamma\begin{pmatrix}x\\y\end{pmatrix} = \begin{pmatrix}x\\y\\1-x-y\end{pmatrix} \quad (6.4.31)$$

是一个参数化, 如果 x 和 y 在由 $x,y \geqslant 0, x+y \leqslant 1$ 给出的三角形 $T \subset \mathbb{R}^2$ 中. 进一步, 参数化保持了由 $\vec{\mathbf{n}}$ 给出的定向, 因为

$$\overrightarrow{D_1}\gamma \times \overrightarrow{D_2}\gamma = \begin{bmatrix}1\\0\\-1\end{bmatrix} \times \begin{bmatrix}0\\1\\-1\end{bmatrix} = \begin{bmatrix}1\\1\\1\end{bmatrix} \quad (6.4.32)$$

(与例 6.4.7 一样, 我们用叉乘来检查 γ 是保持定向的; 也参见不等式 (6.4.7)).

利用定义 6.4.12, 我们看到积分为

$$\begin{aligned}
\int_P \omega &= \int_T (y\,\mathrm{d}y\wedge\mathrm{d}z + x\,\mathrm{d}x\wedge\mathrm{d}z + z\,\mathrm{d}x\wedge\mathrm{d}y)\left(P_{\begin{pmatrix}x\\y\\1-x-y\end{pmatrix}}\left(\overbrace{\begin{bmatrix}1\\0\\-1\end{bmatrix}}^{\overrightarrow{D_1}\gamma}, \overbrace{\begin{bmatrix}0\\1\\-1\end{bmatrix}}^{\overrightarrow{D_2}\gamma}\right)\right)|\mathrm{d}x\,\mathrm{d}y| \\
&= \int_T \left(y\det\begin{bmatrix}0 & 1\\-1 & -1\end{bmatrix} + x\det\begin{bmatrix}1 & 0\\-1 & -1\end{bmatrix} + (1-x-y)\det\begin{bmatrix}1 & 0\\0 & 1\end{bmatrix}\right)|\mathrm{d}x\,\mathrm{d}y| \\
&= \int_T (y - x + 1 - x - y)|\mathrm{d}x\,\mathrm{d}y| \\
&= \int_T (1-2x)|\mathrm{d}x\,\mathrm{d}y| = \int_0^1 \left(\int_0^{1-y}(1-2x)\,\mathrm{d}x\right)\mathrm{d}y \\
&= \int_0^1 \left[x - x^2\right]_0^{1-y}\mathrm{d}y = \int_0^1 (y-y^2)\,\mathrm{d}y \\
&= \left[\frac{y^2}{2} - \frac{y^3}{3}\right]_0^1 = \frac{1}{6}.
\end{aligned} \quad (6.4.33)$$

注意到, 在 $\mathbb{R}^3$ 中积分一个 2–形式的公式使得我们可以把在 $\mathbb{R}^3$ 中的一个曲面上的积分转变为在 $\mathbb{R}^2$ 中的一片上的积分, 就如同我们在第 4 章所研究的. △

例 6.4.14 (在 $\mathbb{C}^3$ 中的一个参数化的曲面上积分一个 2–形式场). 再一次考虑我们在例 6.4.4 中看到的定向曲面 $S \subset \mathbb{C}^3$: 由 $z \mapsto \begin{pmatrix} z \\ z^2 \\ z^3 \end{pmatrix}, |z| < 1$ 参数化的曲面, 并且与例 6.4.4 中的定向相同.

$$\int_S \mathrm{d}x_1 \wedge \mathrm{d}y_1 + \mathrm{d}x_2 \wedge \mathrm{d}y_2 + \mathrm{d}x_3 \wedge \mathrm{d}y_3 \tag{6.4.34}$$

是什么?

我们可以用极角来参数化这个曲面:[5]

$$\delta: \begin{pmatrix} r \\ \theta \end{pmatrix} \mapsto \begin{pmatrix} r\cos\theta \\ r\sin\theta \\ r^2\cos 2\theta \\ r^2 \sin 2\theta \\ r^3\cos 3\theta \\ r^3 \sin 3\theta \end{pmatrix}, \ 0 \leqslant \theta \leqslant 2\pi, \ 0 \leqslant r < 1. \tag{6.4.35}$$

(你看到为什么设 $r < 1$ 了吗?[6]) 则

$$\begin{aligned} &(\mathrm{d}x_1 \wedge \mathrm{d}y_1 + \mathrm{d}x_2 \wedge \mathrm{d}y_2 + \mathrm{d}x_3 \wedge \mathrm{d}y_3)\left(P_{\delta\begin{pmatrix} r \\ \theta \end{pmatrix}}\left(\overrightarrow{D_1}\delta\begin{pmatrix} r \\ \theta \end{pmatrix}, \overrightarrow{D_2}\delta\begin{pmatrix} r \\ \theta \end{pmatrix}\right)\right) \\ = &\det\begin{bmatrix} \cos\theta & -r\sin\theta \\ \sin\theta & r\cos\theta \end{bmatrix} + \det\begin{bmatrix} 2r\cos 2\theta & -2r^2\sin 2\theta \\ 2r\sin 2\theta & 2r^2\cos 2\theta \end{bmatrix} \\ &+ \det\begin{bmatrix} 3r^2\cos 3\theta & -3r^3 \sin 3\theta \\ 3r^2\sin 3\theta & 3r^3\cos 3\theta \end{bmatrix} \\ = &\ r + 4r^3 + 9r^5. \end{aligned} \tag{6.4.36}$$

所以我们对积分的计算得到了下面的结果:

$$2\pi \int_0^1 (r + 4r^3 + 9r^5)\,\mathrm{d}r = 6\pi. \qquad \triangle \tag{6.4.37}$$

例 6.4.14: 要用极坐标参数化 S(公式 (6.4.35)), 我们用

$$z = r\cos\theta + \mathrm{i}r\sin\theta$$

(等式 (0.7.10)): 前两项对应于 z 的实部和虚部, 第三项和第四项对应于实部和虚部的平方, 等等. 要牢记棣莫弗公式

$$z^n = r^n(\cos n\theta + \mathrm{i}\sin n\theta).$$

只要 $r > 0$, 则这个参数化保持定向, 因为

$$\begin{aligned} &\mathrm{d}x_1 \wedge \mathrm{d}y_1(\overrightarrow{D_1}\delta, \overrightarrow{D_2}\delta) \\ = &\det\begin{bmatrix} \cos\theta & -r\sin\theta \\ \sin\theta & r\cos\theta \end{bmatrix} \\ = &\ r. \end{aligned}$$

(我们从等式 (6.4.8) 知道, $\mathrm{d}x_1 \wedge \mathrm{d}y_1(D_1\gamma, D_2\gamma) = 1$, 所以, 如果 $\mathrm{d}x_1 \wedge \mathrm{d}y_1$ 在基向量上计算时返回一个正数, 则切空间的一组基将是直接的.)

例 6.4.15 (在一个定向的点上积分一个 0–形式). 令 $\mathbf{x}$ 为一个定向的点, f 为一个函数 (也就是, 一个 0–形式场), 在 $\mathbf{x}$ 的某个邻域内有定义. 则

$$\int_{+\mathbf{x}} f = +f(\mathbf{x}), \ \int_{-\mathbf{x}} f = -f(\mathbf{x}). \tag{6.4.38}$$

因此

$$\int_{+\{+2\}} x^2 = 4, \ \int_{-\{+2\}} x^2 = -4. \qquad \triangle \tag{6.4.39}$$

在等式 (6.4.39) 中, 两个积分都是在同样的定向的点 $\mathbf{x} = +2$ 上进行的. 我们使用花括号来避免在点 $+2$ 上的负方向的积分与在点 -2 上的积分之间的混淆.

[5] 用例 6.4.4 中的参数化来计算要困难得多.

[6] 回顾到 $r = |z|$, 在例 6.4.4 中被规定为小于 1.

6.4 节的练习

6.4.1 如果方程为 $f\begin{pmatrix}x\\y\\z\end{pmatrix} = x^2+y^2-z^2=0$(例 5.2.4) 的锥 M 由 $\vec{\nabla}f$ 定向，那么参数化 γ: $\begin{pmatrix}r\\\theta\end{pmatrix} \mapsto \begin{pmatrix}r\cos\theta\\r\sin\theta\\r\end{pmatrix}$ 能否保持定向?

6.4.2 确认 (例 6.4.9) 由所有秩为 1 的 2×3 的矩阵构成的子集 $X\subset \mathrm{Mat}(2,3)$ 是 $\mathrm{Mat}(2,3)$ 上的四维流形.

6.4.3 在例 6.4.5 中, 我们看到, 参数化由向外指的法向量定向的单位球面的映射 γ(等式 (6.4.9)) 既不保持也不逆转定向. 你能通过选取 θ 和 φ 的值的不同范围, 使这个映射变成对整个球面保持定向, 或者对整个球面逆转定向吗?

6.4.4 积分 $\int_S x_3\,\mathrm{d}x_1\wedge\mathrm{d}x_2\wedge\mathrm{d}x_4$ 是什么? 其中 S 是方程为

$$x_4=x_1x_2x_3,\ 0\leqslant x_1,x_2,x_3\leqslant 1,$$

由 $\Omega=\mathrm{sgn}\,\mathrm{d}x_1\wedge\mathrm{d}x_2\wedge\mathrm{d}x_3$ 定向的三维流形的一部分. 提示: 曲面是一个图像, 所以很容易参数化.

6.4.5 令 $z_1=x_1+\mathrm{i}y_1$, $z_2=x_2+\mathrm{i}y_2$ 为 $\mathbb{C}^2$ 中的坐标. 计算 $\mathrm{d}x_1\wedge\mathrm{d}y_1+\mathrm{d}y_1\wedge\mathrm{d}x_2$ 在方程 $z_2=z_1^k$ 的轨迹中满足 $|z_1|<1$ 且由 $\Omega=\mathrm{sgn}\ \mathrm{d}x_1\wedge\mathrm{d}y_1$ 定向的那一部分上的积分.

6.4.6 令 $z_1=x_1+\mathrm{i}y_1$, $z_2=x_2+\mathrm{i}y_2$ 为 $\mathbb{C}^2=\mathbb{R}^4$ 中的坐标. 在方程为 $z_2=\mathrm{e}^{z_1}$ 的曲面 X 上满足 $|\mathrm{Re}\,z_1|\leqslant a$, $|\mathrm{Im}\,z_1|\leqslant b$, 且由 $\Omega=\mathrm{sgn}\,\mathrm{d}x_1\wedge\mathrm{d}y_1$ 定向的那一部分上积分 2–形式 $\mathrm{d}x_1\wedge\mathrm{d}y_1+\mathrm{d}x_2\wedge\mathrm{d}y_2$. 提示: 利用欧拉公式 (等式 (1.5.55)).

6.4.7 令 $M_1(n,m)$ 是秩为 1 的 $n\times m$ 的矩阵的空间.

a. 证明: $M_1(2,2)$ 是可定向的. 提示: $M_1(2,2)$ 是 $\mathbb{R}^4$ 中的三维空间, 所以它可以通过选取一个法向量场来定向.

*b. 证明: $M_1(3,3)$ 是可定向的.

6.4.8 证明命题 6.4.6.

练习 6.4.4, 6.4.5, 6.4.6: 回忆到 (定义 6.3.3 后面的讨论) 一个 k 维流形M 可以通过选取一个 k–形式 ω 并定义

$$\Omega=\mathrm{sgn}\,\omega$$

来定向, 只要 $\omega\big(P_{\mathbf{x}}(\vec{\mathbf{v}}_1,\cdots,\vec{\mathbf{v}}_k)\big)\neq 0$ 对于所有的 $\mathbf{x}\in M$ 以及 $T_{\mathbf{x}}M$ 的所有的基 $\vec{\mathbf{v}}_1,\cdots,\vec{\mathbf{v}}_k$ 成立.

练习 6.4.7 b: 利用与例 6.4.9 相同的方法; 这一次你可以找到 $M_1(3,3)$ 的一个定向使得 $M_1(3,3)$ 的不同部分上的参数化 φ_1,φ_2 和 φ_3 都是保持定向的.

作为 19 世纪最著名的美国科学家之一, 理论物理学家和化学家吉布斯 (图 6.5.1) 也是向量微积分的奠基人之一, 在 1881 年和 1884 年他印刷笔记供自己的学生使用.

图 6.5.1
吉布斯 (Josiah Gibbs, 1839 — 1903)

6.5　向量微积分的语言上的形式

形式的实际难点在于获得关于它们是什么的心理意象. 什么 “是” $\mathrm{d}x_1\wedge\mathrm{d}x_2+\mathrm{d}x_3\wedge\mathrm{d}x_4$? 我们在 6.1 节看到, 它是取 $\mathbb{R}^4$ 中的两个向量, 将它们首先投影到 (x_1,x_2) 平面, 计算所得到的平行四边形的带符号的面积, 然后将它们投影到 (x_3,x_4) 平面, 取这个平行四边形的带符号的面积, 最终, 将两个面积加在

一起. 但这种描述很复杂, 尽管在计算中使用它并不难, 但它很难表达我们的理解.

对一个 k–形式究竟对什么信息进行了编码获取一个直观的理解是很难的. 在某种意义上, 电磁学的第一门课主要是理解电磁场究竟是什么 “野兽”, 也就是 $\mathbb{R}^4$ 上的 2–形式场. 然而, 在 $\mathbb{R}^3$ 中, 确实有可能将所有的形式和形式场可视化, 因为它们可以用函数和向量场来描述. $\mathbb{R}^3$ 上的四种形式中的每一种 (0–形式, 1–形式, 2–形式, 3–形式) 都有着它们自己的个性.

0–形式和 0–形式场

在任意的 $\mathbb{R}^n$ 中, 一个常数 0–形式就简单地是一个数, 一个 0–形式场就是一个函数. 如果 $U \subset \mathbb{R}^n$ 是开的, 且 $f\colon U \to \mathbb{R}$ 是一个函数, 则规则 $f(P_{\mathbf{x}}) = f(\mathbf{x})$ 使 f 成为一个 0–形式场.

1–形式和向量场的功

每个 1–形式是一个向量场的*功形式*(work form).

定义 6.5.1 (功形式). 向量场 $\vec{F} = \begin{bmatrix} F_1 \\ \vdots \\ F_n \end{bmatrix}$ 的功形式 $W_{\vec{F}}$ 是一个 1–形式场, 定义为

$$W_{\vec{F}}\big(P_{\mathbf{x}}(\vec{\mathbf{v}})\big) \overset{\text{def}}{=} \vec{F}(\mathbf{x}) \cdot \vec{\mathbf{v}}. \tag{6.5.1}$$

在坐标系中, 这给出了 $W_{\vec{F}} = F_1\,\mathrm{d}x_1 + \cdots + F_n\,\mathrm{d}x_n$. 例如, 1–形式 $y\,\mathrm{d}x - x\,\mathrm{d}y$ 是 $\vec{F} = \begin{bmatrix} y \\ -x \end{bmatrix}$ 的功形式:

$$W_{\vec{F}}\big(P_{\mathbf{x}}(\vec{\mathbf{v}})\big) = \begin{bmatrix} y \\ -x \end{bmatrix} \cdot \begin{bmatrix} v_1 \\ v_2 \end{bmatrix} = yv_1 - xv_2 = (y\,\mathrm{d}x - x\,\mathrm{d}y)\big(P_{\mathbf{x}}(\vec{\mathbf{v}})\big). \tag{6.5.2}$$

我们已经在例 6.1.9 中看到了常数 1–形式 $W_{\vec{\mathbf{v}}}$. 我们现在可以把这个 1–形式想成常数向量场 $\vec{F}(\mathbf{x}) = \vec{\mathbf{v}}$ 的功形式 $W_{\vec{F}}$.

通过把 1–形式与向量场关联起来, 我们有什么收获呢? 主要是可视化 $W_{\vec{F}}$ 并理解它测量了什么很容易. 如果 $\vec{F}$ 是一个力场, 则它的功形式给每条小线段关联上了力场沿着这条线段所做的功. 回忆到 (推论 1.4.4) 点乘 $\vec{\mathbf{x}} \cdot \vec{\mathbf{y}}$ 是 $|\vec{\mathbf{x}}|$ 与 $\vec{\mathbf{y}}$ 向 $\vec{\mathbf{x}}$ 生成的直线上的投影的带符号的长度的乘积, 如果投影指向 $\vec{\mathbf{x}}$ 的方向则为正, 如果指向相反的方向则为负.

因此 (图 6.5.2) 与径向向量场 $\begin{bmatrix} x \\ y \end{bmatrix}$ 关联的 1–形式 $x\,\mathrm{d}x + y\,\mathrm{d}y$ 在由近似于单位圆的小线段组成的路径上只做一点点的功: 在每条小线段上计算, 它将返回一个接近 0 的数. 它在从原点到点 $\begin{pmatrix} 10 \\ 10 \end{pmatrix}$ 的路径上做了很多的功; 在每个构成那条路径的小线段上, 它将返回一个正数. 它在从 $\begin{pmatrix} 0 \\ -5 \end{pmatrix}$ 到 $\begin{pmatrix} 10 \\ 5 \end{pmatrix}$ 的同样

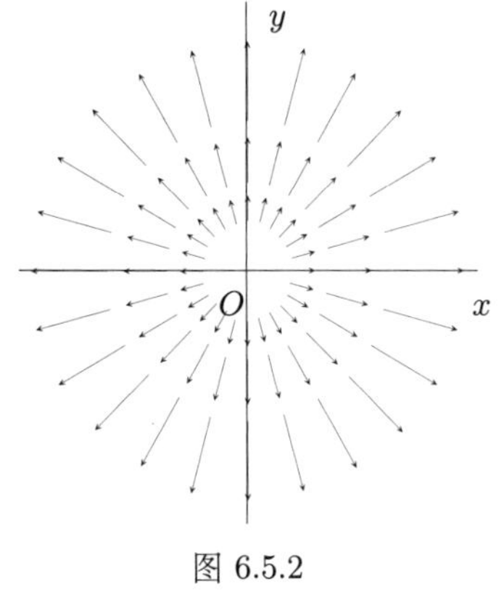

图 6.5.2

1–形式场 $x\,\mathrm{d}x + y\,\mathrm{d}y$ 是上图中的径向向量场

$$\vec{F}\begin{pmatrix} x \\ y \end{pmatrix} = \begin{bmatrix} x \\ y \end{bmatrix}$$

的功形式. 因此, $x\,\mathrm{d}x + y\,\mathrm{d}y$ 测量了这个向量场对锚定在 $\begin{pmatrix} x \\ y \end{pmatrix}$ 的小向量 $\vec{\mathbf{v}}$ 所做的 “功”. 如果 $\vec{\mathbf{v}}$ 的方向与这个向量场相同, 指向同样的方向, 则功就会很大. 如果 $\vec{\mathbf{v}}$ 的方向与这个向量场相同, 但指向相反的方向, 则功就会很大, 但是是负的; 如果它与向量场接近垂直, 功就会很小.

要想让这个像有意义, 你应该把 $\vec{\mathbf{v}}$ 画得很短; $\vec{F}$ 在一个向量上的功是在向量所锚定的点上测量的. $\vec{F}$ 在 $\begin{pmatrix} 1 \\ -1 \end{pmatrix}$ 上对向量 $\begin{bmatrix} 10 \\ 10 \end{bmatrix}$(也就是在这个向量的方向) 所做的功为 0, 尽管如果你画 $\begin{bmatrix} 10 \\ 10 \end{bmatrix}$, 它将溢出到第一象限, 在那里的功将是正的.

长的路径上做的功要少得多; 在第四象限的小线段上, 功也很小.

举一个来自于物理学的简单例子, 考虑表示引力场的向量场 $\vec{F}$. 这是一个常数向量场 $\begin{bmatrix} 0 \\ 0 \\ -gm \end{bmatrix}$, 与功形式 $-gm\,\mathrm{d}z$ 相关联, 其中的 g 是地球上的重力加速度, m 为质量. 在没有摩擦力的情况下, 将一辆质量为 m 的车水平地从 $\mathbf{a}$ 推到 $\mathbf{b}$ 不需要做功; 向量 $\overrightarrow{\mathbf{b}-\mathbf{a}}$ 和表示引力的常数向量场互相正交:

在等式 (6.5.3) 中, g 代表在地球表面的重力加速度, m 为质量; $-gm$ 是重量, 是一个力; 它是负的, 因为它指向下方.

$$-gm\,\mathrm{d}z\left(\begin{bmatrix} b_1-a_1 \\ b_2-a_2 \\ 0 \end{bmatrix}\right)=\begin{bmatrix} 0 \\ 0 \\ -gm \end{bmatrix}\cdot\begin{bmatrix} b_1-a_1 \\ b_2-a_2 \\ 0 \end{bmatrix}=0. \tag{6.5.3}$$

但是, 如果车从一个由 $\mathbf{a}$ 到 $\mathbf{b}$ 的斜坡滑下, 引力场对车做 “功”, 功等于引力与位移向量的点乘:

$$-gm\,\mathrm{d}z\left(\begin{bmatrix} b_1-a_1 \\ b_2-a_2 \\ b_3-a_3 \end{bmatrix}\right)=\begin{bmatrix} 0 \\ 0 \\ -gm \end{bmatrix}\cdot\begin{bmatrix} b_1-a_1 \\ b_2-a_2 \\ b_3-a_3 \end{bmatrix}=-gm(b_3-a_3). \tag{6.5.4}$$

它是正的, 因为 b_3-a_3 是负的. 如果你要将车推上斜面, 则需要做功, 而引力场将做负功.

物理学家使用 “量纲” 这个词来描述被测量的量, 而不是使用特定的单位. 一个力场以 J/m, 或者 erg/cm 为单位进行测量, 两者都对应于 “能量/长度” 的 “量纲”.

注释. 像引力场这样的向量场具有 “每单位长度的能量” 的 “量纲”. 正是 “每单位长度” 告诉我们, 与一个力场相关联的被积函数应该是要在曲线上积分的某个量. 由于与方向有关系, 需要做功去将一辆车推上斜坡, 但是车子会自己滚下来, 故适当的被积函数是一个 1–形式场, 它是在*定向曲线*(oriented curve)上做的积分. △

2–形式和向量场的通量

如果 $\vec{F}$ 是开子集 $U\subset\mathbb{R}^3$ 上的一个向量场, 则我们可以将被称为其*通量形式*(flux form) $\Phi_{\vec{F}}$ 的 U 上的一个 2–形式场与其关联起来.

定义 6.5.2 (通量形式). *通量形式* $\Phi_{\vec{F}}$ 是 2–形式场

$$\Phi_{\vec{F}}\big(P_{\mathbf{x}}(\vec{\mathbf{v}},\vec{\mathbf{w}})\big)\stackrel{\text{def}}{=}\det[\vec{F}(\mathbf{x}),\vec{\mathbf{v}},\vec{\mathbf{w}}]. \tag{6.5.5}$$

等式 (6.5.6): 可能更容易记住 $\Phi_{\vec{F}}$ 的坐标定义, 如果它被写为 $\Phi_{\vec{F}}=F_1\,\mathrm{d}y\wedge\mathrm{d}z+F_2\,\mathrm{d}z\wedge\mathrm{d}x+F_3\,\mathrm{d}x\wedge\mathrm{d}y$ (改变中间项的顺序和符号). 然后 (设 $x=1,y=2,z=3$) 你可以认为第一项为 $(1,2,3)$, 第二项为 $(2,3,1)$, 第三项为 $(3,1,2)$. 因此, $\Phi_{\begin{pmatrix} x \\ y \\ z \end{pmatrix}}$ 为 2–形式 $x\,\mathrm{d}y\wedge\mathrm{d}z+y\,\mathrm{d}z\wedge\mathrm{d}x+z\,\mathrm{d}x\wedge\mathrm{d}y$.

在坐标系中, 这是 $\Phi_{\vec{F}}=F_1\,\mathrm{d}y\wedge\mathrm{d}z-F_2\,\mathrm{d}x\wedge\mathrm{d}z+F_3\,\mathrm{d}x\wedge\mathrm{d}y$:

$$\begin{aligned}&(F_1\,\mathrm{d}y\wedge\mathrm{d}z-F_2\,\mathrm{d}x\wedge\mathrm{d}z+F_3\,\mathrm{d}x\wedge\mathrm{d}y)P_{\mathbf{x}}\left(\begin{bmatrix} v_1 \\ v_2 \\ v_3 \end{bmatrix},\begin{bmatrix} w_1 \\ w_2 \\ w_3 \end{bmatrix}\right)\\ =\;& F_1(\mathbf{x})(v_2w_3-v_3w_2)-F_2(\mathbf{x})(v_1w_3-v_3w_1)+F_3(\mathbf{x})(v_1w_2-v_2w_1)\\ =\;&\det[\vec{F}(\mathbf{x}),\vec{\mathbf{v}},\vec{\mathbf{w}}]. \end{aligned} \tag{6.5.6}$$

在这个形式中, 再一次从定理 6.1.8 可以很清楚地看出, $\mathbb{R}^3$ 上的每个 2–形式场都是向量场的通量形式; 这就是使用基本 2–形式的系数生成向量场的问题.

再一次, 我们获得的是一种可视化的能力. 一个向量场的通量形式把向量场通过一个平行四边形的流与该平行四边形关联起来, 因为

$$\det[\vec{F}(\mathbf{x}), \vec{\mathbf{v}}, \vec{\mathbf{w}}] = \vec{F}(\mathbf{x}) \cdot (\vec{\mathbf{v}} \times \vec{\mathbf{w}}) \tag{6.5.7}$$

给出了由三个向量生成的 3–平行四边形的带符号的体积. 因此, 如果 $\vec{F}$ 是一个流体的速度场, 其通量形式在一个曲面上的积分测量了在单位时间内流过曲面的流体的量, 如图 6.5.3 所示.

实际上, 在单位时间内流过平行四边形 $P_{\mathbf{x}}(\vec{\mathbf{v}}, \vec{\mathbf{w}})$ 的流体将填充进平行六面体 $P_{\mathbf{x}}(\vec{F}(\mathbf{x}), \vec{\mathbf{v}}, \vec{\mathbf{w}})$: 在时间等于 0 的时候在角落 $\mathbf{x}$ 的粒子现在在 $\mathbf{x} + \vec{F}(\mathbf{x})$. 通量的符号是正的, 如果 $\vec{F}$ 与 $\vec{\mathbf{v}} \times \vec{\mathbf{w}}$ 在平行四边形的同一侧, 否则为负的.

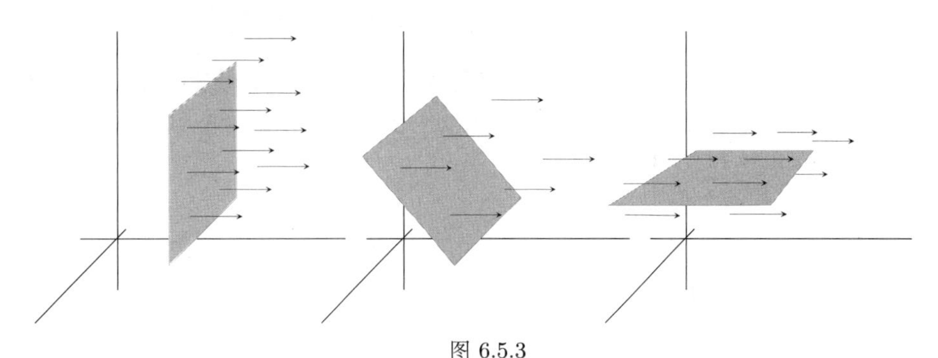

图 6.5.3

$\vec{F}$ 通过一个曲面的流依赖于 $\vec{F}$ 与曲面之间的角度. 左: $\vec{F}$ 与曲面正交, 提供了最大的流. 中: $\vec{F}$ 与曲面不正交, 允许稍微少一点的流. 右: $\vec{F}$ 平行于曲面, 通过曲面的流为 0.

在 $\vec{F}$ 与曲面正交的时候, 流是最大化的: 由 $\vec{F}, \vec{\mathbf{v}}, \vec{\mathbf{w}}$ 生成的平行六面体的体积在向量 $\vec{F}$ 与 $\vec{\mathbf{v}} \times \vec{\mathbf{w}}$ 之间的角度 θ 为 0 的时候最大, 因为

$$\vec{\mathbf{x}} \cdot \vec{\mathbf{y}} = |\vec{\mathbf{x}}||\vec{\mathbf{y}}| \cos\theta. \tag{6.5.8}$$

当 $\vec{F}$ 平行于曲面的时候, 没有任何流通过曲面. 这相当于 $\vec{F} \cdot (\vec{\mathbf{v}} \times \vec{\mathbf{w}}) = 0$ ($\vec{F}$ 垂直于 $\vec{\mathbf{v}} \times \vec{\mathbf{w}}$, 因此平行于由 $\vec{\mathbf{v}}$ 和 $\vec{\mathbf{w}}$ 生成的平行四边形). 在这种情况下, 由 $\vec{F}, \vec{\mathbf{v}}, \vec{\mathbf{w}}$ 生成的平行六面体是平的.

注意到, 我们在把 $\mathbb{R}^3$ 上的 k–形式当作功形式、通量形式和质量形式的时候, 用到了 $\mathbb{R}^3$ 的几何: 功形式中的点乘、通量和质量形式中的行列式. 在任意 $\mathbb{R}^n$ 上定义 k–形式不需要几何.

注释. 如果一个向量场表示一个流体的流, 它的量纲是什么? 向量场测量的是在单位时间内, 有多少流体流入一个垂直于流的方向的单位曲面, 所以量纲应该是质量/(长度)^2. 分母中的长度的平方暗示我们与这种向量相关联的适当的被积函数是一个 2–形式, 或者至少是一个在曲面上积分的被积函数.[7] △

例 6.5.3 (向量场的通量形式). 2–形式

$$\Phi = y\,\mathrm{d}y \wedge \mathrm{d}z + x\,\mathrm{d}x \wedge \mathrm{d}z - z\,\mathrm{d}x \wedge \mathrm{d}y \tag{6.5.9}$$

是图 6.5.4 中的向量场 $\vec{F}\begin{pmatrix} x \\ y \\ z \end{pmatrix} = \begin{bmatrix} y \\ -x \\ -z \end{bmatrix}$ 的通量形式. 在 (x, y) 平面中, 向量场就是简单地绕着原点顺时针旋转. 正如你所期待的, 在 (x, y) 平面上的任何

[7] 你可以更进一步说它是时空中的一个 3–形式: 将它在空间中的一个曲面上和时间的一个区间上积分, 结果是在那个时空的区域上总共流过的质量. 一般来说, $\mathbb{R}^n$ 中的任何 $(n-1)$–形式场都可以被看成一个通量形式场.

平行四边形上计算时 Φ 都将返回 0. 例如

$$y\,\mathrm{d}y\wedge\mathrm{d}z+x\,\mathrm{d}x\wedge\mathrm{d}z-z\,\mathrm{d}x\wedge\mathrm{d}y\left(P_{\begin{pmatrix}1\\1\\0\end{pmatrix}}\left(\begin{bmatrix}1\\0\\0\end{bmatrix},\begin{bmatrix}0\\1\\0\end{bmatrix}\right)\right)$$
$$=\quad 1\cdot 0+1\cdot 0-0\cdot 1=0.$$

但是, 在锚定在 $\vec{\mathbf{e}}_3$ 的同样的平行四边形上计算时 Φ 会返回 −1. 实际上, 你将期待一个负数: 图 6.5.4 说明了向量的 z–分量在 $z>0$ 的时候为负的, 在 $z<0$ 的时候为正的. △

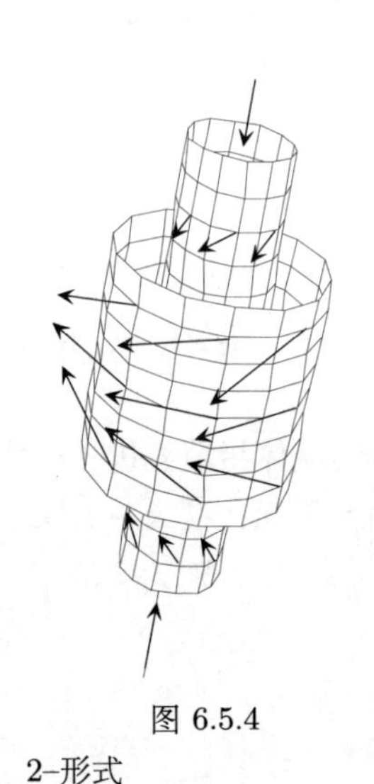

图 6.5.4

2–形式

$$y\,\mathrm{d}y\wedge\mathrm{d}z+x\,\mathrm{d}x\wedge\mathrm{d}z-z\,\mathrm{d}x\wedge\mathrm{d}y$$

是向量场

$$\vec{F}\begin{pmatrix}x\\y\\z\end{pmatrix}=\begin{bmatrix}y\\-x\\-z\end{bmatrix}$$

的通量形式. 向量与绕着 z 轴的同心圆柱相切; 向量的 z–分量在 $z>0$ 的时候是负的, 在 $z<0$ 的时候是正的.

3–形式和函数的质量形式

$\mathbb{R}^3$ 的一个开子集上的任意的 3–形式是 3–形式 $\mathrm{d}x\wedge\mathrm{d}y\wedge\mathrm{d}z$ 乘上一个函数: 我们称这个 3–形式为 f 的*质量形式*(mass form), 记为 M_f: $M_f=f\,\mathrm{d}x\wedge\mathrm{d}y\wedge\mathrm{d}z$. 注意, 常数 3–形式 $\mathrm{d}x\wedge\mathrm{d}y\wedge\mathrm{d}z$ 是行列式

$$\mathrm{d}x\wedge\mathrm{d}y\wedge\mathrm{d}z(\vec{\mathbf{v}}_1,\vec{\mathbf{v}}_2,\vec{\mathbf{v}}_3)=\det[\vec{\mathbf{v}}_1,\vec{\mathbf{v}}_2,\vec{\mathbf{v}}_3]$$

的另一个名字.

定义 6.5.4 (一个函数的质量形式). 令 U 为 $\mathbb{R}^3$ 的一个子集, $f\colon U\to\mathbb{R}$ 为一个函数. *质量形式* M_f 是定义为

$$\underbrace{M_f}_{f\text{的质量形式}}\quad(P_{\mathbf{x}}(\vec{\mathbf{v}}_1,\vec{\mathbf{v}}_2,\vec{\mathbf{v}}_3))\stackrel{\text{def}}{=}f(\mathbf{x})\underbrace{\det[\vec{\mathbf{v}}_1,\vec{\mathbf{v}}_2,\vec{\mathbf{v}}_3]}_{P\text{的带符号的体积}}\qquad(6.5.10)$$

的 3–形式.

如果函数的量纲是*某个单位/长度的立方*, 比如通常的密度 (它可以用单位 $\mathrm{kg/m^3}$ 来测量), 或者电荷密度 (它可以用 $\mathrm{C/m^3}$ 来测量), 则这个函数的质量形式是自然要考虑的内容.

总结: $\mathbb{R}^3$ 上的功、通量和质量形式

令 f 为 $\mathbb{R}^3$ 上的一个函数, $\vec{F}=\begin{bmatrix}F_1\\F_2\\F_3\end{bmatrix}$ 为一个向量场. 则

$$W_{\vec{F}}=F_1\,\mathrm{d}x+F_2\,\mathrm{d}y+F_3\,\mathrm{d}z,\qquad(6.5.11)$$

$$\Phi_{\vec{F}}=F_1\,\mathrm{d}y\wedge\mathrm{d}z-F_2\,\mathrm{d}x\wedge\mathrm{d}z+F_3\,\mathrm{d}x\wedge\mathrm{d}y,\qquad(6.5.12)$$

$$M_f=f\,\mathrm{d}x\wedge\mathrm{d}y\wedge\mathrm{d}z.\qquad(6.5.13)$$

在定向流形上积分功、通量和质量形式

现在, 我们来把定义 6.4.12(在一个定向流形上积分一个 k–形式) 翻译成向量微积分的语言.

• **积分功形式**

令 C 为一条定向曲线, $\gamma\colon [a,b] \to C$ 为一个保持定向的参数化. 则定义 6.4.12 给出

$$\int_C W_{\vec{F}} = \int_{[a,b]} W_{\vec{F}}\Big(P_{\gamma(u)}\underbrace{\big(\overrightarrow{D_1}\gamma(u)\big)}_{\vec{\gamma}'(u)}\Big)|\,\mathrm{d}u| = \int_a^b \vec{F}\big(\gamma(u)\big)\cdot\vec{\gamma}'(u)\,\mathrm{d}u. \qquad (6.5.14)$$

定义 6.5.5 (功). 向量场 $\vec{F}$ 沿着一条定向曲线 C 的*功* (work) 为 $\int_C W_{\vec{F}}$.

例 6.5.6 (在螺旋线上积分功形式). $\vec{F}\begin{pmatrix}x\\y\\z\end{pmatrix} = \begin{bmatrix}y\\-x\\0\end{bmatrix}$ 在由切向量场 $\vec{\mathbf{t}} = \begin{bmatrix}-\sin t\\\cos t\\1\end{bmatrix}$ 定向, 参数化为 $\gamma(t) = \begin{pmatrix}\cos t\\\sin t\\t\end{pmatrix}$, $0 < t \leqslant 4\pi$ 的螺旋线上的功是什么? 参数化保持了定向, 因为

等式 (6.5.15): 从等式 (6.3.4) 中回忆到, 一条曲线 C 可以被定向为

$$\operatorname{sgn}(\vec{\mathbf{t}}(\mathbf{x})\cdot\vec{\mathbf{v}}),$$

其中, $\vec{\mathbf{t}}$ 是一个随着 $\mathbf{x}$ 连续变化的非零切向量场, $\vec{\mathbf{v}}$ 是 $T_{\mathbf{x}}C$ 的一组基. 根据定义 6.4.2, 一个参数化曲线的映射 γ 保持这个定向, 如果 $\Omega(\vec{\gamma}') = +1$, 也就是

$$\operatorname{sgn}(\vec{\mathbf{t}}(t)\cdot\vec{\gamma}'(t)) = +1.$$

$$\underbrace{\begin{bmatrix}-\sin t\\\cos t\\1\end{bmatrix}}_{\vec{\mathbf{t}}(t)}\cdot\underbrace{\begin{bmatrix}-\sin t\\\cos t\\1\end{bmatrix}}_{\vec{\gamma}'(t)} = 2, \text{ 我们有 } \Omega(\vec{\gamma}') = +1. \qquad (6.5.15)$$

所以, 根据等式 (6.5.14), 向量场 $\vec{F}$ 在螺旋线上的功为

等式 (6.5.16): 回忆到

$$W_{\vec{F}}\big(P_{\mathbf{x}}(\vec{\mathbf{v}})\big) = \vec{F}(\mathbf{x})\cdot\vec{\mathbf{v}}.$$

$$\int_0^{4\pi}\overbrace{\begin{bmatrix}\sin t\\-\cos t\\0\end{bmatrix}}^{\vec{F}(\gamma(t))}\cdot\overbrace{\begin{bmatrix}-\sin t\\\cos t\\1\end{bmatrix}}^{\vec{\gamma}'(t)}\mathrm{d}t = \int_0^{4\pi}(-\sin^2 t - \cos^2 t)\,\mathrm{d}t = -4\pi. \quad (6.5.16)$$

△

定义 6.5.5 和定义 6.5.7 中的"功"和"通量"是物理中的标准术语.

• **积分通量形式**

令 S 为一个定向曲面, 令 $\gamma\colon U \to S$ 为一个保持定向的参数化. 则定义 6.4.12 给出

等式 (6.5.17): 回忆到

$$\Phi_{\vec{F}}\big(P_{\mathbf{x}}(\vec{\mathbf{v}},\vec{\mathbf{w}})\big) = \det[\vec{F}(\mathbf{x}),\vec{\mathbf{v}},\vec{\mathbf{w}}].$$

$$\begin{aligned}\int_S \Phi_{\vec{F}} &= \int_U \Phi_{\vec{F}}\Big(P_{\gamma(\mathbf{u})}\big(\overrightarrow{D_1}\gamma(\mathbf{u}),\overrightarrow{D_2}\gamma(\mathbf{u})\big)\Big)|\,\mathrm{d}^2\mathbf{u}|\\ &= \int_U \det[\vec{F}\big(\gamma(\mathbf{u})\big),\overrightarrow{D_1}\gamma(\mathbf{u}),\overrightarrow{D_2}\gamma(\mathbf{u})]\;|\,\mathrm{d}^2\mathbf{u}|.\end{aligned} \qquad (6.5.17)$$

定义 6.5.7 (通量). 向量场 $\vec{F}$ 在一个定向曲面 S 上的*通量*(flux)为 $\int_S \Phi_{\vec{F}}$.

例 6.5.8 (积分一个通量形式). 向量场

$$\vec{F}\begin{pmatrix}x\\y\\z\end{pmatrix}=\begin{bmatrix}x\\y^2\\z\end{bmatrix} \tag{6.5.18}$$

通过参数化的定义域 $\begin{pmatrix}u\\v\end{pmatrix}\mapsto\begin{pmatrix}u^2\\uv\\v^2\end{pmatrix}, 0\leqslant u,v\leqslant 1$ 的通量为

$$\begin{aligned}&\int_0^1\int_0^1\det\begin{bmatrix}u^2&2u&0\\u^2v^2&v&u\\v^2&0&2v\end{bmatrix}\mathrm{d}u\,\mathrm{d}v=\int_0^1\int_0^1(2u^2v^2-4u^3v^3+2u^2v^2)\,\mathrm{d}u\,\mathrm{d}v\\
=&\int_0^1\left[\frac{4}{3}u^3v^2-u^4v^3\right]_{u=0}^1\mathrm{d}v=\int_0^1\left(\frac{4}{3}v^2-v^3\right)\mathrm{d}v\\
=&\frac{7}{36}.\quad\triangle\end{aligned} \tag{6.5.19}$$

为了对称起见, 我们可以定义函数 f 在一个区域 $U\subset\mathbb{R}^3$ 上的质量为 $\int_U M_f$, 但在实践中, 这种语言没有被使用; 我们说的是 $f\,\mathrm{d}x\wedge\mathrm{d}y\wedge\mathrm{d}z$ 的积分. (人们经常说 f 的积分, 但这是对语言的误用.)

- **在 $\mathbb{R}^3$ 的一个定向的区域上积分一个质量形式 M_f.**

令 $U,V\subset\mathbb{R}^3$ 为开集, 令 $\gamma\colon U\to V$ 为一个 C^1 映射, 保持着标准定向. 如果 $f\colon V\to\mathbb{R}$ 为一个函数, 则

$$\begin{aligned}\int_V M_f&=\int_U M_f\left(P_{\gamma(\mathbf{u})}\left(\overrightarrow{D_1}\gamma(\mathbf{u}),\overrightarrow{D_2}\gamma(\mathbf{u}),\overrightarrow{D_3}\gamma(\mathbf{u})\right)\right)\,|\mathrm{d}^3\mathbf{u}|\\
&=\int_U f\big(\gamma(\mathbf{u})\big)\det[\mathbf{D}\gamma(\mathbf{u})]|\,\mathrm{d}^3\mathbf{u}|.\end{aligned} \tag{6.5.20}$$

如果 $V=U$, $\gamma(\mathbf{x})=\mathbf{x}$ 为恒等变换, 则等式 (6.5.20) 变为

$$\int_{[\gamma(U)]}M_f=\int_U f(\mathbf{u})|\,\mathrm{d}^3\mathbf{u}|. \tag{6.5.21}$$

M_f 的积分就是我们在 4.2 节中称为 f 的积分的量. 如果 f 是某个物体的密度, 则这个积分测量的是其质量.

回忆到

$$M_f\big(P_{\mathbf{x}}(\vec{\mathbf{v}}_1,\vec{\mathbf{v}}_2,\vec{\mathbf{v}}_3)\big)=f(\mathbf{x})\det[\vec{\mathbf{v}}_1,\vec{\mathbf{v}}_2,\vec{\mathbf{v}}_3].$$

在坐标系中, M_f 被写为

$$f(\mathbf{x})\,\mathrm{d}x\wedge\mathrm{d}y\wedge\mathrm{d}z.$$

例 6.5.9 (积分一个质量形式). 令 f 为函数

$$f\begin{pmatrix}x\\y\\z\end{pmatrix}=x^2+y^2. \tag{6.5.22}$$

对于 $r<R$, 令 $T_{r,R}$ 为通过将 (x,z) 平面上的半径为 r, 圆心在 $\begin{pmatrix}R\\0\end{pmatrix}$ 的圆绕着 z 轴旋转得到的环面; 如图 6.5.5. 假设我们希望计算 M_f 在被 $T_{r,R}$ 界定的区域上积分 (也就是, 环面的内部). 因为我们是在 $\mathbb{R}^3$ 的一个开子集上积分, 这

是 (除了定向的问题) 一个可以用第 4 章的技术解决的问题: 或者 "恒等参数化", 如等式 (6.5.21) 中的一样, 或者换元, 如 4.10 节中的一样.

假设实心的环面具有 $\mathbb{R}^3$ 的标准定向. 显然恒等参数化保持了这个定向: 恒等变换的偏导是标准的基向量, 且 $\det[\vec{\mathbf{e}}_1, \vec{\mathbf{e}}_2, \vec{\mathbf{e}}_3] = 1$. 但是恒等参数化将导致十分笨拙的积分.

下面的参数化, 其中 $0 \leqslant u \leqslant r$, $0 \leqslant v, w \leqslant 2\pi$, 适配得更好:

$$\gamma \begin{pmatrix} u \\ v \\ w \end{pmatrix} = \begin{pmatrix} (R + u\cos v)\cos w \\ (R + u\cos v)\sin w \\ u\sin v \end{pmatrix}. \tag{6.5.23}$$

练习 6.5.21 让你确定, γ 是否为保持定向的, 并计算 M_f 在环面内部的积分. △

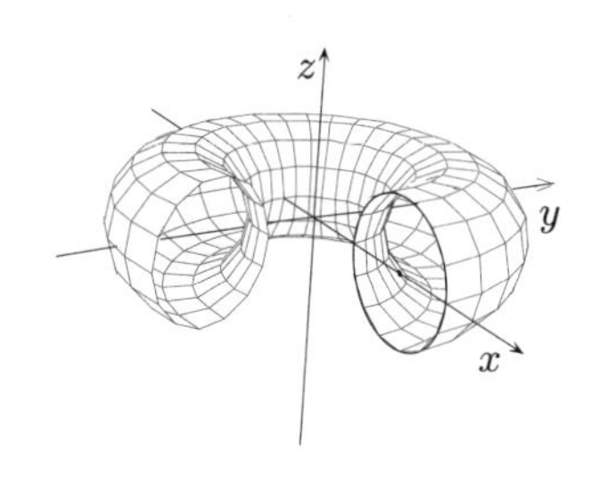

图 6.5.5

这个环面在练习 5.3.9 中讨论. 这一次我们感兴趣的是实心的环面.

等式 (6.5.23): 在手动计算积分的时候, 选择一个可以反映问题的对称性的参数化是个好主意. 这里, 环面是关于 z 轴对称的, 等式 (6.5.23) 反映了这个对称性, 见例 5.2.9.

尽管我们习惯了把通量形式视为两个向量的函数, 但这仅在 $\mathbb{R}^3$ 中是对的. 在 $\mathbb{R}^n$ 中, 它是 $(n-1)$ 个向量的函数. 这些向量, 加上向量 $\vec{F}(\mathbf{x})$ 可以被用来构成 $n \times n$ 矩阵

$$\left[\vec{F}(\mathbf{x}), \vec{\mathbf{v}}_1, \cdots, \vec{\mathbf{v}}_{n-1}\right],$$

这个矩阵有行列式. 几何上, 这是有意义的. 例如, 在 $\mathbb{R}^3$ 中, 通量流过一个曲面, 所以通量形式是在由两个向量生成的平行四边形上计算的, 但是在 $\mathbb{R}^2$ 中, 通量流过一条曲线, 所以通量形式是在一个向量上计算的.

注意到, $\mathbb{R}^2$ 中的一个向量场定义了两个不同的 1–形式、功形式和通量形式. 练习 6.12 让你证明它们是通过下面的规则相联系的:

$$W_{\vec{F}}(\vec{\mathbf{v}}) = \Phi_{\vec{F}}\left(\begin{bmatrix} 0 & -1 \\ 1 & 0 \end{bmatrix} \vec{\mathbf{v}}\right).$$

$\mathbb{R}^n$ 上的功、通量和质量形式

对于所有的维度 n:

1. 0–形式场是函数.

2. 每个 1–形式场是一个向量场的功形式.

3. 每个 $(n-1)$–形式场是一个向量场的通量形式.

4. 每个 n–形式场是一个函数的质量形式.

对于 0–形式和 1–形式, 我们已经看到这个结论. 在 $\mathbb{R}^3$ 中, 通量形式当然是一个 2–形式. 它的定义可以被推广为:

定义 6.5.10 ($\mathbb{R}^n$ 上的通量形式). 如果 $\vec{F}$ 是 $U \subset \mathbb{R}^n$ 上的一个向量场, $\vec{\mathbf{v}}_1, \cdots, \vec{\mathbf{v}}_{n-1}$ 是 $\mathbb{R}^n$ 中的向量, 则*通量形式* (flux form) $\Phi_{\vec{F}}$ 是 $(n-1)$–形式, 定义为

$$\Phi_{\vec{F}} P_{\mathbf{x}}(\vec{\mathbf{v}}_1, \cdots, \vec{\mathbf{v}}_{n-1}) \stackrel{\text{def}}{=} \det[\vec{F}(\mathbf{x}), \vec{\mathbf{v}}_1, \cdots, \vec{\mathbf{v}}_{n-1}]. \tag{6.5.24}$$

在坐标系中, 这变成了 (根据按照第一列展开所进行的行列式的计算)

$$\begin{aligned} \Phi_{\vec{F}} &= \sum_{i=1}^{n} (-1)^{i-1} F_i \, \mathrm{d}x_1 \wedge \cdots \wedge \widehat{\mathrm{d}x_i} \wedge \cdots \wedge \mathrm{d}x_n \\ &= F_1 \, \mathrm{d}x_2 \wedge \cdots \wedge \mathrm{d}x_n - F_2 \, \mathrm{d}x_1 \wedge \mathrm{d}x_3 \wedge \cdots \wedge \mathrm{d}x_n + \cdots \\ &\quad + (-1)^{n-1} F_n \, \mathrm{d}x_1 \wedge \mathrm{d}x_2 \wedge \cdots \wedge \mathrm{d}x_{n-1}, \end{aligned} \tag{6.5.25}$$

其中, "$\widehat{\ }$" 下的项是被忽略的.

例如, 径向向量场 $\vec{F}\begin{pmatrix} x_1 \\ \vdots \\ x_n \end{pmatrix} = \begin{bmatrix} x_1 \\ \vdots \\ x_n \end{bmatrix}$ 的通量为

$$\begin{aligned} \Phi_{\vec{F}} &= (x_1 \, \mathrm{d}x_2 \wedge \cdots \wedge \mathrm{d}x_n) - (x_2 \, \mathrm{d}x_1 \wedge \mathrm{d}x_3 \wedge \cdots \wedge \mathrm{d}x_n) + \cdots \\ &\quad + (-1)^{n-1} x_n \, \mathrm{d}x_1 \wedge \cdots \wedge \mathrm{d}x_{n-1}. \end{aligned} \tag{6.5.26}$$

等式 (6.5.26): 在第一项中, $i = 1$, 我们忽略了 $\mathrm{d}x_1$; 在第二项中, $i = 2$, 我们忽略了 $\mathrm{d}x_2$, 依此类推. 这相当于在计算行列式的时候忽略第 i 行; 见例 4.8.2.

对于任意维度 n, n–形式是行列式的一个倍数, 所以每个 n–形式都是一个函数的质量形式.

定义 6.5.11 ($\mathbb{R}^n$ 上的质量形式). 令 U 为 $\mathbb{R}^n$ 的一个子集. 函数 $f: U \to \mathbb{R}$ 的质量形式 M_f 由下式给出

$$M_f \stackrel{\text{def}}{=} f\,\mathrm{d}x_1 \wedge \cdots \wedge \mathrm{d}x_n. \tag{6.5.27}$$

形式、函数和向量之间的对应关系解释了为什么向量微积分在 $\mathbb{R}^3$ 中有效, 以及为什么它在更高维度下无效. 表 6.5.6 说明了当 k 不是 $0, 1, n-1$, 或者 n 的时候, $\mathbb{R}^n$ 上的一个 k–形式不能以函数或者向量的形式解读.

在比 $\mathbb{R}^3$ 更高的维度下, 一些形式不能用向量场和函数来表示: 尤其是, $\mathbb{R}^4$ 上的 2–形式, 这在物理学中引起了极大的兴趣, 因为电磁场在时空中是这样的一个 2–形式. 向量微积分的语言不适合描述在高维下的曲面上的被积函数, 而形式的语言则适合.

表 6.5.6

形式	向量微积分	
	$\mathbb{R}^3$	$\mathbb{R}^n, n>3$
0–形式	函数	函数
1–形式	向量场 (通过功形式)	向量场
$(n-2)$–形式	与 1–形式相同	没有等价的
$(n-1)$–形式	向量场 (通过通量形式)	向量场
n–形式	函数 (通过质量形式)	函数

在所有的维度下, 0–形式、1–形式、$(n-1)$–形式和 n–形式可以当作向量场或者函数. 其他的形式场在向量微积分中没有等价的概念.

也可以将形式的楔积与向量场的积联系起来.

命题 6.5.12. 对于 $\mathbb{R}^3$ 上的任意两个向量场 $\vec{F}$ 和 $\vec{G}$, 我们有

$$\Phi_{\vec{F}\times\vec{G}} = W_{\vec{F}} \wedge W_{\vec{G}} \text{ 以及 } M_{\vec{F}\cdot\vec{G}} = W_{\vec{F}} \wedge \Phi_{\vec{G}} = W_{\vec{G}} \wedge \Phi_{\vec{F}}.$$

证明留作练习 6.5.4 和 6.5.5. 可以给出概念上的证明, 但只计算等式两边并检验会更容易一些.

例 6.5.13 (电磁场). 电磁场, 一个含有六个分量的对象, 既不能表示为一个函数 (含有一个分量的对象), 也不能表示为一个向量场 (在 $\mathbb{R}^4$ 中, 含有四个分量的对象).

处理问题的标准方法是选取坐标 x, y, z, t, 尤其是, 选取一个特定的像空间一样的子空间和一个特定的像时间一样的子空间, 很可能像你的实验室的那种. 实验指出了下述的力学规律: 有两个依赖于时间的向量场, $\vec{\mathbf{E}}$(电场) 和 $\vec{\mathbf{B}}$(磁场), 具有下述属性, 即一个电荷 q 在 $(\mathbf{x}, t)$ 以速度 $\vec{\mathbf{v}}$(在实验室坐标下) 运动, 它受到的力为

$$q\left(\vec{\mathbf{E}}(\mathbf{x},t) + \left(\frac{\vec{\mathbf{v}}}{c} \times \vec{\mathbf{B}}(\mathbf{x},t)\right)\right), \tag{6.5.28}$$

公式 (6.5.28): 我们使用的是 cgs 单位系统 (cm, g, s). 在这个系统中, 电量的单位是 statC, 它被设计为从库仑定律中去掉常数. (基于 kg 和 s 的国际单位制, 使用的是不同的电量的单位 —— 库仑 (C), 这导致了常数 μ_0 和 ϵ_0 使方程变得混乱.)

我们可以更进一步, 利用数学家任意选择单位的特权, 设 $c=1$, 但这将违背了我们的直觉.

其中 c 代表光速. 但是 $\vec{\mathbf{E}}$ 和 $\vec{\mathbf{B}}$ 并不是真正的向量场. 一个真正的向量场在你改变坐标系的时候 "保持不变". 尤其是, 如果一个向量场在一个坐标系中是 $\vec{\mathbf{0}}$, 那么它在任何坐标系中都将是 $\vec{\mathbf{0}}$. 这对于电场和磁场是不成立的. 如果在一个坐标系中, 电荷处于静止状态, 并且电场为 $\vec{\mathbf{0}}$, 则粒子在这样的坐标系中将不被加速. 在另一个相对于第一个坐标系匀速运动的坐标系中 (例如, 在一列开过实验室的火车上) 它仍然不会被加速. 但它现在感受到了来自磁场的力, 这个力必须由一个电场来补偿, 这个电场现在就不能为 $\vec{\mathbf{0}}$.

有没有一些天然的东西可以用电场和磁场一起来表示? 答案是肯定的: 在 $\mathbb{R}^4$ 上有一个 2–形式, 叫作

$$\mathbb{F} = E_x\,\mathrm{d}x \wedge c\,\mathrm{d}t + E_y\,\mathrm{d}y \wedge c\,\mathrm{d}t + E_z\,\mathrm{d}z \wedge c\,\mathrm{d}t + B_x\,\mathrm{d}y \wedge \mathrm{d}z + B_y\,\mathrm{d}z \wedge \mathrm{d}x + B_z\,\mathrm{d}x \wedge \mathrm{d}y,$$

也就是

$$\mathbb{F} = W_{\vec{\mathbf{E}}} \wedge c\,\mathrm{d}t + \Phi_{\vec{\mathbf{B}}}. \tag{6.5.29}$$

在表达式 (6.5.29) 中, 功和通量都只与空间变量有关.

在 cgs 系统中, $\vec{\mathbf{E}}$ 和 $\vec{\mathbf{B}}$ 有着相同的量纲, 力除以电量. c(光速) 则是必要的, 使得

$$W_{\vec{\mathbf{E}}} \wedge c\,\mathrm{d}t \text{和} \Phi_{\vec{\mathbf{B}}}$$

具有相同的量纲:

$$\frac{\text{力}}{\text{电量} \times \text{长度}^2}.$$

这个 2–形式 (实际是 2–形式场) 被杰出的物理学家 Charles Misner, Kip Thorne 和 J. Archibald Wheeler (在被他们称为广义相对论的圣经的书 *Gravitation* 中) 称为*法拉第*(Faraday). 它是天然的, 在每个参考系中都是一样的. 因此形式场确实是书写麦克斯韦方程组的自然的语言. 我们将在 6.12 节进一步讨论这个话题. △

6.5 节的练习

6.5.1 下面的哪些表达式是相同的?

a. $F_1\,\mathrm{d}x + F_2\,\mathrm{d}y + F_3\,\mathrm{d}z$; b. $W_{\vec{F}}(P_{\mathbf{x}}(\vec{\mathbf{v}}))$; c. $\Phi_{\vec{F}}\big(P_{\mathbf{x}}(\vec{\mathbf{v}}, \vec{\mathbf{w}})\big)$;
d. $F_1\,\mathrm{d}y \wedge \mathrm{d}z - F_2\,\mathrm{d}x \wedge \mathrm{d}z + F_3\,\mathrm{d}x \wedge \mathrm{d}y$; e. $\det[\vec{F}(\mathbf{x}), \vec{\mathbf{v}}, \vec{\mathbf{w}}]$; f. $\vec{F}(\mathbf{x}) \cdot (\vec{\mathbf{v}} \times \vec{\mathbf{w}})$;
g. $f\,\mathrm{d}x \wedge \mathrm{d}y \wedge \mathrm{d}z$; h. $\Phi_{\vec{F}}$; i. $\vec{F}(\mathbf{x}) \cdot \vec{\mathbf{v}}$;
j. $\vec{F}$ 的功形式; k. $\vec{F}$ 的通量形式; l. $W_{\vec{F}}$.

$$\vec{F} = \begin{bmatrix} x^2 \\ xy \\ -z \end{bmatrix}, \vec{G} = \begin{bmatrix} x^2 \\ xy \\ x \end{bmatrix}$$

练习 6.5.2 的向量场.

6.5.2 a. 用坐标的形式写出边注中的向量场 $\vec{F}$ 和 $\vec{G}$ 的功形式场和通量形式场.

b. 对于什么向量场 $\vec{F}$, 下面的每个 $\mathbb{R}^3$ 上的 1–形式场为功形式场 $W_{\vec{F}}$?

i. $xy\,\mathrm{d}x - y^2\,\mathrm{d}z$; ii. $y\,\mathrm{d}x + 2\,\mathrm{d}y - 3x\,\mathrm{d}z$.

c. 对于什么向量场 $\vec{F}$, 下面的每个 $\mathbb{R}^3$ 上的 2–形式场为通量形式场 $\Phi_{\vec{F}}$?

i. $2z^4\,\mathrm{d}x \wedge \mathrm{d}y + 3y\,\mathrm{d}y \wedge \mathrm{d}z - x^2 z\,\mathrm{d}x \wedge \mathrm{d}z$;

ii. $yz\,\mathrm{d}x \wedge \mathrm{d}z - xy^2 z\,\mathrm{d}y \wedge \mathrm{d}z$.

6.5.3 下面一些表达式没有意义, 修改它们, 使得它们变得有意义.

a. $\Phi_{\vec{F}}\big(P_{\mathbf{x}}(\vec{\mathbf{v}}_1, \vec{\mathbf{v}}_2, \vec{\mathbf{v}}_3)\big)$; b. W_f; c. $M_f\big(P_{\mathbf{x}}(\vec{\mathbf{v}}, \vec{\mathbf{w}})\big)$;
d. $(\vec{\mathbf{v}}_1 \cdot \vec{\mathbf{v}}_2) \times \vec{\mathbf{v}}_3$; e. $\Phi_{\vec{F}}$; f. $\Phi_{\vec{F}} = F_1\,\mathrm{d}x \wedge \mathrm{d}y - F_2\,\mathrm{d}y \wedge \mathrm{d}z + F_3\,\mathrm{d}z \wedge \mathrm{d}x$;
g. $W_{\vec{F}}\big(P_{\mathbf{x}}(\vec{\mathbf{v}}_1, \vec{\mathbf{v}}_2)\big)$; h. $M_{\vec{F}}$; i. $W_{\vec{F}} = F_1\,\mathrm{d}x + F_2\,\mathrm{d}y + F_3\,\mathrm{d}z$.

6.5.4 证明: $\Phi_{\vec{F} \times \vec{G}} = W_{\vec{F}} \wedge W_{\vec{G}}$.

在练习 6.5.4 和 6.5.5 中,

$\vec{F}$ 和 $\vec{G}$

为 $\mathbb{R}^3$ 的一个子集上的向量场.

6.5.5 证明: $M_{\vec{F} \cdot \vec{G}} = W_{\vec{F}} \wedge \Phi_{\vec{G}} = W_{\vec{G}} \wedge \Phi_{\vec{F}}$.

6.5.6 向量场 $\vec{F}\begin{pmatrix} x \\ y \\ z \end{pmatrix} = \begin{bmatrix} x^2 y \\ x - y \\ -z \end{bmatrix}$ 的功形式场 $W_{\vec{F}}\big(P_{\mathbf{a}}(\vec{\mathbf{u}})\big)$ 在 $\mathbf{a} = \begin{pmatrix} 0 \\ 1 \\ 2 \end{pmatrix}$, 在向量 $\vec{\mathbf{u}} = \begin{bmatrix} 1 \\ -1 \\ 1 \end{bmatrix}$ 上的计算结果是什么?

6.5.7 对于下述的 $\mathbb{R}^2$ 上的 1–形式, 写出相应的向量场. 画出向量场的草图. 描述 1–形式的功为 0 的一条路径. 描述功会很大的一条路径.

a. $\mathrm{d}y$;　b. $x\,\mathrm{d}x$;　c. $x\,\mathrm{d}x - y\,\mathrm{d}y$.

6.5.8 对于下列的 $\mathbb{R}^2$ 上的 1–形式, 重复练习 6.5.7.

练习 6.5.8: c 问明显要比 a 问和 b 问难. 一些微分方程的知识会有所帮助. 在任何情况下, 首先做练习 1.5.10.

a. $y\,\mathrm{d}x + x\,\mathrm{d}y$;　b. $-y\,\mathrm{d}x + x\,\mathrm{d}y$;　c. $(x-y)\,\mathrm{d}x + (x+y)\,\mathrm{d}y$.

6.5.9 a. 构造一个锚定在 $\begin{pmatrix}1\\1\\0\end{pmatrix}$ 的定向的平行四边形, 使得例 6.5.3 中的 2–形式 $\Phi = y\,\mathrm{d}y\wedge\mathrm{d}z + x\,\mathrm{d}x\wedge\mathrm{d}z - z\,\mathrm{d}x\wedge\mathrm{d}y$ 将给它分配一个正数.

b. 如果你要让在平行四边形上计算的 Φ 返回一个正数, 那么你可以把 $P_{\mathbf{x}}(\vec{\mathbf{e}}_1,\vec{\mathbf{e}}_2)$ 锚定在什么样的点 $\mathbf{x}$ 上呢? 如果要返回一个负数呢?

6.5.10 向量场 $\vec{F}\begin{pmatrix}x\\y\\z\end{pmatrix} = \begin{bmatrix}-x\\y^2\\xy\end{bmatrix}$ 在 $P\left(\begin{bmatrix}1\\0\\1\end{bmatrix},\begin{bmatrix}0\\1\\0\end{bmatrix}\right)$, 在点 $\mathbf{x} = \begin{pmatrix}1\\2\\-1\end{pmatrix}$ 的通量形式场 $\Phi_{\vec{F}}$ 是什么?

6.5.11 计算下面每个向量场 $\vec{F}$ 在给定的 1–平行四边形上的功:

a. $\vec{F} = \begin{bmatrix}x\\y\end{bmatrix}$ 在 $P_{\begin{pmatrix}1\\1\end{pmatrix}}\begin{bmatrix}2\\3\end{bmatrix}$;　b. $\vec{F} = \begin{bmatrix}x^2\\\sin xy\end{bmatrix}$ 在 $P_{\begin{pmatrix}-1\\-\pi\end{pmatrix}}\begin{bmatrix}\mathrm{e}\\\pi\end{bmatrix}$;

c. $\vec{F} = \begin{bmatrix}y\\x\\z\end{bmatrix}$ 在 $P_{\begin{pmatrix}1\\0\\1\end{pmatrix}}\begin{bmatrix}2\\3\\-1\end{bmatrix}$;　d. $\vec{F} = \begin{bmatrix}\sin y\\\cos(x+z)\\\mathrm{e}^x\end{bmatrix}$ 在 $P_{\begin{pmatrix}0\\1\\-1\end{pmatrix}}\begin{bmatrix}0\\1\\0\end{bmatrix}$.

6.5.12 在点 $\mathbf{x} = \begin{pmatrix}1\\2\\1\end{pmatrix}$, 函数 $f\begin{pmatrix}x\\y\\z\end{pmatrix} = xy+z^2$ 的质量形式对向量 $\begin{bmatrix}1\\0\\1\end{bmatrix},\begin{bmatrix}2\\1\\1\end{bmatrix},\begin{bmatrix}0\\1\\1\end{bmatrix}$ 的计算结果是什么?

6.5.13 验证 $\det[\vec{F}(\mathbf{x}),\vec{\mathbf{v}}_1,\cdots,\vec{\mathbf{v}}_{n-1}]$ 为一个 $(n-1)$–形式场, 使得 $\mathbb{R}^n$ 上的通量形式的定义 6.5.10 有意义.

6.5.14 利用形式的语言重写例 6.5.6 的计算.

6.5.15 给定 $\vec{F}\begin{pmatrix}x\\y\\z\end{pmatrix} = \begin{bmatrix}y^2\\x+z\\xz\end{bmatrix}$, $f\begin{pmatrix}x\\y\\z\end{pmatrix} = xz+zy$, 点 $\mathbf{x} = \begin{pmatrix}1\\1\\-1\end{pmatrix}$ 和边注中的向量 $\vec{\mathbf{v}}_1,\vec{\mathbf{v}}_2,\vec{\mathbf{v}}_3$, 求:

a. 功形式 $W_{\vec{F}}\big(P_{\mathbf{x}}(\vec{\mathbf{v}}_1)\big)$;　b. 通量形式 $\Phi_{\vec{F}}\big(P_{\mathbf{x}}(\vec{\mathbf{v}}_1,\vec{\mathbf{v}}_2)\big)$;

c. 质量形式 $M_f\big(P_{\mathbf{x}}(\vec{\mathbf{v}}_1,\vec{\mathbf{v}}_2,\vec{\mathbf{v}}_3)\big)$.

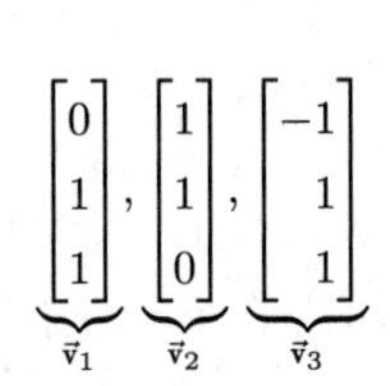

练习 6.5.15 中的向量.

6.5.16 计算下列向量场在 2–平行四边形上的通量:

a. $\vec{F}=\begin{bmatrix}y\\x\\z\end{bmatrix}$ 在点 $P_{\begin{pmatrix}1\\0\\1\end{pmatrix}}\left(\begin{bmatrix}1\\1\\0\end{bmatrix},\begin{bmatrix}0\\0\\-1\end{bmatrix}\right)$;

b. $\vec{F}=\begin{bmatrix}\sin y\\\cos(x+z)\\\mathrm{e}^x\end{bmatrix}$ 在点 $P_{\begin{pmatrix}0\\1\\-1\end{pmatrix}}\left(\begin{bmatrix}0\\1\\0\end{bmatrix},\begin{bmatrix}1\\2\\0\end{bmatrix}\right)$.

6.5.17 令 R 是顶点为 $\begin{pmatrix}0\\0\end{pmatrix},\begin{pmatrix}0\\a\end{pmatrix},\begin{pmatrix}b\\a\end{pmatrix},\begin{pmatrix}b\\0\end{pmatrix}$ 的矩形, 其中 $a,b>0$, 并定向使得这些顶点按照这个顺序出现. 计算向量场 $\vec{F}\begin{pmatrix}x\\y\end{pmatrix}=\begin{bmatrix}xy\\y\mathrm{e}^x\end{bmatrix}$ 围绕着 R 的边界的功.

6.5.18 计算 $\vec{F}\begin{pmatrix}x\\y\\z\end{pmatrix}=\begin{bmatrix}x^2\\y^2\\z^2\end{bmatrix}$ 在参数化为 $\gamma\colon t\mapsto\begin{pmatrix}\cos t\\\sin t\\at\end{pmatrix}$, $0\leqslant t\leqslant\alpha$ 的螺旋线的弧上的功, 其中 γ 被定向为是保持定向的.

练习 6.5.18: 我们也可以描述这个螺旋线的弧为 "按照 t 递增来定向".

6.5.19 计算向量场 $\vec{F}\begin{pmatrix}x\\y\\z\end{pmatrix}=r^a\begin{bmatrix}x\\y\\z\end{bmatrix}$, 其中 a 是一个数, $r=\sqrt{x^2+y^2+z^2}$, 穿过曲面 S 的通量, 其中 S 是半径为 R 的球面, 由向外指的法向量定向.

练习 6.5.19: 答案应该为某个 a 和 R 的函数. 问题的一部分是找到 S 的保持定向的参数化.

6.5.20 向量场 $\vec{F}\begin{pmatrix}x\\y\\z\end{pmatrix}=\begin{bmatrix}x\\-y\\xy\end{bmatrix}$ 穿过由向外指的法向量所定向的曲面 $z=\sqrt{x^2+y^2}$, $x^2+y^2\leqslant1$ 的通量是什么?

6.5.21 a. 在例 6.5.9 中, γ 保持定向吗?

b. 计算这个积分.

6.6 边界的定向

斯托克斯定理, 微积分基本定理的推广, 是关于比较流形的小片上的积分和在这些小片的边界上的积分的. 这里, 我们将定义流形的一个 "带有边界的小片". 我们将看到, 如果流形是定向的, 则这样的小片的边界具有天然的定向, 称为*边界定向*(boundary orientation).

要让斯托克斯定理成立, 带有边界的小片的边界的形状不能是随意的. 在很多的处理中, 边界被限定为光滑的: 如果流形是三维的, 则边界被要求为一个光滑曲面; 如果流形是二维的, 则边界被要求为一条光滑曲线, 这样的小片被称为*带有边界的流形*(manifolds-with-boundary). (它们不是流形, 流形没有边界.)

要求小片有光滑的边界是一个不必要且棘手的条件, 它将很多向量微积分中的标准的例子排除在外; 它排除了 k–平行四边形, 其边界在角上不是光滑的, 它排除了锥界定的区域, 其在顶点上或者沿着底座的边界是不光滑的. 典型的解决方法是回避并且基于边界上那些不光滑的部分太小而对积分没有影响这个正确的理由, 强行应用斯托克斯定理.

要求边界光滑也排除了很多实际生活中的例子. 在材料科学、气象学、生物学、物理学等学科中, 我们经常对物质流经边界感兴趣, 例如, 离子流过细胞壁. 斯托克斯定理是研究这样的流的一个强大的工具. 但是边界很少是光滑的; 想想毛细血管和肺泡, 或者一朵云的边界. 图 6.6.1 和 6.6.2 给出了其他的实例.

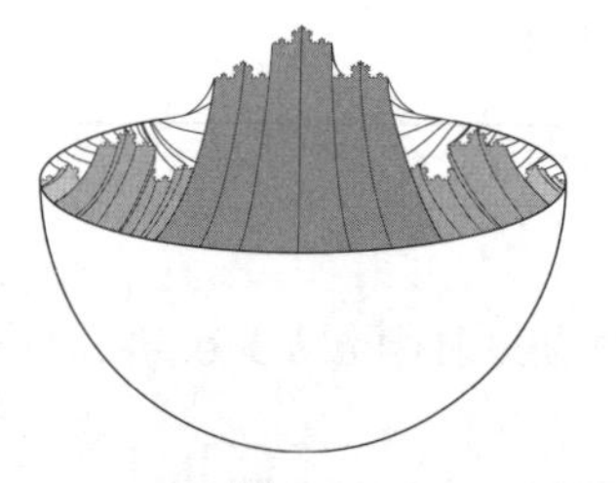

图 6.6.1

要形成这个带有边界的小片, 把一个橙子被切割的边缘用一个科赫雪花 “桥接” 起来 (图 5.5.2). 现在, 把它浸入肥皂水中, 使得一个肥皂膜将橙子被切割的边缘与雪花连接起来. 我们把这个图想象为一个断裂的波的模型: 科赫曲线的复杂性非常像波浪中的水. 一个断裂的波就是物理学家想要应用斯托克斯定理来解决的问题: 表面张力 (一个曲面积分)、重力和动量 (一个体积分) 之间的平衡是水的黏性的关键. 波浪的撞击还没有被很好地理解; 我们猜测这是因为成为有边界的小片的条件的丢失: 波峰获得正的面积, 但不再带有表面张力, 打破了平衡.

一个带有边界的流形的标准定义导致了一个令人不愉快的选择: 要么在大量小片不具有光滑的边界的重要情况中放弃使用斯托克斯定理, 要么在知道定理不适用, 并且结果是无效的可能性非常大的情况下使用它.

图 6.6.2

Cladiscites 缝合线, 一种生活在上三叠纪的菊石. 菊石已经灭绝了大约 6 500 万年, 与章鱼有亲缘关系. 菊石生活在一系列充满空气的室的最后一个中, 这就是它的壳, 与今天的珍珠鹦鹉螺相似. 缝合线标记了壳的壁与分开各个室的壁之间的连接. 要研究这样的生物的新陈代谢, 我们可能希望在一个室和其边界上积分. 这样一个边界, 包括缝合线, 显然是不光滑的. (图片来自于 Jean Guex(瑞士洛桑大学).)

在这些例子中, 边界的非光滑部分不会影响积分是不太明显的. 斯托克斯定理可以被强行使用吗? 如果关于带有边界的片的定义中的条件被满足, 它就可以使用. 因此, 对于可被允许的边界, 我们希望更为精确. 我们将从定义一个流形的子集的边界开始; 然后, 我们将定义边界的光滑点; 最后, 我们将要求 k 维流形的非光滑边界的 $(k-1)$ 维体积为 0.

定义 6.6.1 (一个流形的子集的边界). 令 $M \subset \mathbb{R}^n$ 为一个 k 维流形, $X \subset M$ 为一个子集. X 在 M 中的边界, 记作 $\partial_M X$, 为点 $\mathbf{x} \in M$ 的集合, 满足 $\mathbf{x}$ 的每一个邻域都包含 X 的点和 $M - X$ 的点.

注意到, 除非 M 是 $\mathbb{R}^n$ 的一个开子集 ($\mathbb{R}^n$ 的 “肥大” 的一片), 否则 X 在 M 中的边界不是 X 在 $\mathbb{R}^n$ 中的边界, 如定义 1.5.10 所定义的那样.

光滑边界

根据定理 3.1.10, 流形M 是通过等式来定义的: 每个 $\mathbf{x} \in M$ 具有一个邻域 $U \subset \mathbb{R}^n$, 使得 $M \cap U$ 是方程 $\mathbf{F} = \mathbf{0}$ 的轨迹, $\mathbf{F}$ 为某个 C^1 函数 $\mathbf{F}: U \to \mathbb{R}^{n-k}$, 其中 $[\mathbf{DF}(\mathbf{x})]$ 为满射. 小片 $X \subset M$ 是通过不等式定义的, 它告诉我们如何从流形中雕刻出这一片. 例如, 图 6.6.3 中的这一小片 $X \subset \mathbb{R}^2$ 是通过不等式 $y \geqslant x^2$, $x \geqslant y^2$ 与 $\mathbb{R}^2$ 的其余部分分开的. X 这片的边界包含使至少一个不等式成为等式的点: 点 $\mathbf{x} \in X$ 满足 $g_1(\mathbf{x}) = 0$ 或者 $g_2(\mathbf{x}) = 0$, 其中 $g_1(\mathbf{x}) = y - x^2$, $g_2(\mathbf{x}) = x - y^2$.

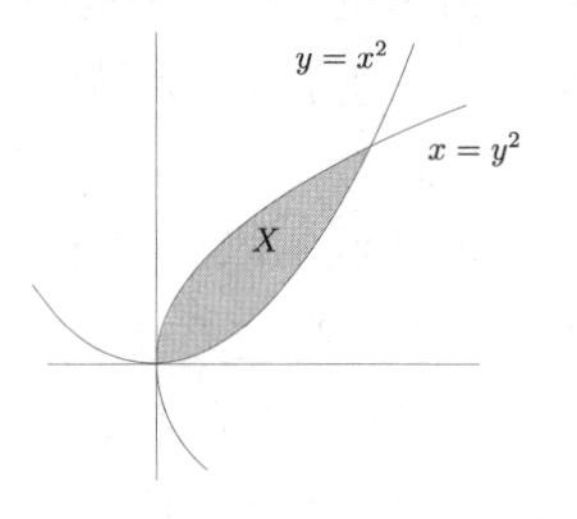

图 6.6.3

满足 $y \geqslant x^2$ 和 $x \geqslant y^2$ 的阴影区域是流形$\mathbb{R}^2$ 的子集 X.

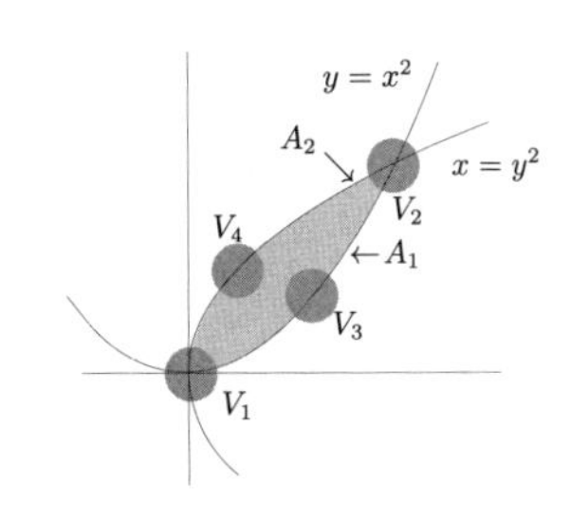

图 6.6.4

图 6.6.4 加上了更多的细节. 边界 $\partial_{\mathbb{R}^2}X$ 上在球 V_3 和 V_4 中的点是边界的"光滑"点.

定义 6.6.2: 公式 $g\geqslant 0$ 在 $V\cap M$ 中定义了 X; 等式 $g(\mathbf{x})=0$ 表示的是, $\mathbf{x}$ 是 X 的边界上的一个点. 导数为满射表示的是 $\mathbf{x}$ 是边界上的一个光滑点.

如果有多个函数 g_i 来定义 X, 通常, 边界的光滑部分将是恰好一个等式成立而其他的都为严格的不等式的地方. 在图 6.6.4 中, 原点不是一个光滑的点: $V_1\cap X$ 不能用一个导数为满射的函数 g 定义.

命题 6.6.4 的证明留作练习 6.6.11.

定义 6.6.2 (边界上的光滑点, 光滑边界). 令 $M\subset\mathbb{R}^n$ 为一个 k 维流形, $X\subset M$ 为一个子集. 对于一个点 $\mathbf{x}\in\partial_M X$, 如果存在 $\mathbf{x}$ 的一个邻域 $V\subset\mathbb{R}^n$ 和一个 C^1 函数 $g: V\cap M\to\mathbb{R}$, 满足

$$g(\mathbf{x})=0,\ X\cap V=\{g\geqslant 0\},\ [\mathbf{D}g(\mathbf{x})]: T_{\mathbf{x}}M\to\mathbb{R}\text{为满射},$$

则它是 X 的边界上的*光滑点*(smooth point). X 的边界上的光滑点的集合为 X 的*光滑边界*(smooth boundary), 记作 $\partial_M^s X$.

注意到, 我们也可以要求 $X\cap V=\{g\leqslant 0\}$.

X 的*非光滑边界*(nonsmooth boundary)是 $\partial_M X$ 的边界的不光滑的部分.

命题 6.6.3. 光滑边界 $\partial_M^s X$ 是一个 $(k-1)$ 维流形.

证明: 这可从命题 3.2.10 得到. □

命题 6.6.4. 令 U 为 $\mathbb{R}^n$ 的一个开子集, 令 $M\subset U$ 为由 $\mathbf{f}=\mathbf{0}$ 定义的 k 维流形, 其中 $\mathbf{f}: U\to\mathbb{R}^{n-k}$ 是一个 C^1 函数, 在所有的 $\mathbf{x}\in M$ 上, $[\mathbf{Df}(\mathbf{x})]$ 为满射. 令 $g: U\to\mathbb{R}$ 属于 C^1 类. 则

$$[\mathbf{D}g(\mathbf{x})]: T_{\mathbf{x}}M\to\mathbb{R}\text{为满射}$$
$$\Longleftrightarrow\quad\left[\mathbf{D}\begin{pmatrix}\mathbf{f}\\ g\end{pmatrix}(\mathbf{x})\right]: \mathbb{R}^n\to\mathbb{R}^{n-k+1}\text{为满射}.$$

角点

角点与光滑的边界点紧密相连. 记得 (见定理 2.7.10) 向量间的不等式 $\vec{\mathbf{v}}\geqslant\vec{\mathbf{w}}$ 的意思是 $v_i\geqslant w_i$ 对于 $\vec{\mathbf{v}}$ 和 $\vec{\mathbf{w}}$ 的每个坐标都成立.

一个立方体的边界上的每个点都是角点: 面上的点的余维为 1(它们是光滑边界), 边上的点的余维为 2, 顶点的余维为 3.

内部的点是余维为 0 的角点.

称一个光滑的边界点为角点, 可能看上去与直觉相反: 角在哪里? 但是如果你在定义 6.6.5 中设 $m=1$, 则得到一个光滑边界点的定义. 允许光滑点为角点, 简化了带有角的小片的定义 (定义 6.6.9).

定义 6.6.5 (角点). 令 $M\subset\mathbb{R}^n$ 为一个 k 维流形, $X\subset M$ 为一个子集. 点 $\mathbf{x}\in X$ 是*余维为 m 的一个角点*, 如果存在 $\mathbf{x}$ 的一个邻域 $V\subset\mathbb{R}^n$ 和一个 C^1 函数 $\mathbf{g}: V\cap M\to\mathbb{R}^m$, 满足

$$X\cap V=\{\mathbf{g}\geqslant\mathbf{0}\},\ \mathbf{g}(\mathbf{x})=\mathbf{0},\ [\mathbf{Dg}(\mathbf{x})]\text{为满射}.$$

注意, 余维为 1 的角点是一个光滑的边界点. 也要注意, X 的不同的点将几乎总有不同的函数 $\mathbf{g}$, 具有不同 m 的不同的陪域.

余维 $m\geqslant 2$ 的角点是不光滑的.

例 6.6.6 (光滑点和角点). 满足 $y\geqslant x^2$ 和 $x\geqslant y^2$ 的区域 X 是流形$\mathbb{R}^2$ 的一个子集; 如图 6.6.4 中的阴影区域所示. 它的边界包括:

- 抛物线 $y=x^2$ 的 $0\leqslant x\leqslant 1$ 的弧 A_1;
- 抛物线 $x=y^2$ 的 $0\leqslant y\leqslant 1$ 的弧 A_2.

A_1 的 $0<x<1$ 的部分和 A_2 的 $0<y<1$ 的部分 (例如, $A_1\cap V_3$ 和 $A_2\cap V_4$) 是光滑的. 对于一个点 $\begin{pmatrix}x\\ y\end{pmatrix}\in A_1$, 我们可以取 $g\begin{pmatrix}x\\ y\end{pmatrix}=y-x^2$, 因为

$\left[\mathbf{D}g\begin{pmatrix}x\\y\end{pmatrix}\right] = [-2x, 1]$ 是到 $\mathbb{R}$ 的满射. 对于 A_2 中的一个边界点, 我们可以取 $g\begin{pmatrix}x\\y\end{pmatrix} = x - y^2$, 具有满射的导数 $[1, -2y]$.

点 $\begin{pmatrix}0\\0\end{pmatrix}$ 和 $\begin{pmatrix}1\\1\end{pmatrix}$ 在边界 $\partial_M X$ 中, 但它们不是光滑点: $V_1 \cap X$ 不能被一个具有满射的导数的函数 g 定义; $V_2 \cap X$ 也不能. 然而, 它们是余维为 2 的角点. 实际上, 在两个点上, 我们可以取

$$\mathbf{g}\begin{pmatrix}x\\y\end{pmatrix} = \begin{pmatrix}x-y^2\\y-x^2\end{pmatrix},$$

它有满射的导数

$$\left[\mathbf{Dg}\begin{pmatrix}0\\0\end{pmatrix}\right] = \begin{bmatrix}1 & 0\\0 & 1\end{bmatrix}, \text{以及} \left[\mathbf{Dg}\begin{pmatrix}1\\1\end{pmatrix}\right] = \begin{bmatrix}1 & -2\\-2 & 1\end{bmatrix}. \quad \triangle$$

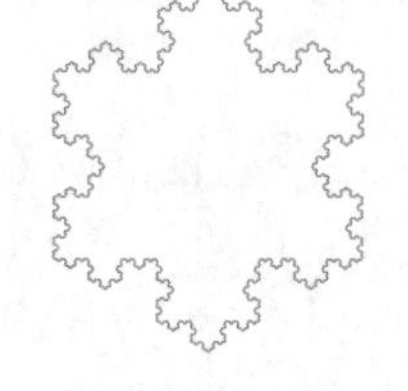

图 6.6.5

上面画的图通常被称为科赫雪花. 它是 $\mathbb{R}^2$ 的一个有界闭子集, 但是没有光滑的边界.

例 6.6.7 (没有光滑边界的子集). 图 6.6.5 中画出的子集被例 5.5.1 中的三个科赫雪花所界定, 旋转 120° 和 240°, 再平移使得它们首尾相接. 这个区域没有光滑的边界: 就像我们在例 5.5.1 中看到的, 任何一小片的长度总是无限的, 但推论 5.3.4 说明, 一个 k 维流形的每个点都有一个 k 维体积有限的邻域, 所以根据命题 6.6.3, 这个区域没有光滑的边界. △

定义 6.6.8 (流形的带有边界的小片). k 维流形M 的*带有边界的小片*(piece-with-boundary)是一个紧致的集合 $X \subset M$, 满足:

1. $\partial_M X$ 中非光滑点的集合的 $(k-1)$ 维体积为 0.
2. 光滑边界的 $(k-1)$ 维体积为

$$\mathrm{vol}_{k-1}(\partial_M^{\mathrm{s}} X) < \infty. \tag{6.6.1}$$

注释. 第一部分中的非光滑点类似于我们从第 5 章的积分域中排除的 “带来麻烦的点”. 只要它们的 $(k-1)$ 维体积为 0, 它们就不会影响在边界上的 $(k-1)$–形式的积分. 第二部分的条件对于斯托克斯定理的证明是必要的; 见等式 (6.10.75). △

定义 6.6.9 (带有角的小片). 令 X 为 k 维流形$M \subset \mathbb{R}^n$ 的一个紧致的子集. 如果边界 $\partial_M X$ 的每一个点都是角点, 则 X 是一个*带有角的小片*(piece-with-corners).

练习 6.6.9 让你证明, 带有角的小片是带有边界的小片.

例 6.6.10 (具有边界的小片). 我们在例 6.6.6 中看到, 图 6.6.3 和 6.6.4 中的阴影区域 (由不等式 $y \geqslant x^2$ 和 $x \geqslant y^2$ 确定的与 $\mathbb{R}^2$ 的其余部分分离的区域) 是一个带有边界的角. 从练习 6.6.9 得到, 它是一个带有边界的小片. △

例 6.6.11. 图 6.6.6 中的区域是一个带有边界的小片, 但不是带有角的小片. 它被两条螺旋线 $r = \mathrm{e}^{-\theta}$ 和 $r = 2\mathrm{e}^{-\theta}(\theta \geqslant 0)$ 和线段 $1 \leqslant x \leqslant 2, y = 0$ 所界定. 除了点 $\begin{pmatrix}0\\0\end{pmatrix}, \begin{pmatrix}1\\0\end{pmatrix}, \begin{pmatrix}2\\0\end{pmatrix}$, 边界显然是光滑的, 而且光滑的边界具有有限的长度; 这一点在图中并不明显, 但是在练习 5.3.1 c 中有证明. 点 $\begin{pmatrix}1\\0\end{pmatrix}, \begin{pmatrix}2\\0\end{pmatrix}$ 是角点, 但原点不是: 我们不能用一个 C^1 映射 $\mathbf{g}: \mathbb{R}^2 \to \mathbb{R}^2$ 将螺旋线拉直, 且在原点有满射的导数. △

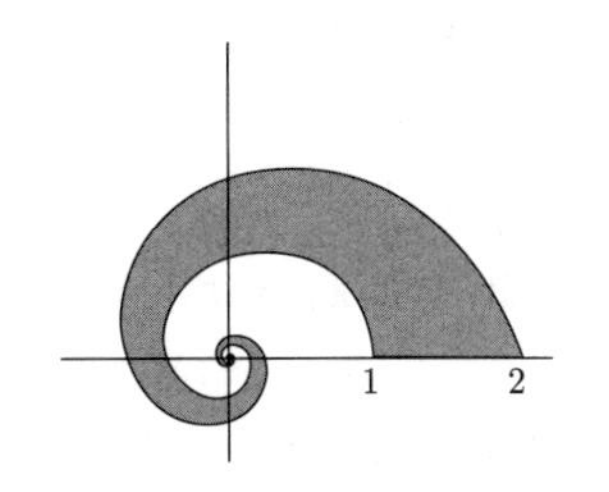

图 6.6.6

阴影区域是一个带有边界的小片: 非光滑的边界包含 x 轴上的三个点, 长度为 0, 并且光滑边界具有有限的长度, 因为它快速螺旋式地旋转到在原点的非光滑点.

例 6.6.12 (不带有边界的小片的区域). 图 6.6.7 中显示的 $\mathbb{R}^2$ 的紧致子集被两条分别由 $r = 1/\theta$ 和 $r = 2/\theta$ 参数化的螺旋线所界定, 其中 $\theta \geqslant 1/(2\pi)$. 同样, 非光滑边界就是三个点, 所以定义 6.6.8 中的条件 1 得以满足. 但它并不满足条件 2, 因为光滑边界的一维体积 (长度) 是无限的 (见练习 5.3.2). 所以它不是一个带有边界的小片. △

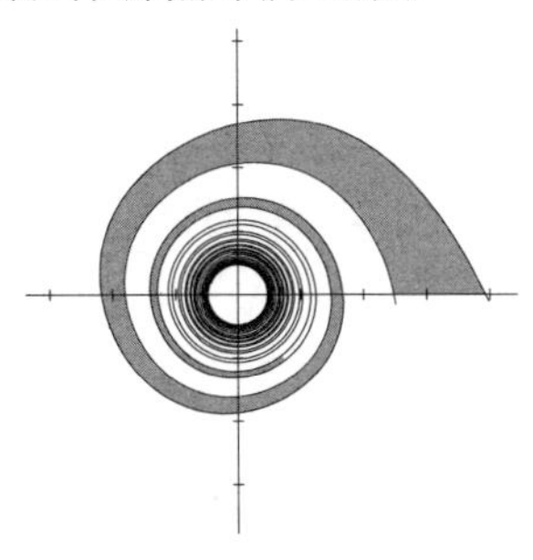
图 6.6.7

例 6.6.12: 阴影区域向内螺旋. 如果像练习 5.3.2 那样选择界定阴影的螺旋, 则螺旋在原点附近有无限的长度. 阴影区域的非光滑边界包含单个的点, 但光滑边界有无限的长度, 所以定义 6.6.8 的条件 2 不被满足.

例 6.6.13 (不带有边界的小片的另一个轨迹). 令 $M \subset \mathbb{R}^2$ 为 x 轴, 令 $X \subset M$ 为由 $g \leqslant 0$ 所定义的轨迹, 其中 g 为

$$g(x) = \begin{cases} x^3 \sin \dfrac{1}{x} & \text{如果 } x \neq 0 \\ 0 & \text{如果 } x = 0 \end{cases}. \tag{6.6.2}$$

函数 g 是 C^1 的, 如定义 6.6.2 所要求的; 这可以通过与例 1.9.4 中同样的计算, 将 x^2 换成 x^3 看到.

如图 6.6.8 所示, 轨迹 $X \subset M = \mathbb{R}$ 包括 x 轴上的不相交的区间 $[x_{2i-1}, x_{2i}]$, $i = 1, 2, \cdots$. 在远离 0 的地方, 每一个这样的区间都有一个 "得体" 的边界: 区间的端点 x_j. 这些点是边界的光滑点, 因为 M 是光滑的, $g'(x_j) \neq 0$.

边界上唯一的非光滑点是点 $\begin{pmatrix}x\\y\end{pmatrix} = \begin{pmatrix}0\\0\end{pmatrix}$; 它不是光滑的, 因为 $g'(0) = 0$, 所以 g' 不是到 $\mathbb{R}$ 上的满射.[8] 定义 6.6.8 的第二个条件不被满足, 因为, 就像练习 5.2.6 让你证明的, 单个点的零维体积是 1. 实际上, 如果一条曲线的子集具有任何非光滑的边界, 则该子集就不可能是带有边界的小片. △

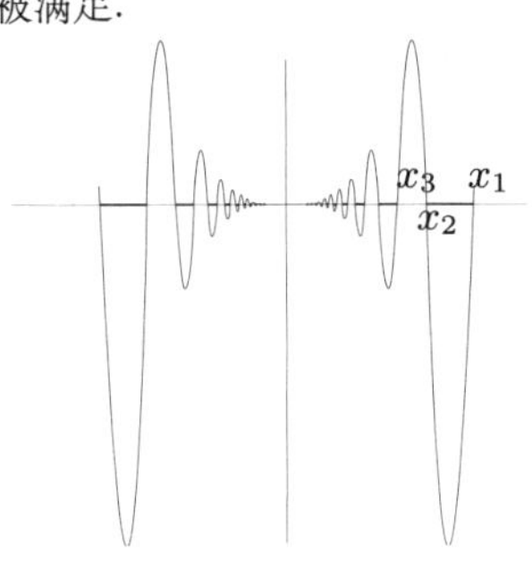

图 6.6.8

在 0 附近, 例 6.6.13 的一维的轨迹由 x 轴上的无限多个任意小的区间组成. 这个轨迹不是 $\mathbb{R}$ 的带有边界的小片.

注释. 我们对带有边界的小片的定义是为了使斯托克斯定理成立. 斯托克斯定理是微积分基本定理的高维形式. 在我们的集合 X 的情况下, 微积分基本定理说的是

$$\int_X h'(x)\,\mathrm{d}x = \sum_{i=1}^{\infty} \big(h(x_{2i-1}) - h(x_{2i})\big). \tag{6.6.3}$$

要证明这样一个陈述, 我们将需要去思考右侧的级数的收敛性. 这是可能的, 但级数不是绝对收敛的, 所以问题有一点复杂. 在高维度下, 它会变得复杂得多. 正是为了避免这种复杂性, 我们才在带有边界的小片的定义中加入了第二个条件. △

[8] 实际上, 证明 g' 不是满射还不够好; 我们需要证明, 不存在定义 X 的导数是满射的 C^1 函数. 如果有这样的函数, 则根据定理 3.1.10, X 在 0 附近的边界将是一个流形, 但它不是; 它不是一个从一个点到 $\mathbb{R}$ 的映射的图像.

例 6.6.14. 与例 6.6.13 中的轨迹 X 相反, 包含图 6.6.8 中的图与 x 轴之间的区域的二维轨迹是 $\mathbb{R}^2$ 的带有边界的小片. 边界是 x 轴和 g 的图像; 它们相交的点是非光滑点. 定义 6.6.8 中的两个条件都被满足: 这里 $k-1=1$, 非光滑点的一维体积 (也就是长度) 为 0, 对于每个 $\epsilon>0$, 我们可以找到一个覆盖所有的非光滑点的开子集 $U\subset\mathbb{R}^2$ 并且 $\partial^s_{\mathbb{R}^2}Y\cap U$ 的长度小于 ϵ. (记住, U 不必是连通的.) 这个轨迹不是带有边界的小片, 因为原点不是一个角点. △

例 6.6.15 (一个被看成流形的带有边界的小片的 k–平行四边形). 因为 k–平行四边形在我们的积分理论里是关键的结构, 我们需要看到, k–平行四边形 $P_{\mathbf{x}}(\vec{\mathbf{v}}_1,\cdots,\vec{\mathbf{v}}_k)$ 是 $\mathbb{R}^n$ 的一个 k 维子流形的带有角的小片.

我们通过一组方程来定义一个轨迹, 通常但不总是为 $\mathbf{F}(\mathbf{x})=\mathbf{0}$ 的形式; 见定理 3.1.10 和例 3.2.5. 我们通过不等式定义流形的一片, 来说明这一片从哪里开始, 到哪里结束; 如图 6.6.3. 所以我们从寻找相关的方程和不等式开始.

用 $V\subset\mathbb{R}^n$ 来表示由 $\vec{\mathbf{v}}_1,\cdots,\vec{\mathbf{v}}_k$ 生成的子空间. 选择一个线性变换 $A:\mathbb{R}^n\to\mathbb{R}^{n-k}$(也就是, 一个 $(n-k)\times n$ 矩阵), 满足 $\ker A=V$. 令 $\mathbf{F}:\mathbb{R}^n\to\mathbb{R}^{n-k}$ 为映射 $\mathbf{F}(\mathbf{y})=A\mathbf{y}-A\mathbf{x}$. 则 $P_{\mathbf{x}}(\vec{\mathbf{v}}_1,\cdots,\vec{\mathbf{v}}_k)$ 是由 $\mathbf{F}(\mathbf{y})=\mathbf{0}$ 定义的 k 维流形M 的一个子集, 流形M 是 $\mathbb{R}^n$ 的一个仿射子空间.

我们可以进一步定义线性变换 $\alpha_i:M\to\mathbb{R}$, 使得

$$\ker\alpha_i=\operatorname{Span}(\vec{\mathbf{v}}_1,\cdots,\widehat{\vec{\mathbf{v}}}_i,\cdots,\vec{\mathbf{v}}_k), \tag{6.6.4}$$

其中, $\widehat{\vec{\mathbf{v}}}_i$ 上的 “$\widehat{\ }$” 表示 $\vec{\mathbf{v}}_i$ 项被省略了. 因为向量 $\vec{\mathbf{v}}_1,\cdots,\vec{\mathbf{v}}_k$ 是线性无关的, 且

$$\vec{\mathbf{v}}_i\notin\operatorname{Span}(\vec{\mathbf{v}}_1,\cdots,\widehat{\vec{\mathbf{v}}}_i,\cdots,\vec{\mathbf{v}}_k), \tag{6.6.5}$$

我们有 $\alpha_i(\vec{\mathbf{v}}_i)\neq 0$. 在必要的时候改变 α_i 的符号, 我们可以假设 $\alpha_i(\vec{\mathbf{v}}_i)>0$. 则如图 6.6.9 所示, $P_{\mathbf{x}}(\vec{\mathbf{v}}_1,\cdots,\vec{\mathbf{v}}_k)$ 在 M 中由 $2k$ 个不等式定义:

$$\alpha_i(\mathbf{x})\leqslant\alpha_i(\mathbf{y})\leqslant\alpha_i(\mathbf{x}+\vec{\mathbf{v}}_i). \tag{6.6.6}$$

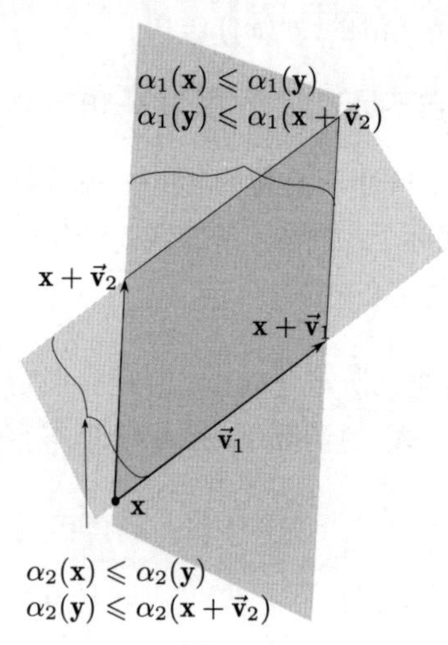

图 6.6.9

浅灰色带由两个不等式定义

$$\alpha_1(\mathbf{x})\leqslant\alpha_1(\mathbf{y})\leqslant\alpha_1(\mathbf{x}+\vec{\mathbf{v}}_2),$$

中度灰色带的定义为

$$\alpha_2(\mathbf{x})\leqslant\alpha_2(\mathbf{y})\leqslant\alpha_2(\mathbf{x}+\vec{\mathbf{v}}_2),$$

两者的交为平行四边形 $P_{\mathbf{x}}(\vec{\mathbf{v}}_1,\vec{\mathbf{v}}_2)$.

边界 $\partial_M P_{\mathbf{x}}(\vec{\mathbf{v}}_1,\cdots,\vec{\mathbf{v}}_k)$ 是满足 $\mathbf{F}=\mathbf{0}$ 的集合 (因为 k–平行四边形是在 M 中), 并且不等式 (6.6.6) 中的 $2k$ 个不等式的至少一个为等式. 边界的*光滑部分*为不等式 (6.6.6) 中恰好一个不等式为等式, 而其他的都是严格的不等式的地方. 在这种情况下, 定义 6.6.2 中的函数 g 为

$$g(\mathbf{y})=\alpha_i(\mathbf{y})-\alpha_i(\mathbf{x}),\ \text{或者}\ g(\mathbf{y})=\alpha_i(\mathbf{x}+\vec{\mathbf{v}}_i)-\alpha_i(\mathbf{y}) \tag{6.6.7}$$

取决于等号成立的不等式是不等式 (6.6.6) 左边的还是右边的部分.

边界的*非光滑部分*是 $2k$ 个不等式中至少有两个 ($i_1\neq i_2$ 是必要的) 等式成立的区域.

定义 6.6.8 的条件 1 说明, 要让 $P_{\mathbf{x}}(\vec{\mathbf{v}}_1,\cdots,\vec{\mathbf{v}}_k)$ 成为带有边界的小片, 它的非光滑边界的 $(k-1)$ 维体积必须为 0. 这是从命题 5.2.2 得到的; 实际上, 这个集合是维数为 $k-2$ 的有限多个仿射子空间的子集.

条件 2 也被满足: 如果 $T_i=[\vec{\mathbf{v}}_1,\cdots,\widehat{\vec{\mathbf{v}}}_i,\cdots,\vec{\mathbf{v}}_k]$, 则 $P_{\mathbf{x}}(\vec{\mathbf{v}}_1,\cdots,\vec{\mathbf{v}}_k)$ 的光

滑边界的 $(k-1)$ 维体积为

$$2\sum_{i=1}^{k}\sqrt{\det(T_i^{\mathrm{T}}T_i)}. \tag{6.6.8}$$

对每个 i, 有两个面 (在三维中, 顶部和底部, 左和右, 前和后). 特别地, 光滑边界的 $(j-1)$ 维体积是有限的.

练习 6.6.10 让你证明稍微强一点的结论: 当 $\vec{\mathbf{v}}_1,\cdots,\vec{\mathbf{v}}_k$ 为线性无关的时候, $P_{\mathbf{x}}(\vec{\mathbf{v}}_1,\cdots,\vec{\mathbf{v}}_k)$ 是一个带有角的小片. △

定理 6.6.16. 如果 $X\subset M$ 为一个 k 维的带有边界的小片, 则 X 具有有限的 k 维体积.

证明: 根据推论 5.3.4, 每个点都有一个 k 维体积有限的邻域. 因为一个带有边界的小片是紧致的, 它可以被有限多的这样的邻域覆盖. □

命题 6.6.17 (带有边界的小片的乘积). 令 $M\subset\mathbb{R}^m$, $P\subset\mathbb{R}^p$ 为定向流形, M 的维数为 k, P 的维数为 l. 如果 $X\subset M, Y\subset P$ 为带有边界的小片, 则 $M\times P\subset\mathbb{R}^{m+p}$ 是一个 $(k+l)$ 维的定向流形, $X\times Y$ 是 $M\times P$ 的一个带有边界的小片.

命题 6.6.17 在附录 A.20 中证明.

平移和旋转带有边界的小片

我们在 3.1 节看到, 在推论 3.1.17 的意义上被平移、旋转或者 "线性扭曲" 的光滑流形保持为光滑流形. 下面的命题证明了对于一个流形的带有边界的小片, 这也是成立的.

命题 6.6.18 (独立于坐标的带有边界的小片). 令 $\mathbf{g}:\mathbb{R}^n\to\mathbb{R}^n$ 为一个映射, 形式为

$$\mathbf{g}(\mathbf{x})=A\mathbf{x}+\mathbf{c}, \tag{6.6.9}$$

其中 A 为一个可逆矩阵. 如果 $M\subset\mathbb{R}^n$ 为一个光滑的 k 维流形, $X\subset M$ 为一个带有边界的小片, 则 $\mathbf{g}(X)$ 是 $\mathbf{g}(M)$ 的一个带有边界的小片.

命题 6.6.18 的证明: 回忆到, 一个 $n\times n$ 的正交矩阵是其各个列构成了 $\mathbb{R}^n$ 的正交基的矩阵, 一个方形矩阵 A 是正交的, 当且仅当 $A^{\mathrm{T}}A=I$. 所有的正交矩阵的行列式均为 $+1$ 或者 -1:

$$1=\det I=\det(A^{\mathrm{T}}A)=(\det A)^2.$$

那些行列式为 $+1$ 的给出旋转, 那些行列式为 -1 的给出反射.

等式 (6.6.11): 根据定义 6.6.8, 一个子集必须满足两个条件才能成为带有边界的小片. 第一个条件是其边界上的非光滑点的集合的 $(k-1)$ 维体积必须为 0. 因为 X 是带有边界的小片, 我们知道这对于 X 是成立的, 由此可以得到它对于 $\mathbf{g}(X)$ 也是成立的.

证明: 令 V_N 为包含 $\partial_M X$ 的非光滑点的 $\mathcal{D}_N(\mathbb{R}^n)$ 的立方体的并; 假设 V_N 由 b_N 个立方体构成. 则 $\mathbf{g}(V_N)$ 包含 $\partial_{\mathbf{g}(M)}\mathbf{g}(X)$ 的所有的非光滑点; 因为根据推论 3.1.17, 光滑边界的像是光滑的. 但对于 V_N 的每个立方体 C, 像 $\mathbf{g}(C)$ 最多与 $\mathcal{D}_N(\mathbb{R}^n)$ 中的 $\big(2(\sqrt{n}+1)\big)^n$ 个立方体相交; 见练习 6.6.7a. 特别地, 最多存在

$$\big(2(\sqrt{n}+1)\big)^n b_N \tag{6.6.10}$$

个 $\mathcal{D}_N(\mathbb{R}^n)$ 的立方体包含 $\partial_{\mathbf{g}(M)}\mathbf{g}(X)$ 的非光滑点. 因此, 假设

$$\underbrace{\lim_{N\to\infty}\frac{b_N}{2^{(k-1)N}}=0}_{\text{对于}X\text{，定义 6.6.8 条件 1}} \text{ 意味着 } \underbrace{\lim_{N\to\infty}\frac{\big(2(\sqrt{n}+1)\big)^n b_N}{2^{(k-1)N}}=0}_{\text{对于}\mathbf{g}(X)\text{，定义 6.6.8 条件 1}}. \tag{6.6.11}$$

因此, $\mathbf{g}(X)$ 满足带有边界的小片的第一个条件.

我们将首先在 A 是正交的时候检验第二个条件, 也就是当 $A^{\mathrm{T}}A=I$ 的时候. 根据假设, X 的光滑边界的 $(k-1)$ 维体积为 0, 所以根据定义 5.3.1, 存在一个有界的开集 $W\subset\mathbb{R}^{k-1}$, 边界体积为 0, 以及一个参数化 $\gamma: W\to\partial^{\mathrm{s}}_M(X)$ 满足

$$\mathrm{vol}_{k-1}\partial^{\mathrm{s}}_M X=\int_W\sqrt{\det[\mathbf{D}\gamma(\mathbf{w})]^{\mathrm{T}}[\mathbf{D}\gamma(\mathbf{w})]}\,|\mathrm{d}^{k-1}\mathbf{w}|<\infty. \tag{6.6.12}$$

等式 (6.6.13) 中标 1 的等式: 因为

$$\mathbf{g}(\mathbf{x})=A\mathbf{x}+\mathbf{c},$$

我们有

$$[\mathbf{D}(\mathbf{g}(\gamma))]=A.$$

标 2 的等式: 从第三行到第四行: 因为 A 是正交的, 所以 $A^{\mathrm{T}}A=I$.

此外, $\mathbf{g}\circ\gamma$ 参数化了 $\mathbf{g}(X)$ 的光滑边界, 且

$$\begin{aligned}\mathrm{vol}_{k-1}\partial^{\mathrm{s}}_{\mathbf{g}(M)}\mathbf{g}(X)&=\int_W\sqrt{\det[\mathbf{D}(g\circ\gamma)(\mathbf{w})]^{\mathrm{T}}[\mathbf{D}(g\circ\gamma)(\mathbf{w})]}\,|\mathrm{d}^{k-1}\mathbf{w}|\\&=\int_W\sqrt{\det[\mathbf{D}\gamma(\mathbf{w})]^{\mathrm{T}}[\mathbf{Dg}(\gamma(\mathbf{w}))]^{\mathrm{T}}[\mathbf{Dg}(\gamma(\mathbf{w}))][\mathbf{D}\gamma(\mathbf{w})]}\,|\mathrm{d}^{k-1}\mathbf{w}|\\&\underset{1}{=}\int_W\sqrt{\det[\mathbf{D}\gamma(\mathbf{w})]^{\mathrm{T}}A^{\mathrm{T}}A[\mathbf{D}\gamma(\mathbf{w})]}\,|\mathrm{d}^{k-1}\mathbf{w}|\\&\underset{2}{=}\int_W\sqrt{\det[\mathbf{D}\gamma(\mathbf{w})]^{\mathrm{T}}[\mathbf{D}\gamma(\mathbf{w})]}\,|\mathrm{d}^{k-1}\mathbf{w}|.\end{aligned} \tag{6.6.13}$$

因此, 光滑边界的面积在旋转和平移下保持不变, 所以它仍然是有限的, 所以条件 2 得以满足. 这证明了在 A 是正交的情况下的命题 6.6.18. 在 A 只是可逆的, 不一定正交的情况下的命题, 需要两个陈述, 练习 6.6.7 让你证明它们:

1. 一个立方体 $C\in\mathcal{V}_N$ 的像 $\mathbf{g}(C)$ 最多与 $\mathcal{D}_N(\mathbb{R}^n)$ 中的 $\big((|A|+1)\sqrt{n}+2\big)^n$ 个立方体相交.
2. 如果 A 是一个 $n\times n$ 的矩阵, 则存在一个数 M 使得对所有的 $n\times k$ 矩阵 B, 有

$$\det\big((AB)^{\mathrm{T}}AB\big)\leqslant M\det B^{\mathrm{T}}B, \tag{6.6.14}$$

给出一个界, 而不是对应于等式 (6.6.13) 中的方程的一个等式. □

带有边界的小片的定向

令 $M\subset\mathbb{R}^n$ 为一个光滑的子流形, $X\subset M$ 为 M 的一个带有边界的小片. X 的一个*定向*就是 M 的定向, 或者至少是子集 $U\cap M$ 的定向, 其中 $U\subset\mathbb{R}^n$ 是一个包含带有边界的小片 X 的开子集.[9]

例 6.6.19 (定向一个平行四边形). 令 $\vec{\mathbf{v}}_1,\cdots,\vec{\mathbf{v}}_k\in\mathbb{R}^n$ 为线性无关的向量, 生成一个子空间 V; 令 $\mathbf{x}\in\mathbb{R}^n$ 为一个点. 我们在例 6.6.15 中看到, $P_{\mathbf{x}}(\vec{\mathbf{v}}_1,\cdots,\vec{\mathbf{v}}_k)$ 是一个由 $A\mathbf{y}-A\mathbf{x}=\mathbf{0}$ 给出的流形M 的带有边界的小片, 其中 $A:\mathbb{R}^n\to\mathbb{R}^{n-k}$ 是一个线性变换, 满足 $\ker A=V$. $P_{\mathbf{x}}(\vec{\mathbf{v}}_1,\cdots,\vec{\mathbf{v}}_k)$ 的*标准定向*是使得 $\vec{\mathbf{v}}_1,\cdots,\vec{\mathbf{v}}_k$ 按照这个顺序, 对于每个 $\mathbf{y}\in M$, 都构成 $T_{\mathbf{y}}M$ 的一个直接的基的定向; 注意

[9]要定向一个带有边界的小片, 你不需要给全部的 M 定向, 只要在 M 的一个足够大的可以包含这一片的部分上就可以了, 所以有可能, 比如, 定向莫比乌斯带的一个带有边界的小片.

到, 对于每个 $\mathbf{y}$, $T_{\mathbf{y}}M=V$. 在用 $P_{\mathbf{x}}(\vec{\mathbf{v}}_1,\cdots,\vec{\mathbf{v}}_k)$ 指代一个定向的带有边界的小片的时候, 我们的意思是 "具有标准定向". 我们将用 $-P_{\mathbf{x}}(\vec{\mathbf{v}}_1,\cdots,\vec{\mathbf{v}}_k)$ 表示具有相反定向的平行四边形. △

边界定向

要给边界定向, 我们需要下面的定义, 在图 6.6.10 和 6.6.11 中有演示.

定义 6.6.20: $[\mathbf{D}g(\mathbf{x})]\vec{\mathbf{v}}>0$ 的意思是 g 在 $\vec{\mathbf{v}}$ 的方向上是递增的, 所以 $\vec{\mathbf{v}}$ 指向 $g>0$ 的区域. 从定义 6.6.2 中回忆到, 根据定义, X 为 $g\geqslant 0$ 的区域. 如果我们已经选择了相反的约定, 那将改变向外指的和向内指的向量的符号.

如果 P 是曲面 M 的一个带有边界的小片, 则 $T_{\mathbf{x}}M$ 是一个平面, $T_{\mathbf{x}}\partial_M^{\mathrm{s}}P$ 是该平面上的一条直线. 如果 P 是三维流形 $M\subset\mathbb{R}^3$ 的一个带有边界的小片, 则 $T_{\mathbf{x}}M$ 是一个三维向量空间, $T_{\mathbf{x}}\partial_M^{\mathrm{s}}P$ 是一个平面.

我们需要定义域及其边界的定向, 使得我们可以对形式进行积分和微分, 但是定向也出于其他的原因而显得重要. 同调论, 代数拓扑的一大分支, 是我们关于定向的讨论中结构的极大抽象.

定义 6.6.20 (向外和向内指的向量). 令 $M\subset\mathbb{R}^n$ 为一个流形, $X\subset M$ 为一个带有边界的小片, $\mathbf{x}$ 为 $\partial_M X$ 中的一个光滑点, g 为定义 6.6.2 中所说的函数. 令 $\vec{\mathbf{v}}$ 在 $\mathbf{x}$ 处与 M 相切. 则:

如果 $[\mathbf{D}g(\mathbf{x})]\vec{\mathbf{v}}<0$, 则从 X *向外指*(pointing outward);

如果 $[\mathbf{D}g(\mathbf{x})]\vec{\mathbf{v}}>0$, 则*向内指向* X(pointing inward).

指向带有边界的小片外面的向量是一个*向外指的向量*(outward-pointing-vector);

指向带有边界的小片内部的向量是一个*向内指的向量*(inward-pointing-vector).

为什么不等式 $[\mathbf{D}g(\mathbf{x})]\vec{\mathbf{v}}<0$ 和 $[\mathbf{D}g(\mathbf{x})]\vec{\mathbf{v}}>0$ 定义了向外指的向量和向内指的向量呢? 光滑边界在 $\mathbf{x}$ 处的切空间包含了锚定在 $\mathbf{x}$, 与 M 和 $\partial_M^{\mathrm{s}}X$ 都相切的向量: $[\mathbf{Df}(\mathbf{x})]\vec{\mathbf{v}}=\mathbf{0}$ 和 $[\mathbf{D}g(\mathbf{x})]\vec{\mathbf{v}}=0$. (如果 M 是 $\mathbb{R}^n$, 或者 $\mathbb{R}^n$ 的一个开子集, 则切空间 $T_{\mathbf{x}}M$ 是 $\mathbb{R}^n$ 的全部, 或者更确切地说, 锚定在 $\mathbf{x}$, 指向每个可能的方向的向量.)

这个切空间把 $T_{\mathbf{x}}M$ 分成两组向量: 那些指向带有边界的小片的内部的和那些向远离的方向指的. 如果 $\vec{\mathbf{v}}$ 从一个 $g=0$ 的点指向 g 为负的区域 (远离小片), 则方向导数 $[\mathbf{D}g(\mathbf{x})]\vec{\mathbf{v}}$ 是负的. 如果 $\vec{\mathbf{v}}$ 从一个 $g=0$ 的点指向 g 为正的区域 (朝着小片), 则方向导数 $[\mathbf{D}g(\mathbf{x})]\vec{\mathbf{v}}$ 是正的.

在阅读定义 6.6.21 的时候, 注意一个带有边界的小片的边界定向取决于流形的定向; 如果流形的定向改变了, 则边界的定向也将改变.

定义 6.6.21 (一个定向流形的带有边界的小片的定向边界). 令 M 为一个 k 维流形, 由 Ω 定向, P 为 M 的一个带有边界的小片. 令 $\mathbf{x}$ 为光滑边界 $\partial_M^{\mathrm{s}}P$ 的一个点, 令 $\vec{\mathbf{v}}_{\mathrm{out}}\in T_{\mathbf{x}}M$ 为一个向外指的向量. 则函数 $\Omega^{\partial}\colon\mathcal{B}(T_{\mathbf{x}}\partial P)\to\{+1,-1\}$, 由

$$\overbrace{\Omega^{\partial}_{\mathbf{x}}\underbrace{(\vec{\mathbf{v}}_1,\cdots,\vec{\mathbf{v}}_{k-1})}_{T_{\mathbf{x}}\partial_M^{\mathrm{s}}P\text{的基}}}^{\text{定向光滑边界}}\overset{\text{def}}{=}\overbrace{\Omega_{\mathbf{x}}\underbrace{(\vec{\mathbf{v}}_{\mathrm{out}},\vec{\mathbf{v}}_1,\cdots,\vec{\mathbf{v}}_{k-1})}_{T_{\mathbf{x}}M\text{的基}}}^{\text{定向流形}}\tag{6.6.15}$$

定义了光滑边界 $\partial_M^{\mathrm{s}}P$ 上的一个定向.

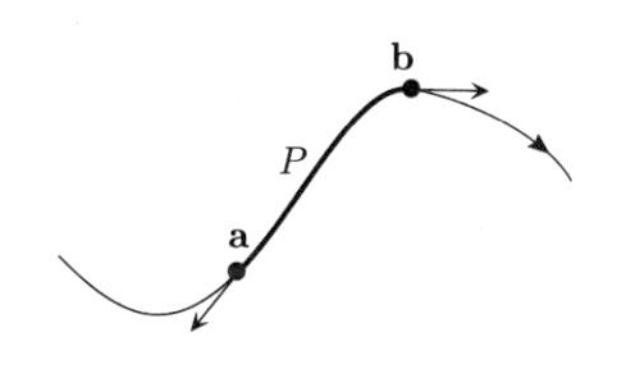

图 6.6.10

例 6.6.22: 一条定向曲线, 其中的带有边界的小片 P 用粗体标记. P 的边界包括点 $\mathbf{a}$ 和点 $\mathbf{b}$. 在点 $\mathbf{b}$ 指向 P 外面的向量指向与曲线相同的方向, 所以 $\Omega^{\partial}_{\mathbf{b}}=+1$; 在点 $\mathbf{a}$ 指向 P 外面的向量指向与曲线相反的方向, 所以 $\Omega^{\partial}_{\mathbf{a}}=-1$. 这样, P 的定向边界为 $+\mathbf{b}-\mathbf{a}$.

例 6.6.22 (一个定向曲线带有边界的小片的定向边界). 令 C 为一条由 Ω 定向的曲线, P 是 C 的一个带有边界的小片, $\mathbf{x}$ 是其边界上的一个光滑点. 则

$$\Omega^{\partial}_{\mathbf{x}}(\varnothing)=\Omega_{\mathbf{x}}(\vec{\mathbf{v}}_{\mathrm{out}}),\tag{6.6.16}$$

其中 $\varnothing$ 是平凡向量空间 $T_{\mathbf{x}}(\{\mathbf{x}\})$ 的唯一的基向量; 这里 $\{\mathbf{x}\}$ 是包含 $\mathbf{x}$ 的零维流形.

如果向外指的向量 $\vec{\mathbf{v}}_{\text{out}}$ 是 $T_{\mathbf{x}}C$ 的一个直接的基 (与给曲线定向的切向量场指向相同的方向), 则 $\Omega^{\partial}_{\mathbf{x}} = +1$; 如果它是一个间接的基, 则 $\Omega^{\partial}_{\mathbf{x}} = -1$.

因此, 在带有边界的小片的终点, $\Omega^{\partial} = +1$, 在起点, $\Omega^{\partial} = -1$; 如图 6.6.10. △

例 6.6.23 ($\mathbb{R}^2$ 的带有边界的小片的定向边界). 令光滑曲线 C 为一个带有边界的小片 $S \subset \mathbb{R}^2$ 的光滑边界. 给 $\mathbb{R}^2$ 赋予标准定向 $\Omega = \operatorname{sgn}\det$. 则在一个点 $\mathbf{x} \in C$, 边界 C 由

$$\Omega^{\partial}(\vec{\mathbf{v}}) = \operatorname{sgn}\det(\vec{\mathbf{v}}_{\text{out}}, \vec{\mathbf{v}}) \tag{6.6.17}$$

定向, 其中 $\vec{\mathbf{v}} \in T_{\mathbf{x}}C$. 为了将其与我们的 “右” 和 “左” 的概念联系起来, 假设我们在平面上按照标准的方式画出标准基向量, $\vec{\mathbf{e}}_2$ 是在 $\vec{\mathbf{e}}_1$ 的逆时针方向. 则

$$\det(\vec{\mathbf{v}}_{\text{out}}, \vec{\mathbf{v}}) > 0 \tag{6.6.18}$$

对应于当你站在曲线上, 朝着 $\vec{\mathbf{v}}$(见命题 1.4.14 的第二部分) 的方向看的时候, 向量 $\vec{\mathbf{v}}_{\text{out}}$ 在你的右侧. 则 S 在你的左侧, 如图 6.6.11. △

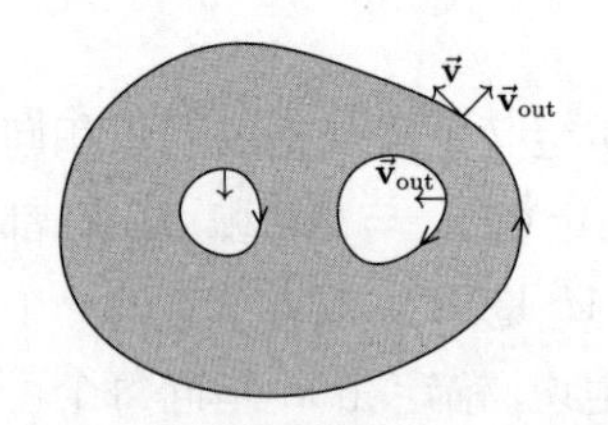

图 6.6.11

$\mathbb{R}^2$ 中阴影区域的定向边界包括三条曲线. 如果你按照箭头方向沿着它们走, 则向外指的向量是朝着你的右边, 区域在你的左边.

例 6.6.24 ($\mathbb{R}^3$ 中的一个定向曲面的带有边界的小片的定向边界). 令 $P \subset S$ 为一个由法向量场 $\vec{\mathbf{n}}$ 定向的曲面 S 的一个带有边界的小片; 它在图 6.6.12 中被显示为阴影区域. 在这个例子中, 定义 6.6.21 说的是, 在 $\mathbf{x}$ 处, 曲线 $\partial_S P$ 由

$$\Omega^{\partial}_{\mathbf{x}}(\vec{\mathbf{v}}) = \Omega^{\vec{\mathbf{n}}}_{\mathbf{x}}(\vec{\mathbf{v}}_{\text{out}}, \vec{\mathbf{v}}) \tag{6.6.19}$$

定向, 其中 $\vec{\mathbf{v}} \in T_{\mathbf{x}}\partial_S P$.

根据命题 6.3.4, 知

$$\Omega^{\vec{\mathbf{n}}}_{\mathbf{x}}(\vec{\mathbf{v}}_1, \vec{\mathbf{v}}_2) = \operatorname{sgn}\det[\vec{\mathbf{n}}(\mathbf{x}), \vec{\mathbf{v}}_1, \vec{\mathbf{v}}_2], \tag{6.6.20}$$

其中 $\vec{\mathbf{v}}_1, \vec{\mathbf{v}}_2$ 构成 $T_{\mathbf{x}}S$ 的一组基. 这给出了

$$\Omega^{\partial}_{\mathbf{x}}(\vec{\mathbf{v}}) = \Omega^{\vec{\mathbf{n}}}_{\mathbf{x}}(\vec{\mathbf{v}}_{\text{out}}, \vec{\mathbf{v}}) = \operatorname{sgn}\det[\vec{\mathbf{n}}(\mathbf{x}), \vec{\mathbf{v}}_{\text{out}}, \vec{\mathbf{v}}]. \tag{6.6.21}$$

$T_{\mathbf{x}}\partial_S P$ 的基 $\vec{\mathbf{v}}$ 对于边界定向是直接的, 如果等式 (6.6.21) 中的 $\operatorname{sgn}\det$ 为 $+1$.

同样, 要把这个与我们的 “右” 和 “左” 的概念联系起来, 按照标准的方式画 $\vec{\mathbf{e}}_1, \vec{\mathbf{e}}_2, \vec{\mathbf{e}}_3$. 根据命题 1.4.21, 等式 (6.6.20) 中的 $\operatorname{sgn}\det$ 将为 $+1$, 如果 $\vec{\mathbf{n}}(\mathbf{x}), \vec{\mathbf{v}}_{\text{out}}, \vec{\mathbf{v}}$(按这个顺序) 满足右手定则. 如果你在 P 的边界上行走, 让你的头指向 $\vec{\mathbf{n}}$ 的方向, 则如果 P 在你的左侧, 你就是在按照边界定向的 “直接” 方向上行走.

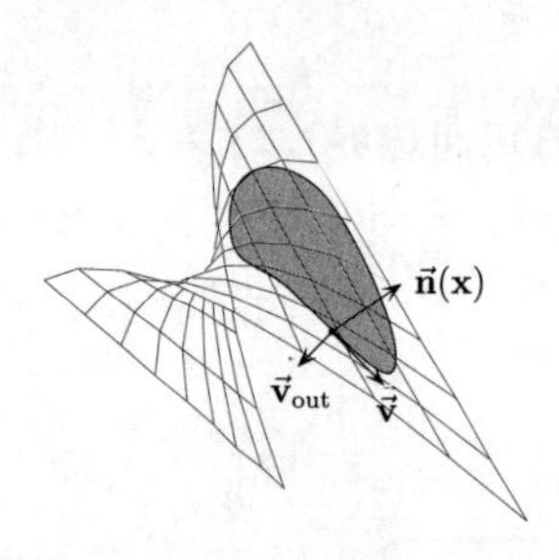

图 6.6.12

阴影区域是曲面 S 的带有边界的小片. 向量 $\vec{\mathbf{v}}_{\text{out}}$ 在 S 的边界上的一个点处与 S 相切, 指向 P 的外面. 向量 $\vec{\mathbf{v}}$ 与边界相切. 向量 $\vec{\mathbf{n}}(\mathbf{x})$, $\vec{\mathbf{v}}_{\text{out}}$, $\vec{\mathbf{v}}$ 满足右手定则, 所以 (根据命题 1.4.21) $\Omega^{\partial}_{\mathbf{x}}(\vec{\mathbf{v}}) = +1$, 因为

$$\operatorname{sgn}\det[\vec{\mathbf{n}}(\mathbf{x}), \vec{\mathbf{v}}_{\text{out}}, \vec{\mathbf{v}}] = +1,$$

所以 $\vec{\mathbf{v}}$ 对于边界定向是直接的.

例如, 把美国视为地球上一个带有边界的小片, 由向外指的法向量定向. 在波士顿, 站在陆地的边缘, 面对大西洋 (顺着向外指的向量方向). 抬起你的左臂; 它指向边界定向的方向: 北. (但是在洛杉矶, 边界定向指向南.) 在与加拿大的边界的一个点上, *美国的*边界的定向指向西, 但在同一个点上, *加拿大的*边界的定向指向东. △

例 6.6.25 ($\mathbb{R}^3$ 的一个带有边界的小片的定向边界). 假设 U 为 $\mathbb{R}^3$ 的一个带有边界的小片, 具有 det 给出的标准定向. 则根据定义 6.6.21, 其边界 S 由

$$\Omega^{\partial}(\vec{\mathbf{v}}_1, \vec{\mathbf{v}}_2) = \operatorname{sgn} \det(\vec{\mathbf{v}}_{\text{out}}, \vec{\mathbf{v}}_1, \vec{\mathbf{v}}_2) \tag{6.6.22}$$

定向. 因此, 如果曲面 S 界定了一片 $U \subset \mathbb{R}^3$, 其中 $\mathbb{R}^3$ 被赋予了标准定向, S 由向外指的法向量给出的定向是 U 的边界定向.

如果 $T_{\mathbf{x}}S$ 的一组基 $\vec{\mathbf{u}}, \vec{\mathbf{v}}$ 满足 $\vec{\mathbf{u}} \times \vec{\mathbf{v}}$ 向外指, 则它对于这个边界定向是直接的, 因为 $\det[\vec{\mathbf{u}} \times \vec{\mathbf{v}}, \vec{\mathbf{u}}, \vec{\mathbf{v}}] > 0$. (回忆到, 根据命题 1.4.20, 如果 $\vec{\mathbf{u}}$ 和 $\vec{\mathbf{v}}$ 不共线, 它们肯定不共线, 因为它们构成了一组基, 则 $\det[\vec{\mathbf{u}}, \vec{\mathbf{v}}, \vec{\mathbf{u}} \times \vec{\mathbf{v}}] > 0$. 从 $\vec{\mathbf{u}}, \vec{\mathbf{v}}, \vec{\mathbf{u}} \times \vec{\mathbf{v}}$ 到 $\vec{\mathbf{u}} \times \vec{\mathbf{v}}, \vec{\mathbf{u}}, \vec{\mathbf{v}}$ 需要两次换位, 所以, 如果 $\det[\vec{\mathbf{u}}, \vec{\mathbf{v}}, \vec{\mathbf{u}} \times \vec{\mathbf{v}}] > 0$, 则 $\det[\vec{\mathbf{u}} \times \vec{\mathbf{v}}, \vec{\mathbf{u}}, \vec{\mathbf{v}}] > 0$.) $\triangle$

一个定向的 k–平行四边形的定向边界

我们在例 6.6.15 中看到, 当向量 $\vec{\mathbf{v}}_1, \cdots, \vec{\mathbf{v}}_k$ 是线性无关的时候, 定向的 k–平行四边形 $P_{\mathbf{x}}(\vec{\mathbf{v}}_1, \cdots, \vec{\mathbf{v}}_k)$ 是平行于 $\operatorname{Span}(\vec{\mathbf{v}}_1, \cdots, \vec{\mathbf{v}}_k)$ 的仿射子空间 M 的一个带有边界的小片. 因为 $\operatorname{Span}(\vec{\mathbf{v}}_1, \cdots, \vec{\mathbf{v}}_k)$ 是由向量的顺序定向的, 一个 k–平行四边形是定向的带有边界的小片. 它的边界带有一个定向.

命题 6.6.26 (定向的 k–平行四边形的定向边界). 令 $P_{\mathbf{x}}(\vec{\mathbf{v}}_1, \cdots, \vec{\mathbf{v}}_k)$ 为 k–平行四边形, 具有标准定向 (见例 6.6.19). 则它的定向边界由下式给出, 其中一项上的 “$\widehat{\ }$” 表示该项被省略了:

$$\begin{aligned} &\partial P_{\mathbf{x}}(\vec{\mathbf{v}}_1, \cdots, \vec{\mathbf{v}}_k) \\ =\ &\sum_{i=1}^{k} (-1)^{i-1} \Big(P_{\mathbf{x}+\vec{\mathbf{v}}_i}(\vec{\mathbf{v}}_1, \cdots, \widehat{\vec{\mathbf{v}}}_i, \cdots, \vec{\mathbf{v}}_k) - P_{\mathbf{x}}(\vec{\mathbf{v}}_1, \cdots, \widehat{\vec{\mathbf{v}}}_i, \cdots, \vec{\mathbf{v}}_k) \Big). \end{aligned} \tag{6.6.23}$$

命题 6.6.26 在例 6.6.29 的后面证明.

表达式 (6.6.23) 中的求和是什么意思? 我们不能对平行四边形进行加减! 求和的实际意思是: 要在 $\partial P_{\mathbf{x}}(\vec{\mathbf{v}}_1, \cdots, \vec{\mathbf{v}}_k)$ 上积分一个 $(k-1)$–形式 φ, 我们在被求和的那些被我们赋予了标准定向的 $(k-1)$–平行四边形上积分, 并乘上指定的符号, 再将结果相加. 我们交替地在带有标准定向的被求和的平行四边形上积分, 然后将得到的结果与指定的符号合并.

为什么每一项省略一个向量? 一个物体的光滑边界总是要比物体本身的维度少一维. 一个 k 维平行四边形的边界是由 $(k-1)$–平行四边形组成的, 所以省略一个向量给出了正确的向量的个数.

在每一项前面加上 $(-1)^{i-1}$ 的重要结果就是*定向边界的定向边界*为 0. 对于一个立方体, 边界的边界包括每个面的边. 每条边出现两次, 一次带着 “+”, 一次带着 “−”, 所以两者互相抵消.

注释. 一个零维流形通过符号的选择来定向 (见命题 6.3.4). 因此, 一个定向的 0–平行四边形 $P_{\mathbf{x}}$ 要么是 $+P_{\mathbf{x}}$, 要么是 $-P_{\mathbf{x}}$. 因为 $P_{\mathbf{x}}$ 自身是一个流形, 其边界是空的, 这就是命题 6.6.26 在 $k=0$ 的时候所说的内容. $\triangle$

例 6.6.27 (一个定向的 1–平行四边形的边界). $P_{\mathbf{x}}(\vec{\mathbf{v}})$ 的边界为

$$\partial P_{\mathbf{x}}(\vec{\mathbf{v}}) = P_{\mathbf{x}+\vec{\mathbf{v}}} - P_{\mathbf{x}}, \tag{6.6.24}$$

其中 $-P_{\mathbf{x}}$ 是点 $\mathbf{x}$ 带有负号, $P_{\mathbf{x}+\vec{\mathbf{v}}}$ 是点 $\mathbf{x}+\vec{\mathbf{v}}$ 带有正号. (你有没有期待等式 (6.6.24) 的右侧为 $P_{\mathbf{x}+\vec{\mathbf{v}}}(\vec{\mathbf{v}}) - P_{\mathbf{x}}(\vec{\mathbf{v}})$? 记住, $\vec{\mathbf{v}}$ 是被省略的 $\vec{\mathbf{v}}_i$.) 所以一个定向的线段的边界就是其终点减去起点. △

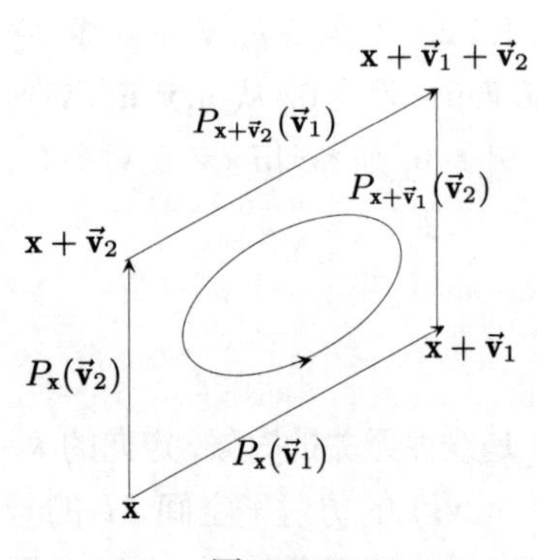

图 6.6.13

如果你从 $\mathbf{x}$ 开始, 逆时针绕着平行四边形的边界走, 你将得到等式 (6.6.25) 中的求和. 这个求和的最后两条边是负的, 因为你是沿着与所研究的向量相反的方向运动的.

例 6.6.28 (一个定向的 2–平行四边形的边界). 如图 6.6.13 所示, 一个定向的平行四边形的边界为

$$\underbrace{\partial P_{\mathbf{x}}(\vec{\mathbf{v}}_1,\vec{\mathbf{v}}_2)}_{\text{边界}} = \underbrace{P_{\mathbf{x}}(\vec{\mathbf{v}}_1)}_{\text{第一条边}} + \underbrace{P_{\mathbf{x}+\vec{\mathbf{v}}_1}(\vec{\mathbf{v}}_2)}_{\text{第二条边}} - \underbrace{P_{\mathbf{x}+\vec{\mathbf{v}}_2}(\vec{\mathbf{v}}_1)}_{\text{第三条边}} - \underbrace{P_{\mathbf{x}}(\vec{\mathbf{v}}_2)}_{\text{第四条边}}. \quad \triangle \tag{6.6.25}$$

例 6.6.29 (一个立方体的边界). 对于图 6.6.14 所示的立方体的面, 我们有

$$\begin{aligned}
&(i=1,\ \text{所以}\ (-1)^{i-1}=1);\ +\left(\underbrace{P_{\mathbf{x}+\vec{\mathbf{v}}_1}(\vec{\mathbf{v}}_2,\vec{\mathbf{v}}_3)}_{\text{右侧}} - \underbrace{P_{\mathbf{x}}(\vec{\mathbf{v}}_2,\vec{\mathbf{v}}_3)}_{\text{左侧}}\right),\\
&(i=2,\ \text{所以}\ (-1)^{i-1}=-1);\ -\left(\underbrace{P_{\mathbf{x}+\vec{\mathbf{v}}_2}(\vec{\mathbf{v}}_1,\vec{\mathbf{v}}_3)}_{\text{后面}} - \underbrace{P_{\mathbf{x}}(\vec{\mathbf{v}}_1,\vec{\mathbf{v}}_3)}_{\text{前面}}\right),\\
&(i=3,\ \text{所以}\ (-1)^{i-1}=1);\ +\left(\underbrace{P_{\mathbf{x}+\vec{\mathbf{v}}_3}(\vec{\mathbf{v}}_1,\vec{\mathbf{v}}_2)}_{\text{顶部}} - \underbrace{P_{\mathbf{x}}(\vec{\mathbf{v}}_1,\vec{\mathbf{v}}_2)}_{\text{底部}}\right).
\end{aligned} \tag{6.6.26}$$

多少个"面"构成一个 4–平行四边形的边界? 每个面是什么? 你将如何按照图 6.6.14 中用于立方体的格式来描述边界呢? 检查你的结果.[10] △

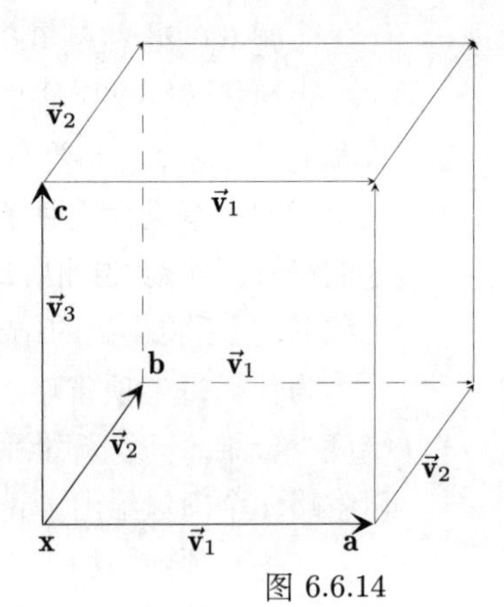

图 6.6.14

由向量 $\vec{\mathbf{v}}_1,\vec{\mathbf{v}}_2,\vec{\mathbf{v}}_3$ 生成的立方体, 锚定在 $\mathbf{x}$. 为了简化记号, 设 $\mathbf{a}=\mathbf{x}+\vec{\mathbf{v}}_1$, $\mathbf{b}=\mathbf{x}+\vec{\mathbf{v}}_2$, $\mathbf{c}=\mathbf{x}+\vec{\mathbf{v}}_3$. 原始的三个向量画为深色线; 平移的向量画为浅色线或者虚线.

命题 6.6.26 的证明: $P_{\mathbf{x}}(\vec{\mathbf{v}}_1,\cdots,\vec{\mathbf{v}}_k)$ 的边界由它的 $2k$ 个面组成 (一个平行四

[10] 由锚定在 $\mathbf{x}$ 的向量 $\vec{\mathbf{v}}_1,\vec{\mathbf{v}}_2,\vec{\mathbf{v}}_3,\vec{\mathbf{v}}_4$ 生成的一个 4–平行四边形, 记作 $P_{\mathbf{x}}(\vec{\mathbf{v}}_1,\vec{\mathbf{v}}_2,\vec{\mathbf{v}}_3,\vec{\mathbf{v}}_4)$. 它有 8 个"面", 每个面是一个 3–平行四边形. 它们是
$+P_{\mathbf{x}}(\vec{\mathbf{v}}_1,\vec{\mathbf{v}}_2,\vec{\mathbf{v}}_3)$, $-P_{\mathbf{x}}(\vec{\mathbf{v}}_2,\vec{\mathbf{v}}_3,\vec{\mathbf{v}}_4)$, $+P_{\mathbf{x}}(\vec{\mathbf{v}}_1,\vec{\mathbf{v}}_3,\vec{\mathbf{v}}_4)$, $-P_{\mathbf{x}}(\vec{\mathbf{v}}_1,\vec{\mathbf{v}}_2,\vec{\mathbf{v}}_4)$,
$+P_{\mathbf{x}+\vec{\mathbf{v}}_1}(\vec{\mathbf{v}}_2,\vec{\mathbf{v}}_3,\vec{\mathbf{v}}_4)$, $-P_{\mathbf{x}+\vec{\mathbf{v}}_2}(\vec{\mathbf{v}}_1,\vec{\mathbf{v}}_3,\vec{\mathbf{v}}_4)$,
$+P_{\mathbf{x}+\vec{\mathbf{v}}_3}(\vec{\mathbf{v}}_1,\vec{\mathbf{v}}_2,\vec{\mathbf{v}}_4)$, $-P_{\mathbf{x}+\vec{\mathbf{v}}_4}(\vec{\mathbf{v}}_1,\vec{\mathbf{v}}_2,\vec{\mathbf{v}}_3)$.

边形有 4 个面, 一个立方体有 6 个面), 每一个的形式为

$$P_{\mathbf{x}+\vec{\mathbf{v}}_i}(\vec{\mathbf{v}}_1,\cdots,\widehat{\vec{\mathbf{v}}}_i,\cdots,\vec{\mathbf{v}}_k) \text{ 或者 } P_{\mathbf{x}}(\vec{\mathbf{v}}_1,\cdots,\widehat{\vec{\mathbf{v}}}_i,\cdots,\vec{\mathbf{v}}_k), \qquad (6.6.27)$$

其中, 项上的 "$\widehat{\ }$" 表明该项被省略了. 我们需要证明这个边界的定向与带有边界的小片的定向边界的定义 6.6.21 保持一致.

令 M 为仿射的 k 维子空间, 包含了 $P_{\mathbf{x}}(\vec{\mathbf{v}}_1,\cdots,\vec{\mathbf{v}}_k)$, 通过定向使得 $\vec{\mathbf{v}}_1,\cdots,\vec{\mathbf{v}}_k$ 是 $T_{\mathbf{x}}M$ 的一组直接的基.

向量 $\vec{\mathbf{v}}_i$ 在 $P_{\mathbf{x}+\vec{\mathbf{v}}_i}(\vec{\mathbf{v}}_1,\cdots,\widehat{\vec{\mathbf{v}}}_i,\cdots,\vec{\mathbf{v}}_k)$ 的一个点上是向外指的, 向量 $-\vec{\mathbf{v}}_i$ 在 $P_{\mathbf{x}}(\vec{\mathbf{v}}_1,\cdots,\widehat{\vec{\mathbf{v}}}_i,\cdots,\vec{\mathbf{v}}_k)$ 的一个点上也是向外指的. 图 6.6.15 说明了这一点; 练习 6.6.4 严格地证明了这个结果.

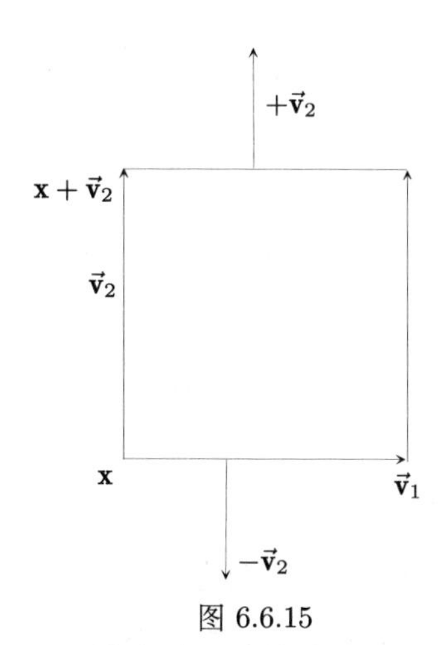

图 6.6.15

锚定在 $\mathbf{x}$ 的向量 $\vec{\mathbf{v}}_1$ 与 $P_{\mathbf{x}}(\vec{\mathbf{v}}_1,\widehat{\vec{\mathbf{v}}}_2)$ 相同. 在平行四边形 $P_{\mathbf{x}}(\vec{\mathbf{v}}_1,\vec{\mathbf{v}}_2)$ 的边界的这条线段上, 向外指的向量为 $-\vec{\mathbf{v}}_2$. 平行四边形的顶边为 $P_{\mathbf{x}+\vec{\mathbf{v}}_2}(\vec{\mathbf{v}}_1,\widehat{\vec{\mathbf{v}}}_2)$; 在这条边上, 向外指的向量为 $+\vec{\mathbf{v}}_2$.(我们已经把向外指的和向内指的向量缩短了.)

因此, 如果

$$\Omega(\vec{\mathbf{v}}_i,\vec{\mathbf{v}}_1,\cdots,\widehat{\vec{\mathbf{v}}}_i,\cdots,\vec{\mathbf{v}}_k)=+1, \qquad (6.6.28)$$

则 $P_{\mathbf{x}+\vec{\mathbf{v}}_i}(\vec{\mathbf{v}}_1,\cdots,\widehat{\vec{\mathbf{v}}}_i,\cdots,\vec{\mathbf{v}}_k)$ 的标准定向与 $P_{\mathbf{x}}(\vec{\mathbf{v}}_1,\cdots,\vec{\mathbf{v}}_i,\cdots,\vec{\mathbf{v}}_k)$ 的边界定向精确地一致, 也就是当且仅当 k 个符号的置换 σ_i 包含了取第 i 个元素, 并将其放在第一位, 是一个正的置换的时候. 但是 σ_i 的表征为 $(-1)^{i-1}$, 因为你可以通过首先把第 i 个元素与第 $i-1$ 个交换, 再与第 $i-2$ 个交换, 等等, 最终与第一个交换, 一共做了 $i-1$ 次换位, 来得到 σ_i. 这解释了为什么 $P_{\mathbf{x}+\vec{\mathbf{v}}_i}(\vec{\mathbf{v}}_1,\cdots,\widehat{\vec{\mathbf{v}}}_i,\cdots,\vec{\mathbf{v}}_k)$ 带着符号 $(-1)^{i-1}$ 出现.

类似的论证也适用于 $P_{\mathbf{x}}(\vec{\mathbf{v}}_1,\cdots,\widehat{\vec{\mathbf{v}}}_i,\cdots,\vec{\mathbf{v}}_k)$. 这个平行四边形的定向与边界定向精确地兼容, 如果 $\Omega(-\vec{\mathbf{v}}_i,\vec{\mathbf{v}}_1,\cdots,\widehat{\vec{\mathbf{v}}}_i,\cdots,\vec{\mathbf{v}}_k)=+1$, 这会在置换 σ_i 为奇置换的时候成立. 这解释了为什么 $P_{\mathbf{x}}(\vec{\mathbf{v}}_1,\cdots,\widehat{\vec{\mathbf{v}}}_i,\cdots,\vec{\mathbf{v}}_k)$ 带着符号 $(-1)^i$ 出现在等式 (6.6.23) 的求和中. □

6.6 节的练习

6.6.1 验证下面的不等式描述了 $\mathbb{R}^3$ 的一个带有边界的小片. (你可能希望使用计算机来帮助你将轨迹可视化.)

$$\text{a. } \begin{array}{rcl} xyz & \leqslant & 1 \\ x^2+y^2+z^2 & \leqslant & 4 \end{array}; \quad \text{b. } \begin{array}{rcl} xyz & \leqslant & 1 \\ x^2+y^2+z^2 & \leqslant & 4 \\ x+y+z & \geqslant & 0 \end{array}.$$

边界的哪部分是光滑的?

6.6.2 验证下列不等式描述了 $\mathbb{R}^2$ 的一个带有边界的小片. 简要画出其轨迹.

a. $x^2\geqslant y^2$ 且 $x^2+y^2\leqslant 1$; b. $xy\geqslant 0$ 且 $x^2+y^2\leqslant 1$;

c. $xy\geqslant 1,\ x+y\leqslant 4$; d. $y\leqslant 1, y\geqslant x^2$.

练习 6.6.3: 我们已经在等式 (1.7.22) 中看到了 $\vec{\nabla}$. 它表示导数的转置, 称为梯度:

$$\vec{\nabla} f(\mathbf{x})=[\mathbf{D}f(\mathbf{x})]^{\mathrm{T}}.$$

注意, $\vec{\nabla} f(\mathbf{x}_0)$ 在 $\mathbf{x}_0$ 与方程为 $f(\mathbf{x})=0$ 的流形 X 正交: 因为

$$T_{\mathbf{x}_0}X=\ker[\mathbf{D}f(\mathbf{x}_0)],$$

如果 $\vec{\mathbf{v}}\in T_{\mathbf{x}_0}X$, 则

$$\vec{\nabla} f(\mathbf{x}_0)\cdot\vec{\mathbf{v}}=[\mathbf{D}f(\mathbf{x}_0)]\vec{\mathbf{v}}=0.$$

在 6.8 节中用了更多的篇幅来讨论这个问题, 尤其是 "梯度的几何解读" 这一小节.

6.6.3 a. 令 $X\subset\mathbb{R}^n$ 为一个流形, 形式为 $X=f^{-1}(0)$, 其中 $f\colon\mathbb{R}^n\to\mathbb{R}$ 是一个 C^1 函数, 对所有的 $\mathbf{x}\in X$, $[\mathbf{D}f(\mathbf{x})]\neq 0$. 令 $\vec{\mathbf{v}}_1,\cdots,\vec{\mathbf{v}}_{n-1}$ 为 $T_{\mathbf{x}}(X)$ 的一组基. 证明

$$\Omega(\vec{\mathbf{v}}_1,\cdots,\vec{\mathbf{v}}_{n-1})=\operatorname{sgn}\det(\vec{\nabla} f(\mathbf{x}),\vec{\mathbf{v}}_1,\cdots,\vec{\mathbf{v}}_{n-1})$$

定义了 X 的一个定向 (对 $\vec{\nabla}$ 的定义, 见边注).

b. 这个定义是如何与边界定向的定义联系起来的?

6.6.4 证明: 在 $P_{\mathbf{x}}(\vec{\mathbf{v}}_1,\cdots,\widehat{\vec{\mathbf{v}}}_i,\cdots,\vec{\mathbf{v}}_k)$ 的一个点上, 向量 $-\vec{\mathbf{v}}_i$ 是向外指的, 在 $P_{\mathbf{x}+\vec{\mathbf{v}}_i}(\vec{\mathbf{v}}_1,\cdots,\widehat{\vec{\mathbf{v}}}_i,\cdots,\vec{\mathbf{v}}_k)$ 的一个点上, 向量 $\vec{\mathbf{v}}_i$ 是向外指的. (这并不难, 但需要保持很多记号简单且直接. 你将需要使用例 6.6.15 中的线性函数 α_i, 你也将需要定义 6.6.2 和 6.6.20.)

6.6.5 考虑区域 $X = P\cap B\subset\mathbb{R}^3$, 其中 P 是方程为 $x+y+z=0$ 的平面, B 是球 $x^2+y^2+z^2\leqslant 1$. 用法向量 $\vec{\mathbf{N}}=\begin{bmatrix}1\\1\\1\end{bmatrix}$ 来定向 P, 用向外指的法向量定向球面 $x^2+y^2+z^2=1$.

a. $\operatorname{sgn}\mathrm{d}x\wedge\mathrm{d}y,\operatorname{sgn}\mathrm{d}x\wedge\mathrm{d}z,\operatorname{sgn}\mathrm{d}y\wedge\mathrm{d}z$ 中的哪个对 P 给出了与 $\vec{\mathbf{N}}$ 相同的定向.

b. 证明: X 是 P 的一个带有边界的小片, 且边注中的映射对于 $0\leqslant t\leqslant 2\pi$ 是 ∂X 的一个参数化.

c. b 问中的参数化与 ∂X 的边界定向兼容吗?

d. 任何 $\operatorname{sgn}\mathrm{d}x,\operatorname{sgn}\mathrm{d}y,\operatorname{sgn}\mathrm{d}z$ 在每个点上定义了 ∂X 的定向吗?

e. 任何 $\operatorname{sgn}x\,\mathrm{d}y-y\,\mathrm{d}x,\operatorname{sgn}x\,\mathrm{d}z-z\,\mathrm{d}x,\operatorname{sgn}y\,\mathrm{d}z-z\,\mathrm{d}y$ 在每个点上定义了 ∂X 的定向吗?

$$t\mapsto\begin{pmatrix}\dfrac{\cos t}{\sqrt{2}}-\dfrac{\sin t}{\sqrt{6}}\\-\dfrac{\cos t}{\sqrt{2}}-\dfrac{\sin t}{\sqrt{6}}\\2\dfrac{\sin t}{\sqrt{6}}\end{pmatrix}$$

练习 6.6.5, b 的映射.

6.6.6 考虑方程为 $x^2+y^2=1$ 的曲线 C, 在点 $\begin{pmatrix}1\\0\end{pmatrix}$ 由切向量 $\begin{bmatrix}0\\1\end{bmatrix}$ 定向.

a. 证明: 满足 $x\geqslant 0$ 的子集 X 是 C 的一个带有边界的小片. 它的定向边界是什么?

b. 证明: 满足 $|x|\leqslant 1/2$ 的子集 Y 是 C 的一个带有边界的小片. 它的定向边界是什么?

c. 满足 $x>0$ 的子集 Z 是不是 C 的一个带有边界的小片? 如果是, 它的边界是什么?

6.6.7 a. 证明陈述 (命题 6.6.18 的证明): 当 A 是正交的时候, 则对于 V_N 的每个 C, 像 $\mathbf{g}(C)$ 至多与 $\mathcal{D}_N(\mathbb{R}^n)$ 中的 $\big(2(\sqrt{n}+1)\big)^n$ 个立方体相交.

b. 如果 $C\in\mathcal{D}_N(\mathbb{R}^n)$, 且 $\mathbf{g}(\mathbf{x})=A\mathbf{x}+\mathbf{b}$ 是一个仿射映射, 证明: $\mathbf{g}(C)$ 至多与 $\mathcal{D}_N(\mathbb{R}^n)$ 中的 $((|A|+1)\sqrt{n}+2)^n$ 个立方体相交.

c. 证明: 如果 A 是一个 $n\times n$ 的矩阵, 存在一个数 M, 使得对于所有的 $n\times k$ 的矩阵 B, 我们有

$$\det\big((AB)^{\mathrm{T}}AB\big)\leqslant M\det B^{\mathrm{T}}B.$$

练习 6.6.7: c 问要比它看上去棘手得多. 关键是将奇异值分解应用于 B. 解答也用到了推论 4.8.25 和练习 3.2.11.

练习 6.6.8: 在给一个切空间寻找基的时候, 你将需要对 $x_1\neq 0,x_2\neq 0$ 和 $x_3\neq 0$ 的情况分开考虑.

6.6.8 a. 令 $M\subset\mathbb{R}^4$ 为一个流形, 由方程 $x_4=x_1^2+x_2^2+x_3^2$ 定义, 由 $\operatorname{sgn}\mathrm{d}x_1\wedge\mathrm{d}x_2\wedge\mathrm{d}x_3$ 定向. 考虑子集 $X\subset M$, 其中 $x_4\leqslant 1$. 证明: 它是一个带有边界的小片.

b. 令 $\mathbf{x}$ 为 ∂X 的一个点. 找到切空间 $T_{\mathbf{x}}\partial X$ 的一组对于边界定向是直接的基.

练习 6.6.9 的提示: 参见命题 6.10.7 和海因–波莱尔定理 (定理 A.3.3).

***6.6.9** 证明: 一个带有角的小片是带有边界的小片.

6.6.10 证明: 当 $\vec{\mathbf{v}}_1, \cdots, \vec{\mathbf{v}}_k$ 为线性无关的时候, $P_{\mathbf{x}}(\vec{\mathbf{v}}_1, \cdots, \vec{\mathbf{v}}_k)$ 是带有角的小片.

6.6.11 证明命题 6.6.4.

6.7 外导数

现在我们来讨论给予形式理论以威力, 使得高维的微积分基本定理成为可能的构造. 形式的导数, 即*外导数*, 对常规函数的导数做了推广. 常规导数是什么? 大家都知道

$$f'(x) = \lim_{h\to 0}\frac{1}{h}\Big(f(x+h) - f(x)\Big), \tag{6.7.1}$$

但是, 我们将把这个公式重新解读为

$$f'(x) = \lim_{h\to 0}\frac{1}{h}\int_{\partial P_x(h)} f. \tag{6.7.2}$$

为了得到微分形式的微积分基本定理, 我们需要导数和积分. 我们有积分: 形式被设计为被积函数. 这里我们说明, 形式也有导数.

我们将在 6.12 节看到, 麦克斯韦方程组中的两个方程说明, $\mathbb{R}^4$ 上的某个特定的 2–形式的外导数为 0; 一门电磁学课程可能要花上 6 个月的时间来试图真正地理解这是什么意思.

这个公式用了不同的符号来描述同样的运算. 我们不说在两个点 $x+h$ 和 x 上计算 f, 而是说在定向的线段 $[x, x+h] = P_x(h)$ 的定向边界上积分 0–形式 f. 这个边界包含了它的终点 $+P_{x+h}$ 和起点 $-P_x$. 在这两个定向的点上积分 0–形式意味着在这些点上计算 f(例 6.4.15). 所以等式 (6.7.1) 和等式 (6.7.2) 说的是同一件事.

将每个人都能完美地理解的等式 (6.7.1) 转换成看上去更为复杂的等式 (6.7.2) 可能看上去很荒谬, 但语言可以很好地推广到形式上.

定义外导数

外导数 $\mathbf{d}$ 是一个算子, 输入一个 k–形式 φ, 给出一个 $(k+1)$–形式 $\mathbf{d}\varphi$. 由于一个 $(k+1)$–形式输入一个定向的 $(k+1)$ 维平行四边形, 给出一个数, 要定义一个 k–形式 φ 的外导数, 我们必须说明, $\mathbf{d}\varphi$ 在一个定向的 $(k+1)$–平行四边形上计算的时候, 返回什么数. 我们将努力了解在特殊的情况下, 外导数是什么, 并了解如何计算它.

等式 (6.7.3): 我们在边界上积分 φ, 就和在等式 (6.7.2) 中, 我们在边界上积分 f 一样.

就算是等式 (6.7.3) 中的极限存在, 也并不能明显地看出 $\mathbf{d}\varphi$ 为一个 $(k+1)$–形式, 也就是 $(k+1)$ 个向量的多线性和非对称函数. 两者都是作为一个主要结果的定理 6.7.4 的第一部分的目标.

定义 6.7.1 (外导数). 令 $U \subset \mathbb{R}^n$ 为一个开子集. 外导数 $\mathbf{d}\colon A^k(U) \to A^{k+1}(U)$ 的定义如下:

$$\underbrace{\mathbf{d}\varphi}_{(k+1)-\text{形式}} \overbrace{\big(P_{\mathbf{x}}(\vec{\mathbf{v}}_1, \cdots, \vec{\mathbf{v}}_{k+1})\big)}^{(k+1)\text{–平行四边形}} \stackrel{\text{def}}{=} \lim_{h\to 0}\frac{1}{h^{k+1}} \overbrace{\underbrace{\int_{\partial P_{\mathbf{x}}(h\vec{\mathbf{v}}_1, \cdots, h\vec{\mathbf{v}}_{k+1})}}_{\substack{(k+1)\text{–平行四边形的边界}\\ \text{随着}h\,\to\,0\text{越来越小}}} \varphi}^{\varphi\text{在边界上的积分}}. \tag{6.7.3}$$

注释 6.7.2. 等式 (6.7.3) 右侧的积分有意义: 因为 $P_{\mathbf{x}}(h\vec{\mathbf{v}}_1, \cdots, h\vec{\mathbf{v}}_{k+1})$ 是一个 $(k+1)$ 维的平行四边形, 它的边界由 k 维的面组成, 所以我们可以在这个边界上积分 k–形式 φ.

但是极限的存在并不显然. 问题出在哪里? 构成 $P_{\mathbf{x}}(\vec{\mathbf{v}}_1, \cdots, \vec{\mathbf{v}}_{k+1})$ 的边界的面是 k 维的, 所以将 $\vec{\mathbf{v}}_1, \cdots, \vec{\mathbf{v}}_{k+1}$ 乘上 h 得到 $P_{\mathbf{x}}(h\vec{\mathbf{v}}_1, \cdots, h\vec{\mathbf{v}}_{k+1})$ 应当在每个面上将积分按比例变成 h^k 倍. 因此, 每个面上的积分贡献的形式为 $h^k(a_0 + a_1 h + o(h))$, 其中, 一般来说 $a_0 \neq 0$; 除以 h^{k+1} 给出一项 a_0/h, 随着 $h \to 0$ 会爆炸式增长.

这个极限能够存在的唯一方式是, 来自不同的面的 a_0/h 项互相抵消. 它们确实是这样的: 相对的面具有相反的定向, 如果一个面贡献 $a_0/h + \cdots$, 另一个面则贡献 $-a_0/h + \cdots$. (点所表示的项对于不同的面是不同的. 这些差异贡献了外导数.)

这就是为什么我们如此强调定向. 没有在定向的定义域上的积分理论, 我们可能就没有导数, 从而没有高维的微积分基本定理. △

在写 "每个面上的积分贡献的形式为 $h^k(a_0 + a_1 h + o(h))$, 其中, 一般来说 $a_0 \neq 0$" 的时候, 我们把积分的泰勒展开式看成 h 的函数.

例 6.7.3 (函数的外导数). 当 φ 为一个 0–形式场 (也就是一个函数) 的时候, 外导数就是导数:

$$\begin{aligned} \mathbf{d}f(P_{\mathbf{x}}(\vec{\mathbf{v}})) &= \lim_{h\to 0} \frac{1}{h} \int_{\partial P_{\mathbf{x}}(h\vec{\mathbf{v}})} f \\ &= \lim_{h\to 0} \frac{f(\mathbf{x}+h\vec{\mathbf{v}}) - f(\mathbf{x})}{h} \\ &= [\mathbf{D}f(\mathbf{x})]\vec{\mathbf{v}}. \end{aligned} \tag{6.7.4}$$

最后一个等式是命题 1.7.14. 因此, 外导数把第 1 章所研究的导数推广到了 k–形式, 其中 $k \geqslant 1$. △

定理 6.7.4, 第三部分: 回顾到, 常数形式无论在哪一个点上计算都返回同一个数.

第四部分: 矩阵 $[\mathbf{D}f] = [D_1 f, \cdots, D_k f]$ 被写为一个求和, 看起来可能很奇怪, 但注意到

$$\begin{aligned} &\mathbf{d}f(\vec{\mathbf{v}}) \\ &= [D_i f\, \mathrm{d}x_1 + \cdots + D_n f\, \mathrm{d}x_n] \begin{bmatrix} v_1 \\ \vdots \\ v_n \end{bmatrix} \\ &= \sum_{i=1}^n D_i f\, \mathrm{d}x_i \begin{bmatrix} v_1 \\ \vdots \\ v_n \end{bmatrix} \\ &= D_1 f v_1 + \cdots + D_n f v_n \\ &= [\mathbf{D}f]\vec{\mathbf{v}}. \end{aligned}$$

因为 $\mathrm{d}x_i$ 是 $\mathbb{R}^n$ 上的基本 1–形式, 写

$$\mathbf{d}f = \sum_{i=1}^n (D_i f)\, \mathrm{d}x_i,$$

类似于写

$$\vec{\mathbf{v}} = \sum_{i=1}^n v_i \vec{\mathbf{e}}_i.$$

在第五部分, 注意到形式 $\mathrm{d}x_{i_1} \wedge \cdots \wedge \mathrm{d}x_{i_k}$ 是一个基本形式. 一般的情况由定理 6.7.9 给出.

定理 6.7.4 (计算一个 k–形式的外导数). 令

$$\varphi = \sum_{1 \leqslant i_1 < \cdots < i_k \leqslant n} a_{i_1, \cdots, i_k}\, \mathrm{d}x_{i_1} \wedge \cdots \wedge \mathrm{d}x_{i_k} \tag{6.7.5}$$

为一个在开子集 $U \subset \mathbb{R}^n$ 上的 C^2 类的 k–形式.

1. 等式 (6.7.3) 中的极限存在, 并且定义了一个 $(k+1)$–形式.
2. 外导数在 $\mathbb{R}$ 上是线性的: 如果 φ 和 ψ 是 $U \subset \mathbb{R}^n$ 上的 k–形式, a 和 b 是数 (不是函数), 则

$$\mathbf{d}(a\varphi + b\psi) = a\mathbf{d}\varphi + b\mathbf{d}\psi, \tag{6.7.6}$$

特别地,

$$\mathbf{d}(\varphi + \psi) = \mathbf{d}\varphi + \mathbf{d}\psi. \tag{6.7.7}$$

3. 常数形式的外导数为 0.

4. 0–形式 f 的外导数由公式

$$\mathbf{d}f = [\mathbf{D}f] = \sum_{i=1}^{n}(D_i f)\,\mathrm{d}x_i \tag{6.7.8}$$

给出.

5. 如果 $f\colon U \to \mathbb{R}$ 为一个 C^2 函数, 则

$$\mathbf{d}(f\,\mathrm{d}x_{i_1}\wedge\cdots\wedge\mathrm{d}x_{i_k}) = \mathbf{d}f\wedge\mathrm{d}x_{i_1}\wedge\cdots\wedge\mathrm{d}x_{i_k}. \tag{6.7.9}$$

定理 6.7.4 的第四部分在例 6.7.3 中得到了证明. 证明的其余部分在附录 A.22 中.

这些规则允许你计算任何 k–形式的外导数:

等式 (6.7.10): 第一行只是说明 $\mathbf{d}\varphi = \mathbf{d}\varphi$. 第二行说明, 求和的外导数为外导数的求和. 例如

$$\mathbf{d}(f(\mathrm{d}x\wedge\mathrm{d}y)+g(\mathrm{d}y\wedge\mathrm{d}z)) = \mathbf{d}(f(\mathrm{d}x\wedge\mathrm{d}y))+\mathbf{d}(g(\mathrm{d}y\wedge\mathrm{d}z)).$$

第三行说明

$$\mathbf{d}(f(\mathrm{d}x\wedge\mathrm{d}y)) = \mathbf{d}f\wedge\mathrm{d}x\wedge\mathrm{d}y.$$

$$\begin{aligned}\mathbf{d}\varphi &= \mathbf{d}\overbrace{\sum_{1\leqslant i_1<\cdots<i_k\leqslant n} a_{i_1,\cdots,i_k}\,\mathrm{d}x_{i_1}\wedge\cdots\wedge\mathrm{d}x_{i_k}}^{\text{完整地写出}\varphi}\\ &\underbrace{\underbrace{=}_{(2)}\sum_{1\leqslant i_1<\cdots<i_k\leqslant n}\mathbf{d}((a_{i_1,\cdots,i_k})(\mathrm{d}x_{i_1}\wedge\cdots\wedge\mathrm{d}x_{i_k}))}_{\text{求和的外导数等于外导数的和}}\\ &\underbrace{\underbrace{=}_{(5)}\sum_{1\leqslant i_1<\cdots<i_k\leqslant n}(\mathbf{d}\underbrace{a_{i_1,\cdots,i_k}}_{f})\wedge\mathrm{d}x_{i_1}\wedge\cdots\wedge\mathrm{d}x_{i_k}.}_{\text{问题简化为计算函数的外导数}}\end{aligned} \tag{6.7.10}$$

从第一行到第二行, 将计算化简为计算基本形式的外导数; 从第二行到第三行, 将其简化为计算函数的外导数. 在应用第五部分时, 我们把系数 $a_{i_1,\cdots,i_k}$ 看作函数 f.

我们计算第四部分中的 $f = a_{i_1,\cdots,i_k}$ 的外导数:

$$\mathbf{d}a_{i_1,\cdots,i_k} = \sum_{j=1}^{n} D_j a_{i_1,\cdots,i_k}\,\mathrm{d}x_j. \tag{6.7.11}$$

例如, 如果 f 是一个含三个变量 x, y 和 z 的函数, 则

$$\mathbf{d}f = D_1 f\,\mathrm{d}x + D_2 f\,\mathrm{d}y + D_3 f\,\mathrm{d}z. \tag{6.7.12}$$

交换两项会改变楔积的符号, 所以交换两个相同的项会改变符号, 但同时也保持不变. 因此, 有两个相同项的楔积必然为 0. 通过一些练习, 你将学会忽略这样的楔积.

所以

$$\begin{aligned}&\mathbf{d}f\wedge\mathrm{d}x\wedge\mathrm{d}y\\ =\;&(D_1 f\,\mathrm{d}x + D_2 f\,\mathrm{d}y + D_3 f\,\mathrm{d}z)\wedge\mathrm{d}x\wedge\mathrm{d}y\\ =\;&D_1 f\underbrace{\mathrm{d}x\wedge\mathrm{d}x\wedge\mathrm{d}y}_{0}+D_2 f\underbrace{\mathrm{d}y\wedge\mathrm{d}x\wedge\mathrm{d}y}_{0}+D_3 f\,\mathrm{d}z\wedge\mathrm{d}x\wedge\mathrm{d}y\\ =\;&D_3 f\,\mathrm{d}z\wedge\mathrm{d}x\wedge\mathrm{d}y = D_3 f\,\mathrm{d}x\wedge\mathrm{d}y\wedge\mathrm{d}z.\end{aligned} \tag{6.7.13}$$

从等式 (6.7.13) 的第一行到第二行用到了楔积的分配律 (命题 6.1.15). 在第二行, $\mathrm{d}x\wedge\mathrm{d}x\wedge\mathrm{d}y$ 是 0, 因为它包含两个 $\mathrm{d}x$; 类似地, $\mathrm{d}y\wedge\mathrm{d}x\wedge\mathrm{d}y$ 是 0, 因为它包含两个 $\mathrm{d}y$.

你通常想把 $\mathrm{d}x_i$ 按照递增的顺序排列，这可能会改变符号，就像等式 (6.7.14) 的第三行.

例 6.7.5 (计算 $\mathbb{R}^4$ 中的一个基本 2–形式的外导数). $x_2x_3(\mathrm{d}x_2 \wedge \mathrm{d}x_4)$ 的外导数为

$$\begin{aligned}
&\mathbf{d}(x_2x_3) \wedge \mathrm{d}x_2 \wedge \mathrm{d}x_4 \\
=\;& \underbrace{(\overbrace{D_1(x_2x_3)}^{0}\,\mathrm{d}x_1 + D_2(x_2x_3)\,\mathrm{d}x_2 + D_3(x_2x_3)\,\mathrm{d}x_3 + \overbrace{D_4(x_2x_3)}^{0}\,\mathrm{d}x_4)}_{\mathbf{d}(x_2x_3)} \wedge \mathrm{d}x_2 \wedge \mathrm{d}x_4 \\
=\;& (x_3\,\mathrm{d}x_2 + x_2\,\mathrm{d}x_3) \wedge \mathrm{d}x_2 \wedge \mathrm{d}x_4 = (x_3\,\mathrm{d}x_2 \wedge \mathrm{d}x_2 \wedge \mathrm{d}x_4) + (x_2\,\mathrm{d}x_3 \wedge \mathrm{d}x_2 \wedge \mathrm{d}x_4) \\
=\;& \underbrace{x_2(\mathrm{d}x_3 \wedge \mathrm{d}x_2 \wedge \mathrm{d}x_4)}_{\mathrm{d}x\text{不按顺序排列}} \\
=\;& \underbrace{-x_2(\mathrm{d}x_2 \wedge \mathrm{d}x_3 \wedge \mathrm{d}x_4)}_{\text{顺序修正之后符号改变了}}. \qquad \triangle
\end{aligned} \tag{6.7.14}$$

$\mathbb{R}^3$ 上的 2–形式 $x_1x_3^2\,\mathrm{d}x_1 \wedge \mathrm{d}x_2$ 的外导数是什么？到脚注中检查你的结果.[11]

例 6.7.6 (计算一个 2–形式的外导数). 计算 $\mathbb{R}^4$ 上的 2–形式

$$\psi = x_1x_2\,\mathrm{d}x_2 \wedge \mathrm{d}x_4 - x_2^2\,\mathrm{d}x_3 \wedge \mathrm{d}x_4 \tag{6.7.15}$$

的外导数，它为两个基本 2–形式的和. 我们有

$$\begin{aligned}
\mathbf{d}\psi &= \mathbf{d}(x_1x_2\,\mathrm{d}x_2 \wedge \mathrm{d}x_4) - \mathbf{d}(x_2^2\,\mathrm{d}x_3 \wedge \mathrm{d}x_4) \\
&= (D_1(x_1x_2)\,\mathrm{d}x_1 + D_2(x_1x_2)\,\mathrm{d}x_2 + D_3(x_1x_2)\,\mathrm{d}x_3 + D_4(x_1x_2)\,\mathrm{d}x_4) \wedge \mathrm{d}x_2 \wedge \mathrm{d}x_4 \\
&\quad -(D_1(x_2^2)\,\mathrm{d}x_1 + D_2(x_2^2)\,\mathrm{d}x_2 + D_3(x_2^2)\,\mathrm{d}x_3 + D_4(x_2^2)\,\mathrm{d}x_4) \wedge \mathrm{d}x_3 \wedge \mathrm{d}x_4 \\
&= (x_2\,\mathrm{d}x_1 + x_1\,\mathrm{d}x_2) \wedge \mathrm{d}x_2 \wedge \mathrm{d}x_4 - (2x_2\,\mathrm{d}x_2 \wedge \mathrm{d}x_3 \wedge \mathrm{d}x_4) \\
&= x_2\,\mathrm{d}x_1 \wedge \mathrm{d}x_2 \wedge \mathrm{d}x_4 + \underbrace{x_1\,\mathrm{d}x_2 \wedge \mathrm{d}x_2 \wedge \mathrm{d}x_4}_{=0} - 2x_2\,\mathrm{d}x_2 \wedge \mathrm{d}x_3 \wedge \mathrm{d}x_4 \\
&= x_2\,\mathrm{d}x_1 \wedge \mathrm{d}x_2 \wedge \mathrm{d}x_4 - 2x_2\,\mathrm{d}x_2 \wedge \mathrm{d}x_3 \wedge \mathrm{d}x_4. \qquad \triangle
\end{aligned} \tag{6.7.16}$$

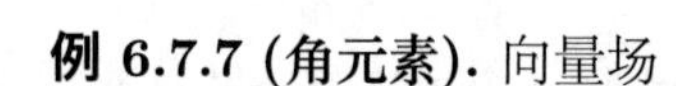

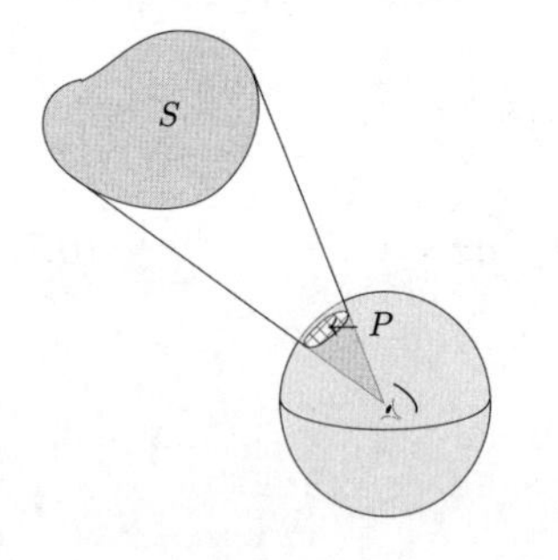

图 6.7.1

例 6.7.7: 原点是你的眼睛; 你用来看曲面 S 的"立体角"是锥. 锥与你眼睛周围的半径为 1 的球面的交是区域 P. 练习 6.7.12 让你证明, $\Phi_{\vec{F}_3}$ 在 S 上的积分和在 P 上的积分是相等的.

例 6.7.7 (角元素). 向量场

$$\vec{F}_2\begin{pmatrix} x \\ y \end{pmatrix} = \frac{1}{x^2+y^2}\begin{bmatrix} x \\ y \end{bmatrix}, \quad \vec{F}_3\begin{pmatrix} x \\ y \\ z \end{pmatrix} = \frac{1}{(x^2+y^2+z^2)^{3/2}}\begin{bmatrix} x \\ y \\ z \end{bmatrix} \tag{6.7.17}$$

满足 $\mathbf{d}\Phi_{\vec{F}_2} = 0$, $\mathbf{d}\Phi_{\vec{F}_3} = 0$, 正如练习 6.7.3 让你验证的. 形式 $\Phi_{\vec{F}_2}$ 和 $\Phi_{\vec{F}_3}$ 可以称作*极角元素*(element of polar angle)和*立体角元素*(element of solid angle); 后者在图 6.7.1 中描绘.

我们现在将在任意维度下找到类似的结论. 再次利用"$\widehat{\ }$"来表示被省略

---

[11]

$$\begin{aligned}
&\mathbf{d}(x_1x_3^2\,\mathrm{d}x_1 \wedge \mathrm{d}x_2) = \mathbf{d}(x_1x_3^2) \wedge \mathrm{d}x_1 \wedge \mathrm{d}x_2 \\
=\;& D_1(x_1x_3^2)\,\mathrm{d}x_1 \wedge \mathrm{d}x_1 \wedge \mathrm{d}x_2 + D_2(x_1x_3^2)\,\mathrm{d}x_2 \wedge \mathrm{d}x_1 \wedge \mathrm{d}x_2 + D_3(x_1x_3^2)\,\mathrm{d}x_3 \wedge \mathrm{d}x_1 \wedge \mathrm{d}x_2 \\
=\;& 2x_1x_3\,\mathrm{d}x_3 \wedge \mathrm{d}x_1 \wedge \mathrm{d}x_2 = 2x_1x_3\,\mathrm{d}x_1 \wedge \mathrm{d}x_2 \wedge \mathrm{d}x_3
\end{aligned}$$

的项, 我们的候选项是 $\mathbb{R}^n$ 上的 $(n-1)$-形式

$$\omega_n = \frac{1}{(x_1^2+\cdots+x_n^2)^{n/2}}\sum_{i=1}^{n}(-1)^{i-1}x_i\,\mathrm{d}x_1\wedge\cdots\wedge\widehat{\mathrm{d}x_i}\wedge\cdots\wedge\mathrm{d}x_n. \quad (6.7.18)$$

(根据等式 (6.5.25)) 它可以被想成向量场

$$\vec{F}_n(\vec{\mathbf{x}}) = \frac{1}{(x_1^2+\cdots+x_n^2)^{n/2}}\begin{bmatrix} x_1\\ \vdots \\ x_n\end{bmatrix} = \frac{\vec{\mathbf{x}}}{|\vec{\mathbf{x}}|^n} \quad (6.7.19)$$

的通量. 比例 $\frac{\vec{\mathbf{x}}}{|\vec{\mathbf{x}}|^n}$ 的意思是向量离原点越远则它们就越小 (图 6.7.2 中显示了 $n=2$ 的情况).

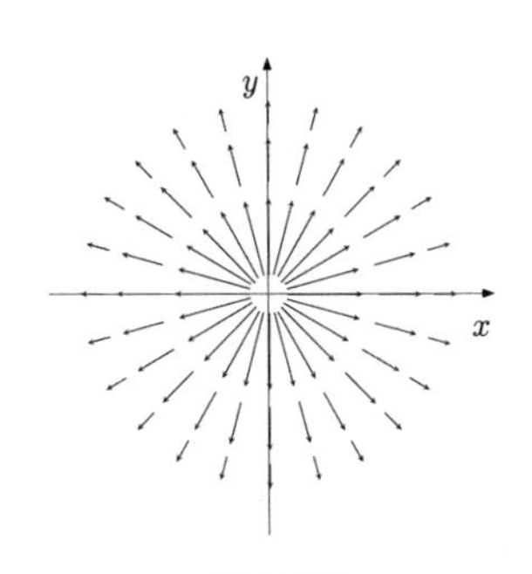

图 6.7.2

向量场 $\vec{F}_2$. 向量按比例 $\frac{1}{|\mathbf{x}|}$ 变化, 使得它们离原点越远就越小, 在原点附近则爆炸式增长. 这个按比例的意思是, 如果 $\vec{F}_2$ 表示一个不可压缩的流, 则流过单位立方体的流与流过更大的圆的流相等.

它被这样选取, 使得根据斯托克斯定理, 通过一系列中心都在原点的越来越大的球面的向外的通量保持不变; 事实上, 通量等于 $\mathrm{vol}_{(n-1)}S^{n-1}$(见练习 6.31).

注释. 通量保持不变 (也就是 $\mathbf{d}\Phi_{\vec{F}_3}=0$) 是一个守恒定律. 注意到我们所处空间 $\mathbb{R}^3$ 上的向量场 $\vec{F}_3$, 与到原点的距离的平方成反比; 如果我们把等式 (6.7.19) 写为下式, 则更为容易看出

$$\vec{F}_3(\vec{\mathbf{x}}) = \frac{1}{|\vec{\mathbf{x}}|^2}\frac{\vec{\mathbf{x}}}{|\vec{\mathbf{x}}|}, \quad (6.7.20)$$

其中 $\vec{\mathbf{x}}/|\vec{\mathbf{x}}|$ 是 $\vec{\mathbf{x}}$ 方向的单位向量. 物理学中所有基本的力场都是保守的, 它们都是 $\vec{F}_3$ 的变形. 这在很大程度上解释了物理学中平方反比定律的出现; 我们将在 6.12 节看到电磁学的例子. 如果我们生活在一个 n 维的空间中 (为了有守恒定律), 我们将有 $(n-1)$ 次方反比定律. △

如果球面被定向为球的边界 (有标准定向), 则这个向量场通过每个球面的通量都是正的.

下面的式子证明了这个通量的外导数为 0:

$$\begin{aligned}
\mathbf{d}\omega_n &= \mathbf{d}\Phi_{\vec{F}_n}\\
&= \mathbf{d}\left(\frac{1}{(x_1^2+\cdots+x_n^2)^{n/2}}\sum_{i=1}^{n}(-1)^{i-1}x_i\,\mathrm{d}x_1\wedge\cdots\wedge\widehat{\mathrm{d}x_i}\wedge\cdots\wedge\mathrm{d}x_n\right)\\
&= \sum_{i=1}^{n}(-1)^{i-1}D_i\frac{x_i}{(x_1^2+\cdots+x_n^2)^{n/2}}\,\mathrm{d}x_i\wedge\mathrm{d}x_1\wedge\cdots\wedge\widehat{\mathrm{d}x_i}\wedge\cdots\wedge\mathrm{d}x_n\\
&= \sum_{i=1}^{n}D_i\left(\frac{x_i}{(x_1^2+\cdots+x_n^2)^{n/2}}\right)\mathrm{d}x_1\wedge\cdots\wedge\mathrm{d}x_n\\
&= \sum_{i=1}^{n}\left(\frac{(x_1^2+\cdots+x_n^2)^{n/2}-nx_i^2(x_1^2+\cdots+x_n^2)^{n/2-1}}{(x_1^2+\cdots+x_n^2)^n}\right)\mathrm{d}x_1\wedge\cdots\wedge\mathrm{d}x_n\\
&= \sum_{i=1}^{n}\left(\frac{x_1^2+\cdots+x_n^2-nx_i^2}{(x_1^2+\cdots+x_n^2)^{n/2+1}}\right)\mathrm{d}x_1\wedge\cdots\wedge\mathrm{d}x_n = 0.
\end{aligned} \quad (6.7.21)$$

等式 (6.7.21): 在从第一行到第二行的过程中, 我们只计算了关于 x_i 的偏导, 省略了关于出现在右边的 $\mathrm{d}x_j$ 的偏导, 因为它们将产生形式为 $\mathrm{d}x_j\wedge\mathrm{d}x_j$ 的项, 该项为 0.

从第二行到第三行, 我们将 $\mathrm{d}x_i$ 移到了适当的位置, 它去掉了 $(-1)^{i-1}$. 这个移动需要 $i-1$ 次换位. 如果 $i-1$ 是奇数, 这会把符号变为负的, 但是 $(-1)^{i-1}=-1$. 如果 $i-1$ 是偶数, 移动 $\mathrm{d}x_i$ 保持符号不变, 且 $(-1)^{i-1}=1$.

从第三行到第四行, 只是计算了偏导, 从第四行到第五行, 涉及从分子中提取因子 $(x_1^2+\cdots+x_n^2)^{n/2-1}$, 并与分母中的相同的因子互相抵消.

我们得到最后一个等式, 因为分子的和抵消了. 例如, 当 $n=2$ 的时候, 我们有 $x_1^2+x_2^2-2x_1^2+x_1^2+x_2^2-2x_2^2=0$. △

取两次外导数

一个 k–形式的外导数是一个 $(k+1)$–形式; 这个 $(k+1)$–形式的外导数是一个 $(k+2)$–形式. 外导数的一个重要性质是, 如果你取两次, 则总是得到 0. (精确地说, 我们必须指定 φ 是二次连续可微的.)

定理 6.7.8. 对于开子集 $U \subset \mathbb{R}^n$ 中属于 C^2 的任意 k–形式 φ, 有

$$\mathbf{d}(\mathbf{d}\varphi) = 0. \tag{6.7.22}$$

证明: 这是可以计算出来的. 我们先对 0–形式来看:

$$\begin{aligned}\mathbf{dd}f &= \mathbf{d}\Big(\sum_{i=1}^n D_i f\, \mathrm{d}x_i\Big) = \sum_{i=1}^n \mathbf{d}(D_i f\, \mathrm{d}x_i)\\ &= \sum_{i=1}^n \mathbf{d}D_i f \wedge \mathrm{d}x_i = \sum_{i=1}^n \sum_{j=1}^n D_j D_i f\, \mathrm{d}x_j \wedge \mathrm{d}x_i = 0.\end{aligned} \tag{6.7.23}$$

等式 (6.7.23): 在二重求和中, 对应于 $i=j$ 的项为 0, 因为它们后面是 $\mathrm{d}x_i \wedge \mathrm{d}x_i$. 如果 $i \neq j$, 则 $D_jD_if\,\mathrm{d}x_j \wedge \mathrm{d}x_i$ 和 $D_iD_jf\,\mathrm{d}x_i \wedge \mathrm{d}x_j$ 项抵消, 因为交叉偏导相等, 且 $\mathrm{d}x_j \wedge \mathrm{d}x_i = -\,\mathrm{d}x_i \wedge \mathrm{d}x_j$.

(第二行中的第二个等式是定理 6.7.4 的第四部分. 这里 $D_i f$ 起到了 f 在第四部分中的作用, 给出 $\mathbf{d}(D_i f) = \sum_{j=1}^n D_j D_i f\, \mathrm{d}x_j$.)

如果 $k > 0$, 则做如下的计算就足够了:

$$\begin{aligned}\mathbf{d}\big(\mathbf{d}(f\, \mathrm{d}x_{i_1} \wedge \cdots \wedge \mathrm{d}x_{i_k})\big) &= \mathbf{d}(\mathbf{d}f \wedge \mathrm{d}x_{i_1} \wedge \cdots \wedge \mathrm{d}x_{i_k}) \qquad (6.7.24)\\ &= \underbrace{(\mathbf{dd}f)}_{=0} \wedge \mathrm{d}x_{i_1} \wedge \cdots \wedge \mathrm{d}x_{i_k} = 0. \quad \square\end{aligned}$$

对定理 6.7.8, 还有一个概念上的证明. 假设 φ 是一个 k–形式, 并且我们要在 $k+2$ 个向量上计算 $\mathbf{d}(\mathbf{d}\varphi)$. 我们通过在由向量生成的定向的 $(k+2)$–平行四边形的边界上积分 $\mathbf{d}\varphi$ 得到 $\mathbf{d}(\mathbf{d}\varphi)$(也就是, 在边界的边界上积分 φ). 但边界的边界是什么? 它是空的! 表达这个的一个方法是, $(k+2)$–平行四边形的每个面都是一个 $(k+1)$ 维的平行四边形, $(k+1)$–平行四边形的每条边也是另一个 $(k+1)$–平行四边形的边, 但定向相反, 如图 6.7.3 对 $k=1$ 的情况所表明的那样, 练习 6.7.10 让你证明这个结论.

一个 2–平行四边形的边界的边界是它的四个顶点: 它的四条边的边界的和. 当平行四边形被定向的时候, 每个顶点计数了两次, 每次定向相反. 例如, 顶点 $P_{\mathbf{x}+\vec{\mathbf{v}}_1}$ 出现两次, 一次作为 $P_{\mathbf{x}}(\vec{\mathbf{v}}_1)$ 的终点, 另一次作为 $P_{\mathbf{x}+\vec{\mathbf{v}}_1}(\vec{\mathbf{v}}_2)$ 的起点.

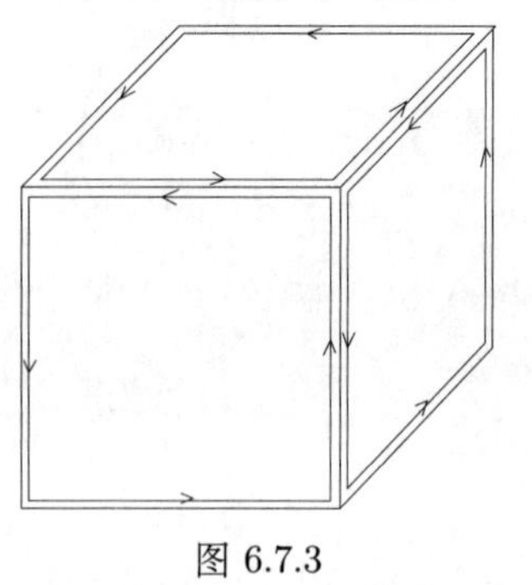

图 6.7.3

立方体的每条边属于立方体的两个面, 以相反的定向被取了两次.

楔积的外导数

下面的结果是外导数理论中的另一个更基本的组成部分. 它说的是, 楔积的外导数满足一个与乘积的微分类似的莱布尼兹规则. 有一个符号出现, 使问题复杂化了.

定理 6.7.9 (楔积的外导数). 如果 φ 是一个 k–形式, ψ 是一个 l–形式, 则

$$\mathbf{d}(\varphi \wedge \psi) = \mathbf{d}\varphi \wedge \psi + (-1)^k \varphi \wedge \mathbf{d}\psi. \tag{6.7.25}$$

练习 6.7.11 让你证明定理 6.7.9. 它是定理 6.7.4 的一个应用. 定理 6.7.4 的第五部分是定理 6.7.9 的一个特例, 是 φ 为函数、ψ 为基本形式的一个特例.

6.7 节的练习

6.7.1 下列的外导数是什么?

a. $\mathbb{R}^4$ 上的 $x_1x_3\,\mathrm{d}x_3\wedge\mathrm{d}x_4$; b. $\mathbb{R}^3$ 上的 $\cos xy\,\mathrm{d}x\wedge\mathrm{d}y$.

6.7.2 下面的外导数是什么?

a. $\sin(xyz)\,\mathrm{d}x$, 在 $\mathbb{R}^3$ 上.

b. $x_1x_3\,\mathrm{d}x_2\wedge\mathrm{d}x_4$, 在 $\mathbb{R}^4$ 上.

c. $\sum_{i=1}^{n} x_i^2\,\mathrm{d}x_1\wedge\cdots\wedge\widehat{\mathrm{d}x_i}\wedge\cdots\wedge\mathrm{d}x_n$, 在 $\mathbb{R}^n$ 上.

6.7.3 在例 6.7.7 中, 确认:

a. $\mathbf{d}\Phi_{\vec{F}_2}=0$. b. $\mathbf{d}\Phi_{\vec{F}_3}=0$.

6.7.4 令 φ 为 $\mathbb{R}^4$ 上的 2–形式, 由 $\varphi=x_1^2x_3\,\mathrm{d}x_2\wedge\mathrm{d}x_3+x_1x_3\,\mathrm{d}x_1\wedge\mathrm{d}x_4$ 给出. 计算 $\mathbf{d}\varphi$.

6.7.5 a. 根据定义计算 $z^2\,\mathrm{d}x\wedge\mathrm{d}y$ 的外导数.

b. 利用公式计算同样的导数, 在每一步, 清晰地陈述你所使用的性质.

6.7.6 令 f 为一个从 $\mathbb{R}^3$ 到 $\mathbb{R}$ 的函数. 计算外导数:

a. $\mathbf{d}(f\,\mathrm{d}x\wedge\mathrm{d}z)$. b. $\mathbf{d}(f\,\mathrm{d}y\wedge\mathrm{d}z)$.

6.7.7 a. 令 $\varphi=x_2^2\,\mathrm{d}x_3$. 根据定义计算 $\mathbf{d}\varphi\big(P_{-\vec{\mathbf{e}}_2}(\vec{\mathbf{e}}_2,\vec{\mathbf{e}}_3)\big)$.

b. 利用公式计算 $\mathbf{d}\varphi$. 利用你的结果检查 a 问中的计算.

6.7.8 a. 令 $\varphi=x_1x_3\,\mathrm{d}x_2\wedge\mathrm{d}x_4$. 根据定义计算数值

$$\mathbf{d}\varphi\big(P_{\vec{\mathbf{e}}_1}(\vec{\mathbf{e}}_2,\vec{\mathbf{e}}_3,\vec{\mathbf{e}}_4)\big).$$

b. $\mathbf{d}\varphi$ 是什么? 利用你的结果检查 a 问中的计算.

***6.7.9** 找出所有的 1–形式 $\omega=p(y,z)\,\mathrm{d}x+q(x,z)\,\mathrm{d}y$, 满足

$$\mathrm{d}\omega=x\,\mathrm{d}y\wedge\mathrm{d}z+y\,\mathrm{d}x\wedge\mathrm{d}z.$$

6.7.10 证明: $(k+2)$–平行四边形的每条边都是 $(k+1)$ 维的平行四边形, $(k+1)$–平行四边形的每条边也是另一个 $(k+1)$–平行四边形的边, 但定向相反.

6.7.11 证明关于楔积的外导数的定理 6.7.9.

a. 对于 0–形式, 证明

$$\mathbf{d}(fg)=f\mathbf{d}g+g\mathbf{d}f.$$

b. 证明: 只要在

$$\begin{aligned}\varphi &= a(\mathbf{x})\,\mathrm{d}x_{i_1}\wedge\cdots\wedge\mathrm{d}x_{i_k},\\ \psi &= b(\mathbf{x})\,\mathrm{d}x_{j_1}\wedge\cdots\wedge\mathrm{d}x_{j_l}\end{aligned}$$

的时候证明定理就够了.

c. 对于 b 问中的 φ 和 ψ, 利用

$$\varphi \wedge \psi = a(\mathbf{x})b(\mathbf{x})\,\mathrm{d}x_{i_1} \wedge \cdots \wedge \mathrm{d}x_{i_k} \wedge \mathrm{d}x_{j_1} \wedge \cdots \wedge \mathrm{d}x_{j_l}$$

来证明定理.

练习 6.7.12: 利用斯托克斯定理和 $\mathbf{d}\Phi_{\vec{F}_3} = 0$, 这个问题会更容易; 见练习 6.10.10.

6.7.12 在曲面 S 单射投影到单位球面的子集 P 上的特殊情况下, 证明图 6.7.1 的说明文字中的陈述, 也就是, 证明在这样的一个曲面 S 上的 "立体角元素" $\Phi_{\vec{F}_3}$ 的积分与它在相应的 P 上的积分相同.

6.8 梯度、旋度、散度, 等等

算子 grad, div, curl 是向量微积分中的 "老黄牛", 在很多物理和工程的课程中也是至关重要的. 它们是外导数的三个不同的化身. 因此, 外导数提供了一个对于理解 grad, curl 和 div 的统一的概念, 否则它们会看起来是不相关的. 反过来, 它允许我们对于有些抽象的外导数给出物理上的意义.

grad, curl 和 div 都是*微分算子*(differential operator); 它们都是偏导的某种组合. 我们已经在第 1 章看到了 grad; 见等式 (1.7.22). 梯度和散度的公式对于任意的 $\mathbb{R}^n$ 都有效, 但除了外导数, 没有显然的对 curl 的推广.

定义 6.8.1: 我们用 $\vec{\nabla}$ ("nabla") 表示算子

$$\vec{\nabla} = \begin{bmatrix} D_1 \\ D_2 \\ D_3 \end{bmatrix}.$$

有一些作者把 $\vec{\nabla}$ 称为 "del". 为了方便记忆公式, 我们用 $\vec{\nabla}$, 总结为

$$\begin{aligned} \operatorname{grad} f &= \vec{\nabla} f, \\ \operatorname{curl} \vec{F} &= \vec{\nabla} \times \vec{F}, \\ \operatorname{div} \vec{F} &= \vec{\nabla} \cdot \vec{F}. \end{aligned}$$

助记词: 旋度 (curl) 和叉乘 (cross product) 都以 "c" 开头; 散度 (div) 和点乘 (dot product) 都以 "d" 开头.

注意函数的梯度和向量场的旋度都是向量场, 而向量场的散度是函数.

定义 6.8.1 (梯度、旋度和散度). 令 $U \subset \mathbb{R}^3$ 为一个开集, $f\colon U \to \mathbb{R}$ 为一个 C^1 函数, $\vec{F}$ 为 U 上的一个 C^1 向量场. 一个函数的*梯度*(gradient), 一个向量场的*旋度*(curl), 一个向量场的*散度*(div)由下列式子给出:

$$\operatorname{grad} f \overset{\text{def}}{=} \begin{bmatrix} D_1 f \\ D_2 f \\ D_3 f \end{bmatrix} = \vec{\nabla} f,$$

$$\operatorname{curl} \vec{F} = \operatorname{curl} \begin{bmatrix} F_1 \\ F_2 \\ F_3 \end{bmatrix} \overset{\text{def}}{=} \vec{\nabla} \times \vec{F} = \begin{bmatrix} D_1 \\ D_2 \\ D_3 \end{bmatrix} \times \begin{bmatrix} F_1 \\ F_2 \\ F_3 \end{bmatrix} = \underbrace{\begin{bmatrix} D_2F_3 - D_3F_2 \\ D_3F_1 - D_1F_3 \\ D_1F_2 - D_2F_1 \end{bmatrix}}_{\vec{\nabla}\text{与}\vec{F}\text{的叉乘}},$$

$$\operatorname{div} \vec{F} = \operatorname{div} \begin{bmatrix} F_1 \\ F_2 \\ F_3 \end{bmatrix} \overset{\text{def}}{=} \vec{\nabla} \cdot \vec{F} = \begin{bmatrix} D_1 \\ D_2 \\ D_3 \end{bmatrix} \cdot \begin{bmatrix} F_1 \\ F_2 \\ F_3 \end{bmatrix} = \underbrace{D_1F_1 + D_2F_2 + D_3F_3}_{\vec{\nabla}\text{与}\vec{F}\text{的点乘}}.$$

例 6.8.2 (旋度和散度). 令 $\vec{F}\begin{pmatrix} x \\ y \\ z \end{pmatrix} = \begin{bmatrix} x+y \\ x^2yz \\ yz \end{bmatrix}$. 则

$$\operatorname{curl} \vec{F} = \begin{bmatrix} D_2(yz) - D_3(x^2yz) \\ D_3(x+y) - D_1(yz) \\ D_1(x^2yz) - D_2(x+y) \end{bmatrix} = \begin{bmatrix} z - x^2y \\ 0 \\ 2xyz - 1 \end{bmatrix}, \tag{6.8.1}$$

$$\operatorname{div} \vec{F} = D_1(x+y) + D_2(x^2yz) + D_3(yz) = 1 + x^2z + y. \quad \triangle \tag{6.8.2}$$

当 φ 是一个 k–形式的时候, $\mathbf{d}\varphi$ 是一个 $(k+1)$–形式, 所以, 由于 f 是一个 0–形式, 故 $\mathbf{d}f$ 应当为一个 1–形式, 它确实是. 因为 $W_{\vec{F}}$ 是一个 1–形式, 所以 $\mathbf{d}W_{\vec{F}}$ 应当为一个 2–形式, 它确实是.

定理 6.8.3 的第一部分说明

$$\mathbf{d}f(P_{\mathbf{x}}(\vec{\mathbf{v}})) = \vec{\nabla} f(\mathbf{x}) \cdot \vec{\mathbf{v}}.$$

第二部分说明

$$\begin{aligned} &\mathbf{d}W_{\vec{F}}(P_{\mathbf{x}}(\vec{\mathbf{v}}_1, \vec{\mathbf{v}}_2)) \\ = \;& \det[(\vec{\nabla} \times \vec{F})(\mathbf{x}), \vec{\mathbf{v}}_1, \vec{\mathbf{v}}_2]. \end{aligned}$$

第三部分说明

$$\begin{aligned} &\mathbf{d}\Phi_{\vec{F}}(P_{\mathbf{x}}(\vec{\mathbf{v}}_1, \vec{\mathbf{v}}_2, \vec{\mathbf{v}}_3)) \\ = \;& (\vec{\nabla} \cdot \vec{F})(\mathbf{x}) \det[\vec{\mathbf{v}}_1, \vec{\mathbf{v}}_2, \vec{\mathbf{v}}_3]. \end{aligned}$$

注释 6.8.4: 我们将在 6.13 节进一步探讨这个问题, 在那里, 我们看到, 如果 $\vec{F}$ 是 $\mathbb{R}^3$ 的一个凸子集上的向量场, 则 $\operatorname{curl} \vec{F} = \vec{\mathbf{0}}$ 也是 $\vec{F}$ 成为梯度的一个充分条件.

下面的定理说的是, 在 $\mathbb{R}^3$ 上, 相当抽象的 k–形式的概念有了具体的体现: 每个 1–形式都是一个向量场的功形式, 每个 2–形式都是一个向量场的通量形式, 每个 3–形式都是一个函数的质量形式. 注意, 这种体现需要 $\mathbb{R}^3$ 的几何: 点乘和叉乘. 所以梯度、旋度和散度依赖于 $\mathbb{R}^3$ 的几何, 而外导数则不依赖; 它是 “内在” 的或者 “天然” 的. 这将在 6.9 节进一步讨论.

定理 6.8.3 ($\mathbb{R}^3$ 上的形式场的外导数). 令 f 为 $\mathbb{R}^3$ 上的一个函数, 令 $\vec{F}$ 为一个向量场. 则:

1. $\mathbf{d}f = W_{\vec{\nabla} f} = W_{\operatorname{grad} f}$ ($\mathbf{d}f$ 是 $\operatorname{grad} f$ 的功形式场).
2. $\mathbf{d}W_{\vec{F}} = \Phi_{\vec{\nabla} \times \vec{F}} = \Phi_{\operatorname{curl} \vec{F}}$ ($\mathbf{d}W_{\vec{F}}$ 是 $\operatorname{curl} \vec{F}$ 的通量形式场).
3. $\mathbf{d}\Phi_{\vec{F}} = M_{\vec{\nabla} \cdot \vec{F}} = M_{\operatorname{div} \vec{F}}$ ($\mathbf{d}\Phi_{\vec{F}}$ 是 $\operatorname{div} \vec{F}$ 的质量形式场).

表 6.8.1 对此做了总结.

表 6.8.1

$\mathbb{R}^3$ 中的向量微积分		$\mathbb{R}^3$ 中的形式场
函数	$=$	0–形式
$\downarrow$ 梯度		$\downarrow \mathbf{d}$
向量场	$\overset{\text{功形式}W}{\to}$	1–形式
$\downarrow$ 旋度		$\downarrow \mathbf{d}$
向量场	$\overset{\text{通量形式}\Phi}{\to}$	2–形式
$\downarrow$ 散度		$\downarrow \mathbf{d}$
函数	$\overset{\text{质量形式}M}{\to}$	3–形式

在 $\mathbb{R}^3$ 中, 0–形式场和 3–形式场可以被认作函数, 1–形式场和 2–形式场可以被认作向量场. 示意图可交换: 如果从左边任何地方开始, 向下且向右, 或者向右且向下, 你将得到同样的结果. (这恰好就是定理 6.8.3 的内容.) 例如, 如果从函数开始, 取其梯度得到向量场, 然后取这个向量场的功形式, 这个功形式为通过 f 的外导数 $\mathbf{d}f = W_{\operatorname{grad} f}$ 得到的 1–形式.

定理 6.8.3 的证明: 练习 6.8.4 让你证明第三部分. 下面证明第一和第二部分:

$$\mathbf{d}f = D_1 f\, \mathrm{d}x + D_2 f\, \mathrm{d}y + D_3 f\, \mathrm{d}z = W_{\begin{bmatrix} D_1 f \\ D_2 f \\ D_3 f \end{bmatrix}} = W_{\vec{\nabla} f}, \tag{6.8.3}$$

$$\begin{aligned} \mathbf{d}W_{\vec{F}} &= \mathbf{d}(F_1\, \mathrm{d}x + F_2\, \mathrm{d}y + F_3\, \mathrm{d}z) \\ &= \mathbf{d}F_1 \wedge \mathrm{d}x + \mathbf{d}F_2 \wedge \mathrm{d}y + \mathbf{d}F_3 \wedge \mathrm{d}z \\ &= (D_1 F_1\, \mathrm{d}x + D_2 F_1\, \mathrm{d}y + D_3 F_1\, \mathrm{d}z) \wedge \mathrm{d}x \\ &\quad + (D_1 F_2\, \mathrm{d}x + D_2 F_2\, \mathrm{d}y + D_3 F_2\, \mathrm{d}z) \wedge \mathrm{d}y \\ &\quad + (D_1 F_3\, \mathrm{d}x + D_2 F_3\, \mathrm{d}y + D_3 F_3\, \mathrm{d}z) \wedge \mathrm{d}z \\ &= (D_1 F_2 - D_2 F_1)\, \mathrm{d}x \wedge \mathrm{d}y + (D_1 F_3 - D_3 F_1)\, \mathrm{d}x \wedge \mathrm{d}z \\ &\quad + (D_2 F_3 - D_3 F_2)\, \mathrm{d}y \wedge \mathrm{d}z \\ &= \Phi_{\begin{bmatrix} D_2 F_3 - D_3 F_2 \\ D_3 F_1 - D_1 F_3 \\ D_1 F_2 - D_2 F_1 \end{bmatrix}} = \Phi_{\vec{\nabla} \times \vec{F}}. \qquad \triangle \end{aligned} \tag{6.8.4}$$

注释 6.8.4. 表 6.8.1 关于微分算子 grad, curl 和 div 告诉了我们什么? 我们从定理 6.7.8 知道 $\mathbf{d}(\mathbf{d}\varphi) = 0$, 所以 $\operatorname{curl} \operatorname{grad} f = \vec{\mathbf{0}}$, 因为 $\operatorname{curl} \operatorname{grad} f$ 的通

量形式为 $\mathbf{dd}f = 0$. 因此, 如果 $\operatorname{curl}\vec{F}$ 不是零向量, 则不存在函数 f 满足 $\vec{F} = \operatorname{grad} f$. △

类似地, 从表 6.8.1 得到 $\operatorname{div}\operatorname{curl}\vec{F} = 0$.

那么 div grad, grad div, curl curl 是什么情况? 它们也是某种 **dd** 的版本. 这些微分算子有意义: $\operatorname{grad} f$ 是一个向量场, div 把向量场变为函数, 所以 $\operatorname{div}\operatorname{grad} f$ 把函数变为函数. 类似地, grad div 和 curl curl 把向量场变为向量场. 但这需要辨识 1–形式和 2–形式 (都当作向量场) 以及辨识 0–形式和 3–形式 (都当作函数).

我们通过计算

$$\operatorname{div}\operatorname{curl}\vec{F} = \vec{\nabla}\cdot(\vec{\nabla}\times\vec{F}) = 0$$

也看到

$$\operatorname{div}\operatorname{curl}\vec{F} = 0.$$

(这里用到了命题 1.4.20. 那里的结果只是对向量证明的, 但计算是纯代数的, 对于 $\vec{\nabla}$ 的 D_i 项也有效.)

等式 (6.8.5): 由于 $\mathbb{R}^3$ 上的拉普拉斯算子是 $\vec{\nabla}$ 与 $\vec{\nabla}$ 的点乘, 它有些时候也被记为 $\vec{\nabla}^2$.

这些算子不能被写为 $\mathbf{d}(\mathbf{d}\varphi)$, 因为 $\mathbf{d}$ 总是把一个 k–形式变为一个 $(k+1)$–形式. 考虑 div grad: $\operatorname{grad} f$ 对应于 $\mathbf{d}$, 把一个 0–形式变成一个 1–形式, 而 div 对应于 $\mathbf{d}$, 把一个 2–形式变成一个 3–形式. 利用 1–形式和 2–形式在向量场中的标识, div grad 有意义, 但它不能被写为 **dd**.

div grad 是目前存在的最重要的微分算子: *拉普拉斯算子*(Laplacian). 在 $\mathbb{R}^3$ 中, 拉普拉斯算子 Δf 为

$$\Delta f \stackrel{\text{def}}{=} (D_1^2 + D_2^2 + D_3^2)(f) = \begin{bmatrix} D_1 \\ D_2 \\ D_3 \end{bmatrix} \cdot \begin{bmatrix} D_1 f \\ D_2 f \\ D_3 f \end{bmatrix} = \operatorname{div}\operatorname{grad} f. \tag{6.8.5}$$

它衡量了一个函数的图像在多大的程度上是“紧”的. 它出现在电磁学、相对论、弹性力学、复分析等领域.

算子 $\operatorname{grad}\operatorname{div}\vec{F}$ 和 $\operatorname{curl}\operatorname{curl}\vec{F}$ 与拉普拉斯算子有关: 第一个减去第二个给出作用在一个向量场的每个坐标上的拉普拉斯算子:

$$\vec{\Delta}\vec{F} = \operatorname{grad}\operatorname{div}\vec{F} - \operatorname{curl}\operatorname{curl}\vec{F} = \begin{bmatrix} \Delta F_1 \\ \Delta F_2 \\ \Delta F_3 \end{bmatrix}. \tag{6.8.6}$$

梯度的几何解读

一个函数的梯度可以通过将线矩阵 $[\mathbf{D}f(\mathbf{x})]$ 的项写在一列上得到

$$\operatorname{grad} f(\mathbf{x}) = [\mathbf{D}f(\mathbf{x})]^{\mathrm{T}}.$$

特别地

$$(\operatorname{grad} f(\mathbf{x}))\cdot\vec{\mathbf{v}} = [\mathbf{D}f(\mathbf{x})]\vec{\mathbf{v}}. \tag{6.8.7}$$

$\vec{\mathbf{v}}$ 与梯度的点乘为 $\vec{\mathbf{v}}$ 方向上的方向导数.

如果 θ 为 $\operatorname{grad} f(\mathbf{x})$ 与 $\vec{\mathbf{v}}$ 之间的夹角, 则根据命题 1.4.3, 有

$$\operatorname{grad} f(\mathbf{x})\cdot\vec{\mathbf{v}} = |\operatorname{grad} f(\mathbf{x})||\vec{\mathbf{v}}|\cos\theta, \tag{6.8.8}$$

如果 $\vec{\mathbf{v}}$ 的长度限制为 1, 则变成 $|\operatorname{grad} f(\mathbf{x})|\cos\theta$. 当 $\theta = 0$ 的时候取最大值, 给出 $[\mathbf{D}f(\mathbf{x})]\vec{\mathbf{v}} = \operatorname{grad} f(\mathbf{x})\cdot\vec{\mathbf{v}} = |\operatorname{grad} f(\mathbf{x})|$. 所以 $\operatorname{grad} f(\mathbf{x})$ 指向 f 在 $\mathbf{x}$ 处增长最快的方向; 它的长度等于 f 在这个方向上的增长率, 由陪域的单位/定义

域的单位来测量.

注释. 一些人发现, 把梯度想象为一个向量, 因此是 $\mathbb{R}^n$ 中的一个元素, 要比把导数想象为线矩阵, 因此也是 $\mathbb{R}^n \to \mathbb{R}$ 的一个线性函数容易一些. 他们也发现, 想象梯度与方程为 $f(\mathbf{x}) - c = 0$ 的曲线 (或者曲面, 或者高维流形) 垂直比想象 $\ker[\mathbf{D}f(\mathbf{x})]$ 是曲线 (或者曲面, 或者流形) 的切空间要更容易. 因为导数是梯度的转置, 反之亦然, 你选择哪种视角看上去并没有什么区别.

注意本章开头的引用中的用词: "更为合适的 1–形式的概念".

但是, 导数有个梯度没有的优点: 它不需要 $\mathbb{R}^n$ 上的额外的几何结构, 但是, 等式 (6.8.7) 说明梯度需要点乘. 通常, 没有自然的点乘可以用. 因此, 一个函数的导数是自然要去考虑的.

我们使用 "保守" 的意思是, 在一个封闭路径上的积分 (也就是消耗的总能量) 为 0. 重力场是保守的, 但任何涉及摩擦力的力场都不是: 你骑车下山的时候损失的势能从来不会在你骑车上到另一侧的时候获得回来.

在物理学中, 向量场通常是力场. 如果向量场是势能函数的梯度, 则有可能用能量守恒来分析系统的行为. 这通常是很有启发性的, 也要比求解运动方程简单得多.

但是在物理学中, 函数的梯度确实很重要: 势能函数的梯度为*力场*(force field), 我们确实需要把力场看作向量. 例如, 引力场为向量 $-gm\vec{\mathbf{e}}_3$, 我们在等式 (6.5.3) 中可以看到; 这是高度函数的梯度 (或者负的高度函数的梯度).

力场恰好在它们是函数的梯度的时候是*保守的*(conservative), 称为势, 在 6.13 节中讨论. 然而, 势是不可观测的, 通过检验力场来发现它是否存在是数学物理中的一大问题. △

旋度的几何解读

旋度中偏导的特别的混合看上去是高深莫测的. 我们的目标是用*旋度探针*(curl probe)的形式来解释一个描述. 描述的关键是旋转流 —— 例如, 旋转陀螺, 或者漩涡, 或者飓风, 或者洋流 —— 在数学上用一个*角速度向量*(angular velocity vector)来描述. 这是 $\mathbb{R}^3$ 中的一个向量, 对准旋转的方向, 长度表示角速度 (每单位时间内转几圈). 根据惯例, 向量被定向为指向按照旋转的方向转动时螺丝钉移动的方向.

在法语中, curl 的意思是*旋转*(rotational), 在英语中, 它最初被称为 "向量场的旋转". 为了避免简写 "rot", 才用 "curl" 一词来代替.

角速度向量与指向运动方向、长度代表速率的 "速度向量" 不同. 物体实际上是沿着速度向量的方向移动了, 但没有什么是沿着角速度方向移动的. 一个旋转的溜冰者有一个向上或者向下的角速度方向 —— 如果我们知道这个向量, 则可以推断出她的运动 —— 但是她既没有上升到天花板上, 也没有下沉到冰里面.

旋度探针(就)体现了这个旋转流的这种表示.

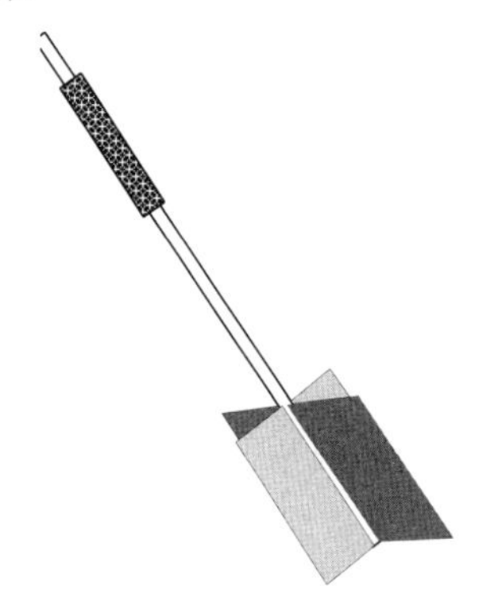

图 6.8.2

旋度探针: 将船桨的轮子放入液体中的某个点上; 船桨逆时针旋转的速度将正比于旋度在探针的轴的方向上的分量, 也就是, 朝着其手柄. (这个速度可以是负的.)

旋度探针. 考虑一个可以自由旋转的长手柄上的桨, 但是有摩擦力存在, 使得其角速度 (不是加速度) 正比于桨施加的力矩. 我们将把探针的手柄定向为远离桨. 想象一下把桨在点 $\mathbf{x}$ 插入到旋转的液体或者气体中, 手柄指向一个特定的方向; 如图 6.8.2. 如果液体或者气体以速度向量场 $\vec{F}$ 做匀速运动, 则:

> 手柄逆时针旋转的速率与向量场在 $\mathbf{x}$ 处的旋度 $\operatorname{curl}(\vec{\nabla} \times \vec{F})(\mathbf{x})$ 在探针的手柄方向的分量成正比.

因此, 如果我们把旋度探针按照 x 轴方向排列, 则它返回的值是旋度的第一个分量:$D_2F_3 - D_3F_2$. 如果我们下一步沿着 y 轴方向排列, 则得到旋度的第二个分量: $D_3F_1 - D_1F_3$, 依此类推. 如果我们把旋度探针按照任意单位向量 $\mathbf{a}$ 的

方向排列, 则

$$\underbrace{\begin{bmatrix} D_2F_3 - D_3F_2 \\ D_3F_1 - D_1F_3 \\ D_1F_2 - D_2F_1 \end{bmatrix}}_{\operatorname{curl}\vec{F}} \cdot \underbrace{\begin{bmatrix} a_1 \\ a_2 \\ a_3 \end{bmatrix}}_{\mathbf{a}} \tag{6.8.9}$$

是 $\operatorname{curl}\vec{F}$ 沿着 $\mathbf{a}$ 方向的分量; 见推论 1.4.4.

为什么会出现这种情况? 利用通量形式的定义 6.5.2、定理 6.8.3 和外导数的定义 6.7.1, 我们看到

$$\det[\operatorname{curl}\vec{F}(\mathbf{x}), \vec{\mathbf{v}}_1, \vec{\mathbf{v}}_2] = \underbrace{\Phi_{\operatorname{curl}\vec{F}}}_{\mathbf{d}W_{\vec{F}}}(P_{\mathbf{x}}(\vec{\mathbf{v}}_1, \vec{\mathbf{v}}_2)) = \lim_{h\to 0}\frac{1}{h^2}\int_{\partial P_{\mathbf{x}}(h\vec{\mathbf{v}}_1, h\vec{\mathbf{v}}_2)} W_{\vec{F}}. \tag{6.8.10}$$

测量的是 $\vec{F}$ 在由 $\vec{\mathbf{v}}_1, \vec{\mathbf{v}}_2$ 生成的平行四边形的定向边界上的功. 如果 $\vec{\mathbf{v}}_1, \vec{\mathbf{v}}_2$ 是与探针的轴正交的单位向量, 并且互相正交, 则这个功大致上与探针将要受到的力矩成正比.

在一个平行四边形上计算的一个 1–形式的外导数 $W_{\vec{F}}$ 的行为就像垂直于平行四边形放置的旋度探针: $\mathbf{d}W_{\vec{F}}$ 与旋度探针都返回一个测量向量场在平行四边形周围环绕的程度的数.

注释. 我们只是把 curl 理解为一个外导数; 我们还从来没有得到带有所涉及的偏导的项. 这是向量微积分的微分形式的解读相对于标准的解读的一大优点. △

图 6.8.3

在地震期间, 建筑物前面的断裂带开口, 人行道被撕裂, 通向门的部分在断裂带上向南移动, 其余部分向北移动, 这就产生了旋转的力, 试图将建筑物向逆时针方向移动, 将其扭曲.

寓意: 在容易发生地震的地区, 建筑的规范中必须将旋转的力考虑进去.

例 6.8.5 (旋度和地震). 假设一座建筑物坐落在一条断裂带附近. 在图 6.8.3 中, 我们将假设断裂带大体上是南北走向的, 我们把它想成是在 y 轴上, 以北为正; 建筑物的正面 (有门的一面) 与断裂带平行. 在一次地震中, 房子所在的地块向南移动, 除了断裂带另一侧的部分, 那部分向北移动了. 建筑物会发生什么? 描述运动的向量场可以近似写为 $\begin{bmatrix} 0 \\ -1/x \\ 0 \end{bmatrix}$: 只在 y 轴方向有运动 (沿着断裂带), 这个运动是负的, 并随着离 y 轴距离的增大而减小. 因为

$$\operatorname{curl}\begin{bmatrix} 0 \\ -1/x \\ 0 \end{bmatrix} = \begin{bmatrix} D_1 \\ D_2 \\ D_3 \end{bmatrix} \times \begin{bmatrix} 0 \\ -1/x \\ 0 \end{bmatrix} = \begin{bmatrix} 0 \\ 0 \\ 1/x^2 \end{bmatrix}, \tag{6.8.11}$$

建筑物受到旋转的力 (力矩) 的影响, 这个力 (因为旋度向上指) 试图按逆时针旋转建筑物, 房顶有阻力. △

散度的几何解读

散度比旋度更容易解释. 如果 φ 是 $\mathbb{R}^3$ 上的一个 3–形式, 则在一个小的三维盒子上 (具有标准定向) 计算 $\mathbf{d}\varphi$, 返回盒子的近似的体积乘上 φ 在盒子的边

界上的积分. 如果 $\varphi = \Phi_{\vec{F}}$ 为一个向量场的通量, 则

$$\operatorname{div} \vec{F}\, \mathrm{d}x \wedge \mathrm{d}y \wedge \mathrm{d}z = \mathbf{d}\Phi_{\vec{F}}, \tag{6.8.12}$$

说的是, $\vec{F}$ 在一个点 $\mathbf{x}$ 上的散度与 $\vec{F}$ 通过 $\mathbf{x}$ 周围的小盒子的边界的通量成正比, 也就是说, 盒子的净流出量. 尤其是, 如果液体是不可压缩的, 则密度不能变化, 其速度向量场的散度为 0: 流入与流出恰好相等. 因此, **一个向量场的散度测量的是运动由向量场所描述的液体的密度的变化**.

6.8 节的练习

6.8.1 令 $U \subset \mathbb{R}^3$ 为开的, $\mathbf{x} \in U$ 为一个点, $\vec{\mathbf{u}}, \vec{\mathbf{v}}, \vec{\mathbf{w}}$ 为 $\mathbb{R}^3$ 中的元素, f 为 U 上的一个函数, $\vec{F}$ 为 U 上的一个向量场.

a. 下列哪些是数? 哪些是向量? 哪些是向量场?

i. $\operatorname{grad} f$; ii. $\operatorname{curl} \vec{F}$; iii. $\mathrm{d}x \wedge \mathrm{d}y(\vec{\mathbf{v}}, \vec{\mathbf{w}})$;
iv. $\vec{\mathbf{u}} \cdot (\vec{\mathbf{v}} \times \vec{\mathbf{w}})$; v. $\operatorname{grad} f(\mathbf{x}) \cdot \vec{\mathbf{v}}$; vi. $\operatorname{div} \vec{F}$.

b. 下面哪些表达式是相同的?

$\operatorname{div} \vec{F}$; $\vec{\nabla} \times \vec{F}$; $\vec{\nabla} \cdot \vec{F}$; $D_1 f\, \mathrm{d}x_1 + D_2 f\, \mathrm{d}x_2 + D_3 f\, \mathrm{d}x_3$;
$\operatorname{curl} \vec{F}$; $\vec{\nabla} f$; $\mathbf{d}\Phi_{\vec{F}}$; $M_{\vec{\nabla} \cdot \vec{F}}$;
$M_{\operatorname{div} \vec{F}}$; $\mathbf{d}f$; $\Phi_{\operatorname{curl} \vec{F}}$; $\mathbf{d}W_{\vec{F}}$;
$W_{\vec{\nabla} f}$; $\Phi_{\vec{\nabla} \times \vec{F}}$; $W_{\operatorname{grad} f}$; $\operatorname{grad} f$.

c. 下面的一些表达式没有意义, 把它们修改成有意义的表达式.

i. $\operatorname{grad} \vec{F}$; ii. $\operatorname{curl} f$; iii. $\Phi_{\vec{F}}(\vec{\mathbf{v}}_1, \vec{\mathbf{v}}_2, \vec{\mathbf{v}}_3)$;
iv. W_f; v. $\operatorname{div} \vec{F}$; vi. $W_{\vec{F}}$.

6.8.2 计算下列函数的梯度:

a. $f\begin{pmatrix} x \\ y \end{pmatrix} = x$; b. $f\begin{pmatrix} x \\ y \end{pmatrix} = x^2 + y^2$; c. $f\begin{pmatrix} x \\ y \end{pmatrix} = \sin(x+y)$;

d. $f\begin{pmatrix} x \\ y \\ z \end{pmatrix} = xyz$; e. $f\begin{pmatrix} x \\ y \\ z \end{pmatrix} = \dfrac{xyz}{x^2+y^2+z^2}$.

6.8.3 函数 $f = x^2 y + z$ 的 grad 是什么? 向量场 $\vec{F} = \begin{bmatrix} -y \\ x \\ xz \end{bmatrix}$ 的 curl 和 div 是什么?

6.8.4 证明定理 6.8.3 的第三部分.

6.8.5 计算下列函数的梯度:

a. $f\begin{pmatrix} x \\ y \end{pmatrix} = y^2$; b. $f\begin{pmatrix} x \\ y \end{pmatrix} = x^2 - y^2$;

c. $f\begin{pmatrix} x \\ y \end{pmatrix} = \ln(x^2 + y^2)$; d. $f\begin{pmatrix} x \\ y \\ z \end{pmatrix} = \ln|x+y+z|$.

6.8.6 通过按照定义计算并在向量 $\vec{\mathbf{v}} = \begin{pmatrix} a \\ b \\ c \end{pmatrix}$ 上求值来证明: 当 $f\begin{pmatrix} x \\ y \\ z \end{pmatrix} = xyz$ 的时候, $\mathbf{d}f = W_{\operatorname{grad} f}$.

6.8.7 令 $\varphi = xy\,\mathrm{d}x + z\,\mathrm{d}y + yz\,\mathrm{d}z$ 为 $\mathbb{R}^3$ 上的一个 1–形式. 对于哪些向量场 $\vec{F}$, φ 可以写成 $\mathbf{d}W_{\vec{F}}$? 通过按照定义的计算来证明 $\mathbf{d}W_{\vec{F}}$ 和 $\Phi_{\vec{\nabla}\times\vec{F}}$ 的等价性.

6.8.8 a. 对于哪些向量场 $\vec{F}$, $\mathbb{R}^3$ 上的 2–形式

$$xy\,\mathrm{d}x\wedge\mathrm{d}y + x\,\mathrm{d}y\wedge\mathrm{d}z + xy\,\mathrm{d}x\wedge\mathrm{d}z$$

为通量形式场 $\Phi_{\vec{F}}$?

b. 利用定理 6.7.4, 计算 $xy\,\mathrm{d}x\wedge\mathrm{d}y + x\,\mathrm{d}y\wedge\mathrm{d}z + xy\,\mathrm{d}x\wedge\mathrm{d}z$ 的外导数. 证明它与 $\operatorname{div}\vec{F}$ 的质量形式场相同.

6.8.9 a. 令 $\vec{F} = \begin{bmatrix} F_1 \\ F_2 \end{bmatrix}$ 为平面上的向量场. 证明: 如果 $\vec{F}$ 是一个 C^2 函数的梯度, 则 $D_2F_1 = D_1F_2$.

b. 证明: 当 f 二阶可微, 但是二阶导数不连续的时候, 上述结论不一定是成立的.

6.8.10 a. $\mathbf{d}W_{\begin{bmatrix} 0 \\ 0 \\ x \end{bmatrix}}$ 是什么? $\mathbf{d}W_{\begin{bmatrix} 0 \\ 0 \\ x \end{bmatrix}}(P_{\begin{bmatrix} 0 \\ 0 \\ 0 \end{bmatrix}}(\vec{\mathbf{e}}_1, \vec{\mathbf{e}}_3))$ 是什么?

b. 根据定义直接计算 $\mathbf{d}W_{\begin{bmatrix} 0 \\ 0 \\ x \end{bmatrix}}(P_{\begin{bmatrix} 0 \\ 0 \\ 0 \end{bmatrix}}(\vec{\mathbf{e}}_1, \vec{\mathbf{e}}_3))$?

6.8.11 下列式子的外导数是什么?

a. $W_{\begin{bmatrix} x \\ y \\ z \end{bmatrix}}$;　　b. $\Phi_{\begin{bmatrix} x \\ y \\ z \end{bmatrix}}$.

6.8.12 a. $\vec{F}\begin{pmatrix} x \\ y \\ z \end{pmatrix} = \begin{bmatrix} x^2 \\ y^2 \\ yz \end{bmatrix}$ 的散度是什么?

b. 利用 a 问, 计算 $\mathbf{d}\Phi_{\vec{F}}P_{\begin{pmatrix} 1 \\ 1 \\ 2 \end{pmatrix}}(\vec{\mathbf{e}}_1, \vec{\mathbf{e}}_2, \vec{\mathbf{e}}_3)$.

c. 根据外导数的定义, 再计算一次.

$$\begin{bmatrix} x^2y \\ -2yz \\ x^3y^2 \end{bmatrix}, \begin{bmatrix} \sin(xz) \\ \cos(yz) \\ xyz \end{bmatrix}$$

练习 6.8.13 中的向量场.

6.8.13 a. 计算边注中的向量场的散度和旋度.

b. 根据外导数的定义, 再计算一次.

6.8.14 证明: $\operatorname{grad}\operatorname{div}\vec{\mathbf{F}} - \operatorname{curl}\operatorname{curl}\vec{\mathbf{F}} = \begin{bmatrix} \Delta F_1 \\ \Delta F_2 \\ \Delta F_3 \end{bmatrix}$.

6.9 回 调

为证明斯托克斯定理, 我们将需要形式场的**回调**(pullback). 回调描述了被积函数在换元的时候如何变换; 它在被给出适当的定义之前已经使用了 200 多年. 当你写 "令 $x = f(u)$, 使得 $\mathrm{d}x = f'(u)\,\mathrm{d}u$" 的时候, 你是在计算一个回调 $f^*\,\mathrm{d}x = f'(u)\,\mathrm{d}u$. 这种计算以及在多变量时更为令人怀疑的计算, 在 18 世纪和 19 世纪都一直在被使用. 在第 6 章它被隐含着使用, 实际上构成了初等微积分以及在 4.10 节发展的微积分的积分换元公式的基础. 嘉当在 1900 年前后发展了微分形式和外导数的概念, 主要是为了使得这些计算更为精确. 这一节的核心结果是定理 6.9.8.

线性变换的回调

我们将从通过线性变换的形式的回调这个最简单的例子开始.

嘉当 (图 6.9.1) 将微分形式理论形式化. 其他的与推广的斯托克斯定理相联系的名字包括庞加莱、沃尔泰拉 (Vito Volterra) 和布劳维尔 (Luitzen Brouwer).

嘉当的儿子亨利 (他曾担任约翰 · 哈马尔 · 哈巴德博士答辩委员会的主席) 是一位著名的数学家; 他于 2008 年 8 月 13 日去世, 享年 104 岁. 嘉当的另一个儿子是一位物理学家, 于 1942 年在德国被逮捕, 15 个月之后被处以死刑.

定义 6.9.1 (通过线性变换的回调). 令 V, W 为向量空间, $T\colon V \to W$ 为一个线性变换, φ 为 W 上的一个常数 k–形式. 则由 T 得到的**回调**为映射 $T^*\colon A_c^k(W) \to A_c^k(V)$, 定义为

$$T^*\varphi(\vec{\mathbf{v}}_1, \cdots, \vec{\mathbf{v}}_k) \stackrel{\text{def}}{=} \varphi\big(T(\vec{\mathbf{v}}_1), \cdots, T(\vec{\mathbf{v}}_k)\big), \tag{6.9.1}$$

且 k–形式 $T^*\varphi$ 称为由 T 得到的 φ 的**回调**.

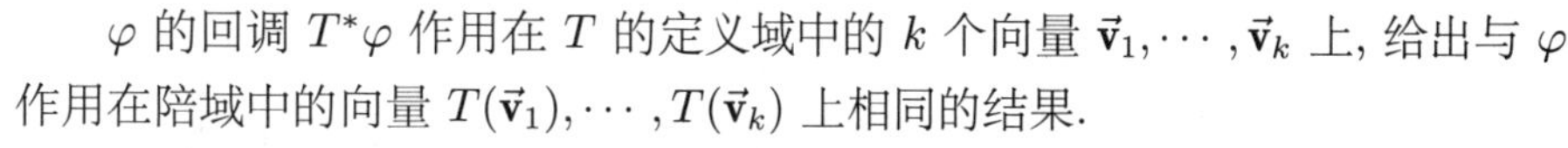

φ 的回调 $T^*\varphi$ 作用在 T 的定义域中的 k 个向量 $\vec{\mathbf{v}}_1, \cdots, \vec{\mathbf{v}}_k$ 上, 给出与 φ 作用在陪域中的向量 $T(\vec{\mathbf{v}}_1), \cdots, T(\vec{\mathbf{v}}_k)$ 上相同的结果.

图 6.9.1
嘉当 (Elie Cartan, 1869 — 1951)

注意到两个形式需要有相同的阶: 它们都作用在同样数量的向量上. 但是定义域 V 和陪域 W 可以具有不同的维数.

从定义 6.9.1 可以立即得到 $T^*\colon A_c^k(W) \to A_c^k(V)$ 是线性的, 练习 6.9.1 让你证明这一点. 下面的命题以及 T^* 的线性性给出了一个冗长但是直接的方法来计算任何形式通过一个线性变换 $T\colon \mathbb{R}^n \to \mathbb{R}^m$ 的回调.

φ 的回调 $T^*\varphi$ 读作 "T 星号 φ".

命题 6.9.2 (通过线性变换计算回调). 令 $T\colon \mathbb{R}^n \to \mathbb{R}^m$ 为一个线性变换. 用 $x_1, \cdots, x_n$ 表示 $\mathbb{R}^n$ 中的坐标, 用 $y_1, \cdots, y_m$ 表示 $\mathbb{R}^m$ 中的坐标. 则

$$T^*(\mathrm{d}y_{i_1} \wedge \cdots \wedge \mathrm{d}y_{i_k}) = \sum_{1 \leqslant j_1 < \cdots < j_k \leqslant n} b_{j_1,\cdots,j_k}\,\mathrm{d}x_{j_1} \wedge \cdots \wedge \mathrm{d}x_{j_k}, \tag{6.9.2}$$

其中 $b_{j_1,\cdots,j_k}$ 是通过取 T 的矩阵得到的数; 按这个顺序选取它的行 $i_1, \cdots, i_k$; 选取它的列 $j_1, \cdots, j_k$; 然后取所得到的矩阵的行列式.

矩阵的方形的子矩阵叫作子式 (minor). 子式的行列式出现在很多的情景中. 这个构造的真正意义由命题 6.9.2 给出.

例 6.9.3 (计算回调). 令 $T\colon \mathbb{R}^4 \to \mathbb{R}^3$ 为由矩阵 $[T] = \begin{bmatrix} 1 & 0 & 0 & 1 \\ 0 & 1 & 0 & 1 \\ 0 & 0 & 1 & 1 \end{bmatrix}$ 给出的线性变换. 则

因为我们是在计算回调 $T^*\,\mathrm{d}y_2 \wedge \mathrm{d}y_3$, 我们取 T 的第二行和第三行, 然后选出第一列和第二列作为 $b_{1,2}$, 第一列和第三列作为 $b_{1,3}$, 依此类推.

$$\begin{aligned} T^*(\mathrm{d}y_2 \wedge \mathrm{d}y_3) \; = \;& b_{1,2}\,\mathrm{d}x_1 \wedge \mathrm{d}x_2 + b_{1,3}\,\mathrm{d}x_1 \wedge \mathrm{d}x_3 + b_{1,4}\,\mathrm{d}x_1 \wedge \mathrm{d}x_4 \\ & + b_{2,3}\,\mathrm{d}x_2 \wedge \mathrm{d}x_3 + b_{2,4}\,\mathrm{d}x_2 \wedge \mathrm{d}x_4 + b_{3,4}\,\mathrm{d}x_3 \wedge \mathrm{d}x_4, \end{aligned} \tag{6.9.3}$$

其中

$$b_{1,2}=\det\begin{bmatrix}0&1\\0&0\end{bmatrix}=0,\ b_{1,3}=\det\begin{bmatrix}0&0\\0&1\end{bmatrix}=0,\ b_{1,4}=\det\begin{bmatrix}0&1\\0&1\end{bmatrix}=0,$$
$$b_{2,3}=\det\begin{bmatrix}1&0\\0&1\end{bmatrix}=1,\ b_{2,4}=\det\begin{bmatrix}1&1\\0&1\end{bmatrix}=1,\ b_{3,4}=\det\begin{bmatrix}0&1\\1&1\end{bmatrix}=-1.$$

所以

$$T^*\,\mathrm{d}y_2\wedge\mathrm{d}y_3=\mathrm{d}x_2\wedge\mathrm{d}x_3+\mathrm{d}x_2\wedge\mathrm{d}x_4-\mathrm{d}x_3\wedge\mathrm{d}x_4.\quad\triangle\tag{6.9.4}$$

证明: 因为 $\mathbb{R}^n$ 上的任意 k–形式都具有

$$\sum_{1\leqslant j_1<\cdots<j_k\leqslant n} b_{j_1,\cdots,j_k}\,\mathrm{d}x_{j_1}\wedge\cdots\wedge\mathrm{d}x_{j_k}\tag{6.9.5}$$

的形式, 唯一的问题是计算系数. 这与定理 6.1.8 的证明中的等式 (6.1.24) 类似:

$$\begin{aligned}b_{j_1,\cdots,j_k}&=(T^*\,\mathrm{d}y_{i_1}\wedge\cdots\wedge\mathrm{d}y_{i_k})(\vec{\mathbf{e}}_{j_1},\cdots,\vec{\mathbf{e}}_{j_k})\\&=(\,\mathrm{d}y_{i_1}\wedge\cdots\wedge\mathrm{d}y_{i_k})\big(T(\vec{\mathbf{e}}_{j_1}),\cdots,T(\vec{\mathbf{e}}_{j_k})\big).\end{aligned}\tag{6.9.6}$$

这就是我们所需要的: $\mathrm{d}y_{i_1}\wedge\cdots\wedge\mathrm{d}y_{i_k}$ 从矩阵 $[T(\vec{\mathbf{e}}_{j_1}),\cdots,T(\vec{\mathbf{e}}_{j_k})]$ 中选出对应的行. 这恰好就是由 $[T]$ 的第 $j_1,\cdots,j_k$ 列构成的矩阵. □

通过 C^1 映射的 k–形式场的回调

如果 $X\subset\mathbb{R}^n$, $Y\subset\mathbb{R}^m$ 为开子集, $\mathbf{f}$: $X\to Y$ 为一个 C^1 映射, 则我们可以用 $\mathbf{f}$ 来把 Y 上的 k–形式场回调到 X 上的 k–形式场.

定义 6.9.4 (通过 C^1 映射的回调). 如果 φ 是 Y 上的一个 k–形式场, $\mathbf{f}$: $X\to Y$ 是一个 C^1 映射, 则 $\mathbf{f}^*$: $A^k(Y)\to A^k(X)$ 定义为

$$(\mathbf{f}^*\varphi)\big(P_{\mathbf{x}}(\vec{\mathbf{v}}_1,\cdots,\vec{\mathbf{v}}_k)\big)\overset{\mathrm{def}}{=}\varphi\big(P_{\mathbf{f}(\mathbf{x})}([\mathbf{Df}(\mathbf{x})]\vec{\mathbf{v}}_1,\cdots,[\mathbf{Df}(\mathbf{x})]\vec{\mathbf{v}}_k)\big).\tag{6.9.7}$$

定义 6.9.4 说明, $\mathbf{f}^*$ 是一个从 $A^k(Y)$ 到 $A^k(X)$ 的线性变换:

$$\mathbf{f}^*(\varphi_1+\varphi_2)=\mathbf{f}^*(\varphi_1)+\mathbf{f}^*(\varphi_2),$$
$$\mathbf{f}^*(a\varphi)=a\mathbf{f}^*(\varphi).$$

如果回调对你来说看上去不自然, 注意当 φ 是一个 0–形式 (也就是一个函数 g) 的时候, 回调是表示复合

$$\mathbf{f}^*g=g\circ\mathbf{f}$$

的另一种方法, 因为

$$\begin{aligned}\mathbf{f}^*g(P_{\mathbf{x}})&=g(P_{\mathbf{f}(\mathbf{x})})=g\big(\mathbf{f}(\mathbf{x})\big)\\&=g\circ\mathbf{f}(P_{\mathbf{x}}).\end{aligned}$$

如果 $k=n$, 使得 $\mathbf{f}(X)$ 可以被看作一个参数化的定义域, 则在一个参数化的定义域上的积分的定义 6.2.1 可以写为

$$\int_{\mathbf{f}(X)}\varphi=\int_X\mathbf{f}^*\varphi.\tag{6.9.8}$$

因此, 我们在第 6 章中都在使用回调.

例 6.9.5 (通过 C^1 映射的回调). 定义 $\mathbf{f}$: $\mathbb{R}^2\to\mathbb{R}^3$ 为

$$\mathbf{f}\begin{pmatrix}x_1\\x_2\end{pmatrix}=\begin{pmatrix}x_1^2\\x_1x_2\\x_2^2\end{pmatrix}.\tag{6.9.9}$$

我们将计算 $\mathbf{f}^*(y_2\,\mathrm{d}y_1\wedge\mathrm{d}y_3)$. 当然

$$\mathbf{f}^*(y_2\,\mathrm{d}y_1\wedge\mathrm{d}y_3)=b\,\mathrm{d}x_1\wedge\mathrm{d}x_2 \tag{6.9.10}$$

对于某个函数 $b\colon\mathbb{R}^2\to\mathbb{R}$ 成立. 目标是计算这个函数

$$\begin{aligned} b\begin{pmatrix}x_1\\x_2\end{pmatrix} &= b\begin{pmatrix}x_1\\x_2\end{pmatrix}\mathrm{d}x_1\wedge\mathrm{d}x_2\left(\begin{bmatrix}1\\0\end{bmatrix},\begin{bmatrix}0\\1\end{bmatrix}\right)\\ &= \mathbf{f}^*(y_2\,\mathrm{d}y_1\wedge\mathrm{d}y_3)\left(P_{\begin{pmatrix}x_1\\x_2\end{pmatrix}}\left(\begin{bmatrix}1\\0\end{bmatrix},\begin{bmatrix}0\\1\end{bmatrix}\right)\right)\\ &= (y_2\,\mathrm{d}y_1\wedge\mathrm{d}y_3)\left(P_{\begin{pmatrix}x_1^2\\x_1x_2\\x_2^2\end{pmatrix}}\left(\begin{bmatrix}2x_1\\x_2\\0\end{bmatrix},\begin{bmatrix}0\\x_1\\2x_2\end{bmatrix}\right)\right)\\ &= x_1x_2\det\begin{bmatrix}2x_1&0\\0&2x_2\end{bmatrix}\\ &= 4x_1^2x_2^2. \end{aligned} \tag{6.9.11}$$

所以我们有 $\mathbf{f}^*(y_2\,\mathrm{d}y_1\wedge\mathrm{d}y_3)=4x_1^2x_2^2\,\mathrm{d}x_1\wedge\mathrm{d}x_2$. △

回调和复合

为了证明斯托克斯定理, 我们需要知道回调在复合下的行为. 如果 S 和 T 是线性变换, 则

$$\begin{aligned} (S\circ T)^*\varphi(\vec{\mathbf{v}}_1,\cdots,\vec{\mathbf{v}}_k) &= \varphi\big((S\circ T)(\vec{\mathbf{v}}_1),\cdots,(S\circ T)(\vec{\mathbf{v}}_k)\big)\\ &= S^*\varphi\big(T(\vec{\mathbf{v}}_1),\cdots,T(\vec{\mathbf{v}}_k)\big)\\ &= T^*S^*\varphi(\vec{\mathbf{v}}_1,\cdots,\vec{\mathbf{v}}_k). \end{aligned} \tag{6.9.12}$$

因此, $(S\circ T)^*=T^*S^*$. 同样的公式对通过 C^1 映射的形式场的回调也成立.

命题 6.9.6 (通过复合的回调). 如果 $X\subset\mathbb{R}^n$, $Y\subset\mathbb{R}^m$, $Z\subset\mathbb{R}^p$ 为开的, $\mathbf{f}\colon X\to Y$ 和 $\mathbf{g}\colon Y\to Z$ 是 C^1 映射, φ 是 Z 上的一个 k–形式, 则

$$(\mathbf{g}\circ\mathbf{f})^*\varphi=\mathbf{f}^*\mathbf{g}^*\varphi. \tag{6.9.13}$$

证明: 下式可从链式法则得到

$$\begin{aligned} (\mathbf{g}\circ\mathbf{f})^*\varphi\big(P_{\mathbf{x}}(\vec{\mathbf{v}}_1,\cdots,\vec{\mathbf{v}}_k)\big) &= \varphi\Big(P_{\mathbf{g}(\mathbf{f}(\mathbf{x}))}\big([\mathbf{D}(\mathbf{g}\circ\mathbf{f})(\mathbf{x})]\vec{\mathbf{v}}_1,\cdots,[\mathbf{D}(\mathbf{g}\circ\mathbf{f})(\mathbf{x})]\vec{\mathbf{v}}_k\big)\Big)\\ &= \varphi\Big(P_{\mathbf{g}(\mathbf{f}(\mathbf{x}))}\big([\mathbf{Dg}(\mathbf{f}(\mathbf{x}))]\vec{\mathbf{v}}_1,\cdots,[\mathbf{Dg}(\mathbf{f}(\mathbf{x}))]\vec{\mathbf{v}}_k\big)\Big)\\ &= \mathbf{g}^*\varphi\Big(P_{\mathbf{f}(\mathbf{x})}\big([\mathbf{Df}(\mathbf{x})]\vec{\mathbf{v}}_1,\cdots,[\mathbf{Df}(\mathbf{x})]\vec{\mathbf{v}}_k\big)\Big)\\ &= \mathbf{f}^*\mathbf{g}^*\varphi\Big(P_{\mathbf{x}}(\vec{\mathbf{v}}_1,\cdots,\vec{\mathbf{v}}_k)\Big). \quad\square \end{aligned} \tag{6.9.14}$$

等式 (6.9.14) 中的第一、三和四个等式分别是对于 $\mathbf{g}\circ\mathbf{f}, \mathbf{g}$ 和 $\mathbf{f}$ 的回调的定义. 第二个等式是链式法则.

楔积和外导数是内在的

命题 6.9.7 和定理 6.9.8 说的是, 楔积和外导数是独立于坐标的.

在例 6.9.5 中, 我们从定义开始工作. 但利用命题 6.9.7, 我们可以更容易地计算回调:

$$\begin{aligned}&\mathbf{f}^*(y_2\,\mathrm{d}y_1\wedge \mathrm{d}y_3)\\ =\;&(x_1x_2)\big(\mathbf{d}(x_1^2)\wedge \mathbf{d}(x_2^2)\big)\\ =\;&(x_1x_2)(2x_1\,\mathrm{d}x_1)\wedge(2x_2\,\mathrm{d}x_2)\\ =\;&4x_1^2x_2^2\,\mathrm{d}x_1\wedge \mathrm{d}x_2.\end{aligned}$$

我们用 $\mathrm{Perm}(k,l)$ 表示这些置换, 与在定义 6.1.12 中一样.

命题 6.9.7 (回调和楔积). 令 $X\subset\mathbb{R}^n, Y\subset\mathbb{R}^m$ 为开的, $\mathbf{f}: X\to Y$ 为一个 C^1 映射, φ 和 ψ 分别是 Y 上的一个 k–形式和一个 l–形式, 则

$$\mathbf{f}^*\varphi\wedge\mathbf{f}^*\psi=\mathbf{f}^*(\varphi\wedge\psi). \tag{6.9.15}$$

证明: 这是那些你写下定义, 然后就可以一步一步进行下去的证明之一. 我们来阐述当 $\mathbf{f}=T$ 是线性的时候的情况; 我们把一般的情况留作练习 6.9.2. 回忆到, 楔积是一个在 $\{1,\cdots,k+l\}$ 的所有置换 σ 上的特定的求和, 满足

$$\sigma(1)<\cdots<\sigma(k) \text{ 且 } \sigma(k+1)<\cdots<\sigma(k+l). \tag{6.9.16}$$

我们发现

$$\begin{aligned}&T^*(\varphi\wedge\psi)(\vec{\mathbf{v}}_1,\cdots,\vec{\mathbf{v}}_{k+l})=(\varphi\wedge\psi)\big(T(\vec{\mathbf{v}}_1),\cdots,T(\vec{\mathbf{v}}_{k+l})\big)\\ =&\sum_{\sigma\in\mathrm{Perm}(k,l)}\mathrm{sgn}(\sigma)\varphi\big(T(\vec{\mathbf{v}}_{\sigma(1)}),\cdots,T(\vec{\mathbf{v}}_{\sigma(k)})\big)\Big(\psi\big(T(\vec{\mathbf{v}}_{\sigma(k+1)}),\cdots,T(\vec{\mathbf{v}}_{\sigma(k+l)})\big)\Big)\\ =&\sum_{\sigma\in\mathrm{Perm}(k,l)}\mathrm{sgn}(\sigma)T^*\varphi\big(\vec{\mathbf{v}}_{\sigma(1)},\cdots,\vec{\mathbf{v}}_{\sigma(k)}\big)T^*\psi\big(\vec{\mathbf{v}}_{\sigma(k+1)},\cdots,\vec{\mathbf{v}}_{\sigma(k+l)}\big)\\ =&(T^*\varphi\wedge T^*\psi)(\vec{\mathbf{v}}_1,\cdots,\vec{\mathbf{v}}_{k+l}).\quad\square\end{aligned} \tag{6.9.17}$$

下一个定理有着 “单纯” 的外表 $\mathbf{df}^*=\mathbf{f}^*\mathbf{d}$. 但这个公式说的是一些十分深奥的内容. 为了定义外导数, 我们使用了平行四边形 $P_{\mathbf{x}}(\mathbf{v}_1,\cdots,\vec{\mathbf{v}}_k)$. 要做到这一点, 我们需要知道如何从一点到另一点画直线; 我们用的是向量空间的线性 (直的) 结构. (我们使用了 $\mathbb{R}^n$, 但是任意的向量空间都是可以的.) 定理 6.9.8 说明, “曲边平行四边形” (流形的一小部分) 也同样可以. 因此, 外导数并没有被限制在向量空间上的形式上.

在这本书中, 我们讨论了向量空间上的形式, 但微分形式可以定义在嵌入在 $\mathbb{R}^n$ 中的流形上, 以及抽象的流形上. 定理 6.9.8 说明, 对于这些形式, 存在外导数.

我们使用 “内在” 的意思是 “继承: 独立于一些外部条件或者外部的情况”. 一个形式用 C^1 映射的回调是 C^1 的换元. 等式 (6.9.18) 说明, 当一个形式通过 C^1 映射回调的时候, 它的外导数保持不变, 适当地转化为新的变量.

嘉当证明了, 外导数是唯一不用指定任何外部结构就可以定义在流形上的微分算子 (除了恒等算子的倍数).

特别地, 梯度需要额外的结构: 内积.

定理 6.9.8 (外导数是内在的). 令 $X\subset\mathbb{R}^n, Y\subset\mathbb{R}^m$ 为开集, 令 $\mathbf{f}: X\to Y$ 为一个 C^1 映射. 如果 φ 是 Y 上的一个 k–形式场, 则

$$\mathbf{df}^*\varphi=\mathbf{f}^*\mathbf{d}\varphi. \tag{6.9.18}$$

证明: 我们将通过对 k 进行归纳来证明这个定理. 当 $k=0$ 的时候, $\varphi=g$ 是一个函数, 是链式法则的一个应用:

$$\begin{aligned}\mathbf{f}^*\mathbf{d}g\big(P_{\mathbf{x}}(\vec{\mathbf{v}})\big)&=\mathbf{d}g\big(P_{\mathbf{f}(\mathbf{x})}([\mathbf{Df}(\mathbf{x})]\vec{\mathbf{v}})\big)=[\mathbf{D}g(\mathbf{f}(\mathbf{x}))][\mathbf{Df}(\mathbf{x})]\vec{\mathbf{v}}\\ &=[\mathbf{D}(g\circ\mathbf{f})(\mathbf{x})]\vec{\mathbf{v}}=\mathbf{d}(g\circ\mathbf{f})\big(P_{\mathbf{x}}(\vec{\mathbf{v}})\big)=\mathbf{d}(\mathbf{f}^*g)\big(P_{\mathbf{x}}(\vec{\mathbf{v}})\big).\end{aligned} \tag{6.9.19}$$

如果 $k>0$, 则只要证明当我们可以写 $\varphi=\psi\wedge\mathrm{d}x_i$, 其中 ψ 是一个 $(k-1)$–形式的时候的结果就足够了. 因此

$$\mathbf{f}^*\mathbf{d}(\psi\wedge\mathrm{d}x_i)\overbrace{=}^{\text{定理 6.7.9}}\mathbf{f}^*(\mathbf{d}\psi\wedge\mathrm{d}x_i+\overbrace{(-1)^{k-1}\psi\wedge\mathbf{d}\,\mathrm{d}x_i}^{0,\text{因为}\mathbf{d}\,\mathrm{d}x_1=0})$$

$$\underbrace{=}_{\text{命题 6.9.7}} \mathbf{f}^*(\mathbf{d}\psi)\wedge \mathbf{f}^*\,\mathrm{d}x_i \underbrace{=}_{\text{归纳假设}} \mathbf{d}(\mathbf{f}^*\psi)\wedge \mathbf{f}^*\,\mathrm{d}x_i. \quad (6.9.20)$$

而

$$\begin{aligned}\mathbf{d}\mathbf{f}^*(\psi\wedge \mathrm{d}x_i) &= \mathbf{d}(\mathbf{f}^*\psi+\mathbf{f}^*\,\mathrm{d}x_i) \overbrace{=}^{\text{定理 6.7.9}} \big(\mathbf{d}(\mathbf{f}^*\psi)\big)\wedge \mathbf{f}^*\,\mathrm{d}x_i+(-1)^{k-1}\mathbf{f}^*\psi\wedge \mathbf{d}(\mathbf{f}^*\,\mathrm{d}x_i)\\ &= \big(\mathbf{d}(\mathbf{f}^*\psi)\big)\wedge \mathbf{f}^*\,\mathrm{d}x_i+(-1)^{k-1}\mathbf{f}^*\psi\wedge \mathbf{d}\mathbf{d}\mathbf{f}^* x_i\\ &= \big(\mathbf{d}(\mathbf{f}^*\psi)\big)\wedge \mathbf{f}^*\,\mathrm{d}x_i. \qquad \triangle \qquad (6.9.21)\end{aligned}$$

等式 (6.9.21): 第一行的 $\mathbf{d}(\mathbf{f}^*\,\mathrm{d}x_i)$ 变成了第二行的 $\mathbf{ddf}^*x_i$. 根据归纳法, 这个替换是被允许的 (它是 $k=0$ 的情况), 因为 x_i 是一个函数. 事实上, $\mathbf{f}^*x_i=f_i$, $\mathbf{f}$ 的第 i 个分量. 当然 $\mathbf{ddf}^*x_i=0$, 因为它是取两次外导数.

注释. 定理 6.9.8 的这个证明完全不能令人满意; 它没有解释为什么结果是正确的. 给出一个概念上的证明是很有可能的, 但那个证明与定理 6.7.4 的证明一样难 (而且大部分都是重复的). 定理 6.7.4 的这个证明非常难, 当前的证明确实是建立在我们在那里所做的工作的基础上的. △

6.9 节的练习

6.9.1 a. 证明: 如果 $T: V\to W$ 为一个线性变换, 则回调 $T^*\colon A_c^k(W)\to A_c^k(V)$ 是线性的.

b. 证明: 由一个 C^1 映射的回调是线性的.

6.9.2 在正文中, 我们证明了命题 6.9.7 在映射 $\mathbf{f}$ 为线性的时候的特殊情况. 请证明一般的情况, 其中 $\mathbf{f}$ 只能被假设为属于 C^1 类.

6.9.3 令 $U\subset\mathbb{R}^n$ 为开的, $f\colon U\to\mathbb{R}^m$ 属于 C^1 类, ξ 为 $\mathbb{R}^m$ 上的一个向量场.

a. 证明: $(f^*W_\xi)(\mathbf{x})=W_{[\mathbf{D}f(\mathbf{x})]^{\top}\xi(\mathbf{x})}$.

b. 令 $m=n$. 证明: 如果 $[\mathbf{D}f(\mathbf{x})]$ 是可逆的, 则

$$(f^*\Phi_\xi)(\mathbf{x})=\det[\mathbf{D}f(\mathbf{x})]\Phi_{[\mathbf{D}f(\mathbf{x})]^{-1}\xi(\mathbf{x})}.$$

练习 6.9.3 c 问中的矩阵 $\mathrm{adj}(A)$ 是 A 的伴随矩阵. b 问中的方程是不令人满意的: 它没有说在 $n\times n$ 的矩阵 $[\mathbf{D}f(\mathbf{x})]$ 不可逆的时候, 如何把 $(f^*\Phi_\xi)(\mathbf{x})$ 表示为一个向量场的通量. c 问处理的是这种情况.

c. 令 $m=n$, A 为一个方形矩阵, $A_{[j,i]}$ 为通过从 A 中去掉第 j 行和第 i 列得到的矩阵. 令 $\mathrm{adj}(A)$ 为第 (i,j) 项是 $\big(\mathrm{adj}(A)\big)_{i,j}=(-1)^{i+j}\det A_{[j,i]}$ 的矩阵. 证明

$$A\big(\mathrm{adj}(A)\big)=(\det A)I \text{ 以及 } f^*\Phi_\xi(\mathbf{x})=\Phi_{\mathrm{adj}([\mathbf{D}f(\mathbf{x})])\xi(\mathbf{x})}.$$

6.10　广义斯托克斯定理

我们努力地定义了外导数, 定义了流形和边界的定向. 现在, 我们将要为我们的劳动收获一些回报了: 微积分基本定理在高维度的类比, 斯托克斯定理. 它用一个陈述就包括了向量微积分的四个积分定理, 我们将在 6.11 节来讨论它们.

我们先来回顾一下微积分基本定理:

定理 6.10.1 (微积分基本定理). 如果 f 是 $[a,b]$ 的邻域上的一个 C^1 函数, 则

$$\int_a^b f'(t)\,\mathrm{d}t = f(b) - f(a). \tag{6.10.1}$$

把这个定理重新叙述为

$$\int_{[a,b]} \mathbf{d}f = \int_{\partial[a,b]} f, \tag{6.10.2}$$

也就是, $\mathbf{d}f$ 在定向区间 $[a,b]$ 上的积分等于 f 在区间的定向边界 $+b-a$ 上的积分. 这就是定理 6.10.2 在 $k=n=1$ 时的情况.

广义斯托克斯定理的特殊情况将在 6.11 节讨论.

定理 6.10.2 可能是数学家从局部属性推导出全局属性的最好的工具. 这是一个绝妙的定理, 通常被称作广义斯托克斯定理, 以把它与也被称作斯托克斯定理的特例 ($\mathbb{R}^3$ 上的曲面) 加以区分.

定理 6.10.2 (广义斯托克斯定理). 令 X 为 $\mathbb{R}^n$ 中 k 维定向的光滑流形M的一个带有边界的小片. 给 X 的边界 ∂X 赋予边界定向. 令 φ 为一个属于 C^2 类的定义在包含 X 的开子集上的 $(k-1)$–形式. 则

$$\int_{\partial X} \varphi = \int_X \mathbf{d}\varphi. \tag{6.10.3}$$

定理 6.10.2: 很多都隐藏在了方程

$$\int_{\partial X} \varphi = \int_X \mathbf{d}\varphi$$

的背后. 首先, 我们只能在流形上积分形式, X 的边界不是一个流形, 所以就算它很 "优雅", 但方程并没有意义. 我们的意思是, 根据命题 6.6.3 和定义 6.6.21, 有

$$\int_{\partial_M^s X} \varphi = \int_X \mathbf{d}\varphi.$$

光滑边界是一个定向流形. 因为根据带有边界的小片的定义, 边界中的非光滑点的集合的 $(k-1)$ 维体积为 0, 我们可以设

$$\int_{\partial X} \varphi \stackrel{\text{def}}{=} \int_{\partial_M^s X} \varphi.$$

其次, 光滑边界通常是不紧致的, 所以我们如何知道积分是有定义的 (它不发散)? 这就是为什么我们需要带有边界的小片的第二个条件: 其光滑边界的 $(k-1)$ 维体积为 0.

这个既漂亮又简短的陈述是形式理论的主要结果. 注意到, 等式 (6.10.3) 中的维数是合理的: 如果 X 是 k 维的, 则 ∂X 就是 $k-1$ 维的, 如果 φ 是一个 $(k-1)$–形式, 则 $\mathbf{d}\varphi$ 就是一个 k–形式, 所以 $\mathbf{d}\varphi$ 可以在 X 上积分, φ 可以在 ∂X 上积分.

每次你使用反导数计算一个积分的时候, 就可以应用斯托克斯定理: 要计算 1–形式 $f\,\mathrm{d}x$ 在定向线段 $[a,b]$ 上的积分, 你要从寻找一个满足 $\mathbf{d}g = f\,\mathrm{d}x$ 的函数 g 开始, 然后说明

$$\int_a^b f\,\mathrm{d}x = \int_{[a,b]} \mathbf{d}g = \int_{\partial[a,b]} g = g(b) - g(a). \tag{6.10.4}$$

这并不是斯托克斯定理在高维度上的通常的使用方式, 在通常的使用方式中, "寻找反导数" 有着不同的意义.

例 6.10.3 (在一个正方形的边界上积分). 令 S 为由不等式 $|x|,|y| \leqslant 1$ 所描述的正方形, 具有标准定向. 要计算积分 $\int_C x\,\mathrm{d}y - y\,\mathrm{d}x$, 其中 C 是 S 的边界, 具有边界定向, 一种可能性是把正方形的四条边参数化 (小心地得到正确的定向), 然后在四条边上积分 $x\,\mathrm{d}y - y\,\mathrm{d}x$, 再相加. 另一种可能性是利用斯托克斯定理:

$$\int_C x\,\mathrm{d}y - y\,\mathrm{d}x = \int_S \mathbf{d}(x\,\mathrm{d}y - y\,\mathrm{d}x) = \int_S 2\,\mathrm{d}x \wedge \mathrm{d}y = \int_S 2|\,\mathrm{d}x\,\mathrm{d}y| = 8. \tag{6.10.5}$$

(正方形的边长为 2, 所以其面积为 4.)　△

$x\,\mathrm{d}y+y\,\mathrm{d}x$ 在 C 上的积分是什么? 到下面检查你的结果.[12]

例 6.10.4 (在一个立方体的边界上积分). 我们在由 $0\leqslant x,y,z\leqslant a$ 给出的立方体的边界 C_a 上积分 2–形式:

$$\varphi=(x-y^2+z^3)(\mathrm{d}y\wedge\mathrm{d}z+\mathrm{d}x\wedge\mathrm{d}z+\mathrm{d}x\wedge\mathrm{d}y). \tag{6.10.6}$$

通过把立方体的所有 6 个面参数化, 非常有可能直接进行积分, 但是斯托克斯定理把问题给显著地简化了. 计算 φ 的外导数给出

$$\begin{aligned}\mathbf{d}\varphi &= \mathrm{d}x\wedge\mathrm{d}y\wedge\mathrm{d}z-2y\,\mathrm{d}y\wedge\mathrm{d}x\wedge\mathrm{d}z+3z^2\,\mathrm{d}z\wedge\mathrm{d}x\wedge\mathrm{d}y\\ &= (1+2y+3z^2)\,\mathrm{d}x\wedge\mathrm{d}y\wedge\mathrm{d}z,\end{aligned} \tag{6.10.7}$$

所以, 我们有

$$\begin{aligned}\int_{\partial C_a}\varphi &= \int_{C_a}(1+2y+3z^2)\,\mathrm{d}x\wedge\mathrm{d}y\wedge\mathrm{d}z\\ &= \int_0^a\int_0^a\int_0^a(1+2y+3z^2)\,\mathrm{d}x\,\mathrm{d}y\,\mathrm{d}z\\ &= a^2([x]_0^a+[y^2]_0^a+[z^3]_0^a)\\ &= a^2(a+a^2+a^3). \qquad \triangle\end{aligned} \tag{6.10.8}$$

回忆到 (定义 6.6.8) 一个带有边界的小片是紧致的, 没有这个假设, 斯托克斯定理将不成立: 证明用到了海因–波莱尔定理 (定理 A.3.3), 它对 $\mathbb{R}^n$ 的紧致子集有效.

对于斯托克斯定理的证明, 流形 M 必须至少是 C^2 类的; 在实践中, 它将总是属于 C^∞ 类的.

例 6.10.5 (斯托克斯定理: 一个难一点的例子). 现在, 我们来尝试一些类似但是更难的问题. 在由 $0\leqslant x_j\leqslant a$, $j=1,\cdots,n$ 给出的、具有标准定向的 n 维立方体 C_a 的边界上积分

$$\varphi=(x_1-x_2^2+x_3^3-\cdots\pm x_n^n)\left(\sum_{i=1}^n\mathrm{d}x_1\wedge\cdots\wedge\widehat{\mathrm{d}x_i}\wedge\cdots\wedge\mathrm{d}x_n\right). \tag{6.10.9}$$

这一次, 直接计算积分的想法是很难实现的: 参数化立方体的所有 $2n$ 个面, 等等. 使用斯托克斯定理来做这个也是很难的, 但要可控得多. 我们知道如何计算 $\mathbf{d}\varphi$, 即

$$\mathbf{d}\varphi=\underbrace{(1+2x_2+3x_3^2+\cdots+nx_n^{n-1})}_{\sum_{j=1}^n jx_j^{j-1}}\mathrm{d}x_1\wedge\cdots\wedge\mathrm{d}x_n, \tag{6.10.10}$$

$jx_j^{j-1}\,\mathrm{d}x_1\wedge\cdots\wedge\mathrm{d}x_n$ 在 C_a 上的积分为

$$\int_0^a\cdots\int_0^a jx_j^{j-1}\,\mathrm{d}x_1\cdots\mathrm{d}x_n=a^{j+n-1}, \tag{6.10.11}$$

所以, 整个积分为 $\displaystyle\sum_{j=1}^n a^{j+n-1}=a^n(1+a+\cdots+a^{n-1})$. $\triangle$

例 6.10.5: 如果你能够注意到可以被舍弃的项, 那么计算这个外导数就没有那么令人生畏了. 用 f 表示

$$(x_1-x_2^2+x_3^3-\cdots\pm x_n^n).$$

则

$$\begin{aligned}D_1f &= \mathrm{d}x_1,\\ D_2f &= -2x_2\,\mathrm{d}x_2,\\ D_3f &= 3x_3^2\,\mathrm{d}x_3,\end{aligned}$$

等等, 以 $\pm nx_n^{n-1}\,\mathrm{d}x_n$ 结束. 对于 D_1f, 在

$$\sum_{i=1}^n\mathrm{d}x_1\wedge\cdots\wedge\widehat{\mathrm{d}x_i}\wedge\cdots\wedge\mathrm{d}x_n$$

中唯一保留的是 $i=1$ 的项, 就是

$$\mathrm{d}x_1\wedge\mathrm{d}x_2\wedge\cdots\wedge\mathrm{d}x_n.$$

对于 D_2f, 求和中唯一保留的项为

$$\mathrm{d}x_1\wedge\mathrm{d}x_3\wedge\cdots\wedge\mathrm{d}x_n,$$

给出

$$-2x_2\,\mathrm{d}x_2\wedge\mathrm{d}x_1\wedge\mathrm{d}x_3\wedge\cdots\wedge\mathrm{d}x_n.$$

将顺序调整后, 这给出了

$$2x_2\,\mathrm{d}x_1\wedge\mathrm{d}x_2\wedge\mathrm{d}x_3\wedge\cdots\wedge\mathrm{d}x_n.$$

最后, 所有的项后面都跟着 $\mathrm{d}x_1\wedge\cdots\wedge\mathrm{d}x_n$, 任何的减号都变成了加号.

这些例子引出了斯托克斯定理的不令人愉快的一个特征: 它只有在一个 $(k-1)$–形式的积分是在边界上进行的时候, 才把一个 $(k-1)$–形式的积分与一个 k–形式的积分联系起来. 但我们通常可以绕开这个困难, 如下面的例子.

[12] $\mathbf{d}(x\,\mathrm{d}y+y\,\mathrm{d}x)=\mathrm{d}x\wedge\mathrm{d}y+\mathrm{d}y\wedge\mathrm{d}x=0$, 所以积分为 0.

例 6.10.6 (在一个立方体的面上积分). 令 S 为一个不带顶部的开盒子: 由 $-1 \leqslant x, y, z \leqslant 1$ 给出的立方体 C 的面的并, 除去顶部的面, 由向外指的法向量定向. 令 $\vec{F} = \begin{bmatrix} x \\ y \\ z \end{bmatrix}$, 那么 $\int_S \Phi_{\vec{F}}$ 是什么? 斯托克斯定理说明, $\Phi_{\vec{F}}$ 在整个边界 ∂C 上的积分为 $\mathbf{d}\Phi_{\vec{F}} = M_{\operatorname{div}\vec{F}} = M_3 = 3\,\mathrm{d}x \wedge \mathrm{d}y \wedge \mathrm{d}z$ 在 C 上的积分, 所以

$$\int_{\partial C} \Phi_{\vec{F}} = \int_C \mathbf{d}\Phi_{\vec{F}} = \int_C 3\,\mathrm{d}x \wedge \mathrm{d}y \wedge \mathrm{d}z = 3\int_C \mathrm{d}x \wedge \mathrm{d}y \wedge \mathrm{d}z = 24. \tag{6.10.12}$$

现在, 我们需要从这个积分中减去在顶部的积分. 我们用显然的参数化[13] $\gamma\begin{pmatrix} s \\ t \end{pmatrix} = \begin{pmatrix} s \\ t \\ 1 \end{pmatrix}$ 来参数化立方体的顶部, 它保持了定向. 这给出了

等式 (6.10.13) 中的矩阵为

$$\left[\vec{F}\left(\gamma\begin{pmatrix} s \\ t \end{pmatrix}\right), \overrightarrow{D_1}\gamma\begin{pmatrix} s \\ t \end{pmatrix}, \overrightarrow{D_2}\gamma\begin{pmatrix} s \\ t \end{pmatrix}\right]$$

(见等式 (6.5.17)).

$$\int_{\text{顶部}} \Phi_{\vec{F}} = \int_{-1}^{1}\int_{-1}^{1} \det\begin{bmatrix} s & 1 & 0 \\ t & 0 & 1 \\ 1 & 0 & 0 \end{bmatrix} |\mathrm{d}s\,\mathrm{d}t| = 4, \tag{6.10.13}$$

所以整个积分为 $24 - 4 = 20$. 当然更简单的方法是论证所有的面对通量的贡献相同, 所以顶部的贡献必然为 $24/6 = 4$. △

在证明广义斯托克斯定理之前, 我们需要简单描述一维的微积分基本定理的两个证明. 你可能已经见过了第一个证明; 但正是第二个证明把斯托克斯定理推广到了更高的维度上.

微积分基本定理的两个证明

第一个证明: 令 $F(x) = \displaystyle\int_a^x f(t)\,\mathrm{d}t$. 我们将证明

$$F'(x) = f(x), \tag{6.10.14}$$

如图 6.10.1 所示. 实际上

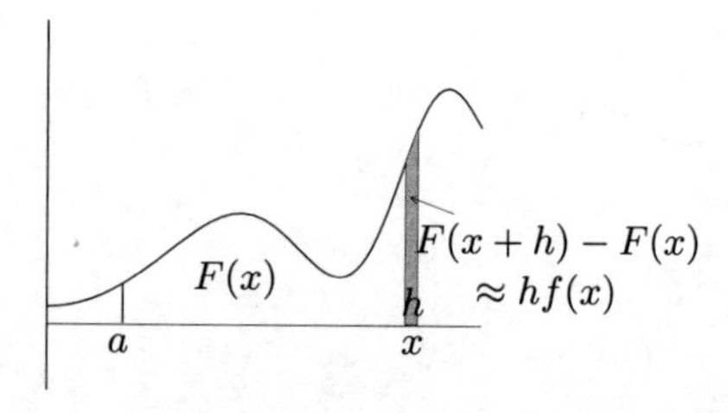

图 6.10.1
计算 F 的导数.

$$\begin{aligned} F'(x) &= \lim_{h\to 0}\frac{1}{h}\left(\int_a^{x+h} f(t)\,\mathrm{d}t - \int_a^x f(t)\,\mathrm{d}t\right) \\ &= \lim_{h\to 0}\frac{1}{h}\underbrace{\int_x^{x+h} f(t)\,\mathrm{d}t}_{\approx hf(x)} = f(x). \end{aligned} \tag{6.10.15}$$

最后一个积分约等于 $hf(x)$; 误差消失在极限中. 现在, 考虑函数

$$\underbrace{f(x) - \int_a^x f'(t)\,\mathrm{d}t}_{\text{带有导数} f'(x)}. \tag{6.10.16}$$

上面的论证说明其导数为 0, 所以它是一个常数; 在 $x = a$ 处计算数值, 我们看

[13]这个参数化是“显然”的, 因为 x 和 y 参数化了立方体的顶部, 而在顶部 $z = 1$.

到常数是 $f(a)$. 因此

$$f(b)-\int_a^b f'(t)\,\mathrm{d}t=f(a).\quad\square \tag{6.10.17}$$

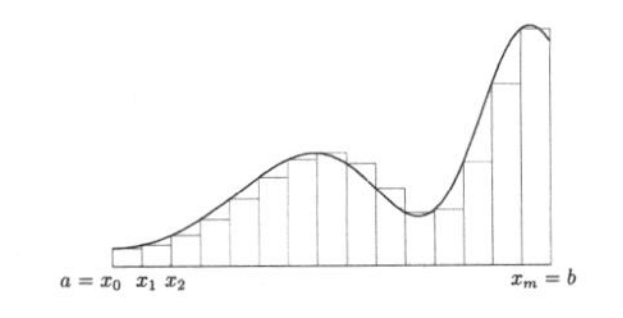

图 6.10.2

黎曼和作为公式 (6.10.18) 中的积分的一个近似.

第二个证明: 在这里适用的图是图 6.10.2 中所展示的黎曼和. 根据积分的定义

$$\int_a^b f(x)\,\mathrm{d}x\approx\sum_i f(x_i)(x_{i+1}-x_i), \tag{6.10.18}$$

其中 $x_0<x_1<\cdots<x_m$ 将 $[a,b]$ 分割为 m 个小片, $a=x_0$, $b=x_m$. 根据泰勒定理

$$f(x_{i+1})\approx f(x_i)+f'(x_i)(x_{i+1}-x_i). \tag{6.10.19}$$

这两个陈述加在一起给出

$$\begin{aligned}\int_a^b f'(x)\,\mathrm{d}x &\approx \sum_{i=0}^{m-1} f'(x_i)(x_{i+1}-x_i)\\ &\approx \sum_{i=0}^{m-1}\big(f(x_{i+1})-f(x_i)\big).\end{aligned} \tag{6.10.20}$$

在最后一个求和中, 除了 $a=x_0$ 和 $b=x_m$, 所有的 x_i 都被抵消了, 给出

$$\sum_{i=0}^{m-1}(f(x_{i+1})-f(x_i))=f(x_m)-f(x_0)=f(b)-f(a). \tag{6.10.21}$$

我们来证明公式 (6.10.20) 中的两个 "$\approx$" 在 $m\to\infty$ 的极限中变成等号. 公式 (6.10.20) 中的第一个 "$\approx$" 就简单地为黎曼和到积分的收敛性: 因为导数 f' 在 $[a,b]$ 上是连续的, 定理 4.3.6 可以使用.

这里, 我们在 f 是属于 C^1 类的假设下进行工作. 我们的论据是非构造性的, 因为它们用到了定理 4.3.6, 其本身使用了博扎诺–维尔斯特拉斯定理 (定理 1.6.3). 如果 f 是属于 C^2 类的, 则我们可以限定误差的范围.

对于第二个 "$\approx$", 注意到, 根据中值定理 (定理 1.6.13), 存在 $c_i\in[x_i,x_{i+1}]$ 使得

$$f(x_{i+1})-f(x_i)=f'(c_i)(x_{i+1}-x_i). \tag{6.10.22}$$

因为 f' 在紧致集合 $[a,b]$ 上是连续的, 它是一致连续的 (见定理 4.3.6 的证明), 所以对于所有的 $\epsilon>0$, 存在 M 使得当 $m>M$ 时, 我们有 $|f'(c_i)-f'(x_i)|<\epsilon$. 所以对于 $m>M$, 我们有

$$\left|\sum_{i=0}^{m-1}(f(x_{i+1})-f(x_i)-f'(x_i)(x_{i+1}-x_i))\right| \leqslant \sum_{i=0}^{m-1}|f'(c_i)-f'(x_i)||x_{i+1}-x_i|<\epsilon|b-a|. \tag{6.10.23}$$

如果 f 被假设为属于 C^2 类, 则证明就要容易得多, 并且更加精确: 根据推论 1.9.2, 有

$$\begin{aligned}\left|\int_{x_i}^{x_{i+1}} f'(x)\,\mathrm{d}x-f'(x_i)(x_{i+1}-x_i)\right| &= \left|\int_{x_i}^{x_{i+1}} f'(x)-f'(x_i)\,\mathrm{d}x\right|\\ &\leqslant \sup|f''||x_{i+1}-x_i|^2,\end{aligned} \tag{6.10.24}$$

且

$$
\begin{aligned}
& \left| f(x_{i+1}) - f(x_i) - f'(x_i)(x_{i+1} - x_i) \right| \\
= & \left| \Big(f(x_{i+1}) - f(x_i) - f'(x_i)(x_{i+1} - x_i) \Big) - \Big(f(x_{i+1}) - f(x_i) - f'(c_i)(x_{i+1} - x_i) \Big) \right| \\
= & |f'(x_i) - f'(c_i)||x_{i+1} - x_i| \leqslant \sup |f''||x_{i+1} - x_i|^2.
\end{aligned} \tag{6.10.25}
$$

回忆到

$$|x_{i+1} - x_i| = \frac{|b-a|}{m}.$$

所以, 总而言之, 我们产生了 $2m$ 个误差, 每一个都小于或等于 $\sup |f''| \dfrac{|b-a|^2}{m^2}$. 对于所有的小片, 将它们加在一起, 会在分母上留下一个 m, 分子上留下一个常数, 所以随着分割变得越来越精细, 误差趋于 0. □

斯托克斯定理: 一个非正式的证明

假设你将 X 分割为由定向的 k–平行四边形P_i 来近似的小片:

$$P_i = P_{\mathbf{x}_i}(\vec{\mathbf{v}}_{1,i}, \vec{\mathbf{v}}_{2,i}, \cdots, \vec{\mathbf{v}}_{k,i}). \tag{6.10.26}$$

则

$$\int_X \mathbf{d}\varphi \approx \sum_i \mathbf{d}\varphi(P_i) \approx \sum_i \int_{\partial P_i} \varphi \approx \int_{\partial X} \varphi. \tag{6.10.27}$$

第一个 “≈” 是积分的定义; 它在分割变得无限精细的极限情况下变成等式. 第二个 “≈” 来自于我们关于外导数的定义. 对于第三个 “≈”, 当我们对所有的 P_i 求和的时候, 所有的内部边界互相抵消, 只留下 $\displaystyle\int_{\partial X} \varphi$.

就像在黎曼和中的情况一样, 我们需要理解 “≈” 符号所表示的误差. 如果我们的平行四边形 P_i 的边长为 ϵ, 则有数量级为 ϵ^{-k} 的平行四边形 (如果 X 是体积为 1 的立方体, 则就是精确的这么多). 第一个和第二个替换导致的误差的数量级为 ϵ^{k+1}. 对于第一个, 它是我们的积分的定义, 随着分割变得无限精细, 误差越来越小. 对于第二个, 从外导数的定义来看,

$$\mathbf{d}\varphi(P_i) = \int_{\partial P_i} \varphi + \text{数量级至少为}(k+1)\text{的项}. \tag{6.10.28}$$

所以总的误差至少是 $\epsilon^{-k}(\epsilon^{k+1}) = \epsilon$ 数量级的, 实际上, 误差在极限中消失了.

我们发现这个非正式的论证很有说服力, 但它不是十分严谨. 问题在于, X 的边界不一定能很好地匹配小立方体的边界, 如图 6.10.3 所示.

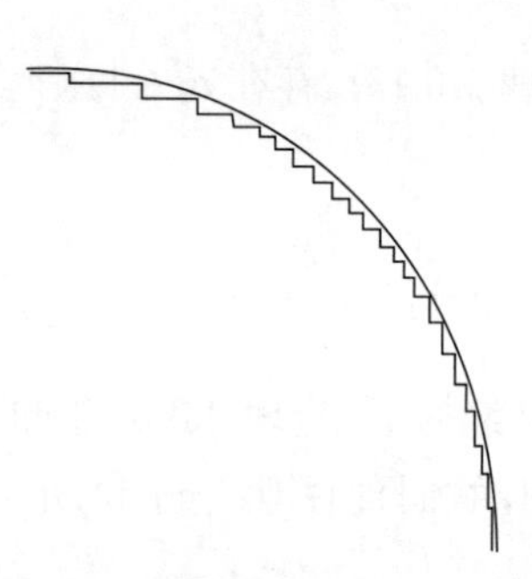

图 6.10.3

台阶非常接近曲线, 但其长度并不接近曲线的长度; 曲线不能用一个二进分割很好地拟合. 这里, 斯托克斯定理的非正式的证明是不够的.

斯托克斯定理: 一个严格的证明

从 6.6 节回顾到, 我们为什么要对流形的带有边界的小片陈述并且证明斯托克斯定理: 典型的方法, 它需要边界是光滑的, 排除了很多模型和现实中的例子. 就算是把斯托克斯定理限定到带有角的小片也意味着排除了锥, 这是理解电磁学和光的本质的严重障碍: 解决麦克斯韦方程组的主要工具是李纳–维歇特公式, 它包含光锥上的积分.

回顾到, 我们在定义 6.6.9 中定义了一个带有角的小片.

严格且全面地证明斯托克斯定理确实很困难, 基本上用到了本书中的所有内容. 证明分为三个部分:

1. 我们对于带有角的小片 Y 证明这个结果.

2. 我们证明可以修剪积分 X 的域, 将其变为一个带有角的小片 X_ϵ, 边界上的所有的非光滑点都被去掉了 (这很难, 但难的部分已经归入附录 A.23).

3. 我们证明

$$\lim_{\epsilon\to 0}\int_{\partial X_\epsilon}\varphi=\int_{\partial X}\varphi \text{ 以及 } \lim_{\epsilon\to 0}\int_{X_\epsilon}\mathbf{d}\varphi=\int_X\mathbf{d}\varphi. \tag{6.10.29}$$

第一部分: 对带有角的小片证明斯托克斯定理

令 $Y\subset M$ 为一个带有角的小片. 命题 6.10.7 说明, 一个微分同胚将在局部上把它的边界拉直. 一个拉直的边界将使我们的生活变得更为容易, 因为这样我们可以利用基于 (直的) 二进立方体的积分的概念.

命题 6.10.7. 令 $M\subset\mathbb{R}^n$ 为一个 k 维流形, 令 $Y\subset M$ 为一个带有角的小片. 则每个 $\mathbf{x}\in Y$ 为 $\mathbb{R}^n$ 中的一个球 U 的中心, 使得存在一个微分同胚映射 $\mathbf{F}\colon U\to\mathbb{R}^n$ 满足

$$\mathbf{F}(U\cap M) = \mathbf{F}(U)\cap\mathbb{R}^k, \tag{6.10.30}$$

$$\mathbf{F}(U\cap Y) = \mathbf{F}(U)\cap\mathbb{R}^k\cap Z, \tag{6.10.31}$$

其中 Z 为一个区域 $x_1\geqslant 0,\cdots,x_j\geqslant 0$, 对于某个 $j\leqslant k$ 成立.

命题 6.10.7: 想法是把定义 M 和 M 中的 Y 的函数作为一个新的空间的坐标函数来利用; 这会有拉直 M 和 ∂Y 的结果, 因为这些变成了适当的坐标函数为 0 的集合.

这样的区域 Z 将被称为一个*象限*.

证明: 命题 6.10.7 的证明在图 6.10.4 中演示. 在任意的 $\mathbf{x}\in Y$, 角点的定义 6.6.5 和定义一个通过方程给出的流形的定义 3.1.10 给了 $\mathbf{x}$ 的一个邻域 $V\subset\mathbb{R}^n$, 以及一组具有线性无关导数的 C^1 函数 $V\to\mathbb{R}$: 函数 $f_1,\cdots,f_{n-k}$ (定义 $M\cap V$ 的函数 $\mathbf{f}\colon\mathbb{R}^n\to\mathbb{R}^{n-k}$ 的坐标) 和函数 $\widetilde{g}_1,\cdots,\widetilde{g}_m$(定义 6.6.5 中映射 $\mathbf{g}$ 的坐标 $g_i,\cdots,g_m$ 的扩展). m 的数值可能为 0; 如果 $\mathbf{x}$ 在 Y 的内部, 就会发生这种情况.

图 6.10.4 中的球 B 指的是我们将在命题 6.10.10 中做的修剪.

在图 6.10.4 中, 我们有 $\mathbf{x}$ 的三个实例和 U 的三个实例, 对应于三个映射 $\mathbf{F}_1,\mathbf{F}_2,\mathbf{F}_3$($\mathbf{F}$ 的实例). 要防止图像信息过多, 我们没有加上所有的标注.

在每种情况下, 我们把这一组 $n-k$ 个函数 f_i, $i=1,\cdots,n-k$ 和 m 个函数 $\widetilde{g}_j$, $j=1,\cdots,m$, 通过增加 $k-m$ 个线性无关函数 $\lambda_1,\cdots,\lambda_{k-m}\colon\mathbb{R}^n\to\mathbb{R}$, 扩展到 n 个线性无关函数的最大集合. 这 n 个函数定义了一个映射 $\mathbf{F}\colon V\to\mathbb{R}^n$, 其导数在 $\mathbf{x}$ 是可逆的. 我们可以应用逆函数来说明, 在局部上, $\mathbf{F}$ 是可逆的, 所以在局部上, 它是在 $U\subset V$ 的某个邻域上的 $\mathbf{x}$ 的一个微分同胚. 则可以得到等式 (6.10.30) 和等式 (6.10.31), 如图 6.10.4 所示. □

- **拆分积分区域**

因为 Y 是紧致的, 海因–波莱尔定理 (定理 A.3.3) 说明, 我们可以用*有限*多 (重叠) 的满足命题 6.10.7 中规定的性质的 $U_1,\cdots,U_N$ 来覆盖它; 假设它们是中心在 $\mathbf{x}_1,\cdots,\mathbf{x}_N$, 半径为 $R_1,\cdots,R_N$ 的球.

令 $\mathbf{F}_i\colon U_i\to\mathbb{R}^n$ 为命题 6.10.7 中定义的函数 (每个 $\mathbf{x}_i$ 一个). 设 $W_i=\mathbf{F}_i(U_i)$, 令 $\mathbf{h}_i\colon W_i\cap(\mathbb{R}^k\times\{\mathbf{0}\})\to U_i$ 为对 $\mathbf{F}_i^{-1}$ 的限制. 它是 $M\cap U_i$ 的一个邻域的参数化, 把某个象限 $Z\subset\mathbb{R}^k$ 映射到 $Y\cap U_i$.

现在我们将形式 φ(广义斯托克斯定理的 k–形式) 写成形式 φ_i 的和, 每个形式都只在一个 U_i 中有支撑. 与其把 Y 分开, 我们不如使用一种更柔和的技

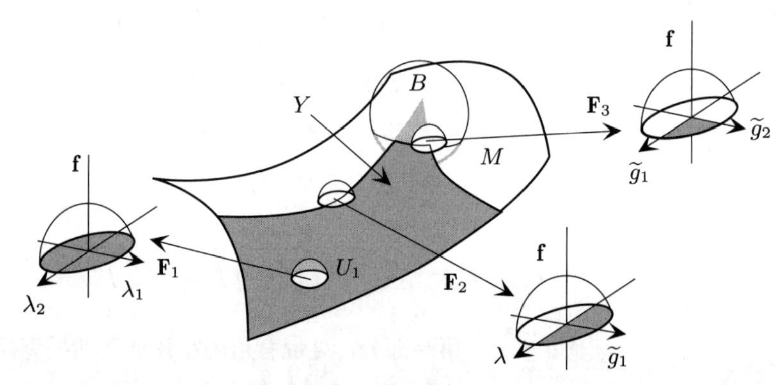

图 6.10.4

这里 $n=3$, $k=2$. 深色阴影区域为 Y, 即带有角的小片. 在流形M 的所有点上, 我们有 $\mathbf{f}=\mathbf{0}$, 所以 $\mathbf{F}$ 从 $\mathbf{x}\in Y$ 的一个邻域 $V\subset\mathbb{R}^3$(更一般地, $V\subset\mathbb{R}^n$) 到 $\mathbb{R}^3$ 的一个子集, 把 M 送到 $\mathbf{0}$ 在 (x,y) 平面上的一个邻域 (在一般的情况下, 到原点在其他 $n-k$ 个坐标为 0 的 k 维子空间的一个邻域上). 这样 $\mathbf{F}$ 将 M 变平, 把其边界拉直. 这里我们有三个函数 $\mathbf{F}$ 的实例:

$$\mathbf{F}_1=\begin{pmatrix}\lambda_1\\\lambda_2\\\mathbf{f}\end{pmatrix},\ \mathbf{F}_2=\begin{pmatrix}\tilde{g}_1\\\lambda\\\mathbf{f}\end{pmatrix},\ \mathbf{F}_3=\begin{pmatrix}\tilde{g}_1\\\tilde{g}_2\\\mathbf{f}\end{pmatrix}.$$

因为 $\mathbf{F}$ 在 $\mathbf{x}$ 的导数是一个同构 (对 $\mathbf{F}$ 的每个实例), 映射 $\mathbf{F}$ 在某个子集 $U\subset V$ 上是一个微分同胚.

术: 使用那些在我们引入一个新的参数化时, 逐步退出原有的参数化的那些函数 (等式 (6.10.35) 中的 α_i). 做法如下:

定义 $\beta_R\colon\mathbb{R}^n\to\mathbb{R}$ 为图 6.10.5 中的 "截断函数":

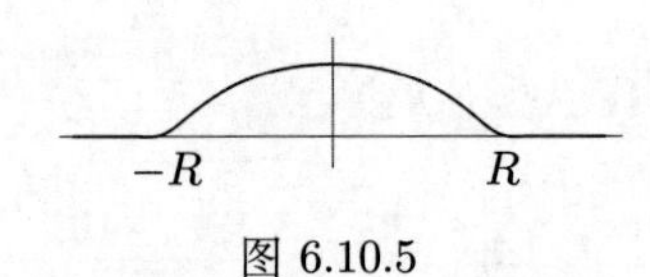

图 6.10.5

等式 (6.10.32) 的截断函数 β_R 的图像. 随着 $|\mathbf{x}|<R$ 趋近于 R, 量 $R^2-|\mathbf{x}|^2$ 变得非常小, 所以数 $1/(R^2-|\mathbf{x}|^2)$ 变得很大且是正的, $-1/(R^2-|\mathbf{x}|^2)$ 越来越接近 $-\infty$. 则

$$\mathrm{e}^{-1/(R^2-|\mathbf{x}|^2)}$$

变得非常小, 对于 $|\mathbf{x}|\geqslant R$ 可以与 0 无缝拟合.

$$\beta_R(\mathbf{x})=\begin{cases}\mathrm{e}^{-1/(R^2-|\mathbf{x}|^2)} & 如果|\mathbf{x}|^2\leqslant R^2\\0 & 如果|\mathbf{x}|^2>R^2\end{cases}.\tag{6.10.32}$$

练习 6.10.7 让你证明, β_R 在全部的 $\mathbb{R}^n$ 上是属于 C^∞ 类的. 令 $\beta_i\colon\mathbb{R}^n\to\mathbb{R}$ 为 C^∞ 函数

$$\beta_i(\mathbf{x})=\beta_{R_i}(\mathbf{x}-\mathbf{x}_i),\tag{6.10.33}$$

在球 V_i 内的 $\mathbf{x}_i$ 周围有支撑. 设

$$\beta(\mathbf{x})=\sum_{i=1}^N\beta_i(\mathbf{x}),\tag{6.10.34}$$

其中 N 是由海因–波莱尔定理给出的 U_i 的个数; 这是重叠的截断函数的一个有限集合 (对应于重叠的 U_i), 使得我们在 Y 的一个邻域上有 $\beta(\mathbf{x})>0$. 则函数

$$\alpha_i(\mathbf{x})=\frac{\beta_i(\mathbf{x})}{\beta(\mathbf{x})}\tag{6.10.35}$$

在 $\mathbf{x}\in\mathbb{R}^n$ 的某个邻域上是 C^∞ 的. (这些 α_i 是上面所说的 "逐步退出" 的函数). 显然在 Y 的一个邻域内, $\sum\limits_{i=1}^N\alpha_i(\mathbf{x})=1$, 使得如果我们设 $\varphi_i=\alpha_i\varphi$, 就可

以把斯托克斯定理中的 $(k-1)$–形式 φ 写为

$$\varphi=\sum_{i=1}^{N}\alpha_i\varphi=\sum_{i=1}^{N}\varphi_i. \tag{6.10.36}$$

从而, 根据定理 6.7.4, 有

$$\mathbf{d}\varphi=\sum_{i=1}^{N}\mathbf{d}\varphi_i. \tag{6.10.37}$$

等式 (6.10.36): 求和

$$\sum_{i=1}^{N}\alpha_i=1$$

被称为单位分解(partition of unity), 因为它把 1 分解为函数的和.

构成单位分解的函数 α_i 具有有趣的性质, 它们可以有小的支撑, 使得可以从局部的函数、形式等拼凑出全局函数、形式等. 我们曾经认为它们是纯理论的工具, 但我们错了. 它们在信号处理中非常重要: 用在图像处理中的 "窗口" 就是一个单位分解.

- **对象限的斯托克斯定理的证明**

我们使用命题 6.10.7 把带有角的小片 Y 转变为 $\mathbb{R}^k$ 中的一组象限. 我们现在对于这些象限来证明斯托克斯定理.

命题 6.10.8 (象限的斯托克斯定理). 令 $Z\subset\mathbb{R}^k$ 为一个闭合的象限; 令 W 为 $\mathbb{R}^k$ 一个有界开子集, 由 $\mathbb{R}^k$ 上的 sgn det 定向, 给 $\partial(W\cap Z)$ 赋予边界定向. 令 φ 为 $\mathbb{R}^k$ 上的一个属于 C^2 类的 $(k-1)$–形式, 在 W 的内部有紧致的支撑. 则

$$\int_{\partial Z}\varphi=\int_{W\cap Z}\mathbf{d}\varphi. \tag{6.10.38}$$

注意到, φ 在 W 的边界上为 0; 这就是为什么在等式 (6.10.38) 的左侧, 我们可以在 ∂Z 上, 而不是在 $\partial(W\cap Z)$ 上积分. 如图 6.10.6 所示, $\partial(W\cap Z)$ 中唯一重要的部分是 Z 的边界, 它是直的, 并与二进立方体的边界很好地匹配.

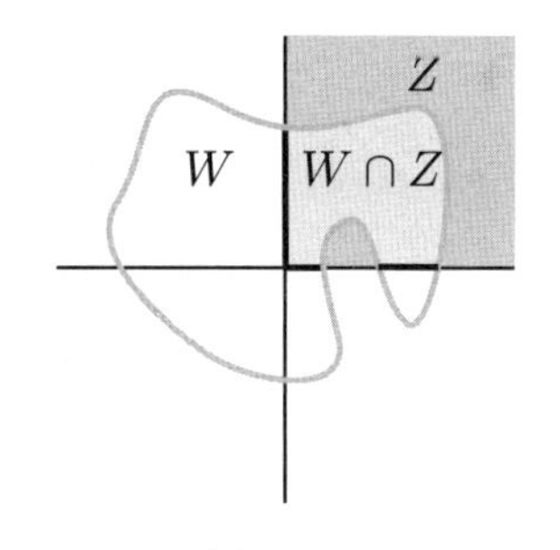

图 6.10.6

上图中, W 是整个奇怪形状的区域, Z 是带有阴影的象限. 因为在 ∂W 上有 $\varphi=0$, 当我们在 $W\cap Z$ 的边界上积分 φ 的时候, 边界上唯一重要的部分是用粗体标记的直线.

证明: 选取 $\epsilon>0$, 取二进分割 $\mathcal{D}_N(\mathbb{R}^k)$, 其中立方体的边长为 $h=2^{-N}$. 取足够大的 N, 我们可以保证 $\mathbf{d}\varphi$ 在 $W\cap Z$ 上的积分与不等式 (6.10.39) 中的黎曼和之间的差小于 $\epsilon/2$:

$$\left|\int_{W\cap Z}\mathbf{d}\varphi-\sum_{C\in\mathcal{D}_N,C\subset Z}\mathbf{d}\varphi(C)\right|<\frac{\epsilon}{2}. \tag{6.10.39}$$

现在, 我们来计算 φ 在立方体 C 上的外导数和 φ 在 C 的边界上的积分之间的差:

$$\left|\sum_{C\in\mathcal{D}_N,C\subset Z}\mathbf{d}\varphi(C)-\sum_{C\in\mathcal{D}_N,C\subset Z}\int_{\partial C}\varphi\right|. \tag{6.10.40}$$

与 φ 的支撑相交的立方体 $C\in\mathcal{D}_N$ 的个数最多为 $L2^{kN}$, L 为某个常数. 要对每个立方体确定一个误差的界, 我们用到了以下事实 (来自定理 6.7.4 的证明中的不等式 (A.22.11))[14]: 存在常数 K 和 $\delta>0$, 使得当 $|h|<\delta$ 的时候

$$\left|\mathbf{d}\varphi\Big(P_{\mathbf{x}}(h\vec{\mathbf{e}}_1,\cdots,h\vec{\mathbf{e}}_k)\Big)-\int_{\partial P_{\mathbf{x}}(h\vec{\mathbf{e}}_1,\cdots,h\vec{\mathbf{e}}_k)}\varphi\right|\leqslant Kh^{k+1}. \tag{6.10.41}$$

不等式 (6.10.41) 可从带有余项的泰勒定理得到.

因此, 如果我们把不等式 (6.10.41) 中的 k–平行四边形用二进立方体替代,

[14] 在那里, 我们有 h^{k+2} 而不是 h^{k+1}, 因为 φ 是一个 k–形式; 在这里, 它是一个 $(k-1)$–形式.

$h=2^{-N}$, 则可以看到一个立方体的误差的界为

$$K2^{-N(k+1)}, \tag{6.10.42}$$

这给出了

$$\left|\sum_{C\in\mathcal{D}_N, C\subset Z}\mathbf{d}\varphi(C)-\sum_{C\in\mathcal{D}_N, C\subset Z}\int_{\partial C}\varphi\right|\leqslant \underbrace{L2^{kN}}_{\text{立方体的个数}}\ \underbrace{K2^{-N(k+1)}}_{\text{每个立方体的界}}=LK2^{-N}. \tag{6.10.43}$$

这也可以通过取足够大的 N 来使其小于 $\epsilon/2$, 也就是, 取

$$N\geqslant\frac{\ln(2LK)-\ln(\epsilon)}{\ln 2}. \tag{6.10.44}$$

把这些不等式放在一起, 我们得到

$$\overbrace{\left|\int_{W\cap Z}\mathbf{d}\varphi-\sum_{C\in\mathcal{D}_N, C\subset Z}\mathbf{d}\varphi(C)\right|}^{\text{根据不等式 (6.10.39)}, \leqslant\epsilon/2}+\overbrace{\left|\sum_{C\in\mathcal{D}_N, C\subset Z}\mathbf{d}\varphi(C)-\sum_{C\in\mathcal{D}_N, C\subset Z}\int_{\partial C}\varphi\right|}^{\leqslant\epsilon/2}\leqslant\epsilon, \tag{6.10.45}$$

也就是

$$\left|\int_{W\cap Z}\mathbf{d}\varphi-\sum_{C\in\mathcal{D}_N, C\subset Z}\int_{\partial C}\varphi\right|\leqslant\epsilon. \tag{6.10.46}$$

在求和

$$\sum_{C\in\mathcal{D}_N, C\subset Z}\int_{\partial C}\varphi \tag{6.10.47}$$

中, 所有的内边界互相抵消, 因为每一个都出现两次, 并且具有相反的定向. 所以我们有

因为 φ 在 W 的外部为 0, 且
$$\int_{\partial Z}\varphi=\int_{\partial(W\cap Z)}\varphi,$$
这解释了等式 (6.10.48).

$$\sum_{C\in\mathcal{D}_N, C\subset Z}\int_{\partial C}\varphi=\int_{\partial(W\cap Z)}\varphi, \tag{6.10.48}$$

在 $N\to\infty$ 的极限下, 给出

$$\left|\int_{W\cap Z}\mathbf{d}\varphi-\int_{\partial(W\cap Z)}\varphi\right|\leqslant\epsilon. \tag{6.10.49}$$

因为 ϵ 是任意小的, 命题得证. □

- **对带有角的小片的斯托克斯定理的证明**

我们现在利用对象限的斯托克斯定理来证明对带有角的小片 Y 的斯托克斯定理.

定理 6.10.9 (带有角的小片的斯托克斯定理). 令 $M \subset \mathbb{R}^n$ 为一个 k 维流形, 令 $Y \subset M$ 为一个带有角的小片. 令 φ 为定义在 Y 的一个邻域上的 $(k-1)$–形式. 则

$$\int_{\partial_M Y} \varphi = \int_{\partial_M^s Y} \varphi = \int_Y \mathbf{d}\varphi. \tag{6.10.50}$$

证明: 只要证明 $\int_Y \mathbf{d}\varphi_i = \int_{\partial_M Y} \varphi_i$ 就足够了, 因为之后有

$$\begin{aligned}\int_Y \mathbf{d}\varphi \underbrace{=}_{\text{等式 (6.10.37)}} \int_Y \sum_i^N \mathbf{d}\varphi_i = \sum_i^N \int_Y \mathbf{d}\varphi_i \\ = \sum_i^N \int_{\partial_M Y} \varphi_i = \int_{\partial_M Y} \sum_i^N \varphi_i = \int_{\partial_M Y} \varphi.\end{aligned} \tag{6.10.51}$$

要证明 $\int_Y \mathbf{d}\varphi_i = \int_{\partial_M Y} \varphi_i$, 我们利用回调 $\mathbf{h}_i^*(\varphi_i)$ 将每个 φ_i 回调到 $\mathbb{R}^k$. 下面, U_i 在 $\mathbb{R}^n$ 中, W_i 在 $\mathbb{R}^k$ 中:

$$\begin{aligned}\int_Y \mathbf{d}\varphi_i &\underset{1}{=} \int_{Y\cap U_i} \mathbf{d}\varphi_i \underset{2}{=} \int_{W_i \cap Z_i} \mathbf{h}_i^*(\mathbf{d}\varphi_i) \underset{3}{=} \int_{W_i\cap Z_i} \mathbf{d}(\mathbf{h}_i^*\varphi_i) \\ &\underset{4}{=} \int_{W_i \cap \partial Z_i} \mathbf{h}_i^*(\varphi_i) \underset{5}{=} \int_{\partial_M Y \cap U_i} \varphi_i \underset{6}{=} \int_{\partial_M Y} \varphi_i. \quad \square\end{aligned} \tag{6.10.52}$$

伟大的数学家格罗斯恩迪克 (Alexander Grothendieck, 1928—2014) 声称, 当定义和中间的步骤能使证明看起来很自然的时候, 我们就已经得到了一个很好的证明. 这是一个崇高的目标. 但我们认为等式 (6.10.52) 中的一系列等式符合这个资格.

等式 1 和 6: φ_i 的支撑在 U_i 中.

等式 2 和 5: $\mathbf{h}_i$ 参数化 $Y \cap U_i$.

等式 3 是第一个关键的步骤, 利用 $\mathbf{dh}_i^* = \mathbf{h}_i^*\mathbf{d}$ (定理 6.9.8).

等式 4(也是关键的一步) 是命题 6.10.8, 对于象限的斯托克斯定理.

我们已经满足了那个命题的条件: 每个 $W_i \cap Z_i$ 满足那个命题中对于 $W \cap Z$ 的条件, 利用所有的 $W_i \cap Z_i$, 我们可以解释所有的 Y.

定义 5.2.1 是用立方体而不是球来陈述的, 但就像我们在第 5 章所提到的, 可以把立方体替换为球.

第二部分: 通过修剪 X 来构造带有角的小片 X_ϵ

令 $X \subset M$ 为一个带有边界的小片. 我们现在修剪 X 来构造一个带有角的小片 X_ϵ, 使得我们可以应用斯托克斯定理. 被修剪下来的小片是球 B_i 的内部 (你可以想象我们在用挖冰激凌的勺子向外挖小球). 根据定义 6.6.8 和 5.2.1, 当我们挖出球 B_i 时, 是在移除 X 的边界上的所有坏的部分 (非光滑点): 定义 6.6.8 说明, X 的边界上的所有非光滑点被包含在一个 $(k-1)$ 维体积为 0 的集合中; 根据定义 5.2.1, 这意味着, 对于任意的 $\epsilon > 0$, 我们可以用有限多个中心在 $\mathbf{x}_i \in X$, 半径为足够小的 r_i 的球 B_i, $i = 1, 2, \cdots, p$ 来覆盖 X 的非光滑边界, 使得

$$\sum_{i=1}^p r_i^{k-1} < \epsilon. \tag{6.10.53}$$

命题 6.10.10 说明, 如果我们将这些球正确地定位, 则可以把 X 变成带有角的小片, 如图 6.10.7 所示.

与通常一样, 我们用 $B_r(\mathbf{x})$ 来表示 $\mathbf{x}$ 周围的半径为 r 的开球.

命题 6.10.10: 去掉球 $B_{r_i}(\mathbf{x}_i)$ 的意思是, 取 X 与所有球的补集的交. 说 X_ϵ 是一个带有角的小片就是在说, 球是在"一般的位置上": 各种意外事件不会发生, 比如球与球相切, 或者与 M 相切, 或者与 X 的边界相切.

命题 6.10.10 (修剪 X 来构造带有角的小片). 对于所有的 $\epsilon > 0$, 存在点 $\mathbf{x}_1, \cdots, \mathbf{x}_p \in X$, 以及 $r_1 > 0, \cdots, r_p > 0$, 使得

$$\sum_{i=1}^p r_i^{k-1} < \epsilon \text{ 且 } X_\epsilon \stackrel{\text{def}}{=} X - \bigcup_{i=1}^p B_{r_i}(\mathbf{x}_i) \tag{6.10.54}$$

是一个带有角的小片.

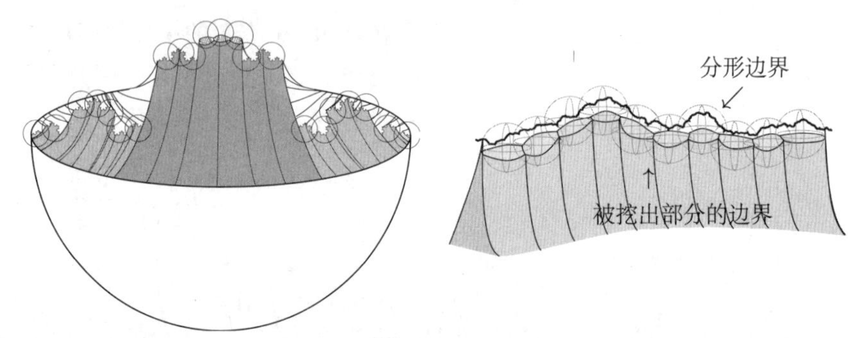

图 6.10.7

左图: 我们在图 6.6.1 中看到了这个带有复杂边界的小片; 它的边界包括了一片科赫雪花, 带有其全部的分形的复杂性. 像命题 6.10.10 中那样 "挖出" 球 B_i, 把带有复杂边界的小片变成了带有角的小片 (上图: 最上面的三勺子已经被去掉了). 右图: 分形边界和被挖去部分的边界的特写.

尽管命题 6.10.10 几乎是显然的, 但它的证明是广义斯托克斯定理的证明中最难的部分; 我们把它归入附录 A.23.

第三部分: 完成斯托克斯定理的证明

我们现在知道, 可以修剪一个带有边界的小片 $X \subset M$, 得到一个带有角的小片 X_ϵ, 以便应用斯托克斯定理:

$$\int_{\partial_M X_\epsilon} \varphi = \int_{X_\epsilon} \mathbf{d}\varphi, \text{ 所以 } \lim_{\epsilon \to 0} \int_{\partial_M X_\epsilon} \varphi = \lim_{\epsilon \to 0} \int_{X_\epsilon} \mathbf{d}\varphi. \tag{6.10.55}$$

我们必须要证明

$$\lim_{\epsilon \to 0} \int_{\partial_M X_\epsilon} \varphi = \int_{\partial_M X} \varphi, \text{ 以及 } \lim_{\epsilon \to 0} \int_{X_\epsilon} \mathbf{d}\varphi = \int_X \mathbf{d}\varphi. \tag{6.10.56}$$

要做到这一点, 我们需要证明积分的极限等于极限的积分; 我们仅有的工具是控制收敛定理. 这个定理需要我们用一个可积函数来界定要积分的函数. 命题 6.10.11 是主要的工具.

命题 6.10.11. 令

$$\psi = \sum_{1 \leqslant i_1 < \cdots < i_k \leqslant n} a_{i_1, \cdots, i_k} \, \mathrm{d}x_{i_1} \wedge \cdots \wedge \mathrm{d}x_{i_k} \tag{6.10.57}$$

为一个在开集 $U \subset \mathbb{R}^n$ 上的 k-形式, 令 $M \subset U$ 为一个 k 维定向流形. 则

$$\left| \int_M \psi \right| \leqslant \sqrt{\sum_{1 \leqslant i_1 < \cdots < i_k \leqslant n} \left(\sup_{\mathbf{x} \in U} |a_{i_1, \cdots, i_k}(\mathbf{x})| \right)^2} \operatorname{vol}_k(M). \tag{6.10.58}$$

证明: 我们需要以下来自线性代数的引理; 练习 6.10.9 让你证明它, 这并不容易. □

引理 6.10.12. 令 $A = [\vec{\mathbf{a}}_1, \cdots, \vec{\mathbf{a}}_k]$ 为一个 $n \times k$ 的矩阵. 则

$$\det(A^{\mathrm{T}} A) = \sum_{1 \leqslant i_1 < \cdots < i_k \leqslant n} \left(\mathrm{d}x_{i_1} \wedge \cdots \wedge \mathrm{d}x_{i_k} (\vec{\mathbf{a}}_1, \cdots, \vec{\mathbf{a}}_k) \right)^2. \tag{6.10.59}$$

从施瓦兹不等式和引理 6.10.12 得到

$$
\begin{aligned}
&|\psi(P_{\mathbf{x}}(\vec{\mathbf{v}}_1,\cdots,\vec{\mathbf{v}}_k))|^2\\
\underset{\psi\text{的定义}}{=}\ &\left|\sum_{1\leqslant i_1<\cdots<i_k\leqslant n} a_{i_1,\cdots,i_k}(\mathbf{x})\,\mathrm{d}x_{i_1}\wedge\cdots\wedge\mathrm{d}x_{i_k}(\vec{\mathbf{v}}_1,\cdots,\vec{\mathbf{v}}_k)\right|^2\\
\underset{\text{施瓦兹不等式}}{\leqslant}\ &\left(\sum_{1\leqslant i_1<\cdots<i_k\leqslant n}|a_{i_1,\cdots,i_k}(\mathbf{x})|^2\right)\left(\sum_{1\leqslant i_1<\cdots<i_k\leqslant n}\left(\mathrm{d}x_{i_1}\wedge\cdots\wedge\mathrm{d}x_{i_k}(\vec{\mathbf{v}}_1,\cdots,\vec{\mathbf{v}}_k)\right)^2\right)\\
\underset{\text{引理 6.10.12, 见边注}}{=}\ &\left(\sum_{1\leqslant i_1<\cdots<i_k\leqslant n}|a_{i_1,\cdots,i_k}(\mathbf{x})|^2\right)\underbrace{\left(\mathrm{vol}_k\big(P_{\mathbf{x}}(\vec{\mathbf{v}}_1,\cdots,\vec{\mathbf{v}}_k)\big)\right)^2}_{\det(A^{\mathrm{T}}A)}.
\end{aligned}
\tag{6.10.60}
$$

不等式 (6.10.60), 从第三行到第四行: 第三行的第二项是等式 (6.10.59) 的右边, 把 $\vec{\mathbf{a}}_i$ 用 $\vec{\mathbf{v}}_i$ 代替. 根据定义 5.1.3, 有

$$\mathrm{vol}_k P(\vec{\mathbf{v}}_1,\cdots,\vec{\mathbf{v}}_k)=\sqrt{\det A^{\mathrm{T}}A}.$$

通过子集 $W\subset\mathbb{R}^k$ 选择一个参数化 $\gamma\colon W\to M$. 不等式 (6.10.60) 给出

$$
\begin{aligned}
&\left|\psi\big(P_{\gamma(\mathbf{w})}(\overrightarrow{D_1}\gamma(\mathbf{w}),\cdots,\overrightarrow{D_k}\gamma(\mathbf{w}))\big)\right| \qquad (6.10.61)\\
\leqslant\ &\left(\sqrt{\sum_{1\leqslant i_1<\cdots<i_k\leqslant n}|a_{i_1,\cdots,i_k}(\gamma(\mathbf{w}))|^2}\right)\mathrm{vol}_k\left(P_{\gamma(\mathbf{w})}\big(\overrightarrow{D_1}\gamma(\mathbf{w}),\cdots,\overrightarrow{D_k}\gamma(\mathbf{w})\big)\right),
\end{aligned}
$$

两边都是 $\mathbf{w}$ 的函数, 且

$$
\begin{aligned}
\left|\int_M\psi\right| &= \left|\int_W\psi\Big(P_{\gamma(\mathbf{w})}\big(\overrightarrow{D_1}\gamma(\mathbf{w}),\cdots,\overrightarrow{D_k}\gamma(\mathbf{w})\big)\Big)|\,\mathrm{d}^k\mathbf{w}|\right|\\
&\leqslant \int_W\left|\psi\big(P_{\gamma(\mathbf{w})}(\overrightarrow{D_1}\gamma(\mathbf{w}),\cdots,\overrightarrow{D_k}\gamma(\mathbf{w}))\big)\right||\,\mathrm{d}^k\mathbf{w}|,
\end{aligned}
\tag{6.10.62}
$$

它至多等于右边的积分. 但

$$\mathrm{vol}_k M=\int_W\mathrm{vol}_k\left(P_{\gamma(\mathbf{w})}\left(\overrightarrow{D_1}\gamma(\mathbf{w}),\cdots,\overrightarrow{D_k}\gamma(\mathbf{w})\right)\right)|\,\mathrm{d}^k\mathbf{w}|,\tag{6.10.63}$$

我们可以把 $\sqrt{\sum_{1\leqslant i_1<\cdots<i_k\leqslant n}|a_{i_1,\cdots,i_k}(\gamma(\mathbf{w}))|^2}$ 用它的上确界来界定, 从而证明了不等式 (6.10.58).

命题 6.10.13. 令 $M\subset\mathbb{R}^n$ 为一个属于 C^2 类的 k 维流形, $P\subset M$ 为一个紧致子集. 则对于任意的 $\epsilon>0$, 存在 $\rho>0$, 使得对于 $r\leqslant\rho$, 以及任意中心在点 $\mathbf{p}\in P$, 半径为 r 的球 $B_r(\mathbf{p})\subset\mathbb{R}^n$, 我们有

$$
\begin{aligned}
\mathrm{vol}_{k-1}(\partial B_r(\mathbf{p})\cap M) &\leqslant (1+\epsilon)\mathrm{vol}_{k-1}(\partial B_r(\mathbf{p})\cap T_{\mathbf{p}}M)\\
&= (1+\epsilon)Kr^{k-1},
\end{aligned}
\tag{6.10.64}
$$

其中 K 为 $(k-1)$ 维单位球面的体积.

命题 6.10.13 说的是, 当我们把 X 修剪成 X_ϵ 的时候, 铲子的边界的体积就和 M 是平坦的情况下基本相同.

练习 6.10.11 让你证明命题 6.10.13.

斯托克斯定理则可以从下面的一系列等式得到. 令 X 为 $\mathbb{R}^n$ 中 k 维定向的光滑流形M 的一个带有边界的小片. 则

$$\int_{\partial_M X}\varphi\overset{1}{=}\int_{\partial_M^{\mathrm{s}}X}\varphi\overset{2}{=}\lim_{\epsilon\to0}\int_{\partial_M^{\mathrm{s}}X_\epsilon}\varphi\ \underbrace{\overset{3}{=}}_{\text{定理 6.10.9}}\ \lim_{\epsilon\to0}\int_{X_\epsilon}\mathbf{d}\varphi\overset{4}{=}\int_X\mathbf{d}\varphi.\tag{6.10.65}$$

第一个等式是一个定义：根据定义，在边界上的积分为在光滑边界上的积分. 等式 2 和 4 是控制收敛定理的应用，这需要从参数化的角度来解读.

从简单一点的等式 4 开始. 令 W 为 $\mathbb{R}^k$ 的一个子集，$\gamma\colon W\to M$ 为 M 的一个包含 X 的开子集的参数化. 设

不等式 (6.10.67) 中的常数 C 是命题 6.10.11 作用在 $\psi=\mathbf{d}\varphi$ 时的平方根. 出现的上确界是有限的，因为 X 是紧致的的，φ 属于 C^2 类，所以 $\mathbf{d}\varphi$ 属于 C^1 类，所以它的系数都是连续的.

$$Y_\epsilon=\gamma^{-1}(X_\epsilon), Y=\gamma^{-1}(X),\ 所以\ \lim_{\epsilon\to0}\mathbf{1}_{Y_\epsilon}=\mathbf{1}_Y. \tag{6.10.66}$$

因为 φ 是定义在包含 X 的一个开子集上的，根据不等式 (6.10.60)，存在一个常数 C 使得

$$\left|\mathbf{d}\varphi\big(P_{\mathbf{x}}(\vec{\mathbf{v}}_1,\cdots,\vec{\mathbf{v}}_k)\big)\right|\leqslant C\underbrace{|\,\mathrm{d}^k\mathbf{x}|\big(P_{\mathbf{x}}(\vec{\mathbf{v}}_1,\cdots,\vec{\mathbf{v}}_k)\big)}_{\mathrm{vol}_k(P_{\mathbf{x}}(\vec{\mathbf{v}}_1,\cdots,\vec{\mathbf{v}}_k))} \tag{6.10.67}$$

在不等式 (6.10.68) 中，等式是定义 5.3.1，不等式为定理 6.6.16.

对于所有的 $\mathbf{x}\in X$，以及任意的向量 $\vec{\mathbf{v}}_1,\cdots,\vec{\mathbf{v}}_k\in\mathbb{R}^n$ 成立. 此外

$$\int_Y\Big(|\,\mathrm{d}^k\mathbf{x}|\big(P_{\gamma(\mathbf{w})}\big(\overrightarrow{D_1}\gamma(\mathbf{w}),\cdots,\overrightarrow{D_k}\gamma(\mathbf{w})\big)\big)\Big)|\,\mathrm{d}^k\mathbf{x}|=\int_X|\,\mathrm{d}^k\mathbf{x}|<\infty. \tag{6.10.68}$$

因此，函数

$$(\mathbf{1}_{Y_\epsilon})\mathbf{d}\varphi\Big(P_{\gamma(\mathbf{w})}\big(\overrightarrow{D_1}\gamma(\mathbf{w}),\cdots,\overrightarrow{D_k}\gamma(\mathbf{w})\big)\Big) \tag{6.10.69}$$

按点收敛到

$$(\mathbf{1}_Y)\mathbf{d}\varphi\left(P_{\gamma(\mathbf{w})}\big(\overrightarrow{D_1}\gamma(\mathbf{w}),\cdots,\overrightarrow{D_k}\gamma(\mathbf{w})\big)\right), \tag{6.10.70}$$

并且它们的绝对值都被同一个可积函数

$$(\mathbf{1}_{Y_\epsilon})\left|\mathbf{d}\varphi\left(P_{\gamma(\mathbf{w})}\big(\overrightarrow{D_1}\gamma(\mathbf{w}),\cdots,\overrightarrow{D_k}\gamma(\mathbf{w})\big)\right)\right|\leqslant C\mathbf{1}_Y\left(|\,\mathrm{d}^k\mathbf{x}|P_{\gamma(\mathbf{w})}\big(\overrightarrow{D_1}\gamma(\mathbf{w}),\cdots,\overrightarrow{D_k}\gamma(\mathbf{w})\big)\right), \tag{6.10.71}$$

所界定. 所以控制收敛定理 (定理 4.11.19) 说明

$$\lim_{\epsilon\to0}\int_{X_\epsilon}\mathbf{d}\varphi=\int_X\mathbf{d}\varphi. \tag{6.10.72}$$

等式 (6.10.65) 中的等式 2 的证明要复杂一些. 光滑边界 $\partial_M^{\mathrm{s}}X_\epsilon$ 包含两部分:

$$\partial_1X_\epsilon\overset{\mathrm{def}}{=}X_\epsilon\cap(\partial_M^{\mathrm{s}}X)\ 和\ \partial_2X_\epsilon=X_\epsilon\cap\bigcup_i^N\partial B_i. \tag{6.10.73}$$

* 对于 ∂_1X_ϵ，与上面同样的证明可以有效. 令 $\delta\colon W\to\partial_M^{\mathrm{s}}X$ 为一个参数化，其中 W 是 $\mathbb{R}^{k-1}$ 的一个适当的子集，设 $W_\epsilon=\delta^{-1}(X_\epsilon)$. 则

$$\left|\varphi\big(P_{\delta(\mathbf{w})}\big(\overrightarrow{D_1}\delta(\mathbf{w}),\cdots,\overrightarrow{D_{k-1}}\delta(\mathbf{w})\big)\big)\right|\leqslant C|\,\mathrm{d}^{k-1}\mathbf{x}|\Big|\Big(P_{\delta(\mathbf{w})}\big(\overrightarrow{D_1}\delta(\mathbf{w}),\cdots,\overrightarrow{D_{k-1}}\delta(\mathbf{w})\big)\Big)\Big|, \tag{6.10.74}$$

其中 C 是命题 6.10.11 作用在 $\psi=\varphi$ 时平方根的上确界. 积分

$$\int_W|\,\mathrm{d}^{k-1}\mathbf{w}|\underbrace{=}_{\text{定义 5.3.1}}\int_W\underbrace{|\,\mathrm{d}^{k-1}\mathbf{x}|\Big(P_{\delta(\mathbf{w})}\big(\overrightarrow{D_1}\delta(\mathbf{w}),\cdots,\overrightarrow{D_{k-1}}\delta(\mathbf{w})\big)\Big)}_{\text{这个}\mathbf{w}\text{的函数为控制函数}}|\,\mathrm{d}^{k-1}\mathbf{w}| \tag{6.10.75}$$

是有限的, 因为 $\partial_M^{\mathrm{s}} X$ 的 $(k-1)$–体积有限 (定义 6.6.8 的条件 2), 我们可以使用上面的 “控制函数” 来证明

$$\lim_{\epsilon\to 0}\int_{W_\epsilon} |\,\mathrm{d}^{k-1}\mathbf{w}| = \int_W |\,\mathrm{d}^{k-1}\mathbf{w}|. \tag{6.10.76}$$

* 另一部分, $\partial_2 X_\epsilon \subset \partial_M^{\mathrm{s}} X_\epsilon$ 是包含在球 B_i 的边界中的边界的一部分. 令 K 为 $(k-1)$ 维单位球面的体积 (见例 5.3.14). 如图 6.10.8 所示, 命题 6.10.13 说明, 对于足够小的 r, 如果 $B_r(\mathbf{x})$ 是中心在 $\mathbf{x}\in X$ 的一个球, 则

$$\begin{aligned}\mathrm{vol}_{k-1}(\partial B_r(\mathbf{x})\cap M) &\leqslant (1+\epsilon)\mathrm{vol}_{k-1}(\partial B_r(\mathbf{x})\cap T_{\mathbf{x}}M)\\ &= (1+\epsilon)Kr^{k-1}.\end{aligned} \tag{6.10.77}$$

因此, 命题 6.10.10 中的条件 $\sum_i r_i^{k-1} < \epsilon$ 与不等式 (6.10.74) 一起, 依据体积界定了 φ, 证明了

$$\lim_{\epsilon\to 0}\int_{\partial_2 X_\epsilon} \varphi = 0. \tag{6.10.78}$$

这就完成了完整的斯托克斯定理的证明, 并应用在定义 6.6.8 中定义的带有边界的小片上.

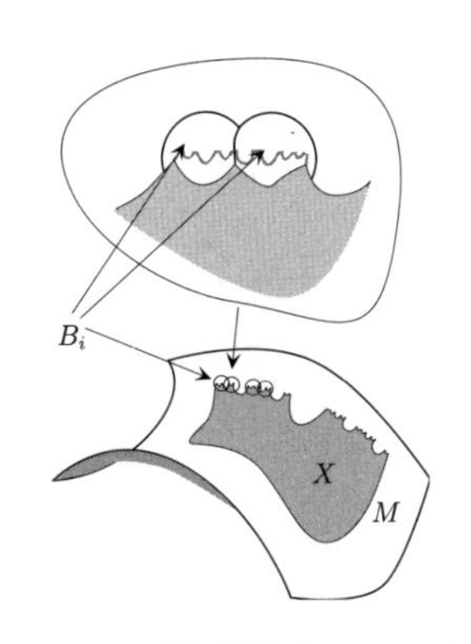

图 6.10.8

这个图演示了我们如何利用命题 6.10.13 来证明光滑边界的部分 $\partial_2 X_\epsilon$ 可以变得任意小, 使得我们可以证明

$$\int_{\partial_M^{\mathrm{s}} X} \varphi = \lim_{\epsilon\to 0}\int_{\partial_M^{\mathrm{s}} X_\epsilon} \varphi.$$

下: 一个二维带有边界的小片, 其非光滑边界的一维体积 (长度) 为 0.

上: 放大的球, 覆盖了非光滑边界.

非光滑边界被半径为 r_i 的球 B_i 覆盖. 这里, $k=2$, 所以说非光滑边界有 $(k-1)$ 维体积的意思是, 我们可以让 $\sum r_i = \sum r_i^{k-1}$ 任意小.

曲线 $\partial B_i \cap M$ 几乎但不完全是平面曲线; 球与经过球心的平面的交集的长度为 $2\pi r_i$, 所以总长度为任意小. 命题说明, 一旦球足够小, 则

$$\bigcup_i (\partial B_i \cap M)$$

的总长度至多为 $2\pi(1+\epsilon)\sum r_i$.

在第三版中, 我们用一个简单的 □ 结束了康托诺维奇定理的证明, 没有总结. 一个读者反对说: “像这样的一个简洁而又错综复杂的证明应当用吹喇叭来结束, 而不只是简单地停下来.” 我们相信斯托克斯定理的证明也值得 “吹喇叭”.

练习 6.10.2: 一个完整的锥的体积为 $\frac{1}{3}\cdot$高$\cdot$底面积.

6.10 节的练习

6.10.1 令 U 为 $\mathbb{R}^3$ 中的一个紧致的带有边界的小片. 证明

$$\mathrm{vol}_3 U = \int_{\partial U} \frac{1}{3}(z\,\mathrm{d}x\wedge\mathrm{d}y + y\,\mathrm{d}z\wedge\mathrm{d}x + x\,\mathrm{d}y\wedge\mathrm{d}z).$$

6.10.2 令 C 是方程为 $z = a-\sqrt{x^2+y^2}$ 的锥的 $z\geqslant 0$ 的那一部分, 由向上指的法向量定向. 计算积分

$$\int_C x\,\mathrm{d}y\wedge\mathrm{d}z + y\,\mathrm{d}z\wedge\mathrm{d}x + z\,\mathrm{d}x\wedge\mathrm{d}y.$$

6.10.3 计算 $x_1\,\mathrm{d}x_2\wedge\mathrm{d}x_3\wedge\mathrm{d}x_4$ 在方程为 $x_1+x_2+x_3+x_4=a$ 的三维流形上的积分, 其中 $x_1,x_2,x_3,x_4\geqslant 0$, 其定向使得向 (x_1,x_2,x_3) 坐标的 3–空间的投影为保持定向的.

6.10.4 a. 证明 $\mathbb{R}^3-\{\mathbf{0}\}$ 上由

$$\varphi = \frac{x\,\mathrm{d}y\wedge\mathrm{d}z + y\,\mathrm{d}z\wedge\mathrm{d}x + z\,\mathrm{d}x\wedge\mathrm{d}y}{(x^2+y^2+z^2)^{3/2}}$$

给出的 2–形式满足 $\mathbf{d}\varphi = 0$.

b. 计算 $\int_S \varphi$, 其中 S 是中心在 $\begin{bmatrix}1\\1\\1\end{bmatrix}$, 半径为 $R\neq\sqrt{3}$, 用向外指的法向量定向的球面. (当然, 结果与 R 有关.)

6.10.5 令 S 为椭球 $\frac{x^2}{a^2}+\frac{y^2}{b^2}+\frac{z^2}{c^2}=1$ 的一部分, 满足 x,y,z 为非负的; 用向外指的法向量给 S 定向.

$$\omega = x\,\mathrm{d}y\wedge\mathrm{d}z + y\,\mathrm{d}z\wedge\mathrm{d}x + z\,\mathrm{d}x\wedge\mathrm{d}y$$

在 S 上的积分是什么?(你可以利用斯托克斯定理或者参数化这个曲面.)

6.10.6 a. 参数化由方程

$$x_1^2+x_2^2=a^2,\ x_3^2+x_4^2=b^2,\ a,b>0$$

给出的 4–空间中的曲面.

b. 证明

$$\operatorname{sgn}(x_1\,\mathrm{d}x_2 - x_2\,\mathrm{d}x_1)\wedge(x_3\,\mathrm{d}x_4 - x_4\,\mathrm{d}x_3)$$

是曲面的一个定向. 你的参数化保持了还是逆转了定向?

c. 在这个曲面上积分 2–形式 $x_1x_4\,\mathrm{d}x_2\wedge\mathrm{d}x_3$.

d. 计算 $\mathbf{d}(x_1x_4\,\mathrm{d}x_2\wedge\mathrm{d}x_3)$.

e. 把曲面表示为 $\mathbb{R}^4$ 上的一个三维流形的边界, 并验证斯托克斯定理在这种情况下成立.

6.10.7 证明截断函数 β_R 在 $\mathbb{R}^n$ 的全部上都属于 C^∞ 类.

***6.10.8** a. 在 (x,y) 平面上简单地画出极坐标方程 $r^2=2\cos 2\theta$ 代表的曲线.

b. 给这条曲线按照递增的 θ 定向, 并且在曲线上积分 1–形式

$$\frac{-y\,\mathrm{d}x+(x+1)\,\mathrm{d}y}{(x+1)^2+y^2}+\frac{-(y+1)\,\mathrm{d}x+x\,\mathrm{d}y}{x^2+(y+1)^2}.$$

6.10.9 证明引理 6.10.12. 一个可能的证明如下.

a. 证明: 由 $B\mapsto \det A^{\mathrm{T}}B$ 给出的映射 $\mathrm{Mat}(n,k)\to\mathbb{R}$ 作为 B 的列的函数是多线性的和反对称的. 根据定理 6.1.8 的第一部分, 它具有如下的形式:

$$\sum_{1\leqslant i_1<\cdots<i_k\leqslant n} c_{i_1,\cdots,i_k}\,\mathrm{d}x_{i_1}\wedge\cdots\wedge\mathrm{d}x_{i_k}.$$

b. 利用定理 6.1.8 的第二部分, 确定系数 $c_{i_1,\cdots,i_k}$.

c. 当 $B=A$ 的时候, 计算这个映射.

6.10.10 利用斯托克斯定理, 在曲面 S 单射投影到单位球面的特殊情况下, 证明图 6.7.1 的说明文字中的陈述.

6.10.11 证明命题 6.10.13. 一种方法如下: 旋转并平移 M 使得 $\mathbf{p}$ 在 $\mathbb{R}^n$ 的原点, 且 $T_{\mathbf{p}}M=\mathbb{R}^k\times\{\mathbf{0}\}$, 使得在原点附近, M 在局部上是一个 C^2 映射 $\mathbf{f}\colon U\to\mathbb{R}^{n-k}$ 的图像, U 为 $\mathbb{R}^k$ 中 $\mathbf{0}$ 的一个邻域, $[\mathbf{Df}(\mathbf{0})]=[0]$, 所以 $\mathbf{f}$ 的泰勒多项式从二次项开始.

练习 6.10.10: 就是证明 “立体角元素” $\Phi_{\vec{F}_3}$ 在这样一个曲面 S 上的积分等于它在相应的 P 上的积分. 练习 6.7.12 让你证明这个, 但是利用斯托克斯定理要更为容易.

练习 6.10.11: 注意到在方程 (1) 中, $\left|\begin{pmatrix}\mathbf{u}\\ \mathbf{f}(\mathbf{u})\end{pmatrix}\right|$ 为一个数, 所以 $\frac{\mathbf{u}}{|\mathbf{u}|}\left|\begin{pmatrix}\mathbf{u}\\ \mathbf{f}(\mathbf{u})\end{pmatrix}\right|$ 为 $\mathbb{R}^k$ 的一个元素, 因为 $\mathbf{y}-\mathbf{f}(\mathbf{u})$ 是 $\mathbb{R}^{n-k}$ 的一个元素, 所以 F 的陪域中的一个元素实际上是在 $\mathbb{R}^n$ 中的.

定义 $F\colon U \times \mathbb{R}^{n-k} \to \mathbb{R}^n$ 为

$$F\begin{pmatrix}\mathbf{u}\\ \mathbf{y}\end{pmatrix} = \begin{pmatrix}\frac{\mathbf{u}}{|\mathbf{u}|}\left|\begin{pmatrix}\mathbf{u}\\ \mathbf{f}(\mathbf{u})\end{pmatrix}\right|\\ \mathbf{y}-\mathbf{f}(\mathbf{u})\end{pmatrix}. \tag{1}$$

a. 证明: F 属于 C^2 类, 且 $\left[\mathbf{D}F\begin{pmatrix}\mathbf{0}\\ \mathbf{0}\end{pmatrix}\right]$ 为恒等变换.

b. 证明: $F\big(M\cap\partial B_r(\mathbf{0})\big) = T_{\mathbf{0}}M\cap\partial B_r(\mathbf{0})$.

c. 证明: 一个接近恒等变换且导数也接近恒等变换的映射将体积做任意小的改变.

6.11 向量微积分的积分定理

在本节中, 我们讨论了广义斯托克斯定理在 $\mathbb{R}^2$ 和 $\mathbb{R}^3$ 中有意义的四个特例: 线积分基本定理, 格林定理, $\mathbb{R}^3$ 中曲面的斯托克斯定理, 散度定理 (也被称为高斯定理). 这些定理不包含任何广义斯托克斯定理以外的内容, 但它们被广泛应用于电磁学、流体力学以及很多其他领域中. 因此这些定理都应当称为我们的朋友, 至少是 “熟人”.

我们可以把定理 6.11.1 称为曲线上积分的基本定理; “线积分” 更为传统. 它也被称为路径无关定理. 使用一个参数化, 它可以很容易地简化为通常的微积分基本定理. 定理 6.10.1 就是 $n=1$ 时的情况.

定理 6.11.1 (线积分基本定理). 令 C 为 $\mathbb{R}^n$ 中的定向曲线, 具有定向边界 $(P_{\mathbf{b}} - P_{\mathbf{a}})$, 令 f 为定义在 C 的一个邻域上的函数. 则

$$\int_C \mathbf{d}f = f(\mathbf{b}) - f(\mathbf{a}). \tag{6.11.1}$$

格林定理是斯托克斯定理在曲面是平坦的情况下用在曲面积分时的一个特例. (是的, 我们确实需要定理 6.11.2 中的两个 “界定”. 单位圆盘的外部是被单位圆界定的, 但是它不是有界的.)

格林 (George Green) 是一位面包师的儿子, 他自己则成为一位磨坊主. 他在九岁的时候离开了学校, 不清楚他是如何学到 1828 年出版的 *An Essay on the Application of Mathematical Analysis to the Theories of Electricity and Magnetism* 所需要的数学知识的. 这部著作被描述为 “史上最重要的数学著作之一”. (J.J. O'Connor 和 E.F.Robertson, MacTutor History of Mathematics Web site.) 在 40 岁的时候, 他成为剑桥大学的本科生.

定理 6.11.2 (格林定理). 令 S 为 $\mathbb{R}^2$ 的一个有界区域, 被一条曲线 C(或者多条曲线 C_i) 界定, 具有定义 6.6.21 所述的边界定向. 令 $\vec{F}$ 为定义在 S 的一个邻域上的向量场. 则

$$\int_S \mathbf{d}W_{\vec{F}} = \int_C W_{\vec{F}} \text{ 或者 } \int_S \mathbf{d}W_{\vec{F}} = \sum_i \int_{C_i} W_{\vec{F}}. \tag{6.11.2}$$

假设 $\vec{F} = \begin{pmatrix}f\\ g\end{pmatrix}$, 则格林定理的传统写法为

$$\int_S (D_1 g - D_2 f)\,\mathrm{d}x\,\mathrm{d}y = \int_C f\,\mathrm{d}x + g\,\mathrm{d}y. \tag{6.11.3}$$

要看到两个版本是相同的, 写

$$W_{\vec{F}} = f\begin{pmatrix}x\\ y\end{pmatrix}\mathrm{d}x + g\begin{pmatrix}x\\ y\end{pmatrix}\mathrm{d}y, \tag{6.11.4}$$

并利用定理 6.7.4 来计算它的外导数:

$$\begin{aligned}\mathbf{d}W_{\vec{F}} &= \mathbf{d}(f\,\mathrm{d}x + g\,\mathrm{d}y) = \mathbf{d}f \wedge \mathrm{d}x + \mathbf{d}g \wedge \mathrm{d}y \\ &= (D_1 f\,\mathrm{d}x + D_2 f\,\mathrm{d}y) \wedge \mathrm{d}x + (D_1 g\,\mathrm{d}x + D_2 g\,\mathrm{d}y) \wedge \mathrm{d}y \\ &= D_2 f\,\mathrm{d}y \wedge \mathrm{d}x + D_1 g\,\mathrm{d}x \wedge \mathrm{d}y \\ &= (D_1 g - D_2 f)\,\mathrm{d}x \wedge \mathrm{d}y. \end{aligned} \tag{6.11.5}$$

当我们说你应当学习斯托克斯定理的特例的时候, 我们的意思并不是你应当记住它们的经典形式或者在你的计算中使用它们. 但是你应当知道它们的名字, 以及

$$\int_{\partial X} \varphi = \int_X \mathbf{d}\varphi$$

在每种情况下将变成什么. X 是哪一种流形? 它的边界是哪一种物体? φ 和 $\mathbf{d}\varphi$ 是哪一种形式?

例 6.11.3 (格林定理). 积分

$$\int_{\partial U} 2xy\,\mathrm{d}y + x^2\,\mathrm{d}x \tag{6.11.6}$$

是什么? 其中 U 是圆心在原点, 半径为 R 的圆盘的 $y \geqslant 0$ 的部分, 并具有标准定向. 这对应于格林定理, 其中 $f\begin{pmatrix}x\\y\end{pmatrix} = x^2$, $g\begin{pmatrix}x\\y\end{pmatrix} = 2xy$, 使得 $D_1 g = 2y$, $D_2 f = 0$. 利用极坐标 (见命题 4.10.3), 我们有

$$\begin{aligned}\int_{\partial U} 2xy\,\mathrm{d}y + x^2\,\mathrm{d}x &= \int_U (D_1 g - D_2 f)\,\mathrm{d}x\,\mathrm{d}y = \int_U 2y\,\mathrm{d}x\,\mathrm{d}y \qquad (6.11.7)\\ &= \int_0^\pi \int_0^R (2r\sin\theta) r\,\mathrm{d}r\,\mathrm{d}\theta = \frac{2R^3}{3}\int_0^\pi \sin\theta\,\mathrm{d}\theta = \frac{4R^3}{3}.\end{aligned}$$

利用形式的语言, 我们可以写

$$\int_{\partial U} 2xy\,\mathrm{d}y + x^2\,\mathrm{d}x = \int_U \mathbf{d}(2xy\,\mathrm{d}y + x^2\,\mathrm{d}x) = \int_U 2y\,\mathrm{d}x \wedge \mathrm{d}y, \tag{6.11.8}$$

然后像上面那样继续. 如果我们在整个圆盘的边界上积分, 会发生什么?[15] △

斯托克斯 (图 6.11.1) 1854 年在剑桥大学的一次考试中提出了我们现在所知道的 $\mathbb{R}^3$ 中曲面的斯托克斯定理. 传统上, 这个定理被简称为 "斯托克斯定理".

图 6.11.1
斯托克斯 (George Stokes, 1819 — 1903)

定理 6.11.4 ($\mathbb{R}^3$ 中曲面的斯托克斯定理). 令 S 为 $\mathbb{R}^3$ 中的一个定向曲面, 被一条给定了边界定向的曲线所界定. 令 φ 为定义在 S 的一个邻域上的 1–形式场. 则

$$\int_S \mathbf{d}\varphi = \int_C \varphi. \tag{6.11.9}$$

注意, 定理 6.11.4 中的曲线 C 可能由几片 C_i 组成.

再一次, 我们把它转换为经典的符号. 假设 C 为不相交的简单闭合曲线 C_i 的并. 不失一般性, 我们可以写 $\varphi = W_{\vec{F}}$, 使得定理 6.11.4 变为

$$\int_S \mathbf{d}W_{\vec{F}} = \int_S \Phi_{\operatorname{curl}\vec{F}} = \sum_i \int_{C_i} W_{\vec{F}}. \tag{6.11.10}$$

现在, 令 $\vec{N}$ 为定义了 S 的定向的单位法向量场, $\vec{T}$ 为定义了 C_i 的定向的单位切向量场. 这就给出了斯托克斯定理的经典版本:

$$\iint_S (\operatorname{curl}\vec{F}(\mathbf{x}))\cdot\vec{N}(\mathbf{x})|\,\mathrm{d}^2\mathbf{x}| = \sum_i \int_{C_i} \vec{F}(\mathbf{x})\cdot\vec{T}(\mathbf{x})|\,\mathrm{d}^1\mathbf{x}|. \tag{6.11.11}$$

等式 (6.11.11): 在传统的版本中, $|\,\mathrm{d}^2\mathbf{x}|$ 被写为 $\mathrm{d}S$, $|\,\mathrm{d}^1\mathbf{x}|$ 被写为 $\mathrm{d}l$ 或者 $\mathrm{d}s$. 有时候, $\vec{N}(\mathbf{x})|\,\mathrm{d}^2\mathbf{x}|$ 被写为 $\overrightarrow{\mathrm{d}S}$.

我们从左边开始检查等式 (6.11.10) 和等式 (6.11.11) 是否是等价的. 在等

[15] 根据对称性, 结果为 0: $2y$ 在上半部的积分与在下半部的积分互相抵消.

式 (6.11.11) 中, 左边的 $\vec{N}|\,\mathrm{d}^2\mathbf{x}|$ 取一个平行四边形 $P_{\mathbf{x}}(\vec{\mathbf{v}},\vec{\mathbf{w}})$, 并返回向量

$$\vec{N}(\mathbf{x})|\vec{\mathbf{v}}\times\vec{\mathbf{w}}|, \tag{6.11.12}$$

因为被积函数 $|\,\mathrm{d}^2\mathbf{x}|$ 是面积的元素; 给定一个平行四边形, 它返回其面积 (其边的叉乘的长度). 在 S 上积分的时候, 我们只在那些在 $\mathbf{x}$ 处与 S 相切, 且具有兼容的定向的平行四边形 $P_{\mathbf{x}}(\vec{\mathbf{v}},\vec{\mathbf{w}})$ 上计算被积函数. 由于 $\vec{\mathbf{v}},\vec{\mathbf{w}}$ 与 S 相切, 故叉乘 $\vec{\mathbf{v}}\times\vec{\mathbf{w}}$ 与 S 垂直. 所以 $\vec{\mathbf{v}}\times\vec{\mathbf{w}}$ 是 $\vec{N}(\mathbf{x})$ 的正的倍数. 由于 $\vec{N}(\mathbf{x})$ 的长度为 1, 故

$$\vec{\mathbf{v}}\times\vec{\mathbf{w}} = |\vec{\mathbf{v}}\times\vec{\mathbf{w}}|\vec{N}(\mathbf{x}). \tag{6.11.13}$$

所以, 等式 (6.11.10) 和等式 (6.11.11) 的左边是相等的, 因为

$$\begin{aligned}(\operatorname{curl}\vec{F}(\mathbf{x}))\cdot(\vec{N}(\mathbf{x}))|\,\mathrm{d}^2\mathbf{x}|(\vec{\mathbf{v}},\vec{\mathbf{w}}) &= (\operatorname{curl}\vec{F}(\mathbf{x}))\cdot(\vec{\mathbf{v}}\times\vec{\mathbf{w}})\\ &= \det[\operatorname{curl}\vec{F}(\mathbf{x}),\vec{\mathbf{v}},\vec{\mathbf{w}}] \\ &= \Phi_{\operatorname{curl}\vec{F}}(\vec{\mathbf{v}},\vec{\mathbf{w}}),\end{aligned} \tag{6.11.14}$$

也就是, 作用在 $\vec{\mathbf{v}}$ 和 $\vec{\mathbf{w}}$ 上的 $\operatorname{curl}\vec{F}$ 的通量.

现在, 我们来比较右边. 设 $\vec{F}=\begin{bmatrix}F_1\\F_2\\F_3\end{bmatrix}$. 在等式 (6.11.10) 的右侧, 被积函数为

$$W_{\vec{F}} = F_1\,\mathrm{d}x + F_2\,\mathrm{d}y + F_3\,\mathrm{d}z; \tag{6.11.15}$$

给定一个向量 $\vec{\mathbf{v}}$, 它返回数值 $F_1v_1+F_2v_2+F_3v_3$.

在等式 (6.11.11) 的右侧, $\vec{T}(\mathbf{x})|\,\mathrm{d}^1\mathbf{x}|$ 是表示恒等的一种复杂方式. 因为弧长 $|\,\mathrm{d}^1\mathbf{x}|$ 的元素取一个向量, 返回其长度, 所以 $\vec{T}(\mathbf{x})|\,\mathrm{d}^1\mathbf{x}|$ 取一个向量, 返回 $\vec{T}(\mathbf{x})$ 乘上其长度. 因为 $\vec{T}(\mathbf{x})$ 的长度为 1, 所以结果是一个与曲线相切的长度为 $|\vec{\mathbf{v}}|$ 的向量. 在积分的时候, 我们只会对与曲线相切, 且指向 $\vec{T}$ 的方向的向量计算被积函数, 所以这个过程只是取这样一个向量, 精确地返回同一个向量. 所以 $\vec{F}(\mathbf{x})\cdot\vec{T}(\mathbf{x})|\,\mathrm{d}^1\mathbf{x}|$ 取一个向量 $\vec{\mathbf{v}}$, 返回数值

$$\begin{aligned}\Big(\vec{F}(\mathbf{x})\cdot\underbrace{\vec{T}(\mathbf{x})|\,\mathrm{d}^1\mathbf{x}|\big)(\vec{\mathbf{v}})}_{\vec{\mathbf{v}}} = \begin{bmatrix}F_1\\F_2\\F_3\end{bmatrix}\cdot\begin{bmatrix}v_1\\v_2\\v_3\end{bmatrix} &= F_1v_1+F_2v_2+F_3v_3\\ &= W_{\vec{F}}(\vec{\mathbf{v}}).\end{aligned} \tag{6.11.16}$$

例 6.11.5: 练习 6.3.9 证明了对于适当的曲线, 通过递减的极角来定向意味着曲线是顺时针定向的.

圆柱面就像一个空的纸卷筒. 可以通过将纸卷筒的顶部按照对应于它与曲面 $z=\sin xy+2$ 的交线的某种不规则的方式切割来得到曲面 S; 它的边界包含两条曲线: $\partial S = C + C_1$.

例 6.11.5 (斯托克斯定理). 令 C 是方程为 $x^2+y^2=1$ 的圆柱面与方程为 $z=\sin xy+2$ 的曲面的交集. 给 C 定向, 使得沿着曲线 C 极角减小. 向量场

$$\vec{F}\begin{pmatrix}x\\y\\z\end{pmatrix}=\begin{bmatrix}y^3\\x\\z\end{bmatrix} \tag{6.11.17}$$

在 C 上的功是什么?

如何可视化 C 并不明显, 更不用说对其积分了. 斯托克斯定理说明, 有一种更简单的方法: 计算包含上面被 C 界定, 下面被 (x,y) 平面上的单位圆 C_1 界定, 被定向为逆时针的圆柱面 $x^2+y^2=1$ 的子曲面 S 上的积分.

因为 C 是顺时针定向的, C_1 是逆时针定向的, 所以 $C+C_1$ 构成了 S 的定向边界. 如果你在 S 上沿着 C 顺时针行走, 让你的头指向远离 z 轴的方向, 则曲面就在你的左边; 如果你沿着 C_1 做同样的事情, 逆时针地行走, 曲面仍然在你的左边.

根据斯托克斯定理, $\int_C \varphi + \int_{C_1} \varphi = \int_S \mathbf{d}\varphi$. 所以与其在不规则曲线 C 上积分, 我们不如在 S 上积分, 然后减去在 C_1 上的积分. 我们首先在 S 上积分:

$$\int_C W_{\vec{F}} + \int_{C_1} W_{\vec{F}} = \int_S \Phi_{\operatorname{curl} \vec{F}} = \int_S \Phi_{\begin{bmatrix} 0 \\ 0 \\ 1-3y^2 \end{bmatrix}} = 0. \tag{6.11.18}$$

积分为 0, 因为向量场 $\begin{bmatrix} 0 \\ 0 \\ 1-3y^2 \end{bmatrix}$ 是竖直的, 并且没有经过竖直的圆柱面的流. 用显然的方法将参数化 C_1:

$$\gamma(t) = \begin{bmatrix} \cos t \\ \sin t \\ 0 \end{bmatrix}. \tag{6.11.19}$$

这个参数化与 C_1 的逆时针定向是兼容的 (见例 6.3.6 和例 6.4.3). 利用等式 (6.5.14), 计算

$$\begin{aligned} \int_{C_1} W_{\vec{F}} &= \int_0^{2\pi} \overbrace{\begin{bmatrix} (\sin t)^3 \\ \cos t \\ 0 \end{bmatrix}}^{\vec{F}(\gamma(t))} \cdot \overbrace{\begin{bmatrix} -\sin t \\ \cos t \\ 0 \end{bmatrix}}^{\gamma'(t)} \mathrm{d}t \qquad (6.11.20) \\ &= \int_0^{2\pi} (-(\sin t)^4 + (\cos t)^2)\, \mathrm{d}t = -\frac{3}{4}\pi + \pi = \frac{\pi}{4}. \end{aligned}$$

所以在 C 上的功为

$$\int_C W_{\vec{F}} = \int_S \Phi_{\operatorname{curl} \vec{F}} - \int_{C_1} W_{\vec{F}} = -\frac{\pi}{4}. \tag{6.11.21}$$

如果两条曲线都是顺时针定向会怎样呢? 逆时针定向呢? [16] △

对于向量微积分的积分定理究竟应该归功于谁仍然充满争议. 散度定理是拉格朗日在 1762 年陈述的, 并且在 1813 年被高斯重新发现; 根据一些说法, 奥斯特罗格拉斯基 (图 6.11.2) 给出了第一个证明 (圣彼得堡科学院, 1828).

格林在 1828 年私下发表了自己的文章; Lord Kelvin 在 1846 年重新发现了格林的结果. 斯托克斯证明了斯托克斯定理.

图 6.11.2
奥斯特罗格拉斯基 (Mikhail Ostrogradski, 1801 — 1862)

散度定理

散度定理也称为**高斯定理**.

[16] 用 C^+ 和 C_1^+ 表示这些曲线, 用 C^- 和 C_1^- 表示这些逆时针定向的曲线. 则 (没有写被积函数, 就是为了简化记号) 我们将得到

$$\int_{C^+} + \left(-\int_{C_1^+}\right) = \int_S, \text{ 但 } -\int_{C_1^+} = \int_{C_1^-},$$

所以 $\int_{C^+} W_{\vec{F}}$ 保持不变. 如果两个都按逆时针定向, 使得 C 没有 S 的边界定向, 我们将有

$$-\int_{C^-} + \int_{C_1^-} = \int_S = 0, \quad \int_{C^-} W_{\vec{F}} = \int_{C_1^-} W_{\vec{F}} = \frac{\pi}{4}.$$

定理 6.11.6 (散度定理). 令 X 为 $\mathbb{R}^3$ 中的一个有界区域, 具有空间的标准定向, 令其边界 ∂X 为曲面 S_i 的并, 每个 S_i 都由向外指的法向量定向. 令 φ 为定义在 X 的一个邻域上的 2–形式场. 则

$$\int_X \mathbf{d}\varphi = \sum_i \int_{S_i} \varphi. \tag{6.11.22}$$

阿基米德 (图 6.11.3) 生于公元前 287 年, 在公元前 212 年罗马人占领锡拉丘兹 (Syracuse) 的时候被杀害. 他发现 "阿基米德原理" (例 6.11.8) 的时候, 大约 22 岁. Plutarch 在几个世纪后写道: *"在全部的几何上, 不可能找到更难的和更加错综复杂的问题, 或者更加简单易懂的解释."*

图 6.11.3

例 6.11.7: 单位立方体是由 $\vec{\mathbf{e}}_1, \vec{\mathbf{e}}_2$ 和 $\vec{\mathbf{e}}_3$ 生成的立方体; 它的中心不在原点.

等式 (6.11.25): 我们在 $\mathbb{R}^3$ 的一个参数化的小片上积分质量形式的通用公式为 (等式 (6.5.20))

$$\int_{\gamma(U)} M_f = \int_U f(\gamma(\mathbf{u}))\det[\mathbf{D}\gamma(\mathbf{u})]|\,\mathrm{d}^3\mathbf{u}|.$$

这里, 我们用恒等式 $\gamma(\mathbf{x}) = \mathbf{x}$ 来参数化, 并使用了特例 (等式 (6.5.21))

$$\int_{\gamma(U)} M_f = \int_U f(\mathbf{u})|\,\mathrm{d}^3\mathbf{u}|.$$

再一次, 我们来让这个看上去更为经典一点. 记 $\varphi = \Phi_{\vec{F}}$, 使得 $\mathbf{d}\varphi = \mathbf{d}\Phi_{\vec{F}} = M_{\operatorname{div}\vec{F}}$, 令 $\vec{N}$ 为 S_i 上的向外指的单位向量场; 则等式 (6.11.22) 可以重写为

$$\int_X M_{\operatorname{div}\vec{F}} = \iiint\limits_X \operatorname{div}\vec{F}\,\mathrm{d}x\,\mathrm{d}y\,\mathrm{d}z = \sum_i \iint\limits_{S_i} \vec{F}\cdot\vec{N}|\,\mathrm{d}^2\mathbf{x}|. \tag{6.11.23}$$

这就是散度定理的经典版本. 为什么这是对的? 在我们讨论斯托克斯定理的时候, 我们看到 $\vec{F}\cdot\vec{N}$, 在与曲面相切的平行四边形上计算, 与在同样的平行四边形上计算的 $\vec{F}$ 的通量相同. 所以, 实际上, 等式 (6.11.23) 等同于

$$\int_X \mathbf{d}\Phi_{\vec{F}} = \int_X M_{\operatorname{div}\vec{F}} = \sum_i \int_{S_i} \Phi_{\vec{F}}. \tag{6.11.24}$$

注释. 我们认为等式 (6.11.11) 和等式 (6.11.23) 是避免使用经典记号的一个很好的理由. 它们引入了 $\vec{N}$, 通常涉及除以长度的平方根; 这既混乱也没必要, 因为 $|\,\mathrm{d}^2\mathbf{x}|$ 项与分母抵消了. 更严重的是, 经典的记号隐藏了特殊的斯托克斯定理和散度定理与一般的定理 6.10.2 之间的相似性. 但经典的记号具有可以与习惯了它的人交流的几何上的直观性和即时性. △

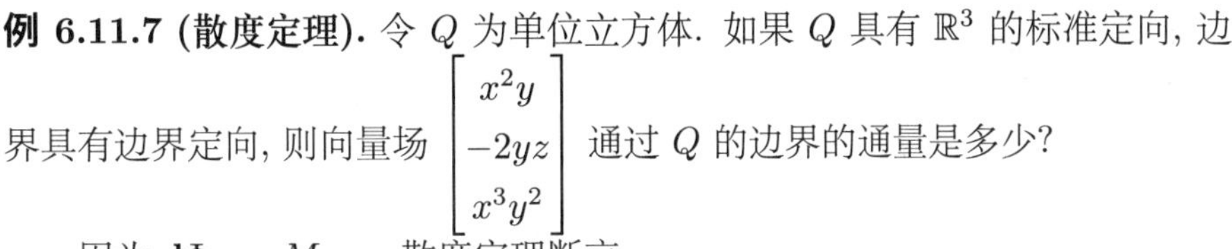

例 6.11.7 (散度定理). 令 Q 为单位立方体. 如果 Q 具有 $\mathbb{R}^3$ 的标准定向, 边界具有边界定向, 则向量场 $\begin{bmatrix} x^2y \\ -2yz \\ x^3y^2 \end{bmatrix}$ 通过 Q 的边界的通量是多少?

因为 $\mathbf{d}\Phi_{\vec{F}} = M_{\operatorname{div}\vec{F}}$, 散度定理断言

$$\int_{\partial Q} \Phi_{\begin{bmatrix} x^2y \\ -2yz \\ x^3y^2 \end{bmatrix}} = \int_Q M_{\operatorname{div}\begin{bmatrix} x^2y \\ -2yz \\ x^3y^2 \end{bmatrix}} = \int_Q (2xy-2z)|\,\mathrm{d}^3\mathbf{x}|. \tag{6.11.25}$$

这可以通过富比尼定理轻松得到:

$$\int_0^1\int_0^1\int_0^1 (2xy-2z)\,\mathrm{d}x\,\mathrm{d}y\,\mathrm{d}z = \frac{1}{2} - 1 = -\frac{1}{2}. \qquad \square \tag{6.11.26}$$

例 6.11.8 (阿基米德原理). 据说, 阿基米德 (图 6.11.3) 应锡拉丘斯的国王 Hiero 的要求, 去确定他定制的一个王冠是否真的是用黄金制成的. 阿基米德发现通过把王冠悬挂在水中称重, 他就可以确定王冠是否是假的. 根据传说, 他是在浴缸里得到这个发现的, 然后裸奔到街上, 哭喊着 "Eureka(*我发现了*)".

他宣称的原理如下: *浸入在液体中的物体受到的浮力等于物体排开的液体的重量.*

同样体积下，部分用黄金制成的王冠要比用纯金制成的王冠轻. 阿基米德找到的解决方案是测量被王冠排开的水的体积和被同样重量的黄金排开的水的体积.

根据 Marcus Vitruvius Pollio 在公元前一世纪的著作, Hiero 给了一个合同工一些精确定量的黄金去制作一顶要被放置在神庙里用来祭祀众神的王冠. 王冠是“一件做工精美的手工艺品 ……，但后来有人指控黄金用量被减少了，换成了同样重量的白银 ……”. 运用他的原理，阿基米德“发现黄金里面混入了白银，这就使得这个合同工的盗窃行为变得很清楚了” (Morris Hicky Morgan in Vitruvius 译自拉丁文 *The Ten Books on Architecture*, Harvard University Press, Cambridge, 1914).

我们不理解他是如何得到这个结论的; 我们将要给出的推导用到了在阿基米德时代还没有的数学.

液体施加在浸入的物体上的力是来自压强 p. 假设物体为 X, 边界为 ∂X, 由小的定向的平行四边形 P_i 组成. 液体施加一个强度大约为

$$p(\mathbf{x}_i)\,\mathrm{Area}(P_i)\vec{\mathbf{n}}_i \tag{6.11.27}$$

的力，其中的 $\vec{\mathbf{n}}_i$ 是一个向内指的单位向量，垂直于 P_i, $\mathbf{x}_i$ 为 P_i 的一个点; 随着 P_i 变得越来越小，这个近似越来越好，使得上面的压强近似为常数. 液体施加的合力为施加在所有边界上的小片上的力的总和.

因此，力就很自然地成为一个曲面积分，实际上是一个 2–形式场的积分，因为 ∂X 的定向很重要. 但是，我们不能把它想成一个 2–形式场: 力有三个分量，我们需要把每一个分量都想成一个 2–形式场. 实际上，力为

$$\begin{bmatrix} \int_{\partial X} p\Phi_{\vec{\mathbf{e}}_1} \\ \int_{\partial X} p\Phi_{\vec{\mathbf{e}}_2} \\ \int_{\partial X} p\Phi_{\vec{\mathbf{e}}_3} \end{bmatrix}, \tag{6.11.28}$$

因为

$$\begin{aligned} \begin{bmatrix} p(\mathbf{x})\Phi_{\vec{\mathbf{e}}_1} \\ p(\mathbf{x})\Phi_{\vec{\mathbf{e}}_2} \\ p(\mathbf{x})\Phi_{\vec{\mathbf{e}}_3} \end{bmatrix}\big(P_{\mathbf{x}}(\vec{\mathbf{v}}_1,\vec{\mathbf{v}}_2)\big) &= p(\mathbf{x})\begin{bmatrix} \det[\vec{\mathbf{e}}_1,\vec{\mathbf{v}}_1,\vec{\mathbf{v}}_2] \\ \det[\vec{\mathbf{e}}_2,\vec{\mathbf{v}}_1,\vec{\mathbf{v}}_2] \\ \det[\vec{\mathbf{e}}_3,\vec{\mathbf{v}}_1,\vec{\mathbf{v}}_2] \end{bmatrix} \\ &= p(\mathbf{x})(\vec{\mathbf{v}}_1\times\vec{\mathbf{v}}_2) \\ &\underbrace{=}_{\text{命题 1.4.20}} \underbrace{p(\mathbf{x})\,\mathrm{Area}\,\big(P_{\mathbf{x}}(\vec{\mathbf{v}}_1,\vec{\mathbf{v}}_2)\big)\vec{\mathbf{n}}}_{\text{指向}\vec{\mathbf{n}}\text{方向上的向量}}. \end{aligned} \tag{6.11.29}$$

阿基米德是如何不用散度定理得出他的结论的呢? 他可能把一个物体想象为由小的立方体组成，也许被一小片水分隔开. 那么作用在物体上的力是作用在所有的小立方体上的力的和. 阿基米德定律对于一个边长为 s, 顶部的竖直分量为负数 z($z=0$ 为水面) 的立方体很容易得到.

侧面的力显然是互相抵消了的，顶部的力是竖直的，大小为 $s^2g\mu z$, 底部的力也是竖直的，大小为 $-s^2g\mu(z-s)$, 所以合力为 $s^3\mu g$, 这恰好就是边长为 s 的立方体中液体的重量.

如果一个物体是由很多个被一小片水分隔开的小的立方体组成的，所有作用在内壁上的力互相抵消，所以那一小片水有没有无关紧要，作用在物体上的合力是浮力，其大小等于被排开的液体的重量. 注意，这个特别的论证与斯托克斯定理的证明有多么相似.

在地球表面的一种不可压缩的液体中，压强的形式为 $p(\mathbf{x})=-\mu gz$, 其中 μ 为密度, g 为重力加速度. 散度定理说明，如果 ∂X 由向外指的法向量定向，则

$$\underbrace{\begin{bmatrix} \int_{\partial X} \mu gz\Phi_{\vec{\mathbf{e}}_1} \\ \int_{\partial X} \mu gz\Phi_{\vec{\mathbf{e}}_2} \\ \int_{\partial X} \mu gz\Phi_{\vec{\mathbf{e}}_3} \end{bmatrix}}_{\text{液体施加的合力}} = \begin{bmatrix} \int_{\partial X} M_{\vec{\nabla}\cdot(\mu gz\vec{\mathbf{e}}_1)} \\ \int_{\partial X} M_{\vec{\nabla}\cdot(\mu gz\vec{\mathbf{e}}_2)} \\ \int_{\partial X} M_{\vec{\nabla}\cdot(\mu gz\vec{\mathbf{e}}_3)} \end{bmatrix}. \tag{6.11.30}$$

散度为

$$\vec{\nabla}\cdot(\mu gz\vec{\mathbf{e}}_1)=\vec{\nabla}\cdot(\mu gz\vec{\mathbf{e}}_2)=0,\ \vec{\nabla}\cdot(\mu gz\vec{\mathbf{e}}_3)=\mu g. \tag{6.11.31}$$

因此，合力为 $\begin{bmatrix} 0 \\ 0 \\ \int_X M_{\mu g} \end{bmatrix}$, 第三个分量为被排开的液体的重量: 力的定向向上. 这就证明了阿基米德原理. △

6.11 节的练习

6.11.1 令 S 为通过把方程为 $(x-2)^2+z^2=1$ 的曲线绕着 z 轴旋转形成的环面. 用向外指的法向量给 S 定向. 计算 $\int_S \Phi_{\vec{F}}$, 其中 $\vec{F}=\begin{bmatrix} x+\cos(yz) \\ y+\mathrm{e}^{x+z} \\ z-x^2y^2 \end{bmatrix}$.

6.11.2 假设 $U\subset\mathbb{R}^3$ 为开的, $\vec{F}$ 是 U 上的一个 C^1 向量场, $\mathbf{a}$ 为 U 中的一个点. 令 $S_r(\mathbf{a})$ 为中心在 $\mathbf{a}$, 半径为 r 的球面, 由向外指的法向量定向. 计算 $\lim\limits_{r\to 0}\frac{1}{r^3}\int_{S_r(\mathbf{a})}\Phi_{\vec{F}}$.

练习 6.11.3: 利用柱坐标系.

6.11.3 a. 令 X 为 (x,z) 平面上 $x>0$ 的一个有界区域, 并将 $\mathbb{R}^3$ 中 X 绕着 z 轴旋转一个角度 α 所扫过的区域称为 Z_α. 找到一个计算 Z_α 的体积的公式, 用 X 上的积分来表示.

b. 令 X 为 (x,z) 平面上半径为 1, 中心在点 $x=2, z=0$ 的圆. 将其绕着 z 轴完整地旋转一周所形成的环面的体积是什么?

c. 向量场 $\begin{bmatrix} x \\ y \\ z \end{bmatrix}$ 通过这个环面的边界的 $y\geqslant 0$, 由向外指的法向量定向的部分的通量是什么?

6.11.4 令 $\vec{F}$ 为向量场 $\vec{F}=\vec{\nabla}\left(\frac{\sin xyz}{xy}\right)$. 计算 $\vec{F}$ 沿着参数化的曲线 $\gamma(t)=\begin{pmatrix} t\cos\pi t \\ t \\ t \end{pmatrix}$ 的功, 其中 $0\leqslant t\leqslant 1$, 其定向使 γ 保持定向.

练习 6.11.5 是一个 "长毛狗" 练习, 有很多不相关的细节.

6.11.5 $W_{\begin{pmatrix} -y/(x^2+y^2) \\ x/(x^2+y^2) \end{pmatrix}}$ 绕着内切于单位圆, 其中一个顶点在 $\begin{pmatrix} 1 \\ 0 \end{pmatrix}$, 并按照多边形的边界来定向的正十一边形的边界的积分是什么?

6.11.6 令 C 为圆柱面 $x^2+y^2=1$ 与曲面 $z=\sin xy+2$ 的交集. 给 C 定向使得极角沿着 C 递减. 向量场 $\begin{bmatrix} 2y \\ x \\ 3z^2 \end{bmatrix}$ 在 C 上的功是什么?

6.11.7 令 C 为平面上的一条闭合曲线. 证明: 两个向量场 $\begin{bmatrix} y \\ 0 \end{bmatrix}$ 和 $\begin{bmatrix} 0 \\ x \end{bmatrix}$ 沿着 C 所做的功是相反的.

6.11.8 令 C 为平面上的一条闭合曲线. 证明: $\begin{bmatrix} xy^2 \\ 0 \end{bmatrix}$ 和 $\begin{bmatrix} 0 \\ -x^2y \end{bmatrix}$ 沿着 C 所做的功是相同的.

6.11.9 假设 $U\subset\mathbb{R}^3$ 为开的, $\vec{F}$ 是 U 上的向量场, $\mathbf{a}$ 是 U 中的一个点, $\vec{\mathbf{v}}\neq\vec{\mathbf{0}}$ 为 $\mathbb{R}^3$ 中的一个向量. 令 U_R 为在平面 $(\mathbf{x}-\mathbf{a})\cdot\vec{\mathbf{v}}=0$ 上的中心在 $\mathbf{a}$, 半

径为 R 的圆盘, 由法向量场 $\vec{\mathbf{v}}$ 定向, 令 ∂U_R 为其边界, 具有边界定向. 计算 $\lim_{R\to 0}\frac{1}{R^2}\int_{\partial U_R} W_{\vec{F}}$.

6.11.10 计算积分 $\int_C W_{\vec{F}}$, 其中 $\vec{F}\begin{pmatrix}x\\y\end{pmatrix}=\begin{bmatrix}xy\\ \frac{\cos y}{y+1}+x\end{bmatrix}$, C 为 $x^2+y^2=1$ 的 $y\geqslant 0$ 的上半圆, 按顺时针方向定向.

练习 6.11.10: 第一步是找到一条闭合曲线, C 是其中的一片.

6.11.11 计算向量场 $\begin{bmatrix}x^2\\y^2\\z^2\end{bmatrix}$ 通过由向外指的法向量定向的单位球面的通量.

6.11.12 计算顶点为 $\begin{bmatrix}a_1\\b_1\end{bmatrix}, \begin{bmatrix}a_2\\b_2\end{bmatrix}, \begin{bmatrix}a_3\\b_3\end{bmatrix}$ 的三角形的面积.

练习 6.11.12: 考虑围绕三角形对 $x\,\mathrm{d}y$ 积分.

6.11.13 向量场 $\begin{bmatrix}-3y\\3x\\1\end{bmatrix}$ 围绕着方程为 $x^2+y^2=1, z=3$, 在 $\begin{pmatrix}1\\0\\3\end{pmatrix}$ 由切向量 $\begin{bmatrix}0\\-1\\0\end{bmatrix}$ 定向的圆的功是什么?

$$\vec{F}\begin{pmatrix}x\\y\\z\end{pmatrix}=\begin{bmatrix}x+yz\\y+xz\\z+xy\end{bmatrix}$$

练习 6.11.14 的向量场.

6.11.14 计算边注中的向量场 $\vec{F}$ 通过第一象限 $x,y,z\geqslant 0$, 且 $z\leqslant 4$, $x^2+y^2\leqslant 4$, 由向外指的法向量定向的区域的边界的通量.

练习 6.11.15 a 是练习 6.3.15 的一个简单的特例.

6.11.15 a. 令 $L\subset\mathbb{C}^2$ 为一个一维复子空间. 证明 L 被看作 $\mathbb{R}^4$ 中的一个实平面, 有唯一的定向如下: 如果 $\vec{\mathbf{v}}\in L$ 是一个非零向量, 则 $\vec{\mathbf{v}}, \mathrm{i}\vec{\mathbf{v}}$ 是 L 的一组直接的基.

*b. 令 $z_1=x_1+\mathrm{i}y_1$, $z_2=x_2+\mathrm{i}y_2$ 为 $\mathbb{C}^2=\mathbb{R}^4$ 中的坐标. 选取两个互质的正整数 p 和 q, 在方程为

$$z_1^p+z_2^q=0,\ 且满足\ |z_1|\leqslant R_1, |z_2|\leqslant R_2$$

的曲面 $X_{p,q}$ 的部分上计算 2–形式 $\mathrm{d}x_1\wedge\mathrm{d}y_1+\mathrm{d}x_2\wedge\mathrm{d}y_2$ 的积分, 曲面的定向确定为: 如果 $\vec{\mathbf{v}}\neq\vec{\mathbf{0}}$ 为切空间 $T_{\mathbf{x}}X$ 的一个元素, 则 $\vec{\mathbf{v}}, \mathrm{i}\vec{\mathbf{v}}$ 为被看作实平面的 $T_{\mathbf{x}}X$ 的一组直接的基.

6.12　电磁学

在本章的引言中, 我们说过, 形式是理解物理世界中两个极其重要的主题的自然方式: 电磁学和相对论. 实际上, 这是我们在这一章撰写微分形式的原因之一.

相对论超出了本书的范围, 但在这一节中, 我们希望说服你相信, 形式是电磁学的自然语言. 我们也发现电磁学的历史是物理学与数学之间相互作用的一个精彩的展示: curl, grad 和 div 主要是由麦克斯韦 (Jame Clerk Maxwell) 发

明的, 就是为了理解由法拉第 (Michael Faraday) 在实验中探索的电与磁之间的关系.

历史是复杂的, 19 世纪的电磁学的历史 (实际上是 1785 — 1905 年) 也不例外. 所涉及的科学家展现出了惊人的洞察力, 但他们也走错了路, 探索了很多的死胡同. 就算是假设了这样的事情是可能的, 我们也没有能力或者知识去还原一个真实的历史, 它们无论如何都会占据比这里能用的空间更大的地方. 但是我们确实想要探索麦克斯韦方程组的意义.

我们还想讨论一下历史上的一个重大的惊喜, 一个在实验室中用电池、磁铁、髓球之类的东西测出来的量竟然等于光的速度. 这一认识导致了电磁学与早已作为无关领域存在的光学的统一. 说这一发展很重要就是最轻描淡写的说法. 尤其是, 没有麦克斯韦对电磁学与光学的统一, 计算机、无线电、电视或者电话都无从谈起.

在 cgs 系统中, 电荷的单位是*静电库仑*(statC): 两个物体相距 1 cm, 每个物体带有 1 statC 的电量, 以 10^{-5} N 的力互相排斥, 即质量为 1 g 的物体要得到 1 cm/s^2 的加速度需要的力. 在 cgs 系统中, 电流的单位是 statC/s.

cgs 系统更加适合于昆虫, 而不是人类: 一只甲壳虫的质量约为 1 g 的十分之一, 10^{-5} N 是我们可能会与一只蚂蚁联系起来的力. 现在更为普遍的, 称为国际单位制 (SI) 的 MKS (m, kg, s) 系统更为适合于人类: 人们用千克来测量质量更为合理, 100 A 是一个家庭运行的标准电流 (A 是 MKS 系统中测量电流的单位).

在两个系统中, 长度的单位相差 100 倍, 质量的单位相差 1 000 倍, 而电荷量的单位大约相差 10^{10} 倍: 1 A 是 1 C/s, 而 1 C 大约是 3.34×10^{10} statC. 静电库仑是静电学中的一个适当的计量单位, 如同测量电流的安培一样. 两个物体, 每个带有 1 C 的电量, 相距 1 m, 将产生大约 10^{10} N 的力 —— 足以在 1 s 内把一个质量为 10^{10} kg 的物体从静止加速到 1 m/s 的速度 (大约是慢速行走的速度).

麦克斯韦 (图 6.12.1), 苏格兰物理学家. 1931 年, 爱因斯坦将麦克斯韦对物理学家感知现实的影响描述为 "自牛顿时代以来, 物理学所经历的最为深刻的、最富有成果的影响".

图 6.12.1
麦克斯韦 (James Clerk Maxwell, 1831 — 1879)

麦克斯韦方程组和外导数

我们在例 6.5.13 中看到, 在 cgs 系统中 (cm, g, s), 用标准的 "向量微积分" 语言描述的电磁场包括两个与时间有关的向量场,[17] 即电场 $\vec{\mathbf{E}}$ 和磁场 $\vec{\mathbf{B}}$, 作用在一个带电量为 q, 在 $\mathbf{x}$ 以速度 $\vec{\mathbf{v}}$ 移动的电荷上的力为

$$\vec{F}=q\left(\vec{\mathbf{E}}(\mathbf{x},t)+\left(\frac{\vec{\mathbf{v}}}{c}\times\vec{\mathbf{B}}(\mathbf{x},t)\right)\right), \tag{6.12.1}$$

其中的 c 为光速.

这个力 $\vec{F}$ 称为*洛伦兹力*(Lorentz force), 等式 (6.12.1) 称为*洛伦兹力定律*(Lorentz force law). 尽管不那么明显, 但所有的日常活动, 像靠在桌子上, 打电话, 或者打开电炉子, 都基本上可以用洛伦兹力来解释, 它是可以在每时每刻都被观察到的. 难以想象有什么东西不是洛伦兹力定律的例证.

电磁场遵循下面四条定律, 它们统称为*麦克斯韦方程组* (Maxwell's equations):

$$\begin{aligned}
-\frac{1}{c}D_t\vec{\mathbf{B}} &= \operatorname{curl}\vec{\mathbf{E}} \qquad (\text{法拉第定律}), & (6.12.2)\\
\operatorname{div}\vec{\mathbf{B}} &= 0 \qquad (\text{不存在磁荷}), & (6.12.3)\\
\frac{1}{c}D_t\vec{\mathbf{E}} &= \operatorname{curl}\vec{\mathbf{B}}-\frac{4\pi}{c}\vec{\mathbf{j}} \qquad (\text{修正的安培定律}), & (6.12.4)\\
\operatorname{div}\vec{\mathbf{E}} &= 4\pi\rho \qquad (\text{高斯定律}), & (6.12.5)
\end{aligned}$$

其中 ρ 是电荷密度, $\vec{\mathbf{j}}$ 是电流密度.

在传统的记法中, 等式 (6.12.2) 和 (6.12.4) 被写为

$$-\frac{1}{c}\frac{\partial\vec{\mathbf{B}}}{\partial t}=\operatorname{curl}\vec{\mathbf{E}} \text{ 和 } \frac{1}{c}\frac{\partial\vec{\mathbf{E}}}{\partial t}=\operatorname{curl}\vec{\mathbf{B}}-\frac{4\pi}{c}\vec{\mathbf{j}}. \tag{6.12.6}$$

上面的这些方程是在 cgs 系统中写的 (见 637 页的边注). 在 cgs 系统中, 电流

[17] 所谓与时间相关, 是指向量场的每一项都依赖于三个空间变量和时间, 但当我们计算这些向量场的旋度和散度的时候, 涉及的偏导只与空间变量有关. 当然, 关于时间的偏导不能被忽略; 它们明确地出现在麦克斯韦方程组中.

密度 $\vec{\mathbf{j}}$ 的单位是静电库仑/(厘米^2 · 秒), 电荷密度 ρ 的单位是静电库仑/厘米^3:

$$\underbrace{\frac{\text{statC}}{(\text{cm})^2\text{s}}}_{\text{电流密度的测量}} \qquad \underbrace{\frac{\text{statC}}{(\text{cm})^3}}_{\text{电荷密度的测量}} . \tag{6.12.7}$$

现在我们将用微分形式来重新解读这些方程: 我们将看到, 外导数是一种非常自然的书写方式.

定义 2–形式:

$$\begin{aligned}\mathbb{F} &= W_{\vec{\mathbf{E}}} \wedge c\,\mathrm{d}t + \Phi_{\vec{\mathbf{B}}},\\ \mathbb{M} &= W_{\vec{\mathbf{B}}} \wedge c\,\mathrm{d}t - \Phi_{\vec{\mathbf{E}}},\end{aligned} \tag{6.12.8}$$

分别称为法拉第 2–形式和麦克斯韦 2–形式.

(在等式 (6.12.8) 中, 功和通量仅与空间变量有关.) 与通常一样, 我们用 Φ 表示通量形式: $\Phi_{\vec{\mathbf{B}}}$ 是 $\vec{\mathbf{B}}$ 的通量形式. 我们已经在公式 (6.5.29) 中看到了法拉第 2–形式. 练习 6.12.1 让你验证

向量场 $\vec{\mathbf{E}}$ 和 $\vec{\mathbf{B}}$ 是 x, y, z 和 t 的函数, 但算子 div 和 curl 只是对空间变量取导数. 等式 (6.12.2) ~ (6.12.5) 中写出的麦克斯韦方程组以不同的方式处理空间和时间, 使其难以在用在空时坐标系中. 例如, 难以从一个参考系转移到另一个它在做相对运动的参考系. 相比之下, 以微分形式所写出的麦克斯韦定律的等式 (6.12.15) 将时间和空间同等对待.

$$\mathbf{d}\mathbb{F} = \Phi_{\vec{\nabla}\times\vec{\mathbf{E}}} \wedge c\,\mathrm{d}t + M_{\vec{\nabla}\cdot\vec{\mathbf{B}}} + \Phi_{\frac{1}{c}\frac{\partial\vec{\mathbf{B}}}{\partial t}} \wedge c\,\mathrm{d}t. \tag{6.12.9}$$

从这里得到麦克斯韦方程组的前两个方程,

$$\operatorname{curl}\vec{\mathbf{E}} + \frac{1}{c}D_t\vec{\mathbf{B}} = \begin{bmatrix}0\\0\\0\end{bmatrix} = \vec{\mathbf{0}},\ \operatorname{div}\vec{\mathbf{B}} = 0, \tag{6.12.10}$$

等价于 $\mathbf{d}\mathbb{F} = 0$:

$$\mathbf{d}\mathbb{F} = \underbrace{\Phi_{\vec{\nabla}\times\vec{\mathbf{E}}} \wedge c\,\mathrm{d}t + \Phi_{\frac{1}{c}D_t\vec{\mathbf{B}}} \wedge c\,\mathrm{d}t}_{\Phi_{\vec{0}}=0} + \underbrace{M_{\operatorname{div}\vec{\mathbf{B}}}}_{0} = 0. \tag{6.12.11}$$

我们来定义 “电荷–电流” 3–形式

$$\mathbb{J} = \frac{1}{c}\Phi_{\vec{\mathbf{j}}} \wedge c\,\mathrm{d}t - M_\rho; \tag{6.12.12}$$

我们将看到, 方程 $\mathbf{d}\mathbb{M} = 4\pi\mathbb{J}$ 等价于麦克斯韦方程组中的另外两个方程. 计算

$$\begin{aligned}\mathbf{d}\mathbb{M} &= \mathbf{d}(W_{\vec{\mathbf{B}}} \wedge c\,\mathrm{d}t - \Phi_{\vec{\mathbf{E}}})\\ &= \Phi_{\vec{\nabla}\times\vec{\mathbf{B}}} \wedge c\,\mathrm{d}t - M_{\vec{\nabla}\cdot\vec{\mathbf{E}}} - \Phi_{\frac{1}{c}D_t\vec{\mathbf{E}}} \wedge c\,\mathrm{d}t\\ &= 4\pi(\Phi_{\frac{\vec{\mathbf{j}}}{c}} \wedge c\,\mathrm{d}t - M_\rho).\end{aligned} \tag{6.12.13}$$

如果我们把这个方程分解成只涉及 “类空间” 的项的分量和涉及两个类空间的项的分量和 $\mathrm{d}t$, 则得到

$$\operatorname{div}\vec{\mathbf{E}} = 4\pi\rho,\ \frac{1}{c}D_t\vec{\mathbf{E}} = \operatorname{curl}\vec{\mathbf{B}} - 4\pi\frac{\vec{\mathbf{j}}}{c}, \tag{6.12.14}$$

麦克斯韦方程组中的另外两个方程.

因此, 我们可以把麦克斯韦方程组优雅且简洁地总结为

$$\mathbf{d}\mathbb{F} = 0,\ \mathbf{d}\mathbb{M} = 4\pi\mathbb{J}. \tag{6.12.15}$$

这告诉我们什么? 从描述洛伦兹力的等式 (6.12.1) 可以清楚地看出, 我们关于空间和时间的直觉从根本上是有缺陷的: 力不应该依赖于速度, 除非有一个用来测量速度的背景参考系. 这在流体力学中发生过: 流体中的运动依赖于相对于外围流体的速度. 早期对理解麦克斯韦方程组的尝试正是基于这一想法: 他们假想了一种外围 "流体", 即*以太*(ether), 用来测量速度. 但是所有寻找以太的尝试都失败了, 最著名的是证明了光速在各个方向上都相等的迈克尔逊–莫雷的实验, 从而证明了地球相对于以太没有运动.

唯一成功解决这些困难的方法就是狭义相对论, 该理论认为四维的 "时空" 是物理现实的舞台, 但是将时空分解为时间和空间总是不自然的. 在这个背景下, 2–形式 $\mathbb{F}$ 和 $\mathbb{M}$ 是自然的, 但是向量场 $\vec{\mathbf{E}}$ 和 $\vec{\mathbf{B}}$ 不是; 它们依赖于这种不自然的分解.

关键的问题是 $\mathbb{F}$ 与 $\mathbb{M}$ 之间的关系. 这是一个十分复杂的问题.

等式 (6.12.15): $\mathbf{d}\mathbb{M} = 4\pi\mathbb{J}$ 的一个结果是

$$\mathbf{d}\mathbb{J} = \frac{1}{4\pi}\mathbf{dd}\mathbb{M} = 0.$$

利用等式 (6.12.12), 我们用 $\vec{\mathbf{j}}$ 和 ρ 来表达这个结果: 计算

$$\begin{aligned} 0 &= \mathbf{d}\mathbb{J} = \mathbf{d}\left(\frac{1}{c}\Phi_{\vec{\mathbf{j}}} \wedge c\,\mathrm{d}t - M_\rho\right) \\ &= \frac{1}{c}M_{\operatorname{div}\vec{\mathbf{j}}} \wedge c\,\mathrm{d}t \\ &\quad - \mathrm{d}\rho\,\mathrm{d}x \wedge \mathrm{d}y \wedge \mathrm{d}z \\ &= \frac{1}{c}(\operatorname{div}\vec{\mathbf{j}})\,\mathrm{d}x \wedge \mathrm{d}y \wedge \mathrm{d}z \wedge c\,\mathrm{d}t \\ &\quad - D_t\rho\,\mathrm{d}t \wedge \mathrm{d}x \wedge \mathrm{d}y \wedge \mathrm{d}z \\ &= \operatorname{div}\vec{\mathbf{j}}\,\mathrm{d}x \wedge \mathrm{d}y \wedge \mathrm{d}z \wedge \mathrm{d}t \\ &\quad + D_t\rho\,\mathrm{d}x \wedge \mathrm{d}y \wedge \mathrm{d}z \wedge \mathrm{d}t \end{aligned}$$

给出

$$D_t\rho + \operatorname{div}\vec{\mathbf{j}} = 0.$$

这被称为连续性方程, 直观地对应于电荷守恒.

库仑的实验

电学中的第一个定量实验显然是由库仑 (Charles Augustin Coulomb) 在 1785 年做的.[18] 他还发明了扭秤, 这使得他可以精确地测量非常小的力. 利用他的秤, 他证明了电荷排斥同性电荷, 力的大小正比于电量的乘积, 反比于电荷之间距离的平方:

$$F = k_1\frac{q_1 q_2}{r^2} \qquad (\text{库仑定律}), \tag{6.12.16}$$

其中 q_1 和 q_2 为电量, r 为电荷之间的距离, k_1 为比例系数. 在你选择电量单位之前, k_1 的数值并没有意义, 但无论你使用什么单位, 它的量纲都是

$$\frac{\text{力} \times \text{长度}^2}{\text{电量}^2}. \tag{6.12.17}$$

库仑定律类似于牛顿的万有引力定律: 两个质点之间的引力正比于它们的质量的乘积, 反比于它们之间距离的平方.

安培的实验

时间前进到 1820 年. 丹麦物理学家奥斯特 (Hans Christian Oersted) 刚刚宣布, 电流可以使磁针发生偏转, 像指南针一样. 在一个星期之内, 安培 (André Marie Ampère) 证明了两根相互平行的电流方向相同的通电导线互相吸引 (或者电流方向相反时互相排斥), 如图 6.12.2 所示. 单位长度上, 导线之间互相吸引或者排斥的力与电流的乘积成正比, 与导线的间距成反比:

$$\frac{F}{L} = k_2\frac{2I_1 I_2}{d}, \tag{6.12.18}$$

其中 F/L 为单位长度上的力, I_1 和 I_2 为两根导线中的电流, d 是导线之间的距离. 在你选择单位之前, 谈论 k_2 的数值没有意义, 但无论你选择什么单位,

奥斯特关于电和磁之间关联的发现在实践上以及理论上的重要性无论怎么夸大都不过分. 例如, 没有它, 任何涉及电动机的事情都无法想象. 关于电磁学的工作由法拉第继续从事下去了.

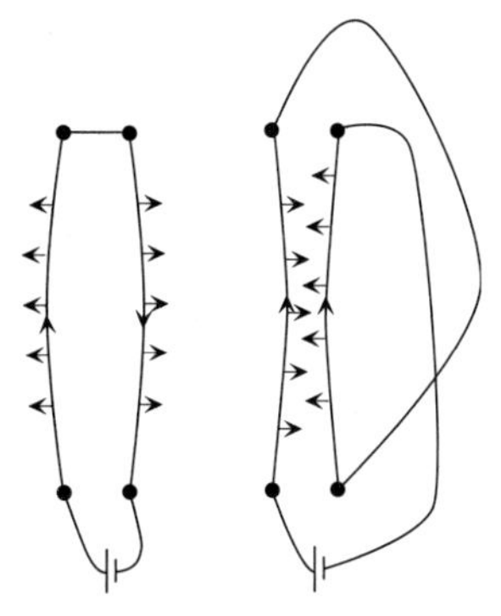

图 6.12.2

左: 安培发现, 两根带有相反方向电流的平行导线互相排斥. 右: 如果两根导线中电流的方向相同, 则导线互相吸引.

[18] 他提交给法国科学院的报告的翻译版本可以在 http://ppp.unipv.it/Coulomb/Pages/eF3opAI.html 上找到.

k_2 的量纲都是

$$\frac{\text{力} \times \text{长度} \times \text{时间}^2}{\text{电量}^2 \times \text{长度}}. \tag{6.12.19}$$

注意到, 比率 k_1/k_2 的量纲为

$$\frac{\text{力} \times \text{长度}^2}{\text{电量}^2} \frac{\text{电量}^2 \times \text{长度}}{\text{力} \times \text{长度} \times \text{时间}^2} = \frac{\text{长度}^2}{\text{时间}^2}, \tag{6.12.20}$$

与电量的单位的选择无关. 这个比率的单位为速度的平方.

现在我们用国际单位来计算数字. 在这个系统中, 电量的单位是库仑; 它的选择使得 $k_2 = 10^{-7}$. 如果你测量两个相距 1 m 的 1 C 的电荷之间的排斥力, 则得到一个大小约为 8.99×10^9 N 的力. 这使得 $k_1 \sim 8.99 \times 10^9$.

隐藏在 k_1 和 k_2 的这些数值中的巨大惊奇是, 如果你计算比率 k_1/k_2, 则得到一个非常接近光速的平方的数

$$\frac{k_1}{k_2} \approx 8.99 \times 10^{16} \frac{\text{m}^2}{\text{s}^2} \approx c^2. \tag{6.12.21}$$

这个在涉及电荷和电流的实验中出现的光速直到 1862 年才被明显地注意到. 在那时, 法拉第和麦克斯韦已经发展了电磁场的理论, 麦克斯韦方程组的一个结果就是这些场应该作为波, 按照速度 $\sqrt{k_1/k_2}$ 传播. 这个量的重要性就变得很清楚了. 正如麦克斯韦所写的:

> 我们无法避免“光存在于导致电磁现象的同一介质的横向波动中”这一推论.

这段话摘自 *On the Physical Lines of Force*, Part III, *Philosophical Magazine and Journal of Science*, Fourth Series, Jan. 1862.

法拉第的实验

在奥斯特和安培的实验之后, 出现了一系列的工作. 真正关键的实验是法拉第在 1831 年做的: 他从这个实验推导出来的法拉第定律, 解释了电动机和发电机的原理, 揭示了人类文明因使用电而发生的所有变化. 从某种意义上说, 你每天都会把这个实验做很多次, 例如, 当你按响门铃或者启动汽车的时候.

这些设备的工程掩盖了其背后的规律, 所以我们将要描述一些显然是“物理”的东西, 它非常接近法拉第初始的设置. 如果你有相当大的磁铁和线圈, 则它也很容易做并得到可测量的结果.

实验在图 6.12.3 中描述. 假设你把一个条形磁铁竖直放在桌子上, 将线圈与灵敏电流计相连接 (最简单的万用表就可以). 首先非常快地在磁铁周围上下移动线圈: 你会看到灵敏电流计的指针来回摆动. 下一步, 几乎做同样的事情: 把线圈放在桌子上, 将磁铁上下快速移动, 进出线圈. 当然, 你将看到同样的事情: 灵敏电流计的指针将来回移动.

为什么是“当然”的? 这两个实验看上去几乎是相同的; 如果考虑到相对论, 那么它们就是相同的. 但是一个实验非常容易通过洛伦兹力去理解, 而另一个则不能.

根据奥斯特的实验, 法拉第知道了如何制造一个十分灵敏的电流表. 有个这个装置, 不难产生足够的电流来点亮一个手电筒的灯泡.

当你移动线圈的时候, 导线中的电子被上下移动, 速度大约为 $(\cos \omega t)\vec{\mathbf{e}}_3$.

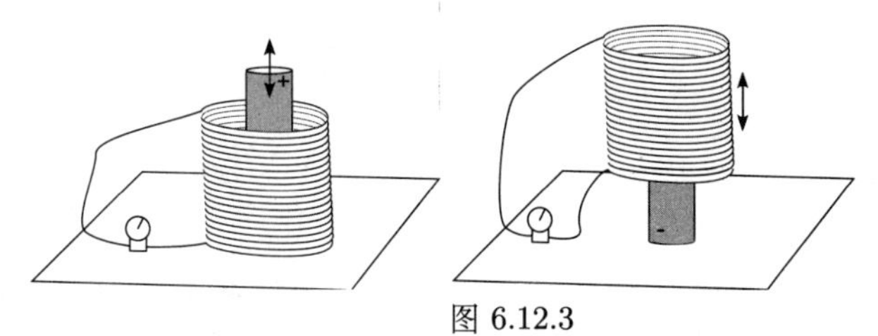

图 6.12.3

你可以把磁铁放在桌子上, 绕着它上下快速移动线圈 (左图), 或者你可以把线圈放在桌子上, 上下快速移动磁铁进出线圈 (右图). 结果是一样的: 线圈里产生了交流电.

磁场 (主要) 是径向的, 形式为

$$\vec{\mathbf{B}}\begin{pmatrix} x \\ y \\ z \end{pmatrix} = \begin{bmatrix} a \\ a \\ 0 \end{bmatrix}, \tag{6.12.22}$$

其中 a 依赖于磁铁的强度, 以及磁铁和线圈的相对半径. 因此, 根据洛伦兹力定律 (等式 (6.12.1)), 电子将 “感受” 到一个力

$$\begin{bmatrix} 0 \\ 0 \\ \cos\omega t \end{bmatrix} \times \begin{bmatrix} a \\ a \\ 0 \end{bmatrix} = \begin{bmatrix} -a\cos\omega t \\ a\cos\omega t \\ 0 \end{bmatrix}, \tag{6.12.23}$$

也就是, 一个沿着导线方向的力. 所以电子沿着导线移动, 产生出灵敏电流计可以测量的电流.

现在考虑移动磁铁. 移动的电荷在哪里? 没有明显的这样的电荷, 根据洛伦兹定律, 电场一定在推动电荷; 这个电场一定是由不断变化的磁场所产生的, 因为磁场是唯一在变化的东西. 因此, 如果磁铁被拉离导线, 则电荷一定会被变化的磁场产生的电场所推动.

经过了多次实验, 法拉第得出结论, 导线中的电流正比于由导线形成的环路中磁场的变化率. 这是法拉第定律的一个变形.

在这一节的余下的部分, 我们有三个目标:

- 用麦克斯韦定律解读库仑、安培、法拉第的实验, 传达这些定律的一些物理意义;
- 说明麦克斯韦是如何在对安培和法拉第的工作进行修正的基础上得到关于光的结论的;
- 解释速度在洛伦兹力中出现所涉及的困难, 以及这如何导致了爱因斯坦的狭义相对论.

库仑的实验和电场

现在, 我们将看到库仑的结果导致了高斯定律 $\operatorname{div}\vec{\mathbf{E}} = 4\pi\rho$ 的出现, 它是麦克斯韦方程组中的一员. 我们将使用国际单位制 (SI), 在 SI 中, 高斯定律变为 $\rho(\mathbf{x}) = \epsilon_0 \operatorname{div}\vec{\mathbf{E}}(\mathbf{x})$. 库仑的结果的一种解读是, 置于 $\mathbf{y} \in \mathbb{R}^3$ 的 (静) 电荷 q

产生了电场和磁场

$$\vec{\mathbf{E}}(\mathbf{x}) = \frac{q}{4\pi\epsilon_0}\frac{\overrightarrow{\mathbf{x}-\mathbf{y}}}{|\overrightarrow{\mathbf{x}-\mathbf{y}}|^3},\ \vec{\mathbf{B}}(\mathbf{x}) = \vec{\mathbf{0}}, \tag{6.12.24}$$

其中, ϵ_0(*真空介电常数*(primitivity of free space)) 是一个比例系数, 在电荷的单位和电场的单位被选择之前没有数值. 假设*电荷密度*(charge density) ρ 是 C^1 的, 具有紧致的支撑. 这个电荷密度产生了一个电场

$$\vec{\mathbf{E}}(\mathbf{x}) = \frac{1}{4\pi\epsilon_0}\int_{\mathbb{R}^3}\rho(\mathbf{y})\frac{\overrightarrow{\mathbf{x}-\mathbf{y}}}{|\overrightarrow{\mathbf{x}-\mathbf{y}}|^3}|\,\mathrm{d}^3\mathbf{y}|. \tag{6.12.25}$$

注意到等式 (6.12.24) 给出的电场遵循平方反比定律: 分子中的 $\overrightarrow{\mathbf{x}-\mathbf{y}}$ 与分母中的一个幂次抵消, 另外还给出了场的方向. 它可以用例 6.7.7 中的向量场 $\vec{F}_3$ 来表示:

$$\frac{\overrightarrow{\mathbf{x}-\mathbf{y}}}{|\overrightarrow{\mathbf{x}-\mathbf{y}}|^3} = \vec{F}_3(\mathbf{x}-\mathbf{y}). \tag{6.12.26}$$

回忆到, $\vec{F}_3$ 的散度 (也就是通量的外导数) 在远离 $\mathbf{0}$ 的地方总是 0.

设 $A_{R,r} = \{\mathbf{u}|r \leqslant |\mathbf{u}| \leqslant R\}$, 其中 R 被选择足够大, 使得所有的电荷都被包含在 ρ 的支撑中每个点 $\mathbf{x}$ 周围的球 $B_R(\mathbf{x})$ 中 (集合 $A_{R,r}$ 被用在等式 (6.12.27) 第二行的积分中). 做下面的计算, 其中, 在第二行中, $\mathrm{div}_\mathbf{u}$ 是关于 $\mathbf{u}$ 的散度, 在第三行中, $\mathrm{div}_\mathbf{x}$ 是关于 $\mathbf{x}$ 的散度:

$$\begin{aligned}
\frac{\rho(\mathbf{x})}{\epsilon_0} &\overset{1}{=} -\lim_{r\to 0}\frac{1}{4\pi\epsilon_0}\int_{\partial B_r(\mathbf{x})}\rho(\mathbf{y})\Phi_{\vec{F}_3(\mathbf{x}-\mathbf{y})} \overset{2}{=} +\lim_{r\to 0}\frac{1}{4\pi\epsilon_0}\int_{\partial B_r(\mathbf{0})}\rho(\mathbf{x}+\mathbf{u})\Phi_{\vec{F}_3(\mathbf{u})}\\
&\overset{3}{=} -\frac{1}{4\pi\epsilon_0}\lim_{r\to 0}\int_{A_{R,r}}\mathrm{div}_\mathbf{u}\left(\rho(\mathbf{x}+\vec{\mathbf{u}})\vec{F}_3(\mathbf{u})\right)|\,\mathrm{d}^3\mathbf{u}| \qquad (6.12.27)\\
&\overset{4}{=} -\frac{1}{4\pi\epsilon_0}\lim_{r\to 0}\int_{\mathbb{R}^3-B_r(\mathbf{0})}\mathrm{div}_\mathbf{x}\left(\rho(\mathbf{x}+\vec{\mathbf{u}})\vec{F}_3(\mathbf{u})\right)|\,\mathrm{d}^3\mathbf{u}|\\
&\overset{5}{=} -\mathrm{div}_\mathbf{x}\left(\frac{1}{4\pi\epsilon_0}\int_{\mathbb{R}^3}\rho(\mathbf{x}+\vec{\mathbf{u}})\vec{F}_3(\mathbf{u})\right)|\,\mathrm{d}^3\mathbf{u}| \overset{6}{=} \mathrm{div}\,\vec{\mathbf{E}}(\mathbf{x}).
\end{aligned}$$

等式 (6.12.27): 等式 1 成立, 因为 $\vec{F}_3$ 通过 $\partial B_r(\mathbf{x})$ 的流随着 r 的减小而保持不变; 它总是 4π, 如图 6.7.1. 等式 1 右侧的积分是 ρ 在 $\mathbf{x}$ 周围半径为 r 的球面上的平均值. 在等式 2 中, 我们做了换元 $\mathbf{y} = \mathbf{x}+\mathbf{u}$; 注意到 $\vec{F}_3(-\mathbf{u}) = -\vec{F}_3(\mathbf{u})$; 这解释了符号的变化.

等式 3 用到了斯托克斯定理; 我们只在 $\partial B_r(\mathbf{0})$ 上积分, 因为在 $A_{R,r}$"外部" 边界的分量上没有电荷; 如图 6.12.4. 第二行的符号发生了变化, 因为 $B_r(\mathbf{0})$ 的边界是由向外指的法向量定向的, 它指向与定义 $\partial A_{R,r}$ 内部分量的定向的向外指的法向量相反的方向; 再次参见图 6.12.4.

等式 4: 因为 ρ 在 $B_R(\mathbf{x})$ 中有支撑, 我们可以从第二行的紧致的积分定义域 $A_{R,r}$ 到第三行的 $\mathbb{R}^3 - B_r(\mathbf{0})$. 我们也从关于 $\mathbf{u}$ 的散度到了关于 $\mathbf{x}$ 的散度, 我们可以这样做, 因为在应用莱布尼兹规则计算 $\mathrm{div}_\mathbf{u}$ 的时候, $\vec{F}_3$ 的散度为 0. 从 $\mathrm{div}_\mathbf{u}$ 切换到 $\mathrm{div}_\mathbf{x}$ 是很重要的, 因为 $\vec{F}_3(\mathbf{u}) = \dfrac{\mathbf{u}}{|\mathbf{u}|^3}$ 在原点附近爆炸式地增大, 所以在那里我们不能关于 $\mathbf{u}$ 进行微分.

在等式 5 中, 我们取 $r \to 0$ 的极限, 在积分符号下进行微分. 在等式 6 中, 我们把变量换回来并使用等式 (6.12.25).

这是高斯定律在国际单位制下的版本.

注释 6.12.1. 这种相当精细的计算 "证明" 了断言

$$\mathrm{div}\,\vec{F}_n(\mathbf{x}) = \mathrm{vol}_{n-1}\,S^{n-1}\delta(\mathbf{x})$$

的正确性, 其中 $\delta(\mathbf{x})$ 是原点处的单位质量, 也称为*狄拉克 δ 函数*(Dirac delta function). 实际上, 如果我们可以在积分符号下微分 (如果我们可以计算 "散度")

$$\vec{\mathbf{E}}(\mathbf{x}) = \frac{1}{4\pi\epsilon_0}\int_{\mathbb{R}^3}\rho(\mathbf{y})\vec{F}_3(\mathbf{x}-\mathbf{y})|\,\mathrm{d}^3\mathbf{y}|, \tag{6.12.28}$$

则将得到 (记住 $\mathrm{vol}_2(S^2) = 4\pi$)

$$\mathrm{div}\,\vec{\mathbf{E}}(\mathbf{x}) = \frac{1}{4\pi\epsilon_0}\int_{\mathbb{R}^3}\rho(\mathbf{y})(4\pi)\delta(\mathbf{x}-\mathbf{y}) = \frac{1}{\epsilon_0}\rho(\mathbf{x}), \tag{6.12.29}$$

精确地等于等式 (6.12.27) 所证明的.

分布理论允许我们计算**分布导数**(distributional derivative), 并且断言 $\vec{F}_n$ 确实有一个为质点的**分布散度**(distributional divergence). 实际上, 上面的计算过程就是对这一事实的证明. △

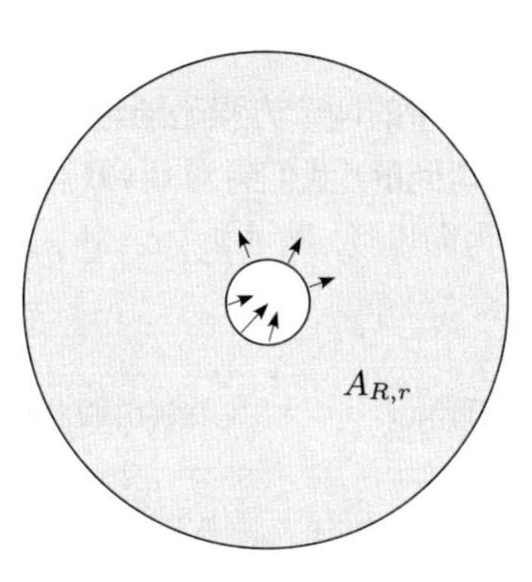

图 6.12.4

该图说明了等式 (6.12.27). 阴影区域是 $A_{R,r}$; 小的白色圆盘为 $B_r(\mathbf{0})$. 在 $\partial A_{R,r}$ 上积分的时候, 我们忽略了不带电的外面的边界部分. 在等式 (6.12.27) 的第一行, $\partial B_r(\mathbf{0})$ 具有 $B_r(\mathbf{0})$ 的边界定向 (从 $B_r(\mathbf{0})$ 向外指向 $A_{R,r}$ 的箭头); 当我们将 $\partial B_r(\mathbf{0})$ 视为 $A_{R,r}$ 的边界的一个组成部分的时候, 它由指向 $A_{R,r}$ 外面的箭头定向. 这解释了从第一行到第二行的符号的改变.

练习 6.12.11 让你利用等式 (6.12.27) 在一维中的类比来理解符号和从 $\operatorname{div}_{\mathbf{u}}$ 到 $\operatorname{div}_{\mathbf{x}}$ 的变化.

我们来检查一下这个对电场的描述确实对应于库仑定律

$$F = k_1 \frac{q_1 q_2}{r^2}. \tag{6.12.30}$$

我们首先是在等式 (6.12.16) 中看到它的. 在库仑的实验中, 有两个电荷 q_1 和 q_2, 间距为 d; 我们假设第一个在原点, 另一个在 $d\vec{\mathbf{e}}_1$. 则根据等式 (6.12.24), 第一个电荷在第二个电荷处产生的电场为

$$\frac{q_1}{4\pi\epsilon_0}\frac{1}{d^2}\vec{\mathbf{e}}_1. \tag{6.12.31}$$

根据洛伦兹力定律 (标准化后没有常数), 作用在第二个电荷上的力为

$$\vec{F} = q_2\big(\vec{\mathbf{E}} + (\vec{\mathbf{v}} \times \vec{\mathbf{B}})\big) = q_2(\vec{\mathbf{E}}) = \frac{q_1 q_2}{4\pi\epsilon_0}\frac{1}{d^2}\vec{\mathbf{e}}_1. \tag{6.12.32}$$

尤其是, $1/(4\pi\epsilon_0)$ 就是我们之前称为 k_1 的常数 (见公式 (6.12.21)).

毕奥 – 萨伐特定律和麦克斯韦定律

安培在 1820 年的实验说明了导线中的电流在导线周围产生磁场. 毕奥 (Jean-Baptiste Biot) 和萨伐特 (Felix Savart), 以及安培本人都定量地研究了这个磁场. 他们发现, 一根任意形状的导线 Γ 中的稳恒电流 $\vec{\mathbf{j}}$ 都会产生磁场

$$\vec{\mathbf{B}}(\mathbf{x}) = \frac{\mu_0}{4\pi}\int_\Gamma \vec{\mathbf{j}}(\mathbf{y}) \times \frac{\overrightarrow{\mathbf{x}-\mathbf{y}}}{|\overrightarrow{\mathbf{x}-\mathbf{y}}|^3}|\,\mathrm{d}^1\mathbf{y}| \qquad \text{(毕奥 – 萨伐特定律)}, \tag{6.12.33}$$

在图 6.12.5 中演示.

毕奥 – 萨伐特定律是一个 (很复杂的) 实验观察. 它不是物理学的基本定律, 实际上, 只对稳恒电流是对的, 尽管从它推导出的规律 $\operatorname{div}\vec{\mathbf{B}} = 0$ 总是成立的 (它不涉及任何时间导数). 对于变化的电流, 需要一个修正项 (实际上, 就是麦克斯韦的修正项, $\epsilon_0\mu_0 D_t\vec{\mathbf{E}}$; 参见等式 (6.12.62)).

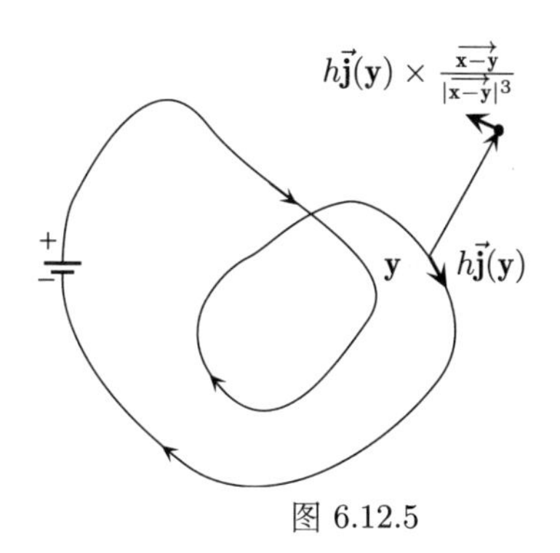

图 6.12.5

叉乘

$$h\vec{\mathbf{j}}(\mathbf{y}) \times \frac{\overrightarrow{\mathbf{x}-\mathbf{y}}}{|\overrightarrow{\mathbf{x}-\mathbf{y}}|^3}$$

垂直于由 $\overrightarrow{\mathbf{x}-\mathbf{y}}$ 生成的平面, 也垂直于锚定在 $\mathbf{y}$ 的长度为 h 的一小段导线. 毕奥 – 萨伐特定律说明, 随着导线被近似为越来越短的小段, 磁场被近似为这些贡献的和. 因此, 毕奥 – 萨伐特定律说明, 在导线上积分这个叉乘的一个适当的倍数, 将得到磁场.

在这个表达式中, μ_0 是一个比例常数 (称为**真空磁导率**(permeability of

free space), 或者*磁性常数*(magnetic constant)), 向量 $\vec{\mathbf{j}}(\mathbf{y})$ 表示电流: 它的强度为 j, 在 $\mathbf{y}\in\Gamma$ 与导线相切, 指向电流的方向.

我们假设 $\mathbf{x}$ 是在导线的外面; 则麦克斯韦方程组中的两个方程是通过计算由毕奥–萨伐特定律给出的磁场 $\vec{\mathbf{B}}$ 的散度和旋度而得到的. 我们将对 $\operatorname{div}\vec{\mathbf{B}}=0$ 解释这个陈述. 回忆到 (命题 6.5.12), 如果 $\vec{F},\vec{G}$ 为向量场, 则 $\Phi_{\vec{F}\times\vec{G}}=W_{\vec{F}}\wedge W_{\vec{G}}$. 这个加上定理 6.7.9 给出

$$\mathbf{d}\Phi_{\vec{F}\times\vec{G}}=\mathbf{d}W_{\vec{F}}\wedge W_{\vec{G}}-W_{\vec{F}}\wedge\mathbf{d}W_{\vec{G}},\tag{6.12.34}$$

这个可以重写为

$$M_{\operatorname{div}(\vec{F}\times\vec{G})}\overset{\text{定理 6.8.3}}{\widehat{=}}\Phi_{\operatorname{curl}\vec{F}}\wedge W_{\vec{G}}-W_{\vec{F}}\wedge\Phi_{\operatorname{curl}\vec{G}}.\tag{6.12.35}$$

现在, 设 $\vec{F}=\vec{\mathbf{j}}(\mathbf{y})$, $\vec{G}=\dfrac{1}{|\overrightarrow{\mathbf{x}-\mathbf{y}}|^3}\overrightarrow{\mathbf{x}-\mathbf{y}}$. 因为等式 (6.12.33) 中 $\vec{\mathbf{B}}$ 的表达式是一个依赖于参数 $\mathbf{x}$ 的积分, 我们将只考虑关于 $\mathbf{x}$ 的旋度, 也就是, 我们设 $\vec{\nabla}_{\mathbf{x}}=\begin{bmatrix}D_{x_1}\\D_{x_2}\\D_{x_3}\end{bmatrix}$, 其中的偏导是关于 $\mathbf{x}$ 的. 则

$$\operatorname{curl}\vec{F}=\operatorname{curl}\vec{\mathbf{j}}(\mathbf{y})=\vec{\nabla}_{\mathbf{x}}\times\vec{\mathbf{j}}(\mathbf{y})=\vec{\mathbf{0}}.\tag{6.12.36}$$

我们还有 $\operatorname{curl}\vec{G}=\vec{\mathbf{0}}$, 因为 $\operatorname{curl}\operatorname{grad}=\vec{\mathbf{0}}$(见注释 6.8.4), 并且因为 (练习 6.12.2 让你证明)

$$\frac{\overrightarrow{\mathbf{x}-\mathbf{y}}}{|\overrightarrow{\mathbf{x}-\mathbf{y}}|^3}=-\operatorname{grad}\frac{1}{|\overrightarrow{\mathbf{x}-\mathbf{y}}|},\tag{6.12.37}$$

其中梯度中的偏导只是关于 $\mathbf{x}$ 计算的. 因此 (根据等式 (6.12.35)) $M_{\operatorname{div}\vec{F}\times\vec{G}}=0$, 所以

$$\operatorname{div}\vec{F}\times\vec{G}=\operatorname{div}\left(\vec{\mathbf{j}}(\mathbf{y})\times\frac{\overrightarrow{\mathbf{x}-\mathbf{y}}}{|\overrightarrow{\mathbf{x}-\mathbf{y}}|^3}\right)=0.\tag{6.12.38}$$

注意到, 在计算 $\vec{\mathbf{B}}$ 的散度 (和旋度) 的时候, 很自然会在积分号下进行微分, 就和定理 4.11.22 一样. 因此

$$\begin{aligned}\operatorname{div}\vec{\mathbf{B}}&=\operatorname{div}\frac{\mu_0}{4\pi}\int_\Gamma\left(\vec{\mathbf{j}}(\mathbf{y})\times\frac{\overrightarrow{\mathbf{x}-\mathbf{y}}}{|\overrightarrow{\mathbf{x}-\mathbf{y}}|^3}\right)|\mathrm{d}^1\mathbf{y}|\\&=\frac{\mu_0}{4\pi}\int_\Gamma\underbrace{\operatorname{div}\left(\vec{\mathbf{j}}(\mathbf{y})\times\frac{\overrightarrow{\mathbf{x}-\mathbf{y}}}{|\overrightarrow{\mathbf{x}-\mathbf{y}}|^3}\right)}_{\text{根据等式 (6.12.38), 为 0}}|\mathrm{d}^1\mathbf{y}|\\&=0.\end{aligned}\tag{6.12.39}$$

如果我们小心地认为我们是在 $\mathbb{R}^3$ 中, 导线是一个三维的物体, 电流连续分布, 那么上面对 $\operatorname{div}\vec{\mathbf{B}}=0$ 的推导则处处有效, 包括在导线内部. 更精确地:

等式 (6.12.39): 定理 4.11.22 说明, 在适当的条件下

$$D_x\int_{\mathbb{R}^n}f(x,\mathbf{y})|\mathrm{d}^n\mathbf{y}|=\int_{\mathbb{R}^n}D_xf(x,\mathbf{y})|\mathrm{d}^n\mathbf{y}|,$$

如果我们将等式 (6.12.33) 右侧的被积函数记为 A, 这相当于说, 我们可以在积分号下进行 “旋度” 和 “散度” 的计算, 得到 (等式 (6.12.39))

$$\operatorname{div}\vec{\mathbf{B}}=\frac{\mu_0}{4\pi}\int_\Gamma\operatorname{div}A=0$$

和 (等式 (6.12.44))

$$\operatorname{curl}\vec{\mathbf{B}}=\frac{\mu_0}{4\pi}\int_\Gamma\operatorname{curl}A=\mu_0\vec{\mathbf{j}}.$$

如果 $\vec{\mathbf{j}}$ 是一个 C^1 向量场, 在 $\mathbb{R}^3$ 上具有紧致的支撑, 且

$$\vec{\mathbf{B}}(\mathbf{x}) = \frac{\mu_0}{4\pi}\int_{\mathbb{R}^3}\left(\vec{\mathbf{j}}(\mathbf{y}) \times \frac{\overrightarrow{\mathbf{x}-\mathbf{y}}}{|\overrightarrow{\mathbf{x}-\mathbf{y}}|^3}\right)|\,\mathrm{d}^3\mathbf{y}| \tag{6.12.40}$$

(也就是, 毕奥–萨伐特定律 (6.12.33) 中的导线 Γ 被替换为 $\mathbb{R}^3$, $|\,\mathrm{d}^1\mathbf{y}|$ 被替换为 $|\,\mathrm{d}^3\mathbf{y}|$), 则 $\operatorname{div}\vec{\mathbf{B}} = 0$.

首先, 我们必须检验 $\vec{\mathbf{B}}$ 是处处有定义的, 尤其是当 $\mathbf{x}$ 是在 $\vec{\mathbf{j}}$ 的支撑中的时候, 其中向量场 $(\overrightarrow{\mathbf{x}-\mathbf{y}})/|\overrightarrow{\mathbf{x}-\mathbf{y}}|^3$ 爆炸式增长. 练习 6.12.4 让你检验

$$\int_{B_1(\mathbf{0})}\frac{1}{|\mathbf{u}|^2}|\,\mathrm{d}^3\mathbf{u}| = 4\pi < \infty, \tag{6.12.41}$$

并由此推出 $\vec{\mathbf{B}}$ 是有明确定义的.

这并不意味着我们可以毫无顾忌地在积分号下进行微分: 定理 4.11.22 中的不等式 (4.11.77) 给出的条件没有被满足. 但是, 如果我们做一个初步的换元, 设 $\overrightarrow{\mathbf{x}-\mathbf{y}} = \vec{\mathbf{u}}$, 使得 $\vec{\mathbf{y}} = \overrightarrow{\mathbf{x}-\mathbf{u}}$, 则 $\vec{\mathbf{B}}$ 的公式就变成了

$$\vec{\mathbf{B}}(\mathbf{x}) = \frac{\mu_0}{4\pi}\int_{\mathbb{R}^3}\vec{\mathbf{j}}(\mathbf{x}-\mathbf{u}) \times \frac{\vec{\mathbf{u}}}{|\mathbf{u}|^3}|\,\mathrm{d}^3\mathbf{u}|, \tag{6.12.42}$$

并且这一次条件被满足了; 练习 6.12.5 让你检验, 对于任意固定的 $\mathbf{x}_1$, 以及 $0 \leqslant |\mathbf{x}_2 - \mathbf{x}_1| \leqslant 1$, 存在 R 使得

$$\frac{1}{|\mathbf{x}_1-\mathbf{x}_2|}\left|\left(\vec{\mathbf{j}}(\mathbf{x}_1-\mathbf{u}) \times \frac{\vec{\mathbf{u}}}{|\mathbf{u}|^3}\right) - \left(\vec{\mathbf{j}}(\mathbf{x}_2-\mathbf{u}) \times \frac{\vec{\mathbf{u}}}{|\mathbf{u}|^3}\right)\right| \leqslant \sup_{\mathbb{R}^3}|[\mathbf{D}\vec{\mathbf{j}}]|\frac{1}{|\mathbf{u}|^2}\mathbf{1}_{B_R(\mathbf{0})}(\mathbf{u}), \tag{6.12.43}$$

右侧的表达式在 $\mathbb{R}^3$ 上是可积的. 证明像上面一样继续, 在这里我们关心的是导线外的磁场.

旋度的计算更难, 但是在*稳恒电流*的假设下, 也就是, 当 $\operatorname{div}\vec{\mathbf{j}} = 0$ 的时候, 毕奥–萨伐特定律简化为

$$\operatorname{curl}\vec{\mathbf{B}} = \mu_0\vec{\mathbf{j}}, \tag{6.12.44}$$

这是麦克斯韦修正之前的安培定律.

注释. 用 div 和 curl 描述毕奥 – 萨伐特定律要归功于麦克斯韦. 法拉第不是很擅长数学[19]; 他对实验的分析是用画图来完成的, 用曲线表示旋转的 "力线", 线的密度相应于他所研究的场的强度. 麦克斯韦发明散度和旋度很大程度上是为了给法拉第的描述赋予一种数学形式. △

安培实验和磁场

现在, 我们需要用由毕奥 – 萨伐特定律描述的磁场来解释安培关于平行导线之间的力的观察, 令一根导线的电流为 I_1, 另一根的电流为 I_2:

回忆到 $\frac{F}{L}$ 代表每单位长度上的力.

$$\frac{F}{L} = k_2\frac{2I_1I_2}{d}. \tag{6.12.45}$$

[19] 1857 年, 在法拉第 63 岁的时候, 他写信给即将 26 岁的麦克斯韦, "在一位数学家探索物理行为的时候 ……, 已经得到了他的结论, 能否不用通常的语言, 像一个数学公式那样, 完全、清楚、确定地来表达它们? 如果是这样, 对我这样的人来说, 这样表达不正是一个好消息吗? —— 翻译自他们的象形文字. 我认为一定是这样, 因为我总是发现, 你可以传递给我关于你的结论的一个完全清楚的想法 ……". (引自 L. Campbell 和 W. Garnett 的书 *The Life of James Clerk Maxwell*, Macmillan and Co., London, 1884.)

(我们首先把等式 (6.12.45) 看作等式 (6.12.18).) 特别地, 我们将看到磁场中的 μ_0(我们在等式 (6.12.33) 中看到的) 与安培的 k_2 是怎么联系起来的. 首先, 我们来看, 毕奥 – 萨伐特定律对无限长的直导线上的稳恒电流 I 给出什么, 我们将其放置在 x 轴上, 使得对于 $\mathbf{x}=\begin{pmatrix}x\\y\\z\end{pmatrix}$, 有

等式 (6.12.46): 练习 6.12.3 让你确认这个计算.

$$\begin{aligned}\vec{\mathbf{B}}(\mathbf{x}) &= \frac{\mu_0}{4\pi}\int_{-\infty}^{\infty}\frac{1}{\left((x-s)^2+y^2+z^2\right)^{3/2}}\left(\begin{bmatrix}I\\0\\0\end{bmatrix}\times\begin{bmatrix}x-s\\y\\z\end{bmatrix}\right)\mathrm{d}s\\ &= \frac{\mu_0}{2\pi}\frac{I}{y^2+z^2}\begin{bmatrix}0\\-z\\y\end{bmatrix}.\end{aligned} \tag{6.12.46}$$

两根距离为 d 的平行导线携带的电流为 I_1 和 I_2. 假设两根导线都在 (x,y) 平面上, 电流是在 x 轴的正方向上. 将第一根导线放在 x 轴上, 第二根导线与它平行, 放在直线 $y=d$ 上. 因此, 如果 $\mathbf{w}=\begin{pmatrix}w_1\\w_2\\w_3\end{pmatrix}$ 是第二根导线上的一个点, 我们有 $w_2=d$, $w_3=0$, 所以由第一根导线产生的磁场为

等式 (6.12.48): 注意到 $\vec{\mathbf{E}}$ 和 $\vec{\mathbf{v}}\times\vec{\mathbf{B}}$ 必须具有相同的单位才能使方程有意义, 所以 $\vec{\mathbf{E}}$ 和 $\vec{\mathbf{B}}$ 有不同的单位. 在 cgs 系统中 (等式 (6.12.1)):

$$\vec{F}=q\left(\vec{\mathbf{E}}+\left(\frac{\vec{\mathbf{v}}}{c}\times\vec{\mathbf{B}}\right)\right),$$

$\vec{\mathbf{E}}$ 和 $\vec{\mathbf{B}}$ 有相同的单位.

$$\vec{\mathbf{B}}(\mathbf{w})=\frac{\mu_0}{2\pi}\frac{I}{w_2^2}\begin{bmatrix}0\\0\\w_2\end{bmatrix}=\frac{\mu_0}{2\pi d}I_1\vec{\mathbf{e}}_3. \tag{6.12.47}$$

即使在选择了电量的单位之后, 比例常数 μ_0 也没有特定的数值, 直到给磁场选择了单位. 在国际单位制中, 这是通过设洛伦兹力为

$$\vec{F}=q\big(\vec{\mathbf{E}}+(\vec{\mathbf{v}}\times\vec{\mathbf{B}})\big) \tag{6.12.48}$$

来完成的 (其中 q 是电量, $\vec{\mathbf{v}}$ 是速度), 不带常数; 这就把电场的量纲设为 $\dfrac{力}{电量}$, 把磁场的量纲设为 $\dfrac{力}{电量\times速度}$.

等式 (6.12.49): 要从第一行到第二行, 注意到 $q\vec{\mathbf{v}}$ 的量纲为电量乘上距离除以时间, 也就是说, 电流乘上距离, 根据定义, 电流是在 $\vec{\mathbf{e}}_1$ 方向移动的. 所以 $q\vec{\mathbf{v}}=I_2\vec{\mathbf{e}}_1$.

电量 (以及长度、时间、质量) 单位的选择以及洛伦兹力定律, 确定了电磁场的单位. 可以通过电量单位的选择使得 ϵ_0(等式 (6.12.24)) 或者 μ_0(等式 (6.12.33)) 变成你喜欢的任何数, 但两者不能同时变化. 另一个则是要在实验室中测量的量. 或者, 你可以测量光速; 在国际单位制中, 真空磁导率 μ_0 被定义为 $4\pi/10^7$, 因此公式 (6.12.50) 说明, 介电常数 ϵ_0 为 $1/(\mu_0c^2)$.

在我们的两根导线的系统中有 $\vec{\mathbf{E}}=\vec{\mathbf{0}}$, 因为导线是电中性的[20]. 所以磁场作用在第二根导线上的力, 按照单位长度测量, 为

$$\begin{aligned}\vec{F} &= q(\vec{\mathbf{v}}\times\vec{\mathbf{B}})=q\vec{\mathbf{v}}\times\vec{\mathbf{B}}=q\vec{\mathbf{v}}\times\frac{\mu_0}{2\pi d}I_1\vec{\mathbf{e}}_3\\ &= I_2\vec{\mathbf{e}}_1\times\frac{\mu_0}{2\pi d}I_1\vec{\mathbf{e}}_3=\frac{\mu_0}{4\pi}\frac{2I_1I_2}{d}\vec{\mathbf{e}}_1\times\vec{\mathbf{e}}_3\quad(\mathrm{N})\\ &= -\frac{\mu_0}{4\pi}\frac{2I_1I_2}{d}\vec{\mathbf{e}}_2\quad(\mathrm{N}).\end{aligned} \tag{6.12.49}$$

最后一行的负号表示导线之间的力是吸引力, 数 $\mu_0/(4\pi)$ 正是等式 (6.12.18) 中称为 k_2 的系数.

[20]在导线中质子占据固定的位置, 电子四处游荡, 但在导线的任何宏观长度下, 电子和质子的数量几乎是一样多的, 在任何局部上, 电子对质子的优势, 或者反过来, 将导致巨大的静电力, 这些力将系统推回到电中性的状态.

回忆到 $k_1 = 1/(4\pi\epsilon_0)$, 因此, 观测值 $k_1/k_2 \approx c^2$(公式 (6.12.21)) 就变成了

$$\frac{1}{\epsilon_0\mu_0} \approx c^2. \tag{6.12.50}$$

法拉第实验和麦克斯韦定律

现在, 我们将把法拉第的观察 "导线中的电流正比于通过导线形成的环路的磁场的变化率" 与麦克斯韦定律联系起来. 图 6.12.6 给出了一个类似于图 6.12.3 的装置, 但是更适合于定量分析. 我们将假设磁场是常数:$\vec{\mathbf{B}} = B\vec{\mathbf{e}}_3$, 分开导线的两个部分的距离为 w. 如果导线以速度 v 向右运动, 则根据洛伦兹力定律, 作用在横着的导线部分的电子上的力为每单位电量 $\frac{v}{c}Bw$.

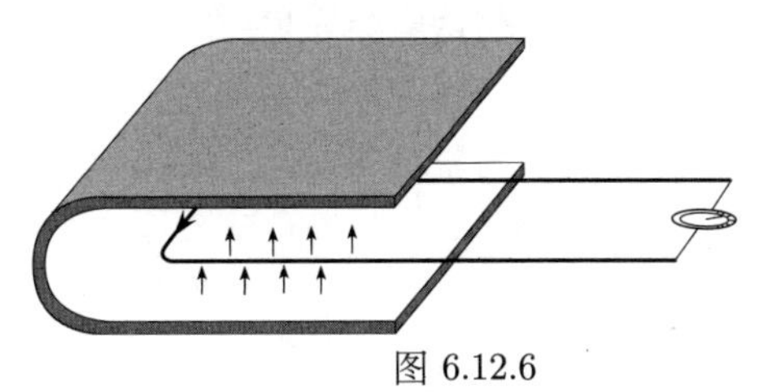

图 6.12.6

一个导线圈被插入到 U 形永磁铁产生的磁场中. 在磁铁的外面, 导线被连接到一个安培表. 如果将导线从磁铁处拉出, 则在那一段与运动方向垂直的导线部分上的电荷被洛伦兹力 $\frac{\vec{\mathbf{v}}}{c} \times \vec{\mathbf{B}}$ 朝着箭头所指的方向 "推".

相反, 假设磁铁以速度 v 向右移动. 作用在横着的导线部分的电子上的每单位电量的力必须为 $\frac{v}{c}Bw$, 从而, 电场在电路上的积分为

$$\frac{v}{c}Bw = \int_C W_{\vec{\mathbf{E}}}. \tag{6.12.51}$$

注意, 在两种场景下, 我们有

$$vBw = -D_t \int_S \Phi_{\vec{\mathbf{B}}}, \tag{6.12.52}$$

其中 S 是被电路 C 界定的平面上的一片. 因此, 我们得到了方程

$$-\frac{1}{c}D_t \int_S \Phi_{\vec{\mathbf{B}}} = \int_C W_{\vec{\mathbf{E}}}. \tag{6.12.53}$$

斯托克斯定理现在可以确认

$$\int_C W_{\vec{\mathbf{E}}} = \int_S \Phi_{\vec{\nabla}\times\vec{\mathbf{E}}}. \tag{6.12.54}$$

在积分符号下进行微分, 得到

$$-\frac{1}{c}\int_S D_t\Phi_{\vec{\mathbf{B}}} = \int_S \Phi_{\vec{\nabla}\times\vec{\mathbf{E}}}. \tag{6.12.55}$$

显然, 这是法拉第定律的结果

$$-\frac{1}{c}D_t\vec{\mathbf{B}} = \vec{\nabla} \times \vec{\mathbf{E}}. \tag{6.12.56}$$

麦克斯韦定律的法拉第版本和麦克斯韦的修正

在 19 世纪三四十年代, 法拉第做了大量的实验, 最终在麦克斯韦对其进行适当的解读之后, 变为下面的四个方程, 写为国际单位制的形式:

$$\begin{gathered}\operatorname{div}\vec{\mathbf{E}}=\frac{1}{\epsilon_0}\rho,\ \operatorname{curl}\vec{\mathbf{E}}=-D_t\vec{\mathbf{B}},\\ \operatorname{div}\vec{\mathbf{B}}=0,\ \operatorname{curl}\vec{\mathbf{B}}=\mu_0\vec{\mathbf{j}}.\end{gathered}\tag{6.12.57}$$

他也有连续性方程

$$D_t\rho+\operatorname{div}\vec{\mathbf{j}}=0\tag{6.12.58}$$

来表达电荷守恒, 他还有洛伦兹力定律.

麦克斯韦很快注意到, 这些方程在数学上是不一致的. 回忆到, 对于任意的向量场 $\vec{F}$, 我们有 $\operatorname{div}\operatorname{curl}\vec{F}=0$, 这等价于 $\mathbf{dd}W_{\vec{F}}=0$. 这对下式是成立的

$$\operatorname{div}\operatorname{curl}\vec{\mathbf{E}}=-\operatorname{div}D_t\vec{\mathbf{B}}=-D_t\operatorname{div}\vec{\mathbf{B}}=0,\tag{6.12.59}$$

但

$$\operatorname{div}\operatorname{curl}\vec{\mathbf{B}}=\mu_0\operatorname{div}\vec{\mathbf{j}},\tag{6.12.60}$$

没有理由期待右侧为 0. 回忆到, 散度测量的是可压缩性. 水是不可压缩的: 对于任意的有界区域, 在任意的水流中, 在每一时刻, 流进和流出的水是同样多的. 这对于电流未必是成立的: 电子可以聚集, 例如在一个电容器的板上, 如果你取一个围绕着板的区域, 当你给板充电的时候, 进入该区域的电子比离开的电子多. 实际上, 对于 $\operatorname{div}\vec{\mathbf{j}}$ 存在麻烦并不令人惊讶, 因为我们需要稳恒电流的假设, 也就是, 在 $\operatorname{curl}\vec{\mathbf{B}}=\mu_0\vec{\mathbf{j}}$ 的推导 (见等式 (6.12.24)) 中, $\operatorname{div}\vec{\mathbf{j}}=0$.

在传统的记法中 $\epsilon_0\mu_0 D_t\vec{\mathbf{E}}$ 为 $\epsilon_0\mu_0\dfrac{\partial\vec{\mathbf{E}}}{\partial t}$. (从公式 (6.12.50) 中) 回忆到
$$\frac{1}{\epsilon_0\mu_0}\approx c^2,$$
所以 $\epsilon_0\mu_0$ 是非常小的. 因此麦克斯韦方程组的修正项在法拉第所做的这类桌面实验中是探测不到的.

麦克斯韦努力四处寻找一个增加的修正项以使方程组保持一致, 他观察到, 把 $\epsilon_0\mu_0 D_t\vec{\mathbf{E}}$ 加到 $\mu_0\vec{\mathbf{j}}$ 得到

$$\operatorname{curl}\vec{\mathbf{B}}=\mu_0\vec{\mathbf{j}}+\epsilon_0\mu_0 D_t\vec{\mathbf{E}}\quad\text{(在国际单位制中修正后的安培定律)}\tag{6.12.61}$$

就解决了问题:

$$\begin{aligned}\operatorname{div}\operatorname{curl}\vec{\mathbf{B}}&=\mu_0\operatorname{div}\vec{\mathbf{j}}+\epsilon_0\mu_0\operatorname{div}D_t\vec{\mathbf{E}}=\mu_0\operatorname{div}\vec{\mathbf{j}}+\epsilon_0\mu_0 D_t\operatorname{div}\vec{\mathbf{E}}\\&=\mu_0(\underbrace{\operatorname{div}\vec{\mathbf{j}}+D_t\rho}_{\text{根据等式 (6.12.58), 为 0}})=0,\end{aligned}\tag{6.12.62}$$

其中第二行的第一个等式来自于 $\operatorname{div}\vec{\mathbf{E}}=\dfrac{1}{\epsilon_0}\rho$ (等式 (6.12.57)).

波动方程和电磁辐射

在声学中, 我们研究波动方程, 其中的 a 等于声音的速度. 在流体力学中, a 是声音在水中的速度, 等等. 每种介质都有其特征速度.

为什么麦克斯韦从 $\epsilon_0\mu_0\approx\dfrac{1}{c^2}$ 的观察得出结论说光是一种电磁辐射? (见 640 页的引用.) 要理解这种联系, 你需要对一些波动方程有所了解.

在其最简单的形式中, 有一个时间变量和一个空间变量的函数的波动方程

为

$$D_t^2 f = a^2 D_x^2 f, \text{ 或者, 在传统的记法中 } \frac{\partial^2 f}{\partial t^2} = a^2 \frac{\partial^2 f}{\partial x^2}, \tag{6.12.63}$$

其中 a 为一个常数, 其数值取决于被描述的对象. 这个方程描述了各种各样的事物: 振动的弦、声音, 等等. 它早在欧拉和伯努利时代就被人们知道了, 并且在麦克斯韦之前就已经被很多数学家进行了深入的研究: 欧拉、伯努利、拉格朗日、拉普拉斯、达朗贝尔、傅里叶、泊松, 以及其他人.

关于波动方程, 你需要知道的一件事是, 如果 g 是任意单变量函数, 则 $f(t,x) = g(x - at)$ 是波动方程的解. (这里用到了链式法则; 见等式 (6.12.66) 的边注.) 容易将这个函数可视化: 它的图像是 g 的图像, 以速度 a 向右移动. 实际上, $f(t,x) = g(x + at)$ 也同样是一个解; g 的图像向左移动, 但速度总是 a.

$\mathbb{R}^3$ 中的波动方程被写为

$$D_t^2 f = a^2 \Delta f, \text{ 或者, 在传统的记法中为 } \frac{\partial^2 f}{\partial t^2} = a^2 \Delta f, \tag{6.12.64}$$

其中 Δ 是拉普拉斯算子:

$$\Delta f = \operatorname{div} \operatorname{grad} f = D_1^2 f + D_2^2 f + D_3^2 f. \tag{6.12.65}$$

再一次, 关于这个方程, 你唯一需要知道的是, 如果 $g\colon \mathbb{R} \to \mathbb{R}$ 为任意函数, $\vec{\mathbf{v}} \in \mathbb{R}^3$ 为任意单位向量, 则

$$f(t, \vec{\mathbf{x}}) = g(\vec{\mathbf{x}} \cdot \vec{\mathbf{v}} - at) \tag{6.12.66}$$

是波动方程的一个解, 练习 6.12.6 让你证明它; 它的图像为 g 的图像在 $\vec{\mathbf{v}}$ 的方向上以速度 a 移动.

这仍然不是我们需要的: 我们需要关于向量场 $\vec{\mathbf{E}}$ 和 $\vec{\mathbf{B}}$ 的波动方程. 下面的公式 (练习 6.8.14 让你证明的) 提供了关键:

$$\vec{\Delta} \vec{\mathbf{F}} \overset{\text{def}}{=} \operatorname{grad} \operatorname{div} \vec{\mathbf{F}} - \operatorname{curl} \operatorname{curl} \vec{\mathbf{F}} = \begin{bmatrix} \Delta F_1 \\ \Delta F_2 \\ \Delta F_3 \end{bmatrix}. \tag{6.12.67}$$

因此, 如果一个向量场 $\vec{\mathbf{F}}$ 满足方程

$$D_t^2 \vec{\mathbf{F}} = a^2 (\operatorname{grad} \operatorname{div} \vec{\mathbf{F}} - \operatorname{curl} \operatorname{curl} \vec{\mathbf{F}}), \tag{6.12.68}$$

则它的三个分量中的每一个都将满足波动方程, 并且方程的解为以速度 a 移动的波.

在没有电荷和电流的情况下, 麦克斯韦方程组 (6.12.57)(安培定律的修正版本在等式 (6.12.61) 中 —— 此处的修正至关重要) 写为

$$\begin{aligned} &\operatorname{div} \vec{\mathbf{E}} = 0, \ \operatorname{curl} \vec{\mathbf{E}} = -D_t \vec{\mathbf{B}}, \\ &\operatorname{div} \vec{\mathbf{B}} = 0, \ \operatorname{curl} \vec{\mathbf{B}} = \epsilon_0 \mu_0 D_t \vec{\mathbf{E}}. \end{aligned} \tag{6.12.69}$$

等式 (6.12.66): 为了看到 $f(t,x) = g(x - at)$ 是波动方程 (6.12.63) 的一个解, 写 $f = g \circ h$, 其中 $h\colon (t,x) \mapsto x - at$; $g\colon u \mapsto g(u)$, 然后利用链式法则计算

$$\begin{aligned} &[\mathbf{D}(g \circ h)(t,x)] \\ =&[\mathbf{D}g(h(t,x))][\mathbf{D}h(t,x)] \\ =&g'\big(h(t,x)\big)[-a, 1], \end{aligned}$$

则 f 的一阶偏导为

$$D_t f(t,x) = -ag'(x - at),$$
$$D_x f(t,x) = g'(x - at),$$

二阶偏导为

$$D_t^2 f(t,x) = a^2 g''(x - at),$$
$$D_x^2 f(t,x) = g''(x - at),$$

推出

$$D_t^2 f = a^2 D_x^2 f.$$

等式 (6.12.69): 在传统的记法中, $\operatorname{curl} \vec{\mathbf{E}}$ 和 $\operatorname{curl} \vec{\mathbf{B}}$ 的方程被写为

$$\operatorname{curl} \vec{\mathbf{E}} = -\frac{\partial \vec{\mathbf{B}}}{\partial t},$$
$$\operatorname{curl} \vec{\mathbf{B}} = \epsilon_0 \mu_0 \frac{\partial \vec{\mathbf{E}}}{\partial t}.$$

我们有

$$\operatorname{grad} \operatorname{div} \vec{\mathbf{E}} = 0,$$

因为 $\operatorname{div} \vec{\mathbf{E}} = 0$, 而不是因为定理 6.7.8 说的

$$\mathbf{d}\mathbf{d}\varphi = 0.$$

如注释 6.8.4 中所讨论的, 这个定理不适用于 grad div.

如果我们对最后一个方程关于时间求导, 则得到

$$\epsilon_0\mu_0 D_t^2\vec{\mathbf{E}} = \operatorname{curl} D_t\vec{\mathbf{B}} = -\operatorname{curl}\operatorname{curl}\vec{\mathbf{E}}. \tag{6.12.70}$$

显然, $\operatorname{grad}\operatorname{div}\vec{\mathbf{E}} = 0$, 所以综合在一起, 我们得到

$$\epsilon_0\mu_0 D_t^2\vec{\mathbf{E}} = \left(\operatorname{grad}\operatorname{div}\vec{\mathbf{E}} - \operatorname{curl}\operatorname{curl}\vec{\mathbf{E}}\right). \tag{6.12.71}$$

类似的计算导出

$$\epsilon_0\mu_0 D_t^2\vec{\mathbf{B}} = \left(\operatorname{grad}\operatorname{div}\vec{\mathbf{B}} - \operatorname{curl}\operatorname{curl}\vec{\mathbf{B}}\right). \tag{6.12.72}$$

因此, 根据公式 (6.12.21), (6.12.50), (6.12.68), 电场和磁场都遵循波动方程, 传播速度为

$$1/\sqrt{\epsilon_0\mu_0} = c. \tag{6.12.73}$$

换句话说, 麦克斯韦方程组预测到波按照光速传播 (在现代对光速的测量误差范围以内). 你可以明白为什么麦克斯韦猜测光是电磁辐射了.

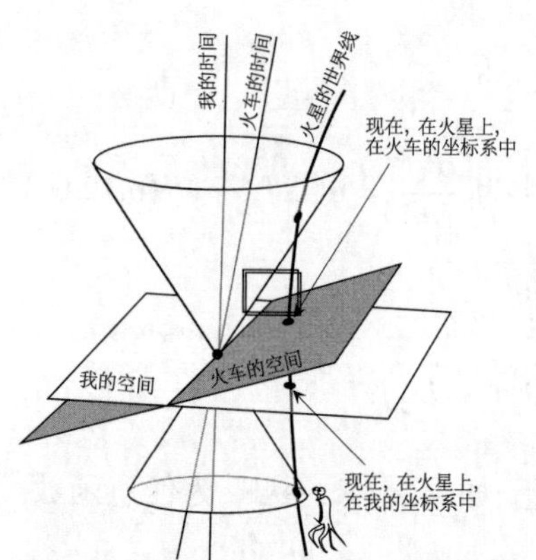

图 6.12.7

在某个特定的时空点上的光锥

$$x^2 + y^2 + z^2 - c^2t^2 = 0.$$

如果你在顶点上, 则锥的下面表示所有你可以看到的; 你可以在某个特定的位置和时间看到月亮, 而在一个不同的位置和时间看到火星, 因为光从火星到达地球需要比从月球到达地球更多的时间. 上面 (前面) 的锥表示时空中每一个你可以发送光信息的点, 或者反过来, 代表时空中每个可以看到你的点.

带阴影的平面表示一个不同的参考系, 例如, 在移动的火车上的某个人. 光锥是一样的, 与参考系无关. 这是与直觉相反的. 如果你画出了表示你可以扔球击中的时空中的点的前锥, 则 "被扔的球" 的锥在你静止站立时与你站在移动的火车上时, 将是不同的.

(火星的 "世界线" 上的生物的想法是受到 Bill Watterson 的书 *The Calvin and Hobbes Tenth Anniversary Book* 中的火星人的启发.)

以太、迈克尔逊–莫雷实验和相对论

然而, 注意到麦克斯韦并没有说光是电磁辐射, 他说的是, "光存在于导致电磁现象的同一介质的横向波动中". 就像声学中的波动方程, 以空气中的声速为其特征速度一样, 麦克斯韦非常敏锐地想到, 他的方程描述了某种介质的振动, 他称之为*以太*. 还能有什么比想象地球相对于以太的速度更为自然的呢? 在麦克斯韦发表他的文章后的大约 30 年中, 人们一直都在试图 "找到以太".

最后一颗钉子被 1887 年所做的迈克尔逊–莫雷实验钉进了这个计划的 "棺材" 里. 这个实验证明光速是恒定的, 无论光是朝着地球绕着太阳转的方向还是与其相反的方向, 光速都是相同的. 为了得到这样的结论, 许多人做了很多的尝试, 尤其是, 洛伦兹和庞加莱. 但一个真正一致的描述是在 1905 年爱因斯坦创造了他的狭义相对论的文章中给出的.

这需要对一个人关于空间和时间的直觉进行一个完整的重构. 表述 "现在, 在火星上" 是什么意思看上去可能很清楚, 但是根据爱因斯坦的理论, 它并没有任何意义: 对于远距离上的事件的同时性是一个幻觉. 时空并不是 "空间, 随时间演变". 相反, 时空是一个四维空间, 其中的点被称为*事件*, 在这个空间中仅有的物理上有意义的结构是由光锥给出的, 如图 6.12.7 所演示的. 如果一个事件位于从第二个事件发出的光锥上, 则光线可以从一个事件到达第二个事件.

在图 6.12.7 中, 火星的 "世界线" 表示了火星在时空中的运动. 在一个由光锥的顶点所表示的特定的地点和时间上, 你只能在该世界线的一个点上看到火星, 就是火星的世界线与向后的光锥相交的点, 而该点的时间 t 在你的坐标系中不是 "现在". 它对于与你在同一时间、同一地点, 但在一列移动的火车上的观察者也不是 "现在". 因为 "现在" 对于你和观察者应该是同一件事, 我们只能得到结论, 火星上的 "现在" 是没有意义的.

这个时空被称为*闵可夫斯基空间*(Minkowski space), 它是具有坐标 x, y, z,

t 的 $\mathbb{R}^4$, 被赋予了二次型 $x^2+y^2+z^2-c^2t^2$, 称为*洛伦兹伪度量*(Lorentz pseudometric). 如果一组坐标与另一组坐标差一个保持伪度量的仿射变换, 则在两组坐标系下的物理定律应该是相同的, 这样的变换称为*洛伦兹变换*(Lorentz transformations).

例如, 你可能认为, 如果你在一列以匀速 v 向东运动的火车上 (沿着 x 轴), 则你的坐标与某个在火车外面的人的坐标 x, y, z, t 相比, 可以被写为

$$x'=x-vt,\ y'=y,\ z'=z,\ t'=t. \tag{6.12.74}$$

(要保持公式简单, 我们只允许在 x 方向上的运动.) 但这是不成立的, 因为方程组 (6.12.74) 不是一个洛伦兹变换. 保持光锥的变换为

$$x'=\frac{x-vt}{\sqrt{1-v^2/c^2}},\ y'=y,\ z'=z,\ t'=\frac{t-vx/c^2}{\sqrt{1-v^2/c^2}}. \tag{6.12.75}$$

和练习 6.12.7 让你检验的一样. 注意, 当 v 比 c 小得多的时候, 两个方程几乎是相同的, 因为在日常生活中几乎总是如此.

注释. 在等式 (6.12.75) 中,

$$\frac{1}{\sqrt{1-v^2/c^2}} \tag{6.12.76}$$

称为*相对论修正因子* (relativistic correction factor), 或者*洛伦兹因子* (Lorentz factor), 任何你需要在遵循洛伦兹伪度量的条件下转换坐标的时候, 它都会出现, 通常记作 γ.

这种时间的减慢并不是只有在想象的实验中才能观察到的现象. 1971 年, 物理学家 Hafele 和 Keating 在带着四个原子钟乘坐商业航班环游世界的时候证实了这一点.

从等式 (6.12.75) 得到, 如果一对双胞胎兄弟中的一个在乘坐太空船航行之后返回地球, 则他将比留在家里的兄弟年轻. 因为太空船上的时钟的位置保持不变 (相对于太空船), 我们有

$$x'=\frac{x-vt}{\sqrt{1-v^2/c^2}}=0, \tag{6.12.77}$$

也就是 $x=vt$. 在等式 (6.12.75) 中关于 t' 的方程中, 用这个值替代 x 给出 $t'=t\sqrt{1-v^2/c^2}$: 如果双胞胎再次相遇, 则旅行者的时钟比起地球上的时钟要慢. △

回忆到, 描述电磁学的麦克斯韦定律可以写为

$$\mathbf{d}\mathbb{F}=0,\ \mathbf{d}\mathbb{M}=4\pi\mathbb{J},$$

其中

$$\mathbb{F}=W_{\vec{\mathbf{E}}}\wedge c\,\mathrm{d}t+\Phi_{\vec{\mathbf{B}}},$$
$$\mathbb{M}=W_{\vec{\mathbf{B}}}\wedge c\,\mathrm{d}t-\Phi_{\vec{\mathbf{E}}}.$$

通过赋予时空以几何, 洛伦兹伪度量允许我们把 $\mathbb{M}$ 和 $\mathbb{F}$ 联系起来: 利用

$$\mathbb{M}=*\mathbb{F}, \tag{6.12.78}$$

其中的 "星算子" 表示一种垂直性, 我们能从 $\mathbb{F}$ 推出 $\mathbb{M}$, 或者从 $\mathbb{M}$ 推出 $\mathbb{F}$. 麦克斯韦方程组、洛伦兹伪度量和等式 (6.12.78) 给出了狭义相对论的一个完整的描述; 将万有引力纳入物理现实的这种描述就给出了广义相对论. 这种差别就和 $\mathbb{R}^n$ 与流形的差别一样: *局部上, 狭义相对论描述了广义相对论, 就像在局部上, 一个流形的切空间描述了流形*. 对物理学的完整描述 —— 被人们非常期待的 "统一场论 (unified field theory)" 或者 "万物理论 (theory of everything)" —— 将需要同时纳入量子力学所描述的强核力和弱核力.

用旋度和散度来写麦克斯韦定律需要 $\mathbb{R}^3$ 中的几何; 而使用 $\mathbb{F}$ 和 $\mathbb{M}$ 来写则不需要几何. 洛伦兹伪度量提供了时空的几何.

6.12 节的练习

6.12.1 通过计算 $\mathbf{d}\mathbb{F}$ 来证明等式 (6.12.9).

6.12.2 证明等式 (6.12.37).

6.12.3 证明等式 (6.12.46) 中的第二个等式.

6.12.4 证明公式 (6.12.41) 是正确的, 由此得到 $\vec{\mathbf{B}}$ 是有明确定义的.

练习 6.12.5: 我们假设 $\vec{\mathbf{j}}$ 是一个向量场, 在 $\mathbb{R}^3$ 中具有紧致的支撑.

练习 6.12.6 a: $h\mathbf{v}$ 是函数 $\mathbf{x} \mapsto h(\mathbf{x})\vec{\mathbf{v}}$.

6.12.5 证明不等式 (6.12.43) 是正确的, 并且右边的函数在 $\mathbb{R}^3$ 上可积.

6.12.6 a. 证明: 如果 $\vec{\mathbf{v}} \in \mathbb{R}^n$ 为一个向量, $h\colon \mathbb{R}^n \to \mathbb{R}$ 为一个函数, 则

$$\big(\operatorname{div}(h\vec{\mathbf{v}})\big)(\mathbf{x}) = \big(\overrightarrow{\operatorname{grad}}\, h(\mathbf{x})\big) \cdot \vec{\mathbf{v}}.$$

b. 证明: 如果 $g\colon \mathbb{R} \to \mathbb{R}$ 是任意函数, $\vec{\mathbf{v}} \in \mathbb{R}^3$ 是任意单位向量, 则 $f(t, \vec{\mathbf{x}}) = g(\vec{\mathbf{x}} \cdot \vec{\mathbf{v}} - at)$ 是波动方程的解.

6.12.7 证明: 等式 (6.12.75) 中的变换实际上就是洛伦兹变换, 也就是说

$$|\mathbf{x}'|^2 - c^2(t')^2 = |\mathbf{x}|^2 - c^2t^2.$$

练习 6.12.8 描述了横波: 振荡与传播方向垂直的波. 这里, $\vec{\mathbf{E}}$ 的振荡是在 y 方向, $\vec{\mathbf{B}}$ 的振荡是在 z 方向, 而波是沿着 x 方向传播的.

6.12.8 证明: 在没有电荷或者电流的时候, 如果 g 是任意单变量函数, 则

$$\vec{\mathbf{E}} = \begin{bmatrix} 0 \\ g(x-ct) \\ 0 \end{bmatrix}, \ \vec{\mathbf{B}} = \begin{bmatrix} 0 \\ 0 \\ g(x-ct) \end{bmatrix}$$

是麦克斯韦方程组的一个解.

沿传播方向振荡的波叫作纵波. 练习 6.12.9 说明没有纵向的电磁波. 声波, 作为对比, 主要是由空气中纵向的压力波传播的.

我们在一个网站上找到了一些非常好的纵波和横波的动画. 网站由 Daniel A. Russell 创建, 网址为: http://www.acs.psu.edu/drussell/Demos/waves/wavemotion.html.

6.12.9 a. 在没有电荷或者电流的情况下, 证明: 如果 g 是一个单变量函数, 满足对于某个 $a \in \mathbb{R}$, 存在 $\vec{\mathbf{B}}$ 使得

$$\vec{\mathbf{E}} = \begin{bmatrix} g(x-at) \\ 0 \\ 0 \end{bmatrix},$$

并且 $\vec{\mathbf{B}}$ 是麦克斯韦方程组的一个解, 则 g 是常数函数.

b. 在没有电荷或者电流的情况下,

$$\vec{\mathbf{E}} = \begin{bmatrix} g(y-ct) \\ 0 \\ 0 \end{bmatrix}, \ \vec{\mathbf{B}} = \begin{bmatrix} 0 \\ 0 \\ g(y-ct) \end{bmatrix}$$

是一个解吗?

6.12.10 用 $\vec{\mathbf{E}}$ 和 $\vec{\mathbf{B}}$ 来计算 4–形式 $\mathbb{F} \wedge \mathbb{F}$, $\mathbb{F} \wedge \mathbb{M}$, $\mathbb{M} \wedge \mathbb{M}$.

6.12.11 a. 利用定义 6.5.10, 证明: 在 $\mathbb{R}$ 上 (也就是 $n = 1$ 时的 $\mathbb{R}^n$), 一个向量场的通量形式是 0–形式 (函数). 证明: $\vec{F}_1(x) = \vec{x}/|x|$(见例 6.7.7), 并

且它的通量形式 $\Phi_{\vec{F}_1}$ 是函数 $\mathrm{sgn}(x)$, 在 $x>0$ 时为 $+1$, 在 $x<0$ 时为 -1.

b. 令 $f:\mathbb{R}\to\mathbb{R}$ 为 C^1 的且有紧致支撑. 证明等式 (6.12.27) 的一维的类比: 如果

$$g(x)=\frac{1}{2}\int_{\mathbb{R}} f(y)\mathrm{sgn}(x-y)\,\mathrm{d}y,$$

则 $g'(x)=f(x)$. 通过等式 (6.12.27) 中的等式, 写出一维的类比, 并验证它是对的.

6.13　势

物理学中经常出现的一个问题是, 力场是否为*保守的*(conservative). 引力场是保守的: 如果您在海拔 100 m 的山坡上骑自行车, 先下降到海平面, 然后再骑上另一个山坡, 直到你到达起始的海拔高度, 无论你的实际路径如何, 你克服重力所做的总功为 0. 摩擦力 (与空气的, 与路面的, 与车闸的) 不是保守的, 这就是为什么你在这种骑行过程中会觉得累.

一个类似的问题, 对于物理学来说同样重要, 就是电磁学的力场是否是保守的, 无论在这种情况下 "保守" 的意思是什么.

几何学中经常出现的一个重要问题是, 什么时候空间有 "洞"? 它的意思再一次并不是显然的: 要记住的例子是甜甜圈的洞: 环面有个洞.

我们在这一节将看到这两个问题是紧密相连的. 它们都是 "什么时候一个 k–形式 φ 可以写成 $\mathbf{d}\psi$, 其中的 ψ 是某个 $(k-1)$–形式" 这个问题的变形.

保守的向量场和它们的势

处理函数要比处理向量场容易得多, 但在描述功和通量的时候, 真正的参与者是向量场. 在向量场 $\vec{F}$ 为保守的特殊情况下, 我们可以把 $\vec{F}$ 想成一个函数.

如果 $\mathrm{grad}\, f=\vec{F}$, 则函数 f 是向量场 $\vec{F}$ 的*势*(potential); 在点 x 的势则为 $f(x)$. 下面的陈述解释了为什么如果一个向量场是势的梯度, 则把它称为*保守的*原因.

令 $U\subset\mathbb{R}^3$ 为开的. 如果 U 上的一个 C^1 函数 f 是 $\vec{F}$ 的势, 且 $\gamma\colon[a,b]\to U$ 为 U 中的一条 C^1 路径, 则根据定理 6.11.1, 有

$$\int_{[\gamma]} W_{\vec{F}}=f\big(\gamma(b)\big)-f\big(\gamma(a)\big). \tag{6.13.1}$$

力场的梯度 f 在路径 γ 上的功为两个端点的势的差.

高度就是引力场中的势. 想一想, 测量一座山的顶部和底部之间的高度差比测量沿着某条蜿蜒的山路从底部到顶部所需要做的功要容易得多.

注意, 高度和其他的势一样, 只能定义到差一个加法的常数; 你必须选择一个基准面 (比如海平面, 或者地球的中心, 或者你在喜马拉雅山上的大本营的高度). 加上一个常数并不会改变势的差.

因此, 如果 γ 是一条闭合的 C^1 路径 (也就是, $\gamma(a)=\gamma(b)$), 则

$$\int_{[\gamma]} W_{\vec{F}}=f\big(\gamma(b)\big)-f\big(\gamma(a)\big)=0. \tag{6.13.2}$$

这就解释了为什么如果一个向量场为势的梯度, 则我们将其称为保守的原因.

假设 $n=3$. 因为 $\mathrm{curl}\,\mathrm{grad}\, f=\vec{\mathbf{0}}$ 对于任意的 C^1 函数 f 成立, 一个向量场 $\vec{F}$ 成为势的梯度的一个必要条件是 $\mathrm{curl}\,\vec{F}=\vec{\mathbf{0}}$. 但这就足够吗? 例 6.13.1 说明, 答案是否定的.

例 6.13.1 ($\operatorname{curl}\vec{F}=\vec{\mathbf{0}}$ 是不够的). 考虑物理学中的一个重要例子: 由一条无限长的直导线中的稳恒电流产生的磁场. 我们在等式 (6.12.46) 中计算了由一根沿着 x 轴正方向的导线中的稳恒电流 I 产生的磁场, 得到

$$\vec{\mathbf{B}}\begin{pmatrix}x\\y\\z\end{pmatrix}=\frac{\mu_0 I}{2\pi}\frac{1}{y^2+z^2}\begin{bmatrix}0\\-z\\y\end{bmatrix}. \tag{6.13.3}$$

我们在例 6.7.7 中遇到过这个向量场 (差一个常数倍). 那里要求你证明 $\mathbf{d}W_{\vec{\mathbf{B}}}=\Phi_{\operatorname{curl}\vec{\mathbf{B}}}=0$; 在这里我们用向量微积分的语言来证明:

$$\operatorname{curl}\vec{\mathbf{B}}=\frac{\mu_0 I}{2\pi}\begin{bmatrix}D_2\dfrac{y}{y^2+z^2}-D_3\dfrac{-z}{y^2+z^2}\\0\\0\end{bmatrix}. \tag{6.13.4}$$

第一项给出

$$\frac{(y^2+z^2)-2y^2}{(y^2+z^2)^2}+\frac{(y^2+z^2)-2z^2}{(y^2+z^2)^2}=0. \tag{6.13.5}$$

然而, 对于任何从 ($\mathbb{R}^3-z$ 轴) 到 $\mathbb{R}$ 的函数 f, 向量场 $\vec{\mathbf{B}}$ 都不能被写为 $\operatorname{grad} f$. 实际上, 利用 (y,z) 平面上定向为单位圆盘的边界的单位圆的标准参数化

$$\gamma(t)=\begin{pmatrix}0\\\cos t\\\sin t\end{pmatrix}, \tag{6.13.6}$$

我们发现, $\vec{\mathbf{B}}$ 绕着圆的功为

$$\int_{S^1}W_{\vec{\mathbf{B}}}=\frac{\mu_0 I}{4\pi}\int_0^{2\pi}\overbrace{\underbrace{\frac{1}{\cos^2 t+\sin^2 t}\begin{bmatrix}0\\-\sin t\\\cos t\end{bmatrix}}_{\vec{F}(\gamma(t))}\cdot\underbrace{\begin{bmatrix}0\\-\sin t\\\cos t\end{bmatrix}}_{\gamma'(t)}}^{1}\,\mathrm{d}t=\frac{\mu_0 I}{2}. \tag{6.13.7}$$

对于一个保守的向量场的功, 这种情况不会发生: 我们从一个点开始, 然后返回到同一个点, 所以, 如果向量场是保守的, 则功将是 0. △

意识到 $\vec{\mathbf{B}}$ 并不是在 $\mathbb{R}^3$ 上都有定义是很必要的: 它在把 x 轴移除后的 $\mathbb{R}^3$ 上是有定义的. (y,z) 平面上的单位圆环绕着 $\vec{\mathbf{B}}$ 的定义域中的 "洞".

回顾到 (等式 (6.5.14)) 在一条定向曲线上积分功形式的公式为 $\int_C W_{\vec{F}}=\int_a^b\vec{F}(\gamma(t))\cdot\gamma'(t)\,\mathrm{d}t.$ 也要想到单位圆通常被记作 S^1.

势和形式

在例 6.13.1 中, 我们证明了在开子集 $U\subset\mathbb{R}^3$ 上存在一个向量场 $\vec{F}$ 满足 $\operatorname{curl}\vec{F}=\vec{\mathbf{0}}$, 但不存在 U 上的函数 f 为 $\vec{F}$ 的势, 也就是没有 U 上的函数 f 满足 $\vec{F}=\operatorname{grad} f$. 使用形式来重新叙述, 这说的是, 1–形式 $W_{\vec{F}}$ 满足 $\mathbf{d}W_{\vec{F}}=0$, 但不存在 U 上的函数 f 满足 $\mathbf{d}f=W_{\vec{F}}$. 在这种语言中, 上述所有的都可以推广到 $\mathbb{R}^n$ 的开子集上的 k–形式.

如果 ψ 是 U 上的一个 $(k-1)$–形式, 我们就说 ψ 是 $\mathbf{d}\psi$ 的一个势(potential); k–形式 $\varphi\in A^k(U)$ 为一个势的意思是, 对于某个 $\psi\in A^{k-1}(U)$, 我们可以把 φ

写为 $\mathbf{d}\psi$. 回想到, 对于所有开子集上的所有阶的所有形式都有 $\mathbf{dd}\varphi = 0$. 因此, $\varphi \in A^k(U)$ 为一个势 ψ 的必要条件为 $\mathbf{d}\varphi = \mathbf{dd}\psi = 0$. 如我们在例 6.13.1 中所见的, 这是不够的.

我们再次需要一个不同 (更强的) 的标准来检验 $\varphi \in A^k(U)$ 不能写为 $\mathbf{d}\psi$, 与一个势的梯度在一条闭合回路上的功必为 0 类似.

命题 6.13.2. 如果 $U \subset \mathbb{R}^n$ 为开的, $\varphi \in A_k(U)$, $\psi \in A^{k-1}(U)$ 满足 $\varphi = \mathbf{d}\psi$, 则对于每个紧致的定向的 k 维流形$M \subset U$, 我们有 $\int_M \varphi = 0$.

根据定义 6.6.1, M 中的 M 的边界总是空的. 这并不意味着我们可以把命题 6.13.2 应用到任意的流形上; 要想让 M 为自身的一个带有边界的小片, 它必须是紧致的.

证明: M 的边界是空的. 因此

$$\int_M \varphi = \int_M \mathbf{d}\psi = \int_{\partial M} \psi = 0. \quad \square \tag{6.13.8}$$

例 6.13.3. 形式 $\omega_n \in A^{n-1}(\mathbb{R}^n - \{\mathbf{0}\})$ 在等式 (6.7.18) 中给出, 即

$$\omega_n = \frac{1}{(x_1^2 + \cdots + x_n^2)^{n/2}} \sum_{i=1}^{n} (-1)^{i-1} x_i \, \mathrm{d}x_1 \wedge \cdots \wedge \widehat{\mathrm{d}x_i} \wedge \cdots \wedge \mathrm{d}x_n. \tag{6.13.9}$$

在那里, 我们证明了 $\mathbf{d}\omega_n = 0$, 但根据练习 6.31, $\int_{S^{n-1}} \omega_n > 0$. 因此, ω_n 为一个 $(n-1)$–形式, 满足 $\mathbf{d}\omega_n = 0$. 它不能被写为 $\mathbf{d}\psi$. $\triangle$

不同类型的形式探测不同类型的洞; 说出这个的意思是*德拉姆上同调*(de Rham cohomology)理论的目标, 这超出了 (但不远超出) 本书的范围.

注意到, 例 6.13.1 和 6.13.3 中的形式是定义在有 “洞” 的区域上的, 而且是不同类型的洞. 磁场的实例中的洞为 z 轴; ω_3 的洞就是 $\mathbb{R}^3$ 的原点. 你可以想象用一个套索抓住 z 轴, 但将需要一个捕蝴蝶的网才能抓住原点.

星形区域

例 6.13.3 中的形式 ω_n 说明了 $\mathbf{d}\varphi = 0$ 并不意味着存在 ψ 满足 $\mathbf{d}\psi = \varphi$. 我们现在证明, 在没有洞的区域中, $\mathbf{d}\varphi = 0$ 确实意味着存在 ψ 满足 $\mathbf{d}\psi = \varphi$. 没有洞的最佳方式是成为凸的, 第二种最佳方式是成为*星形的*(star shaped), 在图 6.13.1 的左图中演示. 庞加莱引理的证明在那个设置中并不比凸区域的更难, 而增加的通用性有时候是有用的.

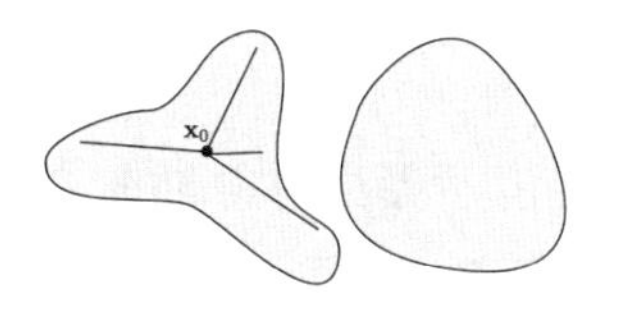

图 6.13.1
左: 星形区域; 每个点都可以从黑点 $\mathbf{x}_0$ 看到. 右: 凸区域; 每个点都可以从每个点看到.

定义 6.13.4 (凸区域, 星形区域). 区域 $U \subset \mathbb{R}^n$ 为*凸的*(convex), 如果对于任意两个点 $\mathbf{x}, \mathbf{y} \in U$, 联结 $\mathbf{x}$ 与 $\mathbf{y}$ 的直线段 $[\mathbf{x}, \mathbf{y}]$ 完全在 U 中.

区域 $U \subset \mathbb{R}^n$ *相对于* $\mathbf{x}_0 \in U$ *为星形的*, 如果对于所有的 $\mathbf{x} \in U$, 联结 $\mathbf{x}_0$ 与 $\mathbf{x}$ 的直线段 $[\mathbf{x}_0, \mathbf{x}]$ 完全在 U 中. 如果它相对于其中一个点为星形的, 则它是*星形的*.

庞加莱引理有着数不清的应用, 例如, 在电磁学和万有引力中.

庞加莱称这个结果为引理, 但它是一个重要的定理. 这并不是作者低估了结果的重要性的唯一情况.

定理 6.13.5 (庞加莱引理). 令 $U \subset \mathbb{R}^n$ 为开的和星形的. 则当且仅当 $\mathbf{d}\varphi = 0$ 的时候, $\varphi \in A^k(U)$ 可以写为 $\varphi = \mathbf{d}\psi$, 其中 $\psi \in A^{k-1}(U)$ 为某个 $(k-1)$–形式.

特别地, 定理 6.13.5 在 U 是开的以及凸的情况下成立.

在 $\mathbb{R}^3$ 中与力学相关的情况是一个直接的结果.

推论 6.13.6. 如果 $U \subset \mathbb{R}^3$ 是凸的 (或者, 更一般地, 星形的), 且 $\vec{F}$ 是 U 上的一个 C^1 向量场, 则当且仅当 $\operatorname{curl}\vec{F} = \vec{\mathbf{0}}$ 的时候, $\vec{F}$ 是 U 上的一个 C^1 函数 f 的梯度.

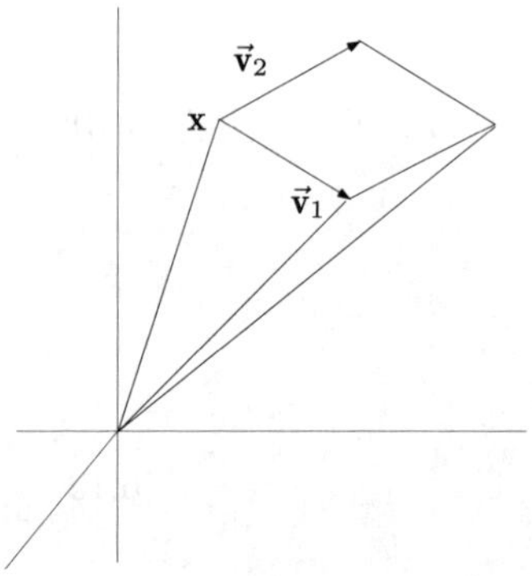

定理 6.13.5 的证明: $\mathbf{d}\varphi = 0$ 是一个必要条件, 即定理 6.7.8: 如果 $\varphi = \mathbf{d}\psi$, 则 $\mathbf{d}\varphi = \mathbf{dd}\psi = 0$.

反过来则是一个很微妙的方向. 我们将把它作为定理 6.13.12 的一个略强的陈述来证明. 这需要一些新的词汇: *k–平行四边形上的锥*和*锥算子*(cone operator). 这些构造类似于边界和外导数的概念. □

图 6.13.2

2–平行四边形$P_{\mathbf{x}}(\vec{\mathbf{v}}_1, \vec{\mathbf{v}}_2)$ 上的锥是通过把 $P_{\mathbf{x}}(\vec{\mathbf{v}}_1, \vec{\mathbf{v}}_2)$ 的每个点与原点相连得到的. 它是三维的: 一个完整的冰激凌的锥, 不是空的. 平行四边形的边界上的锥是二维的, 包括四个把原点与平行四边形的边相连的三角形. 锥的边界包括原始的平行四边形, 所以它有五个面.

锥和它们的边界

平行四边形上的锥(cone)如图 6.13.2 和图 6.13.3 所示.

定义 6.13.7 (k–平行四边形上的锥). 如果 $P_{\mathbf{x}}(\vec{\mathbf{v}}_1, \cdots, \vec{\mathbf{v}}_k)$ 为 $\mathbb{R}^n$ 上的一个定向的 k–平行四边形, 则平行四边形上的锥, 记作 $CP_{\mathbf{x}}(\vec{\mathbf{v}}_1, \cdots, \vec{\mathbf{v}}_k)$, 为参数化的区域

$$\gamma\colon \mathbf{t} \mapsto t_0(\mathbf{x} + t_1\vec{\mathbf{v}}_1 + \cdots + t_k\vec{\mathbf{v}}_k), \tag{6.13.10}$$

其中所有的 t_i 满足 $0 \leqslant t_i \leqslant 1$.

(我们把变量标记为 $t_0, \cdots, t_k$ 而不是 $t_1, \cdots, t_{k+1}$, 因为 t_0 起着特殊的作用.)

这对边界的构建是双重的. 平行四边形的边界比平行四边形少一维, 而锥则多一维: 一个二维的平行四边形的边界是它的一维的棱, 而它的锥则是三维的.

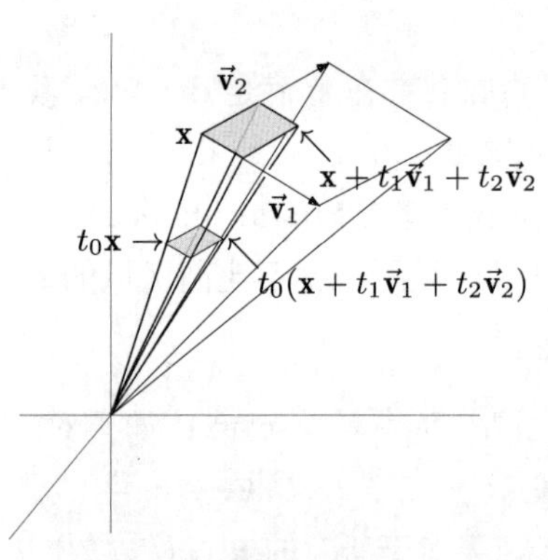

图 6.13.3

锥中的任意点可以通过公式 (6.13.10) 中所描述的参数化来确认.

2–平行四边形的边界是它的四条边; 每条边上的锥为联结边和原点的三角形. 所以 2–平行四边形的边界上的锥包括四个三角形, 而 2–平行四边形上的锥的边界包括四个三角形加上平行四边形本身; 如图 6.13.2.

$P_{\mathbf{x}}(\vec{\mathbf{v}}_1, \cdots, \vec{\mathbf{v}}_k)$ 上锥的边界包含 $P_{\mathbf{x}}(\vec{\mathbf{v}}_1, \cdots, \vec{\mathbf{v}}_k)$ 以及在 $\partial P_{\mathbf{x}}(\vec{\mathbf{v}}_1, \cdots, \vec{\mathbf{v}}_k)$ 的面上的锥的并:

$$|\partial CP_{\mathbf{x}}(\vec{\mathbf{v}}_1, \cdots, \vec{\mathbf{v}}_k)| = |P_{\mathbf{x}}(\vec{\mathbf{v}}_1, \cdots, \vec{\mathbf{v}}_k)| + |C\partial P_{\mathbf{x}}(\vec{\mathbf{v}}_1, \cdots, \vec{\mathbf{v}}_k)|, \tag{6.13.11}$$

其中绝对值的意思是我们不考虑边界定向.

锥由它的参数化自然定向. 下面的引理告诉我们边界是如何定向的.

命题 6.13.8 (锥的边界定向). k–平行四边形上的锥的定向边界由

$$\partial CP_{\mathbf{x}}(\vec{\mathbf{v}}_1, \cdots, \vec{\mathbf{v}}_k) = +\underbrace{P_{\mathbf{x}}(\vec{\mathbf{v}}_1, \cdots, \vec{\mathbf{v}}_k)}_{P_{\mathbf{x}}(\vec{\mathbf{v}}_1, \cdots, \vec{\mathbf{v}}_k)\text{上锥的底}} - \underbrace{C\partial P_{\mathbf{x}}(\vec{\mathbf{v}}_1, \cdots, \vec{\mathbf{v}}_k)}_{P_{\mathbf{x}}(\vec{\mathbf{v}}_1, \cdots, \vec{\mathbf{v}}_k)\text{的边界上的锥}} \tag{6.13.12}$$

给出.

因此, 等式 (6.13.11) 变成了

$$\partial CP = P - C\partial P, \tag{6.13.13}$$

∂CP 包括按照其定向取的 P, 以及按照相反的定向取的 $C\partial P$.

注释. 锥的定向边界的定向边界为 0, 它就应该这样. 在 2–平行四边形的情况中, $\partial\partial CP_{\mathbf{x}}(\vec{\mathbf{v}}_1,\vec{\mathbf{v}}_2)$ 包括了平行四边形的四条边, 加上联结平行四边形的四个顶点与原点的四个向量. 但平行四边形的每条边也是三角形的一条边, 每个联结平行四边形的顶点与原点的向量是两个三角形的边. 等式 (6.13.12) 通过将 $\partial\partial C$ 的每个部分以不同的定向数两次来处理这个问题. △

因为 $\mathbf{dd}\varphi=0$, 为了使斯托克斯定理成立, 定向边界的定向边界必须为 0:

$$\int_{\partial\partial A}\varphi=\int_{\partial A}\mathbf{d}\varphi=\int_{A}\mathbf{dd}\varphi=0.$$

命题 6.13.8 的证明: 定向的 k–平行四边形上的锥具有定义 6.13.7 中给出的参数化 γ 的定向, 用 Ω 表示这个定向. 则 (定义 6.4.2) γ 的偏导,

$$\underbrace{\mathbf{x}+t_1\vec{\mathbf{v}}_1+\cdots+t_k\vec{\mathbf{v}}_k}_{\overrightarrow{D_0}\gamma},\underbrace{t_0\vec{\mathbf{v}}_1}_{\overrightarrow{D_1}\gamma},\cdots,\underbrace{t_0\vec{\mathbf{v}}_k}_{\overrightarrow{D_k}\gamma} \tag{6.13.14}$$

构成 $CP_{\mathbf{x}}(\vec{\mathbf{v}}_1,\cdots,\vec{\mathbf{v}}_k)$ 的一组直接的基.

从偏导的基到基 $\vec{\mathbf{x}},\vec{\mathbf{v}}_1,\cdots,\vec{\mathbf{v}}_k$ 的基变换矩阵为下三角矩阵,$(k+1)\times(k+1)$ 矩阵

$$\begin{bmatrix}1&0&0&\cdots&0\\t_1&t_0&0&\cdots&0\\t_2&0&t_0&\cdots&0\\\vdots&\vdots&\vdots&&\vdots\\t_k&0&0&\cdots&t_0\end{bmatrix}, \tag{6.13.15}$$

除了对角线和第一列以外均为 0. 因为 (定理 4.8.9) 在 $t_0\neq 0$ 的时候, 这个矩阵的行列式为 $t_0^k>0$, 基 $\vec{\mathbf{x}},\vec{\mathbf{v}}_1,\cdots,\vec{\mathbf{v}}_k$ 对于 $CP_{\mathbf{x}}(\vec{\mathbf{v}}_1,\cdots,\vec{\mathbf{v}}_n)$ 是直接的. 因此, $\Omega(\vec{\mathbf{x}},\vec{\mathbf{v}}_1,\cdots,\vec{\mathbf{v}}_k)=+1$.

当我们说 $\vec{\mathbf{x}}$ 在 $P_{\mathbf{x}}(\vec{\mathbf{v}}_1,\cdots,\vec{\mathbf{v}}_k)$ 的任意点指向锥的外面的时候, 我们把 $\vec{\mathbf{x}}$ 视为可以移动的向量.

对应于 B 的底面 B 上的锥的边界的一部分对边界定向的贡献是正的.

现在, 我们可以对 k–平行四边形 $P_{\mathbf{x}}(\vec{\mathbf{v}}_1,\cdots,\vec{\mathbf{v}}_k)$ 检查等式 (6.13.12) 中的 “+”. 在 $P_{\mathbf{x}}(\vec{\mathbf{v}}_1,\cdots,\vec{\mathbf{v}}_k)$ 的任意点上, 向量 $\vec{\mathbf{x}}$ 指向锥的外面, 所以 $\vec{\mathbf{x}}$ 可以起到等式 (6.6.15) 中 $\vec{\mathbf{v}}_{\text{out}}$ 的作用, 且

$$\underbrace{\Omega^{\partial}(\vec{\mathbf{v}}_1,\cdots,\vec{\mathbf{v}}_k)}_{P_{\mathbf{x}}\text{ 的定向作为 }CP_{\mathbf{x}}\text{ 的边界}}=\underbrace{\Omega(\vec{\mathbf{x}},\vec{\mathbf{v}}_1,\cdots,\vec{\mathbf{v}}_k)}_{\text{锥}CP_{\mathbf{x}}\text{的定向}}=+1. \tag{6.13.16}$$

因此, 给定的 $P_{\mathbf{x}}(\vec{\mathbf{v}}_1,\cdots,\vec{\mathbf{v}}_k)$ 的定向与其作为 $CP_{\mathbf{x}}(\vec{\mathbf{v}}_1,\cdots,\vec{\mathbf{v}}_n)$ 的边界的一部分的定向是相同的, 这就解释了等式 (6.13.12) 中的 “+”.

总结一下: 如果 P 是任意定向的平行四边形, 则它对参数化的区域 ∂CP 的贡献为正的. 特别地, 如果我们取 ∂P 的任意面 σ(其定向为 ∂P 的一部分), 则 σ 对 $\partial C\sigma$ 的贡献为正的 (其中 $C\sigma$ 是定向的平行四边形 σ 上的锥). 所以 $|\sigma|$ 对 $\partial P+\partial C\partial P$ 的贡献为 $+2\sigma$, 对 $\partial P-\partial C\partial P$ 的贡献为 0. 因为定向边界的定向边界必然为 0, 则 σ 对 $\partial\partial CP$ 的贡献一定为 0, 所以面临着在

$$\partial\partial CP=+\partial P+\partial C\partial P \text{ 和 } \partial\partial CP=+\partial P-\partial C\partial P \tag{6.13.17}$$

之间的选择, 我们必须选择第二个. □

锥算子

把外导数与锥算子相比较: 外导数在边界上积分, 并且取极限; 锥算子在锥上积分, 并且取极限.

就像边界 ∂ 允许我们把 $(k+1)$–形式 $\mathbf{d}\varphi$ 和 k–形式 φ 关联起来一样, 锥 C 允许我们把 $(k-1)$–形式 $\mathbf{c}\varphi$ 和一个 k–形式关联起来.

定义 6.13.9 (锥算子). 令 $U \subset \mathbb{R}^n$ 为开的, 关于 $\mathbf{0}$ 是星形的. 锥算子 $\mathbf{c}\colon A^k(U) \to A^{k-1}(U)$ 由下式定义

$$\mathbf{c}\varphi\big(P_{\mathbf{x}}(\vec{\mathbf{v}}_1, \cdots, \vec{\mathbf{v}}_{k-1})\big) \stackrel{\text{def}}{=} \lim_{h\to 0} \frac{1}{h^{k-1}} \int_{CP_{\mathbf{x}}(h\vec{\mathbf{v}}_1, \cdots, h\vec{\mathbf{v}}_{k-1})} \varphi. \tag{6.13.18}$$

在定义 6.13.9 中, U 是开的且是星形的假设保证了

$$CP_{\mathbf{x}}(h\vec{\mathbf{v}}_1, \cdots, h\vec{\mathbf{v}}_{k-1})$$

对于所有的 $\mathbf{x} \in U$ 以及 $|h|$ 足够小的所有的 h, 都包含在 U 中, 使得等式 (6.13.18) 中的积分对于这样的 h 有意义. 我们要求 U 关于 $\mathbf{0}$ 是星形的, 因为我们的锥是锚定在原点的.

我们将在定理 6.13.12 中看到, 这个形式 $\mathbf{c}\varphi$ 是我们的问题的解; 它是定理 6.13.5 中的 $(k-1)$–形式 ψ. 如果 $\mathbf{d}\varphi = 0$, 则 $\mathbf{d}(\mathbf{c}\varphi) = \varphi$. 但首先我们需要证明等式 (6.13.18) 中的极限存在.

引理 6.13.10. 等式 (6.13.18) 中给出的极限存在, 并且定义了 U 上的一个 $(k-1)$–形式.

证明: 在

$$\varphi = f\,\mathrm{d}x_{i_1} \wedge \cdots \wedge \mathrm{d}x_{i_k}, \tag{6.13.19}$$

其中 f 是一个 C^1 函数的时候证明结果就足够了. 因为锥 $CP_{\mathbf{x}}(\vec{\mathbf{v}}_1, \cdots, \vec{\mathbf{v}}_{k-1})$ 来自于 γ 的参数化 (见定义 6.13.7), 我们可以写

把公式 (6.13.20) 与定义 6.2.1 中的等式 (6.2.1) 做比较:

$$\int_{[\gamma(U)]} \varphi = \int_U \varphi\big(P_{\gamma(\mathbf{u})}\big(\overrightarrow{D_1}\gamma(\mathbf{u}), \cdots, \overrightarrow{D_k}\gamma(\mathbf{u})\big)\big)|\mathrm{d}^k\mathbf{u}|.$$

要在平行四边形

$$P_{\gamma(\mathbf{t})}\big(\overrightarrow{D_1}\gamma(\mathbf{u}), \cdots, \overrightarrow{D_k}\gamma(\mathbf{u})\big)$$

上计算 $\varphi = f\,\mathrm{d}x_{i_1} \wedge \cdots \wedge \mathrm{d}x_{i_k}$, 我们在 $\gamma(\mathbf{t})$ 上计算 f, 在 γ 在 $\mathbf{t}$ 处的偏导上计算 $\mathrm{d}x_{i_1} \wedge \cdots \wedge \mathrm{d}x_{i_k}$.

$$\begin{aligned}
&\mathbf{c}\varphi\big(P_{\mathbf{x}}(\vec{\mathbf{v}}_1, \cdots, \vec{\mathbf{v}}_{k-1})\big)\\
&= \lim_{h\to 0} \frac{1}{h^{k-1}} \int_{CP_{\mathbf{x}}(h\vec{\mathbf{v}}_1, \cdots, h\vec{\mathbf{v}}_{k-1})} \overbrace{f\,\mathrm{d}x_{i_1} \wedge \cdots \wedge \mathrm{d}x_{i_k}}^{\varphi}\\
&= \lim_{h\to 0} \frac{1}{h^{k-1}} \int_{[0,1]\times[0,h]\times\cdots\times[0,h]} \varphi\left(P_{\gamma(\mathbf{t})}\big(\overrightarrow{D_1}\gamma, \cdots, \overrightarrow{D_k}\gamma\big)\right)|\mathrm{d}^k\mathbf{t}|\\
&= \lim_{h\to 0} \frac{1}{h^{k-1}} \int_0^1 \int_0^h \cdots \int_0^h \overbrace{f\big(t_0(\mathbf{x} + t_1\vec{\mathbf{v}}_1 + \cdots + t_{k-1}\vec{\mathbf{v}}_{k-1})\big)}^{f(\gamma(\mathbf{t}))}\\
&\quad \cdot \underbrace{\mathrm{d}x_{i_1} \wedge \cdots \wedge \mathrm{d}x_{i_k}}_{\text{基本}k-\text{形式}} \underbrace{(\mathbf{x} + t_1\vec{\mathbf{v}}_1 + \cdots + t_{k-1}\vec{\mathbf{v}}_{k-1}, t_0\vec{\mathbf{v}}_1, \cdots, t_0\vec{\mathbf{v}}_{k-1})}_{\mathbb{R}^n\text{中的}k\text{个向量}:\ \overrightarrow{D_0}\gamma, \overrightarrow{D_1}\gamma, \cdots, \overrightarrow{D_{k-1}}\gamma}\\
&\quad \cdot|\mathrm{d}t_{k-1} \cdots \mathrm{d}t_1\,\mathrm{d}t_0|.
\end{aligned} \tag{6.13.20}$$

这看起来很可怕, 但它只是一个函数 (第三行) 乘上一个在 k 个向量上计算的 k–形式 (第四行), 在任何情况下, 积分都会被显著地简化. 首先, 根据多线性和反对称性, 有

$$\begin{aligned}
&\mathrm{d}x_{i_1} \wedge \cdots \wedge \mathrm{d}x_{i_k}[\mathbf{x} + t_1\vec{\mathbf{v}}_1 + \cdots + t_{k-1}\vec{\mathbf{v}}_{k-1}, t_0\vec{\mathbf{v}}_1, \cdots, t_0\vec{\mathbf{v}}_{k-1}]\\
&= t_0^{k-1}\,\mathrm{d}x_{i_1} \wedge \cdots \wedge \mathrm{d}x_{i_k}[\mathbf{x}, \vec{\mathbf{v}}_1, \cdots, \vec{\mathbf{v}}_{k-1}]
\end{aligned} \tag{6.13.21}$$

(练习 6.13.6 让你证明等式 (6.13.21)). 下一步, 观察到 (根据推论 1.9.2) 存在常数 K, 使得

$$\Big|\underbrace{f\big(t_0(\mathbf{x} + t_1\vec{\mathbf{v}}_1 + \cdots + t_{k-1}\vec{\mathbf{v}}_{k-1})\big)}_{\mathbf{b}} - \underbrace{f(t_0\mathbf{x})}_{\mathbf{a}}\Big| \leqslant hK. \tag{6.13.22}$$

推论 1.9.2:

$$|f(\mathbf{b}) - f(\mathbf{a})| \leqslant \left(\sup_{\mathbf{c}\in[\mathbf{a},\mathbf{b}]} \big|[\mathbf{D}f(\mathbf{c})]\big|\right)|\overrightarrow{\mathbf{b}-\mathbf{a}}|.$$

这里, 我们有 (记住 $|t_0| \leqslant 1$, 且 $0 \leqslant t_1, \cdots, t_{k-1} \leqslant h$)

$$\begin{aligned}
&|\mathbf{b} - \mathbf{a}|\\
&= |t_0(t_1v_1 + \cdots + t_{k-1}v_{k-1})|\\
&\leqslant |t_0||t_1v_1 + \cdots + t_{k-1}v_{k-1}|\\
&\leqslant |t_1v_1 + \cdots + t_{k-1}v_{k-1}|\\
&\leqslant h(|v_1| + \cdots + |v_{k-1}|).
\end{aligned}$$

求和 $(|v_1| + \cdots + |v_{k-1}|)$ 对不等式 (6.13.22) 中的 K 有贡献, 导数的上确界也是如此.

因为

$$\frac{1}{h^{k-1}}\int_0^h\cdots\int_0^h hK\,\mathrm{d}t_{k-1}\cdots\mathrm{d}t_1 = hK \tag{6.13.23}$$

将在极限中消失, 我们可以把 $f\big(t_0(\mathbf{x}+t_1\vec{\mathbf{v}}_1+\cdots+t_{k-1}\vec{\mathbf{v}}_{k-1})\big)$ 替换为 $f(t_0\mathbf{x})$. 在这些替换之后, 变量 $t_i,\cdots,t_{k-1}$ 不再出现在被积函数中, 所以每个从 0 到 h 的积分各贡献 h, 给出 h^{k-1}, 它与分母中的 h^{k-1} 抵消. 因此, 我们就可以写

$$\begin{aligned}\mathbf{c}\varphi\big(P_{\mathbf{x}}(\vec{\mathbf{v}}_1,\cdots,\vec{\mathbf{v}}_{k-1})\big) &= \lim_{h\to 0}\frac{1}{h^{k-1}}\int_{CP_{\mathbf{x}}(h\vec{\mathbf{v}}_1,\cdots,h\vec{\mathbf{v}}_{k-1})}\varphi \\ &= \int_0^1 f(t_0\mathbf{x})t_0^{k-1}\Big(\mathrm{d}x_{i_1}\wedge\cdots\wedge\mathrm{d}x_{i_k}\big(P_{t_0\mathbf{x}}(\mathbf{x},\vec{\mathbf{v}}_1,\cdots,\vec{\mathbf{v}}_{k-1})\big)\Big)\,\mathrm{d}t_0.\end{aligned} \tag{6.13.24}$$

有些教材用等式 (6.13.24) 简单地定义 $\mathbf{c}\varphi$, 没有给出关于锥的几何解读. 我们发现几何解读是有所帮助的. 它也使得庞加莱引理的证明变得透明得多.

因此极限存在, 且作为 $\vec{\mathbf{v}}_i$ 的函数, 当然是多线性和反对称的. □

例 6.13.11 (计算一个形式的锥). 我们将对 $\varphi = x_3\,\mathrm{d}x_1\wedge\mathrm{d}x_3$ 计算 $\mathbf{c}\varphi$. 因为 φ 是 $\mathbb{R}^3$ 上的一个 2–形式, $\mathbf{c}\varphi$ 是 $\mathbb{R}^3$ 上的一个 1–形式, 可以写成

$$\mathbf{c}\varphi = f\,\mathrm{d}x_1 + g\,\mathrm{d}x_2 + h\,\mathrm{d}x_3. \tag{6.13.25}$$

要找到系数 f, g 和 h, 我们在标准基向量上 (见定理 6.1.8) 计算 $\mathbf{c}\varphi$. 为了得到 f, 我们在 $P_{\mathbf{x}}(\vec{\mathbf{e}}_1)$ 上计算 $\mathbf{c}\varphi$:

等式 (6.13.26), 第二行: t_0x_3 为 $t_0\mathbf{x}$ 的第三个坐标; 它对应于等式 (6.13.24) 中的 $f(t_0\mathbf{x})$. 第二个 t_0 对应于等式 (6.13.24) 中的 t_0^{k-1}.

$$\begin{aligned} f(\mathbf{x}) &= \mathbf{c}(x_3\,\mathrm{d}x_1\wedge\mathrm{d}x_3)\left(P_{\mathbf{x}}\begin{pmatrix}1\\0\\0\end{pmatrix}\right) \\ &\underset{\text{等式 (6.13.24)}}{=} \int_0^1 \underbrace{t_0x_3}_{\text{见边注}}\,t_0\,\mathrm{d}x_1\wedge\mathrm{d}x_3\left(P_{t_0\mathbf{x}}\left(\begin{bmatrix}x_1\\x_2\\x_3\end{bmatrix},\begin{bmatrix}1\\0\\0\end{bmatrix}\right)\right)\mathrm{d}t_0 \\ &= \int_0^1 -x_3^2t_0^2\,\mathrm{d}t_0 = -\frac{x_3^2}{3}. \end{aligned} \tag{6.13.26}$$

练习 6.13.10 让你证明

$$g(\mathbf{x}) = 0,\ h(\mathbf{x}) = \frac{x_1x_3}{3}. \tag{6.13.27}$$

因此

$$\mathbf{c}(x_3\,\mathrm{d}x_1\wedge\mathrm{d}x_3) = -\frac{x_3^2}{3}\,\mathrm{d}x_1 + \frac{x_1x_3}{3}\,\mathrm{d}x_3. \quad\triangle \tag{6.13.28}$$

庞加莱引理的加强形式的陈述和证明

我们可以对关于任意点 $\mathbf{x}_0$ 为星形的子集 U 陈述定理 6.13.12, 但那样我们必须将我们的锥锚定在 $\mathbf{x}_0$, 这可能会使记号复杂化.

定理 6.13.12 (庞加莱引理: 一个变形). 令 $U\subset\mathbb{R}^n$ 为开的, 关于 $\mathbf{0}$ 为星形的. 令 φ 为 U 上的一个 k–形式. 则

$$\varphi = \mathbf{d}(\mathbf{c}\varphi) + \mathbf{c}(\mathbf{d}\varphi). \tag{6.13.29}$$

特别地, 如果 $\mathbf{d}\varphi = 0$, 则 $\varphi = \mathbf{d}(\mathbf{c}\varphi)$.

定理 6.13.12 的证明背后的思想是锥的边界是边界上的锥加上原始的面. 当 $k=2$ 的时候, 平行四边形的边界上的锥包括四个三角形. 而锥的边界包括这四个三角形加上原始的平行四边形; 如图 6.13.2. 如在公式 (6.13.30) 中所展示的, $\mathbf{d}(\mathbf{c}\varphi)$ 是 $\mathbf{c}\varphi$ 在平行四边形 P 的边界上的积分; 这等于 φ 在平行四边形 P 边界上的锥上的积分. 在等式 (6.13.29) 中, 加号可能看上去令人费解; 你可能会期待 $\mathbf{c}(\mathbf{d}\varphi)$ 为 $\mathbf{d}(\mathbf{c}\varphi)$ 与 φ 的和, 但不同的积分区域的定向使得算术计算的结果是正确的.

证明: 不将全部适当的细节写出来, 我们有

$$\begin{aligned}\mathbf{d}(\mathbf{c}\varphi)(P) &\overset{1}{=} (\lim)\int_{\partial P_h}\mathbf{c}\varphi \overset{2}{=} (\lim)\int_{C\partial P_h}\varphi \overset{3}{=} (\lim)\int_{P_h}\varphi-(\lim)\int_{\partial CP_h}\varphi\\ &\overset{4}{=} (\lim)\int_{P_h}\varphi-(\lim)\int_{CP_h}\mathbf{d}\varphi=\varphi(P)-\mathbf{c}(\mathbf{d}\varphi)(P).\end{aligned}\tag{6.13.30}$$

等式 (1) 是外导数的定义, (2) 是锥算子的定义, (3) 是等式 (6.13.13), (4) 是斯托克斯定理. □

练习 6.13.9 让你重写定理 6.13.12 的证明, 包括适当的细节, 并且证明最后一个等式.

例 6.13.13 (庞加莱引理). 令 $\varphi=x_3\,\mathrm{d}x_1\wedge\mathrm{d}x_3$, 如例 6.13.11 中的一样. 注意到 $\mathbf{d}(x_3\,\mathrm{d}x_1\wedge\mathrm{d}x_3)=0$. 因此, 根据定理 6.13.12, 我们应当有

$$\underbrace{\mathbf{d}(\mathbf{c}x_3\,\mathrm{d}x_1\wedge\mathrm{d}x_3)}_{\mathbf{d}\mathbf{c}\varphi}=\underbrace{x_3\,\mathrm{d}x_1\wedge\mathrm{d}x_3}_{\varphi}.\tag{6.13.31}$$

实际上

$$\begin{aligned}\mathbf{d}(\mathbf{c}x_3\,\mathrm{d}x_1\wedge\mathrm{d}x_3) &\overbrace{=}^{\text{等式 (6.13.28)}} \mathbf{d}\left(-\frac{x_3^2}{3}\,\mathrm{d}x_1+\frac{x_1x_3}{3}\,\mathrm{d}x_3\right)\\ &= -\frac{2x_3}{3}\,\mathrm{d}x_3\wedge\mathrm{d}x_1+\frac{x_3}{3}\,\mathrm{d}x_1\wedge\mathrm{d}x_3=x_3\,\mathrm{d}x_1\wedge\mathrm{d}x_3.\end{aligned}\tag{6.13.32}$$

△

势和电磁学

等式 (6.13.33): 力场 $\vec{F}$ 是保守的, 如果 $\mathbf{d}W_{\vec{F}}=0$. 在某种意义下, $\mathbf{d}\mathbb{F}=0$ 说的是电磁场是保守的.

回忆到, 陈述麦克斯韦方程组的一个方式为 (等式 (6.12.15))

$$\mathbf{d}\mathbb{F}=0,\ \mathbf{d}\mathbb{M}=4\pi\mathbb{J}.\tag{6.13.33}$$

从这些方程中的第一个和庞加莱引理 (以及 $\mathbb{R}^4$ 为凸的事实) 得到, 在时空中有一个 1–形式 $\mathbb{A}$ 满足 $\mathbf{d}\mathbb{A}=\mathbb{F}$, 也就是 $\mathbb{A}$ 是 $\mathbb{F}$ 的一个势: $\mathbb{A}$ 的一个可能的选择为 $\mathbf{c}\mathbb{F}$.

时空当然是凸的.

在任意的把时空分为空间和时间的分解中, 时空中的任意 1–形式可以写为

$$\mathbb{A}=\frac{1}{c}W_{\vec{A}}-Vc\,\mathrm{d}t,\tag{6.13.34}$$

其中 $W_{\vec{A}}$ 为某个向量场 $\vec{A}$ 的功 (称为向量势), V 为一个函数 (称为标量势). 则因为

在等式 (6.13.35) 中, 导数 $\mathbf{d}\left(\frac{1}{c}W_{\vec{A}}\right)$ 被分解为关于空间变量的导数和关于时间变量的导数.

$$\mathbf{d}\mathbb{A}=\underbrace{\frac{1}{c}\Phi_{\vec{\nabla}\times\vec{A}}-\frac{1}{c^2}W_{D_t\vec{A}}\wedge c\ \mathrm{d}t}_{\mathbf{d}\left(\frac{1}{c}W_{\vec{A}}\right)}-W_{\vec{\nabla}V}\wedge c\,\mathrm{d}t=\mathbb{F},\tag{6.13.35}$$

根据 $\mathbb{F}=W_{\vec{\mathbf{E}}}\wedge c\,\mathrm{d}t+\Phi_{\vec{\mathbf{B}}}$(等式 (6.12.8)), 我们有

$$\vec{\mathbf{E}}=-(\vec{\nabla}V+\frac{1}{c^2}D_t\vec{A})\ \text{和}\ \vec{\mathbf{B}}=\frac{1}{c}\vec{\nabla}\times\vec{A},\tag{6.13.36}$$

使得 $\mathbb{M}\overset{\text{def}}{=}W_{\vec{\mathbf{B}}}\wedge c\,\mathrm{d}t-\Phi_{\vec{\mathbf{E}}}$(等式 (6.12.8) 中的第二个等式) 变为

$$\mathbb{M} = W_{\frac{1}{c}\vec{\nabla}\times\vec{A}} \wedge c\,\mathrm{d}t + \Phi_{\left(\vec{\nabla}V + \frac{1}{c^2}D_t\vec{A}\right)}. \tag{6.13.37}$$

这把 $\mathbb{M}$ 用 $\mathbb{A}$ 来表示, 也就是, 用 $\vec{A}$ 和 V 的形式来表示. 因为 $\mathbf{d}\mathbb{F} = 0$ 已经通过 $\mathbf{d}\mathbb{A} = \mathbb{F}$ 置于我们的方程组中, 方程 $\mathbf{d}\mathbb{M} = 4\pi\mathbb{J}$ 编码了所有的电磁学, 变为

$$\begin{aligned} \mathbf{d}\mathbb{M} &= \Phi_{\left(\frac{1}{c}\vec{\nabla}\times(\vec{\nabla}\times\vec{A})\right)+\frac{1}{c^3}\left(D_t^2\vec{A}+\frac{1}{c}\vec{\nabla}D_tV\right)} \wedge c\,\mathrm{d}t + M_{\vec{\nabla}\cdot\left(\frac{1}{c^2}D_t\vec{A}+\vec{\nabla}V\right)} \\ &= 4\pi\mathbb{J} = 4\pi\left(\frac{1}{c}\Phi_{\vec{\mathbf{j}}} \wedge c\,\mathrm{d}t - M_\rho\right). \end{aligned} \tag{6.13.38}$$

(第二行用到了等式 (6.12.12) 和等式 (6.12.13).)

对下面的第一个方程, 写为分量形式, 改变符号, 并全部乘上 c, 变为

$$\underbrace{\vec{\nabla}\times(\vec{\nabla}\times\vec{A})}_{\text{curl curl}\,\vec{A}} + \left(\frac{1}{c^2}D_t^2\vec{A} + \vec{\nabla}D_tV\right) = 4\pi\vec{\mathbf{j}}, \tag{6.13.39}$$

$$\vec{\nabla}\cdot\left(\frac{1}{c^2}D_t\vec{A} + \vec{\nabla}V\right) = \underbrace{\vec{\nabla}\cdot\vec{\nabla}V}_{\text{div grad}\,V} + \vec{\nabla}\left(\frac{1}{c^2}D_t\vec{A}\right) = -4\pi\rho. \tag{6.13.40}$$

改进这些方程的第一个方法是想到 (等式 (6.12.67)) 向量场 $\vec{A}$ 的拉普拉斯算子 $\vec{\Delta}\vec{A}$ 为 $\vec{\Delta}\vec{A} = \text{grad}\,\text{div}\,\vec{A} - \text{curl}\,\text{curl}\,\vec{A}$, 函数 V 的拉普拉斯算子为 $\Delta V = \text{div}\,\text{grad}\,V$. 利用这些关系, 我们可以重写等式 (6.13.39) 和等式 (6.13.40) 为

$$(\vec{\Delta}\vec{A} - \frac{1}{c^2}D_t^2\vec{A}) - \vec{\nabla}(\vec{\nabla}\cdot\vec{A} + D_tV) = -4\pi\vec{\mathbf{j}}, \tag{6.13.41}$$

$$\Delta V + \frac{1}{c^2}\vec{\nabla}\cdot D_t\vec{A} = -4\pi\rho. \tag{6.13.42}$$

这个方程组, 虽然仍然很 "可怕", 但已经比麦克斯韦方程组好多了: 它是一个包含四个未知函数的方程, 而不是六个. 但它们还可以进一步简化. 注意 (见边注中的注释) $\mathbb{A}$ 在时空中只是定义到了差一个 $\mathbf{d}f$, 其中的 f 是一个函数. 而我们实际可以选择 f 使得在把 $\dfrac{1}{c}\mathbf{d}f$ 加到我们的势 $\mathbb{A}$ 上之后, 新的势将满足洛伦兹规范条件

$$\vec{\nabla}\cdot\vec{A} + D_tV = 0,\ \text{也就是}\ \vec{\nabla}\cdot\vec{A} = -D_tV, \tag{6.13.43}$$

关于 t 微分得到

$$\vec{\nabla}\cdot D_t\vec{A} = D_t\vec{\nabla}\cdot\vec{A} = -D_t^2V. \tag{6.13.44}$$

利用这个等式, 我们将方程组解耦为

$$\vec{\Delta}\vec{A} - \frac{1}{c^2}D_t^2\vec{A} = -4\pi\vec{\mathbf{j}}, \tag{6.13.45}$$

$$\Delta V - \frac{1}{c^2}D_t^2V = -4\pi\rho. \tag{6.13.46}$$

等式 (6.13.45) 仅仅依赖于 $\vec{A}$, 而不依赖于 V. 它实际上是三个标量值函数的三个方程 (见等式 (6.8.6)). 等式 (6.13.46) 定义了一个标量值函数, 仅仅依赖于 V. 所以麦克斯韦的复杂方程组现在被简化到了四个分离的标量波动方程.

上面的推导依赖于我们可以选择 f 使得势 $\mathbb{A} + \dfrac{1}{c}\mathbf{d}f$ 满足洛伦兹规范条件的假设. 我们来证明这个假设. 等式 (6.13.34) 告诉我们如何把 1–形式 $\mathbb{A}$ 分解

把 $\mathbb{A}$ 分解为标量势和向量势取决于把时空分解为空间和时间. 另外, 如果 $\mathbf{d}\mathbb{A} = \mathbb{F}$, 则对于任意的函数 f, 我们有 $\mathbf{d}(\mathbb{A} + \mathbf{d}f) = \mathbb{F}$.

因此势 $\mathbb{A}$ 只能定义到对于任意函数 f, 差一个 $\mathbf{d}f$. 看上去这应该意味着 $\mathbb{A}$ 是一个没有物理现实的数学结构. 这是不正确的: 韦尔 (Hermann Weyl) 在 1928 年发现, $\mathbb{A}$ 可以被理解为 "一维束之间的连接"; 就像引力是广义相对论中时空的曲率, 连接 $\mathbb{A}$ 的曲率为电磁场. 加上 $\mathbf{d}f$ 意味着 "在束中使用不同的坐标系". 物理学家称之为 "在不同规范下工作".

这个想法被证明是极其重要的: 1954 年, Yang 和 Mills 把保持原子核在一起的强核力解读为二维束中连接的曲率. 之后, 规范理论很快就完全接管了粒子物理学; 今天, 粒子物理学就是规范理论.

尤其是, 粒子物理学家现在也是微分几何学家, 数学和物理学的这些分支之间的相互作用对这两个领域都大有裨益. Simon Donaldson, Michael Freedman 和 Edward Witten 每个人都因为对规范场论的工作而获得了菲尔兹奖.

成标量势和向量势:$\mathbb{A} = \frac{1}{c}W_{\vec{A}} - V c\,\mathrm{d}t$. 这给出了

$$\mathbb{A} + \frac{1}{c}\mathbf{d}f = \frac{1}{c}W_{\vec{A}+\vec{\nabla}f} - (V - \frac{1}{c^2}D_t f) \wedge c\,\mathrm{d}t. \tag{6.13.47}$$

等式 (6.13.48) 就是等式 (6.13.43), 其中 $\vec{A}$ 已经被替换成了 $\vec{A}+\vec{\nabla}f$, V 被替换成了 $V - \frac{1}{c^2}D_t f$.

方程 $\Delta f - \frac{1}{c^2}D_t^2 f = g$, 其中 g 已知, f 未知, 称为非齐次波动方程; 对于非常普通的非齐次方程, 它有解 (也就是, 方程的右侧).

如果

$$\vec{\nabla} \cdot (\vec{A} + \vec{\nabla}f) + D_t(V - \frac{1}{c^2}D_t f) = 0, \tag{6.13.48}$$

则这个新的向量势 $\vec{A} + \vec{\nabla}f$ 和新的标量势 $V - \frac{1}{c^2}D_t f$ 将满足洛伦兹规范条件.

注意到我们可以重写洛伦兹规范条件为

$$\Delta f - \frac{1}{c^2}D_t^2 f = -(\vec{\nabla} \cdot \vec{A} + D_t V), \tag{6.13.49}$$

这就是*非齐次波动方程*(inhomogeneous wave equation), 它可以用来解出 f. 实际上, 它的解有显示的公式.[21] 因此, 有可能找到势, 对于任意的电磁场都满足洛伦兹规范.

洛伦兹规范条件是根据丹麦物理学家洛伦兹 (Ludwig Lorenz, 1829 — 1891) 的名字命名的. 它有时候会被错误地归功于荷兰物理学家洛伦兹 (H. Lorentz), "洛伦兹力" 中的洛伦兹.

此外, 等式 (6.13.45) 和等式 (6.13.46) 本身就是一个包含四个非齐次波动方程的方程组, 一个用于标量势, 另一个用于向量势 $\vec{A}$ 的每个分量. 解出这些方程可以得到 V 和 $\vec{A}$, 这就允许我们对于任意的电荷和电流的分布, 找到势, 从而找到场.

6.13 节的练习

6.13.1 练习 1.1.6 中的哪些向量场是函数的梯度?

6.13.2 a. 是否存在 $\mathbb{R}^3$ 上的函数 f 满足:

i. $\mathbf{d}f = \cos(x+yz)\,\mathrm{d}x + y\cos(x+yz)\,\mathrm{d}y + z\cos(x+yz)\,\mathrm{d}z$?

ii. $\mathbf{d}f = \cos(x+yz)\,\mathrm{d}x + z\cos(x+yz)\,\mathrm{d}y + y\cos(x+yz)\,\mathrm{d}z$?

b. 如果存在, 找到这些函数.

6.13.3 在一根竖直的导线 $x = a, y = b$ 上的每米 c 库仑的电量产生了一个电势 $V\begin{pmatrix}x\\y\\z\end{pmatrix} = c\ln\left((x-a)^2 + (y-b)^2\right)$. 若干条这样的导线产生的电势为单根导线产生的电势的和.

a. 经过点 $\begin{pmatrix}0\\0\end{pmatrix}$, 带电为 $c = 1\,\mathrm{C/m}$的单根导线产生的电场是多少?

b. 简单画出两根导线产生的电场, 两根导线都带有 $1\,\mathrm{C/m}$ 的电量, 一根经过 $\begin{pmatrix}1\\0\end{pmatrix}$, 另一根经过 $\begin{pmatrix}-1\\0\end{pmatrix}$.

c. 对于第一根导线带电 $1\,\mathrm{C/m}$, 第二根导线带电 $-1\,\mathrm{C/m}$, 重复上述计算.

[21] 陈述并检验这些公式会让我们走得很远. 感兴趣的读者可以在 D. Griffiths 的 *Introduction to Electrodynamics* 一书的第 9 章找到一个可读性更强的叙述.

6.13.4 a. $\begin{bmatrix}\dfrac{x}{x^2+y^2}\\ \dfrac{y}{x^2+y^2}\end{bmatrix}$ 是否为 $\mathbb{R}^2-\{\mathbf{0}\}$ 上的一个函数的梯度?

b. $\mathbb{R}^3$ 上的向量场 $\begin{bmatrix}x\\y\\z\end{bmatrix}$ 是否为另一个向量场的旋度?

6.13.5 a. 令 $\varphi = x\,\mathrm{d}x + y\,\mathrm{d}y$. 计算 $\mathbf{c}(\varphi)$ 并检验 $\mathbf{dc}\varphi = \varphi$.

b. 令 $\varphi = x\,\mathrm{d}y - y\,\mathrm{d}x$. 计算 $\mathbf{c}(\varphi)$ 并检验 $\mathbf{dc}\varphi + \mathbf{cd}\varphi = \varphi$.

6.13.6 利用多线性和反对称性证明等式 (6.13.21).

6.13.7 a. 找到由练习 6.12.8 中的 $\vec{\mathbf{E}}$ 和 $\vec{\mathbf{B}}$ 定义的电磁场的法拉第 2–形式 $\mathbb{F}$.

b. 利用锥算子, 对于这个 $\mathbb{F}$ 找到一个势 $\mathbb{A}$.

c. 检验 $\mathbf{d}\mathbb{A} = \mathbb{F}$.

****6.13.8** a. 证明: 在 $\mathbb{R}^2-\{\mathbf{0}\}$ 上的一个 1–形式 φ 可以写为 $\mathbf{d}f$, 当且仅当 $\mathbf{d}\varphi = 0$ 且 $\int_{S^1}\varphi = 0$, 其中 S^1 是逆时针定向的单位圆.

b. 证明: 当且仅当 $\mathbf{d}\varphi = 0$ 且 $\int_{S_1}\varphi = 0, \int_{S_2}\varphi = 0$, 在 $\mathbb{R}^2 - \left\{\begin{pmatrix}-1\\0\end{pmatrix}, \begin{pmatrix}1\\0\end{pmatrix}\right\}$ 上的一个 1–形式 φ 可以写为 $\mathbf{d}f$, 其中 S_1 是中心在 $\begin{pmatrix}-1\\0\end{pmatrix}$, 半径为 1 的圆, S_2 为中心在 $\begin{pmatrix}1\\0\end{pmatrix}$, 半径为 1 的圆, 两个圆都是逆时针定向的.

练习 6.13.9 a: 我们使用 "适当的细节和记号" 的意思是用对每个极限的正确描述代替 (lim), 用适当的平行四边形的正确记号代替 (P_h).

6.13.9 a. 重写等式 (6.13.30), 包括适当的细节和符号.

b. 仔细证明等式 (6.13.30) 中的每一个等式.

6.13.10 确认等式 (6.13.27) 中关于 g 和 h 的计算.

6.14 第 6 章的复习题

6.1 下面哪些是数? 找出那些不是数的.

在练习 6.1 中, B 是一个 $n\times n$ 的矩阵, φ 和 ψ 都是 $\mathbb{R}^3$ 上的 1–形式; $\vec{\mathbf{v}}$ 和 $\vec{\mathbf{w}}$ 是 $\mathbb{R}^3$ 中的向量; f 是可积的.

a. $\vec{\mathbf{v}}\cdot\vec{\mathbf{w}}$;	b. $\mathrm{d}x_1\wedge\mathrm{d}x_2(\vec{\mathbf{v}},\vec{\mathbf{w}})$;	c. $\vec{\mathbf{v}}\times\vec{\mathbf{w}}$;	d. $\det B$;
e. $\operatorname{rank} B$;	f. $\operatorname{tr} B$;	g. $\dim A^k(\mathbb{R}^n)$;	h. $\lvert\vec{\mathbf{v}}\rvert$;
i. $A^k(\mathbb{R}^k)$;	j. $\varphi\wedge\psi(\vec{\mathbf{v}},\vec{\mathbf{w}})$;	k. $\int_{\mathbb{R}} f(x)\,\mathrm{d}x$;	l. $\operatorname{sgn}(\sigma)$.

6.2 令 $\vec{F}$ 为 $\mathbb{R}^n$ 中的一个向量场, 令 $\vec{\mathbf{v}}_1,\cdots,\vec{\mathbf{v}}_{n-1}$ 为 $\mathbb{R}^n$ 中的向量, 令 φ 为 $\mathbb{R}^n$ 上的 $(n-1)$–形式, 由

$$\varphi(\vec{\mathbf{v}}_1,\cdots,\vec{\mathbf{v}}_{n-1}) = \det[\vec{F}(\mathbf{x}),\vec{\mathbf{v}}_1,\cdots,\vec{\mathbf{v}}_{n-1}]$$

给出. 请将 φ 以 $\vec{F}$ 的坐标的形式写为 $\mathbb{R}^n$ 上的基本 $(n-1)$–形式的线性组合.

6.3 利用定义 6.1.12, 把楔积 $\varphi \wedge \psi(\vec{\mathbf{v}}_1, \vec{\mathbf{v}}_2, \vec{\mathbf{v}}_3, \vec{\mathbf{v}}_4)$ 写为 φ 和 ψ 在适当的向量上求值的组合 (如等式 (6.1.28) 和等式 (6.1.32)), 其中 φ 为一个 1–形式, ψ 是一个 3–形式.

6.4 将下列每个形式场在参数化的域上的积分改写为通常的多重积分.

a. $\displaystyle\int_{[\gamma(I)]} y^2\,\mathrm{d}y + x^2\,\mathrm{d}z$, 其中 $I = [0, a], \gamma(t) = \begin{pmatrix} t^3 \\ t^2+1 \\ t^2-1 \end{pmatrix}$.

b. $\displaystyle\int_{[\gamma(U)]} \sin y^2\,\mathrm{d}x \wedge \mathrm{d}z$, 其中 $U = [0, a] \times [0, b]$, $\gamma\begin{pmatrix} u \\ v \end{pmatrix} = \begin{pmatrix} u^2 - v \\ uv \\ v^4 \end{pmatrix}$.

6.5 找到 $\mathbb{R}^2$ 中的一个 1–形式场, 其符号把圆心在 $\begin{pmatrix} 3 \\ 0 \end{pmatrix}$, 半径为 1 的圆按照顺时针方向定向.

6.6 给由

$$x^2 + y^3 + z^4 = 1$$

给出的曲面 $S \subset \mathbb{R}^3$ 找到一个定向 Ω.

6.7 考虑方程为 $x_1^2 + x_2^2 + x_3^2 + x_4^2 = 1$ 的流形$S^3 \subset \mathbb{R}^4$:

a. 证明: $\operatorname{sgn} \mathrm{d}x_1 \wedge \mathrm{d}x_2 \wedge \mathrm{d}x_3$ 不是 S^3 的一个定向.

b. 证明: $\Omega_{\mathbf{x}}(\vec{\mathbf{v}}_1, \vec{\mathbf{v}}_2, \vec{\mathbf{v}}_3) = \operatorname{sgn}\det[\mathbf{x}, \vec{\mathbf{v}}_1, \vec{\mathbf{v}}_2, \vec{\mathbf{v}}_3]$ 是一个定向.

6.8 a. 证明: 由 $x_1^2 + x_2^2 + x_1 x_4^2 = 1$ 给出的轨迹 $M \subset \mathbb{R}^4$ 是一个光滑流形.

b. 找到一个 3–形式场, 其符号为 M 定向.

6.9 在例 6.4.3 中, 我们看到 $\gamma_1(\theta) = \begin{pmatrix} \cos\theta \\ \sin\theta \end{pmatrix}, \gamma_2(\theta) = \begin{pmatrix} \sin\theta \\ \cos\theta \end{pmatrix}$ 给出了相反的定向. 确认 (命题 6.4.8) $\det[\mathbf{D}(\gamma_2^{-1} \circ \gamma_1)] < 0$.

6.10 令 $z_1 = x_1 + \mathrm{i}y_1$, $z_2 = x_2 + \mathrm{i}y_2$ 为 $\mathbb{C}^2$ 中的坐标. 计算 $\mathrm{d}x_1 \wedge \mathrm{d}y_1 + \mathrm{d}x_2 \wedge \mathrm{d}y_2$ 在方程 $z_2 = z_1^k$ 的轨迹的 $|z_1| < 1$ 的部分上的积分, 由 $\operatorname{sgn} \mathrm{d}x_1 \wedge \mathrm{d}y_1$ 来定向.

6.11 对于下列的 1–形式, 写出相应的向量场. 简单画出向量场. 描述一条 1–形式的功会很小的路径. 再描述一条功会很大的路径.

a. $(x^2 + y^2)\,\mathrm{d}z$, 在 $\mathbb{R}^3$ 上.

b. $y\,\mathrm{d}x - x\,\mathrm{d}y - z\,\mathrm{d}z$, 在 $\mathbb{R}^3$ 上.

6.12 a. 在 $\mathbb{R}^2$ 中, 一个向量场定义了两个 1–形式: 功和通量. 证明它们通过公式

$$W_{\vec{F}}(\vec{\mathbf{v}}) = \Phi_{\vec{F}}\left(\begin{bmatrix} 0 & -1 \\ 1 & 0 \end{bmatrix} \vec{\mathbf{v}}\right)$$

相关联.

b. 变换 $\begin{bmatrix} 0 & -1 \\ 1 & 0 \end{bmatrix}$ 在几何上对应的是什么?

c. 你能够解释为什么 $\mathbb{R}^2$ 上的功和通量是通过 a 问中的公式相关联的吗?

6.13 计算边注中的向量场 $\vec{F}$ 通过 S 的通量, 其中 S 为锥 $z=\sqrt{x^2+y^2}$ 中满足 $x, y \geqslant 0, x^2+y^2 \leqslant R$ 的部分, S 由向内指的法向量定向 (也就是, 通量测量的是流进锥的流量).

$$\vec{F}\begin{pmatrix} x \\ y \\ z \end{pmatrix} = \begin{bmatrix} y \\ -z \\ yz \end{bmatrix}$$

练习 6.13 中的向量场.

6.14 令 S 是方程为 $z=\sin xy+2$ 的曲面满足

$$x^2+y^2 \leqslant 1,\ x \geqslant 0$$

的那一部分, 由向上指的法向量定向; 令 $\vec{F}=\begin{bmatrix} 0 \\ 0 \\ x+y \end{bmatrix}$. $\vec{F}$ 通过 S 的通量是什么?

6.15 考虑方程为 $x_1^2+x_2^2+x_3^2+x_4^2=1$ 的流形$S^3 \subset \mathbb{R}^4$, 由 $\Omega_{\mathbf{x}}(\vec{\mathbf{v}}_1, \vec{\mathbf{v}}_2, \vec{\mathbf{v}}_3) = \operatorname{sgn}\det[\mathbf{x}, \vec{\mathbf{v}}_1, \vec{\mathbf{v}}_2, \vec{\mathbf{v}}_3]$ 定向. 令 X 为 S^3 的满足 $x_4 \leqslant 0$ 的子集.

a. 证明: X 是 S^3 的带有边界的小片.

b. 找到切空间 $T_{\mathbf{x}}(\partial X)$ 在点 $\mathbf{x}=\begin{pmatrix} 1 \\ 0 \\ 0 \\ 0 \end{pmatrix} \in \partial X$ 的一组基, 且这组基对于边界定向是直接的.

6.16 a. 根据定义计算 $xy\,\mathrm{d}z$ 的导数.

b. 利用定理 6.7.4 给出的公式计算同样的导数, 在每一阶段, 清晰地陈述你用了什么性质.

6.17 a. 令 $\varphi=xyz\,\mathrm{d}y$. 根据定义计算数值:

$$\mathbf{d}\varphi\left(P_{\begin{pmatrix} 1 \\ 2 \\ 3 \end{pmatrix}}(\vec{\mathbf{e}}_2, \vec{\mathbf{e}}_3)\right).$$

b. $\mathbf{d}\varphi$ 是什么? 利用你的结果来检验 a 问中的计算结果.

6.18 令 $\vec{\mathbf{r}}=\begin{bmatrix} x_1 \\ \vdots \\ x_n \end{bmatrix}$ 为 $\mathbb{R}^n$ 中的径向向量场.

练习 6.18 给出了推导等式 (5.3.50) 的另一种方法.

a. 证明: $\mathbf{d}(\Phi_{\vec{\mathbf{r}}})=n(\mathrm{d}x_1 \wedge \cdots \wedge \mathrm{d}x_n)$.

b. 令 $B_1^n(\mathbf{0})$ 和 S^{n-1} 为 $\mathbb{R}^n$ 中的单位球和单位球面, 具有标准定向的球和具有边界定向的球面. 利用斯托克斯定理来证明

$$\operatorname{vol}_n\big(B_1^n(\mathbf{0})\big)=\frac{1}{n}\operatorname{vol}_{n-1}(S^{n-1}).$$

6.19 利用定理 6.8.3, 证明方程

$$\operatorname{curl}(\operatorname{grad} f) = \vec{\mathbf{0}}, \text{ 以及 } \operatorname{div}(\operatorname{curl} \vec{F}) = 0$$

对于任意函数 f 和向量场 $\vec{F}$(至少为 C^2 类的) 成立.

6.20 a. 对于哪些向量场 $\vec{F}$, $\mathbb{R}^3$ 上的 1–形式

$$x^2\,\mathrm{d}x + y^2 z\,\mathrm{d}y + xy\,\mathrm{d}z$$

为功形式场 $W_{\vec{F}}$?

b. 利用定理 6.7.4, 计算 $x^2\,\mathrm{d}x + y^2 z\,\mathrm{d}y + xy\,\mathrm{d}z$ 的外导数. 证明它与 $\Phi_{\vec{\nabla}\times\vec{F}}$ 相同.

6.21 a. 存在一个指数 m 使得

$$\vec{\nabla}\cdot(x^2+y^2+z^2)^m\begin{bmatrix}x\\y\\z\end{bmatrix}=0;$$

找到 m.

练习 6.21 b: Φ 的下脚标可能很难读, 它是 $r^{2m}\vec{r}$.

*b. 更一般地, 存在一个指数 m(与 n 有关) 使得 $(n-1)$–形式 $\Phi_{r^{2m}\vec{r}}$ 的外导数在 $\vec{r}$ 为向量场 $\begin{bmatrix}x_1\\\vdots\\x_n\end{bmatrix}$, 且 $r=|\vec{r}|$ 的时候为 0. 你可以找到它吗?(从 $n=1$ 和 $n=2$ 开始.)

6.22 a. 找到唯一的多项式 p 使得 $p(1)=1$, 且如果

$$\omega = x\,\mathrm{d}y\wedge\mathrm{d}z - 2zp(y)\,\mathrm{d}x\wedge\mathrm{d}y + yp(y)\,\mathrm{d}z\wedge\mathrm{d}x,$$

则 $\mathbf{d}\omega = \mathrm{d}x\wedge\mathrm{d}y\wedge\mathrm{d}z$.

b. 对于这个多项式 p, 计算积分 $\int_S \omega$, 其中 S 是球面 $x^2+y^2+z^2=1$ 的 $z\geqslant\sqrt{2}/2$ 的部分, 由向外指的法向量定向.

6.23 a. 计算 2–形式

$$\varphi = \frac{1}{(x^2+y^2+z^2)^{3/2}}\,(x\,\mathrm{d}y\wedge\mathrm{d}z + y\,\mathrm{d}z\wedge\mathrm{d}x + z\,\mathrm{d}x\wedge\mathrm{d}y)$$

的外导数.

b. 计算 φ 在由向外指的法向量定向的单位球面 $x^2+y^2+z^2=1$ 上的积分.

c. 计算 φ 在中心在原点, 由向外指的法向量定向的边长为 4 的立方体的边界上的积分.

d. 对于 $\mathbb{R}^3-\{\mathbf{0}\}$ 上的某个 1–形式 ψ, φ 可以写成 $\mathbf{d}\psi$ 吗?

6.24 令 S 是方程为 $z=9-y^2$ 的曲面, 由向上指的法向量定向.

a. 简单画出满足 $x \geqslant 0, z \geqslant 0$ 且 $y \geqslant x$ 的那一片 $X \subset S$, 仔细地标明边界定向.

b. 给出 X 的一个参数化, 注意参数映射的定义域, 以及它是否保持定向.

c. 计算向量场 $\begin{bmatrix} 0 \\ xz \\ 0 \end{bmatrix}$ 沿着 X 的边界的功.

6.25 令 $U \subset \mathbb{R}^3$ 是一个由曲面 S 界定的子集, 我们将给出其边界定向. U 的体积和通量 $\int_S \Phi_{\begin{bmatrix} x \\ y \\ z \end{bmatrix}}$ 之间是什么关系?

6.26 令 $\vec{F}$ 为向量场 $\vec{F}\begin{pmatrix} x \\ y \\ z \end{pmatrix} = \begin{bmatrix} F_1(x,y) \\ F_2(x,y) \\ 0 \end{bmatrix}$, 其中 F_1 和 F_2 在 $\mathbb{R}^2$ 的全部上有定义. 假设 $D_2F_1 = D_1F_2$. 证明: 存在一个函数 $f\colon \mathbb{R}^3 \to \mathbb{R}$ 满足 $\vec{F} = \vec{\nabla} f$.

练习 6.27: 等式 (6.12.75) 将一个沿着 x 轴方向以速度 v 移动的参考系中的坐标 x, y, z, t 与另一个参考系中的坐标 x', y', z', t' 联系起来. 等式 (6.12.24) 给出了静止电荷的电磁场.

人们常说, 磁场是运动电荷的电场的相对论副效应. 练习 6.27 演示了这一点: 电荷静止的时候, 磁场为 $\vec{\mathbf{0}}$, 但一个运动的电荷将会使磁针偏转. 注意运动电荷的磁场中的 v/c. 在通常的 (人类的) 速度下, 磁场将会极其小.

6.27 证明: 一个以恒定的速率 v 沿着 x 轴方向移动的电荷 q 的电磁场为

$$\vec{\mathbf{E}} = \frac{q\gamma}{4\pi\Big((\gamma x - \gamma vt)^2 + y^2 + z^2\Big)^{3/2}} \begin{bmatrix} x - vt \\ y \\ z \end{bmatrix},$$

$$\vec{\mathbf{B}} = \frac{v}{c} \cdot \frac{q\gamma}{4\pi\Big((\gamma x - \gamma vt)^2 + y^2 + z^2\Big)^{3/2}} \begin{bmatrix} 0 \\ -z \\ y \end{bmatrix},$$

其中 $\gamma = \dfrac{1}{\sqrt{1 - v^2/c^2}}$.

6.28 找到一个 1–形式 φ, 使得 $\mathbf{d}\varphi = y\,\mathrm{d}z \wedge \mathrm{d}x - x\,\mathrm{d}y \wedge \mathrm{d}z$.

6.29 令 $U \subset \mathbb{R}^3$ 为一个三维的带有边界的小片.

a. 斯托克斯定理对于 $\int_U \mathbf{d}\mathbb{F}$ 表达了什么?

b. 斯托克斯定理对于 $\int_U \mathbf{d}\mathbb{M}$ 表达了什么?

练习 6.30: 曲面 S 可能非常复杂, 例如, 一朵云的边界. 理解云的边界上的电荷对于理解闪电和雷暴将是至关重要的.

6.30 令 $S \subset \mathbb{R}^3$ 为一个光滑的定向曲面, $X \subset S$ 为一个二维的带有边界的小片. 令 $I = [t_0, t_1]$ 为一个时间区间.

a. 证明: $V = S \times I$ 为 $\mathbb{R}^4$ 的一个三维的带有边界的小片.

b. 斯托克斯定理关于 $\int_V \mathbf{d}\mathbb{F}$ 表达了什么? 证明: 如果我们把积分除以 $t_1 - t_0$, 并令 t_1 趋向于 t_0, 则得到法拉第定律.

c. 斯托克斯定理关于 $\int_V \mathbf{d}\mathbb{M}$ 表达了什么? 证明: 如果我们把积分除以 $t_1 - t_0$, 并令 t_1 趋向于 t_0, 则得到安培定律.

6.31 令 $\vec{F}_n = \dfrac{\vec{\mathbf{x}}}{|\vec{\mathbf{x}}|^n}$ 为例 6.7.7 中定义的向量场, 令 S_R^{n-1} 为球面 $|\vec{\mathbf{x}}| = R$, 由向外指的法向量定向. 证明: $\displaystyle\int_{S_R^{n-1}} \Phi_{\vec{F}_n}$ 与 R 无关, 它等于 $\mathrm{vol}_{n-1}(S_1^{n-1})$.

6.32 计算积分 $\displaystyle\int_S \Phi_{\vec{F}}$, 其中 $\vec{F}\begin{pmatrix} x \\ y \\ z \end{pmatrix} = \begin{bmatrix} -x^2yz \\ y \\ (z^2-1)xy \end{bmatrix}$, S 是方程为 $y = 9 - x^2$ 的抛物柱面的 $y \geqslant 0$ 且 $0 \leqslant z \leqslant 1$ 的部分, 由横向向量场 $\vec{\mathbf{e}}_2$ 定向.

6.33 令 V, W 为两个有限维的实向量空间, 由

$$\Omega^V : \mathcal{B}(V) \to \{\pm 1\},\ \Omega^W : \mathcal{B}(W) \to \{\pm 1\}$$

定向. 证明

$$\Omega^{V\times W}(\{v\},\{w\}) \stackrel{\text{def}}{=} \Omega^V(\{v\})\Omega^W(\{w\})$$

给 $V \times W$ 定向.

****6.34** 令 $\vec{\mathbf{r}} = \begin{bmatrix} x \\ y \\ z \end{bmatrix}$, $r = |\vec{\mathbf{r}}| = \sqrt{x^2+y^2+z^2}$. 证明

$$\mathbb{F} = qW_{\vec{\mathbf{r}}/r^3} \wedge c\,\mathrm{d}t$$

为一个电磁场. 相应的电荷和电流是什么?

练习 6.34 让你证明 $\mathbf{d}\mathbb{F} = 0$, 并且计算 $\mathbf{d}\mathbb{M}$. 在两种情况下, 这些外导数是“在分布的意义上”; 见注释 6.12.1(第 642 页).

注释. 1. 练习 6.34 不是一个直接的计算. 要让 $\mathbb{F}$ 为一个电磁场, 我们必须处处有 $\mathbf{d}\mathbb{F} = 0$, 但在 $r = 0$ 的时候还不清楚这个意味着什么. 在例 6.13.1 中, 我们看到麻烦可能会隐藏在形式的没有定义的点上. 我们按照如下方式来处理.

一个三维的带有边界的小片 $X \subset \mathbb{R}^4$ 称为 r–适应的, 如果在 $r = 0$ 的点附近的局域上, 它把 t 表示为 x, y 和 z 的函数; 在这种情况下, 我们写 $X_\epsilon = X - \{r < \epsilon\}$, 并且定义

$$\partial_{\text{inn}} X_\epsilon \subset \partial X_\epsilon$$

为 $r = \epsilon$ 处的子集, 并具有边界定向. 如果 φ 为 $\mathbb{R}^4 - \{r = 0\}$ 上的一个 2–形式, $X \subset \mathbb{R}^4$ 为一个 r–适应的、定向的、三维的、带有边界的小片, 我们定义

$$\int_X \mathbf{d}\varphi \stackrel{\text{def}}{=} \lim_{\epsilon\to 0}\left(\int_{X_\epsilon} \mathbf{d}\varphi - \int_{\partial_{\text{inn}} X_\epsilon} \varphi\right).$$

如果 φ 在 $r = 0$ 处是有明确定义的, 则根据斯托克斯定理, 有

$$\int_X \mathbf{d}\varphi = \int_{X_\epsilon} \mathbf{d}\varphi + \int_{X - X_\epsilon} \mathbf{d}\varphi = \int_{X_\epsilon} \mathbf{d}\varphi - \int_{\partial_{\text{inn}} X_\epsilon} \varphi,$$

所以在这种情况下公式是成立的, 否则, 边界项包含了隐藏在 $\{r = 0\}$ 上的所有内容.

2. 注意到

$$\mathbf{d}\left(\frac{1}{r}\right) = -W_{\vec{\mathbf{r}}/r^3},$$

这与例 6.13.1 形成对比. 在那里我们有

$$\mathbf{d}\arctan\frac{y}{x} = \frac{x\,\mathrm{d}y - y\,\mathrm{d}x}{x^2+y^2}.$$

但是 $\arctan\dfrac{y}{x}$ 在 $\mathbb{R}^2 - \{\mathbf{0}\}$ 上不是一个有明确定义的函数, 而 $1/r$ 在 $\mathbb{R}^3 - \{\mathbf{0}\}$ 上是一个有明确定义的函数.

形式被定义为被积函数, 所以通过其在定向的带边界的小片上的积分去定义 $\mathbf{d}\mathbb{F}$ 是合理的. 将其限制在 r–适应的小片上也是非常合理的: 那些带有边界的小片, 在 $r=0$ 的点的附近, 小片 X 是把 t 表达为 $\begin{pmatrix} x \\ y \\ z \end{pmatrix}$ 的函数的映射的图像. 不是 r–适应的小片与 $r=0$ 的轨迹以不同寻常的方式相交, 可能很难去说那些隐藏在那里的不简洁的内容中的多少是被包含在 X 中的. 这样的小片是不同寻常的; 通过对它们进行任意小的调整, 我们可以把它们变成 r–适应的. △

附录 A 分 析

A.0 引 言

这个附录是写给那些把这本书用在分析课程上, 以及一些正在学习初级课程, 已经掌握了定理的陈述, 还想走得更远的学生的.

除了给出在正文里没有给出的陈述的证明, 附录还包括了算术 (附录 A.1)、三次方程和四次方程的讨论 (附录 A.2)、海因–波莱尔定理 (附录 A.3)、大 O 的定义 (附录 A.11)、斯特林公式 (附录 A.16)、勒贝格测度的一个定义以及关于什么样的集合是可测集合的讨论 (附录 A.21).

A.1 实数的算术

因为你在小学学习了加、减、乘、除, 这里面用到的算法看上去可能是显然的. 但是理解计算机如何模拟实数并不像你所想象的那样接近程序化. 一个实数涉及无限多的信息, 计算机不能处理这些信息: 它们使用有限位的小数进行计算. 这不可避免地涉及四舍五入, 书写算术程序来使四舍五入的误差最小化本身就是一门艺术. 尤其是, 计算机的加法和乘法不符合交换律和结合律. 任何想要理解数值计算的问题的人都要对“计算机算术”有严肃的兴趣.

大多数的等价类只包含一个表达式, 但是等价类 0 有两个:

$+\cdots 00.00\cdots$ 和 $-\cdots 00.00\cdots$,

有限小数也是如此. 例如, 等价类 1 包含

$+\cdots 00.99\cdots$ 和 $+\cdots 01.00\cdots$.

定义实数的算术 —— 加法、乘法、减法、除法 —— 并且证明通常的算术运算法则成立, 要比你想得难一些. 在小学所教的加法和乘法总是从右边开始, 而对于实数, 根本就没有右边.

回顾一下在 0.5 节中, 我们定义实数集合为无限小数的集合. 为严格起见, 我们现在将要说明这个定义的精确含义; 为了避免制订特殊的约定, 我们把无限小数带上前导 0.

定义 A.1.1 (实数). 实数的集合是如下表达式的等价类的集合

$$\pm\cdots 000a_na_{n-1}\cdots a_0\underset{\uparrow}{.}a_{-1}a_{-2}\cdots, \tag{A.1.1}$$

其中所有的 a_i 来自集合 $\{0,1,2,3,4,5,6,7,8,9\}$, 并且用一个小数点把 a_0 和 a_{-1} 分开, 如箭头所指. 两个这样的表达式

$$a=\pm\cdots 000a_na_{n-1}\cdots a_0.a_{-1}\cdots \text{ 和 } b=\pm\cdots 000b_mb_{m-1}\cdots b_0.b_{-1}\cdots,$$

当且仅当下列条件中的任何一条成立的时候, 它们是等价的:

1. 它们相等.

2. 所有的 a_i 和 b_i 都是 0, 并且符号相反, 这个等价类叫作 0.

3. a 和 b 有相同的符号; 存在 k, 满足 $a_k\neq 9$, 且 $a_{k-1}=a_{k-2}=\cdots=9$, 且对于 $j>k$, 有

$$b_j=a_j;\ b_k=a_k+1,\ b_{k-1}=b_{k-2}=\cdots=0.$$

定义 A.1.2 (k–截断). 实数 $a = \cdots 000a_na_{n-1}\cdots a_0.a_{-1}a_{-2}\cdots$ 的 k–截断(k–truncation)是有限小数

$$[a]_k \stackrel{\text{def}}{=} \cdots a_n \cdots a_k 000 \cdots . \tag{A.1.2}$$

等式 (A.1.2) 包含一个小数点, 但是我们不知道把它放到哪里. 它在 a_i 中间还是在 0 中间取决于 k 是负的还是正的.

例如, 如果 $a = 21.357\ 8$, 则 $[a]_{-2} = 21.35$.

你可能忍不住要说, 如果你选取两个实数, 把它们在越来越靠右的位置上截断 (切), 然后把它们相加 (或者相乘、相减), 并且只看任何一个固定位置左边的数位, 一旦超出了我们所看的位置, 我们看到的数位将不受截断的位置的影响. 问题是, 这个说法并不是十分正确.

例 A.1.3 (加法). 考虑把下面的两个数加在一起

$$\begin{aligned} &0.222\ 222\cdots 222\cdots,\\ &0.777\ 777\cdots 778\cdots. \end{aligned} \tag{A.1.3}$$

如果在 8 所在的位置之前进行截断, 则被截断的数加起来的和为 $0.999\ 9\cdots 9$; 如果在 8 的位置之后截断, 则结果将是 $1.000\ 0\cdots 0$. 所以没有一条规则可以说, “如果你在第 N 位之后截断, 无论 N 有多大, 则第 100 位数将保持不变”. 这个 “进位” 可能来自于右边任意远的地方. △

用数位来定义实数的算术是可能的, 但是会很复杂. 就算是说明加法满足结合律也要涉及至少 6 种不同的情况. 没有哪种情况很难, 但是保持你所做的事情简单且直接是十分美妙的. 练习 A.1.6 应该能够给你提供一次对这种方法的足够的体验. 我们将基于定义 A.1.5, 采用一种不同的方法, 它表达了两个点为 “k–接近” 的含义.

我们用 $\mathbb{D}$ 来表示有限小数的集合.

定义 A.1.4 (有限小数连续性). 映射 $f\colon \mathbb{D}^n \to \mathbb{D}$ 被称为有限小数连续的(finite decimal continuous), 或者 $\mathbb{D}$–连续的, 如果对于所有的整数 N 和 k, 存在一个整数 l, 使得如果 $(x_1,\cdots,x_n)$ 和 $(y_1,\cdots,y_n)$ 为 $\mathbb{D}^n$ 的两个元素, 所有的 $|x_i|,|y_i| < N$, 且对所有的 $i = 1,\cdots,n$, 都有 $|x_i - y_i| < 10^{-l}$, 则

$$|f(x_1,\cdots,x_n) - f(y_1,\cdots,y_n)| < 10^{-k}. \tag{A.1.4}$$

定义 A.1.5: 因为我们还没有 $\mathbb{R}$ 上的减法的概念, 不能对 $x, y \in \mathbb{R}$ 写 $|x-y| < \epsilon$, 更不能写

$$\sum (x_i - y_i)^2 < \epsilon^2.$$

除此之外还涉及加法和乘法. 我们的 k–接近的定义只用到了有限小数的减法.

例如, 如果 $a = 1.230\ 000\ 13$, $b = 1.229\ 999\ 03$, 则 a 和 b 不是 7–接近的, 因为 $[a]_{-7} - [b]_{-7} = 11 \times 10^{-7} > 10^{-7}$, 但它们是 6–接近的, 因为

$$[a]_{-6} - [b]_{-6} = 10^{-6}.$$

k–接近的概念是表示两个数在小数点后的 k 位相同的正确方式. 它考虑到了一个结尾全是 9 的数与四舍五入得到的结尾全是 0 的数相同的这个传统.

数字 0.999 8 与 1.000 1 是 3–接近的 (但不是 4–接近的).

练习 A.1.2 让你证明函数 $A(x,y) = x+y$, $M(x,y) = xy$, $S(x,y) = x-y$ 以及 $\text{Assoc}(x,y,z) = (x+y)+z$ 为 $\mathbb{D}$–连续的, 但 $1/x$ 就不是. 要看到为什么定义 A.1.4 是正确的定义, 我们需要说明两个点 $\mathbf{x},\mathbf{y} \in \mathbb{R}^n$ 为互相接近的含义是什么.

定义 A.1.5 (k–接近). 两个点 $\mathbf{x},\mathbf{y} \in \mathbb{R}^n$ 为k–接近的(k–close), 如果 $\big|[x_i]_{-k} - [y_i]_{-k}\big| \leqslant 10^{-k}$ 对于每个 $i = 1,\cdots,n$ 成立.

注意到, 如果两个数对于所有的 k 都是 k–接近的, 则它们相等 (见练习 A.1.1).

如果 $f\colon \mathbb{D}^n \to \mathbb{D}$ 是 $\mathbb{D}$–连续的, 则由下面的公式定义 $\widetilde{f}\colon \mathbb{R}^n \to \mathbb{R}$:

$$\widetilde{f}(\mathbf{x}) = \sup_k \inf_{l \leqslant -k} f([x_1]_l,\cdots,[x_n]_l). \tag{A.1.5}$$

函数 $\widetilde{A}$ 和 $\widetilde{M}$ 满足命题 A.1.6 的条件; 因此它们可以被用在实数上, 而不带 "~" 的 A 和 M 则用在有限小数上.

命题 A.1.6. $\widetilde{f}\colon \mathbb{R}^n \to \mathbb{R}$ 是唯一的一个在 $\mathbb{D}^n$ 上与 f 相同, 并且满足连续性条件的函数: 对于所有的 $k \in \mathbb{N}$ 和所有的 $N \in \mathbb{N}$, 存在 $l \in \mathbb{N}$ 使得当 $\mathbf{x}, \mathbf{y} \in \mathbb{R}^n$ 为 l–接近的且 $\mathbf{x}$ 的所有坐标 x_i 满足 $|x_i| < N$ 时, $\widetilde{f}(\mathbf{x})$ 和 $\widetilde{f}(\mathbf{y})$ 是 k–接近的.

这个证明是练习 A.1.4 的目标. 现在, 给实数建立起算术运算就是轻而易举的: 我们可以通过设置

$$x + y = \widetilde{A}(x, y),\ xy = \widetilde{M}(x, y) \tag{A.1.6}$$

来给实数定义加法和乘法, 其中 $A(x, y) = x + y$, $M(x, y) = xy$. 不难证明算术的基本法则成立:

$x + y = y + x$	加法符合交换律;
$(x + y) + z = x + (y + z)$	加法符合结合律;
$x + (-x) = 0$	存在加法的逆元;
$xy = yx$	乘法符合交换律;
$(xy)z = x(yz)$	乘法符合结合律;
$x(y + z) = xy + xz$	乘法对加法符合分配律.

这些都是用同样的方法定义的. 我们来证明最后一个. 考虑由下式给出的函数 $\mathbb{D}^3 \to \mathbb{D}$:

$$F(x, y, z) = \overbrace{M\big(x, A(y, z)\big)}^{x(y+z)} - \overbrace{A\big(M(x, y), M(x, z)\big)}^{xy+xz}. \tag{A.1.7}$$

我们把检验 F 是 $\mathbb{D}$–连续的以及

$$\widetilde{F}(x, y, z) = \widetilde{M}\big(x, \widetilde{A}(y, z)\big) - \widetilde{A}\big(\widetilde{M}(x, y), \widetilde{M}(x, z)\big) \tag{A.1.8}$$

留给你来完成. 但是 F 在 $\mathbb{D}^3$ 上处处为 0, 而 $\mathbb{R}^3$ 上的 0 函数在 $\mathbb{D}^3$ 上等于 0, 并且满足命题 A.1.6 的连续性条件, 所以根据命题 A.1.6 的唯一性的部分, $\widetilde{F}$ 处处为 0.

在有限小数的世界里, 除法没有定义, 这是小学数学最基本的烦恼之一.

这建立起了几乎算术的全部; 缺少的部分是除法. 练习 A.1.3 让你对实数定义除法.

A.1 节的练习

A.1.1 证明: 如果对于所有的 k, 两个数是 k–接近的, 则它们是相等的.

***A.1.2** 证明: 函数 $A(x, y) = x + y$, $M(x, y) = xy$, $S(x, y) = x - y$, 以及 $\text{Assoc}(x, y, z) = (x + y) + z$ 为 $\mathbb{D}$–连续的, 但 $1/x$ 不是. 注意到, 对于 A 和 S, 定义 A.1.4 中的 l 不依赖于 N, 但是对于 M, l 依赖于 N.

星号 (*) 表示有难度的练习. 两个星号表示特别有挑战性的练习.

***A.1.3** 用下面的步骤定义实数的除法.

a. 证明: 正的有限小数 a 被正的有限小数 b 除的长除法的算法定义了一个循环小数 a/b 并且 $b(a/b) = a$.

b. 证明: 对 $x > 0$, 用公式

$$\operatorname{inv}(x) = \inf_k \frac{1}{[x]_k}$$

定义的函数 $\operatorname{inv}(x)$ 对所有的 $x > 0$ 都满足 $x \operatorname{inv}(x) = 1$.

c. 对任意 $x \neq 0$ 定义逆, 并证明 $x \operatorname{inv}(x) = 1$ 对所有的 $x \neq 0$ 成立.

****A.1.4** 证明命题 A.1.6. 这个可以分解成下列步骤.

皮亚诺 (图 A.1.1) 是意大利农民的儿子. 他在 1890 年发现了皮亚诺曲线. 他以自己的严格以及发现其他数学家证明的定理中的反例来否定定理的能力而闻名. 他还提议了一个由英语、法语、德语和拉丁语的词汇构成的没有语法的世界语言.

a. 证明: $\sup_k \inf_{l \geqslant k}([x_1]_l, \cdots, [x_n]_l)$ 是有明确定义的 (也就是, 涉及的数是有界的). 观察练习 A.1.2 中的函数 S, 解释为什么 sup 和 inf 都在那里.

b. 证明: 函数 $\widetilde{f}$ 具有所需要的连续性的属性.

c. 证明唯一性.

****A.1.5** 在这个练习中, 我们将构造连续映射 γ: $[0,1] \to \mathbb{R}^2$, 其像是一个 (完整的) 三角形 T; 这样的映射被称作一条**皮亚诺曲线**. 我们将把在 $[0,1]$ 之间的数用二进制来表示, 所以这样的一个数可能会像 0.0011101000011 $\cdots$, 我们将使用下面的表格:

图 A.1.1
皮亚诺 (Giuseppe Peano, 1858 — 1932)

练习 A.1.5: 皮亚诺曲线给出了连续的、满射的、从 $\mathbb{R} \to \mathbb{R}^2$ 的映射. 皮亚诺曲线的类比可以从 $\mathbb{R}$ 到有限维向量空间 $\mathcal{C}[0,1]$ 构造.

位置	数字 0	数字 1
偶	左	右
奇	右	左

取一个直角三角形 T. 我们将给一个由 0 和 1 构成的字符串 $\underline{s} = s_1, s_2, \cdots$ 关联上一个 T 的点的序列 $\mathbf{x}_0, \mathbf{x}_1, \mathbf{x}_2, \cdots$, 方法是从 $\mathbf{x}_0$ 开始, 向对边作垂线, 落在 $\mathbf{x}_1$, 然后根据数位 s_1 决定向左转还是向右转, 见表格的最后一行, 因为这一位是第一位 (因此是在奇数位上): 0 则向右转, 1 则向左转. (图是对应于数 00100010010$\cdots$ 的, 所以在 $\mathbf{x}_1$ 时, 我们向右转).

现在, 向对边作垂线, 落在 $\mathbf{x}_2$, 然后根据 s_2 确定向左转还是向右转, 见表中的上面的一行, 等等.

这个构造在图 A.1.5 中演示.

a. 证明: 对于任意的数字的字符串 $(\underline{s})$, 序列 $n \mapsto \mathbf{x}_n(\underline{s})$ 收敛.

b. 假设 $t \in [0,1]$ 可以用两种方法采用二进制写出来 (一种以全是 0 结尾, 一种以全是 1 结尾), 把这两个数字的字符串称为 $(\underline{s})$, $(\underline{s}')$. 证明

$$\lim_{n\to\infty} \mathbf{x}_n(\underline{s}) = \lim_{n\to\infty} \mathbf{x}_n(\underline{s}').$$

提示: 构造与 0.1000$\cdots$ 和 0.0111$\cdots$ 关联的序列.

这允许我们来定义 $\gamma(t) = \lim_{n\to\infty} \mathbf{x}_n(\underline{s})$.

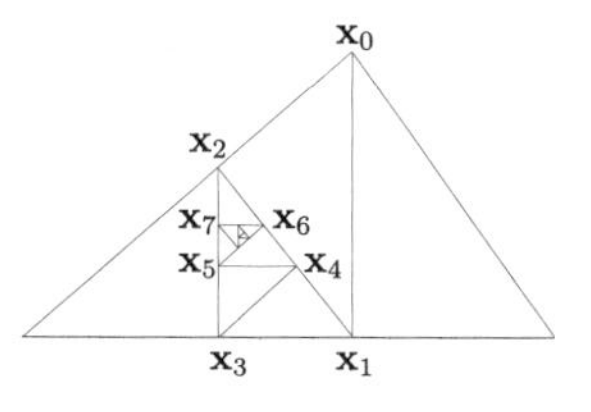

练习 A.1.5 的图
这个序列对应于数字的字符串 00100010010$\cdots$.

c. 证明 γ 是连续的.

d. 证明 T 中的每个点是 γ 的像. 最多有多少个不同的 $t_1, \cdots, t_k$ 满足 $\gamma(t_1) = \cdots = \gamma(t_k)$? 提示: 选择 T 中的一个点, 画一条通向它的类似于上面的一条路径.

**A.1.6 a. 令 x 和 y 为两个严格的正实数. 通过证明对于任意的 k, $[x]_N+[y]_N$ 的第 k 位的数字对于足够大的 N 都一样来证明 $x+y$ 是有明确定义的. 注意 N 不能只依赖于 k; 它还必须依赖于 x 和 y.

*b. 现在, 去掉数为正的假设, 试着定义加法. 你会发现这要比 a 问难很多.

*c. 证明加法是满足交换律的. 再一次, 当数是正的时候, 这个要容易得多.

**d. 证明加法是满足结合律的: $x+(y+z)=(x+y)+z$. 这要难得多, 而且需要对每个 x, y 和 z 为正和负的情况分开考虑.

练习 A.1.6 d 也许是这本书中最难的练习, 而且也很枯燥, 主要是因为它需要对很多的情况做非常仔细的分析.

A.2 三次和四次方程

我们将要证明三次方程可以通过类似于二次方程 $ax^2+bx+c=0$ 的求根公式

$$\frac{-b\pm\sqrt{b^2-4ac}}{2a} \tag{A.2.1}$$

的公式来求解.

我们从两个例子开始, 对处理技巧的解释随后给出.

这里我们看到一些奇怪的事情: 在例 A.2.1 中, 多项式只有一个实数根, 我们可以只用实数找到它, 但在例 A.2.2 中, 有三个实数根, 我们没办法只用实数找到它们.

我们将看到, 在使用卡丹公式的时候, 如果一个实多项式有一个实数根, 则总可以只用实数计算出它的值, 但如果它有三个实数根, 则从来都不能只用实数计算出它们中的任何一个. 然而, 如果我们使用三角函数, 而不是使用卡丹公式, 则就有可能只用实数计算出这些实数根; 在练习 A.2.6 中将探索这个问题.

例 A.2.1 (解三次方程). 我们来解三次方程 $x^3+x+1=0$. 首先进行换元, 设 $x=u-1/(3u)$, 得到

$$\left(u-\frac{1}{3u}\right)^3+\left(u-\frac{1}{3u}\right)+1=u^3-u+\frac{1}{3u}-\frac{1}{27u^3}+u-\frac{1}{3u}+1=0, \tag{A.2.2}$$

化简并乘上 u^3 后得到

$$u^6+u^3-\frac{1}{27}=0. \tag{A.2.3}$$

这是关于 u^3 的二次方程, 可以通过公式 (A.2.1) 求解, 得到

$$u^3=\frac{1}{2}\left(-1\pm\sqrt{\frac{31}{27}}\right)\approx 0.035\ 8,\ -1.035\ 8. \tag{A.2.4}$$

u^3 的两个值都有实数立方根: $u_1\approx 0.329\ 5$, $u_2\approx -1.011\ 8$. 我们可以通过这个结果并利用 $x=u-1/(3u)$ 找到 x 的值:

$$x=u_1-\frac{1}{3u_1}=u_2-\frac{1}{3u_2}\approx -0.682\ 3.\quad \triangle \tag{A.2.5}$$

例 A.2.2 (有三个不同实数根的三次方程). 现在我们来解方程 $x^3-3x+1=0$. 正确的换元 (能把三次方程转换成 u^3 的二次方程的换元) 是 $x=u+1/u$, 由

此得到

$$\left(u+\frac{1}{u}\right)^3-3\left(u+\frac{1}{u}\right)+1=0. \tag{A.2.6}$$

一番化简之后得到 $u^6+u^3+1=0$, 它的根为

$$\frac{-1\pm \mathrm{i}\sqrt{3}}{2}=\cos\frac{2\pi}{3}\pm \mathrm{i}\sin\frac{2\pi}{3}. \tag{A.2.7}$$

用 v_1 表示虚数部分为正的那个根. v_1 的三个立方根为

$$\cos\frac{2\pi}{9}+\mathrm{i}\sin\frac{2\pi}{9},\ \cos\frac{8\pi}{9}+\mathrm{i}\sin\frac{8\pi}{9},\ \cos\frac{14\pi}{9}+\mathrm{i}\sin\frac{14\pi}{9}. \tag{A.2.8}$$

在所有的三种情况下[1], 我们都有 $\frac{1}{u}=\overline{u}$, 从而有 $u+\frac{1}{u}=2\operatorname{Re}u$, 由此得到三个根

$$\begin{aligned} x_1 &= 2\cos\frac{2\pi}{9}\approx 1.532\ 088,\ x_2=2\cos\frac{8\pi}{9}\approx -1.879\ 385,\\ x_3 &= 2\cos\frac{14\pi}{9}\approx 0.347\ 296. \qquad \triangle \end{aligned} \tag{A.2.9}$$

推导三次方程的卡丹 (Cardano) 公式

例 A.2.1 和例 A.2.2 中的换元 $x=u-1/(3u)$ 和 $x=u+1/u$ 是特例.

消除 x^2 项意味着改变方程的根, 使得它们的和为 0: 如果一个三次多项式的根为 a_1,a_2,a_3, 则可以把多项式写为

$$\begin{aligned} p &= (x-a_1)(x-a_2)(x-a_3)\\ &= x^3-(a_1+a_2+a_3)x^2\\ &\quad + (a_1a_2+a_1a_3+a_2a_3)x\\ &\quad - a_1a_2a_3. \end{aligned}$$

因此, 消除 x^2 项就意味着 $a_1+a_2+a_3=0$. 我们可以用这个来证明命题 A.2.4.

如果我们从方程 $x^3+ax^2+bx+c=0$ 开始, 则可以通过设 $x=y-a/3$ 来消除 x^2 项. 方程变成

$$y^3+py+q=0,\ 其中\ p=b-\frac{a^2}{3},\ q=c-\frac{ab}{3}+\frac{2a^3}{27}. \tag{A.2.10}$$

现在, 我们可以设 $y=u-\frac{p}{3u}$, 方程 $y^3+py+q=0$ 就变成了

$$u^3+q-\frac{p^3}{27u^3}=0,\ 也就是\ u^6+qu^3-\frac{p^3}{27}=0, \tag{A.2.11}$$

这是关于 u^3 的二次方程. 如果我们解出这个二次方程, 并且把 u 的值替换进 $y=u-\frac{p}{3u}$, 则得到卡丹公式

$$y=\left(\frac{-q\pm\sqrt{q^2+\frac{4p^3}{27}}}{2}\right)^{1/3}-\frac{p}{3}\left(\frac{-q\pm\sqrt{q^2+\frac{4p^3}{27}}}{2}\right)^{-1/3}. \tag{A.2.12}$$

令 v_1,v_2 为二次方程 $v^2+qv-\frac{p^3}{27}=0$ 的两个根, 对于 $i\in\{1,2\}$, 令 $u_{i,1},u_{i,2},u_{i,3}$ 为 v_i 的三个立方根. 我们现在显然有方程 $x^3+px+q=0$ 的六个根:

$$y_{i,j}=u_{i,j}-\frac{p}{3u_{i,j}},\ i\in\{1,2\};\ j\in\{1,2,3\}. \tag{A.2.13}$$

[1]对于任意复数 $u\in\mathbb{C}$, 我们有 $\frac{1}{u}=\frac{1}{u}\cdot\frac{\overline{u}}{\overline{u}}=\frac{\overline{u}}{|u|^2}$, 所以当且仅当 $|u|=1$ 时, $\frac{1}{u}=\overline{u}$. 因为 $|u|=|\cos\theta+\mathrm{i}\sin\theta|=\sqrt{\cos^2\theta+\sin^2\theta}=1$, 公式 (A.2.8) 中的复数的绝对值都是 1, 所以在每种情况下, 我们都有 $u+\frac{1}{u}=u+\overline{u}=2\operatorname{Re}u$.

练习 A.2.2 要求你来证明 $-p/(3u_{1,j})$ 是 v_2 的一个立方根, 我们可以把 v_2 的立方根重新编号, 使得 $-p/(3u_{1,j}) = u_{2,j}$. 这样得到 $y_{1,j} = y_{2,j}, j \in \{1, 2, 3\}$, 解释了为什么看起来的六个根实际上只是三个根.

三次方程的判别式

定义 A.2.3 (三次方程的判别式). 三次方程 $x^3 + px + q = 0$ 的判别式 (discriminant) 为 $\Delta \overset{\text{def}}{=} 27q^2 + 4p^3$.

命题 A.2.4 (判别式和重根). 当且仅当 $x^3 + px + q = 0$ 有二重根时, 判别式$\Delta = 0$.

证明: 如果方程有重根, 则对于某个数 a, 方程的根为 $\{a, a, -2a\}$, 因为三个根的总和为 0. 把下式乘开

$$(x-a)^2(x+2a) = x^3 - 3a^2x + 2a^3, \tag{A.2.14}$$

所以有

$$p = -3a^2, q = 2a^3,$$

确实得到 $4p^3 + 27q^2 = -4 \cdot 27a^6 + 4 \cdot 27a^6 = 0$.

现在, 我们要证明如果判别式 $\Delta = 0$, 则多项式方程有二重根. 令 $\Delta = 0$, 设 α 为 $-p/3$ 的平方根, 所以有 $2\alpha^3 = q$; 这样的平方根是存在的, 因为 $4\alpha^6 = 4(-p/3)^3 = -4p^3/27 = q^2$. 因为

$$(x-\alpha)^2(x+2\alpha) = x^3 + x(-4\alpha^2 + \alpha^2) + 2\alpha^3 = x^3 + px + q, \tag{A.2.15}$$

我们可以看到, α 是我们的三次多项式方程的一个二重根. □

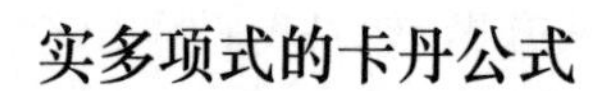

实多项式的卡丹公式

假设 p, q 为实数, 图 A.2.1 应该能够解释为什么有二重根的方程是有一个实根的方程和有三个实根的方程之间的边界.

命题 A.2.5 (实系数三次多项式的实数根). 实系数三次多项式 $x^3 + px + q$ 在 $27q^2 + 4p^3 > 0$ 时, 有一个实数根; 在 $27q^2 + 4p^3 < 0$ 时, 有三个实数根.

证明: 如果多项式有三个实数根, 则它在 $\sqrt{-p/3}$ 处有正的局部极大值, 在 $-\sqrt{-p/3}$ 处有负的局部极小值. 特别地, p 必须为负的. 这样我们就一定有

$$\left(\left(\sqrt{-\frac{p}{3}}\right)^3 + p\sqrt{-\frac{p}{3}} + q\right)\left(\left(-\sqrt{-\frac{p}{3}}\right)^3 - p\sqrt{-\frac{p}{3}} + q\right) < 0. \tag{A.2.16}$$

在一番计算后, 这个就变成了我们想要的结果:

$$q^2 + \frac{4p^3}{27} < 0. \tag{A.2.17}$$

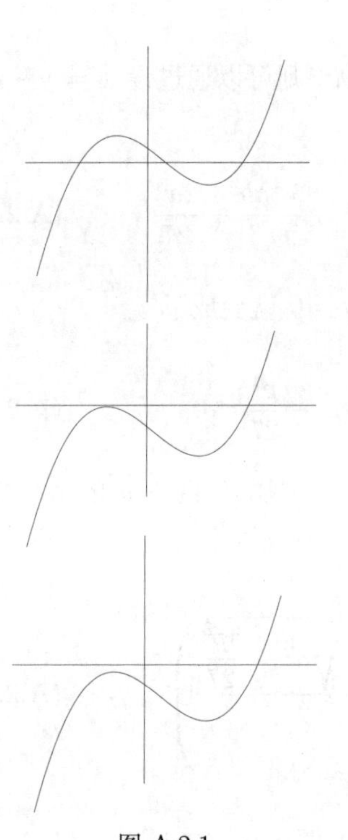

图 A.2.1

三个三次多项式的图像. 上图中的多项式有三个根. 随着它的变化, 左边的两个根合在一起给出了一个二重根, 如中图所示. 如果多项式进一步变化, 二重根消失 (实际上变成了一对共轭复根).

因此, 如果实系数多项式有三个实数根, 而你要利用卡丹公式来找到它们, 你就必须利用复数, 尽管问题本身和结果都是实数. □

面对困境, 16 世纪的意大利人和直到 1800 年前后的他们的后代们, 高傲地用复数进行计算. "虚数" 这个名字表达了他们对这样的数的想法.

A.2 节的练习

A.2.1 a. 在练习 0.7.8 中, 你要通过试根的方法解方程 $x^3 - x^2 - x = 2$. 现在根据 "卡丹公式的推导" 里描述的步骤找到方程的实数根.

b. 在 a 问中, 你可能已经将方程 $x^3-x^2-x=2$ 转化成了 $y^3+py+q=0$ 形式的方程. 这个三次方程的判别式是什么? 关于二重根的存在性它说了什么?

c. 在 a 问中, 你应该已经找到了两种找到实数根的方法. 教材中的哪句话可以断言这不会与你在 b 问中的结论相矛盾? 哪些练习解释说明了这个断言.

A.2.2 证明: $-p/(3u_{1,j})$ 是 v_2 的一个立方根, 我们可以把 v_2 的立方根重新编号使得 $-p/(3u_{1,j}) = u_{2,j}$.

练习 A.2.2 的提示: 见关于卡丹公式推导的章节, 尤其是等式 (A.2.13).

A.2.3 确认 (等式 (A.2.10)) 如果设 $x = y - a/3$, 则方程

$$x^3 + ax^2 + bx + c = 0$$

就变成 $y^3 + py + q = 0$, 其中 $p = b - \dfrac{a^2}{3}$, $q = c - \dfrac{ab}{3} + \dfrac{2a^3}{27}$.

A.2.4 证明: 下列三次方程恰有一个实数根, 并找到这个实数根.

a. $x^3 - 18x + 35 = 0$; b. $x^3 + 3x^2 + x + 2 = 0$.

A.2.5 证明: 多项式 $x^3 - 7x + 6$ 有三个实数根, 并找到这些根.

A.2.6 存在一个找到有三个实数根的实系数三次方程的根的方法, 只用到实数和一些三角学的知识:

练习 A.2.6 给出了卡丹公式的一个替代, 可以用在有三个实数根的三次多项式上. 在 a 问中, 利用棣莫弗公式
$\cos n\theta + \mathrm{i}\sin n\theta = (\cos\theta + \mathrm{i}\sin\theta)^n$.

a. 证明: 公式 $4\cos^3\theta - 3\cos\theta - \cos 3\theta = 0$.

b. 在方程 $x^3 + px + q = 0$ 中, 设 $x = y/a$, 证明: 有一个数值 a, 使得方程变成 $4y^3 - 3y - q_1 = 0$; 找到 a 和 q_1 的数值.

c. 证明: 存在一个角度 θ, 使得在 $27q^2 + 4p^3 < 0$ 的时候 (也就是原方程有三个实数根的时候), 精确地满足 $\cos 3\theta = q_1$.

d. 给有三个实数根的实系数多项式方程的三个根分别找到一个公式 (会用到 arccos).

****A.2.7** 在这个练习中, 我们将要找到四次方程的解的公式. 令

$$w^4 + aw^3 + bw^2 + cw + d = 0$$

为一个四次方程.

练习 A.2.7 简单描述了如何处理四次方程. 它用到了 3.1 节的结果.

a. 证明: 如果我们设 $w = x - a/4$, 则四次方程变成

$$x^4 + px^2 + qx + r = 0.$$

用 a,b,c,d 来表示 p,q 和 r.

b. 现在设 $y=x^2+p/2$, 证明: 解四次方程等价于找到图 A.2.7.1 中的方程为

$$x^2-y+\frac{p}{2}=0 \text{ 和 } y^2+qx+r-\frac{p^2}{4}=0$$

的抛物线 Γ_1 和 Γ_2 的交点. 抛物线 Γ_1 和 Γ_2(通常) 有四个交点, 且方程为

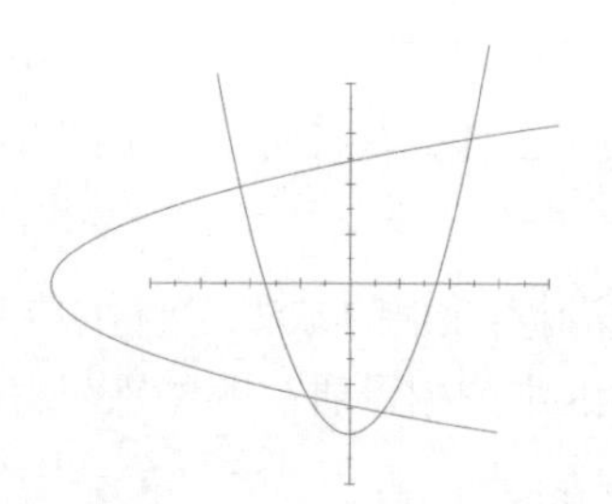

图 A.2.7.1
方程 (1) 的两条抛物线; 它们的轴分别是 y 轴和 x 轴.

$$f_m\begin{pmatrix}x\\y\end{pmatrix}=y^2+qx+r-\frac{p^2}{4}+m\left(x^2-y+\frac{p}{2}\right)=0 \qquad (1)$$

的曲线恰好是由经过那四个交点的四次方程给出的曲线; 图 A.2.7.2 展示了一些这样的曲线.

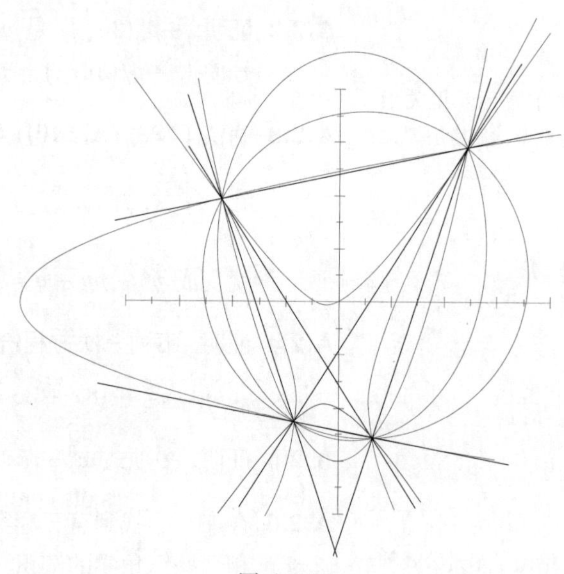

图 A.2.7.2
对于 7 个不同的 m 值的曲线 $f_m\begin{pmatrix}x\\y\end{pmatrix}=y^2+qx+r-p^2/4+m(x^2-y+p/2)=0$.

c. 关于在 $m=1$ 时由方程 (1) 给出的曲线, 你可以得到什么结论? m 为负的时候呢? m 为正的时候呢?

d. b 问中的断言并不十分正确. 有一条曲线经过那四个点, 并由一个四次方程给出, 它没有被包含在方程 (1) 给出的曲线族里面. 请找到这条曲线.

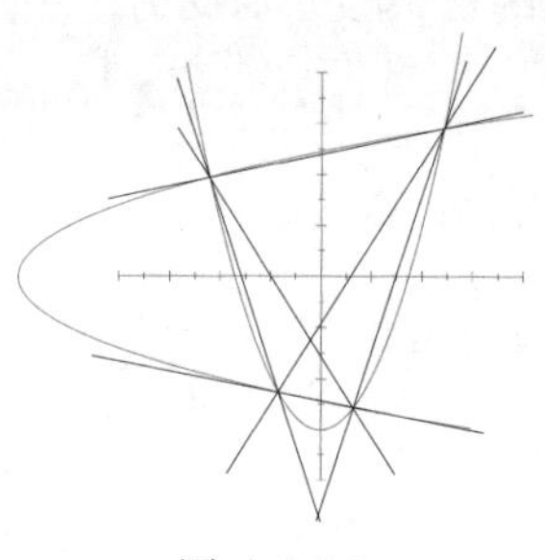

图 A.2.7.3
经过两条抛物线的交点的三对直线.

e. 下一步确实是解的非常聪明的部分. 在这些曲线中, 有三条, 显示在图 A.2.7.3 中, 包含了一对直线. 每一条这样的 "退化" 曲线包含一对由抛物线的交点构成的四边形的对角线. 因为有三个, 我们可能希望相应的 m 的值是一个三次方程的解, 而实际就是这样的情况. 利用一对直线在它们的交点附近不是光滑曲线这个事实, 证明: 使 $f_m=0$ 的数值 m 定义了一对直线, 它们的交点的坐标 x,y 为

包含三个方程的三元方程组的解

$$\begin{cases} y^2+qx+r-\dfrac{p^2}{4}+m\left(x^2-y+\dfrac{p}{2}\right) &= 0 \\ 2y-m &= 0 \\ q+2mx &= 0 \end{cases}.$$

f. 利用后两个方程, 用 m 来表示 x 和 y, 证明: m 满足方程

$$m^3-2pm^2+(p^2-4r)m+q^2=0,$$

被称为原四次方程的**三次预解式**(resolvent cubic). 令 m_1, m_2 和 m_3 为方程的根, 令 $\begin{pmatrix}x_1\\y_1\end{pmatrix}, \begin{pmatrix}x_2\\y_2\end{pmatrix}, \begin{pmatrix}x_3\\y_3\end{pmatrix}$ 为对角线的相应的交点. 这并没有给出形成对角线的直线的方程. 下一步给出了找到这些方程的方法.

g. 令 $\begin{pmatrix}x_1\\y_1\end{pmatrix}$ 为一个交点, 与之前一样, 考虑经过点 $\begin{pmatrix}x_1\\y_1\end{pmatrix}$ 的斜率为 k 的直线 l_k, 方程为

$$y-y_1=k(x-x_1).$$

你可以忽略三次预解式的第三个根, 或者利用它来检验你的解答.

证明: 使得 l_k 为对角线的那些 k 值也是使得对两个二次函数 $y^2+qx+r-p^2/4$ 和 $x^2-y-p/2$ 的 l_k 的限制成正比的那些 k 值. 证明: 这给出了方程

$$\frac{1}{k^2}=\frac{-k}{2k(-kx_1+y_1)+q},\ \frac{1}{k^2}=\frac{kx_1-y_1+p/2}{(kx_1-y_1)^2-p^2/4+r},$$

它们可以简化到一个二次方程

$$k^2\left(x_1^2-y_1+\frac{p}{2}\right)=y_1^2+qx_1-\frac{p^2}{4}+r. \tag{2}$$

现在, 完整的解就在手边上了. 计算 (m_1,x_1,y_1) 和 (m_2,x_2,y_2). 然后对于每一个, 由方程 (2) 来计算斜率 $k_{i,1}$ 和 $k_{i,2}=-k_{i,1}$. 你现在有四条线, 两条经过 A, 两条经过 B. 让它们两两相交, 找到抛物线的四个交点.

h. 解四次方程 $x^4-4x^2+x+1=0$ 和 $x^4+4x^3+x-1=0$.

A.2.8 利用下面的步骤, 找到中心在 $\begin{pmatrix}2\\3\end{pmatrix}$ 且与抛物线 $y=x^2$ 不相交的最大圆盘的半径 r 的公式:

练习 A.2.8: 方程为 $y=x^2$ 的抛物线显然是闭的, 所以它的补集是开的. 但是说在抛物线外的每个点的附近存在一个与抛物线不相交的圆盘是一件事, 而找到这样一个圆盘的半径则是另一件事.

a. 把距离的平方 $\left|\begin{pmatrix}2\\3\end{pmatrix}-\begin{pmatrix}x\\x^2\end{pmatrix}\right|^2$ 表示为一个关于 x 的四次多项式.

b. 用练习 A.2.6 的方法找到导数的零点.

c. 找到 r.

A.3　拓扑的两个结果: 嵌套紧致集合和海因–波莱尔定理

在这一节中, 我们给出了 $\mathbb{R}^n$ 的紧致子集的两个新的属性, 我们将在附录 A.20, A.21 和 A.23 的证明以及 6.10 节的斯托克斯定理的证明中用到它们.

在定理 A.3.1 中, 注意到 X_k 是紧致的假设是根本的. 例如, 区间 $(0,1/n)$ 构成了一个递减的非空集合的交集, 但它们的交集是空的; 无界区间 $[k,\infty)$ 的序列是非空闭子集的一个递减序列, 但它们的交集也是空的.

海因–波莱尔 (图 A.3.1, 图 A.3.2) 定理的历史很复杂. 狄利克雷、维尔斯特拉斯和平凯莱也做了一些贡献.

图 A.3.1
海因 (Eduard Heine, 1821 — 1881)

定理 A.3.1 (嵌套紧致集合的递减交集). 令 $k \mapsto X_k \subset \mathbb{R}^n$ 为一个非空紧致集合的序列, 满足 $X_1 \supset X_2 \supset \cdots$. 则

$$\bigcap_{k=1}^{\infty} X_k \neq \varnothing. \tag{A.3.1}$$

证明: 对每个 k, 选择 $\mathbf{x}_k \in X_k$(利用 $X_k \neq \varnothing$ 的假设). 特别地, 这是 X_1 中的一个序列, 选取一个收敛子序列 $i \mapsto \mathbf{x}_{k_i}$. 因为对于每个 m, 序列 $\mathbf{x}_m, \mathbf{x}_{m+1}, \cdots$ 被包含在 X_m 中, 这个序列的极限是交集 $\bigcap_{m=1}^{\infty} X_m$ 中的一个点, 因此极限也是, 因为每个 X_m 都是闭集. □

定义 A.3.2 (开覆盖). $\mathbb{R}^n$ 的开子集的一个集合 $\mathcal{U}$ 覆盖 $X \subset \mathbb{R}^n$, 如果 $X \subset \bigcup_{U \in \mathcal{U}} U$. 这样的一个集合被称为 X 的一个**开覆盖**.

下一个陈述构成了一般的拓扑中 "紧致" 的定义; 紧致集合的所有其他属性都可以从它推导出来. 对于我们, 它将不会起到核心的作用, 但我们将需要用它来证明一般的斯托克斯定理.

在 1925 — 1940 年期间, 波莱尔是法国海军的部长; 在第二次世界大战后, 他因为在抵抗运动中所做的工作而获得了一枚奖章 (*International Mathematical Congress: An Illustrated History 1893 — 1986*, D.Albers, G. Alexanderson, C.Reid. Springer-Verlag, 1986).

图 A.3.2
波莱尔 (Emile Borel, 1871 — 1956)

定理 A.3.3 (海因–波莱尔定理). 如果 $X \subset \mathbb{R}^n$ 是紧致的, $\mathcal{U}$ 为 X 的一个开覆盖, 则 $\mathcal{U}$ 包含一个有限的子覆盖: 存在无限多的开集 $U_1, \cdots, U_m \in \mathcal{U}$ 满足

$$X \subset \bigcup_{i=1}^{m} U_i. \tag{A.3.2}$$

证明: 这非常类似于定理 1.6.3 的证明. 我们用反证法来论证: 假设我们需要无限多的 U_i 来覆盖 X.

对某个 N, 集合 X 被包含在一个盒子 $-10^N \leqslant x_i < 10^N$ 中. 用一个显然的方式把这个盒子分解成有限多的边长为 1 的闭盒子. 如果每个盒子被有限多的 U_i 覆盖, 则整个 X 也一样, 所以至少有一个盒子需要无限多的 U_i 来覆盖; 把这个盒子记为 B_0.

现在, 把 B_0 切成 10^n 个边长为 1/10 的封闭盒子 (在盘面上, 100 个盒子; 在 $\mathbb{R}^3$ 上, 1 000 个盒子). 这些小盒子中至少有一个必须要用 U_i 中的无限多个来覆盖. 把这样的一个盒子记为 B_1, 继续下去: 把 B_1 切成 10^n 个边长为 $1/10^2$ 的盒子; 再一次, 这些盒子中至少有一个必须要用 U_i 中的无限多个来覆盖; 称这样的盒子为 B_2, 等等.

盒子 B_i 形成了一个紧致集合的递减序列. 所以存在一个点 $\mathbf{x} \in \bigcap B_i$. 这个点在 X 中, 所以它在某一个 U_i 中. 这个 U_i 包含 $\mathbf{x}$ 附近的一个半径为某个 $r > 0$ 的球, 因此也在所有的 j 足够大的 B_j 周围 (精确一点, 只要 $\sqrt{n}/10^j < r$). 这是一个矛盾. □

A.4 链式法则的证明

证明链式法则令人意想不到的难. 就算是在一维的情况下, 如果你尝试着用定义

$$f'(x) = \lim_{h\to 0} \frac{f(x+h)-f(x)}{h}$$

和

$$g'(y) = \lim_{k\to 0} \frac{g(y+k)-g(y)}{k}$$

去证明它, 把 $g(y+k)-g(y)$ 当作第一个方程中的 h, 你不会成功, 因为 $g(y+k)-g(y)$ 可能是 0. 替代的方法是, 你需要定义余项, 并且证明它们很小.

利用定义 3.4.1 和附录 A.11 中讨论的 O 和 o 的记号, 链式法则的证明就会得到显著的简化: 主要的工作就是在特殊的情况下, 推导附录 A.11 中证明的规则, 见练习 A.11.4.

定理 1.8.3(链式法则). 令 $U \subset \mathbb{R}^n, V \subset \mathbb{R}^m$ 为开集, $\mathbf{g}: U \to V, \mathbf{f}: V \to \mathbb{R}^p$ 为映射, $\mathbf{a}$ 为 U 中的一个点. 如果 $\mathbf{g}$ 在 $\mathbf{a}$ 可微, $\mathbf{f}$ 在 $\mathbf{g}(\mathbf{a})$ 可微, 则复合函数 $\mathbf{f}\circ\mathbf{g}$ 在 $\mathbf{a}$ 可微, 导数由下式给出

$$[\mathbf{D}(\mathbf{f}\circ\mathbf{g})(\mathbf{a})] = [\mathbf{Df}(\mathbf{g}(\mathbf{a}))] \circ [\mathbf{Dg}(\mathbf{a})].$$

证明: 我们将定义两个 "余项" 函数, $\mathbf{r}$ 和 $\mathbf{s}$, 函数 $\mathbf{r}$ 给出了 $\mathbf{g}$ 在 $\mathbf{a}$ 的增量与其线性逼近之间的差, 函数 $\mathbf{s}$ 给出了 $\mathbf{f}$ 在 $\mathbf{g}(\mathbf{a})$ 的增量与其线性逼近之间的差:

$$\underbrace{\mathbf{g}(\mathbf{a}+\vec{\mathbf{h}})-\mathbf{g}(\mathbf{a})}_{\text{函数的增量}} - \underbrace{[\mathbf{Dg}(\mathbf{a})]\vec{\mathbf{h}}}_{\text{线性逼近}} = \mathbf{r}(\vec{\mathbf{h}}), \tag{A.4.1}$$

$$\underbrace{\mathbf{f}\big(\mathbf{g}(\mathbf{a})+\vec{\mathbf{k}}\big)-\mathbf{f}\big(\mathbf{g}(\mathbf{a})\big)}_{\mathbf{f}\text{ 的增量}} - \underbrace{[\mathbf{Df}(\mathbf{g}(\mathbf{a}))]\vec{\mathbf{k}}}_{\text{线性逼近}} = \mathbf{s}(\vec{\mathbf{k}}). \tag{A.4.2}$$

$\mathbf{g}$ 在 $\mathbf{a}$ 是可微的假设和 $\mathbf{f}$ 在 $\mathbf{g}(\mathbf{a})$ 是可微的假设说的就是

$$\lim_{\vec{\mathbf{h}}\to\vec{\mathbf{0}}} \frac{\mathbf{r}(\vec{\mathbf{h}})}{|\vec{\mathbf{h}}|} = \vec{\mathbf{0}} \text{ 以及 } \lim_{\vec{\mathbf{k}}\to\vec{\mathbf{0}}} \frac{\mathbf{s}(\vec{\mathbf{k}})}{|\vec{\mathbf{k}}|} = \vec{\mathbf{0}}. \tag{A.4.3}$$

现在, 我们用更为方便的形式重写等式 (A.4.1) 和等式 (A.4.2):

$$\mathbf{g}(\mathbf{a}+\vec{\mathbf{h}}) = \mathbf{g}(\mathbf{a}) + [\mathbf{Dg}(\mathbf{a})]\vec{\mathbf{h}} + \mathbf{r}(\vec{\mathbf{h}}), \tag{A.4.4}$$

$$\mathbf{f}(\mathbf{g}(\mathbf{a})+\vec{\mathbf{k}}) = \mathbf{f}(\mathbf{g}(\mathbf{a})) + \big[\mathbf{Df}\big(\mathbf{g}(\mathbf{a})\big)\big]\vec{\mathbf{k}} + \mathbf{s}(\vec{\mathbf{k}}), \tag{A.4.5}$$

然后写出

$$\begin{aligned}\mathbf{f}\big(\mathbf{g}(\mathbf{a}+\vec{\mathbf{h}})\big) &= \mathbf{f}\Big(\overbrace{\mathbf{g}(\mathbf{a}) + \underbrace{[\mathbf{Dg}(\mathbf{a})]\vec{\mathbf{h}}+\mathbf{r}(\vec{\mathbf{h}})}_{\text{等式 (A.4.5) 的左边, 当作}\vec{\mathbf{k}}}}^{\text{来自等式 (A.4.4)}}\Big) \\ &= \mathbf{f}\big(\mathbf{g}(\mathbf{a})\big) + \big[\mathbf{Df}\big(\mathbf{g}(\mathbf{a})\big)\big]\Big(\underbrace{[\mathbf{Dg}(\mathbf{a})]\vec{\mathbf{h}}+\mathbf{r}(\vec{\mathbf{h}})}_{\vec{\mathbf{k}}}\Big) + \mathbf{s}\Big(\underbrace{[\mathbf{Dg}(\mathbf{a})]\vec{\mathbf{h}}+\mathbf{r}(\vec{\mathbf{h}})}_{\vec{\mathbf{k}}}\Big) \\ &= \mathbf{f}\big(\mathbf{g}(\mathbf{a})\big) + \big[\mathbf{Df}\big(\mathbf{g}(\mathbf{a})\big)\big]\big([\mathbf{Dg}(\mathbf{a})]\vec{\mathbf{h}}\big) + \underbrace{\big[\mathbf{Df}\big(\mathbf{g}(\mathbf{a})\big)\big]\big(\mathbf{r}(\vec{\mathbf{h}})\big) + \mathbf{s}\big([\mathbf{Dg}(\mathbf{a})]\vec{\mathbf{h}}+\mathbf{r}(\vec{\mathbf{h}})\big)}_{\text{余项}}.\end{aligned} \tag{A.4.6}$$

等式 (A.4.6): 在第一行, 我们在 $\mathbf{g}(\mathbf{a}+\vec{\mathbf{h}})$ 计算 $\mathbf{f}$ 的值, 用等式 (A.4.4) 的右边给出的值替换 $\mathbf{g}(\mathbf{a}+\vec{\mathbf{h}})$. 我们之后就看到

$$[\mathbf{Dg}(\mathbf{a})]\vec{\mathbf{h}}+\mathbf{r}(\vec{\mathbf{h}})$$

起到了等式 (A.4.5) 中左边的 $\vec{\mathbf{k}}$ 的作用. 在第二行, 我们用这个值替换 $\vec{\mathbf{k}}$, 代入等式 (A.4.6) 的右边.

要从等式 (A.4.6) 的第二行到第三行, 我们利用 $[\mathbf{Df}(\mathbf{g}(\mathbf{a}))]$ 的线性性:

$$[\mathbf{Df}(\mathbf{g}(\mathbf{a}))]\Big([\mathbf{Dg}(\mathbf{a})]\vec{\mathbf{h}}+\mathbf{r}(\vec{\mathbf{h}})\Big) = [\mathbf{Df}(\mathbf{g}(\mathbf{a}))][\mathbf{Dg}(\mathbf{a})]\vec{\mathbf{h}} + [\mathbf{Df}(\mathbf{g}(\mathbf{a}))]\mathbf{r}(\vec{\mathbf{h}}).$$

我们可以从等式 (A.4.6) 的两边同时减去 $\mathbf{f}(\mathbf{g}(\mathbf{a}))$, 得到

$$\underbrace{\mathbf{f}(\mathbf{g}(\mathbf{a}+\vec{\mathbf{h}}))-\mathbf{f}(\mathbf{g}(\mathbf{a}))}_{\text{复合的增量}} = \underbrace{\overbrace{\big[\mathbf{Df}\big(\mathbf{g}(\mathbf{a})\big)\big]}^{\Delta\mathbf{f}\text{在}\mathbf{g}(\mathbf{a})\text{的线性逼近}}\overbrace{\big(\big[\mathbf{Dg}(\mathbf{a})\big]\vec{\mathbf{h}}\big)}^{\Delta\mathbf{g}\text{在}\mathbf{a}\text{的线性逼近}}}_{\text{线性逼近的的复合}} + \text{余项}. \quad \square \tag{A.4.7}$$

所以要证明链式法则, 我们需要证明 (见命题和定义 1.7.9)

$$\lim_{\vec{\mathbf{h}}\to\vec{\mathbf{0}}} \frac{1}{|\vec{\mathbf{h}}|}\Big(\mathbf{f}\big(\mathbf{g}(\mathbf{a}+\vec{\mathbf{h}})\big)-\mathbf{f}\big(\mathbf{g}(\mathbf{a})\big)-\big[\mathbf{Df}\big(\mathbf{g}(\mathbf{a})\big)\big][\mathbf{Dg}(\mathbf{a})]\Big)=\vec{\mathbf{0}},$$

也就是

$$\lim_{\vec{\mathbf{h}}\to\vec{\mathbf{0}}} \frac{1}{|\vec{\mathbf{h}}|}\overbrace{[\mathbf{Df}(\mathbf{g}(\mathbf{a}))](\mathbf{r}(\vec{\mathbf{h}}))+\mathbf{s}\big([\mathbf{Dg}(\mathbf{a})]\vec{\mathbf{h}}+\mathbf{r}(\vec{\mathbf{h}})\big)}^{\text{余项, 等式 (A.4.6)}}=\vec{\mathbf{0}}. \tag{A.4.8}$$

我们分开来看等式 (A.4.8) 的极限中的两项. 第一项很直接. 因为 (命题 1.4.11)

$$\big|\big[\mathbf{Df}\big(\mathbf{g}(\mathbf{a})\big)\big]\mathbf{r}(\vec{\mathbf{h}})\big| \leqslant \big|\big[\mathbf{Df}\big(\mathbf{g}(\mathbf{a})\big)\big]\big|\big|\mathbf{r}(\vec{\mathbf{h}})\big|, \tag{A.4.9}$$

我们有

$$\lim_{\vec{\mathbf{h}}\to\vec{\mathbf{0}}} \frac{\big|\big[\mathbf{Df}\big(\mathbf{g}(\mathbf{a})\big)\big]\mathbf{r}(\vec{\mathbf{h}})\big|}{|\vec{\mathbf{h}}|} \leqslant \big|\big[\mathbf{Df}\big(\mathbf{g}(\mathbf{a})\big)\big]\big| \underbrace{\lim_{\vec{\mathbf{h}}\to\vec{\mathbf{0}}}\frac{|\mathbf{r}(\vec{\mathbf{h}})|}{|\vec{\mathbf{h}}|}}_{\text{根据等式 (A.4.3), =0}}=0. \tag{A.4.10}$$

第二项要难一些. 我们要证明

$$\lim_{\vec{\mathbf{h}}\to\vec{\mathbf{0}}} \frac{\mathbf{s}\big([\mathbf{Dg}(\mathbf{a})]\vec{\mathbf{h}}+\mathbf{r}(\vec{\mathbf{h}})\big)}{|\vec{\mathbf{h}}|}=\vec{\mathbf{0}}. \tag{A.4.11}$$

首先注意到, 存在 $\delta>0$ 使得当 $|\vec{\mathbf{h}}|<\delta$ 时, $|\vec{\mathbf{r}}(\vec{\mathbf{h}})|\leqslant|\vec{\mathbf{h}}|$(根据等式 (A.4.3)). 因此, 当 $|\vec{\mathbf{h}}|<\delta$ 时, 我们有

$$|[\mathbf{Dg}(\mathbf{a})]\vec{\mathbf{h}}+\underbrace{\mathbf{r}(\vec{\mathbf{h}})}_{\leqslant|\vec{\mathbf{h}}|}|\leqslant|[\mathbf{Dg}(\mathbf{a})]\vec{\mathbf{h}}|+|\vec{\mathbf{h}}|\leqslant(|[\mathbf{Dg}(\mathbf{a})]|+1)|\vec{\mathbf{h}}|. \tag{A.4.12}$$

我们用 $|\vec{\mathbf{k}}|\leqslant\delta'$ 来指定 "$|\vec{\mathbf{k}}|$ 足够小".

对于足够小的 $|\vec{\mathbf{k}}|$, 有 $\frac{\mathbf{s}(\vec{\mathbf{k}})}{|\vec{\mathbf{k}}|}\leqslant\epsilon$, 也就是 $|\mathbf{s}(\vec{\mathbf{k}})|\leqslant\epsilon|\vec{\mathbf{k}}|$; 否则, 在 $\vec{\mathbf{k}}\to\vec{\mathbf{0}}$ 时的极限将不是 $\vec{\mathbf{0}}$, 这就与等式 (A.4.3) 矛盾.

等式 (A.4.3) 也告诉我们, 对于任意 $\epsilon>0$, 存在 $0<\delta'<\delta$ 使得当 $|\vec{\mathbf{k}}|\leqslant\delta'$ 时, $|\mathbf{s}(\vec{\mathbf{k}})|\leqslant\epsilon|\vec{\mathbf{k}}|$(见页边注). 当

$$|\vec{\mathbf{h}}|\leqslant\frac{\delta'}{|[\mathbf{Dg}(\mathbf{a})]|+1},\ \text{也就是}\ (|[\mathbf{Dg}(\mathbf{a})]|+1)|\vec{\mathbf{h}}|\leqslant\delta' \tag{A.4.13}$$

的时候, 不等式 (A.4.12) 给出

$$|[\mathbf{Dg}(\mathbf{a})]\vec{\mathbf{h}}+\mathbf{r}(\vec{\mathbf{h}})|\leqslant\delta', \tag{A.4.14}$$

所以, 我们可以把方程 $|\mathbf{s}(\vec{\mathbf{k}})|\leqslant\epsilon|\vec{\mathbf{k}}|$ 中的 $\vec{\mathbf{k}}$ 替换成 $|[\mathbf{Dg}(\mathbf{a})]\vec{\mathbf{h}}+\mathbf{r}(\vec{\mathbf{h}})|$, 这个在 $|\vec{\mathbf{k}}|<\delta'$ 的时候是成立的. 这将给出

$$\begin{aligned}\underbrace{\Big|\mathbf{s}\big([\mathbf{Dg}(\mathbf{a})]\vec{\mathbf{h}}+\mathbf{r}(\vec{\mathbf{h}})\big)\Big|}_{|\mathbf{s}(\vec{\mathbf{k}})|} &\leqslant \underbrace{\epsilon|[\mathbf{Dg}(\mathbf{a})]\vec{\mathbf{h}}+\mathbf{r}(\vec{\mathbf{h}})|}_{\epsilon|\vec{\mathbf{k}}|}\\ &\underbrace{\leqslant}_{\text{不等式 (A.4.12)}} \epsilon(|[\mathbf{Dg}(\mathbf{a})]|+1)|\vec{\mathbf{h}}|.\end{aligned} \tag{A.4.15}$$

上式除以 $|\vec{\mathbf{h}}|$, 给出

$$\frac{\left|\mathbf{s}\big([\mathbf{Dg}(\mathbf{a})]\vec{\mathbf{h}}+\mathbf{r}(\vec{\mathbf{h}})\big)\right|}{|\vec{\mathbf{h}}|}\leqslant\epsilon\Big(|[\mathbf{Dg}(\mathbf{a})]|+1\Big). \tag{A.4.16}$$

这个式子对每个 $\epsilon>0$ 都成立, 因此等式 (A.4.11) 是正确的.

A.5　康托诺维奇定理的证明

定理 2.8.13 (康托诺维奇定理). 令 $\mathbf{a}_0$ 为 $\mathbb{R}^n$ 中的一个点, U 为 $\mathbf{a}_0$ 在 $\mathbb{R}^n$ 中的一个开邻域, $\vec{\mathbf{f}}: U\to\mathbb{R}^n$ 为一个可微映射, 其导数 $[\mathbf{D}\vec{\mathbf{f}}(\mathbf{a}_0)]$ 可逆. 定义

$$\vec{\mathbf{h}}_0\stackrel{\text{def}}{=}-[\mathbf{D}\vec{\mathbf{f}}(\mathbf{a}_0)]^{-1}\vec{\mathbf{f}}(\mathbf{a}_0),\ \mathbf{a}_1\stackrel{\text{def}}{=}\mathbf{a}_0+\vec{\mathbf{h}}_0,\ U_1\stackrel{\text{def}}{=}B_{|\vec{\mathbf{h}}_0|}(\mathbf{a}_1). \tag{A.5.1}$$

如果 $\overline{U}_1\subset U$, 且导数 $[\mathbf{D}\vec{\mathbf{f}}(\mathbf{x})]$ 满足李普希兹条件

$$|[\mathbf{D}\vec{\mathbf{f}}(\mathbf{u}_1)]-[\mathbf{D}\vec{\mathbf{f}}(\mathbf{u}_2)]|\leqslant M|\mathbf{u}_1-\mathbf{u}_2| \tag{A.5.2}$$

对于所有的 $\mathbf{u}_1,\mathbf{u}_2\in\overline{U}_1$ 成立, 并且如果不等式

$$|\vec{\mathbf{f}}(\mathbf{a}_0)||[\mathbf{D}\vec{\mathbf{f}}(\mathbf{a}_0)]^{-1}|^2M\leqslant\frac{1}{2} \tag{A.5.3}$$

被满足, 则方程 $\vec{\mathbf{f}}(\mathbf{x})=\vec{\mathbf{0}}$ 在 $\overline{U}_1$ 上有唯一解; 对于所有的 $i\geqslant 0$, 我们可以定义 $\vec{\mathbf{h}}_i=-[\mathbf{D}\vec{\mathbf{f}}(\mathbf{a}_i)]^{-1}\vec{\mathbf{f}}(\mathbf{a}_i)$ 以及 $\mathbf{a}_{i+1}=\mathbf{a}_i+\vec{\mathbf{h}}_i$, 则 "牛顿序列" $i\mapsto\mathbf{a}_i$ 收敛到这个唯一解.

证明: 证明十分复杂, 所以我们首先给出方法的一个梗概. 我们通过证明下面的四个事实来证明存在性.

事实 1, 2 和 3 保证了关于我们的定理中的 $\mathbf{a}_0$ 的假设对 $\mathbf{a}_1$ 也成立. 我们需要陈述 1 来定义 $\vec{\mathbf{h}}_1,\mathbf{a}_2$ 和 U_2. 陈述 2 保证了 $U_2\subset U_1$, 因此 $[\mathbf{Df}(\mathbf{x})]$ 在 U_2 上满足与在 U_1 上相同的李普希兹条件. 陈述 3 被用来证明不等式 (A.5.3) 在 $\mathbf{a}_1$ 被满足 (记得比率 M 没有变).

1. $[\mathbf{Df}(\mathbf{a}_1)]$可逆, 使得我们可以定义$\vec{\mathbf{h}}_1=-[\mathbf{Df}(\mathbf{a}_1)]^{-1}\mathbf{f}(\mathbf{a}_1)$;
2. $|\vec{\mathbf{h}}_1|\leqslant\dfrac{|\vec{\mathbf{h}}_0|}{2}$; (A.5.4)
3. $|\mathbf{f}(\mathbf{a}_1)||[\mathbf{Df}(\mathbf{a}_1)]^{-1}|^2\leqslant|\mathbf{f}(\mathbf{a}_0)|\left|[\mathbf{Df}(\mathbf{a}_0)]^{-1}\right|^2$; (A.5.5)
4. $|\mathbf{f}(\mathbf{a}_1)|\leqslant\dfrac{M}{2}|\vec{\mathbf{h}}_0|^2$. (A.5.6)

如果以上的陈述 1, 2 和 3 是成立的, 我们就可以定义序列 $\vec{\mathbf{h}}_i,\mathbf{a}_{i+1},U_{i+1}$:

$$\begin{aligned}\vec{\mathbf{h}}_i&=-[\mathbf{Df}(\mathbf{a}_i)]^{-1}\mathbf{f}(\mathbf{a}_i),\\ \mathbf{a}_{i+1}&=\mathbf{a}_i+\vec{\mathbf{h}}_i,\\ U_{i+1}&=\Big\{\mathbf{x}\ \Big|\ |\mathbf{x}-\mathbf{a}_{i+1}|\leqslant|\vec{\mathbf{h}}_i|\Big\}.\end{aligned} \tag{A.5.7}$$

在每个阶段, 定理 2.8.13 中的所有假设都是成立的. 陈述 2, 连同命题 1.5.35, 证明了序列 $i\mapsto\mathbf{a}_i$ 是收敛的; 把收敛的极限叫作 $\mathbf{a}$. 陈述 4 说明 $\mathbf{a}$ 满足 $\mathbf{f}(\mathbf{a})=\mathbf{0}$.

事实上, 由第二部分得到

$$|\vec{\mathbf{h}}_i| \leqslant \frac{|\vec{\mathbf{h}}_0|}{2^i}, \tag{A.5.8}$$

由第四部分, 有

$$|\mathbf{f}(\mathbf{a}_i)| \leqslant \frac{M}{2}|\vec{\mathbf{h}}_{i-1}|^2 \leqslant \frac{M}{2^i}|\vec{\mathbf{h}}_0|^2. \tag{A.5.9}$$

在 $i \to \infty$ 的极限下, 我们有 $|\mathbf{f}(\mathbf{a})| = 0$. □

首先, 我们需要证明命题 A.5.1 和引理 A.5.3.

命题 A.5.1. 令 $U \subset \mathbb{R}^n$ 为一个开球, $V \subset \mathbb{R}^n$ 为 $\overline{U}$ 的一个邻域, $\mathbf{f}\colon V \to \mathbb{R}^m$ 为一个可微映射, 其导数是李普希兹的, 李普希兹比率为 M. 则对于 $\mathbf{x}, \mathbf{y} \in \overline{U}$, 有

$$\Big|\underbrace{\mathbf{f}(\mathbf{y}) - \mathbf{f}(\mathbf{x})}_{\text{f的增量}} - \underbrace{[\mathbf{Df}(\mathbf{x})](\mathbf{y}-\mathbf{x})}_{\text{f的增量的线性逼近}}\Big| \leqslant \frac{M}{2}|\mathbf{y}-\mathbf{x}|^2. \tag{A.5.10}$$

命题 A.5.1 是带余项的泰勒多项式的一个变形: 见定理 A.12.1 和 A.12.5.

在给出证明之前, 我们来看为什么这个陈述是合理的. $[\mathbf{Df}(\mathbf{x})](\mathbf{y}-\mathbf{x})$ 项是用变量增量 $\mathbf{y}-\mathbf{x}$ 表示的函数的增量的线性逼近. 你会期待误差项是二次的, 是 $|\mathbf{y}-\mathbf{x}|^2$ 的某个倍数, 随着 $\mathbf{y} \to \mathbf{x}$ 会变得很小. 这正是命题 A.5.1 所说的, 它把李普希兹比率 M 作为 $|\mathbf{y}-\mathbf{x}|^2$ 的系数的主要成分.

$M/2$ 是对所有的函数 $\mathbf{f}\colon U \to \mathbb{R}^m$ 都有效的最小的系数, 尽管对大多数的函数, 不等式对于更小的系数成立. 我们知道它是最小的可能系数, 因为对于 $f(x) = x^2$, 等式成立:

$$[\mathbf{D}f(x)] = f'(x) = 2x, \text{ 所以 } |[\mathbf{D}f(x)] - [\mathbf{D}f(y)]| = 2|x-y|, \tag{A.5.11}$$

最佳的李普希兹比率为 $M = 2$:

$$|y^2 - x^2 - 2x(y-x)| = (y-x)^2 = \frac{2}{2}(y-x)^2 = \frac{M}{2}(y-x)^2. \tag{A.5.12}$$

例 A.5.2 (一个不是李普希兹的导数). 如果 $\mathbf{f}$ 的导数不是李普希兹的, 则通常不存在满足

$$|\mathbf{f}(\mathbf{y}) - \mathbf{f}(\mathbf{x}) - [\mathbf{Df}(\mathbf{x})](\mathbf{y}-\mathbf{x})| \leqslant C|\mathbf{y}-\mathbf{x}|^2 \tag{A.5.13}$$

的 C. 令 $f(x) = x^{4/3}$, 所以 $[\mathbf{D}f(x)] = f'(x) = \frac{4}{3}x^{1/3}$. 尤其是 $f'(0) = 0$, 所以有

$$|f(y) - f(0) - f'(0)(y-0)| = |f(y)| = y^{4/3}. \tag{A.5.14}$$

但是对任何 C, $y^{4/3}$ 不小于或等于 $C|y|^2$, 因为当 $y \to 0$ 时, $y^{4/3}/y^2 = 1/y^{2/3} \to \infty$. △

在例 A.5.2 中, 我们不能保证 f 的增量与逼近 $f'(x)(y-x)$ 之间的差的行为像 $(y-x)^2$.

命题 A.5.1 的证明: 选择 $\mathbf{x}, \mathbf{y} \in \overline{U}$, 设 $\vec{\mathbf{h}} = \mathbf{y} - \mathbf{x}$, 考虑函数 $\mathbf{g}(t) = \mathbf{f}(\mathbf{x} + t\vec{\mathbf{h}})$, $\mathbf{g}$ 的每个坐标是在 $[0,1]$ 的某个邻域内的单个变量 t 的可微函数, 其导数在 $[0,1]$

上连续, 所以根据微积分基本定理

$$\overbrace{\mathbf{f}(\mathbf{x}+\vec{\mathbf{h}})}^{\mathbf{g}(1)}-\overbrace{\mathbf{f}(\mathbf{x})}^{\mathbf{g}(0)}=\mathbf{g}(1)-\mathbf{g}(0)=\int_0^1 \mathbf{g}'(t)\,\mathrm{d}t. \tag{A.5.15}$$

把 $\mathbf{g}$ 写为复合 $\mathbf{f}\circ\mathbf{s}$, 其中 $\mathbf{s}(t)=\mathbf{x}+t\vec{\mathbf{h}}$, 利用链式法则, 我们看到

$$\mathbf{g}'(t)=[\mathbf{Df}(\mathbf{x}+t\vec{\mathbf{h}})]\vec{\mathbf{h}}, \tag{A.5.16}$$

我们把它写为

$$\mathbf{g}'(t)=[\mathbf{Df}(\mathbf{x})]\vec{\mathbf{h}}+\Big([\mathbf{Df}(\mathbf{x}+t\vec{\mathbf{h}})]\vec{\mathbf{h}}-[\mathbf{Df}(\mathbf{x})]\vec{\mathbf{h}}\Big). \tag{A.5.17}$$

这就推出

$$\mathbf{f}(\mathbf{x}+\vec{\mathbf{h}})-\mathbf{f}(\mathbf{x})=\int_0^1[\mathbf{Df}(\mathbf{x})]\vec{\mathbf{h}}\,\mathrm{d}t+\int_0^1\Big([\mathbf{Df}(\mathbf{x}+t\vec{\mathbf{h}})]\vec{\mathbf{h}}-[\mathbf{Df}(\mathbf{x})]\vec{\mathbf{h}}\Big)\,\mathrm{d}t. \tag{A.5.18}$$

要从不等式 (A.5.19) 的第一行到第二行, $\mathbf{f}$ 的导数的李普希兹条件说明

$$\Big|[\mathbf{Df}(\mathbf{x}+t\vec{\mathbf{h}})]-[\mathbf{Df}(\mathbf{x})]\Big| \leqslant M|\mathbf{x}+t\vec{\mathbf{h}}-\mathbf{x}|=Mt|\vec{\mathbf{h}}|,$$

其中我们用 $\mathbf{x}+t\vec{\mathbf{h}}$ 代替 $\mathbf{x}$, 用 $\mathbf{y}$ 代替 $\mathbf{x}$.

引理 A.5.3 的证明是康托诺维奇定理的证明中最难的部分.

右边的第一项是一个常数从 0 到 1 的积分, 所以它就是那个常数, 我们可以把等式 (A.5.18) 重写为

$$\begin{aligned}\Big|\mathbf{f}(\mathbf{x}+\vec{\mathbf{h}})-\mathbf{f}(\mathbf{x})-[\mathbf{Df}(\mathbf{x})]\vec{\mathbf{h}}\Big| &= \left|\int_0^1\Big([\mathbf{Df}(\mathbf{x}+t\vec{\mathbf{h}})]\vec{\mathbf{h}}-[\mathbf{Df}(\mathbf{x})]\vec{\mathbf{h}}\Big)\,\mathrm{d}t\right|\\ &\leqslant \int_0^1 Mt|\vec{\mathbf{h}}||\vec{\mathbf{h}}|\,\mathrm{d}t=\frac{M}{2}|\vec{\mathbf{h}}|^2.\end{aligned} \tag{A.5.19}$$

□命题 A.5.1

引理 A.5.3. 矩阵 $[\mathbf{Df}(\mathbf{a}_1)]$ 是可逆的, 且

$$|[\mathbf{Df}(\mathbf{a}_1)]^{-1}|\leqslant 2|[\mathbf{Df}(\mathbf{a}_0)]^{-1}|. \tag{A.5.20}$$

证明: 我们已经要求 (不等式 (A.5.2)) 导数矩阵不要变化得太快, 所以希望

$$[\mathbf{Df}(\mathbf{a}_0)]^{-1}[\mathbf{Df}(\mathbf{a}_1)] \tag{A.5.21}$$

不要离单位矩阵太远也是合理的. 事实上, 设

$$\begin{aligned}A &= I-[\mathbf{Df}(\mathbf{a}_0)]^{-1}[\mathbf{Df}(\mathbf{a}_1)]=\underbrace{[\mathbf{Df}(\mathbf{a}_0)]^{-1}[\mathbf{Df}(\mathbf{a}_0)]}_{I}-([\mathbf{Df}(\mathbf{a}_0)]^{-1}[\mathbf{Df}(\mathbf{a}_1)])\\ &= [\mathbf{Df}(\mathbf{a}_0)]^{-1}\left([\mathbf{Df}(\mathbf{a}_0)]-[\mathbf{Df}(\mathbf{a}_1)]\right).\end{aligned} \tag{A.5.22}$$

根据不等式 (A.5.2), $|[\mathbf{Df}(\mathbf{a}_0)]-[\mathbf{Df}(\mathbf{a}_1)]|\leqslant M|\mathbf{a}_0-\mathbf{a}_1|$, 以及根据定义 (等式 (A.5.1)), $|\vec{\mathbf{h}}_0|=|\mathbf{a}_1-\mathbf{a}_0|$. 所以有

$$|A|\leqslant|[\mathbf{Df}(\mathbf{a}_0)]^{-1}||\vec{\mathbf{h}}_0|M. \tag{A.5.23}$$

根据定义 (还是等式 (A.5.1))

$$\vec{\mathbf{h}}_0=-[\mathbf{Df}(\mathbf{a}_0)]^{-1}\mathbf{f}(\mathbf{a}_0),\ \text{所以}\ |\vec{\mathbf{h}}_0|\leqslant|[\mathbf{Df}(\mathbf{a}_0)]^{-1}||\mathbf{f}(\mathbf{a}_0)| \tag{A.5.24}$$

(再一次是命题 1.4.11). 这给出

$$|A| \leqslant \underbrace{|[\mathbf{Df}(\mathbf{a}_0)]^{-1}||[\mathbf{Df}(\mathbf{a}_0)]^{-1}||\mathbf{f}(\mathbf{a}_0)|M}_{\text{不等式 (A.5.3) 的左边}}. \tag{A.5.25}$$

不等式 (A.5.3) 现在保证了

$$|A| \leqslant \frac{1}{2}. \tag{A.5.26}$$

现在, 我们可以证明 $[\mathbf{Df}(\mathbf{a}_1)]$ 是可逆的: 根据 A 的定义, 我们有 $I - A = [\mathbf{Df}(\mathbf{a}_0)]^{-1}[\mathbf{Df}(\mathbf{a}_1)]$; 因为 $|A| \leqslant 1/2$, 我们可以使用命题 1.5.38 来说明 $I - A$ 是可逆的, 所以根据命题 1.2.15, $[\mathbf{Df}(\mathbf{a}_1)]$ 是可逆的, 并且

$$B \overset{\text{def}}{=} (I - A)^{-1} = [\mathbf{Df}(\mathbf{a}_1)]^{-1}[\mathbf{Df}(\mathbf{a}_0)]. \tag{A.5.27}$$

则

$$\begin{aligned}[\mathbf{Df}(\mathbf{a}_1)]^{-1} &= B[\mathbf{Df}(\mathbf{a}_0)]^{-1} = \overbrace{(I + A + A^2 + \cdots)}^{\text{根据命题 1.5.38, 等于}B}[\mathbf{Df}(\mathbf{a}_0)]^{-1} \\ &= [\mathbf{Df}(\mathbf{a}_0)]^{-1} + A[\mathbf{Df}(\mathbf{a}_0)]^{-1} + \cdots. \end{aligned} \tag{A.5.28}$$

不等式 (A.5.29): 注意到我们用数字 1, 而不是单位矩阵: $1 + |A| + |A|^2 + \cdots$, 不是 $I + A + A^2 + \cdots$. 这很关键, 因为既然 $|A| \leqslant 1/2$, 我们有

$$|A|^0 + |A|^1 + |A|^2 + \cdots \leqslant 2,$$

因为我们有一个几何级数 (见例 0.5.6).

当我们第一次写这个证明的时候, 用矩阵的范数而不是长度改写了证明, 我们在使用三角不等式之前就作了因式分解, 以 $|I| + |A| + |A^2| + \cdots$ 结束. 这是一个 “灾难”: $|I| = \sqrt{n}$, 不是 1. 发现这个可以通过在使用三角不等式之后再用因式分解来修正是最令人愉快的一件事.

因此 (根据三角不等式和命题 1.4.11)

$$\begin{aligned}|[\mathbf{Df}(\mathbf{a}_1)]^{-1}| &\leqslant |[\mathbf{Df}(\mathbf{a}_0)]^{-1}| + |A||[\mathbf{Df}(\mathbf{a}_0)]^{-1}| + \cdots \\ &= |[\mathbf{Df}(\mathbf{a}_0)]^{-1}|(1 + |A| + |A|^2 + \cdots) \\ &\leqslant |[\mathbf{Df}(\mathbf{a}_0)]^{-1}| \underbrace{(1 + 1/2 + 1/4 + \cdots)}_{\text{因为}|A|\leqslant 1/2\text{, 不等式 (A.5.26)}} = 2|[\mathbf{Df}(\mathbf{a}_0)]^{-1}|. \end{aligned} \tag{A.5.29}$$

□引理 A.5.3

到目前为止, 我们证明了陈述 1; 这使得我们可以定义牛顿方法的下一步:

$$\vec{\mathbf{h}}_1 = -[\mathbf{Df}(\mathbf{a}_1)]^{-1}\mathbf{f}(\mathbf{a}_1),\ \mathbf{a}_2 = \mathbf{a}_1 + \vec{\mathbf{h}}_1,\ U_2 = \left\{\mathbf{x} \ \middle|\ |\mathbf{x} - \mathbf{a}_2| \leqslant |\vec{\mathbf{h}}_1|\right\}. \tag{A.5.30}$$

现在, 我们将证明陈述 4, 并将其称为引理 A.5.4:

引理 A.5.4. 我们有不等式 $|\mathbf{f}(\mathbf{a}_1)| \leqslant \dfrac{M}{2}|\vec{\mathbf{h}}_0|^2$.

证明: 因为 $\vec{\mathbf{h}}_0 = \mathbf{a}_1 - \mathbf{a}_0$, 命题 A.5.1 说的是

$$\left|\mathbf{f}(\mathbf{a}_1) \overbrace{-\mathbf{f}(\mathbf{a}_0) - [\mathbf{Df}(\mathbf{a}_0)]\vec{\mathbf{h}}_0}^{\vec{\mathbf{0}}}\right| \leqslant \frac{M}{2}|\vec{\mathbf{h}}_0|^2, \tag{A.5.31}$$

但在计算的过程中, 发生了一个奇迹: 左边的第二项和第三项互相抵消了, 因为

$$-[\mathbf{Df}(\mathbf{a}_0)]\vec{\mathbf{h}}_0 = [\mathbf{Df}(\mathbf{a}_0)] \overbrace{[\mathbf{Df}(\mathbf{a}_0)]^{-1}\mathbf{f}(\mathbf{a}_0)}^{\text{根据定义 (等式 (A.5.1)), 为}-\vec{\mathbf{h}}_0} = \mathbf{f}(\mathbf{a}_0). \tag{A.5.32}$$

(图 A.5.1 解释了为什么互相抵消会发生.) 所以我们得到

$$|\mathbf{f}(\mathbf{a}_1)| \leqslant \frac{M}{2}|\vec{\mathbf{h}}_0|^2, \tag{A.5.33}$$

正是我们所需要的. □

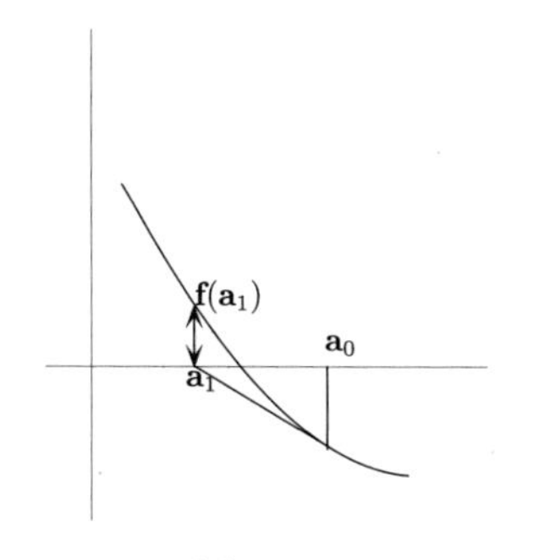

图 A.5.1

互相抵消的项恰好是 $\mathbf{f}$ 在 $\mathbf{a}_0$ 的线性化在 $\mathbf{a}_1$ 的取值.

不等式 (A.5.34) 中的第一个不等式用到了 $\vec{\mathbf{h}}_1$ 的定义 (等式 (A.5.30)) 和命题 1.4.11. 第二个不等式用到了引理 A.5.3 和 A.5.4.

注意到不等式 (A.5.34) 的中间项有 $\mathbf{a}_1$, 而右边的项有 $\mathbf{a}_0$.

继续康托诺维奇定理的证明: 现在, 我们就把不等式都合到一起. 我们已经证明了陈述 1 和 4. 要证明陈述 2, 也就是 $|\vec{\mathbf{h}}_1| \leqslant |\vec{\mathbf{h}}_0|/2$, 我们考虑

$$|\vec{\mathbf{h}}_1| \leqslant |\mathbf{f}(\mathbf{a}_1)||[\mathbf{Df}(\mathbf{a}_1)]^{-1}| \leqslant \frac{M|\vec{\mathbf{h}}_0|^2}{2}2|[\mathbf{Df}(\mathbf{a}_0)]^{-1}|, \tag{A.5.34}$$

消去 2, 并把 $|\vec{\mathbf{h}}_0|^2$ 写为两个因子

$$|\vec{\mathbf{h}}_1| \leqslant |\vec{\mathbf{h}}_0|M|[\mathbf{Df}(\mathbf{a}_0)]^{-1}||\vec{\mathbf{h}}_0|, \tag{A.5.35}$$

利用 $\vec{\mathbf{h}}_0 = -[\mathbf{Df}(\mathbf{a}_0)]^{-1}\mathbf{f}(\mathbf{a}_0)$ 替换第二个 $|\vec{\mathbf{h}}_0|$, 得到

$$|\vec{\mathbf{h}}_1| \leqslant |\vec{\mathbf{h}}_0|\underbrace{\left(M|[\mathbf{Df}(\mathbf{a}_0)]^{-1}||\mathbf{f}(\mathbf{a}_0)||[\mathbf{Df}(\mathbf{a}_0)]^{-1}|\right)}_{\text{根据不等式 (A.5.3)},\leqslant 1/2} \leqslant \frac{|\vec{\mathbf{h}}_0|}{2}. \tag{A.5.36}$$

现在, 我们将证明第三部分, 也就是

$$|\mathbf{f}(\mathbf{a}_1)||[\mathbf{Df}(\mathbf{a}_1)]^{-1}|^2 \leqslant |\mathbf{f}(\mathbf{a}_0)||[\mathbf{Df}(\mathbf{a}_0)]^{-1}|^2. \tag{A.5.37}$$

利用引理 A.5.4 得到 $|\mathbf{f}(\mathbf{a}_1)|$ 的一个上界, 再利用不等式 (A.5.20) 得到 $|[\mathbf{Df}(\mathbf{a}_1)]^{-1}|$ 的一个上界, 我们写

$$\begin{aligned}
\left|\mathbf{f}(\mathbf{a}_1)\right|\left|[\mathbf{Df}(\mathbf{a}_1)]^{-1}\right|^2 &\leqslant \frac{M|\vec{\mathbf{h}}_0|^2}{2}\left(4\left|[\mathbf{Df}(\mathbf{a}_0)]^{-1}\right|^2\right) \\
&\leqslant 2\left|[\mathbf{Df}(\mathbf{a}_0)]^{-1}\right|^2 M\overbrace{\left(\left|[\mathbf{Df}(\mathbf{a}_0)]^{-1}\right||\mathbf{f}(\mathbf{a}_0)|\right)^2}^{\geqslant|\vec{\mathbf{h}}_0|^2} \\
&\leqslant \left|[\mathbf{Df}(\mathbf{a}_0)]^{-1}\right|^2|\mathbf{f}(\mathbf{a}_0)|2\underbrace{|\mathbf{f}(\mathbf{a}_0)||[\mathbf{Df}(\mathbf{a}_0)]^{-1}|^2M}_{\text{根据不等式 (A.5.3), 最多为}1/2} \\
&\leqslant \left|[\mathbf{Df}(\mathbf{a}_0)]^{-1}\right|^2|\mathbf{f}(\mathbf{a}_0)|.
\end{aligned} \tag{A.5.38}$$

我们现在证明了陈述 1~4. 这证明了闭球 $\overline{U}_1$ 内存在一个解, 且使用初始猜测为 $\mathbf{a}_0$ 的牛顿方法收敛到它. 下一步, 我们证明解是唯一的. □

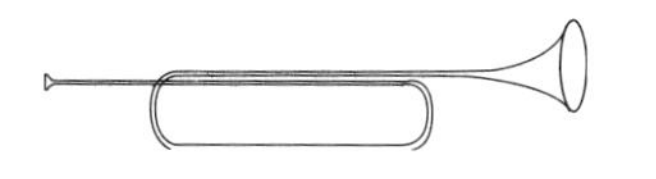

在第三个版本中, 我们用一个简单的 □ 结束了存在性的证明, 没有总结. 一个读者反对: "像这个证明这样的一个简洁且精致的证明应该用一个小号的鸣响来结束, 而不是简单地结束."

唯一性的证明: 要证明 $\overline{U}_1$ 中的解是唯一的, 我们将证明, 如果 $\mathbf{y} \in \overline{U}_1$ 且 $\mathbf{f}(\mathbf{y}) = \mathbf{0}$, 则

$$|\mathbf{y} - \mathbf{a}_{i+1}| \leqslant \frac{1}{2}|\mathbf{y} - \mathbf{a}_i|. \tag{A.5.39}$$

这将证明 $\mathbf{y} = \lim \mathbf{a}_i$, 这样 $\lim \mathbf{a}_i$ 是 $\mathbf{f}(\mathbf{x}) = \mathbf{0}$ 在 $\overline{U}_1$ 上的唯一解. 首先, 设

$$\mathbf{f}(\mathbf{y}) = \mathbf{f}(\mathbf{a}_i) + [\mathbf{Df}(\mathbf{a}_i)](\mathbf{y} - \mathbf{a}_i) + \vec{\mathbf{r}}_i, \tag{A.5.40}$$

其中 $\vec{\mathbf{r}}_i$ 是使得等式成立的必要的余项. 因此, 由 $\mathbf{f}(\mathbf{y})=\mathbf{0}$, 有

$$\mathbf{y}-\mathbf{a}_i=\overbrace{-[\mathbf{Df}(\mathbf{a}_i)]^{-1}\mathbf{f}(\mathbf{a}_i)}^{\text{根据等式 (A.5.7), 为}+\vec{\mathbf{h}}_i}-[\mathbf{Df}(\mathbf{a}_i)]^{-1}\vec{\mathbf{r}}_i, \tag{A.5.41}$$

我们可以写为

$$\mathbf{y}-\overbrace{(\mathbf{a}_i+\vec{\mathbf{h}}_i)}^{\mathbf{a}_{i+1}}=\mathbf{y}-\mathbf{a}_{i+1}=-[\mathbf{Df}(\mathbf{a}_i)]^{-1}\vec{\mathbf{r}}_i. \tag{A.5.42}$$

现在, 我们回到等式 (A.5.40). 根据命题 A.5.1, 因为 $\mathbf{y}\in\overline{U}_1$, 以及 $\mathbf{a}_i\in U_1\subset\overline{U}_1$, 我们有

$$|\vec{\mathbf{r}}_i|=\Big|\underbrace{\mathbf{f}(\mathbf{y})-\mathbf{f}(\mathbf{a}_i)}_{\mathbf{f}\text{的增量}}-\underbrace{[\mathbf{Df}(\mathbf{a}_i)](\mathbf{y}-\mathbf{a}_i)}_{\mathbf{f}\text{的增量的线性逼近}}\Big|\leqslant\frac{M}{2}|\mathbf{y}-\mathbf{a}_i|^2. \tag{A.5.43}$$

等式 (A.5.42) 和不等式 (A.5.43) 给出

$$|\mathbf{y}-\mathbf{a}_{i+1}|\leqslant|[\mathbf{Df}(\mathbf{a}_i)]^{-1}|\frac{M}{2}|\mathbf{y}-\mathbf{a}_i|^2. \tag{A.5.44}$$

我们将利用这个结果通过归纳法来证明不等式 (A.5.39). 注意到

$$\begin{aligned}|\mathbf{y}-\mathbf{a}_1|&\underbrace{\leqslant}_{\text{不等式 (A.5.44)}}|[\mathbf{Df}(\mathbf{a}_0)]^{-1}|\frac{M}{2}|\mathbf{y}-\mathbf{a}_0|^2\underbrace{\leqslant}_{\text{见边注}}|[\mathbf{Df}(\mathbf{a}_0)]^{-1}|\frac{M}{2}|2\vec{\mathbf{h}}_0||\mathbf{y}-\mathbf{a}_0|\\&\leqslant|[\mathbf{Df}(\mathbf{a}_0)]^{-1}|M\underbrace{|\mathbf{f}(\mathbf{a}_0)||[\mathbf{Df}(\mathbf{a}_0)]^{-1}|}_{\text{根据等式 (A.5.1)},\geqslant|\vec{\mathbf{h}}_0|}|\mathbf{y}-\mathbf{a}_0|\\&\leqslant\frac{1}{2}|\mathbf{y}-\mathbf{a}_0|.\end{aligned} \tag{A.5.45}$$

不等式 (A.5.45): 对于第一行的第二个不等式, 注意到, 因为 $\mathbf{y}\in\overline{U}_1$, 它在一个中心在 $\mathbf{a}_1$, 半径为 $|\vec{\mathbf{h}}_0|$ 的球内, 这样与 $\mathbf{a}_0$ 的距离最多只能为 $|2\vec{\mathbf{h}}_0|$. 所以我们可以把 $|\mathbf{y}-\mathbf{a}_0|$ 中的一个替换成 $|2\vec{\mathbf{h}}_0|$.

从第二行到第三行, 用到了不等式 (A.5.3).

不等式 (A.5.47): 归纳假设用来把第一行中间的 $|\mathbf{y}-\mathbf{a}_i|$ 替换成那一行末的 $\frac{1}{2}|\mathbf{y}-\mathbf{a}_{i-1}|$. 引理 A.5.3 解释了把第一行中间的 $|[\mathbf{Df}(\mathbf{a}_i)]^{-1}|$ 用那一行末的 $2|[\mathbf{Df}(\mathbf{a}_{i-1})]^{-1}|$ 来替换.

在不等式 (A.5.45) 中, 我们可以把第三行的 $|\mathbf{y}-\mathbf{a}_0|$ 替换成 $|2\vec{\mathbf{h}}_0|$. 然后我们用

$$\vec{\mathbf{h}}_0=-[\mathbf{Df}(\mathbf{a}_0)]^{-1}\mathbf{f}(\mathbf{a}_0)$$

(等式 (A.5.1)).

现在根据归纳假设

$$|\mathbf{y}-\mathbf{a}_j|\leqslant\frac{1}{2}|\mathbf{y}-\mathbf{a}_{j-1}| \tag{A.5.46}$$

对于所有的 $j\leqslant i$ 成立, 并且重写不等式 (A.5.44), 两边同时除以 $|\mathbf{y}-\mathbf{a}_i|$:

$$\begin{aligned}\frac{|\mathbf{y}-\mathbf{a}_{i+1}|}{|\mathbf{y}-\mathbf{a}_i|}&\leqslant|[\mathbf{Df}(\mathbf{a}_i)]^{-1}|\frac{M}{2}|\mathbf{y}-\mathbf{a}_i|\leqslant2|[\mathbf{Df}(\mathbf{a}_{i-1})]^{-1}|\frac{M}{2}\frac{|\mathbf{y}-\mathbf{a}_{i-1}|}{2}\\&\leqslant\cdots\\&\leqslant\frac{1}{2}M|\mathbf{y}-\mathbf{a}_0||[\mathbf{Df}(\mathbf{a}_0)]^{-1}|\\&\leqslant\frac{1}{2}M|2\vec{\mathbf{h}}_0||[\mathbf{Df}(\mathbf{a}_0)]^{-1}|\leqslant|\mathbf{f}(\mathbf{a}_0)||[\mathbf{Df}(\mathbf{a}_0)]^{-1}|^2M\\&\leqslant\frac{1}{2}\quad\text{(我们再一次使用了不等式 (A.5.3))}.\end{aligned} \tag{A.5.47}$$

因此, $|\mathbf{y}-\mathbf{a}_{i+1}|\leqslant\frac{1}{2}|\mathbf{y}-\mathbf{a}_i|$. 这证明了 $\mathbf{y}=\lim\mathbf{a}_i$, 以及 $\lim\mathbf{a}_i$ 是 $\mathbf{f}(\mathbf{x})=\mathbf{0}$ 在 $\overline{U}_1$ 上的唯一解. □

同样的论据证明了命题 2.8.14. 存在性不是问题: 因为 U_1 是 U_0 的一个子集, U_1 中的一个解也是 U_0 中的解. 对于唯一性, 关键点是不等式 (A.5.45) 中用到的 $|\mathbf{y}-\mathbf{a}_0|\leqslant2|\vec{\mathbf{h}}_0|$ 在 $\mathbf{y}$ 是从 U_0 中选取的时候仍然是成立的 (如图 2.8.7

的右图).

A.5 节的练习

下面的练习说明了康托诺维奇定理在导数的李普希兹条件被替换成一个更弱的连续性的概念的时候仍然有效.

****A.5.1** 与定理 2.8.13 相同地定义 $U, \mathbf{a}_0, \mathbf{f}, \mathbf{a}_1$ 和 U_1. 假设 $U_1 \subset U$, 对某个 α, 满足 $0 < \alpha \leqslant 1$, 则导数 $[\mathbf{D}\vec{\mathbf{f}}(\mathbf{x})]$ 满足

$$\left|[\mathbf{D}\vec{\mathbf{f}}(\mathbf{u}_1)] - [\mathbf{D}\vec{\mathbf{f}}(\mathbf{u}_2)]\right| \leqslant M|\mathbf{u}_1 - \mathbf{u}_2|^\alpha \tag{1}$$

对所有的 $\mathbf{u}_1, \mathbf{u}_2 \in U_1$ 成立.

证明: 如果不等式 $\left|[\mathbf{D}\vec{\mathbf{f}}(\mathbf{a}_0)]^{-1}\right|^{\alpha+1} |\vec{\mathbf{f}}(\mathbf{a}_0)|^\alpha M \leqslant k$ 成立, 并且有不等式 $\left|\dfrac{k}{(\alpha+1)(1-k)}\right|^\alpha \leqslant 1-k$, 则方程 $\vec{\mathbf{f}}(\mathbf{x}) = \vec{\mathbf{0}}$ 在 $\overline{U}_1$ 上有唯一解, 从 $\mathbf{a}_0$ 开始的牛顿方法收敛到这个解.

提示: 你将需要修改定理 2.8.13 的证明的每一步. 不等式 (A.5.10) 可以被替换为

$$|\vec{\mathbf{f}}(\mathbf{u}+\vec{\mathbf{h}}) - \vec{\mathbf{f}}(\mathbf{u}) - [\mathbf{D}\vec{\mathbf{f}}(\mathbf{u})]\vec{\mathbf{h}}| \leqslant \frac{M}{\alpha+1}|\vec{\mathbf{h}}|^{\alpha+1},$$

不等式 (A.5.20) 变成

$$|[\mathbf{D}\vec{\mathbf{f}}(\mathbf{a}_1)]^{-1}| \leqslant \frac{1}{1-k}|[\mathbf{D}\vec{\mathbf{f}}(\mathbf{a}_0)]^{-1}|$$

(用 $|I - [\mathbf{D}\vec{\mathbf{f}}(\mathbf{a}_0)]^{-1}[\mathbf{D}\vec{\mathbf{f}}(\mathbf{a}_1)]| \leqslant k$ 替换不等式 (A.5.26)). 引理 A.5.4 变成 $|\vec{\mathbf{f}}(\mathbf{a}_1)| \leqslant \dfrac{M}{\alpha+1}|\vec{\mathbf{h}}_0|^{\alpha+1}$, 它导致把不等式 (A.5.36) 替换为

$$|\vec{\mathbf{h}}_1| \leqslant \frac{k}{(1-k)(\alpha+1)}|\vec{\mathbf{h}}_0|.$$

现在证明可以像不等式 (A.5.37) 和不等式 (A.5.38) 那样结束.

对于练习 A.5.1, 我们感谢 Robert Terrell.

当 $\alpha = 1$ 时, 两个条件是相同的.

函数

$$f(x) = x^{4/3}$$

没有李普希兹的导数, 但确实满足条件 1, 其中 $\alpha = 1/3$. (我们最感兴趣的是 $\mathbf{u}_1 - \mathbf{u}_2$ 小的情况, 所以如果 $\alpha < 1$, 则条件更弱.)

因为我们在康托诺维奇定理中是基于逆函数和隐函数的, 所以从练习 A.5.1 可以得到逆函数和隐函数定理在这个弱化的条件下也是成立的. 当然, 逆函数和隐函数的定义域也需要修改.

A.6 引理 2.9.5 的证明 (超收敛性)

这里我们证明引理 2.9.5, 它被用在证明牛顿方法的超收敛性上. 回想一下

$$c = \frac{1-k}{1-2k}|[\mathbf{Df}(\mathbf{a}_0)]^{-1}|\frac{M}{2}.$$

引理 2.9.5. 如果定理 2.9.4 的条件得以满足, 则对所有的 i, 有

$$|\vec{\mathbf{h}}_{i+1}| \leqslant c|\vec{\mathbf{h}}_i|^2. \tag{A.6.1}$$

定理 2.9.4 的条件:

$|[\mathbf{D}\vec{\mathbf{f}}(\mathbf{u}_1)] - [\mathbf{D}\vec{\mathbf{f}}(\mathbf{u}_2)]| \leqslant M|\mathbf{u}_1 - \mathbf{u}_2|$,

$|\vec{\mathbf{f}}(\mathbf{a}_0)||[\mathbf{D}\vec{\mathbf{f}}(\mathbf{a}_0)]^{-1}|^2 M = k < \dfrac{1}{2}$.

证明: 回顾引理 A.5.4 (用 $\mathbf{a}_i$ 重写):

$$|\mathbf{f}(\mathbf{a}_i)| \leqslant \frac{M}{2}|\vec{\mathbf{h}}_{i-1}|^2. \tag{A.6.2}$$

定义 $\vec{\mathbf{h}}_i = -[\mathbf{Df}(\mathbf{a}_i)]^{-1}\mathbf{f}(\mathbf{a}_i)$ 和不等式 (A.6.2) 给出

$$|\vec{\mathbf{h}}_i| \leqslant |[\mathbf{Df}(\mathbf{a}_i)]^{-1}||\mathbf{f}(\mathbf{a}_i)| \leqslant \frac{M}{2}|[\mathbf{Df}(\mathbf{a}_i)]^{-1}||\vec{\mathbf{h}}_{i-1}|^2. \tag{A.6.3}$$

如果我们有这样的一个上界, 则超收敛性迟早都会发生.

这个方程几乎就是 $|\vec{\mathbf{h}}_i| \leqslant c|\vec{\mathbf{h}}_{i-1}|^2$ 的形式; 区别是系数 $\frac{M}{2}|[\mathbf{Df}(\mathbf{a}_i)]^{-1}|$ 不是一个常数, 而是依赖于 $\mathbf{a}_i$. 所以, 如果我们可以找到 $|[\mathbf{Df}(\mathbf{a}_i)]^{-1}|$ 的一个对所有的 i 成立的上界, 则 $\vec{\mathbf{h}}_i$ 将超收敛. ($M/2$ 这一项不是问题, 因为它是一个常数.) 如果导数 $[\mathbf{Df}(\mathbf{a})]$ 在极限点 $\mathbf{a}$ 是不可逆的, 那么我们不能找到这样的一个上界. (我们在例 2.9.1 中看到了一维的情况, 就是 $f'(1) = 0$ 的时候.) 在这种情况下, 在 $\mathbf{a}_i \to \mathbf{a}$ 的时候, $|[\mathbf{Df}(\mathbf{a}_i)]^{-1}| \to \infty$. 但引理 A.6.1 说明, 如果康托诺维奇不等式中的乘积严格小于 1/2, 我们就有这样的上界. □

引理 A.6.1 ($|[\mathbf{Df}(\mathbf{a}_n)]^{-1}|$ 的一个上界). 如果

$$|\mathbf{f}(\mathbf{a}_0)||[\mathbf{Df}(\mathbf{a}_0)]^{-1}|^2 M = k, \tag{A.6.4}$$

其中 $k < 1/2$, 则所有的 $[\mathbf{Df}(\mathbf{a}_n)]^{-1}$ 存在且满足

$$|[\mathbf{Df}(\mathbf{a}_n)]^{-1}| \leqslant |[\mathbf{Df}(\mathbf{a}_0)]^{-1}|\frac{1-k}{1-2k}. \tag{A.6.5}$$

你可能发现引用引理 A.5.3 的证明是有帮助的, 因为这里会变得更为简洁. 注意到, 引理 A.5.3 把在 $\mathbf{a}_1$ 的导数与在 $\mathbf{a}_0$ 的导数相比较, 而这里我们是把在 $\mathbf{a}_n$ 的导数与在 $\mathbf{a}_0$ 的导数相比较.

引理 A.6.1 的证明: 这个引理的证明是引理 A.5.3 的证明的重复. 我们将以 $|\vec{\mathbf{h}}_1| \leqslant k|\vec{\mathbf{h}}_0|$ 的形式来使用不等式 (A.5.36), 根据归纳, 它会给出 $|\vec{\mathbf{h}}_i| \leqslant k|\vec{\mathbf{h}}_{i-1}|$, 所以

$$|\mathbf{a}_n - \mathbf{a}_0| = \left|\sum_{i=0}^{n-1}\vec{\mathbf{h}}_i\right| \underbrace{\leqslant}_{\text{三角不等式}} \sum_{i=0}^{n-1}|\vec{\mathbf{h}}_i| \leqslant |\vec{\mathbf{h}}_0|\overbrace{(1+k+\cdots+k^{n-1})}^{\substack{\text{根据等式 (0.5.4)}\\ \leqslant \sum_{n=0}^{\infty}k^n = \frac{1}{1-k}}} \leqslant \frac{|\vec{\mathbf{h}}_0|}{1-k}. \tag{A.6.6}$$

等式 (A.6.7) 中的 A_n 相当于等式 (A.5.22) 中的 A; 等式 (A.6.7) 中的 $\mathbf{a}_n$ 相当于等式 (A.5.22) 中的 $\mathbf{a}_1$.

不等式 (A.6.8): 第二个不等式用到了不等式 (A.6.6). 第三个用到了不等式

$$|\vec{\mathbf{h}}_0| \leqslant |[\mathbf{Df}(\mathbf{a}_0)]^{-1}||\mathbf{f}(\mathbf{a}_0)|,$$

见不等式 (A.5.24). 最后一个不等式用到了引理的假设, 等式 (A.6.4).

下一步, 写

$$A_n = I - [\mathbf{Df}(\mathbf{a}_0)]^{-1}[\mathbf{Df}(\mathbf{a}_n)] = [\mathbf{Df}(\mathbf{a}_0)]^{-1}\overbrace{([\mathbf{Df}(\mathbf{a}_0)] - [\mathbf{Df}(\mathbf{a}_n)])}^{\text{根据李普希兹条件, }\leqslant M|\mathbf{a}_0-\mathbf{a}_n|}, \tag{A.6.7}$$

所以

$$\begin{aligned}|A_n| &\leqslant |[\mathbf{Df}(\mathbf{a}_0)]^{-1}|M|\mathbf{a}_0 - \mathbf{a}_n| \\ &\leqslant |[\mathbf{Df}(\mathbf{a}_0)]^{-1}|M\frac{|\vec{\mathbf{h}}_0|}{1-k} \\ &\leqslant \frac{\left|[\mathbf{Df}(\mathbf{a}_0)]^{-1}\right|^2 M|\mathbf{f}(\mathbf{a}_0)|}{1-k} \\ &= \frac{k}{1-k}.\end{aligned} \tag{A.6.8}$$

我们假设 $k < 1/2$, 所以 $I - A_n$ 是可逆的 (根据命题 1.5.38), 与得到不等

式 (A.5.29) 的同样的论证在这里给出

$$
\begin{aligned}
|[\mathbf{Df}(\mathbf{a}_n)]^{-1}| &\leqslant |[\mathbf{Df}(\mathbf{a}_0)]^{-1}| \underbrace{(1+|A_n|+|A_n|^2+\cdots)}_{=\frac{1}{1-|A_n|}} \\
&\leqslant \frac{1-k}{1-2k}|[\mathbf{Df}(\mathbf{a}_0)]^{-1}|. \quad \square
\end{aligned}
\tag{A.6.9}
$$

A.7 逆函数可微性的证明

在 2.10 节, 我们证明了逆函数 $\mathbf{g}$ 的存在性; 更精确地, 我们证明了存在一个函数 $\mathbf{g}\colon V \to W_0$ 使得 $\mathbf{f}\circ\mathbf{g}$ 在 V 上是恒等变换. 可以立刻得到 $\mathbf{g}\circ\mathbf{f}$ 在 $\mathbf{g}(V)$ 上是恒等变换. 我们想要更多. 我们需要 $\mathbf{f}\circ\mathbf{g}$ 在 $\mathbf{x}_0$ 的一个邻域上是恒等变换: 这个在 $\mathbf{g}(V)$ 包含 $\mathbf{x}_0$ 的一个邻域的时候是成立的, 由定理 2.10.7 的结论的第二部分所保证. 最后, 我们需要 $\mathbf{g}$ 为 $\mathbf{f}$ 的唯一的定义在 V 上的具有这些属性的逆函数. 我们在重述定理之后在这里陈述这些问题.

定理 2.10.7(逆函数定理). 令 $W \subset \mathbb{R}^m$ 为 $\mathbf{x}_0$ 的一个开邻域, 令 $\mathbf{f}\colon W \to \mathbb{R}^m$ 为一个连续可微函数. 设 $\mathbf{y}_0 = \mathbf{f}(\mathbf{x}_0)$.

如果导数 $[\mathbf{Df}(\mathbf{x}_0)]$ 是可逆的, 则 $\mathbf{f}$ 在 $\mathbf{y}_0$ 的某个邻域内是可逆的, 且逆是可微的.

要量化这个陈述, 我们将指定一个使逆函数有定义的、中心在 $\mathbf{y}_0$ 的球 V 的半径 R. 首先, 简化记号, 设 $L = [\mathbf{Df}(\mathbf{x}_0)]$. 现在找到满足下列条件的 $R(R>0)$:

1. 圆心在 $\mathbf{x}_0$、半径为 $2R|L^{-1}|$ 的球 W_0 被包含在 W 里.
2. 在 W_0 里, $\mathbf{f}$ 的导数满足李普希兹条件

$$
|[\mathbf{Df}(\mathbf{u})]-[\mathbf{Df}(\mathbf{v})]| \leqslant \frac{1}{2R|L^{-1}|^2}|\mathbf{u}-\mathbf{v}|. \tag{A.7.1}
$$

设 $V = B_R(\mathbf{y}_0)$. 则:

1. 存在唯一的一个连续可微映射 $\mathbf{g}\colon V \to W_0$, 满足

$$
\mathbf{g}(\mathbf{y}_0) = \mathbf{x}_0,\ \text{且}\ \mathbf{f}(\mathbf{g}(\mathbf{y})) = \mathbf{y}
$$

   对任意 $\mathbf{y} \in V$ 成立. 因为恒等变换的导数是恒等变换, 根据链式法则, $\mathbf{g}$ 的导数为 $[\mathbf{Dg}(\mathbf{y})] = [\mathbf{Df}(\mathbf{g}(\mathbf{y}))]^{-1}$.

2. $\mathbf{g}$ 的像包含 $\mathbf{x}_0$ 附近的半径为 R_1 的球, 其中

$$
R_1 = R|L^{-1}|^2\left(\sqrt{|L|^2+\frac{2}{|L^{-1}|^2}}-|L|\right). \tag{A.7.2}
$$

我们从证明 $\mathbf{f}$ 在 W_0 上是单射开始, 这将证明 $\mathbf{g}$ 是唯一的. 要证明 $\mathbf{f}$ 在 W_0

上是单射, 我们将证明函数

$$\mathbf{F}(\mathbf{z}) \stackrel{\text{def}}{=} \frac{1}{2R|L^{-1}|} L^{-1}\left(\mathbf{f}\left(\mathbf{x}_0 + 2R|L^{-1}|\mathbf{z}\right) - \mathbf{y}_0\right) \tag{A.7.3}$$

满足引理 A.7.1 的假设.

函数 $\mathbf{F}$ 是 $\mathbf{f}$ 经过适当的平移以及线性变形得到的, 使得它定义在 $\mathbb{R}^n$ 中的单位球上, 且 $\mathbf{F}(\mathbf{0}) = \mathbf{0}$, $[\mathbf{DF}(\mathbf{0})] = I$. 我们来检验由不等式 (A.7.1) 给出的 $\mathbf{f}$ 上的李普希兹条件能否转化为引理 A.7.1 中的更简单的李普希兹条件:

$$\begin{aligned} \left|[\mathbf{DF}(\mathbf{z}_1)] - [\mathbf{DF}(\mathbf{z}_2)]\right| &= \left|L^{-1}[\mathbf{Df}(\overbrace{\mathbf{x}_0 + 2R|L^{-1}|\mathbf{z}_1}^{\mathbf{u}})] - L^{-1}[\mathbf{Df}(\overbrace{\mathbf{x}_0 + 2R|L^{-1}|\mathbf{z}_2}^{\mathbf{v}})]\right| \\ &\leqslant |L^{-1}|\frac{1}{2R|L^{-1}|^2}\left|\overbrace{2R|L^{-1}|\mathbf{z}_1 - 2R|L^{-1}|\mathbf{z}_2}^{\mathbf{u}-\mathbf{v}}\right| = |\mathbf{z}_1 - \mathbf{z}_2|. \end{aligned} \tag{A.7.4}$$

不等式 (A.7.4): 取 $\mathbf{F}$ 关于 $\mathbf{z}$ 的导数产生的一个因子 $2R|L^{-1}|$ 与分母抵消了.

引理 A.7.1. 令 B 为 $\mathbb{R}^n$ 上的单位开球, 令 $\mathbf{F}\colon B \to \mathbb{R}^n$ 为一个 C^1 映射, 满足

$$\mathbf{F}(\mathbf{0}) = \mathbf{0},\ [\mathbf{DF}(\mathbf{0})] = I,\ |[\mathbf{DF}(\mathbf{x})] - [\mathbf{DF}(\mathbf{y})]| \leqslant |\mathbf{x} - \mathbf{y}| \tag{A.7.5}$$

对于所有的 $\mathbf{x}, \mathbf{y} \in B$ 成立. 则 $\mathbf{F}$ 是单射.

不等式 (A.7.6): 从第二行到第三行, 用到了中值定理和三角不等式. 从第三行到第四行, 用到了 $[\mathbf{DF}(\mathbf{0})] = I$. 从倒数第二行到最后一行, 我们用到了

$$\sup_{\mathbf{z}\in[\mathbf{x},\mathbf{y}]} |\mathbf{z}| = \sup(|\mathbf{x}|, |\mathbf{y}|),$$

因为线段上离原点最远的点总是一个端点.

不等式 (A.7.7): 从等式 (A.7.3) 得到

$$2R|L^{-1}|L\mathbf{F}(\mathbf{z}_i) = \mathbf{f}\Big(\mathbf{x}_0 + 2R|L^{-1}|\mathbf{z}_i\Big) - \mathbf{y}_0;$$

设

$$\mathbf{x}_i = \mathbf{x}_0 + 2R|L^{-1}|\mathbf{z}_i,$$

所以

$$\mathbf{f}(\mathbf{x}_i) = 2R|L^{-1}|L\mathbf{F}(\mathbf{z}_i) + \mathbf{y}_0.$$

还要注意到

$$\mathbf{z}_i = \frac{\mathbf{x}_i - \mathbf{x}_0}{2R|L^{-1}|}.$$

从不等式 (A.7.7) 的第二行到第三行, 我们用到了下面的不等式: 如果 $L\colon \mathbb{R}^n \to \mathbb{R}^n$ 是一个可逆的映射, 则有

$$|L^{-1}||L\mathbf{v}| \geqslant |L^{-1}L\mathbf{v}| = |\mathbf{v}|.$$

在第二行, 我们用 $|L^{-1}|$ 去乘 "L 乘上某些复杂的项" 的长度; 在第三行, 这个被替换成了 "某些复杂的项".

证明: 利用推论 1.9.2, 我们可以写

$$\begin{aligned} |\mathbf{F}(\mathbf{x}) - \mathbf{F}(\mathbf{y})| &= |(\mathbf{x} - \mathbf{y}) + (\mathbf{F}(\mathbf{x}) - \mathbf{x}) - (\mathbf{F}(\mathbf{y}) - \mathbf{y})| \\ &= |(\mathbf{x} - \mathbf{y}) + (\mathbf{F} - I)(\mathbf{x}) - (\mathbf{F} - I)(\mathbf{y})| \\ &\geqslant |\mathbf{x} - \mathbf{y}| - \sup_{\mathbf{z}\in[\mathbf{x},\mathbf{y}]} \left|[\mathbf{DF}(\mathbf{z})] - I\right||\mathbf{x} - \mathbf{y}| \\ &= |\mathbf{x} - \mathbf{y}| - \sup_{\mathbf{z}\in[\mathbf{x},\mathbf{y}]} \left|[\mathbf{DF}(\mathbf{z})] - [\mathbf{DF}(\mathbf{0})]\right||\mathbf{x} - \mathbf{y}| \\ &\geqslant |\mathbf{x} - \mathbf{y}| - \sup_{\mathbf{z}\in[\mathbf{x},\mathbf{y}]} |\mathbf{z} - \mathbf{0}||\mathbf{x} - \mathbf{y}| \\ &= |\mathbf{x} - \mathbf{y}|\big(1 - \sup(|\mathbf{x}|, |\mathbf{y}|)\big). \end{aligned} \tag{A.7.6}$$

因此, $\mathbf{F}(\mathbf{x}) = \mathbf{F}(\mathbf{y})$ 意味着 $\mathbf{x} = \mathbf{y}$. □

可以得到 $\mathbf{f}$ 是单射. 因此 $\mathbf{g}$ 是 $V \to W_0$ 的唯一的映射, 使得 $\mathbf{f} \circ \mathbf{g}$ 是 V 上的恒等映射. 如果 $\mathbf{g}_1$ 是这样的一个映射, 则 $\mathbf{g}_1(\mathbf{y})$ 是 $\mathbf{y}$ 在 W_0 的一个元素 $\mathbf{f}$ 下的一个逆像, 最多有一个这样的逆像 (因此恰好一个), 就是 $\mathbf{g}(\mathbf{y})$.

证明 g 在 V 上连续

不等式 (A.7.6) 给了我们更多: 它给了我们一个 $\mathbf{g}$ 在球 $B_{R'}(\mathbf{y}_0) = \{|\mathbf{y} - \mathbf{y}_0| \leqslant R'\}$, $R' < R$ 上的李普希兹比率. 注意到, 如果逆函数定理对某个 R 成立, 则它也对 R' 成立 (更小的 V 和更小的 W_0); 尤其是, 如果 $|\mathbf{y} - \mathbf{y}_0| \leqslant R'$, 则 $|\mathbf{g}(\mathbf{y}) - \mathbf{x}_0| \leqslant 2R'|L^{-1}|$.

所以, 选取 $\mathbf{y}_1, \mathbf{y}_2 \in B_{R'}(\mathbf{y}_0)$ 并设 $\mathbf{x}_1 = \mathbf{g}(\mathbf{y}_1), \mathbf{x}_2 = \mathbf{g}(\mathbf{y}_2)$. 定义 $\mathbf{z}_i$ 为 $\mathbf{x}_i = \mathbf{x}_0 + 2R|L^{-1}|\mathbf{z}_i$(见边注). 则

$$|\mathbf{y}_1 - \mathbf{y}_2| = |\mathbf{f}(\mathbf{x}_1) - \mathbf{f}(\mathbf{x}_2)| = \Big|2R|L^{-1}|L\mathbf{F}(\mathbf{z}_1) - 2R|L^{-1}|L\mathbf{F}(\mathbf{z}_2)\Big|$$

$$
\begin{aligned}
&= 2R|L^{-1}|\left|L\left(\mathbf{F}\left(\frac{\mathbf{x}_1-\mathbf{x}_0}{2R|L^{-1}|}\right)-\mathbf{F}\left(\frac{\mathbf{x}_2-\mathbf{x}_0}{2R|L^{-1}|}\right)\right)\right| \\
&\geqslant 2R\left|\mathbf{F}\left(\frac{\mathbf{x}_1-\mathbf{x}_0}{2R|L^{-1}|}\right)-\mathbf{F}\left(\frac{\mathbf{x}_2-\mathbf{x}_0}{2R|L^{-1}|}\right)\right| \qquad (A.7.7)\\
&\underbrace{\geqslant}_{\text{不等式 (A.7.6)}} 2R\frac{|\mathbf{x}_1-\mathbf{x}_2|}{2R|L^{-1}|}\left(1-\frac{\sup(|\mathbf{x}_1-\mathbf{x}_0|,|\mathbf{x}_2-\mathbf{x}_0|)}{2R|L^{-1}|}\right) \\
&= \frac{1}{|L^{-1}|}\left(1-\frac{\sup(|\mathbf{x}_1-\mathbf{x}_0|,|\mathbf{x}_2-\mathbf{x}_0|)}{2R|L^{-1}|}\right)(|\mathbf{x}_1-\mathbf{x}_2|) \\
&\geqslant \frac{R-R'}{|L^{-1}|R}\cdot|\mathbf{x}_1-\mathbf{x}_2|.
\end{aligned}
$$

因此, 如果 $\mathbf{y}_1,\mathbf{y}_2$ 在球 $B_{R'}(\mathbf{y}_0)$ 中, 则

$$|\mathbf{g}(\mathbf{y}_1)-\mathbf{g}(\mathbf{y}_2)|=|\mathbf{x}_1-\mathbf{x}_2|\leqslant\frac{|L^{-1}|R}{R-R'}|\mathbf{y}_1-\mathbf{y}_2|. \qquad (A.7.8)$$

改变基点

首先, 我们将看到, 为了证明 $\mathbf{g}$ 在其定义域上是连续可微函数, 只要证明它在 “基点” $\mathbf{y}_0$ 处连续可微就足够了. 注意 (见注释 2.10.8), 为了证明 $R>0$ 和 $\mathbf{g}$ 的存在性, 我们用到的仅有的关于 $\mathbf{f}$ 的假设是 $\mathbf{f}(\mathbf{x}_0)=\mathbf{y}_0$, $[\mathbf{Df}(\mathbf{x}_0)]$ 是可逆的, 以及 $\mathbf{x}\mapsto[\mathbf{Df}(\mathbf{x})]$ 在 $\mathbf{x}_0$ 的一个邻域内是李普希兹的. 对于任意点 $\mathbf{y}_0'\in V$, $\mathbf{x}_0'=\mathbf{g}(\mathbf{y}_0')$, 同样的假设是成立的.

记 $\mathbf{g}=\mathbf{g}_{\mathbf{x}_0,\mathbf{y}_0}$. 对于任意的 $\mathbf{y}_0'\in V$, $\mathbf{x}_0'\overset{\text{def}}{=}\mathbf{g}(\mathbf{y}_0')$, 都存在一个类似的映射 $\mathbf{g}_{\mathbf{x}_0',\mathbf{y}_0'}$. 这个映射也指定了 $\mathbf{y}$ 在 $\mathbf{f}$ 下的一个逆像, 而且因为 $\mathbf{f}$ 在 W_0 上是单射的, 所以它在 $\mathbf{y}_0'$ 的某个邻域内也必须是同样的逆像. 因此, 如果我们证明了 $\mathbf{g}=\mathbf{g}_{\mathbf{x}_0,\mathbf{y}_0}$ 在 $\mathbf{y}_0$ 可微, 同样的证明将证明 $\mathbf{g}_{\mathbf{x}_0',\mathbf{y}_0'}$ 在 $\mathbf{y}_0'$ 可微, 因此 $\mathbf{g}$ 也在 $\mathbf{y}_0'$ 可微, 因为它在 $\mathbf{y}_0'$ 的一个邻域内与 $\mathbf{g}_{\mathbf{x}_0',\mathbf{y}_0'}$ 相同.

我们来看 $\mathbf{g}(V)$ 是开的. 从上面的论证来看, 如果 $\mathbf{g}(V)$ 包含 $\mathbf{x}_0$ 的一个邻域, 则它将包含 $\mathbf{g}(V)$ 的任意点的一个邻域. 集合 $\mathbf{g}(V)$ 确实包含 $\mathbf{x}_0$ 的一个邻域: 如果 $\mathbf{x}$ 是足够接近 $\mathbf{x}_0$ 的, 则因为 $\mathbf{f}$ 是连续的, $\mathbf{f}(\mathbf{x})$ 在 V 中, 所以 $\mathbf{x}_1\overset{\text{def}}{=}\mathbf{g}\big(\mathbf{f}(\mathbf{x})\big)$ 在 $\mathbf{g}(V)$ 中. 因为

$$\mathbf{f}(\mathbf{x}_1)=\mathbf{f}\Big(\mathbf{g}\big(\mathbf{f}(\mathbf{x})\big)\Big)=\mathbf{f}(\mathbf{x}), \qquad (A.7.9)$$

$\mathbf{f}$ 的单射性意味着 $\mathbf{x}=\mathbf{x}_1$, 所以 $\mathbf{x}$ 在 $\mathbf{g}(V)$ 中. 因此 $\mathbf{g}(V)$ 是开的.

证明 $\mathbf{g}$ 在 $\mathbf{y}_0$ 处连续

这里, 我们证明 $\mathbf{g}$ 在 $\mathbf{y}_0$ 处可微, 导数为 $[\mathbf{Dg}(\mathbf{y}_0)]=L^{-1}$, 也就是

$$\lim_{\vec{\mathbf{k}}\to\vec{\mathbf{0}}}\frac{(\mathbf{g}(\mathbf{y}_0+\vec{\mathbf{k}})-\mathbf{g}(\mathbf{y}_0))-L^{-1}\vec{\mathbf{k}}}{|\vec{\mathbf{k}}|}=\vec{\mathbf{0}}. \qquad (A.7.10)$$

当点 $\mathbf{y}_0+\vec{\mathbf{k}}\in V$ 时, 定义 $\vec{\mathbf{r}}(\vec{\mathbf{k}})$ 为 $\mathbf{x}_0$ 的增量, 它在 $\mathbf{f}$ 下对 $\mathbf{y}_0$ 产生增量 $\vec{\mathbf{k}}$:

从等式 (A.7.11) 得到, 如果 $\vec{\mathbf{k}}$ 是非零的, 并且足够小, 使得 $\mathbf{y}_0+\vec{\mathbf{k}}$ 在 $\mathbf{f}$ 的像中, 则 $\vec{\mathbf{r}}(\vec{\mathbf{k}})\neq\vec{\mathbf{0}}$.

$$\mathbf{f}\big(\mathbf{x}_0+\vec{\mathbf{r}}(\vec{\mathbf{k}})\big)=\mathbf{y}_0+\vec{\mathbf{k}}, \qquad (A.7.11)$$

这意味着

$$\mathbf{g}(\mathbf{y}_0+\vec{\mathbf{k}})=\mathbf{x}_0+\vec{\mathbf{r}}(\vec{\mathbf{k}}). \tag{A.7.12}$$

用等式 (A.7.12) 的右侧替代等式 (A.7.10) 左侧的 $\mathbf{g}(\mathbf{y}_0+\vec{\mathbf{k}})$, 记住, $\mathbf{g}(\mathbf{y}_0)=\mathbf{x}_0$. 这给出

$$\begin{aligned}\lim_{\vec{\mathbf{k}}\to\vec{\mathbf{0}}}\frac{\mathbf{x}_0+\vec{\mathbf{r}}(\vec{\mathbf{k}})-\mathbf{x}_0-L^{-1}\vec{\mathbf{k}}}{|\vec{\mathbf{k}}|}&=\lim_{\vec{\mathbf{k}}\to\vec{\mathbf{0}}}\frac{\vec{\mathbf{r}}(\vec{\mathbf{k}})-L^{-1}\vec{\mathbf{k}}}{|\vec{\mathbf{k}}|}\cdot\frac{|\vec{\mathbf{r}}(\vec{\mathbf{k}})|}{|\vec{\mathbf{r}}(\vec{\mathbf{k}})|}\\&=\lim_{\vec{\mathbf{k}}\to\vec{\mathbf{0}}}\frac{L^{-1}\Big(L\vec{\mathbf{r}}(\vec{\mathbf{k}})-\Big(\overbrace{\mathbf{f}\big(\mathbf{x}_0+\vec{\mathbf{r}}(\vec{\mathbf{k}})\big)-\mathbf{f}(\mathbf{x}_0)}^{\text{根据等式 (A.7.11), 为}\vec{\mathbf{k}}}\Big)\Big)}{|\vec{\mathbf{r}}(\vec{\mathbf{k}})|}\frac{|\vec{\mathbf{r}}(\vec{\mathbf{k}})|}{|\vec{\mathbf{k}}|}.\end{aligned} \tag{A.7.13}$$

因为 $\mathbf{f}$ 在 $\mathbf{x}_0$ 可微, 导数为 L, 且

$$\frac{L\vec{\mathbf{r}}(\vec{\mathbf{k}})-\mathbf{f}\big(\mathbf{x}_0+\vec{\mathbf{r}}(\vec{\mathbf{k}})\big)+\mathbf{f}(\mathbf{x}_0)}{|\vec{\mathbf{r}}(\vec{\mathbf{k}})|} \tag{A.7.14}$$

这一项在 $\vec{\mathbf{r}}(\vec{\mathbf{k}})\to\vec{\mathbf{0}}$ 的时候的极限为 $\vec{\mathbf{0}}$. 如果我们证明了在 $\vec{\mathbf{k}}\to\vec{\mathbf{0}}$ 时, $\vec{\mathbf{r}}(\vec{\mathbf{k}})\to\vec{\mathbf{0}}$ 足够快, 使得 $|\vec{\mathbf{r}}(\vec{\mathbf{k}})|/|\vec{\mathbf{k}}|$ 保持有界, 则 $\mathbf{g}$ 在 $\mathbf{y}_0$ 的可微性 (等式 (A.7.10)) 将从定理 1.5.26 的第六部分得到. 等式 (A.7.12) 告诉我们

这里 $|\vec{\mathbf{r}}(\vec{\mathbf{k}})|/|\vec{\mathbf{k}}|$ 起到了定理 1.5.26 的第六部分中的 h 的作用, 其中用在公式 (A.7.14) 中的项上的 L^{-1} 起着 $\mathbf{f}$ 的作用.

$$|\vec{\mathbf{r}}(\vec{\mathbf{k}})|=|\mathbf{g}(\mathbf{y}_0+\vec{\mathbf{k}})-\mathbf{g}(\mathbf{y}_0)|, \tag{A.7.15}$$

并且因为 $\mathbf{g}$ 是连续的, 所以 $|\vec{\mathbf{r}}(\vec{\mathbf{k}})|$ 确实会随着 $|\vec{\mathbf{k}}|$ 趋于 0. $\mathbf{g}$ 是连续的证明 (不等式 (A.7.8)) 说明了更多. 令 $\mathbf{x}=\mathbf{g}(\mathbf{y}_0+\vec{\mathbf{k}})$; 则随着 $\vec{\mathbf{k}}$ 趋于 $\vec{\mathbf{0}}$, 长度 $|\mathbf{x}-\mathbf{x}_0|=|\mathbf{g}(\mathbf{y}_0+\vec{\mathbf{k}})-\mathbf{g}(\mathbf{y}_0)|$ 也趋于 0, 因为 $\mathbf{g}$ 是连续的. 尤其是, 当 $|\vec{\mathbf{k}}|$ 足够小的时候, $|\mathbf{x}-\mathbf{x}_0|<R|L^{-1}|$. 不等式 (A.7.8), 其中 $R'=R/2$, 则说的是对于 $\vec{\mathbf{k}}$ 的这些值, 我们有

$$\frac{|\vec{\mathbf{r}}(\vec{\mathbf{k}})|}{|\vec{\mathbf{k}}|}=\frac{|\mathbf{g}(\mathbf{y}_0+\vec{\mathbf{k}})-\mathbf{g}(\mathbf{y}_0)|}{|\vec{\mathbf{k}}|}\leqslant\frac{R|L^{-1}|}{R-R/2}\frac{|\mathbf{y}_0+\vec{\mathbf{k}}-\mathbf{y}_0|}{|\vec{\mathbf{k}}|}=2|L^{-1}|. \tag{A.7.16}$$

所以, $|\vec{\mathbf{r}}(\vec{\mathbf{k}})|/|\vec{\mathbf{k}}|$ 随着 $\vec{\mathbf{k}}\to\vec{\mathbf{0}}$ 保持有界.

$\mathbf{g}$ 在 V 上连续可微的证明: 这可以从链式法则推出的 $[\mathbf{Dg}(\mathbf{y})]=[\mathbf{Df}(\mathbf{g}(\mathbf{y}))]^{-1}$ 立刻得到. □

等式 (A.7.2) 的证明: 假设 $|\mathbf{x}-\mathbf{x}_0|<R_1$. 则根据推论 1.9.2, 得到

$$\big|\mathbf{f}(\mathbf{x})-\mathbf{f}(\mathbf{x}_0)\big|\leqslant|\mathbf{x}-\mathbf{x}_0|\sup_{|\mathbf{z}-\mathbf{x}_0|<R_1}|[\mathbf{Df}(\mathbf{z})]|<R_1\sup_{|\mathbf{z}-\mathbf{x}_0|<R_1}|[\mathbf{Df}(\mathbf{z})]|. \tag{A.7.17}$$

所以, 如果 $R_1\sup\limits_{|\mathbf{z}-\mathbf{x}_0|<R_1}|[\mathbf{Df}(\mathbf{z})]|<R$, 则 $\mathbf{f}(\mathbf{x})$ 在 V 中. 我们找到了 $|[\mathbf{Df}(\mathbf{z})]|$ 的一个界, 当 $|\mathbf{z}-\mathbf{x}_0|<R_1$ 时:

$$|[\mathbf{Df}(\mathbf{z})]-[\mathbf{Df}(\mathbf{x}_0)]|=|[\mathbf{Df}(\mathbf{z})]-L|\underbrace{\leqslant}_{\text{不等式 (A.7.1)}}\frac{1}{2R|L^{-1}|^2}|\mathbf{z}-\mathbf{x}_0|<\frac{R_1}{2R|L^{-1}|^2}.$$

所以

$$|[\mathbf{Df}(\mathbf{z})]| \leqslant |L| + \frac{R_1}{2R|L^{-1}|^2}, \text{ 也就是 } \sup_{|\mathbf{z}-\mathbf{x}_0|<R_1} |[\mathbf{Df}(\mathbf{z})]| \leqslant |L| + \frac{R_1}{2R|L^{-1}|^2}. \tag{A.7.18}$$

记住, R 是 $\mathbf{g}$ 的定义域 V 的半径.

用这个界来替代不等式 (A.7.17) 中的 $R_1 \sup_{|\mathbf{z}-\mathbf{x}_0|<R_1} |[\mathbf{Df}(\mathbf{z})]|$, 我们看到, 如果

$$R \geqslant \left(|L| + \frac{R_1}{2R|L^{-1}|^2}\right) R_1, \tag{A.7.19}$$

则 $|\mathbf{x}-\mathbf{x}_0| < R_1$ 隐含着 $\mathbf{f}(\mathbf{x}) \in V$. 则 $\mathbf{g}(\mathbf{f}(\mathbf{x}))$ 是 $\mathbf{f}(\mathbf{x})$ 在 W_0 中的一个逆像, 但由于 $\mathbf{f}$ 在 W_0 上是单射, 因此只有一个, 所以 $\mathbf{g}(\mathbf{f}(\mathbf{x})) = \mathbf{x}$, 并且 $\mathbf{x} \in \mathbf{g}(V)$. 我们留给你来检验满足不等式 (A.7.19) 的最大的 R_1 是

$$R_1 = R|L^{-1}|^2 \left(-|L| + \sqrt{|L|^2 + \frac{2}{|L^{-1}|^2}}\right). \quad \square \tag{A.7.20}$$

A.8 隐函数定理的证明

定理 2.10.14 (隐函数定理). 令 W 为 $\mathbf{c} \in \mathbb{R}^n$ 的一个开邻域, 令 $\mathbf{F}\colon W \to \mathbb{R}^{n-k}$ 为一个可微函数, $\mathbf{F}(\mathbf{c}) = \mathbf{0}$, 且 $[\mathbf{DF}(\mathbf{c})]$ 为满射.

将定义域中的变量排序, 使得含有 $[\mathbf{DF}(\mathbf{c})]$ 的前 $n-k$ 列的矩阵行化简到单位矩阵. 设 $\mathbf{c} \stackrel{\text{def}}{=} \begin{pmatrix}\mathbf{a}\\ \mathbf{b}\end{pmatrix}$, 其中 $\mathbf{a}$ 的项对应于 $n-k$ 个主元未知变量, $\mathbf{b}$ 的项对应于 k 个非主元 (主动) 未知变量. 则存在唯一一个连续可微的、从 $\mathbf{b}$ 的一个邻域到 $\mathbf{a}$ 的一个邻域的映射 $\mathbf{g}$, 使得 $\mathbf{F}\begin{pmatrix}\mathbf{x}\\ \mathbf{y}\end{pmatrix} = \mathbf{0}$ 在把 $\mathbf{g}$ 用在后 k 个变量上时, 表示了前 $n-k$ 个变量: $\mathbf{x} = \mathbf{g}(\mathbf{y})$.

要指定 $\mathbf{g}$ 的定义域, 令 L 为 $n \times n$ 的矩阵

$$L = \begin{bmatrix} [D_1\mathbf{F}(\mathbf{c}), \cdots, D_{n-k}\mathbf{F}(\mathbf{c})] & [D_{n-k+1}\mathbf{F}(\mathbf{c}), \cdots, D_n\mathbf{F}(\mathbf{c})] \\ [0] & I_k \end{bmatrix}, \tag{A.8.1}$$

则 L 是可逆的. 现在找到一个数 $R > 0$, 满足下述假设:

1. 中心在 $\mathbf{c}$、半径为 $2R|L^{-1}|$ 的球 W_0 被包含在 W 内.
2. 对于 W_0 中的 $\mathbf{u}, \mathbf{v}$, 导数满足李普希兹条件

$$|[\mathbf{DF}(\mathbf{u})] - [\mathbf{DF}(\mathbf{v})]| \leqslant \frac{1}{2R|L^{-1}|^2} |\mathbf{u} - \mathbf{v}|.$$

则存在唯一一个连续可微映射

$$\mathbf{g}\colon B_R(\mathbf{b}) \to B_{2R|L^{-1}|}(\mathbf{a}),$$

满足对所有的 $\mathbf{y} \in B_R(\mathbf{b})$, 有

$$\mathbf{g}(\mathbf{b}) = \mathbf{a},\ \mathbf{F}\begin{pmatrix}\mathbf{g}(\mathbf{y})\\ \mathbf{y}\end{pmatrix} = \mathbf{0}.$$

由链式法则, 这个隐函数 $\mathbf{g}$ 在 $\mathbf{b}$ 的导数为

$$[\mathbf{Dg}(\mathbf{b})] = -\underbrace{[D_1\mathbf{F}(\mathbf{c}), \cdots, D_{n-k}\mathbf{F}(\mathbf{c})]}_{(n-k)\text{个主元变量的偏导}}{}^{-1}\underbrace{[D_{n-k+1}\mathbf{F}(\mathbf{c}), \cdots, D_n\mathbf{F}(\mathbf{c})]}_{k\text{个非主元变量的偏导}}. \tag{A.8.2}$$

利用康托诺维奇定理直接证明这个定理是可能的, 而且在某种意义上更为自然. 但这种方法将使我们避免必须再次经历证明隐函数连续可微的整个过程.

证明: 逆函数定理显然是隐函数定理的一个特例: 在 $\mathbf{F}\begin{pmatrix}\mathbf{x}\\ \mathbf{y}\end{pmatrix} = \mathbf{f}(\mathbf{x}) - \mathbf{y}$ 下的一个特例; 也就是, 我们可以从 $\mathbf{F}\begin{pmatrix}\mathbf{x}\\ \mathbf{y}\end{pmatrix}$ 中分离出 $\mathbf{y}$. 有一个巧妙的方法可以把隐函数定理变成逆函数定理的一个特例. 我们将创造一个新的函数 $\widetilde{\mathbf{F}}$, 使得我们可以应用逆函数定理. 然后我们将说明 $\widetilde{\mathbf{F}}$ 的逆函数是如何给出隐函数 $\mathbf{g}$ 的.

我们在 $\mathbf{F}$ 上加上 "~" 的时候, 创造出等式 (A.8.3) 中的函数 $\widetilde{\mathbf{F}}$, 我们用 $\mathbf{F}\begin{pmatrix}\mathbf{x}\\ \mathbf{y}\end{pmatrix}$ 作为 $\widetilde{\mathbf{F}}$ 的前 $n-k$ 个坐标, 并且在底部放上 $\mathbf{y}$(k 个坐标); $\mathbf{y}$ 只是搭了个便车. 我们这样做来固定维数:

$$\widetilde{\mathbf{F}}\colon \mathbb{R}^n \to \mathbb{R}^n$$

可以有逆函数, 而 $\mathbf{F}$ 没有.

考虑函数 $\widetilde{\mathbf{F}}\colon W \to \mathbb{R}^{n-k} \times \mathbb{R}^k$, 定义为

$$\widetilde{\mathbf{F}}\begin{pmatrix}\mathbf{x}\\ \mathbf{y}\end{pmatrix} = \begin{pmatrix}\mathbf{F}\begin{pmatrix}\mathbf{x}\\ \mathbf{y}\end{pmatrix}\\ \mathbf{y}\end{pmatrix}, \tag{A.8.3}$$

其中 $\mathbf{x}$ 表示 $n-k$ 个变量, 我们把它们作为前几个变量, $\mathbf{y}$ 表示其余的 k 个变量. 然而 $\mathbf{F}$ 从 $W \subset \mathbb{R}^n$ 到低维空间 $\mathbb{R}^{n-k}$, 因此没有希望有逆函数, $\widetilde{\mathbf{F}}$ 的定义域和陪域有相同的维数 n, 如图 A.8.1 所示.

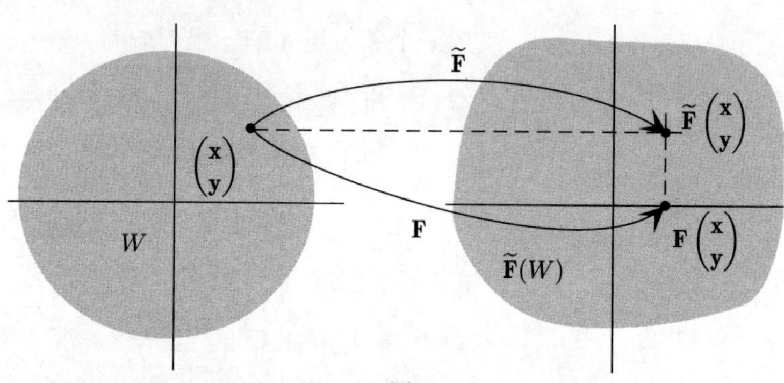

图 A.8.1

映射 $\widetilde{\mathbf{F}}$ 被设计为在 $\mathbf{F}$ 的像上增加维数, 使得像与定义域有相同的维数. 这里, $n=2$, $k=n-k=1$; $\mathbf{F}$ 把点 $\begin{pmatrix}\mathbf{x}\\ \mathbf{y}\end{pmatrix}$ 映射到 $\mathbb{R}$ 中的一个点, 而 $\widetilde{\mathbf{F}}$ 把这个点映射到 $\mathbb{R}^2$ 中的一个点.

等式 (A.8.4): 导数

$$L = [\mathbf{D}\widetilde{\mathbf{F}}(\mathbf{c})] = \begin{bmatrix}[\mathbf{DF}(\mathbf{c})]\\ [0]|I\end{bmatrix}$$

是一个 $n \times n$ 的矩阵; 它的项

$$[\mathbf{DF}(\mathbf{c})] = [D_1\mathbf{F}(\mathbf{c}), \cdots, D_n\mathbf{F}(\mathbf{c})]$$

是一个行数为 $n-k$, 列数为 n 的矩阵; [0] 矩阵的行数为 k, 列数为 $n-k$; 单位矩阵是 $k \times k$ 的.

现在, 我们将找到 $\widetilde{\mathbf{F}}$ 的一个逆函数, 并将证明这个逆函数的前几个坐标就是隐函数 $\mathbf{g}$. $\widetilde{\mathbf{F}}$ 在 $\mathbf{c}$ 的导数是等式 (A.8.1) 中的矩阵 L:

$$[\mathbf{D}\widetilde{\mathbf{F}}(\mathbf{c})] = \begin{bmatrix}[D_1\mathbf{F}(\mathbf{c}), \cdots, D_{n-k}\mathbf{F}(\mathbf{c})] & [D_{n-k+1}\mathbf{F}(\mathbf{c}), \cdots, D_n\mathbf{F}(\mathbf{c})]\\ [0] & I\end{bmatrix}. \tag{A.8.4}$$

从练习 2.5 得到, $[\mathbf{D}\widetilde{\mathbf{F}}(\mathbf{c})]$ 恰好在 $[D_1\mathbf{F}(\mathbf{c}), \cdots, D_{n-k}\mathbf{F}(\mathbf{c})]$ 是可逆的时候是

可逆的, 也就是, 逆函数定理的假设条件被满足的时候.

注意到, 如果 $\mathbf{F}$ 的导数在 $W_0 \subset W$ 上是李普希兹的, 如在隐函数定理的条件 1 和条件 2 中所描述的, 则 $\widetilde{\mathbf{F}}$ 的导数在 $W_0 \subset W$ 上是李普希兹的, 如在逆函数定理的条件 1 和条件 2 中所描述的. 关于条件 2 要检查一些东西, 因为 $\widetilde{\mathbf{F}}$ 的导数并不完全是 $\mathbf{F}$ 的导数. 但这不是一个问题: 因为 $\widetilde{\mathbf{F}}$ 的导数为 $[\mathbf{D}\widetilde{\mathbf{F}}(\mathbf{u})] = \begin{bmatrix} [\mathbf{DF}(\mathbf{u})] \\ [0]|I \end{bmatrix}$, 当我们计算 $|[\mathbf{D}\widetilde{\mathbf{F}}(\mathbf{u})] - [\mathbf{D}\widetilde{\mathbf{F}}(\mathbf{v})]|$ 的时候, 单位矩阵抵消了, 给出

$$|[\mathbf{D}\widetilde{\mathbf{F}}(\mathbf{u})] - [\mathbf{D}\widetilde{\mathbf{F}}(\mathbf{v})]| = |[\mathbf{DF}(\mathbf{u})] - [\mathbf{DF}(\mathbf{v})]|. \tag{A.8.5}$$

因此 $\widetilde{\mathbf{F}}$ 有唯一的一个逆函数 $\widetilde{\mathbf{G}}\colon B_R\begin{pmatrix}\mathbf{0}\\ \mathbf{b}\end{pmatrix} \to W_0$; 当 $|\mathbf{y} - \mathbf{b}| < R$ 的时候, 有

$$\widetilde{\mathbf{F}} \circ \widetilde{\mathbf{G}}\begin{pmatrix}\mathbf{x}\\ \mathbf{y}\end{pmatrix} = \begin{pmatrix}\mathbf{x}\\ \mathbf{y}\end{pmatrix}. \tag{A.8.6}$$

现在, 定义 $\mathbf{g}$ 为 $\widetilde{\mathbf{G}}\begin{pmatrix}\mathbf{0}\\ \mathbf{y}\end{pmatrix} = \begin{pmatrix}\mathbf{g}(\mathbf{y})\\ \mathbf{y}\end{pmatrix}$, 则

$$\begin{pmatrix}\mathbf{0}\\ \mathbf{y}\end{pmatrix} = \widetilde{\mathbf{F}} \circ \widetilde{\mathbf{G}}\begin{pmatrix}\mathbf{0}\\ \mathbf{y}\end{pmatrix} = \widetilde{\mathbf{F}}\begin{pmatrix}\mathbf{g}(\mathbf{y})\\ \mathbf{y}\end{pmatrix} = \begin{pmatrix}\mathbf{F}\begin{pmatrix}\mathbf{g}(\mathbf{y})\\ \mathbf{y}\end{pmatrix}\\ \mathbf{y}\end{pmatrix}. \tag{A.8.7}$$

因此

$$\mathbf{F}\begin{pmatrix}\mathbf{g}(\mathbf{y})\\ \mathbf{y}\end{pmatrix} = \mathbf{0}; \tag{A.8.8}$$

$\mathbf{g}$ 就是所要找的 “隐函数”: $\mathbf{F}\begin{pmatrix}\mathbf{x}\\ \mathbf{y}\end{pmatrix} = \mathbf{0}$ 隐式地用 $\mathbf{y}$ 定义了 $\mathbf{x}$, 而 $\mathbf{g}$ 使得这个关系变为显式的.

注释. 等式 (A.8.8) 说明, 一个点 $\begin{pmatrix}\mathbf{g}(\mathbf{y})\\ \mathbf{y}\end{pmatrix} \in B_R\begin{pmatrix}\mathbf{0}\\ \mathbf{b}\end{pmatrix}$, 也就是 $\mathbf{g}$ 的图像的一个点, 为方程 $\mathbf{F}\begin{pmatrix}\mathbf{x}\\ \mathbf{y}\end{pmatrix} = \mathbf{0}$ 的一个解. 我们还可以证明, 在一个适当的区域中, 一组方程 $\mathbf{F}\begin{pmatrix}\mathbf{x}\\ \mathbf{y}\end{pmatrix} = \mathbf{0}$ 被包含在 $\mathbf{g}$ 的图像中. 如果 $\mathbf{F}\begin{pmatrix}\mathbf{x}\\ \mathbf{y}\end{pmatrix} = \mathbf{0}$, 则

我们用 $B_R\begin{pmatrix}\mathbf{0}\\ \mathbf{b}\end{pmatrix}$ 表示球心在 $\begin{pmatrix}\mathbf{0}\\ \mathbf{b}\end{pmatrix}$, 半径为 R 的球.

$$\begin{pmatrix}\mathbf{x}\\ \mathbf{y}\end{pmatrix} = \widetilde{\mathbf{G}} \circ \widetilde{\mathbf{F}}\begin{pmatrix}\mathbf{x}\\ \mathbf{y}\end{pmatrix} = \widetilde{\mathbf{G}}\begin{pmatrix}\mathbf{F}\begin{pmatrix}\mathbf{x}\\ \mathbf{y}\end{pmatrix}\\ \mathbf{y}\end{pmatrix} = \widetilde{\mathbf{G}}\begin{pmatrix}\mathbf{0}\\ \mathbf{y}\end{pmatrix} = \begin{pmatrix}\mathbf{g}(\mathbf{y})\\ \mathbf{y}\end{pmatrix}, \tag{A.8.9}$$

$\widetilde{\mathbf{G}}$ 定义在全部的 $B_R\begin{pmatrix}\mathbf{0}\\ \mathbf{b}\end{pmatrix}$ 上, 我们将只对点 $\widetilde{\mathbf{G}}\begin{pmatrix}\mathbf{0}\\ \mathbf{y}\end{pmatrix}$ 感兴趣.

所以, $\mathbf{x} = \mathbf{g}(\mathbf{y})$, 证明了在 $\widetilde{\mathbf{G}}\left(B_R\begin{pmatrix}\mathbf{0}\\ \mathbf{b}\end{pmatrix}\right)$ 中, 一组方程 $\mathbf{F}\begin{pmatrix}\mathbf{x}\\ \mathbf{y}\end{pmatrix} = \mathbf{0}$ 被包含在 $\mathbf{g}$

练习 A.8.1 让你证明这样找到的隐函数是唯一的.

在等式 (A.8.10) 中, $[\mathbf{Dg}(\mathbf{b})]$ 是一个 $(n-k)\times k$ 的矩阵, I 是一个 $k\times k$ 的矩阵, $[0]$ 是一个 $(n-k)\times k$ 的零矩阵. 在这个等式中, 我们使用了 $\mathbf{g}$ 是可微的事实; 否则我们不能应用链式法则.

的图像中. 因此, $\mathbf{g}$ 的图像和 $\mathbf{F}\begin{pmatrix}\mathbf{x}\\ \mathbf{y}\end{pmatrix}=\mathbf{0}$ 的解在 $\widetilde{\mathbf{G}}\left(B_R\begin{pmatrix}\mathbf{0}\\ \mathbf{b}\end{pmatrix}\right)$ 中重合. △

现在我们需要证明等式 (2.10.29). 把 $\widetilde{\mathbf{g}}$ 定义为 $\widetilde{\mathbf{g}}(\mathbf{y})=\begin{pmatrix}\mathbf{g}(\mathbf{y})\\ \mathbf{y}\end{pmatrix}$. 根据等式 (A.8.8), 函数 $\mathbf{F}\circ\widetilde{\mathbf{g}}$ 处处为 $\mathbf{0}$, 所以其导数为 $[0]$, 给出 (根据链式法则)

$$[\mathbf{D}(\mathbf{F}\circ\widetilde{\mathbf{g}})(\mathbf{b})]=\left[\mathbf{DF}\begin{pmatrix}\mathbf{g}(\mathbf{b})\\ \mathbf{b}\end{pmatrix}\right][\mathbf{D}\widetilde{\mathbf{g}}(\mathbf{b})]=[0], \tag{A.8.10}$$

也就是

$$\begin{bmatrix} | & & | & | & & | \\ D_1\mathbf{F}(\mathbf{c}), & \cdots, & D_{n-k}\mathbf{F}(\mathbf{c}), & D_{n-k+1}\mathbf{F}(\mathbf{c}), & \cdots, & D_n\mathbf{F}(\mathbf{c}) \\ | & & | & | & & | \end{bmatrix}\begin{bmatrix}\mathbf{Dg}(\mathbf{b})\\ I\end{bmatrix}=[0]. \tag{A.8.11}$$

如果 A 代表 $[\mathbf{DF}(\mathbf{c})]$ 的前 $n-k$ 列, B 代表最后 k 列, 我们有

$$A[\mathbf{Dg}(\mathbf{b})]+B=[0],\ \text{推出}\ A[\mathbf{Dg}(\mathbf{b})]=-B,\ \text{以及}\ [\mathbf{Dg}(\mathbf{b})]=-A^{-1}B. \tag{A.8.12}$$

代换回去, 这恰好就是我们要证明的:

$$[\mathbf{Dg}(\mathbf{b})]=\underbrace{-[D_1\mathbf{F}(\mathbf{c}),\cdots,D_{n-k}\mathbf{F}(\mathbf{c})]^{-1}}_{-A^{-1}}\underbrace{[D_{n-k+1}\mathbf{F}(\mathbf{c}),\cdots,D_n\mathbf{F}(\mathbf{c})]}_{B}.\quad\square$$

A.8 节的练习

A.8.1 利用定理 2.10.14 中的记号, 证明通过设 $\mathbf{g}(\mathbf{y})=\mathbf{G}\begin{pmatrix}\mathbf{0}\\ \mathbf{y}\end{pmatrix}$ 找到的隐函数是唯一的定义在 $B_R(\mathbf{b})$ 上, 且满足

$$\mathbf{F}\begin{pmatrix}\mathbf{g}(\mathbf{y})\\ \mathbf{y}\end{pmatrix}=\mathbf{0}\ \text{以及}\ \mathbf{g}(\mathbf{b})=\mathbf{a}$$

的连续函数.

A.9　交叉偏导等式的证明

定理 3.3.8 (交叉偏导的等式). 令 U 为 $\mathbb{R}^n$ 的一个开子集, $f\colon U\to\mathbb{R}$ 为一个函数, 满足所有的一阶偏导 D_if 在 $\mathbf{a}\in U$ 可微. 则对于每一对变量 x_i,x_j, 交叉偏导相等:

$$D_j(D_if)(\mathbf{a})=D_i(D_jf)(\mathbf{a}).$$

证明: 我们将证明

$$D_j(D_if)(\mathbf{a})=\lim_{t\to 0}\frac{1}{t^2}\Big(f(\mathbf{a}+t\vec{\mathbf{e}}_i+t\vec{\mathbf{e}}_j)-f(\mathbf{a}+t\vec{\mathbf{e}}_i)-f(\mathbf{a}+t\vec{\mathbf{e}}_j)+f(\mathbf{a})\Big).$$

因为右边的表达式关于 i 和 j 是对称的, 这就证明了定理. 写

$$g(s) = f(\mathbf{a} + s\vec{\mathbf{e}}_i + t\vec{\mathbf{e}}_j) - f(\mathbf{a} + s\vec{\mathbf{e}}_i), \tag{A.9.1}$$

所以有

$$f(\mathbf{a} + t\vec{\mathbf{e}}_i + t\vec{\mathbf{e}}_j) - f(\mathbf{a} + t\vec{\mathbf{e}}_i) - f(\mathbf{a} + t\vec{\mathbf{e}}_j) + f(\mathbf{a}) = g(t) - g(0). \tag{A.9.2}$$

因为 f 是可微的, 因此 g 也是, 所以根据中值定理, 在 0 和 t 之间存在 c_t, 使得

$$f(\mathbf{a} + t\vec{\mathbf{e}}_i + t\vec{\mathbf{e}}_j) - f(\mathbf{a} + t\vec{\mathbf{e}}_i) - f(\mathbf{a} + t\vec{\mathbf{e}}_j) + f(\mathbf{a}) = tg'(c_t). \tag{A.9.3}$$

我们不能写 $c_t \in (0,t)$, 因为 t 可能是负的.

在等式 (A.9.5) 中, 我们把 $c_t\vec{\mathbf{e}}_i + t\vec{\mathbf{e}}_j$ 当成了命题和定理 1.7.9 中的增量 $\vec{\mathbf{h}}$.

注意到在等式 (A.9.1) 中对 g 求导给出

$$g'(c_t) = D_i f(\mathbf{a} + c_t\vec{\mathbf{e}}_i + t\vec{\mathbf{e}}_j) - D_i f(\mathbf{a} + c_t\vec{\mathbf{e}}_i). \tag{A.9.4}$$

因为 $D_i f$ 在 $\mathbf{a}$ 可微, 我们可以写

$$\begin{aligned} 0 &= \lim_{\sqrt{c_t^2+t^2}\to 0} \frac{1}{\sqrt{c_t^2+t^2}}\Big(D_i f(\mathbf{a} + c_t\vec{\mathbf{e}}_i + t\vec{\mathbf{e}}_j) - D_i f(\mathbf{a}) - [\mathbf{D}(D_i f)(\mathbf{a})](c_t\vec{\mathbf{e}}_i + t\vec{\mathbf{e}}_j)\Big) \\ &= \lim_{|t|\to 0} \frac{1}{|t|}\Big(D_i f(\mathbf{a} + c_t\vec{\mathbf{e}}_i + t\vec{\mathbf{e}}_j) - D_i f(\mathbf{a}) - c_t(D_i^2 f)(\mathbf{a}) - tD_j(D_i f)(\mathbf{a})\Big), \end{aligned} \tag{A.9.5}$$

以及

$$\begin{aligned} 0 &= \lim_{c_t\to 0} \frac{1}{|c_t|}\Big(D_i f(\mathbf{a} + c_t\vec{\mathbf{e}}_i) - D_i f(\mathbf{a}) - [\mathbf{D}D_i f(\mathbf{a})](c_t\vec{\mathbf{e}}_i)\Big) \\ &= \lim_{t\to 0} \frac{1}{|t|}\Big(D_i f(\mathbf{a} + c_t\vec{\mathbf{e}}_i) - D_i f(\mathbf{a}) - c_t(D_i^2 f)(\mathbf{a})\Big). \end{aligned} \tag{A.9.6}$$

在这两个方程中, 从第一行到第二行, 我们用到了 $|c_t| \leqslant |t|$, 以及 $D_i f$ 在 $\mathbf{a}$ 可微的事实, 所以它的导数 $[\mathbf{D}D_i f(\mathbf{a})]$ 是一个各个项为 $D_k(D_i f)(\mathbf{a})$ $(k = 1, \cdots, n)$ 的雅可比矩阵 (这种情况下, 是一个线矩阵) 给出的线性变换. 所以我们有

$$\begin{aligned} &\lim_{t\to 0} \frac{1}{t^2}\Big(f(\mathbf{a} + t\vec{\mathbf{e}}_i + t\vec{\mathbf{e}}_j) - f(\mathbf{a} + t\vec{\mathbf{e}}_i) - f(\mathbf{a} + t\vec{\mathbf{e}}_j) + f(\mathbf{a})\Big) \\ = &\lim_{t\to 0} \frac{g'(c_t)}{t} = D_j(D_i f)(\mathbf{a}). \end{aligned} \tag{A.9.7}$$

等式 (A.9.7): 从第一行到第二行用到了等式 (A.9.3). 练习 A.9.1 让你证明最后的等式.

第一行的表达式关于 i 和 j 是对称的. 因此 $D_j(D_i f)(\mathbf{a}) = D_i(D_j f)(\mathbf{a})$. □

A.9 节的练习

A.9.1 证明等式 (A.9.7) 的最后的等式.

A.9.2 计算 $\lim\limits_{x\to 0}\lim\limits_{y\to 0} \dfrac{y}{x+y}$ 和 $\lim\limits_{y\to 0}\lim\limits_{x\to 0} \dfrac{y}{x+y}$.

A.10　具有多个等于 0 的偏导的函数

命题 3.3.17 (具有多个等于 0 的偏导的函数的大小). 令 U 为 $\mathbb{R}^n$ 的一个开子集, 令 $g\colon U \to \mathbb{R}$ 为一个 C^k 函数. 则当且仅当 g 在 $\mathbf{a} \in U$ 的所有不超过 k 阶的偏导都为 0(包括 $g(\mathbf{a})$, 0 阶偏导) 的时候, 有

$$\lim_{\vec{\mathbf{h}}\to\vec{\mathbf{0}}} \frac{g(\mathbf{a}+\vec{\mathbf{h}})}{|\vec{\mathbf{h}}|^k} = 0.$$

证明: 我们首先证明, 如果偏导等于 0, 则函数值就会很小. 不失一般性, 我们假设 $\mathbf{a} = \mathbf{0}$. 我们将通过对 k 进行归纳来证明. $k = 0$ 的情况是连续性的一个定义: 如果 g 属于 $C^0(U)$, 则当且仅当 $\lim\limits_{h\to 0} g(h) = 0$ 时, $g(0) = 0$.

现在假设 $k > 0$. 假设定理对于 $k-1$ 成立. 首先假设 $D^I g(\mathbf{0}) = \mathbf{0}$ 对于所有的 $|I| \leqslant k$ 成立. 根据中值定理, 存在 $c(\vec{\mathbf{h}}) \in (\vec{\mathbf{0}}, \vec{\mathbf{h}})$ 满足

$$g(\vec{\mathbf{h}}) = \big[\mathbf{D}g\big(c(\vec{\mathbf{h}})\big)\big]\vec{\mathbf{h}}. \tag{A.10.1}$$

则

$$\begin{aligned}\lim_{\vec{\mathbf{h}}\to\vec{\mathbf{0}}} \frac{|g(\vec{\mathbf{h}})|}{|\vec{\mathbf{h}}|^k} &\overbrace{=}^{\text{定理1.9.1}} \lim_{\vec{\mathbf{h}}\to\vec{\mathbf{0}}} \frac{\Big|\big[\mathbf{D}g\big(c(\vec{\mathbf{h}})\big)\big]\vec{\mathbf{h}}\Big|}{|\vec{\mathbf{h}}|^k} \overbrace{=}^{\text{命题1.4.11}} \lim_{\vec{\mathbf{h}}\to\vec{\mathbf{0}}} \frac{\Big|\big[\mathbf{D}g\big(c(\vec{\mathbf{h}})\big)\big]\Big|}{|\vec{\mathbf{h}}|^{k-1}} \\ &\underbrace{=}_{|c(\vec{\mathbf{h}})|\leqslant|\vec{\mathbf{h}}|} \lim_{\vec{\mathbf{h}}\to\vec{\mathbf{0}}} \frac{\Big|\big[\mathbf{D}g\big(c(\vec{\mathbf{h}})\big)\big]\Big|}{|c(\vec{\mathbf{h}})|^{k-1}} \underbrace{=}_{\text{归纳假设}} 0.\end{aligned} \tag{A.10.2}$$

最后一个等式利用了归纳假设. 这就证明了结论的第一个方向.

现在, 我们证明函数值很小, 也就是, 如果

$$\lim_{\vec{\mathbf{h}}\to\vec{\mathbf{0}}} \frac{g(\vec{\mathbf{h}})}{|\vec{\mathbf{h}}|^k} = 0, \tag{A.10.3}$$

则在原点的所有不超过 k 阶的偏导都为 0.

我们首先在一维的情况下证明这个结果. 令 U 为 $\mathbb{R}$ 中 0 的一个邻域, g 为一个 $C^k(U)$ 函数. 假设 $\lim\limits_{x\to 0} \dfrac{g(x)}{x^k} = 0$(函数值很小), 并且

记着 $f^{(k)}$ 表示 f 的 k 阶导数.

$$g(0) = g'(0) = \cdots = g^{(i-1)}(0) = 0,\ \text{但}\ g^{(i)}(0) \neq 0, \tag{A.10.4}$$

这将产生矛盾. 下面, 要得到从第二行到第三行的不等式, 注意到因为我们假设了 $g^{(i)}(0) \neq 0$, 因此可以假设 (减小 U, 并且在必要的时候改变符号) 存在 A 满足 $g^{(i)}(x) \geqslant A$ 对所有的 $x \in U$ 成立:

$$\begin{aligned} g(x) &= \int_0^x g'(x_1)\,\mathrm{d}x_1 = \int_0^x \int_0^{x_1} g''(x_2)\,\mathrm{d}x_2\,\mathrm{d}x_1 = \cdots \\ &= \int_0^x \int_0^{x_1} \cdots \int_0^{x_{i-1}} g^{(i)}(x_i)\,\mathrm{d}x_i\,\mathrm{d}x_{i-1}\cdots\mathrm{d}x_1 \\ &\geqslant \int_0^x \int_0^{x_1} \cdots \int_0^{x_{i-1}} A\,\mathrm{d}x_i\,\mathrm{d}x_{i-1}\cdots\mathrm{d}x_1 \\ &= \int_0^x \int_0^{x_1} \cdots \int_0^{x_{i-2}} A x_{i-1}\,\mathrm{d}x_{i-1}\cdots\mathrm{d}x_1 \end{aligned} \tag{A.10.5}$$

$$= \int_0^x \int_0^{x_1} \cdots \int_0^{x_{i-3}} \frac{Ax_{i-2}^2}{2}\, dx_{i-2} \cdots dx_1 = \frac{Ax^i}{i!}.$$

这就给出了矛盾: 如果 $i \leqslant k$, 则

$$\lim_{x\to\infty} \frac{g(x)}{|x|^k} \geqslant \lim_{x\to\infty} \frac{A}{i!}|x|^{i-k} \neq 0. \tag{A.10.6}$$

现在我们证明 "函数值很小意味着导数为 0" 对于 $n>1$ 维空间成立. 对于固定的 $\mathbf{x}\in\mathbb{R}^n$, 令 $f_{\mathbf{x}}\colon\mathbb{R}\to\mathbb{R}$, 定义为

$$f_{\mathbf{x}}(t) \stackrel{\text{def}}{=} g(t\mathbf{x}). \tag{A.10.7}$$

因为我们的假设是 $g\colon U\to\mathbb{R}$ 很小, $f_{\mathbf{x}}$ 很小, 所以根据一维的情况, 我们有 $f_{\mathbf{x}}^{(i)}(0)=0$. 利用泰勒多项式的复合, 我们可以写

$$0 = f_{\mathbf{x}}^{(i)}(0) = \sum_{I\in\mathcal{I}_n^i} \frac{i!}{I!}\Big(D_I g(\mathbf{0})\Big)\mathbf{x}^I. \tag{A.10.8}$$

(练习 A.10.1 让你证明这个方程.) 右边的表达式是一个含有 n 个变量的多项式函数; 这个多项式处处为 0. 因此根据等式 (3.3.20), 它的所有的系数都为 0: $D^I g(\mathbf{0})=0$ 对于所有的 $\deg I\leqslant I$ 的多重指数 I 成立. □

A.10 节的练习

A.10.1 证明等式 (A.10.8): 令 $U\subset\mathbb{R}^n$ 为 $\mathbf{0}$ 的一个邻域, 令 $g\colon U\to\mathbb{R}$ 为一个 C^k 类的函数, 令 $\mathbf{x}\in\mathbb{R}^n$ 为一个点. 设 $f_{\mathbf{x}}(t)=g(t\mathbf{x})$. 证明:

$$f_{\mathbf{x}}^{(i)}(0) = \sum_{I\in\mathcal{I}_n^i} \frac{i!}{I!} D_I g(\mathbf{0})\mathbf{x}^I.$$

A.11　证明泰勒多项式的规则

带有大 O 的记号 "显著地简化了计算, 因为它允许我们可以放松一点 —— 但是是以一种令人满意的可控的方式." —— Donald Knuth, Stanford University (*Notices of the AMS*, Vol.45, No.6, p.688).

从定义 3.4.1 回忆到, 如果

$$\lim_{\mathbf{x}\to\mathbf{0}} \frac{f(\mathbf{x})}{h(\mathbf{x})} = 0,$$

则 f 属于 $o(h)$. 如果对于任意的 $\epsilon>0$, 存在 $\delta>0$, 使得

$$|\mathbf{x}|<\delta \Rightarrow |f(\mathbf{x})| \leqslant \epsilon h(\mathbf{x}),$$

那么我们还可以说 f 属于 $o(h)$.

显然, 这是一个比对 O 的要求, 即存在常数 C 使得

$$|\mathbf{x}|<\delta \Rightarrow f(\mathbf{x}) \leqslant Ch(\mathbf{x})$$

更强的要求.

计算泰勒多项式的命题 3.4.3 和命题 3.4.4 从 o 和 O 的算术计算的一些规则得到.

定义 A.11.1 (大 O). 令 $U\subset\mathbb{R}^n$ 为 $\mathbf{0}$ 的一个邻域, $h\colon U\to\mathbb{R}$ 为一个函数, 满足如果 $\mathbf{x}\neq\mathbf{0}$, 则 $h(\mathbf{x})>0$. 则函数 $f\colon U\to\mathbb{R}$ 属于 $O(h)$, 如果存在 $\delta>0$ 和一个常数 C 使得在 $0<|\mathbf{x}|<\delta$ 时, $|f(\mathbf{x})|\leqslant Ch(\mathbf{x})$; 这个读作 "$f$ 至多为 $h(\mathbf{x})$ 的常数倍".

注意

$$f\in o(h) \Rightarrow f\in O(h). \tag{A.11.1}$$

下面, 为了简化记号, 我们写 $O(|\mathbf{x}|^k)+O(|\mathbf{x}|^l)=O(|\mathbf{x}|^k)$, 意思是如果 $f\in O(|\mathbf{x}|^k)$ 且 $f\in O(|\mathbf{x}|^l)$, 则 $f+g\in O(|\mathbf{x}|^k)$; 对于乘积和复合, 我们使用类似的记号.

命题 A.11.2: 如果 $k<l$, 则 $|\mathbf{x}|^k$ 对于 $\mathbf{0}$ 附近的 $\mathbf{x}$, 要大于 $|\mathbf{x}|^l$: 例如, 比较 $|1/8|^2$ 和 $|1/8|^3$. 对于接近 $\mathbf{0}$ 的 $\mathbf{x}$, 把 $O(|\mathbf{x}|^k)$ 想象为一头大象的重量, 而 $O(|\mathbf{x}|^l)$ 为一只老鼠的重量. 它们的总重量仍然大约是大象的重量. 这在数学上是有点粗糙的结论, 但是它说明了大 O 和小 o 的意图是区分谁是在起着主导的作用, 而谁不是.

命题 A.11.2 (o 和 O 的加法和乘法规则). 假设 $0\leqslant k\leqslant l$ 为两个整数. 则:

1. $O(|\mathbf{x}|^k)+O(|\mathbf{x}|^l)=O(|\mathbf{x}|^k)$.
2. $o(|\mathbf{x}|^k)+o(|\mathbf{x}|^l)=o(|\mathbf{x}|^k)$, 加法公式.
3. $o(|\mathbf{x}|^k)+O(|\mathbf{x}|^l)=o(|\mathbf{x}|^k)$, 其中 $k<l$.
4. $O(|\mathbf{x}|^k)O(|\mathbf{x}|^l)=O(|\mathbf{x}|^{k+l})$, 乘法公式.
5. $O(|\mathbf{x}|^k)o(|\mathbf{x}|^l)=o(|\mathbf{x}|^{k+l})$.

证明: 加法和乘法的公式或多或少是显然的; 一半的工作是搞清楚它们的意思. 假设 $U\subset\mathbb{R}^n$ 为 $\mathbf{0}$ 的一个邻域, $f,g\colon U\to\mathbb{R}$ 为函数.

加法公式: 对于加法公式中的第一个, 假设存在 $\delta>0$ 和常数 C_1,C_2, 使得当 $0<|\mathbf{x}|<\delta$ 时, 有

$$|f(\mathbf{x})|\leqslant C_1|\mathbf{x}|^k,\ |g(\mathbf{x})|\leqslant C_2|\mathbf{x}|^l. \tag{A.11.2}$$

如果 $\delta_1=\inf\{\delta,1\}, C=C_1+C_2$, 并且 $|\mathbf{x}|<\delta_1$, 则

在不等式 (A.11.3) 中, 注意到第二个不等式的左右两边的项除了左边的 $C_2|\mathbf{x}|^l$ 变成了右边的 $C_2|\mathbf{x}|^k$, 其他都是相同的.

$$f(\mathbf{x})+g(\mathbf{x})\leqslant C_1|\mathbf{x}|^k+C_2|\mathbf{x}|^l\leqslant C_1|\mathbf{x}|^k+C_2|\mathbf{x}|^k=C|\mathbf{x}|^k. \tag{A.11.3}$$

对于第二个, 假设是

$$\lim_{|\mathbf{x}|\to0}\frac{f(\mathbf{x})}{|\mathbf{x}|^k}=0,\ \lim_{|\mathbf{x}|\to0}\frac{g(\mathbf{x})}{|\mathbf{x}|^l}=0. \tag{A.11.4}$$

因为 $l\geqslant k$, 我们也有 $\lim\limits_{|\mathbf{x}|\to0}\dfrac{g(\mathbf{x})}{|\mathbf{x}|^k}=0$, 所以

$$\lim_{|\mathbf{x}|\to0}\frac{f(\mathbf{x})+g(\mathbf{x})}{|\mathbf{x}|^k}=0. \tag{A.11.5}$$

所有的证明基本上是一样的; 它们是意义上差别很细微的练习.

第三个由第二个得到, 因为 $g\in O(|\mathbf{x}|^l)$ 意味着在 $l>k$ 时, $g\in o(|\mathbf{x}|^k)$.(你可以证明这个陈述吗?[2])

乘法公式: 乘法公式要简单一些; 假设 f 和 g 同上. 对于第一个乘法公式 (命题 A.11.2 的第四部分), 根据假设, 存在 $\delta>0$ 和常数 C_1, C_2, 使得当 $|\mathbf{x}|<\delta$ 时, 有

$$|f(\mathbf{x})|\leqslant C_1|\mathbf{x}|^k,\ |g(\mathbf{x})|\leqslant C_2|\mathbf{x}|^l, \tag{A.11.6}$$

则 $f(\mathbf{x})g(\mathbf{x})\leqslant C_1C_2|\mathbf{x}|^{k+l}$.

希腊字母 η 读作 “eta”.

对于第二个公式 (命题 A.11.2 的第五部分), 对于 f 的假设相同, 对于 g, 我们知道对每个 $\epsilon>0$, 存在 η 使得如果 $|\mathbf{x}|<\eta$, 则 $|g(\mathbf{x})|\leqslant\epsilon|\mathbf{x}|^l$. 当 $|\mathbf{x}|<\eta$

[2]设 $l=3$, $k=2$. 则在一个适当的邻域内, 我们有 $g(\mathbf{x})\leqslant C|\mathbf{x}|^3=C|\mathbf{x}||\mathbf{x}|^2$; 通过取足够小的 $|\mathbf{x}|$, 我们可以使 $C|\mathbf{x}|<\epsilon$.

时, 有

$$|f(\mathbf{x})g(\mathbf{x})| \leqslant C_1\epsilon|\mathbf{x}|^{k+l}, \text{ 所以 } \lim_{|\mathbf{x}|\to 0}\frac{|f(\mathbf{x})g(\mathbf{x})|}{|\mathbf{x}|^{k+l}} = 0. \quad \square \tag{A.11.7}$$

o 和 O 的复合规则

要谈论复合函数的泰勒多项式, 我们需要确认复合是有定义的. 令 U 为 $\mathbb{R}^n$ 中 $\mathbf{0}$ 的一个邻域, 令 V 为 $\mathbb{R}$ 中 0 的一个邻域. 我们将写出复合 $g\circ f$ 的泰勒多项式, 其中 $f\colon U-\{\mathbf{0}\}\to\mathbb{R}$, $g\colon V\to\mathbb{R}$:

$$\begin{array}{ccc} U-\{\mathbf{0}\} & \xrightarrow{f} & \mathbb{R} \\ & & \cup \\ & & V \xrightarrow{g} \mathbb{R}. \end{array} \tag{A.11.8}$$

我们必须坚持 g 在 0 是有定义的, 因为没有任何合理的条件可以阻止 0 成为 f 的一个值. 尤其是, 当我们要求 g 在 $O(x^k)$ 中的时候, 我们需要指定 $k\geqslant 0$. 更进一步, 当 $|\mathbf{x}|$ 足够小的时候, $f(\mathbf{x})$ 必须在 V 中; 所以, 如果 $f\in O(|\mathbf{x}|^l)$, 我们必须有 $l>0$, 并且如果 $f\in o(|\mathbf{x}|^l)$, 我们必须有 $l\geqslant 0$. 这解释了在命题 A.11.3 中对指数的限制.

命题 A.11.3: f 是从 $\mathbb{R}^n$ 的一个子集到 $V\subset\mathbb{R}$, 而 g 是从 V 到 $\mathbb{R}$, 所以 $g\circ f$ 是从 $\mathbb{R}^n$ 的一个子集到 $\mathbb{R}$. 因为 g 的定义域是 $\mathbb{R}$ 的一个子集, 所以第一项的变量为 x, 而不是 $\mathbf{x}$.

要证明陈述 1 和 3, $l>0$ 的要求是必要的. 当 $l=0$ 的时候, 说

$$f\in O(|\mathbf{x}|^l)=O(1)$$

就是在说, f 在 0 的一个邻域内有界; 这并不能保证它的值可以是 g 的输入, 或者在我们对 g 有所了解的区域中.

在陈述 2 中, 说 $f\in o(1)$ 就是在说, 对于所有的 ϵ, 存在 δ 使得在 $|\mathbf{x}|<\delta$ 的时候, $f(\mathbf{x})\leqslant\epsilon$, 也就是

$$\lim_{\mathbf{x}\to\mathbf{0}} f(\mathbf{x})=0.$$

所以对足够小的 $|\mathbf{x}|$, f 的值在 g 的定义域中.

命题 A.11.3 (o 和 O 的复合规则). 令 U 为 $\mathbb{R}^n$ 中 $\mathbf{0}$ 的一个邻域, $V\subset\mathbb{R}$ 为 0 的一个邻域; 令 $f\colon U-\{\mathbf{0}\}\to\mathbb{R}$ 和 $g: V\to\mathbb{R}$ 为函数. 我们将假设 $k\geqslant 0$.

1. 如果 $g\in O(|x|^k)$ 且 $f\in O(|\mathbf{x}|^l), l>0$, 则 $g\circ f\in O(|\mathbf{x}|^{kl})$.
2. 如果 $g\in O(|x|^k)$ 且 $f\in o(|\mathbf{x}|^l), l\geqslant 0$, 则 $g\circ f\in o(|\mathbf{x}|^{kl})$.
3. 如果 $g\in o(|x|^k)$ 且 $f\in O(|\mathbf{x}|^l), l>0$, 则 $g\circ f\in o(|\mathbf{x}|^{kl})$.

证明: 1. 假设是, 存在 $\delta_1>0, \delta_2>0$, 以及常数 C_1 和 C_2 满足当 $|x|<\delta_1$ 且 $|\mathbf{x}|<\delta_2$ 的时候

$$|g(x)|\leqslant C_1|x|^k,\ |f(\mathbf{x})|\leqslant C_2|\mathbf{x}|^l. \tag{A.11.9}$$

因为 $l>0$, $f(\mathbf{x})$ 在 $|\mathbf{x}|$ 小的时候也很小, 所以复合 $g(f(\mathbf{x}))$ 对于足够小的 $|\mathbf{x}|$ 有定义, 也就是我们可以假设 $\eta>0$ 满足 $\eta<\delta_2$, 且在 $|\mathbf{x}|<\eta$ 的时候, $|f(\mathbf{x})|<\delta_1$. 则

$$\Big|g\big(f(\mathbf{x})\big)\Big|\leqslant C_1|f(\mathbf{x})|^k\leqslant C_1\big(C_2|\mathbf{x}|^l\big)^k=C_1C_2^k|\mathbf{x}|^{kl}. \tag{A.11.10}$$

2. 如前所述, 我们知道存在 C 和 $\delta_1>0$ 使得在 $|x|<\delta_1$ 的时候, 有 $|g(x)|<C|x|^k$. 选取 $\epsilon>0$; 对于 f, 我们知道存在 $\delta_2>0$ 使得 $|f(\mathbf{x})|\leqslant\epsilon|\mathbf{x}|^l$ 在 $|\mathbf{x}|<\delta_2$ 的时候成立. 必要的时候取 δ_2 很小, 我们还可以假设 $\epsilon|\delta_2|^l<\delta_1$. 则当 $|\mathbf{x}|<\delta_2$ 的时候, 我们有

$$|g(f(\mathbf{x}))|\leqslant C|f(\mathbf{x})|^k\leqslant C(\epsilon|\mathbf{x}|^l)^k=\underbrace{C\epsilon^k}_{\text{任意小}}|\mathbf{x}|^{kl}. \tag{A.11.11}$$

这就是我们用到 $l>0$ 的事实的地方. 如果 $l=0$, 则使 δ_2 变小并不会使 $C|\delta_2|^l$ 变小, 因为 $C|\delta_2|^0=C$.

因此, $g\circ f$ 属于 $o(|\mathbf{x}|^{kl})$.

3. 我们的假设 $g\in o(|x|^k)$ 断言, 对任意的 $\epsilon>0$, 存在 $\delta_1>0$ 使得 $|g(x)|<\epsilon|x|^k$ 在 $0\leqslant|x|<\delta_1$ 的时候成立.

现在, 我们对 f 的假设表明, 存在 C 和 $\delta_2>0$ 使得 $|f(\mathbf{x})|<C|\mathbf{x}^l|$ 在 $|\mathbf{x}|<\delta_2$ 的时候成立; 必要的时候取 δ_2 很小, 我们可以进一步假设 $C|\delta_2|^l<\delta_1$. 因此, 如果 $|\mathbf{x}|<\delta_2$, 那么

$$|g(f(\mathbf{x}))|\leqslant\epsilon|f(\mathbf{x})|^k\leqslant\epsilon\left|C|\mathbf{x}|^l\right|^k=\epsilon C^k|\mathbf{x}|^{kl}.\quad\square \tag{A.11.12}$$

证明命题 3.4.3 和 3.4.4

现在我们准备好了利用命题 A.11.2 和 A.11.3 来证明命题 3.4.3 和 3.4.4, 我们在下面重复一下.

命题 3.4.3 (泰勒多项式的求和与乘积). 令 $U\subset\mathbb{R}^n$ 为开集, $f,g\colon U\to\mathbb{R}$ 为 C^k 函数. 则 $f+g$ 和 fg 也为 C^k 函数, 且有:

1. 和的泰勒多项式为泰勒多项式的和:

$$P^k_{f+g,\mathbf{a}}(\mathbf{a}+\vec{\mathbf{h}})=P^k_{f,\mathbf{a}}(\mathbf{a}+\vec{\mathbf{h}})+P^k_{g,\mathbf{a}}(\mathbf{a}+\vec{\mathbf{h}}).$$

2. 乘积 fg 的泰勒多项式通过乘积

$$P^k_{f,\mathbf{a}}(\mathbf{a}+\vec{\mathbf{h}})\cdot P^k_{g,\mathbf{a}}(\mathbf{a}+\vec{\mathbf{h}})$$

并舍弃次数大于 k 的项来得到.

命题 3.4.4 (泰勒多项式的链式法则). 令 $U\subset\mathbb{R}^n$ 和 $V\subset\mathbb{R}$ 为开的, $g\colon U\to V$ 和 $f\colon V\to\mathbb{R}$ 属于 C^k. 则 $f\circ g\colon U\to\mathbb{R}$ 属于 C^k, 且如果 $g(\mathbf{a})=b$, 则泰勒多项式 $P^k_{f\circ g,\mathbf{a}}(\mathbf{a}+\vec{\mathbf{h}})$ 通过利用

$$\vec{\mathbf{h}}\mapsto P^k_{f,b}(P^k_{g,\mathbf{a}}(\mathbf{a}+\vec{\mathbf{h}}))$$

并舍弃次数大于 k 的项来得到.

每个命题包含两部分: 一部分断言 C^k 函数的求和、乘积和复合都是 C^k 函数; 另一部分告诉我们如何计算它们的泰勒多项式.

第一部分通过利用第二部分, 对 k 归纳来证明. 计算泰勒多项式的规则说明, 求和、乘积或者复合的 $(k-1)$ 阶偏导是给定的 C^k 函数乘积的复杂的求和与最多为 $k-1$ 阶导数的复合. 严格来说, 根据定理 1.8.1 和 1.8.3, 它们自身是连续可微的, 所以求和、乘积以及复合都属于 C^k.

泰勒多项式的求和与乘积

和的情况可以从命题 A.11.2 的第二部分立刻得到. 对于乘积, 假设

$$f(\mathbf{x})=p_k(\mathbf{x})+r_k(\mathbf{x}),\ g(\mathbf{x})=q_k(\mathbf{x})+s_k(\mathbf{x}), \tag{A.11.13}$$

其中 $r_k, s_k \in o(|\mathbf{x}|^k)$. 以上两式乘在一起, 得

$$f(\mathbf{x})g(\mathbf{x}) = (p_k(\mathbf{x}) + r_k(\mathbf{x}))(q_k(\mathbf{x}) + s_k(\mathbf{x})) = P_k(\mathbf{x}) + R_k(\mathbf{x}), \quad \text{(A.11.14)}$$

其中 $P_k(\mathbf{x})$ 通过乘积 $p_k(\mathbf{x})q_k(\mathbf{x})$ 保留 1 次到 k 次的项得到. 余项 $R_k(\mathbf{x})$ 包含乘积 $p_k(\mathbf{x})q_k(\mathbf{x})$ 的最高次项, 当然属于 $o(|\mathbf{x}|^k)$. 它还包含乘积 $r_k(\mathbf{x})s_k(\mathbf{x})$, $r_k(\mathbf{x})q_k(\mathbf{x})$ 和 $p_k(\mathbf{x})s_k(\mathbf{x})$, 它们属于下列形式:

$$\begin{aligned} O(1)s_k(\mathbf{x}) &\in o(|\mathbf{x}|^k); \\ r_k(\mathbf{x})O(1) &\in o(|\mathbf{x}|^k); \\ r_k(\mathbf{x})s_k(\mathbf{x}) &\in o(|\mathbf{x}|^{2k}). \end{aligned} \quad \text{(A.11.15)}$$

泰勒多项式的复合

我们把 $g(\mathbf{a}+\vec{\mathbf{h}})$ 写为

$$g(\mathbf{a}+\vec{\mathbf{h}}) = \underbrace{b}_{\text{常数项}} + \underbrace{Q^k_{g,\mathbf{a}}(\vec{\mathbf{h}})}_{1\leqslant\text{次数}\leqslant k\text{的多项式项}} + \underbrace{r^k_{g,\mathbf{a}}(\vec{\mathbf{h}})}_{\text{余项}}, \quad \text{(A.11.16)}$$

分离出次数为 0 的常数项; 次数在 1 和 k 之间的多项式项的和, 称为 $Q^k_{g,\mathbf{a}}(\vec{\mathbf{h}})$; 余项为 $r^k_{g,\mathbf{a}}(\vec{\mathbf{h}})$(次数大于 k 的项). 这给出了

$$|Q^k_{g,\mathbf{a}}(\vec{\mathbf{h}})| \in O(|\vec{\mathbf{h}}|) \text{ 和 } r^k_{g,\mathbf{a}}(\vec{\mathbf{h}}) \in o(|\vec{\mathbf{h}}|^k). \quad \text{(A.11.17)}$$

我们有

$$(f\circ g)(\mathbf{a}+\vec{\mathbf{h}}) = P^k_{f,b}\Big(b + Q^k_{g,\mathbf{a}}(\vec{\mathbf{h}}) + r^k_{g,\mathbf{a}}(\vec{\mathbf{h}})\Big) + r^k_{f,b}\Big(b + Q^k_{g,\mathbf{a}}(\vec{\mathbf{h}}) + r^k_{g,\mathbf{a}}(\vec{\mathbf{h}})\Big). \quad \text{(A.11.18)}$$

在等式 (A.11.18) 右侧的项中, 有 $\vec{\mathbf{h}}$ 的次数不超过 k 的项 $P^k_{f,b}(b+Q^k_{g,\mathbf{a}}(\vec{\mathbf{h}}))$; 我们必须证明所有其他的项都属于 $o(|\vec{\mathbf{h}}|^k)$. 根据公式 (A.11.17) 中的计算, 我们有

$$r^k_{f,b}\Big(b + Q^k_{g,\mathbf{a}}(\vec{\mathbf{h}}) + r^k_{g,\mathbf{a}}(\vec{\mathbf{h}})\Big) \in o(|\vec{\mathbf{h}}|^k). \quad \text{(A.11.19)}$$

在计算中, 我们在第一行用到了公式 (3.4.2), 第二行用到了公式 (A.11.17), 在第三行的第一个等式中用到了公式 (A.11.1) 和命题 A.11.2 的第一部分, 在最后一个等式中, 用到了命题 A.11.3 的第三部分 (用在复合 $o\circ O$ 上):

$$\begin{aligned} r^k_{f,b}(b + \underbrace{Q^k_{g,\mathbf{a}}(\vec{\mathbf{h}}) + r^k_{g,\mathbf{a}}(\vec{\mathbf{h}})}_{\text{公式 (3.4.2) 中的}\vec{\mathbf{h}}}) &\in o\Big(\big|Q^k_{g,\mathbf{a}}(\vec{\mathbf{h}}) + r^k_{g,\mathbf{a}}(\vec{\mathbf{h}})\big|^k\Big) \quad \text{(A.11.20)} \\ &\subset o\Big(\Big|O(|\vec{\mathbf{h}}|) + o(|\vec{\mathbf{h}}|^k)\Big|^k\Big) = o\Big(|O(|\vec{\mathbf{h}}|)|^k\Big) = o(|\vec{\mathbf{h}}|^k). \end{aligned}$$

公式 (A.11.21): f 是一个单变量函数, 所以在我们应用定义 3.3.13 的时候, 我们处于一个多重指数 I 就是单一的指标 m 的平凡的情况.

其他项的形式为

$$\frac{1}{m!}D_m f(b)\Big(b + Q^k_{g,\mathbf{a}}(\vec{\mathbf{h}}) + r^k_{g,\mathbf{a}}(\vec{\mathbf{h}})\Big)^m. \quad \text{(A.11.21)}$$

如果把乘方乘开, 我们会发现关于 $\vec{\mathbf{h}}$ 的坐标 h_i 有一些次数不超过 k 的项, 没

有因子 $r^k_{g,\mathbf{a}}(\vec{\mathbf{h}})$. 这些项精确地是我们保留在候选的复合泰勒多项式中的项. 存在关于 h_i 的次数大于 k 的项, 其中没有因子 $r^k_{g,\mathbf{a}}(\vec{\mathbf{h}})$, 它们显然是属于 $o(|\vec{\mathbf{h}}|^k)$ 的. 最终, 有至少包含一个因子 $r^k_{g,\mathbf{a}}(\vec{\mathbf{h}})$ 的项. 这些最后的项属于 $O(1)o(|\vec{\mathbf{h}}|^k) = o(|\vec{\mathbf{h}}|^k)$. □

A.11 节的练习

A.11.1 判断对错 (解释你的推理). 对函数 $|x|^{3/2}$:

a. $|x|^{3/2} \in o\Big(|x|\Big)$;　b. $|x|^{3/2} \in O\Big(|x|\Big)$;

c. $|x|^{3/2} \in o\Big(|x|^2\Big)$;　d. $|x|^{3/2} \in O\Big(|x|^2\Big)$.

A.11.2 对函数 $\dfrac{x}{\ln|x|}$ 重复练习 A.11.1.

A.11.3 对函数 $x\ln|x|$ 重复练习 A.11.1.

A.11.4 a. 证明: 只要映射是连续可微的, 命题 3.4.4(泰勒多项式的链式法则) 将链式法则 (定理 1.8.3) 作为一种特殊情况.

b. 回到附录 A.4, 证明: 记号 o 与 O 是如何用来简化链式法则的证明的.

A.12　带余项的泰勒定理

在朗道的记号中, 等式 (A.12.1) 说的是, 如果 f 在 $\mathbf{a}$ 附近属于 C^{k+1} 类, 则

$$f(\mathbf{a}+\vec{\mathbf{h}}) - P^k_{f,\mathbf{a}}(\mathbf{a}+\vec{\mathbf{h}})$$

不仅属于 $o(|\vec{\mathbf{h}}|^k)$, 而且它实际上属于 $O(|\vec{\mathbf{h}}|^{k+1})$. 定理 A.12.7 给出了计算隐含在 O 中的常数的公式.

当 $k=0$ 时, 等式 (A.12.2) 就是微积分基本定理:

$$f(a+h) = f(a) + \underbrace{\int_0^h f'(a+t)\,\mathrm{d}t}_{\text{余项}}.$$

等式 (A.12.3): 因为

$$h = x - a,\ s = a + t,$$

随着 t 从 0 变到 h, 变量 s 从 a 变到 x.

因为 a 是我们估算函数值的点, $x = a+h$ 是我们评价估算质量的点, 很自然可以想到, 保持 a 不变而变化 x. 这个证明 "不自然" 是因为我们保持 x 不变而变化 a.

要证明等式 (A.12.3) 的右侧为常数, 我们证明其导数为 0.

令 U 为 $\mathbb{R}$ 的一个开子集, 令 $f\colon U \to \mathbb{R}$ 在 U 上 k 次连续可微. 可以说 (定理 3.3.16)

$$\lim_{\vec{\mathbf{h}}\to\vec{\mathbf{0}}} \frac{f(\mathbf{a}+\vec{\mathbf{h}}) - P^k_{f,\mathbf{a}}(\mathbf{a}+\vec{\mathbf{h}})}{|\vec{\mathbf{h}}|^k} = 0. \tag{A.12.1}$$

它并没有告诉你差 $f(\mathbf{a}+\vec{\mathbf{h}}) - P^k_{f,\mathbf{a}}(\mathbf{a}+\vec{\mathbf{h}})$ 对于任意特定的 $\vec{\mathbf{h}} \neq \mathbf{0}$ 究竟有多么小. 带余项的泰勒定理给出了这个界限, 以 $|\vec{\mathbf{h}}|^{k+1}$ 的倍数的形式. 要得到这样的结果, 我们必须对函数 f 有更多的要求; 我们将假设 f 是属于 C^{k+1} 的.

回想一下一维时的带余项的泰勒定理:

定理 A.12.1 (一维的带余项的泰勒定理). 如果 $f\colon (a-R, a+R) \to \mathbb{R}$ 是 $(k+1)$ 次连续可微的, 且 $|h| < R$, 则

$$f(a+h) = \overbrace{f(a) + f'(a)h + \cdots + \frac{1}{k!}f^{(k)}(a)h^k}^{\substack{P^k_{f,a}(a+h)\\ (f\text{在}a\text{的}k\text{阶泰勒多项式})}} + \underbrace{\frac{1}{k!}\int_0^h (h-t)^k f^{(k+1)}(a+t)\,\mathrm{d}t}_{\text{余项}}. \tag{A.12.2}$$

证明: 标准的证明是通过重复进行分部积分进行的; 练习 A.12.4 让你用这个方法完成证明. 这里是一个更巧妙但不那么自然的证明. 首先, 重写等式 (A.12.2), 设 $h = x - a$ 以及 $s = a + t$:

$$\begin{aligned} f(x) &= f(a)+f'(a)(x-a)+\cdots+\frac{1}{k!}f^{(k)}(a)(x-a)^k \\ &\quad +\frac{1}{k!}\int_a^x (x-s)^k f^{(k+1)}(s)\,\mathrm{d}s. \end{aligned} \tag{A.12.3}$$

两边在 $x=a$ 的时候相等: 右边除了第一项以外全部为 0, 给出 $f(x)=f(x)$. 如果我们可以证明随着 a 变化而 x 保持不变, 右边也保持不变, 则我们就会知道两边总是相等的. 所以我们计算右边的导数:

$$\overbrace{f'(a)+\Big(-f'(a)}^{=0}+\overbrace{(x-a)f''(a)\Big)+\Big(-(x-a)f''(a)}^{=0}+\frac{(x-a)^2f'''(a)}{2!}\Big)+\cdots$$

$$+\Big(-\frac{(x-a)^{k-1}f^{(k)}(a)}{(k-1)!}+\overbrace{\frac{(x-a)^kf^{(k+1)}(a)}{k!}\Big)\underbrace{-\frac{(x-a)^kf^{(k+1)}(a)}{k!}}_{\text{余项的导数}}}^{=0}.$$

其中的最后一项是积分的导数, 根据微积分基本定理计算得到. 仔细看会知道, 所有的项都抵消了. □

计算余项: 一维的情况

要使用带余项的泰勒定理, 你必须给余项找到一个界. 计算积分是没有用的; 如果你这样做, 反复重复分部积分, 则可以精确地得到 $f(a+h)$ 减去泰勒多项式; 你就回到了等式 (A.12.2), 这正是你开始的地方.

定理 A.12.2. 存在介于 a 和 $a+h$ 之间的 c, 满足

$$f(a+h)=P^k_{f,a}(a+h)+\frac{f^{(k+1)}(c)}{(k+1)!}h^{k+1}. \tag{A.12.4}$$

定理 A.12.2 的证明: 存在 c 使得 $G(c)=p$ 的陈述要求 G 是连续的, 因为它用到了介值定理. 这就是为什么我们需要 f 是属于 C^{k+1} 的.

证明: 假设 F,G 为 $[a,b]$ 上的函数, G 是连续的, 且 $F>0$ 是可积的; 设 $m=\inf_{[a,b]}G$, $M=\sup_{[a,b]}G$. 则 $mF\leqslant FG\leqslant MF$. 所以存在 p 满足 $m\leqslant p\leqslant M$, 以及 $c\in[a,b]$, $G(c)=p$, 使得

$$\int_a^b F(t)G(t)\,\mathrm{d}t=p\int_a^b F(t)\,\mathrm{d}t=G(c)\int_a^b F(t)\,\mathrm{d}t. \tag{A.12.5}$$

把这个用在等式 (A.12.2) 的余项上, 其中 $a=0, b=h$, 且 $F(t)=(h-t)^k$, $G(t)=f^{(k+1)}(a+t)$, 导出了 $t_0\in[a,b]$ 的存在性, 使得, 设 $c=a+t_0$, 我们有

$$\underbrace{\frac{1}{k!}\int_0^h (h-t)^k f^{(k+1)}(a+t)\,\mathrm{d}t}_{\text{等式 (A.12.2) 的余项}}=f^{(k+1)}(c)\frac{1}{k!}\int_0^h (h-t)^k\,\mathrm{d}t=\frac{h^{k+1}}{(k+1)!}f^{(k+1)}(c).$$

□

推论 A.12.3. 如果 $|f^{(k+1)}(a+t)|\leqslant C$ 对 0 到 h 之间的 t 成立, 则

$$|f(a+h)-P^k_{f,a}(a+h)|\leqslant\frac{C}{(k+1)!}h^{k+1}. \tag{A.12.6}$$

例 A.12.4 (给一维的余项找到一个界). 一个标准的例子是在 $|\theta| \leqslant \pi/6$ 的时候, 把 $\sin\theta$ 计算到小数点后 8 位. 因为 $\sin\theta$ 的逐次导数全部是正弦和余弦, 它们都不超过 1, 所以在泰勒多项式取了 k 项之后的余项至多为

计算到小数点后 8 位的计算器可以存储公式 (A.12.7), 并且在你计算正弦的时候用到它; 就算是手算也不是不可能的. 这也是最原始的三角函数表是如何计算的.

如果你知道 $6! = 720$, 那么计算大的阶乘要快一些.

$$\frac{1}{(k+1)!}\left(\frac{\pi}{6}\right)^{k+1}, \ |\theta| \leqslant \frac{\pi}{6}. \tag{A.12.7}$$

通过试错, 我们发现 $k = 8$ 就足够好了; 我们有 $1/9! = 3.200\,204\,8 \times 10^{-6}$ 以及 $(\pi/6)^9 \approx 2.763\,49 \times 10^{-3}$; 误差则最多为 $8.843\,8 \times 10^{-9}$. 因此, 我们可以确信, 在 $|\theta| \leqslant \pi/6$ 的时候, 有

$$\sin\theta = \theta - \frac{\theta^3}{3!} + \frac{\theta^5}{5!} - \frac{\theta^7}{7!} \tag{A.12.8}$$

精确到小数点后 8 位, 也就是 $\left|\sin\theta - (\theta - \frac{\theta^3}{3!} + \frac{\theta^5}{5!} - \frac{\theta^7}{7!})\right| \leqslant 10^{-8}$. △

函数的高阶导数可以如此容易地确定有界, 这并不常见; 通常, 使用带余项的泰勒定理要难以处理得多.

定理 A.12.5 (高维的带余项的泰勒定理). 令 $U \subset \mathbb{R}^n$ 为开的, 令 $f\colon U \to \mathbb{R}$ 为一个 C^{k+1} 类的函数. 假设区间 $[\mathbf{a}, \mathbf{a}+\vec{\mathbf{h}}]$ 被包含在 U 中. 则存在 $\mathbf{c} \in [\mathbf{a}, \mathbf{a}+\vec{\mathbf{h}}]$, 满足

$$f(\mathbf{a}+\vec{\mathbf{h}}) = P^k_{f,\mathbf{a}}(\mathbf{a}+\vec{\mathbf{h}}) + \sum_{I\in\mathcal{I}_n^{k+1}} \frac{1}{I!} D_I f(\mathbf{c}) \vec{\mathbf{h}}^I. \tag{A.12.9}$$

证明: 定义 $\varphi\colon \mathbb{R} \to \mathbb{R}^n$ 为 $\varphi(t) = \mathbf{a} + t\vec{\mathbf{h}}$, 令 $g\colon \mathbb{R} \to \mathbb{R}$ 为函数 $g = f \circ \varphi$. 在 $h = 1$ 和 $a = 0$ 时把定理 A.12.2 应用到 g 上, 说的是, 存在 c 满足 $0 < c < 1$, 使得

等式 (A.12.10): 回想一下, 在写出泰勒多项式 $P^k_{g,a}(a+h)$ 的时候, 函数 g 及其导数是在 a, 而不是在 $a+h$ 计算数值的. 这解释了 $g(0), \cdots, g^{(k)}(0)$.

$$g(1) = \underbrace{g(0) + \cdots + \frac{g^{(k)}(0)}{k!}}_{\text{泰勒多项式}} + \underbrace{\frac{1}{(k+1)!} g^{(k+1)}(c)}_{\text{余项}}. \tag{A.12.10}$$

我们需要证明等式 (A.12.10) 的项与等式 (A.12.9) 中对应的项相同. 显然左侧是相等的; 根据定义, $g(1) = f(\mathbf{a}+\vec{\mathbf{h}})$. 右侧的泰勒多项式相同, 因为泰勒多项式的链式法则 (命题 3.4.4):

等式 (A.12.11):

$$(t\vec{\mathbf{h}})^I = t^{\deg I}\vec{\mathbf{h}}^I = t^m \vec{\mathbf{h}}^I.$$

例如, 对于 $I = (2, 3, 7)$, $\deg I = 12$, 有

$$(th_1)^2(th_2)^3(th_3)^7 = t^{12}h_1^2h_2^3h_3^7.$$

$$\begin{aligned} P^k_{g,0}(t) &= P^k_{f,\mathbf{a}}\big(P^k_{\varphi,0}(t)\big) = \sum_{m=0}^{k} \sum_{I\in\mathcal{I}_n^m} \frac{1}{I!} D_I f(\mathbf{a})(t\vec{\mathbf{h}})^I \\ &= \sum_{m=0}^{k} \left(\sum_{I\in\mathcal{I}_n^m} \frac{1}{I!} D_I f(\mathbf{a})(\vec{\mathbf{h}})^I \right) t^m. \end{aligned} \tag{A.12.11}$$

这说明了

$$P^k_{f,\mathbf{a}}(0+1) = g(0) + \cdots + \frac{g^{(k)}(0)}{k!} = P^k_{f,\mathbf{a}}(\mathbf{a}+\vec{\mathbf{h}}), \tag{A.12.12}$$

要看到余项是相等的, 设 $\mathbf{c} = \varphi(c)$. 再一次应用泰勒多项式的链式法则, 给出

$$P^{k+1}_{g,c}(t) = P^{k+1}_{f,\mathbf{c}}\big(P^{k+1}_{\varphi,c}(t)\big) = \sum_{m=0}^{k+1} \sum_{I\in\mathcal{I}_n^m} \frac{1}{I!} D_I f(\mathbf{c})(t\vec{\mathbf{h}})^I$$

$$= \sum_{m=0}^{k+1}\left(\sum_{I\in\mathcal{I}_n^m}\frac{1}{I!}D_I f(\mathbf{c})(\vec{\mathbf{h}})^I\right)t^m. \tag{A.12.13}$$

看两边的 $k+1$ 次项, 给出了我们想要的结果:

$$\underbrace{\frac{1}{(k+1)!}g^{(k+1)}(c)}_{\text{等式 (A.12.10) 的余项}} = \underbrace{\sum_{I\in\mathcal{I}_n^{k+1}}\frac{1}{I!}D_I f(\mathbf{c})(\vec{\mathbf{h}})^I}_{\text{等式 (A.12.9) 的余项}}. \tag{A.12.14}$$

有几种方法可以将其转化为余项的界; 它们会产生不全相同的结果. 我们将使用下面的引理. 我们称之为*多项式公式*, 因为它把二项式公式推广到了多项式上. 它本身就很优美, 说明了多重指数如何用来简化复杂的公式. □

引理 A.12.6 (多项式公式).

$$\sum_{I\in\mathcal{I}_n^k}\frac{1}{I!}\vec{\mathbf{h}}^I = \frac{1}{k!}(h_1+\cdots+h_n)^k. \tag{A.12.15}$$

证明: 证明是通过对 n 进行归纳来完成的. 当 $n=1$ 时, 引理只是验证了 $h^k=h^k$. 假设公式对于 n 是成立的, 我们来证明它对 $n+1$ 也是成立的. 在这种情况下, $\vec{\mathbf{h}}=\begin{bmatrix}h_1\\ \vdots\\ h_{n+1}\end{bmatrix}$; 我们用 $\vec{\mathbf{h}}'$ 来表示 $\begin{bmatrix}h_1\\ \vdots\\ h_n\end{bmatrix}$. 计算

等式 (A.12.16): 最后一步是二项式展开公式
$$(a+b)^k=\sum_{m=0}^{k}\frac{k!}{m!(k-m)!}a^m b^{k-m}.$$
等式 (3.4.9) 是一个更详尽的版本.

$$\begin{aligned}
\sum_{I\in\mathcal{I}_{n+1}^k}\frac{1}{I!}\vec{\mathbf{h}}^I &= \sum_{m=0}^{k}\sum_{J\in\mathcal{I}_n^m}\frac{1}{J!}(\vec{\mathbf{h}}')^J\frac{1}{(k-m)!}h_{n+1}^{k-m}\\
&= \sum_{m=0}^{k}\underbrace{\frac{1}{m!}(h_1+\cdots+h_n)^m}_{\text{由对}n\text{的归纳得到}}\frac{1}{(k-m)!}h_{n+1}^{k-m}\\
&= \frac{1}{k!}\sum_{m=0}^{k}\frac{k!}{(k-m)!m!}(h_1+\cdots+h_n)^m h_{n+1}^{k-m}\\
&= \frac{1}{k!}(h_1+\cdots+h_n+h_{n+1})^k.
\end{aligned} \tag{A.12.16}$$

这个结果与定理 A.12.5 一起给出了下面的结果. □

定理 A.12.7 (泰勒余项的一个显式的界). 令 $U\subset\mathbb{R}^n$ 为开集, 令 $f\colon U\to\mathbb{R}$ 为一个 C^{k+1} 类的函数. 假设区间 $[\mathbf{a},\mathbf{a}+\vec{\mathbf{h}}]$ 被包含在 U 中. 如果

$$\sup_{I\in\mathcal{I}_n^{k+1}}\ \sup_{\mathbf{c}\in[\mathbf{a},\mathbf{a}+\vec{\mathbf{h}}]}|D_I f(\mathbf{c})|\leqslant C, \tag{A.12.17}$$

则

$$|f(\mathbf{a}+\vec{\mathbf{h}})-P_{f,\mathbf{a}}^k(\mathbf{a}+\vec{\mathbf{h}})|\leqslant C\left(\sum_{i=1}^{n}|h_i|\right)^{k+1}. \tag{A.12.18}$$

A.12 节的练习

A.12.1 a. 令 $f(x)=\mathrm{e}^x$, 所以 $f(1)=\mathrm{e}$. 利用推论 A.12.3 来证明

$$\mathrm{e}=\sum_{i=0}^{k}\frac{1}{i!}+r_{k+1},$$

其中 $|r_{k+1}|\leqslant\dfrac{3}{(k+1)!}$.

b. 如果 $\mathrm{e}=a/b$ 对某些整数 a 和 b 成立, 从 a 问推导

$$|k!a-bm|\leqslant\frac{3b}{k+1},$$

其中 m 为整数 $\dfrac{k!}{0!}+\dfrac{k!}{1!}+\dfrac{k!}{2!}+\cdots+\dfrac{k!}{k!}$.

推出以下结论: 如果 k 足够大, 则 $k!a-bm$ 是一个任意小的整数, 因此为 0.

c. 观察到 k 不能整除 m, 因为它整除除了最后一个以外的每个被求和的量. 因为 k 可以是自由选择的, 所以只要它足够大, 选取 k 为一个大于 b 的质数. 则 k 整除 $k!a=bm$ 的左侧, 但不能整除 m. 你能得到什么结论?

A.12.2 令 $f\begin{pmatrix}x\\y\end{pmatrix}=\mathrm{e}^{\sin(x+y^2)}$, 利用 MAPLE, MATHEMATICA 或者类似的软件.

a. 在 $\mathbf{a}=\begin{pmatrix}1\\1\end{pmatrix}$ 处计算阶数为 $k=1,2,4$ 的泰勒多项式 $P^k_{f,\mathbf{a}}$.

b. 在区域 $|x-1|<0.5$ 和 $|y-1|<0.5$ 上估计 $|P^k_{f,\mathbf{a}}-f|$ 的最大误差, $k=1,2$.

c. 在区域 $|x-1|<0.25$ 和 $|y-1|<0.25$ 上估计 $|P^k_{f,\mathbf{a}}-f|$ 的最大误差, $k=1,2$.

A.12.3 a. 写出 $\sin(xy)$ 由原点处的 2 阶泰勒多项式逼近时余项的积分形式.

b. 给出在 $x^2+y^2\leqslant 1/4$ 的时候余项的上界.

A.12.4 用归纳法证明等式 (A.12.2). 首先检验 $k=0$ 的情况, 它是微积分基本定理, 并使用分部积分来证明

$$\frac{1}{k!}\int_0^h(h-t)^k g^{(k+1)}(a+t)\,\mathrm{d}t$$
$$=\frac{1}{(k+1)!}g^{(k+1)}(a)h^{k+1}+\frac{1}{(k+1)!}\int_0^h(h-t)^{k+1}g^{(k+2)}(a+t)\,\mathrm{d}t.$$

练习 A.12.5: a 问几乎是显然的, 除了在 $y=0,x>0$ 时, y 在这里改变符号. 证明这个映射在极坐标中可以写为 $(r,\theta)\mapsto\sqrt{r}\sin(\theta/2)$ 可能会有所帮助.

A.12.5 令 f 为函数 $f\begin{pmatrix}x\\y\end{pmatrix}=\operatorname{sgn}(y)\sqrt{\dfrac{-x+\sqrt{x^2+y^2}}{2}}$, 其中 $\operatorname{sgn}(y)$ 是 y 的符号 (也就是, 在 $y>0$ 时为 1, $y=0$ 时为 0, $y<0$ 时为 -1).

a. 证明: f 在半直线 $y=0,x\leqslant 0$ 的补集上是连续可微的.

b. 证明: 如果 $\mathbf{a} \in \begin{pmatrix} -1 \\ -\epsilon \end{pmatrix}$ 和 $\vec{\mathbf{h}} = \begin{bmatrix} 0 \\ 2\epsilon \end{bmatrix}$, 则尽管 $\mathbf{a}$ 和 $\mathbf{a}+\vec{\mathbf{h}}$ 都在 f 的定义域中, 但带余项的泰勒定理 (定理 A.12.5) 不成立.

c. 陈述的哪一部分被违反了? 证明的哪里失败了?

A.13 证明定理 3.5.3

下面, 我们重复定理 3.5.3.

定理 3.5.3 (作为平方和的二次型).

1. 对于任意的二次型 $Q\colon \mathbb{R}^n \to \mathbb{R}$, 存在 $m = k + l$ 个线性无关的线性函数 $\alpha_1, \cdots, \alpha_m\colon \mathbb{R}^n \to \mathbb{R}$, 使得

$$Q(\vec{\mathbf{x}}) = \big(\alpha_1(\vec{\mathbf{x}})\big)^2 + \cdots + \big(\alpha_k(\vec{\mathbf{x}})\big)^2 - \big(\alpha_{k+1}(\vec{\mathbf{x}})\big)^2 - \cdots - \big(\alpha_{k+l}(\vec{\mathbf{x}})\big)^2.$$

2. 正号的个数 k 和负号的个数 l 仅与 Q 有关, 与具体的线性函数的选择无关.

证明: 第二部分在 3.5 节证明了. 要证明第一部分, 我们将通过对出现在 Q 中的变量 x_i 的个数进行归纳论证.

令 $Q\colon \mathbb{R}^n \to \mathbb{R}$ 为一个二次型. 显然, 如果只有一个变量 x_i 出现, 则 $Q(\vec{\mathbf{x}}) = \pm a x_i^2$, $a > 0$, 所以 $Q(\vec{\mathbf{x}}) = \pm(\sqrt{a} x_i)^2$, 定理成立. 所以, 假设它对所有最多出现 $p-1$ 个变量的二次型都成立, 并假设在 Q 的表达式中出现 p 个变量. 令 x_i 为这样的变量; 则要么有一项 $\pm a x_i^2$ 出现, 且 $a > 0$, 要么就不出现.

这就是正式的配方.

a. 如果有一项 $\pm a x_i^2$ 出现且 $a > 0$, 我们可以写

$$\begin{aligned} Q(\vec{\mathbf{x}}) &= \pm\left(a x_i^2 + \beta(\vec{\mathbf{x}}) x_i + \frac{(\beta(\vec{\mathbf{x}}))^2}{4a}\right) + Q_1(\vec{\mathbf{x}}) \\ &= \pm\underbrace{\left(\sqrt{a} x_i + \frac{\beta(\vec{\mathbf{x}})}{2\sqrt{a}}\right)^2}_{\alpha_0(\vec{\mathbf{x}})} + Q_1(\vec{\mathbf{x}}) = \pm\alpha_0(\vec{\mathbf{x}}) + Q_1(\vec{\mathbf{x}}), \end{aligned} \tag{A.13.1}$$

其中, α_0 和 β 为线性函数, Q_1 是一个二次函数 (β 和 Q_1 是出现在 Q 中的除了 x_i 以外的 $p-1$ 个变量的函数). 由归纳法, 我们可以写

$$Q_1(\vec{\mathbf{x}}) = \pm\big(\alpha_1(\vec{\mathbf{x}})\big)^2 \pm \cdots \pm \big(\alpha_q(\vec{\mathbf{x}})\big)^2, \tag{A.13.2}$$

它对某些出现在 Q 中的除了 x_i 以外的 $p-1$ 个变量的线性无关的线性函数 α_j 成立, 其中 $j = 1, \cdots, q$.

我们必须检验线性函数 $\alpha_0, \alpha_1, \cdots, \alpha_q$ 是线性无关的. 假设 $c_0\alpha_0 + \cdots + c_q\alpha_q = 0$; 则

$$(c_0\alpha_0 + \cdots + c_q\alpha_q)(\vec{\mathbf{x}}) = \vec{\mathbf{0}} \text{ 对每个 } \vec{\mathbf{x}} \text{ 成立}, \tag{A.13.3}$$

尤其是, 当 $\vec{\mathbf{x}} = \vec{\mathbf{e}}_i$ 的时候 (当 $x_i = 1$ 而其余变量为 0).

这导致了 $c_0\sqrt{a}=0$, 所以 $c_0=0$, 所以等式 (A.13.3) 和 $\alpha_1,\cdots,\alpha_q$ 的线性无关性意味着 $c_1=\cdots=c_q=0$.

回想一下, β 是除了变量 x_i 以外的变量的函数; 这样, 当那些变量为 0 的时候, 例如, 当 $\vec{\mathbf{x}}=\vec{\mathbf{e}}_i$ 的时候, $\beta(\vec{\mathbf{x}})$ 也是 0, $\alpha_1(\vec{\mathbf{x}}),\cdots,\alpha_q(\vec{\mathbf{x}})$ 也是.

b. 如果没有 $\pm ax_i^2$ 项出现, 则必然有一个 $\pm ax_ix_j$ 项出现, 其中的 $a>0$. 做替换 $x_j=x_i+u$; 我们现在可以写

$$\begin{aligned} Q(\vec{\mathbf{x}}) &= ax_i^2+\beta(\vec{\mathbf{x}},u)x_i+\frac{\big(\beta(\vec{\mathbf{x}},u)\big)^2}{4a}+Q_1(\vec{\mathbf{x}},u) \\ &= \pm\left(\sqrt{a}x_i+\frac{\beta(\vec{\mathbf{x}},u)}{2\sqrt{a}}\right)^2+Q_1(\vec{\mathbf{x}},u), \end{aligned} \tag{A.13.4}$$

其中 β 和 Q_1 是 u 的函数 (分别是线性的和二次的) 以及出现在 Q 中的除了 x_i 和 x_j 以外的变量的函数. 现在, 论证恰好如上所述; 唯一的微妙的地方是, 为了证明 $c_0=0$, 你需要设 $u=0$(也就是设 $x_i=x_j=1$). □

A.14 约束下的临界点的分类

在这个附录中, 我们对使用增广哈塞矩阵来计算约束条件下的临界点的符号差进行解释说明.

定理 3.7.13 (计算一个约束临界点的符号差.) 令 $U\subset\mathbb{R}^{n+m}$ 为开的, $f\colon U\to\mathbb{R}$ 为一个 C^2 函数, $\mathbf{F}\colon U\to\mathbb{R}^m$ 为一个 C^2 映射, 定义了一个流形$Z\overset{\text{def}}{=}\mathbf{F}^{-1}(\mathbf{0})$, 在每一点 $\mathbf{z}\in Z$ 上 $\mathbf{DF}(\mathbf{z})$ 都为满射. 令 $\mathbf{z}_0\in Z$ 为 f 的一个限制在 Z 上的符号差为 (p,q) 的临界点, 令 (p_1,q_1) 为由增广哈塞矩阵 H 定义的二次型的符号差. 则

$$(p,q)=(p_1-m,q_1-m).$$

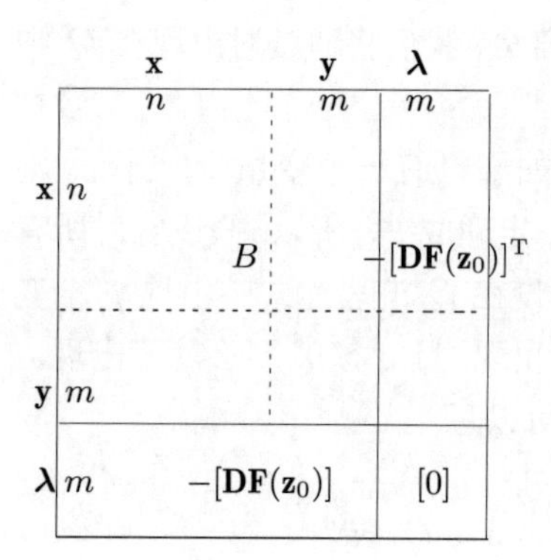

图 A.14.1

增广哈塞矩阵是定义在等式 (A.14.1) 中的拉格朗日函数的哈塞矩阵 (二阶导数矩阵). 要得到左下角的矩阵, 首先计算 $L_{f,\mathbf{F}}$ 相对于 $\boldsymbol{\lambda}$ 的导数, 为

$$\begin{aligned} D_{\boldsymbol{\lambda}}L_{f,\mathbf{F}}\begin{pmatrix}\mathbf{z}\\ \boldsymbol{\lambda}\end{pmatrix} &= -D_{\boldsymbol{\lambda}}\boldsymbol{\lambda}\mathbf{F}(\mathbf{z}) \\ &= -[F_1(\mathbf{z})\cdots F_m(\mathbf{z})]; \end{aligned}$$

然后, 关于 $z_1,\cdots,z_{n+m}$ 取导数. 右下角的零矩阵表示关于 $\boldsymbol{\lambda}$ 的二阶导:$D_{\lambda_i}\,D_{\lambda_j}\,L_{f,\mathbf{F}}$.

回忆到, 图 A.14.1 中记为 B 的矩阵是定义在等式 (3.7.42) 中的矩阵, 项为

$$B_{i,j}=D_iD_jf-\sum_{k=1}^m\lambda_kD_iD_jF_k.$$

所有的二阶导都在 $\mathbf{z}_0$ 取值.

证明: 用 $\boldsymbol{\lambda}$ 表示 $1\times m$ 的行矩阵 $\boldsymbol{\lambda}=[\lambda_1,\cdots,\lambda_m]$. 注意到增广哈塞矩阵 (图 A.14.1) 是拉格朗日函数

$$L_{f,\mathbf{F}}\colon\mathbb{R}^{n+2m}\to\mathbb{R}\ \text{定义为}\ L_{f,\mathbf{F}}\begin{pmatrix}\mathbf{z}\\ \boldsymbol{\lambda}^{\mathrm{T}}\end{pmatrix}=f(\mathbf{z})-\boldsymbol{\lambda}\mathbf{F}(\mathbf{z}) \tag{A.14.1}$$

的哈塞矩阵 (二阶导数的矩阵).

因为 $\mathbf{z}_0$ 是 $f|_Z$ 的一个临界点, 所以得到 (利用拉格朗日乘子定理, 定理和定义 3.7.5) 存在 $\boldsymbol{\lambda}_0\in\mathrm{Mat}(1,m)$, 满足

$$[\mathbf{D}f(\mathbf{z}_0)]=\boldsymbol{\lambda}_0[\mathbf{DF}(\mathbf{z}_0)]. \tag{A.14.2}$$

所以 $[\mathbf{D}L_{f,\mathbf{F}}]$ 在点 $\begin{pmatrix}\mathbf{z}_0\\ \boldsymbol{\lambda}_0^{\mathrm{T}}\end{pmatrix}$ 为 0. (注意 $[\mathbf{D}f(\mathbf{z}_0)]$ 和 $\boldsymbol{\lambda}_0[\mathbf{DF}(\mathbf{z}_0)]$ 都是宽度为 $n+m$ 的行矩阵.) 因此, 当 $\mathbf{z}_0$ 是 f 限定在 Z 上的临界点的时候, 则 $\begin{pmatrix}\mathbf{z}_0\\ \boldsymbol{\lambda}_0^{\mathrm{T}}\end{pmatrix}$ 是拉格朗日函数 $L_{f,\mathbf{F}}$ 的一个非约束临界点. 因为 $[\mathbf{DF}(\mathbf{z}_0)]$ 是满射, 我们可以重新标

记变量, 使得 $\mathbf{z} = \begin{pmatrix} \mathbf{x} \\ \mathbf{y} \end{pmatrix}$, 且

$$[\overrightarrow{D_{n+1}}\mathbf{F}(\mathbf{z}_0), \cdots, \overrightarrow{D_{n+m}}\mathbf{F}(\mathbf{z}_0)] \tag{A.14.3}$$

是可逆的. 在 $\mathbb{R}^{n+m}$ 中进行换元, 包括把 y_i 替换成 F_i, 也就是, 考虑映射

$$\Psi\colon \mathbb{R}^n \times \mathbb{R}^m \to \mathbb{R}^n \times \mathbb{R}^m \text{ 定义为 } \Psi\begin{pmatrix} \mathbf{x} \\ \mathbf{y} \end{pmatrix} = \begin{pmatrix} \mathbf{x} \\ \mathbf{F}\begin{pmatrix} \mathbf{x} \\ \mathbf{y} \end{pmatrix} \end{pmatrix}. \tag{A.14.4}$$

Ψ 在 $\mathbf{z}_0$ 的导数为

$$[\mathbf{D}\Psi(\mathbf{z}_0)] = \begin{bmatrix} I & [0] \\ [D_1\mathbf{F}(\mathbf{z}_0)\cdots D_n\mathbf{F}(\mathbf{z}_0)] & [D_{n+1}\mathbf{F}(\mathbf{z}_0)\cdots D_{n+m}\mathbf{F}(\mathbf{z}_0)] \end{bmatrix}, \tag{A.14.5}$$

它是可逆的 (根据练习 2.5 的一个变形, 或者, 更简单地, 根据定理 4.8.9), 因为 $[D_{n+1}\mathbf{F}(\mathbf{z}_0)\cdots D_{n+m}\mathbf{F}(\mathbf{z}_0)]$ 是可逆的.

这个证明受到了 Catherine Hassell 和 Elmer Rees 的一篇文章的影响.

把 $\mathbf{z}_0$ 写为 $\begin{pmatrix} \mathbf{x}_0 \\ \mathbf{y}_0 \end{pmatrix}$. 根据逆函数定理, 有

$$\begin{pmatrix} \mathbf{x}_0 \\ \mathbf{y}_0 \end{pmatrix} \text{ 的邻域} W \subset U \subset \mathbb{R}^{n+m}, \text{ 以及 } \begin{pmatrix} \mathbf{x}_0 \\ \mathbf{0} \end{pmatrix} \text{ 的邻域} \widetilde{W} \subset \mathbb{R}^{n+m}, \tag{A.14.6}$$

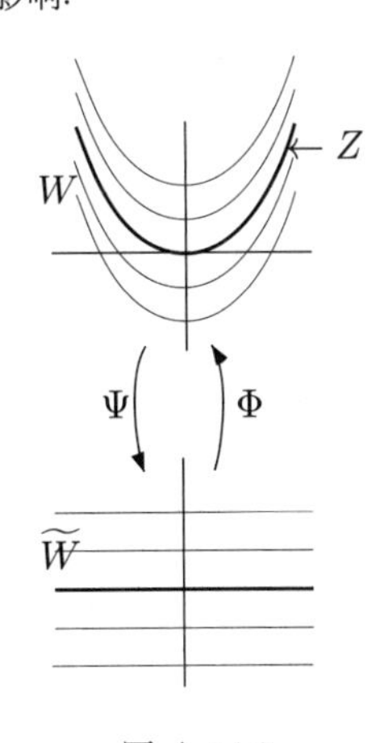

图 A.14.2

令 Z 为上面的深色抛物线:

$$Z = \left\{ \begin{pmatrix} x \\ y \end{pmatrix} | y = x^2 \right\}.$$

所以, Z 定义为 $F = 0$, 其中 $F\begin{pmatrix} x \\ y \end{pmatrix} = x^2 - y$. 令 $\Phi\colon \mathbb{R}^2 \to \mathbb{R}^2$ 定义为

$$\Phi\begin{pmatrix} x \\ y \end{pmatrix} = \begin{pmatrix} x \\ x^2 - y \end{pmatrix}.$$

在这个例子里, 我们可以跳过逆函数定理: 很容易计算

$$\Phi\begin{pmatrix} x \\ u \end{pmatrix} = \begin{pmatrix} x \\ x^2 - u \end{pmatrix},$$

并看到它把直线 $u = 0$ 映射为抛物线 $y = x^2$.

使得 $\Psi\colon W \to \widetilde{W}$ 是一个 C^2 可逆函数且逆函数也为 C^2 的. 令 $\Phi\colon \widetilde{W} \to W$ 为其逆函数, 用 $\begin{pmatrix} \mathbf{x} \\ \mathbf{u} \end{pmatrix}$ 表示 $\widetilde{W}$ 的变量. Φ 的作用是用一些 “平坦” 的东西来替代 “弯曲” 的东西: $f \circ \Phi$ 上的约束是平坦集 $\mathbf{u} = \mathbf{0}$, 而原始的 f 上的约束, 定义为 $\mathbf{F}\begin{pmatrix} \mathbf{x} \\ \mathbf{y} \end{pmatrix} = \mathbf{0}$, 是弯曲的; 如图 A.14.2. 更进一步, $\gamma(\mathbf{x}) \stackrel{\text{def}}{=} \Phi\begin{pmatrix} \mathbf{x} \\ \mathbf{0} \end{pmatrix}$ 是流形Z 的一个参数化, 满足 $\gamma(\mathbf{x}_0) = \mathbf{z}_0$. 定义[3]

$$\tilde{f} \stackrel{\text{def}}{=} f \circ \Phi,\ \widetilde{\mathbf{F}} \stackrel{\text{def}}{=} \mathbf{F} \circ \Phi, \tag{A.14.7}$$

所以有

$$\tilde{f}\begin{pmatrix} \mathbf{x} \\ \mathbf{0} \end{pmatrix} = f(\gamma(\mathbf{x})),\ \widetilde{\mathbf{F}}\begin{pmatrix} \mathbf{x} \\ \mathbf{u} \end{pmatrix} = \mathbf{u}. \tag{A.14.8}$$

---

[3](A.14.8) 中的第二个方程: 通过设 $\Phi\begin{pmatrix} \mathbf{x} \\ \mathbf{u} \end{pmatrix} = \begin{pmatrix} \mathbf{x} \\ \varphi\begin{pmatrix} \mathbf{x} \\ \mathbf{u} \end{pmatrix} \end{pmatrix}$ 来定义 φ. 则 $\begin{pmatrix} \mathbf{x} \\ \mathbf{u} \end{pmatrix} = \Psi\left(\Phi\begin{pmatrix} \mathbf{x} \\ \mathbf{u} \end{pmatrix}\right) = \Psi\begin{pmatrix} \mathbf{x} \\ \varphi\begin{pmatrix} \mathbf{x} \\ \mathbf{u} \end{pmatrix} \end{pmatrix} = \begin{pmatrix} \mathbf{x} \\ \mathbf{F}\begin{pmatrix} \mathbf{x} \\ \varphi\begin{pmatrix} \mathbf{x} \\ \mathbf{u} \end{pmatrix} \end{pmatrix} \end{pmatrix}$. 所以

$$\mathbf{u} = \mathbf{F}\begin{pmatrix} \mathbf{x} \\ \varphi\begin{pmatrix} \mathbf{x} \\ \mathbf{u} \end{pmatrix} \end{pmatrix} = \mathbf{F} \circ \Phi\begin{pmatrix} \mathbf{x} \\ \mathbf{u} \end{pmatrix} = \widetilde{\mathbf{F}}\begin{pmatrix} \mathbf{x} \\ \mathbf{u} \end{pmatrix}.$$

则 $L_{\widetilde{f},\widetilde{\mathbf{F}}}\begin{pmatrix}\mathbf{x}\\ \mathbf{u}\\ \boldsymbol{\lambda}^{\mathrm{T}}\end{pmatrix}=\widetilde{f}\begin{pmatrix}\mathbf{x}\\ \mathbf{u}\end{pmatrix}-\boldsymbol{\lambda}\mathbf{u}$. 尤其是

$$L_{\widetilde{f},\widetilde{\mathbf{F}}}\begin{pmatrix}\mathbf{x}\\ \mathbf{0}\\ \mathbf{0}\end{pmatrix}=\widetilde{f}\begin{pmatrix}\mathbf{x}\\ \mathbf{0}\end{pmatrix}\underbrace{=}_{\text{等式 (A.14.8)}}f\circ\gamma(\mathbf{x}),\tag{A.14.9}$$

以及

$$\begin{aligned}L_{\widetilde{f},\widetilde{\mathbf{F}}}\begin{pmatrix}\mathbf{x}\\ \mathbf{u}\\ \boldsymbol{\lambda}^{\mathrm{T}}\end{pmatrix}&=\widetilde{f}\begin{pmatrix}\mathbf{x}\\ \mathbf{u}\end{pmatrix}-\boldsymbol{\lambda}\mathbf{u}=f\left(\Phi\begin{pmatrix}\mathbf{x}\\ \mathbf{u}\end{pmatrix}\right)-\boldsymbol{\lambda}\mathbf{F}\left(\Phi\begin{pmatrix}\mathbf{x}\\ \mathbf{u}\end{pmatrix}\right)\\ &=L_{f,\mathbf{F}}\begin{pmatrix}\Phi\begin{pmatrix}\mathbf{x}\\ \mathbf{u}\end{pmatrix}\\ \boldsymbol{\lambda}^{\mathrm{T}}\end{pmatrix}.\end{aligned}\tag{A.14.10}$$

(等式 (A.14.10) 用到了等式 (A.14.7) 和等式 (A.14.8).) 等式 (A.14.9) 告诉我们 f 的符号差 (p,q) 限定在 X 上, 也就是, $f\circ\gamma$ 的临界点 $\mathbf{x}_0$ 的符号差是由 $L_{\widetilde{f},\widetilde{\mathbf{F}}}$ 的只相对于 $\mathbf{x}$ 变量的二阶导的矩阵给出的二次型的符号差. 等式 (A.14.10) 告诉我们, $L_{f,\mathbf{F}}$ 和 $L_{\widetilde{f},\widetilde{\mathbf{F}}}$ 是相同的函数, 通过换元相关联. 符号差在换元下是不变量 (见推论 3.5.12), 所以 $L_{\widetilde{f},\widetilde{\mathbf{F}}}$ 的临界点 $\begin{pmatrix}\mathbf{x}_0\\ \mathbf{0}\\ \boldsymbol{\lambda}_0^{\mathrm{T}}\end{pmatrix}$ 的符号差与 $L_{f,\mathbf{F}}$ 的临界点 $\begin{pmatrix}\mathbf{x}_0\\ \mathbf{y}_0\\ \boldsymbol{\lambda}_0^{\mathrm{T}}\end{pmatrix}$ 的符号差相同. 因此, 如果我们能够证明命题 A.14.1, 则我们就将完成证明. □

命题 A.14.1. 1. $L_{\widetilde{f},\widetilde{\mathbf{F}}}$ 在 $\begin{pmatrix}\mathbf{x}_0\\ \mathbf{0}\\ \boldsymbol{\lambda}_0^{\mathrm{T}}\end{pmatrix}$ 处的 $(n+2m)\times(n+2m)$ 的哈塞矩阵为

$$\begin{bmatrix}[D_{\mathbf{x}}D_{\mathbf{x}}\widetilde{L}] & [D_{\mathbf{x}}D_{\mathbf{u}}\widetilde{L}] & [D_{\mathbf{x}}D_{\boldsymbol{\lambda}}\widetilde{L}]\\ [D_{\mathbf{u}}D_{\mathbf{x}}\widetilde{L}] & [D_{\mathbf{u}}D_{\mathbf{u}}\widetilde{L}] & [D_{\mathbf{u}}D_{\boldsymbol{\lambda}}\widetilde{L}]\\ [D_{\boldsymbol{\lambda}}D_{\mathbf{x}}\widetilde{L}] & [D_{\boldsymbol{\lambda}}D_{\mathbf{u}}\widetilde{L}] & [D_{\boldsymbol{\lambda}}D_{\boldsymbol{\lambda}}\widetilde{L}]\end{bmatrix}=\begin{bmatrix}[D_{x_i}D_{x_j}\widetilde{f}] & 0 & 0\\ 0 & [D_{u_k}D_{u_l}\widetilde{f}] & -I\\ 0 & -I & 0\end{bmatrix},$$

其中, $\widetilde{L}\overset{\text{def}}{=}L_{\widetilde{f},\widetilde{\mathbf{F}}}:\mathbb{R}^{n+2m}\to\mathbb{R}$.

2. 对应的二次型的符号差为 $(p+m,q+m)$.

命题 A.14.1 的证明: 从等式 (A.14.10) 得到

$$L_{\widetilde{f},\widetilde{\mathbf{F}}}\begin{pmatrix}\mathbf{x}\\ \mathbf{u}\\ \boldsymbol{\lambda}^{\mathrm{T}}\end{pmatrix}=\widetilde{f}\begin{pmatrix}\mathbf{x}\\ \mathbf{u}\end{pmatrix}-\boldsymbol{\lambda}\mathbf{u}.$$

证明: 1. 命题 A.14.1 中的哈塞矩阵有九个子矩阵; 根据对称性, 只需要检查六个.

$[D_{\mathbf{x}}D_{\mathbf{x}}\widetilde{L}]$: 我们有 $[D_{\mathbf{x}}D_{\mathbf{x}}\widetilde{L}]=[D_{x_i}D_{x_j}\widetilde{f}]$, 因为 $\boldsymbol{\lambda}\mathbf{u}$ 中没有 $\mathbf{x}$ 项.

$[D_{\mathbf{u}}D_{\mathbf{u}}\widetilde{L}]$: 在 $\boldsymbol{\lambda}\mathbf{u}$ 中的 $\mathbf{u}$ 变量最多出现在一次项上, 所以关于 $\mathbf{u}$ 的二阶导为 0, 给

出 $[D_{\mathbf{u}}D_{\mathbf{u}}\widetilde{L}] = [D_{u_k}D_{u_l}\widetilde{f}]$.

$[D_{\mathbf{u}}D_{\boldsymbol{\lambda}}\widetilde{L}]$: $\widetilde{f}$ 这一项没有贡献, 因为它不包含 $\boldsymbol{\lambda}$ 项; $-\boldsymbol{\lambda}\mathbf{u}$ 的二阶导构成 $-I$, 其中 I 为 $m\times m$ 的单位矩阵.

$[D_{\boldsymbol{\lambda}}D_{\boldsymbol{\lambda}}\widetilde{L}]$: $L_{\widetilde{f}}$ 关于 $\boldsymbol{\lambda}$ 变量的二阶导为 0.

$[D_{\mathbf{x}}D_{\boldsymbol{\lambda}}\widetilde{L}]$: 首先关于 $\boldsymbol{\lambda}$ 变量求导, 然后关于 $\mathbf{x}$ 变量求导的导数为 0.

$[D_{\mathbf{u}}D_{\mathbf{x}}\widetilde{L}]$: 这些导数为 0, 因为 $\mathbf{x}\mapsto\widetilde{f}\begin{pmatrix}\mathbf{x}\\ \mathbf{0}\end{pmatrix}$ 在 $\begin{pmatrix}\mathbf{x}_0\\ \mathbf{0}\end{pmatrix}$ 有一个临界点, 所以其在 $\begin{pmatrix}\mathbf{x}_0\\ \mathbf{0}\end{pmatrix}$ 的二阶泰勒多项式有不含 $\mathbf{x}$ 变量的项, 在对 $\mathbf{x}$ 求导的时候会消失, 所以没有关于 $\mathbf{x}-\mathbf{x}_0$ 的线性项. 因此, 在关于 $\mathbf{x}$ 求一次导之后, 会有一个 $\mathbf{x}-\mathbf{x}_0$ 的线性因子留下, 它在关于 $\mathbf{u}$ 变量求导之后仍然还在, 它会令在 $\begin{pmatrix}\mathbf{x}_0\\ \mathbf{0}\end{pmatrix}$ 计算的二阶导为 0.

2. 第一部分告诉我们, 在由命题 A.14.1 中的哈塞矩阵给出的 $n+2m$ 个变量的二次型中, 没有前 n 个变量和后 $2m$ 个变量之间的交叉项. 我们已经看到了对应于前 n 个变量的二次型的符号差为 (p,q), 所以, 如果对应于后 $2m$ 个变量的对应于对称矩阵

$$\begin{bmatrix}[D_{u_k}D_{u_l}\widetilde{f}] & -I\\ -I & 0\end{bmatrix} \tag{A.14.11}$$

的二次型的符号差为 (p',q'), 则这个矩阵的符号差为 $(p+p',q+q')$. 这样我们就只需证明下面的引理. □

引理 A.14.2. 如果 A 是一个 $m\times m$ 的矩阵, 则 $\mathbb{R}^{2m}$ 上矩阵为 $\begin{bmatrix}A & -I\\ -I & 0\end{bmatrix}$ 的二次型的符号差为 (m,m).

引理 A.14.2 的证明: 在这个例子里, 考虑对称矩阵要比二次型容易. 考虑对应于矩阵

$$\begin{bmatrix}tA & -I\\ -I & 0\end{bmatrix} \tag{A.14.12}$$

的二次型 Q_t. 这些矩阵都是可逆的, 所以它们的本征值都不是 0, 尤其是对于 $t=0$ 和 $t=1$, 它们有相同的符号. 所以, 证明二次型 Q_0 的符号差为 (m,m) 就足够了. 用 $\begin{pmatrix}\mathbf{v}\\ \mathbf{w}\end{pmatrix}$ 来表示 $\mathbb{R}^{2m}$ 的元素, 则 Q_0 是二次型

$$-2\vec{\mathbf{v}}\cdot\vec{\mathbf{w}} = \frac{1}{2}|\vec{\mathbf{v}}-\vec{\mathbf{w}}|^2 - \frac{1}{2}|\vec{\mathbf{v}}+\vec{\mathbf{w}}|^2, \tag{A.14.13}$$

所以它的符号差确实是 (m,m). □引理 A.14.2

等式 (A.14.13): 符号差是 (m,m), 而不是 $(1,1)$, 因为 $\vec{\mathbf{v}}$ 和 $\vec{\mathbf{w}}$ 在 $\mathbb{R}^m$ 中, 所以 $|\vec{\mathbf{v}}-\vec{\mathbf{w}}|^2$ 是

$$(v_1-w_1)^2+\cdots+(v_m-w_m)^2,$$

而 $-|\vec{\mathbf{v}}+\vec{\mathbf{w}}|^2$ 为

$$-(v_1+w_1)^2-\cdots-(v_m+w_m)^2.$$

$2m$ 个线性函数 v_i-w_i 和 v_i+w_i 是线性无关的.

这证明了命题 A.14.1, 而命题 A.14.1 证明了定理 3.7.13.

注释. 有很多种方法来判断矩阵 (A.14.12) 是可逆的. 例如, 通过交换最后一列和前 m 列, 矩阵变成了 $\begin{bmatrix} -I & tA \\ 0 & -I \end{bmatrix}$; 由定理 4.8.10, 这个矩阵的行列式是 1; 矩阵 (A.14.12) 的行列式为 $(-1)^m$. △

A.14 节的练习

A.14.1 a. 对 X 是方程为 $x^2+y^2=1$ 的圆, $f\begin{pmatrix} x \\ y \end{pmatrix}=y$ 的情况, 在临界点 $\begin{pmatrix} 0 \\ 1 \end{pmatrix}$ 和 $\begin{pmatrix} 0 \\ -1 \end{pmatrix}$, 完成命题 A.14.1 的证明, 也就是, 找到 $\mathbf{F}$, $\widetilde{\mathbf{F}}$, $\widetilde{f}$, $\mathbf{g}$, $\widetilde{\mathbf{g}}$, Ψ, Φ, $L_{f,\mathbf{F}}$ 和 $L_{\widetilde{f},\widetilde{\mathbf{F}}}$ 并检验命题 A.14.1 成立.

b. 对 $f\begin{pmatrix} x \\ y \end{pmatrix}=y-ax^2$, 在所有的临界点上重复 a 问, 其中 a 为一个参数.

A.15　曲线和曲面的几何: 证明

这里, 我们证明 3.9 节的三个结果: 关于曲面的曲率的命题 3.9.10, 关于弗雷内标架的命题 3.9.15 和 3.9.16. 在命题 3.9.10 中, 注意到, 如果 $c=0$, 则曲面 S 已经在最佳的坐标系中了, 因为 $a_1=0$, $a_2=0$, 曲面在原点处的切平面是由标准基向量中的两个生成的.

命题 3.9.10 (把一个曲面放进“最佳”坐标系). 令 $U\subset\mathbb{R}^2$ 为开的, $f\colon U\to\mathbb{R}$ 为一个 C^2 函数, S 为 f 的图像. 令 f 在原点的泰勒多项式为

$$z=f\begin{pmatrix} x \\ y \end{pmatrix}=a_1x+a_2y+\frac{1}{2}\left(a_{2,0}x^2+2a_{1,1}xy+a_{0,2}y^2\right)+\cdots. \tag{A.15.1}$$

设

$$c\overset{\text{def}}{=}\sqrt{a_1^2+a_2^2}.$$

如果 $c\neq 0$, 则相对于规范正交基

$$\vec{\mathbf{v}}_1\overset{\text{def}}{=}\begin{bmatrix} -\dfrac{a_2}{c} \\ \dfrac{a_1}{c} \\ 0 \end{bmatrix},\ \vec{\mathbf{v}}_2\overset{\text{def}}{=}\begin{bmatrix} \dfrac{a_1}{c\sqrt{1+c^2}} \\ \dfrac{a_2}{c\sqrt{1+c^2}} \\ \dfrac{c}{\sqrt{1+c^2}} \end{bmatrix},\ \vec{\mathbf{v}}_3\overset{\text{def}}{=}\begin{bmatrix} \dfrac{a_1}{\sqrt{1+c^2}} \\ \dfrac{a_2}{\sqrt{1+c^2}} \\ \dfrac{-1}{\sqrt{1+c^2}} \end{bmatrix},$$

S 为 Z 作为函数

$$F\begin{pmatrix} X \\ Y \end{pmatrix}=\frac{1}{2}\left(A_{2,0}X^2+2A_{1,1}XY+A_{0,2}Y^2\right)+\cdots$$

的图像. 函数从二次项开始, 其中

$$\begin{aligned} A_{2,0} &\stackrel{\text{def}}{=} \frac{-1}{c^2\sqrt{1+c^2}}(a_{2,0}a_2^2 - 2a_{1,1}a_1a_2 + a_{0,2}a_1^2), \\ A_{1,1} &\stackrel{\text{def}}{=} \frac{1}{c^2(1+c^2)}\left(a_1a_2(a_{2,0}-a_{0,2}) + a_{1,1}(a_2^2 - a_1^2)\right), \\ A_{0,2} &\stackrel{\text{def}}{=} \frac{-1}{c^2(1+c^2)^{3/2}}(a_{2,0}a_1^2 + 2a_{1,1}a_1a_2 + a_{0,2}a_2^2). \end{aligned}$$

证明: 在 X, Y, Z 坐标系中, 有

$$\begin{aligned} x &= -\frac{a_2}{c}X + \frac{a_1}{c\sqrt{1+c^2}}Y + \frac{a_1}{\sqrt{1+c^2}}Z, \\ y &= \frac{a_1}{c}X + \frac{a_2}{c\sqrt{1+c^2}}Y + \frac{a_2}{\sqrt{1+c^2}}Z, \\ z &= \frac{c}{\sqrt{1+c^2}}Y - \frac{1}{\sqrt{1+c^2}}Z. \end{aligned} \tag{A.15.2}$$

等式 (A.15.2): 要在 X, Y, Z 坐标系中表示 x, y, z, 我们计算
$$\begin{bmatrix} x \\ y \\ z \end{bmatrix} = \left[\vec{\mathbf{v}}_1, \vec{\mathbf{v}}_2, \vec{\mathbf{v}}_3\right] \begin{bmatrix} X \\ Y \\ Z \end{bmatrix};$$
矩阵 $\left[\vec{\mathbf{v}}_1, \vec{\mathbf{v}}_2, \vec{\mathbf{v}}_3\right]$ 是基变换矩阵 $[P_{\vec{\mathbf{v}}\to\vec{\mathbf{e}}}]$.

因此, S 的等式 (A.15.1) 变成了

$$\begin{aligned} \overbrace{\frac{c}{\sqrt{1+c^2}}Y - \frac{1}{\sqrt{1+c^2}}Z}^{\text{来自等式 (A.15.2) 的}z} = & a_1\overbrace{\left(-\frac{a_2}{c}X + \frac{a_1}{c\sqrt{1+c^2}}Y + \frac{a_1}{\sqrt{1+c^2}}Z\right)}^{\text{等式 (A.15.2) 中的}x} + a_2\overbrace{\left(\frac{a_1}{c}X + \frac{a_2}{c\sqrt{1+c^2}}Y + \frac{a_2}{\sqrt{1+c^2}}Z\right)}^{\text{等式 (A.15.2) 中的}y} \\ & + \frac{a_{2,0}}{2}\left(-\frac{a_2}{c}X + \frac{a_1}{c\sqrt{1+c^2}}Y + \frac{a_1}{\sqrt{1+c^2}}Z\right)^2 \\ & + \frac{2a_{1,1}}{2}\left(-\frac{a_2}{c}X + \frac{a_1}{c\sqrt{1+c^2}}Y + \frac{a_1}{\sqrt{1+c^2}}Z\right)\left(\frac{a_1}{c}X + \frac{a_2}{c\sqrt{1+c^2}}Y + \frac{a_2}{\sqrt{1+c^2}}Z\right) \\ & + \frac{a_{0,2}}{2}\left(\frac{a_1}{c}X + \frac{a_2}{c\sqrt{1+c^2}}Y + \frac{a_2}{\sqrt{1+c^2}}Z\right)^2 + \cdots. \end{aligned} \tag{A.15.3}$$

等式 (A.15.3) 用 X 和 Y 来隐式地表示了 Z. 定理 3.4.7 告诉我们如何找到它的泰勒多项式. 这就是我们在证明的余下部分所做的事情.

在等式 (A.15.3) 中, 我们很高兴地看到 X 和 Y 的线性项抵消了, 说明我们确实选取了适配的坐标系. 对于 Y 的线性项, 记住 $c = \sqrt{a_1^2 + a_2^2}$. 所以右侧的线性项为
$$\frac{a_1^2 Y}{c\sqrt{1+c^2}} + \frac{a_2^2 Y}{c\sqrt{1+c^2}} = \frac{c^2 Y}{c\sqrt{1+c^2}};$$
在左边, 我们有 $\dfrac{cY}{\sqrt{1+c^2}}$.

等式 (A.15.4): 因为用 X 和 Y 表示 Z 的表达式从二次项开始, Z 的一个线性项实际上是 X 和 Y 的二次项.

我们在等式 (A.15.4) 的左边通过合并等式 (A.15.3) 中 Z 的线性项得到 $-\sqrt{1+c^2}Z$:
$$-\frac{1}{\sqrt{1+c^2}} - \frac{a_1^2}{\sqrt{1+c^2}} - \frac{a_2^2}{\sqrt{1+c^2}};$$
记住, $c = \sqrt{a_1^2 + a_2^2}$.

所有的 X 和 Y 的线性项都互相抵消了, 说明这是一个适配的系统. 仅余下的线性项是 $-\sqrt{1+c^2}Z$ 且 Z 的系数不是 0, 所以 $D_3F \neq 0$, 隐函数定理可用. 因此, 在这些坐标系中, 等式 (A.15.3) 把 Z 表示为从二次项开始的 X 和 Y 的函数.

要计算 $A_{2,0}, A_{1,1}$ 和 $A_{0,2}$, 我们需要把等式 (A.15.3) 的右边乘开. X 和 Y 的线性项抵消. 因为我们仅对不超过二次的项感兴趣, 所以可以忽略右边的二次型中的 Z 的项, 因为它们贡献的项的次数至少是 3(因为 Z 作为 X 和 Y 的函数, 从二次项开始). 所以, 我们可以重写等式 (A.15.3) 为

$$\begin{aligned} -\sqrt{1+c^2}Z = & \frac{1}{2}\left(a_{2,0}\left(-\frac{a_2}{c}X + \frac{a_1}{c\sqrt{1+c^2}}Y\right)^2\right. \\ & + 2a_{1,1}\left(-\frac{a_2}{c}X + \frac{a_1}{c\sqrt{1+c^2}}Y\right)\left(\frac{a_1}{c}X + \frac{a_2}{c\sqrt{1+c^2}}Y\right) \\ & \left. + a_{0,2}\left(\frac{a_1}{c}X + \frac{a_2}{c\sqrt{1+c^2}}Y\right)^2\right) + \cdots. \end{aligned} \tag{A.15.4}$$

如果我们将上式右边乘开, 合并同类项, 并除以 $-\sqrt{1+c^2}$, 这就变成了

$$Z = \frac{1}{2}\Bigg(\overbrace{-\frac{1}{c^2\sqrt{1+c^2}}\left(a_{2,0}a_2^2 - 2a_{1,1}a_1a_2 + a_{0,2}a_1^2\right)}^{A_{2,0}} X^2 \tag{A.15.5}$$

$$+2\,\frac{1}{c^2(1+c^2)}\Big(a_1a_2(a_{2,0}-a_{0,2})+a_{1,1}(a_2^2-a_1^2)\Big)XY$$
$$-\frac{1}{c^2(1+c^2)^{3/2}}\left(a_{2,0}a_1^2+2a_{1,1}a_1a_2+a_{0,2}a_2^2\right)Y^2\Big)+\cdots.$$

这就结束了命题 3.9.10 的证明. □

命题 3.9.15(弗雷内标架). 在 0 处相对于弗雷内标架的坐标

$$\vec{\mathbf{t}}(0),\ \vec{\mathbf{n}}(0),\ \vec{\mathbf{b}}(0)$$

在 $\mathbf{a}=\delta(0)$ 是适配于曲线 C 的.

命题 3.9.16(与曲率和挠率相关的弗雷内标架). 弗雷内标架满足下列方程, 其中 κ 是曲线在 $\mathbf{a}=\delta(0)$ 的曲率, τ 为其挠率:

$$\begin{aligned}\vec{\mathbf{t}}'(0) &= \kappa\vec{\mathbf{n}}(0),\\ \vec{\mathbf{n}}'(0) &= -\kappa\vec{\mathbf{t}}(0) + \tau\vec{\mathbf{b}}(0),\\ \vec{\mathbf{b}}'(0) &= -\tau\vec{\mathbf{n}}(0).\end{aligned}$$

命题 3.9.15 和 3.9.16 的证明: 我们可以假设曲线 C 是在它的适配坐标系中书写的, 也就是等式 (3.9.56), 我们在此重复:

当等式 (A.15.6) 首次出现的时候 (作为等式 (3.9.56)), 我们用了点 $(\cdots)$ 来表示可以忽略的项. 这里我们用 $o(X^3)$ 来表示这些项.

我们可以除以 $\sqrt{a_2^2+b_2^2}$, 因为我们假设了

$$\sqrt{a_2^2+b_2^2}=A_2\neq 0;$$

否则, 挠率没有定义, 见定义 3.9.14 的边注.

$$\begin{aligned}Y &= \frac{1}{2}\sqrt{a_2^2+b_2^2}X^2+\frac{a_2a_3+b_2b_3}{6\sqrt{a_2^2+b_2^2}}X^3=\frac{A_2}{2}X^2+\frac{A_3}{6}X^3+o(X^3),\\ Z &= \frac{-b_2a_3+a_2b_3}{6\sqrt{a_2^2+b_2^2}}X^3+\cdots=\frac{B_3}{6}X^3+o(X^3).\end{aligned}\tag{A.15.6}$$

这意味着我们是借助图像来 (局部上) 知道其参数化的:

$$\delta\colon X\mapsto\begin{pmatrix}X\\ \frac{A_2}{2}X^2+\frac{A_3}{6}X^3+o(X^3)\\ \frac{B_3}{6}X^3+o(X^3)\end{pmatrix},\tag{A.15.7}$$

它在 X 的导数为

$$\delta'\colon X\mapsto\begin{bmatrix}1\\ A_2X+\frac{A_3}{2}X^2+\cdots\\ \frac{B_3}{2}X^2+\cdots\end{bmatrix}.\tag{A.15.8}$$

等式 (3.9.25):
$$s(t)=\int_{t_0}^{t}|\vec{\gamma}'(u)|\,\mathrm{d}u.$$

用弧长参数化 C 的意思是将 X 计算为弧长 s 的导数, 或者将 $X(s)$ 的泰勒多项式计算到 3 阶. 等式 (3.9.25)(在左边重复) 告诉我们如何计算 $s(X)$, 对应于 X 的弧长; 我们将需要逆转这个过程来得到沿着曲线上距离为 s 的点的 X 坐标 $X(s)$. □

引理 A.15.1.

1. 函数

$$s(X)=\int_0^X \underbrace{\sqrt{1+\left(A_2t+\frac{A_3}{2}t^2\right)^2+\left(\frac{B_3}{2}t^2\right)^2+o(t^2)}}_{\delta'(t)\text{的长度}}\,\mathrm{d}t \tag{A.15.9}$$

的泰勒多项式为

$$s(X)=X+\frac{1}{6}A_2^2X^3+o(X^3). \tag{A.15.10}$$

2. 逆函数 $X(s)$ 的泰勒多项式为

$$X(s)=s-\frac{1}{6}A_2^2s^3+o(s^3), \tag{A.15.11}$$

最高到 3 阶.

引理 A.15.1 的证明: 1. 利用二项式公式 (等式 (3.4.9)), 精确到 2 阶项, 我们有

$$\sqrt{1+\left(A_2t+\frac{A_3}{2}t^2\right)^2+\left(\frac{B_3}{2}t^2\right)^2+o(t^2)}=1+\frac{1}{2}A_2^2t^2+o(t^2), \tag{A.15.12}$$

对其积分则给出

$$s(X)=\int_0^X\left(1+\frac{1}{2}A_2^2t^2+o(t^2)\right)\mathrm{d}t=X+\frac{1}{6}A_2^2X^3+o(X^3), \tag{A.15.13}$$

精确到 3 阶项. 这证明了第一部分.

2. 逆函数 $X(s)$ 有一个泰勒多项式; 把它写为 $X(s)=\alpha s+\beta s^2+\gamma s^3+o(s^3)$, 并利用方程 $s(X(s))=s$ 以及等式 (A.15.13) 来写

$$\begin{aligned} s(X(s)) &= X(s)+\frac{1}{6}A_2^2(X(s))^3+o(s^3)\\ &= \left(\alpha s+\beta s^2+\gamma s^3+o(s^3)\right)+\frac{1}{6}A_2^2\left(\alpha s+\beta s^2+\gamma s^3+o(s^3)\right)^3+o(s^3)\\ &= s. \end{aligned} \tag{A.15.14}$$

展开立方项, 并找到对应项的系数, 得到

$$\alpha=1,\ \beta=0,\ \gamma=-\frac{A_2^2}{6}. \tag{A.15.15}$$

这证明了第二部分.　　□引理 A.15.1

继续命题 3.9.15 和 3.9.16 的证明: 将公式 (A.15.7) 中的 X 用等式 (A.15.11) 中给出的 $X(s)$ 的值来替换, 我们看到, 精确到 3 阶项, 曲线的用弧长的参数化

X 分量从 s 开始, Y 分量从 s^2 开始, Z 分量从 s^3 开始; 因此 X,Y,Z 坐标系是适配的.

为

$$\begin{aligned} X(s) &= s - \frac{1}{6}A_2^2 s^3 + o(s^3), \\ Y(s) &= \frac{1}{2}A_2\left(s - \frac{1}{6}A_2^2 s^3\right)^2 + \frac{1}{6}A_3 s^3 + o(s^3) = \frac{1}{2}A_2 s^2 + \frac{1}{6}A_3 s^3 + o(s^3), \\ Z(s) &= \frac{1}{6}B_3 s^3 + o(s^3). \end{aligned} \tag{A.15.16}$$

这证明了命题 3.9.15. 对这些函数求导给出速度向量

$$\vec{\mathbf{t}}(s) = \begin{bmatrix} 1 - \frac{A_2^2}{2}s^2 + o(s^2) \\ A_2 s + \frac{1}{2}A_3 s^2 + o(s^2) \\ \frac{B_3}{2}s^2 + o(s^2) \end{bmatrix} \text{ 精确到 2 阶项, 因此 } \vec{\mathbf{t}}(0) = \begin{bmatrix} 1 \\ 0 \\ 0 \end{bmatrix}. \tag{A.15.17}$$

现在我们需要计算 $\vec{\mathbf{n}}(s)$. 我们有

$$\vec{\mathbf{n}}(s) \underbrace{=}_{\text{等式 (3.9.57)}} \frac{\vec{\mathbf{t}}'(s)}{|\vec{\mathbf{t}}'(s)|} = \frac{1}{|\vec{\mathbf{t}}'(s)|}\begin{bmatrix} -A_2^2 s + o(s) \\ A_2 + A_3 s + o(s) \\ B_3 s + o(s) \end{bmatrix}. \tag{A.15.18}$$

我们需要计算 $|\vec{\mathbf{t}}'(s)|$:

记着 $A_2 \neq 0$.

$$\begin{aligned} |\vec{\mathbf{t}}'(s)| &= \sqrt{A_2^4 s^2 + A_2^2 + A_3^2 s^2 + 2A_2 A_3 s + B_3^2 s^2 + o(s^2)} \\ &= \sqrt{A_2^2 + 2A_2 A_3 s + o(s)}. \end{aligned} \tag{A.15.19}$$

因此

$$\begin{aligned} \frac{1}{|\vec{\mathbf{t}}'(s)|} &= \left(A_2^2 + 2A_2A_3 s + o(s)\right)^{-1/2} = \left(A_2^2\left(1 + \frac{2A_3}{A_2}s\right) + o(s)\right)^{-1/2} \\ &= \frac{1}{A_2}\left(1 + \frac{2A_3 s}{A_2}\right)^{-1/2} + o(s). \end{aligned} \tag{A.15.20}$$

再一次利用二项式公式 (等式 (3.4.9)), 有

$$\frac{1}{|\vec{\mathbf{t}}'(s)|} = \frac{1}{A_2}\left(1 - \frac{1}{2}\left(\frac{2A_3}{A_2}s\right) + o(s)\right) = \frac{1}{A_2} - \frac{A_3}{A_2^2}s + o(s). \tag{A.15.21}$$

用这个值替换等式 (A.15.18) 中的 $1/|\vec{\mathbf{t}}'(s)|$, 给出

$$\vec{\mathbf{n}}(s) = \begin{bmatrix} \left(\frac{1}{A_2} - \frac{A_3}{A_2^2}s\right)(-A_2^2 s) + o(s) \\ \left(\frac{1}{A_2} - \frac{A_3}{A_2^2}s\right)(A_2 + A_3 s) + o(s) \\ \left(\frac{1}{A_2} - \frac{A_3}{A_2^2}s\right)(B_3 s) + o(s) \end{bmatrix} = \begin{bmatrix} -A_2 s + o(s) \\ 1 + o(s) \\ \frac{B_3}{A_2}s + o(s) \end{bmatrix}. \tag{A.15.22}$$

因此 $\vec{\mathbf{n}}(0)=\begin{bmatrix}0\\1\\0\end{bmatrix}$, 且 (回忆等式 (A.15.17) 中的 $\vec{\mathbf{t}}(0)$)

$$\vec{\mathbf{b}}(0) \underbrace{=}_{\text{等式 (3.9.57)}} \vec{\mathbf{t}}(0)\times\vec{\mathbf{n}}(0)=\begin{bmatrix}1\\0\\0\end{bmatrix}\times\begin{bmatrix}0\\1\\0\end{bmatrix}=\begin{bmatrix}0\\0\\1\end{bmatrix}. \qquad (A.15.23)$$

根据 κ 和 τ 的定义 3.9.14, 有

$$\vec{\mathbf{n}}'(0) \underbrace{=}_{\text{等式 (A.15.22)}} \begin{bmatrix}-A_2\\0\\B_3/A_2\end{bmatrix}=-\kappa\vec{\mathbf{t}}(0)+\tau\vec{\mathbf{b}}(0),\ \vec{\mathbf{t}}'(0)=\kappa\vec{\mathbf{n}}(0). \quad (A.15.24)$$

余下的就是证明 $\vec{\mathbf{b}}'(0)=-\tau\vec{\mathbf{n}}(0)$, 也就是 $\vec{\mathbf{b}}'(0)=-\frac{B_3}{A_2}\begin{bmatrix}0\\1\\0\end{bmatrix}$. 忽略次数大于 1 的项

$$\vec{\mathbf{b}}(s)\approx\underbrace{\begin{bmatrix}1\\A_2s\\0\end{bmatrix}\times\begin{bmatrix}-A_2s\\1\\\frac{B_3}{A_2}s\end{bmatrix}}_{\vec{\mathbf{t}}(s)\times\vec{\mathbf{n}}(s)}=\begin{bmatrix}0\\-\frac{B_3}{A_2}s\\1\end{bmatrix},$$

所以

$$\vec{\mathbf{b}}'(0)=\begin{bmatrix}0\\-\frac{B_3}{A_2}\\0\end{bmatrix}=-\tau\vec{\mathbf{n}}(0).$$

□命题 3.9.16

A.15 节的练习

A.15.1 使用命题 3.9.10 的证明中的符号和计算, 证明平均曲率由公式

$$H(\mathbf{0})=\frac{1}{2(1+c^2)^{3/2}}\Big(a_{2,0}(1+a_2^2)-2a_1a_2a_{1,1}+a_{0,2}(1+a_1^2)\Big)$$

给出, 这是我们在等式 (3.9.38) 中已经见到的.

A.16 斯特林公式和中心极限定理的证明

斯特林公式(Stirling's formula) 实际上应该归功于英格兰数学家棣莫弗 (Abraham de Moivre, 1667 — 1754), 而不是苏格兰数学家斯特林 (James Stirling, 1692 — 1770), 但棣莫弗认可了斯特林所做出的改进.

要想看到为什么中心极限定理是对的, 我们需要理解 n 的阶乘 ($n!$) 随着 n 的增大如何变化. 100! 究竟有多大? 它有多少位数字? 斯特林公式给出了一个非常有用的近似.

命题 A.16.1 (斯特林公式). $n!$ 可以近似为

$$n! \approx \sqrt{2\pi}\left(\frac{n}{\mathrm{e}}\right)^n \sqrt{n}, \tag{A.16.1}$$

随着 n 增加到 ∞, 两侧的比值越来越接近于 1.

例如

$$\sqrt{2\pi}(100/\mathrm{e})^{100}\sqrt{100} \approx 9.324\ 8 \cdot 10^{157} \text{ 且 } 100! \approx 9.332\ 6 \cdot 10^{157}, \tag{A.16.2}$$

比值约为 1.000 8.

证明: 利用下面的公式定义 R_n:

$$\ln n! = \underbrace{\ln 1 + \ln 2 + \cdots + \ln n}_{\text{中点黎曼和}} = \int_{1/2}^{n+1/2} \ln x \,\mathrm{d}x + R_n \tag{A.16.3}$$

(如图 A.16.1 所示, 左侧是中点黎曼和, 每一个小矩形的宽度为 1). 这个公式由下面的计算证明, 可以证明 R_n 构成一个收敛序列:

$$\begin{aligned} |R_n - R_{n-1}| &= \left|\ln n - \int_{n-1/2}^{n+1/2} \ln x \,\mathrm{d}x\right| = \left|\int_{-1/2}^{1/2} \ln\left(1+\frac{t}{n}\right)\mathrm{d}t\right| \\ &= \left|\int_{-1/2}^{1/2}\left(\ln\left(1+\frac{t}{n}\right) - \frac{t}{n}\right)\mathrm{d}t\right| \leqslant \left|-2\int_{-1/2}^{1/2}\left(\frac{t}{n}\right)^2 \mathrm{d}t\right| = \frac{1}{6n^2}. \end{aligned} \tag{A.16.4}$$

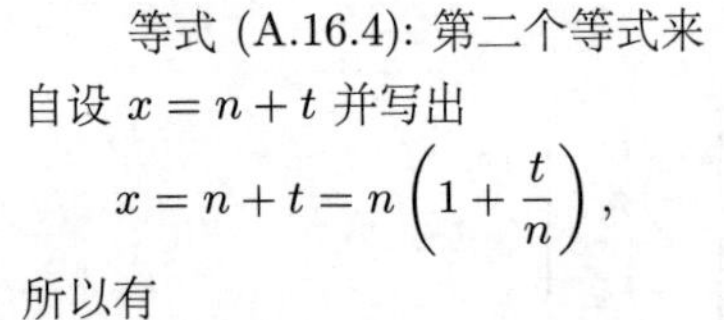

等式 (A.16.4): 第二个等式来自设 $x = n + t$ 并写出

$$x = n + t = n\left(1 + \frac{t}{n}\right),$$

所以有

$$\begin{aligned} \ln x &= \ln\big(n(1+t/n)\big) \\ &= \ln n + \ln(1+t/n), \end{aligned}$$

以及

$$\int_{-1/2}^{1/2} \ln n \,\mathrm{d}t = \ln n.$$

要得到下一个等式, 我们减去

$$\int_{-1/2}^{1/2} \frac{t}{n}\,\mathrm{d}t = 0,$$

这个不等式就是带余项的泰勒定理:

$$\ln(1+h) = h + \frac{1}{2}\left(-\frac{1}{(1+c)^2}\right)h^2,$$

其中 c 满足 $|c| < |h|$; 在我们的情况中, $h = t/n$, $t \in [-1/2, 1/2]$, $c = -1/2$ 为最差的值. (见定理 A.12.2, 应用到 $f(a+h) = \ln(1+\frac{t}{n})$ 上, 且 $k = 1$.)

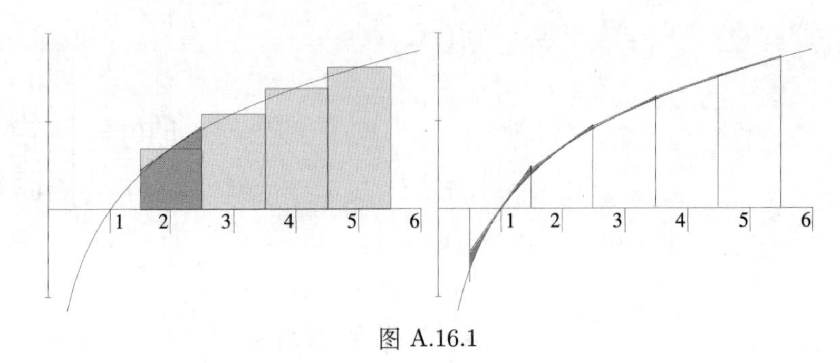

图 A.16.1

左图: 求和 $\ln 1 + \ln 2 + \cdots + \ln n$ 是积分 $\int_{1/2}^{n+1/2} \ln x \,\mathrm{d}x$ 的中点黎曼和. 第 k 个矩形和顶边与 $\ln x$ 的图像在 $\ln n$ 处相切的梯形的面积相等. 右图: 梯形的面积与对数图像下的面积的差是阴影部分. 其总面积是有限的, 如等式 (A.16.3) 所示.

所以由 $R_n - R_{n-1}$ 构成的级数是收敛的, 序列收敛到某个极限 R. 于是, 我们可以把等式 (A.16.3) 重写成

$$\begin{aligned} \ln n! &= \left(\int_{1/2}^{n+1/2} \ln x \,\mathrm{d}x\right) + R + \epsilon_1(n) \\ &= \Big[x\ln x - x\Big]_{1/2}^{n+1/2} + R + \epsilon_1(n) \\ &= \left(\left(n+\frac{1}{2}\right)\ln\left(n+\frac{1}{2}\right) - \left(n+\frac{1}{2}\right)\right) - \left(\frac{1}{2}\ln\frac{1}{2} - \frac{1}{2}\right) + R + \epsilon_1(n), \end{aligned} \tag{A.16.5}$$

其中 $\epsilon_1(n)$ 随着 $n \to \infty$ 而趋近于 0. 现在注意到

$$\left(n+\frac{1}{2}\right)\ln\left(n+\frac{1}{2}\right) = \left(n+\frac{1}{2}\right)\ln n + \frac{1}{2} + \epsilon_2(n), \tag{A.16.6}$$

等式 (A.16.6) 来自于:

$$\begin{aligned} &\ln\left(n+\frac{1}{2}\right) \\ =\ &\ln\left(n\left(1+\frac{1}{2n}\right)\right) \\ =\ &\ln n + \ln\left(1+\frac{1}{2n}\right) \\ =\ &\ln n + \frac{1}{2n} + O\left(\frac{1}{n^2}\right). \end{aligned}$$

(最后一个等式使用了 ln 的泰勒多项式的等式 (3.4.8).)

$\epsilon_1(n)$ 和 $\epsilon_2(n)$ 不相关, 但在 $n \to \infty$ 时都趋近于 0, 且

$$\epsilon(n) = \epsilon_1(n) + \epsilon_2(n)$$

也一样.

其中 $\epsilon_2(n)$ 包括了所有随着 $n \to \infty$ 而趋向于 0 的项. 把所有这些放在一起, 我们看到有一个常数

$$c = R - \left(\frac{1}{2}\ln\frac{1}{2} - \frac{1}{2}\right), \tag{A.16.7}$$

使得

$$\ln n! = n\ln n + \frac{1}{2}\ln n - n + c + \overbrace{\epsilon(n)}^{\epsilon_1(n)+\epsilon_2(n)}, \tag{A.16.8}$$

其中, 当 $n \to \infty$ 时, $\epsilon(n) \to 0$. 把这个数指数化, 并设 $C = \mathrm{e}^c$ 得到

$$n! = \mathrm{e}^c n^n \mathrm{e}^{-n}\sqrt{n}\underbrace{\mathrm{e}^{\epsilon(n)}}_{n\to\infty\text{时}\to 1} = Cn^n\mathrm{e}^{-n}\sqrt{n}\underbrace{\mathrm{e}^{\epsilon(n)}}_{n\to\infty\text{时}\to 1}. \tag{A.16.9}$$

除了要确定常数 C, 这就已经是斯特林公式了. 没什么显然的理由说明为什么有可能精确地确定 C 的值, 但我们将会在等式 (A.16.21) 里看到 $C = \sqrt{2\pi}$. □

我们现在证明下述版本的中心极限定理:

定理 A.16.2 (中心极限定理). 如果一枚均匀的硬币被投掷 $2n$ 次, 则正面朝上的次数介于 $n + a\sqrt{n}$ 与 $n + b\sqrt{n}$ 之间的概率在 $n \to \infty$ 的时候趋向于

$$\frac{1}{\sqrt{\pi}}\int_a^b \mathrm{e}^{-t^2}\,\mathrm{d}t. \tag{A.16.10}$$

证明: 正面朝上的次数介于 $n + a\sqrt{n}$ 和 $n + b\sqrt{n}$ 之间的概率为

$$\frac{1}{2^{2n}}\sum_{k=a\sqrt{n}}^{b\sqrt{n}}\binom{2n}{n+k} = \frac{1}{2^{2n}}\sum_{k=a\sqrt{n}}^{b\sqrt{n}}\frac{(2n)!}{(n+k)!(n-k)!}. \tag{A.16.11}$$

练习 A.16.3 让你解释等式 (A.16.11) 的左边是我们想要的概率.

我们的想法是利用斯特林公式重写等式右侧的和, 尽可能多地抵消掉一些项, 则可以看到, 余下来的项就是公式 (A.16.10) 里的积分的黎曼和 (更精确地, $1/\sqrt{\pi}$ 乘上那个黎曼和). 我们使用等式 (A.16.9) 这个版本的斯特林公式, 使用 C 而不是 $\sqrt{2\pi}$, 因为我们还没有证明 $C = \sqrt{2\pi}$.

我们从 $k = t\sqrt{n}$ 开始, 这样求和就是对介于 a 和 b 之间的 t 进行的, 而且 $t\sqrt{n}$ 是个整数; 我们把这个集合记为 $T_{[a,b]}$. 这些点是在 a 和 b 之间等间隔排列的, 间隔为 $1/\sqrt{n}$, 因此成为在求黎曼和时计算函数值的理想候选点. 有了这些记号, 我们的求和就变成了

$$\begin{aligned} &\frac{1}{2^{2n}}\sum_{t\in T_{[a,b]}}\frac{(2n)!}{(n+t\sqrt{n})!(n-t\sqrt{n})!} \qquad \text{(A.16.12)} \\ \approx\ &\frac{1}{2^{2n}}\sum_{t\in T_{[a,b]}}\frac{C(2n)^{2n}\mathrm{e}^{-2n}\sqrt{2n}}{\left(C(n+t\sqrt{n})^{n+t\sqrt{n}}\mathrm{e}^{-(n+t\sqrt{n})}\sqrt{n+t\sqrt{n}}\right)\left(C(n-t\sqrt{n})^{n-t\sqrt{n}}\mathrm{e}^{-(n-t\sqrt{n})}\sqrt{n-t\sqrt{n}}\right)}. \end{aligned}$$

现在看一下可以消去的项: $(2n)^{2n}=2^{2n}n^{2n}$, 2 的幂次与求和前面的分数抵消了. 所有的指数项抵消了, 因为 $\mathrm{e}^{-(n+t\sqrt{n})}\mathrm{e}^{-(n-t\sqrt{n})}=\mathrm{e}^{-2n}$. 另外, 一个 C 的幂次被抵消了. 这样化简后得到

$$\cdots=\frac{1}{C}\sum_{t\in T_{[a,b]}}\frac{n^{2n}\sqrt{2n}}{\sqrt{n^2-t^2n}(n+t\sqrt{n})^{n+t\sqrt{n}}(n-t\sqrt{n})^{n-t\sqrt{n}}}. \quad \text{(A.16.13)}$$

下一步, 改写 $(n+t\sqrt{n})^{n+t\sqrt{n}}=n^{n+t\sqrt{n}}(1+t/\sqrt{n})^{n+t\sqrt{n}}$, 并且类似地改写 $n-t\sqrt{n}$. 注意到, 分母里的 n 的幂次与分子上的 n^{2n} 抵消了, 得到

$$\cdots=\frac{1}{C}\sum_{t\in T_{[a,b]}}\underbrace{\sqrt{\frac{2n}{n^2-t^2n}}}_{\text{矩形的底}}\underbrace{\frac{1}{(1+t/\sqrt{n})^{n+t\sqrt{n}}(1-t/\sqrt{n})^{n-t\sqrt{n}}}}_{\text{黎曼和中的矩形的高}}. \quad \text{(A.16.14)}$$

我们用 Δt 表示点 t (也就是 $1/\sqrt{n}$) 的间隔.

根据等式 (A.16.15), 等式 (A.16.16) 的第三行的第一项的分母随着 $n\to\infty$ 趋向于 e^{-t^2}. 根据同一个等式, 第二项的分子趋向于 e^{-t^2}, 第二项的分母趋向于 e^{t^2}.

随着 $n\to\infty$, 平方根里的项收敛到 $\sqrt{2/n}=\sqrt{2}\Delta t$, 所以它是我们要求黎曼和的矩形的底的长度. 对于另一项, 回忆到

$$\lim_{x\to\infty}\left(1+\frac{a}{x}\right)^x=\mathrm{e}^a. \quad \text{(A.16.15)}$$

在下面的计算里, 我们重复利用等式 (A.16.15):

$$\begin{aligned}&\frac{1}{(1+t/\sqrt{n})^{n+t\sqrt{n}}(1-t/\sqrt{n})^{n-t\sqrt{n}}}\\&=\frac{1}{(1+t/\sqrt{n})^{n}(1+t/\sqrt{n})^{t\sqrt{n}}(1-t/\sqrt{n})^{n}(1-t/\sqrt{n})^{-t\sqrt{n}}}\\&=\frac{1}{\left(1-\dfrac{t^2}{n}\right)^n}\frac{\left(1-\dfrac{t^2}{t\sqrt{n}}\right)^{t\sqrt{n}}}{\left(1+\dfrac{t^2}{t\sqrt{n}}\right)^{t\sqrt{n}}}\to\frac{1}{\mathrm{e}^{-t^2}}\frac{\mathrm{e}^{-t^2}}{\mathrm{e}^{t^2}}=\mathrm{e}^{-t^2}.\end{aligned} \quad \text{(A.16.16)}$$

把这些放在一起, 我们看到, 由等式 (A.16.14) 知

$$\frac{1}{C}\sum_{t\in T_{[a,b]}}\sqrt{\frac{2n}{n^2-t^2n}}\frac{1}{(1+t/\sqrt{n})^{n+t/\sqrt{n}}(1-t/\sqrt{n})^{n-t\sqrt{n}}} \quad \text{(A.16.17)}$$

收敛到

$$\frac{\sqrt{2}}{C}\frac{1}{\sqrt{n}}\sum_{t\in T_{[a,b]}}\mathrm{e}^{-t^2}, \quad \text{(A.16.18)}$$

这正是我们想要的黎曼和. 于是随着 $n\to\infty$, 有

$$\frac{1}{2^{2n}}\sum_{k=a\sqrt{n}}^{b\sqrt{n}}\binom{2n}{n+k}\to\frac{\sqrt{2}}{C}\int_a^b\mathrm{e}^{-t^2}\,\mathrm{d}t. \quad \text{(A.16.19)}$$

我们最终要用到 4.11 节里的一个结果:

$$\int_{-\infty}^{\infty}\mathrm{e}^{-t^2}\,\mathrm{d}t=\sqrt{\pi}. \quad \text{(A.16.20)}$$

练习 A.16.1 给出了另外一个推出 $C=\sqrt{2\pi}$ 的方法.

如果我们在公式 (A.16.19) 的积分中设 $a=-\infty, b=\infty$, 则必然有

$$\frac{\sqrt{2}}{C}\sqrt{\pi}=\frac{\sqrt{2}}{C}\int_{-\infty}^{\infty}\mathrm{e}^{-t^2}\,\mathrm{d}t=1. \tag{A.16.21}$$

因为某个特定事件发生的概率是 1. 所以 $C=\sqrt{2\pi}$, 并且

$$\underbrace{\frac{1}{2^{2n}}\sum_{k=a\sqrt{n}}^{b\sqrt{n}}\binom{2n}{n+k}}_{\text{得到正面朝上的次数介于}n+a\sqrt{n}\text{和}n+b\sqrt{n}\text{之间的概率}} \quad \text{收敛到} \quad \frac{1}{\sqrt{\pi}}\int_a^b \mathrm{e}^{-t^2}\,\mathrm{d}t. \tag{A.16.22}$$

□

A.16 节的练习

A.16.1 证明: 如果存在一个常数 C 使得 $n!=C\sqrt{n}\left(\frac{n}{\mathrm{e}}\right)^n\Big(1+o(1)\Big)$, 就是在命题 A.16.1 中证明的, 则 $C=\sqrt{2\pi}$. 这个论点十分基础, 但并不是显然的. 令 $c_n=\int_0^\pi \sin^n x\,\mathrm{d}x$.

练习 A.16.1 简要描述了另一个找到斯特林公式中的常数的方法. b 问的提示: 写

$$\sin^n x=\sin x\sin^{n-1}x,$$

然后分部积分.

a. 证明: $c_n<c_{n-1}, n=1,2,\cdots$.

b. 证明: 对于 $n\geqslant 2$, 我们有 $c_n=\frac{n-1}{n}c_{n-2}$.

c. 证明: $c_0=\pi$, $c_1=2$, 并用这些结果和 b 问, 证明

$$\begin{aligned} c_{2n} &= \frac{2n-1}{2n}\cdot\frac{2n-3}{2n-2}\cdots\frac{1}{2}\pi=\frac{(2n)!\pi}{2^{2n}(n!)^2}, \\ c_{2n+1} &= \frac{2n}{2n+1}\cdot\frac{2n-2}{2n-1}\cdots\frac{2}{3}\cdot 2=\frac{2^{2n}(n!)^2 2}{(2n+1)!}. \end{aligned}$$

d. 用带有常数 C 的斯特林公式证明

$$c_{2n}=\frac{1}{C}\sqrt{\frac{2}{n}}\pi\Big(1+o(1)\Big),\ c_{2n+1}=\frac{C}{\sqrt{2n+1}}\Big(1+o(1)\Big).$$

现在, 用 a 问的结果证明 $C^2\leqslant 2\pi+o(1)$, $C^2\geqslant 2\pi+o(1)$.

A.16.2 证明: 这里给出的中心极限定理的版本 (定理 A.16.2) 是第 4 章给出的版本 (定理 4.2.7) 的一个特殊情况.

A.16.3 解释说明等式 (A.16.11) 的左边就是要得到的概率.

A.17 证明富比尼定理

我们将证明一个比定理 4.5.10 给出的版本更强的定理 (定理 A.17.2): 假设 "对于每个 $\mathbf{x}\in\mathbb{R}^n$, 函数 $\mathbf{y}\mapsto f(\mathbf{x},\mathbf{y})$ 是可积的" 并不是必要的. 但我们需要小心; "只是因为 f 是可积的, 函数 $\mathbf{y}\mapsto f(\mathbf{x},\mathbf{y})$ 是可积的" 这个结论并不十分正确, 我们不能简单地删除这个假设. 下面的例子说明了这个困境.

"粗略的陈述" 的意思是等式 (4.5.1):

$$\int_{\mathbb{R}^n} f|\,\mathrm{d}^n\mathbf{x}| =\int_{-\infty}^{\infty}\left(\cdots\left(\int_{-\infty}^{\infty} f\begin{bmatrix}x_1\\ \vdots\\ x_n\end{bmatrix}\mathrm{d}x_1\right)\cdots\right)\mathrm{d}x_n.$$

例 A.17.1 (富比尼定理的一个粗略的陈述无效的例子). 考虑函数 $f\colon\mathbb{R}^2\to\mathbb{R}$, 在单位正方形外等于 0, 除了在边界上 $x=1$ 的部分, 在正方形的内部和边

界上等于 1. 在那部分的边界上, 当 y 为有理数的时候 $f=1$, 当 y 为无理数的时候 $f=0$:

$$f\begin{pmatrix}x\\y\end{pmatrix}=\begin{cases}1 & \text{如果 } 0\leqslant x<1 \text{ 且 } 0\leqslant y\leqslant 1\\ 1 & \text{如果 } x=1 \text{ 且 } y \text{ 是有理数}\\ 0 & \text{其他}\end{cases}. \tag{A.17.1}$$

按照 4.5 节的流程, 我们写出二重积分

$$\iint_{\mathbb{R}^2} f\begin{pmatrix}x\\y\end{pmatrix}\mathrm{d}x\,\mathrm{d}y=\int_0^1\left(\int_0^1 f\begin{pmatrix}x\\y\end{pmatrix}\mathrm{d}y\right)\mathrm{d}x. \tag{A.17.2}$$

然而, 内层的积分 $F(x)=\int_0^1 f\begin{pmatrix}x\\y\end{pmatrix}\mathrm{d}y$ 在 $x=1$ 的时候没有意义. 我们的函数 f 在 $\mathbb{R}^2$ 上是可积的, 但 $f\begin{pmatrix}1\\y\end{pmatrix}$ 并不是 y 的可积函数. △

函数 F 可能会在一个比单个点复杂得多的集合上没有定义, 但这个集合的体积将必然为 0, 所以它不会影响积分 $\int_{\mathbb{R}} F(x)\,\mathrm{d}x$.

例如, 如果我们有一个积分函数 $f\begin{pmatrix}x_1\\x_2\\y\end{pmatrix}$, 则可以把它想成也是 $\mathbb{R}^2\times\mathbb{R}$ 上的函数, 其中我们把 x_1 和 x_2 当作水平变量, y 当作竖直变量.

等式 (A.17.4) 说明, 随着分解变得无限精细, 把所有的列的上和加在一起会给出与所有列的下和加在一起相同的结果. 同样, 对于所有行的上和与下和也是成立的, 所有这些和趋向于积分.

幸运的是, 这不是一个问题. 因为一个点的一维体积为 0, 所以有 0 测度, 你可以定义 $F(1)$ 为你想要的任何东西, 而不影响积分 $\int_0^1 F(x)\,\mathrm{d}x$. 这种情况总是会发生: 如果 $f\colon\mathbb{R}^{n+m}\to\mathbb{R}$ 是可积的, 则 $\mathbf{y}\mapsto f(\mathbf{x},\mathbf{y})$ 总是可积的, 除了在一个测度为 0 的 $\mathbf{x}$ 的集合上, 而这无关紧要. 我们利用内层积分的上积分与下积分来处理这个问题.

假设 $\mathbf{x}\in\mathbb{R}^n$ 表示函数 $f\colon\mathbb{R}^{n+m}\to\mathbb{R}$ 的前 n 个变量, $\mathbf{y}$ 表示后 m 个变量. 我们将把 $\mathbf{x}$ 变量想成 “水平的”, 把 $\mathbf{y}$ 变量想成 “竖直的”. 我们用 $f_{\mathbf{x}}$ 表示把 f 限定在竖直的子集中, 而水平的坐标固定为 $\mathbf{x}$. 我们用 $f^{\mathbf{y}}$ 表示把函数限定在水平的子集中, 而竖直的坐标固定为 $\mathbf{y}$. 则 $f(\mathbf{x},\mathbf{y})$ 也可以写为 $f^{\mathbf{y}}(\mathbf{x})$ 或者 $f_{\mathbf{x}}(\mathbf{y})$:

$$f_{\mathbf{x}}(\mathbf{y})=f^{\mathbf{y}}(\mathbf{x})=f(\mathbf{x},\mathbf{y}). \tag{A.17.3}$$

正如我们在例 A.17.1 中所看到的, 如果 f 是可积的, 则对于所有的 $\mathbf{x}$ 和 $\mathbf{y}$, $f_{\mathbf{x}}$ 和 $f^{\mathbf{y}}$ 也都是可积的这个结论是不成立的. 但下面的结论是成立的.

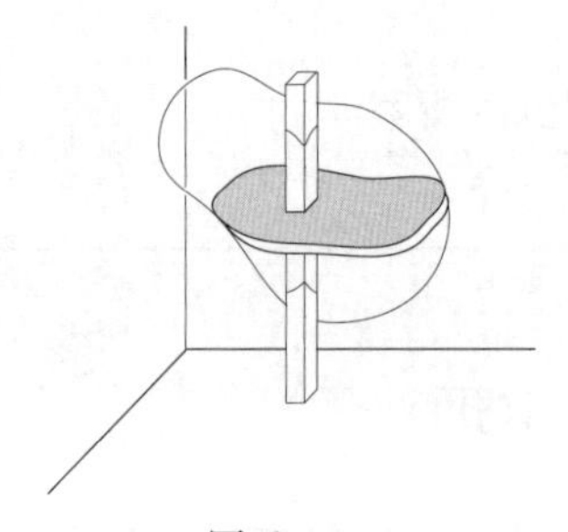

图 A.17.1

这里, 我们想象 x 和 y 为水平变量, z 为竖直变量. 固定水平变量的一个值, 取出一根薯条; 选取 z 的一个值, 取出一片平的薯片. 对所有的薯条积分并加在一起与积分所有的薯片并加在一起给出同样的结果.

定理 A.17.2 (富比尼定理). 令 $f\colon\mathbb{R}^n\times\mathbb{R}^m\to\mathbb{R}$ 为一个可积函数. 则函数 $U(f_{\mathbf{x}})$, $L(f_{\mathbf{x}})$, $U(f^{\mathbf{y}})$ 和 $L(f^{\mathbf{y}})$ 都是可积的, 且

$$\begin{aligned}\int_{\mathbb{R}^n} U(f_{\mathbf{x}})|\mathrm{d}^n\mathbf{x}| &= \int_{\mathbb{R}^n} L(f_{\mathbf{x}})|\mathrm{d}^n\mathbf{x}|=\int_{\mathbb{R}^m} U(f^{\mathbf{y}})|\mathrm{d}^m\mathbf{y}| \\ &= \int_{\mathbb{R}^m} L(f^{\mathbf{y}})|\mathrm{d}^m\mathbf{y}|=\int_{\mathbb{R}^n\times\mathbb{R}^m} f|\mathrm{d}^n\mathbf{x}||\mathrm{d}^m\mathbf{y}|.\end{aligned} \tag{A.17.4}$$

推论 A.17.3. 满足 $U(f_{\mathbf{x}})\neq L(f_{\mathbf{x}})$ 的 $\mathbf{x}$ 的集合和满足 $U(f^{\mathbf{y}})\neq L(f^{\mathbf{y}})$ 的 $\mathbf{y}$ 的集合的测度都是 0. 因此, 满足 $f_{\mathbf{x}}$ 不可积的 $\mathbf{x}$ 的集合的 n 维测度为 0, 满足 $f^{\mathbf{y}}$ 不可积的 $\mathbf{y}$ 的集合的 m 维测度为 0.

推论 A.17.3 的证明: 如果这些测度不是 0, 则等式 (A.17.4) 中的第一个和第三个等式将不成立 (见推论 4.4.11). □

定理 A.17.2 的证明: 考虑一个在 $\mathbb{R}^2$ 中的某个有界的定义域上的二重积分. 对于每个 N, 我们对平面的某个二进分割的所有正方形求和. 这些正方形可以以任何顺序来取, 因为只有有限多的正方形贡献了一个非零项 (因为定义域是有界的). 把每列的项加在一起, 然后再求总和就像是在积分 $f_{\mathbf{x}}$; 把每行的项加在一起, 然后再求总和就像是在积分 $f^{\mathbf{y}}$, 见表 A.17.2 的演示.

表 A.17.2

1		5			1	+	5	=	6
2		6			2	+	6	=	8
3		7		给出相同的结果	3	+	7	=	10
+ 4		+ 8			4	+	8	=	12
10	+	26	= 36						36

左: 就像积分 $f_{\mathbf{x}}$; 右: 就像积分 $f^{\mathbf{y}}$.

把这些用在实践中需要对极限多注意一点. 使运算有效的不等式是, 对于任意的 $N' \geqslant N$, 我们有

$$U_N(f) \geqslant U_N(U_{N'}(f_{\mathbf{x}})) \tag{A.17.5}$$

(见命题 4.1.9, 并注意我们在左边有 f, 在右边有 $f_{\mathbf{x}}$). 表达式 $U_N\big(U_{N'}(f_{\mathbf{x}})\big)$ 可能看上去有些奇怪, 但 $U_{N'}(f_{\mathbf{x}})$ 就是 $\mathbf{x}$ 的一个函数, 被有界支撑界定, 所以我们可以取它的第 N 个上和.

实际上

$$\begin{aligned} U_N(f) &= \sum_{C \in \mathcal{D}_N(\mathbb{R}^n \times \mathbb{R}^m)} M_C(f) \mathrm{vol}_{n+m} C \\ &\geqslant \sum_{C_1 \in \mathcal{D}_N(\mathbb{R}^n)} \sum_{C_2 \in \mathcal{D}_{N'}(\mathbb{R}^m)} M_{C_1 \times C_2}(f) \mathrm{vol}_n C_1 \mathrm{vol}_m C_2 \\ &= \underbrace{\sum_{C_1 \in \mathcal{D}_N(\mathbb{R}^n)} M_{C_1} \Bigg(\underbrace{\sum_{C_2 \in \mathcal{D}_{N'}(\mathbb{R}^m)} M_{C_2}(f_{\mathbf{x}}) \mathrm{vol}_m C_2}_{U_{N'}(f_{\mathbf{x}})} \Bigg) \mathrm{vol}_n C_1}_{U_N\left(U_{N'}(f_{\mathbf{x}})\right)}. \end{aligned} \tag{A.17.6}$$

不等式 (A.17.6): 第一行是上和的定义. 要从第一行到第二行, 注意到将 $\mathbb{R}^n \times \mathbb{R}^m$ 分解为 $C_1 \times C_2$, 其中 $C_1 \in \mathcal{D}_N(\mathbb{R}^n)$, $C_2 \in \mathcal{D}_{N'}(\mathbb{R}^m)$, 要比 $\mathcal{D}_N(\mathbb{R}^{n+m})$ 更为精细.

第三行: 对每个在 $\mathcal{D}_N(\mathbb{R}^n)$ 中的 C_1, 我们选择一个点 $\mathbf{x} \in C_1$, 且对于每个 $C_2 \in \mathcal{D}_{N'}(\mathbb{R}^n)$, 我们找到 $\mathbf{y} \in C_2$ 使得 $f(\mathbf{x}, \mathbf{y})$ 取最大值, 并且将这些最大值相加. 这些最大值点被限制为每一个都有相同的 $\mathbf{x}$ 坐标, 所以最大值最大为 $M_{C_1 \times C_2} f$, 而且即使我们现在在所有的 $\mathbf{x} \in C_1$ 上将其最大化, 如果我们独立地将这些最大值相加, 则得到的仍然是小于; 等号只会在所有的最大值点都在彼此之上的时候取到 (也就是每一个都有相同的 $\mathbf{x}$ 坐标).

关于下和的一个类似的论证给出: 对于 $N' \geqslant N$, 有

$$U_N(f) \geqslant U_N\big(U_{N'}(f_{\mathbf{x}})\big) \geqslant L_N\big(L_{N'}(f_{\mathbf{x}})\big) \geqslant L_N(f). \tag{A.17.7}$$

因为 f 是可积的, 我们可以通过选择足够大的 N 使 $U_N(f)$ 和 $L_N(f)$ 任意接近; 我们将把不等式 (A.17.7) 的两端挤压, 这个过程将挤压介于中间的任何东西. 根据定义 4.1.12, 随着 $N' \to \infty$, $U_{N'}(f_{\mathbf{x}})$ 和 $L_{N'}(f_{\mathbf{x}})$ 的极限分别是 $U(f_{\mathbf{x}})$ 和 $L(f_{\mathbf{x}})$ 的上积分和下积分, 所以我们可以重写不等式 (A.17.7):

$$U_N(f) \geqslant U_N\big(U(f_{\mathbf{x}})\big) \geqslant L_N\big(L(f_{\mathbf{x}})\big) \geqslant L_N(f). \tag{A.17.8}$$

给定一个函数 f, 我们有 $U(f) \geqslant L(f)$; 另外, 如果 $f \geqslant g$, 则 $U_N(f) \geqslant U_N(g)$.

所以 $U_N\big(L(f_{\mathbf{x}})\big)$ 和 $L_N\big(U(f_{\mathbf{x}})\big)$ 在不等式 (A.17.8) 的内层数值之间:

$$\begin{aligned} U_N\big(U(f_{\mathbf{x}})\big) &\geqslant U_N\big(L(f_{\mathbf{x}})\big) \geqslant L_N\big(L(f_{\mathbf{x}})\big), \\ U_N\big(U(f_{\mathbf{x}})\big) &\geqslant L_N\big(U(f_{\mathbf{x}})\big) \geqslant L_N\big(L(f_{\mathbf{x}})\big). \end{aligned} \tag{A.17.9}$$

我们不知道哪个大, $U_N\big(L(f_{\mathbf{x}})\big)$ 还是 $L_N\big(U(f_{\mathbf{x}})\big)$, 但这并不重要. 我们知道它们在不等式 (A.17.8) 的第一项和第三项之间, 它们在 $N \to \infty$ 的时候有共同的极限. 所以 $U_N(L(f_{\mathbf{x}}))$ 和 $L_N\big(L(f_{\mathbf{x}})\big)$ 有共同的极限, $U_N\big(U(f_{\mathbf{x}})\big)$ 和 $L_N\big(U(f_{\mathbf{x}})\big)$ 也一样, 证明了 $L(f_{\mathbf{x}})$ 和 $U(f_{\mathbf{x}})$ 是可积的, 它们的积分相等, 因为都等于 $\displaystyle\int_{\mathbb{R}^n\times\mathbb{R}^m} f$.

关于 $f^{\mathbf{y}}$ 的论证是类似的. □定理 A.17.2

A.18 使用其他铺排的合理性

在这一节, 我们证明定理 4.7.4, 它解释了为什么在积分的时候使用铺排, 而不是使用二进立方体.

定理 4.7.4 (用任意铺排的积分). 令 $X \subset \mathbb{R}^n$ 为一个有界子集, $\mathcal{P}_N$ 为 X 的一个嵌套分拆.

1. 如果 $f\colon \mathbb{R}^n \to \mathbb{R}$ 是可积的, 则极限

$$\lim_{N\to\infty} U_{\mathcal{P}_N}(f\mathbf{1}_X) \text{ 和 } \lim_{N\to\infty} L_{\mathcal{P}_N}(f\mathbf{1}_X) \tag{A.18.1}$$

存在且都等于

$$\int_X f(\mathbf{x})|\,\mathrm{d}^n\mathbf{x}| = \int_{\mathbb{R}^n} f(\mathbf{x})\mathbf{1}_X(\mathbf{x})|\,\mathrm{d}^n\mathbf{x}|.$$

2. 相反地, 如果公式 (A.18.1) 中的极限相等, 则 $f\mathbf{1}_X$ 是可积的, 且

$$\int_{\mathbb{R}^n} f(\mathbf{x})\mathbf{1}_X(\mathbf{x})|\,\mathrm{d}^n\mathbf{x}|$$

等于共同的极限.

证明: 1. 边界 ∂X 的测度为 0, 因为对于任意的 N, 它被包含在 $\mathcal{P}_N$ 的每一片的边界的并集中, 而且这是有限个体积为 0 的集合的并集. 指标函数 $\mathbf{1}_X$ 是可积的 (为什么?[4]). 通过把 f 替换成 $\mathbf{1}_X f$, 我们可以假设 f 的支撑在 X 中. 我们需要证明, 对于任意的 ϵ, 可以找到 M, 使得

$$U_{\mathcal{P}_M}(f) - L_{\mathcal{P}_M}(f) < \epsilon. \tag{A.18.2}$$

因为我们知道对于二进铺排的类似的陈述是成立的, 这里的想法是利用足够小的 "其他的铺排" 使得每一片 P 或者完全在一个二进立方体中, 或者 (如果它

[4]定理 4.3.9: 一个函数 $f\colon \mathbb{R}^n \to \mathbb{R}$ 有界且有有界支撑, 如果它在除了一个测度为 0 的集合以外都连续, 则它是可积的.

接触到了或者相交于二进立方体之间的边界) 对于上和与下和贡献了一个可以忽略的量. 证明在图 A.18.1 中演示.

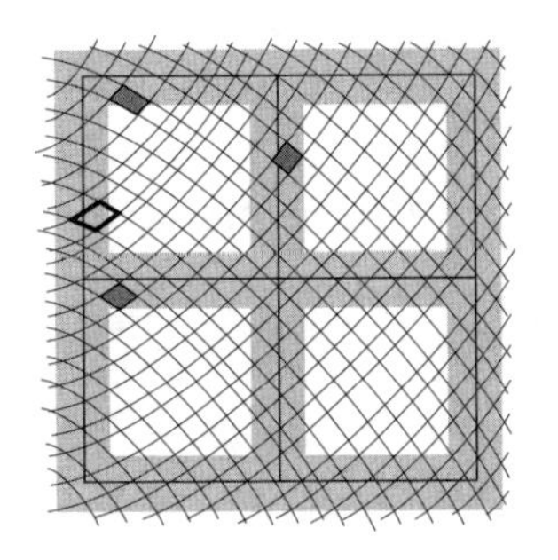

图 A.18.1

这张图说明了 N, N' 和 N'' 的选择. 二进分割 $\mathcal{D}_N$ 用四个轮廓为黑色的正方形表示. 集合 B(浅灰色) 是 $\partial\mathcal{D}_N$ 的加粗, 包含了 $\mathcal{D}_{N'}$ 中接触 $\partial\mathcal{D}_N$ 的立方体. $\mathcal{D}_{N''}$ 的方块被假定是小到要么完全被包含在 B 中, 要么完全被包含在某个 $C \in \mathcal{D}_N$ 中. 这里, 我们并没有取 N'' 足够大: 深色阴影的块是可以的, 但带有加重的边界的块不可以.

把 f 替换成 $\mathbf{1}_X f$ 用到了两个可积函数的乘积是可积的这个事实. 这在推论 4.4.12 中证明.

为什么不等式 (A.18.4) 的分母包含 8? 因为它将给出我们想要的结果; 目的确定方法.

我们知道这个 N'' 存在, 因为块的直径趋向于 0.

首先, 利用 f 是可积的这个事实, 找到 N, 使得二进分割的上和与下和之间的差小于 $\epsilon/2$:

$$U_N(f) - L_N(f) < \frac{\epsilon}{2}. \tag{A.18.3}$$

下一步, 找到 $N' > N$, 使得如果 B 是那些闭包与 $\partial\mathcal{D}_N$ 相交的立方体 $C \in \mathcal{D}_{N'}$ 的并集, 则

$$\mathrm{vol}_n B \leqslant \frac{\epsilon}{8\sup|f|}. \tag{A.18.4}$$

现在, 找到 N'', 使得每个 $P \in \mathcal{P}_{N''}$ 要么完全被包含在 B 中, 要么完全被包含在某个 $C \in \mathcal{D}_N$ 中, 要么被包含在两者中. 我们断言这个 N'' 有效, 因为

$$U_{\mathcal{P}_{N''}}(f) - L_{\mathcal{P}_{N''}}(f) < \epsilon, \tag{A.18.5}$$

但需要做一点工作才能证明它. 每个 $\mathbf{x}$ 都被包含在某个二进立方体 C 中. 令 $C_N(\mathbf{x})$ 为包含 $\mathbf{x}$ 的第 N 层的立方体. 定义函数 $\overline{f}$, 赋予每个 $\mathbf{x}$ 在其立方体内的 f 的最大值:

$$\overline{f}(\mathbf{x}) = M_{C_N(\mathbf{x})}(f). \tag{A.18.6}$$

每个 $\mathbf{x}$ 也在某个铺排块 P 中. 如果 $\mathbf{x}$ 被包含在第 L 层的单个的块中, 则令 $P_L(\mathbf{x})$ 为那个块. 定义 $\overline{g}$ 为函数, 对每个 $\mathbf{x}$, 如果 $P_{N''}(\mathbf{x})$ 完全在第 N 层的一个二进立方体中, 并且 $\mathbf{x}$ 没有被包含在其他的块中, 则赋值为每个 $\mathbf{x}$ 在其铺排块 $P_{N''}(\mathbf{x})$ 上的 f 的最大值, 否则赋值为 $-\sup|f|$:

$$\overline{g}(\mathbf{x}) = \begin{cases} M_{P_{N''}(\mathbf{x})}(f) & \text{如果 } P_{N''}(\mathbf{x}) \times \partial\mathcal{D}_N = \varnothing \text{ 且 } \mathbf{x} \text{ 被包含在} \\ & \mathcal{P}_{N''}\text{的单个的块中} \\ -\sup|f| & \text{其他} \end{cases} \tag{A.18.7}$$

一个点 $\mathbf{x}$ 可能在某一层上出现在多个铺排块中, 根据定义 4.7.2 和推论 4.3.10, 这样的点不影响积分.

则 $\overline{g} \leqslant \overline{f}$; 从而, 由命题 4.1.14 的第三部分, 知

$$\int_{\mathbb{R}^n} \overline{g}|\,\mathrm{d}^n\mathbf{x}| \leqslant \int_{\mathbb{R}^n} \overline{f}|\,\mathrm{d}^n\mathbf{x}| = U_N(f). \tag{A.18.8}$$

现在我们来计算上和 $U_{\mathcal{P}_{N''}}(f)$:

$$U_{\mathcal{P}_{N''}}(f) = \sum_{P \in \mathcal{P}_{N''}} M_P(f)\mathrm{vol}_n P \tag{A.18.9}$$

$$= \underbrace{\sum_{\substack{P \in \mathcal{P}_{N''} \\ P \cap \partial\mathcal{D}_N = \varnothing}} M_P(f)\mathrm{vol}_n P}_{P\text{中完全在二进立方体中的块的贡献}} + \underbrace{\sum_{\substack{P \in \mathcal{P}_{N''} \\ P \cap \partial\mathcal{D}_N \neq \varnothing}} M_P(f)\mathrm{vol}_n P}_{P\text{中与二进立方体的边界相交的块的贡献}}.$$

指标函数的和在除了一个体积为 0 的集合以外均为 1.

我们需要一个陈述把用二进立方体计算的积分与用铺排块计算的积分联系起

来. 因为 $\sum_{P\in\mathcal{P}} \mathbf{1}_P = 1$, 所以

$$\begin{aligned}\int_{\mathbb{R}^n} \overline{g}(\mathbf{x})|\,\mathrm{d}^n\mathbf{x}| &= \sum_{P\in\mathcal{P}_{N''}} \int_{\mathbb{R}^n} \overline{g}(\mathbf{x})\mathbf{1}_P(\mathbf{x})|\,\mathrm{d}^n\mathbf{x}| \\ &= \sum_{\substack{P\in\mathcal{P}_{N''}\\ P\cap\partial\mathcal{D}_N=\varnothing}} M_P(f)\mathrm{vol}_n P + \sum_{\substack{P\in\mathcal{P}_{N''}\\ P\cap\partial\mathcal{D}_N\neq\varnothing}} (-\sup|f|)\mathrm{vol}_n P.\end{aligned} \tag{A.18.10}$$

注意到我们可以把等式 (A.18.9) 的最后一项写为

$$\begin{aligned}\sum_{\substack{P\in\mathcal{P}_{N''}\\ P\cap\partial\mathcal{D}_N\neq\varnothing}} M_P(f)\mathrm{vol}_n P &= \sum_{\substack{P\in\mathcal{P}_{N''}\\ P\cap\partial\mathcal{D}_N\neq\varnothing}} (M_P(f)\overbrace{-\sup|f|+\sup|f|}^{\text{抵消}})\mathrm{vol}_n P \\ &= \sum_{\substack{P\in\mathcal{P}_{N''}\\ P\cap\partial\mathcal{D}_N\neq\varnothing}} (-\sup|f|)\mathrm{vol}_n P + \sum_{\substack{P\in\mathcal{P}_{N''}\\ P\cap\partial\mathcal{D}_N\neq\varnothing}} \Big(M_P(f)+\sup|f|\Big)\mathrm{vol}_n P.\end{aligned}$$

所以我们可以把等式 (A.18.9) 重写为

$$U_{\mathcal{P}_{N''}}(f) = \int_{\mathbb{R}^n} \overline{g}|\,\mathrm{d}^n\mathbf{x}| + \sum_{\substack{P\in\mathcal{P}_{N''}\\ P\cap\partial\mathcal{D}_N\neq\varnothing}} \overbrace{(M_P(f)+\sup|f|)}^{\leqslant 2\sup|f|(\text{见边注})}\mathrm{vol}_n P. \tag{A.18.11}$$

等式 (A.18.11): 因为 $M_P(f)$ 为 P 上的最小上界, 而 $\sup|f|$ 是 $\mathbb{R}^n$ 上的最小上界, 我们有

$$M_P(f)+\sup|f| \leqslant 2\sup|f|.$$

利用不等式 (A.18.4) 给出与边界相交的铺排片 P 的体积的上限, 我们得到

$$\left|U_{\mathcal{P}_{N''}}(f) - \int_{\mathbb{R}^n} \overline{g}|\,\mathrm{d}^n\mathbf{x}|\right| \leqslant 2\sup|f|\mathrm{vol}_n B \leqslant 2\sup|f|\frac{\epsilon}{8\sup|f|} = \frac{\epsilon}{4}. \tag{A.18.12}$$

用 $U_N(f)$ 来替代积分 $\overline{g}$(由不等式 (A.18.8) 解释) 给出

$$\left|U_{\mathcal{P}_{N''}}(f) - \overbrace{U_N(f)}^{\geqslant \int_{\mathbb{R}^n}\overline{g}|\,\mathrm{d}^n\mathbf{x}|}\right| \leqslant \frac{\epsilon}{4}, \text{ 所以 } U_{\mathcal{P}_{N''}}(f) \leqslant U_N(f)+\frac{\epsilon}{4}. \tag{A.18.13}$$

一个精确的类似的论证给出

$$L_{\mathcal{P}_{N''}}(f) \geqslant L_N(f)-\frac{\epsilon}{4}, \text{ 也就是 } -L_{\mathcal{P}_{N''}}(f) \leqslant -L_N(f)+\frac{\epsilon}{4}. \tag{A.18.14}$$

把这些加在一起, 得到

$$U_{P_{N''}}(f) - L_{P_{N''}}(f) \leqslant \underbrace{U_N(f)-L_N(f)}_{\text{根据不等式 (A.18.3)},<\epsilon/2} + \frac{\epsilon}{2} < \epsilon. \tag{A.18.15}$$

2. 同样的论证在我们交换了 $\mathcal{D}_N$ 和 $\mathcal{P}_N$ 后仍然有效. □

A.19　换元公式: 严格的证明

定理 4.10.12 (换元公式). 令 X 为 $\mathbb{R}^n$ 的一个紧致子集, 边界是体积为 0 的 ∂X; 令 $U \subset \mathbb{R}^n$ 为一个包含 X 的开集. 令 $\Phi: U \to \mathbb{R}^n$ 为一个 C^1 映射, 在 $(X - \partial X)$ 上为单射, 且有李普希兹导数, $[\mathbf{D}\Phi(\mathbf{x})]$ 在每个 $\mathbf{x} \in (X - \partial X)$ 上可逆. 设 $Y = \Phi(X)$. 如果 $f: Y \to \mathbb{R}$ 为可积的, 则 $(f \circ \Phi)|\det[\mathbf{D}\Phi]|$ 在 X 上可积, 且

$$\int_Y f(\mathbf{y})|\,\mathrm{d}^n\mathbf{y}| = \int_X (f \circ \Phi)(\mathbf{x})|\det[\mathbf{D}\Phi(\mathbf{x})]||\,\mathrm{d}^n\mathbf{x}|.$$

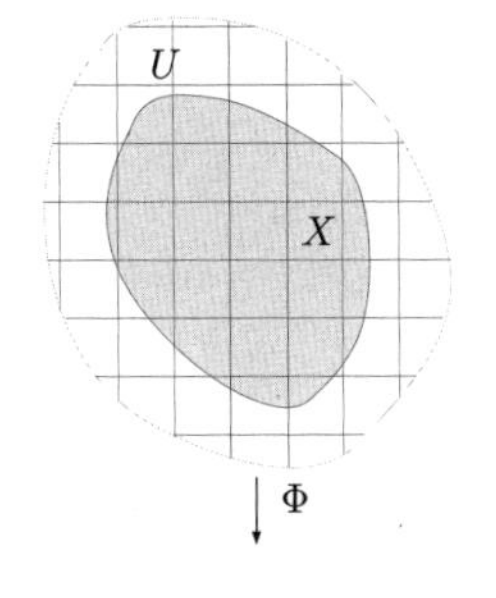

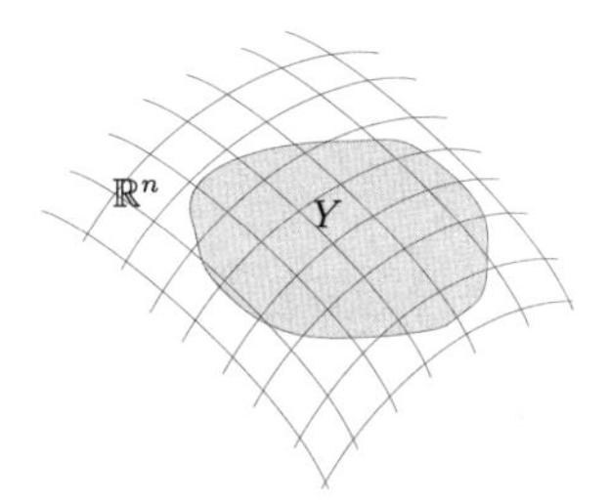

图 A.19.1

C^1 映射 Φ 把 X 映射到 Y. 在换元公式的证明中, 我们将利用 Φ 是定义在 U 上, 而不只是定义在 X 上的这个事实.

证明: 证明是建立在 4.10 节的概要的基础上的一个冗长的过程.

如图 A.19.1 所示, 我们利用 X 的二进分割, 以及 Y 的像分割, 其铺排的块是 $\Phi(C \cap X), C \in \mathcal{D}_N(\mathbb{R}^n)$. 我们称这个像分割为 $\Phi(\mathcal{D}_N(X))$. 证明的概述如下, 其中的 $\mathbf{x}_C$ 表示在 C 中计算 Φ 的数值的点:

$$\begin{aligned}\int_Y f|\,\mathrm{d}^n\mathbf{y}| &\approx \sum_{C \in \mathcal{D}_N(X)} \overbrace{M_{\Phi(C)}f\Big(\operatorname{vol}_n \Phi(C)\Big)}^{f\text{在曲边立方体内的上确界乘上曲边立方体的体积}} \\ &\approx \sum_{C \in \mathcal{D}_N(X)} M_C(f \circ \Phi)\Big(\operatorname{vol}_n C|\det[\mathbf{D}\Phi(\mathbf{x}_C)]|\Big) \quad (\text{A.19.1}) \\ &\approx \int_X (f \circ \Phi)(\mathbf{x})|\det[\mathbf{D}\Phi(\mathbf{x})]||\,\mathrm{d}^n\mathbf{x}|.\end{aligned}$$

公式 (A.19.1): 第二行是黎曼和; $\mathbf{x}_C$ 是 C 中计算 Φ 的数值的点: 中点, 左下角, 或者某些其他选择. “≈” 在极限下变成等号.

1. 要解释第一个 “≈”, 我们需要证明 $\Phi\big(\mathcal{D}_N(X)\big)$, 即 Y 的像分割, 是一个嵌套分割.
2. 要解释第二个 “≈”(这是最难的部分), 我们需要证明随着 $N \to \infty$, 像分割中的曲边立方体的体积等于原来的二进分割中的立方体的体积乘上 $|\det[\mathbf{D}\Phi(\mathbf{x}_C)]|$.
3. 第三个 “≈” 是积分作为黎曼和的极限的定义. □

我们需要命题 A.19.1 (本身也有意义) 来证明第一部分.

命题 A.19.1 (C^1 映射的像的体积). 令 $Z \subset \mathbb{R}^n$ 为 $\mathbb{R}^n$ 的一个紧致可铺子集, 令 $U \subset \mathbb{R}^n$ 为一个包含 Z 的开集, 令 $\Phi: U \to \mathbb{R}^n$ 为一个 C^1 映射, 具有有界的导数. 设 $K = \sup_{\mathbf{x} \in U} |[\mathbf{D}\Phi(\mathbf{x})]|$. 则

$$\operatorname{vol}_n \Phi(Z) \leqslant (K\sqrt{n})^n \operatorname{vol}_n Z. \quad (\text{A.19.2})$$

尤其是, 如果 $\operatorname{vol}_n Z = 0$, 则 $\operatorname{vol}_n \Phi(Z) = 0$.

公式 (A.19.3): 子集 A 由所有的或者整体在 Z 中或者跨在 Z 的边界上的 C 的闭包组成. 回忆一下, $\overline{C}$ 表示 C 的闭包.

一个立方体 $C \in \mathcal{D}_N(\mathbb{R}^n)$ 的边长为 $1/2^N$, C 中的一个点 $\mathbf{x}$ 和其中心的距离为

$$|\mathbf{x} - \mathbf{x}_0| \leqslant \frac{\sqrt{n}}{2 \cdot 2^N}$$

(见练习 4.1.8). 所以 $\Phi(C)$ 被包含在中心在 $\Phi(\mathbf{z}_C)$, 边长为 $K\sqrt{n}/2^N$ 的盒子 C' 中.

证明: 选取 $\epsilon > 0$ 以及 $N \geqslant 0$ 足够大, 使得如果我们设

$$A \stackrel{\text{def}}{=} \bigcup_{\substack{C \in \mathcal{D}_N(\mathbb{R}^n) \\ C \cap Z \neq \varnothing}} \overline{C}, \text{ 则 } A \subset U \text{ 且 } \operatorname{vol}_n A \leqslant \operatorname{vol}_n Z + \epsilon. \quad (\text{A.19.3})$$

令 $\mathbf{z}_C$ 为上面的立方体 C 中一个的中心. 则根据推论 1.9.2, 当 $\mathbf{z}\in C$ 的时候, 我们有

$$|\Phi(\mathbf{z}_C)-\Phi(\mathbf{z})|\leqslant K|\mathbf{z}_C-\mathbf{z}|\leqslant K\frac{\sqrt{n}}{2\cdot 2^N}. \tag{A.19.4}$$

(像中任意两点之间的距离最多为 K 乘上定义域中对应的点之间的距离.) 因此, $\Phi(C)$ 被包含在中心在 $\Phi(\mathbf{z}_C)$, 边长为 $K\sqrt{n}/2^N$ 的盒子 C' 中. 最终

$$\Phi(Z)\quad\subset\bigcup_{\substack{C\,\in\,\mathcal{D}_N(\mathbb{R}^n)\\ C\cap Z\neq\varnothing}} C', \tag{A.19.5}$$

因此

不等式 (A.19.6): 要从第一行到第二行, 我们同时乘和除

$$\mathrm{vol}_n\,C=\left(\frac{1}{2^N}\right)^n.$$

$$\begin{aligned}\mathrm{vol}_n\,\Phi(Z)\quad&\leqslant\sum_{\substack{C\,\in\,\mathcal{D}_N(\mathbb{R}^n)\\ C\cap Z\neq\varnothing}}\mathrm{vol}_n\,C'\leqslant\sum_{\substack{C\,\in\,\mathcal{D}_N(\mathbb{R}^n)\\ C\cap Z\neq\varnothing}}\left(\frac{K\sqrt{n}}{2^N}\right)^n\\ &=\underbrace{\frac{\left(K\sqrt{n}/2^N\right)^n}{\left(1/2^N\right)^n}}_{\mathrm{vol}_n\,C'\text{与}\,\mathrm{vol}_n\,C\text{的比率}}\sum_{\substack{C\,\in\,\mathcal{D}_N(\mathbb{R}^n)\\ C\cap Z\neq\varnothing}}\mathrm{vol}_n\,C=(K\sqrt{n})^n\,\mathrm{vol}_n\,A\\ &\leqslant (K\sqrt{n})^n(\mathrm{vol}_n\,Z+\epsilon).\quad\square\end{aligned} \tag{A.19.6}$$

推论 A.19.2. 对于每个 N, 分割$\Phi(\mathcal{D}_N(X))$ 是 Y 的一个铺排, 序列 $N\mapsto\Phi(\mathcal{D}_N(X))$ 是 Y 的一个嵌套分割.

证明: 铺排的定义 4.7.2 的条件 1 和 3 是明显的; 条件 2 和 4 可从命题 A.19.1 的最后一句话得到. 要证明序列是一个嵌套分割 (定义 4.7.3), 我们需要检验小片是嵌套的, 直径随着 N 趋向无限大而趋向于 0. 第一个是显然的: 如果 $C_1\subset C_2$, 则 $\Phi(C_1)\subset\Phi(C_2)$. 第二个是不等式 (A.19.4). $\square$

我们的下一个命题包含换元定理的实质内容. 它说的恰好就是为什么我们可以把一个小的曲边平行四边形 $\Phi(C)$ 的体积替换成它的近似的体积 $|\det[\mathbf{D}\Phi(\mathbf{x})]|\,\mathrm{vol}_n\,C$: 对于一个满足 $\Phi(\mathbf{0})=\mathbf{0}$ 的换元映射 Φ, 一个中心在 $\mathbf{0}$ 的立方体 C 的像 $\Phi(C)$ 通过 Φ 在 $\mathbf{0}$ 的导数而任意地接近 C 的像, 如图 A.19.3 和 A.19.4 所示.

命题 A.19.3. 令 U,V 为 $\mathbb{R}^n$ 的开子集, 且 $\mathbf{0}\in U,\mathbf{0}\in V$. 令 $\Phi\colon U\to V$ 为一个双射的微分映射, 且 $\Phi(\mathbf{0})=\mathbf{0}$, 使得 $[\mathbf{D}\Phi]$ 是李普希兹的, 并且 $\Phi^{-1}\colon V\to U$ 也是具有李普希兹导数的微分映射. 令 M 为 $[\mathbf{D}\Phi]$ 和 $[\mathbf{D}\Phi^{-1}]$ 的李普希兹比率. 则:

1. 对任意的 $\epsilon>0$, 存在 $\delta>0$, 使得如果 C 是一个中心在 $\mathbf{0}$, 边长小于 2δ 的立方体, 则

$$(1-\epsilon)[\mathbf{D}\Phi(\mathbf{0})]C\subset\underbrace{\Phi(C)}_{\substack{\text{随着}\epsilon\,\to\,0\text{挤在}\\ \text{左右两侧之间}}}\subset(1+\epsilon)[\mathbf{D}\Phi(\mathbf{0})]C. \tag{A.19.7}$$

2. 我们可以选择 δ, 使其仅依赖于 ϵ, $|[\mathbf{D}\Phi(\mathbf{0})]|$, $|[\mathbf{D}\Phi(\mathbf{0})]^{-1}|$, 以及李普希兹比率 M, 而不依赖于关于 Φ 的其他信息.

每当我们比较 $\mathbb{R}^n$ 中的球与立方体的时候, 令人讨厌的 $\sqrt{n}$ 会把公式变得复杂. 我们在命题 A.19.3 的证明中将需要多次处理这个问题; 下面的引理把我们所需要的隔离出来了.

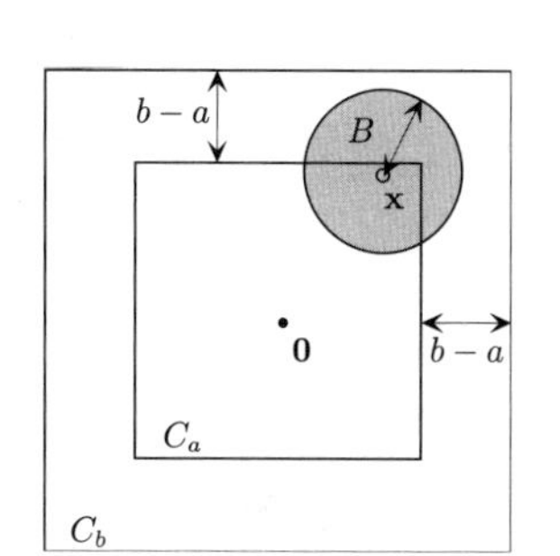

图 A.19.2

这张图演示了引理 A.19.4. 因为球 B 以 C_a 中的一个点为中心, 其半径为

$$\frac{(b-a)|\mathbf{x}|}{a\sqrt{n}} < b-a,$$

B 被包含在 C_b 中.

引理 A.19.4. 选取 $0 < a < b$, 令 $C_a, C_b \subset \mathbb{R}^n$ 是中心在原点, 边长分别为 $2a$ 和 $2b$ 的立方体. 则在任意点 $\mathbf{x} \in C_a$ 周围的半径为 $\dfrac{(b-a)|\mathbf{x}|}{a\sqrt{n}}$ 的球 B 被包含在 C_b 中.

证明: 如果 $\mathbf{x} \in C_a$, 则 $|\mathbf{x}| < a\sqrt{n}$, 所以 B 的半径小于 $b-a$, 如图 A.19.2. □

命题 A.19.3 的证明: 对于公式 (A.19.7) 的左右的两个包含, 需要使用稍微不同的处理方法. 两者都来自命题 A.5.1. 记得包含在半径为 r 的球内的最大的 n 维立方体的边长为 $2r/\sqrt{n}$. 右边的包含 (在图 A.19.3 中演示), 是通过下面的方法得到的: 找到 δ, 使得如果 C 的边长最多为 2δ, 且 $\mathbf{x} \in C$, 则

$$\left|[\mathbf{D}\Phi(\mathbf{0})]^{-1}\Big(\Phi(\mathbf{x}) - [\mathbf{D}\Phi(\mathbf{0})](\mathbf{x})\Big)\right| \leqslant \frac{\epsilon|\mathbf{x}|}{\sqrt{n}}. \tag{A.19.8}$$

为什么不等式 (A.19.8) 证明了正确的包含关系? 我们要知道, 如果 $\mathbf{x} \in C$, 则 $\Phi(\mathbf{x}) \in (1+\epsilon)[\mathbf{D}\Phi(\mathbf{0})](C)$, 也就是

$$[\mathbf{D}\Phi(\mathbf{0})]^{-1}\Phi(\mathbf{x}) \in (1+\epsilon)C.$$

因为

$$\begin{aligned}&[\mathbf{D}\Phi(\mathbf{0})]^{-1}\Phi(\mathbf{x})\\ =\ & \mathbf{x} + [\mathbf{D}\Phi(\mathbf{0})]^{-1}\Big(\Phi(\mathbf{x})\\ &-[\mathbf{D}\Phi(\mathbf{0})](\mathbf{x})\Big),\end{aligned}$$

$[\mathbf{D}\Phi(\mathbf{0})]^{-1}\Phi(\mathbf{x})$ 是到 $\mathbf{x}$ 的距离 $\left|[\mathbf{D}\Phi(\mathbf{0})]^{-1}\Big(\Phi(\mathbf{x}) - [\mathbf{D}\Phi(\mathbf{0})](\mathbf{x})\Big)\right|$. 但是, 根据引理 A.19.4 (设 $a=1$, $b-a=\epsilon$), 在任意点 $\mathbf{x} \in C$ 周围的半径为 $\epsilon|\mathbf{x}|/\sqrt{n}$ 的球被完全包含在 $(1+\epsilon)C$ 中.

根据命题 A.5.1, 如果 $\mathbf{f}$ 的导数是李普希兹的且有李普希兹比率 M, 则

$$|\mathbf{f}(\mathbf{x}) - \mathbf{f}(\mathbf{0}) - [\mathbf{Df}(\mathbf{0})]\mathbf{x}| \leqslant \frac{M}{2}|\mathbf{x}|^2.$$

在不等式 (A.19.9) 中, Φ 起到了 $\mathbf{f}$ 的作用.

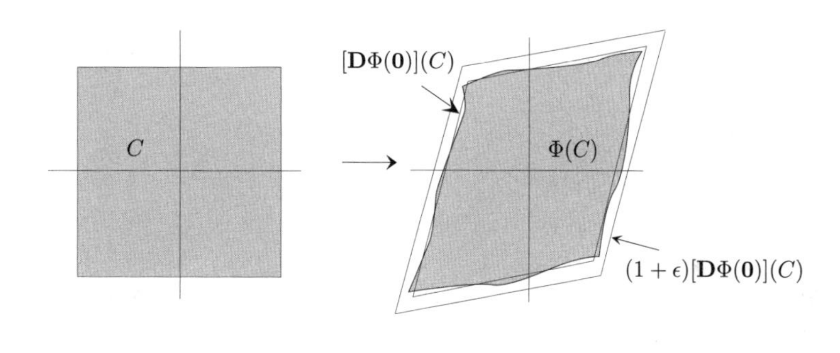

图 A.19.3

立方体 C 被映射到 $\Phi(C)$, 它几乎是 $[\mathbf{D}\Phi(\mathbf{0})](C)$, 必然在 $(1+\epsilon)[\mathbf{D}\Phi(\mathbf{0})](C)$ 中. 随着 $\epsilon \to 0$, 像 $\Phi(C)$ 变得越来越像精确的平行六面体 $[\mathbf{D}\Phi(\mathbf{0})]C$.

根据命题 A.5.1(见边注),

$$\left|[\mathbf{D}\Phi(\mathbf{0})]^{-1}\Big(\Phi(\mathbf{x}) - \underbrace{\Phi(\mathbf{0})}_{\text{根据定义, 为 }0} - [\mathbf{D}\Phi(\mathbf{0})](\mathbf{x})\Big)\right| \leqslant \left|[\mathbf{D}\Phi(\mathbf{0})]^{-1}\right|\frac{M|\mathbf{x}|^2}{2}. \tag{A.19.9}$$

所以, 只要在 $\mathbf{x} \in C$ 的时候要求

$$\frac{\left|[\mathbf{D}\Phi(\mathbf{0})]^{-1}\right|M|\mathbf{x}|^2}{2} \leqslant \frac{\epsilon|\mathbf{x}|}{\sqrt{n}},\ \text{也就是}\ |\mathbf{x}| \leqslant \frac{2\epsilon}{M\sqrt{n}\left|[\mathbf{D}\Phi(\mathbf{0})]^{-1}\right|} \tag{A.19.10}$$

就足够了.

因为 $\mathbf{x} \in C$, 且 C 的边长最多为 2δ, 我们有 $|\mathbf{x}| \leqslant \delta\sqrt{n}$, 所以, 如果

$$\delta = \frac{2\epsilon}{Mn|[\mathbf{D}\Phi(\mathbf{0})]^{-1}|}, \tag{A.19.11}$$

则右边的包含将被满足.

对于左边的包含 (在图 A.19.4 中演示), 我们需要找到 δ, 使得当 C 的边长小于或等于 2δ, $\mathbf{x}\in(1-\epsilon)C$ 的时候, 有

$$(1-\epsilon)[\mathbf{D}\Phi(\mathbf{0})]C\subset\Phi(C),\ \text{也就是}\ \Phi^{-1}[\mathbf{D}\Phi(\mathbf{0})]\mathbf{x}\in C. \tag{A.19.12}$$

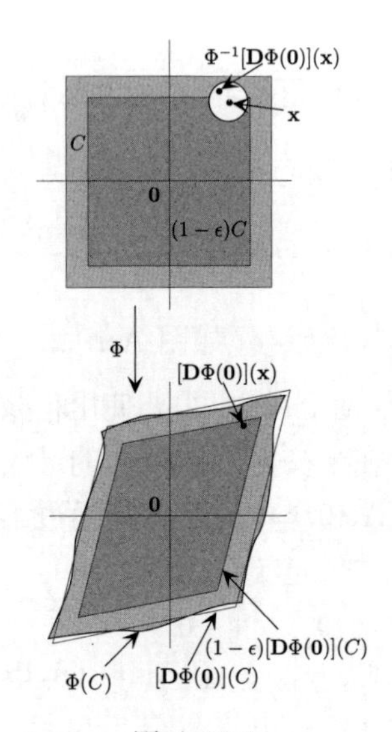

图 A.19.4

我们将证明命题 A.19.3 的左边的包含:

$$(1-\epsilon)[\mathbf{D}\Phi(\mathbf{0})]C\subset\Phi(C)$$

是通过证明下述结论来进行的: 对于任意的 $\mathbf{x}\in(1-\epsilon)C$, 点 $\Phi^{-1}([\mathbf{D}\Phi(\mathbf{0})]\mathbf{x})$ 属于中心在 $\mathbf{x}$, 半径为

$$\frac{\epsilon}{\sqrt{n}(1-\epsilon)}|\mathbf{x}|$$

的球. 引理 A.19.4 保证了这个球被包含在 C 中, 所以

$$\begin{aligned}[\mathbf{D}\Phi(\mathbf{0})]\mathbf{x} &= \Phi\big(\Phi^{-1}[\mathbf{D}\Phi(\mathbf{0})]\mathbf{x}\big)\\ &\in \Phi(C).\end{aligned}$$

在引理 A.19.4 中, 用 δ 替换 b, 用 $(1-\epsilon)\delta$ 替换 a, 这等价于证明我们可以找到 δ, 使得如果 $\mathbf{x}\in(1-\epsilon)C$, 则有

$$|\Phi^{-1}([\mathbf{D}\Phi(\mathbf{0})]\mathbf{x})-\mathbf{x}|\leqslant\frac{\epsilon}{\sqrt{n}(1-\epsilon)}|\mathbf{x}|. \tag{A.19.13}$$

(注意, 因为导数 $[\mathbf{D}\Phi]$ 近似了 Φ, 我们应当期待 $\Phi^{-1}([\mathbf{D}\Phi(\mathbf{0})])$ 很接近恒等变换, 所以不等式的左边应该属于 $o(|\mathbf{x}|)$.) 要找到这样的一个 δ, 我们用命题 A.5.1 (不等式 (A.19.14) 的第三行). 设 $\mathbf{y}=[\mathbf{D}\Phi(\mathbf{0})]\mathbf{x}$. 这一次, Φ^{-1} 起到了命题 A.5.1 中的 $\mathbf{f}$ 的作用. 我们发现

$$\begin{aligned}\Big|\Phi^{-1}\big([\mathbf{D}\Phi(\mathbf{0})]\mathbf{x}\big)-\mathbf{x}\Big| &= \Big|\Phi^{-1}\mathbf{y}-[\mathbf{D}\Phi^{-1}(\mathbf{0})][\mathbf{D}\Phi(\mathbf{0})]\mathbf{x}\Big|\\ &= \Big|\Phi^{-1}(\mathbf{0}+\mathbf{y})-\underbrace{\Phi^{-1}(\mathbf{0})}_{\text{根据定义, 为}\mathbf{0}}-[\mathbf{D}\Phi^{-1}(\mathbf{0})]\mathbf{y}\Big|\end{aligned}$$

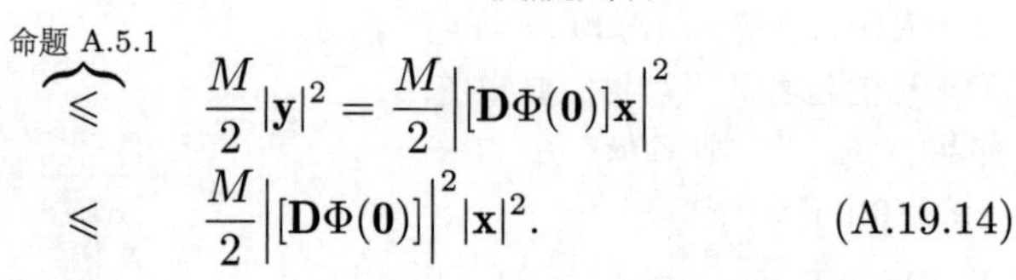

$$\begin{aligned}&\overbrace{\leqslant}^{\text{命题 A.5.1}} \frac{M}{2}|\mathbf{y}|^2=\frac{M}{2}\Big|[\mathbf{D}\Phi(\mathbf{0})]\mathbf{x}\Big|^2\\ &\leqslant \frac{M}{2}\Big|[\mathbf{D}\Phi(\mathbf{0})]\Big|^2|\mathbf{x}|^2.\end{aligned} \tag{A.19.14}$$

因此, 如果

$$\frac{M}{2}\Big|[\mathbf{D}\Phi(\mathbf{0})]\Big|^2|\mathbf{x}|^2\ \leqslant\ \frac{\epsilon}{\sqrt{n}(1-\epsilon)}|\mathbf{x}|, \tag{A.19.15}$$

也就是

$$|\mathbf{x}|\ \leqslant\ \frac{2\epsilon}{M(1-\epsilon)\sqrt{n}\Big|[\mathbf{D}\Phi(\mathbf{0})]\Big|^2}, \tag{A.19.16}$$

则不等式 (A.19.13) 将被满足.

记得 $\mathbf{x}\in(1-\epsilon)C$, 所以 $|\mathbf{x}|<(1-\epsilon)\delta\sqrt{n}$, 所以, 如果我们选择

$$\delta=\frac{2\epsilon}{(1-\epsilon)^2Mn|[\mathbf{D}\Phi(\mathbf{0})]|^2}, \tag{A.19.17}$$

则左边的包含被满足. 选择这个 δ 和等式 (A.19.17) 中的 δ 中较小的那个.

2. 这个从等式 (A.19.11) 和等式 (A.19.17) 来看是很清楚的. □

积分是用上和与下和来定义的, 我们现在必须把命题 A.19.3 翻译成这种语言.

命题 A.19.5. 令 U 和 V 是 $\mathbb{R}^n$ 中的有界子集, 令 $\Phi\colon U\to V$ 为一个具有李普希兹导数的双射的微分映射, 满足 $\Phi^{-1}\colon V\to U$ 也是可微的, 且有李普希兹导数. 则对于任意 $\eta>0$, 存在 N, 使得如果 $C\in\mathcal{D}_N(\mathbb{R}^n)$ 且 $C\subset U$,

则有

$$(1-\eta)M_C\big(|\det[\mathbf{D}\Phi]|\big)\operatorname{vol}_n C \leqslant \operatorname{vol}_n \Phi(C) \leqslant (1+\eta)m_C\big(|\det[\mathbf{D}\Phi]|\big)\operatorname{vol}_n C. \tag{A.19.18}$$

命题 A.19.5 的证明: 选取 $\eta>0$, 找到 $\epsilon>0$ 使得

$$(1+\epsilon)^{n+1}<1+\eta,\ \text{且}\ (1-\epsilon)^{n+1}>1-\eta. \tag{A.19.19}$$

对于这个 ϵ, 找到 N_1 使得命题 A.19.3 对于每个立方体 $C\in\mathcal{D}_{N_1}(\mathbb{R}^n)$ 且 $C\subset U$ 成立. 对于每个立方体 C, 令 $\mathbf{z}_C$ 为其中心. 因此 (如边注所讨论的) 如果 $N\geqslant N_1$, $C\in\mathcal{D}_N(\mathbb{R}^n)$, 从命题 A.19.3 和定理 4.9.1 得到

$$\operatorname{vol}_n\Phi(C)<(1+\epsilon)^n\big|\det[\mathbf{D}\Phi(\mathbf{z}_C)]\big|\operatorname{vol}_n C. \tag{A.19.20}$$

不等式 (A.19.20): 对于适当的 N_1, 命题 A.19.3 中右边的包含告诉我们

$$\operatorname{vol}_n\Phi(C) \leqslant \operatorname{vol}_n\big((1+\epsilon)[\mathbf{D}\Phi(\mathbf{z}_C)]C\big).$$

定理 4.9.1 说明, 如果 T 是线性的, 那么

$$\operatorname{vol}_n T(A)=\big|\det[T]\big|\operatorname{vol}_n A;$$

把 T 替换成 $[\mathbf{D}\Phi(\mathbf{z}_C)]$, 把 A 替换成 C, 给出

$$\operatorname{vol}_n[\mathbf{D}\Phi(\mathbf{z}_C)](C) = \big|\det[\mathbf{D}\Phi(\mathbf{z}_C)]\big|\operatorname{vol}_n C.$$

所以, 对于适当的 N_1, 我们有

$$\operatorname{vol}_n\Phi(C) \leqslant \operatorname{vol}_n\big((1+\epsilon)[\mathbf{D}\Phi(\mathbf{z}_C)]C\big) = (1+\epsilon)^n\big|\det[\mathbf{D}\Phi(\mathbf{z}_C)]\big|\operatorname{vol}_n C;$$

等式是定理 4.9.1.

在不等式 (A.19.21) 中,

$$M_C\big|\det[\mathbf{D}\Phi]\big|$$

不是 M_C 乘上 $|\det[\mathbf{D}\Phi]|$, 而是 $\big|\det[\mathbf{D}\Phi]\big|$ 的最小上界. 类似地, $m_C\big|\det[\mathbf{D}\Phi]\big|$ 是 $\big|\det[\mathbf{D}\Phi]\big|$ 的最大下界.

下一步, 找到 N_2, 使得对于每个 $C\in\mathcal{D}_{N_2}(\mathbb{R}^n)$ 且 $C\subset U$, 我们有

$$\frac{M_C|\det[\mathbf{D}\Phi]|}{m_C|\det[\mathbf{D}\Phi]|}<1+\epsilon,\quad \frac{m_C|\det[\mathbf{D}\Phi]|}{M_C|\det[\mathbf{D}\Phi]|}>1-\epsilon. \tag{A.19.21}$$

实际上, 第二个不等式来自于第一个, 因为 $1/(1+\epsilon)>1-\epsilon$. □

注释. 我们如何知道存在 N_2 使得不等式 (A.19.21) 被满足, 也就是比率接近 1 呢? 注意, $[\mathbf{D}\Phi]$ 是李普希兹的意味着 $\det[\mathbf{D}\Phi]$ 也是李普希兹的且有界, 因为 det 是一个矩阵的项的多项式函数, 对于 $[\mathbf{D}\Phi^{-1}]$ 也一样. 根据链式法则, 有

$$\Big[\mathbf{D}\Phi^{-1}\big(\Phi(\mathbf{x})\big)\Big][\mathbf{D}\Phi(\mathbf{x})]=I, \tag{A.19.22}$$

再根据 $\det AB=\det A\det B$, 我们有 $\det\big[\mathbf{D}\Phi^{-1}\big(\Phi(\mathbf{x})\big)\big]\det\big[\mathbf{D}\Phi(\mathbf{x})\big]=1$. 因为 $\det[\mathbf{D}\Phi]$ 是李普希兹的, $\exists M$ 使得对于 $\mathbf{x},\mathbf{y}\in C$, $C\in\mathcal{D}_{N_2}(\mathbb{R}^n)$, 有

$$|\det[\mathbf{D}\Phi(\mathbf{x})]-\det[\mathbf{D}\Phi(\mathbf{y})]|\leqslant M|\mathbf{x}-\mathbf{y}|, \tag{A.19.23}$$

也就是

$$\left|\frac{\det[\mathbf{D}\Phi(\mathbf{x})]}{\det[\mathbf{D}\Phi(\mathbf{y})]}-1\right|\leqslant\frac{M|\mathbf{x}-\mathbf{y}|}{|\det[\mathbf{D}\Phi(\mathbf{y})]|}=M|\mathbf{x}-\mathbf{y}||\det[\mathbf{D}\Phi^{-1}\big(\Phi(\mathbf{y})\big)]|;$$

因为 $[\mathbf{D}\Phi^{-1}]$ 是有界的, 所以可以通过选取足够接近的 $\mathbf{x}$ 和 $\mathbf{y}$, 也就是选取较大的 N_2, 使得右侧变得任意小.

如果 N 是 N_1 和 N_2 中较大的数, 则对于 $C\in\mathcal{D}_N(\mathbb{R}^n)$, 不等式 (A.19.21) 中的第一个不等式给出

$$\big|\det[\mathbf{D}\Phi(\mathbf{z}_C)]\big|\leqslant M_C\big|\det[\mathbf{D}\Phi]\big| \underbrace{<}_{\text{不等式 (A.19.21)}} (1+\epsilon)m_C\big|\det[\mathbf{D}\Phi]\big|, \tag{A.19.24}$$

与不等式 (A.19.20) 一起, 给出了

$$\operatorname{vol}_n\Phi(C)<(1+\epsilon)^{n+1}m_C|\det[\mathbf{D}\Phi]|\operatorname{vol}_n C. \tag{A.19.25}$$

通过一个完全相同的论证得到

$$\mathrm{vol}_n\,\Phi(C) > (1-\epsilon)^{n+1} M_C |\det[\mathbf{D}\Phi]|\,\mathrm{vol}_n\,C. \qquad \triangle \tag{A.19.26}$$

完成换元公式的证明

我们可以假设 $f \geqslant 0$, 并且可以把它扩展到在 $\Phi(U)-Y$ 上为 0(回忆到 $\Phi(X)=Y$). 选择 $\eta>0$, 并且选取足够大的 N_1, 使得两个条件被满足: 首先, 闭包与 X 的边界相交的立方体 $C\in\mathcal{D}_{N_1}(X)$ 的并集的总体积小于 η; 其次, 这些 C 的闭包被包含在 U 中.

我们可以把 Z 想成 X 的边界 ∂X 的加厚.

我们将用 Z 表示这些立方体的闭包的并集, 因此, 我们需要 N_1 足够大使得

$$\mathrm{vol}_n\,Z<\eta, Z\subset U, \tag{A.19.27}$$

则 (因为 X 是紧致的)$X\cup Z$ 是 U 的一个紧致子集. 用 M 表示 $[\mathbf{D}\Phi]$ 的李普希兹比率, 设

$$K=\sup_{\mathbf{x}\in X\cup Z}\big|\det[\mathbf{D}\Phi(\mathbf{x})]\big|,\ L=\sup_{\mathbf{y}\in\Phi(U)}|f(\mathbf{y})|. \tag{A.19.28}$$

我们知道, K 有明确的定义, 因为 $|\det[\mathbf{D}\Phi(\mathbf{x})]|$ 在紧致集合 $X\cup Z$ 上连续.

引理 A.19.6. $X-Z$ 的闭包是紧致的且不包含 ∂X 的点.

当然, 我们需要引理 A.19.6 的第一部分来应用定理 1.6.9. 我们需要第二部分来知道 $[\mathbf{D}\Phi]^{-1}$ 是存在的; 回忆到定理 4.10.12 规定了 $[\mathbf{D}\Phi(\mathbf{x})]$ 在每个 $\mathbf{x}\in(X-\partial X)$ 是可逆的.

证明: 因为 X 是有界的, $X-Z$ 是有界的, 所以它的闭包是闭的且有界. 对于第二个陈述, ∂X 的每个点有一个包含在 Z 内的邻域, 所以不能在 $X-Z$ 的闭包内. □

从引理 A.19.6 和定理 1.6.9 得到, $[\mathbf{D}\Phi]^{-1}$ 在 $X-Z$ 上有界, 设为 $\widetilde{K}$, 而且它也是李普希兹的:

不等式 (A.19.29): 因为 $\widetilde{K}$ 是 $|[\mathbf{D}\Phi]^{-1}|$ 的一个界, 所以它也是 $|[\mathbf{D}\Phi(\mathbf{y})]^{-1}|$ 的一个界. 这解释了第二行中的 $\widetilde{K}^2$.

$$\begin{aligned}\Big|[\mathbf{D}\Phi(\mathbf{x})]^{-1}-[\mathbf{D}\Phi(\mathbf{y})]^{-1}\Big| &= \Big|[\mathbf{D}\Phi(\mathbf{x})]^{-1}\overbrace{\Big([\mathbf{D}\Phi(\mathbf{y})]-[\mathbf{D}\Phi(\mathbf{x})]\Big)}^{\leqslant M|\mathbf{y}-\mathbf{x}|}[\mathbf{D}\Phi(\mathbf{y})]^{-1}\Big| \\ &\leqslant (\widetilde{K})^2 M|\mathbf{x}-\mathbf{y}|.\end{aligned} \tag{A.19.29}$$

因此, 我们可以应用命题 A.19.5, 选取 $N_2>N_1$, 使得不等式 (A.19.18) 对包含在 $X-Z$ 中的 $\mathcal{D}_{N_2}$ 中的所有的立方体成立. 根据定义 4.1.8, 我们有

$$U_{N_2}\big((f\circ\Phi)|\det[\mathbf{D}\Phi]|\big)=\sum_{C\in\mathcal{D}_{N_2}(\mathbb{R}^n)} M_C\big((f\circ\Phi)|\det[\mathbf{D}\Phi]|\big)\,\mathrm{vol}_n\,C.$$

不等式 (A.19.30): 要从第一行到第二行, 记住如果 f 和 g 是正的, 那么

$$M_C(fg)\leqslant M_c f M_c g.$$

记住

$$\mathrm{vol}_n\,Z<\eta$$

(公式 (A.19.27)) 以及

$$|\det[\mathbf{D}\Phi]|\leqslant K$$

(等式 (A.19.28)).

我们将分开考虑 Z 中的 $\mathcal{D}_{N_2}$ 的立方体, 称为边界立方体, 以及其他的, 称为内部立方体. 对于边界立方体, 我们有 (回忆到 K 和 L 在等式 (A.19.28) 中定义)

$$\sum_{\text{边界立方体}C} M_C\Big((f\circ\Phi)|\det[\mathbf{D}\Phi]|\Big)\,\mathrm{vol}_n\,C \tag{A.19.30}$$

$$\leqslant \sum_{\text{边界立方体}C} \underbrace{M_C(f\circ\Phi)}_{\leqslant L}\underbrace{M_C|\det[\mathbf{D}\Phi]|}_{\leqslant K}\operatorname{vol}_n C$$
$$\leqslant LK\operatorname{vol}_n Z < LK\eta.$$

对于内部立方体, 我们有

$$\begin{aligned}&\sum_{\text{内部立方体}C} M_C\Big((f\circ\Phi)|\det[\mathbf{D}\Phi]|\Big)\operatorname{vol}_n C\\ \leqslant&\sum_{\text{内部立方体}C}\underbrace{M_C(f\circ\Phi)}_{M_{\Phi(C)}(f)}\ \underbrace{M_C|\det[\mathbf{D}\Phi]|\operatorname{vol}_n C}_{\text{根据不等式 (A.19.18)},\leqslant\frac{\operatorname{vol}_n\Phi(C)}{1-\eta}}\\ \leqslant&\frac{1}{1-\eta}\sum_{\text{内部立方体}C}M_{\Phi(C)}(f)\operatorname{vol}_n\Phi(C)\\ =&\frac{1}{1-\eta}U_{\Phi(\mathcal{D}_{N_2}(\mathbb{R}^n))}(f).\end{aligned}\tag{A.19.31}$$

把这些结果放在一起, 给出

$$U_{N_2}\Big((f\circ\Phi)|\det[\mathbf{D}\Phi]|\Big)\leqslant\frac{1}{1-\eta}U_{\Phi(\mathcal{D}_{N_2}(\mathbb{R}^n))}(f)+LK\eta.\tag{A.19.32}$$

关于下和的一个类似的论述, 利用 N_3, 给出

$$L_{N_3}\big((f\circ\Phi)|\det[\mathbf{D}\Phi]|\big)\geqslant\frac{1}{1+\eta}L_{\Phi(\mathcal{D}_{N_3}(\mathbb{R}^n))}(f)-LK\eta.\tag{A.19.33}$$

用 N 来表示 N_2 和 N_3 中较大的数, 我们得到

$$\begin{aligned}\frac{1}{1+\eta}L_{\Phi(\mathcal{D}_N(\mathbb{R}^n))}(f)-LK\eta &\underbrace{\leqslant}_{\text{不等式 (A.19.33)}} L_N\big((f\circ\Phi)|\det[\mathbf{D}\Phi]|\big)\\ \leqslant U_N\big((f\circ\Phi)|\det[\mathbf{D}\Phi]|\big)&\underbrace{\leqslant}_{\text{不等式 (A.19.32)}}\frac{1}{1-\eta}U_{\Phi(\mathcal{D}_N(\mathbb{R}^n))}(f)+LK\eta.\end{aligned}\tag{A.19.34}$$

因为 f 是可积的, 且 $\Phi\big(\mathcal{D}_N(\mathbb{R}^n)\big)$ 是一个嵌套分割 (根据推论 A.19.2), 外层的项中的下和与上和都随着 $N\to\infty$ 收敛到

$$\int_Y f(\mathbf{y})|\,\mathrm{d}^n\mathbf{y}|.\tag{A.19.35}$$

因为 $\eta>0$ 是任意的, 这证明了内层的项有共同的极限. 这样 $(f\circ\Phi)|\det[\mathbf{D}\Phi]|$ 是可积的, 且

$$\int_X(f\circ\Phi)(\mathbf{x})|\det[\mathbf{D}\Phi(\mathbf{x})]||\,\mathrm{d}^n\mathbf{x}|=\int_Y f(\mathbf{y})|\,\mathrm{d}^n\mathbf{y}|.\quad\square\tag{A.19.36}$$

A.20　0 体积和相关的结果

这里我们证明三个关于体积和 0 体积的陈述: 命题 4.3.4、命题 5.2.2 和命题 6.6.17.

命题 4.3.4 (图像的有界部分的体积为 0). 令 $f\colon \mathbb{R}^n \to \mathbb{R}$ 为一个可积函数, 图像为 $\Gamma(f)$, 令 $C_0 \subset \mathbb{R}^n$ 为任意二进立方体. 则

$$\mathrm{vol}_{n+1}\Big(\underbrace{\Gamma(f) \cap (C_0 \times \mathbb{R})}_{\text{图像的有界部分}}\Big) = 0.$$

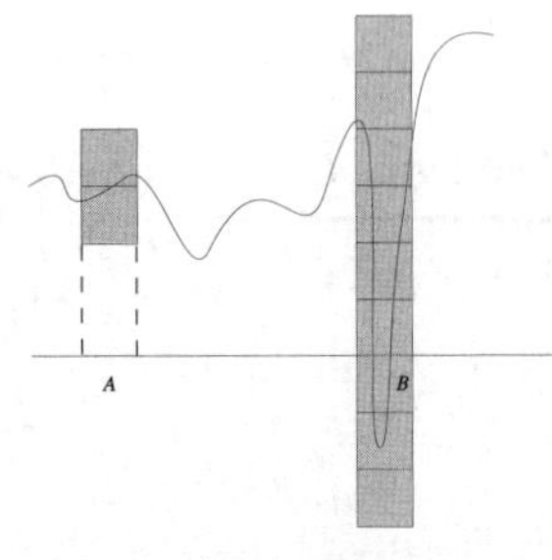

图 A.20.1

一个从 $\mathbb{R} \to \mathbb{R}$ 的函数的图像. 这里 x 轴起到了定理中的 $\mathbb{R}^n$ 的作用, (x, y) 平面起到了 $\mathbb{R}^{n+1}$ 的作用. 在区间 A 上, 函数满足 $\mathrm{osc} < \epsilon$; 在区间 B 上, 有 $\mathrm{osc} > \epsilon$. 在 A 上方, 我们保留了与图像相交的两个立方体; 在 B 上方, 我们保留了整个的塔, 包括地下室.

证明: 证明不是非常难, 但我们有两种二进立方体需要保持为直的: 与函数的图像相交的 $(n+1)$ 维立方体, 以及计算函数值的 n 维立方体.

图 A.20.1 演示了证明. 在这种情况下, 我们有与图相交的正方形, 以及计算函数值的区间. 为了和这个图保持一致, 我们用 S(方形) 表示 $\mathbb{R}^{n+1}$ 中的立方体, 用 I(区间) 表示 $\mathbb{R}^n$ 中的立方体.

我们需要证明, 与 $\Gamma(f) \cap (C_0 \times \mathbb{R})$ 相交的立方体 $S \in \mathcal{D}_N(\mathbb{R}^{n+1})$ 的总体积在 N 很大的时候是小量.

我们来选取 ϵ, 以及满足不等式 (4.3.1) 中对这个 ϵ 的要求的 N: 我们把 C_0 分解为 n 维的 I–立方体, 它足够小使得满足 $\mathrm{osc}(f) > \epsilon$ 的 I–立方体的 n 维体积小于 ϵ.

现在我们来数与图相交的 $(n+1)$ 维 S–立方体的个数, 有两类: 一类到 $\mathbb{R}^n$ 上的投影是 I–立方体, 且 $\mathrm{osc}(f) > \epsilon$, 另一类是其他的.

对于那些振荡较大的, 把每个 $\mathrm{osc}(f) > \epsilon$ 的 n 维 I–立方体想成一个高最多为 $\sup|f|$, 下面 (地下室) 最深为 $-\sup|f|$ 的 $(n+1)$ 维 S–立方体的塔的地面层. 要确保我们有足够多个, 我们在顶部和底部增加一个额外的 S–立方体. 则每个塔包含 $2(\sup|f|+1)\cdot 2^N$ 个这样的立方体. (我们乘 2^N, 是因为这是一个 S–立方体的高的倒数. 在 $N = 0$ 时, 一个立方体的高度为 1; 在 $N = 1$ 时, 高度为 1/2, 所以我们需要两倍数量的立方体来造同样高的塔.) 从图 A.20.1, 你将看到我们数的方形的数量比我们需要的多.

我们需要多少个这样的立方体的塔呢? 我们选择 N 足够大, 使得所有满足 $\mathrm{osc} > \epsilon$ 的 I–立方体的总的 n 维体积小于 ϵ. 一个 I–立方体的体积为 2^{-nN}, 所以有 $2^{nN}\epsilon$ 个立方体 I 需要用到塔. 所以我们需要覆盖更大振荡区域的 S–立方体的个数为乘积

$$\underbrace{\epsilon 2^{nN}}_{\mathrm{osc}>\epsilon \text{ 的 } I\text{–立方体的个数}} \qquad \underbrace{2(\sup|f|+1)2^N}_{\text{在一个}I\text{–立方体上方且 }\mathrm{osc}(f)>\epsilon\text{ 的 }S\text{–立方体的个数}} \quad . \tag{A.20.1}$$

在公式 (A.20.2) 中, 我们计数的立方体比需要的多: 我们在使用 C_0 的整个的 n 维体积, 而不是减去 $\mathrm{osc}(f) > \epsilon$ 的部分.

对于第二类 (小幅振荡), 且对于每个 I–立方体, 我们最多需要 $2^N\epsilon + 2$ 个 S–立方体, 给出乘积

$$\underbrace{2^{nN}\mathrm{vol}_n(C_0)}_{\text{覆盖}C_0\text{需要的}I\text{–立方体的个数}} \qquad \underbrace{2^N\epsilon + 2}_{\text{在一个}I\text{–立方体上方且 }\mathrm{osc}(f)<\epsilon\text{的}S\text{–立方体的个数}} \quad . \tag{A.20.2}$$

把这些数相加 ((A.20.1) 和 (A.20.2)), 我们发现图像的有界部分被

$$2^{(n+1)N}\left(2\epsilon(\sup|f|+1) + \left(\epsilon + \frac{2}{2^N}\right)\mathrm{vol}_n(C_0)\right) \tag{A.20.3}$$

个 S–立方体覆盖. 这是一个巨大的数, 但每个立方体的 $(n+1)$ 维体积为

$1/2^{(n+1)N}$, 所以总体积为

$$2\epsilon(\sup|f|+1)+\left(\epsilon+\frac{2}{2^N}\right)\mathrm{vol}_n(C_0). \tag{A.20.4}$$

这个值可以被变得任意小. □

命题 4.3.5 是命题 5.2.2 的一个特殊情况, 在下面重述.

命题 5.2.2 (一个流形的 k 维体积 0). 如果整数 m,k,n 满足 $0\leqslant m<k\leqslant n$, $M\subset\mathbb{R}^n$ 是一个 m 维的流形, 则任意闭子集 $X\subset M$ 的 k 维体积为 0.

证明: 根据定义 5.2.1, 只要证明对于任意的 $R>0$, 集合 $X\cap\overline{B}_R(\mathbf{0})$ 的 k 维体积为 0 就足够了; 这样一个交集是闭的和有界的, 因此是紧致的. 用 $Q_r(\mathbf{x})\subset\mathbb{R}^n$ 表示中心在 $\mathbf{x}$、半径为 r 的开盒子, 也就是集合 $\{\mathbf{y}\in\mathbb{R}^n||y_i-x_i|<r/2\}$. 对于每个 $\mathbf{x}\in X$, 存在 $\delta(\mathbf{x})>0$ 使得 $Q_{2\delta(\mathbf{x})}(\mathbf{x})\cap M$ 是用另外 m 个变量表示 $n-m$ 个变量的 C^1 映射 $\mathbf{f}$ 的图像. 小一点的盒子 $Q_{\delta(\mathbf{x})}(\mathbf{x})$ 构成了 X 的一个开覆盖, 所以根据定理 A.3.3 (海因–波莱尔定理), 存在有限多的点 $\mathbf{x}_i\in X, i=1,\cdots,K$ 使得

$$X\cap\overline{B}_R(\mathbf{0})\subset\bigcup_{i=1}^{K}Q_{\delta(\mathbf{x}_i)}(\mathbf{x}_i). \tag{A.20.5}$$

则对于一个这样的盒子 $Q_{\delta(\mathbf{x}_i)}$ 证明命题 5.2.2 就足够了.

通过平移和按比例缩放, 我们可以假设这个盒子是单位立方体 $Q=Q_1\times Q_2\subset\mathbb{R}^n$, 其中 Q_1 是 $\mathbb{R}^m$ 中的单位立方体, Q_2 是 $\mathbb{R}^{n-m}$ 中的单位立方体. 通过对变量进行必要的重新排序, 我们可以假设 $M\cap Q$ 是一个 C^1 映射 $\widetilde{\mathbf{f}}$: $Q_1\to Q_2$ 的图像, 用 $x_1,\cdots,x_m$ 来表示 $x_{m+1},\cdots,x_n$. 更进一步, $\widetilde{\mathbf{f}}$ 扩展到一个边长为 2 的同心立方体 Q_1'. 因此, $\mathbf{y}\mapsto[\mathbf{D}\widetilde{\mathbf{f}}(\mathbf{y})]$ 在闭立方体 $\overline{Q}_1$ 上是连续的, $|[\mathbf{D}\widetilde{\mathbf{f}}(\mathbf{y})]|$ 在 Q_1 上有界: 根据定理 1.6.9, 存在 L 使得对于任意的 $\mathbf{y}\in Q_1$, 我们有 $|[\mathbf{D}\widetilde{\mathbf{f}}(\mathbf{y})]|\leqslant L$; 如图 A.20.2.

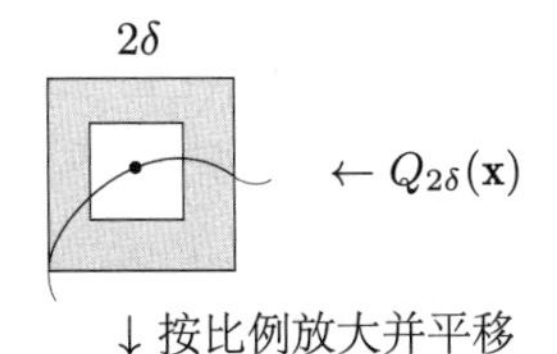

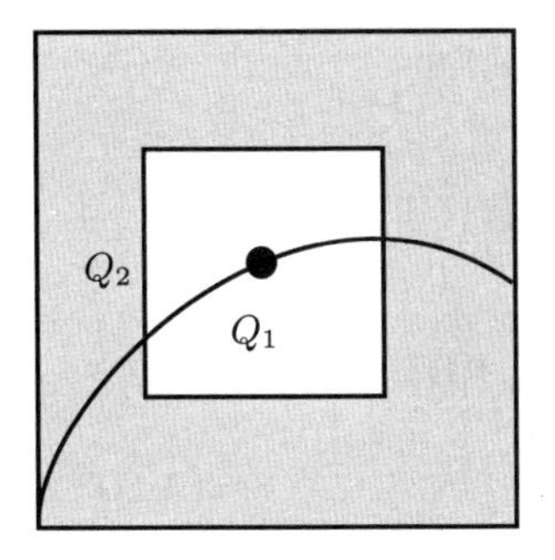

图 A.20.2

上图: 我们的 C^1 映射 $\mathbf{f}$ 是定义在大盒子 $Q_{2\delta(\mathbf{x})}$(边长为 2δ) 的底边上的, 不只是在小盒子 $Q_{\delta(\mathbf{x})}$(的底边) 上. 我们要求 $\mathbf{f}$ 在大盒子上有定义, 以确保其导数在小盒子上有界. 这是一个标准的技巧. 下图: 我们把 $Q_{\delta(\mathbf{x})}$ 平移并按比例改变大小, 把它变成单位立方体 $Q=Q_1\times Q_2$. 我们的映射 $\widetilde{\mathbf{f}}$ 扩展到了大盒子 Q_1' 上.

从而得到, 对于任意的 N, 以及任意的立方体 C_1, 满足 $C_1\in\mathcal{D}_N(\mathbb{R}^m), C_1\subset\overline{Q}_1$, 与 M 相交的立方体的集合 $C=C_1\times C_2\in\mathcal{D}_N(\mathbb{R}^n)$ 的基数最多为 $(L\sqrt{m}/2)^{n-m}$. 实际上, 如果 $\mathbf{y}_1$ 是 C_1 的中心, $\mathbf{y}_2$ 是 C_1 中的另一点, 则

$$|\mathbf{y}_1-\mathbf{y}_2|\leqslant\frac{\sqrt{m}}{2}\frac{1}{2^N},\ \text{所以 (推论 1.9.2)}\ |\mathbf{f}(\mathbf{y}_1)-\mathbf{f}(\mathbf{y}_2)|\leqslant\frac{L\sqrt{m}}{2^N}. \tag{A.20.6}$$

在 $\mathbf{f}(\mathbf{y}_1)$ 的这个距离以内, 有不超过

$$\left(\frac{L\sqrt{m}}{2}\right)^{n-m}\ \text{个}\ \mathcal{D}_N(\mathbb{R}^{n-m})\text{中的立方体}. \tag{A.20.7}$$

因此, 需要覆盖 $M\cap Q$ 的 $\mathcal{D}_N(\mathbb{R}^n)$ 中的立方体的总数最多为 $2^{mN}(L\sqrt{m}/2)^{n-m}$, 其 k 维体积为

$$\left(2^{mN}\left(\frac{L\sqrt{m}}{2}\right)^{n-m}\right)2^{-kN}=2^{-(k-m)N}\left(\frac{L\sqrt{m}}{2}\right)^{n-m}. \tag{A.20.8}$$

因为 $k>m$, 所以随着 N 趋近于 ∞, 这个值趋近于 0. □

命题 6.6.17 (带有边界的小片的乘积). 令 $M \subset \mathbb{R}^m$, $P \subset \mathbb{R}^p$ 为定向流形, M 的维数为 k, P 的维数为 l. 如果 $X \subset M$, $Y \subset P$ 为带有边界的小片, 则 $M \times P \subset \mathbb{R}^{m+p}$ 是一个 $(k+l)$ 维的定向流形, $X \times Y$ 是 $M \times P$ 的一个带有边界的小片.

证明: 第一个陈述是练习 3.30 和练习 6.33 的目标. 我们将证明 $X \times Y$ 是一个带有边界的小片. 显然, $X \times Y$ 是紧致的, 因为它是闭的和有界的. 还应该清楚,

$$\partial_{M\times P}(X \times Y) = \Big((\partial_M X) \times Y\Big) \cup \Big(X \times (\partial_P Y)\Big). \tag{A.20.9}$$

更进一步,

$$(\partial^{\mathrm{s}}_M X \times \mathring{Y}) \cup (\mathring{X} \times \partial^{\mathrm{s}}_P Y) \subset \partial_{M\times P}(X \times Y) \tag{A.20.10}$$

的点是边界上光滑的点, 由函数

$$\widetilde{g}\begin{pmatrix}\mathbf{x}\\ \mathbf{y}\end{pmatrix} = g(\mathbf{x}), \widetilde{h}\begin{pmatrix}\mathbf{x}\\ \mathbf{y}\end{pmatrix} = h(\mathbf{y}) \tag{A.20.11}$$

定义, 其中 g 和 h 分别在 $\mathbf{x}$ 附近的 M 中定义了 X, 在 $\mathbf{y}$ 附近的 P 中定义了 Y. $\widetilde{g}$ 和 $\widetilde{h}$ 的导数是满射, 因为它们与 g 和 h 有相同的陪域, 而它们的导数分别在 $\mathbf{x}$ 和 $\mathbf{y}$ 处是满射.

我们来看 $X \times Y$ 的光滑边界, 它具有有限的 $(k+l-1)$–体积. 我们将对 $(\partial_M X) \times Y$ 证明这一点; 对 $X \times \partial_P Y$ 的论证是相同的. 令 $\gamma\colon U \to \mathbb{R}^m$ 参数化了 $\partial^{\mathrm{s}}_M X (U \subset \mathbb{R}^{k-1})$, 令 $\delta\colon V \to \mathbb{R}^p$ 参数化了 $Y (V \subset \mathbb{R}^l)$. 根据假设, 积分

$$\underbrace{\int_U \sqrt{\det[\mathbf{D}\gamma(\mathbf{x})]^{\mathrm{T}}[\mathbf{D}\gamma(\mathbf{x})]}\,|\mathrm{d}^{k-1}\mathbf{x}|}_{\mathrm{vol}_{k-1}\partial^{\mathrm{s}}_M X < \infty} \text{ 和 } \underbrace{\int_V \sqrt{\det[\mathbf{D}\delta(\mathbf{y})]^{\mathrm{T}}[\mathbf{D}\delta(\mathbf{y})]}\,|\mathrm{d}^l\mathbf{y}|}_{\mathrm{vol}_l Y < \infty}$$

都是有限的. 映射 $\varphi \overset{\text{def}}{=} \begin{pmatrix}\gamma\\ \delta\end{pmatrix}\colon U \times V \to \mathbb{R}^m \times \mathbb{R}^p$ 参数化了 $(\partial^{\mathrm{s}}_M X) \times Y$, 且

$$\det\left[\mathbf{D}\varphi\begin{pmatrix}\mathbf{x}\\ \mathbf{y}\end{pmatrix}\right]^{\mathrm{T}}\left[\mathbf{D}\varphi\begin{pmatrix}\mathbf{x}\\ \mathbf{y}\end{pmatrix}\right] = (\det[\mathbf{D}\gamma(\mathbf{x})]^{\mathrm{T}}[\mathbf{D}\gamma(\mathbf{x})])(\det[\mathbf{D}\delta(\mathbf{y})]^{\mathrm{T}}[\mathbf{D}\delta(\mathbf{y})]), \tag{A.20.12}$$

下面我们从等式 (A.20.12) 写出矩阵乘法 $\left[\mathbf{D}\varphi\begin{pmatrix}\mathbf{x}\\ \mathbf{y}\end{pmatrix}\right]^{\mathrm{T}}\left[\mathbf{D}\varphi\begin{pmatrix}\mathbf{x}\\ \mathbf{y}\end{pmatrix}\right]$;

$$\overbrace{\begin{bmatrix}\mathbf{D}\gamma & [0]\\ [0] & \mathbf{D}\delta\end{bmatrix}}^{\left[\mathbf{D}\varphi\begin{pmatrix}\mathbf{x}\\ \mathbf{y}\end{pmatrix}\right]}$$

$$\underbrace{\begin{bmatrix}\mathbf{D}\gamma^{\mathrm{T}} & [0]\\ [0] & \mathbf{D}\delta^{\mathrm{T}}\end{bmatrix}}_{\left[\mathbf{D}\varphi\begin{pmatrix}\mathbf{x}\\ \mathbf{y}\end{pmatrix}\right]^{\mathrm{T}}} \begin{bmatrix}\mathbf{D}\gamma^{\mathrm{T}}\mathbf{D}\gamma & [0]\\ [0] & \mathbf{D}\delta^{\mathrm{T}}\mathbf{D}\delta\end{bmatrix}.$$

根据定理 4.8.10, 等式 (A.20.12) 左边的行列式等于右边的行列式的乘积.

因为 φ 的导数是一个 $(m+p)\times(k-1+l)$ 矩阵, 其中 $m\times(k-1)$ 矩阵 $[\mathbf{D}\gamma(\mathbf{x})]$ 在左上角, $p\times l$ 矩阵 $[\mathbf{D}\delta(\mathbf{y})]$ 在右下角, 其余项为 0(见边注). 则

$$\begin{aligned}&\int_{U\times V}\sqrt{\det\left[\mathbf{D}\varphi\begin{pmatrix}\mathbf{x}\\ \mathbf{y}\end{pmatrix}\right]^{\mathrm{T}}\left[\mathbf{D}\varphi\begin{pmatrix}\mathbf{x}\\ \mathbf{y}\end{pmatrix}\right]}\,|\mathrm{d}^{k-1}\mathbf{x}\,\mathrm{d}^l\mathbf{y}|\\ &= \int_U \sqrt{\det[\mathbf{D}\gamma(\mathbf{x})]^{\mathrm{T}}[\mathbf{D}\gamma(\mathbf{x})]}\,|\mathrm{d}^{k-1}\mathbf{x}| \int_V \sqrt{\det[\mathbf{D}\delta(\mathbf{y})]^{\mathrm{T}}[\mathbf{D}\delta(\mathbf{y})]}\,|\mathrm{d}^l\mathbf{y}|.\end{aligned}$$

利用上角标 ns 来表示非光滑. 公式 (A.20.10) 中关于 $X \times Y$ 的光滑边界的描

述告诉我们 $X \times Y$ 的非光滑边界为

$$\Big((\partial_M^{\rm ns} X) \times Y\Big) \cup \Big(X \times (\partial_P^{\rm ns} Y)\Big) \cup \Big(\partial_M X \times \partial_P Y\Big), \tag{A.20.13}$$

我们必须证明, 它们的 $(k+l-1)$–体积为 0. 第二项就像第一项一样. 对于第一项, 注意与 $(\partial_M^{\rm ns} X) \times Y$ 相交的 $\mathcal{D}_N(\mathbb{R}^{m+p})$ 的立方体是 $C' \times C'' \in \mathcal{D}_N(\mathbb{R}^m) \times \mathcal{D}_N(\mathbb{R}^p)$, 满足 $C' \cap \partial_M^{\rm ns} X \neq \varnothing$ 以及 $C'' \cap Y \neq \varnothing$. 则

$$\lim_{N\to\infty} \sum_{\substack{C' \in \mathcal{D}_N(\mathbb{R}^m) \\ C' \cap \partial_M^{\rm ns} X \neq \varnothing}} \left(\frac{1}{2^N}\right)^{k-1} = 0, \tag{A.20.14}$$

其中 $1/2^N$ 是立方体的边长. 我们需要看到, 序列

$$N \mapsto \sum_{\substack{C'' \in \mathcal{D}_N(\mathbb{R}^p) \\ C'' \cap Y \neq \varnothing}} \left(\frac{1}{2^N}\right)^{l} \tag{A.20.15}$$

在 $N \to \infty$ 时保持有界. 因为 Y 是紧致的, 根据海因–波莱尔定理, 我们可以用有限多的开子集覆盖 Y, 在这些开子集中, P 是一个把 $p-l$ 个变量用其他 l 个变量表示的 C^1 函数的图像; 证明序列 (A.20.15) 对这样一个图像 $f\colon W \to \mathbb{R}^{p-l}$ 保持有界就足够了. 进一步, 我们可以假设 f 的所有的偏导都在 W 上有界, 因此存在常数 K 使得对于任意的立方体 $C'' \in \mathcal{D}_N(\mathbb{R}^l), C'' \subset W$, f 被限制在 C'' 上的图像最多与 K' 个 $\mathcal{D}_N(\mathbb{R}^m)$ 中的立方体相交. 这证明了序列 (A.20.15) 是有界的: W 中最多有 $K''2^{Nl}$ 个 $\mathcal{D}_N(\mathbb{R}^l)$ 中的立方体, K'' 为某个常数, 这基本上就是 W 的 l 维体积, 所以最多需要 $K'K''2^{Nl}$ 个 $\mathcal{D}_N(\mathbb{R}^{m+p})$ 中的立方体来覆盖 f 的图像, 这个数与边长的 l 次方, 也就是 2^{-Nl} 的乘积以 $K'K''$ 为界. 这用到了定理 1.5.16 的第四部分.

最终, 我们需要证明 $\partial_M X \times \partial_N Y$(公式 (A.20.13) 的第三项) 的 $(k+l-1)$–体积为 0. 这是类似的: 我们可以找到常数 L' 和 L'', 使得对于任意的 N, 边界 $\partial_M X$ 最多可以被 $L'2^{N(k-1)}$ 个 $\mathcal{D}_N(\mathbb{R}^m)$ 中的立方体覆盖, 边界 $\partial_P Y$ 最多可以被 $L''2^{N(l-1)}$ 个 $D_N(\mathbb{R}^p)$ 中的立方体覆盖. 因此 $\partial_M X \times \partial_P Y$ 最多可以被 $L'L''2^{N(k+l-2)}$ 个 $\mathcal{D}_N(\mathbb{R}^{m+p})$ 中的立方体覆盖, 并且将边长增加到 $(k+l-1)$ 次方, 得到 $L'L''2^{-N}$, 随着 N 的增大, 它变成 0. □

A.21 勒贝格测度和勒贝格积分的证明

这一节包含了 4.11 节中不同陈述的证明, 以及关于勒贝格测度的简单讨论.

定理 4.11.4: 很多数学家会说, 我们应该把这个结果推迟到有了勒贝格测度之后, 那样会容易且自然一些. 用我们的方法, 定理变得更难, 但建立起勒贝格积分后要容易很多.

起到主导的函数是 $R\mathbf{1}_{B_R(\mathbf{0})}$.

定理 4.11.4(黎曼积分的控制收敛). 令 $f_k\colon \mathbb{R}^n \to \mathbb{R}$ 为一个 R–可积函数的序列. 假设存在 R 使得所有的 f_k 在 $B_R(\mathbf{0})$ 中有支撑, 且满足 $|f_k| \leqslant R$. 令 $f\colon \mathbb{R}^n \to \mathbb{R}$ 为一个 R–可积函数, 且在除去测度为 0 的集合上满足 $f(\mathbf{x}) \neq$

$\lim_{k\to\infty} f_k(\mathbf{x})$, 则有

$$\lim_{k\to\infty}\int_{\mathbb{R}^n} f_k(\mathbf{x})|\,\mathrm{d}^n\mathbf{x}| = \int_{\mathbb{R}^n} f(\mathbf{x})|\,\mathrm{d}^n\mathbf{x}|.$$

要证明这个定理, 我们从证明一个关于交换极限和积分的顺序的看上去"无辜"的结果开始. 难度主要集中在这个命题上, 它可以用作整个理论的基础. 回忆到 (定义 4.1.18) 如果一个集合有定义明确的体积, 也就是, 如果它的指示函数是可积的, 则集合是可铺的.

黎曼积分的控制收敛定理是由意大利数学家 Cesare Arzela 在 1885 年证明的. 我们的证明是根据 W.F. Eberlein 的一个相关结果的证明 (*Communications on Pure and Applied Mathematics*, 10(1957), pp. 357-360) 得到的. 把问题转换到内积空间使得平行四边形法则可以使用的技巧 (等式 (A.21.20) 中) 来自于 Marcel Riesz.

在不等式 (A.21.3) 中,

$$\int_{A_k} f_k|\,\mathrm{d}^n\mathbf{x}| \leqslant K,$$

因为 $f_k \leqslant 1$, 而且我们假设了 $\mathrm{vol}_n A_k < K$. 另一项

$$\int_{Q-A_k} f_k|\,\mathrm{d}^n\mathbf{x}| \leqslant K,$$

是因为在 $Q - A_k$ 上, $f_k \leqslant K$, 且 $\mathrm{vol}_n(Q - A_k) \leqslant \mathrm{vol}_n Q = 1$.

命题 A.21.1 (黎曼积分的单调收敛性). 令 $f_k\colon \mathbb{R}^n \to \mathbb{R}$ 为一个 R–可积函数的序列, 所有函数都在单位立方体 $Q \subset \mathbb{R}^n$ 中有支撑, 且满足 $1 \geqslant f_1 \geqslant f_2 \geqslant \cdots \geqslant 0$. 令 $B \subset Q$ 为一个可铺子集, 且 $\mathrm{vol}_n(B) = 0$, 并假设

$$\text{如果 } \mathbf{x}\in Q, \mathbf{x}\notin B,\ \lim_{k\to\infty} f_k(\mathbf{x}) = 0, \tag{A.21.1}$$

则

$$\lim_{k\to\infty}\int_{\mathbb{R}^n} f_k(\mathbf{x})|\,\mathrm{d}^n\mathbf{x}| = \int_{\mathbb{R}^n}\lim_{k\to\infty} f_k(\mathbf{x})|\,\mathrm{d}^n\mathbf{x}| = 0. \tag{A.21.2}$$

证明: 序列 $k \mapsto \int_{\mathbb{R}^n} f_k(\mathbf{x})|\,\mathrm{d}^n\mathbf{x}|$ 是非递增的和非负的, 所以它有极限, 记为 $2K$. 我们将假设 $K > 0$ 并且推导出一个矛盾: 我们将找到一个点 $\mathbf{x} \notin B$ 的体积为正的集合, 使得 $\lim_{k\to\infty} f_k(\mathbf{x}) \geqslant K$, 这与等式 (A.21.1) 矛盾.

令 $A_k \subset Q$ 为集合 $A_k = \{\mathbf{x} \in Q | f_k(\mathbf{x}) \geqslant K\}$, 因为序列 f_k 是非递增的, 所以集合 A_k 是嵌套的: $A_1 \supset A_2 \supset \cdots$.

试着证明 $\mathrm{vol}_n \bigcap_k (A_k) \neq 0$ 是一个很有吸引力的想法, 这看起来很显然, 因为 A_k 是嵌套的, 并且 $\mathrm{vol}_n A_k \geqslant K$ 对每个 k 成立. 实际上, 如果 $\mathrm{vol}_n A_k < K$ 对某个 k 成立, 则

$$2K \leqslant \int_{\mathbb{R}^n} f_k|\,\mathrm{d}^n\mathbf{x}| = \int_{A_k} f_k|\,\mathrm{d}^n\mathbf{x}| + \int_{Q-A_k} f_k|\,\mathrm{d}^n\mathbf{x}| < K + K, \tag{A.21.3}$$

也就是 $2K < 2K$. 因此, 交集的体积应该至少为 K, 又因为 B 的体积为 0, 在交集 $\bigcap_k (A_k)$ 中应该有不在 B 中的点, 也就是点 $\mathbf{x} \notin B$, 满足 $\lim_{k\to\infty} f_k(\mathbf{x}) \geqslant K$.

这个论证的问题是, A_k 可能不是可铺的 (见练习 A.21.1), 所以我们不能愉快地谈论其体积. 就算 A_k 是可铺的, 它们的交集也可能不是可铺的 (见练习 A.21.2). 在这个特例中, 这只是个麻烦, 还不是个致命的缺陷; 我们需要把 A_k 修改一点. 我们可以把 $\mathrm{vol}_n(A_k)$ 替换成**下体积** $\underline{\mathrm{vol}}_n(A_k) \stackrel{\text{def}}{=} L(\mathbf{1}_{A_k})$, 也就是, 所有包含在 A_k 中的一个最大的不相交的二进立方体的集合中包含的二进立方体的总体积. (从定义 4.1.10 回忆到, 我们用 $L(f)$ 表示 f 的下积分: $L(f) = \lim_{N\to\infty} L_N(f)$.)

就算是这个下体积也至少是 K, 因为对于任意的 a 和 b, 我们有 $a = \inf(a, b) + \sup(a, b) - b$:

$$2K \leqslant \int_Q f_k(\mathbf{x})|\,\mathrm{d}^n\mathbf{x}|$$

$$= \int_Q \inf(f_k(\mathbf{x}), K)|\,d^n\mathbf{x}| + \int_Q \sup\big(f_k(\mathbf{x}), K\big)\big|\,d^n\mathbf{x}| - K$$

$$\leqslant \int_Q \sup(f_k(\mathbf{x}), K)|\,d^n\mathbf{x}| \underset{1}{=} L\big(\sup(f_k(\mathbf{x}), K)\big) \underset{2}{\leqslant} K + \underline{\mathrm{vol}}_n(A_k). \quad \text{(A.21.4)}$$

所以 $\underline{\mathrm{vol}}_n(A_k) \geqslant K$. 现在我们需要看到, 如果从 A_k 中删除 B 的全部, 则余下的仍然有正的体积. 要找到 A_k 的交集中不在 B 中的点, 我们调整 A_k. 首先, 选择一个数 N 使得 $\mathcal{D}_N(\mathbb{R}^n)$ 中的闭包与 B 相交的所有二进立方体的并集的总体积小于 $K/3$. 令 B' 为所有这些立方体的并集, 所以 $\mathrm{vol}_n B' < K/3$, 且 $A'_k = A_k - B'$. 注意到 A'_k 仍然是嵌套的, $\underline{\mathrm{vol}}_n(A'_k) \geqslant 2K/3$. 下一步, 选取 ϵ 足够小, 使得 $\epsilon/(1-\epsilon) < K/3$, 并且对于每个 k, 令 $A''_k \subset A'_k$ 为闭的二进立方体的有限并集, 使得 $\underline{\mathrm{vol}}_n(A'_k - A''_k) < \epsilon^k$.

因为差 $(A'_k - A''_k)$ 很小, A''_k 几乎充满了 A'_k, 所以它们的体积也是不可忽略的.

不幸的是, 现在 A''_k 不再是嵌套的, 所以定义

$$A'''_k = A''_1 \cap A''_2 \cap \cdots \cap A''_k. \quad \text{(A.21.5)}$$

我们需要证明, A'''_k 是非空的; 这是成立的, 因为

$$\underbrace{\mathrm{vol}_n A'''_k}_{\mathrm{vol}_n(A''_1\cap A''_2\cap\cdots\cap A''_k)} \geqslant \underbrace{\underline{\mathrm{vol}}_n A'_k}_{\underline{\mathrm{vol}}_n(A'_1\cap A'_2\cap\cdots\cap A'_k)} -(\epsilon+\epsilon^2+\cdots+\epsilon^k)$$
$$> \frac{2K}{3} - \frac{\epsilon}{1-\epsilon}$$
$$> \frac{K}{3}. \quad \text{(A.21.6)}$$

现在, 巧妙的地方是: A'''_k 构成了一个递减的紧致集合的交集, 所以它们的交集是非空的 (见定理 A.3.1). 令 $\mathbf{x} \in \bigcap_k A'''_k$, 则所有的 $f_k(\mathbf{x}) \geqslant K$, 但 $\mathbf{x} \notin B$, 与等式 (A.21.1) 相矛盾. □

不等式 (A.21.4): 标记为 1 的等式由推论 4.1.15 解释, 说的是 $\sup(f_k(\mathbf{x}), K)$ 和 $\inf(f_k(\mathbf{x}), K)$ 是可积的. 对标记为 2 的不等式, 见下一页的边注.

不等式 (A.21.4): 标记为 2 的不等式并不显然. 证明

$$L_N(\sup(f_k(\mathbf{x}), K)) \leqslant K + L_N(\mathbf{1}_{A_k})$$

对于任意 N 成立就足够了. 选取任意的立方体

$$C \in \mathcal{D}_N(\mathbb{R}^n).$$

要么 $m_C(f_k) \leqslant K$, 在这种情况下

$$m_C(f_k)\,\mathrm{vol}_n C \leqslant K\,\mathrm{vol}_n C,$$

要么 $m_C(f_k) > K$. 在后一种情况下, 因为 $f_k \leqslant 1$, 所以

$$m_C(f_k)\,\mathrm{vol}_n C \leqslant \mathrm{vol}_n C.$$

第一种情况对下积分的贡献至多为 $K\,\mathrm{vol}_n Q = K$. 第二个的贡献至多为 $L_N(\mathbf{1}_{A_k}) = \underline{\mathrm{vol}}_n(A_k)$, 因为任意满足 $m_C(f_k) > K$ 的立方体都完全在 A_k 中, 从而对下和有贡献. 这就是为什么 A_k 有可能是不可铺的属性就是一个麻烦. 对于典型的不可铺的集合, 比如有理数集或者无理数集, 下体积为 0. 这里, 一定有整个的立方体完全包含在 A_k 中.

不等式 (A.21.6): 在等式 (0.5.4) 中, 令 $a = r = \epsilon$, 可以得到不等式

$$\epsilon + \epsilon^2 + \cdots + \epsilon^k < \frac{\epsilon}{1-\epsilon}.$$

推论 A.21.2. 令 $k \mapsto h_k$ 为一个在单位立方体 $Q \subset \mathbb{R}^n$ 上的 R–可积非负函数的序列, 令 h 为 Q 上的一个 R–可积函数, 满足 $0 \leqslant h(\mathbf{x}) \leqslant 1$. 令 $B \subset Q$ 为一个体积为 0 的可铺集合. 如果当 $\mathbf{x} \notin B$ 时, $\sum_{k=1}^{\infty} h_k(\mathbf{x}) \geqslant h(\mathbf{x})$, 则

$$\sum_{k=1}^{\infty} \int_Q h_k(\mathbf{x})|\,d^n\mathbf{x}| \geqslant \int_Q h(\mathbf{x})|\,d^n\mathbf{x}|. \quad \text{(A.21.7)}$$

证明: 设 $g_k = \sum_{i=1}^{k} h_i$, 它是一个非负可积函数的非递减序列; 设 $\widetilde{g}_k = \inf(g_k, h)$, 它仍然是一个非负可积函数的非递减序列. 最后, 设 $f_k = h - \widetilde{g}_k$; 这些函数 f_k 满足命题 A.21.1 的假设. 所以有

$$0 \underbrace{=}_{\text{等式 (A.21.2)}} \lim_{k\to\infty} \int f_k|\,d^n\mathbf{x}| = \int h|\,d^n\mathbf{x}| - \lim_{k\to\infty}\int \widetilde{g}_k|\,d^n\mathbf{x}|$$

$$\geqslant \int h|\,d^n\mathbf{x}| - \lim_{k\to\infty}\int g_k|\,d^n\mathbf{x}| = \int h|\,d^n\mathbf{x}| - \lim_{k\to\infty}\sum_{i=1}^{k}\int h_i|\,d^n\mathbf{x}|$$

$$= \int h|\,d^n\mathbf{x}| - \sum_{i=1}^{\infty} \int h_i|\,d^n\mathbf{x}|. \quad \square \tag{A.21.8}$$

在不等式 (A.21.8) 的第二行, 我们可以交换求和与积分, 因为求和是有限的.

控制收敛定理的简化

我们来简化定理 4.11.4. 首先, 在 $f = 0$ 的时候证明陈述就足够了. 实际上, 我们可以把 f_k 替换成 $f_k - f$, 它收敛到 0. 所以我们需要证明, 如果所有的 f_k 都是一致有界的, 且有相同的有界支撑, 并且在除了测度为 0 的集合 X 以外收敛到 0, 则它们的积分也收敛到 0.

下一步是证明, 如果在 f_k 处处收敛的时候陈述成立, 则在它们几乎处处收敛的时候也成立. 选取 $\epsilon > 0$, 用一个满足 $\sum_i \mathrm{vol}_n B_i \leqslant \epsilon$ 的开盒子的并集 $X_\epsilon \overset{\text{def}}{=} \bigcup_i B_i$ 来覆盖 X. 现在找一个连续函数 $h\colon \mathbb{R}^n \to [0,1]$, 使得[5]

$$\text{当 } \mathbf{x} \notin X_\epsilon \text{ 时, } h(\mathbf{x}) = 1; \text{ 对于 } \mathbf{x} \in X_\epsilon, 0 \leqslant h(\mathbf{x}) < 1. \tag{A.21.9}$$

注意到公式 (A.21.9) 中的函数 h 与推论 A.21.2 中的 h 没有关系. 它是常数函数 1 的变形. 它在 $\mathbf{x} \in X_\epsilon$ 的时候下降; 它只下降一点点, 因为它是连续的.

现在考虑函数 $g_k(\mathbf{x}) = \big(h(\mathbf{x})\big)^k f_k(\mathbf{x})$. 这些函数是黎曼可积的, 因为每个 g_k 都是一个连续函数和一个黎曼可积函数的乘积: 它在 f_k 连续的时候连续, 所以除了在一个测度为 0 的集合之外, 它有界且有有界支撑. g_k 也有下列属性:

1. 所有的 g_k 在 $B_R(\mathbf{0})$ 中都有支撑, 它们对于 $\mathbf{x} \in B_R(\mathbf{0})$ 满足 $|g_k(\mathbf{x})| \leqslant R$, 其中的 R 同定理 4.11.4.
2. $\lim_{k\to\infty} g_k(\mathbf{x}) = 0$ 对于每个 $\mathbf{x} \in \mathbb{R}^n$ 成立, 如边注所解释的.
3. $\left| \int_{\mathbb{R}^n} g_k(\mathbf{x})|\,d^n\mathbf{x}| - \int_{\mathbb{R}^n} f_k(\mathbf{x})|\,d^n\mathbf{x}| \right| \leqslant R\epsilon.$

性质 2 涉及两种情况. 如果 $\mathbf{x} \in X_\epsilon$, 则 $h(\mathbf{x}) < 1$ 且

随着$k \to \infty, h^k(\mathbf{x}) \to 0.$

如果 $\mathbf{x} \notin X_\epsilon$, 则 $h(\mathbf{x}) = 1$, 但随着 $k \to \infty$, $f_k(\mathbf{x}) \to 0$, 因为我们这里假设 $f = 0$.

性质 3: 如果 $\mathbf{x} \notin X_\epsilon$, 则 $h(\mathbf{x}) = 1$, 所以左边的差是 0. 如果 $\mathbf{x} \in X_\epsilon$, 则 $0 \leqslant h(\mathbf{x}) < 1$, 所以

$$|f_k - g_k| = |f_k - h^k f_k| \leqslant |1 - h^k||f_k| \leqslant |f_k| \leqslant R,$$

而我们在 X_ϵ 上积分, 其体积小于或等于 ϵ.

因此, 如果我们可以证明 $\lim_{k\to\infty} \int_{\mathbb{R}^n} g_k(\mathbf{x})|\,d^n\mathbf{x}| = 0$, 则可以证明

$$\lim_{k\to\infty} \left| \int_{\mathbb{R}^n} f_k(\mathbf{x})|\,d^n\mathbf{x}| \right| < R\epsilon, \tag{A.21.10}$$

并且因为这对任意的 ϵ 都是成立的, 这就推导出了结果.

最后, 记 $g_k = g_k^+ - g_k^-$; 显然对正的和负的部分分别证明就足够了. 将这些简化考虑进去, 只要证明命题 A.21.3 就够了.

因为所有的 f_k 在 $B_R(\mathbf{0})$ 中都有支撑, 且满足 $|f_k| \leqslant R$, 通过按比例变化, 容易看到我们可以假设 f_k 以 1 为界, 并且在单位立方体内有支撑.

命题 A.21.3 (简化的控制收敛定理). 假设 $k \mapsto f_k$ 为一个 R–可积函数的序列, 它们都满足 $0 \leqslant f_k \leqslant 1$, 并且都在单位立方体 Q 内有支撑. 如果对于所有的 $\mathbf{x} \in Q$, 我们有 $\lim_{k\to\infty} f_k(\mathbf{x}) = 0$, 则

$$\lim_{k\to\infty} \int_{\mathbb{R}^n} f_k(\mathbf{x})|\,d^n\mathbf{x}| = \int_{\mathbb{R}^n} \lim_{k\to\infty} f_k(\mathbf{x})|\,d^n\mathbf{x}| = 0. \tag{A.21.11}$$

[5] 例如, 如果我们用 $d(\mathbf{x}, Y)$ 表示 $\mathbf{x}$ 与最近的 Y 中的点之间的距离: $d(\mathbf{x}, Y) \overset{\text{def}}{=} \inf_{\mathbf{y}\in Y} |\mathbf{x} - \mathbf{y}|$, 则我们可以设

$$h(\mathbf{x}) = \big(1 - d(\mathbf{x}, \mathbb{R}^n - X_\epsilon)\big)^+$$

(其中 "+" 指的是函数的正的部分; 见定义 4.1.15). 练习 A.21.3 让你证明这个函数 h 满足所需的属性.

证明: 通过传递到一个子序列, 我们可以假设 (定理 1.6.3)

$$\lim_{k\to\infty}\int_{\mathbb{R}^n} f_k(\mathbf{x})|\,\mathrm{d}^n\mathbf{x}| = M. \tag{A.21.12}$$

我们将假设 $M>0$ 并导出矛盾. 考虑下面的函数 f_m 的线性组合的集合 K_p:

$$K_p = \left\{\sum_{m=p}^{\infty} a_m f_m | a_m \geqslant 0, \text{ 包括有限多的非零项, 且 } \sum_{m=p}^{\infty} a_m = 1\right\}. \tag{A.21.13}$$

我们将需要函数 $k\in K_p$ 的三个性质:

1. 对于任意的 $k_p\in K_p$, 以及任意的 $\mathbf{x}\in Q$, 我们有 $0\leqslant k_p(\mathbf{x})\leqslant 1$, 因为 k_p 是 f_k 的一个加权平均, 且 $0\leqslant f_k\leqslant 1$.

2. 对于任意点 $\mathbf{x}\in Q$, 以及任意序列 $p\mapsto k_p$, 其中 $k_p\in K_p$, 我们都有 $\lim\limits_{p\to\infty} k_p(\mathbf{x})=0$. 实际上, 对于任意的 $\epsilon>0$ 和任意固定的 $\mathbf{x}\in Q$, 我们可以找到 N 使得所有的 $f_m(\mathbf{x})$ 在 $m\geqslant N$ 时满足 $0\leqslant f_m(\mathbf{x})\leqslant\epsilon$, 所以当 $p\geqslant N$ 且 $k_p\in K_p$ 的时候, 我们有

$$k_p(\mathbf{x}) = \sum_{m=p}^{\infty} a_m f_m(\mathbf{x}) \leqslant \sum_{m=p}^{\infty}(a_m\epsilon) = \epsilon. \tag{A.21.14}$$

3. 对于任意的序列 $p\mapsto k_p$, $k_p\in K_p$, 有

$$\lim_{p\to\infty}\int_Q k_p(\mathbf{x})|\,\mathrm{d}^n\mathbf{x}| = M. \tag{A.21.15}$$

要看到性质 3 是成立的, 选择 $\epsilon>0$, 并选择 N 大到使 $\left|\int_Q f_m|\,\mathrm{d}^n\mathbf{x}|-M\right|<\epsilon$ 在 $m\geqslant N$ 的时候成立. 则当 $p>N$ 的时候

从这里开始, k_p 是 K_p 中的一个特定元素. 函数 k_p 是 K_p 中的元素的下确界的一个替换. 这个下确界作为一个函数存在, 但通常不是 K_p 中的元素; 它可能会包括无限多的非零的 a_m(见等式 (A.21.13)), 所以通常不会是黎曼可积的.

$$\begin{aligned}\left|\int_Q k_p(\mathbf{x})|\,\mathrm{d}^n\mathbf{x}| - M\right| &= \left|\sum_{m=p}^{\infty} a_m \underbrace{\left(\int_Q f_m(\mathbf{x})|\,\mathrm{d}^n\mathbf{x}| - M\right)}_{<\epsilon}\right| \\ &< \sum_{m=p}^{\infty}(a_m\epsilon) = \epsilon.\end{aligned} \tag{A.21.16}$$

现在我们考虑平方的积分 (这是马歇尔 · 里兹的贡献). 随着 p 的增加, 集合 K_p 是嵌套的: $K_1\supset K_2\supset\cdots$, 所以如果我们设

$$d_p = \inf_{k_p\in K_p}\int_Q k_p^2(\mathbf{x})|\,\mathrm{d}^n\mathbf{x}|, \tag{A.21.17}$$

则下确界是非减的. 这样 d_p 构成了一个非减的序列, 以 1 为界 (根据上面的性质 1), 从而收敛. 选取一个特定的 $k_p\in K_p$, 使得

$$\int_Q k_p^2|\,\mathrm{d}^n\mathbf{x}| < d_p + \frac{1}{p}. \quad\square \tag{A.21.18}$$

引理 A.21.4. 对于所有的 $\epsilon > 0$, 存在 N 使得当 $p, q > N$ 时, 有

$$\int_Q (k_p - k_q)^2 |\mathrm{d}^n \mathbf{x}| < \epsilon. \tag{A.21.19}$$

等式 (A.21.20) 是简单的代数, 但它也可以被认为是平行四边形法则的一个应用.

实际上, d_N 恒为 0; 它们是非负数的一个非递减的序列, 根据不等式 (A.21.26), 它们收敛到 0.

引理 A.21.4 的证明: 代数计算告诉我们

$$\begin{aligned}&\int_Q \left(\frac{1}{2}(k_p - k_q)\right)^2 |\mathrm{d}^n \mathbf{x}| + \int_Q \left(\frac{1}{2}(k_p + k_q)\right)^2 |\mathrm{d}^n \mathbf{x}| \\ = \;& \frac{1}{2}\int_Q k_p^2 |\mathrm{d}^n \mathbf{x}| + \frac{1}{2}\int_Q k_q^2 |\mathrm{d}^n \mathbf{x}|.\end{aligned} \tag{A.21.20}$$

但当 $p, q \geqslant N$ 的时候, $\frac{1}{2}(k_p + k_q)$ 在 K_N 中, 所以

$$\int_Q \left(\frac{1}{2}(k_p + k_q)\right)^2 |\mathrm{d}^n \mathbf{x}| \geqslant d_N.$$

这个与不等式 (A.21.18) 一起给出

$$\int_Q \left(\frac{1}{2}(k_p - k_q)\right)^2 |\mathrm{d}^n \mathbf{x}| \leqslant \frac{1}{2}\left(d_p + \frac{1}{p}\right) + \frac{1}{2}\left(d_q + \frac{1}{q}\right) - d_N. \tag{A.21.21}$$

随着 $N \to \infty$, 这个可以被变得任意小: $1/p$ 和 $1/q$ 趋近于 0, 又因为 d_N 收敛, 所以 $d_p/2 + d_q/2$ 抵消了极限中的 d_N. □

例如, 我们可以取

$$h_i = k_{N_i},$$

其中 N_i 是利用引理 A.21.4 对 $\epsilon = 1/2^i$ 选取的.

利用这个引理, 我们可以选择 k_p 的一个更进一步的子序列 h_q 使得

$$\sum_{q=1}^{\infty} \left(\int_Q (h_q - h_{q+1})^2(\mathbf{x}) |\mathrm{d}^n \mathbf{x}|\right)^{1/2} \tag{A.21.22}$$

收敛. 注意到

$$h_q(\mathbf{x}) = (h_q - h_{q+1})(\mathbf{x}) + (h_{q+1} - h_{q+2})(\mathbf{x}) + \cdots, \tag{A.21.23}$$

因为

$$h_q(\mathbf{x}) - \sum_{i=q}^{m} (h_i - h_{i+1})(\mathbf{x}) = h_{m+1}(\mathbf{x}), \tag{A.21.24}$$

根据不等式 (A.21.14), 它在 $m \to \infty$ 的时候趋向于 0. 尤其是

$$|h_q| \leqslant \sum_{m=q}^{\infty} |h_{m+1} - h_m|, \tag{A.21.25}$$

所以我们可以应用推论 A.21.2 来得到下面的第一个不等式:

$$\begin{aligned}\int_Q h_q |\mathrm{d}^n \mathbf{x}| &\leqslant \sum_{m=q}^{\infty} \int_Q |h_m - h_{m+1}| |\mathrm{d}^n \mathbf{x}| \\ &\leqslant \sum_{m=q}^{\infty} \left| \int_Q (h_m - h_{m+1})^2 |\mathrm{d}^n \mathbf{x}| \right|^{1/2}.\end{aligned} \tag{A.21.26}$$

不等式 (A.21.26): 第二个不等式来自关于积分的施瓦兹引理 (见练习 A.21.4). 写出

$$\begin{aligned}&\left(\int_Q |h_m - h_{m+1}| \cdot 1 |\mathrm{d}^n \mathbf{x}|\right)^2 \\ \leqslant\;& \left(\int_Q |h_m - h_{m+1}|^2 |\mathrm{d}^n \mathbf{x}|\right) \\ &\cdot \left(\int_Q 1^2 |\mathrm{d}^n \mathbf{x}|\right) \\ =\;& \left(\int_Q |h_m - h_{m+1}|^2 |\mathrm{d}^n \mathbf{x}|\right).\end{aligned}$$

右边的和可以通过取足够大的 q 而变得任意小. 这与不等式 (A.21.16) 和 $M>0$ 的假设相矛盾. 这证明了命题 A.21.3, 从而也证明了定理 4.11.4. □

命题 4.11.5(在除了测度为 0 的集合上的收敛性). 如果对于 $k=1,2,\cdots$, f_k 为 $\mathbb{R}^n$ 上的黎曼可积函数, 且满足

$$\sum_{k=1}^{\infty}\int_{\mathbb{R}^n}|f_k(\mathbf{x})||\mathrm{d}^n\mathbf{x}|<\infty,$$

则级数 $\sum_{k=1}^{\infty}f_k(\mathbf{x})$ 几乎处处收敛.

命题 4.11.5 的证明: 我们需要证明 X(使 $\sum_{k=1}^{\infty}|f_k(\mathbf{x})|$ 发散的点 $\mathbf{x}$ 的集合) 的测度为 0. 这个证明的策略是, 我们构造一个 Y_i 的并集, 它覆盖 X 并且总体积不超过 ϵ.

我们感谢 John Milnor 对这个证明的贡献.

证明: 设

$$A\overset{\text{def}}{=}\sum_{k=1}^{\infty}\int_{\mathbb{R}^n}|f_k(\mathbf{x})||\mathrm{d}^n\mathbf{x}|. \tag{A.21.27}$$

我们将取 X 为使 $\sum_{k=1}^{\infty}|f_k(\mathbf{x})|$ 发散的 $\mathbf{x}\in\mathbb{R}^n$ 的集合. 根据定理 0.5.8, $\sum_{k=1}^{\infty}f_k(\mathbf{x})$ 对所有的 $\mathbf{x}\notin X$ 收敛, 因为级数是绝对收敛的; 难的部分是证明 X 的测度为 0. □

注释. 这个可能看上去是个平凡的结果: 根据命题 4.1.14, 对于任意的 m, 有

$$\begin{aligned}\int_{\mathbb{R}^n}\left(\sum_{k=1}^{m}|f_k(\mathbf{x})|\right)|\mathrm{d}^n\mathbf{x}| &= \sum_{k=1}^{m}\int_{\mathbb{R}^n}|f_k(\mathbf{x})||\mathrm{d}^n\mathbf{x}|\\ &\leqslant \sum_{k=1}^{\infty}\int_{\mathbb{R}^n}|f_k(\mathbf{x})||\mathrm{d}^n\mathbf{x}|=A,\end{aligned} \tag{A.21.28}$$

所以, 满足 $\sum_{k=1}^{m}|f_k(\mathbf{x})|\geqslant A/\epsilon$ 的 $\mathbf{x}\in\mathbb{R}^n$ 的集合的体积不能大于 ϵ. 随着 m 的增加, 我们应当得到一个递增的集合的序列, 每一个的体积都小于或等于 ϵ, 其并集仍然有任意小的体积. 不幸的是, 这个 "显然" 的论证无效: 满足 $\sum_{k=1}^{m}|f_k(\mathbf{x})|\geqslant A/\epsilon$ 的 $\mathbf{x}$ 的集合可能会没有一个定义明确的体积; 见练习 A.21.1.

这个方法有效的仅有的情况是 $A=0$ 的时候. 如果 $A=0$, $f_k(\mathbf{x})\neq 0$, 则函数 f_k 在 $\mathbf{x}$ 不能是连续的. 因为 (定理 4.4.8)f_k 几乎处处连续, 所以它必然几乎处处为 0. 所以 $\sum_{k=1}^{\infty}f_k$ 必须在除了一个测度为 0 的集合的可数并集以外为 0, 根据定理 4.4.4, 这样的并集的测度为 0. △

注意到 p_0 可能是个很大的数, p_1 可能是个大得多的数 (不只是比 p_0 大 1). h_m 的定义说明, $|f_k|$ 的前 p_0 项的和解释了积分 A 中的 15/16:

$$\begin{aligned}&\int_{\mathbb{R}^n}h_0(\mathbf{x})|\mathrm{d}^n\mathbf{x}|\\ =&\int_{\mathbb{R}^n}\sum_{k=1}^{p_0}|f_k(\mathbf{x})||\mathrm{d}^n\mathbf{x}|\\ =&\sum_{k=1}^{p_0}\int_{\mathbb{R}^n}|f_k(\mathbf{x})||\mathrm{d}^n\mathbf{x}|\\ \geqslant&\frac{15}{16}\sum_{k=1}^{\infty}\int_{\mathbb{R}^n}|f_k(\mathbf{x})||\mathrm{d}^n\mathbf{x}|\\ =&\frac{15}{16}A.\end{aligned}$$

前 p_1 项的和解释了积分 A 中的 63/64, 前 p_2 项解释了 A 中的 255/256, 依此类推. 所有这些的目标是把 f_k 替换成 $g_k=h_k-h_{k-1}$; 这些 g_k 以几何速率减小.

如果我们有一个测度的定义 (而不只是测度 0), 那么在 $A>0$ 的时候证明陈述就很简单了. 没有这样的一个定义, 我们将需要更加详细地阐述. 首先, 我们来选择一个整数序列 $m\mapsto p_m, m=0,1,2,\cdots$, 使得如果对于每个 $\mathbf{x}$, 我们设

$$h_m=\sum_{k=1}^{p_m}|f_k|,\ \text{则}\ \int_{\mathbb{R}^n}h_m(\mathbf{x})|\mathrm{d}^n\mathbf{x}|\geqslant A\left(1-\frac{1}{4^{m+2}}\right), \tag{A.21.29}$$

级数 $\sum_{k=1}^{\infty}|f_k(\mathbf{x})|$ 的发散性与序列 $m\mapsto h_m(\mathbf{x})$ 的发散性相同. 现在, 设 $g_m=$

$h_m - h_{m-1}, m = 1, 2, \cdots$. 因为

$$h_m = h_0 + (h_1 - h_0) + \cdots + (h_m - h_{m+1}) = h_0 + g_1 + \cdots + g_m, \tag{A.21.30}$$

所以 $m \mapsto h_m(\mathbf{x})$ 的发散性与级数 $\sum_{m=1}^{\infty} g_m(\mathbf{x})$ 的发散性一致. 根据不等式 (A.21.29), h_m 的积分“吃掉了”几乎全部的 A, 所以 g_m 的积分很微小:

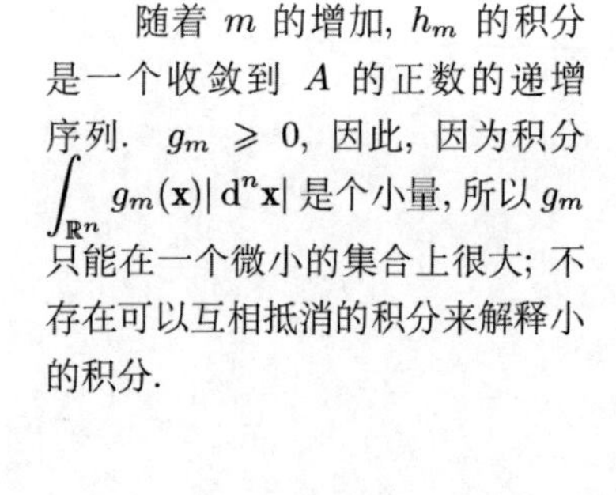

随着 m 的增加, h_m 的积分是一个收敛到 A 的正数的递增序列. $g_m \geqslant 0$, 因此, 因为积分 $\int_{\mathbb{R}^n} g_m(\mathbf{x})|\,\mathrm{d}^n\mathbf{x}|$ 是个小量, 所以 g_m 只能在一个微小的集合上很大; 不存在可以互相抵消的积分来解释小的积分.

$$\begin{aligned}\int_{\mathbb{R}^n} g_m(\mathbf{x})|\,\mathrm{d}^n\mathbf{x}| &= \left(A - \int_{\mathbb{R}^n} h_{m-1}(\mathbf{x})|\,\mathrm{d}^n\mathbf{x}|\right) - \overbrace{\left(A - \int_{\mathbb{R}^n} h_m(\mathbf{x})|\,\mathrm{d}^n\mathbf{x}|\right)}^{>0} \\ &\leqslant A - \int_{\mathbb{R}^n} h_{m-1}(\mathbf{x})|\,\mathrm{d}^n\mathbf{x}| \qquad \text{(A.21.31)} \\ &\leqslant \frac{A}{4^{m+1}}.\end{aligned}$$

选择 $\epsilon > 0$. 对于 $m = 1, 2, \cdots$, 令 Y_m 为立方体 $C \in \mathcal{D}_{N_m}(\mathbb{R}^n)$ 的并集, 满足 $M_C(g_m) > \frac{A}{2^m\epsilon}$; 如图 A.21.1. 我们将找到 $N_1 < N_2 < N_3 < \cdots$, 使得

$$\text{如果 } M_C(g_m) > \frac{A}{2^m\epsilon}, \text{ 则 } \operatorname{vol}_n(Y_m) \leqslant \frac{\epsilon}{2^m}. \tag{A.21.32}$$

令 N_m 足够大, 使得

$$U_{N_m}(g_m) - L_{N_m}(g_m) \leqslant \frac{A}{4^{m+1}}. \tag{A.21.33}$$

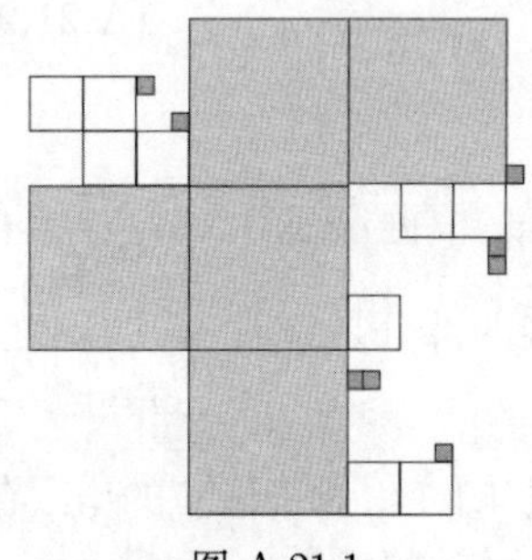

图 A.21.1

大的阴影立方体, 在 $\mathcal{D}_{N_1}$ 中, 构成了 Y_1; 根据不等式 (A.21.35), 它们合起来的体积不大于 $\epsilon/2$. 小的白色立方体, 在 $\mathcal{D}_{N_2}$ 中, 构成了 Y_2, 总体积不大于 $\epsilon/4$. 微小的阴影立方体, 在 $\mathcal{D}_{N_3}$ 中, 构成了 Y_3, 总体积不大于 $\epsilon/8$.

则

$$\begin{aligned}\operatorname{vol}_n(Y_m)\frac{A}{2^m\epsilon} &\leqslant \sum_{C\subset Y_m, C\in\mathcal{D}_{N_m}(\mathbb{R}^n)} M_C(g_m)\operatorname{vol}_n(C) \leqslant U_{N_m}(g_m) \\ &\leqslant \int_{\mathbb{R}^n} g_m(\mathbf{x})|\,\mathrm{d}^n\mathbf{x}| + \frac{A}{4^{m+1}} \\ &\leqslant \frac{2A}{4^{m+1}} < \frac{A}{4^m}.\end{aligned} \tag{A.21.34}$$

这给出了

$$\operatorname{vol}_n(Y_m) \leqslant \frac{A}{4^m}\frac{2^m\epsilon}{A} = \frac{\epsilon}{2^m}. \tag{A.21.35}$$

因此, 如果 $Y = \bigcup_m Y_m$, 则 Y 是总体积为 $\epsilon = \frac{\epsilon}{2} + \frac{\epsilon}{2^2} + \frac{\epsilon}{2^3} + \cdots$ 的立方体的可数并集. 但如果 $\mathbf{x} \notin Y$, 则根据 Y 的定义, 有

$$g_m(\mathbf{x}) \leqslant \frac{A}{2^m\epsilon}, \ m = 1, 2, \cdots, \tag{A.21.36}$$

且

$$\begin{aligned}\sum_{i=1}^{\infty}|f_i(\mathbf{x})| &= \lim_{k\to\infty} h_k(\mathbf{x}) = h_0(\mathbf{x}) + \sum_{i=1}^{\infty} g_i(\mathbf{x}) \\ &\leqslant h_0(\mathbf{x}) + \sum_{m=1}^{\infty}\frac{A}{2^m\epsilon} = h_0(\mathbf{x}) + \frac{A}{\epsilon}.\end{aligned} \tag{A.21.37}$$

尤其是, 对于 $\mathbf{x} \notin Y$, 级数 $\sum_{i=1}^{\infty} |f_i(\mathbf{x})|$ 收敛. 所以使 $\sum_{k=1}^{\infty} |f_k(\mathbf{x})|$ 发散的 $\mathbf{x} \in \mathbb{R}^n$ 的集合 X 被完全包含在 Y 中, 它是总体积不超过 ϵ 的立方体的有限并集. 因此, $\sum_{k=1}^{\infty} |f_k(\mathbf{x})|$ 几乎处处收敛. □

涉及勒贝格积分的主要定理的证明

定理 4.11.17 (勒贝格积分的第一极限定理). 令 $k \mapsto f_k$ 为 L–可积函数的级数, 满足

$$\sum_{k=1}^{\infty} \int_{\mathbb{R}^n} |f_k(\mathbf{x})| \, |\mathrm{d}^n \mathbf{x}| < \infty.$$

则 $f(\mathbf{x}) = \sum_{k=1}^{\infty} f_k(\mathbf{x})$ 对几乎所有的 $\mathbf{x}$ 存在, 函数 f 是 L–可积的, 且

$$\int_{\mathbb{R}^n} f(\mathbf{x}) | \mathrm{d}^n \mathbf{x}| = \int_{\mathbb{R}^n} \sum_{k=1}^{\infty} f_k(\mathbf{x}) | \mathrm{d}^n \mathbf{x}| = \sum_{k=1}^{\infty} \int_{\mathbb{R}^n} f_k(\mathbf{x}) | \mathrm{d}^n \mathbf{x}|.$$

定理 4.11.17 的证明: 严格来说, 我们还没有证明 f 是 L–可积的, 因为不等式 (A.21.43) 涉及一个二重求和, 且可积性的定义仅仅允许一重求和. 然而, 二重求和可以被转换成一重求和, 例如利用函数 $h_l = \sum_{j=1}^{l} g_{j,l-j+1}$, 使得级数

$$\sum_{l=1}^{\infty} |h_l(\mathbf{x})| \, |\mathrm{d}^n \mathbf{x}|$$

收敛. 这是 L–可积的定义, 根据定义, 有

$$\begin{aligned} &\int_{\mathbb{R}^n} f(\mathbf{x}) | \mathrm{d}^n \mathbf{x}| \\ =\ &\int_{\mathbb{R}^n} \sum_{l=1}^{\infty} h_l(\mathbf{x}) | \mathrm{d}^n \mathbf{x}| \\ =\ &\int_{\mathbb{R}^n} \sum_{k=1}^{\infty} f_k(\mathbf{x}) | \mathrm{d}^n \mathbf{x}|, \end{aligned}$$

其中因为级数是绝对收敛的, 级数的和不依赖于求和的顺序.

证明: 想法是记 $f_k \underset{L}{=} \sum_{i=1}^{\infty} f_{k,i}$, 其中 $f_{k,i}$ 是黎曼可积的, 且有

$$\sum_{i=1}^{\infty} \int_{\mathbb{R}^n} |f_{k,i}(\mathbf{x})| \, |\mathrm{d}^n \mathbf{x}| < \infty, \tag{A.21.38}$$

并把 f 写为二重求和 $f \underset{L}{=} \sum_{k=1}^{\infty} \sum_{i=1}^{\infty} f_{k,i}$. 这种方法的难点是, 级数

$$\sum_{k=1}^{\infty} \sum_{i=1}^{\infty} \int_{\mathbb{R}^n} |f_{k,i}(\mathbf{x})| \, |\mathrm{d}^n \mathbf{x}| \tag{A.21.39}$$

可能不收敛, 从而 f 可能不是 L–可积的. 等式 $f = \sum_{k=1}^{\infty} \sum_{i=1}^{\infty} f_{k,i}$ 可能是来自于互相抵消, 但 (A.21.39) 没有, 因为 $|f_{k,i}|$ 都是正的.

这个很容易补救: 根据定理 4.11.7, 我们没有被限制在把 f_k 表示为级数的求和的一个特定的方法中. 我们可以通过对每个 k 选择一个数 $m(k)$, 使得

$$\sum_{i=m(k)+1}^{\infty} \int_{\mathbb{R}^n} |f_{k,i}(\mathbf{x})| \, |\mathrm{d}^n \mathbf{x}| < \frac{1}{2^k} \tag{A.21.40}$$

来定义另一个. 然后设

$$g_{k,1} = \sum_{j=1}^{m(k)} f_{k,j}, g_{k,j} = f_{k,m(k)+j-1}, \ 2 \leqslant j < \infty. \tag{A.21.41}$$

所以 $f = \sum_{k,j=1}^{\infty} g_{k,j}$. 级数

$$\sum_{j=1}^{\infty} g_{k,j} = \sum_{j=1}^{m(k)} f_{k,j} + \overbrace{\sum_{j=2}^{\infty} f_{k,m(k)+j-1}}^{f_{k,m(k)+1}+f_{k,m(k)+2}+\cdots} \tag{A.21.42}$$

几乎处处收敛到 f_k, 就和级数 $\sum_i f_{k,i}$ 一样, 但是要快得多, 因为 $\sum_j g_{k,j}$ 的第一项消耗掉了大部分的和.

现在, 记 (第一行到第二行利用了不等式 (A.21.44))

$$\begin{aligned}\sum_{k=1}^{\infty}\sum_{j=1}^{\infty}\int_{\mathbb{R}^n}|g_{k,j}(\mathbf{x})||\,\mathrm{d}^n\mathbf{x}| &= \overbrace{\sum_{k=1}^{\infty}\int_{\mathbb{R}^n}|g_{k,1}(\mathbf{x})||\,\mathrm{d}^n\mathbf{x}|}^{\text{大项}}+\overbrace{\sum_{k=1}^{\infty}\sum_{j=2}^{\infty}\int_{\mathbb{R}^n}|g_{k,j}(\mathbf{x})||\,\mathrm{d}^n\mathbf{x}|}^{\text{小项}}\\ &\leqslant \sum_{k=1}^{\infty}\left(\int_{\mathbb{R}^n}|f_k(\mathbf{x})||\,\mathrm{d}^n\mathbf{x}|+\frac{1}{2^k}\right)+\sum_{k=1}^{\infty}\frac{1}{2^k}\\ &\leqslant \sum_{k=1}^{\infty}\int_{\mathbb{R}^n}|f_k(\mathbf{x})||\,\mathrm{d}^n\mathbf{x}|+2\\ &< \infty.\end{aligned} \tag{A.21.43}$$

在不等式 (A.21.43) 的第三行, 第一个 $\frac{1}{2^k}$ 允许 $\sum_{i=m(k)+1}^{\infty}\int_{\mathbb{R}^n} f_{k,i}(\mathbf{x})|\,\mathrm{d}^n\mathbf{x}|$ 有负的可能性, 如下所示, 其中我们用不等式 (A.21.40) 来从第二行得到第三行:

$$\begin{aligned}\int_{\mathbb{R}^n}|\overbrace{g_{k,1}(\mathbf{x})}^{\sum_{j=1}^{m(k)} f_{k,j}}||\,\mathrm{d}^n\mathbf{x}| &= \int_{\mathbb{R}^n}\left|\sum_{i=1}^{\infty} f_{k,i}(\mathbf{x})-\sum_{i=m(k)+1}^{\infty} f_{k,i}(\mathbf{x})\right||\,\mathrm{d}^n\mathbf{x}|\\ &\leqslant \int_{\mathbb{R}^n}\left|\sum_{i=1}^{\infty} f_{k,i}(\mathbf{x})\right||\,\mathrm{d}^n\mathbf{x}|+\sum_{i=m(k)+1}^{\infty}\int_{\mathbb{R}^n}|f_{k,i}(\mathbf{x})||\,\mathrm{d}^n\mathbf{x}|\\ &\leqslant \int_{\mathbb{R}^n}|f_k(\mathbf{x})||\,\mathrm{d}^n\mathbf{x}|+\frac{1}{2^k}.\end{aligned} \tag{A.21.44}$$

不等式 (A.21.44) 利用了下面的内容, 我们用简化的记号, 设 $j = m(k)+1$, 在写不下的地方省略 $\mathbf{x}$ 和 $|\,\mathrm{d}^n\mathbf{x}|$:

$$\begin{aligned}&\int\overbrace{\left|\sum_{i=1}^{\infty} f_{k,i}-\sum_{i=j}^{\infty} f_{k,i}\right|}^{\text{命题 4.11.16 中的}f}|\,\mathrm{d}^n\mathbf{x}|\\ \underset{(1)}{\leqslant}\;&\int\overbrace{\left(\left|\sum_{i=1}^{\infty} f_{k,i}\right|+\left|\sum_{i=j}^{\infty} f_{k,i}\right|\right)}^{\text{命题 4.11.16 中的}g}\\ \underset{(2)}{=}\;&\int\left|\sum_{i=1}^{\infty} f_{k,i}\right|+\int\left|\sum_{i=j}^{\infty} f_{k,i}\right|\\ \underset{(3)}{\leqslant}\;&\int\left|\sum_{i=1}^{\infty} f_{k,i}\right|+\int\sum_{i=j}^{\infty}|f_{k,i}|\\ \underset{(4)}{\leqslant}\;&\int\left|\sum_{i=1}^{\infty} f_{k,i}\right|+\sum_{i=j}^{\infty}\int|f_{k,i}|.\end{aligned}$$

不等式 (1) 利用了命题 4.11.16; 等式 (2) 利用了命题 4.11.14; 不等式 (3) 再一次利用了命题 4.11.16; 等式 (4) 是勒贝格积分的定义 4.11.8.

从不等式 (A.21.43) 得到, 二重级数 $\sum_{k,j} g_{k,j}(\mathbf{x})$ 在除了使级数 $\sum_{k,j}|g_{k,j}(\mathbf{x})|$ 发散的测度为 0 的 $\mathbf{x}$ 的集合以外收敛. 因此, f 可以被表示为一个 R–可积函数的级数的和, 使得它们的绝对值的积分收敛. □

许多著名的数学家 (巴拿赫、里兹、朗道、豪斯道夫) 证明了控制收敛定理的不同版本. 主要贡献当然来自勒贝格.

定理 4.11.19 (勒贝格积分的控制收敛性). 令 $k\mapsto f_k$ 为一个 L–可积函数序列, 几乎处处分段收敛到某个函数 f. 假设有一个 L–可积函数 $F\colon\mathbb{R}^n\to\mathbb{R}$ 使得 $|f_k(\mathbf{x})|\leqslant F(\mathbf{x})$ 对几乎所有的 $\mathbf{x}$ 成立. 则 f 是 L–可积的, 且其积分为

$$\int_{\mathbb{R}^n} f(\mathbf{x})|\,\mathrm{d}^n\mathbf{x}| = \lim_{k\to\infty}\int_{\mathbb{R}^n} f_k(\mathbf{x})|\,\mathrm{d}^n\mathbf{x}|.$$

证明: 我们将做一些初步的简化. 首先, $A_k \overset{\text{def}}{=} \int_{\mathbb{R}^n} f_k(\mathbf{x})|\,\mathrm{d}^n\mathbf{x}|$ 是一个有界的数的序列, 所以根据博扎诺–维尔斯特拉斯定理 (定理 1.6.3), 我们可以传递到一

个子序列, 并假设它们收敛到一个极限 A: $\int_{\mathbb{R}^n} f_k(\mathbf{x})|\,\mathrm{d}^n\mathbf{x}| \to A$. 因此, 我们需要证明 f 是 L–可积的, 且

$$\int_{\mathbb{R}^n} f(\mathbf{x})|\,\mathrm{d}^n\mathbf{x}| = A. \tag{A.21.45}$$

要证明等式 (A.21.45), 只要证明 $\int_{\mathbb{R}^n} f(\mathbf{x})|\,\mathrm{d}^n\mathbf{x}| \geqslant A$ 就足够了. 实际上, 我们也可以通过把同样的论据用在几乎处处收敛到 $-f$ 的函数 $-f_k$ 上来证明 $\int_{\mathbb{R}^n} f(\mathbf{x})|\,\mathrm{d}^n\mathbf{x}| \leqslant A$.

注意 $F(\mathbf{x}) \geqslant |f_k(\mathbf{x})| \geqslant 0$ 几乎处处成立.

最终, 我们可以假设所有的 $f_k \geqslant 0$. 实际上, 函数 $\widetilde{f}_k = F + f_k$ 满足 $|\widetilde{f}_k| = |F + f_k| \leqslant 2F$, 但还有 $\widetilde{f}_k \geqslant 0$. 如果我们可以对 $\widetilde{f}_k$ 证明定理, 那么通过减去 F, 我们复原了对 f_k 的定理.

所以我们将假设 $f_k \geqslant 0$ 以及 $\int_{\mathbb{R}^n} f_k(\mathbf{x})|\,\mathrm{d}^n\mathbf{x}| \to A$, 并将证明

$$\int_{\mathbb{R}^n} f(\mathbf{x})|\,\mathrm{d}^n\mathbf{x}| \geqslant A. \tag{A.21.46}$$

尽管每个 g_i 是一个单调递增序列的极限, 但 g_i 本身是一个单调递减序列, 因为定义 g_i 和 g_{i+1} 的函数除 f_i 以外都相同, f_i 在 g_{i+1} 中是缺失的.

考虑函数

$$\begin{aligned} g_1 &= \lim(f_1, \sup(f_1, f_2), \sup(f_1, f_2, f_3), \cdots), \\ g_2 &= \lim(f_2, \sup(f_2, f_3), \sup(f_2, f_3, f_4), \cdots), \\ g_3 &= \lim(f_3, \sup(f_3, f_4), \sup(f_3, f_4, f_5), \cdots), \\ \cdots &= \lim(\qquad \cdots, \cdots \qquad). \end{aligned} \tag{A.21.47}$$

因为 $0 \leqslant f_i \leqslant \sup(f_i, f_{i+1}) \leqslant \sup(f_i, f_{i+1}, f_{i+2}) \leqslant \cdots$, 所以每个 g_i 是 L–可积函数的一个单调递增序列的极限. 这些函数满足单调收敛定理 (定理 4.11.18) 的假设: 根据假设, $|f_k(\mathbf{x})| \leqslant F(\mathbf{x})$ 对几乎所有的 $\mathbf{x}$ 都成立, 所以

不等式 (A.21.48): 我们得到最后一个不等式, 因为 F 是 L–可积的.

$$\begin{aligned} \int_{\mathbb{R}^n} f_i(\mathbf{x})|\,\mathrm{d}^n\mathbf{x}| &\leqslant \int_{\mathbb{R}^n} \sup(f_i, \cdots, f_{i+j})(\mathbf{x})|\,\mathrm{d}^n\mathbf{x}| \\ &\leqslant \int_{\mathbb{R}^n} F(\mathbf{x})|\,\mathrm{d}^n\mathbf{x}| \\ &< \infty. \end{aligned} \tag{A.21.48}$$

所以根据单调收敛定理, 每个 g_i 是 L–可积的, 且

$$\begin{aligned} \int_{\mathbb{R}^n} f_i(\mathbf{x})|\,\mathrm{d}^n\mathbf{x}| &\leqslant \sup_{j\to\infty} \int_{\mathbb{R}^n} \sup(f_i, \cdots, f_{i+j})(\mathbf{x})|\,\mathrm{d}^n\mathbf{x}| \\ &\underbrace{=}_{\text{定理 4.11.18}} \int_{\mathbb{R}^n} g_i(\mathbf{x})|\,\mathrm{d}^n\mathbf{x}| \\ &< \infty. \end{aligned} \tag{A.21.49}$$

现在, 我们可以再一次应用单调收敛定理, 这一次用到单调递减序列 $i \mapsto g_i$ 来说明 g_i 的极限是 L–可积的, 以及

$$\int_{\mathbb{R}^n} \lim_{i\to\infty} g_i(\mathbf{x})|\,\mathrm{d}^n\mathbf{x}| = \lim_{i\to\infty} \int_{\mathbb{R}^n} g_i(\mathbf{x})|\,\mathrm{d}^n\mathbf{x}|$$

$$\geqslant \lim_{i\to\infty}\int_{\mathbb{R}^n} f_i(\mathbf{x})|\,\mathrm{d}^n\mathbf{x}| \\ = A. \quad (A.21.50)$$

但 $\lim_{i\to\infty} g_i(\mathbf{x}) = f(\mathbf{x})$ 对每个满足 $f_k(\mathbf{x})$ 收敛的 $\mathbf{x}$ 成立, 也就是, 几乎处处, 所以 f 是 L–可积的, 且 $\int_{\mathbb{R}^n} f(\mathbf{x})|\,\mathrm{d}^n\mathbf{x}| \geqslant A$. □

定理 4.11.21 (勒贝格积分的富比尼定理). 令 $f\colon \mathbb{R}^n\times\mathbb{R}^m \to \mathbb{R}$ 为一个 L–可积函数. 则函数

$$\mathbf{y} \mapsto \int_{\mathbb{R}^n} f(\mathbf{x},\mathbf{y})|\,\mathrm{d}^n\mathbf{x}|$$

对几乎所有的 $\mathbf{y}\in\mathbb{R}^m$ 有定义, 且在 $\mathbb{R}^m$ 上是 L–可积的, 且

$$\int_{\mathbb{R}^n\times\mathbb{R}^m} f(\mathbf{x},\mathbf{y})|\,\mathrm{d}^n\mathbf{x}||\,\mathrm{d}^m\mathbf{y}| = \int_{\mathbb{R}^m}\left(\int_{\mathbb{R}^n} f(\mathbf{x},\mathbf{y})|\,\mathrm{d}^n\mathbf{x}|\right)|\,\mathrm{d}^m\mathbf{y}|. \quad (A.21.51)$$

相反地, 如果 $f\colon \mathbb{R}^n\times\mathbb{R}^m \to \mathbb{R}$ 为一个函数, 满足:

1. 每个点 $(\mathbf{x},\mathbf{y})\in\mathbb{R}^{n+m}$ 是一个球的中心, f 在这个球上是 L–可积的;
2. 函数 $\mathbf{x}\mapsto |f(\mathbf{x},\mathbf{y})|$ 在 $\mathbb{R}^n$ 上对几乎所有的 $\mathbf{y}$ 都是 L–可积的;
3. 函数 $\mathbf{y}\mapsto \int_{\mathbb{R}^n} |f(\mathbf{x},\mathbf{y})||\,\mathrm{d}^n\mathbf{x}|$ 在 $\mathbb{R}^m$ 上是 L–可积的, 则 f 在 $\mathbb{R}^{n+m}$ 上是 L–可积的, 且

$$\int_{\mathbb{R}^n\times\mathbb{R}^m} f(\mathbf{x},\mathbf{y})|\,\mathrm{d}^n\mathbf{x}||\,\mathrm{d}^m\mathbf{y}| = \int_{\mathbb{R}^m}\left(\int_{\mathbb{R}^n} f(\mathbf{x},\mathbf{y})|\,\mathrm{d}^n\mathbf{x}|\right)|\,\mathrm{d}^m\mathbf{y}|.$$

注意, 在等式 (A.21.51) 中, 右边的积分可以写为相反的顺序:

$$\int_{\mathbb{R}^n\times\mathbb{R}^m} f(\mathbf{x},\mathbf{y})|\,\mathrm{d}^n\mathbf{x}||\,\mathrm{d}^m\mathbf{y}| = \int_{\mathbb{R}^n}\left(\int_{\mathbb{R}^m} f(\mathbf{x},\mathbf{y})|\,\mathrm{d}^m\mathbf{y}|\right)|\,\mathrm{d}^n\mathbf{x}|. \quad (A.21.52)$$

证明: 首先假设 f 是 L–可积的. 则 $f \underset{L}{=} \sum_k \widetilde{f}_k$, 其中 $\widetilde{f}_k$ 在 $\mathbb{R}^{n+m}$ 上是 R–可积的, 且

$$\sum_k \int_{\mathbb{R}^n\times\mathbb{R}^m} |\widetilde{f}_k(\mathbf{x},\mathbf{y})||\,\mathrm{d}^n\mathbf{x}||\,\mathrm{d}^m\mathbf{y}| < \infty. \quad (A.21.53)$$

任何集合都是它的点的并集, 所以测度为 0 的集合的并集通常测度不是 0. 但 (定理 4.4.4) 可数的测度为 0 的集合的并集有 0 测度, 且 (因为体积为 0 的集合的测度为 0) 可数的体积为 0 的集合的并集的体积为 0. 没有康托的可数和不可数集合的概念, 勒贝格积分将没有意义.

要避免定理 A.17.2 中关于上和与下和的次要但不令人愉快的困难, 我们把 $\widetilde{f}_k$ 替换成 f_k, 其中

$$f_k(\mathbf{x},\mathbf{y}) = \begin{cases} 0 & \text{如果 } U\big((\widetilde{f}_k)_{\mathbf{x}}\big) \neq L\big((\widetilde{f}_k)_{\mathbf{x}}\big) \text{ 或者 } U\big((\widetilde{f}_k)^{\mathbf{y}}\big) \neq L\big((\widetilde{f}_k)^{\mathbf{y}}\big) \\ \widetilde{f}(\mathbf{x},\mathbf{y}) & \text{其他} \end{cases},$$

则 $f \underset{L}{=} \sum_{k=1}^{\infty} f_k$. 每个 f_k 仍然是 R–可积的, 因为我们只在一个体积为 0 的集合上修改了 $\widetilde{f}$(见推论 A.17.3), 所以关于 R–可积函数的富比尼定理可以用在 f_k

上. 更进一步

$$\sum_k \int_{\mathbb{R}^n\times\mathbb{R}^m} |f_k(\mathbf{x},\mathbf{y})||\,\mathrm{d}^n\mathbf{x}||\,\mathrm{d}^m\mathbf{y}| < \infty, \tag{A.21.54}$$

因为可数的体积为 0 的集合 (每个 k 有一个) 的并的测度为 0. 因此

等式 (A.21.55): 第一个等式是勒贝格积分的定义; 第二个是对于 R–可积函数的富比尼定理.

$$\begin{aligned}\int_{\mathbb{R}^n\times\mathbb{R}^m} f(\mathbf{x},\mathbf{y})|\,\mathrm{d}^n\mathbf{x}||\,\mathrm{d}^m\mathbf{y}| &\underset{(1)}{=} \sum_k \int_{\mathbb{R}^n\times\mathbb{R}^m} f_k(\mathbf{x},\mathbf{y})|\,\mathrm{d}^n\mathbf{x}||\,\mathrm{d}^m\mathbf{y}|\\ &\underset{(2)}{=} \sum_k \int_{\mathbb{R}^m}\left(\int_{\mathbb{R}^n} f_k(\mathbf{x},\mathbf{y})|\,\mathrm{d}^n\mathbf{x}|\right)|\,\mathrm{d}^m\mathbf{y}|\\ &\underset{(3)}{=} \int_{\mathbb{R}^m}\left(\sum_k\int_{\mathbb{R}^n} f_k(\mathbf{x},\mathbf{y})|\,\mathrm{d}^n\mathbf{x}|\right)|\,\mathrm{d}^m\mathbf{y}|\\ &\underset{(4)}{=} \int_{\mathbb{R}^m}\left(\int_{\mathbb{R}^n}\sum_k f_k(\mathbf{x},\mathbf{y})|\,\mathrm{d}^n\mathbf{x}|\right)|\,\mathrm{d}^m\mathbf{y}|\\ &= \int_{\mathbb{R}^m}\left(\int_{\mathbb{R}^n} f(\mathbf{x},\mathbf{y})|\,\mathrm{d}^n\mathbf{x}|\right)|\,\mathrm{d}^m\mathbf{y}|.\end{aligned} \tag{A.21.55}$$

求和与积分的交换 (等式 (3) 和 (4)) 由定理 4.11.17 来解释. 我们可以应用这个定理得到等式 (3), 因为

$$\begin{aligned}\sum_k \int_{\mathbb{R}^m}\left|\int_{\mathbb{R}^n} f_k(\mathbf{x},\mathbf{y})|\,\mathrm{d}^n\mathbf{x}|\right||\,\mathrm{d}^m\mathbf{y}| &\leqslant \sum_k \int_{\mathbb{R}^m}\left(\int_{\mathbb{R}^n}|f_k(\mathbf{x},\mathbf{y})||\,\mathrm{d}^n\mathbf{x}|\right)|\,\mathrm{d}^m\mathbf{y}|\\ &= \sum_k \int_{\mathbb{R}^n\times\mathbb{R}^m}|f_k(\mathbf{x},\mathbf{y})||\,\mathrm{d}^n\mathbf{x}||\,\mathrm{d}^m\mathbf{y}|\\ &< \infty,\end{aligned} \tag{A.21.56}$$

其中我们对第一个不等式用了三角不等式 (命题 4.1.14 的第四部分), 对等式用了 R–可积的富比尼定理, 对最后的不等式用了 L–可积性的定义.

要应用定理 4.11.17 来得到等式 (4), 我们需要知道

$$\sum_k \int_{\mathbb{R}^n} |f_k(\mathbf{x},\mathbf{y})||\,\mathrm{d}^n\mathbf{x}| < \infty \tag{A.21.57}$$

对几乎所有的 $\mathbf{y}$ 成立. 我们按照如下的方法来看: 函数的序列

$$g_k(\mathbf{y}) = \sum_{i=1}^k \int_{\mathbb{R}^n} |f_i(\mathbf{x},\mathbf{y})||\,\mathrm{d}^n\mathbf{x}| \tag{A.21.58}$$

是递增的, 所以根据单调收敛定理 4.11.18, 如果

$$\sup_k \int_{\mathbb{R}^m} g_k(\mathbf{y})|\,\mathrm{d}^m\mathbf{y}| < \infty, \tag{A.21.59}$$

则点对点地, 我们有 $\sup\limits_{k\to\infty} g_k(\mathbf{y}) < \infty$ 对几乎每个 $\mathbf{y}$ 成立; 这精确地是我们需要的. 我们已经完成了所有的工作来给不等式 (A.21.56) 的积分定界: 简单地把左边的 $f_k(\mathbf{x},\mathbf{y})$ 替换成 $|f_k(\mathbf{x},\mathbf{y})|$.

这证明了定理 4.11.21 的前一半.

对于反过来的情况, 注意到我们所要证明的是 f 是 L–可积的; 最后一

个方程则从第一部分得到. 首先我们来看, 函数 $f\mathbf{1}_C$ 对于每个立方体 $C \in \mathcal{D}_0(\mathbb{R}^{n+m})$ 是 L–可积的.

实际上, 闭包 $\overline{C}$ 是紧致的, 因此根据定理 A.3.3(海因–波莱尔定理), 它被假设 1 给出的有限多的球覆盖, 记为 $B_1, \cdots, B_k$. 则我们可以写

$$f\mathbf{1}_C = \underbrace{\left(f\mathbf{1}_{B_1} + f(\mathbf{1}_{B_2} - \mathbf{1}_{B_1\cap B_2}) + \cdots + f(\mathbf{1}_{B_k} - \mathbf{1}_{(B_1\cup\cdots\cup B_{k-1})\cap B_k})\right)}_{\text{L–可积函数的有限和}}\mathbf{1}_C. \quad \text{(A.21.60)}$$

每个函数 $\mathbf{1}_{B_k}$ 是黎曼可积的, 根据假设 1, f 在每个 B_k 上是 L–可积的. 所以, 根据命题 4.11.15, 在等式 (A.21.60) 的括号中, 我们有一个 L–可积函数的有限和; 根据命题 4.11.14, 这个和是 L–可积的.

因此, $f\mathbf{1}_C$ 是一个 L–可积函数和一个 R–可积函数的乘积, 因此 (再一次根据命题 4.11.15) 是 L–可积的. 所以根据定理 4.11.21 的第一部分, 我们可以应用富比尼定理到每个 $f\mathbf{1}_C$ 上, 以得到下面的第一个等式:

$$\begin{aligned}
&\sum_{C\in\mathcal{D}_0(\mathbb{R}^{n+m})}\int_{\mathbb{R}^{n+m}}|f(\mathbf{x},\mathbf{y})|\mathbf{1}_C(\mathbf{x},\mathbf{y})|\,\mathrm{d}^n\mathbf{x}||\,\mathrm{d}^m\mathbf{y}|\\
\underset{(1)}{=}&\sum_{C\in\mathcal{D}_0(\mathbb{R}^{n+m})}\int_{\mathbb{R}^m}\left(\int_{\mathbb{R}^n}|f(\mathbf{x},\mathbf{y})|\mathbf{1}_C(\mathbf{x},\mathbf{y})|\,\mathrm{d}^n\mathbf{x}|\right)|\,\mathrm{d}^m\mathbf{y}|\\
\underset{(2)}{=}&\sum_{C_2\in\mathcal{D}_0(\mathbb{R}^m)}\int_{\mathbb{R}^m}\mathbf{1}_{C_2}(\mathbf{y})\Bigg(\overbrace{\sum_{C_1\in\mathcal{D}_0(\mathbb{R}^n)}\int_{\mathbb{R}^n}\mathbf{1}_{C_1}(\mathbf{x})|f(\mathbf{x},\mathbf{y})||\,\mathrm{d}^n\mathbf{x}|}^{\text{根据假设 2, }<\infty\text{,所以可以应用定理 4.11.17}}\Bigg)|\,\mathrm{d}^m\mathbf{y}|\\
\underset{(3)}{=}&\sum_{C_2\in\mathcal{D}_0(\mathbb{R}^m)}\int_{\mathbb{R}^m}\mathbf{1}_{C_2}(\mathbf{y})\Bigg(\underbrace{\int_{\mathbb{R}^n}|f(\mathbf{x},\mathbf{y})||\,\mathrm{d}^n\mathbf{x}|}_{\text{根据假设 3,}<\infty}\Bigg)|\,\mathrm{d}^m\mathbf{y}| \qquad \text{(A.21.61)}\\
\underset{(4)}{=}&\int_{\mathbb{R}^m}\left(\int_{\mathbb{R}^n}|f(\mathbf{x},\mathbf{y})||\,\mathrm{d}^n\mathbf{x}|\right)|\,\mathrm{d}^m\mathbf{y}|\\
<&\ \infty.
\end{aligned}$$

不等式 (A.21.61):

C 是 $\mathcal{D}_0(\mathbb{R}^{n+m})$ 中的一个立方体;

C_1 是 $\mathcal{D}_0(\mathbb{R}^n)$ 中的一个立方体;

C_2 是 $\mathcal{D}_0(\mathbb{R}^m)$ 中的一个立方体.

注意, 在不等式 (A.21.61) 的第一行, 我们写 $|f(\mathbf{x},\mathbf{y})|$, 而不是 $f(\mathbf{x},\mathbf{y})$. 这将会在第三行的时候允许我们应用定理 4.11.17.

不等式 (A.21.61) 的等式 (3) 利用了定理 4.11.17:

$$\begin{aligned}&\sum_{C_1}\int_{\mathbb{R}^n}\mathbf{1}_{C_1}(\mathbf{x})|f(\mathbf{x},\mathbf{y})||\,\mathrm{d}^n\mathbf{x}|\\ =&\int_{\mathbb{R}^n}\sum_{C_1}\mathbf{1}_{C_1}(\mathbf{x})|f(\mathbf{x},\mathbf{y})||\,\mathrm{d}^n\mathbf{x}|\\ =&\int_{\mathbb{R}^n}|f(\mathbf{x},\mathbf{y})||\,\mathrm{d}^n\mathbf{x}|.\end{aligned}$$

等式 (4) 是类似的: 用定理 4.11.17 来交换第四行的求和与第一个积分, 并注意到

$$\begin{aligned}&\int_{\mathbb{R}^m}\sum_{C_2\in\mathcal{D}_0(\mathbb{R}^m)}\mathbf{1}_{C_2}(\mathbf{y})g|\,\mathrm{d}^m\mathbf{y}|\\ =&\int_{\mathbb{R}^m}g|\,\mathrm{d}^m\mathbf{y}|.\end{aligned}$$

(为了节省空间, 我们把内层的积分替换成了 g.)

不等式 (A.21.61) 中标记为 (2) 的等式是恒等变换

$$\mathbf{1}_C(\mathbf{x},\mathbf{y}) = \mathbf{1}_{C_2}(\mathbf{y})\mathbf{1}_{C_1}(\mathbf{x}), \qquad \text{(A.21.62)}$$

$\mathbf{1}_{C_2}(\mathbf{y})$ 是个常数并且对内层积分可以提取公因子. 第三个、第四个是定理 4.11.17 的应用, 如边注所注释的. 我们最后根据假设 3 得到 $<\infty$: 函数 $\mathbf{y}\mapsto\int_{\mathbb{R}^n}|f(\mathbf{x},\mathbf{y})||\,\mathrm{d}^n\mathbf{x}|$ 是可积的, 所以它的积分是有限的.

然后从定理 4.11.17 得到, f 自身 (不带绝对值的) 是 L–可积的: 不等式 (A.21.61) 的第一行 $<\infty$ 是应用这个定理所需要的条件. □

定理 4.11.20 (勒贝格积分的换元公式). 令 U, V 为 $\mathbb{R}^n$ 的开子集, 令 $\Phi\colon U\to V$ 为双射, 属于 C^1 类, 且有 C^1 类的逆, 使得 Φ 和 Φ^{-1} 都有李普希兹导数. 令 $f\colon V\to\mathbb{R}$ 在除了也许是测度为 0 的集合以外都有定义. 则

$$f \text{ 在 } V \text{ 上是 L–可积的} \iff (f\circ\Phi)|\det[\mathbf{D}\Phi]| \text{ 在 } U \text{ 上是 L–可积的}.$$

在这种情况下

$$\int_V f(\mathbf{v})|\,\mathrm{d}^n\mathbf{v}| = \int_U (f\circ\Phi)(\mathbf{u})|\det[\mathbf{D}\Phi(\mathbf{u})]||\,\mathrm{d}^n\mathbf{u}|. \tag{A.21.63}$$

定理 4.11.20 成立, 如果 Φ 属于 C^1 类, 但没有李普希兹导数. 我们的隐函数的版本不允许我们证明这个结论.

证明: 首先我们将证明, 如果 f 是 L–可积的, 则 $|\det[\mathbf{D}\Phi]|(f\circ\Phi)$ 是 L–可积的, 且等式 (A.21.63) 是正确的. 取所有的 $\mathcal{D}_1(\mathbb{R}^n)$ 中闭包完全被包含在 V 中的立方体, 然后取所有 $\mathcal{D}_2(\mathbb{R}^n)$ 中闭包完全被包含在 V 中, 且没有被之前的立方体包含的那些立方体, 等等. 我们将找到立方体 $C_1, C_2, \cdots$ 的一个可数集合, 完全覆盖 V.

因为我们假设 f 是 L–可积的, 所以可以写 $f \underset{L}{=} \sum_{k=1}^{\infty} f_k$, 其中 f_k 为 R–可积函数

$$\sum_{k=1}^{\infty}\int_{\mathbb{R}^n}|f_k(\mathbf{x})||\,\mathrm{d}^n\mathbf{x}| < \infty. \tag{A.21.64}$$

如果设 $f_{k,i} = f_k\mathbf{1}_{C_i}$, 则我们可以进一步写

$$f \underset{L}{=} \sum_{k=1}^{\infty} f_k = \sum_{k=1}^{\infty}\sum_{i=1}^{\infty} f_k\mathbf{1}_{C_i} = \sum_{k,i=1}^{\infty} f_{k,i}, \tag{A.21.65}$$

因为 C_i 是不相交的并且覆盖 V. 根据单调收敛定理, 我们可以有

$$\sum_{k,i=1}^{\infty}\int_{\mathbb{R}^n}|f_{k,i}(\mathbf{x})||\,\mathrm{d}^n\mathbf{x}| = \sum_{k=1}^{\infty}\int_{\mathbb{R}^n}|f_k(\mathbf{x})||\,\mathrm{d}^n\mathbf{x}| \underbrace{<}_{\text{不等式 (A.21.64)}} \infty, \tag{A.21.66}$$

根据等式 (A.21.65) 和不等式 (A.21.66), 定理 4.11.7, 以及勒贝格积分的定义, 我们有

$$\int_V f(\mathbf{v})|\,\mathrm{d}^n\mathbf{v}| = \sum_{k,i=1}^{\infty}\int_V f_{k,i}(\mathbf{v})|\,\mathrm{d}^n\mathbf{v}|. \tag{A.21.67}$$

我们可以应用定理 4.10.12(黎曼积分的换元公式) 到每个 $f_{k,i}$: 它们在一个立方体的闭包上有支撑, 支撑是紧致的, 有体积为 0 的边界, 且 Φ 有定义, 并且在立方体的一个邻域上 (叫作 V) 是属于 C^1 的. 因此

等式 (A.21.68): 当我们使用定理 4.11.17 去交换和与积分的时候 (从第二行到第三行), 定理 4.11.17 的假设被满足, 因为如果我们把第二行中的 $(f_{k,i}\circ\Phi)(\mathbf{u})$ 替换为 $|(f_{k,i}\circ\Phi)(\mathbf{u})|$, 则

$$\int_U |(f_{k,i}\circ\Phi)(\mathbf{u})||\det\Phi(\mathbf{u})||\,\mathrm{d}^n\mathbf{u}|$$

与

$$\int_{\mathbb{R}^n}|f_{k,i}(\mathbf{x})||\,\mathrm{d}^n\mathbf{x}|.$$

逐项相等. 现在, 应用不等式 (A.21.66).

$$\begin{aligned}\int_V f(\mathbf{v})|\,\mathrm{d}^n\mathbf{v}| &= \sum_{k,i=1}^{\infty}\int_V f_{k,i}(\mathbf{v})|\,\mathrm{d}^n\mathbf{v}| \\ &\underbrace{=}_{\text{定理 4.10.12}} \sum_{k,i=1}^{\infty}\int_U (f_{k,i}\circ\Phi)(\mathbf{u})|\det[\mathbf{D}\Phi(\mathbf{u})]||\,\mathrm{d}^n\mathbf{u}| \\ &\underbrace{=}_{\text{定理 4.11.17}} \int_U \sum_{k,i=1}^{\infty}(f_{k,i}\circ\Phi)(\mathbf{u})|\det[\mathbf{D}\Phi(\mathbf{u})]||\,\mathrm{d}^n\mathbf{u}| \\ &= \int_U (f\circ\Phi)(\mathbf{u})|\det[\mathbf{D}\Phi(\mathbf{u})]||\,\mathrm{d}^n\mathbf{u}|.\end{aligned} \tag{A.21.68}$$

要证明 ($\Leftarrow$), 交换 U 和 V 的角色, 并使用链式法则. □

勒贝格测度

我们对黎曼积分所做的第一件事是定义体积. 我们现在利用勒贝格积分来定义“勒贝格意义下的体积”, 称为勒贝格测度.

定义 A.21.5 (勒贝格测度). 一个有界集合 $X \subset \mathbb{R}^n$ 是可测的, 如果它的指示函数是 L–可积的; 在这种情况下, 它的勒贝格测度 $\mu(X)$ 是指示函数的积分:

$$\mu(X) \stackrel{\text{def}}{=} \int_{\mathbb{R}^n} \mathbf{1}_X(\mathbf{x}) |\mathrm{d}^n\mathbf{x}|. \tag{A.21.69}$$

一个一般的子集 $X \subset \mathbb{R}^n$ 是可测的, 如果对于所有的 R, 交集 $X \cap B_R(\mathbf{0})$ 是可测的, 且其测度 (可能是无限的) 为

$$\mu(X) \stackrel{\text{def}}{=} \sup_R \mu\left(X \cap B_R(\mathbf{0})\right). \tag{A.21.70}$$

如果一个集合有体积, 则根据命题 4.11.9, 它的测度与它的体积相等. 但许多不可铺的集合是可测的.

例如, $[0,1]$ 中的有理数不是可铺的 (例 4.3.3), 但它们有一个定义明确的测度.

不可能**构造**一个不可测的集合; 证明存在一个这样的集合需要选择公理, 见例 A.21.7.

在测度论的标准的处理中, 定理 A.21.6 的第一部分和第二部分说明, 勒贝格可测集合构成了一个 σ–代数. 第五部分说明, σ–代数是完备的. 第三部分说明, 勒贝格测度具有可数可加性. 第四部分说明, 它包含了波莱尔 σ–代数.

除了勒贝格测度, 还有许多测度; 一些包含了波莱尔 σ–代数, 一些不包含.

X 的补集 (也就是 $\mathbb{R}^n - X$) 的指示函数是 $1 - \mathbf{1}_X$.

定理 A.21.6 (勒贝格可测集合).

1. 一个可测集合在 $\mathbb{R}^n$ 中的补集也是可测的.
2. 可测集合的任何可数并集或者交集仍是可测的.
3. 如果 $X_1, X_2, \cdots$ 是一个不相交的可测集合序列, 则

$$\mu(\bigcup_i X_i) = \sum_i \mu(X_i). \tag{A.21.71}$$

4. $\mathbb{R}^n$ 的所有的开子集和闭子集是可测的.
5. 测度为 0 的集合的任意子集是可测的, 且测度为 0.

证明: 1. 根据定义, $X \subset \mathbb{R}^n$ 是可测的, 如果对于任意的 R, 函数 $\mathbf{1}_X \mathbf{1}_{B_R(\mathbf{0})}$ 是 L–可积的. 但

$$(1 - \mathbf{1}_X)\mathbf{1}_{B_R(\mathbf{0})} = \mathbf{1}_{B_R(\mathbf{0})} - \mathbf{1}_X \mathbf{1}_{B_R(\mathbf{0})} \tag{A.21.72}$$

也是 L–可积的.

2. 这个来自于单调收敛定理. 令 $i \mapsto X_i$ 为一个可测集合的序列. 函数

$$\mathbf{1}_{X_1}\mathbf{1}_{B_R(\mathbf{0})} \leqslant (\mathbf{1}_{X_1 \cup X_2})\mathbf{1}_{B_R(\mathbf{0})} \leqslant (\mathbf{1}_{X_1 \cup X_2 \cup X_3})\mathbf{1}_{B_R(\mathbf{0})} \leqslant \cdots \tag{A.21.73}$$

构成一个 L–可积函数的单调递增序列, 每一个都被可积函数 $\mathbf{1}_{B_R(\mathbf{0})}$ 界定. 因此, 极限 $\mathbf{1}_{\cup X_i}\mathbf{1}_{B_R(\mathbf{0})}$ 是 L–可积的, 表明了并集是可测的. 交集的情况通过利用 $\bigcap X_i$ 的补集是 X_i 的补集的并这个事实来证明.

3. 如果 X_i 是不相交的, $X = \bigcup_i X_i$, $\sum_{i=1}^{\infty} \mu(X_i) < \infty$, 我们可以应用定理

4.11.17 到 $\mathbf{1}_X = \sum_{i=1}^{\infty} \mathbf{1}_{X_i}$, 得到

$$\int_{\mathbb{R}^n} \mathbf{1}_X(\mathbf{x}) |\mathrm{d}^n\mathbf{x}| = \sum_{i=1}^{\infty} \int_{\mathbb{R}^n} \mathbf{1}_{X_i}(\mathbf{x}) |\mathrm{d}^n\mathbf{x}|, \text{ 也就是 } \mu(X) = \sum_{i=1}^{\infty} \mu(X_i). \tag{A.21.74}$$

如果 $\sum_{i=1}^{\infty} \mu(X_i)$ 是发散的, 则对于任意的 A, 存在 R, 使得

$$\sum_{i=1}^{\infty} \mu(X_i \cap B_R(\mathbf{0})) > A, \tag{A.21.75}$$

则 $\mu(X \cap B_R(\mathbf{0})) > A$ 也成立, 所以 $\mu(X)$ 也是无限的.

4. 任意开集为中心是有理数、半径也是有理数的开球的并集, 只有可数的数量的这样的球, 所以根据第二部分, 并集是可测的. 闭集是开集的补集, 因此根据第一部分, 是可测的.

5. 根据 0 测度的定义 4.4.1, 一个测度为 0 的集合的任意子集 X 的测度仍然是 0, 所以 $\mathbf{1}_X \underset{L}{=} 0$. □

一个 "有理中心" 是坐标全是有理数的中心.

选择公理的一个很详细的处理可以在 Paul R. Halmos 的 *Naive Set Theory* 中找到.

逻辑学家告诉我们, 选择公理是连续统假设的一个结果 (见 0.6 节). Gödel 证明了两者都与集合论的其他公理一致, 科恩证明了两者都独立于集合论的其他公理.

是否存在不可测集合呢? 如果允许高度非构造性的选择公理, 则这样的东西一定存在.

例 A.21.7 (一个不可测集合). 我们来把数 $x \in [0,1]$ 分类, 其中两个数 x 和 y 当且仅当 $x - y$ 是有理数时才属于同一类. 现在, 从每一类中选取一个元素, 并把这些样本的集合称为 X. 这个集合 X 是不可测的 (因此其指示函数不是 L–可积的, 尽管它有界且有有界的支撑). 如果 $a_1, a_2, \cdots$ 是一个 -1 与 1 之间的有理数的列表, 则

$$[0,1] \subset \bigcup_n (X + a_n) \subset [-1,2]. \tag{A.21.76}$$

例 A.21.7: 例如, 有理数构成一类; 有理数加上 π 构成另一类, 有理数加上 $\sqrt{2}$ 也一样.

根据左边的包含, X 的测度不能为 0. 但是如果 X 的测度 $\delta > 0$, 则因为并集中的所有的集合都是互相的平移, 它们都具有相同的测度 δ, 并因为并集中的集合是不相交的, 这就是说, $[-1,2]$ 有无限测度, 然而当然它的长度是 3. 所以不能说 X 是可测的. △

公式 (A.21.76): 集合

$$X + a_n$$

是对于所有的 $x \in X$ 的 $x + a_n$ 的集合.

巴拿赫–塔斯基悖论断言, 你可以把 $\mathbb{R}^3$ 中的单位球切成 5 片, 然后通过刚体运动来移动它们, 并把它们重新组装成与第一个球精确相同的两个球. 有些片必然是不可测的. 进一步的阅读, 参见 *The Banach-Tarski Paradox*, 作者 Stan Wagon, Cambridge University Press, 1993.

注释. 在上面我们写了, "现在从每个类中取一个元素." 选择公理说明, 我们可以这样做: 给定任何一组非空集合, 存在一个集合, 由每个集合中的一个元素构成.

但这完全是非构造性的. 在上面的例子中, 它是一个定理, 写不出如何做的任何规则. 进一步, 选择公理已经独立于集合论中的其他公理被证明了. 所以你可以自由选择接受还是拒绝它. 看到上面的例 A.21.7(还有其他更为可怕的, 例如, 巴拿赫–塔斯基悖论), 你可能想要拒绝它, 尤其是因为你可以之后采纳所有集合都是可测的这个公理.

问题是, 你将会失去很多现代数学知识, 包括所有关于泛函分析的部分. 泛函分析的一个试金石是哈恩–巴拿赫定理, 它被认为是等价于选择公理的. △

A.21 节的练习

A.21.1 证明: 存在一个连续函数 $f\colon \mathbb{R} \to \mathbb{R}$, 被有界支撑界定 (尤其是可积的), 并且使集合

$$\{x \in \mathbb{R} \mid f(x) \geqslant 0\}$$

不是可铺的. 例如, 执行下面的步骤:

a. 证明: 如果 $X \subset \mathbb{R}^n$ 是任意非空子集, 则定义为 $f_X(\mathbf{x}) = \inf\limits_{\mathbf{y}\in X} |\mathbf{x} - \mathbf{y}|$ 的函数 $f_X\colon \mathbb{R}^n \to \mathbb{R}$ 是连续的. 证明: 当且仅当 $\mathbf{x} \in \overline{X}$, $f_X(\mathbf{x}) = 0$.

b. 取任意不可铺的闭子集 $X \subset [0,1]$, 比如例 4.4.3 中构造的集合 U_ϵ 的补集, 以及集合 $X' = X \cup \{0,1\}$. 设

$$f(x) = -\mathbf{1}_{[0,1]}(x) f_{X'}(x).$$

证明: 这个函数 f 满足我们的要求.

A.21.2 构造一个 $[0,1]$ 上的有理数的列表 $a_1, a_2, \cdots$. 考虑函数 f_k 使得

$$f_k(x) = \begin{cases} 0 & \text{如果 } x \notin [0,1], \text{ 或者 } x \in \{a_1, \cdots, a_k\} \\ 1 & \text{如果 } x \in [0,1], \text{ 且 } x \notin \{a_1, \cdots, a_k\} \end{cases}.$$

证明: 所有的 f_k 都是 R–可积的, 且 $f(x) = \lim\limits_{k\to\infty} f_k(x)$ 对于每个 x 存在, 但 f 不是 R–可积的 (但是它是 L–可积的).

A.21.3 证明: 由 $h(\mathbf{x}) = \big(1 - d(\mathbf{x}, \mathbb{R}^n - X_\epsilon)\big)^+$ 定义的 h 满足 $|h(\mathbf{x}) - h(\mathbf{y})| \leqslant |\mathbf{x} - \mathbf{y}|$, 因此是连续的. 也证明当 $\mathbf{x} \notin X_\epsilon$ 时 $h(\mathbf{x}) = 1$, 当 $\mathbf{x} \in X_\epsilon$ 时, $0 \leqslant h(\mathbf{x}) < 1$.

A.21.4 证明: 如果 f 和 g 是 $\mathbb{R}^n$ 上的任意的 L–可积函数, 则

不等式 (1) 的右边或者两边都有可能为无限的.

$$\left(\int_{\mathbb{R}^n} f(\mathbf{x})g(\mathbf{x})|\,\mathrm{d}^n\mathbf{x}|\right)^2 \leqslant \left(\int_{\mathbb{R}^n} \big(f(\mathbf{x})\big)^2|\,\mathrm{d}^n\mathbf{x}|\right)\left(\int_{\mathbb{R}^n} \big(g(\mathbf{x})\big)^2|\,\mathrm{d}^n\mathbf{x}|\right). \quad (1)$$

提示: 从施瓦兹不等式 (定理 1.4.5) 的证明得到. 考虑二次多项式

$$\int_{\mathbb{R}^n} \big((f+tg)(\mathbf{x})\big)^2|\,\mathrm{d}^n\mathbf{x}|$$
$$= \int_{\mathbb{R}^n} \big(f(\mathbf{x})\big)^2|\,\mathrm{d}^n\mathbf{x}| + 2t\int_{\mathbb{R}^n} f(\mathbf{x})g(\mathbf{x})|\,\mathrm{d}^n\mathbf{x}| + t^2\int_{\mathbb{R}^n} \big(g(\mathbf{x})\big)^2|\,\mathrm{d}^n\mathbf{x}|.$$

因为多项式大于或等于 0, 所以其判别式是非正的.

A.21.5 证明定理 4.11.20 的 $(\Leftarrow)$ 部分.

A.22 计算外导数

在这个附录中, 我们证明定理 6.7.4, 它说的是如何计算一个 k–形式的外导数.

定理 6.7.4 (计算一个 k–形式的外导数). 令

$$\varphi = \sum_{1\leqslant i_1<\cdots<i_k\leqslant n} a_{i_1,\cdots,i_k}\,\mathrm{d}x_{i_1}\wedge\cdots\wedge\mathrm{d}x_{i_k}$$

为一个在开子集 $U\subset\mathbb{R}^n$ 上的 C^2 类的 k–形式.

1. 等式 (6.7.3) 中的极限存在, 并且定义了一个 $(k+1)$–形式.
2. 外导数在 $\mathbb{R}$ 上是线性的: 如果 φ 和 ψ 为 $U\subset\mathbb{R}^n$ 上的 k–形式, a 和 b 是数 (不是函数), 则

$$\mathbf{d}(a\varphi+b\psi)=a\mathbf{d}\varphi+b\mathbf{d}\psi,$$

特别地, $\mathbf{d}(\varphi+\psi)=\mathbf{d}\varphi+\mathbf{d}\psi$.

3. 常数形式的外导数为 0.
4. 0–形式 f 的外导数由公式

$$\mathbf{d}f=[\mathbf{D}f]=\sum_{i=1}^{n}(D_i f)\,\mathrm{d}x_i$$

给出.

5. 如果 $f\colon U\to\mathbb{R}$ 为一个 C^2 函数, 则

$$\mathbf{d}(f\,\mathrm{d}x_{i_1}\wedge\cdots\wedge\mathrm{d}x_{i_k})=\mathbf{d}f\wedge\mathrm{d}x_{i_1}\wedge\cdots\wedge\mathrm{d}x_{i_k}.$$

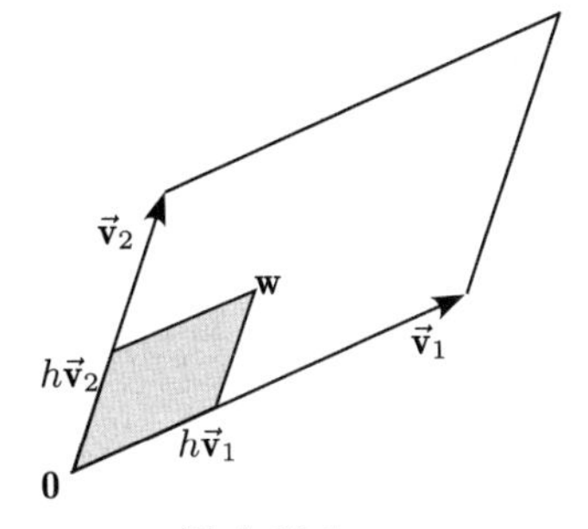

图 A.22.1

注意到, 在 $\gamma_{1,i}$ 和 $\gamma_{0,i}$ 的和中, $t_i\vec{\mathbf{v}}_i$ 一项被忽略了. 这里 $k+1=2$. 线段 $[h\vec{\mathbf{v}}_1,\mathbf{w}]$ 由

$$\gamma_{1,1}(\mathbf{t})=h\vec{\mathbf{v}}_1+t_1\vec{\mathbf{v}}_2$$

参数化. 线段 $[h\vec{\mathbf{v}}_2,\mathbf{w}]$ 由

$$\gamma_{1,2}(\mathbf{t})=h\vec{\mathbf{v}}_2+t_1\vec{\mathbf{v}}_1$$

参数化. 线段 $[\mathbf{0},h\vec{\mathbf{v}}_1]$ 由

$$\gamma_{0,2}(\mathbf{t})=t_1\vec{\mathbf{v}}_1$$

参数化. 线段 $[\mathbf{0},h\vec{\mathbf{v}}_2]$ 由

$$\gamma_{0,1}(\mathbf{t})=t_2\vec{\mathbf{v}}_2$$

参数化.

证明: 第四部分在例 6.7.3 中证明. 我们将首先证明第五部分, 然后证明第一部分. 第二部分和第三部分随后.

在原点证明第五部分就足够了, 这简化了记号; 这相当于平移 φ. 想法是把 $f=T^0(f)+T^1(f)+R(f)$ 写为在原点的带余项的一个泰勒多项式, 其中:

常数项是 $T^0(f)(\vec{\mathbf{x}})=f(\mathbf{0})$;

线性项是 $T^1(f)(\vec{\mathbf{x}})=D_1f(\mathbf{0})x_1+\cdots+D_nf(\mathbf{0})x_n=[\mathbf{D}f(\mathbf{0})]\vec{\mathbf{x}}$;

余项满足 $|R(f)(\vec{\mathbf{x}})|\leqslant C|\vec{\mathbf{x}}|^2$ 对于某个常数 C 成立.

我们将看到, 只有线性项对极限有贡献.

因为 φ 是一个 k–形式, 所以外导数 $\mathbf{d}\varphi$ 应当为一个 $(k+1)$–形式. 因此, 我们需要在 $(k+1)$ 个向量上计算数值, 并且检验它是多线性的和交替的. 这涉及在 $P_{\mathbf{0}}(h\vec{\mathbf{v}}_1,\cdots,h\vec{\mathbf{v}}_{k+1})$ 的边界上 (也就是面上) 积分 φ. 如图 A.22.1 所演示的, 我们可以把这些面用 $2(k+1)$ 个映射参数化

$$\gamma_{1,i}\begin{pmatrix}t_1\\ \vdots\\ t_k\end{pmatrix} = \gamma_{1,i}(\mathbf{t}) = h\vec{\mathbf{v}}_i + t_1\vec{\mathbf{v}}_1 + \cdots + t_{i-1}\vec{\mathbf{v}}_{i-1} + t_i\vec{\mathbf{v}}_{i+1} + \cdots + t_k\vec{\mathbf{v}}_{k+1},$$

$$\gamma_{0,i}\begin{pmatrix}t_1\\ \vdots\\ t_k\end{pmatrix} = \gamma_{0,i}(\mathbf{t}) = t_1\vec{\mathbf{v}}_1 + \cdots + t_{i-1}\vec{\mathbf{v}}_{i-1} + t_i\vec{\mathbf{v}}_{i+1} + \cdots + t_k\vec{\mathbf{v}}_{k+1},$$

i 从 1 到 $k+1$, 且 $0 \leqslant t_j \leqslant h$, $j = 1, \cdots, k$. (注意到右侧, $\vec{\mathbf{v}}_i$ 被省略了.) 我们将用 Q_h 表示这个参数化的定义域. 注意到, $\gamma_{1,i}$ 和 $\gamma_{0,i}$ 有相同的偏导, k 个向量 $\vec{\mathbf{v}}_1, \cdots, \vec{\mathbf{v}}_{k+1}$, 排除$\vec{\mathbf{v}}_i$; 我们将在同一个积分符号下面, 写出在由 $\gamma_{1,i}$ 和 $\gamma_{0,i}$ 参数化的面上的积分. 所以我们可以把外导数写为下面的和在 $h \to 0$ 时的极限, 其中 $\vec{\mathbf{v}}_i$ 上的"帽子"表示 $\vec{\mathbf{v}}_i$ 被忽略了:

$$\sum_{i=1}^{k+1}(-1)^{i-1}\frac{1}{h^{k+1}}\int_{Q_h}\Big(\underbrace{f\big(\gamma_{1,i}(\mathbf{t})\big) - f\big(\gamma_{0,i}(\mathbf{t})\big)}_{\text{系数}(\mathbf{t}\text{的函数})}\Big)\underbrace{\mathrm{d}x_{i_1}\wedge\cdots\wedge\mathrm{d}x_{i_k}}_{k-\text{形式}}\overbrace{\underbrace{(\vec{\mathbf{v}}_1, \cdots, \widehat{\vec{\mathbf{v}}}_i, \cdots, \vec{\mathbf{v}}_{k+1})}_{k\ \text{个向量}}}^{\gamma_{1,i}\text{和}\gamma_{0,i}\text{的偏导}}|\,\mathrm{d}^k\mathbf{t}|, \tag{A.22.1}$$

其中, 每一项

$$\int_{Q_h}\Big(f\big(\gamma_{1,i}(\mathbf{t})\big) - f\big(\gamma_{0,i}(\mathbf{t})\big)\Big)\,\mathrm{d}x_{i_1}\wedge\cdots\wedge\mathrm{d}x_{i_k}(\vec{\mathbf{v}}_1, \cdots, \widehat{\vec{\mathbf{v}}}_i, \cdots, \vec{\mathbf{v}}_{k+1})|\,\mathrm{d}^k\mathbf{t}| \tag{A.22.2}$$

有 $k+1$ 个映射 $\gamma_{1,i}(\mathbf{t})$, 对从 1 到 $k+1$ 的每个 i 都有一个: 对每个映射, 不同的 $\vec{\mathbf{v}}_i$ 被省略了. 同样的结论对 $\gamma_{0,i}(\mathbf{t})$ 也成立.

为三项的和, 其中的第二项是仅有的被计算进去的项 (大部分的工作对证明第三项不起作用):

$$\text{常数项:}\int_{Q_h}\Big(\overbrace{T^0(f)\big(\gamma_{1,i}(\mathbf{t})\big) - T^0(f)\big(\gamma_{0,i}(\mathbf{t})\big)}^{k-\text{形式的系数}}\Big)\overbrace{\mathrm{d}x_{i_1}\wedge\cdots\wedge\mathrm{d}x_{i_k}}^{k-\text{形式}}(\vec{\mathbf{v}}_1, \cdots, \widehat{\vec{\mathbf{v}}}_i, \cdots, \vec{\mathbf{v}}_{k+1})|\,\mathrm{d}^k\mathbf{t}| +$$

$$\text{线性项:}\int_{Q_h}\Big(T^1(f)\big(\gamma_{1,i}(\mathbf{t})\big) - T^1(f)\big(\gamma_{0,i}(\mathbf{t})\big)\Big)\,\mathrm{d}x_{i_1}\wedge\cdots\wedge\mathrm{d}x_{i_k}(\vec{\mathbf{v}}_1, \cdots, \widehat{\vec{\mathbf{v}}}_i, \cdots, \vec{\mathbf{v}}_{k+1})|\,\mathrm{d}^k\mathbf{t}| +$$

$$\text{余项:}\int_{Q_h}\Big(R(f)\big(\gamma_{1,i}(\mathbf{t})\big) - R(f)\big(\gamma_{0,i}(\mathbf{t})\big)\Big)\,\mathrm{d}x_{i_1}\wedge\cdots\wedge\mathrm{d}x_{i_k}(\vec{\mathbf{v}}_1, \cdots, \widehat{\vec{\mathbf{v}}}_i, \cdots, \vec{\mathbf{v}}_{k+1})|\,\mathrm{d}^k\mathbf{t}|.$$

因为

$$\underbrace{T^0(f)(\text{任意项})}_{\text{常数项}} - \underbrace{T^0(f)(\text{任意项})}_{\text{同样的常数}} = 0, \tag{A.22.3}$$

所以常数项互相抵消了.

对于线性项, 注意到

在等式 (A.22.4) 中, 导数在 $\mathbf{0}$ 处求值, 因为那里是计算泰勒多项式的地方. 等式 (A.22.4) 中的第二个等式来自于线性性.

$$\begin{aligned} T^1(f)\big(\gamma_{1,i}(\mathbf{t})\big) - T^1(f)\big(\gamma_{0,i}(\mathbf{t})\big) &= [\mathbf{D}f(\mathbf{0})]\overbrace{\big(h\vec{\mathbf{v}}_i + \gamma_{0,i}(\mathbf{t})\big)}^{\gamma_{1,i}(\mathbf{t})} - [\mathbf{D}f(\mathbf{0})]\big(\gamma_{0,i}(\mathbf{t})\big)\\ &= h[\mathbf{D}f(\mathbf{0})]\vec{\mathbf{v}}_i. \end{aligned} \tag{A.22.4}$$

这对于 $\mathbf{t}$ 来说是常数, 所以线性项的和为

$$\sum_{i=1}^{k+1}(-1)^{i-1}\frac{1}{h^{k+1}}\int_{Q_h}\Big(T^1(f)\big(\gamma_{1,i}(\mathbf{t})\big) - T^1(f)\big(\gamma_{0,i}(\mathbf{t})\big)\Big)\,\mathrm{d}x_{i_1}\wedge\cdots\wedge\mathrm{d}x_{i_k}$$

$$\cdot(\vec{\mathbf{v}}_1,\cdots,\widehat{\vec{\mathbf{v}}}_i,\cdots,\vec{\mathbf{v}}_{k+1})|\,\mathrm{d}^k\mathbf{t}|$$

$$\underbrace{=}_{\text{等式 (A.22.4)}} \sum_{i=1}^{k+1}(-1)^{i-1}\frac{h^{k+1}}{h^{k+1}}\Big([\mathbf{D}f(\mathbf{0})]\vec{\mathbf{v}}_i\Big)\,\mathrm{d}x_{i_1}\wedge\cdots\wedge\mathrm{d}x_{i_k}(\vec{\mathbf{v}}_1,\cdots,\widehat{\vec{\mathbf{v}}}_i,\cdots,\vec{\mathbf{v}}_{k+1})$$

$$= (\mathbf{d}f\wedge\mathrm{d}x_{i_1}\wedge\cdots\wedge\mathrm{d}x_{i_k})\Big(P_0\big(\vec{\mathbf{v}}_1,\cdots,\widehat{\vec{\mathbf{v}}}_i,\cdots,\vec{\mathbf{v}}_{k+1}\big)\Big). \tag{A.22.5}$$

在等式 (A.22.5) 的倒数第二行, 分子中的一个 h 来自于等式 (A.22.4) 中的 $h[\mathbf{D}f(\mathbf{0})]\vec{\mathbf{v}}_i$. 其他的 h^k 来自于我们在 $\mathbb{R}^k$ 中的边长为 h 的立方体 Q_h 上积分的事实.

定义 6.1.12: 因为 $\mathbf{d}f$ 是一个 1–形式, 有 $k+1$ 个重排 σ: 把

$$\vec{\mathbf{v}}_1,\cdots,\vec{\mathbf{v}}_{k+1}$$

写为

$$\vec{\mathbf{v}}_i|\vec{\mathbf{v}}_1,\cdots,\widehat{\vec{\mathbf{v}}}_i,\cdots,\vec{\mathbf{v}}_{k+1},$$

竖线右边的向量按照递增顺序来写. 很容易检验 $\mathrm{sgn}(\sigma)=(-1)^{i-1}$. 例如, "恒等重排" 在 $i=1$ 的时候给出表征 $+1$, 而交换 $\vec{\mathbf{v}}_1$ 和 $\vec{\mathbf{v}}_2$ 的重排的表征为 -1.

等式 (A.22.5) 中的最后一个等式解释了我们按照我们的方式来定义定向边界的一个原因, 边界的每个部分都被赋予了符号 $(-1)^{i-1}$, 这使得其与楔积兼容.

根据楔积的定义 6.1.12, 在这个例子里, 是 1–形式 $\mathbf{d}f$ 和一个 k–形式的楔积.

我们现在证明余项属于 $O(h^2)$. 我们以如下的方式看到: 根据三角不等式以及所有的 t_i 都满足 $|t_i|\leqslant h$ 的事实, 我们看到

$$|\gamma_{0,i}|\leqslant|h|\sum_{i=1}^{k+1}|\vec{\mathbf{v}}_i| \text{ 且 } |\gamma_{1,i}|\leqslant|h|\sum_{i=1}^{k+1}|\vec{\mathbf{v}}_i|. \tag{A.22.6}$$

现在, 把泰勒定理 A.12.7 应用在一阶泰勒多项式上:

$$|f(\mathbf{a}+\vec{\mathbf{h}})-P^1_{f,\mathbf{a}}(\mathbf{a}+\vec{\mathbf{h}})|\leqslant C\left(\sum_{i=1}^{n}|h_i|\right)^2, \tag{A.22.7}$$

其中

$$C=\sup_{I\in\mathcal{I}_n^2}\sup_{\mathbf{c}\in[\mathbf{a},\mathbf{a}+\vec{\mathbf{h}}]}|D_If(\mathbf{c})|. \tag{A.22.8}$$

这给出了

$$|R(f)\big(\gamma_{0,i}(\mathbf{t})\big)|\leqslant Kh^2,\ |R(f)\big(\gamma_{1,i}(\mathbf{t})\big)|\leqslant Kh^2, \tag{A.22.9}$$

其中

$$K=C\left(\sum_{i=1}^{k+1}|\vec{\mathbf{v}}_i|\right)^2. \tag{A.22.10}$$

现在, 利用

$$\begin{aligned}\Big|R(f)\big(\gamma_{1,i}(\mathbf{t})\big)-R(f)\big(\gamma_{0,i}(\mathbf{t})\big)\Big| &\leqslant \big|R(f)\big(\gamma_{1,i}(\mathbf{t})\big)\big|+\big|R(f)\big(\gamma_{0,i}(\mathbf{t})\big)\big|\\ &\leqslant 2h^2K,\end{aligned}$$

我们看到余项在极限中消失了. 把这个插入到公式 (A.22.1) 的积分中, 得到

$$\begin{aligned}&\Big|\int_{Q_h}\underbrace{\Big(R(f)(\gamma_{1,i}(\mathbf{t}))-R(f)\big(\gamma_{0,i}(\mathbf{t})\big)\Big)}_{\leqslant 2Kh^2}\mathrm{d}x_{i_1}\wedge\cdots\wedge\mathrm{d}x_{i_k}(\vec{\mathbf{v}}_1,\cdots,\widehat{\vec{\mathbf{v}}}_i,\cdots,\vec{\mathbf{v}}_{k+1})|\,\mathrm{d}^k\mathbf{t}|\Big|\\ \leqslant &\int_{Q_h}\Big(2h^2K\big|\,\mathrm{d}x_{i_1}\wedge\cdots\wedge\mathrm{d}x_{i_k}(\vec{\mathbf{v}}_1,\cdots,\widehat{\vec{\mathbf{v}}}_i,\cdots,\vec{\mathbf{v}}_{k+1})\big||\,\mathrm{d}^k\mathbf{t}|\Big)\\ \leqslant &\ h^{k+2}K(\sup_j|\vec{\mathbf{v}}_j|)^k,\end{aligned} \tag{A.22.11}$$

在除以 h^{k+1} 之后, 这一项就从极限中消失了. 这证明了第五部分.

下面的部分证明了第一部分:

$$
\begin{aligned}
&\mathbf{d}\left(\sum a_{i_1\cdots i_k}\,\mathrm{d}x_{i_1}\wedge\cdots\wedge\mathrm{d}x_{i_k}\right)P_{\mathbf{x}}(\vec{\mathbf{v}}_1,\cdots,\vec{\mathbf{v}}_{k+1}) \qquad \text{(A.22.12)}\\
=\ &\lim_{h\to 0}\frac{1}{h^{k+1}}\int_{\partial P_{\mathbf{x}}(\vec{\mathbf{v}}_1,\cdots,\vec{\mathbf{v}}_{k+1})}\left(\sum a_{i_1\cdots i_k}\,\mathrm{d}x_{i_1}\wedge\cdots\wedge\mathrm{d}x_{i_k}\right)\\
=\ &\sum_{1\leqslant i_1<\cdots<i_k\leqslant n}\lim_{h\to 0}\left(\frac{1}{h^{k+1}}\int_{\partial P_{\mathbf{x}}(\vec{\mathbf{v}}_1,\cdots,\vec{\mathbf{v}}_{k+1})}a_{i_1\cdots i_k}\,\mathrm{d}x_{i_1}\wedge\cdots\wedge\mathrm{d}x_{i_k}\right)\\
\overbrace{=}^{\text{第五部分}}\ &\sum_{1\leqslant i_1<\cdots<i_k\leqslant n}(\mathbf{d}a_{i_1\cdots i_k}\wedge\mathrm{d}x_{i_1}\wedge\cdots\wedge\mathrm{d}x_{i_k})\Big(P_{\mathbf{x}}(\vec{\mathbf{v}}_1,\cdots,\vec{\mathbf{v}}_{k+1})\Big).
\end{aligned}
$$

等式 (A.22.12): 尤其是, 第二行的极限存在, 因为根据第五部分的结论, 第三行的极限存在.

第二部分现在就清楚了, 第三部分可以从第五部分和第一部分立刻得到. □

A.22 节的练习

A.22.1 证明等式 (A.22.5) 的最后一个等式是 “根据楔积的定义” 得到的.

A.23 证明斯托克斯定理

在这里我们证明命题 6.10.10, 它被用在 6.10 节的斯托克斯定理的证明中.

命题 6.10.10 (修剪 X 得到 X_ϵ). 令 $B_r(\mathbf{x})$ 为 $\mathbf{x}$ 周围半径为 r 的开球. 对所有的 $\epsilon>0$, 存在点 $\mathbf{x}_1,\cdots,\mathbf{x}_p\in X$, 以及 $r_1>0,\cdots,r_p>0$, 使得 $\sum_{i=1}^{p} r_i^{k-1}<\epsilon$, 且

$$X_\epsilon \overset{\text{def}}{=} X-\bigcup_{i=1}^{p}B_{r_i}(\mathbf{x}_i)$$

是一个带有角的小片.

证明: 命题 6.10.10 可以很容易地从修正的惠特尼横截性定理 (定理 A.23.3) 得到. □

横截性对应于 “一般的位置”; 它是通常的情况, 不是什么特别的. $\mathbb{R}^3$ 中的一条线或者一个平面是横截的, 如果线不在平面上; 两个平面是横截的, 如果它们不重合. $\mathbb{R}^3$ 中的两个 1 维子空间 (通过原点的线) 从来不是横截的.

$\mathbb{R}^2$ 中的两条曲线是横截的, 如果在它们的每个交点, 切空间都是不同的 (也就是, 在一个交点, 曲线互不相切). 仅当 $\mathbb{R}^3$ 中的两条曲线不相交的时候, 它们是横截的. (在一个交点, 两个切平面可以是不同的, 但两条线不能生成空间.)

定义 A.23.1 (横截性).

1. 如果 $\mathbb{R}^n$ 的两个子空间可以一起生成 $\mathbb{R}^n$, 则它们是*横截的* (transversal).

2. 如果两个流形M 和 N 在每个交点的切空间都是横截的, 则它们为*横截的*.

更一般地, 如果 M 和 N 是流形, $X\subset M$ 是一个子集, 并且对所有的点 $\mathbf{x}\in X\cap N$, 切空间 $T_{\mathbf{x}}M$ 和 $T_{\mathbf{x}}N$ 是横截的, 我们就说 M 在 X 上横截于 N.

令 G 为 $\mathbb{R}^n$ 的刚性运动的群 (形式为 $\mathbf{x}\mapsto A\mathbf{x}+\vec{\mathbf{b}}$ 的映射, 其中 A 是一个 $n\times n$ 的正交矩阵, $\vec{\mathbf{b}}\in\mathbb{R}^n$). 练习 A.23.1 让你证明 G 是 $\mathbb{R}^n\times\mathrm{Mat}(n,n)$ 中的

一个流形, 维数为

$$\dim G = n + \frac{n(n-1)}{2} = \frac{n(n+1)}{2}. \tag{A.23.1}$$

横截性是一个*开放的条件*: 如果对两个横截的流形稍加修改, 则它们仍然是横截的. 但我们需要对如何陈述更加小心谨慎一点.

惠特尼 (图 A.23.1) 在去普林斯顿高等研究所之前是哈佛大学的教授. 他的许多贡献包括流形的第一个可用的定义 (1936). 他被数学家 Stanislaw Ulam 描述为 “友好, 但有点不苟言笑, ……, 带着讽刺的幽默, 害羞但是自信, 身上闪耀着正直的光辉, 毫无疑问是在数学上坚持不懈和有着深入思考力的天才”.

图 A.23.1
惠特尼 (Hassler Whitney, 1907 — 1989)

定理 A.23.3 的证明: 空间 $E_{\mathbf{x}}$ 可以选择为由 k 个标准基向量来生成, 所以 $E_{\mathbf{x}}^{\perp}$ 由其他的标准基向量生成.

命题 A.23.2 (横截性的稳定性). 如果 $M \subset \mathbb{R}^n$ 为一个流形, $X \subset M$ 为紧致的, $V \subset \mathbb{R}^n$ 为一个在 X 上横截于 M 的子空间, 则对所有的足够接近恒等变换的 $g \in G$, M 在 X 上横截于 $g(V)$.

证明: 根据反证法, 假设 $i \mapsto g_i$ 是一个趋向于恒等变换的序列, 使得 M 在 X 上不横截于 $g_i(V)$. 则在 X 中存在一个序列 $i \mapsto \mathbf{x}_i$ 和单位向量 $\vec{\mathbf{w}}_i \in \mathbb{R}^n$, 满足 $\vec{\mathbf{w}}_i$ 与 $g_i(V)$ 和 $T_{\mathbf{x}_i}M$ 都正交. 因为 X 和单位球面都是紧致的, 通过选择一个子序列, 我们可以假设 $\mathbf{x}_i$ 收敛到某个 $\mathbf{x} \in X$, 且 $\vec{\mathbf{w}}_i$ 收敛到某个单位向量 $\vec{\mathbf{w}} \in \mathbb{R}^n$. 因为 g_i 收敛到恒等变换, 所以子空间 $g_i(V)$ 收敛到 V. 在极限上, $\vec{\mathbf{w}}$ 是一个单位向量, 正交于 V 和 $T_{\mathbf{x}}M$, 与 V 和 M 是 X 上的横截的假设相矛盾. 因此不存在这样的序列. □

定理 A.23.3 说明, 我们可以通过一个很小的刚性运动使 M 为到一个固定的球面上的横截.

定理 A.23.3 (修正的惠特尼横截性定理). 令 $S \subset \mathbb{R}^n$ 为一个球面, M 为一个流形, $X \subset M$ 为一个紧致子集. 则存在一个刚性运动 $g \in G$, 任意接近恒等变换, 使得 M 在 X 上横截于 $g(S)$.

证明: 首先, 在引理 A.23.4 中, 我们陈述了那些是图像的流形的结果 (不只是在局部上为图像); 我们将看到一般的情况.

如通常一样, 我们用 $\Gamma(\mathbf{f})$ 表示一个映射 $\mathbf{f}$ 的图像. 我们是在 $\mathbb{R}^n = \mathbb{R}^k \times \mathbb{R}^{n-k}$, 以及 $U \subset \mathbb{R}^k$ 是一个子集, $\mathbf{f}\colon U \to \mathbb{R}^{n-k}$ 是一个映射的时候要用到它. 在这种情况下, 图像为

$$\Gamma(\mathbf{f}) = \left\{ \begin{pmatrix} \mathbf{x} \\ \mathbf{f}(\mathbf{x}) \end{pmatrix} \;\middle|\; \mathbf{x} \in U \right\}. \quad \square \tag{A.23.2}$$

引理 A.23.4. 令 $S \subset \mathbb{R}^n$ 为一个球面. 如果 $U \subset \mathbb{R}^k$ 为开的, 且 $\mathbf{f}\colon U \to \mathbb{R}^{n-k}$ 属于 C^1 类, 则存在 $g \in G$, 任意接近恒等变换, 使得图像 $\Gamma(\mathbf{f})$ 横截于 $g(S)$.

我们在利用引理 A.23.4 证明了定理 A.23.3 之后再来证明它.

利用引理 A.23.4 对定理 A.23.3 证明: 根据流形的定义 3.1.2, 对于每个点 $\mathbf{x} \in M$, 存在一个子空间 $E_{\mathbf{x}} \subset \mathbb{R}^n$, 它的正交补空间 $E_{\mathbf{x}}^{\perp}$, 一个半径为某个 $r_{\mathbf{x}} > 0$ 的球 $B_{\mathbf{x}} \subset E_{\mathbf{x}}$ 和一个 C^1 映射 $\mathbf{f}_{\mathbf{x}}\colon B_{\mathbf{x}} \to E_{\mathbf{x}}^{\perp}$, 使得

$$M = \bigcup_{\mathbf{x} \in M} \Gamma(\mathbf{f}_{\mathbf{x}}). \tag{A.23.3}$$

对于所有的 $0<\epsilon<1$, 令 $\Gamma^{\epsilon}(\mathbf{f_x})$ 为 $\mathbf{f_x}$ 限制在半径为 $r_{\mathbf{x}}(1-\epsilon)$ 的同心球 $B^{\epsilon}_{\mathbf{x}}$ 上的图像. 这些球构成了 M 的一个开覆盖, 所以, 因为 X 是紧致的, 有限多的球覆盖了 X. 因此, 存在 $\rho>0$, 以及 $\mathbf{x}_1,\cdots,\mathbf{x}_p$, 使得 $\Gamma^{\rho}(\mathbf{f}_{\mathbf{x}_i})$ 覆盖 X, 并且闭包 $\overline{\Gamma}^{\rho}(\mathbf{f}_{\mathbf{x}_i})$ 是紧致的.

根据引理 A.23.4, 我们可以找到 $g_1\in G$ 使得 $\Gamma(\mathbf{f}_{\mathbf{x}_1})$ 横截于 $g_1(S)$. 然后根据命题 A.23.2, 对于所有足够接近恒等变换的 h, $\Gamma(\mathbf{f}_{\mathbf{x}_1})$ 在部分 $\overline{\Gamma}^{\rho}(\mathbf{f}_{\mathbf{x}_1})$ 上横截于 $h\circ g_1(S)$, 因为这一部分是紧致的. 用 h_1 表示这样的满足 $\Gamma(\mathbf{f}_{\mathbf{x}_2})$ 横截于 $h_1(g_1(S))$ 的 h.

设 $g_2=h_1\circ g_1$. 对于所有足够接近恒等变换的 $h\in G$, $h\circ g_2(S)$

$$\text{在 } \overline{\Gamma}^{\rho}(\mathbf{f}_{\mathbf{x}_1})\cup\overline{\Gamma}^{\rho}(\mathbf{f}_{\mathbf{x}_2}) \text{ 上横截于 } \Gamma(\mathbf{f}_{\mathbf{x}_1})\cup\Gamma(\mathbf{f}_{\mathbf{x}_2}). \tag{A.23.4}$$

我们可以继续下去, 选取 h_2, 定义 $g_3=h_2\circ g_2$, 选取 h_3, 如此下去, 使得

$$\Gamma(\mathbf{f}_{\mathbf{x}_i}) \text{ 横截于 } g_i(S),\quad \bigcup_{j=1}^{i-1}\overline{\Gamma}^{\rho}(\mathbf{f}_{\mathbf{x}_j}) \text{ 横截于 } g_i(S).$$

当我们到达 $i=p$ 的时候, 就完成了证明. □

引理 A.23.4 的证明: 令 $\mathbf{p}\in\mathbb{R}^n$ 是半径为 R 的球面的中心. 定义 $\Phi\colon\mathbb{R}^n\times U\times\mathbb{R}^n\times G\to\mathbb{R}^{1+k+n+n}$ 为

$$\Phi\colon(\vec{\mathbf{w}},\mathbf{x},\mathbf{y},g)\mapsto\begin{bmatrix}|\vec{\mathbf{w}}|^2-1\\ \left[I_k\quad[\mathbf{D}\mathbf{f}(\mathbf{x})]^{\mathrm{T}}\right]\vec{\mathbf{w}}\\ R\vec{\mathbf{w}}-[\mathbf{D}g](\mathbf{y}-\mathbf{p})\\ \begin{pmatrix}\mathbf{x}\\ \mathbf{f}(\mathbf{x})\end{pmatrix}-g(\mathbf{y})\end{bmatrix}. \tag{A.23.5}$$

公式 (A.23.5): 右边的第一项高度为 1. 第二项高度为 k: I_k 是 $k\times k$ 的单位矩阵, $[\mathbf{Df}(\mathbf{x})]^{\mathrm{T}}$ 是一个 $k\times(n-k)$ 的矩阵, 所以 $[I_k\ [\mathbf{Df}(\mathbf{x})]^{\mathrm{T}}]$ 是一个 $k\times n$ 的矩阵; 将其乘上 $\vec{\mathbf{w}}$ 给出了高为 k 的列向量.

第三项和第四项高度都是 n. 在第三项中, $[\mathbf{D}(g)]$ 是一个正交的 $n\times n$ 矩阵. 我们不需要指定这个导数是在哪里计算的, 因为 g 是一个刚性运动, 是一个旋转和一个平移的复合, 写作

$$g(\mathbf{x})=A\mathbf{x}-\vec{\mathbf{b}},$$

其中 A 是一个正交矩阵; 严格来说, 导数是常数, 处处都等于旋转矩阵 A.

公式 (A.23.5): 如果

$$\Phi(\vec{\mathbf{w}},\mathbf{x},\mathbf{y},g)=\vec{\mathbf{0}},$$

则

$$\begin{aligned}|\vec{\mathbf{w}}|^2&=1,\\ [I_k\quad[\mathbf{Df}(\mathbf{x})]^{\mathrm{T}}]\vec{\mathbf{w}}&=\vec{\mathbf{0}},\\ [\mathbf{D}g](\mathbf{y}-\mathbf{p})&=R\vec{\mathbf{w}},\\ \begin{pmatrix}\mathbf{x}\\ \mathbf{f}(\mathbf{x})\end{pmatrix}&=g(\mathbf{y}).\end{aligned}$$

映射 Φ 在图 A.23.2 中演示.

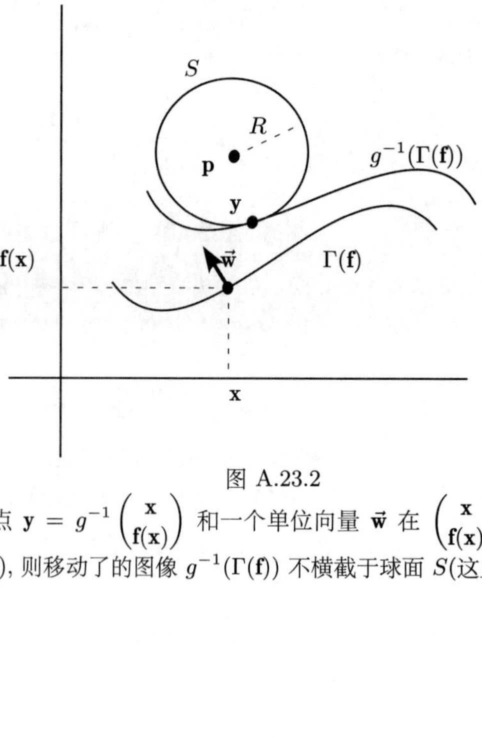

图 A.23.2

如果有一个点 $\mathbf{y}=g^{-1}\begin{pmatrix}\mathbf{x}\\ \mathbf{f}(\mathbf{x})\end{pmatrix}$ 和一个单位向量 $\vec{\mathbf{w}}$ 在 $\begin{pmatrix}\mathbf{x}\\ \mathbf{f}(\mathbf{x})\end{pmatrix}$ 处正交于 $\Gamma(\mathbf{f})$, 使得 $R\vec{\mathbf{w}}=[\mathbf{D}g](\mathbf{y}-\mathbf{p})$, 则移动了的图像 $g^{-1}(\Gamma(\mathbf{f}))$ 不横截于球面 S(这里是圆).

我们将证明

$$\Gamma(\mathbf{f}), g(S) \text{ 不是横截的 } \iff \exists\ \vec{\mathbf{w}}, \mathbf{x}, \mathbf{y} \text{ 满足 } (\vec{\mathbf{w}}, \mathbf{x}, \mathbf{y}, g) \in \Phi^{-1}(\mathbf{0}).$$

更进一步, 我们将证明 (定理 A.23.6) 集合 $\Phi^{-1}(\mathbf{0})$ 是"小的"(它不能包含 G 的任何开子集), 所以在 G 的任意点附近, 存在 g, 使得 $\Gamma(\mathbf{f})$ 和 $g(S)$ 是横截的.

我们来检验 $\Phi^{-1}(\mathbf{0})$ 的一个元素是什么. 点 $\begin{pmatrix}\mathbf{x}\\ \mathbf{f}(\mathbf{x})\end{pmatrix} = g(\mathbf{y})$ 是 $\Gamma(\mathbf{f}) \cap g(S)$ 的一个点. 根据定义 3.2.1, 流形$\Gamma(\mathbf{f})$ 在 $\begin{pmatrix}\mathbf{x}\\ \mathbf{f}(\mathbf{x})\end{pmatrix}$ 处的切空间是 $[\mathbf{Df}(\mathbf{x})]$ 的图像; $[\mathbf{Df}(\mathbf{x})]$ 的图像中的向量是形式为

$$\begin{bmatrix} I_k \\ [\mathbf{Df}(\mathbf{x})] \end{bmatrix} \vec{\mathbf{v}} \tag{A.23.6}$$

的向量, 其中 $\vec{\mathbf{v}} \in \mathbb{R}^k$.

方程 $[I_k\ [\mathbf{Df}(\mathbf{x})]^{\mathrm{T}}]\vec{\mathbf{w}} = \mathbf{0}$ 说的是, $\vec{\mathbf{w}}$ 与 $\begin{bmatrix} I_k \\ [\mathbf{Df}(\mathbf{x})] \end{bmatrix}$ 的每一列的点乘是 0, 也就是

$$\begin{bmatrix} I_k \\ [\mathbf{Df}(\mathbf{x})] \end{bmatrix} \vec{\mathbf{e}}_i \cdot \vec{\mathbf{w}} = 0. \tag{A.23.7}$$

所以 $\vec{\mathbf{w}}$ 在 $\begin{pmatrix}\mathbf{x}\\ \mathbf{f}(\mathbf{x})\end{pmatrix}$ 处正交于 $\Gamma(\mathbf{f})$ 的切空间.

因为 $R\vec{\mathbf{w}} = [\mathbf{D}g](\mathbf{y} - \mathbf{p})$, 向量 $\vec{\mathbf{w}}$(根据公式 (A.23.5) 的第一项, 长度为 1) 是从中心 $g(\mathbf{p})$ 到 $g(\mathbf{y})$ 的球的半径向量的倍数, 从而在 $g(\mathbf{y})$ 正交于球面 $g(S)$, 从而正交于 $T_{g(\mathbf{y})}g(S)$.

因此, $\vec{\mathbf{w}}$ 不在 $T_{g(\mathbf{y})}\Gamma(\mathbf{f}) \cup T_{g(\mathbf{y})}g(S)$ 生成的空间中, 所以那些切空间不是横截的. 因此, 在一个点 $(\vec{\mathbf{w}}, \mathbf{x}, \mathbf{y}, g) \in \Phi^{-1}(\mathbf{0})$, 流形$\Gamma(\mathbf{f})$ 和 $g(S)$ 不是横截的.

因为 $\dim T_{g(\mathbf{y})}g(S) = n-1$, 如果 $T_{g(\mathbf{y})}\Gamma(\mathbf{f})$ 不横截于 $T_{g(\mathbf{y})}g(S)$, 则

$$T_{g(\mathbf{y})}\Gamma(\mathbf{f}) \subset T_{g(\mathbf{y})}g(S).$$

实际上, 如果 $\vec{\mathbf{v}} \notin T_{g(\mathbf{y})}g(S)$, 则 $\vec{\mathbf{v}}$ 与 $T_{g(\mathbf{y})}g(S)$ 一起生成 $\mathbb{R}^n$.

对于反过来的情况, 假设 $g(S)$ 和 $\Gamma(\mathbf{f})$ 在某个点 $g(\mathbf{y}) = \begin{pmatrix}\mathbf{x}\\ \mathbf{f}(\mathbf{x})\end{pmatrix} \in \Gamma(\mathbf{f}) \cap g(S)$ 不是横截的. 则 $g(\mathbf{y}-\mathbf{p})$ 正交于 $T_{g(\mathbf{y})}g(S)$ 和 $T_{g(\mathbf{y})}\Gamma(\mathbf{f})$. 取 $\vec{\mathbf{w}} = g(\mathbf{y}-\mathbf{p})/R$. 应该清楚, $\Phi(\vec{\mathbf{w}}, \mathbf{x}, \mathbf{y}, g) = \vec{\mathbf{0}}$. □

现在的目标是证明 $\Phi^{-1}(\mathbf{0})$ 是小量. 我们将证明 $\Phi^{-1}(\mathbf{0})$ 是一个流形, 维数小于 $\dim G$.

引理 A.23.5.

1. Φ 的导数在 $\Phi^{-1}(\mathbf{0})$ 的每个点上都是满射.
2. 流形$\Phi^{-1}(\mathbf{0})$ 的维数为 $\dim G - 1$.

引理 A.23.5 的证明: 1. 雅可比矩阵 $[\mathbf{D}\Phi]$ 具有如图 A.23.3 所示的形式. 练习 A.23.2 让你检验只要证明每个阴影部分的矩阵是满射, 且在它们上面的项都是 0 就足够了. 标记为 $\mathbf{y}$ 的列是 $[\mathbf{D}g]$, 它是一个正交矩阵, 因此必定是可逆的, 标记为"平移"的列的项就是单位矩阵.

	$\vec{\mathbf{w}}$	$\mathbf{x}$	$\mathbf{y}$	平移	旋转	
$\lvert\vec{\mathbf{w}}\rvert^2-1$		0	0	0	0	1
$\mathbf{w}\cdot\left(\vec{\mathbf{e}}_i+\overrightarrow{D_i}\mathbf{f}(\mathbf{x})\right)$		$*$	0	0	0	k
$R\vec{\mathbf{w}}-[\mathbf{D}g](\mathbf{y}-\mathbf{p})$	$R\ \mathrm{Id}$	0		0	$[\mathbf{D}g]$	n
$\begin{pmatrix}\mathbf{x}\\ \mathbf{f}(\mathbf{x})\end{pmatrix}-g(\mathbf{y})$	0	$*$	$*$		$*$	n
	n	k	n	n	$n(n-1)/2$	

图 A.23.3

一一各个列表示定义域中的变量, 各个行表示坐标函数. 右边和底部的数给出了子矩阵的维度. 我们已经把 G 分解为了平移 (维数为 n) 和旋转 (维数为 $n(n-1)/2$).

第一列 (标为 $\vec{\mathbf{w}}$) 的阴影部分的项 (实际上, 两个矩阵) 需要更仔细一点. 那个矩阵是

$$\begin{bmatrix} 2w_1 & \cdots & 2w_k & 2w_{k+1} & \cdots & 2w_n \\ 1 & \cdots & 0 & * & \cdots & * \\ \vdots & & \vdots & \vdots & & \vdots \\ 0 & \cdots & 1 & * & \cdots & * \end{bmatrix}. \tag{A.23.8}$$

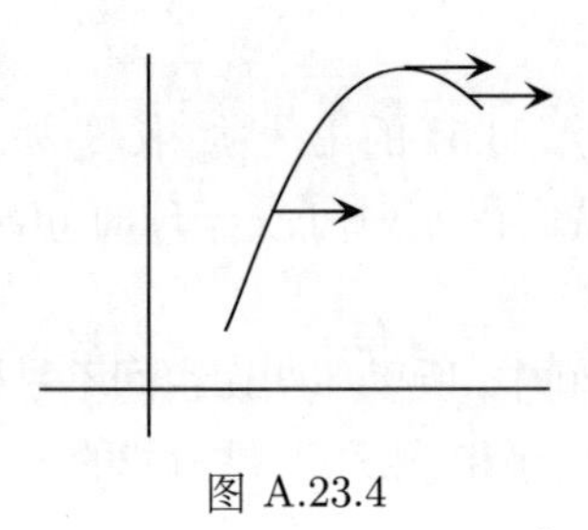

图 A.23.4

一个水平向量 (陪域 $\mathbb{R}^{n-k}$ 中的坐标 $w_{k+1},\cdots,w_n$ 都为 0 的向量) 从来都不会与 $\mathbf{f}$ 的图像正交.

萨德 (Arthur Sard, 1909 — 1980) 于 1936 年在哈佛大学获得了博士学位, 然后加入到皇后学院成为一位教师 (纽约城市大学的一部分). 在第二次世界大战期间, 他在应用数学专门小组工作, 内容主要是在机枪和炸弹的控制方面.

萨德定理的原始版本对 M 和 N 没有限制, 但要求 f 比属于 C^1 类有更高阶的导数. 它说明, f 的临界值的集合有 0 测度. 见 J. Milnor, *Topology from the Differentiable Viewpoint*, Princeton University Press, 1997(我们认为有史以来最好的数学书的候选).

应该清楚, 当且仅当 $w_{k+1},\cdots,w_n$ 中至少有一个不是 0 时, 这个矩阵是满射. 但如果它们都是 0, 则 $\vec{\mathbf{w}}$ 不可能在任何点与 $\mathbf{f}$ 的图正交, 所以这个 $\vec{\mathbf{w}}$ 不能是 $\Phi^{-1}(\mathbf{0})$ 中的元素的项, 如图 A.23.4 所展示的. 这证明了第一部分.

2. 因为 $[\mathbf{D}\Phi]$ 在 $\Phi^{-1}(\mathbf{0})$ 的每个点都是满射, 我们可以应用定理 3.1.10 说明 $\Phi^{-1}(\mathbf{0})$ 是一个流形, 维数为

$$\dim(\Phi\text{的定义域})-\dim(\Phi\text{的陪域})=(n+k+n+\dim G)-(1+k+n+n),$$

也就是 $\dim G-1$. □

下一个结果是萨德定理的一个简单的情况. 这种陈述看上去是显然的, 但记得在皮亚诺曲线中, 一维的线的像变成了整个的三角形. 定理 A.23.6 说明皮亚诺曲线不可能是 C^1 的.

定理 A.23.6 (萨德定理的一个简单的情况). 令 M 为一个 p 维的流形, 令 N 为一个 q 维的流形, 令 Y 为 M 的一个紧致子集, 令 $f\colon M\to N$ 为一个 C^1 映射. 如果 $p<q$, 则 $f(Y)$ 的 q 维体积为 0.

定理 A.23.6 的证明: 练习 A.23.3 让你证明, 如果 $U\subset\mathbb{R}^p$ 是开集, $\mathbf{g}\colon U\to\mathbb{R}^{n-p}$ 对于某个 n 是一个 C^1 映射, Y 是图 $\Gamma(\mathbf{g})$ 的紧致的部分, 则证明这个结果就足够了.

下一步, 你要在练习 A.23.4 中证明, 存在 C_1 使得对于任意的 $r>0$(无论多么小), Y 可以被小于或等于 C_1/r^p 个半径为 r 的球覆盖.

令 $B \subset \mathbb{R}^n$ 为一个中心在 $\mathbf{x} \in \Gamma(\mathbf{g})$, 半径为 r 的球. 则 $f(B)$ 被包含在中心在 $f(\mathbf{x})$、半径为 $|[\mathbf{D}f(\mathbf{x})]|r$ 的球中. 因此, 如果我们设

$$C_2 = \sup_Y |[\mathbf{D}f(\mathbf{x})]|, \tag{A.23.9}$$

则可以看到 $f(Y)$ 被 $C_1 r^{-p}$ 个半径为 $C_2 r$ 的球覆盖. 根据定义 5.2.1, 如果

$$\left(\frac{C_1}{r^p}\right)(C_2 r)^q \tag{A.23.10}$$

可以变得任意小, 则 $f(Y)$ 的 q 维体积为 0. 如果 $q > p$, 则这个量在 $r \to 0$ 的时候趋于 0. □

尤其是, $\Phi^{-1}(\mathbf{0})$ 中具有非横截性的点位于 $\Gamma^\rho(\mathbf{f})$ 的部分是紧致的, 所以它到 G 的投影在 $n(n+1)/2$ 维 (也就是 G 的维数) 空间中的体积为 0(见等式 (A.23.1) 和练习 A.23.1). 尤其是, 它是紧致的, 不包含 G 的开集, 且存在任意地接近恒等变换的刚性运动 $g \in G$, 且具有不在 $\Phi^{-1}(\mathbf{0})$ 的投影中的邻域. 对定理 A.23.3 的观察证明了这样的 g 解决了我们的问题. 这就完成了定理 A.23.3 的证明.

命题 6.10.10 的证明: 利用海因–波莱尔定理, 用有限多个球 $B_i \stackrel{\text{def}}{=} B_{r_i}(\mathbf{x}_i)$, $i = 1, \cdots, p$ 来覆盖 $\partial^{\text{ns}}X$. 注意, 如果我们将这些球移动足够小的距离, 并且把它们的半径做足够小的改变, 则新的球将仍然覆盖 $\partial^{\text{ns}}X$.

根据定理 A.23.3, 我们可以通过一个任意小的刚性运动把 $\mathbf{x}_1$ 移动到 $\mathbf{x}'_1$, 并对 r_1 做任意小的改变, 使得如果我们写 $B'_1 = B_{r'_1}(\mathbf{x}'_1)$, 则 $\partial B'_i$ 横截于 $\partial^{\text{s}}X$, $B'_1, B_2, \cdots, B_p$ 仍然覆盖 $\partial^{\text{ns}}X$.

现在, 令 B'_2 为一个类似对 B_2 的小的改变, 使得 ∂B_2 横截于 $\partial^{\text{s}}X$ 和 $\partial B'_1$, 且 $B'_1, B'_2, B_3, \cdots, B_p$ 仍然覆盖 $\partial^{\text{ns}}X$.

这样继续; 当你得到 B_p 的时候, 你就完成了证明. □

A.23 节的练习

练习 A.23.1: 注意 $\dfrac{n(n-1)}{2}$ 是反对称的 $n \times n$ 矩阵的空间的维度. 它也是正交群 $O(n)$ 的维度, 因为反对称的 $n \times n$ 矩阵的空间是在原点处正交群的切空间, 见练习 3.2.11.

A.23.1 证明: $\mathbb{R}^n$ 的刚性运动的群 G 是 $\mathbb{R}^n \times \text{Mat}(n,n)$ 上的一个流形, 维数为

$$\dim G = n + \frac{n(n-1)}{2} = \frac{n(n+1)}{2}.$$

A.23.2 假设一个矩阵 A 包含满射矩形子矩阵, 其中没有任何一列与超过一个子矩阵相交, 并且每一行至少与一个子矩阵相交. 假设在满射的子矩阵的上方没有非零项. 证明: A 是满射的.

A.23.3 说明一下, 要证明定理 A.23.6, 只要在 $U \subset \mathbb{R}^p$ 为开的, $\mathbf{g}\colon U \to \mathbb{R}^{n-p}$ 对于某个 n 是一个 C^1 映射, Y 是图像 $\Gamma(\mathbf{g})$ 的一个紧致部分的时候证明它就足够了. 提示: 这几乎可以从海因–波莱尔定理 (定理 A.3.3) 直接得到.

A.23.4 证明: 存在 C_1 使得对于任意 $r > 0$ (无论多小), 定理 A.23.6 中的子集 Y 可以被小于或等于 C_1/r^p 个半径为 r 的球覆盖. 提示: 利用海因–波莱尔定理.

参考文献

下列书目在正文中被引用, 是本书所讨论内容的自然延续, 或者影响了我们对于一些主题的处理, 这个列表当然不是详尽无遗的.

分析 (Analysis)

[1] HA D M. Functional Analysis, Volume 1: A Gentle Introduction [M]. New York: Matrix Editions, 2006.

[2] RUDIN W. Real and Complex Analysis [M]. 3rd ed. New York: McGraw-Hill Higher Education, 1986.

微积分和形式 (Calculus and Forms)

[3] CARTAN H. Differential Forms [M]. Boston: Houghton Mifflin Co., 1970.

[4] DIEUDONNÉ J. Infinitesimal Calculus [M]. Boston: Houghton Mifflin Co., 1971.

[5] GROSSMAN S. Multivariable Calculus, Linear Algebra and Differential Equations [M]. Fort Worth: Harcourt Brace College Publishers, 1995.

[6] LOOMIS L H, STERNBERG S. Advanced Calculus [M]. Reading, MA: Addison-Wesley, 1968.

[7] SPIVAK M. Calculus [M]. 2nd ed. Wilmington, DE: Publish or Perish, Inc., 1980 (one-variable calculus); Calculus on Manifolds [M]. New York: W. A. Benjamin, Inc., 1965.

微分方程 (Differential Equations)

[8] HUBBARD J H. What it Means to Understand a Differential Equation [J]. The College Mathematics Journal, 1994, 25: 372-384.

[9] HUBBARD J H, WEST B H. Differential Equations: A Dynamical Systems Approach [M]. New York: Springer-Verlag, 1991.

微分几何 (Differential Geometry)

[10] DO CARMO M P. Differential Geometry of Curves and Surfaces [M]. Upper Saddle River: Prentice Hall, Inc., 1976.

[11] MILNOR J. Morse Theory [M]. Princeton: Princeton University Press, 1963.

[12] MORGAN F. Riemannian Geometry: A Beginner's Guide [M]. 2nd ed. Wellesley, MA: A. K. Peters, Ltd., 1998.

傅里叶分析 (Fourier Analysis)

[13] KÖRNER T W. Fourier Analysis [M]. Cambridge: Cambridge University Press, 1990.

[14] HUBBARD B B. The World According to Wavelets [M]. Wellesley, MA: A. K. Peters, Ltd., 1998.

分形和混沌 (Fractals and Chaos)

[15] HUBBARD J H. The Beauty and Complexity of the Mandelbrot Set [M]. New York: Science TV, 1989.

[16] MANDELBROT B B. The Fractal Geometry of Nature [M]. New York: W. H. Freeman & Co., 1988.

历史 (History)

[17] STILLWELL J. Mathematics and Its History [M]. New York: Springer-Verlag, 1989.

线性代数 (Linear Algebra)

[18] KOLMAN B. Elementary Linear Algebra [M]. Upper Saddle River: Prentice Hall Inc., 1999.

[19] STRANG G. Introduction to Linear Algebra [M]. Wellesley, MA: Wellesley Cambridge Press, 1993.

集合论 (Set Theory)

[20] HALMOS P R. Naive Set Theory [M]. New York: Springer-Verlag, 1987.

拓扑 (Topology)

[21] ADAMS C C. The Knot Book: An Elementary Introduction to the Mathematical Theory of Knots [M]. New York: W. H. Freeman & Co., 2001.

[22] MILNOR J W. Topology from the Differentiable Viewpoint [M]. Princeton: Princeton University Press, 1997.

[23] WEEKS J R. The Shape of Space: How to Visualize Surfaces and Three-Dimensional Manifolds [M]. New York: Marcel, Dekker, 1985.

[24] YALE P B. Geometry and Symmetry (Dover Books on Advanced Mathematics) [M]. New York: Dover Publications, 1988.

刘培杰数学工作室

已出版(即将出版)图书目录——高等数学

书　　名	出版时间	定　价	编号
距离几何分析导引	2015－02	68.00	446
大学几何学	2017－01	78.00	688
关于曲面的一般研究	2016－11	48.00	690
近世纯粹几何学初论	2017－01	58.00	711
拓扑学与几何学基础讲义	2017－04	58.00	756
物理学中的几何方法	2017－06	88.00	767
几何学简史	2017－08	28.00	833
微分几何学历史概要	2020－07	58.00	1194
解析几何学史	2022－03	58.00	1490
曲面的数学	2024－01	98.00	1699
复变函数引论	2013－10	68.00	269
伸缩变换与抛物旋转	2015－01	38.00	449
无穷分析引论(上)	2013－04	88.00	247
无穷分析引论(下)	2013－04	98.00	245
数学分析	2014－04	28.00	338
数学分析中的一个新方法及其应用	2013－01	38.00	231
数学分析例选:通过范例学技巧	2013－01	88.00	243
高等代数例选:通过范例学技巧	2015－06	88.00	475
基础数论例选:通过范例学技巧	2018－09	58.00	978
三角级数论(上册)(陈建功)	2013－01	38.00	232
三角级数论(下册)(陈建功)	2013－01	48.00	233
三角级数论(哈代)	2013－06	48.00	254
三角级数	2015－07	28.00	263
超越数	2011－03	18.00	109
三角和方法	2011－03	18.00	112
随机过程(Ⅰ)	2014－01	78.00	224
随机过程(Ⅱ)	2014－01	68.00	235
算术探索	2011－12	158.00	148
组合数学	2012－04	28.00	178
组合数学浅谈	2012－03	28.00	159
分析组合学	2021－09	88.00	1389
丢番图方程引论	2012－03	48.00	172
拉普拉斯变换及其应用	2015－02	38.00	447
高等代数.上	2016－01	38.00	548
高等代数.下	2016－01	38.00	549
高等代数教程	2016－01	58.00	579
高等代数引论	2020－07	48.00	1174
数学解析教程.上卷.1	2016－01	58.00	546
数学解析教程.上卷.2	2016－01	38.00	553
数学解析教程.下卷.1	2017－04	48.00	781
数学解析教程.下卷.2	2017－06	48.00	782
数学分析.第1册	2021－03	48.00	1281
数学分析.第2册	2021－03	48.00	1282
数学分析.第3册	2021－03	28.00	1283
数学分析精选习题全解.上册	2021－03	38.00	1284
数学分析精选习题全解.下册	2021－03	38.00	1285
数学分析专题研究	2021－11	68.00	1574
函数构造论.上	2016－01	38.00	554
函数构造论.中	2017－06	48.00	555
函数构造论.下	2016－09	48.00	680
函数逼近论(上)	2019－02	98.00	1014
概周期函数	2016－01	48.00	572
变叙的项的极限分布律	2016－01	18.00	573
整函数	2012－08	18.00	161
近代拓扑学研究	2013－04	38.00	239
多项式和无理数	2008－01	68.00	22
密码学与数论基础	2021－01	28.00	1254

刘培杰数学工作室

已出版(即将出版)图书目录——高等数学 

书　　名	出版时间	定　价	编号
模糊数据统计学	2008－03	48.00	31
模糊分析学与特殊泛函空间	2013－01	68.00	241
常微分方程	2016－01	58.00	586
平稳随机函数导论	2016－03	48.00	587
量子力学原理.上	2016－01	38.00	588
图与矩阵	2014－08	40.00	644
钢丝绳原理:第二版	2017－01	78.00	745
代数拓扑和微分拓扑简史	2017－06	68.00	791
半序空间泛函分析.上	2018－06	48.00	924
半序空间泛函分析.下	2018－06	68.00	925
概率分布的部分识别	2018－07	68.00	929
Cartan 型单模李超代数的上同调及极大子代数	2018－07	38.00	932
纯数学与应用数学若干问题研究	2019－03	98.00	1017
数理金融学与数理经济学若干问题研究	2020－07	98.00	1180
清华大学"工农兵学员"微积分课本	2020－09	48.00	1228
力学若干基本问题的发展概论	2023－04	58.00	1262
Banach 空间中前后分离算法及其收敛率	2023－06	98.00	1670
基于广义加法的数学体系	2024－03	168.00	1710
向量微积分、线性代数和微分形式:统一方法:第 5 版	2024－03	78.00	1707
向量微积分、线性代数和微分形式:统一方法:第 5 版:习题解答	2024－03	48.00	1708
受控理论与解析不等式	2012－05	78.00	165
不等式的分拆降维降幂方法与可读证明(第 2 版)	2020－07	78.00	1184
石焕南文集:受控理论与不等式研究	2020－09	198.00	1198
实变函数论	2012－06	78.00	181
复变函数论	2015－08	38.00	504
非光滑优化及其变分分析	2014－01	48.00	230
疏散的马尔科夫链	2014－01	58.00	266
马尔科夫过程论基础	2015－01	28.00	433
初等微分拓扑学	2012－07	18.00	182
方程式论	2011－03	38.00	105
Galois 理论	2011－03	18.00	107
古典数学难题与伽罗瓦理论	2012－11	58.00	223
伽罗华与群论	2014－01	28.00	290
代数方程的根式解及伽罗瓦理论	2011－03	28.00	108
代数方程的根式解及伽罗瓦理论(第二版)	2015－01	28.00	423
线性偏微分方程讲义	2011－03	18.00	110
几类微分方程数值方法的研究	2015－05	38.00	485
分数阶微分方程理论与应用	2020－05	95.00	1182
N 体问题的周期解	2011－03	28.00	111
代数方程式论	2011－05	18.00	121
线性代数与几何:英文	2016－06	58.00	578
动力系统的不变量与函数方程	2011－07	48.00	137
基于短语评价的翻译知识获取	2012－02	48.00	168
应用随机过程	2012－04	48.00	187
概率论导引	2012－04	18.00	179
矩阵论(上)	2013－06	58.00	250
矩阵论(下)	2013－06	48.00	251
对称锥互补问题的内点法:理论分析与算法实现	2014－08	68.00	368
抽象代数:方法导引	2013－06	38.00	257
集论	2016－01	48.00	576
多项式理论研究综述	2016－01	38.00	577
函数论	2014－11	78.00	395
反问题的计算方法及应用	2011－11	28.00	147
数阵及其应用	2012－02	28.00	164
绝对值方程—折边与组合图形的解析研究	2012－07	48.00	186
代数函数论(上)	2015－07	38.00	494
代数函数论(下)	2015－07	38.00	495

刘培杰数学工作室

已出版(即将出版)图书目录——高等数学

书　　名	出版时间	定　价	编号
偏微分方程论:法文	2015—10	48.00	533
时标动力学方程的指数型二分性与周期解	2016—04	48.00	606
重刚体绕不动点运动方程的积分法	2016—05	68.00	608
水轮机水力稳定性	2016—05	48.00	620
Lévy 噪音驱动的传染病模型的动力学行为	2016—05	48.00	667
时滞系统:Lyapunov 泛函和矩阵	2017—05	68.00	784
粒子图像测速仪实用指南:第二版	2017—08	78.00	790
数域的上同调	2017—08	98.00	799
图的正交因子分解(英文)	2018—01	38.00	881
图的度因子和分支因子:英文	2019—09	88.00	1108
点云模型的优化配准方法研究	2018—07	58.00	927
锥形波入射粗糙表面反散射问题理论与算法	2018—03	68.00	936
广义逆的理论与计算	2018—07	58.00	973
不定方程及其应用	2018—12	58.00	998
几类椭圆型偏微分方程高效数值算法研究	2018—08	48.00	1025
现代密码算法概论	2019—05	98.00	1061
模形式的 p—进性质	2019—06	78.00	1088
混沌动力学:分形、平铺、代换	2019—09	48.00	1109
微分方程,动力系统与混沌引论:第 3 版	2020—05	65.00	1144
分数阶微分方程理论与应用	2020—05	95.00	1187
应用非线性动力系统与混沌导论:第 2 版	2021—05	58.00	1368
非线性振动,动力系统与向量场的分支	2021—06	55.00	1369
遍历理论引论	2021—11	46.00	1441
动力系统与混沌	2022—05	48.00	1485
Galois 上同调	2020—04	138.00	1131
毕达哥拉斯定理:英文	2020—03	38.00	1133
模糊可拓多属性决策理论与方法	2021—06	98.00	1357
统计方法和科学推断	2021—10	48.00	1428
有关几类种群生态学模型的研究	2022—04	98.00	1486
加性数论:典型基	2022—05	48.00	1491
加性数论:反问题与和集的几何	2023—08	58.00	1672
乘性数论:第三版	2022—07	38.00	1528
交替方向乘子法及其应用	2022—08	98.00	1553
结构元理论及模糊决策应用	2022—09	98.00	1573
随机微分方程和应用:第二版	2022—12	48.00	1580
吴振奎高等数学解题真经(概率统计卷)	2012—01	38.00	149
吴振奎高等数学解题真经(微积分卷)	2012—01	68.00	150
吴振奎高等数学解题真经(线性代数卷)	2012—01	58.00	151
高等数学解题全攻略(上卷)	2013—06	58.00	252
高等数学解题全攻略(下卷)	2013—06	58.00	253
高等数学复习纲要	2014—01	18.00	384
数学分析历年考研真题解析.第一卷	2021—04	38.00	1288
数学分析历年考研真题解析.第二卷	2021—04	38.00	1289
数学分析历年考研真题解析.第三卷	2021—04	38.00	1290
数学分析历年考研真题解析.第四卷	2022—09	68.00	1560
硕士研究生入学考试数学试题及解答.第 1 卷	2024—01	58.00	1703
硕士研究生入学考试数学试题及解答.第 2 卷	2024—04	68.00	1704
硕士研究生入学考试数学试题及解答.第 3 卷	即将出版		1705
超越吉米多维奇.数列的极限	2009—11	48.00	58
超越普里瓦洛夫.留数卷	2015—01	48.00	437
超越普里瓦洛夫.无穷乘积与它对解析函数的应用卷	2015—05	28.00	477
超越普里瓦洛夫.积分卷	2015—06	18.00	481
超越普里瓦洛夫.基础知识卷	2015—06	28.00	482
超越普里瓦洛夫.数项级数卷	2015—07	38.00	489
超越普里瓦洛夫.微分、解析函数、导数卷	2018—01	48.00	852
统计学专业英语(第三版)	2015—04	68.00	465
代换分析:英文	2015—07	38.00	499

刘培杰数学工作室
已出版(即将出版)图书目录——高等数学

书　　名	出版时间	定　价	编号
历届美国大学生数学竞赛试题集.第一卷(1938—1949)	2015－01	28.00	397
历届美国大学生数学竞赛试题集.第二卷(1950—1959)	2015－01	28.00	398
历届美国大学生数学竞赛试题集.第三卷(1960—1969)	2015－01	28.00	399
历届美国大学生数学竞赛试题集.第四卷(1970—1979)	2015－01	18.00	400
历届美国大学生数学竞赛试题集.第五卷(1980—1989)	2015－01	28.00	401
历届美国大学生数学竞赛试题集.第六卷(1990—1999)	2015－01	28.00	402
历届美国大学生数学竞赛试题集.第七卷(2000—2009)	2015－08	18.00	403
历届美国大学生数学竞赛试题集.第八卷(2010—2012)	2015－01	18.00	404
超越普特南试题:大学数学竞赛中的方法与技巧	2017－04	98.00	758
历届国际大学生数学竞赛试题集(1994－2020)	2021－01	58.00	1252
历届美国大学生数学竞赛试题集(全3册)	2023－10	168.00	1693
全国大学生数学夏令营数学竞赛试题及解答	2007－03	28.00	15
全国大学生数学竞赛辅导教程	2012－07	28.00	189
全国大学生数学竞赛复习全书(第2版)	2017－05	58.00	787
历届美国大学生数学竞赛试题集	2009－03	88.00	43
前苏联大学生数学奥林匹克竞赛题解(上编)	2012－04	28.00	169
前苏联大学生数学奥林匹克竞赛题解(下编)	2012－04	38.00	170
大学生数学竞赛讲义	2014－09	28.00	371
大学生数学竞赛教程——高等数学(基础篇、提高篇)	2018－09	128.00	968
普林斯顿大学数学竞赛	2016－06	38.00	669
考研高等数学高分之路	2020－10	45.00	1203
考研高等数学基础必刷	2021－01	45.00	1251
考研概率论与数理统计	2022－06	58.00	1522
越过211,刷到985:考研数学二	2019－10	68.00	1115
初等数论难题集(第一卷)	2009－05	68.00	44
初等数论难题集(第二卷)(上、下)	2011－02	128.00	82,83
数论概貌	2011－03	18.00	93
代数数论(第二版)	2013－08	58.00	94
代数多项式	2014－06	38.00	289
初等数论的知识与问题	2011－02	28.00	95
超越数论基础	2011－03	28.00	96
数论初等教程	2011－03	28.00	97
数论基础	2011－03	18.00	98
数论基础与维诺格拉多夫	2014－03	18.00	292
解析数论基础	2012－08	28.00	216
解析数论基础(第二版)	2014－01	48.00	287
解析数论问题集(第二版)(原版引进)	2014－05	88.00	343
解析数论问题集(第二版)(中译本)	2016－04	88.00	607
解析数论基础(潘承洞,潘承彪著)	2016－07	98.00	673
解析数论导引	2016－07	58.00	674
数论入门	2011－03	38.00	99
代数数论入门	2015－03	38.00	448
数论开篇	2012－07	28.00	194
解析数论引论	2011－03	48.00	100
Barban Davenport Halberstam 均值和	2009－01	40.00	33
基础数论	2011－03	28.00	101
初等数论100例	2011－05	18.00	122
初等数论经典例题	2012－07	18.00	204
最新世界各国数学奥林匹克中的初等数论试题(上、下)	2012－01	138.00	144,145
初等数论(Ⅰ)	2012－01	18.00	156
初等数论(Ⅱ)	2012－01	18.00	157
初等数论(Ⅲ)	2012－01	28.00	158

刘培杰数学工作室
已出版(即将出版)图书目录——高等数学

书　　名	出版时间	定　价	编号
Gauss,Euler,Lagrange 和 Legendre 的遗产:把整数表示成平方和	2022－06	78.00	1540
平面几何与数论中未解决的新老问题	2013－01	68.00	229
代数数论简史	2014－11	28.00	408
代数数论	2015－09	88.00	532
代数、数论及分析习题集	2016－11	98.00	695
数论导引提要及习题解答	2016－01	48.00	559
素数定理的初等证明.第2版	2016－09	48.00	686
数论中的模函数与狄利克雷级数(第二版)	2017－11	78.00	837
数论:数学导引	2018－01	68.00	849
域论	2018－04	68.00	884
代数数论(冯克勤　编著)	2018－04	68.00	885
范氏大代数	2019－02	98.00	1016
高等算术:数论导引:第八版	2023－04	78.00	1689
新编640个世界著名数学智力趣题	2014－01	88.00	242
500个最新世界著名数学智力趣题	2008－06	48.00	3
400个最新世界著名数学最值问题	2008－09	48.00	36
500个世界著名数学征解问题	2009－06	48.00	52
400个中国最佳初等数学征解老问题	2010－01	48.00	60
500个俄罗斯数学经典老题	2011－01	28.00	81
1000个国外中学物理好题	2012－04	48.00	174
300个日本高考数学题	2012－05	38.00	142
700个早期日本高考数学试题	2017－02	88.00	752
500个前苏联早期高考数学试题及解答	2012－05	28.00	185
546个早期俄罗斯大学生数学竞赛题	2014－03	38.00	285
548个来自美苏的数学好问题	2014－11	28.00	396
20所苏联著名大学早期入学试题	2015－02	18.00	452
161道德国工科大学生必做的微分方程习题	2015－05	28.00	469
500个德国工科大学生必做的高数习题	2015－06	28.00	478
360个数学竞赛问题	2016－08	58.00	677
德国讲义日本考题.微积分卷	2015－04	48.00	456
德国讲义日本考题.微分方程卷	2015－04	38.00	457
二十世纪中叶中、英、美、日、法、俄高考数学试题精选	2017－06	38.00	783
博弈论精粹	2008－03	58.00	30
博弈论精粹.第二版(精装)	2015－01	88.00	461
数学 我爱你	2008－01	28.00	20
精神的圣徒　别样的人生——60位中国数学家成长的历程	2008－09	48.00	39
数学史概论	2009－06	78.00	50
数学史概论(精装)	2013－03	158.00	272
数学史选讲	2016－01	48.00	544
斐波那契数列	2010－02	28.00	65
数学拼盘和斐波那契魔方	2010－07	38.00	72
斐波那契数列欣赏	2011－01	28.00	160
数学的创造	2011－02	48.00	85
数学美与创造力	2016－01	48.00	595
数海拾贝	2016－01	48.00	590
数学中的美	2011－02	38.00	84
数论中的美学	2014－12	38.00	351
数学王者　科学巨人——高斯	2015－01	28.00	428
振兴祖国数学的圆梦之旅:中国初等数学研究史话	2015－06	98.00	490
二十世纪中国数学史料研究	2015－10	48.00	536
数字谜、数阵图与棋盘覆盖	2016－01	58.00	298
时间的形状	2016－01	38.00	556
数学发现的艺术:数学探索中的合情推理	2016－07	58.00	671
活跃在数学中的参数	2016－07	48.00	675

刘培杰数学工作室
已出版(即将出版)图书目录——高等数学

书　名	出版时间	定　价	编号
格点和面积	2012－07	18.00	191
射影几何趣谈	2012－04	28.00	175
斯潘纳尔引理——从一道加拿大数学奥林匹克试题谈起	2014－01	28.00	228
李普希兹条件——从几道近年高考数学试题谈起	2012－10	18.00	221
拉格朗日中值定理——从一道北京高考试题的解法谈起	2015－10	18.00	197
闵科夫斯基定理——从一道清华大学自主招生试题谈起	2014－01	28.00	198
哈尔测度——从一道冬令营试题的背景谈起	2012－08	28.00	202
切比雪夫逼近问题——从一道中国台北数学奥林匹克试题谈起	2013－04	38.00	238
伯恩斯坦多项式与贝齐尔曲面——从一道全国高中数学联赛试题谈起	2013－03	38.00	236
卡塔兰猜想——从一道普特南竞赛试题谈起	2013－06	18.00	256
麦卡锡函数和阿克曼函数——从一道前南斯拉夫数学奥林匹克试题谈起	2012－08	18.00	201
贝蒂定理与拉姆贝克莫斯尔定理——从一个拣石子游戏谈起	2012－08	18.00	217
皮亚诺曲线和豪斯道夫分球定理——从无限集谈起	2012－08	18.00	211
平面凸图形与凸多面体	2012－10	28.00	218
斯坦因豪斯问题——从一道二十五省市自治区中学数学竞赛试题谈起	2012－07	18.00	196
纽结理论中的亚历山大多项式与琼斯多项式——从一道北京市高一数学竞赛试题谈起	2012－07	28.00	195
原则与策略——从波利亚"解题表"谈起	2013－04	38.00	244
转化与化归——从三大尺规作图不能问题谈起	2012－08	28.00	214
代数几何中的贝祖定理(第一版)——从一道 IMO 试题的解法谈起	2013－08	18.00	193
成功连贯理论与约当块理论——从一道比利时数学竞赛试题谈起	2012－04	18.00	180
素数判定与大数分解	2014－08	18.00	199
置换多项式及其应用	2012－10	18.00	220
椭圆函数与模函数——从一道美国加州大学洛杉矶分校(UCLA)博士资格考题谈起	2012－10	28.00	219
差分方程的拉格朗日方法——从一道 2011 年全国高考理科试题的解法谈起	2012－08	28.00	200
力学在几何中的一些应用	2013－01	38.00	240
高斯散度定理、斯托克斯定理和平面格林定理——从一道国际大学生数学竞赛试题谈起	即将出版		
康托洛维奇不等式——从一道全国高中联赛试题谈起	2013－03	28.00	337
西格尔引理——从一道第 18 届 IMO 试题的解法谈起	即将出版		
罗斯定理——从一道前苏联数学竞赛试题谈起	即将出版		
拉克斯定理和阿廷定理——从一道 IMO 试题的解法谈起	2014－01	58.00	246
毕卡大定理——从一道美国大学数学竞赛试题谈起	2014－07	18.00	350
贝齐尔曲线——从一道全国高中联赛试题谈起	即将出版		
拉格朗日乘子定理——从一道 2005 年全国高中联赛试题的高等数学解法谈起	2015－05	28.00	480
雅可比定理——从一道日本数学奥林匹克试题谈起	2013－04	48.00	249
李天岩－约克定理——从一道波兰数学竞赛试题谈起	2014－06	28.00	349
受控理论与初等不等式:从一道 IMO 试题的解法谈起	2023－03	48.00	1601

刘培杰数学工作室

已出版(即将出版)图书目录——高等数学

书　　名	出版时间	定　价	编号
布劳维不动点定理——从一道前苏联数学奥林匹克试题谈起	2014－01	38.00	273
伯恩赛德定理——从一道英国数学奥林匹克试题谈起	即将出版		
布查特－莫斯特定理——从一道上海市初中竞赛试题谈起	即将出版		
数论中的同余数问题——从一道普特南竞赛试题谈起	即将出版		
范·德蒙行列式——从一道美国数学奥林匹克试题谈起	即将出版		
中国剩余定理:总数法构建中国历史年表	2015－01	28.00	430
牛顿程序与方程求根——从一道全国高考试题解法谈起	即将出版		
库默尔定理——从一道 IMO 预选试题谈起	即将出版		
卢丁定理——从一道冬令营试题的解法谈起	即将出版		
沃斯滕霍姆定理——从一道 IMO 预选试题谈起	即将出版		
卡尔松不等式——从一道莫斯科数学奥林匹克试题谈起	即将出版		
信息论中的香农熵——从一道近年高考压轴题谈起	即将出版		
约当不等式——从一道希望杯竞赛试题谈起	即将出版		
拉比诺维奇定理	即将出版		
刘维尔定理——从一道《美国数学月刊》征解问题的解法谈起	即将出版		
卡塔兰恒等式与级数求和——从一道 IMO 试题的解法谈起	即将出版		
勒让德猜想与素数分布——从一道爱尔兰竞赛试题谈起	即将出版		
天平称重与信息论——从一道基辅市数学奥林匹克试题谈起	即将出版		
哈密尔顿－凯莱定理:从一道高中数学联赛试题的解法谈起	2014－09	18.00	376
艾思特曼定理——从一道 CMO 试题的解法谈起	即将出版		
一个爱尔特希问题——从一道西德数学奥林匹克试题谈起	即将出版		
有限群中的爱丁格尔问题——从一道北京市初中二年级数学竞赛试题谈起	即将出版		
糖水中的不等式——从初等数学到高等数学	2019－07	48.00	1093
帕斯卡三角形	2014－03	18.00	294
蒲丰投针问题——从 2009 年清华大学的一道自主招生试题谈起	2014－01	38.00	295
斯图姆定理——从一道“华约”自主招生试题的解法谈起	2014－01	18.00	296
许瓦兹引理——从一道加利福尼亚大学伯克利分校数学系博士生试题谈起	2014－08	18.00	297
拉姆塞定理——从王诗宬院士的一个问题谈起	2016－04	48.00	299
坐标法	2013－12	28.00	332
数论三角形	2014－04	38.00	341
毕克定理	2014－07	18.00	352
数林掠影	2014－09	48.00	389
我们周围的概率	2014－10	38.00	390
凸函数最值定理:从一道华约自主招生题的解法谈起	2014－10	28.00	391
易学与数学奥林匹克	2014－10	38.00	392
生物数学趣谈	2015－01	18.00	409
反演	2015－01	28.00	420
因式分解与圆锥曲线	2015－01	18.00	426
轨迹	2015－01	28.00	427
面积原理:从常庚哲命的一道 CMO 试题的积分解法谈起	2015－01	48.00	431
形形色色的不动点定理:从一道 28 届 IMO 试题谈起	2015－01	38.00	439
柯西函数方程:从一道上海交大自主招生的试题谈起	2015－02	28.00	440

刘培杰数学工作室

已出版(即将出版)图书目录——高等数学

书　名	出版时间	定　价	编号
三角恒等式	2015－02	28.00	442
无理性判定:从一道 2014 年"北约"自主招生试题谈起	2015－01	38.00	443
数学归纳法	2015－03	18.00	451
极端原理与解题	2015－04	28.00	464
法雷级数	2014－08	18.00	367
摆线族	2015－01	38.00	438
函数方程及其解法	2015－05	38.00	470
含参数的方程和不等式	2012－09	28.00	213
希尔伯特第十问题	2016－01	38.00	543
无穷小量的求和	2016－01	28.00	545
切比雪夫多项式:从一道清华大学金秋营试题谈起	2016－01	38.00	583
泽肯多夫定理	2016－03	38.00	599
代数等式证题法	2016－01	28.00	600
三角等式证题法	2016－01	28.00	601
吴大任教授藏书中的一个因式分解公式:从一道美国数学邀请赛试题的解法谈起	2016－06	28.00	656
易卦——类万物的数学模型	2017－08	68.00	838
"不可思议"的数与数系可持续发展	2018－01	38.00	878
最短线	2018－01	38.00	879
从毕达哥拉斯到怀尔斯	2007－10	48.00	9
从迪利克雷到维斯卡尔迪	2008－01	48.00	21
从哥德巴赫到陈景润	2008－05	98.00	35
从庞加莱到佩雷尔曼	2011－08	138.00	136
从费马到怀尔斯——费马大定理的历史	2013－10	198.00	Ⅰ
从庞加莱到佩雷尔曼——庞加莱猜想的历史	2013－10	298.00	Ⅱ
从切比雪夫到爱尔特希(上)——素数定理的初等证明	2013－07	48.00	Ⅲ
从切比雪夫到爱尔特希(下)——素数定理 100 年	2012－12	98.00	Ⅲ
从高斯到盖尔方特——二次域的高斯猜想	2013－10	198.00	Ⅳ
从库默尔到朗兰兹——朗兰兹猜想的历史	2014－01	98.00	Ⅴ
从比勃巴赫到德布朗斯——比勃巴赫猜想的历史	2014－02	298.00	Ⅵ
从麦比乌斯到陈省身——麦比乌斯变换与麦比乌斯带	2014－02	298.00	Ⅶ
从布尔到豪斯道夫——布尔方程与格论漫谈	2013－10	198.00	Ⅷ
从开普勒到阿诺德——三体问题的历史	2014－05	298.00	Ⅸ
从华林到华罗庚——华林问题的历史	2013－10	298.00	Ⅹ
数学物理大百科全书.第 1 卷	2016－01	418.00	508
数学物理大百科全书.第 2 卷	2016－01	408.00	509
数学物理大百科全书.第 3 卷	2016－01	396.00	510
数学物理大百科全书.第 4 卷	2016－01	408.00	511
数学物理大百科全书.第 5 卷	2016－01	368.00	512
朱德祥代数与几何讲义.第 1 卷	2017－01	38.00	697
朱德祥代数与几何讲义.第 2 卷	2017－01	28.00	698
朱德祥代数与几何讲义.第 3 卷	2017－01	28.00	699

刘培杰数学工作室

已出版(即将出版)图书目录——高等数学

书　　名	出版时间	定　价	编号
闵嗣鹤文集	2011—03	98.00	102
吴从炘数学活动三十年(1951～1980)	2010—07	99.00	32
吴从炘数学活动又三十年(1981～2010)	2015—07	98.00	491
斯米尔诺夫高等数学.第一卷	2018—03	88.00	770
斯米尔诺夫高等数学.第二卷.第一分册	2018—03	68.00	771
斯米尔诺夫高等数学.第二卷.第二分册	2018—03	68.00	772
斯米尔诺夫高等数学.第二卷.第三分册	2018—03	48.00	773
斯米尔诺夫高等数学.第三卷.第一分册	2018—03	58.00	774
斯米尔诺夫高等数学.第三卷.第二分册	2018—03	58.00	775
斯米尔诺夫高等数学.第三卷.第三分册	2018—03	68.00	776
斯米尔诺夫高等数学.第四卷.第一分册	2018—03	48.00	777
斯米尔诺夫高等数学.第四卷.第二分册	2018—03	88.00	778
斯米尔诺夫高等数学.第五卷.第一分册	2018—03	58.00	779
斯米尔诺夫高等数学.第五卷.第二分册	2018—03	68.00	780
zeta 函数，q-zeta 函数，相伴级数与积分(英文)	2015—08	88.00	513
微分形式:理论与练习(英文)	2015—08	58.00	514
离散与微分包含的逼近和优化(英文)	2015—08	58.00	515
艾伦·图灵:他的工作与影响(英文)	2016—01	98.00	560
测度理论概率导论，第2版(英文)	2016—01	88.00	561
带有潜在故障恢复系统的半马尔柯夫模型控制(英文)	2016—01	98.00	562
数学分析原理(英文)	2016—01	88.00	563
随机偏微分方程的有效动力学(英文)	2016—01	88.00	564
图的谱半径(英文)	2016—01	58.00	565
量子机器学习中数据挖掘的量子计算方法(英文)	2016—01	98.00	566
量子物理的非常规方法(英文)	2016—01	118.00	567
运输过程的统一非局部理论:广义波尔兹曼物理动力学，第2版(英文)	2016—01	198.00	568
量子力学与经典力学之间的联系在原子、分子及电动力学系统建模中的应用(英文)	2016—01	58.00	569
算术域(英文)	2018—01	158.00	821
高等数学竞赛:1962—1991年的米洛克斯·史怀哲竞赛(英文)	2018—01	128.00	822
用数学奥林匹克精神解决数论问题(英文)	2018—01	108.00	823
代数几何(德文)	2018—04	68.00	824
丢番图逼近论(英文)	2018—01	78.00	825
代数几何学基础教程(英文)	2018—01	98.00	826
解析数论入门课程(英文)	2018—01	78.00	827
数论中的丢番图问题(英文)	2018—01	78.00	829
数论(梦幻之旅):第五届中日数论研讨会演讲集(英文)	2018—01	68.00	830
数论新应用(英文)	2018—01	68.00	831
数论(英文)	2018—01	78.00	832
测度与积分(英文)	2019—04	68.00	1059
卡塔兰数入门(英文)	2019—05	68.00	1060
多变量数学入门(英文)	2021—05	68.00	1317
偏微分方程入门(英文)	2021—05	88.00	1318
若尔当典范性:理论与实践(英文)	2021—07	68.00	1366
R统计学概论(英文)	2023—03	88.00	1614
基于不确定静态和动态问题解的仿射算术(英文)	2023—03	38.00	1618

刘培杰数学工作室

已出版(即将出版)图书目录——高等数学

书　　名	出版时间	定　价	编号
湍流十讲(英文)	2018－04	108.00	886
无穷维李代数:第 3 版(英文)	2018－04	98.00	887
等值、不变量和对称性(英文)	2018－04	78.00	888
解析数论(英文)	2018－09	78.00	889
《数学原理》的演化:伯特兰·罗素撰写第二版时的手稿与笔记(英文)	2018－04	108.00	890
哈密尔顿数学论文集(第 4 卷):几何学、分析学、天文学、概率和有限差分等(英文)	2019－05	108.00	891
数学王子——高斯	2018－01	48.00	858
坎坷奇星——阿贝尔	2018－01	48.00	859
闪烁奇星——伽罗瓦	2018－01	58.00	860
无穷统帅——康托尔	2018－01	48.00	861
科学公主——柯瓦列夫斯卡娅	2018－01	48.00	862
抽象代数之母——埃米·诺特	2018－01	48.00	863
电脑先驱——图灵	2018－01	58.00	864
昔日神童——维纳	2018－01	48.00	865
数坛怪侠——爱尔特希	2018－01	68.00	866
当代世界中的数学.数学思想与数学基础	2019－01	38.00	892
当代世界中的数学.数学问题	2019－01	38.00	893
当代世界中的数学.应用数学与数学应用	2019－01	38.00	894
当代世界中的数学.数学王国的新疆域(一)	2019－01	38.00	895
当代世界中的数学.数学王国的新疆域(二)	2019－01	38.00	896
当代世界中的数学.数林撷英(一)	2019－01	38.00	897
当代世界中的数学.数林撷英(二)	2019－01	48.00	898
当代世界中的数学.数学之路	2019－01	38.00	899
偏微分方程全局吸引子的特性(英文)	2018－09	108.00	979
整函数与下调和函数(英文)	2018－09	118.00	980
幂等分析(英文)	2018－09	118.00	981
李群,离散子群与不变量理论(英文)	2018－09	108.00	982
动力系统与统计力学(英文)	2018－09	118.00	983
表示论与动力系统(英文)	2018－09	118.00	984
分析学练习.第 1 部分(英文)	2021－01	88.00	1247
分析学练习.第 2 部分.非线性分析(英文)	2021－01	88.00	1248
初级统计学:循序渐进的方法:第 10 版(英文)	2019－05	68.00	1067
工程师与科学家微分方程用书:第 4 版(英文)	2019－07	58.00	1068
大学代数与三角学(英文)	2019－06	78.00	1069
培养数学能力的途径(英文)	2019－07	38.00	1070
工程师与科学家统计学:第 4 版(英文)	2019－06	58.00	1071
贸易与经济中的应用统计学:第 6 版(英文)	2019－06	58.00	1072
傅立叶级数和边值问题:第 8 版(英文)	2019－05	48.00	1073
通往天文学的途径:第 5 版(英文)	2019－05	58.00	1074

刘培杰数学工作室

已出版(即将出版)图书目录——高等数学 

书　　名	出版时间	定　价	编号
拉马努金笔记. 第 1 卷(英文)	2019－06	165.00	1078
拉马努金笔记. 第 2 卷(英文)	2019－06	165.00	1079
拉马努金笔记. 第 3 卷(英文)	2019－06	165.00	1080
拉马努金笔记. 第 4 卷(英文)	2019－06	165.00	1081
拉马努金笔记. 第 5 卷(英文)	2019－06	165.00	1082
拉马努金遗失笔记. 第 1 卷(英文)	2019－06	109.00	1083
拉马努金遗失笔记. 第 2 卷(英文)	2019－06	109.00	1084
拉马努金遗失笔记. 第 3 卷(英文)	2019－06	109.00	1085
拉马努金遗失笔记. 第 4 卷(英文)	2019－06	109.00	1086
数论:1976 年纽约洛克菲勒大学数论会议记录(英文)	2020－06	68.00	1145
数论:卡本代尔 1979:1979 年在南伊利诺伊卡本代尔大学举行的数论会议记录(英文)	2020－06	78.00	1146
数论:诺德韦克豪特 1983:1983 年在诺德韦克豪特举行的 Journees Arithmetiques 数论大会会议记录(英文)	2020－06	68.00	1147
数论:1985－1988 年在纽约城市大学研究生院和大学中心举办的研讨会(英文)	2020－06	68.00	1148
数论:1987 年在乌尔姆举行的 Journees Arithmetiques 数论大会会议记录(英文)	2020－06	68.00	1149
数论:马德拉斯 1987:1987 年在马德拉斯安娜大学举行的国际拉马努金百年纪念大会会议记录(英文)	2020－06	68.00	1150
解析数论:1988 年在东京举行的日法研讨会会议记录(英文)	2020－06	68.00	1151
解析数论:2002 年在意大利切特拉罗举行的 C. I. M. E. 暑期班演讲集(英文)	2020－06	68.00	1152
量子世界中的蝴蝶:最迷人的量子分形故事(英文)	2020－06	118.00	1157
走进量子力学(英文)	2020－06	118.00	1158
计算物理学概论(英文)	2020－06	48.00	1159
物质,空间和时间的理论:量子理论(英文)	即将出版		1160
物质,空间和时间的理论:经典理论(英文)	即将出版		1161
量子场理论:解释世界的神秘背景(英文)	2020－07	38.00	1162
计算物理学概论(英文)	即将出版		1163
行星状星云(英文)	即将出版		1164
基本宇宙学:从亚里士多德的宇宙到大爆炸(英文)	2020－08	58.00	1165
数学磁流体力学(英文)	2020－07	58.00	1166
计算科学:第 1 卷,计算的科学(日文)	2020－07	88.00	1167
计算科学:第 2 卷,计算与宇宙(日文)	2020－07	88.00	1168
计算科学:第 3 卷,计算与物质(日文)	2020－07	88.00	1169
计算科学:第 4 卷,计算与生命(日文)	2020－07	88.00	1170
计算科学:第 5 卷,计算与地球环境(日文)	2020－07	88.00	1171
计算科学:第 6 卷,计算与社会(日文)	2020－07	88.00	1172
计算科学. 别卷,超级计算机(日文)	2020－07	88.00	1173
多复变函数论(日文)	2022－06	78.00	1518
复变函数入门(日文)	2022－06	78.00	1523

刘培杰数学工作室

已出版(即将出版)图书目录——高等数学

书　名	出版时间	定　价	编号
代数与数论:综合方法(英文)	2020—10	78.00	1185
复分析:现代函数理论第一课(英文)	2020—07	58.00	1186
斐波那契数列和卡特兰数:导论(英文)	2020—10	68.00	1187
组合推理:计数艺术介绍(英文)	2020—07	88.00	1188
二次互反律的傅里叶分析证明(英文)	2020—07	48.00	1189
旋瓦兹分布的希尔伯特变换与应用(英文)	2020—07	58.00	1190
泛函分析:巴拿赫空间理论入门(英文)	2020—07	48.00	1191
典型群,错排与素数(英文)	2020—11	58.00	1204
李代数的表示:通过 gln 进行介绍(英文)	2020—10	38.00	1205
实分析演讲集(英文)	2020—10	38.00	1206
现代分析及其应用的课程(英文)	2020—10	58.00	1207
运动中的抛射物数学(英文)	2020—10	38.00	1208
2—扭结与它们的群(英文)	2020—10	38.00	1209
概率,策略和选择:博弈与选举中的数学(英文)	2020—11	58.00	1210
分析学引论(英文)	2020—11	58.00	1211
量子群:通往流代数的路径(英文)	2020—11	38.00	1212
集合论入门(英文)	2020—10	48.00	1213
酉反射群(英文)	2020—11	58.00	1214
探索数学:吸引人的证明方式(英文)	2020—11	58.00	1215
微分拓扑短期课程(英文)	2020—10	48.00	1216
抽象凸分析(英文)	2020—11	68.00	1222
费马大定理笔记(英文)	2021—03	48.00	1223
高斯与雅可比和(英文)	2021—03	78.00	1224
π 与算术几何平均:关于解析数论和计算复杂性的研究(英文)	2021—01	58.00	1225
复分析入门(英文)	2021—03	48.00	1226
爱德华·卢卡斯与素性测定(英文)	2021—03	78.00	1227
通往凸分析及其应用的简单路径(英文)	2021—01	68.00	1229
微分几何的各个方面.第一卷(英文)	2021—01	58.00	1230
微分几何的各个方面.第二卷(英文)	2020—12	58.00	1231
微分几何的各个方面.第三卷(英文)	2020—12	58.00	1232
沃克流形几何学(英文)	2020—11	58.00	1233
彷射和韦尔几何应用(英文)	2020—12	58.00	1234
双曲几何学的旋转向量空间方法(英文)	2021—02	58.00	1235
积分:分析学的关键(英文)	2020—12	48.00	1236
为有天分的新生准备的分析学基础教材(英文)	2020—11	48.00	1237

刘培杰数学工作室
已出版(即将出版)图书目录——高等数学 

书　　名	出版时间	定　价	编号
数学不等式.第一卷.对称多项式不等式(英文)	2021－03	108.00	1273
数学不等式.第二卷.对称有理不等式与对称无理不等式(英文)	2021－03	108.00	1274
数学不等式.第三卷.循环不等式与非循环不等式(英文)	2021－03	108.00	1275
数学不等式.第四卷.Jensen不等式的扩展与加细(英文)	2021－03	108.00	1276
数学不等式.第五卷.创建不等式与解不等式的其他方法(英文)	2021－04	108.00	1277
冯·诺依曼代数中的谱位移函数:半有限冯·诺依曼代数中的谱位移函数与谱流(英文)	2021－06	98.00	1308
链接结构:关于嵌入完全图的直线中链接单形的组合结构(英文)	2021－05	58.00	1309
代数几何方法.第1卷(英文)	2021－06	68.00	1310
代数几何方法.第2卷(英文)	2021－06	68.00	1311
代数几何方法.第3卷(英文)	2021－06	58.00	1312
代数、生物信息和机器人技术的算法问题.第四卷,独立恒等式系统(俄文)	2020－08	118.00	1119
代数、生物信息和机器人技术的算法问题.第五卷,相对覆盖性和独立可拆分恒等式系统(俄文)	2020－08	118.00	1200
代数、生物信息和机器人技术的算法问题.第六卷,恒等式和准恒等式的相等问题、可推导性和可实现性(俄文)	2020－08	128.00	1201
分数阶微积分的应用:非局部动态过程,分数阶导热系数(俄文)	2021－01	68.00	1241
泛函分析问题与练习:第2版(俄文)	2021－01	98.00	1242
集合论、数学逻辑和算法论问题:第5版(俄文)	2021－01	98.00	1243
微分几何和拓扑短期课程(俄文)	2021－01	98.00	1244
素数规律(俄文)	2021－01	88.00	1245
无穷边值问题解的递减:无界域中的拟线性椭圆和抛物方程(俄文)	2021－01	48.00	1246
微分几何讲义(俄文)	2020－12	98.00	1253
二次型和矩阵(俄文)	2021－01	98.00	1255
积分和级数.第2卷,特殊函数(俄文)	2021－01	168.00	1258
积分和级数.第3卷,特殊函数补充:第2版(俄文)	2021－01	178.00	1264
几何图上的微分方程(俄文)	2021－01	138.00	1259
数论教程:第2版(俄文)	2021－01	98.00	1260
非阿基米德分析及其应用(俄文)	2021－03	98.00	1261

刘培杰数学工作室

已出版(即将出版)图书目录——高等数学

书　名	出版时间	定　价	编号
古典群和量子群的压缩(俄文)	2021—03	98.00	1263
数学分析习题集.第3卷,多元函数:第3版(俄文)	2021—03	98.00	1266
数学习题:乌拉尔国立大学数学力学系大学生奥林匹克(俄文)	2021—03	98.00	1267
柯西定理和微分方程的特解(俄文)	2021—03	98.00	1268
组合极值问题及其应用:第3版(俄文)	2021—03	98.00	1269
数学词典(俄文)	2021—01	98.00	1271
确定性混沌分析模型(俄文)	2021—06	168.00	1307
精选初等数学习题和定理.立体几何.第3版(俄文)	2021—03	68.00	1316
微分几何习题:第3版(俄文)	2021—05	98.00	1336
精选初等数学习题和定理.平面几何.第4版(俄文)	2021—05	68.00	1335
曲面理论在欧氏空间 *En* 中的直接表示	2022—01	68.00	1444
维纳—霍普夫离散算子和托普利兹算子:某些可数赋范空间中的诺特性和可逆性(俄文)	2022—03	108.00	1496
Maple 中的数论:数论中的计算机计算(俄文)	2022—03	88.00	1497
贝尔曼和克努特问题及其概括:加法运算的复杂性(俄文)	2022—03	138.00	1498
复分析:共形映射(俄文)	2022—07	48.00	1542
微积分代数样条和多项式及其在数值方法中的应用(俄文)	2022—08	128.00	1543
蒙特卡罗方法中的随机过程和场模型:算法和应用(俄文)	2022—08	88.00	1544
线性椭圆型方程组:论二阶椭圆型方程的迪利克雷问题(俄文)	2022—08	98.00	1561
动态系统解的增长特性:估值、稳定性、应用(俄文)	2022—08	118.00	1565
群的自由积分解:建立和应用(俄文)	2022—08	78.00	1570
混合方程和偏差自变数方程问题:解的存在和唯一性(俄文)	2023—01	78.00	1582
拟度量空间分析:存在和逼近定理(俄文)	2023—01	108.00	1583
二维和三维流形上函数的拓扑性质:函数的拓扑分类(俄文)	2023—03	68.00	1584
齐次马尔科夫过程建模的矩阵方法:此类方法能够用于不同目的的复杂系统研究、设计和完善(俄文)	2023—03	68.00	1594
周期函数的近似方法和特性:特殊课程(俄文)	2023—04	158.00	1622
扩散方程解的矩函数:变分法(俄文)	2023—03	58.00	1623
多赋范空间和广义函数:理论及应用(俄文)	2023—03	98.00	1632
分析中的多值映射:部分应用(俄文)	2023—06	98.00	1634
数学物理问题(俄文)	2023—03	78.00	1636
函数的幂级数与三角级数分解(俄文)	2024—01	58.00	1695
星体理论的数学基础:原子三元组(俄文)	2024—01	98.00	1696
素数规律:专著(俄文)	2024—01	118.00	1697
狭义相对论与广义相对论:时空与引力导论(英文)	2021—07	88.00	1319
束流物理学和粒子加速器的实践介绍:第2版(英文)	2021—07	88.00	1320
凝聚态物理中的拓扑和微分几何简介(英文)	2021—05	88.00	1321
混沌映射:动力学、分形学和快速涨落(英文)	2021—05	128.00	1322
广义相对论:黑洞、引力波和宇宙学介绍(英文)	2021—06	68.00	1323
现代分析电磁均质化(英文)	2021—06	68.00	1324
为科学家提供的基本流体动力学(英文)	2021—06	88.00	1325
视觉天文学:理解夜空的指南(英文)	2021—06	68.00	1326

刘培杰数学工作室
已出版(即将出版)图书目录——高等数学

书　　名	出版时间	定　价	编号
物理学中的计算方法(英文)	2021—06	68.00	1327
单星的结构与演化:导论(英文)	2021—06	108.00	1328
超越居里:1903 年至 1963 年物理界四位女性及其著名发现(英文)	2021—06	68.00	1329
范德瓦尔斯流体热力学的进展(英文)	2021—06	68.00	1330
先进的托卡马克稳定性理论(英文)	2021—06	88.00	1331
经典场论导论:基本相互作用的过程(英文)	2021—07	88.00	1332
光致电离量子动力学方法原理(英文)	2021—07	108.00	1333
经典域论和应力:能量张量(英文)	2021—05	88.00	1334
非线性太赫兹光谱的概念与应用(英文)	2021—06	68.00	1337
电磁学中的无穷空间并矢格林函数(英文)	2021—06	88.00	1338
物理科学基础数学.第 1 卷,齐次边值问题、傅里叶方法和特殊函数(英文)	2021—07	108.00	1339
离散量子力学(英文)	2021—07	68.00	1340
核磁共振的物理学和数学(英文)	2021—07	108.00	1341
分子水平的静电学(英文)	2021—08	68.00	1342
非线性波:理论、计算机模拟、实验(英文)	2021—06	108.00	1343
石墨烯光学:经典问题的电解解决方案(英文)	2021—06	68.00	1344
超材料多元宇宙(英文)	2021—07	68.00	1345
银河系外的天体物理学(英文)	2021—07	68.00	1346
原子物理学(英文)	2021—07	68.00	1347
将光打结:将拓扑学应用于光学(英文)	2021—07	68.00	1348
电磁学:问题与解法(英文)	2021—07	88.00	1364
海浪的原理:介绍量子力学的技巧与应用(英文)	2021—07	108.00	1365
多孔介质中的流体:输运与相变(英文)	2021—07	68.00	1372
洛伦兹群的物理学(英文)	2021—08	68.00	1373
物理导论的数学方法和解决方法手册(英文)	2021—08	68.00	1374
非线性波数学物理学入门(英文)	2021—08	88.00	1376
波:基本原理和动力学(英文)	2021—07	68.00	1377
光电子量子计量学.第 1 卷,基础(英文)	2021—07	88.00	1383
光电子量子计量学.第 2 卷,应用与进展(英文)	2021—07	68.00	1384
复杂流的格子玻尔兹曼建模的工程应用(英文)	2021—08	68.00	1393
电偶极矩挑战(英文)	2021—08	108.00	1394
电动力学:问题与解法(英文)	2021—09	68.00	1395
自由电子激光的经典理论(英文)	2021—08	68.00	1397
曼哈顿计划——核武器物理学简介(英文)	2021—09	68.00	1401

刘培杰数学工作室
已出版(即将出版)图书目录——高等数学

书　　名	出版时间	定　价	编号
粒子物理学(英文)	2021—09	68.00	1402
引力场中的量子信息(英文)	2021—09	128.00	1403
器件物理学的基本经典力学(英文)	2021—09	68.00	1404
等离子体物理及其空间应用导论.第1卷,基本原理和初步过程(英文)	2021—09	68.00	1405
伽利略理论力学:连续力学基础(英文)	2021—10	48.00	1416
磁约束聚变等离子体物理:理想MHD理论(英文)	2023—03	68.00	1613
相对论量子场论.第1卷,典范形式体系(英文)	2023—03	38.00	1615
相对论量子场论.第2卷,路径积分形式(英文)	2023—06	38.00	1616
相对论量子场论.第3卷,量子场论的应用(英文)	2023—06	38.00	1617
涌现的物理学(英文)	2023—05	58.00	1619
量子化旋涡:一本拓扑激发手册(英文)	2023—04	68.00	1620
非线性动力学:实践的介绍性调查(英文)	2023—05	68.00	1621
静电加速器:一个多功能工具(英文)	2023—06	58.00	1625
相对论多体理论与统计力学(英文)	2023—06	58.00	1626
经典力学.第1卷,工具与向量(英文)	2023—04	38.00	1627
经典力学.第2卷,运动学和匀加速运动(英文)	2023—04	58.00	1628
经典力学.第3卷,牛顿定律和匀速圆周运动(英文)	2023—04	58.00	1629
经典力学.第4卷,万有引力定律(英文)	2023—04	38.00	1630
经典力学.第5卷,守恒定律与旋转运动(英文)	2023—04	38.00	1631
对称问题:纳维尔—斯托克斯问题(英文)	2023—04	38.00	1638
摄影的物理和艺术.第1卷,几何与光的本质(英文)	2023—04	78.00	1639
摄影的物理和艺术.第2卷,能量与色彩(英文)	2023—04	78.00	1640
摄影的物理和艺术.第3卷,探测器与数码的意义(英文)	2023—04	78.00	1641
拓扑与超弦理论焦点问题(英文)	2021—07	58.00	1349
应用数学:理论、方法与实践(英文)	2021—07	78.00	1350
非线性特征值问题:牛顿型方法与非线性瑞利函数(英文)	2021—07	58.00	1351
广义膨胀和齐性:利用齐性构造齐次系统的李雅普诺夫函数和控制律(英文)	2021—06	48.00	1352
解析数论焦点问题(英文)	2021—07	58.00	1353
随机微分方程:动态系统方法(英文)	2021—07	58.00	1354
经典力学与微分几何(英文)	2021—07	58.00	1355
负定相交形式流形上的瞬子模空间几何(英文)	2021—07	68.00	1356
广义卡塔兰轨道分析:广义卡塔兰轨道计算数字的方法(英文)	2021—07	48.00	1367
洛伦兹方法的变分:二维与三维洛伦兹方法(英文)	2021—08	38.00	1378
几何、分析和数论精编(英文)	2021—08	68.00	1380
从一个新角度看数论:通过遗传方法引入现实的概念(英文)	2021—07	58.00	1387
动力系统:短期课程(英文)	2021—08	68.00	1382

刘培杰数学工作室

已出版(即将出版)图书目录——高等数学

书　　名	出版时间	定　价	编号
几何路径:理论与实践(英文)	2021—08	48.00	1385
广义斐波那契数列及其性质(英文)	2021—08	38.00	1386
论天体力学中某些问题的不可积性(英文)	2021—07	88.00	1396
对称函数和麦克唐纳多项式:余代数结构与 Kawanaka 恒等式	2021—09	38.00	1400

书　　名	出版时间	定　价	编号
杰弗里·英格拉姆·泰勒科学论文集:第 1 卷. 固体力学(英文)	2021—05	78.00	1360
杰弗里·英格拉姆·泰勒科学论文集:第 2 卷. 气象学、海洋学和湍流(英文)	2021—05	68.00	1361
杰弗里·英格拉姆·泰勒科学论文集:第 3 卷. 空气动力学以及落弹数和爆炸的力学(英文)	2021—05	68.00	1362
杰弗里·英格拉姆·泰勒科学论文集:第 4 卷. 有关流体力学(英文)	2021—05	58.00	1363

书　　名	出版时间	定　价	编号
非局域泛函演化方程:积分与分数阶(英文)	2021—08	48.00	1390
理论工作者的高等微分几何:纤维丛、射流流形和拉格朗日理论(英文)	2021—08	68.00	1391
半线性退化椭圆微分方程:局部定理与整体定理(英文)	2021—07	48.00	1392
非交换几何、规范理论和重整化:一般简介与非交换量子场论的重整化(英文)	2021—09	78.00	1406
数论论文集:拉普拉斯变换和带有数论系数的幂级数(俄文)	2021—09	48.00	1407
挠理论专题:相对极大值,单射与扩充模(英文)	2021—09	88.00	1410
强正则图与欧几里得若尔当代数:非通常关系中的启示(英文)	2021—10	48.00	1411
拉格朗日几何和哈密顿几何:力学的应用(英文)	2021—10	48.00	1412

书　　名	出版时间	定　价	编号
时滞微分方程与差分方程的振动理论:二阶与三阶(英文)	2021—10	98.00	1417
卷积结构与几何函数理论:用以研究特定几何函数理论方向的分数阶微积分算子与卷积结构(英文)	2021—10	48.00	1418
经典数学物理的历史发展(英文)	2021—10	78.00	1419
扩展线性丢番图问题(英文)	2021—10	38.00	1420
一类混沌动力系统的分歧分析与控制:分歧分析与控制(英文)	2021—11	38.00	1421
伽利略空间和伪伽利略空间中一些特殊曲线的几何性质(英文)	2022—01	48.00	1422
一阶偏微分方程:哈密尔顿—雅可比理论(英文)	2021—11	48.00	1424
各向异性黎曼多面体的反问题:分段光滑的各向异性黎曼多面体反边界谱问题:唯一性(英文)	2021—11	38.00	1425

刘培杰数学工作室
已出版(即将出版)图书目录——高等数学

书　名	出版时间	定　价	编号
项目反应理论手册. 第一卷,模型(英文)	2021—11	138.00	1431
项目反应理论手册. 第二卷,统计工具(英文)	2021—11	118.00	1432
项目反应理论手册. 第三卷,应用(英文)	2021—11	138.00	1433
二次无理数:经典数论入门(英文)	2022—05	138.00	1434
数,形与对称性:数论,几何和群论导论(英文)	2022—05	128.00	1435
有限域手册(英文)	2021—11	178.00	1436
计算数论(英文)	2021—11	148.00	1437
拟群与其表示简介(英文)	2021—11	88.00	1438
数论与密码学导论:第二版(英文)	2022—01	148.00	1423
几何分析中的柯西变换与黎兹变换:解析调和容量和李普希兹调和容量、变化和振荡以及一致可求长性(英文)	2021—12	38.00	1465
近似不动点定理及其应用(英文)	2022—05	28.00	1466
局部域的相关内容解析:对局部域的扩展及其伽罗瓦群的研究(英文)	2022—01	38.00	1467
反问题的二进制恢复方法(英文)	2022—03	28.00	1468
对几何函数中某些类的各个方面的研究:复变量理论(英文)	2022—01	38.00	1469
覆盖、对应和非交换几何(英文)	2022—01	28.00	1470
最优控制理论中的随机线性调节器问题:随机最优线性调节器问题(英文)	2022—01	38.00	1473
正交分解法:涡流流体动力学应用的正交分解法(英文)	2022—01	38.00	1475
芬斯勒几何的某些问题(英文)	2022—03	38.00	1476
受限三体问题(英文)	2022—05	38.00	1477
利用马利亚万微积分进行 Greeks 的计算:连续过程、跳跃过程中的马利亚万微积分和金融领域中的 Greeks(英文)	2022—05	48.00	1478
经典分析和泛函分析的应用:分析学的应用(英文)	2022—05	38.00	1479
特殊芬斯勒空间的探究(英文)	2022—03	48.00	1480
某些图形的施泰纳距离的细谷多项式:细谷多项式与图的维纳指数(英文)	2022—05	38.00	1481
图论问题的遗传算法:在新鲜与模糊的环境中(英文)	2022—05	48.00	1482
多项式映射的渐近簇(英文)	2022—05	38.00	1483
一维系统中的混沌:符号动力学,映射序列,一致收敛和沙可夫斯基定理(英文)	2022—05	38.00	1509
多维边界层流动与传热分析:粘性流体流动的数学建模与分析(英文)	2022—05	38.00	1510

刘培杰数学工作室
已出版(即将出版)图书目录——高等数学

书　　名	出版时间	定　价	编号
演绎理论物理学的原理:一种基于量子力学波函数的逐次置信估计的一般理论的提议(英文)	2022—05	38.00	1511
R^2 和 R^3 中的仿射弹性曲线:概念和方法(英文)	2022—08	38.00	1512
算术数列中除数函数的分布:基本内容、调查、方法、第二矩、新结果(英文)	2022—05	28.00	1513
抛物型狄拉克算子和薛定谔方程:不定常薛定谔方程的抛物型狄拉克算子及其应用(英文)	2022—07	28.00	1514
黎曼-希尔伯特问题与量子场论:可积重正化、戴森-施温格方程(英文)	2022—08	38.00	1515
代数结构和几何结构的形变理论(英文)	2022—08	48.00	1516
概率结构和模糊结构上的不动点:概率结构和直觉模糊度量空间的不动点定理(英文)	2022—08	38.00	1517
反若尔当对:简单反若尔当对的自同构(英文)	2022—07	28.00	1533
对某些黎曼—芬斯勒空间变换的研究:芬斯勒几何中的某些变换(英文)	2022—07	38.00	1534
内诣零流形映射的尼尔森数的阿诺索夫关系(英文)	2023—01	38.00	1535
与广义积分变换有关的分数次演算:对分数次演算的研究(英文)	2023—01	48.00	1536
强子的芬斯勒几何和吕拉几何(宇宙学方面):强子结构的芬斯勒几何和吕拉几何(拓扑缺陷)(英文)	2022—08	38.00	1537
一种基于混沌的非线性最优化问题:作业调度问题(英文)	即将出版		1538
广义概率论发展前景:关于趣味数学与置信函数实际应用的一些原创观点(英文)	即将出版		1539
纽结与物理学:第二版(英文)	2022—09	118.00	1547
正交多项式和q—级数的前沿(英文)	2022—09	98.00	1548
算子理论问题集(英文)	2022—03	108.00	1549
抽象代数:群、环与域的应用导论:第二版(英文)	2023—01	98.00	1550
菲尔兹奖得主演讲集:第三版(英文)	2023—01	138.00	1551
多元实函数教程(英文)	2022—09	118.00	1552
球面空间形式群的几何学:第二版(英文)	2022—09	98.00	1566
对称群的表示论(英文)	2023—01	98.00	1585
纽结理论:第二版(英文)	2023—01	88.00	1586
拟群理论的基础与应用(英文)	2023—01	88.00	1587
组合学:第二版(英文)	2023—01	98.00	1588
加性组合学:研究问题手册(英文)	2023—01	68.00	1589
扭曲、平铺与镶嵌:几何折纸中的数学方法(英文)	2023—01	98.00	1590
离散与计算几何手册:第三版(英文)	2023—01	248.00	1591
离散与组合数学手册:第二版(英文)	2023—01	248.00	1592

刘培杰数学工作室
已出版(即将出版)图书目录——高等数学

书　　名	出版时间	定　价	编号
分析学教程.第1卷,一元实变量函数的微积分分析学介绍(英文)	2023－01	118.00	1595
分析学教程.第2卷,多元函数的微分和积分,向量微积分(英文)	2023－01	118.00	1596
分析学教程.第3卷,测度与积分理论,复变量的复值函数(英文)	2023－01	118.00	1597
分析学教程.第4卷,傅里叶分析,常微分方程,变分法(英文)	2023－01	118.00	1598
共形映射及其应用手册(英文)	2024－01	158.00	1674
广义三角函数与双曲函数(英文)	2024－01	78.00	1675
振动与波:概论:第二版(英文)	2024－01	88.00	1676
几何约束系统原理手册(英文)	2024－01	120.00	1677
微分方程与包含的拓扑方法(英文)	2024－01	98.00	1678
数学分析中的前沿话题(英文)	2024－01	198.00	1679
流体力学建模:不稳定性与湍流(英文)	2024－03	88.00	1680
动力系统:理论与应用(英文)	2024－03	108.00	1711
空间统计学理论:概述(英文)	2024－03	68.00	1712
梅林变换手册(英文)	2024－03	128.00	1713
非线性系统及其绝妙的数学结构.第1卷(英文)	2024－03	88.00	1714
非线性系统及其绝妙的数学结构.第2卷(英文)	2024－03	108.00	1715
Chip-firing 中的数学(英文)	2024－04	88.00	1716

联系地址:哈尔滨市南岗区复华四道街10号　**哈尔滨工业大学出版社刘培杰数学工作室**
邮　　编:150006
联系电话:0451－86281378　　13904613167
E-mail:lpj1378@163.com